U0921159

中昊晨光化工研究院

ZHONGHAO CHENGUANG RESEARCH INSTITUTE OF CHEMICAL INDUSTRY

是1965年由全国24家著名科研院所内迁四川省富顺县组建
位。是我国特种高分子合成材料研制和生产的重要基地，
展，晨光院已成为以有机氟、有机硅、新型工程塑料和特种
技术开发、应用研究和生产的在全国有影响的科技先导型企
00强企业。晨光院占地面积近100万平方米，员工3000余名，

氟硅行业的著名科研院所，是我国西部地区目前最大的有机氟
其产品结构合理、规格齐全，广泛应用于航天航空等国防尖端领
。40多年来晨光院承担了大量军工、民用配套科研与生产任务，
料的开发和发展做出了重要贡献，是“两弹一星”、抗击“非典”以
六”、嫦娥一号”飞天立功单位，多次受到党中央、国务院的嘉奖。

院长、党委书记：谢学端

质检中心气质联机实验室

聚四氟乙烯生产控制室

晨光院具有突出的科技优势和较强的自主创新能力，取得科研成果500余项，其中200多项成果获国际发明奖及国家、部、省级奖励，在有机氟的多项关键技术领域均拥有自主知识产权。

建立并完善了质量管理体系，不断提升产品质量，晨光牌产品享誉全球。晨光院坚持“关注顾客需要，坚持科技创新，推行严细管理，持续改进体系，塑造知名品牌”的质量方针，采取一系列有效的控制手段，采用ASTM国际先进标准和工业化控制系统（DCS）专业从事有机氟、有机硅等方面的技术开发、应用研究和生产，是GB/T19001—2000质量管理体系、GB/T24001—2004环境管理体系、GB/T28001—2001职业健康安全管理体系、GB/T19022—2003测量管理体系、GJB9001A—2001国家军用标准质量管理体系和军工保密认证的单位。

2010年晨光院将实现年产值30亿元，利润3亿元的宏伟目标，建成以有机氟产业为龙头，在国内综合实力较强，具有晨光特色的特种高分子材料合成、加工的技术创新基地，成为中国昊华化工集团最大的科研基地和最重要的产业基地。

六氟化硫生产区

聚四氟乙烯生产区

氟橡胶生产区

科技晨光 · 绿色晨光 · 和谐晨光

防治非典先进党组织

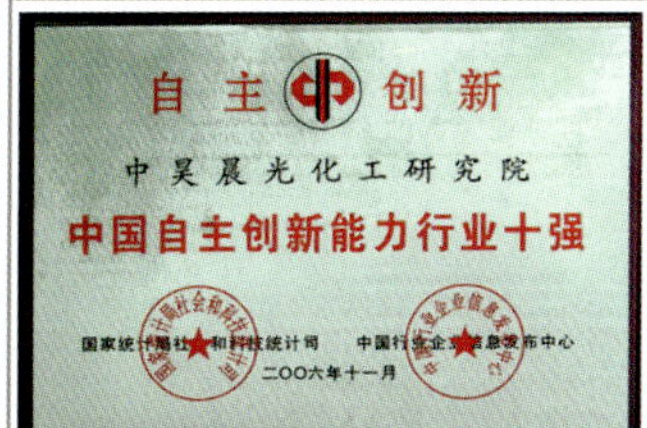

自主创新十强

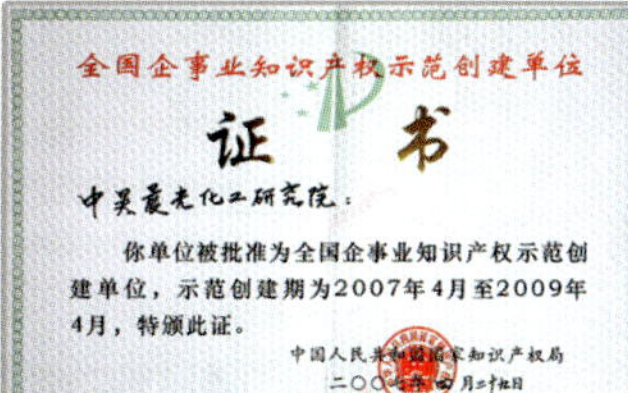

知识产权创建单位

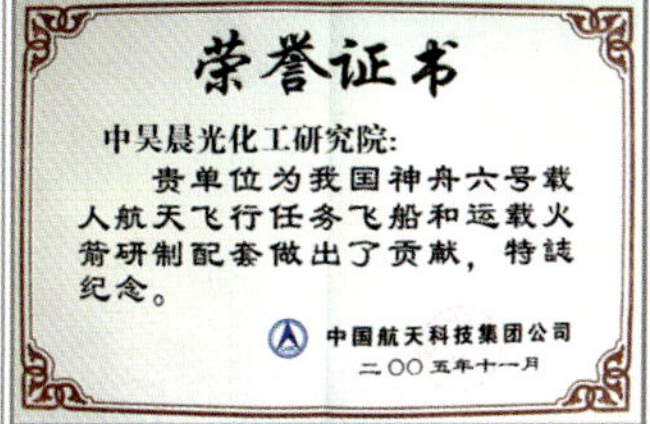

神6航天荣誉证书

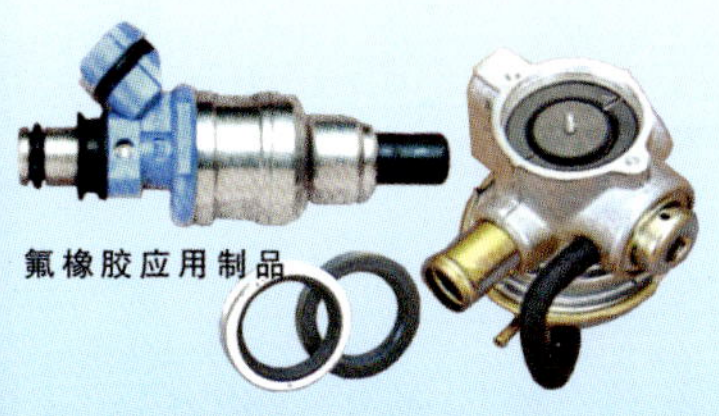

氟橡胶应用制品

四氟应用制品

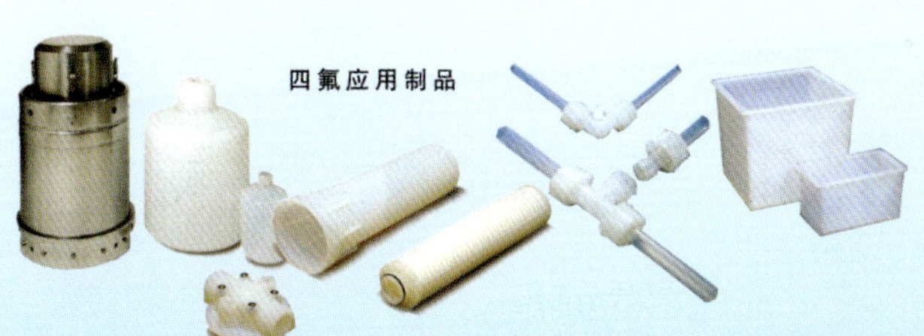

环氧树脂应用制品

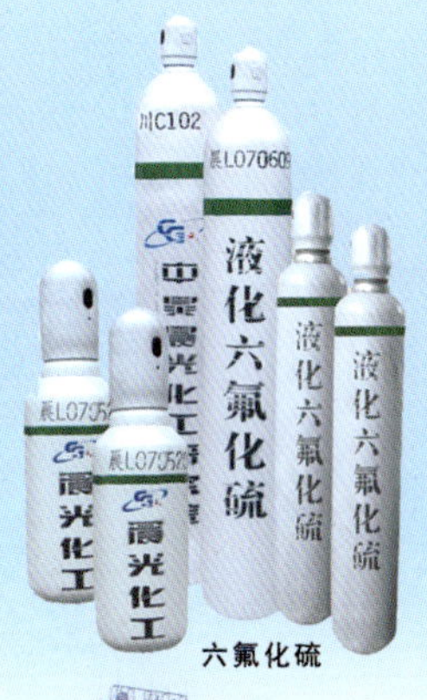

六氟化硫

聚四氟乙烯分散树脂

聚四氟乙烯悬浮树脂

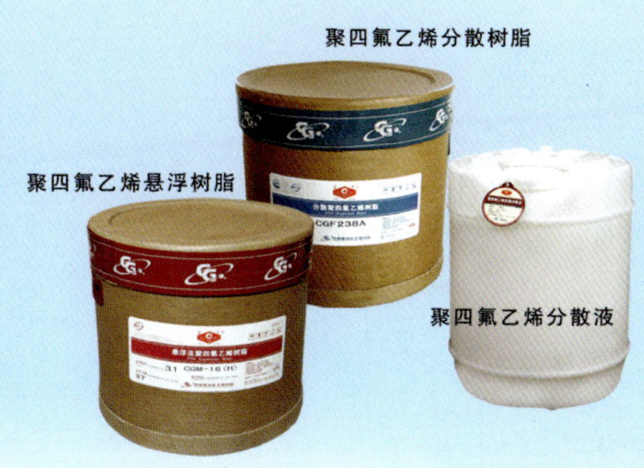

聚四氟乙烯分散液

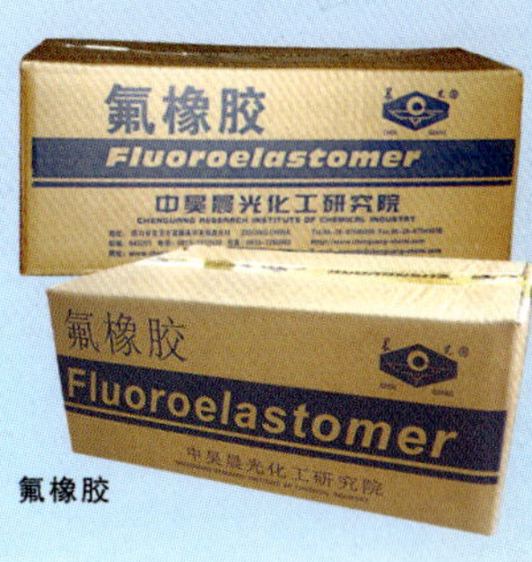

氟橡胶

网　址：http://www.chenguang.cn　邮　箱：cgy@chenguang.cn
电　话：0813-7201466　传　真：0813-7201124
地　址：四川省、富顺县　邮　编：643201
质量投诉电话：0813-7806250

中国化工产品目录收录

中国化工产品目录

2008

企 业 篇

第十六版(下册)

中 国 化 工 信 息 中 心　　主 编

化 学 工 业 出 版 社
·北　京·

目　录

索引

附录

化工企业目录

★

首先按省、直辖市划分，然后按地区划分，再以企业名称拼音升序排列出15000家企业的名称、地址、邮编、电话、传真、电子信箱、网址、供销电话、供销传真、固定资产、销售收入、职工人数、经济类型、企业规模、进出口权、法人代表，以及生产的主要化工产品。

北 京 市

拜耳光翌板材有限责任公司

北京市经济技术开发区宏达北路20号[100176]
电话:(010)67883331
传真:(010)67887201
经济类型:中外合作经营企业
企业规模:大型
网址:www.bayerguangyi.com
E-mail:webmaster@bayerguangyi.com
【主要产品】聚碳酸酯板;PC 系列工程塑料

北京艾瑞斯水墨有限公司

北京市房山区新镇(北京 275-85 信箱)[102413]
电话:(010)69357352;60389252
传真:(010)60389251
经济类型:中外合资经营企业
网址:www.iris.sina.net;
www.ciae-iris.com
E-mail:webmaster@iris.sina.net
【主要产品】水性光油;金银油墨;水性印刷油墨;装饰油墨

北京艾斯克医药技术开发有限公司

北京市朝阳区安外北苑大羊坊5号院4区北京矿产地质研究所院内[100012]
电话:(010)84923397;84923429;
13501068524
传真:(010)84923424
网址:www.sskpharm.com
E-mail:bailing@sskpharm.com
【主要产品】6-氨基-5-溴喹喔啉;3,4-二羟基-5-硝基苯甲醛;5-硝基香兰素;2-甲基-3-硝基苯乙酸;对乙酰氨基环己酮;6-氯-1,3-二氢吲哚-2-酮;4-(2-羟乙基)氧化吲哚;2-甲基-3-硝基-*N*,*N*-二丙基苯乙酰胺;4,5,6,7-四氢-2,6-苯并噻唑二胺;马尼地平;盐酸贝尼地平;度洛西汀盐酸盐;盐酸米那普仑;阿托莫西汀;罗匹尼罗盐酸盐;盐酸格拉司琼;酒石酸溴莫尼定;拉诺康唑;安托卡朋;普拉克索

北京爱德泰普膜制品厂

北京市通州区张家湾镇土桥[101149]
电话:(010)69572001
传真:(010)69573239　经济类型:集体有进出口权
网址:www.aide-tape.com
E-mail:office@aide-tape.com
【主要产品】丙烯酸;丙烯酸丁酯;丙烯酸甲酯;丙烯酸乙酯;丙烯酸羟乙酯;丙烯酸-2-乙基己酯;改性丙烯酸乳液;硅丙乳液;叔碳酸乙烯酯-醋酸乙烯共聚乳液;双向拉伸聚丙烯薄膜;聚丙烯薄膜;封底乳液;乳胶漆增稠剂;建筑胶801;纺织印染用聚丙烯酸酯-丙烯腈胶黏剂;腻子胶;双面胶带;美纹胶带;牛皮纸热熔胶带;建筑黏合剂;107胶;保护膜胶;纺织乳液;胶黏带;纸塑复合胶;分散剂;成膜助剂

北京安顺达装饰材料有限公司

北京市朝阳区安定门外立水桥东清河营工业区[100012]
电话:(010)84911862;84911869;
84911870
传真:(010)84911861
网址:www.anshunda.com.cn
E-mail:asd@anshunda.com.cn
【主要产品】硅灰石粉;滑石粉;内外墙涂料;内外墙乳胶漆;粉末涂料;立德粉

北京奥博星生物技术责任有限公司

北京市海淀区马连洼梅园小区甲三号楼101室[100094]
电话:(010)62811616;62898474
传真:(010)62897573
供销电话:62811616;62897573
供销传真:62896002;62897573
网址:www.abxing.com.cn
E-mail:abx@abxing.com.cn
【主要产品】氨基乙酸;*L*-脯氨酸;*L*-半胱氨酸盐酸盐;*L*-半胱氨酸;*DL*-缬氨酸;*DL*-色氨酸;*L*-丝氨酸;*DL*-丝氨酸;*L*-丙氨酸;氨基磺酸;*DL*-苯丙氨酸;酵母粉;*L*-赖氨酸盐酸盐;*DL*-亮氨酸;*L*-精氨酸;*L*-精氨酸盐酸盐;*DL*-精氨酸;*L*-天门冬氨酸;*DL*-天门冬氨酸;蛋白胨;*DL*-苏氨酸;*L*-酪氨酸;*L*-组氨酸;*L*-组氨酸盐酸盐;谷氨酸;赖氨酸;*L*-蛋氨酸;*L*-苯丙氨酸;*L*-色氨酸;*L*-谷氨酰胺;酵母浸膏

北京奥得赛化学有限公司

北京市海淀区车公庄西路乙19号华通大厦B座1827号[100044]
电话:(010)88018188
传真:(010)88018198　职工人数:500人
经济类型:与港澳台商合资经营
网址:www.bj-odyssey.com
E-mail:odyssey@bj-odyssey.com
【主要产品】对苯二甲醛;邻苯二甲醛;邻甲氧基苯甲醛;5-硝基水杨醛;对氰基苯甲醛;二苯甲醇;4,4′-二氯二苯甲醇;频哪醇;苯基频哪醇;对氨基苯乙醇;对氰基苯甲酸;间氟苯甲酸;3,5-二羟基苯甲酸;2,4,6-三氯苯甲酸;对甲氧基苯乙酸;苯基丁酸;4,4′-联苯二甲酸;联苯-4-羧酸;联苯-4-乙酸;吡啶-2,6-二羧酸;3,5-二甲基苯甲酸;草酸二苄酯;富马酸单乙酯;邻氯苯乙酮;3,3-二甲基-2-丁酮;1,3,5-三氯苯;联苯二氯苄;1,2,3-三溴丙烷;2-苯基丁酰氯;叔丁基乙酰氯;二苯氯甲烷;1-溴-2,4-二硝基苯;醋酸钾;苯基二氯化磷;二苯基膦酰氯;苯甲腈;对甲基苯甲腈;间甲基苯甲腈;2,4-二羟基苯甲酸;2-氨基苯乙酮;间氟苯甲酰氯;2,2-二甲基丁酸;二苯基氯化膦;2-甲基二苯甲酮;邻甲基苯甲腈;溴三苯乙烯;酯化物;2-硝基苯乙酮;苯基丁二酸;荧光增白剂;涤纶增白剂ER;荧光增白剂NT-1;荧光增白剂SWN;荧光增白剂OB;荧光增白剂OB-1;荧光增白剂OB-2;荧光增白剂OB-4;荧光增白剂KCB;荧光增白剂KSN;荧光增白剂FP-127;光稳定剂HS-201;二苯基(2,4,6-三甲基苯甲酰)氧化膦

北京奥克兰防水工程有限责任公司

北京市丰台区久敬庄路甲1号[100075]
电话:(010)67979200;67991831-3068
传真:(010)67979200
经济类型:有限责任公司
网址:www.beijingoakland.com
E-mail:oakland@public.btn.net.cn
【主要产品】SBS 改性沥青防水卷材

北京奥森特种润滑材料厂

北京市复兴路2号[100038]
电话:(010)63476631
传真:(010)63476631
网址:www.oslmf.com
E-mail:zb@oslmf.com
【主要产品】特种润滑脂;特种润滑油

北京奥泰长城橡胶制品有限公司

北京市朝阳区南四环肖村桥南50米路东[100070]
电话:(010)87604385;87606675;
13701165253
传真:(010)87605131
供销电话:87604385;13701165253
网址:www.changcheng-xj.com
E-mail:heng813@sohu.com
【主要产品】氯化聚乙烯防水卷材;氯化聚乙烯-橡胶共混防水卷材;黏合剂;橡胶传动带;胶管;夹布胶管;普通橡胶板;耐酸碱橡胶板;橡胶防腐衬里系列;止水带;三元乙丙橡胶防水卷材;丁基橡胶防水卷材

北京奥宇可鑫表面工程技术有限公司

北京市怀柔区金台园甲一号[101400]
电话:(010)69646197;69655370

京

传真:(010)69686198
网址:www. aoyuksin. com
E-mail:aykx@ aoyuksin. com
【主要产品】防水防腐涂料;彩色仿瓷涂料;耐磨涂料;耐高温防腐涂料;高温导热防腐涂料;亚光涂料;防腐涂料;脱漆剂;防红外伪装涂料;防紫外光伪装涂料;除垢剂;高温弹性修补胶;金属修补胶;快速固化环氧胶;高温高强度结构胶;特种黏合剂;耐高温有机硅环氧胶黏剂;单组分耐高温密封胶;弹性粘接胶;高温黏合剂;无机胶黏剂;高温脱模剂;多功能快速除锈剂;高效除锈磷化剂;钢铁件常温发黑剂;金属钝化剂;强力除垢剂;防冻液

北京百奥药业有限责任公司

北京市昌平科技园区超前路29号[102200]
电话:(010)69727011
传真:(010)69727018
经济类型:股份有限公司
网址:www. baiao. com
E-mail:webmaster@ baiao. com
【主要产品】蚓激酶

北京佰世佳防水涂料有限公司

北京市大兴区北藏村镇前管营村村委会北50米[102600]
电话:(010)13121877958
供销电话:(0317)3199776
供销传真:(0317)3199776
网址:www. bjbsj. cn
【主要产品】保温涂料

北京保时洁精细化工有限公司

北京市怀柔区杨宋镇凤翔科技开发区3园9号[101400]
电话:(010)61675591-632,644;61678338
传真:(010)61675597
经济类型:中外合资经营企业
网址:www. bsjchina. com
E-mail:bsj-hihi@ bsjchina. com
【主要产品】汽车上光蜡;螺栓松动剂;油污清洗剂;发动机清洗剂;防冻液

北京北大先锋科技有限公司

北京市中关村北大街151号燕园资源大厦401室[100080]
电话:(010)58876068;62761818;58876048
传真:(010)58876066
供销电话:62761818;58876068
供销传真:58876066
网址:www. pioneer-pku. com
E-mail:pioneer@ pioneer-pku. com
【主要产品】高效脱氧催化剂;高效乙烯吸附剂;高效一氧化碳吸附剂;高效空分制氧吸附剂;一氧化碳脱除催化剂;脱氧剂

北京北化新元科技发展有限公司

北京市通州区滨河路143号[101149]
电话:(010)61563747;13601074035
传真:(010)61563647
供销电话:61563747;13439195786
网址:www. becc-tech. com
E-mail:web@ becc-tech. com
【主要产品】6-甲基-2-吡啶甲醛;2-氟吡啶;3-乙酰基吡啶;5-氟嘧啶;5-溴吲哚;间三氟甲基苯甲醛;对三氟甲基苯甲醛;3,5-二(三氟甲基)苯甲醛;2,3-二氟苯甲醛;3,4-二氟苯甲醛;3,5-二氟苯甲醛;2,4-二氟苯甲醛;4-三氟甲基水杨酸;对三氟甲基苯乙酸;3,5-双(三氟甲基)苯乙酸;对苄氧基苯硼酸;苯硼酸;对羟基苯硼酸;4-甲氧基苯硼酸;3-硝基苯硼酸;4-三氟甲基苯硼酸;3-三氟甲基苯硼酸;3,5-双(三氟甲基)苯硼酸;3,4-二氟苯硼酸;3,4,5-三氟苯硼酸;间三氟甲基苯甲酸甲酯;2-氟-6-硝基甲苯;4-(*N*,*N*-二甲氨基)二乙缩丁醛;*N*-[3-(3-二甲氨基-1-氧-2-丙烯基)苯基]-*N*-乙基乙酰胺;3-氨基-4-氰基吡唑;(*S*)-4-(4-氨基苄基)-1,3-噁唑-2-酮;3,5-二(三氟甲基)苯乙酮;间三氟甲基苯乙酮;对三氟甲基苯乙酮;3,5-双三氟甲基氯苄;佐米曲坦;扎莱普隆;5-氯色胺盐酸盐;5-苄氧基色胺盐酸盐

北京北泡塑料集团公司

北京市丰台区永外顺四条路1号[100075]
电话:(010)67605630;67684122;67612929
传真:(010)67612929 经济类型:国有
企业规模:大型 职工人数:1,829人
网址:www. bjbpgroup. com
E-mail:bpjt@ bjbpgroup. com
【主要产品】可发性聚苯乙烯;聚氨酯泡沫塑料

北京北搪化工设备厂

北京市朝阳区南磨房路37号华腾北搪商务大厦九层[100022]
电话:(010)51908367;51908368
传真:(010)81501947 经济类型:国有
供销电话:51908353;51908530
供销传真:81502026 企业规模:大型
法人代表:贯江波
网址:www. beitang-china. com. cn
E-mail:bt@ beitang-china. com
【主要产品】反应釜;精密过滤器;换热器;板壳式换热器;搪玻璃搅拌器;三足式离心机;耐酸泵;储罐;法兰;密封;阀门

北京北卫药业有限责任公司

北京市顺义区京密路马坡段西侧[101300]
电话:(010)69408119
传真:(010)69300873 有进出口权
供销电话:85792307
供销传真:85792307
经济类型:股份有限公司
网址:www. bwyaoye. com
E-mail:sales@ bwyaoye. com;
bw@ bwyaoye. com
【主要产品】盐酸四环素;红霉素琥珀酸乙酯;甲巯咪唑;双嘧达莫;活性钙

北京贝丽莱斯生物化学有限公司

北京市通州区永乐经济开发区[101105]
电话:(010)87766913;87766923
传真:(010)87748771
网址:www. beililai. com
E-mail:beililai@ 163. com
【主要产品】维生素C磷酸酯钠;维生素A醋酸酯;维生素E烟酸酯

北京博通塑料制品厂

北京市海淀区上庄双塔383号[100080]
电话:(010)82473894
传真:(010)82471274
供销电话:82473894;13391707119
网址:www. bj-botong. com
E-mail:bj-botong@ 163. com
【主要产品】涤纶片材;双向拉伸聚苯乙烯片材

北京博文科峰科技发展有限责任公司

北京市中关村成府路268号1号楼516[100080]
电话:(010)62560269
传真:(010)62560389
经济类型:有限责任公司
网址:www. zeolite-catalyst. com
E-mail:email@ zeolite-catalyst. com
【主要产品】分子筛;沸石

北京昌化精细化工厂

北京市昌平区阳坊镇(北京1043信箱)[102205]
电话:(010)66758422;69760244;69760243
传真:(010)66758422;69760244
经济类型:国有
网址:www. bjchjxhgc. com
E-mail:jianhua@ kaboshuzhi. com
【主要产品】卡波树脂;阳图PS版显影粉;毛发调理剂;抑泡剂;消泡剂;杀菌剂(工业用);电器清洗剂

北京长城高效有机肥料有限公司

北京市延庆县[102100]
电话:(010)81193111;13901175158
传真:(010)81193222 职工人数:368人
法人代表:黄勇霖
网址:www. gwoff. com
E-mail:gwoff@ gwoff. com
【主要产品】有机复合肥

北京朝福化工实验厂

北京市通州区永乐店镇柴厂屯村[101105]
电话:(010)80515815
传真:(010)80515815;67354323
经济类型:私营企业　职工人数:100人
法人代表:王亚
网址:www.chaofuchem.com
E-mail:office@chaofuchem.com
【主要产品】氯代叔丁烷;过氧化叔丁醇;钛酸四异丙酯;1-氯丁烷;2-溴-1,3,5-三甲基苯;溴代十二烷;1-溴丁烷;2-叔丁基对苯二酚;2,5-二叔丁基对苯二酚;一甲胺盐酸盐;*N*,*N*-二乙基乙二胺;四乙基溴化铵;甲基三乙基氯化铵;苄基三甲基溴化铵;乙基三甲基溴化铵;丙基三乙基溴化铵;甲基三乙基溴化铵;苄基三乙基溴化铵;甲基三丁基溴化铵;乙基三丁基溴化铵;苄基三丁基溴化铵;丙基三丁基溴化铵;苄基三丁基氯化铵;苄基三甲基氯化铵;丙基三甲基溴化铵;二甲胺;三甲胺;对羟基二苯胺;四甲基溴化铵;四甲基氯化铵;四丁基氢氧化铵;二乙基二硫代氨基甲酸镍;二甲基二硫代氨基甲酸镍;四丁基溴化铵;四丁基硫酸氢铵;四丙基溴化铵;甲基三苯基溴化膦;乙基三苯基溴化膦;丙基三苯基溴化膦;丁基三苯基溴化膦;甲基三苯基氯化膦;丁基三苯基氯化膦;丁二酮肟;二甲氨基硫代甲酰氯;丙酮肟;苄基三苯基氯化膦;苄基三苯基溴化膦;环烷酸铁;环烷酸钴;环烷酸锰;环烷酸镍;氯化胆碱;乙酰丙酮钴;促进剂ZDC;促进剂PZ;促进剂BZ;橡胶促进剂CuMDC;二乙基二硫代氨基甲酸铜;防老剂DNP;防老剂NBC;*N*,*N*-二丁基二硫代氨基甲酸铜;硫化剂双25;过氧化苯甲酰;过氧化苯甲酸特丁酯;引发剂A;引发剂OT;二甲基二硫代氨基甲酸钠;对叔丁基邻苯二酚;对羟基苯甲醚;硫化二苯胺;三乙基苄基氯化铵;乙硫氮;四甲基氢氧化铵

北京成宇化工有限公司

北京市房山区石楼镇(北京1497信箱)[102422]
电话:(010)89300196;89308945
传真:(010)89300757
经济类型:有限责任公司
网址:www.bjcychem.com
E-mail:soyu@public3.bta.net.cn
【主要产品】2-氯甲基苯并咪唑;苯并咪唑;6-硝基苯并咪唑;2-甲基苯并咪唑;苯并咪唑-2-乙腈;1,2,3,4-四氢喹啉;2-甲基-1,2,3,4-四氢喹啉;2-甲基-5,6,7,8-四氢喹啉;3-溴喹啉;3-甲基喹啉;吲哚啉;6-氟吲哚;4-氟吲哚;7-氟吲哚;6-硝基吲哚;7-硝基吲哚;4-硝基吲哚;5-甲氧基吲哚;5-氰基吲哚;4-羟基吲哚;1-丁基-2-甲基吲哚;1-辛基-2-甲基吲哚;5-溴吲哚;4-溴吲哚;4-(*N*,*N*-二乙氨基)水杨醛;3-吲哚甲醇;吲哚啉-2-羧酸;四氯苯醌;(*R*)-(+)-1,1′-联-2-萘酚;(*S*)-(-)-1,1′-联-2-萘酚;*N*-甲基二苯胺;吲哚-3-甲酸;吲哚-5-羧酸;吲哚-2-羧酸;5-硝基吲哚;3-氰基喹啉;4,5-二羧基咪唑;2-甲基喹啉;5-硝基-2,3,3-三甲基吲哚啉;5-氯-1,3,3-三甲基-2-亚甲基吲哚啉;5-氯-2,3,3-三甲基吲哚啉;1,3,3-三甲基-2-亚甲基吲哚啉乙醛;2-甲基吲哚-3-甲醛;吲哚-3-甲醛;*N*-羟甲基苯甲酰胺;2-苯基吲哚;*N*-甲基-2-苯基吲哚;1-甲基-2-苯基吲哚-3-甲醛;2,3,3-三甲基-4,5-苯并吲哚;吲哚;5-羟基吲哚;2-甲基吲哚啉;*N*-羟甲基氯乙酰胺;3-甲基吲哚;1-甲基吲哚;2-甲基吲哚;1,2-二甲基吲哚;2,3-二甲基吲哚;2,3,3-三甲基吲哚;吲达帕胺;2-对氯苄基苯并咪唑

北京城建天宁消防有限责任公司

北京市宣武区长椿街西里七号[100053]
电话:(010)63022303;63039182;63183995
传真:(010)63041435
网址:www.tnxf.cn
【主要产品】饰面型防火涂料;钢结构隔热防火涂料;膨胀型钢结构防火涂料;织物阻燃剂;可塑性防火堵料;无机防火堵料

北京城荣防水材料有限公司

北京市东城区青年湖南街12号楼(793信箱)[100011]
电话:(010)84124880;84124881
传真:(010)84125377
网址:www.bjxypex.com
E-mail:chrxypex@163bj.com
【主要产品】建筑涂料;堵漏剂

北京城燕佳涂料技术开发中心

北京市大兴区芦城工业开发区[102600]
电话:(010)61208434;61239612;13801369355
传真:(010)61231983
网址:www.bjcyj.com
E-mail:info@bjcyj.com
【主要产品】耐擦洗内墙涂料;浮雕漆;真石漆;丙烯酸内墙乳胶漆;丙烯酸外墙乳胶漆;氟碳重防腐涂料;弹性防水涂料;混凝土界面处理剂;黏合剂;有机硅防水剂

北京驰宇塑料添加剂福利厂

北京市顺义区仁和地区办事处沙坨[101300]
电话:(010)69471320;69475588
传真:(010)69475588　经济类型:集体
网址:bjcy.bmoc.cn
E-mail:bjcy@bmoc.cn
【主要产品】阻燃聚醚;聚氯乙烯热稳定剂β二酮;3,3′-二氯-4,4′-二氨基二苯基甲烷;颜料分散剂

北京创意生物工程新材料有限公司

北京市西城区西直门内南小街国英园1号楼612室[100035]
电话:(010)58561288;58561708;13601001363
传真:(010)58561266
经济类型:中外合资经营企业
网址:www.graphite-cn.com
E-mail:sales@graphite-cn.com
【主要产品】鳞片石墨;可膨胀石墨

北京春雨化工厂

北京市通州区永乐店镇柴厂屯村[101115]
电话:(010)80511171;13501380360
经济类型:私营企业　法人代表:宋贺雨
【主要产品】焦化苯;1,2-二氯乙烷

北京达科思精细化工研究所

北京市海淀区中关村南大街907楼503室[100086]
电话:(010)62540216
传真:(010)62543954　职工人数:25人
固定资产:2,000千元
经济类型:股份合作　产值:16,000千元
销售收入:3,600千元
法人代表:林魁冠
E-mail:linkuiguan@163.com
【主要产品】1,3,5-三甲氧基苯;1,3-二甲基-2-咪唑啉酮;5-甲氧基吲哚;4-溴吲哚;四甲基哌啶醇;频哪醇;苯乙醇;4,4′-二氨基二苯醚;3,3-二甲基丙烯酸;1,2,3-苯三甲酸;均苯三甲酸;2-巯基丙酸;水杨酸甲酯;3,3-二甲基丙烯酸乙酯;3,3-二甲基丙烯酸甲酯;氨基甲酸甲酯;吲哚-2-甲酸甲酯;4-氯甲基苯乙烯;邻甲氧基对苯二酚;间苯三酚;5,5-二甲基海因;环已甲酰胺;4,4′-二甲基双苯基脲;间三氟甲基苯乙腈;氯代叔丁基苯;吲哚-2-羧酸;2,6-二氯-5-氟烟酸;*L*-甲状腺素钠;4-溴黄酮;2,5-二巯基-1,3,4-噻二唑;4,4′-二氨基二苯砜;3,3′-二吲哚甲烷;2-甲基吲哚;2,2-二羟基苯丙酸;对硝基苯乙腈;3,5-二碘-*L*-酪氨酸;八溴醚;4-羟基哌啶醇氧自由基;2,2,6,6-四甲基哌啶酮氮氧自由基

北京大地泽林硅业有限公司

北京市通州区大杜社工业区[101149]
电话:(010)61583944;61586099
传真:(010)61583944
法人代表:马国君
网址:www.ddzl.com
E-mail:webmaster@ddzl.com
【主要产品】金属硅

北京大齐世宝建筑材料有限公司

北京市大兴区瀛海镇商业街北楼[100176]
电话:(010)87969967;(0317)3831021

传真:(010)69274362
网址:www.guobao-bj.com
E-mail:gbhg@china315.com
【主要产品】聚醋酸乙烯乳液;内外墙乳胶漆;外墙平光乳胶漆

北京大千塑料制品厂

北京市顺义区任李路沿河段37号[101311]
电话:(010)69481498;69481427;13311312637
传真:(010)69481427
网址:www.dqsl.com
E-mail:a13311312637@yahoo.com.cn
【主要产品】塑料制品;吸塑制品;注塑制品

北京大兴光明化工厂

北京市大兴区瀛海镇新村试验场7号[102600]
电话:(010)69270238
传真:(010)69270238　职工人数:50人
网址:www.guangming.com
E-mail:guangming2976@163.com
【主要产品】无尘复合铅盐稳定剂;钙锌无毒复合稳定剂

北京德辉新型建筑材料有限公司

北京市通州区张家湾工业开发区[101101]
电话:(010)61501467;13701138127
传真:(010)61501467
供销电话:13611124617;61564069
经济类型:股份合作　法人代表:马文玲
网址:www.jc.net.cn/dehui
E-mail:cndehui@sina.com
【主要产品】弹性涂料;环氧地坪涂料;硅橡胶防水涂料;混凝土界面处理剂;补缝胶;结构胶胶黏剂;丙烯酸密封膏;建筑胶;108胶;中空玻璃胶;聚硫密封胶

北京迪龙化工有限公司

北京市房山区燕山工业区[102500]
电话:(010)69344297;69345387;69344298
传真:(010)69345473;69344298
固定资产:50,000千元
经济类型:中外合资经营企业
法人代表:贯殿新
网址:www.bjdilong.com
E-mail:liweidong@bjdilong.com
【主要产品】2-叔丁基对苯二酚;邻甲基对苯二酚;2,5-二叔丁基对苯二酚;抗氧剂1010;抗氧剂1076;抗氧剂168;复合型抗氧剂B215;复合型抗氧剂B225;抗氧剂B900;导热油;4-羟基哌啶醇氧自由基;2,2,6,6-四甲基哌啶酮氮氧自由基;抗静电剂TD-T1501

北京东方德众科技发展有限公司

北京市丰台区科技园星火路10号B座506号[100071]
电话:(010)83682336;83682443;83681494
传真:(010)83682439
网址:www.dfdzchem.com
E-mail:dfdz@dfdzchem.com
【主要产品】5-氟嘧啶;2-乙酰氨基-3-(4-氯苯基)丙酸;2-乙酰氨基-3-(3,4-二氯苯基)丙酸;2-乙酰氨基-3-(3,4-二羟基苯基)丙酸;乙醛酸;尿囊素;甘氨酸乙酯盐酸盐;2,6-二氟苯腈;*DL*-苯丙氨酸;4-氨基-2-羟基嘧啶;对氯苯甘氨酸;尿嘧啶;5-甲基尿嘧啶;混旋苯甘氨酸;2-乙酰氨基-3-(3,4-二氯苯基)丙烯酸;2-乙酰氨基-3-(4-羟基苯基)丙烯酸;4-三氟甲氧基苯胺;灭幼脲;除虫脲;特康唑;杀铃脲;氟铃脲;头孢哌酮;头孢呋辛钠;头孢呋辛酯;阿奇霉素;齐多夫定;阿昔洛韦;更昔洛韦;头孢曲松钠;维生素H;罗格列酮;匹格列酮;氟尿嘧啶;2′-脱氧-5-氟尿苷;赖诺普利;马来酸依那普利;雷米普利;盐酸喹那普利;非洛地平;奥扎格雷钠;*N*-乙酰甘氨酸;腺苷;尿苷;地拉普利

北京东方红防水建材集团

北京市大兴区南各庄工业开发区[102600]
电话:(010)89262888;89261119;83680029
传真:(010)89262888
供销电话:83685765;83680028
供销传真:83685765
网址:www.bjdongfanghong.com
E-mail:info@bjdongfanghong.com
【主要产品】聚氨酯防水涂料;氯丁橡胶沥青防水涂料;JS复合防水涂料;SBS改性沥青防水卷材;APP改性沥青防水卷材

北京东方华龙建筑材料有限公司

北京市海淀区后屯村北[100096]
电话:(010)82915367;82923352
网址:www.bedbm.com
E-mail:yuelu@bedbm.com
【主要产品】聚乙烯丙纶复合防水卷材;复合硅酸盐保温涂料;建筑黏合剂;建筑胶粉

北京东方化工厂

北京市通州区张家湾镇滨河路143号[101149]
电话:(010)61564901
传真:(010)61564372　经济类型:国有
供销电话:61564498　有进出口权
企业规模:大型　职工人数:2,132人
法人代表:张振友
网址:www.bechem.com.cn
E-mail:xsb@bechem.com.cn
【主要产品】乙烯;丙烯;丁二烯;环氧乙烷;乙二醇;一缩二乙二醇;三乙二醇;丙烯酸;丙烯酸丁酯;丙烯酸甲酯;丙烯酸乙酯;丙烯酸-2-乙基己酯;C_4抽余油;C_9馏分;混合苯

北京东方锐波化工厂

北京市丰台区大灰厂东路[100074]
电话:(010)83871050;83877256;83871052
传真:(010)83871050　经济类型:国有
供销电话:68840926　职工人数:422人
法人代表:王荣成
【主要产品】硅丙乳液;硅丙树脂;苯丙乳液;强酸性苯乙烯系阳离子交换树脂(001×7型);聚丙烯酸甲酯浆料;涂料印花黏合剂;有机硅防水剂

北京东方石化化工四厂

北京市房山区马各庄[102400]
电话:(010)69314960;69313551
传真:(010)69314910　经济类型:国有
供销电话:69314962　企业规模:大型
供销传真:89325241　职工人数:800人
法人代表:霍建生
【主要产品】2-乙基己醇;正丁醇;异丁醇;邻苯二甲酸二辛酯

北京东方石油化工有限公司有机化工厂

北京市朝阳区东郊大郊亭[100022]
电话:(010)67712631;67712255;67714640
传真:(010)67712631　经济类型:国有
供销电话:67714640;67762195
供销传真:67714642　法人代表:应书光
网址:www.bocp.com.cn
E-mail:chb@bocp.com.cn;sale@bocp.com.cn
【主要产品】醋酸;醋酸乙烯酯;乙烯-醋酸乙烯共聚乳液;乙烯-醋酸乙烯共聚树脂粉末;聚醋酸乙烯乳液;叔碳酸乙烯酯-醋酸乙烯共聚乳液;聚乙烯醇(17-88型);聚乙烯醇

北京东方石油化工有限公司助剂二厂

北京市朝阳区南豆各庄1号[100023]
电话:(010)67376886;67379225
传真:(010)67379225　职工人数:342人
供销传真:67363880　法人代表:苏建军
网址:www.dfpc-baaf.cn
E-mail:sales@dfpc-baaf.cn
【主要产品】高密度聚乙烯;超高分子量聚乙烯;聚乙烯蜡

北京东方亚科力化工科技有限公司

北京市通州区滨河路143号[101149]
电话:(010)61567430;69567433;61564901
传真:(010)61567410;69575304
供销电话:61501292;61561438

供销传真:61567413;69575304
经济类型:有限责任公司　有进出口权
法人代表:贯广泰
网址:www. act-chem. com
E-mail:actoffice@ act-chem. com
【主要产品】正戊烷;环戊烷;异戊烷;丙烯酸羟丙酯;丙烯酸酯;丙烯酸甲酯;丙烯酸羟乙酯;丙烯酸-2-乙基己酯;丙烯酸十二酯;丙烯酸十八酯;三羟甲基丙烷三丙烯酸酯;甲基丙烯酸羟乙酯;甲基丙烯酸-β-羟丙酯;丙烯酸树脂;自交联型纯丙乳液;苯乙烯-丙烯腈共聚物;苯丙乳液;自交联型苯丙乳液;乳胶漆增稠剂;水性印刷油墨;新戊二醇二丙烯酸酯;一缩二乙二醇二丙烯酸酯;二缩三乙二醇双丙烯酸酯;邻苯二甲酸二甘醇二丙烯酸酯;墙纸黏合剂;纸塑复合胶;乳液增稠剂;增稠剂;消泡剂;成膜助剂;水性颜料分散剂

北京东方永宇高分子制品有限公司

北京市通州区滨河路143号(北京东方化工厂北门东侧600米)[101149]
电话:(010)61501488;61501489;61565553
传真:(010)61501485
经济类型:中外合资经营企业
网址:www. dfyychem. com
E-mail:dfyycn@ hotmail. com
【主要产品】建筑乳液

北京东华原医疗设备有限责任公司

北京市(中关村)昌平科技园区振超路1号[102200]
电话:(010)89718147;89718013
传真:(010)89718021
经济类型:有限责任公司
网址:www. donghuagroup. com
E-mail:xgbdh123@ 163. com;donghuahr@ 163. com
【主要产品】氟氢酸

北京东联化工有限公司

北京市通州工业开发区[101113]
电话:(010)61503001;61567035;61567943
传真:(010)69572170;69572173
经济类型:有限责任公司
法人代表:吕书人
网址:www. donglianchem. com
E-mail:donglian@ donglianchem. com
【主要产品】水性油墨用丙烯酸乳液;建筑乳液;水性木器漆用乳液;涂料助剂;纺织乳液;压敏胶黏剂

北京东升制药厂

北京市平谷区兴谷开发区二号区[101200]
电话:(010)89986795;69962618
传真:(010)69962618　经济类型:集体
【主要产品】硫酸卡那霉素;芦丁

北京东盛创远科技发展有限公司

北京市丰台区小井村544号铁路工程招待所院内[100039]
电话:(010)63838241;13501062059
传真:(010)63804203
网址:www. newsanxia. com
E-mail:info@ newsanxia. com
【主要产品】氯丁胶乳沥青;丙烯酸防水涂料;聚氨酯防水涂料;SBS改性沥青防水涂料;JS复合防水涂料;防腐涂料;胶黏剂401;建筑防水沥青嵌缝油膏;防水透明胶;SBS改性沥青防水卷材

北京东兴润滑剂有限公司

北京市东直门外东辛店[100015]
电话:(010)64368739
传真:(010)64343485
网址:www. bjdxr. com
【主要产品】防锈乳化油;脱水防锈油;水基金属清洗剂;乳化油;线切割乳化油;合成切削液

北京丰德医药科技有限公司

北京市中关村科技园区昌平园华通路11号[102200]
电话:(010)69709755;64935102
传真:(010)69704820;69709122
供销电话:69709722;64935102
网址:www. fdchem. com
E-mail:sales@ fdchem. com
【主要产品】头孢吡肟;活力康唑;阿德福韦;佐米曲坦;舒马曲坦;奥硝唑;替莫唑胺;盐酸尼莫司汀;瘤可宁;达卡巴嗪;氟达拉滨;比索洛尔;盐酸舍曲林;扎莱普隆;利培酮;盐酸罗沙替丁醋酸酯;酒石酸托特罗定;羟乙基淀粉;托烷司琼;盐酸非索非那定;硫普罗宁;*L*-丙氨酰-*L*-谷氨酰胺;盐酸吉西他滨;美法仑

北京凤礼精求商贸有限责任公司

北京市大兴区旧宫镇庑殿路39号-7-8号[100076]
电话:(010)87966828;87969887;87969882
传真:(010)87969886　职工人数:100人
固定资产:10,000千元
供销电话:87969887;87969883
经济类型:有限责任公司
法人代表:马越崎
网址:www. fenglichem. com;www. jingqiuchem. com
E-mail:djt@ fenglichem. com;gfy@ fenglichem. com
【主要产品】氢氧化钙;重质碳酸钙;轻质碳酸镁;玉米淀粉

北京福润达化工有限责任公司

北京市朝阳区十八里店横街子19号[100023]
电话:(010)87301585;87301586;87301587
传真:(010)87301588　有进出口权
经济类型:有限责任公司
网址:www. friend-online. com
E-mail:sales@ friend-online. com
【主要产品】不饱和聚酯模塑料;片状模塑料SMC;SMC模压绝缘板

北京复盛机械有限公司

北京市昌平区国际信息产业基地[102206]
电话:(010)69732255
传真:(010)69732299
经济类型:与港澳台商合资经营
网址:www. bjfusheng. com
E-mail:sales@ bjfusheng. com
【主要产品】压缩机;活塞式压缩机;移动螺杆式空压机;冷媒式压缩机;离心机

北京富特斯化工科技有限公司

北京市朝阳区安华里五区18楼118室[100011]
电话:(010)51655384
经济类型:有限责任公司
网址:www. fts. com. cn
E-mail:support@ fts. com. cn
【主要产品】高效抗水分散剂;高效分散剂;聚氨酯流变剂;缔合型碱溶胀增稠剂;润湿剂;高效消泡剂;高效润湿分散剂

北京富亚涂料有限公司

北京市东城区安德路甲10号3-101[100011]
电话:(010)64511812;64511810
传真:(010)64472935
网址:www. fuyapaint. com
【主要产品】建筑涂料

北京高博医药化学技术开发有限公司

北京市丰台区小屯西路121号[100071]
电话:(010)83694934;13681571769
传真:(010)83695064
供销电话:83694934;13911386546
网址:www. gaobo. com
E-mail:info@ gaobo. com
【主要产品】2,4-二氟苯基-4-哌啶基甲酮;4-二甲氨基丁醛缩二甲醇;4-(*N*,*N*-二甲氨基)乙缩丁醛;4-氯-1-羟基丁烷-1-磺酸钠;3-(2-甲氧基-5-甲基苯基)-3-苯基丙酸;2-[*N*-甲基-*N*-(2-吡啶基)氨基]乙醇;*N*-[3-(3-二甲氨基-1-氧-2-丙烯基)苯基]-*N*-乙基乙酰胺;3-氨基-4-氰基吡唑;4-氯丁醛缩二甲醇;4-氯丁醛缩二乙醇;6-氟-3-(4-哌啶基)-1,2-苯并异噁唑盐酸盐;(*S*)-4-(4-氨基苄基)-1,3-噁唑-2-酮;链脲菌素;佐米曲坦;苯甲酸利扎曲坦;罗格

列酮;匹格列酮盐酸盐;利培酮;酒石酸托特罗定

北京高渡美涂料有限公司

北京市海淀区西三旗建材城中路19号[100096]
电话:(010)82935357;82935830
传真:(010)82937998
经济类型:港澳台商独资经营
网址:krt.com.cn
E-mail:bjkrt@163.com
【主要产品】丝光乳胶漆;弹性乳胶漆;真石漆;丙烯酸室外乳胶漆;丙烯酸室内乳胶漆;环氧地坪涂料;高渗透封固底漆;聚氨酯瓷漆;各色防霉乳胶漆

北京高环科贸有限公司

北京市朝阳区农光南里5楼701室[100021]
电话:(010)87392312
传真:(010)87392259
经济类型:股份合作　法人代表:张相良
网址:www.ghgh.com.cn
E-mail:sales@ghgh.com.cn
【主要产品】三氯化铁(液);四氢噻吩;碳酸二乙酯;*N*-甲基吡咯烷酮;间溴硝基苯;3-溴苯胺;乙二胺四乙酸四钠;四丁基溴化铵;三溴化硼;乙二胺四乙酸二钠

北京高盟化工有限公司

北京市房山区燕山工业区8号[102502]
电话:(010)81338114;80342309;69336714
传真:(010)81334705
经济类型:有限责任公司
网址:www.co-mens.com
E-mail:co-mens@co-mens.com
【主要产品】5-氰基吲哚;5-溴吲哚;对甲氧基苯甲醇;(*S*)-2-苄基丁二酸;5-氨基水杨酸;2-噻吩乙酸;*N*,*O*-二甲基羟胺盐酸盐;3-甲基吲哚;烯禾啶;烯草酮;盐酸罗格列酮;罗格列酮钠;罗格列酮酒石酸盐;匹格列酮盐酸盐;格列本脲;格列美脲;齐留通;托莫西汀;赤藓糖醇;*L*-丙氨酰-*L*-谷氨酰胺;胶黏剂

北京格瑞华阳科技发展有限公司

北京市海淀区阜成路115号北京印象7-1104[100036]
电话:(010)88119489
传真:(010)88116846
法人代表:屈强好
网址:www.green-hy.com
E-mail:manager@green-hy.com
【主要产品】环己基苯;1,2-丙二醇;碳酸二乙酯;碳酸二甲酯;碳酸甲乙酯;碳酸丙烯酯;碳酸乙烯酯;碳酸亚乙烯酯;氯代碳酸乙烯酯

北京关西涂料有限公司

北京市丰台区莱户营东街乙229号[100054]
电话:(010)63053246;63053247
传真:(010)63053246;63053502
网址:www.gxtl.com
E-mail:bjkansai@public.bta.net.cn
【主要产品】金属漆;丙烯酸聚氨酯漆;聚酯氟碳面漆;双组分环氧底漆

北京国经太和塑料有限公司

北京市大兴区瀛海镇四合庄村西[100176]
电话:(010)69286038
传真:(010)69286886
网址:www.gjth.cn
E-mail:taihebz88@sina.com
【主要产品】塑料包装箱及容器

北京国联诚辉医药技术有限公司

北京市海淀区文慧园北路8号庆亚大厦A座1103室[100088]
电话:(010)62216289-8013;82381892-83
传真:(010)62216289-8012
供销电话:62216759-8013
网址:www.glchem.com.cn;www.glchem.net
E-mail:sales@glchem.com.cn
【主要产品】米氮醇;5-(2-氯乙基)-6-氯-1,3-二氢吲哚-2-(2*H*)-酮;3-(4-氟苯硫基)-2-羟基-2-甲基丙酸;α-(2-呋喃甲基亚磺酰基)乙酸对硝基苯酚酯;3-(1-哌嗪基)-1,2-苯并异噻唑盐酸盐;帕苏沙星;甲磺酸帕珠沙星;比卡鲁胺;米氮平;拉呋替丁;利血生;盐酸齐拉西酮;甲磺酸齐拉西酮;帕马溴

北京海中宝工贸有限公司

北京市丰台区永外宋庄路11号[100078]
电话:(010)67640786;67667818
传真:(010)67667818
经济类型:股份有限公司
销售收入:11,000千元
网址:www.haizb.com
E-mail:hzb@haizb.com
【主要产品】二正丁基氧化锡;二月桂酸二丁基锡;二月桂酸二丁基锡复合物;丁基硫醇锡;聚氯乙烯热稳定剂;抗氧剂;抗氧剂1010;抗氧剂1076;抗氧剂DLTP;抗氧剂DSTDP;抗氧剂168;抗氧剂702;光稳定剂;紫外线吸收剂UV-327;紫外线吸收剂UV-531;紫外线吸收剂UV-326

北京航天赛德粉体材料技术有限公司

北京市海淀区蓝靛厂南大街59号玲珑花园[100089]
电话:(010)88490836;88490387
传真:(010)88490383　有进出口权
网址:www.sd-powder.com
E-mail:bjhtsd@sd-powder.com
【主要产品】二氧化硅;二氧化硅食品添加剂;二氧化硅增稠剂;二氧化硅消光剂

北京航通舟科技有限公司

北京市大兴区旧宫镇科技西路6-8号[100076]
电话:(010)87917303;87917307;87917309
传真:(010)87917301
经济类型:股份有限公司
网址:www.htz.cn
E-mail:whjj@wanhee.com
【主要产品】硅橡胶类电子灌封料;环氧灌封料;有机硅灌封料

北京昊科尔化工有限公司

北京市房山区良乡月华南大街39号[102488]
电话:(010)60303751;60303820;13801053793
传真:(010)60303751
网址:www.bjhkr.com
【主要产品】对氯苯丙酮;苯;己烷;庚烷;苯酚;丙酮;乙二醇;乙醚;石油醚

北京禾邦人科技有限公司

北京市丰台区郑常庄306号院12号楼4层[100039]
电话:(010)68675988;68679539
传真:(010)68674546
供销电话:66944734
网址:www.hbr.com.cn
E-mail:hbr@hbr.com.cn
【主要产品】腻子;乳胶漆;建筑涂料;彩色石漆;氟碳漆;纳米涂料;功能涂料;水性木器漆

北京合成天地化学技术有限公司

北京市朝阳区石各庄东光粘合剂厂院内[100024]
电话:(010)65487133;65487137;13910960294
传真:(010)65487133
网址:www.synsky.com.cn
E-mail:hctd@synsky.com.cn
【主要产品】普卢利沙星;盐酸雷莫司琼;西酞普兰草酸盐;盐酸左旋西替利嗪;左西孟旦;阿折地平

北京恒聚化工集团有限责任公司

北京市通州区漷县工业开发区[101109]
电话:(010)80589588
传真:(010)80587077
经济类型:股份有限公司
法人代表:郭文礼
网址:www.hengju.com.cn;www.hengju.cn
E-mail:hengju@hengju.com.cn
【主要产品】聚丙烯酰胺;污水处理剂;

造纸助剂

北京恒天易德化工有限公司

北京市朝阳区安外小关东里10号润宇大厦八楼[100029]
电话:(010)64971693;64950747
传真:(010)64971681
网址:www.eternwin.com
E-mail:info@eternwin.com
【主要产品】二十八醇;2,3,4,5-四氟苯甲酸;*N*-[1-(*S*)-乙氧羰基-3-苯丙基]-*L*-丙氨酸;3,4-二氟溴苯;5-甲氧基-2-巯基苯并咪唑;2-氰基-4′-甲基联苯;反式-4-氨基环己醇;2-氯甲基-3,4-二甲氧基吡啶盐酸盐;2,3-二甲基-4-硝基吡啶-*N*-氧化物;7-甲基-2-丙基-(1*H*)-苯并咪唑-5-羧酸;巴柳氮二钠;阿法骨化醇;氨氯地平;马来酸氨氯地平;阿替洛尔;阿托伐他汀钙;盐酸氨溴索;盐酸班布特罗;阿司咪唑;氮卓斯汀;抗氧剂168;光稳定剂770

北京宏发橡塑制品有限公司

北京市顺义区南彩镇[101300]
电话:(010)89478925;89469823;13801358392
传真:(010)89478925
供销电话:89478925;13683099646
网址:www.bjhongfa.com
E-mail:hf@bjhongfa.com;csq@bjhongfa.com
【主要产品】夹布胶管;汽车用胶管;排吸胶管;编织胶管;缠绕胶管

北京宏悦顺化工厂

北京市房山区房山街道洪寺村[102400]
电话:(010)69314383;69310040
传真:(010)69310041
网址:www.bjhys.com
E-mail:bjhys@bjhys.com
【主要产品】二甲苯;甲苯;苯;乙二醇;苯甲酸

北京洪雨防水建筑装饰工程公司

北京市丰台区东管头前街135-201号[100071]
电话:(010)63428749;13801110541
网址:www.bj-hyjt.com
E-mail:zhang@bj-hyjt.com
【主要产品】聚氨酯防水涂料;JS复合防水涂料;SBS改性沥青防水卷材;APP改性沥青防水卷材;强力堵漏防水剂

北京虹霞正升涂料厂

北京市房山区城关街道办事处金马工业区[102400]
电话:(010)89345370;89345778;13381133863
传真:(010)89345627
供销电话:89345627
网址:www.zspaint.com
E-mail:hxzs@zspaint.com
【主要产品】丙烯酸地坪漆;真石漆;硅丙外墙乳胶漆;丙烯酸外墙乳胶漆;纳米丙烯酸外墙乳胶漆;丙烯酸弹性防水外墙乳胶漆;高级丝光外墙乳胶漆;高光型外墙乳胶漆

北京华成防火涂料有限公司

北京市通州区漷县镇政府西200米[101109]
电话:(010)80588051
传真:(010)80588051
网址:bjhuacheng.cn.china.cn
E-mail:huachengtuliao@163.com
【主要产品】饰面型防火涂料;防火漆

北京华盾雪花塑料集团有限责任公司

北京市丰台区黄土岗马家楼119号[100070]
电话:(010)83728283
传真:(010)83729098
经济类型:有限责任公司
企业规模:大型
网址:www.bjhuadun.com.cn
E-mail:info@bjhuadun.com.cn
【主要产品】塑料制品;农用薄膜;聚乙烯热收缩膜

北京华丰制药有限公司

北京市丰台区西三环南路西管头乙88号[100071]
电话:(010)63853588;63851812
传真:(010)63851813　经济类型:集体
法人代表:刘瑞和
【主要产品】硼酸;氯化钙;磷酸川芎嗪

北京华立精细化工公司

北京市昌平区[102200]
电话:(010)80101651;89746017;89747974
传真:(010)89746017
网址:www.hualibj.com.cn
E-mail:huali@hualibj.com.cn
【主要产品】淬火剂;淬火油

北京华茂装饰涂料有限公司

北京市大兴区黄村镇[102600]
电话:(010)81223244;83774895;13161641488
传真:(010)68637224
网址:www.hmbzq.com
E-mail:smh@hmbzq.com
【主要产品】装饰漆;内外墙乳胶漆;高光冷瓷涂料;碎石漆

北京华清美恒天然产物技术开发有限公司

北京市通州区宋庄佰富苑工业区南区1号[101118]
电话:(010)89578408;89578789;69598703
传真:(010)69598703
网址:www.lecithin.com.cn
E-mail:lecithin@lecithin.com.cn
【主要产品】卵磷脂;脑磷脂;大豆异黄酮

北京华夏佳科技有限公司

北京市朝阳区酒仙桥北路7号[100015]
电话:(010)64373241
传真:(010)84569590
经济类型:私营企业　法人代表:白增琪
网址:www.huaxiajia.com
E-mail:hxjgs@huaxiajia.com
【主要产品】无油真空泵

北京化工厂

北京市大兴区安定镇工业区安定南街1号[102607]
电话:(010)80239398;80239828
传真:(010)80239722　有进出口权
经济类型:有限责任公司
企业规模:大型　法人代表:刘宝柱
网址:www.beijingchemworks.com
E-mail:office@beijingchemworks.com
【主要产品】偏硼酸钾;对二甲氨基偶氮苯磺酸钠;碱性玫瑰精B;三氧化二砷;二氧化硒;四氯化硒;碘;溴;四氯化碳;五氧化二磷;过氧化氢;乙酸钠;乙二胺四乙酸二钠;丁二酸钠;磺基水杨酸钠;丙酸钠;苯甲酸钠;柠檬酸钠;钨酸钠;氟化钠;氢氧化钠;重铬酸钠;钼酸钠;亚硝基铁氰化钠;酒石酸钠;亚硒酸钠;亚硒酸钠,无水;亚硒酸氢钠;铬酸钠;*D*-葡萄糖酸钠;硝酸钠;亚硝酸钠;硫酸钠;硫酸钠(无水);十二烷基硫酸钠;亚硫酸钠;亚硫酸钠(无水);过硫酸钠;硫代硫酸钠;焦硫酸钠;硫酸氢钠;硫氰酸钠;氯化钠;次氯酸钠;碘化钠;碘酸钠;高碘酸钠;四硼酸钠;四硼酸钠(无水);偏硼酸钠;溴化钠;溴酸钠;碳酸钠;碳酸氢钠;磷酸三钠;次磷酸钠;焦磷酸钠;磷酸二氢钠;磷酸二氢钠(无水);磷酸氢二钠;*D*-泛酸钙;氟化钙;硝酸钙;硫酸钙;氯化钙(无水);氯化钙(六水);次氯酸钙;碘酸钙;碳酸钙;磷酸钙;乙酸钡;氢氧化钡;铬酸钡;硝酸钡;硫酸钡;氯化钡;溴化钡;碳酸钡;乙酸钾;邻苯二甲酸氢钾;油酸钾;草酸钾;四草酸钾;柠檬酸钾;柠檬酸二氢钾;氟化钾,无水;氟化氢钾;氢氧化钾;重铬酸钾;铁氰化钾;亚铁氰化钾;氯铂酸钾;酒石酸钾;酒石酸氢钾;酒石酸锑钾;氟硅酸钾;亚硒酸钾;铬酸钾,无水;硝酸钾;硫酸钾;过硫酸钾;焦硫酸钾;硫酸氢钾;硫酸铝钾;硫酸铬钾;氰化银钾;氯化钾;氯酸钾;碘化钾;碘酸钾;高碘酸钾;四硼酸钾;氟硼酸钾;高锰酸钾;溴化钾;溴酸钾;碳酸钾;碳酸钾(无水);碳酸氢钾;磷酸二氢钾;磷酸氢二钾;三氧化二钴;四氧化三钴;硝酸钴;硫酸钴;氯化钴;碳酸钴,碱式;乙酰丙酮铁;硫酸亚铁;氯化亚铁;乙酸镍;氧化镍,黑色;氧化亚镍;硫酸镍;碳酸镍,碱性;乙酸铅;锡,粒状;二氧化锡;氯化锡,结晶;四氯化锡,无水;氯化亚锡;乙酸铵;甲酸铵;苯甲酸铵;偏钒酸铵;草酸铵;柠檬酸三铵;氟化铵;氟化氢铵;氢氧化铵;重铬酸铵;钼酸铵;氯铂酸铵;酒石酸铵;硝酸铵;硝酸铈铵;硫酸铵;亚硫酸铵;过硫酸铵;硫酸铁铵;硫酸亚铁铵;硫酸铈铵;硫酸铝铵;硫酸镍铵;硫氰酸铵;氯化铵;五硼酸铵;溴化铵;十六烷基三甲基溴化铵;碳酸铵;碳酸氢铵;氨基磺酸铵;磷酸铵;磷酸二氢铵;磷酸氢二铵;氯化金;乙酸铜;氧化铜,线状;氧化亚铜;硝酸铜;硫酸铜;氯化铜;氯化亚铜;碘化亚铜;溴化铜;碳酸铜,碱式;银,粉状;乙酸银;二乙基二硫代氨基甲酸银;偏钒酸银;氧化银;硝酸银;硫化银;硫酸银;氯化银;碘化银;溴化银;碳酸银;氢氧化铝;氧化铝;硝酸铝;氯化铝;汞;氯化汞;锌,粒状;乙酸锌;辛酸锌;氟化锌;氧化锌;硝酸锌;硫酸锌;氯化锌;溴化锌;碳酸锌,碱式;硫化镉;硫酸镉;氟化铯;氯化铯;碘化铯;乙酸锂;氟化锂;氢化铝锂;氢氧化锂;硝酸锂;硫酸锂;氯化锂(无水);偏硼酸锂,无水;溴化锂;乙酸锶;乙酸镁;氟化镁;氢氧化镁;氧化镁;硝酸镁;硫酸镁;氯化镁;碳酸镁,无水;氧化钇;五氧化二钒;二氧化钛;硫酸钛;三氯化钛,溶液;硝酸亚铈;硫酸铈;乙酸亚铊;硝酸铋;次硝酸铋;次碳酸铋;氧化铍;硫酸铍;二氧化锆;硝酸氧锆;硫酸锆;三氧化二锑;乙酸锰;二氧化锰;硝酸锰;硫酸锰;氯化锰;碳酸锰;硝酸镧;硫酸镧;吡啶;溴化十四烷吡啶;六氢吡啶;苯;甲苯;对二甲苯;对氯甲苯;硝基苯;氯苯;对二氯苯;乙胺,无水;二乙胺;二乙胺,盐酸盐;三乙胺;乙二胺;乙酰胺;*N*-乙基乙酰胺;*N*,*N*-二甲基乙酰胺;硫代乙酰胺;氯乙酰胺;乙醇胺;二乙醇胺;丁胺;二丁胺;异丁胺;1,6-己二胺;甲胺;甲胺,盐酸盐;二甲胺;二甲胺,盐酸盐;甲酰胺;*N*,*N*-二甲基甲酰胺;二环己胺,亚硝酸盐;苯胺;苯胺,盐酸盐;*N*,*N*-二甲基苯胺;间硝基苯胺;对氯苯胺;二苯胺;羟胺,盐酸盐;羟胺,硫酸盐;三聚氰胺;二氰二胺;二乙烯三胺;三亚乙基四胺;六次甲基四胺;顺丁烯二酸酐;邻苯二甲酸酐;1,2-二氯乙烷;1,1,1-三氯乙烷;溴乙烷;碘代丁烷;己烷;环氧氯丙烷;碘代戊烷;对,对′-二氨基二苯基甲烷;二氯甲烷;三氯甲烷;环己烷;三氯乙烯;苯乙烯;苯酚;2,4,6-三叔丁基苯酚;对甲苯酚;间甲酚;邻氨基苯酚;间氨基苯酚;2-萘酚;对硝基苯酚;邻硝基苯酚;间硝基苯酚;邻苯二酚;对叔丁基邻苯二酚;间苯二酚;甲酚红;乙腈;偶氮二异丁腈;丙烯腈;2-丁酮;2,3-丁二酮;丙酮;4-甲基-2-戊酮;1-苯基-3-吡唑烷酮;过氧化环己酮;乙酸乙酯;乙酰乙酸乙酯;氯乙酸乙酯;乙酸正丁酯;乙酸正戊酯;乙酸异戊酯;乙酸甲酯;乙酸乙烯酯;丁酸乙酯;水杨酸甲酯;甲基丙烯酸乙酯;甲基丙烯酸丁酯;丙烯酸甲酯;戊二酸二乙酯;甲酸乙酯;氨基甲酸乙酯;甲酸甲酯;辛酸乙酯;苯乙酸乙酯;苯甲酸乙酯;苯甲酸甲酯;苯甲酸苄酯;邻苯二甲酸二乙酯;邻苯二甲酸二辛酯;邻苯二甲酸二异辛酯;邻苯二甲酸二烯丙酯;油酸乙酯;钛酸丁酯;硼酸三乙酯;碳酸丙烯酯;磷酸三乙酯;磷酸三丁酯;磷酸三苯酯;过氧化苯甲酰;硫酸钒酰;苯甲酰氯;甲基磺酰氯;苯磺酰氯;乙酸,36%;乙酸,无水;次氮基三乙酸;乙二胺四乙酸;十四酸;丁二酸;丁烯二酸,顺式;己二酸;2-羟基苯甲酸;磺基水杨酸;甘氨酸;丙酸;2-氯丙酸;2-溴丙酸;*α*-甲基丙烯酸;甲酸;抗坏血酸;2,4-二氯苯氧乙酸;苯甲酸;对甲氧基苯甲酸;对氨基苯甲酸;对羟基苯甲酸;对苯二甲酸;邻苯二甲酸;*DL*-苹果酸;油酸;草酸;柠嗪酸;柠檬酸;柠檬酸,无水;磷钨酸;氢氟酸;盐酸;磷钼酸;氯铂酸;D-酒石酸;*L*-酒石酸;硒酸;硝酸;硫酸;亚硫酸;氢碘酸;硼酸;氢溴酸;亚碲酸;*DL*-缬氨酸;1,2,4-氨基萘酚磺酸;对甲苯磺酸;对氨基苯磺酸;磷酸;次磷酸;乙醇(95%);乙醇(无水);乙二醇;聚乙二醇;聚乙烯醇;十六醇;丁醇;1,3-丁二醇;水杨醇;甘露醇;丙醇;异丙醇;1,2-丙二醇;丙三醇;二丙酮醇;戊醇;甲醇;辛醇;环己醇;苯甲醇;胆固醇;烯丙醇;丁醛;丙醛;戊二醛,溶液;甲醛(溶液);苯甲醛;对羟基苯甲醛;乙二醇一乙醚;乙二醇一丁醚;石油醚;乙二醇一甲醚;二苯醚;水合肼;盐酸肼;硫酸肼;二苯基甲酰肼;硫脲;对苯醌二肟;二甲基乙二肟;二甲基亚砜;氯化苄;萘;1-溴代萘;四氢萘;1,4-二氧六环;苯并三氮唑;四氢呋喃;明胶;香豆素;蓖麻油;石蜡,液体;槲皮素;邻苯二甲酸二丁酯;聚甲基丙烯酸钠;聚丙烯酸钠;偶氮二异庚腈;二甲基二硫代氨基甲酸钠

北京化工大学北京环峰化工机械实验厂

北京市朝阳区北三环东路十五号[100029]
电话:(010)64421987;64423215;64435215
传真:(010)64440698
网址:www.hfmachinery.com
E-mail:jonshon@hotmail.com
【主要产品】化工设备;密封

北京化工大学精细化工厂

北京市海淀区紫竹院路98号[100089]
电话:(010)88588339;88588850
传真:(010)88588850
网址:www.ope-china.cn
E-mail:service@ope-china.com
【主要产品】氧化聚乙烯;透明聚丙烯

北京化工四厂精细化工厂

北京市房山区马各庄[102449]
电话:(010)89330196
传真:(010)89330196 经济类型:集体
供销电话:89330196;13610966961
职工人数:65人
网址:ko2bj@yahoo.com.cn
E-mail:lixuefangbjhs@yahoo.com.cn
【主要产品】过氧化钠;超氧化钾;钾

北京化学试剂研究所

北京市大兴区安定镇工业开发区南街1号华腾化工科技园[102607]
电话:(010)80239791
传真:(010)87952894 经济类型:国有
供销电话:87952864 法人代表:南山
网址:www.bicr.com
E-mail:bicr@bicr.com
【主要产品】PS版感光液

北京化友工贸有限公司

北京市通州区徐辛庄工业开发区[101119]
电话:(010)89563970;89565098;13901048480
传真:(010)89563970
E-mail:huayou@bjhuayou.com;cxt36@163.com
【主要产品】甘油醚;脂肪酸聚乙二醇酯;油酸三乙醇胺;聚乙二醇;脂肪胺聚氧乙烯醚;十二烷基二甲基苄基氯化铵;油酸;烷基苯磺酸钠;平平加;乳化剂EL;乳化剂OP;斯盘80;吐温80;松香胺聚氧乙烯醚;二甲基十二烷基叔胺醋酸盐;十二烷基二甲基氧化胺

北京环绿地塑料制品厂

北京市石景区山五里坨西街南路9号[100042]
电话:(010)88905400;88902196;88906038
传真:(010)88902603;88902645
法人代表:周淑敏
网址:www.bjhongguang.com
E-mail:zhshumin@sohu.com
【主要产品】塑料制品

北京吉和色母料有限公司

北京市大兴区西红门镇[100076]
电话:(010)60251795;60242686;86356610
传真:(010)60242876
网址:www.bj-jihe.com
E-mail:office@bj-jihe.com
【主要产品】抗静电母粒;阻燃母粒;塑料色母粒;炭黑母粒

北京极易化工有限公司

北京市房山区石楼镇[102423]
电话:(010)89389018
传真:(010)89389008
固定资产:22,000千元
网址:www.jiyichem.com;www.jiyichem.cn
E-mail:2426@jiyichem.com

【主要产品】2,4-二叔丁基苯酚;2,6-二叔丁基苯酚;2,4,6-三叔丁基苯酚

北京加成助剂研究所

北京市崇文区永外沙子口路 78 号综合楼甲 505 号[100075]
电话:(010)67611464;67621503;67276837
传真:(010)67621503;87206270
固定资产:65 千元　经济类型:私营企业
供销电话:87203408;87205856
供销传真:87206270;67621503
产值:12,874 千元
职工人数:37 人
销售收入:11,464 千元
网址:www.beijing-additives.com.cn
E-mail:jiacheng@mx.cei.gov.cn
【主要产品】四甲基哌啶醇;哌啶酮;亚磷酸一苯二异辛酯;液体钙锌稳定剂;热稳定剂;硫醇锑复合热稳定剂;稀土复合稳定剂;抗氧剂;抗氧剂 1010;抗氧剂 1076;抗氧剂 DLTP;抗氧剂 DSTDP;抗氧剂 168;复合型抗氧剂 B215;复合型抗氧剂 B225;抗氧剂 1035;抗氧剂 PKB-900;光稳定剂 GW-540;光稳定剂 GW-544;光稳定剂;光稳定剂 GW-480;光稳定剂 GW-622;紫外线吸收剂 UV-531;紫外线吸收剂 UV-326

北京佳佳美涂料厂

北京市大兴区黄魏路北化工区[102611]
电话:(010)89201315
网址:www.jjmei.com
E-mail:jjmeis@163.com
【主要产品】耐擦洗内墙涂料;亚光型内墙乳胶漆;高光型外墙乳胶漆;抗裂弹性腻子;耐水腻子

北京佳丽美涂料有限责任公司

北京市昌平区北七家镇八仙庄村东[102209]
电话:(010)89753075;89753076
传真:(010)89753075
经济类型:有限责任公司
网址:www.jialimei.com
E-mail:enquiry@jialimei.com
【主要产品】丙烯酸防水涂料;浮雕漆;丙烯酸内墙乳胶漆;丙烯酸外墙乳胶漆;自流平环氧地坪涂料;常温固化水基环氧防腐涂料;氟碳漆;膨胀型钢结构防火涂料;水性防霉涂料;耐水腻子

北京佳友盛新技术开发中心

北京市大兴区瀛海镇[100083]
电话:(010)62313869;13910270016
传真:(010)62330353
网址:www.jyschemtech.com
E-mail:manage@jyschemtech.com
【主要产品】乙基环己烷;二芳基乙烷;十二烷基苯;α-萘乙酸甲酯;2,6-二甲基-4-庚酮;对二乙基苯;己烷;2,2,4-三甲基戊烷;甲基环己烷;庚烷;烯丙醇;二丁醚

北京佳悦创新涂料科技发展有限公司

北京市房山区良乡月华南大街 29 号[102488]
电话:(010)69364380;69374380;89365900
传真:(010)69366788
网址:www.joyeapaint.com.cn
E-mail:joyeapaint@joyeapaint.com
【主要产品】腻子;水性金属漆;建筑涂料;高级内墙乳胶漆;高级外墙乳胶漆;溶剂型涂料

北京佳悦涂料有限责任公司

北京市房山区良乡 298 信箱[102488]
电话:(010)69374380;69364380
传真:(010)69366788　职工人数:200 人
经济类型:有限责任公司
网址:www.joyeapaint.com.cn
E-mail:joyeapaint@joyeapaint.com.cn
【主要产品】浮雕漆;真石漆;硅丙外墙乳胶漆;腻子粉;高级外墙乳胶漆;溶剂型外墙漆;水性木器漆;抗裂弹性腻子

北京嘉盛扬医药科技有限公司

北京市丰台区高立庄 353 号[100070]
电话:(010)83794481;83795528;13911777236
传真:(010)83712826
网址:www.chemsun.cn
E-mail:market@chemsun.cn
【主要产品】2,3-二氢苯并呋喃;3-氟水杨醛;对氟苯乙醇;2-氟-5-硝基苯甲酸;3,4-二氟苯甲酸;3,4-二甲基苯甲酸;3,4-二氟苯乙酸;磷酸二苄酯;对碘溴苄;2,6-二氟氯苄;3,4-二氟氯苄;2-氟-4-硝基苯酚;3-氟-2-甲基苯酚;4-溴-2,6-二甲基苯胺;4-溴-2-氟乙酰苯胺;3-氟-2-甲基苯胺;4-溴-2,6-二氯苯胺;4-溴-2-氟苯胺;2,5-二氨基三氟甲苯;2-乙酰基苯并噻吩;4,5-二甲基-1,3-二氧杂环戊烯-2-酮;3,5-二氯苯磺酰氯;2,6-二氟苯磺酰氯;邻三氟甲基苯乙酮

北京建海中建防水材料有限公司

北京市昌平区沙河东工业区[102206]
电话:(010)82415806;82416299;80723299
传真:(010)82416299
网址:www.jhzjfs.com
E-mail:288@jhzjfs.com;106@jhzjfs.com
【主要产品】丙烯酸防水涂料;聚氨酯防水涂料;JS 复合防水涂料

北京健力药业有限公司

北京市大兴区庞各庄镇南[102601]
电话:(010)89287931;89288668
传真:(010)89287686　法人代表:赵力
经济类型:有限责任公司
网址:www.jianli-pharm.com
E-mail:zhaoli@jianli-pharm.com
【主要产品】氨基乙酸;双甘氨肽;*L*-半胱氨酸;*L*-半胱氨酸盐酸盐无水物;*L*-丙氨酸;木糖醇;木糖;牛磺酸;左旋氧氟沙星;甘露醇;苦参素;谷氨酸;蛋氨酸;*L*-蛋氨酸;*L*-丙氨酰-*L*-谷氨酰胺;*D*-氨基葡萄糖硫酸钾盐

北京金奥利维科技发展有限公司

北京市海淀区东升清河小营后屯村东[100085]
电话:(010)82958162;13701335424
传真:(010)82958162　有进出口权
经济类型:股份有限公司
网址:www.goldolive.com
E-mail:jalw@goldolive.com
【主要产品】2-溴吡啶;2,5-二溴吡啶;2-氟吡啶;3-乙酰基吡啶;2-氨基吡啶;2-羟基吡啶;5-氟吲哚;5-氰基吲哚;5-溴吲哚;3-溴-4-氟苯甲醛;邻三氟甲基苯甲醛;间三氟甲基苯甲醛;对三氟甲基苯甲醛;3,5-二(三氟甲基)苯甲醛;2,3-二氟苯甲醛;3,5-二氟苯甲醛;间三氟甲基苄醇;邻三氟甲基苄醇;3,5-双(三氟甲基)苄醇;2,6-二氟苯甲酸;2,3-二氟苯甲酸;二氟溴乙酸;2-氯烟酸;2,5-二氟扁桃酸;2,6-二氟扁桃酸;3,4-二氟扁桃酸;3,5-二氟扁桃酸;对三氟甲基苯乙酸;3,5-双(三氟甲基)苯乙酸;4-甲硫基苯硼酸;间氨基苯硼酸;对氟苯硼酸;间氟苯硼酸;苯硼酸;对羟基苯硼酸;3-甲氧基苯硼酸;3-硝基苯硼酸;3,5-双(三氟甲基)苯硼酸;间三氟甲基苯甲酸甲酯;对三氟甲基苯甲酸甲酯;烟酸甲酯;烟酸乙酯;三氟乙酰乙酸乙酯;3,5-二氟苯乙酮;2,6-二氟苯乙酮;2,2,2-三氟苯乙酮;4-氯-3-三氟甲基苯乙酮;3,5-二氟溴苯;3,5-双(三氟甲基)溴苯;3,5-双三氟甲基苄基溴;间硝基苯酚;间溴硝基苯;2,5-二氯苯酚;5-硝基邻甲氧基苯酚;间溴苯酚;香芹酚;4-氟-2-甲基苯酚;2,4-二氟苄胺;2,5-二氟苄胺;2,6-二氟苄胺;3-溴苯胺;4-(*N*,*N*-二甲氨基)二乙缩丁醛;3,5-双三氟甲基苯腈;邻三氟甲基苯甲酸;3,5-双三氟甲基苯甲酸;间三氟甲基苯甲酸;对三氟甲基苯甲酸;吲哚-3-甲酸;5-硝基吲哚;*N*-[3-(3-二甲氨基-1-氧-2-丙烯基)苯基]-*N*-乙基乙酰胺;3-氨基-4-氰基吡唑;5-乙酰基水杨酰胺;3,5-二(三氟甲基)苯胺;对三氟甲基苯胺;2-氟-4-溴甲苯;吲哚-3-甲醛;3,5-双三氟甲基苯甲酰氯;对溴联苯乙酮;4,4′-二(氯甲基)联苯;对羟基苯丙酸;4-氯正丁腈;3,5-二(三氟甲基)苯乙酮;间三氟甲基苯乙酮;对三氟甲基苯乙酮;邻三氟甲基氯苄;甲氧基乙腈;2-甲基-5-硝基苯胺;曲酸;利拉萘酯;佐米曲坦;罗格列酮;匹格列酮;匹格列酮

盐酸盐；盐酸安非他酮；盐酸丁洛地尔；替米沙坦；萘哌地尔；扎莱普隆；利培酮；拉呋替丁；酒石酸托特罗定；盐酸托烷司琼；8-溴腺苷；8-氯腺苷；马来酸替加罗德；吉西它滨；萘呋胺酯草酸盐；对羟基苯甲醚

北京金都橡胶厂

北京市延庆县大榆树镇［102100］
电话：(010)61182988
传真：(010)61182422 职工人数：60 人
法人代表：任志权
网址：www.bjjdxj.com.cn
E-mail：rzq888888@126.com
【主要产品】聚氨酯橡胶传动带

北京金盾时代防水材料有限公司

北京市丰台区郑常庄［100071］
电话：(010)88211010
传真：(010)68185071
网址：www.bjjdsd.com
E-mail：info@bjjdsd.com
【主要产品】丙烯酸防水涂料；聚氨酯防水涂料；聚氨酯防水涂膜；SBS 改性沥青防水卷材；APP 改性沥青防水卷材；强力堵漏防水剂

北京金福莱吸水材料有限公司

北京市房山区大石窝镇王庄［102408］
电话：(010)61321887；13501111267
传真：(010)61321887 经济类型：集体
网址：www.bjwlt.com
E-mail：webmaster@bjwlt.com
【主要产品】四甲基哌啶醇；五甲基哌啶醇；2,2,6,6-四甲基-4-哌啶酮；2,2,6,6-四甲基哌啶酮氮氧自由基

北京金海鑫压力容器制造有限公司

北京市平谷区金海湖工业小区［101202］
电话：(010)13621379778；13716855612
传真：(010)60985106
网址：www.jhxllh.com.cn
E-mail：jhxllh@sohu.com
【主要产品】储罐；液化气贮罐；低温液体储罐；压力容器

北京金汇利应用化工制品有限公司

北京市海淀区车公庄西路 35 号花园写字楼 236 室［100044］
电话：(010)68457827；68457826；69841074
传真：(010)68457826；69865740
供销电话：68428487 法人代表：杨琦
供销传真：68428487
经济类型：中外合资经营企业
网址：www.jinhuili.com
E-mail：sales@jinhuili.com
【主要产品】水性环氧酯改性丙烯酸树脂；水性环氧树脂乳液；水性环氧树脂分散体；水性氨基醇酸树脂分散体；氨基醇酸树脂乳液；水性醇酸树脂乳液；水性丙烯酸改性醇酸树脂分散体；聚酯树脂乳液；水性丙烯酸改性饱和聚酯树脂；各色氨基醇酸烘干磁漆；环氧铁红防锈漆；水性底漆；水性底面合一漆；水性罩光漆；水性浸涂漆；水性金属底漆；水性面漆；水性汽车水箱专用漆；水性减振器专用漆；水性油箱专用漆；环保型水性金属防锈剂

北京金洋润滑油有限公司

北京市琉璃河工业开发区［102403］
电话：(010)89388907
网址：www.deve-lube.com
【主要产品】刹车油；齿轮机油；工业润滑油；车用润滑油

北京金依德化工有限公司

北京市通州区永乐开发区［101105］
电话：(010)80514588
网址：www.futeqi.com
E-mail：futeqi777@yahoo.com.cn
【主要产品】真石漆；丙烯酸内墙乳胶漆；丙烯酸弹性防水外墙乳胶漆；腻子粉

北京金鱼科技股份有限公司

北京市通州区玉带河大街 12 号［101149］
电话：(010)69548950；69546660；60561950
传真：(010)60562656 职工人数：365 人
经济类型：股份有限公司
法人代表：李立忠
网址：www.goldfish.com.cn
E-mail：goldfish@cenpok.net
【主要产品】合成洗衣粉；除垢剂；洗涤灵；洁厕王；织物柔顺剂

北京金源东和化学有限责任公司

北京市朝阳区惠新东街甲 2 号北奥大厦 18 层［100029］
电话：(010)84887500；13801068018
传真：(010)84887501 有进出口权
供销电话：13901018290
经济类型：有限责任公司
网址：www.charna.com
E-mail：peter@charna.com
【主要产品】碘化钠；碘化钾；2,2-二羟甲基丁酸；三氟乙酸；双氰胺钠；双丙酮丙烯酰胺；硫酸羟胺；三氟乙醇；三甲基碘化砜

北京金源恒泰精细化工有限公司

北京市通州区张家湾镇东定福庄村［101113］
电话：(010)61568916；61568926
传真：(010)61502927
网址：www.bjjyht.com
E-mail：jinyuanhengtai@21cn.net
【主要产品】聚乙二醇；保护胶；分散剂 DA；增稠剂；消泡剂；乳化剂；平平加；壬基酚聚氧乙烯醚

北京京灿颜料有限公司

北京市房山区琉璃河镇西南召村［102431］
电话：(010)80399583；80399584；13910851663
传真：(010)80399583 经济类型：集体
供销电话：80399582；13910851383
网址：www.bjjingcan.com
E-mail：caozh@sina.com
【主要产品】中铬黄

北京京城环保产业发展有限责任公司

北京市崇文区光明东路 1 号［100061］
电话：(010)67118725；67142237；67110184
传真：(010)67115365 有进出口权
供销电话：67114993；67119720
经济类型：股份有限公司
企业规模：大型
网址：www.bj-compressor.com
E-mail：bfgm@bj-compressor.com
【主要产品】压缩机；特殊介质气体压缩机；螺杆压缩机；真空压缩机

北京京汉邦涂料有限公司

北京市丰台区南四环中路甲 1 号［100070］
电话：(010)61202023
传真：(010)61202021
网址：www.chxtuliao.com.cn
E-mail：changxin068@yahoo.com.cn
【主要产品】装饰漆；丙烯酸快干中涂漆；环氧封闭底漆；各色无溶剂环氧地坪漆；自流平环氧地坪涂料；防护涂料；特种涂料；工业地坪涂料；重防腐地坪涂料；砂浆地坪涂料

北京京煤化工有限公司

北京市房山区青龙湖镇坨里［102471］
电话：(010)80379270；80379514
传真：(010)80374040 经济类型：国有
职工人数：650 人
网址：www.bj-explosive.com.cn
E-mail：jmhg@bj-explosive.com.cn
【主要产品】乳化炸药；铵锑炸药；工业电雷管；震源导爆索；导爆管雷管

北京京齐漆业有限公司

北京市通州区马驹桥东田阳［101102］
电话：(010)61586182
传真：(010)61586183
供销电话：87673872；87673873
供销传真：87673876
网址：www.cnjingqi.com

【主要产品】天然树脂漆类;丙烯酸内墙乳胶漆;耐水腻子;建筑用内外墙界面剂;建筑胶

北京京卫瑞源科技有限公司

北京市通州区张家湾镇张辛庄部队靶场[101149]
电话:(010)61501640;86402669;13801159992
传真:(010)69573846
供销电话:89525169;86402669
供销传真:89525079
网址:jwhg. saipao. com;www. fhbw. com
E-mail:jwhg@ saipao. com
【主要产品】酚醛树脂泡沫塑料;超吸水树脂;酚醛泡沫复合板

北京京兴龙潭橡胶有限公司

北京市宣武区骡马市大街甲254号[100052]
电话:(010)83522264;83526291;83526292
传真:(010)83522264
网址:www. xltxjmf. com
E-mail:root@ xltxjmf. com
【主要产品】橡胶同步带;油封;O形密封圈

北京精益精化工有限公司

北京市北三环东路37号华世隆国际公寓B806室[100029]
电话:(010)64446910;64446911;64446912
传真:(010)64446915
网址:www. fnfchem. com
E-mail:heyi@ fnfchem. com;luocq@ fnfchem. com
【主要产品】5-溴-2-硝基吡啶;2-苯基咪唑啉;5-乙硫基四唑;联苯单甲醛;乙二醇单苄醚;2-溴丁酸;4-甲氧基苯基氨基甲酸乙酯;4-碘-2,6-二甲基苯胺;双氰胺;4-十二烷基苯胺;*N*,*O*-双(三甲基硅基)乙酰胺;*N*,*O*-双(三甲基硅烷基)三氟乙酰胺;*DL*-2-氨基丁酸;4-甲氧基苯肼盐酸盐;苯并噁唑酮;6-(2-羟乙基砜基)苯并噁唑酮;4-乙酰氨基-2-氨基苯磺酸;间氨基甲磺酰苯胺;对氰基联苯;甲酚红;乙酰苯肼;对硝基苯肼;格替沙星

北京靓的涂料有限公司

北京市朝阳区朝阳路69号[100025]
电话:(010)51388200
传真:(010)51388201
网址:www. liangdipaint. com
E-mail:services@ liangdipaint. com
【主要产品】金属漆;内墙涂料;外墙涂料;美术漆;水性木器漆

北京久申防水材料有限公司

北京市房山区韩村河镇七贤工业区[102423]
电话:(010)81969298;13511053258
传真:(010)87290938
网址:www. caiyunlai. cn
E-mail:caiyunlaibj@ 126. com
【主要产品】JS复合防水涂料;SBS防水卷材;聚氯乙烯防水卷材;APP改性沥青防水卷材

北京居欢化工有限公司

北京市通州区永乐店镇小务化工区[100024]
电话:(010)65486857;65486858;65486859
传真:(010)65799690 职工人数:110人
供销电话:51650815
法人代表:邢少元
供销传真:65486859
经济类型:有限责任公司
网址:www. juhuan. com
E-mail:jh@ juhuan. com
【主要产品】各色醇酸调合漆;内外墙涂料;苯丙乳胶腻子;建筑胶801;建筑胶903;聚醋酸乙烯乳液胶黏剂;万能胶;氯丁橡胶胶黏剂;胶黏剂401;建筑胶;地板胶;聚苯泡沫板胶

北京巨能制药有限责任公司

北京市经济技术开发区永昌北路3号[100176]
电话:(010)67880420
传真:(010)67880421
经济类型:有限责任公司
【主要产品】卡维地洛

北京卡莱睿禹防水材料有限公司

北京市丰台区久敬庄路甲1号[100076]
电话:(010)67992978;67991196
传真:(010)67992285
网址:www. carlisle. com. cn
E-mail:postmaster@ carlisle. com. cn
【主要产品】橡胶沥青防水涂料;环保型聚氨酯防水涂料;防水卷材;三元乙丙橡胶防水卷材;SBS改性沥青防水卷材;APP改性沥青防水卷材

北京卡乐瑞化工有限公司

北京市朝阳区石佛营西里12号楼丰苑大厦918室[100025]
电话:(010)51393951;13901368986
传真:(010)51393950
网址:www. colorychem. com
E-mail:info@ colorychem. com
【主要产品】2-噻吩乙胺;2-氨基-6-氯嘌呤;邻溴苯甲醛;对溴苯甲醛;2-氨基-3,5-二溴苯甲醛;对异丁基苯甲醛;邻氟苯甲醚;2-溴乙基乙基醚;2,4,5-三氟苯甲酸;2,3,4,5-四氟苯甲酸;对溴苯甲酸;2,4,6-三碘-5-氨基间苯二甲酸;2-哌啶甲酸;对氯苯丙酮;邻羟基苯丙酮;对羟基苯丙酮;对羟基苯丁酮;对羟基苯戊酮;4,4′-二碘联苯;对溴丁苯;对溴叔丁苯;2-溴-5-氟甲苯;3,4-二氟溴苯;3,5-二氟溴苯;邻氟溴苯;4-溴氟苯;间溴氟苯;对溴溴苄;2-氟-4-溴苄基溴;邻溴溴苄;3,5-二硝基三氟甲苯;4-氟甲苯;邻氟甲苯;间氟甲苯;3,4,5-三氟溴苯;2-氟-4-硝基甲苯;2,3,4-三氟硝基苯;3,4,5-三氟硝基苯;2,4,5-三氟硝基苯;3,4-二氟硝基苯;2,4-二氟硝基苯;3,5-二氟硝基苯;间溴苯酚;4-氟苯酚;2-氟苯酚;3,4-二氟苯酚;3,5-二氟苯酚;3,4,5-三氟苯酚;甲氧基胺盐酸盐;对氟苄胺;2,3,4-三氟苯胺;2,4,5-三氟苯胺;3,4,5-三氟苯胺;4-氟苯胺;2-氨基-4,6-二氯嘧啶;2-氨基-4,6-二羟基嘧啶;2-氨基-4,6-二甲氧基嘧啶;2-氰基-4′-甲基联苯;2,3,4-三甲氧基苯甲醛;2,4-二氨基-6-氯嘧啶;4,6-二氯嘧啶;4,6-二羟基嘧啶;2,4-二氨基-6-羟基嘧啶;4-羟基-2-甲氧基苯甲醛;5-甲基异噁唑-4-甲酸;对溴氰苄;邻溴氰苄;1,3-二(三氟甲基)苯;2-氟苯胺;3-氟苯胺;3,5-二(三氟甲基)苯胺;2,6-二氟苯胺;2,4-二氟苯胺;3,4-二氟苯胺;2,5-二氟苯胺;3,5-二氟苯胺;2,6-二氯氟苯;3-氟苯酚;3-氨基-4-氯三氟甲苯;2-氟-4-溴甲苯;2-溴-4-氟甲苯;间溴三氟甲苯;4-氯苯腈;对溴苯腈;4-氯三氟甲苯;3-氨基三氟甲苯

北京卡利得技术发展有限责任公司

北京市丰台区西四环南路56号国润商务大厦主楼3003室[100073]
电话:(010)51654816
传真:(010)84935585
经济类型:有限责任公司
网址:www. coatlead. com
E-mail:coatlead@ eyou. com
【主要产品】防水防腐涂料;各色双组分聚氨酯地板漆;防腐涂料;防霉涂料

北京康田新世纪润滑油有限公司

北京市石景山区五里坨西街24号[100042]
电话:(010)88902698
传真:(010)88902698
经济类型:股份有限公司
网址:www. ktxsj. com. cn
E-mail:ktxsj@ sina. com
【主要产品】刹车油;高级汽油机油;高级柴油机油;摩托车油;齿轮机油;防冻液

北京柯特华宇防腐技术有限公司

北京市海淀区西直门北大街甲43号金运大厦A[100044]
电话:(010)62295032;62295033
传真:(010)62251593
网址:www. hctech. com. cn
E-mail:cortech@ 126. com
【主要产品】超耐候丙烯酸溶剂型外墙

涂料;防锈涂料;防腐涂料

北京科诚光华新技术有限公司

北京市大兴区礼贤[102604]
电话:(010)89273608;89272988;67737810
传真:(010)89273920
网址:www.bjcarbon.com.cn
E-mail:hjw@bjcarbon.com.cn;wyq@bjcarbon.com.cn
【主要产品】活性炭

北京科化新材料科技有限公司

北京市中关村科技园区昌平园沙河工业区[102206]
电话:(010)80729280
传真:(010)80729285 职工人数:100人
网址:www.bjkehua.com.cn
E-mail:webmaster@bjkehua.com.cn
【主要产品】液体硅橡胶;环氧包封料;导电胶黏剂

北京科林华工贸有限公司

北京市朝阳区大郊亭[100023]
电话:(010)87351097;87352240;13301192912
网址:www.klh.com.cn
E-mail:market@klh.com.cn;klh@klh.com.cn
【主要产品】乙烯-醋酸乙烯共聚乳液;醋酸乙烯-丙烯酸酯共聚乳液;苯丙乳液;叔碳酸乙烯酯-醋酸乙烯共聚乳液;高光乳液;腻子粉;速溶胶粉;弹性乳液

北京科普基业精细化工科技有限公司

北京市海淀区厂洼路5号东点写字楼B8522[100089]
电话:(010)68719697;13520537560
传真:(010)68719687
网址:www.finechemical.cn
E-mail:server@finechemical.cn
【主要产品】石蜡乳化剂;复合肥防结块剂;氨基硅油乳化剂;重油乳化剂

北京可尔制药厂

北京市朝阳区醉公坟甲1号[100016]
电话:(010)65763596;65761154
传真:(010)65761839 经济类型:国有
【主要产品】醋酸钠

北京莱恩斯涂料有限公司

北京市通州区中关村科技园兴光五街11号[101111]
电话:(010)81503575;81503576;81503577
传真:(010)81503579 职工人数:100人
网址:www.lions.com.cn
E-mail:bjlions@lions.com.cn
【主要产品】腻子;金属漆;内墙涂料;外墙涂料;抗碱封闭底漆;真石漆;罩面涂料;建筑胶

北京蓝通涂料有限公司

北京市海淀区中关村科技园大觉寺路48号[100080]
电话:(010)62455132
传真:(010)62456177
网址:www.laton.cn
【主要产品】金属漆;木器漆;丙烯酸内墙乳胶漆;丙烯酸外墙乳胶漆;多功能外墙乳胶漆;纳米涂料;水性封墙底漆

北京朗禾科技有限公司

北京市丰台区莱户营东街甲88号鹏润豪苑A座[100054]
电话:(010)63330619;63330629;13901026020
传真:(010)63331459 法人代表:徐曦
供销电话:83235011;83235012
经济类型:有限责任公司
网址:www.sinolh.com
E-mail:laheexu@lahee.cn
【主要产品】罗茨真空泵;真空泵;无油真空泵

北京朗坤防水材料有限公司

北京市昌平区流村镇上店工业区[102200]
电话:(010)60752168;60752368;13901239639
传真:(010)60750088
网址:www.jfc.com.cn;www.langkun.com.cn
E-mail:langkun@langkun.com.cn
【主要产品】氯化聚乙烯防水卷材;聚乙烯丙纶复合防水卷材;聚氯乙烯复合土工膜;丙烯酸防水涂料;聚氨酯防水涂料;氯丁橡胶沥青防水涂料;高分子防水涂料;JS复合防水涂料;高分子聚合物粘接剂;三元乙丙橡胶防水卷材;SBS改性沥青防水卷材;APP改性沥青防水卷材;强力堵漏防水剂

北京雷力农用化学有限公司

北京市海淀区中关村南大街甲10银海大厦南区五层[100081]
电话:(010)68940051;68940052;68910636
传真:(010)68910221 有进出口权
法人代表:郭占武
网址:www.leilichina.com
E-mail:tech@leilichina.com
【主要产品】多元液体复合肥;硼肥;有机肥

北京梨花塑料制品有限公司

北京市大兴区西红门镇老三余工业大院[100076]
电话:(010)61281056
传真:(010)61281055
供销电话:61286492;61281057
网址:www.bjlhsl.com
E-mail:bplh@bjbpgroup.com
【主要产品】塑料制品

北京立高防水企业集团

北京市丰台区小屯路9号立高大厦[100012]
电话:(010)51811558
传真:(010)51811503
供销电话:84919696;83725806
企业规模:大型
网址:www.ligao.com
【主要产品】聚乙烯丙纶复合防水卷材;丙烯酸防水涂料;聚氨酯防水涂料;JS复合防水涂料;水泥基渗透结晶型防水涂料;SBS防水卷材;三元乙丙橡胶防水卷材;APP改性沥青防水卷材;自粘橡胶沥青防水卷材;聚氨酯堵漏剂

北京丽水化工有限责任公司

北京市大兴县魏善庄乡黄魏路北侧[102611]
电话:(010)89201758;13671089728
传真:(010)89201858 经济类型:集体
固定资产:6,000千元 职工人数:120人
销售收入:4,000千元
法人代表:张国庆
【主要产品】琥珀酸;α,β-二溴丁二酸;氰乙酸乙酯;丁二酸钠;甲醇钠(甲醇溶液);喹乙醇;痢菌净;苯噁唑

北京丽源公司

北京市崇文区天坛东路66号[100061]
电话:(010)67145298
传真:(010)67115534
网址:www.lyrh.cn/docc/liyuan.htm
【主要产品】洗发香波

北京利国伟业超细粉体有限公司

北京市朝阳区管庄八里桥268号[100024]
电话:(010)85708606;13910883900
传真:(010)85708267
供销电话:85708606;13801354620
经济类型:有限责任公司
网址:www.guoliweifen.com
E-mail:xinglg@guoliweifen.com
【主要产品】超细硅灰石粉;超细绢云母;水镁石;超细叶蜡石粉;超细皂石粉;超细碳酸钙;超细重质碳酸钙;煅烧高岭土;超细煅烧高岭土;滑石粉;超细滑石粉;重过磷酸钙

北京联本医药化学技术有限公司

北京市海淀区阜外亮甲店1号4号楼[100036]
电话:(010)88148258;88140407;88140406
传真:(010)88148259
网址:www.lianben.com
E-mail:sales@lianben.com;contact@lianben.com
【主要产品】活力康唑;甲磺酸帕珠沙星;利拉萘酯;佐米曲坦;琥珀酸舒马

曲坦;苯甲酸利扎曲坦;替莫唑胺;富马酸比索洛尔;盐酸罗沙替丁醋酸酯;拉呋替丁;酒石酸托特罗定;盐酸奥洛他定;盐酸齐拉西酮

北京林氏精化新材料有限公司

北京市大兴区长子营镇工业区1号[102615]
电话:(010)80267511;80267512;80267513
传真:(010)80264580
网址:www. linshi. com. cn
【主要产品】聚氨酯树脂;印花黏合剂;氨基硅油

北京凌云建材化工有限公司

北京市丰台区大灰厂路88号[100074]
电话:(010)83870119;83379368;83379051
传真:(010)83877033　有进出口权
供销电话:83379368;83884313
经济类型:与港澳台商合资经营
职工人数:167人
网址:www. bjlychem. com
E-mail:sales@ bjlychem. com
【主要产品】碳酸氢钠(药用);双乙酸钠

北京龙霸润滑油有限公司

北京市大兴区旧宫工业园区20号[100076]
电话:(010)87910388;87910688
传真:(010)87911388;87911788
供销电话:87910388;87913188
供销传真:87915065
网址:www. longba. net. cn
E-mail:webmaster@ morale. net. cn
【主要产品】锂基润滑脂;润滑油;长效防冻液

北京龙苑伟业新材料有限公司

北京市海淀区永丰科技园区[100094]
电话:(010)62479038
传真:(010)62478221
网址:www. bjlongyuan. com
E-mail:master@ bjlongyuan. com
【主要产品】汽车用点焊密封胶;汽车密封胶;搅拌机;灌装机

北京鲁玫信悦生物科技中心

北京市大兴区黄村镇康盛园[102600]
电话:(010)87076876
传真:(010)68223388　职工人数:50人
经济类型:私营企业　法人代表:王梅
网址:www. lumei66. com
E-mail:lumei66@ lumei66. com
【主要产品】硫代磷酸钠;4,4′-二甲氧基三苯基氯甲烷;6-氯-3,4-二氢-4-甲基-3-氧-2*H*-1,4-苯并噁嗪-8-羧酸;硫氰酸乙酯;7-羟基-4-甲基香豆素

北京绿源塑料联合公司

北京市大兴区兴华中路1号[102600]
电话:(010)69241784;69200980
传真:(010)69241781
网址:www. bjlygg. com
【主要产品】塑料制品;塑料管

北京马氏精细化学品有限公司

北京市大兴区礼贤王化庄[102604]
电话:(010)89272148;61271592;13801398708
传真:(010)61271512
网址:www. mashichem. com
E-mail:mashichem@ sina. com
【主要产品】氯磺酸;氯化亚铜;丁基苯;氯代正戊烷;丙苯;对溴联苯;1-氯-4-硝基苯;正戊基苯;吡啶盐酸盐;三乙二醇;4-羟基-4-甲基-2-戊酮;2-甲基-2,4-戊二醇;对溴苯甲醚;丁醚;安息香甲醚;对甲氧基苯甲酸;对正丁基苯甲酸;邻苯二甲酸;苯氧乙酸;对乙基苯甲酸;次氮基三乙酸;对溴扁桃酸;丙酮酸;4-甲苯磺酸;亚氨基二乙酸;烟酸乙酯;乙酸戊酯;乙二胺四乙酸二甲酯;乙酰丙酮;苯乙酮;苯丙酮;对羟基苯丙酮;对溴苯丙酮;4-溴苯乙酮;对溴苯丁酮;苯丁酮;对羟基苯庚酮;对羟基苯丁酮;对羟基苯戊酮;苯戊酮;对溴苯戊酮;乙酰氯;丙酰氯;3-溴丙烯;1-氯丁烷;2-氯丁烷;对溴乙苯;对溴丙苯;对溴丁苯;对戊基溴苯;溴乙烷;碘乙烷;1-溴丙烷;1-氯十六烷;1-氯十三烷;丁酰氯;溴苯;1-溴丁烷;乙二酰氯;1-溴萘;1,2-二溴乙烷;1-溴戊烷;溴代异丁烷;对丙基苯甲酰氯;对戊基苯甲酰氯;4-硝基甲苯;间硝基苯酚;1,4-苯二酚;对庚基苯酚;对戊基苯酚;苯基三甲基氯化铵;三乙胺盐酸盐;*N*-(2-羟乙基)乙二胺;苯磺酰胺;3-氯苯胺;丙烯腈;*N*,*N*-二乙基乙醇胺;乙二胺四乙酸二钠;乙二胺四乙酸镁二钠;乙二胺四乙酸钙二钠;丙烯酸锌;丁二酸钠;草酸铁;辛酸钙;苯甲酸铵;丁二酮肟;对甲基苯甲腈;对羟基苯乙酮;4-甲基苯甲酸;尿嘧啶;2-氯丙烷;1,3-二溴丙烷;4-羟基二苯甲酮;2-氨基苯甲酸;对甲基苯甲酰氯;对甲氧基苯甲酰氯;苯磺酰氯;2,6-萘二磺酸钠;苯甲醚;对溴联苯乙酮;正戊酰氯;正庚基苯;苯庚酮;正庚酰氯;4-庚基苯甲酸;2,4-二氯苯氧乙酸;碘化铅;十六烷基三甲基溴化铵;二乙基二硫代氨基甲酸银;溴化十四烷吡啶;β-二甲氨基丙腈;乙酸甲酯;氯甲酸异丁酯;二乙基三胺五乙酸;丁硫醇;脲;烯丙基硫脲;红四唑;丙酸钠;甲酸钙;对甲氧基苯乙酮;对羟基苯甲醚

北京迈劲医药科技有限公司

北京市昌平区北七家镇宏翔鸿企业孵化基地[102209]
电话:(010)81769620;81769521;81769601
传真:(010)81769679;81769652
网址:www. mediking. cn
E-mail:sales@ mediking. cn
【主要产品】托品醇;头孢吡肟;头孢唑兰;盐酸表阿霉素;柔红霉素;伊曲康唑;活力康唑;阿德福韦酯;那氟沙星;普卢利沙星;巴柳氮二钠;法罗培南;佐米曲坦;琥珀酸舒马曲坦;苯甲酸利扎曲坦;伏格列波糖;那格列奈;盐酸尼莫司汀;阿霉素;替米沙坦;奥美沙坦;藻酸双酯钠;非诺多泮;阿托伐他汀钙;扎莱普隆;潘托拉唑;兰索拉唑;雷贝拉唑;盐酸罗沙替丁醋酸酯;泰妥拉唑;消旋卡多曲;磷酸苯丙哌林;氯吡格雷硫酸盐;盐酸托烷司琼;谷胱甘肽;阿达帕林;培美曲塞二钠盐;盐酸奥洛他定;曲司氯胺;氨曲南

北京麦尔化工科技有限公司

北京市朝阳区北苑5号院4区北地大厦503室[100012]
电话:(010)84932946;84933769-16,18
传真:(010)84932946　经济类型:国有
法人代表:杨永坤
网址:www. mr-chem. com
E-mail:mayor@ mr-chem. com
【主要产品】涂料杀菌防腐剂;高效抗水分散剂;水性涂料分散剂;水性涂料触变剂;缔合型碱溶胀增稠剂;干膜防霉剂;水性涂料增稠剂;氧化铁红;氧化铁黄;无机黄;深铬黄;汉沙黄G;低泡润湿分散剂;聚氨酯增稠剂;染色用pH值调节剂;高效消泡剂;炭黑;成膜助剂;颜料分散剂

北京麦威药业有限公司

北京市朝阳区安翔北里11号院[100101]
电话:(010)64859163;64879149
传真:(010)64876091
E-mail:mowoy@ alibaba. com
【主要产品】甘氨酸螯合锌;甘氨酸螯合镁;甘氨酸螯合钙;萘丁美酮;西地那非

北京茂华保温材料有限公司

北京市朝阳区大黄庄南路[100024]
电话:(010)85753013;85753058;85768493
传真:(010)85771915　有进出口权
供销电话:85756398;85771917
经济类型:外商独资　法人代表:唐大斌
网址:www. huadugroup. com. cn
E-mail:sell@ huadugroup. com. cn
【主要产品】聚酯多元醇;聚氨酯鞋底原液;低密度聚氨酯高回弹泡沫组合料;聚氨酯自结皮泡沫组合料;聚氨酯泡沫塑料;聚氨酯硬质泡沫塑料;保温型硬泡聚氨酯板材

北京茂源防火材料厂

北京市顺义区李桥镇[101304]
电话:(010)81473293;81473837;13901170803
传真:(010)81473837　职工人数:300人
网址:www. myfh. com. cn

京

E-mail:oyx@126.com

【主要产品】防火涂料;饰面型防火涂料;膨胀装饰型防火涂料;钢结构隔热防火涂料;薄型钢结构防火涂料;膨胀型钢结构防火涂料;高效液体阻燃剂

北京美邦盛业涂料有限公司

北京市顺义区马坡镇衙门村8号[101300]

电话:(010)69408900;13801055106

网址:www.mbsyjc.com

E-mail:mbsyjc@163.com

【主要产品】半水硫酸钙;苯丙乳液;高弹性外墙乳胶漆;真石漆;丙烯酸外墙乳胶漆;丝光型墙面漆;环氧封闭底漆;腻子粉;水溶性罩面漆

北京美涂三旗涂料有限责任公司

北京市海淀区西三旗东高新建材城2号工业区[100096]

电话:(010)82918496;82910772;82910773

传真:(010)82911204 经济类型:国有

供销电话:82910769

网址:www.bjcoating.cn

E-mail:tnliaol@bbmg.com.cn

【主要产品】防火涂料;外墙涂料;耐磨地面涂料;内外墙涂料;彩砂涂料;功能涂料;高级凹凸状建筑装饰涂料;装饰涂料;特种防腐防锈涂料;胶黏剂

北京慕湖外加剂有限公司

北京市怀柔区开利园78号[101400]

电话:(010)69643149;69695620;69651014

传真:(010)69691620;69688504

供销电话:69643149;69695620

经济类型:私营企业 职工人数:120人

网址:www.mhaotw.com

E-mail:mhaotw@mhaotw.com

【主要产品】建筑乳液;铁红酚醛防锈漆;内外墙涂料;钢木结构的防水涂料;保温涂料;建筑黏合剂;堵漏剂;混凝土添加剂;混凝土防水剂;混凝土防冻剂;混凝土膨胀剂

北京纳美化工有限公司

北京市朝阳区京顺路孙河307号[100103]

电话:(010)84591990;13801009644

传真:(010)84593353

法人代表:冯尔汉

网址:www1.qis-web.com/lilynm

E-mail:bjnmhg@sina.com

【主要产品】纳米复合抗菌乳胶漆

北京纳美科技发展有限责任公司

北京市海淀区西三旗建材城东路8号[100096]

电话:(010)82906636;82916636;51659088

传真:(010)82924540

供销电话:51659088;81699487

网址:www.nanomei.com

E-mail:office@nanomei.com

【主要产品】纳米防水耐污染内墙涂料;夜光涂料;反光隔热涂料;纳米抗菌涂料;外墙厚质弹性中层漆;环保水性木器底漆;水性木器漆;木器腻子;建筑防水密封胶;中空玻璃胶;混凝土添加剂

北京诺德恒信化工技术有限公司

北京市朝阳区北苑路66号新恒基写字楼202[100085]

电话:(010)84929330;86972915;84926806

传真:(010)84926806 职工人数:50人

供销电话:62926495 法人代表:刘富成

经济类型:有限责任公司

网址:www.nordhuns.com

E-mail:info@nordhuns.com;nordhuns@hotmail.com

【主要产品】2-丙基咪唑二羧酸;2-丙基咪唑二羧酸二乙酯;4-氯-1-甲基哌啶盐酸盐;对丁基环己基苯甲酸;对乙基环己基苯甲酸;对戊基环己基苯甲酸;对丙基环己基苯甲酸;4′-甲基联苯-2-羧酸;3-甲基-4-氨基苯甲酸甲酯;4′-溴甲基联苯-2-羧酸甲酯;2,4-二氟苯基-4-哌啶基甲酮;对溴乙苯;对丙基环己基苯酚;对丁基环己基苯酚;对乙基环己基苯酚;对戊基环己基苯酚;对庚基环己基苯酚;3-氟-4-氰基苯酚;*N*-甲基邻苯二胺盐酸盐;4-(*N*,*N*-二甲氨基)二乙缩丁醛;*N*,*N*-二甲基-4,4-二甲氧基-1-丁胺;5-甲氧基-2-巯基苯并咪唑;5-二氟甲氧基-2-巯基-1*H*-苯并咪唑;*N*-甲基-4-硝基苯甲磺酰胺;*N*-甲基-4-氨基苯甲磺酰胺;反式-4-(4-氟苯基)-3-羟甲基-1-甲基哌啶;2-氯甲基-3,5-二甲基-4-甲氧基吡啶盐酸盐;2-氯甲基-3,4-二甲氧基吡啶盐酸盐;2,3-二甲基-4-硝基吡啶-*N*-氧化物;2-氯甲基-3-甲基-4-(2,2,2-三氟乙氧基)吡啶盐酸盐;2-氯甲基-3-甲基-4-(3-甲氧丙氧基)吡啶;2-正丙基-4-甲基-6-(1′-甲基苯并咪唑-2-基)苯并咪唑;7-甲基-2-丙基-(1*H*)-苯并咪唑-5-羧酸;5-氯-1,3-二氢-1-(4-哌啶基)-2*H*-苯并咪唑-2-酮;1-(3-氯丙基)-1,3-二氢-2*H*-苯并咪唑-2-酮;甲基帕罗西汀;4-(1-羟基-1-甲基乙基)-2-丙基-1*H*-咪唑-5-羧酸乙酯;4,5-二甲基-1,3-二氧杂环戊烯-2-酮;氟康唑;酮康唑;氟替卡松丙酸酯;非那甾胺;琥珀酸舒马曲坦;替扎尼定;甲基氢化泼尼松;氨氯地平;马来酸氨氯地平;盐酸哌唑嗪;特拉唑嗪;伊贝沙坦;坎地沙坦;甲磺酸多沙唑嗪;异丙托溴铵;依巴斯汀;硫酸沙丁胺醇;盐酸舍曲林;盐酸帕罗西汀;利培酮;奥美拉唑;潘托拉唑钠;雷贝拉唑钠;兰索拉唑;盐酸恩丹西酮;西沙必利;马来酸多潘立酮;盐酸洛哌丁胺;氯吡格雷;阿司咪唑;盐酸西替利嗪;脱羧氯雷他定;布地奈德;孟鲁司特;防老剂MB

北京诺格涂料有限公司

北京市朝阳区东大桥路8号尚都国际中心A座12层1212室[100020]

电话:(010)58700667;58700668;58700669

传真:(010)58700677

经济类型:中外合作经营企业

网址:www.rock-paint.com

E-mail:service@rock-paint.com

【主要产品】内外墙涂料;氟碳漆

北京派恩化学制品有限公司

北京市平谷区鲁各庄东路[101205]

电话:(010)89931848;89933188

传真:(010)89931848 职工人数:60人

固定资产:16,000千元

网址:www.paienchem.com

E-mail:qq8213@263.net;paien@paienchem.com

【主要产品】乙酸异丙烯酯;乙酰丙酮

北京普莱克斯实用气体有限公司

北京市朝阳区大郊亭化工路6号[100022]

电话:(010)67715544-437

传真:(010)67714768 有进出口权

供销电话:67783907 企业规模:大型

经济类型:中外合资经营企业

网址:www.praxair.com.cn

【主要产品】一氧化碳;二氧化碳;氖气;氙气;氢气;氧气;氩气;氦气;氪气;氮气;乙炔

北京普瑞东方化学技术有限公司

北京市丰台区西客站站南广场融信大厦1409A[100055]

电话:(010)83993285;13501360655

传真:(010)63370219 有进出口权

网址:www.bjpurechem.com

E-mail:lengyanguo@263.net;sales@bjpurechem.

【主要产品】2-氟吡啶;3-氟吡啶;6-氟吲哚;5-氟吲哚;6-硝基吲哚;7-硝基吲哚;对三氟甲基苯甲醛;对三氟甲基苄醇;3-哌啶甲酸;4-哌啶甲酸;2-哌啶甲酸;1-萘硼酸;2-萘硼酸;吲哚-6-羧酸;吲哚-4-羧酸;4-联苯硼酸;2-甲酰基苯硼酸;3-甲酰基苯硼酸;4-甲酰基苯硼酸;2-甲硫基苯硼酸;3-甲硫基苯硼酸;4-甲硫基苯硼酸;对乙氧基苯硼酸;邻乙氧基苯硼酸;间乙氧基苯硼酸;间氨基苯硼酸;2,4-二甲氧基苯硼酸;2-羧基苯硼酸;3-羧基苯硼酸;4-羧基苯硼酸;间氯苯硼酸;邻氯苯硼酸;对氯苯硼酸;邻氟苯硼酸;对氟苯硼酸;间氟苯硼酸;3-氯-4-氟苯硼酸;苯硼酸;2-乙基苯硼酸;4-甲氧基苯硼酸;邻甲氧基苯硼酸;3-甲氧基苯硼酸;邻甲基苯硼酸;间甲基苯硼酸;对甲基苯硼酸;5-氟-2-甲氧基苯硼酸;2,3-二氯苯硼酸;2,4-二氯苯硼酸;2,5-二氯苯硼酸;2,6-二氯苯硼酸;3,4-二氯苯硼酸;3,5-二氯苯硼酸;2,3,4-三氯苯硼酸;2,3,5-三氯苯硼酸;2,4,5-三氯苯硼酸;2,4,6-三氯苯硼酸;4-叔丁基苯硼酸;3-硝基苯硼酸;4-三氟甲基苯硼酸;2-三氟甲基苯硼酸;3-三氟甲基苯硼酸;3,5-双(三氟甲基)苯硼酸;2,5-二氟苯硼酸;3,5-二氟苯硼酸;3,4-二氟苯硼酸;2,4-二氟苯硼酸;2,3,4-三氟苯硼酸;2,3,5-三氟苯硼酸;2,3,6-三氟苯硼酸;2,4,5-三氟苯硼酸;3,4,5-三氟苯硼酸;对三氟甲基苯甲酸甲酯;烟酸甲酯;烟酸乙酯;吲哚-4-羧酸甲酯;*N*-甲基哌嗪;邻三氟甲基苯甲酸;间三氟甲基苯甲酸;对三氟甲基苯甲酸;*N*-苄基哌嗪;1-(3-三氟甲基苯基)哌嗪盐酸盐;哌嗪-2-羧酸二盐酸盐;邻三氟甲基苯甲酰氯;间三氟甲基苯甲酰氯;4-三氟甲基苯甲酰氯;间三氟甲基苯乙酮;对三氟甲基苯乙酮

北京瀑润化工产品有限责任公司

北京市大兴区黄村镇[102600]
电话:(010)6126711б
传真:(010)6260855　　有进出口权
供销电话:67861162
供销传真:67862874
经济类型:有限责任公司
网址:www.bjprina.com;
www.prinachem.com
E-mail:wupei@prinachem.com
【主要产品】对苯二甲醛;联苯二氯苄;对甲酰基苯甲酸;苯甲醛-2-磺酸钠;酯化物;涤纶增白剂 ER;荧光增白剂 ER-Ⅰ;荧光增白剂 SWN;荧光增白剂 CBS;荧光增白剂 CBS-L;荧光增白剂 OB;荧光增白剂 OB-1;荧光增白剂 KCB;荧光增白剂 KSN;荧光增白剂 FP-127

北京清华紫光英力化工技术有限责任公司

北京市海淀区安宁庄东路18号[100085]
电话:(010)82417260
传真:(010)82417230　　有进出口权
经济类型:有限责任公司
网址:www.insight.net.cn
E-mail:insight@insight.net.cn
【主要产品】硫酸钠(十水);硫酸钠;氨基乙酸;*N*-苯基甘氨酸;次氮基三乙酸;羟基乙酸;亚氨基二乙酸;月桂酸单甘油酯;对-*N*,*N*-二甲氨基苯甲酸异辛酯;对乙基苯乙酮;乙内酰脲;氨基乙腈盐酸盐;氨基乙腈硫酸盐;乙二胺四乙酸四钠;亚氨基二乙酸二钠;甘氨酸乙酯盐酸盐;双甘膦;亚氨基二乙腈;甘氨酰胺盐酸盐;3,5-二甲基苯甲酰氯;三苯基膦;间氨基苯甲醚;4-甲氧基-2-甲基苯胺;对乙基苯甲酰氯;对氨基间甲酚;苯胺基乙腈;羟乙腈;2-甲基-4-甲氧基二苯胺;醚菊酯;虫酰肼;草甘膦;敌草隆;敌稗;百草枯;除草定;乙烯利;光固化树脂;甘氨酸钠;双酚 A 二(磷酸二苯酯);塑料改性剂 PMI

北京染料厂

北京市朝阳区豆各庄1号[100023]
电话:(010)87392109
传真:(010)87392119
供销电话:87315855
供销传真:87315012
网址:www.bdp-china.com
E-mail:dyes@vip.sina.com
【主要产品】直接染料;还原染料;分散染料;有机颜料;靛蓝

北京乳胶厂

北京市通州区次渠工业区[101111]
电话:(010)81501424;81501432
传真:(010)81501449　　经济类型:集体
供销电话:65019882　　法人代表:董宝印
网址:bjrjc.my.sme.cn
【主要产品】乳胶制品;工业用手套;医用手套;检查手套;家用手套;气象气球;胶鞋

北京瑞驰拓维科技有限公司

北京市经济技术开发区天华园二里二区20号大雄公寓628室[100176]
电话:(010)67863702
传真:(010)67860723
经济类型:股份有限公司
网址:www.retschtopway.com
E-mail:taoran@retschtopway.com
【主要产品】高岭土;硅酸锆;二氧化锆;氧化铝

北京赛德丽科技开发有限公司

北京市石景山区八大处高科技园区实兴大街15号[100041]
电话:(010)88790909;88790505
传真:(010)88796216
供销电话:88798578;88797530
法人代表:刘俊才
网址:www.sdl.com.cn
E-mail:sdl@sdl.com.cn
【主要产品】环保纳米乳胶漆;浮雕漆;真石漆;丙烯酸内墙乳胶漆;外墙弹性纳米乳胶漆;水性抗碱底漆;荷叶外墙漆;外墙漆王

北京赛璐珈科技有限公司

北京市海淀区上地东路上地佳园15-3-401[100085]
电话:(010)62976173;13581987639
传真:(010)62976251
网址:www.bjsynergy.com
E-mail:bjsynergy@bjsynergy.com
【主要产品】吡啶盐酸盐;2-脱氧-*D*-核糖;腺苷酸;*N*-(3-二甲氨基丙基)甲基丙烯酰胺;7-甲氧基-2-萘满酮;1,2,3,5-四乙酰-*β*-*D*-呋喃核糖;5-甲基尿嘧啶;*β*-胸腺嘧啶核苷;2′,3′-双脱氧胞苷;环磷腺苷;三磷酸腺苷二钠;腺苷;紫外线吸收剂 UV-531

北京三达生化制药厂

北京市海淀区蓝靛厂路15号[100039]
电话:(010)68185464
传真:(010)68283412
【主要产品】盐酸索他洛尔

北京三鸣生物工程有限公司

北京市海淀区营慧寺1号[100081]
电话:(010)68281210;68281207
传真:(010)68281216
【主要产品】亚麻油酸;*β*-胡萝卜素;月见草油;紫苏提取物

北京三嗪兴达化学研究所

北京市丰台区长辛店镇赵辛店927号[100072]
电话:(010)83879726
传真:(010)83879726
供销电话:63801918
网址:www.trizonechem.com
E-mail:master@trizonechem.com
【主要产品】三羟甲基三聚氰胺;三羟乙基三聚氰胺;六羟甲基三聚氰胺;2-氨基-4,6-二氯-1,3,5-三嗪;2,4-二氨基-6-氯-1,3,5-三嗪;正丁醇改性三聚氰胺甲醛树脂;甲醚化六羟基甲基三聚氰胺树脂(560型)

北京三友伟业橡胶化工有限责任公司

北京市大兴区庞各庄镇定福庄工业区[102601]
电话:(010)89251393
传真:(010)89251394
网址:sywy.cn.alibaba.com
E-mail:sywy@bjsywy.com;
sales@bjsywy.com
【主要产品】油墨;印刷胶辊;胶印印刷橡皮布

北京桑普生物化学技术有限公司

北京市右安门外东滨河路4号[100069]
电话:(010)63536822;63536825;63536826
传真:(010)83539952
供销电话:63539106;63519587
网址:www.sunpubc.com
E-mail:sunpurh@sunpubc.com
【主要产品】饲料添加剂

北京上地新世纪生物医药研究所有限公司

北京市昌平区超前路37号中关村

京

兴业创业园4号楼4层[102200]
电话:(010)69707776;69707775;
62979101
供销电话:69707681;62977285
网址:www.bjncm.com
E-mail:bjncm@bjncm.com;
aleznova@aleznova.com
【主要产品】法罗培南;氯诺昔康;盐酸环苯扎林

北京神农采禾生物科技有限公司

北京市中关村南大街12号中国农科院土肥所科技实验楼[100081]
电话:(010)81138757
传真:(010)62114726
供销电话:81138757;13176776676
网址:www.bjsnch.com
E-mail:bjsnch@163.com
【主要产品】有机无机复混肥;生物有机肥

北京神州洪雨防水材料有限责任公司

北京市海淀区清河镇小营环岛以北200米[100096]
电话:(010)62841118;13701151308
传真:(010)62913596
经济类型:有限责任公司
网址:www.bjszhy.com
E-mail:sun@bjszhy.com
【主要产品】聚氨酯防水涂料;JS复合防水涂料;SBS改性沥青防水卷材;APP改性沥青防水卷材

北京圣联达金属粉末有限公司

北京市通州区张家湾镇梁各庄[101113]
电话:(010)61501400;61501401;
61501403
传真:(010)61501402 职工人数:600人
供销电话:13601173218
网址:www.sugor.com.cn
E-mail:tjj_sugor@hotmail.com
【主要产品】低温固化型粉末涂料;丙烯酸粉末涂料;粉末涂料;各色聚酯环氧型粉末涂料;耐高温强防腐粉末涂料;聚酯粉末涂料;环氧型粉末涂料;聚氨酯粉末涂料;抗静电型粉末涂料;抗菌型粉末涂料

北京世纪阿姆斯生物技术有限公司

北京市海淀区圆明园西路2号中国农业大学28号信箱[100094]
电话:(010)62899177;62896602
传真:(010)62896602
经济类型:与港澳台商合资经营
网址:www.amms.com.cn
E-mail:laamms@amms.com.cn
【主要产品】复合微生物肥;生物磷钾肥

北京世纪洪雨防水材料有限责任公司

北京市丰台区南四环西路188号总部基地1区8号楼6F[100070]
电话:(010)63701696;63701697
传真:(010)63701697
网址:www.cnhongyv.com
E-mail:shijihongyv@163.com
【主要产品】聚氨酯防水涂料;SBS改性沥青防水卷材;APP改性沥青防水卷材;强力堵漏防水剂

北京世纪蓝箭防水材料有限公司

北京市大兴区北臧村乡工业开发区[100071]
电话:(010)60270181;60270182;
60270183
供销电话:63701657;63701658
职工人数:380人
网址:www.bjlanjian.com
E-mail:cs@bjlanjian.com;
info@bjlanjian.com
【主要产品】聚乙烯丙纶复合防水卷材;丙烯酸弹性防水涂料;聚氨酯防水涂料;氯丁橡胶沥青防水涂料;高分子防水涂料;JS复合防水涂料;SBS改性沥青防水卷材;APP改性沥青防水卷材;强力堵漏防水剂

北京世纪拓鑫精细化工有限公司

北京市朝阳区东郊广渠东路3号[100022]
电话:(010)51668518;13366269011
传真:(010)51668518
网址:www.sjtx.com.cn
E-mail:sales@sjtx.com.cn
【主要产品】硝酸银;α-氰基丙烯酸乙酯瞬干胶

北京世纪星防水工程有限公司

北京市顺义区[101300]
电话:(010)62990585;60443928;
82416925
传真:(010)82416927
网址:www.sjx2002.com
E-mail:sjx@sjx2002.com
【主要产品】非焦油聚氨酯防水涂料;JS复合防水涂料;SBS改性沥青防水卷材;APP改性沥青防水卷材;APR系列改性沥青防水卷材;沥青复合胎柔性防水卷材;强力堵漏防水剂

北京世纪永峰防水材料有限公司

北京市顺义区李桥天发工业园[101300]
电话:(010)81471996;13051292258
传真:(010)69422226
网址:www.fszj.com
E-mail:lcl991@fszj.com
【主要产品】丙烯酸弹性防水涂料;聚氨酯防水涂料;聚氨酯防水涂膜;SBS改性沥青防水涂料;JS复合防水涂料;环保型大桥防水涂料;堵漏剂

北京仕全兴涂料有限责任公司

北京市大兴区团北工业区[102600]
电话:(010)61286044;61286045
传真:(010)61285017
经济类型:私营企业
网址:www.bjsqx.com.cn
E-mail:bjsqx@126.com
【主要产品】腻子;硝基面漆;硝基底漆;裂纹漆;聚酯面漆;各色聚酯底漆;亚光型聚氨酯清漆;亮光型聚氨酯清漆;各色聚氨酯底漆;聚氨酯面漆;PU耐黄变清漆;闪光漆;油漆稀释剂

北京市北上防水防腐涂料厂

北京市丰台区海慧时村24号[100075]
电话:(010)67230148
【主要产品】防水防腐涂料

北京市昌平兴马保温材料有限公司

北京市昌平区北方汽车检测场西1公里[102200]
电话:(010)60772317;60774098
传真:(010)60774726
法人代表:马志生
网址:www.bjxm.com.cn
E-mail:ki44@sohu.com
【主要产品】聚苯乙烯保温板;聚乙烯直埋管;PU系列喷漆;玻璃纤维棉

北京市大地盛业粉末涂料厂

北京市平谷区东高村镇克头村[101200]
电话:(010)69909150
传真:(010)69908469
网址:www.bjddsy.cn
E-mail:bjddsy@126.com
【主要产品】环氧聚酯混合型粉末涂料;聚酯粉末涂料;环氧型粉末涂料;美术花纹型热固性粉末涂料

北京市大兴县东方化工厂

北京市大兴区榆垡镇[102602]
电话:(010)89215300;89215518
传真:(010)89215300 经济类型:集体
供销电话:89213688
E-mail:wen-li-juan@263.net
【主要产品】乙二醇;一缩二乙二醇;润滑油

北京市大兴兴福精细化学研究所

北京市大兴区定福庄工业区[102601]
电话:(010)89251490;89251698;
69256238
传真:(010)89251698;69256238
供销电话:89251490;13701205631
经济类型:集体 职工人数:48人

法人代表:张金保
网址:www. fubide. com
E-mail:zhangjinbao@ fubide. com
【主要产品】β-二甲氨基丙腈;阿普唑仑

北京市大禹王建设工程防水集团

北京市西城区宣武门西大街[100031]
电话:(010)66418180;13701001939
供销电话:(022)26278188
供销传真:(022)26277118
网址:www. bjfyt. net
E-mail:beijingfyt@ 126. com
【主要产品】氯化聚乙烯防水卷材;聚氨酯防水涂料;高分子防水涂料;环保型大桥防水涂料;聚氯乙烯防水卷材;SBS 改性沥青防水卷材;新型改性沥青防水卷材;改质沥青;乳化沥青

北京市大运防水材料厂

北京市通州区永顺地区范庄路西[101100]
电话:(010)69556882
传真:(010)69555434
【主要产品】丙烯酸防水涂料;PVC 防水涂料;复合防水涂料;SBS 改性沥青防水卷材

北京市东安科技发展有限责任公司

北京市海淀区友谊路[100073]
电话:(010)64272836;63499620;62472831
传真:(010)62472832
网址:www. dong-an. com
E-mail:dong-an@ dong-an. com
【主要产品】环氧煤沥青防腐涂料;内墙涂料;外墙涂料;氯化橡胶防腐漆;饰面型防火涂料;防火漆;薄型钢结构防火涂料

北京市东小口振辉涂料厂

北京市天通苑西一区西侧[100101]
电话:(010)84826420
传真:(010)84821006
网址:www. sumeipaint. com
E-mail:sumei@ sumeipaint. com
【主要产品】真石漆;外墙平光乳胶漆;环氧地坪涂料;聚氨酯金属漆;溶剂型氟碳金属外墙漆

北京市方兴化学建材有限公司

北京市通州区永乐店镇南[101105]
电话:(010)69560806;13801302804
传真:(010)69568332
网址:www. bjfx. com. cn
【主要产品】建筑用内外墙界面剂;减水剂;防冻剂;泵送剂

北京市房山益华化工厂

北京市房山区大石窝镇[102408]
电话:(010)61323040;13701298729
传真:(010)61323040
法人代表:高继全
网址:www. yhhg. com. cn
E-mail:admin@ yhhg. siteem. com
【主要产品】甲酸钠;草酸亚铁;三氧化二铁;四氧化三铁;硫酸亚铁;氯化亚铁;甲酸铵;氢氧化铵;碳酸铵;氯化铜;草酸;水合肼;脲

北京市甘兴化工厂

北京市通州区潞城开发区[101107]
电话:(010)61523447-8666;13901177446
传真:(010)61523447-8003
网址:www. gx-chem. com
E-mail:sales@ gx-chem. com;ganxing@ gx-chem. com
【主要产品】2-甲基-1,3-环戊二酮;2-乙基-1,3-环戊二酮;去氢表雄酮;16-次甲基-17α-羟基黄体酮醋酸酯;甲睾酮;丙酸睾酮;16α-羟基泼尼松龙;地索奈德

北京市港华助剂有限责任公司

北京市朝阳区楼子庄张里名庄村[100018]
电话:(010)84390622;13910635508
传真:(010)84390633　法人代表:李宁
供销电话:13901368271
经济类型:有限责任公司
网址:www. bjghzj. com
E-mail:ganghuazhuji@ 126. com
【主要产品】丙酮酸;丙酮酸钠;丙酮酸钙;丙酮酸钾

北京市高丽工贸有限责任公司

北京市通州区张家湾镇大高力庄[101113]
电话:(010)69573501;69575819
传真:(010)69573732
经济类型:有限责任公司
法人代表:王洪义
网址:www. gaolichem. com
E-mail:gaoli@ gaolichem. com;yanggx@ gaolichem. com
【主要产品】过氧化叔丁醇;1,4-苯二酚;乙二胺四乙酸二钠;醋酸钠;涂料杀菌防腐剂;乙酸钠;过硫酸铵;二氧化锰;复合磷酸盐;十二烷基二甲基苄基氯化铵;防老剂 NBC;N,N-二丁基二硫代氨基甲酸铜;杀菌灭藻剂;水质稳定剂 PAPE;预膜剂;过氧化苯甲酰;对叔丁基邻苯二酚;对羟基苯甲醚;硫化二苯胺;高效中和缓蚀剂;阻垢缓蚀剂;异噻唑啉酮

北京市谷丰化工制品公司

北京市平谷区城关南大桥[101200]
电话:(010)89983847
传真:(010)89983847　职工人数:90 人
供销电话:69962164　法人代表:姜庆新
网址:gufeng. bjpg. gov. cn
【主要产品】混配复合肥料

北京市海淀会友精细化工厂

北京市海淀区中关村高科技园[100085]
电话:(010)62951040;82410659;82425280-818
传真:(010)82425299　经济类型:集体
供销电话:82425280-808,803
供销传真:62939556　法人代表:张卫国
网址:www. bjhuiyou. com
E-mail:huiyou_peg@ sohu. com
【主要产品】硬脂酸-40-聚烃氧基酯;2,6-二甲基苯胺;聚乙二醇;抗坏血酸棕榈酸酯;卡波姆;吐温 80

北京市海马建筑防水(集团)有限公司

北京市丰台区丰北路甲 45 号鼎恒中心 20-A 室[100073]
电话:(010)83820468
传真:(010)63848291　职工人数:360 人
供销电话:63841976
网址:www. hmfs. com. cn
E-mail:gm@ hmfs. com. cn
【主要产品】沥青基聚氨酯防水涂料;JS 复合防水涂料;SBS 改性沥青防水卷材;APP 改性沥青防水卷材;APAO 改性沥青防水卷材

北京市航天兴华装饰材料有限公司

北京市大兴区青云店镇寺上村[102600]
电话:(010)80214483;13701076753
传真:(010)80214482
网址:www. htjz. com. cn
E-mail:info@ htjz. com. cn
【主要产品】抗裂弹性腻子;耐水腻子;外墙专用腻子

北京市红星广厦化工建材有限责任公司

北京市大兴区旧宫镇北街广厦路 6 号[100076]
电话:(010)87963604
传真:(010)87962436
经济类型:有限责任公司
网址:www. beijingredstar. com
E-mail:hedem588@ sohu. com
【主要产品】硅酸钠;粉状速溶硅酸钠;硅酸钾钠;硅溶胶;白炭黑

北京市红星广厦建筑涂料有限责任公司

北京市大兴区旧宫镇北街广厦路 6 号[100076]
电话:(010)87964788;87965528
传真:(010)87965528;87973036
网址:www. beijingredstar. com. cn
【主要产品】腻子;弹性涂料;内外墙涂料;防水涂料;仿石涂料

北京市华辉化工厂

北京市大兴区厂子营镇南蒲州村[102606]

电话:(010)80210240;13701212689
传真:(010)80210486
法人代表:周永江
网址:huahuihg. paddic. com
【主要产品】抗氧剂;抗氧剂 1010;抗氧剂 DLTP;抗氧剂 168;复合型抗氧剂 B215;复合型抗氧剂 B225;抗氧剂 702;光稳定剂 770;紫外线吸收剂 UV-326

北京市华昕化工研究所

北京市海淀区树村前河沿甲 18 号[100084]
电话:(010)62988803;13901117059
传真:(010)62979830
供销电话:62974423;62976658
网址:cheminfo. gov. cn/cpgjz/huaxin/index. htm
【主要产品】高效消泡剂

北京市化学工业研究院

北京市海淀区成府街 2653 信箱[100084]
电话:(010)62612984;62574537;62563332
传真:(010)62567814 经济类型:国有
固定资产:79,368 千元
供销电话:62575238
供销传真:62544070
职工人数:1,000 人 法人代表:徐新民
网址:www. bciri. com. cn
E-mail:yuanban@ bciri. com. cn
【主要产品】聚乙烯防雾滴防老化功能母料;磁性粒料;抗老化母粒;PPS 系列工程塑料;尼龙 6 系列工程塑料;尼龙 66 系列工程塑料;PBT 系列工程塑料;PET 系列工程塑料;复合铅盐稳定剂;钙锌无毒复合稳定剂;液体钡镉锌复合稳定剂;抗氧剂 168;复合型抗氧剂 B215;复合型抗氧剂 B225;光稳定剂 770;PE、PP 塑料专用抗静电剂;聚乙烯大棚膜用流滴剂

北京市京奥克建筑防水材料厂

北京市大兴安定工业区[102600]
电话:(010)80234858
传真:(010)80234808
供销电话:67992915
供销传真:67998463
网址:www. jingaoke. com
E-mail:jingaoke@ jingaoke. com
【主要产品】聚氨酯防水涂料;SBS 改性沥青防水涂料;防水卷材;SBS 防水卷材;SBS 改性沥青防水卷材;APP 改性沥青防水卷材

北京市京洲企业集团公司化工厂

北京市通州区大稿村[101101]
电话:(010)81562666;81567614;13701217412
传真:(010)81562666 职工人数:50 人
法人代表:张洪华
网址:www. bjjzhg. com
E-mail:zhh@ bjjzhg. com
【主要产品】溴化锂;溴化钾;丙炔;4-溴-*N*,*N*-二甲基苯胺;醋酸钠(无水);1,3-二溴丙烷

北京市精易达包装设备材料有限公司

北京市通州区梨园镇云景东路 55 号[101101]
电话:(010)81535888;81535558
传真:(010)60521289 职工人数:150 人
网址:bjbt. info. und. cn
【主要产品】内墙涂料;外墙涂料;常温道路标志漆;船舶防腐漆;变压器底面专用漆

北京市科益丰生物技术发展有限公司

北京市通州区张家湾镇里二泗[101113]
电话:(010)61501571
传真:(010)61568551;61568543
供销电话:61501571-2003 有进出口权
网址:www. kyfpharm. com
E-mail:sales@ kyfpharm. com
【主要产品】乙基雌烯醇;利奈孕醇;烯丙基雌烯醇;雌(甾)酮;炔雌醇;戊酸雌二醇;左炔诺孕酮;孕二烯酮;雌二醇;雌三醇;苯丙酸诺龙;群勃龙醋酸酯;四烯雌酮;替勃龙

北京市良乡永定铸造辅料厂

北京市房山区良乡镇凯旋大街 2 号[102401]
电话:(010)69353729;69367417
传真:(010)69361934
E-mail:Fuliaochang@ mail2. a-1. net. cn
【主要产品】油漆;表面活性剂

北京市门头沟区大峪化工厂

北京市门头沟区新桥南大街 67 号[102300]
电话:(010)69855511;69842672
传真:(010)69855511 经济类型:集体
法人代表:高红光
网址:www. dyhgc. com
E-mail:ghg@ dyhgc. com;dzx_dyhgc@ 163. com
【主要产品】高锰酸钾

北京市密云县丰丰粘接材料厂

北京市密云县城东丰各庄[101501]
电话:(010)61036559;61036640
传真:(010)61036640
网址:www. bjfengfeng. com
【主要产品】双面胶带;保护膜胶黏带;铝箔胶黏带;封口胶带;绝缘胶布带

北京市申达精细化工有限公司

北京市通州区春县镇东寺庄村南[101112]
电话:(010)80566912;80562889;13910136177
传真:(010)80566912 经济类型:集体
供销电话:80562889;80566122
有进出口权 职工人数:150 人
网址:www. shenda-chem. com
E-mail:sales@ shenda-chem. com
【主要产品】γ-氯丙基三乙氧基硅烷;*N*-甲基哌嗪;*N*-乙酰基哌嗪;硅烷偶联剂 KH-402;γ-巯丙基三乙氧基硅烷;硅烷偶联剂 KH-960;硅烷偶联剂 KH-590;硅烷偶联剂 KH-560;硅烷偶联剂 KH-570;硅烷偶联剂 KH-792;硅烷偶联剂 KH-602;硅烷偶联剂 KH-550;硅烷偶联剂 KH-702;硅烷偶联剂 KH-99;硅烷偶联剂 KH-791;巯丙基甲基二甲氧基硅烷;γ-氯丙基甲基二甲氧基硅烷;硅烷偶联剂 KH-858

北京市天河化工厂

北京市大兴区黄良路口[102600]
电话:(010)69243649
经济类型:国有
【主要产品】磷酸二铵(工业级);4-氨基苯酚;酒石酸氢钾;卡马西平

北京市天山新材料技术公司

北京市八大处高科技园区中园路 7 号[100041]
电话:(010)88795588
传真:(010)68865252
网址:www. ts. com. cn
E-mail:info@ ts. com. cn
【主要产品】金属修补胶;厌氧胶;聚氨酯密封胶;橡胶修补剂;强力瞬干胶;螺纹锁固密封胶

北京市通广精细化工公司

北京市朝阳区世纪东方嘉园 205-3-201[100023]
电话:(010)87355932;67721613
传真:(010)87355931
供销电话:87355931;87355275
经济类型:股份合作
网址:www. tgchem. com. cn
【主要产品】氧化硼;硫酸钠(无水);氯化钠;磷酸氢二钠;氢氧化钾;重铬酸钾;亚铁氰化钾;硝酸钾;硫酸铝钾;氯化钾;碘化钾;高锰酸钾;磷酸二氢钾;乙酸铵;柠檬酸三铵;硝酸铈铵;硫酸铵;硫酸亚铁铵;硫酸铈铵;硫酸铜;硫酸镁;羟胺,盐酸盐;乙酸,无水;氢氟酸;盐酸;硝酸;硫酸;硼酸;磷酸;甲醇;盐酸肼;硫酸肼;硫脲

北京市通州互益化工厂

北京市通州区张家湾镇上马头村[101101]
电话:(010)69571603;69575348
传真:(010)61564206
经济类型:股份合作
法人代表:董志杰
网址:www. huyihuagong. com
【主要产品】丙烯酸树脂乳液;纯丙乳液;硅丙乳液;苯丙乳液;水溶性树脂;弹性乳液

北京市通州利强涂料厂

北京市通州区马驹桥镇[101102]
电话:(010)60501068;60503576;60509549
传真:(010)60507776　职工人数:100 人
网址:www. liqiang. com. cn
E-mail:lqinfo@ liqiang. com. cn
【主要产品】腻子;弹性涂料;浮雕漆;真石漆;丙烯酸内墙乳胶漆;丙烯酸外墙乳胶漆;地坪涂料;胶黏剂

北京市通州实大油墨有限公司

北京市通州区梨园镇大马庄村南[101101]
电话:(010)60522905;60523042
传真:(010)81513005　有进出口权
经济类型:股份合作　法人代表:李洪
网址:www. shidaink. com. cn
E-mail:shida@ shidaink. com. cn
【主要产品】油墨;胶印亮光快干四色油墨

北京市通州兴旺玻璃纤维有限公司

北京市通州区张家湾镇苍头村[101104]
电话:(010)69581169;69587888;69587887
传真:(010)69581169
网址:www. xwblxw. com
E-mail:xw@ xwblxw. com
【主要产品】玻璃纤维;玻璃纤维布

北京市通州永乐长城化工有限公司

北京市通州区永乐店镇南[101105]
电话:(010)69568766;69567071;69560622
传真:(010)69560622
经济类型:有限责任公司
法人代表:李宝华
【主要产品】二甲苯;甲苯;苯;醋酸丁酯;环已酮;油漆稀释剂

北京市欣奕搏瑞化工厂

北京市丰台区大灰厂村 511 号[100074]
电话:(010)83876593;83878470
传真:(010)83876593
经济类型:股份合作
网址:www. ds-carbide. com
【主要产品】乙炔;电石;炭黑;乙炔炭黑

北京市燕京制药厂

北京市朝阳区管庄[100024]
电话:(010)65767987;65761539;65763101
传真:(010)65761560　经济类型:集体
供销电话:65767987;65763930
有进出口权　职工人数:300 人
法人代表:杨守忠
网址:www. yjzhiyao. com
E-mail:service@ yjzhiyao. com
【主要产品】硼酸(医药级);硫酸镁(药用);氯化钠(药用);氯化钙(药用);氯化钾(药用);氯化镁(药用);硼砂(药用);醋酸钠;柠檬酸钾;甲巯咪唑;吲达帕胺;磷酸川芎嗪;盐酸川芎嗪;尼可刹米;盐酸丁卡因;盐酸洛贝林

北京市燕山特种润滑油有限公司

北京市燕山东风街上店路 1 号[102502]
电话:(010)69344270;69344201;69335052
传真:(010)69344270　职工人数:170 人
供销电话:69335052;69344201
网址:www. bj-ysty. com
E-mail:market@ bj-ysty. com;
sale@ bj-ysty. com
【主要产品】导热油;真空淬火油;内燃机油;齿轮机油;冷冻机油;导轨油;液压油;变压器油;矿物油型真空泵油;扩散泵油;增压泵油

北京市燕鑫科技开发有限责任公司

北京市燕山石化燕东路 2 号[102500]
电话:(010)69335188;13601098360
传真:(010)69335988
供销电话:51313285;51313295
网址:www. bjyxkj. net
E-mail:bjyxkj@ 126. com
【主要产品】金属闪光漆;建筑涂料;真石漆;氟碳漆;防水涂料;防锈防腐装饰漆;防水剂

北京市永顺亮邦涂料厂

北京市通州区张家湾镇里二泗工业区[101100]
电话:(010)89548192;13121589992
传真:(010)69575462
供销电话:69575462;13146827739
网址:www. bjyslb. com
E-mail:info@ bjyslb. com
【主要产品】纳米复合抗菌乳胶漆;纳米复合路桥乳胶漆

北京市有机玻璃制品厂

北京市西城区德胜门内西海南沿 48 号[100035]
电话:(010)66181130;66181692;66181743
传真:(010)66181692
法人代表:袁锡麟
网址:www. beijingpmma. com
E-mail:youji1@ sohu. com
【主要产品】有机玻璃管;有机玻璃制品;有机玻璃板材

北京市中建建友防水施工有限公司

北京市顺义区李桥镇后桥村[101304]
电话:(010)81471659;81471963
传真:(010)81474294;81471956
网址:www. zhongjianyou. com
E-mail:zjy@ zhongjianyou. com
【主要产品】丙烯酸涂料;聚氨酯防水涂料;非焦油聚氨酯防水涂料;SBS 改性沥青防水涂料;氯丁胶防水涂料;JS 复合防水涂料;SBS 改性沥青防水卷材;APP 改性沥青防水卷材;自粘橡胶沥青防水卷材;高分子复合防水卷材

北京首创轮胎有限责任公司

北京市海淀区西三旗新都路[100096]
电话:(010)82915102;82913649;82925062
传真:(010)82913652　有进出口权
供销传真:82911338　企业规模:大型
经济类型:有限责任公司
法人代表:王淇
网址:www. capitaltyre. com
E-mail:shoulunren@ 126. com
【主要产品】轻型载重汽车子午线轮胎;轻型载重汽车斜交轮胎;载重汽车斜交轮胎

北京首钢建材化工厂

北京市丰台区大灰厂路 12 号[100074]
电话:(010)83876405
传真:(010)83879145　职工人数:600 人
供销电话:83379013
网址:www. sgjchg. com. cn
E-mail:bgs@ sgjchg. com. cn
【主要产品】氢氧化钙;氧化钙

北京疏水阀门厂

北京市丰台区郭庄子 25 号-15[100071]
电话:(010)83696106;68181796;68244621
传真:(010)83696108　经济类型:国有
固定资产:50,000 千元　职工人数:45 人
产值:10,000 千元　法人代表:洪桥发
网址:www. waterdvalve. com
E-mail:hongqf@ 1261. com
【主要产品】球阀;蝶阀;疏水阀;闸阀

北京双鹤药业股份有限公司

北京市朝阳区望京利泽东二路 1 号[100102]
电话:(010)64742227-653
传真:(010)64398086
经济类型:股份有限公司
企业规模:大型　法人代表:乔俊峰
网址:www. dcpc. com
【主要产品】乙酰丙酮;地红霉素;碳酸红霉素;磺胺二甲嘧啶;磺胺甲噁唑;甲氧苄啶;磺胺对甲氧嘧啶;利巴韦林;阿昔洛韦;诺氟沙星;甲磺酸培氟沙星;氟嗪酸;盐酸左旋氧氟沙星;帕苏沙星;美洛昔康;盐酸二甲双胍

北京双环伟业试剂有限公司

京

北京市房山区良乡昊天大街114号[102401]
电话:(010)69379004;89360438;13901236290
传真:(010)89360437
供销电话:13521196779
网址:www.shhshj.com
E-mail:hou@shhshj.com;zhang@shhshj.com
【主要产品】硫化铜;硫酸汞;氧化铋;四氯化硅;过氧化氢;乙酸钠;乙酸钠,无水;柠檬酸钠;氟化钠;氢氧化钠;钼酸钠;铬酸钠;亚硝酸钠;硫酸钠;硫酸钠(无水);硫氰酸钠;碘化钠;锡酸钠;碳酸钠;次磷酸钠;磷酸二氢钠;磷酸二氢钠(无水);磷酸氢二钠;碳酸钙;氢氧化钡;铬酸钡;硝酸钡;氯化钡;碳酸钡;溴化镍;乙酸铅;硝酸铅;乙酸铵;草酸铵;柠檬酸三铵;氟化铵;重铬酸铵;钼酸铵;硫酸铵;硫酸亚铁铵;硫酸铝铵;硫氰酸铵;氯化铵;磷酸铵;磷酸氢二铵;乙酸铜;硝酸铜;硫酸铜;硫酸铜,无水;氯化铜;氯化亚铜;溴化铜;碳酸铜,碱式;硝酸银;乙酸汞;溴化汞;氰化镉;碘化镉;钼,粉状;三氧化钼;二硫化钼;铋,粒状;氯化铋;三氧化二铬;硝酸铬;氯化铬;草酸;柠檬酸;钼酸;次碳酸铋

北京双棱高温防腐材料研究所

北京市海淀区花园路3号(1号楼2110室)[100083]
电话:(010)62057165;60321212
供销电话:60321212;62063286
网址:www.bjshuangling.com
E-mail:market@bjshuangling.com
【主要产品】耐高温防腐涂料;耐酸碱耐高温防腐涂料;玻璃鳞片重防腐涂料;混凝土界面处理剂;混凝土道路嵌缝胶

北京顺义潮东涂料厂

北京市顺义区北小营镇马辛庄村南[101300]
电话:(010)60483156
传真:(010)60483156
【主要产品】丙烯酸迷彩伪装涂料

北京松上粘合剂制造有限公司

北京市朝阳区豆各庄甲1号北化集团院内[100022]
电话:(010)87391218;87392090;13901182724
网址:www.songshang.com.cn
E-mail:lss@songshang.com.cn
【主要产品】高速快干卷烟胶;中空玻璃密封胶;铝塑复合胶黏剂;SBS塑塑复合胶

北京太洋药业有限公司

北京市朝阳区双桥东路1号[100024]
电话:(010)85390556;85393719
传真:(010)85390565　有进出口权
供销电话:85393719-6420
供销传真:85390565;85390587
经济类型:中外合资经营企业
网址:www.taiyangpharm.com
E-mail:taiyang@taiyangpharm.com
【主要产品】间羟胺;对氨基水杨酸钠;甲氧氯普胺;苯海拉明

北京天安普宁消防材料厂

北京市大兴区西红门科技工业园[100076]
电话:(010)60201377;60203044;60257705
传真:(010)60245968
网址:www.tapn.com.cn
E-mail:bjtapn@126.com
【主要产品】饰面型防火涂料;防火漆;薄型钢结构防火涂料

北京天方元现代化工建材有限公司

北京市大兴区黄村镇[102600]
电话:(010)61262600;67989828
供销电话:58075627;58075628
供销传真:58075629
网址:www.tfyjc.com
E-mail:info@tfyjc.com
【主要产品】聚氨酯防水涂料;非焦油聚氨酯防水涂料

北京天罡助剂有限责任公司

北京市丰台区南三环东路6号嘉业大厦B座2001-2002室[100078]
电话:(010)67637254;67697631
经济类型:集体　法人代表:刘杰
网址:www.bjtiangang.com
E-mail:tiangang@bjtiangang.com
【主要产品】四甲基哌啶醇;五甲基哌啶醇;2,2,6,6-四甲基-4-哌啶酮;光稳定剂HS-201;光稳定剂HS-508

北京天河堂制药有限公司

北京市东城区灯市口大街柏树胡同7号[100006]
电话:(010)65262286;65257023
传真:(010)65127711
【主要产品】氟化钠

北京天龙钨钼科技有限公司

北京市通州区潞城镇召里工业区[101117]
电话:(010)69590276;69590278
传真:(010)69590277　职工人数:200人
供销电话:87659637;87659639
供销传真:87659639
网址:www.tlwm.com.cn
E-mail:tlwm@tlwm.cn
【主要产品】钨电极

北京天强涂料公司

北京市密云县城南靶场路[101500]
电话:(010)69045718
传真:(010)69045718
E-mail:bj001@sina.com
【主要产品】水溶性涂料

北京天擎化工有限责任公司

北京市平谷区新平南路126号[101200]
电话:(010)89983180;89982287;89983181
传真:(010)89989252　有进出口权
经济类型:有限责任公司
网址:www.tianqing.com.cn
E-mail:stephen@tianqing.com.cn
【主要产品】干膜防霉剂;漆膜抗藻剂;吡啶硫酮钠;杀菌灭藻剂;金属加工液用杀菌剂;强力杀菌防腐剂;异噻唑啉酮;造纸助剂

北京天之岩健康科技有限公司

北京市丰台区南岗洼565号[100072]
电话:(010)83882503;83882538;83866848
传真:(010)83883033
网址:www.tzyt.com.cn
E-mail:crk4286@sina.com
【主要产品】复合钛白颜料;纳米银系无机抗菌剂

北京同仁堂中药提炼厂

北京市西城区西内大街130号[100035]
电话:(010)66182038;66157196
传真:(010)66157196
【主要产品】人工牛黄

北京统一石油化工有限公司

北京市大兴区芦城开发区统一路1号[102612]
电话:(010)61231521;61231510;61231500
传真:(010)61231502
网址:www.tybj.com
E-mail:[illegible]ongyi@tybj.com
【主要产品】机械油;润滑油

北京拓展精细化工有限公司

北京朝阳区裕民路12号中国国际会展中心B-50[100029]
电话:(010)82250071-1615;13601388948
传真:(010)82250075
网址:tuozhanlianhua.chempos.com
E-mail:jina-2000@sohu.com
【主要产品】催化剂;聚氨酯催化剂;延迟催化剂;开孔剂

北京万水净水剂有限公司

北京市朝阳区东坝乡单店[100018]
电话:(010)65496891;65497354;13910892242
传真:(010)65496891
网址:www.wanshuijingshui.com
E-mail:sail@wanshuijingshui.com
【主要产品】硫酸亚铁;三氯化铁;氯化

亚铁；聚合氯化铝；碱式氯化铝铁

北京维达化工有限公司

北京市朝阳区八里庄西里98号住邦2000［100025］
电话：(010)85869019；85869029；85869039
传真：(010)85869069　　有进出口权
固定资产：5,000千元　　职工人数：54人
经济类型：有限责任公司
法人代表：王红梅
网址：www. wisdomchem. com
E-mail：sun@ wisdomchem. com；jiao@ wisdomchem. com
【主要产品】2-溴吡啶；3-溴吡啶；2,6-二溴吡啶；2,5-二溴吡啶；3,5-二溴吡啶；2-乙烯基吡啶；2-氨基吡啶；3-氨基吡啶；4-氨基吡啶；2-氨基-4-甲基吡啶；2-氨基-5-甲基吡啶；2-氨基-6-甲基吡啶；3-氨基-4-甲基吡啶；2-氨基-3-羟基吡啶；2-氨基-5-溴吡啶；2-溴-4-甲基吡啶；3-羟基吡啶；2-羟基吡啶；4-羟基吡啶；4-羟基-3-硝基吡啶；3-羟基-2-硝基吡啶；2-乙醇吡啶；2-氯-3-硝基吡啶；2-氯-4-硝基吡啶；2,3-二氨基-6-甲氧基吡啶盐酸盐；2-氨基-3-硝基-6-甲氧基吡啶；2-氨基-3-硝基-6-氯吡啶；2-氨基-3-硝基吡啶；2,6-二氯-3-硝基吡啶；2-巯基-5-甲氧基咪唑［4,5-n］吡啶；间溴苯甲醚；邻甲氧基苯甲酸；甲基磺酸；联苯-4-乙酸；均苯三甲酸；2-吡啶甲酸；3-羟基-2-吡啶甲酸；2-甲硫基苯硼酸；4-甲硫基苯硼酸；苯硼酸；4-甲氧基苯硼酸；3-甲氧基苯硼酸；氯甲酸对硝基苯酯；2,6-二羟基-4-甲基苯乙酮；2,4-二氯-5-甲基三氟甲苯；2,3-二氯-4-甲基三氟甲苯；3,4-二氯-2-甲基三氟甲苯；4,5-二氯-2-甲基三氟甲苯；间溴硝基苯；4-溴-2-硝基苯酚；间溴苯酚；3,5-二羟基甲苯；2-氨基-4-溴苯酚；间苯三酚；1,2,4-三氨基苯二盐酸盐；4-甲基-3-三氟甲基苯胺；3-甲基-5-三氟甲基苯胺；2-甲基-3-三氟甲基苯胺；3-氨基-4-甲基三氟甲苯；邻溴苯胺；3-溴苯胺；4-溴苯胺；叔丁基二苯基氯硅烷；叔丁基二甲基氯硅烷；三乙氧基硅烷；三苯基氯硅烷；三苯基硅烷；三乙基硅烷；三乙基氯硅烷；三异丙基硅烷；*N*,*O*-双(三甲基硅基)乙酰胺；3-溴茴香硫醚；间硼酸茴香硫醚；二甲基砜；2-氨基-5-硝基吡啶；2-羟基-3-硝基吡啶；2-羟基-5-硝基吡啶；2-氯-5-硝基吡啶；特戊酰氯；环丙溴；甲基磺酰氯；2-氯-3-氨基吡啶；2-氯-4-氨基吡啶；2-氯-5-氨基吡啶；2-氨基-5-氯吡啶；2-氯-3-氨基-4-甲基吡啶；2,4-二氯-3-乙基-6-硝基苯酚；邻甲氧基苯甲酰氯；α-乙酰基苯乙腈；尼可地尔

北京维多化工有限责任公司

北京市朝阳区北辰东路8号汇宾大厦［100101］
电话：(010)84977885
传真：(010)84970067
经济类型：有限责任公司
网址：www. vitasweet. com. cn
E-mail：market@ vitasweet. com. cn
【主要产品】4-甲基-2-酮基戊酸钙；安赛蜜；天冬氨酰苯丙氨酸甲酯；*L*-苯丙氨酸；*L*-高苯丙氨酸

北京西令胶粘密封材料有限责任公司

北京市石景山八大处高科技园区双园路5号［100041］
电话：(010)88795570
传真：(010)88792056
供销电话：88795570-8013
经济类型：有限责任公司
网址：www. xiling. com. cn
E-mail：market@ xiling. com. cn
【主要产品】胶黏剂；聚氨酯泡沫填缝剂；汽车密封胶；石材硅酮密封胶

北京希涛技术开发有限公司

北京市顺义区木林镇后王各庄［101300］
电话：(010)60491833；60491602
传真：(010)60492072
经济类型：私营企业
网址：www. xitao. com
E-mail：tfg@ xitao. com
【主要产品】聚丙烯酸钠；聚丙烯酸；絮凝剂；聚丙烯酰胺干粉(阳离子型)；聚丙烯酰胺干粉(阴离子型)；聚丙烯酰胺干粉(非离子型)；两性离子聚丙烯酰胺

北京现代润滑油制造有限公司

北京市大兴区黄村镇薄村［102600］
电话：(010)61261971；61261972
传真：(010)61267541
网址：www. ehyundai. net. cn
【主要产品】化油器清洗剂；高级汽油机油；高级柴油机油；齿轮机油；液压油；锂基润滑脂；长效防冻液

北京协和药厂

北京市宣武区先农坛街1号［100050］
电话：(010)63010237；63159287
传真：(010)63010231　　经济类型：国有
E-mail：info@ unionpharm. com
【主要产品】卡前列甲酯；硫酸普拉睾酮；紫杉醇；葛根素；一叶秋碱；联苯双酯；虫草菌粉

北京协和制药二厂

北京市大兴区黄村镇清源北路［102600］
电话：(010)69241057
传真：(010)69241059　　职工人数：70人
【主要产品】非洛地平

北京新花工贸有限公司

北京市房山区周口店地区良各庄村［102457］
电话：(010)69300040；69300954
传真：(010)69300070
网址：www. bjxhfs. com
【主要产品】氯丁胶乳沥青；聚氨酯防水涂料；彩色聚氨酯防水涂料；非焦油聚氨酯防水涂料；SBS改性沥青防水涂料；环保型大桥防水涂料

北京新华福兴工贸有限公司

北京市大兴区新建工业区B2区2号［100076］
电话：(010)81285155；81285755
传真：(010)83729619；81285155
网址：www. flttl. com
E-mail：yang_168@ yeah. net
【主要产品】腻子；乳胶漆；浮雕漆；真石漆；高弹性外墙装饰涂料；建筑胶；108胶；混凝土防冻剂；嵌缝剂

北京新世纪金盾建筑防水工程有限责任公司

北京市大兴区北臧村工业区三排30号［102600］
电话：(010)60270111；60270112；60270116
传真：(010)60270113
供销电话：83720578；13901111781
供销传真：83720526
经济类型：有限责任公司
网址：www. bjjindun. com
E-mail：sales@ bjjindun. com；zyf@ bjjindun. com
【主要产品】丙烯酸防水涂料；环保型丙烯酸防水涂膜；聚氨酯防水涂料；JS复合防水涂料；SBS改性沥青防水卷材；APP改性沥青防水卷材

北京新世纪京喜防水材料有限责任公司

北京市丰台区南苑镇三营门［100076］
电话：(010)67976280；67996577
经济类型：有限责任公司
网址：www. bj-jx. com
E-mail：jingxi@ bj-jx. com
【主要产品】非焦油聚氨酯防水涂料；SBS改性沥青防水卷材；APP改性沥青防水卷材；高效减水剂；泵送剂

北京新威化工有限公司

北京市南苑团河路大白楼8号［100076］
电话：(010)61289188；61288941；13809191439
传真：(010)61289188；61288954
网址：www. bjxinwei. com
【主要产品】聚酯粉末涂料；环氧型粉末涂料；消光剂；液体流平剂；粉末涂料用增光剂

北京新亚防火防水涂料有限公司

北京市朝阳区立水桥清河营工业区[100012]
电话:(010)84286173;13801117172
传真:(010)84285791
网址:www.orientpaint.com
E-mail:bjxyzw@126.com
【主要产品】饰面型防火涂料;薄型钢结构防火涂料;超薄型钢结构防火涂料;厚涂型钢结构防火涂料;隧道防火涂料;防火腻子

北京兴利化工厂

北京市顺义区陶家坟村东侧[101300]
电话:(010)89492537
法人代表:孙玉明
【主要产品】可发性聚苯乙烯包装材料

北京兴龙化工公司

北京市大兴区魏善庄镇[102600]
电话:(010)69257627;13161863186
有进出口权 法人代表:杨子洁
网址:user.chem99.com/bjxl
【主要产品】抗氧剂;抗氧剂 1010;抗氧剂 1076;抗氧剂 168;复合型抗氧剂 B225;抗氧剂 B900;光稳定剂 944;光稳定剂 622;紫外线吸收剂 UV-9;紫外线吸收剂 UV-531;紫外线吸收剂 UV-P;成核剂

北京兴瑞达化工厂

北京市大兴区清城 C 座 811 室[102600]
电话:(010)69237136;89273856;15910852118
传真:(010)69237936
网址:www.xingruida.cn
E-mail:xingruida168@126.com
【主要产品】四钼酸铵;氟氢化钠;氟钛酸钾;氟硼酸钾;氟化铵;氟化氢铵;钼酸铵;碳酸铵;硝酸铝;氟化镁;碳酸镁,碱式;氢氟酸

北京兴氧乙炔厂

北京市大兴区庞各庄[102601]
电话:(010)89287342
传真:(010)89287406
网址:bjxyyq.com
E-mail:gzf62@126.com
【主要产品】溶解乙炔;丙烯;石油液化气

北京兴有化工有限责任公司

北京市朝阳区大郊亭[100022]
电话:(010)67783049;67714630;67783049
传真:(010)67718856 职工人数:70 人
固定资产:20,000 千元
供销电话:67714630;67712255
经济类型:有限责任公司
法人代表:胡连仲
网址:www.xingyouchem.com
E-mail:wanghongbin@xingyouchem.com
【主要产品】乙烯-醋酸乙烯共聚乳液;柴油降凝剂

北京星牌建材有限责任公司

北京市朝阳区高井二号[100025]
电话:(010)85765544
传真:(010)85760213
经济类型:有限责任公司
企业规模:大型
网址:www.bsbm.cc
E-mail:itc@bsbm.cc;star@bsbm.cc
【主要产品】高级乳胶漆;内墙涂料;外墙涂料;彩色石漆;弹性防水涂料;防霉装饰漆;内外墙腻子

北京雪莲涂料厂

北京市清河小营西路[100096]
电话:(010)62943670;62913815;82714562
供销电话:62944895
网址:www.xl-101.com
E-mail:webwiner@china.com
【主要产品】内墙涂料;真石漆;纯丙高光乳胶漆;丙烯酸外墙涂料;亚光型内墙乳胶漆;821 腻子粉;浮雕复层涂料;耐水腻子;混凝土界面处理剂;107 胶;108 胶;除锈剂;泵送剂

北京亚太化工科技有限公司

北京市顺义区大孙各庄镇[101308]
电话:(010)61431893;61430159
传真:(010)61432170 经济类型:集体
供销电话:61432170;13910764554
职工人数:138 人 法人代表:刘玉章
E-mail:ythg@sina.com
【主要产品】硝酸银;2,2′-联吡啶;5-溴-2-甲基吡啶;邻苯二甲醛;苯甲酸萘酯;强碱性季铵Ⅱ型阴离子交换树脂(204 型);盐酸氮芥;月桂氮卓酮

北京亚太龙兴化工有限公司

北京市朝阳区广渠东路半壁店 5 号[100022]
电话:(010)87742564;87744059
传真:(010)87744057
网址:www.ytlxchem.com
E-mail:longxing@ytlxchem.com
【主要产品】氯化钙(二水);磷酸铵;五氧化二磷;乙酸钠,无水;柠檬酸钠;氢氧化钠;重铬酸钠;硅酸钠;亚硝酸钠;硫酸钠(无水);亚硫酸钠(无水);亚硫酸氢钠;碳酸钠;磷酸三钠;磷酸二氢钠;磷酸氢二钠;乙酸钙;氢氧化钙;氧化钙;硝酸钙;硫酸钙;氯化钙(无水);碳酸钙;磷酸氢钙;乙酸钡;氢氧化钡;过氧化钡;硫酸钡;碳酸钡;乙酸钾;氢氧化钾;重铬酸钾;铁氰化钾;硫酸钾;硫酸铝钾;氯化钾;磷酸二氢钾;磷酸氢二钾;乙酸铵;草酸铵;柠檬酸三铵;氢氧化铵;重铬酸铵;硫酸铵;过硫酸铵;氯化铵;碳酸铵;碳酸氢铵;磷酸二氢铵;磷酸氢二铵;乙酸铜;硝酸铜;硫酸铜;硫酸铝;乙酸锌;氧化锌;氯化锌;硝酸镁;硫酸镁;氯化镁;硫酸铈;已烷;三氯甲烷;乙腈;丙酮;乙酸乙酯;草酸;甲醇;乙醚;石油醚;四氢呋喃;可溶性淀粉

北京燕山石油化工有限公司

北京市房山区燕山岗南路 1 号[102500]
电话:(010)69342295;69342923
传真:(010)69342736
经济类型:股份有限公司
企业规模:大型
网址:www.yanshanpcgc.com.cn
E-mail:office@yspgc.yanshanpcgc.com.cn
【主要产品】1,5,9-环十二碳三烯;已烷;环已烷;甲基丙烯酸缩水甘油酯;低分子聚丁二烯(1,2-LPB);改性聚丁二烯;聚丙烯催化剂;高密度聚乙烯钛基氯化镁载体催化剂;聚乙烯催化剂;丙烯聚合高效载体催化剂;对叔丁基邻苯二酚;汽油机油

北京杨村化工有限公司

北京市大兴区亦庄经济开发区中和街 20 号 401 室[100075]
电话:(010)67862864;67887386;67861162
传真:(010)67862874 职工人数:100 人
经济类型:有限责任公司
网址:www.bjyangcun.com
E-mail:ycchem@bjyangcun.com
【主要产品】四苯基乙二醇;4,4′-二氨基二苯醚;环戊酮;联苯二氯苄;酯化物;4,4′-二甲氧基甲基联苯;荧光增白剂 EBF;荧光增白剂 SWN;荧光增白剂 CBS;荧光增白剂 OB;荧光增白剂 OB-1;荧光增白剂 KCB;荧光增白剂 FP-127;紫外线吸收剂 UV-531;4,4′-二羟基联苯

北京冶建新技术公司精细化工厂

北京市海淀区西土城路 33 号[100088]
电话:(010)62454834;62225599-3270
传真:(010)62454834
经济类型:有限责任公司
法人代表:茹凤芝
【主要产品】琥珀酸;马来酸二甲酯;丁二酸二甲酯;丁二酸二异丙酯;丁二酸酐;丁二酰亚胺;丁二酸钠;1,4-环已二酮-2,5-二甲酸二甲酯;顺丁烯二酸二乙酯;丁二酸二乙酯;顺丁烯二酸二丁酯;顺丁烯二酸二辛酯

北京医科大学应用药物研究所

北京市海淀区学院路 38 号[100083]
电话:(010)62092722
传真:(010)82085097
【主要产品】烟碱;1,3-环已二酮;1,3-双三甲硅基脲;格列美脲;紫杉醇;缬沙坦;卡维地洛;西布曲明;盐酸阿洛司琼;盐酸恩丹西酮;鬼臼毒素;碘海醇;利塞膦酸钠

北京依科赛尔化工助剂有限公司

北京市房山区燕山东流水工业区[102400]
电话:(010)69347871
传真:(010)69349210
供销电话:63324329
供销传真:63360962
网址:www.excelled.cn
E-mail:excelled@excelled.cn
【主要产品】抗氧剂;光稳定剂

北京宜龙通广科技有限公司

北京市通州区牛堡屯后砣村185号[101104]
电话:(010)69588133;13801303224
传真:(010)69588133
网址:www.yltg.com
E-mail:yilong@yltg.com
【主要产品】邻三氟甲基苯甲醛;间三氟甲基苯甲醛;对三氟甲基苯甲醛;3,5-二(三氟甲基)苯甲醛;3,4-二氟苯甲醛;3,5-二氟苯甲醛;间三氟甲基苄醇;对三氟甲基苄醇;邻三氟甲基苄醇;3,5-双(三氟甲基)苄醇;3,4-二氟苯甲酸;3,5-二氟苯甲酸;3-氟肉桂酸;2-氟肉桂酸;对氟肉桂酸;邻三氟甲基肉桂酸;间三氟甲基肉桂酸;对三氟甲基肉桂酸;对三氟甲基苯乙酸;邻三氟甲基苯乙酸;3,5-双(三氟甲基)苯乙酸;4-三氟甲基苯硼酸;2-三氟甲基苯硼酸;3-三氟甲基苯硼酸;3,5-双(三氟甲基)苯硼酸;3,5-二氟苯硼酸;3,4-二氟苯硼酸;3,4-二氟苯乙酮;3,5-二氟苯乙酮;2,6-二氟苯乙酮;4-氯-3-三氟甲基苯乙酮;3,4-二氟苯腈;5-溴-2-氯三氟甲苯;3-溴-4-氯三氟甲苯;3,5-双(三氟甲基)溴苯;3,5-双三氟甲基苄基溴;3,5-双三氟甲基苯腈;对三氟甲基苯腈;邻三氟甲基苯腈;邻三氟甲基苯甲酸;3,5-双三氟甲基苯甲酸;间三氟甲基苯甲酸;对三氟甲基苯甲酸;间三氟甲基苯乙酸;3,5-二氟苯腈;邻三氟甲基苯甲酰氯;间三氟甲基苯甲酰氯;4-三氟甲基苯甲酰氯;3,5-双三氟甲基苯甲酰氯;3,5-二(三氟甲基)苯乙酮;间三氟甲基苯乙酮;邻三氟甲基苯乙酮;对三氟甲基苯乙酮;间三氟甲基氯苄;对三氟甲基氯苄;邻三氟甲基氯苄;3,5-双三氟甲基氯苄

北京怡禾生物工程有限公司

北京市通州工业开发区广源东街3号[101113]
电话:(010)61502611
传真:(010)61502596
经济类型:有限责任公司
网址:bjyihe.cebiz.cn
E-mail:yihemarket@tom.com
【主要产品】茄尼醇;三尖杉宁碱;紫杉醇;大豆异黄酮

北京益利达建筑涂料厂

北京市丰台区南岗洼447号[100072]
电话:(010)83885787;13801366382
法人代表:赵秀春
网址:www.cm-paint.com
E-mail:cm_yld@cm-paint.com
【主要产品】耐擦洗内墙涂料;水性外墙涂料;抗碱封闭底漆;丙烯酸防水涂料;浮雕漆;真石漆;丙烯酸外墙罩面漆;硅丙外墙乳胶漆;丙烯酸外墙乳胶漆;苯丙外墙涂料;高级丝光外墙乳胶漆;自流平环氧地坪涂料;瓷釉涂料;罩光漆;抗裂弹性腻子;耐水腻子;混凝土界面处理剂;建筑胶801

北京益利精细化学品有限公司

北京市朝阳区金盏乡长店村西[100018]
电话:(010)84338152;84336747;84338140
传真:(010)84338152;84338070
经济类型:股份有限公司　　有进出口权
产值:5,000千元　　职工人数:200人
法人代表:郭存林
网址:www.yilishiji.com
E-mail:info@yilishiji.com
【主要产品】对苯二丁醚;4-氟硝基苯;乌洛托品;对二乙氧基苯;聚乙烯醇;氢氧化钠;氯化钠;溴化钙;碳酸钙;硫酸钡;氯化钡;碳酸钡;氢氧化钾;高锰酸钾;磷酸二氢钾;磷酸氢二钾;乙酰丙酮铁;二乙酰丙酮铅;一氧化铅;四氧化三铅;乙酸铵;草酸铵;柠檬酸三铵;氟化铵;氟化氢铵;氢氧化铵;重铬酸铵;钼酸铵;硝酸铵;硫酸铵;过硫酸铵;硫氰酸铵;氯化铵;碳酸铵;磷酸二氢铵;磷酸氢二铵;乙酰丙酮铜;氯化亚铜;硝酸银;氧化铝;硫酸铝;乙酰丙酮铬;三氧化铬;对硫代甲酚;丙酮;邻苯二甲酸二丁酯;乙二胺四乙酸;磺基水杨酸;柠檬酸;氢氟酸;盐酸;硅酸;硝酸;硫酸;高氯酸;硼酸;氢溴酸;磷酸;氯化铵(药用);次硝酸铋;硫柳汞钠;三氯对称二苯脲;乙酰丙酮镍;乙酰丙酮锌;乙酰丙酮镉;乙酰丙酮镁;乙酰丙酮锰;乙酰丙酮钴;乙酰丙酮钙;乙酰丙酮钡;乙酰丙酮锂;十二烷基二甲基苄基氯化铵;水质稳定剂;2,2-二溴-3-次氮基丙酰胺

北京益民制药厂

北京市顺义区光明南街14号[101300]
电话:(010)66380393
传真:(010)69440455　　经济类型:国有
【主要产品】戊四硝酯;亚硝酸异戊酯;盐酸马普替林;茶苯海明

北京益中伟业化工有限公司

北京市房山区城关街道后朱各庄[102400]
电话:(010)69328752;69328762;13701319890
传真:(010)69328763
供销电话:69328630;13910262175
经济类型:私营企业　　法人代表:张振英
网址:www.yzwychem.com
E-mail:yzwy@chemnet.com;Lzhenhai@hotmail.com
【主要产品】2,4-二硝基苯酚;抗氧剂DLTP;抗氧剂DSTDP;硫代二丙酸;抗聚剂;延迟焦化消泡剂

北京英达克工业涂料有限责任公司

北京市朝阳区南磨房路37号华腾北搪商务大厦[100022]
电话:(010)51908392;51908393;51908394
传真:(010)51908679
网址:www.ic531.com
E-mail:iccoat@yahoo.com.cn
【主要产品】聚氨酯丙烯酸汽车面漆;丙烯酸类面漆;环氧富锌底漆;环氧云铁防锈中涂漆;环氧云铁底漆;环氧封闭底漆;环氧混凝土封闭漆;水性无机富锌底漆

北京英茂薄膜衣技术开发有限公司

北京市怀柔区雁栖开发区C区[101407]
电话:(010)61669225;61669252
传真:(010)61666463
供销电话:61665602
网址:www.bjyingmao.com
E-mail:webmaster@bjyingmao.com
【主要产品】薄膜包衣剂

北京友合攀宝科技发展有限公司

北京市经济技术开发区宏达北路10号[100176]
电话:(010)67872206;67874273
传真:(010)67870070
供销电话:67872206;67865851
经济类型:有限责任公司
网址:www.panbao.com.cn
E-mail:panbao@vip.sina.com;sales@panbao.com.com
【主要产品】腻子粉;环保型建筑涂料;钛白粉

北京逾世纪科技有限公司

北京市怀柔区东兴工业园区4号院[100039]
电话:(010)58896819
传真:(010)58896822　　职工人数:58人
经济类型:私营企业　　法人代表:高惠江
网址:www.china-beeswax.com
E-mail:cross21c@sina.com
【主要产品】蜂蜡

北京钰林化工有限公司

北京市大兴区魏善庄镇[102611]
电话:(010)89245331
传真:(010)89245331　　职工人数:300人
网址:www.bjyulin.com.cn

【主要产品】醇酸树脂漆类;C04-42 各色醇酸磁漆;硝基漆类;丙烯酸汽车面漆;丙烯酸聚氨酯漆;各色丙烯酸聚氨酯磁漆;丙烯酸金属闪光漆;丙烯酸桔纹磁漆;油漆固化剂

北京原野食品化工有限公司

北京市朝阳区北四环东路 108 号千鹤家园 6 号楼 202 室[100029]
电话:(010)84832871;84832873
传真:(010)84832872
网址:www. yuanyelong. com
E-mail:yuanye@ yuanyelong. com
【主要产品】安赛蜜

北京远大洪雨防水材料有限责任公司

北京市朝阳区管庄路口管庄西里 74 号楼 103 [100024]
电话:(010)65759940;65753263;13911677628
传真:(010)65753263
经济类型:有限责任公司
网址:www. ydhy. com
E-mail:ydhy@ ydhy. com
【主要产品】聚氨酯防水涂料;JS 复合防水涂料;SBS 改性沥青防水卷材;APP 改性沥青防水卷材

北京云迪同创医药科技有限公司

北京市朝阳区建国路 88 号现代城 3 号楼 1810 [100022]
电话:(010)85893257;13910186232
传真:(010)85893258
网址:www. winticpharma. com
E-mail:winticsales@ 126. com
【主要产品】头孢吡肟;头孢唑兰;头孢克肟;柔红霉素;活力康唑;阿德福韦;甲磺酸帕珠沙星;普卢利沙星;利拉萘酯;非那甾胺;卡巴匹林钙;佐米曲坦;盐酸罗格列酮;罗格列酮马来酸盐;匹格列酮;安非他酮;那格列奈;尼莫司汀;头孢泊肟酯;表阿霉素;阿霉素;长春瑞宾双酒石酸盐;帕洛诺司琼;氨氯地平;替米沙坦;比索洛尔;贝那普利;匹伐他汀;齐留通;阿尼西坦;盐酸舍曲林;米氮平;扎莱普隆;利培酮;雷贝拉唑;拉呋替丁;泰妥拉唑;西替利嗪;盐酸左旋西替利嗪;托烷司琼;非索非那定;氯雷他定;脱羧氯雷他定;*L*-丙氨酰-*L*-谷氨酰胺

北京展辰化工有限公司

北京市通州区永乐经济开发区[101105]
电话:(010)69568616
传真:(010)69568535
网址:www. bjzhanchen. com
E-mail:webmaster@ bjzhanchen. com
【主要产品】硝基面漆;硝基底漆;各色硝基透明漆;亚光型聚氨酯清漆;亮光型聚氨酯清漆;各色聚氨酯底漆;PU 透明底漆;聚氨酯透明面漆;各色聚氨酯家具漆

北京占海防水装饰有限公司

北京市大兴区庞各庄[102601]
电话:(010)89288983;68694539;68694532
传真:(010)89287184
网址:www. zhanhai. com
E-mail:zhfs@ zhanhai. com
【主要产品】丙烯酸防水涂料;聚氨酯防水涂料;JS 复合防水涂料;水泥基渗透结晶型防水涂料

北京振利高新技术公司

北京市丰台区西局西街乙 88 号[100073]
电话:(010)63826972;63815391;63811212
传真:(010)63826971;63821700
经济类型:股份合作 法人代表:黄振利
网址:www. zhenli. com. cn
E-mail:huangzhenli@ yeah. net
【主要产品】建筑涂料

北京正恒化工有限公司

北京市房山区燕山东流水工业区 13 号[102502]
电话:(010)63785052
传真:(010)63785049 有进出口权
供销电话:63785052;13801363564
经济类型:私营企业 职工人数:50 人
法人代表:王大京
网址:www. zhenghengchem. com
E-mail:stable@ stablechem. com
【主要产品】催干剂;催化剂;二正丁基氧化锡;氧化二辛基锡;稳定剂;二巯基乙酸异辛酯二甲基锡;二月桂酸二丁基锡;二月桂酸二丁基锡复合物;马来酸二丁基锡;丁基硫醇锡;二月桂酸二正辛基锡;马来酸二辛基锡;有机锡稳定剂;甲基硫醇锡热稳定剂;硫醇有机锡复合物;三氯化丁基锡;四丁基锡;四辛基锡;巯基乙酸异辛酯一丁基锡;巯基乙酸异辛酯二丁基锡;巯基乙酸异辛酯二正辛基锡

北京制药工业研究所实验药厂

北京市朝阳区东大桥路 12 号[100020]
电话:(010)65023388;65028531
传真:(010)65023166 经济类型:国有
【主要产品】甲醇;替尼泊苷;依托泊苷;盐酸川芎嗪;盐酸黄酮哌酯;盐酸地匹福林

北京中海防水建筑材料有限公司

北京市房山区 95996 部队基地 2 号院[102488]
电话:(010)80316218;82316228
传真:(010)82316228
网址:www. bj-zhonghai. com
E-mail:sales@ zhonghai. com
【主要产品】聚乙烯丙纶复合防水卷材;丙烯酸弹性防水涂料;聚氨酯防水涂料;非焦油聚氨酯防水涂料;氯丁橡胶沥青防水涂料;JS 复合防水涂料;水泥基渗透结晶型防水涂料;防水卷材;SBS 改性沥青防水卷材;APP 改性沥青防水卷材

北京中核研技术有限公司

北京市海淀区塔院绿化队智诚商务中心 105 室[100083]
电话:(010)82375381;82375382;62340853
传真:(010)82375381
网址:www. jhsience. com
E-mail:jh@ jhsience. com
【主要产品】丙烯酸树脂乳液;丙烯酸防水涂料;抗老化高弹性彩色防水涂料;聚合物改性水泥基弹性防水涂料;水泥基渗透结晶型防水涂料;防水透明胶;强力堵漏防水剂;聚合物水泥砂浆防水胶

北京中建海平防水材料有限公司

北京市长安街京通辅路轻轨管庄站[100024]
电话:(010)65457148;13901202754
传真:(010)65457321
网址:www. zjhp. com
【主要产品】聚氨酯防水涂料;JS 复合防水涂料;SBS 改性沥青防水卷材;自粘橡胶沥青防水卷材;补漏王

北京中科轻化化工技术研究所

北京市复兴路 83 号 国防大学东九楼 4 层[100856]
电话:(010)66706846;66706371;51606584
传真:(010)66706371
网址:www. zkqh. com
E-mail:zkqh@ zkqh. com
【主要产品】纳米环保乳胶涂料

北京中农华威集团

北京市昌平区百善镇产业基地[100094]
电话:(010)51731652;51731653;51731655
传真:(010)51731659
网址:www. agrichina. com
E-mail:info@ agrichina. com
【主要产品】泰妙菌素

北京中天恒安消防材料有限公司

北京市大兴区黄村镇北磁各庄[102600]
电话:(010)61269056;13911258961
传真:(010)61269076
供销电话:61269056;13911301856
网址:www. ztha. com. cn

E-mail:bjztha@263.net
【主要产品】薄型钢结构防火涂料;超薄型钢结构防火涂料;厚涂型钢结构防火涂料

北京众达世纪化工有限公司

北京市大兴区黄村镇东磁村东环路2号[102600]
电话:(010)61261348;61261349
传真:(010)61261330 有进出口权
供销电话:61261348;61261340
网址:www.bj-chonda.com
E-mail:chonda@bj-chonda.com
【主要产品】荧光增白剂;涤纶增白剂ER;荧光增白剂SWN;荧光增白剂KSN;光稳定剂770;紫外线吸收剂UV-9;紫外线吸收剂UV-531

北京紫竹药业有限公司

北京市海淀区红联南村44号1005室[100088]
电话:(010)62250847;62274745;65763355
传真:(010)62245401 有进出口权
固定资产:700,000千元
供销电话:62256601;62250135
供销传真:62250412 法人代表:尹栩颖
经济类型:有限责任公司
职工人数:1,300人
网址:www.zizhu-pharm.com
E-mail:Zizhu@zizhu-pharm.com
【主要产品】16,17α-环氧黄体酮;炔诺酮;左炔诺孕酮;苯丙酸诺龙;诺龙

北京自强不干胶制品有限公司

北京市密云县巨隆工业园区[101501]
电话:(010)61036789;13381418776
传真:(010)61034496
网址:www.bjziqiang.com.cn
E-mail:info@baohumo.com.cn
【主要产品】不干胶

大庆开发区新世纪精细化工有限公司北京裕立化工有限公司

北京市东城区新中街68号聚龙花园7号楼5G[100027]
电话:(010)65520666;65539391
传真:(010)65525510 职工人数:260人
固定资产:80,000千元
经济类型:股份有限公司
网址:www.newcenturychem.com
E-mail:info@bj-newcenturychem.com
【主要产品】2,5-噻吩二羧酸;对苯二甲醛;间苯二甲醛;邻甲氧基苯甲醛;间甲氧基苯甲醛;联苯单甲醛;对氰基苯甲醛;邻氰基苯甲醛;频哪醇;苯基丁二酸;2,5-二氯苯甲酸;对氰基苯甲酸;对氟苯甲酸;4-异丙基苯甲酸;2-苯基丁酸;联苯-4-乙酸;2-萘甲酸;1-萘甲酸;2,3-二甲基苯甲酸;2,5-二甲基苯甲酸;2,4-二甲基苯甲酸;对氟苯甲酸甲酯;对氟苯甲酸乙酯;对氯苯乙酮;邻氯苯乙酮;对氟苯乙酮;联苯二氯苄;邻羧基苯硫酚;对正丁基苯胺;对叔丁基苯胺;2,3-二氯苯甲酸;2,6-二氯苯甲酸;2,2-二甲基丁酸;*N*-苄基甘氨酸乙酯;2-氨基噻唑;2-氨基-5-甲基噻唑;3,5-二甲基苯甲酰氯;混旋苯甘氨酸;三苯基膦;对甲酰基苯甲酸;3,5-二硝基水杨酸;酯化物;荧光增白剂ER-Ⅰ;4-羟基哌啶醇氧自由基

富思特制漆(北京)有限公司

北京市丰台区方庄金城中心6F[100078]
电话:(010)67623218;67655538;67671260
传真:(010)67623268 职工人数:90人
供销电话:67685865
经济类型:与港澳台商合资经营
网址:www.firstpaint.com.cn
E-mail:Mail@firstpaint.com.cn
【主要产品】金属漆;乳胶漆;真石漆;常温道路标志漆;膨胀型钢结构防火涂料;地坪涂料

豪毅天宇(北京)科技有限公司

北京市海淀区[100080]
电话:(010)86015877
传真:(010)86015877 产值:5,000千元
经济类型:有限责任公司
职工人数:20人 法人代表:陈豪毅
网址:www.dioil.qy6.com
E-mail:dioil@163.com
【主要产品】柴油稳定剂;柴油十六烷值改进剂;汽油清净节能剂;柴油添加剂;柴油清净节能剂;汽油抗爆剂;油品脱色除味剂

红狮涂料国际有限公司

北京市通州区台湖镇次渠工业区[101111]
电话:(010)81508519;81508520
传真:(010)81508599
经济类型:与港澳台商合资经营
网址:www.redlion-coatings.com.cn
E-mail:hsxsh@redlion-coatings.com.cn
【主要产品】水溶性丙烯酸树脂;酚醛树脂;氨基树脂;酚醛树脂漆类;醇酸树脂漆类;各色醇酸调合漆;醇酸磁漆;金属油罐抗静电防腐涂料;各类亚光清漆;汽车漆;木器家具漆;工业涂料;内外墙涂料;丙烯酸氯化橡胶磁漆;抗碱封闭底漆;各色丙烯酸聚氨酯磁漆;聚氨酯丙烯酸中涂漆;木器亚光漆;水性木器亮光漆;丙烯酸工程机械磁漆;丙烯酸内墙乳胶漆;高级内墙乳胶漆;聚酯氨基中涂漆;饮水容器内壁环氧磁漆;环氧树脂阴极电泳漆;紫外光固化涂料;聚氨酯清漆;各色聚氨酯地坪漆;装饰涂料;透明腻子

京厦建筑涂料厂

北京市丰台区小井村552号[100073]
电话:(010)63815216;63894480;63866070
传真:(010)63815216
网址:www.jingsha.com
E-mail:jsh@jingsha.com
【主要产品】耐擦洗内墙涂料;抗碱封闭底漆;丙烯酸弹性防水涂料;浮雕漆;丙烯酸外墙涂料;外墙半光乳胶漆;高级丝光内墙乳胶漆;荷叶外墙漆;耐水腻子

军事医学科学院毒物药物研究所

北京市海淀区太平路27号[100850]
电话:(010)66887429
【主要产品】盐酸戊乙喹醚

凯翔精细化工有限公司

北京市西城区阜外大街北二巷豪轩写字楼409[100037]
电话:(010)68316861
传真:(010)68316861 职工人数:60人
网址:www.kxfinechem.com
E-mail:sales@kxfinechem.com
【主要产品】2-氯腺嘌呤;间羟基苯甲醛;2-氨基-3,5-二溴苯甲醛;间甲氧基苯甲醛;2-苄基丙烯酸;2-苄基丙烯酸甲酯;4′-溴甲基联苯-2-甲酸叔丁酯;4-溴-3-硝基苯丙酮;2-氯-4-硝基甲苯;3-乙酰巯基-2-苄基丙酸;4-羟基-2-甲氧基苯甲醛;2-氯-3,4-二甲氧基苯甲醛;2-氟腺嘌呤;3-硝基苯甲醛;2-氨基苯甲醛;2-氨基-4-氯苯酚;那氟沙星;替莫唑胺;雷替曲塞;氟达拉滨;替米沙坦;富马酸比索洛尔;非诺多泮;消旋卡多曲;硝呋太尔;双氯酚

蓝星(北京)化工机械有限公司

北京市经济开发区兴业街5号[100176]
电话:(010)58082009
传真:(010)58082000 经济类型:国有
供销电话:58082189;58082187
供销传真:58082189 企业规模:大型
职工人数:1,300人 法人代表:甘锁才
网址:www.bcmw.com.cn
E-mail:mail@lxbjhj.com
【主要产品】化工设备;电解槽;振动筛;化工专用泵;压力容器;密封

蓝星化工新材料股份有限公司

北京市海淀区花园东路30号花园商务会馆[100029]
电话:(010)82023656;82022699
传真:(010)64429425
法人代表:刘宪秋
网址:www.star-nm.com
E-mail:xcl-009@star-nm.com
【主要产品】甲基三氯硅烷;二甲基二氯硅烷;八甲基环四硅氧烷;三甲基一氯硅烷;甲基三乙氧基硅烷;二甲基环硅氧烷;耐高温有机硅树脂;甲基透明树

脂；室温硫化甲基硅橡胶(107 型)；二甲基硅油；水溶性硅油；甲基含氢硅油；氨基硅油；甲基硅酸钠

优龙(北京)重防腐涂料有限公司

北京市海淀区紫竹院路 31 号华澳中心 2 号楼 10E［100089］
电话：(010)68714551；68717122；68717123
传真：(010)68714550
网址：www. euronavy. com. cn
E-mail：mmcg@ euronavy. com. cn
【主要产品】环氧系列重防腐涂料；重防腐漆；耐高温涂料；耐酸碱重防腐涂料

中国北方化学工业总公司

北京市海淀区紫竹院路 81 号院［100089］
电话：(010)88829731
传真：(010)88829730
有进出口权
网址：www. nocinco. com. cn
【主要产品】糠醇；甲苯二异氰酸酯；2,6-二甲基硝基苯；2,4-二甲基硝基苯；羟乙基纤维素；糠醇树脂；硝基漆片；盐酸洛美沙星；羟丙基甲基纤维素；羧甲基纤维素钠；甲基纤维素；乙基纤维素；羟丙基纤维素；硝酸纤维素；乳化炸药；震源药柱；2,4,6-三硝基甲苯；二硝基甲苯；工业导火索

中国化学建材股份有限公司

北京市海淀区紫竹院南路 2 号［100044］
电话：(010)68434863；88411666
传真：(010)88418866
经济类型：股份有限公司
法人代表：曹江林
网址：www. ccbm. com. cn
E-mail：ccbm@ public. bta. net. cn
【主要产品】玻璃纤维；给水用硬聚氯乙烯管材；聚氯乙烯塑料地板

中国蓝星(集团)总公司

北京市朝阳区北三环东路 19 号［100029］
电话：(010)64429448
传真：(010)64429446
经济类型：国有
有进出口权
企业规模：大型
网址：www. china-bluestar. com
E-mail：cbsc@ china-bluestar. com
【主要产品】盐酸；烧碱；三氧化铬；二氧化硅；氯气(液)；1-丁烯；丙烯；丙烷；丁烷；环氧丙烷；甲醛；1,2,4-丁三醇；叔丁醇；甲基叔丁基醚；反丁烯二酸；甲苯二异氰酸酯；乳酸丁酯；2-丁酮；丙酮；苯酐；顺丁烯二酸酐；偏苯三酸酐；双酚 A；苯酚；乌洛托品；石油液化气；石脑油；汽油；渣油；C_4 馏分；C_5 馏分；柴油；重油；氯化聚乙烯；聚氯乙烯树脂；聚氯乙烯糊树脂；聚丙烯；聚甲醛；聚对苯二甲酸丁二醇酯；聚碳酸酯；聚醚多元醇；环氧树脂；聚醚系列；氯丁橡胶；硅橡胶；硅油；钛白粉；防水剂；氯化石蜡；硅烷偶联剂；壬基酚；润滑油；溶剂油；燃料油；沥青；水泥

中国石化长城润滑油集团有限公司

北京市海淀区安宁庄西路 6 号［100085］
电话：(010)62949898；62913781
传真：(010)62917732
经济类型：有限责任公司
网址：www. sinolube. com
E-mail：sinolube@ sinolube. com
【主要产品】防锈脂；刹车油；润滑油添加剂；热定型机润滑油；汽油机油；柴油机油；车辆齿轮油；工业齿轮油；高温链条润滑油；发动机油；高级抗磨液压油；汽轮机油；压缩机油；金属轧制油；铝箔轧制油；减震器油；油酸钠皂；润滑油

中国石化催化剂北京奥达分公司

北京市通州区次渠镇工业区［101111］
电话：(010)81502973；81501257
传真：(010)81501420；81501264
供销传真：81501264；81501257
经济类型：国有　　职工人数：300 人
法人代表：杨元一
网址：www. auda. com. cn
E-mail：mxl5511@ sina. com
【主要产品】聚丙烯催化剂；高密度聚乙烯钛基氯化镁载体催化剂；BCG 乙烯聚合催化剂；催化剂 DQ；催化剂 N

中国石油化工股份有限公司北京化工研究院

北京市朝阳区北三环东路 14 号［100013］
电话：(010)64211993
传真：(010)64228661　　经济类型：国有
有进出口权
网址：www. brici. ac. cn
E-mail：brici@ public. bta. net. cn
【主要产品】纳米级全硫化粉末橡胶；聚丙烯催化剂；高密度聚乙烯钛基氯化镁载体催化剂；BCG 乙烯聚合催化剂；C2 气相加氢催化剂；苯酐催化剂；顺酐催化剂；催化剂 DQ；低压羰基合成催化剂

中国石油化工股份有限公司北京燕山分公司

北京市房山区燕山岗南路 1 号［102500］
电话：(010)69342295；69342923
传真：(010)69342736
网址：www. yanshanpcgc. com. cn
E-mail：office@ yspgc. yanshanpcgc. com. cn
【主要产品】硫黄；丙烯；二甲苯；石油苯；石油甲苯；白石蜡；全精炼石蜡；石油液化气；无铅汽油；轻柴油；航空煤油；渣油；润滑油基础油；液氨；石蜡(食品用)

中国原子能研究院同位素研究所

北京市 275 信箱［102413］
电话：(010)69357312；69357745
【主要产品】依沙美肟

天 津 市

PPG 涂料(天津)有限公司

天津市开发区黄海路 192 号[300457]
电话:(022)25323470
传真:(022)25325183
经济类型:中外合资经营企业
企业规模:大型
网址:www. ppg. com
【主要产品】油漆

德福装饰工程有限公司

天津市北辰区小淀镇工业小区[300402]
电话:(022)26990260
传真:(022)26990263
经济类型:港澳台商独资经营
网址:www. dehfu. com
E-mail:tjdf@ dehfu. com
【主要产品】自流平环氧地坪涂料

韩荣油化(天津)有限公司

天津市北辰区南王平工业区[300402]
电话:(022)86829192;86829193
传真:(022)86829195
供销电话:13920385175
经济类型:外商独资　法人代表:洪圣镐
E-mail:hrgh@ public. tpt. tj. cn
【主要产品】印染助剂

黄骅市津骅添加剂有限公司

天津市河北区正义道万科城市花园 F 座 1209 室[300150]
电话:(022)26428566;26420066;26465066
传真:(022)26436266　有进出口权
经济类型:有限责任公司
产值:50,000 千元　职工人数:100 人
法人代表:王洪来
网址:www. jhadd. com
E-mail:jinhua@ jhadd. com
【主要产品】亚硒酸;硫酸钴;氯化钴;碘化钾;亚硒酸钠;二氧化硒;亚硒酸锌;碘酸钙

津川化工有限公司

天津市武清富民经济区中心路 128 号[301700]
电话:(022)29365005;29365083
传真:(022)29365083
经济类型:私营企业　法人代表:赵国元
【主要产品】硫酸铬钾;重铬酸钾;氧化铬绿

京仁(天津)水处理有限公司

天津市东丽区新立街中和村六区一排十三号[300300]
电话:(022)24981968;24997472
传真:(022)24990406
经济类型:外商独资　法人代表:成乐仁
网址:www. kyungin-cn. com
E-mail:ki1967@ china. com
【主要产品】反渗透水处理剂

蓝星石化有限公司天津分公司

天津市西青区周李庄[300380]
电话:(022)87952211;87952128
传真:(022)87952688　有进出口权
经济类型:有限责任公司
企业规模:大型　法人代表:蔡朋发
网址:www. tj-bluestar. com
E-mail:yueye6666@ 163. com
【主要产品】渣油;馏分油;燃料油

劳特(天津)化工有限公司

天津市经济技术开发区洞庭路 145 号[300457]
电话:(022)25325664
传真:(022)25325661　有进出口权
供销电话:25323554
经济类型:外商独资
网址:www. eastman. com. cn
【主要产品】聚酰胺树脂;改性酚醛树脂;醇酸树脂

利安隆(天津)实业有限公司

天津市武清区黄庄乡工业区[301718]
电话:(022)82110940;28379939
传真:(022)82110940;28379933
经济类型:有限责任公司　有进出口权
法人代表:张新卫
网址:www. rionlon. com
E-mail:mail@ rionlon. com
【主要产品】抗氧剂 MD-697

绿点(天津)塑胶有限公司

天津市塘沽区三槐路 80 号[300450]
电话:(022)25714814
传真:(022)25714804
经济类型:港澳台商独资经营
企业规模:大型　法人代表:李毓洲
【主要产品】塑料配件

南开大学催化剂厂

天津市南开区卫津路 94 号[300071]
电话:(022)23503520
传真:(022)23500772　经济类型:国有
法人代表:尤恩庆
【主要产品】降凝催化剂;异构化催化剂;芳构化催化剂;异丙醚催化剂;制对二乙苯催化剂;分子筛

南开大学化工厂

天津市南开区卫津路 94 号[300071]
电话:(022)23508321;23509300
传真:(022)23509300
供销电话:23508353　法人代表:刘维民
经济类型:联营企业
网址:ion. nankai. edu. cn
E-mail:wangjiam@ public. tpt. tj. cn
【主要产品】强酸性苯乙烯系阳离子交换树脂;强酸性苯乙烯系阳离子交换树脂(001×7 型);大孔强酸性苯乙烯系阳离子交换树脂(D001 型);大孔强酸性苯乙烯系阳离子交换树脂(D61 型);大孔弱酸性丙烯酸系阳离子交换树脂(D152 型);阴离子交换树脂;强碱性季铵Ⅰ型阴离子交换树脂(201×7 型);大孔强碱性季铵Ⅰ型阴离子交换树脂(D261 型);大孔强碱性苯乙烯系阴离子交换树脂(D296 型);大孔弱碱性苯乙烯系阴离子交换树脂(D301);大孔吸附树脂

南开大学生物化学科技开发公司

天津市南开区卫津路 94 号南开大学内[300071]
电话:(022)23509946;23509956
传真:(022)23503668
供销电话:23503668　法人代表:李正名
网址:www. nkbio-chem. com
E-mail:along@ nankai. edu. cn
【主要产品】4-硝基吲哚;环戊基甲醇;异丁香酚甲醚;吡喃-4-甲酸;1-萘硼酸;5-氯-2-醛基苯硼酸;间甲基苯硼酸;5-氯-2-甲基苯硼酸;3,5-二氟苯硼酸;草酸铵甲酯;*N*,*N*-二甲氨基乙酸乙酯;邻苯二甲酸二苯酯;1-苄基-5-苯基巴比妥酸

普利司通(天津)轮胎有限公司

天津市北辰区引河桥北铁道东[300400]
电话:(022)26881111
传真:(022)26974024　有进出口权
供销电话:(021)63878600
经济类型:外商独资　企业规模:大型
法人代表:原章二郎
网址:www. bridgestone. com. cn
E-mail:bstj@ bridgestonetj. com
【主要产品】轮胎

首进(天津)涂料有限公司

天津市西青区辛口工业园[300380]
电话:(022)27992222;27993333
传真:(022)27992929
经济类型:外商独资　法人代表:李德生
【主要产品】装饰漆;硝基漆类;硝基面漆;硝基底漆;聚乙烯面漆;聚氨酯中涂底漆;高氯化聚乙烯防腐底漆

唐山市第二化工厂

天津市汉沽区汉沽火车站东[300480]
电话:(022)67119370;67115028
传真:(022)67122029　有进出口权

经济类型:私营企业 法人代表:程宝增
网址:chengbaozeng.ebigchina.com
【主要产品】过磷酸钙;混配复合肥料

唐山通联化工有限公司

天津市汉沽区火车站东一公里[300480]
电话:(022)67122029
传真:(022)67122029 有进出口权
供销电话:67119370 法人代表:程宝增
经济类型:私营企业
【主要产品】硫酸;硫酸镁

天昌(天津)活性炭有限公司

天津市西青区杨柳青农场工业园内[300112]
电话:(022)87913316;83865017;83865016
传真:(022)87912878;83865019
经济类型:外商独资
网址:www.tj-tc-carbon.com
E-mail:tj-tc@tj-carbon.com
【主要产品】活性炭

天津阿克苏诺贝尔过氧化物有限公司

天津市北辰区外环线内[300400]
电话:(022)26813188
传真:(022)26813834 有进出口权
经济类型:外商独资 企业规模:大型
法人代表:金永泽
【主要产品】引发剂;交联过氧化物;聚过氧化物(用于固化剂)

天津阿托兹精细化工有限公司

天津市武青区经济技术开发区北财源道6号[301700]
电话:(022)82116889;82116333
传真:(022)82116332
供销电话:82116331;82116889
经济类型:中外合资经营企业
法人代表:谢晓东
网址:www.atozchem.com.cn
E-mail:sale@atozchem.com.cn
【主要产品】微粉化聚乙烯蜡

天津爱勒易医药材料有限公司

天津市高新技术产业园区华苑产业区榕苑路9号[300384]
电话:(022)83716586;83716588;83716570
传真:(022)83716565
供销电话:83716575 法人代表:陈文兵
网址:www.ile.com.cn
E-mail:ile@waboo.net
【主要产品】薄膜包衣剂

天津安光油墨厂

天津市北辰区双口乡安光村村东[300401]
电话:(022)26941007
传真:(022)26941007 经济类型:集体
供销电话:26941828 法人代表:于士荣
【主要产品】印刷油墨

天津澳美橡胶轮胎有限公司

天津市东丽区大毕庄镇南何庄村金河里小区[300300]
电话:(022)84816490;26796011
传真:(022)84816127
供销电话:13820810098
经济类型:港澳台商独资经营
法人代表:顾旭东
网址:www.aomeityre.com
E-mail:xudong@aomeityre.com
【主要产品】载重汽车斜交轮胎

天津百花香精香料有限公司

天津市河东区常州道17号[300250]
电话:(022)24340649;24340714
传真:(022)24340815;24340818
经济类型:有限责任公司 有进出口权
法人代表:李春祥
【主要产品】食用香精;烟草香精;日化香精

天津宝丰医药化工有限公司

天津市武清区王古经济区[301712]
电话:(022)22193876;13503163833
传真:(022)22193877 有进出口权
网址:www.bf-msm.com
E-mail:bfsales@bf-msm.com
【主要产品】二甲基砜

天津豹鸣股份有限公司

天津市武清县杨村镇[301700]
电话:(022)29341402;29341403-40
传真:(022)29342402
经济类型:股份有限公司
网址:www.tjbm.com.cn
E-mail:tjbm@tjbm.com.cn
【主要产品】塑料编织袋;高效减水剂;混凝土早强减水剂;混凝土膨胀剂

天津北方化工工贸有限公司

天津市汉沽区茶淀西塘汉路68号[300480]
电话:(022)67123888;67196666;66220951
传真:(022)66220967;67129518
经济类型:集体 职工人数:200人
法人代表:李金庆
网址:www.jlforever.com
E-mail:norchem@public.tpt.tj.cn
【主要产品】烧碱

天津北方食品有限公司

天津市河东区二号桥津塘公路167号[300180]
电话:(022)24390198
传真:(022)24395189 有进出口权
供销电话:24390531;24390537
供销传真:24390531;24390537
经济类型:与港澳台商合资经营
法人代表:李斌
网址:www.cn-additive.com
E-mail:info@cn-additive.com
【主要产品】糖精(不溶性)

天津碧珍日化有限公司

天津市津南区咸水沽镇津沽东路5号[300350]
电话:(022)88510157
传真:(022)28393602
供销电话:28393601 法人代表:李允宰
经济类型:外商独资
网址:www.pigeon.co.kr
E-mail:jingmin63@yahoo.com.cn
【主要产品】液体洗涤剂;洗涤灵;丝毛洗涤剂;织物柔顺剂;精炼漂白剂

天津伯克气体工业有限公司

天津市河西区陈塘庄洞庭路16号[300200]
电话:(022)28123754;28343908
传真:(022)28343883 法人代表:马昭
经济类型:有限责任公司
企业规模:大型
【主要产品】氧气;液氧;氩气;氮气;液氮

天津渤海化工集团天津市橡胶机带厂

天津市南开区红旗路252号[300100]
电话:(022)23007598
传真:(022)27311992 经济类型:国有
供销电话:23007672 法人代表:王溢
供销传真:27220387
【主要产品】橡胶运输带;织物芯运输带;特种运输带;橡胶三角带

天津渤海化工有限责任公司天津化工厂

天津市汉沽区新开南路[300480]
电话:(022)67992132;67992255
传真:(022)25682924;67992095
企业规模:大型 法人代表:张东民
网址:www.tjhgc.com;
www.tj-chem.com
E-mail:tjhgc@tjhgc.com
【主要产品】盐酸;烧碱;硫氢化钠;四氯化钛;氯化钡;氯气(液);三氯甲烷;环氧氯丙烷;一氯化苯;滴滴涕;聚氯乙烯树脂;聚氯乙烯门窗型材;蛋氨酸

天津渤海化工有限责任公司天津碱厂

天津市塘沽区新华路87号[300450]
电话:(022)25893951;25895990
传真:(022)25895881 经济类型:国有
有进出口权 企业规模:大型
法人代表:赖振国
网址:www.tjsoda.com
E-mail:tjweb@tjsoda.com
【主要产品】碳酸钠(一水);纯碱;重质纯碱;碳酸氢钠(药用);亚硫酸钠;氯化钠(精制);氯化钙;工业氯化铵;硅

酸钠(液体);偏硅酸钠(五水);二氧化碳(食用);氯化铵;混配复合肥料;聚丙烯酸

天津渤天化工有限责任公司

天津市汉沽区营城[300480]
电话:(022)67992448
传真:(022)25694533　有进出口权
供销电话:25694444　企业规模:大型
经济类型:有限责任公司
职工人数:1,195 人　法人代表:张东民
网址:www. tjhgc. com
E-mail:tjhgc@ public. tpt. tj. cn
【主要产品】盐酸;烧碱;烧碱(液体);硫氢化钠;四氯化钛;氯化钡;氯气(液);氯乙烷;聚氯乙烯树脂(微悬浮法);聚氯乙烯糊树脂

天津长捷化工有限公司

天津市北辰区津围公路丰产河南[300402]
电话:(022)26998092;26998095
传真:(022)26998071　有进出口权
经济类型:有限责任公司
企业规模:大型　法人代表:杨富龙
网址:www. tjchangjie. com
E-mail:yanggwuying@ tjchangjie. com
【主要产品】糖精钠

天津长芦海晶集团有限公司

天津市塘沽区营口道 1088 号[300450]
电话:(022)66887028;66887082
传真:(022)25895796;66807055
供销电话:66887076;66887065
供销传真:66887082　经济类型:国有
有进出口权　企业规模:大型
法人代表:张金茹
网址:www. haijing-tj. com
E-mail:xxs@ haijingchem. com
【主要产品】氢溴酸;海盐;氯化钠(药用);氯化钾;氯化镁;溴素;四溴乙烷

天津长芦汉沽盐场有限责任公司

天津市汉沽区国家庄街 28 号[300480]
电话:(022)67906502
传真:(022)67114997　经济类型:国有
供销电话:67906546;67906607
有进出口权　企业规模:大型
法人代表:李维民
网址:bhnet. online. tj. cn/salt/salt. htm
【主要产品】海盐;氯化钾;氯化镁;溴素

天津达一化工技术有限公司

天津市南开区楚雄道 99 号[300190]
电话:(022)23696407
传真:(022)23367940
经济类型:私营企业　法人代表:佟家升
【主要产品】柔软剂 C;乳化剂 EL-80;乳化剂 EL-40;乳化剂 OP-10;乳化剂 SG-10;净洗剂 6501;乳化剂 C-125

天津达一琦精细化工有限公司

天津市经济技术开发区化学工业园区翠薇街 8 号[300480]
电话:(022)60650628;60650602
传真:(022)60650627　有进出口权
供销电话:60650605;84782629
供销传真:60650601;84782595
经济类型:中外合资经营企业
法人代表:沈乃源
网址:www. dai-ichi. com. cn
E-mail:webmaster@ dai-ichi. com. cn
【主要产品】柔软剂;匀染剂;固色剂;渗透剂;精炼剂;毛纺清洗剂;螯合剂;拨水剂;乳化剂

天津大沽化工厂劳动服务公司

天津市塘沽区大梁子街[300455]
电话:(022)25392599
传真:(022)25392597　经济类型:集体
法人代表:李万柱
【主要产品】烧碱;塑料编织袋

天津大沽化工厂劳动服务公司塑料编织厂

天津市塘沽区大梁子街[300455]
电话:(022)25392599-237
经济类型:集体　法人代表:李万柱
【主要产品】PE 编织布

天津大沽化工股份有限公司

天津市塘沽区大梁子街兴化道 1 号[300455]
电话:(022)25393966;25391450;25387966
传真:(022)25387908　有进出口权
供销电话:25392407　企业规模:大型
经济类型:股份合作　法人代表:肖卫国
网址:www. daguchem. com
【主要产品】盐酸;烧碱;烧碱(液体);氯气(液);环氧丙烷;聚氯乙烯树脂

天津大沽化工塑料制造有限公司

天津市塘沽区大梁子街兴化道 1 号[300455]
电话:(022)25390774
传真:(022)25393186　经济类型:国有
法人代表:张晔辉
网址:www. cyac. cn/dgl
E-mail:wfd0-66@ hotmail. com
【主要产品】过氧化氢;聚氯乙烯异型材

天津大沽精细化工有限公司

天津市塘沽区大梁子街兴化道 1 号[300455]
电话:(022)25393314
传真:(022)25391431　经济类型:集体
供销电话:25393314;25390031
供销传真:25393314　法人代表:冷柏树
网址:www. dagu. cn
E-mail:lbs@ dagu. cn
【主要产品】聚醚多元醇

天津大铭化工有限公司

天津市津南区八里台镇工业区[300353]
电话:(022)28750322
传真:(022)28751109　职工人数:50 人
网址:www. tjdmhg. com
【主要产品】烧碱

天津大学化工实验厂

天津市南开区卫津路 92 号[300072]
电话:(022)23345816
传真:(022)27375403
供销传真:27375403;27403588
经济类型:有限责任公司
法人代表:孙凤明
网址:www. tju. edu. cn
E-mail:tdhg300072@ yahoo. com. cn
【主要产品】聚丙烯酰胺;聚丙烯酰胺干粉(阳离子型);聚丙烯酰胺干粉(阴离子型);油酸二乙醇酰胺;油酸二乙醇酰胺硼酸酯

天津灯塔涂料有限公司

天津市北辰区南仓道[300400]
电话:(022)86563417;86563435
传真:(022)26340776　经济类型:国有
固定资产:970,000 千元　有进出口权
供销电话:26343801　企业规模:大型
销售收入:220,000 千元
职工人数:1,031 人　法人代表:张继光
网址:www. tianjin-beacon. cn
E-mail:dengta@ tianjin-beacon. cn
【主要产品】油漆

天津灯塔颜料有限责任公司

天津市北辰区北仓道立交桥旁造漆厂内[300400]
电话:(022)26838358;26838359;26838366
传真:(022)26838358;26838359
经济类型:股份合作　法人代表:刘建民
网址:www. dengtayl. chem. cn
E-mail:dengtayl@ chem. cn
【主要产品】氧化铁红;铅铬绿;中铬黄;钼铬红;华蓝;氧化铬绿;酞菁蓝

天津东海胶粘剂制品有限公司

天津市武清区大良镇[301703]
电话:(022)29561022;29563782
传真:(022)29563782　有进出口权
经济类型:中外合资经营企业
法人代表:王明德
【主要产品】聚氨酯胶黏剂;脲醛树脂胶;氯丁橡胶胶黏剂;PA 涂层胶

天津东洋油墨有限公司

天津市西青经济开发区兴华路二支路 12 号[300385]
电话:(022)23973966
传真:(022)23961697　有进出口权

供销电话:23979441;83988455
供销传真:23979440 企业规模:大型
经济类型:中外合资经营企业
网址:www.tjtoyoink.com.cn
E-mail:info@tjtoyoink.com.cn
【主要产品】包装油墨;印刷油墨;纸凹印油墨;胶印合成纸油墨;彩色印刷油墨;树脂胶版油墨;金银油墨;塑料印刷油墨;胶印轮转油墨;胶印亮光快干油墨;各种胶印油墨;胶印耐磨擦油墨;水性印刷油墨;珠光油墨;无苯复合塑料油墨;防伪油墨;油墨印刷助剂;有机颜料;耐晒桃红色原;耐晒桃红色淀;耐晒玫瑰红色原;酞菁蓝;汉沙黄10G;耐晒黄GG;联苯胺黄G;联苯胺黄H10G;永固橘黄G;耐晒大红BBN;耐晒深红BBM;橡胶大红LC;金光红;永固红F4R;立索尔宝红;热固性结构胶

天津飞龙橡胶制品有限责任公司

天津市西青区大寺镇梨园头门通口[300102]
电话:(022)83983201
传真:(022)83983201 经济类型:国有
供销电话:83983173
法人代表:黄德宏
供销传真:83983173
网址:www.tjfl-rubber.com
E-mail:tjrubber@public.tpt.tj.cn
【主要产品】聚氨酯胶板;聚氨酯密封圈;减震用橡胶制品;普通橡胶板;医用橡胶塞;橡胶防腐衬里系列;硅橡胶制品;氟橡胶制品;乙丙橡胶制品;橡胶密封圈;水裤

天津飞龙橡胶制品有限责任公司橡胶研发所

天津市西青区大寺镇门道口[300385]
电话:(022)83983229
传真:(022)83983173 经济类型:集体
法人代表:张春生
【主要产品】普通橡胶板;氟硅橡胶制品;胶布制品

天津福林化工工贸有限公司

天津市武清区富民经济区B区中心路[301700]
电话:(022)29392939;29381388
传真:(022)29381388
供销电话:13902171161
经济类型:私营企业 法人代表:刘存义
【主要产品】甲醛

天津福盛永化工有限公司

天津市西青区杨柳青农场内[300384]
电话:(022)27057890
经济类型:私营企业 产值:500千元
职工人数:50人 法人代表:张荣
网址:www.charcoalcn.com
E-mail:plian1@163.com
【主要产品】杂酚油

天津福助工业有限公司

天津市开发区第八大街42号[300457]
电话:(022)25327445
传真:(022)25323052
经济类型:外商独资 企业规模:大型
法人代表:井上治郎
【主要产品】塑料包装袋

天津港保税区永利气体有限公司

天津市塘沽区新华路87号[300450]
电话:(022)25851762
传真:(022)25306064 经济类型:集体
法人代表:唐健
网址:www.tjsoda.com
E-mail:qts@tjsoda.com
【主要产品】二氧化碳;液氧;液氩;液氮

天津港通化工有限公司

天津市东丽区欢坨工业区198号[300162]
电话:(022)84268426;26795586
传真:(022)26795578
经济类型:有限责任公司
法人代表:李向前
网址:www.tj-gangtong.com
E-mail:tjgt@tj-gangtong.com
【主要产品】正丁醇;皮革专用蜡;地板蜡

天津港鑫工业集团有限公司

天津市津南区双港经济开发区[300350]
电话:(022)28589838
传真:(022)28589838
经济类型:集体
供销电话:28580554 有进出口权
法人代表:费德财
【主要产品】2-萘胺-1-磺酸;2-氨基-5-萘酚-7-磺酸

天津哥雷德化工涂料厂

天津市北辰区西堤头工业区[300402]
电话:(022)86840165
传真:(022)86845003
职工人数:206人
经济类型:私营企业 法人代表:杨明
网址:www.greatche.com
E-mail:greatchem@eyou.com
【主要产品】高档树脂;油漆;油漆稀释剂

天津格润化工有限公司

天津市河西区广东路鸿华里1号楼3-306[300204]
电话:(022)23258699
传真:(022)23255511 职工人数:150人
网址:www.greendyes.com
E-mail:yhdyes@public.tpt.tj.cn
【主要产品】硫化染料;直接染料;酸性染料;靛蓝

天津光辉集团有限公司

天津市北辰区西堤头镇工业区[300402]
电话:(022)86840247
传真:(022)86848811 经济类型:集体
法人代表:陈武鹏
【主要产品】一六〇五;邻苯二甲酸二辛酯

天津国际联合轮胎橡胶有限公司

天津市河西区东江道50号[300220]
电话:(022)28041218
传真:(022)28041353 有进出口权
经济类型:中外合资经营企业
销售收入:4,700千元
企业规模:大型
网址:www.tutrictire.com
E-mail:tutrictj@public.tpt.tj.cn
【主要产品】轮胎外胎

天津海力达尔塑胶有限公司

天津市西青开发区大寺工业园[300381]
电话:(022)23971570
传真:(022)83983517
经济类型:私营企业 法人代表:郭宏伟
网址:www.cnd-03.cn
E-mail:cnd-03@yp.ce.net.cn
【主要产品】聚氯乙烯粒料;聚氯乙烯电缆料

天津海力工贸有限公司

天津市汉沽区东风北路16号[300480]
电话:(022)67124140
传真:(022)67194144 经济类型:国有
有进出口权 法人代表:邵玉春
【主要产品】烧碱(固体)

天津海豚炭黑有限公司

天津市北辰区引河桥北[300400]
电话:(022)26971520
传真:(022)26880211 有进出口权
固定资产:426,700千元
供销电话:26971733 职工人数:638人
供销传真:26972807 法人代表:于庆津
经济类型:有限责任公司
产值:313,750千元
销售收入:334,400千元
E-mail:tjht2005@126.com
【主要产品】炭黑;色素炭黑

天津汉高洗涤剂有限公司

天津市东丽区津赤路7号[300163]
电话:(022)84783316
传真:(022)84783318 有进出口权
经济类型:中外合资经营企业
企业规模:大型

E-mail:hnekel@ com. cn
【主要产品】合成洗衣粉

天津合材树脂有限公司

天津市东丽区程林庄工业区澄州路九号[300163]
电话:(022)24373451;24375246;24374494
传真:(022)24370707　经济类型:国有
供销电话:24375246;24373451
法人代表:王绪江
网址:www. tjhecai. com
E-mail:hc@ tjhecai. com
【主要产品】不饱和聚酯树脂;不饱和聚酯树脂(耐腐型);不饱和聚酯树脂(浇铸型);不饱和聚酯树脂(食品类);不饱和聚酯树脂(缠绕类);阻燃性不饱和聚酯树脂

天津合和涂料有限公司

天津市河东区新开路琛赢大厦1门4层401-402 [300011]
电话:(022)24412430;24412432
传真:(022)24412430-8888
供销传真:24412432-8888
经济类型:有限责任公司
法人代表:马智渺
网址:www. tjhehe. com
E-mail:webmaster@ tjhehe. com
【主要产品】防火涂料;乳胶漆;防火漆

天津红玫瑰食品有限公司

天津市河东区二号桥津塘路167号[300171]
电话:(022)24391231
传真:(022)24391230
供销电话:24793151　法人代表:张庆新
供销传真:24793151
经济类型:有限责任公司
【主要产品】谷氨酸钠

天津宏美化工有限公司

天津市武清区汉沽港镇开发区[301721]
电话:(022)29491454
传真:(022)29494582
供销电话:29492008　法人代表:石树义
经济类型:中外合资经营企业
网址:www. cnhmchem. com
E-mail:cnhm@ cnhmchem. com
【主要产品】柔软剂 SG;柔软剂 SG-6;匀染剂 O;平平加;乳化剂 OP

天津宏运化工有限公司

天津市北辰区西堤头镇刘快庄[300402]
电话:(022)86840266
传真:(022)86842071
经济类型:有限责任公司
法人代表:门忠信
【主要产品】甲苯;甲醇;石油醚

天津华柏企业有限公司

天津市汉沽区化工西街七号[300480]
电话:(022)25694140
传真:(022)25665237
经济类型:私营企业　法人代表:柏英章
E-mail:huabai@ hi2000. com
【主要产品】氯化钡;3,4-二氯苯胺;1-氨基-4-甲基哌嗪;3,4-二氯硝基苯

天津华孚油田化学股份有限公司

天津市大港油田幸福大道[300280]
电话:(022)25913479;25976694
传真:(022)25967443　有进出口权
供销电话:13902008691;25976694
经济类型:股份有限公司
法人代表:孟祥江
网址:www. huafu-group. com
E-mail:market@ huafu-group. com
【主要产品】腐殖酸;工业水处理剂;延迟焦化消泡剂;羧甲基纤维素钠;水泥添加剂

天津华今塑业有限公司

天津市宝坻区霍各庄镇九王庄[301800]
电话:(022)22515588
传真:(022)22515333　职工人数:516人
E-mail:chnnzhi@ yahoo. com. cn
【主要产品】塑料编织袋

天津华津制药厂

天津市河北区水产前街28号[300241]
电话:(022)26473908
传真:(022)26431790　经济类型:国有
有进出口权　法人代表:潘达忠
网址:www. huajintha. com
【主要产品】右旋糖酐;盐酸噻洛唑啉

天津华能集团能源设备有限公司

天津市蓟县渔阳南路119号[301900]
电话:(022)29110016
传真:(022)29110022　有进出口权
经济类型:有限责任公司
产值:13,000千元　职工人数:530人
销售收入:10,000千元
法人代表:张俊如
网址:www. tjhuaneng. com
E-mail:tj-zhuhuadong@ 163. com
【主要产品】热风炉;环保除尘设备;换热器;板翅式换热器;一、二类压力容器

天津华升化工有限公司

天津市河西区陈塘庄洞庭路16号[300220]
电话:(022)28341423;28341981
传真:(022)28341423　有进出口权
供销电话:28341821;28113845
经济类型:中外合作经营企业
法人代表:苗士侃
网址:www. hschemical. com
E-mail:hyhsheng@ 126. com
【主要产品】亚铁氰化钠;氰化钠;氰化钠(二水);氰化钠(液体);氰化钾

天津华士化工有限公司

天津市河西区怒江道23号[300220]
电话:(022)28342980;28341747;28340894
传真:(022)28342239;28342155
供销电话:28340963;28340962
经济类型:有限责任公司　有进出口权
企业规模:大型　法人代表:张志朝
网址:www. tjhuashi. com
E-mail:tjhuashi@ public. tpt. tj. cn
【主要产品】1,3-苯二胺;α-萘胺;4-硝基苯胺;3-羟基-*N*,*N*-二乙基苯胺;2-萘酚-3-甲酸;碱性玫瑰精 B;冰染染料;色酚 AS;色酚 AS-BO;色酚 AS-D

天津华泰不锈钢容器有限公司

天津市津南区双港镇李楼村[300350]
电话:(022)28589823;28589116
传真:(022)28589822　有进出口权
经济类型:中外合资经营企业
法人代表:张庆发
网址:www. tj-huatai. com
E-mail:tjhuatai@ eyou. com
【主要产品】不锈钢罐;封头

天津化工厂环氧氯丙烷分厂

天津市汉沽区汉北路[300480]
电话:(022)67992422
传真:(022)67992803　经济类型:国有
供销电话:67992545　有进出口权
企业规模:大型　法人代表:张东民
网址:www. tjhgc. com
E-mail:tianhuafch@ yahoo. com. cn
【主要产品】环氧氯丙烷

天津化工研究设计院

天津市红桥区丁字沽三号路85号[300131]
电话:(022)26689009;26689070
传真:(022)26370175　经济类型:国有
供销电话:26689088;26689212
有进出口权　企业规模:大型
法人代表:郑书忠
网址:www. trici. com. cn;
www. trici. cn
E-mail:trici@ trici. cn
【主要产品】工业氯化铵;氯化锌;氯化锶;氯化锌铵;六氟磷酸锂;碳酸钡;氟化锶;氟化钡;氧化镁;活性氧化镁;无机富锌防腐漆;保鲜剂;中空玻璃密封胶;铂脱氧催化剂;载钯催化剂;三效催化剂;活性氧化铝;水处理药剂;硅胶;超细二氧化硅气凝胶;覆盖剂

天津化工研究院津宏化工厂

天津市北辰区铁东路工业小区

[300400]
电话:(022)86810869;86810606
传真:(022)86810606　有进出口权
经济类型:联营企业　法人代表:李光海
【主要产品】消泡剂;聚丙烯酸钠;阻垢分散剂;磺-丙共聚物;杀菌灭藻剂;羟基亚乙基二膦酸;金属清洗剂;阻垢缓蚀剂;多用酸洗缓蚀剂;湿蒸汽发生器水质复合除氧剂;锅炉洗涤剂;膜专用杀菌剂

天津化工研究院精细化工技术开发公司

天津市红桥区丁字沽三号路85号[300131]
电话:(022)26519503;26689319
传真:(022)26649179　经济类型:集体
固定资产:1,800千元
产值:26,000千元　法人代表:郑书忠
销售收入:26,000千元
【主要产品】氯化锌;印染助剂;聚丙烯酰胺;螯合分散剂;工业水处理剂;聚合氯化铝;聚合硫酸铁

天津怀仁制药有限公司

天津市西青经济开发区宏源道25号[300385]
电话:(022)83963400;83963408;83963407
传真:(022)83963403
供销电话:83963780;83989313
供销传真:83963799　法人代表:杨应敏
网址:www.huairen.cn;www.huairenpharm.com
E-mail:huairen@huairenpharm.com
【主要产品】牲血素

天津环威精细化工有限公司

天津市东丽区华明镇赤土村[300300]
电话:(022)24921698
传真:(022)24922444
网址:www.hw-chem.com
E-mail:wei@hw-chem.com;sales@hw-chem.com
【主要产品】硼氢化钠;氢化锂;氢化铝锂;氢化钙;3,4-二甲氧基苯乙胺;2,5-二甲氧基苯乙胺;三叔丁氧基氢化铝锂

天津汇宇实业有限公司

天津市静海县西静文公路南[301600]
电话:(022)28910206;28946200;28911249
传真:(022)28942698;28946366
供销电话:28944054;28949998
经济类型:与港澳台商合资经营
法人代表:刘世忠
网址:www.yinghai.com
E-mail:frewd@public.tpt.tj.cn
【主要产品】二甲基苄基甲醇;β-苯乙醇;乙酸苯乙酯;苯乙酮;香豆素;酮麝香;乙酸苄酯

天津惠中化学有限公司

天津市静海县蔡公庄镇惠丰中村北[301606]
电话:(022)68519045
传真:(022)68519626　有进出口权
供销电话:68519045;13332050050
经济类型:中外合资经营企业
法人代表:胡永泉
网址:www.tjhzh.com
E-mail:tjhzh@tjhzh.com
【主要产品】亚硫酸氢钠;焦亚硫酸钠

天津吉华复合肥有限公司

天津市蓟县官庄区蓟官路[301900]
电话:(022)29171256
传真:(022)29171256　法人代表:尹春
经济类型:有限责任公司
【主要产品】混配复合肥料

天津吉华化工有限公司

天津市蓟县县城西[301900]
电话:(022)59113116;59113117;59113118
传真:(022)59113100　经济类型:国有
供销电话:59113066　法人代表:朱振勇
网址:www.jihua-chem.com.cn
E-mail:jihua@hi2000.com
【主要产品】氮肥;尿素;碳酸氢铵;复合肥

天津碱厂古龙精细化工厂

天津市塘沽区新华路87号[300450]
电话:(022)25892160-7340
传真:(022)25877082　经济类型:集体
法人代表:刘家印
E-mail:ghss@tjsoda.com
【主要产品】亚硫酸钠;亚硫酸钠(结晶);水质稳定剂

天津碱厂综合化工厂

天津市塘沽区新华路87号[300450]
电话:(022)25893951-7550
传真:(022)25877082　经济类型:集体
有进出口权　法人代表:刘家印
E-mail:hgss@tjsoda.com
【主要产品】硅酸钠

天津金康宝动物医药保健品有限公司

天津市河西区小海地三水道南[300222]
电话:(022)88170350
传真:(022)88170350　经济类型:集体
法人代表:钟秀珍
网址:www.canpopet.com
E-mail:sales@canpopet.com
【主要产品】氯溴异氰尿酸;1,3-二溴-5,5-二甲基海因

天津金秋实化工有限公司

天津市北辰区南王平工业区[300402]
电话:(022)86829001;86825442
传真:(022)86827209
供销电话:86825442;86829005
经济类型:私营企业　法人代表:常承军
网址:www.jinqiushi.cn
E-mail:info@jinqiushi.cn
【主要产品】炭黑

天津金狮天然食品添加剂有限公司

天津市津南区小站镇东花园村[300353]
电话:(022)28618620;28618114
传真:(022)28618114　有进出口权
经济类型:中外合作经营企业
法人代表:孙英汉
【主要产品】食用色素

天津金耀集团有限公司

天津市河东区八纬路109号金耀大厦[300171]
电话:(022)24160800
传真:(022)24160869　有进出口权
供销电话:24160800;24160833
经济类型:有限责任公司
企业规模:大型　法人代表:师春生
网址:www.tjpc.com.cn
E-mail:xxhbtjpc@163.com
【主要产品】氢化可的松半琥珀酸酯;尼尔雌醇;米非司酮;曲安西龙;曲安西龙双醋酸酯;氢化可的松;醋酸氢化可的松;丁酸氢化可的松;泼尼松;泼尼松龙;醋酸泼尼松龙;醋酸泼尼松;甲基氢化泼尼松;醋酸甲泼尼龙;哈西奈德;曲安奈德;醋酸曲安奈德;丙酸氯倍他索;地塞米松;醋酸地塞米松;地塞米松磷酸钠;倍他米松;倍他米松戊酸酯;醋酸倍他米松;醋酸氟轻松;氟轻松;螺内酯;布地奈德

天津金竹助剂有限公司

天津市静海开发区A区[301600]
电话:(022)81876319;13821188598
传真:(022)86573785
网址:www.tjjinzhu.com
E-mail:tjjinzhu@yahoo.com.cn
【主要产品】平平加;乳化剂EL;乳化剂OP;乳化剂SG-10;净洗剂6501;金属抛光剂;光亮剂;研磨液

天津津东颜料厂

天津市东丽区赤土镇赤土村西[300300]
电话:(022)24922385;24922215;24923663
传真:(022)24922215
供销电话:24922385;13902021871
经济类型:私营企业　法人代表:魏兴田
网址:www.china-pigmenttj.com
E-mail:pgd@china-pigmenttj.com
【主要产品】2-乙基己酸锰;有机颜料

天津津立龙精细化工有限公司

天津市西青区大寺工业园鸿泽路[300381]
电话:(022)23972670;23978811
传真:(022)23970950　有进出口权
供销电话:23979664;23979486
经济类型:中外合资经营企业
法人代表:蔡胜利
网址:www. tjlilong. com
E-mail:tjlilong@ tjlilong. com
【主要产品】巯基乙酸钠;巯基乙酸钙;丙烯酸树脂乳液;苯溶型聚酰胺树脂;醇溶性聚酰胺树脂;松香改性酚醛树脂;聚氨酯弹性体制品

天津京津农药厂

天津市武清区大黄堡乡东八里庄[301731]
电话:(022)82241437;82241032
传真:(022)82241155
经济类型:股份合作　法人代表:马士新
网址:www. jjshixin. com
E-mail:ma@ jjshixin. com
【主要产品】哒螨灵乳油;氧化乐果乳油;高效氯氰菊酯乳油

天津京凯精细化工有限公司

天津市东丽区张贵庄路吉安道[300163]
电话:(022)24726683;13902169068
传真:(022)24725877
网址:www. jingkaichem. com
E-mail:jingkaichem@ hi2000. com
【主要产品】二异丙基二甲氧基硅烷;二异丁基二甲氧基硅烷;二环戊基二甲氧基硅烷;环己基二甲氧基甲基硅烷

天津警青化工厂

天津市西青区营建路36号[300380]
电话:(022)27939868;27393904
传真:(022)27393728　经济类型:集体
法人代表:范润
网址:www. tjjqhg. com
【主要产品】聚丙烯酸钠

天津久日化学工业有限公司

天津市南开区卫津路94号[300071]
电话:(022)23507068
传真:(022)23504725　有进出口权
经济类型:有限责任公司
法人代表:刘同英
网址:www. jiurichem. com
E-mail:nk@ jiurichem. com
【主要产品】二苯基(2,4,6-三甲基苯甲酰)氧化膦;光引发剂ITX

天津巨能药业有限公司

天津市西青区辛口工业园[300380]
电话:(022)27999999;27995555
传真:(022)27996666
供销电话:27996756　法人代表:张兴远
经济类型:有限责任公司
E-mail:tjjnhr@ hotmail. com
【主要产品】*L*-苏糖酸钙;*L*-苏糖酸亚铁;卡维地洛

天津开发区海光化学制药厂

天津市经济技术开发区第七大街5号[300457]
电话:(022)25321643;25290054
传真:(022)25321645　经济类型:国有
有进出口权
法人代表:张中令
【主要产品】氯化钠(药用);氯化钙;氯化钾(食用);氯化镁(药用)

天津开发区津粤化工有限公司

天津市开发区第三大街金泉小区4门301[300457]
电话:(022)66208795
传真:(022)66208789　法人代表:陈华
经济类型:私营企业
【主要产品】烧碱(固体)

天津开发区芦花盐化贸易公司

天津市开发区洞庭路金桥商苑18号[300457]
电话:(022)25325170;25325169
传真:(022)25325169
经济类型:有限责任公司
法人代表:高景贤
【主要产品】氯化钾;氯化镁;溴素

天津开发区信达化工技术发展有限公司

天津市河北区万科城市花园E座1510~1610[300150]
电话:(022)24595816;13702019598
传真:(022)26420168
供销电话:26428888;26416811
供销传真:26416811
网址:www. china-zncl2. com
E-mail:xdchem@ china-zncl2. com
【主要产品】硫酸锌;氯化锌;氯化锌铵;六偏磷酸钠;单氟磷酸钠;磷酸氢钙;氟化钠;柠檬酸锌;山梨醇

天津开发区永利有限公司

天津市塘沽区解放路增106号[300450]
电话:(022)25885504;13802091027
传真:(022)65771922　经济类型:集体
法人代表:宁晓晖
网址:tjyongli. cn. busytrade. com
E-mail:tjyl@ chem. cn
【主要产品】纯碱;亚硫酸钠;氯化钙(无水);氯化钙(二水);工业氯化铵

天津开发区中瑞化工有限公司

天津市开发区第二大街3号A区311室[300457]
电话:(022)67161881;67161885;67161886
传真:(022)67161880
网址:www. tjzrhg. com
E-mail:tjzrhg@ bf2000. net
【主要产品】烧碱

天津凯普机械有限公司

天津市津南区双港镇李楼村[300350]
电话:(022)28581196
传真:(022)28582238
经济类型:股份有限公司
法人代表:赵明礼
网址:www. kp. cn
E-mail:kaipu@ vip. 163. com
【主要产品】反应釜;搅拌机

天津凯信程化工机械设备有限公司

天津市东丽区津塘公路务本村北[300300]
电话:(022)25899041
传真:(022)25899041;24361327
经济类型:集体　法人代表:龚贵芬
【主要产品】化工设备

天津科富磷化有限公司

天津市武清区杨北路东[301700]
电话:(022)29342758
传真:(022)29346937
经济类型:有限责任公司
法人代表:黄殿松
【主要产品】过磷酸钙;混配复合肥料

天津科润北方种衣剂有限公司

天津市西青区杨柳青镇北[300380]
电话:(022)27913333
传真:(022)27398907
供销电话:27393880;27912222
网址:www. yapai. com. cn
E-mail:yapai_zyj@ sina. com;tjzyj@ eyou. com
【主要产品】福·克悬浮种衣剂;克·多种衣剂;多·福·克悬浮种衣剂;多·福悬浮种衣剂;多·福·甲拌悬浮种衣剂;甲拌·克悬浮种衣剂

天津可喜化工有限公司

天津市东丽区金钟路大毕庄工业区[300240]
电话:(022)26153445
传真:(022)26153443
经济类型:外商独资　法人代表:金圭铉
网址:www. kcchem. cn
【主要产品】环氧地面涂料;聚氨酯防水涂料;环氧树脂黏合剂

天津克瑞正营橡胶有限公司

天津市津南区北闸口镇正营村[300353]
电话:(022)28618520
传真:(022)88611001
供销电话:28615617
供销传真:28615617
经济类型:中外合资经营企业
法人代表:莫波威兹
E-mail:tianjin@ cranechina. com

津

【主要产品】橡胶制品

天津拉勃助剂有限公司

天津市东丽区程林庄工业区莱州路[300163]
电话:(022)24373333;24370313
传真:(022)24379994　经济类型:集体
供销电话:24379994;24373333
供销传真:24370313　法人代表:王树华
产值:100,000 千元
网址:www. tjlabo. com
E-mail:labo@ tjlabo. com;
kemai@ tjkemai. com
【主要产品】促进剂 CZ;促进剂 D;促进剂 DM;促进剂 DZ;促进剂 M;促进剂 NOBS;促进剂 NS;防老剂 RD;防老剂丁

天津莱特赫斯涂料有限公司

天津市开发区洞庭路第四大街 45 号[300457]
电话:(022)25329457;25329458
传真:(022)25326773
经济类型:股份有限公司
法人代表:曹清华
【主要产品】环氧型粉末涂料

天津兰月工贸有限公司

天津市北辰区大张庄镇大杨庄工业区[300400]
电话:(022)86871078;13370315727
传真:(022)86819431;26979678
网址:www. china-lanyue. com
E-mail:lanyue_sejiang@ sina. com
【主要产品】低温固化型粉末涂料;丙烯酸粉末涂料;各色聚酯环氧型粉末涂料;聚酯粉末涂料;环氧型粉末涂料;美术花纹型热固性粉末涂料;脱漆剂

天津理工产业股份有限公司

天津市和平区建设路 71 号[300040]
电话:(022)23123285
传真:(022)23123292;23123263
经济类型:股份有限公司　有进出口权
法人代表:李绍武
网址:www. ttigco. com
E-mail:info@ ttigco. com
【主要产品】1,8-萘二甲酰亚胺;1,8-萘内酰亚胺;1-氨基-8-萘酚-4,6-二磺酸;*N*-苯甲酰基 K 酸;1,5-二氯蒽醌;1,8-二氯蒽醌;1-氨基蒽醌;2-萘胺-4,8-二磺酸;蒽醌-1,5-二磺酸;蒽醌-1,8-二磺酸;1-氨基-8-萘酚-3,6-二磺酸一钠;*N*-苯甲酰基 H 酸;乙酰 H 酸

天津力生化工有限公司

天津市东丽区程林庄工业区[300163]
电话:(022)24370665;24788860
传真:(022)24377743;24798860
供销电话:24371997;24788860
供销传真:24798860;24372998
经济类型:国有　法人代表:万善兆
网址:www. lishengchem. com
E-mail:lishenghuagong@ 163. com
【主要产品】抗氧剂 1010;抗氧剂 1076;抗氧剂 CA;抗氧剂 BBM;抗氧剂 DLTP;抗氧剂 DSTDP;抗氧剂 168;硫代二丙酸;紫外线吸收剂 UV-327;紫外线吸收剂 UV-531;紫外线吸收剂 UV-326

天津力生制药股份有限公司

天津市南开区黄河道 491 号[300111]
电话:(022)27641697;27364231
传真:(022)27644134　有进出口权
经济类型:股份合作　企业规模:大型
法人代表:孙宝卫
网址:www. lishengpharma. com
E-mail:liujing-ts@ vip. sina. com
【主要产品】伊曲康唑;吲达帕胺;奥沙拉嗪

天津联盈电子塑料制品有限公司

天津市西青区杨柳青柳口路与津静公路交口[300380]
电话:(022)27949198;27949191;
27949195
传真:(022)27990764;27949222
供销电话:27949191-8100　有进出口权
经济类型:股份有限公司
法人代表:任连起
网址:www. lianying. com. cn
E-mail:lianying@ lianying. com. cn
【主要产品】注塑制品

天津鎏虹科技发展有限公司

天津市新技术产业园区物华道 2 号海泰火炬创业园 A 座 102 [300384]
电话:(022)85685151;83719826;
83719862
传真:(022)83713912
网址:www. tjliuhong. com
E-mail:sales@ tjliuhong. com
【主要产品】各类清漆;各类亚光清漆;内墙涂料;外墙涂料

天津龙灯化工有限公司

天津市北辰区铁东路[300400]
电话:(022)26397652;86810521
传真:(022)26397653　有进出口权
供销电话:27492834　法人代表:孙祯祥
供销传真:27487974
经济类型:与港澳台商合资经营
E-mail:rotam@ public. tpt. tj. cn
【主要产品】氯菊酯;氯氰菊酯;高效氯氰菊酯;顺式氯氰菊酯

天津芦阳化肥股份有限公司

天津市宁河县经济开发区[301500]
电话:(022)69566102
传真:(022)69566102　有进出口权
供销电话:25592223　法人代表:杨金宝
供销传真:69566103
经济类型:股份有限公司
网址:www. lyhf. com
E-mail:luyang@ lyhf. com
【主要产品】过磷酸钙;混配复合肥料

天津麦格理钾肥有限公司

天津市和平区气象台路何兴里 12 号 407 室[300070]
电话:(022)23371677
传真:(022)23379045
经济类型:中外合资经营企业
法人代表:周文运
网址:www. mageli88. chembb. com
E-mail:mageli888@ yahoo. com
【主要产品】混配复合肥料

天津民波生物化学科技有限公司

天津市东丽区津塘公路嘉德大厦 A 座 1501 [300300]
电话:(022)24971997;24972103;
13662170064
传真:(022)24931230
网址:www. mbochem. com
E-mail:wang4931@ yahoo. com. cn
【主要产品】阿维菌素;乙酰氨基阿维菌素;依维菌素

天津南华皮革化工有限公司

天津市东丽区程林庄工业区澄州道北头[300163]
电话:(022)24370694;
24376512-8108,8118
传真:(022)24370772　有进出口权
供销电话:24370694;24711565
经济类型:与港澳台商合资经营
法人代表:张赛娥
E-mail:southchina. wang@ eyou. com
【主要产品】氯丁橡胶胶黏剂;皮革助剂;合成加脂剂;揩光浆;改性戊二醛;皮革脱脂剂;光亮剂

天津南开和成科技有限公司

天津市南开区卫津路 94 号南开大学内[300071]
电话:(022)28581521;28581531
传真:(022)28581531;23683372
网址:www. tjhecheng. com
E-mail:hecheng@ public. tpt. tj. cn
【主要产品】吸附树脂

天津南科精细化工有限公司

天津市静海县大丰堆镇南大科技园内[300160]
电话:(022)68661575
传真:(022)68661579　有进出口权
经济类型:与港澳台商合资经营
职工人数:150 人　法人代表:张守本
网址:www. nkjh. com
E-mail:liyuhuatj@ sina. com
【主要产品】漂白粉

天津农药股份有限公司

天津市北辰区铁东路[300400]
电话:(022)26391188;26390616;26390678
传真:(022)26390266　有进出口权
供销电话:26391188;26395422
供销传真:26390720　企业规模:大型
经济类型:股份有限公司
法人代表:孙祯祥
E-mail:tjnygf@ public. tpt. tj. cn
【主要产品】甲拌磷;55% 甲拌磷乳油;甲基对硫磷;甲基对硫磷乳油;一六〇五;一六〇五乳油;敌敌畏;80% 敌敌畏乳油;特丁硫磷;5% 特丁硫磷颗粒剂;丙溴磷;高效氯氰菊酯乳油

天津诺曼地橡胶有限公司

天津市西青区杨柳青乔三道[300380]
电话:(022)27392536
传真:(022)27394125　有进出口权
经济类型:与港澳台商合资经营
法人代表:王梅
网址:www. kingstiregroup. com
【主要产品】工业车辆轮胎外胎;轮胎外胎;子午线轮胎

天津鹏翎胶管股份有限公司

天津市大港区中塘镇鹏翎路 234 号[300270]
电话:(022)63269287;63269654;63269748
传真:(022)63269741　有进出口权
供销电话:63269128;63269748
供销传真:63268639　法人代表:张洪起
经济类型:股份有限公司
网址:www. plingjg. com
E-mail:pengling@ plingjg. com
【主要产品】胶管

天津七二九体育器材开发有限公司

天津市新技术产业园区华苑产业区(环外)海泰南北大街 15 号[300384]
电话:(022)23787399;23787386
传真:(022)23787396　有进出口权
供销电话:23787398　法人代表:邵巍
经济类型:与港澳台商合资经营
网址:www. 729sports. com
【主要产品】胶黏剂;乒乓球拍胶皮

天津勤达威化工有限公司

天津市大港经济技术开发区东侧[300270]
电话:(022)63210845;13512076800
传真:(022)63210845
网址:www. tjqdw. com
E-mail:tjqdw@ tjqdw. com
【主要产品】氯化钙(无水)

天津人农药业有限责任公司

天津市北辰区引河桥旁[300400]
电话:(022)26837793;26390546;26390517
传真:(022)26390546　有进出口权
供销电话:27342766;27342798
经济类型:有限责任公司
职工人数:1,000 人　法人代表:郝莹
网址:www. rnyy. com
E-mail:tjrennong@ 126. com
【主要产品】氧化乐果乳油;吡虫啉;高效氯氰菊酯乳油;甲氰菊酯乳油;三氯杀螨醇;三氯杀螨醇乳油(20%);单甲脒;双甲脒乳油;氟铃脲;乙膦铝;乙膦铝可湿性粉剂;代森铵水溶液;代森锌

天津溶剂厂

天津市东丽区津塘公路七号桥东[300300]
电话:(022)24994469;24992999
传真:(022)24998932
经济类型:国有
供销电话:24990373-8064　有进出口权
供销传真:24993384
企业规模:大型
法人代表:刘树勋
网址:www. chinachemnet. com/tjsolvent
E-mail:tjsf@ hi2000. com
【主要产品】醋酸丁酯;醋酸辛酯;醋酸异丁酯;苯酐;邻苯二甲酸二丁酯;邻苯二甲酸二异丁酯;邻苯二甲酸二辛酯;邻苯二甲酸混合酯;对苯二甲酸二辛酯

天津瑞发化工科技发展有限公司

天津市科研西路 12 号[300192]
电话:(022)58210864;87899130
传真:(022)87899129　有进出口权
经济类型:有限责任公司
网址:www. refinechemicals. com
E-mail:sales@ refinechemicals. com
【主要产品】喹唑啉-4-酮;2-(4-吡啶基)乙磺酸;4-羟基苯丙酮酸;水杨酸异辛酯;4-溴间苯二酚;*N*-甲基-4-氨基苯酚硫酸盐;邻甲基对苯二酚;对氰基酚;水杨酰苯胺;4-羟基水杨酰胺;4-甲基水杨酰胺;5-磺基水杨酸;3,4-二羟基苯腈;3,4-二羟基二苯甲酮;2,2′,4,4′-四羟基二苯甲酮;2,3,4,4′-四羟基二苯甲酮;2,3,4-三羟基二苯甲酮;4-氨基二苯胺硫酸盐;靛红酸酐;间氯过氧化苯甲酸;4-羟基-3-甲氧基苯甲腈;2,2′-二羟基-4,4′-二甲氧基二苯甲酮;2,2′-二羟基-4-甲氧基二苯甲酮

天津瑞丰精细化学品有限公司

天津市东丽区程林庄工业区[300163]
电话:(022)24375005;24710021;13376087928
传真:(022)24375049　有进出口权
供销电话:84739008　法人代表:陈家升
供销传真:87899129
经济类型:有限责任公司
网址:www. RFCC. cn
E-mail:ericzhu@ chemnet. com
【主要产品】食品添加剂

天津瑞丽斯化工有限公司

天津市武清区梅厂福源经济开发区开源路 6 号[300402]
电话:(022)86840243;86840251
传真:(022)86840251
供销电话:86845826　法人代表:刘明来
经济类型:有限责任公司
网址:www. tjruilisi. com
E-mail:ruilisi@ tjruilisi. com
【主要产品】胶体石墨油剂;松香改性酚醛树脂;醇酸树脂;亮光树脂;亮光浆;树脂油墨

天津瑞泰精细化工有限公司

天津市塘沽区通化道 108 号[300455]
电话:(022)25389611
传真:(022)25389611　职工人数:60 人
经济类型:有限责任公司
产值:15,000 千元　法人代表:孙殿勇
网址:www. chemhuarui. com
E-mail:fuxiujing@ hotmail. com
【主要产品】2,4-二硝基苯酚

天津赛菲化学科技发展有限公司

天津市河西区浦口道南浦大厦 2-708 室[300200]
电话:(022)84120378;23023628;24131140
传真:(022)84121278
经济类型:联营企业
网址:www. tjfychem. com
E-mail:sale@ tjfychem. com
【主要产品】无盐喷墨染料;有机硅消泡剂;抑泡润湿分散剂;氟碳表面活性剂;非离子表面活性剂;高效润湿分散剂

天津赛象科技股份有限公司

天津市西青区天津高新技术产业园区四纬路 9 号[300250]
电话:(022)23788188;23788181
传真:(022)23788199　有进出口权
经济类型:有限责任公司
法人代表:张建浩
网址:www. rpm. com. cn
E-mail:rpm@ vip. sina. com
【主要产品】橡胶挤出机

天津三环化学有限公司

天津市西青区津涞公路程村北[300384]
电话:(022)23986858;23986950
传真:(022)23989158　有进出口权
经济类型:有限责任公司
企业规模:大型　法人代表:王宝顺
网址:www. sanhuandyes. com
E-mail:sanhuan@ public. tpt. tj. cn
【主要产品】焦亚硫酸钠;2-氨基苯磺酸;1,2-重氮氧基萘-4-磺酸;1-氨基-2-萘

津

酚-4-磺酸;1,2-重氮氧基-6-硝基-4-萘磺酸;酸性染料;酸性媒介黑 T;碱性品红;碱性紫 5BN;碱性湖蓝 BB;活性黑 KN-B;中性黑 2S-RL;中性黑 M-SRL

天津三金塑胶制品有限公司

天津市塘沽区建材里 2 号[300450]
电话:(022)25888114;25875454
传真:(022)25875454
供销电话:25894571;25896430
供销传真:25897270
法人代表:王玉林
经济类型:与港澳台商合资经营
网址:www.sanjinvalve.com.cn
E-mail:sanjin74@sohu.com
【主要产品】塑料阀门

天津善群树脂有限公司

天津市东丽区程林庄工业区登州路 16 号[300163]
电话:(022)24789895;24799406
传真:(022)24721197
经济类型:与港澳台商合资经营
网址:www.shanqun.com
E-mail:tjepoxy@shanqun.com
【主要产品】高光泽环氧型静电粉末;环氧灌封料;自流平环氧地坪涂料;聚氨酯跑道涂料

天津圣华药业研发有限公司

天津市开发区化学工业区华山路 18 号[300480]
电话:(022)59910500;59910512
传真:(022)59910500
供销电话:59910512;13512269554
法人代表:杨书德
网址:www.tjscpc.com
E-mail:tjshenghua@126.com
【主要产品】吡啶硫酮;吡啶硫酮锌;吡啶硫酮钠;吡啶硫酮铜

天津盛达粉末涂料有限公司

天津市西青区张家窝镇周李庄光明路 8 号[300380]
电话:(022)27973984;27978555
传真:(022)27978555
网址:www.sheng-da.com.cn
E-mail:sd@sheng-da.com.cn
【主要产品】各色聚酯环氧型粉末涂料;聚酯粉末涂料;环氧型粉末涂料;美术花纹型热固性粉末涂料;金属型粉末涂料;透气粉末涂料

天津盛得卡芙涂料有限公司

天津市武清区大王古经济开发区[301712]
电话:(022)22191918;22191928
传真:(022)22191918
经济类型:中外合资经营企业
网址:www.coverface.cn
E-mail:kafu@coverface.cn
【主要产品】丙烯酸弹性防水外墙乳胶漆

天津盛霖化工有限公司

天津市北辰区小淀镇工业小区[300402]
电话:(022)26990260
传真:(022)26990263
经济类型:港澳台商独资经营
网址:www.dehfu.com
E-mail:tjdf@dehfu.com
【主要产品】环氧地坪涂料

天津石油化工公司聚醚部

天津市东丽区程林庄工业区澄州路 12 号[300163]
电话:(022)24370701;24373204;24373262
传真:(022)24373262 经济类型:国有
供销电话:24373264;24372064
供销传真:24374079 有进出口权
企业规模:大型 法人代表:许红星
网址:www.tjspc.com
E-mail:lijialub@public.tpt.tj.cn
【主要产品】乙二醇单乙醚;聚合物多元醇;聚醚多元醇(软质块状泡沫);聚醚多元醇(软质热模塑泡沫);聚醚多元醇(高弹性软质泡沫);聚醚多元醇(硬质板块发泡);聚醚多元醇(硬质夹心板材);聚醚多元醇(半硬质泡沫);聚醚多元醇(喷涂用硬质);甘油聚醚;表面活性剂 AS;平平加

天津市阿普瑞克化学有限公司

天津市西青开发区[300380]
电话:(022)23979408
传真:(022)23962521
网址:www.tjepoch.com
E-mail:master@tjepoch.com
【主要产品】聚己二酸-1,3-丁二醇酯;聚癸二酸-1,3-丁二醇酯;己二酸丙二醇聚酯;癸二酸丙二醇聚酯

天津市艾迪聚氨酯工业有限公司

天津市河东区六纬路 93 号海洋中心 423 室[300171]
电话:(022)24305838
传真:(022)24305619 有进出口权
经济类型:股份合作 法人代表:董伟
网址:www.utech.com.cn
E-mail:dongwei@utech.com.cn
【主要产品】聚氨酯组合料

天津市爱普思特科技发展有限公司

天津市河北区狮子林大街嘉海花园 7 号楼 1904[300092]
电话:(022)24457083
传真:(022)24452985
经济类型:私营企业 法人代表:陈新生
网址:www.apset.net
E-mail:offia@apset.net
【主要产品】油酸钠皂;清洗剂

天津市安吉瑞化工有限公司

天津市河北区新大路 189 号 B 座 301 号[300140]
电话:(022)26246101
传真:(022)26246102 职工人数:80 人
网址:www.tjanjirui.com
E-mail:tjanjirui@tjanjirui.com
【主要产品】硫酸铬钾;重铬酸钠;重铬酸钾;三氧化铬;氧化铬绿

天津市安庆精细化工有限公司

天津市东丽区津北公路[300300]
电话:(022)84870966;84870866
传真:(022)84870966
经济类型:私营企业 法人代表:张德顺
网址:www.anqinghg.com
E-mail:anqing168168@sina.com
【主要产品】亚硫酸氢钠;亚硫酸钠;焦亚硫酸钠;十二烷基二甲基苄基氯化铵;聚丙烯酸;水解聚马来酸酐

天津市奥邦树脂有限公司

天津市滨海新区大港海洋石化科技园区[300270]
电话:(022)59719150
传真:(022)59719000 职工人数:50 人
经济类型:私营企业 法人代表:董铭
E-mail:bfsz@tjbfsz.com
【主要产品】酚醛树脂;不饱和聚酯树脂;糠醇树脂

天津市奥东化工有限公司

天津市津南区辛庄镇前辛庄[300350]
电话:(022)28583056
传真:(022)88828936
供销电话:88828987 法人代表:田成杰
经济类型:有限责任公司
网址:www.oba.cn
E-mail:tianchengjie@tom.com
【主要产品】分散松香胶乳液;显白剂;纸张增强剂;造纸增白剂;造纸助留助滤剂;造纸用中性施胶剂;造纸用湿强剂;造纸专用分散剂;废纸脱墨剂

天津市奥多精细化工厂

天津市北辰区津围公路宜兴埠开发区[300402]
电话:(022)26991031;26996036;13902020700
传真:(022)26996036 经济类型:集体
供销电话:26991031;13902054979
法人代表:周连山
网址:www.outdos.com.cn
E-mail:zhanghb@public1.tpt.tj.cn
【主要产品】异辛酸钠;异辛酸钾;异辛酸铅;异辛酸铬

天津市澳良油墨制造有限公司

天津市北辰区西堤头村东[300402]
电话:(022)86840862
传真:(022)86840862
经济类型:有限责任公司
法人代表:史庆友
【主要产品】胶印亮光快干油墨

天津市澳路浦润滑油有限公司

天津市西青区外环线15号桥西中兴路2号[300381]
电话:(022)23382446
传真:(022)23384600　有进出口权
经济类型:股份合作　法人代表:李之弟
网址:www. sinogroup. com. cn
E-mail:auloop@ sinogroup. com. cn
【主要产品】润滑油

天津市澳美化工涂料有限公司

天津市武清区陈嘴镇陈嘴村北[301741]
电话:(022)22146556;22140333
传真:(022)22146556　法人代表:刘健
经济类型:私营企业
【主要产品】油漆

天津市百川粘合剂厂

天津市宁河县津榆公路芦台大桥东1公里[301500]
电话:(022)69597922
传真:(022)69597922
供销电话:13502061024
经济类型:私营企业　法人代表:冯志民
【主要产品】纸管胶

天津市百灵消毒剂有限责任公司

天津市西青区西青道京福公路口铁道北[300380]
电话:(022)27912071;27391779;13512212220
传真:(022)27912070
经济类型:有限责任公司
网址:www. triclosan. cn
E-mail:bailing@ chinatriclosan. com
【主要产品】巴豆酸;4,4-二甲基-3-氧代戊酸甲酯;4,4-二甲氧基-2-丁酮;巴豆酸酐;对羟基苯乙胺;5,5-二甲基噁唑烷-2,4-二酮;抗倒酯;牛磺酸;三氯生

天津市邦益化工涂料有限公司

天津市西青区王稳庄镇杨科庄西[300383]
电话:(022)23997105
传真:(022)23997169
经济类型:有限责任公司
法人代表:刘凤平
网址:www. byhgtl. com
【主要产品】阴极电泳漆

天津市宝坻区北方化工厂

天津市宝坻区郝各庄[301800]
电话:(022)29679053
传真:(022)29679053
经济类型:私营企业　法人代表:李树文
【主要产品】聚氨酯漆类

天津市宝坻区港飞助剂有限公司

天津市河东区程林庄路昆仑小区7-1-201室[300162]
电话:(022)84770008
传真:(022)84770228
供销电话:13902163914
经济类型:私营企业　法人代表:门学俭
【主要产品】甘油醚;脂肪酸聚乙二醇酯;单硬脂酸甘油酯;油酸三乙醇胺;聚乙二醇;脂肪胺聚氧乙烯醚;匀染剂O;平平加O-15;平平加O-9;平平加O-20;平平加SA-20;平平加A-20;渗透剂JFC;单脂肪酸甘油酯;丙纶油剂;高级脂肪酸异丙酯系列;乳化剂EL;乳化剂OP;净洗剂6501;斯盘系列;吐温系列;乳化剂MOA-3;十二烷基二甲基甜菜碱;农药乳化剂600号;电镀清洗剂;羊毛脂聚氧乙烯醚

天津市宝坻县利达化工有限公司

天津市宝坻县八门城镇张五店村[301800]
电话:(022)82567274;23780154;82561255
传真:(022)82567255
经济类型:私营企业　法人代表:李孝军
【主要产品】有机颜料;酞菁蓝BGS

天津市宝利鑫涂料有限公司

天津市津南区咸水沽镇五登房村[300350]
电话:(022)88712277;88711197
传真:(022)88712989
经济类型:私营企业　法人代表:王太宝
网址:www. baolixin. com
【主要产品】自行车漆;氨基烘漆;塑胶漆

天津市宝双化工有限公司

天津市津南区八里台镇中兴大街2号[300350]
电话:(022)28561875;28752199;88513014
传真:(022)28561014;88914875
供销电话:28513140;13902128389
经济类型:有限责任公司
法人代表:吕宝双
网址:www. baoshuang. chembb. com
E-mail:baoshuangchem@ vip. sina. com
【主要产品】酸性染料;碱性染料;*L*-色氨酸

天津市豹鸣精细化工有限责任公司

天津市武清区杨村镇建国南路48号[301700]
电话:(022)29344335;13502112510
传真:(022)29342402　有进出口权
经济类型:有限责任公司
法人代表:袁洪金
网址:www. baomingchem. com
E-mail:yuanhongjin@ baomingchem. com
【主要产品】苯基丙酮;3-戊酮;2-戊酮

天津市北辰区白莲日化厂

天津市北辰区小淀镇赵庄村[300402]
电话:(022)26852688
传真:(022)26852688
经济类型:私营企业　法人代表:姜永厚
【主要产品】烫发剂

天津市北辰区恒源化工厂

天津市北辰区西堤头镇西堤头村[300408]
电话:(022)86840856
传真:(022)86842552
经济类型:私营企业　法人代表:边凤凯
【主要产品】油漆

天津市北辰区华明涂料厂

天津市北辰区西堤头工业区[300402]
电话:(022)86848960;86846678
传真:(022)86848960
经济类型:股份合作　法人代表:刘有洋
【主要产品】油漆;各色醇酸调合漆;醇酸磁漆;各色硝基外用磁漆

天津市北辰区汇达化工有限公司

天津市北辰区西堤头镇工业区[300408]
电话:(022)86842028;86848841
传真:(022)86842038
经济类型:有限责任公司
法人代表:刘振喜
网址:www. tj-huida. com
E-mail:huida@ tj-huida. com
【主要产品】聚乙烯醇缩丁醛树脂;D101大孔吸附树脂

天津市北辰区津海植物油厂

天津市北辰区西堤头镇西堤头村南[300408]
电话:(022)86848666
传真:(022)86848539
经济类型:私营企业　法人代表:边凤泉
【主要产品】亚麻油

天津市北辰区利华顺德化工有限公司

天津市北辰区西堤头镇刘快庄村[300402]
电话:(022)86849800
传真:(022)86841446
经济类型:私营企业　法人代表:储信军
网址:www. abc-tj-abc. com/lhhg
【主要产品】醇酸树脂漆类

天津市北辰区利顺达粘合剂厂

天津市北辰区西堤头镇西堤头村南工业区[300402]
电话:(022)86845801
传真:(022)86842880
经济类型:股份合作　法人代表:宋志凯
网址:www. tj-lsd. com
E-mail:kaigehao123@ yahoo. com. cn
【主要产品】建筑胶801;聚醋酸乙烯乳

津

液胶黏剂;108 胶

天津市北辰区三环防腐设备厂

天津市北辰区外环线北辰车管所东[300400]
电话:(022)26392210
传真:(022)26392210
经济类型:私营企业 法人代表:闫品奇
【主要产品】防腐设备

天津市北辰区世加化工厂

天津市北辰区京津公路双街[300400]
电话:(022)26971574
传真:(022)26971574
供销电话:13902174071
经济类型:私营企业 法人代表:刘家洪
【主要产品】六偏磷酸钠;焦磷酸钠;磷酸二氢钠;磷酸二氢钾;磷酸三钠

天津市北辰区天祥轮胎厂

天津市北辰区西堤镇工业区[300402]
电话:(022)86842593
传真:(022)86842593
经济类型:私营企业 法人代表:李国洪
【主要产品】汽车内胎

天津市北辰区新欣精细化工厂

天津市北辰区西堤头镇刘快庄村砖场公路[300402]
电话:(022)86842643;86840184
传真:(022)86840184
经济类型:私营企业 法人代表:魏顺祥
E-mail:xidi1232000@ yahoo. com. cn
【主要产品】乙醇;乙酸乙酯;丙酮

天津市北辰区兴发化工厂

天津市武清富民经济区中心路 128 号[300400]
电话:(022)29365002
传真:(022)29365083 有进出口权
经济类型:股份有限公司
法人代表:赵国成
网址:www. tjxingfa. com
E-mail:wxp1967@ 163. com
【主要产品】硫酸铬钾;重铬酸钾;重铬酸铵;三氧化铬;氧化铬绿

天津市北辰区阳光泡花碱厂

天津市北辰区辰昌路[300134]
电话:(022)26678128
供销电话:13001336750
经济类型:私营企业 法人代表:闫永利
【主要产品】硅酸钠

天津市北辰区振乾化工厂

天津市北辰区北仓镇桃口村[300400]
电话:(022)86871621
传真:(022)86871621
经济类型:私营企业 法人代表:陈立海
【主要产品】环烷酸钙;环烷酸钴;环烷酸铅;环烷酸锌;环烷酸锰;涂料催干剂 LC802

天津市北辰区振兴泡花碱厂

天津市北辰区西堤头镇西堤头村[300408]
电话:(022)86843656;86848656;13820667768
传真:(022)86848656
供销电话:13702192165
经济类型:私营企业 法人代表:李玉林
【主要产品】硅酸钠

天津市北辰区致远化工厂

天津市北辰区铁东路 55 号[300400]
电话:(022)26831358;86819988;26918989
传真:(022)26390764;26918989
供销电话:26396958;26831358
供销传真:26834485 有进出口权
经济类型:股份合作 法人代表:张忠
网址:www. cntcc. com
E-mail:mgr@ cntcc. com
【主要产品】氧化铬绿

天津市北斗星精细化工有限公司

天津市大港区海洋石化科技园区[300270]
电话:(022)63107778;23501137
传真:(022)63107788 有进出口权
供销电话:87894650;87893767
供销传真:87894650;23501137
经济类型:有限责任公司
法人代表:车荣睿
网址:www. beidouxingchem. com
E-mail:beidouxing@ beidouxingchem. com
【主要产品】硼氢化钠;硼氢化钾;氢化钠;氢化锂;氢化铝锂;氢化钙

天津市北方防腐器材厂

天津市西青区津涞公路小卷子[300382]
电话:(022)23982979
经济类型:国有 法人代表:储利明
E-mail:beifangqicai@ sina. com
【主要产品】酚醛玻璃钢泵、阀、管及管件

天津市北方树脂厂

天津市北辰区刘快庄村杨北公路 76 号[300402]
电话:(022)86840240;86841943
传真:(022)86841943 法人代表:董铭
供销传真:86840240
经济类型:私营企业
网址:www. tjbfsz. com
E-mail:bfsz@ tjbfsz. com
【主要产品】酚醛树脂;不饱和聚酯树脂;糠醇树脂;铸造用呋喃树脂;阻燃玻璃钢树脂

天津市北方有机氟材料科技有限公司

天津市南开区工业园区资阳路 1 号 A 座 A 单元 5F[300190]
电话:(022)27031629;27629997
传真:(022)27031629
供销电话:27031629;27684835
经济类型:私营企业 法人代表:李祝平
网址:www. china-ptfe. com
E-mail:market@ china-ptfe. com; sales@ china-ptfe. com
【主要产品】聚四氟乙烯生料带;聚四氟乙烯薄膜;聚四氟乙烯板材;聚四氟乙烯密封垫;聚四氟乙烯管材;聚四氟乙烯模压棒;聚四氟乙烯制品;聚四氟乙烯棒材

天津市北极星化工设备厂

天津市东丽区程林庄工业区崂山道 14 号[300163]
电话:(022)24370698
传真:(022)24373428 产值:8,000 千元
固定资产:4,000 千元 职工人数:167 人
供销电话:24373428;24373432
法人代表:梁伟
【主要产品】减速机;齿轮泵;汽水串联真空泵;水喷射真空泵;一、二类压力容器

天津市北联精细化学品开发有限公司

天津市南开区怀宾环路 1 号[300100]
电话:(022)27482013
传真:(022)27452252
网址:beilian. tjsw. com
【主要产品】氧化镁;间苯二酚;聚乙二醇;乙二醇一乙醚

天津市北仁化工助剂有限公司

天津市东丽区程林庄道杨台雪山路 1 号[300163]
电话:(022)24786599;24786393;24732303
传真:(022)24786393
法人代表:朱骁勇
网址:www. tjbeiren. com
E-mail:beiren760@ sohu. com
【主要产品】油酸三乙醇胺;一乙醇胺;聚乙二醇;平平加 OS-15;十二烷基二甲基苄基氯化铵;匀染剂 AN;表面活性剂;乳化剂 EL;乳化剂 OP;斯盘 80;乳化剂 SG-10;吐温 80;净洗剂 6501;二甲基十二烷基叔胺醋酸盐;十二烷基二甲基氧化胺;缓蚀剂 AN

天津市北星化工有限公司

天津市北辰区北仓火车站外环路 5 号桥[300400]
电话:(022)26391791
传真:(022)26390271
经济类型:股份合作 法人代表:王秋山
网址:www. abc-tj-abc. com/bxhg
【主要产品】4-羟基-4-甲基-2-戊酮;硝基

清漆；聚氨酯漆类；硝基漆稀释剂

天津市奔澎表面化学助剂厂

天津市西青区张沃乡周李庄南[300380]
电话：(022)27972937
传真：(022)27971501　经济类型：集体
法人代表：赵金生
网址：www. bmchem. com. cn
E-mail：bm@ bmchem. com. cn
【主要产品】十八烷基二甲基苄基氯化铵；十二烷基二甲基苄基氯化铵；十八烷基三甲基氯化铵；十二烷基三甲基氯化铵

天津市滨海化工有限公司

天津市津南区咸水沽镇[300350]
电话：(022)28392386；28392581
传真：(022)88917142　职工人数：516 人
经济类型：有限责任公司
法人代表：吴国立
网址：www. binhaichem. com
E-mail：sales@ binhaichem. com
【主要产品】*N*-乙基-*N*-(β-氯乙基)间甲苯胺；磷酸三甲苯酯；磷酸甲苯二苯酯；亚磷酸三苯酯；三(β-氯乙基)磷酸酯；阻燃增塑剂 TCPP；磷酸三(1,3-二氯-2-丙基)酯

天津市勃驰龙塑胶制造有限公司

天津市北辰区宜兴埠镇兴中园大道 142 号[300402]
电话：(022)26990018
传真：(022)26999205
经济类型：股份合作　法人代表：韩全忠
【主要产品】塑胶跑道

天津市博通塑胶制品有限公司

天津市津南经济开发区(双港)[300350]
电话：(022)28594599
传真：(022)28594598
网址：www. tjbotong. com
E-mail：zq@ tjbotong. com；hcc@ tjbotong. com
【主要产品】聚乙烯双壁波纹管

天津市渤海兽药有限公司

天津市静海县独流镇李家湾子[301602]
电话：(022)68198968
传真：(022)68198928　经济类型：集体
法人代表：宋富智
网址：www. bhsyc. com
E-mail：bohaishouyao@ bf2000. net
【主要产品】氯化胆碱；吗啉胍

天津市不饱和聚酯树脂研究所

天津市东丽区程林庄工业区[300163]
电话：(022)24728614
传真：(022)24728614
供销电话：13821556871
经济类型：股份合作　法人代表：肖淑红
E-mail：shxtj@ 126. com
【主要产品】不饱和聚酯树脂；不饱和聚酯树脂(拉挤用)

天津市彩美染料化工有限公司

天津市东丽区吉安道[300163]
电话：(022)24377945
传真：(022)24375395
经济类型：有限责任公司
法人代表：李文明
【主要产品】白胶浆

天津市长城化工厂

天津市西青区张沃乡西琉城村东[300380]
电话：(022)87985971；87983835；87986222
传真：(022)87983835　经济类型：集体
有进出口权　法人代表：张富贵
网址：www. greatwallchem. com
E-mail：tjgreatwall@ hotmail. com
【主要产品】2-萘酚；2-萘胺-1-磺酸；2-氨基-5-萘酚-7-磺酸

天津市长城友兴化工有限公司

天津市西青区张家窝镇东琉城村东[300380]
电话：(022)87984394；13802119013
传真：(022)87980624　法人代表：陈瑞
经济类型：私营企业
网址：www. you-xing. com；www. youxingchem. com. cn
E-mail：cr@ you-xing. com
【主要产品】脱氢硫代对甲苯胺双磺酸；脱氢硫代对甲苯胺单磺酸；脱氢硫代对甲苯胺；直接耐晒嫩黄 5GL；直接艳黄 6GF

天津市长河化工有限公司

天津市东丽区津北公路[300300]
电话：(022)84891151；84891152；84891150
传真：(022)84891150　有进出口权
经济类型：私营企业　法人代表：李俊海
网址：www. cnchhe. com
E-mail：jinchanghe@ eyou. com
【主要产品】烧碱(固体)；亚硫酸钠；硫酸亚铁；硫酸锌；硫酸镁；焦亚硫酸钠；四硼酸钠(十水)；过硼酸钠；氧化镁

天津市长虹化工颜料厂

天津市北辰区京津公路富锦道东头[300400]
电话：(022)26391806
传真：(022)26391204；26910277
经济类型：集体　法人代表：李中林
【主要产品】氧化铁绿；铬酸铅；酞菁蓝 BGS；大红粉；金光红 C

天津市长日化工厂

天津市东丽区津北公路[300300]
电话：(022)84890358；84893929
传真：(022)84890358
供销电话：84893929；13502063922
经济类型：私营企业　法人代表：曹景元
网址：www. mgso4. com
E-mail：mgso@ public. tpt. tj. cn
【主要产品】硫酸亚铁；硫酸镁(一水)；氧化镁

天津市超越科技有限公司

天津市津南区咸水沽惠丰工业区[300350]
电话：(022)28525715；28528519
传真：(022)28513338　有进出口权
经济类型：有限责任公司
法人代表：张云刚
【主要产品】磷酸三乙酯；磷酸三丁酯；棉织物阻燃剂 CP；磷酸三苯酯；亚磷酸三苯酯；亚磷酸一苯二异辛酯；高、中压抗燃油

天津市朝晖化工有限公司

天津市北辰区小淀镇工业园区[300402]
电话：(022)26995221；26990496
传真：(022)26995221
经济类型：有限责任公司
法人代表：邢朝晖
【主要产品】醇酸树脂漆类；醇酸磁漆

天津市朝日科贸有限公司

天津市津南区咸水沽镇津沽公路[300050]
电话：(022)88710008
传真：(022)88711308　有进出口权
供销电话：60356189；60356190
供销传真：60356185　法人代表：万忠发
经济类型：股份有限公司
网址：www. sunrisechem. com
E-mail：sunrise@ sunrisechem. com
【主要产品】氯化四羟甲基磷；四羟甲基硫酸磷

天津市辰光化工涂料有限公司

天津市北辰区屈店工业区[300400]
电话：(022)26910927；26812906；86872195
传真：(022)86813813
供销电话：26910931　法人代表：康金贵
供销传真：26910931
经济类型：私营企业
网址：www. tjtuliao. com. cn；www. cgtuliao. com
E-mail：tjchenguang@ 163. com
【主要产品】醇酸树脂漆类；氨基树脂漆类；硝基漆类；丙烯酸树脂漆类；聚氨酯丙烯酸汽车面漆；环氧云铁防锈中涂漆；环氧抗静电地坪漆；有机硅耐高温漆

天津市晨光化工有限公司

天津市宝坻区大口屯镇[301801]
电话：(022)29689637
传真：(022)29689277　有进出口权

供销电话:29689637;29685043
经济类型:有限责任公司
职工人数:150人 法人代表:王辰
网址:www.chenguangchem.com
E-mail:chenguangchem@sohu.com
【主要产品】纳米二氧化硅;纳米乳液;抗氧剂1010;抗氧剂1076;抗氧剂168;复合型抗氧剂B215;复合型抗氧剂B225;季戊四醇酯;降凝剂T804;汽油清净节能剂;柴油清净节能剂;抗旱保水剂

天津市成虹染料化工有限公司

天津市东丽区张贵庄路[300163]
电话:(022)24791542;24376379
传真:(022)24799471;24789129
供销电话:13802002566 有进出口权
经济类型:股份合作 法人代表:申健
网址:www.chenghongdye.com
E-mail:chenghong@chemn.com
【主要产品】酞菁蓝BGS;酞菁蓝BS;酞菁蓝B;耐晒大红BBN;大红粉;金光红C;颜料艳红6B;永固红FBB;立索尔大红R;立索尔宝红BK

天津市成阳科技发展有限公司

天津市南开区白堤路馨名园13号楼5-504[300192]
电话:(022)87895920;87896925
传真:(022)87895920
经济类型:有限责任公司
法人代表:谢庆兰
E-mail:tjchy@eyau.com
【主要产品】氯代叔丁烷;2,3-二氢呋喃;3,4-二氢吡喃;对异丙基苯硫酚;*N*-乙基乙二胺

天津市程林颜料化工厂

天津市东丽区张贵庄路吉安道[300163]
电话:(022)24373484;24373749
传真:(022)24373484
经济类型:私营企业 法人代表:张者生
【主要产品】耐晒玫瑰红色淀;汉沙黄10G;联苯胺黄G;永固橘黄G;坚固大红G;坚固深红;红青莲;坚固玫瑰红

天津市驰隆化工有限公司

天津市汉沽区杨家泊镇工业区[300480]
电话:(022)67257120
传真:(022)67259230 有进出口权
经济类型:股份合作 法人代表:刘棠锋
【主要产品】硫酸镁;漂白粉;过碳酸钠;六氰钴酸钾;过氧化钙;过氧化锌

天津市储盛工业建筑装饰有限公司

天津市南开区华苑新区瑞泽园2-2-101[300384]
电话:(022)23735078
传真:(022)23735076
网址:www.tj-chusheng.com
E-mail:chusheng@tj-chusheng.com
【主要产品】环氧树脂;内外墙涂料;电气密封胶

天津市创新有机化工厂

天津市北辰区引河桥富锦道3号[300400]
电话:(022)26394552;26828362;26813725
传真:(022)26828362 经济类型:国有
有进出口权 法人代表:李文忠
【主要产品】硫氢化钠;三聚磷酸钠;氧化锌;丙三醇;乙酸乙酯;醋酸丁酯;水合肼;甘油松香树脂(138型);橡胶黏合剂;抗氧剂1010;偶氮二甲酰胺;橡胶促进剂;橡胶防老剂;古马隆树脂;石油树脂;增黏树脂

天津市春义化工原料有限公司

天津市河北区水产前街汇园里10号楼底[300241]
电话:(022)26442035;26442156
传真:(022)26442156
经济类型:私营企业 法人代表:郎作勇
网址:www.tjchunyi.com.cn
E-mail:chunyi@chem.com.cn
【主要产品】硬脂酸镁(药用);二盐基亚磷酸铅;双硬脂酸铝;硬脂酸钙;硬脂酸钡;硬脂酸铅;硬脂酸铝;硬脂酸锌;硬脂酸镉

天津市大东总公司

天津市塘沽区东盐路[300452]
电话:(022)25311817
传真:(022)25311815 经济类型:集体
有进出口权 企业规模:大型
法人代表:张春华
【主要产品】烧碱

天津市大港宏利染料化工厂

天津市大港区中塘镇马圈村[300273]
电话:(022)63131078;63131093
传真:(022)63132689
供销电话:13902078478
经济类型:私营企业 法人代表:赵会兰
网址:www.hldyes.com
E-mail:xthgc@126.com
【主要产品】2,3,4-三羟基苯甲醛;直接染料;酸性染料;活性染料

天津市大港华明化工厂

天津市大港区中塘镇南台村[300273]
电话:(022)63131003;63131709;63132468
传真:(022)63131101 经济类型:集体
法人代表:王春华
网址:www.huamingchem.com
E-mail:sales@huamingchem.com
【主要产品】无机颜料

天津市大港胶管有限公司

天津市大港区中塘镇[300270]
电话:(022)63275490;63275473
传真:(022)63276147 职工人数:560人
固定资产:50,000千元
经济类型:有限责任公司
产值:140,000千元
销售收入:45,000千元
网址:www.rubberhose.cn
E-mail:abc@rubberhose.cn
【主要产品】胶管

天津市大港静电粉末涂料厂

天津市大港区中塘镇万家码头村[300270]
电话:(022)63268956
传真:(022)63268956
经济类型:股份合作 法人代表:许金财
网址:www.022.net.cn/tj/7177.htm
【主要产品】静电粉末涂料

天津市大港康华福利化工厂

天津市大港区中塘镇薛卫台村[300270]
电话:(022)63269063
传真:(022)63269063 经济类型:集体
法人代表:薛绍秋
【主要产品】己二酸二正辛酯;邻苯二甲酸二丁酯;邻苯二甲酸二辛酯

天津市大港鹏翰石油化工有限公司

天津市大港区中塘镇西正河村[300270]
电话:(022)63275229
传真:(022)63275659
经济类型:股份合作 法人代表:李宗祥
【主要产品】不饱和聚酯树脂

天津市大港区光大橡塑有限公司

天津市大港区中塘镇西正河国家星火技术密集[300270]
电话:(022)63272222
传真:(022)63270088
供销电话:63270988 法人代表:顾孟良
供销传真:88525010
经济类型:股份合作
【主要产品】塑料桶

天津市大港区合利化工厂

天津市大港区上古林镇南津岐公路西[300270]
电话:(022)63230666;63229030
传真:(022)63234666
供销传真:63220229 法人代表:王兴洪
【主要产品】烧碱

天津市大港区华浦化工厂

天津市大港区中塘镇马圈村[300272]
电话:(022)63139122;63138757
传真:(022)63138757
经济类型:私营企业 法人代表:郭成行

【主要产品】对氨基乙酰苯胺；直接染料；直接耐晒蓝 FRL；酸性染料；活性染料

天津市大港区金祥化工厂

天津市大港区中塘镇十九倾村[300270]
电话：(022)63276508
传真：(022)63276508　经济类型：集体
法人代表：朱金祥
【主要产品】C_9 芳烃

天津市大港区聚富化工有限公司

天津市大港区中塘镇西正河村[300270]
电话：(022)63276116
传真：(022)63270918
供销电话：13920168838
经济类型：有限责任公司
法人代表：董湘来
【主要产品】C_9 芳烃；乙二醇

天津市大港区来忠化工厂

天津市大港区上古林[300270]
电话：(022)63220140；63101978
传真：(022)63220140
经济类型：私营企业　法人代表：戴世忠
【主要产品】氧化钴；氯化钴

天津市大港区泰丰化工有限公司

天津市大港区中塘镇万家码头[300270]
电话：(022)63268661
传真：(022)63268669
经济类型：有限责任公司
法人代表：齐林山
网址：www.tjtaifengchem.com
E-mail：wangjinzhu@126.com
【主要产品】钢丝绳表面脂；工业凡士林；黄凡士林

天津市大港区天成化工厂

天津市大港区中塘镇西闸村北[300273]
电话：(022)63139116；63139053
传真：(022)63139829　有进出口权
固定资产：140,000 千元
供销电话：63139053；63139853
经济类型：私营企业　企业规模：大型
产值：300,000 千元　法人代表：郭成林
销售收入：300,000 千元
网址：www.tianchengchem.com
E-mail：hualing19942004@yahoo.com.cn
【主要产品】2-萘酚-3-甲酸；B 型系列活性染料

天津市大港区天港石油化工厂

天津市大港区赵连庄马圈村[300273]
电话：(022)63139144
传真：(022)63139144
经济类型：私营企业　法人代表：郭庆胜
【主要产品】白油

天津市大港区天力胶管有限公司

天津市大港区中塘镇洋闸[300273]
电话：(022)63139132；63138566
传真：(022)63139132
法人代表：贾炳顺
网址：www.dgtljg.com
E-mail：dgtljg@dgtljg.com
【主要产品】耐油胶管

天津市大港染化厂

天津市大港区中塘镇刘塘庄村[300273]
电话：(022)63139090
传真：(022)63136566
经济类型：私营企业　法人代表：李兴江
【主要产品】直接染料

天津市大港染化一厂

天津市大港区中塘镇刘塘庄村西[300273]
电话：(022)63139770
传真：(022)59723568　经济类型：集体
法人代表：吕景标
【主要产品】2-氯-5-硝基苯磺酸；直接染料；酸性染料

天津市大港染料厂

天津市大港区中塘镇刘塘庄村西[300272]
电话：(022)63139178
经济类型：集体　法人代表：何玉江
【主要产品】直接染料；酸性染料

天津市大港万码化工制剂厂

天津市大港区中塘镇万家码头村西[300270]
电话：(022)63268150
传真：(022)63268150
经济类型：股份合作　法人代表：许金友
【主要产品】溶剂油

天津市大港新泰化工厂

天津市大港区中塘镇西河筒村[300273]
电话：(022)63131078；63138888；63131360
传真：(022)63132689
供销电话：63131360；63138888
经济类型：私营企业　法人代表：赵会兰
【主要产品】2-萘胺-1-磺酸；2-氨基-5-萘酚-7-磺酸

天津市大港兴实化工厂

天津市大港区中塘镇黄房村口[300270]
电话：(022)63275405
传真：(022)63275405
经济类型：股份合作　法人代表：韩光伟
【主要产品】1,2,4,5-四甲苯；芳烃溶剂油；增塑剂

天津市大韩化工有限公司

天津市东丽区么六桥镇骆驼房子村[300300]
电话：(022)24992513
传真：(022)24993404
经济类型：有限责任公司
法人代表：张炯淳
【主要产品】皮革脱脂剂；金属表面处理剂

天津市大津轮胎胶囊有限公司

天津市西青区李七庄乡武台[300381]
电话：(022)83914890；83913340；83912115
传真：(022)83912714；83913340
供销电话：83912326　法人代表：张志强
经济类型：私营企业
网址：www.tianjin-dajin.com
E-mail：mail@tianjin-dajin.com
【主要产品】轮胎硫化胶囊

天津市大陆化工试剂厂

天津市北辰区大张庄镇小渚庄[300150]
电话：(022)26435533；86850035
传真：(022)86850035　法人代表：李健
经济类型：私营企业
网址：www.tjdalu.com
E-mail：dalu@tjdalu.com
【主要产品】氢氧化钠；氢氧化钾

天津市大邱庄宏达化工有限公司

天津市静海县大邱庄镇[301606]
电话：(022)28896618；28899145
传真：(022)28896618　法人代表：高峰
经济类型：股份有限公司
【主要产品】直接冻黄 G；酸性嫩黄 G；酸性金黄 G；酸性红 G；酸性大红 GR；酸性大红 3R；酸性红 B；酸性品红 6B；酸性黑 ATT；酸性黑 10B；碱性红 6GDN

天津市大邱庄津姿涂料有限公司

天津市静海县大邱庄镇津海工业园[301606]
电话：(022)28899074
传真：(022)28899087；68587699
供销电话：28897885；28899075
供销传真：28899075　经济类型：集体
法人代表：王福才
网址：www.tjjztl.com
E-mail：jinzi@tjjztl.com
【主要产品】醇酸树脂；醇酸水砂纸清漆；醇酸清漆；各色醇酸调合漆；醇酸磁漆；C04-83 各色醇酸无光磁漆；铁红醇酸底漆；红丹醇酸防锈漆；氨基烘干清漆；A01-2 氨基烘干清漆；各色氨基烘干磁漆；A04-60 各色氨基烘干半光磁漆；A14-52 红氨基烘干透明漆；

津

各色氨基烘干锤纹漆；各色丙烯酸氨基无光烘干磁漆；聚氨酯清漆；S01-3聚氨酯清漆

天津市大邱庄泡沫塑料有限公司

天津市静海县大邱庄镇海河道[301606]
电话：(022)59529977；59529988；59529000
传真：(022)59529955
网址：www. tjpu. com
E-mail：foam@ tjpu. com
【主要产品】软质聚氨酯泡沫塑料；热塑性聚氨酯

天津市大盈树脂塑料有限公司

天津市西青区李七庄津涞路四号房[300381]
电话：(022)83913546；83912032；83912904
传真：(022)83912032；83912904
经济类型：有限责任公司
法人代表：陈强
【主要产品】酚醛树脂(203型)；酚醛树脂(213型)；酚醛树脂(214型)；酚醛树脂(216型)；酚醛树脂(217型)；酚醛模塑料(PF2A4-161)；酚醛铸造树脂；三聚氰胺甲醛树脂

天津市道福化工新技术开发有限公司

天津市南开区白堤路236号[300192]
电话：(022)87894650
传真：(022)87894060
网址：www. chinachemnet. com/daofu
E-mail：zhangxu6779@ sina. com
【主要产品】氢化铝锂

天津市道康助剂厂

天津市南开区楚雄道99号[300190]
电话：(022)23696407
传真：(022)23367940
供销电话：23367940 法人代表：佟家升
经济类型：私营企业
网址：www. daokang. com
E-mail：dkhg@ daokang. com
【主要产品】匀染剂AN；分散剂IW

天津市德爱化工新技术有限公司

天津市河东区京塘公路2号桥先锋路[300220]
电话：(022)24967779
传真：(022)24967779 法人代表：刘力
经济类型：股份有限公司
网址：www. tjdye. com
E-mail：liuli-dye@ 263. net
【主要产品】苯并咪唑-2-乙腈；4-(*N*,*N*-二乙氨基)水杨醛；直接染料；溶剂染料；荧光增白剂

天津市德邦化工有限公司

天津市津南区小站镇大站村[300353]
电话：(022)88620716；88627008
传真：(022)88620717 经济类型：集体
供销电话：88620715 企业规模：大型
法人代表：王孝杰
网址：www. tjdebang. com
E-mail：wlc@ debang. com
【主要产品】聚酯面漆；聚酯腻子；双组分聚酯漆；耐黄变聚酯漆；聚酯透明底漆

天津市德宝化工涂料工贸有限公司

天津市北辰区西堤头镇刘快庄杨北公路588号[300408]
电话：(022)86840252；86841054
传真：(022)86842192
经济类型：私营企业 法人代表：张义祥
网址：www. xinhua. chembb. com
【主要产品】沥青防腐漆；醇酸清漆；C03-1各色醇酸调合漆；C04-2各色醇酸磁漆；铁红醇酸底漆；C53-31红丹醇酸防锈漆；硝基漆类

天津市德宝隆化工涂料技术有限公司

天津市南开区华苑产业区开华道12号普辰大厦B515[300384]
电话：(022)23013069
传真：(022)23013527 法人代表：王亮
供销电话：24517766
经济类型：私营企业
网址：apqt. cn. alibaba. com
E-mail：apqt888@ sina. com
【主要产品】环保水性木器装修清漆；钢铁表面处理液；金属清洗剂；废纸脱墨剂

天津市德洁洗涤剂有限公司

天津市西青区南河镇闫庄村[300382]
电话：(022)23981447
传真：(022)23980945 经济类型：集体
法人代表：杨淑英
【主要产品】洗涤剂；丝毛洗涤剂；精炼剂；毛纺清洗剂；碳铵添加剂；表面活性剂AS；十二烷基苯磺酸钠；毛皮专用清洗剂

天津市德凯化工有限公司

天津市东丽区张贵庄路吉安道[300163]
电话：(022)24372484；24710348
传真：(022)24790903 有进出口权
经济类型：股份有限公司
法人代表：申健
网址：www. dekch. com
E-mail：tjdkhg@ dekch. com
【主要产品】活性染料

天津市德实化工涂料有限公司

天津市北辰区西堤头工业区[300402]
电话：(022)86845888；86842472；86649004
传真：(022)86849888
经济类型：私营企业 法人代表：刘玉建
网址：www. tjdshg. com
E-mail：ds@ tjdshg. com；llx@ tjdshg. com
【主要产品】油漆；氨基树脂漆类；装饰漆；乳胶漆；丙烯酸系列汽车漆；聚酯树脂漆类

天津市第二十四塑料制品厂

天津市南开区渭水道15号[300110]
电话：(022)27367235
传真：(022)27367235 经济类型：集体
供销电话：27367668 企业规模：大型
法人代表：孟庆功
【主要产品】聚乙烯热收缩膜；聚氯乙烯薄膜；复膜胶

天津市第九塑料制品厂

天津市和平区湖北路25号[300040]
电话：(022)23399349；23393414；23312471
传真：(022)23315195；23312471
供销电话：23393821 经济类型：国有
法人代表：李宗礼
网址：www. tjflon. com
E-mail：9su@ tjflon. com
【主要产品】聚四氟乙烯制品

天津市第四塑料制品厂

天津市东丽区张贵庄路[300163]
电话：(022)24379159；24727932
传真：(022)24727932 经济类型：国有
供销传真：24727938 法人代表：韩阳
网址：www. tjsisu. com
E-mail：kongque@ tjsisu. com
【主要产品】聚氯乙烯压延薄膜

天津市第一塑料制品厂

天津市河东区张贵庄路58号[300160]
电话：(022)24328938；24325043
传真：(022)24324860；24411950
供销电话：24325044 经济类型：国有
有进出口权 法人代表：张义亮
网址：www. tjyisu. com. cn
E-mail：yslwlsss@ public. tpt. tj. cn
【主要产品】硬聚氯乙烯薄片；聚氯乙烯片材

天津市第一香料厂

天津市河北区江都路1号[300151]
电话：(022)24586680
传真：(022)24592593 经济类型：国有
供销电话：24344764 有进出口权
供销传真：24342129 法人代表：张庆战
E-mail：perful@ public. tpt. tj. cn
【主要产品】2-氨基苯甲酸甲酯；香料；香兰素；二氢香豆素；乙酸三氯甲基苯甲酯

天津市顶福化工总厂

天津市南开区复康路182号[300384]
电话:(022)23792493;23792409
传真:(022)23792409　经济类型:集体
有进出口权　法人代表:房贵江
网址:www.dingfu.com.cn
【主要产品】氯化亚锡;乙二胺四乙酸;二乙烯三胺五乙酸;磷酸三丁酯;乙二胺四乙酸二钠;乙二胺四乙酸四钠;乙二胺四乙酸铁钠;乙二胺四乙酸铁铵

天津市东奥化工涂料厂

天津市津南区小站镇二道沟村[300353]
电话:(022)88815416
供销电话:13389920108
经济类型:集体　法人代表:张艳发
【主要产品】环烷酸

天津市东邦助剂有限公司

天津市北辰区津围公路[300402]
电话:(022)26998112;26997059
传真:(022)26997059
经济类型:有限责任公司
法人代表:王向阳
【主要产品】聚乙二醇;脂肪胺聚氧乙烯醚;柔软剂SG;柔软剂SE-10;平平加

天津市东成化工有限公司

天津市北辰区西堤头镇刘快庄[300402]
电话:(022)86843868
传真:(022)86844371
经济类型:私营企业　法人代表:刘学东
【主要产品】各色醇酸调合漆;粉末涂料

天津市东大化工有限公司

天津市塘沽区西大沽万年桥东[300452]
电话:(022)65265258;65265168
传真:(022)65266596
经济类型:有限责任公司
法人代表:赵富贵
网址:www.tjddhggs.com;
www.abctjabc.com/tgddhg
E-mail:bjddhg@yeat.net
【主要产品】苯甲酸;苯甲酸钠;过氧化苯甲酰

天津市东方红化工厂

天津市东丽区津塘公路小东庄[300300]
电话:(022)24990452
传真:(022)24990862　经济类型:国有
供销电话:24990571　企业规模:大型
供销传真:24990571　法人代表:孟祥昆
网址:www.chinaeast-red.com
E-mail:dfh@chinaeast-red.com
【主要产品】偏硅酸钠(五水);氯化磷酸三钠;氨基三亚甲基膦酸;羟基亚乙基二膦酸;二乙烯三胺五亚甲基膦酸

天津市东方化工厂

天津市河北区古北道4号[300232]
电话:(022)26340370;26340372
传真:(022)26340370　经济类型:国有
供销电话:26340173;26342383
法人代表:宋德仁
网址:www.tj-dfhg.com
E-mail:df@tj-dfhg.com
【主要产品】过硫酸钾;过碳酸钠;过氧化氢;过氧乙酸;高氯酸

天津市东方特种润滑油有限公司

天津市津南区二道闸南[300352]
电话:(022)28692652
传真:(022)88690722　职工人数:60人
网址:www.xdftz.com
E-mail:xdftz@bf2000.net;
dftzy@sina.com
【主要产品】导热油;合成制动液;淬火油;汽油机油;柴油机油;导轨油;液压油;*L*-HL液压油;*L*-HM抗磨液压油;液力传动油;仪表油

天津市东光特种涂料有限公司

天津市河东区卫国道128号[300161]
电话:(022)24342381;24513730
传真:(022)24341823
供销电话:24341571;24341762
供销传真:24341823;24513731
经济类型:有限责任公司
法人代表:刘明亮
网址:www.dongguang.com
E-mail:dgpaint@public.tpt.tj.cn
【主要产品】三聚氰胺甲醛树脂;脲醛树脂;醇酸树脂;聚氨酯树脂;醇酸树脂漆类;环氧树脂漆类;聚氨酯漆类;船舶防腐漆;变压器底面专用漆

天津市东海化工厂

天津市西青区王稳庄镇杨科庄[300383]
电话:(022)23994188;23993297;
13502065170
传真:(022)23994188　经济类型:集体
有进出口权　法人代表:刘凤祥
网址:www.donghaichem.com
E-mail:cal_hypo@donghaichem.com
【主要产品】漂粉精

天津市东浩软管科技有限公司

天津市津南区双港李楼南6-44号[300350]
电话:(022)28590561;28593895
传真:(022)28590560
法人代表:梁同山
网址:www.tjdonghao.com
E-mail:info@tjdonghao.com
【主要产品】尼龙管材;钢丝缠绕胶管;钻探胶管;膨胀橡胶软管

天津市东丽区福利油墨厂

天津市东丽区大毕庄镇欢坨工业区[300240]
电话:(022)26793280;26793280
传真:(022)26795066　经济类型:集体
法人代表:齐义明
【主要产品】耐晒桃红色原;耐晒桃红色淀;耐晒玫瑰红色原;耐晒深红BBM;金光红C;永固红F4R;立索尔大红R;立索尔宝红

天津市东丽区福利有机化工厂

天津市东丽区大毕庄镇欢坨工业区[300240]
电话:(022)26791423
传真:(022)26791423;26791370
供销电话:26791370　经济类型:集体
有进出口权　法人代表:韩德煜
网址:www.twocp.com
【主要产品】乙醇钠;原甲酸三乙酯;原甲酸三甲酯;α-乙酰基-γ-丁内酯

天津市东丽区宏达化工机械厂

天津市东丽区程林庄道外环线交口[300163]
电话:(022)24716718
传真:(022)24716718
供销电话:13902088470
经济类型:私营企业　法人代表:韩惠敏
【主要产品】罐

天津市东丽区津军化工助剂厂

天津市东丽区军粮城镇东堼村[300301]
电话:(022)24912338;84968490
传真:(022)84968490　有进出口权
经济类型:私营企业　法人代表:任双喜
【主要产品】涂料印花色浆大红FFG

天津市东丽区联兴化工厂

天津市东丽区赤土镇赤土村[300300]
电话:(022)24923683;13802078096
传真:(022)24923683　经济类型:集体
法人代表:魏兴田
【主要产品】邻苯二甲酸二丁酯;邻苯二甲酸二辛酯

天津市东丽区双桥化工厂

天津市东丽区欢坨金钟大桥东侧[300240]
电话:(022)26793290
经济类型:私营企业　法人代表:侯云海
【主要产品】不饱和聚酯树脂(1型);聚酯色浆

天津市东丽区泰兰德化学试剂厂

天津市大毕庄工业区[300240]
电话:(022)26795531;26795579
传真:(022)26795579
经济类型:私营企业　法人代表:刘胜英
【主要产品】硫酸钙;六氢吡啶;丙三醇

天津市东盛化工有限公司

天津市津南区八里台镇大孙庄村[300350]
电话:(022)88520593;13920474553
传真:(022)88521711 职工人数:40人
法人代表:杜从舟
网址:www.tjdongsheng.com
E-mail:info@tjdongsheng.com
【主要产品】烧碱

天津市东塔涂料有限公司

天津市北辰区西堤头村东[300402]
电话:(022)86840860;86849292
传真:(022)88840859
经济类型:有限责任公司
法人代表:王庆华
网址:www.cndttl.com
E-mail:cndt@cndttl.com
【主要产品】醇酸清漆;各色醇酸调合漆;醇酸磁漆;硝基清漆;聚酯水晶地板漆

天津市东兴全元肥料有限责任公司

天津市河东区七纬路85号[300171]
电话:(022)24134415
传真:(022)24134415
供销电话:81509910 法人代表:武庆树
经济类型:有限责任公司
【主要产品】混配复合肥料

天津市恩捷特工贸有限公司

天津市武清区下朱庄街富民经济区[301700]
电话:(022)29332808
传真:(022)29333808
供销电话:29332808-801
经济类型:有限责任公司
法人代表:邵晓杰
【主要产品】油墨

天津市帆利精细化工有限公司

天津市和平区云南路45号[300051]
电话:(022)23114836
传真:(022)23114836 职工人数:85人
经济类型:股份合作 法人代表:刘强
【主要产品】己二酸;己二胺

天津市防火涂料厂

天津市河北区王串场六号路73号[300150]
电话:(022)26344554;13802034341
传真:(022)26639319 职工人数:150人
供销电话:26431919;26454688
供销传真:26435019
法人代表:张凤达)
网址:www.dadun.com
【主要产品】防火涂料;无机膨胀防火涂料;防火阻燃剂;有机防火堵料

天津市飞鹿工贸有限公司

天津市河西区洛水道裕达工业园11号[300220]
电话:(022)28382873
传真:(022)28380260
经济类型:私营企业 法人代表:李国旺
网址:fdeer.com
E-mail:fl-lnck@hotmail.com
【主要产品】异戊醇;苯甲酸乙酯;苯甲醇;乙酸异戊酯;邻苯二甲酸二乙酯

天津市飞亚达橡胶制品有限公司

天津市西青区张家窝镇小甸子村[300380]
电话:(022)87984887
传真:(022)87984887 职工人数:450人
经济类型:股份有限公司
销售收入:130,000千元
法人代表:马宁宁
【主要产品】轮胎

天津市丰华莹商贸有限公司

天津市塘沽区新华路立交桥旁信阳里22-12-201[300450]
电话:(022)25711968
传真:(022)25711968 经济类型:集体
供销电话:13802048901
法人代表:杜云凤
E-mail:dyf1950@eyou.com
【主要产品】烧碱(固体);氯化钙;工业氯化铵;氯化钙(无水)

天津市风船化学试剂科技有限公司

天津市东丽区徐庄工业区[300240]
电话:(022)26320319
传真:(022)26320319 有进出口权
供销电话:26748849 产值:50,000千元
经济类型:私营企业 职工人数:580人
销售收入:35,000千元
法人代表:郭岚平
网址:www.tjsjsc.com
E-mail:info@tjsjsc.com
【主要产品】钼酸钠;钼酸铵;磷钼酸铵;氟化锂;氢化锂;氢化铝锂;氢氧化锂;铬酸锂;硬脂酸锂;硝酸锂;硫酸锂;氯化锂(无水);高氯酸锂;高氯酸锂,无水;溴化锂;二苯胺;油酸钠皂

天津市风船化学试剂科技有限公司彩色套液厂

天津市东丽区徐庄子[300240]
电话:(022)26326071
传真:(022)26326077
经济类型:股份有限公司
法人代表:田精全
网址:www.tjsjcs.com
【主要产品】卤化银彩色冲洗套液

天津市风船化学试剂科技有限公司高纯试剂分厂

天津市东丽区大毕庄徐庄[300240]
电话:(022)26324647
传真:(022)26324647 经济类型:国有
供销电话:26324647;26320979
法人代表:何禄宽
【主要产品】过氧化氢

天津市风船化学试剂科技有限公司试剂厂

天津市东丽区徐庄子西[300240]
电话:(022)26330631
传真:(022)26330631 经济类型:集体
供销电话:26330631;26748811
法人代表:魏立军
【主要产品】氢氧化钠;氢氧化钾

天津市风船化学试剂科技有限公司试剂二厂

天津市东丽区徐庄子[300240]
电话:(022)26321183;26320978;26748806
传真:(022)26321183 法人代表:陈新
经济类型:有限责任公司
【主要产品】氢氧化钾;三氧化二铁;三氧化二铬;碳酸锰

天津市福晨化学试剂厂

天津市北辰区铁东路勤俭工业区3号路3号[300402]
电话:(022)26719158;26718179;26302998
传真:(022)26718212;26720197
固定资产:1,500千元 职工人数:50人
供销电话:13802067521
供销传真:26733568 产值:50,000千元
经济类型:股份合作 法人代表:刘强
销售收入:50,000千元
网址:www.tjfch.com
E-mail:tjfch@126.com
【主要产品】亚硝酸钠(食品级);硝酸钡

天津市福日来化工有限公司

天津市静海县发电厂西北侧[301600]
电话:(022)28944007;68693429;13502080871
传真:(022)68693429 职工人数:200人
法人代表:符景善
网址:www.tjdfhggs.com
E-mail:fjs@tjdfhggs.com
【主要产品】亚硫酸氢钠;亚硫酸钠;焦亚硫酸钠;3,4-二氯苯胺

天津市福荣聚氨酯塑料制品厂

天津市北辰区普济河道立交桥粮普楼[300400]
电话:(022)26344368
传真:(022)26344368
经济类型:私营企业 法人代表:王小清
【主要产品】聚氨酯橡胶;聚氨酯保温材料;聚氨酯胶黏剂

天津市福升肥料有限公司

天津市北辰区铁东路[300400]
电话:(022)26813654;26824906
传真:(022)26813654
经济类型:有限责任公司

法人代表：马玉新
网址：www. fushengfl. com
E-mail：fushengfl@ sina. com
【主要产品】过磷酸钙；花肥；混配复合肥料；蔬菜专用肥；酵素菌肥

天津市福兴达精细有机化工有限公司

天津市西青区辛口镇［300380］
电话：(022)27991787；27994242；27990991
传真：(022)27994241
供销电话：27991787；27990991
经济类型：股份合作　法人代表：王树立
网址：www. fuxingda. com
E-mail：sales@ fuxingda. com
【主要产品】19-去甲基-4-雄烯二酮；皂素；乙炔雄二醇

天津市富达化工厂

天津市塘沽区邓善沽村［300455］
电话：(022)25391672；66611934；25394152
传真：(022)25392614　经济类型：集体
法人代表：杨永林
网址：www. tj-fuda. com
E-mail：fuda@ tj-fuda. com
【主要产品】烧碱(固体)；氯化钙

天津市富东印刷材料厂

天津市津南区小站镇幸福一区24号［300353］
电话：(022)28610303；88631489
传真：(022)28610303
供销电话：13803078260
经济类型：私营企业　法人代表：赵立东
网址：www. tjfdys. com
E-mail：fd@ tjfdys. com；fdys@ tjfdys. com
【主要产品】聚氨酯树脂

天津市富利达化工厂

天津市北辰区西堤头镇刘快庄［300402］
电话：(022)86848737
传真：(022)86841049
经济类型：股份有限公司
法人代表：吴清文
【主要产品】各色酯胶调合漆；各色醇酸调合漆；氯化橡胶沥青防锈漆

天津市富强化工厂

天津市北辰区引河桥周庄［300400］
电话：(022)86860840；86860504；13802080755
网址：www. tjfuqiang. com
E-mail：zgw@ tjfuqiang. cn
【主要产品】硫酸铬钾；重铬酸钠；重铬酸钾；重铬酸铵；三氧化铬；氧化铬绿

天津市港昌化工有限公司

天津市武清区下朱庄乡政府南侧［301700］
电话：(022)29348716
传真：(022)29329291
经济类型：私营企业　法人代表：郎作港
网址：www. gangchang. com
E-mail：gc@ gangchang. com
【主要产品】二盐基硬脂酸铅；双硬脂酸铝；硬脂酸钙(轻质)；硬脂酸钡(轻质)；硬脂酸铅(轻质)；硬脂酸铝；硬脂酸锌(轻质)；硬脂酸镁；硬脂酸镉(轻质)

天津市港升化工有限公司

天津市大港区太平镇［300282］
电话：(022)63148055
传真：(022)63145247
经济类型：有限责任公司
法人代表：李志刚
网址：www. tj-gsh. com
E-mail：info@ tj-gsh. com
【主要产品】印刷油墨专用树脂

天津市港兴石油化工有限公司

天津市大港区中塘镇西正河村［300277］
电话：(022)63275229；63278089
传真：(022)63275659
经济类型：股份合作　法人代表：李宗祥
网址：www. tjdghgs. com
E-mail：dghgs@ sohu. com
【主要产品】润滑油

天津市格林泵业有限公司

天津市北辰区铁东路天运道［300400］
电话：(022)13820193802
传真：(022)86877069　产值：2,000千元
供销电话：86877069　职工人数：150人
经济类型：有限责任公司
法人代表：刘彤贤
E-mail：gelinby@ yahoo. com. cn
【主要产品】螺杆泵；罗茨真空泵；真空泵

天津市沽上石化有限公司

天津市津南区辛庄镇白塘口［300350］
电话：(022)28581989；28581966
传真：(022)28581989　有进出口权
经济类型：私营企业　法人代表：左树清
【主要产品】甲醛

天津市冠达有机化工厂

天津市宁河县芦汉公路［301500］
电话：(022)25092912
传真：(022)25592912　经济类型：集体
供销电话：25588178　企业规模：大型
产值：470,000千元　职工人数：1,040人
法人代表：崔永良
【主要产品】磷酸；乙酸乙酯

天津市冠峰化工有限公司

天津市东丽区大毕庄镇欢坨工业区［300240］
电话：(022)26793172；84813392
传真：(022)84813392
经济类型：私营企业　法人代表：张兆家
【主要产品】硝酸锶；氯化锶；溴化钠；醋酸钠；醋酸钾

天津市光大冰峰化工有限公司

天津市河西区陈塘庄洞庭路27号［300220］
电话：(022)28183745；28185456；28185262
传真：(022)28187981　经济类型：国有
供销传真：28187981；28199841
法人代表：耿立义
【主要产品】聚醋酸乙烯乳液；聚乙烯醇缩丁醛树脂；聚丙烯酰胺

天津市国华化工涂料有限公司

天津市北辰区西堤头镇西堤头村［300400］
电话：(022)86841973
经济类型：私营企业　法人代表：张建华
【主要产品】醇酸树脂漆类

天津市海滨涂料有限公司

天津市北辰区津坝公路刘家房子［300400］
电话：(022)26666818；26652242
传真：(022)26646114
供销电话：26652284　法人代表：张汝勤
经济类型：股份合作
网址：www. haibinhg. com
【主要产品】腻子；108外墙涂料；高弹性外墙乳胶漆；内外墙涂料

天津市海淀化工厂

天津市北辰区大张庄镇南王平工业区［300402］
电话：(022)86825299
传真：(022)86825299
经济类型：私营企业　法人代表：王树美
【主要产品】硫酸铜

天津市海帆化工染料有限公司

天津市东丽区程林庄工业区莱州路6号［300163］
电话：(022)24375295
传真：(022)24375295
经济类型：私营企业　法人代表：张积顺
【主要产品】直接黄R；直接冻黄G；直接橙S；直接耐酸大红4BS；直接湖蓝5B；直接红棕RN；直接深棕MM；直接黑FF；直接黑BN；直接耐晒嫩黄5GL；直接耐晒翠蓝GL；直接耐晒灰LBN；直接耐晒黑G；直接耐晒黑GF；酸性嫩黄G；酸性嫩黄2G；酸性金黄G；酸性橙Ⅱ；酸性大红GR；酸性红B；酸性湖蓝A；酸性黑ATT；酸性黑10B；酸性媒介棕RH；碱性棕G；酞菁素艳蓝IF3G

天津市海光化工有限公司

天津市河东区新兆路惠森花园8号

楼[300011]
电话:(022)24331097
传真:(022)24411048 职工人数:80人
网址:www.haiguang.chem.cn
E-mail:tjhghg@163.com
【主要产品】大孔强碱性苯乙烯系阴离子交换树脂(D201型);大孔弱碱性苯乙烯系阴离子交换树脂(D301);D101大孔吸附树脂;大孔吸附树脂AB-8

天津市海全华明涂料厂

天津市东丽区外环路三号桥东[300300]
电话:(022)84791270
传真:(022)84791270
经济类型:私营企业 法人代表:岳全起
【主要产品】内外墙乳胶漆

天津市海山化工科技开发有限公司

天津市东丽区张贵庄路吉安道[300163]
电话:(022)24370679
传真:(022)24789171 法人代表:申健
经济类型:有限责任公司
【主要产品】水溶性涂料

天津市海翔增白剂厂

天津市静海县东双塘[301600]
电话:(022)68865082
传真:(022)68865082
经济类型:有限责任公司
法人代表:李双喜
【主要产品】荧光增白剂

天津市海鑫精细化工厂

天津市大港区上古林村东[300270]
电话:(022)63220328
传真:(022)63220328 经济类型:集体
法人代表:蒋宝双
【主要产品】硅藻土助滤剂

天津市海洋染料化工厂

天津市西青区王稳庄乡大泊村[300383]
电话:(022)23991762
传真:(022)23991762 经济类型:集体
固定资产:20,000千元 职工人数:68人
供销电话:23993655 产值:25,000千元
销售收入:25,000千元
法人代表:袁立起
网址:www.tjhyhg.com
E-mail:tjhyrl@126.com
【主要产品】三聚氯氰

天津市汉沽高分子化工助剂厂

天津市汉沽区大丰路81号[300480]
电话:(022)25693908;67181085
传真:(022)67181086 经济类型:集体
法人代表:刘振琦
【主要产品】聚氯乙烯热稳定剂;消泡剂;PVC抗鱼眼剂;污水处理剂;过氧化新癸酸特丁酯

天津市汉沽合佳化工有限责任公司

天津市汉沽开发区[300480]
电话:(022)67162439;67162131
传真:(022)67162131 职工人数:150人
网址:www.hejiachem.com
E-mail:hejia@hejiachem.com
【主要产品】烧碱

天津市汉沽化肥厂

天津市汉沽区东尹工业区[300480]
电话:(022)67257860
传真:(022)67257860 经济类型:集体
供销电话:13502136318
法人代表:张满友
【主要产品】过磷酸钙;混配复合肥料

天津市汉沽津达碱厂

天津市汉沽区东风北路3号[300480]
电话:(022)67195667
传真:(022)67129509
供销电话:13902184885
经济类型:私营企业 法人代表:王振声
【主要产品】烧碱(固体)

天津市汉沽区滨海福利化工厂

天津市汉沽区营城镇五七村[300480]
电话:(022)67281127
传真:(022)67281649
经济类型:私营企业 法人代表:李兰普
【主要产品】磷酸二氢钾;磷酸三钠;磷酸氢二钠;磷酸氢二钾;对叔丁基苯酚甲醛树脂

天津市汉沽区红三环碱厂

天津市汉沽区杨家泊镇化工小区[300480]
电话:(022)67111008;67258598
传真:(022)67111008;67258598
经济类型:集体 法人代表:高景清
【主要产品】烧碱(固体)

天津市汉沽区化工金属熔炼总厂

天津市汉沽区汉北路[300480]
电话:(022)67160284
传真:(022)67160284 经济类型:集体
法人代表:邵树彬
【主要产品】次氯酸钠;1,1-二氯乙烷;氯化聚氯乙烯树脂

天津市汉沽区天海化工有限公司

天津市汉沽区化工工业区西侧[300480]
电话:(022)67239065;13902165958
传真:(022)67238696
供销电话:67238696 法人代表:杨天国
经济类型:私营企业
【主要产品】氯化聚氯乙烯树脂;糠醇树脂

天津市汉沽区杨家泊化工厂

天津市汉沽区杨家泊镇东尹村东[300480]
电话:(022)67257837
传真:(022)67257837
经济类型:私营企业 法人代表:张连喜
【主要产品】肥皂粉

天津市汉沽区营城塑料厂

天津市汉沽区石化路[300480]
电话:(022)25693646
传真:(022)25693646 经济类型:集体
法人代表:邵喜然
【主要产品】塑料桶

天津市汉沽永兴塑料保温制品厂

天津市汉沽区杨家泊镇工业区[300480]
电话:(022)67257862
传真:(022)67257198 经济类型:集体
法人代表:董树元
网址:www.yxsibw.com
E-mail:yx@yxsibw.com
【主要产品】塑料保温管

天津市浩元精细化工有限公司

天津市经济技术开发区化学工业区翠微街18号[300300]
电话:(022)67161520;67161521
传真:(022)67161522
固定资产:15,000千元
供销电话:67161522;67161863
经济类型:有限责任公司
销售收入:50,000千元
法人代表:张金凤
网址:www.tjhaoyuan.com
E-mail:mail@tjhaoyuan.com
【主要产品】油酸三乙醇胺;聚醚系列;十二烷基二甲基苄基氯化铵;匀染剂AN;渗透剂JFC;化纤油剂;烷基苯磺酸钠;平平加;乳化剂EL;乳化剂OP;斯盘80;吐温80;净洗剂6501;脂肪酸聚氧乙烯酯;十二烷基二甲基甜菜碱;十二烷基二甲基氧化胺

天津市合成材料厂分厂

天津市东丽区程林庄工业区[300163]
电话:(022)24372228;24713481;24373252
传真:(022)24372228 经济类型:集体
供销电话:24713481;13820093881
供销传真:24713481;24373252
法人代表:李学亮
【主要产品】不饱和聚酯树脂

天津市合成材料厂双翼玻璃钢厂

天津市东丽区程林庄工业区[300163]
电话:(022)24733893;24373276
传真:(022)24710444　　经济类型:集体
法人代表:曲卿杰
【主要产品】糠醇树脂;玻璃钢制品

天津市合成材料工业研究所

天津市河西区陈塘庄洞庭路29号[300220]
电话:(022)28341651;28340182;28117027
传真:(022)28340113　　经济类型:国有
供销电话:28340182;28341691
有进出口权　　法人代表:王永红
网址:www.tsmri.com.cn
E-mail:tsmri@vip.163.com
【主要产品】静电复印墨粉用共聚树脂;汽车专用胶黏剂;骨粘固剂;中性施胶剂

天津市河东区古田橡塑制品厂

天津市河东区古田路6号[300151]
电话:(022)24340626
经济类型:集体　　法人代表:王宝利
【主要产品】工业橡胶零件

天津市河西区金辉橡胶制品厂

天津市河西区陈塘庄工业区怒江道31号[300220]
电话:(022)28192546
传真:(022)28192546　　经济类型:集体
法人代表:韩志辉
【主要产品】橡胶杂品

天津市河西区天溶建筑涂料厂

天津市河西区小海地三水道南[300222]
电话:(022)88175580;13702170468
传真:(022)88175580　　经济类型:集体
法人代表:安聚臣
网址:www.trjzh.com
【主要产品】苯丙地面涂料;各色丙烯酸底漆;丙烯酸有光面漆;各色丙烯酸半光磁漆;丙烯酸内墙乳胶漆;丙烯酸外墙乳胶漆;屋面防水涂料;水泥漆

天津市贺新居建筑涂料有限公司

天津市西青区杨庄子西横堤北头[300112]
电话:(022)27323585
传真:(022)27323585
经济类型:有限责任公司
法人代表:王连起
【主要产品】建筑涂料

天津市恒达通化工有限公司

天津市静海县发电厂西侧[301600]
电话:(022)68692896
传真:(022)68692896　　法人代表:于奎
经济类型:私营企业
【主要产品】亚硫酸氢钠;亚硫酸钠(结晶);焦亚硫酸钠

天津市恒泽化工科技开发有限公司

天津市南开区兰苑路5号[300220]
电话:(022)28112729;83711921
传真:(022)28112729
供销电话:28115754　　法人代表:王占群
供销传真:28127063
经济类型:私营企业
网址:www.hengze.com
E-mail:webmaster@hengze.com
【主要产品】1-(4′-磺酸苯基)-3-羧基-5-吡唑啉酮;乙酰丁二酸二甲酯;柠檬黄;活性黑KN-BN;食用亮蓝;荧光增白剂WS

天津市红桥区天海油漆厂

天津市北辰区刘家子镇工业区[300400]
电话:(022)26647951
传真:(022)26667430
经济类型:私营企业　　法人代表:王德明
【主要产品】各色醇酸调合漆;醇酸磁漆;装饰漆;硝基漆类;汽车漆;各色金属光泽汽车面漆;聚酯树脂漆类;氟碳漆;防锈剂

天津市红森精细化工有限公司

天津市北辰区西堤头镇西堤头村[300402]
电话:(022)86842220
传真:(022)86842102
经济类型:有限责任公司
法人代表:张春来
【主要产品】福美双;促进剂TMTD;促进剂PZ

天津市红山石油化工有限公司

天津市北辰区西堤头开发区[300408]
电话:(022)86841596;86845555;86848888
传真:(022)86843688　　有进出口权
供销电话:86845555;13902149688
经济类型:有限责任公司
法人代表:张春洪
网址:www.tj-oil.com
E-mail:tjoil@eyou.com
【主要产品】液体石蜡;白油;陶瓷脱模剂;石油磺酸钠;常温除油水基清洗剂;金属钠专用白油;橡塑专用白油

天津市红岩化工厂分厂

天津市河东区王串场一号路56号[300150]
电话:(022)24342218
传真:(022)26451699　　经济类型:集体
法人代表:李惠明
【主要产品】陶瓷脱模剂;脱水防锈油;铜轧制专用油

天津市宏峰干燥剂厂

天津市北辰区京津公路332号[300400]
电话:(022)26810668;13602065927
传真:(022)26392254
网址:www.tjhongfeng.com
E-mail:tjhongfeng@sohu.com
【主要产品】膨润土;高效型干燥硅胶;硅胶;蓝色硅胶

天津市宏光伟业化工涂料有限公司

天津市北辰区西堤头镇工业区[300408]
电话:(022)86849131;86844346
传真:(022)86843238
供销电话:86841936　　法人代表:边绍花
经济类型:有限责任公司
网址:www.022.net.cn/tj/7149.htm
【主要产品】醇酸树脂漆类;氨基树脂漆类;硝基漆类;防火涂料;内外墙涂料;常温道路标志漆;重防腐漆;水性防腐漆

天津市宏利精细化工厂

天津市东丽区赤土镇赤土村东[300300]
电话:(022)24881213
传真:(022)24884566　　经济类型:集体
法人代表:张志宏
【主要产品】荧光增白剂;荧光增白剂CXT;荧光增白剂VBL

天津市宏伟精细化工有限公司

天津市东丽经济开发区民族路旁[300300]
电话:(022)24393032;84893032;84891255
传真:(022)84890685
经济类型:股份有限公司
法人代表:穆怀印
网址:www.022.net.cn/tj/5638.htm
【主要产品】防锈油

天津市宏祥化工有限公司

天津市大港区中塘镇十九顷村[300270]
电话:(022)63276508
传真:(022)63276508
经济类型:私营企业　　法人代表:朱金祥
【主要产品】乙二醇;一缩二乙二醇

天津市宏祥金属结构厂

天津市北辰区西堤头镇东堤头村[300402]
电话:(022)86849225
传真:(022)86849225
经济类型:私营企业　　法人代表:霍德祥
【主要产品】反应釜;冷凝器;储罐

天津市宏鑫化工厂

天津市津南区(双港)经济开发区[300350]
电话:(022)28589838;28580548

津

传真：(022)28589838 经济类型：集体
供销电话：28580554 有进出口权
法人代表：叶茂生
【主要产品】萘(精)；2-萘酚；6,6′-(1,3-亚脲基)双(1-萘酚-3-磺酸钠)

天津市宏业化工厂

天津市西青区王稳庄镇南[300383]
电话：(022)23992616；13512052358
传真：(022)23990499 职工人数：40人
网址：www.hy-tj.com
E-mail：hy@hy-tj.com
【主要产品】工业萘；萘油

天津市华联有机陶土化工福利厂

天津市西青区王稳庄镇东台子村北[300270]
电话：(022)23993103
传真：(022)23993627 经济类型：集体
法人代表：刘志起
【主要产品】十八烷基二甲基叔胺；快速渗透剂T；有机膨润土

天津市华日化工有限公司

天津市津南区八里台工业区(南区)[300350]
电话：(022)88816666
传真：(022)88815588
经济类型：股份合作 法人代表：沈全基
网址：www.tjhuari.com
E-mail：huari@tjhuari.com
【主要产品】油墨印刷助剂

天津市华顺药业有限公司

天津市津南区二八公路中段[300350]
电话：(022)28561636；28561254；28561333
传真：(022)28562560
网址：www.tj-hsyy.com
E-mail：hsyy@tj-hsyy.com
【主要产品】异烟酸；异烟肼；烟酸；烟酰胺；*N*-乙酰蛋氨酸

天津市华新制药厂

天津市汉沽区新开南路[300480]
电话：(022)25693909；25697742
传真：(022)25697742 经济类型：集体
企业规模：大型 法人代表：王震宇
【主要产品】乙脒盐酸盐；藻酸双酯钠

天津市华鑫氯化钙有限公司

天津市塘沽区海门大桥南(新城镇)[300455]
电话：(022)25391314；13802124839
传真：(022)25391599 经济类型：集体
法人代表：贾福生
网址：www.chinachemnet.com/huaxinchem
【主要产品】氯化钙(无水)；氯化钙(二水)

天津市华宇农药有限公司

天津市西青区青泊洼农场[300385]
电话：(022)83718969
传真：(022)83718969 职工人数：88人
供销电话：83718955
供销传真：83715956
网址：www.huayudrug.com
【主要产品】55%甲拌磷乳油；辛硫磷乳油；80%敌敌畏乳油；5%特丁硫磷颗粒剂；氯氰菊酯乳油；高效氯氰菊酯乳油；毒死蜱乳油；多硫化钙；百草枯水剂；异丙甲草胺乳油；苯磺隆可湿性粉剂；精喹禾灵乳油；多·福可湿性粉剂；锰锌·霜脲可湿性粉剂；辛·氯乳油；敌畏·氧乐乳油；哒·螨醇乳油；腈菌·锰锌可湿性粉剂；辛·阿乳油；阿维·柴乳油

天津市华宇香料厂

天津市北辰区西堤头村[300402]
电话：(022)86840865
传真：(022)86840865
经济类型：私营企业 法人代表：张秀友
【主要产品】萜基环己醇混合物

天津市华玉香料香精有限公司

天津市北辰区西堤头工业区[300402]
电话：(022)86848758
传真：(022)86841816
经济类型：股份合作 法人代表：刘振全
网址：www.chinahuayuflavor.com
E-mail：huayuflavor@sohu.com
【主要产品】菠萝酯；萜基环己醇混合物；乙酸小茴香酯；乙酸对叔丁基环己基酯

天津市华竹化工厂

天津市北辰区西堤头镇刘快庄[300402]
电话：(022)86840250
传真：(022)86840250
经济类型：股份合作 法人代表：付志海
【主要产品】各色醇酸调合漆

天津市化工机械厂

天津市河西区大沽南路948号[300220]
电话：(022)88321057
传真：(022)88321057 经济类型：国有
供销电话：28301359 有进出口权
法人代表：马俊江
【主要产品】密炼机；非压力容器；切胶机；橡胶压延机；一般硫化机

天津市化工设备厂

天津市河西区东江道59号[300220]
电话：(022)28340346；28341695
传真：(022)28347055；28340346
固定资产：4,000千元 经济类型：国有
供销电话：28113142 产值：10,000千元
销售收入：7,163千元 职工人数：209人
法人代表：赵宗仁
【主要产品】化工设备；薄膜蒸发器；三足式离心机；Ⅰ、Ⅱ、Ⅲ类非标压力容器

天津市化工学校化工厂

天津市北辰区西堤头[300402]
电话：(022)86844509
传真：(022)86844509 经济类型：国有
法人代表：王克明
E-mail：hxhgc8@163.com
【主要产品】磷化锌

天津市化纤研究所

天津市河东区红星路180号[300160]
电话：(022)24341605
传真：(022)24515824 经济类型：国有
有进出口权 法人代表：田毅生
【主要产品】涤纶短纤维；涤纶长丝

天津市化学试剂三厂氢氧化钾分厂

天津市东丽区徐庄子工业区[300240]
电话：(022)26771584
传真：(022)26771584 经济类型：国有
有进出口权 法人代表：王祥明
网址：www.tjsjsc.com
【主要产品】氢氧化钾

天津市化学试剂四厂标准气厂

天津市西青区李七庄西外环线12号桥[300381]
电话：(022)83921323
传真：(022)83921323 经济类型：集体
法人代表：杨德亮
【主要产品】硫化氢；混合气

天津市化学试剂四厂凯达化工厂

天津市西青区李七庄西津涞公路外环线12号桥[300381]
电话：(022)23381240；83921040
传真：(022)23924397；83922397
经济类型：集体 法人代表：杨辉钢
【主要产品】钼酸铵；七钼酸铵；三氧化钼；钨酸钠；钼酸钠；磷钼酸钠

天津市化学试剂一厂食品添加剂厂

天津市南开区王顶堤立交桥旁[300384]
电话：(022)23792258
传真：(022)23792258；23792239
经济类型：集体 法人代表：贯庸骥
【主要产品】亚硝酸钠；氯化钾(食用)

天津市环河化工有限公司

天津市北辰区北仓镇屈店村西[300400]
电话：(022)86871180
传真：(022)26839188
网址：www.tjhhhgc.com

【主要产品】高效减水剂;早强高效减水剂;混凝土缓凝高效减水剂;混凝土复合防冻早强剂;混凝土防冻剂;高效砂浆塑化剂;防冻剂;泵送剂

天津市环宇染料化工厂

天津市北辰区南王平工业区[300406]
电话:(022)86825291
传真:(022)86826454　有进出口权
经济类型:股份有限公司
法人代表:沈兴全
【主要产品】还原大红R;还原棕系列;分散染料

天津市环宇自行车轮胎厂

天津市西青区梨双路[300381]
电话:(022)23972411;23971854
传真:(022)23973777
法人代表:潘富星
网址:www.tj-huanyu.com.cn
E-mail:huanyu@tj-huanyu.com.cn
【主要产品】自行车外胎;自行车内胎

天津市汇丽精细化学公司

天津市东丽区津塘公路务本道168号[300301]
电话:(022)84350266
传真:(022)84350268　经济类型:集体
法人代表:田春燕
【主要产品】面膜

天津市汇利丰化工设备有限公司

天津市北辰开发区(京津公路)[300400]
电话:(022)26976281;26977281
传真:(022)26976281
供销电话:13702165879
经济类型:私营企业　法人代表:刘永杰
网址:www.tjhlf.com
E-mail:happy88880@163.com
【主要产品】工业搪玻璃反应釜

天津市汇泉精细化工有限公司

天津市东丽区华明镇赤土村[300300]
电话:(022)24921213;24924838
传真:(022)24921213
供销电话:24924556　法人代表:张志洪
经济类型:私营企业
【主要产品】增白剂

天津市汇双丰搪瓷有限公司

天津市武清区梅厂镇王唐庄村[301701]
电话:(022)82293938
传真:(022)82293838
供销电话:13920458282
经济类型:私营企业　法人代表:田法英
网址:www.tjhlf.com
【主要产品】反应釜

天津市汇源化学品公司

天津市宝坻区津围公路58公里处[301801]
电话:(022)29685988
传真:(022)29689848
经济类型:有限责任公司
法人代表:刘秀全
【主要产品】辛硫磷乳油;80%敌敌畏乳油;氯氰菊酯乳油;啶虫脒乳油;毒死蜱乳油;代森铵水溶液;福美双可湿性粉剂;锰锌·霜脲可湿性粉剂;哒·螨醇乳油;乙·嗪可湿性粉剂;高氯·辛乳油

天津市惠友塑料包装制品厂

天津市东丽区程林庄道[300162]
电话:(022)24681871;24377536;13820087382
传真:(022)24681761
网址:www.tj-hy.cn
E-mail:huiyou@tj-hy.com;huiyou@tj-hy.cn
【主要产品】塑料桶

天津市吉发颜料有限公司

天津市北辰区引河桥西周庄[300400]
电话:(022)26828163
经济类型:私营企业　法人代表:闫金明
【主要产品】铬酸铅;氧化铬绿

天津市蓟县北方福利化工厂

天津市蓟县上仓镇东施古乡[301906]
电话:(022)82740136;82743131
传真:(022)82743068　有进出口权
经济类型:私营企业　法人代表:何怀存
【主要产品】抗氧剂

天津市蓟县双燕涂料厂

天津市蓟县泗溜镇102国道88公里处[301900]
电话:(022)29809815;13502165318
传真:(022)29809815　产值:1,500千元
经济类型:私营企业　职工人数:45人
法人代表:张振宏
E-mail:jxzhangzhenhong@eyou.com
【主要产品】弹性涂料;防火涂料;内外墙乳胶漆;真石漆

天津市蓟县新华化工厂

天津市蓟县东二营乡乡政府东[301901]
电话:(022)22852267
传真:(022)22852267　经济类型:集体
法人代表:张仕雄
【主要产品】有机颜料

天津市蓟县新洋化工厂

天津市蓟县东赵各庄乡杨辛庄村正南[301914]
电话:(022)29899345
传真:(022)29899345　经济类型:集体
法人代表:刘强
【主要产品】丙烯酸树脂

天津市蓟县兴盛福利化工厂

天津市蓟县孙各庄满族乡夏家林村西[301909]
电话:(022)22741591
传真:(022)22741591
供销电话:13602015487
法人代表:刘宏全
【主要产品】环氧树脂固化剂

天津市蓟县园通塑料助剂化工有限公司

天津市蓟县经济开发区中兴路22号[301900]
电话:(022)59110288
传真:(022)29899486
经济类型:有限责任公司
法人代表:翟洪东
【主要产品】硼酐

天津市蓟县众兴气体有限公司

天津市蓟县下仓乡[301905]
电话:(022)29878592
传真:(022)29878592
经济类型:有限责任公司
法人代表:张宝国
【主要产品】氧气

天津市杰程化工有限公司

天津市东丽区快速路吉安道染化二厂院内[300163]
电话:(022)24710330;13820191995
传真:(022)24710330
【主要产品】氯乙酸钠

天津市杰泰化工有限公司

天津市西青区辛口镇水高庄[300380]
电话:(022)27993457
传真:(022)27991041　经济类型:集体
法人代表:高宝清
【主要产品】2-萘酚

天津市捷康化学品有限公司

天津市武清县汉沽港村东[301712]
电话:(022)29491453
传真:(022)29491453
经济类型:股份有限公司
法人代表:杨国毅
【主要产品】农用杀菌剂

天津市捷特精细化工有限公司

天津市武清区石各庄镇敖西村[301718]
电话:(022)22158164;13820216988;22157679
传真:(022)22158164;22157677
经济类型:股份有限公司
法人代表:高少英
E-mail:chem-ruchun@163.com
【主要产品】对异丙基苯甲醛;对叔丁基苯甲醛;2,4-二甲基苯甲醛;2,4,6-三

甲基苯甲醛；乙二醇苯醚醋酸酯；已酸戊酯；庚酸烯丙酯

天津市金达化学试剂有限公司

天津市塘沽区胡家园254医院内[300454]
电话：(022)25350706
传真：(022)25351399
经济类型：私营企业 法人代表：王金莉
【主要产品】硫酸钠(无水)；偏重亚硫酸钠；亚硫酸氢钠

天津市金岛润滑油有限公司

天津市西青区外环线十五号桥西中兴路2号[300381]
电话：(022)23736301
传真：(022)23736306
经济类型：有限责任公司
法人代表：宋桂岗
网址：www. sinogroup. com
E-mail：jindao@ sinogroup. com. cn
【主要产品】汽油机油；柴油机油

天津市金汇药业有限公司

天津市西青区杨柳青镇二经路98号[300380]
电话：(022)27394135
传真：(022)27390972 有进出口权
供销电话：27932148 法人代表：丁永平
经济类型：私营企业
网址：www. jinhuipharm. com
E-mail：tianjingongjie@ yahoo. com
【主要产品】巴豆酸；巴豆酸酐；曲安西龙；醋酸氢化可的松；曲安奈德；布地奈德

天津市金利化工有限公司

天津市北辰区刘快庄工业园区[300408]
电话：(022)86842222
传真：(022)86840118 有进出口权
经济类型：有限责任公司
法人代表：孙加起
网址：www. jinli-chem. com
E-mail：jl@ jinli-chem. com
【主要产品】氨基树脂漆类；丙烯酸树脂漆类；环氧防腐漆；钢结构防腐涂料

天津市金明工业助剂有限公司

天津市武清区大黄堡乡东八里庄[301702]
电话：(022)82241049
传真：(022)82241643 有进出口权
经济类型：私营企业 法人代表：王金明
【主要产品】脂肪酸聚乙二醇酯；聚乙二醇；平平加

天津市金明化工有限公司

天津市津南区葛沽镇曾庄[300352]
电话：(022)28692425
传真：(022)28692425
供销电话：13072257378
经济类型：私营企业 法人代表：刘金明
E-mail：ljmlzg@ eyou. com
【主要产品】聚醚系列

天津市金牧兽药厂

天津市北辰区北杨线(韩盛庄)[300402]
电话：(022)86991763
传真：(022)86991763
经济类型：私营企业 法人代表：李树品
【主要产品】维生素AD3粉；氯化胆碱；土霉素

天津市金升橡胶制品厂

天津市北辰区双街镇上浦12[300112]
电话：(022)26985171；26985181；13920610450
传真：(022)26985172
经济类型：私营企业
网址：www. jsrb. com
E-mail：gjs@ jsrb. com
【主要产品】橡胶杂品；减震器及配件；橡胶密封胶条；油封；止水带；硅橡胶制品；橡胶密封圈；橡胶轴

天津市金盛和颜料化工有限公司

天津市红桥区大丰桥御河湾公寓6-3-101号[300123]
电话：(022)87738768
传真：(022)87738758
供销电话：13920344310
经济类型：私营企业 法人代表：杨金山
网址：www. jinshengheyanliao. com
E-mail：shhgyl@ 163. com
【主要产品】有机颜料

天津市金星化工厂

天津市西青区张家窝镇闫庄村北[300380]
电话：(022)87984237
传真：(022)87981621 经济类型：集体
法人代表：韩永通
【主要产品】群青

天津市金泽涂料有限公司

天津市东丽区何兴庄街北里7号[300240]
电话：(022)26330247
传真：(022)26753992
经济类型：私营企业 法人代表：高兴田
【主要产品】热固性粉末涂料

天津市金钟橡胶机带科技开发有限公司

天津市南开区红旗路252号[300190]
电话：(022)23007598
传真：(022)27311992 法人代表：王溢
供销电话：23007672
供销传真：27220387
经济类型：有限责任公司
【主要产品】橡胶运输带

天津市津宝凯通福利化工厂

天津市宝坻县黄庄乡黄庄村[301803]
电话：(022)82579165；13602197665
传真：(022)82579165 经济类型：集体
网址：www. abc-tj-abc. com/ktflhg/index. htm
【主要产品】苯甲酸(药用)；苯甲酸钠

天津市津北长明洗涤涂料加工厂

天津市北辰区西堤头镇西堤头村[300400]
电话：(022)86841717
传真：(022)86841717
法人代表：李宝瑞
【主要产品】油漆

天津市津北化肥厂

天津市北辰区引河桥[300400]
电话：(022)26390322
传真：(022)26390322 经济类型：集体
法人代表：兰会明
【主要产品】复合肥

天津市津北建筑防水涂料厂

天津市北辰区双口镇双口二村[300401]
电话：(022)86836317
传真：(022)86836317
经济类型：私营企业 法人代表：杨景耀
【主要产品】防水涂料

天津市津北引河化工厂

天津市北辰区引河桥闫庄[300400]
电话：(022)26392587
经济类型：私营企业 法人代表：闫绍和
【主要产品】苯丙乳液；羧基丁苯胶乳；造纸专用分散剂

天津市津北油漆化工厂

天津市北辰区西堤头镇刘快庄村[300402]
电话：(022)86840262；86848556
传真：(022)86841951 经济类型：集体
法人代表：孙学义
【主要产品】L01-13沥青清漆；各色醇酸调合漆；C04-83白色醇酸无光磁漆；C06-1铁红醇酸底漆；铁红醇酸防锈漆；灰色醇酸防锈漆

天津市津辰化工有限公司

天津市北辰区西堤头工业区[300402]
电话：(022)86848655；13902074799
传真：(022)86844615
经济类型：有限责任公司
法人代表：李宝洪
【主要产品】醇酸清漆；各色醇酸调合漆；各色快干醇酸磁漆；各色醇酸底漆；硝基漆类；硝基磁漆；硝基底漆

天津市津东富力化工厂

天津市东丽区军粮城镇东堼村

[300301]
电话:(022)24911696
传真:(022)24911696　经济类型:集体
法人代表:张富起
【主要产品】溶剂油

天津市津东宏远香料厂

天津市东丽区李明庄津赤路[300300]
电话:(022)84780647
传真:(022)84780647　经济类型:集体
法人代表:肖宝兴
【主要产品】丁酸异戊酯;乙酸乙酯;醋酸丁酯;正戊酸异戊酯;丁酸乙酯;丙酸乙酯;戊酸乙酯;己酸乙酯

天津市津东化工厂

天津市东丽区津塘公路小马场[300300]
电话:(022)24360608;24360674
传真:(022)24360668
经济类型:国有
有进出口权
法人代表:魏汝兴
【主要产品】环氧树脂

天津市津东蓝天化工有限公司

天津市东丽区么六桥乡流芳台村[300300]
电话:(022)84893705;84892380
传真:(022)84892654
经济类型:私营企业　法人代表:王以桐
网址:www.tjlthg.com
E-mail:lthg@tjlthg.com
【主要产品】硫酸亚铁;硫酸亚铁(一水);硫酸铜;硫酸镁(一水);硫酸镁(药用);氯化镁(精制);氧化镁

天津市津东意丽化工厂

天津市东丽区津塘公路五号桥[300300]
电话:(022)24990831
传真:(022)24990081
供销电话:24990081　法人代表:邢学增
经济类型:私营企业
【主要产品】特种涂料

天津市津港化工有限公司

天津市西青区王稳庄镇大侯庄村[300383]
电话:(022)23992170
传真:(022)23991624
经济类型:股份合作　法人代表:陈加彬
【主要产品】漂粉精

天津市津鸽化工有限公司

天津市北辰区西堤头镇刘快庄开发区[300402]
电话:(022)86846222;86842176
传真:(022)86841053
经济类型:股份有限公司
法人代表:董俊生
【主要产品】氯化钙(无水);2-乙基己酸;环烷酸钾;异辛酸钠;异辛酸钾;环烷酸钙;环烷酸铅;环烷酸锌

天津市津冠润滑脂有限公司

天津市北辰区津圃公路刘安庄开发区[300402]
电话:(022)26991265
传真:(022)26991278　职工人数:45 人
供销电话:24010358;24010567
供销传真:24010358　法人代表:彭继光
经济类型:私营企业
网址:www.jinguancn.com
【主要产品】油酸钠皂

天津市津海第二福利化工厂

天津市静海县陈官屯镇[301604]
电话:(022)68761058
传真:(022)68761058　经济类型:集体
产值:2,000 千元　职工人数:30 人
法人代表:舒德均
【主要产品】对叔丁基苯酚甲醛树脂;酚醛树脂(213 型);酚醛树脂(217 型);酚醛树脂(2123 型);酚醛树脂(2124 型);酚醛树脂;不饱和聚酯树脂

天津市津海特种涂料装饰有限公司

天津市北辰区南仓道 22 号[300400]
电话:(022)26614308;26346828
传真:(022)26346369　有进出口权
经济类型:有限责任公司
法人代表:刘国海
网址:www.tj-jhpaint.com
E-mail:jhyq@tj-jhpaint.com
【主要产品】醇酸树脂漆类

天津市津浩科技发展有限公司

天津市大港区上古林街工农村[300272]
电话:(022)63349072;63349867;13502100018
传真:(022)63349192　有进出口权
供销电话:27115943;27115733
供销传真:27121562　法人代表:徐向荣
经济类型:股份合作
网址:www.jinhaochem.com
E-mail:jh@jinhaochem.com
【主要产品】硼氢化钠;硼氢化钾;氢化钠;氢化锂;氢化铝锂;氢化钙;4-羟基-4-甲基-2-戊酮;硼酸三甲酯;异亚丙基丙酮;异氟尔酮

天津市津华化工厂

天津市汉沽区化工路[300480]
电话:(022)25695842
传真:(022)25692336　经济类型:国有
供销电话:13802031138
法人代表:李钢
网址:www.jinhuachem.com
E-mail:sales@jinhuachem.com
【主要产品】烧碱

天津市津津药业有限公司

天津市西青区张窝工业园京福路 8 号[300380]
电话:(022)87983083;87980912;87982602
传真:(022)87982997;87982950
供销电话:87983083;87982602
职工人数:680 人
网址:www.jinjinzy.com
E-mail:info@jinjinzy.com
【主要产品】4-雄烯二酮;16,17α-环氧黄体酮;醋酸妊娠双烯醇酮;睾丸素;丙酸睾酮;丙酸氯倍他索;地塞米松;醋酸地塞米松;地塞米松磷酸钠;倍他米松;螺内酯

天津市津军化工厂

天津市东丽区军粮城镇杨台[300301]
电话:(022)24361857
传真:(022)84968223　经济类型:集体
法人代表:任顺喜
【主要产品】涂料印花色浆

天津市津康制药有限公司

天津市大港区海洋石化园区金源路 236 号[300270]
电话:(022)63108026;63108023;63108047
传真:(022)63108016;63108023
网址:www.gencom.com.cn
E-mail:info@gencom.cn;sales@gencom.cn
【主要产品】核黄素磷酸钠;格列本脲

天津市津科精细化工研究所

天津市南开区向阳路 27 号[300111]
电话:(022)27365817;13920395630
传真:(022)27630746
经济类型:股份合作　法人代表:宋秀珍
【主要产品】二硫化碳;四氯化碳;吡啶;六氢吡啶;硝基苯;氯苯;对二氯苯;三丁胺;*N*,*N*-二甲基甲酰胺;二乙烯三胺;1,2-二氯乙烷;1,1,1-三氯乙烷;己烷;环氧氯丙烷;氯代异丙烷;二氯甲烷;2,2,4-三甲基戊烷;环己烷;甲基环己烷;庚烷;三氯乙烯;3-氯丙烯;苯酚;邻甲酚;乙腈;苯乙腈;2-丁酮;丙酮;乙酰丙酮;异丙烯基丙酮;4-甲基-2-戊酮;苯乙酮;2-庚酮;己酸甲酯;丙酸异戊酯;丙酸正戊酯;丙酸甲酯;甲酸乙酯;甲酸甲酯;辛酸乙酯;苯甲酸乙酯;苯甲酸甲酯;乳酸乙酯;庚酸乙酯;癸二酸二丁酯;碳酸丙烯酯;乙酸,无水;三氟乙酸;2-乙基丁酸;丁二酸;甲酸,无水;辛酸;苯乙酸;柠檬酸;丙烯酸;乙醇(无水);乙醛缩二乙醇;1,4-丁二醇;甘露醇;丙三醇;甲醇;苯甲醇;水杨醛;呋喃甲醛;石油醚,30~60℃;石油醚,60~90℃;苯甲醚;环丁砜;氯化苄;1,4-二氧六环;吲哚;吡咯;四氢呋喃

天津市津科乳胶有限公司

天津市河北区三马路240号[300141]
电话:(022)26352312
传真:(022)26352312
经济类型:有限责任公司
法人代表:潘洪涛
【主要产品】输血胶管

天津市津南粉末涂料厂

天津市津南区双桥河镇南房子[300350]
电话:(022)28391974
传真:(022)28391974 经济类型:集体
法人代表:王普军
【主要产品】粉末涂料

天津市津南福利橡胶制品厂

天津市津南区葛沽镇工业区[300352]
电话:(022)28690036;28690540
传真:(022)28690036
经济类型:私营企业 法人代表:王宝海
【主要产品】胶管;普通橡胶板

天津市津南干燥设备有限公司

天津市津南区双港镇桃源沽[300350]
电话:(022)28581128;28583954
传真:(022)28581128
经济类型:私营企业 法人代表:邢凤民
网址:www. jngzsb. com
E-mail:jn@ jngzsb. com
【主要产品】LPG系列高速离心喷雾干燥机;流化床干燥器;喷雾干燥制粒机

天津市津南华利化工厂

天津市津南区北闸口乡翟家甸村[300350]
电话:(022)28562807
传真:(022)28562807 经济类型:集体
法人代表:刘殿芝
【主要产品】直接橙S;直接耐酸大红4BS;酸性金黄G;碱性橙

天津市津南华鑫油墨厂

天津市津南区双港镇郭黄庄[300350]
电话:(022)28589363
传真:(022)28582174
经济类型:集体 法人代表:郭始聚
【主要产品】凹印塑料油墨;水性凸版油墨;丝网印刷油墨

天津市津南化肥实验有限公司

天津市津南区葛沽镇[300352]
电话:(022)28690107;28390553;28680100
传真:(022)28680100
经济类型:私营企业 法人代表:田文海
网址:www. jinou. com. cn
E-mail:afengz@ 263. net
【主要产品】过磷酸钙;混配复合肥料

天津市津南化工二厂

天津市津南区八里台镇大韩庄村北[300350]
电话:(022)88520574
传真:(022)88520242
经济类型:私营企业 法人代表:吕宝双
网址:www. chengluegchemical. com
【主要产品】碱性嫩黄O

天津市津南区宏宇化工厂

天津市津南区小站镇黄营村[300353]
电话:(022)88815352
传真:(022)88815352 经济类型:集体
供销电话:13802035494
法人代表:钱淑华
【主要产品】苯甲酸

天津市津南区化工设备配件厂

天津市津南区咸水沽镇三道沟[300350]
电话:(022)28391821;28517304
传真:(022)28391821
供销电话:28526818 法人代表:房家利
经济类型:私营企业
网址:www. abctjabc. com
【主要产品】配件

天津市津南区利源化工厂

天津市津南区八里台镇中义村[300353]
电话:(022)88812551
传真:(022)88814181
经济类型:私营企业 法人代表:杨绍元
【主要产品】荧光增白剂

天津市津南区新桥绝缘材料有限公司

天津市津南辛庄镇新桥工业区[300350]
电话:(022)28589237;28580050
传真:(022)28585161 有进出口权
经济类型:有限责任公司
法人代表:任庆明
网址:www. tianjinxinqiao. com
E-mail:huangwenyan3515@ vip. sina. com
【主要产品】环氧灌封料;阻燃绝缘灌封料;快干氨基醇酸烘漆;环氧地坪涂料;阴极电泳漆;胶黏剂;蓄电池封口胶;环氧固化剂

天津市津南区亚兴化工设备配件厂

天津市津南区北闸口乡三道沟村[300350]
电话:(022)28393838;28532613
传真:(022)28532613 经济类型:集体
法人代表:王玉水
【主要产品】化工设备

天津市津南区迎新涂料厂

天津市津南区小站镇迎新村[300353]
电话:(022)28616480;28613371
经济类型:私营企业 法人代表:袁士春
【主要产品】工业涂料

天津市津南区永兴化工厂

天津市津南区辛庄镇白塘口村[300350]
电话:(022)28583240;13902177497
传真:(022)28587729
经济类型:私营企业 法人代表:刘玉起
【主要产品】硫酸镁

天津市津南区振华化工厂

天津市津南区葛沽镇南新房村[300352]
电话:(022)83690042;28694034
传真:(022)83690042 经济类型:集体
法人代表:徐洪有
【主要产品】2-萘胺-4,8-二磺酸;直接染料;酸性染料

天津市津南瑞田化工厂

天津市津南区咸水沽镇[300350]
电话:(022)28393258
传真:(022)28393258;28538830
经济类型:集体 法人代表:李凤岐
【主要产品】硫酸亚铁;三氯化铁;硅酸钠;聚合氯化铝

天津市津南油漆厂

天津市津南区咸水镇东韩家圈[300350]
电话:(022)28566493
传真:(022)28566493
供销电话:28398585 法人代表:张宝山
供销传真:28566472
经济类型:私营企业
网址:www. resource-tj. com/chemistry/paint
【主要产品】酚醛电泳漆;丙烯酸清漆;氯化橡胶漆类;阴离子电沉积涂料

天津市津宁三和化学有限公司

天津市河东区万新村23区松风东里23楼2门102室[300162]
电话:(022)24681230;24670010;24670102
传真:(022)24672936;24670102
供销电话:24672936;24681230
经济类型:有限责任公司
职工人数:100人 法人代表:陈雨庆
网址:www. jnsanhe. com
E-mail:jnsanhe2004@ 163. com
【主要产品】聚酰胺树脂;聚酰胺树脂(低分子量);低温快速固化剂;环氧固化剂;T-31环氧树脂固化剂

天津市津鸥涂料有限公司

天津市北辰区西塔头镇曙光农场南[300308]
电话:(022)86840938
传真:(022)86840938
经济类型:私营企业 法人代表:李金芳
【主要产品】油漆

天津市津庆油墨有限公司

天津市武清区王庆坨一街[301713]
电话:(022)29518137
传真:(022)29518137
经济类型:私营企业　法人代表:黄福元
网址:www.abc-tj-abc.com/jqym
【主要产品】树脂胶版油墨;铅印彩色墨;胶印轮转油墨;胶印亮光快干四色油墨

天津市津生工贸有限公司

天津市武清区富民经济区中心路128号[301700]
电话:(022)29365001;29365002
传真:(022)29365083　有进出口权
经济类型:股份有限公司
法人代表:赵国成
网址:www.tjxingfa.com
E-mail:tjxf207@hotmail.com;zhlc134@163.net
【主要产品】硫酸铬钾;重铬酸钾;三氧化铬;氧化铬绿

天津市津盛染料化工厂

天津市西青区王稳庄乡大泊村工业区[300383]
电话:(022)23992157
传真:(022)23992157
经济类型:私营企业　法人代表:刘洪章
【主要产品】直接染料

天津市津田新材料公司

天津市汉沽区大田路[300480]
电话:(022)67229791
传真:(022)25681043　职工人数:170人
固定资产:5,000千元
经济类型:联营企业
网址:www.jtxcl.com
【主要产品】脱氧剂;石墨润滑剂

天津市津西北方化工厂

天津市西青区李七庄街王兰庄村西[300381]
电话:(022)23380908
传真:(022)23383267　经济类型:集体
有进出口权　法人代表:朱永顺
网址:www.jinlanchem.com
E-mail:jinlan@hi2000.com
【主要产品】3-乙氨基-4-甲酚;*N*-乙基邻甲苯胺;直接桃红5B;酸性染料;碱性染料

天津市津西光明福利橡胶制品厂

天津市西青区辛口镇王家村[300380]
电话:(022)87993235
传真:(022)87991668　经济类型:集体
法人代表:刘学桥
【主要产品】万能胶;强力地板黏合剂

天津市津西华瑞福利化工厂

天津市西青区青凝侯工业区[300381]
电话:(022)23750395
传真:(022)23750395　经济类型:集体
法人代表:周家平
【主要产品】1-萘酚-4-磺酸;直接湖蓝5B;直接铜盐蓝2R;荧光增白剂VBL

天津市津西美华化工厂

天津市西青区王稳庄镇大泊村工业区[300383]
电话:(022)23991198;13502161198
传真:(022)23993195　经济类型:集体
职工人数:130人
网址:www.mh-chem.com
E-mail:tjmeihua@hi2000.com
【主要产品】亚铁氰化钠;亚铁氰化钾;氰化亚铜;氰化金钾;华蓝

天津市津西明珠化工厂

天津市西青区王稳庄镇小韩庄村[300383]
电话:(022)23991701;23992551
传真:(022)23998976
供销电话:23998976　法人代表:谢洪卿
经济类型:私营企业
【主要产品】沥青漆类;防水剂

天津市津西前进化工厂

天津市西青区张窝周李庄[300380]
电话:(022)27993763-376
传真:(022)27993763　经济类型:集体
法人代表:赵振永
【主要产品】氢溴酸;碘化钾;碘

天津市津西同生化工厂

天津市西青区大寺镇芦北口村[300382]
电话:(022)23976102
传真:(022)23976102　经济类型:集体
法人代表:孙儒俊
【主要产品】胶黏剂;装饰胶黏剂

天津市津西西琉城染料化工厂

天津市西青区张家窝镇西琉城工业区[300380]
电话:(022)87981103;87980329;87985000
传真:(022)87986908　经济类型:集体
供销电话:87981103;87981104
法人代表:于俊学
网址:www.resource-tj.com/chemistry
E-mail:jx-xlc-rlhg@sohu.com
【主要产品】直接黄R;直接冻黄G;直接橙S;直接桃红5B;直接耐酸大红4BS;直接大红4BE;直接枣红B;直接紫N;直接紫R;直接湖蓝5B;直接蓝2B;直接铜盐蓝2R;直接墨绿2BNB;直接黄棕MD;直接黄棕D3G;直接黄棕3BR;直接红棕RN;直接栗子棕;直接深棕MM;直接灰D;直接黑BN;直接耐晒嫩黄5GL;直接耐晒黄RS;直接耐晒翠蓝GL;直接耐晒蓝B2RL;直接耐晒灰LBN;直接耐晒黑G;直接耐晒绿BLL;直接绿BE;直接耐晒红4B;酸性嫩黄G;酸性嫩黄2G;酸性金黄G;酸性橙Ⅱ;酸性红G;酸性大红GR;酸性大红3R;酸性红B;酸性品红6B;酸性湖蓝A;酸性海蓝GGR;酸性墨水蓝G;酸性果绿;酸性黑ATT;酸性黑10B;酸性媒介橙G;酸性媒介棕RH;酸性紫2R;碱性嫩黄O;碱性橙块;碱性玫瑰精B;碱性品红;碱性紫5BN;碱性湖蓝BB;碱性艳蓝BO;碱性品绿;碱性果绿;碱性棕G;碱性品蓝;碱性桃红;碱性黑;活性艳红X-3B;分散黄8GFF;分散荧光橙2GFL;分散大红*S*-GFL;分散荧光红2GL;分散荧光桃红R;分散红玉*S*-2GFL;分散翠蓝H-GL;分散蓝2BLN;分散荧光绿5G;皮革黑DMX;酸性皮革黑;酸性毛皮黑DBN;荧光增白剂VBL

天津市津西兴达化工厂

天津市西青开发区龙居花园6区3号楼2门101室[300385]
电话:(022)23970438;23979783
传真:(022)23970438　经济类型:国有
法人代表:焦德明
【主要产品】直接染料;酸性染料;碱性染料

天津市津鑫福利化工厂

天津市静海县独流镇东[301602]
电话:(022)68815465;68817462
传真:(022)68817461　经济类型:集体
供销电话:13902051136　有进出口权
法人代表:刘开圻
网址:www.jinxinchem.com
E-mail:jinxin@jinxindyes.com
【主要产品】直接染料;酸性染料

天津市津亚化工有限公司

天津市塘沽区东盐公路10号[300450]
电话:(022)25311173
传真:(022)25311631
网址:www.naclo2.com
E-mail:tjyn6@starinfo.net.cn
【主要产品】亚氯酸钠

天津市津药化工厂

天津市西青区张家窝镇周李庄南侧[300380]
电话:(022)87980912
传真:(022)87982950　经济类型:集体
法人代表:只万民
【主要产品】16,17α-环氧黄体酮

天津市津宇精细化工有限公司

天津市西青区外环17号桥太平洋化工交易中心[300381]
电话:(022)88241927
传真:(022)88241927
经济类型:私营企业　法人代表:宋德成
【主要产品】己烷;正庚烷;*N*-甲基吡咯烷酮;二氯甲烷;三氯甲烷;聚乙二醇;戊二醛,溶液

天津市津兆福利橡胶制品厂

天津市西青区李七庄街梨双路

[300381]
电话:(022)23975574;83965292
传真:(022)23976284 经济类型:集体
供销传真:83965292 法人代表:贾艳生
【主要产品】自行车外胎;雨靴;水裤;胶鞋

天津市近代化学厂

天津市河西区陈塘庄洞庭路18号[300220]
电话:(022)28340806;28341764
传真:(022)28341389 有进出口权
法人代表:魏新民
网址:www. tj-jindai. com
【主要产品】强酸性苯乙烯系阳离子交换树脂(001×7型);聚氯乙烯电缆料(护层级);聚氯乙烯电缆料(绝缘级)

天津市京南塑胶有限公司

天津市河东区卫国道制证中心南侧[300161]
电话:(022)84755988;84755043;81273376
传真:(022)84758817
供销电话:84755988;84755478
经济类型:私营企业 法人代表:王增泽
网址:www. tj-jingnan. com
【主要产品】建筑排水用硬聚氯乙烯管材管件;建筑用绝缘电工套管及管件;聚乙烯软管;聚乙烯直埋管;聚氯乙烯管材;聚氯乙烯电线电缆管;聚氯乙烯排风管

天津市精细化学制剂厂

天津市西青区周李庄南侧[300380]
电话:(022)27970134
传真:(022)27973192 经济类型:集体
法人代表:李爱森
网址:www. jxhx. cn
E-mail:market@ jxhx. cn ;tech@ jxhx. cn
【主要产品】碳酸钙;甘油醚;苯甲酸;醋酸钾;聚乙二醇;柔软剂;消泡剂;丙纶油剂;平平加

天津市景润涂料厂

天津市津南区咸水沽三道沟村[300350]
电话:(022)28518157
传真:(022)28518157
经济类型:私营企业 法人代表:刘善全
【主要产品】内外墙涂料

天津市静东化工有限公司

天津市静海县胡连庄乡胡连庄村[301606]
电话:(022)68557407
传真:(022)68557407 经济类型:集体
法人代表:王崇江
【主要产品】汉沙黄G;汉沙黄10G;永固橘黄G;立索尔大红R

天津市静海县宏钢化工厂

天津市静海县大邱庄镇[301606]
电话:(022)28899129;28899320
传真:(022)28899129 经济类型:集体
法人代表:刘俊勇
【主要产品】盐酸;烧碱(液体)

天津市静海县惠通化工厂

天津市静海县蔡公庄惠丰中村[301606]
电话:(022)68519464
传真:(022)68519464
经济类型:私营企业 法人代表:刘恩祯
【主要产品】硫酸铜

天津市静海县奇胜化工有限公司

天津市静海县陈官屯镇104国道旁[301604]
电话:(022)68751395;68752663
传真:(022)68752663
经济类型:有限责任公司
法人代表:冯玉奇
【主要产品】对叔丁基苯酚甲醛树脂;对叔丁基苯酚

天津市静海县乾坤化工有限公司

天津市静海区中旺工业区[301615]
电话:(022)68531604
传真:(022)68531604
经济类型:有限责任公司
法人代表:张如义
【主要产品】亚硫酸氢钠;焦亚硫酸钠

天津市静海县瑞年塑料泡沫制品厂

天津市静海县北肖楼乡南肖楼村[301602]
电话:(022)68815817
传真:(022)68815817
经济类型:私营企业 法人代表:杨俊来
【主要产品】聚苯乙烯泡沫塑料板材

天津市静海县通达橡胶制品厂

天津市静海县独流镇十一堡村[300380]
电话:(022)68816832;13502003066
传真:(022)87996500 经济类型:集体
法人代表:刘学政
【主要产品】橡胶黏合剂

天津市静海县兴安化工股份有限公司

天津市静海县团泊校办化工厂[301636]
电话:(022)68504748;68504030
传真:(022)68504030 职工人数:80人
固定资产:2,000千元
经济类型:股份有限公司
法人代表:程治兴
网址:www. xinganchem. com
E-mail:master@ xinganchem. com
【主要产品】硫酸亚铁;硫酸铜;硫酸锌;硫酸锌(一水);硫酸镁(一水);硫酸镁(无水);硫酸镁;五氯钾镁肥

天津市静海县永立化工厂

天津市静海县大邱庄镇[301606]
电话:(022)28899543
传真:(022)28899543
经济类型:有限责任公司
法人代表:张立贤
【主要产品】增塑剂

天津市静海县玉天干燥设备厂

天津市静海县城南2公里104国道[301600]
电话:(022)28915485
传真:(022)28915485
供销电话:13920333175
经济类型:私营企业 法人代表:陈秀成
【主要产品】旋转闪蒸干燥机;喷雾干燥机

天津市静明化工有限公司

天津市静海县蔡公庄乡惠丰中村[301606]
电话:(022)68519043;68518546
传真:(022)68519436 经济类型:集体
有进出口权 法人代表:刘俊庆
网址:www. tjjingming. com
E-mail:tjjm@ tjjingming. com
【主要产品】亚硫酸氢钠;焦亚硫酸钠

天津市巨能化学有限公司

天津市西青区辛口镇周李庄[300380]
电话:(022)27972209;27970135
传真:(022)27970135
经济类型:有限责任公司
法人代表:张兴远
E-mail:tjjnhr@ hotmail. com
【主要产品】2,3,4-三羟基丁酸钙

天津市巨星化工材料有限公司

天津市东丽区卫国道东头[300163]
电话:(022)24710521;24716508
传真:(022)24375726 职工人数:38人
经济类型:有限责任公司
法人代表:魏荫梧
E-mail:tj_jxhg@ 163. com
【主要产品】玻璃纤维;不饱和聚酯树脂;不饱和聚酯树脂(耐腐型);不饱和聚酯树脂(浇铸型);不饱和聚酯树脂(高强型);不饱和聚酯树脂(食品类);不饱和聚酯树脂(缠绕类);不饱和聚酯树脂(喷射型);不饱和聚酯树脂(装饰类);不饱和聚酯树脂(原子灰类);自熄性不饱和聚酯树脂;二甲基苯胺液;过氧化环已酮;过氧化环已酮二丁酯糊;过氧化苯甲酰二丁酯糊

天津市聚发祥化工有限公司

天津市西青开发区9区2号楼3门102号[300381]

电话:(022)23975581
传真:(022)23976699　产值:4,000 千元
经济类型:港澳台商独资经营
职工人数:120 人　法人代表:刘德水
网址:www. jfxhg. com
【主要产品】直接染料;直接湖蓝 5B;直接铜盐蓝 2R;直接黄棕 MD;直接红棕 RN;直接深棕 MM;直接灰 D;酸性染料;酸性大红 3R;酸性湖蓝 A

天津市聚合化工厂

天津市河北区三马路 21 号[300140]
电话:(022)26287948
经济类型:集体　法人代表:孙建安
【主要产品】显定影套药

天津市筠凯化工科技有限公司

天津市华苑产业园区开华道 12 号普辰大厦 A401[300384]
电话:(022)83710481;13032287968
传真:(022)83710482
网址:www. junkaichem. com
E-mail:sales@ junkaichem. com
【主要产品】1-(2-氟苯基)哌嗪;1-(2-吡啶基)哌嗪;1-(4-硝基苯基)哌嗪;1-(2-硝基苯基)哌嗪;5-溴-2-氟三氟甲苯;邻溴三氟甲苯;2-溴-5-硝基三氟甲苯;4-溴-3-硝基三氟甲苯;5-溴-2-硝基三氟甲苯;2-氟-5-硝基三氟甲苯;4-氟-3-硝基三氟甲苯;5-氟-2-硝基三氟甲苯;*N*-苯基哌嗪;*N*-(2-四氢呋喃甲酰基)哌嗪;*N*-(2-呋喃甲酰基)哌嗪;对三氟甲基苯磺酰胺;邻三氟甲基苯磺酰胺;间三氟甲基苯磺酰胺;4-硝基-3-三氟甲基苯胺;2-氨基-5-硝基三氟甲苯;4-氨基-3-硝基三氟甲苯;2-溴-5-三氟甲基苯胺;邻三氟甲基苯酚;对三氟甲基苯酚;4-氨基-3,5-二氯三氟甲苯;二苯甲基哌嗪;对三氟甲基苯胺;5-氨基-2-溴三氟甲苯;对溴三氟甲苯;对三氟甲基苯肼;对三氟甲基苯磺酰氯;邻三氟甲基苯磺酰氯;间三氟甲基苯磺酰氯;邻氨基三氟甲苯

天津市卡曼化学有限公司

天津市东丽区无瑕街津塘公路 10 号[300301]
电话:(022)24361655
传真:(022)24362074
供销电话:24361659　法人代表:刘济华
供销传真:22436207
经济类型:股份有限公司
【主要产品】防冻液

天津市凯达化肥厂

天津市武清区下朱庄农场[301700]
电话:(022)29337623
传真:(022)29337623　经济类型:集体
法人代表:郭宝江
【主要产品】复合肥

天津市凯丰化工有限公司

天津市西青区王稳庄镇杨科庄村[300383]
电话:(022)83999399;83998839;23994188
传真:(022)23994188　有进出口权
固定资产:24,000 千元
供销电话:23993297;23994188
经济类型:有限责任公司
产值:80,000 千元　职工人数:180 人
销售收入:80,000 千元
法人代表:刘凤祥
网址:www. kfchem. com
E-mail:liufy@ kfchem. com
【主要产品】漂白粉;漂粉精

天津市凯华化工有限公司

天津市东丽区程林庄工业区[300163]
电话:(022)24373367
传真:(022)24370594　经济类型:集体
法人代表:吴俊华
【主要产品】防老剂 RD;防老剂丁;防老剂甲

天津市凯利化工厂

天津市西青区上辛口乡大沙窝村[300380]
电话:(022)87990756
传真:(022)87990756　经济类型:集体
供销电话:27990756　法人代表:岳宗平
【主要产品】氯丁橡胶胶黏剂

天津市凯通化学试剂有限公司

天津市北辰区上河头镇岔房子村[300401]
电话:(022)86832921;13802153257
传真:(022)86831914
供销电话:86832921;13640274459
网址:www. tjktsj. com
E-mail:tjktsj@ tjktsj. com
【主要产品】钠;巴比妥钠;四苯硼钠;玫瑰红酸钠;乳酸钠;草酸钠;钨酸钠;氟化钠;硫化钠;氯化钠;碘化钠;靛蓝二磺酸钠;草酸钾;硝酸钾;硫酸钾;氯化钾;氯酸钾;碘化钾;溴化钾;溴酸钾;乙酸铵;草酸铵;氟化铵;硝酸铵;硫酸铵;氯化铵;氨基磺酸铵;苯;甲苯;乙二胺;乙酰胺;乙醇胺;二乙醇胺;苯胺;二苯胺;1-萘胺;羟胺,盐酸盐;羟胺,硫酸盐;氯胺 T;1,2-二氯乙烷;溴乙烷;二氯甲烷;三氯甲烷;环已烷;三氯乙烯;苯乙烯;苯酚;麝香草酚;间氨基苯酚;1-萘酚;对硝基苯酚;对苯二酚;间苯二酚;甲酚红;2-丁酮;丙酮;乙酰丙酮;乙酸乙酯;邻苯二甲酸二乙酯;甲酸;乳酸;草酸;硝酸;硫酸;硼酸;磷酸;乙二醇;丁醇;异丁醇;丙醇;1,2-丙二醇;丙三醇;甲醇;甲醇(无水);多聚甲醛;苯甲醛;乙醚;乙二醇一丁醚;石油醚,30~60℃;缩二脲

天津市凯威化工有限公司

天津市塘沽区新城镇凯威路 1698 号[300455]
电话:(022)25390453
传真:(022)25391522　有进出口权
经济类型:私营企业　法人代表:吴玉凯
网址:www. kaiweigroup. com
【主要产品】三聚氰胺

天津市凯益化工厂

天津市塘沽区新城镇邓善沽村[300455]
电话:(022)25391536
传真:(022)25390589　经济类型:集体
供销电话:25391459　法人代表:吴玉选
【主要产品】烧碱;氯化钙

天津市康宏园香精香料有限公司

天津市北辰区铁东路天盈道[300400]
电话:(022)26835582-8016,8000
传真:(022)26910669
供销电话:26910668　法人代表:谢津卫
经济类型:有限责任公司
【主要产品】食用香精

天津市康友化工有限公司

天津市河西区珠江道 58 号[300222]
电话:(022)28041117;13820241117
传真:(022)28041197
经济类型:股份有限公司
法人代表:王连峰
网址:www. chemchina114. com
E-mail:kangyonhuagong@ yahoo. com
【主要产品】烧碱(固体);甲苯;乙醇(无水);甲醇;冰醋酸

天津市科达斯实业有限公司

天津市南开区三马路 175 号华都大厦 1402 室[300100]
电话:(022)87310081;87310567
传真:(022)87310600
经济类型:有限责任公司
法人代表:龚秋鸣
网址:www. kedas. cn
E-mail:kedas@ 263. net
【主要产品】污水处理剂;石油破乳剂

天津市科迈化工有限公司

天津市大港区古林开发区[300272]
电话:(022)63349929;63235688
传真:(022)63349991;63235699
供销电话:24373333;24783266
供销传真:24379994　法人代表:王树华
经济类型:私营企业
网址:www. tjkemai. com
E-mail:kemai@ tjkemai. com
【主要产品】促进剂 CZ;促进剂 D;促进剂 DZ;促进剂 M;防老剂 RD;防老剂丁;防老剂甲;橡胶增塑剂 A

天津市科威实业公司

天津市武清开发区源泉路 2 号[301700]
电话:(022)82112316;82115030

传真:(022)82117777 职工人数:34 人
固定资产:10,000 千元
供销电话:82139316 产值:30,000 千元
经济类型:联营企业 法人代表:张亚丁
销售收入:13,000 千元
网址:www.cricc.com.cn
E-mail:kwsy@public.tpt.tj.cn
【主要产品】建筑涂料;环氧无溶剂自流平漆;木器涂料

天津市科文化工有限公司

天津市南开区延安路 39 号[300112]
电话:(022)27513648;87718013
传真:(022)87718013 经济类型:集体
法人代表:宋乃强
网址:www.tjkwhg.com
E-mail:tikwhg@bf2000.net
【主要产品】弹性涂料;内外墙乳胶漆;真石漆;防霉装饰漆;功能涂料

天津市兰化染料厂

天津市西青区王兰庄西[300381]
电话:(022)23380907;23910828
传真:(022)23910826 经济类型:集体
法人代表:刘树岭
网址:www.zgtjlanhua.com
【主要产品】2-萘酚

天津市兰源五彩涂料厂

天津市北辰经济开发区北首(京津公路东侧)[300400]
电话:(022)26979678
传真:(022)26979678
网址:www.chinachemnet.com/lanyuan
E-mail:lanyue_sejiang@sina.com
【主要产品】粉末涂料;脱漆剂;水性色浆

天津市郎湖化工有限公司

天津市武清区杨村火车站西[301706]
电话:(022)29344693
传真:(022)29347199
经济类型:私营企业 法人代表:郎金霞
【主要产品】二盐基硬脂酸铅;双硬脂酸铅;硬脂酸盐

天津市利建特种建筑材料有限公司

天津市东丽区军粮城镇[300301]
电话:(022)84452166;24360699;13302167668
传真:(022)84452525 有进出口权
供销电话:24360699;13132051506
供销传真:84452166 法人代表:高辉
网址:www.tjchem.com
E-mail:info@tjchem.com
【主要产品】木质素磺酸盐

天津市联宝涂料有限公司

天津市北辰区西堤头镇工业区[300408]
电话:(022)86848655
传真:(022)86844615
经济类型:私营企业 法人代表:李宝洪
【主要产品】醇酸清漆;各色醇酸调合漆;各色快干醇酸磁漆;各色醇酸底漆;硝基清漆;硝基磁漆;硝基底漆

天津市联瑞化工有限公司

天津市津南区咸水沽镇惠丰工业区[300350]
电话:(022)28514650;28525715;28510005
传真:(022)82570956 有进出口权
供销电话:28514650;28510005
供销传真:28513338 法人代表:刘学芬
经济类型:私营企业
网址:www.lianruichem.com
E-mail:wdcp@lianruichem.com
【主要产品】磷酸三乙酯;磷酸三丁酯;棉织物阻燃剂 CP;织物阻燃剂;磷酸三甲苯酯;磷酸三苯酯;磷酸甲苯二苯酯;亚磷酸三苯酯;亚磷酸一苯二异辛酯;三(β-氯乙基)磷酸酯;阻燃增塑剂 TCPP;磷酸三(1,3-二氯-2-丙基)酯;三异丙苯基磷酸酯;高、中压抗燃油

天津市联有化工涂料有限公司

天津市北辰区刘快庄工业区[300408]
电话:(022)86849600
传真:(022)86849600
经济类型:私营企业 法人代表:陈武亮
【主要产品】水溶性涂料

天津市临港塑料包装技术有限公司

天津市南开区楚雄道 123 号[300191]
电话:(022)23368154;23360600
传真:(022)23368154
经济类型:私营企业 法人代表:孟建国
网址:www.tj-lg.com
E-mail:lingang@tj-lg.com;lg@tj-lg.com
【主要产品】塑料包装箱及容器;塑料周转箱;塑料桶

天津市硫酸厂

天津市东丽区小东庄镇津塘公路小马场[300301]
电话:(022)24363342
传真:(022)24360946 经济类型:国有
供销电话:24360598 法人代表:赵宗仁
E-mail:tjsaf@163.com
【主要产品】硫酸;氯磺酸;二氧化硫(液);三氧化硫(液)

天津市硫酸厂三分厂

天津市东丽区津塘公路小马场[300301]
电话:(022)24360452
传真:(022)24360452 经济类型:集体
法人代表:举文成
【主要产品】蓄电池硫酸

天津市龙达玻璃纤维有限公司

天津市津南区辛庄镇新桥工业区[300350]
电话:(022)88822943
传真:(022)88822768
经济类型:私营企业 法人代表:任增文
网址:www.tj-longda.com
【主要产品】玻璃纤维

天津市龙江精细化工有限公司

天津市滨海国际机场南侧津北公路[300300]
电话:(022)84831575
传真:(022)84831458 法人代表:李丹
供销电话:022-84831575
经济类型:私营企业
网址:www.longjiangchem.com
E-mail:lj@chinalongjiang.com
【主要产品】不饱和聚酯树脂;不饱和聚酯树脂(耐腐型);阻燃性不饱和聚酯树脂;钮扣专用树脂

天津市龙胜化工有限公司

天津市北辰区普济河道粮库底商[300400]
电话:(022)26610668;26615268;13902192359
传真:(022)26616308
供销电话:26610668;13902192359
经济类型:有限责任公司
法人代表:李伯龙
网址:www.ls-zy.com
【主要产品】硼酸;氢氧化钡;亚硫酸氢钠;硼酐;重铬酸钠;重铬酸钾;重铬酸铵;三氧化铬;钼酸钠;钼酸铵;硒粉

天津市龙腾化工有限公司

天津市津南区辛庄镇白塘口村[300350]
电话:(022)28589264;13820294968
传真:(022)28587690
网址:www.longtengchem.com
E-mail:sales@longtengchem.com
【主要产品】烧碱;硫酸镁

天津市龙兴化工厂

天津市武清区黄花店镇[301708]
电话:(022)29481259
传真:(022)29481259
经济类型:股份有限公司
法人代表:杨伯芬
【主要产品】异氰酸酯;醋酸辛酯;再生胶活化剂 420

天津市隆盛化工有限公司

天津市武清区豆张庄乡工业区[301700]
电话:(022)22167780
传真:(022)22166122 有进出口权
供销电话:13821089526
经济类型:私营企业 法人代表:刘宪柱

【主要产品】苯甲醇;苯甲酸苄酯;乙酸苄酯;邻羟基苯甲酸苯甲酯

天津市绿保农用化学科技开发有限公司

天津市南开区卫津路94号[300071]
电话:(022)23505698;23503703
传真:(022)23505948
经济类型:有限责任公司
法人代表:李正名
E-mail:koujunjie@eyou.com
【主要产品】扑灭津

天津市绿洲化工有限公司

天津市津南区八里台镇大韩庄[300350]
电话:(022)88521598
传真:(022)88521118　经济类型:集体
供销电话:88521373　法人代表:王凤顺
网址:www.nanbinchem.com
E-mail:nanbin@nanbinchem.com
【主要产品】4-氨基-5-羟基-2,7-萘二磺酸;直接湖蓝5B;直接铜盐蓝2R

天津市氯酸盐厂

天津市塘沽区北塘杨北公路17-1号[300453]
电话:(022)25259827
传真:(022)25256057　经济类型:集体
法人代表:张家奎
【主要产品】氯酸钠

天津市茂丰化工有限公司

天津市东丽区程林庄工业区[300163]
电话:(022)24370757
传真:(022)24715359
供销电话:24370757;24727374
经济类型:私营企业　法人代表:孙凤琴
网址:www.maofengchem.com
E-mail:webmaster@maofengchem.com
【主要产品】橡胶防老剂;防老剂RD;防老剂SP;防老剂丁;防老剂甲

天津市美居涂料有限公司

天津市北辰区铁东路天穆镇工业区天运道[300232]
电话:(022)86877035
传真:(022)86877032
供销电话:26439132　法人代表:徐文琪
经济类型:私营企业
网址:www.meijupaint.com
E-mail:meiju@meijupaint.com
【主要产品】外墙涂料;真石漆

天津市美龙特种胶管厂

天津市河东区古田路4号[300151]
电话:(022)24346850;24561928
传真:(022)24561928　经济类型:集体
法人代表:刘桂珍
网址:www.tjmljg.cn
【主要产品】夹布胶管;吸引胶管;编织胶管

天津市民强化工厂

天津市武清区陈咀镇104国道[301741]
电话:(022)22147301;13920155078
传真:(022)22149009
经济类型:私营企业　法人代表:朱胜海
网址:www.tjminqiang.com
E-mail:minqiang@tjminqiang.com
【主要产品】硫酸铬钾;重铬酸钾;氧化铬绿

天津市明洋化工有限公司

天津市河北区中山路宇阳公寓B座1604室[300142]
电话:(022)26215899;26219955;13902043860
传真:(022)26229955
供销电话:26219955;26215899
经济类型:股份合作　法人代表:姜玉华
网址:www.tjmingyang.com
E-mail:mygs@tjmingyang.com
【主要产品】硫酸铬钾;重铬酸钠;重铬酸钾;三氧化铬;钛白粉;氧化铬绿

天津市耐克防腐阀门厂

天津市东丽区何兴庄小区一区九排十一号[300241]
电话:(022)26439633;13352079937
传真:(022)58799470　经济类型:国有
供销电话:13323315091
法人代表:唐再元
网址:www.tjnaike.cn
E-mail:wbmaster@tjnaike.cn
【主要产品】内衬氟塑料截止阀;蝶阀

天津市南金化工有限公司

天津市东丽区津塘公路9号桥[300301]
电话:(022)24361859;28533229;13920413116
传真:(022)28543159　职工人数:40人
固定资产:3,000千元
网址:www.njperfume.com
E-mail:crj@njperfume.com
【主要产品】二甲基苄基甲醇;β-苯基丙烯酸;水杨酸乙酯;肉桂酸异戊酯;肉桂酸异丁酯;肉桂酸异丙酯;肉桂酸甲酯;肉桂酸乙酯;水杨酸异辛酯;水杨酸己酯;间苯三酚;苯甲醇;苯甲酸戊酯;苯甲酸异戊酯;乙酸二甲基苄基原酯;柳酸异戊酯;水杨酸戊酯;肉桂酸苄酯;丁酸二甲基苄基原酯

天津市南明工贸有限公司

天津市静海县陈官屯镇工业园[300381]
电话:(022)23416553
传真:(022)23416559
供销传真:23416560　法人代表:李广燕
经济类型:联营企业
网址:www.nmchem.com
E-mail:nanming@nmchem.com
【主要产品】二甲基硅油

天津市南平化工厂

天津市北辰区南王平工业区[300131]
电话:(022)86826521
传真:(022)86829365　有进出口权
经济类型:股份合作　法人代表:孟祥艳
网址:www.zncl2.com
E-mail:nanping@zncl2.com
【主要产品】氯化锌;氯化锌铵

天津市南洋兄弟化学有限公司

天津市津南区南洋工业区[300350]
电话:(022)88711769
传真:(022)28396157
供销电话:88715808　法人代表:赵德全
经济类型:有限责任公司
网址:www.ny-brother.com
E-mail:ny.brother@ny-brother.com
【主要产品】高效杀虫剂(气雾剂);蚊香;空气清新剂

天津市南洋兄弟石化设备有限公司

天津市津南区南洋工业区[300350]
电话:(022)88712590
传真:(022)88715069
供销电话:13802115680
经济类型:有限责任公司
法人代表:赵德兴
网址:www.nyxd.com.cn
E-mail:ylrq@nyxd.com.cn;
shsb@nyxd.com.cn
【主要产品】强磁力搅拌反应釜;压力容器;非压力容器

天津市宁河白酒厂

天津市宁河县芦台镇芦汉公路旁[301500]
电话:(022)69592912
传真:(022)25592912　经济类型:国有
企业规模:大型　法人代表:崔永良
【主要产品】乙醇

天津市宁河县化工厂

天津市宁河县芦台镇芦汉路51号[301500]
电话:(022)69591431
传真:(022)69592367　经济类型:国有
法人代表:赵锦秀
【主要产品】聚醋酸乙烯乳液;内外墙乳胶漆;氯丁橡胶胶黏剂

天津市纽森科技有限公司

天津市南开区华苑产业园华天道8号[300384]
电话:(022)23708988
传真:(022)23708989　有进出口权
经济类型:有限责任公司
法人代表:赵之强
网址:www.tjnewcen.com
E-mail:tjnewcen@126.com

津

【主要产品】制氮机

天津市农工商宏达总公司粉末涂料涂装厂

天津市西青区工农联盟农场园田队车站右侧[300381]
电话:(022)27950210
传真:(022)27950198 经济类型:国有
法人代表:李怡刚
【主要产品】热固性粉末涂料

天津市农药研究所

天津市北辰区北仓化工区富锦道[300400]
电话:(022)26394083
传真:(022)26394269 经济类型:国有
供销电话:26394269 法人代表:李正名
【主要产品】40%杀扑磷乳油;烯虫酯;甲基硫菌灵可湿性粉剂;福美甲胂可湿性粉剂(50%);福美双可湿性粉剂;福·甲硫可湿性粉剂;福·福锌可湿性粉剂

天津市鹏辉化工厂

天津市武清区下朱庄街高王院东[301700]
电话:(022)29327404;29347129
传真:(022)29327404 法人代表:李桐
经济类型:私营企业
【主要产品】直接染料;酸性染料

天津市鹏晟泰精细化工有限公司

天津市河北区光复道27号[300010]
电话:(022)27567017;24459864
传真:(022)24459864 法人代表:赵鹏
经济类型:私营企业
【主要产品】碳酸锌;碳酸镉;二氧化锡

天津市鹏英化工有限公司

天津市北辰区西堤头镇工业区刘快庄村[300402]
电话:(022)86840247
传真:(022)86848811
经济类型:中外合资经营企业
法人代表:陈武鹏
网址:www.fjgh.com
E-mail:tjgh@fjgh.com
【主要产品】苯酐

天津市普瑞德油墨厂

天津市南开区黄河道延安路39号[300112]
电话:(022)27517442;27515925
传真:(022)27517442
经济类型:股份合作 法人代表:杨洪林
【主要产品】油墨

天津市前进农药厂

天津市宁河县北湖[300130]
电话:(022)26525786;69566353
传真:(022)26525716 经济类型:集体
法人代表:何成城
E-mail:qianjin_tj@eyou.com
【主要产品】辛硫磷乳油;80%敌敌畏乳油;氯氰菊酯乳油;高效氯氰菊酯乳油;啶虫脒乳油;多·乙铝可湿性粉剂;29%哒·辛乳油;阿维·敌畏乳油;高氯·辛乳油

天津市秋华化工有限公司

天津市北辰区刘家房子[300401]
电话:(022)26650862
传真:(022)26650862
经济类型:私营企业 法人代表:纪秋华
【主要产品】有机硅织物柔软剂;有机硅脱模剂

天津市染化八厂加工二分厂

天津市东丽区张贵庄路吉安道[300163]
电话:(022)24727405
传真:(022)24727405 经济类型:集体
供销电话:24791964 法人代表:吴平安
【主要产品】渗透型水性墨;遮盖型水性墨;水性色浆

天津市染料厂分厂

天津市西青区张家窝镇高村南[300382]
电话:(022)87983860
传真:(022)87982846
供销电话:87986257 法人代表:赵太全
经济类型:股份有限公司
网址:www.hongfachem.com
E-mail:salets@hongfachem.com
【主要产品】硫代硫酸钠;4-硝基氯苯;2-硝基氯苯;2,4-二硝基氯苯;2,4-二硝基-6-溴苯胺;6-氯-2,4-二硝基苯胺;硫化黑;水溶性硫化黑

天津市染料工业研究所

天津市河西区陈塘庄洞庭路29号[300220]
电话:(022)28112727
传真:(022)28112727 经济类型:国有
供销电话:28116932 法人代表:李振东
供销传真:28116932
【主要产品】食用日落黄;食用苋菜红;食用亮蓝;食用柠檬黄;食用胭脂红;食用合成染料果绿;食用合成染料牛奶巧克力棕;食用合成染料葡萄紫;食用亮黑

天津市染料化学第八厂

天津市东丽区张贵庄路吉安道[300163]
电话:(022)24373345
传真:(022)24370679 经济类型:国有
供销电话:24370679 有进出口权
法人代表:申建
网址:www.tjranliao8.com.cn
E-mail:ranba@tjranliao8.com.cn
【主要产品】4-溴-1-氨基蒽醌-2-磺酸;酸性染料;活性翠蓝KN-G;活性黑KN-B;涂料印花色浆;酞菁蓝BGS;汉沙黄G;汉沙黄10G;耐晒黄GG;联苯胺黄G;永固橘黄G;坚固大红G;橡胶大红LC;甲苯胺红;甲苯胺紫红

天津市染料化学第二厂

天津市东丽区张贵庄路吉安道[300163]
电话:(022)24728440;13803096358
传真:(022)24796837 经济类型:国有
有进出口权 法人代表:申健
网址:www.bixdye.com
【主要产品】酸性染料;酸性玫瑰红B;酸性湖蓝A;酸性媒介桃红3BM

天津市染料化学第九厂

天津市东丽区程林庄工业区莱州路[300163]
电话:(022)24372713
传真:(022)24372713 经济类型:国有
有进出口权 法人代表:张勇民
【主要产品】还原深蓝BO;还原黑BB;分散黄RGFL;分散黄HG

天津市染料化学公司

天津市和平区沙市道40号[300015]
电话:(022)23359228;23341051;23345190
传真:(022)23341293;23341051
经济类型:国有 有进出口权
法人代表:王春生
E-mail:tjdyes@public.tpt.tj.cn
【主要产品】直接染料;酸性染料;碱性染料

天津市人造纤维厂

天津市津南区咸水沽津港路27号[300350]
电话:(022)28392566;28392435
传真:(022)28392435 经济类型:集体
供销电话:28392354 有进出口权
法人代表:石模
网址:www.syn-fiber.com
E-mail:tjshrzxwch@eyou.com
【主要产品】黏胶短纤维

天津市仁义橡胶制品有限公司

天津市西青区王稳庄镇小韩村[300383]
电话:(022)23996788
传真:(022)23996788
供销电话:13102173678
经济类型:私营企业 法人代表:李立仁
【主要产品】包装膜;聚乙烯管;聚氯乙烯软管

天津市荣宏化工有限责任公司

天津市北辰区引河桥东205国道[300400]
电话:(022)26811453;26919936
传真:(022)26918575;86811733
经济类型:私营企业 法人代表:李代明
网址:www.ronghongchem.com

E-mail:sales@ronghongchem.com
【主要产品】磷酸;三聚磷酸钠;六偏磷酸钠(食品级);焦磷酸钠;磷酸二氢钠;磷酸二氢钾;磷酸三钠;磷酸氢二钠

天津市瑞宝绿色纳米涂料有限公司

天津市津南区咸水沽南洋工业园区西环路2号[300350]
电话:(022)88715991
传真:(022)88715981　有进出口权
经济类型:有限责任公司
法人代表:韩征安
网址:www.tjrainbow.com
E-mail:sales@tjrainbow.com
【主要产品】各色氨基烘干磁漆;各色氨基烘干底漆;水性各色氨基烘干底面合一装饰漆;各色丙烯酸磁漆;水性铁红丙烯酸底漆;铁红环氧酯底漆;水性铁黑环氧酯底面合一防腐漆

天津市瑞昌泡沫有限责任公司

天津市静海县独流镇[301602]
电话:(022)68815893
传真:(022)68818982
经济类型:有限责任公司
法人代表:王宝龙
【主要产品】聚苯乙烯泡沫塑料板材;泡沫塑料

天津市瑞德化工有限公司

天津市宝坻区大钟庄镇袁罗庄村[301800]
电话:(022)82433395
传真:(022)82433311　有进出口权
经济类型:私营企业　法人代表:张春铭
【主要产品】棕榈酸异丙酯;聚乙二醇;柔软剂SG;乳化剂EL-10;平平加

天津市瑞福鑫化工有限公司

天津市大港区友爱工业区[300282]
电话:(022)63149179;13512812909
法人代表:李连波
网址:www.rfxchem.com
E-mail:zheng4114@rfxchem.com
【主要产品】次氯酸钠;漂白粉;漂粉精;稳定性二氧化氯

天津市润胜化工有限公司

天津市北辰区刘快庄工业区[300402]
电话:(022)86842065
传真:(022)86849488
供销电话:13820996138
经济类型:私营企业　法人代表:商秀忠
【主要产品】醇酸树脂漆类;各种磁漆

天津市润通胶管厂

天津市宝坻开发区东区隆华鞋业西侧[301800]
电话:(022)82681247;82668960;13821402558
传真:(022)24328981　法人代表:王岩
供销电话:13820592164
经济类型:私营企业
网址:www.tjjg.com
E-mail:tjjg@tjjg.com;szg@tjjg.com
【主要产品】胶管

天津市三环全元化肥有限公司

天津市静海县东双塘工业区[301600]
电话:(022)68865039
传真:(022)68866151
经济类型:有限责任公司
法人代表:张文利
网址:www.shqyhf.com
E-mail:shqyhf@bf2000.net
【主要产品】混配复合肥料

天津市三山塑料有限公司

天津市大港区徐庄子乡小苏庄[300275]
电话:(022)63169953;63169452
传真:(022)63168820
供销电话:13502109511
经济类型:股份合作　法人代表:王瑞才
网址:www.sanshansl.com
E-mail:ssfzh3388@sohu.com
【主要产品】塑料制品

天津市申泰化学试剂有限公司

天津市东丽区大毕庄工业区[300251]
电话:(022)26336666;26332988
传真:(022)26332988
供销电话:13902199900
经济类型:私营企业　法人代表:王润合
【主要产品】正己醇;强酸性苯乙烯系阳离子交换树脂;弱酸性丙烯酸系阳离子交换树脂;强碱性季铵Ⅰ型阴离子交换树脂;弱碱性苯乙烯系阴离子交换树脂;吸附树脂;硫,升华;碘;五氧化二碘;一氯化碘;三氯化碘;溴;溴,水溶液;四氯化碳;过氧化氢;乙酸钠

天津市神悦科技发展有限公司

天津市北辰区北仓道[300400]
电话:(022)26910389;26390785
传真:(022)26390785
供销电话:13920814701
经济类型:有限责任公司
法人代表:尚如意
【主要产品】二甲基硅油(201型);阳离子羟基硅油乳液;阴离子羟基硅油乳液;匀染剂;消泡剂;轮胎喷涂与胶片隔离剂;光亮剂

天津市胜达化工厂

天津市津南区小站镇迎新工业区[300353]
电话:(022)88629036;88629037
传真:(022)88629037　职工人数:120人
网址:www.shengdadyes.com
E-mail:snj@shengdadyes.com
【主要产品】直接染料;酸性染料;皮革染料

天津市胜利化工厂

天津市武清区黄花店四街七区36号[301708]
电话:(022)29481062;29481072
传真:(022)29481298
经济类型:股份合作　法人代表:贡朝禹
网址:www.tjshlchem.com
【主要产品】酸性墨水蓝G;弱酸红A;碱性玫瑰精B

天津市圣滨化工有限公司

天津市津南区咸水沽镇鑫达工业园聚兴道[300350]
电话:(022)88910107
传真:(022)88914815　职工人数:95人
供销电话:88914813
网址:www.tjshengbin.com
E-mail:lin28516668@163.com
【主要产品】三乙氧基硅烷;γ-氯丙基三甲氧基硅烷;γ-氯丙基三乙氧基硅烷;硅烷偶联剂KH-570;γ-甲基丙烯酰氧基丙基甲基二甲氧基硅烷;γ-氯丙基甲基二甲氧基硅烷;γ-氯丙基甲基二乙氧基硅烷

天津市圣洁化工厂

天津市西青区王稳庄镇大候庄[300383]
电话:(022)23990752
传真:(022)23990752
经济类型:私营企业　法人代表:段忠义
【主要产品】荧光增白剂VBL

天津市晟通化工商贸有限公司

天津市北辰区[300408]
电话:(022)86845749
传真:(022)86849312
经济类型:私营企业
法人代表:董沛君
【主要产品】二甲苯;甲苯;乙酸乙酯

天津市盛达化工厂

天津市静海县团泊乡团泊村[301607]
电话:(022)68504158
传真:(022)68504158
经济类型:集体
供销电话:68504383　有进出口权
法人代表:程维富
【主要产品】分散蓝;分散绿C-6B

天津市盛德特种涂料有限公司

天津市北辰区西堤头工业区[300402]
电话:(022)86845566;86844513;86845518
传真:(022)86845566
经济类型:有限责任公司
法人代表:边凤永
网址:www.tjsdtl.com
【主要产品】醇酸清漆;各色醇酸调合

津

漆;醇酸磁漆

天津市盛辉化工新技术有限公司

天津市华苑产业园区兰苑路 5 号 304 室[300384]
电话:(022)83712195
传真:(022)83711921 有进出口权
供销电话:83711921 法人代表:夏洪升
经济类型:有限责任公司
网址:www. foodye. com
E-mail:shenghui@ foodye. com
【主要产品】柠檬黄;食用色素;食用日落黄;食用苋菜红;食用亮蓝;食用胭脂红;食用合成染料果绿;食用合成染料牛奶巧克力棕;食用合成染料葡萄紫;诱惑红;食用亮黑;嫩叶绿色素

天津市盛益化工有限公司

天津市东丽区军粮城镇杨合村[300301]
电话:(022)84872248;84968866;13821653118
传真:(022)84968866
供销电话:84968866;84872248
经济类型:有限责任公司
法人代表:马德军
网址:www. shyhg. com
E-mail:info@ shyhg. com
【主要产品】涂料印花色浆;弹性胶浆;印染助剂

天津市施普乐农药技术发展有限公司

天津市北辰区外环线[300400]
电话:(022)26392311;26390533
传真:(022)26392197
供销电话:26837815 法人代表:穆瑞龙
经济类型:股份有限公司
网址:www. shipule. com
E-mail:shipule@ 126. com
【主要产品】敌敌畏;27% 高氯苯油;乙膦铝;福美双;福美锌;二甲基嘧菌胺;禾草敌;百草枯;乙草胺

天津市兽药二厂

天津市武清区城关镇北环路北街[301712]
电话:(022)29461333;29461161
传真:(022)29461331 经济类型:集体
供销电话:29462465 有进出口权
法人代表:马俊国
网址:www. china-veterinary. com
E-mail:muge@ china-veterinary. com
【主要产品】硫酸钴;硫酸铜;硫酸锌(食用级);硫酸锰(饲料级);氯化钴;加硒维生素 E 粉;氯化胆碱;抗坏血酸多聚磷酸酯;盐酸甜菜碱;复合甜菜碱;抗氧喹;氧化锌(食用级);烟酸;烟酰胺;维生素 B12

天津市双安塑料制品有限公司

天津市河西区珠江道 81 号[300210]
电话:(022)88232328
传真:(022)88232328 法人代表:陈铁
供销电话:88232230
经济类型:有限责任公司
网址:www. shuangan. com. cn
E-mail:shuangan@ shuangan. com. cn
【主要产品】绝缘橡胶板;橡胶耐酸碱手套;胶鞋;高压绝缘橡胶带;不近燃冷补胶带;绝缘胶布带

天津市双佳减水有限责任公司

天津市武清区梅厂镇开发区[301703]
电话:(022)29347166;13920806062
传真:(022)29347166
供销电话:13821189548
经济类型:私营企业 法人代表:赵乃祥
【主要产品】缓凝剂;早强剂;高效减水剂

天津市双利化工厂

天津市西青区南河镇刘庄村[300382]
电话:(022)23982208
传真:(022)23982208 经济类型:集体
法人代表:张洪忠
【主要产品】甲醚化六羟基甲基三聚氰胺树脂(560 型)

天津市双联聚氨酯海绵厂

天津市河北区张兴庄大道 73 号[300402]
电话:(022)86321664
传真:(022)86321664 经济类型:集体
法人代表:蒋新友
【主要产品】聚氨酯弹性体制品;聚氨酯海绵片材

天津市双盛化工厂

天津市津南区八里台镇双闸工业区[300353]
电话:(022)88811868
传真:(022)88811868
经济类型:集体
供销电话:88812828
法人代表:张锡意
网址:www. tjshsh. com
E-mail:tjshsh@ tjshsh. com;zhxl@ tjshsh. com
【主要产品】工业凡士林

天津市双祥化工厂

天津市北辰区汉沟村路东[300400]
电话:(022)26970310
经济类型:集体 法人代表:谢甲成
【主要产品】氯丁橡胶胶黏剂;鞋用胶黏剂

天津市双翼化工厂

天津市东丽区程林庄工业区[300163]
电话:(022)24788632
传真:(022)24788632 经济类型:集体
法人代表:吕泽民
【主要产品】不饱和聚酯树脂促进剂

天津市双雍减水剂有限公司

天津市武清区武清农场[301700]
电话:(022)29331678
传真:(022)29331678
经济类型:股份合作 法人代表:崔玉璞
【主要产品】高效减水剂

天津市顺达压缩海棉有限公司

天津市东丽区赵沽里工业区[300251]
电话:(022)26753528
传真:(022)26762261
网址:www. tj-shunda. com
【主要产品】阻燃聚氨酯海绵

天津市顺发塑料制品厂

天津市西青区东桑园村[300380]
电话:(022)87971166
传真:(022)87971166
法人代表:李明顺
【主要产品】塑料编织袋;塑料包装袋

天津市顺华外加剂有限公司

天津市武清区富民经济区中心路 30 号[301700]
电话:(022)29368591
传真:(022)29368591
经济类型:有限责任公司
法人代表:郎学安
【主要产品】混凝土添加剂

天津市顺利达化工涂料厂

天津市北辰区西堤头镇西堤头村[300402]
电话:(022)86844345;86844360
传真:(022)86844345
经济类型:股份合作 法人代表:张加玉
【主要产品】醇酸树脂漆类;各色醇酸调合漆

天津市塑料集团有限公司聚氨酯制品分公司

天津市河北区泗阳道 3 号[300240]
电话:(022)26743401
传真:(022)26743401 经济类型:国有
供销电话:26321344 有进出口权
法人代表:何骏星
E-mail:pufti@ sina. com
【主要产品】聚酯树脂;聚氨酯硬质泡沫塑料;软质聚氨酯泡沫塑料;聚氨酯橡胶;聚氨酯皮革涂饰剂

天津市泰安化工有限公司

天津市东丽区南孙庄[300240]
电话:(022)26790907;84810709
传真:(022)26790907
经济类型:私营企业 法人代表:孙欢乐
网址:tjtaian. cn
E-mail:taian@ tjtaian. cn
【主要产品】异辛酸铝;聚乙烯蜡;液体凝胶剂;油墨溶剂油;胶化剂

天津市泰森化工集团有限公司

天津市西青区大寺镇青凝候工业区[300381]
电话:(022)83965958;23976329
传真:(022)83960616
供销电话:23976329;23971968
经济类型:有限责任公司
法人代表:范用朋
网址:www. taisengroup. com
E-mail:yanchan@ taisengroup. com
【主要产品】乙酸乙酯;醋酸丁酯;醋酸异丙酯

天津市泰运橡胶制品有限责任公司

天津市河北区宙纬路6号[300142]
电话:(022)26236422;26356285
传真:(022)26284212
供销电话:26236432　法人代表:任士生
供销传真:26351337
经济类型:有限责任公司
网址:www. tjty. com
E-mail:tjty@ tjty. com
【主要产品】橡胶导风筒;橡胶杂品;防爆水袋;胶布制品;橡胶布

天津市塘沽恒利化工厂

天津市塘沽区万年桥[300455]
电话:(022)25386477;13370325879
传真:(022)25386477　经济类型:集体
法人代表:匙福来
网址:www. hengli-chem. com
E-mail:hengli@ hengli-chem. com
【主要产品】溴化钠;溴化钾;溴化铵;木质素磺酸镁;木质素磺酸钙;水下不分散混凝土絮凝剂;气体助焊剂

天津市塘沽农药厂

天津市塘沽区胡家园街中心庄村[300454]
电话:(022)25367082
传真:(022)25367470　经济类型:集体
法人代表:刘承云
【主要产品】代森锰锌可湿性粉剂;福美双可湿性粉剂;福美胂可湿性粉剂(40%);锰锌·霜脲可湿性粉剂;多·硫可湿性粉剂;21%增效马·氰乳油;福·甲硫·硫可湿性粉剂;高氯·辛乳油;福·福甲胂·福锌可湿性粉剂;福·福锌可湿性粉剂

天津市塘沽区滨海电缆厂

天津市塘沽区新城镇邓善沽村[300455]
电话:(022)25391672
传真:(022)25392614
供销电话:25391672;25391538
经济类型:私营企业　法人代表:刘继春
【主要产品】烧碱

天津市塘沽区金宝化工有限公司

天津市塘沽区新城镇南开村[300455]
电话:(022)25392613
传真:(022)25392613
经济类型:有限责任公司
法人代表:张绍清
【主要产品】氯化钙(无水);氯化钙(二水)

天津市塘沽区蓝天化工电子有限公司

天津市塘沽区新城镇南开村西[300455]
电话:(022)25394959
传真:(022)25394959
供销电话:13920022543
经济类型:有限责任公司
法人代表:李纪尧
【主要产品】氯化钙;五氧化二磷

天津市塘沽区凌花涂料有限公司

天津市塘沽区塘汉公路4号[300451]
电话:(022)25214123
传真:(022)25214123
经济类型:联营企业　法人代表:于庆昌
【主要产品】油漆

天津市塘沽区南开福利化工厂

天津市塘沽区新城镇南开村[300455]
电话:(022)13902080279;13642118018
传真:(022)25391682　经济类型:集体
供销电话:25391682;25394896
法人代表:王凤楼
网址:www. abc-tj-abc. com/tgnk
【主要产品】氯化钙(二水);氯化钙;氯化钙(无水)

天津市塘沽区永利食用添加剂公司

天津市塘沽区新华路87号[300450]
电话:(022)25895990-2241
传真:(022)25306064　经济类型:集体
供销电话:25851762　有进出口权
法人代表:唐健
网址:www. tjsoda. com
E-mail:qts@ tjsoda. com
【主要产品】二氧化碳(固体);二氧化碳(液体)

天津市塘沽永利包装制品厂

天津市塘沽区新华路87号[300450]
电话:(022)25895293
传真:(022)25884069　经济类型:集体
法人代表:金绍芳
【主要产品】塑料编织袋;柔性集装袋

天津市腾飞化工总厂

天津市武清区京津大街41号[301700]
电话:(022)29342769
传真:(022)29342769　经济类型:国有
供销电话:29341424　法人代表:石柏年
【主要产品】氮肥;尿素;碳酸氢铵

天津市腾龙化工有限公司

天津市北辰区马庄工业区[300400]
电话:(022)26610934
传真:(022)26618133
网址:www. tl-hg. com
E-mail:tl-hg@ bf2000. net
【主要产品】混配复合肥料

天津市腾瑞氟盐化工有限公司

天津市武清区下朱庄街高王院东[301700]
电话:(022)29368481;13920254622
传真:(022)29368481
经济类型:股份有限公司
法人代表:李福清
网址:www. chinachemnet. com/tengrui
【主要产品】氟氢酸;氟硅酸;氟硼酸;氟化钠;氟化铵;氟氢化钠;氟氢化铵

天津市天宝实业发展中心

天津市红桥区津坝公路刘房子[300400]
电话:(022)26651610
经济类型:股份合作　法人代表:王希勇
【主要产品】乳化剂EL-40;平平加;乳化剂OP-10

天津市天达净化材料精细化工厂

天津市塘沽区福建北路542号[300450]
电话:(022)25343554
传真:(022)25831617
网址:www. tdjhcl. com
E-mail:tdjh@ tdjhcl. com
【主要产品】四氯化碳;亚硝酸钠;硫酸钠(无水);亚硫酸钠(无水);连二亚硫酸钠;偏重亚硫酸钠;亚硫酸氢钠;氯化钠;碳酸钠(一水);碳酸氢钠;六偏磷酸钠;次磷酸钠;氢氧化钙;氯化钙(六水);碳酸钙;氢氧化钾;硝酸钾;氯化钾;碘化钾;高锰酸钾;溴化钾;溴酸钾;碳酸钾(无水);铁粉;乙酸铵;草酸铵;硫酸铵;过硫酸铵;硫酸亚铁铵;硫氰酸铵;氯化铵;氯化铝;乙酸镁;氧化镁;硫酸镁;氯化镁;碳酸镁,碱式;二氧化锰;硫酸锰;六次甲基四胺;乙酸,无水;乙二胺四乙酸;2-羟基苯甲酸;磺基水杨酸;甘氨酸;丙二酸;苯甲酸;草酸;柠檬酸;硬脂酸;硼酸;氢溴酸;氨基磺酸;乙醇(95%);乙二醇;丁醇;叔丁醇;异丙醇;1,2-丙二醇;甲醇;辛醇;异辛醇;松油醇;α-乳糖;明胶;阿拉伯树胶;硅胶,变色

天津市天大华盛化工材料有限公司

天津市南开区卫津路92号[300072]
电话:(022)23345816

津

供销传真:27375403　有进出口权
经济类型:有限责任公司
法人代表:孙凤明
【主要产品】彩色聚氨酯防水涂料;氰凝防水防腐涂料;消泡剂;聚丙烯酰胺干粉(阴离子型)

天津市天福精细化工有限公司

天津市津南区咸水沽镇南洋乡韩城桥[300350]
电话:(022)28561656
传真:(022)28562545　经济类型:集体
法人代表:段同广
【主要产品】碳酸钙;草酸;柠檬酸钠;醋酸钠;柠檬酸

天津市天釜化工有限公司

天津市南开区延安南路增六号[300112]
电话:(022)27531699
传真:(022)27531699
供销电话:13502129816
经济类型:联营企业　法人代表:么世申
【主要产品】过氧化氢;过硫酸钾;氢氧化铵;三氯甲烷;丙酮

天津市天工化工厂

天津市东丽区中河村民族路[300300]
电话:(022)24992738
传真:(022)24992738
经济类型:股份合作　法人代表:王富和
网址:www. tjtghg. com
E-mail:tjtghg@ chem. cn
【主要产品】氯乙酸钠;*N*-溴代丁二酰亚胺;溴代丙酮酸乙酯;溴代丙酮酸甲酯

天津市天海塑料助剂有限公司

天津市静海县中旺镇[301615]
电话:(022)68532526;13132014989
传真:(022)68532526
法人代表:孟昭洁
【主要产品】可光降解母粒;偶联剂;塑料填充母料;增韧剂

天津市天昊油墨有限公司

天津市大港区郭庄子工业区[300282]
电话:(022)63155152;63106708
传真:(022)63105152　经济类型:集体
供销电话:63155153　法人代表:徐林国
【主要产品】油墨;炭黑

天津市天河化学试剂厂

天津市河北区中山北路35号[300241]
电话:(022)26430536;26444635
传真:(022)26444635
经济类型:私营企业　法人代表:张建军
【主要产品】硫,升华;溴,水溶液;四氯化碳;乙酸钠;乙二胺四乙酸二钠;巴比妥钠;水杨酸钠;苯甲酸钠;草酸钠;柠檬酸钠;氟化钠;重铬酸钠;硅酸钠;铬酸钠;亚硝酸钠;硫酸钠(无水);亚硫酸钠(无水);偏重亚硫酸钠;亚硫酸氢钠;氯化钠;次氯酸钠;碘化钠;高碘酸钠;四硼酸钠;过硼酸钠;碳酸氢钠;磷酸三钠;三聚磷酸钠;六偏磷酸钠;次磷酸钠;焦磷酸钠;磷酸二氢钠;磷酸氢二钠;乙酸钡;氢氧化钡;铬酸钡;碳酸钡;草酸钾;重铬酸钾;硝酸钾;硫酸钾;硫酸铬钾;氯化钾;碘酸钾;高碘酸钾;碳酸氢钾;磷酸二氢钾;磷酸氢二钾;硫酸亚铁;乙酸铅;乙酸铅,碱式;铬酸铅;硝酸铅;碳酸铅;碳酸铅,碱式;乙酸铵;草酸铵;柠檬酸三铵;柠檬酸氢铵;氟化铵;氟化氢铵;重铬酸铵;硫酸铵;硫酸亚铁铵;氯化铵;碳酸氢铵;磷酸二氢铵;磷酸氢二铵;氢氧化铝;氧化铝;硬脂酸铝;硝酸铝;硫酸铝;乙酸锌;氧化锌;硬脂酸锌;硝酸锌;硫酸锌;氢氧化锂;三氧化铬;三氧化二铬;氯化铬;二氧化锆;二氧化锰;氯化锰;吡啶;六氢吡啶;三乙胺;*N*,*N*-二甲基甲酰胺;二乙烯三胺;二氯甲烷;三氯甲烷;庚烷;三氯乙烯;苯酚;对苯二酚;乙腈;2-丁酮;丙酮;乙酸乙酯;乙酸正丁酯;乙酸,无水;二乙基巴比土酸;2-羟基苯甲酸;抗坏血酸;苯甲酸;草酸;柠檬酸;氢氟酸;氢碘酸;硼酸;氟硼酸;乙醇(无水);乙二醇;聚乙烯醇;异丙醇;丙三醇;苯甲醇;乙醚;乙醚(无水);乙二醇一丁醚;水合肼;二甲基亚砜;1,4-二氧六环;山梨醇酐油酸酯;聚氧乙烯山梨醇酐油酸酯;石蜡,液体

天津市天环精细化工研究所

天津市东丽区津塘公路5号桥[300300]
电话:(022)24990064
传真:(022)24990064
经济类型:股份合作　法人代表:姚少华
【主要产品】顺酐催化剂

天津市天环药业有限公司

天津市北辰区双口镇上河头村北[300401]
电话:(022)26952267;86832578;86832311
传真:(022)26952267;86832578
供销传真:86832578;83834006
经济类型:股份合作　有进出口权
法人代表:王强
E-mail:tianhuanyaoye@ 126. com
【主要产品】阿维菌素可湿性粉剂;高渗吡虫啉乳油;25%单甲脒盐酸盐水剂;代森锰锌可湿性粉剂;多硫化钙;福美双可湿性粉剂;草甘膦可溶性粉剂;敌畏·马·辛乳油;福·甲硫可湿性粉剂

天津市天汇聚氨酯有限责任公司

天津市河北区泗阳道3号[300240]
电话:(022)26327577
传真:(022)26327577
供销传真:26743401　法人代表:于文静
经济类型:有限责任公司
【主要产品】聚氨酯硬质泡沫塑料发泡用组合料

天津市天惠精细化工厂

天津市西青区大寺镇北口村[300161]
电话:(022)23973868
传真:(022)23973868　经济类型:集体
供销电话:13902000802
法人代表:葛义铸
【主要产品】水性柔版油墨;树脂油墨;胶印亮光快干四色油墨

天津市天骄化工有限公司

天津市河北区中环线勤俭立交桥旁[300400]
电话:(022)26621260;26621526
传真:(022)26621260;26633990
供销电话:13602125129　有进出口权
经济类型:私营企业　法人代表:凌景华
网址:www. tianjiao-tj. com
E-mail:tianjiaohg@ 126. com;
tianjiaotj@ eyou. com
【主要产品】1,4-丁二醇二丙烯酸酯;1,6-己二醇二丙烯酸酯;二丙二醇二丙烯酸酯;三羟甲基丙烷三丙烯酸酯;乙氧基化三羟甲基丙烷三丙烯酸酯;新戊二醇二丙烯酸酯;丙氧基化新戊二醇二丙烯酸酯;邻苯二甲酸二甘醇二丙烯酸酯

天津市天凯中天化工有限公司

天津市开发区黄海路88号东英广场D座3-1201[300457]
电话:(022)62002080;62002090;62001456
传真:(022)62001230
网址:www. tiankaichem. com
E-mail:celia0101@ 163. com;
gaoli@ tiankaichem. com
【主要产品】烧碱;电石

天津市天梅化工厂

天津市武清县梅厂镇二村[301703]
电话:(022)29534668
传真:(022)29534668
经济类型:私营企业　法人代表:韩金杰
【主要产品】乙醚;石油醚;5-硝基水杨酸;乙醚(无水)

天津市天耐通用设备公司

天津市河北区津京公路60号[300230]
电话:(022)86653103
传真:(022)86653103　经济类型:集体
供销电话:13702029822
法人代表:王子仪
【主要产品】耐腐蚀液下泵;耐腐蚀离心泵

天津市天宁树脂有限公司

天津市宁河县造甲镇造甲城村[301510]
电话:(022)69519042
传真:(022)69519879
经济类型:股份有限公司
法人代表:刘秋满
网址:www.022sz.com
E-mail:sz@022sz.com
【主要产品】松香改性酚醛树脂;醇酸树脂;树脂油墨;油墨印刷助剂

天津市天庆化工有限公司

天津市津南区咸水沽小营盘村[300350]
电话:(022)28390610;28516858;28396858
传真:(022)28391969;28519688
供销电话:28396858;28513156
经济类型:私营企业　法人代表:赵继庆
网址:www.tq-hg.com
E-mail:tqhg@bf2000.net
【主要产品】高渗敌敌畏乳油;氰戊菊酯乳油;溴敌隆;溴鼠灵

天津市天深油墨实业公司

天津市红桥区光荣道205号[300131]
电话:(022)26372230
传真:(022)26372230
法人代表:蔡宗信
【主要产品】油墨

天津市天塑科技集团有限公司包装材料分公司

天津市西青区梨元头[300381]
电话:(022)23975418
传真:(022)23975257　经济类型:国有
有进出口权　企业规模:大型
法人代表:马树新
网址:www.tianjinplastics.com.cn
【主要产品】塑料薄膜;BOPP电容膜;BOPP双向拉伸香烟膜;BOPP双向拉伸印刷膜;BOPP双向拉伸珠光膜;BOPP双向拉伸热封膜;BOPP双向拉伸镀铝膜

天津市天塑科技集团有限公司第二塑料制品厂

天津市北辰区千里堤[300134]
电话:(022)26689634;26689606
传真:(022)26689605　经济类型:国有
供销电话:26689636　企业规模:大型
供销传真:26689635　法人代表:何骏星
网址:www.tjersu.com
E-mail:yangyazheol@sina.com
【主要产品】聚乙烯薄膜;聚乙烯气垫膜

天津市天塔涂料有限公司

天津市宁河县造甲城镇工业区[301510]
电话:(022)69519088
传真:(022)69518088
经济类型:私营企业　法人代表:刘金华
E-mail:ttflj@public.tpt.tj.cn
【主要产品】油漆

天津市天铁炼焦化工有限公司

天津市东丽区无瑕街杨柏村[300301]
电话:(022)24367546
传真:(022)24367547　有进出口权
供销电话:24367542　企业规模:大型
经济类型:有限责任公司
法人代表:朱德升
【主要产品】粗苯;煤焦油;焦炭

天津市天新密封件厂

天津市南开区长江道108号[300111]
电话:(022)27369124;13502108550
传真:(022)27650266
供销电话:27369124;13820519937
供销传真:27361161　法人代表:肖建华
网址:www.abc-tj-abc.com/tx
【主要产品】橡胶制品;橡胶杂品;骨架油封;O形密封圈

天津市天星助剂颜料厂

天津市河北区王串场2号路72号[300232]
电话:(022)26341582;26341053
传真:(022)26341581　经济类型:国有
供销传真:26341582　有进出口权
法人代表:王玉春
【主要产品】一氧化铅;群青;红丹;二盐基邻苯二甲酸铅;二盐基亚磷酸铅;二盐基硬脂酸铅

天津市天意防锈剂厂

天津市红桥区光荣道与本溪路交口[300131]
电话:(022)26522232;86525508
传真:(022)86525508　经济类型:集体
法人代表:张琳慧
网址:www.tjtianyi.com
【主要产品】洁厕王;防锈剂;除锈剂;常温高效金属清洗剂;乳化油

天津市天正化学试剂有限公司

天津市东丽区程林庄化工工业区莱洲路[300163]
电话:(022)24722609;24786851
传真:(022)24722609
经济类型:私营企业　法人代表:张廷峰
网址:www.jdtzchem.com
E-mail:jdtz@chem56.com
【主要产品】乙醚;石油醚

天津市铁中煤化有限公司

天津市西青区外环线[300110]
电话:(022)27392404
传真:(022)27392404
法人代表:贯永平
【主要产品】中温沥青;电极沥青

天津市通达化工有限公司

天津市西青开发区大寺工业园[300381]
电话:(022)23978001;23971563
传真:(022)23978001;23979112
供销电话:23979112　法人代表:郭宏伟
经济类型:有限责任公司
网址:www.totm.cn
E-mail:hongwei@totm.cn
【主要产品】己二酸二丁酯;偏苯三酸酐;己二酸丙二醇聚酯;己二酸二正辛酯;邻苯二甲酸二丁酯;邻苯二甲酸二辛酯;癸二酸二丁酯;癸二酸二辛酯;癸二酸二异丙酯;偏苯三酸三辛酯;硬脂酸丁酯;对苯二甲酸二辛酯;硬脂酸辛酯

天津市同凯绝缘材料有限公司

天津市宝坻区口东镇黑狼口村[301822]
电话:(022)82489371
传真:(022)82489371　职工人数:50人
经济类型:有限责任公司
法人代表:张子卿
网址:www.tj-tk.com
【主要产品】醇酸树脂漆类;造纸施胶剂

天津市同鑫化工厂

天津市北辰区引河桥北汉沟村[300400]
电话:(022)26972829;26978227;13821301252
传真:(022)26972829;26978227
供销电话:26970123;13802097097
经济类型:私营企业　法人代表:魏文祥
网址:www.tjtongxin.com
E-mail:sjzkw@sohu.com
【主要产品】磷酸二氢钠;磷酸三钠;磷酸氢二钠;磷酸氢二钾

天津市涂料包装器材厂助剂分厂

天津市河北区张兴庄马庄北街13号[300402]
电话:(022)86320024;86330198
传真:(022)86330198　经济类型:国有
法人代表:陈洪友
【主要产品】钴;2-乙基己酸;催干剂;高效复合催干剂;环烷酸盐催干剂;塑料棕;涂料黄;增塑剂

天津市外星化工涂料有限公司

天津市北辰区屈店工业园区[300400]
电话:(022)86871149;86870285;86870286
传真:(022)86871677
供销电话:86870286;13902183977
网址:www.waixinghuagong.com
E-mail:waixinghuagong@126.com
【主要产品】铁红酚醛防锈漆;酚醛烟囱漆;防水防腐涂料;厚浆型环氧煤沥青防腐涂料;C06-1铁红醇酸底漆;各色氨基磁漆;金属油罐抗静电防腐涂料;油罐外壁防腐涂料;硝基清漆;过氯乙

烯漆类；磷化底漆；B04-1 各色丙烯酸磁漆；丙烯酸聚氨酯罩光清漆；丙烯酸路线漆；高级丙烯酸三防漆；铁红环氧酯底漆；环氧磷酸锌防锈底漆；环氧富锌底漆；稳定型环氧带锈防锈底漆；环氧云铁防锈中涂漆；环氧地坪涂料；环氧沥青漆类；环氧红丹防锈漆；环氧锌黄底漆；各色聚氨酯环氧防腐漆；氟碳漆；有机硅耐高温漆；氯化橡胶漆类；氯磺化聚乙烯防腐漆；高氯化聚乙烯防腐面漆；船舶防腐漆；无机硅酸锌底漆；可剥性防腐涂料；特种防腐涂料

天津市万达轮胎集团有限公司

天津市北辰区宜兴埠镇工业区[300402]
电话：(022)26990915；26996106；26993754
传真：(022)26990915　经济类型：集体
供销电话：26991163；26990906
有进出口权　企业规模：大型
法人代表：耿玉顺
网址：www.tjwanda.com
E-mail：wdlt@tjwanda.com
【主要产品】轮胎；摩托车轮胎；力车胎外胎

天津市万发化工有限公司

天津市北辰区大张庄镇南麻村[300400]
电话：(022)26398343
传真：(022)26391010　有进出口权
经济类型：股份合作　法人代表：张振成
【主要产品】2-萘酚

天津市万丰顺科贸发展有限责任公司

天津市北辰区北仓镇桃口工业区[300400]
电话：(022)86871073；13902181429
传真：(022)86871820
经济类型：有限责任公司
网址：www.tjwfs.com
E-mail：wfsh@tjwfs.com
【主要产品】污水处理剂；破乳剂；反相破乳剂；高效中和缓蚀剂；污油处理剂

天津市万龙防火涂料厂

天津市河北区红星路106号[300150]
电话：(022)26429119
传真：(022)26429119　经济类型：集体
供销电话：26427391　法人代表：王辉
【主要产品】膨胀型过氯乙烯防火涂料；饰面型防火涂料；薄型钢结构防火涂料

天津市万荣化工工业公司

天津市红桥区津坝公路黑塔寺[300131]
电话：(022)26373317；26561303
传真：(022)26372775　经济类型：集体
供销电话：26372273；26373317
产值：55,000千元　职工人数：440人
法人代表：柳泽溪
网址：www.tjwr.com
【主要产品】内外墙涂料；快干腻子；聚醋酸乙烯乳液胶黏剂；108胶

天津市万松玻璃钢板材有限公司

天津市东丽区程林庄工业区[300163]
电话：(022)24786687；24714178
传真：(022)24714178
经济类型：股份有限公司
法人代表：董树林
【主要产品】玻璃钢板材

天津市威马科技发展有限公司

天津市北辰区韩家墅村西[300131]
电话：(022)26534052
传真：(022)26534052　经济类型：集体
供销电话：26534052；13302172370
供销传真：26532913　法人代表：雷万君
E-mail：lz_120@163.com
【主要产品】低泡金属清洗剂

天津市伟业乳胶化工厂

天津市塘沽区胡家园街中心庄村[300454]
电话：(022)25367375；25367476
传真：(022)25367375；25367476
经济类型：国有　法人代表：郭宝友
【主要产品】泡沫塑料；医用胶管；指套

天津市炜杰科技有限公司

天津市南开区白堤路236号[300192]
电话：(022)87893923；87895772；87895773
传真：(022)87893923-5008
经济类型：私营企业
网址：www.weijiegroup.com
E-mail：info@weijiegroup.com
【主要产品】4-乙氧羰基-3-乙氧基苯乙酸；*N*-甲基-*N*-环己基对溴苯胺；3-甲基喹啉-8-磺酰氯；钙泊三醇；群勃龙；瑞格列奈；氟达拉滨；富马酸比索洛尔；伊拉地平；阿加曲班

天津市无机化学工业研究所

天津市河东区七纬路65号[300012]
电话：(022)24302789；24212041；24211865
传真：(022)24212041　经济类型：国有
供销电话：24303526　有进出口权
法人代表：赵建民
【主要产品】氨基乙酸

天津市五一化工厂

天津市东丽区程林庄工业区莱州路[300163]
电话：(022)24725468；24373367
传真：(022)24373367　经济类型：集体
法人代表：徐志荣
【主要产品】4-硝基酚钠；防老剂RD；防老剂甲

天津市五一天立油漆有限公司

天津市宝坻县八门城镇[301800]
电话：(022)82568808
传真：(022)82567512　经济类型：集体
法人代表：刘道海
【主要产品】油漆

天津市五洲涂料有限公司

天津市北辰区西堤头镇东[300402]
电话：(022)86848979
传真：(022)86849938
经济类型：有限责任公司
法人代表：边绍彬
网址：www.tj-wuzhou.com/jj.htm
【主要产品】油漆

天津市武清区北方特种涂料厂

天津市武清区杨村镇上下园工业区[301700]
电话：(022)29373243
传真：(022)29373243
法人代表：沈宝良
【主要产品】乳胶漆；内外墙涂料

天津市武清区北洋化工厂

天津市武清区1号路[301715]
电话：(022)29371627；29382082
传真：(022)29389998；29382082
法人代表：朱棋棋
网址：www.beiyangchem.com
E-mail：bychem@beiyangchem.com
【主要产品】6-氯嘌呤；次黄嘌呤；阿普洛韦侧链；1,2,3,5-四乙酰-*β*-*D*-呋喃核糖；胞苷

天津市武清区陈嘴乡渔坝口化工厂

天津市武清区陈嘴乡渔坝口一村[301718]
电话：(022)22146478
传真：(022)22146478
经济类型：私营企业　法人代表：肖永桂
【主要产品】3-硝基苯甲醛；乙酸铵

天津市武清区福康化工厂

天津市武清区石各庄镇[301718]
电话：(022)22159182
传真：(022)22159182
经济类型：股份有限公司
法人代表：吕玉岐
【主要产品】聚乙二醇

天津市武清区津武特种油墨厂

天津市武清区大孟庄镇[301711]
电话：(022)22261387
传真：(022)22261387
供销电话：22262595　法人代表：张国贤
经济类型：股份合作
【主要产品】水性凹印油墨；水可洗油墨

天津市武清区南湖化工厂

天津市武清区下朱庄乡郎庄[301700]
电话:(022)29347404
传真:(022)29347404
经济类型:私营企业 法人代表:郎德贵
【主要产品】硬脂酸钙

天津市武清区前进玉立化工厂

天津市武清区杨村镇南炒米店工业区[301700]
电话:(022)29337284;29347637
传真:(022)29337284
供销电话:13802194871
经济类型:私营企业 法人代表:周玉兰
【主要产品】超细白炭黑;白炭黑(疏水)

天津市武清区辛鑫化工有限公司

天津市武清区南蔡村乡张辛庄[301709]
电话:(022)29411187;29412954
传真:(022)29412954
经济类型:股份有限公司
法人代表:寇瑞林
【主要产品】羧甲基纤维素钠;羧甲基淀粉

天津市西青区大业助剂厂

天津市西青区上辛口镇冯高庄[300380]
电话:(022)27990277
传真:(022)27990278
经济类型:私营企业 法人代表:李恩军
【主要产品】甜菜碱;有机硅织物柔软剂;新型阳离子柔软剂;十二烷基二甲基苄基氯化铵;分散剂 WA;渗透剂;稳定剂 A

天津市西青区发达化工厂

天津市西青区辛口镇周李庄[300380]
电话:(022)27971527
传真:(022)27971527 经济类型:集体
供销电话:27970519 法人代表:李明年
【主要产品】阳离子絮凝剂

天津市西青区光辉化工厂

天津市西青区杨柳青娄家院村[300380]
电话:(022)27925950;87973188
传真:(022)27925950 法人代表:王刚
经济类型:私营企业
【主要产品】氯乙酸钠;醋酸钾;乙酸铵

天津市西青区金宏展彩色铁粉厂

天津市西青区杨柳青柳口路[300380]
电话:(022)27392934
传真:(022)27945459
供销电话:27392934;13920318297
经济类型:私营企业 法人代表:刘月兰
【主要产品】氧化铁红;氧化铁黄;氧化铁黑;氧化铁绿;无机黄;塑料棕;直接耐晒蓝;银朱 R;耐晒绿

天津市西青区隆泰化工厂

天津市西青区津淄路小韩庄[300383]
电话:(022)23996908
传真:(022)23996069
经济类型:私营企业 法人代表:丁玉芳
【主要产品】印染助剂

天津市西青区盛兴发塑料制品有限公司

天津市西青区水高庄[300380]
电话:(022)27993456;27990109
传真:(022)27998190 有进出口权
经济类型:有限责任公司
法人代表:高泽海
【主要产品】塑料板片材;聚乙烯包装箱;注塑制品

天津市西青区阳光染料化工厂

天津市西青区辛口镇上辛口村[300380]
电话:(022)27992947
传真:(022)27991237 经济类型:集体
法人代表:徐凤勤
【主要产品】硫化艳绿 GB;硫化亮绿;活性嫩黄 X-6G;活性嫩黄 K-4G;活性黄 X-R;活性艳橙 X-GN;活性艳红 X-3B;活性艳红 KE-3B;活性艳红 KE-7B;活性紫 K-3R;活性红紫 X-2R;活性艳蓝 X-BR;活性墨绿 KE-4BD;反应橙 K-2RL;活性黑 KN-B

天津市西青区杨柳青鑫川铁粉厂

天津市西青区营建路[300380]
电话:(022)27942569
传真:(022)27942569
经济类型:私营企业 法人代表:王万连
【主要产品】氧化铁颜料;塑料棕;高地板黄

天津市西青区永红化工厂

天津市西青区南河镇吴庄子村[300382]
电话:(022)23980601
传真:(022)23980601 经济类型:集体
法人代表:杨文起
【主要产品】氢氧化铝

天津市禧鑫化工有限公司

天津市东丽区军粮城镇杨台村[300301]
电话:(022)24361857
传真:(022)84968223
经济类型:有限责任公司
法人代表:任全喜
【主要产品】增塑剂

天津市先权科技开发有限公司

天津市武清区杨村新华南路[301700]
电话:(022)29330172
传真:(022)29324907
供销电话:29324907 法人代表:陈淑俊
经济类型:有限责任公司
网址:www.xq-instrument.com
E-mail:csj@xq-instrument.com
【主要产品】阀门

天津市现代乳胶厂

天津市北辰区京津公路马庄[300400]
电话:(022)26810904
传真:(022)26822652;26810904
经济类型:集体 法人代表:李金刚
【主要产品】指套;家用手套;橡胶耐酸碱手套

天津市祥通化工有限公司

天津市汉沽区东风北路 5 号[300480]
电话:(022)67116644;67198598
传真:(022)67116644
供销电话:13902095108
经济类型:私营企业 法人代表:刘洪生
【主要产品】漂白粉;过碳酸钠;氧化钴;过氧化钙

天津市橡胶工业研究所

天津市新技术产业园区华苑产业区(环外)海泰南北大街 15 号[300384]
电话:(022)23787361;23787365
传真:(022)23787361 经济类型:国有
供销电话:23787397 有进出口权
供销传真:23787396 法人代表:邵魏
网址:www.rubber-cn.com
E-mail:make@279sports.com
【主要产品】乒乓球拍胶皮

天津市橡胶制品二厂

天津市红桥区丁字沽二号路 37 号[300131]
电话:(022)26374084
传真:(022)26374085 经济类型:国有
有进出口权 法人代表:张广斌
【主要产品】普通橡胶板

天津市橡胶制品六厂

天津市南开区黄河道西头工企路 1 号[300111]
电话:(022)27366516;27365321
传真:(022)27365321 经济类型:集体
法人代表:张和平
【主要产品】阻燃聚氯乙烯管;输水胶管;煤气胶管;输油胶管

天津市橡胶制品七厂

天津市河东区古田路 6 号[300151]
电话:(022)24341212;24341672;24342363
传真:(022)24342363 经济类型:集体
供销电话:24341672;24341212
供销传真:24341212 法人代表:晁振杰
【主要产品】氯丁水乳黏合剂;鞋用胶

黏剂

天津市橡胶制品七厂永固化工防腐厂

天津市河东区古田路6号[300151]
电话:(022)24340593
传真:(022)24340593 经济类型:集体
法人代表:闫泽珊
【主要产品】橡胶制品

天津市橡胶制品三厂一分厂

天津市河北区宙伟路二马路74号[300141]
电话:(022)26354382;26351968
传真:(022)26276454 经济类型:集体
法人代表:朱恩林
【主要产品】橡胶导风筒

天津市橡胶制品四厂

天津市河北区元纬路四马路36号[300141]
电话:(022)26351844
传真:(022)26351844 经济类型:集体
供销传真:26351884 有进出口权
法人代表:马中骅
【主要产品】汽车橡胶配件

天津市欣宽福利化工厂

天津市大港区津港公路树才中学东侧400米[300270]
电话:(022)63275008;63276464
传真:(022)63276464
供销电话:63275008;13920498619
网址:www.tjxkfl.com
E-mail:zhumei@tjxkfl.com
【主要产品】二甲苯;苯;石油苯;石脑油;渣油;C_5 馏分;C_9 馏分;溶剂油200号;6号抽提溶剂油;混合苯;粗苯;溶剂油190号;溶剂油120号

天津市新标金属颜料厂

天津市西青区王稳庄镇东兰坨村[300383]
电话:(022)23990891
传真:(022)83998118 经济类型:集体
法人代表:张凤盈
【主要产品】漂浮型银粉浆

天津市新华橡胶厂

天津市河北区宇纬路17号[300142]
电话:(022)26353668
供销电话:26352421 经济类型:集体
供销传真:26352421 法人代表:张绍周
【主要产品】橡胶杂品;纯胶管;橡胶密封胶条

天津市新丽华色材有限责任公司

天津市西青区王稳庄镇政府北[300383]
电话:(022)23993640;23990136;23993654
传真:(022)23993654
供销电话:23994440 法人代表:张宝坤
经济类型:有限责任公司
网址:www.resource-tj.com;
www.tjlihua.com
E-mail:tjshxlh@eyou.com
【主要产品】各色环氧聚酯水性浸涂漆;H11-96阴极电泳漆;单组分聚氨酯清漆;汽车配件用漆

天津市新美染料化工有限公司

天津市西青区上辛口镇中辛口村[300380]
电话:(022)27992431;27990588;27995296
传真:(022)27993131 经济类型:集体
法人代表:孙作良
网址:www.dyesworld.com
E-mail:tjxm@dyesworld.com;
xmrl@dyesworld.com
【主要产品】活性染料;K型系列活性染料;M型系列活性染料;KE型系列活性染料;KD型系列活性染料;BEX型活性染料

天津市新天进科技开发有限公司

天津市南开区白堤路馨名园11-1-601室[300192]
电话:(022)23001230;23001231
传真:(022)87891666
经济类型:有限责任公司
法人代表:蓝仁水
网址:www.xtj.com.cn
E-mail:xtj@xtj.com.cn;
hgm2008@yahoo.com.cn
【主要产品】规整填料

天津市新欣化工厂

天津市西青区王稳庄镇东兰坨村[300383]
电话:(022)23995346
传真:(022)23990742 经济类型:集体
供销电话:13920818696
法人代表:万宗国
网址:www.znso4.com
E-mail:xinxin@znso4.com
【主要产品】硫酸锌;漂粉精

天津市新新药业公司上辛口分厂

天津市西青区上辛口镇[300380]
电话:(022)27992726;27991896;13820519822
传真:(022)27991896 经济类型:集体
法人代表:张万奇
网址:www.tj-xxyy.com
E-mail:xinxin@tj-xxyy.com
【主要产品】醋酸钠;5-硝基糠醛二醋酸酯;喹乙醇;甜菜碱;呋喃唑酮;呋喃妥因;硝呋索尔

天津市新星兽药厂

天津市北辰区霍庄子大桥南[300402]
电话:(022)84715120;86843412
传真:(022)84714868;86849777
供销电话:86849535 有进出口权
经济类型:股份合作 企业规模:大型
法人代表:刘东田
网址:www.tjxinxing.com
E-mail:xxsy@tjxinxing.com
【主要产品】氯化胆碱;饲料添加剂;杆菌肽锌;硫酸粘杆菌素;预混剂

天津市鑫海化工厂

天津市东丽区军粮城镇北杨北公路20公里处[300301]
电话:(022)84871605;84872302;13803039669
传真:(022)84871605 经济类型:集体
网址:www.xinhaiyy.com.cn
【主要产品】烧碱(固体);亚硫酸钠

天津市鑫汇石油化工有限公司

天津市大港区中塘镇西正河工业区[300270]
电话:(022)63276736
传真:(022)63277747 经济类型:集体
供销电话:13920901110
法人代表:王贤友
【主要产品】溶剂油

天津市鑫金龙粉末涂料有限公司

天津市津南区双桥河镇工业园区[300350]
电话:(022)88518213;88518223
传真:(022)88518213
经济类型:有限责任公司
法人代表:王家礼
网址:www.resource-tj.com/chemistry/paint
【主要产品】热固性粉末涂料

天津市鑫阔化工厂

天津市西青区南河工业区[300382]
电话:(022)23983175;13920599933
传真:(022)23987096 有进出口权
经济类型:股份合作 法人代表:张玉通
网址:www.tianjinchem.com;
www.xinkuo.cn
E-mail:xinkuo@xinkuo.cn
【主要产品】亚硫酸钠;萘(精);2-萘酚

天津市鑫磊化工有限公司

天津市大港区中塘镇西正河村[300270]
电话:(022)63276110
供销电话:13920810273
经济类型:私营企业 法人代表:苏金祥
【主要产品】芳烃

天津市鑫塔化工厂

天津市北辰区西堤头镇西堤头村[300408]
电话:(022)86848641
传真:(022)86848641

经济类型:私营企业　法人代表:张义沛
【主要产品】醇酸树脂漆类

天津市鑫卫化工有限责任公司

天津市西青区辛口镇工业区[300380]
电话:(022)27994234;27992150
传真:(022)27994234　法人代表:王永
经济类型:联营企业
【主要产品】糖精钠

天津市鑫源化工厂

天津市西青区王稳庄乡大候庄[300383]
电话:(022)23994837;23993501;13802034937
传真:(022)23994837
经济类型:私营企业　法人代表:王增云
网址:www. tj-xinyuanchem. com
E-mail:zy@ tj-xinyuanchem. com
【主要产品】硫代硫酸钠(无水);高氯酸锂

天津市信爱商贸有限公司

天津市北辰区北仓镇闫庄村[300400]
电话:(022)26392587
传真:(022)26392587　职工人数:50 人
经济类型:有限责任公司
法人代表:闫少和
【主要产品】苯丙乳液;羧基丁苯胶乳;分散剂;润滑增光剂

天津市兴光助剂厂

天津市北辰区刘安庄村[300402]
电话:(022)26852606;13011396548
传真:(022)26852606　法人代表:陈煦
经济类型:私营企业
【主要产品】阻燃剂;十二烷基氧化叔胺;二甲基十二烷基叔胺醋酸盐;十二烷基三甲基氯化铵

天津市兴果农药厂

天津市北辰区津围公路北孙庄东2公里[300402]
电话:(022)86854091;86852977;86854092
传真:(022)86852631　经济类型:集体
供销传真:86852977　法人代表:闫学龙
网址:www. tjxingguo. com
E-mail:xingguo@ tjxingguo. com
【主要产品】代森铵水溶液;代森锌可湿性粉剂;代森锰锌可湿性粉剂;福美甲胂可湿性粉剂(50%);福美双可湿性粉剂;福美胂可湿性粉剂(40%);多·福·霉威可湿性粉剂;福·福锌可湿性粉剂;腈菌·锰锌可湿性粉剂

天津市兴华福利化工厂

天津市西青区张窝乡老君堂村南[300382]
电话:(022)87983845
传真:(022)87983845　经济类型:集体
供销电话:87983453　法人代表:王庆水
【主要产品】食用日落黄;食用苋菜红;食用柠檬黄;食用胭脂红;食用合成染料果绿;食用合成染料牛奶巧克力棕;食用合成染料葡萄紫

天津市兴华化学试剂厂

天津市河北区中环线铁东路[300402]
电话:(022)86710572
供销传真:86322378　经济类型:集体
法人代表:李文荣
【主要产品】三氯乙烯;氨水

天津市兴利化工厂

天津市塘沽区新城镇邓善沽村[300455]
电话:(022)25391521
传真:(022)25391521
经济类型:私营企业　法人代表:张会清
【主要产品】烧碱(固体)

天津市兴联化工厂

天津市东丽区大毕庄镇徐庄子[300251]
电话:(022)26338909
传真:(022)26330327　经济类型:集体
法人代表:赵治明
【主要产品】四氯化碳;乙二胺四乙酸二钠;氟化钠;氢氧化钠;硝酸钠;硫化钠;连二亚硫酸钠;次氯酸钠;氟硼酸钠;碳酸钠;氢氧化钙;碳酸钙;氢氧化钡;硫酸钡;氯化钡;氢氧化钾;重铬酸钾;硝酸钾;过硫酸钾;碘化钾;氟硼酸钾;高锰酸钾;乙酸钴;硝酸钴;硫酸钴;氯化钴;铁粉;三氧化二铁;硫化亚铁;硫酸亚铁;三氯化铁;氧化亚镍;硫酸镍;碳酸镍,碱性;二氧化铅;锡,粒状;氯化亚锡;氟化铵;氟化氢铵;氢氧化铵;硫酸亚铁铵;氯化铵;乙酸铜;氧化铜,粉状;硝酸铜;硫酸铜;硫酸铜,无水;氯化亚铜;碳酸铜,碱式;醋酸铝;氧化铝;硝酸铝;碳酸铝,碱式;锌,粒状;氧化锌;硫酸锌;氯化锌;氢氧化锂;氧化镁;二氧化钛;乙酸铬;三氧化二铬;氯化铬;三氧化二锑;二氧化锰;硫酸锰;氯化锰;碳酸锰;丙酮;草酸;氢氟酸;硅酸;氟硅酸;硼酸;氟硼酸;磷酸;乙醇(95%);乙醇(无水);丙三醇;乙醚;石油醚;水合肼;明胶;硅胶;山梨醇酐油酸酯;聚氧乙烯山梨醇酐油酸酯

天津市兴玉工贸有限公司

天津市东丽区程林街场台村2区9号[300300]
电话:(022)89620366;13132039018
传真:(022)24371312
供销电话:89805365;24732962
网址:makeweb. chemn. cn/custom/tjxy/inde
E-mail:tjxy@ chemn. com
【主要产品】偏硅酸钠(五水);聚甲基三乙氧基硅烷;涂料专用消泡剂;水性消泡剂;水性油墨型消泡剂;食用消泡剂;柔软剂 SG;柔软剂 SE-10;脂肪醇聚氧乙烯醚(N=3);脂肪醇聚氧乙烯醚(N=7);平平加 O-20;平平加 OS-15;平平加 SA-20;平平加 A-20;渗透剂 JFC;聚醚型消泡剂;硅烷消泡剂;高温消泡剂;有机硅固体粉沫型消泡剂;羊毛洗涤剂;X 型有机硅消泡剂;S 型有机硅消泡剂;高效消泡剂;橡胶促进剂;十二烷基苯磺酸钠;乳化剂 OP-4;乳化剂 OP-6;乳化剂 OP-7;乳化剂 OP-10;斯盘 60;斯盘 80;吐温 60;吐温 80;净洗剂 6501;乳化剂 OP-15;皮革渗透剂;脱模剂;防锈剂;金属清洗剂;磷化剂;除油剂;防冻液专用消泡剂;耐强碱性消泡剂;废纸脱墨剂

天津市星海油墨有限公司

天津市静海县西翟庄镇安家庄工业区[301611]
电话:(022)68371862;68371723;68371388
传真:(022)68371398
经济类型:有限责任公司
法人代表:郑成山
网址:www. tjxhym. com
【主要产品】树脂胶版油墨;铅印彩色墨;胶印轮转油墨;胶印金属油墨;胶印亮光油墨;胶印亮光快干四色油墨;特种油墨

天津市雄冠科技发展有限公司

天津市北辰区辰昌路军械所后院[300134]
电话:(022)26648535
传真:(022)26686122　法人代表:张瑾
供销电话:13902029651
经济类型:股份有限公司
网址:www. xgkj. com;
xiongguankj. ebigchina. com
E-mail:xiongguankj@ sohu. com
【主要产品】重烷基苯磺酸钠;抑泡剂;橡胶助剂;氨基硅油乳化剂;皮革助剂;废纸脱墨剂

天津市旭升化工厂

天津市西青区张家窝加油站西[301625]
电话:(022)87986143;87986831
传真:(022)87989239
供销电话:87981622;87980178
经济类型:私营企业　法人代表:李绍明
网址:www. resource-tj. com
E-mail:tjzhanghongtian@ eyou. com
【主要产品】直接黄 R;直接耐酸大红 4BS;直接大红 4BE;直接蓝 2B;直接黄棕 MD;直接红棕 RN;直接耐晒嫩黄 5GL;直接耐晒黄 RS;碱性棕 G

天津市亚昌化工有限公司

天津市静海县唐官屯镇亚庄子村[301611]
电话:(022)68519063;13820084397
传真:(022)68519063

津

网址:www.yachangchem.com
E-mail:manager@yachangchem.com
【主要产品】氧化锌

天津市亚德植物油厂

天津市北辰区西堤头镇西堤头村[300408]
电话:(022)86849131;86844346
传真:(022)86843238
供销电话:86843052 法人代表:尹学军
经济类型:私营企业
【主要产品】脂肪酸;亚麻油

天津市亚红化工有限公司

天津市东丽区津塘公路小马场[300300]
电话:(022)84452301;84452306
传真:(022)84452306
经济类型:有限责任公司
法人代表:杨国庆
网址:www.yahongchem.com
E-mail:yahong@chemhot.com
【主要产品】硫酸亚锡;氯化亚锡;氯化锌;氯化锌铵;过硼酸钠(四水);锡酸钾

天津市亚中染料有限公司

天津市东丽区程林庄工业区[300163]
电话:(022)24715851;24373270
传真:(022)24715851 法人代表:陈斌
供销电话:13502090216
经济类型:股份有限公司
【主要产品】酸性嫩黄 2G;酸性橙Ⅱ;酸性红 G;酸性大红 3R;酸性红 B;酸性品红 6B;酸性海蓝 GGR;酸性黑 ATT;酸性黑 10B;弱酸嫩黄 G;弱酸艳红 B;弱酸红 GRS

天津市延安化工厂

天津市东丽区程林庄工业区[300163]
电话:(022)24373488;24373201
传真:(022)24373485 经济类型:集体
供销电话:24379843 法人代表:马洪声
供销传真:24379843
网址:www.yanhai.com.cn
E-mail:tjyhco@mail.zlnet.com.cn
【主要产品】聚酰胺树脂;聚酰胺树脂(低分子量,650 型);聚酰胺树脂(低分子量);改性环氧胶黏剂;室温快速固化环氧树脂胶黏剂 HY-914;固化剂;MA 潮湿水下环氧固化剂

天津市延安化工厂大通化工技术开发公司

天津市东丽区程林庄工业区登州路16 号[300163]
电话:(022)24378274
传真:(022)24378274 经济类型:集体
法人代表:马洪声
【主要产品】环氧树脂固化剂;新型低黏度环氧树脂固化剂;阳离子沥青乳化抗剥离剂

天津市延安化工厂分厂

天津市东丽区程林庄工业区澄州路十六号[300163]
电话:(022)24372608
传真:(022)24373485;24372608
经济类型:集体 法人代表:马洪声
【主要产品】建筑涂料;环氧防腐漆;环氧树脂黏合剂;拔丝润滑剂

天津市燕山超细矿粉厂

天津市蓟县府君山东 2 公里处[301900]
电话:(022)29172099;13920167977
传真:(022)29172099
网址:www.shife.com.cn
E-mail:maifanshi@hotmail.com
【主要产品】白云石;石灰石粉;硅石粉;萤石;萤石粉;石英石;氧化钙

天津市燕兆工贸有限公司

天津市东丽区程林庄工业区[300163]
电话:(022)24781707
传真:(022)24781707
供销电话:24373104 法人代表:马洪声
经济类型:股份合作
【主要产品】环氧树脂固化剂

天津市杨柳青福利化工厂

天津市西青区杨柳青镇南东桑园[300380]
电话:(022)27391241
传真:(022)27391241 经济类型:集体
法人代表:任兆勇
网址:www.fulihg.cn
E-mail:fulihg@163.com
【主要产品】氧化铁红;氧化铁黄;氧化铁黑;氧化铁绿;直接耐晒翠蓝 GL

天津市药业有限公司

天津市西青区张家窝镇东[300380]
电话:(022)27974590;87980912;87982602
传真:(022)87982950 经济类型:集体
固定资产:80,000 千元 有进出口权
供销传真:27974619 职工人数:400 人
产值:140,000 千元 法人代表:只万民
销售收入:120,000 千元
网址:www.jinjinzy.com
E-mail:info@jinjinzy.com
【主要产品】4-雄烯二酮;16,17α-环氧黄体酮;醋酸妊娠双烯醇酮;丙酸睾酮;氢化可的松;醋酸氢化可的松;醋酸可的松;丙酸氯倍他索;地塞米松;地塞米松磷酸钠;螺内酯

天津市耀德工商实业公司

天津市南开区鞍山西道风荷园 9-2-101 号[300193]
电话:(022)27379043;60264961
传真:(022)27483919 法人代表:高飞
经济类型:股份合作
E-mail:yaodemailcn@eyou.com
【主要产品】三氯化铝(六水);四氢呋喃;1,2,4-三氯苯;1,2,3-三氯苯;二乙烯三胺;五氯酚钠

天津市耀华红日油漆有限公司

天津市北辰区西堤头镇[300402]
电话:(022)86842483;86848297;86840984
传真:(022)86840984
经济类型:私营企业
法人代表:张洪元
网址:www.resource-tj.com/chemistry/paint
【主要产品】C01-1 醇酸清漆;C01-7 醇酸清漆;C03-2 各色醇酸调合漆;各色无光醇酸调合漆;C04-2 各色醇酸磁漆;C06-1 铁红醇酸底漆;醇酸防锈漆

天津市耀华实心轮胎厂

天津市北辰区北仓镇[300400]
电话:(022)26391645;13902110749
传真:(022)26391645
法人代表:商宗江
网址:www.shixinluntai.com
E-mail:shixinluntai@163.com
【主要产品】实心轮胎

天津市伊尔根精细化工有限公司

天津市河北区建国道 21 号美泽大厦底商[300010]
电话:(022)27567017;24459864
传真:(022)24459864 法人代表:赵鹏
经济类型:私营企业
【主要产品】铝粉;磷化液;合成切削液;研磨液

天津市伊美克精细化工厂

天津市河北区天泰路东华里 1 号楼二门 201 室[300230]
电话:(022)86612822
传真:(022)86613295
供销电话:13323350309
经济类型:私营企业 法人代表:张一宁
网址:www.yimeike.com
E-mail:kylintrade@163.com
【主要产品】消泡剂

天津市宜坤精细化工科技开发有限公司

天津市津南区咸水沽工业园区[300350]
电话:(022)28539811
传真:(022)28539812
经济类型:私营企业 法人代表:孔繁昇
网址:www.yikunchem.com
E-mail:ykchem@public.tpt.tj.cn
【主要产品】香料

天津市亿天工贸有限公司

天津市西青区杨柳青柳口路[300380]
电话:(022)27391801

传真:(022)27979995
网址:www. yitian. chem. cn
E-mail:yittang@ yahoo. com. cn
【主要产品】碘化钾;一氯乙酸;β-苯基丙烯酸;肉桂酸甲酯;肉桂酸乙酯;肉桂酰氯;N,N-二甲基甲酰胺;氨基脲;氯乙酸钠;丙酮缩氨基脲;氨基脲盐酸盐;N-溴代丁二酰亚胺;溴代丙酮酸乙酯;溴代丙酮酸甲酯;龙脑

天津市益江化工染料有限公司

天津市北辰区南王平工业区[300402]
电话:(022)86828603
传真:(022)86828603
供销电话:13602090617
经济类型:私营企业　法人代表:刘江林
网址:www. resource-tj. com
【主要产品】还原棕 BR;还原棕 G;还原棕 GG;还原灰 BG

天津市益顺化工有限公司

天津市津南区八里台镇大韩庄村[300350]
电话:(022)88520642
传真:(022)28751233
供销传真:88520642　法人代表:韩其光
经济类型:有限责任公司
【主要产品】二甲基苯胺;N,N-二甲基苯胺

天津市银河化工厂

天津市北辰区津围公路小淀工业区B区[300402]
电话:(022)26998007;26998017
传真:(022)26998027
经济类型:私营企业　法人代表:郭子衡
网址:www. tjmoxing. cn
E-mail:guotao@ tjmoxing. cn
【主要产品】聚醋酸乙烯乳液;聚醋酸乙烯乳液胶黏剂;环保型白乳胶;氯丁橡胶胶黏剂

天津市英禧工贸有限公司

天津市北辰区双街镇常庄[300150]
电话:(022)81288094;26441955;13012295008
传真:(022)26441955
网址:www. qy6. com
【主要产品】酸性染料;酸性嫩黄 G;酸性嫩黄 2G;酸性金黄 G;酸性红 G;酸性大红 GR;酸性大红 3R;酸性红 B;酸性湖蓝 A;酸性湖蓝 V;酸性墨水蓝 G;酸性蓝 EA;酸性果绿;酸性黑 ATT;酸性黑 10B;酸性媒介深黄 GG;酸性媒介桃红 3BM;酸性媒介红 S-80;酸性媒介漂蓝 B;酸性媒介藏青 RRN;酸性媒介棕 RH;酸性媒介黑 T;酸性红 BG;碱性嫩黄 O;碱性橙块;碱性玫瑰精 B;碱性紫 5BN;碱性艳蓝 BO;碱性品绿;碱性棕 G;碱性品蓝

天津市迎新农药有限公司

天津市津南区小站镇[300353]
电话:(022)28615630
传真:(022)88611131
经济类型:私营企业　法人代表:王月华
【主要产品】55% 甲拌磷乳油;辛硫磷乳油;50% 敌敌畏乳油;氯氰菊酯乳油;高效氯氰菊酯;高效氯氰菊酯乳油;高效氯氰菊酯水乳剂;多・福可湿性粉剂;福・甲硫可湿性粉剂

天津市雍阳减水剂厂

天津市武清区东蒲洼工业区[301700]
电话:(022)82127518;82117116
传真:(022)82123947;82127518
供销电话:82117116;82127518
经济类型:股份合作　有进出口权
企业规模:大型　法人代表:施淑芬
网址:www. yywr. com
E-mail:yywr@ yywr. com
【主要产品】高效减水剂

天津市永安化工厂

天津市津南区八里台镇西小站村[300350]
电话:(022)88811363
传真:(022)88811038　经济类型:集体
供销电话:88811660　法人代表:尹富有
【主要产品】苯甲醇;苯甲酸甲酯;苯甲酸苄酯;乙酸苄酯;邻羟基苯甲酸苯甲酯;丙酸苄酯

天津市永合染化厂

天津市北辰区霍庄乡大桥东侧[300402]
电话:(022)86821851;86823721
传真:(022)86821851
经济类型:股份合作　法人代表:刘亚文
【主要产品】直接冻黄 G;直接耐晒黑 G;酸性大红 3R;活性艳橙 X-GN;活性艳橙 K-GN;活性艳红 X-3B

天津市永明化工涂料厂

天津市北辰区西堤头镇刘快庄村南[300402]
电话:(022)86840253;86841946
传真:(022)86840253
经济类型:私营企业　法人代表:刘明友
【主要产品】各色醇酸调合漆;铁红醇酸防锈漆

天津市永生化工厂

天津市北辰区外环线 31 公里处闫庄村[300400]
电话:(022)26391735
传真:(022)26391735
经济类型:私营企业　法人代表:陈士刚
【主要产品】中铬黄;华蓝

天津市友缘福利化工厂

天津市东丽区东丽经济开发区邢家圈村[300300]
电话:(022)24992289;24991615;13820262495
传真:(022)24991615　经济类型:集体
职工人数:30 人　法人代表:刘善杰
网址:www. yychem. com
E-mail:youyuan@ yychem. com
【主要产品】硫酸亚铁;硫酸镁(无水);硫酸镁;氯化钙(无水);氯化钙(二水)

天津市有机化工二厂

天津市北辰区北仓火车站[300400]
电话:(022)26390282;26828653
传真:(022)26398294　经济类型:国有
供销电话:26391805　有进出口权
法人代表:王学明
【主要产品】双酚 A

天津市有机化工一厂

天津市北辰区富锦道 3 号[300400]
电话:(022)26393844-8188;26399283
传真:(022)26393324　经济类型:国有
供销电话:26391205;26398324
供销传真:26390694　有进出口权
法人代表:李国强
E-mail:tjyjyh@ public. tpt. tj. cn
【主要产品】促进剂 CZ;促进剂 D;促进剂 DM;促进剂 DZ;促进剂 M;促进剂 NOBS;促进剂 TMTD

天津市宇博精细化工有限公司

天津市北辰区京津公路大通绿岛家园 27 号楼[300400]
电话:(022)60415616;60415659;60415658
传真:(022)60415608
经济类型:有限责任公司
法人代表:杨东惠
网址:www. yubochem. com
E-mail:tianjinyubo@ 126. com
【主要产品】冰醋酸;乙酸乙酯;2-丁酮;水合肼;偶氮二甲酰胺

天津市宇航化工设备制造厂

天津市东丽区程林工业区澄州路[300251]
电话:(022)26335972
传真:(022)26335972
经济类型:私营企业　法人代表:于春武
【主要产品】反应釜;罐;储罐

天津市禹红建筑防水材料有限公司

天津市北辰区铁东路工业开发区[300402]
电话:(022)86818288;86818580
传真:(022)86818388
网址:www. yuhongtj. com. cn
E-mail:shj@ yuhongtj. com. cn
【主要产品】氯化聚乙烯-橡胶共混防水卷材;防水涂料;SBS 改性沥青防水卷材;APP 改性沥青防水卷材;高分子复合防水卷材

天津市玉彬福造漆有限公司

津

天津市北辰区西堤头镇西堤头工业区[300408]
电话:(022)86844360;86844345
传真:(022)86844345
经济类型:有限责任公司
法人代表:张加福
网址:www.ybf-chem.com
【主要产品】醇酸树脂漆类;硝基漆类;绝缘漆

天津市玉新化工有限公司

天津市南开区黄河道480号[300111]
电话:(022)27521758;27772132
传真:(022)27530035
网址:www.yxtj.com
E-mail:tjyx@yxtj.com
【主要产品】轻质碳酸钙;活性超细碳酸钙;活性碳酸钙;电石;双氰胺;氰胺

天津市郁峰化工有限公司

天津市西青区王稳庄镇东兰坨村[300383]
电话:(022)83999266;83999288;83999200
传真:(022)83998356
经济类型:私营企业　法人代表:张广松
网址:www.tjyufeng.com
E-mail:yufeng@tjyufeng.com
【主要产品】漂白粉

天津市昱辉工贸有限公司

天津市东丽区张贵庄路吉安道[300160]
电话:(022)24379138;13820182865
传真:(022)24379071
网址:www.pyruvate.com.cn
E-mail:lyg@pyruvate.com.cn;ysm@pyruvate.com.cn
【主要产品】丙酮酸;丙酮酸钠;丙酮酸钙;丙酮酸钾;丙酮酸肌酸盐;丙酮酸乙酯

天津市裕宝化工防腐设备厂

天津市西青区王稳镇小韩庄村[300383]
电话:(022)23990754
传真:(022)23990754
经济类型:私营企业　法人代表:韩玉洪
【主要产品】玻璃钢制品

天津市裕北涂料有限公司

天津市北辰区津围公路科技园区[300402]
电话:(022)26995888;26998666;26998115
传真:(022)26993388
经济类型:私营企业　法人代表:龚沪华
网址:www.yuepakpaint.com
E-mail:master@yuepakpaint.com
【主要产品】硝基漆类;聚酯树脂漆类;水性木器漆

天津市裕发助剂厂

天津市武清区下朱庄街于庄水库内[301700]
电话:(022)29328911
传真:(022)29328911
经济类型:私营企业　法人代表:郎作宁
【主要产品】硬脂酸镁(药用);二盐基亚磷酸铅;二盐基硬脂酸铅;三盐基硫酸铅;双硬脂酸铅;硬脂酸盐

天津市裕基橡塑有限公司

天津市南开区黄河道38号永基花园永安苑27E[300101]
电话:(022)27339828;27330005;13802118238
传真:(022)27157166
供销电话:27258188;13821982999
网址:www.cnyuji.com
E-mail:yuji177@vip.sina.com
【主要产品】橡胶运输带;橡胶管材;夹布胶管;排吸泥胶管;钢丝缠绕胶管;普通橡胶板;橡胶密封制品;止水带

天津市裕胜化工有限公司

天津市北辰区北仓道镇油漆北厂旁[300400]
电话:(022)86816312
传真:(022)86816312
供销电话:13820297832
经济类型:私营企业　法人代表:朱汉志
网址:www.yushengtj.cn
E-mail:tjyusheng@yahoo.com.cn
【主要产品】硫酸锌;硫酸锰;漂粉精;氟化钠;醋酸钠

天津市原龙化工有限公司

天津市汉沽区创业村[300480]
电话:(022)67161355
传真:(022)67161593
供销电话:13920972505
经济类型:私营企业　法人代表:李连生
【主要产品】烧碱

天津市源翔化工股份合作公司

天津市东丽区津塘公路7号桥东[300300]
电话:(022)24994386;13012257966
传真:(022)24994386　职工人数:100人
网址:www.tjyxchem.com
E-mail:tjyx@tjyxchem.com
【主要产品】反丁烯二酸;柠檬酸三丁酯;富马酸二甲酯;己二酸二异辛酯;邻苯二甲酸二乙酯;邻苯二甲酸二甲酯;邻苯二甲酸二异戊酯;环氧大豆油;环氧大豆油酸辛酯;顺丁烯二酸二辛酯;偏苯三酸三辛酯;对苯二甲酸二辛酯;富马酸二丁酯;富马酸二辛酯

天津市源友恒化工厂

天津市西青区王稳庄镇王稳庄村[300383]
电话:(022)23994848;13323387005
传真:(022)83998602
经济类型:私营企业　法人代表:李树强
网址:www.youheng.net
E-mail:youhenghg@163.com;zqb@youheng.net
【主要产品】铝银浆

天津市越过化工有限责任公司

天津市津南区八里台镇大韩庄[300350]
电话:(022)88522549;88520442
传真:(022)28751476　有进出口权
供销电话:28752733　法人代表:李有忠
经济类型:有限责任公司
网址:www.y-gchem.com.cn
E-mail:office@y-gchem.com
【主要产品】三聚氯氰;4-氨基苯磺酸

天津市云海化工有限责任公司

天津市静海县蔡公庄镇惠丰中村北[301606]
电话:(022)68519041;13602002491
传真:(022)68519454　有进出口权
供销电话:13502191309
经济类型:有限责任公司
法人代表:胡世云
E-mail:bshj123@sina.com
【主要产品】亚硫酸氢钠;亚硫酸钠;焦亚硫酸钠

天津市云奇有机合成厂

天津市津南区双港镇双林农场毛毯厂院内[300222]
电话:(022)88172491
传真:(022)88172491
供销电话:13920414676
经济类型:私营企业　法人代表:阎云奇
【主要产品】甲酸

天津市云振工贸有限公司

天津市津南区八里台工业区(南区)[300350]
电话:(022)88813586
传真:(022)88814285
经济类型:有限责任公司
法人代表:沈振基
【主要产品】油漆稀释剂

天津市泽涌科技发展有限公司

天津市北辰区万科新城紫藤苑2号楼106室[300402]
电话:(022)26737043;26730031
传真:(022)26730031
经济类型:私营企业　法人代表:吕耀华
网址:www.resource-tj.com/chemistry/paint
E-mail:zeyongtj@yahoo.com.cn
【主要产品】自行车漆;工业涂料;涂料助剂;染色涂料色浆

天津市张大科技发展有限公司

天津市南开区士英路云际道翠湾花园B-2-801[300131]
电话:(022)23415017;23411501
传真:(022)23411502　产值:1千元
供销电话:81833367　法人代表:张红兵
供销传真:26526224

经济类型：股份有限公司
E-mail：charmstar@vip.sina.com
【主要产品】食品加工助剂

天津市兆龙化工有限公司

天津市程林庄工业区莱州路[300163]
电话：(022)24786400
传真：(022)24780937
供销电话：24378192；24786400
经济类型：私营企业　法人代表：张兆墉
网址：www.resource-tj.com/chemistry/page99.htm
【主要产品】除垢剂；漂毛剂；去油剂；皮革柔软剂；皮革加脂剂；耐酸多功能加脂剂；除锈剂；皮革专用蜡；清洗剂

天津市兆勇石油设备有限公司

天津市西青区杨柳青工业园区旁[300380]
电话：(022)27932888
传真：(022)27932888
经济类型：私营企业　法人代表：任兆勇
网址：www.fulihg.cn
E-mail：falihg@163.com
【主要产品】化工设备；炼油设备

天津市振达化工有限公司

天津市河北区金钟河大街200号增10号[300150]
电话：(022)26827109；13802189381
传真：(022)26822617
供销电话：26452891　法人代表：李洪才
供销传真：26437342
经济类型：有限责任公司
网址：www.tjzd.com.cn
E-mail：zhenda@tjzd.com
【主要产品】白油；陶瓷脱模剂；脱模剂；防锈乳化油

天津市振东化工总厂三厂

天津市东丽区张贵庄路42号吉安道[300163]
电话：(022)24796388
传真：(022)24796388　经济类型：集体
法人代表：孙宝良
【主要产品】色酚AS；汉沙黄10G；联苯胺黄G；永固橘黄G；坚固大红G；坚固深红BSG；坚固深红

天津市振东涂料有限公司

天津市津南区咸水沽镇南环路东[300350]
电话：(022)28514393；28539010；28393063
传真：(022)28393326　有进出口权
经济类型：有限责任公司
销售收入：80,000千元
职工人数：440人　法人代表：张云波
网址：www.zd-paint.com
E-mail：zhendong@zd-paint.com
【主要产品】油漆；氨基烘漆；木器漆；硝基纤维素喷漆；乳胶漆；新型环氧涂料；聚氨酯涂料

天津市振兴化工有限公司

天津市汉沽区化工街19号[300480]
电话：(022)25696203；25686358
传真：(022)25686358
经济类型：私营企业　法人代表：侯桂娟
【主要产品】1,4-二氯苯；1,2-二氯苯

天津市振兴机电化工福利加工厂

天津市河北区张兴庄大道新明里3号[300402]
电话：(022)86320070；86320684
传真：(022)86321887；86323865
经济类型：集体　有进出口权
法人代表：倪金发
【主要产品】红矾

天津市植物营养研究所

天津市河东区中山门龙潭路互助西里[300182]
电话：(022)84275930
传真：(022)84275930
经济类型：股份合作　法人代表：刘成才
【主要产品】混配复合肥料

天津市至上化工厂

天津市大港区小王庄镇徐庄子工业区[300275]
电话：(022)63169456
传真：(022)63169456
经济类型：股份合作　法人代表：高象坚
【主要产品】三聚氰胺甲醛模塑粉；氨基模塑料

天津市中海科技实业总公司

天津市南开区科研东路1号五楼[300192]
电话：(022)87893743；87898137
经济类型：国有　有进出口权
法人代表：黄鑫
网址：www.zh-coatings.com
E-mail：tjzhic3927@163.com
【主要产品】特种防腐涂料

天津市中华乳胶厂

天津市东丽区大毕庄镇赵沽里村[300251]
电话：(022)26765416；26337637
传真：(022)26765416　经济类型：集体
供销电话：26321231　法人代表：徐永良
【主要产品】气门芯；橡胶耐酸碱手套

天津市中科健化工有限公司

天津市北辰区西堤头镇刘快庄工业区[300408]
电话：(022)26222682
传真：(022)26231003
供销电话：26222682；26265920
经济类型：私营企业　企业规模：大型
法人代表：付志安
网址：www.zkjchem.com
E-mail：zkjchem@zkjchem.com
【主要产品】乙醇钠；氯乙烷；水杨醛；香豆素；二氢香豆素；2-乙基己基磷酸单-2-乙基己酯；二(2-乙基己基)磷酸酯

天津市中诺化工研究所

天津市汉沽区营城镇五七村[300480]
电话：(022)67281825；13802098384
传真：(022)67282050　法人代表：朱静
经济类型：私营企业
【主要产品】防水涂料；工业水处理剂

天津市中天化肥有限公司

天津市汉沽区杨家泊镇杨家泊村[300480]
电话：(022)67258899
传真：(022)67258899
经济类型：有限责任公司
企业规模：大型　法人代表：杨永祥
网址：www.tjzhongtian.com；www.tjzthf.com
E-mail：tjzt@ebc.com.cn
【主要产品】硫酸钾复合肥

天津市中天化工工贸有限公司

天津市西青区辛口镇周李庄工业区[300380]
电话：(022)27975608；27970886
传真：(022)27975608　经济类型：集体
产值：20,000千元　法人代表：闫金锁
网址：www.zhongtianchem.com；www.chemcn.cc
E-mail：ztc@chem-tj.cn
【主要产品】耐晒玫瑰红色淀；耐晒青莲色原R；耐晒青莲色淀3502；耐晒品蓝色淀；酞菁蓝BGS；汉沙黄G；耐晒黄GR；联苯胺黄G；永固橘黄G；耐晒大红BBN；坚固大红G；橡胶大红LG；大红粉；金光红C；颜料艳红6B；立索尔大红R；立索尔宝红BK

天津市中兴天泰科技发展有限公司

天津市大港区大港海洋石化科技园[300270]
电话：(022)63100717；13072270860
传真：(022)63100717
经济类型：私营企业　法人代表：肖华舫
网址：www.tjzxtt.com
E-mail：tjzxtt@sina.com
【主要产品】多硫化钠；2-氨基-4-甲氧基-6-甲基-1,3,5-三嗪；中和剂；硫化氢清除剂

天津市中央药业有限公司

天津市北辰区富锦道一号[300400]
电话：(022)26390496；26393518；26827215
传真：(022)26827215　有进出口权
经济类型：有限责任公司
企业规模：大型　法人代表：姚培春
网址：www.centralpharm.com
E-mail：prodtech@centralpharm.com

【主要产品】环丙沙星；甲睾酮；盐酸维拉帕米；噻吗洛尔；安搏律定；阿替洛尔；尼莫地平；甲磺酸培高利特

津

天津市众康兽药厂

天津市北辰区西堤头镇工业区[300408]
电话：(022)86840792；86848000
传真：(022)86840792
经济类型：股份合作 法人代表：赵云霞
网址：www.tj-zksy.com.cn
【主要产品】生物肥；敌百虫；亚硝酸盐解毒净；消毒剂；工业水处理剂；1,3-二溴-5,5-二甲基海因；强力杀菌防腐剂；增氧剂

天津市自强化工厂第二分厂

天津市北辰区铁东路[300400]
电话：(022)26390717
传真：(022)26390717
法人代表：赵德材
【主要产品】早强剂；混凝土复合防冻早强剂

天津市自强化工厂分厂

天津市北辰区铁东路[300400]
电话：(022)26390454
传真：(022)26390454 经济类型：集体
法人代表：李健才
【主要产品】氟氢酸；氟硅酸；氟化钠；氟化铵

天津市纵横兴工贸有限公司化工试剂分公司

天津市东丽区徐庄子[300240]
电话：(022)26772349；26780974；13752058988
传真：(022)26780974
供销电话：26772349；26338563
经济类型：股份合作 法人代表：王德兰
网址：www.resource-tj.com/chemistry
【主要产品】三聚氰胺甲醛树脂；氟化钠；钼酸钠；连二亚硫酸钠；磷酸三钠；磷酸二氢钠；磷酸二氢钠(无水)；磷酸氢二钠；磷酸氢二钠,无水

天津双翼香精香料有限公司

天津市东丽区程林庄工业区合成材料厂内[300163]
电话：(022)24798482
传真：(022)24788779 法人代表：柴杰
经济类型：私营企业
网址：www.tjshuangyi.cn
【主要产品】香精

天津四方化工有限公司

天津市西青区李七庄四号房[300381]
电话：(022)83921577；83923590
传真：(022)83921577；83923590
经济类型：中外合资经营企业
有进出口权 法人代表：曹金生
【主要产品】钼酸钠；钼酸铵；二钼酸铵；七钼酸铵；三氧化钼；二硫化钼

天津四海特种涂料有限公司

天津市北辰区西堤头村东[300408]
电话：(022)86842401；86848966
传真：(022)86848966
经济类型：私营企业 法人代表：边绍山
【主要产品】各色醇酸调合漆；醇酸磁漆；氨基树脂漆类；硝基漆类；汽车漆

天津太平洋化学制药有限公司

天津市津南区开发区宝源路27号[300350]
电话：(022)88515355
传真：(022)88518005
网址：www.tj-pacific.com
E-mail：tj-pacific@tj-pacific.com
【主要产品】罗红霉素；利巴韦林；阿昔洛韦；非普拉宗；青蒿素；双氢青蒿素；青蒿琥酯；蒿甲醚；曲安西龙；氢化可的松；醋酸氢化可的松；丁酸氢化可的松；泼尼松龙磷酸钠；6-甲基醋酸泼尼松龙；甲基氢化泼尼松；哈西奈德；曲安奈德；醋酸曲安奈德；丙酸氯倍他索；倍他米松戊酸酯；二丙酸倍他米松酯；醋酸氟轻松；氟轻松；盐酸二甲双胍；吲达帕胺；盐酸甲基丙炔苄胺；藻酸双酯钠；扎莱普隆；熊去氧胆酸；盐酸丙哌维林；奥扎格雷；依替膦酸二钠；甘油磷酸钙

天津太平洋医药科技集团

天津市河西区解放南路外环线17号桥[300081]
电话：(022)23971657；83983402
传真：(022)23979013
职工人数：1,000人 法人代表：宋德成
网址：www.pacificphar.com
【主要产品】罗红霉素；非那甾胺；非普拉宗；青蒿素；青蒿琥酯；蒿甲醚；曲安西龙；氢化可的松；醋酸氢化可的松；泼尼松龙；醋酸泼尼松龙；泼尼松龙磷酸钠；曲安奈德；醋酸曲安奈德；地塞米松；醋酸地塞米松；地塞米松磷酸钠；倍他米松；醋酸氟轻松；氟轻松；盐酸二甲双胍；吲达帕胺；藻酸双酯钠；扎莱普隆；熊去氧胆酸；盐酸丙哌维林；奥扎格雷；依替膦酸二钠；甘油磷酸钙

天津泰达酒业有限公司

天津市宁河县芦汉路40号[301500]
电话：(022)69591050
传真：(022)69560021 有进出口权
供销电话：69591567 职工人数：960人
经济类型：有限责任公司
法人代表：孔向日
网址：www.tzjy.com
E-mail：tjtzjy@163.com
【主要产品】食用酒精

天津唐朝食品工业有限公司

天津市南开区红旗南路迎水道新华园A座1门502[300191]
电话：(022)23680941；23683795
传真：(022)23672362；23611270
经济类型：有限责任公司
法人代表：徐伟
网址：www.tangchao-china.com
E-mail：tangchaoshipin@263.net
【主要产品】食用香精

天津天安药业股份有限公司

天津市河东区八纬路109号金耀大厦[300171]
电话：(022)24160842
供销电话：24160845；24160834
经济类型：有限责任公司
企业规模：大型 法人代表：林立生
网址：www.tjtapc.com
E-mail：tjtapc@263.net
【主要产品】氨基乙酸；*DL*-半胱氨酸盐酸盐；*L*-缬氨酸；*N*-乙酰-*L*-色氨酸；*L*-丝氨酸；半胱氨酸；*L*-异亮氨酸；*L*-精氨酸；*L*-精氨酸盐酸盐；*L*-天门冬氨酸；α-氨基丙酸；谷氨酸；*L*-赖氨酸醋酸盐；*DL*-赖氨酸盐酸盐；蛋氨酸；*L*-苯丙氨酸；*L*-色氨酸

天津天成制药有限公司

天津市西青区杨柳青镇三经路铁道北[300380]
电话：(022)27393620；27916155；27931906
传真：(022)27918444；27398766
供销电话：27922368；27921106
经济类型：港澳台商独资经营
有进出口权 法人代表：张国基
网址：www.tianchengpharma.com
E-mail：mail@tianchengpharma.com
【主要产品】碘化钾；碘(药用)；*D*-核糖；氨基乙酸；α-酮戊二酸；无水肌酸；肌酸一水化物；肌酸盐酸盐；肌氨酸甲酯盐酸盐；丁二酰亚胺；二甲基砜；*DL*-丙氨酸；氨基脲盐酸盐；*N*-溴代丁二酰亚胺；*N*-氯代丁二酰亚胺；*N*,*N*-二甲基甘氨酸盐酸盐；聚乙二醇；胍基丙酸；*L*-精氨酸-α-酮戊二酸盐；三肌酸马来酸；肌酸乙酯盐酸盐；肌酸-*DL*-酒石酸；三肌酸HMB盐；盐酸甜菜碱；甜菜碱；牛磺酸；硫辛酸；肌酸酐；二肌酸苹果酸；三肌酸苹果酸；*L*-肌肽；磷酸肌酸二钠盐；氯胺T；氯胺B；盐酸萘甲唑啉；硝酸萘甲唑啉；*L*-谷氨酰胺；甘氨酰-*L*-谷氨酰胺；*L*-丙氨酰-*L*-谷氨酰胺；*N*-乙酰-*L*-谷氨酰胺；二肌酸柠檬酸；三肌酸柠檬酸；月桂酰肌氨酸钠

天津天大天海科技发展有限公司

天津市南开区天津大学化工学院应用研究所内[300072]
电话：(022)27407366；27408797
传真：(022)27406838 有进出口权
供销传真：27408789 法人代表：李海平
经济类型：有限责任公司
网址：www.ttchem.cn

【主要产品】聚氨酯防水涂料;JS 复合防水涂料;SBS 改性沥青防水卷材;抗氧剂 MD-1024;稳定剂 YH-1098;抗氧剂 MD-697

天津天大天久科技股份有限公司

天津市南开区鞍山西道 171 号增 1 号[300072]
电话:(022)27401400;27401873
传真:(022)27401870　有进出口权
经济类型:股份有限公司
产值:100,000 千元　法人代表:齐海涛
网址:www. univtech. com. cn
E-mail:tdtl@ univtech. com. cn
【主要产品】4-叔丁基甲苯;对叔丁基苯甲醛;3-氯丙酸;4-叔丁基苯甲酸;5-氯戊酸;对叔丁基苯甲酸甲酯;3-氯丙酰氯;3-氯-1,2-丙二醇;规整填料;散装填料;化工填料;塔器配件;塔盘;塔器

天津天和橡胶工业有限公司

天津市河西区曲江路 3 号增 1 号[300222]
电话:(022)28341474;28342751
传真:(022)28341474
经济类型:中外合资经营企业
法人代表:邢克敏
网址:www. THO2. com
E-mail:tho2@ bf2000. net
【主要产品】阻燃胶带;汽车橡胶配件

天津天女化工集团股份有限公司

天津市东丽区程林庄工业区津赤路 9 号[300300]
电话:(022)84783830
传真:(022)84783658　有进出口权
供销电话:84781956;84782796
供销传真:84782792　企业规模:大型
经济类型:股份有限公司
产值:1,150,000 千元
法人代表:刘秋满
网址:www. angelchem. com
E-mail:lixin@ angelchem. com
【主要产品】油墨;射光蓝浆油墨;十二烷基二甲基叔胺;十二/十四烷基二甲基胺;双十叔胺

天津天青化工有限公司

天津市东丽经济开发区二纬路 13 号[300300]
电话:(022)24996288;24997878;24362247
传真:(022)24997898;24997828
经济类型:中外合资经营企业
有进出口权　法人代表:陈保慈
网址:www. greenontj. com
E-mail:tqtj@ public. tpt. tj. cn
【主要产品】硫酸钾(农用)

天津天士力集团有限公司

天津市北辰区新宜白大道辽河东路 1 号[300402]
电话:(022)26736830;26736640;26736688
传真:(022)26736796;26736898
法人代表:吴廼峰
网址:www. tasly. com
E-mail:secretary@ tasly. com
【主要产品】美罗培南侧链;比阿培南侧链;阿德福韦酯;美罗培南;比阿培南;紫杉醇;乐卡地平;佐匹克隆;雷贝拉唑钠;盐酸坦索罗辛;雷洛西芬;厄他培南

天津天顺化工染料有限公司

天津市津南区咸水沽镇周辛庄村[300350]
电话:(022)28394245;28392136;28520096
传真:(022)28391805　有进出口权
供销电话:28510810;28392136
经济类型:股份有限公司
法人代表:马海泉
网址:www. tianshunchem. com
E-mail:tianshun@ tianshunchem. com
【主要产品】直接橙 S;直接耐酸大红 4BS;直接红 D-BL;直接紫 B;直接蓝 199;直接蓝 297

天津天涂豪邦涂料有限公司

天津市津南区双港工业园南行二公里[300500]
电话:(022)88822287
传真:(022)88822698　职工人数:100 人
固定资产:20,000 千元
供销电话:88822005
产值:30,000 千元
经济类型:有限责任公司
销售收入:30,000 千元
法人代表:汪连柱
【主要产品】丙烯酸系列内外墙涂料;丙烯酸内墙乳胶漆;丙烯酸外墙乳胶漆;黏合剂

天津天药药业股份有限公司

天津市河东区程林庄道 91 号[300161]
电话:(022)24564831
传真:(022)24160899　有进出口权
供销电话:24160838;24160865
经济类型:股份有限公司
企业规模:大型
法人代表:郝于田
网址:www. tygf-jy. com
E-mail:zhangjin@ sina. com
【主要产品】氢化可的松琥珀酸酯;维生素 E;尼尔雌醇;米非司酮;曲安西龙;曲安西龙双醋酸酯;氢化可的松;醋酸氢化可的松;丁酸氢化可的松;泼尼松;泼尼松龙;醋酸泼尼松龙;醋酸泼尼松;甲基氢化泼尼松;醋酸甲泼尼龙;哈西奈德;曲安奈德;醋酸曲安奈德;丙酸氯倍他索;地塞米松;醋酸地塞米松;地塞米松磷酸钠;倍他米松;倍他米松戊酸酯;醋酸倍他米松;醋酸氟轻松;螺内酯;布地奈德

天津天智精细化工有限公司

天津市东丽区津赤路 9 号[300300]
电话:(022)84780042
传真:(022)84781955　有进出口权
经济类型:中外合资经营企业
企业规模:大型　法人代表:沈乃源
网址:www. tjtianzhi. com
【主要产品】直链烷基苯磺酸;脂肪醇聚氧乙烯醚硫酸钠

天津天钟化工有限公司

天津市北辰区西堤头镇刘快庄南[300402]
电话:(022)86840249;86844359
传真:(022)86840249　经济类型:集体
法人代表:刘俊勇
网址:www. cntjjz. com
【主要产品】油漆

天津田边制药有限公司

天津市西青开发区微电子工业区微三路 16 号[300380]
电话:(022)83960505
传真:(022)83979555　有进出口权
经济类型:中外合资经营企业
企业规模:大型　法人代表:孙宝卫
网址:www. tanabe. com. cn
【主要产品】盐酸地尔硫卓

天津同发塑料制品有限公司

天津市西青区王稳庄镇小韩庄[300383]
电话:(022)23991789;23996788;13820905179
传真:(022)83999298
经济类型:私营企业　法人代表:朱凤超
网址:www. tjtongfa. com
E-mail:zhufengchao@ tjtongfa. com
【主要产品】聚乙烯吹塑包装膜;三层复合缠绕拉伸膜

天津微河化工染料有限公司

天津市和平区兰州道世昌里 34 门 109 号[300041]
电话:(022)27826485
传真:(022)27819548
网址:www. tjweihe. com
E-mail:baiyuezhu001@ 163. com
【主要产品】硫化染料;直接染料;直接冻黄 G;直接橙 S;直接耐酸大红 4BS;直接黑 BN;直接耐晒翠蓝 GL;直接绿 BE;酸性染料;酸性金黄 G;酸性湖蓝 A;酸性黑 10B;碱性染料;碱性橙;碱性橙块;碱性品绿;还原染料;分散染料;液体品绿

天津伟业乳胶化工厂

天津市塘沽区西沽庆胜前街116 号[300452]
电话:(022)25311837;25367375
传真:(022)25367476

经济类型:联营企业　法人代表:郭宝友
【主要产品】家用手套;橡胶耐酸碱手套

天津炜卓塑胶工业有限公司

天津市塘沽区兴化道1号[300455]
电话:(022)25391401
传真:(022)25391401　经济类型:国有
法人代表:魏永涛
【主要产品】PP-R管材管件

天津先光化工有限公司

天津市北辰区津榆公路西堤头段[300300]
电话:(022)86845667;86845637
传真:(022)86845607
经济类型:中外合资经营企业
法人代表:刘焕峰
网址:www.xianguang-chem.com
【主要产品】月桂基磷酸单酯;珠光调理剂;柔软剂;双十八烷基二甲基氯化铵;珠光助剂;单十二烷基醚磷酸酯钾盐;阴离子表面活性剂K12-A;净洗剂6501;脂肪醇聚氧乙烯醚硫酸铵;椰油酰胺丙基甜菜碱;十二烷基二甲基氧化胺

天津新技术产业园区科茂化学试剂有限公司

天津市华苑产业园区开华道12号普辰大厦B502室[300384]
电话:(022)23013537;24734188
传真:(022)23013527
供销电话:24734188;13302058630
供销传真:24734916　法人代表:曹英来
经济类型:有限责任公司
网址:www.kmchemical.chembb.com
E-mail:chemical@chem.sinobnet.com
【主要产品】乙酸钠,无水

天津鑫隆集团有限公司

天津市武清区杨村镇一街[301700]
电话:(022)29339294
传真:(022)29339294　经济类型:集体
供销电话:13902112336
法人代表:车志清
【主要产品】群青

天津鑫荣树脂股份有限公司

天津市西青区西青道[300240]
电话:(022)86760831;13902099872
传真:(022)86760831;27573820
供销电话:13920604659
经济类型:私营企业　产值:10,000千元
职工人数:40人　法人代表:肖金凤
网址:www.xinrongshuzhi.com
E-mail:xinrongshuzhi@sina.com
【主要产品】酚醛树脂;改性三聚氰胺甲醛树脂;脲醛树脂

天津鑫泰石油化工有限公司

天津市大港区太平镇港西街远景一村东[300282]
电话:(022)63197005
传真:(022)63199311　职工人数:506人
经济类型:有限责任公司
法人代表:石传山
【主要产品】燃料油

天津兴隆化工厂

天津市大港区中塘镇刘塘庄村[300273]
电话:(022)63138533
传真:(022)63138533　职工人数:150人
固定资产:5,000千元
法人代表:赵宪斌
网址:www.xl-chem.cn
【主要产品】2-氨基-4-硝基苯酚;2,4-二氨基苯磺酸;2,4-二硝基氯苯;2-氨基-4-硝基苯酚钠;直接染料;酸性染料

天津休美特国际贸易有限公司

天津市河东区六纬路22号11B[300012]
电话:(022)24228749
传真:(022)24228849　有进出口权
法人代表:田士军
网址:www.humatechem.net;humatetj.com
E-mail:humate@public.tpt.tj.cn
【主要产品】烧碱;硫化钠;硫氢化钠;氯化钡;草酸;腐殖酸;硝基腐殖酸;腐殖酸钠;腐殖酸铵;腐殖酸镁;腐殖酸钾;硝基腐殖酸钾

天津旭华塑料制品有限公司

天津市静海县团泊镇团泊村[301636]
电话:(022)68505185;68505180
传真:(022)68505186
供销电话:68505222　法人代表:王立福
经济类型:私营企业
【主要产品】塑料制品

天津亚邦化学有限公司

天津市东丽区津塘公路5号桥[300300]
电话:(022)24996892
传真:(022)24999722
固定资产:36,000千元
经济类型:中外合资经营企业
产值:124,000千元　法人代表:张文俊
销售收入:92,000千元
【主要产品】不饱和聚酯树脂;涂料用树脂

天津燕海化学有限公司

天津市东丽区程林庄工业区[300163]
电话:(022)24379843;24373201
传真:(022)24373485;24379843
经济类型:与港澳台商合资经营
有进出口权　法人代表:马洪声
网址:www.yanhai-chem.com
E-mail:tjyhco@mail.zlnet.com.cn
【主要产品】丙三醇;聚酰胺树脂;聚酰胺树脂(低分子量);水溶性环氧树脂;环氧树脂;环氧树脂(711型);环氧型粉末涂料;改性环氧胶黏剂;室温快速固化环氧树脂胶黏剂HY-914;MA潮湿水下环氧固化剂;T-31环氧树脂固化剂

天津阳光塑料有限公司

天津市西青经济开发区兴华道9号[300385]
电话:(022)23977300
传真:(022)23973464　有进出口权
经济类型:外商独资　企业规模:大型
法人代表:中村辰美
网址:www.tspc.com.cn
E-mail:tshanjin@public.tpt.tj.cn
【主要产品】聚丙烯制品

天津药物研究院药业有限责任公司

天津市南开区玉泉路24号[300193]
电话:(022)27377355;27474943
传真:(022)27377355;27474943
经济类型:有限责任公司　有进出口权
法人代表:汤立达
网址:www.cnpha.com
E-mail:tjpuwei@263.net
【主要产品】尼美舒利;格列喹酮;格列本脲;格列吡嗪;吲达帕胺

天津伊科拜尔生物添加剂有限公司

天津市西青区外环线12号桥东[300381]
电话:(022)83923843;83922638-5102
传真:(022)83923803
网址:www.ecobio.com.cn
E-mail:ecobiobiz@ecobio.com.cn
【主要产品】葡糖淀粉酶;纳他霉素;蛋白酶;纤维素酶;果胶酶

天津永富关西涂料化工有限公司

天津市经济技术开发区泰华路95号[300457]
电话:(022)66230160
传真:(022)66230156
经济类型:中外合资经营企业
法人代表:熊必琪
网址:www.kansai.com.cn
E-mail:kansai@kansai.com.cn
【主要产品】油漆

天津有机化学工业总公司

天津市和平区沙市道40号[300051]
电话:(022)23345190;23354655
传真:(022)23352382　经济类型:国有
供销电话:23348962　有进出口权
供销传真:23378287　企业规模:大型
法人代表:王春生
网址:www.orgchea-dyes.com
E-mail:orgchem@public.tpt.tj.cn
【主要产品】癸二酸;醋酸丁酯;苯酐;顺

丁烯二酸酐;不饱和聚酯树脂;塑料助剂

天津有机化学工业总公司合成材料厂

天津市东丽区程林庄工业区[300163]
电话:(022)24373444;24374493
传真:(022)24374493　经济类型:国有
供销电话:24373451　法人代表:赵国华
【主要产品】不饱和聚酯树脂;不饱和聚酯树脂(196型);不饱和聚酯树脂(306型);不饱和聚酯树脂(SG13型)

天津有机化学工业总公司红岩化工厂

天津市河北区王串场1号路56号[300150]
电话:(022)26432078;26451699
传真:(022)26451699　经济类型:国有
法人代表:盖荣和
【主要产品】白油

天津有机化学工业总公司化工防腐设备厂

天津市南开区北草坝华平路2号[300190]
电话:(022)87611130
传真:(022)87611273　经济类型:国有
法人代表:刘宝金
【主要产品】酚醛玻璃钢泵、阀、管及管件;聚氯乙烯玻璃钢复合管道;玻璃钢泵

天津有机化学工业总公司中河化工厂

天津市东丽区津塘公路五号桥[300300]
电话:(022)24993211;24990953
传真:(022)24990616　经济类型:国有
供销电话:24990953;24992496
供销传真:24992496　有进出口权
企业规模:大型　法人代表:刘志远
网址:www.chinachemnet.com/zhonghechem
E-mail:tjzhhgc@shell.tjvan.com.cn
【主要产品】反丁烯二酸;顺丁烯二酸酐;工业快速渗透剂

天津裕华经济贸易总公司化工厂

天津市和平区新华路183号[300041]
电话:(022)27120489;27120113;13502139911
传真:(022)27111045　经济类型:国有
法人代表:吴瑞杰
E-mail:yhhg@yhetc.com.cn
【主要产品】无机颜料;水性色浆;有机颜料

天津远大感光材料公司

天津市河西区洞庭路20号[300220]
电话:(022)28340654;28114025;28340632
传真:(022)28342934　经济类型:国有
供销电话:28342126　有进出口权
供销传真:28342126　企业规模:大型
法人代表:张含光
网址:www.tjfilm.com.cn
E-mail:ydxx@tjfilm.com.cn
【主要产品】医用X-光胶片;工业射线胶片;黑白胶卷;红外激光照排胶片(780nm)

天津云兴油墨有限公司

天津市塘沽区经济技术开发区渤海路40号[300457]
电话:(022)25324189;25329086
传真:(022)25328915　有进出口权
供销传真:66200840　产值:38,600千元
经济类型:与港澳台商合资经营
销售收入:38,270千元
法人代表:沈乃源
网址:www.tjyunxing.com
E-mail:yunxing1@tjyunxing.com
【主要产品】油墨

天津运盛化学品有限公司

天津市西青区南河镇津涞公路车管所西1公里[300000]
电话:(022)23988388;23988199;23985828
传真:(022)23988388
网址:www.youngshining.com
E-mail:zwf588@yahoo.com.cn
【主要产品】2,3-二氢呋喃;3,4-二氢吡喃;*N*,*N*-二乙基乙二胺;*N*-乙基乙二胺;叔丁基二甲基氯硅烷;油田酸化缓蚀剂;缓蚀剂;锅炉盐酸酸洗缓蚀剂

天津振泰化工有限公司

天津市静海县中旺镇[301615]
电话:(022)23708931;23708932;81334603
传真:(022)23708931
网址:www.tjztchem.com
E-mail:bshj123@126.com;bian_77@hotmail.com
【主要产品】亚硫酸氢钠;亚硫酸钠;硫酸氢钠;焦亚硫酸钠;异丙苯;对异丙基苯硫酚;乙二胺;*N*,*N*-二乙基乙二胺;*N*-乙基乙二胺;叔丁基二甲基氯硅烷

天津正元精细化工有限公司

天津市南开区卫津路94号南开大学农药中心[300071]
电话:(022)23503668;13920606826
传真:(022)23503668
经济类型:有限责任公司
法人代表:李正名
网址:www.zhychem.com
E-mail:along@nankai.edu.cn
【主要产品】2,3-二氢呋喃;2,5-二氢呋喃;3,4-二氢吡喃;四氢吡喃

天津中安药业有限公司

天津市西青区复康路188号[300381]
电话:(022)23792489;23792268
传真:(022)23792058;23791872
供销电话:23792058　企业规模:大型
经济类型:股份有限公司
法人代表:李世发
网址:www.tjzhanganpharmac.com
E-mail:Lisf@tjzhonganpharmac.com
【主要产品】甲硝唑;苯酰甲硝唑;硝苯地平;氨茶碱

天津中富容器有限公司

天津市经济技术开发区黄海路141号[300457]
电话:(022)25325731
传真:(022)25325729
经济类型:与港澳台商合资经营
法人代表:黄乐夫
【主要产品】塑料制品

天津中津化工有限公司

天津市津南区北闸口镇翟家甸村[300350]
电话:(022)28561340;28562097;28562558
传真:(022)28561762
网址:www.zhongjinchem.com
E-mail:sales@zhongjinchem.com
【主要产品】直接冻黄G;直接桃红5B;直接耐酸大红4BS;直接大红4BE;直接灰D;直接黑BN;直接耐晒黑G;酸性金黄G;酸性橙Ⅱ;酸性大红3R;酸性湖蓝A;酸性绿BS;酸性黑ATT;酸性黑10B;碱性嫩黄O;碱性玫瑰精B;碱性品红;碱性紫5BN;碱性品绿;碱性棕G;碱性品蓝

天津中津药业股份有限公司

天津市河西区解放南路外环线17号桥[300381]
电话:(022)88242646;88240050
传真:(022)88242966;88242857
经济类型:股份有限公司　有进出口权
企业规模:大型　法人代表:宋富智
网址:www.jinshigroup.com
E-mail:seller@jinshigroup.com
【主要产品】甲砜霉素;双氯芬酸钠;硝酸硫胺;盐酸硫胺;盐酸吡硫醇;乙酰胺吡咯烷酮

天津中生乳胶有限公司

天津市河北区三马路240号[300141]
电话:(022)26351624
传真:(022)26351624　有进出口权
供销电话:26355042
法人代表:张文跃
供销传真:26358429
经济类型:有限责任公司
网址:www.tjcondom.com

津

E-mail:tjcondom@ tjcondom. com
【主要产品】避孕套

天津中新药业集团股份有限公司新新制药厂

天津市东丽区程林庄工业区[300163]
电话:(022)24373586;24373486;24373584
传真:(022)24373584 有进出口权
供销电话:24373328
企业规模:大型
经济类型:股份有限公司
法人代表:詹原竞
网址:www. xinxinpharm. com
E-mail:tjxxsale@ public. tpt. tj. cn
【主要产品】对乙酰氨基酚;安乃近;苯丙氨酯;美索巴莫;盐酸二甲双胍;格列齐特;愈创甘油醚;盐酸泰必利

天津中兴精细化工有限公司

天津市津南区北闸口镇翟家甸村[300350]
电话:(022)28561118;28562588;28561119
传真:(022)28562166 有进出口权
供销电话:13902025650
供销传真:28562588
法人代表:冯忠诚
经济类型:股份有限公司
网址:www. weidechem. com
E-mail:tjwd@ weidechem. com
【主要产品】邻溴三氟甲苯;2-溴-5-硝基三氟甲苯;4-硝基-3-三氟甲基苯胺;2-氨基-5-硝基三氟甲苯;4-氨基-3-硝基三氟甲苯;邻三氟甲基苯酚;对三氟甲基苯酚;4-氨基-3,5-二氯三氟甲苯;对三氟甲基苯胺;5-氨基-2-溴三氟甲苯;对溴三氟甲苯;5-氯-2-硝基苯胺;对氨基三氟甲苯;邻氨基三氟甲苯;硫化黑B;酸性红3BN;酸性湖蓝A;弱酸艳红B;酸性媒介桃红3BM;酸性媒介漂蓝B;碱性玫瑰精B;碱性紫5BN

天津中油渤星工程科技股份有限公司

天津市塘沽区津塘公路40号[300451]
电话:(022)66310320;66310305;66310701
传真:(022)66310251;66310701
经济类型:国有
企业规模:大型
法人代表:李震
网址:www. bo-xing. com
【主要产品】环保型建筑涂料;防腐涂料

天津中远关西涂料化工有限公司

天津市经济技术开发区第五大街42号[300457]
电话:(022)25292009;25324705
传真:(022)25321821;25320902
供销电话:25292128;66202998
经济类型:外商独资 有进出口权
企业规模:大型
法人代表:霍丛林
网址:www. kansai. com. cn
E-mail:kansai@ kansai. com. cn
【主要产品】油漆

天津众邦化工有限公司

天津市大港区中塘镇马圈[300273]
电话:(022)63138946
传真:(022)63138946
职工人数:46人
经济类型:有限责任公司
法人代表:郭成宾
【主要产品】五氯酚钠

中国石油化工股份有限公司润滑油天津分公司

天津市汉沽区营城西街[300480]
电话:(022)67161084
传真:(022)67161092
经济类型:国有
有进出口权
企业规模:大型
法人代表:刘清华
【主要产品】油酸钠皂

中国石油化工股份有限公司天津分公司

天津市大港区北围堤路(西)160号[300271]
电话:(022)63804610;63804611;63804620
传真:(022)63804960
有进出口权
供销传真:63804210
经济类型:股份有限公司
网址:www. tpcc. com. cn
E-mail:planning@ tpcc. com. cn
【主要产品】丙烯;环氧乙烷;1,4-二甲苯;乙二醇;原油;聚乙烯;聚酯切片;涤纶短纤维;涤纶全拉伸丝

冀

河 北 省

石家庄市

高邑县第一橡胶制品有限责任公司

河北省高邑县车站南107国道345路段东侧[051330]
电话:(0311)84088257
传真:(0311)84088540　经济类型:集体
供销电话:84028257
供销传真:84028540
网址:www.hbsanhua.cn
E-mail:hbsanhua@hbsanhua.cn
【主要产品】压缩空气胶管;喷砂胶管;耐磨蚀橡胶板

河北爱德威医药化工有限公司

河北省石家庄市高新技术开发区昆仑大街55号[050035]
电话:(0311)85969679;85969678
传真:(0311)85969679
网址:www.edelwei.com
E-mail:web@edelwei.com
【主要产品】发酵用消泡剂;高温消泡剂;防老剂2246;农药增效剂;农药乳化剂

河北佰斯特化工有限公司

河北省石家庄市秦留工业区[051330]
电话:(0311)84028470;13831143001
传真:(0311)84028430
供销电话:84028200;84028430
经济类型:有限责任公司
法人代表:秦占岐
网址:www.qdchem.com
E-mail:qinda@qdchem.com
【主要产品】药用碳酸镁;轻质碳酸镁;氧化镁(药用);活性氧化镁;2,5-二叔丁基对苯二酚;促进剂NA-22;促进剂PX;促进剂TMTD;促进剂ZDC;促进剂PZ;促进剂BZ;促进剂DTDM;促进剂TRA;防老剂DBH;防老剂ODA;防老剂NBC;防老剂TPPD

河北柏奇医药化工有限公司

河北省石家庄市开发区长江大道9号[050035]
电话:(0311)85283311;85283300
传真:(0311)85283311　有进出口权
经济类型:有限责任公司
法人代表:任秋栓
网址:www.baiqi.com.cn
E-mail:sinan_2000@163.com;
mail@baiqi.com.cn
【主要产品】甲氧基胺盐酸盐;甲氧亚氨基呋喃乙酸铵;头孢他啶侧链酸;2-肟基-2-(2-氨基噻唑)-4-乙酸乙酯;头孢他啶侧链酸活性酯;四氮唑乙酸;头孢呋辛

河北常山生化药业股份有限公司

河北省石家庄市正定县富强路9号[050800]
电话:(0311)88712908
传真:(0311)88712909
网址:www.heparin.cn
E-mail:hbasdpcl@heinfo.net
【主要产品】透明质酸钠;硫酸软骨素;肝素钠;肝素钙

河北诚信有限责任公司

河北省石家庄市元氏县元赵路南[051130]
电话:(0311)84627336;84623437
传真:(0311)84623697　有进出口权
供销电话:84626641;84620481
经济类型:股份有限公司
职工人数:800人　法人代表:褚现英
网址:www.hebeichengxin.com
E-mail:liyr@heinfo.net;
yswzj@heinfo.net
【主要产品】亚铁氰化钠;亚铁氰化钾;氰化钠;氰化钠(液体);乙二胺四乙酸;苯乙酸;羟基乙酸;原甲酸三乙酯;原甲酸三甲酯;氰乙酸乙酯;氰乙酸甲酯;乙二胺四乙酸二钠;乙二胺四乙酸四钠;苯乙酸钾;苯乙酸钠;苯乙腈;亚氨基二乙腈;丙二酸二乙酯;丙二酸二甲酯;丙二酸二异丙酯;氰基乙酸;三聚氯氰;苯胺基乙腈;羟乙腈

河北德隆泰化工有限公司

河北省石家庄市栾城县医药工业区[051430]
电话:(0311)85500818
传真:(0311)85500817
网址:www.dltchem.com;
www.delongtaichem.com
E-mail:sales@dltchem.com
【主要产品】2,3-二氯吡啶;噻吩-2-硼酸;噻吩-3-硼酸;吡啶-4-硼酸;吡啶-3-硼酸;2-辛醇;鞣花酸;1-萘硼酸;2-萘硼酸;4-联苯硼酸;2-甲酰基苯硼酸;3-甲酰基苯硼酸;4-甲酰基苯硼酸;4-氰基苯硼酸;3-氰基苯硼酸;2-氰基苯硼酸;3,4-二甲氧基苯硼酸;3,5-二甲氧基苯硼酸;2-羧基苯硼酸;3-羧基苯硼酸;4-羧基苯硼酸;间氯苯硼酸;邻氯苯硼酸;对氯苯硼酸;邻氟苯硼酸;对氟苯硼酸;间氟苯硼酸;3,4,5-三甲氧基苯硼酸;对丙基苯硼酸;苯硼酸;对乙基苯硼酸;4-甲氧基苯硼酸;邻甲氧基苯硼酸;3-甲氧基苯硼酸;邻甲基苯硼酸;间甲基苯硼酸;对甲基苯硼酸;2,3-二氯苯硼酸;2,4-二氯苯硼酸;3,4-二氯苯硼酸;3,5-二氯苯硼酸;4-异丁基苯硼酸;4-叔丁基苯硼酸;4-三氟甲基苯硼酸;2-三氟甲基苯硼酸;3-三氟甲基苯硼酸;3,5-双(三氟甲基)苯硼酸;3,5-二氟苯硼酸;3,4-二氟苯硼酸;2,4-二氟苯硼酸;3,4,5-三氟苯硼酸;4,4′-二碘联苯;4,4′-二溴联苯;1-溴萘;2-溴萘;3-氟-4-氰基苯酚;4-氰基-3,5-二氟苯酚;5-氟-2-硝基苯胺;哌嗪-2-羧酸二盐酸盐;氯胺T

河北东安实业有限公司金源化工厂

河北省石家庄市和平东路农机商城东临[050031]
电话:(0311)85387528
传真:(0311)85387528
网址:www.gxjychem.com
E-mail:shijiazhuangliu8@sina.com
【主要产品】复合高效水质稳定剂;杀菌灭藻剂;混凝剂;生物柴油;抗燃液压液;乙二醇型防冻液

河北东华化工集团

河北省石家庄市东二环南路89号[050831]
电话:(0311)85318058
供销电话:13230137055　有进出口权
供销传真:85318058　经济类型:集体
产值:3,000千元　职工人数:1,500人
法人代表:闫福顺
E-mail:huapeng1111@sohu.com
【主要产品】氨基乙酸;甘氨酸钙;甘氨酸锌

河北东华化工总公司

河北省石家庄市东二环南路89号[050801]
电话:(0311)85322566
传真:(0311)85322588　经济类型:集体
网址:hbdhhgzgs.sme.cn
E-mail:hbdhhgzgs@sme.cn
【主要产品】氨基乙酸;葡萄糖酸钠;电视机用有机膜涂料;甘氨酸钙;甘氨酸钠碳酸盐;甘氨酸柠檬酸盐;甘氨酸富马酸盐;甘氨酸锌

河北呋喃化工经贸有限公司

河北省石家庄市和平东路336号[050031]
电话:(0311)86683938;85373395;85373391
传真:(0311)86682938　经济类型:国有
有进出口权　职工人数:650人
网址:www.fafl.cn;
www.furfuryl.com
E-mail:flfa@heinfo.net;
fafl@heinfo.net
【主要产品】糠醛;糠醇;醋酸钠;铸造用呋喃树脂;铸造涂料;铸造树脂用磺酸固化剂

河北富华塑料制品有限公司

河北省石家庄市和平东路 689 号[050801]
电话:(0311)85387519;85386279
传真:(0311)85387529
经济类型:中外合资经营企业
网址:www.fuhuaplastic.com
E-mail:huaxi@heinfo.net
【主要产品】塑料编织袋;柔性集装袋

河北铬盐化工有限公司

河北省石家庄市栾城县窦妪工业区[051430]
电话:(0311)85462991;85469235;86784004
传真:(0311)85462991;85981178
经济类型:股份合作 有进出口权
法人代表:牛孟辰
网址:www.chrome-chem.com
E-mail:sales@chrome-chem.com
【主要产品】重铬酸钠;碱式硫酸铬;三氧化铬;氧化铬绿

河北浩诺化工有限公司

河北省藁城市南孟镇工业区[052160]
电话:(0311)86032913;86037948
传真:(0311)86968724
网址:www.honourchem.com
E-mail:cinchem@heinfo.net;sales@honourchem.com
【主要产品】2-氨基-6-羟基嘌呤;乙氧基亚甲基氰乙酸乙酯;*N*-苯甲酰基-*L*-酪氨酰二正丙胺;2-邻氯苯基-4,5-二苯基咪唑

河北宏源化工有限公司

河北省石家庄市中华南大街华星路6号[050091]
电话:(0311)83801847;83811164
传真:(0311)83801847
经济类型:有限责任公司
网址:www.hebeihongyuan.com
E-mail:hongyuan@mail.ecspc.com
【主要产品】*D*-对羟基苯甘氨酸;2*R*-2[(4-乙基-2,3-双氧代哌嗪基)甲酰胺]对羟基苯乙酸;2-(2-氨基-4-噻唑基)-2-(甲氧亚氨基)乙酸硫代苯并噻唑酯

河北华日药业有限公司

河北省石家庄市经济技术开发区兴业街8号[052160]
电话:(0311)88086181;88086036
传真:(0311)88086199
经济类型:中外合资经营企业
网址:www.ncpc.com.cn
【主要产品】普鲁卡因青霉素

河北华旭药业有限责任公司

河北省石家庄市谈固北大街62号[050031]
电话:(0311)85053766;85665738;85050023
传真:(0311)85062447
供销电话:85053766;85050022
经济类型:联营企业 职工人数:500人
法人代表:谭卫星
网址:www.huaxu.com.cn
E-mail:huaxu@mannitol.cn
【主要产品】山梨醇;甘露醇

河北冀中化工有限责任公司

河北省石家庄市无极县西工业区(城西14公里[052460]
电话:(0311)85760251;85760252
传真:(0311)85760428
供销电话:85760253;85760254
经济类型:有限责任公司
职工人数:1,400人 法人代表:李永华
网址:www.hbjz.chem.com.cn
E-mail:v5jzhggs@public.sj.he.cn
【主要产品】硝酸;硝酸钠;亚硝酸钠;二氧化碳(液体);乙醛酸;一硝基苯;苯胺;环已胺;合成氨;碳酸氢铵

河北金通医药化工有限责任公司

河北省石家庄市开发区珠峰大街49号[050035]
电话:(0311)85382993;85382940
传真:(0311)85382080 有进出口权
网址:www.antibiotic-china.com
E-mail:hbjt@heinfo.net
【主要产品】α-甲酰基扁桃酸酰氯;异辛酸钠;异辛酸钾;2,4-噻唑烷二酮;2-甲氧羰基甲氧亚胺基-4-氯-3-氧代丁酸;三嗪环;头孢克肟侧链酸活性酯;氨基噻唑乙酸;2-(2-氨基噻唑-4-基)-2-[2-(特丁氧羰基)-甲氧亚氨基]乙酸;头孢他啶侧链酸;2-肟基-2-(2-氨基噻唑)-4-乙酸乙酯;头孢他啶侧链酸活性酯;氨噻肟乙酸乙酯

河北京都润滑油有限公司

河北省石家庄市仓丰路工业区34-9号[050021]
电话:(0311)86015276;86017312
传真:(0311)86109596
职工人数:203人
网址:www.hebeijingdu.com
E-mail:youye@hebeijingdu.com
【主要产品】柴油;汽油机油;柴油机油;齿轮机油

河北敬业化工集团股份有限公司

河北省石家庄市平山县南甸镇[050400]
电话:(0311)82871194;82872508
传真:(0311)82871193 经济类型:集体
有进出口权
法人代表:任国山
网址:www.hbjyjt.com
E-mail:webmaster@hbjyjt.com
【主要产品】亚硫酸钠;2-羟基苯甲酸;苯酚;乙酰水杨酸

河北九派实业集团有限公司

河北省石家庄市经济技术开发区三峡路[052160]
电话:(0311)83098306;86678566
传真:(0311)86675280
职工人数:600人
网址:www.jiupai.com.cn
E-mail:office@jiupai.cn
【主要产品】2,3,4,5-四甲氧基甲苯;茄尼醇;异氰尿酸三缩水甘油酯;头孢吡肟硫酸盐;头孢唑肟;头孢他啶盐酸盐;加巴喷丁

河北陆德精细化工有限公司

河北省井陉县南峪镇钙镁工业区[050300]
电话:(0311)82368031;82368148
传真:(0311)82368405
法人代表:许占廷
网址:www.lude.com.cn
E-mail:hebld@hebld.com
【主要产品】碳酸钙;轻质碳酸钙;活性超细碳酸钙;活性碳酸钙

河北茂源化工有限公司

河北省晋州市工业路27号[052260]
电话:(0311)84338875;84314585
传真:(0311)84338368 有进出口权
经济类型:有限责任公司
职工人数:260人
网址:www.chemmy.com
E-mail:sales@chemmy.com
【主要产品】叠氮化钠;四氮唑乙酸;腻子粉;纳米级超细氧化铁红;钛白粉(纳米级);阻燃专用石墨;羧甲基纤维素钠;聚阴离子纤维素;可膨胀石墨

河北美化化工有限公司

河北省石家庄市中山东路133号[050011]
电话:(0311)86032913;86093788
传真:(0311)86968724 有进出口权
经济类型:股份有限公司
网址:www.hbmedipharm.com
E-mail:sales@hbmedipharm.com
【主要产品】活性炭;乙氧基亚甲基氰乙酸乙酯;对羟基苯乙酰胺;1-甲基-3-苯基丙胺;2-(1-羟基环已基)-2-(4-甲氧基苯基)乙胺盐酸盐;阿昔洛韦侧链;4-氯苯甲酰氯;*N*-苯甲酰基-*L*-酪氨酰二正丙胺;1,1-环已基二乙酸;*N*-乙酰基-9-[(2-乙酰氧基)乙氧基]甲基鸟嘌呤;5-溴乙酰水杨酰胺;4-氯-4′-羟基二苯甲酮;1-萘酚-2-甲酸;头孢替安盐酸盐;*DL*-萘普生;氧化锌脱硫剂

河北宁宇化工有限公司

河北省井陉县钙镁工业园区[050302]
电话:(0311)82387049;82387198;82387093

固定资产:12,000 千元
经济类型:有限责任公司
职工人数:300 人　　法人代表:段瑞福
网址:www.ningyu.net
E-mail:nychem@263.net;
888@ningyu.net
【主要产品】轻质碳酸钙;超细碳酸钙;活性碳酸钙

河北润田化工有限公司

河北省石家庄市谈中街近水楼台 3-5-402［050011］
电话:(0311)86210011;86212928;86219818
传真:(0311)86219628
网址:www.richlandchem.com
E-mail:hbagchem@heinfo.net
【主要产品】阿维菌素;甲氨基阿维菌素;炔螨特;乙酰甲胺磷;吡虫啉;丁硫克百威;联苯菊酯;磷化铝;啶虫脒;除虫脲;多菌灵;丙环唑;三唑醇;腈菌唑;戊唑醇;百菌清;代森锰锌;福美锌;甲霜灵;苯菌灵;噁草酮;异噁草酮;戊炔草胺;乙氧氟草醚;草甘膦;二甲戊乐灵;烯草酮;百草枯;磺草灵;麦草畏;氟磺胺草醚;烟嘧磺隆;甲磺隆;咪唑乙烟酸;氯嘧磺隆;嗪草酮;三氟羧草醚;双草醚;苯噻草胺;乳氟禾草灵;氟草烟;2,4-二氯苯氧乙酸

河北三洋化肥有限公司

河北省石家庄市大河工业区［050200］
电话:(0311)82290958
传真:(0311)82296846
职工人数:300 人
网址:www.sanyang.net.cn
【主要产品】硫酸铵;生物钾肥;氮磷钾三元复混肥;硫酸钾复合肥;复合肥;BB 肥;冲施肥

河北省东昊化工有限公司

河北省石家庄市新华西路 199 号［050071］
电话:(0311)87883505;87870726
传真:(0311)87881805;87883505
经济类型:股份合作　　产值:800 千元
法人代表:东昊
网址:www.hbdonghao.com
E-mail:xiaoshou@hbdonghao.com
【主要产品】盐酸;硫酸;氯磺酸;硫酸钾;香草醇丁醚;4-羟基-3-甲氧基苯甲酸;香草酸乙酯;4-羟基-3-甲氧基苯甲酸甲酯;乙酰香兰素;香草醇

河北省高邑县高达化工有限责任公司

河北省石家庄市高邑县东关工业区［051330］
电话:(0311)84080570;84080800;13931115837
传真:(0311)84080800　　有进出口权
供销电话:84080570;13931115837
经济类型:股份合作
网址:www.gaomgo.com
E-mail:gaomgo@gaomgo.com
【主要产品】碳酸镁;药用碳酸镁;轻质碳酸镁;氧化镁(轻质);氧化镁(药用);活性氧化镁;氧化镁(食用)

河北省高营企业集团公司

河北省石家庄市高营大街 1 号［050034］
电话:(0311)85051442;85052133;85052135
传真:(0311)85051442
供销电话:85052136;85054973
企业规模:大型　　职工人数:6,000 人
网址:www.gaoyinggroup.com
E-mail:gaoying@gaoyinggroup.com
【主要产品】一氯乙酸;土霉素;淀粉

河北省藁城市瑞星化工有限责任公司

河北省藁城市工业路付 6 号［052161］
电话:(0311)88168246;88167378;88116146
传真:(0311)88163033;88116146
供销传真:88082638　　有进出口权
经济类型:有限责任公司
企业规模:大型　　职工人数:550 人
网址:www.chinachemnet.com/ruixingchem
E-mail:g88888@heinfo.net
【主要产品】三氯化铝;铬;均三甲苯;1,2,4,5-四甲苯;均苯四甲酸;均苯四甲酸二酐;三聚氰胺;硫脲;氟碳漆;氧化铬绿

河北省化学工业研究院

河北省石家庄市建华南大街 18 号［050031］
电话:(0311)85685290;13930163100
传真:(0311)85685290;85051096
经济类型:国有　　有进出口权
网址:www.hbchem.com
E-mail:jtk@hbchem.com
【主要产品】1,2,3,4-四氢喹啉;6-氯-2-甲基吡啶;2-氯-4-甲基吡啶;5-氨基-2-甲基吡啶;2-溴-6-甲基吡啶;3-溴-2-甲基吡啶;5-溴-2-甲基吡啶;*N*,*N*-二甲基甲酰胺二甲缩醛;2-甲基丁酸;3,3-二甲基丁酸;2-苯基丁酸;2-氟烟酸;5-氟烟酸;6-氟烟酸;2-氟异烟酸;2-氨基烟酸;4-氨基烟酸;5-氨基烟酸;6-氨基烟酸;2-氨基异烟酸;3-氨基异烟酸;6-甲基烟酸;2-溴烟酸;4-溴烟酸;5-溴烟酸;6-溴烟酸;2-溴异烟酸;3-溴异烟酸;2-氯烟酸;4-氯烟酸;5-氯烟酸;6-氯烟酸;2-氯异烟酸;3-氯异烟酸;5,6-二氯烟酸;2,5-二氯烟酸;2,5-二氯异烟酸;2-羟基烟酸;6-羟基烟酸;乙醛酸水合物;3,3-二甲基戊二酸;6-甲基烟酸甲酯;2-苯基丁酰氯;2,2-二甲基丁酰氯;叔丁基乙酰氯;*N*,*N*-二甲基乙酰胺;*N*,*N*-二乙基乙酰胺;*N*-甲基丙酰胺;*N*,*N*-二甲基丙酰胺;*N*,*N*-二乙基丙酰胺;*N*-甲基乙酰胺;叔辛胺;辛基硫酸钠;甲酸钾;2-氯-4-氰基吡啶;2,2-二甲基丁酸;2-巯基烟酸;2-氯-3-氨基吡啶;2-苯丙酸;2-甲基丁酰氯;酚醛壳模树脂;三氯蔗糖;硫辛酸;药用破乳剂;脱模剂;金属轧制油

河北省晋州市鑫达化工有限公司

河北省晋州市东紫城开发区［052260］
电话:(0311)84487266;13903393427
传真:(0311)84487127
网址:www.xd-chemical.com;
www.hbxinda.cn
E-mail:xinda@xd-chemical.com
【主要产品】柔软剂;氨基硅油;蓬松柔软剂;匀染剂;高温匀染剂;抗静电剂;修补剂;固色剂 Y;无甲醛固色剂;渗透剂 JFC;双氧水稳定剂;平滑剂;助炼剂;精炼剂;高效精炼剂;浴中抗皱剂;硬挺剂;无泡皂洗剂;螯合分散剂;防泳移剂;消泡剂;净洗剂;氧化胺

河北省灵寿县地矿开发二厂

河北省灵寿县正南路新村站北 500 米［050500］
电话:(0311)82570052;82570688-801
传真:(0311)82570518　　有进出口权
网址:www.dikuang.com
E-mail:ma@dikuang.com
【主要产品】云母粉;超细云母粉;蛭石;石英粉;塑料填充母料

河北省灵寿县精细矿产加工厂

河北省灵寿县燕川乡开发区［050502］
电话:(0311)82610999;13803217444
传真:(0311)82610127
网址:www.jxkc.com
E-mail:qi.wenbin@163.com
【主要产品】蛭石;二氧化硅;石英粉

河北省灵寿县燕新矿产加工厂

河北省灵寿县南燕川乡开发区［050500］
电话:(0311)87688158;87688159;87321618
传真:(0311)87688159
网址:www.yanxinky.com
E-mail:yanxin@yanxinky.com
【主要产品】白云母粉;蛭石;二氧化硅

河北省平山县焦酸厂

河北省平山县南甸镇［050400］
电话:(0311)82871838
传真:(0311)82871193
网址:www.hbjyjt.com/Release/review.asp? id=20
【主要产品】焦炭

河北省石家庄捷佳达化工有限公司

冀

河北省无极县南流工业区[052460]
电话:(0311)85789907;13731169696
传真:(0311)85789907
职工人数:200 人
网址:www. jjdhg. com
E-mail:hjt@ jjdhg. com
【主要产品】高氯化聚乙烯;铸造用冷芯盒树脂;铸造用呋喃树脂;铸造树脂用磺酸固化剂

河北省石家庄亚风化工厂

河北省石家庄市北二环西路 36 号[050061]
电话:(0311)87709968
供销传真:87703659　　经济类型:国有
职工人数:169 人　　法人代表:董雨坡
网址:www. yafengchem. com
E-mail:yfhgc@ 126. com
【主要产品】醋酸钠;醋酸钾;醋酸锌;乙酸钙;乙酸铵

河北省辛集市纳新电子材料有限公司

河北省辛集市开发区工业路 8 号[052360]
电话:(0311)83202266;13930189098
传真:(0311)83202828
网址:www. chemnx. com;
www. naxincn. com
E-mail:nx@ chemnx. com;
nx@ naxincn. com
【主要产品】高纯碳酸钡;高纯碳酸锶;钛酸钡

河北省新乐市蓝博化工厂

河北省新乐市伏羲文化开发区岗头村[050700]
电话:(0311)88658798;13903392838
传真:(0311)88658798
网址:www. mobioinfor. cn
E-mail:webmaster@ xinlelanbo. com
【主要产品】羧甲基纤维素钠

河北圣雪大成制药有限责任公司

河北省石家庄市栾城县圣雪路[051430]
电话:(0311)85409124;85409207;
85409272
传真:(0311)85409257;85409414
供销电话:85409662;85408932
供销传真:85409748;85409770
经济类型:有限责任公司
职工人数:532 人
网址:www. dc-pharma. com
E-mail:info@ dc-pharma. com
【主要产品】硫酸链霉素;土霉素;盐酸土霉素

河北圣雪葡萄糖有限责任公司

河北省石家庄市栾城圣雪路[051430]
电话:(0311)88031577
传真:(0311)88032474
供销电话:88032924
职工人数:607 人
供销传真:88031913
经济类型:有限责任公司
网址:www. shengxue. com
E-mail:info@ shengxue. com
【主要产品】山梨醇;木糖醇;β-D-无水葡萄糖

河北石家庄市东胜化工厂

河北省石家庄市胜利南街 253 号[050021]
电话:(0311)86024114;86124087;
86013692
传真:(0311)86124011
网址:www. dongsheng-chem. com
E-mail:dshgc@ chemnet. com
【主要产品】2-氨基-4-硝基苯酚;2-氨基-4-硝基苯酚钠

河北食品添加剂有限公司

河北省石家庄市昆仑大街 55 号[050035]
电话:(0311)85968013
传真:(0311)85964349
网址:www. chinazehua. com
E-mail:sptjj@ 163. com
【主要产品】叶绿素铜钠;辣椒红色素;姜黄色素;面粉改良剂;β-胡萝卜素;三氯蔗糖

河北双吉化工有限公司

河北省辛集市东郊[052360]
电话:(0311)83372619;83372678
传真:(0311)83372299;83372338
供销电话:83371129;83372618
经济类型:有限责任公司　　有进出口权
法人代表:许惠朝
网址:www. shuangji. com. cn
E-mail:sjhg@ shuangji. cn
【主要产品】硫黄;硫黄粉;代森铵水溶液;代森锌;代森锌可湿性粉剂;代森锰锌;代森锰锌可湿性粉剂;多硫化钙;代森锰;硫黄胶悬剂;甲霜·锰锌可湿性粉剂;锰锌·霜脲可湿性粉剂;辛·氰乳油

河北威远亨迪生物化工有限公司

河北省石家庄市高新技术开发区黄河大道 186 号[050035]
电话:(0311)85964207;85964206;
85960344
传真:(0311)85964208
经济类型:中外合资经营企业
法人代表:赵卫利
E-mail:hbwyhd@ public. sj. he. cn
【主要产品】2,4,5-三氟苯甲酸;3-羟基-2,4,5-三氟苯甲酸;3-甲氧基-2,4,5-三氟苯甲酸;3-氯-2,4,5-三氟苯甲酸;2,3,4,5-四氟苯甲酸;2,3,4,5-四氟苯甲酸乙酯;2-氯-4,5-二氟苯甲酸;2,3,4,5-四氟苯甲酰氯;2-氯-6-氟苯腈;3-甲氧基-2,4,5-三氟苯乙酮

河北威远生物化工股份有限公司

河北省石家庄市和平东路 393 号[050031]
电话:(0311)85915999;85915831
传真:(0311)85915801　　法人代表:杨宇
经济类型:有限责任公司
企业规模:大型　　职工人数:3,000 人
网址:www. veyong. com
E-mail:veyong@ veyong. com
【主要产品】阿维菌素;高渗阿维菌素乳油;阿维菌素乳油;甲氨基阿维菌素苯甲酸盐;乙酰甲胺磷;乙酰甲胺磷乳油;水胺硫磷乳油;增效水胺硫磷乳油;甲胺磷;甲胺磷乳油;甲基异柳磷乳油;吡虫啉;吡虫啉可湿性粉剂;吡虫啉乳油;吡虫啉可溶性液剂;高渗吡虫啉乳油;高效氯氰菊酯;高效氯氰菊酯乳油;啶虫脒;啶虫脒乳油;除虫脲;除虫脲可湿性粉剂;除虫脲乳油;除虫脲悬浮剂(20%);烯唑醇乳油;氟铃脲;氟铃脲乳油;百菌清烟剂;百草枯;苯磺隆可湿性粉剂;多·霉威可湿性粉剂;锰锌·霜脲可湿性粉剂;锰锌·烯唑可湿性粉剂;丁·苄可湿性粉剂;酮·烯唑乳油;敌畏·高氯乳油;阿维·敌畏乳油;啶虫·辛乳油;高氯·甲氨阿维乳油;高氯·毒乳油;高氯·辛乳油;福·腐可湿性粉剂;吡·辛乳油;阿维·杀单微乳剂;阿维·高氯微乳剂;辛·阿乳油;高渗阿维·柴油乳油;阿维·哒乳油;依维菌素

河北威远生物药业有限公司

河北省石家庄市长安区和平东路 393 号[050031]
电话:(0311)85915999;85915831
传真:(0311)85915801　　有进出口权
供销电话:85915888　　法人代表:李秀芬
供销传真:85916166
经济类型:中外合资经营企业
职工人数:3,000 人
网址:www. veyong. com
E-mail:veyong@ veyong. com
【主要产品】阿维菌素;甲氨基阿维菌素;依维菌素

河北维尔康制药有限公司

河北省石家庄市翟营北大街 11 号[050031]
电话:(0311)85681188
传真:(0311)85061173　　有进出口权
经济类型:中外合作经营企业
网址:www. ncpcwelcome. com
E-mail:service@ mail. ncpcwelcome. com
【主要产品】古龙酸;抗坏血酸;维生素 C 钙盐;维生素 C 钠盐;低聚果糖

河北辛集化工集团有限责任公司

河北省辛集市化工路45号[052360]
电话:(0311)83290020
传真:(0311)83290022　　有进出口权

供销电话:83290182;83290159
供销传真:83290166　企业规模:大型
经济类型:有限责任公司
职工人数:4,100 人　法人代表:李占远
网址:www.chinabarium.com
E-mail:chinabarium@263.net
【主要产品】硫化钠;硝酸钡;硝酸锶;氯化钡;偏硼酸钡;碳酸钡;高纯碳酸钡;碳酸锶;碳酸锶(电子级);硫黄;三聚氰胺;硫脲;碳酸氢铵;增效碳酸氢铵;混配复合肥料;碳酸氢铵(食品级)

河北欣港药业有限公司

河北省石家庄市赵县赵元路25号[051530]
电话:(0311)84930058;(0371)65922212
传真:(0311)84922430　有进出口权
网址:www.hbxgyy.com
E-mail:hblg_ls@126.com
【主要产品】双环丙基甲酮;双环丙基甲胺;*N*-(双环丙甲基)-*N*′-(*β*-羟乙基)脲;利福霉素-S;3-甲酰基利福霉素SV;利福昔明;利福平;利福定;利福喷丁;利福布汀;利福霉素S钠;利福霉素SV;利美尼定;磷酸利美尼定

河北新东华氨基酸有限公司

河北省石家庄市东二环南路89号[050011]
电话:(0311)85318496
传真:(0311)85318496
供销电话:85318496;85319012
供销传真:85318496;85319012
网址:www.china-dh-glycine.com
E-mail:zjg@heinfo.net
【主要产品】氨基乙酸;甘氨酸钙;甘氨酸镁;甘氨酸钠碳酸盐;甘氨酸柠檬酸盐;甘氨酸富马酸盐;甘氨酸锌

河北新化股份有限公司

河北省新乐市北环路2号[050700]
电话:(0311)88586439;13011562978
经济类型:股份有限公司
企业规模:大型
网址:www.hxuu.com;
www.hbxh.hxuu.com
E-mail:hbxh@163.com
【主要产品】甲醇;甲醛;*L*-乳酸;混甲胺;碳酸氢铵;羟丙基甲基纤维素

河北星宇化工有限公司

河北省鹿泉市石井村[050200]
电话:(0311)82016012;82012958;82194019
传真:(0311)82017132　经济类型:国有
供销电话:82012622;82016012-88
有进出口权　职工人数:660 人
法人代表:马学文
网址:www.xingyuchem.com
E-mail:sales@xingyuchem.com
【主要产品】碳酸钾;氰酸钾;2,5-噻吩二羧酸;一氯乙酸;三聚氰酸;氨基乙酸;6-氯-2-已酮;邻甲基对苯二酚;3-乙氨基-4-甲酚;二氯异氰尿酸钠;二氧化硫脲;1,3-二甲基-4-氨基尿嘧啶;4,4′-二苯乙烯二羧酸;4,4′-二(氯甲基)联苯;4,4′-二甲氧基甲基联苯;4,4′-双(二甲氧基膦酰甲基)联苯;氯化橡胶;碱性玫瑰精B;碱性紫5BN;碱性红6GDN;碱性红1:1;磷酸氢钙(食用级);荧光增白剂ER-Ⅰ;荧光增白剂ER-Ⅱ;荧光增白剂EBF;荧光增白剂CBS-X;荧光增白剂OB;荧光增白剂OB-1;荧光增白剂OB-P;荧光增白剂KCB;荧光增白剂KSN;荧光增白剂FP-127

河北亚东化工集团有限公司

河北省石家庄市长江大道9号筑业高新国际大厦20层[050035]
电话:(0311)85370132;85118953;85118952
传真:(0311)85832958
供销电话:85370132;13343240397
职工人数:300 人
网址:www.ydchem.cn
E-mail:wh@ydchem.cn
【主要产品】聚酯多元醇;聚醚多元醇(软质块状泡沫);聚醚多元醇(高弹性软质泡沫);聚醚多元醇(硬质板块发泡);组合聚醚;不饱和聚醚

河北亚诺化工有限公司

河北省石家庄市和平西路颐寿街16号[050071]
电话:(0311)83637766;83659619;83637769
传真:(0311)83620118;83659620
经济类型:股份合作　有进出口权
网址:www.yanuochem.com
E-mail:cnhbyn18@public.sj.he.cn
【主要产品】3-氯吡啶;4-溴吡啶盐酸盐;4-氯吡啶盐酸盐;4-碘吡啶;2-溴-3-羟基吡啶;2-溴吡啶;3-溴吡啶;吡啶甲磺酸盐;2-氯-4-羟基吡啶;2-氯-3-羟基吡啶;3-氨基吡啶;4-氨基吡啶;2-氨基-5-甲基吡啶;2-氨基-3-羟基吡啶;3-羟基吡啶;3-羟基-2-硝基吡啶;2,3-二羟基吡啶;2-氯-3-硝基吡啶;4-甲氧基吡啶;甲基磺酸;5-溴-2-羟基烟酸;2-氯烟酸;2-羟基烟酸;乙酰丙酸;异烟酰胺;二甲基二硫;3-溴茴香硫醚;间硼酸茴香硫醚;间硝基苯磺酰氯;2-氯-3-氰基吡啶;2-氯-4-氰基吡啶;异烟酸;甲基磺酰氯;3,5-二氯-4-羟基吡啶;2-氯-3-氨基吡啶;2-氯-4-氨基吡啶;4-氨基-3,5-二氯吡啶;2-氨基-3-苄氧基吡啶;2,4-二氯-3-乙基-6-硝基苯酚;3,5-二氯-4-吡啶酮-1-乙酸;烟酸;烟酰胺;4,4′-二酚基戊酸;二甲基亚砜;变色硅胶

河北永泰化工有限公司

河北省晋州市通达路188号[052260]
电话:(0311)84338666;84498666;84499911
传真:(0311)84499933;84320553
经济类型:股份有限公司
职工人数:160 人
网址:www.yongtaidyes.com
E-mail:yt@yongtaidyes.com;
yt@furdyes.com
【主要产品】4-(*N*,*N*-二乙氨基)水杨醛;间硝基苯酚;2,5-二氯苯胺;1,4-苯二胺;2-硝基苯胺;3-氨基苯酚;2-羟基喹啉;2-氯-4-硝基苯甲酸;2,6-二氯-4-硝基苯胺;2,4-二硝基氯苯;4-氨基苯磺酸;4-氨基苯磺酸钠;3-氨基苯磺酸钠;4-硝基苯胺;3-氨基苯磺酸;2-氯-4-硝基苯胺;2-氯-5-硝基苯磺酰氯;4-氨基-2,5-二氯苯磺酸;2-氨基-4,6-二硝基苯酚钠;对氨基乙酰苯胺;对氨基-*N*-甲基乙酰苯胺;4,4′-二氨基苯磺酰替苯胺;4,4′-二氨基二苯胺-2′-磺酸;直接染料;酸性染料;碱性染料;活性染料;金属络合染料

河北鱼鹰涂料集团有限公司

河北省石家庄市石栾路鱼鹰工业园区[050021]
电话:(0311)85811555;85800939
传真:(0311)85800939
经济类型:有限责任公司
企业规模:大型　法人代表:信志林
网址:www.fishhawk.com.cn
E-mail:yuying_1986@sina.com
【主要产品】环氧煤沥青防腐涂料;各色醇酸调合漆;铁红醇酸底漆;红丹醇酸防锈漆;各色氨基烘干磁漆;装饰漆;硝基磁漆;各色高级家具手扫漆;过氯乙烯清漆;过氯乙烯防腐清漆;磷化底漆;各色丙烯酸无光磁漆;H04-2各色环氧硝基磁漆;各色环氧防腐面漆;聚氨酯半光磁漆;聚氨酯面漆;铝粉有机硅耐热烘漆;有机硅耐高温防腐涂料;氯化橡胶面漆;氯磺化聚乙烯防腐漆;氯磺化聚乙烯防腐底漆;各色氯化橡胶马路划线漆;铁红防锈底漆;无机硅酸锌底漆;封底涂料

河北智通化工有限责任公司

河北省石家庄市友谊北大街联盟小区西雅园9楼[050061]
电话:(0311)87787979;87702157
传真:(0311)87768494
供销电话:(021)50897309;508973
供销传真:(021)50897312
经济类型:有限责任公司
法人代表:王立志
网址:www.hebeismart.com
E-mail:info@hebeismart.com
【主要产品】高氯酸钾;氯化钙;氯酸钾;六偏磷酸钠;亚铁氰化钠;亚铁氰化钾;氧化锰;氟氢化铵;溴酸钠;叔戊醇;反丁烯二酸;苯甲酸;酒石酸;氨基乙酸;*L*-胱氨酸;1,3-苯二胺;二氯异氰尿酸钠;酒石酸氢钾;碳酸胍;4-氨基苯甲酸;4-硝基苯胺;2-氨基-1,4-苯二磺酸;氨基胍碳酸氢盐;甲基吡啶磷;钛白粉;氧化铬绿;山梨酸;苯甲酸钠;山梨酸钾;食用小苏打;碳酸氢铵

(食品级);柠檬酸;木糖醇;木糖;*D*-异抗坏血酸钠;黄原胶;乙酰水杨酸;葡萄籽提取物;偶氮二甲酰胺;促进剂D;促进剂DM;促进剂M

河北中润制药有限公司

河北省石家庄市丰收路47号[050041]
电话:(0311)88622602
传真:(0311)86827629
供销电话:88622655;88622707
供销传真:88622751 企业规模:大型
经济类型:中外合资经营企业
职工人数:3,600人
网址:www.zhongrunpc.com
【主要产品】7-氨基头孢烷酸;6-氨基青霉烷酸;头孢唑啉酸;青霉素G钾;青霉素G钠;氨苄青霉素;氨苄西林钠;阿莫西林;头孢唑啉钠;头孢曲松钠

河北众诚化工科技有限公司

河北省鹿泉市龙泉东路306号[050200]
电话:(0311)83980350;13703297877
传真:(0311)83980350
固定资产:20,000千元
经济类型:私营企业 法人代表:韩杏军
网址:www.sjzreagent.com
E-mail:zzk@sjzreagent.com
【主要产品】硫酸铵(工业级);三聚氰酸;苯扎溴铵;戊二醛;过氧化氢消毒剂

华北制药股份有限公司

河北省石家庄市体育北大街135号[050015]
电话:(0311)86671242;86046621;86676491
传真:(0311)86046662 有进出口权
供销电话:86048696 法人代表:刘寿文
经济类型:股份有限公司
网址:www.ncpc.com.cn
E-mail:salers@ncpc.com.cn
【主要产品】乙醇;正丁醇;苯乙酸;鞣花酸;丙酮;苯乙酸钾;山梨醇;对羟基苯甘氨酸邓钾盐;*D*-(-)-苯甘氨酸邓氏盐;番茄红素;*β*-胡萝卜素;壳聚糖;大豆素;青霉素G钾;青霉素G钠;青霉素V钾;氨苄西林钠;盐酸米诺环素;盐酸去甲基金霉素;土霉素;更昔洛韦;洛伐他汀;新伐他汀;美伐他汀;*D*-青霉胺;壳聚寡糖;大豆异黄酮;大豆皂苷

华北制药华胜有限公司

河北省石家庄市经济技术开发区扬子路8号[052160]
电话:(0311)83090290
传真:(0311)83090280
供销电话:86059906;86056016
供销传真:86040008;83090279
经济类型:中外合资经营企业
网址:www.ncpchs.com/cn/aboutus.asp
E-mail:ncpc@ncpc.com
【主要产品】春雷霉素;硫酸双氢霉素;盐酸万古霉素;硫酸卷曲霉素;杆菌肽

华北制药华盈有限公司

河北省石家庄市高新技术产业开发区黄河大道东段[050035]
电话:(0311)85962675;85965002;85960244
传真:(0311)85960244;85962676
供销电话:85962675;85964245
经济类型:与港澳台商合作经营
职工人数:300人 法人代表:李建昭
网址:www.sinowin.com.cn
E-mail:ncpcsinowin@163.com
【主要产品】醋酸丁酯;双乙酸钠;山梨醇;结晶山梨醇;聚葡萄糖

华北制药集团爱诺有限公司

河北省石家庄市良村经济技术开发区兴业街[052165]
电话:(0311)83096353;83096290
传真:(0311)83096291
经济类型:中外合资经营企业
网址:www.aino.com.cn;
www.aino-china.com
E-mail:aino@aino-china.com
【主要产品】阿维菌素;乙酰氨基阿维菌素;甲氨基阿维菌素苯甲酸盐;高效氯氰菊酯乳油;灭蝇胺;杀铃脲;咪唑乙烟酸水剂;精喹禾灵乳油;甲霜·乙铝可湿性粉剂;氟羧草·灭松水剂;阿维·哒乳油;硫酸链霉素;硫酸核糖霉素;硫酸卷曲霉素;依维菌素

华北制药集团动物保健品有限责任公司

河北省石家庄市华清街19号[050041]
电话:(0311)85378350;85378355
传真:(0311)85378351
网址:www.ncpc.com.cn
E-mail:hydb@ncpc.com
【主要产品】青霉素G钾工业粉;氨苄西林钠;阿莫西林;硫酸链霉素;硫酸庆大霉素;土霉素;盐酸林可霉素;盐酸环丙沙星

华北制药集团华栾有限公司

河北省石家庄市栾城县富强西路11号[051430]
电话:(0311)88031015
传真:(0311)88031015
网址:www.ncpchl.com
E-mail:main@ncpchl.com
【主要产品】硫酸庆大霉素;盐酸林可霉素;甲钴胺;维生素B12

华北制药集团嘉华化工有限公司

河北省石家庄市栾城县冶河镇东留营[051430]
电话:(0311)85450305;85451175;85450313
传真:(0311)85456305 法人代表:张平
供销电话:85456305
经济类型:有限责任公司
网址:www.ncpcjh.com
E-mail:jhchem@ncpcjh.com;
ncpcjh@ncpcjh.com
【主要产品】左旋苯甘氨酸邓钾盐(乙基);头孢他啶侧链酸;头孢他啶侧链酸活性酯

华北制药集团康欣有限公司

河北省石家庄市长安区和平东路217号[050004]
电话:(0311)86685575;86675042
传真:(0311)86059754;86059754
供销电话:86675041;85051133-22
经济类型:股份有限公司
法人代表:胡淑英
网址:www.ncpc.com.cn
E-mail:kangxkf@heinfo.net
【主要产品】维生素B12;腺苷钴胺;葡萄糖;玉米淀粉;玉米浆;玉米油;白糊精

华北制药集团先泰药业有限公司

河北省石家庄市经济技术开发区扬子路20号[052165]
电话:(0311)88084230;88084231;13703395673
传真:(0311)88086500
职工人数:300人
网址:www.ncpc.com/Members/medicine/ncpcxt.asp
E-mail:xiantai@sohu.com
【主要产品】氨苄青霉素;氨苄西林钠;阿莫西林

华北制药集团有限责任公司

河北省石家庄市和平东路388号[050015]
电话:(0311)85993999;85051133;86671742
传真:(0311)86672430
企业规模:大型 职工人数:18,776人
法人代表:常幸
网址:www.ncpc.com.cn;
www.nmceramics.com.cn
E-mail:salers@ncpc.com
【主要产品】乙醇;正丁醇;麦角固醇;苯乙酸;鞣花酸;丙酮;苯乙酸钾;山梨醇;对羟基苯甘氨酸邓钾盐;左旋苯甘氨酸邓钾盐(乙基);6-氨基青霉烷酸;阿维菌素;番茄红素;*β*-胡萝卜素;壳聚糖;大豆素;青霉素G钾;青霉素G钠;青霉素G钾工业粉;青霉素V钾;氯唑西林钠;氨苄西林钠;氨苄青霉素三水酸;哌拉西林钠;头孢哌酮;硫酸链霉素;盐酸米诺环素;头孢他啶;硫酸核糖霉素;盐酸去甲基金霉素;土霉素;盐酸卷曲霉素;头孢曲松钠;甲钴胺;依维菌素;洛伐他汀;新伐他汀;美伐他汀;核糖核酸;*D*-青霉胺;壳聚寡糖;大豆异黄酮;大豆皂苷;葡萄糖;药用淀粉;白糊精

华北制药威可达制药有限公司

河北省石家庄市翟营北大街 9 号[050031]
电话:(0311)85062914
传真:(0311)85062943 有进出口权
经济类型:中外合资经营企业
法人代表:刘寿文
网址:www. ncpc. com. cn
E-mail:ncvictor@ heinfo. net
【主要产品】维生素 B12;羟钴胺

晋州冀荣氨基酸有限公司

河北省晋州市桃园工业区[052260]
电话:(0311)84499689;84460018;84460387
传真:(0311)84499686
供销电话:84460387;84460018
供销传真:84460386 法人代表:崔英波
经济类型:有限责任公司
网址:www. aminoacid-jirong. com
E-mail:jraa@ aminoacid-jirong. com
【主要产品】*L*-脯氨酸;*L*-缬氨酸;*L*-丝氨酸;*L*-丙氨酸;*L*-赖氨酸盐酸盐;*L*-亮氨酸;*L*-异亮氨酸;*L*-精氨酸;*L*-精氨酸醋酸盐;甘氨酸(医药级);*L*-苏氨酸;*L*-酪氨酸;*L*-组氨酸盐酸盐;*L*-赖氨酸醋酸盐;蛋氨酸;*L*-蛋氨酸;*D*-蛋氨酸;*L*-苯丙氨酸;*L*-色氨酸

晋州市长宏化工有限责任公司

河北省晋州市总十庄[052260]
电话:(0311)84301299
传真:(0311)84302063
网址:www. changhongchem. com. cn
E-mail:ch@ changhongchem. com. cn
【主要产品】丙烯酸快干中涂漆;不饱和聚酯树脂腻子;环氧防腐底漆;双组分环氧底漆;各色聚氨酯汽车中涂漆;聚氨酯汽车漆;聚氨酯汽车底漆;闪光漆;胶黏剂

晋州市化肥厂

河北省晋州市工业路 19 号[052260]
电话:(0311)84322359;84322358;84322317
传真:(0311)84328253
经济类型:有限责任公司
职工人数:1,100 人 法人代表:王丙强
E-mail:xiaochou2005@ 163. com
【主要产品】甲醇;甲醛;季戊四醇;甲酸钠;合成氨;液氨;碳酸氢铵;塑料制品

井陉永顺化工有限公司

河北省石家庄市井陉县南北峪镇[050300]
电话:(0311)82024552
网址:hexv. ebigchina. com
【主要产品】轻质碳酸钙

鹿泉市弘利精细化工厂

河北省鹿泉市铜台镇北降北[050222]
电话:(0311)83811172;83603396;13081046628
传真:(0311)83811172
职工人数:230 人 法人代表:张英群
网址:www. hongli-chem. com
E-mail:bqc@ hongli-chem. com; sjl@ hongli-chem. com
【主要产品】*DL*-对羟基苯甘氨酸;乙醛酸;6-甲基尿嘧啶

鹿泉市太行医药中间体有限公司

河北省鹿泉市石井乡[050200]
电话:(0311)82193338;13081046628
传真:(0311)83603396
网址:www. yyzjt. cn
E-mail:yyzjt@ sina. com
【主要产品】6-甲基尿嘧啶

栾城县恒和工贸有限公司

河北省石家庄市窦妪工业区[051430]
电话:(0311)85531677
传真:(0311)85531677
网址:www. shengmaoyuyuan. com
E-mail:haochunyan666@ 163. com
【主要产品】番茄红素;大豆异黄酮;大豆皂苷

深泽县三洁化工有限公司

河北省深泽县正绕路[052560]
电话:(0311)83520693;83528592;83524050
传真:(0311)83528592
职工人数:120 人
网址:www. szsjhg. cn
E-mail:sanjie@ szsjhg. cn
【主要产品】漂白粉;漂粉精;过碳酸钠;过氧化钙;过氧乙酸;*D*-(+)-二苯甲酰酒石酸;*D*-(+)-二苯甲酰酒石酸一水物;*D*-(+)-二对甲基苯甲酰酒石酸;*D*-(+)-二对甲基苯甲酰酒石酸一水物;*L*-(-)-二苯甲酰酒石酸;*L*-(-)-二苯甲酰酒石酸一水物;*L*-(-)-二对甲基苯甲酰酒石酸;*L*-(-)-二对甲基苯甲酰酒石酸一水物;过碳酰胺;稳定性二氧化氯;1,3-二溴-5,5-二甲基海因;增氧剂

石家庄白龙化工股份有限公司

河北省石家庄市长安区谈固北大街 61 号[050031]
电话:(0311)85051878;85053607
传真:(0311)85032166
经济类型:有限责任公司
法人代表:刘文国
网址:www. bailongchem. com
E-mail:bailong@ heinfo. net
【主要产品】反丁烯二酸;9,10-蒽醌;苯酐;顺丁烯二酸酐;不饱和聚酯树脂;邻苯二甲酸二丁酯;邻苯二甲酸二异丁酯;邻苯二甲酸二辛酯

石家庄柏奇化工有限公司

河北省深泽县新建街[052560]
电话:(0311)83525587
传真:(0311)83522882 有进出口权
职工人数:230 人
网址:www. baiqichem. com
E-mail:baiqichem@ heinfo. net; info@ baiqichem. com
【主要产品】甲氧基胺盐酸盐;甲氧亚氨基呋喃乙酸铵;四甲基胍;2-(2-甲酰氨基噻唑-4-基)乙酸;氨基噻唑乙酸;氨基噻唑乙酸盐酸盐;2-氨基-4-噻唑乙酸乙酯;1-(2-二甲基氨基乙基)-5-巯基四氮唑;四氮唑乙酸;头孢吡肟;头孢呋辛

石家庄昌佳化工厂

河北省石家庄市无极县城北工业区[052460]
电话:(0311)85758988;13513314172
传真:(0311)85758998 有进出口权
固定资产:10,000 千元
职工人数:135 人
网址:www. changjiachem. com
E-mail:lqcwm@ 163. com
【主要产品】4-氨基苯磺酸;4-氨基苯磺酸钠

石家庄辰兴实业有限公司

河北省灵寿县慈峪镇柳沟工业开发区[050502]
电话:(0311)82582216;82582168;13803373079
传真:(0311)82582068;82582088
供销电话:82582188;13582158393
经济类型:有限责任公司
法人代表:安云霞
网址:www. cn-chenxing. com
E-mail:sales@ cn-chenxing. com
【主要产品】云母粉;蛭石;高岭土;石英粉;双乙酸钠

石家庄大海染料化工有限公司

河北省晋州市 307 国道[052260]
电话:(0311)84379461;13903391363
传真:(0311)84379564
职工人数:118 人 法人代表:彭大海
网址:www. ranliao. com
E-mail:pdh@ ranliao. com
【主要产品】直接橙 S;直接耐酸大红 4BS;直接黑 BN;直接耐晒翠蓝 GL;直接耐晒黑 GF;酸性橙 Ⅱ;酸性大红 3R;酸性黑 ATT;酸性黑 NT;酸性黑 10B;碱性品绿;碱性棕 G

石家庄第一橡胶股份有限公司

河北省石家庄市长安区和平东路 618 号[050031]
电话:(0311)85054458;85083448
传真:(0311)85052706
供销电话:85057422 企业规模:大型
经济类型:股份有限公司
法人代表:秦洪玉
网址:www. yixiang. com. cn
E-mail:tech@ yixiang. com. cn

【主要产品】橡胶运输带；医用橡胶塞；胶泵；橡胶密封圈

石家庄东方生物科技有限公司

河北省晋州市工业西路[052260]
电话：(0311)84495539；84499569；13833135765
传真：(0311)84499569
经济类型：股份有限公司
职工人数：200 人
网址：www.eastbiochem.com
E-mail：sales@eastbiochem.com
【主要产品】乙酰氨基阿维菌素；甲氨基阿维菌素苯甲酸盐；分子筛

石家庄东平矿业建材厂

河北省石家庄市灵寿工业区[050500]
电话：(0311)82613988；13784388628
传真：(0311)82613388
网址：www.yunmufen.com
E-mail：80823@alibaba.com
【主要产品】云母粉；蛭石；二氧化硅

石家庄凤山化工有限公司

河北省石家庄市井陉矿区南凤山[050100]
电话：(0311)82069005；82077781
传真：(0311)82077782
固定资产：38,000 千元
职工人数：312 人
网址：www.chem-nitrate.com；www.cn-nitrite.com
E-mail：zuosc@chem-nitrate.com
【主要产品】硝酸钠；亚硝酸钠；硝酸钙；亚硝酸钙

石家庄福润达科技有限公司

河北省石家庄市东大街 46 号[050011]
电话：(0311)86215878
法人代表：舒丽馨
【主要产品】二氧化氯

石家庄富强染料有限公司

河北省晋州市东寺乡东寺村[052260]
电话：(0311)84370890；13933033306
传真：(0311)84370057
供销电话：84370057　职工人数：150 人
经济类型：私营企业　法人代表：刘井润
网址：www.fqrl.com
E-mail：fqrl@sina.com；fqrl@fqrl.com
【主要产品】2-氯-5-硝基苯磺酸；4,4′-二氨基二苯胺-2′-磺酸；4-氨基二苯胺-2-磺酸；4-氨基-4′-硝基二苯胺-2-磺酸；直接橙 S；直接耐酸大红 4BS；直接大红 4BE；直接枣红 B；直接耐晒翠蓝 GL；直接耐晒黑 GF；直接耐晒黑 VSF；直接绿 BE；酸性橙Ⅱ；酸性大红 3R；酸性黑 ATT；酸性黑 NT；酸性黑 10B；显色基深红 4B

石家庄工大化工设备有限公司

河北省石家庄市高邑县千秋路[050031]
电话：(0311)85373526；85373538
传真：(0311)85373501
职工人数：260 人
网址：www.gongdagz.com
E-mail：gdsb@gdsb.cn
【主要产品】干燥器；圆盘(板)加热干燥器；SZG 系列双锥回转真空干燥机；流化床干燥器；双轴桨叶干燥机

石家庄工大生物制品有限公司

河北省石家庄市和平东路 500 号工大科技楼 3F[050031]
电话：(0311)85373520；13933081357
传真：(0311)85373530
供销电话：85373520；13930427123
职工人数：120 人
网址：www.gongdagz.com
E-mail：gongdasw@gdsb.cn
【主要产品】大豆素；大豆异黄酮；大豆皂苷

石家庄海力精化有限责任公司

河北省石家庄市经济技术开发区良村金沙路[052165]
电话：(0311)83098090
传真：(0311)83098083
供销电话：80398090　职工人数：260 人
经济类型：股份合作　法人代表：李文革
E-mail：hljh@hailijinghua.com
【主要产品】三甲基一氯硅烷；二甲基硅油

石家庄合佳保健品有限公司

河北省石家庄市高新技术开发区长江大道 9 号[050035]
电话：(0311)85370150；85370162；85370163
传真：(0311)85370151
经济类型：股份有限公司
网址：www.hejia-china.com
E-mail：info@hejia-china.com
【主要产品】一氯乙酸；哌嗪；*N*,*N*-二甲基乙醇胺；三乙烯二胺；异辛酸钠；异辛酸钾；三嗪环；左旋苯甘氨酸邓钾盐(乙基)；氨噻肟酸；2-肟基-2-(2-氨基噻唑)-4-乙酸乙酯；2-(2-氨基-4-噻唑基)-2-(甲氧亚氨基)乙酸硫代苯并噻唑酯；头孢他啶侧链酸活性酯；双(2-二甲氨基乙基)醚

石家庄恒润化工有限公司

河北省石家庄市学府路 150 号[050061]
电话：(0311)86827115；87684079；87684527
传真：(0311)86858003
固定资产：7,000 千元
职工人数：100 人
经济类型：私营企业　法人代表：任建刚
网址：www.hengrunchem.com
E-mail：rjg@hengrunchem.com
【主要产品】铝镍合金；镍铝钼合金粉

石家庄鸿锐集团

河北省石家庄市西二环北路 203 号[050081]
电话：(0311)83610849；83614946
传真：(0311)83634221；83980229
网址：www.hongray.com
E-mail：sale@hongray.com
【主要产品】聚氯乙烯塑胶手套；乳胶手套

石家庄华康制药有限公司

河北省石家庄市和平西路三段[050071]
电话：(0311)83610647；13503339944
传真：(0311)83661767
【主要产品】山梨醇；结晶山梨醇

石家庄华牧牧业有限责任公司兽药分公司

河北省石家庄市中华北大街 332 号[050061]
电话：(0311)87751662；87781098；87781798
传真：(0311)87783966
供销电话：87783968；87781098
法人代表：孙维凯
网址：www.huamugroup.com
E-mail：huamusy@163.com
【主要产品】维生素 B4；消毒剂

石家庄华泰纳米陶瓷材料厂

河北省石家庄市和平东路 391 号[050031]
电话：(0311)85053406；13803117766
传真：(0311)85053406
网址：www.htnmc.com.cn；www.nmceramics.com.cn
E-mail：shupp@heinfo.net
【主要产品】氮化硅；碳化硅；碳化钛；碳氮化钛

石家庄化肥集团有限责任公司

河北省石家庄市丰收路 65 号[050041]
电话：(0311)86829921；86829552；86811934
传真：(0311)86822178；86823597
供销电话：86829797　有进出口权
经济类型：有限责任公司
企业规模：大型　职工人数：3,834 人
法人代表：尹凤林
网址：www.ampcn.com/show/index.asp?id=5572
E-mail：hbhg@public.sj.he.cn
【主要产品】硝酸；硝酸钠；亚硝酸钠；甲醇(精)；甲醇；甲醛；合成氨；液氨；尿素；氯化铵；硝酸铵；混配复合肥料；脲醛树脂

石家庄化工化纤有限公司

河北省石家庄市井陉县微矿路 26 号[050309]
电话：(0311)82043000；82043161

传真:(0311)82043400　有进出口权
供销电话:82043255;82043220
经济类型:有限责任公司
企业规模:大型　职工人数:2,200 人
法人代表:赵宝山
网址:www.jiwei.com.cn/index.htm
E-mail:master@jiwei.com.cn
【主要产品】电石;醋酸乙烯酯;聚己内酰胺;涤纶长丝;聚乙烯醇(17-99型);锦纶-6 弹力丝;多功能大棚膜

石家庄惠利电子材料有限公司

河北省石家庄市新华区大郭村[050071]
电话:(0311)83613200;83658987
传真:(0311)83607041;83607045
经济类型:股份有限公司
网址:www.wells-epoxy.com
E-mail:sjz@wells-epoxy.com
【主要产品】环氧树脂;环氧地坪涂料;黏合剂

石家庄冀华化工纺织有限公司

河北省石家庄市长征街 72 号[050000]
电话:(0311)86033010;86075692
传真:(0311)86077594　有进出口权
经济类型:私营企业
网址:www.hbjihua.com
E-mail:info@hbjihua.com
【主要产品】烧碱(固体);纯碱;碳酸氢钠;亚硫酸钠;过硫酸钾;硫化钠;硫代硫酸钠;硫酸钡;硫酸钠;硫酸铝;焦亚硫酸钠;过二硫酸钠;硝酸钠;亚硝酸钠;高氯酸钾;氯化钡;氯化钙;氯酸钠;氯酸钾;三聚磷酸钠;六偏磷酸钠;磷酸三钠;过硼酸钠;重铬酸钠;三氧化铬;碳酸钡;碳酸锶;高锰酸钾;五氧化二钒;铬;甲酸;冰醋酸;草酸;硬脂酸;苯酐;苯酚;2-氨基-4-硝基苯酚;醋酸钠;硫脲;4-氨基-5-羟基-2,7-萘二磺酸;2-氨基-4-硝基苯酚钠;尿素;中铬黄;氧化铬绿;直接冻黄 G;直接桃红 5B;直接耐酸大红 4BS;直接铜盐蓝 2R;直接黑 BN;直接耐晒嫩黄 5GL;直接耐晒翠蓝 GL;直接耐晒黑 G;色酚 AS-BO;色酚 AS-BS;色酚 AS-D;色酚 AS-E;色酚 AS-G;色酚 AS-OL;色酚 AS-PH;色酚 AS-RL;色酚 AS-SG;色酚 AS-SW;色酚 AS-VL;色酚 AS-LC;大红色基 G;红色基 B;红色基 GL;显色基红 2B;显色基深红 4B;显色基深红 4RB;色酚 AS-CA;还原黄 5RC;还原大红 R;还原艳紫 RR;还原蓝 RSN;还原深蓝 VB;还原艳绿 FFB;还原咔叽 2G;还原棕 BR;还原灰 BG;还原灰 M;活性嫩黄 K-6G;活性黄 X-RG;活性黄 X-R;活性黄 K-RN;活性黄 M-3RE;活性黄 KE-4R;活性艳橙 X-GN;活性艳红 X-3B;活性艳红 X-7B;反应艳红 K-4BC;活性艳红 KE-3B;活性艳红 M-8B;活性紫 K-3R;活性红紫 X-2R;活性艳蓝 X-BR;活性艳蓝 KN-R;活性翠蓝 K-GL;活性翠蓝 KN-G;反应橙 K-2RL;活性红棕 K-B3R;活性黑 K-BR;活性黑 KN-B;分散黄 8GFF;分散荧光橙 2GFL;分散大红 S-GFL;分散大红 S-3GFL;分散红 E-4B;分散荧光红 2GL;分散红玉 SE-GFL;分散红玉 S-2GFL;分散翠蓝 H-GL;分散深蓝 HGL;分散荧光绿 5G;分散黑 S-2BL;分散黑 S-3BL;分散荧光橘黄 GF;荧光涂料色浆青莲;涂料印花色浆大红 FFG;涂料印花色浆蓝 FFG;涂料印花色浆艳绿 FB;涂料印花色浆黑 FBRK;涂料印花色浆桃红 F3R;耐晒黄 GR;永固黄 G;永固黄 GG;有机柠檬黄;有机中黄;耐晒艳红 BBC;耐晒大红 BBN;坚固大红 G;立索尔大红 R;甲苯胺红;甲苯胺紫红 F2R-B;柠檬酸;亚甲基双萘磺酸钠;海藻酸钠;荧光增白剂 BF;荧光增白剂 DT;荧光增白剂 VBL;荧光腈纶增白剂 DCB;防染盐 H

石家庄冀龙复合肥厂

河北省石家庄市卓达太阳城[051430]
电话:(0311)85443668;13930486238
传真:(0311)85441938
固定资产:5,000 千元　职工人数:160 人
网址:www.jlfy.net
E-mail:jilongfuhefei@126.com
【主要产品】氯化铵;硫酸铵;复合肥;生态肥

石家庄冀荣化工有限公司

河北省石家庄市栾城县东羊市[051430]
电话:(0311)86568426
传真:(0311)86568426　有进出口权
供销电话:85870758;85891093
供销传真:85891093　法人代表:焦俊生
网址:www.jirongchem.com
E-mail:jirong@jirongchem.com;jr@jirongchem.com
【主要产品】氧化铬绿

石家庄加力化学品有限公司

河北省石家庄市栾城窦妪工业区[051400]
电话:(0311)85468144;85468702;85468770
传真:(0311)85468144;85468702
经济类型:中外合资经营企业
法人代表:张继伟
网址:www.jlhx.cn
E-mail:jiali@jlhx.cn
【主要产品】丙三醇;硬脂酸;硬脂酰胺;重烷基苯磺酸钠;氯化石蜡;硬脂酸丁酯;二盐基亚磷酸铅;三盐基硫酸铅;双硬脂酸铅;液体钙锌稳定剂;液体钡锌稳定剂;液体钡镉复合稳定剂;液体钡镉锌复合稳定剂;硬脂酸钙;硬脂酸钡;硬脂酸铅;硬脂酸锌;硬脂酸镁;硬脂酸镉

石家庄焦化集团有限责任公司

河北省石家庄市谈固大街 23 号[050031]
电话:(0311)86916618;86916683;86916691
传真:(0311)85053276
供销传真:86916708　企业规模:大型
经济类型:有限责任公司
网址:www.shijiao.com.cn
E-mail:yunxiaohg@shijiao.com.cn
【主要产品】硫黄;二甲苯;甲苯;苯;焦化苯;萘(精);苊(工业);甲醇;甲基萘;二甲酚;三混甲酚;3-/4-甲酚;2-甲酚;山梨醇;碳酸氢铵;磷酸三苯酯;轻苯;轻溶剂油;粗苯;溶剂油;工业萘;轻油;粗酚;脱酚酚油;蒽油;煤焦油;酚油;电极沥青;改质沥青;焦炭

石家庄金美化工有限公司

河北省石家庄市井陉县南峪镇地都村[050302]
电话:(0311)82387051
传真:(0311)82387222　经济类型:集体
法人代表:段志林
网址:www.gaidu.com/jinmei/default.htm
E-mail:jinmeihuagong@sina.com
【主要产品】碱式含镁碳酸钙;碳酸镁;轻质碳酸镁;氧化镁;氧化镁(轻质);活性氧化镁

石家庄金石化肥有限责任公司

河北省石家庄市东北工业区[050011]
电话:(0311)85991231;85991669
供销电话:85991486　企业规模:大型
经济类型:有限责任公司
职工人数:2,800 人
网址:www.jinshihf.com
【主要产品】硝酸;纯碱;硝酸钠;亚硝酸钠;多孔硝铵;硫黄;甲醇;氨水;液氨;尿素;氯化铵;硝酸铵

石家庄金鱼涂料集团公司

河北省石家庄市新华区中山西路 433 号[050081]
电话:(0311)85233800
传真:(0311)83035061　有进出口权
经济类型:股份合作　法人代表:焦亚华
职工人数:1,128 人
网址:www.goldenfish.com.cn
E-mail:goldenfish@goldenfish.com.cn
【主要产品】腻子;厚浆型环氧煤沥青防腐涂料;醇酸清漆;各色醇酸调合漆;醇酸汽车专用漆;氨基醇酸汽车面漆;氨基树脂漆类;汽车漆;硝基装饰漆;防火涂料;工业涂料;内外墙涂料;丙烯酸树脂漆类;丙烯酸醇酸清漆;丙烯酸聚氨酯漆;热塑性丙烯酸涂料;聚酯树脂漆类;聚酯木器漆;粉末涂料;常温道路标志漆;环氧树脂漆类;塑料漆;环氧导静电防腐漆;环氧红丹防锈底漆;聚氨酯漆类;重防腐漆;聚氨酯导静电耐油防腐涂料;聚氨酯汽车漆;氟碳重防腐涂料;氯磺化聚乙烯防腐漆;高氯化聚乙烯防腐涂料;绝缘漆;高温防腐漆;火车漆;地坪涂料;水性

木器漆；变压器底面专用漆；航标涂料；油漆稀释剂；脱漆剂；建筑装饰胶；颜料分散剂

石家庄经济技术开发区阜达化工有限公司

河北省石家庄市经济技术开发区海南路[052165]
电话：(0311)83096258
传真：(0311)83090199
网址：www. fuda-chem. com
E-mail：gaozp@ fuda-chem. com
【主要产品】3-(1-氰乙基)二苯甲酮；甲氧亚氨基呋喃乙酸铵；左旋双氢苯甘氨酸邓钠盐(甲基)；左旋双氢苯甘氨酸；3-(1-氰乙基)苯甲酸

石家庄炼油化工股份有限公司

河北省石家庄市东郊[050032]
电话：(0311)85166688；85162314
传真：(0311)85161234　经济类型：国有
企业规模：大型　法人代表：毕建国
网址：lianyouhuahong. und. com. cn
E-mail：jlb@ slhec. com
【主要产品】己内酰胺；原油；汽油；煤油；柴油；聚丙烯；聚酰胺树脂

石家庄林峰化工有限公司

河北省石家庄市高邑县府前路路北[051330]
电话：(0311)84030052；84063127；13803390862
传真：(0311)84037302
供销电话：84037302；84060966
供销传真：84060191　职工人数：250 人
经济类型：股份合作　法人代表：赵记川
网址：guoguang1. e. chem. cn
E-mail：ggchem@ 126. com
【主要产品】轻质碳酸镁；氧化锌；氧化镁(轻质)；促进剂 DM；促进剂 M；促进剂 TMTD

石家庄龙宫橡塑制品有限公司

河北省石家庄市机场路中段[052161]
电话：(0311)88194333；88196688；88194666
网址：www. longgong. com. cn
E-mail：wjl88818@ sohu. com
【主要产品】聚氯乙烯电气绝缘胶带；聚氯乙烯胶带；自粘性防水胶带；防腐胶带；绝缘胶布带

石家庄龙泰化工有限公司

河北省石家庄市谈固北大街 61 号[050031]
电话：(0311)85061245；13930180001
传真：(0311)85061245
网址：cheminfo. gov. cn/cpgjz/longtai/index. htm
【主要产品】*D*-对羟基苯甘氨酸；*DL*-对羟基苯甘氨酸；三嗪环；对羟基苯甘氨酸邓钾盐；2-(2-氨基-4-噻唑基)-2-(甲氧亚氨基)乙酸硫代苯并噻唑酯；氨基硫脲

石家庄隆大福生物药业公司

河北省无极县小汗村[052460]
电话：(0311)85570092；13803362122
法人代表：贾同柱
【主要产品】活性钙；牡蛎钙

石家庄欧意药业有限公司

河北省石家庄市[050051]
电话：(0311)87896583
传真：(0311)87038467
经济类型：有限责任公司
企业规模：大型
网址：www. cspcoe. com/main. asp
E-mail：kellywang@ mail. ecspc. com
【主要产品】头孢羟氨苄；阿奇霉素；吲哚美辛；盐酸曲马多

石家庄启宏橡塑制品有限公司

河北省石家庄市高新技术产业开发区天山大街[050035]
电话：(0311)85962574；85962124
传真：(0311)85960247；85963518
网址：www. qihongcn. com
E-mail：qhxs@ qihongcn. com
【主要产品】聚乙烯泡沫塑料；三元乙丙橡胶；聚乙烯高发泡管材；EVA 发泡系列；压敏胶胶黏剂

石家庄三九利鑫制药有限公司

河北省鹿泉市黄壁庄镇[050224]
电话：(0311)82209535；82209503；82206515
传真：(0311)82209645；82209594
供销电话：82209521　职工人数：260 人
经济类型：股份有限公司
法人代表：冯海山
网址：www. lixinzhiyao. com
E-mail：lixinzhiyao@ tom. com
【主要产品】三硅酸镁；阿普唑仑；西咪替丁；盐酸雷尼替丁；复方氢氧化铝；度米芬

石家庄申达饲料添加剂有限公司

河北省石家庄市东二环学苑路 1 号[050011]
电话：(0311)85321000；87318086
传真：(0311)85321001
网址：www. shenda. cn
【主要产品】维生素 B_{12}

石家庄神彩美术颜料厂

河北省鹿泉市上庄镇谷庄村[050200]
电话：(0311)82233953；13930472702
传真：(0311)82135979
网址：www. smyl. cn
E-mail：smyl@ smyl. cn
【主要产品】广告涂料；氧化铁红；氧化铁黄；哈巴粉；铁酞绿；氧化铁黑；氧化铁绿；中铬黄；柠檬黄；华蓝；美术绿；高地板黄；涂料黄；水性色浆；涂料印花色浆；耐晒砂绿；红硃；炭黑

石家庄盛烽合成纤维有限公司

河北省石家庄市华新路 65 号[050041]
电话：(0311)85674948；85098096；13091006138
传真：(0311)85674948
网址：www. sjzsfxw. com
E-mail：sjzsfxw@ 126. com
【主要产品】涤纶短纤维；聚丙烯腈纤维；丙纶；丙纶短纤维

石家庄市安发化工厂

河北省石家庄市裕华区东仰陵[050801]
电话：(0311)85318325；85322990
传真：(0311)85321398　有进出口权
网址：www. shijiazhuanganfa. com
E-mail：anfa999@ sohu. com
【主要产品】碳酸氢钾；醋酸钠；醋酸钠(无水)；醋酸钾；醋酸锌；乙酸铵；涂料印花黏合剂

石家庄市博大塑化有限公司

河北省石家庄市经济技术开发区[050035]
电话：(0311)85099918；85097618；85098518
传真：(0311)85099919
职工人数：400 人
网址：www. hbbdsb. com. cn
E-mail：hbbdsb@ sohu. com；hbbdsb66@ sohu. com
【主要产品】塑料编织袋；纸塑复合袋

石家庄市博雅化工助剂有限公司

河北省石家庄市和平西路 478 号[050071]
电话：(0311)87833012
传真：(0311)87829297
网址：www. boyachem. com
E-mail：sales@ boyachem. com
【主要产品】2-正辛基-4-异噻唑啉-3-酮；4,5-二氯-*N*-辛基-4-异噻唑啉-3-酮；5-氯-2-甲基异噻唑啉-3-酮；异噻唑啉酮

石家庄市大东生物化工有限公司

河北省石家庄和平东路 257 号(燕山商城)2-405[050015]
电话：(0311)85959831；85959830；13932179597
传真：(0311)85959830
供销电话：85959830；13703211386
法人代表：齐万银
网址：www. sjzshenghua. com
【主要产品】鞣花酸；胞苷酸；阿维菌素；番茄红素；叶黄素；酵母抽提物；三磷酸腺苷二钠；干酵母；大豆异黄酮；枳

实提取物;酵母浸膏

石家庄市灯塔化工厂

河北省石家庄市胜利南街 255 号［050021］
电话:(0311)86012655;86113849;13903318056
传真:(0311)86120802 经济类型:集体
供销电话:86012655;13803334892
供销传真:86107140
网址:www. dengtayl. com
E-mail:dengta886@ 163. com
【主要产品】硫酸亚铁;一氧化铅;氧化铁红;氧化铁黄 313;氧化铁绿;中铬黄;浅铬黄;柠檬黄;钼铬红;华蓝;氧化铬绿;直接染料;酸性橙Ⅱ;酸性黑 10B;酞菁绿 G

石家庄市电化厂

河北省石家庄市中山西路 63 号［050081］
电话:(0311)83633489
传真:(0311)83603942 经济类型:国有
供销电话:83635112 法人代表:李双德
【主要产品】盐酸;烧碱;烧碱(液体);次氯酸钠(液体);氯气(液);氯化苄

石家庄市多元橡胶化工厂

河北省石家庄市高邑县育才街 22 号［51330］
电话:(0311)84035678;13603213230
传真:(0311)84035678
网址:www. dyxjhg. com
E-mail:sjzsys888@ 126. com
【主要产品】乳胶球胆

石家庄市富强精细化工有限公司

河北省晋州市后彭头工业开发区［052260］
电话:(0311)84357066;13930434551
传真:(0311)84359966
固定资产:5,000 千元 职工人数:180 人
网址:fuqingdianfen. diytrade. com
【主要产品】羟乙基纤维素;造纸施胶剂

石家庄市海森化工有限公司

河北省石家庄市建设北大街 228 号东海国际 8C［050041］
电话:(0311)86695953;87612826;85265918
传真:(0311)85265919
网址:www. hshg. cn
E-mail:donghai@ hshg. cn
【主要产品】一乙醇胺;二乙醇胺;匀染剂 O;平平加 OS-15;平平加 A-20;乳化剂 OP-4;壬基酚聚氧乙烯醚;壬基酚聚氧乙烯醚(N = 10)

石家庄市海天精细化工有限公司

河北省藁城市张村工业区［052160］
电话:(0311)88908111
传真:(0311)88908222 有进出口权
供销电话:88908111;85529561
供销传真:88908222;85529560
经济类型:有限责任公司
网址:www. aminoacidchem. com
E-mail:sales@ aminoacidchem. com
【主要产品】氨基乙酸;L-脯氨酸;L-羟基脯氨酸;L-丙氨酸;D-丙氨酸;乙基麦芽酚;麦芽酚;DL-丙氨酸;D-苯丙氨酸;L-赖氨酸盐酸盐;木糖醇;安赛蜜;天冬氨酰苯丙氨酸甲酯;L-亮氨酸;L-天门冬氨酸;牛磺酸;L-苏氨酸;蛋氨酸;L-蛋氨酸;D-蛋氨酸;L-色氨酸

石家庄市豪盛化工有限责任公司

河北省晋州市晋总西路工业区 8 号［052260］
电话:(0311)84460006;84462699
传真:(0311)84462376
经济类型:私营企业
网址:www. haosheng-chem. com
E-mail:8001@ haosheng-chem. com
【主要产品】磷酸锌;氧化锌;醋酸钠;醋酸钾;醋酸锌;乙酸铵;铬酸铅;锌铬黄

石家庄市恒日化工有限公司

河北省石家庄市裕华区西仰陵［050035］
电话:(0311)85322971;85322972;85322973
传真:(0311)85322951
法人代表:邢向东
网址:sjzhrhg. bip. und. cn
E-mail:xxd@ hengri. net
【主要产品】醇溶柔版塑料油墨;塑料凹版表印油墨;透明塑料油墨;水性印刷油墨;水性亮光油墨;塑料复合油墨;醇溶塑料复合油墨;UV 凹印油墨;塑料复合凹版里印油墨;耐蒸煮油墨

石家庄市华南塑料有限公司

河北省石家庄市新石南路 5 号［050091］
电话:(0311)83834480
传真:(0311)83826336
职工人数:200 人
网址:www. hn-sl. cn
E-mail:huannan@ hn-sl. cn
【主要产品】塑料编织袋

石家庄市华南炭素厂

河北省石家庄市中华南大街 505 号［050091］
电话:(0311)83831884;83817484;83814696
传真:(0311)83827347
法人代表:赵梦周
网址:www. huanancarbon. com
E-mail:hncf@ huanancarbon. com
【主要产品】电极糊;增碳剂;石墨电极

石家庄市环城氨基酸厂

河北省石家庄市开泰街 13 号［050081］
电话:(0311)83612780;83612779;13903313971
传真:(0311)83659364 有进出口权
网址:www. huancheng. com
E-mail:dhc@ huancheng. com
【主要产品】L-脯氨酸;L-胱氨酸;L-半胱氨酸盐酸盐一水物;L-半胱氨酸盐酸盐无水物;L-缬氨酸;L-丙氨酸;DL-丙氨酸;L-亮氨酸;L-异亮氨酸;L-精氨酸;L-精氨酸盐酸盐;L-天门冬氨酸镁;L-天门冬氨酸钙;L-天门冬氨酸钾;L-天冬氨酸钠;L-苏氨酸;L-酪氨酸;蛋氨酸;L-蛋氨酸

石家庄市汇康精细化学有限公司

河北省石家庄市赵县高村工业区［051530］
电话:(0311)83659640;84836220
传真:(0311)83659640;84836220
网址:www. huikangchem. com
E-mail:huikang@ huikangchem. com
【主要产品】硫酸钠(十水);硫酸钠;三硅酸镁;2,4-二氯-5-氟苯乙酮;对氟苯乙酮;2,4-二氯苯戊酮;半胱胺盐酸盐;氨噻肟酸;2-(2-氨基-4-噻唑基)-2-(甲氧亚氨基)乙酸硫代苯并噻唑酯;2,4-二氯苯乙酮;4,4′-二氯二苯甲酮;西咪替丁

石家庄市冀峰桥化工有限公司

河北省石家庄市栾城县豆于工业区［051430］
电话:(0311)86580227;13343242119
传真:(0311)86580227 职工人数:40 人
网址:www. jfqhg. com
E-mail:vhxnue@ jfqhg. com
【主要产品】氧化铬绿

石家庄市佳彩化工有限责任公司

河北省赵县赵州工业园区［051530］
电话:(0311)84948818;84949718;84932868
经济类型:有限责任公司
网址:www. bestcolour. cn
E-mail:jiacai@ bestcolour. cn
【主要产品】硫酸钡;一氧化铅;2-乙基己酸锰;异辛酸铅;异辛酸钴;2-乙基己酸钙;2-乙基己酸锌;环烷酸钙;环烷酸钴;环烷酸铅;环烷酸锌;环烷酸锰;涂料催干剂 LC802;异辛酸稀土催干剂;非浮型铝银浆;漂浮型银粉浆;氧化铁红;氧化铁黄;哈巴粉;氧化铁黑;氧化铁绿;中铬黄;浅铬黄;柠檬黄;橘铬黄;深铬黄;801 柠檬锶铬黄;锌铬黄;钼铬红;华蓝;复合钛白颜料;红丹;复合铁钛粉;酞菁蓝 BGS;酞菁绿 G;汉沙黄 G;永固黄 G;联苯胺黄 G;有机柠檬黄;有机中黄;耐晒艳红 BBC;耐晒大红 BBN;耐晒深红 BBM;橡胶大红 LC;大红粉;金光红 C;立索

尔大红 R；立索尔紫红 2R；甲苯胺红；甲苯胺紫红；炭黑

石家庄市捷尔生物化工有限公司

河北省石家庄市无极县智慧街 158 号[052460]
电话：(0311)85235178；85586958
传真：(0311)87893943
经济类型：私营企业　职工人数：167 人
网址：www. jieerhg. com
E-mail：pitilan@163. com
【主要产品】腈菌唑乳油；噁醚唑乳油；菌毒清；福·腈菌可湿性粉剂

石家庄市金达特种涂料有限公司

河北省石家庄市新石北路 368 号[050091]
电话：(0311)83801608；83801758
传真：(0311)83801758
网址：www. kingdar. com. cn
E-mail：kingdar2008@126. com
【主要产品】厚浆型环氧煤沥青防腐涂料；丙烯酸类面漆；环氧清漆；环氧磷酸锌防锈底漆；环氧沥青防腐漆；环氧锌黄底漆；耐高温防腐涂料；氯化橡胶底漆；氯磺化聚乙烯防腐漆；高温防腐漆；水性无机富锌底漆；无毒饮水舱防腐涂料；重防腐地坪涂料；防腐涂料；水性防腐涂料；防霉涂料；装饰涂料

石家庄市金华纤维素化工有限公司

河北省晋州市东胜路 3 号[052260]
电话：(0311)84322849；84322550
传真：(0311)84311771
经济类型：股份合作　法人代表：史宝欣
网址：www. jhxws. com
E-mail：mailto：kf@jhxws. com
【主要产品】羟丙基甲基纤维素；甲基纤维素

石家庄市金鹏化工助剂有限公司

河北省石家庄市裕华区八方村南[050081]
电话：(0311)85317188；85317288；85317886
传真：(0311)85317189；85317288
经济类型：私营企业
网址：www. jpchem. cn
【主要产品】聚乙二醇；脂肪胺聚氧乙烯醚；平平加；乳化剂 EL；乳化剂 OP；聚氧丙烯聚氧乙烯甘油醚；吐温系列；脂肪酸聚氧乙烯酯；脂肪醇聚氧乙烯醚磷酸酯；农药乳化剂；农药乳化剂 500 号；农药高效渗透剂

石家庄市京东医药化工有限公司

河北省栾城县邵家庄工业区[051430]
电话：(0311)85434305；85431406
传真：(0311)85434565
职工人数：236 人
网址：www. jdyh. com；www. jdchemical. com
E-mail：sales@jdyh. com
【主要产品】2,6-二氟苯甲酸；2,6-二氟苯酚；己内酰胺；2,6-二氟苯腈；环己甲酸；2,6-二氟苯胺；2,6-二氟苯甲酰胺；除虫脲；白糊精；黄糊精

石家庄市井陉微河化工厂

河北省井陉县十五号信箱技术染化厂[050307]
电话：(0311)82350177；82350185
传真：(0311)82350177　有进出口权
供销电话：13803391155
职工人数：50 人　法人代表：周海峰
网址：www. chinachemnet. com/weihechem
E-mail：sales@hi2000. com
【主要产品】直接耐晒翠蓝 GL；直接翠蓝 GL

石家庄市凯桥助剂有限公司

河北省石家庄市赵县勤劳开发区[051530]
电话：(0311)84880117；84880407；84889666
传真：(0311)84888219
网址：www. kaiqiao. cn
E-mail：sjzkaiqiao@126. com
【主要产品】阴离子中性分散松香胶；纸张增强剂；造纸用中性施胶剂；AKD 蜡粉

石家庄市康达制药厂

河北省深泽县永济工业区 2 号[052560]
电话：(0311)83548101；83548039
传真：(0311)83548102　经济类型：集体
【主要产品】红霉素琥珀酸乙酯

石家庄市科奥化工有限责任公司

河北省赵县固城工业区[051530]
电话：(0311)84932828
传真：(0311)84932828　有进出口权
职工人数：80 人
网址：www. keaochem. com
E-mail：sales@keaochem. com
【主要产品】三聚氰酸；二氯异氰尿酸钠

石家庄市联碱厂化工分厂

河北省石家庄市仓安路 28 号[050091]
电话：(0311)83833671；83823570
传真：(0311)83833671　经济类型：集体
【主要产品】甲基丙二酸二乙酯；丙二酸二乙酯；丙二酸二甲酯；丙二酸二异丙酯

石家庄市麟鑫化工有限公司

河北省石家庄市无极县城北工业区[052460]
电话：(0311)86043372；87281757；13933130787
传真：(0311)87281757
网址：www. linxinchem. com
E-mail：lqcwm@linxinchem. com
【主要产品】乙醇(无水)；糠醛；糠醇；醋酸钠；醋酸钠(无水)；醋酸钾；醋酸锌；乙酸铵；4-氨基苯磺酸；4-氨基苯磺酸钠；酸性橙 Ⅱ；酸性黑 ATT；酸性黑 10B；食用色素

石家庄市龙汇精细化工有限责任公司

河北省石家庄市赵县赵元路 55 号[051530]
电话：(0311)84925105；84924007；13102850286
传真：(0311)84925150
供销电话：86215339；84930330
供销传真：86215339
经济类型：有限责任公司
网址：www. lynhi. com
E-mail：lee@lynhi. com；master@lynhi. com
【主要产品】氯甲酸烯丙酯；二氯磷酸苯酯；三氟甲基亚磺酸钠；七甲基二硅氮烷；三氟甲基亚磺酰氯；2-氯-5-氯甲基噻唑；2,3-二氰基丙酸乙酯；4-氨基-3,5-二氯三氟甲苯；2-氯-5-甲基吡啶；阿维菌素；阿维菌素乳油；乙酰氨基阿维菌素；甲氨基阿维菌素苯甲酸盐；依维菌素

石家庄市绿丰化工有限公司

河北省石家庄市深泽县南苑街 88 号[052560]
电话：(0311)83520673；83520670；85958098
传真：(0311)83526063；85958098
经济类型：私营企业
网址：www. sjzlufeng. com. cn
E-mail：sjzlf@263. net
【主要产品】二溴磷；二溴磷乳油(50%)；杀螨剂；四螨嗪；四螨嗪悬浮剂；福美甲胂可湿性粉剂(50%)；福美双；福美双可湿性粉剂；福美胂可湿性粉剂(40%)；多·福胂悬浮剂；二溴·高氯乳油；二溴·马乳油；福·福甲胂·福锌可湿性粉剂；福·福锌可湿性粉剂

石家庄市栾城县华英工贸有限责任公司

河北省石家庄市栾城县医药基地[051430]
电话：(0311)85505578；85408930；86384859
传真：(0311)85503181　职工人数：80 人
经济类型：有限责任公司
网址：www. huayinggongmao. com
E-mail：sales@huayinggongmao. com
【主要产品】亚铁氰化钾；一甲胺盐酸盐；二甲胺盐酸盐；三甲胺盐酸盐；醋

酸钠;醋酸钾;醋酸锌;乙酸铵;甜菜碱;破乳剂

石家庄市茂新化工有限公司

河北省石家庄市栾城县西羊市村南[051430]
电话:(0311)85431556
传真:(0311)85431556　经济类型:集体
职工人数:58 人
【主要产品】乙酸乙酯;醋酸丁酯

石家庄市南方化工有限公司

河北省石家庄市新石中路东头[050051]
电话:(0311)85236766;83858148
传真:(0311)85236766
经济类型:股份有限公司
职工人数:300 人
网址:www. southchem. com
E-mail:sales@ southchem. com;
info@ southchem. com
【主要产品】三氯异氰尿酸;三聚氰酸;氨基磺酸;二氯异氰尿酸钠;二氧化硫脲;氯胺 T;活性氧化铝

石家庄市欧康化工建材有限公司

河北省正定城北 107 国道 266 公里处东行 1000 米[050800]
电话:(0311)88279421;88277166;
13503219746
传真:(0311)88277344
法人代表:李保忠
网址:www. oukang. com
E-mail:oukang@ oukang. com
【主要产品】木器漆;内墙抗菌涂料;弹性乳胶漆;抗碱封闭底漆;丙烯酸内墙乳胶漆;丙烯酸外墙乳胶漆;保鲜剂;聚醋酸乙烯乳液胶黏剂;防冻液

石家庄市桥东印染化工厂

河北省石家庄市胜利南街 61 号[050021]
电话:(0311)86013689;86011430;
86121448
传真:(0311)86121449　经济类型:集体
职工人数:30 人　法人代表:魏洪波
网址:www. qdyrchem. cn
E-mail:qdyrchem@ qdyrchem. com
【主要产品】3-氨基苯酚;3-氨基苯磺酸;对氨基水杨酸钠

石家庄市三农有限公司

河北省石家庄市栾城县北[050314]
电话:(0311)85404297;13930460710
传真:(0311)85404297
网址:www. sjzsn. com
【主要产品】杀虫剂类;杀螨剂;农用杀菌剂;除草剂

石家庄市三兴钙业有限公司

河北省石家庄市井陉县北固底工业区[050300]
电话:(0311)82359555;82359777
网址:www. sxgy. net
E-mail:777@ sxgy. net
【主要产品】碳酸钙;轻质碳酸钙;超细碳酸钙;活性碳酸钙

石家庄市石兴氨基酸有限公司

河北省藁城市贾村工业区[052160]
电话:(0311)88346696
传真:(0311)88346696
供销电话:88348619
网址:www. aminoacid-chem. com
E-mail:aacid@ 126. com
【主要产品】氨基乙酸;右旋苯甘氨酸;*L*-脯氨酸;*D*-脯氨酸;*L*-羟基脯氨酸;乙醛酸;*L*-胱氨酸;*L*-半胱氨酸盐酸盐;*L*-半胱氨酸;*L*-缬氨酸;*D*-缬氨酸;*DL*-缬氨酸;*DL*-色氨酸;*L*-丝氨酸;*D*-丝氨酸;*DL*-丝氨酸;4-甲苯磺酸;*L*-丙氨酸;*D*-丙氨酸;*DL*-丙氨酸;*D*-苯丙氨酸;*DL*-苯丙氨酸;半胱氨酸;*L*-(+)-α-苯甘氨酸;混旋苯甘氨酸;*L*-肉毒碱;肉毒碱盐酸盐;*L*-肉碱盐酸盐;*L*-肉碱富马酸盐;*L*-赖氨酸盐酸盐;木糖醇;木糖;天冬氨酰苯丙氨酸甲酯;三氯蔗糖;*DL*-谷氨酸;*L*-亮氨酸;*D*-亮氨酸;*L*-异亮氨酸;*L*-精氨酸;*L*-精氨酸盐酸盐;*DL*-精氨酸盐酸盐;*D*-精氨酸;*L*-天门冬氨酸;*D*-天门冬氨酸;*DL*-天门冬氨酸;*L*-苏氨酸;*D*-苏氨酸;*DL*-苏氨酸;*L*-酪氨酸;*DL*-酪氨酸;*D*-酪氨酸;*L*-天冬酰胺;*L*-组氨酸;*D*-组氨酸;*L*-组氨酸盐酸盐;谷氨酸;*D*-谷氨酸;*L*-盐酸鸟氨酸;*L*-鸟氨酸-*L*-天门冬氨酸;赖氨酸;*L*-赖氨酸醋酸盐;*DL*-赖氨酸盐酸盐;蛋氨酸;*L*-蛋氨酸;*D*-蛋氨酸;*L*-苯丙氨酸;*L*-色氨酸;*D*-色氨酸;*L*-精氨酸-*L*-天门冬氨酸;*DL*-异亮氨酸

石家庄市泰和化工有限公司

河北省石家庄市窦妪工业区[051430]
电话:(0311)87047555;87046555;
13803374860
传真:(0311)87047666
网址:www. taihechemical. com
E-mail:yonghuah@ 263. net
【主要产品】硫酸钠;甲酸

石家庄市天成食品添加剂厂

河北省石家庄市工人街 20 号[050000]
电话:(0311)86973636
传真:(0311)86964854
网址:www. china-tch. com
E-mail:lvzj@ heinfo. net;
lvzj@ china-tch. com
【主要产品】焦磷酸铁;乙二胺四乙酸铁钠;柠檬酸钙;柠檬酸锌;乳酸钙;乳酸锌;乳酸亚铁;维生素 AD 钙

石家庄市万福化工有限公司

河北省石家庄市新华区友谊北大街 516 号[050061]
电话:(0311)87738818;87739818;
87711966
传真:(0311)87711566
法人代表:李军良
网址:www. wfhgc. com;
www. wfhgc. com. cn
E-mail:wfhgc@ 163. com
【主要产品】2-乙基己酸;异辛酸钠;异辛酸铝;异辛酸铁;异辛酸铜;2-乙基己酸锰;异辛酸铅;异辛酸钴;异辛酸铬;2-乙基己酸钙;2-乙基己酸锌;异辛酸稀土催干剂;油漆催干剂;华蓝

石家庄市新东化工有限公司

河北省新乐市东阳开发区[050700]
电话:(0311)88694666;88692666;
88694888
传真:(0311)88694555
经济类型:私营企业　法人代表:支海舰
网址:www. xindongchemical. com
E-mail:xindong@ xindongchemical. com
【主要产品】三聚磷酸二氢铝;磷酸锌

石家庄市新华染料化工厂

河北省石家庄市裕华区小马村[050031]
电话:(0311)85052195;13831155932
传真:(0311)85052195　经济类型:集体
产值:1,000 千元　职工人数:60 人
法人代表:张书辰
网址:www. xinhuadyes. com
E-mail:xinhuaranliao@ sina. com
【主要产品】3-氨基苯酚;3-羟基-*N*,*N*-二乙基苯胺;酸性橙Ⅱ;酸性黑 ATT;碱性嫩黄 O;碱性橙;碱性玫瑰精 B;碱性品绿;碱性棕 G;碱性品蓝;碱性桃红;碱性黑

石家庄市新星化炭有限公司

河北省石家庄市矿区贾庄镇[050100]
电话:(0311)82079372;82079871;
82079948
传真:(0311)82079948
固定资产:210,000 千元
经济类型:有限责任公司
职工人数:360 人　法人代表:薛德生
网址:www. xinxinght. com
E-mail:xxht@ xinxinght. com
【主要产品】碳酸钙;高耐磨炭黑 N330;硅铝炭黑;炭黑

石家庄市新泽兴化工有限公司

河北省石家庄市东二环南段[050801]
电话:(0311)87315805;85320289
传真:(0311)85320289
固定资产:12,000 千元
经济类型:股份有限公司
职工人数:267 人
网址:www. xzxhg. cn
E-mail:manager@ xzxhg. cn
【主要产品】氨基乙酸;*L*-脯氨酸;*L*-胱氨酸;*L*-半胱氨酸盐酸盐;*L*-半胱氨酸;*L*-

冀

缬氨酸;L-丝氨酸;L-赖氨酸盐酸盐;木糖醇;木糖;甜味剂;L-亮氨酸;L-异亮氨酸;L-精氨酸;L-精氨酸盐酸盐;乳酸钙;乳酸锌;乳酸亚铁;L-天门冬氨酸;L-天门冬氨酸镁;L-天门冬氨酸钙;L-天冬氨酸钠;L-天门冬氨酸锌;L-天门冬氨酸铁;牛磺酸;L-苏氨酸;α-氨基丙酸;L-酪氨酸;赖氨酸;蛋氨酸;L-蛋氨酸;L-苯丙氨酸;L-色氨酸

石家庄市鑫安精细化工有限公司

河北省石家庄市井陉县上安东[050300]
电话:(0311)82090514;82090908;13582157969
传真:(0311)82090908
网址:www.sjzxa.com
E-mail:888@sjzxa.com
【主要产品】芳烃溶剂油

石家庄市鑫盛化工有限公司

河北省新乐市[050700]
电话:(0311)88676378;88676379;13603111510
传真:(0311)88676379　职工人数:47人
网址:www.sjzxschem.com
E-mail:liu@sjzxschem.com;xinsheng@sjzxschem.com
【主要产品】磷酸二氢铝;改性三聚磷酸铝;磷酸锌;缩合磷酸铝

石家庄市鑫源锌业有限责任公司

河北省石家庄市高邑县石良庄村工业区88号[051330]
电话:(0311)84063296
传真:(0311)84063296
固定资产:15,000千元
供销电话:84063201
产值:2,500千元
经济类型:私营企业　职工人数:180人
法人代表:关书学
网址:8332765.b2b.hc360.com
E-mail:lixinjie711@163.cm
【主要产品】碱式碳酸锌;轻质碳酸镁;氧化锌;氧化镁(轻质)

石家庄市迅达化工有限责任公司

河北省赵县范庄镇三中[051531]
电话:(0311)84889658;84880448;84880326
传真:(0311)84880118
经济类型:股份合作　职工人数:300人
网址:www.xunda-chem.com
E-mail:xundahua@heinfo.net
【主要产品】一氧化铅;氧化蒽醌;中铬黄;浅铬黄;柠檬黄;深铬黄;红丹

石家庄市亚龙肌醇有限公司

河北省石家庄市赵州桥旅游开发路口308国道南行1公里[051530]
电话:(0311)84932685;84932885;13903211125
传真:(0311)84932685
【主要产品】磷酸氢钙;植酸钙;肌醇

石家庄市有机化工厂

河北省石家庄市裕华西路253号[050051]
电话:(0311)87013186;87023578
传真:(0311)87013186
经济类型:国有
职工人数:46人
法人代表:钱大勇
网址:huagong.ebtow.com
E-mail:txzc@126.com
【主要产品】双酚A型环氧树脂(E44型);强酸性苯乙烯系阳离子交换树脂(001×7型);强碱性季铵Ⅰ型阴离子交换树脂(201×7型);四氯化碳;重铬酸钾;高锰酸钾;乙酸锌;四氯化钛;吡啶;乙二胺;三氯甲烷;苯酚;对苯二酚;丙酮;乙酸乙酯;邻苯二甲酸二丁酯;邻苯二甲酸二辛酯;乙酸,36%;乙酸,无水;2-羟基苯甲酸;抗坏血酸;硬脂酸;乙醇(95%);乙醇(无水);乙二醇;丁醇;异丙醇;甲醇;甲醇(无水);甲醛(溶液);明胶;松节油;蓖麻油;可溶性淀粉

石家庄市鱼鹰油漆厂

河北省石家庄市石栾路鱼鹰工业园(308国道)[050021]
电话:(0311)85811555;85800939
传真:(0311)85800939　经济类型:集体
法人代表:信增刚
网址:www.fishhawk.com.cn
E-mail:yuying_1986@sina.com
【主要产品】各色醇酸调合漆;红丹醇酸防锈漆;各色氨基烘干磁漆;装饰漆;硝基磁漆;各色高级家具手扫漆;过氯乙烯清漆;磷化底漆;H04-2各色环氧硝基磁漆;环氧富锌底漆;环氧面漆;铁红环氧底漆;聚氨酯半光磁漆;聚氨酯铁红防锈漆;铝粉有机硅耐热烘漆;有机硅耐高温防腐涂料;有机硅耐高温防腐面漆;氯化橡胶面漆;氯磺化聚乙烯防腐漆;氯磺化聚乙烯防腐底漆;各色氯化橡胶马路划线漆;铁红防锈底漆;无机硅酸锌底漆

石家庄市远达化工厂

河北省石家庄市丰收路45号[050041]
电话:(0311)86831677;13703292971
传真:(0311)86831677
网址:www.yddyes.com
E-mail:nice@yddyes.com
【主要产品】水溶性硅油;硫化嫩黄G;硫化淡黄GC;硫化蓝CV;硫化蓝BN;硫化新蓝BBF;硫化深蓝3R;硫化黄棕5G;硫化红棕B3R;硫化红RB;硫化红棕MCB;起毛柔软剂;氨基改性聚二甲基硅氧烷;无甲醛固色剂;增深增艳剂;双氧水漂白稳定剂;煮炼剂;皂洗剂;防泳移剂;净洗剂

石家庄市振兴化工厂

河北省石家庄市无极县城北工业区[052460]
电话:(0311)85758806;85580545;13603211653
传真:(0311)85758816;85580545
职工人数:85人
网址:www.zhenxing-chem.com
E-mail:sales@zhenxing-chem.com
【主要产品】4-氨基苯磺酸;4-氨基苯磺酸钠

石家庄市中汇化工有限公司

河北省石家庄市广安大街77号安侨商务1002室[050011]
电话:(0311)85520176;85520177;85520178
传真:(0311)85520175
网址:www.zhonghuidyes.com
E-mail:yanhui@zhonghuidyes.com
【主要产品】硫化染料;直接染料;酸性染料;碱性染料;皮革染料

石家庄市中伟建材有限公司

河北省石家庄市长安区十里铺[050036]
电话:(0311)85301107
供销电话:13643306119
供销传真:85301107　产值:50,000千元
经济类型:股份有限公司
职工人数:105人
网址:www.dhadmix.com
E-mail:tzihan@sohu.com
【主要产品】混凝土养护剂;混凝土引气剂

石家庄曙光制药厂

河北省石家庄市高营大街17号[050031]
电话:(0311)85612248;85612331
供销电话:85612450
网址:www.shgzhy.cn
【主要产品】阿维菌素;农用杀菌剂

石家庄双联复合肥有限责任公司

河北省石家庄市石太高速路鹿泉口[050200]
电话:(0311)82197553
传真:(0311)82190670
网址:www.slfhf.com
E-mail:shuanglianheb@163.com
【主要产品】混配复合肥料

石家庄双联化工集团

河北省石家庄市石太高速公路鹿泉口[050000]
电话:(0311)83980966
传真:(0311)83980918　有进出口权
供销电话:83980869
经济类型:私营企业

职工人数:2,000 人
网址:www.sljhg.com
【主要产品】纯碱;工业氯化铵;硅酸钠;硅酸钠(液体);甲醇;合成氨;复合肥;网印黏合剂;硅溶胶

石家庄双联化工有限责任公司

河北省石家庄市石太高速公路鹿泉口[050200]
电话:(0311)83980276;83980279;83980966
传真:(0311)83980918　经济类型:国有
供销电话:83980869　企业规模:大型
职工人数:2,000 人
网址:www.sljhg.com/docc/gsjj.htm
E-mail:ljbg@sljhg.com
【主要产品】纯碱;硅酸钠;硅酸钠(液体);粉状速溶硅酸钠;甲醇;丙烯酸酯;合成氨;氯化铵;复合肥;苯丙乳液;网印黏合剂;硅溶胶;脱脂除油清洗剂

石家庄炭素有限公司

河北省石家庄市中华北大街 206 号[050061]
电话:(0311)87754135-404;87753257
传真:(0311)87753257
供销电话:87755727　法人代表:张辉建
职工人数:1,500 人
网址:www.sjzcarbon.com
E-mail:moffice@sjzcarbon.com;sell@sjzcarbon.com
【主要产品】石墨制品;石墨电极

石家庄天人化工设备集团有限公司

河北省藁城市工业东路 004 号[052160]
电话:(0311)88167764;88166030
传真:(0311)88167018
供销传真:88167466
经济类型:股份有限公司
网址:www.trjtgs.com
E-mail:trjtgs@trjtgs.com
【主要产品】碳化塔;换热器;波纹管式换热器;空气冷却器;冷凝器;低温液体储罐

石家庄天源淀粉衍生物有限公司

河北省石家庄市新华区杜北乡陈村[050061]
电话:(0311)87786216
传真:(0311)87770584　职工人数:30 人
经济类型:有限责任公司
产值:3,000 千元　法人代表:王静一
网址:www.tianyuanjia.com
E-mail:tyj@tianyuanjia.com
【主要产品】抗旱保水剂;多功能肥料农药缓/控释剂

石家庄皖龙泵阀有限公司

河北省石家庄市体育南大街 225 号 6-3-201[050021]
电话:(0311)85829488
传真:(0311)85872176
固定资产:45,000 千元
职工人数:400 人
网址:www.hbwlpv.com
E-mail:wlsjz@hbwlpv.com
【主要产品】耐腐蚀液下泵;耐腐蚀自吸泵;磁力泵;泥浆泵;离心泵;内衬氟塑料截止阀;球阀

石家庄维诺伟业生物制品有限公司

河北省石家庄市裕华区银通小区 45 号[050031]
电话:(0311)85676776;85676102
传真:(0311)85676776
经济类型:股份有限公司
网址:www.vinovobio.com
E-mail:info@vinovobio.com
【主要产品】乳酸;氨基乙酸;*L*-脯氨酸;*L*-胱氨酸;*L*-半胱氨酸;*L*-半胱氨酸盐酸盐一水物;*L*-半胱氨酸盐酸盐无水物;*L*-缬氨酸;*L*-丙氨酸;*DL*-丙氨酸;羧甲基纤维素钠(食品级);*L*-赖氨酸盐酸盐;木糖醇;木糖;谷氨酸钠;*L*-亮氨酸;*L*-异亮氨酸;*L*-精氨酸;*L*-精氨酸盐酸盐;乳酸钙;乳酸锌;乳酸亚铁;*L*-天门冬氨酸;*L*-天门冬氨酸镁;*L*-天门冬氨酸钙;*L*-天门冬氨酸钾;*L*-天冬氨酸钠;苹果酸钠;牛磺酸;低聚果糖;*L*-苏氨酸;*L*-酪氨酸;*L*-组氨酸;*L*-组氨酸盐酸盐;谷氨酸;蛋氨酸;*L*-蛋氨酸;*L*-苯丙氨酸;*L*-谷氨酰胺;药用乳糖

石家庄维平功能食品科技有限公司

河北省石家庄市翟营街[050011]
电话:(0311)85871928;88707289;13803333587
传真:(0311)85888371
网址:www.vipfood.com.cn
E-mail:vipfood@163.com
【主要产品】焦磷酸铁;磷酸铁;亚硒酸钠;乙二胺四乙酸铁钠;柠檬酸钙;柠檬酸锌;柠檬酸镁(无水);果酸钙;乳酸钙;乳酸锌;乳酸亚铁;吡啶甲酸铬;甘氨酸锌;葡萄糖酸锌;活性钙;生物钙

石家庄玮奇工贸有限公司

河北省晋州市周家庄工业区[052260]
电话:(0311)84377533;13333369946
传真:(0311)84377533
网址:www.hebwqgm.com
【主要产品】甲醇;甲酸;三嗪环

石家庄五岳制药厂

河北省石家庄市灵寿县南环东路 183 号[050500]
电话:(0311)82553059;82521482;13803213228
传真:(0311)82522004　经济类型:集体
固定资产:5,000 千元　职工人数:168 人
供销电话:82553059;13831101674
产值:20,000 千元　法人代表:张牛
销售收入:19,800 千元
网址:www.wyzhy.cn
E-mail:tianjm2000@sina.com
【主要产品】氢氧化铝

石家庄新宇三阳实业有限公司

河北省石家庄市栾城县丰泽大街 52 号[051430]
电话:(0311)85409515
传真:(0311)85409929　经济类型:国有
法人代表:李银江
网址:www.xysy.com.cn
E-mail:xysy@xysy.com.cn
【主要产品】二氧化碳;氧气;氩气;氮气;乙醇;四氢呋喃;冰醋酸;醋酸(食品级);过氧乙酸;乙酸乙酯;醋酸丁酯;氢氧化钠;乙酸,无水

石家庄秀尔特清洗剂有限公司

河北省石家庄市桥东区汇祥路 10 号[050091]
电话:(0311)83826054;83861341;83831704
传真:(0311)83804421
经济类型:有限责任公司
法人代表:李志强
网址:www.xiuerte.com
E-mail:xiuerte@xiuerte.com
【主要产品】清洗剂

石家庄旭泰化工有限公司

河北省晋州市[052260]
电话:(0311)84303555
职工人数:110 人
网址:www.sjzxutai.com
E-mail:master@sjzxutai.com
【主要产品】直接染料;酸性染料;碱性染料;活性染料;皮革染料;印染助剂;表面活性剂

石家庄永昌锌业有限责任公司

河北省石家庄市高邑县石良庄工业区[051330]
电话:(0311)84063102;13603215719
传真:(0311)84063665
供销电话:85037522;84013216
供销传真:85037522;84013216
经济类型:有限责任公司
职工人数:200 人
网址:www.sjzyongchang.com
E-mail:ycxy@sjzyongchang.com
【主要产品】氧化锌

石家庄永峰化工原料有限公司

河北省石家庄市无极县华润化工园区[052460]
电话:(0311)85750588;13931889866
传真:(0311)85750588
网址:www.sjzyfhg.com
E-mail:yfhggs@163.com

冀

【主要产品】2-氯噻吩;2-氯-5-氯甲基噻吩;2,5-二氯噻吩;2,3-二氯喹喔啉;4-氯-3-硝基苯甲醚;1-甲氨基-1-甲硫基-2-硝基乙烯

石家庄制药集团有限公司

河北省石家庄市桥西区中山西路276号[050051]
电话:(0311)87037015;87034159;87896976
传真:(0311)87034159;87896957
供销电话:87037031 有进出口权
供销传真:87039608 企业规模:大型
经济类型:有限责任公司
职工人数:15,000人
网址:www.e-cspc.com
E-mail:cspc@mail.ecspc.com;hbzr@eccl.com.cn
【主要产品】7-氨基头孢烷酸;6-氨基青霉烷酸;青霉素G钾;青霉素G钠;氨苄青霉素;氨苄西林钠;阿莫西林;头孢唑啉钠;头孢哌酮;头孢羟氨苄;头孢克肟;盐酸曲马多;维生素B12;抗坏血酸;维生素C钙盐;维生素C钠盐;硝苯地平;己酮可可碱;茶碱;氨茶碱;二羟丙茶碱;无水咖啡因;雷尼替丁;可可碱

石家庄中吉化肥有限公司

河北省石家庄市元氏县大陈庄火车站东侧[051130]
电话:(0311)84532252;13483145515
经济类型:私营企业 职工人数:300人
网址:www.zhongjihuafei.com
E-mail:zjz508@126.com
【主要产品】磷肥;复合肥;BB肥;缓释复合肥

石药集团维生药业(石家庄)有限公司

河北省石家庄高新技术产业开发区黄河大道236号[050035]
电话:(0311)85962774;85966010
传真:(0311)85388536
供销电话:85961714;85962784
供销传真:85389843 法人代表:蔡东晨
经济类型:与港澳台商合资经营
网址:www.e-wspc.com
E-mail:wspc@e-wspc.com;sale@e-wspc.com
【主要产品】抗坏血酸;维生素C钙盐;维生素C钠盐

石药集团新华制药厂

河北省石家庄市中华南大街华星路6号[050091]
电话:(0311)83831203;83833900
传真:(0311)83831203 经济类型:集体
【主要产品】甲硝唑;硝苯地平;尼群地平;雷尼替丁

石药集团新诺威药业有限公司

河北省栾城县富强西路36号[051430]
电话:(0311)85408700
传真:(0311)85409463
经济类型:有限责任公司
法人代表:蔡东晨
网址:www.e-cspc.com
E-mail:lijr@sj-user.he.cninfo.net
【主要产品】茶碱;氨茶碱;二羟丙茶碱;无水咖啡因;可可碱

石药集团中诺药业(石家庄)有限公司

河北省石家庄市中华大街工农路188号[050051]
电话:(0311)83803616;83805386;85666188
传真:(0311)83805385
经济类型:外商独资 职工人数:400人
网址:www.znpc.cn
E-mail:znbgs@mail.ecspc.com
【主要产品】青霉素G钾;青霉素G钠;三重霉素;氯唑西林钠;邻氯苄星青霉素;氨苄西林钠;氨苄青霉素三水酸;阿莫西林钠;羟氨苄青霉素三水酸;苄星青霉素;普鲁卡因青霉素;头孢噻肟钠;头孢唑啉钠;头孢曲松钠;吲哚美辛;甲硝唑;二甲双胍;盐酸雷尼替丁

无极县宏盛化工有限公司

河北省石家庄市无极县北苏镇驿头村[052460]
电话:(0311)86501388
传真:(0311)86502389 有进出口权
经济类型:私营企业 职工人数:150人
网址:www.hongshengchem.com
E-mail:hongsheng@hongshengchem.com
【主要产品】4-氨基苯磺酸

无极县四通化工有限公司

河北省石家庄市无极县郝庄乡西中郝庄村[052460]
电话:(0311)85712013
传真:(0311)85712813 有进出口权
职工人数:300人 法人代表:张杨所
网址:www.sitongchem.com
E-mail:chuce@sitongchem.com
【主要产品】4-氨基苯磺酸

辛集宏正化工有限公司

河北省辛集市朝阳路南头[052360]
电话:(0311)83225584;83208109
传真:(0311)83251707 职工人数:86人
经济类型:外商投资股份有限公司
法人代表:张荣君
网址:www.hongzhengchem.com
E-mail:hongzheng888@inhe.net
【主要产品】磷酸三乙酯

辛集市华鹿福利皮毛助剂厂

河北省辛集市辛中路4号[052360]
电话:(0311)83221472;13903390054
传真:(0311)83237833
法人代表:解英民
网址:www.hualuzhuji.com
E-mail:xieyingm@263.net
【主要产品】琥珀酸;土耳其红油;氯化石蜡;碳铵添加剂;烷基磺酸铵;烷醇酰胺;皮革加脂剂;两性皮革加脂剂;复合型加脂剂;硫酸化蓖麻油;SCF结合型加脂剂;*L*-3加脂剂;*L*-4加脂剂;氯化植物油

辛集市华强保温节能建材厂

河北省辛集市南吕村工业区[052360]
电话:(0311)83338166;83335238;13703390011
传真:(0311)83335238 经济类型:国有
供销电话:83335238;13832356080
法人代表:耿占
网址:www.xjhq.com
E-mail:zsb@xjhq.com
【主要产品】建筑用内外墙界面剂;防水黏合剂

辛集市金昊橡胶有限公司

河北省辛集市南华路61号[052360]
电话:(0311)83222023;83212223
传真:(0311)83230402
经济类型:有限责任公司
网址:www.golddeerrubber.com.cn
E-mail:xj@golddeerrubber.com.cn
【主要产品】橡胶制品;轮胎;橡胶平型传动带;橡胶三角带;油封

辛集市泰达石化有限公司

河北省辛集市路南街南华路6号[052360]
电话:(0311)87503088;87503066
传真:(0311)83259836
经济类型:股份合作 法人代表:张发太
网址:www.china-taida.com
E-mail:chinachem@hi2000.com;taida@hi2000.com
【主要产品】羟基乙酸;5-(4-羟基苯基)海因;白油;紫外线吸收剂UV-9;紫外线吸收剂UV-531;紫外线吸收剂UV-0;T701防锈剂;T702防锈剂;T704防锈剂;乳化油;T202抗氧抗腐剂;润滑油清净分散剂;高碱石油磺酸钙添加剂;低碱石油磺酸钙添加剂;黏度指数改进剂;内燃机油;齿轮机油;机械油

辛集市天阳助剂有限公司

河北省辛集市路南街南华路6号A座[052360]
电话:(0311)87502969;13903395391
网址:www.tianyangzhuji.com
E-mail:tianyangzhuji@sina.com
【主要产品】环烷酸锌;石油磺酸钠;T701防锈剂

唐山市

朝阳化工集团公司

河北省唐山市路北区朝阳道18号

［063000］
电话:(0315)5900518;2035352;2021324
传真:(0315)5900502　有进出口权
固定资产:150,000 千元
供销电话:5900528;5900548
供销传真:5900533
职工人数:1,500 人
法人代表:陈洁华
网址:www. cyhg. com. cn
E-mail:cyhg18@ sina. com;
cyhg18@ 163. com
【主要产品】二氧化碳(食用);甲醇;1,2-丙二醇;碳酸二乙酯;碳酸二甲酯;碳酸甲乙酯;碳酸二苯酯;碳酸丙烯酯;三氯甲基碳酸酯;碳酸乙烯酯

河北省新朝阳化工股份有限公司

河北省唐山市朝阳道 18 号［063000］
电话:(0315)5900523;5900501
传真:(0315)5900538;5900502
固定资产:500,000 千元　有进出口权
供销传真:5900600　产值:750,000 千元
经济类型:股份合作　法人代表:汤振良
销售收入:500,000 千元
职工人数:1,500 人
网址:www. chaoyang-chem. com
E-mail:cyhg18@ 163. com
【主要产品】1,2-丙二醇;碳酸二乙酯;碳酸二甲酯;碳酸甲乙酯;碳酸丙烯酯

河北省遵化市永合化工有限责任公司

河北省遵化市团瓢庄乡机场路牛门口［064209］
电话:(0315)6986858;6685762;
13582550818
传真:(0315)6986958
经济类型:有限责任公司
网址:www. yonghe-chem. com
E-mail:sales@ yonghe-chem. com
【主要产品】硼酸;氨基磺酸

考伯斯(中国)炭素化工有限公司

河北省唐山市丰润区八里庄南［063039］
电话:(0315)3114320;3114315;3114311
传真:(0315)3114300;3114318
经济类型:中外合资经营企业
网址:www. koppers-china. com
E-mail:saledpu@ public. tsptt. he. cn
【主要产品】萘;溶剂油;洗油;炭黑用原料油;粗酚;燃料油;中温沥青

乐亭县奥翔木糖醇有限公司

河北省唐山市乐亭县城南［063600］
电话:(0315)4611803
传真:(0315)4614064　有进出口权
固定资产:70,000 千元
经济类型:股份有限公司
网址:www. axmtc. com
E-mail:aoxiang@ axmtc. com
【主要产品】木糖醇

滦南九州生物化工有限公司

河北省唐山市滦南县南大街 92 号［063500］
电话:(0315)4121477
传真:(0315)4127366　有进出口权
经济类型:有限责任公司
职工人数:80 人　法人代表:吕秀敏
网址:www. qianyan. biz/qy-118905. html
E-mail:dxj102@ china. com. cn
【主要产品】L-苹果酸;柠檬酸

迁安市长城化工有限公司

河北省迁安市建昌营镇［064407］
电话:(0315)7856590
传真:(0315)7856592　职工人数:90 人
固定资产:30,000 千元
法人代表:宁武奎
网址:www. greatwallchem. com
E-mail:qacchg@ yahoo. com. cn
【主要产品】漂粉精

太阳石(唐山)药业有限公司

河北省唐山市路南区南新西道 88 号［063034］
电话:(0315)2825167;2322038
传真:(0315)2321247
经济类型:中外合资经营企业
E-mail:fo@ sunstonechina. com
【主要产品】阿普唑仑

唐山奥东化工有限公司

河北省唐山市唐海镇孙家林北［063200］
电话:(0315)8711356;13902040098
传真:(0315)8711512
供销电话:(0571)86946950
供销传真:(0571)86958806
经济类型:股份有限公司
法人代表:罗志清
网址:www. oba. cn
E-mail:yjybird@ yahoo. com. cn
【主要产品】荧光增白剂 VBL;中性施胶剂

唐山百孚化工有限公司

河北省唐山市南堡开发区［063305］
电话:(0315)8515969;8515968
传真:(0315)8515967
网址:www. tsbaifu. com
E-mail:tsbaifu@ 163. com;
tsbaifu@ hotmail. com
【主要产品】抗氧剂 1010;抗氧剂 1076;抗氧剂 DLTP;抗氧剂 DSTDP;抗氧剂 168;复合型抗氧剂 B215;抗氧剂 300;硫代二丙酸;抗氧剂 B900;抗氧剂 DTDTP;抗氧剂 DMTDP;紫外线吸收剂 UV-327;紫外线吸收剂 UV-531;紫外线吸收剂 UV-326;紫外线吸收剂 UV-P;2,6-二叔丁基对甲基苯酚;聚烯烃成核透明剂

唐山化工机械有限公司

河北省唐山市西电路 16 号［063004］
电话:(0315)2322348;13903258919
传真:(0315)2324393;2324394
供销电话:2324394;13903258919
经济类型:股份合作
网址:www. tshgjx. com
【主要产品】碳化塔;立式煅烧窑炉;回转干燥器;直接加热回转式干燥器;旋转列管干燥机;高效筛粉机;三足式离心机;上悬式离心机

唐山冀滦化肥有限公司

河北省唐山市滦南县城中大街 87 号［063500］
电话:(0315)4122215
传真:(0315)4126111
经济类型:股份有限公司
法人代表:马景成
网址:www. jiluan. com
【主要产品】工业氨水;合成氨;液氨;碳酸氢铵

唐山建新活性炭有限公司

河北省唐山市丰润区林荫路［063030］
电话:(0315)3242918;3242633;3216333
传真:(0315)3245394
供销电话:3242918;3313887
经济类型:与港澳台商合资经营
网址:www. jianxincarbon. com
E-mail:jx@ jianxincarbon. com;
jx. ac. @ 263. net
【主要产品】活性炭

唐山开滦清源水处理有限责任公司

河北省唐山市古冶区林西道开滦发电厂［063103］
电话:(0315)3581687;3057478;3680817
传真:(0315)3581687
经济类型:有限责任公司
网址:www. 365water. com
【主要产品】灰水阻垢剂;聚合硫酸铁;高效无磷水处理剂;铜缓蚀剂;阻垢缓蚀剂;锅炉盐酸酸洗缓蚀剂

唐山乐荣汽车塑料配件有限公司

河北省唐山市乐亭县乐亭镇西河槽［063600］
电话:(0315)4611253
传真:(0315)4611253
经济类型:与港澳台商合资经营
网址:lrqx. heeol. com
【主要产品】塑料桶

唐山氯碱有限责任公司

河北省唐山市南堡经济技术开发区［063305］
电话:(0315)8505573
传真:(0315)8505988　有进出口权
经济类型:有限责任公司
企业规模:大型

网址:www. tsca. com. cn;
www. sanyou-group. com. cn
E-mail:jtbgs@ sanyou-chem. com. cn
【主要产品】盐酸;硫酸;烧碱(液体);烧碱(固体);次氯酸钠;氯气(液);聚氯乙烯树脂

唐山明春玉米生物工程有限公司

河北省唐山市乐亭县城南[063600]
电话:(0315)4617979;13633156601
传真:(0315)4614481
法人代表:白纯皓
网址:tsmcymsw. cn. china. cn/op/CorpInfo/index. h
【主要产品】二氧化碳(食用);食用酒精

唐山前进塑料制品有限公司

河北省玉田县高新技术产业园区[064107]
电话:(0315)6162994
传真:(0315)6186878　职工人数:660 人
固定资产:3,000 千元
网址:www. tsqj. com
E-mail:qianjin@ tsqj. com
【主要产品】聚乙烯薄膜;塑料编织袋

唐山三鼎化工有限公司

河北省遵化市南二环东路北侧[064200]
电话:(0315)6675434;6675534
传真:(0315)6675434
经济类型:中外合资经营企业
网址:www. sandingchem. com
E-mail:ts@ sandingchem. com
【主要产品】氨基磺酸;氨基磺酸钠;胍,盐酸盐;山梨酸钾;氨基磺酸铵;氨基磺酸胍

唐山三鑫实业集团有限公司

河北省唐山市长宁道24号[063103]
电话:(0315)3278823
传真:(0315)3185593
经济类型:私营企业　法人代表:周立新
职工人数:1,000 人
网址:www. sanxingroup. cn
E-mail:sanxingroup@ 163. com
【主要产品】透明质酸;2-羟乙基肼;硫酸软骨素;*D*-氨基葡萄糖;氨基葡萄糖盐酸盐;氨基葡萄糖硫酸盐;*D*-氨基葡萄糖硫酸钾盐

唐山三友化工股份有限公司

河北省唐山市南堡开发区[063305]
电话:(0315)8511080
传真:(0315)8511088
供销电话:8511219;8511363
网址:www. sanyou-chem. com. cn/chpage/c605
E-mail:gfbgs@ sanyou-chem. com. cn
【主要产品】纯碱

唐山三友集团化纤有限公司

河北省唐山市南堡开发区希望路6号[063305]
电话:(0315)8333988
传真:(0315)8333990
企业规模:大型　职工人数:2,353 人
法人代表:么志义
网址:www. sanyou-group. com. cn
E-mail:jtbgs@ sanyou-chem. com. cn
【主要产品】黏胶纤维;黏胶短纤维

唐山三友集团盐化公司

河北省唐山市乐亭县大清河盐场[063605]
电话:(0315)4055271
传真:(0315)4055365　经济类型:国有
供销电话:4055151　企业规模:大型
法人代表:于得友
网址:www. dqhych. com
E-mail:webmaster@ dqhych. com
【主要产品】工业盐

唐山市渤海制药厂

河北省唐山市建设路北[063000]
电话:(0315)2816044;2034742;2035727
传真:(0315)2814742
【主要产品】溴化钠;溴化钾;溴化铵;盐酸丁洛地尔;盐酸氟桂利嗪

唐山市大清河渤大化工有限公司

河北省唐山市[063605]
电话:(0315)4055399
传真:(0315)4055226　经济类型:国有
法人代表:徐墨谦
【主要产品】氯化钾;氯化镁;溴素

唐山市东亚橡胶制品有限公司

河北省唐山市玉田县无终东街1631号[064100]
电话:(0315)6110363;6132298;13903253722
传真:(0315)6136126
供销电话:6110363;13603152915
网址:www. easiacn. com/xj/default. htm
E-mail:sales@ easiacn. com
【主要产品】橡胶制品;胶管;印刷胶辊;造纸胶辊;聚氨酯胶辊

唐山市丰南区宝齐试剂有限公司

河北省唐山市丰南区大齐各庄小齐村[063300]
电话:(0315)8458699;3719478;13903385285
传真:(0315)3719478
经济类型:有限责任公司
法人代表:李宝生
【主要产品】高碘酸钠

唐山市化学厂

河北省唐山市路南区唐柏路2号[063001]
电话:(0315)2961263;2962887;2963181
传真:(0315)2962877　有进出口权
供销电话:2961263;2963181
法人代表:孟祥生
网址:www. trmask. com/lianxi. htm
E-mail:tsshxc@ 263. net;
xs@ trmask. com
【主要产品】活性炭;防毒面具

唐山市冀东溶剂有限公司

河北省唐山市丰润区厂前路1号[063030]
电话:(0315)3215107;3246841;3228093
传真:(0315)3228097
供销电话:3246842;3127262
供销传真:3231907　法人代表:代淑梅
网址:www. tsjdrj. com
E-mail:shmdai@ sohu. com
【主要产品】乙酸乙酯;醋酸丁酯;食用酒精

唐山市冀东制药厂

河北省唐山市新区公园道22号[063030]
电话:(0315)3230073;3234086
传真:(0315)3245354　经济类型:国有
法人代表:吴建国
【主要产品】柠檬酸;青霉素G钾工业粉;*β*-*D*-无水葡萄糖

唐山市维智贸易有限公司

河北省唐山市北新西道41号阳光大厦1-1102房间[063000]
电话:(0315)2222979
传真:(0315)2250100　有进出口权
网址:www. wsdm. com. cn
E-mail:guo@ wsdm. com. cn
【主要产品】亚硝酸钙;碱式碳酸铜;3-羟基四氢呋喃;1,2,4-丁三醇;间溴苯甲醚;甲基磺酸;2-甲基乙酰乙酸乙酯;2-乙基乙酰乙酸乙酯;4-氯-3-羟基丁酸乙酯;醋酸钠;醋酸钾;醋酸锌;乙酸铵;*γ*-氯代乙酰乙酸乙酯;环丙溴;甲基磺酰氯;奥拉西坦

唐山市玉米生物工程总公司

河北省唐山市乐亭县城南冷大路西[063600]
电话:(0315)4612210;4612065;4612069
传真:(0315)4611723
固定资产:15,000 千元　经济类型:国有
供销电话:4611805　职工人数:380 人
法人代表:张印东
网址:gygk8. net. und. cn
E-mail:huijie. ma@ vip. sina. com
【主要产品】乙醇

唐山天盈化工有限责任公司

河北省唐山市古冶区京华道[063100]
电话:(0315)3535933;3531831;3533374
传真:(0315)3533085
经济类型:有限责任公司
网址:www. tstyhg. com. cn
E-mail:tyhgyxgs@ heinfo. net

【主要产品】轻质碳酸钙;重质碳酸钙;活性碳酸钙;分散剂

唐山威豪镁粉有限公司

河北省唐山市学院北路融融商务大厦206室[063000]
电话:(0315)2510615;7978326
传真:(0315)2510617;7970233
网址:www.cnmgbp.com
E-mail:kent@cnmgbp.com;
minmetal@vip.sina.com
【主要产品】硼;镁;铝镁合金粉

唐山鑫华农药有限公司

河北省唐山市丰遵路压库山[063006]
电话:(0315)5196002
传真:(0315)5153255
网址:www.tsxhny.com
E-mail:tsxinhuany@yahoo.com.cn
【主要产品】磷化铝;百菌清烟剂

遵化市山隆工贸有限责任公司

河北省遵化市[064200]
电话:(0315)6638195;(0314)5760335
传真:(0315)6637907
固定资产:6,000千元
经济类型:有限责任公司
网址:www.shanlonggm.com
【主要产品】氨基磺酸;氨基磺酸铵;氨基磺酸胍

秦皇岛市

河北斌扬集团山海关万通助剂厂

河北省秦皇岛市山海关环城北路[066200]
电话:(0335)5061188;5052484
传真:(0335)5061188 职工人数:130人
固定资产:30,000千元
供销电话:5053380
网址:www.chinachemnet.com
E-mail:mts@inhe.net;
shgzzqzj@public.qhptt.he.cn
【主要产品】2-乙烯基吡啶;均苯三甲酸;间苯三酚;2-氯-4-氰基吡啶;2-氯-4-氨基吡啶;丁苯吡胶乳;白矿油

河北省秦皇岛腈纶厂

河北省秦皇岛市海港区黄土坎乡中心庄北[066000]
电话:(0335)3010079
传真:(0335)3011549 经济类型:国有
企业规模:大型
网址:qhdqinglun.ccbip.und.cn
E-mail:ghw@qhdbip.com
【主要产品】聚丙烯腈纤维

秦皇岛百慧制药厂

河北省秦皇岛市抚宁县健康路1号[066300]
电话:(0335)6011174;6012927
传真:(0335)6012927
【主要产品】鱼油多烯酸甲酯

秦皇岛北方管业有限公司

河北省秦皇岛市开发区三期天山北路16号[066004]
电话:(0335)8015666;8015688;8015678
传真:(0335)8015668
网址:www.n-hose.com
E-mail:hose@263.net
【主要产品】胶管;高压胶管;钢丝编织胶管;铠装胶管;橡胶柔性补偿器

秦皇岛嘉华塑胶有限公司

河北省秦皇岛市经济技术开发区嵩山路[066004]
电话:(0335)8052113
传真:(0335)8050627
网址:www.pvbchina.com
E-mail:jhsj@heinfo.net
【主要产品】PVB膜片

秦皇岛金佳机械有限公司

河北省秦皇岛市抚宁县东关[066300]
电话:(0335)6688777;6688998;
13333333390
传真:(0335)6011219 有进出口权
经济类型:与港澳台商合资经营
网址:www.jinjiamac.com
E-mail:jinjiamac@163.com
【主要产品】搅拌釜;反应釜;调速分散机;分散机;三辊研磨机;立式砂磨机;卧式砂磨机;搅拌机;蝶式搅拌机;高低速双轴搅拌机;立式搅拌球磨机

秦皇岛金嘉源化工机械有限公司

河北省秦皇岛市抚宁县北商业街15号[066003]
电话:(0335)6021299;6666204;
13191832515
传真:(0335)6021299
网址:www.qhdjjy.com
E-mail:jjy@qhdjjy.com
【主要产品】调速分散机;三辊研磨机

秦皇岛骊骅淀粉股份有限公司

河北省秦皇岛市抚宁县抚宁镇北环路6号[066300]
电话:(0335)6012550-8009;6011513
传真:(0335)6017779 有进出口权
经济类型:股份有限公司
法人代表:贺俊士
网址:www.qhdlihua.com
E-mail:qhdlscl@heinfo.net
【主要产品】磷酸氢钙(食用级);肌醇;蛋白粉;葡萄糖;玉米淀粉;玉米浆;玉米油

秦皇岛欧路化工机械有限公司

河北省秦皇岛市抚宁工业开发区[066300]
电话:(0335)6685189;6685289;6686139
传真:(0335)6685389
供销电话:6685189;13933951666
经济类型:股份有限公司
网址:www.fulingmc.com
E-mail:fuling@fulingmc.com;
oulu@fulingmc.com
【主要产品】调速分散机;三辊研磨机;砂磨机;立式砂磨机;卧式砂磨机;搅拌机;高速搅拌机;高低速双轴搅拌机;立式搅拌球磨机;卧式球磨机;给料机

秦皇岛秦燕化工有限公司

河北省秦皇岛市抚宁县火车站北[066300]
电话:(0335)6681028
传真:(0335)6682963
网址:user1744.qy6.com
【主要产品】2-氨基-5-氯-4-甲基苯磺酸;直接绿BE;弱酸黑NB-G;弱酸深棕LMN

秦皇岛市多伦达化工有限责任公司

河北省秦皇岛市开发区长江东道66号M座301号[066004]
电话:(0335)8079335;8078885
传真:(0335)8078885
网址:www.dldhg.com
E-mail:dulend@163.com
【主要产品】木器漆;内墙涂料;外墙涂料

秦皇岛市金佳絮凝剂有限公司

河北省秦皇岛市高新经济技术开发区六盘山路[066004]
电话:(0335)8500968;8500958
传真:(0335)8500609
供销电话:8017709;8017706
网址:www.jinjiaxnj.com
E-mail:service@jinjiaxnj.com
【主要产品】超吸水树脂;瓜尔胶粉(食品级);复合型聚丙烯酰胺;聚丙烯酰胺干粉(阳离子型);阳离子瓜尔胶;聚丙烯酰胺干粉(阴离子型);聚丙烯酰胺干粉(非离子型);聚丙烯酰胺钾盐;羧甲基纤维素钠;羟丙基瓜尔胶粉

秦皇岛万通精化有限公司

河北省秦皇岛市开发区东区深圳道1号[066206]
电话:(0335)5186666;5185678
传真:(0335)5186999;5186666
固定资产:30,000千元
供销电话:5186999 职工人数:120人
网址:www.wantong-chem.com
E-mail:office@wantong-chem.com
【主要产品】2-乙烯基吡啶;均苯三甲酸;间苯三酚;2-氯-4-氰基吡啶;2-氯-4-氨基吡啶;丁苯吡胶乳;白矿油

中国-阿拉伯化肥有限公司

河北省秦皇岛市建设大街东段[066003]
电话:(0335)3161114
传真:(0335)3161301　有进出口权
经济类型:中外合资经营企业
企业规模:大型
网址:www.sacf.com
E-mail:sales@sacf.com
【主要产品】氮磷钾复合肥

邯郸市

大名县名鼎化工有限责任公司

河北省大名县城西常马庄[056900]
电话:(0310)6539788;6538322;13673204718
传真:(0310)6539688　职工人数:390 人
供销电话:6539788;13931014394
经济类型:有限责任公司
法人代表:王纲敏
网址:www.jindingchemical.com
E-mail:yangxinshan@jindingchemical.com
【主要产品】2-氯甲基苯并咪唑;对苯二甲醚;1,2-二甲氧基苯;1,3-二甲氧基苯;2,3-二溴丙酰氯;2,5-二乙氧基苯胺;3,4-二乙氧基苯胺;4-硝基二苯胺;2-硝基二苯胺;3-硝基-4-氯苯胺;5-氯-2-甲氧基苯胺;2,4,5-三氯苯胺;2,4,5-三氯苯胺盐酸盐;*N*,*N*-二乙基-2,5-二甲氧基苯胺;对二乙氧基苯;1,2-二乙氧基苯;2,4-二甲氧基苯胺;2,5-二甲氧基苯胺;2,5-二甲氧基-4-氯苯胺;3,4-二甲氧基苯胺;对氨基苯甲酰胺;2-氨基-6-甲氧基苯并噻唑;5-氨基-6-甲基苯并咪唑酮;5-氨基苯并咪唑酮;2,4-二甲氧基-5-氯苯胺;*N*-苯基-1,4-苯二胺;4,4′-二氨基二苯胺硫酸盐;2,5-二甲氧基-4-硝基苯胺;色酚 AS-LC;色酚 AS-IRG;蓝色基 BB;对羟基苯甲醚

邯郸冀南化工有限公司

河北省邯郸市魏县魏州东路 889 号[056800]
电话:(0310)3512453;3521989;3512788
传真:(0310)3511901　经济类型:国有
职工人数:1,200 人
法人代表:皇甫银堂
网址:www.guanqiu.com
E-mail:hpu@guanqiu.com
【主要产品】尿素;复合肥

邯郸市百立尔化工建材有限公司

河北省邯郸市 107 国道马庄工业区[056001]
电话:(0310)6093328
传真:(0310)6091078
网址:blr.ccbip.und.cn
E-mail:business@bailier.com
【主要产品】乳胶漆;硅丙内外墙涂料;钢化涂料;防紫外光伪装涂料;聚醋酸乙烯乳液胶黏剂;装饰胶黏剂;SBS 热熔性万能胶;107 胶

邯郸市峰峰劳德利化工厂

河北省邯郸市峰峰羊渠河矿[056201]
电话:(0310)5368009;7736215
传真:(0310)5368009
网址:www.hflclor.com
E-mail:lishuchang@hflclo2.com
【主要产品】稳定性二氧化氯;杀菌灭藻剂

邯郸市富荣化工助剂有限责任公司

河北省邯郸市复兴区树脂路 21 号[056003]
电话:(0310)5306526;5301231;13703305571
传真:(0310)4048985
经济类型:私营企业
网址:www.hebfurong.com
E-mail:sales@hebfurong.com
【主要产品】四甲基哌啶醇;五甲基哌啶醇;2,2,6,6-四甲基-4-哌啶酮;光稳定剂 770;光稳定剂 622

邯郸市光正消毒剂有限公司

河北省邯郸市复兴区树脂路 29 号[056001]
电话:(0310)8085181;8086860;13831096952
传真:(0310)8085181;4180222
职工人数:500 人
网址:www.gz-chem.com
E-mail:gz@chinagzchem.com
【主要产品】三氯异氰尿酸;三聚氰酸;二氯异氰尿酸钠

邯郸市邯钢集团化学品有限公司

河北省邯郸市复兴路古城北路 1 号[056003]
电话:(0310)6096785;7093253
传真:(0310)4188988　职工人数:160 人
经济类型:股份有限公司
网址:www.hangangchem.com
E-mail:Wangwy@hangangchem.com
【主要产品】特戊酸;3,3-二甲基-2-丁酮;新癸酰氯;特戊酰氯;氯代特戊酰氯;噁草酮;异噁草酮

邯郸市邯山区福利精细化工厂

河北省邯郸市马头生态工业园区[056046]
电话:(0310)6040279;6040444;13633102003
传真:(0310)6040279　经济类型:集体
固定资产:4,000 千元　产值:1,000 千元
销售收入:1,000 千元　职工人数:80 人
法人代表:张振海
网址:www.handanchem.com
E-mail:Handanhuagong@sina.com
【主要产品】丁二酸酐

邯郸市红彤有机化工有限公司

河北省邯郸市邯临路[057151]
电话:(0310)6976503;6976070
传真:(0310)6976070　职工人数:236 人
经济类型:有限责任公司
法人代表:赵治安
网址:www.htaz.com
E-mail:htaz@htaz.com
【主要产品】尿基复合肥;有机无机复混肥;有机肥

邯郸市凯米克化工有限责任公司

河北省魏县城南工业区[056800]
电话:(0310)3532921
传真:(0310)3532925　有进出口权
经济类型:有限责任公司
职工人数:150 人
网址:www.kmk.com.cn
E-mail:kmk@kmk.com.cn;master@kmk.com.cn
【主要产品】2-氰基苯甲胺;甲拌磷;特丁硫磷;鱼藤酮乳油(7.5%)

邯郸市良晨树脂有限公司

河北省邯郸市复兴区树脂路 21 号[056003]
电话:(0310)4041272
传真:(0310)4040081
供销电话:4054404
经济类型:私营企业
【主要产品】聚氯乙烯树脂

邯郸市林峰精细化工有限公司

河北省邯郸市农林路 13 号[056001]
电话:(0310)2130388;2130389
传真:(0310)2130386
网址:linfengchem.ccbip.und.cn
E-mail:linfeng@linfengchem.com
【主要产品】亚磷酸;新戊醛;叔戊醇;叔壬酸;特戊酸;叔癸酸;叔碳酸缩水甘油酯;特戊酸乙酯;特戊酸甲酯;特戊酸氯甲酯;特戊酸碘甲酯;丁酸酐;丙酸酐;特戊酸酐;戊酸酐;丙酰氯;丁酰氯;特戊酰胺;特戊腈;特戊酰氯;氯代特戊酰氯;苯甲酰氯;正己酰氯;正戊酰氯;碘;四氯化碳;吡啶;4-甲基吡啶;苯;甲苯;*N*,*N*-二甲基甲酰胺;己烷;二氯甲烷;三氯甲烷;2,2,4-三甲基戊烷;环己烷;乙腈;2-丁酮;丙酮;乙酸乙酯;乙酸正丁酯;三氟乙酸;乙醇(95%);乙醇(无水);乙二醇;丁醇;异丙醇;甲醇;甲醇(无水);乙醚;1,4-二氧六环;咪唑;四氢呋喃;卡尔费休试剂

邯郸市萘王炭黑化工有限公司

河北省永年县名关镇柴凹村[057150]
电话:(0310)6893229
传真:(0310)6895229　职工人数:110 人
经济类型:私营企业
网址:www.hbnwth.com
E-mail:business@hbnwth.com

【主要产品】炭黑；工业萘；轻油；煤焦油；沥青

邯郸市宁成石油添加剂厂

河北省邯郸市成安县乾候工贸城［056700］
电话：(0310)7216989；13703107655
传真：(0310)7210115
经济类型：股份合作　法人代表：李兴隆
网址：www.ncsytjj.com
E-mail：business@ncsytjj.com
【主要产品】苯并三氮唑；T202 抗氧抗腐剂；柴油降凝剂；中碱值合成磺酸钙；高碱值合成磺酸钙；低碱石油磺酸钙添加剂；金属减活剂；齿轮油通用复合剂

邯郸市瑞邦精细化工有限公司

河北省邯郸市复兴区树脂路 21 号［056003］
电话：(0310)3200383；3148536
传真：(0310)3200310
经济类型：股份有限公司
网址：www.ruibangchem.com
E-mail：fujw@ruibangchem.com
【主要产品】三氯异氰尿酸；三聚氰酸；二氯异氰尿酸钠；氯代特戊酰氯；三(2-羟乙基)异氰尿酸酯

邯郸市新迪亚化工有限责任公司

河北省邯郸市临漳县城西关 175 号［056600］
电话：(0310)7862286；7886197
传真：(0310)7886197　职工人数：120 人
供销电话：2038129　产值：50,000 千元
供销传真：2038128　法人代表：刘克良
经济类型：有限责任公司
网址：www.xdychem.com
E-mail：liukl@xdychem.com；wangwq@xdychem.com
【主要产品】十二烷基苯磺酸钙；平平加；乳化剂 OP；农药乳化剂；农药乳化剂 600 号；农药乳化剂 1600 号；农药乳化剂 700 号；农药乳化剂 32 号

邯郸市鑫马涂料股份合作公司

河北省邯郸市丛台区油漆厂路［056004］
电话：(0310)7103939
传真：(0310)7103921
经济类型：股份合作
网址：www.mpyq.com；www.mqyp.cn
E-mail：mpyq7103939@126.com
【主要产品】酚醛树脂漆类；沥青漆类；醇酸树脂漆类；氨基树脂漆类；硝基漆类；乙烯树脂漆类；丙烯酸树脂漆类；丙烯酸外墙乳胶漆；环保内墙乳胶漆；聚酯树脂漆类；环氧树脂漆类；聚氨酯漆类

邯郸市兴泰焦化有限责任公司

河北省邯郸市峰峰矿区［056201］
电话：(0310)5096440；5096311
传真：(0310)5098880
供销电话：5096491；5098626
经济类型：有限责任公司
网址：www.ffjt.com/index.htm
【主要产品】粗苯；煤焦油；焦炭

邯郸市星火技术研究院

河北省邯郸市高新区 118 号［056002］
电话：(0310)61903615
传真：(0310)61903615
固定资产：500 千元　产值：2,000 千元
供销电话：13523499158
经济类型：股份合作　职工人数：118 人
销售收入：1,800 千元
法人代表：马援军
E-mail：mayuanjun_2006@126.com
【主要产品】高效生物菌肥

邯郸市亚东塑胶有限公司

河北省邯郸市光明北大街 25 号 2 楼 205 室［056002］
电话：(0310)3062008
传真：(0310)3062008　职工人数：210 人
经济类型：股份有限公司
网址：www.hdaepc.com
E-mail：lst@hdaepc.com
【主要产品】聚氯乙烯压延薄膜

邯郸市亚华化工搪瓷设备厂

河北省邯郸市邯郸县尚北镇北屯头［056107］
电话：(0310)7136002；7136685；13603103968
传真：(0310)7136002
法人代表：裴建岭
网址：www.hdyhtc.com
E-mail：message@yhgt.com
【主要产品】工业搪玻璃反应釜；搪玻璃电加热罐；搪玻璃蒸馏罐；搪玻璃换热器；冷凝器；搪玻璃搅拌器；搪玻璃储罐

邯郸市益福隆涂料有限公司

河北省邯郸市 107 国道马庄工业小区［056001］
电话：(0310)6093328；5500928；13011538388
传真：(0310)5500928
网址：www.hdyfl.com
E-mail：business@hdyfl.com
【主要产品】聚醋酸乙烯乳液；瓷釉涂料；聚醋酸乙烯乳液胶黏剂；107 胶

邯郸市永和化工有限公司

河北省邯郸市马头生态工业园区［056046］
电话：(0310)6297100；13930012360
传真：(0310)6297110
网址：www.yonghechem.com
E-mail：guohongjun@yonghechem.com
【主要产品】7-氰基吲哚；6-羟基吲哚；7-羟基吲哚；4-氨基吲哚；(*R*)-(+)-2-氯丙酸；特戊酸；特戊酸氯甲酯；特戊酸碘甲酯；特戊酰氯；氯代特戊酰氯；6-甲基吲哚

邯郸市赵都精细化工厂

河北省邯郸市复兴区滏康路 12 号［056003］
电话：(0310)4041664；4049808；8065016
传真：(0310)4049808；8065018
经济类型：集体　职工人数：56 人
法人代表：赵永平
网址：www.zdchem.com
E-mail：info@zdchem.com
【主要产品】2-氰基吡嗪；乙二酰氯；马来酰肼；3,6-二氯哒嗪；2-氯吡嗪；磺胺氯哒嗪钠；磺胺氯吡嗪钠

河北安霖制药有限公司

河北省邯郸市高新技术开发区科技路 2 号［056002］
电话：(0310)8065016；8067016
传真：(0310)8065018；8065016
职工人数：60 人
网址：www.anlinpharma.com
E-mail：info@anlinpharma.com
【主要产品】灭蝇胺；灭蝇胺可湿性粉剂；甲基吡啶磷；甲基吡啶磷可湿性粉剂；甲基吡啶磷颗粒剂；磺胺氯哒嗪钠；吡嗪酰胺；磺胺氯吡嗪钠

河北晨光天然色素有限公司

河北省曲周县城开发路 1 号［057250］
电话：(0310)8850899；8851168
传真：(0310)8851655　有进出口权
供销电话：8851666；8851100
网址：www.cn-cg.com；www.hdchenguang.com
E-mail：sesu@hdchenguang.com
【主要产品】辣椒红色素；叶黄素

河北硅谷化工有限公司

河北省邯郸市永年县广府镇东街［057151］
电话：(0310)6628988；6629018；6630888
传真：(0310)6628286
供销传真：6629258　法人代表：宋福如
经济类型：私营企业
网址：www.svchem.com
E-mail：rtv@svchem.com；chem@svchem.com
【主要产品】含氟硅树脂；氟硅橡胶；氟硅油；聚甲基三乙氧基硅烷；有机硅阻燃导热绝缘涂料；新型长效防污闪涂料；桥梁专用漆；硅胶绝缘子；有机硅织物整理剂；有机硅腐殖酸钾

河北恒瑞塑业有限责任公司

河北省邯郸市曲周县新光大道(南一环)路北［057250］
电话：(0310)8899393；8893620
传真：(0310)8893620-80
经济类型：有限责任公司
法人代表：高志江

网址:www. hbhrsy. com
E-mail:suliao@ hbhrsy. com
【主要产品】三聚氰胺甲醛树脂;三聚氰胺甲醛模塑粉;脲甲醛模塑粉

河北久鹏制药有限公司

河北省永年县城西[057150]
电话:(0310)6805222
传真:(0310)6806299
职工人数:1,200 人
网址:www. hbdfyy. com
E-mail:webmaster@ hbdfyy. com
【主要产品】盐酸美他环素;盐酸多西环素;阿奇霉素

河北鹏达新材料科技有限公司

河北省曲周县骆庄工业区[057250]
电话:(0310)8986398;8999999
传真:(0310)8986538 职工人数:300 人
网址:www. huantuo. com
E-mail:business@ huantuo. com
【主要产品】二氧化锆;氧化锌(纳米);氧化铝

河北瑞德天然色素有限公司

河北省曲周县高新技术园区[057250]
电话:(0310)8715888
传真:(0310)8715999
网址:www. hdqztrssc. com
E-mail:business@ hdqztrssc. com
【主要产品】辣椒红色素;姜黄色素

河北省磁县二一九厂

河北省磁县北来村乡西来村[056500]
电话:(0310)2393283;2392487;2393310
【主要产品】铵锑炸药;粘性粒状炸药

河北省大名县瑞恒化工有限责任公司

河北省大名县北环路东段[056900]
电话:(0310)6581908
传真:(0310)6587281 职工人数:108 人
固定资产:15,000 千元
经济类型:有限责任公司
网址:www. ruihengchem. com
E-mail:joelee@ llbchem. com
【主要产品】二硫化碳;糠醛;2,3-二溴丙醇;4,4′-二氨基二苯醚;1,2-二甲氧基苯;2,3-二溴丙酸;2,3-二溴丙酰氯;邻甲基对苯二酚;2-氯苯胺;3-氯苯胺;二氧化硫脲;2,4-二羟基苯甲酸;γ-氯代乙酰乙酸乙酯;2,4-二氯苯乙酮;3,6-二氯哒嗪;2-氯吡嗪;间氨基苯脲盐酸盐;2,4-二甲氧基苯胺;2,4-二氨基苯磺酸钠;磺化吐氏酸;2-乙酰氨基-5-萘酚-7-磺酸;4-β-羟乙砜基硫酸酯苯胺-2-磺酸;2,3-二溴丙腈;色酚 AS;磺胺氯哒嗪钠;对羟基苯甲醚

河北省邯郸市鑫森精细化工有限公司

河北省邯郸市东环路北段[056107]
电话:(0310)8131398-808
传真:(0310)8131695
法人代表:宋智芳
网址:hdtoie. ccbip. und. cn
【主要产品】溶剂油

河北省鸡泽县福利杉缘有限责任公司

河北省鸡泽县辣椒工贸城 18 号[057350]
电话:(0310)7525717;13315023315
传真:(0310)7525717
经济类型:有限责任公司
网址:www. sytrss. com
E-mail:sesu@ sytrss. com
【主要产品】辣椒红色素;姜黄色素;叶黄素

河北省孔祥化工集团有限公司

河北省永年县西苏乡孔村工业园区[057150]
电话:(0310)6959666;5132098;13315032120
传真:(0310)6959777
法人代表:刘海川
网址:www. kongxiangchem. com
E-mail:kongxianghg@ tom. com
【主要产品】三氯异氰尿酸;三聚氰酸;硫酸铵

河北省曲周县滏南化工有限公司

河北省曲周县白寨乡西朱堡村[057250]
电话:(0310)8921460;8921463
传真:(0310)8921460 经济类型:集体
职工人数:160 人 法人代表:刘海民
网址:www. fnchem. com
E-mail:chem@ fnchem. com
【主要产品】二氧化锰;苊(工业);1,4,5,8-萘四甲酸;吡啶硫酮锌;吡啶硫酮钠;吡啶硫酮铜;聚合氯化铝;甲基萘油;工业萘

河北省曲周县辣椒红色素厂

河北省邯郸市曲周县河南町西水町[057250]
电话:(0310)8989389;13703203306
传真:(0310)8987988
网址:www. hongsesu. com
E-mail:trsesu@ hongsesu. com
【主要产品】辣椒红色素;姜黄色素;叶黄素

河北省新兴铸管有限公司

河北省武安市新兴铸管工业区[056300]
电话:(0310)4041425
传真:(0310)5796999
法人代表:范英俊
网址:www. xinxing-pipes. com
E-mail:xinxing@ xinxing-pipes. com
【主要产品】钢塑复合管

河北省永年县化肥厂

河北省永年县临洺关镇西南[057150]
电话:(0310)6819958
传真:(0310)6806904 经济类型:国有
法人代表:杨海山
网址:yn. hd. gov. cn/yhjt/zhy. htm
E-mail:ynhfc@ 163. com
【主要产品】甲醇;合成氨;液氨;碳酸氢铵;钛白粉;氨合成催化剂

河北泰丰化工有限责任公司

河北省大名县北环路西段[056900]
电话:(0310)6563660;13831088306
传真:(0310)6573660 有进出口权
固定资产:5,500 千元 职工人数:108 人
经济类型:有限责任公司
网址:www. taifengchem. com
E-mail:dmtf@ taifengchem. com
【主要产品】2,3-二溴丙醇;2,3-二溴丙酸;2,3-二溴丙酰氯;邻磺酸对苯二胺;二氧化硫脲;间氨基苯脲盐酸盐;2,4-二氨基苯磺酸;2,4-二氨基苯磺酸钠;磺化吐氏酸;2-(*N*-苯氨基)-5-萘酚-7-磺酸;8-羟基-2-(*N*-苯基)萘胺-5-磺酸;乙酰 γ 酸;3-氨基-8-萘酚-4,6-二磺酸;对甲苯磺酰基 H 酸;*N*-苯甲酰基 H 酸;猩红酸;2,2′-双磺酸联苯胺

河北天旭天然色素有限公司

河北省邯郸市中国农大曲周实验站东侧路北[057250]
电话:(0310)8711111;8710888
传真:(0310)8711000
网址:www. hebtx. com
E-mail:sesu@ hebtx. com
【主要产品】辣椒红色素;姜黄色素;叶黄素

河北新丰农药化工股份有限公司

河北省邯郸市复兴区树脂路 29 号[056002]
电话:(0310)4042112;4042447;4041428
传真:(0310)4041468
经济类型:股份有限公司
法人代表:蒋华辉
网址:www. xfnyhg. com
E-mail:xfnyhg@ heinfo. net
【主要产品】盐酸;烧碱;次氯酸钠;氯气(液);氯乙烷;一氯甲烷;敌百虫;80%敌敌畏乳油;矮·甲哌水剂;聚氯乙烯树脂

河北信佳生物淀粉科技有限公司

河北省邯郸市成安工业区聚良大道 4 号[056700]
电话:(0310)5231200;5231201
传真:(0310)5231200
供销电话:5231206;5231209

法人代表：刘成满
网址：www.china-xinjia.com
E-mail：business@china-xinjia.com
【主要产品】平滑剂；造纸施胶剂；淀粉；变性淀粉；淀粉改性剂

河北亚光精细化工有限公司

河北省邯郸市曲周工业开发区[057250]
电话：(0310)8892458；8892278
传真：(0310)8899216　经济类型：集体
有进出口权　职工人数：160 人
网址：www.hebeiyaguang.com
E-mail：ygfc@hebeiyaguang.com
【主要产品】三氯异氰尿酸；5,5-二甲基海因；二氯异氰尿酸钠；1,3-二羟甲基-5,5-二甲基海因；1,3-二氯-5,5-二甲基海因；1,3-二溴-5,5-二甲基海因；1-溴-3-氯-5,5-二甲基海因

河北中化滏恒股份有限公司

河北省磁县恒泰路 8 号[056500]
电话：(0310)2383166；2383559
传真：(0310)2324581　有进出口权
经济类型：股份有限公司
网址：www.sinochemfuheng.com
E-mail：business@sinochemfuheng.com
【主要产品】5-溴吲哚；糠醛；糠醇；吡啶-2,3-二羧酸；间乙基苯酚；醋酸钠；戊炔草胺；木糖

鸡泽县中龙助剂有限公司

河北省鸡泽县工业区[057350]
电话：(0310)7558713；13930090808
传真：(0310)7559241　职工人数：68 人
固定资产：3,000 千元
经济类型：有限责任公司
法人代表：闫瑞强
网址：www.heb-fuda.com
E-mail：business@heb-fuda.com
【主要产品】色酚 AS；色酚 AS-D；色酚 AS-OL；大红色基 G

邱县龙港化工有限公司

河北省邱县县城合义路 2 号[057450]
电话：(0310)8350129；8360505；8350610
传真：(0310)8360505-8201
供销电话：8360505-8201
经济类型：股份有限公司
职工人数：800 人　法人代表：杨新志
网址：www.heblg.com
E-mail：business@heblg.com
【主要产品】甲醇；一氯乙酸；合成氨；液氨；碳酸氢铵；塑料制品；塑料编织袋

武安市华神化工有限公司

河北省武安市化磷路 29 号[056300]
电话：(0310)5638387；5177058；5638810
传真：(0310)5638815　职工人数：160 人
网址：www.wahshg.com
E-mail：chem@wahshg.com
【主要产品】亚磷酸；盐酸；硫酸；甲基萘；特戊酸；特戊酸氯甲酯；特戊酸碘甲酯；特戊酰氯；工业萘；轻油；洗油；蒽油；煤焦油；燃料油

永年县恒萘化工有限公司

河北省永年县柴凹村西[057150]
电话：(0310)6899888；13931016111
传真：(0310)6896666　职工人数：100 人
网址：www.ynhengnai.com
E-mail：cpk@ynhengnai.com
【主要产品】轻苯；粗苯；工业萘；轻油；洗油；蒽油；煤焦油；沥青

邢台市

柏乡县宏源化工有限责任公司

河北省柏乡县南阳造纸小区北一公里[055450]
电话：(0319)7766697；13903293010
职工人数：120 人
网址：www.hebhongyuan.com
E-mail：sales@hebhongyuan.com
【主要产品】4-氨基苯磺酸；4-氨基苯磺酸钠

河北海斯德橡胶制品有限公司

河北省巨鹿县富强东路[055250]
电话：(0319)4333567；4338572；5138555
传真：(0319)4337239　职工人数：580 人
网址：www.hbhsd.net
E-mail：hbhsd@163.net；
hbhsd@tom.com
【主要产品】橡胶三角带

河北华密橡胶有限公司

河北省任县河头段邢德路北侧[055150]
电话：(0319)7609668；7609666；13803191913
传真：(0319)7609988　职工人数：190 人
网址：www.hmxj.com
E-mail：business@hmxj.com
【主要产品】混炼胶；橡胶密封制品

河北华兴化工有限公司

河北省邢台市内邱县八里庄[054200]
电话：(0319)6931577；6881677；13012127179
传真：(0319)6931577
网址：www.huaxingchem.com.cn
E-mail：sales@huaxingchem.com.cn
【主要产品】3-溴-5-氟三氟甲苯；2,6-二氟苯甲酰胺

河北金源天然色素有限公司

河北省隆尧县华龙路东店马开发区[055350]
电话：(0319)6592602
传真：(0319)6592602
供销电话：13803193188
网址：www.heb-jinyuan.com
E-mail：business@heb-jinyuan.com
【主要产品】栀子黄色素；辣椒红色素；红曲红色素；玉米黄色素

河北巨龙药业有限公司

河北省南宫市东阳街 38 号[055750]
电话：(0319)5223196；5223195
传真：(0319)5223823
【主要产品】硫酸庆大霉素；卡巴克络；胞二磷胆碱钠

河北君临淀粉有限公司

河北省临城县梁村南街[054300]
电话：(0319)7169888
传真：(0319)7169888
网址：www.junlin.cn/chinese/gyjl.htm
【主要产品】蛋白粉；葡萄糖；玉米淀粉；糊精

河北君临药业有限公司

河北省临城县北环东路[054300]
电话：(0319)7169888
传真：(0319)7169888　职工人数：660 人
网址：www.junlin.cn/chinese/lxwm.htm
E-mail：kdyy@vip.sina.com
【主要产品】6-氨基青霉烷酸

河北开橡塑胶制品厂

河北省清河县三羊西街城关工业区[054800]
电话：(0319)8051878；8051031；8050133
传真：(0319)8050133
供销电话：8051031；13103395338
法人代表：任士青
网址：www.hbkyxj.com
E-mail：kaixiang@hbkyxj.com；
rsq@hbkyxj.com
【主要产品】夹布胶管；水箱胶管；三元乙丙橡胶胶管；橡胶密封胶条；汽车密封条

河北联立化工科技有限公司

河北省内邱县胜利西路[054200]
电话：(0319)6866928
供销电话：(0311)85812872
供销传真：(0311)85882085
网址：www.hblianlichem.com
E-mail：forehigh@heinfo.net；
george@forehigh.com
【主要产品】氯甲酸烯丙酯；二氯磷酸苯酯；七甲基二硅氮烷；乙酰氨基阿维菌素；甲氨基阿维菌素苯甲酸盐；啶蜱脲；除虫脲；杀铃脲；氟铃脲；三氟乙酸锌

河北平乡县丰业橡胶助剂有限公司

河北省平乡县育才路西段[054500]
电话：(0319)7862225；13903290808
传真：(0319)7862894
经济类型：股份有限公司
网址：www.fyxjzj.com
E-mail：fyzj@fyxjzj.com

【主要产品】促进剂 CZ;促进剂 DM;促进剂 M;促进剂 TMTD

河北三联橡塑制品有限公司
河北省清河县科技园区浦江大街[054800]
电话:(0319)5209583;2025658
传真:(0319)2025658
网址:www.cn-seals.com
E-mail:sanlian@cn-seals.com
【主要产品】橡胶密封制品

河北省清河县泰丰有限公司
河北省清河县王官庄工业区[054802]
电话:(0319)8139938;5533025
传真:(0319)8132917　职工人数:180 人
供销电话:5533025;13964109988
网址:www.zgtaifeng.com
E-mail:taifeng6688@sohu.com
【主要产品】胶管;硅胶管;橡胶杂品;橡胶接管;真空胶管;橡胶密封胶条;橡胶垫

河北省邢台科王助剂有限公司
河北省邢台市桥东北外环白塔市场[054001]
电话:(0319)3221888;3226918;3222206
传真:(0319)3222206　职工人数:40 人
供销电话:13932989712
经济类型:有限责任公司
法人代表:王延亮
网址:www.kewangchem.com
E-mail:wangyanliang@kewangchem.com
【主要产品】聚乙二醇;印染助剂;柔软剂 SG;平平加 O-9;平平加 OS-15;平平加 O-25;平平加 SA-20;甘油聚氧乙烯醚;渗透剂 JFC;2-乙基己基磷酸酯;表面活性剂 *L*-548;平平加;乳化剂 EL;乳化剂 MOA;乳化剂 OP;乳化剂 SG-10;净洗剂 6501;净洗剂 TX-10;聚氧乙烯辛烷基苯酚醚;壬基酚聚氧乙烯醚;脂肪醇聚氧乙烯醚磷酸酯;十二烷基二甲基甜菜碱;氧化胺;农药乳化剂;农药乳化剂单体 By-140;农药乳化剂 700 号

河北省邢台市华普化工有限公司
河北省邢台市任县城光明街 72 号甲 1 号[055150]
电话:(0319)7533170;7533171
传真:(0319)7533236
网址:www.xthuapu.com
E-mail:business@xthuapu.com
【主要产品】4-氨基-5-羟基-2,7-萘二磺酸;直接冻黄 G;直接橙 S;直接耐酸大红 4BS;直接大红 4B;直接湖蓝 5B;直接蓝 2B;直接铜盐蓝 2R;直接绿 B;直接深棕 M;直接黑 BN;直接黑 ET;直接耐晒翠蓝 GL;直接耐晒黑 G;直接耐晒黑 GF;直接绿 BE;酸性橙Ⅱ;酸性大红 3R;酸性红 B;酸性黑 ATT;酸性黑 NT;酸性黑 10B;皮革染料

河北省邢台市绿园日用品厂
河北省邢台市邢州北路 72 号[054000]
电话:(0319)3038858;8212288;3330907
传真:(0319)8216288　法人代表:王平
供销传真:8212288
网址:www.clsjy.com
E-mail:xtgpa@hotmail.com
【主要产品】上光蜡;汽车上光蜡;除臭剂;消毒洗手液;玻璃清洁剂;消毒液;空气清新剂;中央空调清洗剂;甲醛清除剂;地板蜡

河北省邢台市人民制药厂
河北省邢台市平乡县城[054000]
电话:(0319)7832886;13803195784
传真:(0319)7832174　经济类型:国有
法人代表:邓成岐
E-mail:hbxtrmzy1@xt-user.he.cninfo.net
【主要产品】乳清酸;双乙酸钠;利福平;吗啉胍;藻酸双酯钠;乙酰胺吡咯烷酮;葡萄糖酸锌

河北协美橡胶制品有限公司
河北省平乡县董庄工业园 1 号[054500]
电话:(0319)7936700;7939699;7936701
传真:(0319)7939326
职工人数:600 人
经济类型:与港澳台商合资经营
网址:www.shzhengxin.com;
www.xiemei.com
E-mail:zx@shzhengxin.com;
xm@xiemei.com
【主要产品】自行车外胎;自行车内胎

河北鑫合生物化工有限公司
河北省新河县城西工业区兴龙街 10 号[051730]
电话:(0319)4752588;4768588
传真:(0319)4752705
网址:www.xinhe-biogums.com
E-mail:xinhexc@heinfo.net;
sales@xinhexc.com
【主要产品】黄原胶

河北邢台航宇甲醛有限公司
河北省邢台市南河县和阳镇三张村北[054400]
电话:(0319)4698372;4698777
传真:(0319)4698398
经济类型:私营企业
法人代表:刘文革
【主要产品】甲醛

河北邢台化学试剂有限责任公司
河北省邢台市新华南路 657 号[054001]
电话:(0319)3816173
传真:(0319)3187139
经济类型:股份合作
【主要产品】硫酸钡;氧化汞,红色;氯化汞

河北邢台冶金镁业有限公司
河北省邢台市浆水镇峪口村[054013]
电话:(0319)2753023;2995662
传真:(0319)2753023　职工人数:300 人
【主要产品】硫酸镁(药用);药用碳酸镁;氧化镁(药用)

河北燚鑫橡胶工业有限公司
河北省平乡县梁里马工业区 369 号[054500]
电话:(0319)7935566;13903295065
传真:(0319)7935166　职工人数:210 人
网址:www.hbyxxj.com
E-mail:liangzhonghai@hbyxxj.com
【主要产品】橡胶制品;力车胎外胎;自行车外胎

冀南氧化钴厂
河北省南宫市狼冢店工业区 69 号[055752]
电话:(0319)5358269
传真:(0319)5358269　职工人数:30 人
供销电话:13833909259
经济类型:私营企业　法人代表:马振仓
E-mail:jnyhgc@126.com
【主要产品】氧化钴

南宫市盛华化工有限责任公司
河北省南宫市南外环路[055750]
电话:(0319)5181112;13930928850
传真:(0319)5180601　职工人数:300 人
固定资产:40,000 千元
经济类型:有限责任公司
网址:www.shenghua.cc
E-mail:zhangyu@shenghua.cc
【主要产品】四甲基哌啶醇;癸二酸二甲酯;2,2,6,6-四甲基-4-哌啶酮;抗氧剂 1035;光稳定剂 770;氮氧自由基哌啶醇

清河县永兴实业有限公司
河北省清河县城关工业区 8 号[054800]
电话:(0319)8050093
传真:(0319)8050092
网址:www.hbyxqc.com
E-mail:business@hbyxqc.com
【主要产品】聚氨酯密封胶;聚氨酯风档玻璃胶

顺峰摩托车密封件厂
河北省邢台市任县北定前刘工业区[055151]
电话:(0319)7594730;7594370
传真:(0319)7595333　职工人数:100 人
网址:www.xtshunfeng.com
E-mail:zh@xtshunfeng.com
【主要产品】减震器油封;摩托车油封;摩托车橡胶配件;汽车油封

邢台春蕾糠醇有限公司

河北省邢台县东汪镇东小汪村北［054001］
电话:(0319)3978087;3978062;(0311)87810256
传真:(0311)87810256
固定资产:380,000 千元
供销电话:(0311)87820126
经济类型:私营企业　职工人数:780 人
法人代表:刘玉芬
网址:www.hebeichem.com
E-mail:chunleiexport@gmail.com
【主要产品】糠醛;糠醇;铸造用呋喃树脂

邢台大正化工有限公司

河北省邢台市高开区［054041］
电话:(0319)3972597;3972752
传真:(0319)3972034　职工人数:140 人
经济类型:中外合资经营企业
网址:www.dazheng-ltd.com
E-mail:business@dazheng-ltd.com
【主要产品】混配复合肥料

邢台化工工贸总公司化工厂

河北省邢台市西郊贾乡工业区［054009］
电话:(0319)2991642;2991999;13803198618
传真:(0319)2689138　职工人数:120 人
固定资产:6,000 千元
网址:www.hbbaobo.com
E-mail:zw@hbbaobo.com;zhang_xin_ying@126.com
【主要产品】高效氯氰菊酯乳油;比久;高氯·辛乳油;阿维·哒乳油

邢台矿业(集团)有限责任公司金牛钾碱分公司

河北省邢台市钢铁南路 706 号［054000］
电话:(0319)5509088;5509024;5509022
传真:(0319)5509044
网址:www.xtjnjj.com
E-mail:sales@xtjnjj.com
【主要产品】盐酸(精制);氢氧化钾;氯气(液)

邢台蓝星助剂厂

河北省邢台市东小汪工业区［054001］
电话:(0319)3976138;3976238;13603199615
传真:(0319)3976238
经济类型:私营企业
网址:www.lanxingchem.com
E-mail:lanxing@lanxingchem.com
【主要产品】平平加;斯盘系列

邢台绿洲农肥有限责任公司

河北省邢台市临西火车站东(工业园区)［054901］
电话:(0319)8531125;8531426
传真:(0319)8531966
经济类型:有限责任公司
网址:www.lznh.com
E-mail:lvzhoufeiye@163.com
【主要产品】钾肥;混配复合肥料;水稻专用复合肥料;玉米专用肥;大豆专用肥;复合肥;BB 肥

邢台盛达助剂有限责任公司

河北省邢台市桥东区丝绸路 14 号［054000］
电话:(0319)3037211;3053064
传真:(0319)3053064　职工人数:160 人
固定资产:6,000 千元
经济类型:有限责任公司
产值:25,000 千元　法人代表:陈国士
销售收入:25,000 千元
网址:www.xtszj.com
E-mail:xtzj@xtszj.com
【主要产品】聚乙二醇;快速渗透剂 T;2-乙基己基磷酸酯;脂肪醇磷酸酯;咪唑啉类表面活性剂;平平加;乳化剂 EL;乳化剂 OP;烷醇酰胺;壬基酚聚氧乙烯醚;斯盘系列;吐温系列;脂肪酸聚氧乙烯酯;壬基酚聚氧乙烯醚磷酸酯

邢台市大梁庄塑料厂

河北省邢台市东马路街 440 号［054001］
电话:(0319)3676614
传真:(0319)3676614　职工人数:240 人
经济类型:有限责任公司
【主要产品】农用薄膜;中空容器

邢台市合成化学厂

河北省邢台市高庄桥北路 33 号［054001］
电话:(0319)3222093;3228660
传真:(0319)3228660
网址:www.xthc.com;www.xthc.cn
E-mail:hecheng@xthc.com;hc-chem@xthc.com
【主要产品】十二烷基苯磺酸;聚乙二醇;脂肪胺聚氧乙烯醚;柔软剂 SG;匀染剂 102;平平加 O-9;平平加 O-10;平平加 O-20;平平加 OS-15;平平加 SA-20;平平加 A-20;渗透剂 JFC;快速渗透剂 T;添加剂 AC1815;表面活性剂 L-548;平平加;乳化剂 MOA-5;乳化剂 SG-10;乳化剂 AE-15;净洗剂 6501;壬基酚聚氧乙烯醚;乳化剂 MOA-3;乳化剂 LAE-9;表面活性剂 ABS;三乙醇胺油酸皂

邢台市巨星化工有限公司

河北省邢台市桥东区北关街 86 号［054001］
电话:(0319)3353486;3188796
传真:(0319)3188796
经济类型:有限责任公司
网址:xtjx.ebigchina.com
【主要产品】硅酸钾;异相离子交换膜;硅胶

邢台市跨越塑料有限公司

河北省邢台市巨鹿县城南工业区［055250］
电话:(0319)4369191
传真:(0319)4369668
网址:www.chmfjd.com
E-mail:ky@chmfjd.com
【主要产品】聚氯乙烯胶带;自粘性防水胶带;封口胶带;绝缘胶布带

邢台市蓝天精细化工有限公司

河北省邢台市桥东区辛庄北路大吴庄［054001］
电话:(0319)3034322;3087192;3211891
传真:(0319)3059551　经济类型:国有
供销电话:3022992;3068992
法人代表:滕增运
网址:www.ltchem.com
E-mail:yaozy@lt-chem.com;lantian@ltchem.com
【主要产品】聚乙二醇 1000;聚乙二醇 400;聚乙二醇 600;聚乙二醇 1500;聚乙二醇 2000;柔软剂 SG-6;匀染剂 102;匀染剂 O;脂肪醇聚氧乙烯醚(N=3);脂肪醇聚氧乙烯醚(N=9);脂肪醇聚氧乙烯醚(N=7);平平加 O-20;平平加 OS-15;平平加 SA-20;平平加 A-20;乳化剂 EL-80;乳化剂 EL-10;乳化剂 EL-20;乳化剂 EL-40;渗透剂 JFC;平平加;乳化剂 EL;乳化剂 MOA-5;乳化剂 OP-4;乳化剂 OP-6;乳化剂 OP-7;乳化剂 OP-10;乳化剂 OP-9;乳化剂 SG-10;净洗剂 JU;乳化剂 C-125;乳化剂 OP-15;乳化剂 OP-20;乳化剂 OP-21;乳化剂 MOA-3;乳化剂 LAE-9;乳化剂 X-100;农药乳化剂 0201B;农药乳化剂 0202;农药乳化剂 0202C;农药乳化剂 0203B;农药乳化剂 0204C;农药乳化剂 0207;农药乳化剂 0206B;农药乳化剂 0208;农药乳化剂 600 号;农药乳化剂 6202B;农药乳化剂 8206;农药乳化剂 8209;农药乳化剂 BY;农药乳化剂 1600 号;农药乳化剂 700 号;农药乳化剂 500 号;农药乳化剂 500-A;农药乳化剂 400 号;农药乳化剂 32 号;农药乳化剂 33 号;农药乳化剂 34 号;农药乳化剂 36 号;农药乳化剂 CL-3

邢台市镁神化工有限公司

河北省邢台市桥东区辛庄北路 80 号［054100］
电话:(0319)8276995
传真:(0319)8276995　职工人数:250 人
供销电话:13717698112
经济类型:有限责任公司
产值:50,000 千元　法人代表:孙孟勇
网址:www.bfhgw.net/company/45/mail.asp? id=293
E-mail:songxinfeng1979@126.com
【主要产品】氧化镁(轻质);活性氧化镁

邢台市农药有限公司

河北省邢台市农药厂路 36 号［054000］

冀

电话:(0319)7514166
传真:(0319)3979078　职工人数:684 人
供销电话:3979077;13930971258
网址:www.xtpesticide.com
E-mail:sale@xtpesticide.com
【主要产品】五硫化二磷;*O*,*O*-二乙基硫代磷酰氯;3-硝基苯胺;甲拌磷;一六〇五;一六〇五乳油;辛硫磷;辛硫磷乳油;辛硫磷颗粒剂;哒嗪硫磷;三唑磷;特丁硫磷;克百威颗粒剂;溴氰菊酯乳油;高效氯氰菊酯乳油;多菌灵可湿性粉剂;百菌清可湿性粉剂;比久;乙·嗪可湿性粉剂;吡·辛乳油;阿维·高氯微乳剂

邢台市日用化学厂

河北省邢台市中兴路 696 号[054000]
电话:(0319)2922529
经济类型:国有　法人代表:秦海平
【主要产品】脂肪醇聚氧乙烯醚磺基琥珀酸酯二钠盐;醇醚磷酸酯;脂肪醇聚氧乙烯(10)醚羧酸钠

邢台市瑞丰助剂有限公司

河北省邢台市内丘县[054200]
电话:(0319)6863399;13932961898
传真:(0319)6863399
经济类型:有限责任公司
【主要产品】平平加;乳化剂 EL;乳化剂 OP;农药乳化剂

邢台市四方塑料有限责任公司

河北省邢台市辛庄北路线务巷 5 号[054000]
电话:(0319)3037844
传真:(0319)3034923
供销电话:3036324　法人代表:赵须辰
经济类型:有限责任公司
【主要产品】聚丙烯打包带;塑料薄膜;聚乙烯薄膜

邢台市万达化工有限公司

河北省邢台市高开区[054000]
电话:(0319)3970999;3970363
传真:(0319)3970999　职工人数:260 人
网址:www.wandahuagong.com
E-mail:lxl@wandahuagong.com
【主要产品】五硫化二磷;甲醛;α-乙酰乳酸脱羧酶;葡糖淀粉酶;蛋白酶;淀粉酶

邢台市橡胶厂

河北省邢台市桥东区邢州北路 175 号[054001]
电话:(0319)3037053;7355048
传真:(0319)3066752　职工人数:300 人
经济类型:股份合作
网址:www.xt-xiangjiao.com
E-mail:business@xt-xiangjiao.com
【主要产品】聚氨酯密封件;氯磺化聚乙烯防腐涂料;胶辊;印刷胶辊;造纸胶辊;印染胶辊;油封;O 形密封圈;橡胶密封圈

邢台市新欣翔宇生物工程有限公司

河北省邢台市辛庄北路 24 号[054001]
电话:(0319)3307658;3337658
传真:(0319)3027658　职工人数:500 人
网址:www.xiangyumzhj.com
E-mail:xiangyu@xiangyumjhj.com
【主要产品】α-乙酰乳酸脱羧酶;葡糖淀粉酶;植酸酶;碱性蛋白酶;α-淀粉酶

邢台市乙炔气厂

河北省邢台市新兴东路 231 号[054001]
电话:(0319)3036859
经济类型:国有
【主要产品】溶解乙炔

邢台市助剂厂

河北省邢台市桥东区丝绸路 14 号[054001]
电话:(0319)3037211;3053064;13931900108
传真:(0319)3053064
网址:www.xtszj.com
E-mail:xtzj@xtszj.com
【主要产品】聚乙二醇;柔软剂 SG;匀染剂 102;平平加 *O*-9;乳化剂 EL-10;纺织乳蜡;渗透剂 JFC;快速渗透剂 T;羊毛洗涤剂;2-乙基己基磷酸酯;脂肪醇磷酸酯;表面活性剂 L-548;咪唑啉类表面活性剂;平平加;乳化剂 OP;乳化剂 OP-10;乳化剂 SG-10;乳化剂 AE-15;净洗剂 105;净洗剂 6501;净洗剂 6503;壬基酚聚氧乙烯醚(N=10);斯盘系列;吐温系列;乳化剂 MOA-3;壬基酚聚氧乙烯醚磷酸酯;氧化胺;二甲基十二烷基叔胺醋酸盐;表面活性剂 ABS;柴油乳化剂;三乙醇胺油酸皂

邢台铁牛染料化工有限公司

河北省邢台市任东固城[055150]
电话:(0319)7602485;7605799
传真:(0319)7602666
有进出口权
经济类型:股份有限公司
职工人数:160 人
法人代表:杨秀章
网址:www.china-tnhg.com
E-mail:business@china-tnhg.com
【主要产品】直接橙 S;直接耐酸大红 4BS;直接湖蓝 5B;直接深棕 M;直接耐晒黑 G;酸性橙 Ⅱ;酸性大红 3R;酸性红 A;酸性黑 10B;碱性橙;碱性品绿

邢台旭阳焦化有限公司

河北省邢台市新兴东大街 888 号[054001]
电话:(0319)3976177;3989966;3976888
传真:(0319)3976271　职工人数:700 人
经济类型:联营企业
网址:www.risun-group.com
【主要产品】粗苯;煤焦油;焦炭

邢台银尊钡盐有限责任公司

河北省邢台县会宁镇东沙窝村东[054000]
电话:(0319)7616908
传真:(0319)7616919　职工人数:200 人
固定资产:13,890 千元
经济类型:有限责任公司
法人代表:郝玉杰
网址:www.qyku.com/9/yinzun
【主要产品】碳酸钡;硫脲

保定市

安国市橡塑制品有限公司

河北省安国市工业城康鑫大街 1 号[071200]
电话:(0312)3552102;13803262699
传真:(0312)3552102　职工人数:110 人
经济类型:私营企业　法人代表:王和平
网址:www.agtyxs.com
E-mail:wwd@agtyxs.com
【主要产品】塑胶制品;O 形密封圈

保定保立化工涂料有限公司

河北省保定市博野县小店镇[071300]
电话:(0312)8367746;8367747
传真:(0312)8367939
供销电话:8367746;13803126482
法人代表:张永栓
网址:www.bdblhg.com
E-mail:baoli@bdblhg.com
【主要产品】醇酸树脂漆类;氨基树脂漆类;硝基漆类;丙烯酸树脂漆类;聚酯树脂漆类;彩色卷钢涂料;环氧树脂漆类;聚氨酯漆类

保定博大工贸有限公司

河北省保定市煤市街 66 号[071000]
电话:(0312)2115598;2138166;13931257999
传真:(0312)2115598
网址:www.bd-boda.com
E-mail:webmaster@bd-boda.com
【主要产品】汽车专用胶黏剂;环保型装饰胶;纸塑复合胶;复合胶

保定步长天浩制药有限公司

河北省定兴县 86188 部队院内[072650]
电话:(0312)6938681;6922684
【主要产品】盐酸特比萘酚

保定长城合成橡胶有限公司

河北省保定市光明路 5 号[071051]
电话:(0312)3225001;3236725;3226086
传真:(0312)3237374　职工人数:300 人
经济类型:中外合资经营企业
法人代表:王宏文
网址:www.changyun.com.cn

E-mail:changcheng118@ vip. 163. com
【主要产品】软质聚氨酯泡沫塑料;聚氨酯塑胶铺装制品

保定东大化工有限责任公司

河北省保定市华电路185号[071000]
电话:(0312)3196684;3196776;3191130
传真:(0312)3196499
经济类型:有限责任公司
网址:www. bdddhg. com. cn
E-mail:business@ ddhg. com. cn
【主要产品】丙烯酸树脂;丙烯酸树脂乳液;涂料助剂

保定东明树脂化工有限公司

河北省保定市龙飞路966号[071000]
电话:(0312)5095777;5999777
网址:www. doming. com. cn
E-mail:doming@ heinfo. net
【主要产品】聚氨酯胶黏剂;鞋用聚氨酯胶黏剂;氯丁橡胶胶黏剂;接枝型强力胶黏剂;聚氨酯表面处理剂;PU胶稀释剂;硬化剂

保定恒润化工有限公司

河北省保定市高保路2号[071000]
电话:(0312)2117963;2117990;2117055
传真:(0312)2120321
法人代表:王宏剑
网址:www. hr-chem. com
E-mail:wanghj@ hr-chem. com;
yaoql@ hr-chem. com
【主要产品】氨基磺酸;2-氨基-4,6-二硝基苯酚;4-氨基苯磺酸;2-氨基-4,6-二硝基苯酚钠;对氨基乙酰苯胺;4,4′-二氨基苯磺酰替苯胺;5-氯-2-甲基苯并噻唑;直接染料;酸性染料;活性染料

保定宏达胶辊有限公司

河北省清苑县西石桥工业区[071100]
电话:(0312)8041898;8040770;
13011929285
传真:(0312)8041898;8040770
经济类型:私营企业　法人代表:王金峰
网址:www. bdhongda. com
E-mail:hdjg@ bdhdjg. com;
wjf@ bdhdjg. com
【主要产品】胶辊

保定化学试剂厂

河北省保定市红星路125号[071000]
电话:(0312)5063896;5063900
供销电话:5064635
【主要产品】盐酸;硝酸;硫酸;乙醇(无水);丙三醇;甲醇

保定加合精细化工有限公司

河北省保定市满城工业区[071000]
电话:(0312)2097098;2097097;2097095
传真:(0312)3023286
供销电话:3024297;13700321338
网址:www. bdchem. com
E-mail:zhao@ jiahe-pharm. com;
bdchem@ heinfo. net
【主要产品】*N*,*N*-二乙基乙醇胺;2-二乙氨基乙硫醇;2-二乙氨基乙硫醇盐酸盐;甲硫醇钾;*N*,*N*-二甲基-2-氯丙胺盐酸盐;二(2-氯乙基)胺盐酸盐;4-雄烯二酮;1,4-雄烯二酮;甜菜碱;睾丸素;丙酸睾酮;依普利酮;坎利酮;螺内酯;*L*-色氨酸

保定蓝箭橡胶机带有限公司

河北省保定市博野县大齐工业区[071300]
电话:(0312)8349136;8349138
传真:(0312)8349773
经济类型:股份合作　法人代表:王跃军
网址:lanjian. ebigchina. com
E-mail:lanjian88@ mail. china. com
【主要产品】强力型尼龙运输带;耐热运输带;环型运输带;花纹输送带;挡边运输带

保定联星碳化物有限公司

河北省保定市五四东路203号[071000]
电话:(0312)3176985;13832237617
传真:(0312)3177985
经济类型:中外合资经营企业
网址:www. graphite. com. cn
E-mail:lx@ graphite. com. cn
【主要产品】鳞片石墨;石墨盘根;可膨胀石墨

保定石油化工厂

河北省保定市新市区石化路58号[071059]
电话:(0312)3109096;3109091
传真:(0312)3112482;3111701
供销电话:3136007;3109068
供销传真:3112482 3111701
经济类型:国有　法人代表:夏军伟
网址:www. bshih. com
E-mail:bsh2246@ sina. com;
jsc@ bshih. com
【主要产品】2,5-二叔丁基对苯二酚;SBS防水卷材;SBS改性沥青防水卷材;APP改性沥青防水卷材;自粘橡胶沥青防水卷材;氧化沥青系列防水卷材;防老剂2246;抗氧剂2246-S;抗氧剂2246-Zn;聚丙烯酸;羟基亚乙基二膦酸

保定市长江聚氨酯有限公司

河北省保定市乐凯北大街225号[071051]
电话:(0312)3112400;3134040;3111987
传真:(0312)3151446　职工人数:260人
网址:www. pubd. com. cn
E-mail:pubd@ pubd. com. cn
【主要产品】聚氨酯防水涂料;聚合物改性水泥基弹性防水涂料

保定市富尧润滑油脂有限公司

河北省保定市107国道152公里处[071051]
电话:(0312)2179094
传真:(0312)2171777
网址:www. fuyaoyouzhi. com
E-mail:fuyao@ fuyaoyouzhi. com
【主要产品】二硫化钼锂基润滑脂;锂基润滑脂;极压锂基脂;石墨钙基润滑脂;钙基润滑脂

冀

保定市化工原料厂

河北省保定市高开区朝阳大街恒通财富中心1538[071051]
电话:(0312)3185591;3174301;
13780321888
传真:(0312)3188765　经济类型:集体
供销传真:3173380
网址:www. guoxiu. com
E-mail:bdhgyuanliaochang@ guoxiu. com
【主要产品】甲醛;季戊四醇;双季戊四醇;甲酸钠

保定市金能换热设备有限公司

河北省保定市前卫路398-95号[071000]
电话:(0312)5030889;13803271135
传真:(0312)5020608
供销电话:13503229850
网址:www. bdjnhr. com
E-mail:bdjinneng@ 126. com
【主要产品】列管式换热器;空气冷却器

保定市净化材料厂

河北省保定市北郊百楼[071000]
电话:(0312)5999559
传真:(0312)5999258
网址:www. bdcarbon. com;
www. cacps. com/cmem. htm
E-mail:fs@ bdcarbon. com
【主要产品】活性炭

保定市聚氨酯厂

河北省保定市新保满路1号[071000]
电话:(0312)3176756;13931274736
传真:(0312)3173280　经济类型:集体
产值:20,000千元　职工人数:240人
法人代表:陈合军
网址:www. bdgcsj. com
E-mail:paodao@ bdgcsj. com ;
gcsj2008@ 163. com
【主要产品】聚氨酯橡胶;聚氨酯塑胶铺装制品;聚氨酯防水涂料

保定市乐凯化学有限公司

河北省保定市乐凯南大街1号[071054]
电话:(0312)7922831;7922233
传真:(0312)7922233
网址:www. bdluckychem. com

冀

E-mail:songcq@luckyfilm.com.cn
【主要产品】1-(间乙酰氨基)苯基-5-巯基四氮唑;3,4-二硝基苯甲酸;过氧乙酸;溴辛烷;溴代正己烷;*N*-丁基乙酰苯胺;亚乙基二脲;己烷磺酸钠;*N*,*N'*-二苯甲脒;4-氯-3-硝基苯甲酸;2-甲基苯并噁唑;3-氨基-4-氯苯甲酸月桂酯;2-甲基-*β*-萘并噻唑;2-甲硫基-*β*-萘并噻唑;1-(4'-磺酸苯基)-3-甲基-5-吡唑啉酮;5-氯-2-甲基苯并噻唑;5-氯-2-巯基苯并噻唑;彩色显影剂(CD-3型);彩色显影剂(CD-4型);2-甲基苯并噻唑;抗氧剂2246-S;2-甲基-5-甲氧基苯并噻唑

保定市满城东方化工有限公司

河北省保定市西南107国道东方顺路段[072153]
电话:(0312)7088135
传真:(0312)7088998　职工人数:158人
法人代表:刘建国
网址:www.bddonghua.com
E-mail:bddonghua@126.com
【主要产品】氨基乙酸;醋酸钠;2-二乙氨基乙硫醇盐酸盐;5-氯-2-甲基苯并噻唑;甘氨酸钠

保定市满城华保稀土有限公司

河北省保定市满城县韩满路[072150]
电话:(0312)7039101;7039100
传真:(0312)7039665　职工人数:400人
固定资产:50,000千元
网址:www.hbhuabao.com.cn
E-mail:business@hbhuabao.com.cn
【主要产品】氯化镧;氯化铈;碳酸铈;碳酸镧;氧化镧;氧化铈

保定市满城金星化工有限公司

河北省保定市满城县西庄工业小区[072157]
电话:(0312)7019178;7019183
传真:(0312)7019123
经济类型:私营企业
网址:www.chinachemnet.com/jinxingchem
E-mail:bdxinyuan@163.com
【主要产品】4-氨基苯磺酸;4-氨基苯磺酸钠;*α*-乙酰乳酸脱羧酶

保定市满城荣泰染料化工有限公司

河北省保定市满城县于家庄庞村北[072154]
电话:(0312)3205809;3204120;13833260090
传真:(0312)7035001
供销电话:13932286950
网址:www.rongtaidyes.com
E-mail:wenzhou@rongtaidyes.com
【主要产品】氨基磺酸;4-氨基苯磺酸;4'-氨基偶氮苯-4-磺酸;4-氨基偶氮苯-3,4'-双磺酸;4-氨基偶氮苯-3-甲氧基-3'-磺酸;4,4'-二氨基苯磺酰替苯胺;直接黄R;直接桃红5B;直接耐酸大红4BS;直接大红4B;直接大红4BE;直接绿DB;直接耐晒棕BRS;直接耐晒黑VSF;直接耐晒黄PG;直接耐晒红F2G;酸性金黄G;酸性橙Ⅱ;弱酸性橙2R;酸性红B;酸性玫瑰红3B;酸性绿20;酸性黑BNG;酸性黄5GN;弱酸深蓝5R;酸性棕NT;酸性棕EDR

保定市满城县保满联营化工厂

河北省保定市满城县于家庄乡庞村[072156]
电话:(0312)3204136;7036678;13803281251
传真:(0312)7034070
网址:www.baomanchem.com
E-mail:baoman@baomanchem.com
【主要产品】2-二乙氨基乙硫醇;2-二乙氨基乙硫醇盐酸盐;2-氨基-4,6-二硝基苯酚钠;直接黄GR;直接黄R;直接橙S;直接桃红5B;直接耐酸大红4BS;直接红239;直接大红4BE;直接枣红B;直接蓝4G;直接蓝199;直接黑BN;直接耐晒橙GGL;直接耐晒橙7GL;直接耐晒蓝;直接绿BE;直接耐晒黄G;直接耐晒红4B;酸性金黄G;酸性橙Ⅱ;酸性大红3R;酸性红A;酸性红B;酸性绿VS;酸性黑ATT;酸性黑10B;酸性黑BNG;弱酸橙GS;酸性棕B;碱性嫩黄O;碱性艳蓝BO;碱性艳绿4B;碱性棕G;活性橙KE-R;阳离子黄P-6G;中性黑BL;中性黑2S-RL;中性黑BGL;中性黑M-SRL

保定市满城县龙源化工厂

河北省保定市满城县北2公里[072150]
电话:(0312)7163888
传真:(0312)7065667
网址:www.lyhg.com
E-mail:business@ylhg.com
【主要产品】三聚磷酸二氢铝;磷酸锌

保定市满城信誉化工厂

河北省保定市满城县南韩村[072150]
电话:(0312)7031111;13703222085
传真:(0312)7031111
经济类型:私营企业　法人代表:王冬生
网址:www.bdxinyuchem.com
E-mail:sales@bdxinyuchem.com
【主要产品】4-氨基苯磺酸

保定市石油化工厂防水材料分厂

河北省保定市石化路58号[071059]
电话:(0312)3109197
网址:www.shuilike.com.cn
E-mail:info@shuilike.com.cn
【主要产品】SBS改性沥青防水卷材;APP改性沥青防水卷材

保定市顺达染化厂

河北省保定市三环路1688号[071051]
电话:(0312)3204248;3205320;13903329003
传真:(0312)3204539
网址:www.sddyes.com
E-mail:webmaster@sddyes.com
【主要产品】酸性染料;皮革染料

保定市正泰科技有限公司

河北省保定市三丰东路70号长江商务中心A315[071000]
电话:(0312)2166599
传真:(0312)2166599
网址:www.bdzt.com
E-mail:bdzt@bdzt.com;ztkj-bd@163.com
【主要产品】环氧带锈防锈防腐涂料;防静电乳胶漆;导电粉

保定顺发先进化工有限公司

河北省保定市东二环路609号[071000]
电话:(0312)2193885
传真:(0312)2166789　有进出口权
经济类型:中外合资经营企业
产值:6,000千元　职工人数:350人
法人代表:王俊茹
网址:www.dongfagroup.com
E-mail:twj6688@eyou.com
【主要产品】4-氨基苯磺酸;4-氨基苯磺酸钠

保定天鹅化纤集团有限公司

河北省保定市盛兴西路1369号[071055]
电话:(0312)3137941
传真:(0312)3137013
供销电话:3322620;3131400
经济类型:有限责任公司
企业规模:大型
网址:www.bd-swan.com;www.bd-swan.cn
E-mail:sale@bd-swan.com;trade@heinfo.net
【主要产品】黏胶长丝;氨纶

保定天祥化工有限公司

河北省保定市满城县神星镇玉山[072150]
电话:(0312)7056112;7057019;13503325912
传真:(0312)7071026
网址:www.txc.com.cn
E-mail:tianxag@heinfo.net;tianxag@txc.com.cn
【主要产品】3,4-二硝基苯甲酸苯酯;十六碳酰氯;4-氯-3-硝基苯甲醛;3-氨基-4-氯苯甲酸月桂酯;2-甲基-*β*-萘并噻唑;彩色显影剂(CD-2型);彩色显影剂(CD-3型);彩色显影剂(CD-4型);聚苯乙烯顺丁烯二酸酐树脂;黄成色剂;辛基酚聚氧乙烯醚;二甲基十二烷基叔胺醋酸盐;2-甲基-5-甲氧基苯并

噻唑

保定通元精细化工有限公司

河北省涿州市松林店镇[072761]
电话:(0312)3953333;3956543;3956542
传真:(0312)3953666
网址:www.bdtyhg.com
【主要产品】3-氟-4-氰基苯酚;氰基联苯酚;百草枯;百草枯水剂

保定鑫泰生物化工有限公司

河北省保定市满城大册营[072150]
电话:(0312)5573333
传真:(0312)7020358
网址:www.bdxt.com.cn
E-mail:bdxt@bdxt.com.cn
【主要产品】植物甾醇;脂肪酸甲酯;维生素 E

保定中原绿农化工有限公司

河北省保定市太行路 2 号[071000]
电话:(0312)2126630;2125941
传真:(0312)2134093
经济类型:有限责任公司
网址:zyln.net.und.cn
E-mail:hjbdblt@heinfo.net
【主要产品】氨基乙酸;41% 草甘膦异丙胺盐水剂

北京市清河塑料厂顺平县联营厂

河北省顺平县京广铁路顺平火车站北开发区[072251]
电话:(0312)7692951
传真:(0312)7692950
网址:www.bjqhsl.com.cn
E-mail:longtime1234@tom.com
【主要产品】氨基乙酸;聚乙烯管;燃气用聚乙烯管;聚氯乙烯管件;硅芯管;聚氯乙烯双壁波纹管

高碑店市峰业橡胶制品有限责任公司

河北省高碑店市北大街 228 号[074000]
电话:(0312)2911666;2911318;2911258
传真:(0312)2911511;2911579
经济类型:有限责任公司
网址:www.hbfengye.com
E-mail:fengye@hbfengye.com
【主要产品】塑料波纹管;减震器及配件;摩托车橡胶配件;汽车缓冲块;防尘罩;胶圈;护套;硅橡胶制品;O 形密封圈;旋转轴唇形密封圈;橡胶密封圈

高碑店市顺新化工有限公司

河北省高碑店市西大街 59 号[074000]
电话:(0312)2900113;2900888
传真:(0312)2900188
供销电话:2900113;2900888
经济类型:股份有限公司
网址:www.shunxineps.com
E-mail:shunxin@heinfo.net
【主要产品】可发性聚苯乙烯

高碑店市同创橡塑制品有限责任公司

河北省高碑店市北大街 238 号[074000]
电话:(0312)2911505
传真:(0312)2911052
经济类型:有限责任公司
网址:www.tcxsrp.com
E-mail:yzsh@tcxsrp.com;
info@tcxsrp.com
【主要产品】胶辊;橡胶密封胶条;油封;O 形密封圈

河北奥环胶粘工业有限公司

河北省容城县城子工业区[071700]
电话:(0312)5688008;5688588
传真:(0312)5688998
网址:www.aohuanglue.com.cn
E-mail:aohuan@aohuanglue.com.cn
【主要产品】胶黏剂;牛皮纸热熔胶带

河北澳鑫锌业有限公司

河北省保定市清苑县开发区东黄陀[071100]
电话:(0312)8130157;8130058
传真:(0312)8131266　经济类型:集体
供销电话:8130058;8130157
法人代表:吕建国
网址:www.chinazincriver.com
E-mail:sales@zincproduct.com
【主要产品】锌焙砂;硫酸;硫酸钴;硫酸锌;硫酸镉;硫酸镍;硫酸锂;硫酸锂(一水);硝酸锶;硝酸镉;硝酸锂;高氯酸锂;氯化钴;氯化锂(无水);磷酸锌;氟硼酸钾;碱式碳酸锌;氟化钠;氟化铵;氟化锂;氟氢化铵;氧化锌(药用);甲酸锂;醋酸锌

河北澳鑫锌业有限公司

河北省保定市清苑县开发区东黄陀[071000]
电话:(0312)8130157;8130058
传真:(0312)8131266　有进出口权
网址:www.chinazincriver.com
E-mail:sales@zincproduct.com;
sale@baoshine.com
【主要产品】锌焙砂;硫酸;氧化锌

河北宝硕股份有限公司

河北省保定市国家高新技术产业开发区朝阳北路 175 号[071051]
电话:(0312)3109607
传真:(0312)3109605　法人代表:周山
经济类型:有限责任公司
企业规模:大型
网址:www.baoshuo.com.cn
E-mail:baoshuo@baoshuo.com.cn
【主要产品】盐酸;烧碱;氯气(液);聚氯乙烯树脂;聚乙烯农用地膜;双向拉伸聚丙烯薄膜;聚氯乙烯管材;聚氯乙烯异型材;木糖醇

河北宝硕股份有限公司氯碱分公司

河北省保定市建设北路 305 号[071005]
电话:(0312)3137781-6216
传真:(0312)3165029　经济类型:国有
供销电话:3137741-6400　有进出口权
供销传真:3161731　企业规模:大型
网址:www.bslj.com.cn
E-mail:bslj@bslj.com.cn
【主要产品】烧碱(液体);氯气(液)

河北宝硕股份有限公司糖醇分公司

河北省保定市三丰中路 448 号[071000]
电话:(0312)2110529;2122361
传真:(0312)2126535　有进出口权
网址:www.bsxyfur.com
E-mail:bsxyfur@heinfo.net
【主要产品】木糖醇;木糖;麦芽糖醇

河北宝硕管材有限公司

河北省保定市隆兴中路 166 号[071051]
电话:(0312)3109388
传真:(0312)3109386
经济类型:股份有限公司
网址:www.bspipe.com.cn
E-mail:bsyyb@bspipe.com.cn
【主要产品】聚乙烯管;聚氯乙烯管材;PVC-U 芯层发泡管材管件;PP-R 管材管件

河北保定满通精细化工有限公司

河北省保定市满城县神星镇市头村西[072150]
电话:(0312)7010888;7063781
传真:(0312)7069888　有进出口权
经济类型:股份合作
网址:www.mantong.com.cn
E-mail:mantonge@yahoo.com.cn
【主要产品】一氯乙酸;氨基乙酸

河北长天保定药业有限公司

河北省保定市卫生路 59 号[071000]
电话:(0312)5976288;5976287
传真:(0312)5976288　经济类型:国有
供销电话:5022868
网址:www.changtiangroup.com
E-mail:ctyy@ctyyw.com;
xs@ctyyw.com
【主要产品】果糖二磷酸钠;果糖二磷酸钙;云芝多糖;人工牛黄

河北晨阳工贸集团有限公司

河北省徐水县东外环南侧[072557]
电话:(0312)8687666;8761888;

13930287688
传真:(0312)8761888 职工人数:86 人
供销传真:8688912 法人代表:刘善江
经济类型:私营企业
网址:www. chenyang. com
E-mail:qi@ chenyang. com
【主要产品】水性醇酸树脂乳液;醇酸树脂漆类;各色醇酸无光磁漆;乳胶漆;丙烯酸防水涂料;内外墙乳胶漆;真石漆;水性快干底漆;环氧抗静电地坪漆;氟碳漆;高级氟碳外墙装饰漆;带锈涂料;反光涂料;高级封底乳胶漆;环保水性木器底漆

河北定州东旭化工有限公司

河北省定州市铁路西[073000]
电话:(0312)2352041;2353816;13903326480
传真:(0312)2352832
网址:www. chinadxchem. com
E-mail:sales@ chinadxchem. com
【主要产品】工业萘;洗油;蒽油;煤焦油;中温沥青;改质沥青

河北海明生态科技有限公司

河北省保定市朝阳南大街 105 号[071051]
电话:(0312)3067880;3050616;13633220806
传真:(0312)3068558
经济类型:有限责任公司
网址:www. kehan. com. cn;www. haimingshengtai. com
E-mail:haiming@ haimingshengtai. com
【主要产品】超吸水树脂;抗旱保水剂

河北红叶塑胶制造有限公司

河北省保定市冯庄工业区[071000]
电话:(0312)5032060;13832265259
传真:(0312)5058266
网址:www. hongyesj. com. cn
E-mail:hy@ hongyesj. com. cn
【主要产品】塑胶制品;塑胶跑道;橡胶地砖

河北宏达泡花碱厂

河北省唐县田家庄[072350]
电话:(0312)4980796;13315253828
网址:hongda. bd365. net
【主要产品】硅酸钠

河北宏联辊业有限公司

河北省保定市 107 国道北三环保定至大王店[071000]
电话:(0312)7019162;7019172
传真:(0312)7018985
法人代表:王世峰
网址:www. bdhljg. com
E-mail:hljg@ bdhljg. com
【主要产品】胶辊

河北鸿发乳胶制品有限公司

河北省雄县昝岗镇[071802]
电话:(0312)5716999
传真:(0312)5710999
法人代表:杨法柱
网址:www. hebeihongfa. com
E-mail:hongfa@ hebeihongfa. com
【主要产品】医用手套;家用手套;避孕套

河北华胜胶带有限公司

河北省保定市蠡县橡胶工业区[071400]
电话:(0312)6268001;6268349;6268508
传真:(0312)6268001
供销电话:13603129810
网址:www. hbhuasheng. cn
E-mail:hbhuasheng@ hbhuasheng. cn
【主要产品】橡胶运输带;涤纶运输带;耐热运输带;阻燃输送带;耐酸碱运输带;花纹输送带;挡边运输带;织物芯运输带;橡胶平型传动带

河北华夏实业有限公司

河北省涿州市永乐大道 88 号[072750]
电话:(0312)3975959;3975960
传真:(0312)3975958 有进出口权
经济类型:与港澳台商合资经营
网址:www. chinahuaxia. com
E-mail:sales@ chinahuaxia. com
【主要产品】双向拉伸聚丙烯薄膜;聚氯乙烯薄膜;电器胶带;保护膜胶黏带;铝箔胶黏带;压敏胶黏带;BOPP 胶黏带;汽车用胶黏带;胶带切割机;胶乳涂布机

河北省保定市阳光精细化工有限公司

河北省保定市漕河 41 号信箱[072556]
电话:(0312)8502325;8505605;8508808
传真:(0312)8505606
供销电话:8502325;8508808
经济类型:有限责任公司
网址:www. yangguang. com. cn
E-mail:hbyg@ yangguang. com. cn
【主要产品】涂料杀菌防腐剂;工业循环水灭菌杀藻剂;强力杀菌防腐剂;造纸助剂;日化品用杀菌防腐剂

河北省定兴县福利化工厂

河北省定兴县贤寓镇开发区[072655]
电话:(0312)6964520
传真:(0312)6962811 职工人数:30 人
供销电话:6962811 法人代表:郭艳秋
经济类型:股份合作
网址:www. hylive. com/hebei/hebei14955. html
【主要产品】呋喃树脂(自硬型);铸造树脂用磺酸固化剂

河北省定州市昌盛化工有限公司

河北省定州市定曲路[073000]
电话:(0312)2301320;2355512;13832288233
传真:(0312)2359322 有进出口权
网址:www. chshhg. com
E-mail:info@ changshengchemical. com
【主要产品】二氧化硫脲

河北省眺山化工厂

河北省保定市满城县环城北路[072150]
电话:(0312)7199130;7199105;7072066
传真:(0312)7199268 经济类型:国有
网址:www. tiaoshan. com
E-mail:xsh@ tiaoshan. com
【主要产品】碳酸氢钾;碳酸钾;工业氯化铵;碳酸钾(食品级)

河北省雄县古城塑料制品有限公司

河北省雄县旅游路[071800]
电话:(0312)5861288;13932216981
传真:(0312)5829058;5568448
职工人数:100 人
网址:www. guchengsy. com
E-mail:gucheng@ guchengsy. com
【主要产品】包装膜;乳胶手套

河北辛兴制药厂

河北省蠡县辛兴镇[071400]
电话:(0312)6211493;6222527
【主要产品】磺胺甲基嘧啶

河北新兴化工有限责任公司

河北省涿州市松林店镇[072761]
电话:(0312)3615555;3615556
传真:(0312)3902143 有进出口权
供销电话:3615698;3615766
经济类型:有限责任公司
企业规模:大型 法人代表:孙仲嗣
网址:www. hbxxhg. com. cn
E-mail:xinxing@ hbxxhg. com. cn
【主要产品】盐酸;氢氧化钾;高锰酸钾;氯气(液);一氯醋酸甲酯;苯肼基特戊酮;乙脒盐酸盐;间苯氧基苯甲醛;一氯频哪酮;乐果;氧化乐果乳油;高渗氧乐果乳油;双甲脒;双甲脒乳油;噁草酮;噁草酮乳油;嗪草酮;嗪草酮可湿性粉剂;维生素 B1;塑料改性剂 PMI

河北雄威化工股份有限公司

河北省雄县津保高速西口引线西侧[071800]
电话:(0312)5861572;5829059;5862676
传真:(0312)5861106;5862677
供销电话:5862676;5862677
经济类型:股份有限公司 有进出口权
法人代表:王杏田
网址:www. kingwaychem. com
E-mail:kingway5@ heinfo. net
【主要产品】氟硅酸;氟硼酸;锆氟酸;硫酸钴;硫酸镉;硫酸镍;硝酸钴;硝酸

锶;硝酸镍(无水);硝酸镉;硝酸锂;氯化钴;氯化锶(六水);氯化镍;氯化镉;氟硼酸亚锡;氟硼酸钾;氟硼酸钠;氟硼酸铵;氟硼酸铅;氟硼酸铜;氟硼酸镉;碳酸钴;碳酸镍;氟化钠;氟化钾;氟化铵;氟化铬;氟化锶;氟化锂;氟硅酸钠;氟硅酸钾;氟硅酸锌;氟硅酸镁;锆氟酸钾;氟锆酸钠;氟钛酸钾;氟化镍;氟化钡;氟化镁;氟化钴;纳米级钛酸锶;纳米级钛酸钡;钛酸锂;氧化锌(纳米);醋酸镍;草酸钴;钛白粉(纳米级);1,3-二羟甲基-5,5-二甲基海因

河北雄县宏洋热收缩膜厂

河北省雄县雄州路[071800]
电话:(0312)5863118;5969201;13803285266
传真:(0312)5863118
网址:www.xxhongyang.com.cn
【主要产品】聚氯乙烯热收缩膜

河北旭阳焦化有限公司

河北省定州市胜利路[073000]
电话:(0312)2352690;2356960
传真:(0312)2353888;2353876
经济类型:国有　职工人数:880人
法人代表:宋万良
网址:www.risun-group.com
【主要产品】焦炭

河北一川胶带有限公司

河北省保定市蠡县兑坎庄工业园区[071400]
电话:(0312)6268666;6268999
传真:(0312)6268331
网址:www.cnyichuan.com
E-mail:admin@y88888.com
【主要产品】橡胶运输带;涤纶运输带;耐热运输带;耐油运输带;耐酸碱运输带;食品运输带;环型运输带;花纹输送带;挡边运输带;全塑整芯阻燃运输带;阻燃钢丝绳芯运输带;织物芯运输带;橡胶传动带;止水带

河北远洋绝缘材料厂

河北省雄县昝岗镇北大街中段路南[071802]
电话:(0312)5562300;5719616
传真:(0312)5719616
网址:www.hbyuanyang.com
E-mail:yy@hbyuanyang.com
【主要产品】聚酯薄膜带;铝塑复合带

河北振州塑料包装有限责任公司

河北省雄县雄州工业区[071800]
电话:(0312)5811618;5861618
传真:(0312)6386100;5869100
经济类型:有限责任公司
职工人数:100人
网址:www.zhenzhoubz.com
E-mail:zhenzhou@zhenzhoubz.com
【主要产品】聚乙烯热收缩膜;塑料包装袋

阔丹-凌云汽车胶管有限公司

河北省涿州市开发区[072750]
电话:(0312)5520800
传真:(0312)5520899
网址:www.codan-lingyun.com.cn
E-mail:clyc@heinfo.net
【主要产品】汽车用胶管;阻燃耐火胶管;气压制动胶管

清苑县增旺化工有限公司

河北省保定市清苑县何桥乡玉皇庙[071106]
电话:(0312)8061359;8062548;13603326559
传真:(0312)8062148
供销电话:8061359;13903227059
经济类型:有限责任公司
法人代表:吴艳明
网址:www.zwhg.com
E-mail:wym@zwhg.com;ldy@zwhg.com
【主要产品】硫酸铜;硫酸锌;硫酸锌(一水);氯化锌

曲阳县田原化工有限公司

河北省曲阳县恒州镇东环路[073100]
电话:(0312)4262260
传真:(0312)4291097
经济类型:私营企业　法人代表:谷发义
网址:www.hylive.com/hebei/hebei03703.html
【主要产品】甲醇;合成氨;尿素;碳酸氢铵

唐县恒天气体有限责任公司

河北省唐县城国防路[072350]
电话:(0312)6413263
经济类型:有限责任公司
职工人数:88人　法人代表:康继寿
网址:www.hylive.com/hebei/hebei13204.html
【主要产品】氧气;氧气(医用);高纯氮

雄县亿海龙纸塑有限公司

河北省雄县城关五甫大街中段路西[071800]
电话:(0312)5813777;5815750;13903122920
传真:(0312)5814777
网址:www.semuliao.com
【主要产品】色母粒

徐水县白玉化工涂料有限公司

河北省徐水县侯庄装饰基地[072557]
电话:(0312)8970111;8970888;13703124086
传真:(0312)8970283
网址:www.byhuagong.com
E-mail:hgq@byhuagong.com
【主要产品】环保乳胶漆;丙烯酸乳胶批墙腻子;丙烯酸弹性防水外墙乳胶漆;防水专用腻子粉;聚醋酸乙烯乳液胶黏剂

徐水县双圆纤维素厂

河北省徐水县漕河镇河西工业区[072556]
电话:(0312)8502406;8500316;8500315
传真:(0312)8505589
网址:www.shuangyuan.com.cn
E-mail:xiyuan_w@shuangyuan.com.cn
【主要产品】羧甲基纤维素钠;阳离子淀粉;羧甲基淀粉;变性淀粉;α-淀粉

徐水县中兴密封件制造有限公司

河北省徐水县遂城工业区[072550]
电话:(0312)8908588;13831203023
传真:(0312)8908583
供销电话:8908583;13831203023
供销传真:8908056
网址:www.hbzxxj.com
E-mail:qfsx@hbzxxj.com
【主要产品】三元乙丙橡胶胶管;橡胶垫;橡胶密封圈

中国乐凯胶片集团公司

河北省保定市建设南路1号[071054]
电话:(0312)3260879;3227901-2840
传真:(0312)3234999　经济类型:国有
供销电话:3227901-2818;3215442
供销传真:3215111　有进出口权
企业规模:大型
网址:www.luckyfilm.com
E-mail:luckyjsj@public.bdptt.he.cn
【主要产品】1-(间乙酰氨基)苯基-5-巯基四氮唑;3,4-二硝基苯甲酸;溴辛烷;溴代正己烷;亚乙基二脲;4-氯-3-硝基苯甲酸;2-甲基苯并噁唑;3-氨基-4-氯苯甲酸月桂酯;2-甲基-β-萘并噻唑;2-巯基-β-萘并噻唑;1-(4′-磺酸苯基)-3-甲基-5-吡唑啉酮;5-氯-2-甲基苯并噻唑;2-甲硫基苯并噻唑;5-氯-2-巯基苯并噻唑;黑白胶卷;彩色冲洗套药(粉剂);2D树脂

涿州皓原箔业有限公司

河北省涿州市华丰路3号[072750]
电话:(0312)3962253;13315217775
传真:(0312)3962261
网址:www.taoyuanlb.com;www.haoyuanby.com
E-mail:taoyuanlb@263.net;lbzj@taoyuanlb.com
【主要产品】铝箔;铝箔胶黏带

涿州市燎原实业有限公司

河北省涿州市茂林庄村[072750]
电话:(0312)3712375;(010)61321529
传真:(010)61321018
网址:www.liaoyuansy.com

E-mail:liaoyuan_868@ a163.com
【主要产品】胶管

冀

张家口市

河北盛华化工有限公司

河北省张家口市盛华东大街10号[075000]
电话:(0313)4036189;8336068
传真:(0313)4066699　有进出口权
供销电话:5903321;8336081
职工人数:1,600人
法人代表:常广华
网址:www.hbshhg.com
E-mail:hbshenghua@163.com
【主要产品】盐酸;烧碱;次氯酸钠;氧气;氧气(医用);氯气(液);氮气;溶解乙炔;聚氯乙烯树脂;聚氯乙烯树脂SG;高聚合度聚氯乙烯树脂;杀菌灭藻剂;防粘釜剂;阻垢缓蚀剂

河北宣化化肥集团有限公司

河北省张家口市宣化区幸福东街4号[075105]
电话:(0313)3048255;3048229
传真:(0313)3048150　有进出口权
经济类型:有限责任公司
企业规模:大型　法人代表:刘启云
网址:zjkxhhf.und.com.cn
E-mail:hjzjxhhf@ public.zjptt.he.cn
【主要产品】甲醇;合成氨;尿素;碳酸氢铵

河北张药股份有限公司

河北省张家口市建国路24号[075000]
电话:(0313)5919967;5919962
传真:(0313)5919991　经济类型:国有
有进出口权　企业规模:大型
职工人数:568人　法人代表:刘贵生
网址:www.zjkzpc.com
E-mail:liuzq@ zjkzpc.com;
jintd@ zjkzpc.com
【主要产品】青霉素G钾;青霉素G钠

怀安县赛贝科技有限公司

河北省怀安县左卫镇[076150]
电话:(0313)7898871
传真:(0313)8063509;7896478
网址:www.saibei.com
E-mail:info@ saibei.com
【主要产品】膨润土

怀来长城生物化学工程有限公司

河北省怀来县沙城镇[075400]
电话:(0313)6222940;6233238
传真:(0313)6223985　职工人数:50人
经济类型:股份合作　法人代表:周铁成
网址:www.greatwall-biochem.com
E-mail:hjzjxxxx@ heinfo.net
【主要产品】L-酒石酸;酒石酸钠;酒石酸氢钾;酒石酸钾;偏重亚硫酸钾;亚硫酸

张家口麦尔生化有限公司

河北省万全县孔家庄镇新华南街1号[076250]
电话:(0313)4230396;4230388
传真:(0313)4230396　职工人数:350人
网址:www.maierchem.com
E-mail:market@ maierchem.com
【主要产品】丙烯酰胺;N-羟甲基丙烯酰胺;聚丙烯酰胺;染料印花合成增稠剂;印花糊料

张家口市广盛化学助剂有限公司

河北省张家口市桥西区南新村[075000]
电话:(0313)4100912;4100911;4100926
传真:(0313)4100911
网址:www.gszj.chem.cn
E-mail:zhanghail@ heinfo.net
【主要产品】脂肪酸甲酯;油酸异辛酯;己二酸二异辛酯;环氧大豆油;环氧大豆油酸辛酯;油酸丁酯;硬脂酸丁酯

中国昊华集团宣化有限公司

河北省张家口市宣化区幸福东街4号[075100]
电话:(0313)3048530;3048257
传真:(0313)3043538　有进出口权
供销电话:3048130;3582083
供销传真:3582141;3048662
经济类型:股份有限公司
企业规模:大型　法人代表:陈乐峰
网址:www.xuanhuachem.com.cn
E-mail:clfhappy@ yahoo.com.cn;
lhlcy99@ sohu.com
【主要产品】膨润土;电石;甲醇;对羟基苯乙酸;乙醛酸;乙胺;二乙胺;对羟基苯乙酰胺;三乙胺;5-(4-羟基苯基)海因;尿囊素;液氨;尿素;碳酸氢铵;大豆素;乙炔炭黑;工业粉状铵锑炸药;工业导火索;水泥

承德市

承德华净活性炭有限公司

河北省承德市平泉县平泉镇[067500]
电话:(0314)6082222;6039999;
13603143888
传真:(0314)6082299　职工人数:72人
经济类型:私营企业　法人代表:张立军
网址:www.dahebei.com
E-mail:dahebei@ sina.com
【主要产品】活性炭

承德立信炭业有限公司

河北省承德市平泉县猴山沟[067500]
电话:(0314)6080869
传真:(0314)6081890
经济类型:私营企业　法人代表:唐建中
网址:www.cdlxty.com
E-mail:tangjh@ cdlxty.com
【主要产品】活性炭

承德绿世界活性炭有限公司

河北省承德市平泉县城北街[067500]
电话:(0314)6082200;6025213;6080890
传真:(0314)6082300
供销电话:6025123　法人代表:凌凤军
经济类型:私营企业
网址:www.lushijie.com
E-mail:sales@ lushijie.com
【主要产品】活性炭

承德滦平精细化工厂

河北省承德市滦平县[068250]
电话:(0314)8580279
传真:(0314)8580279
网址:www.lpchem.com
E-mail:sales@ lpchem.com
【主要产品】有机硅固体粉沫型消泡剂;高效有机硅消泡剂;复合型消泡剂;造纸用消泡剂;油井水泥消泡剂;耐酸型消泡剂

承德热河活性炭有限公司

河北省承德市平泉县城北街[067500]
电话:(0314)6080856;6080688;6081888
传真:(0314)6080688
供销电话:6080688;13903143707
经济类型:私营企业　法人代表:魏淑兰
网址:www.cdrehe.com
E-mail:sales@ cdrehe.com
【主要产品】活性炭;活性炭(净化水);活性炭(植物果壳类);煤质活性炭

承德双惠活性炭有限公司

河北省平泉县红花沟工业园区1号[067500]
电话:(0314)6295555;6080666
传真:(0314)6080999
网址:www.cdshuanghui.com.cn
E-mail:cdsh@ cdshuanghui.com.cn
【主要产品】活性炭

承德泰星矿业

河北省承德市[067000]
电话:(0314)13503252867
供销电话:13703381917
经济类型:股份合作　产值:20,000千元
职工人数:200人　法人代表:李建生
E-mail:honghe2hao@163.com
【主要产品】铁粉

承德新新钒钛化工有限公司

河北省承德市火车东站[067000]
电话:(0314)2120055-413
传真:(0314)2100351　有进出口权
供销电话:2122463　职工人数:1,172人
经济类型:有限责任公司
法人代表:刘宗跃

网址:www. xinghuafanye. com
E-mail:hebeivti@ heinfo. net
【主要产品】硫酸氧钒;偏钒酸钾;偏钒酸钠;五氧化二钒;钒铁;油漆

承德新星光源材料有限公司

河北省平泉县环城路[067500]
电话:(0314)6061603;13903243676
传真:(0314)6032005
网址:www. cdxinxing. net
E-mail:root@ cdxinxing. net
【主要产品】氟化钙;二氧化硅;硅砂

承德鑫永晟炭业有限公司

河北省承德市平泉县城北街[067500]
电话:(0314)6082198;6081896;13932457515
传真:(0314)6082199
经济类型:私营企业　法人代表:王立新
网址:www. cdxysh. com
【主要产品】活性炭

承德兴华活性炭有限责任公司

河北省承德市平泉县城北街[067500]
电话:(0314)6080085;6080451;6080100
传真:(0314)6080100　法人代表:徐文
经济类型:股份合作
网址:www. cdxhhxt. com
E-mail:xhhxt@ sohu. com
【主要产品】活性炭

华北制药天星有限公司

河北省承德市高新技术开发区[067000]
电话:(0314)7614388;2155180;2156586
传真:(0314)2156115　有进出口权
经济类型:有限责任公司
职工人数:860 人　法人代表:李波
网址:www. ncpcgsc. com. cn
E-mail:ncpcgsc@ heinfo. net; ncpcgsc@ hotmail. com
【主要产品】四环素;盐酸四环素

沧州市

泊头市鸿海泵业总装厂

河北省泊头市岔道口街 86 号[062150]
电话:(0317)8293851;8020769
传真:(0317)8293851　经济类型:国有
产值:500 千元　职工人数:556 人
法人代表:张亮
网址:www. botouyoubeng. com
E-mail:honghaibengye@ 163. com
【主要产品】耐腐蚀自吸泵;齿轮泵;螺杆泵;油泵;罗茨真空泵

泊头市天河化工有限公司

河北省泊头市南仓街 171 号[062150]
电话:(0317)8263946;8262088
传真:(0317)8262033　职工人数:300 人
固定资产:30,000 千元
网址:www. bttianhechem. com
E-mail:qi@ btthchem. com; sales@ btthchem. com
【主要产品】对硝基甲苯邻磺酸;4,4′-二氨基二苯乙烯-2,2′-二磺酸;4,4′-二硝基二苯乙烯-2,2′-二磺酸;铸造用呋喃树脂;铸造涂料;直接冻黄 G;铸造树脂用磺酸固化剂

沧州百利塑胶有限公司

河北省沧州市永济路(北环中路)66 号[061000]
电话:(0317)3021463;3077313;3556652
传真:(0317)3077313;3021462
网址:www. blleather. com
【主要产品】聚氯乙烯塑料地板;聚氨酯/聚氯乙烯仿真革

沧州宝恩化工有限公司

河北省沧州市经济技术开发区北海路 10 号[061000]
电话:(0317)3098168;3096767;13503178808
传真:(0317)3096767
网址:www. bonchem. com
E-mail:webmaster@ bonchem. com; sales@ bonchem. com
【主要产品】强酸性苯乙烯系阳离子交换树脂(001×7 型);大孔强酸性苯乙烯系阳离子交换树脂(D001 型);大孔弱酸性丙烯酸系阳离子交换树脂(D113 型);强碱性苯乙烯系阴离子交换树脂(201×7 型);大孔强碱性苯乙烯系阴离子交换树脂(D201 型);大孔弱碱性苯乙烯系阴离子交换树脂(D301);大孔弱碱性丙烯酸系阴离子交换树脂;大孔吸附树脂

沧州大正兽药有限公司

河北省沧州市沧县津德路砖河站[061038]
电话:(0317)4046326;4046366
传真:(0317)4046326
经济类型:私营企业　法人代表:赵宏伟
网址:www. cz-dazheng. com
E-mail:sale@ cz-dazheng. com
【主要产品】氯化胆碱

沧州东方蜂蜡胶业有限公司

河北省东光县燕台街[061600]
电话:(0317)7766022;7758722;13832724618
传真:(0317)7768076;7768722
固定资产:5,000 千元　经济类型:集体
供销电话:13313075386
法人代表:姬文彬
网址:www. dg-dffl. com; www. 7766022. com
E-mail:dffl@ dg-dffl. com
【主要产品】白石蜡;微晶石蜡;蜂蜡;地蜡;合成蜡;白虫蜡;食用明胶;桃胶;阿拉伯树胶;封口蜡

沧州鸿源农化有限公司

河北省青县马厂[062650]
电话:(0317)4371598;4372198
传真:(0317)4372198
法人代表:刘鸿庆
网址:www. hychemi. com
E-mail:info@ hychemi. com
【主要产品】聚乙二醇;平平加;乳化剂 EL;壬基酚聚氧乙烯醚;吐温系列;脂肪酸聚氧乙烯酯

沧州华光化工有限公司

河北省沧州市东光县城南[061600]
电话:(0317)7750991
传真:(0317)7750137　有进出口权
经济类型:私营企业　职工人数:100 人
法人代表:崔凤兰
网址:www. huaguangchemical. com
E-mail:sales@ huaguangchem. com. cn
【主要产品】丁二酸二甲酯;丁二酸二异丙酯;1,4-环己二酮;2-磺酸基-4-硝基苯甲酸;对硝基甲苯邻磺酸;4-硝基-4′-氨基二苯乙烯-2,2′-二磺酸;乙酰丁二酸二甲酯;1,4-环己二酮-2,5-二甲酸二甲酯;丁二酸二乙酯

沧州华龙橡胶厂

河北省沧县仵龙堂乡前唐村[061023]
电话:(0317)4735288
传真:(0317)4734288　职工人数:60 人
固定资产:3,000 千元
法人代表:唐延双
网址:www. hlxj. net
E-mail:hlxj@ hlxj. net
【主要产品】再生胶;胎面再生胶;鞋底再生胶;橡胶粉

沧州华润化工有限公司

河北省沧州市东光县张恒开发区 58 号[061600]
电话:(0317)7791034;7791668
传真:(0317)7791988
网址:www. hrhg. cn
E-mail:postmaster@ hrhg. cn
【主要产品】高温导热油;防锈油;防锈乳化油;乳化油;齿轮机油;空气压缩机油;金属轧制油;油酸钠皂;极压乳化油;防冻液

沧州华通化工有限公司

河北省沧州市兴济镇[061021]
电话:(0317)5335736;13832720927
传真:(0317)5336272
职工人数:1,100 人
网址:www. cangzhouchem. com
E-mail:czht@ heinfo. net
【主要产品】2-羟基苯甲酸(升华级);3-氨基苯酚;2,4-二氨基苯磺酸钠;3-氨基苯磺酸;4-氨基苯乙醚;2-氨基苯甲醚;2-氨基-1,4-苯二磺酸一钠;2-萘酚-3-甲酸;非那西丁

沧州科润化工有限公司

河北省沧州市兴济工业园区[061021]

电话:(0317)4851690
传真:(0317)4851707 有进出口权
经济类型:私营企业
网址:www.green-chem.com
E-mail:market@green-chem.com
【主要产品】1-苯基-3-甲基-5-吡唑啉酮;乙酰乙酰邻氯苯胺;乙酰乙酰对氯苯胺;乙酰乙酰邻甲氧基苯胺;乙酰乙酰-2,5-二甲氧基苯胺;N-乙酰乙酰苯胺;N-乙酰乙酰苄胺;双(N-乙酰乙酰基)-1,4-苯二胺;4-甲氧基-N-乙酰乙酰基苯胺;5-乙酰乙酰氨基苯并咪唑酮;5-氨基苯并咪唑酮;乙酰乙酰对乙氧基苯胺;乙酰乙酰对甲基苯胺;邻甲基乙酰乙酰苯胺;2,4-二甲基乙酰乙酰苯胺;5-氯-2-甲氧基乙酰乙酰苯胺;阿维菌素乳油;乙酰甲胺磷;乙酰甲胺磷乳油;久效磷;久效磷可溶性浓剂;啶虫脒乳油;烯禾啶;异噁草松;异噁草松乳油;烯草酮;烯草酮乳油;氟磺胺草醚水剂;乙草胺乳油;精喹禾灵乳油;12.5%烯禾啶·机油乳油;杀·氰乳油;高氯·毒乳油;丁·莠悬乳剂;色酚 AS-G;色酚 AS-IRG

沧州临港基尔达染料有限公司

河北省黄骅市中捷四分厂 12 队北染料化工厂院内[061100]
电话:(0317)5838899;13315740968
传真:(0317)5837988
供销电话:(0311)85275911
供销传真:(0311)85275910
经济类型:私营企业 法人代表:吕志杰
网址:www.jierdadyes.com
E-mail:jrd8866@heinfo.net
【主要产品】硫化红 GGF;直接橙 S;直接桃红 5B;直接耐酸大红 4BS;直接大红 4BE;直接湖蓝 5B;直接铜盐蓝 2R;直接红棕 LGN;直接黑 BN;直接耐晒黄 G;酸性嫩黄 2G;酸性金黄 G;酸性橙 Ⅱ;酸性红 G;酸性大红 GR;酸性大红 3R;酸性红 A;酸性红 B;酸性品红 6B;酸性湖蓝 A;酸性湖蓝 V;酸性黑 ATT;酸性黑 10B;弱酸藏蓝 R;碱性嫩黄 O;碱性橙;碱性棕 G;碱性品蓝;酸性皮革黑

沧州那瑞化学科技有限公司

河北省沧州市津德路 168 号[061000]
电话:(0317)3563899;3563699;13703271522
传真:(0317)3563199
网址:www.senary.cn
E-mail:trade@senary.com
【主要产品】4-吡啶甲醛;α-甲基肉桂醛;1-苄基-4-哌啶甲醛;反式-4-甲基环己基异氰酸酯;3-乙基-4-甲基吡咯啉-2-酮;5,6-二甲氧基-1-茚酮;3,4-二氨基甲苯;反式-4-甲基环己胺;米氮醇;吡咯列酮亚胺;3-乙酰巯基-2-苄基丙酸;2-[N-甲基-N-(2-吡啶基)氨基]乙醇;甘氨酸苄酯对甲苯磺酸盐;1-羟基苯并三氮唑;绕丹宁-3-乙酸;罗格列酮;盐酸罗格列酮;罗格列酮马来酸盐;匹格列酮盐酸盐;格列美脲;依帕司特;氨氯地平;米氮平;多奈哌齐盐酸盐;多奈哌齐;消旋卡多曲

沧州锐新化工有限公司

河北省沧县仵龙堂工业区 8 号[061023]
电话:(0317)4734983;13383370836
传真:(0317)4734700
网址:www.ruixinchem.com
E-mail:sales@ruixinchem.com
【主要产品】3-吡啶乙酸盐酸盐;咪唑-1-乙酸乙酯;3-乙酰基吡啶;α-甲基肉桂醛;反式-4-甲基环己基异氰酸酯;异氰酸苄酯;异氰酸苯乙酯;3-乙基-4-甲基吡咯啉-2-酮;4-苯基-2-丁酮;绕丹宁-3-乙酸;利塞膦酸;来氟米特;苯甲酸利扎曲坦;匹格列酮盐酸盐;格列美脲;依帕司特;那格列奈;唑来膦酸;氨氯地平;利塞膦酸钠

沧州瑞东化工有限责任公司

河北省东光县新星工业园[061600]
电话:(0317)7691230;7723630
传真:(0317)7891988 职工人数:158 人
固定资产:12,000 千元
经济类型:有限责任公司
网址:www.ruidongchem.com
E-mail:rdhg@ruidongchem.com
【主要产品】3-硝基苯磺酸钠;直接黄 R;酸性嫩黄 G;酸性橙 Ⅱ;碱性嫩黄 O;碱性橙;碱性玫瑰精 B;碱性品红;碱性紫 5BN;碱性湖蓝 BB;碱性艳蓝 BO;碱性艳绿 4B;碱性品绿;碱性棕 G

沧州森林蜡业有限公司

河北省东光县城永兴路 145 号[061600]
电话:(0317)7724400;13703279505
传真:(0317)7699799;7729777
法人代表:柴德森
网址:www.gyfl.com
E-mail:ccq@gyfl.com
【主要产品】蜂蜡;地蜡;合成蜡;白虫蜡;药用明胶;桃胶;阿拉伯树胶;封口蜡

沧州胜康化工有限公司

河北省沧州市[061001]
电话:(0317)4046223;(0519)8870119
传真:(0317)4716686
供销电话:4046223;13803250883
网址:www.skhg.cn
E-mail:skhg@skhg.cn
【主要产品】硫化蓝 CV;硫化深蓝 3R;硫化墨绿;硫化红棕 B3R;活性翠蓝 K-GL;活性翠蓝 KN-G;絮凝剂

沧州市大恒磷化有限公司

河北省河间市景和工业区[062451]
电话:(0317)3698166;3698167;3698168
传真:(0317)3698168
网址:www.czdh-mp.com
E-mail:info@czdh-mp.com
【主要产品】脱漆剂;防锈油;除锈剂;磷化剂;金属表面调整剂

沧州市大洋兽药有限公司

河北省沧州市西二环 307 国道 6 号桥[061001]
电话:(0317)2055032
传真:(0317)2055148
网址:www.chinatradeonline.cn/co.asp?id=323
E-mail:info@czdysy.com
【主要产品】氯化胆碱

沧州市工贸化工厂

河北省沧县风化店前枣园[061025]
电话:(0317)4803146;4802146;4803089
传真:(0317)4802100 职工人数:200 人
网址:www.czgongmao.com
E-mail:gongmaohg@yahoo.com.cn
【主要产品】3-氨基苯磺酸;2-氨基-1,4-苯二磺酸一钠

沧州市光大兽药有限公司

河北省沧州市运河区南北大街北段[061000]
电话:(0317)3561998
传真:(0317)3564058 职工人数:220 人
网址:guangda.ebtow.com
E-mail:czguangda@126.com
【主要产品】氯化胆碱

沧州市恒利化工有限公司

河北省沧州市经济技术开发区[061000]
电话:(0317)7606115;7606116;7606117
传真:(0317)7606116-8012
供销电话:7606117-8005
网址:www.cz-hengli.com
E-mail:czhengli@sohu.com
【主要产品】环氧煤沥青防腐涂料;环氧带锈防锈防腐涂料;复合硅酸盐保温涂料;杀菌灭藻剂;絮凝剂;HLP 型破乳剂;硅酸铝保温材料;防水复合硅酸盐制品;阻垢缓蚀剂

沧州市环球饲料添加剂有限公司

河北省沧州市西郊张庄子科技园[061001]
电话:(0317)4048030;2057023;13903177894
传真:(0317)4959832 职工人数:120 人
网址:www.czhqsl.com
E-mail:huanqiuqiye@sohu.com
【主要产品】氯化胆碱;盐酸甜菜碱

沧州市杰威化工有限公司

河北省沧州市盐山工业小区[061300]
电话:(0317)6304188;13313378038
传真:(0317)6303638
固定资产:12,000 千元 职工人数:86 人

网址:www.czjiewei.com
E-mail:info@czjiewei.com
【主要产品】氧化锌

沧州市晶玉工业有限公司

河北省河间市束城保温材料工业园区[062455]
电话:(0317)3217616;3815258;3812388
传真:(0317)3217656;3818689
网址:www.cz-jingyu.com
E-mail:sale@cz-jingyu.com.cn
【主要产品】氨基磺酸;强酸性苯乙烯系阳离子交换树脂(001×7型);强碱性苯乙烯系阴离子交换树脂(201×7型);聚乙烯高发泡片材;阻垢缓蚀剂;锅炉防垢剂;锅炉水处理剂;高效锅炉阻垢剂;锅炉清灰剂

沧州市明珠塑料股份有限公司

河北省沧州市新华西路13号[061001]
电话:(0317)2075240;2075249
传真:(0317)2075247;2075214
经济类型:外商投资股份有限公司
职工人数:300人
网址:www.cz-mz.com
E-mail:cz-mz@cz-mz.com
【主要产品】聚乙烯管;燃气用聚乙烯管;给水用聚乙烯管材

沧州市瑞丰牧业有限公司

河北省沧州市运河区西屯[061000]
电话:(0317)2121809;13603174333
传真:(0317)2121810
网址:www.rfmy.com.cn;
www.rfmy.net
E-mail:czxq@heinfo.net
【主要产品】氯化胆碱

沧州市学洋明胶有限公司

河北省沧州市沧石路运河区农贸市场西侧[061026]
电话:(0317)2052480;13831782318
传真:(0317)2053489
网址:www.jjmj.com
E-mail:jjmj@jjmj.com
【主要产品】食用明胶;药用明胶;骨胶;酪素蛋白胶;工业明胶

沧州天一化工有限公司

河北省沧州市临港经济技术开发区[061108]
电话:(0317)5485555
传真:(0317)5485588
供销电话:3563326;3563450
网址:www.jianxinchemical.com;
anxinchina.com
E-mail:jx@jianxinchina.com
【主要产品】3-氨基苯酚;4-二乙氨基酮酸;4-二丁氨基酮酸;4-氨基苯磺酸;3-氨基苯磺酸;3-羟基-*N*,*N*-二乙基苯胺;2-氨基-1,4-苯二磺酸一钠;2-甲基-4-甲氧基二苯胺;2-苯胺基-3-甲基-6-二乙氨基荧烷;2-苯胺基-3-甲基-6-二丁氨基荧烷

沧州天一化工有限公司沧县分公司

河北省沧州市张官屯乡小朱庄村[061025]
电话:(0317)4046098
传真:(0317)4046170　　有进出口权
供销电话:3567500;3563450
供销传真:3561550
职工人数:360人
经济类型:私营企业
网址:www.jianxinchina.com
E-mail:hjczjxhg@public.czptt.he.cn
【主要产品】硫酸;三氧化硫(液);氯乙烷;3-氨基苯酚;3-氨基苯磺酸;3-羟基-*N*,*N*-二乙基苯胺;2-氨基-1,4-苯二磺酸一钠;碱性玫瑰精B

沧州远威化工有限公司

河北省献县郭庄工业园区[062254]
电话:(0317)4419999;13933982808
传真:(0317)4419888
网址:www.ywhg.com
E-mail:yw@ywhg.com
【主要产品】大孔吸附树脂

沧州运河化工有限责任公司

河北省沧州市西大官厅[061029]
电话:(0317)4058388
传真:(0317)4058208　　有进出口权
供销电话:4058388;4058208
经济类型:有限责任公司
【主要产品】三氯化铝;2-乙基蒽醌

东方兽药有限公司

河北省沧州市津德路砖河站[061038]
电话:(0317)4046025
传真:(0317)4046028
网址:www.cz-east.com
E-mail:sale@cz-east.com
【主要产品】乳酸钙;氯化胆碱

东光县华泰塑料有限公司

河北省东光县城北外环塑料工业园区[061600]
电话:(0317)7696088
传真:(0317)7696088　　职工人数:48人
网址:www.dghtsl.com
E-mail:wsl1209@dghtsl.com
【主要产品】三层复合缠绕拉伸膜

东光县兴业化工厂

河北省东光县霞口镇北肖工业开发区[061600]
电话:(0317)7749088;13803230665
传真:(0317)7749088
职工人数:130人
网址:www.dgxychem.com
E-mail:sales@dgxychem.com;
dgxyhg@163.com
【主要产品】碱性玫瑰精B;碱性品绿;液体品绿

河北渤海管件制造有限公司

河北省孟村回族自治县泊北工业区[061402]
电话:(0317)6892116
传真:(0317)6892391
经济类型:私营企业
网址:www.bohai.com.cn
E-mail:info@bohai.com.cn
【主要产品】异径管;弯头;法兰;三通

河北沧州大化集团新星工贸有限责任公司

河北省沧州市北环中路北环桥东[061000]
电话:(0317)3049675;3557682;3556448
传真:(0317)3078139　　职工人数:800人
固定资产:22,000千元
经济类型:有限责任公司
网址:www.cz-xinxing.com
E-mail:xinxing@cz-xinxing.com
【主要产品】二氧化碳(液体);甲醛;氨水;塑料编织袋;包装桶;甲基苯并三氮唑;甲基苯并三氮唑钠

河北沧州大化集团有限责任公司

河北省沧州市北环中路66号[061000]
电话:(0317)3556486
传真:(0317)3022527　　有进出口权
经济类型:有限责任公司
企业规模:大型　　职工人数:6,700人
网址:www.czdh.com.cn
E-mail:ysgs@mail.czdh.com.cn
【主要产品】盐酸;硝酸;烧碱;过氧化氢;氯气(液);甲苯二异氰酸酯;三聚氰胺;尿素;缓释尿素;硝酸铵

河北沧州东塑集团股份有限公司

河北省沧州市新华西路13号[061001]
电话:(0317)2022911
传真:(0317)2024455　　有进出口权
经济类型:股份有限公司
企业规模:大型　　法人代表:于桂亭
网址:www.hbcz-dongsu.com
E-mail:hjczdfsl@heinfo.net
【主要产品】聚氨酯泡沫塑料;建筑排水用硬聚氯乙烯管材管件;双向拉伸尼龙薄膜;有机硅表面活性剂

河北沧州化工实业集团有限公司

河北省沧州市南环中路18号[061000]
电话:(0317)3042688
传真:(0317)3042321　　有进出口权
经济类型:有限责任公司
企业规模:大型　　职工人数:4,000人
法人代表:周振德

网址:www.czchem.com
E-mail:xjs69@sohu.com;
info@czchem.com
【主要产品】盐酸;烧碱;工业盐;氯气(液);聚氯乙烯树脂;水泥

河北沧州金祥蜡业有限公司

河北省东光县永兴路145号[061600]
电话:(0317)7741264;7746168
传真:(0317)7746168
供销电话:7741264;13931751293
网址:www.fengla.com.cn
E-mail:dgfengla@163.com
【主要产品】地蜡;聚乙烯蜡;上光蜡;食用明胶;药用明胶;桃胶;褐煤蜡;阿拉伯树胶;封口蜡;虫白蜡;棕榈蜡

河北沧州森林蜡业有限公司

河北省东光县永兴路145号[061600]
电话:(0317)7724400;7729777;
13931717648
传真:(0317)7699799
网址:www.fengla.cn
E-mail:cqs@fengla.cn
【主要产品】蜂蜡;工业明胶;桃胶;封口蜡

河北东光果园天然蜂蜡有限公司

河北省东光县城东果园[061600]
电话:(0317)7741028;7746789;
13903178099
传真:(0317)7741799　法人代表:杜勇
经济类型:私营企业
网址:www.chinafengla.com;
www.chongla.com
E-mail:sales@chongla.com
【主要产品】蜂蜡;地蜡;合成蜡;白虫蜡;上光蜡;桃胶;褐煤蜡;封口蜡;棕榈蜡

河北海骅制药厂

河北省黄骅市经济开发区[061100]
电话:(0317)5220102;5221031
传真:(0317)5221029　经济类型:国有
法人代表:于国臣
【主要产品】硼酸;碳酸氢钠(药用);氯化钠(药用);氯化钙(药用);氯化钾(药用);氯化铵(药用)

河北亨达密封材料有限公司

河北省河间市束城工业区[062455]
电话:(0317)3813068;3815099;3813066
传真:(0317)3816656
网址:www.hb-hengda.com
E-mail:hbhdmf@sohu.com;
zhbq01@yahoo.com.cn
【主要产品】聚四氟乙烯编织盘根;普通橡胶板;耐油橡胶板;耐酸碱橡胶板;耐热胶板;石棉橡胶板;柔性石墨材料;碳素纤维盘根;芳纶纤维盘根

河北华晨药业有限公司

河北省黄骅市经济技术开发区[061100]
电话:(0317)5321031
传真:(0317)5321369　职工人数:103人
网址:www.hbhuachen.com
E-mail:hhzyc@126.com
【主要产品】硼酸(医药级);碳酸氢钠(药用);氯化钠(药用);氯化钾(药用);氯化铵(药用)

河北华戈化学集团

河北省沧州市东光县城南大张庄[061600]
电话:(0317)7750959;7750913;
(010)65527985
传真:(010)65528301　有进出口权
供销电话:7750916;7750901
经济类型:有限责任公司
职工人数:1,300人　法人代表:戈建华
网址:www.hua-chem.com;
www.hua-chem.com.cn
E-mail:huage@hua-chem.com
【主要产品】*N*-甲基-3-吡咯烷醇;2-乙酰噻吩;5-羟甲基噻唑;对苯二甲醚;对氟苯甲酰基丁酸;丁二酸二甲酯;丁二酸二异丙酯;1,4-环已二酮;2,5-二甲氧基-4-氯硝基苯;2-氯-5-氯甲基噻唑;丙二酰脲;2-氨基-5-甲基噻唑;2,5-二甲氧基-4-氯苯胺;2-磺酸基-4-硝基苯甲酸;对硝基甲苯邻磺酸;4,4′-二氨基二苯乙烯-2,2′-二磺酸;4-硝基-4′-氨基二苯乙烯-2,2′-二磺酸;4,4′-二硝基二苯乙烯-2,2′-二磺酸;乙酰丁二酸二甲酯;1,4-环已二酮-2,5-二甲酸二甲酯;5-甲基噻唑;丁二酸二乙酯;富马酸二甲酯

河北环海制药厂

河北省黄骅市腾庄[061106]
电话:(0317)5474005
经济类型:集体
【主要产品】维酶素

河北嘉禾制造集团有限公司

河北省盐山县工业园区26号[061300]
电话:(0317)6228360;6061069;
13313372960
固定资产:83,000千元
经济类型:股份有限公司
产值:120,000千元　职工人数:1,300人
网址:www.hebjhe.com
【主要产品】管道;弯头;法兰;三通

河北康达利药业有限公司

河北省沧州市运河区西张庄子工业区518号[061001]
电话:(0317)4958799
传真:(0317)4952333　有进出口权
供销电话:4048338;4959968
供销传真:4048184　职工人数:150人
经济类型:有限责任公司
法人代表:郑军
网址:www.hbkdl.com
E-mail:info@hbkdl.com
【主要产品】氯化胆碱;大蒜素;多维葡萄糖

河北联众橡塑有限公司

河北省吴桥县昆仑道112号[061800]
电话:(0317)7341165
传真:(0317)7366701
供销电话:(0318)4313200
供销传真:(0318)4313486
网址:www.dyrubber.com
E-mail:dyrubber@dyrubber.com
【主要产品】高压尼龙树脂管;聚氨酯弹性体软管;强力型尼龙运输带;挡边运输带;织物芯运输带;夹布胶管;输油胶管;高压胶管;钻探胶管;橡胶接头;真空胶管;硅橡胶密封条

河北青县大地化工有限公司

河北省青县新华东路84号[062650]
电话:(0317)4022305;4021666;
13833730888
传真:(0317)4022372　职工人数:780人
供销电话:4021666;13323071388
供销传真:4020668
经济类型:有限责任公司
网址:www.chemdd.com
E-mail:chemdd@chemdd.com
【主要产品】甲醇;二甲基二硫;合成氨;氨水;液氨;碳酸氢铵;塑料薄膜;塑料编织袋

河北荣发生物科技有限公司

河北省沧州市朝阳南路38号[061001]
电话:(0317)2051588
传真:(0317)2051598　职工人数:60人
网址:www.rongfa.com.cn
E-mail:info@rongfa.com.cn
【主要产品】维生素AD3粉;加硒维生素E粉;氯化胆碱

河北省沧州汇鑫防烧剂厂

河北省沧州市东光县城北工业开发区[061600]
电话:(0317)7766232;13803172092
传真:(0317)7766232　职工人数:200人
固定资产:5,000千元
网址:www.hb-huixin.com.cn
E-mail:huixinhuagong@hb-huixin.com.cn
【主要产品】蜂蜡;骨胶;工业明胶;螺栓高温防烧剂;管路螺纹密封脂;桃胶

河北省沧州市亚东兽药有限公司

河北省沧州市张庄子工业区598号[061001]
电话:(0317)2052371
传真:(0317)2052375　职工人数:200人
固定资产:10,000千元
网址:www.czydsy.com

E-mail:info@ czydsy. com
【主要产品】氯化胆碱

河北省沧州市中捷兽药有限公司

河北省沧州市临港经济技术开发区[061108]
电话:(0317)5483188
传真:(0317)5483066　职工人数:280 人
网址:www. hbzjsy. com
E-mail:sales@ hbzjsy. com
【主要产品】氯化胆碱

河北省大港石化有限责任公司

河北省沧州市南大港管理区[061103]
电话:(0317)5461999
传真:(0317)5688888
经济类型:有限责任公司
法人代表:夏福珂
网址:dgsh. ebtow. com
E-mail:dagangshihua@ 126. com
【主要产品】润滑油;溶剂油;燃料油;沥青;石油焦

河北省东光隆达天然蜂蜡厂

河北省东光县南下口镇[061600]
电话:(0317)7766136;13731727885
传真:(0317)7766136
【主要产品】蜂蜡;工业明胶;桃胶;阿拉伯树胶;封口蜡;虫白蜡

河北省东光县宏浩染料化工有限公司

河北省东光县于桥工业开发区[061600]
电话:(0317)7896333;7896222;13503175833
传真:(0317)7727900　职工人数:236 人
固定资产:33,000 千元
网址:www. honghaochem. com
E-mail:honghao@ honghaochem. com
【主要产品】对硝基甲苯邻磺酸;2-萘胺-5-磺酸;4,4′-二氨基二苯乙烯-2,2′-二磺酸;4,4′-二硝基二苯乙烯-2,2′-二磺酸;直接黄 R;直接冻黄 G;直接耐酸大红 4BS;直接黑 BN;直接耐晒嫩黄 5GL;直接耐晒翠蓝 GL;直接耐晒黑 G;碱性品绿;阳离子金黄 X-GL

河北省东光县双达蜂蜡厂

河北省沧州市东光县于桥乡果园村[061600]
电话:(0317)7741020;13833780761
传真:(0317)7746188　有进出口权
固定资产:6,000 千元　职工人数:150 人
供销电话:7741020;13903178085
经济类型:私营企业　法人代表:马兰亭
销售收入:12,000 千元
网址:www. sdfengla. com
【主要产品】蜂蜡

河北省东光县天力粘合剂厂

河北省东光县大单镇营盘工业区[061606]
电话:(0317)7731164;13131797968
传真:(0317)7731167　产值:3,000 千元
固定资产:800 千元　职工人数:13 人
经济类型:私营企业　法人代表:冯振祥
销售收入:4,000 千元
【主要产品】硬脂酸;脂肪酸;乳化油;切削油;阻燃切削油;合脂油

河北省东光县霞鑫蜂蜡厂

河北省东光县南霞口镇[061601]
电话:(0317)7766019;13603276931
传真:(0317)7766019　职工人数:110 人
供销电话:7766019;13603276932
网址:www. ytflc. com
E-mail:lzc@ ytflc. com
【主要产品】白虫蜡;工业明胶;桃胶;虫白蜡

河北省东光鑫联蜂蜡厂

河北省东光县燕台街[061600]
电话:(0317)7766190;13603179150
传真:(0317)7766190
法人代表:姬相柱
网址:www. xlflc. com
E-mail:xl@ xlflc. com
【主要产品】全精炼石蜡;蜂蜡;地蜡;白虫蜡;工业明胶;桃胶;封口蜡;虫白蜡

河北省河间市化工建材厂

河北省河涧市[062453]
电话:(0317)3821772
传真:(0317)3821772
供销电话:(010)88745868
网址:www. chematerial. com. cn
E-mail:leiya@ public3. bta. net. cn
【主要产品】硼酸钙

河北省肃宁县华泰化工厂

河北省肃宁县石坊东路 67 号[062350]
电话:(0317)5021394;13903271379
传真:(0317)5022715
网址:huatai. 21coatings. com
【主要产品】苯丙乳液;皮革染料

河北天时化工有限公司

河北省任丘市高新技术开发区[062250]
电话:(0317)2616617;2616619;13903170382
传真:(0317)2616616　职工人数:200 人
固定资产:150,000 千元
法人代表:齐国文
网址:www. hbrqtianshi. com
E-mail:yang11995@ sina. com;info@ hbrqtianshi. com
【主要产品】聚丙烯酰胺干粉(阳离子型);阳离子瓜尔胶;瓜尔胶粉;造纸助剂

河北天伟化工有限公司

河北省河间市河卧路[062463]
电话:(0317)3678866;3678688
法人代表:张建伟
网址:www. hbtianwei. com
E-mail:ok@ hbtianwei. com;web@ hbtianwei. com
【主要产品】羟乙基纤维素;羧甲基淀粉钠(食品级);甲酸钙;预胶化淀粉;聚丙烯酰胺;羟丙基甲基纤维素;羧甲基纤维素钠;甲基纤维素;变性淀粉

河北天信化工有限公司

河北省黄骅市开发区[062550]
电话:(0317)5221652;13603271777
传真:(0317)5680134
网址:www. tianxin. chembb. com
E-mail:txchem@ 163. com
【主要产品】烧碱(固体)

河北兴海玻璃钢有限公司

河北省黄骅市城南工业区[061100]
电话:(0317)5653609
传真:(0317)5653546
网址:www. xh-blg. com
E-mail:info@ xh-blg. com
【主要产品】玻璃钢管道;冷却塔;玻璃钢风机;玻璃钢耐酸储罐;塔器

河间华天橡塑有限公司

河北省河间市束城镇东工业区[062455]
电话:(0317)3812998;13832758992
传真:(0317)3811358　职工人数:60 人
网址:www. hbhuatian. com
E-mail:sale@ hbhuatian. com
【主要产品】低密度聚乙烯高发泡板材;聚乙烯管;防水复合硅酸盐制品

河间市奥龙化工建材有限公司

河北省河间市遵祖庄镇东开发区[062450]
电话:(0317)3818588;3811588
传真:(0317)3818588
网址:www. hjaolong. com
【主要产品】聚乙烯泡沫塑料;离子交换树脂;强酸性苯乙烯系阳离子交换树脂(001 ×7 型);弱酸性丙烯酸系阳离子交换树脂(110 型);大孔弱酸性丙烯酸系阳离子交换树脂(D113 型);强碱性苯乙烯系阴离子交换树脂(201 ×4);强碱性苯乙烯系阴离子交换树脂(201 ×7 型);大孔强碱性苯乙烯系阴离子交换树脂(D201 型);大孔弱碱性苯乙烯系阴离子交换树脂(D301)

河间市聚源耐火保温材料厂

河北省河间市束城保温材料工业园区[062455]
电话:(0317)3817249;13503275801
传真:(0317)3819333
网址:www. czjuyuan. com
E-mail:sale@ czjuyuan. com
【主要产品】硅酸铝保温材料;硅酸铝耐火纤维制品

冀

河间市蓝星化工有限公司

河北省河间市束城工业区蓝星路9号[062455]
电话:(0317)3815018;3813333
传真:(0317)3817168 职工人数:169人
网址:www.lanxinghuagong.com
E-mail:info@lanxinghuagong.com
【主要产品】除渣剂;阻垢分散剂;杀菌灭藻剂;反渗透水处理剂;絮凝剂;有机硅消泡剂(水处理专用);解堵剂;预膜缓蚀剂;助排、破乳多效添加剂;高效破乳剂;降黏剂;清防蜡剂;防膨剂;高温交联剂;油水分离剂;油污清洗剂;阻垢缓蚀剂;湿蒸汽发生器水质复合除氧剂;设备保养剂;高效锅炉阻垢剂;锅炉清灰剂;溶雪剂

河间市庆丰石棉化工有限公司

河北省河间市米各庄镇高屯工业区[062454]
电话:(0317)3806688;13903270326
传真:(0317)3803498
网址:www.hbqingfeng.com
E-mail:qingfeng@hbqingfeng.com
【主要产品】聚四氟乙烯编织盘根;石棉橡胶板;硅酸铝保温材料;碳素纤维盘根;芳纶纤维盘根;膨胀石墨填料环

河间市神龙橡胶制品有限责任公司

河北省河间市曙光路98号[062400]
电话:(0317)3658393;3667989
传真:(0317)3656737
经济类型:有限责任公司
网址:www.shenlongcn.com
E-mail:sale@shenlongcn.com
【主要产品】摩托车内胎;橡胶运输带;氧气胶管;乙炔胶管;氧气、乙炔联体胶管;吸引胶管;编织胶管;缠绕胶管;伸缩管;普通橡胶板;夹布橡胶板;绝缘橡胶板;耐寒橡胶板;阻燃橡胶板;橡胶垫

华北石油光大石化有限公司

河北省任丘市经济技术开发区泰山北道501号[062550]
电话:(0317)2735926;2297758
传真:(0317)2735925;2735567
固定资产:20,000千元
职工人数:230人
网址:www.hbsygd.cn
E-mail:hbsygd@hbsygd.cn
【主要产品】聚丙烯酰胺;防塌润滑剂;聚丙烯酸钾;腐殖酸钾;油井水泥降失水剂;钻井液降滤失剂;有机硅腐殖酸钾;水解聚丙烯腈铵盐;羧甲基纤维素钠;钻井液用强包被剂;羟丙基淀粉

黄骅桑田化工有限公司

河北省黄骅市羊二庄镇[061109]
电话:(0317)5262777;5262668;13703170163
传真:(0317)5262669 有进出口权
供销传真:5262777
产值:120,000千元
经济类型:中外合资经营企业
职工人数:100人 法人代表:苏同琪
网址:www.suntimechem.com
E-mail:info@suntimechem.com
【主要产品】草酸;乙醛酸;乙醛酸水合物;尿囊素;偶氮二甲酰胺

黄骅市渤海化工(集团)公司

河北省黄骅市吕桥镇东[061104]
电话:(0317)5889006;5889005
传真:(0317)5889117 经济类型:集体
有进出口权 法人代表:陈玉田
网址:www.chinachemnet.com/bohaichem
E-mail:sales@netsun.com
【主要产品】2-氰基-4-硝基苯胺;2-氰基-4-硝基-6-溴苯胺;2-羟基-3-萘甲酰胺;酸性媒介漂蓝B;碱性玫瑰精B;碱性品绿;色酚AS;色酚AS-BO;色酚AS-BS;色酚AS-D;色酚AS-OL;色酚AS-PH;分散红玉SE-GFL;酞菁蓝BGS;酞菁绿G;联苯胺黄G

黄骅市华茂化工有限公司

河北省黄骅市孔店工业区[061106]
电话:(0317)5476966;5327599
传真:(0317)5327522
经济类型:股份有限公司
法人代表:孔祥荣
网址:www.huamaopigment.com
E-mail:huamaopigment@163.com
【主要产品】酞菁蓝;酞菁蓝BGS;酞菁蓝B;酞菁绿G

黄骅市化工厂

河北省黄骅市北环路东段[061100]
电话:(0317)5220293;5215648;5221526
传真:(0317)5223370 职工人数:529人
固定资产:59,910千元
经济类型:有限责任公司
网址:www.chinachemnet.com/huanghuachem
E-mail:bingmayong2000@luo.com.cn
【主要产品】盐酸;烧碱;氯气(液);氯化石蜡

黄骅市津骅饲料添加剂有限公司

河北省黄骅市吕桥开发区[061104]
电话:(0317)(022)24589631;24591831
传真:(022)24342667
网址:www.jhadd.com
E-mail:jinhua@jhadd.com
【主要产品】亚硒酸;硫酸钴;硫酸铜(饲料级);硝酸钴;高氯酸锂;氯化钴;硼酸锂;碘化钠;碘化钾;碘酸钾;溴化亚铜;碘化亚铜;七钼酸铵;亚硒酸钠;二氧化硒;氧化钴;碘;碘乙烷;碘甲烷;双乙酸钠;乙酰丙酮铜;硫酸银;氯化银;乙二胺四乙酸二钠镁盐;乙酰丙酮铬;烟酸铬;吡啶甲酸铬;亚硒酸锌;碘酸钙;烟酸;烟酰胺;肌醇;乙酰丙酮钴

黄骅市瑞晨防腐材料有限公司

河北省黄骅市经济技术开发区七号路[061100]
电话:(0317)5331690
供销电话:(0316)5900959
供销传真:(0316)5900959
经济类型:股份有限公司
网址:www.corrstop.com
E-mail:corr-sales@126.com
【主要产品】热固性粉末涂料;热塑性粉末涂料

京东橡胶有限公司

河北省任丘市北环路东首[062550]
电话:(0317)2229478;2238975
传真:(0317)2238975;2217375
经济类型:股份合作
职工人数:1,400人
网址:www.jingdong.cn;
www.hb-jingdong.com
E-mail:jd@hb-jingdong.com
【主要产品】氯化聚乙烯-橡胶共混防水卷材;再生胶;普通橡胶板;特种橡胶板;防水卷材;三元乙丙橡胶防水卷材;丁基橡胶防水卷材

任丘市北方化工有限公司

河北省任丘市梁召镇正洛工业区[062550]
电话:(0317)3367932;13903175213
传真:(0317)3367328
网址:www.rqbfhg.com
E-mail:webmaster@rqbfhg.com
【主要产品】聚丙烯酰胺;羧甲基纤维素钠

任丘市高科化工有限公司

河北省任丘市燕山道[062550]
电话:(0317)2780558
传真:(0317)2227958
网址:www.rqgaoke.com
E-mail:webmaster@rqgaoke.com
【主要产品】聚丙烯酰胺;水解聚丙烯腈钠盐;降滤失剂;水解聚丙烯腈铵盐;羧甲基纤维素钠;钻井液用强包被剂;膨胀调驱剂;羟丙基瓜尔胶粉

任丘市宏达化工有限公司

河北省任丘市长丰镇黄庄开发区27号[062550]
电话:(0317)2962699;13231763176
供销电话:2962699;13932756887
网址:www.hongdahuagong.com
E-mail:ok@hongdahuagong.com
【主要产品】磺化酚醛树脂;超吸水树脂;聚丙烯酰胺;聚丙烯酰胺干粉(阴离子型);水解聚丙烯腈铵盐;羧甲基纤维素钠;钻井液用强包被剂

任丘市华北石油华晨涂料化工有限公司

河北省任丘市会战道器材供应处学校往东500米[062552]

电话:(0317)2722713;2724098;2728537
传真:(0317)2752537;2283869
网址:www. hy-taguang. com
E-mail:hytaguang@ yahoo. com
【主要产品】环氧煤沥青防腐涂料;聚苯乙烯防腐涂料;环氧耐热磁漆;环氧富锌底漆;环氧树脂类防腐涂料;耐热防腐涂料;环氧型耐油防静电涂料;耐高温防腐涂料;聚氨酯导静电耐油防腐涂料;高氯化聚乙烯防腐涂料;耐油导静电涂料;防腐涂料

任丘市华北石油科林环保有限公司

河北省任丘市[062550]
电话:(0317)2736256;2297568;13803173206
传真:(0317)2228086
网址:www. kelinyaoye. com. cn
E-mail:rqclean@ 126. com
【主要产品】4′-溴甲基联苯-2-羧酸甲酯;3-乙基-4-甲基吡咯啉-2-酮;N-甲基邻苯二胺盐酸盐;2-正丙基-4-甲基-6-(1′-甲基苯并咪唑-2-基)苯并咪唑;利拉萘酯;格列美脲;替米沙坦

任丘市京东橡胶实业公司

河北省任丘市北环路东[062550]
电话:(0317)2229478;2250199;2211933
传真:(0317)2250199;2237533
供销电话:2223278　企业规模:大型
经济类型:股份有限公司
法人代表:郭宝光
网址:www. hb-jingdong. com;www. jingdong. cn
E-mail:jd@ jingdong. cn
【主要产品】胶管;普通橡胶板

任丘市京开化工厂

河北省任丘市经济技术开发区[062550]
电话:(0317)2224443
传真:(0317)2220458
网址:www. jingkai. com. cn
E-mail:manager@ jingkai. com. cn
【主要产品】脱硫剂;脱氯剂;复合型聚丙烯酰胺;破乳剂;石油钻井助剂;柴油稳定剂;汽、柴、煤、燃油多效清净剂;高效汽油抗氧剂;汽油脱臭活化剂;柴油精制剂;金属钝化剂;润滑油脱氮剂;脱钙剂

任丘市万方化工有限公司

河北省任丘市辛安庄工业区[062550]
电话:(0317)2225851;2913996
传真:(0317)2913788　职工人数:70 人
法人代表:郭摇旗
网址:www. rqwanfang. com
E-mail:rqwanfang@ sina. com
【主要产品】聚丙烯酰胺干粉(阳离子型);聚丙烯酰胺干粉(阴离子型);羧甲基纤维素钠;羟丙基瓜尔胶粉;瓜尔胶粉;造纸专用分散剂

任丘市万通橡胶制品有限公司

河北省任丘市西环路长洋淀村北[062550]
电话:(0317)2251589;13603276478
法人代表:姜文潮
网址:www. wtxj. com
E-mail:webmaster@ zdbx. com
【主要产品】再生胶;丁基再生胶;丁腈再生橡胶;三元乙丙再生胶

天津市吉帝化工厂

河北省沧州市临港经济开发区[061108]
电话:(0317)5837666;5837766
传真:(0317)5838858　有进出口权
供销电话:(022)86849298
供销传真:(022)86849078
经济类型:股份有限公司
法人代表:李立刚
网址:www. cnjididyes. com
E-mail:cnjididyes@ cnjididyes. com
【主要产品】直接桃红 5B;直接耐酸大红 4BS;直接深蓝 L;直接深棕 M;直接黑 BN;直接耐晒黑 G;直接耐晒黑 GF;直接耐晒黑 FF;酸性橙Ⅱ;酸性大红 3R;酸性湖蓝 A;酸性黑 ATT;酸性黑 10B;碱性染料;碱性嫩黄 O;碱性橙;碱性橙块;碱性玫瑰精 B;碱性品红;碱性紫 5BN;碱性湖蓝 BB;碱性艳蓝 B;碱性艳蓝 BO;碱性艳绿 4B;碱性品绿;碱性棕;碱性棕 G;碱性品蓝;碱性桃红;耐晒桃红色原;耐晒淡红色淀;耐晒桃红色淀;耐晒玫瑰红色淀;耐晒玫瑰色原;耐晒青莲色原 R;耐晒青莲色淀;耐晒品蓝色原 R;耐晒品蓝色原 BR;耐晒品蓝色淀 BO;耐晒品绿色淀;溶剂红 49;溶剂红 109;溶剂红 FB;油溶橙 Y;溶剂紫 1;溶剂蓝 4;溶剂黑 B-10;醇溶耐晒黄 GR;溶剂染料

吴桥双盛纤维素有限责任公司

河北省吴桥县城长江东路东首[061800]
电话:(0317)7366818
传真:(0317)7366818　职工人数:167 人
供销电话:13363667799
经济类型:有限责任公司
产值:35,000 千元　法人代表:刘孟胜
网址:www. wqss. com. cn
E-mail:jinlong229@ 21cn. com
【主要产品】脱脂棉

吴桥顺达化工有限责任公司

河北省吴桥县城城北二公里[061800]
电话:(0317)7363497;7349015;7363499
传真:(0317)7349015　职工人数:150 人
固定资产:15,000 千元
供销电话:7363497;7363499
经济类型:有限责任公司
法人代表:杜自恩
网址:www. wqshundachem. com
E-mail:duze@ wqshundachem. com
【主要产品】硫酸镁(药用);1-硝基蒽醌;1-氨基蒽醌;高锰酸钾(药用);造纸专用蒸煮助剂

欣德威兽药有限公司

河北省沧州市西环路 307 国道 618 号[061001]
电话:(0317)2053770;2055770;4958865
传真:(0317)2053760　职工人数:120 人
网址:www. czxindewei. com
E-mail:xindewei@ hotmail. com
【主要产品】乳酸钙;氯化胆碱;大蒜素;多维葡萄糖

廊坊市

阿童木(廊坊)涂料有限公司

河北省廊坊市经济技术开发区花园道 28 号[065001]
电话:(0316)6083111;6088978;6079098
传真:(0316)6088977　法人代表:唐武
经济类型:中外合资经营企业
网址:www. atompaint. com
E-mail:management@ atompaint. com
【主要产品】热熔道路标志漆;水性道路标线漆;高级闪光雨线涂料;热熔型涂料;加热型涂料

霸州市华厦溶剂精制有限公司

河北省霸州市杨芬港乡褚东村[065700]
电话:(0316)7553424
传真:(0316)7553424
网址:www. huaxiarj. com
【主要产品】乙醇;甲醇;甲酸甲酯;丙酮;三氯甲烷;N,N-二甲基甲酰胺;乙酸铵;1,2,4-三氮唑;4-氯-3-氨磺酰基苯甲酸

霸州市胜芳镇东升福利染化厂

河北省霸州市胜芳镇建升路 99 号[065701]
电话:(0316)7619867
传真:(0316)7638817　经济类型:集体
网址:www. dongshengchem. com
E-mail:sales@ dongshengdyes. com
【主要产品】直接黄 R;直接黄 L-5R;直接冻黄 G;直接橙 S;直接桃红 5B;直接耐酸大红 4BS;直接紫 B;直接红棕 RN;直接深棕 MM;直接灰 D;直接耐晒翠蓝 GB;直接耐晒蓝 B2RL;直接耐晒黑 G;直接耐晒黑 GF;直接耐晒艳黄 6G;酸性嫩黄 G;酸性嫩黄 2G;酸性金黄 G;酸性橙Ⅱ;酸性红 B;弱酸性蓝 AS;酸性黑 ATT;酸性黑 10B;弱酸深蓝 5R;酸性媒介深黄 GG;酸性媒介棕 RH;酸性媒介黑 T;碱性棕 G;碱性棕 RC

霸州市辛章得利雅涂料厂

河北省霸州市辛章开发区[065700]
电话:(0316)7617376;13803169278
传真:(0316)7617376
法人代表:杨新利

冀

网址:www. cndeliya. com
E-mail:cndeliya@ a999. com
【主要产品】氨基烘漆;硝基底漆;粉末涂料;高级聚酯漆系列;油漆固化剂

霸州市正奇化纤有限公司

河北省霸州市岔河集乡李庄工业区[065700]
电话:(0316)7955222;7311844;7955200
传真:(0316)7312599　职工人数:200 人
网址:www. cnzqhx. com
【主要产品】丙纶长丝

大城西杜橡胶制品厂

河北省大城县北位乡西杜村[065900]
电话:(0316)5932858;13503167591
传真:(0316)5932858
网址:www. lfxdxj. com
E-mail:lfxdxj@ lfxdxj. com
【主要产品】环保型水性油墨;双面胶带;牛皮纸热熔胶带

大城县广安化工有限公司

河北省廊坊市大城县大广安乡大广安村城西广安工业区[065900]
电话:(0316)5950853;5951798;5951766
传真:(0316)5951798
网址:www. hbzh. com
E-mail:zh@ hbzh. com
【主要产品】二氯异氰尿酸钠;稳定性二氧化氯;聚丙烯酰胺;高效消泡剂;阻垢分散剂;杀菌灭藻剂;聚合氯化铝;絮凝剂;预膜剂;苯并三氮唑;阻垢缓蚀剂;黏泥剥离剂

大城县利华聚氨酯厂

河北省廊坊市大城县城西青洲工业区[065900]
电话:(0316)5952258;5950397;13703268259
法人代表:仝健康
网址:www. cnbaowen. com
E-mail:lflihua@ lf114. com
【主要产品】聚乙烯管;聚氨酯直埋保温管

大城县中天化工有限责任公司

河北省大城县田庄工业园区[065900]
电话:(0316)5577555;13831677777
传真:(0316)5577900
经济类型:有限责任公司
网址:www. lfzhongtian. com
【主要产品】二硫化碳

丰丽粉末涂料有限公司

河北省廊坊市香河县钱旺乡路口[065400]
电话:(0316)8391268;13903163660
传真:(0316)8391889　法人代表:程真
经济类型:私营企业
网址:www. feng-li. net
E-mail:fl@ feng-li. net
【主要产品】各色聚酯环氧型粉末涂料;聚酯粉末涂料

固安金海橡塑制品有限公司

河北省固安县牛驼镇[065501]
电话:(0316)6122001;6122888
传真:(0316)6122266　职工人数:500 人
网址:www. jinhaicn. com
E-mail:jinhai@ jinhaicn. com
【主要产品】汽车橡胶配件;汽车密封条

固安县恩康医药化工原料有限公司

河北省固安县牛驼镇大沙堡村南[065501]
电话:(0316)6126298;6122512;13930629899
传真:(0316)6122572;6122513
有进出口权　职工人数:200 人
网址:www. enkang. com. cn
E-mail:jiakang@ enkang. sina. net
【主要产品】吡啶氢溴酸盐;茄尼醇;1,3-双三甲硅基脲;对甲氧基苯磺酰氯;*DL*-2-氨基丁酸;头孢吡肟;头孢克肟;齐多夫定;司他夫定;奈维拉平;盐酸安非他酮;易达拉封;替米沙坦;佐匹克隆;利塞膦酸钠;酮咯酸氨丁三醇

固安县清远化工厂

河北省固安县马庄镇辛庄户开发区[065502]
电话:(0316)6158808;13930698693
传真:(0316)6158012
网址:www. hebeiasp. com/company/intro. aspx? name
【主要产品】氢氧化铵;盐酸;硝酸;硫酸

国营大城精细化工厂

河北省大城县留各庄镇工业开发区[065903]
电话:(0316)5788656;5788627;13103165859
传真:(0316)5788656
网址:wwww. dchuagong. com
E-mail:xinlixiang@ yahoo. com. cn
【主要产品】阻垢分散剂;杀菌灭藻剂;聚合氯化铝;预膜剂;阻垢缓蚀剂

河北霸州市津港工贸有限公司

河北省霸州市扬芬港镇西电镀工业园区[065702]
电话:(0316)7554303;13932685271
传真:(0316)7552522
网址:www. jinganggm. com
E-mail:sales@ jinganggm. com
【主要产品】耐高温防腐蚀绝缘涂料;镀锌层超低铬白色钝化剂;镀锌层超低铬彩色钝化剂;氯化钾(钠)镀锌光亮剂

河北大田化工有限公司

河北省永清县宏业道 2 号[065600]
电话:(0316)6696035;6628289
传真:(0316)6624329　经济类型:国有
供销电话:6696080　有进出口权
法人代表:李玉田
网址:www. datian-group. com
E-mail:webmaster@ datian-group. com
【主要产品】二硫化碳;三氧化铬;二氧化碳;均三甲苯;均苯四甲酸二酐;苯磺酰胺;氨水;液氨;碳酸氢铵;腈菌唑;氧化铬绿;*DL*-天门冬氨酸;促进剂 M

河北东方泓益精细化工有限公司

河北省廊坊市留各庄开发区[065903]
电话:(0316)5788389;5790591;5788063
传真:(0316)5791238
网址:www. lfdongfang. com
【主要产品】阻垢分散剂;杀菌灭藻剂;絮凝剂;阻垢缓蚀剂;缓蚀剂;清洗剂

河北华美化工建材集团有限公司

河北省大城县留各庄镇[065903]
电话:(0316)5790888;5791888;5791666
传真:(0316)5790668
网址:www. hua-mei. com. cn
E-mail:hm@ hbhuamei. com
【主要产品】橡胶黏合剂;布基胶带

河北凯跃化工集团有限公司

河北省文安县左各庄镇南环路[065801]
电话:(0316)5387616;5388000;5383000
传真:(0316)5387616　职工人数:436 人
法人代表:王永亮
【主要产品】甲醛;碳酸氢铵

河北廊坊三五三一工厂

河北省廊坊市新华路 146 号[065000]
电话:(0316)2160001;2160012
传真:(0316)2168175　经济类型:国有
有进出口权　企业规模:大型
法人代表:柴东晓
网址:www. 3531cn. com
E-mail:lf3531@ 3531cn. com;plaswsy@ heinfo. net
【主要产品】给排水管道密封胶圈;橡胶地毯;胶鞋

河北立东化工有限公司

河北省廊坊市银河北路 368 号[065000]
电话:(0316)2165556;2168888
传真:(0316)2162300;5918182
经济类型:有限责任公司
法人代表:张子鹏
网址:www. zplidong. com
E-mail:lidonghuagong@ 126. com
【主要产品】环氧煤沥青防腐涂料;金属油罐抗静电防腐涂料;工业涂料;玻璃

鳞片重防腐涂料;防腐涂料

河北欧克精细化工股份有限公司

河北省廊坊市经济技术开发区鸿运道11号[065001]
电话:(0316)6086318
传真:(0316)6086327;6086328
经济类型:股份合作　有进出口权
法人代表:吕德峰
网址:www.chinaoxen.com
E-mail:chinaoxen@chinaoxen.com
【主要产品】珠光颜料

河北瑞森化工有限公司

河北省大城县西东曹经济技术开发区[065903]
电话:(0316)5781599;13700367805
传真:(0316)5781599
网址:www.lfruisen.com
E-mail:ruisen66@126.com;ruisen@lfruisen.com
【主要产品】聚丙烯酸钠;杀菌灭藻剂;絮凝剂;有机硅消泡剂(水处理专用);预膜剂;聚丙烯酰胺干粉(阳离子型);苯并三氮唑;阻垢缓蚀剂;黏泥剥离剂

河北胜芳镇联合化工有限公司甲醛厂

河北省霸州市胜芳镇原开发区东头路南[065701]
电话:(0316)7619948
传真:(0316)7630792
经济类型:私营企业　法人代表:李炳文
【主要产品】甲醛

河北省霸州市锦华实业有限公司

河北省霸州市东段乡[065702]
电话:(0316)7514499
传真:(0316)7512346　职工人数:400人
经济类型:股份有限公司
网址:www.chinajhchem.com
E-mail:jinhua@chinajhchem.com
【主要产品】氧化铁红;氧化铁黄

河北省大城县长城聚四氟制品厂

河北省大城县留各庄镇南北大街政府南侧[065903]
电话:(0316)5788138;5788788;13833672928
传真:(0316)5788675
网址:www.lfchangcheng.com
E-mail:cc@lfchangcheng.com
【主要产品】聚四氟乙烯密封圈;聚四氟乙烯板材;聚四氟乙烯编织盘根;聚四氟乙烯棒材;缠绕式密封垫片

河北省廊坊市香河县合和泡沫厂

河北省廊坊市香河县新华大街[065400]
电话:(0316)8312716
传真:(0316)8312716
经济类型:私营企业　法人代表:张月玲
【主要产品】泡沫塑料

河北省廊坊市新时代化工建材有限公司

河北省廊坊市大城县留各庄张吉开发区[065903]
电话:(0316)5790168;5789789
传真:(0316)5792666;5789778
网址:www.lfxsd.com
E-mail:lfxsd@263.net
【主要产品】强酸性苯乙烯系阳离子交换树脂(001×7型);大孔弱酸性丙烯酸系阳离子交换树脂(D113型);强碱性苯乙烯系阴离子交换树脂(201×4);强碱性苯乙烯系阴离子交换树脂(201×7型);大孔强碱性苯乙烯系阴离子交换树脂(D201型);大孔弱碱性苯乙烯系阴离子交换树脂(D301);吸附树脂

河北省文安县利隆福利化工厂

河北省廊坊市文安县县城正北5公里路东[065800]
电话:(0316)5256289;13633168899
法人代表:张连合
网址:www.rda007.com.cn;www.rda007.com
E-mail:rda007@126.com;rda007@163.com
【主要产品】甲醛

河北省文安县天成精细化工厂

河北省廊坊市文安县城关镇[065800]
电话:(0316)5153582;13931616217
传真:(0316)5153296　有进出口权
固定资产:8,700千元
经济类型:有限责任公司
法人代表:寇志民
网址:www.hbtcjxhg.com
E-mail:kzm@hbtcjxhg.com;tchg18@hbtcjxhg.com
【主要产品】一氧化碳;一氯乙酸;氨基乙酸;肌氨酸钠;甜菜碱

河北省永清县林薪化工有限公司

河北省永清县国营林场[065600]
电话:(0316)6531350;13903264788
传真:(0316)6531248
固定资产:8,000千元　职工人数:95人
网址:www.linfenghg.com
E-mail:linfeng@linfenghg.com
【主要产品】硅酸钠

河北省永清县顺达汇通化工厂

河北省永清县养马庄办事处[065600]
电话:(0316)6852098;13603161665
传真:(0316)6621582
供销电话:13333061987
网址:www.chinashunda168.com
E-mail:shunda168@163.com
【主要产品】碳酸氢铵(食品级)

河北文安利隆福利甲醛厂

河北省文安县文安镇泗各庄北[065800]
电话:(0316)5256289
传真:(0316)5256289
经济类型:私营企业　法人代表:张连合
【主要产品】甲醛

河北文安县东方纤维素厂

河北省文安县岳村[065800]
电话:(0316)5070412;13603269529
传真:(0316)5070412　职工人数:80人
固定资产:8,000千元
经济类型:私营企业
网址:www.dfxws.com
E-mail:dfxws@a999.com;cndfxws@126.com
【主要产品】羧甲基纤维素钠;羧甲基淀粉钠;羟丙基纤维素

河北文安县太平洋化工厂

河北省文安县左各庄清河北[065801]
电话:(0316)5384192;5386008
传真:(0316)5386706
经济类型:私营企业　法人代表:张子英
【主要产品】甲醛

河北中创蓝星助剂有限公司

河北省廊坊市留各庄高新技术生业园区蓝星路[065903]
电话:(0316)5798655
传真:(0316)5791188
法人代表:高广文
网址:www.zcjn.com
E-mail:zcjn@zcjn.com
【主要产品】高效复合脱硫剂;高效消泡剂;乙二胺四亚甲基膦酸;2-膦酸丁烷-1,2,4-三羧酸;杀菌灭藻剂;氨基三亚甲基膦酸;多氨基多醚基亚甲基膦酸;羟基亚乙基二膦酸;2-羟基膦酰基乙酸;水质稳定剂EDTMPS;二乙烯三胺五亚甲基膦酸;絮凝剂;清防蜡剂;高效中和缓蚀剂;中央空调清洗剂;阻垢缓蚀剂;渣油加氢阻垢剂;结焦抑制剂

廊坊奥科化工有限公司

河北省廊坊市安次区于常甫西[065000]
电话:(0316)2829988;13831627298
传真:(0316)2829988
网址:www.lfaoke.com
E-mail:aoke@lfaoke.com
【主要产品】稳定性二氧化氯;马来酸丙烯酸甲酯共聚物;丙烯酸-丙烯酸羟丙酯-AMPS共聚物;膦酸基羧酸共聚物;高效杀菌灭藻剂;2-羟基膦酰基乙酸;高效脱色絮凝剂;有机硅消泡剂(水处

冀

理专用)；消毒杀菌剂；铜缓蚀剂；异噻唑啉酮；清洗剂；黏泥剥离剂

廊坊大正锌业有限公司
河北省廊坊市开发区鸿润道[065001]
电话:(0316)6086899;6087188;6084921
传真:(0316)6086898
网址:www.dazhengzn.com
E-mail:yqh@dazhengzn.com
【主要产品】锌粉；锌锭

廊坊电力树脂有限公司
河北省廊坊市大城县留各庄镇[065900]
电话:(0316)5788359;5788688
传真:(0316)5791999
网址:www.dianlishuzhi.com
E-mail:hebeihuamei@yeah.net;
hmjc@yeah.net
【主要产品】稳定性二氧化氯；十二烷基二甲基苄基氯化铵；阻垢分散剂；预膜剂；油污清洗剂；阻垢缓蚀剂；缓蚀剂；异噻唑啉酮；脱氧剂

廊坊丰得润化工有限公司
河北省廊坊市常甫路瑞丰道9号[065000]
电话:(0316)2669556;13603167737
传真:(0316)2669556　　职工人数:80人
固定资产:15,000千元
网址:www.lffdr.com
E-mail:fengderun@lf114.com
【主要产品】2-叔丁基-4-甲基苯酚；食用抗氧剂；聚酞菁钴催化剂；抗氧剂T502；2,6-二叔丁基对甲基苯酚；防垢型液体抗氧剂；磺化酞菁钴

廊坊高科化工有限公司
河北省大城县留各庄经济技术开发区[065903]
电话:(0316)5781188;5788106
传真:(0316)5791689
固定资产:15,000千元
网址:www.lfgkgs.com
E-mail:lfgkgs@126.com
【主要产品】催化裂化高温阻焦剂；天然气脱硫剂；原油脱硫剂；金属钝化剂；脱钙剂；油浆阻垢剂；阻垢缓蚀剂；加氢精制阻垢剂；加氢裂化阻垢剂；湿蒸汽发生器水质复合除氧剂；锅炉清灰剂；硫化亚铁阻燃清洗剂

廊坊格瑞泰化工有限公司
河北省霸州市开发区[065000]
电话:(0316)2098955
传真:(0316)2098956
经济类型:股份有限公司
网址:www.grechem.com.cn
E-mail:pic@heinfo.net
【主要产品】四氯三氧化二磷；硼氢化钠；硼氢化钾；2,5-二甲氧基苯甲醛；3,4-二甲氧基苯甲醛；安息香双甲醚；特戊酸；甲基磺酸；琥珀酸；戊二酸；均苯四甲酸二酐；戊二酸酐；二甲基二硫；二甲基硫醚；二苯乙醇酮；苯偶酰；2-甲基咪唑；咪唑；特戊酰氯；氯代特戊酰氯；甲基磺酰氯；乙基磺酰氯；酞菁蓝；戊二醛；杀菌剂(工业用)；苯并三氮唑；阻垢缓蚀剂；缓蚀剂；阻垢剂

廊坊光亚化工有限公司
河北省文安县大围河乡胡头村[065804]
电话:(0316)5366666;5367222
传真:(0316)5367777
网址:www.guangyachem.com
E-mail:export@guangyachem.com
【主要产品】二乙基二硫；甲基磺酸；乙基磺酸；二甲基二硫；二甲基硫醚；甲基磺酰氯；乙基磺酰氯；二甲基亚砜

廊坊海达化工有限公司
河北省廊坊市永清县城东[065600]
电话:(0316)6690808;13700369950
传真:(0316)6690800　　有进出口权
供销电话:6690808;13932692366
经济类型:私营企业　　职工人数:60人
法人代表:吴金辉
【主要产品】硅酸钠；黏合剂；羟甲基纤维素

廊坊金盛汇化工有限公司
河北省廊坊市106国道[065800]
电话:(0316)2028335;5110188
传真:(0316)2057976　　有进出口权
经济类型:私营企业
网址:www.jinshenghuichem.com
E-mail:wenlong1@heinfo.net
【主要产品】甲基磺酸；异氰酸酯；甲基磺酸铅；甲基磺酸锡；二甲基二硫；甲基磺酰氯

廊坊津南树脂有限公司
河北省大城县留各庄开发区[065903]
电话:(0316)5788069;13603163299
传真:(0316)5788208
网址:www.lfjinnan.com
【主要产品】强酸性苯乙烯系阳离子交换树脂(001×7型)；大孔弱酸性丙烯酸系阳离子交换树脂(D113型)；强碱性季铵Ⅰ型阴离子交换树脂(201×7型)；大孔强碱性苯乙烯系阴离子交换树脂(D201型)；大孔弱碱性苯乙烯系阴离子交换树脂(D301)

廊坊开发区津信超细化工有限公司
河北省廊坊市新华路72号[065000]
电话:(0316)2011232;2059616;2014729
传真:(0316)2028127　　职工人数:70人
供销电话:13931618232
经济类型:股份有限公司
法人代表:韩同占
网址:www.jinxchem.com
E-mail:sales@jinxchem.com
【主要产品】超细轻质碳酸钙；重质碳酸钙；超细滑石粉；硅酸铝

廊坊开发区欧特涂料有限公司
河北省廊坊市经济开发区永清燃气工业园益田[065600]
电话:(0316)6691168;13343064041
传真:(0316)6691168
网址:www.outrecoatings.com
E-mail:service@outrecoatings.com
【主要产品】防腐用聚乙烯粉末涂料；低温固化型粉末涂料；丙烯酸粉末涂料；粉末涂料；环氧聚酯混合型粉末涂料；耐高温强防腐粉末涂料；透明型耐户外气候聚酯粉末涂料；环氧型粉末涂料；绝缘粉末涂料；抗静电型粉末涂料；超薄型粉末涂料；热转印粉末涂料；抗菌型粉末涂料；重防腐粉末涂料

廊坊蓝星无机盐有限公司
河北省大城县权村高新技术开发区[065903]
电话:(0316)5788919;5790111
传真:(0316)5790111
网址:www.lxwjy.com
【主要产品】磷酸三钠；乙二胺四亚甲基膦酸；聚丙烯酸钠；工业水处理剂；聚合氯化铝；阳离子絮凝剂；预膜剂；预膜缓蚀剂；中央空调清洗剂；阻垢缓蚀剂；锅炉防垢剂；湿蒸汽发生器水质复合除氧剂；异噻唑啉酮；锅炉清灰剂；黏泥剥离剂

廊坊龙翼精细化工有限公司
河北省廊坊市文安县新桥农场院内[065800]
电话:(0316)5095888;5095889;
13901098201
传真:(0316)5095888;5095889
网址:www.longyichem.com
E-mail:sales@longyichem.com
【主要产品】4-吗啉甲醛；过氧化叔丁醇；聚乙烯蜡；聚丙烯酸钠；过氧化苯甲酰；过氧化苯甲酸特丁酯；引发剂A；引发剂DP275B

廊坊隆裕化工工业有限公司
河北省文安县兴隆宫镇工业区[065810]
电话:(0316)5117081;5117666;
13603277081
传真:(0316)5117028　　有进出口权
供销电话:5117999;13603277081
法人代表:温长顺
网址:www.chinalychem.com
E-mail:wencs@chinalychem.com
【主要产品】氯化锌；氯化锌铵；锌粉；锌锭

廊坊三威化工有限公司
河北省廊坊市永华道9号[065000]
电话:(0316)6083476;2686345;2698134
传真:(0316)6084808;2683222
经济类型:有限责任公司　　有进出口权

职工人数:370 人　法人代表:刘向东
网址:www. finechemicals-china. com
E-mail:info@ finechemicals-china. com
【主要产品】乙酰丙酸乙酯;乙酰丙酸丁酯;烟酸乙酯;γ-戊内酯;丁二酸酐;甲基磺酸酐;苯磺酰胺;甲烷磺酰胺;甲基磺酸钠;二甲基二硫;N-氯代丁二酰亚胺;4-氨基苯磺酸;苯磺酰氯;丁二酸二乙酯;4,4′-偶氮双(氰基戊酸)

廊坊时讯润滑油脂有限公司

河北省大城县大荆河开发区[065900]
电话:(0316)5611068
传真:(0316)5611761
网址:www. cnshixun. com
E-mail:sx@ cnshixun. com
【主要产品】二硫化钼锂基润滑脂;特种润滑脂;锂基润滑脂;极压锂基脂;钙基润滑脂;油酸钠皂;耐高温润滑脂;汽车润滑脂

廊坊市大明化工有限公司

河北省廊坊市经济开发区四海路 58 号[065001]
电话:(0316)6085568
传真:(0316)6080068
网址:www. dm-ch. com
E-mail:dm@ dm-ch. com
【主要产品】杀菌灭藻剂;絮凝剂;有机硅消泡剂(水处理专用);预膜剂;阻垢缓蚀剂;清洗剂

廊坊市东化防腐工程有限公司

河北省廊坊市吉祥路 156 号[065000]
电话:(0316)2662460;2661535;2662908
传真:(0316)2663196
网址:www. tj008. com
【主要产品】环氧煤沥青防腐涂料;氯化橡胶涂料;玻璃鳞片重防腐涂料;陶瓷涂料

廊坊市富泉塑粉有限公司

河北省廊坊市安次区[065000]
电话:(0316)2820188;2820792;13803165386
传真:(0316)2820792
法人代表:郭民华
网址:www. lffuhua. com
E-mail:fh18@ lffuhua. com;gmh@ lffuhua. com
【主要产品】热塑性聚乙烯粉末涂料

廊坊市固安县紫洋化工厂

河北省廊坊市固安县新庄户工业开发区[065502]
电话:(0316)6158118;6204695;13932682631
网址:www. ziyanghg. com
E-mail:huagong@ ziyanghg. com
【主要产品】氢氧化铵;盐酸;硝酸;硫酸

廊坊市光耀油漆厂

河北廊坊市文安县薛圪垯工业区[065804]
电话:(0316)5366497;5367999;5368999
传真:(0316)5367586
网址:www. langfanggy. com
E-mail:gyyq@ langfanggy. com
【主要产品】各色氨基透明漆;各色氨基汽车漆;金属闪光漆;丙烯酸氨基罩光漆;聚酯氨基罩光清漆;氨基环氧醇酸底漆

廊坊市宏泰化工有限公司

河北省廊坊市广阳区光明东道 138 号[065000]
电话:(0316)2053828
传真:(0316)2038136　职工人数:102 人
经济类型:私营企业　法人代表:朱国义
网址:lfhthg168. com
E-mail:flhthg168@ gooyee. net
【主要产品】粉末涂料用固化剂

廊坊市华能新型建材有限公司

河北省廊坊市大城县留各庄保温工业园区[065903]
电话:(0316)5788658;5785888;5785555
传真:(0316)5785999
网址:www. lfhuaneng. com
E-mail:lfhuaneng@ alibaba. com. cn
【主要产品】聚乙烯泡沫塑料;酚醛树脂泡沫塑料;PVC/NBR 橡塑发泡保温材料;硅酸铝保温材料

廊坊市嘉明化工有限公司

河北省廊坊市光明东道东头[065000]
电话:(0316)2831198;2831344
传真:(0316)2831199
网址:www. lfjiaming. com
E-mail:jiaming@ lfjiaming. com
【主要产品】各色聚酯环氧型粉末涂料;聚酯粉末涂料;环氧型粉末涂料;美术花纹型热固性粉末涂料;重防腐粉末涂料

廊坊市凯丰化工有限公司

河北省廊坊市[065000]
电话:(0316)2055366;2033024
传真:(0316)2055366;2033024
网址:kaifeng. net. und. cn
E-mail:lfkaifeng@ lfkaifeng. com
【主要产品】环氧树脂;聚氨酯树脂;乳化剂

廊坊市兰春石化机械有限公司

河北省廊坊市广阳区光明东道 85 号[065000]
电话:(0316)2025169
传真:(0316)2028700
网址:lanchun. 114. 163. com
E-mail:fireoversky@ 163. com
【主要产品】搅拌釜;压力釜;精密过滤器;净化过滤器

廊坊市龙泉助剂有限公司

河北省永清县城南永金路 15 号[065600]
电话:(0316)6620139
传真:(0316)6620155　职工人数:120 人
网址:www. chinalq. com
E-mail:chinalq@ chinalq. com
【主要产品】四甲基哌啶醇;五甲基哌啶醇;叔辛胺;光稳定剂 944;光稳定剂 HS-201;光稳定剂 770

廊坊市三璐化工有限公司

河北省廊坊市安次区杨税务区马营村东[065002]
电话:(0316)2826220;13903167736
传真:(0316)2826225
网址:www. lfsanlu. com
E-mail:sanlu@ lfsanlu. com
【主要产品】烧碱(液体);烧碱(固体);离子膜烧碱

廊坊市盛源化工公司

河北省廊坊市经济技术开发区鸿润道 20 号[065000]
电话:(0316)6070319;6070320;6086611
传真:(0316)6060808
经济类型:有限责任公司
法人代表:张永亮
网址:www. lfsychem. com
E-mail:service@ lfsychem. com
【主要产品】聚丙烯酰胺

廊坊市新立粉末涂料有限公司

河北省廊坊市光明东道 116 号[065000]
电话:(0316)2054254;2037708
传真:(0316)2611502
法人代表:苑建敏
网址:www. xlpowder. com
E-mail:xiaoshou@ xlpowder. com
【主要产品】粉末涂料

廊坊市燕美化工有限公司

河北省廊坊市和平路爱民道 1 号[065000]
电话:(0316)2213738;2214105;2218254
传真:(0316)2213738　有进出口权
供销电话:2219178;13933923395
供销传真:2211740　职工人数:150 人
经济类型:私营企业　法人代表:梁军
网址:yanmei. com. cn/main. asp
【主要产品】油漆

廊坊太洋药业有限公司

河北省廊坊市永清县宏业道 2 号[065600]
电话:(0316)6696026
传真:(0316)6624329　经济类型:国有
产值:5,000 千元　职工人数:126 人
法人代表:李玉田
【主要产品】盐酸胃复安;盐酸苯海拉明

廊坊天和化工建材有限公司

河北省大城县留各庄镇经济技术开

发区[065903]
电话:(0316)5788310;13832644288
网址:www. lftianhe. com
【主要产品】除垢剂;除渣剂;清灰剂;十二烷基二甲基苄基氯化铵;阻垢分散剂;预膜剂;阻垢缓蚀剂;缓蚀剂;燃料助燃剂;清洗剂;脱氧剂

廊坊维德兴业化工有限公司

河北省永清县辛务天然气科技应用园[065600]
电话:(0316)6533928
传真:(0316)6533998
网址:www. lf-widex. com. cn
E-mail:postmaster@ lf-widex. com. cn
【主要产品】道路标线涂料

廊坊新大新化工建材有限公司

河北省廊坊市大城县大汪开发区[065903]
电话:(0316)5786688;5786086;5786888
传真:(0316)5786698
网址:www. lfxindaxin. com
E-mail:lfxindaxin@ 126. com;
lfxdx@ 126. com
【主要产品】橡胶促进剂;2-膦酸丁烷-1,2,4-三羧酸;水解聚马来酸酐;杀菌灭藻剂;氨基三亚甲基膦酸;羟基亚乙基二膦酸;预膜剂;阻垢缓蚀剂

廊坊新华特种涂料有限公司

河北省廊坊市爱民东道42号[065000]
电话:(0316)2026581
传真:(0316)2026581
经济类型:有限责任公司
法人代表:钱文华
【主要产品】环氧煤沥青防腐涂料;环氧树脂类防腐涂料;聚氨酯防水涂料;无毒饮水舱防腐涂料;导电涂料

廊坊新南开化工有限公司

河北省廊坊市大城县留各庄镇[065903]
电话:(0316)5788648;13503163380
传真:(0316)5792111
网址:www. nankaishuzhi. com
E-mail:nk@ nankaishuzhi. com
【主要产品】强酸性苯乙烯系阳离子交换树脂(001×7型);大孔弱酸性丙烯酸系阳离子交换树脂(D113型);强碱性苯乙烯系阴离子交换树脂(201×7型);大孔弱碱性苯乙烯系阴离子交换树脂(D301);吸附树脂;锅炉防垢剂;锅炉清灰剂

廊坊永茂胶粘制品有限公司

河北省廊坊市光明东道56号[065000]
电话:(0316)2039976;2031997;7665127
传真:(0316)2031997
网址:www. yongmaotape. com
E-mail:info@ yongmaotape. com
【主要产品】美纹胶带;牛皮纸热熔胶带;聚乙烯防腐胶带;电器胶带;铝箔胶黏带;聚酰亚胺薄膜胶带;玻璃布胶带;布基胶带

廊坊友谊淀粉有限公司

河北省廊坊市安次区爱民西道139号[065000]
电话:(0316)2656034
传真:(0316)2650479 职工人数:640人
固定资产:50,000千元
网址:www. lf. gov. cn/qyzc/lfdianfengchan
E-mail:robbin@ sohu. com
【主要产品】蛋白粉;玉米淀粉;玉米浆;玉米油;氧化交联淀粉;淀粉磷酸酯

全民塑胶防腐材料有限公司

河北省廊坊市光明东道[065000]
电话:(0316)6849035
传真:(0316)6849035 产值:5,000千元
固定资产:2,000千元 职工人数:86人
供销电话:6849035;13831646298
经济类型:私营企业 法人代表:苟全民
销售收入:2,000千元
网址:fangfu. cebiz. cn
E-mail:fzg_1982@ yahoo. com. cn
【主要产品】聚氯乙烯压延薄膜;辐射交联聚乙烯热收缩带;环氧煤沥青防腐涂料;环氧系列重防腐涂料;聚乙烯防腐胶带;聚丙烯压敏胶黏带

三河市瑞利橡胶制品有限公司

河北省三河市京哈公路26号[065200]
电话:(0316)3212516
传真:(0316)3213204
网址:www. rlxj. cn
E-mail:sanhexjzpc0507@ sina. com;
ruili@ rlxj. cn
【主要产品】橡胶柔性补偿器;橡胶接头;减震器及配件;橡胶密封圈

三河市三通橡塑制品厂

河北省三河市高楼镇工业区[065200]
电话:(0316)3412016;13930679786
传真:(0316)3411298
供销电话:3412016;13931659856
网址:www. 3txs. com
E-mail:santong@ 3txs. com
【主要产品】再生塑料;橡胶密封胶条;给排水管道密封胶圈;止水带;密封垫;橡胶密封圈;遇水膨胀橡胶止水条

万事达中空密封材料有限公司

河北省大城县阜草公路收费站南侧[065900]
电话:(0316)5806188;5803999;5801555
固定资产:20,000千元
网址:www. lfwanshida. com
E-mail:wsd@ lfwanshida. com
【主要产品】建筑密封膏;中空玻璃胶;聚硫型中空玻璃专用密封剂;干燥剂

文安县旭日化工厂

河北省文安县龙街乡岳村[065800]
电话:(0316)5070190;13931674086
传真:(0316)5070790
法人代表:崔洪章
网址:www. hbxuri. com
E-mail:xuri@ hbxuri. com
【主要产品】耐水腻子;外墙专用腻子;羟甲基纤维素

香河碧禾肥料有限公司

河北省香河县蒋辛屯镇工业园[065400]
电话:(0316)8716888
传真:(0316)8712666
供销电话:8712695
经济类型:外商独资
【主要产品】混配复合肥料

香河县宝丰粘合剂厂

河北省香河县夏安线东侧[065400]
电话:(0316)8589037;13903265386
传真:(0316)8589037
经济类型:私营企业 法人代表:王青峰
网址:www. xhbf. com
E-mail:xhbf@ a999. com
【主要产品】建筑胶802

香河县建华泡沫厂

河北省廊坊市香河县新华大街[065400]
电话:(0316)8266042
传真:(0316)8266099
经济类型:私营企业 法人代表:王春海
【主要产品】聚氨酯泡沫塑料

香河县荣昌制漆厂

河北省廊坊市香河县经济开发区(蒋辛屯镇)[065400]
电话:(0316)8716939
传真:(0316)8716929
经济类型:私营企业 法人代表:许俊清
E-mail:bocaipao-520@ 163. com
【主要产品】木器家具漆;油漆固化剂

香河县天宝玻璃棉有限公司

河北省廊坊市香河县经济开发区[065400]
电话:(0316)8716986
传真:(0316)8716978 职工人数:120人
供销电话:8716978 法人代表:周立祥
经济类型:私营企业
【主要产品】玻璃纤维棉

香河县希泉泡沫有限公司

河北省香河县秀水街东段[065400]
电话:(0316)8338678;13103369921
传真:(0316)8338569 职工人数:330人
经济类型:私营企业 产值:50,600千元
销售收入:34,840千元
【主要产品】软质聚氨酯泡沫塑料

永清天成木糖有限公司

河北省廊坊市永清县永兴街10号

[065600]
电话:(0316)6624955;6623540;6629208
传真:(0316)6624321　有进出口权
固定资产:38,000 千元
供销电话:6623540;6624955
经济类型:中外合资经营企业
职工人数:396 人
网址:www.xylose.net
E-mail:yqtcmt@public.lfptt.he.cn;
ygtcmt@126.com
【主要产品】木糖

永清县聚利得化工有限公司
河北省廊坊市永清县别古庄工业区[065600]
电话:(0316)6531235;13703260972
传真:(0316)6531074　职工人数:90 人
固定资产:5,000 千元
经济类型:私营企业　法人代表:王洪年
网址:www.jinyong.com.cn
E-mail:manager@jinyong.com.cn
【主要产品】硅酸钠;4A 沸石

永清县林新化工有限公司
河北省廊坊市永清县城东[065600]
电话:(0316)6531350;13785593799
传真:(0316)6531248　职工人数:80 人
经济类型:有限责任公司
法人代表:祁风芹
【主要产品】硅酸钠

永清县双发化工有限公司
河北省廊坊市永清县别古庄工业区[065600]
电话:(0316)6531362;13722606888
传真:(0316)6531199　职工人数:75 人
固定资产:3,780 千元
法人代表:刘现芝
网址:www.shuangfahg.com
E-mail:shuangfa@shuangfahg.com
【主要产品】烧碱(固体);硅酸钠

永清县星河化工厂
河北省廊坊市永清县别古庄工业区[065600]
电话:(0316)6531381;13903166364
传真:(0316)6537381　职工人数:90 人
供销电话:6531981　法人代表:张利民
经济类型:私营企业
网址:www.xinghehg.com
E-mail:xinghehg@lf114.com
【主要产品】硅酸钠;硅酸钠(液体)

中油嘉昱防腐技术有限公司
河北省廊坊市步行街第二大街 C 座 79 号[065000]
电话:(0316)2030098;13803254328
传真:(0316)2030098
网址:www.zhongyoujiayu.com
E-mail: langfangzhongyoujiayu@yahoo.com.cn
【主要产品】聚氯乙烯电工胶带膜;辐射交联聚乙烯热收缩带;环氧防腐底漆;高氯化聚乙烯防腐底漆;聚乙烯防腐胶带

衡水市

安平县冠达颜料工业有限公司
河北省安平县环城东路 2 号[053600]
电话:(0318)7976781;13805331232
传真:(0318)7528878　有进出口权
经济类型:有限责任公司
网址:www.organicpigment.com
E-mail:sales@organicpigment.com
【主要产品】酞菁绿 G;汉沙黄 G;汉沙黄 10G;联苯胺黄 G;耐晒大红 BBN;金光红 C;甲苯胺红;甲苯胺紫红

东北助剂化工有限公司
河北省武强县工业园[053300]
电话:(0318)3791888;2996690;2996697
传真:(0318)2996692
供销电话:3835597;3835599
供销传真:3835598
网址:www.dongzhuhg.com
【主要产品】促进剂 CZ;促进剂 D;促进剂 DM;促进剂 DZ;促进剂 M;促进剂 NA-22;促进剂 NOBS;促进剂 NS;促进剂 TETD;促进剂 TMTD

阜城县腾飞压滤机有限公司
河北省衡水市阜城县阜东路 30 号[053700]
电话:(0318)4622040;4625717
传真:(0318)4627096
网址:www.tengfeiylj.com
E-mail:tengfei@tengfeiylj.com
【主要产品】厢式压滤机;压滤机;高压隔膜压滤机;液压式压滤机

高科·汉峰金属软管有限公司
河北省景县城西工业园区[053500]
电话:(0318)4220534;7155557;6960534
传真:(0318)7155554;4220514
供销电话:6960534;6966111
网址:www.hebeihf.com
E-mail:hf@hafe.cn
【主要产品】高压尼龙树脂管;橡胶运输带;耐热运输带;蒸汽胶管;食品用胶管;喷砂胶管;排吸胶管;铠装胶管;膨胀橡胶软管;橡胶杂品;橡胶接头;普通橡胶板;橡胶密封制品;O 形密封圈

河北伯力特种橡胶有限公司
河北省衡水市景县经济开发区[053500]
电话:(0318)4229508;13833892208
传真:(0318)7766556　职工人数:190 人
网址:www.hbjingxian.com
E-mail:hbjingxian@126.com
【主要产品】高压尼龙树脂管;不锈钢丝增强聚四氟乙烯软管;增强聚氨酯弹性体软管;强力型尼龙运输带;整芯运输带;耐热胶管;喷砂胶管;汽车用胶管;氧气胶管;输油胶管;阻燃耐火胶管;吸引胶管;特种胶管;高压胶管;钻探胶管;伸缩管;橡胶柔性补偿器

河北春风银星胶辊有限公司
河北省冀州市迎宾大街 85 号[053200]
电话:(0318)8629057;8612754;8616070
传真:(0318)8613117
网址:www.yinxing.net.cn
E-mail:sales@yinxing.net.cn
【主要产品】尼龙辊;印刷胶辊;聚氨酯胶辊;耐高温硅胶辊

河北阜城霞光明胶厂
河北省阜城县[053700]
电话:(0318)4621368
供销电话:13503180805　产值:80 千元
经济类型:私营企业　职工人数:15 人
法人代表:张文侠
E-mail:hbfczh@126.com
【主要产品】工业明胶

河北冠龙农化有限公司
河北省衡水市胜利东路 169 号京华大厦 406 室[053000]
电话:(0318)2035098;2033688
传真:(0318)2035099　有进出口权
经济类型:有限责任公司
网址:www.guanlongnonghua.cn
E-mail:guanlong@sina.com
【主要产品】烯酰吗啉;烯酰吗啉水分散粒剂;50% 烯酰吗啉可湿性粉剂;多菌灵可湿性粉剂;福美甲胂;福美甲胂可湿性粉剂(50%);福美双;福美双可湿性粉剂;福美锌;福美胂;福美胂可湿性粉剂(40%);嘧霉胺;嘧霉胺可湿性粉剂;多·霉威可湿性粉剂;多·福可湿性粉剂;福·甲硫可湿性粉剂;福·福锌可湿性粉剂

河北管业有限公司
河北省衡水市高新技术开发区[05300]
电话:(0318)4306728;13503187128
职工人数:110 人
网址:www.hebeiguanye.com
E-mail:hb@hebeiguanye.com;
xwlzg@163.com
【主要产品】尼龙软管;聚氨酯弹性体软管;特种胶管;高压胶管;钻探胶管;伸缩管

河北海斯特化学有限公司
河北省景县龙华开发区[053511]
电话:(0318)4422588;13803180022
传真:(0318)4422616　经济类型:集体
供销传真:4427616
网址:www.jxfinechem.com
E-mail:liuzl@hi2000.com;
jxfinechem@263.net
【主要产品】吡啶硫酮;吡啶氢溴酸盐;二乙基二硫;甲基磺酸;乙基磺酸;1,2-乙二磺酸;甲烷磺酰胺;乙基磺酰胺;甲基磺酸铅;甲基磺酸锡;甲基磺酰氯;乙基磺酰氯;1,2-乙二磺酸二

冀

钠;吡啶硫酮锌;吡啶硫酮钠;吡啶硫酮铜;4-二甲氨基吡啶

河北衡水恒基建工材料有限公司

河北省衡水市京大路56号[053000]
电话:(0318)7103038;7922796;13931808007
传真:(0318)7922796 有进出口权
经济类型:有限责任公司
法人代表:王振东
网址:www. hshengji. com
E-mail:hengji@ hshengji. com
【主要产品】聚乙烯泡沫塑料板材;土工格栅;给水和排水管;抗裂弹性腻子;聚硫密封胶;伸缩缝;止水带;氯丁橡胶制品;遇水膨胀橡胶止水条;胶泥

河北衡水华伟特种橡塑制品厂

河北省衡水市衡德路南门口新村[053000]
电话:(0318)8882823;13803185452
传真:(0318)2167593
供销传真:2167593
网址:www. hshuawei. com
E-mail:hshuawei@ sohu. com
【主要产品】硅胶条;聚氨酯密封件;输送机用托辊;橡胶制品;硅胶管;海绵胶板;胶轮;橡胶密封制品

河北宏广橡塑金属制品有限公司

河北省景县开发区西苑路[053500]
电话:(0318)4222511
传真:(0318)4220046 有进出口权
供销电话:4222511;4312287
经济类型:有限责任公司
法人代表:张宪明
网址:www. hbhongguang. com
E-mail:hg@ jxhongguang. com
【主要产品】尼龙管材;纤维增强 PVC 软管;高压尼龙树脂管;增强聚氨酯弹性体软管;聚氨酯管材;橡胶运输带;夹布胶管;高压胶管;钢丝缠绕胶管;超高压胶管;硅胶管;橡胶密封制品

河北华橡管业(集团)有限公司

河北省景县城北崔屯开发区168号[053500]
电话:(0318)4363088;4363565
传真:(0318)4363565 职工人数:520人
经济类型:有限责任公司
法人代表:周志军
网址:www. hxgy. cn
E-mail:info@ hxgy. cn
【主要产品】高压尼龙树脂管;胶管;夹布胶管;食品用胶管;喷砂胶管;输油胶管;高压胶管;钢丝编织胶管;钢丝缠绕胶管

河北冀衡(集团)药业有限公司

河北省衡水市建设大街368号[053000]
电话:(0318)2120491;2167985;2160507
传真:(0318)2167985;5238358
供销电话:2133392;2134718
有进出口权 职工人数:1,500人
网址:www. jihengpharmacy. cn
【主要产品】乙酰水杨酸;对乙酰氨基酚;安替比林;氨基比林;安乃近;叶酸;药用水杨酸

河北冀衡化学股份有限公司

河北省衡水市中华北大街125号[053000]
电话:(0318)7953290;2102227;7953289
传真:(0318)2160405 有进出口权
供销电话:2102227;7953888
供销传真:2133360
经济类型:有限责任公司
网址:www. jihengchem. com
E-mail:zhangyincheng@ jihengchem. com
【主要产品】盐酸;盐酸(精制);烧碱(液体);离子膜烧碱;氢气;氯气(液);三氯异氰尿酸;三聚氰酸;二氯异氰尿酸钠;硫酸铵;戊二醛;消毒洗手液;消毒液;无磷氯漂粉;1,3-二氯-5,5-二甲基海因;1,3-二溴-5,5-二甲基海因;1-溴-3-氯-5,5-二甲基海因

河北冀衡集团有限公司

河北省衡水市中华北大街58号[053000]
电话:(0318)2150911;2141504
传真:(0318)2147805 有进出口权
供销电话:2150911;13363181838
经济类型:有限责任公司
产值:100,000千元 企业规模:大型
职工人数:5,000人 法人代表:肖秋生
网址:www. jihenggroup. com
E-mail:hshanxiangrui@ 163. com
【主要产品】过硫酸钾;过硫酸铵;过二硫酸钠

河北冀衡磷肥股份有限公司

河北省衡水市中华北大街68号[053000]
电话:(0318)2160402;7953531
传真:(0318)2661958 职工人数:600人
供销电话:2151037;5222068
经济类型:股份有限公司
网址:www. zhtchem. com
E-mail:info@ zhtchem. com
【主要产品】硫酸;亚硫酸氢铵;氟硅酸钠;甲醇;硫酸二甲酯;一硝基苯;苯胺;环己胺;*N*,*N*-二甲基苯胺;过磷酸钙;稀土磷肥;高浓度复合肥;腐殖酸磷肥

河北科佳橡胶制品有限公司

河北省武强县城东工业区[053300]
电话:(0318)3835326;13903182879
传真:(0318)3835036
网址:www. hbkejia. com
E-mail:hbkejia@ alibaba. com. cn
【主要产品】橡胶制品;油封;O形密封圈

河北科宇生物化工有限公司

河北省衡水市武强工业园区[053300]
电话:(0318)3752566
传真:(0318)3752369
经济类型:私营企业 法人代表:贾丙文
网址:www. keyubiochem. com
E-mail:keyu@ keyubiochem. com
【主要产品】氢化钠;氢化锂;氢化铝锂;氢化钙

河北欧亚特种胶管有限公司

河北省景县景新西大街158号[053500]
电话:(0318)4222310;4225288;4223612
传真:(0318)4225288
经济类型:中外合资经营企业
法人代表:何连岐
网址:www. ouyahose. com;www. ouyahose. com. cn
E-mail:sales@ ouyahose. com
【主要产品】橡胶运输带;夹布胶管;食品用胶管;输油胶管;高压胶管;钢丝编织胶管;钢丝缠绕胶管;钻探胶管;止水带

河北青竹颜料有限公司

河北省故城县康宁西路[253800]
电话:(0318)5322777;5323769;5363769
传真:(0318)5360869
网址:www. qz-color. com
E-mail:info@ qz-color. com;qz@ qz-color. com
【主要产品】美术颜料

河北瑞鑫化工有限公司

河北省武强县化工工业区[053300]
电话:(0318)3791500;3792428;13785828888
传真:(0318)3792429 有进出口权
网址:www. basic-green. com
E-mail:info@ basic-green. com
【主要产品】碱性橙;碱性品绿

河北省阜城县码头镇司庄蜡厂

河北省阜城县码头镇开发区北首[053701]
电话:(0318)4865222;13903173269
传真:(0318)4868216
网址:www. fclachang. com
E-mail:fclachang@ yahoo. com. cn
【主要产品】蜂蜡;地蜡;白虫蜡;聚乙烯蜡;食用明胶;药用明胶;工业明胶;桃胶;褐煤蜡;封口蜡;虫白蜡;棕榈蜡

河北省故城县彩虹精细化工有限公司

河北省故城县郑口镇大杏基开发区[253800]
电话:(0318)5381431;5380592;13831892568

传真:(0318)5381431;5380592
职工人数:110 人
网址:www.caihonghg.com
E-mail:caihonghg@caihonghg.com
【主要产品】中铬黄;镉柠檬黄;硒硫化镉;硫化镉

河北省衡水华鑫橡塑有限公司

河北省景县留府工业区野厂中路 16 号[053500]
电话:(0318)5456169;4358169
传真:(0318)4358168　职工人数:210 人
经济类型:私营企业　产值:60,000 千元
法人代表:李世桓
网址:www.hshx.com
E-mail:huaxin@hshx.com
【主要产品】聚乙烯泡沫塑料板材;聚硫密封胶;止水带;止水条;桥梁板式橡胶支座;遇水膨胀橡胶止水条

河北省衡水市长城橡胶厂

河北省衡水市榕花北大街[053000]
电话:(0318)2122424;2121059;13903288109
传真:(0318)7095628
供销电话:2121059;8888836
网址:www.hbchangcheng.net
E-mail:changchengxj@xh2008.net
【主要产品】橡胶运输带;耐热运输带;止水带;遇水膨胀橡胶止水条

河北省衡水桃城化工助剂有限公司

河北省衡水市京大路北安辛庄工业区[053000]
电话:(0318)2117286
传真:(0318)2160179　职工人数:100 人
供销电话:2117286;13831879028
供销传真:2160179;2128678
网址:www.hengshuichem.com
E-mail:sales@hengshuichem.com
【主要产品】一氧化铅;β-溴苯乙烷;红丹;红色基 B;红色基 GL;显色基深红 4RB;二盐基亚磷酸铅;三盐基硫酸铅

河北省华北橡胶制品有限公司-恒宇管业

河北省景县城北崔屯开发区 146 号[053000]
电话:(0318)4361588;4361958;13403184588
职工人数:100 人
网址:www.hshengyu.cn;www.jxdfjg.com.cn
E-mail:hengyu@hshengyu.cn
【主要产品】聚四氟乙烯补偿器;高压尼龙树脂管;聚四氟乙烯管材;夹布胶管;耐油胶管;喷砂胶管;氧气胶管;高压胶管;钢丝编织胶管;钢丝缠绕胶管;钻探胶管;软接头;橡胶接头;胶轮;橡胶密封制品;氟硅橡胶制品

河北省冀州市东风福利化工有限公司

河北省冀州市桃园街[053200]
电话:(0318)8683258;13903280131
传真:(0318)8683258　职工人数:120 人
网址:www.jzdfchem.com
E-mail:fuli@xh2008.net
【主要产品】磷酸三钠;磷酸氢二钠;磷酸二铵(工业级);水合肼;氢氧化铵

河北省冀州市华阳化工有限责任公司

河北省冀州市新庄工业区[053200]
电话:(0318)8681188;8681068-2828
传真:(0318)8681133　有进出口权
经济类型:股份有限公司
网址:www.huayangchems.com
【主要产品】磷酸三镁;氨基乙酸;L-脯氨酸;L-胱氨酸;L-半胱氨酸;L-半胱氨酸盐酸盐一水物;L-半胱氨酸盐酸盐无水物;L-缬氨酸;L-丝氨酸;L-丙氨酸;乙基麦芽酚;柠檬酸钠;柠檬酸钙;柠檬酸锌;柠檬酸镁(无水);葡萄糖酸钠;DL-丙氨酸;L-肉毒碱;L-肉碱盐酸盐;左旋肉碱酒石酸盐;L-肉碱富马酸盐;L-赖氨酸盐酸盐;柠檬酸;柠檬酸(一水);柠檬酸钾;木糖醇;木糖;L-亮氨酸;L-异亮氨酸;L-精氨酸;L-精氨酸盐酸盐;乳酸钙;黄原胶;乳酸锌;乳酸亚铁;磷酸二氢钙(食用级);L-天门冬氨酸;维生素 E 粉;磷酸氢钙(食用级);磷酸钙;牛磺酸;烟酸;烟酰胺;维生素 E;肌醇;L-苏氨酸;L-酪氨酸;L-组氨酸;谷氨酸;蛋氨酸;L-蛋氨酸;L-苯丙氨酸;L-色氨酸;复方氨基酸;L-谷氨酰胺;葡萄糖酸锌;葡萄糖酸钙

河北省冀州市银河化工有限责任公司

河北省冀州市和平西路 234 号[053200]
电话:(0318)8632136;8611018
传真:(0318)8612172　职工人数:260 人
供销电话:8691891　法人代表:刘谦
网址:www.jzyh.net
E-mail:jzyh@jzyh.net;1381268@163.com
【主要产品】二甲氧基甲烷;甲醛;多聚甲醛;乌洛托品

河北省冀州市月季油墨有限公司

河北省冀州市码头李工业区[053202]
电话:(0318)8817361;8817362
传真:(0318)8817362
经济类型:私营企业　法人代表:李延彬
网址:www.yuejiink.com
E-mail:yueji@yuejiink.com
【主要产品】凹版印刷油墨;树脂胶版油墨;胶印轮转油墨;胶印亮光快干油墨;水性印刷油墨

河北省景县第一胶管有限公司

河北省景县城西工业区[053500]
电话:(0318)4309166;4309566;4222346
传真:(0318)4309919
职工人数:215 人
固定资产:15,000 千元
网址:www.hebeijingta.com
E-mail:sales@hebeijingta.com
【主要产品】胶管;食品用胶管;输油胶管;阻燃耐火胶管;高压胶管;超高压胶管;钻探胶管

河北省景县华北橡胶厂

河北省景县城北崔屯开发区 108 号[053500]
电话:(0318)4311158;4311188;13703183199
传真:(0318)4311188　职工人数:320 人
供销电话:4312919;13703183199
供销传真:4311188;4362179
网址:www.hbxjc.com
E-mail:sales@hbxjc.com
【主要产品】高压尼龙编织软管;聚氨酯弹性体软管;蒸汽胶管;食品用胶管;喷砂胶管;输油胶管;阻燃耐火胶管;吸油胶管;高压胶管;编织胶管;钢丝缠绕胶管;液压胶管;钻探胶管

河北省景县华龙液压橡塑制品有限公司

河北省景县龙华开发区[053500]
电话:(0318)4335599;4335588;13932898258
传真:(0318)4335559;4335588
网址:www.jxhlyy.com
E-mail:sale@jxhlyy.com
【主要产品】聚氨酯橡胶;MC 尼龙 6 制品;橡胶制品;橡胶板材;橡胶密封圈

河北省景县景渤石油机械有限公司

河北省景县城西工业区[053500]
电话:(0318)4222635;4223044
传真:(0318)4221960
法人代表:刘堪金
网址:www.china-jb.com.cn
E-mail:jxjbsy@heinfo.net
【主要产品】聚氨酯防滑板;阻燃耐火胶管;特种胶管;高压胶管;钻探胶管

河北省景县景美化学工业有限公司

河北省衡水市景县县城东工业区[053500]
电话:(0318)4222255;4227587
传真:(0318)4223265
有进出口权
固定资产:30,000 千元
经济类型:股份合作
网址:www.jingmeichem.com
E-mail:jingmei@heinfo.net;hillz@jingmeichem.com
【主要产品】四氯三氧化二磷;2-溴吡啶;间溴苯甲醚;甲基磺酸;2-氯烟酸;苯

硼酸;甲磺酸丁酯;5-乙基-2,3-吡啶二羧酸二乙酯;间溴硝基苯;间溴苯酚;2-氨基-2,3-二甲基丁酰胺;3-溴苯胺;3,4-二氯苯胺;甲基磺酰氯;3,4-二氯硝基苯;伏草隆;咪唑乙烟酸;利谷隆;甲基咪草烟

冀

河北省景县石油机械厂

河北省衡水市景县城西工业区[053500]
电话:(0318)4229725;13932822381
传真:(0318)4229725
供销电话:4229725;13932829725
网址:www.jsjxc.com
E-mail:webmaster@jsjxc.com
【主要产品】高压尼龙树脂管;夹布胶管;食品用胶管;吸引胶管;高压胶管;钢丝编织胶管;缠绕胶管;钻探胶管;伸缩管;硅胶管;橡胶密封制品;氟橡胶制品

河北省景县鑫瑞金属软管厂

河北省景县景安大街西段[053500]
电话:(0318)4220836;6960665;13013271870
传真:(0318)4220836
供销电话:4220836;7156269
网址:www.hebeixinrui.com
E-mail:xinrui@jingxian.net
【主要产品】高压尼龙树脂管;聚氨酯密封件;高压胶管

河北省景县鑫源橡胶化工有限公司

河北省衡水市景县[053000]
电话:(0318)2139166;13803187130
传真:(0318)2139266　有进出口权
经济类型:有限责任公司
网址:www.zinc-oxide.org
E-mail:cloudchina99@yahoo.com
【主要产品】硫酸锌;硫酸锌(一水);氯化锌;碱式碳酸锌;氧化锌;氧化锌(纳米);甲酸;立德粉;钛白粉;促进剂DM;促进剂TMTD;炭黑;乙炔炭黑

河北省景县中亚化工有限公司

河北省景县孙镇工业区[053500]
电话:(0318)4385179;4385619;4385297
传真:(0318)4385088　职工人数:380人
网址:www.zhongyachem.com
E-mail:jxlihua@public.hsptt.he.cn
【主要产品】对硝基甲苯邻磺酸;4,4′-二氨基二苯乙烯-2,2′-二磺酸

河北省深州市辛亚橡胶密封件厂

河北省深州市王家井镇豆王庄[053873]
电话:(0318)3282222;13831838995
传真:(0318)3280123
供销电话:13932800299
网址:www.hbxinya.com
E-mail:hebeixinya@126.com
【主要产品】橡胶密封胶条

河北省武强县灌封化工厂

河北省衡水市武强县城东路88号[053300]
电话:(0318)3829388;3820290
传真:(0318)3829299　职工人数:69人
供销电话:13831800368
供销传真:3823071　产值:30,000千元
经济类型:股份合作　法人代表:范世杰
【主要产品】2,4,5-三氯苯胺;2,4,5-三氯苯胺盐酸盐;2,4,5-三氯硝基苯

河北省武强县启龙化工有限公司

河北省武强县城东路88号[053300]
电话:(0318)3822821;3822323
传真:(0318)3823071　经济类型:集体
供销电话:3822628
【主要产品】3-甲基-5-吡唑啉酮;2,4,5-三氯苯胺;2,4,5-三氯苯胺盐酸盐;4-乙酰氨基苯磺酰氯;1-(2′,5′-二氯-4′-磺酸苯基)-3-甲基-5-吡唑啉酮;2,6-二氯-4-硝基苯胺;4-硫酸乙酯砜基苯胺;间-β-羟乙基砜硫酸酯苯胺;2-氨基-1,4-苯二磺酸;1,2-重氮氧基萘-4-磺酸;2-氨基-1,4-苯二磺酸一钠;1-氨基-2-萘酚-4-磺酸;4-氨基-2,5-二氯苯磺酸;1,2-重氮氧基-6-硝基-4-萘磺酸;溴氨酸钠盐;1-(4′-磺酸苯基)-3-甲基-5-吡唑啉酮;4,4′-二氨基苯磺酰替苯胺;1,5-萘二磺酸钠

河北省武邑慈航药业有限公司

河北省武邑县城南华路71号[053400]
电话:(0318)5712048;5717632
传真:(0318)5717632
【主要产品】活性炭(药用);醋酸丁酯;*N*,*N*-二甲基甲酰胺;乙酰水杨酸;贝诺酯;对乙酰氨基酚

河北省亚泰电化有限公司

河北省深州市王家井工业区[053873]
电话:(0318)3465888;3465216;3465318
传真:(0318)3466888　有进出口权
固定资产:90,000千元
职工人数:680人　法人代表:高庆山
网址:www.yatai-chem.com
E-mail:hsszyt@heinfo.net
【主要产品】过硫酸钾;过硫酸铵;过二硫酸钠;高氯酸钾;一水高氯酸钠;氯酸钠;溶雪剂

河北省枣强县渤海金属容器件厂

河北省枣强县杨宅城街1号[053100]
电话:(0318)8289631;13503180022
经济类型:私营企业　法人代表:聂春峰
网址:www.bhtonggai.com
E-mail:zqbohairongqi@263.net
【主要产品】塑料制品

河北世纪农药有限公司

河北省枣强县裕华东街178号[053100]
电话:(0318)8263911;13903280519
传真:(0318)8228015　有进出口权
经济类型:港澳台商独资经营
网址:www.shijinongyao.com
E-mail:hjhshbsj@public.hsptt.he.cn
【主要产品】炔螨特;炔螨特乳油;马拉硫磷;甲拌磷;55%甲拌磷乳油;灭线磷;灭线磷颗粒剂;特丁硫磷;5%特丁硫磷颗粒剂;啶虫脒乳油;丙环唑;丙环唑乳油;棉隆;戊唑醇;异丙甲草胺;精喹禾灵乳油;锰锌·烯唑可湿性粉剂;吡·井·杀单可湿性粉剂;辛·灭乳油;锰锌·乙铝可湿性粉剂;哒·氧乐乳油

河北思尔可化学有限责任公司

河北省景县王千寺刘镇[053511]
电话:(0318)5836656;13603180728
传真:(0318)4312175　有进出口权
经济类型:有限责任公司
职工人数:120人　法人代表:任石行
网址:www.hbshark.com
E-mail:shark@hbshark.com
【主要产品】1,2,4-三氯苯;1,2,3-三氯苯;2,5-二氯苯酚;2,3-二氯苯酚;2,6-二异丙基苯酚;邻异丙基苯酚;对异丙基苯酚;麦草畏;三(β-氯乙基)磷酸酯;阻燃增塑剂TCPP;三异丙苯基磷酸酯

河北武春高科技化工有限公司

河北省武强县西庄火头工业区[053300]
电话:(0318)3752566;13833803935
传真:(0318)3752369
网址:www.wuchunchem.com
E-mail:wuchun@hi2000.com
【主要产品】油浸氢化钠;氢化锂;氢化铝锂;氢化钙

河北武强县必特化工有限公司

河北省武强县北环东路一号[053300]
电话:(0318)3822378;3832869
传真:(0318)3825845
供销电话:3822378;13902002821
经济类型:股份有限公司
网址:www.chinachemnet.com/bitechem/indexc.htm
E-mail:better@hi2000.com
【主要产品】*N*-苯基甘氨酸钾;碱性艳蓝B;碱性艳蓝BO;油溶黄BL;溶剂红KL;溶剂黑B-10;油溶黑29;透明红GB;透明橙3G;油溶橙202

河北西海集团有限公司

河北省衡水市枣强县城关工业区[053100]
电话:(0318)2983026
传真:(0318)2983015

经济类型：中外合资经营企业
网址：www. xihai-dyestuffs. com
E-mail：info@ xihai-dyestuffs. com
【主要产品】4-氨基-5-羟基-2，7-萘二磺酸；复合肥；直接橙 S；直接耐酸大红 4BS；直接大红 4BE；直接枣红 B；直接黑 BN；直接耐晒黑 G；直接耐晒黑 GF；酸性橙Ⅱ；酸性黑 ATT；酸性黑 10B；活性黄 M-3RE；活性橙 KN-GR；活性艳红 M-3BE；活性黑 KN-B；活性黑 KN-G2RC；活性黑 KN-BR

河北鑫昇橡塑金属制品有限公司

河北省景县老景阜路口北 200 米［053500］
电话：（0318）4223397；13703183265
传真：（0318）4318108
法人代表：王建国
网址：www. hebeixinsheng. com
E-mail：xs@ hebeixinsheng. com
【主要产品】尼龙软管；高压尼龙树脂管；尼龙气动螺旋管；增强聚氨酯弹性体软管；聚氨酯密封件；橡胶运输带；耐热运输带；阻燃输送带；织物芯运输带；夹布胶管；高压胶管；钢丝缠绕胶管；橡胶密封制品

河北振兴化工橡胶有限公司

河北省衡水市深州工业区［053873］
电话：（0318）2201181；13191691181
传真：（0318）2201181　职工人数：135 人
网址：zhenx. zke360. com
E-mail：songjianlin2008@ 126. com
【主要产品】胶黏剂；普通橡胶板；密封垫；三（β-氯乙基）磷酸酯；聚氨酯用阻燃剂；异丙苯基二苯基磷酸酯；三异丙苯基磷酸酯

衡水长兴矿山机械配件有限公司

河北省衡水市橡胶城［053000］
电话：（0318）7103158；2103860；13831836388
传真：（0318）2103860
供销电话：2069166；13831836388
网址：www. hschangxing. com
E-mail：sales@ hschangxing. com
【主要产品】尼龙管材；尼龙软管；聚丙烯制品；钢丝编织胶管；钢丝缠绕胶管；超高压胶管；橡胶接头

衡水成大明胶有限公司

河北省阜城县 37 号信箱［053701］
电话：（0318）4718331
传真：（0318）4718498
法人代表：宋海生
网址：chend. ccbip. und. cn
E-mail：xdddwy@ 263. net
【主要产品】食用明胶；药用明胶；骨胶；工业明胶

衡水东方化工有限公司

河北省衡水市桃城区大庆路卢村［053000］
电话：（0318）2668558
传真：（0318）2051145　经济类型：集体
供销传真：2177396　职工人数：200 人
法人代表：卢广平
E-mail：neweastchem@ yahoo. com. cn
【主要产品】硝酸纤维素

衡水东风化工有限责任公司

河北省衡水市建设大街 176 号［053000］
电话：（0318）2124248
传真：（0318）2101356　有进出口权
经济类型：有限责任公司
职工人数：500 人
网址：www. sebacic-acid. com
E-mail：sales@ sebacic-acid. com
【主要产品】丙三醇；2-辛醇；癸二酸；脂肪酸；癸二酸二甲酯；癸二酸二丁酯；癸二酸二辛酯

衡水东港化工有限公司

河北省衡水市大庆东路东头［053000］
电话：（0318）2061518
传真：（0318）2022108　职工人数：130 人
固定资产：2，500 千元
经济类型：与港澳台商合资经营
法人代表：李庆艺
网址：www. hsdonggang. com
E-mail：donggang@ hsdonggang. com
【主要产品】对硝基甲苯邻磺酸；4，4′-二氨基二苯乙烯-2，2′-二磺酸；4，4′-二硝基二苯乙烯-2，2′-二磺酸

衡水光辉橡塑有限公司

河北省景县二中北路 108 号［053500］
电话：（0318）4229802；7155048
传真：（0318）4223514
固定资产：5，000 千元
网址：www. chinaguanghui. com
E-mail：gh@ chinaguanghui. com
【主要产品】聚四氟乙烯补偿器；夹布胶管；高压胶管；钢丝编织胶管；钢丝缠绕胶管；液压胶管

衡水海润化工有限公司

河北省衡水市人民东路 1495 号［053000］
电话：（0318）2819668；6819668；13831869668
传真：（0318）2135998
供销电话：2819668；13131869668
网址：www. hairunchem. com
E-mail：hairunchem@ 163. com
【主要产品】硬脂酸；蓖麻油酸；豆油酸

衡水衡湖化工有限责任公司

河北省衡水市京大路 188 号［053000］
电话：（0318）2141504
传真：（0318）2147805　有进出口权
供销电话：2141504；13081817296
经济类型：私营企业
职工人数：500 人
法人代表：郑留根
【主要产品】过硫酸钾；过硫酸铵；过二硫酸钠；亚溴酸钠；溴酸钠；溴酸钾

衡水宏光特种橡塑制品厂

河北省衡水市衡德路 32 号［053000］
电话：（0318）2108127；7092290；13932810385
传真：（0318）2108127
供销电话：2108127；2992589
网址：hshongguang. com
E-mail：hshongguang@ sohu. com
【主要产品】橡胶杂品；铁路橡胶轨枕垫板；橡胶密封胶条；橡胶垫；密封垫；硅胶杂件；氟橡胶 O 形圈

衡水华邦化工有限公司

河北省阜城县崔庙镇［053700］
电话：（0318）4828828
经济类型：与港澳台商合资经营
网址：www. hsorichem. com
E-mail：hsoc@ orichem. com
【主要产品】1-萘胺-6-磺酸；1-萘胺-7-磺酸；克列夫酸；2-萘酚-6-磺酸钾；2-萘酚-6，8-二磺酸二钾；对氨基乙酰苯胺；直接耐酸大红 4BS；直接耐晒翠蓝 GL；直接耐晒蓝 B2RL；碱性橙；碱性玫瑰精 B；碱性品绿；阳离子红

衡水华泰明胶有限公司

河北省阜城县陈辛工业区［053701］
电话：（0318）4755438
供销传真：4755488
产值：3，000 千元
经济类型：股份合作　职工人数：80 人
法人代表：陈连杰
【主要产品】工业明胶

衡水冀东石油矿山机械配件有限公司

河北省衡水市橡胶城四区 9 号［053000］
电话：（0318）2108819；2022020
传真：（0318）2108819
网址：www. hsjidong. com
E-mail：jidong@ hsjidong. com
【主要产品】橡胶运输带；夹布胶管；高压胶管；缠绕胶管；橡胶柔性补偿器

衡水冀军集团

河北省衡水市东环路石德铁路立交桥北口西侧［053000］
电话：（0318）2102158；2156997
传真：（0318）2102158
法人代表：苏保水
网址：www. hsjijun. cn
E-mail：sales@ hsjijun. com
【主要产品】板式伸缩装置；止水带；自粘性止水条；橡胶支座；桥梁板式橡胶支座；盆式橡胶支座；公路桥梁橡胶伸缩装置；填充型伸缩装置；O 形密封

冀

圈；遇水膨胀橡胶止水条

衡水健达工程橡胶有限公司

河北省衡水市京衡南大街 666 号［053000］
电话：(0318)2128888；2168888
传真：(0318)5213333
网址：www. hsjianda. com
E-mail：support@ hsjianda. com
【主要产品】防眩板；水闸橡胶密封件；伸缩缝；止水带；自粘性止水条；桥梁板式橡胶支座；四氟滑板式桥梁支座；盆式橡胶支座；遇水膨胀橡胶止水条

衡水洁威化学有限公司

河北省衡水市赵圈工业区［053000］
电话：(0318)2040051；2040052
传真：(0318)2040052　职工人数：300 人
网址：www. frp-tech. com；www. hsjiewei. com
E-mail：info@ hsjiewei. com；office@ hsjiewei. com
【主要产品】硫酸铵（工业级）；三氯异氰尿酸；三聚氰酸；二氯异氰尿酸钠；消毒液

衡水锦程橡塑有限公司

河北省衡水市京大路 88 号［053000］
电话：(0318)7080908
传真：(0318)7080908　职工人数：200 人
经济类型：私营企业
网址：www. jcxs. net
E-mail：hsjcxs@ 163. com
【主要产品】聚硫密封胶；止水带；公路桥梁橡胶伸缩装置；遇水膨胀橡胶止水条

衡水科力通橡塑技术有限公司

河北省衡水市景县科技园区［053500］
电话：(0318)4309230；13363326661
传真：(0318)4309868
供销电话：4309230
网址：www. hskelitong. com
E-mail：hsklt@ 163. com
【主要产品】高压尼龙树脂管；输油胶管；阻燃耐火胶管；特种胶管；高压胶管；钢丝缠绕胶管；钻探胶管；伸缩管；防尘罩

衡水立车企业集团

河北省武强县立车工业区［053300］
电话：(0318)3783002
传真：(0318)3783008　职工人数：630 人
法人代表：李迎九
网址：cn. chinaliche. cnele. com
E-mail：master@ chinaliche. com
【主要产品】工业氯化铵；磷酸锰；磷酸氢钙；碳酸钙；碳酸锶；碳酸锰；氟化钙；三氧化二锑；荧光粉

衡水美亚染化有限公司

河北省衡水市大庆西路［053000］
电话：(0318)2129023；7950100
传真：(0318)2129138　职工人数：140 人
固定资产：25,000 千元
网址：www. myindigo. com
E-mail：hsmeiya@ tom. com
【主要产品】靛蓝

衡水桥闸工程橡胶有限公司

河北省衡水市胜利东路 2348 号［053000］
电话：(0318)2209900
传真：(0318)2160065　职工人数：650 人
网址：www. hsqzgs. com
E-mail：qiaozha@ 03188. net
【主要产品】水闸橡胶密封件；伸缩缝；止水带；橡胶支座；桥梁板式橡胶支座；盆式橡胶支座；遇水膨胀橡胶止水条

衡水市氟塑密封有限公司

河北省衡水市橡胶城八区 13 号［053000］
电话：(0318)2152666；5205988；13803188159
传真：(0318)2146568
网址：www. hsfshj. com
E-mail：info@ hsfshj. com
【主要产品】橡胶密封制品

衡水市华兴化工厂

河北省衡水市大庆西路 68 号［053000］
电话：(0318)2101925；2109168；13513186898
传真：(0318)2109168
供销电话：2101925；13803185403
网址：www. hbhuaxing. net
E-mail：hbhuaxing@ xh2008. net
【主要产品】二苯基二甲氧基硅烷；二盐基亚磷酸铅；三盐基硫酸铅；三（β-氯乙基）磷酸酯；异丙苯基二苯基磷酸酯；三异丙苯基磷酸酯

衡水市冀衡药业有限公司

河北省衡水市建设北大街 368 号［053000］
电话：(0318)2120491；2167985；2160507
传真：(0318)2167985；5238358
供销电话：2133392；2134718
经济类型：股份有限公司
法人代表：韩伯睿
网址：www. jihengpharmacy. cn
E-mail：sale@ jihengpharmacy. com
【主要产品】2-羟基苯甲酸；乙酰水杨酸；对乙酰氨基酚；安替比林；氨基比林；安乃近；叶酸

衡水市金运橡胶有限公司

河北省衡水市橡胶城 2 区 5 号［053000］
电话：(0318)7922908
传真：(0318)2822696　有进出口权
固定资产：1,000 千元　产值：800 千元
经济类型：私营企业　职工人数：150 人
销售收入：500 千元
法人代表：杨少杰
网址：www. jyunhs. com
E-mail：yyyljx@ 163. com
【主要产品】再生胶；丁基再生胶；丁腈再生橡胶；三元乙丙再生胶

衡水市绿岛明胶有限公司

河北省衡水市胜利东路 259 号院［053000］
电话：(0318)2128969；13503188189
传真：(0318)7917890
供销电话：2681660；6913898
网址：www. ldmj. com
E-mail：info@ ldmj. com
【主要产品】食用明胶；工业明胶

衡水市正大橡胶有限公司

河北省衡水市火车站广场汇龙公寓 5-23 号［053000］
电话：(0318)2161592；6662083；13903184251
传真：(0318)2133780
网址：www. zd-rubber. com
E-mail：zhengdaxiangjiao@ 163. com
【主要产品】橡胶制品

衡水橡胶股份有限公司

河北省衡水市大庆东路 27 号［053000］
电话：(0318)7901728
传真：(0318)2993847
固定资产：120,000 千元
经济类型：有限责任公司
职工人数：1,300 人　法人代表：吴东亮
网址：www. hrcltd. com. cn
E-mail：hxgf@ yeah. net
【主要产品】橡胶支座；桥梁板式橡胶支座；公路桥梁橡胶伸缩装置

衡水新光化工有限责任公司

河北省衡水市人民西路西段 50 号［053011］
电话：(0318)2049972；2049555；2049616
传真：(0318)2049555　职工人数：122 人
固定资产：13,400 千元
经济类型：有限责任公司
法人代表：田立壮
网址：www. hebeixinguang. com
E-mail：sales@ hebeixinguang. com
【主要产品】双乙酸钠；纯丙乳液；硅丙乳液；醋酸乙烯-丙烯酸酯共聚乳液；建筑乳液；叔碳酸乙烯酯-醋酸乙烯共聚乳液；苯甲酸钠；山梨酸钾；穗洪糖；香精；特种黏合剂；丙烯酸酯胶黏剂；聚氯乙烯胶黏剂；建筑黏合剂；弹性乳液；纸品乳液；压敏胶胶黏剂；商标纸胶；纸管胶；纸塑复合胶；印染助剂；分散剂；增稠剂；消泡剂；润滑剂；杀菌剂（工业用）；成膜助剂

衡水液力胶管有限公司

河北省衡水市育才北大街 609 号

[053000]
电话:(0318)7011198;2125953;7012898
传真:(0318)7011196;2129017
网址:www.yelihose.com
E-mail:pxf@yelihose.com;
hsyeli@hotmail.com
【主要产品】液压胶管

衡水优利精细化学有限公司

河北省武邑县赵桥镇光明大街18号[053400]
电话:(0318)5892219
传真:(0318)5892232
职工人数:200人
经济类型:私营企业
网址:yljxhg.und.com.cn
【主要产品】*N*-苯基甘氨酸钾;苯胺基乙腈

衡水友谊化工有限责任公司

河北省衡水市桃城区人民西路西段77号[053000]
电话:(0318)2049266;2049289;2049383
传真:(0318)2049975
法人代表:崔殿华
网址:www.youyichemical.com
E-mail:sales@youyichemical.com
【主要产品】氧化铁颜料;氧化铁黄313;氧化铁绿;铬酸铅;氧化铬绿;地坪绿;彩坪绿

衡水中铁建工程橡胶有限责任公司

河北省衡水市高新技术产业园区胜利西路2469[053000]
电话:(0318)2668031;2668032
传真:(0318)2665271;2150043
网址:www.zhongtiejian.com
E-mail:zhongtiejian@126.com
【主要产品】桥梁板式橡胶支座;盆式橡胶支座;遇水膨胀橡胶止水条

华夏高压软管有限公司

河北省衡水市开发区胜利西路2589号[053000]
电话:(0318)2152518;2152958;2152338
传真:(0318)2152338
供销传真:5222978
网址:www.china-tubes.com
E-mail:sales@china-tubes.com
【主要产品】高压尼龙树脂管;聚四氟乙烯管材;钢塑复合管;高压胶管

冀州市钾肥有限公司

河北省冀州市金鸡大街124号[053200]
电话:(0318)8766666;8619969;13603185891
传真:(0318)8613212
经济类型:股份有限公司
网址:www.jzsjfc.com
E-mail:jiafei@jzsjfc.com
【主要产品】盐酸;硫酸钾(农用)

冀州市凯明农药有限责任公司

河北省冀州市飞机场[053200]
电话:(0318)8620071;8620072;8623396
传真:(0318)8623396;8683388
固定资产:35,000千元　有进出口权
供销电话:8683385
职工人数:360人
经济类型:有限责任公司
网址:www.kaimingpesticide.com
E-mail:yzhy@kaimingpesticide.com
【主要产品】丁硫克百威乳油

冀州市中意复合材料有限公司

河北省冀州市迎宾大街14号[053200]
电话:(0318)8616732;8856732;13833825476
传真:(0318)8612721
网址:www.hebeifrp.com
E-mail:hebeifrp@xh2008.net
【主要产品】玻璃钢管道;玻璃钢格栅;反应釜;玻璃钢冷却塔;通风机;轴流式通风机;玻璃钢风机;玻璃钢耐酸储罐;汽车罐车;计量罐

美利达颜料工业有限公司

河北省衡水市赵圈镇经济开发区[053000]
电话:(0318)2049669;2049280;2049486
传真:(0318)2049676;2049681
经济类型:中外合资经营企业
法人代表:李进拴
网址:www.meilidapigment.com
E-mail:sales@meilidapigment.com
【主要产品】酞菁蓝;酞菁蓝BGS;铝酞菁;酞菁蓝BN;酞菁蓝BS;酞菁蓝BRX;酞菁蓝M-100;酞菁蓝M-1000H;酞菁蓝BGNCF

深州市天翔化工有限公司

河北省深州市西景明[053800]
电话:(0318)2028059
传真:(0318)2020059　经济类型:集体
网址:www.txchemical.com
E-mail:sales@txchemical.com
【主要产品】2-萘酚;3-甲基-6-氨基苯磺酸;2-萘胺-1-磺酸;2-萘酚-3-甲酸;松香改性酚醛树脂(2116型);松香改性酚醛树脂(2118型);松香改性酚醛树脂;对叔丁基酚醛树脂;醇酸树脂;甘油松香树脂;树脂油;树脂胶版油墨;金银油墨;塑料编织袋油墨;胶印轮转油墨;胶印亮光快干油墨;胶印亮光快干四色油墨;铝油;色酚AS;酞菁蓝BGS;耐晒大红BBN;1501耐晒大红;橡胶大红LCB;大红粉;金光红;金光红C;颜料艳红6B;立索尔大红R;立索尔宝红;立索尔宝红BK;颜料绿B;沥青油

深州同德药业有限公司

河北省深州市工业城[053800]
电话:(0318)3312312;3323782
传真:(0318)3316277
职工人数:200人
网址:www.chinatongde.net
E-mail:dddlll@public.bta.net.cn
【主要产品】杆菌肽锌

武强县长虹化工有限公司

河北省武强县东民兵训练基地[053300]
电话:(0318)3835513;13312195299
传真:(0318)3892269　职工人数:120人
法人代表:马玉为
网址:www.chemical-china.com
【主要产品】4,4-二甲基-3-氧代戊酸甲酯;4,4-二甲氧基-2-丁酮;对羟基苯乙胺;溶剂;5,5-二甲基噁唑烷-2,4-二酮;抗倒酯;三氯生

武强县宏远橡胶制品有限公司

河北省武强县体育街12号[053300]
电话:(0318)3822004;13903182883
传真:(0318)3825261　职工人数:120人
网址:hy-rubber.com
E-mail:lzg2129@163.com
【主要产品】塑料制品;减震器及配件;橡胶密封制品;油封

武邑灯塔防腐涂料有限责任公司

河北省武邑县清凉店[053411]
电话:(0318)5815219;5815390
传真:(0318)5816517　职工人数:200人
经济类型:有限责任公司
网址:www.wuyidengta.com
E-mail:wydt@03188.net
【主要产品】沥青漆类;醇酸树脂漆类;环氧树脂漆类;环氧防腐漆;聚氨酯漆类;氯磺化聚乙烯防腐漆;氯磺化聚乙烯防腐涂料;高氯化聚乙烯防腐涂料;氯化橡胶防腐漆;油漆稀释剂

武邑县国兴化工有限责任公司

河北省武邑县韩庄镇石王村[053400]
电话:(0318)5910087;13703186458
传真:(0318)5910288　职工人数:106人
经济类型:有限责任公司
法人代表:王国贞
网址:www.guoxingdyes.com
E-mail:wangyz@guoxingdyes.com
【主要产品】2,4-二硝基苯胺;2,4-二硝基-6-溴苯胺;6-氯-2,4-二硝基苯胺;碱性紫5BN;碱性艳蓝BO;碱性品绿

枣强县友联橡胶化工有限公司

河北省枣强县城内东大街59号[053100]
电话:(0318)8232291;8222959;13901092966
传真:(0318)8238239
网址:www.hbyoulian.com
E-mail:sufengmiao@yahoo.com.cn
【主要产品】油封;煤气管道橡胶密封圈;给排水管道密封胶圈;O形密封圈

山 西 省

晋

太原市

日升昌(太原)药业有限公司
山西省太原市新建南路77号(市场二楼)[030012]
电话:(0351)6285852
传真:(0351)7248342
【主要产品】阿莫西林;乳酸甲氧苄啶;利巴韦林;乳酸诺氟沙星;烟酸诺氟沙星;乳酸环丙沙星;甲磺酸培氟沙星;双氟沙星

山西安特制药有限公司
山西省太原市南城区南内环街87号[030012]
电话:(0351)4292652;4298130
传真:(0351)4296687
经济类型:港澳台商独资经营
【主要产品】胶态果胶铋;对羟基水杨酰苯胺

山西博达制药有限公司
山西省太原市晋源区化工路1号E区[030021]
电话:(0351)6082444;13903469648
传真:(0351)6074459
网址:www.chinayaoye123.com/act_meeting
【主要产品】诺氟沙星;乳酸诺氟沙星;盐酸环丙沙星;乳酸环丙沙星;甲磺酸培氟沙星;氟嗪酸

山西长达交通设施有限公司
山西省太原市高新区高新街32号[030006]
电话:(0351)7020633;7024089
传真:(0351)7020760
网址:www.roadmark.cn
E-mail:webmaster@roadmark.cn
【主要产品】丙烯酸路线漆;常温道路标志漆;水性道路标线漆;热熔型涂料

山西东兴化工有限公司
山西省太原市晋祠路3段17号[030021]
电话:(0351)5695503;5695502;5695501
传真:(0351)5695505
网址:www.sxdongxingchem.com
E-mail:sales@sxdongxingchem.com
【主要产品】硝酸钡;硝酸钙;亚硝酸钙;硝酸钾;硝酸铜;硝酸锌;硝酸锰;硝酸铝;硝酸镍(六水);硝酸铁;硝酸镉;硝酸镁;工业氯化铵;硝酸铬;硝酸铵钙

山西丰海纳米科技有限公司
山西省太原市文源巷34号[030001]
电话:(0351)4046677;4070041;4077401
传真:(0351)4073572
网址:www.fhnm.com
E-mail:sales@fhnm.com
【主要产品】氧化锌(纳米)

山西集翔生物工程有限公司
山西省太原市平阳路114号[030006]
电话:(0351)7024740;7022408;7033619
传真:(0351)7024740
网址:www.sxjxsw.com
E-mail:sxjixiang@163.com
【主要产品】核黄素磷酸钠

山西柳青药业有限公司
山西省清徐县柳杜开发区[030400]
电话:(0351)5722680;5998080
传真:(0351)5998169 职工人数:206人
网址:www.lqpharm.cn
E-mail:liuqingco@chemnet.com
【主要产品】非诺夫他林

山西瑞丰药业有限公司
山西省太原市学府街高新区V-5区[030006]
电话:(0351)7022879;7029034
传真:(0351)7020876
经济类型:有限责任公司
【主要产品】乳酸诺氟沙星

山西省化工研究所
山西省太原市万柏林区义井街北5条27号[030021]
电话:(0351)6071379;6088038;13700506086
传真:(0351)6071379;6071741
网址:www.sxxjzj.com.cn
E-mail:zhangzzfzzf@tom.com
【主要产品】改性酚醛树脂;超级增黏树脂;辛基酚醛硫化树脂;溴化辛基酚醛硫化树脂;硫化剂PDM;炭黑分散剂;辛基酚醛增黏树脂;叔丁酚醛增黏树脂;增黏树脂;橡胶增黏树脂;妥尔油改性松香增黏树脂;抗返原增塑剂;耐热硫化活性剂;酚醛补强树脂

山西省交城红星化工有限公司
山西省太原市亲贤北街368号水工大厦14层[030001]
电话:(0351)8780075;8780076;8780086
传真:(0351)8780077;8780087
供销电话:4728606;4728610
经济类型:私营企业
网址:www.china-hxchemical.com
E-mail:hxchem@public.ty.sx.cn
【主要产品】硫酸钾;硝酸钠;亚硝酸钠;硝酸钙;亚硝酸钙;硝酸钾;硝酸镁;磷酸二氢钾;液氨;碳酸氢铵;硝酸铵钙;氮磷钾复合肥;磷酸一铵

山西省迈特大药厂有限公司
山西省太原市南城区南坊街70号[030045]
电话:(0351)7054755;2028855
传真:(0351)7063297
【主要产品】活性钙

山西省太原晋阳制药厂
山西省太原市北营民航南路9号[030031]
电话:(0351)7133444
传真:(0351)4292444 经济类型:国有
【主要产品】硬脂酸镁(药用);盐酸克仑特罗;*L*-天冬酰胺

山西塑料总厂
山西省太原市文明街18号[030003]
电话:(0351)3131861;3131337;3130042
传真:(0351)3131861 职工人数:160人
供销电话:3132472
供销传真:3131337
网址:www.sxfirst.com/sl/
【主要产品】聚乙烯农用地膜;给水用聚乙烯管材;聚乙烯双壁波纹管

山西文通钾盐集团有限公司
山西省太原市平阳路189号[030006]
电话:(0351)7243741;7243771
传真:(0351)7221752 有进出口权
供销电话:7243741;7241282
供销传真:7220789 企业规模:大型
经济类型:有限责任公司
法人代表:李刚
网址:www.wentong.com
E-mail:wentong@wentong.com
【主要产品】碳酸氢钾;碳酸钾;硫酸钾;硝酸钙;硝酸钾;工业氯化铵;硝酸铵钙

山西物产精细化工有限公司
山西省太原市长风街11号[030006]
电话:(0351)7586011;13934139132
传真:(0351)7586587 经济类型:国有
供销电话:7586011;13509710626
法人代表:来红旗
网址:www.sxwcchem.com
E-mail:lhq930927@yahoo.com.cn
【主要产品】丙二酸;对氯苯基异氰酸酯;三氯甲基碳酸酯;丙二酰胺;草酸钠;草酸钾;草酸铵;丙二酰脲;3-硝基苯甲醛

山西新华化工厂
山西省太原市新兰路33号[030008]
电话:(0351)2877596;2877225
传真:(0351)3634133 经济类型:国有
供销电话:13903439263 有进出口权
企业规模:大型 职工人数:5,600人
网址:www.sxxinhua.com

E-mail:xinhua@ sxxinhua.com
【主要产品】煤质活性炭;尼龙分层阻燃运输带;防毒面具

山西玄中化工实业有限公司
山西省太原市并州路91号金港国际商务中心B座1101室[030012]
电话:(0351)4728929;4728930;4728931
传真:(0351)4728927
法人代表:任永锐
网址:www.sxxzhg.com;
www.timesgp.com
E-mail:timesgp@ timesgp.com
【主要产品】活性炭;离子交换树脂;4A沸石;分子筛;高效节煤剂

山西赞化制药有限公司
山西省太原市南城区平阳路189号[030006]
电话:(0351)7235476;7241451
传真:(0351)7238714　职工人数:400人
经济类型:中外合资经营企业
法人代表:赵银锁
【主要产品】吉非罗齐

双喜轮胎工业股份有限公司
山西省太原市建设南路亲贤北街3号[030006]
电话:(0351)7072521-1102,1103
传真:(0351)7041234　有进出口权
供销电话:7068134;7073069
供销传真:7044364　企业规模:大型
经济类型:与港澳台商合资经营
法人代表:黄鸿年
网址:www.dhtyre.com.cn
E-mail:sxlt@ dhtyre.com
【主要产品】载重汽车轮胎外胎;轿车轮胎;工程机械轮胎;工业车辆轮胎;农用车辆轮胎

太原八方分子筛实业有限公司
山西省太原市万柏林区西矿街254号[030053]
电话:(0351)6120877;6120878
传真:(0351)6120878
网址:www.tybffz.bip.und.cn
E-mail:bfgg0839@ sina.com
【主要产品】分子筛,5A型;分子筛,4A型;13X分子筛;分子筛,3A型;中空专用分子筛

太原高氏劳瑞油墨化学有限公司
山西省太原市东岗路230号[030012]
电话:(0351)4292184;4292587;4297798
传真:(0351)4294539
有进出口权
供销电话:4294106
法人代表:邓志坚
经济类型:中外合资经营企业
网址:www.newsink.com.cn
E-mail:tclxsb@ neswink.com.cn
【主要产品】印刷油墨;轮转柔版(胶版)油墨;各种胶印油墨;油墨印刷助剂

太原华鹰化工有限公司
山西省太原市和平南路582号[030021]
电话:(0351)7135005;13754875518
传真:(0351)6938777
网址:www.tyhychem.com
E-mail:huaying@ hi2000.com;
tjhzdd@ tom.com
【主要产品】硝酸钡;硝酸钙;5,5-二甲基海因;5-(4-羟基苯基)海因;尿囊素;二硫氰基甲烷;甘脲;四羟甲基甘脲;四乙酰甘脲;四甲氧甲基甘脲;1,3-二氯-5,5-二甲基海因;1,3-二溴-5,5-二甲基海因;1-溴-3-氯-5,5-二甲基海因;2,2-二溴-3-次氮基丙酰胺

太原化工股份有限公司合成氨分公司
山西省太原市晋源区晋祠路三段95号[030021]
电话:(0351)8283212;8283215;8283213
经济类型:国有　企业规模:大型
法人代表:周宜平
网址:www.sxhgxx.com
【主要产品】硝酸;硝酸钠;亚硝酸钠;硫黄;二氧化碳(固体);甲醇;液氨;硝酸铵;硝铵钾;硝酸铵磷

太原化学工业集团有限公司硫酸厂
山西省太原市晋源区化工路75号[030021]
电话:(0351)6074978;6074974
经济类型:国有
【主要产品】硫酸

太原世乐药业有限公司
山西省太原市尖草坪区汇丰街110号[030027]
电话:(0351)6270888;6636629
传真:(0351)6270888　经济类型:集体
供销电话:6280925;6296347
职工人数:120人
网址:www.shile.org
E-mail:webmaster@ shile.org
【主要产品】*D*-半胱氨酸;*D*-半胱氨酸盐酸盐;*D*-缬氨酸;*D*-丝氨酸;*D*-丙氨酸;*D*-苯丙氨酸;*D*-赖氨酸;*D*-亮氨酸;*D*-精氨酸;吉非罗齐;*D*-酪氨酸;*D*-组氨酸;*D*-蛋氨酸;*D*-色氨酸

太原市恒丰强生物技术发展有限公司
山西省太原市和平南路326号[030021]
电话:(0351)6084833;6082492
传真:(0351)6084833
经济类型:有限责任公司
网址:www.agrionline.net.cn/fqhtm/
【主要产品】阿莫西林;氟洛芬;磺胺嘧啶;乳酸甲氧苄啶;乳酸诺氟沙星;乳酸环丙沙星;甲磺酸培氟沙星;沙拉沙星盐酸盐;双氟沙星盐酸盐

太原市活性炭厂
山西省太原市小店区刘家堡乡[030006]
电话:(0351)7952222;7693333;
13903400947
传真:(0351)7693222;7952877
供销电话:7693333;13453132222
经济类型:股份有限公司　有进出口权
法人代表:王贵福
网址:www.tyshxtc.com
E-mail:tyshxtc@ tyshxtc.com
【主要产品】活性炭;活性炭(药用);活性炭(植物果壳类);煤质活性炭

太原市捷进化工有限公司
山西省太原市晋源区晋祠路三段[030021]
电话:(0351)6081157;13834598517
传真:(0351)6320680
网址:www.jjhg.com.cn
E-mail:ty@ jjhg.com.cn
【主要产品】硝酸钠;亚硝酸钠;硝酸钙;亚硝酸钙;硝酸钾;硝酸铜;硝酸镁;硝酸铵钙;硝酸铵磷;混配复合肥料

太原市美宏佳化工有限公司
山西省太原市晋祠路三段95号[030021]
电话:(0351)6325415;6321441;
13934160755
传真:(0351)6325415　职工人数:110人
供销电话:13903430260
法人代表:赵英杰
网址:www.mhjchem.com
E-mail:market@ mhjchem.com;
zhl@ mhjchem.com
【主要产品】高效减水剂;工业萘;洗油;炭黑用原料油;蒽油;煤焦油;筑路油;煤沥青

太原市侨友化工有限公司
山西省太原市晋源区晋源北关[030025]
电话:(0351)6940891;6940899;6940641
传真:(0351)6940891　有进出口权
经济类型:私营企业
职工人数:270人
网址:www.qiaoyou.com.cn
E-mail:qiaoyouty@ sina.com.cn
【主要产品】二甲苯;甲苯;苯;反丁烯二酸;顺丁烯二酸;*L*-苹果酸;*DL*-苹果酸;*L*-丙氨酸;顺丁烯二酸酐;*L*-天门冬氨酸

太原市唐明制药厂
山西省太原市解放北路西润河156号[030009]
电话:(0351)3036550
传真:(0351)3189695
【主要产品】对乙酰氨基酚;非诺夫他林;酚磺酞

晋

太原市欣吉达化工有限公司

山西省太原市晋祠路三段 329 号太化工业园[030021]
电话:(0351)8282598;13333404787
传真:(0351)6322972　职工人数:98 人
供销电话:6323658　产值:50,000 千元
经济类型:私营企业　法人代表:郭春荣
网址:www. xinjida. com
E-mail:sales@ xinjida. com;
xjd@ hi2000. com
【主要产品】硝酸钡;硝酸钙;硝酸铜;硝酸锌;硝酸锰;硝酸铝;硝酸镍(六水);硝酸铁;硝酸镉;硝酸镁;硝酸锂;三氯化铬;硝酸铬;一硝基甲烷;醋酸铬;铜铬加氢催化剂;合成油催化剂;XJ-1 型氧化氮净化剂催化剂

太原市元太生物化工有限公司

山西省太原市小店区许坦东街 33 号[030031]
电话:(0351)7125726;7123130;7125131
传真:(0351)7120663　职工人数:500 人
经济类型:股份有限公司
法人代表:杨学福
网址:www. chinachemnet. com/yuantai
E-mail:yuantai@ hi2000. com
【主要产品】甲醛;对特辛基苯酚;大豆异黄酮;促进剂 HMT;辛基酚醛硫化树脂;溴化辛基酚醛硫化树脂;叔丁酚醛硫化树脂;辛基酚醛增黏树脂;叔丁酚醛增黏树脂;酚醛补强树脂

太原树脂厂

山西省太原市王村南街 180 号[030012]
电话:(0351)7224167;7242727
传真:(0351)7224167　经济类型:集体
法人代表:宋成伟
网址:www. chinapages. com/tyresin/indexc. htm
E-mail:fedcba@ public. ty. sx. cn
【主要产品】强酸性苯乙烯系阳离子交换树脂(001 ×7 型);大孔强酸性苯乙烯系阳离子交换树脂(D001 型);大孔弱酸性丙烯酸系阳离子交换树脂(D113 型);强碱性苯乙烯系阴离子交换树脂(201 ×7 型);大孔强碱性季铵Ⅰ型阴离子交换树脂(D203 型);大孔强碱性季铵Ⅰ型阴离子交换树脂(D201 型);大孔强碱性季铵Ⅱ型阴离子交换树脂(D202 型);大孔弱碱性苯乙烯系阴离子交换树脂(D301)

太原帅利达防火材料有限公司

山西省太原市万柏林区滨河小区 7 号楼 1 单元 5 层[030024]
电话:(0351)6626400;6626410;6626420
传真:(0351)6626430
网址:www. shuailida. com
【主要产品】钢结构隔热防火涂料;膨胀型电缆防火涂料;无机防火堵料;塔填料;玻璃钢冷却塔

太原天熙贸易有限公司

山西省太原市迎泽大街 289 号天龙大厦 14 层[030001]
电话:(0351)4810181;4156001
传真:(0351)4166970
网址:www. persulphate. com;
www. thiocyanate. com
E-mail:azhouwei8@ hotmail. com
【主要产品】过硫酸钾;过硫酸铵;硫代硫酸钠;硫酸锌;硫酸镁;过二硫酸钠;硝酸钙;亚硝酸钙;硝酸钾;高氯酸钾;氯酸钠;氯酸钾;硫氰化钠;硫氰酸钙;硫氰酸铵;硫氰酸钾;草酸二甲酯;草酸二乙酯;硫脲

太原欣力化学品有限公司

山西省太原市长治路 436 号科祥大厦 909 室[030006]
电话:(0351)7033902;7033905;7033903
传真:(0351)7033901　职工人数:150 人
供销电话:13503508935
经济类型:股份有限公司
法人代表:赵让民
网址:www. tyxlchem. com
E-mail:tyxlchem@ tyxlchem. com
【主要产品】硝酸钠;亚硝酸钠;硝酸钡;硝酸钙;亚硝酸钙;无水硝酸钙;硝酸钾;硝酸铜;硝酸锌;硝酸锰;硝酸铝;硝酸镍(六水);硝酸铁;硝酸镉;硝酸镁;硝酸锂;硝酸铬;新型糠醇催化剂

太原新康发展有限公司

山西省太原市万柏林区和平南路 231 号 3 楼 4 单元 49 号[030021]
电话:(0351)6086666;13603581199
传真:(0351)6086666
【主要产品】氰酸钠;三氯甲基碳酸酯;腐殖酸钠

太原兴远生化有限公司

山西省太原市双塔南巷 65 号[030045]
电话:(0351)4689192;4378998
传真:(0351)4378998
网址:www. chinachemnet. com/xingyuan
E-mail:tyxy@ hi2000. com
【主要产品】醋酸妊娠双烯醇酮;薯蓣皂素;油污清洗剂;金属净洗剂;电力设备清洗剂;柴油添加剂

太原中联泽农化工有限公司

山西省太原市民航街 43 号[030031]
电话:(0351)7974596;7974593;7974532
传真:(0351)7974596　有进出口权
固定资产:9,680 千元
供销电话:7125978　法人代表:刘崇森
供销传真:7134036
经济类型:股份合作
网址:www. zzchem. com
E-mail:marketing@ zzchem. com
【主要产品】丙三醇;庚醇;庚酸;癸二酸;顺式十八碳-9,12-二烯酸;十一烯酸;尼龙-11;蓖麻油

中国科学院山西煤炭化学研究所

山西省太原市桃园南路 27 号[030001]
电话:(0351)4040491
传真:(0351)4041153　经济类型:国有
法人代表:孙予罕
网址:www. sxicc. ac. cn
E-mail:webmaster@ sxicc. ac. cn;
wenli@ sxicc. ac. cn
【主要产品】脱氧剂 3093

中太钾盐化工有限公司

山西省太原市新兰路 80 号[030008]
电话:(0351)3561999;3562999
传真:(0351)3561999　有进出口权
供销电话:8720280
供销传真:8720281
经济类型:中外合资经营企业
网址:www. potachem. com
E-mail:potachem@ vip. sina. com
【主要产品】碳酸氢钾;碳酸钾;硫酸钾;硝酸钙;硝酸钾;工业氯化铵

大同市

大同丰华活性炭有限责任公司

山西省大同市南郊区泉落路南[037001]
电话:(0352)7035580;7035797;7035799
传真:(0352)7035580
网址:www. dtfhac. com
E-mail:webmaster@ dtfhac. com
【主要产品】活性炭

大同硅铝耐火材料有限公司

山西省大同市矿区(新平旺)红旗街[037003]
电话:(0352)4036122
传真:(0352)4036206
网址:www. aluref. cn
E-mail:aluref. dt@ vip. 163. com
【主要产品】煅烧高岭土

大同江龙药业有限公司

山西省大同市南门外工农路 15 号[037008]
电话:(0352)5122054;5022706;5022705
传真:(0352)5022702
供销传真:5022072
经济类型:股份合作
【主要产品】磺胺甲噁唑;甲氧苄啶;盐酸乙胺丁醇;泼尼松;泼尼松龙;醋酸泼尼松;倍他米松;尼可地尔;尼群地平;安妥明;苯丙哌林;盐酸麻黄碱;盐酸右旋麻黄素;三唑仑;地西泮;卡马西平;盐酸利多卡因;利多卡因

大同煤矿集团有限责任公司煤气厂

山西省大同市南郊区泉落路南[037001]
电话:(0352)7035515;7035540;

13994333290
传真:(0352)7035521
网址:www. tmcoalgas. com
E-mail:cb@ tmcoalgas. com
【主要产品】活性炭;甲醇;煤焦油

大同市惠达药业有限责任公司

山西省大同市新开北路1号[037006]
电话:(0352)2026545
传真:(0352)2030432　职工人数:378 人
经济类型:私营企业
【主要产品】环磷酰胺;重酒石酸去甲肾上腺素;肾上腺素;对氨基水杨酸钠

大同市塑料化工工业集团公司

山西省大同市同泉路 8 号[037006]
电话:(0352)2023969;2023781
传真:(0352)2023969
经济类型:有限责任公司
【主要产品】烧碱;聚氯乙烯树脂;塑料薄膜

大同市银河精细化工厂

山西省大同市西韩岭[037000]
电话:(0352)5190035
传真:(0352)5190035　经济类型:集体
职工人数:130 人　法人代表:赵强
网址:www. dtzc. gov. cn/njq/ysqy2. htm
【主要产品】超细煅烧高岭土

大同市云光活性炭有限责任公司

山西省大同市倍加造镇[037300]
电话:(0352)8130548;5122501;5122502
传真:(0352)8131199　有进出口权
供销电话:5122744;5122500
供销传真:5122822
网址:www. yunguang-carbon. com
E-mail:yghgc@ public. dt. sx. cn
【主要产品】活性炭

大同特种耐火材料有限责任公司

山西省阳高县城新建路 3 号乙[038100]
电话:(0352)6651243;6650374
传真:(0352)6651247
网址:www. dt-ceramicfiber. com. cn
E-mail:dtygtn@ public. sx. dt. cn
【主要产品】硅酸铝耐火纤维制品

大同天丰药业有限责任公司

山西省大同市东风里 1 号[037005]
电话:(0352)2814992
传真:(0352)2814862
【主要产品】司氟沙星

大同天照活性炭有限责任公司

山西省大同县小莆村[037301]
电话:(0352)8105333;5815950
传真:(0352)8105358　职工人数:200 人
经济类型:股份合作　法人代表:于学仁
网址:www. tianzhaocarbon. com
E-mail:dtxuejun@ public. dt. sx. cn
【主要产品】煤质活性炭

大同同星抗生素有限责任公司

山西省大同市同云路 3 号[037034]
电话:(0352)2191258
传真:(0352)2191398　职工人数:240 人
网址:www. tx-antibiotic. com
E-mail:tx-antibiotic@ 163. com
【主要产品】土霉素

大同卫华制药厂

山西省大同市育才北街 1 号[037006]
电话:(0352)2025586
经济类型:国有
【主要产品】吗啉胍

大同星火药业有限责任公司

山西省大同市工农路 14 号[037008]
电话:(0352)5123778
传真:(0352)5123870　经济类型:国有
职工人数:1,050 人
网址:www. yahoosme. com/dtgs0050/1. html
E-mail:Dtxhjy@ 163. com
【主要产品】土霉素;右旋糖酐;右旋糖酐 20;右旋糖酐 40;右旋糖酐 70

大同云康制药厂

山西省大同市大同机车厂南[037038]
电话:(0352)5029122;5037297
【主要产品】饲料金霉素粉剂;盐酸庆大霉素;土霉素

惠宝活性炭有限责任公司

山西省大同市田村北[037006]
电话:(0352)5182115;5182693
传真:(0352)5182293

经济类型:集体
供销电话:(010)84891616
供销传真:(010)84891515
职工人数:200 人　法人代表:薛宝平
网址:www. hbcarbon. com
E-mail:hbcarbon@ hbcarbon. com
【主要产品】活性炭

山西大统精细化工有限公司

山西省大同市工农路 15 号[037008]
电话:(0352)5122115;13097699777
传真:(0352)5122115
网址:cn. sinochem. net/shanxidatong
E-mail:shanxidatong@ vip. 163. com
【主要产品】磷霉素钙;磷霉素

山西省大同市五台县化肥厂新荣分厂

山西省大同市新荣区堡子湾乡[037002]
电话:(0352)6019058
传真:(0352)6019058　经济类型:国有
法人代表:刘文珍
【主要产品】尿素

山西省大同市阳高制药厂

山西省阳高县城丁北街姑姑庵 6 号[038100]
电话:(0352)6623637
传真:(0352)6622562
【主要产品】2,4,6-三羟基-3,5-二甲基苯乙酮

山西省药物研究所实验药厂

山西省大同市新建南路 57 号[037008]
电话:(0352)5021708;5021970
传真:(0352)5037813
【主要产品】胶态果胶铋;葡萄糖酸锌

山西同振药业有限公司

山西省大同市城区新建南路 152 号[037005]
电话:(0352)2023833;2027411
传真:(0352)2011117　经济类型:国有
供销电话:2020896;2010480
【主要产品】氨苄西林钠;硫酸庆大霉素;磷霉素缓血酸铵;土霉素;甲硝唑磷酸二钠;烟酸占替诺

山西威奇达药业有限公司

山西省大同市经济技术开发区[037010]
电话:(0352)5378888
传真:(0352)5328551
网址:www. weiqida. com
E-mail:renqiaoxian@ vip. sina. com
【主要产品】7-氨基头孢烷酸;青霉素 G 钾;青霉素 G 钠;青霉素 V 钾;克拉维酸钾;氯唑西林钠;氨苄西林钠;阿莫西林钠;哌拉西林钠;美洛西林钠;阿洛西林钠;头孢噻肟钠;头孢氨苄;头孢哌酮;头孢羟氨苄;硫酸头孢匹罗;头孢他啶;硫酸庆大霉素;土霉素;洛伐他汀;新伐他汀

天镇县化肥厂

山西省天镇县谷前堡镇[038200]
电话:(0352)6964158;6964080
经济类型:国有　职工人数:830 人
法人代表:张泽民
网址:www. datonginfo. gov. cn/qygc/html/tzhfc. ht
【主要产品】合成氨;碳酸氢铵

阳泉市

山西北方晋东化工有限公司

山西省阳泉市南大街 271 号[045000]
电话:(0353)2263104
传真:(0353)2038380　经济类型:国有
企业规模:大型
网址:www. jdcg. com. cn
E-mail:mail@ jdcg. com. cn
【主要产品】VCI 气化防锈防静电包装材

晋

晋

料;黑火药;工业导火索

山西玉新双氰胺有限公司

山西省平定县娘子关镇[045203]
电话:(0353)6031116;6031878;6031876
传真:(0353)6031115 有进出口权
供销电话:6031116;6031112
经济类型:中外合资经营企业
职工人数:450 人
网址:www.niangziguan.com
E-mail:pdxnzg@public.yq.sx.cn
【主要产品】轻质碳酸钙;超细碳酸钙;活性超细碳酸钙;活性碳酸钙;氰氨化钙;电石;双氰胺;氰胺;氨基胍碳酸氢盐

阳泉精诚化工有限公司

山西省阳泉市经济技术开发区下五渡[045000]
电话:(0353)2130003
传真:(0353)2130488
法人代表:李军[illegible]David
网址:www.jingchengchem.com
【主要产品】氨基磺酸;三聚氰胺;磷酸氢钙(食用级)

阳泉全兴实业有限公司

山西省阳泉市郊区李家庄[045000]
电话:(0353)2110286
传真:(0353)2110317 职工人数:200 人
固定资产:25,000 千元
供销电话:2110286
网址:qxsy.und.com.cn
E-mail:qxds@quanxingshiye.com
【主要产品】电石

阳泉市氯碱有限责任公司

山西省阳泉市郊区李家庄乡大西庄村[045000]
电话:(0353)2130171;2130177
经济类型:有限责任公司
职工人数:570 人
网址:www.hylive.com/shanxi1/shanxi107834.html
【主要产品】盐酸;烧碱;氯气(液)

阳泉市泡沫塑料有限公司

山西省阳泉市南山南路7号[045000]
电话:(0353)2180197;2180170;2180042
传真:(0353)2035135
网址:pmsl.und.com.cn
E-mail:yqtmzx@163.com
【主要产品】聚氨酯泡沫塑料;聚苯乙烯泡沫塑料

阳泉中旭经贸发展有限公司

山西省阳泉市李荫路高新技术园区[045001]
电话:(0353)2113298;2113859;2113858
传真:(0353)2113298;4067888
法人代表:杜宜中
网址:yqzx.und.com.cn
E-mail:yqzxdz@public.yq.sx.cn
【主要产品】铝酸钙;聚合氯化铝

长治市

长治市强大药业有限公司

山西省长治市长临路宋村工业园区[046000]
电话:(0355)8489598;8489599;13633832598
传真:(0355)8489599
【主要产品】对羟基苯乙醇;环丙基溴甲烷;二氢吡啶;盐酸土霉素;舒巴坦钠;阿奇霉素;磺胺-6-甲氧嘧啶;乳酸甲氧苄啶;乳酸诺氟沙星;乳酸环丙沙星;罗格列酮;盐酸倍他洛尔;盐酸莱克多巴胺

长治市生化制药厂

山西省长治市邱村[046001]
电话:(0355)2082390
经济类型:国有
【主要产品】氨肽素;胃蛋白酶;胰酶(药用)

山西长治制药厂

山西省长治市邱村1号[046011]
电话:(0355)2082523
经济类型:国有
【主要产品】土霉素

山西康宝生物制品股份有限公司

山西省长治市太行北路[046011]
电话:(0355)2082631
传真:(0355)2081098
经济类型:股份有限公司
企业规模:大型 法人代表:周满祥
网址:www.sx.xinhuanet.com/kbzy
【主要产品】人血白蛋白

山西潞宝集团公司

山西省潞城市潞宝生态工业园区[047505]
电话:(0355)6966381
传真:(0355)6966132
职工人数:3,000 人
网址:www.lubao-group.com
E-mail:lubaogroup@lubao-group.com
【主要产品】粗苯;工业萘;轻油;洗油;粗酚;脱酚酚油;蒽油;中温沥青

山西省平顺县制药厂

山西省平顺县城关兴华街64号[047400]
电话:(0355)8922424
【主要产品】对乙酰氨基酚

天脊集团精细化工有限公司

山西省潞城市中华东大街[047507]
电话:(0355)6898424;6898134;13934057506
传真:(0355)6898377
网址:www.tianjichem.com
E-mail:tjhzdd@tianjichem.com
【主要产品】硝酸钙;乙二胺四亚甲基膦酸;丙烯酸-丙烯酸甲酯共聚物;丙烯酸/2-丙烯酰胺-2-甲基丙烷磺酸/丙烯酸羟丙酯三元共聚物;2-膦酸丁烷-1,2,4-三羧酸;水解聚马来酸酐;杀菌灭藻剂;高效杀菌灭藻剂;氨基三亚甲基膦酸;羟基亚乙基二膦酸;强效杀菌剂;2,2-二溴-3-次氮基丙酰胺;预膜缓蚀剂;苯并三氮唑;阻垢缓蚀剂;异噻唑啉酮

天脊集团塑料有限公司

山西省潞城市中华东大街[047507]
电话:(0355)6898259;6766262;6765000-21284
传真:(0355)6763015
供销电话:6766262;6765000-2088
经济类型:有限责任公司
企业规模:大型 法人代表:吴进成
网址:www.tianjigroup.com/gsgk/11sl.htm
【主要产品】塑料编织袋;复合编织袋

天脊集团应用化工有限公司

山西省潞城市中华东大街[047507]
电话:(0355)6898890;6891434;6891432
传真:(0355)6891432
供销电话:6898434;6898521
供销传真:6898432
网址:www.tjyyhg.com
【主要产品】二氧化碳(液体);苯并三氮唑钠

天脊煤化工集团有限公司

山西省潞城市中华东大街[047507]
电话:(0355)6891290;6890350;6898259
传真:(0355)6763015
供销电话:6890801;6890044
经济类型:有限责任公司
企业规模:大型 职工人数:6,150 人
法人代表:李中华
网址:www.tianjigroup.com
E-mail:tianjigroup@tianjigroup.com
【主要产品】硝酸;硝酸钙;多孔硝铵;二氧化碳(食用);合成氨;液氨;尿素;硝酸铵;硝酸磷肥;硝酸磷钾肥;塑料编织袋;苯并三氮唑;水泥

晋城市

晋城市氧化镁厂

山西省晋城市北石店乡窑头村[048007]
电话:(0356)2102496;3637246
传真:(0356)2102496 经济类型:集体
法人代表:曾金余
网址:www.hylive.com/shanxi1/shanxi111467.html
【主要产品】氧化镁(轻质)

晋城中晋药业有限公司

山西省晋城市城区西关新村157号

[048001]
电话:(0356)3086053;3086862
传真:(0356)3086053　职工人数:80 人
固定资产:9,000 千元
网址:www.zjpharm.com
E-mail:jczjyy@sina.com
【主要产品】山楂叶总黄酮

山西晋城制药厂
山西省晋城市马匠工业区[048000]
电话:(0356)3035403;3032853
经济类型:国有　法人代表:王晓红
【主要产品】氧化镁(轻质);4-硝基苯酚;4-氨基苯酚;醋酸钠;对乙酰氨基酚;月桂氮卓酮

山西晋丰煤化工有限责任公司
山西省高平市原村乡[048400]
电话:(0356)3609099;3609000
传真:(0356)3609133
网址:www.jfmh.cn;
www.jfmh.com.cn
【主要产品】甲醇;尿素

山西兰花科技创业股份有限公司
山西省晋城市凤台东街 2288 号兰花科技大厦[048000]
电话:(0356)2189600
传真:(0356)2189608
供销电话:2189635;3892108
企业规模:大型
网址:www.chinalanhua.com
E-mail:lanhua@chinalanhua.com
【主要产品】甲醇;三聚氰胺;液氨;碳酸氢铵

山西兰花煤炭实业集团有限公司
山西省晋城市凤台东街 2288 号兰花科技大厦[048000]
电话:(0356)2189501
传真:(0356)2189500
经济类型:股份有限公司
企业规模:大型　法人代表:贺贵元
网址:www.chinalanhua.com/lhjt/
【主要产品】碳酸钙(纳米级);甲醇;甲醚;三聚氰胺;合成氨;尿素;碳酸氢铵

山西省高平化工有限公司
山西省高平市火车站北[048400]
电话:(0356)5242402;5244419
传真:(0356)5244644　经济类型:集体
供销电话:5241162　有进出口权
职工人数:800 人　法人代表:张东根
网址:www.chemtradenet.com
E-mail:gpchem@hotmail.com
【主要产品】糠醛;糠醇;醋酸钠;醋酸钠(无水);醋酸钾;醋酸锌;糠醇树脂

山西省陵川化工总厂
山西省陵川县平城镇[048306]
电话:(0356)6847688;6847798;6847058
传真:(0356)6847688　经济类型:国有
供销电话:6203633;6847058
职工人数:650 人　法人代表:陈鹏
网址:www.delingchem.com
E-mail:sales@delingchem.com
【主要产品】亚铁氰化钠;亚铁氰化钾;氰化钠;苯乙酸;苯乙腈

山西省陵川化工总厂
山西省陵川县平城镇[048306]
电话:(0356)6847688;6847798;6847058
传真:(0356)6847688　职工人数:650 人
网址:www.delingchem.com
E-mail:sales@delingchem.com
【主要产品】亚铁氰化钠;亚铁氰化钾;氰化钠;苯乙酸;苯乙腈

山西新联友化工有限公司
山西省晋城市凤台西街 18 号恒信大厦 7F[048000]
电话:(0356)2055722;2059739;2055084
传真:(0356)2055664　有进出口权
供销电话:4851019　法人代表:王坚强
供销传真:2055664;4851090
经济类型:中外合资经营企业
网址:www.thiocyanate.com
E-mail:sales@thiocyanate.com
【主要产品】二硫化碳;硫化钠;硫氢化钠;硫氰化钠;硫氰酸钙;硫氰酸铵;硫氰酸钾;硫氰酸胍;二硫氰基甲烷;无烟煤滤料;聚乙烯吡咯烷酮

朔州市

山西省山阴县康立化工有限责任公司
山西省朔州市山阴区岱岳镇同太北路 19 号[038400]
电话:(0349)7071682
供销电话:7072042　有进出口权
经济类型:有限责任公司
法人代表:李保荣
网址:yp.shidui.com/shanxi1/shanxi105519.html
【主要产品】糠醛;糠醇

山西渊源药业有限公司
山西省朔州市朔城区红旗牧场[038500]
电话:(0349)2106222
传真:(0349)2106111　职工人数:300 人
经济类型:私营企业
网址:www.hylive.com/shanxi1/shanxi111494.html
【主要产品】乳酸菌素

晋中市

祁县精细化工厂
山西省祁县峪口乡鲁村北[030900]
电话:(0354)5350022
传真:(0354)5350022
经济类型:私营企业
网址:www.qxjxchem.com
E-mail:gw-10@163.net
【主要产品】对羟基苯甲醛;对碘苯甲醛

山西宝泰药业有限责任公司
山西省晋中市榆次工业园区[030600]
电话:(0354)2666301;2666338
传真:(0354)2666336;2666279
供销电话:2666333
经济类型:有限责任公司
网址:www.sxbtyy.com
E-mail:xiaoshou@sxbtyy.com
【主要产品】多潘立酮

山西介休光华化工有限公司
山西省介休市连福镇连福村[032000]
电话:(0354)7462001;13935487580
传真:(0354)7462003　经济类型:国有
产值:60,000 千元　职工人数:1,200 人
网址:drlgzg.myqy.cn
E-mail:drl2005@sohu.com
【主要产品】甲醇(精);液氨;碳酸氢铵

山西介休士达炭素有限公司
山西省介休市[031206]
电话:(0354)7224635
传真:(0354)7224632
供销电话:(028)66856611
供销传真:(028)66856622
网址:www.sxshida.com
E-mail:ghshida@zsg.sina.net
【主要产品】石墨电极

山西琚丰高岭土有限公司
山西省晋中市榆次工业园区[030600]
电话:(0354)2666606;2666608
传真:(0354)2666607
法人代表:琚志伟
网址:www.jufengkaolin.com
E-mail:jf@jufengkaolin.com
【主要产品】煅烧高岭土

山西省凯翕克化工有限公司
山西省晋中市榆次区榆太路 223 号[030600]
电话:(0354)2403659;2403717;2404996
传真:(0354)2403661　产值:5,000 千元
经济类型:股份有限公司
职工人数:120 人　法人代表:郝建忠
网址:www.cscchem.com
E-mail:sales@cscchem.com
【主要产品】硝酸;亚硝酸钠;硝酸钙;亚硝酸钙;无水硝酸钙

山西省平遥聚贤橡胶有限公司
山西省平遥县中都东路(火车站东 3 公里处路北)[031100]
电话:(0354)5660402;5660068;5660128
传真:(0354)5660255
网址:www.sxpyjuxian.com.cn

晋

E-mail:wangsx@ sxpyjuxian. com. cn
【主要产品】再生胶;丁基再生胶

山西省祁县洪凯活性炭制品有限公司

山西省祁县东观工业园区[030900]
电话:(0354)5322008
传真:(0354)5322268
网址:www. sxhongkai. com
E-mail:hongkai@ hi2000. com
【主要产品】活性炭

山西省太谷中晋化工有限公司

山西省太谷县太徐路1号[030800]
电话:(0354)6330569;6330182
传真:(0354)6330182 法人代表:曹兵
经济类型:联营企业
网址:www. jzgy. net/mxqy/zjhg/zjhg. htm
E-mail:jzjwxx@ public. yz. sx. cn
【主要产品】糠醛;2-甲基呋喃

山西省榆社县三益化工厂

山西省榆社县坂坡工业区[031800]
电话:(0354)6866639;6630781;13613542851
传真:(0354)6630781
网址:www. chemsanyi. com
E-mail:sanyi@ chemsanyi. com
【主要产品】输送带难燃黏合剂;阻燃冷补胶;阻燃胶带;自粘性防水胶带;高压绝缘橡胶带

山西太明化工工业有限公司

山西省太谷县北外环108国道30号[030800]
电话:(0354)6215969;6215555;6215777
传真:(0354)6223400;6207915
供销电话:(0351)4687002
供销传真:(0351)1687001
经济类型:联营企业 职工人数:215人
法人代表:白玉祥
网址:www. taimingchem. com
E-mail:sale@ regentworks. com
【主要产品】焦化苯;二氯异丙醇;反丁烯二酸;顺丁烯二酸;酒石酸;*D*-酒石酸;*L*-酒石酸;*L*-苹果酸;*DL*-苹果酸;*L*-丙氨酸;顺丁烯二酸酐;硫代卡巴肼;不饱和聚酯树脂;*L*-天门冬氨酸;赛利克西;聚天门冬氨酸

山西天一纳米材料科技有限公司

山西省晋中市榆次区经纬路134号[030601]
电话:(0354)2433596;3295886;3295849
传真:(0354)2422311
网址:www. tianyi-nano. com. cn
E-mail:sales@ tianyi-nano. com. cn
【主要产品】二氧化硅;消光剂;油墨消光粉;增稠剂;芥酸酰胺;复合肥防结块剂;造纸助剂

山西榆次昶力高科有限公司

山西省晋中市榆次区安宁桥西[030600]
电话:(0354)3063375;3063391
传真:(0354)3069698
网址:www. 4azeolite. com
E-mail:sale@ 4azeolite. com
【主要产品】4A 沸石

山西榆社化工股份有限公司

山西省晋中市榆社县新建南路99号[031800]
电话:(0354)6633016;6633286;6633173
传真:(0354)6633016
供销电话:6633036;6633040
供销传真:6633037;6633046
经济类型:股份有限公司
企业规模:大型 职工人数:2,400人
法人代表:魏志生
网址:www. sxyh. com. cn
E-mail:yshg@ sxyh. com. cn
【主要产品】盐酸;烧碱;氯气(液);碳酸氢铵;聚氯乙烯树脂

榆次金泰钡盐化工有限公司

山西省晋中市榆次区北田镇兴隆庄[030600]
电话:(0354)6021204;2710225
传真:(0354)6021204;2710229
经济类型:国有 法人代表:王凤岐
网址:www. barium-salt. com
E-mail:postmaster@ barium-salt. com
【主要产品】氢氧化钡;氢氧化钡(一水);硝酸钡;氯化钡;偏硼酸钡;碳酸钡;硫脲

榆次开发区福利油脂化工厂

山西省晋中市榆次开发区乌金山镇志村[030619]
电话:(0354)2511029
传真:(0354)2511301 经济类型:集体
供销电话:13703540946
职工人数:60人 法人代表:谢忠元
网址:www. dmso. com. cn
E-mail:dmso@ public. yz. sx. cn
【主要产品】二硫化碳;二甲基硫醚;二甲基亚砜

忻州地区

河曲县秦阳化工有限公司

山西省忻州市河曲县楼子营镇[036501]
电话:(0350)7270058;7270011;7270025
传真:(0350)7270058
经济类型:股份有限公司
【主要产品】氰氨化钙;活性炭;电石

山西河曲正阳高岭土有限公司

山西省河曲县曲峪工业园区[036500]
电话:(0350)7222704;13603505514
传真:(0350)6180363 职工人数:200人
供销电话:7222704;13903503537
经济类型:私营企业 法人代表:樊占良
网址:www. cnkaolin. com
E-mail:wangchenghuan@ gamil. com
【主要产品】高岭土

山西金洋锻烧高岭土有限公司

山西省忻州市田村工业区[034001]
电话:(0350)2641111;2136542;2136245
传真:(0350)2136958 有进出口权
供销传真:2136958;2136245
经济类型:中外合资经营企业
网址:www. jinyangkaolin. com
E-mail:jinyang@ jinyangkaolin. com
【主要产品】煅烧高岭土

山西省原平市化工有限责任公司

山西省太原市桃园北路92号新闻大厦701室[034100]
电话:(0350)8223249;8231377;8227177
传真:(0350)8235668;8229725
固定资产:500,000千元 有进出口权
经济类型:股份有限公司
企业规模:大型 职工人数:2,600人
法人代表:耿书元
网址:www. yuanpingchem. com
E-mail:xszb2@ yuanpingchem. com
【主要产品】硫酸钠;甲酸;草酸;草酸二甲酯;草酸二乙酯;甲酸钠

山西同德化工有限公司

山西省河曲县文笔镇大茂口[036500]
电话:(0350)7264191;7263948;13903503639
传真:(0350)7263455
经济类型:有限责任公司
法人代表:张云升
网址:xzhqhg. bip. und. cn
E-mail:hqzsf@ public. xz. sx. cn
【主要产品】煅烧高岭土;硅酸钠;A型硅胶;白炭黑;乳化炸药;岩石膨化硝铵炸药;铵油炸药1号;2号岩石粉状铵锑炸药;2号煤矿粉状铵锑炸药

山西禹王煤炭气化有限公司

山西省忻州市忻府区兰村乡工业园区[034001]
电话:(0350)2641023;2640031
经济类型:有限责任公司
职工人数:300人
【主要产品】焦炭

五台县化肥厂

山西省忻州地区五台县沟南乡[035500]
电话:(0350)6531030;6522773;6522567
传真:(0350)6531856;6521856
供销电话:6531173 经济类型:国有
职工人数:2,500人 法人代表:刘文珍
网址:www. cnfia. com/files/qyjlyh/sxwt/sxwt. asp
【主要产品】合成氨;尿素;塑料编织袋;螺栓松动剂

忻州市试剂化工厂

山西省忻州市胜利路兴运 6 号［034000］
电话：(0350)2022644；13903502258
传真：(0350)2111955
网址：www.fanrongfu.com
E-mail：fanrongf@public.xz.sx.cn
【主要产品】糠醛；醋酸钠；醋酸钾；醋酸锌；乙酸钙；双乙酸钠

吕梁地区

大土河焦化有限责任公司
山西省吕梁市离石区大土河村［033000］
电话：(0358)3364957；3364958；3364911
传真：(0358)3364958
供销电话：3364315　法人代表：贾廷亮
经济类型：有限责任公司
网址：www.datuhe.com
【主要产品】硫酸铵；焦炉煤气；粗苯；煤焦油；焦炭

交城联鑫化工有限公司
山西省交城县西环路［030500］
电话：(0358)2359666
传真：(0358)2359588　产值：1,000 千元
经济类型：私营企业　职工人数：100 人
E-mail：yaoyong500@sohu.com
【主要产品】三氯甲基碳酸酯；3-硝基苯甲醛

吕梁高科耐火材料有限公司
山西省孝义市高阳镇高阳村［032300］
电话：(0358)7649955；7649966；7649998
传真：(0358)7649977
供销电话：7649955；13903582469
网址：www.llnh.com
E-mail：postmaster@llnh.com
【主要产品】铝矾土细粉；镁铝尖晶石；莫来石

山西交城新鑫净化材料有限公司
山西省交城县夏家营南银通园区新鑫路 001［030500］
电话：(0358)3901287
传真：(0358)3901025　职工人数：262 人
供销电话：3901235　法人代表：李亮才
经济类型：私营企业
网址：www.sxjcxx.com/xx/index.htm
E-mail：sxjcxx@public.ls.sx.cn
【主要产品】活性炭

山西磊鑫化工有限公司
山西省交城市小辛工业区 1 号［030500］
电话：(0358)3568288；3569299；3569999
传真：(0358)3569288
经济类型：股份有限公司
法人代表：张小庆
网址：www.leixinhg.com
【主要产品】碳酸钾；硝酸钙；硝酸钾；工业氯化铵；硝酸铵钙

山西省交城县富丽化工有限公司
山西省交城县五眼桥东［030500］
电话：(0358)3903271；13903585152
传真：(0358)3903271
供销电话：3903271；13503588831
网址：www.fuli.chem.cn
E-mail：fuli@chem.cn
【主要产品】3-噻吩丙二酸；中铬黄；大红粉；紫外线吸收剂三嗪-5

山西省交城县金兰化工有限公司
山西省交城县义望工业区［030500］
电话：(0358)3561999
传真：(0358)3562198
网址：www.knlan.com；www.knlan.net
E-mail：knlan@knlan.net
【主要产品】碳酸钾；硫酸钾；硫酸铵（工业级）；硝酸钠；亚硝酸钠；硝酸钡；硝酸钙；亚硝酸钙；硝酸钾；硝酸铝；硝酸镁；氯化钙；工业氯化铵；尿素；氯化铵；硝酸铵钙；硝酸铵磷；亚硝酸钾

山西省交城县晶鑫化工厂
山西省交城县城西五眼桥工业区［030500］
电话：(0358)3903666；13803484514
传真：(0358)3903111
法人代表：任福成
网址：sxjingxin.chemnet.com
E-mail：jingxin@hi2000.com
【主要产品】氟硅酸钠；三氯甲基碳酸酯；丙二酰脲；3-硝基苯甲醛

山西省交城县三喜化工有限公司
山西省交城县义望工业区［030500］
电话：(0358)3561519；13503588096
传真：(0358)3561919
网址：www.sanxichem.com
E-mail：sales@sanxichem.com
【主要产品】硫酸铵（工业级）；硝酸钠；亚硝酸钠；硝酸钡；硝酸钙；硝酸钾；硝酸镁；工业氯化铵；硝酸铵钙

山西省文水县文成化工有限公司
山西省文水县信贤村工业区［032111］
电话：(0358)3430092；3568288
传真：(0358)3430017　有进出口权
供销电话：(0531)7991191
供销传真：(0531)7991197
职工人数：140 人　法人代表：文祥林
网址：www.wenchengchem.com；www.leixin-chem.com
E-mail：wenchengchem@yahoo.com.cn
【主要产品】碳酸氢钾；碳酸钾；硫酸钾；硝酸钙；硝酸钾；工业氯化铵；蓖麻油

山西省文水县制药厂
山西省文水县西环路 1 号［032100］
电话：(0358)3023452
经济类型：国有　法人代表：康富宝
【主要产品】假密环菌甲素；猴菇菌粉

山西新天源医药化工有限公司
山西省交城县交岭路距 307 国道 1000 米处［030500］
电话：(0358)3521715；3526130；13503588262
传真：(0358)3521713；3521716
经济类型：私营企业　有进出口权
职工人数：85 人
法人代表：苏斌林
网址：www.tychemical.com
E-mail：jcxsbl@public.ls.sx.cn
【主要产品】2,3-二氯丙烯；2,4,6-三碘-5-氨基间苯二甲酸；草酸二乙酯；对氯苯乙酮；4-溴苯乙酮；4-氯丁酰氯；2-甲基丙烯酰氯；5-氨基-2,4,6-三碘-1,3-苯二甲酰氯；5-硝基间苯二甲酸；对氯乙酰苯胺；*N*-乙基乙二胺；3,4-二氯苯胺；3-氯-4-氟苯胺；六甲基氧二硅烷；4-乙基-2,3-双氧哌嗪；4-乙基-2,3-二氧-1-哌嗪甲酰氯；*N*-3-[3-(1-哌啶甲基)苯氧基]丙胺；3-(1-哌啶甲基)苯酚；2*R*-2-[(4-乙基-2,3-双氧代哌嗪基)甲酰胺]苯乙酸；2*R*-2[(4-乙基-2,3-双氧代哌嗪基)甲酰胺]对羟基苯乙酸；*N*-(3-溴丙基)邻苯二甲酰亚胺；5-氨基-2,4,6-三碘-*N*,*N'*-二(2,3-二羟基丙基)-1,3-苯二甲酰胺；5-乙酰胺基-2,4,6-三碘-*N*,*N'*-双(2,3-二羟基丙基)-1,3-苯二甲酰胺；2-氨基噻唑啉；2-氯二苯甲酮；5-硝基间苯二甲酸二甲酯；二苯甲酮腙；二苯甲酮；核黄素磷酸钠；碘海醇

文水县振兴化肥有限公司
山西省文水县南关村西［032100］
电话：(0358)3031221
传真：(0358)3031221
经济类型：私营企业　法人代表：张甫纯
网址：www.sxzxchem.cn
E-mail：sales@sxzxchem.cn；zxtd@wentong.com
【主要产品】硝酸；碳酸氢钾；碳酸钾；硫酸钾；硝酸钠；亚硝酸钠；硝酸钾；工业氯化铵；甲醇；合成氨；碳酸氢铵

临汾地区

临汾宝珠制药有限公司
山西省临汾市尧都区解放东路 130 号［041000］
电话：(0357)3019118
传真：(0357)3019118
经济类型：股份有限公司
网址：www.lfbzzy.com
E-mail：market@lfbzzy.com；sale@lfbzzy.com
【主要产品】氢氧化铝；异烟肼；维生素 U（氯型）；甲硝唑；甘草锌

晋

临汾市同世达实业有限公司

山西省临汾市河西工业区[041082]
电话:(0357)3059165;2030813;2030983
传真:(0357)3059185
供销电话:3059165;2030811
供销传真:3059185;2030355
法人代表:杨怀旺
网址:www. lftshd. com
E-mail:lftshd@ lftshd. com
【主要产品】硫黄;苯;甲醇;甲醛;硫酸铵;粗苯;煤焦油;焦炭

临汾市祥德化工制品有限公司

山西省临汾市桥东街2号[041000]
电话:(0357)3099536;3099967;3095503
传真:(0357)3099536　职工人数:200人
网址:www. lfxdchem. com
E-mail:sales@ lfxdchem. com
【主要产品】硫酸锌;硫酸锌(一水)

山西汾河制药厂

山西省临汾市河西工业区[041000]
电话:(0357)2033447
传真:(0357)2033449　经济类型:国有
E-mail:fenhe@ public. lf. sx. cn
【主要产品】*L*-胱氨酸;柠檬酸(一水);*DL*-精氨酸;四环素;土霉素;红霉素;羧甲司坦;*DL*-酪氨酸;*DL*-异亮氨酸

山西侯马平阳制药厂

山西省侯马市幸福街11号[043002]
电话:(0357)4218378;4218379
传真:(0357)4218377　经济类型:国有
法人代表:雷元明
【主要产品】硫酸庆大霉素

山西华阳染化有限公司

山西省临汾市鼓楼南复兴巷4号[041000]
电话:(0357)2596388
传真:(0357)2596366　有进出口权
【主要产品】乙醛酸;5-(4-羟基苯基)海因

山西焦化股份有限公司

山西省临汾市洪洞[041606]
电话:(0357)6627903
传真:(0357)6627902
企业规模:大型　职工人数:6,500人
网址:www. sxjh. com. cn
E-mail:xxzx@ sxjh. com. cn
【主要产品】硫酸亚铁;硫氰化钠;硫黄;焦化二甲苯;焦化甲苯;液氨;尿素(工业用);硫酸铵;颗粒磷肥;吹苯残油;粗苯;工业萘;脱酚酚油;改质沥青;焦炭;煤沥青

山西临汾民康制药厂

山西省临汾市解放西路126号[041002]
电话:(0357)2013452
经济类型:国有　法人代表:杨金柱
【主要产品】羧甲司坦

山西临汾染化(集团)有限责任公司

山西省临汾市鼓楼南大街复兴巷4号[041000]
电话:(0357)2596309;2596277;2596292
传真:(0357)2596365;2596333
供销电话:2596259　经济类型:国有
有进出口权　职工人数:1,000人
法人代表:黄万信
网址:www. linfenchemical. com
E-mail:lfdyes@ public. lf. sx. cn
【主要产品】硫代硫酸钠;*D*-对羟基苯甘氨酸;*DL*-对羟基苯甘氨酸;5-(4-羟基苯基)海因;尿囊素;对羟基苯甘氨酸邓钾盐;2,4-二硝基氯苯;硫化黑;双倍硫化黑;硫化黑2号;水溶性硫化黑;直接混纺藏青 D-R;直接耐晒橙 GGL;直接耐晒黑 G;显色基艳红 RB;还原桃红 R;分散黄 SE-G;分散大红 B;分散黑 EX*N*-SF;皮革黑1;皮革黑3

山西三维集团股份有限公司

山西省临汾市洪洞县赵城镇[041603]
电话:(0357)6663401
传真:(0357)6663566
供销电话:6663444;6663136
经济类型:股份有限公司
企业规模:大型　职工人数:2,403人
法人代表:全立祥
网址:www. sxsanwei. com/sxsw/indexe. htm
E-mail:sxsw@ sxsanwei. com
【主要产品】甲醛

山西省晋光制药厂

山西省侯马市合欢街109号[043009]
电话:(0357)4219438;4188380
传真:(0357)4188380　经济类型:国有
法人代表:苏海梁
【主要产品】干酵母

山西省临汾健民制药厂

山西省临汾市平阳北街227号[041000]
电话:(0357)2210664;3335078;13703578559
传真:(0357)2213967　经济类型:国有
供销电话:2213967;13753798013
职工人数:150人　法人代表:靳安生
网址:www. lfjm999. com
E-mail:lfjm999@ 163. com
【主要产品】氢氧化铝

山西省临汾生化制药厂

山西省临汾市平阳北街65号[041000]
电话:(0357)2211762;2025762
传真:(0357)2212700　经济类型:国有
【主要产品】羧甲司坦

山西省临汾有机化工厂

山西省临汾市桥东街2号[041000]
电话:(0357)3093630
传真:(0357)3016459　经济类型:国有
供销电话:3016459
【主要产品】3,4-二氯硝基苯;五氯硝基苯;非诺夫他林

山西省龙腾达化工有限公司

山西省临汾市襄汾县陶寺镇[041500]
电话:(0357)3862533
传真:(0357)3862548　有进出口权
固定资产:100,000千元
经济类型:有限责任公司
产值:16,000千元　职工人数:200人
销售收入:200,000千元
法人代表:牛铁兵
E-mail:liuningbo_8008@ 163. com
【主要产品】顺丁烯二酸酐

运城地区

八一油墨有限公司

山西省闻喜县东镇工业区[043801]
电话:(0359)7243383
传真:(0359)7243305
法人代表:李玉斌
网址:www. 81ymc. com
E-mail:ym81q@ 126. com
【主要产品】油墨;树脂胶版油墨;胶印轮转油墨;胶印亮光快干油墨;胶印亮光快干四色油墨;油墨印刷助剂

南风化工集团股份有限公司

山西省运城市解放路294号[044000]
电话:(0359)2021544;2017089;8967035
传真:(0359)2023302　有进出口权
供销电话:8967841;8967052
供销传真:2022106;2017676
经济类型:股份有限公司
企业规模:大型
网址:www. nafine. com
E-mail:webmaster@ nafine. com
【主要产品】氢氧化镁;硫化钠;硫代硫酸钠;硫氢化钠;硫酸钡;硫酸钠;硫酸钾;硫酸镁(一水);硫酸镁;亚硝酸钠;氯化钠;氯化钡;丙三醇;硫脲;碳酸氢铵;混配复合肥料;肥皂;高能皂;增白皂;透明皂;合成洗衣粉;洗洁精;衣领净;洗衣膏;洗发香波;蚊香;牙膏;脂肪醇聚氧乙烯醚硫酸钠

芮城县虹桥药用中间体有限公司

山西省芮城县西郊八一路1号[044600]
电话:(0359)3033108;3023600;13903488365
传真:(0359)3025599　职工人数:276人
网址:www. sx-hongqiao. com
E-mail:rcybzjt@ hi2000. com;rcybzjt@ 163. com
【主要产品】硫代硫酸钠;1,3-二甲基-2-

咪唑啉酮;4,5-二甲氧基-2-硝基苯甲酸;2,3,4-三甲氧基苯甲醛;4,5-二甲氧基-2-硝基苯甲酸甲酯;2,4-二硝基氯苯;2-氨基-4,5-二甲氧基苯甲酸;4,4′-二氨基二苯砜;双倍硫化黑;硫化黑B;头孢泊肟;盐酸普萘洛尔;硝苯地平;双嘧达莫;双肼屈嗪

芮城县顺昌化工有限公司

山西省芮城县城西郊八一路[044600]
电话:(0359)3033541;3031873;13503596098
传真:(0359)3033541
网址:shunchang.chemnet.com
E-mail:shunchang@hi2000.com
【主要产品】(3-硝基苯亚甲基)乙酰乙酸-2-甲氧基乙酯;三苯基氯甲烷;3-硝基苯甲醛;β-氨基巴豆酸甲酯;β-氨基巴豆酸异丙酯;克霉唑;硝苯地平;尼群地平;盐酸可乐定;尼莫地平;异山梨醇;氯化琥珀胆碱;氯贝胆碱;月桂氮卓酮

芮城县新宇化工有限公司

山西省芮城县烟厂大道99号[044600]
电话:(0359)8868158;3080288
传真:(0359)8868159　职工人数:60人
法人代表:高新民
网址:www.rcxinyu.com
E-mail:gxm@rcxinyu.com;wl@rcxinyu.com
【主要产品】丙二酰脲

芮城县兴庆化工厂

山西省芮城县南环西路十八号[044600]
电话:(0359)3021214
传真:(0359)3020390
网址:www.xingqingchem.com
E-mail:xingqing@hi2000.com
【主要产品】硝苯地平;尼群地平;氯贝胆碱;月桂氮卓酮

芮城县亚宝药用中间体有限公司

山西省芮城县西郊八一路1号[044600]
电话:(0359)3023600;3025599;13903488365
传真:(0359)3025599
供销电话:3033108;13903488816
经济类型:有限责任公司
网址:www.chinachemnet.com/ybzjt
E-mail:rcybzjt@hi2000.com
【主要产品】头孢泊肟;头孢泊肟酯;盐酸普萘洛尔;硝苯地平;双嘧达莫;双肼屈嗪;氯氮卓

山西北方制药厂

山西省永济市中山东街26号[044503]
电话:(0359)8068401;8068076;8068683
传真:(0359)8068247
【主要产品】四环素;盐酸四环素

山西飞鹰化工有限公司

山西省绛县城东[043600]
电话:(0359)6526262
传真:(0359)6522144　有进出口权
经济类型:私营企业　企业规模:大型
职工人数:1,068人
网址:www.sxfyhg.com
E-mail:sxfyhg@sxfyhg.com
【主要产品】炭黑

山西丰喜肥业(集团)股份有限公司

山西省运城市人民北路317号[044000]
电话:(0359)2168106
传真:(0359)2122450
经济类型:股份有限公司
企业规模:大型　法人代表:董海水
网址:www.fengxi.com.cn
E-mail:sales@fengxi.cn
【主要产品】硝酸;纯碱;甲醇;甲醚;三聚氰胺;尿素;氯化铵;硝酸铵;碳酸氢铵;复合肥;塑料编织袋;化工设备

山西丰喜化工设备有限公司

山西省永济市中山西街8号[044500]
电话:(0359)8023188;8023078
传真:(0359)8023797　职工人数:520人
经济类型:有限责任公司
法人代表:董海水
网址:www.fengxi.cn/hgsb.htm
【主要产品】工业搪玻璃反应釜;换热器;搪玻璃储罐;Ⅰ、Ⅱ、Ⅲ类非标压力容器

山西广大化工有限公司

山西省运城地区绛县城东工业区[043600]
电话:(0359)6682404
传真:(0359)6682303
网址:www.sxguangda.com
E-mail:mail@sxguangda.com
【主要产品】哒螨灵可湿性粉剂;阿维菌素可湿性粉剂;阿维菌素乳油;炔螨特乳油;高渗吡虫啉乳油;高效氯氰菊酯乳油;高效氯氟氰菊酯乳油;甲氰菊酯乳油;啶虫脒乳油;氟铃脲乳油;毒死蜱乳油;丙环唑乳油;三唑锡可湿性粉剂;甲基硫菌灵可湿性粉剂;腐霉利烟剂;代森锌可湿性粉剂;代森锰锌可湿性粉剂;25%咪鲜胺乳油;霜霉威水剂;二氯异氰尿酸钠可溶性粉剂;嘧霉胺悬浮剂;百草枯水剂;苄磺隆可湿性粉剂;精喹禾灵;锰锌·霜脲可湿性粉剂;高氯·马乳油;高氯·辛乳油;福·福锌可湿性粉剂;28%百·霉威可湿性粉剂;敌畏·氯乳油;阿维·毒乳油

山西金甲化工有限公司

山西省绛县城东[043600]
电话:(0359)6682427
传真:(0359)6682594
网址:www.cnjinjia.com/huagong/index.asp
【主要产品】盐酸;烧碱;次氯酸钠;氯气(液)

山西金甲药业有限公司

山西省绛县振兴街东[043600]
电话:(0359)6523681;6523905
传真:(0359)6523616
供销电话:(010)63747829
供销传真:(010)63718426
经济类型:有限责任公司
网址:www.cnjinjia.com
E-mail:jjyy@jjyy.com.cn
【主要产品】山楂叶总黄酮

山西晋新双鹤药业有限责任公司

山西省夏县城北[044400]
电话:(0359)8556020;8556391
传真:(0359)8556020
经济类型:有限责任公司
职工人数:1,600人
网址:www.dcpc.com.cn/about/jinxin.htm
E-mail:jxzy@public.sx.cn
【主要产品】乙酰丙酮;地红霉素;碳酸红霉素;磺胺二甲嘧啶;磺胺甲噁唑;甲氧苄啶;磺胺对甲氧嘧啶;利巴韦林;阿昔洛韦;诺氟沙星;甲磺酸培氟沙星;氟哌酸;盐酸左旋氧氟沙星;帕苏沙星;美洛昔康;盐酸二甲双胍

山西平陆丰喜肥业有限公司

山西省平陆县城关镇财贸路62号[044300]
电话:(0359)3530008
传真:(0359)3530008　职工人数:600人
网址:www.fengxi.cn/pl.htm
【主要产品】甲醇;甲醛;合成氨;碳酸氢铵

山西青山化工有限公司

山西省临猗县高新工业区运临路888号[044100]
电话:(0359)4098810;4098830
传真:(0359)4098811
网址:www.qshg.com
E-mail:qshg@qshg.com
【主要产品】4-氨基苯磺酸;荧光增白剂BC;荧光增白剂CXT;荧光增白剂DT;荧光增白剂ER-Ⅰ;荧光增白剂VBL;荧光增白剂BBU;荧光增白剂OB;荧光增白剂OB-1;荧光增白剂31号;荧光增白剂KCB;荧光增白剂FP-127;荧光增白剂CBW;荧光增白剂JPL-2

山西芮城华新纳米材料有限公司

山西省芮城县东大街100号[044600]
电话:(0359)3286414;8869704;3022973
传真:(0359)8869704

法人代表：杨建华
网址：www. sinonmc. com
E-mail：nmc001@ 163. com；
sales@ sinonmc. com
【主要产品】碳酸钙（纳米级）

山西省河津市津津化工有限公司
山西省河津市龙岗东路［043300］
电话：(0359)5023463；5035939
传真：(0359)5023463
网址：www. jin-hu. com
E-mail：gtfh@ jin-hu. com
【主要产品】钢铁件常温发黑剂

山西省临猗县翔宇化工有限公司
山西省临猗县丰喜工业园区［044100］
电话：(0359)4062361；4175290；4062751
传真：(0359)4062694；4174188
有进出口权
职工人数：550 人
网址：www. xiangyuchem. com. cn
E-mail：xiangyu@ xiangyuchem. com
【主要产品】对硝基甲苯邻磺酸；2-萘胺-1-磺酸；4，4′-二氨基二苯乙烯-2，2′-二磺酸；4，4′-二硝基二苯乙烯-2，2′-二磺酸；防老剂 4020

山西省芮城县精细日化有限公司
山西省芮城县西郊兰原［044600］
电话：(0359)3024784；13934379550
传真：(0359)3032286
供销传真：3024784　法人代表：兰春乐
网址：www. chinachemnet. com/fc
E-mail：fc@ hi2000. com
【主要产品】三硅酸镁；维生素 U（氯型）；维生素 U（碘型）；盐酸普萘洛尔；硝苯地平；氯氮卓；氢氯噻嗪；氯贝胆碱；颠茄浸膏

山西省万荣县上朝黄河化工厂
山西省万荣县荣河城西［044205］
电话：(0359)4876383；13903595799
传真：(0359)4876383
法人代表：李庆平
网址：www. li999. com
E-mail：li999@ li999. com
【主要产品】高效减水剂；减水剂；建筑防水剂；脱模剂；速凝剂；混凝土膨胀剂；螺栓松动剂；锚固剂；混凝土引气剂

山西舜都集团有限公司
山西省永济市振兴西街 11 号［044500］
电话：(0359)8086592；8085487；8085290
传真：(0359)8085625
经济类型：国有
有进出口权
职工人数：2，000 人
法人代表：杨克文
网址：www. sxshundu. com
E-mail：sales@ shundu. com；
chem@ shundu. com
【主要产品】三聚氰酸；合成氨；尿素

山西涑源化工有限责任公司
山西省绛县城东工业园［043600］
电话：(0359)6683121；6683125；13700593150
传真：(0359)6682820
网址：www. sxsyhg. com
E-mail：sxsyhg@ sxsyhg. com
【主要产品】炭黑

山西亚宝药业集团股份有限公司
山西省芮城市风陵渡经济开发区工业大道 1 号［044601］
电话：(0359)3388114
传真：(0359)3388002
供销电话：3388042　职工人数：1，920 人
经济类型：股份有限公司
法人代表：任武贤
网址：www. yabao. com. cn
E-mail：yabao@ yabao. com. cn
【主要产品】三硅酸镁；1，3-二甲基-2-咪唑啉酮；4，5-二甲氧基-2-硝基苯甲酸；2，3，4-三甲氧基苯甲醛；4，5-二甲氧基-2-硝基苯甲酸甲酯；2-氨基-4，5-二甲氧基苯甲酸；4，4′-二氨基二苯砜；甲钴胺；芦丁；双嘧达莫；双肼屈嗪；盐酸莫索尼定；尼莫地平；曲克芦丁；阿尼西坦

山西永东化工有限公司
山西省稷山县西社镇［043205］
电话：(0359)5662080；5561332
传真：(0359)5662095
法人代表：刘福太
网址：www. sxydhg. com
E-mail：sxydhggs@ 163. com
【主要产品】炭黑；煤焦油

山西远征化工有限责任公司
山西省绛县城东化工区［043600］
电话：(0359)6683113；6683116
传真：(0359)6683112，6683113
网址：www. sxyzhg. com
E-mail：sxyzhg@ sxyzhg. com
【主要产品】分散剂；早强剂；混凝土高效减水剂；混凝土减水剂；缓凝高效泵送剂；工业萘；洗油；粗酚；蒽油；煤焦油；改质沥青

山西志信炭黑集团
山西省绛县卫庄镇西［043600］
电话：(0359)6797118；6797528
传真：(0359)6797118　职工人数：400 人
供销电话：6797628
法人代表：王建国
经济类型：有限责任公司
网址：www. zxhg. com
E-mail：zxhg@ zxhg. com
【主要产品】炭黑

万荣县荣河康达化工厂
山西省万荣县荣河镇周王村口［044205］
电话：(0359)4588585；4876158
传真：(0359)4589504
网址：www. sxked. com
E-mail：ked@ sxked. com
【主要产品】混凝土界面处理剂；混凝土缓凝高效减水剂；混凝土早强减水剂；混凝土复合早强剂；混凝土复合防冻早强剂；混凝土脱模剂；速凝剂；混凝土膨胀剂；螺栓松动剂；锚固剂；高效水箱防锈剂；发动机清洗剂；金属清洗防锈剂；化油器清洗剂；发动机专用抗磨剂；泵送剂

永济市翔远化工有限公司
山西省永济市虞乡镇［044514］
电话：(0359)8261050；13903486901
传真：(0359)8261150
供销传真：8261050
网址：www. xy-chem. com
E-mail：xy@ xy-chem. com
【主要产品】硝铵防结块剂；复合乳化剂；斯盘 80；植物油酸

永济市裕强工贸有限公司
山西省永济市中山东街 1 号［044500］
电话：(0359)8080601；13903596159
传真：(0359)8080601
网址：yjyq. cn. chemnet. com
【主要产品】氯化石蜡-70

运城精化农药有限公司
山西省运城市运临路 888 号［044000］
电话：(0359)2899338
传真：(0359)2899338
职工人数：100 人
固定资产：10，000 千元
经济类型：有限责任公司
网址：www. sxjhny. com
E-mail：wangyongqiang@ sxjhny. com
【主要产品】30% 敌百虫乳油；百菌清烟剂；代森锰锌可湿性粉剂；菌核净；百·腐烟剂；福·甲硫·硫可湿性粉剂

运城市鑫河医药化工有限公司
山西省运城市禹都大道 106 号［044000］
电话：(0359)3021002；2297558
传真：(0359)2297558　职工人数：108 人
固定资产：15，000 千元
供销传真：3021002　法人代表：董小林
经济类型：有限责任公司
网址：www. ycxhyh. com
E-mail：dxlwjj@ 126. com
【主要产品】三苯基氯甲烷；2，3，4-三甲氧基苯甲醛；3-硝基苯甲醛；维生素 U（氯型）；盐酸普萘洛尔；硝苯地平；尼群地平；尼莫地平；氢氯噻嗪；丹曲林钠；甘油磷酸钠；偶氮二异庚腈

蒙

内蒙古自治区

呼和浩特市

呼和浩特市橡胶机械厂

内蒙古自治区呼和浩特市回民区鄂尔多斯路21[010030]
电话:(0471)3965320
传真:(0471)3683538
网址:www.xjjixie.com
E-mail:hhhtjx@126.com
【主要产品】橡胶挤出机;开放式炼胶机;冷喂料橡胶挤出机;平板硫化机组;胶管成型机

内蒙古三联化工股份有限公司

内蒙古呼和浩特市化工路一号[010030]
电话:(0471)3960004;3964203;3962455
传真:(0471)3962455　有进出口权
供销电话:3964682;3964203
供销传真:3975717　职工人数:1,323人
经济类型:股份有限公司
法人代表:裴登泰
网址:www.three-u.com
E-mail:bwqxl@public.nm.cninfo.net
【主要产品】盐酸;烧碱;漂白粉;氯气(液);溶解乙炔;电石;三氯乙烯;聚氯乙烯树脂;叔丁基二茂铁

内蒙古盛乐制药有限责任公司

内蒙古呼和浩特市新城东街建材大厦401室[010010]
电话:(0471)6968479
传真:(0471)6203407
经济类型:有限责任公司
网址:slaaa.diytrade.com
【主要产品】麻黄素;麻黄浸膏粉

天坛甘草制品有限责任公司

内蒙古自治区呼和浩特市海西路16号[010051]
电话:(0471)3964502;13904715513
传真:(0471)3958583
供销电话:13904715482
E-mail:tiantanganca03@vip.163.com
【主要产品】甘草流浸膏;甘草浸膏;甘草浸粉;甘草酸;甘草酸单铵

包头市

包头明天科技股份有限公司

内蒙古包头市火车站南[014013]
电话:(0472)5980033;5980011
传真:(0472)5980275
供销电话:5980033-8313
经济类型:股份有限公司
企业规模:大型
E-mail:master@tomoteeh.com
【主要产品】无水氟化氢;盐酸;硫酸;烧碱;氟化铝;氯气(液);电石;苯酚;聚氯乙烯树脂

包头市雄狮化工有限责任公司

内蒙古包头市土默特右旗萨拉齐镇道北三里房[014100]
电话:(0472)8912302
传真:(0472)8912477
供销电话:8912302-8859
经济类型:有限责任公司
【主要产品】合成氨;碳酸氢铵;混配复合肥料

包头葳特冶金化学科技发展有限公司

内蒙古包头市稀土高新区创业园区软件园大厦[014030]
电话:(0472)6973518
传真:(0472)6973519　产值:100千元
职工人数:100人
网址:www.v8gas.cn
E-mail:wcrhlyyshxf@163.com
【主要产品】燃料助燃剂

包头新兴新能源科技开发有限公司

内蒙古包头市[014032]
电话:(0472)5632671;13514728180
传真:(0472)3626983　产值:800千元
经济类型:有限责任公司
职工人数:70人　法人代表:高赞松
网址:www.tidai.com
E-mail:gaozansong@126.com
【主要产品】稀土纳米聚合剂

内蒙古包钢稀土高科技股份有限公司

内蒙古包头市稀土高新技术产业开发区[014025]
电话:(0472)2207510
传真:(0472)2207505　有进出口权
供销电话:2207509;2207585
供销传真:2207506;2207512
经济类型:股份有限公司
企业规模:大型
网址:www.reht.com
E-mail:office@reht.com;
salesre@reht.com
【主要产品】氯化稀土;氯化镧;碳酸铈;碳酸稀土;氧化钕;氧化镝;氧化镧;氧化镨;氧化铈;醋酸铈

内蒙古和发稀土科技开发股份有限公司

内蒙古包头市高新稀土技术产业开发区青工南道[014025]
电话:(0472)5152215;5101038
传真:(0472)5737307;5111194
经济类型:股份有限公司
职工人数:760人
网址:www.hefare.com
E-mail:postmaster@hefare.com;
sales@hefare.com
【主要产品】氢氧化铈;硝酸铈;碳酸铈;氧化铈;醋酸铈;硝酸铈铵

乌海市

阿拉善达康精细化工股份有限公司

内蒙古阿拉善左旗乌斯太开发区[016054]
电话:(0473)3442516;13015094266
传真:(0473)3442522
经济类型:股份有限公司
网址:www.da-kang.com
E-mail:sales@da-kang.com
【主要产品】三氯化铝;一氯乙酸;氨基乙酸;三氯乙烯;四氯乙烯;氯化聚乙烯;酞菁绿G;靛蓝;偶氮二甲酰胺

内蒙古兰太实业股份有限公司

内蒙古阿拉善左旗乌斯太开发区[016041]
电话:(0473)3443815
传真:(0473)3443699
经济类型:股份有限公司
网址:www.lantaicn.com
E-mail:ltzjb@lantaicn.com
【主要产品】原盐;氯酸钠;钠;氯气(液);三氯异氰尿酸;氯化聚乙烯;酞菁绿G;靛蓝

内蒙古腾飞化工制钙有限公司

内蒙古阿拉善左旗吉兰太镇工业东街109号[750333]
电话:(0473)13394736518
传真:(0473)4332415
供销电话:15801326346
网址:www.nmtf.cn
E-mail:nmtf.cn@163.com
【主要产品】氯化钠;氯化钙(无水);氯化钙(二水);氯化钙;溶雪剂

内蒙古乌海市丰源化工有限责任公司

内蒙古乌海市海南区桌子山西街107号[016030]
电话:(0473)4022152;4026187
传真:(0473)4021414
经济类型:有限责任公司
法人代表:李如奎
网址:www.fyhg.com
E-mail:fyhg888@163.com
【主要产品】溶解乙炔;电石;双氰胺;硫脲

乌海市公乌素宏利腐植酸厂

蒙

内蒙古乌海市公乌素开发区[016035]
电话:(0473)13847333316
传真:(0473)4552632　职工人数:500 人
固定资产:5,000 千元
经济类型:私营企业　产值:30,000 千元
法人代表:李永发
【主要产品】腐殖酸;腐殖酸钠;腐殖酸钾

乌海市恒昌化工有限责任公司

内蒙古乌海市乌达区巴音赛乌尔特南4号[016040]
电话:(0473)3011902
固定资产:40,000 千元　有进出口权
供销传真:3013051　职工人数:430 人
经济类型:私营企业　法人代表:郭彬
【主要产品】硫酸钠;草酸;甲酸钠

赤峰市

赤峰宏通冶金化工公司

内蒙古赤峰市红山区111 国道6 公里处[024000]
电话:(0476)8354426
传真:(0476)8350008　产值:5,000 千元
供销电话:13848982188
经济类型:有限责任公司
职工人数:30 人　法人代表:朱桂芬
网址:www. htlsx. com
E-mail:cfhthglsx@ 163. com
【主要产品】农用硫酸锌

赤峰市东方化工染料助剂厂

内蒙古赤峰市红山区高科技园区[024020]
电话:(0476)8347986;13904766317
传真:(0476)8347986
供销电话:8347986;13500665728
网址:www. cfdfhg. com
【主要产品】右旋樟脑磺酸;脲醛树脂胶;商标纸胶;有机硅织物柔软剂;柔软剂 HC;聚丙烯酰胺;漂毛剂;消泡剂;毛皮专用清洗剂;链板润滑剂

赤峰市元宝山制药厂

内蒙古自治区赤峰市元宝山区山前镇[024084]
电话:(0476)3421958;3421882
传真:(0476)3421882　经济类型:集体
有进出口权　法人代表:蔡占祥
【主要产品】土霉素

赤峰万泽制药有限责任公司

内蒙古赤峰市红山区高新技术产业开发区[024000]
电话:(0476)8210622;13904765067
传真:(0476)8210890
经济类型:有限责任公司
【主要产品】3-氨基吡咯烷;香芹酚;甲苯磺酸托氟沙星;甲磺酸帕珠沙星;尼群地平

赤峰万泽制药有限责任公司

内蒙古自治区赤峰市红山区红山公园东北4 公里处[024000]
电话:(0476)8223443;8249740
传真:(0476)8249776
经济类型:有限责任公司
网址:www. wanzhe. und. com. cn
E-mail:wanzezhiyao_cf@ 163. com
【主要产品】甲苯磺酸托氟沙星;尼群地平;烟酸占替诺;藻酸双酯钠

赤峰制药集团有限责任公司

内蒙古赤峰市红山区一东街84 号[024001]
电话:(0476)8221312;8220856;8221875
传真:(0476)8220481　有进出口权
供销传真:8220856;8244346
经济类型:有限责任公司
企业规模:大型　职工人数:4,800 人
网址:www. cfzy. com. cn
E-mail:cfzyjt@ cfzy. com. cn
【主要产品】土霉素;盐酸土霉素;灰黄霉素;泰乐菌素;麻黄素;硫酸麻黄碱;硫酸伪麻黄碱;盐酸甲基麻黄碱;盐酸右旋麻黄素;葡萄糖;玉米淀粉;麻黄浸膏粉

通辽市

东北制药集团通辽制药厂

内蒙古通辽市新工二路6号[028007]
电话:(0475)8251122;8240077
传真:(0475)8233657　经济类型:国有
法人代表:何斌
【主要产品】沙棘酮;维胺酯;沙棘油

开鲁兴利制药有限责任公司

内蒙古通辽市开鲁县工农路1 号[028400]
电话:(0475)6219511
传真:(0475)6219511
经济类型:股份合作
网址:www. ephedrine. cn
E-mail:xinglipharm@ gmail. com
【主要产品】甘草酸单钾盐;黄芩苷;甘草酸;盐酸麻黄碱;硫酸麻黄碱;盐酸甲基麻黄碱;盐酸右旋麻黄素;甘草酸单铵;黄芪提取物;黑升麻提取物;白蒺藜提取物;麻黄浸膏粉;淫羊藿苷;甘草黄酮

内蒙古霍林郭勒市红霞腐植酸厂

内蒙古霍林郭勒市供应处大库西[029200]
电话:(0475)7922919;2358168;13804756851
传真:(0475)2358168　法人代表:吕霞
网址:www. hxfzsc. com
【主要产品】腐殖酸

内蒙古天润蓖麻开发有限公司

内蒙古通辽市科尔沁左翼中旗宝龙山镇工业园区[029315]
电话:(0475)8211968;6380838;8211813
传真:(0475)8211968　职工人数:72 人
网址:www. trcastor. com
E-mail:zhangshuyu@ trcastor. com
【主要产品】精丙三醇;2-辛醇;癸二酸;12-羟基硬脂酸;蓖麻油酸;癸二酸二钠;癸二酸二丁酯;癸二酸二辛酯;蓖麻油;脱水蓖麻油;氢化蓖麻油;氧化蓖麻油;乙酰蓖麻油

内蒙古通辽糖厂制药分厂

内蒙古通辽市明仁大街159 号[028007]
电话:(0475)8235150-2059
【主要产品】无水乙醇(药用);右旋糖酐20;右旋糖酐40

通辽市通华蓖麻化工有限责任公司

内蒙古通辽市科尔沁区明仁大街东段[028007]
电话:(0475)8422334
传真:(0475)8425535　有进出口权
供销电话:8421328;8423875
经济类型:有限责任公司
法人代表:张耀奇
网址:www. tlthbm. com
E-mail:tlhgcnm@ public. hh. nm. cn
【主要产品】氢氧化锂;碳酸锂;精丙三醇;2-辛醇;癸二酸;12-羟基硬脂酸;硬脂酸;蓖麻油酸;椰油酸;正十二烷二元酸;癸二酸二钠;双组分聚氨酯胶黏剂;土耳其红油;癸二酸二丁酯;癸二酸二辛酯;12-羟基硬脂酸镁;12-羟基硬脂酸锂;煤焦油;氢化油;蓖麻油;蓖麻油(药用);脱水蓖麻油;氢化蓖麻油;亚麻油;椰子油

通辽市威宁化工有限责任公司

内蒙古哲里木盟通辽市中心大街119 号[028007]
电话:(0475)8431812;2203598;2203588
传真:(0475)8431812
职工人数:122 人
供销电话:8421968;13948458959
经济类型:有限责任公司
网址:www. kstcastor. com
E-mail:sales@ kstcastor. com
【主要产品】丙三醇;癸二酸;12-羟基硬脂酸;蓖麻油酸;癸二酸单钠;癸二酸二钠;癸二酸二钾;癸二酸二丁酯;癸二酸二辛酯;羟基硬脂酸甲酯;蓖麻油;氢化蓖麻油

通辽制药总厂

内蒙古通辽市中心大街196 号[028007]
电话:(0475)8424463;8424455
传真:(0475)8421342
供销传真:8411342
经济类型:有限责任公司
【主要产品】甲磺酸培氟沙星;麻黄素;盐酸右旋麻黄素

乌兰察布盟

内蒙白雁湖化工股份有限公司

内蒙古察右后旗白音察干镇[012400]
电话:(0474)6204223
传真:(0474)6206874 经济类型:国有
职工人数:2,000 人 法人代表:张玉
网址:www. baiyanhu. com
E-mail:sales@ baiyanhu. com
【主要产品】电石

锡林郭勒盟

锡林郭勒通力锗业有限责任公司

内蒙古锡林浩特市北郊五公里通力公司[026015]
电话:(0479)8802133
传真:(0479)8802152 职工人数:225 人
经济类型:有限责任公司
网址:www. tlzhe. com
E-mail:master@ tlzhe. com
【主要产品】二氧化锗

呼伦贝尔盟

呼伦贝尔康益药业有限责任公司

内蒙古海拉尔市建设大街[021008]
电话:(0470)8222821;8281680
传真:(0470)8222770
经济类型:有限责任公司
【主要产品】乳酸菌素;药用乳糖

内蒙古宏裕科技股份有限公司

内蒙古扎兰屯市中央南路 68 号[162650]
电话:(0470)3956666
传真:(0470)3350990
网址:www. zltny. com. cn
E-mail:zltny@ zltny. com. cn
【主要产品】异丙草胺;异丙草胺乳油;氟磺胺草醚水剂;乙草胺;乙草胺乳油;乙羧氟草醚乳油;12.5%烯禾啶·机油乳油;滴丁·乙乳油;氟磺胺·烯禾乳油;异丙草·莠悬浮剂

伊克昭盟

杭锦旗四海医药化工有限公司

内蒙古鄂尔多斯市杭锦旗盐海子工业园区[017400]
电话:(0477)6882114;13500671703
传真:(0477)6882115
职工人数:80 人
网址:www. sihaipharma. com
E-mail:sales@ sihaipharma. com
【主要产品】二甲基二硫

内蒙古鄂尔多斯市鑫泰隆精细化工有限责任公司

内蒙古鄂尔多斯市杭锦旗盐海子工业园区[017400]
电话:(0477)6881108;6882103;6882104
传真:(0477)6881108
供销电话:3988871;13904775440
经济类型:有限责任公司
网址:www. xtlchem. com
E-mail:sales@ xtlchem. com
【主要产品】硫化钠;氯化钙;硫酸二甲酯;二甲基二硫;甲基磺酰氯;溶雪剂

内蒙古鄂托克旗双信化工有限责任公司

内蒙古鄂托克旗乌兰镇东[016100]
电话:(0477)6212092;6219433;13394776816
传真:(0477)6216788 经济类型:国有
有进出口权 产值:16 千元
职工人数:350 人 法人代表:李新华
网址:www. sxchemical. com
E-mail:hy@ sxchemical. com
【主要产品】食用小苏打

内蒙古远兴天然碱股份有限公司

内蒙古鄂尔多斯市鄂尔多斯西街 6 号[017000]
电话:(0477)8539874;8531574;8524278
传真:(0477)8521747 有进出口权
供销电话:8522407 企业规模:大型
供销传真:8523994;8522831
经济类型:股份有限公司
职工人数:4,000 人 法人代表:钟志
网址:www. yuanxing. com
E-mail:yxtrj@ yh-group. com. cn;lirong@ 0683. cn
【主要产品】烧碱;重质纯碱;轻质纯碱;硫化钠;硫酸钠;甲醇;甲醛;甲醇钠;甲醚;环丙胺;食用小苏打

内蒙古正仁药业有限责任公司

内蒙古鄂尔多斯市鄂托克旗棋盘井镇[016064]
电话:(0477)6476051
传真:(0477)6478240
法人代表:杨贵仁
网址:www. ephedriner. com
E-mail:swm@ ephedriner. com
【主要产品】盐酸麻黄碱;盐酸甲基麻黄碱;盐酸右旋麻黄素

巴彦淖尔盟

内蒙古黄河铬盐股份有限责任公司

内蒙古磴口县钢铁路 16 号[015200]
电话:(0478)4235004
传真:(0478)4212479 有进出口权
供销电话:4210241 法人代表:刘守义
供销传真:4210240
经济类型:有限责任公司
网址:www. chinachrome. com
E-mail:crsalt@ public. hh. nm. cn
【主要产品】硫化钠;碳化硅;重铬酸钠;碱式硫酸铬;三氧化铬;玻璃纤维;氧化铬绿

内蒙古利川化工有限责任公司

内蒙古磴口县东升路 2 号[015200]
电话:(0478)4216412;4210274
传真:(0478)4212619 有进出口权
供销电话:4216418;4210671
经济类型:有限责任公司
法人代表:王瑞丰
网址:www. bayan-na2s. com
E-mail:tjwanjun@ 163. com
【主要产品】硫化钠;超细硫酸钡

内蒙古临海化工有限责任公司

内蒙古乌拉特前旗西山嘴镇[014400]
电话:(0478)3213174;3219922;3219924
传真:(0478)3219924 职工人数:757 人
供销电话:2300972;3219922
法人代表:雷振军
网址:www. linhaichem. com
E-mail:sales@ linhaichem. com
【主要产品】盐酸;烧碱;漂白液;氯气(液);电石;聚氯乙烯树脂

内蒙古乌拉山化肥有限责任公司

内蒙古巴彦淖尔盟乌拉特前旗乌拉山镇[014406]
电话:(0478)3221177;3222569
传真:(0478)3221234
经济类型:有限责任公司
职工人数:1,208 人
网址:www. wulashan. com
E-mail:caoyuanye@ sina. com
【主要产品】硝酸;多孔硝铵;硫黄;甲醇;合成氨;尿素;硝酸铵;硝酸磷肥

辽 宁 省

沈阳市

东北制药总厂

辽宁省沈阳市铁西区重工北街37号[110026]
电话:(024)25807777;25806517
传真:(024)25517588;25806888
企业规模:大型 职工人数:6,000人
网址:www.negpf.com
E-mail:dyjxhgs@online.ln.cn
【主要产品】L-肉毒碱;左旋肉碱酒石酸盐;盐酸头孢他美酯;氯霉素;磷霉素钠;磷霉素钙;磷霉素缓血酸铵;磺胺嘧啶;磺胺嘧啶银盐;齐多夫定;司他夫定;盐酸金刚烷胺;盐酸金刚乙胺;金刚烷胺硫酸盐;硫酸黄连素;盐酸小檗碱;头孢曲松钠;硝酸硫胺;马来酸氨氯地平;乙酰胺吡咯烷酮;硫糖铝;氨酪酸;拉米夫定;去羟肌苷

乐凯(沈阳)科技产业有限责任公司

辽宁省沈阳经济技术开发区二期六号街六号路[110141]
电话:(024)31582256;31582254
传真:(024)25366135;25363284
经济类型:有限责任公司
职工人数:200人
网址:www.luckychem.com
E-mail:lpm1210@sina.com
【主要产品】4-氯-3-硝基苯甲醚;4,4-二甲基-3-氧代戊酸甲酯;1-羟基-2-萘甲酸苯酯;对氯苯乙酮;2,4-二氯-3-乙基-6-氨基苯酚盐酸盐;2-氯-5-氨基苯甲腈;2-氯-5-硝基苯胺;3,4-二甲氧基苯胺;3,4-二甲氧基苯胺盐酸盐;6-硝基-2,4-二氯-3-甲基苯酚;2,4-二氯-3-乙基-6-硝基苯酚;6-氨基-2,4-二氯-3-甲基苯酚盐酸盐;4-羟基-4′-苄氧基二苯砜;3,4-二甲氧基苯乙酮

辽宁华海蓝帆化工科技有限公司

辽宁省沈阳市浑南开发区世纪路56号[110179]
电话:(024)83780743;83780728
传真:(024)83780723 职工人数:50人
法人代表:于成华
网址:www.hhlfchem.com
E-mail:huahai-chem@163.com
【主要产品】绕丹宁-3-乙酸;*N*,*N*,*N*′,*N*′-四(对氨基苯基)对苯二胺;1-萘酚-5-磺酸;2,3,3-三甲基-4,5-苯并吲哚;1,5-萘二磺酸钠;2,3,3-三甲基吲哚;2.1.5磺酰氯;2.1.4磺酰氯

辽宁矿冶聚氨酯实业有限公司

辽宁省沈阳市大东区山咀子路后山三巷4-2号[110161]
电话:(024)88209190
传真:(024)88202730
网址:www.kyjaz.com
E-mail:jaz@kyjaz.com
【主要产品】聚氨酯弹性体制品;聚氨酯胶板;聚氨酯胶辊;聚氨酯橡胶弹性联轴节;混合机;球磨机;搅拌磨(砂磨);筛分设备

辽宁辽炜化工有限公司

辽宁省沈阳市经济技术开发区沈大路888号[110141]
电话:(024)25833467;25833506
传真:(024)25833374 有进出口权
供销电话:25833484 职工人数:54人
经济类型:与港澳台商合资经营
E-mail:liaoweiw@pub.sy.ln.cn
【主要产品】苯酐

辽宁三环亚克力交通材料有限公司

辽宁省沈阳市于洪区白山路135号[110034]
电话:(024)86314235;86314226;86314228
传真:(024)86314218
供销电话:86314228;86314236
经济类型:私营企业 法人代表:黄维荃
网址:www.sanhuansy.com
E-mail:sanhuan@lninfo.gov.cn
【主要产品】热固性丙烯酸树脂;道路标线涂料

辽宁省沈阳中际精细化工总厂

辽宁省沈阳市大东区观泉路8-7号[110044]
电话:(024)88204773;81050590;88204510
传真:(024)88204368 有进出口权
供销电话:88205490
网址:www.sy-fc.com
E-mail:syfcbgs@online.ln.cn
【主要产品】4-叔丁基甲苯;对羟基苯甲醛;4-甲氧基苯甲醛;对叔丁基苯甲醛;3,4-二甲基苯甲醛;4-叔丁基苯甲酸;对叔丁基苯甲酸甲酯;对叔丁基苯甲酸铝;对叔丁基苯甲酸锌;对叔丁基苯甲酸钡;苯甲醇;苯甲酸苄酯;乙酸苄酯;促进剂CZ;促进剂DM;促进剂DZ;促进剂M;促进剂NOBS;促进剂NS;促进剂TETD;促进剂TMTD;促进剂ZDC;促进剂PZ;促进剂BZ;促进剂TMTM;促进剂TRA;促进剂ZMBT

普利司通(沈阳)轮胎有限公司

辽宁省沈阳市经济技术开发区昆明湖街17号[110141]
电话:(024)25816200;25812088;25818954
传真:(024)25819049 有进出口权
供销电话:25850267
供销传真:25851379
经济类型:中外合资经营企业
网址:www.bridgestone.com.cn
【主要产品】全钢载重子午线轮胎

沈阳奥吉娜化工有限公司

辽宁省沈阳市于洪区青海西路108号[110027]
电话:(024)25201033;62151617-8024
传真:(024)25201480
供销电话:25200188
供销传真:25201156
网址:www.original.com.cn
E-mail:info@original.com.cn
【主要产品】车辆齿轮油;发动机油;液压油;汽轮机油;减震器油;油酸钠皂

沈阳北方制药厂

辽宁省沈阳市于洪区长江北街66-6号[110034]
电话:(024)86807624;86803172
经济类型:集体
【主要产品】乳酸环丙沙星

沈阳彩逸特种涂料制造有限公司

辽宁省沈阳市新城子区道义镇道义三西路[110035]
电话:(024)89732006;89732005
传真:(024)89732003
供销电话:89739478;89739477
经济类型:中外合资经营企业
企业规模:大型
网址:www.caiyi-sy.com
E-mail:sysy@caiyi-sy.com
【主要产品】苯基三氯硅烷;二苯基二氯硅烷;有机硅树脂;沥青防腐漆;C04-2各色醇酸磁漆;各色醇酸底漆;铁红醇酸带锈底漆;铝粉醇酸耐热漆;木器亚光漆;各色环氧磁漆;光固化涂料;环氧红丹防锈漆;铝粉环氧沥青耐油底漆;有机硅绝缘漆;铝粉有机硅耐热烘漆;有机硅腻子;有机硅树脂漆类;氯磺化聚乙烯防腐漆;高氯化聚乙烯防腐涂料;高温防腐漆;灯饰漆;有机硅耐热底漆;示温涂料

沈阳长桥胶带有限公司

辽宁省沈阳市黄河北大街乐山西路4号[110034]
电话:(024)86801106;86801057
传真:(024)86800072 有进出口权
供销电话:86800072
经济类型:与港澳台商合资经营
网址:www.sylbrb.com
E-mail:changqiao@sylbrb.com

【主要产品】强力型尼龙运输带；钢丝绳橡胶运输带；钢缆橡胶运输带；耐热运输带；耐酸碱运输带；织物芯运输带；导静电运输带；橡胶平型传动带；变速带；橡胶三角带

沈阳船牌制漆有限公司

辽宁省沈阳市皇姑区昆山西路七段69号[110035]
电话：(024)86734086；86750790；25872290
传真：(024)86731118
供销电话：86731118；25872290
经济类型：有限责任公司
法人代表：翟玉林
网址：www. chuanpaipaint. com. cn
E-mail：davideliu@ sina. com
【主要产品】天然树脂漆类；酚醛树脂漆类；沥青漆类；醇酸树脂漆类；氨基树脂漆类；氨基烘干清漆；硝基漆类；裂纹漆；过氯乙烯漆类；乳胶漆；丙烯酸树脂漆类；真石漆；环保型外墙乳胶漆；环保内墙乳胶漆；聚酯木器漆；环氧树脂漆类；聚氨酯漆类；氟碳漆；氯化橡胶漆类；锤纹漆

沈阳东北橡塑材料有限公司

辽宁省沈阳市于洪区平罗镇育新路3号[110145]
电话：(024)89296130
传真：(024)89296277　职工人数：260人
经济类型：有限责任公司
网址：www. sydbxs. com
E-mail：sydbxs@ sydbxs. com
【主要产品】聚四氟乙烯滑动支座；橡胶密封胶条；橡胶轮廓标；止水带；桥梁板式橡胶支座；盆式橡胶支座；公路桥梁橡胶伸缩装置

沈阳东大粉体工程技术有限公司

辽宁省沈阳市于洪区北陵八家子88号[110034]
电话：(024)86313486；86313489
传真：(024)86313485
经济类型：股份有限公司
网址：www. syddft. com
E-mail：syddft@ sohu. com
【主要产品】旋流动态煅烧炉；热风炉；脉冲袋式除尘器；旋转闪蒸干燥机；滚筒干燥器；LPG系列高速离心喷雾干燥机；复合式直线振动流化床干燥(冷却)机；带式干燥机；双轴桨叶干燥机；涡流磨

沈阳东进化工产业有限公司

辽宁省新民市东城区北环路8号[110300]
电话：(024)87516566；87852392
传真：(024)87852293　职工人数：491人
网址：www. djjt. cn
【主要产品】盐酸；烧碱；氯化钙；氢气；氯气；乙炔；甲醇；甲醛；1，4-丁二醇；丁炔二醇；炔丙醇；*N*-甲基吡咯烷酮；α-吡咯烷酮；γ-丁内酯；山梨醇；维生素A；维生素B1；抗坏血酸；维生素E

沈阳东瑞科技有限公司

辽宁省沈阳市铁西区北二西路51号[110026]
电话：(024)25805608；25805453
传真：(024)25510935　经济类型：集体
供销传真：85820011　职工人数：300人
法人代表：陈钢
网址：www. dongrui. cn
E-mail：zhou-zhenyu@ dongrui. cn
【主要产品】甲醇钠；一氯醋酸甲酯；乙酸叔丁酯；α-乙酰基-γ-丁内酯；4-(3，4-二氯苯基)-1-四氢萘酮；DL-2-氨基丁酸；帕米膦酸；阿仑膦酸；混旋卡尼汀酰胺氯化物；6，7-二羟基香豆素；聚乙烯食品包装膜；维生素C磷酸酯镁；阿仑磷酸钠；帕米膦酸单钠盐

沈阳东松药业有限责任公司

辽宁省沈阳市沈河区万柳塘路51号[110015]
电话：(024)24264988
传真：(024)24224338
经济类型：港澳台商独资经营
【主要产品】乙醇；丙三醇

沈阳东阳聚氨酯有限公司

辽宁省沈阳市沈河区奉天街229号3-1-2[110014]
电话：(024)22949923；22949924；24781258
传真：(024)22949945
经济类型：有限责任公司
网址：www. sypu. com. cn
E-mail：donyang@ online. ln. cn
【主要产品】聚氨酯胶板；聚氨酯衬胶管道；聚氨酯密封圈；聚氨酯浇注制品；双面齿同步带；普通橡胶板；聚氨酯胶辊；聚氨酯胶轮；橡胶筛网

沈阳东宇精细化工有限公司

辽宁省沈阳市东陵汪家镇下伯村[110172]
电话：(024)24712338；24715908
传真：(024)24712838
经济类型：有限责任公司
企业规模：大型　职工人数：3，000人
网址：www. sydyfc. com
E-mail：sdfcc@ mail. sy. ln. cn；sales@ sydyfc. com
【主要产品】*S*-环氧丙烷；*R*-环氧丙烷；1，2-丙二醇；(*S*)-缩水甘油；(*R*)-缩水甘油；苯基缩水甘油醚；甲基缩水甘油醚；三苯甲基缩水甘油醚；丁酸缩水甘油酯；对甲苯磺酸缩水甘油酯；4-氯-3-羟基丁酸甲酯；4-氯-3-羟基丁酸乙酯；乙酸缩水甘油酯；环氧氯丙烷；3-氯-2-羟丙基三甲基氯化铵；(*S*)-β-羟基-γ-丁内酯；(*R*)-4-氰基-3-羟基丁酸乙酯；(*S*)-4-氰基-3-羟基丁酸乙酯；3-氯-1，2-丙二醇；L-肉毒碱；L-肉碱盐酸盐；左旋肉碱酒石酸盐；乙酰左旋肉碱盐酸盐；L-肉碱富马酸盐；左旋肉碱乳清酸盐；左旋肉碱柠檬酸镁盐；(*R*)-4-氯-3-羟基丁腈；3，4-二羟基丁腈；丙酰左旋肉碱盐酸盐；潘托拉唑钠

沈阳丰收农药有限公司

辽宁省沈阳市苏家屯区林盛镇冀东路100号[110101]
电话：(024)89486622；89486611；89486677
传真：(024)89483333　经济类型：国有
有进出口权　企业规模：大型
职工人数：266人
网址：www. agrochemcn. com
E-mail：trees@ agrochemcn. com；zden@ agrochemcn. com
【主要产品】磷化镁；磺酰胺；磷化铝；烯唑醇；12.5%烯唑醇可湿性粉剂；烯酰吗啉；代森铵水溶液；代森锌；代森锌可湿性粉剂；代森锰锌；代森锰锌可湿性粉剂；威百亩；吡嘧磺隆；吡嘧磺隆可湿性粉剂；醚苯磺隆；敌草隆；敌草隆可湿性粉剂；敌稗；氯磺隆；氯磺隆可湿性粉剂；甲磺隆；甲磺隆可湿性粉剂；氯嘧磺隆；氯嘧磺隆可湿性粉剂；锰锌·烯酰可湿性粉剂

沈阳福宁药业有限公司

辽宁省沈阳市大东区莲花街1号[110042]
电话：(024)24207102；24221709；13940189122
传真：(024)24820106
供销电话：24207102；13940189122
网址：www. chengtaichem. com
E-mail：market@ chengtaichem. com
【主要产品】(*R*)-1-苄基-3-羟基哌啶；邻甲氧基苯氧基乙胺盐酸盐；2-甲氧基苯氧基乙胺；L-肉毒碱；左旋肉碱酒石酸盐；乙酰左旋肉碱盐酸盐；L-肉碱富马酸盐；4-羟基咔唑；4-(2，3-环氧丙氧基)咔唑；大豆素；醋酸磺胺米隆；磺胺嘧啶银盐；阿德福韦酯；盐酸塞利洛尔；盐酸贝尼地平；卡维地洛；盐酸曲唑酮；潘托拉唑钠；氮卓斯汀

沈阳格林涂料有限公司

辽宁省沈阳市于洪区红旗台[110141]
电话：(024)25359281；25359743
传真：(024)25359840
网址：www. gelincoating. com
E-mail：gelin@ gelincoating. com
【主要产品】灰色醇酸防锈漆；磷化底漆；高级丙烯酸防污涂料；环氧铁红防锈漆；环氧富锌底漆；环氧富锌车间底漆；环氧酯防锈漆；聚氨酯防腐涂料；锶黄，铁红有机硅耐热自干底漆；铝粉有机硅耐热烘漆；各色氯化橡胶面漆(原浆型)；各色氯化橡胶无光防火漆；水性无机硅酸锌涂料；防锈涂料；无机硅酸锌底漆；无苯稀释剂

沈阳华昌锑业化工有限公司

辽

辽宁省沈阳市铁西区景星南街90号[110023]
电话:(024)25442051;25442052
传真:(024)25442011
网址:www. antimony-cn. com
E-mail:sales@ antimony-cn. com
【主要产品】硝酸锑;三氯化锑;锑酸钠;焦锑酸钠;三氧化二锑;活性氧化锑;五氧化二锑;五氧化二锑(胶体);锑;聚乙烯阻燃母粒;聚丙烯阻燃母粒;阻燃母粒;焦锑酸钾;氧氯化锑;乙二醇锑;醋酸钴;醋酸锑;醋酸锰;三氧化二锑阻燃母粒

辽

沈阳化工股份有限公司

辽宁省沈阳市铁西区卫工北街46号[110026]
电话:(024)25553333;25553224
传真:(024)25827733;25820863
供销电话:25553106;25553228
经济类型:股份有限公司　　有进出口权
企业规模:大型　　法人代表:王大壮
网址:www. sychem. com
E-mail:sychem@ sychem. com
【主要产品】盐酸;烧碱;烧碱(液体);次氯酸钠;氯气(液);聚氯乙烯糊树脂;氯乙烯-醋酸乙烯共聚树脂;氯化石蜡-42;氯化石蜡-52;氯化石蜡-70;白炭黑;润滑油

沈阳化工学院聚氨酯科技开发公司

辽宁省沈阳市铁西区飞翔路1甲1号1门[110022]
电话:(024)25900976;62386758
传真:(024)62386758
网址:www. northpu. com
E-mail:northpu@ 126. com
【主要产品】聚氨酯防水涂料;聚氨酯灌封胶;聚氨酯胶黏剂

沈阳化工研究院试验厂

辽宁省沈阳市铁西区沈辽东路8号[110021]
电话:(024)25853917;85869082;13904021659
传真:(024)25862427;25850856
供销电话:25853917;13904034216
经济类型:国有　　有进出口权
网址:www. syrici. com. cn
E-mail:xsgs03@ mail. syrici. com. cn
【主要产品】吡虫啉可湿性粉剂;烯禾啶;腈菌唑;腈菌唑乳油;吡嘧磺隆可湿性粉剂;异噁草松;异噁草松乳油;烯草酮乳油;胺苯磺隆可湿性粉剂;苯磺隆可湿性粉剂;咪唑乙烟酸;咪唑乙烟酸水剂;氯嘧磺隆可湿性粉剂;苄磺隆可湿性粉剂;二氯喹啉酸可湿性粉剂;氰·氧乐乳油;氟吗·锰锌可湿性粉剂;12.5%烯禾啶·机油乳油;二氯·苄可湿性粉剂;毒·氯乳油

沈阳化学试剂厂

辽宁省沈阳市黄姑区嫩江街9号211[110032]
电话:(024)86228974
传真:(024)86229070　　职工人数:73人
供销电话:13804007377
经济类型:私营企业
E-mail:sysjc@ chembb. com
【主要产品】硫酸汞;过氧乙酸;叠氮化钠;三氧化二砷;硒;硫,升华;碘;溴;溴,水溶液;石墨,粉状;四氯化碳;赤磷;五氧化二磷;过氧化氢;钠石灰;乙酸钠;乙酸钠,无水;乙二胺四乙酸二钠;巴比妥钠;水杨酸钠;甲酸钠;苯甲酸钠;草酸钠;柠檬酸钠;钨酸钠;氟化钠;氢氧化钠;重铬酸钠;亚砷酸钠;钼酸钠;酒石酸钠;酒石酸钾钠;硅酸钠;氟硅酸钠;铬酸钠;D-葡萄糖酸钠;硝酸钠;亚硝酸钠;硫化钠;硫酸钠;硫酸钠(无水);十二烷基硫酸钠;亚硫酸钠;亚硫酸钠(无水);过硫酸钠;连二亚硫酸钠;偏重亚硫酸钠;硫代硫酸钠;亚硫酸氢钠;氰化钠;硫氰酸钠;氯化钠;氯酸钠;次氯酸钠;四硼酸钠;过硼酸钠;氟硼酸钠;锡酸钠;碳酸钠;碳酸氢钠;二苯胺磺酸钠;十二烷基苯磺酸钠;磷酸三钠;三聚磷酸钠;六偏磷酸钠;次磷酸钠;焦磷酸钠;磷酸二氢钠;磷酸氢二钠;焦磷酸钠(无水);乙酸钙;氟化钙;氢氧化钙;氧化钙;硫酸钙;氯化钙(六水);碳酸钙;乙酸钡;氢氧化钡;铬酸钡;硬脂酸钡;硝酸钡;硫酸钡;氯化钡;乙酸钾;邻苯二甲酸氢钾;草酸钾;柠檬酸钾;氟钛酸钾;氢氧化钾;重铬酸钾;铁氰化钾;亚铁氰化钾;氯铂酸钾;酒石酸锑钾;硝酸钾;硫酸钾;亚硫酸钾;过硫酸钾;偏重亚硫酸钾;焦硫酸钾;硫酸氢钾;亚硫酸氢钾;硫酸铝钾;硫酸铬钾;氟锆酸钾;硫氰酸钾;氯化钾;氯酸钾;高氯酸钾;碘化钾;碘酸钾;高碘酸钾;氟硼酸钾;高锰酸钾;碳酸钾(无水);碳酸氢钾;焦磷酸钾;磷酸二氢钾;磷酸氢二钾;硝酸钴;氯化钴;铁粉;二茂铁;四氧化三铁;硫酸亚铁;三氯化铁;氯化亚铁;镍,粉状;硫酸镍;铅粒;乙酸铅;一氧化铅;四氧化三铅;铬酸铅;硫酸铅;锡,粒状;硫酸亚锡;氯化亚锡;乙酸铵;草酸铵;草酸高铁铵;柠檬酸三铵;柠檬酸氢铵;氟化氢铵;氢氧化铵;重铬酸铵;钼酸铵;硝酸铵;硫酸铵;过硫酸铵;硫酸亚铁铵;硫酸铝铵;硫氰酸铵;氯化铵;碳酸铵;碳酸氢铵;磷酸二氢铵;磷酸氢二铵;铜,片状;乙酸铜;硝酸铜;硫酸铜;氰化亚铜;氯化亚铜;碳酸铜,碱式;氧化银;硝酸银;硫酸银;氯化银;铝粉;氢氧化铝;氧化铝;硅酸铝;硬脂酸铝;硫酸铝;氯化铝;汞;硝酸汞;氯化汞;锌,粒状;乙酸锌;氢氧化锌;氧化锌;硬脂酸锌;硝酸锌;硫酸锌;氯化锌;硫酸镉;氢氧化锂;氧化镁;硫酸镁;氯化镁;碳酸镁,碱式;五氧化二钒;二氧化钛;钼,粉状;二硫化钼;铋,粒状;次硝酸铋;三氧化铬;三氧化二铬;二氧化锆;三氧化二锑;二氧化锰;氯化锰;吡啶;苯;甲苯;硝基苯;氯苯;三乙胺;乙二胺;乙酰胺;*N*,*N*-二甲基乙酰胺;乙醇胺;二乙醇胺;二异丙胺;甲酰胺;*N*,*N*-二甲基甲酰胺;对甲苯磺酰胺;羟胺,盐酸盐;三亚乙基四胺;六次甲基四胺;顺丁烯二酸酐;邻苯二甲酸酐;1,2-二氯乙烷;1,1,2-三氯乙烷;己烷;环氧氯丙烷;二氯甲烷;三氯甲烷;2,2,4-三甲基戊烷;环己烷;庚烷;三氯乙烯;苯乙烯;苯酚;甲苯酚混合物;对甲苯酚;邻甲酚;间甲酚;2-萘酚;对苯二酚;间苯二酚;乙腈;偶氮二异丁腈;2-丁酮;丙酮;乙酰丙酮;苯乙酮;乙酸乙酯;乙酸正丁酯;乙酸正戊酯;乙酸异戊酯;乙酸乙烯酯;己二酸二丁酯;丙酸甲酯;丙酸丁酯;苯甲酸甲酯;邻苯二甲酸二乙酯;邻苯二甲酸二丁酯;邻苯二甲酸二辛酯;邻苯二甲酸二异辛酯;钛酸丁酯;癸二酸二丁酯;磷酸三乙酯;磷酸三丁酯;磷酸三苯酯;亚磷酸三苯酯;磷酸三甲酚酯;苯甲酰氯;苯磺酰氯;乙酸,36%;乙酸,无水;三氯乙酸;次氮基三乙酸;乙二胺四乙酸;丁酸;丁二酸;丁烯二酸,顺式;己二酸;丹宁酸;2-羟基苯甲酸;磺基水杨酸;甘氨酸;丙酸;α-甲基丙烯酸;甲酸;吡啶-4-甲酸;抗坏血酸;辛酸;异辛酸;没食子酸;焦性没食子酸;苯甲酸;邻苯二甲酸;乳酸;变色酸;油酸;草酸;柠檬酸;钨酸;氢氟酸;盐酸;氯铂酸;1-萘乙酸;亚硒酸;硬脂酸;硝酸;硫酸;亚硫酸;高氯酸;硼酸;氟硼酸;氨基磺酸;对甲苯磺酸;对氨基苯磺酸,无水;磷酸;亚磷酸;丙烯酸;乙醇(无水);2-氯乙醇;乙二醇;二缩三乙二醇;聚乙烯醇;十二醇;十六醇;丁醇;异丁醇;叔丁醇;2-丁炔-1,4-丁二醇;D-山梨醇;甘露醇;1,2-丙二醇;丙三醇;异戊醇;甲醇;甲醇(无水);辛醇;仲辛醇;异辛醇;苯甲醇;戊二醛,溶液;乙醚;乙醚(无水);乙二醇一乙醚;乙二醇一丁醚;石油醚;石油醚,60~90℃;乙二醇苯醚;水合肼;盐酸肼;硫酸肼;脲;硫脲;二甲基亚砜;苯并三氮唑;四氢呋喃;α-乳糖;明胶;阿拉伯树胶;硅胶;硅胶,变色;聚氧乙烯山梨醇酐油酸酯;松节油;蓖麻油;可溶性淀粉;石蜡,液体;糊精;山梨酸;海藻酸钠

沈阳金碧兰化工有限公司

辽宁省沈阳市棋盘山开发区旧站路108号[110163]
电话:(024)24781317;24785067;24785071
传真:(024)24781317;24785070
供销电话:24785071;24785070
经济类型:中外合资经营企业
网址:www. g-billow. com
E-mail:g-billow@ 163. com
【主要产品】环氧丙烷;聚醚多元醇

沈阳金飞马制漆有限公司

辽宁省沈阳市东陵区榆林大街2号[110045]
电话:(024)88201308;88201414;

88201308
传真:(024)88211717
供销电话:88898536;88201504
供销传真:88898536　企业规模:大型
经济类型:中外合资经营企业
网址:www.jinfeima.com.cn
【主要产品】醇酸树脂漆类;各色醇酸调合漆;硝基磁漆;丙烯酸内墙乳胶漆;聚酯树脂漆类;封墙底漆;铝粉漆;超级万能胶

沈阳金久奇化工有限公司

辽宁省沈阳市铁西区景星南街90号[110023]
电话:(024)25444951
传真:(024)25444961
网址:www.jyoukichem.com
E-mail:info@jyoukichem.com
【主要产品】环氧丙醇;(*R*)-缩水甘油;3-氨基-1,2-丙二醇;4-氯-3-硝基苯甲醚;3-氯-1,2-丙二醇;*S*-3-氯-1,2-丙二醇;*R*-3-氯-1,2-丙二醇;2-(2-氯乙氧基)乙醇;左羟丙哌嗪

沈阳金益耐火材料有限公司

辽宁省沈阳市苏家屯区沙河镇韩城村[110000]
电话:(024)89488038;89488978
供销电话:89488038;13898152378
职工人数:120人
网址:www.jynh.com
E-mail:shengli9953@mail.jynh.com
【主要产品】氧化镁;氧化镁(轻质);高纯电熔氧化镁;氧化镁(重质);镁;氧化铬绿

沈阳久利化学建材股份有限公司

辽宁省沈阳市铁西区保工北街9号[110021]
电话:(024)25641341
传真:(024)25366184
经济类型:股份有限公司
企业规模:大型
网址:www.jiuli.com.cn
E-mail:jiuli@ccmsa.com.cn
【主要产品】燃气用聚乙烯管;给水用聚乙烯管材;聚氯乙烯管材;聚氯乙烯异型材;聚乙烯双壁波纹管

沈阳康利新乐制药有限公司

辽宁省沈阳市和平区光荣街5号[110003]
电话:(024)23234625;23861372
传真:(024)23227443　经济类型:国有
【主要产品】右旋糖酐

沈阳蓝丰涂料制造有限公司

辽宁省沈阳市经济开发区宁官[110141]
电话:(024)25812398;25819923-8007
传真:(024)25810511
经济类型:股份合作　法人代表:闵家智
网址:www.lanfeng-cn.com
E-mail:sell@lanfeng.net.cn;
manager@lanfeng.net
【主要产品】汽车漆;磷化底漆;高弹性外墙乳胶漆;珠光涂料;真石漆;硅丙水性罩光漆;高级内墙乳胶漆;反光道路标线涂料;饮水容器内壁环氧磁漆;环氧富锌底漆;自流平环氧地坪涂料;重防腐漆;防水涂料;防静电涂料;绝缘漆;锤纹漆;内外墙防霉抗碱封固底漆;超薄型钢结构防火涂料;防锈带锈漆;导电涂料;工业地坪涂料;砂浆地坪涂料;防静电地坪涂料;浮雕复层涂料;水性色浆

沈阳黎航密封件厂

辽宁省沈阳市东陵区东新路10号[110043]
电话:(024)24601610
传真:(024)24332971
网址:www.lhm.cn
【主要产品】橡胶密封制品;骨架油封;橡胶膜片;旋转轴唇形密封圈

沈阳联邦涂料有限公司

辽宁省沈阳经济技术开发区云海路5号[110141]
电话:(024)25368667;25641106
传真:(024)25368665
供销电话:25373338;25864347
网址:www.lianbangtl.com
E-mail:sy@lianbangtl.com
【主要产品】水性电泳漆;C04-2各色醇酸磁漆;金属闪光漆;G04-9各色过氯乙烯外用磁漆;各色丙烯酸聚氨酯磁漆;聚氨酯丙烯酸汽车面漆;丙烯酸工程机械磁漆;彩色卷钢涂料;重防腐漆

沈阳岭森精细化工厂

辽宁省沈阳市于洪区黄海路31号[110141]
电话:(024)25308827;13940025955
传真:(024)25305922
网址:www.lingsenchem.com
E-mail:houcheng@lingsenchem.com
【主要产品】金刚烷;四氢双聚环戊二烯;丁炔二醇;1-金刚烷甲酸;二苯甲酮腙;*β*-氨基巴豆酸甲酯

沈阳龙华干燥设备有限公司

辽宁省沈阳市新城子区虎石台[110122]
电话:(024)89879388;13644068494
传真:(024)89879009
供销电话:89705799;89705766
网址:www.sylonghua.com
E-mail:inf@sylonghua.com
【主要产品】热风炉;物料搅拌干燥器;旋转闪蒸干燥机;单循环振动式干燥机;带惰性介质的雾流化干燥器;气流干燥机;振动流化床干燥机;高效沸腾干燥机

沈阳轮胎总厂

辽宁省沈阳市于洪区沈新路15号[110141]
电话:(024)25813169
传真:(024)25813027　经济类型:国有
网址:www.sytire.com
E-mail:sales@sytire.com;
webmaster@sytire.com
【主要产品】轮胎垫带;丁基内胎

沈阳美狮化工有限公司

辽宁省沈阳市于洪区于洪乡东民工业区[110141]
电话:(024)89363558;89363668
传真:(024)89363998　职工人数:138人
网址:www.mei-shi.cn
E-mail:meishi@mei-shi.cn
【主要产品】硝基漆类;木器漆;乳胶漆;工业涂料;聚酯树脂漆类;常温道路标志漆;地坪涂料;硬质地坪涂料

沈阳三氏化工涂料有限公司

辽宁省沈阳市于洪区北李官村[110141]
电话:(024)89362099;89361285;13304001278
传真:(024)89362098
法人代表:翁安贤
网址:www.34tl.com
E-mail:sysans@sina.com
【主要产品】热固性粉末涂料;聚酯粉末涂料;环氧型粉末涂料

沈阳沈潘精细化工有限公司

辽宁省沈阳市铁西区沈辽东路8号[110021]
电话:(024)89892713;89891586;13304008121
传真:(024)89892717　有进出口权
供销电话:85869004
供销传真:85869197
经济类型:股份有限公司
网址:www.shenpanchem.com
E-mail:spchem@shenpanchem.com
【主要产品】4-氨基-1,2,4-三氮唑;邻氟溴苯;*N*,*N*-二(2-羟乙基)对苯二胺硫酸盐;邻硝基苯磺酰氯;2-硝基苯硫氯;邻氨基苯磺酰胺;2-氯-4-硝基苯甲酸;2-氨基-4-[*N*-(2-羟乙基)氨基]苯甲醚硫酸盐;2,6-二氯-4-氨基苯酚;2-氨基-4,6-二硝基苯酚钠;3-硝基-4-[*N*-(2-羟乙基)氨基]-*N*,*N*-二(2-羟乙基)苯胺;2-硝基-*N*-(2-羟乙基)苯胺;2-氨基-4-硝基-*N*-(2-羟乙基)苯胺;4-氨基-2-硝基-*N*-(2-羟乙基)苯胺;2-氨基-*N*-乙基-*N*-苯基苯磺酰胺;2-硝基苯磺酰胺;4,4′-二(2-氨基苯磺酸)双酚A酯;1-苯基-5-巯基四氮唑

沈阳石蜡化工有限公司

辽宁省沈阳市经济技术开发区沈大路888号[110141]
电话:(024)25390014;25390555;25390320
传真:(024)25390015

供销电话:25390888;25390083
经济类型:有限责任公司
职工人数:1,100 人
网址:www. sypc. com. cn
E-mail:sycg_bxs@ 126. com
【主要产品】丙烯;丙烯酸;丙烯酸丁酯;丙烯酸甲酯;丙烯酸乙酯;丙烯酸-2-乙基己酯;石油液化气;汽车用液化气;石脑油;汽油;无铅汽油;93 号无铅汽油;轻柴油;重液体石蜡;柴油;燃料油

辽

沈阳市北方干燥剂厂

辽宁省沈阳市于洪区鸭绿江街 53 号[110032]
电话:(024)86601369
传真:(024)86601369 经济类型:集体有进出口权 职工人数:100 人
法人代表:杜瑞红
【主要产品】分子筛,5A 型;分子筛,4A 型;13X 分子筛;分子筛,3A 型;高效型干燥硅胶

沈阳市北方胶辊厂

辽宁省沈阳市于洪区平湖街 75 号[110141]
电话:(024)25831860
传真:(024)25300060
经济类型:私营企业
网址:www. bfjg. cn
E-mail:webmaster@ bfjg. cn
【主要产品】胶辊;印刷胶辊;印染胶辊

沈阳市北丰化学试剂厂

辽宁省沈阳市于洪区翟家镇小于村[110178]
电话:(024)89357487;89355206
传真:(024)89357487
经济类型:私营企业 法人代表:闻庆勤
E-mail:goodqsj@ hotmail. com
【主要产品】草酸钠;柠檬酸钠;硅酸钠;硝酸钠;氯化钠;四硼酸钠;磷酸三钠;焦磷酸钠;磷酸二氢钠;磷酸氢二钠;过氧化钙;硝酸钙;硫酸钙;亚硫酸钙;碳酸钙;乙酸钡;氢氧化钡;过氧化钡;硝酸钡;碳酸钡;硫酸钾;氯化钾;焦磷酸钾;磷酸二氢钾;磷酸氢二钾;草酸亚铁;硫化亚铁;硫酸亚铁;乙酸铅;二氧化铅;硝酸铅;乙酸铵;草酸铵;草酸高铁铵;柠檬酸三铵;硝酸铵;硫酸亚铁铵;氯化铵;磷酸铵;磷酸二氢铵;磷酸氢二铵;乙酸铜;氢氧化铜;硫酸铜;碳酸铜,碱式;乙酸锶;氢氧化锶;乙酸镁;氧化镁;硝酸镁;硫酸镁;乙酸铬;氯化铬;乙酸锰;草酸;硼酸;可溶性淀粉

沈阳市硅胶厂

辽宁省沈阳市和平区同泽南街 195-1 号[110000]
电话:(024)23397431;81990247;13002482581
传真:(024)23388090
供销电话:23397431;13002482581
网址:www. sygjc. cn
E-mail:sygj@ sygjc. cn;sxy@ sygjc. cn
【主要产品】硅橡胶;模具胶;甲基硅油;活性氧化铝;A 型硅胶;中空专用分子筛;硅胶;硅铝胶;分子筛;高纯洗净剂;干燥剂

沈阳市合成兽药厂

辽宁省辽中县辽中镇化工巷 15 号[110200]
电话:(024)87882913
传真:(024)87882913 职工人数:60 人
经济类型:私营企业 法人代表:李洪仁
网址:lihongbo748. 40rob. com
【主要产品】胺丙畏

沈阳市宏飞精细化工厂

辽宁省沈阳市于洪区于洪乡红旗村[110141]
电话:(024)25359759;25350393
传真:(024)25359741
经济类型:私营企业
网址:www. heavenmercy. com
E-mail:hongfei@ heavenmercy. com
【主要产品】2-羟甲基-3,4-二甲氧基吡啶;3-二氟甲氧基苯胺;4-二氟甲氧基苯胺;*N*-(4-二氟甲氧基苯基)乙酰胺;5-二氟甲氧基-2-巯基-1H-苯并咪唑;2-氯甲基-3,4-二甲氧基吡啶盐酸盐;4-氯-3-甲氧基-2-氯甲基吡啶盐酸盐;4-氯-3-甲氧基-2-甲基吡啶-*N*-氧化物

沈阳市嘉恒化工有限公司

辽宁省沈阳市铁西区爱工南街 7 号 5 门[110021]
电话:(024)25877640
传真:(024)25642757 有进出口权
网址:www. syjiaheng. com
E-mail:syjiaheng@ syjiaheng. com
【主要产品】乙醇钠;甲醇钠;对甲苯磺酰甲基异氰酸酯;六氯丙酮;2-氨基二苯砜;3,5-二氯苯胺;间三氟甲基苯酚;硫代卡巴肼;邻硝基苯磺酰氯;邻氨基苯磺酰胺;邻氯苯基硫脲;2-氨基苯磺酸苯酯;2-氨基苯磺酸-2′-氯苯酯;4,4′-二氨基联苄;2,6-二氯-4-氨基苯酚;2-*β*-羧乙基氨基-4-氨基苯磺酸;3-环己氨基苯酚;4,4′-二氨基二苯砜;2-氨基-*N*-甲基-*N*-环己基苯磺酰胺;2-氨基-*N*-乙基-*N*-苯基苯磺酰胺;2-氨基-*N*-甲基-*N*-苯基苯磺酰胺;2-硝基苯磺酰胺

沈阳市龙凤化工厂

辽宁省沈阳市东陵区榆林街北二公里处[110045]
电话:(024)88071568
网址:www. sy-longfeng-chem. com. cn
E-mail:kll@ sy-longfeng-chem. com. cn
【主要产品】醇酸树脂漆类;醇酸磁漆

沈阳市木氏涂料厂

沈阳市东陵区英达乡后陵村 19 号[110044]
电话:(024)88471960
传真:(024)88474168
供销电话:88474168;88474158
网址:www. mushitl. com
E-mail:paint@ mushitl. com
【主要产品】水性金属漆;硝基漆类;丙烯酸树脂漆类;氟碳漆;水性纳米氟碳漆;水溶性涂料;钢塑涂料

沈阳市欧丽亚涂料有限公司

沈阳市于洪区青海西路鲁堡巷 55-7 号[110027]
电话:(024)25345333;13504051788
传真:(024)25346633
网址:www. syoly. com
E-mail:ss2131@ sina. com
【主要产品】腻子;内外墙乳胶漆;瓷砖胶黏剂;建筑胶 801;建筑防水剂;水泥制品脱模剂

沈阳市生发防腐设备厂

辽宁省沈阳市胡台经济开发区 A23 号[110326]
电话:(024)87722278;87722248
传真:(024)87722278 产值:3,000 千元
供销电话:13804078583
经济类型:私营企业 职工人数:78 人
法人代表:张树生
网址:www. syfangfu. com
E-mail:anticorrosion@ sogou. com
【主要产品】橡胶防腐衬里系列

沈阳市生物化学制药厂

辽宁省沈阳市皇姑区明廉路 8 号[110035]
电话:(024)86748830
传真:(024)86722605
【主要产品】硫酸软骨素钠;脑安泰;胆酸钠;胃蛋白酶;胰酶(药用);胃膜素;人工牛黄

沈阳市石油设备厂

辽宁省沈阳市于洪区鸭绿江街 213 号[110032]
电话:(024)86612288;86622647
固定资产:38,000 千元 经济类型:集体
职工人数:188 人 法人代表:朱来君
【主要产品】高强螺栓

沈阳市试剂二厂

辽宁省辽中县长新开发区[110200]
电话:(024)25703650;25423813
传真:(024)25703650
供销电话:25703518 法人代表:田炳柱
经济类型:私营企业
网址:www. sj. chembb. com
E-mail:lixl@ chembb. com
【主要产品】氢氧化钠;氯化钠;乙酸钙;碳酸钙;碳酸钡

沈阳市试剂三厂

辽宁省沈阳市铁西区众工南街 132 巷 11 号[110024]

电话:(024)25740268;25740321;25729035
传真:(024)25740268　经济类型:集体
供销电话:25729450;25742205
网址:www.syssreagent.com/index1.htm
E-mail:chunzhe@online.ln.cn
【主要产品】玫瑰红酸钠;二乙基二硫代氨基甲酸银;麝香草酚;对硝基苯酚;甲酚红;香豆素;镍试剂

沈阳市腾飞化工原料加工厂

辽宁省沈阳市东陵区凌云街103巷6号[110043]
电话:(024)24600375;13840527811
供销传真:24600375　经济类型:集体
职工人数:105人
法人代表:赵康宁
网址:www.sytengfei-chem.com
E-mail:zhaokn@sohu.com
【主要产品】潘托拉唑缩合物;5-二氟甲氧基-2-巯基-1H-苯并咪唑;2-氯甲基-3,4-二甲氧基吡啶盐酸盐;奥美拉唑钠盐;潘托拉唑;潘托拉唑钠;兰索拉唑;雷贝拉唑

沈阳市橡胶制品九厂

辽宁省沈阳市铁西区南十一西路10号[110024]
电话:(024)25732468
传真:(024)25758021
经济类型:私营企业　法人代表:赵淑珍
网址:www.syx9.com
【主要产品】聚氯乙烯异型材;硅橡胶输送带;胶管;橡胶杂品;耐油橡胶板;氟橡胶板;硅橡胶板;胶辊;印刷胶辊;印铁胶辊;防尘罩;硅胶绝缘子;橡胶型材;胶囊

沈阳市新东试剂厂

辽宁省沈阳市新城子区新黄公路25公里处[110121]
电话:(024)89863275;13840168373
传真:(024)89864720
供销电话:89863275;13889367023
【主要产品】乙酸钠,无水;铬酸钠;硫化钠;磷酸二氢钠;磷酸氢二钠;铬酸钙;铬酸钡;氢氧化钾;重铬酸钾;酒石酸锑钾;溴化钾;硫酸亚铁;铅粒;乙酸铅;二氧化铅;草酸铵;氢氧化铵;重铬酸铵;磷酸二氢铵;氯化铜;锌,粒状;硝酸锌;硫酸锌;铋,粒状;三氧化铬;三氧化二锑;二氧化锰;顺丁烯二酸酐;抗坏血酸;盐酸;硝酸;硫酸;异丙醇

沈阳市新民国富化工有限责任公司

辽宁省新民市陶家屯乡[110300]
电话:(024)87697188;13804989023
传真:(024)87697188
经济类型:有限责任公司
网址:www.gfhg.cn
E-mail:guofu@gfhg.cn
【主要产品】糠醛

沈阳市新远东化工有限公司

辽宁省沈阳市辽中县中心街177-1号[110200]
电话:(024)87881174;87897557
传真:(024)87806328
法人代表:许连合
网址:www.syxyd.com
【主要产品】PVC电缆料润滑热稳定剂

沈阳市银盾防火涂料厂

辽宁省沈阳市大东区联合路189号[110044]
电话:(024)88092660;88093687;88090981
传真:(024)88090981
网址:www.syydfh.com
E-mail:syyd478@163.com
【主要产品】饰面型防火涂料;水溶性膨胀型防火涂料;超薄型钢结构防火涂料;膨胀型钢结构防火涂料

沈阳市应用技术实验厂

辽宁省沈阳市铁西区兴顺街185号[110023]
电话:(024)25446426
传真:(024)25440636　有进出口权
供销电话:25441330　法人代表:张明
经济类型:外商独资
网址:www.zhangming.com.cn
E-mail:sysy@zhangming.com.cn
【主要产品】环烷酸钡;环烷酸钾;环烷酸钠;异辛酸钠;异辛酸钾;异辛酸铜;异辛酸铈;2-乙基己酸锰;异辛酸铅;异辛酸镍;异辛酸钴;异辛酸锆;2-乙基己酸钙;2-乙基己酸锌;甲基乙基酮肟;环烷酸铁;环烷酸钙;环烷酸钴;环烷酸铅;环烷酸锌;环烷酸锰;环烷酸镁;环烷酸锆;催干剂;高效复合催干剂;涂料催干剂LC802;异辛酸稀土催干剂;环烷酸铜;过氧化环已酮;过氧化甲乙酮

沈阳饰壁涂料厂

辽宁省沈阳市皇姑区三台子梅江北街田义工区[110031]
电话:(024)86552711;13082479637
网址:www.sbtl.cn
E-mail:shibituliao@163.com;shibituliao@sina.com
【主要产品】高弹性外墙乳胶漆;外墙封闭底漆;浮雕漆;真石漆;丙烯酸外墙乳胶漆;外墙半光乳胶漆;内墙高光乳胶漆;821腻子粉;绒毛漆;胶黏剂

沈阳四维高聚物塑胶有限公司

辽宁省沈阳市铁西区翟家镇[110178]
电话:(024)89354005;89354400;13940450820
传真:(024)89353344
网址:www.syswpp.com
E-mail:siwei@syswpp.com
【主要产品】接枝改性线性聚乙烯;改性聚丙烯;马来酸酐接枝聚丙烯树脂;热塑性聚氨酯;改性ABS;增韧剂

沈阳天地乳胶有限公司

辽宁省沈阳市大东区东望街9号[110044]
电话:(024)88206649;88206449
传真:(024)88206617　经济类型:国有
职工人数:700人
网址:www.tdlatex.com
E-mail:sylatex@online.ln.cn
【主要产品】医用手套;避孕套

沈阳天华塑胶有限公司

辽宁省沈阳市苏家屯区雪松工业开发区白松路68号[110101]
电话:(024)89824660
传真:(024)89839868;89830396
网址:www.tianhuaplastic.cn
【主要产品】给水用硬聚氯乙烯管材;热缩套管;交联聚乙烯管材;给水用聚乙烯管材;聚氯乙烯管材;聚氯乙烯热伸缩套管;PVC-U芯层发泡管材管件;硅芯管;聚乙烯双壁波纹管

沈阳文通化工有限公司

辽宁省沈阳市大东区临河路40号[110042]
电话:(024)88504971
传真:(024)88504971　有进出口权
企业规模:大型
网址:www.wentong.chembb.com
E-mail:shenyang@wentong.com
【主要产品】碳酸氢钾;碳酸钾;硝酸钙;硝酸钾;氯化铵;硫酸钾(农用);硝酸铵钙;碳酸钾(食品级)

沈阳新地药业有限公司

辽宁省沈阳市铁西区重工街苗圃里2号[110026]
电话:(024)25518051;25517670
传真:(024)25510806
网址:www.syndy.com.cn
E-mail:sale@syndy.com.cn
【主要产品】2-氯吡啶;2-苄基吡啶;2-苯基吡啶;二甲氨基氯乙烷盐酸盐;2-(4′-氯苄基)吡啶;酮基布洛芬;罗格列酮;匹格列酮;西布曲明;马来那敏

沈阳新兴试剂厂

辽宁省沈阳市铁西区爱工北街18-1号[110025]
电话:(024)25611762;13809823312
传真:(024)25672650
网址:www.sy-xinxing.com
E-mail:sy_xinxing@126.com
【主要产品】四氯化碳;乙二胺四乙酸二钠;草酸钠;硫代硫酸钠;氯化钠;四硼酸钠;磷酸氢二钠,无水;碳酸钙;邻苯二甲酸氢钾;重铬酸钾;氯化钾;碘化钾;碘酸钾;高锰酸钾;溴酸钾;磷酸二氢钾;偏钒酸铵;草酸铵;氧化锌;氧化镁;甲苯;乙腈;苯甲酸;草酸;盐酸;硝酸;硼酸;对氨基苯磺酸,无水;磷酸;乙醇(95%);丁醇;丙醇;甲醇;乙醚;

石油醚,60～90℃;1,4-二氧六环

沈阳兴达涂料有限公司

辽宁省沈阳市青年大街201号科学宫403号[110013]
电话:(024)23978106
传真:(024)23978106-0
网址:www.xdkrt.com
E-mail:xingda@xdkrt.com
【主要产品】金属漆;弹性乳胶漆;丙烯酸室外乳胶漆;丙烯酸室内乳胶漆;环氧地面涂料;聚氨酯漆类;高光耐候漆;水性高光清漆;仿石涂料;抗裂弹性腻子

沈阳星辰化工有限公司

辽宁省沈阳市苏家屯区雪莲街117号[110101]
电话:(024)89151082;89151105
传真:(024)89151097
供销电话:89151105;89151082
经济类型:中外合资经营企业
网址:www.syxc.com.cn
E-mail:syxc@syxc.com.cn
【主要产品】胶管;防水片材

沈阳药大集琦药业有限责任公司

辽宁省沈阳市沈河区文化路103号[110015]
电话:(024)23894737;13898151846
传真:(024)23896761 有进出口权
经济类型:其他内资 法人代表:刘及响
E-mail:ydjqltd@pub.sy.ln.cn
【主要产品】泊洛沙姆;鱼腥草素钠;环磷酰胺;安妥明;盐酸氯丙那林;盐酸丁氧普鲁卡因

沈阳银象橡胶制品有限责任公司

辽宁省沈阳市铁西区建设中路12号[110022]
电话:(024)25877042;25649370;25875016
传真:(024)25855217;25649420
供销电话:25872134;25875936
经济类型:有限责任公司
职工人数:800人 法人代表:王德田
网址:www.csyyx.com
E-mail:yx@csyyx.com
【主要产品】纤维增强PVC软管;胶黏剂;夹布胶管;输水胶管;压缩空气胶管;蒸汽胶管;氧气胶管;氧气,乙炔联体胶管;输油胶管;吸水胶管;高压胶管;液压胶管;气压制动胶管;导静电输油胶管;橡胶杂品;减震用橡胶制品;普通橡胶板;铁路橡胶轨枕垫板;桥用橡胶垫板;胶辊;橡胶护舷;橡胶密封胶条;橡胶垫;橡胶防腐衬里系列;消防水带;汽车制动皮碗;橡胶密封圈

沈阳永信精细化工有限公司

辽宁省新民市辽滨开发区[110300]
电话:(024)27607278;27612711
传真:(024)27608167
网址:www.syyxhq.com;www.syyx.cn
E-mail:pqy@syyxhg.com;yxpn@syyxhg.com
【主要产品】高分子阳离子净水剂;石油破乳剂;多效起泡剂;降黏剂;黏土稳定剂

沈阳永兴化工有限公司

辽宁省沈阳市大东区小什字街180号[110042]
电话:(024)88734156
传真:(024)88734156 法人代表:刘喆
固定资产:500千元 产值:10,000千元
经济类型:有限责任公司
销售收入:10,000千元
E-mail:shyyongxing@yahoo.com.cn
【主要产品】纯碱;碳酸钾;硫酸钾;硝酸钠;硝酸钡;硝酸钙;亚硝酸钙;硝酸钾;硝酸镍(六水);硝酸镁;四硼酸钠(十水);碳酸钡;氟化钠;氟硅酸钠;氧化铜;氧化锌;硫黄;甲苯二异氰酸酯;1,2-二氯乙烷;*N*,*N*-二甲基甲酰胺;葡萄糖酸钠;硝酸铵;聚乙烯醇

沈阳展宇科技开发有限公司

辽宁省新民市胡台镇工业园区[110326]
电话:(024)87721798;87722486;13604048704
传真:(024)87721799
网址:www.zhanyukeji.com
【主要产品】铝镍合金;3-氨基-1,2-丙二醇;特戊酸氯甲酯;*S*-环氧氯丙烷;3-氯-1,2-丙二醇;氯铂酸钾;氯亚铂酸钾;氯化金;氧化银;硝酸银;二硝酸钯;氧化铂;亚硝基二氨铂;氯化铂;氯铂酸;左羟丙哌嗪;炭载含钌加氢催化剂;钯炭催化剂;炭载含铂加氢催化剂

同联集团沈阳抗生素厂

辽宁省沈阳市大东区东顺城街育才巷18号[110042]
电话:(024)24311281;24317974;24311198
传真:(024)24311281 经济类型:国有
供销电话:24311716
网址:www.tljtw.com
E-mail:ylxs@tljtw.com
【主要产品】利福平;利福霉素S钠

大连市

澳特钴镍制品(大连)有限公司

辽宁省大连市中山区友好路105号B座4001[116001]
电话:(0411)82537207;82645171
传真:(0411)82537020;86430056
供销电话:82545171;82537207
经济类型:外商独资
网址:www.dlalt.com
E-mail:aarondu@dlalt.com
【主要产品】氢氧化钴;硫酸钴;硝酸钴;氯化钴;碳酸钴;氟化钴;氧化钴;异辛酸钴;草酸钴;新癸酸钴;环烷酸钴;醋酸钴

大化集团大连化工股份有限公司

辽宁省大连市甘井子区工兴路10号[116032]
电话:(0411)86672229;86671948;86672312-419
传真:(0411)86671199;86671948
供销电话:86672887;13804087758
供销传真:86670413 经济类型:国有
有进出口权 企业规模:大型
法人代表:于朝元
网址:www.dahuagf.com
E-mail:dhgf@dahuagf.com
【主要产品】纯碱;工业氯化铵;氯化铵;碳酸氢铵

大化集团大连油漆厂

辽宁省大连市甘井子区工兴路10号[116032]
电话:(0411)86677040
传真:(0411)86671199;86786438
供销电话:86582899 法人代表:李成斌
网址:dhgdp.und.com.cn
E-mail:dhdpaint@online.ln.cn
【主要产品】丙烯酸树脂;松香改性酚醛树脂;木器漆;建筑涂料;丙烯酸树脂漆类;抗碱封闭底漆;重防腐漆;各种清面漆;地坪涂料;防腐涂料

大连百傲化学有限公司

辽宁省大连市旅顺口区经济开发区顺乐街325号[116052]
电话:(0411)86227111;86229985;82786111
传真:(0411)86229797 有进出口权
供销电话:82736935;87606262
供销传真:82725323 法人代表:刘宪武
经济类型:中外合资经营企业
网址:www.biofc.com
E-mail:sales@biofc.com
【主要产品】涂料杀菌防腐剂;高效杀菌防霉剂;异噻唑啉酮;造纸助剂

大连保税区科利德化工科技开发有限公司

辽宁省大连市保税区仓储加工区IE-33[116600]
电话:(0411)87318000
传真:(0411)87322038
经济类型:有限责任公司
法人代表:慕惠卿
网址:www.creditchem.com
E-mail:dlcredit@yahoo.com.cn
【主要产品】三氟化硼;氟化铝;氟化铬;氟化锶;四氟化钛;五氟化溴;五氟化碘;三氟化锑;氟化钴;羰基铁粉;氧化亚氮;硫化氢;电子级高纯氨;硅烷;硒

化氢；异丙醇铝；硅酸乙酯；四乙基锡；二甲基锌；三氯化硼；三乙基铝；二乙基锌；甲基锡热稳定剂；四异丙基钛酸酯

大连保税区益照橡胶有限公司

辽宁省大连市保税区罗湖 7 号[116600]
电话：(0411)87309798；87309748
传真：(0411)87309768
网址：www.yizao.com
E-mail：yizhao@mail.dlptt.ln.cn
【主要产品】油封；O 形密封圈；异形密封圈

大连北方氯酸钾厂

辽宁省大连市甘井子区大连湾镇盐岛村[116100]
电话：(0411)86861788；13504097573
传真：(0411)86861786
E-mail：xianmo@inteh.com
【主要产品】高氯酸钾；高氯酸铵；氯酸钠；氯酸钾；氯酸钡

大连冰山集团金州重型机器有限公司

辽宁省大连市金州区龙湾路 5 号[116100]
电话：(0411)82161187；82161188
传真：(0411)82161111　经济类型：国有
供销电话：82161888　有进出口权
企业规模：大型　法人代表：王治勇
网址：www.jhm.com.cn
E-mail：techjhm@mail.dlptt.ln.cn
【主要产品】化工设备；尿素合成塔；甲醇合成塔；加氢反应器；强化型洗涤器；换热器；冷凝器

大连玻璃钢总厂

辽宁省大连市甘井子区东山巷 75 号[116031]
电话：(0411)86671601；86671564；86672607
传真：(0411)86671443
职工人数：500 人　法人代表：崔树国
网址：www.dlfrp.com
E-mail：dlblg@163.com
【主要产品】玻璃钢制品；玻璃钢游艇；玻璃钢冷却塔

大连长风机械制造有限公司

辽宁省大连市旅顺口区启新街 2 号[116041]
电话：(0411)86370119
传真：(0411)86370415
经济类型：中外合资经营企业
法人代表：刘远贺
网址：www.dlcfjx.pmnet.com.cn
【主要产品】板式换热器；板壳式换热器；疏水阀

大连川连酒厂

辽宁省大连市甘井子区促进路 125 号[116033]
电话：(0411)86651518；86652860
传真：(0411)86641216　经济类型：国有
供销电话：86641460
供销传真：86652860
E-mail：dlchuanlian@hotmail.com
【主要产品】乙醇；乙酸乙酯；醋酸丁酯

大连德宝力机械制造有限公司

辽宁省大连市甘井子区旅顺中路岔鞍工业区[116033]
电话：(0411)82957500；84281163；13234079443
传真：(0411)84281163
供销电话：84281163；84281162
网址：www.debaoli.cn
E-mail：xlb@debaoli.cn
【主要产品】振动筛分过滤机；螺带式混合机；双螺旋锥形混合机；LDH 型高效犁刀式混合机；无重力卧式混合机；回转移动式筛选机；螺旋给料机

大连第一有机化工有限公司

辽宁省大连市甘井子区振兴路 201 号[116113]
电话：(0411)86861800；86861832；86861828
传真：(0411)87110164
供销电话：86861800；86861818
经济类型：有限责任公司
网址：www.dalianchem.com
E-mail：mail@dalianchem.com
【主要产品】硫酸钴；硝酸钴；硝酸镍(六水)；碳酸钴；二钼酸铵；四钼酸铵；七钼酸铵；八钼酸铵；氧化钴；三氧化钼；偏二苯基丙酮；醋酸锌；醋酸镁；醋酸镍；醋酸锂；2-乙基己酸锰；异辛酸铅；异辛酸钴；乙酸钙；草酸钴；新癸酸钴；2-乙基己酸钙；敌鼠钠；敌鼠；环烷酸钙；环烷酸钴；环烷酸铅；环烷酸锰；重整保护催化剂；分子筛，5A 型；分子筛，4A 型；13X 分子筛；乙二醇锑；脱砷催化剂；氧化锌脱硫剂 CT305；氧化锌脱硫剂；醋酸钴；醋酸锑；醋酸锰；脱氯剂 T408 型；常低温 COS 水解催化剂；分子筛，3A 型；高效脱氧剂

大连巅峰橡胶制品有限公司

辽宁省大连市西岗区长江路 588 号[116033]
电话：(0411)83614106
传真：(0411)83614106　经济类型：集体
网址：www.dlrubber.com
E-mail：sales@dlrubber.com
【主要产品】塑胶跑道；涤纶运输带；聚氯乙烯阻燃运输带；织物芯运输带；提升带；橡胶护舷

大连东正橡胶有限公司

辽宁省大连市甘井子区东海路 71 号[116033]
电话：(0411)86601195；86600694
传真：(0411)86601717
经济类型：股份合作
网址：www.dongzhengrubber.com
E-mail：dz@dongzhengrubber.com
【主要产品】橡胶制品

大连孚德机械制造有限公司

辽宁省大连市甘井子区西洼街 1 号[116039]
电话：(0411)86426996；86425698
传真：(0411)86426996　有进出口权
网址：www.fdsfj.com
E-mail：fudedl@163.com
【主要产品】振动筛分过滤机；回转移动式筛选机

大连根本化学有限公司

辽宁省大连市甘井子区营城子工业园区根本路[116036]
电话：(0411)86690567；86690607
传真：(0411)86690624
供销电话：83769427
供销传真：83769425
经济类型：外商独资
网址：www.nemoto.com.cn
E-mail：service@nemoto.com.cn
【主要产品】涂料荧光剂；荧光颜料

大连工力干燥设备厂

辽宁省大连市甘井子区革镇堡棋盘子[116035]
电话：(0411)86431002
传真：(0411)86431003
网址：www.glgz.com
E-mail：office@dlzyjx.com
【主要产品】热风炉；振动筛分过滤机；脉冲袋式除尘器；热风循环烘箱；旋转闪蒸干燥机；SZG 系列双锥回转真空干燥机；喷雾干燥机；压力喷雾干燥机；气流干燥机；复合式直线振动流化床干燥(冷却)机；真空干燥机

大连光明特种气体有限公司

辽宁省大连市沙河口区中山路 596 号[116023]
电话：(0411)84800860；84801200
传真：(0411)84802829　有进出口权
经济类型：私营企业　法人代表：孙书校
网址：www.gmtq.com
E-mail：ss@gmtq.com
【主要产品】四氯化硅；二硼氢；六氟化硫；三氟化硼；二氧化硫；一氧化碳；高纯二氧化碳；氖气；氙气；氢气；氧气；氩气；氦气；氧化亚氮；氪气；高纯氯气；氯化氢；氮气；硫化氢；砷烷；硅烷；磷烷；乙炔；丙炔；1-丁炔；高纯丙烷；乙烷；高纯甲烷；丁烷；异丁烷；环氧乙烷；正戊烷；甲硫醇；甲醚；三氟甲烷；氯乙烷；一氯甲烷；三氯化硼；四氟化碳

大连国光溶剂厂

辽宁省瓦房店市岭东办事处转角村[116300]
电话：(0411)85690134；85690020
供销传真：85690134　职工人数：145 人

经济类型:私营企业
E-mail:mzy880@163.com
【主要产品】醇酸树脂漆类;氨基树脂漆类;硝基漆类;水性乳胶漆;聚酯树脂漆类;环氧防腐漆;油漆稀释剂

大连昊华化工有限公司

辽宁省大连市沙河口区黄浦路201号[116023]
电话:(0411)84674606
传真:(0411)84678594 有进出口权
固定资产:100,000千元
经济类型:股份合作 产值:60,000千元
销售收入:60,000千元
职工人数:300人 法人代表:董成果
网址:www.dl-drdi.com
E-mail:dchengguo@hotmail.com
【主要产品】2,5-噻吩二羧酸;芪二酸二甲酯;2-叔丁基对苯二酚;邻甲基对苯二酚;2,5-二叔丁基对苯二酚;4,4′-二苯乙烯二羧酸

大连弘丰制药有限公司

辽宁省大连市旅顺经济开发区顺康街18号[116052]
电话:(0411)86200042;86201044
传真:(0411)86220306 经济类型:集体
供销传真:86200042 法人代表:许宏昌
网址:www.hongfeng.net
E-mail:hchangxu@hotmail.com
【主要产品】水杨酸甲酯;水杨酰胺;乙柳酰胺;甲基硫氧嘧啶;盐酸二甲双胍;卡莫司汀;尼群地平

大连华日漆业有限公司

辽宁省大连市金州区北九里元宝沟[116100]
电话:(0411)87803568
传真:(0411)87815490
网址:www.huarichemistry.com
E-mail:dlhrhg@sina.com
【主要产品】聚酯木器漆;环氧地坪涂料;光固化涂料;重防腐漆;环保型建筑涂料

大连华瑞化学工业有限公司

辽宁省大连市中山区港景园3号楼1单元4楼2号[116011]
电话:(0411)82789585;82789586;82789587
传真:(0411)82789675 有进出口权
经济类型:中外合资经营企业
网址:www.chemhuarui.com
E-mail:huarui@chemhuarui.com
【主要产品】三氯异氰尿酸;聚醚型消泡剂;杀菌灭藻剂;解堵剂;反相破乳剂;降黏剂;高温乳化降黏剂;硝酸脲;油田酸化缓蚀剂;黏土稳定剂;稠油增产剂;污水缓蚀剂;锅炉防垢剂

大连化工研究设计院

辽宁省大连市沙河口区黄浦路201号[116023]
电话:(0411)84667622;13604268459
传真:(0411)84671492 经济类型:国有
法人代表:李恒志
网址:www.dl-drdi.com
E-mail:dchengguo@hotmail.com
【主要产品】2,5-噻吩二羧酸;邻甲基对苯醌;对叔丁基邻氨基苯酚;4,6-二氨基间苯二酚;2-叔丁基对苯二酚;邻甲基对苯二酚;2,5-二叔丁基对苯二酚;2,3-二氰基丙酸乙酯;4-硝基苯甲醇;4,4′-二苯乙烯二羧酸;甲基吡啶磷;氨曲南;荧光增白剂ER-Ⅱ;荧光增白剂BBU;荧光增白剂CBS;荧光增白剂OB;荧光增白剂OB-1;荧光增白剂KCB;荧光增白剂FP-127;抗氧剂1010;抗氧剂MD-1024;抗氧剂168;紫外线吸收剂UV-234;紫外线吸收剂UV-328;紫外线吸收剂UV-531;紫外线吸收剂UV-0;紫外线吸收剂UV-T;紫外线吸收剂UV-360;光稳定剂UV-571;对叔丁基邻苯二酚;氮氧自由基哌啶醇;缓蚀剂

大连胶辊有限公司

辽宁省庄河市兰店乡磨石房村[116500]
电话:(0411)89452889
传真:(0411)89450188;89452788
网址:www.jiaogun.com
E-mail:dljg_0188@sohu.com
【主要产品】尼龙辊;胶辊;印刷胶辊

大连金川豹涂料装饰工程有限公司

辽宁省大连市金州区胜利路29号[116100]
电话:(0411)87848588
传真:(0411)87848063
网址:www.mj-dope.com
E-mail:jcb@mj-dope.com
【主要产品】有光乳胶漆;真石漆;彩色石漆;高级内墙乳胶漆;瓷釉涂料;高级外墙乳胶漆;107胶

大连金菊香料有限公司

辽宁省大连市金州区胜利路42号[116100]
电话:(0411)87671738;87872016;87872019
传真:(0411)87872139 有进出口权
供销电话:87671738;87872019
经济类型:股份合作
网址:www.chinaperfume.net
E-mail:jjhgc@chinaperfume.net
【主要产品】2,3-丁二酮;3-羟基-2-丁酮;4-羟基-2,5-二甲基-3(2H)呋喃酮;菊苣酮;4-羟基-2(5)乙基-5(2)甲基-3(2H)呋喃酮;呋喃酮甲醚;呋喃酮乙酸酯;呋喃酮丁酸酯;牛奶内酯;威士忌内酯

大连金益制药厂

辽宁省大连市金州区石河镇唐家村270号[116101]
电话:(0411)87164418
传真:(0411)87164134 经济类型:集体
网址:www.cngmp.net
【主要产品】磷酸苯丙哌林;盐酸异丙嗪

大连靓奇化工产品有限公司

辽宁省大连市经济技术开发区临港工业区77号[116600]
电话:(0411)87511988;87511582
传真:(0411)87513888
网址:www.tianhaijin.com
E-mail:liangqi@tianhaijin.com
【主要产品】丙烯酸内墙乳胶漆;丙烯酸外墙乳胶漆;环氧地坪涂料;聚氨酯漆类;氟碳漆;油漆稀释剂;腻子胶

大连九如塑料有限公司

辽宁省大连市金州区光明街道汉正路8号[116100]
电话:(0411)87139281;87139282;87139283
传真:(0411)87139280
网址:www.chjiuru.com
E-mail:info@chjiuru.com
【主要产品】抗静电母粒;聚丙烯透明母粒;功能母粒;滑爽开口母粒;抗老化母粒;色母粒;塑料抗菌母料

大连科技橡胶密封件厂

辽宁省大连市辛寨子经济开发区[116039]
电话:(0411)86306063;86311313
传真:(0411)86311010
网址:www.kjrs.com.cn
E-mail:keji@kjrs.cn
【主要产品】发泡胶条;胶辊;密封垫;护套;橡胶密封圈

大连连铁液压件厂

辽宁省大连市甘井子区天虹开发区[116033]
电话:(0411)86303511;86317898;86316338
传真:(0411)86317998
网址:www.liantie.com
E-mail:dllt@liantie.com
【主要产品】高压胶管;铠装胶管;法兰;球阀

大连联化化学有限公司

辽宁省大连市双D港双D5街18号[116620]
电话:(0411)87549848
传真:(0411)87549748 有进出口权
网址:www.allychem.com
E-mail:xmeng@allychem.com
【主要产品】4-溴吡唑;1-甲基-4-溴吡唑;频哪醇;α,α-二苯基-L-脯氨醇;D-(+)-二苯甲酰酒石酸;D-(+)-二对甲基苯甲酰酒石酸;L-(-)-二苯甲酰酒石酸;L-(-)-二对甲基苯甲酰酒石酸;D-(+)-二对甲氧基苯甲酰酒石酸;L-(-)-二对甲氧基苯甲酰酒石酸;D-(+)-苹果酸;2-羧基苯硼酸;3-羧基苯硼酸;4-羧基苯硼酸;间氟苯硼

酸;邻甲氧基苯硼酸;*R*-(+)-叔丁基亚磺酰胺;*S*-(-)-叔丁基亚磺酰胺;双联新戊二醇硼酸酯;双联已二醇硼酸酯;双联频哪醇硼酸酯;5-吲哚硼酸频哪醇酯;甲基硼酸;正丁基硼酸;异丁基硼酸;正丙基硼酸;甘氨酸叔丁酯;*N*-二苯亚甲基甘氨酸叔丁酯;(1R,2S)-1-氨基-2-茚醇;(1S,2R)-(-)-1-氨基-2-茚醇

大连隆腾化工有限公司

辽宁省大连市沙河口区西北路5号[116037]
电话:(0411)86843011;13052770315
传真:(0411)86845386
网址:www.dllongteng.com
【主要产品】塑料色母粒

大连路明科技集团有限公司

辽宁省大连市七贤岭产业化基地火炬路10号[116025]
电话:(0411)84792131
传真:(0411)84791339
供销传真:84793920
经济类型:私营企业
网址:www.luminggroup.com
E-mail:lumi@cyber100.com
【主要产品】自发光涂料;发光颜料

大连璐琨化工涂料有限公司

辽宁省大连市金州区拥政街道红塔工业园区[116100]
电话:(0411)87835661;87835662;87835766
传真:(0411)87835766
供销电话:87811235
网址:www.dllukun.com
E-mail:market@dllukun.com
【主要产品】酚醛树脂漆类;醇酸树脂漆类;各色醇酸调合漆;氨基树脂漆类;硝基漆类;建筑涂料;丙烯酸树脂漆类;环氧树脂漆类;聚氨酯漆类;有机硅树脂漆类;氯化橡胶漆类;船舶防腐漆;特种防腐涂料;油漆稀释剂

大连美罗大药厂

辽宁省大连市高新技术园区敬贤街29号[116021]
电话:(0411)84306144;84304366;84795668
传真:(0411)84305536
供销电话:84305595 企业规模:大型
经济类型:股份有限公司
网址:dy.merro.com.cn
E-mail:mldyxyb@sina.com
【主要产品】红霉素;乳糖酸红霉素;硬脂酸红霉素;罗红霉素

大连齐化化工有限公司

辽宁省大连市经济技术开发区80号工业小区[116600]
电话:(0411)87507114;87513733
传真:(0411)87507636 经济类型:国有
供销电话:87507575;87507556
企业规模:大型 法人代表:张宏宇
网址:www.dalian-qh.com
E-mail:wang1075@163.com
【主要产品】双酚A型环氧树脂

大连染料化工有限公司

辽宁省大连市甘井子区振兴路188号[116001]
电话:(0411)86871742;86874096;86871640
传真:(0411)86870794;86873877
经济类型:有限责任公司 有进出口权
企业规模:大型
网 址: www.yrinfo.com.cn/Url/GoUrl.asp? id=5007
E-mail:ddiiec@mail.dalian-gov.net
【主要产品】盐酸;氢氧化钾;烧碱;硫代硫酸钠;硅酸钠;氯气(液);2,4,6-三硝基苯酚;*N*,*N*-二甲基苯胺;2,4-二硝基氯苯;2-氨基-4,6-二硝基苯酚钠;硫化黑;硫化黑B;分散棕*S*-2BR;分散黑*S*-2BL

大连乳胶有限责任公司

辽宁省大连市沙河口区马栏北街188号[116021]
电话:(0411)84247406;84213782;84214013
传真:(0411)84213782 经济类型:集体
网址:www.cncondom.com
E-mail:dlrjc8@cncondom.com
【主要产品】工业用手套;输血胶管;避孕套

大连瑞泽农药股份有限公司

辽宁省大连市金州区西南窑101号[116100]
电话:(0411)87692218;87699640;87679776
传真:(0411)87686646 有进出口权
供销传真:87699640 企业规模:大型
经济类型:股份有限公司
网址:www.razer.com
E-mail:regar06@sina.com
【主要产品】5-氨基-2-氯-4-氟苯硫基乙酸;2-羟基-3-甲基-3-丁烯酸乙酯;3-氯苯酐;4-氯苯酐;3,3′,4,4′-联苯四羧酸二酐;氯乙酰氯;二氯乙酰氯;二烯丙基胺;5-氨基-4-氯-2-氟乙酰苯胺;邻乙基苯胺;2-甲基-6-乙基苯胺;2,6-二乙基苯胺;2,2,3,3-四甲基环丙烷羧酸;2-氨基-4,6-二氯嘧啶;2-氨基-4-氯-6-甲氧基嘧啶;2-氨基-4,6-二羟基嘧啶;2-氨基-4,6-二甲氧基嘧啶;间苯氧基苯甲醛;2,3-二氰基丙酸乙酯;4-氨基-3,5-二氯三氟甲苯;5-氨基-2-氯-4-氟苯硫基乙酸甲酯;2-(2-氯乙氧基)苯磺酰胺;4-(2-氯乙氧基)氯苯;2,6-二氟苯腈;2-氟苯胺;2,6-二氟苯甲酰胺;3,4-二甲基苯胺;4-氯-2-氟-5-硝基乙酰苯胺;邻甲氧羰基苯磺酰胺;邻甲酸乙酯苯磺酰胺;3,4-二氯三氟甲苯;复合肥;生物有机肥;炔螨特;炔螨特乳油;辛硫磷;溴氰菊酯;甲氰菊酯;甲氰菊酯乳油;灭蝇胺;灭蝇胺可溶性浓剂;烯禾啶;氟铃脲;氟铃脲乳油;霜霉威;霜霉威水剂;阿特拉津;阿特拉津胶悬剂;二甲戊乐灵;二甲戊乐灵乳油;醚苯磺隆;烯草酮;2,4-二氯苯氧乙酸正丁酯乳油;异丙草胺;丁草胺;氟磺胺草醚水剂;氟磺胺草醚;氟磺胺草醚乳油;乙草胺;乙草胺乳油;二氯丙烯胺;胺苯磺隆;胺苯磺隆可湿性粉剂;甲磺隆;克草胺;苯磺隆;氯嘧磺隆;氯嘧磺隆可湿性粉剂;苄磺隆;嗪草酮;嗪草酮可湿性粉剂;三氟羧草醚;二氯喹啉酸;苯噻草胺;苯噻酰草胺可湿性粉剂;嗪草酸甲酯;滴丁·乙乳油;嗪·乙乳油;43%氯嘧·乙乳油;苯噻酰·苄可湿性粉剂

大连石油化工公司有机合成厂

辽宁省大连市甘井子区山西街231号[116031]
电话:(0411)86672066
传真:(0411)86780002 经济类型:国有
网址:www.dloil.com/slhg.asp
【主要产品】塑料薄膜;塑料编织袋

大连石油添加剂厂

辽宁省大连市金州区金东路223-1号[116100]
电话:(0411)85916859;85916285;85916286
传真:(0411)87809015
供销电话:85916859;87809015
网址:www.dlsytjj.com/index.php
【主要产品】高效复合脱硫剂;工业水处理剂;乙烯丙烯共聚物黏度指数改进剂;降黏剂;清洁汽油调和剂;多功能金属钝化剂;柴油清激剂;CD级柴油机油;L-HM抗磨液压油;汽轮机油;变压器油;润滑油;矿物油型真空泵油;一氧化碳助燃剂;防冻液

大连实利德漆业有限公司

辽宁省大连市旅顺南路郭水路1.5公里处[116044]
电话:(0411)86290916;86290926
传真:(0411)86290926
供销电话:86290999;86290926
供销传真:86290364
网址:www.dlsx.com
E-mail:zdz@dlsx.com
【主要产品】塑胶跑道;PVC塑胶地砖;酚醛甲板漆;各色醇酸半光磁漆;各色醇酸底漆;醇酸防锈漆;各色醇酸磁漆;醇酸船壳面漆;各色氨基烘干磁漆;A30-11氨基烘干绝缘漆;丙烯酸聚氨酯漆;聚氨酯丙烯酸汽车面漆;各色环氧酯底漆;环氧酯防锈漆;聚氨酯漆类;各色聚氨酯磁漆;各色聚氨酯底漆;聚氨酯丙烯酸桔纹漆;氯化橡胶面漆;氯化橡胶甲板漆;氯化橡胶船壳面漆

大连市建筑防水材料厂

辽宁省大连市甘井子区辛寨子镇砬

子山[116033]
电话:(0411)86311659;86311660
传真:(0411)86311661　经济类型:集体
网址:www.dlhyfs.com
【主要产品】聚氨酯防水涂料;SBS 改性沥青防水涂料;建筑防水沥青嵌缝油膏;改性沥青黏结剂;SBS 改性沥青防水卷材;乳化沥青

辽

大连市旅顺合成制药厂

辽宁省大连市旅顺口区双岛镇山头村[116047]
电话:(0411)86240256
传真:(0411)86240256　经济类型:集体
供销电话:86248256
网址:www.cngmp.net
【主要产品】吗啉胍;利巴韦林;吲哚美辛;富马酸异哌丙吡胺;硝苯地平;氯哌斯汀;盐酸氯哌丁;二氧丙嗪;盐酸双氧异丙嗪;盐酸异丙嗪

大连市轻化工研究所

辽宁省大连市中山区葵英街民运巷45号[116013]
电话:(0411)82220593;82222206;82222423
传真:(0411)82221448
供销电话:82682593　法人代表:潘德良
网址:www.dqhs.com
E-mail:dqh@dqhs.com
【主要产品】匀染剂;高温匀染剂 SE;亲水型氨基硅油整理剂;活性和直接染料固色剂

大连松辽化工有限公司

辽宁省大连市甘井子区工兴路22号[116031]
电话:(0411)86671213
传真:(0411)86672115
网址:www.songliaochem.com
E-mail:zhaozf@songliaochem.com
【主要产品】异噁草松;异噁草松乳油;2,4-D 胺;2,4-二氯苯氧乙酸正丁酯乳油;2,4-D 异辛酯;异丙草胺;氟磺胺草醚水剂;氟磺胺草醚;乙草胺;乙草胺乳油;精喹禾灵;精喹禾灵乳油;三氟羧草醚;2,4-二氯苯氧乙酸正丁酯;植物生长调节剂;氟磺胺·烯禾乳油;35%氟磺胺·精喹·异噁松乳油;苄·异丙草可湿性粉剂

大连天山实业有限公司

辽宁省大连市长江路12号海港大厦22层[116001]
电话:(0411)82815568
传真:(0411)82824431
网址:www.tianshans.com
E-mail:info@tianshans.com
【主要产品】蜂蜡;甜菊糖;月见草油;水飞蓟素;大豆异黄酮;银杏黄酮苷;人参皂苷;贯叶连翘提取物;金银花提取物;人参提取物;紫苏提取物;红景天提取物;积雪草提取物;五味子提取物;当归提取物;绿茶提取物;问荆提取物;刺五加浸膏;核桃油;沙棘油;葡萄籽油;亚麻油

大连天源基化学有限公司

辽宁省大连市经济技术开发区大孤山工业区[116600]
电话:(0411)87518000;87515672;87519884
传真:(0411)87519900;82308603
网址:www.tricochemical.com
E-mail:business@tricochemical.com
【主要产品】*S*-环氧丙烷;*R*-环氧丙烷;(*R*)-1,2-丙二醇;(*S*)-1,2-丙二醇;苯基丁二酸;甲基丁二酸;*S*-环氧氯丙烷;*S*-3-氯-1,2-丙二醇;洗涤剂(工业);交联剂 TAIC;增稠剂;三(环氧丙基)异氰尿酸酯;促进剂 TAC

大连通用化工有限公司

辽宁省大连市甘井子区新寨子大东沟[116033]
电话:(0411)86303895;81904895;81857195
传真:(0411)86301685
网址:www.toyounger.cn
E-mail:dlty@toyounger.cn
【主要产品】铝镍合金;山梨醇;甘露醇;炭载含钌加氢催化剂;钯炭催化剂;炭载含铂加氢催化剂

大连通用橡胶机械有限公司

辽宁省大连市甘井子区华北路423号[116037]
电话:(0411)86605903;86605902;86605904
传真:(0411)86596356
供销电话:86593923
经济类型:股份有限公司
网址:www.rubbermachine.com
E-mail:dttj@online.ln.cn
【主要产品】密炼机;单螺杆挤出机;塑料板材挤出机组;粒状橡胶冷却机;连续混炼机;加压式捏炼机

大连万达试剂厂

辽宁省大连市中山区五五路110号[116013]
电话:(0411)82398272
传真:(0411)82398273　经济类型:集体
职工人数:60人
网址:www.dlwdsj.com
【主要产品】胶黏剂;印染助剂;除锈剂;油污清洗剂;磷化液;硅片清洗剂;清洗剂

大连喜立德建材有限公司

辽宁省大连市金州区五一路358号[116100]
电话:(0411)85915511;85915522;85915533
传真:(0411)85915518
供销电话:85915511-8001
网址:www.sealead.com
E-mail:sealead@sealead.com
【主要产品】汽车漆;环氧面漆;环氧无溶剂自流平漆;水性环氧树脂涂料;防静电涂料;防腐涂料;APR 系列改性沥青防水卷材;混凝土添加剂

大连橡胶塑料机械股份有限公司

辽宁省大连市周水子广场1号[116033]
电话:(0411)86641861
传真:(0411)86641645　有进出口权
经济类型:股份有限公司
企业规模:大型
网址:www.dlrpm.com
E-mail:sale@dlrpm.com
【主要产品】冷却机;混合机;超细橡胶粉碎机;橡胶压延机;四辊压延机组;双螺杆挤出机;塑料挤出造粒机组;塑料挤出机;开放式炼胶机;密闭式炼塑机;开放式炼塑机;加压式捏炼机;塑料压延机;薄膜吹塑机

大连星原精细化工有限公司

辽宁省大连市西岗区新开路99号珠江国际大厦1206室[116021]
电话:(0411)83702309;83702329
传真:(0411)83702319
供销传真:83702319
网址:www.dlxingyuan.com
E-mail:dlxy@dlxingyuan.com
【主要产品】2-正辛基-4-异噻唑啉-3-酮;水性涂料防霉剂;干膜防霉剂;2-膦酸丁烷-1,2,4-三羧酸;5-氯-2-甲基异噻唑啉-3-酮;羟基亚乙基二膦酸;2-羟基膦酰基乙酸;溴硝醇;2,2-二溴-3-次氮基丙酰胺;强力杀菌防腐剂

大连医诺生物有限公司

辽宁省大连市开发区东北七街18号[116600]
电话:(0411)82173968
传真:(0411)82173918
网址:www.innobio.cn
E-mail:sales@innobio.cn
【主要产品】顺式十八碳-9,12-二烯酸;亚麻油酸;丙酮酸乙酯;月见草油;芦荟大黄素

大连亿力化工有限公司

辽宁省普兰店市唐家房镇[116200]
电话:(0411)83472475
传真:(0411)83472656　经济类型:集体
供销电话:84686181;13332291862
供销传真:84686181　职工人数:100人
网址:www.eastchemical.cn
E-mail:zqh@eatchemical.cn
【主要产品】氢氧化钴;氢氧化镍;硫酸钴;硫酸镍;硫酸锰;硝酸钴;硝酸镍(六水);氯化钴;氯化镍;碳酸钴;碳酸镍;氧化镍;活性炭;醋酸钴

大连宇山化工有限公司

辽宁省大连市大连门广场16号

[116033]
电话:(0411)86645829;86650443;86643777
传真:(0411)86643777 有进出口权
经济类型:股份有限公司
网址:www.yshg.com
E-mail:ys1@yshg.com;ys2@yshg.com;ys3@yshg.com
【主要产品】氢氧化钴;硫酸钴;硫酸铜;硫酸镍;硫酸锰;硝酸钴;硝酸铜;硝酸镍(六水);氯化亚铜;氯化钯;氯化钴;碳酸钴;碱式碳酸铜;碱式碳酸镍;碳酸锰;氧化钴;四氧化三钴;氧化钴锂;氧化镍;氧化铜;苯醌;1,4-苯二酚;草酸钴;高效脱氧催化剂;醋酸钴;醋酸锰

大连振邦氟涂料股份有限公司

辽宁省大连市高新园区甘井子分园营城子金龙寺[116036]
电话:(0411)85807777
传真:(0411)86695800 法人代表:周坤
供销电话:85805208
供销传真:85807297
网址:www.zebon.com
E-mail:zebon@zebon.com
【主要产品】硝基木器漆;外墙涂料;聚酯清漆;聚酯木器漆;氟碳漆;水性纳米氟碳漆;高级氟碳外墙装饰漆;船舶涂料

大连震美通用胶带有限公司

辽宁省大连市沙河口区成仁街11号中盈家园32-3[116037]
电话:(0411)84509971;84509970
传真:(0411)84509938
供销电话:84613529
网址:www.tape-china.com
E-mail:dlzmtape@mail.dlptt.ln.cn
【主要产品】聚氯乙烯电气绝缘胶带;包装胶带

大连中山化工有限公司

辽宁省大连市西岗区长春路337号[116013]
电话:(0411)82493992
传真:(0411)82493294
职工人数:113人
网址:www.dlcbcl.com
E-mail:absorber@21cn.com
【主要产品】柔软剂;纺织乳蜡;防锈油;置换型防锈油;电器清洗剂

华阳恩赛有限公司

辽宁省大连市沙河口区连山街123号星海中心A座[116031]
电话:(0411)84684942;84684941-4
传真:(0411)84678956
经济类型:中外合资经营企业
法人代表:吴铁军
网址:www.nchhy.com
E-mail:nchhy@nchhy.com
【主要产品】脱漆剂;常温除油水基清洗剂;金属清洗剂;合成切削液;电器清洗剂;电力设备清洗剂;锅炉清洗剂;油墨清洗剂;飞机表面清洗剂

辽宁金朝化工有限公司

辽宁省海城市南台工业区[114200]
电话:(0411)3599311
传真:(0411)3599211
E-mail:sales@jinchaochem.com
【主要产品】戊二醛;异噻唑啉酮

瓦房店正大融雪剂厂

辽宁省瓦房店市谢屯镇柳嘴[116300]
电话:(0411)85569366
经济类型:私营企业 产值:2,000千元
职工人数:30人 法人代表:徐殿龙
【主要产品】水泥助磨剂;溶雪剂

中国石油天然气股份有限公司大连西太平洋有限公司

辽宁省大连市经济技术开发区海青岛[116600]
电话:(0411)87506666
传真:(0411)87510033 有进出口权
经济类型:中外合资经营企业
网址:www.wepec.com
【主要产品】硫黄;石脑油;无铅汽油;煤油;柴油;聚丙烯;燃料油;改质沥青;道路沥青

鞍山市

安舒装饰材料有限公司

辽宁省鞍山市铁西区安腾路3号[114011]
电话:(0412)8813707;8816315
传真:(0412)8814189;8824288
经济类型:中外合资经营企业
有进出口权 企业规模:大型
网址:www.anssom.com.cn
E-mail:swb@anssom.com.cn
【主要产品】塑胶卷材地板

鞍钢实业化工公司

辽宁省鞍山市铁西区鞍钢化工总厂内[114021]
电话:(0412)6729021;6733331;13842297767
传真:(0412)6732715 职工人数:500人
固定资产:40,000千元
供销电话:6732713
供销传真:6729053
网址:www.aggroupchem.com
E-mail:wmh@aggroupchem.com;djl@aggroupchem.com
【主要产品】焦化苯;萘(精);蒽;苊(工业);菲;α-甲基萘;β-甲基萘;α-甲基吡啶;咔唑;芴;芘;3,5-二甲基苯酚;苯酚;3,4-二甲酚;异喹啉;2-甲基喹啉;1,8-萘酐;工业萘;工业氧芴;煤沥青

鞍钢实业微细铝粉有限公司

辽宁省鞍山市腾鳌经济开发区[114225]
电话:(0412)8311051
传真:(0412)8316043
网址:www.apmc.com.cn
E-mail:apmc@apmc.com.cn
【主要产品】微细球形铝粉

鞍山力邦压缩机有限公司

辽宁省鞍山市铁西区振兴街32号[114012]
电话:(0412)8229898;8229868;8229858
传真:(0412)8225058
网址:www.aswyysj.com
E-mail:info@aswyysj.com
【主要产品】精密过滤器;冷冻干燥器;吸附式干燥机;无油润滑压缩机;螺杆压缩机;贮气罐(柜)

鞍山山丰化工有限公司

辽宁省鞍山市立山区河堤路[114000]
电话:(0412)6962360
传真:(0412)6962361 职工人数:100人
固定资产:8,000千元
网址:www.shanfengchem.com
E-mail:sales@shanfengchem.com
【主要产品】氯化胆碱

鞍山市鞍鸿化工有限公司

辽宁省鞍山市千山区宁远镇宁远村[114011]
电话:(0412)8922770;13050048817
传真:(0412)8222797 职工人数:76人
固定资产:14,000千元
网址:www.anhongchem.com
E-mail:gengli@anhongchem.com
【主要产品】柠檬酸三丁酯;柠檬酸三辛酯;己二酸二异辛酯;邻苯二甲酸二丁酯;邻苯二甲酸二辛酯;降黏剂

鞍山市德欣化工原料有限公司

辽宁省鞍山市铁西区南三道3-57号[114001]
电话:(0412)6551395;7152609
传真:(0412)6551396
【主要产品】工业涂料

鞍山市第五制药厂

辽宁省鞍山市台安县六里桥[114100]
电话:(0412)4822343
供销电话:4832626 经济类型:集体
【主要产品】吲哚美辛;丙硫氧嘧啶

鞍山市惠丰化工有限责任公司

辽宁省鞍山市铁西区大西街北口18号[114011]
电话:(0412)8416469;8422706;8413879
传真:(0412)8417727 职工人数:41人
供销电话:8414366 法人代表:徐惠祥
经济类型:有限责任公司
网址:www.huifengchem.com;

辽

www.hifichem.com
E-mail:sales@huifengchem.com;
sales@hifichem.com
【主要产品】苊(工业);甲基萘;α-甲基萘;β-甲基萘;1,8-萘二甲酰亚胺;1,8-萘内酰亚胺;喹啉;芴;芘;茚;芴甲醇;4-氯-3,5-二甲基苯酚;苝四甲酸二酐;苝四甲酰二亚胺;1,8-萘酐;4-氯-1,8-萘二甲酸酐;4-溴-1,8-萘二甲酸酐;1,8-萘酐-4-磺酸钾;2-氨基芴;9-羟基芴-9-羧酸;N,N,N′,N′-四甲基-1,8-萘二胺;分散橙 R;永固黄 S3G;颜料黄 HG;溶剂黄 43;透明黄 HLR;溶剂黄 10G;溶剂黄 10GN;荧光红 HFG;溶剂绿 7;溶剂绿 6G;溶剂紫 48;溶剂蓝 RR;颜料红 179;颜料红 122;颜料大红 R;荧光黄 YJP-1;荧光红 5B;荧光红 BK;荧光红 GK;荧光红 H5B;荧光橙 B;透明红 FB;透明红 EG;透明红 E2G;透明橙 3G;透明黄 3G;油溶蓝 2B;透明蓝 GP;透明紫 B;透明紫 RR;溶剂染料;工业氧芴;煤焦油

鞍山市特种树脂厂
辽宁省鞍山市千山区宁远镇[114011]
电话:(0412)8417722;13614126666
传真:(0412)8436788
供销电话:8920666
网址:www.tzsz.com
E-mail:info@tzsz.com
【主要产品】环氧树脂漆类;有机硅绝缘漆;有机硅耐热漆;铝粉有机硅耐热烘漆;有机硅餐具漆;示温涂料

鞍山市天长化工有限公司
辽宁省鞍山市千山区东鞍山镇[114011]
电话:(0412)8215380;8216117;8226789
传真:(0412)8233734;8228789
有进出口权
网址:www.astcchem.com
E-mail:astcchem@astcchem.com
【主要产品】苊(工业);菲;α-甲基萘;β-甲基萘;对羟基联苯;芴;芘;荧蒽;固体古马隆-茚树脂;工业氧芴

鞍山市先臻药业有限公司
辽宁省鞍山市铁西区南九道街 281 号-甲[114014]
电话:(0412)8235344;8235343
传真:(0412)8212921
【主要产品】碳酸氢钠(药用)

鞍山市新型水处理材料厂
辽宁省鞍山市千山区山印子村[114044]
电话:(0412)5422144;5422140
【主要产品】丙烯酸-丙烯酸酯共聚物;乙二胺四亚甲基膦酸;聚丙烯酸钠;聚丙烯酸;马来酸丙烯酸甲酯共聚物;阻垢分散剂;水解聚马来酸酐;杀菌灭藻剂;氨基三亚甲基膦酸;羟基亚乙基二膦酸;水质稳定剂 PAPE;预膜剂;缓蚀剂;阻垢剂;锅炉洗涤剂

鞍山市鑫达化工厂
辽宁省鞍山市铁东区五一路 60 号[114002]
电话:(0412)2222356
传真:(0412)2222356　经济类型:国有
法人代表:张晓光
网址:www.cheminfo.gov.cn/cpgjz/anshanxinda
E-mail:asxdhg@mail.asptt.ln.cn
【主要产品】促进剂 DZ

鞍山市兴懋化工有限责任公司
辽宁省鞍山市化工路 1 号[114011]
电话:(0412)8423668
传真:(0412)8416229　职工人数:120 人
经济类型:有限责任公司
法人代表:高伟
网址:www.anshanchem.com;
www.anshan.com.cn
E-mail:anshanchem@china.com
【主要产品】1,8-萘二甲酰亚胺;1,8-萘内酰亚胺;芴甲醇;4-氨基-2-硝基苯酚;4-氨基-3-硝基苯酚;3,4-二羟基苯甲醛;3,4-二羟基苯腈;脱氢硫代对甲苯胺双磺酸;脱氢硫代对甲苯胺单磺酸;脱氢硫代对甲苯胺;4-氨基-3-甲基-3′-磺酸基偶氮苯;4-氨基-3-甲氧基偶氮苯-3′-磺酸钠;对甲苯胺-2,5-二磺酸;4-氯-1,8-萘二甲酸酐;4-溴-1,8-萘二甲酸酐;4-硝基-1,8-萘二甲酸酐;4,5-二氯-1,8-萘二甲酸酐;1,8-萘酐-4-磺酸钾;5-氨基-2-甲基苯酚;6-硝基-2-氨基苯酚-4-磺酸;苊醌;9-芴酮;对羟基苯腈;直接艳黄 6GF;荧光腈纶增白剂 DCB

鞍山市裕原塑胶抗菌剂有限公司
辽宁省鞍山市立山区安全街 18 号[114031]
电话:(0412)6417888;6427888
传真:(0412)6928588
经济类型:私营企业
网址:www.asyy.com
E-mail:dfxdmz@mail.asptt.ln.cn
【主要产品】无机抗菌剂

鞍山市中联化工品有限公司
辽宁省鞍山市铁东区湖南街 16 号[114004]
电话:(0412)5835778;5815788
传真:(0412)5827369
网址:www.zlchem.com.cn
E-mail:sales@zlchem.com.cn
【主要产品】焦化二甲苯;焦化甲苯;焦化苯;萘(精);甲基萘;α-甲基萘;β-甲基萘;重苯;粗苯;工业萘;洗油;脱酚酚油;蒽油;脱晶蒽油;高温沥青;煤沥青

鞍山威特隆化工有限公司
辽宁省鞍山市腾鳌特区工业新村[114002]
电话:(0412)8315133;8311033
传真:(0412)8314268　法人代表:解俊
经济类型:中外合资经营企业
网址:www.wtlhg.com
E-mail:wtl@wtlhg.com
【主要产品】装饰漆;丙烯酸内墙乳胶漆;丙烯酸外墙乳胶漆;聚氨酯仿瓷涂料;无毒无溶剂防腐涂料;工业地坪涂料;工业地坪涂料底漆;耐酸碱重防腐涂料

抚顺市惠友化工有限公司
辽宁省抚顺市望花区鞍山路西段 52 号[113122]
电话:(0412)6603462;6602540
传真:(0412)6602963　法人代表:胡杰
经济类型:私营企业
【主要产品】电石

海城化工三厂
辽宁省海城市南台镇哈大路东[114202]
电话:(0412)3554003;13841261477
传真:(0412)3550733　职工人数:50 人
固定资产:6,000 千元
网址:www.china-ferrocene.com
E-mail:sales@china-ferrocene.com
【主要产品】甲醇(精);苯甲酸单乙醇胺;苯甲酸铵;二环戊二烯铁

海城江海镁业有限公司
辽宁省海城市环城北路 11 号[114200]
电话:(0412)3206416;3206418;3774306
传真:(0412)3206416　职工人数:132 人
供销电话:3774306;3925096
经济类型:私营企业
网址:www.jh-mgo.com
E-mail:jhmy@jh-mgo.com
【主要产品】氧化镁;氧化镁(食用);氧化镁(电工级)

海城利奇碳材有限公司
辽宁省海城市南台镇王二官村[114200]
电话:(0412)3552912;13604223000
传真:(0412)3554070
网址:www.hclq.com
E-mail:hb@hclq.com
【主要产品】二聚环戊二烯;甲基环戊二烯

海城市海菱矿业有限公司
辽宁省海城市[114200]
电话:(0412)3333047;3698000
传真:(0412)3333917　职工人数:150 人
固定资产:100 千元
销售收入:100 千元
供销电话:3699000,3377733
网址:www.lmcyw.com/mgo/gsjj.asp
E-mail:yanghuamei@gmail.com
【主要产品】氧化镁

海城市合成微细钼石粉厂

辽宁省海城市牌楼镇北铁村滑石工业区[114207]
电话:(0412)3939970;3773877;15941264622
传真:(0412)3204553;3295808
经济类型:私营企业
产值:50,000 千元
职工人数:150 人　法人代表:高广占
网址:www. hchsf. com
【主要产品】重质碳酸钙;超细滑石粉

海城市华荣合成化工厂

辽宁省海城市牌楼镇房身街道[114207]
电话:(0412)3772177;13804924593
传真:(0412)3779977
供销电话:13804204275
经济类型:私营企业　法人代表:杨明星
网址:www. synchem. net
E-mail:huarong@ synchem. net;mafei@ synchem. net
【主要产品】4-叔丁基甲苯;4-叔丁基苯甲酸;1,8-萘酐

海城市化工助剂厂

辽宁省海城市响堂街荒岭居委会[114200]
电话:(0412)3380368
传真:(0412)3380870　经济类型:集体
法人代表:赵树光
网址:www. lhzhuji. com
E-mail:lhzhuji@ 163. com
【主要产品】促进剂 DTDM;*N*-环已基硫代酞酰亚胺;五氯硫酚;橡胶塑解剂

海城市橡胶促进剂厂

辽宁省海城市海洲管理区双利街[114200]
电话:(0412)3122700
传真:(0412)3120364
网址:www. hchuag. com
E-mail:hchuag@ hchuag. com
【主要产品】促进剂 DZ;促进剂 HMT;*N*-环已基硫代酞酰亚胺

海城市兴盛菱镁厂

辽宁省海城市牌楼镇[114200]
电话:(0412)3691118
传真:(0412)6111183
网址:www. xslmc. com
【主要产品】氧化镁;氧化镁(食用)

辽宁艾海滑石有限公司

辽宁省海城市马风镇范家堡村[114200]
电话:(0412)3268999;3268599
传真:(0412)3269888;3268955
网址:www. talc-china. com
E-mail:aihai@ mail. asptt. ln. cn
【主要产品】滑石粉

辽宁鞍轮集团

辽宁省鞍山市岫岩县新甸镇[114323]
电话:(0412)7988888;7988008
传真:(0412)7988886
供销电话:7988888;7988008
企业规模:大型
网址:www. anluntyre. com
E-mail:info@ anluntyre. com
【主要产品】帘子布;轻型载重汽车斜交轮胎;中型载重汽车轮胎;全钢载重子午线轮胎

辽宁鞍山市贝达合成化工厂

辽宁省鞍山市千山区千山西路 3 号[114011]
电话:(0412)8410999;13904227333
传真:(0412)8415555
供销电话:8410999;13904227222
经济类型:私营企业
网址:www. chinabeidachem. com
E-mail:beida@ chinabeidachem. com
【主要产品】亚铁氰化钠;萘(精);蒽;苊(工业);菲;α-甲基萘;β-甲基萘;联苯;吡啶;咔唑;芴;芘;荧蒽;茚;芴甲醇;9,10-蒽醌;二甲酚;3,5-二甲基苯酚;三混甲酚;异喹啉;8-羟基喹啉;2-甲基喹啉;1,8-萘酐;吲哚;9-芴酮;二氢化茚;吡喹酮;二烷基萘;2-甲基萘馏分;工业萘;甲基萘馏分;粗蒽;工业氧芴

辽宁海城三洋化工厂

辽宁省海城市毛祁镇[114214]
电话:(0412)3352338;13804923238
传真:(0412)3353798
职工人数:21 人
供销电话:(0411)82660456
经济类型:私营企业
法人代表:张正宏
网址:www. syhg. com
E-mail:lnhc@ syhg. com
【主要产品】甲基丙烯酰胺;*N*-异丙基丙烯酰胺;双丙酮丙烯酰胺;*N*,*N*′-亚甲基双丙烯酰胺;*N*-羟甲基丙烯酰胺;聚丙烯酰胺(胶体);二环戊二烯铁;长效化学降电阻剂

台安华油化工厂

辽宁省鞍山市台安县高力房镇[114108]
电话:(0412)4621188;4624618
传真:(0412)4621068　职工人数:322 人
网址:www. tahyhg. com. cn
E-mail:taianhuayou@ sina. com
【主要产品】原油;石脑油;渣油;10 号柴油;软麻油;道路沥青

台安县化工有限责任公司

辽宁省鞍山市台安县振兴路 137 号[114100]
电话:(0412)4821606;4821610;4821202
供销电话:4833123
经济类型:有限责任公司
【主要产品】醋酸;乙酸乙酯;醋酸丁酯;醋酸酐

抚顺市

抚顺安信化学有限公司

辽宁省抚顺市经济开发区科技城 8 号路[113122]
电话:(0413)6706868;6706808;13942331278
传真:(0413)6706808
经济类型:中外合资经营企业
网址:www. anxinchem. com. cn
【主要产品】甲基丙烯酸乙酯;甲基丙烯酸月桂酯;甲基丙烯酸烯丙酯;甲基丙烯酸异冰片酯;丙烯酸异冰片酯;甲基丙烯酸环已酯;甲基丙烯酸丁酯;甲基丙烯酸异丁酯;甲基丙烯酸叔丁酯;甲基丙烯酸缩水甘油酯;甲基丙烯酸异辛酯;甲基丙烯酸二甲氨基乙酯;甲基丙烯酸二乙氨基乙酯;甲基丙烯酸异癸酯;二甲基丙烯酸-1,4-丁二醇酯;二甲基丙烯酸新戊二醇酯;二甲基丙烯酸乙二醇酯;二甲基丙烯酸二乙二醇酯;二甲基丙烯酸三乙二醇酯;丙烯酸异丁酯;丙烯酸二甲氨基乙酯;丙烯酸环已酯;二丙烯酸乙二醇酯;丙烯酸羟乙酯;丙烯酸-2-乙氧基乙酯;甲基丙烯酸羟乙酯;甲基丙烯酸-β-羟丙酯

抚顺北源精细化工有限公司

辽宁省抚顺市经济开发区小泗水工业园[113122]
电话:(0413)6105588;6105678;13941340333
传真:(0413)6105678
网址:www. fsby. cn
E-mail:wax@ fsby. cn
【主要产品】正构烷烃;白油

抚顺东启化工有限公司

辽宁省抚顺市东洲区关口路 5 号[113003]
电话:(0413)4646718;13841393666
传真:(0413)4465860
网址:fsdqhg. cn. alibaba. com
【主要产品】白石蜡;全精炼石蜡;石蜡;橡胶防护蜡

抚顺东信化工有限公司

辽宁省抚顺市望花区鞍山路(西段)48 号[113000]
电话:(0413)6602056;6602683
传真:(0413)6602056　法人代表:董新
经济类型:私营企业
网址:dxhg. ccbip. und. cn
E-mail:fsdongxin@ 163. net
【主要产品】中超耐磨炉黑 N220;新工艺炉炭黑 N332;炭黑 N234

抚顺抚中有机玻璃厂

辽宁省抚顺市望花区鞍山路西段 26 号[113001]
电话:(0413)6687120;6657775;6686127
传真:(0413)6791865
网址:www. fs-glass. com
E-mail:fs-glass@ 163. com

【主要产品】甲基丙烯酸甲酯;有机玻璃(圆棒);有机玻璃管;有机玻璃板材

抚顺富美涂料有限公司

辽宁省抚顺市顺城区会元乡马金工业园[113006]
电话:(0413)4098150
传真:(0413)4098149
网址:www. fsfumei. com
E-mail:fumei@ fsfumei. com
【主要产品】装饰漆;汽车漆;木器漆;工业涂料;彩色卷钢涂料;特种涂料

抚顺哥俩好集团有限公司

辽宁省抚顺市南杂木镇[113217]
电话:(0413)5261146;5262901
传真:(0413)5268001;5260282
网址:www. geliahao. com. cn
E-mail:mail@ geliahao. com. cn
【主要产品】不饱和聚酯树脂腻子;聚醋酸乙烯乳液胶黏剂;丙烯酸酯胶黏剂;高分子液态密封胶;密封胶;玻璃胶;环保型装饰胶;刹车油

抚顺极顺精细化工有限公司

辽宁省抚顺市经济开发区[113112]
电话:(0413)6600013;13942310906
传真:(0413)6601007
经济类型:私营企业
网址:www. fsyxhg. com
E-mail:fs_jishun2006@ 126. com
【主要产品】正构烷烃

抚顺佳化聚氨酯有限公司

辽宁省抚顺市顺城区河北乡方晓[113123]
电话:(0413)6109152;6109767
传真:(0413)6109996
职工人数:70 人
经济类型:私营企业
法人代表:曲亚明
网址:www. fsjh. com. cn
E-mail:fsjhgs@ sohu. com
【主要产品】软质聚醚型聚氨酯泡沫塑料;硬质聚醚型聚氨酯泡沫塑料;非离子表面活性剂;平平加;石油钻井助剂

抚顺隆亿石油化工有限公司

辽宁省抚顺市露天区北龙凤路12号[113004]
电话:(0413)4630634;13841307378
传真:(0413)4630631
经济类型:中外合资经营企业
网址:www. longyi-group. com
【主要产品】环戊醇;白油

抚顺日石化工有限公司

辽宁省抚顺市望花区丹东路西段5-1号[113001]
电话:(0413)8255077;13704138097
传真:(0413)8255177
网址:www. fsrishi. com
E-mail:Sales@ fsrishi. com
【主要产品】空气压缩机油

抚顺石油化工分公司腈纶化工厂

辽宁省抚顺市露天区张甸街城乡路52号[113109]
电话:(0413)4634941-880303
传真:(0413)4411578　经济类型:国有有进出口权　企业规模:大型
职工人数:3,307 人
【主要产品】丙烯腈;硫酸铵;腈纶短纤维

抚顺石油化工公司石化五厂

辽宁省抚顺市沈抚公路南线30号[113001]
电话:(0413)6616037
传真:(0413)6616037
网址:hg5c. und. com. cn
E-mail:fssh5cf5@ online. ln. cn
【主要产品】重烷基苯;烷基苯磺酸;烷烃脱氢催化剂;造纸用中性施胶剂

抚顺市精细化工研发中心

辽宁省抚顺市望花区丹东路西段一号[113001]
电话:(0413)6860835
传真:(0413)6860835　经济类型:国有
产值:1,000 千元　职工人数:20 人
网址:www. fine-chem. com. cn
E-mail:lcbzgz@ 163. com
【主要产品】噻吩;2-乙酰噻吩

抚顺市色素炭黑厂

辽宁省抚顺市河北乡里仁村[113123]
电话:(0413)6108195
传真:(0413)6108098
网址:fsssth. und. com. cn
【主要产品】喷雾炉炭黑;色素炭黑

抚顺市顺前造漆厂

辽宁省抚顺市顺城区双阳北路25号[113006]
电话:(0413)7642807;7646353
传真:(0413)7656245
网址:www. sqsyc. com
E-mail:sqsyc@ sqsyc. com
【主要产品】醇酸清漆;C06-1 铁红醇酸底漆;各色醇酸磁漆;各色氨基烘干磁漆;硝基清漆;Q06-4 各色硝基底漆;各色硝基外用磁漆;各色聚氨酯磁漆

抚顺市通源科技开发研究所

辽宁省抚顺市望花区新民街1委1组[113001]
电话:(0413)6415784;8332388
传真:(0413)8332388
经济类型:股份合作
网址:www. tongyuankeji. com
E-mail:tongyuan@ ywl. cn
【主要产品】橡胶防护蜡;聚乙烯蜡;聚丙烯蜡;汽车上光蜡;脱模蜡;特种蜡;地板蜡;木材乳化蜡

抚顺市元翔助剂有限公司

辽宁省抚顺市清原满族自治县英额门镇[113306]
电话:(0413)3178324;13358790610
传真:(0413)3178324
经济类型:私营企业　法人代表:孔祥华
网址:www. saifen. com
E-mail:info@ saifen. com
【主要产品】噻吩

抚顺顺辉化工有限公司

辽宁省抚顺市望花区鞍山路西段54号[113001]
电话:(0413)6700472
传真:(0413)6700471
供销电话:6700472;13700132025
网址:www. lnsh. com
E-mail:xujin@ lnsh. com
【主要产品】L-肉毒碱;肉毒碱盐酸盐;左旋肉碱酒石酸盐;乙酰左旋肉碱盐酸盐;L-肉碱富马酸盐

抚顺顺能化工有限公司

辽宁省抚顺市东洲区城乡路52号[113109]
电话:(0413)4634516;4634517
传真:(0413)4634534
网址:www. acetonitrile. cn
E-mail:young@ acetonitrile. cn
【主要产品】乙腈

抚顺万泰实业有限公司

辽宁省抚顺市经济开发区顺远街15号[113122]
电话:(0413)6603529
传真:(0413)6603679　职工人数:400 人
经济类型:中外合资经营企业
网址:www. fswtgs. com
E-mail:marugozy@ online. ln. cn;
info@ fswtgs. com
【主要产品】工业用手套;O 形密封圈;胶鞋

抚顺永大橡胶制品有限公司

辽宁省抚顺市东洲区刘山街人工河路39-1号[113003]
电话:(0413)4266908;4266903;4266636
传真:(0413)4266630
经济类型:与港澳台商合资经营
网址:www. fsyd-rubber. com
E-mail:fsydxj@ 163. net
【主要产品】桥用橡胶垫板

辽宁五环化工有限公司

辽宁省抚顺市经济开发区大南乡东鲜村[113122]
电话:(0413)6635297;6635092;13804936919
传真:(0413)6635345
供销电话:6635357;13804936919

经济类型:私营企业　法人代表:金畅龙
网址:www.wuhuan-chem.com
E-mail:wuhuan-chem@163.net
【主要产品】2.1.5 磺酰氯;2.1.5 磺酸钠

辽宁鑫泰药业有限公司
辽宁省新宾满族自治县新宾镇前进街[113200]
电话:(0413)5033899
传真:(0413)5024099　法人代表:李仁
供销电话:5033899;13904133055
网址:www.lnxt.cn
E-mail:xb5033899@163.com;
lnxt@lnxt.cn
【主要产品】人参多糖;人参皂苷;人参提取物

顺新天地化工有限公司
辽宁省抚顺市东洲区城乡路五十二号[113109]
电话:(0413)4411135;4411136;4411137
传真:(0413)4410235
经济类型:与港澳台商合资经营
网址:www.edta-nw.com
E-mail:edta-nw@edta-nw.com
【主要产品】乙二胺四乙酸;乙二胺四乙酸二钠;乙二胺四乙酸四钠

中国石油抚顺石油化工公司
辽宁省抚顺市新抚区东二街3号[113008]
电话:(0413)2628111;2990111
传真:(0413)2629892　经济类型:国有
供销电话:2435645;2990111
企业规模:大型　法人代表:耿承辉
网址:www.fspcc.com.cn
E-mail:fspccic@online.ln.cn
【主要产品】硫酸铵(工业级);碱式碳酸镍;氰化钠;颗粒白土;丙酮氰醇;丙烯腈;聚丙烯腈纤维;双向拉伸聚丙烯薄膜;催化剂;油酸钠皂;润滑油;聚 α-烯烃合成油;溶剂油

中国石油抚顺石油化工公司合成洗涤剂厂
辽宁省抚顺市东洲区张甸街城沟桥西1号[113109]
电话:(0413)4411068;4411618;4411718
传真:(0413)4411758
网址:www.fspccsyndet.com
E-mail:jyb@fspccsydet.com
【主要产品】脂肪醇聚氧乙烯醚硫酸钠;平平加;壬基酚聚氧乙烯醚

本溪市

本溪成德化工有限公司
辽宁省本溪市溪湖区郑家路86号[117019]
电话:(0414)5892738;5892013;5892682
固定资产:160,000 千元
供销电话:5891836
供销传真:5891836
经济类型:中外合资经营企业
网址:www.bxcdchem.com
E-mail:grace@bxcdchem.com
【主要产品】甲硫醇钠;二甲基二硫;二甲基硫醚;二甲基砜;二甲基亚砜

本溪黑马化工实业有限公司
辽宁省本溪市经济技术开发区高程湖[117004]
电话:(0414)5850111;5850222;5850333
网址:www.hmhg.cn
E-mail:hm@hmhg.cn;hg@hmhg.cn
【主要产品】苯甲酸;苯甲酸钾;苯甲酸钠;丙酸钙

本溪化工集团精细化工有限责任公司
辽宁省本溪市溪湖区郑家路84号[117019]
电话:(0414)5893936
经济类型:有限责任公司
网址:www.hylive.com/liaoning/liaoning02154.ht
【主要产品】二甲基亚砜

本溪化学双氧水有限责任公司
辽宁省本溪市明山区明山路一段一号[117000]
电话:(0414)3871645
经济类型:有限责任公司
产值:6,870 千元
【主要产品】过氧化氢

本溪怀特石油化工有限责任公司
辽宁省本溪市明山区牛心台工业园区[117009]
电话:(0414)4714940;4710000;4714930
传真:(0414)4714750　职工人数:120人
经济类型:私营企业
网址:www.dongshihui.com/company/29377.html
【主要产品】导热油;刹车油;二硫化钼;工业齿轮油;二硫化钼锂基润滑脂;锂基润滑脂;二硫化钼钙基润滑脂;防冻液

本溪鹏程化工有限公司
辽宁省本溪市草河口镇[117114]
电话:(0414)3308008
传真:(0414)6166258
经济类型:有限责任公司
法人代表:李新鹏
网址:www.bxpchg.com
E-mail:terrymerry@sohu.com
【主要产品】硼酸;硫酸钠;四硼酸钠(五水);硼酐

本溪市胶管厂
辽宁省本溪市平山区振工街[117000]
电话:(0414)2840938;2843673
传真:(0414)2840938
固定资产:12,800 千元
经济类型:私营企业
职工人数:380人
网址:bxjg.ccbip.com.cn
【主要产品】夹布胶管;吸引胶管;缠绕胶管;再生胶;橡胶杂品;普通橡胶板

本溪市瑞事达化工有限公司
辽宁省本溪市溪湖区郑家路37号[117019]
电话:(0414)5894500;5898932;5894515
传真:(0414)5881082
法人代表:赵明杰
网址:www.bxchem.com
E-mail:rst_bc@yahoo.com.cn
【主要产品】2,2-二羟甲基丙酸;光敏树脂;PS 版专用树脂;热塑性粉末涂料;2.1.5 磺酰氯;2.1.5 磺酸钠;2.1.4 磺酰氯

本溪制药有限责任公司
辽宁省本溪市牛心台镇滨河路8号[117009]
电话:(0414)4715190;4715130
传真:(0414)4714649
经济类型:有限责任公司
【主要产品】硫酸卡那霉素;卡那霉素碱

辽宁海德医药化工有限公司
辽宁省本溪市平山区北台工业园区[117017]
电话:(0414)2521668;2521696
传真:(0414)2521689　职工人数:60人
网址:www.haide-chem.com
E-mail:reser@haide-chem.com;
ln@haide-chem.com
【主要产品】*N*-羟乙基哌啶;1,3-环已二酮;芦竹碱;3-甲基黄酮-8-羧酸;色胺;β-氨基巴豆酸乙酯;拉西地平;地舍平;甲氯噻嗪;盐酸黄酮哌酯;L-丙氨酰-L-谷氨酰胺

丹东市

丹东安邦涂料有限公司
辽宁省东港市汤池镇汤池大街7号[118300]
电话:(0415)6254077
传真:(0415)6254077
网址:www.ddabtl.com
E-mail:abtl@ddabtl.com
【主要产品】汽车漆;防火涂料;重防腐漆;特种涂料

丹东德成化工有限公司
辽宁省东港市前阳经济开发区[118301]
电话:(0415)7162264;7154051
传真:(0415)7162016
经济类型:有限责任公司
网址:www.dechengchem.com
E-mail:decheng@mail.ddptt.ln.cn
【主要产品】氯化聚乙烯;混炼胶;PVC 发泡调节剂;PVC 抗冲改性剂 AIM

丹东化工机械有限公司

辽宁省丹东市振兴区福春街15号[118002]
电话:(0415)6162359;6161667
传真:(0415)6180487
经济类型:股份有限公司
网址:www.dd-hj.com
E-mail:hj@dd-hj.com
【主要产品】降膜式蒸发器;胶体磨;压缩机;油泵;真空泵

丹东锦江制药厂

辽宁省丹东市振兴区十街19号[118000]
电话:(0415)2125056
传真:(0415)2143214 法人代表:吕锐
网址:www.ddcei.gov.cn/sw/sw0020/jjzyc.htm
【主要产品】帕司烟肼;硫酸卷曲霉素;盐酸左旋氧氟沙星;愈创甘油醚;对氨基水杨酸钠;丙硫异烟胺

丹东宽甸硼矿

辽宁省丹东市宽甸县鹤大路27号[118200]
电话:(0415)5100145;5100149
传真:(0415)5103222 经济类型:国有
企业规模:大型
网址:www.kuandiankuang.com
E-mail:lj@kuandiankuang.com
【主要产品】硼矿石;硼酸;硫酸镁;四硼酸钠(十水)

丹东龙泽化工有限责任公司

辽宁省丹东市振兴区花园街73号[118002]
电话:(0415)2251270;2251847
传真:(0415)2252717 经济类型:集体
网址:www.yzhx.com;www.ddjlhg.com
E-mail:yzhxc@mail.ddptt.ln.cn
【主要产品】丙三醇;硬脂酸;脂肪酸;铸造黏合剂;硬脂酸钙;硬脂酸钡;硬脂酸锌;硬脂酸镉;油酸;斯盘80;植物油酸

丹东明珠特种树脂有限公司

辽宁省丹东市振兴区浪东路5号[118009]
电话:(0415)6155215
传真:(0415)6155475
经济类型:私营企业
网址:www.china-ier.com
E-mail:dhs1999@mail.ddptt.ln.cn
【主要产品】二甲基二硫;强酸性苯乙烯系阳离子交换树脂(001×7型);大孔弱酸性丙烯酸系阳离子交换树脂(D113型);大孔强碱性苯乙烯系阴离子交换树脂(D201型);大孔弱碱性苯乙烯系阴离子交换树脂;大孔弱碱性苯乙烯系阴离子交换树脂(D301);大孔弱碱性丙烯酸系阴离子交换树脂;耐高温强酸树脂催化剂;2-膦酸丁烷-1,2,4-三羧酸;杀菌灭藻剂;阻垢缓蚀剂

丹东前阳宏达化工厂

辽宁省丹东市前阳填山城188号[118300]
电话:(0415)7161082;13904251620
传真:(0415)7162266 职工人数:80人
经济类型:私营企业 法人代表:毕家宏
网址:www.ddhongda.com
E-mail:hongda@ddhongda.com
【主要产品】氯甲基甲醚;一氯乙酸;过氧乙酸;双季铵盐杀生剂;防锈油;磷化液;金属表面调整剂;阻垢缓蚀剂;脱脂清洗剂

丹东深兰化工有限公司

辽宁省丹东市振兴区浪头镇三道沟路5号[118009]
电话:(0415)2026836;2026838
传真:(0415)2026830 有进出口权
固定资产:10,000千元
经济类型:私营企业 职工人数:100人
网址:www.tscdyes.com
E-mail:tangscdye@hi2000.com;dyes@tscdyes.com
【主要产品】1,5-二羟基萘;染料中间体;2,2′-二甲基联苯胺;1,4-二羟基蒽醌;直接黑SB;酸性染料;弱酸性桃红BS;酸性湖蓝A;弱酸性艳蓝5GM;酸性海蓝GGR;酸性蓝BRLL;酸性绿P-3B;弱酸性艳绿3GM;弱酸性绿GS;弱酸艳绿5G;酸性绿VS;弱酸嫩黄G;酸性橙AGT;弱酸性橙ALG;弱酸艳红B;弱酸酱红5BL;弱酸艳蓝RAW;弱酸性艳蓝P-RL;酸性媒介藏青RRN;酸性媒介灰BS;酸性媒介黑PV;弱酸艳红10B;弱酸大红F-3GL;中性黄GS;皮革染料;皮革黑NB-T;皮革黄G;皮革黄GL;皮革绿B;皮革红B;皮革天蓝A;皮革黑E-NB;皮革黑SB;皮革黑G;皮革黑RN;皮革黑MT;皮革棕RN;皮革棕2S;皮革棕2R;皮革红棕D;皮革红棕GR;皮革大红GR;皮革大红GB;皮革大红GS;皮革枣红B;皮革黄MR;皮革藏青GGR;皮革蓝RAW

丹东市化工研究所有限责任公司

辽宁省丹东市浪头镇浪东路3号[118009]
电话:(0415)6279776;6279771
传真:(0415)6279778 有进出口权
固定资产:15,000千元 职工人数:70人
经济类型:有限责任公司
法人代表:倪坤
E-mail:dddcei@gmail.com;dddcei@gmail.com
【主要产品】氮化硼;硼酐;二硼化钛;二硼化锆;直接黑PS;酸性玫瑰红B;弱酸艳红B;酸性媒介黑T;酸性黄PL;酸性橙3RL

丹东市化学试剂厂

辽宁省丹东市振兴区浪头镇中和村393号[118009]
电话:(0415)6155014;6150869;13804158091
传真:(0415)6152278 经济类型:集体
网址:www.ddhxsj.com
E-mail:sales@ddhxsj.com
【主要产品】氟硼酸;锆氟酸;硫酸氧钛;硫酸钛;磷酸钛;氟硼酸亚锡;氟硼酸钾;氟硼酸钠;氟硼酸铵;氟硼酸铅;氟硼酸镍;氟化钠;氟化钾;氟化铵;氟氢化钠;氟氢化铵;锆氟酸钾;氟锆酸铵;氟钛酸钾;氟钛酸铵;氟硼酸锌;氟化镍;油酸钠;乙酸镁;硝酸镁

丹东市精细化工厂

辽宁省丹东市振兴区三道沟地质路1号[118008]
电话:(0415)6155625;2825683
传真:(0415)2149761 有进出口权
固定资产:20,000千元
经济类型:与港澳台商合资经营
职工人数:300人
网址:www.dd-pi.com
E-mail:sales@dd-pi.com
【主要产品】亚硫酸钠;4-甲苯磺酰胺;4-甲苯磺酰氯;1-(4′-磺酸苯基)-3-甲基-5-吡唑啉酮;酸性玫瑰红B;酸性海蓝GGR;酸性绿P-3B;弱酸性艳绿3GM;卡普仑绿5G;弱酸嫩黄G;酸性黄5GN;弱酸艳红B;弱酸艳蓝RAW;酸性媒介藏青RRN;酸性络合桃红B;弱酸艳红10B;碱性紫5BN;中性橙RL;中性灰2BL;中性黑BL;中性艳黄3GL

丹东市康复制药厂

辽宁省丹东市振安区四道沟街地质路488号[118008]
电话:(0415)6222636
传真:(0415)6220074
【主要产品】愈创甘油醚;乳果糖

丹东市中和化工厂

辽宁省丹东市春三路20-12号楼104室[118002]
电话:(0415)6180242
传真:(0415)6180248 经济类型:集体
网址:www.zhonghe-chem.com
E-mail:zhonghe@zhonghe-chem.com
【主要产品】氟磺酸;锆氟酸;硫酸氧钛;硫酸钛;硝酸镁;磷酸钛;氟硼酸亚锡;氟硼酸钾;氟硼酸钠;氟硼酸铵;锆氟酸钾;氟锆酸钠;氟锆酸铵;氟钛酸钾;氟钛酸钠;氟钛酸铵;氟钛酸;氟硼酸锌;草酸钾;醋酸钾;醋酸镁;乙酸钙;乙酸锆;草酸铵;乙酸铵

丹东天赐阻燃材料科技有限公司

辽宁省丹东市宽甸县宽沙路[118200]
电话:(0415)5672268;5676345;13358785800
传真:(0415)5675287

网址:www. ddtianci. com
E-mail:ddtianci@163. com;
mail@tianci. com
【主要产品】氢氧化镁;滑石粉

丹东天茂气体有限公司

辽宁省丹东市振兴区五纬路 101-8 [118000]
电话:(0415)2521966;2391380
传真:(0415)2521966
经济类型:私营企业
网址:www. youleo2. com
E-mail:ddyouleo2@163. com
【主要产品】二氧化碳;氧气;氧气(医用);氩气;氮气;溶解乙炔

丹东通江制药有限公司

辽宁省丹东市元宝区通江街 21 号 [118000]
电话:(0415)2812739;2817687
传真:(0415)2812739
供销传真:2813897
【主要产品】乙酰螺旋霉素;谷维素

丹东同达涂料有限公司

辽宁省丹东市振安区同兴工业园 [118011]
电话:(0415)6131121;13941504828
传真:(0415)6133388
网址:www. ddtd. com. cn/wmm1. html
E-mail:info@mail. ddtd. com
【主要产品】罩光清漆;环氧煤沥青防腐涂料;各色醇酸磁漆;防锈漆;低温快干氨基烘漆;过氯乙烯防腐涂料;丙烯酸快干磁漆;丙烯酸氨基汽车面漆;丙烯酸汽车面漆;各色丙烯酸聚氨酯磁漆;塑胶漆;环氧云铁涂料;环氧富锌底漆;高渗透封固底漆;环氧带锈防锈防腐涂料;环氧改性聚氨酯重防腐涂料;各色聚氨酯地坪漆;互穿网络防腐涂料;氯化橡胶面漆;特种公路划线漆;氯醚重防腐涂料;玻璃涂料;锤纹漆;双组分立体锤纹漆;膨胀装饰型防火涂料;木器底漆;UV 上光油

丹东医创药业有限责任公司

辽宁省丹东市振兴区兴七路 64 号 [118000]
电话:(0415)3899677;3899678;3125313
传真:(0415)3899679
供销传真:3123412　企业规模:大型
经济类型:有限责任公司
网址:www. ddycyy. com/gsjs-gsjj. asp
E-mail:ddpharma@ddpharma. com
【主要产品】枸橼酸喷托维林

东港市良茂化工有限公司

辽宁省丹东市前阳经济开发区 [118301]
电话:(0415)7162445;7167328;13704151018
传真:(0415)7162445;7162196
职工人数:100 人
网址:www. liangmaochem. com
E-mail:sales@liangmaochem. com
【主要产品】甲醇钠

东港市前阳化工助剂厂

辽宁省东港市前阳经济特区[118301]
电话:(0415)7162265
传真:(0415)7166497
经济类型:私营企业　职工人数:30 人
法人代表:孙贵军
【主要产品】促进剂 TMTD

辽宁轮胎集团有限责任公司

辽宁省丹东市商贸旅游区防坝 0# 楼 107 室[118000]
电话:(0415)3156618
传真:(0415)3156618　有进出口权
经济类型:有限责任公司
企业规模:大型
网址:lnlt. und. com. cn
E-mail:wmllgs@mail. cyptt. ln. cn
【主要产品】轮胎;轻型运输车辆轮胎;轿车轮胎;工程机械轮胎;半钢子午线轮胎;全钢载重子午线轮胎;农用车辆轮胎;摩托车轮胎

锦州市

北宁市闾峰化工厂

辽宁省北镇市沟帮子镇中安路 24 号[121308]
电话:(0416)6652825
传真:(0416)6652546　职工人数:80 人
经济类型:私营企业
网址:www. lfhgc. com
E-mail:lfhg@263. net
【主要产品】脂肪酸;己二酸二正辛酯;邻苯二甲酸二辛酯;对苯二甲酸二辛酯;防锈油;切削油;氧化石蜡皂;煤矿低浓度通用乳化油

抚顺石油化工公司北方催化剂厂

辽宁省抚顺经济开发区顺富路 77 号[113122]
电话:(0416)3855522
传真:(0416)3855511
网址:www. northcatalyst. com
E-mail:zanming0413@sohu. com
【主要产品】加氢裂化催化剂;加氢精制催化剂;连续重整催化剂;脱蜡催化剂;异构化催化剂

黑山县精细化工厂

辽宁省黑山县八道壕乡秦家屯村 [121401]
电话:(0416)5958585;5958603
传真:(0416)5958603　经济类型:集体
供销电话:2753899　职工人数:68 人
法人代表:方占元
网址:www. hsjxhg. com
E-mail:fzy@hsjxhg. com
【主要产品】聚丙烯酸钠;阻垢分散剂;杀菌灭藻剂;5-氯-2-甲基异噻唑啉-3-酮;阻垢缓蚀剂

锦州彩练塑料集团有限责任公司

辽宁省锦州市古塔区锦朝路 15 号 [121000]
电话:(0416)4567772;4563206
传真:(0416)4567772
经济类型:有限责任公司
企业规模:大型　职工人数:3,000 人
网址:www. lnclsy. com
E-mail:sales@lnclsy. com;
info@lnclsy. coml
【主要产品】聚乙烯农膜;聚氯乙烯薄膜;软聚氯乙烯薄膜(农业用);无毒聚氯乙烯硬板片;注塑制品

锦州黑龙制药厂

辽宁省锦州市太和区凌南西里 26 号[121000]
电话:(0416)3881385
传真:(0416)3128251　经济类型:国有
【主要产品】盐酸曲马多;烟酸占替诺

锦州经济技术开发区六陆实业股份有限公司

辽宁省锦州市古塔区红星里 9 号 [121001]
电话:(0416)4561247
传真:(0416)4561377
经济类型:股份有限公司
网址:www. liulu. com
E-mail:info@liulu. com
【主要产品】二氧化碳;环丁砜;甲基异丁基甲酮;异丙胺

锦州经济技术开发区六陆实业股份有限公司化工分公司

辽宁省锦州市古塔区敬业西里 13 号[121001]
电话:(0416)4156336;4156194;4155573
传真:(0416)4564000;4151943
经济类型:股份有限公司　有进出口权
企业规模:大型
网址:www. liulu. com
E-mail:chem@liulu. com
【主要产品】二氧化碳;环丁砜;甲基异丁基甲酮;异丙胺;2,6-二甲基-4-庚酮

锦州九泰药业有限责任公司

辽宁省锦州市太和区太安里 41 号 [121012]
电话:(0416)5179051-3020;5179205
传真:(0416)5179566;5179992
供销电话:5179569;5179051-3020
供销传真:5178957　有进出口权
经济类型:有限责任公司
职工人数:1,250 人
网址:www. jt-pharm. com
E-mail:jt5179@126. com
【主要产品】对乙酰氨基酚;顺铂;盐酸倍他司汀;奥美拉唑;潘托拉唑;盐酸

氯己定;葡萄糖酸氯己定;醋酸洗必泰;维胺酯

锦州九洋药业有限责任公司

辽宁省锦州市经济技术开发区锦港大街3段6号[121007]
电话:(0416)3588174;3588173;13304169866
传真:(0416)3588172　职工人数:300人
经济类型:有限责任公司
法人代表:刘晓渊
网址:www.jyyye.net
E-mail:jgjagd@126.com
【主要产品】6,7,8-三氟-1,4-二氢-4-氧代喹啉-3-羧酸乙酯;诺氟沙星;盐酸洛美沙星;藻酸双酯钠;曲克芦丁;磷酸苯丙哌林

锦州石化长虹公司

辽宁省锦州市古塔区重庆路士英里220号[121000]
电话:(0416)4156749;4156584;4262202
传真:(0416)4156749;4154337
供销电话:4154337
网址:www.cnpc.com.cn/jzpc/xsdw/chgs
【主要产品】反丁烯二酸;醇酸树脂漆类;内外墙涂料;高效脱硫剂

锦州石化精细化工有限公司新材料分公司

辽宁省锦州市古塔区锦朝路2号[121001]
电话:(0416)4155441
传真:(0416)4265466
经济类型:有限责任公司
法人代表:池振华
网址:www.tycatalyst.com
E-mail:jxxclgs@sina.com
【主要产品】铝镍合金

锦州石化精细化工有限责任公司

辽宁省锦州市古塔区锦朝街2号[121001]
电话:(0416)4261488;4159522;13941644374
传真:(0416)4153533
供销电话:4261488;13941644374
供销传真:4154071　职工人数:1,090人
经济类型:有限责任公司
网址:www.pfcsales.com
E-mail:zhaodong19901@sina.com
【主要产品】铝镍合金;异丁烯;偏三甲苯;均三甲苯;芳烃溶剂油;建筑沥青

锦州市催化剂厂

辽宁省锦州市凌河区文胜里16号[121000]
电话:(0416)4166134
传真:(0416)4167156　经济类型:集体
网址:www.catalystchina.com
E-mail:chj@catalystchina.com
【主要产品】铝镍合金;铜铝合金;镍铝钛合金;镍铝钼合金粉;铝镍铬铁合金

锦州市朋大钛白粉制造有限公司

辽宁省锦州市延安路6段13号[121000]
电话:(0416)2835308;2993088
传真:(0416)2993088-2
网址:www.tio2jz.com
E-mail:pdtb@tio2jz.com
【主要产品】钛白粉

辽宁华卫制药股份有限公司

辽宁省义县中兴街62号[121100]
电话:(0416)7721330
传真:(0416)7723907
网址:www.ln-huawei.com
E-mail:lnhw@ln-huawei.com;xs@ln-huawei.com
【主要产品】鬼臼毒素

辽宁天合精细化工股份有限公司

辽宁省锦州市左塔区土英街145号[121000]
电话:(0416)2636381;2636382;2636383
传真:(0416)2636363　有进出口权
供销电话:2636384　职工人数:860人
经济类型:股份有限公司
网址:www.tianhechem.com
E-mail:sales@tianhechem.com
【主要产品】4-溴氟苯;4-氟甲苯;邻氟甲苯;间氟甲苯;4-氟-3-三氟甲基苯胺;5-氟-2-甲基苯胺;4-氟-2-甲基苯胺;氟苯;1,3-二(三氟甲基)苯;1,4-二(三氟甲基)苯;2,5-双三氟甲基苯胺;3,5-二(三氟甲基)苯胺;5-氯-2-氨基三氟甲苯;3-氯三氟甲苯;2-氯三氟甲苯;4-氯三氟甲苯;3,4-二氯三氟甲苯;3-氨基三氟甲苯;邻氨基三氟甲苯;增黏剂;破乳剂;防锈剂;原油降凝剂;T307硫磷型极压抗磨剂;中碱值合成磺酸钙;金属减活剂;金属钝化剂;润滑油抗泡剂

攀钢集团锦州钛业有限公司

辽宁省锦州市太和区汤河子[121005]
电话:(0416)7182721;7182753
传真:(0416)7184166
经济类型:有限责任公司
网址:www.pjty.com
E-mail:pjty@pjty.com
【主要产品】四氯化钛;钛白粉(金红石型)

中国石油天然气股份公司锦州石化分公司

辽宁省锦州市古塔区重庆路2号[121001]
电话:(0416)4154271;4159024
传真:(0416)4567532　有进出口权
经济类型:股份有限公司
企业规模:大型　职工人数:10,000人
网址:www.jzpc.com.cn;jzshmmt.b2b.hc360.com
E-mail:jzpcmaster@public.jzpc.com.cn
【主要产品】二氧化碳;丙烯;甲苯;偏三甲苯;均三甲苯;环丁砜;异丙醇;丙醇;原油;汽油;柴油;聚丙烯;顺丁橡胶;溶剂油;建筑沥青

中信锦州铁合金股份有限公司

辽宁省锦州市太和区汤河子合金里59号[121005]
电话:(0416)7183173;7183174
传真:(0416)7184168　有进出口权
供销电话:7183433　企业规模:大型
供销传真:7183218　职工人数:3,000人
经济类型:有限责任公司
网址:www.jzthj.com.cn
E-mail:thj@jzthj.com.cn;thj@jzthj.com
【主要产品】铬铁矿;硫代硫酸钠;硫酸锆;四氯化锆;多钒酸铵;碳化锆;二氧化锆;五氧化二钒;海绵锆;海绵铪;铬;钒铁;锰铁;锰硅合金

葫芦岛市

葫芦岛凌云集团农药化工有限公司

辽宁省葫芦岛市连山区台集屯镇[125019]
电话:(0429)4270329
传真:(0429)4271999
网址:www.lyny.com.cn
E-mail:hldlyny@163.com
【主要产品】*O*,*O*-二乙基硫代磷酰氯;马拉硫磷;马拉硫磷乳油;三唑磷;毒死蜱;敌·马乳油;氰·马乳油

葫芦岛市通远化工厂

辽宁省葫芦岛市龙港区[125002]
电话:(0429)2569999;2567999
传真:(0429)2568999
网址:www.hldty.cn
【主要产品】4-氯苯胺

葫芦岛天宝化工厂

辽宁省葫芦岛市龙港区北港镇大白马石村[125000]
电话:(0429)2075568;2075515;13842938667
传真:(0429)2075011　职工人数:200人
固定资产:20,000千元
网址:www.tbhg.com.cn;www.hldtbhg.com
【主要产品】4-氨基苯酚;4-氯苯胺

葫芦岛锌厂

辽宁省葫芦岛市龙港区锌厂路24号[125003]
电话:(0429)2101430;2104084
传真:(0429)2104084　经济类型:国有
供销电话:2101801　企业规模:大型

法人代表：候宝泉
网址：www.hld.gov.cn/zghld/fzhld/gyqy/xc.htm
【主要产品】硫酸；锌；电解铜

锦化化工（集团）有限责任公司

辽宁省葫芦岛市连山区化工街［125001］
电话：(0429)2709740；2709124；2709105
传真：(0429)2902606　有进出口权
供销电话：2709069；2709141
经济类型：有限责任公司
企业规模：大型
网址：www.jinhuagroup.com
E-mail：sales@jinhua-chem.com
【主要产品】盐酸；烧碱；次氯酸钠（液体）；六硅酸镁；氧气；氯气（液）；环己烷；环氧丙烷；氯代环己烷；1,2-丙二醇；环己醇；环己酮；三氯乙烯；一氯化苯；甲基乙基酮肟；聚氯乙烯树脂；高聚合度聚氯乙烯树脂；聚乙烯醇缩丁醛树脂；聚醚系列；焦磷酸二氢二钠；磷酸钙；甲基三丁酮肟基硅烷；引发剂EHP；防粘釜剂；丙酮缩氨基硫脲；α-纤维素

锦化化工集团氯碱股份有限公司

辽宁省葫芦岛市连山区化工街［125001］
电话：(0429)2709065
传真：(0429)2901152
经济类型：股份有限公司
企业规模：大型　法人代表：陈世杰
网址：www.jinhuagroup.com
E-mail：jhca@jinhuagroup.com
【主要产品】盐酸；烧碱；次氯酸钠；氢气；氯气（液）；乙炔；环氧丙烷；1,2-丙二醇；三氯乙烯；一氯化苯；聚氯乙烯树脂；聚醚系列

锦西化工机械（集团）有限责任公司

辽宁省葫芦岛市连山区化机路25号［125001］
电话：(0429)2980882；2980928；2980695
传真：(0429)2980551　有进出口权
经济类型：有限责任公司
企业规模：大型　职工人数：3,000人
法人代表：谷文涛
网址：www.jhj.net.cn
E-mail：yjs@jhj.net.cn
【主要产品】塔（不带搅拌器）；甲醇合成塔；反应釜；回转干燥器；蒸汽管加热回转干燥器；压缩机；减速机；罐车；铁道罐车；造粒机

锦西炼化渤海集团公司

辽宁省葫芦岛市连山区新华大街55号［125001］
电话：(0429)2178013
传真：(0429)2179769　经济类型：集体
供销电话：2179052　企业规模：大型
供销传真：2179796
网址：www.lh-bh.com
E-mail：ylm@lh-bh.com
【主要产品】环烷酸；塑料编织袋；氯化石蜡-52；1602抗磨剂；工业凡士林；油酸钠皂；润滑油；燃料油

辽宁省葫芦岛市天原恒瑞化工有限责任公司

辽宁省葫芦岛市连山区锦郊街道团北路3号［125001］
电话：(0429)2921115；2921031；2921041
经济类型：有限责任公司
职工人数：60人
网址：www.tyhrchem.com
E-mail：tyhr@tyhrchem.com；hengli@tyhrchem.com
【主要产品】聚合物多元醇；聚醚多元醇（软质块状泡沫）；聚醚多元醇（硬质板块发泡）；慢回弹聚醚

辽宁世星药化有限公司

辽宁省葫芦岛市龙港区锦葫北路4号［125003］
电话：(0429)2200111；2200112
传真：(0429)2094738　有进出口权
供销电话：2200888；2200555
经济类型：私营企业
职工人数：1,000人
网址：www.hldphchp.com；www.lnsx.com
E-mail：phchp@online.ln.cn；hyh_0429@126.com
【主要产品】4-硝基氯苯；2-硝基氯苯；4-氨基苯酚；4-氯苯胺；4-硝基苯肼；苯肼；苯肼盐酸盐；对氯苯肼盐酸盐

中国石油锦西炼油化工总厂

辽宁省葫芦岛市连山区新华大街42号［125001］
电话：(0429)2178868；2179896
传真：(0429)2179826　经济类型：国有
供销电话：2177162；2177160
供销传真：2179896　有进出口权
企业规模：大型　法人代表：张耀军
网址：www.jppcc.com.cn
E-mail：jxlh@cnpc.com.cn
【主要产品】石油液化气；石脑油；汽油；重液体石蜡；煤油；柴油；重油；润滑油；溶剂油；建筑沥青；石油焦

营口市

大石桥市鑫宇矿粉厂

辽宁省大石桥市南楼经济开发区工农村［115100］
电话：(0417)5270169；13904975056
传真：(0417)5270639
网址：www.dsqxy.com
E-mail：xinyu_dsq@yahoo.com.cn
【主要产品】氧化镁

大石桥市兴鹏复合肥有限公司

辽宁省大石桥市官屯镇［115101］
电话：(0417)5314888
传真：(0417)5314588
经济类型：有限责任公司
网址：www.dsqxp.com
E-mail：xingpeng@dsqxp.com
【主要产品】硼酸；四硼酸钠（十水）；氮化硼；硼；镁硼肥

盖州市溶解乙炔气厂

辽宁省盖州市太阳升镇邵屯村［115204］
电话：(0417)7814982；7814980
职工人数：40人　法人代表：张建中
【主要产品】溶解乙炔

辽宁佳兴鸿泰石油化工有限公司

辽宁省营口市仙人岛能源化工区［115007］
电话：(0417)6207316；6207052；6207053
传真：(0417)6207317
网址：www.chinajxht.com
E-mail：wangzhu666@126.com
【主要产品】硫黄；二甲苯；丁烷；乙基苯；石油苯；石油甲苯；石油液化气；汽油；柴油；聚丙烯；改质沥青；重交沥青；石油焦

营口艾美斯石油化工有限公司

辽宁省营口市西市区镜湖西路［115003］
电话：(0417)4820877；13050665500
传真：(0417)2151699
经济类型：中外合资经营企业
网址：www.ykams.com
E-mail：ams@yingkou-window.com
【主要产品】高级汽油机油；高级柴油机油；重负荷工业齿轮油；导轨油；抗磨液压油；油酸钠皂；润滑油

营口奥达制药有限公司

辽宁省营口市路南高新技术产业开发区［115001］
电话：(0417)3826103；3826125；3826112
传真：(0417)3826102；3832135
供销电话：3826171；3826125-8036
供销传真：3832346　职工人数：215人
经济类型：私营企业　法人代表：潘英宏
网址：www.aoda.com.cn
E-mail：aoda@aoda.com.cn
【主要产品】药用碳酸镁；铝酸铋；硬脂酸镁（药用）；预胶化淀粉；白糊精；各色包衣粉；微晶纤维素（药用）；羧甲基淀粉钠（医药级）；羟丙基甲基纤维素；羟丙基纤维素；聚乙烯吡咯烷酮；淀粉

营口宝山化工有限公司

辽宁省营口市金牛山大街风光里5-6号［115003］
电话：(0417)4838777；4838381
传真：(0417)4838381

经济类型:与港澳台商合资经营
网址:www.baoshanpaint.com
E-mail:yksxbh@online.ln.cn
【主要产品】硝基漆类;乳胶漆;各色聚酯底漆;聚氨酯装修漆;各色聚氨酯家具漆

营口福鼎化工有限公司

辽宁省盖州市太阳升区花园坨[115200]
电话:(0417)7503188;7502020
传真:(0417)7502588
网址:www.fd99.com
E-mail:Service@fd99.com
【主要产品】日光粉

营口光大阻燃化工有限责任公司

辽宁省盖州市西海街道办事处东海村2号[115200]
电话:(0417)7641141;13904178010
传真:(0417)7641098　有进出口权
供销电话:7641451　产值:4,000千元
经济类型:有限责任公司
职工人数:30人　法人代表:李承范
网址:www.gzwjhg.com
E-mail:gzwjhg@gzwjhg.com
【主要产品】氢氧化镁;硼酸锌

营口海洋石油化工有限公司

辽宁省营口市高新技术工业园[115000]
电话:(0417)6669696
传真:(0417)4829378　有进出口权
经济类型:中外合资经营企业
网址:www.oceanoil.com.cn;
www.airy-oil.com
E-mail:ocean@oceanoil.com.cn
【主要产品】刹车油;高级润滑油;油酸钠皂;防冻液

营口恒大实业有限公司

辽宁省营口市西市区科龙路6号[115004]
电话:(0417)3295555;3296666;4823102
传真:(0417)3290108　职工人数:103人
供销电话:3295555;3290123
经济类型:私营企业
网址:www.ykhengda.com
E-mail:hengda@ykhengda.com
【主要产品】铝粉;微细球形铝粉;镁;铝镁合金粉;铝银浆;非浮型铝银浆;漂浮型银粉浆;铁水脱硫剂;碳酸钙脱硫剂;脱氧剂;覆盖剂

营口宏伟硫酸镁肥化工有限责任公司

辽宁省大石桥市南搂开发区[115100]
电话:(0417)5278388
传真:(0417)5278087
经济类型:有限责任公司
网址:www.greatmagchem.com
E-mail:lihaixin0517@hotmail.com
【主要产品】硫酸镁(一水);硫酸镁;氧化镁(轻质);五氯钾镁肥;硼镁磷肥

营口嘉合有机硅分子材料有限公司

辽宁省营口市科飞路3号[115000]
电话:(0417)2834636;13904177879
传真:(0417)2833828
网址:www.orgsi.com
E-mail:jiahe_si@sina.com;
amwTUS1@yahoo.com
【主要产品】四乙基氢氧化铵;四丁基氢氧化铵;四丙基氢氧化铵;苄基三甲基氢氧化铵;二苯基二羟基硅烷;1,2,2-三氟乙烯基三苯基硅烷;1,2,2-三氟乙烯基三乙基硅烷;四甲基氢氧化铵

营口金锚化工有限公司

辽宁省营口市站前区耸云街太和西里2号[115002]
电话:(0417)3306926
传真:(0417)3306919　职工人数:326人
供销电话:3306933
供销传真:3306932
网址:www.goldanchor.com.cn
E-mail:hxl74@126.com;
jinmao@goldanchor.com.cn
【主要产品】磷酸氢锶;氟磷酸锶;硼酸锶;碳酸锶;日光粉;氧化钇铕

营口克莱威尔石油化工有限公司

辽宁省营口市高新区远角二街29号[115003]
电话:(0417)6669922;6669811;6669813
传真:(0417)6669814
网址:www.creworth.com
E-mail:creworth@163.com
【主要产品】内燃机油;齿轮机油;液压油;防冻液

营口辽滨精细化工有限公司

辽宁省营口市老边区江家房化工园区118号[115005]
电话:(0417)3902111
传真:(0417)3902118
网址:www.yklbhg.com
E-mail:lbhg@yklbhg.com
【主要产品】四硼酸钠(无水);氮化硼;硼酐;硼

营口菱镁化工(集团)有限公司

辽宁省大石桥市南楼经济开发区菱镁化工大厦[115100]
电话:(0417)5281118;5281778;5281288
传真:(0417)5281008;5281098
供销电话:5281188;5281834
网址:www.sinomagchem.com
E-mail:david@sinomagchem.com
【主要产品】水镁石;硫酸镁(一水);硫酸镁;硝酸镁;磷酸三镁;滑石粉;氧化镁

营口启和粉体工业有限公司

辽宁省营口市鲅鱼圈区疏港路[115007]
电话:(0417)6149898;6159898;6141476
传真:(0417)6140629
经济类型:外商投资股份有限公司
法人代表:祝高琼
网址:www.ykkeiwa.com
E-mail:keiwa8@online.ln.cn;
keiwa@china315.com
【主要产品】钾长石;硅灰石;硅石粉;钠长石粉;氢氧化镁;硫酸镁;四硼酸钠(十水);高岭土;二氧化硅;硼肥

营口三球特种油品有限公司

辽宁省营口市旗口工业区[115113]
电话:(0417)5044766
传真:(0417)5043449
经济类型:有限责任公司
网址:www.8163.net/users/sanqiu/index.htm
E-mail:tt@114.sina.net
【主要产品】合成制动液;车用润滑油;防冻液

营口三征科技化工有限公司

辽宁省营口市站前区大庆路更新里25号[115000]
电话:(0417)3817711;3817030;
13912301708
传真:(0417)3817373　有进出口权
供销电话:3817711;13354172981
网址:www.sztchem.com
E-mail:jxr88@vip.163.com
【主要产品】氰基硼氢化钠;3-溴丙酸;氯磺酰异氰酸酯;双氰胺钠;α-氯丙烯腈;丙二腈;二氨基胍盐酸盐;富马酸酮替芬

营口三征有机化工股份有限公司

辽宁省营口市站前区大庆路更新里25号[115001]
电话:(0417)3635156;3817711;3635156
传真:(0417)3851339
供销电话:3852623;3833045
经济类型:股份有限公司
职工人数:1,300人
网址:www.szchem.com
E-mail:yksz@public2.ykptt.ln.cn
【主要产品】2,2-二乙氧基乙基氰胺;三聚氯氰;西草净可湿性粉剂(25%);阿特拉津;阿特拉津胶悬剂;丁·西乳油;禾·西乳油;内外墙乳胶漆;富马酸酮替芬

营口石油化工有限公司

辽宁省营口市西市区向阳街文华里1号[115003]
电话:(0417)4820344;4806824
传真:(0417)4832783　产值:2,800千元

供销电话:2833693
经济类型:股份有限公司
网址:www. lhoil. com
E-mail:lhoil@ lhoil. com
【主要产品】防锈油;金属加工油;内燃机油;齿轮机油;液压油;工业凡士林;工业润滑油;车轴油;中性施胶剂;造纸专用分散剂;废纸脱墨剂

营口市北方精细化工厂

辽宁省营口市盼盼高新工业园[115000]
电话:(0417)5179789;13009324389
传真:(0417)5179890;5179790
经济类型:集体　法人代表:牛克禹
网址:www. beifanghg. com
E-mail:peng@ beifanghg. com
【主要产品】硼

营口市风光化工有限公司

辽宁省营口市老边区江家房[115005]
电话:(0417)3908499
传真:(0417)3908252
网址:www. yingkou. com. cn/com/ykfg/
E-mail:yksfg@ 163. com; 168@ fg. sina. net
【主要产品】2,4-二叔丁基苯酚;2,6-二叔丁基苯酚;抗氧剂 1010;抗氧剂 1076;抗氧剂 245;抗氧剂 168;抗氧剂 1135;抗氧剂 AT-626;抗氧剂 B900;预混剂

营口市海联石油化工有限公司

辽宁省营口市站前区旱河桥里[115000]
电话:(0417)3839666;13304978901
传真:(0417)3836333
网址:www. ykhlsh. com. cn
E-mail:ykhlsh@ gooyee. net
【主要产品】刹车油;汽油机油;摩托车油;液力传动油;防冻液

营口市康如化工有限公司

辽宁省营口市六三路韩家学坊[115001]
电话:(0417)3801064;3801958;3801918
传真:(0417)3801062
网址:www. kangru. com
E-mail:kangru@ kangru. com
【主要产品】分散剂(涂料专用);水性涂料分散剂;分散松香胶乳液;荧光增白剂 VBL;润滑增光剂;造纸用消泡剂;薄层防锈油;合成切削液;中性施胶剂;造纸用湿强剂;颜料分散剂;废纸脱墨剂

营口市群英化工有限公司

辽宁省营口市站前区辽河大街东段 67-12 号[115002]
电话:(0417)3851598
传真:(0417)3859086
网址:www. shihuachina. com
E-mail:yksqyhg@ 163. com
【主要产品】环氧树脂;硝基腻子;无苯香蕉水;环氧漆稀释剂;油墨稀释剂;环氧树脂固化剂;润滑油;燃料油

营口天元实业精细化工有限公司

辽宁省营口市高新技术园区得胜路北 33 号[115004]
电话:(0417)6668666;6668777
传真:(0417)6668700
供销电话:6668999
网址:www. tanyun. com. cn/lxwmyktyjxh-gyxgs. asp
E-mail:ty@ tanyun. com. cn
【主要产品】硼;三羟甲基丙烷;1,4-苯醌二肟;10-羟基癸酸;10-溴癸酸;已二酸二丁酯;二氯磷酸苯酯;水杨酸铅;柠檬酸铅;脱漆剂;三氟化硼三乙醇胺络合物;亚铬酸铜;光敏催化剂;已二酸二异辛酯;癸二酸二丁酯;癸二酸二异辛酯;三(2-甲基氮丙啶)氧化膦;防老剂 H;三苯基铋;叔丁基二茂铁;正辛基二茂铁;2,2-双(乙基二茂铁)丙烷

营口希尔化工有限公司

辽宁省大石桥市分水街[115101]
电话:(0417)5333888;5331077
传真:(0417)5331677
经济类型:外商独资
网址:www. chinachurchill. com/chsindex. aspx
E-mail:churchillcorp@ 163. com
【主要产品】分子筛,5A 型;分子筛,4A 型;13X 分子筛;A 型硅胶;分子筛,3A 型;变色硅胶;制冷系统干燥剂;干燥剂

营口新力化工涂料有限公司

辽宁省营口市站前区东亮里-71 号[115002]
电话:(0417)3849445
传真:(0417)3824275
网址:www. ykxltl. com
E-mail:xltl@ ykxltl. com
【主要产品】丙烯酸树脂乳液;内外墙涂料;抗碱封闭底漆;真石漆;丙烯酸内墙乳胶漆;丙烯酸外墙乳胶漆;氟碳漆;瓦面漆;各色防霉乳胶漆;水性环保腻子

营口星火化工有限公司

辽宁省营口市老边区前塘村[115005]
电话:(0417)3800938
传真:(0417)3801938
网址:www. ykxh. com
E-mail:ykxh@ ykxh. com
【主要产品】丙烯酸酯;*N*,*N'*-亚甲基双丙烯酰胺;丙烯酸树脂;纯丙乳液;硅丙乳液;苯丙乳液;水溶性环氧树脂;不饱和聚酯树脂(SR-1 型);苯甲基硅油;水性涂料增稠剂;脲醛树脂胶;聚苯泡沫板胶;保护胶;防水胶;压敏胶胶黏剂;定型胶;*N*-羟甲基丙烯酰胺;分散剂;固色剂 G;顺丁烯二酸二丁酯;顺丁烯二酸二辛酯;富马酸二丁酯;富马酸二辛酯;防锈油;汽油机油;柴油机油;冷冻机油;抗磨液压油;液压油;空气压缩机油;机械油;润滑油;矿物油型真空泵油

营口兄弟硼镁化工有限公司

辽宁省大石桥市永安镇[115109]
电话:(0417)5225246
传真:(0417)5228228
网址:www. sinobmg. com
E-mail:jqliu@ sinobmg. com; lli@ sinobmg. com
【主要产品】氢氧化镁;硫酸镁;高氯酸镁;氯化镁;磷酸二氢镁;磷酸三镁;磷酸氢镁;硼化钙;硼酸镁;溴化镁;碘化镁;三硅酸镁;醋酸镁;葡萄糖酸镁;硬脂酸镁

营口中辰化工有限公司

辽宁省营口市老边区[115005]
电话:(0417)2901100;13940761100
传真:(0417)2901100
经济类型:私营企业
网址:www. zhongchenchem. com
E-mail:sales@ zhongchenchem. com
【主要产品】溴素

营口忠贤实业有限公司

辽宁省营口市西市区西八家子里 62 号[115004]
电话:(0417)4828028;4829029
传真:(0417)4828028
网址:www. china-ykzx. com
E-mail:ykzx@ china-ykzx. com
【主要产品】反应釜;厢式压滤机;螺旋板式换热器;列管式冷凝器;双螺旋锥形混合机;SZG 系列双锥回转真空干燥机;真空耙式干燥机;真空干燥机

盘锦市

大洼县光明化工厂

辽宁省盘锦市大洼县王家乡罗家村[124200]
电话:(0427)8840195
经济类型:私营企业　职工人数:25 人
法人代表:张占贵
【主要产品】甲醛;混甲胺

辽河油田壬龙化工总厂

辽宁省盘锦市兴隆台工业开发区河畔支路 2 号[124013]
电话:(0427)7822514
传真:(0427)7822514　经济类型:集体有进出口权
网址:ste-bohai. ntem. tj. cn/bohai/lhyt. htm
E-mail:hmhx@ liaohe. net. cn
【主要产品】氯化石蜡-70

辽河综研化学有限公司

辽宁省盘锦市兴隆台区工业开发

区[124013]
电话:(0427)7804564;2885777
传真:(0427)7821216
经济类型:中外合资经营企业
网址:www. liaohe-soken. com
E-mail:lhzy@ liaohe-soken. com
【主要产品】导热油

辽宁省大洼德源化工厂

辽宁省大洼县大洼镇西清村[124200]
电话:(0427)6867745
传真:(0427)6862063
经济类型:私营企业　法人代表:李连生
【主要产品】甲醛

辽宁省盘锦橡塑机械厂

辽宁省盘锦市兴隆台区新生街[124106]
电话:(0427)5637549;5637911;5637456
传真:(0427)5637443　经济类型:国有
职工人数:664人
网址:www. rpm8. com
E-mail:webmaster@ yard. com. cn
【主要产品】塑钢门窗;立式硫化罐;卧式硫化罐;胶管编织机;抽油机

盘锦昂由沥青有限公司

辽宁省盘山县古城镇[124119]
电话:(0427)5894535
传真:(0427)5894533　职工人数:280人
经济类型:有限责任公司
法人代表:张耀仁
【主要产品】原油;石油液化气;汽油;煤油;柴油;蜡油;润滑油;沥青;石油沥青

盘锦奥马漆业有限公司

辽宁省盘锦市田家奥马工业园[124201]
电话:(0427)6722888;6725001
传真:(0427)6725555
网址:www. aomapaint. cn
E-mail:aoma@ aoma. cn
【主要产品】防火涂料;彩色石漆;丙烯酸内墙乳胶漆;丙烯酸外墙乳胶漆;热熔道路标志漆;常温道路标志漆;防水涂料;防腐涂料;内外墙腻子

盘锦格林恩生物资源开发有限公司

辽宁省盘锦市双台子区高家[124000]
电话:(0427)3893260;3890510;13604232327
传真:(0427)6612913
供销电话:3893260;13604232327
经济类型:股份有限公司
网址:www. china-silymarin. com
E-mail:sales@ china-silymarin. com
【主要产品】月见草油;水飞蓟素;水飞蓟宾葡甲胺;人参提取物;五味子提取物;山楂提取物;葡萄籽提取物

盘锦格润生物科技有限公司

辽宁省盘锦市盘山县大荒农场[124124]
电话:(0427)5966686;13904279665
传真:(0427)5968436
网址:www. panjingreen. com
E-mail:green@ panjingreen. com
【主要产品】人参多糖;月见草油;水飞蓟素;云芝多糖;大豆异黄酮;灵芝多糖

盘锦昊源科工贸有限公司

辽宁省盘锦市兴隆台区工业开发区[124013]
电话:(0427)8515085;2887916
经济类型:集体　法人代表:王玮
网址:www. xdf. chembb. com
E-mail:xdf916@163. com
【主要产品】氟氢酸;氟硼酸;甲醛;十二烷基苯磺酸;重烷基苯磺酸;重烷基苯磺酸钠;发泡剂;聚合氯化铝;解堵剂;十二烷基苯磺酸钠;聚合醇;屏蔽暂堵剂;降黏剂;硝酸脲;清防蜡剂;清蜡剂;压裂助排剂;防膨剂;防砂剂;高温固砂剂;堵水调剖剂;防蜡降凝剂;缓蚀剂

盘锦恒兴化工有限责任公司

辽宁省盘锦市盘山县甜水乡五·七工业园[124103]
电话:(0427)6565507;6565511
传真:(0427)6565504
经济类型:中外合资经营企业
法人代表:王绍义
网址:www. hengxingchem. com
E-mail:sales@ hengxingchem. com
【主要产品】盐酸;硫酸钾(农用)

盘锦华成制药有限公司

辽宁省盘锦市大洼县东风镇[124205]
电话:(0427)6843800;6843818;13909874932
传真:(0427)6842044　有进出口权
法人代表:陈长柏
网址:www. pjhczy. com
E-mail:pjhczy@ tom. com
【主要产品】大蒜素;青蒿素;水飞蓟素;贯叶连翘提取物;丹参提取物;人参提取物;淫羊藿提取物;红景天提取物;黄芪提取物;葛根提取物;越桔提取物;厚朴提取物;红车轴草提取物;积雪草提取物;五味子提取物;当归提取物;生姜提取物;绞股蓝提取物;枳实提取物;葡萄籽提取物;黑升麻提取物;银杏叶提取物;白蒺藜提取物;绿茶提取物;苦参提取物;刺五加浸膏;灵芝菌粉

盘锦汇源溶剂油助剂厂

辽宁省盘锦市兴隆台区工业开发区[124010]
电话:(0427)2886646;2885709
固定资产:16,800千元
经济类型:股份合作
网址:www. pjhyy. com
E-mail:pjhy@ pjhyy. com
【主要产品】重油;燃料油

盘锦辽河油田汇达化工有限公司

辽宁省盘锦市兴隆台区于楼街[124120]
电话:(0427)7590571
传真:(0427)7580530　经济类型:集体
【主要产品】导热油;防冻液

盘锦孟天有机化工有限公司

辽宁省盘锦市大洼县清水镇大清村[124218]
电话:(0427)8875757;13386801000
网址:www. mtchem. cn
E-mail:pjmthg@ 126. com
【主要产品】噻吩

盘锦盘助化工助剂有限公司

辽宁省盘锦市[124010]
电话:(0427)8869222;8869369;13842720381
传真:(0427)8869369　职工人数:120人
网址:www. pzchem. com
E-mail:yl@ pzchem. com
【主要产品】对溴苯甲醚;对氯苯甲醚;邻氟苯甲醚;间氟苯甲醚;对氟苯甲醚;4-氟甲苯;邻氟甲苯;间氟甲苯;2,4-二氟甲苯;2-氟-4-硝基甲苯;4-氟硝基苯;2-氟硝基苯;4-氟苯酚;2-氟苯酚;2-氟-4-溴苯酚;3-氟-4-甲基苯胺;4-氟苯胺;*O*,*O*-二乙基硫代磷酰氯;氟苯;2,4-二氯氟苯;2-氟苯胺;3-氟苯酚;2-氟-4-氯甲苯;2-氟-4-溴甲苯

盘锦市新兴化工有限公司

辽宁省盘锦市大洼县[124219]
电话:(0427)3202899
传真:(0427)6816069　职工人数:82人
固定资产:28,000千元
经济类型:有限责任公司
网址:www. xxhg. chembb. com
E-mail:pjxxhg@ 126. com
【主要产品】*N*,*N*-二甲基甲酰胺

盘锦新源精细化工有限公司

辽宁省盘锦市大洼县新立镇[124203]
电话:(0427)6801021
供销电话:6801028　职工人数:217人
经济类型:与港澳台商合资经营
法人代表:马宝香
网址:202.96.80.59/maocuhui/xinyuan. htm
【主要产品】防火涂料;防水涂料;薄型钢结构防火涂料;超薄型钢结构防火涂料;防腐涂料;有机防火堵料

盘锦兴海制药有限公司

辽宁省盘锦市经济开发区兴隆工业园[124013]
电话:(0427)2883056;2888015
传真:(0427)2888298
供销电话:2884690
供销传真:2883788
经济类型:有限责任公司
网址:www.pjxhzy.com
E-mail:office@pjxhzy.com
【主要产品】硝酸铋;药用碳酸镁;铝酸铋;巴柳氮二钠;噁丙嗪;双氯芬酸钾;盐酸尼莫司汀;阿那曲唑;氨氯地平;次硝酸铋;次碳酸铋;硫普罗宁;二甲基亚砜

盘锦兴建助剂有限公司

辽宁省盘锦市经济开发区兴隆工业园[124013]
电话:(0427)2886660;13904273336
传真:(0427)2886660　　有进出口权
供销电话:2887131;2883327
经济类型:有限责任公司
职工人数:380 人　　法人代表:王平建
网址:www.lnxj.com
E-mail:dulishan@163.net
【主要产品】丙烯酰胺;聚丙烯酰胺(超高分子量);聚合氯化铝;聚丙烯酰胺干粉(阳离子型);聚丙烯酰胺干粉(阴离子型);聚丙烯酰胺干粉(非离子型);破乳剂;两性离子聚丙烯酰胺;高温发泡剂;降黏剂;高温乳化降黏剂;清防蜡剂;清蜡剂;高效燃油燃烧催化剂

盘锦乙烯工业公司

辽宁省盘锦市双台子区[124021]
电话:(0427)2951523;3952128
传真:(0427)3952308;3834074
经济类型:国有　　有进出口权
企业规模:大型
网址:www.chinaccm.com/member/04/panjin/panjin
【主要产品】乙烯;苯乙烯;加氢汽油;聚乙烯;聚丙烯;聚苯乙烯树脂

盘锦禹王防水建材集团

辽宁省盘锦市兴隆台区新工街[124022]
电话:(0427)2856874;2856905
供销电话:2856958;2856800
企业规模:大型
网址:www.yuwang.com.cn
E-mail:yuwang-group@263.net
【主要产品】真石漆;防水胶;防水卷材;SBS 改性沥青防水卷材;自粘橡胶沥青防水卷材;沥青复合胎柔性防水卷材;新型改性沥青防水卷材

盘锦远东锦星化工有限公司

辽宁省盘锦市大洼县新兴镇[124219]
电话:(0427)7260903;7868812;13898711177
传真:(0427)6810222　　有进出口权
经济类型:与港澳台商合资经营
法人代表:白莉
网址:www.dmso-asia.com;www.msm-asia.com
E-mail:sales@fareastchemicals.com.cn
【主要产品】甲硫醇钠;二甲基硫醚;二甲基砜;二甲基亚砜(药用);二甲基亚砜

阜新市

阜新奥瑞凯精细化工有限公司

辽宁省阜新市海州区韩家店[123000]
电话:(0418)2589802;2589905;13941877236
传真:(0418)2589810
网址:www.custchem.com.cn
E-mail:sales@custchem.com.cn
【主要产品】2-氟-4-三氟甲基苯甲酸;4-氟-2-三氟甲基苯甲酸;3-溴-4-氟三氟甲苯;2-溴-5-氟三氟甲苯;4-溴-3-氟三氟甲苯;5-溴-2-氟三氟甲苯;2-氯-5-氰基三氟甲苯;3-氯-4-氰基三氟甲苯;5-氯-2-氰基三氟甲苯;3,5-双(三氟甲基)溴苯;邻溴三氟甲苯;2-氨基-5-硝基三氟甲苯;4-氨基-3-氟三氟甲苯;3,5-双三氟甲基苯腈;邻溴三氟甲氧基苯;间溴三氟甲氧基苯;对溴三氟甲氧基苯;3,5-双三氟甲基苯甲酸;间溴三氟甲苯;对溴三氟甲苯;对三氟甲基苯磺酰氯;邻三氟甲基苯磺酰氯;邻三氟甲氧基苯磺酰氯;间三氟甲氧基苯磺酰氯;3,5-双三氟甲基苯磺酰氯;4-氨基-2-三氟甲基苯腈;2-氟-4-三氟甲基苯腈

阜新博达维医药科技有限公司

辽宁省阜新市经济技术开发区科技路8号305室[123000]
电话:(0418)2287799
传真:(0418)2288799
供销电话:010-51733671
供销传真:010-51733671
网址:www.broadpharma.com
E-mail:sales@broadpharma.com
【主要产品】3-吡啶乙酸盐酸盐;2-(1H-咪唑-1-基)乙酸盐酸盐;咪唑[1,2-b]并哒嗪;2-[1-(巯甲基)环丙基]乙酸;2-(1-金刚烷基)-4-溴苯甲醚;6-[3-(1-金刚烷)-4-甲氧基苯基]-2-萘甲酸甲酯;4-(1H-1,2,4-三唑基甲基)苯腈;帕米膦酸;阿仑膦酸;利塞膦酸;活力康唑;氯诺昔康;阿仑磷酸钠;瑞格列奈;来曲唑;帕米膦酸二钠;唑来膦酸;雷诺嗪;阿达帕林;盐酸曲美他嗪;利塞膦酸钠;孟鲁司特钠

阜新恒辉化工有限公司

辽宁省阜新市彰武县苇子沟乡太平山村[123000]
电话:(0418)2284716
传真:(0418)2284716　　有进出口权
网址:www.hengyuanchem.com
E-mail:4444@hengyuanchem.com
【主要产品】3-氟吡啶;2,4-二氟苯甲酸;对三氟甲氧基苯甲酸;2-溴-5-氯苯甲酸;3,4-二氟苯甲酸;2,5-二氟苯甲酸;3-溴-5-(三氟甲基)苯甲酸;间氟苯甲酸甲酯;对氟苯甲酸甲酯;邻氟苯甲酸甲酯;对氟苯甲酸乙酯;间氟苯甲酸乙酯;邻氟苯甲酸乙酯;2-溴-5-氯苯甲酸甲酯;2-溴-5-氟甲苯;4-溴-3-氟甲苯;3-氟-5-溴甲苯;5-溴-2-氟甲苯;2-氯氟苯;对氯氟苯;间氯氟苯;邻氟溴苯;4-溴氟苯;间溴氟苯;4-氟甲苯;邻氟甲苯;间氟甲苯;5-氯-2-氟甲苯;邻氟碘苯;对氟碘苯;间氟碘苯;3-氟-4-硝基甲苯;2-氟-5-硝基甲苯;4-氟-3-硝基甲苯;4-氟-2-硝基甲苯;2-氟-3-硝基甲苯;间三氟甲基苯甲酸;邻氟苯甲酰氯;对氟苯甲酰氯;间氟苯甲酰氯;氟苯;三氟甲苯;2-氟-4-氯甲苯;2-氯-4-氟甲苯;2-氯-5-氟甲苯;2-氟-4-溴甲苯;2-溴-4-氟甲苯;2-氯三氟甲苯

阜新金特莱氟化学有限责任公司

辽宁省阜新市创业路127号[123000]
电话:(0418)2577888;13804184538
传真:(0418)2576333　　职工人数:80 人
经济类型:有限责任公司
网址:www.jtlchem.com;www.china-fluoro.com
E-mail:wudw@jtlchem.com;natj@jtlchem.com
【主要产品】2-氟-5-溴吡啶;2-溴-5-氟吡啶;4-溴-3-氟吡啶;2-氟吡啶;3-氟吡啶;2,3-二氟吡啶;2,6-二氟吡啶;2-氨基-5-氟吡啶;5-氯-2-氟吡啶;4-氯-3-氟吡啶;5-溴-2-甲氧基吡啶;2-氯-4-氟苯甲醛;2-氯-5-氟苯甲醛;5-氯-2-氟苯甲醛;2-氟-4-溴苯甲醛;2-溴-4-氟苯甲醛;3-溴-4-氟苯甲醛;4-溴-3-氟苯甲醛;5-溴-2-氟苯甲醛;2-氟-4-甲基苯甲醛;2,3-二氟苯甲醛;3,4-二氟苯甲醛;2,4-二氟苯甲醛;2,5-二氟苯甲醛;邻氟苯甲醚;间氟苯甲醚;2,4-二氟苯甲醚;3,5-二氟苯甲醚;4-溴-3-氟苯甲醚;3-氟-4-氰基苯甲醚;2-氨基-3-氟苯甲酸;2-氨基-4-氟苯甲酸;3,5-二氟苯乙酸;对氯苯硼酸;对氟苯硼酸;3-氯-4-氟苯硼酸;2,4-二氯苯硼酸;3,5-二氯苯硼酸;3,5-二氟苯硼酸;3,4-二氟苯硼酸;3,4,5-三氟苯硼酸;3-溴-4-氟三氟甲苯;2-溴-5-氟三氟甲苯;5-溴-2-氟三氟甲苯;3-氯-4-氟三氟甲苯;2-溴-5-氟甲苯;4-溴-3-氟甲苯;5-溴-2-氟甲苯;3-溴-4-氟甲苯;4-溴-2-氟三氟甲氧基苯;间氟三氟甲氧基苯;对氟三氟甲氧基苯;2,3-二氟溴苯;2,4-二氟溴苯;间氯氟苯;4-溴氟苯;2-氟三氟甲苯;3-氟三氟甲苯;4-氟三氟甲苯;邻溴三氟甲苯;2,3-二氟甲苯;2,4-二氟甲苯;3,5-二氟甲苯;3,4-二氟甲苯;2,5-二氟甲苯;5-氯-2-氟甲苯;2-氯-3-氟甲苯;3,4,5-三氟溴苯;2,3,4-三氟溴苯;2-

氟-4-硝基甲苯;3-氟-4-硝基甲苯;2-氟-5-硝基甲苯;4-氟-3-硝基甲苯;4-氟-2-硝基甲苯;2-氟-6-硝基甲苯;2-氟-3-硝基甲苯;2,3-二氟苯酚;2,3-二氟苯胺;4-硝基-3-三氟甲基苯胺;4-氟-3-三氟甲基苯胺;4-氟-2-三氟甲基苯胺;2-氟-5-三氟甲基苯胺;3-氟-2-甲基苯胺;4-氟-3-甲基苯胺;邻溴三氟甲氧基苯;间溴三氟甲氧基苯;间三氟甲氧基苯酚;对三氟甲氧基苯酚;邻三氟甲氧基苯酚;对三氟甲氧基苯腈;间三氟甲基苯酚;邻三氟甲基苯酚;对三氟甲基苯酚;3-氨基-4-氯三氟甲苯;2-氟-4-溴甲苯;2-溴-4-氟甲苯;间溴三氟甲苯;对溴三氟甲苯;4-三氟甲氧基苯胺;3-三氟甲氧基苯胺;邻三氟甲氧基苯胺;3-氯三氟甲苯

阜新三宝化工实业有限公司

辽宁省阜新市经济技术开发区创业中心[123000]
电话:(0418)6617578;13841855660
传真:(0418)2261863
经济类型:中外合资经营企业
网址:www. sanbao. com. cn
E-mail:hoop@ sanbao. com. cn
【主要产品】2-氟-5-甲基吡啶;2-氟吡啶;3-氟吡啶;邻三氟甲基苯甲醛;间三氟甲基苯甲醛;对三氟甲基苯甲醛;间溴苯甲醚;邻溴苯甲醚;对溴苯甲醚;对氯苯甲醚;邻氯苯甲醚;间氯苯甲醚;邻氟苯甲醚;间氟苯甲醚;对氟苯甲醚;4-氯-2-硝基苯甲醚;4-氯-3-硝基苯甲醚;2-氯-4-氟苯甲酸;2-溴-5-氟苯甲酸;4-溴-2-氟苯甲酸;2-溴-4-氟苯甲酸;3-溴-4-氟苯甲酸;3-氟-4-甲基苯腈;3,5-二甲基溴苯;2,6-二甲基溴苯;2,4-二甲氧基溴苯;2,5-二甲氧基溴苯;3,4-二甲氧基溴苯;3-溴-4-氟三氟甲苯;5-溴-2-氟三氟甲苯;3-氯-4-氟三氟甲苯;2-溴-5-氟甲苯;5-溴-2-氟甲苯;3-溴-4-氟甲苯;4-溴-2-氟三氟甲氧基苯;1,3-二溴-5-氟苯;1,2-二溴-4,5-二氟苯;2-氟-4-溴苄基溴;3,5-双(三氟甲基)溴苯;2-氟三氟甲苯;3-氟三氟甲苯;4-氟三氟甲苯;邻溴三氟甲苯;3,5-二硝基三氟甲苯;2-氯-5-硝基三氟甲苯;4-氟甲苯;邻氟甲苯;间氟甲苯;2,3-二氟甲苯;2,4-二氟甲苯;2,6-二氟甲苯;2,5-二氟甲苯;3,5-二溴甲苯;2,6-二溴甲苯;5-氯-2-氟甲苯;3,4-二氟碘苯;5-氟-2-硝基甲苯;2-氟-4-硝基甲苯;3-氟-4-硝基甲苯;2-氟-5-硝基甲苯;4-氟-3-硝基甲苯;4-氟-2-硝基甲苯;2-氟-6-硝基甲苯;3-氟-4-硝基苯酚;5-氟-2-硝基苯酚;3,5-二甲基-4-溴苯酚;3,5-二氟苯酚;4-硝基-3-三氟甲基苯胺;2-氨基-5-硝基三氟甲苯;4-氟-3-三氟甲基苯胺;4-氟-2-三氟甲基苯胺;2-氟-5-三氟甲基苯胺;2-氟-3-甲基苯胺;3-氟-4-甲基苯胺;2-氟-5-甲基苯胺;3-氟-2-甲基苯胺;2-氟-4-甲基苯胺;4-氟-3-甲基苯胺;4-氟-2-甲基苯胺;2-氟-4-碘苯胺;3-溴-4-甲基苯胺;三氟甲氧基苯;邻溴三氟甲氧基苯;间溴三氟甲氧基苯;对溴三氟甲氧基苯;间三氟甲氧基苯酚;邻三氟甲氧基苯酚;间三氟甲基苯酚;邻三氟甲基苯酚;对三氟甲基苯酚;3,4,5-三甲氧基苯胺;邻三氟甲基苯甲酸;间三氟甲基苯甲酸;对三氟甲基苯甲酸;1,3-二(三氟甲基)苯;1,4-二(三氟甲基)苯;3,5-二(三氟甲基)苯胺;5-氯-2-氨基三氟甲苯;3-氨基-4-氯三氟甲苯;2-氟-4-氯甲苯;2-氯-4-氟甲苯;2-氯-5-氟甲苯;2-氟-4-溴甲苯;2-溴-4-氟甲苯;间溴三氟甲苯;对溴三氟甲苯;2-氯-5-三氟甲基吡啶;2,3-二氯-5-三氟甲基吡啶;2-氯-4-三氟甲基苯胺;邻三氟甲基苯甲酰氯;间三氟甲基苯甲酰氯;4-三氟甲基苯甲酰氯;3,5-二甲基苯胺;5-氯-2-甲基苯胺;4-三氟甲氧基苯胺;3-三氟甲氧基苯胺;邻三氟甲氧基苯胺;间三氟甲基苯乙酮;邻三氟甲基苯乙酮;3-氨基三氟甲苯;对氨基三氟甲苯;邻氨基三氟甲苯;2-氟-4-三氟甲基苯腈;4-氟-3-三氟甲基苯腈

阜新市环尔康药业有限责任公司

辽宁省阜新市海洲区矿工大街17号[123000]
电话:(0418)2825414;2827234
传真:(0418)2826090
【主要产品】羟基脲;尼群地平;盐酸川芎嗪;盐酸尼卡地平;香菇菌多糖;右旋糖酐;十一烯酸锌

阜新特种化学股份有限公司

辽宁省阜新市海洲区创业路127号[123002]
电话:(0418)2853264;2852523;2852838
传真:(0418)2852752;2852577
供销电话:2852523;13322321515
经济类型:国有 有进出口权
职工人数:850人 法人代表:程华
网址:www. fxtehua. com
E-mail:fxtehua@ chemnet. com
【主要产品】2-氟-4-溴苯甲醛;4-氟-2-氰基苯甲酸;2-氟-4-氰基苯甲酸;邻氟苯甲酸;4-氯-2-氟苯甲酸;3-氟-4-甲基苯腈;2-氟-4-甲基苯腈;5-氟-2-甲基苯腈;α-氟萘;4-溴甲苯;2-溴-5-氟甲苯;2-氟-4-氰基苄基溴;3,5-二(三氟甲基)硝基苯;2-氟三氟甲苯;3-氟三氟甲苯;4-氟三氟甲苯;3,5-二硝基三氟甲苯;3-硝基-4-氯三氟甲苯;4-氟甲苯;邻氟甲苯;间氟甲苯;4-氟氯苄;邻氟氯苄;间氟氯苄;对二氯苄;间二氯苄;2-氯-6-氟氯苄;2,5-二氟溴苄;5-氟-2-硝基甲苯;2-氟-4-硝基甲苯;2-氟-5-硝基甲苯;4-氟苯酚;对氟苄胺;4-氯-2-甲基苯胺;3,5-双三氟甲基苯腈;邻三氟甲基苯腈;间三氟甲基苯腈;对三氟甲氧基苯酚;间三氟甲基苯酚;3,5-二氨基三氟甲苯;邻氟苯甲酰氯;对氟苯甲酰氯;1,3-二(三氟甲基)苯;1,4-二(三氟甲基)苯;3,5-二(三氟甲基)苯胺;3-氨基-4-氯三氟甲苯;2-氟-4-氯甲苯;2-氟-4-溴甲苯;2-氯三氟甲苯;4-氯三氟甲苯;3,4-二氯三氟甲苯;邻氨基三氟甲苯

阜新芝田药业有限责任公司

辽宁省阜新市海洲区东风路75号[123000]
电话:(0418)2824887;2196422
供销电话:2825468
供销传真:2825468
经济类型:有限责任公司
【主要产品】右旋糖酐;右旋糖酐40

金凯(阜新)化工有限公司

辽宁省阜新市伊吗图火车站东100米[123129]
电话:(0418)3320374;13604984896
传真:(0418)3388196
固定资产:36,000千元
供销电话:8185908;8185286
供销传真:8185717
经济类型:中外合资经营企业
网址:www. kingchemfuxin. com
E-mail:sales@ kingchemfuxin. com
【主要产品】3,5-二(三氟甲基)苯甲醛;全氟庚酸;全氟丙酸;全氟丁酸;全氟辛基磺酰氟;全氟辛烷;3-溴-4-氯三氟甲苯;2-溴-5-氟甲苯;2-溴-4-氯甲苯;4-溴-2-氯甲苯;4-溴-3-氯甲苯;3-溴-4-氯甲苯;3,5-双(三氟甲基)溴苯;2-氟三氟甲苯;3-氟三氟甲苯;4-氟三氟甲苯;3-硝基-4-氯三氟甲苯;2-氯-5-硝基三氟甲苯;2-氟-5-硝基三氟甲苯;全氟庚烷;全氟三丙胺;4-氟-3-三氟甲基苯胺;全氟三丁胺;全氟三戊胺;三氟甲氧基苯;间三氟甲基苯酚;对三氟甲基苯酚;5-氨基-2-氯三氟甲苯;2-溴-4-氟甲苯;间溴三氟甲苯;对溴三氟甲苯;2-氯-5-三氟甲基吡啶;全氟丁基磺酸钾;全氟丁基磺酰氟;全氟辛酸;全氟正辛基磺酸钾

荣成市东立精细化工有限公司阜新分公司

辽宁省阜新市阜新县建新路134号[123100]
电话:(0418)8801451;13898568453
传真:(0418)8801451 职工人数:200人
网址:www. fuxindongli. com
E-mail:sales@ fuxindongli. com
【主要产品】1-氯甲基萘;2,4,6-三溴苯甲酸;α-溴代苯乙酮;间溴苯乙酮;五氟苯乙腈;4-溴-3-氯甲苯;2-羟基-5-硝基氯苄;邻溴三氟甲苯;1-氯-2,6-二硝基萘;2-氯-5-硝基苯酚;6-甲氧基-2-萘酚;偏苯三酚;间溴三氟甲苯

辽阳市

灯塔金航石油化工有限公司

辽宁省灯塔市罗大台镇尖山子村[111301]
电话:(0419)8655001;13604270181
传真:(0419)8655001 职工人数:80人

网址:www.dtjhchem.com
E-mail:dtjh@dtjhchem.com
【主要产品】硫黄;抗氧剂 T502;2,6-二叔丁基对甲基苯酚;2,6-二叔丁基-4-乙基苯酚;中碱值合成磺酸钙;高碱值合成磺酸钙;汽油抗爆剂

辽宁奥克化学集团有限公司

辽宁省辽阳市宏伟区东环路 29 号[111003]
电话:(0419)5160978
传真:(0419)5160408　职工人数:205 人
供销电话:5163198;5169198
经济类型:其他内资　法人代表:朱建民
网址:www.oxiranchem.co
E-mail:oxiran@hi2000.com
【主要产品】纳米锌;纳米铜;纳米铁;纳米钼;纳米铝;纳米银;水性环氧树脂乳液;聚丙二醇;聚乙二醇;平平加;乳化剂 EL;乳化剂 MOA-3/MOA-4;壬基酚聚氧乙烯醚(N=10);斯盘系列;吐温系列;脂肪酸聚氧乙烯酯;农药助剂;石油破乳剂

辽宁科隆化工实业有限公司

辽宁省辽阳市宏伟区东环路 8 号[111003]
电话:(0419)5169211;5168093
传真:(0419)5176971　法人代表:姜艳
供销电话:5169210
供销传真:5169211
经济类型:私营企业
网址:www.kelongchem.com
E-mail:kelong99@online.ln.cn
【主要产品】甘油醚;聚乙二醇单甲醚;乙二醇苯醚;丙二醇苯醚;二乙二醇单硬脂酸酯;二乙二醇双硬脂酸酯;聚乙二醇;聚乙二醇(400)月桂酸酯;聚乙二醇硬脂酸酯;聚乙二醇(400)单油酸酯;聚酰胺热熔胶;聚酯热熔胶;十二烷基二甲基苄基氯化铵;匀染剂 AN;亲水型氨基硅油整理剂;抗静电剂 SN;分散剂 IW;渗透剂 JFC;增塑剂;丙纶油剂;平平加;乳化剂 EL;乳化剂 S;斯盘 60;斯盘 80;吐温 60;吐温 80;壬基酚聚氧乙烯醚;吐温 20;硬脂酸乙二醇单酯;硬脂酸乙二醇双酯;农药乳化剂;农药乳化剂 600 号;农药乳化剂 KL 系列;农药乳化剂 700 号;柴油破乳剂;破乳剂 DL-112;泥浆防喷润滑剂;降黏剂

辽宁庆阳特种化工有限公司

辽宁省辽阳市庆阳台子沟[111002]
电话:(0419)3181758
传真:(0419)3160516　有进出口权
经济类型:股份有限公司
企业规模:大型
网址:www.qycc.com
E-mail:info@qycc.com
【主要产品】4-硝基甲苯;2-硝基甲苯;3-硝基甲苯;4-硝基苯甲酸;一硝基苯;2-甲基苯胺;苯胺;1,3-二硝基苯;聚氨酯泡沫塑料;软质聚氨酯泡沫塑料;硝酸纤维素;抗水岩石炸药;2 号岩石粉状铵锑炸药;震源药柱;2,4,6-三硝基甲苯;二硝基甲苯;季戊四醇四硝酸酯

辽阳奥克聚醚有限公司

辽宁省辽阳市宏伟区先锋路 14 号[111003]
电话:(0419)5164198;5169198;5168198
传真:(0419)5169298
供销电话:5169198;5164198
经济类型:股份有限公司
网址:www.oxiranchem.com/main.asp?id=83
E-mail:ox0004@oxiranchem.com
【主要产品】脂肪胺聚氧乙烯醚;平平加;壬基酚聚氧乙烯醚;苯乙烯基苯酚聚氧乙烯醚;脂肪酸聚氧乙烯酯

辽阳奥克纳米材料有限公司

辽宁省辽阳市高新区宏伟路 10 号[111003]
电话:(0419)5166148;5169238
传真:(0419)5169238;5160408
网址:www.oxiranchem.com/main.asp?id=82
E-mail:ox0222@163.com
【主要产品】硬脂酸-40-聚烃氧基酯;三羟甲基丙烷三丙烯酸酯;乙氧基化三羟甲基丙烷三丙烯酸酯;聚乙二醇;泊洛沙姆;食用消泡剂;食品乳化剂;脂肪胺聚氧乙烯醚;平平加;乳化剂 EL;壬基酚聚氧乙烯醚;农药乳化剂;破乳剂

辽阳滨河化工有限公司

辽宁省辽阳市文圣区建材路 31 号[111000]
电话:(0419)4322880
传真:(0419)4322880
供销电话:4323936
供销传真:4323936
经济类型:私营企业
网址:www.lybinhechem.com
E-mail:binhe@lybinhechem.com
【主要产品】硫化异丁烯;4-甲基-2-硝基苯酚;2,6-二硝基对甲酚;2,6-二叔丁基对甲基苯酚;2,6-二叔丁基-4-乙基苯酚;再生胶活化剂 420;齿轮油通用复合剂

辽阳鼎鑫化工有限公司

辽宁省辽阳市北新华路 3 号[111004]
电话:(0419)3308020;3235739
传真:(0419)3308020
经济类型:有限责任公司
网址:www.dingxinchem.com
E-mail:dx@dingxinchem.com
【主要产品】四氯化锡;4-吗啉甲醛;4,6-二硝基-2-仲丁基苯酚;二甲基二硫;2,6-二硝基对甲酚;2,6-二叔丁基对甲基苯酚;2,6-二叔丁基-4-乙基苯酚;对叔丁基邻苯二酚

辽阳东宝力化学建材有限公司

辽宁省辽阳市振兴路 144 号[111000]
电话:(0419)3304671
传真:(0419)5176971
网址:www.doblachem.com
E-mail:lyzx@lyzxchem.com
【主要产品】丙二醇苯醚;丙烯酸内墙乳胶漆;丙烯酸外墙乳胶漆;羊毛柔软剂;亲水型氨基硅油整理剂;抗静电剂 PK;增稠剂;平滑剂;纺纱润滑剂;有机硅消泡剂;异辛醇聚氧乙烯醚磷酸酯;壬基酚;斯盘系列;缓凝剂;淬火剂;混凝土引气剂;废纸脱墨剂

辽阳富强食品化工有限公司

辽宁省辽阳市宏伟区曙光峨嵋村[111005]
电话:(0419)3661084
传真:(0419)3661086　有进出口权
经济类型:中外合资经营企业
法人代表:王凯
网址:www.fqgluconates.com
E-mail:sales@fqgluconates.com
【主要产品】葡萄糖酸钠;葡萄糖酸铜;葡萄糖酸亚铁;葡萄糖酸锌;葡萄糖酸钾;葡萄糖酸镁;葡萄糖酸锰;葡萄糖酸钙

辽阳港隆化工有限公司

辽宁省辽阳市白塔区铁西路二号[111004]
电话:(0419)3308238;3308626;3308312
传真:(0419)3308523　有进出口权
经济类型:外商独资
网址:www.kong-lung.com
E-mail:info@kong-lung.com
【主要产品】碳酸二乙酯;碳酸二甲酯;碳酸二丙酯;碳酸二丁酯;碳酸甲乙酯;碳酸甲丁酯;碳酸甲丙酯;碳酸丙烯酯;碳酸乙烯酯;氯化聚乙烯

辽阳光华化工有限公司

辽宁省辽阳市青年大街 168-19 号[111000]
电话:(0419)2313383;2313382
传真:(0419)2313289
供销电话:2313380;2313383
网址:www.china-lgh.com;www.chchin.com/hgwz
E-mail:ghhg@china-lgh.com
【主要产品】环丁砜;二甲基二硫;二甲基硫醚

辽阳虹马化工有限责任公司

辽宁省辽阳市太子河开发区[111000]
电话:(0419)7243636;7243737;13842222211
传真:(0419)7243636
经济类型:有限责任公司
网址:www.hongmachem.com
E-mail:sales@hongmachem.com
【主要产品】甲基环戊二烯;六氢苯酐;甲基纳迪克酸酐;甲基四氢苯酐;甲基六氢苯酐

辽

辽阳鸿泰有机化工有限公司

辽宁省辽阳市繁荣路中段[111000]
电话:(0419)2194188
传真:(0419)2194188 经济类型:国有
网址:www. china-organics. com
E-mail:locp@ hi2000. com
【主要产品】糠醛;糠醇;2-甲基呋喃;糠醇改性脲醛树脂;糠醇树脂;铸造用呋喃树脂;抗氧剂 1010;抗氧剂 1076;抗氧剂 DSTDP;抗氧剂 168;紫外线吸收剂 UV-9;紫外线吸收剂 UV-531;紫外线吸收剂 UV-0;促进剂 TAC

辽阳华兴化学品有限公司

辽宁省灯塔市西马镇新生村[111302]
电话:(0419)8320288;8322168
传真:(0419)8320288 职工人数:800 人
供销电话:8322898;8322838
供销传真:8320808
经济类型:私营企业
网址:www. huaxingchemical. com
E-mail:huaxing@ huaxingchemical. com
【主要产品】脂肪醇

辽阳联港染料化工有限公司

辽宁省辽阳县首山镇辽鞍路 108 号[111200]
电话:(0419)7675988;7675999
传真:(0419)7675289 有进出口权
经济类型:中外合资经营企业
职工人数:136 人 法人代表:张忠胜
网址:www. lyliangangdyes. com
E-mail:lylg888@ mail. lyptt. ln. cn
【主要产品】1,8-萘二甲酰亚胺;1,8-萘内酰亚胺;苝;苝四甲酸二酐;苝四甲酰二亚胺;1,8-萘酐;4-氯-1,8-萘二甲酸酐;4-溴-1,8-萘二甲酸酐;1,8-萘酐-4-磺酸钾;3,5-二甲基苯胺;硫化红 GGF;还原大红 R;永固红 A3B;颜料紫 29;颜料红 B;颜料红 179;颜料大红 R;颜料红 190

辽阳隆亿化工有限公司

辽宁省辽阳市宏伟区西环路 12 号[113003]
电话:(0419)5156082;5165333
传真:(0419)5177299 有进出口权
经济类型:与港澳台商合资经营
法人代表:牛建华
网址:www. longyi-group. com
E-mail:fs@ longyi-group. com
【主要产品】氢气;白油;润滑油基础油

辽阳木星化工有限公司

辽宁省辽阳市宏伟区光华街 30 号[111003]
电话:(0419)5313119;5306670
传真:(0419)5306994;5353802
经济类型:外商独资 有进出口权
法人代表:张裕吉
网址:www. morestarchem. com
E-mail:sales@ morestarchem. com
【主要产品】丁醚;己二酸;苯甲酸;尼龙酸;己二酸二甲酯;己二酸二乙酯;乙酸戊酯;二苯甲酸二甘醇酯;混合二元酸二甲酯;苯甲酸乙酯;苯甲酸甲酯;己二酸二正辛酯;邻苯二甲酸二乙酯;邻苯二甲酸二甲酯;对苯二甲酸二辛酯

辽阳前进化工有限公司

辽宁省辽阳市白塔区铁西路 76-1 号[111000]
电话:(0419)3306831
传真:(0419)3306831
供销电话:3303659 法人代表:金理实
经济类型:股份合作
E-mail:czh700925@ omlinein. cn
【主要产品】酚醛树脂(热塑性);酚醛树脂(热固性);PET 改性酚醛树脂

辽阳庆强精细化工工贸有限责任公司

辽宁省辽阳市东京陵 3 栋白楼前[111001]
电话:(0419)3163333;3160048
传真:(0419)3166296
经济类型:有限责任公司
网址:www. qingqiangchem. com
E-mail:lyqingqiang@ 163. com
【主要产品】防老剂 BLE;防老剂 DFC-34;防老剂 SP-C;防老剂 BLE-C;防老剂 BLE-W

辽阳瑞兴化工有限公司

辽宁省辽阳市白塔区铁西路八号[111004]
电话:(0419)3306662;3308381
传真:(0419)3308741 有进出口权
经济类型:有限责任公司
法人代表:李刚
网址:www. lychem. net
E-mail:postmaster@ lychem. net
【主要产品】二硫化碳;五硫化二磷;硫化氢;叔丁醇;2-乙基己基磷酸酯

辽阳石化公司烯烃厂

辽宁省辽阳市宏伟区东环路[111003]
电话:(0419)5152765
传真:(0419)5151564 经济类型:国有
供销电话:5152419 企业规模:大型
职工人数:1,005 人
【主要产品】环氧乙烷;乙二醇;一缩二乙二醇;高密度聚乙烯;纤维级聚丙烯;三乙基铝

辽阳石化机械设计制造有限公司

辽宁省辽阳市宏伟区南环街二段[111050]
电话:(0419)4150685;4150580
传真:(0419)4152586;4150580
经济类型:股份有限公司
职工人数:200 人 法人代表:马力
网址:www. lyshjx. com
E-mail:lyshjx@ lyshjx. com
【主要产品】螺旋板式换热器;螺旋管式换热器;高中低压管件

辽阳石化特种配件制造总厂

辽宁省辽阳市白塔区工农街 56 号[111000]
电话:(0419)3124287
传真:(0419)3123935 职工人数:200 人
经济类型:股份合作
网址:www. lyshtzpj. com/jianjie. htm
【主要产品】异径管;弯管;无缝弯头;三通

辽阳石油化纤公司英华化工厂

辽宁省辽阳市宏伟区西环路 16 号[111003]
电话:(0419)5156448
传真:(0419)5154283 有进出口权
供销电话:5160966;5156158
职工人数:735 人
网址:www. ceep. com. cn
E-mail:sales@ ceep. com. cn;
yfyhhg@ 163. com
【主要产品】萘;对二乙基苯;偏三甲苯;均三甲苯;连三甲苯;芳烃溶剂;1,2,4,5-四甲苯;乙酸丙酯;醋酸异丁酯;吗啡啉;橡胶防焦剂;石油树脂;延迟焦化消泡剂;高效中和缓蚀剂;加氢裂化阻垢剂;渣油阻垢剂;工业萘

辽阳市彩练助剂化工厂

辽宁省辽阳市西大街 62-66 号[111000]
电话:(0419)3223898;3226918;
13500495348
传真:(0419)3226918
网址:www. lyjzsy. com
E-mail:webmaster@ lyjzsy. com
【主要产品】环戊醇;戊二酸;己二酸二甲酯;己二酸二乙酯;环戊酮;戊二酸酐;己二酸二异辛酯;硬脂酸钙;硬脂酸钡;硬脂酸铅;硬脂酸锌;硬脂酸镉

辽阳市东阳精细化工有限公司

辽宁省辽阳市宏伟区南环街二段[111003]
电话:(0419)5320676;13941984258
传真:(0419)5320676
网址:www. lndychem. com
E-mail:dongyang@ lndychem. com
【主要产品】苯甲酸;苯甲醛;絮凝剂;油田注水缓蚀剂;除油剂;汽、柴、煤、燃油多效清净剂;柴油降凝剂;金属钝化剂;重油加氢脱金属剂;油浆阻垢剂

辽阳市富鑫化工有限公司

辽宁省辽阳市东京陵收费站南 300 米[111000]
电话:(0419)3162988
传真:(0419)3162988 职工人数:200 人
网址:www. fuxinhg. com
E-mail:fx@ fuxinhg. com
【主要产品】丙烯酸-丙烯酸酯共聚物;稳

定性二氧化氯；十二烷基二甲基苄基氯化铵；丙烯酸-丙烯酸羟丙酯共聚物；多聚季胺盐杀菌灭藻剂；异噻唑啉酮

辽阳市宏伟区合成催化剂厂

辽宁省辽阳市宏伟区东环路3号[111003]
电话：(0419)5169713；5169714
传真：(0419)5153482
网址：www.lycatalyst.com
E-mail：catalyst@lycatalyst.com
【主要产品】海绵铂；乙二醇锑；醋酸钴；醋酸锑；醋酸锰

辽阳市宏伟区欣欣化工有限公司

辽宁省辽阳市宏伟区孟家房镇[111003]
电话：(0419)5370166
传真：(0419)5370535
固定资产：12,000千元
经济类型：私营企业
网址：www.xxchem.cn
E-mail：sales@xxchem.cn
【主要产品】α-甲基萘；β-甲基萘；重芳烃油；芳烃溶剂油；碳九芳烃石油树脂；石油树脂；固体古马隆-茚树脂；橡胶软化剂；工业萘；甲基萘馏分；燃料油；中温沥青

辽阳市虹波化工有限公司

辽宁省辽阳市太子河区段夹河[111000]
电话：(0419)3308689；3308789；3308889
传真：(0419)3308589；4233741
网址：www.lyrlgs.com
【主要产品】次氯酸钠；涂层胶；高温匀染剂BOF；浆料；固色剂Y；无甲醛固色剂；渗透剂JFC；皮革脱脂剂

辽阳市会福化工厂

辽宁省辽阳市宏伟区东环路10号[111003]
电话：(0419)5960022；5169200；13304194262
传真：(0419)5960022　经济类型：集体
供销电话：13904995086
法人代表：潘正豪
网址：www.hfchem.net
E-mail：hf200@mail.lyptt.ln.cn
【主要产品】正十三烷；正十一烷；正十二烷；α-甲基萘；β-甲基萘；2-辛醇；D-(+)-2-辛醇；甲氧基丙酮；环戊酮；仲辛酮

辽阳市康佳精细化工厂

辽宁省辽阳市铁西路124号[111000]
电话：(0419)2384003；13804197808
传真：(0419)2384233
法人代表：兰景和
网址：www.konka-chemical.com
E-mail：root@konka-chemical.com
【主要产品】葡萄糖酸钠；葡萄糖醛酸-γ-内酯；葡萄糖酸铜；葡萄糖酸亚铁；葡萄糖酸；一水葡萄糖；葡萄糖酸锌；葡萄糖酸钾；葡萄糖酸镁；葡萄糖酸锰

辽阳市石油化工研究所

辽宁省辽阳市青年街45号[111000]
电话：(0419)3666499；3666498；13804193389
传真：(0419)4134391　经济类型：国有
职工人数：101人　法人代表：杨英利
网址：www.cheminfo.gov.cn/cpgjz/liaoyangshiyou
【主要产品】戊二酸；丁二酸二甲酯；己二酸二甲酯；戊二酸二甲酯；丁二酸酐；戊二酸酐

辽阳市太子河区沃隆科技化学品厂

辽宁省辽阳市中华大街东京陵865号[111001]
电话：(0419)3167555；13604191870
传真：(0419)3171000
法人代表：程贵刚
网址：www.woolong.cn
E-mail：wl@woolong.cn
【主要产品】己二酸；尼龙酸；戊二酸二异癸酯；环戊酮

辽阳市天元化工厂

辽宁省辽阳市曙光工业区[111000]
电话：(0419)4150183
传真：(0419)4150187
法人代表：张乃斌
网址：www.edta-fe.com
E-mail：tianyuanly@online.ln.cn
【主要产品】乙二胺四乙酸四钠；乙二胺四乙酸铁钠；乙二胺四乙酸铁铵；乙二胺四乙酸镁二钠；乙二胺四乙酸铜二钠；乙二胺四乙酸钙二钠；乙二胺四乙酸锰二钠；乙二胺四乙酸锌二钠

辽阳市新容帮水处理技术有限公司

辽宁省辽阳市文圣区南门街191-1[111000]
电话：(0419)4121478；13704195180
传真：(0419)4121478
网址：www.xrbchem.com
E-mail：xrb@xrbchem.com
【主要产品】停用设备保护剂；高效锅炉阻垢剂；脱氧剂

辽阳市星火聚氨酯有限公司

辽宁省辽阳市宠伟区先锋路11号[111003]
电话：(0419)5162208；5168978；13704197870
传真：(0419)5162208
网址：www.xhpu.com
E-mail：lyxhpu@126.com
【主要产品】聚酯多元醇；热塑性聚氨酯；橡胶密封圈

辽阳市众诺化学工业有限公司

辽宁省辽阳市太子河区振兴路248号[111000]
电话：(0419)3306059；3300938；13065360620
传真：(0419)3306899　职工人数：200人
固定资产：18,000千元
供销电话：13904032353
经济类型：中外合资经营企业
法人代表：万海涛
网址：www.zhongnuochem.com
E-mail：sales@zhongnuochem.com
【主要产品】2,4,5-三甲氧基苯甲醛；4-异丙基苯甲酸；2,4,5-三甲氧基苯甲酸；α-酮戊二酸；1-溴-3,5-二甲基金刚烷；美海洛林；对羟基苯丙酸；头孢他美酯；红霉素肟；罗红霉素；细辛脑；阿利苯醇；盐酸美金刚胺

辽阳宋氏真空设备有限公司

辽宁省辽阳市太子河区祁家镇方双树小蛤路[111000]
电话：(0419)3227699；2196555；2196888
传真：(0419)2197618　法人代表：宋义
供销电话：2196999
网址：www.sszk.com
E-mail：lnly@sszk.com
【主要产品】真空泵；蒸汽喷射泵；汽水串联真空泵；水喷射真空泵

辽阳天成化工有限公司

辽宁省辽阳市宏伟区光华街30号[111003]
电话：(0419)5319368；5311044；13604994257
传真：(0419)5311044　职工人数：60人
法人代表：程欣
网址：www.lytcchem.com
E-mail：lycner@263.net
【主要产品】环己烷；己二酸；己二酸二甲酯；环戊酮；己二胺；尼龙酸二甲酯

辽阳万鑫树脂有限责任公司

辽宁省辽阳市宏伟区沈环线8号[111005]
电话：(0419)4158043；13904190479
传真：(0419)4158043
供销电话：4158043；13804190715
经济类型：有限责任公司
网址：www.lywxsz.com
E-mail：lywxsz@lywxsz.com
【主要产品】绝热板粘接剂；脱硫剂；工业水处理剂；破乳剂；新型高效缓蚀剂

辽阳威特化工有限公司

辽宁省辽阳市宏伟区四里庄村[111003]
电话：(0419)4232099；13322335597
传真：(0419)4120153　法人代表：刘顺
网址：www.lywtchem.com
E-mail：sales@lywtchem.com

【主要产品】甲醇;二聚环戊二烯;甲醇钠(液体);二环戊二烯铁;汽油抗爆剂

辽阳新亚化工制造有限公司

辽宁省辽阳市太子河区[111000]
电话:(0419)3226515;13081788063
传真:(0419)3226515 职工人数:83 人
经济类型:股份有限公司
法人代表:张贻信
E-mail:xinrunhg@ 163. com
【主要产品】抗氧剂 B501W;B936W 复合抗氧剂

辽阳易晨化工有限公司

辽宁省辽阳市宏伟区凤华街 20 号[111003]
电话:(0419)5158713;13904990091
传真:(0419)5313177
网址:www. yichenchem. com
E-mail:hb@ yichenchem. com; wm@ yichenchem. com
【主要产品】己二酸;琥珀酸;戊二酸;尼龙酸;丁二酸二甲酯;戊二酸二甲酯;尼龙酸二甲酯;延迟焦化消泡剂;缓蚀剂;渣油阻垢剂;水成膜泡沫灭火剂

辽阳英华有机化工有限公司

辽宁省辽阳市宏伟区西环路 8 号[111003]
电话:(0419)5154985;5155583;5900208
传真:(0419)5156169
经济类型:私营企业
【主要产品】偏三甲苯;均三甲苯;环己酮

辽阳友信制药机械科技有限公司

辽宁省辽阳市繁荣路中段[111003]
电话:(0419)2193915
传真:(0419)2193916
网址:www. lyyouxin. com
E-mail:youxin@ lyyouxin. com
【主要产品】FZG 系列粉碎-搅拌真空干燥机;三足式离心机

辽阳裕丰化工有限公司

辽宁省辽阳市首山乡冶金工业园区[111000]
电话:(0419)7474997;13841958855
传真:(0419)7474977 职工人数:120 人
固定资产:85,000 千元
网址:www. yfhexane. com
E-mail:sales@ yfhexane. com
【主要产品】已烷;环已烷;正庚烷;异辛烷;橡胶溶剂油 120 号;6 号抽提溶剂油

辽阳制药机械股份有限公司

辽宁省辽阳市胜利路 2 号[111004]
电话:(0419)8601299;8601399;2262705
传真:(0419)2262413 有进出口权
供销电话:2261697 企业规模:大型
经济类型:股份有限公司
法人代表:吴利久
网址:www. shuanglian. net
E-mail:lpmie@ mail. lyptt. ln. cn
【主要产品】工业搪玻璃反应釜;蒸馏罐;三足式吊袋卸料离心机;三足式上部人工卸料离心机;三足式下部人工卸料离心机;减速机;搪玻璃储罐;计量罐;塑料注射成型机

中国石油天然气股份有限公司辽阳石化分公司

辽宁省辽阳市宏伟区火炬大街 5 号[111003]
电话:(0419)5152248;5152589;5155114
传真:(0419)5154911 有进出口权
供销电话:5152624 企业规模:大型
供销传真:5151370
经济类型:股份有限公司
网址:www. cnpc-lh. com. cn
E-mail:jgiy@ cnpc-lh. com
【主要产品】已烷;环氧乙烷;1,2-二甲苯;1,4-二甲苯;一缩二乙二醇;1,4-苯二甲酸;石油液化气;航空煤油;渣油;柴油;聚乙烯;聚丙烯;聚酯切片;涤纶短纤维;溶剂油

铁岭市

昌图县糠醛厂

辽宁省铁岭市昌图县毛家店镇[112508]
电话:(0410)5861049;5510049
传真:(0410)5861049 经济类型:集体
供销传真:5510049 有进出口权
职工人数:200 人 法人代表:任绍祥
网址:www. hylive. com/liaoning/liaoning05369. ht
【主要产品】糠醛

开原亨泰精细化工厂

辽宁省开原市义和路 18 号[112300]
电话:(0410)3711928
传真:(0410)3710986
供销电话:(024)25520803
供销传真:(024)25524770
网址:www. hengtaichem. com
E-mail:sales@ hengtaichem. com
【主要产品】α-酮戊二酸;α-酮戊二酸钙盐;α-酮戊二酸二钠盐;α-酮基缬氨酸钙盐;α-酮基苯丙酸钙盐;4-氨基-3-苯基丁酸盐酸盐;L-谷氨酰胺-α-酮戊二酸;L-肉毒碱;L-肉碱盐酸盐;左旋肉碱酒石酸盐;乙酰左旋肉碱盐酸盐;L-肉碱富马酸盐;L-精氨酸-α-酮戊二酸盐;L-精氨酸-L-谷氨酸盐;吡多醛-5-磷酸酯;吡哆胺盐酸盐;氨酪酸;肌酸酮戊二酸;抗坏血酸棕榈酸酯;L-精氨酸-L-天门冬氨酸;L-精氨酸-L-苹果酸;精氨酸乙酯盐酸盐

开原市正元化工有限公司

辽宁省开原市新华路 148 号[112300]
电话:(0410)3614562
传真:(0410)3622065 有进出口权
固定资产:9,800 千元 职工人数:150 人
网址:www. kyzy. net. cn
E-mail:ky_zy@ vip. 163. com
【主要产品】硫酸钠(十水);甲酸;甲酸钠

铁岭北亚药用油有限公司

辽宁省铁岭市银州区柴河街南段 227 号[112616]
电话:(0410)2600133;2600168
传真:(0410)2600123
网址:www. beiyaoil. cn
E-mail:beiya@ vip. sina. com
【主要产品】大豆磷脂;大豆油

铁岭福神橡胶密封有限责任公司

辽宁省铁岭市银州区柴河街南段 100 号[112000]
电话:(0410)2653778
传真:(0410)2659667;2651013
供销传真:2654869;2651013
网址:www. mascot. com. cn
E-mail:postmaster@ mascot. com. cn
【主要产品】硅橡胶板;汽车制动皮碗;O 形密封圈;旋转轴唇形密封圈;橡胶密封圈;异形密封圈

铁岭洪泰涂料有限公司

辽宁省铁岭市银州区[112000]
电话:(0410)4560088
传真:(0410)4566126 职工人数:58 人
网址:www. tlhongtai. com
E-mail:xjh@ tlhongtai. com
【主要产品】醇酸树脂漆类;氨基树脂漆类;乳胶漆;丙烯酸聚氨酯漆;聚酯树脂漆类;环氧树脂漆类;氯化橡胶漆类;高氯化聚乙烯防腐面漆;卷材涂料;船舶防腐漆

铁岭华晨橡塑制品有限公司

辽宁省铁岭市银州区汇工街 78 号[112002]
电话:(0410)4560147;4565187
传真:(0410)4563579
供销电话:4562990 法人代表:陈贞华
经济类型:有限责任公司
网址:www. tieling. gov. cn/subweb/hcsl/jj. htm
【主要产品】橡胶杂品

铁岭市东博合成材料厂

辽宁省铁岭市平顶堡工业区[112601]
电话:(0410)8754288;13354107417
传真:(0410)8759000
法人代表:吴凤煊
网址:dongbo. cnfrp. net
E-mail:dongbo3397@ vip. sina. com
【主要产品】不饱和聚酯树脂;不饱和聚酯树脂(透光);不饱和聚酯树脂(食

品类）；不饱和聚酯树脂（拉挤用）；板材树脂；胶衣树脂；改性耐热不饱和聚酯树脂；SMC/BMC 树脂；不饱和聚酯树脂促进剂

铁岭市康宁阀门橡塑制品厂

辽宁省铁岭市阀门厂西院[112000]
电话：(0410)2201161；13941089600
传真：(0410)4601233
供销电话：2201161；13904100851
网址：www.tfxj.com
E-mail：tfxj@tfxj.com
【主要产品】橡胶制品；橡胶密封胶条；油封；O 形密封圈；橡胶密封圈；蝶阀

铁岭市新科特种橡胶制品厂

辽宁省铁岭市银州区红旗街[112000]
电话：(0410)4125672；13008276736
网址：www.skxiangjiao.com.cn
【主要产品】高压胶管；减震器及配件；骨架油封；橡胶棒；O 形密封圈；Y 形密封圈；橡胶防尘密封圈；橡胶密封圈；组合密封圈

铁岭市远大干燥设备厂

辽宁省铁岭市银州区兴工街 88 号[112000]
电话：(0410)4567086；2655353；13804107824
传真：(0410)4567086
网址：www.tlydgz.com
E-mail：market@tlydgz.com
【主要产品】热风炉；干燥器；回转干燥器；旋转闪蒸干燥机；单循环振动式干燥机；LPG 系列高速离心喷雾干燥机；气流干燥机；流化床干燥器；振动流化床干燥机；复合式直线振动流化床干燥(冷却)机；XF 系列沸腾干燥机；除湿式干燥机；带式干燥机

铁岭天德制药有限公司

辽宁省铁岭市西丰县天德镇[112401]
电话：(0410)7210097
传真：(0410)7211067　职工人数：108 人
网址：www.tdzy.cn
E-mail：wzj@tdzy.cn
【主要产品】1-(2,6-二氯苯基)-2-吲哚酮；双氯芬酸钠；双氯芬酸钾；双氯芬酸；双氯芬酸二乙胺盐；盐酸甲基丙炔苄胺；奋乃静；盐酸氟奋乃静；氟奋乃静癸酸酯

铁岭选矿药剂厂

辽宁省铁岭市银州区铁西街北三路 18 号[112002]
电话：(0410)4562421；4127108
传真：(0410)4570147　有进出口权
供销电话：4570274；4127073
供销传真：4570135　法人代表：富有忠
网址：www.minefriend.com
E-mail：tlfrf@minefriend.com
【主要产品】烷基羟肟酸；乙基黄原酸钠；正丁基黄原酸钠；异丙基黄原酸钠；异丁基黄原酸钠；异丁基黄原酸钾；异戊基黄原酸钠；乙硫氨酯；二异丁基二硫代磷酸钠；捕收剂；苯甲羟肟酸；选矿起泡剂；松醇油；乙硫氮；丁铵黑药；二甲苯基二硫代磷酸；二甲苯基二硫代磷酸钠；二苯胺基二硫代磷酸；二丁基二硫代磷酸钠；二乙基二硫代磷酸钠

铁岭远能化工有限公司

辽宁省铁岭市三台子铁岭发电厂院内[112000]
电话：(0410)4648751；4648752
传真：(0410)4648754
网址：www.tdhgc.com；
www.tlynchem.com
E-mail：webmaster@tdhgc.com；
sale@tdhgc.com
【主要产品】三氯异氰尿酸；二氯异氰尿酸钠；乙醛肟；丙酮肟；丙烯酸-丙烯酸酯共聚物；二氧化氯；十二烷基二甲基苄基氯化铵；丙烯酸/2-丙烯酰胺-2-甲基丙烷磺酸/丙烯酸羟丙酯三元共聚物；灰水阻垢剂；膦基羧酸共聚物；氨基三亚甲基膦酸；羟基亚乙基二膦酸；2-羟基膦酰基乙酸；聚合氯化铝；聚合硫酸铁；铜缓蚀剂；电力设备清洗剂；阻垢缓蚀剂；多功能酸洗缓蚀剂；停炉保护剂；反渗透膜专用阻垢剂；异噻唑啉酮

铁岭助驰橡胶密封制品有限公司

辽宁省铁岭市经济开发区[112000]
电话：(0410)2691011
传真：(0410)2691082
网址：www.zcmf.com
E-mail：zc@zcmf.com
【主要产品】减震用橡胶制品；汽车油封；橡胶膜片；汽车制动皮碗；胶圈；O 形密封圈；往复运动用橡胶密封圈

朝阳市

北票东方轮胎有限公司

辽宁省北票市振兴街 86 号[122100]
电话：(0421)5823581；5821856
传真：(0421)5813917
供销电话：5823879　法人代表：于兆军
经济类型：私营企业
网址：dongfang.und.com.cn
E-mail：dongfang@0421.und.cn
【主要产品】工程机械轮胎；摩托车轮胎

北票恒诚催化剂有限公司

辽宁省北票市北纺路[122100]
电话：(0421)5830218；13008244024
传真：(0421)5838505
固定资产：5,000 千元
网址：www.nickelcatalyst.com
E-mail：sales@nickelcatalyst.com
【主要产品】铝镍合金

朝阳富祥药业有限公司

辽宁省朝阳市双塔区中山大街二段 22 号[122000]
电话：(0421)3811841；3812818；3811342
传真：(0421)3811621　经济类型：国有
供销传真：3811621；3811342
有进出口权　职工人数：214 人
法人代表：姚玉民
网址：www.cyfxyy.com
E-mail：fengru1200_cn@sina.com.cn
【主要产品】硫酸小诺霉素；硫酸庆大霉素；克拉红霉素；麦迪霉素；乙酰螺旋霉素；洛伐他汀

朝阳市光达化工厂

辽宁省朝阳市光明街二段 10 号[122000]
电话：(0421)7210002；7210978；13904918265
传真：(0421)7210578
供销电话：7211033　法人代表：白松泉
网址：www.gd-chem.com
E-mail：songbai88@online.ln.cn
【主要产品】甲醛溶液；工业洗瓶剂；羊毛洗涤剂；纺纱润滑剂；链板润滑剂；酸洗除垢剂

朝阳市征和化工有限公司

辽宁省朝阳市中山大街一段 37 号[122000]
电话：(0421)3825566；3818493；13019939729
传真：(0421)3818493　职工人数：100 人
经济类型：私营企业
法人代表：颜秉舟
网址：www.cyzhchem.com
E-mail：cyzh@cyzhchem.com；
sales@cyzhchem.com
【主要产品】癸酸钴；环烷酸钴；硬脂酸钴；橡胶黏结促进剂

吉林省

长春市

长春白求恩医科大学制药厂

吉林省长春市高新技术产业开发区创新路358号[130021]
电话:(0431)5888075;5888058
传真:(0431)5888081
网址:www. bqnyy. com
【主要产品】盐酸左旋氧氟沙星;前列腺素E1

长春达兴药业股份有限公司

吉林省长春市宽城区凯旋路22号[130052]
电话:(0431)2930720;2937871
传真:(0431)2937358
经济类型:股份有限公司
【主要产品】苄达明;甘草锌

长春七星新材料厂

吉林省长春市朝阳区南湖工业小区[130012]
电话:(0431)85105222
传真:(0431)85105222
网址:www. dipper. net. cn
E-mail:ccdipper@ dipper. net. cn
【主要产品】油墨

长春市宝利科贸有限公司

吉林省长春市东南湖大路88号[130061]
电话:(0431)5219188;13804311681
传真:(0431)5273241
网址:www. libaoli. com. cn
E-mail:libaoli8@ yahoo. com. cn
【主要产品】高效脱硫脱氰催化剂;脱硫催化剂;聚酞菁钴催化剂;磺化酞菁钴

长春市大地精细化工有限公司

吉林省长春市二道区三道镇[130123]
电话:(0431)4840674;13331581658
传真:(0431)4840674
网址:www. dadichem. com
E-mail:dadi@ dadichem. com;zhouwp@ public. cc. jl. cn
【主要产品】聚环氧乙烷;2-丙烯酰氨基-2-甲基-1-丙磺酸

长春市天风制药有限公司

吉林省长春市人民大街190号[130022]
电话:(0431)5683801
传真:(0431)5685653
【主要产品】氨氯地平

长春泰欧亚涂料有限公司

吉林省长春市二道河子区民丰大街南[130031]
电话:(0431)4643012;4643013;4630249
传真:(0431)4945939
职工人数:520人
供销电话:4643391
法人代表:程志亮
供销传真:4645939
经济类型:中外合资经营企业
【主要产品】酚醛树脂漆类;醇酸树脂漆类;醇酸清漆;醇酸磁漆;铁红醇酸底漆;氨基树脂漆类;丙烯酸树脂漆类;环氧树脂漆类;聚氨酯漆类;橡胶漆类;油漆辅助材料类

长春通达化工有限责任公司

吉林省长春市南湖新村中街35号[130012]
电话:(0431)85539176;85539177;85539169
传真:(0431)5183294
供销传真:85539183
经济类型:私营企业
网址:www. cctdhg. com
E-mail:cehh@ cctdhg. com
【主要产品】橡胶防老剂

吉林长春市宏盛实业总公司化工塑料股份有限公司

吉林省长春市二道区公平路128号[130031]
电话:(0431)4630735;4647645;4630746
法人代表:高隽哲
【主要产品】甲醛

吉林省华威药业有限公司

吉林省榆树市工农大街15号[130400]
电话:(0431)3652377
传真:(0431)3652377　　经济类型:国有
网址:www. jlhw. com
E-mail:hw1998@ 126. com
【主要产品】葡萄糖

吉林省利源涂装有限责任公司

吉林省长春市经济技术开发区南部区朝阳公寓4号楼301[130031]
电话:(0431)4631653
传真:(0431)4654483　　有进出口权
经济类型:有限责任公司
网址:www. peifeng. com
【主要产品】耐磨地面涂料;环氧耐磨防滑地面涂料

吉林省三友精细化工有限责任公司

吉林省长春市二道区四通路2658号[130103]
电话:(0431)4863377;4667103;13630591077
传真:(0431)4667103
法人代表:臧永海
【主要产品】二甲胺盐酸盐

吉林省石油化工设计研究院

吉林省长春市人民大街3623号[130021]
电话:(0431)5660747
传真:(0431)5629041
职工人数:309人
网址:www. sino-jlshy. com
E-mail:sales@ sino-jlshy. com
【主要产品】丁二酸二甲酯;环十五内酯;己二酸二甲酯;戊二酸二甲酯;氯甲酸特戊酯;混合二元酸二甲酯;环十五酮;丁二酸酐;5-氨基-1,2,3-噻二唑;1,8-二氮杂环[5,4,0]十一烯-7;拉锁涂料;汽车专用胶黏剂;通讯电缆密封剂;聚醚型消泡剂;消泡剂;沥青抗剥落剂;不锈钢酸洗钝化膏

吉林省信鹏活性炭实业有限公司

吉林省长春市工农大路2998号[130021]
电话:(0431)85684446;85680104
传真:(0431)85681824
网址:www. activatedcarbon. com. cn
E-mail:xinpeng@ activatedcarbon. cn
【主要产品】活性炭(植物果壳类)

吉林新星药业有限公司

吉林省长春市朝阳区南湖大路38-20号[130021]
电话:(0431)5526900;5512027
传真:(0431)5526900
【主要产品】柠檬酸钙

三九集团长春三顺药业有限公司

吉林省长春市西安大路175号[130062]
电话:(0431)7974140;7973911
传真:(0431)7976118　　经济类型:国有
【主要产品】益康唑;尼可地尔;羧甲司坦

吉林市

吉化集团吉林市联化福利化工厂

吉林省吉林市龙潭区郑州路11号[132022]
电话:(0432)3987343;(021)65041400
传真:(021)65150831
经济类型:集体
职工人数:120人

法人代表：孔铁程
网址：www.jhflchem.com
E-mail：mjd@jhflc.com
【主要产品】氯化钯；磷酸三乙酯

吉化集团公司海特化工厂

吉林省吉林市龙潭区合肥路 23 号[132021]
电话：(0432)3903448；3903036
传真：(0432)3903036
网址：www.jihuatmp.com
E-mail：jihua@jihuatmp；comtmp@jihuatmp.com
【主要产品】三羟甲基丙烷；双三羟甲基丙烷；甲酸钠

吉化集团机械有限责任公司

吉林省吉林市龙潭区遵义东路 9 号[132021]
电话：(0432)3986133；3987033；3989481
经济类型：有限责任公司
网址：www.jhmach.com
E-mail：9655858@163.com
【主要产品】反应器；反应釜；离心机；罐式集装箱；汽车罐车；铁道罐车

吉化集团吉林市锦江油化厂

吉林省吉林市龙潭区榆树街顺山路 8 号[132022]
电话：(0432)3982481；3981284；3902511
传真：(0432)3982976；3981284
供销电话：3902503；3982976
经济类型：集体　　职工人数：1,082 人
网址：www.jljjyh.com
E-mail：jinjiang@jljjyh.com
【主要产品】异丁烯；己烷；异戊烷；甲基叔丁基醚；C_9 馏分；异丁基苯；聚丙烯（粉状）；聚丙烯（粒料）；对叔丁基苯酚

吉化集团吉林市松江化工厂

吉林省吉林市龙潭区遵义东路 17 号[132021]
电话：(0432)3034186；3976158
传真：(0432)3992740
网址：www.jhsjchem.com
E-mail：lg@jhsjchem.com；pmx@jhsjchem.com
【主要产品】三氯化铝；9,10-蒽醌；氯乙烷；1-氨基蒽醌；2-乙基蒽醌；酸性黑 ATT；酸性黑 10B；色酚 AS-BO；色酚 AS-D；色酚 AS-OL；色酚 AS-SW；还原艳紫 RR；还原蓝 BC；还原蓝 GCDN；还原深蓝 BO；可溶性还原绿 IB；可溶性还原桃红 IR；活性艳红 X-3B

吉化集团吉林市星云工贸有限公司

吉林省吉林市龙潭区黎明路东盛路 6 号[132011]
电话：(0432)2549255；2547988；2545699
传真：(0432)2548081；2546588
有进出口权　　法人代表：于广臣
网址：www.xingyunchem.com
E-mail：xy@xingyunchem.com；jlxy@xingyunchem.com
【主要产品】乙二醇；一缩二乙二醇；氯磺化聚乙烯；乙丙橡胶；脱漆剂；聚乙烯催化剂；分散剂 NAS；亚甲基双萘磺酸钠；乙烯丙烯共聚物黏度指数改进剂；混凝土高效减水剂；螺栓松动剂；多功能快速除锈剂；高效金属防锈剂；油污清洗剂；电器清洗剂；化油器清洗剂；电力设备清洗剂；节能抗磨添加剂；润滑油；电气设备防湿绝缘保护剂；防冻液

吉化集团精细化学品有限公司

吉林省吉林市遵义东路 9 号[132021]
电话：(0432)3983020；3989600；3989755
传真：(0432)3983020；3983145
供销电话：3988388；3989878
经济类型：国有　　职工人数：600 人
法人代表：李殿军
网址：www.jhhxp.com
E-mail：jxxsh@126.com；jhhxp@jhhxp.com
【主要产品】甲醇；异丁烯；己二酸二正己酯；高活性聚异丁烯；香兰素；乙基香兰素；苯胺催化剂；低级脂肪胺催化剂；醚解催化剂；二硬脂季戊四醇二亚磷酸酯；亚乙基双硬脂酰胺；聚异丁烯

吉林福顺化工助剂厂

吉林省吉林市[132000]
电话：(0432)3978313
供销电话：13704412652；9988322
经济类型：私营企业　　产值：300 千元
职工人数：100 人　　法人代表：宋顺柱
E-mail：fushinechem@hotmail.com
【主要产品】磷酸三辛酯；过氧化氢异丙苯

吉林华丰有机硅有限公司

吉林省吉林市龙潭区缸窑镇育新路 42 号[132208]
电话：(0432)4958809；4950999；13500997504
传真：(0432)4958504
网址：www.hfsilicone.com
E-mail：root@hfsilicone.com
【主要产品】硅酸乙酯；甲基三氯硅烷；一甲基二氯硅烷；二甲基一氯硅烷；三甲基一氯硅烷；六甲基二硅氮烷；七甲基二硅氮烷；六甲基二硅烷；六甲基氧二硅烷；四甲基二硅氧烷；六甲基环三硅氧烷；双（三甲基硅氧基）甲基硅烷；二甲基乙氧基硅烷；有机硅改性环氧树脂；硅树脂；甲基硅树脂粉；甲基苯基硅树脂；室温硫化甲基硅橡胶（107 型）；有机硅凝胶；压敏胶胶黏剂；有机硅脱模剂；四甲基二乙烯基二硅氧烷；甲基硅酸钠

吉林化纤集团有限责任公司

吉林省吉林市九站街 516-1 号[132115]
电话：(0432)3502376
传真：(0432)3058453　　有进出口权
经济类型：有限责任公司
企业规模：大型　　职工人数：10,000 人
法人代表：王进军
网址：www.jlhxjt.com
E-mail：office@jlhxjt.com；chemfiber@texindex.com
【主要产品】腈纶短纤维；黏胶短纤维；黏胶长丝；浆粕

吉林吉恩镍业股份有限公司

吉林省磐石市红旗岭镇[132311]
电话：(0432)5610580；5610628
传真：(0432)5614580；5614628
供销电话：5610644；5610671
经济类型：股份有限公司　　有进出口权
网址：www.jlnickel.com.cn
E-mail：mhx@jlnickel.com.cn；cdg@jlnickel.com.
【主要产品】硫酸；氢氧化镍；硫酸钴；硫酸铜；硫酸镍；氯化镍；碱式碳酸铜；碳酸镍；氟化镍；电解铜；电解镍；高冰镍；氨基磺酸镍；醋酸铜；醋酸镍；醋酸钴

吉林九新实业集团化工有限公司

吉林省吉林市经济技术开发区[132102]
电话：(0432)3501905；3501910
传真：(0432)3501966　　职工人数：312 人
网址：www.jiuxin.net
E-mail：jiuxin@jiuxin.net
【主要产品】盐酸（精制）；氢氧化钾（液体）；4,6-二硝基-2-仲丁基苯酚；防老剂 TNP；抗氧剂 1010；抗氧剂 1076；防老剂 SP；防老剂 2088；抗聚剂

吉林龙山有机硅集团有限公司

吉林省吉林市龙潭区承德街 49 号[132021]
电话：(0432)3093913
供销电话：3093913；4652235
职工人数：510 人
网址：www.jllsyjg.cn
【主要产品】聚四氟乙烯制品；汽车塑料配件；单组分室温硫化有机硅密封胶；汽车橡胶配件；硅橡胶制品

吉林燃料乙醇有限责任公司

吉林省吉林市经济技术开发区工农路 1 号[132022]
电话：(0432)3501035
经济类型：有限责任公司
网址：www.cnpc.com.cn/jfa/
【主要产品】乙醇；乙酸乙酯；玉米油

吉林省磐石市多彩涂料有限责任公司

吉林省磐石市人民路 2 号[132300]
电话：(0432)5224219；7924218；

吉

13904447627
传真:(0432)5224219 产值:150 千元
经济类型:有限责任公司
职工人数:168 人 法人代表:曾奕波
E-mail:jlpszyb@ vip. sohu. com
【主要产品】锌铝浆;石墨铝浆;非浮型铝银浆;漂浮型银粉浆;复合铝浆

吉林省舒兰合成药业股份有限公司

吉林省舒兰市人民大路 2066 号[132600]
电话:(0432)8222011;8255009;8255012
传真:(0432)8222113 经济类型:国有
供销电话:8239917;8255012
供销传真:8222011 有进出口权
职工人数:714 人
网址:www.jlshy.com
E-mail:sales@ jlshy.com
【主要产品】一氯乙酸;二甲基脲;茶碱钠;茶碱钙;茶碱;氨茶碱;8-氯茶碱;二羟丙茶碱;无水咖啡因;可可碱;茶苯海明

吉林省众力化工有限公司

吉林省吉林市龙潭区黎明路 145 号[132021]
电话:(0432)3039363
传真:(0432)3039089 经济类型:国有
网址:jljlzl.ctiwt.com
【主要产品】片状模塑料 SMC;硝铵炸药

吉林市大宇化工有限公司

吉林省吉林市龙潭区徐州路 5-2 号[132021]
电话:(0432)3985199-8009;3985166
传真:(0432)3033228 职工人数:230 人
固定资产:15,000 千元
网址:www.jldyhg.com
E-mail:dyhg5199@ 163.com
【主要产品】丙三醇;脂肪酸

吉林市吉化北方炬醒工贸有限责任公司

吉林省吉林市龙潭区合肥路 23 号[132021]
电话:(0432)3039594;3972852;3971445
传真:(0432)3039594 经济类型:集体
供销电话:3039594;13843286798
企业规模:大型
E-mail:jukun@ jukunchem.com
【主要产品】异丁醇;混丁醇;季戊四醇;甲酸钠;杂醇油;碳酸氢铵;氧化石蜡皂;浮选剂 GF

吉林市江北制药厂

吉林省吉林市龙潭区新山街 20 号[132021]
电话:(0432)3023785
传真:(0432)3038808
【主要产品】右旋糖酐;葡萄糖

吉林市金羚化工有限公司

吉林省吉林市船营区沙河子街[132011]
电话:(0432)2747258;13904422110
传真:(0432)2747258
供销电话:2747258;13179257638
经济类型:私营企业 法人代表:徐振举
网址:www.jinling.86114.cn
E-mail:jljl@ jljinling.com
【主要产品】胶黏剂

吉林市锦龙工业公司

吉林省吉林市龙潭区武汉路 38 号[132072]
电话:(0432)3968177;3981497;13179233457
传真:(0432)3968177;3902752
职工人数:280 人
网址:www.jhjlchem.com
E-mail:yanez@ jhjlchem.com;sales@ jhjlchem.com
【主要产品】异丁烯;己烷;异戊烷;芳烃溶剂;甲基叔丁基醚;4-甲酚;异丁基苯;对叔丁基苯酚

吉林市美林化工有限公司

吉林省吉林市龙潭区(铁东工业园区)[132001]
电话:(0432)3099852;13844213892
传真:(0432)3099852
网址:www.jlmeilin.com
E-mail:jlmeilin@ 126.com
【主要产品】5,5-二甲基海因

吉林市双鸥化工有限公司

吉林省吉林市龙潭区遵义西路 96 号[132021]
电话:(0432)3972383
传真:(0432)3970146 职工人数:170 人
供销电话:3970146;13596243272
网址:www.shuang-ou.com
E-mail:yqh@ shuang-ou.com;jihong@ shuang-ou.com
【主要产品】过碳酸钠;过氧化氢;异氰尿酸三缩水甘油酯;二氧化硫脲;载钯催化剂

吉林市新文助剂厂

吉林省吉林市龙潭区遵义东路 17 号[132021]
电话:(0432)3904078;3095289;13944229818
传真:(0432)3095289 经济类型:集体
供销电话:3904078;13019265288
法人代表:曲洁
网址:www.xinwenchem.com
E-mail:sales@ xinwenchem.com
【主要产品】氯化亚铜;对孟烷;乙二胺四乙酸;乙二胺四乙酸二钠;乙二胺四乙酸四钠;乙二胺四乙酸铁钠;乙二胺四乙酸铁铵;过氧化氢异丙苯;过氧化氢对薄荷烷

吉林市新亚强实业有限责任公司

吉林省吉林市永吉经济开发区上海街 20 号[132200]
电话:(0432)4205700;4205788;4205388
传真:(0432)4206755 有进出口权
供销电话:4206900;4205388
经济类型:有限责任公司
职工人数:100 人
网址:www.xyqbiochem.com
E-mail:xinyaqiang@ sohu.com
【主要产品】甲基三氯硅烷;二甲基二氯硅烷;二甲基一氯硅烷;三甲基一氯硅烷;1,3-双三甲硅基脲;三甲基碘硅烷;六甲基二硅氮烷;七甲基二硅氮烷;六甲基二硅烷;六甲基氧二硅烷;四甲基二硅氧烷;十甲基四硅氧烷;甲基三乙氧基硅烷;四甲基硅烷;甲基三甲氧基硅烷;二甲基二甲氧基硅烷;二甲基二乙氧基硅烷;三甲基乙氧基硅烷

吉林市裕嘉色酚化工有限公司

吉林省吉林市龙潭区遵义东路 19 号[132021]
电话:(0432)3978406;3038868
传真:(0432)3978406;3038868
有进出口权
网址:www.yujiachem.com
E-mail:sales@ yujiachem.com
【主要产品】2-萘酚-3-甲酸;色酚 AS;色酚 AS-BS;色酚 AS-D;色酚 AS-OL

吉林新亚强生物化工有限公司

吉林省吉林市永吉经济开发区上海街 20 号[132200]
电话:(0432)4205700;4205788;4205388
传真:(0432)4206755 有进出口权
供销电话:4205788;4206900
网址:www.xyqbiochem.com
E-mail:xinyaqiang@ sohu.com
【主要产品】甲基三氯硅烷;一甲基二氯硅烷;二甲基二氯硅烷;二甲基一氯硅烷;三甲基一氯硅烷;1,3-双三甲硅基脲;三甲基碘硅烷;六甲基二硅氮烷;七甲基二硅氮烷;六甲基二硅烷;六甲基氧二硅烷;四甲基二硅氧烷;十甲基四硅氧烷;甲基三乙氧基硅烷;四甲基硅烷;甲基三甲氧基硅烷;二甲基二甲氧基硅烷;二甲基二乙氧基硅烷

吉林众鑫化工有限公司

吉林省吉林市永吉经济开发区上海街 18 号[132021]
电话:(0432)3952051;3911469;2788010
传真:(0432)3912505;4205569
网址:www.jlzxchem.com
E-mail:sales@ jlzxchem.com
【主要产品】聚乙二醇;平平加 O-15;平平加;壬基酚聚氧乙烯醚

磐石长城精细化工有限公司

吉林省磐石市红旗岭镇[132311]
电话:(0432)5610527;5610358
传真:(0432)5614358 有进出口权
经济类型:股份有限公司

网址:www. jnfinechem. com
E-mail:nic@ jnfinechem. com
【主要产品】硼酸;硫酸肼;碱式碳酸钴;碱式碳酸铜;碱式碳酸镍;氟化镍;氟化钴;氟化铜;酒石酸;氨基磺酸镍;醋酸铜;醋酸镍;硫酸镍;醋酸钴;酸性脱脂剂;碱蚀剂;铬化剂;中温封闭剂;低温封闭剂;电解着色添加剂

磐石飞龙实业有限公司

吉林省磐石市永宁经济开发区[132328]
电话:(0432)5293906
传真:(0432)5293914
经济类型:私营企业
网址:www. cnpsfl. com
E-mail:cnpsfl@ cnpsfl. com
【主要产品】轻质碳酸钙;重质碳酸钙

磐石市大田化工助剂研究所

吉林省吉林市昌邑区通潭大路东端经贸大厦[132002]
电话:(0432)2791688;3975652;13904409535
传真:(0432)2791688　法人代表:李凯
经济类型:私营企业
网址:www. chemdatian. com;www. kaigechem. com
E-mail:datian@ chemdatian. com
【主要产品】氯化亚铜;硅酸乙酯;甲基三氯硅烷;一甲基二氯硅烷;二甲基二氯硅烷;二甲基一氯硅烷;二苯基二羟基硅烷;三甲基一氯硅烷;六甲基氧二硅烷;四甲基二硅氧烷;十甲基四硅氧烷;甲基三乙氧基硅烷;甲基三乙酰氧基硅烷;甲基三甲氧基硅烷;二甲基二甲氧基硅烷;二甲基二乙氧基硅烷;有机硅改性环氧树脂;硅树脂;有机硅玻璃树脂;甲基苯基硅树脂;双组分室温硫化硅橡胶;甲基乙烯基硅橡胶(110型);甲基双苯基乙烯基硅橡胶;室温硫化甲基硅橡胶(107型);室温硫化甲基硅橡胶;甲基硅橡胶;乙烯基硅油;二甲基硅油;二甲基羟基硅油;甲基乙氧基硅油;水溶性硅油;甲基含氢硅油;甲基苯基硅油;有机硅乳液;聚醚氨基硅油;硅油;挥发性硅油;硅脂;高效活性氧化铜;氨基硅油;氨基硅油乳液;二月桂酸二丁基锡;二醋酸二丁基锡;硅烷偶联剂 KH-602;硅烷偶联剂 KH-550;甲基三丁酮肟基硅烷;乙烯基三丁酮肟基硅烷;乙烯基三乙氧基硅烷;有机硅消泡剂;有机硅雾化脱模剂;聚氨酯制品脱模剂;聚氨酯高效脱模剂;橡胶脱模剂;四甲基二乙烯基二硅氧烷;甲基硅酸钠;白炭黑(燃烧法);高补强透明白炭黑;高补强高耐磨白炭黑;高补强白炭黑;白炭黑(纳米级);白炭黑(疏水);四甲基氢氧化铵

中国石油吉化集团公司

吉林省吉林市昌邑区解放北路1号[132002]
电话:(0432)3903366
传真:(0432)3037738
企业规模:大型
网址:www. jihua. com. cn
E-mail:webmaster@ jcic. com. cn
【主要产品】硫酸;微细球形铝粉;甲醇;异丁烯;三羟甲基丙烷;*N*-甲基吗啉-*N*-氧化物;丙酮氰醇;甲基丙烯酸甲酯;甲基异丁基甲酮;丙烯酰胺;丙烯腈;*N*-乙酰基吗啉;吗啡啉;*N*-甲基吗啉;*N*-乙基吗啉;2-萘酚-3-甲酸;硫酸铵;草除灵;阿特拉津;二甲戊乐灵;乙草胺;改性聚丙烯;阻燃 ABS;玻璃纤维增强尼龙-6;高活性聚异丁烯;醇酸磁漆;环氧防腐漆;氯磺化聚乙烯防腐漆;香兰素;乙基香兰素;橡胶运输带;胶管;汽车用胶管;苯胺催化剂;二甘醇合成吗啉催化剂;聚丙烯酰胺

四平市

吉林省四平市精细化学品有限公司

吉林省四平市铁东区北山西路1号[136001]
电话:(0434)3580736;3583627-800
传真:(0434)3581591;3584992
网址:www. chinajxhxp. com
E-mail:spqhg@ chingjxhxp. com
【主要产品】γ-甲基吡啶;2,6-二甲基吡啶;2,4-二甲基吡啶;氯磺酰异氰酸酯;十二烷二酸单甲酯;*N*-甲基吡咯烷酮;异辛酸钠;三甲基碘硅烷;二叔丁基氯化膦;四甲基胍;3,4-二甲氧基苯甲酰氯;酮麝香

四平市科学技术研究院

吉林省四平市铁西区师院南路1号[136000]
电话:(0434)3271248;13604348186
传真:(0434)3264565　经济类型:国有
供销传真:3263568　有进出口权
职工人数:214 人
网址:www. spkyy. com
E-mail:spkyy@ 21cn. com;postmaster@ spkyy. com
【主要产品】耐热运输带;聚氯乙烯阻燃运输带;阻燃输送带;自限式电加热带;羧甲基淀粉

四平市中信氯化胆碱有限公司

吉林省四平市铁东区北二马路171号[136001]
电话:(0434)3537175
传真:(0434)3518486
网址:www. choline-chloride. cn
E-mail:lhdj@ choline-chloride. cn
【主要产品】氯化胆碱

辽源市

吉林省博大制药有限责任公司

吉林省辽源市新兴路188号[136200]
电话:(0437)5082988;5082986
传真:(0437)5082988　有进出口权
供销电话:5082997;5082908
供销传真:5082998;5082909
经济类型:股份有限公司
职工人数:350 人
网址:www. bodazhiyao. com
E-mail:ylb@ bodazhiyao. com
【主要产品】磺胺脒;吗啉胍;盐酸萘福泮;苯妥英钠;DL-天冬酰胺;聚维酮碘;乳酸依沙吖啶

吉林省龙腾精细化工有限责任公司

吉林省东辽县白泉镇吉泉路1号[136600]
电话:(0437)5108807;5104443
传真:(0437)5774443;5108152
供销电话:5778807;5774443
经济类型:国有　职工人数:300 人
法人代表:马龙飞
网址:www. lyjxchem. com
E-mail:mlf@ lyjxchem. com
【主要产品】*N*-甲基吗啉-*N*-氧化物;丙烯酰吗啉;4-吗啉甲醛;*N*-氨丙基吗啉;*N*-乙酰基吗啉;吗啡啉;*N*-甲基吗啉;*N*-乙基吗啉

吉林省亿达生物工程有限公司

吉林省东辽县经济开发区裕泉路8号[136600]
电话:(0437)5104078;5107477-8006,8018
传真:(0437)5104078　职工人数:118 人
网址:www. jlyida. com
E-mail:jlyida@ eyou. com
【主要产品】氯化胆碱

辽源市百康药业有限责任公司

吉林省辽源市新兴大街124号[136200]
电话:(0437)5088999;5088998
传真:(0437)5088998;5088980
经济类型:国有　职工人数:225 人
法人代表:李海臣
网址:www. lypharm. com
E-mail:lybk@ lypharm. com;lybk999@ 163. com
【主要产品】4-氯二苯甲醇;醋酸钠;*N*-甲基-*N*-(2-氯乙基)邻苯甲酰苯甲酰胺;4-氯二苯甲酮;5-硝基糠醛二醋酸酯;吗啉胍;对乙酰氨基酚;炎痛喜康;盐酸萘福泮;氯哌斯汀;盐酸氯哌丁;二氧丙嗪;法莫替丁;盐酸苯海拉明

辽源市迪康药业有限责任公司

吉林省东辽县白泉镇东交大街102号[136600]
电话:(0437)5104788;5107268;5109568
传真:(0437)5107269　职工人数:800 人
供销电话:5109660;5104788
供销传真:5108256
经济类型:有限责任公司
网址:www. jlboan. com
E-mail:lydkyy@ 126. com;

jlboan@126.com
【主要产品】双氯芬酸钠;双氯芬酸钾;双氯芬酸;盐酸二甲双胍;硫酸博莱霉素;盐酸博来霉素;对氨基水杨酸钠;二氧丙嗪;磷酸苯丙哌林;盐酸苯海拉明;盐酸异丙嗪;DL-天冬酰胺;乳酸依沙吖啶;硫化二苯胺

辽源市银鹰制药有限责任公司
吉林省辽源市连阳路100号[136200]
电话:(0437)3187011;3187022;13904378613
传真:(0437)3187033 职工人数:162人
供销电话:3187011;3187222
网址:www.sepharma.com
E-mail:lywcc@sepharma.com
【主要产品】*N*,*N*-二乙基乙二胺;3,4-二氯苯胺;二乙氨基氯乙烷盐酸盐;2-氯-4-硝基苯甲酸;5-氯-4-乙酰氨基-2-甲氧基苯甲酸甲酯;4-乙酰氨基-2-甲氧基苯甲酸甲酯;对氯苯肼盐酸盐;甲氧氯普胺;盐酸胃复安;依沙吖啶;乳酸依沙吖啶

通化市

吉林森林工业股份有限公司通化胶粘剂分公司
吉林省通化市东昌区新站街保安路48-1号[134000]
电话:(0435)3660898
传真:(0435)3964948 经济类型:国有
供销电话:3660866;3660858
法人代表:孙成忠
【主要产品】甲醛;脲醛树脂胶

吉林省人参研究所制药厂
吉林省通化市龙泉路37-12号[134001]
电话:(0435)3214521
【主要产品】人工牛黄

吉林省通化化工股份有限公司
吉林省通化县二密镇化工路8号[134102]
电话:(0435)5713011;5715916;13943340555
传真:(0435)5715516
供销电话:5715516 法人代表:依福春
供销传真:5712475
经济类型:股份有限公司
网址:www.jlthhg.com
E-mail:tonghua@tonghuachem.com
【主要产品】甲醇;氨基甲酸甲酯;液氨;尿素;碳酸氢铵;塑料编织袋

吉林省通化天马生物制药厂
吉林省通化市光复路130号[134001]
电话:(0435)3240875
传真:(0435)3240873
【主要产品】人工牛黄

吉林通化林海制药厂
吉林省通化市新华大街新明路27号[134001]
电话:(0435)3313687;3316701
传真:(0435)3319649
【主要产品】乳酸亚铁;甘羟铝

吉林通化农药化工股份有限公司
吉林省通化市江南路468号[135001]
电话:(0435)5083500;5083710;3246673
传真:(0435)5083700 职工人数:208人
经济类型:股份有限公司
法人代表:张勇前
网址:www.jlthny.com
E-mail:jlthny@jlthny.com;zxf1968@163.com
【主要产品】哒螨灵可湿性粉剂;吡虫啉可湿性粉剂;灭幼脲;灭幼脲悬浮剂;杀铃脲;杀铃脲悬浮剂;杀铃脲乳油;灭幼·哒螨可湿性粉剂;杀铃·辛乳油;吡·灭幼可湿性粉剂

集安经济开发区化工厂
吉林省集安市太王乡农场路43号[134200]
电话:(0435)6322020
传真:(0435)6322020 职工人数:170人
经济类型:私营企业 法人代表:宋广吉
网址:www.hylive.com/jilin/jilin4184.html
【主要产品】四硼酸钠(十水)

通化东宝药业股份有限公司
吉林省通化县东宝大街1号[134123]
电话:(0435)5858588
传真:(0435)5858581 经济类型:集体
法人代表:李一奎
【主要产品】重组人胰岛素

通化双龙集团有限公司化工公司
吉林省通化市铁厂镇[134006]
电话:(0435)3751425
传真:(0435)3751886 职工人数:159人
供销电话:3752903;13804450426
经济类型:有限责任公司
法人代表:卢忠魁
网址:www.thdoubledragon.com
E-mail:thsl0011@sina.com
【主要产品】白炭黑(沉淀法);白炭黑;白炭黑(疏水)

吉林柳河友康药业有限公司
吉林省柳河县柳河镇站前路[135300]
电话:(0448)7226718;7223933
传真:(0448)7226718 经济类型:国有
法人代表:官国安
【主要产品】利巴韦林;卡托普利

柳河修正制药有限公司
吉林省柳河县柳河镇修正路66号[135300]
电话:(0448)7213816;7213818;13180650058
传真:(0448)7213817
经济类型:集体
供销电话:7213816;13180650058
职工人数:188人
网址:www.xiuzhengpharm.com
E-mail:sales@xiuzhengpharm.com
【主要产品】格替沙星;吗啉胍;维生素U(碘型);伊贝沙坦;盐酸依托必利;酒石酸氢胆碱;蛋氨酸

梅河口市创源化工有限公司
吉林省梅河口市解放街建国路[135000]
电话:(0448)4227709;4212618;2391666
传真:(0448)4224578
法人代表:陈永生
网址:www.asiacy.com
E-mail:yana@mail.jl.cn
【主要产品】甲醛;脲醛树脂胶

白山市

白山市长白山制药厂
吉林省江源县孙家堡子镇德泰街88号[134323]
电话:(0439)3722974;3721669
传真:(0439)3721669
【主要产品】刺五加浸膏;刺五加粉

白山市科学技术研究所
吉林省白山市河口街8号[134302]
电话:(0439)3310111;3330308
传真:(0439)3310111
网址:www.jlbskys.com
E-mail:kjzx@jlbskys.com
【主要产品】硅藻土;隔热涂料;香紫苏醇;香紫苏内酯;硅藻土助滤剂

吉林省东林冶炼股份有限公司
吉林省靖宇县靖宇镇西大街1号[135200]
电话:(0439)7223720;7225716
传真:(0439)7225716 职工人数:570人
供销传真:2775716
法人代表:逄广林
经济类型:股份有限公司
网址:www.hylive.com/jilin/jilin1920.html
【主要产品】活性炭;金属硅

辽源富洋化工有限责任公司
吉林省辽源市福兴路1号[136200]
电话:(0437)3513927;3222377;3516886
传真:(0437)3516886 职工人数:260人
经济类型:有限责任公司
网址:www.foryouchem.com
E-mail:postmaster@foryouchem.com
【主要产品】次氯酸钠;2-氨基-5-氯-4-甲基苯磺酸;6-氯-3-氨基乙苯-4-磺酸;聚醚树脂;聚氧丙烯聚氧乙烯甘油醚;壬

基酚聚氧乙烯醚(N=10);石油破乳剂;反相破乳剂;清防蜡剂;钻井液消泡剂;油田酸化缓蚀剂;防膨剂;汽、柴、煤、燃油多效清净剂;重油乳化剂

松原市

吉林省松原天实药业有限公司

吉林省松原市宁江区新城东路123号[131201]
电话:(0438)3122557
【主要产品】人参糖肽

松原市吉强制药有限公司

吉林省松原市乾安县乾安镇西群英街[131400]
电话:(0438)8223170;8222974
传真:(0438)8220077;8223170
经济类型:与港澳台商合资经营
【主要产品】甲硝唑;二氧丙嗪

延边朝鲜族自治州

敦化正兴磨料有限公司

吉林省敦化市开发区工业路4号[133700]
电话:(0433)6340885
传真:(0433)6340858
供销电话:6340889
供销传真:6340868
网址:www.boroncarbide.cn
E-mail:zxml@boroncarbide.cn
【主要产品】碳化硼

吉林华康药业有限公司

吉林省敦化市华康大街10号[133700]
电话:(0433)6260057
传真:(0433)6261174
网址:www.medhk.com
E-mail:dhhkyyg4@public.yj.jl.cn
【主要产品】盐酸西替利嗪

图们市石岘前进化工股份合作公司

吉林省图们市石岘镇[133101]
电话:(0433)3816628
传真:(0433)3816628　职工人数:138人
供销电话:13843352558
经济类型:股份合作
产值:40,000千元
法人代表:徐利生
网址:www.muzhisu.com.cn
E-mail:liuqi2558@tom.com
【主要产品】铁铬木质素磺酸盐;木质素磺酸钠;木质素磺酸钙;木质素磺酸钾

延边立信药业有限责任公司

吉林省汪清县南山街大星路27号[133200]
电话:(0433)8813377
传真:(0433)8813377
【主要产品】月见草油

延吉新东亚化学有限公司

吉林省延吉市延南街长洁胡同9号[133001]
电话:(0433)2854111
传真:(0433)2824416　有进出口权
经济类型:中外合资经营企业
网址:www.neac.com.cn
E-mail:neac@neac.com
【主要产品】稳定剂;消泡剂;防腐剂;纸张增强剂;造纸增白剂;造纸助留助滤剂;造纸用湿强剂

吉

黑龙江省

哈尔滨市

哈尔滨博莱制药有限公司

黑龙江省哈尔滨市利民开发区北京路[150025]
电话:(0451)57351842;57351962
传真:(0451)57351847
职工人数:200人
网址:www.bolai.com.cn
E-mail:bolai@public.hr.hl.cn
【主要产品】盐酸阿糖胞苷;硫酸博莱霉素;奥扎格雷;磷酸肌酸二钠盐

哈尔滨博利尔药业有限公司

黑龙江省哈尔滨市南岗区自兴街33号[150080]
电话:(0451)86661317;86683075;84675282
传真:(0451)86681811
经济类型:中外合资经营企业
法人代表:徐俐珠
【主要产品】头孢噻肟钠;头孢曲松钠

哈尔滨华尔化工有限公司

黑龙江省哈尔滨市香坊区化工路103号[150038]
电话:(0451)88621888;88621666
传真:(0451)55103401　有进出口权
供销电话:88621887;55119416
职工人数:1,500人
网址:www.hhrhg.com.cn
【主要产品】盐酸;烧碱;氯气(液);电石;氯甲基甲醚;聚氯乙烯树脂;氯化石蜡;水泥

哈尔滨化工研究所

黑龙江省哈尔滨市道外区南子路132号[150020]
电话:(0451)88324839;88302536
传真:(0451)88302536　法人代表:徐春
供销传真:88308489
经济类型:其他内资
网址:www.hrbhy.com.cn
E-mail:hrbhy@hrbhy.com.cn
【主要产品】乙烯基三乙氧基硅烷;乙烯基三(2-甲氧基乙氧基)硅烷;乙烯基三甲氧基硅烷;乙烯基三(特丁基过氧)硅烷

哈尔滨康文生化科技有限公司

黑龙江省哈尔滨市南岗区赣水路189号[150001]
电话:(0451)82333518;13603688083
传真:(0451)82333528
供销电话:57231938
供销传真:57233938
网址:www.chinachemnet.com/kanwinn
E-mail:kanwinn@ihw.com.cn;lironghai@kanwinn.com
【主要产品】硫酸亚铁;1,2,3-三甲氧基苯;间羟基苯甲醛;2,3,4-三羟基苯甲醛;2,4,6-三甲氧基苯甲醛;3,4-二甲氧基苄醇;3,4-二甲氧基苯甲酸;没食子酸;3,4,5-三甲氧基苯甲酸;2,3,4-三甲氧基苯甲酸;单宁酸;鞣花酸;3,4-二甲氧基苯甲酸甲酯;邻苯三酚;2-氨基-4-氯苯腈;4,5-二甲氧基-2-硝基苯甲酸;3,4,5-三甲氧基苯甲醛;4-氯-2-硝基苯甲酸;2,3,4-三羟基二苯甲酮;3,4,5-三甲氧基苯甲酸甲酯;4,5-二甲氧基-2-硝基苯甲酸甲酯;2-氨基-4,5-二甲氧基苯甲酸甲酯;3,4,5-三甲氧基苯甲酰氯;2-氨基-4,5-二甲氧基苯甲酸;4-氯-2-氨基苯甲酸;4-氯-2-硝基苯腈;没食子酸丙酯;没食子酸辛酯;大豆卵磷脂

哈尔滨龙升精细化工股份有限公司

黑龙江省哈尔滨市动力区哈平路94号[150040]
电话:(0451)82103806;82103734
传真:(0451)82109491;86080501
经济类型:股份有限公司　有进出口权
法人代表:刘毅
E-mail:longsheng@public.hr.hl.cn
【主要产品】左旋对羟基苯甘氨酸邓钾盐(乙基)

哈尔滨煤化工有限公司

黑龙江省哈尔滨市依兰县达连河镇[154854]
电话:(0451)57210077
传真:(0451)84600891
经济类型:集体
供销电话:57212888;57210078
供销传真:57210078
职工人数:3,600人
网址:www.hrbqhc.com.cn
【主要产品】液氨(工业用);甲醇(精);轻油;混合油;粗酚;煤焦油;燃料油

哈尔滨燃气化工总公司

黑龙江省哈尔滨市道里区河润街136号[150076]
电话:(0451)84600275
传真:(0451)84800400
企业规模:大型
职工人数:14,000人
网址:www.harbingas.com.cn;www.hrbgas.cn
E-mail:harbingas@harbingas.com
【主要产品】甲醇;粗酚

哈尔滨市长河特种涂料厂

黑龙江省哈尔滨市南岗区文化街26号[150040]
电话:(0451)86200449
传真:(0451)86204448
网址:www.chtztl.com
E-mail:chtztl@chtztl.com
【主要产品】环氧煤沥青防腐涂料;各色醇酸调合漆;铁红醇酸底漆;各色醇酸磁漆;防锈漆;各色过氯乙烯磁漆;磷化底漆;各色丙烯酸磁漆;各色环氧磁漆;环氧富锌底漆;环氧带锈底漆;环氧云铁底漆;环氧地坪封闭底漆;自流平环氧地坪涂料;环氧树脂类防腐涂料;环氧红丹防锈漆;重防腐漆;聚氨酯防腐涂料;有机硅耐热漆;氟硅树脂重防腐涂料;氯磺化聚乙烯防腐漆;氯化橡胶防锈漆;玻璃鳞片重防腐涂料;水性无机硅酸锌涂料;耐油导静电涂料;耐油防腐涂料;冷却塔专用涂料

哈尔滨市依兰中太化工有限公司

黑龙江哈尔滨市依兰县达连河开发区[154854]
电话:(0451)57210671;57211060;13329310700
传真:(0451)57211054;57211060
供销电话:57211060;13904640496
经济类型:股份有限公司
法人代表:康义
网址:www.zhongtai-chem.com
【主要产品】二甲酚;2,3,4-三甲基苯酚;2,3,5-三甲基苯酚;3-/4-甲酚;2-甲酚;焦化苯酚

哈尔滨市永兴密封保温材料厂

黑龙江省哈尔滨市道外区哈同路1公里处[150050]
电话:(0451)57683834
传真:(0451)57659728
网址:www.hrbyx.com
E-mail:webmaster@hrbyx.com
【主要产品】聚氨酯直埋保温管;HN-800复合硅酸盐保温节能材料;石墨垫片;硅酸铝耐火纤维制品

哈尔滨试剂化工厂

黑龙江省哈尔滨市道外区靖宇街118号[150026]
电话:(0451)88941856;88940152
传真:(0451)88978662
网址:www.hghxsj.com
E-mail:hghxsj@126.com
【主要产品】三氯化硼;氢氧化钠;硝酸钠;硫酸钠(无水);亚硫酸钠(无水);硫代硫酸钠;磷酸三钠;碳酸钙;氢氧化钡;氧化钡,无水;过氧化钡;硝酸钡;硝酸钾;硫酸铝钾;氯化钾;磷酸二氢钾;磷酸氢二钾;氢氧化铵;硫酸铵;硫酸亚铁铵;氯化铵;硼酸锌;乙酸,36%;乙酸,无水;丁酸;2-羟基苯甲酸;丙酸;甲酸;甲酸,无水;抗坏血酸;

乳酸;油酸;柠檬酸;盐酸;硬脂酸;硝酸;硫酸;硼酸

哈尔滨塑五有限公司

黑龙江省哈尔滨市太平区南直路624号[150050]
电话:(0451)57697706
传真:(0451)57671594 经济类型:集体
供销电话:57671999;57671171
企业规模:大型
网址:www.hrb-plastic5.com
E-mail:market@hrb-plastic5.com
【主要产品】单向拉伸聚乙烯薄膜;聚乙烯薄膜;聚乙烯绳

哈尔滨亿滨化工有限公司

黑龙江省哈尔滨市香坊区化工路103号[150038]
电话:(0451)55103525;55163127
传真:(0451)55123185 有进出口权
经济类型:与港澳台商合资经营
网址:www.harmillion.com
E-mail:sophie@harmillion.com
【主要产品】超细硫酸钡;硼酸锌;氯化石蜡-42;氯化石蜡-52;氯化石蜡-70

哈尔滨中大化学建材有限公司

黑龙江省哈尔滨市开发区迎宾路集中区崂山路4号[150078]
电话:(0451)84340111;84340222;84348442
传真:(0451)84348440
供销电话:84348435
经济类型:股份有限公司
网址:www.harbinzhongda.com.cn
E-mail:zdhdz@public.hr.hl.cn
【主要产品】聚氯乙烯异型材

哈药集团生物工程有限公司

黑龙江省哈尔滨市道外区小八站街12号[150020]
电话:(0451)88370534
传真:(0451)88370484
供销电话:88359020
供销传真:88359020
网址:www.hayaobio.com.cn
【主要产品】盐酸特比萘酚;前列腺素E1;奥扎格雷;胸腺五肽

哈药集团制药总厂

黑龙江省哈尔滨市南岗区学府路109号[150086]
电话:(0451)86662926;86666391
经济类型:股份合作 有进出口权
企业规模:大型 职工人数:8,000人
网址:www.hayaozong.com
E-mail:scf@public.hr.hl.cn
【主要产品】头孢唑啉酸;青霉素G钾;青霉素G钠;氨苄西林钠;阿莫西林钠;羟氨苄青霉素三水酸;头孢噻肟钠;头孢唑啉钠;头孢拉定;头孢他啶;舒巴坦钠;头孢曲松钠;葡萄糖酸钙

黑龙江辰能生物工程有限公司

黑龙江省哈尔滨市南岗区长江路99-9[150090]
电话:(0451)82876288
传真:(0451)82876515 职工人数:50人
经济类型:股份合作 产值:3,000千元
法人代表:张韧
E-mail:zhaojingkun@163.com
【主要产品】1,3-丙二醇

黑龙江哈尔滨巨业化工有限公司

黑龙江省哈尔滨市河润街43号[150076]
电话:(0451)82426421;86739587
传真:(0451)84604863;82426421
经济类型:私营企业 法人代表:李伟明
【主要产品】甲醛

黑龙江龙涤股份有限公司

黑龙江省阿城市和平街116号[150316]
电话:(0451)53716303;53715218;53715221
传真:(0451)53717949 有进出口权
供销电话:53715676 企业规模:大型
供销传真:53717039;53715407
经济类型:有限责任公司
网址:www.longdi.biz
E-mail:longdi@longdi.biz
【主要产品】聚酯切片;涤纶短纤维;涤纶长丝

黑龙江谱安化工试剂制造有限公司

黑龙江省双城市工农街振兴路8号[150100]
电话:(0451)53185588
传真:(0451)53186178 有进出口权
固定资产:7,000千元 职工人数:50人
供销电话:13845193617
经济类型:有限责任公司
产值:50,000千元 法人代表:孙德庆
销售收入:5,000千元
网址:www.puanhg.com
E-mail:sundeqing70@163.com
【主要产品】左旋双氢苯甘氨酸邓钠盐(甲基);左旋双氢苯甘氨酸

黑龙江省哈尔滨利民农化技术有限公司

黑龙江省哈尔滨市利民经济技术开发区[150025]
电话:(0451)88083468
【主要产品】高效氯氰菊酯乳油;25%咪鲜胺乳油;苯达松水剂;41%草甘膦异丙胺盐水剂;二甲戊乐灵乳油;吡嘧磺隆可湿性粉剂;2,4-二氯苯氧乙酸正丁酯乳油;异丙甲草胺乳油;丁草胺乳油;氟磺胺草醚水剂;乙草胺乳油;咪唑乙烟酸水剂;苄磺隆可湿性粉剂;精喹禾灵乳油;嗪草酮可湿性粉剂;二氯喹啉酸可湿性粉剂;精吡氟禾草灵乳油;12.5%烯禾啶·机油乳油;滴丁·乙乳油;43%氯嘧·乙乳油;咪乙烟·异噁松乳油;二氯·苄可湿性粉剂;阿维·吡可湿性粉剂

黑龙江省哈尔滨市益农生化制品开发有限公司

黑龙江省哈尔滨市道里区新农镇前进村[150078]
电话:(0451)84101196;84100068
【主要产品】杀虫双颗粒剂;福·克悬浮种衣剂;多·福·克悬浮种衣剂;二硫氰基甲烷;25%咪鲜胺乳油;41%草甘膦异丙胺盐水剂;异丙草胺乳油;丁草胺乳油;乙草胺乳油;咪唑乙烟酸水剂;苄磺隆可湿性粉剂;噻磺隆可湿性粉剂;精喹禾灵乳油;二氯喹啉酸可湿性粉剂;20%吗啉胍·乙铜可湿性粉剂;福·甲霜可湿性粉剂;21%增效马·氰乳油;丁·扑可湿性粉剂;43%氯嘧·乙乳油;异丙·嗪乳油;二氯·苄可湿性粉剂;20%多·福·三环可湿性粉剂;克·酮·戊唑悬浮种衣剂;苯噻酰·苄可湿性粉剂;60%滴丁·嗪·乙乳油

黑龙江省金鹏树脂有限公司

黑龙江省延寿县华炉乡工业园区1号[150701]
电话:(0451)88349577
传真:(0451)53075538
经济类型:有限责任公司
网址:www.jpresin.com
【主要产品】强酸性苯乙烯系阳离子交换树脂(001×7型);大孔强酸性苯乙烯系阳离子交换树脂(D001型);大孔弱酸性丙烯酸系阳离子交换树脂(D113型);强碱性苯乙烯系阴离子交换树脂(201×7型);大孔弱碱性苯乙烯系阴离子交换树脂(D301);除渣剂;清灰剂;软水剂;阻垢缓蚀剂;强力除垢剂

黑龙江省科润生物科技有限公司

黑龙江省五常市背荫河镇白旗村[150020]
电话:(0451)56653081;88383860
传真:(0451)56653077
职工人数:102人
网址:www.krunsh.com
E-mail:kerunsh@sohu.com;
kerunsh@163.com
【主要产品】敌磺钠可湿性粉剂;2甲4氯钠盐;阿特拉津;异噁草松乳油;丁草胺乳油;乙草胺乳油;敌·马乳油;多·井·三环可湿性粉剂;21%增效马·氰乳油;丁·扑粉剂;丁·扑乳油;滴丁·乙乳油;氟磺胺·精喹乳油;氧乐·甲氰乳油;吡·灭乳油;27%敌磺·甲霜可湿性粉剂;福·酮可湿性粉剂

黑龙江省泰格药业有限公司

黑龙江省哈尔滨市道里区机场路十九公里处[150078]
电话:(0451)84101587;84127278
传真:(0451)84127329　经济类型:国有
职工人数:380人
网址:www.hljtgyy.net
E-mail:
【主要产品】乳酸菌素

黑龙江泰尔化工(中韩合资)有限公司

黑龙江省哈尔滨市香坊区化工路10号[150036]
电话:(0451)55157386;55157389
传真:(0451)55157389
经济类型:中外合资经营企业
网址:www.taierchem.com
E-mail:zzy@taierchem.com
【主要产品】聚醋酸乙烯乳液胶黏剂;拼板胶;环保型装饰胶

雪佳氟硅化学有限公司

黑龙江省哈尔滨市道外区水泥路48号[150050]
电话:(0451)57670368
传真:(0451)57673448
网址:www.xeogia.com
E-mail:xeogia@vip.163.com
【主要产品】六氟戊二醇;2-(三氟甲基)丙烯酸;甲基丙烯酸三氟乙酯;丙烯酸六氟丁酯;甲基丙烯酸六氟丁酯;甲基丙烯酸十二氟庚酯;含氟表面活性剂

齐齐哈尔市

黑化集团红岸塑料制品有限责任公司

黑龙江省齐齐哈尔市富拉尔基区向阳大街2号[161041]
电话:(0452)6817239
传真:(0452)6817239　有进出口权
供销电话:6817858　法人代表:隋继广
经济类型:有限责任公司
【主要产品】塑料编织袋;柔性集装袋;塑料桶

黑龙江黑化集团有限公司

黑龙江省齐齐哈尔市富区铁西11-4-1-13号[161042]
电话:(0452)8366514
传真:(0452)8927411
经济类型:股份有限公司
企业规模:大型　职工人数:9,167人
法人代表:阎树忠
网址:hljhhjtgs.sme.cn
E-mail:hljhhjtgs@sme.cn
【主要产品】过氧化氢;甲醇;2-萘酚-3-甲酸;尿素;硝酸铵;复合肥;聚氯乙烯树脂;氢氧化钠;发泡剂;抗聚剂;煤焦油;焦炭;可膨胀石墨

齐齐哈尔北方气体有限责任公司

黑龙江省齐齐哈尔市龙沙区新立街603号[161005]
电话:(0452)2342146;2347380;2347377
经济类型:私营企业　职工人数:61人
法人代表:吴玉宏
【主要产品】氧气;溶解乙炔

齐齐哈尔电化厂

黑龙江省齐齐哈尔市龙沙区明海公路66号[161005]
电话:(0452)2347742;2346847;2346850
供销电话:2347095;13704524796
职工人数:468人
网址:user.99114.com/134630/Intro.html
【主要产品】电石

齐齐哈尔前进化工有限责任公司

黑龙江省齐齐哈尔市建华区西二道街92号[161006]
电话:(0452)2551311;2538229
传真:(0452)2556250　有进出口权
经济类型:有限责任公司
法人代表:于秀荣
网址:qqheqjhggs.my.sme.cn
E-mail:qqheqjhggs@sme.cn
【主要产品】聚氨酯皮革涂饰剂;聚氨酯水性涂饰剂;浸灰助剂

大庆市

大庆华科股份有限公司

黑龙江省大庆市高新技术产业开发区建设路239号[163316]
电话:(0459)6291063;6291054;6291060
传真:(0459)6282351　有进出口权
供销传真:6280734
经济类型:股份有限公司
网址:www.huake.com;
www.dqhk.com.cn
E-mail:dqhk@huake.com;
huake@huake.com
【主要产品】石油树脂抽余油AS1;黑色耐侯性高密度聚乙烯绝缘料;聚丙烯(粉状);聚丙烯(阻燃);玻璃纤维增强聚丙烯;聚丙烯管材专用料;聚丙烯高光母粒;马来酸酐接枝聚丙烯树脂;碳九芳烃石油树脂;碳五石油树脂;聚乙烯电缆料;硅烷交联聚乙烯绝缘电缆料;聚碳酸酯/ABS工程塑料合金;塑料色母粒;乙腈

大庆开发区中益石化添加剂有限公司

黑龙江省大庆市开发区兴化园区(精细化工园)[163316]
电话:(0459)6740657;13329492786
传真:(0459)6752906
网址:dqkfqzyshtjj.my.sme.cn
【主要产品】原油;润滑油;燃料油

大庆龙化新实业总公司雪龙涂料厂

黑龙江省大庆市龙凤区兴化村化工路南端[163711]
电话:(0459)6762528;6743578
传真:(0459)6743578
网址:www.dqxl.net
【主要产品】醇酸清漆;各色醇酸调合漆;醇酸磁漆;铁红醇酸底漆;红丹醇酸防锈漆;灰色云铁醇酸面漆;高弹性外墙乳胶漆;丙烯酸防腐涂料;丙烯酸内墙乳胶漆;丙烯酸外墙乳胶漆;高级内墙乳胶漆;各色环氧磁漆;环氧富锌防锈底漆;环氧云铁防锈中涂漆;环氧沥青漆类;铁红环氧底漆;聚氨酯中涂底漆;铁红聚氨酯底漆;聚氨酯面漆;氯化橡胶涂料;氯磺化聚乙烯涂料;高级外墙乳胶漆;特级丝绸乳胶漆;高耐候性外墙涂料

大庆市华兴化工有限公司

黑龙江省大庆市让胡路庆新村北三东路喇四对过[163114]
电话:(0459)5842508
传真:(0459)6355769
【主要产品】聚丙烯酰胺专用引发剂;水质稳定剂;偶氮二异庚腈;阻垢缓蚀剂

大庆市让胡路区明星化工厂

黑龙江省大庆市让胡路区喇嘛甸镇化工小区[163713]
电话:(0459)6724973
传真:(0459)6722974　职工人数:20人
供销电话:6722974　法人代表:崔德海
经济类型:私营企业
网址:www.oillink.cn/wsearch/complist.asp
【主要产品】水合肼;玻璃腻子;聚合氯化铝

大庆市兴农肥业有限公司

黑龙江省大庆市红岗区解放村[163461]
电话:(0459)5202327;5201657
传真:(0459)5202327
经济类型:私营企业
【主要产品】硫酸钾(农用)

大庆新世纪精细化工有限公司

黑龙江省大庆市红岗区金杏村39号[163511]
电话:(0459)4999634
传真:(0459)4999634;4999647
经济类型:国有　有进出口权
职工人数:119人
网址:www.newcenturychem.com
E-mail:xyc@public.dq.hl.cn
【主要产品】2-乙酰基呋喃;2-氯吡啶;2,5-噻吩二羧酸;邻氯苯甲醛;对苯二甲醛;间苯二甲醛;邻苯二甲醛;邻甲氧基苯甲醛;间甲氧基苯甲醛;联苯单甲醛;对氰基苯甲醛;邻氰基苯甲醛;间氰基苯甲醛;二苯甲醇;频哪醇;苯基丁二酸;2,5-二氯苯甲酸;对氟苯甲酸;2,4,6-三氯苯甲酸;对巯基苯甲酸;4-异丙基苯甲酸;3,5-二氨基苯甲酸;2-苯基丁酸;2-苯基-2-乙基丁酸;

联苯-4-乙酸;D-对羟基苯甘氨酸;2-萘甲酸;1-萘甲酸;2,3-二甲基苯甲酸;2,5-二甲基苯甲酸;2,4-二甲基苯甲酸;3,4-二甲氧基苯甲酸甲酯;对氟苯甲酸甲酯;对氟苯甲酸乙酯;对氯苯乙酮;邻氯苯乙酮;对氟苯乙酮;1,3,5-三氯苯;联苯二氯苄;邻氰基氯苄;二苯氯甲烷;对叔丁基邻氨基苯酚;邻羧基苯硫酚;间苯三酚;对正丁基苯胺;对叔丁基苯胺;对异丁基苯胺;对仲丁基苯胺;5-羧戊基三苯基溴化膦;对甲基苯甲腈;2,6-二氯苯腈;2,3-二氯苯甲酸;2,6-二氯苯甲酸;2,2-二甲基丁酸;2-氨基噻唑;3,5-二甲基苯甲酰氯;混旋苯甘氨酸;三苯基膦;二苯基氯化膦;对甲酰基苯甲酸;邻甲基苯甲腈;1,4-萘二甲酸;3-溴代苯绕蒽酮;2-氨基苯酚;3,5-二硝基水杨酸;2,4,6-三氯苯甲腈;荧光增白剂 OB-1 醛;酯化物;涤纶增白剂 ER;荧光增白剂 OB;荧光增白剂 OB-1;荧光增白剂 OB-4;荧光增白剂 KCB;荧光增白剂 KSN;荧光增白剂 EB;荧光增白剂 FP-127;4-羟基哌啶醇氧自由基

大庆油田甲醇厂

黑龙江省大庆市高新区宏伟园区[163411]
电话:(0459)5692489
传真:(0459)5692489　经济类型:国有
法人代表:高忠义
网址:www.dhp.gov.cn
【主要产品】甲醇;甲醛;乌洛托品;液氨

大庆油田路迪化工有限公司

黑龙江省大庆市让胡路区乘风西街三巷八号[163411]
电话:(0459)5602019
传真:(0459)5797682
网址:www.dqldhg.com
E-mail:dq@my114.com.cn
【主要产品】合成制动液;汽油机油;柴油机油;高级润滑油;防冻液

大庆志飞生物化工有限公司

黑龙江省大庆市高新区宏伟园区[163411]
电话:(0459)5619317;5619738
传真:(0459)5619738
职工人数:293 人
网址:www.dqzf.com
【主要产品】阿维菌素;阿维菌素乳油;乙酰氨基阿维菌素;甲氨基阿维菌素苯甲酸盐;甲氨基阿维菌素苯甲酸盐乳油

黑龙江石油化工厂

黑龙江省大庆市让胡路区喇嘛甸镇化东路 1-2 号[163713]
电话:(0459)6721225;6723547
传真:(0459)6723144
经济类型:股份有限公司
企业规模:大型　法人代表:尤贵方
网址:www.hshpcw.com
E-mail:hshccnet@public.hldqptt.net.cn
【主要产品】丙烯;十二烯;仲丁醇;甲基叔丁基醚;2-丁酮;石油液化气;石脑油;汽油;柴油;聚丙烯;壬基酚

中国石油林源炼油厂

黑龙江省大庆市大同区林源[163813]
电话:(0459)6719062;6719427
传真:(0459)6713185　经济类型:国有
供销电话:6719427;6719062
企业规模:大型　职工人数:3,000 人
法人代表:李殿敏
网址:www.lylyc.com
【主要产品】工业混合烷;白油;白油(食品级);醋酸纤维素;黏胶纤维;化妆白油;高效复合脱硫剂;乙腈;6 号抽提溶剂油;柴油稳定剂;柴油低温流动改进剂;高效汽油抗氧剂;柴油十六烷值改进剂;金属钝化剂;溶剂油;溶剂油(橡胶工业用);溶剂油 190 号

牡丹江市

佳通轮胎股份有限公司

黑龙江省牡丹江市阳明区桦林镇[157032]
电话:(0453)6306900;6306923;6276945
传真:(0453)6304100　有进出口权
经济类型:股份有限公司
企业规模:大型
网址:www.gititire.com
【主要产品】轿车轮胎外胎;工程机械轮胎外胎;半钢子午线轮胎;全钢载重子午线轮胎;农用车辆轮胎;拖拉机轮胎外胎;摩托车轮胎;轿车内胎;工程机械轮胎内胎;农用轮胎内胎

牡丹江东北高新化工有限责任公司

黑龙江省牡丹江市爱民区大庆街 51 号[157009]
电话:(0453)6824108;6823167
传真:(0453)6823173
供销电话:6823017
经济类型:有限责任公司
【主要产品】盐酸;烧碱(液体);漂白液;氯气(液);聚氯乙烯树脂

牡丹江恒远药业有限公司

黑龙江省牡丹江市大庆路 94 号[157009]
电话:(0453)8106696;8104685
传真:(0453)8106696
经济类型:股份有限公司
网址:www.hyyygs.com
E-mail:wxj0453@sohu.com
【主要产品】2-[1-(羟甲基)环丙基]乙酸;2-[1-(羟甲基)环丙基]乙酸甲酯;2-[1-(溴甲基)环丙基]乙酸甲酯;苯扎贝特;孟鲁司特钠

牡丹江鸿利化工有限责任公司

黑龙江省牡丹江市大庆路 1 号[157009]
电话:(0453)6822046;6822188;6822074
传真:(0453)6822931　经济类型:国有
供销电话:6899019;6822931
有进出口权　企业规模:大型
法人代表:曹玉海
网址:www.honglichem.com
E-mail:honglichem@mail.hl.cn
【主要产品】硫酸钠;甲酸;草酸;草酸二乙酯;一硝基苯;二甲胺;丙烯酰胺;甲酸钠;四甲基胍

牡丹江金刚钻碳化硼有限公司

黑龙江省牡丹江市大庆街 100 号[157009]
电话:(0453)6824711;13904530399
传真:(0453)6823467　职工人数:220 人
供销电话:6889562;6889907
供销传真:6889562;6889907
法人代表:曹仲文
网址:www.boroncarbide.com.cn
E-mail:cao1959@163.com;
cchinamdj@mail.hl.cn
【主要产品】碳化硼

牡丹江石油化工厂

黑龙江省牡丹江市爱民区大庆街 85 号[157009]
电话:(0453)6823341;6823915
传真:(0453)6820513　经济类型:国有
职工人数:961 人
网址:www.mdjshc.com
E-mail:syhg@mdj.net.cn;
refnery@mail.hl.cn
【主要产品】原油;石油液化气;石脑油;重芳烃油;轻柴油;改性聚丙烯;聚丙烯;乙醇汽油

牡丹江市红旗化工厂

黑龙江省牡丹江市爱民区西林路 6 号[157011]
电话:(0453)6528091
传真:(0453)6528091
网址:mdjshqhgc.bip.und.cn
【主要产品】铁铬木质素磺酸盐;木质素磺酸钙

牡丹江市华新化工助剂有限责任公司

黑龙江省牡丹江市阳明区裕民路 159-1 号[157013]
电话:(0453)6380508;13904538208
传真:(0453)6380608
供销电话:6380508;13514579189
经济类型:有限责任公司
网址:www.huaxinchem.com.cn
E-mail:ljlmdj@163.com
【主要产品】铁铬木质素磺酸盐;腐殖酸钾;钻井用润滑剂;油井水泥降失水剂;无荧光防塌降滤失剂;钻井液用稀释剂;水解聚丙烯腈铵盐;石油钻井助剂;屏蔽暂堵剂;堵漏剂;钻井液用单向压力封闭剂;钻井液用硅氟高温降

黏剂；油井水泥高温缓凝剂；油井水泥减阻剂；防膨剂；油井水泥早强剂；井壁稳定剂；钻井液用褐煤树脂；低荧光防塌沥青

牡丹江市平安化工厂

黑龙江省牡丹江市西海林街88号[157011]
电话：(0453)6594312；6591178
传真：(0453)6594312；6591638
供销电话：6591178；6591638
网址：www. pinganchem. com
E-mail：sales@ pinganchem. com；pahg@ 21cn. com
【主要产品】偶氮二异丁腈

牡丹江市顺达电石有限责任公司

黑龙江省牡丹江市大庆街27号[157009]
电话：(0453)6899009
传真：(0453)6832788　职工人数：600人
供销电话：6899799
经济类型：有限责任公司
网址：www. chemnet. com/show/shundachem/cn/
E-mail：shundachem@ mail. hl. cn
【主要产品】碳酸钙；重质碳酸钙；活性重质碳酸钙；电石；重质造纸专用钙

牡丹江双兴化工有限公司

黑龙江省牡丹江市江南开发区11号[157021]
电话：(0453)6482933；6484075；6484077
传真：(0453)6481489　职工人数：160人
供销电话：6482933；6482966
网址：www. mdjsxhg. com
E-mail：fmtl2000@ 263. net
【主要产品】各色聚酯环氧型粉末涂料；聚酯粉末涂料；环氧型粉末涂料；聚氨酯粉末涂料

牡丹江温春双鹤药业有限责任公司

黑龙江省牡丹江市西安区温春镇[157041]
电话：(0453)6402480；6402425；6470809
传真：(0453)6402425
经济类型：有限责任公司
网址：www. wenchunyy. com
【主要产品】羟乙基淀粉；右旋糖酐20；右旋糖酐40

牡丹江橡胶三厂

黑龙江省牡丹江市铁岭河铁南路2号[157014]
电话：(0453)6392704；6392556
传真：(0453)6392704　经济类型：国有
法人代表：赵胜利
网址：mdjxjsc. bip. und. cn
【主要产品】橡胶制品

宁安市兰华化工有限责任公司

黑龙江省宁安市范家开放小区[157400]
电话：(0453)7821124；7653600
传真：(0453)7653600
供销电话：7611326
法人代表：陈志权
经济类型：私营企业
【主要产品】甲醛

鸡西市

黑龙江省奋斗制药厂

黑龙江省密山市连珠山镇[158305]
电话：(0467)5184504；5182013；5182012
传真：(0467)5182013
网址：www. yyxx. com. cn/article_view. asp? id = 3315
【主要产品】乙酰水杨酸；水杨酸镁；药用水杨酸

乌苏里江制药有限公司迎春公司

黑龙江省虎林市迎春镇[158403]
电话：(0467)5968676；5968674
传真：(0467)5968677
网址：www. wsljyy. com/jtjs/jtgj-ych. htm
【主要产品】双氯芬酸钠

七台河市

黑龙江北旺化工有限责任公司

黑龙江省勃利县通天路79号[154557]
电话：(0464)8517258
传真：(0464)8521794
职工人数：930人
经济类型：有限责任公司
网址：www. qth. gov. cn/sme/qy/huafei/me. htm
【主要产品】合成氨；尿素；碳酸氢铵；混配复合肥料；塑料编织袋

黑龙江农垦博兴化工有限责任公司

黑龙江省勃利县勃利镇城西街131号[154557]
电话：(0464)8521793；8517457；8517258
传真：(0464)8521794
经济类型：有限责任公司
【主要产品】合成氨；尿素；碳酸氢铵

黑龙江省渤龙塑料有限责任公司

黑龙江省七台河市勃利县城西街新建路16号[154500]
电话：(0464)8556766；8556643
传真：(0464)8556293
经济类型：有限责任公司
网址：www. blfs. cn
E-mail：blfs999@ 126. com
【主要产品】农用薄膜；高压聚乙烯薄膜；塑料编织袋；中空容器；高分子复合防水卷材

佳木斯市

富锦市橡胶有限责任公司

黑龙江省富锦市富锦镇中央大街西段[156100]
电话：(0454)2348261
传真：(0454)2349084
经济类型：股份合作　法人代表：钦焕宇
【主要产品】预处理短纤维

佳木斯黑龙农药化工股份有限公司

黑龙江省佳木斯市长安路114号[154005]
电话：(0454)8330810
传真：(0454)8331117　有进出口权
经济类型：股份有限公司
法人代表：唐洪铭
网址：www. hlgroup. com. cn
E-mail：sales@ hlgroup. com. cn
【主要产品】烧碱(液体)；次氯酸钠；氯气(液)；一氯乙酸；草酸；2,4-二氯苯酚；25%咪鲜胺乳油；噁草酮乳油；2甲4氯钠水剂；2,4-二氯苯氧乙酸正丁酯乳油；氟磺胺草醚水剂；咪唑乙烟酸水剂；精喹禾灵乳油；吡氟禾草灵；高效氟吡甲禾灵；2,4-二氯苯氧乙酸

佳木斯环星机带有限公司

黑龙江省佳木斯市向阳区四丰路2号[154002]
电话：(0454)8221820
传真：(0454)8685057
供销电话：8224104
经济类型：有限责任公司
网址：hx. jms. gov. cn
【主要产品】橡胶运输带；橡胶三角带；高压胶管；O形密封圈

佳木斯鹿灵制药有限责任公司

黑龙江省佳木斯市佳西街2号[154004]
电话：(0454)8582412
传真：(0454)8581651
供销电话：8586623；13944601003
经济类型：有限责任公司
法人代表：杨宝红
【主要产品】非那西丁；盐酸氟桂利嗪

佳木斯市北星有机化工有限责任公司

黑龙江省佳木斯市长安路东段107号[154005]
电话：(0454)8331028；6877102
传真：(0454)8331139
经济类型：有限责任公司
网址：www. beixingchem. com
E-mail：tlhggs@ mail. hl. cn；xs@ beixingchem. com
【主要产品】甲烷磺酰胺；十二烷基苯磺酸钙；三氟甲氧基苯；间羟基苯甲酸；邻氯氯苄；1,4-二羟基蒽醌；4-三氟甲氧基苯胺；4-氯三氟甲苯；3,4-二氯三

氟甲苯;除草醚;聚醚多元醇;聚氨酯硬泡组合聚醚;聚醚系列;聚乙二醇;匀染剂 O;油酸聚氧乙烯酯;匀泡剂;有机硅消泡剂;环氧促进剂 DMP-30;平平加;吐温 80;净洗剂 6501;聚氧丙烯聚氧乙烯甘油醚;壬基酚聚氧乙烯醚;吐温系列;混合型农药乳化剂;破乳剂 SP-169

佳木斯市哈北星涂料厂

黑龙江省佳木斯市佳西清源胡同 58 号[154004]
电话:(0454)8591552
网址:www.habs.com.cn
E-mail:gogi@habs.com.cn
【主要产品】丙烯酸外墙乳胶漆;108 胶

佳木斯市恺乐农药有限公司

黑龙江省佳木斯市东风区长安路 101 号[154005]
电话:(0454)8331854;8330342;13946408200
传真:(0454)8331854
供销电话:8330342;13903689951
供销传真:8332342　法人代表:徐贵明
经济类型:有限责任公司
网址:www.klnycn.com
E-mail:klny@163.net
【主要产品】多·福·克悬浮种衣剂;福美双可湿性粉剂;氟乐灵乳油;烯草酮乳油;氟磺胺草醚水剂;氟磺胺草醚;精喹禾灵乳油;三氟羧草醚;精吡氟禾草灵乳油;乳氟禾草灵;乳氟禾草灵乳油;乙羧氟草醚;乙羧氟草醚乳油;12.5%烯禾啶·机油乳油;氟磺胺·精喹乳油;氰·杀乳油;拌·福可湿性粉剂

佳木斯市万象实业有限公司

黑龙江省佳木斯市东风区光复路 449 号[154005]
电话:(0454)8397576
经济类型:股份合作
【主要产品】粉末涂料

佳木斯兴宇生物技术开发有限公司

黑龙江省佳木斯市长安路 114-2 号[154005]
电话:(0454)6590828;8330400
传真:(0454)8332146
网址:www.xybiochem.com
E-mail:sales@xybiochem.com
【主要产品】阿维菌素乳油;甲氨基阿维菌素苯甲酸盐;甲氨基阿维菌素苯甲酸盐乳油;烟嘧磺隆;高氯·甲氨阿维乳油;甲维盐·噻颗粒剂;阿维·毒乳油;苏云金杆菌悬浮剂

双鸭山市

黑龙江省友谊甘油厂

黑龙江省友谊县凤岗镇[155807]
电话:(0469)5900331;5900007
传真:(0469)5900035　职工人数:230 人
供销电话:13019047008
法人代表:张洪军
网址:www.chinachemnet.com/youyi
E-mail:guc@0451.com
【主要产品】丙三醇

双鸭山市同心橡胶厂

黑龙江省双鸭山市尖山区二马路[155100]
电话:(0469)2603204
法人代表:刘廷东
【主要产品】橡胶导风筒;橡胶密封制品

友谊县中北糠醛有限责任公司

黑龙江省友谊县凤岗镇[155807]
电话:(0469)5900031
传真:(0469)5900031　职工人数:120 人
经济类型:有限责任公司
法人代表:王洪臣
网址:www.yyzbkq.com
E-mail:dsz@yyzbkq.com
【主要产品】糠醛

鹤岗市

鹤岗市清华紫光英力农化有限公司

黑龙江省鹤岗市工农区禾友路 58 号[154108]
电话:(0468)3342077;13304681887
网址:www.hginsight.com
E-mail:hg@hginsight.com
【主要产品】2-氯吡啶;2,6-二氯吡啶;氨基乙酸;3,4-二氯苯基异氰酸酯;双甘膦;3,5,6-三氯吡啶-2-醇;醚菊酯;戊唑醇;甲霜灵;敌草隆;敌稗;百草枯;百草枯水剂;磺草灵;氟磺胺草醚;苯嗪草酮;吡氟禾草灵;除草定;利谷隆

绥化市

哈高科绥棱二塑有限公司

黑龙江省绥棱县繁盛大街 120 号(原为民路 573 号)[152203]
电话:(0455)4623314;4623035;4624137
传真:(0455)4624174
供销电话:4624903;4639254
经济类型:有限责任公司
网址:www.sles.com.cn
E-mail:bgb@sles.com.cn;
gxb@sles.com.cn
【主要产品】聚乙烯丙纶复合防水卷材

黑龙江企达农药开发有限公司

黑龙江省哈尔滨市道外区南平街 88 号[152054]
电话:(0455)8224125
【主要产品】甲拌磷颗粒剂;辛硫磷颗粒剂;敌磺钠可湿性粉剂;噁霉灵;琥胶肥酸铜悬浮剂(30%);多·福可湿性粉剂;福·甲霜可湿性粉剂;丁·扑粉剂;琥·乙磷铝可湿性粉剂;噁霉·甲霜水剂;福·福锌可湿性粉剂

黑龙江省绥棱艾斯精细化工有限责任公司

黑龙江省绥棱县绥克公路三公里处[152206]
电话:(0455)4623846;4628357
传真:(0455)4622956　有进出口权
经济类型:有限责任公司
职工人数:200 人
法人代表:王玉奎
网址:slhgk.ccbip.und.cn
E-mail:slhg@public.hlshptt.net.cn
【主要产品】硫化氢;β-巯基乙醇;叔十二碳硫醇

肇东冰山鱼石脂厂

黑龙江省肇东市涝洲镇[151107]
电话:(0455)5991626;7753005;13796224460
传真:(0455)5991626
网址:www.bsysz.com
【主要产品】鱼石脂

伊春市

黑龙江省伊春市永丰黄金冶炼有限责任公司

黑龙江省伊春市西林区前进街[153025]
电话:(0458)3710265
传真:(0458)3710265
供销电话:3713005
经济类型:有限责任公司
网址:5002752.my.sme.cn
E-mail:qinguoli@yeah.net
【主要产品】硫酸

上海市

沪

爱建德固赛(上海)引发剂有限公司

上海市沪太路7717号[201908]
电话:(021)56867000;56863084
传真:(021)56861333
供销传真:56863084
经济类型:有限责任公司
网址:www. ajchem. com;
www. aijian. com. cn
E-mail:yanrong. liang@ degussa. com
【主要产品】过硫酸钾;过硫酸铵;过硫酸钠

宝山钢铁股份有限公司化工分公司

上海市宝山区同济路1800号2楼丙10号[201900]
电话:(021)66782266
传真:(021)56781938 经济类型:国有
有进出口权 企业规模:大型
法人代表:魏国瑞
网址:www. baochem. com
E-mail:sales@ Baochem. com
【主要产品】硫酸(98%);碳酸钙;二甲苯;甲苯;萘(精);甲基萘;β-甲基萘;α-甲基吡啶;β-甲基吡啶;吡啶;喹啉;2,4,6-三甲基吡啶;9,10-蒽醌;二甲酚;3-/4-甲酚;2-甲酚;苯酚;C_9 馏分;液氨;硫酸铵;古马隆树脂;炭黑;甲基萘油;闪蒸油;工业萘;粗蒽;杂酚油;轻油;焦化重油;低温沥青;煤沥青

成大(上海)化工有限公司

上海市松江工业区荣乐东路515号[201613]
电话:(021)57743456
传真:(021)57741212
网址:www. chendash. com
E-mail:cdc@ chendash. com
【主要产品】有机硅织物柔软剂

成基化学(上海)有限公司

上海市松江区李塔镇[200041]
电话:(021)57845555
传真:(021)57845258
经济类型:外商独资
网址:www. chengji. net
E-mail:sales@ chengji. net
【主要产品】双面胶带;美纹胶带;压敏胶黏带;BOPP胶黏带

大金氟涂料(上海)有限公司

上海市莘庄工业区春光路388号[201108]
电话:(021)54421840
传真:(021)54420654 有进出口权
供销电话:54420760
供销传真:54421835
经济类型:外商独资
网址:www. daikinchem. com. cn
E-mail:dfssales@ online. sh. cn
【主要产品】聚氟乙烯涂料;导电涂料

大羽塑料薄膜有限公司

上海市奉贤区青村镇南奉公路3295号[201414]
电话:(021)57564122;62509494
传真:(021)57560508;62845551
供销电话:57564122;66099494
供销传真:57560508;66095551
网址:www. dayu-china. com
E-mail:dayuchina265@ sina. com
【主要产品】聚乙烯农膜;包装膜;聚乙烯薄膜;聚乙烯食品包装膜;聚乙烯气垫膜

华东理工大学华昌聚合物有限公司

上海市梅陇路130号352信箱[200237]
电话:(021)64250770;64253164
传真:(021)64250084 有进出口权
经济类型:有限责任公司
法人代表:刘坐镇
网址:www. hchp. com. cn
E-mail:huachang@ hchp. com. cn
【主要产品】二芳基乙烷;耐化学性不饱和聚酯树脂(323型);耐蚀二甲苯型不饱和聚酯树脂;邻苯型不饱和聚酯树脂;间苯二甲酸型不饱和聚酯;糠醇糠醛型呋喃树脂;强酸性苯乙烯系阳离子交换树脂(001×7型);弱酸性丙烯酸系阳离子交换树脂(110型);螯合树脂;吸附树脂;乙烯基酯树脂;乙烯基树脂;环氧云铁底漆;卷钢环氧底漆;自流平环氧地坪涂料;环氧无溶剂自流平漆;鳞片重防腐涂料;聚氨酯耐磨涂料;防腐涂料;绝缘油;变压器油;胶泥

华界化学(上海)有限公司

上海市金山区金山第二工业区春华路111号[201512]
电话:(021)67262323;13918878830
传真:(021)67261137
网址:www. sinosa. net
E-mail:Sinosurfactant@ sinosa. net
【主要产品】印染助剂;阳离子表面活性剂;阴离子表面活性剂;非离子表面活性剂;两性表面活性剂

吉尔生化(上海)有限公司

上海市浦东新区张江高科技园区郭守敬路351号[201203]
电话:(021)50800521
传真:(021)50801805
经济类型:外商独资
网址:www. glschina. com
E-mail:glbio@ online. sh. cn
【主要产品】4,5-二氰基咪唑;芴甲醇;二碳酸二叔丁酯;三苯基氯甲烷;*N*-苄氧羰氧基丁二酰亚胺;*N*,*N*′-二环己基碳二亚胺;叔丁基二甲基氯硅烷;4,4′-二甲氧基三苯基氯甲烷;*N*,*N*′-羰基二咪唑;2-氯苄基-*N*-琥珀酰亚胺基碳酸酯;9-芴甲基-*N*-琥珀酰亚胺碳酸酯;2-溴苄基-*N*-琥珀酰亚胺基碳酸酯;苯甲氧基甲酰氯;1-羟基苯并三氮唑;6-氯-1-羟基苯并三氮唑;芴甲氧羰酰胺;9-芴甲基氯甲酸酯;7-氨基-4-甲基香豆素;阿拉瑞林;去氨加压素;特利加压素;醋酸血管紧张素;醋酸精加压素;依降钙素;醋酸普兰林肽;舍莫瑞林;催产素;依菲巴特;生长抑素;德舍瑞林

卡勒特纳米材料(上海)有限公司

上海市希望城双丁路200号[202801]
电话:(021)59101030
传真:(021)59101711
网址:www. karlet. com
E-mail:market@ karlet. com
【主要产品】外墙涂料;高弹性外墙乳胶漆;抗碱封闭底漆;真石漆;丙烯酸内墙乳胶漆;弹性纳米内墙乳胶漆;氟碳漆;氟碳树脂封固底漆;外墙专用腻子

乐意涂料(上海)有限公司

上海市青浦区徐泾镇明珠路528号[201702]
电话:(021)59766212-2052;59764048
传真:(021)59766210 有进出口权
经济类型:中外合作经营企业
职工人数:75人 法人代表:黄裕顺
网址:www. dovepaint. com. cn
E-mail:dove2261@ online. sh. cn
【主要产品】木器亚光漆;丙烯酸内墙乳胶漆;丙烯酸外墙乳胶漆

立邦涂料(中国)有限公司

上海市浦东新区金桥开发区(南区)创业路287号[201201]
电话:(021)58384799
传真:(021)58384882
经济类型:外商独资 企业规模:大型
法人代表:杨逸坤
网址:www. nipponpaint. com. cn
E-mail:nipponpaint@ nipponpaint. com. cn
【主要产品】立邦漆

拿破仑漆业(上海)有限公司

上海市金山区枫泾外商工业区[201501]
电话:(021)67355948;67355946

传真:(021)67355947
经济类型:外商独资
网址:www. napoleonpaint. com. cn
E-mail:napoleonpaint@ yahoo. com. cn
【主要产品】丙烯酸烤漆;塑胶漆;卷材涂料;UV 罩光涂料

耐驰(上海)机械仪器有限公司

上海市嘉定区安亭大众工业园区园大路 38 号[201805]
电话:(021)69576008
传真:(021)69576005
经济类型:外商投资股份有限公司
网址:www. netzsch-shanghai. com. cn
E-mail:info@ nsc. netzsch. com
【主要产品】高速分散机;多功能研磨分散机;砂磨机;立式砂磨机;卧式砂磨机

青上化工(上海)有限公司

上海市闵行区塘湾镇龙吴工业区曲江路 129 号[200241]
电话:(021)64501216;64501224
传真:(021)64504997　有进出口权
经济类型:与港澳台商合作经营
网址:www. greenonsh. com
E-mail:greenon1@ greenonsh. com
【主要产品】盐酸;硫酸钾

上大玲珀化工科技有限公司

上海市延长路 149 号上海大学科技园 703 室[200072]
电话:(021)56334269;36033271;13301717336
传真:(021)36038271
网址:www. higradechemicals. com. cn
E-mail:zhuqyk@ citiz. net
【主要产品】造纸施胶剂

上海 DIC 油墨有限公司

上海市沪闽路 3888 号[201108]
电话:(021)64890888
传真:(021)64890688
供销电话:64891218;64890688
经济类型:中外合资经营企业
网址:www. shdic. online. sh. cn
【主要产品】凹印塑料油墨;轮转柔版(胶版)油墨;铝箔印刷油墨;金属油墨;平版胶印油墨;荧光油墨;黏合剂;上光油

上海阿科玛双氧水有限公司

上海市吴泾化工区双柏路 555 号[201108]
电话:(021)64345623
经济类型:中外合资经营企业
E-mail:arkemaashp@ 126. com
【主要产品】过氧化氢

上海艾博添加剂有限公司

上海市枫径工业区钱明东路 98 号[201501]
电话:(021)67356248;67356250;67356252
传真:(021)67356246
经济类型:股份合作
网址:www. aibochem. com
E-mail:sales@ aibochem. com; info@ aibochem. com
【主要产品】过氧化氢;酒石酸;L-酒石酸;酒石酸钾钠;酒石酸锑钾;葡萄糖酸钠;酒石酸氢钾

上海爱比西化工有限公司

上海市沪太路 8885 号[200949]
电话:(021)66871987;66871990
传真:(021)66876898;66871989
网址:www. abc-chem. com
E-mail:abc@ abc-chemicals. net
【主要产品】过硫酸钾;过一硫酸氢钾;过硫酸铵;过二硫酸钠

上海爱力金涂料有限公司

上海市沪太路 2019 弄 58 号-157[200436]
电话:(021)56508671;56688600
传真:(021)56504074
供销电话:66511750
网址:www. sh-elegant. com
【主要产品】热塑性丙烯酸树脂;羟基丙烯酸树脂;甲醚化氨基树脂;氨基树脂(582 型);醇酸树脂;饱和聚酯树脂;环保型水性木器漆用树脂

上海爱普香料有限公司

上海市万荣路 28 号[200072]
电话:(021)66523100
传真:(021)66523180　有进出口权
网址:www. cnaff. com
E-mail:apple@ apple021. com; apple@ cnaff. com
【主要产品】食用香精;烟草香精;香料;日化香精

上海安而信化学有限公司

上海市松江区车墩镇北闵路 31-33 号[201611]
电话:(021)53087779;53089997
传真:(021)53087789
网址:www. ansinchem. com
E-mail:sales@ ansinchem. com
【主要产品】过硫酸钾;过一硫酸氢钾;硫酸钾;硫酸氢钾;过二硫酸钠

上海安诺芳胺化学品有限公司

上海市浦东新区新金桥路 28 号新金桥大厦 3101-04[201206]
电话:(021)50306558-102,113;58304445
传真:(021)50306882;50306881
供销电话:50706558　有进出口权
经济类型:私营企业
法人代表:阮伟祥
网址:www. amino-chem. com
E-mail:han-gong@ hstmail. com
【主要产品】2,3-二氯苯胺;1,3-苯二胺;1,2-苯二胺;3,4-二氯苯胺

上海安祺生化技术有限公司

上海市浦东新区张江高科技园区哈雷路 1043 号 207 座[201203]
电话:(021)51320188
传真:(021)51320098
供销电话:51320188;63811698
网址:www. angel-biochem. com
E-mail:service@ angel-biochem. com
【主要产品】氨基酸

上海安益化工有限公司

上海市闵行区古美路 377 弄 23 号 203 室[201102]
电话:(021)34220325
传真:(021)34220170
经济类型:私营企业
法人代表:陆建舍
网址:www. sh-anyi. com
E-mail:sales@ anyish. com
【主要产品】消泡剂;PE、PP 塑料专用抗静电剂;斯盘系列;聚乙烯大棚膜用流滴剂;防雾滴剂

上海翱翔化工有限公司

上海市奉贤区南奉公路方墩车站北 245 号[201414]
电话:(021)57563118;57563429
传真:(021)57563118
经济类型:股份合作　法人代表:邹志兴
网址:www. shaoxiang. com
E-mail:aoxiang@ shaoxiang. com
【主要产品】氟化钠;氟硅酸钠;氟硅酸钾;二氧化硅

上海奥利实业有限公司

上海市钦州路 100 号上海市科技创业中心 2 号楼 12F[200235]
电话:(021)64746124;64338244;64155339
传真:(021)64085652
供销电话:64830020;64830557
网址:www. oli-sh. com
E-mail:oli@ oli-sh. com; olirs@ online. sh. cn
【主要产品】D-泛醇;维生素 C 磷酸酯镁;熊果苷;曲酸双棕榈酸酯;甘草黄酮;珠光剂;二十二烷基三甲基氯化铵;月桂酰肌氨酸钠;月桂酰肌氨酸钾;椰油酰胺丙基甜菜碱;月桂酰胺丙基甜菜碱;月桂酰胺丙基氧化胺;月桂酰基牛磺酸钠;月桂酰基谷氨酸钠;椰油酰基甘氨酸钠

上海白鹤化工厂

上海市青浦区外青松公路 2700 弄 81 号[201709]
电话:(021)59746276;59747782
传真:(021)59747377
网址:www. shbaihe. com
E-mail:hyq@ hi2000. com
【主要产品】硅酸乙酯;磷酸三甲酯;磷酸三丁酯;三氯乙醛水合物;萜基环己醇混合物;葵子麝香;对羟基苯甲醚;正十二烷硫醇

上海白猫股份有限公司

上海市金沙江路1829号[200333]
电话:(021)52700559;52707426;52703922
传真:(021)52700505 有进出口权
供销电话:54098000-3280
企业规模:大型 职工人数:1,099人
法人代表:马立行
网址:www.stof.com.cn
E-mail:maxam@stof.com
【主要产品】十二烷基苯磺酸;合成洗衣粉;合成洗涤剂;洗涤剂;牙膏;十二烷基苯磺酸钠

上海百金化工有限公司

上海市浦东新区张扬路707号生命人寿大厦26层[200120]
电话:(021)58359999-8014
传真:(021)58365863
网址:www.baijin-group.com
E-mail:bjjt@baijin-group.com
【主要产品】二硫化碳

上海百润香精香料有限公司

上海市浦东区康桥东路558号[201319]
电话:(021)58135000
传真:(021)58136000
网址:www.bairun.net
【主要产品】食用香精;烟草香精

上海百盛橡胶制品有限公司

上海市崇明县东风路1号[202177]
电话:(021)59641403
传真:(021)59643837 职工人数:150人
经济类型:有限责任公司
网址:www.shdongfengrb.com
E-mail:bs@shdongfengrb.com
【主要产品】轮胎垫带;橡胶运输带;轻型运输带;普通橡胶板;耐酸碱橡胶板;抗静电胶板;防水卷材;胶印印刷橡皮布

上海百岁行药业有限公司

上海市青浦区外青松公路5800号[201700]
电话:(021)59203990;59201552
传真:(021)59200145
网址:www.naturalherb.cn
【主要产品】果糖二磷酸钠

上海邦成化工有限公司

上海市祁连山南路999弄22号[200333]
电话:(021)52696680;52696690
传真:(021)52690586
网址:www.bangchengchem.com
E-mail:bc@bangchengchem.com
【主要产品】环己烯;环戊烯;二甲氧基甲烷;对溴联苯;α-甲基吡啶;四氢吡咯;2-氰基吡啶;哌啶;喹啉;邻苯二甲醛;单宁酸;5-氟乳清酸;酒石酸;D-酒石酸;琥珀酸;2-氯烟酸;原乙酸三乙酯;原乙酸三甲酯;柠檬酸三乙酯;苯甲酸乙酯;N-甲基吡咯烷酮;薄荷脑;百里酚;N-碘代丁二酰亚胺;双丙酮丙烯酰胺;丙酮酸钠;丙酮酸钙;丙酮酸镁;柠檬酸钠;酒石酸钾钠;葡萄糖酸钠;环己酮肟;2,3,4-三甲氧基苯甲醛;山梨醇;哌啶酮;肌醇六磷酸;胆甾醇;N-羟基丁二酰亚胺;N-溴代丁二酰亚胺;N-氯代丁二酰亚胺;原丙酸三乙酯;苯甲酸甲酯;4-联苯乙酮;对羟基苯腈;3-羟基丙腈;磷钨酸;对羟基苯甲酸乙酯;对羟基苯甲酸甲酯;对羟基苯甲酸丙酯;对羟基苯甲酸丁酯;柠檬酸;柠檬酸钾;木糖醇;茶多酚;丁酸乙酯;乳酸乙酯;乳酸亚铁;植酸钠;抗坏血酸;非洛地平;L-鼠李糖;D-色氨酸;抗坏血酸棕榈酸酯;醋酸洗必泰;药用乳糖;对甲氧基苯乙酮;4-二甲氨基吡啶;六甲基磷酰三胺;干酪素;聚乙烯吡咯烷酮

上海宝达化工有限公司

上海市奉贤区青村镇城乡东路13号[201414]
电话:(021)57561390;57561545
传真:(021)57561390 有进出口权
经济类型:中外合资经营企业
法人代表:俞迪华
网址:www.chinachemnet.com/company/0085c.htm
E-mail:baoda@hi2000.com
【主要产品】硫酸镁(一水)

上海宝达兽药制造有限公司

上海市宝山区沪太路7738号[201908]
电话:(021)56862523;56861616;66866377
传真:(021)56860619;56862508
供销电话:56862672 有进出口权
经济类型:外商投资股份有限公司
网址:www.shanghaibaoda.com
E-mail:Linwang@vip.163.com
【主要产品】噻菌灵;硝呋醛;硝呋索尔;硝呋酚酰肼;甲苯咪唑;奥芬达唑;苯硫咪唑;氟苯达唑;硝呋太尔

上海宝瑞化工有限公司

上海市中山北路2299号139室[200062]
电话:(021)62148444;51200459;52241669
传真:(021)51200458
网址:www.brchem.com
E-mail:sales@brchem.com
【主要产品】壬二酸;辛二酸;甲基磺酸;巯基丙酸;2-巯基丙酸;4,4′-二溴联苯;碘苯;对碘甲苯;四丁基碘化铵;四丁基溴化铵;乳糖酸钠;对溴苯腈

上海宝山万宇建筑外加剂厂

上海市宝山区大场镇真大路四号[200436]
电话:(021)56514256;13501688936
传真:(021)56687988
网址:www.wanyu-sh.com
E-mail:fanzhiyong@wanyu-sh.com
【主要产品】混凝土界面处理剂;瓷砖胶黏剂;建筑黏合剂;萘系高效减水剂;混凝土缓凝高效减水剂;混凝土复合早强剂;混凝土高效减水剂;混凝土养护剂;建筑防水剂;混凝土复合防冻早强剂;微沫剂;嵌缝剂;混凝土速凝剂;膨胀剂;泵送剂

上海宝山振宗生物工程厂

上海市宝山区杨行镇杨宗路305号[201901]
电话:(021)56801925;56493898;56809877
传真:(021)56801925
经济类型:外商独资
网址:www.sh-zhenzong.com
E-mail:sales@sh-zhenzong.com
【主要产品】次黄嘌呤;1,1-环己基二乙酸单酰胺;1,1-环己基二乙酸;磺胺氯哒嗪钠;磺胺林;长效磺胺钠;利巴韦林;磺胺氯吡嗪钠;阿扎吩;加巴喷丁

上海宝银电子材料有限公司

上海市长宁区北新泾北祥路88号[200335]
电话:(021)52170529;52170325
传真:(021)52182721 有进出口权
网址:www.sbemc.com
E-mail:baoyin@sbemc.com
【主要产品】光固化油墨;各类导电银浆

上海宝众制药有限公司

上海市宝山区沪太路7690号[201908]
电话:(021)56862523;56861616;66866377
传真:(021)56860619
供销电话:66866378-8002
供销传真:56862508
经济类型:中外合资经营企业
网址:www.shanghaibaozong.com
E-mail:Lin_wang@shanghaibaozong.com
【主要产品】2,6-二氯吡嗪;氟苯达唑;西咪替丁;盐酸雷尼替丁;螺内酯

上海豹驰春蕾胶辊有限公司

上海市浦东新区高东镇高翔路526号[200137]
电话:(021)38860229;58480356
传真:(021)38860036
网址:www.basch.com.cn/aboutus/roller.html
E-mail:basch-sbj@online.sh.cn
【主要产品】印刷胶辊;聚氨酯胶辊;氧化锌版润版剂;油墨清洗剂

上海北卡医药技术有限公司

上海市松江区民益路201号12号楼4B[201612]
电话:(021)57687675;57687569;13916405145

传真:(021)57687169
网址:www. biocompounds. com
E-mail:info@ biocompounds. com
【主要产品】二十二醇;甲钴胺;比卡鲁胺;阿那曲唑;来曲唑;长春瑞宾;紫杉醇;多烯紫杉醇;10-羟基喜树碱;拓扑替康;伊立替康;拉他前列腺素;噻托溴铵;依美司坦;消旋卡多曲;磷酸肌酸二钠盐;酒石酸溴莫尼定;阿达帕林;培美曲塞二钠盐;尼鲁他胺;伊诺替尼;甲磺酸伊马替尼;易瑞沙

上海北连食品有限公司

上海市浦东新区上南路 1500 号城建大厦南楼 2008 室[200126]
电话:(021)50561231;50561232
传真:(021)50561230
网址:www. sh-beilian. com
【主要产品】卡拉胶(食品级)

上海贝乐香精有限公司

上海市宝山区顾村工业园区宝安公路 333 号[201906]
电话:(021)36041444;36041777;36041999
传真:(021)36042355
网址:www. beile. com. cn
E-mail:beile2001@ sina. com;beile@ beile. com. cn
【主要产品】食用香精

上海贝里亚塑料机械有限公司

上海市莲花南路 2188 号[201103]
电话:(021)61028557;13061667310
传真:(021)28526769
网址:www. bwg-machinery. cn
E-mail:zl200855@ 126. com
【主要产品】单螺杆挤出机;双螺杆挤出机;成型机

上海必肯压缩机有限公司

上海市平凉路 716-720 号实益大厦 418 室[200082]
电话:(021)65437793;29833581
传真:(021)65394016
经济类型:股份有限公司
网址:www. bk-compressor. com
E-mail:beacon@ bk-compressor. com
【主要产品】精密过滤器;吸附式干燥机;特殊介质气体压缩机;双螺杆式压缩机;无油螺杆式压缩机

上海碧泉化工有限公司

上海市镇坪路 177 弄 7 号 103 室[200061]
电话:(021)52917712;52917729;13601721425
传真:(021)52917729
网址:www. bqchem. com
E-mail:biquan@ bqchem. com
【主要产品】氢氧化镉;硫酸钴;硫酸锌;硫酸锌(一水);硫酸镉;硫酸镍;硝酸镉;氯化钴;氯化锌;氯化镉;磷酸锌;碱式碳酸锌;碳酸镉;三氧化二钴;氧化钴;氧化镍;氧化铜;氧化钕;氧化铒;氧化锌;氧化镉;氧化镧;氧化铈;无机颜料;氧化铁黑

上海博爱化工有限公司

上海市金山区金山大道 4500 号[201512]
电话:(021)67262041
传真:(021)67262041
网址:www. boaichem. com
【主要产品】1-氯-3-甲基-2-丁烯;甲基庚烯酮;芳樟醇;四氢芳樟醇;去氢芳樟醇;乙酸芳樟酯

上海博呈化工有限公司

上海市大华路 998 弄 88 号[200442]
电话:(021)66361098;66370524
传真:(021)66370910
供销电话:66361098;13901947170
法人代表:周宝成
网址:www. bochengchem. com
E-mail:bocheng@ bochengchem. com
【主要产品】硫酸钴;氯化钴;碱式碳酸铜;碳酸钡;碳酸铈;碳酸锂;碳酸锶;碳酸镉;钼酸钠;钼酸铵;钼酸钡;氧化钴;氧化镍;三氧化钼;五氧化二钒;合成金红石;氧化铜;氧化钕;氧化钐;氧化铒;氧化锌;氧化镁;氧化镧;氧化镨;氧化铈;硒粉;无机颜料;氧化铬绿;硒硫化镉;硫化镉;黑色素

上海博立尔化工有限公司

上海市嘉定区唐行工业区华杰路[201816]
电话:(021)59951484;59953629;59954238
传真:(021)59951794
经济类型:中外合资经营企业
网址:www. 9long. com. cn
E-mail:sales@ sh-pioneer. com. cn
【主要产品】高固体丙烯酸树脂

上海彩凤饲料磷钙有限公司

上海市松江茸北工业区茸兴路 261 号[201613]
电话:(021)57781699;57781700
传真:(021)57782485
网址:www. caifeng. com. cn
E-mail:skynz@ yintong. cn
【主要产品】磷酸二氢钙(食用级);磷酸氢钙(食用级);磷酸钙

上海昌全硅胶干燥剂有限公司

上海市江桥工业园区丰华公路 875 号[201803]
电话:(021)69118901;13901831452
传真:(021)59141459
供销电话:59119684;69118903
供销传真:59117885
网址:www. shchangquan. com
E-mail:sales@ shchangquan. com
【主要产品】硅橡胶板;分子筛,4A 型;硅溶胶;A 型硅胶;高效型干燥硅胶;硅铝胶;干燥剂

上海长风化工厂

上海市普陀区云岭东路 971 号[200062]
电话:(021)52810768;52808954
传真:(021)52817306　经济类型:国有
供销电话:52817306　法人代表:卞长信
网址:www. shcfc. com
E-mail:zhy@ shcfc. com
【主要产品】乙二醇;1,2-丙二醇;环烷酸;环烷酸(脱脂);环烷酸(精制);环烷酸钡;环烷酸钠;异辛酸钴;癸酸钴;纯丙乳液;硅丙乳液;苯丙乳液;防锈乳液;封底乳液;涂料杀菌防腐剂;涂料专用消泡剂;环烷酸钴;环烷酸镍;环烷酸镁;催干剂;环烷酸铜;粉末涂料流平剂;水性涂料增稠剂;油墨杀菌防霉剂;弹性乳液;叠合催化剂;甲苯岐化催化剂;润湿剂;增稠剂;环氧固化剂;水性环氧树脂固化剂;环氧树脂活性稀释剂;无色促进剂;橡胶黏结促进剂;有机硅防水剂;分子筛;柴油降凝剂;水性颜料分散剂

上海长峰特种聚氨酯有限公司

上海市奉贤区华亭经济园区[201424]
电话:(021)57442324
传真:(021)37504066
法人代表:李惠峰
网址:zcfjaz. 15668. cn
E-mail:webmaster@ shchangfeng. com
【主要产品】双面齿同步带;聚氨酯胶辊

上海长江化工厂

上海市松江区泗泾镇东泗桥 2 号[201601]
电话:(021)57615019;57615918;63216580
传真:(021)57615918　经济类型:国有
法人代表:郑敖金
网址:www. chemol. com. cn/entepri/changj
E-mail:webmaster@ chemol. com. cn
【主要产品】硝酸锌;福美双;四氯化碳;促进剂 TMTD;二甲基二硫代氨基甲酸钠;锌钙磷化液;金属清洗剂

上海长宁橡胶制品厂

上海市长宁区中山西路 1279 弄 2 号[200051]
电话:(021)62759215;62759858
传真:(021)62759215　经济类型:集体
网址:www. changning-rubber. com. cn
【主要产品】橡胶制品;减震用橡胶制品;止水带;止水条;遇水膨胀橡胶止水条

上海长征泵阀有限公司

上海市黄渡工业区春浓路 312 号(原绿环路 12 号)[201804]
电话:(021)69590458-8018
传真:(021)69595353

供销电话:69590488;69590458
经济类型:股份有限公司
网址:www.shchangzheng.com
E-mail:shchangzheng@163.com
【主要产品】磁力泵;耐腐蚀离心泵;立式离心泵;阀门;球阀;胶管截止阀;蝶阀;闸阀

上海长征化工厂

上海市普陀区真北支路480号[200333]
电话:(021)62574071
传真:(021)62570687
供销电话:62574071
经济类型:股份合作　法人代表:陈张兴
网址:www.shcz.com.cn
E-mail:shcz@shcz.com.cn
【主要产品】复合肥

上海常江化学有限公司

上海市闵行区华宁路1668号[201111]
电话:(021)64093727;64096801
传真:(021)34090018　职工人数:100人
经济类型:私营企业　法人代表:陆耀祥
网址:www.scj-chemicals.com
E-mail:scj@scj-chemicals.com
【主要产品】低温固化型粉末涂料;环氧聚酯混合型粉末涂料;耐高温强防腐粉末涂料;聚酯粉末涂料;环氧型粉末涂料;美术花纹型热固性粉末涂料;聚氨酯粉末涂料;抗静电型粉末涂料;荧光型粉末涂料;金属型粉末涂料;超薄型粉末涂料;抗菌型粉末涂料

上海超静减震器有限公司

上海市青浦区商榻镇(上海大观园风景区北首)[201719]
电话:(021)59285525;59285098
传真:(021)59285526
网址:www.cjjzq.com
【主要产品】橡胶接头;减震器及配件

上海宸锋锑业有限公司

上海市祁连山路2555弄22号202室[200436]
电话:(021)56509952;56136844;13501972689
传真:(021)56509952
供销电话:56509952;13817198168
网址:www.cfty.com
E-mail:cfty@cfty.com
【主要产品】三氧化二锑;锑;酒石酸锑钾;焦锑酸钾;乙二醇锑

上海晨富化工有限公司

上海市松江区叶榭镇车亭公路1269号[201609]
电话:(021)57801565;57803398
传真:(021)57803658;57619266
供销电话:13701790888
经济类型:私营企业　职工人数:170人
法人代表:范春华
网址:www.shchenfu.com
E-mail:chenfu@shchenfu.com
【主要产品】4-甲基-5-乙氧基噁唑;维生素B6;吡哆胺盐酸盐

上海晨日化学有限公司

上海市奉贤区齐贤镇党校旧址齐贤村303号[201403]
电话:(021)37196079;13817613899
传真:(021)37196077
网址:www.finechem.org
E-mail:zhangwei@finechem.org
【主要产品】氢化铝锂;2-甲基联苯;2,3-二氢呋喃;苯并咪唑;2-苄基咪唑啉盐酸盐;4-甲基-2-乙基咪唑;2-苯基咪唑啉;*N*,*N*′-硫羰基二咪唑;2-巯基噻唑啉;二苯乙酸;三氟甲基磺酸;2,2-二羟甲基丙酸;氯乙酸苯酯;2-氰基-3-乙氧基-2-丙烯酸乙酯;2-氨基-2′-氟-5-氯二苯甲酮;三氟甲磺酸酐;1-碘-3-甲基丁烷;双(4-氟苯基)氯甲烷;*N*,*N*-二甲基异丙醇胺;*N*,*N*-二甲基丙醇胺;1,3-二氨基-2-丙醇;四乙酰乙二胺;2,3-二氰基丙酸乙酯;*N*,*N*-二甲基-2-氯丙胺盐酸盐;2-氯乙胺盐酸盐;二苯乙醇酮;咪唑;*N*,*N*′-羰基二咪唑;5-氯-1-甲基咪唑;二(对氟苯基)甲基哌嗪;三甲基硅基咪唑;4-(*N*,*N*-二甲基)氨基苯甲醛;*N*-乙烯基咔唑;硝酸咪康唑;益康唑;盐酸妥拉唑林;新凝灵;甘宝素;紫外线吸收剂UV-T

上海成功气体工业有限公司

上海市江桥路28号[201803]
电话:(021)59149733;59149936;59117321
传真:(021)59117739
供销电话:59146815
网址:www.chengkunggas.com
E-mail:webmaster@chengkunggas.com
【主要产品】液氧;液氮

上海诚心化工有限公司

上海市中山北路2299号440室[200061]
电话:(021)52900040;13321881690
传真:(021)62243912
网址:www.shcxchem.com
E-mail:sales@shcxchem.com
【主要产品】1,2-二氯乙烷;溴乙烷;溴代异丁烷;己烷;环氧氯丙烷;二氯甲烷;2,2,4-三甲基戊烷;环己烷;庚烷;溴代庚烷;溴代癸烷

上海炽林明胶有限公司

上海市长宁区安顺路181弄1号甲210室[200051]
电话:(021)62780728;13801718282
传真:(021)62788178
网址:www.shcl-gelatine.com.cn
E-mail:cl@shcl-gelatine.com.cn
【主要产品】水解动物蛋白;工业明胶

上海崇明生化制品厂有限公司

上海市崇明县庙镇工业区[202153]
电话:(021)59382361
传真:(021)59384047
经济类型:私营企业　法人代表:陶德明
网址:www.cmbiochem.com
E-mail:office@cmbiochem.com
【主要产品】1,3-二氟苯;脱氢醋酸钠

上海创奇特种橡胶制品有限公司

上海市老青沪路2号[201105]
电话:(021)52272769;52270252
传真:(021)52272652
网址:www.shseal.com
【主要产品】氟橡胶混炼胶;聚四氟乙烯制品;氟橡胶板;骨架油封;硅橡胶制品;氟橡胶制品;氟橡胶O形圈

上海瓷龙化工有限公司

上海市闵行区沪闵路4200号[201108]
电话:(021)64892488;64891146;34074409
传真:(021)64891146-816
网址:www.excilon.cn;www.isway.net
E-mail:sales@excilon.cn
【主要产品】耐高温涂料

上海达峰化工合作公司

上海市交通路2363号[200065]
电话:(021)56050628;13916385164
传真:(021)56056922
供销电话:56050628;56077980
经济类型:股份合作　法人代表:高卉巍
网址:www.dafenghg.com
E-mail:ghw@sh-dfchem.com
【主要产品】草酸钛钾;草酸钠;草酸钾;草酸氢钾;草酸三氢钾;草酸钙;草酸亚铁;草酸铵;草酸钡;草酸;除垢剂

上海达凯塑胶有限公司

上海市浦东新区高桥界浜路400号[200137]
电话:(021)58674455;58670749
传真:(021)58673143　有进出口权
供销电话:58630402　职工人数:147人
经济类型:股份有限公司
法人代表:材才志
网址:www.sdksj.com
E-mail:chinasdk@etang.com
【主要产品】塑料制品;塑料板片材;聚氯乙烯压延片材

上海大邦化工防腐有限公司

上海市东新路355号8座6F[200063]
电话:(021)62053636;62053737
传真:(021)62053939
经济类型:私营企业　法人代表:吴贤增
网址:www.dabang.com.cn
E-mail:dabang@online.sh.cn
【主要产品】塑胶跑道;环氧地坪涂料;

沪

环氧砂浆长效防腐涂料；氯化氯丁橡胶涂料；各色防霉乳胶漆

上海大川原干燥设备有限公司

上海市斜土路 768 号致远大厦 5 楼 E 座[200023]
电话：(021)53960077
传真：(021)53960405
经济类型：中外合资经营企业
法人代表：朱云龙
网址：www.ojn-sd.com
E-mail：sales@ojn-sd.com
【主要产品】喷雾干燥机；造粒机；喷雾干燥制粒机

上海大东方园化纤有限公司

上海市崇明森林公园东首[202177]
电话：(021)59641988；59642325
传真：(021)59641685　职工人数：198 人
法人代表：刘文学
网址：www.dadonghuaxian.com
E-mail：webmaster@dadonghuaxian.com
【主要产品】丙纶高强工业丝

上海大峰草酸有限公司

上海市普陀区真华路 157 弄 19 号 701 室[200333]
电话：(021)66099028；69175451；69175457
传真：(021)69175561
供销电话：56349028；13901851685
供销传真：56349028
经济类型：股份合作
网址：www.shdafengchem.com
E-mail：dafeng@shdafengchem.com
【主要产品】次磷酸镍；草酸钛钾；草酸钠；草酸钾；草酸钙；草酸亚铁；草酸铵；草酸钡；四草酸钾

上海大光涂料制造有限公司

上海市闵行区华漕红卫路 108 号[201107]
电话：(021)52961122
传真：(021)62966808
经济类型：与港澳台商合作经营
网址：www.lightgiant.com
【主要产品】裂纹漆；木器漆；水性乳胶漆；外墙涂料；真石漆；丙烯酸弹性防水外墙乳胶漆；自流平环氧地板漆；环氧地坪封闭底漆；聚氨酯面漆；防水涂料；溶剂型外墙漆；砂浆地坪涂料；高级水泥地板漆；木器腻子

上海大田阀门管道工程有限公司

上海市浦东新区华夏东路 1152 弄 16 号[201200]
电话：(021)58372818
传真：(021)58372690
供销电话：58372818-205，206
经济类型：联营企业　法人代表：周崇斌
网址：www.dtjt.com
E-mail：business@dtjt.com
【主要产品】异径管；弯管；法兰；阀门；球阀；蝶阀；闸阀

上海大通高科技材料有限责任公司

上海市闵行区莘庄高科技园区金都路 4289 号[201108]
电话：(021)54800318；64807988；64809127
传真：(021)54170157
供销电话：52663557；34121047
经济类型：有限责任公司
法人代表：李成章
网址：www.dt-paint.com
E-mail：dtsh_sales@163.com
【主要产品】内外墙涂料；高性能工程机械漆；耐热防腐涂料；聚氨酯导静电耐油防腐涂料；涉水设备内壁涂料；超薄型钢结构防火涂料；防腐涂料；耐油防腐涂料

上海大祥化学工业有限公司

上海市奉贤区青村镇城乡路 47 号[201414]
电话：(021)57560808；57568640
传真：(021)58207928　有进出口权
供销电话：57560996
经济类型：外商独资
网址：textileinfo.com/cn/chemicals/daisyo
E-mail：dxiang@online.sh.cn
【主要产品】氨纶防黄剂；高分子絮凝剂；活性和直接染料固色剂；酸性染料染色用固色剂；增深增艳剂；精炼剂；皂洗剂；螯合分散剂；抗菌防臭整理剂；羊毛定型剂；高效脱色絮凝剂

上海大张过滤设备有限公司

上海市闵行区莘朱路 718 号[201100]
电话：(021)54373084；54373054
传真：(021)54373074
网址：www.dzglsb.com
E-mail：zzl@dzglsb.net
【主要产品】振动筛分过滤机；带式压榨过滤机；自动拉板压滤机；三足式吊袋卸料离心机；三足式离心机；三足式刮刀下卸料自动离心机

上海黛利复合材料有限公司

上海市金沙江路 1006 号 2 幢 409 室[200062]
电话：(021)52501136
传真：(021)52814070
网址：www.sh-daili.com
E-mail：hxchth46@sina.com.cn
【主要产品】铁氟龙网格输送带；复合膜；聚四氟乙烯制品；橡胶耐酸碱胶布制品

上海道舟生物科技有限公司

上海市虹口区杨树浦路 189 弄 3 号[200082]
电话：(021)65418199
传真：(021)65413299　产值：200 千元
固定资产：1,000 千元　职工人数：50 人
经济类型：有限责任公司
销售收入：5,000 千元
法人代表：夏慧芬
网址：www.doroe.com
E-mail：yafm1015@sina.com.cn
【主要产品】透明质酸

上海德品漆业有限公司

上海市腾北公路 97 号[201705]
电话：(021)59215816；59215818
传真：(021)59215685
网址：www.depin.com
E-mail：webmaster@depin.com
【主要产品】硝基漆类；硝基面漆；建筑乳胶漆；聚氨酯面漆；水性木器漆；油漆固化剂

上海德氟橡塑制品有限公司

上海市杨浦区翔殷路 165 号[200433]
电话：(021)55223711；65234011；13501789203
传真：(021)65515438
网址：www.shdefu.com
E-mail：webmaster@shdefu.com
【主要产品】聚四氟乙烯膜片，阀片；热缩套管；氟橡胶制品

上海德诺化工有限公司

上海市中山北路 2299 号 436 室[200061]
电话：(021)62142081；28143485；13761311773
供销电话：62142081；13761313918
供销传真：62142081
网址：www.denuochem.com
E-mail：husailin@msn.cn
【主要产品】1，2-二氯乙烷；二氯甲烷；三氯甲烷；1，4-二氯苯；1，2-二氯苯；一氯化苯

上海德品漆业有限公司

上海市腾北公路 97 号[201700]
电话：(021)59215816；59215818
传真：(021)59215685
网址：www.depin.com
E-mail：webmaster@depin.com；sales@depin.com
【主要产品】硝基面漆；硝基底漆；裂纹漆；建筑乳胶漆；抗碱封闭底漆；环保木器装饰漆；各色聚氨酯底漆；PU 透明亮光面漆；聚氨酯面漆；油漆固化剂

上海迪赛诺公司

上海市张江高科技园区祖冲之路 887 弄 78 号[201203]
电话：(021)65613000；50806118
传真：(021)65613111；50806558
网址：www.desano.com
E-mail：info@desano.com
【主要产品】D-核糖；2-脱氧-D-核糖；二

甲氨基乙醇,酒石酸氢盐;呋喃核糖;4-氨基-2-羟基嘧啶;β-胸腺嘧啶核苷;N-羟基丁二酰亚胺;L-精氨酸;齐多夫定;司他夫定;奈维拉平;2′,3′-双脱氧胞苷;茚地那维;依发韦仑;奈非那韦;利托那韦;非那甾胺;维生素 B1;维生素 B2;核黄素磷酸钠;维生素 B6;维生素 H;阿法骨化醇;炔孕酮;孕二烯酮;去氧孕烯;睾丸素;甲睾酮;丙酸睾酮;十一酸睾酮;达那唑;坎利酸钾;苯丙酸诺龙;5-甲基尿苷;紫杉醇;多烯紫杉醇;肌醇烟酸酯;福美斯坦;富马酸福莫特罗;奥沙利铂;盐酸格拉司琼;坎利酮;螺内酯;地丹诺辛;L-色氨酸;布地奈德;诺龙;替勃龙

沪

上海迪赛诺维生素有限公司

上海市张江高科技园区祖冲之路887 弄 78 号[201203]
电话:(021)50806118
传真:(021)50806558
供销电话:50806118-3108
经济类型:股份合作
网址:www.desano.com
E-mail:vitamins@desano.com
【主要产品】维生素 B 族

上海涤纶厂

上海市南山路 100 号[201101]
电话:(021)51003690
传真:(021)51005137 经济类型:国有
职工人数:51 人 法人代表:郝浩杰
网址:www.shdlc.com
E-mail:dilun@sh163.net
【主要产品】阻燃 ABS;增强阻燃 PET;玻璃纤维增强聚对苯二甲酸丁二醇酯;玻璃纤维增强阻燃 PBT;聚酯切片

上海淀山湖减振工程设备有限公司

上海市青浦区商榻镇商周路 209 号[201719]
电话:(021)59281091;59281057
传真:(021)59281857
网址:www.jianzhenqi.com
E-mail:huanxing@jianzhenqi.com
【主要产品】橡胶接头;减震器及配件;渗滤器(间歇式)

上海东岛碳素化工有限公司

上海市浦东区东塘路 55 号[200137]
电话:(021)68467097
传真:(021)50696084
供销传真:50691084
网址:www.sdcc.com.cn
E-mail:dongdaod@online.sh.cn
【主要产品】沥青

上海东风农药厂

上海市嘉定区沪宜公路 1288 号[201802]
电话:(021)59121627
传真:(021)59129172 经济类型:国有
供销电话:59128707 法人代表:张金兴
供销传真:59128707
网址:www.shdongfeng.com
E-mail:dfnch@online.sh.cn
【主要产品】吡虫啉;吡虫啉可湿性粉剂;吡虫啉可溶性液剂;异丙威乳油(20%);速灭威可湿性粉剂(25%);噻嗪酮;噻嗪酮可湿性粉剂;啶虫脒;啶虫脒乳油;啶虫脒可溶性液剂;三环唑;三环唑可湿性粉剂;硫·三环可湿性粉剂;吡·杀单可湿性粉剂

上海东和胶粘剂有限公司

上海市闵行区金都路 1038 号[201108]
电话:(021)54400541;54400147;64975329
传真:(021)64970210 有进出口权
经济类型:与港澳台商合资经营
网址:www.donghe-sh.com
E-mail:webmaster@donghe-sh.com
【主要产品】乳液胶黏剂;工业修补胶;白胶浆;汽车专用胶黏剂;接木胶;木工 AB 胶;拼板胶;木胶粉;搭口胶;封边胶;强力胶;扬声器用胶;层压胶

上海东来科技有限公司

上海市南翔镇蓝天路 197-217 号[201802]
电话:(021)59120904;59122540;59172144
传真:(021)59178147
网址:www.onwings.com.cn
E-mail:onwings@online.sh.cn
【主要产品】汽车漆;工业涂料;氟碳漆

上海东美化工有限公司

上海市常德路 1258 弄上青佳园 19 号 4 层[200060]
电话:(021)62761029;62761039
传真:(021)62761078
经济类型:外商独资
网址:www.dongmei.net
E-mail:dm@dongmei.net
【主要产品】拔染剂

上海东升高旭化工有限公司

上海市钦州路 100 号 2 号楼 11 层[200235]
电话:(021)64838680;64840990;64081394
传真:(021)64518499
网址:www.dssun.com
E-mail:dssun@dssun.com
【主要产品】轻质碳酸钙;重质碳酸钙;苯丙乳胶黏合剂;分散剂;絮凝剂;润滑剂;无甲醛抗水剂;纸张干强剂;造纸施胶剂;阳离子助留剂;中性施胶剂;造纸用湿强剂;废纸脱墨剂

上海杜邦农化有限公司

上海市浦东北路 989 号[200137]
电话:(021)58672488
传真:(021)58679025
供销传真:58674948
经济类型:中外合资经营企业
网址:www.dupont.com.cn/china/dupac.html
【主要产品】吡嘧磺隆可湿性粉剂;甲磺隆;甲磺隆可湿性粉剂;苯磺隆;苯磺隆可湿性粉剂;苄磺隆;苄磺隆可湿性粉剂

上海杜拿克化工有限公司

上海市汶水路 301 号[200072]
电话:(021)62560078;62153514;13701842743
传真:(021)62158061
网址:www.toorakchem.com
E-mail:jason-gu@toorakchem.com
【主要产品】2-吡啶甲醛;5-溴-2-甲基吡啶;新戊醛;四氟丙醇;粘溴酸;2,6-二甲基溴苯;3-氯-4-氟三氟甲苯;3,5-双三氟甲基苯甲酸;苄基磺酰氯;2-氯-5-三氟甲基吡啶;3,5-二(三氟甲基)苯乙酮

上海多纶化工有限公司

上海市石化经一路 968 号[200540]
电话:(021)57932190
传真:(021)57952288
经济类型:有限责任公司
法人代表:张少钢
网址:www.spcduolun.com
E-mail:spcduolun@spcduolun.com
【主要产品】聚乙二醇;单烷基醚磷酸酯;涤纶油剂;腈纶油剂;表面活性剂;平平加;乳化剂 EL;乳化剂 OP;壬基酚聚氧乙烯醚;防雾无滴剂

上海尔惠化学科技有限公司

上海市闵行区北桥镇放鹤路 1285 号[201109]
电话:(021)64903316;13764662178
传真:(021)64903316
网址:www.erhui.com
【主要产品】聚氨酯保温材料;抗氧剂 702;光稳定剂 770

上海法茵克化学科技有限公司

上海市浦东区杜鹃路 188 弄 1 号 2117 室[201204]
电话:(021)50451965;29527935;13818277506
传真:(021)68457917
网址:www.fincchem.com
E-mail:hbwang571@sh163.net;sales@fincchem.com
【主要产品】5-甲基苯并咪唑;1-甲基-3-吲唑甲酸;吲唑-3-羧酸;1,4-二氧六环-2-酮;1,2,3,4-四氢-9-甲基咔唑-4-酮;2,3-环戊烯并吡啶;2,6-二甲基吗啉;顺式-2,6-二甲基吗啉;1-氨基-9-甲基-9-氮杂双环[3.3.1]壬烷;托品酮;活力康唑;盐酸阿莫罗芬;艾拉莫德;枸橼酸托瑞米芬;托瑞米芬;盐酸阿夫唑嗪;盐酸格拉司琼;盐酸恩丹西酮;盐酸吉西他滨;光稳定剂 770

上海凡而阀门有限公司
上海市闵行区伟业路 620 弄 14 号 1301 室[200232]
电话:(021)51695975
传真:(021)51695975
经济类型:股份有限公司
法人代表:陈国煌
网址:www. fepv. com
E-mail:fepv@ fepv. com
【主要产品】阀门

上海方田弹性体有限公司
上海市松江区车新公路 356 弄 89 号
[201611]
电话:(021)57609733;57609038
传真:(021)57609679
经济类型:股份有限公司
网址:www. frontierelastomer. com
E-mail:contact@ frontierelastomer. com
【主要产品】热塑性弹性体

上海方星包装材料有限公司
上海市浦东新区星火开发区[201419]
电话:(021)57501360
传真:(021)57501358　职工人数:80 人
固定资产:18,000 千元
法人代表:范德建
网址:www. fx-packing. com
E-mail:fangxing@ pack. net. cn
【主要产品】复合编织袋

上海飞虎建筑涂料有限公司
上海市古浪路 1167 号[200331]
电话:(021)63638827;63639424
传真:(021)63637680
经济类型:与港澳台商合作经营
网址:www. fei-hu. cn
E-mail:feihu@ fei-hu. cn
【主要产品】内外墙乳胶漆;外墙专用腻子;封墙底漆

上海飞祥化工厂
上海市青浦区赵屯镇白石支路 652 号[201711]
电话:(021)59217355;13806267539
传真:(021)59217356　经济类型:集体
网址:www. xtchem. com
E-mail:fxchem@ hi2000. com
【主要产品】樟脑磺酸;左旋樟脑磺酸;右旋樟脑磺酸

上海斐雅科技发展有限公司
上海市宝山区民康路 95 号[200940]
电话:(021)56563693
传真:(021)66650335
网址:www. feeer. com
E-mail:ych@ feeer. com
【主要产品】L-脯氨酸;L-羟基脯氨酸;L-胱氨酸;L-半胱氨酸;L-半胱氨酸盐酸盐一水物;L-半胱氨酸盐酸盐无水物;L-缬氨酸;L-丙氨酸;L-赖氨酸盐酸盐;L-焦谷氨酸;L-亮氨酸;L-异亮氨酸;L-精氨酸;L-精氨酸盐酸盐;L-天门冬氨酸;L-天门冬氨酸镁;L-天门冬氨酸钙;L-天门冬氨酸钾;L-天冬氨酸钠;L-苏氨酸;L-酪氨酸;L-天冬酰胺;L-组氨酸;L-组氨酸盐酸盐;L-瓜氨酸;谷氨酸;L-盐酸鸟氨酸;赖氨酸;L-赖氨酸醋酸盐;L-蛋氨酸;L-苯丙氨酸;L-色氨酸;L-谷氨酰胺

上海丰达香料有限公司
上海市吴中东路 513 号[200233]
电话:(021)64693025
传真:(021)54590544
网址:www. xiangjing. sh. cn
E-mail:shfd@ xiangjing. sh. cn
【主要产品】异丁酸乙酯;乙酸乙酯;戊酸乙酯;己酸乙酯;庚酸乙酯;亚油酸乙酯

上海奉星涂料有限公司
上海市奉贤区奉城镇经济园区城中路 5 号[201411]
电话:(021)57525739
传真:(021)57513655
网址:www. shfxtl. com
E-mail:web@ shfxtl. com
【主要产品】各色氨基闪光烘漆;外墙涂料;各色丙烯酸磁漆;各色丙烯酸环氧烘漆;光固化涂料;铁红环氧底漆;各色环氧漆;聚氨酯漆类;各色聚氨酯磁漆;聚氨酯耐油面漆;塑料专用 UV 固化闪光涂料

上海弗鲁克流体机械制造有限公司
上海市恒丰路 600 号 16 楼 A 区
[200070]
电话:(021)63536763;13817189631
传真:(021)63178193
网址:www. fluko. com;
www. fluko. net
E-mail:service@ fluko. com
【主要产品】搅拌器;反应器;混合机;高剪切乳化机

上海浮岛化工有限公司
上海市莘庄碧泉路 36 号金霄大厦 803 室[201100]
电话:(021)64131485;64127563
传真:(021)64127563
供销电话:64325603;61111821
经济类型:中外合作经营企业
法人代表:王娟红
网址:www. fd169. com
E-mail:fd@ fd169. com
【主要产品】高效金属防锈剂;防锈剂;防锈清洗剂;磷化液;金属清洗剂;合成切削液;金属钝化剂

上海福邦化工有限公司
上海市船厂路 99 号 202 室[200032]
电话:(021)64171102;13651969968
传真:(021)64174604
经济类型:股份合作
网址:www. carfluor. com
E-mail:web@ carfluor. com
【主要产品】六氟化硫;氟化石墨;三氟化硼;五氟化碘;氟气;全氟乙基碘;全氟丁基碘;全氟辛酸铵;全氟己酸铵

上海福达精细化工有限公司
上海市松江区荣乐东路 66 号
[201613]
电话:(021)57743485;57746038;
57743484
传真:(021)57744298
供销电话:57743484;57747380
供销传真:57744298;57743483
经济类型:有限责任公司
法人代表:唐小真
网址:www. fudachem. com
E-mail:fudachem@ vip. 163. com
【主要产品】1,2,4-丁三醇;虎皮灵;防老剂 BLE;防老剂 AW

上海福神化工科技有限公司
上海市嘉定区外冈镇古塘工业区 388 号[201806]
电话:(021)59531896;27852551;
27161622
传真:(021)59919166　产值:600 千元
经济类型:有限责任公司
职工人数:50 人　法人代表:李金
网址:www. futurechem. com
E-mail:sales@ futurechem. com
【主要产品】过硫酸钾;过一硫酸氢钾;过硫酸铵;过二硫酸钠

上海福新化工有限公司
上海市奉贤区柘林镇沪杭公路 2433 号[201416]
电话:(021)57490008
传真:(021)57490313　有进出口权
供销电话:57491287;57490068
经济类型:外商独资　法人代表:陈建中
网址:www. fortunechem. com. cn
E-mail:logistic@ fortunechem. com. cn
【主要产品】糖精钠;糖精钙

上海富晨化工有限公司
上海市漕溪路 251 号[200233]
电话:(021)64759140;54484960;
54484961
传真:(021)54484962
网址:www. fuchem. com
E-mail:fuchem@ online. sh. cn
【主要产品】酚醛树脂;糠醇树脂;绝缘树脂;乙烯基酯树脂;醇酸防腐面漆;自流平环氧地坪涂料;各色环氧防腐面漆;氯化橡胶涂料;高氯化聚乙烯防腐面漆;防静电涂料

上海富大胶带制品有限公司
上海市东余杭路 1168 号[200082]
电话:(021)65590898;65590899

沪

传真:(021)65590900 有进出口权
经济类型:与港澳台商合资经营
职工人数:274 人 法人代表:袁立
网址:www.shanghaifuda.com
E-mail:shfuda@public2.sta.net.cn
【主要产品】橡胶运输带;尼龙分层阻燃运输带;钢丝绳橡胶运输带;织物芯运输带;橡胶传动带;橡胶三角带;窄V带

上海富路达橡塑材料科技有限公司

上海市浦东新区三林路 111 号[200124]
电话:(021)50826497;13701968928
传真:(021)50825741
网址:www.shfld.com
E-mail:fuluda@163.com
【主要产品】三氟丙基甲基环三硅氧烷;氟硅弹性体;氟硅油;塑料助剂;抗撕裂助剂;全氟表面活性剂 OBS

上海富洋化工有限公司

上海市浦东奉贤塘外化工开发区[201408]
电话:(021)57110713;57111078
传真:(021)57110713 有进出口权
供销电话:57110713;57110878
供销传真:57111329 法人代表:刘如成
经济类型:外商投资股份有限公司
网址:www.feosochem.com.cn
E-mail:fuyang@feosochem.com
【主要产品】间脲基苯胺;分散红;分散红 X-3B;分散紫 2R;分散翠蓝 H-GL

上海盖斯工业气体有限公司

上海市宝山区潘泾路 891 号[201906]
电话:(021)36042437;36042436
网址:www.shgaisi.com
E-mail:mail:webmaster@shgaisi.com
【主要产品】二氧化碳;氢气;氧气;氩气;氦气;氮气

上海高伦现代农化股份有限公司

上海市斜土路 2356 号中汇大楼四楼[200032]
电话:(021)64690258;64872041-106
传真:(021)64695096
职工人数:65 人
供销电话:64641465;64872035
网址:www.galonmodern.com
E-mail:galon@galonmodern.com
【主要产品】2-氯-6-硝基甲苯;2-氯丙烯酸;α-氨基-4-氯苯乙酸;4-溴甲苯;3-硝基邻苯二甲酸;3-硝基邻苯二腈;5,5-二甲基海因;α-氯丙烯腈;3-氯-2-甲基苯胺;8-羟基喹啉;2-硝基-4-氯甲苯;5-氯-2-甲基苯胺;邻氨基三氟甲苯;吡虫啉可湿性粉剂;41% 草甘膦异丙胺盐水剂;烟嘧磺隆;苯磺隆可湿性粉剂;精喹禾灵乳油;二氯喹啉酸可湿性粉剂;溴敌隆;溴鼠灵;甲霜·锰锌可湿性粉剂;辛·氰乳油;吡·高氯乳油;酚醛树脂泡沫塑料;1,3-二氯-5,5-二甲基海因;1-溴-3-氯-5,5-二甲基海因

上海高纳粉体技术有限公司

上海市华泾路 1305 弄 18 号[200231]
电话:(021)51095718
传真:(021)51095730
网址:www.gona.com.cn
E-mail:sales@gonapowder.com
【主要产品】二氧化锆;二氧化硅;氧化钇;氧化锌;氧化铝;氧化铈;荧光粉;钛白粉

上海高桥巴斯夫分散体有限公司

上海市浦东新区浦东北路 1929 弄 99 号[200137]
电话:(021)58670303
传真:(021)58675050;58671100
经济类型:中外合资经营企业
有进出口权
网址:www.sgbd.com.cn
E-mail:sgbd@sgbd.com.cn
【主要产品】羧基丁苯胶乳

上海高桥大同化工厂

上海市浦东区高桥大同路 1355 号[200137]
电话:(021)58611728
传真:(021)58672066 经济类型:集体
法人代表:唐惠明
网址:www.shec.gov.cn/introduce/gqdt/gqdt.htm
【主要产品】硫酸铝;精制硫酸铝

上海高桥石油化工公司聚氨酯事业部

上海市浦东新区浦东北路 1819 号[200137]
电话:(021)58611887;58613697
传真:(021)58612576 经济类型:国有
供销电话:58613885;58611843
供销传真:58611843;58611589
职工人数:670 人
网址:www.china-ppg.com
E-mail:chem3@china-ppg.com
【主要产品】环氧丙烷;丙二醇醚;聚醚多元醇;聚合物多元醇;聚醚多元醇(软质块状泡沫);聚醚多元醇(硬质板块发泡)

上海高特化工有限公司

上海市松江区叶榭镇叶张公路 108 号[201609]
电话:(021)51088616;57881282;57887525
传真:(021)51062868
网址:www.chinagtchem.com
E-mail:shgt@chinagtchem.com
【主要产品】双戊烯;芳烃溶剂油;萜烯树脂;再生胶;丁基再生胶;丁腈再生橡胶;2,6-二叔丁基对甲基苯酚;再生胶活化剂 420;橡胶软化剂;橡胶增黏树脂;橡胶填充油;吹苯残油;煤焦油;双萜烯;松香;氢化松香;松焦油

上海高维化学有限公司

上海市青浦区徐泾沪青平公路 1739 号[201702]
电话:(021)59760365
传真:(021)59761901 职工人数:192 人
经济类型:有限责任公司
网址:gwhx.ctiwt.com
E-mail:xuebp@163.net
【主要产品】农药增效剂;阴离子表面活性剂;椰油酰胺丙基甜菜碱;椰油酰胺丙基氧化胺

上海格伦化学有限公司

上海市梅陇路 130 号[200237]
电话:(021)64246002
传真:(021)64250732
网址:gelun.b2b.hc360.com
【主要产品】超分散剂;炭黑分散剂;抗水剂;脱水剂

上海铬黄颜料厂

上海市景泰路 709 号[200331]
电话:(021)63639911
传真:(021)63637249 经济类型:国有
【主要产品】橘铬黄;801 柠檬锶铬黄;钼铬红;钼铬红 107;钼铬红 207;防锈颜料

上海宫崎超细粉体技术有限公司

上海市浦东新区花木镇杜鹃路 188 弄 1 号 504 室[201204]
电话:(021)50592470;50592471
传真:(021)50592470
网址:www.miyazaki-beads.com
E-mail:miyazaki-sh@163.com
【主要产品】硅酸锆;二氧化锆

上海共禾化工有限公司

上海市中潭路 99 弄 117 号 404 室[200333]
电话:(021)56733000;13601992191
传真:(021)52927310
网址:www.gonghechem.com
E-mail:sales@gonghechem.com
【主要产品】环己烯;环戊烯;甲基环戊烯;氯代环己烷;氯代环戊烷;3-氯丙醇;溴代环戊烷

上海古龙防水科技有限公司

上海市溧阳路 487 号[200080]
电话:(021)65375510
传真:(021)35110092
网址:www.51cnweb.com
E-mail:lijing487@163.com
【主要产品】丙烯酸防水涂料;高级防水

补漏涂料；通用石材防护剂

上海光铧科技有限公司

上海市天山西路 1798 号［201106］
电话：(021)52176011；59751616；52172114
传真：(021)52175111　法人代表：徐强
供销电话：52176011；52172114
经济类型：私营企业
网址：www.e-chem.com.cn
E-mail：guanghua@shiuol.cn.net；chemol@hi2000.com
【主要产品】磷酸二氢钾；磷酸三钠；三苯基膦；苯甲酸钠；邻苯二甲酸氢钾；氨基磺酸钴；氢氧化铵；氨基磺酸铵；铋，粒状；*N*，*N*-二甲基苄胺；苯甲酸苄酯；次氮基三乙酸；苯甲酸；氨基磺酸；1，2-丙二醇；苯甲醇；苯甲醚；苯并三氮唑；阿拉伯树胶；蓖麻油；工业明胶；混凝土养护剂；混凝土脱模剂

上海光耀特种涂料有限公司

上海市方浜中路贻庆街 51 号［200010］
电话：(021)63286969
传真：(021)63284207
网址：www.gy-primer.com
E-mail：shgy@gy-primer.com
【主要产品】防锈金属漆；金属保护漆；金属表面处理剂；防锈剂

上海广盛塑胶有限公司

上海市青浦区诸光路光联二路 6 号［201700］
电话：(021)59760319；59768855
传真：(021)59769900
网址：www.gsplastic.com
E-mail：guangsheng@gsplastic.com
【主要产品】吸塑制品；多层共挤片材

上海广裕精细化工有限公司

上海市宝山区月罗路 581-585 号［200941］
电话：(021)56930447
传真：(021)56930487
供销电话：66300727
供销传真：66300656
网址：www.hkchem.com；www.guangyuchem.com
E-mail：sales@guangyuchem.com
【主要产品】乙二醛；草酸；乙醛酸水合物；克林霉素磷酸酯；红霉素琥珀酸乙酯；阿奇霉素；右旋泛酸钙；醇酯-12

上海贵盈科技发展有限公司

上海市浦东开发区六团镇吴店路 289 号［201202］
电话：(021)58591558；58592464
传真：(021)58591558　有进出口权
经济类型：有限责任公司
法人代表：吴勤昌
网址：www.guiyingtech.com
E-mail：sun-0476@sina.com
【主要产品】聚四氟乙烯管材；钢塑复合管；塑料管；衬氟耐腐蚀离心泵；耐腐蚀液下泵；内衬氟塑料截止阀

上海国成塑料有限公司

上海市闵行经济技术开发区北斗路 188 号［200245］
电话：(021)64307833；64635067；64302442
传真：(021)64627275；64637799
供销电话：64307833；64302442
供销传真：64635075　有进出口权
经济类型：外商独资
网址：www.shbeston.com
E-mail：sale@shbeston.com
【主要产品】聚氯乙烯管材；PVC 塑胶布

上海哈勃化学技术有限公司

上海市松江出口加工区曹农路 300 号［201613］
电话：(021)57686505
传真：(021)57686232
网址：www.h2o2.com.cn
E-mail：sales@h2o2.com.cn
【主要产品】过氧化氢

上海海宏化工有限公司

上海市青浦区莲盛镇［201722］
电话：(021)59272008
传真：(021)59272863
供销电话：63146754
供销传真：63146754
网址：www.shhaihong.com
【主要产品】聚氯乙烯树脂（食品级）；聚氯乙烯粒料

上海海民造漆厂

上海市奉贤区塘外镇海民村［201408］
电话：(021)57170175
传真：(021)57170175
网址：www.hylive.com/shanghai14916.html
【主要产品】醇酸树脂漆类；硝基漆类；丙烯酸自干型清漆；各色丙烯酸烘漆

上海海隼化工科技有限公司

上海市西康路 468 号［200040］
电话：(021)62583476
传真：(021)58277750
网址：www.haisun.cn
E-mail：sales@haisun.cn
【主要产品】甘油缩甲醛；邻甲氧基苯甲酸；2-氯-5-硝基三氟甲苯；6-氯-1，3-二氢吲哚-2-酮；6-氟-3-(4-哌啶基)-1，2-苯并异噁唑盐酸盐；3-(1-哌嗪基)-1，2-苯并异噻唑盐酸盐；2-苯氧基甲磺酰苯胺；α-氯代-4-甲氧基苯乙酮；4-氟苯亚砜钠；尼美舒利；盐酸万拉法新；盐酸莱克多巴胺；利培酮

上海海以工贸有限公司

上海市曹杨路 609 弄 10 号楼 1103 室［200063］
电话：(021)52825078；62222270；13301717390
传真：(021)52823028
网址：www.haiyi-fr.cn
E-mail：hywlx@vip.sina.com
【主要产品】氢氧化镁；阻燃剂；非卤膨胀型阻燃剂；多聚磷酸铵；蜜胺包覆聚磷酸铵；无卤环保阻燃剂

上海海营化工工贸实业公司

上海市蕴川路 2222 号［201901］
电话：(021)56800723；56809726；13901615909
传真：(021)56494742
网址：www.shhaiying.com
E-mail：shhy@hi2000.com
【主要产品】金属清洗剂

上海韩彩实业有限公司

上海市莘建东路 198 弄地铁明珠 8 号 14 层［201100］
电话：(021)64145599；64146699
传真：(021)64145555
网址：www.hancai.com.cn
E-mail：hancai888@hancai.com.cn
【主要产品】高级墙面漆

上海韩雄染料化工有限公司

上海市青浦区凤溪镇北青公路 3988 号［201705］
电话：(021)59770563
传真：(021)59770947　有进出口权
供销电话：59770520
经济类型：中外合作经营企业
网址：www.lecotan.com
E-mail：hwoon@online.sh.cn
【主要产品】硫化染料；皮革染料；金属络合染料

上海汉飞生化科技有限公司

上海市普陀区曹杨路 450 号绿地和创大厦 608 室［200032］
电话：(021)52363300
传真：(021)54960222
网址：www.hanfeibc.com
E-mail：sales@hanfeibc.com
【主要产品】α-酮戊二酸；α-酮戊二酸二甲酯；α-酮戊二酸单钾盐；α-酮戊二酸钙盐；α-酮戊二酸镁盐；α-酮戊二酸二钠盐；L-谷氨酰胺-α-酮戊二酸；L-组氨酸-α-酮戊二酸；L-赖氨酸-α-酮戊二酸；L-精氨酸-α-酮戊二酸盐；肌酸酮戊二酸；L-精氨酸-L-天门冬氨酸；L-精氨酸-L-苹果酸；精氨酸乙酯盐酸盐

上海瀚鸿化工科技有限公司

上海市嘉川路 245 号综合楼 207 室［200237］
电话：(021)64543801；28424163；64109697
传真：(021)64543801　经济类型：国有
职工人数：20 人
网址：www.hanhongchem.com
E-mail：hanhongchem@sohu.com
【主要产品】L-正缬氨酸；D-丝氨酸；环丝

沪

氨酸

上海豪申化学试剂有限公司
上海市宝山区祁连山路 2192 号[200436]
电话:(021)56139808
传真:(021)66121686
供销电话:56136514;56136513-83
供销传真:66162608 法人代表:吴步凌
网址:www. hsj. sh. cn
E-mail:haoshen_sh@ hotmail. com
【主要产品】三苯基氧化膦;己烷;三氯甲烷;环己烷;庚烷;乙腈;丙酮;乙酸乙酯;异丙醇;甲醇;四氢呋喃;三苯基膦

沪

上海昊海化工有限公司
上海市安顺路 139 号 2 号楼 5 楼[200052]
电话:(021)62940661;13901927574
传真:(021)62943468
供销电话:62940661-333
网址:www. haohaigroup. com
E-mail:haohai@ haohaigroup. com
【主要产品】聚氨酯胶黏剂;聚氨酯泡沫填缝剂

上海昊化化工有限公司
上海市中山北路 2052 号 13 楼[200063]
电话:(021)62058113;62032850;52906901
传真:(021)32010235
网址:www. haochem. com
E-mail:haochem@ hi2000. com
【主要产品】5-氟乳清酸;2,4,5,6-四氯嘧啶;二甲基硅油;克拉红霉素;5′-脱氧氟尿苷;白炭黑

上海浩海精细化工有限公司
上海市云岭西路前李家宅 52 号[200333]
电话:(021)52702551
传真:(021)52705744
经济类型:有限责任公司
法人代表:李洁明
网址:www. sh-haohai. cn
E-mail:haohai@ sh-haohai. cn
【主要产品】导热油;导热油炉清洗剂

上海浩业化工有限公司
上海市金山区金山卫镇八一村[201512]
电话:(021)57260504;57261188;13501626872
传真:(021)67262551;57260995
固定资产:4,800 千元 职工人数:80 人
供销传真:57261188
法人代表:赵建龙
网址:www. haoyechem. com
E-mail:info@ haoyechem. com
【主要产品】硫酸钴;硫酸镍;氯化钴;氯化镍;钼酸钠;冰醋酸;乙二醇二醋酸酯;醋酸钠

上海浩洲化工有限公司
上海市广中路 133 号中山大厦 2202 室[200083]
电话:(021)65169883;13818833888
传真:(021)64561945;63400321
供销电话:65169883;13701913376
供销传真:65170515
网址:www. hostchem. com
E-mail:sales@ hostchem. com
【主要产品】1-氯萘;3-硝基苄胺盐酸盐;三乙基硼;吗啉硼烷;四苯硼钠;二甲胺硼烷;胍基丙酸;胍基乙酸

上海合达聚合物科技有限公司
上海市浦东新区张江镇沔北路 58 弄 99 号[201204]
电话:(021)50202761;50202762
传真:(021)50202765
网址:www. sheda. com. cn
E-mail:polyheda@ 263. net
【主要产品】聚醚多元醇;聚氨酯树脂;水溶性聚氨酯树脂;聚氨酯密封胶;延迟催化剂;交联剂;开孔剂

上海和昌特氟龙技术有限公司
上海市闵行区莘庄镇黎安西路 1605 号[201100]
电话:(021)54886128;54889172;54889175
传真:(021)54889313;54888731
供销电话:54889251
经济类型:港澳台商独资经营
网址:www. ptfe-king. com. cn
E-mail:hestflon@ 163. com
【主要产品】聚四氟乙烯密封圈;聚四氟乙烯补偿器;聚四氟乙烯设备内衬;模压制品;O 形密封圈;反应釜;防腐管道

上海和中塑料化工有限公司
上海市奉贤区泰青路 4258 号[201414]
电话:(021)57561515;57561616;57561919
传真:(021)57561515
网址:www. shhkchem. com
E-mail:sales@ shhkchem. com
【主要产品】聚乙烯桶;聚乙烯塑料瓶

上海河山泵业有限公司
上海市黄渡镇方黄公路 7735 号[200070]
电话:(021)56557777;56559888
传真:(021)51685999;66580128
供销电话:56557888;56559888
网址:www. hs-pv. com
E-mail:sales@ hs-pv. com
【主要产品】胶体磨;化工专用泵;衬氟耐腐蚀离心泵;磁力泵;自吸式磁力泵;工程塑料泵;玻璃钢泵;齿轮泵;隔膜泵;螺杆泵;耐酸泵;离心泵;耐腐蚀离心泵;增强聚丙烯耐腐离心泵;玻璃钢耐腐蚀离心泵;管道式离心泵;油泵;阀门;球阀;蝶阀;闸阀

上海恒欣化工有限公司
上海市祁连山路 1526 弄 300 号[200436]
电话:(021)63636381
传真:(021)63636382
经济类型:有限责任公司
法人代表:季炳奎
网址:www. shdaoreyou. com
【主要产品】HD 系列导热油;齿轮机油;液压油;清洗剂

上海恒信化学试剂有限公司
上海市民晏路 53 号[200072]
电话:(021)56334086
传真:(021)56382884 有进出口权
供销电话:56380381
经济类型:有限责任公司
网址:www. shchemreagent. com. cn
E-mail:crwn02@ online. sh. cn
【主要产品】铋酸钠;铝酸钠;高氯酸钠;溴酸钠;次磷酸钠;焦磷酸钠;三氧化二钴;硝酸钴;硫酸钴;氯化钴;碳酸钴;氧化镍,黑色;硫酸镍;碳酸镍,碱性;氨基磺酸镍;硫酸镍铵;氨基磺酸铵;次亚磷酸铵;磷酸二氢铵;磷酸氢二铵;氢氧化锂;高氯酸锂;溴化锂;硝酸铋;次硝酸铋;氯化铋;氯代异丁烷;乙醇酸;DL-苹果酸;钨酸;氨基磺酸

上海恒业分子筛有限公司
上海市奉贤区青村镇李窑工业区李窑路 1 号[201414]
电话:(021)57568588
传真:(021)57568970
经济类型:有限责任公司
法人代表:戴联平
网址:www. hyms. com. cn;
www. molecularsieve. net
E-mail:sales@ hyms. com. cn
【主要产品】氧化铝;钯 A 型分子筛;镍催化剂;活性氧化铝;细孔球形硅胶;变色硅胶;硅胶;粗孔球形硅胶;分子筛

上海恒谊化工有限公司
上海市新华路 543 号 2 号楼 2D 座[200052]
电话:(021)62813486;52540798
传真:(021)52540799
经济类型:私营企业
网址:www. hy-chem. com. cn;
www. hy-chem. net
E-mail:hy@ hy-chem. net;
hyxyl-2000@ 263. net
【主要产品】丙烯酰胺;超吸水树脂;水性消泡剂;二甲基二烯丙基氯化铵;*N*-羟甲基丙烯酰胺;分散剂;聚丙烯酰胺;增稠剂;消泡剂;聚合氯化铝;聚合硫酸铁;有机硅消泡剂(水处理专用);甲基丙烯酰氧乙基三甲基氯化铵;丙烯酰氧乙基三甲基氯化铵;纸张增强剂;阳离子助留剂;造纸用湿强剂

上海衡峰氟碳材料有限公司

上海市四平路 1188 号 705 室[200092]
电话:(021)65976727
传真:(021)65979303
网址:www. fcchina. com
E-mail:hffcgs@ fcchina. com
【主要产品】氟碳漆

上海衡元高分子材料有限公司

上海市严桥路 371 号由由科技楼 7 楼[200125]
电话:(021)50907586;50398616;50398708
传真:(021)58739935
网址:www. shhyco. com
E-mail:shawbin@ china. com
【主要产品】高效型干燥硅胶;干燥剂

上海宏淳橡胶制品有限公司

上海市南汇区盐仓镇红星村盐朝公路 388 号[201300]
电话:(021)58090356;13002197943
传真:(021)58097486
网址:www. 52921234. com/hongchun
【主要产品】橡胶杂品;胶辊;电梯用橡胶件;橡胶密封圈

上海宏鹏化工有限公司

上海市嘉定区沪宜公路 5188 号[201806]
电话:(021)59588367;13901987618
网址:www. hongpengchem. com
E-mail:hongpeng@ hongpengchem. com
【主要产品】间三氟甲基肉桂酸;L-(+)-酒石酸二乙酯;间三氟甲基苯丙酮;*N*-苄基-4-哌啶酮;DL-邻氯苯甘氨酸;对氯苯甘氨酸;*S*-(+)-对氯苯甘氨酸;右旋氯吡格雷盐酸盐;丁二酸二异辛酯磺酸钠

上海宏生色浆厂

上海市沪松公路 1578 弄 58 号[201615]
电话:(021)57638638;57637083
传真:(021)57637494 职工人数:30 人
法人代表:仓培生
网址:www. hongshengsj. com
E-mail:sale@ hongshengsj. com
【主要产品】乳胶漆;环保涂料色浆

上海宏伟塑胶有限公司

上海市沪青平公路徐泾镇徐民东路 1 号[201702]
电话:(021)59765255;13801859540
传真:(021)59765256
网址:www. shhwplastic. com
E-mail:sales@ shhwplastic. com
【主要产品】色母粒

上海虹光化工厂

上海市宝山区呼兰路 201 弄 125 号[200431]
电话:(021)36110924
传真:(021)56748324 经济类型:国有
供销电话:56666541 法人代表:贝忠
供销传真:56663159
网址:www. hghgc. com
E-mail:wangyl@ hghgc. com;
jane@ hghgc. com
【主要产品】碳酸钠(一水);碳酸氢钠;碳酸氢钠(药用)

上海虹生实业有限公司

上海市田林路 192 号[200233]
电话:(021)54265267
传真:(021)54485268
供销电话:54485267
网址:www. chinachemnet. com/shhschem
E-mail:chshhsc@ online. sh. cn;
hs@ shhschem. com
【主要产品】2,6-二叔丁基苯醌;2-氨基-5-碘吡啶;1,3-二甲基-2-咪唑啉酮;5-氟吲哚酮;噻唑;2,5-二羟基苯甲醛;十八硫醇;十六硫醇;2-氨基-5-羟基苯甲酸;庚二酸;十四烷基巯基乙酸;原戊酸三甲酯;1,3-环戊二酮;三氯溴甲烷;3,5-二甲氧基苯胺;对碘苯胺;丙基脲;对溴苯腈;2-溴噻唑;雌三醇

上海沪旦生物科技有限公司

上海市上大路 1288 弄 108 号 102 室[200436]
电话:(021)56131903;13611829357
经济类型:股份合作 法人代表:杜龙
网址:www. hudan. cn
E-mail:jinsc81890@ hotmail. com
【主要产品】2,4,6-三溴-3-羟基苯甲酸;戊烷磺酸钠;己烷磺酸钠;庚烷磺酸钠;辛烷磺酸钠;1,4-丁二磺酸钠;十二烷基磺酸钠;甲基二磺酸;甲基二磺酸钠

上海沪丰生物科技有限公司

上海市中原路 34 弄 2-5 号[200433]
电话:(021)65343101;65335383;13301807976
传真:(021)65386465
网址:www. hufeng. com
E-mail:yzj@ hufeng. com
【主要产品】DL-缬氨酸;甘露醇;环己六醇;*α*-乳糖

上海沪冈真空泵制造有限公司

上海市普陀区古浪路 208 号[200331]
电话:(021)62506060;63638787
传真:(021)62509848
经济类型:股份合作
网址:www. hu-gang. com
E-mail:nuclear@ online. sh. cn
【主要产品】离心泵;增强聚丙烯耐腐离心泵;旋片式真空泵;汽水串联真空泵;水喷射真空泵;球阀;真空计量罐

上海沪昆化工有限公司

上海市柘林镇新申工业区新沪路 4 号[201416]
电话:(021)57561515;57561616;57561919
传真:(021)57561515
法人代表:朱瑞国
网址:www. shhkchem. com
E-mail:sales@ shhkchem. com
【主要产品】黄磷

上海沪试化工有限公司

上海市崇明县港沿镇北首[202158]
电话:(021)59465516;13916515497
传真:(021)59465697
经济类型:股份有限公司
法人代表:沈友昌
网址:www. hushichem. com
【主要产品】氢碘酸;磷酸锌;氧化锌;氧化镁(轻质);环己烯;一缩二乙二醇;二乙二醇单丁醚;硼酸三丁酯;苯酐;3-甲酚;*N*-甲基-4-氨基苯酚硫酸盐;二乙烯三胺;*N*,*N*-二甲基乙酰胺;1,5-萘二磺酸;二乙二醇丁醚醋酸酯;钠;巴比妥钠;四苯硼钠;偏钒酸钠;乳酸钠;偏钒酸铵;羟胺,盐酸盐;苯并戊三酮;二乙基巴比土酸;磺基水杨酸;乳酸;苯磺酸;二甲基乙二肟;红四唑;蓖麻油;柠檬酸铁;癸二酸二异辛酯;促进剂 D;促进剂 M

上海沪一泵业制造有限公司

上海市奉贤区青港工业区[200070]
电话:(021)57566592
传真:(021)63537137
供销电话:63176315;63533221
供销传真:63176315
网址:www. huyipumps. com
E-mail:huyi@ huyipumps. com
【主要产品】磁力泵;螺杆泵;离心泵;料浆泵;立式离心泵;管道式离心泵;油泵;旋片式真空泵;往复式真空泵

上海花王化学有限公司

上海市闵行区北松路 1500 号[201111]
电话:(021)64092880
传真:(021)64092881 职工人数:120 人
网址:www. kaochemsh. com. cn
E-mail:webmaster@ kaochemsh. com. cn
【主要产品】珠光剂;脂肪醇聚氧乙烯醚硫酸钠;十二烷基磷酸钾;椰油酰胺丙基甜菜碱;羟磺基甜菜碱;咪唑啉型甜菜碱;混凝土高效减水剂;混凝土脱模剂;金属清洗剂

上海花王有限公司

上海市闵行区花王路 333 号[201111]
电话:(021)64091210
传真:(021)64094937 有进出口权
供销电话:62199999 企业规模:大型
供销传真:62193333
经济类型:中外合资经营企业
法人代表:坂田正惠
网址:www. kao. sh. cn;
www. pis. org. cn/shhw. htm

E-mail:liu.jinsong@kao.sh.cn
【主要产品】香皂;合成洗衣粉;洗面奶;洗发香波;护发素

上海华邦涂料有限公司

上海市奉贤区南桥镇环城东路977号[201400]
电话:(021)57411839;57420133
传真:(021)57420898
供销电话:56973220
供销传真:56724469
经济类型:有限责任公司
网址:www.hb-paint.com
E-mail:hbpaint@hbpaint.com
【主要产品】各色酚醛调合漆;各色醇酸调合漆;硝基面漆;硝基底漆;乳胶漆;丙烯酸内墙乳胶漆;聚酯透明亮光面漆;环氧地坪涂料;聚氨酯色漆;聚氨酯清漆;各色聚氨酯地坪漆;各色亮光面漆;透明底漆;耐磨地坪涂料;木器底漆;高级亮光地板漆

上海华宝孔雀香精香料有限公司

上海市闸北区南山路99号[200070]
电话:(021)56980237;56902608
传真:(021)56307020　职工人数:275人
经济类型:有限责任公司
法人代表:虞荣年
网址:www.hbkq.com.cn
E-mail:webmaster@hbkq.cn
【主要产品】食品添加剂;食用香精;烟草香精

上海华宝纤维制品有限公司

上海市嘉定区黄渡镇曹安路3962号[201804]
电话:(021)69595481;13817553680
传真:(021)69591625　有进出口权
经济类型:与港澳台商合资经营
法人代表:李海如
网址:www.zhhb.chembb.com
E-mail:zhou5487@yahoo.com.cn
【主要产品】纸塑复合袋

上海华彩精细化工有限公司

上海市普陀区泸定路114号5楼[200062]
电话:(021)52501592
传真:(021)52807882　有进出口权
经济类型:中外合作经营企业
法人代表:储文化
网址:www.huacaichem.com
E-mail:sales@huacaichem.com
【主要产品】盐酸;六氟磷酸钾;六氟磷酸钠;六氟锑酸钠;3-氨基-1,2,4-三氮唑;间溴苯甲醛;5-硝基水杨醛;4,4′-二氨基二苯醚;4,4′-二羟基二苯醚;1,3-二甲氧基苯;苯乙醚;4,4′-二羟基二苯硫醚;3,5-二硝基苯甲酸;3,4-二氨基苯甲酸;5-羟基间苯二甲酸;α-甲基肉桂酸;α,β-二溴丁二酸;4,4′-二苯醚二甲酸;戊二酸;氰乙酸叔丁酯;氰乙酸甲酯;原戊酸三甲酯;氯乙酸叔丁酯;对硝基三氟乙酸苯酯;三氟乙酰乙酸乙酯;对羟基亚苄基丙酮;2-溴-4′-氯苯乙酮;2,4-二氯-3,5-二硝基三氟甲苯;5-硝基间苯二甲酸;4-氯-3-硝基苯甲醛;4-氯-3,5-二甲基苯酚;3,5-二甲基-4-氨基苯酚;三乙胺盐酸盐;苯丁胺;氰乙酰胺;三氟甲基磺酸钠;双(三甲硅基)氨基锂;戊腈;戊二腈;5-羧基苯并三氮唑;氯代叔丁基苯;4-氯-3-硝基苯甲酸;十八碳酰氯;1,3,3-三甲基-2-亚甲基吲哚啉乙醛;2-亚甲基-1,3,3-三甲基吲哚啉醛;4-(*N*,*N*-二甲基)氨基苯甲醛;4-[*N*-甲基-*N*-(β-氯乙基)]氨基苯甲醛;4-[*N*-甲基-*N*-(β-氰乙基)]氨基苯甲醛;4-(*N*,*N*-二乙基)氨基苯甲醛;对叔丁基邻氨基苯甲醚;2-氨基-6-甲氧基苯并噻唑;*N*,*N*-甲基苄基苯胺;*N*-甲基-*N*-羟乙基苯胺;3-氨基-4-氯苯甲酸;氨基胍碳酸氢盐;*N*-乙基-*N*-羟乙基苯胺;*N*-乙基-*N*-氰乙基苯胺;苯甲醚;3-甲基吲哚;5-氯戊腈;氨水;阳离子染料;4-硝基苯甲醛;交联剂TAIC;乙酰丙酮铝;全氟丁基磺酸钾;2,6-二叔丁基-4-乙基苯酚

上海华德塑料制品有限公司

上海市宝山城市工业园区振园路269号[200444]
电话:(021)36162626
传真:(021)36162136
经济类型:中外合资经营企业
企业规模:大型
网址:www.huade-plus.com
【主要产品】塑料制品;汽车塑料配件

上海华东制药机械有限公司

上海市浦东区祝桥空港工业园区金亮路8号[201323]
电话:(021)58108108;58100688;58109119
传真:(021)58109090　职工人数:300人
网址:www.eastchinagroup.com
【主要产品】热风循环烘箱;隧道灭菌烘箱;冷冻真空干燥机;三足式吊袋卸料离心机;三足式下部人工卸料离心机;卧式螺旋卸料沉降离心机;高速管式离心机;高速冷冻离心机

上海华尔杰机电设备制造有限公司

上海市虹口区北宝兴路321号[200083]
电话:(021)56381522;56382420;66028005
传真:(021)56386176　经济类型:国有
职工人数:600人
法人代表:侯德宝
网址:www.sh2hj.com
E-mail:sh2hj@sh2hj.com;hhj2china@online.sh.cn
【主要产品】玻璃钢制品;板式换热器;冷却塔;冷却塔风机;空冷器风机;密封;成型机

上海华尔卡氟塑料制品有限公司

上海市松江工业区江田东路255号[201613]
电话:(021)57741130
传真:(021)57741244　有进出口权
供销电话:53082468
供销传真:53082478
经济类型:外商独资
网址:www.valqua.com.cn
E-mail:y-shen@vst.valqua.co.jp
【主要产品】塑料制品;聚四氟乙烯车削板;聚四氟乙烯模压棒;聚四氟乙烯套筒

上海华辐化学品有限公司

上海市延安西路1030号34-6B[200052]
电话:(021)62257864
传真:(021)62258194
网址:www.shhfchem.diytrade.com
【主要产品】紫外线吸收剂;引发剂

上海华化塑胶有限公司

上海市虹梅南路863号[200030]
电话:(021)54297300;13701636187
传真:(021)54297299
网址:www.hwa-hwa.com
E-mail:info@hwa-hwa.com
【主要产品】环氧树脂黏合剂;热熔胶黏剂;密封胶;滤芯胶

上海华桓涂料有限公司

上海市闵行区华漕镇北青公路2199号[210705]
电话:(021)52261628
传真:(021)52261608
供销电话:64289983
供销传真:64384316
网址:www.sh-hhtl.com
E-mail:webmaster@sh-hhtl.com
【主要产品】腻子;水性金属漆;环保纳米乳胶漆;纳米真石漆;外墙弹性纳米乳胶漆;高渗透封固底漆

上海华联建筑外加剂厂有限公司

上海市浦东新区高桥镇大同路1434号[200137]
电话:(021)58610386;58671176
传真:(021)58679044
网址:www.shlca.com/kj.htm
E-mail:geding_chen@shlca.com
【主要产品】缓凝剂;混凝土减水剂;混凝土抗渗剂;混凝土防冻剂;脱模剂;速凝剂;泵送剂

上海华羚树脂有限公司

上海市长宁区天山路473号401-402室[200336]
电话:(021)28326694;62417260

传真:(021)62296420
网址:www. kingresin. com
E-mail:hlresin@ 163. com;
sales@ kingresin. com
【主要产品】强酸性苯乙烯系阳离子交换树脂;弱酸性丙烯酸系阳离子交换树脂;强碱性苯乙烯系阴离子交换树脂;强碱性苯乙烯系阴离子交换树脂(201×7 型);大孔弱碱性丙烯酸系阴离子交换树脂(D311 型);螯合型胺羧基阳离子交换树脂(D751 型);大孔吸附树脂;二甲基硅油(201 型);甲基苯基硅油;乳化硅油

上海华茂药业有限公司

上海市闵行区莘庄工业园申南路 789 号[201108]
电话:(021)34073986-102;64896598
传真:(021)64892789;64896288
供销电话:62531458
供销传真:62531458
网址:www. huamaoyy. com
E-mail:huamaoyy@ 163. com
【主要产品】无水乳糖;右旋糖酐

上海华美助剂厂精细化工分厂

上海市松江区泖港东部工业区[201607]
电话:(021)57865134;57865739
传真:(021)57865739
经济类型:股份合作　法人代表:吴春根
网址:www. huameijx. com
E-mail:huamei@ huameijx. com
【主要产品】乳酸钠;苯甲酸钠;丙酸钙;丙酸钠;乳酸钙;乳酸锌;乳酸钾;盐酸二甲双胍;盐酸川芎嗪;2,3,5,6-四甲基吡嗪

上海华彭实业有限公司

上海市梅川路 1249 号 107 室[200333]
电话:(021)62651869;28219359;
13341690967
传真:(021)62647061
网址:www. huapengchem. com
E-mail:huapeng@ hi2000. com
【主要产品】溴化铜;溴化亚铜;乙醛;聚三乙醛;4-甲苯磺酸;苯丙酮;3,5-二羟基甲苯;苯基二氯化磷;三丁基膦;三苯基氧化膦;三苯基膦;二苯基氯化膦;二乙醇缩乙醛;三聚甲醛;五氧化二磷;氯铂酸钾;2,2′-联吡啶;4,4′-联吡啶;氯铂酸;1-溴代萘;2-溴代萘

上海华申树脂有限公司

上海市闵行区纪翟路大桥车站 1457 号[201107]
电话:(021)62960303;62964223
传真:(021)62960303　经济类型:集体
供销电话:62960303;13601870266
法人代表:徐春明
网址:www. sh-huashen. com
E-mail:huashen@ sh-huashen. com
【主要产品】大孔弱碱性苯乙烯阴离子交换树脂(D303 型);大孔苯乙烯系螯合树脂(D403)

上海华生化工有限公司

上海市黄浦区九江路 69 号[201106]
电话:(021)63236966;63232166
传真:(021)63216210　经济类型:集体
供销电话:63294634;63290143
供销传真:63239962　企业规模:大型
法人代表:李隆铭
网址:www. guxiangpaint. com. cn
E-mail:hs@ guxiangpaint. com. cn
【主要产品】防火涂料;外墙封闭底漆;真石漆;丙烯酸外墙罩面漆;丙烯酸外墙乳胶漆;丙烯酸弹性防水外墙乳胶漆;高级环保外墙漆;环保内墙乳胶漆;水性罩光漆;外墙面漆;各色防霉乳胶漆;高级内墙底漆;建筑胶 801;聚醋酸乙烯乳液胶黏剂

上海华盛香料厂

上海市金山区漕泾镇阮巷村 2162 号[201506]
电话:(021)67270878;13585767664
传真:(021)67270878　经济类型:集体
法人代表:叶金大
网址:www. bioxianleid. com/huasheng
E-mail:xianqind@ 163. com
【主要产品】4-吡啶甲醛;丁酸丁酯;丁酸异戊酯;庚酸烯丙酯;色甘酸二乙酯;异戊酸乙酯;苯丙酮;2,6,6-三甲基环己烯-1,4-二酮;聚卡波非钙;苯甲酸苄酯;丙酸乙酯;己酸乙酯;庚酸乙酯;托吡卡胺;茶碱;氨茶碱;二羟丙茶碱;色甘酸钠;甘氨酸茶碱钠;桃醛;乙酸异戊酯;己酸烯丙酯;异戊酸异戊酯;3-甲基-3-苯基缩水甘油酸乙酯;二氢猕猴桃内酯;茶香螺烷

上海华钛化学有限公司

上海市延安西路 1030 号 34-6B 室[200052]
电话:(021)52395490;52395491
传真:(021)62258194　职工人数:500 人
供销电话:52395492;62257864
经济类型:与港澳台商合资经营
网址:www. runtecchem. com
E-mail:info@ runtec-chem. com
【主要产品】2,5-二氯吡啶;2-苯基咪唑;2-氨基-4-甲基吡啶;4-氯二苯甲醇;对甲基二苯甲醇;邻甲基二苯甲醇;2,4,6-三甲基苯甲酸;4,4′-二氟二苯甲酮;苯酐;邻甲基二苯氯甲烷;4-氯二苯氯甲烷;邻羧基苯硫酚;苯基二氯化磷;二苯乙腈;2,2′-二硫代二苯甲酸;二苯基氯化膦;4-氯二苯甲酮;2-氯二苯甲酮;2-甲基二苯甲酮;3-甲基二苯甲酮;4-甲基二苯甲酮;2-氯-3-氨基吡啶;2-氨基-5-氯吡啶;对羟基苯乙腈;乙胺嘧啶;盐酸普萘洛尔;盐酸可乐定;增塑剂;光稳定剂 770;紫外线吸收剂 UV-9;紫外线吸收剂 UV-327;紫外线吸收剂 UV-329;紫外线吸收剂 UV-328;紫外线吸收剂 UV-531;紫外线吸收剂 UV-326;紫外线吸收剂 UV-P;紫外线吸收剂 UV-0;紫外线吸收剂 UV-1;紫外线吸收剂 UV-2;2-羟基-4-甲氧基二苯甲酮-5-磺酸

上海华向世界橡胶有限公司

上海市青浦区徐泾镇诸陆西路 2883 号[201702]
电话:(021)59767826
传真:(021)59767825;59767805
经济类型:有限责任公司
网址:www. shijies. com. cn
E-mail:world_rubber@ sohu. com
【主要产品】胶辊;丁腈胶辊;丁基胶辊;印染胶辊;硅橡胶辊;三元乙丙胶辊;运输胶辊;橡胶地毯;复印机压力辊

上海华谊丙烯酸有限公司

上海市浦东北路 2031 号[200137]
电话:(021)28969999
传真:(021)58612283
网址:www. sh-aa. com
E-mail:acrylicacid@ sh-aa. com
【主要产品】丙烯酸;丙烯酸羟丙酯;丙烯酸丁酯;丙烯酸甲酯;丙烯酸羟乙酯;苯丙乳液;压敏胶胶黏剂

上海华谊集团华原化工有限公司

上海市瑞金二路 42 号[200020]
电话:(021)63232307;63233469;
63214034
传真:(021)64377736　有进出口权
供销电话:63214044　法人代表:周世和
供销传真:63616025
经济类型:有限责任公司
网址:www. shhuayuan. com
E-mail:shhuayuan@ online. sh. cn
【主要产品】氢氧化钙;三氧化钼(精制);过氧化氢;氧化钙;胶体石墨;双戊烯;过氧乙酸;乙酰乙酸乙酯;乙酰乙酸甲酯;磷酸三乙酯;樟脑;*N*,*N*-二甲基乙酰胺;水合肼;莰烯;钼酸钠;钼酸;高氯酸;松节油;乙酸异龙脑酯;磷酸三甲苯酯;磷酸三苯酯;亚磷酸三苯酯;亚磷酸一苯二异辛酯;三(β-氯乙基)磷酸酯;三(2,3-二氯丙基)磷酸酯;偶氮二甲酰胺;发泡剂 ADC-K;发泡剂 ADC-F;发泡剂 ADC-410;2,6-二叔丁基对甲基苯酚;防老剂 2246;再生胶活化剂 420;二(2-乙基己基)磷酸酯;二硫化钼(水剂);二硫化钼固体润滑膜;金属润滑剂;高温润滑油;双萜烯

上海华谊集团上硫化工有限公司

上海市宝山区蕴藻南路 1 号[200431]
电话:(021)56995888
传真:(021)56754417　有进出口权
供销电话:56756536;56746220
供销传真:56754470　法人代表:童国强

沪

网址:www. cssaw. com
E-mail:info@ cssaw. com
【主要产品】硫酸;发烟硫酸;亚硫酸氢铵;亚硫酸钠;三氧化硫(液);硫黄;乙二醛;乙二醇;硫酸二甲酯;连二亚硫酸钠;氨基磺酸;二甲基亚砜;漂毛剂;硬脂酸异辛酯;硬脂酸异十三醇酯

上海华溢塑料助剂合作公司

上海市宝山区顾村工业园区湄沈路1号[200060]
电话:(021)56025516;66730068;13901764235
传真:(021)56025516　法人代表:朱勇
供销电话:62981190;62981220
供销传真:62981220
经济类型:股份合作
网址:www. huayichem. com
E-mail:huayid@ china. com;huayid@ hi2000. com
【主要产品】一氧化铅;硬脂酰胺;氯化聚乙烯135A;聚乙烯蜡;氧化聚乙烯;聚丙烯蜡;M-80树脂;冬青油;荧光增白剂;增光剥离剂;染料防尘剂;α-甲基苯乙烯线性二聚体;邻苯二甲酸二辛酯;均苯四甲酸四辛酯;油酸丁酯;顺丁烯二酸二丁酯;顺丁烯二酸二辛酯;癸二酸二丁酯;癸二酸二辛酯;偏苯三酸三辛酯;硬脂酸丁酯;对苯二甲酸二辛酯;硬脂酸辛酯;增塑剂V-276;聚氯乙烯加工用助剂;二盐基硬脂酸铅;三盐基硫酸铅;油酸酰胺;液体钙锌稳定剂;液体钡锌稳定剂;硬脂酸钠;硬脂酸钙;硬脂酸钡;硬脂酸铅;硬脂酸锌;复合稳定剂;催发泡稳定剂;芥酸酰胺;塑料光亮剂;PVC外润滑剂;亚乙基双硬脂酰胺;聚烯烃成核透明剂;锂基润滑脂;高温润滑油

上海华元实业总公司

上海市苍梧路25号[200233]
电话:(021)64753386;64751318
传真:(021)64752369　经济类型:国有
网址:www. dye10. cn
E-mail:plane@ online. sh. cn;dye10@ dye10. com
【主要产品】2,6-二氨基蒽醌;2,3-二羟基萘-6-磺酸钠;3-氨基苯磺酸;苯绕蒽酮;2-氨基-1,4-苯二磺酸;2-氨基蒽醌;2-萘酚-3,6-二磺酸二钠;α-氯蒽醌;1-氯-2-甲基蒽醌;β-氯蒽醌;蒽醌-2,6-二磺酸二铵;还原金橙G;还原黄GCN;还原黄5RC;还原艳橙3RK;还原橙2RT;还原桃红R;还原大红R;还原艳紫RR;还原蓝BC;还原蓝RSN;还原深蓝BO;还原深蓝VB;还原艳绿FFB;还原草绿GN;还原橄榄绿B;还原橄榄T;还原咔叽2G;还原棕LG;还原棕BR;还原灰BG;还原灰M;还原直接黑RB;还原直接黑DB;还原绿MW;还原艳红RB;还原大红GG

上海华源股份有限公司

上海市浦东新区陆家嘴东路161号招商局大厦[200120]
电话:(021)58799888
传真:(021)58825887
法人代表:张杰
经济类型:外商独资
企业规模:大型
网址:www. worldbest. sh. cn
E-mail:shhygf@ online. sh. cn
【主要产品】聚酯切片;涤纶长丝;铝型复合塑料板;柠檬酸;柠檬酸(一水)

上海化工高等专科学校实验工厂

上海市徐汇区漕宝路120号[200235]
电话:(021)64364000;64702555
传真:(021)64702123　经济类型:国有
法人代表:顾忠民
网址:www. huazhuan. com
E-mail:huilan@ online. sh. cn
【主要产品】三氯甲基碳酸酯;2R-2-[(4-乙基-2,3-双氧代哌嗪基)甲酰胺]苯乙酸;乙酸钡;氢氧化钡;硝酸钡;氯化钡;碳酸钡;硝酸钾;吗氯贝胺

上海化工机械一厂

上海市大渡河路620号[200062]
电话:(021)52811156;52821744;52821839
传真:(021)52807965　经济类型:国有
供销电话:52802840;52802969
供销传真:52821740
网址:www. shcm. cn
E-mail:jy@ shcm. cn;cai@ shcm. cn
【主要产品】化工设备;反应釜;降膜式蒸发器;吸收塔;旋风分离器;换热器;不锈钢罐;储罐;低温液体储罐;液化气体汽车罐车;低温液体运输车;塔器

上海化工装备有限公司

上海市黄浦区新闸路126号九楼[200003]
电话:(021)63278135
传真:(021)63270564　职工人数:416人
供销电话:63729916　法人代表:张国勋
经济类型:有限责任公司
网址:www. shhuayi. com/htm/Zigongsi. htm
E-mail:shhgzb@ online. sh. cn
【主要产品】冷却塔;空气冷却器;干燥器;粉碎设备;破碎机;贮气罐(柜)

上海化工装备有限公司化工机械三厂

上海市徐汇区广元西路309号[200030]
电话:(021)64071149;64481022;64481019
传真:(021)64391164;64481044
有进出口权
网址:www. chemmachine-3j. com
E-mail:market@ chemmachine-3j. com
【主要产品】干燥器;流化床对撞式气流粉碎机;超细气流粉碎机;微粉碎机;双轴微粉碎机;干法分级机;造粒机

上海化学试剂有限公司上海试剂一厂

上海市普陀区大渡河路188号[200062]
电话:(021)52814866;52803768
传真:(021)52803111
经济类型:有限责任公司
网址:www. scrcc1. online. sh. cn
E-mail:scrcc@ online. sh. cn
【主要产品】硝酸银

上海环球分子筛有限公司

上海市闵行经济技术开发区文井路500号[200245]
电话:(021)64302370;54070555
传真:(021)64301533　有进出口权
供销传真:54070836
经济类型:与港澳台商合资经营
网址:www. suop. com. cn
E-mail:shauop@ sh163. net
【主要产品】分子筛,3A型;全胶分子筛(5A型)

上海环球氧化铁颜料有限公司

上海市宝山区祁连镇陈太路1899号[200436]
电话:(021)56133445;56137729
传真:(021)56134221　有进出口权
经济类型:中外合资经营企业
网址:www. universal-sh. com/index-c. htm
E-mail:marketing@ universal-sh. com
【主要产品】氧化铁红;氧化铁黄;哈巴粉;氧化铁黑

上海黄渡复合肥有限公司

上海市嘉定区黄渡镇东街村10号[201804]
电话:(021)69591507
传真:(021)69593555
【主要产品】混配复合肥料;有机复合肥

上海辉旺助滤剂有限公司

上海市金山区漕泾镇[201507]
电话:(021)57255880;13801701813
传真:(021)57250699
网址:www. sh-huiwang. com
E-mail:huiwang@ sh-huiwang. com
【主要产品】硅藻土助滤剂

上海回力鞋业有限公司

上海市怀德路1002号[200082]
电话:(021)65356651;65438033
传真:(021)65357220　经济类型:国有
供销电话:65356503;65356571
有进出口权　企业规模:大型
网址:www. warriorshoes. com
【主要产品】运动鞋

上海回天化工新材料有限公司

上海市松江工业区东兴路21号[201600]

电话:(021)37740135;57743399
传真:(021)37740088 职工人数:40 人
经济类型:股份有限公司
法人代表:陈林
网址:www. shhuitian. com
E-mail:huitian@ shhuitian. com
【主要产品】模具胶;环氧灌封料;环氧树脂黏合剂;密封剂;有机硅胶黏剂

上海汇港磷酸盐厂

上海市南汇区新场新桥8组[201314]
电话:(021)58179015;13701670799
传真:(021)58174404
网址:www. chinachemnet. com/p2o5
E-mail:p2o5@ hi2000. com
【主要产品】聚磷酸;五氧化二磷

上海汇浩工业涂料有限公司

上海市浦东新区周浦沈西[201318]
电话:(021)54303201;13801665905
传真:(021)58117064 职工人数:54 人
固定资产:1,702 千元
经济类型:与港澳台商合作经营
网址:www. sh-hlhh. com
E-mail:webmaster@ sh-hlhh. com
【主要产品】工业涂料;环氧无溶剂自流平漆;高氯化聚乙烯防腐涂料;氯化橡胶防腐涂料;氯化橡胶玻璃鳞片涂料;防静电涂料;防静电乳胶漆;耐磨地坪涂料

上海汇集新材料股份有限公司

上海市蕴川路 2738 号[201901]
电话:(021)56390244;56390245-368;56390029
传真:(021)66683209
网址:www. huiji-china. com
E-mail:huiji@ online. sh. cn
【主要产品】重质碳酸钙;活性重质碳酸钙;轻质活性碳酸钙;消泡剂

上海汇精亚纳米新材料有限公司

上海市莘庄工业区颛桥镇繁安路 59 弄 33-202 [201108]
电话:(021)64890809
传真:(021)64898959
经济类型:私营企业 法人代表:刘雅明
网址:www. shhuijing. com
E-mail:liutaotyb@ sina. com
【主要产品】活性轻质碳酸钙(纳米级);煅烧高岭土;二氧化硅;石英粉;硅粉;玻璃纤维;钛白粉(纳米级)

上海汇丽集团有限公司

上海市康桥东路 299 号[201319]
电话:(021)68130988
传真:(021)68130998
经济类型:股份有限公司
企业规模:大型
网址:www. huili. com
【主要产品】腻子;木器家具漆;乳胶漆;内墙涂料;生态型内墙涂料;外墙涂料;真石漆;硅丙外墙涂料;丙烯酸内墙乳胶漆;耐高温防腐涂料;聚氨酯耐磨涂料;沥青基聚氨酯防水涂料;氯磺化聚乙烯长效防霉涂料;防水涂料;氯磺化聚乙烯防腐涂料;硅橡胶防水涂料;复合防水涂料;特级丝绸乳胶漆;饰面型防火涂料;高弹性外墙装饰涂料;木器腻子;聚氨酯嵌缝胶;丙烯酸密封膏;建筑胶;有机硅防水剂;锚固剂

上海汇龙化工有限公司

上海市嘉定区朱家桥镇灯塔村[201815]
电话:(021)59929338;13901753927
传真:(021)59929733 有进出口权
供销电话:59929338;13901822930
经济类型:有限责任公司
网址:www. shhuilong. com
E-mail:huilong@ shhuilong. com
【主要产品】硝酸钴;硝酸镍(六水);碳酸镍;2,8-二羟基-3-萘甲酸;*N*-(2-乙酰氨基)亚氨基二乙酸;对氯苯乙酮;间乙基苯酚;氨基磺酸镍;醋酸镍;碘丙炔正丁胺甲酸酯;对氨磺酰基苯肼盐酸盐;*N*-乙基-*N*-(3-磺酸苄基)苯胺;1-乙酰氨基-7-萘酚;2,3-二羟基萘-6-磺酸钠;双J酸;2-氨基甲苯-5-磺酸;2-氨基甲苯-4-磺酸;磺化吐氏酸;苯肼-4-磺酸;2-(*N*-苯氨基)-5-萘酚-7-磺酸;2-萘胺-3,6,8-三磺酸;7-氨基-1,3,5-萘三磺酸;8-羟基-2-(*N*-苯基)萘胺-5-磺酸;乙酰γ酸;2-乙酰氨基-5-萘酚-7-磺酸;苯甲酰基J酸;1,5-萘二磺酸;1-萘酚-3,6,8-三磺酸;2-氨基-8-萘酚-3,6-二磺酸;2-萘酚-6,8-二磺酸二钾;1-萘酚-5-磺酸;2-萘酚-6-磺酸钠;2-羟基-3-羧基苯并咔唑;2-萘胺-6-磺酸;2-萘胺-5-磺酸;乙酰H酸;醋酸钴

上海汇英塑料制品有限公司

上海市青浦区北青公路凤溪嵩山村苗圃车站南侧[201705]
电话:(021)59776266;59774627;59774829
传真:(021)59774633
供销电话:63047732
供销传真:63047732
网址:www. huiying. net
E-mail:webmaster@ huiying. net
【主要产品】聚苯乙烯保温板

上海汇宇精细化工有限公司

上海市浦东新区周浦塘东车站[201318]
电话:(021)58112089;58113826;58112756
传真:(021)58111499 有进出口权
经济类型:中外合资经营企业
网址:www. huiyu. com. cn
E-mail:hyz@ huiyu. com. cn;
hy-c@ huiyu. com. cn
【主要产品】聚氨酯树脂;涂料用树脂;塑胶跑道;彩色塑胶运动场;内墙亚光面漆;各色环氧导电漆;环氧面漆;环氧无溶剂自流平漆;环氧砂浆长效防腐涂料;水性环氧树脂涂料;各色聚氨酯环氧防腐漆;彩色聚氨酯防水涂料;防静电涂料;聚氨酯皮革涂饰剂;PU硬化剂

上海汇增实业有限公司

上海市宝山区月浦工业园区园和路 255 号[200941]
电话:(021)56190267
传真:(021)56921968
供销电话:13816321229
法人代表:王澄洲
网址:www. shhuizeng. com
【主要产品】各种管弹性体保护环

上海汇脂树脂厂

上海市嘉定开发区[201600]
电话:(021)59969959;13906119292
网址:www. shanghaihz. com
E-mail:wwy@ shanghaihz. com
【主要产品】强酸性苯乙烯系阳离子交换树脂(001×4 型);强酸性苯乙烯系阳离子交换树脂(001×7 型);强酸性苯乙烯系阳离子交换树脂(001×10 型);大孔强酸性苯乙烯系阳离子交换树脂(D001 型);大孔强酸性苯乙烯系阳离子交换树脂(D002 型);大孔强酸性苯乙烯系阳离子交换树脂(D61 型);724 弱酸性阳离子交换树脂;大孔弱酸性丙烯酸系阳离子交换树脂(D113 型);强碱性季铵Ⅰ型阴离子交换树脂(201×4 型);强碱性苯乙烯系阴离子交换树脂(201×7 型);大孔强碱性季铵Ⅰ型阴离子交换树脂(D201 型);大孔强碱性季铵Ⅰ型阴离子交换树脂(D204 型);凝胶强碱性苯乙烯系阴离子交换树脂;大孔弱碱性丙烯酸系阴离子交换树脂(D311 型);大孔苯乙烯系螯合树脂(D403);D101 大孔吸附树脂

上海惠达橡胶制品有限公司

上海市浦东新区施新路 989 号[201202]
电话:(021)68960804;68961166
传真:(021)50530222
网址:www. huidaxj. com
E-mail:huidaxj@ huidaxj. com
【主要产品】氧气胶管;乙炔胶管;硅胶管;减震器及配件;绝缘橡胶板;铁路橡胶轨枕垫板;胶轮;橡胶密封制品;防尘罩;硅橡胶制品

上海惠丰石油化工有限公司

上海市番禺路 75 弄 1 号[200052]
电话:(021)62121126;62106912;62513557
传真:(021)32120791;52397633
网址:www. huifengco. com
E-mail:webmaster@ hfvac. com
【主要产品】真空淬火油;矿物油型真空

泵油；扩散泵油；增压泵油；真空密封脂

上海惠广精细化工有限公司

上海市化学工业区目华北路[201424]
电话：(021)57448208；57448209
传真：(021)57448205
网址：www. shhuiguang. com
E-mail：sales@ shhuiguang. com；cyh@ shhuiguang. com
【主要产品】羟丙基甲基纤维素；甲基纤维素；羟乙基甲基纤维素

上海吉安化工有限公司

上海市浦东新区北蔡镇潘姚 168 号[201204]
电话：(021)58912763；58914203
传真：(021)58439091　有进出口权
经济类型：与港澳台商合资经营
网址：www. shec. gov. cn/introduce/xixi/6. htm
E-mail：shjang@ sh163a. sta. net. cn
【主要产品】脲醛树脂；腻子；EVA 型热熔胶黏剂；乙烯-醋酸乙烯共聚树脂热熔胶粒

上海吉臣化工有限公司

上海市浦东金桥开发区浙桥路 289 号 B 座 1304 室[201206]
电话：(021)58341051
传真：(021)58341052
经济类型：有限责任公司
网址：www. shjicheng. com；www. jichenchem. com
E-mail：jicheng@ shjicheng. com
【主要产品】聚环氧乙烷；聚丙烯酰胺；增白剂；防水涂层剂；消泡剂；聚合氯化铝；杀菌剂(工业用)；光亮剂；阳离子助留剂；助留剂 HY-2；纸张柔软剂；剥离剂；废纸脱墨剂

上海集能化工有限公司

上海市金山区金一东路 1 号 2308-2310 室[201511]
电话：(021)57950255
网址：www. jineng. com. cn
E-mail：service@ jineng. com. cn
【主要产品】抗聚剂；汽柴油增效剂；脱蜡助滤剂；阻垢缓蚀剂；结焦抑制剂

上海济州塑料制品有限公司

上海市浦东新区施新路 1260 号[201202]
电话：(021)50968001；50968003；28805393
传真：(021)50968005
网址：www. jizhou88. com
E-mail：jizhou@ jizhou88. com
【主要产品】软聚氯乙烯板；聚乙烯管；热缩套管；聚氯乙烯硬管；丙烯腈-丁二烯-苯乙烯管；煤气胶管；输油胶管；聚氯乙烯密封条

上海佳品涂料有限公司

上海市奉贤区泰日镇泰青路 258 号[201405]
电话：(021)57587147；57586385；57583493
传真：(021)57583491
经济类型：中外合资经营企业
网址：www. jptl. com
【主要产品】丙烯酸防水涂料；内外墙乳胶漆；真石漆；环氧地坪涂料；自流平环氧地坪涂料；防霉装饰漆；内外墙防霉抗碱封固底漆；建筑用内外墙界面剂

上海佳营橡塑制品厂

上海市青浦区凤溪镇[201705]
电话：(021)59778675；13801981725
传真：(021)39778001　职工人数：50 人
网址：www. jiaying999. com
E-mail：jy@ jiaying999. com
【主要产品】橡胶制品

上海佳裕涂料有限公司

上海市松江区九里亭工业园区 28 号[201615]
电话：(021)57638267
传真：(021)57636665　法人代表：孙勇
网址：www. jiayu-paint. com
E-mail：sunyong@ jiayu-paint. com
【主要产品】硝基自干黑板漆；硝基丙烯酸绿板漆；丙烯酸硝基木器消光漆；丙烯酸硝基木器底漆；各色丙烯酸烘漆；环氧黑板漆

上海家化联合股份有限公司

上海市保定路 527 号[200082]
电话：(021)65456400
传真：(021)65458990
经济类型：外商投资股份有限公司
企业规模：大型　法人代表：葛文耀
网址：www. jahwa. com. cn
E-mail：ntact@ jahwa. com. cn
【主要产品】香皂；合成洗涤剂；洗涤剂

上海家具涂料厂

上海市浦东新区东靖路 328 号(原东高路 166 号)[201208]
电话：(021)68460776；68460810；68460991
传真：(021)68460776　经济类型：国有
供销传真：68460991　职工人数：154 人
法人代表：秦界平
网址：www. shec. gov. cn/introduce/jjtll/2. htm
E-mail：jiaju-tl@ bsbsc. com
【主要产品】色浆树脂；硝基清漆；硝基亚光漆；珠光涂料；内外墙乳胶漆；聚酯亚光清漆；高级聚酯漆系列；光固化涂料；单组分聚氨酯清漆；聚氨酯色漆；聚氨酯清漆 685 号；水晶耐磨地板漆

上海嘉辰化工有限公司

上海市真南路 1051 弄 14 号[200331]
电话：(021)66080896；66080897
传真：(021)66080957　有进出口权
网址：www. jiachenchina. com
E-mail：jiachen@ jiachenchina
【主要产品】氢氧化钾；1,3-二甲基金刚烷；2,2′-联喹啉；2-溴乙基甲基醚；丁酸甲酯；亚硝酸叔丁酯；4-十二烷基苯胺；乙二胺四乙酸四钠；碘丙炔正丁胺甲酸酯；甘氨酸乙酯盐酸盐；1,1-环已基二乙酸；2,4,6-三氨基嘧啶；吡丙醚；氟虫腈；氯化金；磷酸二氢锌；二苯基甲酰肼；伊立替康

上海嘉定分子筛厂

上海市嘉定区朱家桥镇北首[201815]
电话：(021)59961761；59961326；59968050
传真：(021)59961761
经济类型：集体
供销电话：13701737980
法人代表：顾林其
网址：www. sh-jdchem. com
【主要产品】催化剂；钯催化剂；活性氧化铝；分子筛；干燥剂

上海嘉定马门溶剂油厂

上海市嘉定区外钱公路 361 号[201823]
电话：(021)59936156；13701775915
传真：(021)39930002
法人代表：张志明
网址：www. sh-puxin. com
E-mail：sales@ sh-puxin. com
【主要产品】M-80 树脂；α-甲基苯乙烯线性二聚体；增塑剂 V-276

上海坚纳斯特种涂料有限公司

上海市徐家汇路宜山路 515 号 2 楼 13D 座[200233]
电话：(021)54486169
传真：(021)54486170
网址：www. jeniespaint. com
【主要产品】工业涂料；建筑涂料；重防腐漆；地坪涂料

上海建北有机化工有限公司

上海市普陀区曹杨路 450 号 405 室[200063]
电话：(021)52354630
传真：(021)23019938
供销电话：52354622
网址：www. jbchem. com
E-mail：sh@ jbchem. com
【主要产品】盐酸；丁醛；异丁醛；一氯乙酸；丙酸；丁酸；异丁酸；庚酸；甲基异丙基酮；环已酮；3,3-二甲基-2-丁酮；3-戊酮；2-戊酮；乙胺；二乙胺；1,3-丙二胺；二异丙胺；*N*,*N*-二异丙基乙胺；三乙胺；戊胺；三正丁胺；二正丁胺；二异丁胺；正辛胺；异辛胺；正丙胺；二正丙胺；三正丙胺；正丁胺；仲丁胺；4-硝基苯胺；邻乙氧基苯甲酰氯；直接耐晒黑 G；酸性橙 Ⅱ；酸性黑 ATT；酸性黑 10B；皮革黑；4-甲基-2-戊醇

上海建好装饰材料有限公司

上海市北翟路5088弄3号502室[201107]
电话:(021)52633356
传真:(021)62219428
网址:www.china-jianhao.com
【主要产品】腻子;木器漆;乳胶漆;氟碳漆;地坪涂料

上海建平化工有限公司

上海市南汇区航头镇航闸路258号[201316]
电话:(021)58221271
传真:(021)58222774　职工人数:55人
固定资产:2,500千元
供销电话:58221271
经济类型:有限责任公司
法人代表:黄建平
网址:www.shjianping.com
E-mail:Thriving2002@sohu.com
【主要产品】4-甲苯磺酸;4-甲苯磺酸钠;油漆稀释剂;二氧化锡;硝酸锰;氯胺T;对苯醌二肟;氯化血红素

上海建设路桥机械设备有限公司

上海市黄浦区半淞园路480号[200011]
电话:(021)63134136;63139054
传真:(021)63133936　有进出口权
供销电话:63130349　企业规模:大型
经济类型:与港澳台商合资经营
网址:www.shanbao-china.com
E-mail:webmaster@shanbao-china.com
【主要产品】破碎机;圆锥破碎机;锤式破碎机;冲击式破碎机;双辊破碎机;直线筛;干法分级机;带式输送机;螺旋输送机;给料机

上海建原化工有限公司

上海市杨高南路2875号405A-407A室[200125]
电话:(021)50521670;50521037;58738950
传真:(021)52501796
网址:www.jianyuanchem.com
E-mail:jianyuan@jianyuanchem.com
【主要产品】硫黄;二甲苯;甲苯;乙醇;乙醇(无水);甲醛;4-羟基-4-甲基-2-戊酮;正丁醇;异丙醇;1,2-丙二醇-1-单甲醚;乙酸乙酯;醋酸丁酯;乙酸丙酯;丙酮;异亚丙基丙酮;环己酮;乌洛托品;丙二酸二异丙酯;2-丁酮

上海建筑防水材料(集团)公司

上海市宜山路407号[200030]
电话:(021)62470108
传真:(021)62470080
供销电话:64383623
网址:www.swbmc.com.cn
E-mail:sales@mail.swbmc.com.cn
【主要产品】氯化聚乙烯防水卷材;氯化聚乙烯-橡胶共混防水卷材;沥青基聚氨酯防水涂料;防水涂料;反光隔热涂料;三元乙丙橡胶防水卷材;新型改性沥青防水卷材;建筑防水剂;石油沥青纸胎油毡

上海健源碳水化合物有限公司

上海市武宁路300弄14号802室[200063]
电话:(021)52918410;13501959419
传真:(021)52918410
网址:www.isomaltitol.com
【主要产品】异麦芽酮糖醇

上海江沪钛白化工制品有限公司

上海市虹口区海伦路178号[200086]
电话:(021)65049342;65038960;65799410
传真:(021)65034003　有进出口权
经济类型:港澳台商独资经营
法人代表:李铁梅
网址:www.jianghuchemical.com
E-mail:jianghu1981cn@126.com
【主要产品】氢氧化铝;三氧化二锑;氧化锌;钛白粉;十溴二苯醚;PP-R管专用色母粒;聚合氯化铝;聚合硫酸铁

上海江升密封材料有限公司

上海市静安区安远路501弄5号1603[200040]
电话:(021)62774808;62076033;13916144751
传真:(021)62076033　职工人数:20人
经济类型:私营企业　法人代表:陶申起
网址:www.gunnerys.com
【主要产品】带压堵漏密封剂

上海胶带聚氨酯制品有限公司

上海市嘉定区沪宜公路2820号[201801]
电话:(021)59103034
传真:(021)59100496　有进出口权
供销电话:65793114
企业规模:大型
供销传真:65120532
经济类型:股份有限公司
网址:www.shjdpu.com
E-mail:root@shjdpu.com
【主要产品】聚氨酯弹性体制品;双面齿同步带;聚氨酯同步带;聚氨酯多楔带

上海胶带橡胶有限公司

上海市嘉定区亚钢路2号[201801]
电话:(021)59153497
传真:(021)59157605
供销电话:65415210
供销传真:65461680
网址:www.rubberbelt.cn
E-mail:camel@rubberbelt.cn
【主要产品】铁氟龙网格输送带;橡胶运输带;强力型尼龙运输带;涤纶运输带;耐热运输带;耐寒型运输带;耐酸碱运输带;食品运输带;轻型运输带;环型运输带;花纹输送带;挡边运输带;全塑整芯阻燃运输带;阻燃钢丝绳芯运输带;导静电运输带;提升带;橡胶平型传动带;橡胶三角带;窄V带;联组V带;橡胶六角带;特种胶带

上海焦化有限公司钛白粉分公司

上海市闵行区龙吴路4299弄44号[200241]
电话:(021)34040099;64341201
传真:(021)34040088
经济类型:国有
供销传真:64340015
法人代表:詹敏强
网址:www.shec.gov.cn/jiaohua
E-mail:jadeti@sina.com
【主要产品】半水硫酸钙;硫酸亚铁;重质碳酸钙;滑石粉;钛白粉;钛白粉(搪瓷用)

上海焦化总厂延安油脂化工厂嘉定分厂

上海市嘉定区唐行镇嘉唐公路2442号[201816]
电话:(021)59951288;59950759;59950727
传真:(021)59950446
供销电话:59950727;59950446
法人代表:抗长富
网址:www.1east.com/gg7/04119a.htm
【主要产品】丙三醇;硬脂酸;单硬脂酸甘油酯;硬脂酸丁酯;双硬脂酸铝(轻质);硬脂酸钙(轻质);硬脂酸锌(轻质);油酸钠皂

上海杰德惠化学科技有限公司

上海市闵行区北桥镇放鹤路1285号[201109]
电话:(021)54950666;13818467595
传真:(021)54570185
网址:www.jiedehui.com
E-mail:jiedehui@jiedehui.com
【主要产品】聚氨酯硬质泡沫塑料;聚氨酯直埋保温管

上海杰事杰新材料股份有限公司

上海市闵行区北松路800号[201109]
电话:(021)64900066
传真:(021)64906922　职工人数:236人
供销电话:64900066-160
供销传真:64901717
经济类型:股份合作
网址:www.geniuscn.com
E-mail:sales@geniuscn.com
【主要产品】改性聚丙烯;聚丙烯(抗静电);增强聚丙烯;聚丙烯(耐候);玻璃纤维增强聚丙烯;改性聚丙烯(汽车用);丙烯腈-丙烯酸酯-苯乙烯三元共

聚物；增强 ABS/AS；工程塑料；聚碳酸酯/ABS 工程塑料合金；改性 ABS

上海洁安精细化工有限公司

上海市浦东新区茂兴路 96 号［200127］
电话：(021)68747000；68747111；58730253
传真：(021)68747000
网址：www. ja-chemical. com
E-mail：webmaster@ ja-chemical. com
【主要产品】脱漆剂；防腐防霉剂；金属表面处理剂；防锈油；水基防锈剂；除锈剂；水基金属清洗剂；模具清洗剂；水质冷却切削液；切削液专用消泡剂；电器清洗剂；润滑油

沪

上海捷倍思基因技术有限公司

上海市古龙路 287［200233］
电话：(021)64851069；64851113
传真：(021)64857117
经济类型：股份合作
网址：www. genebase. com. cn
E-mail：njbs@ vip. 163. com
【主要产品】赤霉素；吲哚-3-乙酸；2，4-二硝基氯苯；叶酸；2，4-二氯苯氧乙酸；氨苄西林钠；头孢噻吩钠；硫酸卡那霉素；硫酸新霉素；强力霉素；盐酸林可霉素；利福平；盐酸万古霉素；罗红霉素；氟嗪酸；维生素 B2；核黄素磷酸钠；烟酸；烟酰胺；抗坏血酸；丝裂霉素；脱氧鸟苷

上海金昌工程塑料有限公司

上海市金山区石化卫二路 8 号［200540］
电话：(021)57934143；57934600-8011
传真：(021)57934602；57942299
供销电话：57934143；57941244
经济类型：中外合资经营企业
有进出口权
网址：www. sh-jcpp. com
E-mail：sales@ sh-jcpp. com；jszlb@ sh-jcpp. com
【主要产品】改性聚丙烯

上海金鼎塑料制品有限公司

上海市浦东新区唐镇工业园区金丰路 42 号［201201］
电话：(021)58589994；58582705
传真：(021)58586323 经济类型：集体
有进出口权 法人代表：蔡文钧
网址：www. jindingsh. com
E-mail：jinding@ jindingsh. com
【主要产品】塑料制品；塑胶模具

上海金菲石油化工有限公司

上海市金山区卫三路 99 号［200540］
电话：(021)57958866-8666
传真：(021)57938866 有进出口权
供销电话：57954321 企业规模：大型
供销传真：57953708
经济类型：中外合资经营企业
网址：www. sgp. com. cn
E-mail：sgp@ sgp. com. cn
【主要产品】低密度聚乙烯；高密度聚乙烯；聚乙烯；聚乙烯电缆料

上海金冠化工有限公司

上海市新市南路 999 弄 4 号 301 室［200434］
电话：(021)55390789；65601427
传真：(021)55390789
网址：www. sh-jinguan. com
E-mail：webmaster@ sh-jinguan. com
【主要产品】过硫酸铵；丁炔二酸；单宁酸；聚乙烯管；通用塑料胶黏剂；不锈钢清洁保护剂

上海金湖活性炭有限公司

上海市青浦区华新镇徐云路 4158 号［201708］
电话：(021)69798606；39799503；39799506
传真：(021)69798629
供销电话：69798606；69798687
经济类型：私营企业 法人代表：连仁杰
网址：www. jinhucarbon. com
E-mail：jinhu@ hi2000. com
【主要产品】活性炭

上海金环石油萘开发有限公司

上海市金山区经一路卫四路(炼化部内)［200540］
电话：(021)57942867；57942378；57939003
传真：(021)57942867 有进出口权
供销电话：57943800 职工人数：35 人
经济类型：中外合资经营企业
法人代表：李兴安
网址：www. shjinhuan. com
【主要产品】萘；甲基萘；树脂油；工业萘

上海金锦乐实业有限公司

上海市中山北路 2052 号 13 楼［200063］
电话：(021)66105180
传真：(021)32010235 经济类型：集体
供销电话：52910829；52916279
网址：www. jjlchem. com
E-mail：jjlchem@ jjlchem. com
【主要产品】聚丙烯酰胺

上海金联精细化工厂

上海市青浦区徐泾镇金联村(华徐路 719 号)［201702］
电话：(021)59883627
传真：(021)59883896 经济类型：集体
法人代表：章瑞强
网址：www. jinlian-sh. com
【主要产品】硫酸铬钾；重铬酸钾；重铬酸铵；铬酸钾；铬酸钠；重铬酸钠；三氧化铬

上海金鹿化工有限公司

上海市古浪路 1680 号［200331］
电话：(021)63636630
传真：(021)62843429
网址：www. jinluchamphor. com
【主要产品】樟脑

上海金浦塑料包装材料有限公司

上海市金山区石化街卫二路 140 号［200540］
电话：(021)57955814；57943160-85035
传真：(021)57942949；57955814
经济类型：中外合资经营企业
有进出口权
网址：www. shjinpu. com；www. shjinpu. com. cn
E-mail：sales@ shjinpu. com
【主要产品】双向拉伸聚丙烯薄膜；BOPP 双向拉伸印刷膜；BOPP 双向拉伸珠光膜；BOPP 双向拉伸热封膜；BOPP 双向拉伸镀铝膜；双向拉伸聚丙烯消光膜

上海金赛医药化工有限公司

上海市金山区亭枫公路 7966 号［201501］
电话：(021)57364269；57362983
传真：(021)57362993
供销电话：62113509；62113270
供销传真：62113529 法人代表：孙宏观
经济类型：股份合作
网址：www. sjpharm. com
E-mail：sales@ sjpharm. com
【主要产品】硫酸铝铵；3-溴噻吩；2，3，5-三溴噻吩；3，4-乙烯二氧噻吩；对氨基苯乙醇；2-氨基苯乙醇；对硝基苯乙醇；邻硝基苯乙醇；硼酸三丁酯；3，3′-二氨基二苯甲酮；4，4′-二氨基二苯甲酮；2，2′-二氨基二苯甲酮；2，4′-二氨基二苯甲酮；4-溴甲苯；4-溴-1-丁烯；2，3，5，6-四氟苯酚钾盐；2，3，5，6-四氟苯酚；6-氰基-2-萘酚；6-溴-2-萘酚；氰基三甲基硅烷；乙基三苯基溴化膦；丁基三苯基溴化膦；三苯基氧化膦；5-二氟甲氧基-2-巯基-1H-苯并咪唑；2-氰基-4′-甲基联苯；八氢吲哚-2-羧酸；5-羟基-1-四氢萘酮；2-甲氧羰基甲氧亚胺基-4-氯-3-氧代丁酸；1-苯基-3，4-二氢异喹啉；1-甲基胍盐酸盐；头孢克肟侧链酸活性酯；2-(2-氨基噻唑-4-基)-2-［2-(特丁氧羰基)-甲氧亚氨基］乙酸；甲基四唑；三苯基膦；乙基三苯基氯化膦；苄基三苯基氯化膦；乙基三苯基碘化膦；乙基三苯基醋酸膦；利塞膦酸；伊班膦酸；对三氟甲基苯乙酮；4-氨基-2-三氟甲基苯腈；4-氨基-3-三氟甲基苯腈；硫化亚铁；硫酸铵；氢氧化铝；硫酸二甲酯；盐酸；硫酸；唑来膦酸；盐酸舍曲林；胆维他；群多普利；对甲氧基苯乙酮；聚合氯化铝

上海金森石油树脂有限公司

上海市金山区卫零路 568 号三楼［201511］
电话：(021)57962323；67242020

传真:(021)67242266;57966243
经济类型:中外合资经营企业
法人代表:方克
网址:www. shjinsen. com
E-mail:ren-de. yang@ shjinsen. com
【主要产品】石油树脂

上海金山星星塑料有限公司

上海市金山区金山卫镇建昌路 8 号［201512］
电话:(021)57261828;57260372
传真:(021)57265402　经济类型:国有
职工人数:800 人
网址:www. shxxsl. com
E-mail:xingxing@ goldstar-package. com
【主要产品】聚乙烯蜡

上海金易精细化工有限公司

上海市普陀区大渡河路 1383 号 200 室［200333］
电话:(021)52803959;13918092929
传真:(021)52830378
网址:www. chinachemnet. com/jinyi
E-mail:jyjx@ hi2000. com
【主要产品】2-硝基-5-羟基苯甲醛;4-氨基吗啉;(1S,2S)-(+)-2-氨基-1-苯基-1,3-丙二醇;2-氨基嘧啶;葡萄糖酸依诺沙星;胆维他;柳氨酚;甲磺酸酚妥拉明;硫普罗宁

上海锦辉润滑油厂

上海市青浦区华新镇纪鹤路 3399 弄 239 号［201708］
电话:(021)59791083;59792358
传真:(021)59791078
经济类型:私营企业
网址:www. jinhui-sh. com
【主要产品】导热油;乳化剂 LAE-9;防锈油;乳化油;切削油;淬火油;针织机油;内燃机油;齿轮机油;导轨油;液压油;压缩机油;变压器油;减震器油;溶剂油(橡胶工业用)

上海锦山化工有限公司

上海市金山区金山卫镇［201512］
电话:(021)67268568
传真:(021)57268958　法人代表:车飞
经济类型:有限责任公司
网址:www. jschem. com
E-mail:chief@ jschem. com
【主要产品】聚乙二醇单甲醚;乙二醇苯醚;丙二醇苯醚;乙二醇苯醚醋酸酯;1,2-丙二醇二乙酸酯;丙二醇苯醚醋酸酯;聚丙二醇;聚乙二醇;水性色浆分散剂;立体锤纹助剂;有机硅流平剂;乳化剂 *S*-185;柔软剂 SG;匀染剂 O;低泡润湿分散剂;润滑增光剂;渗透剂 JFC;快速渗透剂 T;消泡剂 GP;增稠剂;精炼剂;硅烷偶联剂;匀泡剂;有机硅消泡剂;抑泡润湿分散剂;附着力促进剂;聚氯乙烯塑料抗静电剂;PE、PP 塑料专用抗静电剂;PS、ABS、PET 塑料专用抗静电剂;抗静电剂 1800;防缩孔剂 JSA-BO;表面活性剂;乳化剂;平平加;净洗剂;净洗剂 JU;硬脂酸乙二醇双酯;氨基硅油乳化剂;聚乙二醇 264 油酸酯;异构十三醇聚氧乙烯醚;皮革乳化渗透剂;农药润湿分散剂;高效减水剂;水基金属清洗剂;水性颜料分散剂;高效润湿分散剂

上海京海化工有限公司

上海市浦东周祝公路红桥［201321］
电话:(021)58155619;58155618
传真:(021)58152441;58153913
经济类型:有限责任公司
法人代表:顾铭权
网址:www. jhchem. com. cn
E-mail:jhchem@ jhchem. com. cn;
shjh@ jhchem. com. cn
【主要产品】不溶性硫黄;充油硫黄粉;对叔丁基苯酚甲醛树脂

上海泾龙石油助剂有限公司

上海市北工业区汶水路 301 号 F111 室［200072］
电话:(021)66312528
传真:(021)54560923
网址:www. jlcmt. com
E-mail:cmt@ jlcmt. com
【主要产品】甲基环戊二烯三羰基锰;环戊二烯三羰基锰

上海经纬化工有限公司

上海市武威路 84 号［200331］
电话:(021)62506851
传真:(021)62506723　有进出口权
供销电话:62846035;62843391
经济类型:有限责任公司
法人代表:徐昌平
网址:www. jingweichemical. com
E-mail:sale@ jingweichemical. com
【主要产品】三醋酸甘油酯;*N*,*N*-二甲基乙酰胺;脂肪胺;十八烷基二甲基苄基氯化铵;荧光增白剂 VBL;荧光增白剂 33 号;纺织助剂用杀菌剂;邻苯二甲酸二乙酯;邻苯二甲酸二甲酯;净洗剂 105;十六烷基三甲基氯化铵;十二烷基二甲基叔胺;十六烷基二甲基叔胺;十二/十四烷基二甲基胺;脂肪烷基二甲基叔胺;十六/十八烷基二甲基叔胺;沥青乳化剂;烟用醋纤快干剂

上海精龙化工有限公司

上海市嘉定区曹新公路 866 号［201809］
电话:(021)59947686
传真:(021)59936825
网址:www. jinglong-sh. com
E-mail:sales@ jinglong-sh. com
【主要产品】蒙脱石;活性氧化铝;高效型干燥硅胶;分子筛

上海井点真空泵制造有限公司

上海市共青路 82 弄 10 号［200090］
电话:(021)65690300
传真:(021)65696370
经济类型:股份合作
网址:www. sh-jingdian. com
E-mail:sales@ sh-jingdian. com
【主要产品】喷射式冷凝器;真空泵;蒸汽喷射泵;水环式真空泵;水喷射真空泵

上海静超化工有限公司

上海市汶水路 301 号［200072］
电话:(021)66312238;13801763596
网址:www. shjchg. com
【主要产品】联苯;1,2,3,4-四氢喹啉;3,4-亚甲二氧基苯乙胺;4-羟基-4-甲基-2-戊酮;4-氯-1-丁醇;衣康酸;大豆油脂肪酸;甲基丙烯酸缩水甘油酯;原甲酸三乙酯;原甲酸三甲酯;原乙酸三乙酯;原乙酸三甲酯;四甲基乙二胺;γ-丁内酯;愈创甘油醚;氨酪酸;苯扎溴铵;油酸甲酯;聚乙烯吡咯烷酮

上海九达橡塑制品有限公司

上海市浦东新区行南路 880 号［200137］
电话:(021)58617444
传真:(021)58617444
网址:www. shjdtire. com
E-mail:sales@ shjdtire. com
【主要产品】实心轮胎

上海九元石油化工有限公司

上海市浦东新区商城路 738 号胜康廖氏大厦 701［200120］
电话:(021)58366127;58366131
传真:(021)58318524
网址:www. jiuyuanchem. com
E-mail:chengshiqiang@ jiuyuanchem. com
【主要产品】5% 菌毒清水剂;特种涂料;聚氨酯胶黏剂;压敏胶黏剂;石油破乳剂;油井水泥减阻剂;油井水泥分散剂;柴油稳定剂;油井缓蚀剂;油井注水杀菌剂;原油降凝剂;柴油低温流动改进剂;润滑油添加剂;柴油十六烷值改进剂;燃料油乳化剂;原油加工消泡剂;柴油清澈剂;渣油阻垢剂

上海久邦化工有限公司

上海市金山区漕泾镇蒋庄村［200540］
电话:(021)67256050;67256051;
67256052
传真:(021)67256055;67256022
有进出口权
网址:www. jiubangchem. com
E-mail:sale@ jiubangchem. com
【主要产品】1-雄烯二醇;十四烷基巯基乙酸;丙酮酸;丙酮酸钠;丙酮酸钙;丙酮酸钾;丙酮酸镁;丙酮酸肌酸盐;19-去甲基-4-雄烯二酮;19-去甲基-5(10)-雄甾烯-3,17-二酮;表雄酮;去氢表雄酮;7-酮基去氢表雄酮;7α-羟基去氢表雄酮;甲基双烯双酮;D-α-琥珀酸生育酚酯;孕二烯酮;睾丸素;1-睾酮;甲睾酮;丙酸睾酮;庚酸睾酮;十一酸睾酮;癸酸睾丸素;康力龙;康复龙;美雄酮;苯丙酸睾酮;环戊丙酸睾酮;

沪

异己酸睾酮；屈螺酮；癸酸诺龙；苯丙酸诺龙；美替诺龙；美替诺龙庚酸酯；氧甲氢龙；宝丹酮；宝丹酮十一烯酸酯；群勃龙；群勃龙醋酸酯；四烯雌酮；硫辛酸；L-肌肽；诺龙；美雄诺龙；雄诺龙；咖啡酸苯乙酯

上海久琛精细化工有限公司

上海市金山区金山大道4588号（金山第二工业区）[201512]
电话：(021)57260509；57262955
传真：(021)57262955
网址：www.jiuchen.com
E-mail：99@jiuchen.com
【主要产品】白炭黑

上海久聚高分子材料有限公司

上海市联西路58弄141号[201800]
电话：(021)54487006；69590270
传真：(021)69590270
网址：www.jiuju.com
E-mail：jiuju@vip.163.com
【主要产品】氯丁橡胶；尼龙管材；低烟无卤阻燃聚烯烃电缆料；超高分子量聚乙烯制品；工程塑料；粉末涂料；油性涂料；涂料助剂；橡胶助剂；石油树脂；沥青

上海久星化工有限公司

上海市茂兴路96号6G-H[200127]
电话：(021)22817772；22817773
经济类型：有限责任公司
法人代表：鲍求培
网址：www.9xchem.com
E-mail：jiuxingd@online.sh.cn；
bqp@9xchem.com
【主要产品】导热油；导热油炉清洗剂

上海巨峰化工有限公司

上海市宝山区沪太路9088号[200949]
电话：(021)56871717；66871777
传真：(021)56871717-808
网址：www.jufeng-chem.com
E-mail：sales@jufeng-chem.com
【主要产品】硝基漆类；水性环保地板漆；各色水性无毒玩具漆；丙烯酸外墙乳胶漆；高级内墙乳胶漆；聚酯装修漆；环氧地坪涂料；聚氨酯外墙漆；高级氟碳外墙装饰漆；水性防锈漆；水性木器漆；水性环保腻子

上海巨龙药物研究开发有限公司

上海市老沪闵路1901号[201108]
电话：(021)64979654；64979672；13921092068
传真：(021)64979694
供销电话：64979654；13817821051
网址：www.fatherchem.com；
www.fatherchem.com
E-mail：julong@kisschem.com；
dragon@kisschem.com
【主要产品】3-吡啶乙酸盐酸盐；2-丙基咪唑二羧酸；2-丙基咪唑二羧酸二乙酯；3-乙酰基吡啶；2,3,5-三苯甲酰基-β-D-呋喃核糖；1-乙酰-2,3,5-三苯甲酰-1-β-D-呋喃核糖；2-[4-(2-吡啶基)苄基]肼羧酸叔丁酯；{[4-(2-吡啶基)苯基]亚甲基}肼羧酸叔丁酯；4,5-二甲基-1,3-二氧杂环戊烯-2-酮；吗啉噁酮；甲磺酸帕珠沙星；普卢利沙星；比阿培南；法罗培南；苯甲酸利扎曲坦；米格列奈；替米沙坦；奥美沙坦；波生坦；盐酸沙丁胺醇；西维来司他；西酞普兰草酸盐；多奈哌齐盐酸盐；克罗拉滨；阿扎那韦硫酸盐

上海聚豪精细化工有限公司

上海市普陀区桃浦镇银杏路30弄98号101室[200331]
电话：(021)66953698
传真：(021)66261365 职工人数：50人
经济类型：有限责任公司
法人代表：韩献云
E-mail：shjhjxhg@yahoo.com.cn
【主要产品】三苯基氯硅烷

上海骏杰生物技术有限公司

上海市张江高科技园区蔡伦路720弄2-502室[201203]
电话：(021)51320300；51320301
传真：(021)51320300
网址：www.bio-junjie.com.cn
E-mail：amy_qin@bio-junjie.com.cn
【主要产品】三尖杉宁碱；紫杉醇；多烯紫杉醇；10-羟基喜树碱；拓扑替康；伊立替康；氢溴酸加兰他敏

上海骏马化工有限公司

上海市松江区陈坊桥镇北首[201602]
电话：(021)57652536；57652695；13564782875
传真：(021)57653244
网址：www.junma.com.cn
E-mail：junma@online.sh.cn
【主要产品】磷酸锌；铬酸锶；钼酸锌；中铬黄；锌铬黄；钼铬红；胶辊

上海骏马橡胶厂

上海市松江区陈坊桥镇北首[201602]
电话：(021)57652536；57652695
传真：(021)57653244 有进出口权
网址：www.junma.com.cn
E-mail：junma@online.sh.cn
【主要产品】橡胶杂品；胶辊

上海珺璇工贸有限公司

上海市普陀区富平路[200333]
电话：(021)29120770；29187522
传真：(021)56351149 产值：5,240千元
固定资产：8,000千元 职工人数：15人
供销电话：13651967357
经济类型：有限责任公司
法人代表：杨太山
网址：www.51hg.com.cn
E-mail：Chengjing319@163.com
【主要产品】高固体丙烯酸树脂；氯化橡胶；乳化剂OP-10

上海卡德化工有限公司

上海市浦东新区今谊路101号[200002]
电话：(021)50821472；64364418
传真：(021)50824428
供销电话：54932559；54936691
供销传真：54930088
网址：www.shanghaikade.com
E-mail：kade@shanghaikade.com
【主要产品】夜光涂料；薄涂型环氧地坪涂料；环氧地坪涂料；环氧抗静电地坪漆；环氧无溶剂自流平漆；地坪涂料；砂浆地坪涂料

上海开达精细化工有限公司

上海市真南路1956号[200331]
电话：(021)62508282；62509977
传真：(021)62840661
经济类型：私营企业
网址：www.kdjxhg.com.cn
E-mail：kaida@kdxhg.com.cn
【主要产品】洗涤剂（工业）；防锈松锈润滑剂；水基防锈剂；防锈剂；油污清洗剂；脱脂剂；磷化剂；切削油；清洗剂

上海开林造漆厂

上海市青浦工业园区新区路488号[201707]
电话：(021)69212220
传真：(021)69212283 经济类型：国有
供销电话：69213201；69212220
企业规模：大型
网址：www.kailin-paint.com
E-mail：kl1915@citiz.net
【主要产品】Y53-31红丹油性防锈漆；Y53-32红丹油性防锈漆；F03-1各色酚醛调合漆；F04-1铝粉酚醛磁漆；F06-1各色酚醛底漆；食品容器内壁无毒涂料；F53-31红丹酚醛防锈漆；F53-34锌黄酚醛防锈漆；F53-38铝铁酚醛防锈漆；C04-48各色醇酸磁漆；C06-1铁红醇酸底漆；醇酸防锈漆；红丹醇酸防锈漆；C53-31红丹醇酸防锈漆；C54-31各色醇酸耐油漆；各色快干氨基烘漆；A30-11氨基烘干绝缘漆；半导体漆；快干氨基醇酸烘漆；绝缘磁漆；磷化底漆；丙烯酸涂料；环氧富锌防锈底漆；环氧磷酸锌防锈底漆；H06-4环氧富锌底漆；环氧富锌车间底漆；环氧云铁防锈漆；环氧弹性腻子；环氧面漆；环氧封闭底漆；环氧混凝土封闭漆；环氧耐磨防滑地面涂料；环氧沥青管道底漆；集装箱涂料；环氧铁红车间底漆；环氧酯防锈漆；846环氧沥青厚浆防锈漆；H53-31红丹环氧酯防锈漆；环氧沥青耐油漆；铝粉环氧沥青耐油底漆；浸渍绝缘漆；无溶剂浸渍漆；聚

沪

氨酯涂料;电气与电子绝缘漆;氟碳漆;有机硅耐高温漆;铝粉氯化橡胶防锈漆;铁红防锈底漆;船舶防腐漆;高温防腐漆;无机硅酸锌底漆;膨胀装饰型防火涂料;无毒饮水舱防腐涂料

上海开纳杰化工研究所

上海市瑞金南路 345 号[200023]
电话:(021)63033645;63051550
传真:(021)63041936　经济类型:集体
网址:www. knj. com. cn
E-mail:knj@ knj. com. cn
【主要产品】杀菌灭藻剂;终无垢水处理复合剂;中央空调水处理剂;高效金属防锈剂

上海凯峰化工有限公司

上海市浦东新区合庆镇青暮路 700 号[201201]
电话:(021)68906777;13917221012
传真:(021)68912666
供销电话:13671812677
经济类型:私营企业
网址:www. chemfrom. com
E-mail:sales@ chemfrom. com
【主要产品】2-(二苯甲硫基)乙酸;2-氨基-4-氟苯乙酸;4-硝基-L-苯丙氨酸;2-氯乙氧基乙酸乙酯;1-羟乙氧基乙基哌嗪;反式对氨基环己甲酸;反式对氰基环己甲酸;(*S*)-4-苯基-2-噁唑烷酮;(*R*)-4-苯基-2-噁唑烷酮;羟丙哌嗪;奈维拉平;佐米曲坦;雷诺嗪;哌唑嗪;吲达帕胺;特拉唑嗪;多沙唑嗪;莫索尼定;乌拉地尔;阿夫唑嗪;桂哌齐特;吡嘧司特钾;脑脉宁;萘哌地尔;奥沙拉明;左羟丙哌嗪;依普拉酮;盐酸曲唑酮;非哌西特;阿立哌唑;西沙必利;氨甲环酸;盐酸羟嗪;盐酸去氯羟嗪;盐酸西替利嗪;盐酸托烷司琼;阿屈非尼;哌非尼酮;多库酯钠

上海凯凯特种泵阀制造有限公司

上海市闸北区大统路 938 号[200070]
电话:(021)56550300;56551999;66613690
传真:(021)56554111
供销电话:56556506;66613690
经济类型:股份合作　法人代表:陈定虎
网址:www. shkaikai. com
E-mail:sales@ shkaikai. com
【主要产品】衬氟耐腐蚀离心泵;耐腐蚀液下泵;磁力泵;自吸式磁力泵;离心泵;耐腐蚀离心泵;立式离心泵;油泵;阀门

上海凯乐实业发展有限公司

上海市新桥镇新蟠路 189 号[201612]
电话:(021)57681710;57681665
传真:(021)57681720
网址:www. klpharm. com
E-mail:sales@ klpharm. com
【主要产品】*N*-苄基咪唑;2-苯基咪唑;2-丙基咪唑二羧酸;2-丙基咪唑二羧酸二乙酯;*N*-烯丙基咪唑;2-正丁基咪唑;*N*-丁基咪唑;2-异丙基咪唑;2-丙基咪唑;*N*-丙基咪唑;*N*-异丙基咪唑;*N*-乙基咪唑;2-乙基咪唑;4-甲基-2-乙基咪唑;4,5-二氰基咪唑;4-羟基喹啉;1,2-二甲基咪唑;2,4-二甲基咪唑;*N*,*N'*-硫羰基二咪唑;*N*,*N'*-硫酰二咪唑;咪唑-1-乙酸;4-溴邻苯二胺;2-甲基咪唑;咪唑;*N*-甲基咪唑;*N*,*N'*-羰基二咪唑;1-乙酰咪唑;咪唑-*N*-甲醛;咪唑-2-甲醛;*N*,*N'*-二琥珀酰亚胺基碳酸酯;唑来膦酸;1-氰乙基-2-苯基咪唑;1-氰乙基-2-甲基咪唑;1-氰乙基-2-乙基-4-甲基咪唑

上海凯丽氧化铁有限公司

上海市南汇区周浦镇周祝公路 89 号[201318]
电话:(021)68111222
传真:(021)68123123　有进出口权
经济类型:中外合资经营企业
法人代表:俞关猷
网址:www. cathaypigments. cn
E-mail:kailee@ cathaypigments. cn
【主要产品】氧化铁颜料

上海凯路化工有限公司

上海市浦东新区毕升路 299 弄 6 号楼 201 室[201204]
电话:(021)50278900;50278958
传真:(021)50278958　职工人数:250 人
供销传真:50278968
E-mail:yangbin@ chemrole. com
【主要产品】次磷酸;四氯化锆;次磷酸钠;二氧化锆;6-甲氧基喹啉;6-氟吲哚;4-氟吲哚;5-氟吲哚;7-氟吲哚;4-硝基吲哚;5-甲氧基吲哚;4-羟基吲哚;1-丁基-2-甲基吲哚;4-溴吲哚;对甲氧基苯甲醇;3-吲哚甲醇;三氯异氰尿酸;2-氨基-4-氟苯甲酸;3-甲基-2-氨基苯甲酸;吲哚啉-2-羧酸;3,4-二氟溴苯;3,5-二氟溴苯;间溴氟苯;3,4,5-三氟溴苯;2,3,4-三氟硝基苯;3,4-二氟硝基苯;4-氟硝基苯;3-氟硝基苯;3-硝基邻苯二胺;4-溴-2-氟苯胺;2,3,4-三氟苯胺;4-氟苯胺;二氯异氰尿酸钠;2-甲硫基-4,6-二甲基嘧啶;2-氨基-4-氯-6-甲氧基嘧啶;4,6-二甲氧基-2-甲磺酰基嘧啶;2-氨基-4,6-二甲氧基嘧啶;吲哚-2-羧酸;5-硝基吲哚;4,6-二氯嘧啶;5-硝基-6-甲基尿嘧啶;4,6-二氯-5-氨基嘧啶;1,2-二氟苯;1,3-二氟苯;2-氟苯胺;3,4-二氟苯胺;2,6-二氯氟苯;1,3,3-三甲基-2-亚甲基吲哚啉乙醛;2-甲基吲哚-3-甲醛;吲哚-3-甲醛;邻三氟甲基苯甲酰氯;对甲苯肼盐酸盐;*N*-甲基-2-苯基吲哚;1-甲基-2-苯基吲哚-3-甲醛;*N*-乙基-2-苯基吲哚;5-羟基吲哚;2-甲基吲哚啉;2,4,5-三甲基噻唑;4,5-二甲基噻唑;2-乙酰基噻唑;2-乙基-4-甲基噻唑;2,4-二甲基-5-乙酰基噻唑;2-异丙基-4-甲基噻唑;3-甲基吲哚;1-甲基吲哚;2-甲基吲哚;1,2-二甲基吲哚;2,3-二甲基吲哚;丁酸乙酯;丙酸乙酯;庚酸乙酯;乙酸薄荷酯;人参提取物;银杏叶提取物;绿茶提取物;香茅醇;水杨醛;甲基柏木醚;2,3-二甲基吡嗪;2-乙酰基吡嗪;2-乙基吡嗪;2-甲基吡嗪

上海凯洛格化工科技有限公司

上海市闵行区颛兴东路 736 号[201108]
电话:(021)28111602;28110501;13916648009
供销电话:28110501;54633758
网址:www. kelloggchem. com
E-mail:sales@ kelloggchem. com
【主要产品】氨基酸;四乙基溴化铵;十二烷基三甲基氢氧化铵;四甲基碘化铵;四乙基碘化铵;四丙基碘化铵;四丁基碘化铵;四甲基氟化铵;四乙基氟化铵;四丙基氟化铵;四丁基氟化铵;四甲基溴化铵;四甲基氯化铵;四乙基氯化铵;四丙基氯化铵;四丁基氯化铵;四乙基氢氧化铵;四丁基氢氧化铵;四丙基氢氧化铵;苄基三甲基氢氧化铵;四丁基溴化铵;四甲基醋酸铵;四乙基醋酸铵;四丁基醋酸铵;四丁基硫酸氢铵;四甲基硫酸氢铵;四丙基硫酸氢铵;四乙基硫酸氢铵;四丙基溴化铵;洗涤剂(工业);四甲基氢氧化铵

上海凯密特尔化学品有限公司

上海市浦东新区康桥工业区康安路 628 号[201315]
电话:(021)58120929
传真:(021)58121062　有进出口权
经济类型:中外合资经营企业
法人代表:蒋柏贵
网址:www. chemetall. com. cn
E-mail:liwei@ chemetall. com. cn
【主要产品】木器底漆;洗涤剂(工业);润滑剂;皮革脱脂剂;脱脂剂;磷化液;酸性清洗剂

上海康爱生物制品有限公司

上海市浦东金桥出口加工区金港路 501 号 E[201206]
电话:(021)58993384;58341499;13801658781
传真:(021)58993384
网址:www. kangaipharm. com
E-mail:kangai@ sh163. net;tcmnp@ kangaipharm. com
【主要产品】阿吗碱;阿维菌素;戊炔草胺;盐霉素;来氟米特;双胍苯脲;三氯苯哒唑;依维菌素;康力龙;康复龙;美雄酮;癸酸诺龙;苯丙酸诺龙;长春新碱;长春地辛;长春质碱;硫酸长春碱;丁洛地尔;特拉唑嗪;伊贝沙坦;洛非西定;洛沙坦;多沙唑嗪;利血平;长春西丁;西布曲明;氯雷他定

上海康达化工有限公司

上海市浦东新区庆达路 655 号

沪

[201201]
电话:(021)68918998
传真:(021)58383632
经济类型:股份有限公司
网址:www.kangda-sh.com
【主要产品】室温硫化甲基硅橡胶(107型);塑胶跑道;环氧树脂黏合剂;工业修补胶;丙烯酸酯胶黏剂;厌氧胶;α-氰基丙烯酸酯系列胶黏剂;聚氨酯胶黏剂;聚氨酯地坪胶;硅橡胶黏合剂;光敏胶

上海康福赛尔医药科技有限公司

上海市沪太路7300弄188号[201809]
电话:(021)39971718;13701809476
传真:(021)39971718
网址:www.kfslpharm.com
E-mail:kfsl@hi2000.com
【主要产品】L-苯甘氨醇;D-苯甘氨醇;2-(三氟甲基)丙烯酸;D-对羟基苯甘氨酸;L-4-氟苯甘氨酸;L-(+)-3-氨基-3-苯基丙酸;D-(-)-3-氨基-3-苯基丙酸;DL-3-氨基-3-苯基丙酸;对三氟甲基苯乙酸;3-溴樟脑磺酸;左旋樟脑磺酸;右旋樟脑磺酸;D-3-溴樟脑;3,4-二羟基-3-环丁烯-1,2-二酮;L-(-)-α-氨基-4-羟基苯乙酸;L-(+)-邻氯苯甘氨酸;1-乙基-2-氨甲基四氢吡咯;*S*-(-)-*N*-乙基-2-氨甲基吡咯烷;苯海拉明;茶苯海明;盐酸洛贝林

上海康鸣高科技有限公司

上海市徐汇区华泾路1305弄18号B座四楼[200231]
电话:(021)54821359
传真:(021)54827488
经济类型:私营企业
网址:www.comingsh.com
E-mail:webmaster@comingsh.com
【主要产品】1,3,5-三甲氧基苯;2-(二苯甲硫基)乙酸;1-乙氧羰基-4-哌啶酮;1-(2,3-二氯苯基)哌嗪盐酸盐;二苯甲基硫代乙酰胺;1,1-环己基二乙酸单酰胺;1,1-环己基二乙酸;1,1-环己二乙酸酐;对氨磺酰基苯肼盐酸盐;α,α-二苯基-4-哌啶甲醇;3,4-二氢-7-(4-氯丁氧基)-2-喹啉酮;7-(4-溴丁氧基)-3,4-二氢-2-喹啉酮;7-羟基-3,4-二氢-2-喹啉酮;3,3-环戊烷戊二酰亚胺;3,3-亚戊烯基-4-丁内酰胺;伊曲康唑;盐酸氨丙啉;美洛昔康;盐酸普萘洛尔;丁洛地尔;盐酸地尔硫卓;替米沙坦;甲基多巴;洛沙坦钾;奥美沙坦;非诺贝特;吉非罗齐;盐酸曲唑酮;奈法唑酮;米氮平;阿托莫西汀;莫达非尼;加巴喷丁;阿立哌唑;托特罗定;速尿;氯吡胺;氯雷他定;卡比多巴

上海康晟实业有限公司

上海市天目西路547号逸升阁1907室[200070]
电话:(021)63538298;63548358
传真:(021)63536992
网址:www.consonchem.com
E-mail:sales@consonchem.com
【主要产品】3,4,5-三甲氧基甲苯;1,2,3-三甲氧基苯;环丁砜;2,3,4-三羟基苯甲醛;3,5-二硝基苯甲酸;4-羟基苯甲酸;3,4,5-三甲氧基苯甲酸;2,3,4-三甲氧基苯甲酸;鞣花酸;邻苯三酚;1,4-苯二胺;1,3-苯二胺;3-氯苯胺;苄胺;环己胺;盐酸羟胺;2-氨基-4-氯苯腈;2,6-二乙基苯胺;3,4,5-三甲氧基苯甲醛;2,3,4-三甲氧基苯甲醛;3-氨基苯乙酮;3-羟基苯乙酮;2-氯-4-硝基苯甲酸;4-氯-2-硝基苯甲酸;3,4,5-三甲氧基苯甲酸甲酯;3,4,5-三甲氧基苯甲酰氯;1,8-二羟基-4,5-二硝基蒽醌;1,4,5,8-四氯蒽醌;4-氯-2-氨基苯甲酸;1-氨基-2,4-二溴蒽醌;4-氯-2-硝基苯腈;二苯甲酮;3-硝基苯乙酮;3-硝基苯甲酸;分散橙*S*-4RL;分散红X-3B;分散红BEL;分散蓝*S*-BBL;酞菁蓝B;油溶绿3;溶剂绿6G;透明红EG;透明紫RL;没食子酸丙酯;没食子酸乙酯;没食子酸甲酯;没食子酸辛酯;4-羟基香豆素

上海康文医药中间体有限公司

上海市金山区亭林镇工业园区南区林盛路333号[201505]
电话:(021)67231938
传真:(021)57233938
网址:www.kanwinn.com
E-mail:kanwinn@kanwinn.com
【主要产品】1,3,5-三甲氧基苯;1,2,3-三甲氧基苯;1,3-二甲基-2-咪唑啉酮;对羟基苯甲醛;间羟基苯甲醛;2,3,4-三羟基苯甲醛;3,4-二甲氧基苯甲酸;4-羟基-3,5-二甲氧基苯甲酸;没食子酸;3,4,5-三甲氧基苯甲酸;2,4,5-三甲氧基苯甲酸;2,3,4-三羟基苯甲酸;2,3,4-三甲氧基苯甲酸;单宁酸;鞣花酸;邻氯苯乙酮;4-氯-2-硝基苯甲醛;邻苯三酚;2-氨基-4-氯苯腈;4,5-二甲氧基-2-硝基苯甲酸;3,4,5-三甲氧基苯甲醛;2,3,4-三甲氧基苯甲醛;α-羟基苯乙酸;4-氯-2-硝基苯甲酸;盐酸苄丝肼;2,3,4-三羟基二苯甲酮;3,4,5-三甲氧基苯甲酸甲酯;4,5-二甲氧基-2-硝基苯甲酸甲酯;2-氨基-4,5-二甲氧基苯甲酸甲酯;3,4,5-三甲氧基苯甲酰氯;2-氨基-4,5-二甲氧基苯甲酸;4-氯-2-氨基苯甲酸;*β*-胡萝卜素;没食子酸丙酯;没食子酸甲酯;没食子酸辛酯;青蒿素;卡维地洛;盐酸洛美利嗪;丁香醛

上海康鑫化工有限公司

上海市嘉定区澄浏路681号[201808]
电话:(021)59558815
传真:(021)59552343 有进出口权
经济类型:中外合资经营企业
法人代表:毛耀明
网址:www.shkangxin.com.cn
E-mail:kangxin@shkangxin.com.cn
【主要产品】醋酸异丙酯;L-肉毒碱;肉毒碱盐酸盐;L-肉碱盐酸盐;左旋肉碱酒石酸盐;乙酰左旋肉碱盐酸盐;L-肉碱富马酸盐

上海康舟真菌多糖有限公司

上海市浦东大道1525号中国石化大厦东14楼[200135]
电话:(021)58516176
传真:(021)50282226 经济类型:集体
固定资产:10,000千元 有进出口权
职工人数:86人
网址:www.fungiextract.com
E-mail:linjixiong2002@163.com
【主要产品】假密环菌甲素;香菇菌多糖;云芝多糖;灵芝多糖

上海科博橡胶胶辊有限公司

上海市浦东新区王港虹星路185弄23号[201201]
电话:(021)58589085
传真:(021)58589885
网址:www.sh-kbxiangjiao.com
E-mail:bailing@online.sh.cn
【主要产品】印刷胶辊;印染胶辊;硅橡胶辊

上海科创化工有限公司

上海市嘉定区嘉宝公路1978号[201808]
电话:(021)59985287;27861685;13601762510
传真:(021)59559286 经济类型:国有
网址:www.kcfcc.com
E-mail:maojm@kcfcc.com
【主要产品】硫酸亚铁;硫酸铜(饲料级);硫酸锌(食用级);硫酸镁;硫酸锰(饲料级);亚硝酸钠(食品级);六偏磷酸钠(食品级);焦磷酸钠(无水);磷酸二氢钠;二氧化硒;碘;乙二胺四乙酸二钠;苯甲酸钠;柠檬酸钠;氢氧化钠;亚硒酸钠;硝酸钠;亚硝酸钠;磷酸三钠;三聚磷酸钠;六偏磷酸钠;焦磷酸钠;磷酸氢二钠;甲酸钙;硝酸钙;碘酸钙;硝酸钡;碳酸钡;氢氧化钾;硝酸钾;硫酸钾;硫酸氢钾;氯化钾;碘化钾;碘酸钾;磷酸二氢钾;硝酸钴;硫酸钴;氯化钴;硫酸镍;锡,粒状;偏钒酸铵;柠檬酸铋铵;硝酸铵;碘化铵;乙酸铜;酒石酸铜;硝酸铜;硫酸铜;硫酸铜,无水;氯化铜;氯化亚铜;碘化亚铜;溴化铜;溴化亚铜;碳酸铜,碱式;硝酸铝;硝酸镁;氯化镁;五氧化二钒;铋,粒状;硝酸铋;次硝酸铋;氯化铋;次碳酸铋;碳酸锰;1,2-二氯乙烷;硫酸钒酰;亚硒酸;多聚磷酸钠

上海科帆化工科技有限公司

上海市宝山区淞宝路50号[200940]
电话:(021)56160088;56172993;13801755778
传真:(021)56172993
网址:www.chinachemnet.com/kefanchem

E-mail:kefan@ hi2000. com
【主要产品】2,3-二溴-1,4-丁烯二醇;4,4′-二氨基二苯醚;乙胺溴氢酸盐;环己胺盐酸盐;环己胺氢溴酸盐;*N*,*N*-二乙基乙醇胺盐酸盐;氟硼酸正丁胺;*β*-丙氨酸;二苯甲酮腙;1-苯基-4-甲基-3-吡唑烷酮;1-苯基-5-巯基四氮唑;四溴化碳;氟化钠;氟氢化钠;氟硼酸钠;氟化钙;氟化氢钾;氟锆酸钾;氟硼酸钾;氟化镍;偏钒酸铵;柠檬酸氢铵;氟化铵;氟化氢铵;氟硼酸铵;氟硼酸锌;氟化锂;氟化镁;二乙胺,盐酸盐;三乙胺,盐酸盐;乙二胺,盐酸盐;甲胺,盐酸盐;二甲胺,盐酸盐;*N*,*N*-二甲基苄胺;正丁胺溴氢酸盐;顺丁烯二酸酐;对,对′-二氨基二苯基甲烷;邻氯亚苄基丙二腈;1-苯基-3-吡唑烷酮;苯甲酸苄酯;2,3-二溴丁二酸;氟硼酸;乙二醇苯醚;双盐酸肼;乙酰苯肼;苯并三氮唑;5-甲基苯并三唑;*N*-甲基吗啡啉;三辛基氧化膦;三烷基氧化膦

上海科丰化学试剂有限公司

上海市崇明区海军农场[202182]
电话:(021)66315889;66313889;69459002
传真:(021)66315887;69459118
供销电话:66315889;28862360
网址:www. kfcr. com
E-mail:sales@ kfcr. com
【主要产品】1,3-二氯苯;碱性品红;溴,水溶液;油酸钠;1,5-萘二磺酸钠;过氧化钙;2-甲基吡啶;4-甲基吡啶;2,2′-联吡啶;4,4′-联吡啶;苯;乙基苯;间二甲苯;3,5-二羟基甲苯;对溴甲苯;2,4-二硝基氯苯;氯乙酰胺;丙胺;*N*,*N*-二甲基苄胺;二环己胺,亚硝酸盐;间硝基苯胺;对氯苯胺;三聚氰胺;氯代异丁烷;溴代异丁烷;氯代异丙烷;碘代丙烷;二氯甲烷;三碘甲烷;三溴甲烷;溴代庚烷;溴代癸烷;3-溴丙烯;甲苯酚混合物;1-苯基-3-甲基-5-吡唑酮;对甲氧基苯乙酮;对氨基苯乙酮;溴乙酸乙酯;溴乙酸甲酯;异丁酸乙酯;丁酸丁酯;丁二酸二乙酯;己二酸二丁酯;月桂酸乙酯;水杨酸苯酯;2-溴丙酸乙酯;甲酸丁酯;肉桂酸乙酯;苯乙酸乙酯;苯甲酸苄酯;苯甲酸苯酯;钛酸丁酯;碳酸二乙酯;对甲苯磺酸甲酯;亚磷酸二异辛酯;二氯乙酰氯;对氯苯甲酰氯;邻氯苯甲酰氯;溴乙酸;2-溴丁酸;5-溴水杨酸;2-溴丙酸;3-溴丙酸;苦杏仁酸;邻氨基苯甲酸;3,5-二羟基苯甲酸;邻硝基苯甲酸;邻氯苯甲酸;氢碘酸;1,5-萘二磺酸;乙醛缩二乙醇;3-氨基-1-丙醇;一缩二丙二醇;异戊醇;季戊四醇;巴豆醛;对羟基苯甲醛;二苯醚;苯乙醚;对氨基苯甲醚;邻氨基苯甲醚;2,4-二硝基苯甲醚;对溴苯甲醚;二苯基硫脲;环丁砜;对硝基氯化苄;对硝基溴化苄;萘;1-氯代萘;1-溴代萘;1-氨基蒽醌;喹啉

上海科利生物医药有限公司

上海市漕宝路500号[200233]
电话:(021)64830519;13764397469
传真:(021)64834016
网址:www. kelybiopharm. com
E-mail:info@ kelybiopharm. com
【主要产品】1,2-环氧丁烷;(*R*)-3-羟基吡咯烷;(*R*)-3-羟基吡咯烷盐酸盐;仲丁醇;(*S*)-缩水甘油;(*R*)-缩水甘油;4,4′-二氟二苯甲醇;L-氨基丙醇;D-氨基丙醇;(*S*)-(+)-2-戊醇;1-氯-2-丙醇;2-氯-1-丙醇;苯基缩水甘油醚;*R*-苄基缩水甘油醚;*S*-苄基缩水甘油醚;(*S*)-(-)-2-氯丙酸;*R*-(+)-(2-羟基苯氧基)丙酸;(*R*)-丁酸缩水甘油酯;对甲苯磺酸缩水甘油酯;(*S*)-(-)-2-氯丙酸甲酯;*S*-环氧氯丙烷;(*R*)-(+)-1,1′-联-2-萘酚;(*S*)-(-)-1,1′-联-2-萘酚;(1R,2R)-(-)-1,2-环己二胺;(1S,2S)-(+)-1,2-环己二胺;3-乙酰硫基-2-甲基丙酸;2-四氢糠胺;*S*-3-氯-1,2-丙二醇;*R*-3-氯-1,2-丙二醇;4-溴甲基喹啉-2-酮;(*R*)-4-氯-3-羟基丁腈;(*S*)-4-氯-3-羟基丁腈

上海科锐驰化工装备技术有限公司

上海市徐汇区百色路1398号4F[200237]
电话:(021)64969068;54822434;13601819408
传真:(021)64961843
网址:www. co-reach. com. cn
E-mail:co_reach@ sina. com
【主要产品】连续混合机;旋转闪蒸干燥机;双轴桨叶干燥机;错流式圆盘干燥机;辊式破碎机;齿式细碎机;磨粉机;振动筛;造粒机;圆盘造粒机;对辊式造粒机;快速整粒机;干式造粒机;螺杆挤出造粒机;同向双螺杆塑料造粒机;成型机;切粒机

上海科瑞印刷材料有限公司

上海市闵行区光华路689号[201108]
电话:(021)64896217;64890948
传真:(021)64890948 职工人数:35人
固定资产:508千元 法人代表:吴汉勋
经济类型:私营企业
网址:www. colorway. com. cn
E-mail:colorway01@ colorway. asiacorp. net
【主要产品】水性光油;水性柔版油墨;窄幅柔版水性油墨;水性印刷油墨

上海科塑高分子新材料有限公司

上海市奉贤区西渡工业园区肖玻路199号[201401]
电话:(021)57436304
传真:(021)57432848
网址:www. shkesu. com
E-mail:ks@ hi2000. com
【主要产品】聚丙烯透明增刚母料;橡胶促进剂;成核剂

上海莱博油墨颜料有限公司

上海市古浪路1600号[200331]
电话:(021)62501222
传真:(021)63637708
网址:www. rainbow-sh. com
E-mail:sales@ rainbow-sh. com
【主要产品】柠檬黄;汉沙黄G;耐晒黄S3G;汉沙黄10G;永固黄G;永固黄GG;联苯胺黄HR;联苯胺黄G;联苯胺黄10G;联苯胺黄GR

上海莱雅仕化工有限公司

上海市闵行区银都路3535弄6号601室[201100]
电话:(021)54433599;13917738666
传真:(021)54430248
法人代表:李富强
网址:www. sh-rareearth. com
E-mail:rareearth@ vip. sina. com
【主要产品】2-乙基己醇;2-辛醇;磷酸三丁酯;三丁基膦;磺化煤油;2-乙基己基磷酸单-2-乙基己酯;二(2-乙基己基)磷酸酯;三烷基氧化膦;溶剂油260号

上海蓝宝涂料有限公司

上海市松江张泽工业区浦亭路177号[201608]
电话:(021)57886177;13790389788
传真:(021)57887108
网址:www. shlanbao. com
E-mail:lb@ shlanbao. com
【主要产品】木器漆;环保乳胶漆;内墙亚光面漆;多功能弹性防水中层漆;超级防霉外墙漆;特级防霉亚光漆;内外墙防霉抗碱封固底漆;抗裂弹性腻子

上海澜涛塑胶有限公司

上海市星火开发区奉柘公路2883号[201417]
电话:(021)57598347;57599722
传真:(021)57599899
供销电话:63530722;13801623983
供销传真:63530743
网址:www. sh-kenan. com
E-mail:webmaster@ sh-kenan. com
【主要产品】塑料异型材;橡胶制品

上海郎特稀土复合材料有限公司

上海市松江区[201600]
电话:(021)57775939
经济类型:股份有限公司
产值:10,000千元 职工人数:50人
【主要产品】复合稀土纳米催化材料

上海朗瑞精细化学品有限公司

上海市金山新农经济区[200436]
电话:(021)66502379;66502346
传真:(021)66502346
网址:www. lrchem. com
E-mail:shlangrui@ 126. com
【主要产品】硫酸铜;无水硫酸铜;硫酸镁(无水);硫酸镁;硫酸镁(五水);硼

氢化钠;硼氢化钾;碱式碳酸铜;碳酸镁;氢化钠;对羟基苯甲醛;乙二胺四乙酸;甲基磺酸;硼酸三异丙酯;硼酸三甲酯;乙二胺四乙酸二钠;乙二胺四乙酸四钠;*N*-甲基哌嗪;4-甲基咪唑;2-甲基咪唑;咪唑;*N*-甲基咪唑;喹哪啶酸;三苯基膦;胆固醇;番茄红素;叶黄素;*β*-胡萝卜素;乳酸钙;三水乳酸钙;五水乳酸钙;盐酸硫胺;维生素B2;烟酸;烟酰胺;维生素B6;维生素B12;维生素H;右旋泛酸钙;抗坏血酸;叶酸;葡萄糖酸锌;葡萄糖酸钾;葡萄糖酸镁;葡萄糖酸锰;葡萄糖酸钙;葡萄籽提取物;4-二甲氨基吡啶

沪

上海乐华粉末涂料有限公司

上海市奉贤区新寺镇新林路2219号[201416]
电话:(021)57494017
传真:(021)57494007
网址:www.lehuafm.com
E-mail:tzp@lehua.com
【主要产品】静电粉末涂料

上海乐科绝缘材料有限公司

上海市金山化工区[201500]
电话:(021)57391980;13916374889
传真:(021)57391980
【主要产品】溴化环氧树脂阻燃剂

上海乐能化工有限公司

上海市金山区钱圩镇工业区[201515]
电话:(021)57291196;57292705;13901926219
传真:(021)57293888
供销电话:57291002 法人代表:罗高峰
供销传真:57293888;57292705
经济类型:私营企业
网址:www.lenengchem.com
E-mail:luogaofeng@lenengchem.com
【主要产品】碳五石油树脂;石油树脂

上海里德化工有限公司

上海市南翔高新科技园区嘉前路707号[201802]
电话:(021)69176533;69176599
供销电话:69176233;13361896639
供销传真:69176733
网址:www.liderchem.com
E-mail:sales@liderchem.com
【主要产品】2,3,4-三羟基苯甲醛;5-甲酰基水杨酸;丙炔酸乙酯;2-硝基-5-羟基苯甲醛;4-氨基吗啉;1,3-丁二醇;*β*-胡萝卜素;吗多明;盐酸特拉唑嗪;盐酸苯海索;胆维他;柳氨酚;甲磺酸酚妥拉明;硫普罗宁;阿维A酯;阿曲汀

上海力巨综研胶粘制品有限公司

上海市松江区洞泾镇洞西路45号[201619]
电话:(021)57672028;57673562;13816114125
传真:(021)57673099
网址:www.kaixin-sh.com
E-mail:webmaster@kaixin-sh.com
【主要产品】聚乙烯薄膜;聚氯乙烯薄膜;EVA片材;双面胶带;聚氯乙烯电气绝缘胶带;BOPP胶黏带;胶带

上海力明工贸有限公司

上海市中山北路2185弄27号237室[200061]
电话:(021)62031984;62057595;13601799852
传真:(021)62031984
供销电话:62031984;13641616022
网址:www.lm.chinachemnet.com
E-mail:fyfjm@online.sh.cn
【主要产品】5-氟乳清酸;三甲基丙酮酸;2,4,5,6-四氯嘧啶;5-氯-2,4,6-三氟嘧啶;白炭黑

上海立诚化工有限公司

上海市浦东新区合庆镇益民村青暮路908号[201200]
电话:(021)68907792;68909306;68906091
传真:(021)68919088 有进出口权
经济类型:私营企业 法人代表:陈援朝
网址:www.lichenggroup.com
E-mail:shiyuanying212@hotmail.com
【主要产品】2-氨基-3-羟基吡啶;水杨酰-3-氨基-1,2,4-三氮唑;2,3,4-三羟基苯甲醛;4-羟基-3,5-二甲氧基苯甲酸;2,3,4-三甲氧基肉桂酸;单宁酸;鞣花酸;对甲氧基肉桂酸异辛酯;2,4,4′-三羟基二苯甲酮;4,4′-二羟基二苯砜;1-萘酚;*N*-苄基叔丁胺;2,2′,4,4′-四羟基二苯甲酮;4-羟基二苯甲酮;2-羟基-二苯甲酮;2,3,4-三羟基二苯甲酮;4,4′-二氯二苯甲酮;2-萘酚-6-磺酸钾;3-氨基-8-萘酚-4,6-二磺酸;1-萘酚-5-磺酸;2-萘酚-6-磺酸钠;1,5-萘二磺酸钠;1-萘酚-2-甲酸;1-苯基-3-吡唑烷酮;1-苯基-4-甲基-3-吡唑烷酮;菲尼酮S;没食子酸十二酯;3,4-二羟基-5-甲氧基苯甲醛;紫外线吸收剂UV-9;紫外线吸收剂UV-0;2-羟基-4-甲氧基二苯甲酮-5-磺酸;2,2′,3,4,4′-五羟基二苯甲酮;2,4,6,3′,4′-五羟基二苯甲酮;紫外线吸收剂UV-1200;3,3′,4,4′-四甲酸二苯甲酮;2,3,4,3′,4′,5′-六羟基二苯甲酮;四溴双酚S

上海立科药物化学有限公司

上海市普陀区泸定路329弄17号[200062]
电话:(021)52501288;52816512
传真:(021)52501358
供销电话:62651640;52816512
网址:www.recordpharm.com
E-mail:record@recordpharm.com
【主要产品】叔丁基乙炔;3,4,5-三甲氧基甲苯;2,3,4,5-四甲氧基甲苯;6-乙基-5-氟嘧啶-4-醇;四氮唑;6-氯-2-氟苯四氮唑;3-溴-2,4,5-三氟苯甲酸;2,4,6-三氟苯甲酸;2,4,5-三氟苯甲酸;3-氯-2,4,5-三氟苯甲酸;2,4-二氟苯甲酸;2,3,4-三氟苯甲酸;4-溴-2-氟苯甲酸;6-三氟甲基烟酸;2-氟-3-氧代戊酸甲酯;苯并环戊酮;苯并环己酮;苯并环庚酮;2-溴-4-氟苯腈;2-甲基-3,4,5,6-四甲氧基溴苯;3,4-二氟溴苯;邻氟溴苯;间溴氟苯;1,2-二溴-1-环戊烯;2,3,4-三甲氧基-6-甲基苯酚;3-氟-4-氰基苯酚;4-氰基-3,5-二氟苯酚;4-氯-3,5-二氟苯酚;*N*-环己基-5-氯戊酰胺;3-氰基-4-氟苯胺;2-氯-3-氟苯胺;2-溴-4-氟苯胺;4-溴-2-氟苯胺;氯甲基三甲基硅烷;氯甲基二甲基氯硅烷;二(氯甲基)四甲基二硅氧烷;间三氟甲基苯甲酸;3,5-二氯苯甲酰氯;2,3-二甲氧基-5-甲基-1,4-苯醌;7-AVCA;3-噻吩丙二酸;1-环己基-5-(4-氯丁基)四氮唑;三氟乙醇;6-羟基-3,4-二氢-2-喹啉酮;4-氯-2-三氟乙酰基苯胺盐酸盐一水合物;3,5-二氯苯腈;*N*-甲基-1-萘甲胺盐酸盐;2-氟-4-甲氧基苯乙酮;1-溴-6,6-二甲基-2-庚烯-4-炔;1-氯-6,6-二甲基-2-庚烯-4-炔;盐酸头孢噻呋;头孢替呋钠盐;硫酸头孢匹罗;头孢地嗪钠;头孢克肟;替卡西林;盐酸特比萘酚;泛癸利酮;西洛他唑;艾地苯醌;氯雷他定;溴伏克辛;氨曲南

上海立奇化工助剂有限公司

上海市沪太路3651弄255号[200001]
电话:(021)66502227;13917586888
传真:(021)66502225 职工人数:50人
经济类型:私营企业
网址:www.shliqi.com
E-mail:z.tingxun@163.com
【主要产品】涂料专用消泡剂;乳胶漆用消泡剂;发酵用消泡剂;黄原胶;涂料印花浆用消泡剂;消泡剂;有机硅消泡剂;非硅类消泡剂;有机硅消泡剂(水处理专用);造纸用消泡剂;钻井液消泡剂

上海利科化学科技有限公司

上海市金山区枫泾清水路101号[201501]
电话:(021)57356335;13301996928
网址:www.yurlic.com
E-mail:info@yurlic.com;yurlichem@hotmail.com
【主要产品】D-(+)-苯丙氨醇;L-(-)-苯丙氨醇;(*S*)-(-)-2-氯丙酸;2-溴异戊酸;*S*-(-)-2-溴丁二酸;*β*,*β*′-联萘酚;(*S*)-(-)-1,2,3,4-四氢异喹啉-3-羧酸;1-甲基胍盐酸盐;碘苯二乙酸;三甲基碘化砜;盐酸丁卡因;丁卡因;L-高丝氨酸

上海利盛化学品有限公司

上海市漕宝路86号光大会展中心F栋14楼[200235]

电话:(021)64326459;64326460;64325661
传真:(021)64326813
网址:www. leasun. com
E-mail:lsunche@ online. sh. cn
【主要产品】表面活性剂;乳化剂;杀菌剂(工业用);复合型高效保湿剂

上海利翔化工有限公司

上海市长阳路 1441 号海运大厦 1218 室[200090]
电话:(021)65703724;13901921317
传真:(021)65187661
网址:www. wellwing. com
E-mail:frankwang@ wellwing. com
【主要产品】2,2-二甲氧基丙烷;3,4-二氢吡喃;乙二醇二甲醚;甲基叔丁基醚;丁醚;*N*,*N*-二甲基乙酰胺;*N*-甲基-4-硝基邻苯二甲酰亚胺

上海联成化学工业有限公司

上海市闵行区龙吴路 3389 号[201108]
电话:(021)64343300
传真:(021)64345382 有进出口权
供销电话:64343300;13817697029
经济类型:与港澳台商合资经营
网址:www. upcsh. com
【主要产品】己二酸二正辛酯;邻苯二甲酸二壬酯;邻苯二甲酸二癸酯;邻苯二甲酸二辛酯;偏苯三酸三辛酯

上海联合食品添加剂有限公司

上海市天目中路 230 号[200070]
电话:(021)63171331;63548527;63537722
传真:(021)63549391
网址:www. ufa. com. cn
E-mail:sales@ ufa. com. cn
【主要产品】氢氧化钙;硫酸钙;氯化钙;氯化钾(食用);氯化镁;焦磷酸铁;乳酸钠;复合磷酸盐

上海联化化工有限公司

上海市嘉定区霜竹路 588 号[201811]
电话:(021)59970525;59970452
传真:(021)59971453
网址:www. shlianhua. com
E-mail:lianhua@ shlianhua. com
【主要产品】五氯化钽;胶黏剂;环氧强力胶黏剂;万能胶;高分子液态密封胶;树脂胶;过氧化苯甲酰;十二烷基苯磺酸钠;工业羊毛脂;防锈油

上海联吉合纤有限公司

上海市浦东新区星火开发区明城路 195 号[201419]
电话:(021)57502750
传真:(021)57502644 职工人数:528 人
网址:www. shlianji. com
【主要产品】聚酯切片;涤纶短纤维

上海联民化工厂

上海市嘉定区澄浏路 859 号[201808]
电话:(021)59558483
传真:(021)59558483
固定资产:4,000 千元
法人代表:高永生
网址:www. shec. gov. cn/introduce/lmm/lm. htm
【主要产品】对羟基苯甘氨酸邓钾盐;左旋苯甘氨酸邓钾盐(乙基)

上海联胜化工有限公司

上海市浦东曹路华东路 1069 号[201209]
电话:(021)68680248;68681055
传真:(021)68681497 有进出口权
经济类型:与港澳台商合资经营
法人代表:肖席珍
网址:www. peo. com. cn
E-mail:liansheng@ liansheng-chemical. com
【主要产品】聚环氧乙烷;分散剂;消泡剂 ST010;杀菌剂(工业用);抗水剂;造纸用湿强剂;造纸专用分散剂;纸张柔软剂;剥离剂

上海联一磷酸化工有限公司

上海市浦东新区浦建路 1578 弄 2 号 202 室[201204]
电话:(021)68458442;68456115
传真:(021)68459473
经济类型:有限责任公司
网址:www. shec. gov. cn/lyls
【主要产品】磷酸;聚磷酸;磷酸二氢钾;磷酸一铵(工业级);五氧化二磷

上海炼油厂

上海市浦东新区江心沙路 1 号[200137]
电话:(021)58611060-32288,32649;58611457
传真:(021)58610393 经济类型:国有
供销电话:58610698;58660377
供销传真:58611755 企业规模:大型
职工人数:4,888 人
网址:www. luboil. com
E-mail:webmaster@ luboil. com
【主要产品】硫黄;丙烯;甲苯;苯;白石蜡;全精炼石蜡;石油液化气;车用汽油;芳烃抽余油;轻柴油;煤油;航空煤油;0 号柴油;重油;石蜡(食品用);橡胶填充油;导热油;6 号抽提溶剂油;清洁分散剂 T102;脱模油;添加剂 T602;汽油机油;柴油机油;CC 级柴油机油;CD 级柴油机油;QC 级汽油机油;二冲程汽油机油;QE/CC 内燃机油;车辆齿轮油;中负荷工业齿轮油;重负荷工业齿轮油;高温链条润滑油;重负荷车辆齿轮油;船用汽缸油;调水油;导轨油;抗磨液压油;液压油;高级抗磨液压油;L-HL 液压油;L-HM 抗磨液压油;低温液压油;液力传动油;汽轮机油;L-TSA 汽轮机油;液力传动油 6 号;抗氨汽轮机油;压缩机油;L-DAB 空气压缩机油;变压器油;全损耗系统用油;润滑油;内燃机润滑油;车轴油;溶剂油;溶剂油(橡胶工业用);油漆工业用溶剂油;燃料油;石油沥青;石油焦

上海良邦泵阀有限公司

上海市新浜开发区 105 号[200072]
电话:(021)66301810
传真:(021)66301820
网址:www. lbbfa. com
E-mail:sales@ lbbfa. com
【主要产品】化工专用泵;磁力泵;自吸式磁力泵;螺杆泵;离心泵;卧式离心泵;油泵;旋片式真空泵;水环式真空泵;球阀;三通

上海良仁化工有限公司

上海市嘉定区嘉朱公路八号桥[201815]
电话:(021)59961588;13706242178
传真:(021)59961588
经济类型:有限责任公司
法人代表:徐友良
网址:www. shlrhg. com
E-mail:shlrhg@ sina. com
【主要产品】硫酸钴;硫酸铜;硫酸锌;硫酸镍;硝酸钴;硝酸铜;硝酸银;硝酸锌;硝酸镍(六水);三氯化铬;氯化钴;氯化铜;氯化锌;氯化镍;硝酸铬;硫酸铬;碳酸钴;碱式碳酸铜;碳酸镍;氨基磺酸镍;醋酸铬

上海亮迪涂料有限公司

上海市祁连山路 1269 号[200436]
电话:(021)66355089;62508289
传真:(021)62840789
网址:www. brightdi. com
E-mail:sales@ brightdi. com
【主要产品】罩光清漆;抗碱封闭底漆;高级内墙乳胶漆;丙烯酸防霉涂料;厚膜型环氧地坪涂料;水性环氧地坪涂料;透明底漆;瓷器专用漆;水性色浆

上海亮江钛白化工制品有限公司

上海市闵行区北翟路 2000 号[201106]
电话:(021)52210848;13916566563
传真:(021)52210847
供销电话:52210846;13482449877
网址:www. liangjiangchem. com
E-mail:shljtb@ liangjiangchem. com
【主要产品】氢氧化铝;氢氧化镁;硫酸钡;硫酸铁;碳酸锰;煅烧高岭土;三氧化二锑;五氧化二钒;氧化锌;氧化铝;钛白粉;钛白粉(锐钛型);钛白粉(金红石型);高分子絮凝剂;十溴二苯醚;聚合氯化铝;聚合硫酸铁

上海燎原利平日用化工有限公司

上海市奉贤县燎原农场内[201408]
电话:(021)57110592
传真:(021)57110592 经济类型:国有

沪

供销电话:63218920　职工人数:104 人
供销传真:63218920　法人代表:王景明
【主要产品】苯甲酸;苯甲酸钠

上海林达塑胶化工有限公司

上海市奉贤区金汇镇泰日大叶公路6133 号[200124]
电话:(021)57586000;57582000;57584820
传真:(021)57583000　有进出口权
供销电话:57582858;13916352655
经济类型:私营企业　职工人数:180 人
网址:www.shldsm.com
E-mail:luwangxing15@yahoo.com.cn
【主要产品】抗静电母粒;聚乙烯防雾滴防老化功能母料;改性聚酰胺;增韧母粒;阻燃母粒;可光降解母粒;色母粒;塑料填充母料;PE 通信电缆色母粒;炭黑母粒

沪

上海林根化工原料有限公司

上海市徐汇区冠生园路 8 号 507 室[200235]
电话:(021)64836155
传真:(021)64758527
网址:www.lingen-china.com
E-mail:sales@lingen-china.com
【主要产品】丁腈橡胶;三元乙丙橡胶;热塑性氨基橡胶;工程塑料;热塑性弹性体

上海林叶生物科技有限公司

上海市松江新桥闵申路 688 弄 10 号[201612]
电话:(021)57684035;57684020;57684943
传真:(021)57684942
网址:www.linzyme.com
E-mail:linzyme@linzyme.com
【主要产品】胰蛋白酶;糜蛋白酶;抑肽酶;蛋白酶;细胞色素 C;肝素钠;乌司他丁;胰激肽原酶;玻璃酸酶

上海灵鹿橡胶制品有限公司

上海市普陀区中山北路 2380 号 B1[200070]
电话:(021)62038851;13916502587
传真:(021)62038650
网址:www.linglu906.net
E-mail:webmaster@linglu906.net
【主要产品】合成橡胶;橡胶运输带;橡胶片丝;橡胶布

上海龙帮化工有限公司

上海市奉贤区五四农场哨所[201423]
电话:(021)57160022
传真:(021)57162953
网址:www.longbangchem.com
E-mail:webmaster@longbangchem.com
【主要产品】三氯化铝

上海龙尼精细化工有限公司

上海市永泰路 630 弄 26 号 401 室(永泰花苑)[200123]
电话:(021)68301180;68301181
传真:(021)68301182
网址:www.shlongni.com
E-mail:shlongni@hotmail.com
【主要产品】食用香精;蔗糖脂肪酸酯;单脂肪酸甘油酯

上海路丰助剂有限公司

上海市宝山经济开发区潘川路罗宁路口[200949]
电话:(021)66873200;66873220;66873219
传真:(021)66873203;66873209
供销电话:66873210;66873216
网址:www.lfwx.com
E-mail:webmaster@lfwx.com;wangfeng@lfwx.com
【主要产品】水性防锈底漆;水溶性织布蜡;润滑剂;脱水防锈油;钢铁表面处理液;自干型防锈封闭剂;油污清洗剂;抛光膏清洗剂;油污清洗防锈剂;常温快速脱脂剂;金属清洗防锈剂;中温磷化剂;光亮剂;金属封闭剂;乳化油;金属润滑剂;金属钝化剂

上海路嘉胶粘剂有限公司

上海市青浦区徐泾经济开发区[200030]
电话:(021)32070127;62421060;13901973427
传真:(021)54583519
供销电话:54893071;54893072
网址:www.china-rocky.com
E-mail:lj1@china-rocky.com
【主要产品】封箱热熔胶;封边用热熔胶;拼板胶;贴塑胶

上海绿嘉水性涂料有限公司

上海市共富路 268 号共富大厦 703 室[201906]
电话:(021)56180380;56187715
传真:(021)56188905
供销电话:56187715;13391023316
网址:www.lvjia.com
E-mail:webmaster@lvjia.com
【主要产品】水性环氧树脂乳液;水性金属漆;水性环氧地坪涂料;环氧固化剂

上海氯碱化工股份有限公司

上海市闵行区龙吴路 4747 号[200241]
电话:(021)64340000;64341341
传真:(021)64341341　有进出口权
供销电话:64340000-3361
供销传真:64345237　企业规模:大型
经济类型:港澳台商投资股份有限公司
职工人数:4,986 人　法人代表:周波
网址:www.scacc.com
E-mail:pubilc@styc.com
【主要产品】盐酸;烧碱;次氯酸钠;漂粉精;四氯乙烯;四氯化碳;聚氯乙烯树脂;氯化聚氯乙烯树脂;聚四氟乙烯树脂(悬浮);氯化橡胶;氯化石蜡-52;白炭黑

上海氯碱实业氟塑料制品公司

上海市闵行区龙吴路 4800 号[200241]
电话:(021)64341606
传真:(021)64932098
经济类型:有限责任公司
网址:www.fscpa.com.cn/hydw6/hueiyuan/shlj.htm
【主要产品】聚四氟乙烯密封圈;聚四氟乙烯车削薄膜;聚四氟乙烯车削板;聚四氟乙烯模压板;聚四氟乙烯管材

上海氯威塑料有限公司

上海市龙吴路 4747 号[200241]
电话:(021)64344665
传真:(021)64345560　有进出口权
经济类型:中外合资经营企业
网址:www.s-vinidex.com
E-mail:vinidc@online.sh.cn
【主要产品】UPVC 聚氯乙烯加筋管

上海轮胎橡胶(集团)股份有限公司

上海市四川中路 63 号[200025]
电话:(021)33024666
传真:(021)63298643　有进出口权
供销电话:63734234;63282672
供销传真:63282672　企业规模:大型
经济类型:股份有限公司
职工人数:3,586 人
网址:www.cstarc.com
E-mail:company@cstarc.com
【主要产品】载重汽车子午线轮胎;轻型载重汽车子午线轮胎;轻型载重汽车斜交轮胎;载重汽车斜交轮胎;轿车子午线轮胎;轿车斜交轮胎;工业车辆轮胎;农用车辆轮胎

上海罗店化工总厂

上海市宝山区罗太路 780 号[201908]
电话:(021)56861094;56861554
传真:(021)56860926　职工人数:500 人
供销传真:56861517　法人代表:许国华
【主要产品】溴乙烷;溴代十二烷;3-氯苯胺;丙酮酸钙;苯基乙基丙二酸二乙酯;6-甲基尿嘧啶;丙酮酸乙酯;苯乙酸乙酯;保泰松;盐酸氯丙嗪

上海罗泾染料化工有限公司

上海市宝山区沪太路新川沙路 400 号[200949]
电话:(021)56871645
传真:(021)56871946　经济类型:集体
法人代表:严惠琦
网址:www.ljdyes.com
E-mail:sales@ljdyes.com;ljdyes@ljdyes.com
【主要产品】1,3,3-三甲基-2-亚甲基吲哚啉;1,3,3-三甲基-2-亚甲基吲哚啉

乙醛;4-[*N*-甲基-*N*-(*β*-氯乙基)]氨基苯甲醛;4-[*N*-甲基-*N*-(*β*-氰乙基)]氨基苯甲醛;2-氨基-6-甲氧基苯并噻唑;*N*-甲基-*N*-羟乙基苯胺;*N*-甲基-*N*-氰乙基苯胺;聚氨酯软泡硅油;分散阳离子黄 SD-5GL;阳离子染料;阳离子黄 X-8GL;阳离子黄 X-2RL;阳离子黄 M-RL;阳离子拔染黄 D-2RL;阳离子红 X-GRL;阳离子红 3R;阳离子红 M-RL;阳离子翠蓝 GB;阳离子艳蓝 X-2RL;阳离子拔染蓝 D-2BL;阳离子黑 RL;阳离子蓝 M-RL;分散阳离子红 SD-GRL

上海罗门哈斯化工有限公司

上海市青浦工业园区崧泽大道 8605 号[201700]
电话:(021)69211018
传真:(021)69211001
经济类型:中外合资经营企业
网 址:china. rohmhaas. com/c/c _ 05 _ c03. htm
【主要产品】离子交换树脂

上海马陆化工厂

上海市嘉定区马陆镇亚钢路 303 号(马陆工业区)[201801]
电话:(021)59152677;59158187;59156873
传真:(021)59157666
经济类型:联营企业　法人代表:赵爱民
网址:www. chinachemnet. com/malu
E-mail:malu@ hi2000. com
【主要产品】亚硫酸氢钠;焦亚硫酸钠

上海迈威包装机械有限公司

上海市联西开发区曹联路 9 号[201804]
电话:(021)39597388
传真:(021)39597208
网址:www. clever-pack. com. cn
E-mail:info@ smwgroup. cn
【主要产品】包装机

上海茂昌化学制品有限公司

上海市奉贤区楚华支路 38 号[201417]
电话:(021)57448281
传真:(021)57448283　有进出口权
供销电话:66834557　法人代表:邹国梁
供销传真:66833895
经济类型:中外合作经营企业
网址:www. smc. chinachemnet. com
E-mail:smcsales@ hi2000. com
【主要产品】4-甲氧基苯甲醛;异戊醇;*β*-萘甲醚;*β*-萘乙醚;反式,反式-己二烯二酸;丁酸;丁酸甲酯;丁酸丁酯;丁酸异戊酯;丁酸苄酯;水杨酸甲酯;庚酸烯丙酯;异戊酸乙酯;苯甲酸乙酯;*β*-萘乙酮;2-氨基苯甲酸甲酯;3,5-二溴邻氨基苯甲酸甲酯;苯甲醇;苯甲酸甲酯;苯甲酸苄酯;丁酸乙酯;丙酸乙酯;己酸乙酯;庚酸乙酯;女贞醛;茉莉醛;橙花素;香豆素;乙酸异戊酯;乙酸苄酯;己酸烯丙酯;柳酸丁酯;柳酸异戊酯;邻羟基苯甲酸苯甲酯;异戊酸异戊酯;复盆子酮;丙酸苄酯;异戊氧基乙酸丙烯酯

上海茂基化学试剂有限公司

上海市徐家汇路 515 弄 15 号 1803 室[200023]
电话:(021)53012658;28004656
传真:(021)53012658
网址:www. cyclobase-chem. com
E-mail:cusochem@ sh163. net
【主要产品】2-氨基-4,6-二羟基吡啶;2-氨基-4,6-二甲氧基吡啶;八氟戊醇;四氟丙醇;D-色氨酸

上海美林康精细化工有限公司

上海市浦东新区东方路 985 号[200122]
电话:(021)50398285;50398286
传真:(021)58751003
网址:www. shmccfc. com
E-mail:infomcc@ shmccfc. com
【主要产品】超细重质碳酸钙;超氧化钾;对羟基苯乙酸;4,4′-二羟基二苯砜;对羟基苯乙酰胺;5-(4-羟基苯基)海因;尿囊素;十三烷基-2,6-二甲基吗啉;卡巴肼;杀螟威;杀虫畏;四聚乙醛;烯酰吗啉;三唑醇;戊唑醇;戊菌唑;噁醚唑;敌稗;氟磺胺草醚;吡氟草胺;咪唑乙烟酸;三氟羧草醚;二氯喹啉酸;乙羧氟草醚;灭草烟;咪唑喹啉酸;丁苯羟酸;苯并三氮唑;甲基苯并三氮唑

上海美兴化工有限公司

上海市金山区兴塔镇兴福利路 258 号[201502]
电话:(021)57361118;57361112;57361016
传真:(021)57361112　产值:10 千元
经济类型:私营企业　职工人数:98 人
法人代表:封平英
网址:www. shmeixing. com
E-mail:wuyongjie002@ hotmail. com
【主要产品】丁二酸钠;硒;二氧化硒;偏钒酸钠;草酸钠;酒石酸钾钠;硒酸钠,无水;亚硒酸钠;亚硒酸氢钠;乙酸钙;草酸钙;氯化钙(无水);乙酸钾;酒石酸钾;酒石酸锑钾;高锰酸钾;碳酸钾;硫化亚铁;乙酸铵;偏钒酸铵;草酸铵;氢氧化铝;硫酸铝;氯化铝;氯化铝,无水;磷酸铝;偏磷酸铝;乙酸锌;硝酸锌;硫酸锌;乙酸镁;硫酸镁;五氧化二钒;三氯化钛,溶液;四氯化钛;硝酸亚铈;乙酸锰;二氧化锰;硫酸锰;氯化锰;钛酸丁酯;草酸;硒酸;亚硒酸;高锰酸钾(药用);L-丙氨酰-L-谷氨酰胺;乙二醇锑;土耳其红油

上海魅宝活性炭有限公司

上海市顾戴路 2199 弄 726 号[201100]
电话:(021)54178893;64133265
传真:(021)54178845　法人代表:夏彪
供销电话:64124251;64137947
网址:www. mebaocarbon-environment. com
E-mail: xiabiao @ mebaocarbon-environment. com
【主要产品】活性炭

上海蒙特利科技有限公司

上海市浦东新区浦东南路 4501 号 102-103 室[200126]
电话:(021)58833871;58740989
传真:(021)58746608
供销电话:58833871;58749581
网址:www. menteli. com
E-mail:zxq@ menteli. com
【主要产品】MTL 型环保制冷剂

沪

上海妙克化学科技有限公司

上海市浦东新区五星路 377 号[201204]
电话:(021)50426230;68946786
传真:(021)50426231
网址:www. sh-miracle. com
E-mail:luofeng@ sh-miracle. com
【主要产品】漆雾凝聚剂;脱漆剂;洗涤剂(工业);表面活性剂;防锈剂;合成切削液

上海民昌橡胶厂

上海市七宝镇宝南路老宅角新村 30 号[201101]
电话:(021)64197172;64599595
传真:(021)64599595
网址:www. guixiangjiao. com. cn
E-mail:guixiangjiao@ 263. net
【主要产品】硅胶管;普通橡胶板;胶辊;密封垫;硅橡胶制品;氟橡胶制品

上海岷珉氧化锌有限公司

上海市青浦区重固镇徐元村 230 号[201706]
电话:(021)59861666
传真:(021)59861518
供销电话:66055139;66298510
供销传真:56623621
经济类型:私营企业
网址:www. shminmin. com
E-mail:sales@ shminmin. com
【主要产品】氯化锌;碳酸锌;氧化锌;锌粉

上海闵坤干燥剂有限公司

上海市闵行区梅陇镇许泾村 7 组 96 号[201108]
电话:(021)64899178;13801789195
传真:(021)33505707
网址:www. mk-ganzaoji. com
E-mail:webmaster@ mk-ganzaoji. com
【主要产品】B 型硅胶;变色硅胶;粗孔球形硅胶

上海闵南化工厂

上海市奉贤区新寺镇东方红村[201416]

电话:(021)57491387;57490030;
13601702339
传真:(021)57491387;57466043
固定资产:3,000 千元
经济类型:私营企业　法人代表:张亚勒
网址:www.shminnan.com
E-mail:sales@shminnan.com
【主要产品】乙醛;聚三乙醛;仲丁醇;异丁醇;异戊醇;乳酸甲酯;三溴甲烷;盐酸羟胺;二乙醇缩乙醛;三聚甲醛;丁酸乙酯;己酸乙酯;乳酸乙酯;肉桂醛

上海明安制塑科技有限公司

上海市松江洞泾工业区西张泾路 21 号[201619]
电话:(021)67671299;
67671300
传真:(021)67671399
经济类型:有限责任公司
网址:www.mingan.net
E-mail:sales@mingan.net
【主要产品】涤纶薄膜;亚光聚酯薄膜;珠光薄膜

上海明固防水防腐工程有限公司

上海市[200000]
电话:(021)13770018688
供销电话:13501796199
网址:www.shminggu.com
E-mail:webmaster@shminggu.com
【主要产品】聚合物改性水泥基弹性防水涂料;SBS 防水卷材;三元乙丙橡胶防水卷材;无机防水堵漏材料

上海明光涂料厂

上海市嘉定区唐行镇嘉唐公路 2442 号[201816]
电话:(021)59951288
传真:(021)59950446
法人代表:赵振荣
网址:www.1east.com/gg7/04119e.htm
【主要产品】丙烯酸系列内外墙涂料;丙烯酸外墙涂料;高渗透封固底漆;水晶耐磨地板漆;水晶漆;高级水性封闭底漆;透明腻子

上海牡丹油墨有限公司

上海市桃浦工业区古浪路 1340 号[200331]
电话:(021)62506860
传真:(021)62505508　有进出口权
固定资产:41,275 千元　法人代表:武军
供销电话:62506860-263
经济类型:有限责任公司
企业规模:大型　职工人数:670 人
网址:www.peonyink.com
E-mail:service@peonyink.com
【主要产品】胶印合成纸油墨;树脂胶版油墨;凸版轮转油墨;轮转油墨;金银油墨;塑料薄膜铅印油墨;塑料丝印油墨;金属油墨;胶印亮光快干油墨;软管油墨;快干印铁耐蒸油墨;快干亮光油墨;UV 系列油墨;油墨印刷助剂;环保涂料色浆;涂料印花色浆;染色涂料色浆

上海南大化工厂

上海市宝山区南大路化工路 58 号[200436]
电话:(021)62506680
传真:(021)62506115
经济类型:国有
供销传真:62504165
法人代表:莫惠章
网址:www.nanda-chem.com
E-mail:changban@nanda-chem.com
【主要产品】苯甲腈;苯代三聚氰胺;对叔丁基苯酚甲醛树脂;松香改性酚醛树脂(210 型);松香改性酚醛树脂(2112 型);松香改性酚醛树脂(2116 型);松香改性酚醛树脂(2118 型);松香改性酚醛树脂;松香改性酚醛树脂(2210 型);醇溶性松香改性酚醛树脂;三聚氰胺甲醛树脂;氨基树脂(572 型);氨基树脂(582 型);氨基树脂(590-3 型);氨基树脂(520 型);氨基树脂(585 型);氨基树脂(521 型);醇酸树脂;聚氨酯树脂;顺丁烯二酸酐松香酯;甘油松香树脂(138 型);甘油松香树脂 136;松香多元醇酯树脂;145 松香季戊四醇树脂

上海南极涂料有限公司

上海市南汇区盐仓镇沿路街 100 号[201324]
电话:(021)58096060;58096223
传真:(021)58097513
经济类型:有限责任公司
法人代表:姚锦春
网址:www.qyxxh.com.cn/20/20-113.htm
【主要产品】氨基烘漆;金属闪光漆;丙烯酸自干漆;铁红环氧底漆;聚氨酯面漆;各色聚氨酯立体锤纹漆

上海南联塑料制品有限公司

上海市南汇区宣桥工业区沪南公路 8930 号[201314]
电话:(021)58181111
传真:(021)58181615
有进出口权
供销电话:62407447;62405375
供销传真:62406576
经济类型:与港澳台商合资经营
网址:www.shnlplastic.com
E-mail:nanlian@online.sh.cn;
key@shnlplastic.com
【主要产品】塑料制品;聚乙烯捆包拉伸膜;聚苯乙烯板

上海南陵化工产品有限公司

上海市闵行区华美路 100 弄 18 号[201100]
电话:(021)52239009;13386066550
传真:(021)52239068
网址:www.chemnl.com
E-mail:sales@chemnl.cn
【主要产品】钛白粉;钛白粉(锐钛型);钛白粉(金红石型)

上海南三耐火材料厂

上海市南汇区三墩墩安路 58 号[201312]
电话:(021)58231439
传真:(021)58235985
法人代表:周驾华
网址:www.sh-nansan.com
E-mail:webmaster@sh-nansan.com
【主要产品】碳化硅;氧化铝

上海南威化工有限公司

上海市嘉定区南翔镇沪宜公路 1228 号[201802]
电话:(021)39129010;59177857
传真:(021)39125318
经济类型:私营企业
网址:www.nwchem.com
E-mail:webmaster@nwchem.com
【主要产品】亚硫酸氢钠;亚硫酸钠;硫酸氢钾;焦亚硫酸钠;硝酸钙;亚硝酸钙;硝酸铜;硝酸锌;六偏磷酸钠;焦磷酸钠;酸式磷酸锰;磷酸二氢钠;磷酸二氢钾;磷酸二氢锌;磷酸氢二钠;磷酸氢二钾;磷酸二铵(工业级);磷酸锌;硼酸锌;碳酸镍;4-甲苯磺酸;氨基磺酸;磷酸三丁酯;4-甲苯磺酸钠;草酸钴;氯化橡胶;偏重亚硫酸钠;氢氧化钙;磷酸三苯酯;氯化石蜡;磷酸三甲苯酯;三(β-氯乙基)磷酸酯;阻燃增塑剂 TCPP;磷酸三(1,3-二氯-2-丙基)酯;多聚磷酸铵;三异丙苯基磷酸酯;二(2-乙基己基)磷酸酯

上海南翔试剂有限公司

上海市嘉定区南翔镇新勤路 968 号[201802]
电话:(021)39127448;39125199;
13818132959
传真:(021)39127431
供销电话:39126748;13701755880
经济类型:私营企业
法人代表:徐锦兴
网址:www.nx-reagent.com
E-mail:sales@nx-reagent.com
【主要产品】碘化钠;2-氯乙醇;2-羟基-5-氯苯甲酸;丙二酸;琥珀酸;2-吡啶甲酸;硼酸三甲酯;硼酸三丁酯;盐酸二乙胺;N,N-二乙基乙醇胺;丙二酸钠;二苯胍氢溴酸盐;4,4′-二甲氧基三苯基氯甲烷;二乙氨基氯乙烷盐酸盐;丙二酸二乙酯;溴乙胺氢溴酸盐;云母钛珠光颜料;乙二胺四乙酸二钠;氢氧化钠;锡酸钠;次磷酸钠;次磷酸钙;氢氧化钾;碘化钾;二丁基二月桂酸锡;乙二胺,盐酸盐;N,N-二甲基乙酰胺;甲酰胺;N,N-二甲基苄胺;正丁胺溴氢酸盐;2-丁酮;丙酮;2,3-二溴丁二酸;己二酸;2-羟基苯甲酸;甘氨酸;癸二酸;乙醇(无水);2-二甲氨基乙醇;十二硫醇;硫代氨基脲;1,4-二氧六环;吗啡啉;N-甲基吗啡啉;明胶;枸橼酸他莫昔芬;枸橼酸氯米芬;苯并三氮唑

上海南洋油墨有限公司

上海市天目西路 218 号嘉里不夜城 2 座 1801 室[200070]
电话:(021)63538512;63173868;63535048
传真:(021)63535049
供销电话:63535048;63173868
经济类型:有限责任公司
法人代表:梁立人
网址:www.shnyym.biz.sh.cn
E-mail:sales@nanyangink.com
【主要产品】纸凹印油墨;铝箔印刷油墨;金属油墨;高级胶印四色版油墨;滚涂油墨;印铁涂料

上海尼可尼泵业有限公司

上海市闵行区联友路 728 号[201107]
电话:(021)64292249
传真:(021)64291122
网址:www.nikunipump.com
【主要产品】真空发生器;隔膜泵;旋涡泵;耐腐蚀离心泵

上海宁成高分子材料有限公司

上海市严桥路 58 弄 22 号 702 室[200125]
电话:(021)50905850;50940795;13795356567
传真:(021)50940795
供销电话:50940796;13818278845
供销传真:50905850
经济类型:私营企业
网址:www.shnicheng.com
E-mail:rather@shnicheng.com
【主要产品】硅藻土;氢氧化钙;硫酸钡;硅酸钙;活性氧化镁;丁腈橡胶;氟橡胶混炼胶;乙丙橡胶;丙烯酸酯橡胶;硬脂酸钠;硬脂酸钾;硫化剂;硫化剂 3 号;橡胶促进剂;促进剂 BPP;双酚 AF;*N*-环己基硫代酞酰亚胺;橡胶分散剂;橡胶脱模剂;炭黑

上海宁溶化工有限公司

上海市宝山区真大路 561 弄 12 号[200436]
电话:(021)62569555;13501688296
传真:(021)62566947
网址:www.ninrong.com
E-mail:webmaster@ninrong.com
【主要产品】硫酸镍铵;三氯化铬;氯化镍;锡酸钠;硫酸铟

上海农药厂有限公司

上海市浦东新区江心沙路 9 号[200137]
电话:(021)58611010
传真:(021)58611767　经济类型:国有
供销电话:55066501;55066503
有进出口权　企业规模:大型
法人代表:陈正华
网址:www.shanghaipesticide.com
E-mail:shpesticide@chemol.com.cn
【主要产品】一氯醋酸甲酯;氰基频那酮;1,2-苯二胺;2-硝基苯胺;*O*,*O*-二甲基硫代磷酰胺;亚磷酸二异丙酯;2-特丁基-4,5-二氯-3-2H-哒嗪酮;4-硝基苯胺;苯乙酸甲酯;乙酰甲胺磷乳油;甲胺磷;乐果;敌百虫;三唑磷;敌敌畏;80% 敌敌畏乳油;喹硫磷乳油(25%);氰戊菊酯;异稻瘟净;二氯喹啉酸;莎稗磷

上海欧诚锌业有限公司

上海市沪太路 3079 弄内[200436]
电话:(021)56329549;13901680558
传真:(021)56329546
网址:www.ouchengzinc.com
E-mail:ocxyhg@ouchengzinc.com
【主要产品】氧化锌;亚乙基双硬脂酰胺

上海帕卡兴产化工有限公司

上海市嘉定区马陆东开发区宝安公路 2765 号[201801]
电话:(021)69156888;69156364;39159024
传真:(021)69156294
经济类型:中外合资经营企业
网址:www.shpi-chem.com
E-mail:office@shpi-chem.com
【主要产品】橡胶防护蜡;冲压防锈油;气相防锈油;防锈油;金属清洗剂;金属轧制油

上海沛轩纳米科技发展有限公司

上海市中山北路 2342 号 1604 室[200063]
电话:(021)51089550
传真:(021)51062766
网址:www.yh868.com
E-mail:lsy@yh868.com
【主要产品】亲水性柔软剂;起绒整理剂;防油防水整理剂

上海彭浦橡胶制品总厂

上海市沪太路 1895 弄 58 号[200436]
电话:(021)56687700-126;56689222
传真:(021)56689911
供销传真:56689222
经济类型:股份合作
网址:www.shpengpurubber.com
E-mail:sprp@vip.163.com
【主要产品】止水带;橡胶支座;桥梁板式橡胶支座;盆式橡胶支座;公路桥梁橡胶伸缩装置;遇水膨胀橡胶止水条

上海皮革化工厂

上海市宝山区南大路 800 弄 20 号[200436]
电话:(021)62506580
传真:(021)62506317　经济类型:国有
供销电话:62846282;62509230
供销传真:62507361　法人代表:杨建国
网址:www.shpghg.com
E-mail:slcw@hotmail.com
【主要产品】丙烯酸树脂乳液;聚氨酯乳液;渗透剂;皮革助剂;合成鞣剂;皮革柔软剂;皮革加脂剂;皮革涂饰剂;皮革消光剂;皮革滑爽剂;光亮剂

上海品新科贸有限公司

上海市徐汇区漕溪路 165 号华宜大厦 1011 室[200235]
电话:(021)64688908;64680918
传真:(021)64278872
网址:www.chinachemnet.com/pinxin
E-mail:bowang@online.sh.cn;pinxin@hi2000.com
【主要产品】硝呋烯腙;非那甾胺;布洛芬;酮基布洛芬;来氟米特;骨化三醇;钙泊三醇;阿法骨化醇;罗格列酮;匹格列酮;比卡鲁胺;那格列奈;多烯紫杉醇;依美司坦;西酞普兰;扎莱普隆;托特罗定;氯吡格雷;替勃龙

上海平海涂料有限公司

上海市金山区新农镇亭枫公路 2266 号[201503]
电话:(021)57340066;57341166;13801743928
传真:(021)57342266
网址:www.pinghai.com
E-mail:shpinghai@alibaba.com.cn
【主要产品】防火板;超薄型钢结构防火涂料;无机防火堵料;有机防火堵料

上海葡萄糖厂

上海市徐汇区凯旋路 2701 号[200431]
电话:(021)64384021;64380486
传真:(021)64380486
供销电话:64694432
经济类型:私营企业
E-mail:vigour@online.sh.cn
【主要产品】硬脂酸镁(药用);甘露醇;右旋糖酐;葡萄糖;玉米浆;玉米朊;药用淀粉;白糊精;淀粉磷酸酯

上海浦东化中染化有限公司

上海市常德路 1258 弄 17 号 1101 室[200023]
电话:(021)62274319;62274316;13801752610
传真:(021)62274317
网址:www.hzdyes.com
E-mail:sales@hzdyes.com
【主要产品】活性嫩黄 K-4G;活性嫩黄 K-6G;活性黄 X-RG;活性黄 K-RN;活性金黄 KM-G;活性黄 M-3RE;活性艳橙 X-GN;活性艳橙 K-GN;活性艳橙 K-R;活性艳红 X-3B;反应艳红 K-4BC;活性艳红 K-2G;活性艳红 KE-3B;活性艳红 KE-7B;活性艳红 M-3BE;活性艳红 M-8B;活性紫 K-3R;活性红紫 X-2R;活性艳蓝 X-BR;活性艳蓝 K-3R;活性深蓝 K-R;活性艳蓝 K-GR;活性艳蓝 KE-R;活性翠蓝 K-GL;活性深蓝 M-2GE;活性墨绿 KE-4BD;

沪

反应橙 K-2RL；活性红棕 K-B3R；活性黑 K-BR

上海浦东天本离心机械有限公司

上海市浦东新区川六公路2699号[201202]
电话：(021)58599339；58599398-803
传真：(021)58599390
供销电话：58599339；13916608925
网址：www.tblxj.com
E-mail：tianben126@126.com
【主要产品】三足式离心机；卧式螺旋卸料沉降离心机；高速管式离心机；高速冷冻离心机；化工专用泵

沪

上海浦东橡胶密封件有限公司

上海市浦东新区唐镇吕三村江欣路88号[201203]
电话：(021)58961232-8002；58961523
传真：(021)58964017 经济类型：集体
供销电话：58961039 职工人数：300人
网址：www.lusansh.com
E-mail：gaojp@online.sh.cn
【主要产品】防尘盖；油封；O形密封圈；旋转轴唇形密封圈

上海浦东兴邦化工发展有限公司

上海市浦东新区东方路573-1号[200120]
电话：(021)58768912
传真：(021)68871393
经济类型：股份合作
网址：www.chemhot.net
E-mail：China-01@163.net；fcd@chemhot.net
【主要产品】过硼酸钠；钨酸钠；钼酸钠；钼酸铵；二钼酸铵；七钼酸铵；八钼酸铵；钼酸钡；三氧化钼；苯醌；乙二酰氯；1,4-苯二酚；二甲基二硫；1-苯基-3-羟基-1,2,4-三唑；苯肼；苯肼盐酸盐；十溴二苯醚；对羟基苯甲醚

上海浦东旭光化工有限公司

上海市老港化工园区[201302]
电话：(021)58054213；13801793208
传真：(021)58054213
经济类型：有限责任公司
网址：www.shxuguang.com
E-mail：kem@netease.com
【主要产品】草酸二甲酯；草酸二乙酯

上海浦东亚美化工厂

上海市浦东新区周川公路7337号[201205]
电话：(021)58942010；58942252
传真：(021)58942443 职工人数：76人
供销电话：58942252；58942010
经济类型：联营企业 法人代表：宋少平
网址：www.chemol.com.cn/entepri/yamei
E-mail：yamei@shyamei.com
【主要产品】色酚 AS；色酚 AS-D；色酚 AS-PH；显色基艳红 RB；红色基 B；显色基深红 4RB

上海浦江分子筛有限公司

上海市金山区金山大道4588号[201512]
电话：(021)28430010；13003181151
传真：(021)57262955
网址：www.pjuniques.com
E-mail：pjuniques@online.sh.cn
【主要产品】分子筛，5A型；分子筛，4A型；13X分子筛；分子筛，3A型；中空专用分子筛；分子筛，10X型

上海浦杰香料有限公司

上海市奉贤区新寺镇新林公路559号[201416]
电话：(021)57493558
传真：(021)57493658
供销电话：62059417；62049400
供销传真：62049562；32271126
法人代表：姚树兴
网址：www.pujie.com
E-mail：pujie@online.sh.cn
【主要产品】乙酰乙酸乙酯；乙酰丙酸乙酯；异丁酸乙酯；丁酸甲酯；丁酸丁酯；丁酸戊酯；丁酸异戊酯；丁酸苄酯；水杨酸甲酯；水杨酸乙酯；甲酸异戊酯；甲酸苄酯；甲酸丁酯；乳酸苄酯；乙酸乙酯；乙酸苯乙酯；苯乙酸苯乙酯；醋酸丁酯；乙酸丙酯；乙酸戊酯；乙酸己酯；月桂酸乙酯；十四酸乙酯；棕榈酸乙酯；醋酸异丁酯；壬酸乙酯；丙酸异戊酯；己酸己酯；己酸异戊酯；庚酸烯丙酯；肉桂酸甲酯；肉桂酸乙酯；异戊酸乙酯；癸酸乙酯；2-甲基丁酸甲酯；2-甲基丁酸乙酯；水杨酸己酯；苯甲酸乙酯；丙二酸二乙酯；甲酸乙酯；2-氨基苯甲酸甲酯；乙酸叶醇酯；苯甲酸甲酯；苯乙酸乙酯；苯甲酸苄酯；丁酸乙酯；丙酸乙酯；戊酸乙酯；己酸乙酯；辛酸乙酯；乳酸乙酯；乳酸薄荷酯；庚酸乙酯；乙酸薄荷酯；菠萝乙酯；菠萝甲酯；丁酰乳酸丁酯；乙酸异戊酯；乙酸苄酯；乙酸芳樟酯；乙酸香叶酯；甲酸香叶酯；己酸烯丙酯；2-甲基-2-乙酸乙酯基-1,5-二氧戊烷；柳酸丁酯；柳酸异戊酯；邻羟基苯甲酸苯甲酯；异戊酸异戊酯；异戊酸苯乙酯；肉桂酸苄酯；肉桂酸苯乙酯；乙酸松油酯

上海浦南春申胶辊厂

上海市奉贤区钱桥工业开发区[201407]
电话：(021)57596049；13601893136
传真：(021)57596123
供销电话：57596049；13801750964
网址：www.pncs.com.cn
E-mail：lfk@pncs.com.cn；gj@pncs.com.cn
【主要产品】胶辊；印刷胶辊；食品胶辊；硅橡胶辊；三元乙丙胶辊

上海普申化工机械有限公司

上海市怒江北路208号[200333]
电话：(021)52821266；52821255
传真：(021)52821255
网址：www.sh-pushen.com
E-mail：sdw@sh-pushen.com
【主要产品】多功能研磨分散机

上海祁南胶粘材料厂

上海市宝山区南大路706号[200436]
电话：(021)63639523；32051477
传真：(021)62500058 经济类型：国有
供销电话：32051477；62500058
法人代表：董炳华
网址：www.shqinan.com
E-mail：webmaster@shqinan.com
【主要产品】酚醛树脂(2123型)；酚醛树脂(2124型)；酚醛树脂(2126型)；酚醛树脂(2127型)；酚醛树脂(2130型)；酚醛树脂(3201型)；酚醛树脂；酚醛树脂(2183型)；三聚氰胺改性酚醛树脂；改性酚醛树脂；二甲苯改性酚醛树脂；砂轮用酚醛树脂

上海奇澳塑胶有限公司

上海市青浦区漕盈路3535号[200333]
电话：(021)59228078
传真：(021)59227160
网址：www.cnqiao.com
E-mail：cnqiao@126.com
【主要产品】建筑排水用硬聚氯乙烯管材管件；给水用硬聚氯乙烯管材；聚氯乙烯电线电缆管；PVC-U芯层发泡管材管件；PP-R管材管件；塑料螺旋管

上海奇能化工有限公司

上海市浦东新区金桥路989弄38号102室[200129]
电话：(021)50373173；13801673123
传真：(021)50373111
网址：www.sh-channel.net/product.html
E-mail：robert-la@sohu.com
【主要产品】六溴环十二烷

上海祺瑞纺织化工有限公司

上海市青浦区朱家角工业园区8号[201700]
电话：(021)59834215；59834218
网址：www.qirui-chem.com
【主要产品】酸性匀染剂；亲水型有机硅织物整理剂；分散匀染剂；高温分散匀染剂；无甲醛固色剂；双氧水漂白稳定剂；棉用促染剂；精炼剂；精炼漂白剂；退浆剂；皂洗剂；螯合分散剂；去油剂

上海企鸟化工有限公司

上海市闵行区虹梅南路3678号[200011]
电话：(021)54405541；28102910
传真：(021)54439760
经济类型：私营企业
网址：www.qinoo.com
E-mail：qinoo@tom.com

【主要产品】炭黑分散剂；炭黑；中色素炭黑；色素炭黑

上海千为油脂科技有限公司

上海市嘉定区江桥金宝工业园西区星华公路5号桥北[201812]
电话：(021)59133952；27118381
传真：(021)59133952
经济类型：私营企业 法人代表：范学炎
网址：www.qwoil.com
E-mail：sales@qwoil.com
【主要产品】辛癸酸甘油酯；季戊四醇油酸酯；硬脂酸乙酯；硬脂酸甲酯；月桂酸异辛酯；月桂酸甲酯；月桂酸乙酯；月桂酸丁酯；棕榈酸异辛酯；月桂酸单甘油酯；油酸三乙醇胺；三羟甲基丙烷三油酸酯；油酸乙酯；油酸异辛酯；油酸丙二醇酯；油酸月桂醇酯；油酸甘油酯；胶姆糖软化剂；油酸丁酯；油酸甲酯；油酸油醇酯；硬脂酸丁酯；硬脂酸异丁酯；硬脂酸异辛酯；硬脂酸异十六醇酯；硬脂酸异十三醇酯

上海茜茜同步带有限公司

上海市浦东区宣桥镇[201314]
电话：(021)58181268；58181279；58181876
传真：(021)58181279
供销电话：58181876；13916526083
网址：www.sh-xiyun.com
E-mail：webmaster@sh-xiyun.com
【主要产品】强力型尼龙运输带；轻型运输带；橡胶平型传动带；橡胶同步带；双面齿同步带；变速带；橡胶三角带；多楔带

上海强泉水泵厂

上海市大统路1038号10楼[200070]
电话：(021)66580636；66580616
传真：(021)56904411
供销传真：66580626
网址：www.shpumps.com
E-mail：sales@shpumps.com
【主要产品】耐腐蚀泵；耐腐蚀液下泵；耐腐蚀自吸泵；防腐塑料泵；磁力泵；自吸式磁力泵；齿轮泵；隔膜泵；螺杆泵；离心泵；料浆泵；卧式离心泵；管道式离心泵

上海侨茂建筑防水材料有限公司

上海市金山区山阳镇红旗西路985号[201508]
电话：(021)67242600
传真：(021)57965738
供销电话：67242600；67241023
网址：www.qmqs.com
【主要产品】聚乙烯丙纶复合防水卷材；JS复合防水涂料；抗老化高弹性彩色防水涂料；封底涂料；防水胶；防水油膏

上海勤工无机盐有限公司

上海市南汇区彭镇工业园区[200431]
电话：(021)65433265；56763504；56762418
传真：(021)65433703
网址：www.shdobo.com
E-mail：sales@shdobo.com
【主要产品】硫酸钴；硫酸铜；硝酸铜；氯化亚铜；氯化钴；氯化铜；氯化镍；酸式磷酸锰；碳酸镍；五氧化二铌；氧化亚铜；氧化铜；铌铁；氨基磺酸镍；醋酸铜；醋酸镍；氧化镍，黑色；硫酸镍；醋酸钴

上海勤工助剂有限公司

上海市浦东新区合庆镇联星路252弄39号[201201]
电话：(021)68905650；68680031
传真：(021)38971331 职工人数：152人
供销电话：68906801；68909828
网址：www.qingong.com
E-mail：business@qingong.com
【主要产品】磷酸二氢钠；磷酸三钠；磷酸氢二钠；2,3,4,5-四甲氧基甲苯；脂肪酸；2,3,4-三甲氧基-6-甲基苯酚；硬脂酰胺；脂肪酸酰胺；2,3-二甲氧基-5-甲基-1,4-苯醌；工业洗瓶剂；油酸酰胺；油酸；芥酸酰胺

上海勤化化工有限公司

上海市军工路400弄29号307室[200090]
电话：(021)65665767
传真：(021)65490045
经济类型：有限责任公司
法人代表：刘水生
网址：www.shqinhua.com
【主要产品】硫酸钴；硫酸镍；硝酸钴；硝酸镍(六水)；氯化钴；氯化铜；氯化镍；铬酸钾；碱式碳酸铜；碳酸镍；氧化钴；氧化镍；氧化铜；醋酸铜；醋酸钴

上海勤翔化工有限公司

上海市杨浦区宁武路628号[200090]
电话：(021)65803430；65803975；65802016
传真：(021)65803430
供销电话：65803430；37557010
网址：www.qgsh.com
E-mail：qg@qgsh.com
【主要产品】硫酸钴；硫酸铜；硫酸镍；硝酸铜；硝酸镍(六水)；氯化亚铜；氯化钯；氯化钴；氯化铜；氯化镍；酸式磷酸锰；碱式碳酸铜；碳酸镍；氧化钴；氧化镍；五氧化二铌；氧化亚铜；氧化铜；铌铁；氨基磺酸镍；醋酸铜；醋酸镍；三氧化二钴；氧化镍，黑色；醋酸钴

上海青东化工厂

上海市青浦区外青松公路7558号[201701]
电话：(021)69207772；69208257
传真：(021)69207772
网址：www.qdcmc.com
E-mail：qdcmc@companyqp.com
【主要产品】羧甲基纤维素钠

上海青浦飞浦树脂厂

上海市青浦区小蒸镇唐夏村2号[201716]
电话：(021)59818387
传真：(021)59818308
网址：www.shfeipu.com
E-mail：webmaster@shfeipu.com
【主要产品】酚醛树脂703；脲醛树脂；双酚A型环氧树脂(621型)；环氧树脂；食品容器内壁无毒涂料；环氧酚醛树脂涂料；改性环氧涂料；防锈涂料；印铁涂料；聚氨酯胶黏剂

沪

上海青浦凤溪新民氯化钙厂

上海市青浦区凤溪镇东北青公路4058号[201705]
电话：(021)59770454
法人代表：李仙明
网址：www.1east.com/gg/00204a.htm
【主要产品】氯化钙(无水)

上海青浦环新减振工程设备有限公司

上海市青浦区商榻镇商周路333号[201719]
电话：(021)59282598
传真：(021)59282597
网址：www.shqphxjzq.com
E-mail：liyang1998@vip.163.com
【主要产品】减震器及配件；橡胶接管

上海青浦莲盛宏伟特种橡塑制品厂

上海市黄浦区新闸路28号[200003]
电话：(021)63270902；63726676
传真：(021)63726257
法人代表：张银龙
网址：www.sh-hongwei.com
E-mail：webmaster@sh-hongwei.com
【主要产品】硅胶条；聚四氟乙烯板材；聚全氟乙丙烯管；聚全氟乙丙烯热收缩管；硅胶管；发泡硅橡胶管；氟橡胶板；硅橡胶板；发泡硅橡胶板；骨架油封；硅橡胶按键；硅橡胶制品；氟橡胶制品；氟橡胶O形圈；硅橡胶O形圈；V形密封圈；硅橡胶密封圈

上海青浦荣赢塑胶制品有限公司

上海市青浦区华新镇凤溪路水产村[201705]
电话：(021)59770859；13621737449
传真：(021)59771842
网址：www.shqprysjzpyxgs.com
【主要产品】聚氯乙烯粒料；塑胶制品

上海青浦威力橡胶制品厂

上海市青浦区商榻镇商周路102弄8号[201719]

电话:(021)59281136;59284067
传真:(021)59280743
网址:www. shweili. com
E-mail:webmaster@ shweili. com
【主要产品】印刷胶辊;造纸胶辊;印染胶辊;运输胶辊;橡胶鞋底;EVA 鞋材

上海青彤金属处理材料有限公司

上海市松江区佘山工业园区强业路8号[201602]
电话:(021)57796198;57796176;13003124578
传真:(021)57796175
网址:www. shqingtong. com
【主要产品】润滑剂;脱脂剂;磷化液;磷化促进剂;金属表面调整剂;金属钝化剂;中和剂

上海庆成染料化工有限公司

上海市闸北区柳营路458号[200070]
电话:(021)56636269
传真:(021)56701603 有进出口权
经济类型:股份合作 职工人数:100人
法人代表:徐骅成
网址:www. qcdyes. com
E-mail:qcdyes@ qcdyes. com
【主要产品】分散阳离子黄 SD-5GL;分散阳离子蓝 SD-GSL;阳离子染料;阳离子黑 L;阳离子藏青 X-BRL;分散阳离子红 SD-GRL;分散阳离子翠蓝 SD-GB;分散阳离子深棕 SD-3RL

上海庆东精细化工公司

上海市浦东新区王港镇共青路118号[201201]
电话:(021)58582041;13701700800
传真:(021)58582041 有进出口权
经济类型:联营企业 法人代表:倪高鑫
网址:www. shdindle. com;
www. shkindle. com
E-mail:webmaster@ chemol. com. cn
【主要产品】三氯异氰尿酸;水质消毒剂

上海秋之友生物科技有限公司

上海市松江区新桥民益路201号[200090]
电话:(021)57686401;57686402
传真:(021)57686260
经济类型:股份有限公司
网址:www. bioqzu. com
E-mail:sales@ bioqzu. com;
tech@ bioqzu. com
【主要产品】胞苷酸;腺苷酸;5-氟尿嘧啶核苷;核苷酸;司他夫定;5′-脱氧氟尿苷;2′-脱氧-5-氟尿苷;5-甲基尿苷;核糖核酸;脱氧鸟苷;胞二磷胆碱

上海求德生物化工有限公司

上海市精细化工产业园区秋实路688号[201512]
电话:(021)37285021;37285029
传真:(021)51714507
网址:www. qiude. com
E-mail:webmaster@ qiude. com
【主要产品】D-α-氨基己二酸;D-烯丙基甘氨酸;D-脯氨酸;DL-脯氨酸;L-羟基脯氨酸;2-哌啶甲酸;D-半胱氨酸;D-半胱氨酸盐酸盐;D-缬氨酸;DL-缬氨酸;D-正缬氨酸;DL-正缬氨酸;DL-色氨酸;D-丝氨酸;DL-丝氨酸;D-丙氨酸;L-异丝氨酸;1-乙基-3-(3-二甲基氨基丙基)碳化二亚胺盐酸盐;L-甲状腺素;L-甲状腺素钠;D-赖氨酸盐酸盐;D-焦谷氨酸;D-亮氨酸;DL-亮氨酸;D-异亮氨酸;L-精氨酸;L-精氨酸盐酸盐;DL-精氨酸;DL-精氨酸盐酸盐;D-精氨酸;D-天门冬氨酸;D-苏氨酸;DL-苏氨酸;DL-酪氨酸;D-酪氨酸;3,5-二碘-L-酪氨酸;D-天冬酰胺;DL-天冬酰胺;D-组氨酸;D-谷氨酸;DL-赖氨酸;D-色氨酸;D-高苯丙氨酸;D-高丝氨酸;DL-高丝氨酸;D-叔亮氨酸;D-高精氨酸盐酸盐;DL-异亮氨酸

上海球龙化工有限公司

上海市嘉定区南翔镇古漪园路658弄14号301室[201802]
电话:(021)59125358;13701683329
传真:(021)69123958
供销电话:59125358;13916039332
网址:www. qiulchem. com
E-mail:sales@ qiulchem. com
【主要产品】硫酸锰;硝酸锰;硝酸镍(六水);氯化锰;酸式磷酸锰;碳酸锰;二氧化锰;氧化锰;四氧化三锰;1,4-苯二酚;乙酸锰

上海全美汽车涂料有限公司

上海市嘉定工业区竹桥609号[201807]
电话:(021)59969608;27834799
传真:(021)59969275
网址:www. shqm. com
【主要产品】汽车漆

上海泉美包装材料有限公司

上海市普陀区真南路2598号[200331]
电话:(021)62841718;52842591;62845571
传真:(021)32052211
供销电话:62841718;62845571
经济类型:私营企业 法人代表:陈伟强
网址:www. quanmei. com. cn
E-mail:shilei@ quanmei. com. cn
【主要产品】BOPP 复合袋;塑料编织袋;纸塑复合袋

上海群杰塑胶制品有限公司

上海市奉贤区青村镇钱桥经济园区[201407]
电话:(021)57597829
传真:(021)57597344
网址:www. shqunjie. com
E-mail:qunjie_2004@ sina. com;
qunjie2004@ 126. com
【主要产品】橡胶制品;减震用橡胶制品;橡胶密封制品;橡胶密封胶条;耐油橡胶密封圈;管道密封件

上海染料有限公司

上海市卢湾区马当路357弄8号[200025]
电话:(021)63553836
传真:(021)63848796;63846299
供销电话:63841592 有进出口权
经济类型:有限责任公司
企业规模:大型 法人代表:周国祥
网址:www. dyes-china. com
E-mail:dyestuff@ online. sh. cn
【主要产品】直接染料;冰染染料;还原染料;活性染料;分散染料;阳离子染料;有机颜料;食用色素;印染助剂

上海人民制药溶剂厂

上海市真南路5218号[201802]
电话:(021)59173313
传真:(021)59171799
经济类型:联营企业 法人代表:李荣平
网址:www. rm-solvent. com
E-mail:Ipopor2@ 126. com
【主要产品】甲苯;甲醇;异丙醇;醋酸丁酯;二氯甲烷;氰乙酰脲;甲基脲;二甲基脲;二甲基氰乙酰脲;一甲基氰乙酰脲;氰基乙酸

上海荣建化学品有限公司

上海市奉贤区江海镇曙光工业区[201400]
电话:(021)67181258;13918222888
传真:(021)67181322
经济类型:股份合作
网址:www. rjchem. com
E-mail:sals168@ yahoo. com. cn
【主要产品】氯化亚铜;氯化钙(无水);氯化钙(二水);黄磷;甲基三丁酮肟基硅烷;乙烯基三丁酮肟基硅烷

上海荣晟精细化工有限公司

上海市松江区泖港镇新波路517弄12号[201607]
电话:(021)57864069-802
传真:(021)57864281
供销电话:57862756-803
网址:www. rs-chem. com
E-mail:jrffzz@ 163. com
【主要产品】洗涤剂(工业);除臭剂;冲压防锈油;软膜防锈油;静电喷涂防锈油;脱水防锈油;水基防锈剂;硬膜防锈油;切削油;合成切削液;研磨油

上海瑞宝造粒机有限公司

上海市闵行区莘浜路10号银星大厦1501室[201100]
电话:(021)64988299;64980572
传真:(021)64980572
供销电话:64980572;64988299
经济类型:有限责任公司
网址:www. sh-rebo. com;

www. shanghairebo. com
E-mail:shrebo@ hi2000. com
【主要产品】造粒机

上海瑞鸿化工有限公司

上海市中山北路 2020 号 18A 室[200063]
电话:(021)52910808;52903999;62030099
传真:(021)52910509
网址:www. rhchem. com
E-mail:sales@ rhchem. com
【主要产品】硝酸镁;硝酸铝

上海瑞一医药科技有限公司

上海市闵行区东川路 555 号紫竹信息数码港 2 号楼 1025 室[200241]
电话:(021)61212607
传真:(021)61212613
经济类型:私营企业　法人代表:薛学生
网址:www. ruiyitech. com
E-mail:sxue@ ruiyitech. com
【主要产品】2,6-二叔丁基-4-甲基吡啶;*S*-环氧氯丙烷;*R*-环氧氯丙烷;三甲基碘硅烷;三(三苯基膦)氯化铑;四(三苯基膦)氢化铑;反-二氯二(三苯基膦)钯

上海润河纳米材料科技有限公司

上海市嘉川路 245 号 3 号楼 703 室[200237]
电话:(021)54290750;54290553
传真:(021)54290553
【主要产品】甲醛捕捉剂;纳米银系无机抗菌剂

上海塞亚精细化工有限公司

上海市真南路 635 弄 99 支弄 20 号[200331]
电话:(021)52842634
传真:(021)52842634　产值:8,000 千元
经济类型:股份合作　职工人数:280 人
E-mail:shsaiya@ yahoo. com. cn
【主要产品】洗涤剂(工业)

上海赛博化工有限公司

上海市嘉定区华亭镇高石公路 2758 号[201816]
电话:(021)39989190
传真:(021)69988396
网址:www. saibochem. com
E-mail:saibo@ hi2000. com
【主要产品】硅油;印染助剂;氨基硅油乳液;匀染剂;氨基硅酮织物弹性整理剂;透心油;工业快速渗透剂;高温精炼剂;低泡精炼剂;退浆剂

上海赛恩斯医药化工有限公司

上海市嘉定区澄浏路 859 号[201808]
电话:(021)59909001
传真:(021)59909028
网址:www. sciencechem. com
E-mail:scienceyeah@ yahoo. com. cn
【主要产品】*N*-邻苯二甲酰甘氨酸;*N*-苄氧羰酰基甘氨酸;5-异丙基海因;5-苄基海因;三氟乙酰赖氨酸;甘氨酸苄酯对甲苯磺酸盐;二硫化硫胺;苯磷硫胺;维生素 C 硬脂酸酯;L-脯氨酸苄酯盐酸盐;DL-叔亮氨酸;L-肌肽

上海赛格涂料有限公司

上海市金山区兴塔工业区建贡路 51 号[201502]
电话:(021)67361101;67361105
传真:(021)67361102
网址:www. sg-paint. com
E-mail:office@ sg-paint. com
【主要产品】金属漆;真石漆;超耐候真石漆;氟碳漆;耐黄变罩面漆;有色透明封闭底漆;地坪涂料;高耐候性外墙涂料

上海赛科石油化工有限责任公司

上海市仙霞路 299 号远东国际大厦 30 楼[200051]
电话:(021)52574688-3620;67250400
传真:(021)62097070;67250408
经济类型:中外合资经营企业
企业规模:大型　法人代表:王基铭
网址:www. secco. com. cn
E-mail:contacts@ secco. com. cn
【主要产品】丁二烯;苯乙烯;聚乙烯;聚丙烯;聚苯乙烯树脂

上海赛璐化工有限公司

上海市北翟路 1240 号[200335]
电话:(021)52195408;52600225;52195408
传真:(021)52172229
网址:www. sscc-sailu. com
E-mail:maoweijun@ sscc-sailu. com
【主要产品】己二胺;尼龙-610;聚酰胺树脂;阳离子纤维素

上海赛诺化工有限公司

上海市青浦区华新华益工业区[201700]
电话:(021)69799307;69799308
传真:(021)69799305
法人代表:黄剑波
网址:www. sunochem. com
E-mail:info@ sunochem. com
【主要产品】砂壁状外墙涂料;外墙封闭底漆;真石漆;塑胶漆;环氧地坪涂料;环氧抗静电地坪漆;环氧无溶剂自流平漆;重防腐漆;氟碳漆;高温防腐漆;各色防霉乳胶漆;内外墙防霉抗碱封固底漆;罩面涂料;内外墙腻子;高耐候性外墙涂料;木器涂料

上海三爱思试剂有限公司

上海市杨浦区军工路 2588 号[200432]
电话:(021)65741995;65748102
传真:(021)65744860;65749725
经济类型:国有　法人代表:冯志清
网址:www. sssreagent. com
E-mail:shsssh@ online. sh. cn
【主要产品】工业氯化铵;4-碘咪唑;2,4-二羟基苯甲酸甲酯;5,5-二硫-1,1-双苯基四氮唑;菲尼酮 D;二乙二醇丁醚醋酸酯;丙酸钠;氟化钠;1,5-萘二磺酸钠;丙酸钙,无水;氟化钙;偏钒酸铵;氯化铵;碘化铵;二乙基二硫代氨基甲酸银;氟硅酸镁;五氧化二钒;吡啶;偶氮苯;乙胺,无水;三乙胺,盐酸盐;二乙醇胺;二氯甲烷;2,4,6-三(二甲氨基甲基)苯酚;邻氨基苯酚;间氨基苯酚;对硝基苯酚;间硝基苯酚;邻苯二酚;间苯二酚;β-二甲氨基丙腈;丙烯腈;邻氯亚苄基丙二腈;乙酸异戊酯;乙酸苯乙酯;水杨酸乙酯;水杨酸苯酯;苯甲酸乙酯;苯甲酸甲酯;苯甲酸苄酯;乳酸乙酯;乳酸甲酯;乳酸丁酯;钛酸丁酯;丁烯二酸,顺式;DL-天冬酸;二乙基巴比土酸;丙二酸;2,4-二羟基苯甲酸;间氯苯甲酸;邻苯二甲酸;变色酸;氢氟酸;癸二酸;1,2,4-氨基萘酚磺酸;乙醇(95%);2-二乙氨基乙醇;2-二甲氨基乙醇;2-氯乙醇;乙二醇;巴豆醛;石油醚,60~90℃;二乙二醇二甲醚;顺丁烯二酰肼;水合肼;苯肼;苯肼,硫酸盐;2,4-二硝基苯肼;对苯醌二肟;二甲基乙二肟;二乙基砜;4,4′-二氨基二苯砜;苯并三氮唑;红四唑;2-乙基-4-甲基咪唑;苯并噻唑;2-甲基苯并噻唑;2-巯基苯并噻唑;吗啡啉;*N*-甲基吗啡啉;喹啉;氯化胆碱;*N*-乙酰甘氨酸;紫外线吸收剂 UV-9;促进剂 M

上海三泰橡胶制品有限公司

上海市松江区莘松路 1566 号[201612]
电话:(021)67645057;67645017
传真:(021)67645231
法人代表:叶森才
网址:www. shsantai. com
E-mail:shsantai@ yahoo. com. cn
【主要产品】丁腈胶辊;丁基胶辊;氯丁胶辊;聚氨酯胶辊;硅橡胶辊;氟橡胶辊;三元乙丙胶辊

上海三微实业有限公司

上海市天目中路 749 弄 71 号 5C,5B[200070]
电话:(021)63804615
传真:(021)63814984
有进出口权
经济类型:股份有限公司
职工人数:86 人
法人代表:郭玉平
网址:www. 3wchem. com
E-mail:sale@ wchem. com
【主要产品】硫酸镁(药用);硼氢化钾;环已烷;2-氯吡啶;2-苯基咪唑;3-氨基

沪

吡啶;4-氨基吡啶;乙二胺四乙酸;己二酸;3,4-二羟基苯甲酸;4-叔丁基苯甲酸;戊酸;甲基磺酸;戊二酸;3,4-二羟基苯甲酸乙酯;均苯四甲酸二酐;戊二酸酐;乙二酰氯;1,4-苯二酚;1,2-苯二酚;己二胺;乙二胺四乙酸二钠;乙二胺四乙酸四钠;乙二胺四乙酸铁钠;双乙酸钠;叔丁基二甲基氯硅烷;二甲基二硫;2-甲基咪唑;咪唑;α-羟基苯乙酸;三苯基膦;4-氨基苯磺酸;对溴苯腈;苯甲醚;正戊酰氯;药用乳糖;对甲氧基苯乙酮;尼龙酸二甲酯;对羟基苯甲醚

沪

上海三维制药有限公司

上海市普陀区永登路50号[200331]
电话:(021)62506900
传真:(021)62508020
有进出口权
经济类型:与港澳台商合资经营
企业规模:大型
网址:www. sunve. com
E-mail:sunve@ sunve. com
【主要产品】N,N-二甲基甲酰胺二甲缩醛;次氮基三乙酸;二苯氯甲烷;双(4-氟苯基)氯甲烷;肉桂基氯;4-硝基邻苯二甲腈;3-甲基二苯胺;5-二氟甲氧基-2-巯基-1H-苯并咪唑;2-乙氧基-5-氟-4-羟基嘧啶;2-氯甲基-3,4-二甲氧基吡啶盐酸盐;2,3-二甲基-4-硝基吡啶-N-氧化物;2-氨基噻唑盐酸盐;2-氨基噻唑硫酸盐;2-甲基吲哚;苯磷硫胺;DL-谷氨酸;维生素C磷酸酯镁;磺胺噻唑;磺胺噻唑钠;磺胺嘧啶;磺胺二甲嘧啶钠;磺胺喹噁啉;磺胺喹噁啉钠;磺胺林;磺胺邻二甲氧嘧啶;磺胺间二甲氧嘧啶;磺胺间二甲氧嘧啶钠;磺胺-6-甲氧嘧啶;酞磺胺噻唑;柳氮磺胺吡啶;磺胺醋酰钠;磺胺对甲氧嘧啶;氟康唑;克霉唑;硝酸咪康唑;氟胞嘧啶;盐酸环丙沙星;乳酸环丙沙星;氟哌酸;联苯苄唑;美洛昔康;氟比洛芬;呋喃硫胺;盐酸呋喃硫胺;泛酸钙;抗坏血酸;维生素C钙盐;维生素C钠盐;D-α-琥珀酸生育酚酯;磺胺氯吡嗪钠;盐酸罗格列酮;瑞格列奈;伏格列波糖;头孢泊肟酯;硫唑嘌呤;紫杉醇;多烯紫杉醇;磷酸丙吡胺;盐酸普罗帕酮;盐酸倍他司汀;甲基多巴;米诺地尔;阿替洛尔;桂利嗪;吉非罗齐;丙咪嗪;多虑平;氟桂嗪;氟奋乃静癸酸酯;庚氟奋乃静;卡马西平;潘托拉唑钠;氯噻酮;氨甲环酸;盐酸布比卡因;吡斯的明;溴化新斯的明;甲基硫酸新斯的明;抗坏血酸棕榈酸酯;奥美普林;茜草双酯

上海三银制漆有限公司

上海市西郊经济技术开发区华徐路685号[201702]
电话:(021)59883377
传真:(021)59884001
网址:www. san-yin. com
E-mail:sy@ san-yin. com
【主要产品】木器漆;木器家具漆;乳胶漆;地板涂料

上海三正高分子材料有限公司

上海市梅陇路130号华东理工大学550号信箱[200237]
电话:(021)54299642
传真:(021)54296397
供销电话:54296396;54299652
经济类型:有限责任公司
法人代表:王正东
网址:www. szpolymer. com
E-mail:webmaster@ szpolymer. com
【主要产品】超分散剂;油漆油墨防结皮剂;油墨附着力增强剂;填料表面处理剂

上海桑迪精细化工研究所

上海市宝山区宝安公路326号[201901]
电话:(021)65024409
传真:(021)65021530 有进出口权
经济类型:股份有限公司
网址:www. sdchemistry. com
E-mail:ypshsd@ online. sh. cn
【主要产品】N-乙基胡椒胺;碘丙炔正丁胺甲酸酯;芝麻酚;十二烷基二甲基苄基氯化铵;5-氯-2-甲基异噻唑啉-3-酮;2,2-二溴-2-硝基乙醇;十八烷基三甲基氯化铵;十二烷基二甲基氧化胺;十二烷基三甲基氯化铵;PESA阻垢剂

上海森松压力容器有限公司

上海市浦东新区顾高路530号[201208]
电话:(021)58659873
传真:(021)58651514
网址:www. morimatsu. com. cn
E-mail:mori@ morimatsu. com. cn
【主要产品】反应釜;萃取塔;精馏塔;换热器;套管换热器;板式换热器;钛材热交换器;管道式冷却器;冷凝器;强制搅拌混合机

上海山井铝业发展有限公司

上海市青浦区沪青平公路4501号123分号[201700]
电话:(021)59859598;59859636;59859632
传真:(021)59859636-802
网址:www. gleamchem. com
E-mail:shsjing@ 163. com
【主要产品】铝银浆

上海尚友锆材料有限公司

上海市闸北区延长路149号20信箱[200072]
电话:(021)56331678;56331986;56331989
传真:(021)56333153
经济类型:有限责任公司
法人代表:林振汉
网址:www. zro2sunyou. com
E-mail:info@ ut-zro2. com
【主要产品】氧氯化锆;碳酸锆;二氧化锆;二氧化锆(稳定)

上海韶松催化剂厂

上海市松江区新五镇叶新支路1076号[201606]
电话:(021)57877059
传真:(021)37717690
网址:www. shaosongchem. com
E-mail:shaosong@ hi2000. com
【主要产品】硫化锑;锑酸钠;偏锑酸钠;三氧化二锑;铟;锑;聚氯乙烯阻燃母粒;高效脱硫剂;汽油脱臭活化剂;多功能金属钝化剂;油浆阻垢剂

上海申宝香精香料有限公司

上海市长江南路475号[200441]
电话:(021)56820173
传真:(021)56829981
供销电话:66145557;66140529
供销传真:66143573
网址:www. shsbxl. com
E-mail:shsbxl@ shsbxl. com
【主要产品】4-甲氧基苯甲醛;苯乙醇;丁酸异戊酯;乙酸苯乙酯;2-己烯酸乙酯;乙酸叶醇酯;松油醇;苯乙酸乙酯;丁酸乙酯;丙酸乙酯;己酸乙酯;2-壬烯酸甲酯;丁酰乳酸丁酯;乙酸香茅酯;香茅醛;萜基环己醇混合物;二氢茉莉酮;羟基香茅醛;香豆素;乙酸三氯甲基苯甲酯;乙酸异戊酯;乙酸芳樟酯;乙酸香叶酯;甲酸香叶酯;己酸烯丙酯;柳酸异戊酯;异戊酸异戊酯;乙酸松油酯

上海申港机械厂

上海市陕西北路1283弄3号宝都大厦1406室[200060]
电话:(021)62314368;62980368;62988022
传真:(021)62980368
供销电话:62988022;13701934967
网址:www. shen-gang. com. cn
E-mail:shengang@ shen-gang. com. cn
【主要产品】双螺旋锥形混合机;LDH型高效犁刀式混合机;无重力卧式混合机;碾式造粒机

上海申光食用化学品厂

上海市浦东奉贤区泰日镇[201405]
电话:(021)57588363;57588714;57588002
传真:(021)57589606
经济类型:有限责任公司
网址:www. sgfuihoo. com
E-mail:shsg@ citiz. net;
shsg@ sgfuihoo. com
【主要产品】羧甲基纤维素钠

上海申鹤精细化工有限公司

上海市沪太路555弄1号1304室[200436]
电话:(021)56552606;13801834344
传真:(021)56553795

法人代表:俞均涛
网址:www. shshenhe. com
E-mail:shshenhe@ alibaba. com. cn
【主要产品】壬酸;壬二酸;浆料;聚丙烯酸甲酯浆料;浆纱乳化油;变性淀粉

上海申江喷射真空设备厂有限公司

上海市江杨南路 702 号 B 座[200439]
电话:(021)56886986;56832391
传真:(021)56886986
网址:www. shsjpump. com
【主要产品】真空泵;蒸汽喷射泵;水喷射真空泵;增强聚丙烯水喷射真空泵

上海申聚化工厂有限公司

上海市宝山区沪太路 4400 号[201907]
电话:(021)56044126
传真:(021)56042223 职工人数:300 人
经济类型:有限责任公司
网址:www. shenjuchem. com
E-mail:ad50197898@ online. sh. cn
【主要产品】六亚甲基二异氰酸酯;间甲苯异氰酸酯;对氯苯基异氰酸酯;环己基异氰酸酯;异氰酸苯酯;对三氟甲氧基苯基异氰酸酯;对氯苯磺酰异氰酸酯;对甲苯磺酰异氰酸酯;碳酸二甲酯;碳酸二苯酯;聚碳酸酯;玻纤增强聚碳酸酯;聚碳酸酯(着色);聚碳酸酯合金

上海申联劳伦茨胶带有限公司

上海市嘉定区沪宜公路 1785 号[201801]
电话:(021)59159475
传真:(021)59159475
网址:www. roulunds-rubber. com. cn
E-mail:webmaster@ roulunds-rubber. com. cn
【主要产品】橡胶同步带;切割式 V 带;多楔带

上海申生科技有限公司

上海市中山南一路 1065 号 2203 室[200023]
电话:(021)63033486;63040662;63041261
传真:(021)63028734
E-mail:web@ senco. cc;
web@ senco-sh. com. cn
【主要产品】搅拌器;恒温油浴锅;反应釜;旋转蒸发器;冷凝器;真空泵

上海申驼胶带制品有限公司

上海市青浦区白鹤工业园区 D 区[200085]
电话:(021)63648502
供销电话:33011722 产值:1,500 千元
供销传真:33011711 职工人数:40 人
经济类型:有限责任公司
法人代表:谢苗根
【主要产品】橡胶运输带;花纹输送带;橡胶平型传动带;橡胶三角带

上海申霞气体过滤设备厂

上海市铜川路 2225 弄 35 号 101 室[201824]
电话:(021)69182070
传真:(021)69183941
经济类型:私营企业 法人代表:张银富
网址:www. sh-xiaoyinqi. com
E-mail:zhangyinfu@ eastday. com
【主要产品】空气过滤器;浸油空气过滤器

上海申夏生物化工有限公司

上海市祥德路 383 号 507 室[200081]
电话:(021)65216239
传真:(021)65072856
法人代表:周星妹
网址:www. shshenxia. com
E-mail:shxshw@ 163. com
【主要产品】1,2,4-丁三醇;乳酸;乳酸丁酯;乙二胺四乙酸铁钠;柠檬酸钙;醋酸钠;醋酸钠(无水);乳酸钠;丙酸钙;丙酸钠;乳酸钙;乳酸锌;乳酸钾;乳酸镁;乳酸铵;乳酸亚铁;苹果酸钙;苹果酸钾;苹果酸钠;富马酸亚铁;葡萄糖酸钙;硬脂酸丁酯

上海申星化工有限公司

上海市闵行区龙吴路 4589 号[200241]
电话:(021)64343567;64343918
传真:(021)64345481 有进出口权
供销电话:64344958 职工人数:68 人
经济类型:中外合资经营企业
法人代表:郭哲江
E-mail:sxcic@ public1. sta. net. cn
【主要产品】甲醛;脲醛树脂;酚醛树脂胶黏剂;脲醛树脂胶;三聚氰胺甲醛树脂胶黏剂

上海申亚碳酸钙厂

上海市浦东新区金桥开发区金明路 900 号[201206]
电话:(021)58991541
传真:(021)58991541
经济类型:股份合作
网址:www. sh-shenya. com
E-mail:shenya@ sh-shenya. com
【主要产品】轻质碳酸钙;超细碳酸钙;重质碳酸钙;活性重质碳酸钙;轻质活性碳酸钙

上海申宇医药化工有限公司

上海市金山区吕张公路 1055 弄 61 号[201515]
电话:(021)57291288
传真:(021)57291146 有进出口权
经济类型:与港澳台商合资经营
法人代表:罗锡义
网址:www. shenyu. biz
E-mail:info@ shenyu. biz;
sales@ shenyu. biz
【主要产品】硼氢化钠;硼氢化钾;二甲胺硼烷;斯盘 80;吐温 80

上海深日油墨有限公司

上海市金山区珠龙经济开发区[200002]
电话:(021)51295351;13905766059
传真:(021)51295351 职工人数:200 人
网址:www. tztgym. com/about. htm;
www. shsrym. com
E-mail:shsrym@ gmail. com
【主要产品】亮光浆;树脂胶版油墨;胶印轮转油墨;胶印亮光快干油墨;胶印亮光快干四色油墨;平版胶印油墨;调墨油;油墨稀释剂;油墨减粘剂;油墨印刷助剂

沪

上海神和化工技术有限公司

上海市骊山路 16 号华经大厦 504 室[200065]
电话:(021)56081091
传真:(021)56081095
网址:www. sunhowchem. com
E-mail:info@ sunhowchem. com;
sunhow@ hi2000. com
【主要产品】邻苯甲酰苯甲酸甲酯;2,3-二甲氧基-5-磺酰胺基苯甲酸;2,4-二氯-5-磺酰胺基苯甲酸;2-氟-4-氯-5-磺酰胺基苯甲酸;3-硝基-4-氯-5-磺酰胺基苯甲酸;4-氯-3-氨磺酰基苯甲酸;1,2,3-三氮唑;2-苯甲酰苯甲酸;2-氯嘧啶

上海神强实业有限公司

上海市铜川路 999 弄 22 号 101 室[200333]
电话:(021)62971188;62578811;13901953088
传真:(021)62578811
供销电话:62971188;62971788
网址:www. shenqiang. com
E-mail:shenqiang@ shenqiang. com
【主要产品】2,6-二氨基吡啶;3-硝基-1,2,4-三氮唑;四氮唑;5-乙硫基四唑;5-苯基四氮唑;4-甲氧基苯甲醛;乙二醇二甲醚;二乙二醇二甲醚;己二酸二甲酯;己二酸二乙酯;对硝基溴苄;4-硝基苯甲酸;4-氯间苯二酚;1-萘酚;6-氨基-2-甲基苯酚;5-氨基-6-氯邻甲酚;*N*,*N*-二(2-羟乙基)对苯二胺硫酸盐;2-硝基对苯二胺;2,4-二氨基苯氧基乙醇盐酸盐;3,4-二氯苯甲酸;3-氨基苯酚;乳糖酸钠;5-氨基-4-甲酰胺咪唑;2-氯-4-硝基苯甲酸;甲基四唑;5-氨基四氮唑;间氯苯甲酸;2-氯-4-氨基苯甲酸甲酯;2,5-二氨基甲苯硫酸盐;4-氨基苯甲酸;间氨基苯甲酸;对氨基苯甲酰胺;2,4-二氨基苯甲醚硫酸盐;2,5-二氨基苯甲醚硫酸盐;3-硝基苯磺酸钠;5-氯-2-硝基苯胺;间苯二胺硫酸盐;对氨基间甲酚;5-氨基-2-甲基苯酚;4-硝基苯甲醇;1-苯基-5-巯基四氮唑;苯氧布洛芬钙;丙硫氧嘧啶;乌拉坦;苯佐卡因;盐酸噻洛唑啉

上海升立混合机厂

上海市嘉定区南翔高科技园区（胜辛南路399号）[201802]
电话：(021)69176731;69176732
传真：(021)69176595
网址：www. shshengli. com. cn
E-mail：shengli@ shshengli. com
【主要产品】螺带式混合机；双锥混合机；LDH型高效犁刀式混合机；无重力粒子混合机

上海升联化工有限公司

上海市浦东新区龙东路188弄新领地1号楼12F[201204]
电话：(021)50455933
传真：(021)50455833
经济类型：股份有限公司
网址：www. shenglian-sh. com
E-mail：shenglian@ shenglian-sh. com
【主要产品】速灭威可湿性粉剂(25%)；噻嗪酮可湿性粉剂；灭多威乳油；氯菊酯；氯氰菊酯；毒死蜱；多菌灵可湿性粉剂；三唑酮；三环唑可湿性粉剂；甲基硫菌灵；百菌清；腐霉利；霜脲氰；草甘膦；25%绿麦隆可湿性粉剂；多效唑；25%氰·硫乳油

沪

上海升纬化工原料有限公司

上海市集宁路东升路底[200435]
电话：(021)56811357;66836538
传真：(021)56810501
法人代表：宣国平
网址：www. sh-swhg. com
E-mail：swc@ sh-swhg. com;
sw@ sh-swhg. com
【主要产品】羟乙基脲；脂肪醇聚氧乙烯醚磺基琥珀酸酯二钠盐；十二烷基二甲基苄基氯化铵；单烷基醚磷酸酯钾盐；乳化剂；十八烷基三甲基氯化铵；十六烷基三甲基氯化铵；十二烷基二甲基甜菜碱；椰油酰胺丙基甜菜碱；羟磺基甜菜碱；月桂酰胺丙基甜菜碱；月桂酰胺丙基氧化胺；十二烷基三甲基氯化铵；咪唑啉型甜菜碱

上海生农生化制品有限公司

上海市浦东新区东方路818号11楼D座[200122]
电话：(021)50581001;50581002;
50581003
传真：(021)50581005
供销电话：50581004;50581003
网址：www. shengnong-pesticide. com
E-mail：info@ shengnong-pesticide. com
【主要产品】*N*,*N*-二甲基癸酰胺；3,5-二氯苯胺；α-氯丙烯腈；*N*,*N*-二乙基间甲基苯甲酰胺；2-氯-5-氯甲基噻唑；十三烷基-2,6-二甲基吗啉；2-氰基亚胺基-1,3-噻唑烷；邻氨基苯腈；4-氨基-2-三氟甲基苯腈；伏蚁腙；吡丙醚；噻螨胺；除虫脲；氟啶脲；氟环唑；戊唑醇；氟菌唑；噁醚唑；灭草烟

上海胜浦新材料有限公司

上海市浦东新区耀华路651号[200126]
电话：(021)58836460;58836731;
68704300
传真：(021)58833873 有进出口权
供销电话：58786218 法人代表：张学富
供销传真：58786218
经济类型：股份有限公司
网址：www. chinapvp. com
E-mail：yuking@ chinapvp. com
【主要产品】*N*-乙烯基吡咯烷酮；聚维酮碘；乙烯基吡咯烷酮/醋酸乙烯共聚树脂；聚乙烯吡咯烷酮；不溶性聚乙烯吡咯烷酮；PVP复配物

上海胜星树脂涂料有限公司

上海市浦东新区三新路888号[200124]
电话：(021)33928208
传真：(021)33929413
网址：www. shqilin. com
E-mail：sales@ shqilin. com
【主要产品】酚醛树脂；工业涂料；船舶防腐漆；水溶性涂料

上海圣丹化工涂料有限公司

上海市奉贤区塘外工业园区[201408]
电话：(021)57173939
传真：(021)57172813
职工人数：1,200人
网址：www. sd-paint. com
E-mail：info@ sd-paint. com
【主要产品】装饰漆；内墙亚光面漆；地板涂料；丙烯酸内墙乳胶漆；丙烯酸外墙乳胶漆；透明底漆

上海圣元涂料有限公司

上海市青浦区白鹤工业园区内[201709]
电话：(021)69743055
传真：(021)52983980
供销电话：52983980
网址：www. shsytl. com
E-mail：shsy@ shsytl. com
【主要产品】硝基漆类；聚酯木器漆；聚氨酯漆类；环保型建筑涂料

上海盛龙化工有限公司

上海市奉贤区洪庙乡洪南工业区[201411]
电话：(021)57131892;57132875
传真：(021)57130014
供销电话：57131892;13331871120
网址：www. shenglong-chem. com
E-mail：shenglong@ hi2000. com
【主要产品】三氯化铁；三氯化铁（液）；氯化亚铁；三氯化铝（六水）；三氯化铝；亚铁氰化钠；乙二胺四乙酸；丙酰氯；乙二胺四乙酸二钠；聚丙烯酰胺

上海盛欣医药化工有限公司

上海市松江区洞泾镇张泾村[201601]
电话：(021)57676680;57678818;
13901809800
传真：(021)57676966
供销电话：57678818;13701960956
经济类型：私营企业 法人代表：陆仁魁
网址：www. sxmdchem. com
E-mail：manager@ sxmdchem. com;
sales@ sxmdchem. com
【主要产品】2-硝基苯甲醛；甘草亭酸；4-氯苯甲酰氯；2-(2-氯乙氧基)乙醇；吲哚美辛；硝苯地平；盐酸溴己新；盐酸氯丙那林；甘草酸单铵；盐酸羟嗪；盐酸去氯羟嗪；氯唑沙宗；4-羟基香豆素

上海石粉厂有限公司

上海市嘉定区江桥镇华庄公路1号桥[201803]
电话：(021)59142401;59142419;
13918307979
传真：(021)59143835 经济类型：集体
供销电话：59142301;13032173119
法人代表：徐昌海
网址：www. shifen. com. cn
【主要产品】长石粉；白云石粉；重晶石矿粉；硅灰石粉；方解石；氢氧化钙；硫酸钙；半水硫酸钙；硫酸钡；轻质碳酸钙；重质碳酸钙；活性碳酸钙；滑石粉；石英粉；氧化钙；金属硅；硅粉；硅钙合金

上海石化环保净化剂厂

上海市金山区石化地区卫八路91号[200540]
电话：(021)57941941-26281
传真：(021)57940624
网址：www. chinachemnet. com/company/0087c. htm
【主要产品】聚丙烯酰胺；聚合氯化铝

上海石化森清水处理有限公司

上海市金山区石化金一路49号[200540]
电话：(021)57947234;57946339;
57931816
传真：(021)57947234 有进出口权
经济类型：有限责任公司
法人代表：何高柔
网址：www. mq-water. com
E-mail：sale@ mq-water. com
【主要产品】碳酸钾；阻垢分散剂；杀生剂；预膜剂；混凝剂；阻垢缓蚀剂；清洗剂

上海石油化工泵有限公司

上海市西藏南路1558号[200011]
电话：(021)63126812
传真：(021)53079388
经济类型：有限责任公司
法人代表：仲仁义
网址：www. shsyhg-pump. com
E-mail：manager@ shsyhg-pump. com
【主要产品】化工专用泵；耐腐蚀泵；耐腐蚀液下泵；耐腐蚀自吸泵；高扬程小流量化工泵；离心泵；料浆泵；卧式离心泵；油泵；水环式真空泵

上海实业化工有限公司

上海市嘉定区澄浏路681号[201808]
电话:(021)59558700;59557014;59557359
传真:(021)59557801　有进出口权
经济类型:中外合作经营企业
网址:www.indchem.com.cn
E-mail:shiccb@online.sh.cn
【主要产品】L-苯甘氨醇;右旋苯甘氨酸;2R-2[(4-乙基-2,3-双氧代哌嗪基)甲酰胺]对羟基苯乙酸;L-(+)-α-苯甘氨酸;左旋苯甘氨酸邓钾盐(乙基);左旋苯甘氨酰胺;丁二酸二异辛酯磺酸钠

上海实用干燥剂厂

上海市大田路386号[200041]
电话:(021)62562736;62560308;13701764908
传真:(021)62562736
网址:www.sygzj.com
E-mail:webmaster@sygzj.com
【主要产品】高效型干燥硅胶

上海世傲印刷材料有限公司

上海市闵行区浦江镇汇红工业小区A4[201112]
电话:(021)54550000;54843266
传真:(021)54555000
经济类型:有限责任公司
法人代表:郑国勤
网址:www.shsachem.com
E-mail:sales@shsachem.com;services@shsachem.com
【主要产品】丙烯酸树脂乳液;水溶性丙烯酸树脂;水性光油;水性印刷油墨;涂料印花色浆

上海世展实业有限公司

上海市钦州北路1199号88幢8楼[200233]
电话:(021)54277770;54277770-201
传真:(021)54277771;54277772
网址:www.world-prospect.com
E-mail:contact@world-prospect.com
【主要产品】2,4-二氨基苯磺酸

上海市宝山区合众化工厂

上海市宝山区罗泾镇合众村[200949]
电话:(021)56871394;13801677924
传真:(021)56871394　经济类型:集体
法人代表:陆文元
网址:www.he-zhong.net
E-mail:webmaster@he-zhong.net
【主要产品】三氯化铁;氯化亚铁;聚合硫酸铁

上海市大场化工厂

上海市宝山区大场镇沪太路3079号[200436]
电话:(021)56680696;56681478
传真:(021)56680779　经济类型:集体
法人代表:纪福昌
网址:www.qyxxh.com.cn/34/34-1201.htm
E-mail:office@dachang-chem.com
【主要产品】轻液体石蜡;白油;苯甲腈;不饱和聚酯树脂;化纤油剂;皂化溶解油;水化白油

上海市合成树脂研究所

上海市徐汇区漕宝路36号[200235]
电话:(021)64363641
传真:(021)64700678　经济类型:国有
供销电话:64360068　有进出口权
供销传真:64820285
职工人数:306人
法人代表:毛玉兰
网址:www.chem-syn.com
E-mail:market@chem-syn.com
【主要产品】均苯四甲酸二酐;4,4′-氧双邻苯二甲酸酐;3,3′,4,4′-联苯四羧酸二酐;环氧树脂(AG-80型);复合膜;聚酰亚胺(铝)薄膜;改性聚酰亚胺层压板;改性聚苯醚;聚酰亚胺漆;导电涂料;铝银浆;导电胶黏剂;环氧树脂黏合剂;丙烯酸压敏胶黏剂;聚氨酯胶黏剂;黑胶;聚酰亚胺胶黏剂;热熔胶黏剂;压敏胶黏带

上海市沪江生化厂

上海市奉贤区新寺新沪路2号[201416]
电话:(021)57492409;57490905
传真:(021)37440838　有进出口权
供销电话:37440839　法人代表:李仁志
经济类型:股份合作
网址:www.sh-huj.com
E-mail:hujiang@sh-huj.com
【主要产品】亚磷酸;盐酸;二甲氧基甲烷;一氯甲烷;草甘膦水剂(10%);草甘膦;41%草甘膦异丙胺盐水剂;62%草甘膦异丙胺盐水剂;赤霉素

上海市华义欣建材厂

上海市普陀区曹安路2300弄内[201803]
电话:(021)59112046;59112271
传真:(021)59112046
法人代表:陈义华
网址:www.hyxpaint.com
E-mail:webmaster@hyxpaint.com
【主要产品】丙烯酸内墙乳胶漆;丙烯酸外墙乳胶漆;胶黏剂

上海市化工装备研究所

上海市新闸路126号[200003]
电话:(021)63276564
传真:(021)63586424　经济类型:国有
法人代表:余钢
网址:www.shenchem.com
E-mail:yjsscb508@tom.com;hgzbs@shenchem.com
【主要产品】板式换热器;双锥砂磨机;涡轮粉碎机;微粉碎机;高效粉碎机;剪刀式粉碎机;胶体磨;链式输送机;衬氟耐腐蚀离心泵;耐腐蚀液下泵;磁力泵;离心泵;料浆泵;立式离心泵;高剪切乳化机;混合乳化机;乳化炸药专用乳化机

上海市嘉定区江桥化工厂

上海市嘉定区曹安路1593号[201803]
电话:(021)59197263;59184463;59184500
经济类型:股份合作　职工人数:100人
法人代表:蔡桂发
网址:www.hylive.com/shanghai04041.html
【主要产品】二聚酸;土耳其红油;环氧聚酰胺固化剂;合成制动液;刹车油;钙基润滑脂3号

上海市金山区漕泾化工厂

上海市金山区漕泾镇东上海化学工业区[201507]
电话:(021)57251362;57251225;13801852837
传真:(021)57251480　经济类型:集体
法人代表:沈文贤
网址:www.jinlangchem.com
E-mail:jinlang@jinlangchem.com
【主要产品】1,3,3-三甲基-2-亚甲基吲哚啉;2-亚甲基-1,3,3-三甲基吲哚啉醛;2-羟基-3-叔丁基-5-甲基-4′-氯-2′-硝基偶氮苯;2-羟基-5-异辛基-2′-硝基偶氮苯;2-羟基-3,5-二叔丁基-4′-氯-2′-硝基偶氮苯;分散黄8GFF;分散红SE-B;阳离子嫩黄7GL;阳离子黄X-5GL;阳离子黄X-8GL;阳离子黄X-2RL;阳离子艳黄10GFF;阳离子金黄X-GL;阳离子桃红FG;阳离子艳红5GN;阳离子红2GL;阳离子红X-GRL;阳离子红X-GTL;阳离子红3R;阳离子翠蓝GB;阳离子艳蓝RL;阳离子艳蓝X-2RL;阳离子蓝X-GRL;阳离子黑RL;阳离子黑X-2RL;硅藻土助滤剂;阻垢缓蚀剂

上海市金山区朱泾化工厂

上海市金山县城西首[201500]
电话:(021)57321774;57321775
传真:(021)57321774;57321775
经济类型:集体　职工人数:400人
法人代表:范多云
网址:www.zhujinghg.com
E-mail:zj@zhujinghg.com
【主要产品】防腐防霉剂;1,3-二羟甲基-5,5-二甲基海因

上海市马陆丙烯酸涂料厂

上海市嘉定区沪宜公路2801号[201801]
电话:(021)59156093;59156091
传真:(021)59156093　经济类型:集体
法人代表:朱林平
网址:www.1east.com/gg6/03395.htm
【主要产品】丙烯酸树脂漆类;丙烯酸清漆

上海市农药研究所

上海市斜土路 2354 号 1 号楼 206 室[200032]
电话:(021)64690260;64387891-220
传真:(021)64690261;64872037
供销电话:64690260;13818224127
经济类型:国有　　有进出口权
网址:www. chinachemnet. com/spri
E-mail:spri2354@ yahoo. com. cn
【主要产品】2,3-二氯苯甲醛;八氯二丙醚;2,3-二氯苯甲醚;2,4-二氯-5-氟苯甲酸;2-氯丙烯酸;对氟苯乙酮;降冰片烯二酸酐;2,3-二氯溴苯;3-溴三氟甲基苯;邻溴三氟甲苯;3-硝基-4-氯三氟甲苯;5-氯-2-硝基三氟甲苯;2-氯-5-硝基三氟甲苯;2-氟-5-硝基三氟甲苯;4-氟-3-硝基三氟甲苯;5-氟-2-硝基三氟甲苯;2,5-二氯三氟甲苯;2,3-二氯碘苯;2,4-二氯-5-氟苯甲酰氯;3-硝基邻苯二腈;2,3-二氯苯酚;2,3-二氯苯胺;对叔丁基苄胺;α-氯丙烯腈;2,3-二氯苯甲酰胺;3-氯-2-甲基苯胺;邻三氟甲基苯腈;间三氟甲基苯腈;*N*-氰基-*N'*-甲基乙脒;2-氯-5-氯甲基噻唑;2,3-二氯苯甲酸;邻三氟甲基苯甲酸;间三氟甲基苯甲酸;*N*-甲基硝基胍;邻三氟甲基苯甲酰氯;间三氟甲基苯甲酰氯;2,3-二氯苯甲酰氯;5-氯-2-甲基苯胺;3,4-二氯三氟甲苯;炔螨特;仲丁威;甲萘威;速灭威;灭多威;高效氯氰菊酯;右旋烯炔菊酯;富右旋反式烯丙菊酯;Es-生物烯丙菊酯;醚菊酯;双甲脒;噻螨胺;多菌灵;甲基硫菌灵;乙氧氟草醚;烟嘧磺隆;吡氟草胺;甲哌鎓;多效唑;溴敌隆;氯硝柳胺

上海市浦东新区姜源新型墙面钢化涂料厂

上海市浦东新区高东镇珊黄拾队[200137]
电话:(021)58482261;68481018
法人代表:姜源
网址:www. qyxxh. com. cn/20/20-a0004. htm
【主要产品】钢化涂料

上海市石化鑫源化工实业有限公司

上海市金山区卫金一路 700 号[200540]
电话:(021)57943484;57944808;57937075
传真:(021)57943484;57945873
经济类型:国有　　法人代表:朱权
【主要产品】甲醛

上海市塑料研究所

上海市杨浦区杨树浦路 1664 号[200090]
电话:(021)65193460
传真:(021)65192661　　经济类型:国有
法人代表:王敏
网址:www. shpri. com. cn
E-mail:f-trade@ shpri. com. cn
【主要产品】聚四氟乙烯薄膜;聚四氟乙烯板材;聚四氟乙烯膜片,阀片;聚四氟乙烯热收缩管;聚四氟乙烯管材;聚四氟乙烯填充制品;聚四氟乙烯制品板;聚四氟乙烯棒材

上海市涂料研究所

上海市普陀区云岭东路 345 号[200062]
电话:(021)52802348;52819497
传真:(021)52806562　　经济类型:国有
法人代表:沈继清
网址:www. shcoating. com
E-mail:tls@ shcoating. com
【主要产品】高弹性外墙乳胶漆;苯丙内墙乳胶漆;苯丙外墙乳胶漆;薄涂型环氧地坪涂料;水性环氧地坪涂料;自流平环氧地坪涂料;聚氨酯外墙漆;各色聚氨酯地坪漆

上海市杨园压力容器有限公司

上海市浦东新区高东工业园区高翔环路 145 号[200137]
电话:(021)58487866
传真:(021)58486332　　有进出口权
经济类型:私营企业　　职工人数:368 人
网址:www. sypvm. com
E-mail:sypvm@ online. sh. cn
【主要产品】反应釜;储槽;换热器;低温液体运输车

上海式玛卡龙涂料有限公司

上海市嘉定区马陆镇宝安公路 2485 号[201801]
电话:(021)69154739;69154972
传真:(021)69154771
网址:www. seigneurie. com. cn
E-mail:mail@ sigmakalon. com. cn
【主要产品】腻子;建筑涂料;地坪涂料;防腐涂料

上海试剂五厂

上海市同普路 660 号[200062]
电话:(021)52822361;52814866
供销电话:52814866-397,742
供销传真:52814682　　经济类型:集体
职工人数:120 人　　法人代表:吴少然
E-mail:hjzcn@ online. sh. cn
【主要产品】乙酸乙酯;丁基锂;烷基锂

上海试四赫维化工有限公司

上海市宝山区泰和路 1004 号[200940]
电话:(021)56674081
传真:(021)56840850
经济类型:有限责任公司
法人代表:林建华
网址:www. sshwhg. com
E-mail:sshwhg@ online. sh. cn
【主要产品】锡酸钾;间三氟甲基苯乙腈;间三氟甲基苯乙酸;4-三氟甲氧基苯胺;邻三氟甲氧基苯胺;碘;二硫化碳;乙酸钠;乙酸钠,无水;氢氧化钠;硅酸钠;硫酸钠(无水);亚硫酸钠;偏重亚硫酸钠;亚硫酸氢钠;焦锑酸钠;氯化钠;溴化钠;硫化钙;亚硫酸钙;次氯酸钙;磷酸钙;磷酸氢钙;酒石酸锑钾;亚硫酸钾;偏重亚硫酸钾;亚硫酸氢钾;硫酸铝钾;焦锑酸钾;铅粉;乙酸铅;乙酸铅,碱式;氢氧化铅;硝酸铅;硫酸铅;氯化铅;碘化铅;硼酸铅;碳酸铅;碳酸铅,碱式;锡,粒状;草酸亚锡;氧化亚锡;硫酸亚锡;氯化亚锡;氯化亚锡,无水;氟硼酸亚锡;氟硼酸铅;乙酸铵;草酸铵;硝酸铵;硫酸铵;硫酸铁铵;硫酸亚铁铵;碳酸铵;碳酸氢铵;乙酸铜;硝酸铜;氯化铜;硝酸铝;汞;硝酸汞;氯化汞;氢氧化镁;硝酸镁;硫酸镁;硫酸镁(无水);锑,粉状;三氧化二锑;五氧化二锑;五硫化二锑;三氯化锑;五氯化锑;乙酸锰;氯化锰;乙酰胺;羟胺,盐酸盐;羟胺,硫酸盐;2-羟基异丁腈;草酸;硝酸;发烟硝酸;亚硫酸;巯基乙醇;盐酸肼;硫酸肼;偶氮二异丁腈;偶氮二异戊腈;偶氮二异庚腈;工业防霉剂

上海试一化学试剂有限公司

上海市中山北路 2318 号 1603 室[200063]
电话:(021)62058666;52915967;62047731
传真:(021)52915736
供销电话:52915967;52915736
网址:www. shiyicr. com
E-mail:sales@ shiyicr. com
【主要产品】四氯化碳;过氧化氢;柠檬酸钠;柠檬酸三铵;十六烷基三甲基溴化铵;吡啶;苯;乙基苯;1,2-二氯乙烷;己烷;二氯甲烷;三氯甲烷;庚烷;乙腈;2-丁酮;丙酮;乙酸乙酯;乙酸正丁酯;甲酸甲酯;乙酸,无水;三氟乙酸;尿酸;邻苯二甲酸;乙醇(无水);丁醇;异丁醇;丙醇;异丙醇;甲醇;甲醇(无水);异丙醚;四氢呋喃

上海树脂厂有限公司

上海市长宁区天山路 201 号[200336]
电话:(021)62908931;13816350323
传真:(021)62917676
供销电话:62909867;62908201
供销传真:62909867　　法人代表:谢昭恒
经济类型:有限责任公司
网址:www. shresin. com. cn
E-mail:webmaster@ shresin. com. cn;sh-rf@ sohu. com
【主要产品】硅酸甲酯;六甲基二硅氮烷;六甲基氧二硅烷;甲基三乙氧基硅烷;二甲基二甲氧基硅烷;双酚 A 型环氧树脂(E-03 型);双酚 A 型环氧树脂(E12 型);双酚 A 型环氧树脂(E20 型);双酚 A 型环氧树脂(E35 型);双酚 A 型环氧树脂(E42 型);双酚 A 型环氧树脂(E44 型);双酚 A 型环氧树脂(E51 型);高分子环氧树脂(607 型);双酚 A 型环氧树脂;酚醛环氧树脂(F-44 型);酚醛环氧树脂(F-46

型)；酚醛环氧树脂(F-51 型)；有机硅树脂；透明甲基硅树脂(SAR-5 型)；甲基硅树脂 SAR-2；甲基硅树脂 SAR-9；聚硅酸酯；离子交换树脂；强酸性苯乙烯系阳离子交换树脂；强酸性苯乙烯系阳离子交换树脂(001×4 型)；强酸性苯乙烯系阳离子交换树脂(001×7 型)；大孔强酸性苯乙烯系阳离子交换树脂(742 型)；大孔强酸性苯乙烯系阳离子交换树脂(D001 型)；大孔弱酸性丙烯酸系阳离子交换树脂(D113 型)；强碱性苯乙烯系阴离子交换树脂(201×7 型)；大孔强碱性苯乙烯系阴离子交换树脂(D201 型)；强碱性季铵Ⅱ型阴离子交换树脂(202 型)；大孔弱碱性苯乙烯系阴离子交换树脂(709 型)；大孔弱碱性苯乙烯系阴离子交换树脂(D301)；大孔弱碱性丙烯酸系阴离子交换树脂(D311 型)；丙烯酸系强碱性阴离子交换树脂；弱碱性环氧系阴离子交换树脂(331 型)；螯合型胺羧基阳离子交换树脂(D751 型)；甲基乙烯基硅橡胶(110 型)；甲基硅橡胶(101 型)；室温硫化甲基硅橡胶(107 型)；室温硫化硅橡胶(106 型)；甲基硅橡胶；二甲基硅油(201 型)；甲基含氢硅油(202 型)；甲基苯基硅油(255 型)；甲基羟基硅油；有机硅乳液；苯基甲基硅油(250-30 型)；硅脂(293 型)；超高真空扩散泵硅油；有机硅绝缘漆；环氧活性稀释剂 501 型；环氧树脂固化剂 593；环氧树脂固化剂 650；环氧树脂固化剂 651；T-31 环氧树脂固化剂；甲基硅酸钠

上海双凤骨明胶有限公司

上海市浦东新区三林新华路 818 号[200124]
电话:(021)58418700
传真:(021)58410176
供销电话:58202883
供销传真:58310139
网址:www. shshuangfeng. com
E-mail:glue_gelatin@ hotmail. com
【主要产品】磷酸氢钙；水解动物蛋白；骨胶；工业明胶

上海双龙混合粉碎设备有限公司

上海市嘉定区南翔工业开发区德力西路 299 号[201802]
电话:(021)69178730;69178740;69178817
传真:(021)69178807
网址:www. china-mixer. com
E-mail:Business@ china-mixer. com
【主要产品】混合机；螺带式混合机；螺带式锥形混合机；双螺旋锥形混合机；LDH 型高效犁刀式混合机；无重力双轴桨叶混合机；螺旋输送机；斗式(链式)提升机

上海双鹿化学纤维有限公司

上海市浦东新区沪南路 388 号[201204]
电话:(021)58911265
传真:(021)58912191
经济类型:有限责任公司
法人代表:郑伟康
网址:www. shslhq. biz. sh. cn
E-mail:scfc12@ public4. sta. net. cn
【主要产品】黏胶短纤维

上海双浦橡胶防腐衬里有限公司

上海市青浦工业园区崧辉路 568 号[201704]
电话:(021)69758168;69758701;69758732
传真:(021)69758702;69758730
供销传真:69758750
经济类型:股份有限公司
网址:www. shuangpu. com
E-mail:liuxy@ shuangpu. com
【主要产品】橡胶防腐衬里系列

上海双树塑料厂

上海市浦东新区顾高路 3151 号[201209]
电话:(021)58631430;50590089
传真:(021)58638343
供销电话:58632265;58635514
供销传真:58630963　法人代表:诸德祺
经济类型:股份合作
网址:www. twin-tree. com
E-mail:plastics@ online. sh. cn
【主要产品】酚醛树脂；酚醛模塑料(SP1191)；酚醛模塑料(PF2A2-131)；酚醛模塑料(PF2A4-161)；氨基模塑料

上海顺博金属材料有限公司

上海市金山区南亭公路 5899 号[201029]
电话:(021)57239111
传真:(021)51062300　经济类型:集体
法人代表:奚文
网址:www. shshunbo. com
E-mail:yeguomin@ shshunbo. com
【主要产品】硫酸钴；硫酸铜；硫酸镍；硝酸钴；硝酸铜；硝酸镍(六水)；氯化钴；氧化钴；氧化镍；氧化铜；氨基磺酸钴；醋酸钴

上海顺发炼化设备厂

上海市宝山区同泰北路 401 号[200940]
电话:(021)56178091
传真:(021)56178091
法人代表:秦福建
网址:www. shshunfa. com/inde. htm
【主要产品】加热炉；规整填料；管道；油罐附件；阻火器

上海顺佳化学助剂有限公司

上海市闵行区虹梅南路 3358 号(曹行镇南)[201108]
电话:(021)64970915
经济类型:私营企业　产值:1,000 千元
职工人数:20 人　法人代表:郁建国
网址:www. shshunjia. com
【主要产品】阴极电泳漆；除臭剂；真丝抗皱剂；毛纺清洗剂；纳米抗紫外线整理剂；涤纶油剂；涤纶高速纺丝拉伸(FDY)油剂；清洗剂

上海思德胶辊制造有限公司

上海市奉贤区青村镇沿钱公路 3939 号[200124]
电话:(021)57569609;57569579
传真:(021)57569659
网址:www. sh-snod. com
E-mail:sales@ sh-snod. com
【主要产品】印刷胶辊；硅橡胶辊

上海斯诺装饰材料有限公司

上海市闵行区澄江路曹虹工业区[201100]
电话:(021)54956439;64904618;64886081
传真:(021)54956439
网址:www. snowl. com. cn
E-mail:snowl@ sh-snowl. com
【主要产品】高弹性外墙乳胶漆；纳米改性硅丙外墙漆；高级丝光外墙乳胶漆；环氧地坪涂料；水性环氧地坪涂料；氟碳漆；氟碳树脂封固底漆；有机硅外墙漆；氟硅涂料；五合一弹性多功能乳胶漆；外墙抗碱底漆；水溶性罩面漆；水性防锈漆；水性防锈底漆；内外墙腻子；超级外墙保护漆；油漆稀释剂；油漆固化剂

上海斯普莱得涂料有限公司

上海市康桥路 1100 号 407 室[201315]
电话:(021)68194761;68194763;13311613825
传真:(021)58121639
网址:www. spldcoatings. com
E-mail:sales@ shinechem. com
【主要产品】防锈漆；防火涂料；丙烯酸聚氨酯漆；室温固化氟碳涂料；外墙专用腻子

上海斯泰安涂料有限公司

上海市浦东新区顾高路 1195 号[201208]
电话:(021)68485559
传真:(021)68480739
经济类型:与港澳台商合作经营
网址:www. sitaian. online. sh. cn
【主要产品】苯丙涂料；高弹性复合丙烯酸乳液型外墙涂料；纯丙烯酸水性涂料；硅丙外用水泥涂料；木器着色剂

上海四达石油化工科技公司

上海市华东理工大学 328 信箱[200237]
电话:(021)64253029
传真:(021)64250716

沪

网址:www.sidatec.com
E-mail:sida@email.com.cn
【主要产品】降凝催化剂;高效脱硫剂;脱氯剂;破乳剂;降黏剂;柴油乳化剂;金属钝化剂;脱钙剂;油浆阻垢剂;加氢裂化阻垢剂;渣油加氢阻垢剂;渣油阻垢剂

上海四极钛业有限责任公司
上海市浦东张江高科技园区哈雷路1011号307室[201203]
电话:(021)51320161
传真:(021)51320160　　有进出口权
经济类型:股份合作
网址:www.fourpole.com
E-mail:marketa@fourpole.com
【主要产品】钛白粉;钛白粉(金红石型)

沪

上海泗联实业总公司
上海市松江区泗泾镇鼓浪路220号[201601]
电话:(021)57610000;56348073;56348074
传真:(021)57612118
供销电话:57611516;57612222
供销传真:57620098
经济类型:股份有限公司
网址:www.si-li.com
E-mail:sili@si-li.com
【主要产品】酞菁蓝B;酞菁绿G;汉沙黄G;耐晒黄GR;汉沙黄10G;耐晒嫩黄10GC;永固黄G;联苯胺黄HR;联苯胺黄G;联苯胺黄AT-1;联苯胺黄10G;永固橘黄G;耐晒艳红BBC;耐晒大红BBN;耐晒深红BBM;大红粉;金光红C;永固红F4R;3149永固红F4RT;立索尔大红R;永固紫RL;洋红6BST;透明玫瑰红;透明桃红;透明黄2G;印铁宝红

上海松江长福橡胶制品厂
上海市松江区泗泾镇东[201601]
电话:(021)67617438
传真:(021)67617670
网址:www.rubber-flex.com
E-mail:sscfxjc@online.sh.cn
【主要产品】橡胶制品

上海苏鹏实业有限公司
上海市浦东新区高东海徐路1727号[200137]
电话:(021)58482794;38860033-8002
传真:(021)58482099
供销电话:58482794;53520804
供销传真:53520804　　法人代表:何元军
经济类型:有限责任公司
网址:www.super-sh.com
E-mail:fq@super-sh.com
【主要产品】氧化铝;硅铝粉;2-甲基环己醇;邻甲基环己醇醋酸酯;3,5-二甲基苯酚;2,4,6-三氯苯基马来酰亚胺;甲胺合成催化剂;二甘醇合成吗啉催化剂;载钯催化剂;聚天门冬氨酸;分子筛

上海索诚化学有限公司
上海市浦东大道1476号山海大厦913B室[200135]
电话:(021)68559908;58519007
传真:(021)58602865
网址:www.suochengchem.com
E-mail:suocheng@suochengchem.com
【主要产品】2,3-二溴-1,4-丁烯二醇;α,β-二溴丁二酸;二甲胺盐酸盐;环已胺盐酸盐;环已胺氢溴酸盐;乙酰丙酮铁;二乙胺,盐酸盐;苯并戊三酮;钛酸丁酯;丁烯二酸,顺式;乙酰苯肼;乙酰丙酮镍;乙酰丙酮铝

上海索凯实业有限公司
上海市长宁区长顺路11号荣广大厦801室[200051]
电话:(021)62093775;62951699
传真:(021)62090321　　经济类型:国有
有进出口权　　法人代表:宋泽双
网址:www.skyin.com.cn
E-mail:market@skyin.com.cn;market@skyin.cn
【主要产品】丙三醇;辛酸;硬脂酸;癸酸;正十四碳酸;月桂酸;棕榈酸;脂肪酸;棕榈油脂肪酸;4-氯-3,5-二甲基苯酚

上海索维机电设备有限公司
上海市蕴川路5300弄2号[200070]
电话:(021)56153263;56153243;56152914
传真:(021)56152489
供销电话:56152460;56152489
网址:www.sowerym.com
E-mail:sowergz@163.com
【主要产品】多功能研磨分散机;砂磨机;涂料油漆设备

上海台界化工有限公司
上海市金山工业区金轩路66号[201507]
电话:(021)67256600;67256868
传真:(021)67256600
网址:www.taijiechem.com
E-mail:sales@taijiechem.com
【主要产品】仲丁醇;聚乙二醇单甲醚;甲基异丙基酮;2-戊酮;双乙酸钠;交联剂TAIC;脂肪胺聚氧乙烯醚;棉用匀染剂;无甲醛免烫整理剂;抗静电剂SN;荧光增白剂VBL;渗透剂JFC;平平加;聚乙二醇单甲醚甲基丙烯酸酯;烯丙醇聚氧乙烯醚

上海台麒化学有限公司
上海市嘉定区朱家桥镇汇华路6号[201815]
电话:(021)59963782
传真:(021)59961169
网址:www.taiqichem.com
E-mail:sales@taiqichem.com
【主要产品】分子筛,5A型;分子筛,4A型;13X分子筛;载钯催化剂;分子筛,3A型;分子筛;碳分子筛

上海太平洋生物高科技有限公司
上海市奉贤区海湾旅游区兴工路11号[201418]
电话:(021)57120090;57121459
传真:(021)57121435　　有进出口权
供销传真:57120984
经济类型:股份有限公司
网址:www.biotpy.com
E-mail:biotpy@eastday.com
【主要产品】胞苷酸;鸟苷酸;尿苷酸;2′-脱氧-5-氟尿苷;5-甲基尿苷;加压素;肾上腺素;三磷酸腺苷二钠;腺苷酸二钠盐;奥曲肽;鲑降钙素;2-氯腺嘌呤核苷;腺苷;2-氨基腺苷;胞苷;5-氮胞苷;鸟苷;胸腺五肽;胞二磷胆碱;催产素;依非巴特

上海太阳神复旦高科技产业有限公司
上海市国定路335号[200433]
电话:(021)65648661;65119871
传真:(021)65119871;65076439
供销传真:65648661
经济类型:股份合作
网址:www.hku.hk/fudan/htdocs/Company/taiyangs
E-mail:fudanfx@stn.sh.cn
【主要产品】丙酮酸;丙酮酸钠;丙酮酸钙;丙酮醛;丙酮酸乙酯;丙酮酸甲酯

上海泰顿化工有限公司
上海市浦东新区东方路989号中达广场2205室[200122]
电话:(021)68769093;68769091
传真:(021)68769095　　有进出口权
经济类型:私营企业
网址:www.tritonchemtech.com
E-mail:info@tritonchemtech.com
【主要产品】金刚烷;4-吡啶甲醛;1,3-二甲基-2-咪唑啉酮;氯代十六烷基吡啶;3-(*N*-苯基-*N*-甲基)氨基丙烯醛;α-甲基肉桂醛;1-苄基-4-哌啶甲醛;反式-4-甲基环已基异氰酸酯;异氰酸苯乙酯;3-乙基-4-甲基吡咯啉-2-酮;2-甲基四氢呋喃-3-酮;5,6-二甲氧基-1-茚酮;4-硝基邻苯二甲腈;1-甲基-3-苯基哌嗪;*N*-苯基异烟酰胺;葡萄糖酸钠;4-(3,4-二氯苯基)-1-四氢萘酮;氧化苯乙烯;*N*-羟基丁二酰亚胺;3-噻吩丙二酸;1,1-环丁烷二羧酸;2-乙酰基苯并噻吩;1-羟基苯并三氮唑;6-氯-1-羟基苯并三氮唑;绕丹宁-3-乙酸;2,6-二氯吡嗪;2,3-二氯吡嗪;2-氯吡嗪;2-甲基-5-氟茚满酮;4-甲基噻唑;4,5-二甲基噻唑;4-甲基-5-羟乙基噻唑;4-甲基-5-乙烯基噻唑;维生素C磷酸酯镁;替卡西林钠;磺胺对甲氧嘧啶;呋喃硫胺;盐酸呋喃硫胺;吡哆醛盐酸盐;吡哆胺盐酸盐;维生素C磷酸酯;磺胺氯吡嗪钠;替莫唑胺;罗格列酮;盐酸罗格列酮;匹格列酮盐酸盐;格列美脲;

依帕司特；帕洛诺司琼；盐酸帕洛诺司琼；氨氯地平；尼可地尔；美托洛尔；8-氯茶碱；齐留通；盐酸舍曲林；多奈哌齐盐酸盐；雷贝拉唑钠；华法林钠；抗坏血酸棕榈酸酯；酒石酸溴莫尼定；奥美普林；氯替泼诺；异香兰素；2,3,5-三甲基吡嗪；2,3,5,6-四甲基吡嗪；2-乙酰基吡嗪；四氢噻吩-3-酮；甲基苯并三氮唑

上海泰禾（集团）有限公司

上海市长宁区北翟路785号［200335］
电话：(021)62398696
传真：(021)62393490　有进出口权
固定资产：1,000,000千元
经济类型：港澳台商独资经营
产值：4,000,000千元
销售收入：480,000千元
企业规模：大型　职工人数：1,500人
法人代表：田晓宏
网址：www.cacch.com
E-mail：cynthia_lu@cacch.cm
【主要产品】2,3-二氯丙烯；1,2,3-三氯丙烷；安息香双甲醚；氯甲酸-1-氯乙酯；1-氯乙基碳酸乙酯；1-氯乙基环己基碳酸酯；二碳酸二叔丁酯；三乙胺；1,2-苯二胺；间苯二甲胺；二苯乙醇酮；氯甲酸苄酯；四乙基米氏酮；二苯甲酮；哒螨灵；苯丁锡；甲基毒死蜱；阿维菌素；炔螨特；甲基对硫磷；乐果；吡虫啉；克百威；丁硫克百威；高效氯氰菊酯乳油；顺式氯氰菊酯；三氯杀螨砜；三氯杀螨醇；啶虫脒；双甲脒；四螨嗪；环嗪酮；毒死蜱乳油；多菌灵；甲基硫菌灵；百菌清；代森锰锌；霜脲氰；甲霜灵；阿特拉津；苯达松；草甘膦；二甲戊乐灵；敌草隆；燕麦畏；百草枯；磺草灵；乙草胺；氟咯草酮；氰氟草酯；钛白粉；左旋香芹酮；荧光增白剂OB；UI802；光引发剂ITX；紫外光引发剂907；光引发剂1173；苯并三氮唑；甲基苯并三氮唑；甲基苯并三氮唑钠

上海泰亨实业有限公司

上海市漕溪北路18号上海实业大厦5楼C1座［200030］
电话：(021)64699426；64828548
传真：(021)64699429
网址：www.taihengco.com；www.taihengchem.com
E-mail：info@taihengco.com
【主要产品】尿嘧啶；氯诺昔康；阿仑磷酸钠；比卡鲁胺；阿卡波糖；米格列醇；阿那曲唑；来曲唑；6-巯基嘌呤；尼可地尔；赖诺普利；盐酸氟西汀；盐酸舍曲林；米氮平；拉莫三嗪；熊去氧胆酸；盐酸坦索罗辛；盐酸赛庚啶；阿曲汀；咪喹莫特；盐酸美金刚胺

上海泰斯麦香精香料有限公司

上海市莘庄工业区金都路3679弄28号［201108］
电话：(021)54422008
传真：(021)54420028
网址：www.tastemaker-flavour.com
E-mail：tm@tastemaker-flavour.com
【主要产品】食用香精

上海碳酸钙厂

上海市徐家汇路558弄1号1C室［200025］
电话：(021)64313471；64158822；64158833
传真：(021)64673933　经济类型：国有
网址：www.sh-caco3.com
E-mail：ccplant@guomai.sh.cn
【主要产品】氢氧化钙；碳酸钙（药用）；轻质碳酸钙；重质碳酸钙；活性重质碳酸钙；胶质碳酸钙；超细重质碳酸钙；轻质活性碳酸钙；氧化钙

上海汤臣塑胶实业有限公司

上海市浦东新区合庆凌白公路865号［201201］
电话：(021)58972068-2128
传真：(021)58972767
经济类型：与港澳台商合资经营
企业规模：大型
网址：www.shec.gov.cn/introduce/tcsj/1.htm
【主要产品】聚氯乙烯硬管；UPVC聚氯乙烯加筋管

上海唐新活性炭有限公司

上海市嘉定南翔镇劳动街103号西大门［201802］
电话：(021)51206768；51206766；13801890968
传真：(021)59173731
网址：www.shtxac.com
E-mail：ysb@shtxac.com
【主要产品】活性炭；活性炭（净化水）；活性炭（药用）；气相吸附用活性炭；树脂胶；聚合氯化铝；絮凝剂；无烟煤滤料；石英砂滤料

上海桃浦染料公司

上海市古浪路1600弄100号［200331］
电话：(021)62505462；13601974768
传真：(021)62506268
经济类型：私营企业　法人代表：李建华
网址：www.taopudyes.com
E-mail：taopu@hi2000.com
【主要产品】活性染料；涂料印花色浆

上海特化医药科技有限公司

上海市浦东新区川沙路1088号［201209］
电话：(021)50681500；50681501；13901777558
传真：(021)64319573；64742646
网址：www.topharman.com
E-mail：topharman@topharman.com
【主要产品】吡硫醇；美海洛林；利拉萘酯；佐米曲坦；双胍苯脲；安非他酮；唑来膦酸；安他唑啉；替米沙坦；伊贝沙坦；洛非西定；坎地沙坦酯；盐酸妥拉唑林；非诺唑啉；西布曲明；莫达非尼；布美他尼；甲磺酸酚妥拉明；萘甲唑啉；咪喹莫特；齐拉西酮；替加色罗；替马唑啉

上海特耐防腐设备有限公司

上海市真南路3378号［200331］
电话：(021)66958934；66954849
网址：www.tenai.net
E-mail：chenjikai1@163.com；shjk8888@163.com
【主要产品】换热器；离心泵；水喷射真空泵；三通

上海天保化工有限公司

上海市青浦区朱家角镇沈巷90号［201714］
电话：(021)69830187；13801627780
传真：(021)69830187
网址：www.sh-tianbao.com
E-mail：webmaster@sh-tianbao.com
【主要产品】热塑性丙烯酸树脂；特种丙烯酸树脂；羟基丙烯酸树脂

上海天赐福生物工程有限公司

上海市浦东金桥进出口加工区云桥路455号［201206］
电话：(021)58540022
传真：(021)58545581　有进出口权
经济类型：与港澳台商合资经营
网址：www.tiancifu.com.cn
E-mail：tiancifu@tiancifu.com.cn
【主要产品】格列美脲

上海天达制漆有限公司

上海市奉贤区南奉公路800号［201414］
电话：(021)57569381；57569382；13917621788
传真：(021)57569383
网址：www.shtianda.com
E-mail：info@shtianda.com
【主要产品】工业涂料；建筑涂料；紫外光固化涂料；各色塑料涂料；水溶性涂料；木器涂料

上海天光化工厂

上海市古浪路1500号［200331］
电话：(021)62506293；62509798；13901922028
传真：(021)62509665　职工人数：132人
法人代表：曾霞娟
网址：www.tg1500.com
E-mail：tg@tg1500.com；tgxs@tg1500.com
【主要产品】碳酸镉；二氧化锡；氧化钴；氧化镍；氧化铜；硒粉；钴蓝；氧化铬绿；桃红；搪瓷颜料；硒硫化镉；硫化镉；孔雀绿；玻璃彩绘颜料；分散红

上海天坛助剂有限公司

上海市星火开发区浦星公路9500

号[201419]
电话:(021)57502198;57505980;13764982792
传真:(021)57502679
供销电话:57502198;13764982792
网址:www. chinasam. com
E-mail:tjx @ chinasam. com
【主要产品】甲基丙烯酸甲酯-丁二烯-苯乙烯共聚物;涂料印花色浆;网印黏合剂;黏合剂;柔软剂 FC;柔软剂 HC;抗菌防霉柔软剂;柔软剂 PEN;柔软剂 SCM;柔软剂;氨基改性聚二甲基硅氧烷;氨基硅油;匀染剂;酸性匀染剂;高温匀染剂 BOF;匀染剂 DC;匀染剂 GS;匀染剂 O;腈纶匀染剂 TAN;交联剂 DE;交链剂 EH;交联剂;无甲醛免烫整理剂;抗静电剂;抗静电剂 P;抗静电剂 SN;分散剂;分散剂 IW;分散剂 WA;匀染修补剂;扩散剂 MF;亚甲基双萘磺酸钠;固色剂;固色交链剂;固色剂 M;固色剂 Y;无甲醛固色剂;荧光增白剂;荧光增白剂 CXT;荧光增白剂 DT;荧光增白剂 VBL;耐酸增白剂 VBA;酸性荧光增白剂 BLB;增白剂;荧光腈纶增白剂 DCB;荧光增白剂 31 号;荧光增白剂 33 号;聚酯纤维荧光增白剂;渗透剂;拉开粉 BX;渗透剂 JFC;润湿剂;耐碱丝光渗透剂;抑泡剂;消泡平滑剂;涂料浆 A;乳液增稠剂;涂料染色黏合剂;防水剂 CR;有机硅防水整理剂;络合剂;精炼剂;螯合分散剂;紫外线吸收剂 UV-327;紫外线吸收剂 UV-531;紫外线吸收剂 UV-326;紫外线吸收剂 UV-P;紫外线吸收剂;阻燃剂;消泡剂;交链剂;乳化剂;乳化剂 A105;乳化剂 EL;乳化剂 FM;乳化剂 OP;乳化剂 OP-4;乳化剂 OP-6;乳化剂 OP-7;乳化剂 OP-10;乳化剂 OS;斯盘 60;斯盘 80;吐温 80;净洗剂 JU;乳化剂 OP-15;乳化剂 OP-21;无磷缩呢剂;斯盘 20;斯盘 40;吐温 85;皮革乳化渗透剂;皮革脱脂剂;减水剂;脱模剂;防锈剂;金属清洗剂;废纸脱墨剂

上海通威实用技术研究所
上海市徐汇区龙华路 1833 号 3005 室[200032]
电话:(021)62524290;54520686
传真:(021)51560493
网址:www. furoot. com
E-mail:tw888@ furoot. com
【主要产品】无溶剂环氧自流平地面漆用树脂;环氧抗静电自流平地面漆用树脂;环氧面漆;环氧地面涂料;环氧防静电地面漆

上海同田生化技术有限公司
上海市张江高科技园区爱迪生路 326 号[201203]
电话:(021)51320588
传真:(021)51320502
网址:www. tautobiotech. com
E-mail:tauto@ szonline. net
【主要产品】石杉碱甲;肌醇

上海同心化学助剂厂
上海市闵行区江川路 2168 号[201111]
电话:(021)54720682;13701680892
传真:(021)54720381　经济类型:集体
法人代表:谢迪明
网址:www. xiediming. com
E-mail:shtxzjc@ vip. sina. com
【主要产品】环氧大豆油

上海涂料有限公司
上海市陕西南路 345 号[200020]
电话:(021)64314588
传真:(021)64318172　经济类型:国有
企业规模:大型　法人代表:徐正宝
网址:www. shanghaicoatings. com
E-mail:scc@ shanghaicoatings. com
【主要产品】硝酸;亚硝酸钠;顺丁烯二酸酐;苯甲腈;苯代三聚氰胺;丙烯酸树脂;酚醛树脂;三聚氰胺甲醛树脂;环氧树脂;醇酸树脂;不饱和聚酯树脂;聚氨酯树脂;松香树脂;油漆;内外墙乳胶漆;丙烯酸外墙涂料;重防腐漆;氟碳漆;卷材涂料;船舶涂料;绝缘漆;瓦面漆;地坪涂料;木器涂料;涂料助剂;油墨印刷助剂;103 中铬黄;铬酸铅;防锈颜料;还原染料;塑料助剂;抗氧剂;橡胶助剂;硝酸纤维素

上海万安化工科技研究所
上海市长宁区福泉路 255 弄 48 号 803 室[200335]
电话:(021)62591773;13701932837
传真:(021)59149736
经济类型:私营企业　法人代表:钱万成
网址:www. shwill. com
E-mail:shwill1936@ 126. com
【主要产品】脒基脲硫酸盐;三苯基氯化硫;2-萘磺酸;4,4′-二氨基二苯砜

上海万城防伪油墨有限公司
上海市真南路 1051 弄 8 号楼 201 室[200331]
电话:(021)66080089;66080069;62844234
传真:(021)66080069;52840052
供销电话:62546818;13701648870
供销传真:62574286　法人代表:陈永武
网址:www. shwancheng. com
E-mail:wancheng@ shwancheng. com
【主要产品】特种油墨;UV 丝印油墨;防伪油墨

上海万代制药有限公司
上海市金山区金张公路 2068 号[201518]
电话:(021)57201143;57201260
传真:(021)57202943
供销电话:58890705;57201109
供销传真:58890904;57203045
经济类型:与港澳台商合资经营
网址:www. wan-dai. com
E-mail:xf_wandai@ yahoo. com. cn
【主要产品】戊二酸酐;二甲基脲;3-氯-1,2-丙二醇;茶碱;二羟丙茶碱;羟丙茶碱;乙酸茶碱;乙酸茶碱哌嗪盐;氯酯醒;度洛西汀盐酸盐;甘氨酸茶碱钠;盐酸苯海拉明;茶苯海明;二巯基丙磺酸钠;碘化油

上海万得化工有限公司
上海市浦东新区唐镇化工路 5 号[201203]
电话:(021)58969333
传真:(021)58967445
供销电话:58961015;58967690
经济类型:中外合资经营企业
网址:www. matex. com. cn
E-mail:matex@ matex. com. cn
【主要产品】活性染料;印染助剂

上海万虹胶制品有限公司
上海市闵行区虹梅路 1677 号[200233]
电话:(021)64065885-204
传真:(021)64701067　有进出口权
供销电话:64065885-205
经济类型:与港澳台商合资经营
网址:www. vancom. com. cn
E-mail:shanghai@ vancom. com. cn
【主要产品】轮胎;摩托车轮胎;轮胎内胎;自行车外胎

上海万金助剂有限公司
上海市徐汇区罗秀路 776 号[200237]
电话:(021)54392907;13816965232
传真:(021)54392975
供销电话:54392907;13621616357
网址:www. wanjinzhuji. com
E-mail:postmaster@ wanjinzhuji. com
【主要产品】消泡剂;农药增效剂;农药乳化剂;农药润湿分散剂;农药展着剂;农药助剂

上海万凯化学有限公司
上海市田林路 200 号[200233]
电话:(021)54275308;54275318;54275311
传真:(021)54275330;54275328
供销电话:54277788;54275308
网址:www. chinachemnet. com/finechem
E-mail:fcsioc@ online. sh. cn
【主要产品】4-甲基苯乙炔;4-乙基苯乙炔;4-丙基苯乙炔;4-丁基苯乙炔;1,2-亚甲二氧基苯;3,4-亚甲二氧基溴苯;2,3-二氮杂萘;5-硝基水杨醛;茐甲醇;β-苯基丙烯酸;2,4,6-三甲基苯乙酸;N-苄氧羰酰基-D-脯氨酸;对三氟甲氧基苯基异丁酮;膦酰基乙酸三甲酯;环庚酮;1-茚酮;2,4,6-三甲基氯苄;肉桂酰氯;N-苄氧羰氧基丁二酰亚胺;二苯基乙氧基膦;α-氨基乙基膦酸;丙酮基膦酸二甲酯;2-羟乙基膦酸二甲酯;三(三溴新戊基)磷酸酯;双(三苯基正

沪

膦基)氯化铵;甲氧羰基亚甲基三苯基正膦;二苯基膦酰氯;3-苯丙酰氯;*N*-羟基丁二酰亚胺;*N*,*N*′-二琥珀酰亚胺基碳酸酯;乙酸-*N*-琥珀酰亚胺酯;*N*-羟基-5-降冰片烯-2,3-二羧酰亚胺;2-氯苄基-*N*-琥珀酰亚胺基碳酸酯;9-芴甲基-*N*-琥珀酰亚胺碳酸酯;2-溴苄基-*N*-琥珀酰亚胺基碳酸酯;六氯三聚磷腈;二苯基氯化膦;3,4-亚甲二氧基苯乙酮;9-芴酮;9-芴乙酸;9-芴甲酸;3-苯丙酸;5-氯戊酰氯;4,4′-二甲基二苯基亚砜;二苯基(2,4,6-三甲基苯甲酰)氧化膦

上海万拓管件有限公司

上海市化学工业区亭卫公路 3318 号[201507]
电话:(021)13611949999
传真:(021)55381397　职工人数:158 人
经济类型:股份有限公司
法人代表:王则新
E-mail:guyuan66@ yahoo. com. cn
【主要产品】异径管;弯头;三通;四通

上海万香集团

上海市浦东区沪南路 4309 号[201318]
电话:(021)68126648
传真:(021)58116511
网址:www. wanxiangmenthol. com
E-mail:wxitd@ sh163. net
【主要产品】水杨酸甲酯;左旋香芹酮;右旋香芹酮

上海威呈化工有限公司

上海市中山北路 2299 号[200061]
电话:(021)62241557;62241967;13391295322
传真:(021)62146661
网址:www. weichengchem. com
E-mail:wang@ weichengchem. com
【主要产品】硅藻土;硼酸;纯碱;碳酸氢钠;过硫酸铵;硫代硫酸钠;明矾;三聚磷酸钠;六偏磷酸钠;磷酸三钠;四硼酸钠(十水);滑石粉;丙三醇;季戊四醇;乙二胺四乙酸;苯甲酸;草酸;硬脂酸;单硬脂酸甘油酯;柠檬酸钠;聚氯乙烯树脂;聚乙烯醇;立德粉;钛白粉;对羟基苯甲酸甲酯;对羟基苯甲酸丁酯;苯甲酸钠;复合乳化稳定剂;柠檬酸;甜蜜素;柔软剂 EST;匀染剂 O;抗静电剂;分散剂;海藻酸钠;聚丙烯酰胺;固色剂 Y;固色剂 G;荧光增白剂 BSL;渗透剂;增稠剂;增塑剂;三盐基硫酸铅;硬脂酸钙;硬脂酸锌;紫外线吸收剂;油酸;亚乙基双硬脂酰胺;水解聚马来酸酐;脂肪醇聚氧乙烯醚硫酸钠;十二烷基苯磺酸钠;乳化剂 OP-10;干酪素;杀菌剂(工业用);白炭黑(燃烧法);白炭黑;超细白炭黑;凡士林;羟甲基纤维素;成膜助剂;废纸脱墨剂;阿拉伯树胶

上海威德沃涂料有限公司

上海市上中西路 135 弄 6 号[200237]
电话:(021)54305999
传真:(021)64552981
供销电话:63039133;63039138
供销传真:63039917
经济类型:股份合作
网址:www. wodew. com
E-mail:www. jjwdw@ 163. com
【主要产品】乳胶漆;高弹性外墙乳胶漆;内墙封闭底漆;亚光内外墙乳胶漆;硅丙外墙乳胶漆;丙烯酸内墙乳胶漆;丙烯酸外墙乳胶漆;高光型外墙乳胶漆;五合一弹性多功能乳胶漆;亚光外墙乳胶漆;瓷砖胶黏剂

上海威敌生化(南昌)有限公司

上海市大木桥路 100 号 5FA-B 座[200032]
电话:(021)64172144
传真:(021)64046871
网址:www. vegcides. com
E-mail:vegcides001@ sina. com
【主要产品】炔螨特乳油;高渗氧乐果乳油;30% 敌百虫乳油;氟啶脲;三磷锡乳油;嘧霉胺可湿性粉剂;嘧啶核苷酸类抗菌素;精喹禾灵乳油;丙酰芸苔素内酯;敌·辛乳油;硫丹·氯乳油;久·灭乳油;草除·精喹乳油;高氯·水胺乳油;苯噻酰·苄·乙可湿性粉剂;炔螨·水胺乳油;灭·杀双可湿性粉剂;阿维·氟铃乳油;水胺·氰戊乳油;甲氰·噻螨乳油;阿维·柴乳油;吡·氯乳油;阿维·苏可湿性粉剂;40% 杀扑·氧乐乳油;苏云金杆菌可湿性粉剂

上海威方精细化工有限公司

上海市真南路 1051 弄 12 号 301 室[200331]
电话:(021)66082381;66082382
传真:(021)66082380
网址:www. wffine. com
E-mail:sales@ wffine. com
【主要产品】亚磷酸;氯化亚铜;溴化亚铜;氢化铝锂;铝镍合金;己烷;喹啉;聚三乙醛;三氟甲基磺酸;戊二酸;三氟甲磺酸酐;三乙胺;*N*,*N*′-二环已基碳二亚胺;三苯基氧化膦;三苯基膦;二乙醇缩乙醛;三聚乙醛;乳酸镁;4-二甲氨基吡啶;促进剂 DM;促进剂 M

上海威远精细氟科技发展有限公司

上海市梅陇路 130 号高科技楼 7 楼[200237]
电话:(021)64251386
传真:(021)64253354
网址:www. shwychem. com
E-mail:wdchen@ ecust. edu. cn
【主要产品】6-氟吲哚;3-氯-4-氟苯甲醛;4-氯-3-氟苯甲醛;3-氯-2-氟苯甲醛;2-氯-5-氟苯甲醛;5-氯-2-氟苯甲醛;3,4-二氟苯甲醛;3,5-二氟苯甲醛;3,4,5-三氟苯甲醛;2,4,6-三氟苯甲醛;邻氟苯甲醚;间氟苯甲醚;2,3-二氟-6-硝基苯甲醚;2-氟-5-硝基苯甲酸;5-氟-2-硝基苯甲酸;2-氟-6-硝基苯甲酸;2-氟-4-硝基苯甲酸;4-氟-2-硝基苯甲酸;2,3,4,5-四氟-6-氯苯甲酸;2,6-二氟苯甲酸;3-溴-2,4,5-三氟苯甲酸;3-羟基-2,4,5-三氟苯甲酸;3-氯-2,4,5-三氟苯甲酸;2,4-二氟苯甲酸;2,3,4-三氟苯甲酸;4-氯-2,5-二氟苯甲酸;2,4-二氯-5-氟苯甲酸;3-溴-5-氟苯甲酸;3-溴-2-氟苯甲酸;2-溴-5-氟苯甲酸;2-溴-6-氟苯甲酸;4-溴-2-氟苯甲酸;4-溴-3-氟苯甲酸;2-溴-4-氟苯甲酸;5-溴-2-氟苯甲酸;3-溴-4-氟苯甲酸;2-溴-3-氟苯甲酸;3-氯-2-氟苯甲酸;3-氯-4-氟苯甲酸;3,4-二氟苯甲酸;4-氯-3-氟苯甲酸;2,3-二氟苯甲酸;2-氨基-4-氟苯甲酸;2-氨基-6-氟苯甲酸;5-氨基-2-氟苯甲酸;2-氨基-5-氟苯甲酸;2,3,6-三氟苯甲酸;3,4,5,6-四氟邻苯二甲酸;2-氟-3-甲基苯甲酸;2-氟-5-甲基苯甲酸;2-氟-6-甲基苯甲酸;3-氟-2-甲基苯甲酸;3-氟-4-甲基苯甲酸;4-氟-2-甲基苯甲酸;5-氟-2-甲基苯甲酸;四氟邻苯二甲酸酐;2,4-二氯-5-氟溴苯;3-氟-4-甲基苯腈;4-氟-3-甲基苯腈;4-氟-2-甲基苯腈;2-氟-4-甲基苯腈;3-氟-2-甲基苯腈;4-氯-3-氟苯腈;2-氯-5-氟苯腈;3-氯-2-氟苯腈;3-氯-4-氟苯腈;5-氟-2-甲基苯腈;2-氟-5-甲基苯腈;2,3,4-三氟苯腈;2,3,6-三氟苯腈;2,4,5-三氟苯腈;2,4,6-三氟苯腈;3,4,5-三氟苯腈;3,4-二氟苯腈;2,3-二氟苯腈;2-溴-5-氟甲苯;4-溴-3-氟甲苯;5-溴-2-氟甲苯;3-溴-4-氟甲苯;2,4-二氯-5-氟苯腈;2-氯-4,5-二氟苯腈;4-氯-2,5-二氟苯腈;5-氯-2,4-二氟苯腈;2-氯氟苯;5-氟-2-硝基甲苯;2-氟-4-硝基甲苯;3-氟-4-硝基甲苯;2-氟-5-硝基甲苯;4-氟-3-硝基甲苯;4-氟-2-硝基甲苯;2-氟-6-硝基甲苯;2-氟-3-硝基甲苯;2,3-二氟-6-硝基苯酚;5-氟-2-硝基苯酚;4-氟苯酚;2-氟苯酚;4-氯-3-氟苯胺;2-氯-5-氟苯胺;2-溴-5-三氟甲基苯胺;2-溴-4-三氟甲基苯胺;5-氟-2-甲基苯胺;3-氟-4-甲基苯胺;2-氟-5-甲基苯胺;3-氟-2-甲基苯胺;2-氟-4-甲基苯胺;4-氟-3-甲基苯胺;4-氟-2-甲基苯胺;5-氯-2-氟苯胺;4-氯-2-氟苯胺;2-氯-4,5-二氟苯甲酸;2,4-二氟苯腈;2-氨基-5-溴三氟甲苯;5-氨基-2-溴三氟甲苯;2-氟-4-溴甲苯;2-溴-4-氟甲苯;4-氟-3-硝基苯甲酸;7-氟靛红;2-溴-5-三氟甲基苯腈;2-溴-4-三氟甲基苯腈;4-溴-2-三氟甲基苯腈;4-溴-3-三氟甲基苯腈

上海伟灵涂料涂装厂

上海市南陈路 82 弄 127 号[200436]
电话:(021)56130144
传真:(021)56137662
网址:www. shxxtz. com/wei. htm
E-mail:shxxesef@ public7. sta. net. cn
【主要产品】防腐性酚醛树脂型粉末涂

料；各色环氧聚酯型美术系列热固性粉末涂料；聚酯粉末涂料；环氧型粉末涂料；聚氨酯粉末涂料

上海卫杰工贸有限公司
上海市金山区山阳镇红旗东路 123 号[201508]
电话：(021)57241052；13916627431
传真：(021)57241052
网址：www. shshenya. com
【主要产品】聚醋酸乙烯乳液胶黏剂；107 胶；地板胶；纸管胶；酪素蛋白胶

上海未来企业有限公司
上海市金山区山阳镇[201508]
电话：(021)57241212；54071390
传真：(021)57246198；54071396
固定资产：3，519 千元　职工人数：97 人
经济类型：私营企业　法人代表：赵鸿钧
网址：www. weilai. sh. cn
E-mail：weilai@ weilai. sh. cn
【主要产品】三氯异氰尿酸；涂料杀菌防腐剂；防腐防霉剂；稳定性二氧化氯；十二烷基二甲基苄基氯化铵；纺织助剂用杀菌剂；消泡剂；高效消泡剂；阻垢分散剂；垢锈分散剂；杀菌灭藻剂；杀生剂；预膜剂；消毒杀菌剂；造纸用消泡剂；阻垢缓蚀剂；不停车化学清洗剂；强力杀菌防腐剂；脱脂清洗剂

上海文君化工有限公司
上海市泰和西路 3511 弄 1 号 701 [200436]
电话：(021)56043021；13681889448
传真：(021)56043021　经济类型：集体
法人代表：王会发
网址：www. sh-wjhg. com
E-mail：wjhg@ sh-wjhg. com
【主要产品】立德粉；钛白粉

上海沃强热缩材料有限公司
上海市浦三路 12 弄 17 号 A 栋[200122]
电话：(021)50391671；50391672
传真：(021)50391673
网址：www. changqiang. com
E-mail：cq@ changqiang. com
【主要产品】热缩套管；自粘性防水胶带

上海邬桥化工机械厂
上海市奉贤县邬桥镇北[201402]
电话：(021)57401319；57401448
传真：(021)57401319　经济类型：集体
职工人数：100 人
网址：www. sh-wqhgjx. com
【主要产品】三辊研磨机；立式砂磨机；无极变速搅拌机

上海吴泾化工有限公司
上海市闵行区龙吴路 4600 号 [200241]
电话：(021)64343040；64340640
传真：(021)64345529　有进出口权
供销电话：64343040-2469
经济类型：有限责任公司
企业规模：大型　职工人数：3，000 人
法人代表：张和进
网址：www. wjchem. c
E-mail：office@ wjchem. cn
【主要产品】硫酸；氯磺酸；硫黄；甲醇；甲醛；醋酸；硫酸二甲酯；合成氨；氨水；液氨；尿素；碳化氨水

上海吴淞化肥厂
上海市宝山区泰和路陆家宅 53 号 [200940]
电话：(021)56671701；56671341
传真：(021)56679672　经济类型：国有
企业规模：大型　法人代表：周智新
网址：www. chemol. com. cn/entepri/wusong
E-mail：sales@ www. chemol. com. cn
【主要产品】硝酸；工业氨水；硝酸钠；亚硝酸钠；过氧化氢；高纯超细氧化铝；氢气；液氨(工业用)；山梨醇；碳酸氢铵

上海五四助剂总厂
上海市奉贤县五四农场[201423]
电话：(021)57162026；57163983；57163983
传真：(021)57162703　经济类型：国有
供销电话：57163983；57162026
职工人数：360 人　法人代表：张坚
E-mail：wusi@ chinaaux. com
【主要产品】印染助剂；减水剂；减水剂 SN-Ⅱ

上海五同同步带有限公司
上海市南汇区航头镇大麦湾工业园区[201316]
电话：(021)58222601；58221471；58228615
传真：(021)58221890　有进出口权
经济类型：私营企业
法人代表：许玉林
网址：www. wttttt. com
E-mail：wttttt@ vip. sina. com；webmaster@ wttttt. com
【主要产品】轻型运输带；胶带；双面齿同步带；多楔带

上海五洲药业股份有限公司
上海市浦东新区龙东大道 4333 号 [201201]
电话：(021)58580331
传真：(021)58580290　有进出口权
经济类型：股份有限公司
法人代表：姜标
网址：www. wzpharm. com
E-mail：wzyy@ public9. sta. net. cn
【主要产品】氨基丁醇；占吨醇；占吨酮；占吨酸；4-氨基安替比林；D-(－)-苯甘氨酸邓氏盐；头孢拉定；磷霉素钠；盐酸多西环素；利福平；吡嗪酰胺；盐酸乙胺丁醇；双水杨酸酯；安乃近；安乃近镁盐；前列腺素 E1；赖诺普利；色甘酸钠；溴丙胺太林；丙硫异烟胺

上海武马食品科技有限公司
上海市奉贤区海湾镇五四农场洪卫港[201422]
电话：(021)57169456；28394831
传真：(021)57169484
网址：www. sh-evolve. com
E-mail：webmaster@ sh-evolve. com
【主要产品】蔗糖硬脂酸酯

上海西西艾尔气雾推进剂制造与罐装有限公司
上海市浦东新区顾高路 1001 号 [201208]
电话：(021)68488988；68484969；68488988-216
传真：(021)68488088
供销电话：68481061　企业规模：大型
经济类型：联营企业
网址：www. shcal. com
E-mail：johnny_zhang@ shcal. com
【主要产品】气雾推进剂

上海西洋海绵制品有限公司
上海市浦东新区龙东大道 6483 号 [201201]
电话：(021)58971286-102；58971206-102
传真：(021)58979742
网址：www. shxyhm-co. com
E-mail：wlm@ shxyhm-co. com
【主要产品】聚氨酯泡沫塑料；海绵泡沫制品

上海希培德建筑材料有限公司
上海市澳门路 356 号三维大厦 16 楼 D 座[200060]
电话：(021)62988037；62989231
传真：(021)62987202
网址：www. cpd. com
【主要产品】环氧面漆；环氧地坪涂料；自流平环氧地坪涂料；环氧地面涂料

上海霞飞精细化工厂
上海市浦东新区川沙路 4198 号 [201200]
电话：(021)58381919；58384389
传真：(021)58383839　经济类型：集体
有进出口权　职工人数：60 人
法人代表：王建国
网址：www. chemol. com. cn/entepri/xiafei
E-mail：sales@ chemol. com. cn
【主要产品】导热油

上海先导化学有限公司
上海市浦东新区张江高科技园区哈雷路 1043 号[201203]
电话：(021)51320061；51320016
传真：(021)51320060
网址：www. leadchem. com. cn
E-mail：info@ leadchem. com. cn
【主要产品】2-羟基-3-三氟甲基吡啶；2-羟基-5-三氟甲基吡啶；2-氟-6-三氟甲

基吡啶;2-氯-3-三氟甲基吡啶;2-氯-6-三氟甲基吡啶;2,5-二氯吡啶;3,5-二氯-2-氰基吡啶;2-溴-5-氰基吡啶;5-溴-2-氰基吡啶;2-溴-5-氟吡啶;3-溴-5-氟吡啶;2,3-二溴吡啶;2,5-二溴吡啶;3,5-二氯-2-溴吡啶;2,6-二氟吡啶;2-氯-5-羟基吡啶;2-氯-5-氟吡啶;5-溴-2-氯吡啶;2-溴-5-氯吡啶;4-溴-2-氯吡啶;4-丙基吡啶;2-氯-4-甲基吡啶;2,5-二溴-4-甲基吡啶;4-氨基-3-甲基吡啶;3-氨基-2-溴吡啶;2-氨基-5-碘吡啶;5-溴-2-碘吡啶;2-溴-5-甲基吡啶;2-溴-6-甲基吡啶;4-羟基-2,6-二甲基吡啶;2-溴-5-硝基吡啶;3-羟基-2-硝基吡啶;5-溴-2-乙氧基吡啶;5-溴-2-甲氧基吡啶;2-氨基-5-氯-3-硝基吡啶;4-乙氧基-3-硝基吡啶;2,3-二甲氧基吡啶;苯乙醇;4-氨基烟酸;6-氨基烟酸;2-氨基异烟酸;3-氨基异烟酸;吡啶-2,3-二羧酸;吡啶-3,4-二羧酸;6-羟基吡啶-2-羧酸;5-溴烟酸;6-溴烟酸;2-溴异烟酸;5-溴吡啶-2-甲酸;6-溴吡啶-2-甲酸;5-羟基烟酸;6-氯吡啶-2-甲酸;3,5-二氯吡啶-2-羧酸;乙酰乙酸乙酯;乙酸苯乙酯;西瓜酮;2-氨基-5-硝基吡啶;2-氯-5-硝基吡啶;2-氯-5-氰基吡啶;2-氯-6-氰基吡啶;2-氯-5-氨基吡啶;2-氯-5-三氟甲基吡啶;2-氨基-5-三氟甲基吡啶;呋布西林钠;美洛西林钠;阿洛西林钠;头孢匹胺;硫酸头孢匹罗;葡萄糖酸依诺沙星;磷酸哌嗪;甲硝唑磷酸二钠;盐酸雷尼替丁;卡络磺钠;6-甲基香豆素

上海现代浦东药厂有限公司

上海市浦东区高东镇建陆路 378 号[200137]
电话:(021)58483509;58481125;58480366
传真:(021)58482512　有进出口权
供销电话:62794678;62896101
供销传真:62794679　法人代表:黄良安
经济类型:有限责任公司
网址:www. shec. gov. cn/pdyc
E-mail:pfsipb@ online. sh. cn;pdyc@ sina. com
【主要产品】罗红霉素;阿奇霉素;格列齐特;芬氟拉明;依托泊苷;依那普利;硫辛酸

上海现代制药股份有限公司

上海市北京西路 1320 号现代制药大楼 408 室[200040]
电话:(021)62792431;62895028;62896101
传真:(021)62794002
E-mail:export@ pdyc. sina. net;api@ xdzy. sina. net
【主要产品】6,8-二氯辛酸乙酯;克拉红霉素;罗红霉素;阿奇霉素;齐多夫定;奈维拉平;非那甾胺;保泰松;屈螺酮;格列齐特;依托泊苷;奈比洛尔;马来酸依那普利;萘哌地尔;二羟丙茶碱;盐酸西布曲明;酒石酸唑吡坦;枸橼酸铋钾;山莨菪碱;硫辛酸;氨甲环酸;萘甲唑啉

上海祥美装潢材料有限公司

上海市浦东新区合庆镇前哨路 1 号[201201]
电话:(021)58971162;58975877
传真:(021)58976737
网址:www. xiangmei. com. cn
E-mail:xiangmei@ xiangmei. com. cn
【主要产品】弹性墙面漆;丙烯酸外墙乳胶漆;高级内墙乳胶漆;防霉内墙乳胶漆

上海橡胶机械一厂

上海市浦东新区金桥金工路 215 号[200129]
电话:(021)58991279;58991845
传真:(021)58991772　经济类型:国有
法人代表:周素卿
网址:www. shrbm1. com
E-mail:jinlian@ shrbm1. com
【主要产品】对辊压型机;切胶机;橡胶压延机;橡胶挤出机;开放式炼胶机;滤胶机;一般硫化机;平板硫化机组;鼓式硫化机(非用于 V 带);子午线轮胎成型机;轮胎硫化机;液压硫化机;加压式捏炼机

上海协和氨基酸有限公司

上海市青浦区新团路 158 号[201700]
电话:(021)59701229;59701998
传真:(021)59701227　有进出口权
经济类型:中外合资经营企业
法人代表:肖懋
【主要产品】氨基酸;L-脯氨酸;L-丝氨酸;L-丙氨酸;L-赖氨酸盐酸盐;L-精氨酸;L-精氨酸盐酸盐;L-天门冬氨酸;L-苏氨酸;L-组氨酸;L-组氨酸盐酸盐;谷氨酸

上海欣丽化工涂料有限公司

上海市浦南青港工业开发区 725 号[200070]
电话:(021)57562581
传真:(021)57561581
网址:www. shxinli. cn
E-mail:wcq@ shxinli. cn;yzx@ shxinli. cn
【主要产品】丙烯酸内墙乳胶漆;丙烯酸外墙乳胶漆;有色透明封闭底漆

上海欣渊无机材料有限公司

上海市宾阳路 50 号 2 号楼 1402 室[200235]
电话:(021)64703000
传真:(021)34140746
网址:www. novamaterials. com
E-mail:trust22@ vip. 163. com
【主要产品】氢氧化铝

上海莘工机械有限公司

上海市闵行区友东路 237 号[201100]
电话:(021)68221235;68221236
传真:(021)68221237
网址:www. xgjx. com
E-mail:shx@ xgjx. com
【主要产品】精密过滤器;带式压榨过滤机;压滤机;板框压滤机;高压隔膜压滤机;液压式压滤机;颚式破碎机;振动筛

上海新奥分子筛有限公司

上海市沪太路 6061 号[201908]
电话:(021)56010777
传真:(021)56012777
经济类型:中外合资经营企业
网址:www. sh-newell. com/page. htm
E-mail:sales@ sh-newell. com;newell@ sh163. net
【主要产品】分子筛,5A 型;分子筛,4A 型;13X 分子筛;分子筛,3A 型;分子筛

上海新宝精细化工厂

上海市嘉定区望新镇南[201806]
电话:(021)59939228
传真:(021)59937899
网址:www. nicechem. com
E-mail:nicechem@ hotmail. com;gao@ nicechem. com
【主要产品】柠檬酸钠;铋酸钠;硒酸钠;硝酸钠;亚硝酸钠;硫酸钠;亚硫酸钠(无水);硫酸氢钠;锡酸钠;磷酸三钠;磷酸二氢钠;磷酸氢二钠;乙酸钙;硝酸钙;硝酸钡;硫酸钡;硝酸钾;亚硝酸钾;硫酸钾;碘化铋钾;亚硫酸钾;磷酸二氢钾;磷酸氢二钾;硝酸钴;硫酸钴;硫酸镍;硝酸铅;硫酸铅;乙酸铵;柠檬酸铋铵;硝酸铵;硫化铵,溶液;硫酸铵;硫酸铁铵;氯化铵;溴化铵;柠檬酸铜;酒石酸铜;硝酸铜;硫酸铜;氯化亚铜;碘化亚铜;溴化铜;溴化亚铜;硝酸银;硝酸铝;硫酸铝;乙酸锌;硝酸锌;氯化锌;溴化锌;乙酸镁;硝酸镁;硫酸镁;硝酸铋;次硝酸铋;硫酸铋;硝酸铬;硫酸铬;硫酸锰;硒酸

上海新大化工厂

上海市宝山区祁连山路 1788 号[200436]
电话:(021)62504489;62506724;63635844
传真:(021)62507128
供销电话:62504489;63635844
经济类型:股份合作　法人代表:徐宏业
网址:www. bd88. com
E-mail:bd8@ bd88. com
【主要产品】苯甲腈;苯代三聚氰胺;丙烯酸树脂;松香改性酚醛树脂;三聚氰胺甲醛树脂;醇酸树脂;聚氨酯树脂;饱和聚酯树脂;环氧大豆油酸辛酯

上海新高化学试剂有限公司

上海市中山北路 2299 号 441 室[200061]

沪

电话:(021)62144883;13801638114
传真:(021)62141024
网址:www.shnewtop.com
E-mail:xingao@hi2000.com
【主要产品】二氧化碲;柠檬酸钠;钨酸钠;柠檬酸钾;氯铂酸钾;二丁基二月桂酸锡;甲酸铵;柠檬酸三铵;柠檬酸氢铵;氯铂酸铵;氯化金;硫酸镉;三氧化钨;铂黑;氧化铂;亚硝基二氨铂;2,2'-联吡啶;肉桂酰氯;DL-苹果酸;氯铂酸

上海新华化工厂

上海市青浦区赵巷镇赵重路35号[201703]
电话:(021)59754105
传真:(021)59754924
经济类型:股份合作
网址:www.xinhuach.com
E-mail:client-xh@xinhuach.com
【主要产品】抛光膏;抛光膏(白色);抛光膏(红色);抛光膏(黄色);抛光膏(绿色);抛光膏(黑色)

上海新华润滑油厂

上海市宝山区沪太路3101号[200436]
电话:(021)66621089;56681017
传真:(021)56681178 有进出口权
供销电话:56681106;56681178
经济类型:联营企业
网址:www.xh86.com
E-mail:xinhua86@hotmail.com
【主要产品】白油;基础油;橡胶填充油;齿轮机油;冷冻机油;低凝抗磨液压油;压缩机油;变压器油;机械油

上海新华阻燃剂总厂

上海市浦东新区外高桥行南路300号[200137]
电话:(021)58679141;58618446;58673752
传真:(021)58618446;58673752
经济类型:股份合作 法人代表:顾德明
网址:www.qiudun.com
E-mail:qiudun@qiudun.com
【主要产品】丙烯酸氨基汽车面漆;环氧富锌防锈底漆;环氧面漆;聚氨酯面漆;氯化橡胶面漆;超薄型钢结构防火涂料;木结构防火涂料;隧道防火涂料;耐热橡胶密封圈;阻燃剂;无机防火堵料;有机防火堵料

上海新嘉香料有限公司

上海市嘉定区外冈镇外钱路2076号[201823]
电话:(021)69932123;69932227
传真:(021)69932955
供销传真:59586955 法人代表:施永生
经济类型:股份有限公司
网址:www.hylive.com/shanghai00395.html
【主要产品】薄荷脑;薄荷素油

上海新纶纺织助剂有限公司

上海市浦东新区浦东南路1088号中融国际商城[200120]
电话:(021)68888811;13501938968
传真:(021)68886233
网址:www.shxinlun.com
E-mail:cai@shxinlun.com
【主要产品】导电纤维;有机硅织物柔软剂;超级柔软剂;抗静电剂;抗静电整理剂;抗菌防臭整理剂

上海新浦化工厂有限公司

上海市浦东新区高桥镇江东路1585号[200137]
电话:(021)68885110;58644911
传真:(021)58829203;58642184
经济类型:私营企业 法人代表:苏莹
网址:www.xinpuchem.com
E-mail:sepalgm@hi2000.com
【主要产品】D-酒石酸;L-酒石酸;双乙酸钠;D-苯丙氨酸;5'-腺嘌呤核苷酸;聚四氟乙烯管材;脱氢醋酸钠;丙酸钙;丙酸钠;乳酸钙;他唑巴坦;富马酸亚铁;氨纶防黄剂;混凝土添加剂

上海新上化高分子材料有限公司

上海市杨浦区杨树浦路1578号[200090]
电话:(021)65193960
传真:(021)65707269 有进出口权
供销电话:65192596 职工人数:300人
经济类型:有限责任公司
法人代表:秦健
网址:www.shanghaichemical.com
E-mail:scpnetk@online.sh.cn
【主要产品】软聚氯乙烯塑料(电线电缆用);硅烷交联聚乙烯绝缘电缆料;低烟无卤阻燃聚烯烃电缆料

上海新舜夏生物科技有限公司

上海市双流路32号[200335]
电话:(021)62916888
传真:(021)62916888 有进出口权
固定资产:1,000千元 产值:5,000千元
经济类型:私营企业 职工人数:200人
销售收入:6,000千元
法人代表:吴宪定
网址:www.shunxia.com
E-mail:cmczf@hotmail.com
【主要产品】食用消泡剂;亚油酸乙酯;消毒液

上海新阳电子化学有限公司

上海市松江区松江工业园文合路1268号[201803]
电话:(021)57850088-2233
传真:(021)57850901
网址:www.sinyang.com.cn
E-mail:service@sinyang.com.cn
【主要产品】硫酸铜;甲基磺酸;甲基磺酸锡;高分子絮凝剂;除油剂;电镀添加剂;液体助焊剂

上海新誉化工厂

上海市闵行区北吴路345号[201109]
电话:(021)64502716
传真:(021)64502007 经济类型:集体
固定资产:8,000千元 职工人数:135人
供销电话:64502007;64504073
供销传真:64502007;64504073
法人代表:曹煜民
网址:www.shxinyuchem.com
E-mail:xinyu@shxinyu.com
【主要产品】亚硫酸钠;亚氯酸钠;不溶性硫黄;稳定性二氧化氯

上海鑫恒橡胶制辊有限公司

上海市宝山区石太路2605号[200940]
电话:(021)36130090;13817890618
传真:(021)36135090
网址:www.shxinheng.com
E-mail:56458681@163.com
【主要产品】硅橡胶辊

上海鑫逸减震器有限公司

上海市松江区华阳桥北松公路13号[201611]
电话:(021)57775506
传真:(021)57774979
网址:www.xinyi18.com
E-mail:webmaster@xinyi18.com
【主要产品】橡胶接头;减震器及配件

上海信博森化工有限公司

上海市金山区吕港镇吕廊路32号[200540]
电话:(021)65410339
传真:(021)65410339
网址:www.shibusan.com/indexz.htm
E-mail:SBS@shibusan.com
【主要产品】三氯异氰尿酸;二氯醋酸甲酯;磷酸三甲酯;磷酸三丁酯;苯醌;1,4-苯二酚;山梨酸;山梨酸钾;二氧化氯;磷酸三苯酯;三(β-氯乙基)磷酸酯;阻燃增塑剂TCPP;2-乙基己基磷酸单-2-乙基己酯;二(2-乙基己基)磷酸酯;对羟基苯甲醚;异噻唑啉酮

上海信达精细技术实业公司

上海市虹口区三门路759弄30号504室[200439]
电话:(021)51097917;13501759191
传真:(021)51028581;35090376
网址:www.xindaink.com
E-mail:service@xindaink.com
【主要产品】电线电缆油墨;橡胶制品油墨

上海信合化工有限公司

上海市长寿路699号国鑫大厦704室[200060]
电话:(021)32270171;32270172;32270173
传真:(021)32270112 有进出口权
供销电话:32270897;32271009
网址:www.sunheat.cn;www.xhcc.com

E-mail:sunheatchem@ yahoo. com. cn
【主要产品】邻苯二甲腈;α-羟基苯乙酸;阿德福韦酯;保泰松;赛利克西;钙泊三醇;阿法骨化醇;比卡鲁胺;美替诺龙;阿那曲唑;紫杉醇;10-羟基喜树碱;7-乙基-10-羟基喜树碱;盐酸胺碘酮;托吡酯;环丙贝特;西洛他唑;安妥明;肾上腺素;福米诺苯;依美司坦;度洛西汀盐酸盐;西布曲明;托莫西汀;扎莱普隆;加巴喷丁;米索前列醇;兰索拉唑;雷贝拉唑;泰妥拉唑;奥曲肽;氢溴酸加兰他敏;酒石酸溴莫尼定;佐替平;利莫那班;达泊西汀

上海兴长活性炭有限公司

上海市嘉定区建华村 66 号(上海 803-053 信箱)[201803]
电话:(021)59118189;59147108;59144150
传真:(021)59141405;39110309
供销电话:59146933;59146733
供销传真:59115983　有进出口权
经济类型:私营企业　法人代表:叶兴长
网址:www. chinacarbon. net
E-mail:shqilong@ tom. com
【主要产品】活性炭;活性炭(植物果壳类);煤质活性炭

上海兴新防水防腐装饰有限公司

上海市广灵四路 26 号甲 102 室[200083]
电话:(021)65608866;35051075;13801905698
传真:(021)65317878
网址:www. xingxinff. com
【主要产品】环氧面漆;地坪涂料

上海杏灵科技药业股份有限公司

上海市浦东新区东方路 1271 号[200127]
电话:(021)58810853;58817624
传真:(021)58817549
供销电话:68640959;58810853
供销传真:58700044
经济类型:股份有限公司
网址:www. xingling. com. cn
E-mail:info@ xingling. com. cn
【主要产品】银杏浸膏

上海雄峰化工装备有限公司

上海市沪宜公路 1229 号[201802]
电话:(021)62980601;59175011;13916828999
传真:(021)59177327;62980620
供销电话:62980609;13916562089
网址:www. shxfhg. com
E-mail:shxfhg@ vip. citiz. net
【主要产品】流化床;反应釜;换热器

上海秀珀化工有限公司

上海市浦东新区唐镇工业园区上丰西路 138 号[201201]
电话:(021)58583404
传真:(021)58588324　职工人数:200 人
经济类型:有限责任公司
网址:www. supe-sh. com;www. supe. com. cn
E-mail:market@ supe-sh. com
【主要产品】过氯乙烯防腐涂料;丙烯酸聚氨酯防腐涂料;高耐候性硅丙户外漆;丙烯酸防腐涂料;环氧地坪涂料;环氧抗静电地坪漆;自流平环氧地坪涂料;聚氨酯防水涂料;氟碳重防腐涂料;氯化橡胶防腐涂料;氯醚重防腐涂料;高级墙面漆

上海旭创高分子材料有限公司

上海市嘉定区宝园六路 808 号[201800]
电话:(021)69132886
传真:(021)69132720
网址:www. seasun-sh. com
E-mail:sell@ seasun-sh. com
【主要产品】丁腈混炼胶;硅橡胶混炼胶;氟橡胶混炼胶;丙烯酸酯混炼胶;聚氨酯混炼胶;氯醇橡胶混炼胶

上海旭东海普药业有限公司

上海市浦东新区金桥金沪路 879 号[201206]
电话:(021)58545533
传真:(021)58543322　有进出口权
经济类型:与港澳台商合资经营
法人代表:张天德
网址:www. xdhelp. com
E-mail:xdhelp-exp@ 21cn. com
【主要产品】盐酸氮芥;噻替派;亚硝酸异戊酯;氯化琥珀胆碱;羟丁酸钠;甲磺酸酚妥拉明

上海旭森非卤消烟阻燃剂有限公司

上海市松江区松金公路 66 号[201600]
电话:(021)57771878;57771898
传真:(021)57771868
经济类型:有限责任公司
法人代表:李四新
网址:www. xusen. com
E-mail:xusen@ xusen. com
【主要产品】氢氧化铝(活性);超微细改性氢氧化铝;活性氢氧化镁;N,N′-亚甲基双丙烯酰胺;聚乙烯泡沫塑料;有机防火堵料用黏合剂;纯涤织物阻燃剂;织物阻燃剂;四羟甲基氯化磷-尿素体;抗氧剂;聚氨酯用阻燃剂;ABS用阻燃剂;聚氯乙烯用阻燃剂;高效液体阻燃剂;消烟阻燃剂;无卤环保阻燃剂;聚乙烯用阻燃剂;聚乙烯泡沫塑料用阻燃剂;聚丙烯用阻燃剂;异氰尿酸蜜胺盐

上海旭升精细化工技术研究所

上海市普陀区真南路 1687 号[200331]
电话:(021)63637017
传真:(021)63638961　职工人数:40 人
网址:www. xs-chem. com
E-mail:yanjiusuo@ online. sh. cn;xxlyu@ hotmail. com
【主要产品】6-甲氧基喹啉;3-氯-4-甲基苯甲醚;1,3-二甲氧基苯;5-氨基水杨酸;3-碘-4-甲基苯甲酸;2-氨基-3,5-二甲基苯甲酸;2-氨基-4-氟苯甲酸;3-甲基-2-氨基苯甲酸;4-羟基邻苯二甲酸;四羟基苯醌;2,4-二氯-5-硝基三氟甲苯;2-氯-5-硝基甲苯;2-甲氧基-4-硝基甲苯;2-氯-5-氨基苯酚;4-甲磺酰基苯胺;邻氯对苯二胺盐酸盐;3-硝基邻苯二胺;3-甲氧基二苯胺;2-氯-6-甲基苯胺;对硝基苯甲腈;6-氨基喹啉;2,6-二氯-3-氰基-4-甲基吡啶;4,5-二羧基咪唑;6-氯尿嘧啶;1,3-二甲基-4-氨基尿嘧啶;6-氮杂尿嘧啶;1,3-二甲基尿嘧啶;2-氨基-5-磺基苯甲酸;3,5-二氨基-4-甲基苯磺酸;2-氨基甲苯-5-磺酸;3-氨基-4-甲氧基苯磺酸;5-氯-2-氨基苯甲酸;4-氯-2-氨基苯甲酸;5-氨基-4-羟基-1,3-苯二磺酸;3-氨基-4-氯苯磺酸;3-甲基苯并噁唑酮;5-氨基-2-甲基-N-苯基苯磺酰胺;N-甲基-N-苯基苯磺酰胺;苯代三聚氰胺;2,4-二羟基-6-苯基-1,3,5-三嗪;2,4-二氯-6-苯基-1,3,5-三嗪;绕丹宁;2.1.5 磺酸钠;匹莫林

上海雪美精细化工厂

上海市南京东路 61 号新黄浦金融大厦 10 楼 1010 室[200002]
电话:(021)52805918;62645596
传真:(021)52805918
网址:xmjxhgc. ccbip. und. cn
E-mail:admi@ abm. com. cn
【主要产品】活性超细碳酸钙;轻质活性碳酸钙;氧化钙

上海雅本化学有限公司

上海市宁夏路 201 号科创大厦 18D[200063]
电话:(021)51159199
传真:(021)51159188
网址:www. abachem. com
E-mail:sales@ abachem. com
【主要产品】2,3,4,5-四甲氧基甲苯;N-甲基吡咯烷酮;香叶基丙酮;甘氨酸甲酯盐酸盐;甘氨酸乙酯盐酸盐;甘氨酸叔丁酯盐酸盐;二乙酰阿昔洛韦;DL-丙氨酸;β-丙氨酸;甘氨酸苄酯对甲苯磺酸盐;1-羟基苯并三氮唑;二氨基马来腈;盐酸多西环素;阿昔洛韦;伏格列波糖;盐酸米多君;加巴喷丁;阿利苯醇;L-蛋氨酸;溴伏克辛;4-二甲氨基吡啶

上海雅达涂料有限公司

上海市浦东新区沪南路 8615 号[201314]
电话:(021)58182697;58180101
传真:(021)58182697
供销电话:58180101-818,825

沪

网址：www.efpaint.com.cn
E-mail：sales@efpaint.com.cn；
market@efpaint.com.
【主要产品】金属闪光漆；真石漆；弹性硅丙涂料；丙烯酸内墙乳胶漆；聚氨酯外墙漆；氟碳漆；氟硅涂料；耐磨地坪涂料

上海雅鹰油墨有限公司

上海市南汇工业园区汇城路699号［201300］
电话：(021)68016100
传真：(021)68016463
经济类型：外商独资
网址：www.aicink.com
E-mail：aicink@aicink.com
【主要产品】超分散剂；印刷银墨；热固型轮转平版胶印油墨；快干亮光油墨

上海亚都塑料有限公司

上海市金山区枫泾镇新春工业基地［201501］
电话：(021)57351588；57351868；13801850919
传真：(021)57354848　有进出口权
经济类型：中外合作经营企业
网址：www.shyadu.com
E-mail：shhyadu@yahoo.com.cn
【主要产品】塑料编织袋；纸塑复合袋

上海燕美化工有限公司

上海市闵行区景谷路389号［200245］
电话：(021)64300055；64309345
传真：(021)64300055
经济类型：有限责任公司
网址：www.1east.com/gg5/02387a.htm
【主要产品】各色聚酯环氧型粉末涂料；各色环氧聚酯型美术系列热固性粉末涂料；热固性粉末涂料

上海耀品胶粘制品有限公司

上海市闵行区北桥镇瓶北路200号［201109］
电话：(021)64900361
传真：(021)64900367
网址：www.awing-dove.com
【主要产品】美纹胶带；聚氯乙烯电气绝缘胶带；双面胶；胶黏带；封口胶带；警示胶带

上海野川化工有限公司

上海市嘉定区马陆镇思诚路1365号［201801］
电话：(021)69152498；69152499
传真：(021)69152496
经济类型：中外合资经营企业
网址：www.nogawash.com
【主要产品】汽车专用胶黏剂；建筑装饰胶；鞋用胶黏剂；扬声器用胶；球形硅胶

上海一恒科技有限公司

上海市共和新路966号共和大厦七楼［200070］
电话：(021)56636560；56904023；56325434
传真：(021)56319387
网址：www.yihengyiqi.com；
www.blue-pard.com
E-mail：Bluepard@yihengyiqi.com
【主要产品】恒温油浴锅；真空箱式干燥器；冷冻干燥器

上海一华橡胶制品厂

上海市纪鹤路1385弄68号［201106］
电话：(021)59796401；59796403；13601930548
传真：(021)51069348
网址：www.yhrubber.com
E-mail：zp@yhrubber.com
【主要产品】塑料波纹管；胶轮；橡胶密封胶条；硅橡胶制品；氟橡胶O形圈；橡胶密封圈

上海一环化工有限公司

上海市沪太路4099号［200061］
电话：(021)61479138；13167043646
传真：(021)61479139
经济类型：有限责任公司
网址：yihuan.ccc.sh.cn
E-mail：shanghaiyihuan@126.com
【主要产品】硅灰石粉；磷酸；硫酸钡；氯化铜；碱式碳酸铜；重质碳酸钙；轻质活性碳酸钙；高岭土；滑石粉；氧化镁；钛白粉

上海一品国际颜料有限公司

上海市嘉定区嘉松北路4839号［201814］
电话：(021)59505954；13788965277
传真：(021)59507893　有进出口权
经济类型：中外合资经营企业
法人代表：高福君
网址：www.yipin.com
E-mail：xch@yipin.com
【主要产品】氧化铁红；氧化铁黄；哈巴粉；氧化铁黑

上海一心试剂厂

上海市嘉定区外冈镇巨门村426号［201823］
电话：(021)39930109；59939593；13901943930
传真：(021)59939593
经济类型：股份合作　法人代表：刘宝龙
网址：www.yxch.com
E-mail：xu@yxch.com
【主要产品】硝酸铬；碳酸镍；氧化钴；醋酸镍；乙酸钴；草酸钴；氨基磺酸钴；硝酸钴；硫酸钴；氯化钴；碳酸钴；草酸镍；硫酸镍；氨基磺酸镍；氯化铬

上海伊川水塑料制品有限公司

上海市杨浦区共青路330弄1号［200090］
电话：(021)65801826；65801816
传真：(021)55531008
供销电话：65682510；55531008
网址：www.yichuanshui-sh.com.cn
E-mail：webmaster@yichuanshui-sh.com.cn
【主要产品】聚四氟乙烯薄膜；聚全氟乙丙烯薄膜；聚四氟乙烯板材；聚四氟乙烯玻璃漆布；聚四氟乙烯热收缩管；聚四氟乙烯管材；聚全氟乙丙烯管；聚全氟乙丙烯热收缩管；聚四氟乙烯棒材

上海伊瑞化工有限公司

上海市嘉定区霜竹路588号［201811］
电话：(021)69167724；59974746；13801718195
传真：(021)69167714；59971453
供销电话：59970525；13651849681
网址：www.yiruichem.com
E-mail：yirui@yiruichem.com
【主要产品】氢氧化钠；亚硒酸钠；硫酸钠（无水）；十二烷基苯磺酸钠；甲酸钙；碘酸钙；氢氧化钾；硫酸钾；硫酸氢钾；氯化钾；碘化钾；碘酸钾；高碘酸钾；磷酸二氢钾；乙酸钴；一氧化钴；硫酸钴；氯化钴；碳酸镍，碱性；硫酸铵；氯化铵；乙酸铜；草酸铜；氯化铜；氯化亚铜；碘化亚铜；溴化铜；溴化亚铜；碳酸铜，碱式；硝酸铝；乙酸锌；硝酸锌；硫酸锌；氯化锌；氢氧化锶；氧化镁；硝酸镁；硫酸镁；氯化镁；铋，粒状；硝酸铋；次硝酸铋；氯化铋；亚硒酸；硼酸

上海依福瑞实业有限公司

上海市宋园路（张虹路）125弄9号［200336］
电话：(021)64693020；64646228
传真：(021)64693015；64288349
有进出口权　法人代表：许云生
网址：www.sh-infrared.com
E-mail：market@sh-infrared.com
【主要产品】2-硝基咪唑；1，4-丁二胺双盐酸盐；α-酮基苯丙酸钙盐；4-甲基-2-酮基戊酸钙；4-甲基-2-氧代戊酸；L-精氨酸-α-酮戊二酸盐；L-瓜氨酸；L-鸟氨酸乙酯盐酸盐；L-盐酸鸟氨酸；L-鸟氨酸-L-天门冬氨酸；组胺二盐酸盐；L-精氨酸-L-焦谷氨酸盐；L-精氨酸-L-苹果酸；L-高精氨酸盐酸盐；甘氨酰-L-谷氨酰胺；L-丙氨酰-L-谷氨酰胺

上海依田化工公司

上海市金山区沪杭路环江路口东首［200540］
电话：(021)57941829；57260164
传真：(021)57943435
网址：www.yt-chem.com
E-mail：yt-chem@yt-chem.com
【主要产品】硫酸镍；钼酸钠；二聚环戊二烯；2-苯基咪唑；*N*，*N*-二甲基-1，3-丙二胺；碳五石油树脂

上海宜鑫化工有限公司

上海市中山北路2185弄27号［200061］

沪

电话:(021)62039248;52914520;
13601825406
传真:(021)52914520
经济类型:股份有限公司
网址:www.yixin.sh.cn
E-mail:nyf@yixin.sh.cn
【主要产品】硼酸;纯碱;碳酸钾;硝酸钠;硝酸钾;四硼酸钠(十水)

上海亿际化工有限公司

上海市奉贤区奉城中心镇化工区[201408]
电话:(021)57111188;57111276
传真:(021)57111276
法人代表:姚光明
网址:www.1jhg.cn
E-mail:sales@1jhg.cn
【主要产品】氯化钙(无水);六氟磷酸钾;氰酸钠;5-氟乳清酸;全氟丁酸;三氟乙酐;三氟甲磺酸酐;丁酰氯;4-氯-3,5-二甲基苯酚;三氟甲基磺酸钠;辛酰氯;全氟丁基磺酸钾;全氟丁基磺酰氟;全氟丁基磺酸;全氟辛酸

上海益民化工有限公司

上海市浦东新区合庆镇益民村青暮路908号[201201]
电话:(021)68903303;68903164;
13901877167
传真:(021)68902382;68904592
经济类型:私营企业　法人代表:周建强
网址:www.yimin-chem.com
E-mail:zhubin501@163.com
【主要产品】邻溴联苯;2-溴-3-羟基吡啶;2-氯-3-羟基吡啶;3,4-二氨基呋扎;2-硝基-3-甲氧基吡啶;环庚醇;3,4-二羟基苯甲酸;2,3-二甲氧基苯甲酸;环庚甲酸;4-羟基-3-甲氧基苯甲酸甲酯;3,4-二羟基苯甲酸乙酯;6,8-二氯辛酸乙酯;6-羟基-8-氯辛酸乙酯;环庚酮;卡龙酸酐;4-正丁基间苯二酚;*N*-苄基叔丁胺;叔丁基二甲基氯硅烷;*N*,*O*-双(三甲基硅基)乙酰胺;*N*,*O*-双(三甲基硅烷基)三氟乙酰胺;3-氨基吡唑;2,3-二甲氧基-5-磺酰胺基苯甲酸;3,4-二羟基二苯甲酮;2,6-二甲氧基吡嗪;硫辛酸;柳氨酚

上海银辉涂料厂

上海市青浦区小蒸现代工业区[201716]
电话:(021)59811482;59811475;
13311703231
传真:(021)59811475;64535537
网址:www.sh-yinhui.com
E-mail:webmaster@sh-yinhui.com
【主要产品】热塑性粉末涂料

上海英格索兰压缩机有限公司

上海市中山南二路1089号徐汇苑大厦11楼[200030]
电话:(021)54529898
供销电话:54529898-2217
供销传真:64384310　法人代表:周惠民
经济类型:中外合资经营企业
网址:www.irair.com.cn
【主要产品】活塞式压缩机;离心式压缩机;螺杆压缩机

上海英柯化工有限公司

上海市闵行区江川路2199弄25号[201111]
电话:(021)54721569;54725066
传真:(021)54721404;54721569
网址:www.yingkechem.com
E-mail:Yingke@yingkechem.com
【主要产品】醇酸磁漆;各色醇酸底漆;铁红醇酸防锈底漆;红丹醇酸防锈漆;油性外墙漆;真石漆;丙烯酸内墙乳胶漆;丙烯酸外墙乳胶漆;环氧富锌底漆;环氧地坪涂料;氯化橡胶面漆;氯化橡胶厚浆型面漆;水溶性罩面漆;聚氨酯地坪胶

上海樱宝塑胶软管有限公司

上海市江桥工业区金华支路25号[201803]
电话:(021)59143939;59143499
传真:(021)59143131
经济类型:私营企业
网址:www.chinayingbao.com
E-mail:sales@chinayingbao.com
【主要产品】聚氯乙烯软管;塑料波纹管;伸缩管;汽车橡胶配件

上海樱琦干燥剂有限公司

上海市浦东新区川北公路340弄1号前门[200135]
电话:(021)58430350
传真:(021)68921289
网址:www.yingqi-dryer.com
E-mail:yqp@yingqi-dryer.com
【主要产品】活性炭;超强吸水剂;干燥剂

上海永冠胶粘制品有限公司

上海市青浦区朱家角工业园区康工路15号[201713]
电话:(021)59830677;59835256
传真:(021)59832200
网址:www.ygtape.com
E-mail:sale@ygtape.com
【主要产品】双面胶带;美纹胶带;聚氯乙烯电气绝缘胶带;聚氯乙烯胶带;布基胶带

上海永利工业制带有限公司

上海市制造局路861号[200011]
电话:(021)63160702;63160706;
63133884
传真:(021)63160709;63132393
网址:www.yongli.cn
E-mail:info@yongli.cn
【主要产品】塑料板片材;橡胶平型传动带

上海永宁化工有限公司

上海市青浦区华新镇纪鹤路2358号[201708]
电话:(021)59795408;59795409;
59596102
传真:(021)59796103　职工人数:100人
经济类型:私营企业
网址:www.yongning.com.cn
E-mail:QJ@yongning.com.cn
【主要产品】快干氨基醇酸烘漆;硝基家具漆;各色丙烯酸氨基烘漆;地板涂料;丙烯酸无毒塑胶漆;各色聚氨酯家具漆

上海永庆染料有限公司

上海市宝山区石太路3638号[201908]
电话:(021)66860097;56863547
传真:(021)66861983
供销电话:66860097;56862557
经济类型:私营企业
网址:www.yqrl.com/h2.htm
E-mail:webmaster@yqrl.com
【主要产品】活性嫩黄K-6G;活性嫩黄KE-3G;活性黄X-RG;活性黄K-RN;活性黄KD-3G;活性金黄KM-G;活性黄M-3RE;活性黄KE-4R;活性黄3RS;活性黄P-6GS;活性艳橙X-GN;活性艳橙K-GN;活性艳橙K-R;活性艳橙K-7R;活性橙KN-5R;活性艳红X-3B;活性艳红K-3B;反应艳红K-4BC;活性艳红K-2G;活性红P-BN;活性艳红KE-3B;活性艳红KE-7B;活性艳红M-3BE;活性艳红M-8B;活性红KD-8B;活性红3BS;活性紫K-3R;活性红紫X-2R;活性艳蓝X-BR;活性艳蓝K-3R;活性深蓝K-R;活性艳蓝K-GR;活性艳蓝KN-R;活性艳蓝KE-R;活性艳蓝M-BR;活性艳蓝P-3R;活性翠蓝K-GL;活性翠蓝KN-G;活性深蓝M-2GE;活性深蓝YQ-2GLN;活性墨绿KE-4BD;反应橙K-2RL;活性红棕K-B3R;活性灰K-B4RP;活性黑K-BR;活性黑KN-B;活性黑KN-G2RC

上海永远化工有限公司

上海市常德路1239号常德大厦C座1104室[200060]
电话:(021)62779751;62762908
传真:(021)62779750　有进出口权
网址:www.forever-chem.net
E-mail:roberthuangzy@yahoo.com.cn
【主要产品】对异丙基苯胺;二氯菊酰氯;DV菊酸甲酯;3,5,6-三氯吡啶-2-醇钠;间苯氧基苯甲醛;溴氰菊酯;高效氯氰菊酯;乙磷铝可湿性粉剂;氟环唑;多菌灵;丙环唑;噁醚唑;敌草隆;二氯吡啶酸;异丙隆

上海优迪医药有限公司

上海市新闻路831号丽都新贵24K[200041]
电话:(021)62183156
传真:(021)62183126
网址:www.jiangbeipharm-sh.com

沪

E-mail：post@ jiangbeipharm-sh. com
【主要产品】氯化胆碱；维生素 C 磷酸酯镁；头孢噻肟钠；头孢氨苄；头孢拉定；硫酸庆大霉素；氟洛芬；强力霉素；盐酸林可霉素；利福定；阿奇霉素；异烟肼；头孢曲松钠；尼美舒利；对乙酰氨基酚；佐米曲坦；盐酸曲马多；抗坏血酸；依维菌素；西力士；格列本脲；格列美脲；格列齐特；替米沙坦；缬沙坦；新伐他汀；阿托伐他汀钙；盐酸氨溴索；盐酸西布曲明；扎莱普隆；托特罗定；西地那非；瓦地那非

沪

上海油墨泗联化工有限公司

上海市松江区泗泾镇鼓浪路 220 号［201601］
电话：(021)57610000；57612222
传真：(021)57611198　有进出口权
供销电话：56073184；57612222
供销传真：57620098
经济类型：股份合作
网址：www. si-li. biz. sh. cn；www. si-li. com
E-mail：sili@ si-li. com；sc@ si-li. com
【主要产品】松香改性酚醛树脂；桐油改性酚醛树脂；豆油改性醇酸树脂；424 松香季戊四醇树脂；甘油松香树脂；印花涂料；有机颜料

上海游龙橡胶制品公司

上海市浦东新区川沙镇黄楼新春路 20 号［201205］
电话：(021)58941315-888；58949128
传真：(021)58940504　经济类型：集体
有进出口权　法人代表：张德祥
网址：www. youlongrubber. com
E-mail：webmaster@ youlengrubber. com
【主要产品】胶印印刷橡皮布

上海裕立实业有限公司

上海市闵行区北翟路 2947 号［201106］
电话：(021)62201306；13331889697
传真：(021)52211306　职工人数：66 人
固定资产：6,000 千元　法人代表：王莉
经济类型：有限责任公司
网址：www. yuli. cn
E-mail：yuli@ yuli. cn；yuligs@ 163. com
【主要产品】三氯化铁(无水)；次氮基三乙酸

上海元邦涂料制造有限公司

上海市青浦区北青公路 6555 号［201706］
电话：(021)59783999；59783878；59783868-800
传真：(021)59783998　有进出口权
经济类型：中外合资经营企业
职工人数：100 人　法人代表：吴正友
网址：www. yoo-point. com
E-mail：whg@ yoo-point. com
【主要产品】热塑性丙烯酸树脂；热固性丙烯酸树脂；羟基丙烯酸树脂；豆油改性醇酸树脂；脂肪酸改性短油醇酸树脂；脂肪酸改性长油度醇酸树脂；椰子油脂肪酸改性短油度醇酸树脂；短油度醇酸树脂；中油度醇酸树脂；双组分聚酯水晶地板漆树脂；饱和聚酯树脂；油漆；聚氨酯固化剂

上海元吉化工有限公司

上海市普陀区岚皋路 40 弄 7 号［200061］
电话：(021)52240311；62147333；62148979
传真：(021)52240289；62148092
供销电话：52240312；52240311
网址：www. shyjhg. com
E-mail：sales@ shyjhg. com
【主要产品】高碘酸钠；硬脂酸；异十八酸；原甲酸三乙酯；四甲基乙二胺；γ-丁内酯；三氟乙醇；异普黄酮；氨酪酸；苯扎溴铵；双硬脂酸铝；硬脂酸钠；硬脂酸钙；硬脂酸铵；硬脂酸铝；硬脂酸锌；硬脂酸镁

上海源大精细化工有限公司

上海市青浦县赵巷镇嘉松中路 5085 号［201703］
电话：(021)59756604；62749551
传真：(021)59755208　有进出口权
经济类型：中外合作经营企业
法人代表：虞孝兰
网址：www. yuandafine. com. cn
E-mail：yujun@ yuandafine. com. cn
【主要产品】叔丁基肼；*N*-氰基-*N*′-甲基乙脒；*N*-硝基亚氨基咪唑烷；*N*-氰基乙亚氨酸乙酯；*N*-氰基乙亚氨酸甲酯；叔丁基肼盐酸盐

上海源森医药原料有限公司

上海市松江区洞泾镇沪松公路 3528 号［201619］
电话：(021)57675519；57675520
传真：(021)57675511　职工人数：120 人
固定资产：19,347 千元
供销电话：57675512
经济类型：私营企业
网址：www. ysmedicine. net
E-mail：sales@ ysmedicine. net
【主要产品】甲酸己酯；2-甲基-4-氨基-5-乙酰氨甲基嘧啶；硫代硫胺素；维生素 B1；丙硫硫胺；硝酸硫胺；盐酸硫胺；呋喃硫胺

上海远大过氧化物有限公司

上海市铁力路 1 号［200940］
电话：(021)56843135；56841851
传真：(021)56841851
经济类型：与港澳台商合资经营
企业规模：大型
网址：www. yd-peroxid. com
E-mail：yuanda@ yd-peroxid. com
【主要产品】过氧化氢

上海远东制药机械总厂

上海市康定路 359 号［200040］
电话：(021)58995186；62580660；62170175
传真：(021)58991944　经济类型：国有
供销电话：62170127；62170175
供销传真：62564739　企业规模：大型
网址：www. far-east-pharmach. com. cn
E-mail：marketing@ far-east-pharmach. com. cn
【主要产品】压滤机；混合机；V 型转鼓混合机；卧式槽形混合机；冷冻真空干燥机；FL 系列沸腾制粒干燥机；振动筛；立式全自动下卸料离心机；喷雾干燥制粒机；高速混合制粒机；挤压造粒机

上海月季日用干燥剂厂

上海市奉贤区光明第三经济园区［201406］
电话：(021)57474846；57471707；13501605369
传真：(021)57471381
供销电话：57471707；57474846
网址：www. shyj. biz；www. shjujia. com
E-mail：info@ shjujia. com
【主要产品】蒙脱石；保鲜剂；防腐防霉剂；分子筛，5A 型；分子筛，4A 型；13X 分子筛；分子筛，3A 型；高效型干燥硅胶；干燥剂

上海跃达实业有限公司

上海市浦东新区三林镇红旗村新华西路 161 号［200124］
电话：(021)33929647；33928239
传真：(021)33929647；33928240
供销传真：50823240
经济类型：有限责任公司
网址：www. yueda. biz/chem/jj. htm
E-mail：shyueda@ 126. com；yueda@ citiz. net
【主要产品】硅酸钠；偏硅酸钠；偏硅酸钠(五水)

上海跃江钛白化工制品有限公司

上海市控江路 2075 号贵人大厦 7 楼［200082］
电话：(021)55968738；13901777685
供销电话：51609719；13816633918
网址：www. yuejiangchem. com
【主要产品】氢氧化铝；氢氧化镁；超细硫酸钡；碳酸钡；碳酸钙；碳酸镁；碳酸锰；高岭土；滑石粉；三氧化二锑；氧化锌；氧化镁；氧化铝；立德粉；钛白粉(锐钛型)；钛白粉(金红石型)；活性氧化铝；白炭黑；凡士林

上海跃龙新材料股份有限公司

上海市中山北一路 1230 号 1409 室［200949］
电话：(021)65352277；65314088
传真：(021)65456006　职工人数：900 人
经济类型：股份有限公司

企业规模:大型
网址:www. newyuelong. com
E-mail:nyl@ nylsh. com;
yan. liu@ nylsh. com
【主要产品】二氧化锆;氧化钇铕;氧化钕;氧化钐;氧化铒;氧化铕;氧化铽;氧化镝;氧化镧;氧化镨;氧化镱;稀土氧化物;氧化铈;铈锆复合氧化物;钐

上海跃龙有色金属有限公司

上海市杨浦区眉州路120号[200949]
电话:(021)13601676637
经济类型:与港澳台商合资经营
有进出口权
网址:www. yue-long. com
E-mail:yuelong@ yue-long. com
【主要产品】氟化镝;氟化钕;氟化镨;氧化钆;氧化钇;氧化钕;氧化钐;氧化铒;氧化铕;氧化铽;氧化镝;氧化镧;氧化镨;氧化镱;稀土氧化物;氧化铈;钐钴合金粉

上海跃新化工厂

上海市宝山区罗泾乡新陆村[200949]
电话:(021)56871143
传真:(021)56871143
法人代表:康德树
网址:www. 1east. com/gg6/03455a. htm
【主要产品】氧氯化锆;二氧化锆;氧化铝;草酸;盐酸

上海越达微纳粉体材料有限公司

上海市潘泾路1421号[201908]
电话:(021)66865027;66862057
传真:(021)66863968
网址:www. yuedapowder. cn
E-mail:ydwnftcl@ yuedapowder. cn
【主要产品】氢氧化钙;碳酸钙;轻质碳酸钙;重质碳酸钙;活性重质碳酸钙;微细活性碳酸钙(重质);活性碳酸钙;轻质活性碳酸钙

上海越兴树脂科技有限公司

上海市嘉定区外冈镇宝钱公路4598号[201806]
电话:(021)69575460-2;27847322
传真:(021)69575499
经济类型:港澳台商投资股份有限公司
网址:www. ace-resin. com
E-mail:sart@ sh163. net
【主要产品】胶黏剂

上海运科橡胶制品有限公司

上海市真南路1550号[200331]
电话:(021)62507598;62844517
传真:(021)62844072
经济类型:外商投资股份有限公司
网址:www. yunke. com. cn;
www. ykxj. biz. sh. cn
【主要产品】胶管;耐油胶管;编织胶管;膨胀橡胶软管

上海再辉化工有限公司

上海市金山区漕泾镇增丰村2058号[200136]
电话:(021)58602978;58602795
传真:(021)58603816
经济类型:私营企业
网址:www. infine-chem. com
E-mail:info@ infine-chem. com
【主要产品】2-羟甲基-3,4-二氢吡喃;7-氮杂吲哚;2-氯噻吨酮;4-溴-2-硝基苯甲醛;邻碘苯甲酸;2-溴-5-氟苯甲酸;3-氯-4-氟苯甲酸;2-甲基-3-硝基苯乙酸;氟溴乙酸乙酯;4-氯-2-氟溴苯;1,2-二(溴甲基)苯;4-氯-2-硝基苯甲醛;4-溴-2-硝基苯甲醚;2-溴-6-硝基苯酚;防老剂H

上海再启生物技术有限公司

上海市华泾路1305弄18号B座5楼
[200231]
电话:(021)54830975
传真:(021)54428051　　有进出口权
经济类型:有限责任公司
网址:www. chemzq. com
E-mail:zaiqi@ hi2000. com
【主要产品】2-氯-5-氟吡啶;吡啶-4-硼酸;吡啶-3-硼酸;吡啶-2-硼酸;6-硝基吲哚;4-硝基吲哚;2-氯-4-硝基吡啶;7-苄氧基吲哚;4-氨基吲哚;3-碘-4-甲基苯甲酸;3-溴-5-氟苯甲酸;4-氨基-2-氟苯甲酸;2-氨基-5-甲氧基苯甲酸;吲哚-6-羧酸;4-氰基苯硼酸;3-氰基苯硼酸;2-氰基苯硼酸;4-羧基苯硼酸;对甲基苯硼酸;4-三氟甲基苯硼酸;3-氨基-4-氟苯甲酸乙酯;对甲苯异氰酸酯;对氯苯基异氰酸酯;3,4-二氯苯基异氰酸酯;2,3-二氯苯基异氰酸酯;2,6-二氯苯基异氰酸酯;间硝基苯酚;2,6-二氯-3-硝基苯甲醛;2-溴-3-氟苯酚;5-溴-2-氟苯酚;3-氟-5-甲基苯胺;吲哚-3-甲酸;吲哚-5-羧酸;吲哚-2-羧酸;5-(2-氨基丙基)-2-甲氧基苯磺酰胺;5-氟靛红;*N*-[3-(3-二甲氨基-1-氧-2-丙烯基)苯基]-*N*-乙基乙酰胺;二苯甲基哌嗪;二(对氟苯基)甲基哌嗪;2-氯-5-氨基吡啶;2,3-二甲氧基苯胺;3,4-二氯硝基苯;5-氯-2-硝基苯胺;2,6-二氟苯磺酰氯;2-羟基-6-硝基甲苯

上海造漆厂

上海市闵行区颛桥镇光华路521号[201108]
电话:(021)64890015-207
传真:(021)64897523　　经济类型:国有
供销电话:64890015-262
法人代表:司徒国基
网址:www. shanghaipaint. com
E-mail:sales@ shanghaipaint. com
【主要产品】硝基木器清漆;各色硝基外用磁漆;各色硝基无毒玩具漆;G04-9各色过氯乙烯外用磁漆;G06-4锌黄,铁红过氯乙烯底漆;G16-31各色过氯乙烯锤纹漆;G52-31各色过氯乙烯防腐漆;各色丙烯酸过氯乙烯外用磁漆;B04-11各色丙烯酸磁漆;各色丙烯酸烘漆;丙烯酸路线漆;丙烯酸内墙乳胶漆;丙烯酸弹性防水外墙乳胶漆;丙烯酸彩瓦漆;丙烯酸塑料漆;聚氨酯清漆;聚氨酯半光磁漆;双组分各色聚氨酯磁漆;各色聚氨酯底漆;聚氨酯耐油底漆;双组分聚氨酯漆;各色聚氨酯立体锤纹漆;高装饰汽车面漆

上海展舒化学科技有限公司

上海市浦东新区龙东大道5401号6号101[201201]
电话:(021)58589556;58589557
传真:(021)58589557
网址:www. zsuchem. com
E-mail:sales@ zsuchem. com
【主要产品】1-(4-吡啶基)-2-丙酮;1-乙酰-2,3,5-三苯甲酰-1-β-D-呋喃核糖;2,3-缩酮-L-来苏糖内酯;双胍苯脲;替尼泊苷;米力农;普拉洛芬;氯替泼诺

上海展宇涂料有限公司

上海市新村路2003弄15号203室[200070]
电话:(021)56350170;56350173
传真:(021)56488582
网址:www. onewaychina. com
E-mail:sh-xiangyu@ 163. com
【主要产品】环氧地坪涂料

上海昭和高分子有限公司

上海市青浦工业园区新区路455号[201700]
电话:(021)69212122
传真:(021)69212129
经济类型:外商独资
网址:www. sshp. com. cn
E-mail:shpuser1@ sshp. com. cn
【主要产品】乙烯-醋酸乙烯共聚乳液;乙烯基酯树脂;团状模塑料

上海真美科技发展有限公司

上海市沪太路9088号宝山科技园区内[200949]
电话:(021)13601683059
传真:(021)56870559
经济类型:私营企业
网址:www. huanbaozhixing. com
E-mail:yesyes@ sh163. net
【主要产品】复合微生物菌剂;工业水处理剂

上海振大氟塑有限公司

上海市金山亭林镇工业开发区(南区)[201505]
电话:(021)51233696
网址:www. zhen-da. com
【主要产品】聚四氟乙烯膨体生料带;聚四氟乙烯车削板;聚四氟乙烯板材;聚四氟乙烯管材;钢塑复合管;聚酰亚胺模压制品;聚四氟乙烯垫片;聚四氟乙

烯编织盘根;聚四氟乙烯棒材;聚四氟乙烯垫圈

上海振华科工贸有限公司

上海市浦东新区新金桥路255号金桥商务公寓849室[201206]
电话:(021)51352513
传真:(021)51352513　职工人数:20人
经济类型:私营企业　法人代表:江浦薇
网址:www.zhenhuakgm.com
E-mail:ruixue0603@sian.com
【主要产品】漆雾凝聚剂;脱漆剂;高效金属防锈剂;脱水防锈油;铝及铝合金长寿命碱浸蚀剂;抛光膏清洗剂;铝脱脂剂;磷化液;锌钙磷化液;常温锌系磷化液;常温磷化剂;低温磷化液;金属表面调整剂;金属抛光剂;镀锌层超低铬彩色钝化剂;钢铁件常温发黑剂;磷化发黑剂;金属封闭剂;防铜变色剂;不锈钢酸洗钝化膏

上海振华造漆厂

上海市桃浦古浪路1167号[200331]
电话:(021)62507250
传真:(021)62506535　经济类型:国有
网址:www.flytigercoatings.com
E-mail:webmaster@flytigercoatings.com
【主要产品】T04-1黄,绿酯胶磁漆;酚醛清漆;F01-2酚醛清漆;各色酚醛调合漆;F03-1各色酚醛调合漆;F04-1各色酚醛磁漆;F04-1铝粉酚醛磁漆;酚醛树脂漆底漆;F06-1黑,铁红酚醛底漆;F50-31各色酚醛耐酸漆;铁红酚醛防锈漆;醇酸水砂纸清漆;醇酸清漆;C01-7醇酸清漆;各色醇酸调合漆;各色快干醇酸磁漆;C04-9灰色云铁醇酸磁漆;C04-42各色醇酸磁漆;C04-64各色醇酸半光磁漆;C04-83各色醇酸无光磁漆;C04-83白色醇酸无光磁漆;C06-1铁红醇酸底漆;红丹醇酸防锈漆;C06-36各色醇酸烘干底漆;各色醇酸磁漆;氨基烘干清漆;335氨基烘干清漆;A01-9氨基烘干清漆;白色氨基烘干磁漆;A04-60各色氨基烘干半光磁漆;各色氨基亚光烘十磁漆;各色氨基烘干透明漆;各色氨基桔纹烘干磁漆;各色氨基醇酸烘干磁漆;各色氨基闪光烘漆;汽车漆;聚酯氨基烤漆;卷材涂料;闪光漆;电梯专用漆;高级亮光地板漆;X-4氨基漆稀释剂;X-6醇酸漆稀释剂;环氧漆稀释剂;聚酯漆稀释剂

上海振欣试剂厂

上海市嘉定区外岗镇东沪宜公路5278号[201806]
电话:(021)59583567
传真:(021)59583506　经济类型:国有
供销电话:59588276
网址:www.zxreagent.com
E-mail:zhang@zxreagent.com
【主要产品】碱式硝酸铜;氟硼酸锆;氟硼酸铜;草酸锂;碱式乙酸铝;苯甲酸钠;亚硒酸钠;硝酸钠;亚硝酸钠;亚硫酸钠(无水);磷酸三钠;硝酸钙;碳酸钙;硝酸钡;硫酸钡;碳酸钡;硝酸钾;硫酸钾;过硫酸钾;硫酸氢钾;氰化亚金钾;氯化钾;碘化钾;碘化铋钾;亚碲酸钾;磷酸二氢钾;三氧化二铁;硫酸铁;硫酸亚铁;硫酸镍;偏钒酸铵;草酸铵;柠檬酸铋铵;硝酸铵;硫酸铵;氯化铵;溴化铵;乙酸铜;乙酸铜,无水;柠檬酸铜;氢氧化铜;氧化亚铜;酒石酸铜;硝酸铜;硫化铜;硫酸铜;硫酸铜,无水;氯化铜;氯化铜,无水;氯化亚铜;碘化亚铜;溴化铜;溴化亚铜;碳酸铜,碱式;硝酸铝;乙酸锌;氧化锌;硝酸锌;硫酸锌;氯化锌;乙酸锂;硅酸锂;硝酸锂;硫酸锂;溴化锂;乙酸锶;氢氧化锶;乙酸镁;氧化镁;硝酸镁;硫酸镁;氯化镁;磷酸氢镁;二氧化钛;三氧化二铬;硝酸锰;乙腈;亚硒酸;甲醇;SM凝胶

上海振兴防腐工程塑料有限公司

上海市逸仙路4318号9号楼[200940]
电话:(021)56448327;13901774461
传真:(021)56448740　经济类型:集体
法人代表:金荣敏
网址:www.shzx-ptfe.com
E-mail:zxffgcsl@126.com
【主要产品】膨体聚四氟乙烯密封带;聚四氟乙烯车削板;聚四氟乙烯膜片,阀片;聚四氟乙烯管材;聚四氟乙烯填充制品;聚四氟乙烯制品;聚氟乙烯涂料;橡胶制品

上海振兴化工二厂有限公司

上海市嘉定区外冈镇外钱公路1845号[201823]
电话:(021)69932329
传真:(021)69932791　职工人数:120人
经济类型:有限责任公司
法人代表:沈申光
【主要产品】氢氧化铵;盐酸;硝酸;硫酸

上海正寰胶粘制品有限公司

上海市崇明堡镇育英路73号[202157]
电话:(021)59419485
传真:(021)59418443
经济类型:股份合作
网址:www.sh-zhjn.com.cn
E-mail:shzdps@alibaba.com.cn
【主要产品】聚氯乙烯电工胶带膜;双面胶带;压敏胶黏带;绝缘胶布带

上海知正离心机有限公司

上海市南汇区祝桥空港工业区金亮路8号[201323]
电话:(021)58109119-180
传真:(021)58104632
供销电话:58100797
网址:www.shzhzh.com
E-mail:zhaodf@online.sh.cn
【主要产品】冷冻真空干燥机;三足式离心机;卧式螺旋卸料沉降离心机;高速管式离心机;高速冷冻离心机;化工专用泵

上海制皂有限公司

上海市杨浦区杨树浦路2310号[200090]
电话:(021)65431130
传真:(021)65431254
供销电话:65435864　企业规模:大型
供销传真:65194110
经济类型:与港澳台商合资经营
职工人数:1,300人
网址:www.ssccn.com
【主要产品】丙三醇;硬脂酸;皂粒(片);净洗剂6501

上海智强塑料助剂有限公司

上海市浦东新区王港上丰东路[201201]
电话:(021)58586280;58586831;58583568
传真:(021)58586779
供销电话:58583568;13701815199
网址:www.zq-pa.com
E-mail:dongbin@hi2000.com
【主要产品】邻苯二甲酸二辛酯;无毒亚磷酸酯;硫醇锑复合热稳定剂;甲基硫醇锡热稳定剂;复合热稳定剂;四辛基锡;PVC增强改性剂;PVC加工改性剂ACR-401;PVC内润滑剂;PVC外润滑剂

上海中辉石油化工机械有限公司

上海市嘉定区娄塘镇娄塘路780号[200333]
电话:(021)59541089
传真:(021)39959140　经济类型:集体
供销电话:66097599;56352656
供销传真:66099774
网址:www.shzhonghui.com
E-mail:webmaster@shzhonghui.com
【主要产品】橡胶密封圈;异径管;弯管;弯头;法兰;高强螺栓;三通

上海中江橡胶制品厂

上海市中江路326号[200062]
电话:(021)52800365
传真:(021)52500296
网址:www.sh-zjplastics.com
E-mail:webmaster@sh-zjplastics.com
【主要产品】橡胶密封圈

上海中康伟业生物科技有限公司

上海市徐汇区喜泰路237号[200232]
电话:(021)51581999
传真:(021)51581939
网址:www.shzkwy.com
E-mail:info@shzkwy.com;

sales@ shzkwy.com
【主要产品】1,3-二甲基-2-咪唑啉酮;3-(4-氯苯基)-1-丙醇;α,α-二苯基-L-脯氨醇;二苯硫醚;三氯甲基碳酸酯;间苯三酚;氨基二苯基甲烷;2′,4′-二氟-2-[1H-(1,2,4-三唑基)]苯乙酮;大豆素;头孢呋辛酯;硫酸新霉素;氟康唑;布洛芬;酮基布洛芬;骨化三醇;氟苯达唑;西力士;瑞格列奈;紫杉醇;多烯紫杉醇;普伐他汀;尼麦角林;神衰果素;奥美拉唑;兰索拉唑;非索非那定;西司他丁钠;新利司他;利莫那班;奥利司他;盐酸达泊西汀;卡麦角林

上海中科合臣股份有限公司

上海市法华镇路 455-3 号[200052]
电话:(021)62811555;52587776
传真:(021)52585660　有进出口权
经济类型:股份有限公司
网址:www.synica.com
E-mail:synica@ synica.com.cn
【主要产品】环丙乙炔;四氟丙醇;铬雾抑制剂;氟碳表面活性剂

上海中科同力化工材料有限公司

上海市紫竹科学园区紫月路 1299 号(西首)[200241]
电话:(021)61453966;61453960
传真:(021)61453998
网址:www.tlchemical.com
E-mail:xs@ mail.tlchemical.com
【主要产品】4-甲基苯乙炔;4-氨基-2-三氟甲基吡啶;5-溴-2-甲基吡啶;2-羟甲基-3,4-二氢吡喃;6-氟吲哚;5-氟吲哚;4-甲氧基吲哚;5-甲氧基吲哚;6-甲氧基吲哚;4-苄氧基吲哚;5-苄氧基吲哚;6-苄氧基吲哚;7-苄氧基吲哚;6-羟基吲哚;4-氮杂吲哚;5-氮杂吲哚;6-氮杂吲哚;7-氮杂吲哚;7-溴吲哚;6-溴吲哚;5-溴吲哚;4-溴吲哚;4-苄氧基-3-吲哚甲醛;5-苄氧基-3-吲哚甲醛;6-苄氧基吲哚-3-甲醛;4-溴吲哚-3-甲醛;5-溴吲哚-3-甲醛;6-溴吲哚-3-甲醛;4-氯吲哚-3-甲醛;5-氯吲哚-3-甲醛;6-氯吲哚-3-甲醛;4-甲氧基吲哚-3-甲醛;5-甲氧基吲哚-3-甲醛;6-甲氧基吲哚-3-甲醛;2,3-二羟基苯甲醛;2,3-二甲氧基苯甲醛;3,4-二甲氧基苯甲醛;2,3-二羟基苯甲酸;3,4-二羟基苯甲酸;3,4-二甲氧基苯甲酸;2,3-二甲氧基苯甲酸;氟磺酰基二氟乙酸;4-硝基-1-萘酚;4,4′-二甲基二苯胺;三苯胺;4-甲酰基三苯胺;4-二对甲苯胺基苯甲醛;三(4-溴苯基)胺;4-溴三苯胺;2,4-二甲基三苯胺;4,4′-二甲基三苯胺;4-溴-1-萘胺;*N*,*N*,*N*′,*N*′-四苯基联苯胺;4-氯苯磺酸钾;4-溴苯磺酸钾;4-碘苯磺酸钾;对溴苯磺酰氯;对碘苯磺酰氯;3,4-二羟基苯甲醛;苯并噁唑酮;3-乙酰基-2-苯并噁唑酮;*N*-丙酰基苯并噁唑酮;4-氯苯磺酰氯

上海中锂实业有限公司

上海市奉贤区柘林镇东海中兴路 8 号[201424]
电话:(021)57443802;57443830;13801888916
传真:(021)57446603　经济类型:国有
有进出口权　职工人数:68 人
法人代表:夏顺希
网址:www.china-lithium.com
E-mail:sales@ china-lithium.com
【主要产品】氢氧化锂;高氯酸锂(无水);碳酸锂;碳酸锂(高纯)

上海中南建筑材料公司

上海市凯旋路 3001 号[200030]
电话:(021)64384456;64387581;64867722-806
传真:(021)64386378　经济类型:国有
职工人数:214 人　法人代表:孙振发
网址:www.zhongnan.com.cn
E-mail:zncoating@ vip.163.com
【主要产品】防火涂料;彩色氯偏地面涂料;内外墙乳胶漆;屋面防水涂料;水性防霉涂料;建筑胶

上海中西药业股份有限公司

上海市普陀区交通路 1515 号[200065]
电话:(021)56082188
传真:(021)56083743　有进出口权
经济类型:股份合作　企业规模:大型
法人代表:周德孚
网址:www.zhongxi.com.cn
E-mail:zxjsjb@ online.com.cn
【主要产品】戊烯氰氯菊酯;氯氰菊酯;高效氯氰菊酯乳油;氰戊菊酯;磷酸氯喹;磷酸伯氨喹;磷酸哌喹;乙胺嘧啶;硫酸羟氯喹

上海中远化工有限公司

上海市长江西路 501 号[200431]
电话:(021)56754239;56993888-1007
传真:(021)56754337
供销电话:56754347　企业规模:大型
经济类型:有限责任公司
法人代表:周智新
网址:www.shzycc.com
E-mail:shwsb@ online.sh.cn
【主要产品】硝酸;无水碳酸钠;碳酸氢钠;过氧化氢;氧气;氮气;乙炔;溶解乙炔;电石;1,4-丁二醇;1,4-二羟基-2-丁烯;丁炔二醇;γ-丁内酯;山梨醇;合成氨;碳酸氢铵;碳酸钠

上海忠诚精细化工有限公司

上海市化学工业区奉贤分区苍工路 1559 号[201417]
电话:(021)57448531;57448532;57448533
传真:(021)57448535
经济类型:私营企业
网址:www.onist-chem.com
E-mail:sales@ onist-chem.com
【主要产品】涂料专用消泡剂;水性涂料分散剂;发泡剂;烷基酚聚氧乙烯醚磷酸酯;阴离子表面活性剂;石油磺酸钠;十二烷基苯磺酸钠;松香乳液乳化剂;乳化剂 OP;壬基酚聚氧乙烯醚;壬基酚聚氧乙烯醚(N=40);烷基酚聚氧乙烯醚磺基琥珀酸单酯二钠;氨基硅油乳化剂

上海众祥经贸有限公司

上海市淮海西路 540 号三川大楼 521 室[200052]
电话:(021)62945629;13166414080
传真:(021)52918086　有进出口权
固定资产:500 千元　产值:8,000 千元
经济类型:有限责任公司
销售收入:8,000 千元　职工人数:15 人
法人代表:刘芳
网址:zhongxiang.ccc.sh.cn
E-mail:twonew@ sh163.net
【主要产品】连二亚硫酸钠;硼酸锌;甲醛次硫酸氢钠;雕白锌;漂毛剂

沪

上海珠尔纳高新粉体材料有限公司

上海市真南路 4970 号南翔古猗园路[201802]
电话:(021)69120339;69122465
传真:(021)69122457
供销传真:69122457;69122467
网址:www.sh-science.com
E-mail:science@ sh-science.com
【主要产品】氧化锌(纳米);珠光颜料

上海庄臣有限公司

上海市浦东新区新金桥路 932 号[201206]
电话:(021)58994833
传真:(021)58990288;58995335
供销传真:58995928　有进出口权
经济类型:中外合资经营企业
网址:www.scjohnson.com.cn
【主要产品】上光蜡;空气清新剂

上海卓越纳米新材料股份有限公司

上海市南汇区盐仓镇工业区[201324]
电话:(021)58092000
传真:(021)58098989
供销电话:64642020
供销传真:64642121
经济类型:股份有限公司
网址:www.nano-metre.com
E-mail:marketing@ nano-metre.com
【主要产品】活性轻质碳酸钙(纳米级)

上海子能制药有限公司

上海市千阳路 57 号[200333]
电话:(021)52690299;52690278
传真:(021)52702835
网址:www.zillionpharm.com
E-mail:ricky.zhou@ zillionpharm.com
【主要产品】促皮质激素;阿拉瑞林;加压素;鸟氨加压素;苯赖加压素;去氨

加压素；赖氨加压素；特利加压素；增血压素；醋酸奥曲肽；鲑降钙素；胸腺五肽；胸腺肽；亮丙瑞林；曲普瑞林；催产素；依菲巴特；生长抑素；德舍瑞林；戈那瑞林；那法瑞林；比伐卢定

上海紫源制药有限公司

上海市闵行区光华路 749 号[201108]
电话：(021)64890329；64420602
传真：(021)64890329
网址：www. ziyuanpharm. com
E-mail：info@ ziyuanpharm. com
【主要产品】丹皮酚磺酸钠；丹皮酚；环磷腺苷；二丁酰环磷腺苷钠；盐酸多巴酚丁胺；磷苯妥英钠；新凝灵；盐酸氯胺酮

沪

松江佘山化工厂

上海市松江区佘山镇罗山村 3 号[201602]
电话：(021)57790981；57790983；13801603877
传真：(021)57790981
网址：www. shsjsshgc. com
E-mail：marry@ shsjsshgc. com
【主要产品】*N*，*N'*-二环己基碳二亚胺；醋酸铜；乙酸钙；硫酸钙；碳酸钙；对甲苯磺酰胺；氯胺 T；邻甲氧基苯酚；己酰氯；对甲苯磺酰氯；乙酸，36%；对甲苯磺酸；对甲苯亚磺酸；三氯叔丁醇；二巯丁二酸；二巯基丙磺酸钠

文通集团

上海市浦东区东方路985 号12 层[200122]
电话：(021)61007878
传真：(021)68764728；68765485
经济类型：有限责任公司　　有进出口权
企业规模：大型　　法人代表：李刚
网址：www. wentong. com
E-mail：net@ wentong. com
【主要产品】碳酸氢钾；碳酸钾；硫酸钾；硝酸钙；硝酸钾；氯化铵；硝酸铵钙

新欧宝化工(上海)有限公司

上海市华江路 795 号[201803]
电话：(021)59142800
传真：(021)59142600
网址：www. sopel. cn
【主要产品】装饰漆；木器漆；木器家具漆；外墙涂料；地板涂料；环氧地坪涂料；五合一弹性多功能乳胶漆；内墙面漆；高级墙面漆；水性木器漆；装饰胶黏剂

液化空气上海有限公司

上海市虹漕路 461 号软件大楼 12 楼[200233]
电话：(021)64851712
传真：(021)64850202；64851897
经济类型：外商独资　　有进出口权
网址：www. cn. airliquide. com
【主要产品】氢气；氧气；氩气；氦气；氮气

中国石化上海石油化工股份有限公司

上海市金山区金一路 48 号[200540]
电话：(021)57941941；57943143
传真：(021)57942267；57940050
供销电话：57932160　　企业规模：大型
经济类型：港澳台商投资股份有限公司
网址：www. spc. com. cn
E-mail：spc@ spc. com. cn
【主要产品】氰化钠；硫氰化钠；硫黄；乙烯；1-丁烯；丙烯(化学级)；丙烯(合成级)；丁二烯；二聚环戊二烯；1，3-戊二烯；异戊二烯；异戊烯；环氧乙烷；正戊烷；1，4-二甲苯；石油苯；石油甲苯；乙醛；甲醛溶液；乙二醇；一缩二乙二醇；三乙二醇；丙酮氰醇；冰醋酸；醋酸乙烯酯；丙烯腈；石油液化气；97 号无铅汽油；轻柴油；航空煤油；C_4 馏分；C_{10} 馏分；C_{11} 馏分；聚酯切片(纤维级)；涤纶短纤维；涤纶长丝；涤纶低弹丝；聚乙烯醇；维尼纶短纤维；高强高模聚乙烯醇纤维；腈纶毛条；腈纶短纤维；高收缩腈纶短纤维；腈纶长丝束；丙纶短纤维；乙腈；燃料油；石油焦

中国石油化工股份有限公司上海高桥分公司

上海市浦东新区浦东大道 3000 号[200129]
电话：(021)58712902
传真：(021)58712207　　经济类型：国有
有进出口权　　企业规模：大型
网址：www. sinogpc. com
E-mail：gpcc@ sinogpc. com
【主要产品】硫黄；石油苯；丙酮；苯酚；一乙醇胺；二乙醇胺；白石蜡；全精炼石蜡；石油液化气；汽车用液化气；石脑油；无铅汽油；97 号无铅汽油；轻柴油；黄石蜡；煤油；航空煤油；渣油；重油；基础油；聚醚多元醇(软质块状泡沫)；聚醚多元醇(硬质板块发泡)；聚乙二醇；M-80 树脂；溶聚丁苯橡胶；丁苯胶乳；顺丁橡胶；石蜡(食品用)；乳化剂 *S*-185；匀染剂 102；匀染剂 O；抗静电剂；交联剂 BIPB；消泡剂；6 号抽提溶剂油；过氧化二异丙苯；乳化剂 EL；乳化剂 MOA；乳化剂 OP；乳化剂 OP-10；净洗剂 6501；净洗剂 FAE；聚氧丙烯聚氧乙烯甘油醚；乳化剂 LAE-9；破乳剂；三乙醇胺油酸皂；清洗剂；溶剂油；油漆工业用溶剂油；燃料油；石油焦；特种蜡

中涂化工(上海)有限公司

上海市安亭工业区曹安路5678 号[201805]
电话：(021)59572123
传真：(021)59579678　　有进出口权
供销电话：62268180-126
供销传真：62268468
经济类型：与港澳台商合资经营
网址：www. cmp. co. jp
E-mail：cmpshan@ uninet. com. cn
【主要产品】油漆

中外合资上海大宇生化有限公司

上海市淮海中路 887 号永新大厦 1206 室[200020]
电话：(021)64378211；64317611；64376567
传真：(021)64379012
供销电话：64310031
经济类型：中外合资经营企业
网址：www. dy. online. sh. cn；www. CaCO3. cn
E-mail：export@ caco3. cn
【主要产品】碳酸钙(药用)

江　苏　省

南京市

东爵精细化工(南京)有限公司

江苏省南京市浦口区陡岗街[211805]
电话:(025)58233256
传真:(025)58231211
经济类型:港澳台商独资经营
网址:www.dcdsg.com
E-mail:njdj@dcdsg.com
【主要产品】甲基乙烯基硅橡胶(110型);耐高温硅橡胶;阻燃硅橡胶料;电绝缘硅橡胶

高尔特硅橡胶制品(南京)有限公司

江苏省南京市浦口区桥林镇陡岗街道[211805]
电话:(025)58233306;58233895
传真:(025)58231541　职工人数:200人
供销电话:58233890　法人代表:徐党生
供销传真:58233154
经济类型:外商独资
网址:www.njcalt.cn
E-mail:glb@njcalt.cn
【主要产品】硅橡胶板;硅胶杂件;硅橡胶密封圈

江宁县磷肥厂

江苏省南京市江宁县铜井钡石山村[211162]
电话:(025)86120690
经济类型:国有　法人代表:皮崇源
【主要产品】过磷酸钙;混配复合肥料

江宁县秦淮化工厂

江苏省南京市江宁县东山镇河定桥[211100]
电话:(025)52105274
传真:(025)52104202　经济类型:国有
供销电话:52281274　法人代表:朱长保
网址:jiangsu.114line.com/nanjing/656.htm
【主要产品】邻苯二甲酸二辛酯

江浦县磷肥厂

江苏省江浦县珠江镇珠泉路[211800]
电话:(025)58882758;58882760;58882946
法人代表:滕明钧
网址:www.hylive.com/jiangsu/jiangsu04721.html
【主要产品】过磷酸钙;混配复合肥料

江苏弘惠医药有限公司

江苏省南京市鼓楼区北京西路6号[210024]
电话:(025)86630971
传真:(025)86630971　有进出口权
职工人数:350人　法人代表:胡传良
网址:www.hhpharm.com
E-mail:International55@126.com
【主要产品】多奈哌齐盐酸盐;氯吡格雷硫酸盐;维库溴铵;氯唑沙宗;阿折地平

江苏联合农用化学有限公司

江苏省南京市北京西路17号[210024]
电话:(025)83329380
经济类型:有限责任公司
【主要产品】高渗三唑磷乳油;吡虫啉可溶性液剂;高渗吡虫啉乳油;灭多威可湿性粉剂;增效溴氰菊酯乳油;高效氯氰菊酯水乳剂;20%吗啉胍·乙铜可湿性粉剂;多·抗·酮可湿性粉剂;锰锌·烯唑可湿性粉剂;29%哒·辛乳油;福·甲硫·硫可湿性粉剂;吡·多·酮可湿性粉剂;高氯·辛乳油;辛·灭乳油;吡·噻可湿性粉剂;吡·氧乐乳油;吡·灭可湿性粉剂

江苏南京梅化精细化工有限公司

江苏省南京市雨花台区油坊桥[210041]
电话:(025)52803137;52808195
传真:(025)52808195　经济类型:国有
供销电话:52803164　法人代表:陈德波
网址:www.njshuguang.com/meishan/index.html
【主要产品】甲醛

江苏瑞禾化学有限公司

江苏省南京市经济技术开发区尧新大道233号[210046]
电话:(025)85566559
传真:(025)85566449
供销传真:85566499
网址:www.lihuagroup.com
E-mail:reher@jsreher.com
【主要产品】高效氯氰菊酯乳油;吡嘧磺隆可湿性粉剂;异丙隆可湿性粉剂;噁唑禾草灵乳油;胺苯磺隆可湿性粉剂;苯磺隆水分散粒剂;苄磺隆可湿性粉剂;精喹禾灵乳油;二氯喹啉酸可湿性粉剂;苯噻酰草胺可湿性粉剂;50%绿·氯磺可湿性粉剂;丁·噁乳油;丁·苄可湿性粉剂;苄·乙可湿性粉剂;乙·苄·甲可湿性粉剂;氯磺·异丙可湿性粉剂;吡·杀单可湿性粉剂;苄·异丙甲可湿性粉剂;异丙草·莠悬浮剂;二氯·苄可湿性粉剂

江苏省六合县磷肥厂

江苏省南京市六合县瓜埠镇红山窑[211511]
电话:(025)57630649;57630220
经济类型:国有
职工人数:126人
法人代表:余守信
【主要产品】过磷酸钙;混配复合肥料

江苏省农药研究所有限公司

江苏省南京市建邺区螺丝桥大街80号[210036]
电话:(025)86581150;13505192653
传真:(025)86581150
经济类型:联营企业
网址:www.pesticideonline.com.cn
E-mail:sothic@163.com
【主要产品】吡虫啉;吡虫啉可湿性粉剂;吡虫啉乳油;噻嗪酮;氯菊酯;氯氰菊酯乳油;氯氰菊酯;高效氯氰菊酯;高效氯氰菊酯乳油;吡蚜酮;灭蝇胺;啶虫脒;戊唑醇;已唑醇;草除灵;乙羧氟草醚;锰锌·烯唑可湿性粉剂;吡·氯乳油

江苏省苏科农化有限责任公司

江苏省南京市孝陵卫钟灵街50号省农科院内[210014]
电话:(025)84390397;84391550;84391550
传真:(025)84391550
供销电话:84390227;84390383
法人代表:杨新宁
网址:www.yinyanchem.com
E-mail:suke@suke.com.cn
【主要产品】杀虫单;24%乙氧氟草醚乳油;乙草胺乳油;苯磺隆可湿性粉剂;多·菌核可湿性粉剂;多·烯唑可湿性粉剂;多·福可湿性粉剂;苄·禾可湿性粉剂;丁·噁乳油;辛·氰乳油;井·杀双水剂;苄·乙可湿性粉剂;扑·乙可湿性粉剂;乙氧·乙草乳油;乙·苄·甲可湿性粉剂;吡·酮可湿性粉剂;多·酮可湿性粉剂;吡·多·酮可湿性粉剂;杀单·唑磷微乳剂;吡·杀单可湿性粉剂;井·噻·杀单可湿性粉剂;吡·井·杀单可湿性粉剂;二氯·苄可湿性粉剂;敌磺·福可湿性粉剂;阿维·高氯微乳剂;苯噻酰·苄可湿性粉剂;阿维·唑磷乳油;吡·阿乳油;阿维·吡可湿性粉剂;吡·唑磷乳油;甲磺·氯磺可湿性粉剂

江苏银杉实业集团有限公司

江苏省南京市中山门外麒麟镇[211135]
电话:(025)84191743
传真:(025)84191823
经济类型:私营企业
网址:www.yinshanjt.com
E-mail:ys@yinshanjt.com
【主要产品】聚氯乙烯硬板

江苏钟山化工有限公司

江苏省南京市中央门外太新路46号[210038]
电话:(025)85236503;85236680
传真:(025)85236666;85236500
经济类型:有限责任公司
职工人数:500人
网址:www. jszsclc. com
E-mail:h2trade@ jlpec. com;
gsj@ jlpec. com
【主要产品】环氧丙烷;甘油醚;直链烷基苯磺酸;硬脂酸-40-聚烃氧基酯;十二烷基苯磺酸钙;1,2-二氯丙烷;聚醚多元醇;聚合物多元醇;聚醚多元醇(软质热模塑泡沫);聚醚多元醇(高弹性软质泡沫);聚醚多元醇(半硬质泡沫);慢回弹聚醚;亲水性聚醚;聚乙二醇;石蜡乳化剂 RZB201;消泡剂;乳化剂;平平加;乳化剂 OP;皮革复鞣剂;农药乳化剂;农药乳化剂 0201B;农药乳化剂 0202;农药乳化剂 0202C;农药乳化剂 0207;支链烷基苯磺酸;农药润湿分散剂;农药助剂;矿物油乳化剂;钻探润滑剂;刹车液稀释剂

金陵石化公司南京金龙化工厂

江苏省南京市栖霞区甘家巷东家边204号[210033]
电话:(025)85592509;85592238
传真:(025)85592947　经济类型:集体
网址:www. chemdragon. com
E-mail:sales@ chemdragon. com
【主要产品】二氧六环;甲醛;甲基异丁基甲酮;*N*-甲基吡咯烷酮;α-吡咯烷酮;γ-丁内酯;聚维酮碘;聚乙烯吡咯烷酮

金桐石油化工有限公司

江苏省南京市经济技术开发区尧新大道201号[210046]
电话:(025)85563140;85080501
传真:(025)85563340
经济类型:中外合资经营企业
【主要产品】十二烷基苯(直链);烷基苯磺酸;烷基苯磺酸钠

科倍隆科亚(南京)机械有限公司

江苏省南京市江宁开发区天元西路59号[211100]
电话:(025)52630877
传真:(025)52611188　有进出口权
供销电话:52783922;52608961
网址:www. keya-cn. com
E-mail:ningjian. zhao@ coperion. com
【主要产品】双螺杆挤出机;双阶式挤出机

溧水县富达化工厂

江苏省溧水县白马集镇[211226]
电话:(025)57451343;13301593747
传真:(025)57451348
网址:www. jsfdchem. com
E-mail:fuda@ chem. cn
【主要产品】氯化锌;活性炭

南化集团有限公司氮肥厂

江苏省南京市大厂区西厂门1号[210035]
电话:(025)57791769;57763872;47764114
传真:(025)57794769　经济类型:国有
E-mail:hongsjxs@ mx. js. cei. gov. cn
【主要产品】甲醛;硝酸铵

南京昂扬石化助剂有限公司

江苏省南京市高淳县古柏镇工业园[211316]
电话:(025)57356308
传真:(025)58843626
网址:www. njapca. com
E-mail:lzy@ njapca. com
【主要产品】氢溴酸;四溴乙烷;醋酸钴;醋酸锰;水质稳定剂

南京奥德赛化工有限公司

江苏省南京市和燕路吉祥庵[210028]
电话:(025)85312873;13305185021
传真:(025)85318902;85328962
供销电话:85312873;13905175021
供销传真:85328962;85318902
经济类型:私营企业
网址:dyss. ccbip. und. cn
E-mail:panyaofang@ 263. net;
nods@ hi2000. com
【主要产品】8-羟基喹啉硫酸盐;7-氯喹哪啶;8-羟基喹哪啶;3-羟基吡啶;3-羟基吡啶-*N*-氧化物;3-羟基吡啶钠盐;5-硝基喹啉;8-硝基喹啉;二苯甲醇;对氨基苯乙醇;2-氨基苯乙醇;3-氨基苯乙醇;对硝基苯乙醇;5-氯-2-甲基苯甲醚;4-羟基-3,5-二甲氧基苯甲酸;3,5-二硝基水杨酸甲酯;邻氯苯乙酮;间氯苯乙酮;间氯苯丙酮;1-萘乙酮;1,3,5-三氯苯;二苯氯甲烷;二苯溴甲烷;2-氯-4,6-二硝基苯酚;3-甲基-2-硝基苯甲醚;4-硝基邻苯二甲腈;2,6-二甲基-4-亚硝基苯酚;4-硝基苯乙基溴;2,6-二甲氧基苯酚;4-氯-3-甲基苯酚;4-氯-2-甲基苯酚;5-氯-2-甲基苯酚;4-氯-2-硝基苯酚;2-氯-6-硝基苯酚;2-氯-4-硝基苯酚;2,4-二氯-6-硝基苯酚;2-甲基-4-硝基苯酚;5-硝基邻甲酚;4-硝基间甲酚;6-硝基间甲酚;6-硝基邻甲酚;2-硝基间苯二酚;邻硝基对叔丁基苯酚;2-氨基-4-氯-6-硝基苯酚;1-亚硝基-2-萘酚;2,5-二叔丁基对苯二酚;2,4-二氯-6-氨基苯酚;氨基二苯基甲烷;2-萘磺酸钠;4-亚硝基苯酚;8-氨基喹啉;5-氨基喹啉;2-萘乙酸;7-(4-乙基-1-甲基辛基)-8-羟基喹啉;8-羟基喹啉-5-磺酸;8-羟基喹啉;5-硝基-8-羟基喹啉;5-氯-8-羟基喹啉;8-羟基喹啉硫酸氢钾盐;8-羟基喹啉柠檬酸盐;1,4,7,10-四氮杂环十二烷;8-羟基喹诺酮;2-硝基-3-甲基苯酚;二苯甲酮腙;6-氨基间甲酚;3,5-二硝基水杨酸;4-甲基-5-羟乙基噻唑;二苯甲酮;8-羟基喹啉铜;吡啶硫酮钠

南京白敬宇制药有限责任公司

江苏省南京市汉中门大街1号金鹰汉中新城8楼[210029]
电话:(025)86612898;86619059
传真:(025)86612714　经济类型:国有
供销电话:86552972;86504316
有进出口权　企业规模:大型
法人代表:秦亚鸣
网址:www. baijingyu. com
E-mail:ceijs@ js. cei. gov. cn
【主要产品】氯霉素;酮康唑;左旋咪唑

南京博臣农化有限公司

江苏省南京市高淳县古柏镇[211316]
电话:(025)57354064
经济类型:集体
【主要产品】哒螨灵;哒螨灵乳油;高渗哒螨灵乳油;炔螨特乳油;高效氯氰菊酯乳油;啶虫脒乳油;二氯喹啉酸可湿性粉剂;高氯·马乳油;福·甲硫可湿性粉剂;二氯·苄可湿性粉剂;阿维·高氯微乳剂;吡·唑磷乳油

南京博而凯科技有限公司

江苏省南京市青岛路33号[210008]
电话:(025)51792162;13002529772
传真:(025)83245860
网址:www. boerkai. com
E-mail:ly@ boerkai. com;
sales@ boerkai. com
【主要产品】3-吡啶乙酸盐酸盐;2-吡啶乙酸盐酸盐;4-吡啶乙酸盐酸盐;4-羟基-3-甲氧基苯乙酸;α-溴代苯丁酸乙酯;酮咯酸;罗非西布;来氟米特;阿那曲唑;来曲唑;拉西地平;蒽丹西酮;伊索拉定;硫普罗宁;达唑氧苯

南京布莱克精细化工有限公司

江苏省南京市江宁区禄口镇工业园[211156]
电话:(025)86199365;13951610213
传真:(025)86199982
经济类型:私营企业
网址:www. blakechem. com
E-mail:sales@ blakechem. com
【主要产品】二甲氧基甲烷;α-甲基巴豆醛;异戊烯醇;3-溴丙炔;炔丙基氯;丙炔胺;第一菊酸乙酯;溴乙腈

南京长澳制药有限公司

江苏省南京市六合区八百路2号[211500]
电话:(025)57759539;57103091;57115435
传真:(025)57758296;57116739
供销电话:57115435;57115705
经济类型:港澳台商独资经营
网址:www. changao. com

E-mail:webmaster@ changao. com
【主要产品】N-氯代丁二酰亚胺;伊贝沙坦;依美司坦;盐酸西布曲明

南京长江第一化工厂

江苏省南京市栖霞区长江乡马渡村[210059]
电话:(025)85515534;85704058;85704055
传真:(025)85704052
经济类型:股份合作　法人代表:汪国民
网址:www. b2b168. com/c168-145844. html
【主要产品】二苯基二甲氧基硅烷;二乙基氯化铝;三乙基铝

南京长营化工有限责任公司

江苏省南京市栖霞区靖安镇长江西北路98号[210059]
电话:(025)85714136;13605183039
传真:(025)85714709
法人代表:赵家玉
网址:www. cy-chem. cn
E-mail:sales@ cy-chem. cn
【主要产品】次氯酸钠;五氧化二磷;塑料荧光增白剂PF;荧光增白剂OB-1;荧光增白剂KCB

南京达成胶袋制品有限公司

江苏省南京市江宁县淳化镇淳化村[211122]
电话:(025)52292375
经济类型:中外合资经营企业
法人代表:李英和
网址:hy. shidui. com/jiangsu/jiangsu14559. html
【主要产品】塑料包装袋

南京大唐化工有限责任公司专用化学品厂

江苏省南京市龙蟠路167号[210042]
电话:(025)85287182;85287172;85287185
传真:(025)85287178;85287190
职工人数:120人
网址:www. chemdatang. com
E-mail:vip@ chemdatang. com
【主要产品】苯磺酸;4-甲苯磺酸;对羟基苯磺酸;邻甲酚磺酸;2,6-二甲基苯酚;2,4-二甲基苯酚;6-叔丁基-2-甲酚;二甲苯磺酸;二甲苯磺酸钠;2,4-二甲苯磺酸;2,5-二甲苯磺酸;苯磺酸钠;苯磺酸铵;异丙基苯磺酸钠

南京大扬石油联合化工厂

江苏省南京市大厂区葛塘镇[210048]
电话:(025)58398317;58399118
传真:(025)58399118　职工人数:61人
经济类型:股份合作　法人代表:耿克辉
网址:www. 99114. com/CorpInfo1. asp?corpno=11260
【主要产品】古马隆树脂;石油树脂;溶剂油

南京第一农药厂

江苏省南京市汉中路89号金鹰国际商城19楼C座红太阳集团[211300]
电话:(025)57888601
经济类型:国有　企业规模:大型
【主要产品】哒螨灵;哒螨灵可湿性粉剂;哒螨灵乳油;炔螨特乳油;辛硫磷;辛硫磷乳油;二嗪磷乳油;吡虫啉;吡虫啉可湿性粉剂;吡虫啉乳油;吡虫啉可溶性液剂;高渗吡虫啉可湿性粉剂;溴氰菊酯乳油;溴氰菊酯;氯氰菊酯乳油;氯氰菊酯;高效氯氰菊酯乳油;高效反式氯氰菊酯;高效氯氰菊酯可湿性粉剂;高效氯氰菊酯水乳剂;氰戊菊酯;氰戊菊酯乳油;溴氰菊酯可湿性粉剂(2.5%);顺式氯氰菊酯;顺式氯氰菊酯乳油;氟氯氰菊酯乳油;高效氯氟氰菊酯;高效氯氟氰菊酯乳油;高效氯氟氰菊酯可湿性粉剂;甲氰菊酯;甲氰菊酯乳油;联苯菊酯;啶虫脒;啶虫脒乳油;啶虫脒可溶性液剂;啶虫脒可湿性粉剂;毒死蜱;毒死蜱乳油;三唑酮乳油;咪鲜胺;25%咪鲜胺乳油;50%咪鲜胺锰盐可湿性粉剂;咪鲜胺锰盐;阿特拉津;阿特拉津可湿性粉剂;阿特拉津胶悬剂;草甘膦水剂(10%);草甘膦;41%草甘膦异丙胺盐水剂;草甘膦可溶性粉剂;氟乐灵乳油;二甲戊乐灵;二甲戊乐灵乳油;敌草快;20%敌草快水剂;2,4-二氯苯氧乙酸正丁酯乳油;百草枯;百草枯水剂;咪唑乙烟酸水剂;噻吩磺隆;噻磺隆可湿性粉剂;敌·毒乳油;辛·氯乳油;辛·氰乳油;29%哒·辛乳油;阿维·高氯氟氰乳油;乙氧·乙草乳油;高氯·毒乳油;高氯氟氰·辛乳油;阿维·高氯微乳剂;苯噻酰·苄可湿性粉剂

南京东方石油化工厂

江苏省南京市312国道摄山镇[210034]
电话:(025)85721102;13705173489
传真:(025)85721175
网址:www. njdsh. com
E-mail:pzy@ njdsh. com
【主要产品】草酸二甲酯;草酸二乙酯;富马酸二乙酯;柠檬酸三甲酯;柠檬酸三乙酯;柠檬酸三丁酯;对甲基苯甲酸甲酯;顺丁烯二酸二乙酯;富马酸二甲酯;快速渗透剂T;顺丁烯二酸二丁酯;顺丁烯二酸二辛酯;富马酸二丁酯;富马酸二辛酯

南京法姆化学厂

江苏省南京市栖霞区十月村[210046]
电话:(025)85573482;13905170631
传真:(025)85579530
经济类型:股份合作
网址:www. njpharmchem. com
E-mail:njpc@ 163. com
【主要产品】3,5-二羟基苯甲醛;2-苯基-1,3-丙二醇;草酰乙酸;邻氨基苯磺酰胺;2,6-二羟基异烟酸;卡巴肼;4-甲氧基苯肼盐酸盐;3,5-二羟基苯甲醇;灭蝇胺;碘苯腈;硝呋烯腙;比沙可啶;美洛昔康;卡巴匹林钙;安吡昔康;替诺昔康;氯诺昔康;别嘌醇;碘醚柳胺;奥硝唑;达卡巴嗪;万拉法新;盐酸维拉帕米;阿替洛尔;阿尼西坦;普拉西坦;氟西汀;假密环菌甲素;氟他胺;度米芬;克罗米通;葡萄糖酸锑钠;尼鲁他胺;布帕伐醌;2,3,5-三甲基吡嗪

南京氟源化工防腐设备厂

江苏省南京市溧水县白马镇[211200]
电话:(025)57255769
传真:(025)57254618
供销电话:57255189;57254618
网址:www. fuyuanf. com
E-mail:fyhg@ fuyuanf. com
【主要产品】聚四氟乙烯生料带;聚四氟乙烯补偿器;聚四氟乙烯推压管;聚四氟乙烯垫片;薄膜蒸发器;冷凝器

南京富邦化工有限公司

江苏省南京市江东北路166号[210036]
电话:(025)86274300;86212267;86274800
传真:(025)86273867　有进出口权
网址:www. fbchem. com
E-mail:sales@ fbchem. com
【主要产品】高锰酸钾;环己烷;甲基环己烷;四氢呋喃;α-甲基吡啶;吡啶;丙醛;乙二醇;一缩二乙二醇;异丁醇;叔丁醇;1,2-丙二醇;异丙醇;叔戊醇;丙醇;乙二醇单丁醚;甲基叔丁基醚;碳酸二乙酯;碳酸二甲酯;乙酸乙酯;醋酸丁酯;2-丁酮;丙酮;二氯甲烷;N-甲基哌嗪;吗啡啉

南京古泉塑料厂

江苏省南京市中山门外侯家塘[211131]
电话:(025)84111412;84111762
传真:(025)84113106　职工人数:200人
经济类型:私营企业
法人代表:施玉祥
网址:www. njgq. com
【主要产品】高充填PVC合金防渗薄膜;聚氯乙烯硬板;改性聚丙烯板;聚丙烯板;聚氯乙烯防水卷材

南京广博粉末涂料有限公司

江苏省南京市溧水县东屏镇工业园区[211212]
电话:(025)57493278
传真:(025)57493378
网址:www. guangbo. net. cn
E-mail:guangbo@ guangbo. net. cn
【主要产品】各色聚酯环氧型粉末涂料;聚酯粉末涂料;环氧型粉末涂料;聚氨酯粉末涂料;超薄型粉末涂料

苏

南京海泰纳米材料有限公司

江苏省南京市中山陵陵园路卫岗56号[210014]
电话:(025)84341285;84341262;84341263
传真:(025)84341176
法人代表:靳向东
网址:www. htnano. com
E-mail:nanotech@ htnano. com;nanosales@ htnano. com
【主要产品】氧化锆(纳米);纳米二氧化硅;纳米氧化钴;纳米氧化镍;氧化锌(纳米);氧化镁(纳米);氧化铝(纳米);钛白粉(纳米级)

南京海悦化工有限公司

江苏省南京市汉中门大街1号金鹰汉中新城11楼G座[210029]
电话:(025)86503808;86660659;86660622
传真:(025)86503608
网址:www. njhaiyue. com
E-mail:sales@ njhaiyue. com
【主要产品】乙烷;6号抽提溶剂油;溶剂油(橡胶工业用)

南京豪威橡塑有限责任公司

江苏省南京市雨花区铁心桥村工业园19号[210029]
电话:(025)52896626
传真:(025)52896697
固定资产:4,200千元 职工人数:108人
经济类型:有限责任公司
网址:hwxs. com/js/js1. htm
【主要产品】塑料制品;橡胶制品

南京和福化工厂

江苏省南京市江宁区铜井镇[230061]
电话:(025)86121666
传真:(025)86123028 有进出口权
经济类型:私营企业 法人代表:蒋立才
网址:www. herrman. com/nj
E-mail:sales@ herrman. com
【主要产品】硫酸亚铁;硫酸亚铁(一水);硫酸铜;γ-氯丙基三甲氧基硅烷;γ-氯丙基三乙氧基硅烷;三甲氧基硅烷;γ-氨丙基三甲氧基硅烷;硅烷偶联剂KH-560;硅烷偶联剂KH-570;硅烷偶联剂KH-792;硅烷偶联剂KH-602;硅烷偶联剂KH-550;硅烷偶联剂KH-791;硅烷偶联剂SG-Si996;乙烯基三乙氧基硅烷;乙烯基三(2-甲氧基乙氧基)硅烷;乙烯基三甲氧基硅烷;γ-氯丙基甲基二甲氧基硅烷;硅烷偶联剂KH-858

南京恒生制药厂

江苏省南京市溧水县开发区机场路18号[211200]
电话:(025)57212809;57212819
传真:(025)57226938
网址:www. hencer. com
E-mail:hencer@ 126. com
【主要产品】间苯三酚;盐酸艾司洛尔;盐酸西布曲明;西咪替丁;新凝灵;西吡氯铵;盐酸曲美他嗪;伊班膦酸钠

南京弘创涂料厂

江苏省南京市燕子矶渡狮石村28号[210038]
电话:(025)85566077
传真:(025)85568579
网址:www. njhongchuang. com
E-mail:jwj@ njhongchuang. com
【主要产品】低温固化型粉末涂料;各色聚酯环氧型粉末涂料;聚酯粉末涂料;环氧型粉末涂料;珠光型热固性粉体涂料;金属型粉末涂料;导电涂料;超薄型粉末涂料

南京红宝丽股份有限公司

江苏省南京市高淳县淳溪镇太安路128号[211300]
电话:(025)58390038;57327199;57323888
传真:(025)5839008;57385588
经济类型:股份有限公司
职工人数:424人 法人代表:芮敬功
网址:www. hongbaoli. com
E-mail:office@ hongbaoli. com
【主要产品】三异丙醇胺;异丙醇胺;聚醚多元醇;单体聚醚;组合聚醚;聚醚403;6305聚醚多元醇;不饱和聚醚

南京红太阳集团

江苏省南京市高淳县宝塔路269号[211300]
电话:(025)57886818
传真:(025)57886828 有进出口权
经济类型:有限责任公司
企业规模:大型 法人代表:杨寿海
网址:www. china-redsun. com
E-mail:michael@ china-redsun. com
【主要产品】β-甲基吡啶;吡啶;吡啶硫酮;2,6-二氯吡啶;2-氨基吡啶;4-氨基吡啶;2,6-二氨基吡啶;2-吡啶甲酸;3,3-二甲基-4-戊烯酸甲酯;双甘膦;DV菊酸甲酯;顺式二氯菊酸甲酯;2-氯-5-氯甲基吡啶;2-特丁基-4,5-二氯-3-2*H*-哒嗪酮;2-氯-4-氨基吡啶;哒螨灵;辛硫磷;吡虫啉;吡虫啉可湿性粉剂;吡虫啉乳油;三氟氯氰菊酯;溴氰菊酯乳油;溴氰菊酯;氯氰菊酯乳油;氯氰菊酯;高效氯氰菊酯;高效反式氯氰菊酯;高效氯氰菊酯可湿性粉剂;氰戊菊酯;四溴菊酯;四溴菊酯乳油;溴氰菊酯可湿性粉剂(2.5%);顺式氯氰菊酯;顺式氯氰菊酯乳油;氟氯氰菊酯乳油;高效氯氟氰菊酯;高效氯氟氰菊酯可湿性粉剂;甲氰菊酯;甲氰菊酯乳油;联苯菊酯;富右旋反式炔丙菊酯;富右旋反式烯丙菊酯;啶虫脒;啶虫脒乳油;啶虫脒可溶性液剂;啶虫脒可湿性粉剂;毒死蜱;三唑酮;三唑酮乳油;戊唑醇;戊菌唑;咪鲜胺;50%咪鲜胺锰盐可湿性粉剂;咪鲜胺锰盐;草甘膦水剂(10%);草甘膦;41%草甘膦异丙胺盐水剂;草甘膦可溶性粉剂;敌草快;20%敌草快水剂;醚苯磺隆;百草枯;百草枯水剂;噻吩磺隆;噻磺隆可湿性粉剂;2,4-二氯苯氧乙酸;敌·毒乳油;辛·氰乳油;乙氧·乙草乳油;苯噻酰·苄可湿性粉剂;汽车漆;乳胶漆;建筑涂料;聚酯树脂漆类;美术漆;防腐涂料;4-二甲氨基吡啶

南京红熠锶业化工有限公司

江苏省南京市溧水县群力爱景山锶矿[211200]
电话:(025)57213636;57429266;13327732730
传真:(025)57290402 有进出口权
经济类型:有限责任公司
法人代表:王立白
网址:www. hongyichem. com
E-mail:office@ hongyichem. com
【主要产品】硫酸锶;硝酸锶;氯化锶;磷酸氢锶;碳酸锶

南京宏桥精细化工科技开发有限公司

江苏省南京市高新技术产业开发区经一北路[210061]
电话:(025)58840197;57673881
传真:(025)57672881 法人代表:王宁
经济类型:有限责任公司
网址:www. hongqiaochem. com
E-mail:water@ hongqiaochem. com
【主要产品】六偏磷酸钠;稳定性二氧化氯;十八烷基二甲基苄基氯化铵;十二烷基二甲基苄基氯化铵;螯合分散剂;有机硅消泡剂;乙二胺四亚甲基膦酸;聚丙烯酸钠;聚丙烯酸;马来酸丙烯酸甲酯共聚物;丙烯酸-丙烯酸羟丙酯-AMPS共聚物;2-膦酸丁烷-1,2,4-三羧酸;膦基羧酸共聚物;聚天门冬氨酸;磺-丙共聚物;水解聚马来酸酐;氨基三亚甲基膦酸;羟基亚乙基二膦酸;2-羟基膦酰基乙酸;水质稳定剂EDTMPS;水质稳定剂PAPE;二乙烯三胺五亚甲基膦酸;双季铵盐杀生剂;十六烷基二甲基(2-亚硫酸)乙基铵杀生剂;聚合氯化铝;预膜剂;复配戊二醛;油井注水杀菌剂;苯并三氮唑;甲基苯并三氮唑;阻垢缓蚀剂;多用酸洗缓蚀剂;PESA阻垢剂;异噻唑啉酮;黏泥剥离剂

南京鸿瑞工程塑料有限公司

江苏省南京市江宁滨江开发区春阳路[211162]
电话:(025)66606111;13382076041
传真:(025)66622608 有进出口权
供销电话:66612377;13382036816
供销传真:66612377 法人代表:张供
经济类型:中外合资经营企业
网址:www. njhongrui. com
E-mail:sales@ njhongrui. com
【主要产品】尼龙6系列工程塑料;尼龙66系列工程塑料;PBT系列工程塑料;PC系列工程塑料;PP系列工程塑

料;PC/PBT 合金

南京厚生药业有限公司

江苏省南京市中华路 420 号 502 室[210006]
电话:(025)52310087-801;52250979
传真:(025)52255736
网址:www. nj-lifecare. com
E-mail:nanjinglifecare@ yahoo. com. cn
【主要产品】考来烯胺

南京华锦生物制品有限公司

江苏省南京市江宁天元路 62 号[211100]
电话:(025)52103533;13916353392
传真:(025)52105053　有进出口权
经济类型:中外合资经营企业
网址:21tcm. com/Company/28742/index. shtml
【主要产品】衣康酸

南京华扬香精香料实业有限公司

江苏省南京市六合区中山科技园[210044]
电话:(025)57049453;57053307
传真:(025)57055356
供销电话:57049453;57059686
网址:www. hyflavors. com
E-mail:zh. zhg@ hyflavors. com
【主要产品】香精

南京化学工业集团有限公司化工机械厂

江苏省南京市大厂区姜桥 1 号[210048]
电话:(025)57791622
传真:(025)57793622　经济类型:国有
供销电话:57791262　有进出口权
企业规模:大型　职工人数:2,500 人
法人代表:刘金宝
网址:www. ncmw. com. cn
E-mail:ncmw1@ jsmail. com. cn
【主要产品】塔类设备;反应器;化工炉;气化炉;反应釜;变压吸附器;换热器;透平式膨胀机;化工专用泵;压力容器

南京化学工业有限公司化工厂

江苏省南京市栖霞区和燕路 560 号[215500]
电话:(025)85330783;85315414;85310361
传真:(025)85302204;85319713
供销电话:85311213　经济类型:国有
有进出口权　企业规模:大型
职工人数:2,500 人　法人代表:张培毅
网址:www. nanjingchem. com
E-mail:trade@ nanjingchem. com
【主要产品】盐酸;烧碱(液体);亚硫酸钠;次氯酸钠;氢气;氯气;氯气(液);1,4-二氯苯;1,2-二氯苯;一氯化苯;混合二氯苯;4-硝基苯酚;4-硝基氯苯;2-硝基氯苯;一硝基苯;1,3-苯二酚;2-萘酚;1,2-苯二胺;2-硝基苯胺;苯胺;环己胺;二环己胺;4-硝基酚钠;2,4-二硝基苯胺;2,4-二硝基氯苯;2,6-二硝基氯苯;2-萘胺-1-磺酸;*N*-苯基-1,4-苯二胺;2-氨基-5-萘酚-7-磺酸;苯胺催化剂;铜催化剂;促进剂 CZ;促进剂 DM;促进剂 DZ;促进剂 M;促进剂 NOBS;促进剂 NS;防老剂 4010NA;防老剂 RD;防老剂丁;防老剂甲;防老剂 4020;溶剂油 190 号

南京化研阻燃材料有限公司

江苏省南京市秦淮区中华门内钓鱼台 119 号[210006]
电话:(025)52209724;52814197
传真:(025)52209724
网址:www. njabs. com
【主要产品】增强聚丙烯;阻燃 ABS;高抗冲阻燃 ABS;增韧母粒;阻燃母粒

南京惠宇农化有限公司

江苏省南京市六合区横梁镇石庙村[211515]
电话:(025)57602928;13952055529
传真:(025)57605252
供销电话:57602928;13805185156
法人代表:张长平
网址:www. zhongyuchem. com
E-mail:sales@ zhongyuchem. com
【主要产品】农药增效剂;农药润湿分散剂;农药助剂

南京吉安减震器有限公司

江苏省南京市浦口区浦东路 12 号[210031]
电话:(025)68821116;58890012;13390913931
传真:(025)58852383
供销电话:58851340;58890012
网址:www. njjzq. com
E-mail:lmq@ njjzq. com
【主要产品】减震器及配件;胶丝

南京佳联硅橡胶厂

江苏省南京市中山门外马群白水桥工业园[210049]
电话:(025)84352236
传真:(025)84352237
网址:www. rubberjs. com
E-mail:jialian@ rubberjs. com
【主要产品】硅橡胶输送带;硅胶管;硅橡胶板;硅橡胶辊;硅橡胶密封条;冷粘橡胶辊筒;硅橡胶 O 形圈

南京嘉禾防腐设备有限公司

江苏省南京市溧水县经济开发区[211200]
电话:(025)57208345;13951900573
传真:(025)56210300　职工人数:98 人
网址:www. njjhff. com
E-mail:njjh@ njjhff. com
【主要产品】聚四氟乙烯补偿器;聚四氟乙烯管材;石墨改性聚丙烯降膜吸收器;石墨改性聚丙烯列管式换热器;离心式通风机;水喷射真空泵;卧式储罐;储罐;内衬塑料弯头;异径接头;内衬氟塑料截止阀;蝶阀;三通;四通;真空计量罐

南京江本化工有限公司

江苏省南京市大光路 47 号宏鹰大厦 1602[210007]
电话:(025)51986120
传真:(025)84605182
网址:www. jiangben. com
E-mail:xhf@ 999@ 163. com
【主要产品】3-氨基丙醇;3-氯丙醇;2-硝基苯甲酸;硝普钠;乳果糖;银杏内酯 A;银杏内酯 B

南京金陵奥普特高分子材料有限公司

江苏省南京市和燕路 390 号四班村 76 车站[210028]
电话:(025)85313923
传真:(025)85234311　经济类型:国有
法人代表:徐旭日
网址:www. optapolymer. com
E-mail:overseasales@ optapolymer. com
【主要产品】高韧性 PP/EPDM 合金

南京金陵化工厂有限责任公司

江苏省南京市中央门外合班村 29 号[210028]
电话:(025)85310444;85340064
传真:(025)85340064
经济类型:有限责任公司
网址:www. jlcp. cn
E-mail:jlcp@ jlcp. com
【主要产品】一氧化铅;2-叔丁基对苯二酚;1,1-二(4-羟基苯基)-1-苯基乙烷;二盐基亚磷酸铅;二盐基硬脂酸铅;三盐基硫酸铅;复合铅盐稳定剂;硬脂酸钙;硬脂酸钡;硬脂酸铅;硬脂酸锌;硬脂酸镁;HA 稳定剂;丙酮缩氨基硫脲

南京金陵三利精细化工有限公司

江苏省南京市秦淮区大明路(光卡路)红花村[210012]
电话:(025)52620553;13906176818
传真:(025)52620553
网址:www. njjlsl. com
E-mail:njjlsl@ njjlsl. com
【主要产品】金属减活剂

南京金陵塑胶化工有限公司

江苏省南京市和燕路 390 号[210038]
电话:(025)85237708
传真:(025)85311225　职工人数:400 人
供销电话:85237708;85237880
供销传真:85237880
网址:www. sanye. com
E-mail:wlf@ gpro. com. cn
【主要产品】聚丙烯

南京金龙化工厂

苏

江苏省南京市栖霞区甘家巷东家边204号[210033]
电话:(025)85592509;85592238;85500300
传真:(025)85592947
经济类型:联营企业 法人代表:黄惠斌
网址:www. chemdragon. com
E-mail:sales@ chemdragon. com
【主要产品】二氧六环;甲醛;甲基异丁基甲酮;N-甲基吡咯烷酮;α-吡咯烷酮;γ-丁内酯;聚乙烯吡咯烷酮

南京金三益橡胶制品有限公司

江苏省南京市中央路417号先锋广场商务办公大厦8楼[210009]
电话:(025)83416438
传真:(025)83416709
网址:www. jinsanyi. com
【主要产品】橡胶运输带;胶管;普通橡胶板;胶辊;聚氨酯胶辊;硅橡胶辊;橡胶护舷;橡胶密封制品;止水带;汽车橡胶配件

南京金腾橡塑有限公司

江苏省南京市高淳县古柏镇[211316]
电话:(025)57356555;57354050;57354048
传真:(025)57354049;57356889
固定资产:80,000千元 有进出口权
供销电话:57354048;57356166
职工人数:500人
网址:www. jintengli. com
E-mail:service@ jintengli. com
【主要产品】普通橡胶板;耐油橡胶板;夹布橡胶板;绝缘橡胶板;耐酸碱橡胶板;无毒食品胶板;阻燃橡胶板;橡胶垫;防水卷材

南京金焰锶业有限公司

江苏省南京市溧水县交通路39号[211200]
电话:(025)57212146;57212280;13805198404
供销电话:57212146;13805198404
法人代表:张庆雳
网址:www. hongyans. com
E-mail:hongyans@ public1. ptt. js. cn
【主要产品】硫酸锶;硝酸锶;氯化锶(六水);碳酸锶;高纯碳酸锶;硫黄

南京金燕化工总公司

江苏省南京市栖霞区中央门和燕路507号[210038]
电话:(025)85316449
传真:(025)85316449 经济类型:集体
供销电话:85318214 职工人数:30人
供销传真:85318538 法人代表:曹望鸿
网址: www. hylive. com/jiangsu/jiangsu12541. html
【主要产品】烧碱(固体);硅酸钠

南京锦湖轮胎有限公司

江苏省南京市栖霞区和燕路418号[210038]
电话:(025)85319999-2108
传真:(025)85317353 有进出口权
供销电话:85315856 企业规模:大型
供销传真:85313102 法人代表:李元泰
经济类型:中外合资经营企业
网址:www. kumhotire. com. cn
E-mail:nktmgmnt@ public1. js. cn
【主要产品】载重汽车斜交轮胎;轿车轮胎;轿车子午线轮胎;子午线轮胎;越野车轮胎

南京九龙化工有限公司

江苏省南京市溧水县晶桥观山精细化工园[211224]
电话:(025)57281208
网址:www. jl-chemical. com
【主要产品】4-甲苯磺酸;甲基丙烯酸缩水甘油酯;丙酰氯;α-氯代丙酰氯;3-/4-甲酚;2-甲酚;苯酚;4-甲苯磺酸钠;环保型黏合剂;六溴环十二烷;2,6-二叔丁基对甲基苯酚

南京卡尼尔科技有限责任公司

江苏省南京市锁金村68号[210042]
电话:(025)85433134;85430234;85097358
传真:(025)58977359 法人代表:冯毅
供销电话:85430234;85280158
经济类型:有限责任公司
网址:www. carnier. cn
E-mail:sales@ carnier. cn;office@ carnier. cn
【主要产品】正十三烷;正十四烷;重烷基苯;直链烷基苯磺酸;重烷基苯磺酸;重烷基苯磺酸钠;脂肪醇聚氧乙烯醚(N=9);发泡剂;脂肪醇聚氧乙烯醚硫酸钠;十二烷基苯磺酸钠;α-烯烃磺酸钠;烷基苯磺酸钠;净洗剂6501;烷基糖苷;椰油酰胺丙基羟磺甜菜碱;月桂基羟磺甜菜碱;支链烷基苯磺酸

南京开广化工有限公司

江苏省南京市鼓楼区新模范马路90号[210003]
电话:(025)83426948
传真:(025)83426844
供销电话:83413201
经济类型:港澳台商独资经营
【主要产品】氨基三亚甲基膦酸;羟基亚乙基二膦酸

南京科邦医药化工有限公司

江苏省南京市宁海路122号[210097]
电话:(025)83242684;13805169319
传真:(025)83735202
经济类型:股份合作
网址:www. chemlab613. com
E-mail:news@ chemlab613. com
【主要产品】5-甲基-2-巯基苯并咪唑;4,5-二氰基咪唑;5-乙硫基四唑;5-苄硫基四氮唑;5-苯基四氮唑;5-苄基四氮唑;吩嗪;4-甲氧基间苯二甲酸;α-乙酰氨基肉桂酸;2-乙基乙酰乙酸乙酯;乙酰乙酸(2-甲氧基)乙酯;三氯甲基碳酸酯;肉桂酸异丙酯;3-乙基-4-甲基吡咯啉-2-酮;D-3-溴樟脑;丙烯酸酐;4,4′-二碘联苯;2,5-二溴甲苯;3-硝基邻苯二腈;4-氯-2-甲基苯酚;N,N-二苯基乙酰胺;N-(2-硝基苯基)乙醇胺;N-甲基邻苯二胺;N-甲基邻苯二胺盐酸盐;3-甲基二苯胺;4-氨基-2-硝基二苯胺;3-甲基三苯胺;N-乙基乙二胺;3,4-二氨基甲苯;4-硝基二苯胺;2-硝基二苯胺;2-硝基-4′-甲氧基二苯胺;4-羟基-2′-硝基二苯胺;4-氯-2′-硝基二苯胺;2,4-二硝基二苯胺;2-噻吩甲酸钠;草酰乙酸二乙酯钠盐;苯亚硒酸;苯亚硒酸酐;二苯基二硒醚;二苄基二硒醚;二甲基二硒醚;甘氨酸叔丁酯盐酸盐;2,4-噻唑烷二酮;硫氰酸苄酯;异硫氰酸甲酯;苯乙酰二硫化物;N-羟基-5-降冰片烯-2,3-二羧酰亚胺;4-甲基-3-氨基噻吩-2-甲酸甲酯;甲苯四唑;四苯基联苯二胺;3-硝基邻苯二甲酰亚胺;间氨基苯乙醚;N-苯基邻苯二胺;3-硝基-4-[N-(2-羟乙基)氨基]-N,N-二(2-羟乙基)苯胺;2-硝基-N-(2-羟乙基)苯胺;2-氨基-4-硝基-N-(2-羟乙基)苯胺;4-氨基-2-硝基-N-(2-羟乙基)苯胺;α-溴-2′-甲氧基苯乙酮;硫氰酸丁酯;异硫氰酸乙酯;异硫氰酸丙酯;硫氰酸乙酯;5-溴-2-巯基苯并噻唑;3,4-二甲氧基苯丙酸;2-甲基-4-硝基苯胺;噻螨胺;米力农;阿利苯醇;促进剂TETD

南京科润精细化工有限公司

江苏省南京市江宁开发区秦淮路31号[211100]
电话:(025)52103458;52128747;13813825195
网址:www. njkerun. com
【主要产品】防锈油;防锈乳化油;脱水防锈油;水基防锈剂;薄层防锈油;长效防锈剂;金属清洗剂;合成切削液;光亮淬火油;快速光亮淬火油;快速淬火油;真空淬火油;淬火剂;淬火油

南京莱尔生物化工有限公司

江苏省南京市高新区新科二路24幢B[210061]
电话:(025)58841500
传真:(025)58841227 职工人数:60人
网址:www. rallybiochem. com
E-mail:marketing@ rallybiochem. com
【主要产品】对羟基苯乙醇;苄基-2-萘基醚;黄芩素;L-茶氨酸;白藜芦醇;染料木黄酮;L-瓜氨酸;大豆异黄酮;芹菜素

南京力达宁化学有限公司

江苏省南京市建宁路26号亚都锦园2-1803室[210008]
电话:(025)85650138;85650182;13851580386

苏

传真:(025)85650081;68833490
供销电话:85650081;85639091
经济类型:私营企业
网址:www.leader-chem.com
E-mail:sales@leader-chem.com
【主要产品】2,5-噻吩二羧酸;2-硝基苯酚;对叔丁基邻氨基苯酚;邻硝基对叔丁基苯酚;4-甲基苯胺;3-甲基苯胺;*N*,*N*′-二仲丁基对苯二胺;二氧化硫脲;2-氨基苯乙酮;3-氨基苯乙酮;8-羟基喹啉;5-硝基-8-羟基喹啉;5-氯-8-羟基喹啉;2,5-二甲氧基-4-氯苯胺;4-甲基-2-硝基苯酚;3-氨基-4-羟基苯磺酸;2-氨基-5-硝基苯酚;2-氨基苯酚;邻氨基对甲苯酚;2-甲氧基-4-硝基苯胺;2-硝基苯乙酮;邻羟基联苯;荧光增白剂OB;荧光增白剂OB-1;荧光增白剂KCB;荧光增白剂KSN;荧光增白剂FP-127

南京立派化工有限公司

江苏省南京市浦口区大桥北路1号华侨银座大厦B幢701--705[210031]
电话:(025)58873810;58493933
传真:(025)58742173
网址:www.lpchem-cn.com
E-mail:service@lpchem-cn.com
【主要产品】γ-氨丙基三甲氧基硅烷;γ-哌嗪基丙基甲基二甲氧基硅烷;高温消泡剂;有机硅固体粉沫型消泡剂;钛酸酯偶联剂NDZ-101;钛酸酯偶联剂NDZ-201;钛酸酯偶联剂NDZ-311;γ-巯丙基三乙氧基硅烷;硅烷偶联剂KH-590;硅烷偶联剂KH-560;硅烷偶联剂KH-570;硅烷偶联剂KH-792;硅烷偶联剂KH-602;硅烷偶联剂KH-550;钛酸酯偶联剂NDZ-401;钛酸酯偶联剂NDZ-105;γ-氨丙基甲基二乙氧基硅烷;乙烯基三乙氧基硅烷;乙烯基三(2-甲氧基乙氧基)硅烷;乙烯基三甲氧基硅烷;硅烷偶联剂KH-858;有机硅消泡剂;高效有机硅消泡剂;造纸用消泡剂

南京利邦化工有限公司

江苏省南京市中央门外太新路92号[210038]
电话:(025)58976822;85560403;13905156003
传真:(025)85562527;85560403
供销电话:58976822;13382019223
法人代表:张秀琴
网址:www.njlbhg.com
E-mail:zxq@njlbhg.com;gongxiao@njlbhg.com
【主要产品】反丁烯二酸;L-丙氨酸;钛酸四异丙酯;塑料编织袋;L-天门冬氨酸

南京溧水工业气体制造有限公司

江苏省南京市溧水县永阳镇花塘岗[211200]
电话:(025)57212853;57213853
传真:(025)57217853　职工人数:130人
经济类型:股份有限公司
法人代表:章臣富
网址:www.lsgyqt.com
【主要产品】二氧化碳;氧气;氩气;氮气;溶解乙炔;丙烷;石油液化气

南京六联化工有限责任公司

江苏省南京市燕尧路100号[210038]
电话:(025)85571671;13813993929
传真:(025)85571671
网址:www.ll-hg.com
E-mail:nj_ll@sina.com
【主要产品】抗石击涂料;带锈防锈底漆;漆雾凝聚剂;封存防锈油;脱水防锈油;自干型防锈封闭剂;脱脂除油清洗剂;常温锌系磷化液;钢铁件常温发黑剂;微乳化型切削油

南京隆燕化工有限公司

江苏省南京市燕子矶太新路100号[210038]
电话:(025)85307523;13770789555
传真:(025)85315211　职工人数:400人
固定资产:40,000千元
经济类型:中外合资经营企业
网址:www.longyanchem.com
E-mail:yxg@longyanchem.com
【主要产品】碳酸钾;亚硫酸钠;对羟基苯甲醛;2-羟基苯甲酸;4-甲苯磺酸;水杨酸甲酯;2-硝基苯甲醛;三混甲酚;4-甲酚;2-甲酚;苯酚;2,6-二叔丁基苯酚;2-叔丁基-4-甲基苯酚;4-甲苯磺酸钠;2-硝基苯甲醇;盐酸左旋氧氟沙星;水杨酸钠;2,6-二叔丁基对甲基苯酚;防老剂2246

南京迈达化学实业有限公司

江苏省南京市迈皋桥奋斗村168号[210028]
电话:(025)85577801;85580040;85571490
传真:(025)85570689　经济类型:集体
供销电话:85577805　职工人数:100人
法人代表:陈福星
网址:www.maidachemical.com
E-mail:maidachemical@126.com
【主要产品】2-叔丁基-4-甲基苯酚;抗氧剂1010;光稳定剂770;紫外线吸收剂UV-531;紫外线吸收剂UV-P;2,6-二叔丁基对甲基苯酚

南京美文有机玻璃制品厂

江苏省南京市河北村[210013]
电话:(025)51733375
传真:(025)86280082
供销电话:13002544656
网址:mwglass.51.net
E-mail:meiwenzy@sina.com.cn
【主要产品】有机玻璃制品;有机玻璃板材

南京盟伦化学品有限公司

江苏省南京市白下区白下路111号8316室[210001]
电话:(025)84501606
传真:(025)84501706　有进出口权
经济类型:私营企业　法人代表:刘侠
网址:www.mellonchem.com
E-mail:sales@mellonchem.com
【主要产品】反丁烯二酸;L-天门冬氨酸;六溴环十二烷

南京摩尔精细化工厂

江苏省南京市雨花经济技术开发区内[210039]
电话:(025)84177329;83039451;13809043251
传真:(025)84177661
供销电话:81980526;83039451
网址:www.mol-ch.com
【主要产品】脱漆剂;无醛建筑胶水;磷化液;低泡金属清洗剂;光亮剂;金属乳化切削油;缓蚀剂;脱脂清洗剂

南京纳科水处理技术有限公司

江苏省南京市新模范马路天福园29号102室[210009]
电话:(025)83304102;83325405;13905183146
传真:(025)83325405
法人代表:沈鸿礼
网址:www.njnaco.com
E-mail:wzshen@public1.ptt.js.cn
【主要产品】氯化锌;六偏磷酸钠;钼酸钠;二氯异氰尿酸钠;稳定性二氧化氯;十二烷基二甲基苄基氯化铵;高分子絮凝剂;有机硅消泡剂;乙二胺四亚甲基膦酸;聚丙烯酸钠;聚丙烯酸;丙烯酸-丙烯酸羟丙酯共聚物;丙烯酸-丙烯酸甲酯共聚物;丙烯酸/2-丙烯酰胺-2-甲基丙烷磺酸/丙烯酸羟丙酯三元共聚物;2-膦酸丁烷-1,2,4-三羧酸;水解聚马来酸酐;高效杀菌防霉剂;氨基三亚甲基膦酸;羟基亚乙基二膦酸;2-羟基膦酰基乙酸;水质稳定剂PAPE;二乙烯三胺五亚甲基膦酸;杀生剂;双季铵盐杀生剂;十六烷基二甲基(2-亚硫酸)乙基铵杀生剂;碱式氯化铝铁;预膜剂;杀菌剂(工业用);苯并三氮唑;甲基苯并三氮唑;阻垢缓蚀剂;钼系缓蚀阻垢剂;多效复合有机磷阻垢缓蚀剂;异噻唑啉酮

南京南元化工有限公司

江苏省南京市江宁区横溪镇姜林村一号[211155]
电话:(025)86160532;86163066;13809001229
传真:(025)86161617
网址:www.nanyuanchem.com
E-mail:sales@nanyuanchem.com
【主要产品】偏钒酸钾;偏钒酸铵;偏钒酸钠;五氧化二钒;甲酸;*N*,*N*′-二仲丁基对苯二胺;甲酸钙

南京宁海聚氨酯有限公司

江苏省南京市鼓楼区北京西路17号化工大厦5楼[210024]
电话:(025)86637950;86635295;13505146275
传真:(025)86635447
经济类型:有限责任公司
法人代表:梁传东
网址:www.ning-hai.com
E-mail:nhpu@163.com
【主要产品】聚氨酯硬质泡沫塑料;塑胶跑道;聚氨酯硬质泡沫塑料发泡用组合料;丙烯酸涂料

南京宁康化工有限公司

江苏省南京市中央门外太新路102号[210038]
电话:(025)85561974;85307523
传真:(025)85334552
经济类型:与港澳台商合资经营
网址:kangyangji.b2b.hc360.com
【主要产品】碳酸钾;2-硝基苯甲醛;2-叔丁基-4-甲基苯酚;2,6-二叔丁基对甲基苯酚;防老剂2246

南京浦津化工有限公司

江苏省南京市江浦县珠江镇[211800]
电话:(025)58882627;58882300
传真:(025)58180176
经济类型:有限责任公司
法人代表:梁爱萍
网址:www.hylive.com/jiangsu/jiangsu15951.html
E-mail:pjchem@jlonline.com
【主要产品】氢气;一硝基苯;苯胺;*N*,*N*-二甲基苯胺

南京浦口橡胶总厂

江苏省南京市浦口区盘城镇陆楼[210044]
电话:(025)57793759;57793760
传真:(025)57793499 经济类型:集体
法人代表:徐仁和
【主要产品】塑料制品;水质稳定剂

南京企鹏密封材料有限公司

江苏省南京市莫愁路179号[210004]
电话:(025)52205517;52206659;13951086588
传真:(025)52302281
网址:www.qipeng.com.cn
E-mail:zjb@qipeng.com.cn
【主要产品】聚四氟乙烯垫片;聚四氟乙烯编织盘根;普通橡胶板;耐油橡胶板;耐酸碱橡胶板;耐热胶板;石棉橡胶板;石墨垫片;柔性石墨盘根;碳素纤维盘根;芳纶纤维盘根;膨胀石墨填料环

南京铅锌银矿业有限责任公司

江苏省南京市栖霞区栖霞街89号[210033]
电话:(025)86958303
传真:(025)86958886
经济类型:有限责任公司
法人代表:张美山
网址:www.pb-zn.com
E-mail:minejs@pb-zn.com
【主要产品】锌焙砂;锰矿;铅精矿;硫酸;PVC/NBR橡塑发泡保温材料;脱硫剂;塑料抗菌母料;活性氧化锌

南京仁信化工有限公司

江苏省南京市汉中路89号金鹰国际商城23楼D座[211300]
电话:(025)84729803;84714675
传真:(025)84725172;84713596
网址:www.trustchem.com
E-mail:sales@trustchem.com
【主要产品】氧氯化铜;2,3-二氯-1,4-萘醌;2,2′-联吡啶;间氯苯甲醛;2,2,2-三溴乙醇;对氟苯甲醚;2,4-二氟苯甲醚;氨基乙酸;L-脯氨酸;2-氯烟酸;L-缬氨酸;L-丙氨酸;三氟乙酰乙酸乙酯;邻氟苯丙酮;3,5-二氟溴苯;2-叔丁基对苯二酚;4-氟苯酚;3,5-二氯苯胺;*N*,*N*-二甲基苄胺;2-氯-5-氯甲基吡啶;2,6-二氟苯腈;邻羟基苯乙酮;DL-丙氨酸;DL-苯丙氨酸;咪唑;尿嘧啶;α-萘乙酸;1,3-二氟苯;3,5-二(三氟甲基)苯胺;3,5-二氟苯胺;L-肉毒碱;2,6-二氟苯甲酰胺;3,4-二氯三氟甲苯;3-氨基三氟甲苯;阿维菌素;乙酰甲胺磷;高效氯氰菊酯;顺式氯氰菊酯;Es-生物烯丙菊酯;磷化铝;啶虫脒;杀虫磺;双甲脒;多菌灵;三唑锡;双苯三唑醇;百菌清;克菌丹;苯霜灵;苯菌灵;乙霉威;草除灵;阿特拉津;苯达松;磺草灵;甲草胺;丁草胺;乙草胺;苄磺隆;三氟羧草醚;双草醚;莠灭净;辛酰溴苯腈;乙烯利;赤霉素;吲哚-3-丁酸;吲哚-3-乙酸;多效唑;烯效唑;6-苄氨基嘌呤;苏云金杆菌;β-胡萝卜素;氯化胆碱;氯霉素;克拉红霉素;硫酸奈替米星;阿奇霉素;盐酸金刚烷胺;盐酸金刚乙胺;牛磺酸;非那甾胺;烟酰胺;抗坏血酸;叶酸;阿苯哒唑;吡喹酮;三氯苯哒唑;环丙氯地孕酮;米非司酮;地塞米松磷酸钠;替米沙坦;福多司坦;西布曲明;肌醇;螺内酯;蛋氨酸;替勃龙

南京荣诚化工有限公司

江苏省南京市中华门外小行里51号[210012]
电话:(025)52432241;52431140
传真:(025)52429946
网址:www.njrcpco.com
E-mail:webmarster@njrcpco.com
【主要产品】溴氰菊酯;高效氯氰菊酯;顺式氯氰菊酯;高效氯氟氰菊酯;氟氯苯菊酯;丙烯菊酯

南京锐马精细化工有限公司

江苏省南京市六合区马集镇精细化工园[211525]
电话:(025)83877898;57592836;13327708586
传真:(025)57590188
经济类型:有限责任公司
网址:www.njrmchem.com
E-mail:sales@njrmchem.com;zrxue529@hotmail.com
【主要产品】吲哚啉;7-硝基吲哚;5-甲氧基吲哚;5-氰基吲哚;3-氰基吲哚;5-苄氧基吲哚;5-溴吲哚;对氟苯甲醛;3-吲哚甲醇;吲哚-2-甲酸甲酯;吲哚-2-羧酸乙酯;2-吲哚酮;3-溴-4-氟甲苯;丁二酰亚胺;*N*-碘代丁二酰亚胺;吲哚-3-甲酸;吲哚-2-羧酸;5-硝基吲哚;5-氯吲哚-2-酮;2,4-二氯苯甲酰氯;2,4-二氯氯苄;*N*-羟基丁二酰亚胺;*N*-溴代丁二酰亚胺;吲哚-3-甲醛;5-羟基吲哚;3,3′-二吲哚甲烷;5-氯吲哚;1-甲基吲哚

南京瑞尔医药有限公司

江苏省南京市高新区新科三路18号[210061]
电话:(025)83207876;83246672;83204197
传真:(025)83241030 经济类型:国有
有进出口权
职工人数:200人
法人代表:胡海鸽
网址:www.realph.com
E-mail:info@realph.com
【主要产品】盐酸四咪唑;氯霉素;左旋咪唑

南京瑞泽精细化工有限公司

江苏省南京市六合区龙袍工业区划子口三百路45号[211513]
电话:(025)57610908;13813020818
传真:(025)57612968
网址:www.rzchem.com
E-mail:sales@rzchem.com
【主要产品】环丙甲醛;*N*-甲基吡咯烷酮;α-吡咯烷酮;环丙基甲酮;二甲基二硫;3-乙酰丙醇;α-乙酰基-γ-丁内酯;γ-丁内酯;2-甲基四氢呋喃;热塑性丙烯酸树脂;热固性丙烯酸树脂;醇酸树脂;聚酯透明底漆;阳极电泳漆;水性浸涂漆;阴离子电沉积涂料;草甘膦异丙胺盐水剂专用助剂;聚乙烯吡咯烷酮

南京神柏远东化工有限公司

江苏省南京市高淳县经济开发工业园[211316]
电话:(025)57354041;57354888;13905142868
传真:(025)57354013 有进出口权
固定资产:10,000千元
经济类型:中外合资经营企业
职工人数:183人 法人代表:江忠心
网址:www.shenbaibta.com
E-mail:sales@shenbaibta.com
【主要产品】丙烯酸树脂乳液;苯并三氮唑;苯并三氮唑钠;甲基苯并三氮唑;甲基苯并三氮唑钠

南京盛东化工有限公司

江苏省南京市六合区玉带镇临河路17号[210028]
电话:(025)57620744;85492537
传真:(025)57621744;85493385
供销电话:85492537;13182863079
经济类型:股份有限公司
职工人数:80人　法人代表:戚盛杰
网址:www. feimachem. com
E-mail:feimachem@ 263. net
【主要产品】羧基丁腈胶乳;N 型树脂增韧剂

南京盛启化工有限公司

江苏省南京市龙蟠中路173号03-208[210042]
电话:(025)85408444;13505180177
传真:(025)85409444　有进出口权
经济类型:有限责任公司
法人代表:乐海鳌
网址:www. shqchem. com
E-mail:yuehaiao@ yahoo. com. cn
【主要产品】环己基苯;蓖麻油酸;乙酰柠檬酸三丁酯;炔丙基氯;二苯溴甲烷;异辛酸铈;二苯砜;邻苯二甲酰亚胺钾盐;N-(2-羟乙基)邻苯二甲酰亚胺;毒死蜱;丙环唑;2甲4氯;壬基酚聚氧乙烯醚磷酸酯;烷基糖苷;农药乳化剂

南京市护国化工厂

江苏省南京市和燕路478-1号[210038]
电话:(025)85331319
供销电话:13505140111
经济类型:股份合作　产值:3,000千元
职工人数:150人　法人代表:马金霞
【主要产品】防老剂2246

南京市化学工业总公司精细化工厂

江苏省南京市雨花区小行里198号[210012]
电话:(025)52458296;13705155444
传真:(025)52413954;52458296
供销电话:52419049　经济类型:集体
法人代表:尹显才
网址:www. nnjx. com. cn
E-mail:nnjx@ 263. net tbhg@ nthcl. com
【主要产品】硫酸亚铁;钛白粉;硬脂酸钙;硬脂酸钡;硬脂酸铅;硬脂酸锌;聚合氯化铝;聚合硫酸铁;有机硅消泡剂(水处理专用)

南京市江宁区盛业化工有限公司

江苏省南京市江宁区淳化镇新庄[211123]
电话:(025)52290603;13805199031
传真:(025)52290903
网址:www. syechem. com
E-mail:syechem@ msn. com
【主要产品】邻乙氧基苯甲酸;二茂铁甲酸;环己甲酸乙酯;1-氯乙基碳酸乙酯;3-甲氧基丙酸甲酯;环己甲酰胺;环己甲酸

南京市溧水天龙化工有限公司

江苏省南京市南京经济园[211200]
电话:(025)57215588;13952080888
传真:(025)57213578
供销电话:57218999
网址:cntlhg. net. und. cn
E-mail:zhangxb@ tianlong. chem. com. cn
【主要产品】各色酚醛调合漆;高级聚酯漆系列;高级外墙乳胶漆;防腐涂料

南京市盼丰化工有限公司

江苏省南京市珠江路88号新世界中心[210008]
电话:(025)84721322;84721323
传真:(025)84721323
网址:www. pfchem. com
E-mail:sales@ pfchem. com
【主要产品】二碳酸二叔丁酯;四丁基溴化铵;N-氰基乙亚氨酸乙酯;N-氰基乙亚氨酸甲酯;8-羟基喹啉;吡虫啉;硫双灭多威;氯菊酯;三氟氯氰菊酯;氯氰菊酯;高效氯氰菊酯;27%高氯苯油;胺菊酯;氟氯氰菊酯;氟氯苯菊酯;联苯菊酯;醚菊酯;啶虫脒;4-二甲氨基吡啶;三乙基苄基氯化铵

南京市栖霞区宏燕化工厂

江苏省南京市太新路94号[210038]
电话:(025)85561006
传真:(025)85315300
法人代表:张惠莉
网址:www. njhongyan. com
E-mail:huili@ njhongyan. com
【主要产品】紫外线吸收剂UV-531;促进剂DZ;防老剂DTPD

南京市新亚涂料厂

江苏省南京市鼓楼区管子桥[210025]
电话:(025)86617189
经济类型:集体　法人代表:林国胜
【主要产品】内墙涂料;外墙涂料

南京曙光化工集团有限公司

江苏省南京市秦淮路119号[210006]
电话:(025)52201088;52257323
传真:(025)52252020
经济类型:股份合作　法人代表:梅冬生
网址:www. njshuguang. com
E-mail:market@ njshuguang. com
【主要产品】焦亚硫酸钠;异丁烯;甲醛;钛酸四异丙酯;甲代烯丙基氯;N,N-二甲基-1,3-丙二胺;N,N-二乙基-1,3-丙二胺;γ-氨丙基三甲氧基硅烷;γ-氯丙基三乙氧基硅烷;1,1-二(4-羟基苯基)-1-苯基乙烷;钛酸酯偶联剂NDZ-101;钛酸酯偶联剂NDZ-201;硅烷偶联剂;铝酸酯偶联剂;钛酸酯偶联剂NDZ-102;钛酸酯偶联剂NDZ-311;硅烷偶联剂KH-550;钛酸酯偶联剂NDZ-401;钛酸酯偶联剂NDZ-105;硅烷偶联剂SG-Si996;硅烷偶联剂SG-Si900;γ-氨丙基甲基二乙氧基硅烷;钛酸酯偶联剂NDZ-109;γ-氯丙基甲基二甲氧基硅烷;γ-氯丙基甲基二乙氧基硅烷;硅烷偶联剂KH-858;钛酸酯偶联剂NDZ-130;硫化剂;橡胶促进剂;电镀添加剂

南京双全科技有限公司

江苏省南京市富贵山23号(富贵山隧道南口绿[210016]
电话:(025)83201149-801;13913974488
传真:(025)83241480
供销电话:83205972　法人代表:李玉林
经济类型:有限责任公司
网址:www. chinasq. cn
E-mail:3201149@ 163. com
【主要产品】地毯洗涤剂;甲醛捕捉剂;甲醛清除剂

南京顺恒信化工有限公司

江苏省南京市溧水和凤镇[211218]
电话:(025)57464600;57464602;57464603
传真:(025)57464601　有进出口权
经济类型:股份有限公司
法人代表:魏元顺
网址:www. bta-tta. com
E-mail:sales@ bta-tta. com
【主要产品】苯并三氮唑;苯并三氮唑钠;甲基苯并三氮唑;甲基苯并三氮唑钠

南京苏景化工有限公司

江苏省南京市观音里29号205室[210009]
电话:(025)83613081;83613031
传真:(025)83223633
网址:www. sjhg. cn
【主要产品】抗静电剂;荧光增白剂;抗氧剂1010;抗氧剂1076;抗氧剂DLTP;抗氧剂3114;抗氧剂1098;复合型抗氧剂B215;复合型抗氧剂B225;抗氧剂300;抗氧剂B900;光稳定剂;紫外线吸收剂;硅烷偶联剂KH-560;硅烷偶联剂KH-570;硅烷偶联剂KH-550;乙烯基三乙氧基硅烷;铜离子抑制剂;2,6-二叔丁基对甲基苯酚;聚烯烃成核透明剂

南京苏南化工塑料厂

江苏省南京市栖霞区栖霞镇港池1号[210033]
电话:(025)85094688;85761515
传真:(025)85761515　经济类型:集体
法人代表:毛传云
网址:www. hylive. com/jiangsu/jiangsu14469. html
【主要产品】聚丙烯打包带;塑料编织袋

南京苏如化工有限公司

苏

江苏省南京市沿江工业开发区太子山路8号[210008]
电话:(025)52406782
传真:(025)52412030
网址:www.suruchem.com
E-mail:xulei@suruchem.com
【主要产品】溴化钠;硫代乙酸;丁二酰亚胺;4-甲苯磺酸钠;*N*-溴代丁二酰亚胺;*N*-氯代丁二酰亚胺;吲哚;羟苯磺酸钙;六溴环十二烷;1,3-二溴-5,5-二甲基海因

南京台硝化工有限公司

江苏省南京市六合区东郊瓜埠路[211500]
电话:(025)57759731;57758508
传真:(025)57758530;57505181
经济类型:与港澳台商合资经营有进出口权
网址:www.njtnc.com
E-mail:ntnc@163.com;greeleon@yahoo.com.cn
【主要产品】混合酸;磷酸;过氧化氢;异丙醇;丙酮;*N*-氯代丁二酰亚胺;卡巴多;氢氧化铵;乙酸,无水;氢氟酸;硝酸;硫酸;杀菌灭藻剂;高效杀菌灭藻剂;铜酸洗光亮剂

南京太化化工有限公司

江苏省南京市化学工业园区[210008]
电话:(025)58394848;58394812;58394810
供销电话:58394813;58394838
网址:www.tevachem.com
E-mail:sales@tevachem.com
【主要产品】十二烷基苯磺酸钙;聚醚多元醇;聚醚多元醇(软质块状泡沫);聚醚多元醇(硬质板块发泡);聚醚多元醇(半硬质泡沫);平平加;壬基酚聚氧乙烯醚;农药乳化剂600号;农药乳化剂BY

南京泰迪特工贸有限公司

江苏省南京市鼓楼区汉口路48号[210001]
电话:(025)84415126;58919728
传真:(025)84415126
【主要产品】苯

南京特种气体厂有限公司

江苏省南京市江宁县禄口镇[211113]
电话:(025)52778999
传真:(025)52770775 职工人数:400人
经济类型:私营企业 法人代表:陈军
网址:www.njtq.cn
E-mail:njtq@njtq.cn
【主要产品】氢气;氧气;氩气;氮气;乙炔

南京天豪橡塑有限公司

江苏省南京市溧水县和凤镇[211218]
电话:(025)57462622-608;13905149059
传真:(025)57462623
法人代表:孔春果
网址:www.cn-tianhao.com
E-mail:chunguo@jlonline.com
【主要产品】普通橡胶板;耐油橡胶板;夹布橡胶板;绝缘橡胶板;耐酸碱橡胶板;耐寒橡胶板;无毒食品胶板;氟橡胶板;抗静电胶板;阻燃橡胶板;三元乙丙橡胶胶板;阻尼橡胶板;硅橡胶板;防水卷材

南京天龙股份有限公司

江苏省南京市下关区姜家园205号[210011]
电话:(025)58805991
传真:(025)58811425 经济类型:国有
企业规模:大型 法人代表:崔兴盛
网址:jsfamous.js.cei.gov.cn/0100040/cchan_jq.
E-mail:changjyq@mx.js.cei.gov.cn
【主要产品】油漆

南京添喜精细化工有限责任公司

江苏省南京市栖霞区尧胜村马家园100号[210046]
电话:(025)85568161;85571912;85564040
传真:(025)85569008;85571912
经济类型:有限责任公司
职工人数:23人 法人代表:张尧生
网址:txjx.cn-yp.com
E-mail:tianxi@sina.com;tianxi@cn-yp.com
【主要产品】洗涤剂;印染助剂;羊毛洗涤剂;表面活性剂;十二烷基苯磺酸钠;乳化剂OP-10;净洗剂6501;皮革助剂;金属清洗剂

南京通联化工有限公司

江苏省南京市栖霞区靖安镇富民路2号[210059]
电话:(025)85717801;85718398;13905175278
传真:(025)85717142
供销电话:85717801;85718698
网址:www.tl-chem.com
E-mail:sales@tl-chem.com
【主要产品】二苯基二甲氧基硅烷;乙基二氯化铝;二乙基氯化铝;三乙基铝;环己基二甲氧基甲基硅烷

南京威尔化工有限公司

江苏省南京市化学工业园区化工大道[210047]
电话:(025)85323848;85340075;85303801
传真:(025)58375522
网址:www.well-js.com
E-mail:info@well-js.com;wellhsl@well-js.com
【主要产品】聚乙二醇单甲醚

南京维高化工有限公司

江苏省南京市光华路1号(南京理工大学科技园)C幢036室[210007]
电话:(025)84318033;84314930;13305181759
传真:(025)84318033
网址:www.njverygood.com
E-mail:sheng@njverygood.com
【主要产品】纯丙乳液;硅丙乳液;苯丙乳液;弹性乳液;分散剂;润湿剂;增稠剂;消泡剂

南京沃特环保化工有限公司

江苏省南京市浦口高新区学府路[210031]
电话:(025)81787410;58748751;13605160863
传真:(025)58748751
网址:www.wthg.cn;
E-mail:mzhou@wtchem.cn
【主要产品】纯丙乳液;硅丙乳液;苯丙乳液;水性木器漆

南京霞安化工有限公司

江苏省南京市栖霞区甘家巷400号[210033]
电话:(025)85593767
传真:(025)85593575
经济类型:股份合作 法人代表:朱怀民
网址:www.biz-yp.com/15/company17352/
【主要产品】三聚氰胺

南京霞威化工有限公司

江苏省南京市栖霞山火车站南红梅[210049]
电话:(025)85760389
供销电话:85725706 职工人数:60人
经济类型:与港澳台商合资经营
法人代表:郭礼和
【主要产品】增塑剂

南京祥宇农药有限公司

江苏省南京市江宁区滨江开发区[211162]
电话:(025)86120967
传真:(025)86121898
经济类型:私营企业
网址:www.njxypesticide.com
E-mail:xy@njxypesticide.com
【主要产品】吡虫啉可湿性粉剂;高渗吡虫啉可湿性粉剂;高效氯氰菊酯乳油;甲氰菊酯乳油;啶虫脒乳油;胺苯磺隆可湿性粉剂;苯磺隆可湿性粉剂;苯磺隆水分散粒剂;噻磺隆可湿性粉剂;精喹禾灵乳油;三环·杀单可湿性粉剂;井·杀双水剂;苄·乙可湿性粉剂;高氯·杀单可湿性粉剂;吡·多·酮可湿性粉剂;噻·杀单可湿性粉剂;吡·井·杀单可湿性粉剂;二氯·苄可湿性粉剂;阿维·哒乳油;辛·唑磷乳油

南京翔飞化学研究所

江苏省南京市江宁区谷里镇荆刘村[211100]

电话：(025)86137876;86137186;
86407315
传真：(025)86137186;86428610
法人代表：王翔
网址：www. xiangfeichem. com
E-mail：xiangfei@ xiangfeichem. com
【主要产品】异丙基三(焦磷酸二辛酯)钛酸酯;钛酸酯偶联剂 CT-928;钛酸酯偶联剂 NDZ-102;钛酸酯偶联剂 NDZ-311;硅烷偶联剂 KH-560;硅烷偶联剂 KH-570;硅烷偶联剂 KH-792;硅烷偶联剂 KH-602;硅烷偶联剂 KH-550;钛酸酯偶联剂 NDZ-401;乙烯基三乙氧基硅烷;乙烯基三(2-甲氧基乙氧基)硅烷;钛酸酯偶联剂 NDZ-109;乙烯基三甲氧基硅烷

南京兴亚玻璃钢有限公司

江苏省南京市雨花西路安德里 30 号[210012]
电话：(025)52424375;52401404
传真：(025)52401404
供销传真:52401404
经济类型：中外合资经营企业
网址：www. xyafrp. com
E-mail：xingya@ xyafrp. com;
xingya@ xyafrp. cn
【主要产品】玻璃钢制品;玻璃钢型材;玻璃钢管道;玻璃钢格栅

南京旭日精细化工有限公司

江苏省南京市雨花经济开发区板桥镇落星村[210039]
电话：(025)86724822;86724826
传真：(025)86724551
法人代表：吴建新
网址：www. njxr. com
【主要产品】聚醚系列;农药乳化剂

南京燕江化工厂

江苏省南京市和燕路 560 号[210038]
电话：(025)85311926;85311336
传真：(025)85300087
职工人数:1,200 人　法人代表：庞培生
网址：www. nanjingyanjiang. com. cn
【主要产品】亚硫酸钠;硫酸钠;甲酸;2-叔丁基-4-甲基苯酚;苯胺盐酸盐;防老剂 2246;抗氧剂 2246-S;抗氧剂亚甲基 4426-S

南京扬子复合材料有限公司

江苏省南京市下关区公共路铁路埂 70 号[210011]
电话：(025)52330349;85161124
传真：(025)58757674
供销电话:58806262;58757674
供销传真:58806262　法人代表：张苗根
经济类型：有限责任公司
网址：www. njningyang. com
E-mail：xiaoshou@ njningyang. cn
【主要产品】墙布黏合剂;聚醋酸乙烯乳液胶黏剂;环保型白乳胶;901 胶;地板胶

南京扬子净水剂有限公司

江苏省南京市大厂区葛塘镇西路[210048]
电话：(025)58397514
传真：(025)58399463　职工人数:35 人
经济类型：有限责任公司
法人代表：许春明
网址：whm2005. vicp. net/lhagri/4. htm
【主要产品】硅酸钠;聚合氯化铝

南京扬子石化精细化工有限责任公司

江苏省南京市化学工业园区长芦利民西路 8 号[210047]
电话：(025)57784502
传真：(025)57771511
网址：www. ypc-fine-chemical. com
E-mail：sales@ ypc-fc. com
【主要产品】氯化钯;海绵铂;海绵钯;醋酸;二苯基二甲氧基硅烷;聚乙烯蜡;氧化聚乙烯;稳定性二氧化氯;硬脂酸钙(轻质);抗氧剂 1010;抗氧剂 168;RIPP-1402 阻聚剂;复合型破乳剂

南京扬子伊士曼化工有限公司

江苏省南京市高新技术产业开发区商务中心[210032]
电话：(025)66609287;66609289
传真：(025)66609288;66609265
经济类型：中外合资经营企业
有进出口权　法人代表：杨文化
网址：www. njyec. com;
www. njyec. com. cn
E-mail：sales@ njyec. com
【主要产品】加氢石油树脂

南京英统塑胶实业有限公司

江苏省南京市浦口区泰山镇宁六公路 20 号[210032]
电话：(025)58840243;58841987
经济类型：港澳台商独资经营
网址：www. hylive. com/jiangsu/jiangsu14475. html
【主要产品】塑料制品

南京永丰化工有限责任公司

江苏省南京市栖霞区和燕路 417 号 4 楼[210038]
电话：(025)85322092
传真：(025)85322092　职工人数:200 人
供销电话:85326466　法人代表：吴庆彪
供销传真:85326466
经济类型：私营企业
网址：www. njyfhg. com
E-mail：njyf13487222@ 126. com
【主要产品】弹性纯丙乳液;苯丙乳液;有机玻璃制品;JS 复合防水涂料;混凝土界面处理剂;丙烯酸酯胶黏剂;印刷装帧用胶;玻璃纤维浸润剂;有机硅防水剂

南京永固橡塑有限公司

江苏省南京市溧水县和凤镇[211218]
电话：(025)57462427;57465108
传真：(025)57463501
网址：www. ygxs. com
E-mail：ygxs@ ygxs. com;
liyueping@ ygxs. com
【主要产品】普通橡胶板;耐油橡胶板;夹布橡胶板;耐酸碱橡胶板;无毒食品胶板;氟橡胶板;阻燃橡胶板;三元乙丙橡胶胶板;阻尼橡胶板;硅橡胶板;高抗撕硅胶板;防水卷材

南京源宝化工有限公司

江苏省镇江市宝华开发区教育科技产业园 3 号[212415]
电话：(025)85731845
传真：(025)85731871
供销电话:13805152370
供销传真:85731545　法人代表：沈福根
经济类型：中外合资经营企业
网址：www. jsyuanbao. com
【主要产品】聚氨酯弹性体制品

南京正森化工实业有限公司

江苏省南京市高淳县漕塘[211307]
电话：(025)57391058;57391888
传真：(025)57391666
经济类型：有限责任公司
法人代表：荀永葆
网址：www. tbshxt. com
E-mail：xyb301@ yahoo. com. cn
【主要产品】活性炭;活性炭(植物果壳类)

南京中联信化工有限公司

江苏省南京市江宁开发区双龙大道 1368 号岚岛别墅[211100]
电话：(025)52103766;52101378
传真：(025)52108378
供销电话:52101378;52108378
经济类型：股份合作
网址：www. zhonglianxin. com
E-mail：istz@ zhonglianxin. com
【主要产品】漆雾凝聚剂;润滑剂;多功能快速除锈剂;防锈剂;锌钙磷化液;磷化剂;低温磷化液;金属表面调整剂;除油剂;金属抛光剂;电镀添加剂;镀锌层超低铬彩色钝化剂;钢铁件常温发黑剂;氯化钾(钠)镀锌光亮剂;铝及铝合金钝化剂;金属钝化剂

南京宗宇石油化工有限公司

江苏省南京市大厂区长芦街道方水路 88 号[210047]
电话：(025)58392231;58393801
传真：(025)58392263
经济类型：私营企业　法人代表：沈朝宗
网址：www. zong-yu. com;
www. zong-yu. cn
E-mail：panx@ zong-yu. com
【主要产品】芳烃溶剂油;芳烃石油树脂

南京纵横生物科技有限公司

江苏省南京市溧水县晶桥镇观山化工园[211224]

电话:(025)57283306
供销传真:57283006 有进出口权
经济类型:股份合作 职工人数:200 人
法人代表:陈敬才
网址:www.njgschem.com
E-mail:chenli1995@gmail.com
【主要产品】苯甲酸;苯甲酸钠

沙索(中国)化学有限公司

江苏省南京市化学工业园区方水路68 号[210047]
电话:(025)57793440
传真:(025)57793064 有进出口权
供销电话:58391111-2420
供销传真:58393457
经济类型:外商独资
【主要产品】脂肪醇聚氧乙烯醚硫酸钠;表面活性剂

苏

上海梅山企业发展有限公司南京化工实业分公司

江苏省南京市中华门外[210039]
电话:(025)86706924;86701885-4350
传真:(025)86701885-4450
供销电话:86701885-4354
经济类型:国有 职工人数:1,800 人
法人代表:黄建国
网址:www.ms-chem.com
E-mail:jyk@ms-chem.com; sjk@ms-chem.com
【主要产品】硫代硫酸钠;硫酸铵(工业级);亚铁氰化钠;硫氰化钠;硫黄粉;二甲苯;甲苯;焦化甲苯;苯;焦化苯;萘(精);二聚环戊二烯;甲基萘;α-甲基萘;β-甲基萘;C_9 芳烃;C_8 芳烃;喹啉;二甲酚;三混甲酚;3-/4-甲酚;2-甲酚;工业酚;焦化苯酚;异喹啉;吲哚;硫酸铵;古马隆树脂;固体古马隆-茚树脂;粗苯;工业萘;粗蒽;洗油;蒽油;煤焦油;中温沥青;电极沥青;改质沥青;焦炭;筑路油

泰兴市对外贸易南京有限公司

江苏省南京市中山北路 223 号建达大厦 1110 室[210009]
电话:(025)83346564
传真:(025)83346328 有进出口权
经济类型:私营企业
网址:www.tx-chem.com
E-mail:sales@tx-chem.com
【主要产品】对氰基苯甲醛;间氰基苯甲醛;3-氯-4-硝基苯甲酸;4-氨基-2-氯苯甲酸;4-氨基-3-氯苯甲酸;间氰基苯甲酸;对氰基苯甲酸;3-氨基-4-甲基苯甲酸;2-氨基-5-甲氧基苯甲酸;4-氨基-2-硝基苯甲酸;对氰基苯甲酸乙酯;邻甲基苯甲酸甲酯;3-氨基-4-甲基苯甲酸甲酯;对氰基苯甲酸甲酯;间氰基苯甲酸甲酯;四氯对苯二甲腈;2-硝基-5-羟基苯甲醛;3-氯-4-硝基甲苯;2-甲氧基-4-硝基甲苯;3-甲氧基苯酚;4-氨基-2-硝基苯酚;4-氨基-3-硝基苯酚;3,5-二甲基-4-氨基苯酚;2-氯-4-氨基苯甲腈;2-氯-4-硝基苯甲酸;4-甲基-3-氨基噻吩-2-甲酸甲酯;4-甲基-3-硝基苯酚;3,5-二氯苯腈;3,4-二氯苯腈;间氨基苯腈;2-氯-4-硝基苯腈;4-硝基苯甲醇;2-羟基-6-硝基甲苯;4-甲基-3-硝基苯胺

扬子巴斯夫苯乙烯系列有限公司

江苏省南京市大厂区新华路[210048]
电话:(025)57784666
传真:(025)58569451;58569467
供销电话:58569469 企业规模:大型
经济类型:中外合资经营企业
网址:www.y-basf-styrenics.com.cn
E-mail:ybs@y-basf-styrenics.com.cn
【主要产品】苯乙烯;聚苯乙烯树脂;可发性聚苯乙烯;高抗冲聚苯乙烯

扬子石油化工公司芳烃厂

江苏省南京市大厂区[210048]
电话:(025)57783817;57791895;57786615
传真:(025)57791895 经济类型:国有
职工人数:1,440 人 法人代表:奚奎华
网址:jsfamous.js.cei.gov.cn/0100008/cyangz_q.
E-mail:yzjshyb@mx.js.cei.gov.cn
【主要产品】1,2-二甲苯;1,4-二甲苯

中车集团南京七四二五工厂

江苏省南京市迈皋桥创业园 7 号[210028]
电话:(025)83130800
传真:(025)83130890
网址:www.nj7425.com
E-mail:xx1@nj7425.com
【主要产品】汽车用胶管;油封;O 形密封圈

中国石化金陵石化公司炼油厂

江苏省南京市栖霞区甘家巷[210033]
电话:(025)58980345
传真:(025)58989491 有进出口权
经济类型:有限责任公司
企业规模:大型
网址:www.njlyc.com
E-mail:webmaster@njlyc.com
【主要产品】硫黄;二甲苯;甲苯;偏三甲苯;均三甲苯;石油液化气;汽油;煤油;脱臭煤油;芳烃溶剂油;柴油;聚丙烯;橡胶溶剂油 120 号;6 号抽提溶剂油;特种溶剂油;油漆工业用溶剂油

中国石化金陵石化公司烷基苯厂

江苏省南京市尧化门[210046]
电话:(025)58975764
传真:(025)85580008;58979534
经济类型:国有 有进出口权
企业规模:大型 法人代表:烫传华
网址:www.gige.com.cn/html/html.htm
E-mail:info@gige.com.cn
【主要产品】重烷基苯;烷基苯磺酸;合成洗衣粉;脱氢催化剂;羊毛洗涤剂;发动机清洗剂;低泡金属清洗剂

中国石化扬子石油化工股份有限公司

江苏省南京市大厂区新华路 777 号[210048]
电话:(025)57782200
传真:(025)57784389 有进出口权
经济类型:股份有限公司
企业规模:大型
网址:www.ypc.com.cn
E-mail:yzshs@yzinfo.ypc.com.cn
【主要产品】液氨(工业用);乙烯;丙烯;苯;丁二烯;环氧乙烷;1,2-二甲苯;1,4-二甲苯;C_9 芳烃;乙醛;乙二醇;一缩二乙二醇;三乙二醇;1,4-苯二甲酸;醋酸;冰醋酸;石油液化气;汽油;C_4 抽余油;C_5 馏分;C_9 馏分;柴油;精制碳五;低密度聚乙烯;高密度聚乙烯;聚乙烯;聚丙烯;戊烷发泡剂;乙烯焦油;高温沥青

徐州市

丰县电石厂

江苏省丰县凤城镇解放东路[221700]
电话:(0516)84222340
经济类型:私营企业 法人代表:刘德法
网址:www.hylive.com/jiangsu/jiangsu17491.html
【主要产品】乙炔

江苏恒盛化肥有限公司

江苏省新沂市新安路 113 号[221400]
电话:(0516)88923834
传真:(0516)88921483
企业规模:大型 职工人数:2,870 人
网址:www.xy-hs.com
E-mail:web@xy-hs.com; xsgs@xy-hs.com
【主要产品】甲醇;合成氨;尿素;碳酸氢铵;过磷酸钙;颗粒磷肥;磷酸一铵;高浓度磷复肥;混配复合肥料;硫酸钾复合肥;尿基复合肥

江苏嘉隆化工有限公司

江苏省徐州市铜山县三堡镇街[221112]
电话:(0516)85038781;85031279
传真:(0516)85030332 经济类型:集体
供销电话:85136898;85039033
网址:www.snchem.com
E-mail:Sales@jlhg.cn; Trade@jlhg.cn
【主要产品】炔螨特乳油;55% 甲拌磷乳油;甲拌磷颗粒剂;80% 敌敌畏乳油;5% 特丁硫磷颗粒剂;异丙威粉剂;克百威;克百威颗粒剂;丁硫克百威;丁硫克百威乳油;溴氰菊酯乳油;高效氯氰菊酯乳油;高效氯氰菊酯水乳剂;毒

死蜱颗粒剂;多菌灵可湿性粉剂;福·克悬浮种衣剂;克·多种衣剂;多·福·克悬浮种衣剂;多·甲拌悬浮种衣剂;甲基硫菌灵可湿性粉剂;噻菌灵;噻菌灵悬浮剂;20%敌草隆悬浮剂;丁草胺颗粒剂(5%);乙草胺乳油;多·福可湿性粉剂;25%丁硫·福悬浮种衣剂;6%甲萘·四聚颗粒剂;20%三环·异稻可湿性粉剂;吡·杀单可湿性粉剂;杀·井可湿性粉剂;苄·丙草可湿性粉剂;5%毒·辛颗粒剂;甲拌·克悬浮种衣剂;敌·唑磷乳油

江苏金浦北方氯碱化工有限公司

江苏省徐州市鼓楼区孟家沟[221007]
电话:(0516)87729242;87767055;87767897
传真:(0516)87767151　有进出口权
供销电话:87761169　企业规模:大型
经济类型:有限责任公司
法人代表:李金玉
网址:www. jsbflj. com
E-mail:jsbflj@ xuzhou. net
【主要产品】磷酸;离子膜烧碱;次氯酸钠;三聚磷酸钠;焦磷酸钠;磷酸二氢钾;黄磷;氯气(液);电石;一氯乙酸;三氯异氰尿酸;高渗阿维菌素乳油;高渗吡虫啉乳油;吡·阿乳油;聚氯乙烯树脂;水泥

江苏润丰生化有限公司

江苏省徐州市北郊秦洪桥[221135]
电话:(0516)87283350
传真:(0516)87283350
供销电话:87283110　职工人数:630 人
供销传真:87283157
网址:www. jsxzrf. com
E-mail:nonghuan3350@ 163. com
【主要产品】甲醇;合成氨;液氨;碳酸氢铵;复合肥;塑料编织袋

江苏省沛县东方化工厂

江苏省沛县沛城镇湖屯[221600]
电话:(0516)89880688
传真:(0516)89880688
职工人数:218 人
网址:www. pxdfhg. com
E-mail:df@ pxdfhg. com
【主要产品】亚磷酸;硼酸;磷酸;次磷酸;磷酸二铵(工业级);磷酸一铵(工业级);四硼酸钠(十水);五硼酸铵;乙二醇;一缩二乙二醇;己二酸;壬二酸;甲酸;癸二酸;2,4-二硝基苯酚;4-硝基苯酚;甲酸铵;己二酸铵(电容器级);癸二酸铵(电容器级);壬二酸氢铵;苯甲酸铵;对硝基苯甲酸铵;γ-丁内酯;氢氧化铵;次亚磷酸铵;柠檬酸;柠檬酸铵

江苏省新沂市经纬化工有限公司

江苏省新沂市钟吾路 19 号[221400]
电话:(0516)88998899;88998888;13905225768
传真:(0516)88998888　职工人数:87 人
法人代表:伏敏远
网址:www. jw-chem. com
E-mail:jw@ jw-chem. com
【主要产品】十二烷基硫酸钠;腐殖酸钠;百菌清;扩散剂 MF;亚甲基双萘磺酸钠;拉开粉 BX;十二烷基苯磺酸钠;木质素磺酸镁;石油破乳剂;木质素磺酸钠;木质素磺酸盐;木质素磺酸钙;减水剂;水煤浆添加剂

江苏铜山县聚氨酯厂

江苏省徐州市北郊柳新[221142]
电话:(0516)82783054;82783510
传真:(0516)85187066　经济类型:集体
网址:jsxzpu. cn. china. cn/op/CorpInfo/index. htm
E-mail:tsjaz@ yahoo. com. cn
【主要产品】聚氨酯橡胶;聚氨酯胶辊

江苏新河农用化工有限公司

江苏省新沂市新安西路[221400]
电话:(0516)88928471
传真:(0516)88928377
经济类型:与港澳台商合资经营
E-mail:xinhe@ pub. xz. jsinfo. net
【主要产品】百菌清;百菌清胶悬剂;百菌清可湿性粉剂

江苏徐州嘉信达化工有限公司

江苏省徐州市北京路翟山农贸综合楼 3 号-411、412 [221008]
电话:(0516)83658161;13685161798
传真:(0516)83658496
法人代表:胡卫龙
网址:www. jasenda. com
E-mail:jasenda_chem@ hotmail. com
【主要产品】三聚磷酸钠;五硫化二磷;六偏磷酸钠;焦磷酸钠;焦磷酸钠(食品级);磷酸二氢钠;磷酸三钠;磷酸氢二钠(食用级);食用磷酸;焦磷酸二氢二钠;磷酸氢钙(食用级)

江苏徐州神农化工有限责任公司

江苏省徐州市云龙区[221000]
电话:(0516)83368788;13852008322
传真:(0516)82510513　有进出口权
经济类型:有限责任公司
法人代表:吕西超
网址:www. snchem. com
E-mail:trade@ shennongchem. com
【主要产品】氯甲酸甲酯;氯甲酸乙酯;氯甲酸丙酯;氯甲酸异丙酯;氯甲酸正丁酯;硫丹;乙酰甲胺磷;双硫磷;马拉硫磷;灭线磷;苯线磷;三唑磷;二嗪磷;吡虫啉;残杀威;克百威;丁硫克百威;苯氧威;灭多威;氯氰菊酯;高效氯氰菊酯;吡蚜酮;四聚乙醛;杀螟丹;杀螟胺乙醇胺盐;啶虫脒;唑螨酯;噻虫嗪;氟虫腈;溴虫腈;氟铃脲;呋线威;甲基立枯磷;噻唑磷;噻菌灵;敌草隆;毒·氯乳油;吡·甲氰乳油

康顺生物工程有限公司

江苏省新沂市东郊 205 国道[221400]
电话:(0516)88961688;88912688;13705225588
供销电话:88961688;13705225588
网址:www. kssw. com. cn
E-mail:ks118@ 126. com
【主要产品】壳聚糖;几丁质;氨基葡萄糖盐酸盐;D-氨基葡萄糖硫酸钾盐;D-氨基葡萄糖硫酸钠盐

利民化工有限责任公司

江苏省新沂市新郯路 31 号[221400]
电话:(0516)88614700;88923527
传真:(0516)88923651　有进出口权
经济类型:有限责任公司
企业规模:大型
网址:www. chinalimin. com
E-mail:suntao@ chinalimin. com
【主要产品】乙膦铝;百菌清;百菌清胶悬剂;百菌清可湿性粉剂;代森铵水溶液;代森锌;代森锌可湿性粉剂;代森锰锌;代森锰锌可湿性粉剂;霜脲氰;丙森锌;丙森锌可湿性粉剂;嘧霉胺;威百亩;2 甲 4 氯钠盐;百·锰锌可湿性粉剂;锰锌·乙铝可湿性粉剂

沛县大屯电石厂

江苏省徐州市沛县大屯镇[221618]
电话:(0516)84931310
经济类型:私营企业　法人代表:郝敬同
【主要产品】电石

沛县第一化工有限公司

江苏省徐州市沛县徐丰公路河口站[221634]
电话:(0516)84751018;13905227386
传真:(0516)84751728　职工人数:80 人
固定资产:10,000 千元
经济类型:股份有限公司
【主要产品】乙醚;三氟化硼乙醚络合物;三氟化硼丁醚络合物;三氟化硼乙腈络合物;胰酶

天富(中国)食品添加剂有限公司

江苏省徐州市北郊孟家沟沈孟公路[221007]
电话:(0516)87767298;87763863;13852034165
传真:(0516)87767298　有进出口权
经济类型:中外合资经营企业
职工人数:250 人　法人代表:郝天明
网址:www. thermphos. com. cn
E-mail:webmaster@ thermPhos. com. cn
【主要产品】磷酸;三聚磷酸钾;三聚磷酸钠;六偏磷酸钠(食品级);焦磷酸钠(食品级);焦磷酸钾;磷酸二氢钠;

磷酸二氢钾;磷酸三钠;磷酸氢二钾;磷酸氢二钠(食用级);焦磷酸二氢二钠

铜山县朝阳化工有限公司

江苏省铜山县三堡镇刁店村[221112]
电话:(0516)85138006
经济类型:私营企业 法人代表:尹杰
网址:hy.shidui.com/jiangsu/jiangsu07165.html
【主要产品】甲醛

铜山县化工厂

江苏省徐州市西郊卧牛山东坡[221006]
电话:(0516)85755710;85754623
传真:(0516)85755710
经济类型:私营企业 法人代表:王中武
【主要产品】福·克悬浮种衣剂;克·多种衣剂;多·福·克悬浮种衣剂;多·福悬浮种衣剂;多·甲拌悬浮种衣剂;戊唑醇悬浮剂;拌·福悬浮种衣剂;甲拌·克悬浮种衣剂

新港化肥有限公司

江苏省新沂市经济技术开发区[221400]
电话:(0516)88953726;88951288
传真:(0516)88953726 经济类型:集体
职工人数:300人 法人代表:訾兆举
网址:www.jajafy.com/xg/qyjj.asp
E-mail:office@jajafy.com
【主要产品】硫酸钾复合肥;复合肥

新沂利民化工有限公司

江苏省新沂市新郯路31号[221400]
电话:(0516)88923527;88921532
传真:(0516)88923651 经济类型:国有
固定资产:53,000千元
供销传真:;
【主要产品】百菌清;代森锰锌;霜脲氰

新沂市腾上工业助剂有限公司

江苏省新沂市经济技术开发区化工园区[221400]
电话:(0516)81675588;88819288;13305225588
传真:(0516)88975187
网址:www.tensun.net
E-mail:office@tensun.net
【主要产品】二碳酸二叔丁酯;浆料;防粘釜剂;造纸施胶剂

新沂市一诺生物化工有限公司

江苏省新沂市市府西路11号[221400]
电话:(0516)88839177;82809179;88839178
传真:(0516)88839178
网址:www.yinuochem.cn
E-mail:ym2008.ynsh@163.com
【主要产品】吡唑;1-甲基吡唑;3-甲基吡唑;4-甲基吡唑;1,5-二甲基吡唑;1,3-二甲基吡唑;5-氨基-1-甲基吡唑;3-氨基-1-甲基吡唑;丙二酸单乙酯;丙二酸单乙酯酰氯;3-氨基吡唑;水合肼

新沂市永诚化工有限公司

江苏省新沂市经济技术开发区[221400]
电话:(0516)88898333;13073877821
传真:(0516)88896533
网址:www.yongchengchem.com.cn
E-mail:sales@yongchengchem.com.cn
【主要产品】4-(3,4-二氯苯基)-1-四氢萘酮;唑螨酯;甲基立枯磷;萎锈灵

新沂中凯农用化工有限公司

江苏省新沂市轻工路10号[221400]
电话:(0516)88923245;88932131
传真:(0516)88982712
经济类型:中外合资经营企业
E-mail:xyzknh@pub.xz.jsinfo.net
【主要产品】多菌灵可湿性粉剂;多菌灵胶悬剂;异丙草胺乳油;乙草胺乳油;苯磺隆可湿性粉剂;二氯喹啉酸;二氯喹啉酸可湿性粉剂;五氯·多可湿性粉剂;苄·异丙草可湿性粉剂;异丙草·莠悬浮剂;二氯·苄可湿性粉剂

徐州阿卡化工机械有限公司

江苏省徐州市堤北煤港路[221007]
电话:(0516)87926086;87927008;87623967
传真:(0516)87621129
经济类型:私营企业
网址:www.xzarca.com
E-mail:xzxhjcb@pub.xz.jsinfo.net
【主要产品】真空泵;一、二类压力容器

徐州安泰输送带有限公司

江苏省徐州市九里区拾西村[221141]
电话:(0516)85770543;85770102
经济类型:私营企业 法人代表:薛东山
网址:hy.shidui.com/jiangsu/jiangsu08573.html
【主要产品】橡胶运输带;阻燃输送带

徐州东圣化学助剂有限公司

江苏省沛县沛丰公路闫集东侧[221624]
电话:(0516)89731188;89731818
传真:(0516)89733338
固定资产:1,200千元 职工人数:266人
供销电话:13805226011
网址:www.xuzhou3721.com/xzds/lxwm.htm
E-mail:xzds1@hotmail.com
【主要产品】氧化锌

徐州恩华药业集团有限责任公司

江苏省徐州市中山北路289号[221007]
电话:(0516)87767115
传真:(0516)87767118 有进出口权
供销电话:87661083;87762337
供销传真:87760755
经济类型:有限责任公司
网址:www.nhwa-group.com
E-mail:nhwa@public.xz.js.cn
【主要产品】碳酸锂;氟康唑;酮康唑;硝酸咪康唑;益康唑;联苯苄唑;萘普生;盐酸芬氟拉明;万拉法新;非诺贝特;盐酸多沙普仑;氟马西尼;度洛西汀;氟西汀;盐酸氯米帕明;盐酸丁螺环酮;西酞普兰氢溴酸盐;扎莱普隆;三唑仑;硝西泮;五氟利多;利培酮;咪达唑仑;加巴喷丁;阿立哌唑;磷苯妥英钠;氯硝西泮;依托咪酯;S-罗哌卡因甲磺酸盐;右美托咪定;盐酸齐拉西酮;普瑞巴林;普拉克索

徐州飞达帘布有限责任公司

江苏省徐州市矿山路23号[221006]
电话:(0516)85758778;85758689;85757231
传真:(0516)85765754 有进出口权
供销电话:85757827 企业规模:大型
经济类型:有限责任公司
网址:www.cordfabric.com
E-mail:cffcxz@cordfabric.com
【主要产品】尼龙6切片;尼龙-6帘子布;尼龙-6浸胶帘子布

徐州海成食品添加剂有限公司

江苏省徐州市城南开发区[221008]
电话:(0516)83296658;13952200781
传真:(0516)83296766
网址:www.hc-food.com
E-mail:hc@hc-food.com;haicheng@hc-food.com
【主要产品】三聚磷酸钾;三聚磷酸钠;六偏磷酸钠(食品级);焦磷酸钠(食品级);焦磷酸钾;焦磷酸铁;磷酸铁;乙二胺四乙酸铁钠;面粉改良剂;焦磷酸二氢二钠;复合磷酸盐;血红素铁多肽;氯化血红素

徐州海天石化有限公司

江苏省邳州市邳新路95号[221300]
电话:(0516)86211770;86212708
经济类型:集体
【主要产品】润滑油

徐州汉高洗涤剂有限公司

江苏省徐州市海鸥路1号[221007]
电话:(0516)87768661;87760819;87765235
供销电话:87760213;87761015
经济类型:中外合资经营企业
有进出口权 企业规模:大型
网址:www.xz-henkel.com
E-mail:liping.yang@henkel.com
【主要产品】硅酸钠;直链烷基苯磺酸;

肥皂；合成洗衣粉；洗洁精；工业洗瓶剂；羊毛洗涤剂；毛纺清洗剂；毛皮专用清洗剂；皮革脱脂剂；金属清洗剂

徐州华辰胶带有限公司

江苏省徐州市沈孟路西段[221007]
电话：(0516)87762026
传真：(0516)87762026
供销电话：87767561
供销传真：87767561
经济类型：有限责任公司
网址：www. xzhcjd. com
E-mail：webmaster@ xzhcjd. com
【主要产品】橡胶运输带；强力型尼龙运输带；难燃型运输带；全塑整芯阻燃运输带；橡胶传动带；橡胶三角带；汽车三角带；再生胶

徐州江昕轮胎有限公司

江苏省邳州市滨河工业园江昕路1号[221300]
电话：(0516)86592666
传真：(0516)86592666
网址：www. risingsun. net. cn
E-mail：xzrisingsun@ etang. com
【主要产品】橡胶制品；实心轮胎

徐州金亚粉体有限责任公司

江苏省徐州市苏山头[221140]
电话：(0516)85770252；85775102
传真：(0516)85771623
经济类型：有限责任公司
法人代表：王永俊
网址：www. jypchina. com
E-mail：xzkt@ pub. xz. jsinfo. net
【主要产品】云母粉

徐州开达精细化工有限公司

江苏省徐州市南郊积水坝[221009]
电话：(0516)83848388；83848389；83848620
传真：(0516)83840590；83848090
供销电话：83847269　经济类型：国有
供销传真：83847269　有进出口权
职工人数：686人　法人代表：李振奎
网址：www. tetradiamond. com
E-mail：xzdyes@ pub. xz. jsinfo. net
【主要产品】苯绕蒽酮；外墙涂料；内外墙涂料；丙烯酸系列内外墙涂料；内外墙乳胶漆；丙烯酸内墙乳胶漆；丙烯酸外墙涂料；瓷釉涂料；聚氨酯防水涂料；水彩花纹涂料；地坪涂料；高级外墙弹性涂料；还原金橙G；还原染料；还原艳紫RR；还原深蓝BO；还原深蓝VB；还原橄榄绿B；还原橄榄T；还原灰M；还原灰3B；还原军工蓝CDO2；聚氯乙烯防水油膏

徐州科隆磷酸盐有限公司

江苏省徐州市红星路18号[221007]
电话：(0516)87761819
传真：(0516)87762719
网址：www. xzkelong. com
E-mail：xzkelong@ xzkelong. com
【主要产品】磷酸二氢铝；保鲜剂；三偏磷酸钠；酸式磷酸铝钠；复合磷酸盐；偏磷酸钾

徐州诺特化工有限公司

江苏省徐州市贾汪区青山泉白集[221004]
电话：(0516)83200911；83200912
传真：(0516)83200903
网址：www. nuotchem. com；www. metaldehyde. com
E-mail：sales@ nuotchem. com；yk@ nuotchem. com
【主要产品】聚三乙醛；3-甲氧基氯苄；7-羟基喹啉酮；2，2′，4-三氯苯乙酮；四聚乙醛；噻菌灵；6%甲萘·四聚颗粒剂；阿立哌唑

徐州瑞赛科技实业有限公司

江苏省徐州市孟家沟化工厂内[221007]
电话：(0516)87768018；13056227852
传真：(0516)87768008
供销电话：87768018；13705205263
网址：www. risachem. com
E-mail：sales@ risachem. com
【主要产品】溴化亚铜；4-(4-硝基苯基)噁唑；间甲氧基苯甲醛；3，4-二苄氧基苯甲醛；对溴甲基苯甲酸；对苯二酚二丙酸酯；2-(对溴甲基苯基)丙酸甲酯；间氯苯乙酮；1-苯基-1，2-丙二酮；2-溴-4′-氯苯乙酮；间溴苯乙酮；2，4，6-三羟基苯乙酮；对硝基溴苄；溴化苄；2，4-二硝基苯甲醛；4-苄氧基苯胺盐酸盐；3-氯亚氨基二苄；3-氯-5-乙酰基亚氨基二苄；亚氨基二苄甲酰氯；3-氨基苯乙酮；3，5-二苄氧基苯乙酮；4-苄氧基苯乙酮；2-对溴甲基苯基丙酸；3-羟基苯乙酮；3，4-二羟基苯甲醛；7-氨基-3-去乙酰氧基头孢烷酸；7-羟基喹啉酮；2，3′-二氯苯乙酮；4-氨基-3-甲氧基苯甲酸；间溴苯甲酰氯；3-甲氧基苯乙酮；3-硝基苯乙酮；α-溴间硝基苯乙酮；α-溴代对硝基苯乙酮；二苯基亚砜；四聚乙醛；四聚乙醛可湿性粉剂；布洛芬；洛索洛芬钠；甲瓦龙酸内酯；盐酸去氧肾上腺素；氯米帕明

徐州市爱克医药科技有限公司

江苏省徐州市中山北路[221007]
电话：(0516)87923237；87923703；13705205500
传真：(0516)83961652　职工人数：96人
固定资产：5,000千元
供销传真：87923652
网址：www. aikechem. com
E-mail：sales@ aikechem. com
【主要产品】3，5-二叔丁基-4-羟基苯甲醛；2-氯苯乙醚；β-溴苯乙醚；1-乙酰基-4-哌啶甲酸；2，4-二氟苯基-4-哌啶基甲酮；邻甲氧基苯氧基乙胺盐酸盐；2-甲氧基苯氧基乙胺；苯氧乙胺；1-(2，3-二甲基苯基)哌嗪盐酸盐；1-(3-氯苯基)哌嗪盐酸盐；1-(4-氯苯基)哌嗪盐酸盐；1-(2，3-二氯苯基)哌嗪盐酸盐；4-硝基-3-三氟甲基苯胺；7-氯-5-(2-氟苯基)-1，3-二氢-3H-1，4-苯并二氮杂卓-2-酮；7-氯-5-(2-氯苯基)-1，3-二氢-3H-1，4-苯并二氮杂卓-2-酮；*N*-苄基-4-哌啶酮；4-(4-氟苯基)-4-氧代丁酸；4，4-二(4-氟苯基)丁酸；1-(3-三氟甲基苯基)哌嗪盐酸盐；1-乙酰基-4-(4-羟基苯基)哌嗪；1-(4-甲氧苯基)哌嗪盐酸盐；1-(2-甲氧苯基)哌嗪氢溴酸盐；α-羟基苯乙酸；硝酸奥昔康唑；联苯苄唑；噁丙嗪；萘哌地尔；沙利度胺；五氟利多；氯硝西泮；氟他胺；利血生；度米芬

徐州市第五制药厂

江苏省睢宁县人民路6号[221200]
电话：(0516)88333201；88324194
传真：(0516)88322674
经济类型：股份合作
【主要产品】呋喃唑酮；苯丙氨酯；盐酸萘福泮

徐州市恒扬化工有限公司

江苏省徐州市北郊沈孟路[221007]
电话：(0516)87767929；877671288
传真：(0516)87761357　经济类型：国有
供销电话：87767627；87761088
有进出口权
网址：www. hengyangchem. com
E-mail：hengyangchemical@ vip. 163. com
【主要产品】氧气；溶解乙炔；羧甲基纤维素钠；聚阴离子纤维素

徐州市华泰化工有限公司

江苏省徐州市铜山经济开发区[221116]
电话：(0516)85031556；85031281；85037650
传真：(0516)85039167
网址：www. huataichem. com. cn
E-mail：sales@ huataichem. com. cn
【主要产品】四聚乙醛；四聚乙醛可湿性粉剂；6%甲萘·四聚颗粒剂

徐州市建平化工有限公司

江苏省徐州市东郊大吴镇[221132]
电话：(0516)87030051；87138888；87231099
传真：(0516)87030051
经济类型：私营企业　职工人数：300人
法人代表：王化建
网址：www. jianpingchem. com
E-mail：zgjphg@ pub. xz. jsinfo. net
【主要产品】三氯硫磷；原乙酸三乙酯；磷酸三乙酯；磷酸三苯酯；亚磷酸三苯酯

徐州市临黄农药厂

江苏省徐州市九里区桃园办事处[221141]
电话：(0516)85770399
经济类型：私营企业

苏

【主要产品】甲拌磷颗粒剂;甲基异柳磷颗粒剂;辛硫磷乳油;辛硫磷颗粒剂;5%特丁硫磷颗粒剂;多·福悬浮种衣剂;丁草胺颗粒剂(5%);精喹禾灵乳油;呋·甲颗粒剂;井·杀双水剂

徐州市龙圣漆业有限公司

江苏省徐州市复兴北路197号[221007]
电话:(0516)87765886
传真:(0516)87765886
供销电话:87665486
供销传真:87536336
网址:www.xzls.com
E-mail:webmaster@xzls.com
【主要产品】水性乳胶漆;水性环保地板漆;水性道路标线漆;环氧云铁防锈漆;水性磷酸锌防锈底漆;水性高光清漆;水泥漆;各色水性工业漆;水性带锈防锈漆;水性防腐涂料;冷却塔专用涂料;水性汽车底盘专用漆;铝粉漆;环保型水性金属防锈剂

徐州市泉山区建材化工厂

江苏省徐州市泉山区苏堤南路[221004]
电话:(0516)83662299
经济类型:集体 职工人数:180人
法人代表:王龙
【主要产品】防腐涂料;混凝土添加剂

徐州市人元化工有限公司

江苏省徐州新沂市新安镇新段村[221400]
电话:(0516)88966777;13857607111
传真:(0516)88968666
供销电话:88966777;13906583532
网址:www.peoplechem.com
E-mail:kyx@hi2000.com
【主要产品】2-乙酰噻吩;2-噻吩甲酸;3-噻吩甲酸;2-噻吩甲醛;3-噻吩甲醛;2-噻吩甲酰氯;2-氯-3-氯甲基噻吩;2-氯-3-甲基噻吩;2-氯-5-甲基噻吩;3-甲基-2-噻吩甲酰氯;2-溴-5-甲基噻吩;2-溴-3-甲基噻吩;4-溴-2-噻吩甲醛;2-氰基噻吩;2,5-二氯-3-甲基噻吩;4-溴-2-噻吩甲酸;硫尿嘧啶;2-甲氧基-5-硝基吡啶;2-甲基噻吩;2,5-二甲基噻吩;3-甲基-2-乙酰基噻吩;4-甲基-2-乙酰基噻吩;5-甲基-2-乙酰基噻吩;2-氯烟酸;2-氨基-5-硝基吡啶;2-羟基-5-硝基吡啶;2-氯-5-硝基吡啶;2-甲氧基-5-氨基吡啶;2-噻吩乙酸;5-甲基-2-噻吩甲醛;3-甲基-2-噻吩甲醛;3-甲基-2-噻吩羧酸;5-甲基-2-噻吩甲酸;2-噻吩羧酸乙酯

徐州市胜亚臭氧设备制造有限公司

江苏省徐州市铜山路105号[221000]
电话:(0516)83728318;83728398
传真:(0516)83728398
经济类型:私营企业 职工人数:100人
法人代表:李连柱
网址:www.xzo3.com
E-mail:xzo3@xzo3.com
【主要产品】臭氧发生器

徐州市诗阳塑胶有限公司

江苏省徐州市郭庄路2号[221004]
电话:(0516)83461156;13905215608
传真:(0516)83461156
法人代表:陈诗阳
网址:www.xzsysj.com
E-mail:xzsysj@163.com
【主要产品】低密度聚乙烯;高密度聚乙烯

徐州市西关化工厂

江苏省徐州市西郊卧牛山[221006]
电话:(0516)85551350;85550018;85750472
传真:(0516)85765142 经济类型:集体
供销电话:85765142
网址:www.xghgc.com;www.qiyanli.cn
E-mail:sales@xghgc.com
【主要产品】耐擦洗内墙涂料;内墙平光乳胶漆;高级丝光内墙乳胶漆;金丝彩缎涂料;聚醋酸乙烯乳液胶黏剂;环保万能胶;建筑胶

徐州市永大化工有限公司

江苏省徐州市铜山县三堡镇[221000]
电话:(0516)85038198;13585388717
职工人数:100人
网址:www.xzydchem.com;www.jsydchem.com
E-mail:sales@xzydchem.com
【主要产品】亚磷酸;盐酸

徐州市志丰化工有限公司

江苏省徐州市苏堤北路46号[221002]
电话:(0516)85646526;85908828
传真:(0516)85646525
网址:www.xzzfhg.com
E-mail:xuzhou@xzzfhg.com
【主要产品】磷酸;三聚磷酸钠;六偏磷酸钠;焦磷酸钠;磷酸二氢钠;磷酸三钠;磷酸氢二钠;磷酸氢钙;磷酸二氢钙;五氧化二磷;三偏磷酸钠;焦磷酸二氢二钠;复合磷酸盐

徐州市中侨油墨化工有限公司

江苏省徐州市金山桥经济开发区东环第二工业园(桃山路)[221004]
电话:(0516)87795567-8006
传真:(0516)87791567
经济类型:私营企业 法人代表:孟召杰
网址:www.chinacolour.net
E-mail:sales@chinacolour.net
【主要产品】印刷油墨

徐州试剂厂

江苏省徐州市郊区子房东路6号[221004]
电话:(0516)83461190
供销电话:83461136 经济类型:集体
【主要产品】蓄电池硫酸;碘;四氯化碳;亚硝酸钠;氯化钠;氢氧化钾;氯化钾;氯化汞;氯化镁;丙酮;硝酸;硼酸;磷酸;甲醛(溶液)

徐州塑料一厂

江苏省徐州市淮海西路251号[221006]
电话:(0516)85752549;85754214
传真:(0516)85754061 经济类型:集体
职工人数:400人 法人代表:王解秋
E-mail:b5765336@pub.xz.jsinfo.net
【主要产品】农用薄膜;多功能大棚膜;聚氯乙烯热收缩膜;给水用聚乙烯管材;长寿无滴EVA膜

徐州万和化学工业有限公司

江苏省徐州市北郊孟家沟煤港路789号[221000]
电话:(0516)87661636;13338978688
传真:(0516)82375378
供销电话:87661636;13952189128
网址:www.gatherbetter.com
E-mail:sales@wanhepharm.com;wanhe-xz@sohu.com
【主要产品】对特辛基苯酚;2,4-二叔丁基苯酚;2,6-二叔丁基苯酚;安赛蜜;天冬氨酰苯丙氨酸甲酯;三氯蔗糖;维生素K3;维生素K1;维生素K4;叶酸;对叔丁基苯酚;抗氧剂1010;抗氧剂1076;抗氧剂168;复合抗氧剂

徐州云翔树脂有限公司

江苏省徐州市贾汪区新风街[221011]
电话:(0516)87715292;87715396
经济类型:集体 法人代表:李云豹
网址:www.hylive.com/jiangsu/jiangsu06321.html
【主要产品】双酚A型环氧树脂

徐州造漆有限公司

江苏省徐州市复兴北路203号[221007]
电话:(0516)87767771;13805208133
传真:(0516)87760018
网址:www.xz771.com
E-mail:xz771@sina.com
【主要产品】酚醛树脂漆类;醇酸树脂漆类;快干氨基醇酸烘漆;各色丙烯酸氨基烘漆;各色丙烯酸锤纹漆;丙烯酸聚氨酯漆;丙烯酸工程机械磁漆;摩托车漆;常温道路标志漆;环氧树脂漆类;高氯化聚乙烯防腐面漆;高温防腐漆;瓦面漆;油漆稀释剂

连云港市

东海县专用化肥厂

江苏省连云港市东海县牛山镇海陵

东路 217 号[222300]
电话:(0518)87281734;87281730
经济类型:集体　职工人数:96 人
法人代表:赵绪生
网 址: www.hylive.com/jiangsu/jiangsu04724.html
【主要产品】复合肥

东海县壮禾复合肥厂

江苏省连云港市东海县牛山镇牛房路 45 号[222300]
电话:(0518)87287359
传真:(0518)87281268　经济类型:国有
固定资产:5,500 千元　职工人数:100 人
法人代表:赵玉建
【主要产品】混配复合肥料

赣榆县金山化工有限公司

江苏省赣榆县黄海路 68 号[222100]
电话:(0518)85090076
传真:(0518)85090076
供销电话:85090086;13851392478
供销传真:85090068　职工人数:168 人
经济类型:私营企业
网址:www.goldym.com
【主要产品】乙醇;甲醛

赣榆县龙河化工有限公司

江苏省连云港市赣榆县龙河镇龙河村[222111]
电话:(0518)86831786
经济类型:私营企业　法人代表:胥子军
网 址: www.hylive.com/jiangsu/jiangsu19250.html
【主要产品】硝酸钾

赣榆县尤利特化工有限公司

江苏省连云港市赣榆县墩尚镇[222037]
电话:(0518)82869158;13705130158
传真:(0518)85190278
网址:www.unitechemical.com
E-mail:sales@unitechemical.com
【主要产品】2-巯基吡啶;2,2′-硫代双(乙硫醇);吲唑-3-羧酸;联苯二甲酸二甲酯;对苯二甲酸单甲酯;1-(4-吡啶基)-2-丙酮;*N*,*N*-二甲基苄胺;芬那酸;吖啶酮乙酸;间氨基苯乙炔;长春瑞宾;多烯紫杉醇;7-乙基喜树碱;异环磷酰胺;氯尼达明;米力农;肼屈嗪;氨力农;奥沙利铂;美司那;白消安;苯磺酸阿曲库铵;氨吖啶

赣榆县榆城肥料有限公司

江苏省连云港市赣榆县土城镇[222213]
电话:(0518)86791010;86792965
固定资产:10,000 千元
供销电话:86791010;13905128728
经济类型:私营企业　职工人数:125 人
法人代表:樊庄声
网址:www.topincn.net/zh070014/cgyf_h60.htm

【主要产品】专用复合肥料;复合肥

灌南南北联合化工有限公司

江苏省连云港市灌南县白皂乡白皂村[222532]
电话:(0518)83453518;83453344
经济类型:私营企业　职工人数:44 人
法人代表:袁晓明
网 址: www.hylive.com/jiangsu/jiangsu03561.html
【主要产品】4-硝基苯胺

海峰化工科研有限公司

江苏省连云港市外冷路 4 号[222042]
电话:(0518)85166005;13718483639
传真:(0518)85166006
网址:www.hfchemicals.com
E-mail:hfchem@vip.163.com
【主要产品】2,3-二氢苯并呋喃-5-乙酸;顺式六氢异吲哚啉;(*S*)-2-苄基丁二酸;4-乙氧羰基-3-乙氧基苯乙酸;2-甲基-3-硝基苯乙酸;3-[1-(二甲氨基)乙基]苯酚;*N*-乙基-*N*-甲基氨基甲酰氯;4-(2-溴乙基)氧化吲哚;4-(2-羟乙基)氧化吲哚;2-甲基-3-硝基-*N*,*N*-二丙基苯乙酰胺;苯基乙烯基砜;瑞格列奈;米格列奈;罗匹尼罗盐酸盐;索非那新;利斯的明;达非那新

甲乙(连云港)粘胶有限公司

江苏省连云港市新浦区解放东路丁字路口北郊路 13 号[222069]
电话:(0518)85153113
传真:(0518)85150014　有进出口权
供销电话:85150757
供销传真:85150015
经济类型:外商独资
网址:www.kaboollyg.com
E-mail:jswideal@kaboollyg.com
【主要产品】棉浆粕

江苏德邦化学工业集团有限公司

江苏省连云港市海州区江化南路 51 号[222023]
电话:(0518)85113538
传真:(0518)85112536　有进出口权
经济类型:中外合资经营企业
职工人数:1,700 人
网址:www.jsdebang.com
E-mail:debang@public.lyg.js.cn
【主要产品】磷酸;重质纯碱;碳酸氢钠;工业氯化铵;焦磷酸钠(食品级);磷酸二氢钠;磷酸氢钙;硅酸钠;柠檬酸钠;柠檬酸钙;柠檬酸锌;氯化铵;混配复合肥料;磷酸氢二钠(食用级);柠檬酸钾;焦磷酸二氢二钠;磷酸二氢钙(食用级);磷酸钙;白炭黑

江苏亨泰化工有限公司

江苏省连云港市化工园区[222000]
电话:(0518)83616688;13805109022
传真:(0518)83616699
网址:www.jshtchem.com
【主要产品】3,4,5-三氯三氟甲苯;3,5-二硝基三氟甲苯;3,5-二硝基-4-氯三氟甲苯;3-硝基-4-氯三氟甲苯;2,4-二氯-3,5-二硝基三氟甲苯;5-氯-2-硝基三氟甲苯;2-氯-5-硝基三氟甲苯;间三氟甲基苯酚;1,3-二(三氟甲基)苯;三氟甲苯;5-氯-2-氨基三氟甲苯;3-氨基-4-氯三氟甲苯;5-氨基-2-氯三氟甲苯;3-氯三氟甲苯;2-氯三氟甲苯;4-氯三氟甲苯;3,4-二氯三氟甲苯;2,4-二氯三氟甲苯;3-氨基三氟甲苯;邻氨基三氟甲苯;间硝基三氟甲苯

江苏龙腾化工有限公司

江苏省连云港市东海县山左口乡[222333]
电话:(0518)87692227
传真:(0518)87692222
供销电话:87693732;87869378
经济类型:有限责任公司
职工人数:500 人
网址:www.ltchem.net
E-mail:dhshwshk@lyg.jsinfo.net
【主要产品】蛇纹石;盐酸;硫酸;过磷酸钙;磷酸一铵;混配复合肥料

江苏省东海磷肥厂

江苏省连云港市东海县城幸福南路 68 号[222300]
电话:(0518)87212594;87212382
传真:(0518)87212280　经济类型:国有
固定资产:10,000 千元
供销电话:87212382
职工人数:500 人　法人代表:陈茂芝
网址:www.topincn.net/zh070008/csdh_h10.htm
【主要产品】钙镁磷肥;钙镁磷钾肥;复合肥

江苏省赣榆县磷肥厂

江苏省赣榆县城黄海路 68 号[222100]
电话:(0518)86212416;86212010
传真:(0518)86212010
固定资产:60,000 千元
法人代表:刘昌业
网 址: www.topincn.net/zh070003/zh070003.htm
E-mail:gulucy@public.lyg.js.cn
【主要产品】硫酸;氟硅酸钠;过磷酸钙;混配复合肥料;硫酸钾复合肥

江苏省金桥盐业有限公司

江苏省连云港市海连中路 10 号[222001]
电话:(0518)85507582;85411116
传真:(0518)85500426　经济类型:国有
网址:www.cnsalt.com
【主要产品】氯化钙;氯化钾;氯化镁;稀土复合肥

江苏省连云港市东金化工有限

公司
江苏省连云港市东海县驼峰新区[222300]
电话:(0518)87319228;87316888;13815609756
传真:(0518)87239887;87319228
经济类型:集体 有进出口权
网址:www.djhgx.com.cn
E-mail:webmaster@djhgx.com.cn
【主要产品】乙酰甲胺磷;甲胺磷;甲基对硫磷;甲基对硫磷乳油;乐果;吡虫啉;甲基立枯磷;20%甲基立枯磷乳油;丁·苄可湿性粉剂;高氯·辛乳油

江苏双菱化工集团有限公司
江苏省连云港市新海路182号[222023]
电话:(0518)85252838;85252538;85252685
传真:(0518)85255874 有进出口权
经济类型:有限责任公司
职工人数:1,400人
网址:www.sl-chem.com
E-mail:market@sl-chem.com;manager@sl-chem.com
【主要产品】盐酸;烧碱;烧碱(液体);次氯酸钠;氯气(液);二芳基乙烷;对溴苯甲醛;苯乙酸;氯化苄;对溴溴苄;*N*,*N*-二甲基甲酰胺;*N*-甲基甲酰胺;甲酰胺;双乙酸钠;苯乙腈;二苯乙醇酮;苯偶酰;水合肼;α-羟基苯乙酸;苯甲醇;磷化铝;磷酸氢钙(食用级);苯甲醛;乙酸苄酯;四溴双酚A;十溴二苯乙烷

江苏中农化肥有限公司
江苏省赣榆县朱范工业园[222100]
电话:(0518)6536999
传真:(0518)6535088
网址:www.zhongnong.com.cn
E-mail:info@zhongnong.com.cn
【主要产品】磷酸二铵;硫酸钾复合肥;复合肥;有机肥

连吉化学工业有限公司
江苏省连云港市海州区东门外江化路[222023]
电话:(0518)85120012;85107578
传真:(0518)85118931 有进出口权
经济类型:与港澳台商合资经营
法人代表:赵祥海
【主要产品】白炭黑

连云港贝斯特化工有限公司
江苏省连云港市新浦区大浦路3号[222002]
电话:(0518)85153997
传真:(0518)85152038
经济类型:有限责任公司
网址:www.basedchem.com
E-mail:basedchem@hi2000.com
【主要产品】2,5-噻吩二羧酸;对氰基苯甲醛;邻氰基苯甲醛;间氰基苯甲醛;对氰基苯甲酸;邻氰基氯苄;对氰基氯苄;间氰基氯苄;对叔丁基邻氨基苯酚;OB-1氯苄;荧光增白剂OB-1醛

连云港涤纶厂
江苏省连云港市海连西路12号[222004]
电话:(0518)85414072
传真:(0518)85412660 经济类型:国有
供销电话:85413422-217
企业规模:大型 法人代表:黎俊
网址:jsfamous.js.cei.gov.cn/0700007/csanjiaq.
E-mail:sanjian@public.lyg.js.cn
【主要产品】涤纶长丝

连云港东洲化工有限公司
江苏省连云港市赣榆经济技术开发区[222100]
电话:(0518)86351258;82269198;82513858
传真:(0518)86351999
经济类型:私营企业
网址:dz2513858.diytrade.com;5014971.my.sme.cn
【主要产品】磷酸氢钙;磷酸二氢钙

连云港都茂化工有限公司
江苏省灌云县临港产业区[222200]
电话:(0518)88586618
网址:www.dumaochem.cn
E-mail:postmaster@dumaochem.cn
【主要产品】乙二醇二甲醚;二乙二醇二丁醚;1,3-丙二醇二甲醚;二丙二醇二甲醚;二乙二醇二甲醚;乙二醇二乙醚;二乙二醇二乙醚

连云港泛美润滑油有限公司
江苏省连云港市连云经济技术开发区[222043]
电话:(0518)82800794;82801772
传真:(0518)82800572
经济类型:中外合资经营企业
网址:www.allstateslube.com
E-mail:sale@allstateslube.com
【土要产品】润滑油

连云港丰泰肥料有限公司
江苏省连云港市云台区南城镇[222062]
电话:(0518)85911327
传真:(0518)85911327 职工人数:40人
经济类型:中外合资经营企业
法人代表:丁春荷
网址:cn.uinfo.net/detail/_95180.html
E-mail:315@chinatt315.org.cn
【主要产品】复合肥

连云港格兰特化工食品添加剂有限公司
江苏省连云港市内新牛公路东首六号[222023]
电话:(0518)85281611
传真:(0518)85280952 有进出口权
经济类型:私营企业 法人代表:王新军
网址:www.great-chem.com
【主要产品】氯化钾(食用);磷酸氢钙;碳酸镁;柠檬酸钠;柠檬酸钙;柠檬酸钾;丙酸钙;丙酸钠;磷酸二氢钙(食用级);磷酸钙

连云港海水化工有限公司
江苏省连云港市连云区西墅路168号[222042]
电话:(0518)82310961;82233801;13605134203
传真:(0518)82234117 经济类型:国有
供销电话:82233813;82233801
法人代表:章庚柱
网址:www.seabr.com
E-mail:lygseabr@yahoo.com.cn
【主要产品】四溴苯酐;一溴甲烷;溴乙烷;1-溴丙烷;四溴双酚A;六溴环十二烷;八溴醚;四溴双酚A双烯丙基醚;红磷阻燃剂;三(三溴苯基)氰尿酸酯;间苯二酚双(磷酸二苯酯);双酚A二(磷酸二苯酯);溴化肼

连云港华德石油化工机械有限公司
江苏省连云港市新浦海连东路59号[222006]
电话:(0518)85811165;85831801;85801680
传真:(0518)85801680 经济类型:国有
网址:www.lygshj.com.cn
E-mail:hd@lygshj.com.cn;lyghdshj@163.com
【主要产品】一、二类压力容器

连云港杰瑞医化有限公司
江苏省连云港市海连东路42号[222006]
电话:(0518)85152672;85152677;85152675
传真:(0518)85152674
供销电话:85152672;85152675
职工人数:100人
网址:www.jaripharm.com
E-mail:sales@jaripharm.com
【主要产品】依托泊苷;长春瑞宾双酒石酸盐;多烯紫杉醇;喜树碱;10-羟基喜树碱;7-乙基-10-羟基喜树碱;异环磷酰胺;盐酸拓扑替康;盐酸伊立替康;吉西它滨;卡培他滨

连云港开发区三维工贸公司
江苏省连云港市经济技术开发区黄河东路58号[222047]
电话:(0518)82340221;85468683
传真:(0518)82341246 经济类型:国有
职工人数:43人
网址:www.lygofa.gov.cn/sanwei/index1.htm
【主要产品】聚醋酸乙烯乳液胶黏剂;万能胶;拼板胶;快速卷烟包装胶;高速卷烟接嘴胶;木器制品胶

连云港立本农药化工有限公司

江苏省连云港市新浦区丁字路北首[222002]
电话:(0518)85150362;85153415;85150644
传真:(0518)85150701　经济类型:国有
职工人数:800 人
法人代表:曹广宏
网址:www.lygpesticide.com;www.lbnh.com.cn
E-mail:lygencgh@public.lyg.js.cn
【主要产品】苯丙酮;哒螨灵;哒螨灵可湿性粉剂;哒螨灵乳油;高渗阿维菌素乳油;阿维菌素可湿性粉剂;阿维菌素乳油;炔螨特乳油;甲胺磷;甲基对硫磷;甲基对硫磷乳油;一六〇五;一六〇五乳油;辛硫磷;辛硫磷乳油;辛硫磷颗粒剂;20%高渗辛硫磷乳油;三唑磷乳油;吡虫啉可湿性粉剂;高渗吡虫啉可湿性粉剂;高渗吡虫啉乳油;氯氰菊酯乳油;高效氯氰菊酯乳油;氰戊菊酯乳油;啶虫脒;啶虫脒乳油;啶虫脒可湿性粉剂;氟铃脲乳油;毒死蜱;毒死蜱乳油;己唑醇;己唑醇乳油;41%草甘膦异丙胺盐水剂;二甲戊乐灵乳油;吡嘧磺隆;吡嘧磺隆可湿性粉剂;百草枯水剂;氟磺胺草醚水剂;氟磺胺草醚;氟磺胺草醚乳油;乙草胺;苯磺隆;苯磺隆可湿性粉剂;精喹禾灵乳油;乙羧氟草醚乳油;多·硫悬浮剂;辛·氰乳油;高氯氟氰·辛乳油;柴油·哒乳油;哒·氧乐乳油

连云港瑞丰化工有限公司

江苏省连云港市通灌南路69号[222001]
电话:(0518)85482642;85018208;85018218
传真:(0518)85482643
网址:www.rfchem.com
E-mail:trade@rfchem.com
【主要产品】氢氧化钙;三聚磷酸钾;三聚磷酸钠;六偏磷酸钠;六偏磷酸钠(食品级);焦磷酸钠(食品级);焦磷酸钾;磷酸二氢钠;磷酸二氢钾;磷酸三镁;磷酸三钠;磷酸氢二钾(无水);磷酸钾;磷酸氢钙;磷酸氢钙(药用);磷酸锌;磷酸氢镁;氧化钙;柠檬酸钠;柠檬酸钙;柠檬酸锌;柠檬酸镁(无水);轻质碳酸钙(食品级);磷酸氢二钠(食用级);三偏磷酸钠;柠檬酸钾;焦磷酸二氢二钠;磷酸二氢钙(食用级);复合磷酸盐;偏磷酸钾;磷酸钙

连云港世达塑胶有限公司

江苏省连云港市开发区大浦路6号[222002]
电话:(0518)85452188
传真:(0518)85453255　有进出口权
经济类型:有限责任公司
职工人数:960 人
网址:www.djcht.com
E-mail:xqsl@public.lyg.js.cn
【主要产品】塑料制品;聚氯乙烯门窗型材;塑料薄膜;聚乙烯管;PP-R管材管件

连云港市德邦化工机械有限公司

江苏省连云港市海州区江化南路62号[222023]
电话:(0518)85112065;85049998
传真:(0518)85049998;85103604
经济类型:国有　有进出口权
法人代表:史文鲁
网址:www.dbhj.com
E-mail:debang@dbhj.com
【主要产品】离心机;一、二类压力容器

连云港市东港化工厂

江苏省连云港市新浦区临洪路9号[222003]
电话:(0518)85603689-801;13056066989
传真:(0518)85603687
经济类型:集体
供销电话:85603689-802　有进出口权
网址:www.masterchem.com.cn
E-mail:chem@lyg.com.cn;infochem@Hotmail.com
【主要产品】氯化锰;氯化锰(无水);碳酸锰;苯醌;四氯苯醌;1,4-苯二酚

连云港市港师化工有限公司

江苏省连云港市海州开发区[222062]
电话:(0518)85911298;85017509
传真:(0518)85913698
网址:www.gshgc.com
E-mail:yjl@gshgc.com
【主要产品】黏合剂

连云港市海镁化工有限公司

江苏省连云港市开发区猴嘴大浦路78-13号[222069]
电话:(0518)85208110
传真:(0518)85441860　经济类型:集体
供销电话:85208110;13961398686
产值:10,000 千元　职工人数:168 人
法人代表:霍金铭
E-mail:lygshmhg@sohu.com
【主要产品】碳酸镁;氧化镁;氧化镁(药用);高纯电熔氧化镁

连云港市海棠化工厂

江苏省连云港市墟沟镇大港路西首[222042]
电话:(0518)82311959
经济类型:股份合作
【主要产品】磷化铝

连云港市海州新元化工厂

江苏省连云港市海州区夏庄村59号[222023]
电话:(0518)85280802
经济类型:私营企业
法人代表:张洪成
网址:hy.shidui.com/jiangsu/jiangsu08454.html
【主要产品】硫酸钾(农用)

连云港市华通化学有限公司

江苏省连云港市灌南县堆沟港镇化学工业园区[222523]
电话:(0518)83618180;83618190;13675256001
传真:(0518)83611058　有进出口权
供销电话:83611058　职工人数:80 人
法人代表:都健
网址:www.ccachem.com
E-mail:sale@ccachem.com
【主要产品】3,3-二甲基-4-戊烯酸甲酯;功夫酸;三氟氯氰菊酯;联苯菊酯;醚菊酯;吡丙醚;*N*-乙基全氟辛基磺酰胺

连云港市化学试剂厂

江苏省连云港市新浦区华联教育巷6-4-101[222002]
电话:(0518)85805985;13056062585
传真:(0518)85414319　经济类型:集体
法人代表:江尧竹
网址:www.topincn.net/zh070011/zh070011.htm
E-mail:jiang944@pubbilyg.jsinfo.net
【主要产品】硫酸镁

连云港市杰圩化工有限公司

江苏省连云港市新浦区沈圩新磷路[222003]
电话:(0518)85639881;13505133131
传真:(0518)85633529
经济类型:有限责任公司
法人代表:顾良羟
网址:www.jieweichem.com
E-mail:sales@jieweichem.com
【主要产品】邻甲氧基苯甲醛;溴代十二烷;*N*,*N′*-亚甲基双丙烯酰胺;苯甲醛-2-磺酸钠;*N*-羟甲基丙烯酰胺;月桂氮卓酮

连云港市锦屏化工厂

江苏省连云港市海州区锦化街[222023]
电话:(0518)85431881;13905137475
传真:(0518)85431881　有进出口权
网址:www.jinpingchem.com
E-mail:xu@jinpingchem.com
【主要产品】磷酸;赤磷;异丁烯;氯化铵;钙镁磷肥;磷酸氢钙(食用级)

连云港市竞生化工有限公司

江苏省连云港市板浦镇东大街28号[222241]
电话:(0518)88362040;13961353588
传真:(0518)88362175　经济类型:集体
法人代表:章竞生
【主要产品】光卤石;氯化钙;氯化钾(精制);氯化镁(无水);轻质碳酸钙;重质碳酸钙;活性超细碳酸钙;氧化钙;活化胶粉;钡熔剂

连云港市九盛化工厂

苏

江苏省连云港市幸福路 92 号[222023]
电话:(0518)85250267;85252267
传真:(0518)85251267
供销电话:13056042580
经济类型:私营企业 产值:1,000 千元
职工人数:100 人 法人代表:尹泽波
网址:www. lyg-js. com
E-mail:xfm988@163. com
【主要产品】磷酸三镁;磷酸氢钙;磷酸氢镁;轻质碳酸镁;磷酸钙

连云港市利农化工厂

江苏省连云港市海州区丁庄村[222023]
电话:(0518)85430572;85430570
职工人数:31 人
【主要产品】磷酸二氢钾

苏

连云港市三友精细化工厂

江苏省连云港市海州江化南路 39 号[222023]
电话:(0518)85415606;13805136998
供销电话:85415606;13905130919
网址:www. sanyouchem. net
E-mail:haixingchemical@yahoo. com. cn
【主要产品】氯化钾(食用);吡啶硫酮;2-巯基吡啶;吡啶硫酮锌;吡啶硫酮钠

连云港市天山化工厂

江苏省连云港市海州区新海路 127 号[222023]
电话:(0518)85412700;85253801
传真:(0518)85012708 经济类型:集体
供销电话:82892337 法人代表:王金娣
【主要产品】*N*,*N*-二甲基甲酰胺;混配复合肥料;异氰尿酸蜜胺盐

连云港市五塑包装有限公司

江苏省连云港市连云区中山西路 189 号[222042]
电话:(0518)82311929;82311454
传真:(0518)82313372;82230736
供销电话:82230726 经济类型:集体
网址:www. aepacking. com;
www. chinapacking. cn
E-mail:wuchang@public. lyg. js. cn
【主要产品】土木工程编织布;塑料编织袋;柔性集装袋;吹塑薄膜

连云港市新浦源鑫化工厂

江苏省连云港市开发区猴嘴办事处新航路 8 号[222069]
电话:(0518)85034671;13505137591
传真:(0518)85440167 职工人数:60 人
经济类型:私营企业 法人代表:张步喜
网址:www. xpxychem. com
E-mail:zhang@xpxychem. com;
facai@xpxychem. com
【主要产品】纯碱;硫酸镁;氯化钾(食用);工业氯化铵;碳酸镁;磷酸钙;钡熔剂

连云港市中成化工有限公司

江苏省灌南县堆沟港镇连云港化学工业园区[223500]
电话:(0518)83618698;83611610;
83611669
传真:(0518)83611710
职工人数:120 人 法人代表:袁民忠
网址:www. zc-chem. com
E-mail:zchg@zc-chem. com
【主要产品】亚磷酸;2-羟基吡啶;异戊烯醇;2-氨基-4-羟基苯甲酸;3,3-二甲基-4-戊烯酸甲酯;原乙酸三甲酯;2,3-环戊烯并吡啶;D-α-苯乙胺;L-α-苯乙胺;邻溴苯腈;对溴苯腈;三环唑;三苯基氢氧化锡;2,4-二氯苯氧乙酸正丁酯;乙胺嘧啶;盐酸可乐定

连云港双蝶染料化工有限公司

江苏省灌南县堆沟港镇连云港化工产业园区[222523]
电话:(0518)83636899;82023842;
13812443842
传真:(0518)83636899
网址:www. shuangdiechem. com
E-mail:market@shuangdiechem. com
【主要产品】酸性嫩黄 G;酸性金黄 G;酸性橙Ⅱ;酸性红 G;酸性大红 GR;酸性大红 3R;酸性红 A;酸性黑 ATT;酸性黑 10B;弱酸嫩黄 G;弱酸艳红 B;酸性蓝 HRL;酸性蓝 BR;弱酸性深蓝 GR;弱酸深蓝 5R;弱酸性黑 BR;酸性媒介黄 M;酸性媒介红 B;酸性媒介红 PE;酸性媒介漂蓝 B;酸性媒介藏青 RRN;酸性媒介藏青 RRL;酸性媒介棕 RH;酸性媒介黑 T;弱酸艳红 10B

连云港泰达精细化工有限公司

江苏省连云港市海州西门路 96 号[222023]
电话:(0518)85211049;85217182
传真:(0518)85218537
网址:www. lygtaida. com
E-mail:td@lygtaida. com;
lygtaida@. 163. com
【主要产品】磷酸三镁;磷酸氢钙;柠檬酸钙;柠檬酸锌;柠檬酸镁(无水);柠檬酸钾;磷酸钙

连云港泰乐化学工业有限公司

江苏省连云港市新海路 188 号[222023]
电话:(0518)85252050;85255567
传真:(0518)85255686 有进出口权
供销电话:85255567;85250117
供销传真:85505686
经济类型:外商独资
网址:www. tailechem. com
E-mail:office@taile. com
【主要产品】氯化苄;苯甲醇;苯甲醛

连云港泰亿精细化工有限公司

江苏省连云港市东海县南辰乡政府驻地[222300]
电话:(0518)87763333;13912189799
传真:(0518)87763588
供销电话:87763333;13185680773
网址:www. chinataiyi. com
E-mail:hylt8888@126. com
【主要产品】2-噻吩乙胺;氯磷酸二异丙酯;氯磷酸二乙酯;氯磷酸二苯酯;二苯基膦;三丁基膦;二苯基膦酰氯;二苯基氯化膦;巴西酸乙二醇酯

连云港新磷矿化有限责任公司

江苏省连云港市新浦区浦河东街 36 号[222002]
电话:(0518)85153768;85153634
传真:(0518)85153577
供销电话:85154038 职工人数:762 人
供销传真:85154038
经济类型:有限责任公司
网址:www. lygxlkh. com
E-mail:lygxlkh@163. com
【主要产品】磷矿石;硫酸;氟硅酸钠;过磷酸钙;颗粒磷肥;复合肥;磷酸氢钙(食用级)

连云港银化制镁有限公司

江苏省连云港市连云区板桥工业园区[210039]
电话:(0518)82250480;13605133827
传真:(0518)82250460
固定资产:40,000 千元
职工人数:270 人
网址:www. lygyhzm. com
E-mail:lygyhzm@yahoo. com. cn
【主要产品】硫酸镁;氯化钾;氯化钾(食用);氯化镁;氯化镁(药用);溴素;溶雪剂

连云港永龙化工有限公司

江苏省连云港市灌南堆沟化工园区[222525]
电话:(0518)83618666;83618999;
13901493687
传真:(0518)83611926 职工人数:80 人
网址:www. ylchem. com
E-mail:ylchem@hi2000. com
【主要产品】邻异丙基对氯苯乙酰氯;1,4-二溴-2-丁烯;功夫酸;2-氨基 4,6 二甲氧基嘧啶;4,6-二氯-2-甲基嘧啶;4,6-二氯嘧啶;4,6-二羟基-2-甲基嘧啶;4-二甲氨基吡啶

连云港优利纺织助剂有限公司

江苏省连云港市宋跳高新技术开发区民营园[222000]
电话:(0518)85154481;13851291600
传真:(0518)85154482
经济类型:外商独资
网址:www. ylfzzj. cn
E-mail:zmylyg@56. com
【主要产品】催化剂;柔软剂;超低甲醛树脂整理剂;无醛树脂整理剂;静电防止剂

连云港元升实业有限公司

江苏省连云港市新浦区幸福路 71 号[222023]

电话:(0518)85412686;85412280;85480434
传真:(0518)85412709
经济类型:股份有限公司
法人代表:李国庆
网址:www.bright100.com/qyyd/sysy.htm
E-mail:yshshy@pub.lyg.jsinfo.net
【主要产品】碘;D-异抗坏血酸钠;甘露醇;纤维素酶;海藻酸钠;聚丙烯酸;α-淀粉酶

连云港中大海藻工业有限公司

江苏省连云港市赣榆经济技术开发区[222100]
电话:(0518)82628834;13815685304
传真:(0518)86288229
网址:www.alginate.cn
E-mail:chinaseaweed@hotmail.com
【主要产品】碘;西咪替丁;甘露醇;海藻酸钠

连云港中铭化工有限公司

江苏省连云港市朝阳西路46号华茵办公楼605室[222000]
电话:(0518)85437226;85400009
传真:(0518)85437005　有进出口权
网址:www.famouschem.cn
E-mail:sales@famouschem.cn
【主要产品】磷酸;纯碱;碳酸氢钠;硫酸锌;磷酸二氢钠;磷酸氢二钠;磷酸氢钙;磷酸二氢钙;苯甲酸;柠檬酸钠;醋酸钠;氯化铵;碳酸氢铵;山梨酸;苯甲酸钠;山梨酸钾;柠檬酸;柠檬酸钾;糖精钠;天冬氨酰苯丙氨酸甲酯;甜蜜素;磷酸钙

连云港中壹精细化工有限公司

江苏省连云港市化工工业园区(堆沟)[222525]
电话:(0518)85838189;85838199
传真:(0518)85838168
网址:www.zhongyichem.cn
E-mail:info@zhongyichem.cn
【主要产品】5-溴水杨醛;2-氨基-5-溴苯甲酸;5-氨基水杨酸;2-氨基-5-羟基苯甲酸;4-甲基水杨酸;1-氨基-8-萘酚-4,6-二磺酸;2-苄基-4-氯苯酚;2-氨基-4-氯-5-硝基苯酚;*N*,*N*-二甲基-1,4-苯二胺;*N*,*N*-二乙基对苯二胺;2,6-二氯苯并噁唑;3-硝基-4-氨基苯磺酸;4-氯水杨酸-5-磺酰胺

中国石化南京化学工业有限公司连云港碱厂

江苏省连云港市墟沟镇[222042]
电话:(0518)82310301;82311767
传真:(0518)82311440
经济类型:国有
有进出口权
企业规模:大型
网址:www.lygjc.com
E-mail:lygjc@public.lyg.js.cn
【主要产品】纯碱;重质纯碱;碳酸氢钠;氯化钙(二水);食用纯碱

淮阴市

洪泽前程香料香精厂

江苏省洪泽县工业园区东二道8号[223100]
电话:(0517)87210268;87203126;13806263562
传真:(0517)87210168
网址:qs.chemnet.com
E-mail:qs@hi2000.com
【主要产品】正丁醇;异丁醇;异戊醇;丙醇;丁香酚甲醚;丙酸;丁酸;异丁酸;2-甲基丁酸;异戊酸;乙酰丙酸乙酯;甲酸异戊酯;苯乙醛;柠檬醛;乙酸异戊酯;乙酸香叶酯;异戊酸异戊酯;柠檬腈;香茅腈

洪泽县三联复合肥有限责任公司

江苏省淮安市洪泽县岔河镇幸福桥11号[223111]
电话:(0517)87682488
传真:(0517)87685158
经济类型:私营企业
职工人数:350人
网址:www.b2b168.com/c168-564407.html
【主要产品】复合肥

淮安德邦化工有限公司

江苏省淮安市涟水县化学工业园[223402]
电话:(0517)82332538;82332537;82332535
传真:(0517)82383518　职工人数:62人
固定资产:8,000千元
供销传真:82332537　产值:30,000千元
经济类型:私营企业　法人代表:张根淮
销售收入:26,000千元
网址:www.deponchem.com
E-mail:sales@deponchem.com
【主要产品】对苯二甲醚;1,2-二甲氧基苯;1,3-二甲氧基苯;二氯乙酰氯;三氯乙酰氯;*N*,*N*-二乙基乙二胺;4-氯苯甲酰氯;4-甲基苯甲醚;间甲基苯甲醚;邻甲基苯甲醚;苯甲醚

淮安瑞尔化学有限公司

江苏省淮安市淮阴区袁集工业园[223303]
电话:(0517)84779600;13805239650
传真:(0517)84779599
供销电话:84779600;13915118838
网址:www.realchem.com.cn
E-mail:sales@shuanglianchem.com
【主要产品】异氰酸正丁酯;对氯苯基异氰酸酯;3,4-二氯苯基异氰酸酯;环己基异氰酸酯;异氰酸苯酯;异丙基异氰酸酯;三氯甲基碳酸酯

淮安市奔盛化工有限公司

江苏省淮安市淮阴区王营镇北京东路7号[223300]
电话:(0517)84935482
经济类型:私营企业　法人代表:刘从玉
【主要产品】合成氨;碳酸氢铵

淮安市华东化工研究所

江苏省淮安市清浦区轮窑路8号[223002]
电话:(0517)83020055;13003548560
传真:(0517)83186353
经济类型:私营企业
网址:www.hahdchem.com
E-mail:web@hahdchem.com
【主要产品】3-甲基戊二酸;*N*,*N*-二乙基乙二胺;*N*,*N'*-二甲基乙二胺;*N*-乙基乙二胺

淮安市华泰化工有限公司

江苏省淮安市朱桥工业园区[223227]
电话:(0517)85360666;85363333;85302888
固定资产:50,000千元　职工人数:80人
供销电话:(025)52215773
供销传真:(025)52203997
产值:35,000千元　法人代表:徐汝华
销售收入:35,000千元
网址:www.huataichem.com
E-mail:sales@huataichem.com
【主要产品】二氧六环;*N*-甲基吗啉-*N*-氧化物;1,3-二氧五环;4-吗啉甲醛;1-萘乙酰胺;*N*-甲基吗啉;邻苯二甲酰亚胺;1,1-二(4-羟基苯基)-1-苯基乙烷

淮安市淮阴区星火化工厂

江苏省淮安市淮阴区棉花镇[223311]
电话:(0517)84371726;13861555466
传真:(0517)84371726
法人代表:刘步民
网址:www.xinghuochem.com.cn
E-mail:sales@xinghuochem.com.cn
【主要产品】氯化锰

淮安市造漆厂

江苏省淮安市淮三路11号[223002]
电话:(0517)83961057
传真:(0517)83963958
网址:www.hy.js.cn/qy/dyh/lxwm.htm
E-mail:hyszqc@pub.hy.jsinfo.net
【主要产品】各色酚醛调合漆;各色醇酸调合漆;硝基漆类;丙烯酸乳胶漆;聚酯树脂漆类;聚氨酯漆类

淮安市中天生物工程有限公司

江苏省淮安市淮阴区盐河东街2号[223001]
电话:(0517)84923668
传真:(0517)84934540
网址:www.hongcing.com/zhongtian2006
E-mail:huaianztsw@alibaba.com.cn
【主要产品】壳聚糖;氨基葡萄糖盐酸盐;D-氨基葡萄糖硫酸钾盐;D-氨基葡萄糖硫酸钠盐

淮安永创化学有限公司

苏

江苏省涟水县经济开发区淮浦北路11号[223400]
电话:(0517)82389788;82389588;82389388
传真:(0517)82389988
法人代表:毕永堪
网址:www.ychuangchem.com
E-mail:postmaster@yongduo.com
【主要产品】磷酸;赤磷;三氯化苄;2-氟三氟甲苯;3-氟三氟甲苯;4-氟三氟甲苯;3,5-二硝基-4-氯三氟甲苯;3-硝基-4-氯三氟甲苯;2,4-二氯-3,5-二硝基三氟甲苯;1,3-二(三氟甲基)苯;三氟甲苯;间氯三氯甲苯;邻氯三氯甲苯;对氯三氯甲苯;3-氨基-4-氯三氟甲苯;3-氯三氟甲苯;2-氯三氟甲苯;4-氯三氟甲苯;3,4-二氯三氟甲苯;2,4-二氯三氟甲苯;3-氨基三氟甲苯;邻氨基三氟甲苯;红磷阻燃剂

淮阴市染料化工厂

江苏省淮阴市清河区北京西路2号[223001]
电话:(0517)83944962
传真:(0517)83941935　法人代表:黄岩
供销传真:83932010
经济类型:股份合作
【主要产品】硫化深蓝3R;硫化亮绿;硫化黑;双倍硫化黑

江苏安邦电化有限公司

江苏省淮阴市清浦区化工路30号[223002]
电话:(0517)83630505;83556188;83556111
传真:(0517)83961984　经济类型:国有
供销传真:83556111;83632815
有进出口权　企业规模:大型
职工人数:1,960人　法人代表:刘跃
网址:www.anpon.com
E-mail:lys@anpon.com;hyep@public.hy.js.cn
【主要产品】盐酸;烧碱;氢气;氯气(液);异氰酸正丁酯;3,4-二氯苯基异氰酸酯;异氰酸苯酯;氯菌酸酐;六氯环戊二烯;2-甲基苯胺;碘丙炔正丁胺甲酸酯;硫丹;35%硫丹乳油;噻嗪酮;吡蚜酮;杀虫单可溶性粉剂;杀虫双水剂;苯菌灵;苯菌灵可湿性粉剂;草甘膦;乙烯利;氯化橡胶;三氯对称二苯脲

江苏大成医药化工有限公司

江苏省淮安市楚州化工集中区[223200]
电话:(0517)85200007
传真:(0517)85200186
法人代表:张兆春
网址:www.dachengchem.com
E-mail:sales@dachengchem.com
【主要产品】三溴化磷;溴代叔丁烷;邻溴苯甲醛;对溴苯甲醛;2-溴丙酸;3-溴丙酸;溴乙酸;2-溴丙酸乙酯;3-溴丙酸乙酯;溴乙酸乙酯;溴乙酸甲酯;2-溴丙酸甲酯;3-溴丙酸甲酯;α-溴代异丁酸甲酯;α-溴代异丁酸乙酯;三溴甲烷;2-溴丙酰溴;丙酰溴;2-溴丁酰溴;丁酰溴;1,5-二溴戊烷;四溴乙烷;3-溴丙烯;溴乙烷;溴代十二烷;溴代异十三烷;3-溴丙炔;1,2,3-三溴丙烷;溴苯;1-溴丁烷;2-溴丁烷;1,4-二溴丁烷;对溴溴苄;邻溴溴苄;间二溴苄;1,2-二溴乙烷;溴乙酰溴;乙酰溴;溴辛烷;2-溴辛烷;1-溴戊烷;溴代正己烷;溴代正癸烷;溴代正庚烷;溴代异丁烷;1,6-二溴己烷;溴代异辛烷;溴代环戊烷;溴代环己烷;1,4-二溴-2-丁烯;1,3-二溴丙烷

江苏大华药业有限公司

江苏省淮安市淮涟路[223001]
电话:(0517)83945219;83929380;83929381
传真:(0517)83913821
固定资产:5,000千元
网址:www.xschemical.com
E-mail:xsheng@pub.hy.jsinfo.net
【主要产品】硫酸钠;2-羟基苯甲酸;苯甲酸;水杨酸甲酯;樟脑;乙基麦芽酚;白油;甘草酸单钾盐;苯甲醇;苯甲酸苄酯;苯甲酸钠;柠檬酸(一水);甘草酸;甘草酸单铵;颠茄浸膏;胡椒醛;乙基香兰素;乙酸苄酯;龙脑

江苏得意有机硅有限公司

江苏省金湖闵桥镇金桥五组[211600]
电话:(0517)86742402;13915187764
传真:(0517)86742402
经济类型:私营企业
网址:www.xpjw.cn
E-mail:cs@50yr.cn
【主要产品】二甲基硅油;油墨流平剂;发酵用消泡剂;涂料印花浆用消泡剂;消泡剂;有机硅消泡剂(水处理专用);合成革用消泡剂;聚氧丙烯聚氧乙烯甘油醚;造纸用消泡剂;皮革滑爽剂;废纸脱墨剂

江苏方舟化工有限公司

江苏省洪泽县蒋坝镇茂盛街888号[223126]
电话:(0517)87446251;87448869;87448828
传真:(0517)87446285;87448869
供销电话:87448880;87448828
经济类型:私营企业　有进出口权
网址:www.arkchem.com
E-mail:arkchem@hi2000.com
【主要产品】3-甲酚;*N*,*N'*-二丁基间氨基苯酚;3-甲基苯胺;2-甲基苯胺;2-氯苯胺;甲苯胺(混合物);3-氯-2-甲基苯胺;3-氨基苯酚;3-氨基苯磺酸;3-羟基-*N*,*N*-二乙基苯胺;对氨基水杨酸钠

江苏淮安东大化工有限公司

江苏省淮安市楚洲区城东乡罗桥村[223232]
电话:(0517)85201999;85201998
传真:(0517)85201999;85201998
法人代表:项进飞
【主要产品】甲醛

江苏淮海盐化厂

江苏省淮阴市清浦区黄码乡[223007]
电话:(0517)83883310
传真:(0517)83883310　经济类型:国有
供销电话:83883306;83883308
有进出口权　法人代表:顾国庆
网址:www.jshayy.com/yydw5.htm
E-mail:jshhsc@163.net
【主要产品】氯化钠

江苏金凤化纤(集团)股份有限公司

江苏省淮安市延安西路七号[223002]
电话:(0517)83963912;83961524
传真:(0517)83963027　有进出口权
经济类型:股份有限公司
企业规模:大型
网址:www.jinfeng-cn.com
E-mail:jsjf@pub.hy.jsinfo.net
【主要产品】聚酯切片;涤纶长丝;涤纶全拉伸丝;涤纶低弹丝

江苏金湖国祥工贸有限公司

江苏省金湖县人民路139号[211600]
电话:(0517)86858507;86858508;86858509
传真:(0517)86858510
E-mail:jsgxgm@pub.hy.jsinfo.net
【主要产品】雨靴

江苏科圣化工机械有限公司

江苏省淮阴市清浦区城西路40号[223002]
电话:(0517)83962409
传真:(0517)83962409　经济类型:国有
供销电话:83964514
【主要产品】化工设备;破碎机

江苏兰健药业有限公司

江苏省洪泽县工业园区[223100]
电话:(0517)87203966;87216688
传真:(0517)87203966
网址:www.js-lanjian.com
E-mail:lj@js-lanjian.com
【主要产品】硫酰胺;对乙基苯甲酸;对乙基苯乙酮;对异丙基苯乙酮;1,3-二氯丙酮;4,4'-二氟二苯甲酮;2,4-二氟二苯甲酮;法莫替丁侧链;氨乙基硫醚;4-氯二苯甲酮;西咪替丁;雷尼替丁碱;盐酸雷尼替丁;法莫替丁

江苏南风元明粉有限责任公司

江苏省洪泽县高良镇人民北路24号[223100]
电话:(0517)87220975

传真:(0517)87222651　有进出口权
供销电话:87229496
供销传真:87229496
经济类型:港澳台商投资股份有限公司
E-mail:jsnfa@public.hy.js.cn
【主要产品】硫酸钠

江苏赛欧信越消泡剂有限公司

江苏省金湖县工业园区新建路[211600]
电话:(0517)86986699;86986969;13901403399
传真:(0517)86986789;86986399
供销电话:13901403446
法人代表:杨柏忠
网址:www.saiou.com
E-mail:ybz@saiou.com
【主要产品】乳胶漆用消泡剂;*N*,*N*,*N*-三(聚氧丙烯聚氧乙烯)胺;发酵用消泡剂;有机硅消泡剂(食品用);抑泡剂;有机硅固体粉沫型消泡剂;涂料印花浆用消泡剂;有机硅消泡剂;有机硅消泡剂(水处理专用);合成革用消泡剂;造纸用消泡剂

江苏神华药业有限公司

江苏省金湖县神华大道188号[211600]
电话:(0517)86882718;87101712
传真:(0517)87101718　经济类型:国有
网址:www.shenhuapharm.com
E-mail:market@shenhuapharm.com
【主要产品】黄原胶

江苏省淮安嘉诚化工有限公司

江苏省淮安市王营新盐场52号[223300]
电话:(0517)84926888;84934666
传真:(0517)84932302
固定资产:80,000千元
经济类型:私营企业　职工人数:600人
网址:www.chemjc.com
E-mail:master@chemjc.com
【主要产品】4-硝基甲苯;2-硝基甲苯;3-硝基甲苯;4-甲基苯胺;3-甲基苯胺;2-甲基苯胺;2-氯苯胺

江苏省淮阴市清浦精细化工厂

江苏省淮阴市武墩二河堤路[223003]
电话:(0517)83861232;83862235;13852307973
供销电话:83963560;13003541451
法人代表:王寿永
网址:www.chinachemnet.com/yhhg
E-mail:wsya@pub.hy.jsinfo.net
【主要产品】硫酸铜;硫酸锰;硝酸锰;氯化铜;氯化锰;氯化锰(无水);酸式磷酸锰;碱式碳酸铜;碳酸锰;氧化铜;醋酸铜

江苏双穗鞋业有限公司

江苏省淮阴市清浦区新民东路1号[223002]
电话:(0517)83975501;83975504;83975505
传真:(0517)83964830　有进出口权
供销电话:83962212;13327971231
经济类型:有限责任公司
法人代表:王永钢
网址:www.js-shuangsui.com
E-mail:yhyl-wyg@mail.tzptt.zj.cn
【主要产品】胶鞋;布面胶鞋

江苏天明化工有限公司

江苏省盱眙县二〇九三信箱[211704]
电话:(0517)88593205
传真:(0517)88593101
供销电话:88593218
供销传真:88593288
网址:www.tianming.cn
【主要产品】锅炉清灰剂;岩石抗水硝铵炸药2号;乳化炸药;铵油炸药;铵松蜡炸药1号;2号岩石粉状铵锑炸药;震源药柱;工业导火索

江苏天士力帝益药业有限公司

江苏省淮安市城南西路29号[223002]
电话:(0517)83803898;83803747;83803788
传真:(0517)83803643
供销电话:83803757;83803643
职工人数:650人
网址:www.taslydiyi.com
E-mail:shichangbu@taslydiyi.com
【主要产品】2-甲氧基-5-磺酰胺基苯甲酸甲酯;2-甲氧基-5-甲磺酰基苯甲酸甲酯;2-甲氧基-5-乙磺酰基苯甲酸甲酯;匹格列酮盐酸盐;尼可地尔;替米沙坦;苯扎贝特;舒必利;盐酸舒托必利;盐酸泰必利;氨磺必利;葡醛内酯;水飞蓟素;氟他胺

江苏振方化工有限公司

江苏省洪泽县工业园区热电大道南侧东三街西侧[223100]
电话:(0517)87216880;87203688;13306138200
传真:(0517)87203880
固定资产:50,000千元
职工人数:150人
网址:www.zfchem.com
E-mail:qxf@zfchem.com
【主要产品】2,3-二氯苯甲醛;3,4-二氯苯甲醛;对氯苯甲醛;间氯苯甲醛;邻氯苯甲醛;2,4-二氯苯甲醛;2,6-二氯苯甲醇;2,4-二氯苄醇;3,4-二氯苄醇;间氯苄醇;邻氯苄醇;对氯苄醇;乙氧基亚甲基氰乙酸乙酯;邻甲基氯苄;邻二氯苄;2,4-二氯苯甲酸;4-氯氯苄;邻氯氯苄;3-氯氯苄;2,4-二氯氯苄;2,6-二氯氯苄;3,4-二氯氯苄;2-氯苯甲酸;乙氧基亚甲基丙二腈

金湖申凯化学有限公司

江苏省金湖县金湖东路182号[211600]
电话:(0517)86882729;13776715012
传真:(0517)86882741
网址:www.shenkai-china.com
E-mail:shenkai118@126.com
【主要产品】邻碘苯甲酸;乙酰氧基乙酰氯;α-酮戊二酸钙盐;β-羟基-β-甲基丁酸钙;三氯蔗糖;L-精氨酸;L-天门冬氨酸钾;肌酸酮戊二酸;L-精氨酸-β-羟基-β-甲基丁酸盐;L-精氨酸-L-焦谷氨酸盐;*N*-乙酰-L-谷氨酰胺

金湖县化肥厂

江苏省淮阴市金湖县城中路201号[211600]
电话:(0517)86888556
传真:(0517)86882737　经济类型:国有
供销电话:86882738
供销传真:86882738
【主要产品】碳酸氢铵

涟水丰禾化工有限公司

江苏省淮阴市涟水县安东北路涟中闸南首[223402]
电话:(0517)82381121
传真:(0517)82381268
网址:www.hampw.com/fhhg/index.htm
E-mail:lfsh888@126.com
【主要产品】氢气;甲醇;液氨;碳酸氢铵

涟水金兰化工有限公司

江苏省涟水县朱码镇[223402]
电话:(0517)82332270;82332170;13056021148
传真:(0517)82332170
网址:www.jinlan-chem.com
E-mail:sales@jinlan-chem.com
【主要产品】十八烷基异氰酸酯;异氰酸苯酯;3,4-二氯苯胺;硫丹醇;3,4-二氯硝基苯

涟水磷肥厂

江苏省涟水县城北朱码乡[223402]
电话:(0517)82321754;82331888
传真:(0517)82321753
固定资产:30,000千元
供销电话:82322348　职工人数:860人
经济类型:股份有限公司
法人代表:潘华章
网址:www.js.cei.gov.cn/gshbl/32080028/gs08002
【主要产品】硫酸;过磷酸钙;混配复合肥料;磷酸氢钙(食用级)

涟水永安化工有限公司

江苏省涟水县朱码镇化工总厂内[223402]
电话:(0517)82332228;82332333;13651568663
传真:(0517)82332128
网址:www.yachemical.com
E-mail:export@yachemical.com
【主要产品】氰虫腈;毒死蜱;嘧菌酯;戊唑醇;草铵膦;二甲戊乐灵;二甲戊乐灵乳油

世洋化工(淮安)有限公司

江苏省淮安市经济开发区大连路28号[223005]
电话:(0517)83708555
传真:(0517)83713803
网址:www.seyangchem.com
E-mail:yxsy@seyangchem.com
【主要产品】氧化锌

宿迁市

江苏省沭阳县新源化工厂

江苏省沭阳县华冲镇北化工区内[223600]
电话:(0527)83223578;13951190758
传真:(0527)83224309
供销电话:83223578;13951521808
法人代表:蔡朝洪
网址:www.xyhgc.com
E-mail:sales@xyhgc.com
【主要产品】荒酸二甲酯

江苏省泗洪县农药厂

江苏省宿迁市泗洪县青阳镇青阳南路[223900]
电话:(0527)86261364
经济类型:集体
【主要产品】乐·氰乳油

江苏沭阳同盛科技有限公司

江苏省沭阳县化工园区(扎下镇)[223600]
电话:(0527)83280999;83280166;13905241999
传真:(0527)83280099
网址:www.shyts.cn
E-mail:shyts@shyts.cn
【主要产品】4-溴吡啶盐酸盐;异丁醇;异丙醇;异戊醇;对氨基苯乙酸;磷酸三乙酯;氟溴乙酸乙酯;二溴氟乙酸乙酯;二氟溴乙酸乙酯;二氟氯乙酸乙酯;间氯苯乙酮;对氟苯乙酮;4-溴苯乙酮;间溴甲苯;1-溴丁烷;对硝基苯乙腈;对羟基苯乙腈;对氨基苯乙腈

江苏沭阳县联沂树脂材料厂

江苏省宿迁市沭阳县贤官镇工业区[223653]
电话:(0527)13327954211
法人代表:茹印月
【主要产品】甲醛

江苏泗洪悦诚精细化工有限公司

江苏省泗洪县经济开发区三环路南侧[223900]
电话:(0527)86205189;13407557017
传真:(0527)86205609 职工人数:60人
网址:fdcz.chemnet.com/index.html
【主要产品】硫氰酸胍;碳酸胍;胍,盐酸盐;硫酸胍;氨基磺酸胍

江苏威力磷复肥有限公司

江苏省泗阳县众兴西路118号[223700]
电话:(0527)85292731;85292638
传真:(0527)85292571
供销电话:85212731 职工人数:460人
经济类型:股份有限公司
法人代表:吴殿玲
网址:www.jswllff.com
E-mail:jswllff@126.com
【主要产品】硫酸;氟硅酸钠;混配复合肥料;有机无机复混肥;专用肥

沭阳金凯化工厂

江苏省宿迁市沭阳县化工园区[223600]
电话:(0527)83311668;13306145999
传真:(0527)83312688
供销电话:83311668;13906147197
网址:www.jinkai-chem.com
E-mail:jk1668@sina.com.cn
【主要产品】2,4-二氟苯甲醛;2,4-二氯苄醇;间氯苄醇;对氟苯甲醇;间氟苯甲醇;对溴苄醇;3,4-二氯苯乙酸;2-氯苯乙酸;对氯苯乙酸;对氟苯乙酸;邻氟苯乙酸;溴乙酸乙酯;溴乙酸甲酯;对硝基苯甲酸乙酯;对氯苯甲酸甲酯;对氟苯甲酸甲酯;对氟苯甲酸乙酯;2,4-二氯苯甲酸乙酯;2,4-二氯苯乙酸乙酯;对氟苯乙酸乙酯;α-溴苯乙酸甲酯;溴乙酸叔丁酯;乙酸-4-溴丁酯;间溴苯甲酸乙酯;2-溴己酸甲酯;α-溴代异丁酸乙酯;α-溴代异丁酸叔丁酯;对氟苯乙酰氯;苯乙酰氯;4-氟氰苄;邻氟氰苄;间氟氰苄;2,4-二氯氰苄;3,4-二氯氰苄;4-氯丁酰氯;4-氟氯苄;邻氟氯苄;对氯甲基苯甲酰氯;邻氯甲基苯甲酰氯;2-甲基-5-硝基-6-氯苯酚;3,5-二羟基甲苯;5-氨基-6-氯邻甲酚;邻氟苄胺;对氟苄胺;2,4-二氯苄胺;2,4-二氯苯腈;3,5-二氯苯甲酰氯;邻氟苯甲酰氯;对氟苯甲酰氯;2,4-二氯苯甲酰氯;3,4-二氯苯甲酰氯;2,6-二氯苯甲酰氯;2,5-二氯苯甲酰氯;2,4-二氯氯苄;3,4-二氯氯苄;对硝基苯甲酰氯;对氟苯甲腈;邻氟苯腈;对甲氧基苯甲酰氯;对乙基苯甲酰氯;2,3-二氯苯甲酰氯;间氯苯甲酰氯;间溴苯甲酰氯;对溴苯甲酰氯;对溴苯腈;邻氯苯乙酸甲酯;4-氯正丁腈

沭阳县华泰化工厂

江苏省沭阳县扎下化工园区[223600]
电话:(0527)83313628;13773962558
传真:(0527)83313638
网址:www.huatai-chem.com
E-mail:wsq@huatai-chem.com
【主要产品】1,2,4-三甲氧基苯;2,4,5-三甲氧基苯甲醛;对甲氧基苯甲酸;4-羟基苯甲酸;四氯对苯二甲酸;2,3,5,6-四氟对苯二甲酸;2,4,5-三甲氧基苯甲酸;3,3-二甲基-4-戊烯酸甲酯;原乙酸三甲酯;磷酸三乙酯;三氯化苄;对苯二甲腈;四氯对苯二甲腈;甲烷磺酰胺;3,5-二氯苯甲酰氯;4-氯苯甲酰氯;邻氟苯甲酰氯;2,4-二氯苯甲酰氯;4-氯-3-硝基苯甲酸;3,5-二甲基苯甲酰氯;对硝基苯甲酰氯;邻氯三氯甲苯;对氯三氯甲苯;4-氯-4′-羟基二苯甲酮;苯甲酰氯;对甲基苯甲酰氯;对甲氧基苯甲酰氯;对乙基苯甲酰氯;间氯苯甲酰氯;2,4-二氯苯氧乙酸;甲磺酸多沙唑嗪;乙酰唑胺;六溴环十二烷;二壬基萘磺酸;二壬基萘二磺酸;硅片清洗剂

沭阳县淮沭农药厂

江苏省宿迁市沭阳县贤官乡[223653]
电话:(0527)83350088
经济类型:私营企业
【主要产品】福·甲霜可湿性粉剂;三环·杀单可湿性粉剂;酮·氧乐乳油;乙·莠可湿性粉剂;多·酮可湿性粉剂;吡·杀单可湿性粉剂;苄·异丙甲可湿性粉剂;阿维·高氯微乳剂;阿维·唑磷乳油;敌·唑磷乳油

泗洪县猿菱化工有限公司

江苏省宿迁市泗洪县青阳镇泗州西大街20号[223900]
电话:(0527)86222614;86222610
供销电话:86221065
经济类型:私营企业
网址:www.hylive.com/jiangsu/jiangsu04726.html
【主要产品】钙镁磷肥;混配复合肥料

泗阳县鼠药厂

江苏省泗阳县桃源中路4号[223700]
电话:(0527)85213104
供销传真:85213104 有进出口权
经济类型:私营企业
【主要产品】溴敌隆;溴鼠灵

泗阳县腾达橡塑制品厂

江苏省泗阳县西工业园区[223700]
电话:(0527)85294458;13951243081
经济类型:私营企业 法人代表:吕庭华
网址:www.sytengda.com
E-mail:sytengda@126.com
【主要产品】橡胶运输带;涤纶运输带;耐热运输带;耐酸碱运输带;花纹输送带;橡胶平型传动带

宿迁市彩塑包装有限公司

江苏省宿迁市彩塑工业园区井头街1号[223808]
电话:(0527)84253088;84253138
传真:(0527)84253042
经济类型:私营企业 法人代表:吴培服
网址:www.cpp.com.cn
【主要产品】流延聚丙烯薄膜;聚氯乙烯热收缩膜;涤纶薄膜;双向拉伸聚酯薄膜

宿迁市健谷农化有限公司

苏

江苏省宿迁市宿城区城北路 35 号[223800]
电话:(0527)84377478;84377842
传真:(0527)84377065
经济类型:股份有限公司
职工人数:540 人
网址:www.jsjiangu.com
E-mail:jiangu@jsjiangu.com
【主要产品】甲拌磷颗粒剂;噻嗪酮可湿性粉剂;2 甲 4 氯;2 甲 4 氯钠水剂;25%绿麦隆可湿性粉剂;杀·噻·酮可湿性粉剂

宿迁市沭新化工厂

江苏省宿迁市沭阳县桑墟镇刘丁村[223643]
电话:(0527)83252302;13773928048
传真:(0527)83252302
网址:www.shuxinchem.com
E-mail:sales@shuxinchem.com
【主要产品】氯化钙(无水);氯化钙;六溴环十二烷

宿迁市永星药业有限公司

江苏省宿迁市经济开发区东区昆仑山路[223800]
电话:(0527)84451055
传真:(0527)84450055
网址:www.egchemical.com
E-mail:yxzchem@jsmail.com.cn
【主要产品】氢溴酸;吡啶氢溴酸盐;二乙氧基乙酸乙酯;氯磷酸二乙酯;氯磷酸二苯酯;二氯磷酸苯酯;α-溴代异丁酸叔丁酯;2-溴异丁酰溴;2,4-二氯-3-硝基-5-氟苯甲酸;2,2-二乙氧基乙醇;双酚芴;β-氨基巴豆酸乙酯

盐城市

滨海博大化工有限公司

江苏省盐城市滨海县滨淮镇头罾[224555]
电话:(0515)84383359
传真:(0515)84383400
供销电话:84383322;13905767147
网址:www.jsboda.cn
E-mail:y81@163.com
【主要产品】5-氰基苯酞;紫外线吸收剂 UV-327;紫外线吸收剂 UV-329;紫外线吸收剂 UV-328;紫外线吸收剂 UV-531;紫外线吸收剂 UV-326

滨海恒联化工有限公司

江苏省滨海县经济开发区沿海化工园[224500]
电话:(0515)84382516;13002607888
传真:(0515)84382986
网址:www.henglianchem.com
E-mail:hl@mail.jxptt.zj.cn
【主要产品】*N*-乙基苯胺;*N*,*N*-二羟乙基苯胺;*N*,*N*-二羟乙基对甲苯胺;*N*-异丙基苯胺;*N*,*N*-二乙基苯胺;*N*,*N*-二乙基间甲苯胺;*N*,*N*-二甲基苯胺;*N*-丁基苯胺;*N*,*N*-二丁基苯胺;*N*,*N*-甲基苄基苯胺;*N*-甲基苯胺;*N*-甲基-*N*-羟乙基苯胺;*N*-丁基-*N*-羟乙基苯胺;*N*-乙基-*N*-苄基苯胺;*N*-乙基-*N*-羟乙基苯胺;*N*-氰乙基-*N*-羟乙基苯胺;*N*-氰乙基-*N*-羟乙基间甲苯胺;*N*,*N*-二羟乙基间甲苯胺;*N*-乙基-*N*-氰乙基苯胺;*N*-乙基-*N*-氰乙基间甲苯胺;*N*-丁基-*N*-氰乙基苯胺;*N*-乙基-*N*-苄基间甲苯胺;*N*-乙基邻甲苯胺;*N*-乙基-*N*-羟乙基间甲苯胺;*N*-乙基间甲苯胺

滨海县广华橡胶制品有限公司

江苏省滨海县迎宾西路东首[224500]
电话:(0515)84100499;84215548
传真:(0515)84231468
网址:www.ghxj.com
E-mail:hhj@ghxj.com
【主要产品】硅胶条;聚四氟乙烯管材;橡胶制品;减震用橡胶制品;橡胶膜片;橡胶棒;氟硅橡胶制品;橡胶密封圈

滨海欣兴医药化工有限公司

江苏省滨海县头罾沿海化工园区[224555]
电话:(0515)84383202;13861539039
传真:(0515)84383306
网址:www.chemxx.cn
E-mail:xinxing@chemxx.cn
【主要产品】*N*-氰基-*N*-[2-(5-甲基咪唑-4-甲硫)乙基]-*S*-甲基异硫脲;2-氰基亚胺基-1,3-噻唑烷;氰亚胺荒酸二甲酯;西咪替丁

大丰市川东化工厂

江苏省大丰市草庙川东精细化工园区[224136]
电话:(0515)83392031
传真:(0515)83392031　职工人数:40 人
经济类型:股份合作　法人代表:冯斌
网址:www.hylive.com/jiangsu/jiangsu03546.html
【主要产品】对氨基乙酰苯胺

大丰市劲力化肥有限责任公司

江苏省大丰市大中镇大刘路 175 号[224100]
电话:(0515)83812311
传真:(0515)83811146
供销电话:83812311;83812312
经济类型:有限责任公司
职工人数:792 人　法人代表:陈湘陵
网址:www.cnfia.com/files/qyjlyh/jsdf/jsdf.asp
E-mail:zhujinwu852@sohu.com
【主要产品】合成氨;尿素;塑料编织袋

大丰市森海精细化工有限公司

江苏省大丰市小海镇新建街[224121]
电话:(0515)83814601;83962647
传真:(0515)83814601　职工人数:42 人
经济类型:股份合作
【主要产品】四溴双酚 A;四溴双酚 S;八溴醚

大丰市天利肥料有限公司

江苏省大丰市人民北路 348 号[224171]
电话:(0515)83913831
传真:(0515)83914008
经济类型:有限责任公司
法人代表:俞建国
网址:www.dftlfl.cn
【主要产品】过磷酸钙;混配复合肥料

东台市方正化工厂

江苏省东台市廉贻镇东里村[224216]
电话:(0515)85436678;13605111190
传真:(0515)85436828
经济类型:私营企业　法人代表:方圣贵
网址:www.dtfangzheng.com
E-mail:fsg@dtfangzheng.com
【主要产品】氯化锌;氧化锌;锌粉

东台市宏峰化工有限公司

江苏省东台市化工园区中心大道 8 号[224226]
电话:(0515)85488828;15962058891
传真:(0515)85488828
经济类型:有限责任公司
网址:www.hongfenghg.com
【主要产品】酞菁蓝 BG;酞菁蓝 BS;酞菁蓝 B;酞菁绿 G;联苯胺黄 G;3117 耐晒亮红 N;永固红 F4R;立索尔大红 R;立索尔宝红 4B;永固紫 RL

东台市鸿源化工有限公司

江苏省东台市廉贻镇西工业园区前进路 8 号[224216]
电话:(0515)85432998;85186826;13801415669
传真:(0515)85432998　职工人数:50 人
网址:www.dthy-chem.com
E-mail:dthy@dthy-chem.com;dthyhgc@dthy-chem.com
【主要产品】氯化锌

东台市金源荧光材料厂

江苏省东台市东进南路三灶桥北首[224200]
电话:(0515)85215778;13655119122
传真:(0515)85215778
经济类型:股份合作
网址:dtjyygy.wchem.com
【主要产品】钨酸;高纯碳酸钡;高纯碳酸锶;碳酸锰;日光粉;钨酸钠;荧光粉

东台市九转化工有限公司

江苏省东台市北郊唐舍[224200]
电话:(0515)85235246;88109769
传真:(0515)88109770　职工人数:88 人
经济类型:股份合作　法人代表:叶春生
网址:www.chinafertilizer.gov.cn/EnterpriseSho

苏

【主要产品】过磷酸钙；混配复合肥料；氯化聚乙烯；丙烯腈-氯化聚乙烯-苯乙烯三元共聚物；酚醛树脂；氯化石蜡-70

东台市康宁植物素有限公司

江苏省东台市新曹镇八里街人民南路28-6号[224243]
电话：(0515)85852688；13584767147
传真：(0515)85850412；85530985
供销电话：85852528　法人代表：周汉东
供销传真：85850106
网址：www.cnkangning.com
E-mail：cnkangning@cnkanging.com
【主要产品】甜菊糖；水飞蓟素；银杏黄酮苷；防已提取物；罗布麻浸膏

苏

东台市利达化学试剂有限公司

江苏省东台市开发区海陵路1号[224200]
电话：(0515)85318888；85313333；13305111988
传真：(0515)85311888
网址：www.lidacn.com
E-mail：lidacn@lidacn.com
【主要产品】氢氧化钠；钼酸钠；氢氧化钾；硫氰酸钾；碘化钾；高锰酸钾；柠檬酸三铵；硫酸铜；乙酸，无水；氢氟酸；盐酸；硫酸；高氯酸；磷酸；丙三醇；甲醇；辛醇；乙醚；二甲基亚砜

东台市廉贻化工六厂

江苏省东台市廉贻镇东里村[224216]
电话：(0515)85436976
传真：(0515)85437008
经济类型：私营企业
网址：zyh1588.cn.nowec.com
【主要产品】氯化锌；氧化锌；锌粉

东台市绿源化工有限公司

江苏省东台市城郊谢家湾[224200]
电话：(0515)85278789
传真：(0515)85278790
经济类型：私营企业　职工人数：400人
【主要产品】氢气；甲醇；液氨；碳酸氢铵

东台市农药厂

江苏省东台市许河镇和镇东路[224232]
电话：(0515)85630219；85630575；85630580
职工人数：30人　法人代表：徐贤军
网址：www.ampcn.com/info/detail/1142.asp
【主要产品】敌畏·辛乳油

东台市农药化工厂

江苏省东台市台南镇鹤西村[224214]
电话：(0515)85530050
供销电话：85530500
经济类型：私营企业
【主要产品】高渗甲氰菊酯乳油；噻·杀单可湿性粉剂

东台市奇康肥料有限公司

江苏省东台市东台镇原种场内[224215]
电话：(0515)85315006
固定资产：8,000千元
经济类型：股份合作　法人代表：范广兵
网址：www.hylive.com/jiangsu/jiangsu04717.html
【主要产品】混配复合肥料；尿基复合肥

东台市苏中胶带制品有限公司

江苏省东台市何垛北路11号[224200]
电话：(0515)85212231；85212816；13805110843
传真：(0515)85213195
经济类型：私营企业　法人代表：柯万杰
网址：www.jsszjd.com
E-mail：suzhong5263779@vip.sina.com
【主要产品】橡胶运输带；强力型尼龙运输带；织物芯运输带；特种运输带；橡胶传动带；减震用橡胶制品；普通橡胶板

东台市笑特生物化学有限公司

江苏省东台市北关路28号[224200]
电话：(0515)85235231
经济类型：股份有限公司
【主要产品】丙草胺乳油；杀·井可湿性粉剂；井冈霉素水剂；井冈霉素粉剂

东台市新锦泰化工有限公司

江苏省东台市头灶镇高新技术园区[224247]
电话：(0515)85488876；85488878；85488879
传真：(0515)85488829
职工人数：260人
网址：www.jsxinjintai.com
E-mail：root@xinjintai.com
【主要产品】永固紫RL

东台市亚硕专用肥料厂

江苏省东台市头灶镇头六路8号[224244]
电话：(0515)85830130；85830125
经济类型：股份合作　法人代表：周平
网址：www.hylive.com/jiangsu/jiangsu04722.html
【主要产品】混配复合肥料

东台市中天橡胶制品厂

江苏省东台市金北工业园区[224200]
电话：(0515)85311369；85313184
传真：(0515)85313184
网址：www.jsdtzt.com
【主要产品】橡胶杂品；骨架油封；橡胶密封圈

阜宁胜达医药化工有限公司

江苏省阜宁县化工园区[224403]
电话：(0515)88397958；88394226
传真：(0515)88313466
网址：www.jssdchem.com
E-mail：fnsd@jssdchem.com
【主要产品】三溴化磷；邻溴苯乙醚；溴乙酸；2-溴已酸；2-溴异戊酸；2-溴戊酸；溴乙酸乙酯；溴乙酸甲酯；溴乙酸苯酯；溴乙酸叔丁酯；2-溴已酸甲酯；2-溴已酸乙酯；2-溴戊酸甲酯；2-溴异戊酸甲酯；2-溴丁酸乙酯；α-溴代异丁酸乙酯；2-溴丙酰氯；对溴氯苯；2,3-二甲基溴苯；2,4-二甲基溴苯；3,4-二甲基溴苯；3,5-二甲基溴苯；2,6-二甲基溴苯；2,5-二甲基溴苯；溴乙烷；溴代十二烷；溴代十四烷；溴代十六烷；溴代十八烷；溴代十三烷；3-溴丙炔；1-溴丙烷；2-溴丙烷；溴苯；对二溴苯；1-溴丁烷；1,4-二溴丁烷；1,2-二溴乙烷；溴辛烷；1-溴戊烷；溴代正已烷；溴代正庚烷；溴代异丁烷；溴代异辛烷；β-溴苯乙烷；α-溴代异戊酸乙酯；2-溴戊酸乙酯；1,3-二溴丙烷

阜宁稀土实业有限公司

江苏省阜宁县陈良镇阜稀大道南首[224432]
电话：(0515)87516199；87516299
传真：(0515)87516376　有进出口权
供销电话：87516270；87516068
经济类型：股份合作　职工人数：400人
法人代表：朱冠成
网址：www.funingre.com
E-mail：fnre@funingre.com
【主要产品】氢氧化铈；硝酸铈；碳酸钕；碳酸铈；氟化钕；氧化钇；氧化钕；氧化镝；氧化镨；钕；醋酸铈

阜宁县丰泰橡塑制品有限公司

江苏省阜宁县益林镇健康路41号[224421]
电话：(0515)87793560
经济类型：私营企业　法人代表：耿家祥
网址：hy.shidui.com/jiangsu/jiangsu15919.html
【主要产品】橡胶布

阜宁县宏达石化机械有限公司

江苏省阜宁县阜城东大街220号[224400]
电话：(0515)87212179；87266187
传真：(0515)87226626
经济类型：有限责任公司
职工人数：152人　法人代表：顾正达
网址：www.jshdsy.com
E-mail：jshd@jshdsy.com
【主要产品】采油配件

阜宁县双叶化工有限公司

江苏省阜宁县阜城镇窑湾村[224400]
电话：(0515)87212006；87213384
传真：(0515)87211569
经济类型：私营企业　法人代表：赵乃明

【主要产品】硫酸;磷肥;过磷酸钙;混配复合肥料

建湖县飞耐橡塑制品有限公司

江苏省建湖县蒋营镇蒋营东路 29 号[224762]
电话:(0515)86558386;86559386;86552505
传真:(0515)86558386
经济类型:股份有限公司
职工人数:250 人
网址:www. feinai. com
E-mail:feinai@ feinai. com
【主要产品】聚氨酯胶辊

建湖县化工溶剂厂

江苏省建湖县芦沟镇[224711]
电话:(0515)86578068
【主要产品】皮革助剂

建湖县建磷肥料化工有限公司

江苏省建湖县建湖镇建化巷 131 号[224700]
电话:(0515)86262498
传真:(0515)86267568
固定资产:3,480 千元　职工人数:210 人
经济类型:有限责任公司
产值:35,930 千元　法人代表:陶会康
销售收入:35,650 千元
【主要产品】重质碳酸钙;磷肥;过磷酸钙;混配复合肥料

建湖县揽月橡胶制品有限公司

江苏省建湖县建西南路 126 号[224700]
电话:(0515)86212620
传真:(0515)86212615
经济类型:股份有限公司
网址:www. lyxj. com
E-mail:penggs@ Lyxj. com
【主要产品】铁路橡胶轨枕垫板;伸缩缝;煤气管道橡胶密封圈;止水带;汽车橡胶配件;桥梁板式橡胶支座;橡胶密封圈

建湖县鑫鑫化工有限公司

江苏省建湖县沿河镇工业区[224751]
电话:(0515)86592288;13770220968
传真:(0515)86590685
供销电话:86599616　职工人数:220 人
经济类型:中外合资经营企业
法人代表:俞书花
网址:www. xinxinchem. com. cn
E-mail:xinxin@ xinxinchem. com. cn
【主要产品】氯化硫酰;氯代环己烷;氯代正辛烷;氯代正戊烷;四氯苯醌;1-氯丁烷;2-氯丁烷;1,4-二氯丁烷;对苯二甲酰氯;1-氯十二烷;间苯二甲酰氯;3,4-二氯苯酚;4-氯-2-硝基苯酚;2,4-二氯-6-硝基苯酚;2,6-二氯-4-硝基苯酚;4-氯苯酚;2,4,6-三氯苯酚;2,4-二氯苯酚;2-氯苯酚;1,2-二氯丙烷

江苏奥耐斯特医药化工有限公司

江苏省大丰市海洋综合经济开发区南区[224100]
电话:(0515)83551555
传真:(0515)83552699
职工人数:200 人
网址:www. honestchem. com
E-mail:baicheng@ honestchem. com
【主要产品】4-甲苯磺酸;6,8-二氯辛酸乙酯;4-甲苯磺酸钠;硫辛酸

江苏德发树脂有限公司

江苏省盐城市射阳县兴北西路 28 号[224300]
电话:(0515)82353242
传真:(0515)82351066
经济类型:与港澳台商合资经营
网址:www. hongzhong. com. cn/defa-resin
E-mail:defa@ defa-resin. com
【主要产品】聚酯多元醇;聚氨酯树脂;聚氨酯鞋底原液;丙烯酸酯橡胶

江苏东台鑫源化工有限公司

江苏省东台市头灶镇[224247]
电话:(0515)85483100
传真:(0515)85483008
供销电话:(021)52892866
供销传真:(021)62776440
网址:www. xin-yuanchem. com
E-mail:sales@ xin-yuanchem. com
【主要产品】氯代环己烷;3-溴-1-丙醇;1,3-丙二醇单甲醚;庚二酸;溴乙酸乙酯;溴乙酸甲酯;氯甲酸-1-氯乙酯;溴乙酸叔丁酯;α-溴代异丁酸叔丁酯;1,5-二溴戊烷;1,5-二氯戊烷;1-溴-5-氯戊烷;2-溴戊烷;1-溴-4-氯丁烷;7-氯-2-氧代庚酸乙酯

江苏丰山集团有限公司

江苏省大丰市草庙镇北首[224134]
电话:(0515)83372129;83372088;83374837
传真:(0515)83373012;83372403
经济类型:与港澳台商合资经营
有进出口权　职工人数:896 人
网址:www. fschem. com
E-mail:fengshanagro@ yahoo. com. cn
【主要产品】炔螨特;炔螨特乳油;灭线磷;20% 灭线磷乳油;辛硫磷;氟乐灵;氟乐灵乳油;精喹禾灵;精喹禾灵乳油;草除 · 精喹乳油;哒 · 水胺乳油;高氯 · 毒乳油;阿维 · 唑磷乳油;阿维 · 柴乳油;阿维 · 嗪磷乳油;乐 · 唑磷乳油;依托泊苷

江苏丰源生物化工有限公司

江苏省射阳县合德镇红旗路 6 号[224300]
电话:(0515)82353191;82354645;82353271
传真:(0515)82361220
网址:www. qfpesticide-chem. com
E-mail:syhg@ hi2000. com
【主要产品】环已亚胺;阿维菌素;阿维菌素乳油;赤霉素;赤霉素乳油;赤霉素粉剂;6-苄氨基嘌呤;赤霉素 A3(九二0)粉剂

江苏峰峰钨钼制品股份有限公司

江苏省东台市北郊唐家舍[224200]
电话:(0515)88108988;85259438;88109858
传真:(0515)85270065　有进出口权
供销电话:85231237;85235754
供销传真:85231237;85235949
经济类型:有限责任公司
法人代表:吴勇本
网址:www. fengfeng. com. cn
E-mail:dmcp@ public. yc. js. cn
【主要产品】钼酸钠;仲钼酸铵;二钼酸铵;钼酸钡;三氧化钼;钼;钼粉;钼酸铵

江苏广丰农药有限公司

江苏省盐城市龙冈镇人民路 76 号[224011]
电话:(0515)88710048;88365758
传真:(0515)88700220;88365758
网址:www. gfagro. com
E-mail:sales@ gfagro. com
【主要产品】哒螨灵;哒螨灵乳油;阿维菌素乳油;炔螨特乳油;吡虫啉;吡虫啉可湿性粉剂;高效氯氰菊酯乳油;杀虫双水剂;杀螺胺乙醇胺盐可湿性粉剂;啶虫脒;啶虫脒可湿性粉剂;毒死蜱;戊唑醇;多效唑;烯效唑;烯效唑可湿性粉剂;毒 · 辛乳油;吡 · 异可湿性粉剂;柴油 · 辛乳油;马 · 杀乳油;阿维 · 唑磷乳油;吡 · 阿乳油;阿维 · 哒乳油;噻 · 异可湿性粉剂

江苏华派集团

江苏省盐城市伍佑镇通榆南路 88 号[224041]
电话:(0515)88815858;88813048;88816888
传真:(0515)88815888　有进出口权
经济类型:有限责任公司
职工人数:340 人　法人代表:张银华
网址:www. huapaichem. com
E-mail:sales@ huapaichem. com
【主要产品】6-甲氧基-2-萘甲醛;2,3-二氢呋喃;2-氯苯并咪唑;5-氰基吲哚;噻吨酮;5-溴吲哚;2-苯基-1,3-丙二醇;3,5-二叔丁基水杨酸;5-氯-2-甲氧基苯甲酸;6-氯-2-已酮;对苯二甲酰氯;4-氯苯酚;2,4,6-三氯苯酚;对溴苯酚;丁二酰亚胺;N-(2-羟乙基)乙二胺;4-(2-氨乙基)苯磺酰胺;2-氨基-5-氯苯腈;4-氯-2-甲基苯胺;2,4-二氯苯酚;2-氯苯酚;2,6-二氯苯酚;α-溴-γ-丁内酯;1,4-双酮酞嗪;对溴苯磺酰氯;N-[(1,4-苯并二噁烷-2-基)羰基]哌嗪盐酸盐;5-氰基苯酞;N-溴代丁二酰亚胺;N-氯代丁二酰亚胺;3,4-二羟基苯腈;邻苯基苯酚钠;邻羟基联苯;双氯芬酸钠;依托度酸;环氧洛芬;盐

苏

酸多沙唑嗪；苯扎贝特；新伐他汀；西酞普兰；西布曲明

江苏黄河药业有限公司

江苏省阜宁县经济开发区[224400]
电话：(0515)87216666；87232888
传真：(0515)87265222
职工人数：316 人
网址：www. jshhyy. com
E-mail：jshhyy@ jshhyy. com；jshhyy@ jshhyy. com
【主要产品】乳酸环丙沙星；尼可刹米；卡马西平

江苏加力高氟涂料工业有限责任公司

江苏省盐城市响水县响南开发区[224600]
电话：(0515)85119348；13031312345
传真：(0515)86868337
经济类型：私营企业　职工人数：100 人
网址：www. jialigao. com
E-mail：webmaster@ jialigao. com
【主要产品】氨基烘漆；苯丙内墙乳胶漆；丙烯酸路线漆；硅丙外墙乳胶漆；丙烯酸外墙乳胶漆；氟碳漆；金属防腐涂料；内外墙水泥漆；罩面清漆

江苏健佳药业有限公司

江苏省东台市新曹街[224242]
电话：(0515)85851588；85850030
传真：(0515)85851111　有进出口权
供销电话：85852598
网址：www. dtlbm. com
E-mail：jsdtzy@ 163. com
【主要产品】甜菊糖；黄藤素；穿心莲内酯；染料木黄酮；水飞蓟素；β-七叶皂苷钠；人参提取物；银杏叶提取物；芦荟提取物；野菊花提取物；防己提取物；罗布麻浸膏；黄芪多糖

江苏克胜集团股份有限公司

江苏省建湖县明珠路888号[224700]
电话：(0515)86267666
传真：(0515)86264301　有进出口权
经济类型：股份有限公司
法人代表：吴重言
网址：www. kesheng. com
E-mail：ab@ kesheng. com
【主要产品】哒螨灵；哒螨灵可湿性粉剂；哒螨灵乳油；阿维菌素乳油；甲氨基阿维菌素苯甲酸盐乳油；炔螨特；炔螨特乳油；噻螨酮；噻螨酮乳油；三唑磷乳油；吡虫啉；吡虫啉可湿性粉剂；吡虫啉乳油；吡虫啉可溶性液剂；高渗吡虫啉可湿性粉剂；吡虫啉悬浮剂；灭多威乳油；高效氯氰菊酯乳油；啶虫脒；啶虫脒乳油；啶虫脒可溶性液剂；啶虫脒可湿性粉剂；氟啶脲乳油；毒死蜱；毒死蜱乳油；三唑酮；三唑酮可湿性粉剂；三唑酮乳油；戊唑醇；戊唑醇悬浮剂；己唑醇；甲基硫菌灵可湿性粉剂；代森锌；乙草胺乳油；苯磺隆可湿性粉剂；多效唑；多效唑可湿性粉剂；哒·四螨悬浮剂；哒·噻乳油；吡·杀单可湿性粉剂；苯噻酰·苄可湿性粉剂；阿维·唑磷乳油；哒·氧乐乳油

江苏绿丰生物药业有限公司

江苏省盐城市龙冈化工园区[224011]
电话：(0515)88706161；88706588；88703999
传真：(0515)88705111；88706777
供销电话：88706588；88706161-80
有进出口权　法人代表：周文功
网址：www. chinalufeng. com
E-mail：lvyechem@ hi2000. com
【主要产品】灭多威；烯唑醇；三唑酮；三唑醇；戊唑醇；己唑醇；戊炔草胺；磺草灵；除草定；多效唑；烯效唑；井冈霉素

江苏神洲化学工业有限公司

江苏省盐城市人民北路新岗路8号[224003]
电话：(0515)88553766；88560733；13605109286
传真：(0515)88562766
网址：www. shenzhou-chem. com
E-mail：sales@ shenzhou-chem. com
【主要产品】苄基-2-萘基醚；间溴苯甲醚；6，8-二氯辛酸乙酯；达美酮；1-(4-氯苯基)-2-环丙基-1-丙酮；氯代醚酮；一氯频哪酮；丙烯酸树脂乳液；酚醛树脂；脲醛树脂；硫辛酸

江苏升华集团第二农药厂

江苏省盐城市南郊潘黄镇[224055]
电话：(0515)88460155
传真：(0515)88460155　经济类型：集体
【主要产品】2 甲 4 氯钠水剂

江苏省临海化工厂有限公司

江苏省射阳县临海农场[224353]
电话：(0515)82579410；82579416；82578732
传真：(0515)82579948　经济类型：国有
网址：www. jslhchem. com
E-mail：sales@ jslhchem. com
【主要产品】强酸性苯乙烯系阳离子交换树脂(001×7 型)；大孔强酸性苯乙烯系阳离子交换树脂(D001 型)；强碱性季铵Ⅰ型阴离子交换树脂(201×4 型)；强碱性苯乙烯系阴离子交换树脂(201×7 型)；大孔强碱性季铵Ⅰ型阴离子交换树脂(D201 型)；强碱性季铵Ⅱ型阴离子交换树脂(202 型)；大孔强碱性季铵Ⅱ型阴离子交换树脂(D202 型)；大孔弱碱性苯乙烯系阴离子交换树脂(D301)

江苏省新曹天然香料研究所

江苏省东台市天香路116号[224246]
电话：(0515)85860100；85860101；13305110358
传真：(0515)85860100
网址：www. nkxl. cn/htm. php? nowmenuid = 1861
E-mail：nkxl@ nkxl. cn
【主要产品】薄荷脑；薄荷素油

江苏双昌肥业有限公司

江苏省盐城市盐青路65号[224003]
电话：(0515)88550746；88558288
传真：(0515)88550746
职工人数：700 人
网址：www. huaxingsoft. com/jssc/index. htm
【主要产品】硫酸(98%)；过磷酸钙；磷酸一铵；混配复合肥料

江苏双多化工有限公司

江苏省阜宁县新桥口[224400]
电话：(0515)87212012
传真：(0515)87213361
经济类型：私营企业
【主要产品】尿素；碳酸氢铵

江苏腾龙生物药业有限公司

江苏省大丰市西团镇城乡北路1号[224124]
电话：(0515)83695888；83695266
传真：(0515)83693792
经济类型：中外合资经营企业
E-mail：dfnyc@ public. yc. js. cn
【主要产品】乐果；乐果乳油(50%)；乐果乳油(40%)；氧化乐果；40% 杀扑磷乳油；氰戊菊酯乳油；氟乐灵；丁草胺乳油；乙草胺乳油；乙草胺可湿性粉剂；苯磺隆；苯磺隆可湿性粉剂；噻吩磺隆；噻磺隆可湿性粉剂；噻吩磺隆干悬浮剂；乐·杀单可溶性粉剂；噻磺·乙可湿性粉剂；多·酮可湿性粉剂；高氯·辛乳油；辛·灭乳油；马·灭乳油；阿维·杀螟乳油

江苏托球农化有限公司

江苏省盐城市人民北路227号[224003]
电话：(0515)88561390；15851070738
传真：(0515)88561910
供销电话：88553345；15851070758
供销传真：88559073　职工人数：200 人
法人代表：廖大章
网址：www. tuoqiuchem. com；www. tuoqiu. com
E-mail：tuopai@ touqiu. com. cn；tuopai@ tuoqiu. com
【主要产品】2，2′-二氯二乙醚；5-溴-5-硝基-1，3-二噁烷；二氯乙酰氯；三氯乙酰氯；1，2-二溴-2，4-二氰基丁烷；1-溴-3-甲基-2-丁烯；1-氯-3-甲基-2-丁烯；苯磺酰胺；4-二甲氨基丁醛缩二甲醇；2，2′-二硫代二苯甲酸；对溴苯磺酰氯；4-氯苯磺酰氯；2-亚甲基戊二腈；敌百虫；吡虫啉；杀扑磷；啶虫脒；烯唑醇；毒死蜱；戊唑醇；己唑醇；戊炔草胺；多效唑；2，2-二溴-3-次氮基丙酰胺

江苏响水县红星化工厂

江苏省盐城市响水县月港街[224613]
电话:(0515)86634188
供销电话:13851143898
经济类型:私营企业　产值:3,000 千元
职工人数:15 人　法人代表:史同标
E-mail:cheng2002705@sohu.com
【主要产品】印花糊料

江苏裕廊化工有限公司

江苏省盐城市响水县陈家港化工园区[224631]
电话:(0515)86735801;86735802;86735803
传真:(0515)86735868
供销电话:86735801;86731599
网址:www.jurongchem.com
E-mail:jurongchem@yahoo.com.cn
【主要产品】环己烷;丙烯酸;丙烯酸丁酯;丙烯酸甲酯;丙烯酸乙酯;丙烯酸-2-乙基己酯;双甘膦

江苏灶星农化有限公司

江苏省东台市头灶镇工业园区[224247]
电话:(0515)85481198;85480018;13016536536
传真:(0515)85480018
供销电话:85197536;85228385
经济类型:有限责任公司
法人代表:王军曙
网址:www.jszaoxing.com
E-mail:wjs@jszaoxing.com
【主要产品】甲醇钠;甲醇钠(液体);4-甲基苯硫酚;对异丙基苯硫酚;功夫酸;噻嗪酮可湿性粉剂;三唑酮可湿性粉剂;三环唑可湿性粉剂;井·噻可湿性粉剂;吡·酮可湿性粉剂;多·酮可湿性粉剂;拌·福可湿性粉剂;噻·杀单可湿性粉剂;马·辛乳油;苯噻酰·苄可湿性粉剂

射阳县四达化工厂

江苏省盐城市射阳县洋马镇[224335]
电话:(0515)82604331
传真:(0515)82633133　职工人数:70 人
经济类型:私营企业　法人代表:尤军宜
【主要产品】氟氢化铵

射阳欣荣染料有限公司

江苏省盐城市射阳县海通镇[224345]
电话:(0515)82234515;82234520
传真:(0515)82235712　职工人数:40 人
经济类型:与港澳台商合资经营
法人代表:徐明荣
网址:www.hylive.com/jiangsu/jiangsu07179.html
【主要产品】1,3-二硝基苯

射阳永双助剂有限公司

江苏省射阳县省级经济开发区海都化工园区内[224300]
电话:(0515)82368379;13601419010
传真:(0515)82379886
供销电话:82379528;13801418180
网址:www.yongshuangchem.com
E-mail:wjs9010@126.com
【主要产品】环氧硅油;柔软剂;阳离子羟基硅油乳液;阴离子羟基硅油乳液;匀染剂;酸性匀染剂;超细纤维匀染剂;羊毛匀染剂;阳离子染料匀染剂;分散匀染剂;高温分散匀染剂;酸性染料染色用固色剂;无甲醛固色剂;耐碱渗透剂;平滑剂;螯合分散剂;修色剂;消泡剂;防老剂 RD;防老剂 DTPD;皮革柔软剂;除锈剂

响水华旭药业有限公司

江苏省响水县陈家港化工园区[224631]
电话:(0515)86739888;86739666;13905763096
传真:(0515)86735000
网址:www.huaxupharm.com
E-mail:hxyy@huaxupharm.com
【主要产品】氰基三甲基硅烷;6,6-二溴青霉烷酸甲酯;舒巴坦钠;舒巴坦酸;碘甲基舒巴坦;舒巴坦匹酯;舒他西林碱;甲苯磺酸舒他西林;他唑巴坦酸;美托洛尔;拉莫三嗪

响水县华龙实业有限公司

江苏省响水县经济技术开发区[224600]
电话:(0515)86862750
传真:(0515)86868960
法人代表:张晶鑫
网址:shualongshiye.hg-z.com
E-mail:jshualongshiye@18sohu.cn
【主要产品】亚氯酸钠

响水县金海科技实业有限公司

江苏省响水县城西郊[224600]
电话:(0515)86893708;13901413552
传真:(0515)86892711
固定资产:30,000 千元
经济类型:私营企业　法人代表:杨祝生
销售收入:260 千元
网址:www.jsjhkj.com
E-mail:web@jsjhkj.com
【主要产品】亚氯酸钠

响水县科斯达化工有限公司

江苏省响水县城 204 国道东侧 400 米[224600]
电话:(0515)86863792;13805119928
传真:(0515)86861975　有进出口权
法人代表:徐国平
网址:www.ksdchem.com
E-mail:xsksdchem@yahoo.com.cn
【主要产品】亚氯酸钠;2,2′-二硝基联苄;1,3-苯二胺;1,3-二硝基苯

响水县科伟精细化工有限公司

江苏省盐城市响水县黄圩镇[224600]
电话:(0515)86642772
传真:(0515)86643188
网址:www.kwhg.com
E-mail:yxb@kwhg.com
【主要产品】苯酞;四氯苯醌;1-溴丁烷;四乙基溴化铵;三乙胺盐酸盐;四丁基碘化铵;四丁基溴化铵;四丁基硫酸氢铵;4-氨基苯甲酸甲酯;邻苯二甲酰亚胺;2-氨基-4-氯苯酚;碘代丁烷;三乙基苄基氯化铵

响水县亚欧化工有限公司

江苏省响水县经济开发区[224600]
电话:(0515)86864868;13901413669
传真:(0515)86860748
经济类型:私营企业　法人代表:孙秀红
网址:www.yaouchem.com
E-mail:sxh@yaouchem.com;yahg@yaouchem.com
【主要产品】亚氯酸钠

盐城百瑞特精化有限公司

江苏省盐城市龙冈镇人民路 3 号[224011]
电话:(0515)88706561;88706013;13705103586
传真:(0515)88706560;88701666
供销电话:88706013;13851065170
职工人数:80 人
网址:www.bright-chem.com;www.ho-china.com
E-mail:sales@bright-chem.com
【主要产品】2-溴丙酸;α-溴代异丁酸乙酯;5,5-二甲基海因;聚醋酸乙烯乳液;三氯苯哒唑;十二烷基二甲基苄基氯化铵;分散剂 WA;1,3-二氯-5,5-二甲基海因;1,3-二溴-5,5-二甲基海因;1-溴-3-氯-5,5-二甲基海因

盐城冬阳生物制品有限公司

江苏省阜宁县施庄镇施陈路 8 号[224431]
电话:(0515)87981981;87402766;13905106896
传真:(0515)87402766;87401996
网址:www.js-dy.com
E-mail:fndysw@js-dy.com;swm60@js-dy.com
【主要产品】六氟异丙醇;丙戊酸;二氟溴乙酸乙酯;全氟丙酮;双丙戊酸钠;氯尼达明;加巴喷丁;丙戊酸钠;七氟烷

盐城凤阳化工有限公司

江苏省射阳县合德镇人民东路 32 号[224300]
电话:(0515)82324413;82324359
传真:(0515)82325430　有进出口权
供销电话:82324350;82324359-82
经济类型:股份有限公司
职工人数:800 人　法人代表:吴雪冰
网址:www.fengyangchem.com
E-mail:fychem@fengyangchem.com
【主要产品】碳酸锰;苯醌;1,4-苯二酚;2-氯对苯二酚;2,4-二氯苯酚;2,5-二甲氧基-4-氯苯胺;*N*,*N*-二甲基苯胺;

苏

2,6-二溴-4-硝基苯胺；氯化聚丙烯；对羟基苯甲醚

盐城氟源化工有限公司

江苏省射阳县合兴街兴庆路19号[224300]
电话：(0515)82301014；82300487；13115160333
传真：(0515)82303045
经济类型：股份有限公司
法人代表：薛春林
网址：www.chinafuduchem.com
E-mail：fdchem@hi2000.com；xcl@hi2000.com
【主要产品】无水氟化氢；氟化钾；4-溴氟苯；4-氟甲苯；邻氟甲苯；间氟甲苯；4-氟硝基苯；氟苯；2,4-二氯氟苯；2-氟-4-溴甲苯

苏

盐城鸿泰生物工程有限公司

江苏省建湖县向阳西路182号[224700]
电话：(0515)86111688；86221388；13905116218
传真：(0515)86111033
职工人数：360人
网址：www.hongtaibiochem.com
E-mail：sales@hongtaibiochem.com
【主要产品】乙醛；苯乙醇；丙酸；丁酸；已酸；异戊酸；醋酸；乳酸；L-乳酸；庚酸；丁酸丁酯；丁酸异戊酯；乙酸乙酯；异戊酸乙酯；2,3-丁二酮；二乙醇缩乙醛；丁酸乙酯；丙酸乙酯；已酸乙酯；辛酸乙酯；乳酸乙酯；庚酸乙酯；乳酸钙；除苦剂；乙酸异戊酯；异戊酸异戊酯；δ-十二内酯；δ-癸内酯；甲基环戊烯醇酮；调酸剂

盐城汇龙化工有限公司

江苏省盐城响水县陈家港化工园区经三路[224600]
电话：(0515)86735222；86735333；86735666
传真：(0515)86735111
供销电话：86735666；13601429488
法人代表：张宝龙
网址：www.huilongchem.com
E-mail：zbl@huilongchem.com
【主要产品】亚硫酸钠；硫酸钠(十水)；氯化硫酰；三氧化硫(液)；1,3-苯二酚；4-氯苯酚；2,4,6-三氯苯酚；2,4-二氯苯酚；2-氯苯酚；2,6-二氯苯酚

盐城聚源化工有限公司

江苏省滨海县滨淮镇头罾村[224555]
电话：(0515)84382918；13851327318
传真：(0515)84382928
网址：www.junechem.com
E-mail：sales@junechem.com
【主要产品】2,4-二羟基苯乙酮；α-溴代-2,4-二氯苯乙酮；对氟苯乙酮；四溴苯酐；唑酮；对羟基苯乙酮；2,4-二氯苯乙酮；一氯频哪酮

盐城康福生化技术开发有限公司

江苏省滨海县第五中学[224500]
电话：(0515)84983698
传真：(0515)84586090　职工人数：30人
经济类型：有限责任公司
法人代表：王体康
网址：www.yckfchem.com
E-mail：sales@yckfchem.com
【主要产品】2-氨基-4,5-二氰基咪唑；1-溴芘；顺式六氢异吲哚啉；(S)-2-苄基丁二酸；2-氨基烟酸；6-氨基烟酸；3-甲氨基哌啶双盐酸盐；雷尼酸锶；丙酮二羧酸二乙酯；巴洛沙星；米格列奈

盐城利民农化有限公司

江苏省盐城市龙冈镇[224011]
电话：(0515)88719599；88719965；13805102201
传真：(0515)88719382
职工人数：400人　法人代表：黄利林
网址：www.chinapesticides.com
E-mail：limin@chinapesticides.com
【主要产品】二茂铁甲酸；特戊酸氯甲酯；2,4′-二氟二苯甲酮；2,4-二氯苯戊酮；蒽酮；2-氯-5-氯甲基吡啶；唑酮；氯代醚酮；2-(4-氟苯基)-2-(2-氟苯基)环氧乙烷；2-(4-氯苯基)乙基-2-叔丁基环氧乙烷；2-(2,4-二氯苯基)-2-丁基环氧乙烷；一氯频哪酮；二氯频哪酮；2-氨基-6-甲氧基苯并噻唑；偶氮二甲酸二异丙酯；2-氯-4,6-二甲氧基-1,3,5-三嗪；吡虫啉；灭多威；吡蚜酮；啶虫脒；烯唑醇；12.5%烯唑醇可湿性粉剂；烯酰吗啉；氟环唑；丙环唑；丙环唑乳油；三唑酮；三唑酮可湿性粉剂；三唑酮乳油；三唑醇；双苯三唑醇；戊唑醇；戊唑醇悬浮剂；已唑醇；粉唑醇；环唑醇；溴菌腈；咪唑乙烟酸；多效唑；烯效唑；溴化聚苯乙烯；甘宝素；1,2-苯并异噻唑啉-3-酮

盐城联孚石化有限公司

江苏省盐城市人民北路149号[224003]
电话：(0515)86015100
传真：(0515)88550094　法人代表：何忠
经济类型：有限责任公司
网址：www.lfchem.com
E-mail：yclpg@public.yc.js.cn
【主要产品】二氧化碳；氢气；氧气；氮气；乙炔；丙烯；巴豆醛；石油液化气；70号汽油；90号汽油；无铅汽油；溶剂油200号；柴油；0号柴油；液蜡原料油；炼油助剂；润滑油；溶剂油190号

盐城凌瑞化工有限公司

江苏省盐城市响水县陈家港镇[224631]
电话：(0515)86711279；86711501；86714825
传真：(0515)86711279
固定资产：14,000千元
经济类型：私营企业　职工人数：206人
法人代表：顾问宽
网址：www.jslrhg.com
【主要产品】氯化钾；氯化镁；溴素

盐城美昌化工有限公司

江苏省盐城市建湖县上冈镇东首[224731]
电话：(0515)86445168；86435548；86435388
传真：(0515)86435528；86435548
网址：www.americhang.com
E-mail：ychg@public.yc.js.cn
【主要产品】山梨酸；山梨酸钾

盐城美丽雅漆业有限公司

江苏省建湖县城北首建化路9号[224700]
电话：(0515)86262511
传真：(0515)86271538
经济类型：私营企业　法人代表：张宗梁
【主要产品】油漆，酚醛树脂漆类；水性聚酯涂料

盐城配方肥料厂

江苏省盐城市开发区通榆南路204号[224002]
电话：(0515)88280557；88580560
经济类型：集体　职工人数：73人
法人代表：朱军
网址：www.hylive.com/jiangsu/jiangsu04731.html
【主要产品】混配复合肥料

盐城神舟胶带有限公司

江苏省阜宁县东沟镇镇南路1号[224426]
电话：(0515)87613888；87614888；87612207
传真：(0515)87612248
供销电话：87612248；87614268
法人代表：孙清亮
网址：www.jsshenzhou.com
E-mail：service@jsshenzhou.com
【主要产品】橡胶运输带；强力型尼龙运输带；涤纶运输带；耐热运输带；全塑整芯阻燃运输带；橡塑整芯阻燃运输带；阻燃钢丝绳芯运输带；矿用胶布导风筒

盐城市德瑞化工有限公司

江苏省盐城市沿海化工园区[224500]
电话：(0515)84383408；84383418
传真：(0515)84383418
网址：www.dillychem.com
E-mail：sales@dillychem.com
【主要产品】2-氯吡啶；2-氯吡啶-N-氧化物；4-氯吡啶盐酸盐；4-氨基吡啶；4-羟基吡啶；3,3-二甲基-2-丁酮；5,5-二甲基海因；氯代醚酮；三唑钠；一氯频哪酮；甘宝素；4-二甲氨基吡啶

盐城市东港药物化工发展有限

公司

江苏省盐城市滨海县沿海化工园区[215638]
电话:(0515)84383198
传真:(0515)84383197　有进出口权
供销电话:84383197　职工人数:138 人
经济类型:中外合资经营企业
法人代表:葛勤高
网址:www. dgpharm. com
E-mail:dgp@ dgpharm. com
【主要产品】6-甲氧基-2-乙酰萘;2,4-二羟基苯甲醛;β-萘甲醚;D-3-溴樟脑;亚氨基芪;4-(3,4-二氯苯基)-1-四氢萘酮;5-甲基尿嘧啶;1-羟基苯并三氮唑一水物;2-溴-6-甲氧基萘;溴硝醇

盐城市丰杯精细化工有限公司

江苏省大丰市草庙镇川东化工园区[224143]
电话:(0515)83392031;83392666
传真:(0515)83393669
职工人数:160 人
网址:www. fengbei. com
E-mail:sales@ fengbei. com;
zhoudp@ fengbei. com
【主要产品】2,6-二氯喹喔啉;3-氨基-4-甲氧基乙酰苯胺;对氯邻硝基乙酰乙酰苯胺;对氨基乙酰苯胺;2-硝基-4-氯乙酰苯胺;农药增效剂

盐城市构港有机化工厂

江苏省盐城市伍佰镇构港村[224000]
电话:(0515)88813548;13805100891
传真:(0515)88815625
经济类型:私营企业　职工人数:138 人
网址:www. ggchem. com
E-mail:zbx@ ggchem. com
【主要产品】八氯二丙醚;四溴苯酐;三氯乙烯;四氯乙烯;苯妥英钠

盐城市虹艳化工有限公司

江苏省盐城市响水县陈家港化工园纬四路[224631]
电话:(0515)86735918;13851194660
传真:(0515)86735928;86735958
供销电话:86735968;13815504799
网址:www. hongyanchem. com
E-mail:hongyan@ hongyanchem. com
【主要产品】六氟磷酸;六氟磷酸钾;六氟磷酸铵;六氟磷酸锂;4,4′-二羟基二苯硫醚;对氟苯乙酸;苯硫酚;对氯苯硫酚;对异丙基苯硫酚;α-溴-2-氯苯乙酸;2,4-二氨基苯磺酸;2,4-二氨基苯磺酸钠;1,4-二氨基蒽醌,隐色体;1,4-二羟基蒽醌;2-萘胺-4,8-二磺酸;1,4-二氨基-2,3-二氯蒽醌;光引发剂 ITX

盐城市华佳化工有限公司

江苏省盐城市省级化工园区[224051]
电话:(0515)86286378;13805102769
传真:(0515)86287038
经济类型:私营企业　职工人数:500 人
网址:www. huajiachem. com
E-mail:gm@ huajiachem. com
【主要产品】2,3-二氢呋喃;2-苯基-1,3-丙二醇;4-羟基二苯醚;间溴苯甲醚;1,2-二溴乙烷;溴代异丁烷;溴代环戊烷;2-苄基-4-氯苯酚;4-氯苯酚;2,4,6-三氯苯酚;2,4,6-三氯苯酚钠;对溴苯酚;2-叔丁基对苯二酚;2,5-二叔丁基对苯二酚;4-氯-2-甲基苯胺;2,4-二氯苯酚;2-氯苯酚;2,6-二氯苯酚;1,4-双酮酞嗪;1,2,3,5-四乙酰-β-D-呋喃核糖;邻苯基苯酚钠;邻羟基联苯;三氯生;2,4,6-三溴苯酚

盐城市华鸥化工厂

江苏省盐城市盐都县龙冈镇人民路3号[224011]
电话:(0515)88700234;88706013;
13305102875
传真:(0515)88701666　有进出口权
经济类型:有限责任公司
法人代表:陈汝祝
网址:www. hochina. com
E-mail:info@ hochina. com;
business@ hochina. com
【主要产品】亚氯酸钠;双乙酸钠;1,2,4-三氮唑;咪唑;二氧化氯

盐城市金港化工有限公司

江苏省滨海县头罾沿海化工园区[224555]
电话:(0515)84383183;13851110755
传真:(0515)84383183
网址:www. jgchem. com. cn
E-mail:thb@ jgchem. com. cn
【主要产品】硼氢化钾;三甲基溴硅烷;巴洛沙星

盐城市金雨科技有限公司

江苏省盐城市响水开发区响拜路南侧[224600]
电话:(0515)86864999;86996098
传真:(0515)86869889
网址:www. yc-jykj. com
E-mail:jykj@ yc-jykj. com
【主要产品】亚氯酸钠;氯酸钠;杀菌灭藻剂;杀菌剂(工业用);除锈剂;中温磷化剂;常温磷化剂;除油剂;阻垢缓蚀剂;多效复合有机磷阻垢缓蚀剂;异噻唑啉酮;清洗剂;变性淀粉

盐城市军营化工厂

江苏省盐城市龙冈镇军营[224011]
电话:(0515)88709896;13905108077
传真:(0515)88708422
网址:www. junyingchem. com
E-mail:sales@ junyingchem. com
【主要产品】异丁醇;异戊醇;1-戊醇;溴乙烷;1-溴丙烷;硅溶胶

盐城市科蓝颜料化工有限公司

江苏省盐城市响水县陈家港沿海经济开发区[224001]
电话:(0515)88346000;88346020;
13805102955
传真:(0515)88346021
职工人数:230 人
网址:www. klpigment. com
E-mail:sales@ klpigment. com
【主要产品】耐晒青莲色原 R;酞菁蓝;酞菁蓝 BGS;酞菁蓝 BS;酞菁蓝 B;酞菁绿 G;酞菁蓝 BGNCF;耐晒大红 BBN;颜料大红 R

盐城市坤业化工有限公司

江苏省盐城市人民北路 227 号[224003]
电话:(0515)88550834;88050225;
13961973318
传真:(0515)88550834　职工人数:82 人
固定资产:3,600 千元
供销电话:88550834;13961973318
法人代表:唐建坤
网址:www. kychem. com
E-mail:kunye@ kychem. com;
sales@ kychem. com
【主要产品】盐酸;氯甲基甲醚;一氯乙酸

盐城市龙冈农药厂

江苏省盐城市龙冈镇人民路 23 号[224011]
电话:(0515)88700220
经济类型:集体
【主要产品】杀虫双水剂;烯效唑可湿性粉剂;柴油·辛乳油;马·杀乳油;阿维·唑磷乳油;吡·阿乳油;阿维·哒乳油

盐城市龙升精细化工厂

江苏省盐城市龙冈工业开发区[224011]
电话:(0515)88710281;88703281;
13905109982
传真:(0515)88704271;88703895
法人代表:高井定
网址:www. longshenchem. com
E-mail:sales@ longshenchem. com
【主要产品】三溴化磷;溴代叔丁烷;1-戊醇;1-溴-2-氯乙烷;1,5-二溴戊烷;溴代异戊烷;3-溴丙烯;溴乙烷;溴代十二烷;溴代十四烷;溴代十六烷;溴代十八烷;3-溴丙炔;1-溴丙烷;2-溴丙烷;溴苯;对二溴苯;1-溴丁烷;2-溴丁烷;1,4-二溴丁烷;1,2-二溴乙烷;溴乙酰溴;乙酰溴;溴辛烷;2-溴戊烷;1-溴戊烷;溴代正己烷;溴代正庚烷;溴代异丁烷;溴代环戊烷;溴代环己烷;β-溴苯乙烷;四乙基溴化铵;四丁基溴化铵;1,3-二溴丙烷

盐城市龙跃农药有限公司

江苏省盐城市人民北路 338 号[224003]
电话:(0515)88557853;13770084987;
88551618
传真:(0515)88561910　经济类型:国有

有进出口权
【主要产品】敌百虫;80%敌敌畏乳油;40%杀扑磷乳油;烯唑醇;12.5%烯唑醇可湿性粉剂;毒死蜱乳油;溴菌腈;多效唑可湿性粉剂;多·福·溴菌可湿性粉剂;丙·辛乳油;阿维·柴乳油

盐城市瑞捷化工有限公司

江苏省盐城市人民北路[224003]
电话:(0515)88558370
供销电话:13305100012　有进出口权
经济类型:私营企业　职工人数:200 人
产值:100,000 千元　法人代表:吴生
【主要产品】烯唑醇;氟虫腈;粉唑醇;多效唑

苏

盐城市三华化工有限公司

江苏省盐城市人民北路 227 号[224003]
电话:(0515)88557500
传真:(0515)88417918
网址:www. cn3hchem. com
E-mail:sanhuachem@ cn3hchem. com
【主要产品】氯化聚丙烯

盐城市万达香料化工有限公司

江苏省盐城市人民北路 227 号[224003]
电话:(0515)88562788;13770012345
传真:(0515)88559942
法人代表:李万良
网址:www. wdxh. com
E-mail:lwl@ wdxh. com
【主要产品】一氯乙酸;灭线磷;2 甲 4 氯;香精

盐城市稳诚化工有限公司

江苏省盐城市榆河路 200 号[224002]
电话:(0515)88332765;86539356;13305108555
传真:(0515)88332765;86539356
网址:www. chinawencheng. com
E-mail:sales@ chinawencheng. com
【主要产品】环戊烯;3,3 二甲基-2-丁酮;氯乙酰胺;1,2,4-三氮唑;*N*-氰基乙亚氨酸乙酯;齐拉西酮;环戊基邻氯苯基酮

盐城市祥福化工有限公司

江苏省盐城市郊区龙冈镇北首[224011]
电话:(0515)88710109
传真:(0515)88710109
经济类型:有限责任公司
【主要产品】合成氨;碳酸氢铵

盐城市橡胶制品厂

江苏省盐城市伍佑镇公铭路 56 号[224041]
电话:(0515)88811272;88811273
传真:(0515)88816858
经济类型:股份合作
网址:www. chinawangkai. com
E-mail:wangkai@ chinawangkai. com
【主要产品】防尘盖;油封;O 形密封圈

盐城市新兴颜料化工有限公司

江苏省盐城市盐青路 228 号[224053]
电话:(0515)88550995;88552678
传真:(0515)88552418
法人代表:薛学军
网址:www. xxpigment. com
E-mail:sales@ xxpigment. com
【主要产品】酞菁蓝;酞菁蓝 BGS;酞菁蓝 BN;酞菁蓝 BS;酞菁蓝 B;酞菁绿 G

盐城市旭星化工有限公司

江苏省盐城市人民北路 227 号[224003]
电话:(0515)88557150;88148155;13770020036
传真:(0515)88562753
网址:www. xuxingchem. com
E-mail:xxchem@ xuxingchem. com
【主要产品】1,2-二溴-2,4-二氰基丁烷;2-亚甲基戊二腈;溴菌腈;多·福·溴菌可湿性粉剂;杀菌灭藻剂

盐城市宇峰化工有限公司

江苏省盐城市西环路 322 号[224001]
电话:(0515)13375251300
传真:(0515)88667309　职工人数:80 人
经济类型:私营企业　产值:1,000 千元
法人代表:魏峰
网址:ycyfhg. cn. alibaba. com
E-mail:weif1234@ 126. com
【主要产品】来曲唑;7-乙基-10-羟基喜树碱;异环磷酰胺;盐酸伊立替康;奥沙利铂;苯磺酸阿曲库铵

盐城市誉球化工有限公司

江苏省盐城市盐都区楼王镇丁马港[224031]
电话:(0515)88657469;88656860
传真:(0515)88656860　有进出口权
供销电话:88652800　职工人数:150 人
供销传真:88652800
经济类型:私营企业
网址:jsyuqiu. b2b. hc360. com
【主要产品】酞菁蓝;酞菁蓝 BGS;酞菁蓝 BG;酞菁蓝 BN;酞菁蓝 BS;酞菁蓝 B;酞菁绿 G

盐城双宁农化有限公司

江苏省阜宁县古河化学工业园[224427]
电话:(0515)87631188;87606197
传真:(0515)87606333
网址:www. shuangning. com
E-mail:sn@ shuangning. com
【主要产品】哒螨灵乳油;甲氨基阿维菌素苯甲酸盐;炔螨特乳油;三唑磷乳油;吡虫啉可湿性粉剂;吡虫啉乳油;三唑锡可湿性粉剂;戊唑醇可湿性粉剂;多·福·酮可湿性粉剂;氟铃·辛乳油;乙酰甲·高氯乳油;吡·嗪可湿性粉剂

盐城苏海制药有限公司

江苏省大丰市健康东路 92 号[224100]
电话:(0515)83511402
传真:(0515)83512065
网址:www. shpharm. com
E-mail:sales@ shpharm. com
【主要产品】多西环素磺基水杨酸盐;盐酸土霉素;盐酸美他环素;盐酸多西环素;强力霉素

盐城万成化学有限公司

江苏省盐城市阜宁经济开发区[224400]
电话:(0515)87241558;87171088;87171098
传真:(0515)87241588
网址:www. cnwancheng. com
E-mail:fnwcheng@ 163. com
【主要产品】裂纹漆;环氧树脂漆类;聚氨酯漆类;玻璃涂料;ABS 塑料专用漆;铝粉漆

盐城信谊医药化工有限公司

江苏省盐城市滨海县沿海化工园区[224555]
电话:(0515)84383317;13912580108
传真:(0515)84383393
网址:www. xypharm. com
E-mail:xyzjs@ mail. tzptt. zj. cn
【主要产品】表雄酮;戊酸雌二醇;环戊丙酸雌二醇;安宫黄体酮;甲地孕酮;醋酸甲地孕酮;黄体酮;米非司酮;福美斯坦;依美司坦

盐城中亚医药化工有限公司

江苏省盐城市沿海化工园区[224500]
电话:(0515)84108521;84108890;13623288318
传真:(0515)84108890
法人代表:程小敏
网址:www. zhongya-chem. com
E-mail:zysales@ zhongya-chem. com
【主要产品】2,6-二氟苯甲酸;2,4,5-三氟苯甲酸;2,4-二氟苯甲酸;3,4-二氟苯甲酸;3,5-二氟苯甲酸;3,4,5-三氟苯甲酸;甲基磺酸;乙基磺酸;丙基磺酸;丁基磺酸;2,6-二氯-5-氟烟酰乙酸乙酯;3,4-二氟溴苯;3,5-二氟溴苯;2,4-二氟溴苯;3,4,5-三氟溴苯;2,4,5-三氟溴苯;3,4-二氟苯甲酰氯;3,5-二氟苯甲酰氯;2,4-二氟苯甲酰氯;2,4,5-三氟苯甲酰氯;2,4,5-三氟硝基苯;3,4-二氟硝基苯;2,4-二氟硝基苯;3,5-二氟硝基苯;2,4-二氟苯胺;甲烷磺酰胺;乙基磺酰胺;丁基磺酰胺;丙基磺酰胺;辛基磺酰胺;2-氯苯胺;3-氯苯胺;2-氯苯肼盐酸盐;3-氯苯肼盐酸盐;3,4-二氯苯胺;2,4,5-三氟苯胺;3,

4,5-三氟苯胺;4-氟苯胺;甲基磺酸铅;甲基磺酸锡;2,6-二氟苯腈;2,4-二氯苯肼;2,4-二氯苯肼盐酸盐;5-甲基尿嘧啶;甲基磺酰氯;乙基磺酰氯;丙基磺酰氯;丁基磺酰氯;辛基磺酰氯;2-氟苯胺;2,4-二氟苯胺;3,4-二氟苯胺;2,4-二氟苯腈;3,5-二氟苯胺;环丙基萘啶羧酸;乙基萘啶羧酸;2,4-二氯硝基苯;2,4-二氟苯肼;2,4-二氟苯肼盐酸盐;3,4-二氟苯肼;3,4-二氟苯肼盐酸盐;3,5-二氟苯肼;3,5-二氟苯肼盐酸盐;硫氰酸辛酯;硫氰酸丁酯;硫氰酸丙酯;硫氰酸乙酯

扬州市

宝应县大有化学品制造有限公司

江苏省宝应县泾河运河路[225802]
电话:(0514)88382108;13901440049
传真:(0514)88382943　职工人数:60 人
经济类型:私营企业　法人代表:冯兆荣
E-mail:by. fzl@ public. yz. js. cn
【主要产品】氯乙酸乙酯;氯乙酰胺;4-氯-3-甲基苯酚;*N*-甲基哌嗪;*N*-乙基哌嗪;1-氨基-4-甲基哌嗪;*N*-甲基吗啉;6-氨基-2,4-二氯-3-甲基苯酚;烯丙基缩水甘油醚;缩水甘油特丁基醚

宝应县中宝云鹏化工有限公司

江苏省扬州市宝应县工农路 111 号[225800]
电话:(0514)88222962;88222142;13338131089
传真:(0514)88222962
供销电话:13505255389
经济类型:与港澳台商合资经营
网址:www. zhongbao. com
E-mail:zhongbao@ hi2000. com
【主要产品】邻甲氧基苯甲醛;4,4′-联苯二甲基二甲醚;苯基丙酮;联苯二氯苄;苯甲醛-2-磺酸钠;酯化物;塑料荧光增白剂 PF;荧光增白剂 CBS;荧光增白剂 OB;荧光增白剂 OB-1;荧光增白剂 KCB;荧光增白剂 KSN;荧光增白剂 FP-127

高邮市宏扬助剂厂

江苏省高邮市马棚镇北郊二号桥[225602]
电话:(0514)84412020;13901449669
传真:(0514)84412020　经济类型:集体
职工人数:32 人　法人代表:戴生华
【主要产品】2-甲基-1,3-环戊二酮;2-乙基-1,3-环戊二酮;甲基炔诺酮

高邮市康乐精细化工厂

江苏省高邮市沙堰镇[225646]
电话:(0514)84722201;84722376;13905254592
传真:(0514)84726918　法人代表:宗灿
职工人数:160 人
网址: ww. kanglechem. com
E-mail:zongcan@ kanglechem. com
【主要产品】2,3-二氯苯甲醛;对苯二甲醛;对甲基苯甲醛;对氯苄醇;3-甲基苄醇;2,4-二氯苯乙酸;对甲基苯乙酸;邻甲基苯乙酸;2-氯苯乙酸;对氯苯乙酸;2,3-二氯甲苯;对甲基氯苄;邻甲基氯苄;间甲基氯苄;邻氰基氯苄;对氰基氯苄;对二氯苄;邻二氯苄;间二氯苄;间三氟甲基苯酚;2,6-二氯苯腈;4-氯氯苄;邻氯氯苄;2,4-二氯氯苄;3,4-二氯氯苄;3,4-二氯甲苯;2,6-二氯甲苯;2,4-二氯甲苯;1,3-二(三氟甲基)苯;三氟甲苯;间溴三氟甲苯;2-甲氧基-5-甲基苯胺;2,3-二氯苯甲酰氯;3,4-二氯苯腈;3-氨基-4-甲氧基甲苯-6-磺酸;对甲基苄醇;水杨醇;对苯二甲基二甲醚;2-氯三氟甲苯;4-氯三氟甲苯;3,4-二氯三氟甲苯;3-氨基三氟甲苯;邻氨基三氟甲苯;香豆素

高邮市明增生物制品厂

江苏省高邮市车逻镇[225606]
电话:(0514)84565926;84565313;13905254926
传真:(0514)84565998
网址:www. yz-shiming. com
E-mail:office@ yz-shiming. com
【主要产品】壳聚糖;氨基葡萄糖盐酸盐;D-氨基葡萄糖硫酸钾盐;D-氨基葡萄糖硫酸钠盐

高邮市亚星塑料制品有限公司

江苏省高邮市龙虬镇工业园[225605]
电话:(0514)84475855
传真:(0514)84475856　经济类型:集体
固定资产:15,000 千元
职工人数:150 人　法人代表:雍海洋
网址:www. yaxingplastic. com
【主要产品】多孔通信管

高邮市运东农药化工有限公司

江苏省高邮市平胜工业区[225635]
电话:(0514)84872239
经济类型:集体
【主要产品】增效溴氰菊酯乳油;辛·氰乳油;吡·多·酮可湿性粉剂;阿维·毒乳油

高邮市振阳化工有限公司

江苏省高邮市沙埝镇[225646]
电话:(0514)84722040
传真:(0514)84722040　职工人数:60 人
经济类型:私营企业　法人代表:周凤庭
网 址: www. hylive. com/jiangsu/jiangsu06343. html
【主要产品】甲基磺酸;2-甲氧基-5-甲基苯胺

江都东元聚氨酯制品厂

江苏省江都市通江路 27 号[226532]
电话:(0514)86546678;13605258122
传真:(0514)86855902
网址:www. jdpu. com
E-mail:yz@ jdpu. com
【主要产品】聚氨酯弹性体制品;聚氨酯棒材;聚氨酯胶辊

江都市柏立涂装粉末有限公司

江苏省江都市小纪华阳工业区[225242]
电话:(0514)86141186;13905250302
传真:(0514)86144302
网址:www. jd-bl. com
E-mail:baili@ jd-bl. com
【主要产品】环氧聚酯混合型粉末涂料;聚酯粉末涂料;环氧型粉末涂料;美术花纹型热固性粉末涂料

江都市宝祥塑料粉末有限公司

江苏省江都市小纪工业园区 3 号[225200]
电话:(0514)86595666;86594666;13805250640
传真:(0514)86595666
法人代表:丁宝祥
网址:www. bxsufen. com
E-mail:bxsufen@ bxsufen. com
【主要产品】环氧聚酯混合型粉末涂料;聚酯粉末涂料;环氧型粉末涂料;美术花纹型热固性粉末涂料

江都市大江化工厂

江苏省江都市宜陵苗圃场[225231]
电话:(0514)86560358
传真:(0514)86569666　经济类型:集体
法人代表:李玉江
网址:www. dajiangchem. com
E-mail:djchem@ dajiangchem. com
【主要产品】4-(2-氨乙基)吗啉;2,2′-二氯二乙醚;五甲基二乙烯三胺;*N*,*N*-二甲基乙醇胺;*N*,*N*-二甲基-1,3-丙二胺;三乙烯二胺;四甲基乙二胺;*N*,*N*-二甲基苄胺;*N*,*N*-二甲基环已胺;醋酸钾;醋酸苯汞;异辛酸钾;异辛酸铅;油酸钾;*N*,*N*′-二甲基哌嗪;*N*-甲基环已胺;双吗啉乙基醚;*N*-甲基吗啉;环已甲酸;*N*-甲基咪唑;1,8-二氮杂环[5,4,0]十一烯-7;甲基苄胺;环已甲酰氯;双(2-二甲氨基乙基)醚;三(β-氯乙基)磷酸酯;阻燃增塑剂 TCPP;辛酸亚锡;环氧促进剂 DMP-30

江都市第八化工有限公司

江苏省江都市昭关镇渌洋湖村[225262]
电话:(0514)86211026
传真:(0514)86211026
供销电话:86261626　法人代表:曹金荣
经济类型:私营企业
网址: www. sw. jd. cn/qyinfo. asp? id=211
【主要产品】聚酯多元醇;聚氨酯橡胶

江都市二姜化工有限责任公司

江苏省江都市塘头镇[225223]
电话:(0514)86331051
传真:(0514)86332651　职工人数:46 人

苏

经济类型：有限责任公司
法人代表：姜小蓓
网址：www.hylive.com/jiangsu/jiangsu03545.html
【主要产品】4-氨基苯磺酸钠

江都市光华助剂厂

江苏省江都市樊川镇[225254]
电话：(0514)86618421
传真：(0514)86618421
供销传真：86618988
网址：www.cn-guanghua.com
E-mail：office@cn-guanghua.com
【主要产品】氧化锌；酚醛树脂(2130型)；呋喃树脂(自硬型)；呋喃树脂(热芯盒)；呋喃树脂、酚醛树脂固化剂；分子量调节剂

苏

江都市海辰化工有限公司

江苏省江都市麾村镇人民路3号[225236]
电话：(0514)86371145；13805258272
传真：(0514)86374923
经济类型：私营企业　法人代表：杭秀明
网址：www.xiongdu.com；www.haichenchem.com
E-mail：jdhchj@pub.yz.jsinfo.net
【主要产品】已烷；对羟基苯甲醛；2,3-二氯苯甲醛；4-甲氧基苯甲醛；1,2,4-三氯苯；1,3,5-三氯苯；1,2,3-三氯苯；1,4-二氯苯；1,2-二氯苯；1,3-二氯苯；4-硝基氯苯；3-硝基氯苯；2,3,4-三氯硝基苯；2,5-二氯苯酚；2,3-二氯苯酚；2,5-二氯苯胺；2,3-二氯苯胺；4-氯苯胺；2-氯苯胺；3-氯苯胺；3,4-二氯苯胺；2,2′-二硫代二苯甲酸；6-硝基-1,4-二氯苯；3,4-二氯硝基苯；2,4,5-三氯硝基苯；4,5-二氯-2-硝基苯胺；4-氨基苯甲醛；4,5-二氯-1,2-苯二胺；4-氯-5-(2,3-二氯苯氧基)-1,2-苯二胺

江都市海龙化工助剂有限公司

江苏省江都市江淮路[225267]
电话：(0514)86550443；86292833；13358131243
传真：(0514)86290319
网址：www.hlzhl.com
E-mail：jdld@pub.yz.jsinfo.net
【主要产品】硫化染料；有机硅织物柔软剂；柔软剂；氨基改性聚二甲基硅氧烷；超滑爽氨基硅油；氨基硅油柔软剂；高温匀染剂；固色剂Y；无甲醛固色剂；渗透剂；高温消泡剂；双氧水漂白稳定剂；高效精炼剂；低泡精炼剂；高效皂洗剂；螯合分散剂；防泳移剂；有机硅消泡剂；净洗剂209

江都市合成树脂厂

江苏省江都市丁伙镇杭桥工业园[225266]
电话：(0514)86501493
传真：(0514)86506588　职工人数：40人
供销电话：86501399
经济类型：私营企业
网址：www.hylive.com/jiangsu/jiangsu13919.html
E-mail：jdhecheng@yahoo.com.cn
【主要产品】松香改性酚醛树脂

江都市恒升有色化工有限公司

江苏省江都市永安镇三周工业区[225255]
电话：(0514)86622039；86622032
传真：(0514)86626738
经济类型：私营企业　职工人数：100人
法人代表：郜恒生
网址：www.jdhengsheng.com/gsjj.htm
E-mail：hengsheng@jdhengsheng.com
【主要产品】硫酸铜；锡酸钠；硅酸铅；一氧化铅

江都市华都食品添加剂有限公司

江苏省江都市江淮路130号[225267]
电话：(0514)86553559
传真：(0514)86853717　职工人数：40人
经济类型：中外合资经营企业
【主要产品】柠檬酸钠；柠檬酸钾

江都市华兴医药化工制品有限公司

江苏省江都市丁沟镇沿河西路73号[225235]
电话：(0514)86381269；86383678
传真：(0514)86381118　有进出口权
经济类型：私营企业　法人代表：王中华
网址：www.huaxingpharm.com
【主要产品】混旋氨基二醇；苯亚磺酸钠；5,5-二硫-1,1-双苯基四氮唑；盐酸四咪唑；氯霉素；氯霉素棕榈酸酯；克拉红霉素；左旋咪唑；左旋咪唑碱；防灰雾剂

江都市华阳富山塑粉厂

江苏省江都市华阳镇[225242]
电话：(0514)86141032；13905251887
传真：(0514)86142788
供销电话：13951042420
网址：www.yzfushan.com
E-mail：lmf@yzfushan.com；wex@yzfushan.com
【主要产品】环氧聚酯混合型粉末涂料；聚酯粉末涂料；热固型纯环氧粉末涂料；美术花纹型热固性粉末涂料；皮革脱脂剂；磷化液

江都市江北有机硅化工有限公司

江苏省江都市[225261]
电话：(0514)86588290；86783333；13852595108
传真：(0514)86783000
固定资产：4,000千元　职工人数：100人
网址：www.jbyjg.com
E-mail：info@jbyjg.com
【主要产品】室温硫化硅橡胶(106型)；亲水性硅油；二甲基硅油；含氢硅油；甲基硅油；羟基硅油；6FS有机硅织物整理剂；抗静电剂

江都市胶带厂

江苏省江都市麾村镇人民路43号[225200]
电话：(0514)86371021
传真：(0514)86374702
网址：www.cnjiaodai.com
E-mail：webmastet@cnjiaodai.com
【主要产品】聚四氟乙烯绝缘引水管；橡胶运输带；环型运输带；橡胶三角带；窄V带；夹布胶管；输水胶管；压缩空气胶管；蒸汽胶管；输稀酸、碱胶管；喷砂胶管；氧气胶管；喷雾胶管；吸引胶管；液压胶管

江都市科力化工厂

江苏省江都市樊川镇北鞠家[225254]
电话：(0514)86611368；13905259026
传真：(0514)86618174
法人代表：鞠其发
网址：www.cnkeli.com
E-mail：keli@cnkeli.com
【主要产品】硫酸铅；硫酸锌；氯化锌；氧化锌；氯化石蜡

江都市蒙升泰化工厂

江苏省江都市大桥镇花荡工业集中区光明南路[225200]
电话：(0514)86497060
传真：(0514)86497035
网址：www.yzmst.com
E-mail：yzmst@126.com
【主要产品】氰乙酸甲酯；氟乙酸甲酯；氟乙酸乙酯；氰乙酰胺

江都市润扬化工有限公司

江苏省江都市锦西乡马桥村[225234]
电话：(0514)86341273；86341145
传真：(0514)86341273　职工人数：68人
经济类型：私营企业　法人代表：莫如祥
网址：www.hylive.com/jiangsu/jiangsu12860.html
【主要产品】强酸性苯乙烯系阳离子交换树脂(001×7型)；氧化还原树脂；聚氯乙烯无尘复合热稳定剂

江都市双仙化工厂

江苏省江都市双仙南路127号[225267]
电话：(0514)86821738
传真：(0514)86821444
经济类型：私营企业
网址：www.jdhuagong.com/sxhg/defa.htm
【主要产品】呋喃树脂(自硬型)；强酸性苯乙烯系阳离子交换树脂(001×7型)；强碱性季铵Ⅰ型阴离子交换树脂(201×7型)；聚酞菁钴催化剂；铸造树脂用磺酸固化剂；汽油脱臭活化剂；

磺化酞菁钴;7019 缓蚀剂

江都市苏康化工有限公司

江苏省江都市樊川镇繁荣路 88 号[225251]
电话:(0514)86691331;86696906;86130288
传真:(0514)86692372
供销电话:86017820　法人代表:李宝才
网址:www.jdskchem.com
E-mail:guqiu@jdskchem.com;skhg@jdskchem.com
【主要产品】5-氨基-3,4-二甲基异噁唑;结晶磺胺;苯甲酰磺胺;磺胺噻唑;磺胺噻唑钠;磺胺异噁唑;酞磺胺噻唑

江都市天达化工厂

江苏省江都市宜陵镇南许桥村[225231]
电话:(0514)86571359;86956989;86909086
传真:(0514)86573968　经济类型:集体
供销电话:13004315128　产值:500 千元
职工人数:150 人　法人代表:王平
E-mail:wangping8989@126.com
【主要产品】乙二醇;正丁醇;1,2-丙二醇;异丙醇;乙酸乙酯;醋酸丁酯;2-丁酮;丙酮;环己酮

江都市天和化工有限公司

江苏省江都市华阳镇南[225242]
电话:(0514)86141508;13705250530
传真:(0514)86142666
网址:www.cnthhg.com
E-mail:cnthhg@cnthhg.com;leader@cnthhg.com
【主要产品】醋酸;环氧聚酯混合型粉末涂料;聚酯粉末涂料;环氧型粉末涂料;清灰剂;有机硅织物柔软剂;柔软剂 HC;柔软剂;砂洗柔软剂;固色剂 Y;渗透剂;高效渗透剂;高效精炼剂;精炼漂白剂;有机硅消泡剂;净洗剂 105

江都市万和塑粉厂

江苏省江都市华阳镇[225200]
电话:(0514)86595588;86141095;13901444779
传真:(0514)86595599　经济类型:集体
网址:www.yzwanhe.com.cn
E-mail:yzwanhe@yzwanhe.com.cn
【主要产品】环氧聚酯混合型粉末涂料;热固型纯聚酯粉末涂料;热固型纯环氧粉末涂料;热塑性聚乙烯粉末涂料

江都市鑫利橡塑制品厂

江苏省江都市七里镇育才路 8 号[225225]
电话:(0514)86738799
传真:(0514)86731818
法人代表:冯军堂
网址:www.xlxj.com
E-mail:xlxj@xlxj.com
【主要产品】聚氨酯密封圈;橡胶制品;减震器及配件;橡胶垫;油封;密封垫;O 形密封圈;橡胶密封圈

江都市鑫亚精细化工有限公司

江苏省江都市丁伙镇锦东村[225234]
电话:(0514)86341106;86341488;13805258287
传真:(0514)86341448　职工人数:67 人
经济类型:私营企业　法人代表:丁德明
网址:www.xinyahg.com
【主要产品】2-羟基苯甲酸;水杨酸甲酯

江都市兴伟净水剂厂

江苏省江都市真武镇滨湖[225268]
电话:(0514)86167373;86167370
经济类型:集体　法人代表:徐乃根
【主要产品】三氯乙醛水合物;聚合氯化铝

江都市星海化工有限公司

江苏省江都市麾村镇人民路 9 号[225236]
电话:(0514)86371141;13901443996
传真:(0514)86371980
供销电话:13901442497
经济类型:私营企业　法人代表:顾建林
E-mail:jdgei@pub.yz.jsinfo.net
【主要产品】溴化钠;1,4-二氯苯;1,2-二氯苯;一氯化苯;3,4,5-三甲氧基苯甲醛;三苯基膦;甲氧苄啶

江都市银江化工有限公司

江苏省江都市麾村镇人民北路 2-2 号[225236]
电话:(0514)86371459;13805251051
传真:(0514)86371755　职工人数:50 人
法人代表:沈林
网址:www.sljdyj.com
E-mail:sljdyj@sljdyj.com;jssmyjhg@163.net
【主要产品】乙醇;四氢呋喃;吡啶;异丁醇;1,2-丙二醇;异丙醇;乙酸乙酯;醋酸丁酯;2-丁酮;丙酮;环己酮;二氯甲烷;三氯甲烷

江都市应用化学有限公司

江苏省江都市宜陵镇国泰路 8 号[225231]
电话:(0514)86561843;86562246
传真:(0514)86561843
网址:www.cn-duda.com
E-mail:duda@cn-duda.com
【主要产品】常温道路标志漆;荧光涂料;反光涂料;反射隔热漆;反光(发光)油墨

江都市宙龙集团公司

江苏省江都市周西镇振兴街[225247]
电话:(0514)86640030;86640144
传真:(0514)86640071;86640017
经济类型:股份合作　有进出口权
职工人数:500 人
网址:www.zhoulongchem.com
E-mail:jdzl@zhoulongchem.com
【主要产品】混旋氨基二醇;右旋氨基二醇;1-苯基-3-羟基-1,2,4-三唑;D-(–)-苏-1-对硝基苯基-2-氨基-1,3-丙二醇;间脒基苯胺;2-氨基-4-甲基苯并噻唑;三唑磷;三唑磷乳油;噻嗪酮可湿性粉剂;多菌灵可湿性粉剂;三环唑;三环唑可湿性粉剂;苯达松水剂;乙草胺乳油;多·福可湿性粉剂;多·硫悬浮剂;硫·三环可湿性粉剂;井·杀双水剂;乙·扑乳油;20% 三环·异稻可湿性粉剂;多·酮可湿性粉剂;井·噻·杀单可湿性粉剂;水胺·唑磷乳油;噻·异可湿性粉剂;氯霉素

江都药物助剂厂

江苏省江都市麾村镇[225236]
电话:(0514)86371012;13605252633
传真:(0514)86375239
法人代表:杨安庆
网址:www.cn-ys.com
E-mail:webmaster@cn-ys.com
【主要产品】二甲基硅油

江苏宝应化工助剂厂

江苏省扬州市宝应县运河路[225801]
电话:(0514)88223925;88120797;13056307791
传真:(0514)88201759
供销电话:88183925;13852765566
经济类型:私营企业　法人代表:周洪生
网址:www.hongguangchem.com
E-mail:sales@hongguangchem.com
【主要产品】三氯氢硅;四氯化硅;甲基三氯硅烷;一甲基二氯硅烷;二甲基二氯硅烷;八甲基环四硅氧烷;八甲基环四硅氮烷;三甲基一氯硅烷;六甲基二硅氮烷;六甲基氧二硅烷;1,1,3,3,5,5-六甲基环三硅氮烷;六甲基环三硅氧烷;甲基三乙氧基硅烷;甲基苯基二乙氧基硅烷;甲基二苯基乙氧基硅烷;二甲基二乙氧基硅烷;1-羟基苯并三氮唑;透明甲基硅树脂;甲基乙烯基硅橡胶(110 型);甲基硅橡胶(101 型);二甲基硅油(201 型);二甲基羟基硅油乳液;甲基含氢硅油(202 型);甲基含氢硅油(821 型);甲基苯基硅油(250 型);甲基苯基硅油(255 型);苯基甲基硅油(250-30 型);乳化硅油;超高真空扩散泵硅油;聚甲基三乙氧基硅烷;土耳其红油;十二烷基苯磺酸钠;皮革光亮剂;有机硅皮革滑爽剂;防锈剂;薄层防锈油;金属清洗剂;合成切削液;铜拉丝油

江苏东宝农药化工有限公司

江苏省江都市宜陵镇[225237]
电话:(0514)86731327;86731500;86738173
传真:(0514)86731500　有进出口权
固定资产:36,520 千元

供销电话:86738173;86738114
经济类型:有限责任公司
职工人数:328 人
网址:www.db-chem.com
E-mail:webmaster@db-chem.com
【主要产品】三唑磷乳油;吡虫啉;吡虫啉可湿性粉剂;高效氯氰菊酯乳油;高效氯氰菊酯水乳剂;氰戊菊酯乳油;杀虫单;乙草胺可湿性粉剂;苯磺隆可湿性粉剂;精喹禾灵乳油;乙羧氟草醚乳油;乐·溴乳油;苄·禾可湿性粉剂;硫·三环可湿性粉剂;三环·杀单可湿性粉剂;辛·氰乳油;井·杀双水剂;20%井·三环可湿性粉剂;苄·乙可湿性粉剂;扑·乙可湿性粉剂;乙氧·乙草乳油;草除·精喹乳油;苯磺·异丙可湿性粉剂;丙·辛乳油;多·酮可湿性粉剂;乙酰甲·阿维乳油;杀单·苏可湿性粉剂;乐·氯乳油;噻·杀单悬浮剂;井·噻·杀单可湿性粉剂;杀·井可湿性粉剂;吡·井·杀单可湿性粉剂;二氯·苄可湿性粉剂;阿维·氟铃乳油;阿维·毒乳油;苯噻酰·苄可湿性粉剂;阿维·唑磷乳油;吡·阿乳油;阿维·苏可湿性粉剂;阿维·哒乳油

江苏海润化工有限公司

江苏省江都市盐化路 4 号[225200]
电话:(0514)86855100;86859516
传真:(0514)86858808
供销电话:86552251;86856227
经济类型:有限责任公司
法人代表:董文平
网址:www.jdrunhua.com
E-mail:office@jshairun.com
【主要产品】扩散剂 MF;高效减水剂 FDN;混凝土缓凝高效减水剂;混凝土高效复合抗裂防水剂

江苏华伦化工有限公司

江苏省江都市丁伙镇人民南路[225266]
电话:(0514)86501124;86501756;86507985
传真:(0514)86501755 经济类型:集体
供销电话:86501124;86507999
法人代表:吴义彪
网址:www.hualunchem.com
E-mail:yzhl@hualunchem.com
【主要产品】甲基萘;1,2-丙二醇-1-单甲醚;丙二醇单乙醚;丙二醇单丁醚;乙二醇单乙醚;乙二醇乙醚乙酸酯;芳烃溶剂油;增塑剂;工业萘

江苏粮满仓农化有限公司

江苏省江都市周西镇振兴街 2 号[225247]
电话:(0514)86640049
【主要产品】三唑磷;三唑磷乳油;噻嗪酮可湿性粉剂;多菌灵可湿性粉剂;三环唑;三环唑可湿性粉剂;苯达松水剂;乙草胺乳油;多·福可湿性粉剂;多·硫悬浮剂;硫·三环可湿性粉剂;井·杀双水剂;乙·扑乳油;20%三环·异稻可湿性粉剂;多·酮可湿性粉剂;井·噻·杀单可湿性粉剂;水胺·唑磷乳油;噻·异可湿性粉剂

江苏群发化工有限公司

江苏省扬州市太平北路 3 号[225003]
电话:(0514)87223939
传真:(0514)87232380
供销电话:87231975;87223463
供销传真:87251389;87200437
经济类型:有限责任公司
企业规模:大型 职工人数:2,330 人
法人代表:王恩鸣
网址:www.qunfa.com
E-mail:zhouhh@qunfa.com;
gaoming@qunfa.com
【主要产品】超细重质碳酸钙;磷酸三甲酯;间苯二甲酸二甲酯-5-磺酸钠;间苯二甲酸乙二醇酯-5-磺酸钠;涤纶帘子布;尼龙 6 切片;尼龙-6 浸胶帘子布;PVC-U 芯层发泡管材管件;促进剂 NS

江苏日欣实业集团有限公司

江苏省高邮市武安路 8 号[225600]
电话:(0514)84545331;84545339;84549155
传真:(0514)84549297 经济类型:集体
固定资产:42,000 千元 法人代表:张和
供销电话:84549146;13805254528
职工人数:580 人
网址:www.rxgp.com
E-mail:web@rxgp.com
【主要产品】茄尼醇;*N*-乙酰氨基葡萄糖;醋酸妊娠双烯醇酮;1-氨基蒽醌;皂素;水解动物蛋白;壳聚糖;几丁质;硫酸软骨素;大豆异黄酮;氨基葡萄糖盐酸盐;D-氨基葡萄糖硫酸钾盐;D-氨基葡萄糖硫酸钠盐;橡胶制品

江苏省高邮市长松化工厂

江苏省高邮市送桥镇工业园区[225651]
电话:(0514)84212957;84217456
传真:(0514)84214913 法人代表:张磊
职工人数:100 人
网址:www.chschem.com
E-mail:webmaster@chschem.com
【主要产品】环氧聚酯混合型粉末涂料;聚酯粉末涂料;环氧型粉末涂料;油污清洗防锈剂;脱脂除油清洗剂;磷化剂;金属表面调整剂;磷化发黑剂;脱漆脱塑剂

江苏省高邮市化工厂

江苏省高邮市文游北路 15 号[225600]
电话:(0514)84622128;84612931;84610924
传真:(0514)84061228 有进出口权
供销电话:84612931;84622128
经济类型:私营企业 法人代表:苏尔林
网址:www.hailongdyes.com
E-mail:yza2004622128@yzvod.com
【主要产品】4,4′-二氨基二苯基甲烷;4-氨基偶氮苯,盐酸盐;酸性橙Ⅱ;酸性红 3B;酸性红 G;酸性大红 GR;酸性大红 3R;酸性红 A;酸性红 PE;酸性红 B;酸性品红 6B;弱酸嫩黄 G;弱酸艳红 B;酸性蓝 HRL;弱酸性深蓝 GR;弱酸深蓝 5R;弱酸性黑 BR;酸性媒介黄 M;酸性媒介漂蓝 B;酸性媒介藏青 RRN;酸性媒介藏青 RRL;酸性媒介棕 RH;酸性媒介黑 T;弱酸艳红 10B;酸性红 BG

江苏省江都市科苑化工有限公司

江苏省江都市丁伙工业园区 9 号[225266]
电话:(0514)86884908;86506599
传真:(0514)86884908
法人代表:朱定洋
网址:www.yzkeyuan.com
E-mail:keyuan@yzkeyuan.com
【主要产品】聚合物多元醇;低密度聚氨酯高回弹泡沫组合料;超吸水树脂;聚氨酯硬质泡沫塑料发泡用组合料;聚丙烯酰胺;聚丙烯酰胺(超高分子量);消泡剂;聚合氯化铝;阳离子絮凝剂;聚丙烯酰胺干粉(阳离子型);聚丙烯酰胺干粉(非离子型);聚丙烯酰胺(胶体);聚合硅酸铝

江苏省江都市天林化工有限公司

江苏省江都市东郊[225236]
电话:(0514)86868081;86905581;13705250481
传真:(0514)86525998
经济类型:私营企业
网址:www.yztlhg.com
E-mail:info@yztlhg.com
【主要产品】二甲苯;甲苯;乙醇;甲醇;乙二醇;正丁醇;1,2-丙二醇;异丙醇;冰醋酸;醋酸丁酯;2-丁酮;丙酮;环己酮;二氯甲烷;三氯乙烯;1,4-二氯苯;四氯化碳;1,2 二氯苯;一氯甲烷;硝基漆稀释剂;溶剂油

江苏省仪征市化工三厂

江苏省仪征市沿山河北路 24 号[211400]
电话:(0514)83431523
传真:(0514)83431523 职工人数:57 人
经济类型:私营企业 产值:6,436 千元
【主要产品】精制硫酸铝;硫酸铝铵;氧化钴;1,4-苯二甲酸

江苏仪征天宁化工股份有限公司

江苏省仪征市前进路 34 号[211400]
电话:(0514)8345028;13905252826
传真:(0514)83452277

固定资产:35,000 千元
经济类型:股份有限公司
法人代表:陈玉斌
网址:www.tnchem.com
E-mail:tianning@263.net;
tn@tnchem.com
【主要产品】氢溴酸;柠檬酸三乙酯;柠檬酸三丁酯;乙酰柠檬酸三丁酯;乙酰柠檬酸三乙酯;四溴乙烷;对羟基苯甲酸丁酯;顺丁烯二酸二丁酯;乙撑双四溴邻苯二甲酰亚胺

扬州宝盛生物化工有限公司

江苏省扬州市北郊天山镇[225653]
电话:(0514)84225857;13905254038
传真:(0514)84223785
网址:www.ybsbiochem.com
E-mail:export@ybsbiochem.com
【主要产品】芴;L-缬氨醇;芴甲醇;*N*-乙酰-DL-色氨酸;*N*-乙酰-L-色氨酸;*N*-乙酰-D-色氨酸;L-丝氨酸;二碳酸二叔丁酯;L-谷氨酸二乙酯盐酸盐;肌氨酸乙酯盐酸盐;柠檬酸三乙酯;柠檬酸三丁酯;乙酰柠檬酸三丁酯;氯甲酸对硝基苄酯;*N*-苄氧羰氧基丁二酰亚胺;甘氨酸乙酯盐酸盐;D-苯丙氨酸;*N*-三苯甲基甘氨酸甲酯;*N*-三苯甲基甘氨酸乙酯;*N*-羟基丁二酰亚胺;9-芴甲基-*N*-琥珀酰亚胺碳酸酯;L-缬氨酸甲酯盐酸盐;9-芴甲基氯甲酸酯;戊菌隆;甲砜霉素甘氨酸酯盐酸盐;丁苯羟酸;美洛昔康;那格列奈;托吡酯;*N*-乙酰甘氨酸;L-丙氨酸甲酯盐酸盐;D-丙氨酸甲酯盐酸盐;丙氨酸乙酯盐酸盐;L-酪氨酸甲酯盐酸盐;酪氨酸叔丁酯;L-脯氨酰胺;D-谷氨酸;DL-丝氨酸甲酯盐酸盐;*N*-乙酰-L-苯丙氨酸;L-苯丙氨酸甲酯盐酸盐;D-苯丙氨酸甲酯盐酸盐;D-色氨酸;*N*-乙酰-L-亮氨酸;L-亮氨酸甲酯盐酸盐;L-精氨酸甲酯二盐酸盐;L-盐酸半胱氨酸甲酯;L-脯氨酸甲酯盐酸盐;D-脯氨酸甲酯盐酸盐;*N*-乙酰-L-脯氨酸;*N*-乙酰-D-脯氨酸;L-色氨酸乙酯盐酸盐;L-色氨酸甲酯盐酸盐;D-色氨酸甲酯盐酸盐;*N*-乙酰-L-谷氨酰胺

扬州贝尔化工有限公司

江苏省江都市郭村镇前巷村东风组[225200]
电话:(0514)86395300
传真:(0514)86395199
职工人数:200 人
网址:www.chinabeier.cc
【主要产品】乙醇;乙酸乙酯;丙酮;1,2-二氯乙烷;1,4-二氯苯;1,2-二氯苯;一硝基苯;6-硝基-1,4-二氯苯

扬州德克化学有限公司

江苏省扬州市古城江阳工业园蜀岗东路[225002]
电话:(0514)87639966;87639955;
13665226999
传真:(0514)87639911
经济类型:中外合资经营企业
网址:www.shenlongchem.com
E-mail:zhangdj@shenlongchem.com
【主要产品】聚氨酯胶黏剂;聚氨酯密封胶;建筑密封胶;土耳其红油;皮革加脂剂;丙烯酸树脂皮革涂饰剂;聚氨酯皮革涂饰剂;揩光浆;有机硅皮革滑爽剂;皮革脱脂剂

扬州飞扬化工有限公司

江苏省扬州市望月路金莱阁 A 座[225009]
电话:(0514)85889948;13901456488
传真:(0514)82960648
网址:www.feiyangchem.cn
E-mail:zjake@126.com
【主要产品】2,5-二氨基-4,6-二氯嘧啶;间溴苯甲醛;丙三醇;2,5-二氨基-4,6-二羟基嘧啶盐酸盐;2-氯-5-三氟甲基吡啶;2,3-二氯-5-三氟甲基吡啶;2-氨基-3-氯-5-三氟甲基吡啶;4-二甲氨基吡啶

扬州高华化工有限公司

江苏省扬州市高邮县通湖街 174 号[225600]
电话:(0514)84612655;84614666
传真:(0514)84612654
经济类型:有限责任公司
职工人数:1,000 人　法人代表:王文林
网址:shop.ebdoor.com/Shops/4068/Index.aspx
【主要产品】氢气;对异丙基环己醇;对叔丁基环己醇;环戊醇;2-氨基苯酚;合成氨;液氨;碳酸氢铵;聚氯乙烯电缆料;聚氯乙烯压延薄膜;无毒软聚氯乙烯粒料

扬州广润化工有限公司

江苏省扬州市邗江区工业园[225116]
电话:(0514)87843118;87150782
传真:(0514)87843118
供销电话:87843118;13645276166
网址:www.yzguangrun.com
【主要产品】桐油酸;固化剂

扬州合力橡胶制品有限公司

江苏省扬州市广陵区施井路 36 号[225003]
电话:(0514)87232253;87222264;
87233436
传真:(0514)87223790　有进出口权
供销电话:87233436;87220450
供销传真:87215131
经济类型:有限责任公司
网址:www.yz-rubber.com
E-mail:yzheli@yz-rubber.com
【主要产品】橡胶制品;止水带;橡胶水坝;橡胶轴承

扬州江亚消防药剂有限公司

江苏省江都市砖桥镇向阳路 9 号[225233]
电话:(0514)86842880;86843999
传真:(0514)86084005
供销电话:68842043
网址:www.jiangya.com
E-mail:jd.xfyj@public.yz.js.cn
【主要产品】磷酸铵盐干粉灭火剂;氟蛋白泡沫灭火剂 YEF-6 型;成膜氟蛋白泡沫灭火剂;蛋白泡沫灭火剂;高倍数泡沫灭火剂;中倍数泡沫灭火剂;抗溶性泡沫灭火剂;水成膜泡沫灭火剂;碳酸氢钠干粉灭火剂

扬州杰迪化工有限公司

江苏省高邮市八桥[225642]
电话:(0514)84526888;84526999;
13952773333
传真:(0514)84528999
网址:www.jdinfo.com
E-mail:myb@jdinfo.com
【主要产品】1,4-萘醌;2-羟基-1,4-萘醌;2,3-二氯-1,4-萘醌;邻甲基苯甲酸甲酯;邻甲基苯甲酸乙酯;苯甲酸乙酯;三氯乙醛;邻氰基氯苄;对氰基氯苄;间氰基氯苄;间氯苄胺;对甲基苯甲腈;间甲基苯甲腈;3-甲基苯甲酸;4-甲基苯甲酸;间甲基苯甲酸乙酯;对甲基苯甲酸甲酯;间甲基苯甲酸甲酯;对甲基苯甲酸乙酯;间甲基苯甲酰氯;邻甲基苯甲酰氯;邻甲基苯甲腈;2-氯苯甲腈;4-氯苯腈;苯甲酸甲酯

扬州津扬化工有限公司

江苏省扬州市广陵区徐家北巷 56 号[225002]
电话:(0514)87341141
经济类型:私营企业　职工人数:25 人
法人代表:梁殿优
网址:www.hylive.com/jiangsu/jiangsu04951.html
【主要产品】高黏度聚酯切片

扬州凯尔化工有限公司

江苏省高邮开发区金桥北路 18 号[225600]
电话:(0514)84634665;84661853
传真:(0514)84061500
职工人数:110 人
网址:www.yzkrchem.com
E-mail:kechemxz@126.com
【主要产品】聚氯乙烯片材;聚氯乙烯软管

扬州康宏化工有限公司

江苏省扬州市文峰路 16 号[225009]
电话:(0514)87158599;87158989;
87818878
传真:(0514)87827798　有进出口权
供销电话:87818878;87158989
网址:www.chinabasicdyes.com
E-mail:yzkhhg@163.com
【主要产品】4,4′-四甲基米氏醇;*N*-甲基对苯二胺;4,4′-二(二甲氨基)二苯基甲烷;丙二酰脲;5-氟靛红;6-甲基尿

嘧啶;1,3,3-三甲基-2-亚甲基吲哚啉;三聚氰氰;4-(*N*,*N*-二甲基)氨基苯甲醛;*N*,*N*-甲基苄基苯胺;2-氨基-5-硝基苯酚;靛红;3-氨基-5-硝基苯并异噻唑;2,4,6-三氯嘧啶;碱性嫩黄O;碱性橙;碱性紫5BN;碱性艳绿;碱性品绿;碱性棕G;阳离子金黄X-GL;阳离子桃红FG;阳离子艳红5GN;阳离子红X-GRL;阳离子翠蓝GB;阳离子艳蓝RL;阳离子艳蓝X-2RL;对羟基苯甲酸甲酯;荧光增白剂OB-1;1,3-二溴-5,5-二甲基海因

扬州科宇化工有限公司

江苏省江都市丁伙镇人民南路2号[225266]
电话:(0514)86501378;86501466;86501663
传真:(0514)86501035 法人代表:陈新
供销电话:86501663;86501466
经济类型:股份合作 职工人数:300人
网址:www.jiangduchem.com
E-mail:jdhg@jiangduchem.com
【主要产品】丙烯酰胺;氯化聚乙烯;聚合物多元醇;聚氨酯组合料;聚丙烯酰胺;聚氯乙烯无尘复合热稳定剂;聚丙烯酰胺干粉(阳离子型)

扬州坤源助剂有限公司

江苏省扬州市大桥东化机路1号[225006]
电话:(0514)87458450;87458452;13382726858
传真:(0514)87458451
网址:www.yzdl.com.cn
E-mail:sale@yzkyzj.cn
【主要产品】增塑剂;聚氯乙烯加工用助剂;无毒亚磷酸酯;聚氯乙烯热稳定剂;PVC抗冲改性剂K-228;PVC内润滑剂

扬州立达树脂有限公司

江苏省扬州市北郊天山工业区[225653]
电话:(0514)84224858;84226888;13805274858
传真:(0514)84225818
供销电话:84226888;84224858
网址:www.lidaresin.com
E-mail:gch@lidaresin.com
【主要产品】钛酸四丁酯;钛酸四异丙酯;聚钛酸丁酯;分散剂(涂料专用);乳胶涂料分散剂;溶剂型涂料专用分散剂;水性色浆分散剂;多功能涂料分散剂;水性涂料用流平剂;水性涂料增稠剂;乳胶漆增稠剂;乙酰丙酮铝;有机钛螯合物;十二烷基二甲基苄基氯化铵;铝酸酯偶联剂;钛酸酯偶联剂;硅烷偶联剂KH-550;高效消泡剂;炭黑分散剂;有机硅消泡剂(水处理专用);油酸二乙醇酰胺;颜料分散剂

扬州联合安邦颜料有限公司

江苏省扬州市北郊黄钰镇[225018]
电话:(0514)87711072;87711301
传真:(0514)87711071
经济类型:私营企业 职工人数:130人
法人代表:房治林
网址:www.anbang.com
E-mail:anbang@sinodata.net
【主要产品】氧化铁红

扬州美涂士金陵特种涂料有限公司

江苏省扬州市江都仙女镇九号桥[225212]
电话:(0514)86801888;86802888
传真:(0514)86804698 有进出口权
供销电话:86801998 职工人数:156人
供销传真:86801698
经济类型:股份合作
网址:www.jlpaint.com
E-mail:info@jlpaint.com;jdjltl@pub.yz.jsinfo.ne
【主要产品】酚醛环氧罐头涂料;沥青防腐漆;环氧煤沥青防腐涂料;醇酸树脂涂料;醇酸清漆;各色醇酸调合漆;醇酸磁漆;醇酸面漆;氨基树脂漆类;氨基树脂烘漆;金属油罐抗静电防腐涂料;氨基树脂涂料;内外墙涂料;丙烯酸防腐涂料;丙烯酸外墙涂料;聚酯树脂漆类;耐高温强防腐粉末涂料;聚酯环氧防腐涂料;丙烯酸改性聚酯防腐涂料;水性聚酯涂料;道路标线涂料;环氧树脂类防腐涂料;环氧防腐漆;鳞片重防腐涂料;耐高温防腐涂料;聚氨酯防腐涂料;高耐候氟涂料;氯化橡胶涂料;各色氯化橡胶面漆(原浆型);各色氯化橡胶马路划线漆;氯磺化聚乙烯防腐涂料;高氯化聚乙烯防腐涂料;氯化橡胶防锈漆;氯化橡胶沥青防锈漆;氯化橡胶防腐涂料;水性无机硅酸锌涂料;带锈涂料;无机硅酸锌底漆;车间底漆;纳米生态涂料;富锌涂料;磷酸盐富锌涂料;多用型膨胀防火涂料;地坪涂料;特种防腐涂料;煤气柜专用防腐涂料;HCPE特种带锈防锈防腐漆;油漆稀释剂

扬州明德生物化工有限公司

江苏省高邮市经济开发区长兴路3号[225600]
电话:(0514)85602780;84666726;13805271527
传真:(0514)84666726
网址:www.minderchem.com
E-mail:minder@188.com
【主要产品】L-缬氨醇;L-异亮氨醇;L-亮氨醇;L-脯氨醇;L-蛋氨醇;4-哌啶基哌啶;4-哌啶基哌啶双盐酸盐

扬州三得利化工有限公司

江苏省江都市麾村镇人民路8号[225236]
电话:(0514)86371147;86371073;86375966
传真:(0514)86376616
固定资产:15,000千元
经济类型:私营企业 职工人数:260人
法人代表:陶学忠
网址:www.luyangchem.com;www.sdlchem.com
E-mail:jdtaxz@pub.yz.jsinfo.net
【主要产品】甲醚化六羟基甲基三聚氰胺树脂(560型);三(2-羟乙基)异氰尿酸酯;三(环氧丙基)异氰尿酸酯

扬州三友合成化工有限公司

江苏省扬州市北郊菱塘镇[225652]
电话:(0514)84934506;84239488;84239570
传真:(0514)84239898
供销电话:84239570;84239488
网址:www.upkind.com/indexcn.htm
E-mail:upkind@upkind.com
【主要产品】氯代环己烷;1,4-二氯丁烷;三甲基溴硅烷;三甲基碘硅烷;六甲基二硅烷;苯基三甲基硅烷;7-APCA;异丙基氯甲基碳酸酯

扬州石油化工厂

江苏省江都市淮扬路156号[225200]
电话:(0514)86850127;86850001;86850012
传真:(0514)86850103
职工人数:900人
E-mail:shc@joeco.com.cn
【主要产品】石油液化气;汽油;柴油;聚丙烯;丙纶短纤维;溶剂油

扬州市高海塑料化纤总厂

江苏省江都市新区舜天路199号[225266]
电话:(0514)86976196
传真:(0514)86971899
供销电话:86976186 职工人数:807人
法人代表:李文和
网址:www.gaohai.js.cn
【主要产品】涤纶短纤维;聚氯乙烯压延片材

扬州市恒生化工有限公司

江苏省江都市麾村镇人民路2号[225236]
电话:(0514)86371099;86371024
传真:(0514)6374691 职工人数:235人
固定资产:14,000千元
经济类型:有限责任公司
法人代表:胡春生
网址:www.jdpigment.com
E-mail:jd.ylhgc@pub.yz.jsinfo.net
【主要产品】盐酸;三氯化铝;二乙醇缩甲醛;对苯二甲醛;八氯二丙醚;对四氯苄;对六氯苄;对二氯苄;癸二酸二酰肼;丁二酰肼;甘氨酸乙酯盐酸盐;对甲酰基苯甲酸;氯化橡胶;铜离子抑制剂

扬州市虹光化工有限公司

江苏省高邮市天山镇[225653]
电话:(0514)84222888;84226958;

苏

13852175555
传真:(0514)84222019
经济类型:有限责任公司
法人代表:吴宏林
网址:www.yzhgchem.com;
www.jshgxny.com
E-mail:jshg@jshgxny.com
【主要产品】色母粒;对甲苯磺酰肼

扬州市华通橡塑实业公司

江苏省扬州市甘泉镇杨寿回归路东侧[225124]
电话:(0514)87736123;87731223;
87736223
传真:(0514)87731148
经济类型:私营企业
网址:www.yz-huatong.com
E-mail:yzhuatong123@vip.163.com
【主要产品】阻燃耐火胶管;减震用橡胶制品;铁路道枕橡胶垫;橡胶密封制品;橡胶密封胶条

扬州市金晨化工有限公司

江苏省江都市小纪镇[225248]
电话:(0514)86599888
传真:(0514)86599666
法人代表:陈道芳
网址:www.yz-jinchen.com
E-mail:yzjinchen@sina.com
【主要产品】粉末涂料;各色聚酯环氧型粉末涂料;纯聚酯耐候性粉末涂料;热固型纯环氧粉末涂料;聚氨酯粉末涂料

扬州市金峰树脂原料有限公司

江苏省江都市小纪镇高徐工业园[225248]
电话:(0514)86711288;13801442156
传真:(0514)86711388 职工人数:50人
供销电话:86711288;13852598248
网址:www.jfresin.com
E-mail:sale@jfresin.com;
office@jfresin.com
【主要产品】二甲氧基甲烷;甲醛;阻燃聚醚;酚醛树脂;脲醛树脂;聚醋酸乙烯乳液胶黏剂

扬州市久盛化工有限公司

江苏省高邮市卸甲镇[225644]
电话:(0514)84737148
传真:(0514)84737158
法人代表:袁达凤
网址:ec.chinasunrise.cn/jshg/index.htm
【主要产品】壳聚糖;几丁质;硫酸软骨素;D-氨基葡萄糖;D-氨基葡萄糖硫酸钾盐;D-氨基葡萄糖硫酸钠盐

扬州市群鑫粉体材料有限公司

江苏省扬州市运河南路33号[225004]
电话:(0514)87208560;87020062;
87200412
传真:(0514)87201336
网址:www.yzqunxin.com
E-mail:yz.qxgs@public.yz.jsinfo.net
【主要产品】氢氧化镁;超细硫酸钡;超细重质碳酸钙;超细滑石粉

扬州市溶解乙炔气厂

江苏省扬州市双桥乡卜桥村[225002]
电话:(0514)87308828;87340815
经济类型:股份合作 法人代表:许春林
【主要产品】溶解乙炔

扬州市苏灵农药化工有限公司

江苏省江都市宜陵镇七里[225225]
电话:(0514)86738251;86738148;
86730888
传真:(0514)86738251 经济类型:集体
职工人数:580人 法人代表:韩宝余
网址:www.cn-suling.com
E-mail:webmaster@cn-suling.com
【主要产品】哒螨灵乳油;乙酰甲胺磷乳油;辛硫磷颗粒剂;20%高渗辛硫磷乳油;吡虫啉可湿性粉剂;氯氰菊酯乳油;氰戊菊酯乳油;25%咪鲜胺乳油;草甘膦水剂(10%);乙草胺可湿性粉剂;苯磺隆可湿性粉剂;精喹禾灵乳油;40%乙烯利水剂;甲哌鎓水剂;多·抗·酮可湿性粉剂;多·福可湿性粉剂;多·硫可湿性粉剂;多·井·三环可湿性粉剂;硫·三环可湿性粉剂;乙氧·乙草乳油;吡·酮可湿性粉剂;丙·辛乳油;甲氰·辛乳油;20%三环·异稻可湿性粉剂;多·酮可湿性粉剂;乐·氯乳油;吡·杀单可湿性粉剂;噻·杀单可湿性粉剂;杀·井可湿性粉剂;吡·井·杀单可湿性粉剂;灭·杀单可溶性粉剂;二氯·苄可湿性粉剂;毒·辛乳油;阿维·唑磷乳油;阿维·哒乳油;敌·唑磷乳油

扬州市通发装饰工程有限公司

江苏省仪征市大仪镇香沟林场[211400]
电话:(0514)83890370;87208650;
13705252910
传真:(0514)83891810
供销电话:83890370;87855130
经济类型:私营企业 法人代表:徐贵才
网址:www.cn-ry.com
E-mail:cnry@cn-ry.com
【主要产品】内墙抗菌涂料;高弹性外墙乳胶漆;高级环保内墙漆;水性封碱底漆;外墙晴雨漆;内外墙腻子

扬州市万里胶制品有限公司

江苏省扬州市邗江区霍桥镇迎春东路9号[225104]
电话:(0514)87461120
传真:(0514)87461121
供销电话:13645278429
网址:www.yzwllt.com
E-mail:wl@yzwllt.com
【主要产品】摩托车内胎;轮胎内胎;自行车内胎

扬州市未来水质稳定剂有限公司

江苏省扬州市北郊郭集工业园[225654]
电话:(0514)84242114;84248656;
13705275909
传真:(0514)84244928
法人代表:夏春来
网址:www.yzweilai.com
E-mail:master@yzweilai.com
【主要产品】阻垢分散剂;杀菌灭藻剂;聚合氯化铝;阻垢缓蚀剂

扬州市新业化工有限公司

江苏省扬州市运河南路33号[225003]
电话:(0514)87242605
传真:(0514)87205145
固定资产:150,000千元
经济类型:股份有限公司
销售收入:210,000千元
职工人数:312人 法人代表:刘永慧
网址:zd.chinasunrise.net
【主要产品】硫酸;二氧化硫(液);硫黄

扬州腾达化工厂

江苏省扬州市北郊方巷镇松柏路19号[225117]
电话:(0514)87383706;87385228;
13852718312
传真:(0514)87381287
固定资产:25,000千元
供销电话:87381287;13905271884
经济类型:股份合作 职工人数:126人
法人代表:梁新罗
网址:www.yztengda.com;
www.tengdachem.com
E-mail:sales@tengdachem.com
【主要产品】*N*-乙烯基咪唑;过氧乙酸;丙氧基乙酸;咪唑-1-乙酸;胆固醇苯甲酸酯;1,4-二氯苯;胆固醇硫酸酯钾盐;1-(2,4-二氯苯基)-2-(1-咪唑基)乙醇;α-(2,4-二氯苯基)-1H-咪唑-1-乙酮肟;6-硝基-1,4-二氯苯;2-硝基-4-氯苯胺;特康唑;戊环唑;抑霉唑;氟菌唑;恩康唑;噻康唑;硝酸咪康唑;益康唑;硫康唑;硝酸奥昔康唑;奥昔康唑;联苯苄唑;帕苏沙星;布替萘芬;罗硝唑;奥硝唑;塞克硝唑;奥扎格雷;胆固醇乙酸酯;三氯对称二苯脲

扬州腾龙聚氨酯制品有限公司

江苏省扬州市蒋王建设区[225000]
电话:(0514)87945560;13222699789
传真:(0514)85208898
网址:www.yztenglong.com
E-mail:web@yztenglong.com
【主要产品】聚氯乙烯软管;高压尼龙树脂管;聚氨酯弹性体软管;聚氨酯管材

扬州天辰精细化工有限公司

江苏省扬州市邗江区瓜洲镇四里铺路62号[225129]
电话:(0514)87502310;13905278397
传真:(0514)87501215

供销电话:85066300;85066311
经济类型:私营企业
网址:www. tianchenchem. com
E-mail:ytcc@ tianchenchem. com;
ytcc@ hi2000. com
【主要产品】2,6-二氯苯甲醛;2-氯-6-氟苯甲醛;邻三氟甲基苯甲醛;2,6-二氟苯甲醛;α-氯丙酸;2,6-二氟苯甲酸;对乙基苯甲酸;3,5-二甲基苯甲酸;2-氯丙酸甲酯;2-氯丙酸乙酯;邻氟苯乙酮;2,5-二氯苯腈;2,6-二氯-4-硝基苯酚;对硝基苯甲腈;对三氟甲基苯腈;邻三氟甲基苯腈;2-氯-5-氯甲基噻唑;4-氨基-3,5-二氯三氟甲苯;2,6-二氯苯腈;2,4-二氯苯腈;2,6-二氟苯腈;2,4-二氯苯甲酸;2,6-二氯苯甲酸;2,6-二羟基苯甲酸;邻三氟甲基苯甲酸;对三氟甲基苯甲酸;4-氯-2-硝基苯甲酸;N-甲基硝基胍;3-氨基噻吩-2-羧酸甲酯;氯代特戊酰氯;对三氟甲基苯胺;2,6-二氟苯甲酰胺;2-氨基-6-氯苯甲酸;4-氯-2-氨基苯甲酸;邻三氟甲基苯甲酰氯;4-三氟甲基苯甲酰氯;3,4-二氯苯腈;4-氯苯腈;2-氯-6-氟苯腈;4-氨基苯腈;邻氨基苯腈;2,3-二氯丙腈;4-甲基-3-硝基苯胺;聚芳醚腈

扬州威斯曼雅本制药有限公司

江苏省江都市经济开发区光明路9号[225200]
电话:(0514)86881045;86884525
传真:(0514)86882135 经济类型:集体
固定资产:80,000千元 有进出口权
职工人数:326人 法人代表:潘复海
网址:www. yzabapharma. com
E-mail:sales@ yzabapharma. com
【主要产品】2-(1-羟基环己基)-2-(4-甲氧基苯基)乙胺盐酸盐;多西环素磺基水杨酸盐;盐酸美他环素;盐酸多西环素;强力霉素一水物;盐酸万拉法新

扬州先锋化工有限公司

江苏省扬州市江阳中路433号金天城大厦2103－2105室[225009]
电话:(0514)87866000;87866650
传真:(0514)87887555
网址:www. pioneer-chem. com
E-mail:sale@ pioneer-chem. com;
cyib1996@ 126. com
【主要产品】吡虫啉;啶虫脒;草甘膦;烯草酮;2,4-D异辛酯;苯磺隆;噻吩磺隆;吡氟禾草灵;2,4-二氯苯氧乙酸;2,4-二氯苯氧乙酸正丁酯

扬州橡树实业有限公司

江苏省扬州市广陵区文昌东路18号[225003]
电话:(0514)87204550;87200410
经济类型:私营企业
法人代表:张建薇
网址:www. yzinfo. gov. cn/mykj/mykjqj. asp
【主要产品】塑料薄膜

扬州亚邦绝缘材料有限公司

江苏省扬州市宝应县耿耿工业园[225811]
电话:(0514)88326666;88321980;88116411
传真:(0514)88321981
经济类型:有限责任公司
网址:www. yabjy. com
E-mail:yab@ yabjy. com
【主要产品】酚醛层压布板3025;聚酰亚胺薄膜;石棉橡胶板

扬州亚菲涂料有限公司

江苏省扬州市施井路40号[225003]
电话:(0514)87226588;87232078;87221828
传真:(0514)87226588;87231667
供销电话:87218199;13358129221
网址:www. cn-qj. com
E-mail:hongfan3135@ sina. com
【主要产品】腻子;高弹性外墙乳胶漆;内外墙乳胶漆;浮雕漆;真石漆罩面漆;丙烯酸类面漆;丙烯酸外墙乳胶漆;无苯聚酯漆;环氧磷酸锌防锈底漆;环氧云铁防锈中涂漆;高渗透封固底漆;环氧无溶剂自流平漆;氟碳漆;JS复合防水涂料;无机富锌底漆;无毒防霉墙面漆;外墙专用腻子;弹性防水密封膏

扬州元天工贸有限公司

江苏省仪征市真州镇工农南路46号[211400]
电话:(0514)83467218
传真:(0514)83451696 法人代表:王琪
经济类型:私营企业
网址:www. yzytgmyxgs. com
E-mail:yzyzty@ yahoo. com. cn
【主要产品】乙二醇二甲醚;二乙二醇二甲醚;乙二醇二乙醚;二乙二醇二乙醚

扬州中宇化工肥业有限公司

江苏省高邮市通湖路176号[225600]
电话:(0514)84631285
传真:(0514)84631285
经济类型:股份有限公司
职工人数:150人 法人代表:卞家陆
网址:www. ampcn. com/show/index. asp?id＝11128
【主要产品】过磷酸钙;混配复合肥料

仪化集团聚酯薄膜厂

江苏省仪征市[211900]
电话:(0514)83236789;83231301
传真:(0514)83234539 经济类型:国有
职工人数:289人 法人代表:李建新
E-mail:ycbopet@ public. yz. js. cn
【主要产品】涤纶薄膜

仪征市鼎信化工有限公司

江苏省仪征市解放东路五环巷30-4[211400]
电话:(0514)83421528;13901446981
传真:(0514)83423334 职工人数:38人
经济类型:股份有限公司
法人代表:陈京仪
E-mail:dingxinchem@ yzvod. com
【主要产品】溴化钠;均三甲苯;3-溴喹啉;对羟基苯甲醛;间羟基苯甲醛;间苯二甲醛;1-氯-2-丙醇;3,5-二硝基-4-氯苯甲酸;4-氨基-2-氯苯甲酸;3,5-二硝基-4-甲基苯甲酸;3-硝基-4-甲基苯甲酸;3,5-二氨基苯甲酸;3,4-二氨基苯甲酸;丙二酸;5-溴苯酞;3-硝基苯甲酸甲酯;间苯二腈;4-硝基氯苄;间硝基溴苄;对硝基溴苄;溴化苄;4-硝基苯甲酸;4-硝基苯酚;2-硝基苯酚;间硝基苯酚;2-硝基苯甲醛;2-氯-5-硝基苯甲醛;2-氯-4-硝基甲苯;4-氯-3-甲基苯酚;4-氯-2-甲基苯酚;4-氯-2-硝基苯酚;2-氯-4-硝基苯酚;4-氨基苯酚;2,6-二羟基甲苯;苄胺;2-氯-5-氨基苯甲腈;2-氯-4-氨基苯甲腈;2-氯-5-氨基苯甲腈盐酸盐;2-氯-5-硝基苯胺;己腈;异辛腈;苯乙腈;苯甲腈;对硝基苯甲腈;间硝基苯腈;3-氨基苯酚;2-氯-4-硝基苯甲酸;2-氯-5-硝基苯甲酸;5-羧基苯酞;N-溴代丁二酰亚胺;N-氯代丁二酰亚胺;4-氯苯甲酸;2-氨基嘧啶;2-氯-4-氨基苯甲酸甲酯;3-氨基-4-氯苯甲酸月桂酯;间氨基苯甲酸;3-硝基苯甲醛;3-硝基苯磺酸钠;4-氨基苯甲醛;2-氯苯甲腈;4-氯苯腈;4-氨基苯腈;间氨基苯腈;间氨基苯腈盐酸盐;吲哚;2-氯-5-硝基苯腈;4-氯-3-硝基苯腈;4-硝基苯甲醇;3-硝基苯甲醇;对甲基苄醇;对羟基苯甲醇;间羟基苯甲醇;水杨醇;2-氨基苯甲醇;4-氨基苯甲醇;间氨基苄醇;氯乙腈;二氯乙腈;三氯乙腈;3-硝基苯甲酸;间硝基苯甲酸钠;4-羟基-3,5-二甲基苯腈;4-硝基苯甲醛

仪征市格林曼化工有限公司

江苏省仪征市青山乡街南9号[211416]
电话:(0514)83690008
传真:(0514)83690040
供销电话:83690040 法人代表:颜正和
经济类型:联营企业
【主要产品】1,4-苯二甲酸;苯甲酸;聚酯切片;涤纶工业丝

仪征市溶解乙炔气制造有限公司

江苏省仪征市新集镇洪圩村[211403]
电话:(0514)83626162
经济类型:私营企业 职工人数:45人
法人代表:赵正军
【主要产品】氧气;乙炔

仪征市天扬化工厂

江苏省仪征市香沟镇[211421]
电话:(0514)83890340;13605505103
传真:(0514)83890668
网址:www. yztycp. com;

www. complingagent. com
E-mail:tycp@ yztycp. cn
【主要产品】钛酸四异丙酯;偶联剂

中国石化仪征化纤股份有限公司

江苏省仪征市[211900]
电话:(0514)83232235;83231888
传真:(0514)83235880　有进出口权
经济类型:股份有限公司
企业规模:大型　法人代表:徐正宁
网址:www. ycfc. com
E-mail:yhgs@ public. yz. js. cn;
cso@ ycfc. com
【主要产品】1,4-苯二甲酸;聚酯切片(纤维级);聚酯切片(瓶级);聚酯切片;涤纶短纤维;涤纶长丝;中空纤维

泰州市

江苏百灵农化有限公司

江苏省姜堰市姜官路四号桥口[225529]
电话:(0523)88661137
传真:(0523)88661136　经济类型:国有
供销电话:88662242　有进出口权
供销传真:88661139　法人代表:谢国顺
E-mail:jstzybh@ eyou. com
【主要产品】哒螨灵可湿性粉剂;哒螨灵乳油;溴氰菊酯乳油;氯氰菊酯乳油;氰戊菊酯乳油;双甲脒;双甲脒乳油;多菌灵可湿性粉剂;三环·杀单可湿性粉剂;辛·氰乳油

江苏东润机械有限公司

江苏省靖江市马桥工业园区[214500]
电话:(0523)84860129;82609829;
13505121129
传真:(0523)84860129;84506038
网址:www. 4860129. cn
E-mail:info@ 4860129. cn
【主要产品】热风炉;脉冲袋式除尘器;热风循环烘箱;穿流带式干燥器;旋转闪蒸干燥机;LPG 系列高速离心喷雾干燥机;压力喷雾干燥机;脉冲气流干燥机;振动流化床干燥机;高效沸腾干燥机;除湿式干燥机

江苏海阳化纤有限公司

江苏省泰州市海阳路 28 号[225300]
电话:(0523)86559771
传真:(0523)86558656　经济类型:国有
有进出口权　企业规模:大型
职工人数:3,000 人　法人代表:陆信才
网址:www. pa6. com. cn
E-mail:pa6@ pa6. com. cn
【主要产品】尼龙-6 浸胶帘子布

江苏华泰抗生素有限公司

江苏省泰州市稻河路 201 号[225300]
电话:(0523)86224127;86226130
传真:(0523)86226130
网址:www. 1396. gjmed. com
【主要产品】利福霉素-S;利福平;利福霉素 S 钠

江苏济川制药有限公司

江苏省泰兴市大庆西路宝塔湾[225441]
电话:(0523)87609410;87609411;
87606470
传真:(0523)87609406
供销电话:87606412;87601104
供销传真:87591998　法人代表:曹龙祥
经济类型:私营企业
网 址: www. jumpcan. com. cn/org_zjy2. htm
E-mail:Tangxianzhong@ sohu. com
【主要产品】诺氟沙星;炎痛喜康;盐酸利多卡因;盐酸萘甲唑啉

江苏江山制药有限公司

江苏省靖江市江山路 20 号[214500]
电话:(0523)84831057
传真:(0523)84831013　有进出口权
经济类型:与港澳台商合资经营
企业规模:大型
网址:www. aland. com. cn
E-mail:info@ aland. com. cn
【主要产品】L-苏糖酸钙;抗坏血酸;维生素 C 钙盐;维生素 C 钠盐;维生素 C 磷酸酯;肝素钠;氨基葡萄糖盐酸盐

江苏九寿堂生物制品有限公司

江苏省兴化市张郭镇同济路[225722]
电话:(0523)83768488;83768566;
83768866
传真:(0523)83768098
法人代表:徐开泉
网址:www. jiushoutang. com
E-mail:jst@ jiushoutang. com
【主要产品】3-吲哚甲醇;*N*-乙酰氨基葡萄糖;壳聚糖;头孢替安盐酸盐;水飞蓟素;氨基葡萄糖盐酸盐;D-氨基葡萄糖硫酸钾盐;D-氨基葡萄糖硫酸钠盐

江苏梅兰化工股份有限公司

江苏省泰州市扬州路 390 号[225300]
电话:(0523)86552276
传真:(0523)86552323　经济类型:国有
有进出口权　企业规模:大型
网址:www. chinameilan. com
E-mail:mldh. tz@ public. yz. js. cn
【主要产品】无水氟化氢;盐酸;烧碱(液体);压缩氢气;氯气(液);1-氟-1,1-二氯乙烷;二氯甲烷;六氟丙烯;偏氟乙烯;四氯化碳;氟利昂-11;氟利昂-12;氟利昂-22;一氯甲烷;1,1,1,2-四氟乙烷;4-甲基苯胺;敌百虫;80% 敌敌畏乳油;聚四氟乙烯浓缩分散液;聚全氟乙丙烯乳液;聚偏氟乙烯树脂;氟橡胶;聚四氟乙烯薄膜

江苏美乐肥料有限公司

江苏省泰州市兴化船厂西路48 号[225700]
电话:(0523)83263699
传真:(0523)83269538
网址:www. jsmlfl. com
E-mail:mlfl@ jsmlfl. com
【主要产品】过磷酸钙;混配复合肥料;专用肥

江苏磐希化工有限公司

江苏省泰兴市经济开发区星港路 6-2 号[225404]
电话:(0523)87671460
传真:(0523)87671460　有进出口权
供销电话:87671460;87676203
供销传真:87671459　法人代表:栾建新
经济类型:股份合作
网址:www. wtrchem. com
E-mail:czg@ wtrchem. com;
ljx@ wtrchem. com
【主要产品】对甲基苯甲醛;间甲基苯甲醛;邻甲基苯甲醛;2,4-二甲基苯甲醛;2,4,6-三甲基苯甲醛;2-甲基苯甲酸;3,5-二甲基苯甲酸;2,4-二甲基苯甲酸;2,4,5-三甲基苯甲酸;2,4,6-三甲基苯甲酸;2-正己基乙酰乙酸甲酯;2,4,6-三甲基苯甲酸甲酯;对甲基苯甲酸叔丁酯;对溴甲基苯甲酸甲酯;邻甲基苯甲酸甲酯;邻甲基苯甲酸乙酯;2,4,6-三甲基苯甲酸乙酯;对甲基苯乙酮;对乙基苯乙酮;3,4-二羟基-3-环丁烯-1,2-二酮;4-氯甲基苯乙烯;2,4,6-三甲基苯甲酰氯;*N*,*N*-二乙基间甲基苯甲酰胺;3-甲基苯甲酸;4-甲基苯甲酸;间甲基苯甲酸乙酯;对甲基苯甲酸甲酯;间甲基苯甲酸甲酯;对甲基苯甲酸乙酯;3,5-二甲基苯甲酰氯;对氯甲基苯甲酸;对甲基苯甲酰氯;间甲基苯甲酰氯;邻甲基苯甲酰氯

江苏日出化工有限公司

江苏省姜堰市白米镇通扬西路 56 号[225505]
电话:(0523)88331316;88331348;
88331471
传真:(0523)88331165
经济类型:有限责任公司
法人代表:周松奎
网址:www. sunrising. com. cn
E-mail:jyrcjt@ sunrising. com. cn
【主要产品】柔性丙烯酸乳液;纯丙乳液;弹性纯丙乳液;改性丙烯酸乳液;硅丙乳液;醋酸乙烯-丙烯酸酯共聚乳液;苯丙乳液;改性苯丙乳液;抗碱乳液;叔碳酸乙烯酯-醋酸乙烯共聚乳液;高光乳液;水性木器漆用乳液;封底乳液

江苏省国盛稀土有限公司

江苏省泰兴市广陵镇兴宁村[225463]
电话:(0523)87295049
传真:(0523)87294659

苏

经济类型:有限责任公司
职工人数:200人
网址:www.guoshengre.diytrade.com
【主要产品】氢氧化铈;氢氧化镧;碳酸稀土;氧化钕;氧化镨

江苏省姜堰市龙腾液压机械厂

江苏省姜堰市娄庄先进工业园[225506]
电话:(0523)88691028
传真:(0523)88699068
供销电话:88691028;13905267736
网址:www.jyltyy.com
E-mail:jyltyy@jyltyy.com
【主要产品】换热器;空气冷却器;板翅式机油冷却器

苏

江苏省姜堰市鑫鑫化工有限公司

江苏省姜堰市俞垛镇工业园区[225509]
电话:(0523)88643344;13814483466
传真:(0523)88645058
网址:www.xx-chem.com
E-mail:sales@xx-chem.com
【主要产品】钨酸钠;钼酸钠;对羟基苯乙酸;2-甲氧基苯乙酸;对甲氧基苯乙酸;间甲氧基苯乙酸;2-氯苯乙酸;对羟基苯丙酸乙酯;对羟基苯乙胺;对羟基苯乙胺盐酸盐;对羟基苯乙酰胺;对羟基苯丙酸甲酯;对羟基苯乙酸甲酯;对羟基苯乙酸乙酯;对羟基苯丙酸;三氯蔗糖

江苏省靖江市金囤农化有限公司

江苏省靖江市虹桥北路14号[214500]
电话:(0523)84810433
经济类型:集体 有进出口权
E-mail:jjacf.jj@public.yz.js.cn
【主要产品】噻嗪酮可湿性粉剂;多菌灵;多菌灵可湿性粉剂;多菌灵胶悬剂;嘧霉胺;嘧霉胺可湿性粉剂;噁草酮;噁草酮乳油;多·硫悬浮剂;多·硫可湿性粉剂;丁·噁乳油;乙·噁乳油

江苏省泰兴锦港化工有限公司

江苏省泰兴市蒋华镇二桥闸[225444]
电话:(0523)87411588;87419699
传真:(0523)87411828
法人代表:孙文武
网址:www.jingangcn.com
E-mail:wenjin68@126.com
【主要产品】K型系列活性染料;M型系列活性染料;KE型系列活性染料;KD型系列活性染料;B型系列活性染料

江苏省泰兴市中纺助剂厂

江苏省泰兴市大生工业区[225441]
电话:(0523)87905158;13801439746
传真:(0523)87591493 经济类型:集体
供销电话:87591076 产值:10千元
网址:www.cn-wanbo.com
E-mail:.zhanglitx@pub.tz.jsinfo.net
【主要产品】黏合剂;柔软剂;砂洗柔软剂;匀染剂;分散剂;固色剂;渗透剂;增稠剂;涂料染色黏合剂;双氧水漂白稳定剂;煮炼剂;真丝精炼剂;净洗剂

江苏省泰兴玺鑫化工有限公司

江苏省泰兴市化工开发区新港路6号[225442]
电话:(0523)87672468;87676560;13801437136
传真:(0523)87671188
经济类型:私营企业 法人代表:印建国
网址:www.xixinchem.com
E-mail:sales@xixinchem.com
【主要产品】硫代硫酸钠;硫化嫩黄G;硫化淡黄GC;硫化淡黄GR;硫化蓝CV;硫化蓝BN;硫化蓝2BN;硫化蓝BRN;硫化新蓝BBF;硫化艳绿GB;硫化草绿715;硫化亮绿;硫化墨绿;硫化红GGF;硫化深棕GN;硫化深棕GRN;硫化黄棕;硫化红棕;直接黑BNN;酸性黑ATT;皮革黑NB-T

江苏省泰州市白色油厂

江苏省泰兴市横巷镇振中路51号[225413]
电话:(0523)87460666
传真:(0523)87466666 法人代表:丁祥
网址:www.cnglycerin.com
【主要产品】丙三醇;环氧大豆油

江苏省泰州市绿色管材有限公司

江苏省泰州市塘湾工业园[225317]
电话:(0523)86869588;86869819;13801433733
传真:(0523)86868666
供销电话:86869819;86869588
网址:www.gylsgc.com
E-mail:sales@gylsgc.com
【主要产品】聚乙烯管;交联聚乙烯管材;钢塑复合管;聚丙烯管材

江苏苏中农药化工厂

江苏省扬州市泰兴黄桥镇印三路2号[225411]
电话:(0523)87227293
传真:(0523)87227285 有进出口权
经济类型:股份有限公司
【主要产品】氧化乐果乳油;80%敌敌畏乳油;吡虫啉可湿性粉剂;多菌灵;三唑酮;三环唑;绿麦隆;硫·三环可湿性粉剂

江苏泰春胶粘剂有限公司

江苏省泰兴市姚王镇[225402]
电话:(0523)87546787;87541063
传真:(0523)87541132
网址:www.taichun.cn;www.jstaichun.com
E-mail:yexuecheng@alibaba.com.cn
【主要产品】乳胶漆;聚醋酸乙烯乳液胶黏剂;环氧树脂黏合剂;氯丁橡胶胶黏剂;硅橡胶黏合剂;橡胶黏合剂;密封胶

江苏泰兴市工业泵厂

江苏省泰兴市新市毗芦[225452]
电话:(0523)87433516;87430968;85959516
传真:(0523)87430968
法人代表:顾争鸣
网址:www.jlve.com
E-mail:gzhm@jlve.com
【主要产品】无油真空泵

江苏泰兴市维维高分子材料有限公司

江苏省泰兴市北二环路21号[225401]
电话:(0523)87680000;87683020;87681033
传真:(0523)87739922
供销电话:87681033;87739000
网址:www.jsww.net
E-mail:web@jsww.net
【主要产品】铁氟龙网格输送带;聚四氟乙烯薄膜;铝塑复合带;聚四氟乙烯胶带;玻璃纤维布

江苏泰兴新型工业泵厂

江苏省泰兴市根思路21号[225401]
电话:(0523)87684442;87683460;13901439131
传真:(0523)87684442
供销电话:87683460;87684442
法人代表:李冠喜
网址:www.jstxtl.com
E-mail:Ligxtx@pub.tz.jsinfo.net
【主要产品】罗茨真空泵;无油真空泵;旋片式真空泵;水环式真空泵;往复式真空泵;水喷射真空泵

江苏新星食品添加剂有限公司

江苏省姜堰市白米镇曹新路3号[225505]
电话:(0523)85058599;88335696;88331458
传真:(0523)88332888
网址:www.foodadd.com
【主要产品】双乙酸钠;丙酸钙;食用香精;乳酸钙

江苏兴化朝阳橡胶制品厂

江苏省兴化市经济开发区[225700]
电话:(0523)82999111;13805269468
传真:(0523)82999001
网址:www.wangzyxj.com
【主要产品】橡胶粉

江苏扬农化工集团泰兴药化有

限公司

江苏省泰兴市经济开发区新港路 8 号[225404]
电话:(0523)87671196;13905279698
传真:(0523)87671186　有进出口权
经济类型:联营企业
网址:www. yangtaiyaohua. com
E-mail:ytyh@ hi2000. com
【主要产品】4-氨基苯酚

江苏永龙胶业有限公司

江苏省靖江市斜桥镇江平路东二号[214513]
电话:(0523)84211578
传真:(0523)84213398
经济类型:私营企业　职工人数:200 人
法人代表:张永宏
网址:www. ya-long. com
E-mail:webmaster@ ya-long. com
【主要产品】双面胶带;聚氯乙烯胶带;阻燃胶带;铝箔胶黏带;聚酯压敏胶带;防爆胶带

江苏中丹制药有限公司

江苏省泰兴市七圩镇中丹路 8 号[225453]
电话:(0523)87983888;87484388
传真:(0523)87982888
网址:www. zdpharm. com
E-mail:pharm@ zhongdan. com
【主要产品】4′-溴甲基-2-氰基联苯;4,4′-二甲基联苯;4′-甲基联苯-2-羧酸;4′-甲基联苯-2-羧酸甲酯;4′-溴甲基联苯-2-羧酸甲酯;3-氨基-5-氟三氟甲苯;2-氰基-4′-甲基联苯;*N*-(三苯基甲基)-5-(4′-甲基联苯-2-基)四氮唑;5-邻溴苯基-1H-四氮唑;*N*-(三苯基甲基)-5-(邻溴苯基)四氮唑;*N*-(三苯基甲基)-5-(4′-溴甲基联苯-2-基)四氮唑;利拉萘酯;萘丁美酮;酮基布洛芬;阿达帕林

姜堰市贝斯特钼制品有限公司

江苏省姜堰市俞垛镇[225509]
电话:(0523)88641589;13901420491
传真:(0523)88646836
网址:www. bstwm. com
E-mail:sales@ bstwm. com;
dyy@ bstwm. com
【主要产品】钨酸;仲钨酸铵;钨酸钠;钼酸钠;仲钼酸铵;二钼酸铵;四钼酸铵;七钼酸铵;钼酸钡;三氧化钼(精制)

姜堰市德力橡塑制品厂

江苏省姜堰市府东村 26 号[225500]
电话:(0523)85800726
传真:(0523)88515726　经济类型:集体
E-mail:jy8515726@ tom. com
【主要产品】硅橡胶板;硅橡胶制品

姜堰市东风染料化工厂

江苏省姜堰市顾高镇[225502]
电话:(0523)88391017;88391015
传真:(0523)88393049
法人代表:戴春林
网址:www. dfrlhg. com
E-mail:dcl@ dfrlhg. com
【主要产品】K 型系列活性染料;M 型系列活性染料;KE 型系列活性染料;活性嫩黄 X-6G;活性艳红 EF-5B;活性橙 KE-2G;活性深蓝 K-R;活性艳蓝 KN-R;活性艳蓝 KE-GN;活性墨绿 KE-4BD;反应橙 K-2RL;活性黑 KN-B

姜堰市峰峰金属制品厂

江苏省姜堰市俞垛镇东工业园区[225509]
电话:(0523)88647388;13901433529
传真:(0523)88641126
网址:www. ffwm. com
E-mail:sales@ ffwm. com
【主要产品】钨酸;硫酸钴;硫酸镍;碳酸钴;碳酸镍;钨酸钠;钼酸钠;仲钼酸铵;二钼酸铵;四钼酸铵;七钼酸铵;三氧化钼(精制)

姜堰市光明化工厂

江苏省姜堰市俞垛镇[225509]
电话:(0523)88641105;88641058;
13905267831
传真:(0523)88641688　职工人数:41 人
供销电话:88641688　法人代表:丁舜
经济类型:股份合作
网址:www. 51gm. com
E-mail:sales@ 51gm. com
【主要产品】钨酸;钼酸;三硫化钼(高纯);仲钨酸铵;钨酸钠;钼酸钠;二钼酸铵;四钼酸铵;七钼酸铵;八钼酸铵;钼酸钡;三氧化钨;三氧化钼(精制);铌;钽粉;钛;钼;钨;钨粉;钨酸铵;钼酸铵;钼,粉状;二硫化钼

姜堰市海翔化工有限公司

江苏省姜堰市[225526]
电话:(0523)88526018
传真:(0523)88522328
法人代表:茆金华
E-mail:haixianghuagong@ yahoo. com. cn
【主要产品】过氧化氢;苯甲酰氯;过氧化甲乙酮;过氧化苯甲酰;过氧化苯甲酸特丁酯;引发剂 A

姜堰市华飞化工厂

江苏省姜堰市华港镇岳古路[225516]
电话:(0523)88751940;13952644397
传真:(0523)88759270
法人代表:魏瑞麟
网址:www. jyhfhg. com
E-mail:hf@ jyhfhg. com
【主要产品】乙二胺四亚甲基膦酸;杀菌灭藻剂;氨基三亚甲基膦酸;羟基亚乙基二膦酸;预膜剂;阻垢缓蚀剂

姜堰市化肥有限责任公司

江苏省姜堰市经济开发区[225500]
电话:(0523)88813385;88812100;
88812101
传真:(0523)88813385
经济类型:有限责任公司
网址:www. linggu. com. cn/xs5. htm
【主要产品】合成氨;尿素

姜堰市环球化工厂

江苏省姜堰市蒋垛镇文化路 2 号[225503]
电话:(0523)88301145;88305808;
88301187
传真:(0523)88305808
供销电话:88309017　法人代表:申厚宝
经济类型:股份合作
网址:www. huanqiuchem. com
E-mail:hqhgc. jy@ public. tz. js. cn
【主要产品】2,6-二氯-4-硝基苯胺;酚醛树脂

姜堰市金鸡密封保温制品集团公司

江苏省姜堰市大伦镇桥东村[225504]
电话:(0523)88324220
传真:(0523)88324020　经济类型:集体
有进出口权
网址:www. jschat. com
E-mail:jschat@ 163. com;
info@ jschat. com
【主要产品】石棉橡胶板

姜堰市康鹏农化有限公司

江苏省姜堰市桥头镇工业园区[225511]
电话:(0523)88783888;88781220;
88781225
传真:(0523)88786988
网址:www. netsun. com/company/show/11547. html
E-mail:chemspec@ hi2000. com
【主要产品】3,3-二甲基-2-丁酮;2-氯-5-氯甲基吡啶;2-氯-5-羟甲基吡啶;2-氯-5-三氟甲基吡啶;吡虫啉;吡虫啉可湿性粉剂;噻嗪酮;噻嗪酮可湿性粉剂;啶虫脒;啶虫脒乳油;多菌灵;多菌灵可湿性粉剂;三环唑可湿性粉剂;多效唑

姜堰市科林化工有限公司

江苏省姜堰市经济开发区[225500]
电话:(0523)88861058;88860777;
13809014140
传真:(0523)88860777
网址:www. cnkelin. com
E-mail:cnkelin@ cnkelin. com
【主要产品】氧化铝溶胶;氧化锌脱硫剂;活性炭精脱硫剂;钯炭催化剂;脱氯剂;氧化铝瓷球(惰性);分子筛;活性氧化铝吸附剂;活性氧化铝除氟剂;干燥剂

姜堰市荣昌食品添加剂有限

公司
江苏省姜堰市娄庄镇人民街52号[225506]
电话:(0523)88691132;88691218
传真:(0523)88691275
法人代表:朱学根
网址:www. jsrc. net
E-mail:rongchang@ jsrc. net
【主要产品】双乙酸钠;丙酸钙;没食子酸丙酯;乳酸钙

姜堰市双达利磷复肥有限公司
江苏省姜堰市姜堰镇通扬西路208号[225500]
电话:(0523)88813302;88813146
供销电话:88813304 法人代表:戴夕琴
经济类型:私营企业
网址:www. hylive. com/jiangsu/jiangsu06232. html
【主要产品】过磷酸钙;氮磷钾三元复混肥

姜堰市天平化工有限公司
江苏省姜堰市俞垛镇[225509]
电话:(0523)88643866;85826536;13801472536
传真:(0523)88643908
网址:www. tpchem. com
E-mail:tianpinghuagong@ 126. com
【主要产品】仲钨酸铵;钨酸钠;钼酸钠;仲钼酸铵;二钼酸铵;四钼酸铵;七钼酸铵;钼酸钡;三氧化钼(精制);分子筛,5A型;分子筛,4A型;13X分子筛;氧化锌脱硫剂TP305;脱硫剂;T701型常温氧化铁脱硫剂;钯炭催化剂;高温脱氯剂;低温脱氯剂;活性氧化铝;氧化铝瓷球(惰性);分子筛,3A型

姜堰市橡胶厂
江苏省姜堰市广电路29号[225500]
电话:(0523)88270511
传真:(0523)88286079
固定资产:5,200千元 职工人数:210人
法人代表:楼文俊
网址:www. baitachina. com
E-mail:jysxjc@ yahoo. com. cn
【主要产品】聚氨酯筛网;聚氨酯浇注制品;消防水带

姜堰市扬子化工厂
江苏省姜堰市姜堰镇[225500]
电话:(0523)88800881;88800151
经济类型:集体 职工人数:39人
法人代表:夏爱臣
网址:www. hylive. com/jiangsu/jiangsu00532. html
【主要产品】苯甲酸;2-甲基苯甲酸;苯甲酸钠

靖江恒丰化工有限公司
江苏省靖江市柏木乡[214511]
电话:(0523)84596566
传真:(0523)84590398
固定资产:22,000千元
供销传真:84590298 职工人数:180人
网址:www. jj-hf. com
E-mail:info@ jj-hf. com
【主要产品】环氧富锌防锈底漆;环氧富锌底漆;耐高温防腐涂料;耐高温涂料;卷材涂料;车间底漆;隔热涂料;置换型防锈油;切削油;合成切削液;铜拉丝油;极压抗磨添加剂;中负荷工业齿轮油;L-HM抗磨液压油;铜轧制专用油;拔丝润滑剂

靖江宏泰化工有限公司
江苏省靖江市红光宏泰路10号[214535]
电话:(0523)84356552;84353165;13952608758
传真:(0523)84353165
供销电话:84356852;13961085519
职工人数:365人
网址:www. bdk-hcc. com
E-mail:jjhsche@ pub. tz. jsinfo. net
【主要产品】二氧六环;安息香双甲醚;羟基乙酸;功夫酸;二苯乙醇酮;苯偶酰;荧光增白剂OB;抗氧剂168;UI802;光引发剂ITX;紫外光引发剂907;光引发剂1173

靖江市奥化泵业制造有限公司
江苏省靖江市新桥工业区新桥中路38号[214537]
电话:(0523)84322124-8001,8002
传真:(0523)84325455
供销电话:84322127;84328986
经济类型:私营企业
网址:www. chinaaohua. com
E-mail:sales@ chinaaohua. com
【主要产品】聚四氟乙烯补偿器;聚四氟乙烯管材;聚四氟乙烯垫圈;化工专用泵;衬氟耐腐蚀离心泵;耐腐蚀液下泵;耐腐蚀自吸泵;齿轮泵;螺杆泵;耐酸泵;泥浆泵;离心泵;料浆泵;管道式离心泵;增强聚丙烯水喷射真空泵;储罐;球阀;蝶阀

靖江市长江化工有限公司
江苏省靖江市靖城镇小桥港口[214519]
电话:(0523)84650940;84650229;84651010
传真:(0523)84651010 有进出口权
经济类型:股份合作 法人代表:丁灿坤
网址:www. jjcjchem. com
E-mail:cj-dck@ 163. net
【主要产品】间苯二甲酸二甲酯;2-萘胺-6-磺酰甲胺;4,4′-二羟基二苯砜;2,4-二氨基苯磺酸;2-氨基-5-磺基苯甲酸;4-甲氧基苯胺-2,5-双磺酸;甲基γ酸;对羧基苯基γ酸;*N*-(3′-磺苯基)γ酸;2-氯-5-氨基苯磺酸;3-氨基-4-氯苯磺酸;4-氨基苯甲醚-3-磺酸;邻氨基苯甲醚-4-磺酸;2-氨基-4-硝基苯酚-6-磺酸;6-羟乙基砜基-2-萘胺;4-β-羟乙砜基硫酸酯苯胺-2-磺酸;3-β-羟乙砜基硫酸酯苯胺-6-磺酸;4-乙酰氨基-2-氨基苯磺酸;4-氨基乙酰苯胺-3-磺酸

靖江市凡友精细化工厂
江苏省靖江市西来镇丰产村[214516]
电话:(0523)84223568;13605260237
传真:(0523)84223568
网址:www. fanyouchem. com
E-mail:sales@ fanyouchem. com
【主要产品】亚磷酸;亚磷酸二氢钾;氰酸钠;氰酸钾;*N*-氰基乙亚氨酸乙酯

靖江市恒通生物工程有限公司
江苏省靖江市真武河南路30号[214516]
电话:(0523)84813448
传真:(0523)84818566 有进出口权
经济类型:股份合作 产值:1,000千元
职工人数:50人 法人代表:浦荣华
网址:www. htbio. cn
E-mail:webmaster@ hengtongbio. com
【主要产品】维生素C磷酸酯镁;维生素C磷酸酯钠

靖江市恒政增稠材料厂
江苏省靖江市马桥镇西首[214526]
电话:(0523)84585376;13701425310
传真:(0523)84580073
网址:www. jjhz. cn
E-mail:ghk@ jjhz. cn
【主要产品】氰酸钠;氰酸钾;活性二氧化硅微粉;2-硝基苯甲酸;2-硝基苯甲醛;邻苯二甲酰亚胺;酚醛压塑粉;尼龙管材;尼龙棒(1010);聚氨酯胶黏剂;增稠剂

靖江市宏鹏催化剂有限公司
江苏省靖江市江平路417号[214501]
电话:(0523)84502158;84508159;13605261846
传真:(0523)84502158
网址:www. hpchj. com
E-mail:hpchj@ sohu. com
【主要产品】镍铝铬合金粉;铝镍合金;镍铝钛合金;镍铝钼合金粉;铝镍铬铁合金

靖江市化工总厂
江苏省靖江市新桥镇光芒路89号[214537]
电话:(0523)84321040
传真:(0523)84323040 有进出口权
职工人数:146人 法人代表:葛秀龙
网址:www. 2aaq. com;
www. cnjjchem. com
E-mail:info@ chjjchem. com
【主要产品】叔丁基苯;1,4-二叔丁基苯;叔戊基苯;3-羟甲基吡啶;叔丁醇钾;3,3′-二甲基联苯-4,4′-二异氰酸酯;烟酸甲酯;2-甲基蒽醌;对叔丁基苄硫

醇;4-氯-3-硝基叔丁基苯;邻硝基对叔丁基苯酚;苯硫醚;2-叔丁基蒽醌;2-戊基蒽醌;5-氟靛红酸酐;3-甲氧基苯乙酮;更昔洛韦;达卡巴嗪;DL-高半胱氨酸

靖江市江鸿化合物有限公司

江苏省靖江市八圩镇通江路3号[214521]
电话:(0523)84630931;13901426866
传真:(0523)84630211　有进出口权
经济类型:私营企业
网址:www.jhchem.com
E-mail:jane_chen@jhchem.com
【主要产品】间羟基苯甲醛;2,6-二氯苯甲醛;对氯苯甲醛;邻氯苯甲醛;对氟苯甲醛;2,4-二氯苯甲醛;2-氯-6-氟苯甲醛;2-硝基苯甲醛;2-氯-5-硝基苯甲醛;2-硝基苯甲醇;3-硝基苯甲醛;4-硝基苯甲醇;4-硝基苯甲醛

靖江市强力干燥设备有限公司

江苏省靖江市东郊新港闸[214513]
电话:(0523)84211906;13901426508
传真:(0523)84211906
职工人数:220人　法人代表:曹汝荣
网址:www.hetun.com
E-mail:crr@hetun.com;
office@hetun.com
【主要产品】热风炉;换热器;多功能强力粉碎干燥机

靖江市赛德力制药机械制造有限公司

江苏省靖江市八圩港西路[214511]
电话:(0523)84808395;84808695
传真:(0523)84808995　经济类型:集体
供销电话:84808886;84808883
网址:www.saideli.com
E-mail:sales@saideli.com
【主要产品】振动流化床;无重力粒子混合机;热风循环烘箱;脉冲气流干燥机;真空耙式干燥机;XF系列沸腾干燥机;破碎机;螺旋/筛网式离心机;三足式刮刀下卸料自动离心机;卧式刮刀离心机;卧式螺旋卸料沉降离心机;立式全自动下卸料离心机;离心机;摇摆式颗粒机;高速混合制粒机

靖江市三益化工有限公司

江苏省靖江市八圩镇下六圩闸北首[214527]
电话:(0523)84615165;13906160699
传真:(0523)84611431
网址:www.sanyichem.com
E-mail:sanyi@hi2000.com;
sales@sanyichem.com
【主要产品】3,5-二叔丁基水杨醛;2-羟基-2-甲基丁酸;3,5-二叔丁基水杨酸;3,3-二甲基丙烯酸;3-羟基-3-甲基丁酸乙酯;β-羟基-β-甲基丁酸钙;4-甲基-2-酮基戊酸钙;4-甲基-2-酮基戊酸钾;胍基乙酸;三肌酸HMB盐;L-精氨酸-β-羟基-β-甲基丁酸盐

靖江市天龙化工有限公司

江苏省靖江市靖城镇横港南路158号[214500]
电话:(0523)84611637;84626299
传真:(0523)84611807
供销电话:84613188
经济类型:股份有限公司
网址:www.tianlongchem.com
E-mail:sales@tianlongchem.com
【主要产品】硼硅酸铅;硅酸铅;一氧化铅;氰尿酸铅;二盐基亚磷酸铅;二盐基硬脂酸铅;三盐基硫酸铅;硬脂酸钙;硬脂酸钡;硬脂酸铅

靖江市乙炔气厂

江苏省靖江市新桥镇[214536]
电话:(0523)84331171;84331170
经济类型:私营企业　职工人数:67人
法人代表:林祥生
网址:www.hylive.com/jiangsu/jiangsu17492.html
【主要产品】溶解乙炔

靖江市永固搪瓷厂

江苏省靖江市红光镇[214534]
电话:(0523)84361978;85158558
传真:(0523)84361978　产值:200千元
固定资产:2,000千元　职工人数:50人
经济类型:私营企业　销售收入:20千元
法人代表:孙政先
网址:www.jjygtc.com
E-mail:sales@jjygtc.com
【主要产品】工业搪玻璃反应釜;搪玻璃蒸馏罐;冷凝器;搪玻璃搅拌器;水喷射真空泵

靖江天利干燥设备制造有限公司

江苏省靖江市江平路422号[214501]
电话:(0523)84508138;84506138;13605261320
传真:(0523)84506038
网址:www.jiangsutianda.com
E-mail:tianli@jiangsutianda.com
【主要产品】热风炉;脉冲袋式除尘器;干燥器;穿流带式干燥器;盘式连续干燥机;旋转闪蒸干燥机;LPG系列高速离心喷雾干燥机;压力喷雾干燥机;气流干燥机;复合式直线振动流化床干燥(冷却)机;带式干燥机

靖江王子橡胶有限公司

江苏省靖江市八圩镇[214527]
电话:(0523)84611118;84612388
传真:(0523)84611288
职工人数:328人
网址:www.ohji-jj.com
E-mail:jjoyyjj@pub.tz.jsinfo.net
【主要产品】橡胶制品;高压胶管;橡胶密封制品;橡胶垫;橡胶防腐衬里系列

连云港市金囤农药有限公司

江苏省连云港市灌南县堆沟港镇(连云港市化工园区)[222523]
电话:(0523)13236349999;13285211196
传真:(0523)84814367
职工人数:150人
网址:www.jindun.com
E-mail:lilei@jindun.com;
ll-sjx@163.com
【主要产品】氯甲酸甲酯;光气;2,4-二氯苯酚;十八碳酰氯;噻嗪酮可湿性粉剂;多菌灵;多菌灵可湿性粉剂;多菌灵胶悬剂;嘧霉胺;嘧霉胺可湿性粉剂;噁草酮;噁草酮乳油;异菌脲;异菌脲可湿性粉剂;丁·噁乳油;乙·噁乳油

苏

泰兴金缘精细化工有限公司

江苏省泰兴市经济开发区滨江南路5号[225400]
电话:(0523)87679668
传真:(0523)87679113
经济类型:外商独资
网址:www.txjychem.com
【主要产品】磷酸;次磷酸;次磷酸钠;次磷酸钙;次磷酸镁;次磷酸钾;次磷酸铵;次磷酸锰;次磷酸镍;氯化四羟甲基磷;磷酸钙;四羟甲基硫酸磷-尿素体;四羟甲基氯化磷-尿素体

泰兴盛铭精细化工有限公司

江苏省泰兴市横垛镇跃进北路588号[225418]
电话:(0523)87381077;87380888;87380098
传真:(0523)87381900;87380999
供销电话:87381077;87380012
经济类型:与港澳台商合资经营
有进出口权
网址:www.sunmy.com;
www.sunmychem.com
E-mail:sales@sunmy.com;
yhj@sunmy.com
【主要产品】1,4-苯醌二肟;5-硝基水杨醛;3,5-二硝基苯甲酸;3,5-二硝基-4-氯苯甲酸;2-氯-3,5-二硝基苯甲酸;3,5-二硝基-4-甲基苯甲酸;3-硝基-4-甲基苯甲酸;3-甲基-2-硝基苯甲酸;3,5-二氨基苯甲酸;3-甲基-2-氨基苯甲酸;3-氨基-4-甲基苯甲酸;4-氨基邻苯二甲酸;5-氨基间苯二甲酸;2,4,6-三碘-5-氨基间苯二甲酸;2,2-二羟甲基丙酸;4-甲基-3-硝基苯甲酸甲酯;3-甲基-2-硝基苯甲酸甲酯;5-氨基间苯二甲酸二甲酯;5-氨基间苯二甲酸单甲酯;2-硝基对苯二甲酸二甲酯;间硝基苯丙酮;3-硝基苯酐;4-硝基苯酐;3,5-二硝基苯甲酰氯;5-硝基间苯二甲酸;3-硝基邻苯二甲酸;4-硝基邻苯二甲酸;4-硝基邻苯二甲腈;3-硝基邻苯二腈;*N*-甲基-4-硝基邻苯二甲酰亚胺;3-硝基邻苯二甲酰胺;4-硝基邻苯二甲酰胺;3,5-二硝基苯甲酰胺;己二酸二酰肼;醋酸苯汞;4-亚硝基苯酚;3,5-二硝基苯甲酸甲酯;4-氨基邻苯二甲酰亚

胺;3-氨基邻苯二甲酰亚胺;1-羟基苯并三氮唑;5,5-二硫-1,1-双苯基四氮唑;2-氯-5-硝基苯甲酰氯;4-氯-3-硝基苯甲酰氯;2-氨基对苯二甲酸二甲酯;5-硝基间苯二甲酸单甲酯;5-硝基间苯二甲酸二甲酯;2-(4-氯-3-氨基苯甲酰)苯甲酸;2-(4-氯苯甲酰)苯甲酸;2-(4-氯-3-硝基苯甲酰)苯甲酸;3-硝基邻苯二甲酰亚胺;4-硝基邻苯二甲酰亚胺;2,4-二硝基邻甲酚;3-氨基-2,4,6-三碘苯甲酸;2-甲基-6-硝基苯胺;2-甲基-4-硝基苯胺;1-苯基-5-巯基四氮唑;泛影酸;泛影酸钠;聚氨酯催化剂;促进剂 NA-22

泰兴市东方实业公司

江苏省泰兴市溪桥镇华溪中路 30 号[225419]
电话:(0523)87203339;87207928
传真:(0523)87203536;87207808
经济类型:股份合作
网址:www.txdfsy.com
E-mail:xujc88@vip.163.com
【主要产品】PS 版感光液

泰兴市东风农药化工厂

江苏省泰兴市东进纪念塔北 1000 米[225411]
电话:(0523)87211454
经济类型:集体
【主要产品】噻嗪酮可湿性粉剂;多菌灵可湿性粉剂;25%绿麦隆可湿性粉剂

泰兴市飞亚纳米涂料有限公司

江苏省泰兴市古溪镇工业园区[225417]
电话:(0523)87791046;13805266280
传真:(0523)87791859
网址:www.tx-fy.com
E-mail:info@tx-fy.com
【主要产品】环保纳米乳胶漆;外墙弹性纳米乳胶漆;纳米复合抗菌乳胶漆;纳米复合路桥乳胶漆

泰兴市化工七厂

江苏省泰兴市分界镇繁荣路 158 号[225416]
电话:(0523)87261018
传真:(0523)87261150
经济类型:股份合作
法人代表:袁吕明
网址:www.txchem7.com
E-mail:webmaster@txchem7.com
【主要产品】2-甲基苯甲酸;3,5-二甲基苯甲酸;2,4-二甲基苯甲酸;2,4-二羟基苯甲酸;2,6-二羟基苯甲酸;间羟基苯甲酸;2,5-二羟基苯甲酸;3-甲基苯甲酸;4-甲基苯甲酸;间氯苯甲酸

泰兴市化工冶炼有限公司

江苏省泰兴市亚太新村 6-502 室[225400]
电话:(0523)87669715;13016702743
传真:(0523)87669715　有进出口权
职工人数:286 人
网址:cn.sm160.com/Company/Home/1-000-0023-483
E-mail:yaoxinhua1096@sina.com
【主要产品】氧化镍;氧化亚铜;氧化铜;氧化铁红;氧化铁黄;氧化铁绿

泰兴市精华园生化有限公司

江苏省泰兴市经济开发区新港南路 3-2 号[225404]
电话:(0523)87671161
传真:(0523)87676270
网址:www.chinajhy.com.cn
E-mail:txbjyb@pub.tz.jsinfo.net
【主要产品】氟利昂-142;苯甲酰氯;过氧化苯甲酰

泰兴市临江化工厂

江苏省泰兴市蒋华镇镇西路 14 号[225444]
电话:(0523)87422880
传真:(0523)87423158　职工人数:60 人
经济类型:股份合作
网址:www.7422880.com
【主要产品】高分子絮凝剂;塑料改进剂 ACR

泰兴市三川化工有限公司

江苏省泰兴市新街镇南新街幸福路 88 号[214204]
电话:(0523)87861236;13852677957
传真:(0523)87861362　职工人数:48 人
网址:txsanchuang.hg-z.com;www.tongtaichem.com
E-mail:txsanchuang@18show.com
【主要产品】对溴乙苯;对溴丙苯;2,5-二氟溴苯;3,4-二氟溴苯;3,5-二氟溴苯;2,4-二氟溴苯;3,4-二氟硝基苯;2,4-二氟硝基苯;4-氟硝基苯;2-氟硝基苯;1-(2,3-二甲基苯基)哌嗪盐酸盐;1-(2,3-二氯苯基)哌嗪盐酸盐;4-氟苯胺;1-(3-三氟甲基苯基)哌嗪盐酸盐;1,3-二氟苯;2-氟苯胺;2,4-二氟苯胺;3,4-二氟苯胺;对氟苯甲腈;邻氟苯腈;对溴三氟甲苯;4-三氟甲氧基苯胺;邻三氟甲氧基苯胺;3-氨基三氟甲苯;对氨基三氟甲苯;邻氨基三氟甲苯;氟他胺;度米芬

泰兴市三华食品添加剂厂

江苏省泰兴市城北工业园区振兴路 2 号[225400]
电话:(0523)87600190
传真:(0523)87600191
网址:www.shxjcn.com
【主要产品】食用香精;香精;乳化香精

泰兴市泰达精细化工有限公司

江苏省泰兴市溪桥镇镇西[225400]
电话:(0523)87203108;13301435588
传真:(0523)87203588
网址:www.tx-taida.com
E-mail:web@tx-taida.com
【主要产品】碳酸丙烯酯;氰胺

泰兴市泰康药业有限公司

江苏省泰兴市经济开发区分界工业园区[225416]
电话:(0523)87265888;13901435268
传真:(0523)87261122
供销电话:87265888;13801476560
法人代表:王开甫
网址:www.jstkyy.com
E-mail:web@jstkyy.com
【主要产品】牡蛎钙

泰兴市泰霞染料有限公司

江苏省泰兴市广陵镇[225463]
电话:(0523)87291541;13805266952
传真:(0523)87291542
网址:www.txranliao.com
E-mail:zqh@txraliao.com
【主要产品】活性黄 KD-3G;活性艳红 X-3B

泰兴市涂料助剂化工厂

江苏省泰兴市元竹镇双赵桥口[225412]
电话:(0523)87881556;87884665;13905266622
传真:(0523)87881556
供销电话:87884665;87881025
经济类型:股份合作　职工人数:100 人
法人代表:蔡培元
网址:www.cnjiahao.com
E-mail:webmaster@cnjiahao.com
【主要产品】苄基-2-萘基醚;甲基乙烯基二(*N*-甲基乙酰氨基)硅烷;甲基乙烯基二己内酰氨基硅烷;甲基乙基酮肟;甲基异丁基酮肟;丙酮肟;高效分散剂;粉末锤纹剂;油漆防沉剂;甲基三丁酮肟基硅烷;甲基三丙酮肟基硅烷;四丁酮肟基硅烷;乙烯基三丁酮肟基硅烷;苯基三丁酮肟基硅烷;二甲基二丁酮肟基硅烷;三甲基丁酮肟基硅烷;甲基三甲基异丁基酮肟基硅烷;乙烯基三甲基丁基酮肟基硅烷;颜料分散剂

泰兴市鑫星过滤机制造厂

江苏省泰兴市江平北路 29 号[225400]
电话:(0523)87688958
传真:(0523)87688798
固定资产:4,500 千元　职工人数:150 人
供销电话:87688503　产值:40,000 千元
经济类型:股份合作　法人代表:董向阳
销售收入:38,000 千元
网址:www.xxylj.com
E-mail:xxhj@hi2000.com
【主要产品】聚丙烯板框压滤机;压滤机

泰兴市兴汉染料化工有限公司

江苏省泰兴市黄桥镇东三里村[225411]
电话:(0523)87227626;87227283;87227044
传真:(0523)87227524　经济类型:集体
职工人数:260 人　法人代表:刘海华

网址:www.heisonglin.com
E-mail:sale@heisonglin.com
【主要产品】对羟基苯甲醛;1,4-苯二胺;间氨基苯脲盐酸盐;间脲基苯胺;对甲基苯甲酰氯;间苯二胺硫酸盐;酸性染料;分散黄 RGFL;分散橙 S-4RL;分散大红 S-GFL;分散大红 S-3GFL;分散红 E-4B;分散红玉 S-2GFL;分散紫 H-FRL;分散翠蓝 H-GL;分散蓝 2BLN;分散深蓝 HGL;分散深棕 2BL;分散灰 N;分散黑 EX-SF;分散黑 S-2BL;分散黑 S-3BL

泰兴市兴源石化厂

江苏省泰兴市元竹镇[225412]
电话:(0523)87888688;13605264601
传真:(0523)87889198　职工人数:50 人
供销传真:87888688　产值:30,000 千元
经济类型:股份合作　法人代表:马峰
销售收入:30,000 千元
网址:www.xingyuanchem.com
E-mail:sales@xingyuanchem.com
【主要产品】对羟基苯乙酸;对羟基苯乙酰胺;氰基乙酰肼;3,4,5-三甲氧基苯胺;3,4,5-三甲氧基苯甲酰胺;2-羟基-4-甲氧基苯甲醛;3-硝基-4-(2-羟乙氨基)甲苯;对羟基苯乙酸甲酯;对羟基苯乙酸乙酯

泰兴市兄妹日化公司

江苏省泰兴市蒋华区振西路 26 号[225444]
电话:(0523)87423838;87413288;85961799
传真:(0523)87411134
经济类型:股份合作
网址:www.dslzy.com
E-mail:office@dslzy.com
【主要产品】洗发香波

泰兴市一鸣精细化工有限公司

江苏省泰兴市通江路 5 号[225400]
电话:(0523)87831290;87602671
传真:(0523)87635970;87639636
经济类型:私营企业
网址:www.yimingchemical.com
E-mail:yimingtx@pub.tz.jsinfo.net
【主要产品】D-扁桃酸;L-扁桃酸;乙基麦芽酚;麦芽酚;α-羟基苯乙酸;木聚糖酶;氨酪酸;羟丙基-β-环糊精;葡萄籽提取物

泰兴市医药化工厂

江苏省泰兴市七圩镇[225453]
电话:(0523)87981456;87484267;87982810
传真:(0523)87485113　经济类型:国有
有进出口权　产值:100,000 千元
销售收入:115,000 千元
职工人数:1,000 人　法人代表:童贞明
网址:www.taixingpharm.com;www.jiangxing.com
E-mail:tixing@taixingpharm.com
【主要产品】壬二酸;苯乙酸乙酯

泰兴市永佳化工有限公司

江苏省泰兴市化工开发区中港路 3 号[225442]
电话:(0523)87679139;87679329;13901439652
传真:(0523)87679066
供销电话:87679329;13852677957
网址:www.jsyjchem.com
E-mail:yj@jsyjchem.com
【主要产品】3,4-二氟苯腈;3,4-二氟溴苯;间三氟甲基苯酚;4-氨基-3,5-二氯三氟甲苯;2,6-二氟苯腈;2,6-二氟苯胺;5-氯-2-氨基三氟甲苯;2-氯-5-三氟甲基吡啶;2,3-二氯-5-三氟甲基吡啶;2,6-二氟苯甲酰胺;3-氨基三氟甲苯;邻氨基三氟甲苯;1,2-苯并异噻唑啉-3-酮

泰兴市有机化工四厂

江苏省泰兴市古溪镇工业园区[225417]
电话:(0523)87797587;87791087
传真:(0523)87797587　有进出口权
经济类型:中外合资经营企业
网址:yanshi.soochow.cn:81/yjhg/
E-mail:cf@txyjhg.com
【主要产品】工业氯化铵;草酸;乙醛酸;尿囊素

泰兴乙炔有限责任公司

江苏省泰兴市宣堡北侧[225431]
电话:(0523)87811200
传真:(0523)87811200　职工人数:80 人
供销电话:87811140　法人代表:薛志成
经济类型:股份合作
【主要产品】溶解乙炔

泰州凯华化工有限公司

江苏省姜堰市淤溪龙溪工业园[225513]
电话:(0523)88790456;13901420289
传真:(0523)88790555
固定资产:8,000 千元　职工人数:120 人
网址:www.kh99chem.com
【主要产品】甲基乙基酮肟;活性氧化铝;分子筛

泰州市长力树脂管有限公司

江苏省泰州市江洲北路 2 号[225300]
电话:(0523)86567163;86559534
传真:(0523)86550174
供销电话:86550567;86567437
职工人数:150 人　法人代表:翁亚栋
网址:www.cncl-group.com
E-mail:office@cncl-group.com
【主要产品】尼龙软管;高压尼龙编织软管;热定型尼龙软管

泰州市常佳化工有限公司

江苏省泰州市高港区永安洲镇高永工业园区[225327]
电话:(0523)86928299
传真:(0523)86928399　有进出口权
经济类型:股份有限公司
职工人数:30 人　法人代表:池青松
【主要产品】邻苯二甲酸二乙酯;邻苯二甲酸二甲酯

泰州市晨光合成纤维厂

江苏省泰州市寺巷镇振兴路 2 号[225316]
电话:(0523)86811438;86816376
传真:(0523)86811428
固定资产:53,000 千元
经济类型:私营企业　职工人数:400 人
网址:www.tzcg.com
E-mail:web@tzcg.com
【主要产品】丙纶短纤维

泰州市海力化工有限公司

江苏省泰州市吴洲北路 1 号[225300]
电话:(0523)86551660;86551672;86551655
传真:(0523)86551595
供销电话:86551595
经济类型:联营企业
【主要产品】石油沥青

泰州市海宁橡胶制品厂

江苏省泰州市海陵区虚拟镇开发区鲍庄[225315]
电话:(0523)86841234;86841230
传真:(0523)86842058
供销电话:86842766;86842788
网址:www.hylive.com/jiangsu/jiangsu13054.html
【主要产品】船用气胀式救生筏

泰州市龙泉机带有限公司

江苏省泰州市口岸龙窝通江路 6 号[225300]
电话:(0523)86912502
传真:(0523)86963682
网址:www.longquan-cn.com
E-mail:info@longquan-cn.com
【主要产品】花纹输送带;橡胶同步带;汽车同步带;双面齿同步带;聚氨酯同步带;变速带;多楔带

泰州市天成化工有限公司

江苏省姜堰市蒋垛镇[225503]
电话:(0523)88301005;88301017
传真:(0523)88305808
供销电话:88301187;88309017
网址:www.tztcchem.com
E-mail:sales@tztcchem.com
【主要产品】硝酸钾;氯化钠;氯化钡;氯化钙;氯化钾;氧化锌;邻氯苄基膦酸二甲酯;α-羟基苯乙酸;对叔丁基苯酚甲醛树脂;酚醛树脂(2123 型);酚醛树脂(2124 型);酚醛树脂(2127 型);酚醛树脂(2130 型);脲醛树脂;阴极电泳漆;乙酸钴;一氧化钴;萘酸钴;硝酸钴;硫酸钴;氯化钴;氯化亚锡;乙酸锰;甲酸乙酯;苯甲酰氯;苯磺酰氯;对

苏

甲苯磺酰氯；三氟乙酸；三氯乙酸；次氮基三乙酸

泰州市天源化工有限公司

江苏省泰州市野徐工业园（东园区）[225326]
电话：(0523)86135911；85236898；85636898
传真：(0523)86135922
法人代表：栾忠岳
网址：www.tztianyuan.com
E-mail：tzty@tztianyuan.com
【主要产品】2,3-二氰基丙酸乙酯

泰州市铁猫涂料有限公司

江苏省泰州市扬州路227号西侧向南160米[225300]
电话：(0523)86558191；13809012806
传真：(0523)86574660
供销电话：86558191；13092448777
法人代表：李相永
网址：www.tiemaook.com
E-mail：sales@www.tiemaook.com
【主要产品】C04-42各色醇酸磁漆；C06-1铁红醇酸底漆；C53-31红丹醇酸防锈漆；C53-34云铁醇酸防锈漆；乙烯磷化底漆；丙烯酸类面漆；环氧树脂漆类；环氧铁红防锈漆；环氧云铁防锈中涂漆；聚氨酯漆类；聚氨酯防腐涂料；聚氨酯耐热防腐涂料；氯化橡胶漆类；氯磺化聚乙烯铁红防锈漆；氯磺化聚乙烯云铁防锈漆；无机富锌底漆

泰州市亚美橡胶制品有限公司

江苏省泰州市海阳路189号[225300]
电话：(0523)86551889；86553182
传真：(0523)86553492
固定资产：15,000千元
经济类型：股份有限公司
职工人数：350人
网址：www.rubberym.com
E-mail：ymxjrubberxp@e165.com
【主要产品】橡胶制品；普通橡胶板；耐油橡胶板；夹布橡胶板；绝缘橡胶板；耐酸碱橡胶板；胶辊；印刷胶辊；造纸胶辊；印染胶辊

泰州市有机氟材料厂

江苏省泰州市高港区永安洲镇北沙[225435]
电话：(0523)86921989；86921052；86921105
传真：(0523)86921053
经济类型：股份合作　职工人数：120人
法人代表：王启东
网址：www.shli.net；
www.sha-xing.com
E-mail：sha-xing@shli.net
【主要产品】聚四氟乙烯制品

泰州市远大化工原料有限公司

江苏省泰州市春兰工业园区东[225314]
电话：(0523)86276963；13505263518
传真：(0523)86275496
网址：www.yuandachem.com
E-mail：sales@yuandachem.com
【主要产品】过氧化叔丁醇；*N*-羟甲基丙烯酰胺；过氧化甲乙酮；过氧化苯甲酰；过氧化苯甲酸特丁酯；引发剂A

泰州永博生化制品有限公司

江苏省兴化市张郭镇环城南路1号[225722]
电话：(0523)83998766；13852896833
传真：(0523)83765766
法人代表：于淮国
网址：www.tzybsh.com.cn
E-mail：ybsh@tzybsh.com.cn
【主要产品】无铁硫酸铝；钼酸钠；钼酸铵；仲钼酸铵；二钼酸铵；四钼酸铵；七钼酸铵；钼酸钡；三氧化钼（精制）；磷钼酸；二硫化钼

兴化明威化工有限公司

江苏省兴化市周庄镇工业园区[225711]
电话：(0523)83748464；83748465
传真：(0523)83748463
供销电话：83748465；83748464
网址：www.msbiochem.com
E-mail：tmm@msbiochem.com
【主要产品】6-氯嘌呤；次黄嘌呤；3-吲哚乙酸钾盐；3-吲哚丁酸钾盐；2-甲硫基-4,6-二氯嘧啶；4,6-二羟基-2-甲硫基嘧啶；4,6-二甲氧基-2-甲磺酰基嘧啶；4,6-二甲氧基-2-甲硫基嘧啶；2,6-二羟基苯甲酸；6-糠氨基嘌呤；腺嘌呤硫酸盐；α-萘乙酸；醚苯磺隆；氟胺磺隆；双草醚；嘧草硫醚；磺酰磺隆；对氯苯氧乙酸；吲哚-3-丁酸；吲哚-3-乙酸；2-萘氧基乙酸；噻苯隆；氯吡脲；6-苄氨基嘌呤；维生素B4；6-巯基嘌呤；聚氯乙烯热稳定剂β二酮；二苯甲酰甲烷

兴化市富强氧化锌厂

江苏省兴化市林湖乡姚付村[225731]
电话：(0523)83871732
经济类型：私营企业　法人代表：陆增祥
网址：www.hylive.com/jiangsu/jiangsu16830.html
【主要产品】氧化锌

兴化市农乐肥料有限责任公司

江苏省兴化市丰收南路172号[225700]
电话：(0523)83266945；83264893
传真：(0523)83264893　职工人数：85人
固定资产：4,090千元
经济类型：有限责任公司
法人代表：周立业
E-mail：xhlxs@126.com
【主要产品】有机无机复混肥

兴化市青松农药化工有限公司

江苏省兴化市陶庄镇[225733]
电话：(0523)83851182
传真：(0523)83851181
供销电话：83852866　职工人数：200人
经济类型：私营企业　法人代表：吉鹏远
网址：www.qsny.cn
E-mail：jap2008@163.com
【主要产品】甲胺磷乳油；甲基对硫磷乳油；辛硫磷乳油；三唑磷乳油；噻嗪酮可湿性粉剂；三环唑可湿性粉剂；硫·三环可湿性粉剂；多·硫·酮可湿性粉剂；噻·杀单可湿性粉剂

兴化市三园锌品有限公司

江苏省兴化市林湖乡西丁村[225751]
电话：(0523)83872058；83872060
传真：(0523)83872419
经济类型：私营企业　法人代表：王文兵
【主要产品】氧化锌

兴化市松鹤化学试剂厂

江苏省兴化市沙沟镇[225777]
电话：(0523)83584072
传真：(0523)83581561　经济类型：集体
法人代表：冯小余
网址：www.songhezr.com
E-mail：xhsonghe@yahoo.com.cn
【主要产品】硫酸锆；氧氯化锆；硼酸锌；碳酸锆；锆氟酸钾；氟锆酸铵；二氧化锆；二氧化锆（稳定）；乙酸锆；氢氧化锆

兴化市同新化工有限公司

江苏省兴化市南郊五里亭[225700]
电话：(0523)83267791；13301423616
传真：(0523)83266136
固定资产：35,000千元
供销电话：83266135；13301423616
经济类型：股份有限公司
职工人数：150人　法人代表：王增发
网址：www.tongxinchem.com
E-mail：webmaster@tongxinchem.com
【主要产品】乙酰乙酸甲酯；乙酰丙酮；双乙烯酮；1-苯基-3-甲基-5-吡唑啉酮；γ-丁内酯

兴化市伟业植物油脂厂

江苏省兴化市唐刘大陆工业区[225723]
电话：(0523)83798028；83798208
传真：(0523)83798028
网址：www.chinachemnet.com/company/0016c.htm
E-mail：04518sales@netsun.com
【主要产品】二聚酸；单酸；硬脂酸；脂肪酸；大豆油脂肪酸；脂肪酸甲酯；苯溶型聚酰胺树脂；油酸；抛光膏；植物油酸；动物油酸；植物沥青

兴化锁龙消防药剂有限公司

江苏省兴化市昭阳镇丰收南路109号[225700]
电话：(0523)83265499；83264224
传真：(0523)83264224

供销传真:83262095
经济类型:有限责任公司
网址:www.suolong.com
E-mail:suolong@suolong.com
【主要产品】泡沫灭火剂;磷酸铵盐干粉灭火剂;氟蛋白泡沫灭火剂;成膜氟蛋白泡沫灭火剂;高效水雾灭火剂;蛋白泡沫灭火剂;高倍数泡沫灭火剂;中倍数泡沫灭火剂;抗溶性泡沫灭火剂;水成膜泡沫灭火剂;碳酸氢钠干粉灭火剂

南通市

德发(南通)生物化工有限公司

江苏省南通如东县洋口化工工业园[226407]
电话:(0513)84819778;84812758;13773781288
传真:(0513)84819758　有进出口权
职工人数:150人
网址:www.rihuachem.com
E-mail:ntdefa@163.com
【主要产品】硬脂酸甲酯;苯甲酸甲酯;*N*,*N'*-双(2,2,6,6-四甲基-4-哌啶基)-1,6-己二胺;聚氯乙烯热稳定剂β二酮;二苯甲酰甲烷;紫外线吸收剂UV-9;紫外线吸收剂UV-329;紫外线吸收剂UV-531;紫外线吸收剂UV-P;紫外线吸收剂UV-0;光稳定剂GW-508;塑料改性剂PMI

海安县国力化工有限公司

江苏省海安县城海化路28号[226600]
电话:(0513)88826676;88826680
传真:(0513)88867259
供销传真:88826676
网址:www.guolichem.com
E-mail:sales@guolichem.com
【主要产品】脂肪酸聚乙二醇酯;脂肪醇聚氧乙烯醚磺基琥珀酸酯二钠盐;黏合剂;十八烷基二甲基苄基氯化铵;十二烷基二甲基苄基氯化铵;抗静电剂;分散剂;渗透剂;精炼剂;消泡剂;丙纶油剂;净洗剂;脂肪醇聚氧乙烯醚硫酸铵;脂肪醇聚氧乙烯醚磷酸酯

海安县弘鑫化工厂

江苏省海安县城东镇韩洋村[226600]
电话:(0513)83887568;13906284161
传真:(0513)88369018
供销电话:83887568;83887565
供销传真:83887887
法人代表:周铁阳
网址:www.hahxchem.com
E-mail:zty@hahxchem.com;sales@hahxchem.com
【主要产品】3-氯丙酰氯;三氯化苄;乙二酰氯;2-甲基丙烯酰氯;丙烯酰氯;间苯二甲酰氯;3,5-二氯苯甲酰氯;对氟苯甲酰氯;苯甲酰氯;苯甲醛

海安县华联合成纤维厂

江苏省南通市海安县海安镇新桥村[226600]
电话:(0513)88838585;88855718;88838590
经济类型:私营企业　职工人数:65人
法人代表:顾平
网址:www.qwbiz.com/company/biz_6360/index.asp
【主要产品】锦纶66长丝

海安县凯旋助剂厂

江苏省海安县人民西路309#[226600]
电话:(0513)88028907;13901477656
传真:(0513)88890096
网址:www.ha-kx.com
E-mail:ck0005@263.net
【主要产品】苯磺酸;*N*-苯基苯胺;三苯胺;防老剂BLE;防老剂SP;防老剂DFC-34;抗氧剂KY-405

海安县尼龙厂

江苏省南通市海安县吉庆镇中心路48号[226693]
电话:(0513)88463150
传真:(0513)88464106　职工人数:79人
经济类型:股份合作　法人代表:杨金准
网址:www.hylive.com/jiangsu/jiangsu00036.html
【主要产品】尼龙66;增强阻燃尼龙-66;尼龙-6长丝;锦纶66长丝

海安县染料化工厂

江苏省南通市海安县仁桥镇[226653]
电话:(0513)88689036;88689040
传真:(0513)88689036
供销电话:88682958　法人代表:史孝根
经济类型:股份合作
E-mail:hazsr@pub.nt.jsinfo.net
【主要产品】1,3-苯二胺;1,2-苯二胺;间苯二胺硫酸盐

海安县申宇明胶有限公司

江苏省南通市海安县海安镇河滨西路2号[226600]
电话:(0513)88822241
传真:(0513)88812805　经济类型:集体
职工人数:310人
网址:bhxc.cn.alibaba.com
【主要产品】明胶;胶囊

海安县苏北化工有限公司

江苏省海安县白甸南工业区[226682]
电话:(0513)88402043;88402044;13806276172
传真:(0513)88402894
网址:www.sbhg.com.cn;www.sbhg.cn
E-mail:info@sbhg.cn
【主要产品】单硬脂酸甘油酯;月桂酸单甘油酯;油酸甘油酯;脂肪醇聚氧乙烯醚磺基琥珀酸酯二钠盐;聚丙二醇;聚乙二醇;聚乙二醇硬脂酸酯;柔软剂HC;氨基硅油柔软剂;匀染剂O;十二烷基二甲基苄基氯化铵;交联剂DE;抗静电剂SN;乳化剂EL-80;分散剂WA;固色剂M;固色剂Y;无甲醛固色剂;渗透剂JFC;快速渗透剂T;消泡剂GP;防老剂SP;乳化剂EL-60;乳化剂MOA;乳化剂OP;乳化剂SG-10;吐温系列;油酸聚乙二醇单酯;农药乳化剂

海安县兴华胶带厂

江苏省海安县城河滨西路7号(鑫来路89号)[226600]
电话:(0513)88826388;88918836;88826382
传真:(0513)88812329
供销电话:88813887　法人代表:魏昌林
网址:www.ntxh.cn
E-mail:haxhjdc@pub.nt.jsinfo.net
【主要产品】橡胶运输带;橡胶平型传动带;橡胶三角带;阻尼橡胶板;橡胶密封胶条;电梯用橡胶件;硅橡胶密封圈

海安县有机化工厂

江苏省海安县张垛乡周机村四组[226651]
电话:(0513)88614052
传真:(0513)88614076　经济类型:集体
法人代表:龚峭峰
网址:66gtgiyk.b2b.hc360.com
【主要产品】2-萘酚-3-甲酸

海安县正达化工厂

江苏省海安县城海化路28号[226600]
电话:(0513)88832111;88832862
传真:(0513)88866940
法人代表:陈秀芳
网址:www.zhengdachem.com
E-mail:info@zhendachem.com;cqh83575250@126.com
【主要产品】聚乙二醇;脂肪胺聚氧乙烯醚;柔软剂SG-6;匀染剂O;抗静电剂;渗透剂JFC;单烷基醚磷酸酯钾盐;发泡剂;消泡剂;乳化剂;净洗剂;农药乳化剂

海门贝斯特精细化工有限公司

江苏省海门市青龙港大庆路1号[226121]
电话:(0513)82606266;82960211
传真:(0513)85383386;82606030
固定资产:20,000千元　有进出口权
供销电话:82606266;82741899
经济类型:外商独资　职工人数:180人
法人代表:杨鹤如
网址:www.bestfine.com
E-mail:g98691@sina.com
【主要产品】3,4-二羟基苯甲酸;草酸;3,4-二羟基苯甲酸乙酯;草酸二甲酯;草酸二乙酯;草酸单乙酯酰氯;乙二酰氯;2-甲基丙烯酰氯;丙烯酰氯;叔丁基二苯基氯硅烷;叔丁基二甲基氯硅

苏

烷;1,2,4-三氮唑;三唑钠

海门慧聚药业有限公司

江苏省海门市秀山东路601号[226100]
电话:(0513)82227901;82227902;82227903
传真:(0513)82227902;82227366
供销电话:82227904;82227905
网址:www. wisdompharma. com
【主要产品】贝那普利盐酸盐;L-高苯丙氨酸盐酸盐;L-高苯丙氨酸乙酯盐酸盐;氢氟喹酮;斜纹祛脂乙酯;三氯生

海门市海信化工助剂厂

江苏省海门市汤家镇北首[226126]
电话:(0513)82612265;82763886;13806281571
传真:(0513)82763881　职工人数:80人
网址:www. nthaixin. com
【主要产品】氢溴酸;乙醇;溴乙烷;1-溴丙烷;溴辛烷

海门市禾丰化肥有限公司

江苏省海门市青龙港大庆路1号[226121]
电话:(0513)82606377
传真:(0513)82602000　法人代表:黄翱
经济类型:有限责任公司
【主要产品】硫酸(98%);磷肥;过磷酸钙;混配复合肥料

海门市江乐农药化工有限责任公司

江苏省海门市青龙港镇大庆路2号[226121]
电话:(0513)82656504;82606486
传真:(0513)82608078
经济类型:有限责任公司
法人代表:李树忠
网址:www. anquangang. org/user/co. asp?d=201
【主要产品】氧化乐果乳油;三唑磷乳油;腈菌唑;腈菌唑乳油;苦参碱

海门市清华紫光英力化工有限公司

江苏省海门市青龙港大庆路2号[226121]
电话:(0513)82606504
经济类型:有限责任公司
【主要产品】氧化乐果乳油;高渗氧乐果乳油;45%辛·氧乐乳油

海门市通联化工有限责任公司

江苏省海门市秀山东路508号[226100]
电话:(0513)82216604
传真:(0513)82222101
经济类型:有限责任公司
E-mail:ntmaoxin@ pub. nt. jsinfo. net
【主要产品】麦芽酚;呈味核苷酸二钠;安赛蜜;天冬氨酰苯丙氨酸甲酯;叶酸;泛癸利酮

海门市药物化工厂

江苏省海门市德胜镇瑞南村[226102]
电话:(0513)82271054
经济类型:股份合作　法人代表:顾斐
网址:www. hylive. com/jiangsu/jiangsu03546. html
【主要产品】4-氨基苯酚

海门市众腾化工有限公司

江苏省海门市秀山西路396-398号[226100]
电话:(0513)82389698
传真:(0513)82188020　有进出口权
固定资产:20,000千元　职工人数:80人
经济类型:有限责任公司
产值:60,000千元　法人代表:施家泉
销售收入:90,000千元
网址:www. hi-ec. com/products/8r43971/
E-mail:hmzthg@ 163. com
【主要产品】硬脂酰胺;滑爽开口母粒;抗静电剂;增白剂;油酸酰胺;芥酸酰胺

海门兆丰化工有限公司

江苏省海门市青龙化工园区[216121]
电话:(0513)82656611;82609168;13815233900
传真:(0513)82656611
职工人数:150人
网址:www. yzhsh. com
E-mail:zhaofengchem@ sohu. com
【主要产品】四聚乙醛;邻羟基联苯;芝麻酚;扩散剂MF

江苏飞亚化学工业有限责任公司

江苏省海安县城海化路32号[226600]
电话:(0513)88839132;88815433;13906276226
传真:(0513)88832686　职工人数:50人
经济类型:股份有限公司
法人代表:张金泉
网址:www. feiyachem. cn
E-mail:feiyags@ pub. nt. jsinfo. net
【主要产品】*N*-苯基苯胺;液氨;橡胶防老剂;防老剂SP;防老剂DFC-34;防老剂350;抗氧剂KY-405

江苏海门兴虹化工有限公司

江苏省海门市四甲镇[226141]
电话:(0513)82816581;13912239426
传真:(0513)82687780　有进出口权
经济类型:港澳台商独资经营
产值:1,000千元　职工人数:200人
法人代表:陆平
E-mail:gkl2003@ sohu. com
【主要产品】硫酸亚锡;氯化亚锡;四氯化锡;焦磷酸锡;1-氯丁烷;戊腈;对硝基苯酚;对硝基苯甲酸

江苏金雪集团有限公司

江苏省海门市海门港开发区[226114]
电话:(0513)82292978;82292708
传真:(0513)82292908
供销电话:82292318;82292345
供销传真:82292718
经济类型:私营企业
网址:www. goldsnow. com. cn
E-mail:administration@ goldsnow. com. cn
【主要产品】1,1,1,2-四氟乙烷;三氟乙醇;聚酯切片;涤纶短纤维;中空纤维

江苏九鼎新材料股份有限公司

江苏省如皋市中山路1号[226500]
电话:(0513)87615827
传真:(0513)87632115　有进出口权
经济类型:股份有限公司
职工人数:1,200人　法人代表:顾清波
E-mail:caobin98078@ hotmail. com
【主要产品】玻璃钢耐酸储罐

江苏绿源新材料有限公司

江苏省南通市城港路388号[226001]
电话:(0513)85565555;85329444;85329555
传真:(0513)85567777;85566999
网址:www. exinyuan. com/html/company_1. asp
E-mail:yflin@ exinyuan. com
【主要产品】聚合物多元醇;聚醚多元醇(软质块状泡沫);聚醚多元醇(硬质板块发泡);慢回弹聚醚;组合聚醚

江苏南黄海实业股份有限公司

江苏省如东县马塘镇仁和南路86号[226401]
电话:(0513)84410089;84543515;84410001
传真:(0513)84541728
经济类型:股份有限公司
职工人数:1,000人　法人代表:扈益民
网址:www. nhh. com. cn
E-mail:rdnhhgs@ public. nt. js. cn
【主要产品】尼龙6短纤维;锦纶6丝束;锦纶66丝束;氨纶;普通橡胶板;胶辊;胶圈

江苏南通晨光石墨换热器厂

江苏省南通市天生港街道工业园区8号[226003]
电话:(0513)85566761;85352900;13806293891
传真:(0513)85352901
网址:www. graphitecn. com
E-mail:jscgsm@ 126. com
【主要产品】填料塔;列管式蒸发器;石墨降膜吸收器;列管式换热器;石墨换热器;石墨设备

江苏南通江天化学品有限公司

江苏省南通市经济技术开发区中兴路西永兴路[226006]
电话:(0513)83513131;83955168;83959160
法人代表:朱辉
【主要产品】甲醛;一氯甲烷

江苏如东县丰利医药化工厂

江苏省如东县丰利镇新建西路99号[226408]
电话:(0513)84581017
传真:(0513)84581720
经济类型:私营企业
网址:www. sinofufc. com
E-mail:jsrdflhg@ sinofufc. cn
【主要产品】2-乙氧基-5-氟尿嘧啶;2-甲氧基-5-氟尿嘧啶;2,4-二氯-5-氟嘧啶;5-溴-2,4-二氯嘧啶;5-氟-4-羟基嘧啶;4-乙基-5-氟嘧啶;3-吲哚甲醇;3-甲氧基-2,4,5-三氟苯甲酸;4-氯苯磺酸;6-氯烟酸;丙二酸乙酯单钾盐;氟乙酸甲酯;氟乙酸乙酯;3-氧代戊酸甲酯;醋酸甲脒;正丁基丙二酸二乙酯;丙二酸亚异丙酯;4-氨基-2-羟基嘧啶;2-甲氧基-5-氨基吡啶;3-氰基-2,6-二羟基-5-氟吡啶;2,6-二氯-5-氟烟酸;尿嘧啶;5-氟尿嘧啶核苷;*N*-(三苯基甲基)-5-(4′-甲基联苯-2-基)四氮唑;4-甲基-5-噻唑甲酸甲酯;2-(4-氯-3-氨基苯甲酰)苯甲酸;2,5,6-三氯嘧啶;5-溴尿嘧啶;氟胞嘧啶;氟尿嘧啶;替加氟;尿苷;胞苷;5-氟胞苷;卡比多巴

江苏如皋市井上捏和机械厂

江苏省如皋市如城工业园区[226572]
电话:(0513)87651000;87286000;13906275781
传真:(0513)87651000;87532252
供销电话:87281100;13906273181
网址:www. js-kneader. com
E-mail:sjs@ js-kneader. com
【主要产品】捏合机;真空型捏合机;重型捏合机

江苏省海安石油化工厂

江苏省南通市海安县海安镇海化路28号[226600]
电话:(0513)88833312;88866531;13901477180
传真:(0513)88832042
供销电话:88832042;88833313
供销传真:88826668
网址:www. haishihua. com. cn
E-mail:haujg@ pub. nt. jsinfo. net
【主要产品】乙二醇单烯丙基醚;脂肪酸聚乙二醇酯;聚醚多元醇;聚醚系列;聚丙二醇;聚乙二醇(6000)双硬脂酸酯;泊洛沙姆;二甲基硅油;珠光剂;脂肪胺聚氧乙烯醚;柔软剂;匀染剂O;羊毛匀染剂;涤纶分散匀染剂;平平加*O*-25;甘油聚氧乙烯醚;抗静电剂;抗静电剂SN;分散剂IW;分散剂S;渗透剂;消泡剂GP;消泡王(高浓缩);精炼剂;耐碱精炼剂;螯合分散剂;去油剂;防老剂SP;涤纶短纤维油剂;乳化剂;平平加;乳化剂EL;乳化剂OP;净洗剂;高效净洗剂;净洗剂6501;吐温系列;乳化剂LAE-9;氨基硅油乳化剂;脂肪醇聚氧乙烯聚氧丙烯醚;三乙醇胺油酸皂

江苏省海安紫石化工厂

江苏省海安县闸北路6号[226600]
电话:(0513)88836660
传真:(0513)88811176
经济类型:私营企业
法人代表:袁伯才
网址:www. zishichemical. com
E-mail:info@ zishichemical. com
【主要产品】纯丙乳液;硅丙乳液;醋酸乙烯-丙烯酸酯共聚乳液;苯丙乳液;抗碱乳液;内外墙乳胶漆;封底乳液;弹性乳液;分散剂;增稠剂

江苏省南通地旺农药化工有限公司

江苏省海安县角斜镇环镇西路12号[226633]
电话:(0513)83517249
【主要产品】噻嗪酮;噻嗪酮可湿性粉剂;氰戊菊酯乳油;双甲脒乳油;多菌灵可湿性粉剂;三环唑可湿性粉剂;25%绿麦隆可湿性粉剂;井·噻可湿性粉剂;吡·杀单可湿性粉剂;噻·杀单可湿性粉剂

江苏省南通金陵农化有限公司

江苏省如东县马塘镇马丰南路2号[226401]
电话:(0513)84541922
【主要产品】异丙隆可湿性粉剂;丁草胺乳油;丙草胺乳油;苄磺隆可湿性粉剂;二氯喹啉酸可湿性粉剂;甲哌鎓;丁·苄可湿性粉剂;苄·乙可湿性粉剂;苯噻酰·苄可湿性粉剂

江苏省启东市宇林化工厂

江苏省启东市精细工业园[226200]
电话:(0513)83812012;83811052
传真:(0513)83811052
职工人数:235人
网址:ylhg88. hisuppliers. com
【主要产品】对溴联苯;邻溴联苯;间溴联苯;4,4′-二溴联苯;癸二酸二酰肼;丁二酰肼;己二酸二酰肼

江苏省勤奋药业有限公司

江苏省南通市经济技术开发区三孔桥工业区[226017]
电话:(0513)85991008-828,827
传真:(0513)85991023
经济类型:国有
供销电话:85991008-826　有进出口权
网址:www. qinfenpharm. com
E-mail:sales@ qinfenpharm. com
【主要产品】氯化钠(药用);氯化钾(药用);聚维酮碘

江苏省如东大恒生化科技有限公司

江苏省如东县栟茶镇十里桥北首[226400]
电话:(0513)84862186;13912860809
传真:(0513)84869198
网址:www. daheng-chem. com
E-mail:sales@ daheng-chem. com
【主要产品】吲哚;5-甲基吲哚;硝唑尼特

江苏省如皋市晨光橡胶制品有限公司

江苏省如皋市环城南路88号[226500]
电话:(0513)87096734
传真:(0513)87526815
职工人数:158人
网址:www. rgcgxj. ebigchina. com
【主要产品】塑胶模具;减震用橡胶制品;绝缘橡胶板;耐油橡胶密封圈

江苏省如皋市强盛塑料化工机械厂

江苏省如皋市环城南路[226500]
电话:(0513)87653126;87655333;87653988
传真:(0513)87653988
供销电话:87653988;87655333
网址:www. cx-kneader. cn
E-mail:info@ cx-kneader. cn
【主要产品】捏合机;真空型捏合机;破碎机

江苏省如皋市万通防腐有限公司

江苏省如皋市搬经镇[226562]
电话:(0513)87371322;87371374;13901475578
传真:(0513)87371386
经济类型:有限责任公司
职工人数:150人
网址:www. wantongff. com
E-mail:server@ wantongff. com
【主要产品】聚四氟乙烯生料带;聚四氟乙烯垫片;聚四氟乙烯编织盘根;聚四氟乙烯制品;聚四氟乙烯垫圈

江苏省通州市化学试剂厂

江苏省通州市平朝镇新公路17号[226361]
电话:(0513)86571610;86723928;13806291905
传真:(0513)86723250
法人代表:何锦明
网址:www. tzchem. com
E-mail:tzchem@ 126. com
【主要产品】碳酸钡;碳酸钙;碳酸锶(电子级)

江苏通盛化纤集团有限公司

江苏省通州市石港镇南大街92号［226351］
电话：(0513)82591147
经济类型：有限责任公司
网址：jstshx.ppfibre.cn
E-mail：tongsheng@163.com
【主要产品】丙纶长丝

江苏同泰药业有限公司

江苏省如皋市如城跃进西路139号［226500］
电话：(0513)87533938；87619190；13813644788
传真：(0513)87533706
职工人数：352人　法人代表：曹桂发
【主要产品】大豆磷脂；依托泊苷；人参多糖

苏

江苏文凤化纤集团公司

江苏省海安县城中霸南路39号［226600］
电话：(0513)88830661；88167882；88163243
传真：(0513)88167828
经济类型：股份合作　职工人数：500人
法人代表：陈文凤
网址：www.sanlun.net
E-mail：office@sanlun.net
【主要产品】涤纶纤维；锦纶6预取向长丝；锦纶全拉伸丝；锦纶拉伸变形丝

江苏雄风科技股份有限公司

江苏省海门市正余镇正余科技工业园区［226153］
电话：(0513)82794988；82794908
供销电话：82794918；82794988
职工人数：230人
网址：www.xiongfeng.net.cn
E-mail：xiongfeng@xiongfeng.net.cn
【主要产品】氢氧化钴；硫酸钠；硫酸钴；硫酸铜；硫酸镍；氯化钴；工业氯化铵；碳酸钴；碳酸锰；氧化钴；四氧化三钴；草酸钴

江苏益农肥料有限公司

江苏省南通市海安县大公工业区［226623］
电话：(0513)88759988
传真：(0513)88756966
法人代表：王欣
固定资产：15,000千元
职工人数：280人
网址：www.ntmp.gov.cn/qy/yinong1.asp
【主要产品】过磷酸钙；高浓度复合肥；硫酸钾复合肥；BB肥

江苏银河化轻集团总公司

江苏省如东县岔河镇银河工业园区［226403］
电话：(0513)84316188
传真：(0513)84314252
网址：www.yinhegroup.cn
【主要产品】植物油酸；动物油酸；铜拉丝油；内燃机油；润滑油

丽王化工(南通)有限公司

江苏省通州市家宝工业园北区［226300］
电话：(0513)86592888-888，811；86598958
传真：(0513)86596888
网址：www.lwchem.com；www.lwpigment.com
E-mail：sales@lwchem.com
【主要产品】涂料印花色浆；酞菁蓝BGS；酞菁蓝B；汉沙黄G；耐晒黄GR；耐晒黄S3G；汉沙黄10G；永固黄GX；永固黄G；永固黄GG；永固黄RN；联苯胺黄HR；永固橘黄G；永固橙RN；永固橙RL；永固红F5RK；耐晒艳红BBC；永固红FGR；耐晒大红BBN；耐晒大红BBS；3117耐晒亮红N；耐晒亮红NC；耐晒深红BBM；大红粉2R；金光红C；永固桃红FB；永固红F4R；永固红F2R；颜料艳红6B；永固红FBB；永固枣红F2R；坚固红青莲BF；立索尔大红R；立索尔大红RB；立索尔宝红BK；立索尔宝红8B；立索尔宝红4B；甲苯胺红；坚固玫瑰红

南京化学工业集团公司如东专用复合肥厂

江苏省如东县双甸镇［226404］
电话：(0513)84666039
传真：(0513)84665037　职工人数：30人
经济类型：股份合作
网址：www.zhaodh.com/company/CMP002605359.html
【主要产品】混配复合肥料

南通邦和化工有限公司

江苏省南通市林梓镇［226513］
电话：(0513)87017367；87015767；87014967
传真：(0513)87836558　法人代表：沈新
供销电话：87838197
供销传真：87836558
网址：www.sh-chenmen.com
E-mail：info@sh-chenmen.com
【主要产品】内墙亚光面漆；抗碱封闭底漆；苯丙外墙乳胶漆；真石漆；丙烯酸外墙罩面漆；高级硅丙外墙漆；丙烯酸外墙涂料；内墙平光乳胶漆；高级丝光内墙乳胶漆；常温道路标志漆；五合一弹性多功能乳胶漆；罩光涂料；水泥漆；防火漆；防霉涂料；外墙专用腻子

南通宝叶化工有限公司

江苏省南通市船闸西路78号［226005］
电话：(0513)85541236；85545324
传真：(0513)85603731
供销电话：85545324；85603611
经济类型：有限责任公司
法人代表：朱文新
网址：www.china-baoye.com
E-mail：by@china-baoye.com
【主要产品】四螨嗪；四螨嗪可湿性粉剂；四螨嗪悬浮剂；代森锌；代森锌可湿性粉剂；代森锰锌；代森锰锌可湿性粉剂；霜脲氰；福美双；福美双可湿性粉剂；福美锌；福美锌可湿性粉剂；丙森锌；丙森锌可湿性粉剂；锰锌·霜脲可湿性粉剂

南通薄荷厂有限公司

江苏省南通市孩儿巷北路74号［226001］
电话：(0513)85516184；85512009
传真：(0513)85537011　经济类型：国有
固定资产：11,916千元　有进出口权
供销电话：85516184；85527569
产值：18,122千元　职工人数：351人
销售收入：19,151千元
法人代表：周以林
网址：www.menthol.china.com
E-mail：admin@menthol.china.com
【主要产品】异丁香酚；丁香酚；薄荷脑；樟脑；松油醇；乙酸薄荷酯；左旋香芹酮；右旋香芹酮；山苍子油；白樟油；黄樟油；丁香油；薄荷素油；桉叶油；香精；甜瓜醛

南通醋酸纤维有限公司

江苏省南通市钟秀东路27号［226008］
电话：(0513)83560512-2713
传真：(0513)83560794
供销电话：83560512-2715
经济类型：中外合资经营企业
网址：www.ncfcinfo.com
【主要产品】二醋酸纤维素；化纤油剂

南通大鸿化工有限公司

江苏省南通市如东经济开发区［226400］
电话：(0513)84115380；13906270882
经济类型：股份合作　产值：50,000千元
职工人数：50人
E-mail：wywht@126.com
【主要产品】α-溴代苯乙酮

南通大江化学有限公司

江苏省南通市经济技术开发区广州路6号［226009］
电话：(0513)83596152；83592648
传真：(0513)83595011　有进出口权
供销电话：83593865
经济类型：外商独资
网址：www.ohe-chem.com
E-mail：mail@ohe-chem.com
【主要产品】氧化钙；硅砂；保鲜剂；防霉剂；高效型干燥硅胶

南通大力化工设备有限公司

江苏省如东县马塘镇建设西路168号［226401］
电话：(0513)84541537
传真：(0513)84541720　法人代表：沈飞
经济类型：股份有限公司
网址：www.jsntdl.com/sdp/115173/2/cf-250490.ht
【主要产品】反应釜；列管式蒸发器；储罐；压力容器；塔器

南通大伦化工有限公司

江苏省南通市船闸西路66号[226005]
电话:(0513)85608168;85608157;85608159
传真:(0513)85405301　有进出口权
供销电话:85608168;85608159
经济类型:有限责任公司
网址:www.ntdcic.cn
E-mail:info@ntdcic.cn
【主要产品】硫酸;亚硫酸氢铵;氟硅酸钠;三氧化硫(液);硫酸二甲酯;7-氨基-1,3,5-萘三磺酸;2-萘胺-4,8-二磺酸;过磷酸钙

南通飞天化学实业有限公司

江苏省南通市人民西路12号飞天大厦7楼[226001]
电话:(0513)85527753
传真:(0513)85523277　有进出口权
网址:www.fthx.com
E-mail:zhxnt@pub.nt.jsinfo.net
【主要产品】草甘膦水剂(10%);草甘膦;草甘膦可溶性粉剂

南通高中压阀门有限公司

江苏省南通市港闸区唐闸西市街8号[226002]
电话:(0513)85544297
传真:(0513)85541508　经济类型:集体
供销电话:85544310　有进出口权
法人代表:方琦
网址:www.th-valve.com
E-mail:ntsshfmc@public.nt.js.cn
【主要产品】阀门

南通光荣化工有限公司

江苏省南通市如东县洋口镇[226407]
电话:(0513)84811036;84819189
传真:(0513)84811036　职工人数:50人
供销电话:84819189;84819999-80
经济类型:股份合作　法人代表:贯建
网址:www.ntguangrong.com
E-mail:sales@ntguangrong.com
【主要产品】氟化钾;溴化钠;溴化钾;溴化铵;氨基乙酸;2-氯苯甲酸乙酯;亚氨基二乙酸二钠;甘氨酸乙酯盐酸盐;2-氯苯甲酸;甘氨酸(医药级)

南通光远集团如皋红星化工有限公司

江苏省如皋市跃进西路8号[226572]
电话:(0513)87534044
传真:(0513)87300669
经济类型:私营企业　职工人数:105人
法人代表:陈玉忠
【主要产品】脲甲醛模塑粉

南通海迪化工有限公司

江苏省海门市汤家镇[226126]
电话:(0513)82266978;82589808
传真:(0513)82611227
经济类型:股份合作　职工人数:500人
法人代表:倪海平
网址:www.nthaidi.com
E-mail:caixl@haidi.cn
【主要产品】1,8-萘二胺;1,5-二氨基萘;1,5-二羟基萘;1,6-二羟基萘;1,5-二羟基-4,8-二硝基蒽醌;1,8-二羟基-4,5-二硝基蒽醌;1,4,5,8-四羟基蒽醌隐色体;1,8-二羟基蒽醌;1,5-二氯蒽醌;1,8-二氯蒽醌;2,6-二氟苯甲酰胺;1,4,5,8-四氯蒽醌;1-甲氨基蒽醌;1,5-萘二磺酸;2,7-萘二磺酸钠;1-甲氨基-4-溴蒽醌;1,6-萘二磺酸钠;2,6-萘二磺酸钠;分散蓝*S*-BGL;有机颜料;永固紫RL;紫外线吸收剂

南通海林汽车橡塑制品有限公司

江苏省南通市正余镇[226153]
电话:(0513)82674088
传真:(0513)82790988
经济类型:有限责任公司
职工人数:280人
网址:www.nthl.com.cn
E-mail:ntty@nthl.com.cn
【主要产品】汽车塑料配件;汽车密封条;密封垫;O形密封圈;橡胶密封圈

南通海星制药有限公司

江苏省海安县凤路81号[226611]
电话:(0513)88813495;88812469
传真:(0513)88869236　经济类型:国有
【主要产品】硫酸新霉素

南通恒兴电子材料有限公司

江苏省海安县海安镇凤山西路6号[226611]
电话:(0513)88861945;88858045;13606276585
传真:(0513)88856218　职工人数:48人
经济类型:有限责任公司
法人代表:崔恒元
网址:www.hx8588.com
E-mail:hx8588@hi2000.com
【主要产品】硼酸;磷酸;次磷酸铵;磷酸二铵(工业级);五硼酸铵;乙二醇;一缩二乙二醇;己二酸;顺丁烯二酸;壬二酸;邻苯二甲酸;甲酸;癸二酸;草酸;环己酮;4-硝基苯甲酸;4-硝基苯酚;*N*,*N*-二甲基甲酰胺;甲酸铵;己二酸铵(电容器级);甲酸钾;邻苯二甲酸铵;苯甲酸钾;草酸钾;乙酸铵;马来酸氢铵;马来酸氢钾;癸二酸铵(电容器级);苯甲酸铵;对硝基苯甲酸铵;γ-丁内酯;1,3-二硝基苯;氨水;磷酸一铵;聚乙二醇;柠檬酸;柠檬酸铵

南通宏梓化工有限公司

江苏省如皋市林梓镇高阳西路1号[226512]
电话:(0513)87839124;87839587;13706279226
传真:(0513)87839134
供销电话:13901475182
经济类型:与港澳台商合资经营
职工人数:150人　法人代表:钱兵荣
网址:www.hzpharm.com
E-mail:qbr@hzpharm.com;sales@hzpharm.com
【主要产品】硼氢化钠;硼氢化钾;氢化钠;硼酸三异丙酯;硼酸三甲酯

南通华盛塑料制品有限公司

江苏省南通市东郊姜灶镇[226315]
电话:(0513)82533811;82533389
传真:(0513)82533871
经济类型:中外合资经营企业
职工人数:200人　法人代表:张春华
网址:www.huasheng-nt.com
E-mail:zhangchunhua@huasheng-nt.com
【主要产品】日用塑料制品;塑料点断袋,背心袋

南通化肥厂有限公司

江苏省通州市石港镇石东村[226351]
电话:(0513)82591032;82591260
传真:(0513)82591032
供销电话:82591006
【主要产品】合成氨;碳酸氢铵

南通集海化工有限公司

江苏省海门市江滨镇[226103]
电话:(0513)82234676
传真:(0513)82234728
经济类型:股份合作　法人代表:陈广涛
网址:www.jbchemicals.com
E-mail:huangjin@jbchemicals.com
【主要产品】硫代硫酸钠;硫代硫酸铵;3,4-二甲氧基肉桂酸;4,4′-二羟基二苯砜;3-氯苯酚;2-氨基-4-氯-5-甲基苯磺酸;3,4-二甲氧基苯丙酸;还原红F3B;硫酸软骨素;对甲苯磺酰肼

南通江海高纯化学品有限公司

江苏省通州市平潮镇云台山[226361]
电话:(0513)86571759;86726866
传真:(0513)86711988
经济类型:与港澳台商合资经营
网址:www.jhgcchem.com
E-mail:jhgc@jhgcchem.com
【主要产品】己二酸铵(电容器级);己二酸钾(电容器级);癸二酸铵(电容器级);壬二酸氢铵;4-硝基苯甲醇;丁二酸铵;甲酸铵;苯甲酸铵;氢氧化铵;五硼酸铵;次亚磷酸铵;磷酸二氢铵;三乙胺;*N*-甲基甲酰胺;*N*,*N*-二甲基甲酰胺;丙酮;丁二酸;丁烯二酸,顺式;己二酸;壬二酸;苯甲酸;对硝基苯甲酸;邻苯二甲酸;柠檬酸;癸二酸;硼酸;磷酸;乙醇(无水);乙二醇;聚乙烯醇;甘露醇;丙三醇;苯甲醇;乙二醇一甲醚

南通江山农药化工股份有限公司

江苏省南通市姚港路35号[226003]
电话:(0513)83513131
供销电话:83517630;83516234
经济类型:股份有限公司 有进出口权
网址:www. jsac. com. cn
E-mail:jsac@ jsac. com. cn
【主要产品】甲醛;双乙烯酮;三氯乙醛;一氯甲烷;乙酰乙酰甲胺;2-氯-*N*-甲基乙酰乙酰胺;久效磷乳油(40%);久效磷可溶性浓剂;50%敌敌畏乳油;二嗪磷乳油;25%咪鲜胺乳油;50%咪鲜胺锰盐可湿性粉剂;草甘膦水剂(10%);41%草甘膦异丙胺盐水剂;甲草胺乳油;丁草胺;丁草胺乳油;乙草胺;乙草胺乳油;精喹禾灵乳油;灵·福合剂;聚氯乙烯树脂;聚氯乙烯树脂(微悬浮法);氯乙烯-醋酸乙烯共聚树脂;氯乙烯-醋酸乙烯酯共聚乳液;氯乙烯-醋酸乙烯酯-马来酸酐共聚树脂;氯偏乳液;高聚合度聚氯乙烯树脂

苏

南通金昌化工有限公司
江苏省南通市如东县掘港镇南首[226400]
电话:(0513)84103928
传真:(0513)84123198;84103908
网址:www. ntjc. net
E-mail:ntcyx@ msn. com
【主要产品】二氧六环

南通凯立化纤有限公司
江苏省海安县李堡镇镇南中路58号[226631]
电话:(0513)88212588;88213138;88918979
传真:(0513)88213138
供销传真:88924979 法人代表:林凯声
E-mail:ntklhx@ pub. nt. jsinfo. net
【主要产品】尼龙-6工业用丝

南通科兴化工有限公司
江苏省南通市经济技术开发区振兴路19号[226005]
电话:(0513)85328801
传真:(0513)85328798
供销电话:83508047 法人代表:陆建辉
供销传真:83532317
经济类型:有限责任公司
网址:www. kxci88. com. cn
E-mail:kxci@ pub. nt. jsinfo. net
【主要产品】有机硅平滑剂;柔软剂;无甲醛免烫整理剂;分散剂WA;无甲醛固色剂;渗透剂;渗透剂JFC;增深增艳剂;双氧水稳定剂;织物阻燃剂;精炼剂

南通利华农化有限公司
江苏省南通市如东县马塘镇建设路6号[226401]
电话:(0513)84543318
经济类型:私营企业
【主要产品】甲萘威可湿性粉剂;草甘膦水剂(10%);草甘膦;41%草甘膦异丙胺盐水剂;25%绿麦隆可湿性粉剂;杀·井可湿性粉剂

南通利田化工有限公司
江苏省如东县丰利镇新建西路120号[226408]
电话:(0513)84584888;84581796;84585910
传真:(0513)84583888;84582888
经济类型:集体 法人代表:张本田
网址:www. bentianchem. com;www. bentian. com. cn
E-mail:ntlt@ public. nt. js. cn
【主要产品】1,4-丁二醇二丙烯酸酯;1,6-己二醇二丙烯酸酯;二丙二醇二丙烯酸酯;三羟甲基丙烷三丙烯酸酯;三羟甲基丙烷三甲基丙烯酸酯;乙氧基化三羟甲基丙烷三丙烯酸酯;甘氨酸乙酯盐酸盐;5,7-二羟基黄酮;水性环氧酯改性丙烯酸树脂;新戊二醇二丙烯酸酯;丙氧基化新戊二醇二丙烯酸酯;二缩三丙二醇双丙烯酸酯;虎皮灵;食用抗氧剂;甜菜碱;气雾型饲料防霉剂

南通林港化工有限公司
江苏省如皋市林梓镇高阳中路12号[226512]
电话:(0513)87839072
传真:(0513)87839669
供销电话:87839072
经济类型:与港澳台商合资经营
法人代表:孙平英
网址:www. lghg. cn
E-mail:info@ lghg. cn
【主要产品】碘化钠;三氯乙酸;*O*,*O*-二乙基硫代磷酰氯;4-氯苯甲酸

南通龙灯化工有限公司
江苏省南通市船闸西路78号[226002]
电话:(0513)85600663
传真:(0513)85600663 有进出口权
经济类型:中外合资经营企业
E-mail:ntrotam@ pub. nt. jsinfo. net
【主要产品】吡虫啉;溴氰菊酯乳油;溴氰菊酯

南通鹏陈化工有限公司
江苏省通州市石港镇东首[226351]
电话:(0513)86481168;86822528
传真:(0513)86822528
网址:www. ntpchg. com;ntpchg. 51. net
E-mail:ntpchg@ sohu. com
【主要产品】对苯二甲醛;2,4-二硝基氯苯;2-氨基苯酚;4,4′-二苯乙烯二羧酸;颜料红122;荧光增白剂PC-1;荧光增白剂OB;荧光增白剂OB-1;发泡剂

南通瑞普埃尔化学工程有限公司
江苏省南通市港闸经济开发区永兴大道58号[226003]
电话:(0513)82032933
传真:(0513)85603671-8858
固定资产:32,000千元 有进出口权
经济类型:股份合作 产值:9,500千元
职工人数:67人 法人代表:葛兴元
网址:www. rcec. cn
E-mail:rcec@ rcec. cn
【主要产品】氯偏乳液

南通山剑石墨设备有限公司
江苏省南通市城港路815号[226003]
电话:(0513)85565205;85566332
传真:(0513)85565141
供销电话:85565221
网址:www. graphite-shanjian. com
E-mail:sjxs@ graphite-sj. com
【主要产品】筛板塔(柱);石墨降膜吸收器;列管式换热器;浮头式换热器;石墨换热器;管道式冷却器

南通施壮化工有限公司
江苏省南通市人民西路88号[226005]
电话:(0513)83517249;83517577;13906272423
传真:(0513)83518011
供销电话:83517249;83517577
经济类型:股份有限公司
法人代表:仇耀康
网址:www. szchemical. com
E-mail:qiu@ szchemical. com
【主要产品】2,3,5-三氯吡啶;3,5-二氯苯胺;3,5-二氯苯甲酸;苄基磺酰氯;3,5-二氟苯胺;3,5-二甲基苯胺;邻氨基苯腈;靛红酸酐;三氯乙腈;硫双灭多威;吡蚜酮;吡丙醚;杀螺胺乙醇胺盐;丁醚脲;虫酰肼;棉隆;腐霉利;代森锌;霜脲氰;丙森锌;苯磺隆;甲哌鎓;甲哌鎓水剂;硫·三环可湿性粉剂;噻·杀单可湿性粉剂

南通市宝得发纺织橡塑制品厂
江苏省南通市河东南路169号[226002]
电话:(0513)85655018;85652298;85651918
传真:(0513)85653016
网址:www. baodefa. com
E-mail:baodefa@ pub. nt. jsinfo. net
【主要产品】胶辊;印染胶辊;胶圈

南通市东昌化工有限公司
江苏省如东县马塘镇建设路40号[226401]
电话:(0513)84412012;84546126;84541548
传真:(0513)84541543;84412004
供销电话:84546126;84412012
供销传真:84412006;84541543
经济类型:有限责任公司 有进出口权
职工人数:148人 法人代表:陶坤山

网址:www.dongchangchemical.com
E-mail:dsz@dongchangchemical.com
【主要产品】氨基乙酸

南通市飞宇精细化学品有限公司

江苏省南通市平潮镇北任口桥东工业园[226364]
电话:(0513)86587580;13901481117
传真:(0513)86587889;83541696
经济类型:集体　有进出口权
法人代表:姚建飞
网址:www.feiyuchem.com
E-mail:feiyuchem@hi2000.com
【主要产品】氢氧化铝;硝酸钡;碳酸钡;碳酸钙;碳酸锶;碳酸镁;三氧化二锑;柠檬酸钠;柠檬酸二钠;柠檬酸一钠;柠檬酸钠(无水);柠檬酸钙;柠檬酸锌;柠檬酸铜;柠檬酸镁(无水);柠檬酸锰;柠檬酸二氢锂;果酸钙;柠檬酸;柠檬酸钾;柠檬酸铁;柠檬酸氢二铵;苹果酸钙;枸橼酸铁铵

南通市华宝胶辊有限公司

江苏省南通市海门县包场镇农机大楼东侧[226151]
电话:(0513)82867788;13806280139
传真:(0513)82867799
供销电话:82867788;13861908698
法人代表:石云华
网址:www.hmhuabao.com
E-mail:syh@nthuabao.com
【主要产品】胶辊;印刷胶辊;造纸胶辊;印染胶辊;印铁胶辊

南通市江心沙合成化工厂

江苏省海门市江心沙农场[226114]
电话:(0513)82291071;82290188
传真:(0513)82290088　经济类型:国有
【主要产品】乙酰丙酸

南通市联邦化工有限公司

江苏省南通市南莫镇兴南路78号[226681]
电话:(0513)88472065
传真:(0513)88472349　职工人数:45人
固定资产:8,000千元
经济类型:股份合作　产值:10,000千元
网址:www.jsyx.com
E-mail:jxyx@jsyx.com
【主要产品】聚醋酸乙烯乳液;丙烯酸树脂乳液;醋酸乙烯-丙烯酸酯共聚乳液;叔碳酸乙烯酯-醋酸乙烯共聚乳液;水性消泡剂;分散剂(涂料专用);缔合型碱溶胀增稠剂;乳胶漆增稠剂;乳化剂

南通市苏东化工厂

江苏省南通市如东县丰利镇丰坝路68号[226408]
电话:(0513)84573156;84586588;13951307898
传真:(0513)84573311
职工人数:160人
网址:www.sudong-chem.com
E-mail:wm@sudong-chem.com
【主要产品】醋酸钠(无水);醋酸钾;2-氯苯甲酸;二氯醋酸二异丙胺;邻溴苯腈;大蒜素;富马酸亚铁;聚合氯化铝

南通市通海化工公司

江苏省如东县马塘镇[226401]
电话:(0513)84565806;84541730
传真:(0513)84565806
经济类型:私营企业　法人代表:秦孝余
网址:www.hylive.com/jiangsu/jiangsu03587.html
【主要产品】二硫化碳;硫氰化钠;硫氰酸铵

南通市通试试剂有限公司

江苏省海门市人民西路585号[226100]
电话:(0513)82213618;13806280040
传真:(0513)82257612
网址:www.nttssj.com;
www.nttssj.cn
E-mail:Manager@nttssj.com;
sales@nttssj.com
【主要产品】氟化钠;氟氢化钠;氟硅酸钠;氟硼酸钠;氟化钙;氟钛酸钾;氟化钾,无水;氟化氢钾;亚铁氰化钾;氟硅酸钾;氟锆酸钾;四硼酸钾;氟硼酸钾;氟化镍;氟化铵;氟化氢铵;氟硅酸铵;氟铝酸铵;氟硼酸铵;磷酸铝;氟化锌,无水;氟硼酸锌;氟化镉;氟化铯;氟化锂;氟化镁;氢氧化镁;氟硅酸镁;氯化镁;氟化铬;二乙胺,盐酸盐;三乙胺,盐酸盐;二甲胺,盐酸盐

南通市新源复合肥有限公司

江苏省南通市富民港新开镇[226010]
电话:(0513)83596087;83596090
【主要产品】混配复合肥料

南通市振兴精细化工有限公司

江苏省如皋市常青镇工业园区[226536]
电话:(0513)87781118;87787529;13906642820
传真:(0513)87785568
网址:www.292chem.com;
www.dyeintermediate.com
E-mail:292@292chem.com
【主要产品】四甲基哌啶醇;五甲基哌啶醇;2,2,6,6-四甲基-4-哌啶酮;*N*,*N'*-双(2,2,6,6-四甲基-4-哌啶基)-1,6-己二胺;光稳定剂770;光稳定剂292;4-羟基哌啶醇氧自由基

南通市争妍颜料化工有限公司

江苏省海门市海门港开发区东区[226103]
电话:(0513)82269078;82269178;82269278
传真:(0513)82265958
供销电话:82621880　职工人数:200人
法人代表:赵觉新
网址:www.zhengyan.com.cn
E-mail:hmyl@zhengyan.com.cn
【主要产品】耐晒青莲色原R;酞菁蓝BGS;酞菁蓝B;永固红FGR;永固红A3B;大红粉;颜料红5R;颜料红GL;颜料红*S*-403;立索尔宝红BK;立索尔紫红2R;甲苯胺红;甲苯胺紫红;永固紫RL;油溶黄BL;溶剂红BL;溶剂红KL;溶剂红335B;溶剂橙2A;溶剂橙4A;溶剂橙5A;溶剂橙6A;溶剂绿GH;溶剂绿HR;溶剂蓝HL;溶剂黑B-10;溶剂黑B;醇溶耐晒黄GR;醇溶耐晒火红B;颜料蓝GR

南通斯恩特精细化工有限公司

江苏省南通市人民西路323号[226005]
电话:(0513)83518633;83555339
传真:(0513)83532443
供销电话:83508067;83508069
网址:www.ntcnt.com
E-mail:cnt@ntcnt.com
【主要产品】硬挺树脂;柔软剂;匀染剂;酸性匀染剂;匀染剂GS;润滑防皱剂;无醛树脂整理剂;抗静电剂;分散剂;固色交链剂;尼龙固色剂;精炼渗透剂;耐碱丝光渗透剂;增稠剂;染料印花合成增稠剂;防水剂;平滑剂;精炼剂;高效精炼剂;退浆剂;硬挺剂;还原清洗剂;螯合分散剂;强力还原剂;抗紫外线整理剂;紫外线吸收剂;废纸脱墨剂

南通四海植物精华有限公司

江苏省海门市常乐镇工业园区[226100]
电话:(0513)82061607;82732777;13906281607
传真:(0513)82738736
供销电话:82733777;82738510
网址:www.shplant.com.cn
E-mail:sales@shplant.com.cn
【主要产品】云芝多糖;黄芪提取物;葛根提取物;当归提取物;生姜提取物;蒲公英提取物;绿茶提取物;甘草提取物;大青叶提取物;野菊花提取物;杜仲叶提取物

南通同济化工有限公司

江苏省南通市港闸经济开发区通港路[226003]
电话:(0513)85400770
传真:(0513)85400770　经济类型:集体
供销电话:85400710
【主要产品】噁草酮;丁·噁乳油;乙·噁乳油

南通丸宏农用化工有限公司

江苏省南通市经济技术开发区盛开路[226009]
电话:(0513)83595135;83596783
传真:(0513)83597902

苏

经济类型:中外合资经营企业
【主要产品】多抗霉素可湿性粉剂

南通万邦采涂料有限公司

江苏省如东县马塘镇建设路60号[226401]
电话:(0513)84541838
传真:(0513)84541639
网址:www.ntwbc.com
E-mail:sales@ntwbc.com
【主要产品】弹性涂料;各色醇酸调合漆;C53-31红丹醇酸防锈漆;C53-36铁红醇酸防锈漆;各色丙烯酸锤纹漆;丙烯酸桔纹漆;丙烯酸金属闪光漆;浮雕漆;真石漆;高级环保内墙漆;高级环保外墙漆;H53-31红丹环氧酯防锈漆;高级外墙乳胶漆;耐水腻子

苏

南通万邦科技精细化工有限公司

江苏省南通市港闸路28号[226002]
电话:(0513)85866806;85562866
传真:(0513)85630105
经济类型:有限责任公司
法人代表:李长江
网址:www.chem555.com
E-mail:chem@chem555.com
【主要产品】钨酸;过硼酸钠;仲钨酸铵;钨酸钠;钨酸钙;钼酸钠;钼酸铵;二钼酸铵;七钼酸铵;八钼酸铵;钼酸钡;氯代环戊烷;乙二酰氯;苯肼;瓜尔胶粉(食品级);十溴二苯醚;对羟基苯甲醚;农药乳化剂

南通威尔特化工试剂有限公司

江苏省如皋市白蒲镇东首[226511]
电话:(0513)88571188
传真:(0513)88571188 职工人数:38人
法人代表:左大发
网址:ntweierte.cn.alibaba.com
E-mail:ntweierte@18sohu.cn
【主要产品】硫化铵,溶液;氢氧化铝;盐酸;硝酸;磷酸

南通新邦化工有限公司

江苏省如皋市如皋港开发区[226532]
电话:(0513)87589114;87680900;87680133
传真:(0513)87680900
供销电话:87589114;87680133
法人代表:鲍兴来
网址:www.ntxb.com
E-mail:sales@xinbangchem.cn
【主要产品】*N*-苯基苯胺;硬脂酸镁(药用);硬脂酸钙;硬脂酸钡;硬脂酸铅;硬脂酸锌;防老剂BLE;防老剂SP;抗氧剂KY-405

南通新广生化工有限公司

江苏省南通市唐闸镇西市街210号[226002]
电话:(0513)85544881;85544171;85544393
传真:(0513)85544881 经济类型:国有
职工人数:400人 法人代表:卜吾鸿
【主要产品】双酚A型环氧树脂;环氧树脂;环氧活性稀释剂501型;环氧树脂固化剂593;T-31环氧树脂固化剂

南通星辰合成材料有限公司

江苏省南通市跃龙南路118号[226006]
电话:(0513)85123398;85517463
传真:(0513)85123466 经济类型:国有
供销电话:85123458;85123488
供销传真:85123416 法人代表:周传敏
网址:www.ntsmp.com
E-mail:jianxin.ch@pub.nt.jsinfo.net
【主要产品】阻燃ABS;增强尼龙6;聚对苯二甲酸丁二醇酯;强酸性苯乙烯系阳离子交换树脂;大孔强酸性苯乙烯系阳离子交换树脂;改性工程塑料;*N*,*N*-二乙基-2,4-苯二胺硫酸盐;彩色显影剂(CD-2型);彩色显影剂(CD-4型)

南通亚伦化工有限公司

江苏省通州市川港镇西[226314]
电话:(0513)82535614;86344100;86344101
传真:(0513)86574786
网址:www.ya-lun.com
E-mail:ly@ya-lun.com
【主要产品】热熔道路标志漆;道路标线涂料;各色氯化橡胶马路划线漆

南通永通环保科技有限公司

江苏省南通市越江路58号[226005]
电话:(0513)85552861
传真:(0513)85601395 有进出口权
经济类型:股份有限公司
产值:8,000千元 职工人数:120人
法人代表:周亚华
网址:www.ytacf.com
E-mail:ythb@ytacf.com
【主要产品】活性炭;碳纤维;导电粉

南通油脂厂有限公司

江苏省南通市唐闸西市街18号[226002]
电话:(0513)85544611
传真:(0513)85544112
经济类型:有限责任公司
法人代表:顾湖龙
【主要产品】丙三醇;肥皂;透明皂

南通远大生物科技发展有限公司

江苏省南通市港闸开发区东区建材路3号[226009]
电话:(0513)85661028;13861902288
传真:(0513)85661827
供销电话:85661018;13358081166
网址:www.yd-bio.com
E-mail:ntyd@yd-bio.com
【主要产品】L-丙氨酸;乙酰氨基丙二酸二乙酯;盐酸甜菜碱;甜菜碱;有机硅织物柔软剂;亲水性柔软剂;滑爽整理剂;渗透剂;耐碱渗透剂;双氧水漂白稳定剂;织物阻燃剂;高效精炼剂;螯合分散剂;消泡剂;净洗剂

南通远东生物化工有限公司

江苏省如东县洋口化工聚集区[226407]
电话:(0513)86561481;86615712;13328085822
传真:(0513)86612058;84815008
供销电话:86615712;84811588
网址:www.ntydchem.com
E-mail:shubin9506@sina.com
【主要产品】茄尼醇;3,5,6-三氯吡啶-2-醇钠;三氯蔗糖

南通远洋肥料有限公司

江苏省通州市骑岸镇工业园区B区1号[226353]
电话:(0513)86893688
传真:(0513)85295067 法人代表:冯建
经济类型:中外合资经营企业
职工人数:112人
网址:www.yyfl.com.cn
【主要产品】混配复合肥料;复合肥;有机无机复混肥

启东长江助剂厂

江苏省启东市新安镇[226253]
电话:(0513)83744209
供销传真:83744209 法人代表:董逸平
【主要产品】黏合剂

启东混合器厂有限公司

江苏省启东市河南中路258号[226200]
电话:(0513)83313678;83313695;83311666
传真:(0513)83311634 有进出口权
供销电话:83313694;83309899
经济类型:有限责任公司
法人代表:高祖昌
网址:www.xc-group.com
E-mail:xcxubin@sohu.com
【主要产品】波纹填料;化工填料;静态混合器;管道过滤器;超过滤器;混合设备;回收设备

启东嘉峰医药科技有限公司

江苏省启东市中央河中路465号[226200]
电话:(0513)83229660;83030678;13806285719
传真:(0513)83303280
网址:www.jiufengchem.com
E-mail:jiufeng@jiufengchem.com
【主要产品】*N*,*N'*-硫羰基二咪唑;3-环戊烯-1-醇;9-蒽甲醇;*β*-D-半乳糖五乙酸酯;3-环戊烯-1-酮;2,4-噻唑烷二酮;

N-乙酰氨基葡萄糖;*N*-乙酰-D-氨基半乳糖;葡萄糖五乙酸酯;溴代葡萄糖苷;溴代半乳糖苷;左旋葡萄糖酮;香紫苏内酯

启东金禾化工有限公司

江苏省启东市民主镇北首100米[226223]
电话:(0513)83855588;83855100;83855788
传真:(0513)83855288　有进出口权
经济类型:私营企业　职工人数:80人
法人代表:奚辉
网址:www.jinhechem.com
E-mail:xihui@jinhechem.com;sales@jinhechem.com
【主要产品】氯化钯;氯代环己烷;氯代环戊烷;氯溴甲烷;溴代十二烷;溴代十三烷;溴代环戊烷;1,3-二溴丙烷;钯炭催化剂

启东吕盛橡胶制品有限公司

江苏省启东市吕四港镇环城北路130号[226241]
电话:(0513)83411518;83411138
传真:(0513)83411138
供销传真:83411518　法人代表:邱炳生
经济类型:股份合作
网址:www.map168.com/js/ntzq/qdzq/lsgz/3lsxj.h
【主要产品】橡胶制品

启东市东盛化工机械厂

江苏省启东市长江东路346号[226200]
电话:(0513)83351692;83322352;83101280
传真:(0513)83322352
固定资产:500千元　销售收入:300千元
供销传真:83101280　法人代表:陶裕兴
经济类型:股份合作
网址:www.qddsjx.com
E-mail:webmaster@qddsjx.com
【主要产品】高速分散机;分散机;多功能研磨分散机;万能粉碎机;高剪切乳化机

启东市鹤城氧化铁有限公司

江苏省启东市吕四港镇环城北路315号[226241]
电话:(0513)83411494;83411490
传真:(0513)83411616
固定资产:5,000千元　职工人数:130人
经济类型:私营企业　法人代表:周锦昌
【主要产品】氧化铁红;氧化铁黄;氧化铁黑

启东市胶鞋厂

江苏省启东市向阳镇[226237]
电话:(0513)83461256;83461254
传真:(0513)83462861　有进出口权
经济类型:私营企业　职工人数:500人
网址:www.rubber-shoes.com
E-mail:shoes@rubber-shoes.com
【主要产品】胶鞋

启东市特种橡胶制品厂

江苏省启东市东海镇戴祥村[226257]
电话:(0513)83755368
经济类型:私营企业
网址:www.hylive.com/jiangsu/jiangsu15927.html
【主要产品】橡胶制品

启东市鑫鑫粘合剂有限公司

江苏省启东市北新工业园区1号[226221]
电话:(0513)83882560;83888204
传真:(0513)83886028
网址:www.xxhg.net
E-mail:Carbin.yu@xxhg.net
【主要产品】PA型热熔胶;聚酯热熔胶

启东市永兴橡胶制品有限公司

江苏省启东市天汾镇如意工业园区888号[226244]
电话:(0513)83299315
传真:(0513)83299206
供销电话:83299315-8008
经济类型:与港澳台商合作经营
职工人数:400人
网址:www.yongxingrubber.com
E-mail:cyhtf@pub.nt.jsinfo.net
【主要产品】塑料波纹管;汽车用胶管;减震器及配件;汽车挡泥板;汽车缓冲块;防尘罩

启东市裕丰化肥有限公司

江苏省启东市志良镇[226216]
电话:(0513)83955326
供销电话:83955327　法人代表:陈裕兵
网址:hy.shidui.com/jiangsu/jiangsu11171.html
【主要产品】过磷酸钙;混配复合肥料

启东尤希路化学工业有限公司

江苏省启东市启东港北首[226264]
电话:(0513)83699942
传真:(0513)83699943
经济类型:中外合资经营企业
网址:www.yushiro.com.cn
E-mail:qdxy@pub.nt.jsinfo.net
【主要产品】防锈油;磨削油;金属清洗剂;切削油;金属加工油;金属压铸脱模剂

如东县光荣合成化工厂

江苏省如东县洋口闸东首043号[226407]
电话:(0513)84811518;13901470190
传真:(0513)84819999
经济类型:私营企业　职工人数:120人
网址:www.hchg.cn
E-mail:hchg@hchg.cn
【主要产品】3,5-二氯苯胺;2-氯-5-氯甲基吡啶;吡虫啉;啶虫脒;腐霉利;多果定

如东县升辉化工有限公司

江苏省如东县洋口化工开发区[226407]
电话:(0513)84813689;84819014
传真:(0513)84819013
经济类型:私营企业
网址:www.rdsh.kudo.cn
E-mail:rdsh@chemnet.com
【主要产品】2,3,5-三氯吡啶;一氯丙酮;靛红酸酐;氯乙腈;三氯乙腈;吡蚜酮;吡丙醚;棉隆;霜脲氰;丙森锌;苯磺隆;甲哌鎓

如东县通园精细化工厂

江苏省如东县新店镇汤园人民路18号[226432]
电话:(0513)13862828731
传真:(0513)84398499
职工人数:160人
网址:www.jianghaidyes.com
E-mail:huaxiao-w@163.com
【主要产品】磷酸三丁酯;异丁腈;氰乙酰胺;正丁腈;丙二腈;1,5-萘二磺酸钠;晒图盐BG;晒图盐BGM;晒图盐BGT;彩色显影剂(CD-2型);彩色显影剂(CD-4型);聚丙烯酰胺;磷酸三辛酯;磷酸三甲苯酯;磷酸三苯酯;磷酸甲苯二苯酯;磷酸三(二甲苯)酯;亚磷酸三苯酯;偶联剂;三(β-氯乙基)磷酸酯;阻燃增塑剂TCPP;磷酸三(1,3-二氯-2-丙基)酯

如东县兴达精细化工厂

江苏省如东县洋口镇[226407]
电话:(0513)84574146
传真:(0513)84742866
经济类型:私营企业　职工人数:110人
E-mail:rdjygl@sina.com.cn
【主要产品】对羟基苯磺酸;3,3-二甲基-2-丁酮;4-硝基苯甲酸;2-氯苯甲酸;1,2-二氯丙烷;二氯频哪酮;多效唑

如东县冶炼化工厂

江苏省如东县孙窑镇[226402]
电话:(0513)84568063;84568060;84591704
经济类型:私营企业　职工人数:30人
法人代表:孙学友
网址:www.hylive.com/jiangsu/jiangsu06326.html
【主要产品】磷酸铅;三盐基硫酸铅

如东县振新化工有限公司

江苏省如东县新店镇工业园区[226432]
电话:(0513)84389065;84388062;84388063
传真:(0513)84389630
经济类型:股份合作　职工人数:365人
法人代表:杨广胜
网址:www.zxchemical.com
E-mail:zx1@zxchemical.com

【主要产品】酞菁蓝;酞菁蓝 FGX;酞菁蓝 BGS;酞菁蓝 BS;酞菁蓝 B;酞菁蓝 BSX;酞菁绿 G

如东振丰奕洋化工有限公司

江苏省如东县丰利镇[226408]
电话:(0513)84581116;84573047
传真:(0513)84582998
职工人数:100 人 法人代表:赵金华
网址:www. zhenfengchemical. com
E-mail:zfjxhg@ zhenfengchemical. com
【主要产品】亚磷酸;亚磷酸二氢钾;磷酸二氢钠;磷酸三钠;磷酸氢二钠;磷酸氢二钾;羟基硅油;氨基三亚甲基膦酸;羟基亚乙基二膦酸;四甲基氢氧化铵

苏

如皋市长江食品有限公司

江苏省如皋市长江镇通港路[226532]
电话:(0513)87581069;87586998;13806273103
传真:(0513)87581217
网址:www. changjiangchemical. com
E-mail:info@ cj-food. com
【主要产品】柠檬酸钙;山梨酸;山梨酸钾;山梨酸钙

如皋市恒祥化工有限责任公司

江苏省如皋市石庄化工园区[226531]
电话:(0513)87568999;87562888;87561028
传真:(0513)87561768 职工人数:98 人
供销电话:87561278 法人代表:邱国祥
供销传真:87561278
经济类型:有限责任公司
网址:www. hengxiang. com
E-mail:rghxhg@ vip. 163. com
【主要产品】1,4-环己二甲醇;1,4-环己烷二甲醇二乙烯醚;1,4-环己二甲酸;1,4-环己基二异氰酸酯;1,4-环己烷二甲醇二丙烯酸酯;*N*-甲基吡咯烷酮;*N*-乙基-2-吡咯烷酮;三苯基膦;乙基三苯基氯化膦;对三氟甲基苯胺;1-乙基-2-氨甲基四氢吡咯;*S*-(-)-*N*-乙基-2-氨甲基吡咯烷;*N*-甲基-2-(2-氨基乙基)吡咯烷;*N*-甲基-2-(2-羟乙基)吡咯烷;*N*-甲基-2-(2-氯乙基)吡咯烷;5-乙酰基-2-氨基三氟甲苯;1-苯基-3-吡唑烷酮;磷钨酸

如皋市化工防腐有限公司

江苏省如皋市磨头镇[226556]
电话:(0513)87761079
传真:(0513)87761094
法人代表:高爱军
网址:ntrghg. newyp. sina. net
E-mail:zmm9999@ 163. com
【主要产品】双甘膦;防腐涂料

如皋市江北添加剂有限公司

江苏省如皋市如皋港开发区[226532]
电话:(0513)87585180;87680641;13706273360
传真:(0513)87585485
网址:www. jbadditive. com
E-mail:rgjbtjj@ 163. net
【主要产品】柠檬酸钙;山梨酸钾;山梨酸钙

如皋市金陵试剂厂

江苏省如皋市林梓镇高阳中路 18 号[226512]
电话:(0513)87839254;13906273559
传真:(0513)87836588
网址:www. jlreagent. com
E-mail:rgjl@ hi2000. com;fyj@ hi2000. com
【主要产品】硼氢化钾;氢化钠;二苯甲醇;异丙醇铝;氟化钠;氟化钙;氯化锡,结晶;四氯化锡,无水;氟化铵;氟化氢铵;氟化锌;氟化锂;氟化镁;氟硅酸镁;三氟化锑;三氯乙酸;氟硅酸;氟硼酸;三氟化硼乙醚络合物;三氟化硼乙腈络合物

如皋市隆昌化工有限公司

江苏省如皋市开发区精细化工园区钱江路 1 号[226523]
电话:(0513)87688359;87680699
传真:(0513)87688358
固定资产:40,000 千元
经济类型:股份有限公司
职工人数:100 人 法人代表:佘道才
网址:www. lcchem. com
E-mail:sales@ lcchem. com
【主要产品】1,4-二氯苯;1,2-二氯苯;一氯化苯;3,4-二氯甲苯;2,4-二氯甲苯;6-硝基-1,4-二氯苯;3,4-二氯硝基苯;2,3-二氯硝基苯;2-硝基-4-氯苯胺

如皋市农药化工厂

江苏省如皋市农业科学研究所内[226576]
电话:(0513)87381251
经济类型:集体
【主要产品】溴氰菊酯乳油;氰戊菊酯乳油;高效氯氟氰菊酯乳油;多·三环可湿性粉剂;三环·杀单可湿性粉剂;丁·噁乳油;辛·氰乳油;18%咪鲜·杀螟可湿性粉剂;草除·精喹乳油;丙·辛乳油;高氯·毒乳油;高氯氟氰·辛乳油;杀·井可湿性粉剂;吡·乙酰甲可湿性粉剂;阿维·毒乳油;阿维·唑磷乳油

如皋市万利化工有限责任公司

江苏省如皋市丁堰镇丁新路 263 号[226521]
电话:(0513)88567419;13706274582
传真:(0513)88568385
网址:www. wanlichemical. com
E-mail:sales@ wanlichemical. com
【主要产品】1-溴丁烷;甲基三辛基氯化铵;三甲胺盐酸盐;四甲基溴化铵;四甲基氯化铵;四乙基氯化铵;四丁基溴化铵;脂肪醇聚氧乙烯醚磺基琥珀酸酯二钠盐;超吸水树脂;苯扎溴铵;十八烷基二甲基苄基氯化铵;十二烷基二甲基苄基氯化铵;十四烷基二甲基苄基溴化铵;十六烷基二甲基苄基溴化铵;十八烷基二甲基苄基溴化铵;双十二烷基二甲基氯化铵;双十四烷基二甲基氯化铵;双十六烷基二甲基氯化铵;双十八烷基二甲基氯化铵;双十二烷基二甲基溴化铵;双十四烷基二甲基溴化铵;双十六烷基二甲基溴化铵;双八烷基二甲基氯化铵;双八烷基二甲基溴化铵;双十烷基二甲基溴化铵;十六烷基二甲基苄基氯化铵;十四烷基二甲基苄基氯化铵;抗静电整理剂;纺织丙烯浆料;纺纱润滑剂;脂肪醇磷酸酯;三癸基甲基氯化铵;三(十二烷基)甲基氯化铵;三乙基苄基氯化铵;十八烷基三甲基氯化铵;十六烷基三甲基氯化铵;十八烷基三甲基溴化铵;烷基糖苷;双十烷基二甲基氯化铵;椰油酰胺丙基甜菜碱;羟磺基甜菜碱;十二烷基二甲基氧化胺;十二烷基三甲基溴化铵;十四烷基三甲基溴化铵;十四烷基三甲基氯化铵;十六烷基三甲基溴化铵;椰油酰胺丙基氧化胺;十二烷基三甲基氯化铵;十二烷基二甲基乙基氯化铵;十四烷基二甲基乙基氯化铵;十六烷基二甲基乙基氯化铵;十八烷基二甲基乙基氯化铵;防锈油 F201

如皋市万祥机械厂

江苏省如皋市如城新生路 224 号[226500]
电话:(0513)87522050;87519394
传真:(0513)87519394
法人代表:徐万祥
网址:www. rgwxjx. com
E-mail:info@ rgwxjx. com
【主要产品】捏合机;真空型捏合机;破碎机;切粒机

如皋市兴武化工有限公司

江苏省如皋市东郊开发区庆余东路 188 号[226500]
电话:(0513)87532480;87533476
传真:(0513)87630349
经济类型:私营企业
法人代表:刘显余
网址:www. xingwudyes. com
E-mail:sales@ xingwudyes. com
【主要产品】阳离子染料;阳离子艳黄 10GFF;阳离子蓝 X-BL

如皋市雄洲印刷机械开发有限公司

江苏省如皋市如城镇通仓桥 10 号[226500]
电话:(0513)87501533
传真:(0513)87534963
网址:www. rgxz. und. com. cn
E-mail:info@ rg-xz. com
【主要产品】胶辊;印刷胶辊;造纸胶辊;印染胶辊;印铁胶辊

如皋市中如化工有限公司

江苏省如皋市吴窑镇迎宾东路1号[226533]
电话:(0513)87941158;87946005;87946796
传真:(0513)87946005
供销电话:87946796;87940306
经济类型:股份合作　职工人数:268人
网址:www.zhongru.com
E-mail:zr@chinese666.com
【主要产品】漂白液;轻质碳酸钙;重质碳酸钙;氧化钙;氰胺;聚氯乙烯电缆料;给水用硬聚氯乙烯管材;轻质碳酸钙(食品级);脱硫剂

如皋油脂化工厂

江苏省如皋市东陈镇[226571]
电话:(0513)87541129;87545588;13222132933
传真:(0513)87543300　经济类型:集体
E-mail:yrj1188@163.com
【主要产品】塑料改性剂PMI

上海颐贤化工有限公司

江苏省如东县开发区日晖西路2号金侨花苑3座102[226400]
电话:(0513)84160633;84166020
传真:(0513)84535381
供销传真:84165381
网址:www.haxanchem.com
E-mail:haxan@haxanchem.com
【主要产品】2-萘酚-3,6-二磺酸二钠;色酚AS-G;显色基深红4B;酞菁蓝

通州市安达化工原料有限公司

江苏省南通市五甲镇滥港桥村[226341]
电话:(0513)86061024;82560049;13801485991
传真:(0513)82560049
法人代表:曹民安
E-mail:info@021555.com
【主要产品】硫酸铜;硫酸锌;硫酸锌(一水)

通州市岸西化工厂

江苏省通州市骑岸镇工业园区[226343]
电话:(0513)82567260;86275260
传真:(0513)82567128
法人代表:张龙彬
网址:www.anxichem.com
E-mail:sales@anxichem.com
【主要产品】荧光增白剂DT;荧光增白剂ER-Ⅰ;荧光增白剂ER-Ⅱ;荧光增白剂VBL;荧光增白剂CBS;荧光增白剂OB;荧光增白剂OB-1;荧光增白剂KB;荧光增白剂KSN;荧光增白剂EB;荧光增白剂FP-127;荧光增白剂PB

通州市华明塑料有限公司

江苏省通州市姜灶镇[226315]
电话:(0513)82533409;85033006;86332300
传真:(0513)86331199
经济类型:私营企业　职工人数:100人
法人代表:沈祁峰
E-mail:tonywu456@126.com
【主要产品】聚氯乙烯薄膜

通州市江石化工厂

江苏省南通市石港镇大桥南路[226351]
电话:(0513)82592896-8801
传真:(0513)82591531　经济类型:集体
供销电话:82592896-8818
法人代表:邱祖清
【主要产品】酞菁蓝

通州市金科化工厂

江苏省通州市兴仁镇胜利街[226006]
电话:(0513)86612491
传真:(0513)86612491
网址:jstzjk.und.com.cn
E-mail:ntjinke@china.com
【主要产品】原甲酸四乙酯;4-氯正丁腈;环丙基腈

通州市锦通化工有限公司

江苏省通州市平东工业园区沿港路1号[226300]
电话:(0513)86792118;13962851790
传真:(0513)86793118
网址:www.cn-chemicals.net
E-mail:wangyun@cn-chemicals.net
【主要产品】对羟基苯甲醛;2-叔丁基-4-甲基苯酚;2,6-二叔丁基对甲基苯酚;防老剂2246

通州市专用肥料厂

江苏省通州市骑岸镇骑北村[226343]
电话:(0513)82567302
传真:(0513)82567503　职工人数:55人
供销电话:86273418　法人代表:李锦惠
【主要产品】混配复合肥料;腐殖酸脲

威世药业(如皋)有限公司

江苏省如皋市普庆路139号[22650]
电话:(0513)87513692;87513147
传真:(0513)87612655
法人代表:张永生
【主要产品】核糖核酸

中国南通力王有限公司

江苏省南通市工农中路88号[226008]
电话:(0513)83566835;83567301
传真:(0513)83577481
经济类型:中外合资经营企业
网址:www.ntliwang.com
【主要产品】异戊橡胶

中外合资德发(南通)生物化工有限公司

江苏省南通市如东县洋口化工工业园[226407]
电话:(0513)84812758;84819768;13773781288
传真:(0513)84819758　有进出口权
供销电话:13806698636
职工人数:150人　法人代表:陈宗坚
网址:www.rihuachem.com
E-mail:ntdefa@163.com
【主要产品】硬脂酸甲酯;苯甲酸甲酯;N,N'-双(2,2,6,6-四甲基-4-哌啶基)-1,6-己二胺;聚氯乙烯热稳定剂β二酮;二苯甲酰甲烷;紫外线吸收剂;光稳定剂GW-508;塑料改性剂PMI

镇江市

长江动力设备有限公司

江苏省扬中市经济开发区[212200]
电话:(0511)88229033;13952988848
传真:(0511)88229918
网址:www.cjdl8848.com
E-mail:wq888@pub.zj.jsinfo.net
【主要产品】聚四氟乙烯车削板;聚四氟乙烯模压板;聚四氟乙烯管材;聚四氟乙烯编织盘根;聚四氟乙烯棒材;橡胶密封制品

丹阳冠鸿化工有限公司

江苏省丹阳市滨河北路41号[212351]
电话:(0511)86476116;86476551
传真:(0511)86477215　职工人数:23人
经济类型:私营企业
网址:www.zhuguangchina.com
E-mail:info@zhuguangchina.com
【主要产品】弹性涂料;醇酸烘干磁漆;各色丙烯酸氨基烘漆;塑胶漆;紫外光固化涂料;高性能电磁屏蔽涂料

丹阳埤城化工厂

江苏省丹阳市埤城镇勤丰路1号[212311]
电话:(0511)86342555;86342448;13338816398
传真:(0511)86349448　经济类型:集体
供销电话:86342448;13905295429
法人代表:李金连
网址:www.jspchg.com
E-mail:jspchg@163.com
【主要产品】过氧化氢;甲醇;甲醛(溶液)

丹阳市晨光偶联剂有限公司

江苏省丹阳市皇塘工业区[213027]
电话:(0511)86633080
传真:(0511)86632425
网址:www.chenguang-chem.com
E-mail:chenguang@hi2000.com
【主要产品】硅烷偶联剂ND-42;硅烷偶联剂KH-560;硅烷偶联剂KH-570;硅烷偶联剂KH-792;硅烷偶联剂KH-602;硅烷偶联剂KH-550;乙烯基三乙

苏

氧基硅烷；乙烯基三甲氧基硅烷

丹阳市大泊化工厂

江苏省丹阳市开发区（化工区）新港路［212314］
电话：(0511)86507866；86595073；13815492666
传真：(0511)86595756；86507166
供销电话：86597588；86507166
供销传真：86595073
网址：www. dabochem. com；www. speedchem. com
E-mail：shu060601@ hi2000. com；sales@ dabochem. com
【主要产品】2，3，5-三氯吡啶；5-氯-2，3-二氟吡啶；间三氟甲基苯甲酸甲酯；对三氟甲基苯甲酸甲酯；4-氟氰苄；邻氟氰苄；间氟氰苄；2，4-二氯氰苄；3，4-二氯氰苄；3-溴-5-氟三氟甲苯；2-氟三氟甲苯；3-氟三氟甲苯；4-氟三氟甲苯；邻溴三氟甲苯；3，5-二硝基-4-氯三氟甲苯；3-硝基-4-氯三氟甲苯；2-氯-3，5-二硝基三氟甲苯；2，4-二氯-3，5-二硝基三氟甲苯；5-氯-2-硝基三氟甲苯；2-氯-5-硝基三氟甲苯；2，3-二氯三氟甲苯；间三氟甲基苯乙腈；对三氟甲基苯腈；邻三氟甲基苯腈；间三氟甲基苯腈；三氟甲氧基苯；对溴三氟甲氧基苯；间三氟甲基苯酚；邻三氟甲基苯甲酸；间三氟甲基苯甲酸；对三氟甲基苯甲酸；4-氯氯苄；邻氯氯苄；3-氯氯苄；2，4-二氯氯苄；3，4-二氯氯苄；2-巯基烟酸；间三氟甲基苯乙酸；邻氯氰苄；对氯氰苄；间氯氰苄；1，3-二（三氟甲基）苯；1，4-二（三氟甲基）苯；对三氟甲基苯胺；三氟甲苯；3-氨基-4-氯三氟甲苯；间溴三氟甲苯；4-三氟甲氧基苯胺；邻三氟甲氧基苯胺；3-氯三氟甲苯；2-氯三氟甲苯；4-氯三氟甲苯；3，4-二氯三氟甲苯；2，4-二氯三氟甲苯；间三氟甲基氯苄；3-氨基三氟甲苯；邻氨基三氟甲苯；间硝基三氟甲苯；4-氨基-2-三氟甲基苯腈

丹阳市第三化工厂

江苏省丹阳市里庄镇［212363］
电话：(0511)86672232；86672900
传真：(0511)86670613
供销传真：86672232 法人代表：姜培林
经济类型：私营企业
网 址： www. qy6. com/qyml/aboutuser21177. html
【主要产品】聚醋酸乙烯乳液；纸品乳液；包装黏合剂；烟用胶黏剂

丹阳市光阳铝银粉厂

江苏省丹阳市运河镇［212352］
电话：(0511)86456054；86458218；13606109127
传真：(0511)86450618
法人代表：周定富
网址：www. guangyang-alpowder. com
E-mail：guangyang@ hi2000. com
【主要产品】铝银浆；非浮型铝银浆；漂浮型银粉浆

丹阳市恒安化工有限公司

江苏省丹阳市皇塘镇化工路 81 号［212327］
电话：(0511)86639366
传真：(0511)86639366；86620336
经济类型：股份有限公司
法人代表：陈国平
网址：www. cn-guoping. com
E-mail：info@ cn-guoping. com
【主要产品】4-甲基吡啶-*N*-氧化物；3-溴吡啶；2，5-二溴吡啶；2，5-二溴-3-甲基吡啶；3，5-二溴-2-甲基吡啶；2，5，6-三溴-3-甲基吡啶；2-氨基-5-溴吡啶；3-溴-2-甲基吡啶；3-溴-4-甲基吡啶；5-溴-2-甲基吡啶；4-硝基吡啶-*N*-氧化物；氯乙酸乙酯；3-氯甲基吡啶盐酸盐；磷钼酸

丹阳市宏筑涂料厂

江苏省丹阳市蒋墅镇粮库北侧［212364］
电话：(0511)86612088；86616313；13806106076
传真：(0511)86612313
固定资产：16，000 千元
职工人数：108 人 法人代表：何锁柱
网址：www. hongzhu-cn. com
E-mail：hsz@ hongzhu-cn. com
【主要产品】高光氨基烘干清漆；各色氨基烘干底漆；高光氨基透明烘漆；丙烯酸烘干清漆；丙烯酸高光烘干磁漆；羟基丙烯酸树脂汽车罩光漆；聚氨酯丙烯酸双组分自干漆；丙烯酸高光清漆；丙烯酸塑料漆

丹阳市宏铸涂料有限公司

江苏省丹阳市蒋墅镇粮库北侧［212364］
电话：(0511)86612088；86612408；86616313
传真：(0511)86612313 经济类型：集体
固定资产：16，000 千元
供销电话：13806106076
职工人数：108 人 法人代表：何锁柱
网址：www. hongzhu-cn. com
E-mail：hsz@ hongzhu-cn. com
【主要产品】高光氨基烘干清漆；各色氨基烘干底漆；高光氨基透明烘漆；各色氨基闪光烘漆；丙烯酸烘干清漆；丙烯酸高光烘干磁漆；聚氨酯丙烯酸汽车面漆；聚氨酯丙烯酸双组分自干漆；丙烯酸氨基闪光漆；丙烯酸塑料漆

丹阳市金象化工厂

江苏省丹阳市皇塘镇［210018］
电话：(0511)86633260
传真：(0511)86630669；86633669
供销电话：(025)86819866 有进出口权
供销传真：(025)86819859
经济类型：私营企业 产值：1，000 千元
职工人数：500 人 法人代表：荆和祥
网址：www. jinchemical. com
E-mail：sales@ jinchemical. com
【主要产品】叔戊醇钠；叔戊醇钾；二碳酸二叔丁酯；三苯基氯甲烷

丹阳市聚酯树脂总厂

江苏省丹阳市开发区大泊镇南路 15 号［212314］
电话：(0511)86880105；86023889；13806108562
传真：(0511)86226881
网址：www. cnjzsz. com
【主要产品】脱漆剂；防锈剂；脱脂剂；磷化液；金属表面调整剂；铬化剂

丹阳市日月漆业有限公司

江苏省丹阳市运河镇留庄村［212352］
电话：(0511)86455015
传真：(0511)86453923 职工人数：90 人
网址：www. china-liwang. com
E-mail：paint@ china-liwang. com
【主要产品】高光氨基烘干清漆；氨基烘漆；硝基漆类；各色丙烯酸烘漆；聚氨酯漆类

丹阳市胜达化工有限公司

江苏省丹阳市皇塘镇［212327］
电话：(0511)86632210；86628922
传真：(0511)86639656
经济类型：私营企业
网址：www. dy-sd. com
E-mail：sd-hg@ hotmail. com
【主要产品】六羟甲基三聚氰胺；橡胶黏合剂

丹阳市双阳化工厂

江苏省丹阳市河阳镇［212333］
电话：(0511)86832131；86832953；86839392
传真：(0511)86832131
经济类型：私营企业 法人代表：黄秋芮
网址：www. syhg. net
E-mail：changzhang@ syhg. net；sales@ syhg. net
【主要产品】一氯甲烷

丹阳市腾龙化工有限公司

江苏省丹阳市导墅镇瀛庄村［212361］
电话：(0511)86685633；86689623；86687222
传真：(0511)86681659；86655158
法人代表：戴亚萍
网址：www. dy-tenglong. com
E-mail：tenglong@ dy-tenglong. com
【主要产品】强酸性苯乙烯系阳离子交换树脂（001 ×7 型）；强酸性苯乙烯系阳离子交换树脂（JK008 型）；大孔强酸性苯乙烯系阳离子交换树脂（D001 型）；大孔弱酸性丙烯酸系阳离子交换树脂（D113 型）；强碱性季铵Ⅰ型阴离子交换树脂（201 ×7 型）；大孔强碱性季铵Ⅰ型阴离子交换树脂（D201 型）；离子交换树脂中间体

丹阳市万隆化工有限公司

江苏省丹阳市全州区[212332]
电话:(0511)86810888;13337773388
传真:(0511)86810666　有进出口权
经济类型:私营企业　职工人数:120 人
法人代表:史丽娟
网址:www.wanlong-chem.com
E-mail:wl@wanlongchem.com
【主要产品】邻氯苯甲酸甲酯;对氟苯甲酸甲酯;4-氟氯苄;邻氟氯苄;2-氯-6-氟氯苄;4-氯-2-氟氯苄;4-氯-2-氟苯甲酰氯;4-氯苯甲酰氯;邻氟苯甲酰氯;对氟苯甲酰氯;间氟苯甲酰氯;2,4-二氯苯甲酰氯;3,4-二氯苯甲酰氯;4-氯氯苄;邻氯氯苄;3-氯氯苄;2,4-二氯氯苄;2,6-二氯氯苄;3,4-二氯氯苄;对硝基苯甲酰氯;间硝基苯甲酰氯;邻氯三氯甲苯;对氯三氯甲苯;对甲基苯甲酰氯;2,3-二氯苯甲酰氯;间氯苯甲酰氯

丹阳市延中助剂有限公司

江苏省丹阳市延陵工业园[212341]
电话:(0511)86868731;13905290063
传真:(0511)86868731
网址:www.cnyanzhong.com
E-mail:web@cnyanzhong.com
【主要产品】丁炔二醇;炔丙醇;烯丙基磺酸钠;苯亚磺酸钠;聚乙二醇;低泡润湿分散剂;促进剂 M;增光剂;苯并三氮唑;3-二乙氨基-1-丙炔;丙氧基化丙炔醇;乙氧基丙炔醇;二乙氧基丁炔二醇;四氢噻唑硫酮;聚二硫二丙基磺酸钠;镀镍光亮剂;快速镀镍光亮剂;镀镍液除锌剂;低氰镀锌光亮剂;丙烷磺酸吡啶嗡盐;羟基丙烷磺酸吡啶嗡盐;氯化钾(钠)镀锌光亮剂;去铜剂;巯基咪唑丙磺酸钠;除铁剂

丹阳市银海镍铬化工有限公司

江苏省丹阳市吕城镇泰定北路[212351]
电话:(0511)86476898;86471862
网址:www.china-yinhai.com
E-mail:webmail@china-yinhai.com
【主要产品】C06-1 铁红醇酸底漆;各色过氯乙烯外用磁漆;G06-4 锌黄,铁红过氯乙烯底漆;丙烯酸迷彩伪装涂料;三防快干底漆;高级丙烯酸三防漆;云铁环氧酯带锈底漆;耐海水腐蚀底漆;过氯乙烯漆稀释剂

丹阳市有机硅材料实业公司

江苏省丹阳市皇塘镇常溧西路 303 号[212327]
电话:(0511)86632052;13905293390
传真:(0511)86632052　职工人数:70 人
经济类型:私营企业　法人代表:姚荣伟
网址:www.silane-coupling-agent.com
E-mail:dyrrw@hi2000.com
【主要产品】硅酸甲酯;三甲氧基硅烷;甲基三甲氧基硅烷;硅烷偶联剂 ND-42;硅烷偶联剂;硅烷偶联剂 KH-560;硅烷偶联剂 KH-570;硅烷偶联剂 KH-602;硅烷偶联剂 KH-550;甲基三丁酮肟基硅烷;乙烯基三甲氧基硅烷;硅烷偶联剂 KH-858

丹阳市远中金属助剂有限公司

江苏省丹阳市运河镇[212352]
电话:(0511)86452305
传真:(0511)86451388
网址:www.js-yuanzhong.com
E-mail:yz@js-yuanzhong.com
【主要产品】羟基丙烯酸树脂汽车罩光漆;热固性丙烯酸聚酯罩光漆;热固性丙烯酸烘漆;环氧丙烯酸树脂底漆;丙烯酸环氧树脂中涂漆;热塑性丙烯酸塑料漆;高固体高光泽聚酯树脂罩光漆;双组分聚氨酯漆

丹阳太平橡塑制品有限公司

江苏省丹阳市云阳镇荆林[212324]
电话:(0511)86237777;86232016;86238773
传真:(0511)86235816
法人代表:王兆龙
网址:www.danjin-rubber.com
E-mail:info@cdsr.cn;zjl98577@cdsr.cn
【主要产品】排吸泥胶管;橡胶护舷

丹阳中超化工有限公司

江苏省丹阳市开发区东方路 38 号[212310]
电话:(0511)86965075;86880963;86965295
传真:(0511)86885119　有进出口权
经济类型:中外合资经营企业
职工人数:190 人　法人代表:任坚跃
网址:www.dybeyond.com
E-mail:dybeyond@pub.zj.jsinfo.net
【主要产品】对氯苯甲醛;邻氯苯甲醛;4-氯甲苯;2-氯甲苯;邻氯氯苄;2,4-二氯甲苯

江苏昌和化学有限公司

江苏省丹阳市化工路 3 号[212300]
电话:(0511)86591813
传真:(0511)86565112
网址:www.china-ch.com
E-mail:huqs@public.zj.js.cn
【主要产品】环氧大豆油;增塑剂 8205;亚磷酸三苯酯;亚磷酸一苯二异辛酯;无毒亚磷酸酯;钙锌无毒复合稳定剂;液体钡锌稳定剂;液体钡镉锌复合稳定剂

江苏丹阳市金龙涂料有限公司

江苏省丹阳市吕城镇吕导路[212351]
电话:(0511)86479917
传真:(0511)86822038
法人代表:刘卫星
网址:www.jinlongpaint.com
E-mail:info@jinlongpaint.com
【主要产品】各色氨基醇酸烘干磁漆;内外墙涂料;各色丙烯酸氨基烘干磁漆;丙烯酸自干漆;聚酯清漆;双组分聚氨酯漆

江苏丹阳市宁陵化工助剂有限公司

江苏省丹阳市延陵镇[212300]
电话:(0511)86869777;13806108841
网址:www.jsningling.com
E-mail:web@jsningling.com
【主要产品】氰尿酸铅;二盐基亚磷酸铅;二盐基硬脂酸铅;三盐基硫酸铅;钙锌无毒复合稳定剂;硬脂酸钙;硬脂酸钡;硬脂酸铅;硬脂酸锌;硬脂酸镁;聚氯乙烯热稳定剂

江苏飞跃橡胶有限公司

江苏省扬中市新坝工业开发区[212211]
电话:(0511)88418316
传真:(0511)88413836
供销电话:88411265　职工人数:800 人
经济类型:股份有限公司
网址:www.jsfeiyue.com
E-mail:web@jsfeiyue.com
【主要产品】丁基内胎;力车胎外胎;自行车外胎

江苏和纯化学工业有限公司

江苏省扬中市长江大桥东侧[212212]
电话:(0511)88420558;88424449;85922166
传真:(0511)88420556;88420959
经济类型:中外合作经营企业
网址:www.jsfinechem.com
E-mail:sales@jsfinechem.com
【主要产品】次磷酸;次磷酸钠;次磷酸钙;氯化四羟甲基磷;四羟甲基硫酸磷;苯磺酰氯;杀菌灭藻剂;聚合硫酸铁

江苏宏达化工新材料股份有限公司

江苏省扬中市明珠广场[212200]
电话:(0511)88226210
传真:(0511)88224579　有进出口权
经济类型:股份有限公司
职工人数:800 人
网址:www.hongda-chemical.com
E-mail:hongda@hongda-chemical.com
【主要产品】硅橡胶;特种硅橡胶;高抗撕硅橡胶;导电硅橡胶;硅橡胶混炼胶;硅胶绝缘子

江苏环太集团公司

江苏省扬中市油坊镇头墩子[212216]
电话:(0511)88522330;88522229
传真:(0511)88522821
法人代表:王禄宝
网址:www.hylive.com/jiangsu/jiangsu06385.html
【主要产品】混配复合肥料;BB 肥

江苏皇马农化有限公司

苏

江苏省丹阳市皇塘工业区[212327]
电话:(0511)86638888;86632428;86637988
传真:(0511)86630388;86623288
经济类型:私营企业 职工人数:150 人
法人代表:宦小马
网址:www. danyangchem. com;www. huangmachem. com
E-mail:info@ danyangchem. com
【主要产品】硫丹;吡虫啉;吡虫啉可湿性粉剂;溴氰菊酯;氯氰菊酯;高效氯氰菊酯;氰戊菊酯;高效氰戊菊酯;顺式氯氰菊酯;顺式氯氰菊酯乳油;高效氯氟氰菊酯;甲氰菊酯;联苯菊酯;啶虫脒;草胺膦

苏

江苏科特涂饰有限公司

江苏省丹阳市吕城镇吕导公路 40 号[212351]
电话:(0511)86476547
传真:(0511)86476921 经济类型:集体
法人代表:李红明
网址:www. china-kete. com
E-mail:dbn@ china-kete. com
【主要产品】罩光清漆;弹性涂料;氨基烘漆;各色聚丙烯塑料专用底漆;各色聚丙烯塑料专用漆;各色金属光泽汽车面漆;水溶性丙烯酸浸涂漆;环氧丙烯酸树脂底漆;各色丙烯酸底漆;丙烯酸金属闪光漆;丙烯酸塑料漆;ABS 塑料专用漆

江苏连吉特种胶带制造公司

江苏省扬中市新坝镇前进路 4 号[212211]
电话:(0511)82890612;88411089;88417468
传真:(0511)88411491
供销电话:88417468;13951276260
网址:www. cn-jslj. com
E-mail:jsljtzjd@ 126. com
【主要产品】聚四氟乙烯胶带;橡胶传动带;抗静电胶板;浮顶油罐密封装置丁腈橡胶密封带;橡胶密封带

江苏荣马实业有限公司

江苏省扬中市兴隆镇三跃街[212221]
电话:(0511)88482368;88481293;88487618
传真:(0511)88484044
经济类型:中外合资经营企业
网址:www. rongma. net/rongma-sy/gsjs. php
E-mail:rongma@ rongma. net
【主要产品】塑钢门窗;聚氯乙烯热稳定剂

江苏省句容市兴源化工厂

江苏省句容市天王镇涧北下余桥[212441]
电话:(0511)87456158;13806140682
传真:(0511)87456158
网址:www. xy66chem. com
E-mail:sell@ xy66chem. com
【主要产品】二苯基甲烷;4,4′-二氟二苯甲酮;2-氨基-5-硝基-2′-氯二苯甲酮;三苯基氯甲烷;邻氯苯基二苯基氯甲烷;6-苄氨基嘌呤;克霉唑;磷酸伯氨喹;乙胺嘧啶;盐酸普萘洛尔;双嘧达莫;米诺地尔;盐酸可乐定;速尿

江苏省句容市中山化工研究所

江苏省句容市西郊[212425]
电话:(0511)87368801
传真:(0511)87368805
网址:www. zhongshan-chem. com
E-mail:zhongshan@ zhongshan-chem. com
【主要产品】2-噻吩乙胺;环已基甲醛;对甲氧基苯甲醇;1,2-环己二甲酸;1,2-环己二甲酸二甲酯;对甲基苯乙胺;邻氟苯乙胺;间氟苯乙胺;对氟苯乙胺;邻甲氧基苯乙胺;对甲氧基苯乙胺;间甲氧基苯乙胺;3,4-二甲氧基苯乙胺;对羟基苯乙胺;苄胺;对甲基苄胺;3,4-二甲基苄胺;邻氟苄胺;间氟苄胺;对氟苄胺;3,4-二氟苄胺;2,4-二氟苄胺;邻甲氧基苄胺;对甲氧基苄胺;3,4-二甲氧基苄胺;β-苯乙胺;苯丙酸甲酯;苯丙酸乙酯;3-苯丙酸;格列吡嗪;曲昔匹特

江苏省扬中市通宇氟塑制品有限公司

江苏省扬中市城南开发区 218 号信箱[212200]
电话:(0511)88353600;13905288571
传真:(0511)88338948
供销电话:13952901986
经济类型:有限责任公司
职工人数:200 人
网址:www. jstyfs. com
E-mail:cqy@ jstyfs. com;jstyfs@ 126. com
【主要产品】玻璃纤维增强聚丙烯;单体浇铸尼龙;聚四氟乙烯;聚四氟乙烯导向带;聚四氟乙烯密封圈;膨体聚四氟乙烯密封带;聚四氟乙烯车削薄膜;聚四氟乙烯车削板;聚四氟乙烯模压板;聚四氟乙烯多孔板;聚四氟乙烯波纹管;聚四氟乙烯模压棒;聚四氟乙烯垫片;聚四氟乙烯编织盘根;聚四氟乙烯棒材;聚四氟乙烯垫圈;聚四氟乙烯设备内衬;FRPP 管材;超高分子量聚乙烯板材;橡胶密封制品;柔性石墨材料;石墨盘根;碳素纤维盘根

江苏省扬中市同中电光源有限公司

江苏省扬中市油坊镇东首[212218]
电话:(0511)88538204;88538506;13852957070
传真:(0511)88538204
供销电话:88538204;13775310968
网址:www. cn-tongzhong. com
E-mail:hxc@ cn-tongzhong. com
【主要产品】聚四氟乙烯生料带;聚四氟乙烯车削薄膜;聚四氟乙烯薄膜;聚四氟乙烯车削板;聚四氟乙烯板材;聚四氟乙烯管材;聚四氟乙烯垫片;聚四氟乙烯棒材

江苏省镇江市高压油管厂

江苏省镇江市黄山南路 12 号[212002]
电话:(0511)85236508
传真:(0511)85236694
网址:www. gyygc. com
E-mail:info@ gyygc. com
【主要产品】高压尼龙树脂管;蒸汽胶管;钢丝编织胶管;缠绕胶管;钢丝缠绕胶管;橡胶接头

江苏文昌电子化工有限公司

江苏省扬中市兴隆镇港北路 8 号[212200]
电话:(0511)88451535;88452185;13861361821
传真:(0511)88453377
供销电话:88454005 法人代表:苏文国
网址:www. jswec. com
E-mail:jswec@ pub. zj. jsinfo. net
【主要产品】超高分子量聚乙烯;单体浇铸尼龙;阻燃环氧灌封料;环保型大桥防水涂料;混凝土养护剂;沥青抗剥落剂;缓蚀剂;沥青乳化剂

江苏兴隆工程塑料管件厂

江苏省扬中市兴隆镇北工业区[212215]
电话:(0511)88455056;88455066;13905286366
传真:(0511)88455055
法人代表:常大明
网址:www. xinglongpipes. com
E-mail:xl. pipe@ public. zj. js. cn
【主要产品】聚乙烯管;FRPP 管材;聚丙烯合金管;缠绕胶管;异径管;弯头;法兰;阀门;球阀;三通

江苏扬中市液压密封件厂有限公司

江苏省扬中市港西北路 85 号[212200]
电话:(0511)88332754;13905288857
传真:(0511)88322048
法人代表:周明堂
网址:www. china-huanyu. com
E-mail:zmt@ china-huanyu. com
【主要产品】聚四氟乙烯生料带;聚四氟乙烯板材;尼龙棒(1010);聚四氟乙烯编织盘根;聚四氟乙烯制品;聚氨酯密封件;胶管;橡胶密封制品;柔性石墨材料

句容奥莱特化肥有限公司

江苏省句容市下蜀镇六里工业集中区 6 号[212411]
电话:(0511)87222021;87233506;13305297716
传真:(0511)87233936
经济类型:与港澳台商合资经营

网址:www.aolaite.cn
E-mail:webmaster@aolaite.cn
【主要产品】混配复合肥料;复合肥

句容长宁生物化工有限公司

江苏省句容市下蜀镇南[212411]
电话:(0511)87757445,87757150;13905169359
传真:(0511)87757550
【主要产品】硫酸;发烟硫酸;亚硫酸钠;硫酸铝;三氧化硫(液);氨基磺酸;1,3-苯二酚

句容市宁武化工有限公司

江苏省句容市边城镇句陈公路杨庄段[212400]
电话:(0511)87634958;13775380180
传真:(0511)87634797
供销电话:87634958;13505293081
职工人数:100 人
网址:ningwuchemical.com
E-mail:nwcmj@yahoo.com
【主要产品】聚醚多元醇;聚合物多元醇;聚酯多元醇;蔗糖聚醚;活性聚醚;石油破乳剂;破乳剂;油田污水处理剂;原油脱盐剂

句容市瑞生化工有限公司

江苏省句容市黄梅镇达子桥南[212426]
电话:(0511)87381826;87381929
传真:(0511)87381929
法人代表:罗瑞生
网址:www.js-ruisheng.com
E-mail:lrs@js-ruisheng.com
【主要产品】氧化锌

句容市顺风助剂厂

江苏省句容市后白镇西冯村[212443]
电话:(0511)87833898;13806142906
传真:(0511)87833898
法人代表:谭建华
网址:www.jrshunfengchem.com
E-mail:sales@jrshunfengchem.com
【主要产品】*N*-(2-氯乙基)吗啉盐酸盐;对氟苯甲酸;间氟苯甲酸;邻氟苯甲酸;对氨基苯乙酸;对氟扁桃酸;邻氟扁桃酸;间氟扁桃酸;对氟苯乙酸;邻氟苯乙酸;间氟苯乙酸;对溴苯甲酸甲酯;邻溴苯甲酸甲酯;间溴苯甲酸甲酯;间氟苯甲酸甲酯;对氟苯甲酸甲酯;邻氟苯甲酸甲酯;对氰基苯甲酸甲酯;对乙酰氨基苯乙酸乙酯;对氟苯乙酮;邻氟苯乙酮;间氟苯乙酮;苯乙酰氯;4-氟氰苄;邻氟氰苄;间氟氰苄;4-氟氯苄;邻氟氯苄;间氟氯苄;邻乙酰氨基苯甲醚;邻苯二甲腈;对硝基苯甲腈;二(2-氯乙基)胺盐酸盐;邻氟苯甲酰氯;对氟苯甲酰氯;间氟苯甲酰氯;2,3-二甲基苯甲酰氯;对氟苯甲腈;邻氟苯腈;间氟苯腈;对乙基苯甲酰氯;间溴苯甲酰氯;邻溴苯甲酰氯;对溴苯甲酰氯;邻溴苯腈;对溴苯腈;间溴苯腈;苯乙酸乙酯;苯乙酸甲酯;对乙基苯腈;对甲基苯乙腈;乙氧基亚甲基丙二腈;2,3-二甲基苯腈

句容市行香化工厂

江苏省句容市行香镇[212402]
电话:(0511)87651065
经济类型:私营企业　法人代表:吴晋贵
网址:www.hylive.com/jiangsu/jiangsu15443.html
【主要产品】氯化钙(无水);氟化钾

利君集团镇江制药有限责任公司

江苏省镇江市东吴路56号[212001]
电话:(0511)88822024
传真:(0511)88822368
经济类型:有限责任公司
企业规模:大型
E-mail:zjzyltd@pub.zj.jsinfo.net
【主要产品】红霉素;无味红霉素;硬脂酸红霉素;红霉素琥珀酸乙酯;呋喃妥因;利血生

天宁香料(江苏)有限公司

江苏省句容市华阳镇西[212425]
电话:(0511)87367388;87368388
传真:(0511)87367387
网址:www.js-tn.com
E-mail:info@js-tn.com
【主要产品】食用香精

扬中江农化学肥料有限公司

江苏省扬中市沙家港开发区[212200]
电话:(0511)88223558;88223560
传真:(0511)88223558
法人代表:朱国富
【主要产品】混配复合肥料

扬中市红叶管阀密封件有限公司

江苏省扬中市翠竹南路88号信箱[212200]
电话:(0511)88323499;88329499
传真:(0511)88323499
供销电话:82890559;13852990356
网址:www.hongye-js.com;www.chemjx.com
E-mail:jxhg@chemjx.com
【主要产品】聚甲醛制品;聚四氟乙烯编织盘根;FRPP 管材;聚氨酯浇注制品;塑料波纹管;橡胶密封制品;骨架油封;柔性石墨盘根

扬中市华兴防火材料有限公司

江苏省扬中市华威工业园228号[212211]
电话:(0511)82865117;88451353
传真:(0511)88451353
网址:www.hxfp.com
E-mail:mark_yinin@hotmail.com
【主要产品】防火板;FRPP 管材;钢结构隔热防火涂料;无机防火堵料;有机防火堵料;电缆防火封墙材料

扬中市化工仪表管件厂

江苏省扬中市环城西路95号[212200]
电话:(0511)88221057;88222310;13812351861
传真:(0511)88225726　法人代表:陆刚
网址:www.f4ybgj.com;
E-mail:ybgj@f4ybgj.com
【主要产品】聚四氟乙烯薄膜;聚四氟乙烯编织盘根;聚四氟乙烯制品;聚四氟乙烯制品板

扬中市塑性材料厂

江苏省扬中市明珠广场旁[212200]
电话:(0511)88221859;88223779
传真:(0511)88222979
职工人数:300 人
网址:www.yzfuan.com
E-mail:qiulee@hotmail.com
【主要产品】超高分子量聚乙烯;聚四氟乙烯生料带;聚四氟乙烯膨体生料带;聚四氟乙烯车削薄膜;聚四氟乙烯薄膜;聚四氟乙烯板材;聚四氟乙烯填充制品;聚四氟乙烯编织盘根;聚四氟乙烯棒材;MC 尼龙 6 制品;橡胶制品

扬中市新洋密封件有限公司

江苏省扬中市丰裕镇三丰西路8号[212200]
电话:(0511)88223285
传真:(0511)88223005　法人代表:冷冰
网址:www.xinyang-china.com
E-mail:xinyang@xinyang-china.com
【主要产品】聚四氟乙烯密封圈;胶管;橡胶接头;橡胶密封制品;氟橡胶 O 形圈;柔性石墨材料

扬中市永丰化工厂

江苏省扬中市三茅镇锦程村[212200]
电话:(0511)82680342;88321441
传真:(0511)88324415　经济类型:集体
职工人数:39 人　法人代表:陈永龙
【主要产品】钼酸铵;钼铁;4-氨基苯酚

扬中远东化工厂

江苏省扬中市长旺镇化工开发区[212216]
电话:(0511)88522149
传真:(0511)88521666　经济类型:集体
职工人数:80 人　法人代表:包信伟
【主要产品】*N*-乙基乙二胺

扬中岳扬精细化工有限公司

江苏省扬中市八桥镇[212200]
电话:(0511)88510008;88339318
传真:(0511)88516581
供销电话:88365503　法人代表:赵守文
供销传真:88350971

经济类型:港澳台商独资经营
网址:www.js.cei.gov.cn/gshbl/0758.htm
E-mail:jxj@finechemhome.com
【主要产品】荧光增白剂 OB;荧光增白剂 OB-1;荧光增白剂 KCB;荧光增白剂 FP-127;抗氧剂 1010;抗氧剂 1076;抗氧剂 168;紫外线吸收剂 UV-P

镇江春环密封件集团有限公司

江苏省扬中市八桥镇永胜工业区[212217]
电话:(0511)88511155;13905283490
传真:(0511)88511836
固定资产:21,850 千元
职工人数:260 人
网址:www.chunhuan.com;www.chunhuan.cn
E-mail:lxc@chunhuan.com;sdt@chunhuan.com
【主要产品】聚四氟乙烯生料带;膨体聚四氟乙烯密封带;聚四氟乙烯车削板;聚四氟乙烯板材;聚四氟乙烯管材;聚四氟乙烯垫片;聚四氟乙烯编织盘根;聚四氟乙烯棒材;聚四氟乙烯垫圈;橡胶密封制品;缠绕式密封垫片;石墨盘根;碳纤维石墨盘根

镇江大洋星鑫工程管道有限公司

江苏省扬中市兴隆工业园[212215]
电话:(0511)82668853
传真:(0511)88453432
经济类型:股份有限公司
产值:5,000 千元 销售收入:8,000 千元
职工人数:218 人 法人代表:朱根宝
网址:www.huaxingfp.com
E-mail:dayang@dyxxgd.com
【主要产品】聚乙烯管;聚丙烯管材;FR-PP 管材;聚丙烯合金管

镇江丹阳大华乙炔气有限公司

江苏省丹阳市云阳镇汤甲村 226 公里处[212300]
电话:(0511)85624713
网址:www.zjjhyq.com/dh.htm
E-mail:kf@zjjhyq.com
【主要产品】溶解乙炔

镇江泛华化工有限公司

江苏省镇江市运河路 65 号[212003]
电话:(0511)84431333
传真:(0511)84407555;84435836
网址:www.chinatio2.com
E-mail:sales@chinatio2.com
【主要产品】钛白粉

镇江国亨化学有限公司

江苏省镇江市大港开发区韩峰路 2 号[212132]
电话:(0511)83121155
传真:(0511)83121224
经济类型:外商独资 法人代表:吴春台
网址:www.zgpc.net
【主要产品】ABS 树脂;苯乙烯-丙烯腈共聚物

镇江宏鸣橡塑助剂有限公司

江苏省句容市袁巷优倪岗[212400]
电话:(0511)87487688;87487618
传真:(0511)87487666
网址:www.hongmingchem.com
E-mail:sales@hongmingchem.com
【主要产品】环氧大豆油;亚磷酸三苯酯;亚磷酸一苯二异辛酯;无毒亚磷酸酯

镇江环太硅胶有限公司

江苏省扬中市长旺工业集中区[212216]
电话:(0511)88525223;88520318
传真:(0511)88525211
固定资产:30,000 千元
网址:www.htgj.cn
E-mail:xwj@htgj.cn
【主要产品】甲基乙烯基硅橡胶;硅橡胶混炼胶;电绝缘硅橡胶

镇江嘉亿化工有限公司

江苏省镇江市新区大路工业园[212133]
电话:(0511)83728456
传真:(0511)83728455
网址:www.jiayihg.cn
【主要产品】焦磷酸钾;焦磷酸铜

镇江江南化工有限公司

江苏省镇江市新河西岸芦滩[212002]
电话:(0511)85513024;85510896;85511726
传真:(0511)85511726 经济类型:国有
供销电话:85518127 有进出口权
供销传真:85518127 企业规模:大型
职工人数:659 人 法人代表:李远祥
网址:jiangnan3.cn.busytrade.com
E-mail:jnhg@public.ij.js.cn
【主要产品】双甘膦;炔螨特;乙膦铝;丙环唑;草甘膦水剂(10%);草甘膦;41%草甘膦异丙胺盐水剂;草甘膦可溶性粉剂

镇江李长荣综合石化工业有限公司

江苏省镇江市高资镇丹徒经济开发区[212114]
电话:(0511)85682077;85680337;85688840
传真:(0511)85688702
供销电话:85689946 法人代表:黄介仁
经济类型:港澳台商独资经营
【主要产品】甲醛;环氧树脂

镇江磷肥厂

江苏省镇江市林隐路 8 号[212001]
电话:(0511)84422327
传真:(0511)84422327 经济类型:国有
职工人数:205 人 法人代表:0。
【主要产品】磷肥;钙镁磷肥;混配复合肥料

镇江龙鑫化工有限公司

江苏省镇江市运河路 101 号[212001]
电话:(0511)85986188;82148588
传真:(0511)84407179
法人代表:解宝盛
网址:www.long-xinchem.com
E-mail:longxin@long-xinchem.com
【主要产品】硫酸钡;超细硫酸钡

镇江迈特化工新材料有限责任公司

江苏省镇江市丁卯经济开发区纬一路[212009]
电话:(0511)88889569
传真:(0511)88898559
经济类型:有限责任公司
网址:www.maitechem.com
E-mail:mt@maitechem.com;kzh@maitechem.com
【主要产品】镍铁;环烷酸钴;黏合剂

镇江茂源化工有限公司

江苏省镇江市丹徒镇[212014]
电话:(0511)88781820;88781821;88783589
传真:(0511)88782025 经济类型:国有
供销电话:88781197;82152632
供销传真:88786268 有进出口权
法人代表:聂荣艾
网址:www.maoyuanchem.com;www.rifeichem.com
E-mail:srchem@jsmail.com.cn
【主要产品】4-(*N*,*N*-二乙氨基)水杨醛;2-羟基苯甲酸;2-萘酚-3-甲酸;水杨酰胺;冬青油

镇江农药厂有限公司

江苏省镇江市大港孩溪路 12 号[212006]
电话:(0511)83355166
传真:(0511)83355097 经济类型:国有
网址:www.zjnyc.com.cn
E-mail:sales@zjnyc.com.cn
【主要产品】二嗪磷颗粒剂;吡虫啉可湿性粉剂;异丙威乳油(20%);克百威颗粒剂;噻嗪酮;溴氰菊酯乳油;氰戊菊酯乳油;甲氰菊酯乳油;多菌灵可湿性粉剂;三唑酮可湿性粉剂;三唑酮乳油;腈菌唑;腈菌唑乳油;三环唑可湿性粉剂;甲基硫菌灵可湿性粉剂;嘧霉胺悬浮剂;杀草丹乳油(50%);杀草丹颗粒剂(10%);氟乐灵乳油;丁草胺颗粒剂(5%);精喹禾灵乳油;吡氟禾草灵;多·菌核可湿性粉剂;多·福可湿性粉剂;多·硫可湿性粉剂;硫·三环可湿性粉剂;丁·苄可湿性粉剂;18%咪鲜·杀螟可湿性粉剂;草除·精喹乳油;氯磺·异丙可湿性粉剂;

福·甲硫可湿性粉剂;多·酮可湿性粉剂;吡·杀单可湿性粉剂;吡·灭可湿性粉剂;甲·辛乳油;多·锰锌可湿性粉剂;腈菌·锰锌可湿性粉剂;福·酮可湿性粉剂;45% 禾草敌·苄磺隆细粒剂;苯噻酰·苄可湿性粉剂

镇江市丹徒区长江化工厂

江苏省镇江市东郊江心洲[212144]
电话:(0511)83442916;83323761;13306100818
传真:(0511)83442730
法人代表:徐五庚
网址:www. cj-hg. com
E-mail:zjcjhg@ 126. com
【主要产品】聚酰胺树脂

镇江市丹徒区远洋橡胶制品厂

江苏省镇江市丹徒区谷阳镇[212143]
电话:(0511)84564899
传真:(0511)84564899
网址:www. js-yuanyang. com
E-mail:sales@ js-yuanyang. com
【主要产品】橡胶密封圈

镇江市东昌石油化工厂

江苏省句容市东昌镇东昌街[212416]
电话:(0511)87611137
传真:(0511)87611137
【主要产品】聚醚多元醇;聚醚多元醇(半硬质泡沫);阻燃聚醚;环戊烷组合聚醚;聚氨酯硬泡组合聚醚;石油破乳剂;油田污水处理剂

镇江市海通化工有限公司

江苏省镇江市丹徒区宝堰镇[212125]
电话:(0511)84480369
传真:(0511)84480969　职工人数:50 人
供销电话:13357759088
经济类型:联营企业
网址:www. haitongchem. com
E-mail:haitong_chem@ yahoo. com. cn
【主要产品】叔丁基苯;二芳基乙烷;叔戊基苯;丙烯酸卡必酯;吡唑蒽酮;甲基丙烯酸酐;三苯胺;三(4-溴苯基)胺;*N*,*N*-二甲基丙醇胺;4-甲基丙烯酰胺基水杨酸;2-叔丁基蒽醌;2-戊基蒽醌;还原红 6B

镇江市宏晔建材化工有限公司

江苏省丹阳市横塘镇[212355]
电话:(0511)86646111;86646222
传真:(0511)86646222　经济类型:集体
法人代表:赵义坤
网址:www. zjschem. com
E-mail:sales@ zjschem. com
【主要产品】苯磺酰胺;苯磺酰氯

镇江市化剂厂

江苏省镇江市扬中市老桥汽车站东首[212217]
电话:(0511)88511634;88514634
传真:(0511)88511671
经济类型:股份合作
网址:www. cnfuyan. com
E-mail:xhz@ cnfuyan. com
【主要产品】氟氢酸;氟硼酸;过硼酸钠(四水);氟硼酸钾;氟硼酸钠;硼酸锂;四硼酸钾;氟化钠;氟化钙;氟化铵;氟化铝;氟氢化钠;氟氢化铵;氟硅酸钠;氟硅酸铵;氟硅酸钾;氟硅酸锌;氟硅酸镁;氟铝酸钠;氟铝酸钾;锆氟酸钾;氟钛酸钾;氟化镁;过氧化氢;钠石灰;氢氧化钠;氯化钙(无水);氟化钾,无水;高锰酸钾;碳酸钾;硅胶,变色

镇江市环宇药用辅料厂

江苏省镇江市新河路 250 号[212002]
电话:(0511)85517681;85511529
传真:(0511)85514269
网址:www. dianfen. com
E-mail:wj@ dianfen. com
【主要产品】药用淀粉;白糊精;薄膜包衣剂

镇江市金宝粘合剂有限公司

江苏省镇江市谏壁镇零北村石墙头[212006]
电话:(0511)83360725;83354022;83361575
传真:(0511)83360670
供销电话:83360256;83362299
经济类型:与港澳台商合资经营
网址:www. zjjinbao. com
E-mail:yinye@ zjjinbao. com
【主要产品】喷涂胶;聚氨酯胶黏剂;氯丁橡胶胶黏剂;接枝型强力胶黏剂;附着力促进剂;尼龙表面处理剂;PU、PVC 表面处理剂;橡胶表面处理剂;硬化剂

镇江市金盛化工有限公司

江苏省镇江市谏壁化工开发区焦湾大道[212006]
电话:(0511)83361043;83361839
传真:(0511)83361839
经济类型:私营企业
【主要产品】二甲苯;甲苯;苯

镇江市九天化工有限公司

江苏省镇江市[212000]
电话:(0511)87879868;87879899;13915231812
传真:(0511)97880098;97879799
固定资产:18,000 千元
职工人数:150 人
网址:www. jiutianchem. com
E-mail:jiutianchem@ 126. com
【主要产品】强酸性苯乙烯系阳离子交换树脂(001 ×4 型);强酸性苯乙烯系阳离子交换树脂(001 ×7 型);强酸性苯乙烯系阳离子交换树脂(001 ×8 型);强酸性苯乙烯系阳离子交换树脂(001 ×10 型);大孔强酸性苯乙烯系阳离子交换树脂(D001 型);大孔强酸性苯乙烯系阳离子交换树脂(D002 型);大孔弱酸性丙烯酸系阳离子交换树脂(D113 型);强碱性苯乙烯系阴离子交换树脂(201 ×4);强碱性苯乙烯系阴离子交换树脂(201 ×7 型);大孔强碱性苯乙烯系阴离子交换树脂(D201 型);D202 大孔强碱性苯乙烯系阴离子交换树脂;强碱性季铵Ⅱ型阴离子交换树脂(202 型);大孔弱碱性苯乙烯系阴离子交换树脂(D301);大孔弱碱性丙烯酸系阴离子交换树脂(D311 型);大孔苯乙烯系螯合树脂(D403);耐高温强酸树脂催化剂

镇江市灵达化工有限公司

江苏省镇江市化工开发区东大路[212133]
电话:(0511)83710188;13052908129
传真:(0511)83710188
网址:www. cnkongshi. com
E-mail:web@ cnkongshi. com
【主要产品】鞋用胶黏剂;铝及铝合金无公害变质剂

镇江市前进化工有限公司

江苏省镇江市大港孩溪路 12 号[212006]
电话:(0511)83355108;13805282793
传真:(0511)83355108　经济类型:集体
供销电话:83366607
供销传真:85286208
网址:www. qianjinchem. com
E-mail:sales@ qjpharm. com
【主要产品】苯甲酸;苯甲酸(药用);苯甲酸钠;药用水杨酸;光稳定剂 2002;抗氧剂;抗氧剂 3114;抗氧剂 702;光稳定剂

镇江市润州第二化工厂

江苏省镇江市镇扬路二摆渡西[212002]
电话:(0511)85623522;85624959;13914551668
传真:(0511)85630583
网址:www. zjrzhg. com
E-mail:ls@ zjrzhg. com
【主要产品】焦化二甲苯;焦化甲苯;焦化苯;联苯;2-氯-5-甲基吡啶;古马隆树脂;导热油

镇江市润州染料化工厂

江苏省镇江市润州区金江乡立新村[212002]
电话:(0511)82125072;85512998
传真:(0511)85512998
供销电话:82935668;13705286996
网址:www. dianfen. com/qlhg/main. htm
E-mail:lqg@ zjqlhg. com;szl@ zjqlhg. com
【主要产品】溶剂油 200 号;氨基胍盐酸盐;古马隆树脂;燃料油

苏

镇江市天龙化工有限公司

江苏省镇江市阳光世纪花园紫荆苑356-358号[212003]
电话:(0511)88818222;88835166
传真:(0511)88835039
网址:www. tianlong-chem. com
E-mail:chenzhongbiao@ hotmail. com
【主要产品】4-硝基邻苯二胺;3-甲基-6-氨基苯磺酸;5-氨基-2-甲基苯磺酸;涂料专用消泡剂;粉末涂料流平剂;显色基艳红RB;红色基B;红色基GL;显色基深红4RB;1-苯基-4-甲基-3-吡唑烷酮;附着力促进剂;松香

镇江市新区大路橡胶制品厂

江苏省镇江市大路镇[212133]
电话:(0511)83721731;13002591719
传真:(0511)83721731
供销电话:83721731;13952846755
法人代表:孙树生
网址:www. cnrubber. com
【主要产品】聚四氟乙烯填充制品;输送机用托辊;橡胶杂品;胶轮;水闸橡胶密封件

镇江市乙炔气厂

江苏省镇江市润州区蒋桥镇[212111]
电话:(0511)85723974;85721822
经济类型:集体　　法人代表:许振
【主要产品】氧气;乙炔

镇江市意德精细化工有限公司

江苏省镇江句容市宝华开发区汤龙路[212415]
电话:(0511)87781185
传真:(0511)87781965
网址:www. yelldo. com
E-mail:yelldo@ yelldo. com;
yelldo@ 126. com
【主要产品】合成蜡;自交联型纯丙乳液;消光剂;中和单宁;皮革复鞣剂;皮革加脂剂;合成加脂剂;软革加脂剂;合成牛蹄油;皮革脱灰剂;浸灰助剂;改性戊二醛;耐光分散剂

镇江新区格蕊尔源体有限公司

江苏省镇江市丹徒区大路镇[212133]
电话:(0511)83725688;13775384078
传真:(0511)83725818
经济类型:有限责任公司
网址:www. jianxin-chem. com
E-mail:wjw@ jianxin-chem. com
【主要产品】安息香双甲醚;二苯乙醇酮;苯偶酰;5-磺基水杨酸

镇江新宇化工有限责任公司

江苏省镇江市丹徒区上党镇[212122]
电话:(0511)84311005;13337777430
传真:(0511)84318627
固定资产:8,000千元　职工人数:100人
供销电话:84311005;13052902000
供销传真:84311005　法人代表:林广德
经济类型:有限责任公司
网址:www. zjlinyu. com
E-mail:sales@ zjlinyu. com
【主要产品】3-氨基-1,2,4-三氮唑;1,8-辛二醇;苯甲酸酐;*N*-(4-溴丁基)邻苯二甲酰亚胺;5-氨基-1,2,4-三氮唑-3-羧酸;二氨基胍盐酸盐;克拉红霉素;硬脂酸红霉素;泰利霉素;盐酸氯苯胍

镇江星星阻燃剂有限公司

江苏省镇江市丹徒区上皇村[212009]
电话:(0511)84417435;13805285857
传真:(0511)84411179
网址:www. xxflameretard. com
E-mail:wgh@ xxflameretard. com;
xingxing@ hi2000. co
【主要产品】多聚磷酸铵;无卤阻燃剂MPP

镇江振邦化工有限公司

江苏省镇江市谏壁镇江化工开发区[212006]
电话:(0511)88793198;88795128;
88792618
传真:(0511)88795128;83366570
供销电话:83366607;83366572
经济类型:与港澳台商合资经营
职工人数:495人　　法人代表:高扣宝
网址:www. sopochem. com
E-mail:zjdehgc@ public. zj. js. cn
【主要产品】促进剂CZ;促进剂D;促进剂DM;促进剂DZ;促进剂M;促进剂NOBS;促进剂TETD;促进剂TMTD

常州市

长江(常州)氯碱联合开发公司

江苏省常州市常锡路106号[213004]
电话:(0519)88818414;88258197
传真:(0519)88256067　职工人数:23人
固定资产:5,000千元
供销电话:88011673　法人代表:吴永肃
经济类型:联营企业
产值:100,000千元
销售收入:150,000千元
网址:cjczlj. b2b. hc360. com
E-mail:zhouyixin888@ gmail. com
【主要产品】三氯异氰尿酸;三氯化苄;二氯异氰尿酸钠;苯甲酰氯

常州包装容器厂

江苏省常州市戚墅堰河苑路20号[213011]
电话:(0519)88387169;13606117827
传真:(0519)88771232
供销电话:88771232　法人代表:吴祖兴
经济类型:股份合作
网址:www. china-bzrq. com
E-mail:bzrq@ china-bzrq. com
【主要产品】塑料桶

常州北美化学集团有限公司

江苏省常州市新区圩塘滨江化工区[213003]
电话:(0519)85776225;86602669
传真:(0519)86627700;85777800
供销电话:85777600;85771608
经济类型:中外合资经营企业
企业规模:大型
网址:www. cznachem. com
E-mail:cznachem@ jsmail. com. cn
【主要产品】涂料印花色浆;酞菁蓝BGS;酞菁蓝B;汉沙黄G;耐晒黄GR;永固黄G;联苯胺黄G;联苯胺黄1138;永固橘黄G;橡胶大红LC;大红粉;金光红;永固桃红FB;永固红F2R;颜料艳红6B;立索尔大红R;立索尔宝红BK;甲苯胺红;油溶红G;透明蓝RP

常州玻璃钢造船厂

江苏省常州市魏村镇德胜路[213002]
电话:(0519)85719928;85719800
传真:(0519)85719801　经济类型:国有
供销电话:85211146　　有进出口权
供销传真:85211744　　企业规模:大型
网址:www. czfrp. com
E-mail:czfrp@ public. cz. js. cn
【主要产品】玻璃钢游艇

常州东方医药原料有限公司

江苏省常州市戚墅堰印庄桥[213011]
电话:(0519)88771471;13506145616
传真:(0519)88383851
【主要产品】5-甲氧基吲哚;1,4-二羟基-2-丁烯;2-丁炔-1,4-二醇;正丙基七元环;格列美脲;盐酸二甲双胍;盐酸吡硫醇

常州东进化工厂

江苏省金坛市薛埠镇[213245]
电话:(0519)87829023;87829020
经济类型:股份合作
【主要产品】乳化炸药

常州东南鹏程化工有限公司

江苏省常州市郑陆镇开发区3号[213111]
电话:(0519)88731090;13606113111
传真:(0519)88932605　经济类型:集体
职工人数:100人
网址:www. dongnan. cn
E-mail:dnhg@ dongnan. cn;
dnpch@ dongnan. cn
【主要产品】三氯化铝;氯化硫酰;碱式碳酸锌;乙基丙二酸二乙酯;异丁基丙二酸二乙酯;苄基丙二酸二乙酯;正丁基丙二酸二乙酯;氯代丙二酸二甲酯;苯甲酰氯;洛美沙星;胶黏剂

常州高科生物化学有限公司

江苏省金坛市五叶镇东[213224]
电话:(0519)82897156
传真:(0519)82512341　　有进出口权
经济类型:与港澳台商合资经营
职工人数:126 人　　法人代表:陈锁明
网址:www. htbiochem. com
E-mail:webmaster@ chchem. com
【主要产品】甘油缩甲醛;2,4-二氯苄醇;对氟苯甲酸;邻氟苯甲酸;对硝基苯甲酸甲酯;4,4′-二氟二苯甲酮;2,4′-二氟二苯甲酮;4-氟二苯甲酮;对氟苯乙酮;4-氯丁酰氯;溴化苄;间氟苯甲酰氯;对甲基苯甲酸乙酯;邻氯苦杏仁酸;3,4-二羟基二苯甲酮;4-氯-4′-羟基二苯甲酮;4-羟基二苯甲酮;4-氯二苯甲酮;2-氯二苯甲酮;对甲氧基苯甲酰氯;对溴苯甲酰氯

常州光辉化工有限公司

江苏省常州市三堡街 505 号[213016]
电话:(0519)86855633;86851454;86861156
传真:(0519)86852408
供销电话:86851454;86855633
经济类型:有限责任公司
网址:www. ghpaint. com/qjjj. htm
E-mail:ghpaint@ pub. cz. jsinfo. net
【主要产品】F01-1 酚醛清漆;F03-1 各色酚醛调合漆;F04-1 各色酚醛磁漆;F04-1 铝粉酚醛磁漆;F06-1 各色酚醛底漆;F14-31 红棕酚醛透明漆;F50-31 各色酚醛耐酸漆;F53-31 红丹酚醛防锈漆;铁红酚醛防锈漆;F53-34 锌黄酚醛防锈漆;L82-31 沥青锅炉漆;C01-1 醇酸清漆;C03-1 各色醇酸调合漆;C04-42 各色醇酸磁漆;C04-64 各色醇酸半光磁漆;各色醇酸无光磁漆;C06-1 铁红醇酸底漆;C07-5 各色醇酸腻子;A01-1 氨基烘干清漆;A04-9 各色氨基烘干磁漆;A04-60 各色氨基烘干半光磁漆;各色氨基无光烘干磁漆;A14-51 各色氨基烘干透明漆;各色氨基烘干锤纹漆;A16-51 各色氨基烘干锤纹漆;A30-11 氨基烘干绝缘漆;各色氨基闪光烘漆;Q04-2 各色硝基外用磁漆;内墙涂料;外墙厚浆涂料;丙烯酸快干清漆;丙烯酸烘干磁漆;丙烯酸快干磁漆;各色丙烯酸烘干闪光漆;各色丙烯酸氨基烘漆;苯丙内墙乳胶漆;各色聚氨酯丙烯酸锤纹漆;各色聚氨酯丙烯酸凹凸锤纹漆;各色丙烯酸聚氨酯磁漆;聚氨酯丙烯酸汽车面漆;苯丙外墙乳胶漆;内外墙乳胶漆;浮雕漆;真石漆;超耐候丙烯酸溶剂型外墙涂料;高性能工程机械漆;工程机械专用底漆;丙烯酸内墙乳胶漆;丙烯酸外墙乳胶漆;丙烯酸弹性防水外墙乳胶漆;高级丝光内墙乳胶漆;亚光型内墙乳胶漆;聚酯透明底漆;各色聚酯底漆;环氧沥青清漆;H06-2 铁红,锌黄环氧酯底漆;环氧富锌防锈底漆;H07-5 各色环氧酯腻子;环氧地坪封闭底漆;环氧防腐漆;846 环氧沥青厚浆防锈漆;环氧红丹防锈底漆;环氧沥青耐油漆;铝粉环氧沥青耐油底漆;各色聚氨酯速干磁漆;各色聚氨酯速干锤纹漆;聚氨酯厚浆型面漆;聚氨酯耐油底漆;聚氨酯耐油面漆;聚氨酯云铁厚浆型底漆;各色聚氨酯地坪漆;各色聚氨酯立体锤纹漆;聚氨酯运动场涂料;铝粉有机硅耐热烘漆;氟碳漆;超耐候氟碳涂料;高级内墙水性腻子;水性罩光漆;锌灰云铁桥梁漆;桥梁专用漆;工业地坪涂料底漆;防静电地坪涂料;耐磨地坪涂料;特种防霉涂料;封墙乳胶漆;水性色浆;建筑胶;有机硅防水剂

常州光明塑料有限公司

江苏省常州市故园路 5 号[213000]
电话:(0519)86621944;88212818;88212808
传真:(0519)86621944;88212816
经济类型:有限责任公司
职工人数:418 人　　法人代表:姜忠泽
网址:www. gmshenli. com
E-mail:gmslc@ jsmail. com. cn
【主要产品】低密度聚乙烯;聚丙烯打包带;聚乙烯农膜;单向拉伸聚乙烯薄膜;高密度聚乙烯薄膜;聚乙烯农用地膜;高压聚乙烯薄膜;聚乙烯薄膜;聚丙烯薄膜;流延聚丙烯薄膜;涤纶薄膜;双向拉伸聚酯薄膜

常州海华化工有限公司

江苏省金坛市西岗镇港城路 64 号[213242]
电话:(0519)82631160;82631156
传真:(0519)82631031　　职工人数:59 人
经济类型:港澳台商独资经营
法人代表:张宇宽
【主要产品】聚氨酯漆包线漆

常州汉斯化学品有限公司

江苏省金坛市[213215]
电话:(0519)86613002;13951223016
传真:(0519)86613979
供销电话:86613002;13901500109
网址:www. hans-china. com
E-mail:jijunling@ vip. 163. com
【主要产品】柔软剂;织物整理剂;交联剂;固色剂;渗透剂;稳定剂;精炼剂;退浆剂;皂洗剂;螯合分散剂

常州恒丰化工有限公司

江苏省常州市武进区邹区镇[213144]
电话:(0519)83631418;13606146388
传真:(0519)83636582
供销电话:(0510)88615566
供销传真:(0510)86668870
经济类型:股份合作　　职工人数:120 人
法人代表:杜元达
网址:www. hengfengchem. com
E-mail:sales@ hengfengchem. com
【主要产品】氰乙酰胺;2-正辛基-4-异噻唑啉-3-酮;4,5-二氯-*N*-辛基-4-异噻唑啉-3-酮;非洛地平;2,2-二溴-3-次氮基丙酰胺;PESA 阻垢剂

常州鸿博塑业有限公司

江苏省常州市邹区镇龙潭[213013]
电话:(0519)83631540
传真:(0519)83636580
供销电话:83631540;13601506797
经济类型:与港澳台商合资经营
网址:www. liujianpei. com
E-mail:168@ liujianpei. com
【主要产品】塑料制品;吸塑制品

常州华光塑料制品有限公司

江苏省常州市武进区高新技术产业开发区夏城路 22 号[213162]
电话:(0519)86702118;86703846
传真:(0519)86701120
法人代表:壮建大
网址:www. chinahuaguang. cn
E-mail:zjdzjd@ public. cz. js. cn
【主要产品】塑料制品;塑料包装袋;塑料点断袋,背心袋

常州华明涂装粉末有限公司

江苏省常州市遥观工业区[213102]
电话:(0519)88702698;88705586;13901500335
传真:(0519)88702698
网址:www. hmfm. com
E-mail:hm@ hmfm. com
【主要产品】各色聚酯环氧型粉末涂料;聚酯粉末涂料;聚氨酯粉末涂料

常州华源雷迪斯聚合物有限公司

江苏省常州市新区外环路常林桥块[213022]
电话:(0519)85109703;85100553
传真:(0519)85100559
经济类型:中外合资经营企业
【主要产品】聚酯切片

常州化工厂

江苏省常州市新北区圩塘镇长江北路 302 号[213033]
电话:(0519)85779790
传真:(0519)85777924
网址:www. chc-chem. com
E-mail:sales@ chc-chem. com
【主要产品】盐酸;盐酸(精制);烧碱(液体);氢气;氯气(液);邻氯苯甲醛;糠氯酸;三氯化苄;4-氯甲苯;2-氯甲苯;氯化苄;二氯异氰尿酸钠;聚氯乙烯树脂;组合聚醚;聚乙烯桶;*N*,*N*,*N*-三(聚氧丙烯聚氧乙烯)胺;苯甲醛;聚氧丙烯聚氧乙烯甘油醚

常州化工设备有限公司

江苏省常州市常新路西涵洞桥[213002]
电话:(0519)88016778;86765053
传真:(0519)88016778;86765118
供销电话:13961290523
供销传真:86752108
网址:www. ccecl. com

苏

E-mail:webmaster@ cceccl.com
【主要产品】工业搪玻璃反应釜;外循环蒸发器;搪玻璃蒸馏罐;板壳式换热器;冷凝器;搪玻璃储罐;压力容器

常州环龙干燥机械厂

江苏省常州市焦溪镇三河口[213115]
电话:(0519)88670895;88670599;13813693589
传真:(0519)88675789
网址:www.hldry.com
E-mail:info@ hldry.com
【主要产品】立式煅烧窑炉;热风炉;燃油机热载体炉;脉冲袋式除尘器;双螺旋锥形混合机;LDH型高效犁刀式混合机;卧式槽形混合机;桶式预混合机;三维运动混合机;二维运动混合机;无重力双轴桨叶混合机;干燥器;SZG系列双锥回转真空干燥机;强化沸腾气流干燥器;喷雾干燥机;LPG系列高速离心喷雾干燥机;压力喷雾干燥机;气流干燥机;脉冲气流干燥机;振动流化床干燥机;真空耙式干燥机;真空干燥机;XF系列沸腾干燥机;带式干燥机;破碎机;粗碎机;流化床对撞式气流粉碎机;涡轮粉碎机;微粉碎机;超音速气流粉碎机;高效粉碎机;振动筛;螺旋输送机;给料机;对辊式造粒机;干式造粒机;摇摆式颗粒机;旋转式颗粒机;喷雾干燥制粒机;酒精回收塔

常州佳灵药业有限公司

江苏省金坛市水北镇[213221]
电话:(0519)82553288;82551269;13861079358
传真:(0519)82551269
经济类型:私营企业　职工人数:218人
法人代表:张月亮
网址:www.jialingyaoye.com
E-mail:jialing@ jialingyaoye.com
【主要产品】烟碱;6-氯水杨酸;4-氯-2-羟基苯胺;3-硝基-4-氯苯胺;2-氯-5-硝基苯胺;2-氟-5-硝基苯胺;2-巯基苯并噁唑;2,2′,4,4′-四羟基二苯甲酮;4,5-二氯-2-硝基苯胺;6-硝基水杨酸;2-甲基-5-硝基苯胺;4-甲基-3-硝基苯胺;敌百虫;啶蜱脲;杀铃脲;碘醚柳胺;氯硝柳胺;阿苯哒唑;三氯苯哒唑;喹嘧胺;氯氰碘柳胺钠;氯氰碘柳胺;盐酸吖啶黄

常州进华船舶造漆有限公司

江苏省常州市西门外东安镇人民路68号[213155]
电话:(0519)83731995-8002;83738602-8021
传真:(0519)83731737
经济类型:股份有限公司
法人代表:周法华
网址:www.zpmc-cz.com
E-mail:sales@ zpmc-cz.com
【主要产品】F60-31浅色酚醛防火漆;重防腐漆;船舶防腐漆;高温防腐漆

常州巨力塑料集团有限公司

江苏省常州市清潭路254号[213015]
电话:(0519)86960267;86974949
传真:(0519)86968554
经济类型:联营企业　法人代表:周海忠
网址:www.juli.com
E-mail:juli@ public.cz.js.cn
【主要产品】塑料板片材;土工格栅;塑料周转箱;聚碳酸酯板;聚碳酸酯中空板;PC/ABS合金板;家用电器塑料配件;挤出板材;硅胶管

常州康达制药有限公司

江苏省常州市南门外前黄镇[213172]
电话:(0519)86511078;86511097
传真:(0519)86511089　经济类型:国有有进出口权　法人代表:徐效法
E-mail:kangdazy@ public.cz.js.cn
【主要产品】苯溴马隆;甲基硫氧嘧啶;双异丙吡胺;双嘧达莫;舒必利;盐酸氯丙嗪;西咪替丁;盐酸雷尼替丁;盐酸地芬诺酯

常州康力化工有限公司

江苏省常州市钟楼经济开发区勤花路[213016]
电话:(0519)83164896;13776871060
传真:(0519)83902760
供销电话:13861001569
网址:www.klchem.com
E-mail:info@ klchem.com
【主要产品】2,5-二氯吡啶;2-氟-5-溴吡啶;2-氨基-5-氟吡啶;5-氯-2-氟吡啶;2-溴-5-氯吡啶;2,6-二乙酰基吡啶;5-溴-2-碘吡啶;氨基甲烷磺酸;*N*-(2-乙酰氨基)亚氨基二乙酸;对氨基苯乙胺;对硝基苯乙胺盐酸盐;5-氨基-4-甲酰胺咪唑;帕米膦酸;双氯非那胺;2,4-二溴噻唑;替硝唑;塞克硝唑;替莫唑胺;阿仑膦酸钠;右旋芬氟拉明;噻替派;帕米膦酸二钠;雷米普利;非洛地平;柳氨酚;依托咪酯;硫普罗宁;酚磺酞;米替福新;米托坦;芬度柳;苯甲酰硫胺;溴伏克辛;氯苯扎利;磺溴酞钠;利塞膦酸钠

常州康美化工有限公司

江苏省金坛市儒林镇[213225]
电话:(0519)82838933
经济类型:中外合资经营企业
【主要产品】胺菊酯;右旋炔丙菊酯;丙烯菊酯;富右旋反式烯丙菊酯;Es-生物烯丙菊酯

常州可赛成功塑胶材料有限公司

江苏省常州市新北区昆仑路58号[213032]
电话:(0519)85921992
传真:(0519)85921152
供销电话:88223987;88223997
网址:www.cz-kesai.com
E-mail:admin@ cz-kesai.com
【主要产品】聚乙烯蜡;硬脂酸锌;塑料光亮润滑剂;塑料助剂SB-200;塑料专用分散剂;亚乙基双硬脂酰胺

常州蓝航涂料助剂有限公司

江苏省常州市新北区罗溪镇彭家村工业园区[213001]
电话:(0519)83407785;13706113685
传真:(0519)83401517
网址:www.cz-ph.com
【主要产品】哌嗪(六水);哌嗪

常州联新化工有限公司

江苏省常州市新区百丈镇[213034]
电话:(0519)85860333;85126752;85597833
传真:(0519)85864000;85126752
供销电话:85126752;85029200
供销传真:85029199　法人代表:张小龙
网址:www.lianxinchem.com
E-mail:lxin@ lianxinchem.com
【主要产品】3,5-二羟基苯甲醛;(*S*)-(-)-2-氯丙酸;*R*-(+)-(2-羟基苯氧基)丙酸;二氟乙酸乙酯;1-苯基-3-甲基-5-吡唑啉酮;1-苯基-4-氰基-5-氨基吡唑;4-溴甲基喹啉-2-酮;*N*-甲基-1-萘甲胺盐酸盐;1-氯-6,6-二甲基-2-庚烯-4-炔;莫达非尼

常州罗地尔生化技术有限公司

江苏省常州市新区科技园创新北区446单元[213003]
电话:(0519)85123819;85123829
传真:(0519)85123729
网址:www.cnrohdea.com
E-mail:info@ cnrohdea.com
【主要产品】2-丙基咪唑二羧酸;2-丙基咪唑二羧酸二乙酯;2-氨基-3,5-二溴苯甲醛;咪唑-1-乙酸;6-氯-3,4-二氢-4-甲基-3-氧-2*H*-1,4-苯并噁嗪-8-酰氯;反式-4-氨基环己醇;2-正丙基-4-甲基-6-(1′-甲基苯并咪唑-2-基)苯并咪唑;7-甲基-2-丙基-(1H)-苯并咪唑-5-羧酸;*N*-[3-(3-二甲氨基-1-氧-2-丙烯基)苯基]-*N*-乙基乙酰胺;3-氨基奎宁环二盐酸盐;苯丙烯基哌嗪;4-(1-羟基-1-甲基乙基)-2-丙基-1H-咪唑-5-羧酸乙酯;4,5-二甲基-1,3-二氧杂环戊烯-2-酮;5-甲基吡嗪-2-羧酸;格列美脲;格列吡嗪;阿扎司琼;唑来膦酸;替米沙坦;奥美沙坦酯;盐酸氨溴索;扎莱普隆;盐酸氟桂利嗪;氯吡格雷

常州能源设备总厂有限公司

江苏省常州市天宁区浦前东路7号[213004]
电话:(0519)88812858;88811983
传真:(0519)88813935　法人代表:冯炜
供销电话:88819136　产值:83,790千元
供销传真:88825315　职工人数:928人

经济类型：联营企业
网址：www.ceef.com.cn
E-mail：ceef@ceef.com.cn；
ceef@vip.163.com
【主要产品】气流反应炉；一、二类压力容器

常州欧士橡胶助剂有限公司

江苏省常州市清凉南路9号[213004]
电话：(0519)86915780
传真：(0519)86915780
网址：www.czosm.cn
E-mail：czosm@czosm.com；
oasisman@vip.163.com
【主要产品】*N,N*-二苄基羟胺；硅烷偶联剂 KH-858；促进剂 CZ；促进剂 D；促进剂 DM；促进剂 DZ；促进剂 M；促进剂 NA-22；促进剂 NOBS；促进剂 NS；促进剂 TETD；促进剂 TMTD；促进剂 ZDC；促进剂 PZ；促进剂 BZ；促进剂 DTDM；促进剂 DOTG；促进剂 TMTM；促进剂 TRA；促进剂 ZMBT；橡胶促进剂 TDEC；2,6-二叔丁基对甲基苯酚；防老剂 2246；防老剂 4010NA；防老剂 BLE；防老剂 MB；防老剂 RD；防老剂丁；防老剂甲；防老剂 4020；防老剂 BLE-C；防老剂 BLE-W；防老剂 NBC

常州千红生化制药有限公司

江苏省常州市新北区长江中路90号[213022]
电话：(0519)85156015；85156023；
85156017
传真：(0519)85156008
供销电话：85156023；85156027
网址：www.qhsh.com.cn
【主要产品】肝素钠；胰激肽原酶；肝素钙

常州群乐干燥设备有限公司

江苏省常州市焦溪镇[213116]
电话：(0519)88904508；88904398
传真：(0519)88904398
网址：www.qldry.com
E-mail：market@qldry.com
【主要产品】热风炉；脉冲袋式除尘器；混合机；双锥混合机；卧式槽形混合机；三维运动混合机；二维运动混合机；热风循环烘箱；穿流带式干燥器；旋转闪蒸干燥机；SZG 系列双锥回转真空干燥机；滚筒干燥器；喷雾干燥机；LPG 系列高速离心喷雾干燥机；气流干燥机；振动流化床干燥机；真空耙式干燥机；真空干燥机；高效沸腾干燥机；带式干燥机；FL 系列沸腾制粒干燥机；粗碎机；微粉碎机；万能粉碎机；高效粉碎机；振动筛；干式造粒机；摇摆式颗粒机；喷雾干燥制粒机；高速混合制粒机；挤压造粒机

常州三和塑胶有限公司

江苏省常州市武进开发区南区凤鸣路22号[213161]
电话：(0519)86226500；86226501；
86226502
传真：(0519)86226511；86226522
供销电话：86226508；86226502
经济类型：中外合资经营企业
网址：www.chunhe.cn
E-mail：sales@chunhe.cn
【主要产品】EVA 发泡系列；导电发泡制品；橡胶发泡制品；汽车密封条；汽车缓冲块

常州圣安涂料有限公司

江苏省常州市横山桥[213119]
电话：(0519)88601815；88601888；
13901504009
传真：(0519)88603116　　有进出口权
经济类型：中外合资经营企业
网址：www.china-shengan.com
E-mail：shengan@china-shengan.com
【主要产品】Y53-31 红丹油性防锈漆；F53-31 红丹酚醛防锈漆；L01-17 煤焦沥青清漆；醇酸磁漆；C06-1 铁红醇酸底漆；C06-10 醇酸二道底漆；C53-31 红丹醇酸防锈漆；C53-34 云铁醇酸防锈漆；金属油罐抗静电防腐涂料；汽车漆；防火涂料；丙烯酸高光外墙涂料；溶剂型丙烯酸外墙涂料；丙烯酸系列汽车漆；纳米外墙涂料；丙烯酸聚氨酯漆；丙烯酸聚氨酯马路划线漆；外墙金属漆；浮雕漆；真石漆；丙烯酸类面漆；高耐候性硅丙户外漆；丙烯酸平光漆；丙烯酸内墙乳胶漆；丙烯酸外墙乳胶漆；热熔道路标志漆；彩色卷钢涂料；环氧铁红防锈漆；铁红环氧酯底漆；H06-1 环氧富锌底漆；环氧云铁防锈漆；环氧地坪涂料；自流平环氧地坪涂料；耐热防腐涂料；环氧型耐油防静电涂料；环氧铁红车间底漆；环氧沥青防腐漆；H53-8 环氧红丹防锈漆；环氧玻璃鳞片漆；耐高温防腐涂料；环氧酯锌黄防锈漆；铁红聚氨酯底漆；聚氨酯耐油面漆；聚氨酯耐热防腐涂料；聚氨酯云铁中间漆；各色聚氨酯环氧防腐漆；聚氨酯跑道涂料；高级氟碳外墙装饰漆；有机硅耐高温防腐涂料；氯化橡胶面漆；铝粉氯化橡胶防锈漆；高氯化聚乙烯磁漆；各色氯化橡胶马路划线漆；氯化橡胶厚浆型面漆；氯磺化聚乙烯防腐涂料；氯磺化聚乙烯抗裂涂料；高氯化聚乙烯铁红防锈漆；氯磺化聚乙烯云铁防锈漆；高氯化聚乙烯云铁防锈漆；防水专用腻子粉；氯化橡胶沥青防锈漆；氯化橡胶云铁防锈漆；氯化橡胶玻璃鳞片涂料；铁红氯化橡胶厚膜型防锈漆；氯磺化聚乙烯冷却塔防潮涂料；复合防水涂料；复合弹性防水涂料；聚丙烯管道防腐底漆；防渗涂料；无机富锌底漆；无机硅酸锌底漆；外墙抗碱底漆；饰面型防火涂料；透明防火涂料；膨胀型钢结构防火涂料；膨胀型电缆防火涂料；隧道防火涂料；超薄膨胀型防火防腐涂料；无毒饮水舱防腐涂料；防锈带锈漆；耐磨地坪涂料；耐酸防腐涂料；氰凝防水防腐涂料；高级外墙弹性涂料；煤气柜专用防腐涂料；无机防火堵料

常州市白云化工有限公司

江苏省常州市三河口工业开发区[213115]
电话：(0519)88672989；88672283
传真：(0519)8672352；8672283
供销电话：88731256
供销传真：88731256
经济类型：股份合作
网址：www.czgszx.com/webd/byhg/gsjj.htm
E-mail：x51898@public.cz.js.cn
【主要产品】6,7,8-三氟-1,4-二氢-4-氧代喹啉-3-羧酸乙酯；盐酸洛美沙星；替诺昔康；氯诺昔康

常州市百兴塑胶制品有限公司

江苏省常州市南门外礼嘉镇[213176]
电话：(0519)86235789
传真：(0519)86231269
有进出口权
职工人数：1,500 人
网址：www.jn-group.com/jnbx/indexc.htm
E-mail：jnbx@china-jnbx.com
【主要产品】聚氯乙烯压延薄膜；聚氯乙烯人造革

常州市柏鹤涂料有限公司

江苏省常州市新北区罗溪镇机场南路32号[213136]
电话：(0519)83401133
传真：(0519)83401100
供销电话：83403777；83405777
网址：www.cncoatings.com
E-mail：info@cncoatings.com
【主要产品】饱和聚酯树脂；各色氨基闪光烘漆；各色聚丙烯塑料专用底漆；各色聚丙烯塑料专用漆；各色丙烯酸烘干闪光漆；各色丙烯酸砂面漆；彩色卷钢涂料；镜面镀膜快干保护漆；镜背涂料；高装饰汽车面漆；汽车配件用漆；高性能电磁屏蔽涂料

常州市邦杰化工有限公司

江苏省常州市武进区三河口[213115]
电话：(0519)88671908；88671998
传真：(0519)88676988
经济类型：股份合作
网址：www.bangjie-china.com
E-mail：sales@bangjie-china.com
【主要产品】F03-1 各色酚醛调合漆；F04-2 各色酚醛磁漆；环氧煤沥青防腐涂料；C01-1 醇酸清漆；C04-2 各色醇酸磁漆；内墙乳胶涂料；聚苯乙烯防腐涂料；工业涂料；高弹性复合丙烯酸乳液型外墙涂料；溶剂型丙烯酸外墙涂料；丙烯酸封闭底漆；真石漆；环氧富锌底漆；环氧富锌车间底漆；环氧云铁防锈中涂漆；厚膜型环氧地坪涂料；各色环氧厚浆型防腐涂料；各色环氧防腐面漆；环氧玻璃鳞片漆；聚氨酯罩光

苏

漆;有机硅耐高温防腐涂料;有机硅耐高温防腐面漆;氯磺化聚乙烯防腐漆;氯磺化聚乙烯防腐底漆;氯化橡胶航空标志漆;氯化橡胶厚浆型面漆;高氯化聚乙烯中涂漆;氯化橡胶云铁防锈漆;铁红氯化橡胶厚膜型防锈漆;氯醚重防腐涂料;埋地管道重防腐涂料;无机硅酸锌底漆;氰凝防水防腐涂料;煤气柜专用防腐涂料

常州市博大化工有限公司

江苏省常州市新北区圩塘工业园[213103]
电话:(0519)85779585
传真:(0519)85779866
经济类型:中外合资经营企业
职工人数:120 人
网址:www. jsbd. com
E-mail:sales@ jsbd. com
【主要产品】偏苯三酸酐

苏

常州市步长干燥设备有限公司

江苏省常州市焦溪镇[213116]
电话:(0519)88906886;88906665
传真:(0519)88903500
网址:www. buchangdry. com
E-mail:bc@ buchangdry. com
【主要产品】脉冲袋式除尘器;混合机;卧式槽形混合机;桶式预混合机;三维运动混合机;高效混合机;热风循环烘箱;FZG 系列粉碎-搅拌真空干燥机;FL 系列沸腾制粒干燥机;微粉碎机;振动筛;旋振筛;快速整粒机;干式造粒机;喷雾干燥制粒机;高速混合制粒机

常州市长江硫酸厂

江苏省常州市新区圩塘镇澡港[213033]
电话:(0519)85770132;85770130;85476132
传真:(0519)85770132
【主要产品】硫酸

常州市长江钛白粉厂

江苏省常州市新区圩塘镇[213033]
电话:(0519)85770131;85770132
传真:(0519)85770132 经济类型:集体
网 址: www. hylive. com/jiangsu/jiangsu20195. html
【主要产品】硫酸亚铁;钛白粉

常州市常宇化工有限公司

江苏省常州市新区龙虎塘镇西街17-19 号[213031]
电话:(0519)85481997;85481030;85772200
传真:(0519)85484533;85481030
经济类型:股份合作 职工人数:600 人
法人代表:周应剑
网址:www. changyuchem. com
E-mail:changyu@ public. cz. js. cn
【主要产品】硫代硫酸钠;α-甲基萘;β-甲基萘;对氟苯甲醛;邻氟苯甲醛;间氟苯甲醛;1,3-苯二酚;1-萘酚;3,5-二氯苯胺;α-萘胺;5-硝基-8-羟基喹啉;1,2-重氮氧基萘-4-磺酸;1-萘酚-4-磺酸;1,2-重氮氧基-6-硝基-4-萘磺酸;1-氨基-4-萘磺酸钠;酸性媒介黑 T;邻羟基联苯

常州市朝晖化工有限公司

江苏省常州市东郊横山桥镇韩地[213117]
电话:(0519)88666266;88666166
传真:(0519)88666066
网址:www. cz-zhaohui. com
E-mail:zhtl@ jsmail. com. cn
【主要产品】C03-1 各色醇酸调合漆;铁红醇酸防锈漆;乳胶涂料;丙烯酸类面漆;环氧富锌底漆;环氧抗静电地坪漆;聚氨酯导静电耐油防腐涂料;聚氨酯面漆;有机硅耐高温防腐涂料;氯化橡胶面漆;高氯化聚乙烯防腐面漆;氯磺化聚乙烯防腐涂料;膨胀型钢结构防火涂料;氰凝防水防腐涂料

常州市成举干燥制粒机械厂

江苏省常州市[213003]
电话:(0519)88722529;13901505690
传真:(0519)88722527
法人代表:叶成举
网址:www. cjdry. com
E-mail:cj@ cjdry. com
【主要产品】脉冲袋式除尘器;混合机;双螺旋锥形混合机;双锥混合机;强制搅拌混合机;卧式槽形混合机;三维运动混合机;二维运动混合机;热风循环烘箱;旋转闪蒸干燥机;SZG 系列双锥回转真空干燥机;振动流化床干燥机;真空干燥机;XF 系列沸腾干燥机;带式干燥机;FL 系列沸腾制粒干燥机;粗碎机;微粉碎机;万能粉碎机;高效粉碎机;振动筛;螺旋输送机;给料机;造粒机;对辊式造粒机;快速整粒机;干式造粒机;摇摆式颗粒机;喷雾干燥制粒机;高速混合制粒机;挤压造粒机;酒精回收塔

常州市大使涂料有限公司

江苏省常州市青洋北路 58 号[213000]
电话:(0519)85505577;85117933;13606112157
传真:(0519)85505557
网址:www. ambpaint. com;www. honeycombboard. com
E-mail:webmaster@ ambpaint. com;czamb888@ 163. com
【主要产品】醇酸防腐面漆;铁红醇酸底漆;金属油罐抗静电防腐涂料;防火涂料;有光外墙乳胶漆;环氧树脂类防腐涂料;聚氨酯自流平地坪涂料;铝粉氯化橡胶防锈漆;氯磺化聚乙烯防腐涂料;高氯化聚乙烯防腐涂料;铁红氯化橡胶厚膜型防锈漆;高级外墙乳胶漆;聚丙烯管道防腐面漆;船用防腐防污涂料;无机富锌底漆;膨胀型钢结构防火涂料;耐酸防腐涂料;封墙底漆

常州市戴溪油墨有限公司

江苏省常州市武进区戴溪镇[213105]
电话:(0519)88552315;13775098686
网址:www. czdxym. com
E-mail:info@ czdxym. com
【主要产品】软管油墨

常州市东方化工有限公司

江苏省常州市郊区雕庄采菱路东段[213018]
电话:(0519)88812707;13906129129
传真:(0519)88820781
网址:www. dfhg. com. cn
E-mail:east_wl@ 163. com
【主要产品】酞菁蓝;酞菁绿 G;联苯胺黄 HR;永固红 F5RK;永固红 FGR;永固红 FBB;永固紫 RL;油溶黄 R;油溶黄 3G;油溶黄 2G;透明红 EG;透明蓝 RP;透明紫 R

常州市东海橡胶厂

江苏省常州市新北区黄河西路 189 号[213022]
电话:(0519)85128710;85128730
传真:(0519)85128720
网址:www. czdhxj. com
E-mail:swj@ czdhxj. com;yangyi@ czdhxj. com
【主要产品】氧气胶管;乙炔胶管;输油胶管;减震器及配件

常州市东南开发区兴阳生物助剂有限公司

江苏省常州市东南陶瓷商城中央大道左侧[213018]
电话:(0519)88250401;13182569261
传真:(0519)88250408
网址:www. chinaxingyang. com
E-mail:sales@ chinaxingyang. com
【主要产品】米氏醇;双甘氨肽;双环[2.2.1]-2-庚烯-5,6-二酰亚胺;过氧化氢酶;L-谷氨酰胺;纤维素酶

常州市东青聚氨酯制品厂

江苏省常州市东门外东青镇[213114]
电话:(0519)88966359;13606123169
传真:(0519)88966359
法人代表:陈泉强
网址:www. wjqj. com
【主要产品】聚氨酯密封圈;胶辊;聚氨酯胶辊

常州市东业化学品公司

江苏省常州市采菱路 76 号[213003]
电话:(0519)88867072
传真:(0519)88862909
【主要产品】1,4-二羟基-2-丁烯;哌嗪(六水);4-甲苯磺酰胺;4-甲苯磺酰氯

常州市公保助剂厂

江苏省常州市武进区崔桥镇张家桥[213103]
电话:(0519)88501227;88501238;13906122320
传真:(0519)88506501　职工人数:80人
经济类型:股份合作　法人代表:苏尧松
网址:www.gbzj.com
E-mail:gbzj@gbzj.com
【主要产品】氟化钾

常州市豪龙干燥设备有限公司

江苏省常州市郑陆工业区[213003]
电话:(0519)88738818;88738828
传真:(0519)88738838
网址:www.czhaolong.com
E-mail:info@czhaolong.com
【主要产品】热风炉;脉冲袋式除尘器;混合机;双螺旋锥形混合机;隧道灭菌烘箱;回转干燥器;直接加热回转式干燥器;旋转闪蒸干燥机;SZG系列双锥回转真空干燥机;圆盘式螺旋振动干燥机;滚筒干燥器;喷雾干燥机;LPG系列高速离心喷雾干燥机;压力喷雾干燥机;气流干燥机;振动流化床干燥机;真空耙式干燥机;FZG系列粉碎-搅拌真空干燥机;高效沸腾干燥机;XF系列沸腾干燥机;带式干燥机;FL系列沸腾制粒干燥机;粗碎机;微粉碎机;振动筛;给料机;造粒机;喷雾干燥制粒机;高速混合制粒机

常州市浩楠化工有限公司

江苏省常州市南门牛塘镇[213163]
电话:(0519)86391092;86395208;86395207
传真:(0519)86395210
网址:www.nt-chem.com
E-mail:ntzjc@pub.cz.jsinfo.net
【主要产品】邻异丙基苯甲醛;2-氯烟酸;对甲氧基乙基苯酚;邻异丙基苯胺;间异丙基苯胺;对异丙基苯胺;丁丙硫脲;氨基硫脲;2-氨基-4-甲氧基-6-甲基-1,3,5-三嗪;2-甲氨基-4-甲氧基-6-甲基-1,3,5-三嗪

常州市河马塑胶有限公司

江苏省常州市武进鸣凰工业园区[213164]
电话:(0519)86532038;85071685;86538580
传真:(0519)86538580
网址:www.fitting-model.com;
www.hippos.cn
E-mail:zbx@fitting-model.com;
info@hippos.cn
【主要产品】聚氯乙烯管材;UPVC聚氯乙烯加筋管;聚氯乙烯双壁波纹管

常州市宏业有机硅有限公司

江苏省常州市横山桥凤凰山[213003]
电话:(0519)88662618;88665775
传真:(0519)88665775
网址:www.hyyjg.com
【主要产品】室温硫化甲基硅橡胶(107型);二甲基硅油(201型);二甲基硅油;乳化硅油;硅油;硅脂;有机硅耐高温防腐涂料;有机硅固体粉沫型消泡剂;有机硅脱模剂;有机硅乳液型消泡剂;硅油封头剂

常州市鸿腾化工有限公司

江苏省常州市横山桥镇[213119]
电话:(0519)88601185
传真:(0519)88604306
法人代表:周小军
网址:www.cnhongteng.com
E-mail:info@cnhongteng.com
【主要产品】环氧煤沥青防腐涂料;醇酸树脂涂料;硝基木器清漆;各色硝基外用磁漆;丙烯酸涂料;聚酯树脂漆类;环氧树脂类防腐涂料;氯化橡胶涂料;氯磺化聚乙烯涂料;各色塑料涂料;水溶性涂料

常州市华东石墨换热器厂

江苏省常州市牛塘镇丫河陈家村35号[213163]
电话:(0519)86380553
传真:(0519)86390553　职工人数:52人
固定资产:2,000千元　产值:6,000千元
经济类型:私营企业　法人代表:王顺泉
销售收入:5,000千元
网址:www.hdshimo.com
E-mail:hdsm@hdshimo.com
【主要产品】列管式换热器;石墨换热器;石墨改性聚丙烯列管式换热器;冷凝器

常州市华东真空泵厂

江苏省常州市清潭新村荆川东路21号[213015]
电话:(0519)86968493;86966768;86982528
传真:(0519)86966768
供销电话:13906113719
网址:www.china-beng.com;
www.chinabeng.com
E-mail:huadong@china-beng.com
【主要产品】真空泵;旋片式真空泵;水环式真空泵

常州市华人化工有限公司

江苏省常州市和平南路150号[213003]
电话:(0519)88127915;88170087
传真:(0519)88104456
网址:www.huarenchem.com
E-mail:sales@huarenchem.com
【主要产品】利福昔明;盐酸萘替芬;格替沙星;环吡司胺;氟嗪酸;左旋氧氟沙星;卡洛芬;左羟丙哌嗪;米尔雅林

常州市华星防腐材料有限公司

江苏省常州市东门外新安镇新芙路10号[213117]
电话:(0519)88662616
传真:(0519)88662782
职工人数:112人
网址:www.xing-lu.com
E-mail:webmaster@xing-lu.com
【主要产品】醇酸树脂涂料;氨基树脂漆类;防火涂料;建筑涂料;环氧树脂类防腐涂料;耐高温防腐涂料;聚氨酯涂料;氯磺化聚乙烯防腐涂料;高氯化聚乙烯防腐涂料;氯化橡胶防腐涂料;FVC涂料;带锈涂料;特种涂料;特种防腐涂料;氰凝防水防腐涂料

常州市化安精细化工有限公司

江苏省常州市新北区春江镇安家安宁路84号[213126]
电话:(0519)85972585;85971398;85971059
传真:(0519)85971306　有进出口权
经济类型:股份合作　法人代表:汪浩波
网址:www.ha-chem.com
E-mail:office@ha-chem.com;
company@ha-chem.com
【主要产品】2,2′-二硫代二苯甲酸;三(2-羟乙基)异氰尿酸酯;2,2-二溴-3-次氮基丙酰胺

常州市皇健涂料有限公司

江苏省常州市武进区寨桥镇[213177]
电话:(0519)86260558;86262356;13775601076
传真:(0519)86260558
网址:www.hangming-pack.com/hj/about.htm
E-mail:huangjian@czhuangjian.com
【主要产品】弹性涂料;真石漆;丙烯酸内墙乳胶漆;内外墙水泥漆

常州市黄河化工设备有限公司

江苏省常州市新北区罗溪镇汤庄桥[213133]
电话:(0519)83206104;83204866
传真:(0519)83204866;83205328
供销电话:13806112251
法人代表:周方青
网址:www.cz-wt.com
E-mail:huanghe@cz-wt.com
【主要产品】双酚A型环氧树脂;工业搪玻璃反应釜;列管式冷凝器;搪玻璃搅拌器

常州市汇东橡塑制品厂

江苏省常州市西环路南首[213015]
电话:(0519)86963644;86984190-8000
传真:(0519)86966086
职工人数:126人
网址:www.chinahuidong.com
E-mail:hdrpofcc@public.cz.js.cn
【主要产品】聚氨酯保温材料;塑料保温管;减震用橡胶制品;汽车橡胶配件;海绵泡沫制品

常州市吉耐助剂有限公司

江苏省常州市关河西路汇金置业广场5号楼415室[213002]

电话：(0519)86639619；86634717
传真：(0519)86634717
网址：www. ji-nai. com
E-mail：info@ ji-nai. com
【主要产品】钛酸四丁酯；异丙基三(焦磷酸二辛酯)钛酸酯；钛酸酯偶联剂 TC-WT；钛酸酯偶联剂 TC-201；钛酸酯偶联剂 CT-2；钛酸酯偶联剂 CT-928；钛酸酯偶联剂 NDZ-105；钛酸酯偶联剂 NDZ-109；二(2-乙基己基)磷酸酯

常州市嘉诺有机硅有限公司

江苏省常州市东门外芙蓉镇[213118]
电话：(0519)88763130；13806110827
供销电话：88763130；13338191968
法人代表：胡孟进
网址：www. czjianuo. com
E-mail：office@ czjianuo. com
【主要产品】有机硅改性聚酯树脂；有机硅树脂；有机硅树脂(1053 型)；耐高温有机硅树脂；有机硅自干绝缘漆；有机硅防水剂

常州市坚力橡胶有限公司

江苏省常州市东门外郑陆镇工业园区[213003]
电话：(0519)88731103；88732678
传真：(0519)88736268
网址：www. jlrubber. com
E-mail：manager@ jlrubber. com
【主要产品】橡胶杂品；胶辊

常州市剑湖东风化工有限公司

江苏省常州市戚墅堰大桥南 312 国道湖港段 18 号[213011]
电话：(0519)88772477；88389257；88771376
传真：(0519)88772477
供销传真：88389257 法人代表：李国平
经济类型：有限责任公司
网址：www. czdongfengchem. com
E-mail：dfhg2000@ jsmail. com. cn
【主要产品】2-乙氧基-5-氟尿嘧啶；氰乙酰胺；半胱胺盐酸盐；胱胺二盐酸盐；胱胺硫酸盐；4-氨基-2-三氟甲基苯腈；氟胞嘧啶；氟尿嘧啶

常州市江飞塑料厂

江苏省常州市西郊邹区镇龙潭村[213144]
电话：(0519)83635977
传真：(0519)83639771
网址：www. cz-jfsl. com
E-mail：yhx@ cz-jfsl. com；yrf@ cz-jfsl. com
【主要产品】聚氯乙烯粒料；PVC 塑料加工制品

常州市江湖化工有限公司

江苏省常州市郑陆工业开发区[213111]
电话：(0519)88930258；88930688
传真：(0519)88930387
网址：www. cnjianghu. com
E-mail：manager@ cnjianghu. com
【主要产品】阻垢分散剂；杀菌灭藻剂；絮凝剂；预膜剂；阻垢缓蚀剂；缓蚀剂

常州市节能化工有限公司

江苏省常州市武进区遥观镇青城桥[213102]
电话：(0519)88701974
传真：(0519)88701868 有进出口权
法人代表：周荣明
网址：czjnhg. hg-z. com
E-mail：cajnhg@ 28show. cn
【主要产品】环氧树脂；组合聚醚；肌醇

常州市金恒涂料有限公司

江苏省常州市芙蓉镇[213118]
电话：(0519)88761283
供销传真：88768333 法人代表：刘涛
网址：www. china-jinheng. com
E-mail：webmaster@ china-jinheng. com
【主要产品】乳胶漆；工业涂料；真石漆；封墙底漆

常州市金阳洋铝银粉有限公司

江苏省常州市钟楼区新闸唐家工业园[213012]
电话：(0519)83258369
传真：(0519)83258366
网址：www. czjyy. com
E-mail：jyy@ czjyy. com
【主要产品】铝银浆；非浮型铝银浆

常州市凯杰化工有限公司

江苏省常州市西门卜弋镇外泰村[213147]
电话：(0519)83562238；83561238；13861058968
传真：(0519)83561968
供销电话：83562238；13606115968
网址：www. kaijie. com
E-mail：kaijie@ kaijie. com
【主要产品】羟乙基纤维素

常州市凯星涂料有限公司

江苏省常州市东郊横山桥镇[213119]
电话：(0519)88602517
传真：(0519)88602518 经济类型：集体
法人代表：陈仲德
网址：www. kixine. com
E-mail：master@ kixine. com
【主要产品】醇酸防腐涂料；金属油罐抗静电防腐涂料；汽车漆；防火涂料；建筑乳胶涂料；丙烯酸聚氨酯防腐涂料；环氧树脂类防腐涂料；耐高温防腐涂料；聚氨酯防腐涂料；氯磺化聚乙烯防腐涂料；高氯化聚乙烯防腐涂料；氯化橡胶防腐涂料；埋地管道重防腐涂料；船舶涂料；特种涂料；地坪涂料；煤气柜专用防腐涂料；冷却塔专用涂料

常州市康宝油脂化工有限公司

江苏省常州市机场路汤庄桥[213133]
电话：(0519)83207050
传真：(0519)83202720
网址：www. cn-moniya. com
E-mail：info@ cn-moniya. com
【主要产品】防锈漆；氨基树脂漆类；内外墙涂料；丙烯酸树脂漆类；环氧树脂漆类；防锈油；金属清洗剂；润滑油

常州市科达永盛有机硅材料有限公司

江苏省常州市新安工业开发区[213117]
电话：(0519)88665501；13706123506
传真：(0519)88661900
网址：www. kdys. cn
E-mail：kdys@ chem. cn
【主要产品】室温硫化硅橡胶(106 型)；二甲基硅油(201 型)；有机硅固体粉沫型消泡剂

常州市科丰化工有限公司

江苏省常州市邹区镇[213144]
电话：(0519)83639158；13906114163
传真：(0519)83638829 职工人数：60 人
经济类型：私营企业
网址：www. czkefeng. com
E-mail：syf588@ czkefeng. com
【主要产品】高氯酸；α-氯丙酸；2,2-二氯丙酸；氯甲酸三氯甲酯；2-氯丙酸甲酯；2-氯丙酸乙酯；丙酸甲酯；对苯二甲酰氯；间苯二甲酰氯；醋酸钠；醋酸钠(无水)；α-溴-γ-丁内酯；γ-氯代乙酰乙酸乙酯；1-乙酰基-4-(4-羟基苯基)哌嗪；间氯苯甲酰氯；丙酸乙酯；钯炭催化剂；炭载含铂加氢催化剂；二甲基亚砜

常州市蓝江化工有限公司

江苏省常州市横山桥金丰[213119]
电话：(0519)88603210；13606117367
传真：(0519)88603210
网址：lanjiang. e. chem. cn
E-mail：zhukq@ lj-chem. com
【主要产品】那格列奈；10-羟基喜树碱；盐酸班布特罗；阿比多尔

常州市临江化工有限公司

江苏省常州市新北区春江镇江边工业园区[213127]
电话：(0519)85031018
传真：(0519)85033333
供销电话：86391041；86392092
供销传真：86392092 法人代表：许旭东
经济类型：股份合作
【主要产品】分散染料

常州市灵达化学品有限公司

江苏省常州市南门外寨桥镇灵台工业开发区[213177]
电话：(0519)86261020；86266325；86261426
传真：(0519)86262789

苏

网址：www.ldfibre.cn；
www.cz-lingda.com
E-mail：manager@cz-lingda.com
【主要产品】羧基丁苯胶乳；粉末丁腈橡胶；羧基丁腈胶乳；丙纶 BCF；水溶性硅油；氨基改性聚二甲基硅氧烷；涤纶油剂；涤纶短纤维油剂；丙纶油剂

常州市凌龙涂料有限公司

江苏省常州市花园路 158 号[213016]
电话：(0519)83272529；83270314
传真：(0519)83270473　有进出口权
经济类型：有限责任公司
职工人数：80 人
网址：www.lealong.com
E-mail：lealong@pub.cz.jsinfo.net
【主要产品】厚浆型环氧煤沥青防腐涂料；金属闪光漆；水溶性丙烯酸浸涂漆；聚氨酯丙烯酸修补漆；丙烯酸电泳漆；丙烯酸修补漆；聚酯氨基烤漆；各色聚酯卷钢面漆；稳定型环氧带锈防锈底漆；水性环氧丙烯酸浸涂漆；各色环氧聚酯水性浸涂漆；阴极电泳涂料；厚膜阴极电泳涂料；聚氨酯涂料；常温固化有机硅耐高温防腐涂料；改性氯磺化聚乙烯防腐涂料；玻璃鳞片重防腐涂料；钢结构隔热防火涂料；高装饰汽车面漆；阴离子电沉积涂料；卷材底漆；印铁涂料；印铁罩光油

常州市麦登橡塑化工有限公司

江苏省武进市漕桥镇[213171]
电话：(0519)86213888
传真：(0519)86213357；86218212
固定资产：15,000 千元
供销电话：86211041　法人代表：朱梅珍
经济类型：股份有限公司
网址：www.wjslhg.com
E-mail：wjslhg@tom.com
【主要产品】碳酸锌；高纯氧化锌；PVC 内润滑剂；白炭黑(沉淀法)

常州市明星干燥设备有限公司

江苏省常州市武进区三河口工业园[213004]
电话：(0519)88672398；88670298；
13606114539
传真：(0519)88811996；88812792
供销传真：88125579
网址：www.czmx.net
E-mail：support@czmx.net
【主要产品】热风循环烘箱；隧道灭菌烘箱；直接加热回转式干燥器；旋转闪蒸干燥机；SZG 系列双锥回转真空干燥机；滚筒干燥器；强化沸腾气流干燥器；LPG 系列高速离心喷雾干燥机；气流干燥机；振动流化床干燥机；FLP 流化造粒包衣干燥机；冷冻干燥器；真空耙式干燥机；真空干燥机；高效沸腾干燥机；XF 系列沸腾干燥机；带式干燥机；FL 系列沸腾制粒干燥机

常州市戚墅堰开源化工有限公司

江苏省常州市戚墅堰 312 国道湖港桥东[213011]
电话：(0519)88770179
传真：(0519)88770179
供销电话：13906114613
经济类型：私营企业
网址：cnvip.busytrade.com/gtititt
【主要产品】环烷酸钡；2-乙基己酸锰；异辛酸铅；异辛酸镍；异辛酸钴；2-乙基己酸锌；环烷酸钴；环烷酸铅；环烷酸锌；环烷酸锰；环烷酸镍

常州市清红化工有限公司

江苏省常州市新北区春江镇江边化工区[213033]
电话：(0519)85770068；13328192000
传真：(0519)85095968
固定资产：35,000 千元
职工人数：286 人
网址：www.qinghong-chemical.com
E-mail：qinghong@qinghong-chemical.com
【主要产品】硫酸；硫酸二甲酯；9,10-蒽醌；半胱胺盐酸盐；2-乙基蒽醌；L-天冬酰胺；三(环氧丙基)异氰尿酸酯

常州市润和发达橡胶制品有限公司

江苏省常州市遥观镇塘桥村[213102]
电话：(0519)88709506；88709509；
13182557588
传真：(0519)88709517
法人代表：朱法清
网址：www.cntdl.com
E-mail：admin@cntdl.com
【主要产品】三元乙丙密封条；橡胶制品；三元乙丙橡胶胶管；橡胶发泡制品

常州市三勤化工有限公司

江苏省常州市焦溪镇[213116]
电话：(0519)88903320；88901316；
88902222
传真：(0519)88900616
网址：www.sq-chem.com
E-mail：jx2222@pub.cz.jsinfo
【主要产品】工业水处理剂

常州市申达涂料有限公司

江苏省常州市潞城镇[213025]
电话：(0519)88400174；88402427
传真：(0519)88400174
供销电话：88400214　职工人数：260 人
经济类型：有限责任公司
法人代表：虞定海
网址：www.shenda-cz.com
E-mail：webmaster@shenda-cz.com
【主要产品】F53-31 红丹酚醛防锈漆；厚浆型环氧煤沥青防腐涂料；C04-42 各色醇酸磁漆；C53-31 红丹醇酸防锈漆；C53-34 云铁醇酸防锈漆；金属油罐抗静电防腐涂料；聚氨酯丙烯酸汽车面漆；丙烯酸航空标志涂料；丙烯酸外墙涂料；高级内墙乳胶漆；H53-8 环氧红丹防锈漆；环氧玻璃鳞片漆；耐高温防腐涂料；聚氨酯铁红防锈漆；聚氨酯防腐涂料；各色聚氨酯环氧防腐漆；氯化橡胶航空标志漆；氯磺化聚乙烯高空结构标志涂料；高氯化聚乙烯厚浆型防锈漆；氯磺化聚乙烯冷却塔防潮涂料；高级外墙乳胶漆；无机富锌底漆；钢结构隔热防火涂料；膨胀型钢结构防火涂料；工业地坪涂料；氰凝防水防腐涂料

常州市实达干燥设备有限公司

江苏省常州市焦溪镇查家湾[213116]
电话：(0519)88900009；88905018
传真：(0519)88902520
网址：www.sddry.com
E-mail：sddrying@163.com
【主要产品】卧式槽形混合机；三维运动混合机；二维运动混合机；高效混合机；热风循环烘箱；直接加热回转式干燥器；旋转闪蒸干燥机；SZG 系列双锥回转真空干燥机；LPG 系列高速离心喷雾干燥机；压力喷雾干燥机；气流干燥机；脉冲气流干燥机；振动流化床干燥机；FZG 系列粉碎-搅拌真空干燥机；高效沸腾干燥机；带式干燥机

常州市舜溪化工厂

江苏省常州市武进区焦溪镇舜溪南路 2 号[213116]
电话：(0519)88902217
传真：(0519)88902722　职工人数：30 人
经济类型：股份合作　法人代表：李秋方
【主要产品】印刷油墨；过氧化苯甲酰

常州市通达化工有限公司

江苏省常州市新区百丈镇百丈村[213034]
电话：(0519)85863566；85861041
传真：(0519)85863566
固定资产：8,800 千元　职工人数：100 人
经济类型：有限责任公司
网址：www.tongda-chem.cn
E-mail：wrn@tongda-chem.cn
【主要产品】硫酸肼；三氯化铝；一氯乙酸；一氯醋酸甲酯；二氯醋酸甲酯；氯乙酸叔丁酯；1,1,3-三氯丙酮；2,4-二氯-5-氟苯乙酮；乙酰氯；2,4-二氯苯乙酮；聚酰胺树脂；不饱和聚酯树脂

常州市威尔伯干燥设备有限公司

江苏省常州市焦溪镇[213116]
电话：(0519)88900823；88900631；
13606113542
传真：(0519)88900631
网址：www.china-wellborn.com
E-mail：market@china-wellborn.com
【主要产品】热风炉；脉冲袋式除尘器；混合机；双锥混合机；卧式槽形混合机；三维运动混合机；二维运动混合机；热风循环烘箱；穿流带式干燥器；

苏

旋转闪蒸干燥机；SZG 系列双锥回转真空干燥机；LPG 系列高速离心喷雾干燥机；气流干燥机；振动流化床干燥机；真空干燥机；高效沸腾干燥机；XF 系列沸腾干燥机；带式干燥机；微粉碎机；万能粉碎机；振动筛；造粒机；旋转式颗粒机；高速混合制粒机；挤压造粒机

常州市威利杰涂料有限公司

江苏省常州市芙蓉镇五家圩[213118]
电话：(0519)88763136；13606149862
传真：(0519)88651036
供销电话：88763136；13951212126
网址：www. czwlj. com
E-mail：czwlj00@ yahoo. com. cn
【主要产品】热固性丙烯酸聚酯罩光漆；热固性丙烯酸烘漆；环氧丙烯酸树脂底漆；丙烯酸环氧树脂中涂漆；低温固化丙烯酸树脂烘漆；热塑性丙烯酸塑料漆；光固化涂料

常州市伟英节能化工有限公司

江苏省常州市东门外遥观镇青城桥[213102]
电话：(0519)88701876；88701392；13901504821
传真：(0519)88700876
网址：www. czwyhg. com
E-mail：czwyhg@ 126. com
【主要产品】耐高温型组合聚醚；聚氨酯硬质泡沫塑料

常州市卫星塑料厂

江苏省常州市郊区红梅乡卫星村[213017]
电话：(0519)88853248
经济类型：私营企业　法人代表：何建京
【主要产品】合成树脂

常州市无明化工有限公司

江苏省常州市武进区广电东路 147 号[213161]
电话：(0519)88111936；86505898；13801503350
传真：(0519)88162533　职工人数：73 人
网址：www. wumingchem. com
E-mail：wuqiuming@ wumingchem. com
【主要产品】超微细改性氢氧化铝；氢氧化镁；丙三醇；硬脂酸；二甲酚；三混甲酚；3-/4-甲酚；间苯氧基苯甲醛；苯甲醛

常州市五兔王胶水厂

江苏省常州市卜弋镇泰村[213000]
电话：(0519)83562832
传真：(0519)83566002
网址：www. wutuwang. cn
E-mail：czwtw@ wutuwang. cn
【主要产品】胶黏剂；聚醋酸乙烯乳液胶黏剂；SBS 热熔性万能胶

常州市武进晨光金属涂料有限公司

江苏省常州市武进区芙蓉镇[213118]
电话：(0519)88761265；13951215560
传真：(0519)88767589-8001
网址：www. chenguangcn. com
E-mail：info@ chenguangcn. com
【主要产品】醇酸氨基罩光清漆；醇酸氨基中涂漆；各色氨基醇酸烘干磁漆；珠光涂料；丙烯酸聚氨酯漆；丙烯酸聚氨酯罩光清漆；聚氨酯丙烯酸中涂漆；丙烯酸金属闪光漆；聚酯氨基中涂漆；聚酯氨基罩光清漆

常州市武进东湖化工原料有限公司

江苏省常州市漕桥镇[213171]
电话：(0519)86210565；86211075；13906127820
传真：(0519)86218565
经济类型：私营企业　法人代表：赵根元
网址：www. cz-donghu. com
【主要产品】L-丙氨酸；DL-丙氨酸；β-丙氨酸；四甲基硫脲；1-羟基苯并三氮唑；硫化钠；二巯丁二酸；α-氨基丙酸；辛酸亚锡

常州市武进海力制辊有限公司

江苏省常州市武进区漕桥镇新康[213171]
电话：(0519)86212328；86211241
传真：(0519)86211771
网址：www. china-haili. com
E-mail：haili@ pack. net. cn
【主要产品】胶辊

常州市武进虹灵化工厂

江苏省常州市横山桥镇星辰村[213119]
电话：(0519)88606998；88603588
供销电话：88601697
网址：www. hongling-chemical. com
E-mail：hongling@ hongling-chemical. com
【主要产品】环氧煤沥青防腐涂料；醇酸面漆；铁红醇酸防锈漆；红丹醇酸防锈漆；氨基烘漆；硝基木器清漆；硝基木器漆；不粘锅餐具漆；建筑涂料；各色丙烯酸烘漆；丙烯酸聚氨酯漆；木器亚光漆；环氧铁红防锈漆；环氧富锌防锈底漆；环氧带锈底漆；环氧云铁防锈漆；环氧酯防锈漆；环氧玻璃鳞片漆；耐高温涂料；氯化橡胶面漆；氯磺化聚乙烯防腐底漆；高氯化聚乙烯防腐面漆；氯磺化聚乙烯冷却塔防潮涂料；防静电涂料；聚丙烯管道防腐面漆；绝缘漆；超薄型钢结构防火涂料；无毒饮水舱防腐涂料；工业地坪涂料；氰凝防水防腐涂料

常州市武进华洋化工有限公司

江苏省常州市武进区牛塘镇湖滨北路 20 号[213168]
电话：(0519)86353166；86507890；86351777
传真：(0519)86355239　职工人数：50 人
供销电话：86355239；13901504751
供销传真：86507890　产值：15,000 千元
经济类型：有限责任公司
法人代表：倪国元
网址：www. xinxingchemical. com
E-mail：sales@ huayangchemical. com
【主要产品】聚磷酸；五氧化二磷

常州市武进康佳化工有限公司

江苏省常州市武进区前黄镇政平街东新路 12 号[213173]
电话：(0519)86251879；13806117501
传真：(0519)86251179
法人代表：王明刚
网址：www. kj-chemical. com
E-mail：kangjia@ kj-chemical. com
【主要产品】硫酸锌；硫酸铵（工业级）；碱式碳酸锌；硬脂酸；硬脂酸锌；活性氧化锌

常州市武进临川化工有限公司

江苏省常州市庙桥镇[213167]
电话：(0519)86461196；86464994；13809078067
传真：(0519)86463703　职工人数：35 人
经济类型：股份合作　法人代表：顾小星
网址：www. linchuanchem. com
E-mail：sales@ linchuanchem. com
【主要产品】蒽；菲；1-萘甲醛；2-萘甲醛；2-萘甲醇；2-萘乙醇；1-萘乙醇；1-氯甲基萘；1-溴甲基萘；2-溴甲基萘；α-萘乙腈；2-萘乙腈；1-萘甲腈；2-萘乙烯；咔唑；3-噻吩甲醇；2-乙酰噻吩；3-溴噻吩；芴；9-羟基芴；2-噻吩乙腈；3-噻吩乙腈；2-羟基-1-萘甲醛；3,4-二甲氧基苯乙醇；对羟基苯乙醇；3,4-二甲氧基苄醇；9-蒽甲醇；二氯乙酸；2,6-二羟基-3-萘甲酸；3-(1-萘基)丙烯酸；3-(2-萘基)丙烯酸；4,4′-联苯二甲酸；2,2′-联苯二甲酸；联苯-2-羧酸；2-萘甲酸；1-萘甲酸；6-溴-2-萘甲酸；6-氟-2-萘甲酸；9-蒽甲酸；6-溴-2-萘甲酸甲酯；菲醌；1-萘乙酮；β-萘乙酮；3,3′,4,4′-联苯四羧酸二酐；4-氯甲基苯乙烯；对甲氧基氯苄；3,4-二甲氧基氯苄；间溴甲苯；邻溴甲苯；6-氯-2-萘磺酰氯；2-溴萘；1-萘甲酰氯；2-萘甲酰氯；1-氯萘；2-氯萘；9-溴蒽；9,10-二溴蒽；9,10-二氯甲基蒽；1-萘乙胺；1-萘乙酰胺；3,4-二甲氧基苯乙腈；α-萘乙酸；2-萘乙酸；2-噻吩乙酸；*N*-乙基咔唑；3-氨基-*N*-乙基咔唑；3-硝基-*N*-乙基咔唑；*N*-乙基咔唑-3-甲醛；*N*-甲基-1-萘甲胺；*N*-甲基-1-萘甲胺盐酸盐；9-溴菲；9-芴酮；2,7-二羟基-9-芴酮；双酚芴；9-芴乙酸；9-羟基芴-9-羧酸；甲基环戊烯醇酮

常州市武进鸣凰化学厂

江苏省常州市鸣凰镇武鸣南路 138 号[213164]
电话：(0519)86536539；13606148116
传真：(0519)86528331　职工人数：82 人

供销电话:86531212　法人代表:王伯兴
经济类型:股份合作
网址:www.minghuangchem.com
E-mail:sales@minghuangchem.com
【主要产品】蒽;1-萘甲醛;2-萘甲醛;1-氯甲基萘;1-溴甲基萘;2-溴甲基萘;α-萘乙腈;1-萘甲腈;芴;2-羟基-1-萘甲醛;1-萘甲酸;9-蒽甲酸;1-萘乙酸乙酯;菲醌;1-溴萘;1-萘甲酰氯;2-萘甲酰氯;9-溴蒽;1-萘乙酰胺;α-萘乙酸;2-萘乙酸;9-蒽甲醛;N-甲基-1-萘甲胺;N-甲基-1-萘甲胺盐酸盐;9-溴菲;9-羟基芴-9-羧酸;9-羟基-9-芴甲酸甲酯

常州市武进南源合成化工厂

江苏省常州市武进区漕桥镇浒庄村[213171]
电话:(0519)86210709;86211102;86211138
传真:(0519)86211102　职工人数:30人
网址:www.wjgszn.cn/co.asp? id=368
E-mail:liupeiyuan@wjgszn.cn
【主要产品】聚醚系列;聚合氯化铝;斯盘80

常州市武进前黄新园化工有限公司

江苏省常州市武进区前黄镇[213172]
电话:(0519)86511023;86516622;86512837
传真:(0519)86510619
供销电话:86511023;86513008
网址:www.bangyechem.com
E-mail:zhang765@vip.163.com
【主要产品】色酚AS;色酚AS-BO;色酚AS-BS;色酚AS-D;色酚AS-E;色酚AS-OL;色酚AS-PH;色酚AS-LC;色酚AS-IRG

常州市武进轻工助剂有限公司

江苏省武进市庙桥镇[213167]
电话:(0519)86461174;86461517
传真:(0519)86461174　职工人数:61人
经济类型:私营企业　法人代表:施建创
网址:www.zhchannel.com/15/company37017/
【主要产品】抗氧剂702;抗氧剂亚甲基4426-S;碳铵添加剂

常州市武进天龙化工有限公司

江苏省常州市南门牛塘镇[213163]
电话:(0519)86394368;86396128;13806116875
传真:(0519)86394779
网址:www.wjtianlong.com
E-mail:postmaster@wjtianlong.com
【主要产品】不饱和聚酯树脂

常州市武进兴业机械设备有限公司

江苏省常州市东门新安镇[213117]
电话:(0519)88664288;13801503577
传真:(0519)88662085
法人代表:莫龙兴
网址:www.xyks.com.cn
E-mail:ljd@xyks.com.cn
【主要产品】多功能研磨分散机;袋式过滤器;三辊研磨机;砂磨机;搅拌机;颚式破碎机

常州市武进雪堰石油化工备件有限公司

江苏省武进市雪堰镇雪东[213169]
电话:(0519)86158326;13706122236
传真:(0519)86158326
经济类型:股份合作　法人代表:陈东大
网址:www.dongdahuapei.com
E-mail:chendond@pub.cz.jsinfo.net
【主要产品】法兰;各种金属垫片;齿形垫

常州市武进运波化工有限公司

江苏省常州市南门外运村镇[213175]
电话:(0519)86131034;86134037-8000
传真:(0519)86134317
经济类型:股份合作　职工人数:160人
法人代表:徐岳明
网址:www.yunbochem.cn
E-mail:info@yunbochem.cn
【主要产品】水溶性环氧树脂(溶剂型681型);水溶性环氧树脂(非溶剂型,682型);日光荧光颜料;纸品乳液;润滑剂;造纸用消泡剂;无甲醛抗水剂;造纸施胶剂;硬脂酸钙分散液;造纸用湿强剂;有机分散剂

常州市霞峰化学材料公司

江苏省常州市横山桥镇[213119]
电话:(0519)88850581
传真:(0519)88852093
E-mail:xfch@pub.ca.jsinfo.net
【主要产品】次黄嘌呤;5,5-二甲基海因;6-氨基嘌呤;吗多明;米诺地尔;苯扎溴铵;甲磺酸酚妥拉明;十二烷基二甲基苄基氯化铵;1,3-二氯-5,5-二甲基海因;1-溴-3-氯-5,5-二甲基海因

常州市先锋干燥设备有限公司

江苏省常州市郑陆工业园区[213116]
电话:(0519)88930188;88932888
传真:(0519)88930288　有进出口权
供销电话:88930888;88931888
网址:www.czxf.cn;
www.xfdrying.com
E-mail:2002@czxf.cn
【主要产品】热风炉;扁袋脉冲过滤器;板翅式换热器;双螺旋锥形混合机;双锥混合机;卧式槽形混合机;三维运动混合机;二维运动混合机;高效混合机;热风循环烘箱;穿流带式干燥器;旋转闪蒸干燥机;SZG系列双锥回转真空干燥机;滚筒干燥器;强化沸腾气流干燥器;喷雾干燥机;LPG系列高速离心喷雾干燥机;压力喷雾干燥机;脉冲气流干燥机;振动流化床干燥机;真空耙式干燥机;FZG系列粉碎-搅拌真空干燥机;高效沸腾干燥机;XF系列沸腾干燥机;FL系列沸腾制粒干燥机;粗碎机;内藏分级立式微粉碎机组;万能粉碎机;高效粉碎机;高速粉碎机;振动筛;给料机;干式造粒机;摇摆式颗粒机;旋转式颗粒机;喷雾干燥制粒机;高速混合制粒机

常州市新府运色母料有限公司

江苏省常州市湖塘镇鸣凰工业园[213164]
电话:(0519)85071998;85072998;13951212188
传真:(0519)85070998
网址:www.czlk.com
E-mail:langkun@czlk.com
【主要产品】聚丙烯降温母粒;抗老化母粒;预分散颜料;色母粒;PE通信电缆色母粒;聚苯乙烯色母粒

常州市新鸿医药化工技术有限公司

江苏省常州市新北区圩塘江边化工园区港区西路10号[213022]
电话:(0519)85101999;85114627
传真:(0519)85102299;85777699
网址:www.xinhong-china.com
E-mail:xhpharma@public.cz.js.cn
【主要产品】叶酸

常州市新力干燥设备有限公司

江苏省常州市焦溪镇[213116]
电话:(0519)88900288;88903696;88909268
传真:(0519)88901908
供销电话:88909608;13809075260
经济类型:私营企业
网址:www.xinlidry.com
E-mail:market@xinlidry.com
【主要产品】热风炉;混合机;螺带式混合机;双螺旋锥形混合机;卧式槽形混合机;桶式预混合机;二维运动混合机;旋转闪蒸干燥机;SZG系列双锥回转真空干燥机;LPG系列高速离心喷雾干燥机;压力喷雾干燥机;气流干燥机;复合式直线振动流化床干燥(冷却)机;真空干燥机;高效沸腾干燥机;XF系列沸腾干燥机;带式干燥机;微粉碎机;万能粉碎机;高效粉碎机;振动筛;造粒机;快速整粒机;干式造粒机;旋转式颗粒机;高速混合制粒机

常州市新力医药化工有限公司

江苏省常州市斜桥巷10号楼204室[213003]
电话:(0519)88121371;13951227785
传真:(0519)88123919;86670100
网址:www.sinlypharm.com
E-mail:shiyuh@jsmail.com.cn
【主要产品】硫酰胺;硫代乙酸;硫代乙

酸钾；二(2-氯乙基)胺盐酸盐；氢化偶氮苯；3-乙酰硫基-2-甲基丙酰氯；5-硝基尿嘧啶；膦甲酸钠；环磷酰胺；盐酸倍他司汀；甲磺酸倍他司汀；米诺地尔；盐酸可乐定；雷米普利；依那普利拉；卡维地洛；甲磺酸阿米三嗪；沙利度胺；坎利酮；氯噻酮；氟他胺

常州市旭东化工有限公司

江苏省常州市新堂路136号[213017]
电话：(0519)88151671；88151672；13961114298
传真：(0519)88151672
网址：www. xudongchem. com
E-mail：wangxiaodonglongda@ sina. com
【主要产品】亚磷酸；氯化硫酰；2,5-噻吩二羧酸；叔丁醇；苯酞；乙酰氯；3,4-二氟硝基苯；2,4-二氟硝基苯；3,5-二氟硝基苯；2,4-二氯苯胺；3,4-二氯苯胺；4-氯苯甲酰氯；2,4-二氯苯肼；2,4-二氯苯肼盐酸盐；硫脲；对硝基苯甲酰氯；甲基磺酰氯；2,4-二氟苯胺；2,4-二氯硝基苯；3,4-二氯硝基苯；辛酰氯

常州市薛氏干燥设备有限公司

江苏省常州市焦溪镇[213116]
电话：(0519)88909991
传真：(0519)88909990
网址：www. xue-shi. com
【主要产品】高温灭菌烘箱；气流干燥机；快速整粒机

常州市迅达化工有限公司

江苏省常州市南郊312国道旁宣塘桥[213016]
电话：(0519)83299352；83315186；13506110093
传真：(0519)83299352
网址：www. chinachemnet. com/kangda
E-mail：liujh@ hi2000. com
【主要产品】2-氟-4-溴苯甲醚；2-溴-4-氟苯甲醚；3,4-二氟苯腈；α-氟萘；2-溴-5-氯甲苯；2,5-二氟溴苯；3,4-二氟溴苯；2-氯氟苯；间氯氟苯；间溴氟苯；2,3,5-三氟溴苯；2,4,5-三氟溴苯；2,4,6-三氟硝基苯；2,4,5-三氟硝基苯；3,4-二氟硝基苯；3-氟硝基苯；4-氟-2-硝基苯酚；2,4-二氟苯酚；3,4,5-三氟苯酚；2-氟-4-溴苯酚；2-溴-4-氟苯酚；2-溴-5-氟苯酚；4-溴-3-氟苯酚；4-氯-2-甲基苯胺；2,4,5-三氟苯胺；2,4,6-三氟苯胺；α-羟基苯乙酸；1,2-二氟苯；1,3-二氟苯；1,4-二氟苯；1,3,5-三氟苯；1,2,4-三氟苯；3-氟苯胺；3,4-二氟苯胺；3,5-二氟苯腈；2,6-二氟苯甲酰胺

常州市亚邦亚宇助剂有限公司

江苏省常州市西林张家38号[213003]
电话：(0519)83885872；83883531
传真：(0519)83883531
供销电话：85019590；85019593
网址：www. yayuzj. com
E-mail：zyl7663@ hotmail. com；zyl@ aped. com. cn
【主要产品】超分散剂；水性涂料触变剂；防沉分散剂；分散剂；钛酸酯偶联剂；附着力促进剂

常州市阳光干燥设备厂

江苏省常州市三河口工业开发区[213115]
电话：(0519)88678838；88675205；13801506130
传真：(0519)88679252
网址：www. sunshine-drying. com
E-mail：yggz@ sunshine-drying. com
【主要产品】热风炉；双螺旋锥形混合机；高效混合机；真空箱式干燥器；热风循环烘箱；隧道灭菌烘箱；穿流带式干燥器；旋转闪蒸干燥机；SZG系列双锥回转真空干燥机；强化沸腾气流干燥器；喷雾干燥机；气流干燥机；复合式直线振动流化床干燥(冷却)机；FLP流化造粒包衣干燥机；真空干燥机；FZG系列粉碎-搅拌真空干燥机；冷冻真空干燥机；FL系列沸腾制粒干燥机；微粉碎机；高效粉碎机；高效筛粉机；造粒机；快速整粒机；干式造粒机；喷雾干燥制粒机；高速混合制粒机

常州市一新机械有限公司

江苏省常州市三河口[213115]
电话：(0519)88670818；88671828；88672838
传真：(0519)88671792
供销电话：88672838；13306129139
网址：www. yixinjx. com. cn
E-mail：webmaster@ yixinjx. com. cn
【主要产品】热风炉；脉冲袋式除尘器；混合机；螺带式混合机；螺带式锥形混合机；双锥混合机；LDH型高效犁刀式混合机；卧式槽形混合机；三维运动混合机；二维运动混合机；LPG系列高速离心喷雾干燥机；气流干燥机；振动流化床干燥机；FZG系列粉碎-搅拌真空干燥机；XF系列沸腾干燥机；带式干燥机；破碎机；粗碎机；微粉碎机；高效粉碎机；筛分设备；振动筛；螺旋输送机；给料机；造粒机；对辊式造粒机；快速整粒机；干式造粒机；旋转式颗粒机；喷雾干燥制粒机

常州市逸盛橡胶制品有限公司

江苏省常州市潘家镇[213179]
电话：(0519)86543281；13806122638
传真：(0519)86544840
法人代表：王文兴
网址：www. js-yisheng. com
E-mail：wangwenxing@ js-yisheng. com
【主要产品】工程机械轮胎；翻新轮胎；橡胶同步带；橡胶三角带；切割式V带；多楔带

常州市优力干燥设备有限公司

江苏省常州市常焦路188号[213021]
电话：(0519)85351198；85332655；13906111076
传真：(0519)85351388
供销电话：85350288　法人代表：尤晓栋
经济类型：有限责任公司
网址：www. you-ly. com
E-mail：yxdwly@ public. cz. js. cn
【主要产品】多级闪蒸器；对辊式造粒机

常州市源恩合成材料有限公司

江苏省常州市东郊横山桥镇[213117]
电话：(0519)88662423；88666302；13906111779
传真：(0519)88666301
网址：www. yuanen. com
E-mail：yuanen@ yuanen. com
【主要产品】有机硅树脂；聚氨酯胶黏剂

常州市远洋干燥设备有限公司

江苏省常州市焦溪镇[213116]
电话：(0519)88900358
传真：(0519)88902290
经济类型：私营企业
网址：www. yygz. com
E-mail：market@ yygz. com
【主要产品】热风炉；脉冲袋式除尘器；换热器；双螺旋锥形混合机；卧式槽形混合机；三维运动混合机；二维运动混合机；高速混合机；干燥器；热风循环烘箱；回转干燥器；旋转闪蒸干燥机；SZG系列双锥回转真空干燥机；喷雾干燥机；LPG系列高速离心喷雾干燥机；压力喷雾干燥机；气流干燥机；脉冲气流干燥机；振动流化床干燥机；真空干燥机；高效沸腾干燥机；XF系列沸腾干燥机；带式干燥机；FL系列沸腾制粒干燥机；微粉碎机；高效粉碎机；振动筛；摇摆式颗粒机；高速混合制粒机；酒精回收塔

常州市正光涂装粉末有限公司

江苏省常州市戚墅堰东首前杨村[213161]
电话：(0519)88775643；13601501836
传真：(0519)88389795
法人代表：袁明华
网址：www. zgfmtl. com
E-mail：info@ zgfmtl. com
【主要产品】聚乙烯粉末涂料；环氧聚酯混合型粉末涂料；热固性粉末涂料；聚酯粉末涂料；环氧型粉末涂料；聚氨酯粉末涂料；重防腐粉末涂料

常州市中泰化工有限公司

江苏省常州市武进区邹区镇泰西路41号[213147]
电话：(0519)83561368；83565368；13951226883
传真：(0519)83566205
网址：www. zt-hg. com
E-mail：zt-hg@ zt-hg. com
【主要产品】防老剂OD

常州市中兴石油化工助剂有限公司

苏

江苏省常州市武进区卜弋镇[213141]
电话:(0519)83317356;83315275
传真:(0519)83317356
经济类型:股份合作
网址:www. zxsh. com. cn
E-mail:czzxsh@ pub. cz. jsinfo. net
【主要产品】二异丙醇胺;三异丙醇胺;异丙醇胺;抗聚剂;稠油活化剂;抗氧防胶剂;催化裂化硫转移剂;芳烃抽提消泡剂;阻垢剂;加氢精制阻垢剂;加氢裂化阻垢剂;渣油阻垢剂

常州市中意橡塑制品有限公司

江苏省常州市新北区龙虎塘三苑路1号[213004]
电话:(0519)88851515
传真:(0519)88856006　职工人数:54 人
经济类型:有限责任公司
网址:www. zy-rubber. com
E-mail:webmaster@ zy-rubber. com
【主要产品】聚氨酯泡沫塑料;聚氨酯胶带;聚乙烯防腐胶带;减震用橡胶制品;阻尼橡胶板;橡胶密封制品

常州市铸航化工有限公司

江苏省武进市礼嘉镇工业园区[213176]
电话:(0519)86231205;85252151
传真:(0519)86233856　职工人数:60 人
经济类型:有限责任公司
法人代表:李永兴
网址: www. chinam2b. com/Company/69512983. htm
【主要产品】铸造黏合剂;金属表面处理剂;飞机表面清洗剂

常州太华化工原料有限公司

江苏省常州市劳动西路 18 号[213001]
电话:(0519)86645800;86663142;86915598
传真:(0519)86645341
法人代表:蒋荣海
网址:www. taihuachem. com
E-mail:taihuachem@ vip. 163. com
【主要产品】氢氧化钾;苯;对羟基苯磺酸;1,3-苯二酚;一乙醇胺;二乙醇胺;1-羟基苯并三氮唑;乳化剂 OP-10;净洗剂 6501;二壬基萘磺酸钡;T702 防锈剂;薄层防锈油;超薄层防锈油;金属清洗剂 77-2;透明磨削液

常州泰戈化工有限公司

江苏省常州市新北区江边圩塘化工区龙港二路[213000]
电话:(0519)86602878;13861152845
传真:(0519)86609972
供销电话:86602878;13912331171
网址:www. tigerchem. cn
E-mail:zxy@ tigerchem. cn;jjy@ tigerchem. cn
【主要产品】2-氨基-5-溴吡啶;2-氨基-5-碘吡啶;5-溴-2-碘嘧啶;2-羟基嘧啶盐酸盐;3,5-二甲基吡唑;邻溴苯甲醚;对溴苯甲醚;对氰基苯甲醚;邻甲氧基苯腈;3-溴-4-氟苯甲酸;偶氮二甲酸二乙酯;偶氮二甲酸二叔丁酯;偶氮二甲酸二苄酯;3-甲基-5-吡唑啉酮;1-茚酮;2-茚酮;6-溴-1-茚酮;1-溴-4-氯-3-氟苯;邻二溴苯;间二溴苯;邻溴三氟甲苯;3,4-二甲氧基苯乙胺;对碘苯胺;邻氯对碘苯胺;2-氟-4-碘苯胺;邻溴苯胺;4-溴苯胺;4-溴-2-氯苯胺;2-氯-5-甲氧基苯胺;对氨基苯甲酰肼;4-溴-2-氟苯胺;苯丙酸乙酯;5-硝基尿嘧啶;间溴三氟甲苯;对溴三氟甲苯;2-氨基-5-氯吡啶;偶氮二甲酸二异丙酯;邻溴苯腈;4-氨基苯腈;邻氨基苯腈;对溴苯腈;5-氟-1-茚酮;4-氨基-2-三氟甲基苯腈

常州碳酸钙有限公司

江苏省常州市洛阳镇[213104]
电话:(0519)88791230;88792407;88791253
传真:(0519)88522128　有进出口权
经济类型:有限责任公司
网址:www. cn-wunan. com
E-mail:wunan8@ hi2000. com;wunan8@ public. cz. js. cn
【主要产品】硅灰石粉;氢氧化钙;碳酸钙(药用);轻质碳酸钙;重质碳酸钙;活性重质碳酸钙;超细重质碳酸钙;碳酸钙(纳米级);活性超细碳酸钙;微细活性碳酸钙(重质);活性碳酸钙;滑石粉;轻质碳酸钙(食品级)

常州天马集团有限公司

江苏省常州市天宁区常澄路 1 号[213002]
电话:(0519)85212676-261;85210083;85204806
传真:(0519)85210145;85204029
供销电话:85208702;85212676-35
供销传真:85212815　经济类型:国有
企业规模:大型　法人代表:段华俊
网址:www. tm253. com
E-mail:tianma@ tm253. com;sale@ tm253. com
【主要产品】玻璃纤维;不饱和聚酯树脂;胶衣树脂;有机硅树脂;乙烯基酯树脂;水性色浆;黏合剂;固化剂;玻璃纤维布

常州铁鹏机械制造有限公司

江苏省常州市焦溪镇三河口[213115]
电话:(0519)88675290;88675291;13606112396
传真:(0519)88670607;88678479
供销电话:88675290;13306117701
职工人数:150 人
网址:www. cztp. com
E-mail:phy@ cztp. com
【主要产品】脉冲袋式除尘器;混合设备;干燥设备;FL 系列沸腾制粒干燥机;粉碎设备;振动筛;造粒机

常州万基干燥制粒设备有限公司

江苏省常州市焦溪镇[213116]
电话:(0519)88900900;88900968
传真:(0519)88902866
供销电话:88902866;88900900
网址:www. china-wanji. com
E-mail:wg@ china-wanji. com
【主要产品】热风炉;袋式过滤器;混合机;双螺旋锥形混合机;双锥混合机;卧式槽形混合机;三维运动混合机;二维运动混合机;热风循环烘箱;旋转闪蒸干燥机;SZG 系列双锥回转真空干燥机;圆盘式螺旋振动干燥机;滚筒干燥器;LPG 系列高速离心喷雾干燥机;压力喷雾干燥机;气流干燥机;空心桨叶式干燥机;真空干燥机;XF 系列沸腾干燥机;带式干燥机;FL 系列沸腾制粒干燥机;微粉碎机;万能粉碎机;振动筛;喷雾干燥制粒机;高速混合制粒机;酒精回收塔

常州威康特塑料有限公司

江苏省常州市清潭路 254 号[213015]
电话:(0519)86973898
传真:(0519)86961860　有进出口权
经济类型:中外合资经营企业
产值:35,000 千元　职工人数:600 人
网址:www. viscountchina. com
E-mail:cvp@ public. cz. js. cn
【主要产品】塑料周转箱;家用电器塑料配件;汽车塑料配件;包装桶

常州夏青化工有限公司

江苏省常州市横林镇横洛路 3 号[213101]
电话:(0519)88783621;88494669;13906127258
传真:(0519)88495082　职工人数:50 人
固定资产:10,000 千元
产值:20,000 千元　法人代表:夏介清
销售收入:5,000 千元
网址:www. xialichem. com
E-mail:xjq@ xialichem. com
【主要产品】2-甲基-5-乙基吡啶;2-辛醇;2-庚醇;溴乙酸乙酯;丁二酸二甲酯;已二酸二甲酯;已二酸二乙酯;戊二酸二甲酯;2-氯丙酸甲酯;乙酸叔丁酯;醋酸辛酯;醋酸异辛酯;乙酸己酯;醋酸异丙酯;溴乙酸叔丁酯;醋酸异丁酯;氯乙酸叔丁酯;癸二酸二甲酯;特戊酸叔丁酯;亚硝酸叔丁酯;异丁酸异丁酯;仲辛酮;2-庚酮;甲氧基乙酸酐;甘氨酸叔丁酯盐酸盐;对甲基苯甲酸乙酯;2,3,3-三甲基-4,5-苯并吲哚;顺丁烯二酸二乙酯;丁二酸二乙酯;匹格列酮;酪氨酸叔丁酯;已二酸二正辛酯;邻苯二甲酸二乙酯;顺丁烯二酸二丁酯

常州旭泰纺织有限公司

江苏省常州市黄山路御花园 1 号楼4832[213003]
电话:(0519)85161811;88704289;

苏

13815041978
传真:(0519)85161822
网址:www. czxutai. com
E-mail:czxt@ czxutai. com
【主要产品】纯涤织物阻燃剂;棉织物阻燃剂 CP;织物阻燃剂;抗菌防臭整理剂;防螨抗菌整理剂;抗菌剂;阻燃剂

常州雪龙化工有限公司

江苏省常州市武进区雪堰镇[213169]
电话:(0519)86157008;86158090
传真:(0519)86162998
供销电话:86161222
经济类型:股份合作
网址:www. sino-xuelong. com
E-mail:xuelong@ sino-xuelong. com
【主要产品】3-吲哚甲醇;苯甲酸;2-甲基苯甲酸;L-苹果酸;苯甲酸丁酯;邻甲基苯甲酸甲酯;邻甲基苯甲酸乙酯;丙烯酸酯;吲哚-2-羧酸乙酯;苯甲酸乙酯;2-乙基己酸锰;异辛酸钴;2-乙基己酸钙;2-乙基己酸锌;吲哚-3-甲酸;吲哚-2-羧酸;3-甲基苯甲酸;4-甲基苯甲酸;对甲基苯甲酸甲酯;对甲基苯甲酸乙酯;苯甲酸甲酯;苯甲酸苄酯;吲哚-3-丁酸;UV 罩光涂料;环烷酸钴;环烷酸锌;环烷酸锰;涂料催干剂 LC802;异辛酸稀土催干剂;环烷酸铜

常州药业股份有限公司

江苏省常州市郊区雕庄乡采菱路37号[213018]
电话:(0519)88837794;88883779;88815195
传真:(0519)88883779 有进出口权
供销电话:88837794;88103271
供销传真:88837794 企业规模:大型
经济类型:股份有限公司
职工人数:2,500 人
网址:www. czyy. com. cn
【主要产品】盐酸美他环素;盐酸多西环素;强力霉素;叶酸;甲苯磺丁脲;卡托普利;盐酸可乐定;马来酸依那普利;沙利度胺;氢氯噻嗪

常州伊思特化工有限公司

江苏省常州市江边开发区魏村工业园[213127]
电话:(0519)85716585;85716785;13921092068
传真:(0519)85716185
网址:www. yeschem. com;www. metoochem. com
E-mail:yxl@ yeschem. com
【主要产品】1H-咪唑-4,5-二甲酸二甲酯;2-丙基咪唑二羧酸;2-丙基咪唑二羧酸二乙酯;1H-咪唑-4,5-二甲醇;(*R*)-1,2-丙二醇;(*S*)-1,2-丙二醇;环氧丙醇;四氢糠酸;5,6-二甲氧基-1-茚酮;*S*-环氧氯丙烷;*R*-环氧氯丙烷;*N*,*N*-二甲基-4,4-二甲氧基-1-丁胺;2,3,5-三苯甲酰基-β-D-呋喃核糖;1,3,5-三苯甲酸基-α-D-呋喃核糖;1-乙酰-2,3,5-三苯甲酰-1-β-D-呋喃核糖;三苯甲基奥美沙坦酯;*S*-3-氯-1,2-丙二醇;*R*-3-氯-1,2-丙二醇;4-(1-羟基-1-甲基乙基)-2-丙基-1H-咪唑-5-羧酸乙酯;*N*-(三苯基甲基)-5-(4′-溴甲基联苯-2-基)四氮唑;4,5-二甲基-1,3-二氧杂环戊烯-2-酮;吗啉噁酮;甲磺酸帕珠沙星;普卢利沙星;比阿培南;法罗培南;帕尼培南;苯甲酸利扎曲坦;米格列奈钙;长春瑞宾双酒石酸盐;多烯紫杉醇;奥美沙坦酯;波生坦;西维来司他;多奈哌齐盐酸盐;盐酸托烷司琼;利塞膦酸钠;克罗拉滨;多尼培南;倍他米隆

常州永泰丰化工有限公司

江苏省常州市新北区滨江化工开发西区[214522]
电话:(0519)85776299;(0523) 84563721
传真:(0519)85778299 有进出口权
网址:www. wintafone. com. cn
E-mail:fbj. jj@ public. tz. js. cn
【主要产品】2 甲 4 氯乳油;2,4-D 胺;2,4-二氯苯氧乙酸正丁酯乳油;2,4-D 异辛酯;2,4-D 异辛酯乳油;2,4-二氯苯氧乙酸钠;2,4-二氯苯氧乙酸正丁酯

常州源泉红光化工有限公司

江苏省常州市横山桥镇星辰村[213119]
电话:(0519)88606998;88603588
固定资产:20,000 千元
职工人数:200 人
网址:www. hgchem. com
E-mail:hong12@ pub. cz. jsinfo. net
【主要产品】聚丙烯酰胺;有机硅消泡剂;阻垢分散剂;杀菌灭藻剂;碱式氯化铝铁;苯并三氮唑;甲基苯并三氮唑;阻垢缓蚀剂;缓蚀剂;清洗剂

常州振华橡胶制品有限公司

江苏省常州市西林路11号[213024]
电话:(0519)83881122;83882218
传真:(0519)83881713 有进出口权
经济类型:股份合作
职工人数:66 人
网址:www. zhhrubber. com
【主要产品】橡胶制品;胶丝;橡胶布

常州制药厂有限公司

江苏省常州市采菱路2号[213018]
电话:(0519)88813251;88835558;88831742
传真:(0519)88828412;88831742
供销电话:88821493;88839433
职工人数:690 人
网址:www. czzyc. com
E-mail:webmaster@ czzyc. com
【主要产品】盐酸美他环素;盐酸多西环素;叶酸;甲苯磺丁脲;盐酸索他洛尔;卡托普利;盐酸可乐定;马来酸依那普利;依那普利拉;肌醇烟酸酯;吉非罗齐;甲磺酸阿米三嗪;沙利度胺;氢氯噻嗪;氯噻嗪

常州中南化工有限公司

江苏省常州市郑陆桥工业区[213111]
电话:(0519)88731575;88731518
传真:(0519)88735358
供销电话:88932093;88733888-80
网址:www. zn-chem. com
E-mail:zn350818@ pub. cz. jsinfo. net
【主要产品】二氯异氰尿酸钠;丙烯酸-丙烯酸酯共聚物;稳定性二氧化氯;催化分子筛抗焦活化剂;高效脱硫剂;十二烷基二甲基苄基氯化铵;聚丙烯酸钠;聚丙烯酸;丙烯酸-丙烯酸羟丙酯-AMPS 共聚物;阻垢分散剂;2-膦酸丁烷-1,2,4-三羧酸;水解聚马来酸酐;氨基三亚甲基膦酸;羟基亚乙基二膦酸;2-羟基膦酰基乙酸;水质稳定剂 EDTMPS;水质稳定剂 PAPE;二乙烯三胺五亚甲基膦酸;复合型杀菌剂;双季铵盐杀生剂;预膜剂;苯并三氮唑;汽油抗氧防胶稳定剂;汽油脱臭活化剂;柴油安定性改进剂;多功能金属钝化剂;阻垢缓蚀剂;加氢精制阻垢剂;异噻唑啉酮

光明化工科技发展有限公司

江苏省常州市郊区永红镇荆川路86号[213015]
电话:(0519)86963634;86961504;86966063
传真:(0519)86983232 职工人数:23 人
供销电话:86966063;86961504
经济类型:与港澳台商合资经营
法人代表:金全炳
网址:www. gmsz. com. cn
E-mail:gmhgkj@ pub. cz. jsinfo. net
【主要产品】丙烯酸树脂;丙烯酸改性树脂;热塑性丙烯酸树脂;羟基丙烯酸树脂;水溶性氨基丙烯酸树脂;水溶性丙烯酸树脂;苯丙乳液;内外墙乳胶漆;超薄型钢结构防火涂料;聚氨酯固化剂

建滔(常州)化工有限公司

江苏省常州市滨江化工区[213033]
电话:(0519)85777966
【主要产品】甲醛

江苏奥奇海洋生物工程有限公司

江苏省武进市漕桥工业区[213171]
电话:(0519)86211427
传真:(0519)86213400
供销电话:86210385;86213400
网址:www. china-auqi. com
E-mail:market@ china-auqi. com
【主要产品】顺式十八碳-9,12-二烯酸;卵磷脂;亚油酸乙酯;月见草油;大蒜油

江苏丰登农药有限公司

江苏省金坛市直溪镇登冠集镇[213253]
电话:(0519)82422752
传真:(0519)82422907
网址:www.fdpesticide.com
E-mail:sales@fdpesticide.com
【主要产品】乙酰丙酮;高效氯氟氰菊酯;高效氯氟氰菊酯乳油;杀虫单;杀虫双水剂;丙环唑;丙环唑乳油;三环唑;三环唑可湿性粉剂;戊唑醇;戊唑醇乳油;已唑醇;粉唑醇;三苯基醋酸锡;三苯基氢氧化锡;三苯基氯化锡;噁醚唑;咪鲜胺;嘧霉胺;嘧霉胺可湿性粉剂;嘧霉胺悬浮剂;硫·三环可湿性粉剂;20%三环·异稻可湿性粉剂;杀单·乙酰甲可溶性粉剂;吡·井·杀单可湿性粉剂;百·嘧可湿性粉剂;苯噻酰·苄可湿性粉剂

江苏海霸化工有限公司

江苏省常州市横山桥镇开发区北区[213117]
电话:(0519)88661199
传真:(0519)88661188
网址:www.haiba.com.cn
E-mail:info@haiba.com.cn
【主要产品】各色聚酯卷钢面漆;环氧背漆;卷钢环氧底漆;卷钢聚氨酯底漆

江苏鸿业涂料科技产业有限公司

江苏省常州市龙江南路北港路口[213016]
电话:(0519)83282371;83270479;83977530
传真:(0519)83976775;83285833
供销电话:13706116705
供销传真:83282371
经济类型:股份有限公司
销售收入:30,000 千元
网址:www.hongyecoatings.com
E-mail:info@hongyecoatings.com
【主要产品】汽车漆;卷材涂料;水溶性涂料

江苏华光粉末有限公司

江苏省常州市遥观乡[213000]
电话:(0519)88701296;88707100;88704080
传真:(0519)88702718
法人代表:潘剑亮
网址:www.hgfmtl.com
E-mail:sales@hgfmtl.com
【主要产品】环氧聚酯混合型粉末涂料;热固型纯聚酯粉末涂料;环氧型粉末涂料;高光型热固性聚氨酯粉末涂料;功能涂料

江苏江东化工股份有限公司

江苏省常州市天宁区清凉路165号[213004]
电话:(0519)88811413
传真:(0519)88820786　有进出口权
供销电话:88811224　企业规模:大型
经济类型:股份有限公司
法人代表:金炜贤
网址:www.cz-chem.com
E-mail:czcpmid@cz-chem.com
【主要产品】盐酸;烧碱;离子膜烧碱;次氯酸钠;氯气(液);邻氯苯甲醛;三氯异氰尿酸;糠氯酸;1,1,3-三氯丙酮;三氯化苄;氯化苄;二氯异氰尿酸钠;聚氯乙烯树脂;组合聚醚;杀菌剂(工业用)

江苏金凤凰农化有限公司

江苏省常州市武进卜弋镇泰西路195号[213147]
电话:(0519)83561171;13775111711
传真:(0519)83561282
经济类型:中外合资经营企业
职工人数:380 人
网址:www.nestl.net
E-mail:yahu940@yahoo.com.cn
【主要产品】辛硫磷颗粒剂;高渗敌敌畏乳油;吡虫啉可湿性粉剂;高渗吡虫啉可湿性粉剂;噻嗪酮可湿性粉剂;高效氯氰菊酯乳油;高效氯氟氰菊酯乳油;甲氰菊酯乳油;啶虫脒可湿性粉剂;毒死蜱乳油;嘧霉胺悬浮剂;草甘膦水剂(10%);41%草甘膦异丙胺盐水剂;二甲戊乐灵乳油;仲丁灵;仲丁灵乳油;敌草胺乳油;乙草胺乳油;乙草胺可湿性粉剂;苯磺隆;苯磺隆可湿性粉剂;苯磺隆水分散粒剂;氯嘧磺隆;氯嘧磺隆可湿性粉剂;苄磺隆;苄磺隆可湿性粉剂;噻吩磺隆;噻磺隆可湿性粉剂;硫·三环可湿性粉剂;辛·氰乳油;丁·苄可湿性粉剂;阿维·高氯氟氰乳油;苄·乙可湿性粉剂;氯磺·乙可湿性粉剂;苯磺·氯磺可湿性粉剂;多·酮可湿性粉剂;吡·杀单可湿性粉剂;噻·杀单可湿性粉剂;井·噻·杀单可湿性粉剂;苄·异丙草可湿性粉剂;二氯·苄可湿性粉剂;马·辛乳油;苯噻酰·苄可湿性粉剂;辛·唑磷乳油;噻·异可湿性粉剂;井冈霉素水剂;核苷类抗生素

江苏开元国际集团常州友谊鞋业有限公司

江苏省常州市郊区采菱路31号[213018]
电话:(0519)88814616;;88826145
传真:(0519)88805342
供销电话:88814112　职工人数:780 人
供销传真:88813845　法人代表:韩守良
经济类型:中外合资经营企业
产值:121,160 千元
网址:208800.my.sme.cn/index.jsp
【主要产品】胶鞋

江苏康泰氟化工有限公司

江苏省金坛市圩门村[213200]
电话:(0519)82882229;82850067
传真:(0519)82888080;82850067
法人代表:张伟华
网址:www.ktfluoro.com
E-mail:info@ktfluoro.com
【主要产品】1-氟-1,1-二氯乙烷;三氟乙酸;二氟甲烷;三氟氯乙烯;1,1,1,2-四氟乙烷;五氟乙烷;三氟乙醇;氟碳树脂

江苏溧化化学有限公司

江苏省溧阳市溧城镇平陵东路147号[213300]
电话:(0519)87299113
经济类型:有限责任公司
【主要产品】吡虫啉可湿性粉剂;高效氯氰菊酯;杀虫单;杀虫单可湿性粉剂;杀虫单可溶性粉剂;杀虫双水剂;杀虫双可溶性粉剂;杀螟丹;杀螟丹可溶性粉剂;氯磺隆;氯磺隆可湿性粉剂;胺苯磺隆可湿性粉剂;甲磺隆;甲磺隆可湿性粉剂;苯磺隆;苯磺隆可湿性粉剂;氯嘧磺隆;氯嘧磺隆可湿性粉剂;吡·杀单可湿性粉剂;吡·井·杀单可湿性粉剂;阿维·杀单可湿性粉剂;甲磺·氯磺可湿性粉剂

江苏溧阳市江南活性炭厂

江苏省溧阳市竹箦镇工业园[213351]
电话:(0519)87700900;87701660
传真:(0519)87701660
经济类型:私营企业　职工人数:200 人
法人代表:徐传龙
网址:www.jn-ac.com
E-mail:info@jn-ac.com
【主要产品】活性炭

江苏溧阳市金阳化工厂

江苏省溧阳市南渡镇大溪乡[213374]
电话:(0519)87670043
传真:(0519)87670298
经济类型:私营企业
网址:www.lyjyhg.com
E-mail:sxw@lyjyhg.com
【主要产品】二盐基亚磷酸铅;二盐基硬脂酸铅;三盐基硫酸铅;PVC 膏状钡镉复合稳定剂;液体钡镉锌复合稳定剂;硬脂酸钙;硬脂酸钡;硬脂酸铅;硬脂酸铝;硬脂酸锌;硬脂酸镁;硬脂酸镉

江苏联盟化学有限公司

江苏省溧阳市濑江路46号[213371]
电话:(0519)87325918;87325928;87325299
传真:(0519)87327410
网址:lianmeng.paddic.com;www.lm-chen.com
E-mail:lm-chem@lm-chem.com
【主要产品】二盐基硬脂酸铅;三盐基硫酸铅;复合铅盐稳定剂;液体钡铅复合稳定剂;钙锌无毒复合稳定剂;液体钡锌稳定剂;液体钡镉锌复合稳定剂;硬脂酸钙;硬脂酸钡;硬脂酸铅;硬脂酸锌;硬脂酸镉

江苏庙桥合成化工有限公司

江苏省常州市武进区南夏墅镇庙桥街[213167]
电话:(0519)86461478;86464478;86466478
传真:(0519)86461113 有进出口权
经济类型:股份合作 职工人数:300 人
法人代表:沈伯清
网址:www. synchemicals. com
E-mail:swming@ public. cz. js. cn;sales@ miaoqiao. cn
【主要产品】对溴苯甲醚;邻氟苯甲醚;对氟苯甲醚;2-氟-4-溴苯甲醚;间三氟甲基苯甲醚;2,6-二氟苯甲酸;2,3,4-三氟苯甲酸;α-氧代苯丁酸;α-羟基苯丁酸;对氟苯丙氨酸;间三氟甲基苯甲酸甲酯;对溴氯苯;2,4-二氟溴苯;邻氟溴苯;4-溴氟苯;2,4-二氟硝基苯;4-氟硝基苯;2-氟硝基苯;2,3-二氟-6-硝基苯酚;4-氟苯酚;2-氟苯酚;2,4-二氟苯酚;3,4-二氟苯酚;3-氯-4-氟苯酚;2-氯-4-氟苯酚;2-氟-4-溴苯酚;4-溴-*N*,*N*-二甲基苯胺;对氟乙酰苯胺;邻氟乙酰苯胺;4-氟-3-三氟甲基苯胺;4-溴苯胺;2-氟-5-硝基苯胺;3-硝基-4-氟苯胺;4-溴-2-氟苯胺;4-氟苯胺;间三氟甲基苯腈;间三氟甲基苯酚;4-氟-3-三氟甲基苯酚;2-氯-4,5-二氟苯甲酸;间三氟甲基苯甲酸;邻氟苯肼;1-(3-氯丙氧基)-4-氟苯;2-氟苯胺;2,6-二氟苯胺;2,4-二氟苯胺;对氟苯甲腈;2,4-二氟苯腈;邻氟苯腈;*R*-4-甲基-2-噁唑烷酮;*S*-4-甲基-2-噁唑烷酮;*R*-4-乙基-2-噁唑烷酮;*S*-4-乙基-2-噁唑烷酮;*S*-4-异丙基-2-噁唑烷酮;*R*-4-异丙基-2-噁唑烷酮;*S*-4-丙基-2-噁唑烷酮;*R*-4-丙基-2-噁唑烷酮;(*S*)-4-苯基-2-噁唑烷酮;(*R*)-4-苯基-2-噁唑烷酮;*R*-4-丁基-2-噁唑烷酮;*S*-4-丁基-2-噁唑烷酮;间溴三氟甲苯;3-氟-4-甲氧基苯乙酮;氯乙腈;二氯乙腈

江苏日成橡胶有限公司

江苏省常州市焦溪镇开发区[213116]
电话:(0519)88901568;88902568
传真:(0519)88900568
固定资产:12,800 千元
网址:www. richeng. com
E-mail:webmaster@ richeng. com
【主要产品】导电硅橡胶;硅橡胶板;胶辊;橡胶密封制品;O 形密封圈;橡胶密封圈

江苏瑞邦农药厂

江苏省金坛市华城中路 8 号[213200]
电话:(0519)82334488;82330961
传真:(0519)82338311;82330963
职工人数:400 人
网址:www. repont. net
E-mail:xs@ repont. net;repont@ sohu. net
【主要产品】2-氨基-4,6-二氯嘧啶;2-氨基-4,6-二甲基嘧啶;2-氨基-4-氯-6-甲氧基嘧啶;2-氨基-4,6-二羟基嘧啶;2-氨基-4,6-二甲氧基嘧啶;邻氯苯磺酰胺;2-氨基-4-甲氧基-6-甲基-1,3,5-三嗪;2-甲氨基-4-甲氧基-6-甲基-1,3,5-三嗪;2-氨基-4-甲氨基-6-乙氧基-1,3,5-三嗪;邻甲氧羰基苯磺酰胺;邻甲酸乙酯苯磺酰胺;炔螨特乳油;丙溴磷乳油;灭蝇胺可湿性粉剂;毒死蜱乳油;吡嘧磺隆可湿性粉剂;醚苯磺隆;异丙草胺乳油;氯磺隆;胺苯磺隆;甲磺隆;苯磺隆可湿性粉剂;苯磺隆水分散粒剂;氯嘧磺隆可湿性粉剂;苄磺隆;噻吩磺隆;噻磺隆可湿性粉剂;噻吩磺隆干悬浮剂;精喹禾灵乳油;二氯喹啉酸可湿性粉剂;辛酰溴苯腈乳油;甲嘧磺隆;50% 噻苯隆可湿性粉剂;氯吡脲;辛·氯乳油;噻磺·乙可湿性粉剂;草除·精喹乳油;高氯·毒乳油;苄·草甘可湿性粉剂;苄·异丙草可湿性粉剂;二氯·苄可湿性粉剂;腈菌·锰锌可湿性粉剂

江苏瑞东农药有限公司

江苏省金坛市华城开发区电厂路[213200]
电话:(0519)82351988;82335798;13906146632
传真:(0519)82335798 有进出口权
网址:www. ruidong. com. cn
E-mail:sale@ ruidongcn. com
【主要产品】吡虫啉;氰戊菊酯;高效氯氟氰菊酯;联苯菊酯;丙环唑;三环唑;噁醚唑;吡嘧磺隆;醚苯磺隆;烟嘧磺隆;氯磺隆;甲磺隆;苯磺隆;氯嘧磺隆;苄磺隆;噻吩磺隆;精喹禾灵;二氯喹啉酸;甲嘧磺隆;噻苯隆

江苏省常州华夏农药有限公司

江苏省常州市武进区夏溪镇东街 65 号[213148]
电话:(0519)83581014
传真:(0519)83581236 有进出口权
经济类型:股份合作 法人代表:史荣根
【主要产品】双甲脒;双甲脒乳油

江苏省常州市植物药品厂

江苏省金坛市水北镇村[213200]
电话:(0519)82333878
【主要产品】氰戊菊酯乳油;啶虫脒可湿性粉剂;苯磺隆可湿性粉剂;噻吩磺隆干悬浮剂;草除·精喹乳油

江苏省化工设备制造安装公司

江苏省常州市钟楼区常新路 120 号[213002]
电话:(0519)86750709
传真:(0519)86750453 经济类型:国有
供销电话:86750709-8016
【主要产品】化工设备

江苏省激素研究所有限公司

江苏省金坛市金城镇西门大街 102 号[213200]
电话:(0519)82824504
经济类型:国有
【主要产品】高效氯氟氰菊酯;高效氯氟氰菊酯乳油;灭蝇胺;灭蝇胺可湿性粉剂;醚苯磺隆;麦草畏;氯磺隆;氯磺隆可湿性粉剂;胺苯磺隆;胺苯磺隆可湿性粉剂;甲磺隆;甲磺隆可湿性粉剂;苯磺隆;苯磺隆可湿性粉剂;苯磺隆水分散粒剂;氯嘧磺隆;氯嘧磺隆可湿性粉剂;苄磺隆;苄磺隆可湿性粉剂;噻吩磺隆;噻磺隆可湿性粉剂;精喹禾灵乳油;双草醚;二氯喹啉酸;二氯喹啉酸可湿性粉剂;甲嘧磺隆;噻苯隆;50% 噻苯隆可湿性粉剂;苄·禾可湿性粉剂;丁·噁乳油;丁·苄可湿性粉剂;苄·甲磺可湿性粉剂;苄·乙可湿性粉剂;草除·精喹乳油;乙·苄·甲可湿性粉剂;苄·草甘可湿性粉剂;二氯·苄可湿性粉剂;25% 毒·灭蝇可湿性粉剂;苯噻酰·苄可湿性粉剂;甲磺·氯磺可湿性粉剂

江苏省金坛市西南化工研究所

江苏省金坛市西环二路(镇广路)18 号[213200]
电话:(0519)82618828;82618838
传真:(0519)82618829 有进出口权
固定资产:8,000 千元 职工人数:60 人
经济类型:私营企业 法人代表:魏晓廷
网址:www. xinan-chem. com;jtxinan. com
E-mail:sales@ xinan-chem. com
【主要产品】氯化钯;2-羟基异丁酸;2-乙酰氧基异丁酰溴;2-乙酰氧基异丁酰氯;对叔丁基氯化苄;1-溴丁烷;溴化苄;1-溴戊烷;4-氯苯酚;四乙基溴化铵;甲基三乙基氯化铵;苄基三甲基溴化铵;苄基三乙基溴化铵;苄基三丁基溴化铵;苄基三苯基溴化铵;苄基三丁基氯化铵;苄基三甲基氯化铵;苯基三甲基溴化铵;烯丙基三甲基氯化铵;烯丙基三甲基溴化铵;四甲基溴化铵;四丙基氯化铵;四丁基氯化铵;四丁基氢氧化铵;四丙基氢氧化铵;苄基三甲基氢氧化铵;四丁基溴化铵;四丁基硫酸氢铵;四丙基硫酸氢铵;四丙基溴化铵;四辛基溴化铵;甲基三苯基溴化膦;乙基三苯基溴化膦;丁基三苯基溴化膦;十二烷基三丁基溴化膦;十六烷基三丁基溴化膦;苄基三丁基溴化膦;十六烷基三苯基溴化膦;十六烷基三苯基氯化膦;2-氯苯酚;苄基三苯基氯化膦;苄基三苯基溴化膦;烯丙基三苯基氯化膦;烯丙基三苯基溴化膦;溴化四苯基膦;四苯基氯化膦;十二烷基二甲基苄基氯化铵;十四烷基二甲基苄基溴化铵;十六烷基二甲基苄基氯化铵;十四烷基二甲基苄基氯化铵;过氧化苯甲酰;三乙基苄基氯化铵;十二烷基三甲基溴化铵;十六烷基三甲基溴化铵;四甲基氢氧化铵

江苏省金坛市制药厂

江苏省金坛市横街 166 号[213200]
电话:(0519)82822776;82824574
【主要产品】对甲氧基乙基苯酚;醋酸

钠;2,4-二氯-5-磺酰胺基苯甲酸;4-甲苯磺酰氯;对羟基苯乙酮;苯甲酰氯;克霉唑;盐酸小檗碱;鱼腥草素钠;叶酸;吡喹酮;盐酸苯乙双胍;硫唑嘌呤;盐酸普萘洛尔;盐酸多巴胺;苯氮嘌呤酮;硫酸沙丁胺醇;沙丁胺醇;盐酸克仑特罗;氯普噻吨;碳酸锂(药用);卡马西平;丙谷胺;双醋酚丁;维丙胺;速尿;鲨肝醇;盐酸羟甲唑啉;碘番酸;葫芦素;过氧化苯甲酰

江苏省溧阳市一昌化工厂

江苏省溧阳市新昌镇[213372]
电话:(0519)87182888
传真:(0519)87183318
网址:www.ychg.com
E-mail:info@ychg.com
【主要产品】二盐基硬脂酸铅;液体钡镉锌复合稳定剂;硬脂酸钙;硬脂酸钡;硬脂酸锌;硬脂酸镉;钡钙锌热稳定剂

江苏省溧阳市云龙化工设备有限公司

江苏省溧阳市平陵中路2号[213300]
电话:(0519)87209559;87221968
传真:(0519)87220256　经济类型:国有
有进出口权　企业规模:大型
法人代表:胡全明
网址:www.yunlong-china.com
E-mail:LyyLg@yunlong-equip.com
【主要产品】工业搪玻璃反应釜;袋式过滤器;换热器;减速机;Ⅰ、Ⅱ、Ⅲ类非标压力容器

江苏省溧阳市制药厂

江苏省溧阳市溧城北大街337号[213300]
电话:(0519)87302400
传真:(0519)87302603　经济类型:国有
【主要产品】二硫化硒;硝苯地平;柳胺苄心定;盐酸阿米洛利;8-甲氧基补骨脂素;马吲哚

江苏省武进市凌源化工厂

江苏省武进市焦溪镇省岸工业区[213116]
电话:(0519)88905368;88662718;13951217152
传真:(0519)88905368
网址:www.chemol.com.cn/entepri/gjl
E-mail:gil@chemol.com.cn
【主要产品】二碳酸二叔丁酯

江苏天容集团股份有限公司

江苏省溧阳市平陵东路147号[213300]
电话:(0519)87299384;87299553
传真:(0519)87299553　经济类型:国有
有进出口权
网址:www.lihuagroup.com
【主要产品】高效氯氰菊酯;杀虫单;杀虫单可溶性粉剂;杀螟丹;杀螟丹可溶性粉剂;抗蚜威;毒死蜱;毒死蜱乳油;乙氧氟草醚;吡嘧磺隆;氯磺隆;噁唑禾草灵;胺苯磺隆;甲磺隆;苯磺隆;氯嘧磺隆;苄磺隆;噻吩磺隆;精喹禾灵;二氯喹啉酸;甲嘧磺隆;21%增效马·氰乳油;20%硫丹·灭乳油;乐·氰乳油;井·噻·杀单可湿性粉剂;吡·井·杀单可湿性粉剂;阿维·杀单可湿性粉剂

江苏亚邦化工集团有限公司

江苏省常州市南门外牛塘镇[213163]
电话:(0519)86391040;68398971
传真:(0519)86395888　有进出口权
供销电话:86391038;88135888
经济类型:股份有限公司
企业规模:大型
网址:www.yabang.com
E-mail:webmaster1@yabang.com.cn
【主要产品】反丁烯二酸;9,10-蒽醌;1-乙氧羰基-4-哌啶酮;顺丁烯二酸酐;1,5-二氨基蒽醌;1,8-二氨基蒽醌;1,5-二硝基蒽醌;1,8-二硝基蒽醌;1-硝基蒽醌;1-氨基蒽醌;1-氨基-2-溴-4-羟基蒽醌;1-氨基-2,4-二溴蒽醌;还原染料;还原黄5RC;透明红GS;酞菁蓝BS;酞菁蓝B;酞菁绿G;溶剂染料;天冬氨酰苯丙氨酸甲酯;阿德福韦酯;甲磺酸帕珠沙星;巴洛沙星;普卢利沙星;维生素H;那格列奈;盐酸雷莫司琼;拉他前列腺素;泰妥拉唑;氯雷他定;西地那非

江苏中东集团有限公司

江苏省常州市武进区嘉泽镇[213153]
电话:(0519)83801103;83801135
传真:(0519)83801182
经济类型:股份有限公司
法人代表:刘敖根
网址:www.jszd.com
E-mail:zdinfo@bentium.net
【主要产品】复合肥

金隆化工集团有限公司

江苏省常州市武进牛塘镇湖滨路18号[213168]
电话:(0519)86354775
传真:(0519)86354321
经济类型:股份有限公司
职工人数:800人
网址:www.jlhggroup.com
E-mail:czjlgroup@yahoo.com.cn
【主要产品】3,9-二溴苯并蒽酮;苯绕蒽酮;1-氨基蒽醌;3-溴代苯绕蒽酮;不饱和聚酯树脂;不饱和聚酯树脂(浇铸型);阻燃性不饱和聚酯树脂;胶衣树脂;还原金橙G;还原黄5RC;还原艳橙GR;还原艳紫RR;还原蓝BC;还原深蓝BO;还原艳绿FFB;还原橄榄绿B;还原棕BR;还原灰M;还原直接黑RB

金坛晨煜玻璃钢有限公司

江苏省金坛市常溧一级公路南侧金城工业园[213252]
电话:(0519)82810077;82890077-808
传真:(0519)82810077
供销传真:82890077-800
网址:www.dxfrp.com
E-mail:manager@dxfrp.com
【主要产品】玻璃钢管道;玻璃钢耐酸储罐

金坛德培化工有限公司

江苏省金坛市薛埠镇[213200]
电话:(0519)82763571;13906147213
传真:(0519)82886181
网址:www.jy-chem.com
E-mail:yeyin@263.net
【主要产品】5-氯-2-甲氧基苯甲酸;2-氨基二苯甲酮;2-氨基-2′-氟-5-氯二苯甲酮;2-氨基-2′,5-二氯二苯甲酮;2-氨基-5-硝基-2′-氯二苯甲酮;4-(2-氨乙基)苯磺酰胺;唑吡坦酸;7-氯-5-(2-氟苯基)-1,3-二氢-3H-1,4-苯并二氮杂卓-2-酮;2-氯苯甲酸;2-甲基-4,6-二氯-5-氨基嘧啶;盐酸布替萘芬;佐米曲坦;舒马曲坦;异环磷酰胺;盐酸莫索尼定;马来酸伊索拉定;酒石酸托特罗定;佐替平;奈非西坦

金坛市城东化工原料有限公司

江苏省金坛市龙山路[213200]
电话:(0519)82893502;82892602;13706145515
传真:(0519)82893602　职工人数:68人
经济类型:联营企业　产值:6,500千元
法人代表:朱新民
网址:www.cd8chem.com
E-mail:sell@cd8chem.com
【主要产品】1-(2,4-二氯苯基)-2-(1-咪唑基)乙醇;酮康唑;硝酸咪康唑;益康唑;硝酸异康唑;硝苯地平;尼群地平

金坛市登冠化工有限公司

江苏省金坛市登冠镇[213253]
电话:(0519)82422750;13338178770
传真:(0519)82422974　有进出口权
供销电话:82206835　职工人数:200人
经济类型:股份合作　法人代表:何海涛
网址:www.dg-chem.com
E-mail:hhtbest@hotmail.com
【主要产品】异噁唑;二甲基砜;4-氨基-2-羟基嘧啶;2,6-二羟基异烟酸;氨基乙醛缩二甲醇;氨基乙醛缩二乙醇;4-氯苯甲酸;3,4-二甲氧基苯甲酰氯

金坛市花山化工厂

江苏省金坛市花山集镇[213244]
电话:(0519)82651640
传真:(0519)82652280
经济类型:私营企业　法人代表:严留新
网址:www.huashanchem.com
E-mail:ylx1633@pub.cz.jsinfo.net
【主要产品】2,4,6-三甲基苯甲酸;对甲基苯乙酮;对氯苯乙酮;α-氯代苯乙酮;2,4-二羟基苯乙酮;对甲基苯丙

酮;对羟基苯丙酮;4-羟基苯基丙酮;4-氟苯基丙酮;对丁基苯乙酮;对异丁基苯乙酮;对异丙基苯乙酮;4-氟二苯甲酮;4-甲氧基-4′-甲基二苯甲酮;4-乙氧基二苯甲酮;2-氯-4′-氟苯乙酮;3,4-二氟苯乙酮;对氟苯乙酮;4-溴苯乙酮;对羟基苯丁酮;对羟基苯戊酮;4-甲基苯戊酮;对氯苯戊酮;2,4-二氯苯戊酮;4-甲氧基苯基丙酮;2,4-二甲氧基苯基丙酮;对乙氧基苯乙酮;2,4-二氟苯丙酮;2,4,6-三甲基二苯甲酮;2,4-二氯苯乙酮;2,2′,4-三氯苯乙酮;4-羟基二苯甲酮;4-氯二苯甲酮;2-氯二苯甲酮;2-甲基二苯甲酮;4-甲基二苯甲酮;2,4-二甲氧基苯乙酮;2,5-二甲氧基苯乙酮;α-氯代-4-甲氧基苯乙酮;4-联苯乙酮;α-氯代联苯乙酮;联苯正戊酮;4-甲硫基苯乙酮;环己基苯基甲酮

金坛市华东偶联剂厂

江苏省金坛市河头工业园区[213212]
电话:(0519)82523168
传真:(0519)82523268　经济类型:集体
法人代表:樊福定
网址:www. sj-chem. com
E-mail:sj-chem@ hi2000. com; sales@ sj-chem. com
【主要产品】硅酸甲酯;三甲氧基硅烷;γ-巯丙基三乙氧基硅烷;硅烷偶联剂 KH-560;硅烷偶联剂 KH-570;硅烷偶联剂 KH-792;硅烷偶联剂 KH-602;硅烷偶联剂 KH-550;乙烯基三乙氧基硅烷;烯丙基缩水甘油醚

金坛市华盛化工助剂有限公司

江苏省金坛市汤庄工业园[213223]
电话:(0519)82583898
传真:(0519)82583138
经济类型:私营企业　职工人数:158 人
网址:www. huashengchem. com
E-mail:zsm@ huashengchem. com
【主要产品】对羟基苯甲醛;3-溴-4-氟苯甲醛;4-甲氧基苯甲醛;2-(4-乙氧基苯基)-2-甲基丙醇;2-(4-氯苯基)-2-甲基丙醇;3-苯氧基苯甲醇;对甲氧基苯甲醇;3-甲氧基苄醇;3-甲基苄醇;4,4′-二甲基二苯醚;4,4′-二氨基二苯醚;对氟肉桂酸;对羟基肉桂酸;对甲氧基肉桂酸;3-(4-氯苯基)丙酸;4,4′-二苯醚二甲酸;对甲氧基肉桂酸戊酯;对甲氧基肉桂酸异辛酯;对-N,N-二甲氨基苯甲酸异戊酯;对-N,N-二甲氨基苯甲酸异辛酯;对甲氧基氯苄;对氟苄胺;对甲氧基苄胺;3-甲基二苯醚;对氟间苯氧基苯甲醇;对氟间苯氧基苯甲醛;对乙氧基苯腈;间苯氧基苯甲醛;4-氯苯甲酸;对氟苯甲腈;对甲氧基苯丙酸甲酯;醚菊酯

金坛市化纤厂

江苏省金坛市汤庄镇[213223]
电话:(0519)82581319
传真:(0519)82581398　经济类型:集体
职工人数:65 人　法人代表:纪云方
【主要产品】丙纶

金坛市嘉仁塑胶制品厂

江苏省金坛市沪宁高速公路中段[213221]
电话:(0519)82551282
传真:(0519)82551282
经济类型:私营企业
网址:www. cn-jiaren. com
E-mail:info@ cn-jiaren. com
【主要产品】橡胶密封制品;骨架油封;密封垫;O 形密封圈;Y 形密封圈

金坛市聚源化工厂

江苏省金坛市尧塘镇镇东路 55 号[213213]
电话:(0519)82595598;13328191080
传真:(0519)82595518　有进出口权
职工人数:280 人
网址:www. juyuanchem. com
E-mail:ywj@ juyuanchem. com
【主要产品】对氯苯甲醚;3-氯丙酸甲酯;间氯甲苯;对苯二甲酰氯;4-氨基-6-氯-1,3-苯二磺酰胺;3,5-二甲基苯甲酰氯;对甲基苯甲酰氯;邻甲基苯甲酰氯;不饱和聚酯树脂;氢氯噻嗪;氯噻嗪

金坛市群乐化工助剂研究所

江苏省金坛市水北镇[213221]
电话:(0519)82553398;82553818;13306140398
传真:(0519)82553292
网址:www. blchem. com
E-mail:pgp@ blchem. com
【主要产品】2,6-二氯苯乙酸;邻氟苯乙酸;对溴苯乙酸;3,5-二溴苯乙酸;4-溴苯乙酸乙酯;2,4-二氯苯乙酸乙酯;邻氯苯丙酮;间氯苯丙酮;二苄基甲酮;2,6-二氯苯乙腈;对溴溴苄;邻溴溴苄;二苯氯甲烷;对甲基二苯基氯甲烷;间氟溴苄;4-氟氯苄;间氟氯苄;N-苄基乙醇胺;邻氟苄胺;对氟苄胺;对溴氰苄;间溴氰苄;苄基苯基甲酮

金坛市三方医药原料厂

江苏省金坛市文化中心组 3-207[213200]
电话:(0519)82825735;82618896
传真:(0519)82825083;82618898
供销电话:82618899;13901492278
经济类型:股份有限公司
法人代表:张国涛
网址:www. jtsanfang. com
E-mail:webmaster@ jtsanfang. com
【主要产品】氯代环己烷;2,3-二氯苯甲醛;对氯苯甲醛;邻氟苯甲醛;2,4,6-三甲基苯甲酸;2-氨基二苯甲酮;2-氟二苯甲酮;2-氨基-2′,5-二氯二苯甲酮;三氯化苄;氯乙酰氯;三苯基氯甲烷;4-氯-2-甲基苯胺;4,4′-二甲氧基三苯基氯甲烷;2,3-二氯苯甲酸;2,4-二氯-5-磺酰胺基苯甲酸;4-氯-3-氨磺酰基苯甲酸;4-氨基-6-氯-1,3-苯二磺酰胺;4-氯苯甲酰氯;邻氟苯甲酰氯;对氟苯甲酰氯;3,4-二氯苯甲酰氯;邻氯三氯甲苯;4-氯-4′-羟基二苯甲酮;4-羟基二苯甲酮;4-氯二苯甲酮;3-硝基-4-氯二苯甲酮;2-氯二苯甲酮;3-甲基二苯甲酮;苯甲酰氯;二苯甲酮;联苯苄唑;鲨肝醇;环己基苯基甲酮;过氧化苯甲酰

金坛市社头化工厂

江苏省金坛市社头镇印桥村[213231]
电话:(0519)82710458;13776384753
传真:(0519)82710458
网址:www. jtstchem. com
E-mail:jtstchem@ zj. com
【主要产品】2,5-二氯吡啶;2,4-二氯吡啶;5-溴-2-氰基吡啶;2,5-二溴吡啶;2-氯-5-羟基吡啶;2-氯-5-氟吡啶;5-溴-2-氯吡啶;2,6-二氯嘌呤;2-氨基-6-氯嘌呤;6-氯-2-甲基吡啶;5-氨基-2-溴吡啶;2-氨基-5-碘吡啶;5-溴-2-碘吡啶;2-溴-6-甲基吡啶;2-溴-5-硝基吡啶;5-溴-2-乙氧基吡啶;5-溴-2-甲氧基吡啶;3-吲哚乙腈;3-吲哚甲醇;4-氨基烟酸;6-氨基烟酸;2-氨基异烟酸;3-氨基异烟酸;吡啶-2,3-二羧酸;吡啶-3,4-二羧酸;6-羟基吡啶-2-羧酸;5-溴烟酸;6-溴烟酸;6-溴吡啶-2-甲酸;6-氯吡啶-2-甲酸;氰基频那酮;2,3-吡啶二酸酐;丙二酰氯;邻硝基苯乙酸;1-萘乙酰胺;2,6-二羟基苯甲酸;芦竹碱;吲哚-3-甲酸;吲哚-2-羧酸;2-氯-5-氰基吡啶;6-糠氨基嘌呤;α-萘乙酸;2-萘乙酸;2-氯-5-氨基吡啶;吲哚-3-甲醛;对羟基苯乙腈;磺酰磺隆;吲哚-3-丁酸;吲哚-3-丙酸;吲哚-3-乙酸;2-萘氧基乙酸;氯吡脲;6-苄氨基嘌呤;托烷司琼

金坛市圣辉密封件厂

江苏省金坛市水北镇迎春村水湟路[213221]
电话:(0519)82553518
传真:(0519)82551218
法人代表:苏旭斌
网址:www. shsealing. com
E-mail:shsealing@ shsealing. com
【主要产品】橡胶密封制品;氟橡胶制品;丁腈橡胶制品;硅橡胶密封圈

金坛市塑料厂

江苏省金坛市晨风路 40 号[213200]
电话:(0519)82332460;82333973;82331537
传真:(0519)82331011
经济类型:私营企业　职工人数:350 人
网址:www. jtcpw. com
E-mail:jtpls@ public. cz. js. cn
【主要产品】给水用硬聚氯乙烯管材;玻璃钢制品;玻璃钢型材;PVC 填料;玻璃钢冷却塔

金坛市源诺对外贸易有限公司

苏

江苏省金坛市金城镇大亭99号[213215]
电话:(0519)82612034;13921020245
传真:(0519)82610403
网址:www.jqjn.chem.cn
E-mail:jqjn1964@yahoo.com.cn
【主要产品】3,5-二溴苯甲酸;邻氯苯乙酮;邻氟苯乙酮;间氟苯乙酮;邻溴苯乙酮;4-溴苯乙酮;三苯基氯甲烷;5-硝基间苯二甲酸;2,3,6-三溴对甲苯酚;2-氨基苯乙酮;4-氨基苯乙酮;3,5-二氯-4-氨基苯乙酮;3,5-二溴邻氨基苯甲酸甲酯;3,5-二氯苯乙酮

金坛市振兴化工有限公司

江苏省金坛市尧塘镇汤庄工业园[213223]
电话:(0519)82581244;82583818
传真:(0519)82583588 职工人数:68人
经济类型:有限责任公司
网址:www.jszxhg.com
E-mail:jszxhg@jszxhg.cn
【主要产品】4-氯-α-异丙基苯乙酸;对氯苯乙酸;2,4-二氯氰苄;2,4-二氯苯甲酰氯;4-氯氰苄;3-氯氰苄;α-异丙基对氯苯基乙酰氯;邻氯氰苄;对氯氰苄;间氯氰苄;氰戊菊酯

金坛市振兴气体化工有限公司

江苏省金坛市洮西镇河庄村学士[213233]
电话:(0519)82721515
传真:(0519)82721598
经济类型:私营企业 职工人数:100人
网址:www.jtzxqh.com
E-mail:webmaster@jtzxqh.com
【主要产品】氧气;氮气;三氯化苄;对叔丁基氯化苄;4-氯苯酚;2-氯苯酚;4-氯苯甲酰氯;苯甲酰氯

溧阳市茶亭硅石矿

江苏省溧阳市茶亭镇新街[213332]
电话:(0519)87468888;87469298
传真:(0519)87467698
经济类型:私营企业 法人代表:王金才
网址:www.lygsk.com;lygsk.wjw.cn
E-mail:why7468888@msn.com
【主要产品】硅灰石粉;超细硅灰石粉;活性超细碳酸钙;滑石粉;复合钛白颜料

溧阳市诚兴化工有限公司

江苏省溧阳市平陵东路38号[213300]
电话:(0519)87225531;87224901;87229233
传真:(0519)87224901 经济类型:集体
固定资产:35,000千元
职工人数:220人 法人代表:唐师法
网址:www.chxchem.com
E-mail:ggq5060@sina.com
【主要产品】甲基萘;C_9芳烃;1,2,4,5-四甲苯;丙三醇;3-甲酚;芳烃增塑剂;高级农药溶剂240号;焦油溶剂200号

溧阳市飞达电化设备厂

江苏省溧阳市竹箦镇陆笪振华东路22号[213356]
电话:(0519)87726405;13093162169
传真:(0519)87727828
经济类型:私营企业
法人代表:沈玉英
网址:www.jslyfeida.com
E-mail:webmaster@jsfeida.com
【主要产品】甲基丙烯酸;酚醛环氧树脂;PVC膏状钡铅复合稳定剂;PVC膏状钡镉复合稳定剂;液体钡镉锌复合稳定剂

溧阳市鸿新气体有限公司

江苏省溧阳市天目湖燕山岭[213332]
电话:(0519)87969185
经济类型:私营企业
职工人数:28人
网址:www.trade-cz.com.cn/cz1/Z0008607
【主要产品】氧气

溧阳市后周福利溶剂厂

江苏省溧阳市后周镇[213352]
电话:(0519)87762666;87762288
传真:(0519)87761111
网址:www.china-hysz.com
【主要产品】双酚A二异丙醇醚;双酚A型环氧树脂;溴化阻燃型环氧树脂;酚醛环氧树脂;环氧树脂稀释剂;环氧固化剂;粉云母带

溧阳市金马磁材有限公司

江苏省溧阳市东升路171号[213300]
电话:(0519)87321708
传真:(0519)87321418
法人代表:张云洲
网址:liyang.jmxt.lyinfo.net.cn
E-mail:lyjmxt@public.cz.js.cn
【主要产品】钕铁硼

溧阳市康达化工有限公司

江苏省溧阳市上兴镇果园茶果场[213362]
电话:(0519)87680202;87680201;87680616
传真:(0519)87680202
供销电话:87680616;13901496979
法人代表:张建新
网址:www.nanda-silicone.com
E-mail:kangda@nanda-silicone.com
【主要产品】硅橡胶

溧阳市联成溶剂有限公司

江苏省溧阳市周城化工区[213300]
电话:(0519)87557918;13625115088
传真:(0519)87557958
网址:www.jslcrj.com
E-mail:jslc@jslcrj.com
【主要产品】已烷;正十三烷;正庚烷;辛烷;溶剂油120号

溧阳市燎原活性炭有限公司

江苏省溧阳市竹箦镇[213351]
电话:(0519)87716896;87720962
传真:(0519)87716086
职工人数:230人
网址:www.hxtly.com
E-mail:jjk99@163.net;info@lyhxt.com
【主要产品】活性炭

溧阳市南方活性炭厂

江苏省溧阳市上兴工业园区[213363]
电话:(0519)87740956;13801493591
传真:(0519)87740128
固定资产:50,000千元
经济类型:私营企业 职工人数:180人
法人代表:朱开财
网址:www.cn-nfhxt.com
【主要产品】活性炭;活性炭(糖用);活性炭(脱色);活性炭(药用);活性炭(植物果壳类);煤质活性炭

溧阳市清安化工厂

江苏省溧阳市清安集镇[213300]
电话:(0519)87236942;87100940
经济类型:集体 法人代表:周才庚
【主要产品】2-氨基-5-二乙氨基戊烷

溧阳市清安有机化工厂

江苏省溧阳市新宁路水西138号[213300]
电话:(0519)87290002;87224857;13801492382
传真:(0519)87290002 经济类型:集体
供销电话:87224857;13801495521
网址:www.lyqa.com
E-mail:lyqahg@126.com
【主要产品】乙二醇;一缩二乙二醇;三乙二醇

溧阳市瑞阳化工有限公司

江苏省溧阳市南渡镇强埠集镇[213364]
电话:(0519)87692550;13915883300
传真:(0519)87692590
经济类型:股份有限公司
网址:www.ruiyangchemical.com
E-mail:chenxu7777@sohu.com
【主要产品】季戊四醇;甲酸;甲酸钠

溧阳市天荣化工有限公司

江苏省溧阳市南渡镇工业园区[213367]
电话:(0519)83715020
传真:(0519)83715020
供销电话:87789706;13801495237
供销传真:87789706 产值:20,000千元
经济类型:股份有限公司
职工人数:150人 法人代表:胡天荣
网址:zhuwenyang.china315.com

E-mail:zhuwenyang@163.com
【主要产品】还原铁粉;4-氯苯胺;对氯苯胺盐酸盐;2-氯苯胺;3-氯苯胺

溧阳市新明化工厂

江苏省溧阳市新昌镇石街村[213300]
电话:(0519)87188288;13382816855
经济类型:私营企业 法人代表:蒋新保
网址:www.lyxmhg.com
E-mail:lyxmhg888@163.com
【主要产品】二盐基亚磷酸铅;三盐基硫酸铅;硬脂酸钙;硬脂酸钡;硬脂酸铅;硬脂酸锌;复合稳定剂

苏

溧阳市新球农药化工有限公司

江苏省溧阳市溧城镇歌岐路55号[213300]
电话:(0519)87229060;87207031;87207051
传真:(0519)87223362
经济类型:私营企业 法人代表:周建新
网址:www.xqnh.com
E-mail:info@xqnh.com;zjx@xqnh.com
【主要产品】辛硫磷乳油;三唑磷乳油;吡虫啉可湿性粉剂;溴氰菊酯乳油;高效氯氰菊酯乳油;氰戊菊酯乳油;甲氰菊酯乳油;杀虫单可溶性粉剂;稻瘟灵乳油;胺苯磺隆可湿性粉剂;苯磺隆可湿性粉剂;噻磺隆可湿性粉剂;精喹禾灵乳油;辛·氯乳油;苄·乙可湿性粉剂;甲氰·辛乳油;高氯·辛乳油;吡·杀单可湿性粉剂;井·噻·杀单可湿性粉剂;苯噻酰·苄可湿性粉剂;辛·唑磷乳油

溧阳市永安精细化工有限公司

江苏省溧阳市南渡镇永安路303号[213371]
电话:(0519)87625776;87627222;87620315
传真:(0519)87620315 职工人数:80人
供销电话:87627222;87625776
网址:www.winan.cn
【主要产品】1-甲氧基萘;二乙基丙二酸二乙酯;二丙基丙二酸二乙酯;烯丙基丙二酸二乙酯;异丁基丙二酸二乙酯;烯丙基丙二酸二甲酯;正戊基丙二酸二乙酯;1-溴丁烷;1-溴戊烷;溴代异丁烷;乙酰氨基丙二酸二乙酯;丙二酰脲;正丁基丙二酸二乙酯;二乙基丙二酸二甲酯;异丁基丙二酸二甲酯;异丙基氯甲基碳酸酯;葡甲胺

溧阳市永益活性炭厂

江苏省溧阳市竹箦镇[213351]
电话:(0519)87700217;13801492217
传真:(0519)87703688
法人代表:嵇剑宽
网址:www.yyhxt.com
E-mail:info@yyhxt.com
【主要产品】活性炭

溧阳市云锋化工有限公司

江苏省溧阳市埭头镇[213311]
电话:(0519)87360181;13901495087
传真:(0519)87363026 职工人数:30人
经济类型:私营企业 法人代表:俞云锋
网址:www.yfchem.com.cn
E-mail:yunfeng6@sina.com;
yupingyu@yahoo.com
【主要产品】一氯甲基三乙氧基硅烷;二氯甲基三乙氧基硅烷;硅橡胶;硅烷偶联剂 ND-42;二乙氨基甲基三乙氧基硅烷

溧阳市正大化工有限责任公司

江苏省溧阳市绸缪镇建设南路[213324]
电话:(0519)87820020;13801490768
传真:(0519)87821819
经济类型:私营企业 法人代表:殷春泽
网址:www.zdchemical.com
E-mail:server@zdchemical.com
【主要产品】甲基丙烯酸;硫酸铵

溧阳竹溪活性碳有限公司

江苏省溧阳市竹箦镇[213351]
电话:(0519)87700279;87700278;87700386
传真:(0519)87700278 经济类型:集体
有进出口权 职工人数:153人
法人代表:陈浩勤
网址:www.activatedcarbon-zhuxi.com
E-mail:ghl@hi2000.com
【主要产品】活性炭;活性炭(糖用);活性炭(脱色);活性炭(药用);活性炭(植物果壳类);气相吸附用活性炭

武进芙蓉嘉诺磷化材料厂

江苏省常州市武进芙蓉镇蓉湖路79号[213118]
电话:(0519)88761153
传真:(0519)88763130
经济类型:股份合作 法人代表:胡孟进
网址:hy.shidui.com/jiangsu/jiangsu17918.html
【主要产品】苯基氯硅烷;有机硅改性聚酯树脂;有机硅树脂;有机硅环氧树脂;耐高温树脂;自干型树脂;有机硅自干绝缘漆;有机硅防水剂

武进农药厂

江苏省常州市南门外常武桥堍[213161]
电话:(0519)86551041;86552481;86552485
传真:(0519)86553138 有进出口权
供销电话:86552483;86551041
经济类型:联营企业 职工人数:800人
法人代表:张卫国
网址:www.chinapharm-chemnet.com/maindoc/wjny
E-mail:wjpf@public.cz.js.cn
【主要产品】三甲基氢醌;十二烷基硫酸钠;*O,O*-二甲基硫代磷酰胺;乙酰甲胺磷乳油;甲胺磷;甲胺磷乳油;甲基对硫磷;甲基对硫磷乳油;2甲4氯钠盐

武进市特种工程塑料厂

江苏省常州市北门外安家工业开发区镇东街17[213126]
电话:(0519)85971065;85498065
传真:(0519)85971343
网址:www.js.cei.gov.cn/gshbl/0265.htm
E-mail:wjtsxl8@public.cz.js.cn
【主要产品】钢塑复合管

中美合资常州健达干燥设备有限公司

江苏省常州市东青镇[213114]
电话:(0519)88962888;88963888;88127888
传真:(0519)88963888
供销传真:88963888;88110988
经济类型:中外合资经营企业
法人代表:查建农
网址:www.jian-da.com
E-mail:jianda@jian-da.com;
jianda6@sohu.com
【主要产品】振动流化床;热风炉;换热器;三维运动混合机;热风循环烘箱;直接加热回转式干燥器;旋转闪蒸干燥机;SZG系列双锥回转真空干燥机;滚筒干燥器;LPG系列高速离心喷雾干燥机;脉冲气流干燥机;喷雾流化造粒干燥器;真空耙式干燥机;真空干燥机;冷冻真空干燥机;XF系列沸腾干燥机;带式干燥机;FL系列沸腾制粒干燥机;破碎机;微粉碎机;万能粉碎机;高效粉碎机;振动筛;对辊式造粒机;高速混合制粒机;酒精回收塔

无锡市、宜兴市

高淳县丹湖精细化工厂

江苏省宜兴市向阳新村99号[214200]
电话:(0510)87015068
传真:(0510)87015068
经济类型:集体
供销电话:87015068;13601533999
网址:www.gaochunchem.com
E-mail:jiangshuiren@163.com
【主要产品】氰亚胺荒酸二甲酯

亨特莱涂料(无锡)有限公司

江苏省无锡市新街镇[214204]
电话:(0510)87132792
传真:(0510)87133857
经济类型:港澳台商独资经营
网址:www.wxhtl.com.cn
E-mail:web@wxhtl.com.cn
【主要产品】高级乳胶漆;聚酯王;聚氨酯涂料

华裕(无锡)制药有限公司

江苏省无锡市马山区梅梁西路43号[214092]
电话:(0510)85996899

传真:(0510)85994684
经济类型:港澳台商独资经营
网址:www.hua-yu.com.cn
E-mail:matket@hua-yu.com.cn
【主要产品】磷酸铝

江苏阿波罗复合肥有限公司

江苏省江阴市申港镇于门桥工业区[214443]
电话:(0510)86620928;86682088
传真:(0510)86623711
经济类型:有限责任公司
法人代表:李小荣
网址:www.chinaabolo.com
【主要产品】复合肥

江苏澄星磷化工股份有限公司

江苏省江阴市花山路208号[214432]
电话:(0510)86281316-431
传真:(0510)86281884　有进出口权
供销电话:86281885　企业规模:大型
经济类型:股份合作　法人代表:周忠明
网址:www.phosphatechina.com
E-mail:cx@phosphatechina.com
【主要产品】磷酸;三聚磷酸钠;六偏磷酸钠;焦磷酸钠;焦磷酸钾;磷酸二氢钠;磷酸二氢钾;磷酸三钠;磷酸氢二钠;磷酸氢二钾;磷酸钾;磷酸氢镁;轻质碳酸钙;五氧化二磷;黄磷;磷酸氢钙(食用级);磷酸钙;白炭黑

江苏冠洋精细化工有限公司

江苏省宜兴市屺亭镇[214213]
电话:(0510)87861101;87862444;87867588
传真:(0510)87862368　职工人数:90人
经济类型:私营企业
网址:www.jsshengtian.com
E-mail:shengtian@jsshengtian.com
【主要产品】聚乙二醇;匀染剂O;匀染剂AN;抗静电剂SN;乳化剂EL-20;分散剂IW;渗透剂JFC;平平加;乳化剂EL-60;乳化剂OP;乳化剂SG-10;壬基酚聚氧乙烯醚(N=10);乳化剂MOA-3

江苏江阴七星助剂有限公司

江苏省江阴市云亭镇松桥村[214422]
电话:(0510)86016390
传真:(0510)86011578
网址:www.qixingcn.com
E-mail:qx@qixingcn.com;
qixingjs@sina.com
【主要产品】阳离子沥青乳化剂

江苏杰成生物工程有限公司

江苏省宜兴市新建镇[214253]
电话:(0510)87281625
传真:(0510)87288016　有进出口权
供销电话:87281152　法人代表:戴玉生
经济类型:股份有限公司
网址:www.jch.com.cn
E-mail:jchchina@163.com
【主要产品】反丁烯二酸;L-丙氨酸;天冬氨酰苯丙氨酸甲酯;L-天门冬氨酸;DL-天门冬氨酸;L-天冬氨酸钠;葡糖淀粉酶;高活力糖化酶;L-天冬酰胺;聚天门冬氨酸

江苏莱顿宝富塑化有限公司

江苏省宜兴市周铁镇湖滨公路[214263]
电话:(0510)87579285;87579288
传真:(0510)87570996
网址:www.js-laidun.com
E-mail:web@js-laidun.com;
js_laidun@hotmail.com
【主要产品】聚苯乙烯树脂

江苏凌飞化工有限公司

江苏省宜兴市芳桥工业集中区[214264]
电话:(0510)87581082
传真:(0510)87582082
供销电话:87584082
网址:www.lingfeichem.com
E-mail:lingfei@lingfeichem.com
【主要产品】壬烯;苯酚;聚乙二醇;脂肪胺聚氧乙烯醚;柔软剂SG;匀染剂O;渗透剂JFC;乳化剂;平平加;乳化剂EL;乳化剂OP;净洗剂;壬基酚聚氧乙烯醚;壬基酚;斯盘系列;吐温系列

江苏融泰化工有限公司

江苏省宜兴市万石镇工业园区杨祥路[214262]
电话:(0510)87848801;87551953
传真:(0510)87848555
网址:www.qiufengpai.com
E-mail:rt@jsrt.cn;
rongtai-chem@163.com
【主要产品】丙烯酸树脂;甲基丙烯酸-苯乙烯共聚树脂;氨基树脂;醇酸树脂;塑料包装容器;多聚磷酸铵

江苏瑞佳化学有限公司

江苏省宜兴市周铁镇分水村[214262]
电话:(0510)87551168;87553977;13901530303
传真:(0510)87551131
供销电话:87551168;87556930
网址:www.yxzjhgc.com
E-mail:lifen@ruijiachem.com
【主要产品】乙二醇单丁醚;1,2-丙二醇-1-单甲醚;二甘醇单乙醚;乙二醇单乙醚;三醋酸甘油酯;乙二醇乙醚乙酸酯;二乙二醇乙醚醋酸酯;乙酸丙酯;醋酸异辛酯;醋酸异丙酯;丙二醇甲醚丙酸酯;醋酸异丁酯;乙二醇丁醚醋酸酯;丙二醇甲醚醋酸酯;正丙基七元环;二醋纤增塑剂

江苏三房巷集团有限公司

江苏省江阴市周庄镇[214423]
电话:(0510)86229928
传真:(0510)86229800　有进出口权
职工人数:8,280人
法人代表:卞兴才
网址:www.sfxjt.com
E-mail:sfx@sfxjt.com
【主要产品】聚酯切片(瓶级);涤纶短纤维

江苏三木集团公司

江苏省宜兴市都山乡三木路85号[214258]
电话:(0510)87234870;87235999
传真:(0510)87231986
经济类型:股份合作
企业规模:大型
法人代表:刘洪林
网址:www.jssanmu.com.cn
E-mail:info@sanmuchem.com
【主要产品】盐酸;乙醛;甲醛;季戊四醇;反丁烯二酸;苯甲酸;乙酸乙酯;醋酸丁酯;醋酸异丁酯;苯酐;三聚氰胺;液氨;聚氯乙烯树脂;羟基丙烯酸树脂;水溶性丙烯酸树脂;三聚氰胺甲醛树脂;环氧树脂;醇酸树脂;饱和聚酯树脂;有机硅树脂;光固化树脂;建筑涂料专用乳液;聚氯乙烯电缆料;己二酸二正辛酯;邻苯二甲酸二丁酯;邻苯二甲酸二异丁酯;邻苯二甲酸二辛酯;顺丁烯二酸二丁酯;顺丁烯二酸二辛酯;癸二酸二辛酯;偏苯三酸三辛酯;氯化石蜡;对苯二甲酸二辛酯;聚氨酯固化剂

江苏生花农药有限公司

江苏省宜兴市东郊新庄镇西元村8号[214267]
电话:(0510)87591333
传真:(0510)87591333　有进出口权
经济类型:股份合作
网址:www.jsshnyyx.fukesi.com;
www.yxbchem.com
【主要产品】三唑磷乳油;丙溴磷;抑食肼可湿性粉剂;三唑酮乳油;腈菌唑;腈菌唑乳油;嘧霉胺;嘧霉胺悬浮剂;2,4-D胺;麦草畏;麦草畏水剂;2,4-二氯苯氧乙酸正丁酯;多效唑可湿性粉剂;丙·氯乳油;腈菌·锰锌可湿性粉剂

江苏省江阴市福达农化有限公司

江苏省江阴市祝塘镇化工工业园区内[214415]
电话:(0510)86391848
网址:www.fdnh.cn
【主要产品】高渗吡虫啉可湿性粉剂;涕灭威;氯氰菊酯乳油;高效氯氰菊酯乳油;多菌灵可湿性粉剂;甲基硫菌灵可湿性粉剂;草甘膦水剂(10%);41%草甘膦异丙胺盐水剂;异丙隆可湿性粉剂;噁唑禾草灵水乳剂;多·福可湿性粉剂;噁霜·锰锌可湿性粉剂;多·硫可湿性粉剂;硫·三环可湿性粉剂;丙·氯乳油;福·甲硫·硫可湿性粉

剂;吡·杀单可湿性粉剂

江苏省江阴信佳化学品有限公司

江苏省江阴市周庄镇欧洲工业园区[214423]
电话:(0510)86221662
传真:(0510)86223662
网址:www. trustwellchem. com
E-mail:sales@ trustwellchem. com
【主要产品】六溴环十二烷

江苏省江阴制药厂

江苏省江阴市益健路5号[214431]
电话:(0510)86802236
传真:(0510)86802236　经济类型:国有
【主要产品】吡嗪-2,3-二羧酸;吡嗪酰胺;盐酸芬氟拉明;尼索地平;苯妥英钠;卡马西平;曲匹布通;酚磺乙胺;盐酸地芬尼多;甲基斑蝥胺

江苏省无锡迅达减震器厂

江苏省锡山市东泽镇蠡湖路16号[214121]
电话:(0510)85069020;85062437;85062224
传真:(0510)85066062　职工人数:80人
网址:www. shenhao. com
E-mail:xdjzq@ public1. wx. js. cn
【主要产品】减震器及配件;橡胶接管

江苏省宜兴市扶风第五化工厂

江苏省宜兴市扶风镇永安路1号[214265]
电话:(0510)87541951;13906159070
传真:(0510)87542951
网址:www. chinachemnet. com/gaoxin/gsjj. htm
【主要产品】2-氯乙醇;聚乙二醇;乳化剂OP-10

江苏省宜兴市精益机械厂

江苏省宜兴市周铁镇学前路159号[214261]
电话:(0510)87501845;87505845;87508845
传真:(0510)87501845
法人代表:王兴浩
网址:www. jinyimachine. com
E-mail:kingyi@ kingyi. com
【主要产品】填料塔;搅拌釜;涂料专用釜;蒸馏塔;精密过滤器;高速分散机;袋式过滤器;振动筛分过滤机;密闭网型过滤机;换热器;立式砂磨机;齿轮泵;聚酯树脂设备

江苏省宜兴市兴洋化工厂

江苏省宜兴市洋溪开发区[214263]
电话:(0510)87576571;87578999;13901533070
传真:(0510)87576572
网址:www. yxxingyang. com
E-mail:zjw@ yxxingyang. com
【主要产品】乙醇;甲醇;乙二醇;一缩二乙二醇;三乙二醇;1,2-丙二醇

江苏省宜兴市永兴化工厂

江苏省宜兴市芳桥镇[214264]
电话:(0510)87581016;13701537892
法人代表:吴东云
网址:www. jsyxyx. com
E-mail:yxyx@ jsyxyx. com
【主要产品】置换型防锈油;常温除油水基清洗剂;冷却液;合成切削液;硅酸铝耐火纤维制品

江苏苏青水处理工程集团有限公司

江苏省江阴市河塘长青路89号[214419]
电话:(0510)86331801;86337020;86331672
传真:(0510)86331113;86332672
经济类型:集体　有进出口权
网址:www. suqing. com;www. china-resins. com
E-mail:suqing@ suqing. com;sales@ suqing. com
【主要产品】强酸性苯乙烯系阳离子交换树脂(001×7型);大孔弱酸性丙烯酸系阳离子交换树脂(D113型);强碱性季铵Ⅰ型阴离子交换树脂(201×7型);大孔弱碱性苯乙烯系阴离子交换树脂(D301)

江苏新纺实业股份有限公司

江苏省无锡市西门外金星路17号[214073]
电话:(0510)85453143;85456887-2012
传真:(0510)85456800
经济类型:股份有限公司
网址:www. xfdt. com/xfsy. htm
【主要产品】涤纶长丝

江苏鑫源生化科技发展有限公司

江苏省宜兴市化学工业园(屺亭镇)[214213]
电话:(0510)87442588;87868766;13901531288
传真:(0510)8765111;87442598
网址:www. xinyuanbiochem. com
E-mail:sales@ xinyuanbiochem. com
【主要产品】醇酸树脂涂料;过氯乙烯防腐涂料;防火涂料;乙烯树脂漆类;建筑涂料;丙烯酸涂料;环氧树脂漆类;聚氨酯涂料;耐高温涂料;橡胶漆类;防水涂料;印花涂料;熊果苷;二氧化氯;十二烷基二甲基苄基氯化铵;十四烷基二甲基苄基氯化铵;聚丙烯酰胺;聚丙烯酸钠;聚丙烯酸;马来酸丙烯酸甲酯共聚物;2-膦酸丁烷-1,2,4-三羧酸;水解聚马来酸酐;氨基三亚甲基膦酸;羟基亚乙基二膦酸;2-羟基膦酰基乙酸;二乙烯三胺五亚甲基膦酸;双季铵盐杀生剂;碱式氯化铝铁;苯并三氮唑;异噻唑啉酮

江苏雅克化工有限公司

江苏省宜兴市荆溪北路诸桥工业区[214200]
电话:(0510)87126518;87126500
传真:(0510)87126507;87126500
网址:www. yokechem. com
E-mail:sales@ yokechem. com
【主要产品】氯化亚锡;哌嗪;磷酸三苯酯;二月桂酸二丁基锡;四辛基锡;阻燃剂;间苯二酚双(磷酸二苯酯);双酚A二(磷酸二苯酯);发泡剂H;辛酸亚锡

江苏宜兴市第二化学试剂厂

江苏省宜兴市分水镇分水陈墅村[214262]
电话:(0510)87551186;87551858
传真:(0510)87551108
供销电话:87441296　职工人数:105人
经济类型:股份合作　法人代表:陆锡明
网址:www. sec-chem. com. cn
E-mail:ysc186@ fin365. com
【主要产品】无水碳酸钠;无水乙醇(药用);二氧六环;单宁酸;间氯甲苯;1,3-二氯苯;三甲基氢醌;间氯苯甲酰氯;间氯过氧化苯甲酸;过氧化氢;乙酸钠;硫酸钠(无水);硫代硫酸钠;亚硫酸氢钠;氯化钠;碳酸氢钠;磷酸三钠;磷酸二氢钠;磷酸氢二钠;氯化钙(无水);硫酸钾;氯化钾;磷酸二氢钾;磷酸氢二钾;硝酸钴;硫酸钴;氯化钴;硫酸亚铁;硫酸镍;氢氧化铵;氯化铵;硫酸铜;硝酸;硫酸;乙醇(无水);石油醚;脲;维生素E粉;维生素E

江苏宜兴正生石化有限公司

江苏省宜兴市宜城镇宋渎村[214201]
电话:(0510)87923187;89711184;13182088160
传真:(0510)87923187
网址:www. yxzssh. com
E-mail:yxzssh@ 126. com
【主要产品】油品助燃增标剂

江苏银燕化工股份有限公司

江苏省宜兴市周铁镇[214261]
电话:(0510)87506168;87508878;87506293
传真:(0510)87501896;87503286
供销电话:87501287;87501565
经济类型:集体　职工人数:480人
法人代表:孙立平
网址:www. yinyanchem. com
E-mail:info@ yinyanchem. com
【主要产品】草甘膦;41%草甘膦异丙胺盐水剂;草甘膦异丙胺盐水剂专用助剂

江苏永联集团公司精细化工厂

江苏省江阴市青阳镇[214400]

电话:(0510)86503419
传真:(0510)86501359
E-mail:wl.js.jy@public.wx.js.cn
【主要产品】3,5-二碘水杨酸;五氟苯甲酸;肌酸一水化物;环己基异氰酸酯;异氰酸苯酯;氯甲酸异丙酯;肌氨酸甲酯;氯甲酸苯酯;4,4′-二氟二苯甲酮;4,4′-二甲氧基二苯甲酮;甲氧基乙酰氯;1,2-苯二胺;氯甲酸苄酯;4-氯-4′-羟基二苯甲酮;5′-脱氧氟尿苷;拓扑替康

江苏永联集团江阴化工一厂

江苏省江阴市人民中路295号[214400]
电话:(0510)86887591;86890110
传真:(0510)86891341
经济类型:国有
供销电话:86890113
法人代表:韩振祥
E-mail:hgyc@publicl.wxjs.cn
【主要产品】邻甲基水杨酸;5-甲基水杨酸

江苏中达新材料集团股份有限公司

江苏省江阴市滨江西路589号[214430]
电话:(0510)86684039;86686199;86686808
传真:(0510)86684038　　有进出口权
经济类型:股份有限公司
职工人数:1,700人　法人代表:张国伟
网址:www.channeleat.com/b2b/co.asp?id=362
E-mail:wanws@shendapack.cn
【主要产品】双向拉伸聚丙烯薄膜;BOPP双向拉伸香烟膜;流延聚丙烯薄膜;双向拉伸聚酯薄膜

江阴创易特种绝缘材料有限公司

江苏省江阴市周庄镇光明路15号[214423]
电话:(0510)86900577;86221362;86222360
传真:(0510)86239870　职工人数:32人
经济类型:私营企业　产值:1,200千元
法人代表:朱忠德
网址:www.cn-tzjy.com
E-mail:sales@cn-tzjy.com
【主要产品】8411沉浸绝缘树脂;1145F级无溶剂快干绝缘树脂;浸渍绝缘漆

江阴创易特种绝缘材料有限公司

江苏省江阴市周庄镇光明路15号[214423]
电话:(0510)86900577;86221362;86222360
传真:(0510)86221597
法人代表:承兴良
网址:www.cn-tzjy.com
E-mail:sales@cn-tzjy.com
【主要产品】绝缘树脂

江阴东方医药原料有限公司

江苏省江阴市璜土镇北路4号[214445]
电话:(0510)86058855;86052688;86657788
传真:(0510)86651076
供销电话:86657788;86052688
经济类型:股份合作
网址:www.dfmchem.com
E-mail:xxh@dfmchem.com
【主要产品】1,4-苯二胺;对苯二胺硫酸盐;5-氰基-1-(4-氟苯基)-1,3-二氢化异苯并呋喃;3-乙酰-7-酮基去氢表雄酮;7-酮基去氢表雄酮;反式-3-乙氧羰基-4-(4-氟苯基)-1-甲基哌啶-2,6-二酮;反式-4-(4-氟苯基)-3-羟甲基-1-甲基哌啶;甲基帕罗西汀;1-(4-氯苯基)环丁腈;1-[1-(4-氯苯基)环丁基]-3-甲基丁胺;西力士;吲达帕胺;艾地苯醌;度洛西汀盐酸盐;西酞普兰;西酞普兰草酸盐;盐酸帕罗西汀;盐酸西布曲明;阿立哌唑;匹卡米隆钠盐;利莫那班;盐酸阿比朵尔

江阴东升橡塑制品有限公司

江苏省江阴市华士镇东升村[214421]
电话:(0510)86207688;86213668;86213278
传真:(0510)86203509
供销电话:86213278;86201900
网址:www.dsxiangsu.com
E-mail:dsxiangsu@yahoo.com.cn
【主要产品】乳胶手套

江阴福贝特橡塑涂料有限公司

江苏省江阴市桐岐开发区[214403]
电话:(0510)86551226;86551205
传真:(0510)86551226
网址:www.fobet.com
E-mail:fobet@fobet.com
【主要产品】低温固化型粉末涂料;粉末涂料;环氧聚酯混合型粉末涂料;耐高温强防腐粉末涂料;聚酯/TGIC型粉末涂料;热固型纯聚酯粉末涂料;环氧型粉末涂料;美术花纹型热固性粉末涂料;聚氨酯粉末涂料;抗静电型粉末涂料;荧光型粉末涂料;金属型粉末涂料;超薄型粉末涂料;透气粉末涂料;抗菌型粉末涂料

江阴海达精细化工厂

江苏省江阴市华士镇[214421]
电话:(0510)86883585;86882731;86898975
传真:(0510)86871378;82087187
供销电话:86886354;86882731
供销传真:86871378;86213728
法人代表:孙士良
网址:www.haidachem.com
E-mail:sales@haidachem.com;haida@haidachem.com
【主要产品】酒石酸;D-酒石酸;羟基乙酸;L-(+)-酒石酸二乙酯;二甲氨基乙醇,酒石酸氢盐;酒石酸钾钠;酒石酸钾;酒石酸钠;酒石酸钙;酒石酸铵;酒石酸氢铵;酒石酸镁;酒石酸亚铁;酒石酸铜;酒石酸锑钠;酒石酸锑钾;酒石酸氢钠;酒石酸氢钾;酒石酸氢胆碱;六溴环十二烷

江阴海达橡胶集团公司

江苏省江阴市周庄镇海达路1号[214423]
电话:(0510)86221467;86239575;13701527128
传真:(0510)86221405　　有进出口权
经济类型:与港澳台商合资经营
职工人数:500人　法人代表:钱胡寿
网址:www.jy-haida.com.cn
E-mail:pxun@jy-haida.com.cn
【主要产品】橡胶密封胶条

江阴好和化工有限公司

江苏省江阴市璜土澄常开发区[214445]
电话:(0510)86651358
传真:(0510)86651336　职工人数:52人
经济类型:港澳台商独资经营
法人代表:刘建财
【主要产品】印染助剂;浆料

江阴宏盛珠光云母材料有限公司

江苏省江阴市山观镇金山路310号[214437]
电话:(0510)86138115;15952869666
传真:(0510)86992908
网址:weihongb.world-stone.com
【主要产品】珠光颜料

江阴精细化工机械有限公司

江苏省江阴市青阳镇锡澄路149号[214401]
电话:(0510)86501562;86501563
传真:(0510)86501256　经济类型:国有
法人代表:薛洪权
网址:www.finemachinery.com
E-mail:xbh30@mail.china.com
【主要产品】化工设备

江阴科强工业胶带有限公司

江苏省江阴市云亭开发区黄台路6号[214422]
电话:(0510)86013930
供销电话:13806167780
供销传真:86013932　产值:5,000千元
经济类型:股份有限公司
职工人数:150人　法人代表:周明
【主要产品】橡胶运输带;普通橡胶板;三元乙丙橡胶防水卷材

江阴龙灯化学有限公司

江苏省江阴市青阳镇西街[214401]

电话:(0510)86501786
传真:(0510)86501787 有进出口权
经济类型:与港澳台商合资经营
E-mail:longdeng@public1.wx.js.cn
【主要产品】灭多威;灭多威乳油;灭多威水剂;灭多威可溶性粉剂;辛·灭乳油

江阴美源实业有限公司

江苏省江阴市澄江镇梅园路91号[214400]
电话:(0510)86899188;86890138;86877608
传真:(0510)86877610;86891721
供销电话:86890068;86877621
经济类型:有限责任公司
法人代表:吴新洪
网址:www.meiyuan.com
E-mail:myexport@meiyuan.com
【主要产品】铝箔;丙烯酸压敏胶黏剂;铝箔胶黏带;特种胶带

江阴南极星生物制品有限公司

江苏省江阴市华士镇龟山东南麓[212311]
电话:(0510)86201315;86200996;13093119797
传真:(0510)86200996
网址:www.njxchem.com
E-mail:sales@njxchem.com;yf@njxchem.com
【主要产品】2,3,5-三甲基哌嗪;3,3-二甲基丁醛;3,5-二叔丁基水杨醛;3,5-二叔丁基-4-羟基苯甲醛;肌酸一水化物;大黄酸;*N*-乙酰氨基葡萄糖;7-酮基去氢表雄酮;2,3-环戊烯并吡啶;头孢噻利;三氯蔗糖;牛磺酸钙;牛磺酸镁;牛磺酸乙酯;硫酸头孢匹罗;头孢尼西;磺胺氯哒嗪钠;牛磺酸;牛磺酸钠盐;道诺霉素;异普黄酮;泛癸利酮;佐匹克隆;利培酮;尼扎替丁;二肌酸苹果酸;双醋瑞因

江阴启邦珠光材料有限公司

江苏省江阴市峭岐镇岐北路1号[214408]
电话:(0510)86577370;86577371;15950121785
传真:(0510)86577511
网址:www.jyqb.com
E-mail:jyqb@jyqb.com
【主要产品】珠光颜料

江阴润华化工制品有限公司

江苏省江阴市月城张家桥[214404]
电话:(0510)86987008;86987671
传真:(0510)86987770
法人代表:吴鹏程
网址:www.runhuachem.com
E-mail:runhuachem@yahoo.com
【主要产品】聚苯乙烯树脂;可发性聚苯乙烯

江阴三强化纤原料有限公司

江苏省江阴市周庄镇三房巷工业园区[214423]
电话:(0510)86230968;13812110053
传真:(0510)86901016
经济类型:股份合作
网址:www.sanqiangcn.com
E-mail:manager@sanqiangcn.com
【主要产品】涤纶短纤维

江阴市安基橡胶工业有限公司

江苏省江阴市经济开发区南区火车站西路8号[214405]
电话:(0510)86278881;86278882
传真:(0510)86278885
网址:www.anjitire.com
E-mail:info@anjirubber.com;web@anjirubber.com
【主要产品】轮胎垫带;丁基内胎

江阴市百汇香料有限公司

江苏省江阴市长寿镇永安路151号[214424]
电话:(0510)86368833;86368855
传真:(0510)86363888;86368833
供销电话:86368866;86368855
经济类型:私营企业 有进出口权
法人代表:庞玉昌
网址:www.jade-chem.com
E-mail:sales@jade-chem.com
【主要产品】4-甲氧基苯甲醛;水杨醛;肉桂醛;苯甲醛;香豆素

江阴市宝利机械制造有限公司

江苏省江阴市祝塘镇北路175号[214415]
电话:(0510)86391300;13812119520
传真:(0510)86392198
法人代表:陶金刚
网址:www.baoli.cn
E-mail:baoli@baoli.cn
【主要产品】混合机;双螺旋锥形混合机;卧式槽形混合机;SZG系列双锥回转真空干燥机;喷浆造粒干燥机;真空干燥机;FL系列沸腾制粒干燥机;粗碎机;万能粉碎机;高效粉碎机;振动磨;振动筛;旋振筛;三次元震动筛粉过滤机;快速整粒机;干式造粒机

江阴市苯酐厂

江苏省江阴市峭岐镇创业路12号[214408]
电话:(0510)86577088
传真:(0510)86563055
供销电话:86562666;86578020
职工人数:105人
网址:www.jybengan.com
E-mail:wwz@jybengan.com
【主要产品】反丁烯二酸;苯酐

江阴市标贴材料厂

江苏省江阴市月城镇月东路39号[214404]
电话:(0510)86581495;86580088
传真:(0510)86581495
经济类型:股份合作 法人代表:章均涛
网址:www.jin-diao.com;www.biaotie.com
E-mail:jindiao@jin-diao.com
【主要产品】保护膜胶黏带;压敏胶胶黏剂;铝箔胶黏带;BOPP胶黏带

江阴市长青磷肥厂

江苏省江阴市周庄镇东长青路28号[214423]
电话:(0510)86221054;86221050
经济类型:股份合作 职工人数:82人
法人代表:薛富祥
网址:www.hylive.com/jiangsu/jiangsu05801.html
【主要产品】复合肥

江阴市大阪涂料有限公司

江苏省江阴市顾山镇[214413]
电话:(0510)86321359;86320760
传真:(0510)86324000 经济类型:集体
供销电话:86329359-8500
供销传真:86320807 职工人数:54人
法人代表:李一新
网址:www.osakapaint.com;osaka.ebigchina.com
E-mail:osaka.jy@public1.wx.js.cn
【主要产品】溶剂型丙烯酸外墙涂料;塑胶漆;重防腐漆;特种工业涂料;工业地坪涂料;外墙专用腻子

江阴市东发管件制造有限公司

江苏省江阴市山观镇工业园路18号[214437]
电话:(0510)86138999;86131828
传真:(0510)86133526
经济类型:有限责任公司
网址:www.dongfapipes.com
E-mail:info@dongfapipes.com
【主要产品】异径管;无缝管件;弯头;配件;法兰;三通;管帽

江阴市东风化工总厂有限公司

江苏省江阴市陆桥南慈行桥堍[214425]
电话:(0510)86371352;86371488;86371172
传真:(0510)86371352
供销电话:86371351;86371041
法人代表:张福新
网址:www.dongfeng-chem.com
E-mail:sales@dongfeng-chem.com
【主要产品】丙烯酸丁酯;丙烯酸甲酯;乙酸乙酯;醋酸丁酯;丙烯酸乙酯;丙烯酸-2-乙基己酯;丙烯酸及酯类共聚乳液;聚乙烯薄膜;自粘性保护膜

江阴市东港化肥有限公司

江苏省江阴市申港镇东刘村[214443]
电话:(0510)86621560
传真:(0510)86682568
供销电话:86621898 法人代表:缪剑农
经济类型:私营企业

网 址：www. hylive. com/jiangsu/jiangsu04732. html
E-mail：donggang88@ suho. com
【主要产品】过磷酸钙；复合肥

江阴市飞云化工有限公司

江苏省江阴市华土镇龙砂工业园区[214421]
电话：(0510)86205168；13601529511
传真：(0510)86210967
供销电话：86205168；86210966
网址：www. fychemical. com
E-mail：sales@ fychemical. com
【主要产品】二苯甲醇；4-甲基二苯甲酮；二苯甲酮腙；二苯甲酮；聚氨酯胶黏剂；紫外线吸收剂 UV-9；2-羟基-4-甲氧基二苯甲酮-5-磺酸；UI802；树脂接着剂

江阴市干燥设备制造有限公司

江苏省江阴市申港镇牌楼下[214443]
电话：(0510)86621305；86625616
传真：(0510)86621313
网址：www. jiangshen. com
E-mail：sales@ jiangshen. com
【主要产品】真空减压浓缩罐；球形浓缩罐；双螺旋锥形混合机；双锥混合机；卧式槽形混合机；桶式预混合机；三维运动混合机；二维运动混合机；高效混合机；热风循环烘箱；隧道灭菌烘箱；旋转闪蒸干燥机；SZG 系列双锥回转真空干燥机；强化沸腾气流干燥器；喷雾干燥机；LPG 系列高速离心喷雾干燥机；气流干燥机；振动流化床干燥机；高效沸腾干燥机；XF 系列沸腾干燥机；带式干燥机；FL 系列沸腾制粒干燥机；干式造粒机；摇摆式颗粒机；喷雾干燥制粒机；高速混合制粒机；挤压造粒机

江阴市顾山东风合成化工有限公司

江苏省江阴市顾山镇水平村[214413]
电话：(0510)89658711；86321284；86321854
传真：(0510)86322736；86321000
供销传真：86321854
经济类型：股份合作
【主要产品】微晶石蜡；聚乙烯蜡；EVA 蜡；氧化聚乙烯；聚丙烯蜡；辐照交联阻燃聚烯烃电缆料；复合铅盐稳定剂；亚乙基双硬脂酰胺；润滑剂

江阴市顾山无机化工厂

江苏省江阴市顾山镇水平村[214413]
电话：(0510)86321101；86327887
传真：(0510)86321101　法人代表：蒋刚
供销电话：86321831
经济类型：私营企业
网址：www. 1east. com/wxqiye1/wx0067. htm
【主要产品】扩散剂 MF

江阴市光华化工有限公司

江苏省江阴市周庄镇北[214423]
电话：(0510)86222257
传真：(0510)86239396　产值：150 千元
经济类型：私营企业　职工人数：30 人
【主要产品】氯化石蜡；聚氯乙烯热稳定剂

江阴市河塘第五化工厂

江苏省江阴市河塘镇蒋家村[214419]
电话：(0510)86331710
经济类型：集体
【主要产品】皮革加脂剂

江阴市恒畅油墨有限公司

江苏省江阴市华士镇工业园区环南路[214421]
电话：(0510)86211908
传真：(0510)86203908
网址：www. hengchang-china. com
E-mail：sales@ hengchang-china. com
【主要产品】纸凹印油墨；塑料凹版表印油墨；醇溶凹版塑料表印油墨；塑料表印油墨；铝箔印刷油墨；PVC 表印油墨；塑料复合凹版里印油墨；塑料薄膜凹版里印油墨

江阴市宏达粉体设备有限公司

江苏省江阴市周庄镇金湾工业区[214423]
电话：(0510)86221735；13771231256
传真：(0510)86224676
供销电话：86221735；13771231370
法人代表：钱建军
网址：www. hongdamach. com
E-mail：info@ hongdamach. com
【主要产品】振动筛分过滤机；双螺旋锥形混合机；双锥混合机；强制搅拌混合机；卧式槽形混合机；三维运动混合机；二维运动混合机；高效混合机；SZG 系列双锥回转真空干燥机；高效沸腾干燥机；带式干燥机；粗碎机；流化床对撞式气流粉碎机；内藏分级立式微粉碎机组；超细气流粉碎机；微粉碎机；万能粉碎机；振动磨；胶体磨；振动筛；分样震筛机；离心筛；螺旋输送机

江阴市华达印染助剂有限公司

江苏省江阴市璜塘镇[214407]
电话：(0510)86531541；86768002
传真：(0510)86531335　职工人数：30 人
经济类型：有限责任公司
法人代表：沈建国
【主要产品】涂层胶；静电植绒黏合剂；增稠剂

江阴市华士华东塑料助剂厂

江苏省江阴市华士镇华东村华东路[214421]
电话：(0510)86203675
法人代表：徐祖兴
网址：www. pengfeihg. com
E-mail：web@ pengfeihg. com
【主要产品】无尘复合铅盐稳定剂；硬脂酸钙；硬脂酸钡；稀土复合稳定剂

江阴市华元化工有限公司

江苏省江阴市云亭工业园区云东路 3 号[214422]
电话：(0510)86151555；13806165386
传真：(0510)86016555　有进出口权
固定资产：800 千元　职工人数：15 人
经济类型：股份有限公司
法人代表：陈菊英
网址：www. jyhychem. com
E-mail：hyhg@ 263. net
【主要产品】脂肪胺聚氧乙烯醚；油酸聚氧乙烯酯；平平加；乳化剂 EL；松香胺聚氧乙烯醚；壬基酚聚氧乙烯醚；吐温系列；烷基酚聚氧乙烯醚磺基琥珀酸单酯二钠；草甘膦异丙胺盐水剂专用助剂

江阴市化工机械有限公司

江苏省江阴市山观镇南街 10 号[214437]
电话：(0510)86132008；13806169322
传真：(0510)86131992
网址：www. cn-huaji. com
E-mail：web@ cn-huaji. com
【主要产品】干燥设备；一、二类压力容器

江阴市化工设备厂

江苏省江阴市河塘镇化宅路西首 3 号[214419]
电话：(0510)86331789；86334200
传真：(0510)86331951
供销电话：86331789；13506173163
经济类型：股份合作　法人代表：夏士良
网址：www. jyhgsb. com
E-mail：xgp@ jyhgsb. com；sales@ jyhgsb. com
【主要产品】反应釜；搪玻璃蒸馏罐；冷凝器；搪玻璃储罐

江阴市化学纤维厂

江苏省江阴市周庄镇三房巷村[214423]
电话：(0510)86229598；86229608
传真：(0510)86229007
网址：www. sfxjt. com/htm/xsgs_8_1. asp
E-mail：sfx@ sfxjt. com
【主要产品】黏胶短纤维

江阴市璜土固化剂厂

江苏省江阴市璜土镇北前力山[214445]
电话：(0510)86053668；86651933
传真：(0510)86053669　职工人数：75 人
经济类型：股份合作　法人代表：许建明
【主要产品】2,4-二氯-5-氟苯乙酮；氯乙烯；1,2,3,5-四乙酰-β-D-呋喃核糖

江阴市辉龙电热电器有限公司

江苏省江阴市桐岐镇桐青路 109 号［214403］
电话：(0510)86553506；13506163063
传真：(0510)86559285
供销电话：13706164021
法人代表：谢林才
网址：www. hl-js. com
E-mail：hualong@ hl-js. com
【主要产品】自粘性防水胶带；硅橡胶板；硅橡胶制品

江阴市汇克拓化工有限公司

江苏省江阴市滨江工业开发区利港工业区［214444］
电话：(0510)86639334
传真：(0510)86637187
供销电话：13771291928
网址：www. victorpaint. com
E-mail：victor-paint@ hotmail. com
【主要产品】铁红醇酸防锈底漆；A01-9 氨基烘干清漆；A04-9 各色氨基烘干磁漆；各色氨基烘干锤纹漆；Q04-2 各色硝基磁漆；B04-1 各色丙烯酸磁漆；丙烯酸烘干磁漆；丙烯酸凹凸锤纹漆；丙烯酸快干锤纹漆；丙烯酸桔纹漆；聚氨酯丙烯酸汽车面漆；丙烯酸金属闪光漆；高性能工程机械漆；工程机械专用底漆；环氧富锌防锈底漆；聚氨酯丙烯酸桔纹漆；各色聚氨酯立体锤纹漆；各种磁漆

江阴市建业化工有限公司

江苏省江阴市青阳镇桐岐村联合［214403］
电话：(0510)86556038；13382270503
传真：(0510)86556038
供销传真：86559038
网址：www. jy-jyhg. com
E-mail：webmaster@ jy-jyhg. com
【主要产品】草甘膦水剂(10%)

江阴市金科粉碎机械有限公司

江苏省江阴市祝塘镇开发区北山祝文路北 1 号［214415］
电话：(0510)86381767；13861607513
传真：(0510)86392691
网址：www. chinajinke. cn
E-mail：jinke@ chinajinke. cn
【主要产品】混合机；双螺旋锥形混合机；卧式槽形混合机；桶式预混合机；三维运动混合机；高效混合机；隧道灭菌烘箱；SZG 系列双锥回转真空干燥机；压力喷雾干燥机；真空干燥机；高效沸腾干燥机；XF 系列沸腾干燥机；FL 系列沸腾制粒干燥机；粗碎机；涡轮粉碎机；超细气流粉碎机；低温粉碎机；超细橡胶粉碎机；塑料粉碎机；振动磨；振动筛；高效筛粉机；螺旋给料机；三足式离心机；干式造粒机

江阴市精益化工机械有限公司

江苏省江阴市青阳镇锡澄路 118 号［214401］
电话：(0510)86503368；13701527563
传真：(0510)86506061
法人代表：孙国民
网址：www. jingyi-chemmach. com
E-mail：sgm@ jingyi-chemmach. com
【主要产品】铝银浆；搅拌釜；反应釜；高速分散机；袋式过滤器；振动筛分过滤机；双锥混合机；三辊研磨机；砂磨机；立式砂磨机；卧式砂磨机；高速分散搅拌机；移动式搅拌机；立式搅拌球磨机；卧式球磨机；混合乳化机；涂料油漆设备

江阴市利华化工有限公司

江苏省江阴市利港镇［214444］
电话：(0510)86631929；86091628；13301525157
传真：(0510)86637389
供销电话：86637389
经济类型：私营企业
【主要产品】丙酮醛；4-甲基咪唑

江阴市龙达化工有限公司

江苏省江阴市马镇镇北渚村东圩田 2 号［214406］
电话：(0510)86521736；86528858
传真：(0510)86521208
经济类型：私营企业　法人代表：陈本度
网址：www. ld-hg. com
E-mail：ldhg@ ld-hg. com
【主要产品】α-萘乙腈；1-氨基-1-环己烷羧酸；对正丁基苯甲酸；对丙基苯甲酸；9,10-蒽醌；对羟基苯庚酮；对羟基苯丁酮；α-萘乙酸；2-(4-甲基苯甲酰)苯甲酸；2-苯甲酰苯甲酸；2-(4-氯苯甲酰)苯甲酸；1-氯-2-甲基蒽醌；β-氯蒽醌；α-萘乙酸钠

江阴市陆东塑胶制品有限公司

江苏省江阴市华士镇陆桥工业园［214425］
电话：(0510)86376860
传真：(0510)86379900
网址：www. ldsj. cn
E-mail：ldsj@ ldsj. cn
【主要产品】交联聚乙烯管材；聚氯乙烯管件

江阴市陆桥有机化工厂

江苏省江阴市陆桥镇［214425］
电话：(0510)86371262
经济类型：有限责任公司
产值：500 千元　职工人数：40 人
法人代表：张福全
【主要产品】油漆稀释剂；氯化橡胶漆稀释剂；氨基漆稀释剂

江阴市陆桥粘合助剂厂

江苏省江阴市陆桥镇益民村［214425］
电话：(0510)86371125
传真：(0510)86371125　职工人数：15 人
经济类型：股份合作　法人代表：华达明
【主要产品】三氯化铝

江阴市陆桥中心校办溶剂厂

江苏省江阴市陆桥镇渡船口 1 号［214425］
电话：(0510)86371036
经济类型：集体　职工人数：15 人
法人代表：华文芳
【主要产品】松香水；硝基漆稀释剂

江阴市马镇有机化工有限公司

江苏省江阴市马镇镇南［214406］
电话：(0510)86521151；13806166930
传真：(0510)86527151
经济类型：私营企业　法人代表：薛国洪
网址：www. mzyjhg. com
E-mail：sales@ mzyjhg. com
【主要产品】邻苯甲酰苯甲酸甲酯；2-甲基蒽醌；三氯化苄；2-(4-甲基苯甲酰)苯甲酸；2-苯甲酰苯甲酸；β-氯蒽醌；还原蓝 BC

江阴市尼美达助剂有限公司

江苏省江阴市新桥镇工业园区［214426］
电话：(0510)86127128；86121183
传真：(0510)86121233
供销传真：86121183
网址：www. chinanimate. com
E-mail：info@ chinanimate. com
【主要产品】洗涤剂(工业)；柔软剂；织物整理剂；无甲醛免烫整理剂；氨基硅酮织物弹性整理剂；抗静电剂；抗静电剂 TM；酸性染料染色用固色剂；织物阻燃剂；纺纱润滑剂；剥色剂；硬挺剂；甲醛捕捉剂；紫外线吸收剂；高效净洗剂；十八烷基三甲基氯化铵

江阴市三菱橡塑鞋业有限公司

江苏省江阴市峭岐镇中山路 230 号［214408］
电话：(0510)86561428；86577308；86571518
传真：(0510)86576998
职工人数：500 人
网址：www. slshoes-china. com
E-mail：webmaster@ slshoes-china. com
【主要产品】胶鞋

江阴市三益化工有限公司

江苏省江阴市峭岐镇峭花路［214400］
电话：(0510)86578598；13961602530
传真：(0510)86578598
网址：www. sanyichina. com
E-mail：qj@ sanyichina. com
【主要产品】2,3,5-三甲基哌嗪；3,3-二甲基丁醛；3,5-二叔丁基水杨醛；3,5-二叔丁基-4-羟基苯甲醛；3,5-二碘水杨酸；肌酸一水化物；大黄酸；N-乙酰氨基葡萄糖；7-酮基去氢表雄酮；雄酮；2,3-环戊烯并吡啶；头孢噻利；牛磺酸钙；牛磺酸镁；牛磺酸乙酯；硫酸头孢匹罗；头孢尼西；牛磺酸；牛磺酸钠盐；道诺霉素；异普黄酮；佐匹克隆；利培酮；尼扎替丁；双醋瑞因；高温导热油

江阴市胜赛色母料有限公司
江苏省江阴市山观镇东[214437]
电话:(0510)86132327;13606166005
传真:(0510)86138860
网址:www.sssml.com
E-mail:hjy@colormasterbatch.cn
【主要产品】色母粒

江阴市盛通化工有限公司
江苏省江阴市顾山镇[214413]
电话:(0510)86327887
传真:(0510)86321101　法人代表:蒋江
网址:www.shengtongchem.com
E-mail:jg@shengtongchem.com
【主要产品】扩散剂 MF;木质素磺酸钠

江阴市石油化工设备有限公司
江苏省江阴市新桥工业园[214426]
电话:(0510)86124888;86125788
传真:(0510)86129000　有进出口权
经济类型:股份有限公司
法人代表:周国华
网址:www.chinayanxin.com
E-mail:yxsh@163.net
【主要产品】燃油机热载体炉;外盘管式反应锅;电加热反应釜;换热器;一、二类压力容器;压力容器;常减压装置

江阴市塑料制品二厂
江苏省江阴市桐岐镇河滨东路 12 号[214403]
电话:(0510)86551257;86551533
传真:(0510)86551133　经济类型:集体
供销电话:86551175　职工人数:240 人
法人代表:倪钲回
网址:www.jy-xunliu.com
E-mail:info@cnslzp.com
【主要产品】聚氯乙烯硬管

江阴市天鹏玻搪颜料化工厂
江苏省江阴市北漍镇锡张路开发区[214414]
电话:(0510)86356648;13806182557
传真:(0510)86350965
法人代表:孙亚平
网址:www.tiansui.cn
E-mail:syp@tiansui.cn
【主要产品】碳酸镉;二氧化锡;氧化钴;氧化镍;氧化铜;氧化铬绿;陶瓷颜料;玻璃彩绘颜料

江阴市天缘粉体设备有限公司
江苏省江阴市镇澄路 719 号[214400]
电话:(0510)86033066;13806160158
传真:(0510)86033055
网址:www.tianyuanchina.com
E-mail:ty@tianyuanchina.com
【主要产品】振动筛分过滤机;V 型转鼓混合机;双螺旋锥形混合机;三维运动混合机;粗碎机;微粉碎机;万能粉碎机;超细橡胶粉碎机;气流筛;超细粉体分级机;输送机;螺旋输送机;干式造粒机;摇摆式颗粒机

江阴市天泽制涂有限公司
江苏省江阴市申港沿江开发区移山路 76 号[214443]
电话:(0510)86623640;13906162019
传真:(0510)86621516
网址:www.jytztl.com
E-mail:tz@jytztl.com
【主要产品】L01-17 煤焦沥青清漆;C04-2 各色醇酸磁漆;C04-42 各色醇酸磁漆;防锈漆;各色快干氨基烘漆;聚氨酯丙烯酸汽车面漆;H06-2 铁红,锌黄环氧酯底漆;H06-1 环氧富锌底漆;耐高温防腐涂料;聚氨酯面漆;氯磺化聚乙烯防腐漆;高氯化聚乙烯磁漆;氯磺化聚乙烯抗裂涂料;工业地坪涂料;耐磨地坪涂料;煤气柜专用防腐涂料;硬化剂

江阴市通达机械设备有限公司
江苏省江阴市祝塘镇开发区[214415]
电话:(0510)86385160
传真:(0510)86382569
供销电话:13701526171
网址:www.tongdajx.com
E-mail:tongdajx@163.com
【主要产品】双螺旋锥形混合机;强制搅拌混合机;卧式槽形混合机;XF 系列沸腾干燥机;粗碎机;微粉碎机;万能粉碎机;高效粉碎机;振动筛;高效筛粉机;三足式离心机;干式造粒机;摇摆式颗粒机;螺杆挤出造粒机

江阴市桐岐泗河化工厂
江苏省江阴市桐岐泗河口[214403]
电话:(0510)86551322
传真:(0510)86551322
法人代表:姚汉良
网址:www.china-shihua.com
【主要产品】油酸钾;聚氨酯硬质泡沫塑料发泡用组合料;匀泡剂;环氧促进剂 DMP-30

江阴市卫宇橡塑制品有限公司
江苏省江阴市桐岐镇桐安路 1 号[214403]
电话:(0510)86551134
传真:(0510)86551124
法人代表:刘龙清
网址:www.wyrubber.cn
E-mail:sales@wyrubber.cn
【主要产品】胶管;高压胶管;钢丝编织胶管;橡胶护舷;护套

江阴市夏港化工厂
江苏省江阴市夏港西城路三联村委向东 100 米[214442]
电话:(0510)86164239;86169268
传真:(0510)86169958
供销电话:86161955;86162781
法人代表:徐向明
网址:www.cn-xiahua.com
E-mail:webmaster@cn-xiahua.com
【主要产品】弹性水基阻尼胶;氧化铝溶胶;硅溶胶;防冻型工业硅溶胶

江阴市新达塑料机械有限公司
江苏省江阴市霞客镇璜塘环东路 1 号[214407]
电话:(0510)86537178;86911537;86537763
传真:(0510)86531436
供销电话:86911537;13921255368
经济类型:有限责任公司
网址:www.xinda-machinery.com
【主要产品】单螺杆挤出机;同向平行双螺杆挤出机

苏

江阴市兴国食品包装涂料有限公司
江苏省江阴市北国镇鉴清村[214414]
电话:(0510)86351220;86359220
传真:(0510)86359220　经济类型:集体
职工人数:13 人　法人代表:冯建云
【主要产品】环氧酚醛树脂涂料

江阴市压缩机厂
江苏省江阴市霞客镇马镇东街 16 号[214406]
电话:(0510)86521999
传真:(0510)86521125　经济类型:集体
网址:www.kyysj.cn
E-mail:jycf@pub.wx.jsinfo.net
【主要产品】活塞式压缩机;空压机

江阴市延利塑料制品有限公司
江苏省江阴市周庄镇金湾工业园[214423]
电话:(0510)86222906
传真:(0510)86225986
网址:www.ylsl.net
E-mail:yanli@ylsl.net
【主要产品】注塑制品;汽车塑料配件;聚氨酯胶辊;汽车地毯

江阴市乙炔气总厂
江苏省江阴市周庄镇散湖村[214423]
电话:(0510)86221742
经济类型:集体　法人代表:徐杏兴
网址:jyyqqzc.qy66.com
【主要产品】溶解乙炔

江阴市易邦橡塑制业有限公司
江苏省江阴市青阳工业园西区青桐路 92 号[214403]
电话:(0510)86558558;13357908998
传真:(0510)86558998
网址:www.epoun.com
E-mail:business@epoun.com
【主要产品】橡胶杂品;胶辊;印刷胶辊;造纸胶辊;印染胶辊

江阴市宇维高分子化工有限公司
江苏省江阴市月城工业园[214404]

电话:(0510)86985100;86985208;13338738328
传真:(0510)86985101 法人代表:高宇
网址:www.yuway.com
E-mail:sales@yuway.com
【主要产品】紫外光固化涂料;塑料专用UV固化闪光涂料;摩托车UV罩光涂料;汽车灯罩罩光面漆

江阴市月城利达化工厂

江苏省江阴市月城镇元泾村[214404]
电话:(0510)86582841;13801787477
传真:(0510)86581670
法人代表:陈荣符
网址:www.jylidachem.com
E-mail:sales@jylidachem.com
【主要产品】葡萄糖庚酸钠;1-重氮-2,5-二丁氧基-4-吗啉基苯氯化锌盐;1-重氮-2,5-二乙氧基-4-吗啉苯氯化锌复盐;乙吗硝;丁吗硝

江阴天星保温材料有限公司

江苏省江阴市澄江镇谢北工业园区[214400]
电话:(0510)86273172;86280791
传真:(0510)86280790 职工人数:60人
经济类型:有限责任公司
网址:www.tx-epoxy.com
E-mail:tx@tx-epoxy.com
【主要产品】双酚A型环氧树脂(E51型);单组分室温硫化硅橡胶;阻燃环氧灌封料;环氧灌封料;环氧地坪封闭底漆;环氧无溶剂自流平漆;FBT专用黏结胶;液体酸酐类固化剂;环氧脂肪胺固化剂;环氧芳香胺固化剂

江阴新和桥化工有限公司

江苏省江阴市开发区萧山路137号[214434]
电话:(0510)86402402;86402400
传真:(0510)86402404
经济类型:外商独资
【主要产品】可发性聚苯乙烯

凯米沃特(宜兴)净化剂有限公司

江苏省宜兴市环保科技工业园南岳村[214205]
电话:(0510)87062090
传真:(0510)87063284
经济类型:外商独资
网址:www.kemwater.com.cn
E-mail:kemwater@kemwater.com.cn
【主要产品】三氯化铁;氯化亚铁;聚合氯化铝;碱式氯化铝铁;ST絮凝剂;高效脱色絮凝剂;聚丙烯酰胺干粉(阳离子型);聚丙烯酰胺干粉(阴离子型);聚丙烯酰胺干粉(非离子型)

曼德瑞(无锡)科技有限公司

江苏省无锡市锡山区八士工业园[214192]
电话:(0510)85136592;85136587;85139680
传真:(0510)83780597
供销电话:83783029;83786197
网址:www.mdr-tec.com
E-mail:mdrtec@mdrtec.com
【主要产品】胶黏剂;脱模剂

明辉化工(无锡)有限公司

江苏省无锡市锡山经济开发区芙蓉四路[214000]
电话:(0510)82951188
传真:(0510)82951088
经济类型:私营企业 法人代表:金明辉
网址:www.mhchem.com
E-mail:mhchem@mhchem.com
【主要产品】金属络合染料

南京爱邦化学有限公司

江苏省南京市溧水县晶桥工业园[211224]
电话:(0510)87222950;13906155201
传真:(0510)87222591
供销传真:87222951 职工人数:200人
网址:www.awschem.com
E-mail:sales@awschem.com
【主要产品】三醋酸甘油酯;柠檬酸三乙酯;柠檬酸三丁酯;乙酰柠檬酸三丁酯;混合二元酸二甲酯;二醋纤增塑剂

南泉化工成套设备厂

江苏省无锡市南泉镇[214128]
电话:(0510)85956962;13861463562
传真:(0510)85956962
法人代表:陆培胜
网址:www.chemmc.com
E-mail:lps@chemmc.com;chemmc@chemmc.com
【主要产品】搅拌釜;外盘管式反应锅;电加热反应釜;蒸汽加热反应釜;双效浓缩器;GF系列分散机;管式过滤机;列管式换热器;混合机;双螺旋锥形混合机;SZG系列双锥回转真空干燥机;真空耙式干燥机;冷冻真空干燥机;螺旋输送机;三足式吊袋卸料离心机;三足式上部人工卸料离心机;卧式刮刀离心机;卧式螺旋卸料沉降离心机;立式(卧式)螺旋卸料过滤式离心机;离心机;高速冷冻离心机;高剪切乳化机

无锡阿尔梅新材料有限公司

江苏省无锡市锡宜路二湾[214165]
电话:(0510)85577110
传真:(0510)85579203 经济类型:国有有进出口权 企业规模:大型
法人代表:王一华
网址:www.aermei.com/cpjs.htm
E-mail:wxaermei@163.com;wxaermei@sina.com
【主要产品】聚酰亚胺薄膜;三醋酸纤维素酯片基;水溶性光致抗蚀干膜

无锡爱诺丝涂料有限公司

江苏省无锡市东亭门楼工业园新民中路75-3[214101]
电话:(0510)88709950;88705926
传真:(0510)88213151
网址:www.chinaans.com
E-mail:nois@chinaans.com
【主要产品】抗碱封闭底漆;真石漆;有机硅丙烯酸复合涂料;硅丙外墙涂料;高级内墙乳胶漆;瓷釉涂料;高级外墙乳胶漆;丝面漆;高级外墙弹性涂料;高耐候性外墙涂料;珍珠漆

无锡奥科涂装工程有限公司

江苏省无锡市新区梅村新南科技园[214112]
电话:(0510)88156629;88157719;13812282342
传真:(0510)88157719
网址:www.aktz.com
E-mail:sales@aktz.com
【主要产品】环氧地坪涂料;硬化剂

无锡奔牛生物科技有限公司

江苏省无锡市东北塘镇[214191]
电话:(0510)83779367;13806170684
传真:(0510)83775138
供销电话:83779367;13961801718
网址:www.china-methionine.com
E-mail:sales@china-methionine.com
【主要产品】L-赖氨酸盐酸盐;蛋氨酸;L-蛋氨酸;D-蛋氨酸;DL-蛋氨酸盐酸盐;*N*-乙酰蛋氨酸;*N*-乙酰-L-蛋氨酸

无锡昌盛胶粘制品有限公司

江苏省无锡市滨湖区钱姚路88号-268勤新工业园-S[214151]
电话:(0510)83016161;83711325
传真:(0510)83013072
网址:www.wuxism.com
E-mail:cs@wuxism.com
【主要产品】丙烯酸压敏胶黏剂;保护膜胶黏带

无锡长风轮胎有限公司

江苏省无锡市东港镇[214199]
电话:(0510)88764149;88761011
传真:(0510)88352348;88763788
网址:www.feidachina.com
E-mail:feida@feidachina.com
【主要产品】载重汽车轮胎外胎;工业车辆轮胎;农用车辆轮胎

无锡大洋化工有限责任公司

江苏省无锡市中山路330-339号华光大厦18楼B[214001]
电话:(0510)82768442;82710781
传真:(0510)82761470
经济类型:有限责任公司
网址:www.dayangchemical.com
E-mail:xiangzhiyan@hotmail.com
【主要产品】4-氯-2-硝基苯酚;2-氨基-4-氯苯酚;还原蓝RD;分散黄3G;分散黄E-3G;分散翠蓝H-GL;颜料蓝GR;透明黄G;透明蓝5R;氯唑沙宗

无锡迪爱生环氧有限公司

江苏省无锡市崇安区广瑞路175号[214011]
电话:(0510)82465028
传真:(0510)82469996
供销电话:82456292
经济类型:中外合资经营企业
网址:www.wuxidic.com
E-mail:office@wuxidic.com;
sales@wuxidic.com
【主要产品】双酚A型固体环氧树脂;双酚A型液体环氧树脂;溶剂型环氧树脂;双酚F型环氧树脂;溴化阻燃型环氧树脂;耐热冲击型环氧树脂

无锡二橡胶股份有限公司

江苏省无锡市锡山经济开发区芙蓉东一路99号[214192]
电话:(0510)82800977;82803862;82803714
传真:(0510)82801938　有进出口权
经济类型:股份有限公司
企业规模:大型　职工人数:1,200人
法人代表:朱锡根
网址:www.wxrb2.com
E-mail:wuai2@wxrb2.com
【主要产品】汽车用胶管;搓毛胶板;胶辊;胶圈

无锡沸昇水处理材料有限公司

江苏省无锡市新区锡甘路178号[214111]
电话:(0510)88276761
传真:(0510)88275555
职工人数:300人
网址:wxfssclclgs.my.sme.cn/index.jsp
E-mail:fspan@fspan.com
【主要产品】复合氯化铝;碱式氯化铝铁;PESA阻垢剂

无锡光明化工厂有限公司

江苏省无锡市滨湖区南泉镇[214128]
电话:(0510)85952756;85952903;85953494
传真:(0510)85952756;85952902
经济类型:股份合作　法人代表:许冠
网址:www.wxgmhg.com
E-mail:hab@wxgmhg.com;
dbg@wxgmhg.com
【主要产品】聚酰胺树脂;酚醛树脂(2130型);酚醛树脂;双酚A型固体环氧树脂;双酚A型液体环氧树脂;环氧树脂;不饱和聚酯树脂;不饱和聚酯树脂(耐腐型);糠醇树脂;环氧呋喃树脂;乙烯基酯树脂;厚浆型环氧煤沥青防腐涂料;环氧沥青防腐漆;环氧带锈防锈防腐涂料;环氧活性稀释剂501型;环氧树脂固化剂;T-31环氧树脂固化剂;呋喃树脂、酚醛树脂固化剂;环氧树脂活性稀释剂;反应釜;螺旋板式换热器;列管式冷凝器;聚酯树脂设备;酒精回收塔

无锡恒享白炭黑有限责任公司

江苏省无锡市东湖塘镇[214196]
电话:(0510)88791658;88792806;88795986
传真:(0510)88791475;88799907
经济类型:有限责任公司
网址:www.hengheng.com.cn
E-mail:hengheng@hengheng.com.cn
【主要产品】硅酸钠;聚乙二醇;高补强高耐磨白炭黑;白炭黑(消光);白炭黑

无锡红宝特种染料油墨有限公司

江苏省无锡市东山区前洲镇[214181]
电话:(0510)83391349;83391350
传真:(0510)83392435　职工人数:87人
经济类型:港澳台商独资经营
法人代表:林志和
【主要产品】特种油墨

无锡宏昌胶粘带有限公司

江苏省无锡市郊区黄巷乡[214046]
电话:(0510)83102359
供销电话:83102359;13961798861
经济类型:港澳台商独资经营
网址:wxcamat.cn.alibaba.com
【主要产品】双面胶带;PE保护膜;文具胶;牛皮纸热熔胶带;保护膜胶黏带;聚酯压敏胶带;封口胶带;布基胶带

无锡华健药业有限公司

江苏省无锡市苏锡路71号[214073]
电话:(0510)85415730;85747699
【主要产品】泛影酸;葡甲胺

无锡华氏化学有限公司

江苏省无锡市厚桥镇[214106]
电话:(0510)88721975;13701510743
传真:(0510)88720239
网址:www.hshx.com.cn
E-mail:sales@hshx.com.cn
【主要产品】特效去油灵;亲水性柔软剂;多功能柔软剂;起毛柔软剂;氨基硅油乳液;蓬松柔软剂;匀染剂;酸性匀染剂;高温匀染剂;腈纶匀染剂TAN;棉用匀染剂;亲水型氨基硅油整理剂;抗静电剂SN;固色交链剂;酸性染料染色用固色剂;无甲醛固色剂;渗透剂JFC;快速渗透剂T;耐碱渗透剂;精炼渗透剂;高温消泡剂;双氧水漂白稳定剂;平滑剂;白底防污剂;耐碱精炼剂;低泡精炼剂;浴中柔软剂;无泡皂洗剂;螯合分散剂;修色剂;碱减量促进剂;消泡剂;乳化剂;常温除油水基清洗剂

无锡华通兴管道有限公司

江苏省无锡市梁溪大桥堍江南航运大厦一楼[214062]
电话:(0510)85819802;85819806;13806177187
传真:(0510)85819805
供销电话:85819806;88882997
网址:www.wxhtx.com
E-mail:htx@wxhtx.com
【主要产品】给水用硬聚氯乙烯管材;燃气用聚乙烯管;给水用聚乙烯管材;UPVC聚氯乙烯加筋管;塑料阀门

无锡化工装备总厂

江苏省无锡市南郊华庄镇黄巷[214133]
电话:(0510)85633666;85633777;85633888
传真:(0510)85631051
经济类型:股份合作　职工人数:300人
网址:www.chemwgcep.com
E-mail:sales@chemwgcep.com
【主要产品】换热器;储罐;Ⅰ、Ⅱ、Ⅲ类非标压力容器;塔器

无锡环宇金属软管有限公司

江苏省无锡市甘露镇[214000]
电话:(0510)88751037;88751857;13906171273
传真:(0510)88751857
供销电话:88751037;13906171273
法人代表:陈炳全
网址:www.wx-hy.net
E-mail:cbqgl@pub.wx.jsinfo.net
【主要产品】塑料配件

无锡环宇药化设备有限公司

江苏省无锡市滨湖区太湖镇双新经济园区[214125]
电话:(0510)85181172;85188088;85188858
传真:(0510)85182973
固定资产:25,000千元
经济类型:股份有限公司
网址:www.wxyj.com
E-mail:sales@wxyj.com
【主要产品】反应釜;薄膜蒸发器;高效旋转薄膜蒸发器;真空减压浓缩罐;全自动板式密闭过滤机;螺旋板式换热器;列管式冷凝器;真空耙式干燥机;螺旋输送机;多功能提取罐

无锡佳腾磁性粉有限公司

江苏省锡山市东亭镇新明中路38号[214101]
电话:(0510)88700219;13906197995
供销电话:88215219;13951577158
经济类型:中外合资经营企业
有进出口权　职工人数:118人
法人代表:周学良
网址:www.wxcanton.com
E-mail:Sales@wxcanton.com
【主要产品】磁粉

无锡嘉弘塑料厂

江苏省无锡市惠山区洛社镇中兴东路[214187]
电话:(0510)83311987
传真:(0510)83311379

供销电话:13665176787
网址:www.js-plastics.com
【主要产品】PVC-U 管件粒料;无毒透明硬聚氯乙烯粒料;聚氯乙烯膜用粒料

无锡杰瑞化学有限公司

江苏省江阴市马镇[214406]
电话:(0510)86528758
传真:(0510)86529812
经济类型:外商独资
网址:www.wxjierui.com
E-mail:jierui@wxjierui.com
【主要产品】六偏磷酸钠;六偏磷酸钠(食品级);食用磷酸;二氧化氯

无锡金桥精细油墨有限公司

江苏省无锡市荡口镇锡甘路 114 号[214116]
电话:(0510)88749888
传真:(0510)88745639
网址:www.huijingink.com
E-mail:wjq@huijingink.com
【主要产品】丝网印刷油墨;塑料丝印油墨;广告油墨;UV 系列油墨;冰花油墨;刮开油墨

苏

无锡康晟精细化工有限公司

江苏省无锡市鸿山镇大新村[214145]
电话:(0510)88998199;88897055;13771019275
传真:(0510)88997008
供销电话:88998199;1377101927
经济类型:私营企业
网址:www.wxconson.com
E-mail:conson@wxconson.com
【主要产品】1,2,3-三甲氧基苯;2,3,4-三羟基苯甲醛;没食子酸;2-氨基-4-氯苯腈;2-氨基-6-氯苯腈;2,6-二氯苯腈;2,6-二氟苯腈;2,3,4-三甲氧基苯甲醛;4-氯-2-硝基苯甲酸;甲苯四唑;5-(4-氯-2-氨基苯基)四氮唑;3,4,5-三甲氧基苯腈;阿佐塞米;3,4,5-三甲氧基苯甲酸甲酯;2-氨基-6-氯苯甲酸;4-氯-2-氨基苯甲酸;4-氯-2-硝基苯腈;没食子酸丙酯;没食子酸乙酯;没食子酸甲酯;没食子酸辛酯;没食子酸十二酯;没食子酸十八酯;吡啶硫酮锌;吡啶硫酮钠;吡啶硫酮铜

无锡力马化工机械有限公司

江苏省无锡市化机路 8 号[214041]
电话:(0510)83101189
传真:(0510)83111329
经济类型:有限责任公司
法人代表:陆建平
网址:www.wuxilima.com
E-mail:wuxilima@wst.net.cn
【主要产品】塔类设备;连续重整反应器;反应釜;薄膜蒸发器;高效旋转薄膜蒸发器;换热器;空气冷却器;储罐

无锡罗地亚精细化工有限公司

江苏省无锡市锡澄路 292 号[214041]
电话:(0510)83119525;83119530
传真:(0510)83100442
经济类型:中外合资经营企业
网址:www.hylive.com/jiangsu/jiangsu18718.html
【主要产品】脂肪醇聚氧乙烯醚硫酸钠

无锡诺赛利漆业有限公司

江苏省无锡市江海东路 1042 号[214000]
电话:(0510)82100054;82113260;82106542
传真:(0510)82113260 职工人数:50 人
经济类型:股份合作 法人代表:邱坚良
网址:www.wannianxin.com
E-mail:xxgc1588@alibaba.com.cn
【主要产品】弹性涂料;氨基树脂漆类;金属闪光漆;各色聚丙烯塑料专用漆;丙烯酸树脂漆类;各色丙烯酸锤纹漆;夜光涂料;高级聚酯漆系列;环氧树脂漆类;聚氨酯漆类;玻璃涂料;皱纹漆;荧光涂料;特种涂料;导电涂料;电镀涂料

无锡朴业橡塑有限公司

江苏省无锡市惠山区西漳工业园区南区牌楼村[214171]
电话:(0510)83755667
传真:(0510)83758937
经济类型:私营企业
网址:www.puii.cn
【主要产品】塑料制品;塑胶模具;橡胶杂品;胶辊;橡胶垫

无锡祁连石化有限公司

江苏省无锡市石塘湾[214185]
电话:(0510)83260940;83265742
传真:(0510)83265742
经济类型:私营企业
网址:www.wuxiql.com
E-mail:sales@wuxiql.com
【主要产品】煤油;白油;化妆白油;高温导热油;石油磺酸钙;二壬基萘磺酸钡;T701 防锈剂;T702 防锈剂;航空液压油;二硫化钼锂基润滑脂;特种润滑脂;锂基润滑脂;汽车用锂基润滑脂;仪表油;矿物油型真空泵油;扩散泵油;增压泵油;耐高温润滑脂;低温润滑脂

无锡瑞泽农药有限公司

江苏省江阴市云亭镇北街 354 号[214422]
电话:(0510)86013163;86152378
传真:(0510)86151137
经济类型:中外合资经营企业
网址:www.ruizepesticide.com
E-mail:ruize@chinaruize.com
【主要产品】吡虫啉可湿性粉剂;高渗吡虫啉可湿性粉剂;灭多威乳油;啶虫脒乳油;抗蚜威;抗蚜威可湿性粉剂;高渗抗蚜威可湿性粉剂;阿特拉津;阿特拉津胶悬剂;异丙草胺;异丙草胺乳油;丁草胺;丁草胺乳油;乙草胺;乙草胺乳油;乙草胺可湿性粉剂;苯磺隆水分散粒剂;丙草胺乳油;莠灭净;莠灭净可湿性粉剂;苯噻草胺;苯噻酰草胺可湿性粉剂;辛酰溴苯腈;丁·苄可湿性粉剂;苄·乙可湿性粉剂;苯噻酰·苄·乙可湿性粉剂;苄·丙草可湿性粉剂;苄·异丙草可湿性粉剂;二氯·苄可湿性粉剂;50% 扑·莠悬浮剂;苯噻酰·苄可湿性粉剂

无锡润利化工有限公司

江苏省无锡市新安镇[214153]
电话:(0510)85380097;13606198711
传真:(0510)85380027
网址:www.chemrl.com
E-mail:web@chemrl.com;xajxhg@hotmail.com
【主要产品】过氧化叔丁醇;丙烯酸羟丙酯;丙烯酸羟乙酯;甲基丙烯酸羟乙酯;甲基丙烯酸-β-羟丙酯;过氧化苯甲酰

无锡三江机械有限公司

江苏省无锡市国家高新技术开发区[214142]
电话:(0510)85310168;85310778;88832587
传真:(0510)85311728
法人代表:赵建国
网址:www.wx-sjjx.com
E-mail:sales@wx-sjjx.com
【主要产品】干燥器;破碎机;切胶机;橡胶挤出机;开放式炼胶机;平板硫化机组;密闭式炼塑机;加压式捏炼机;塑料压延机

无锡三力保护膜有限公司

江苏省无锡市惠山区玉祁工业园[214183]
电话:(0510)83882905;83881398;83883398
传真:(0510)83883390;83881390
网址:www.wxsl.com
E-mail:sales@plasticfilm.cn
【主要产品】PE 保护膜;保护膜胶黏带;自粘性保护膜;胶黏带

无锡山禾集团第一制药有限公司

江苏省无锡市通惠西路 150 号[214035]
电话:(0510)83702781-3083,83092,3096
传真:(0510)83709074
供销电话:83702781-4065,3094
经济类型:有限责任公司
企业规模:大型 法人代表:马奇明
网址:www.wxpa.com
E-mail:chinawxp@public1.wx.js.cn
【主要产品】硫酸小诺霉素;硫酸依替米星;利福喷丁;硫酸巴龙霉素;对乙酰氨基酚;丝裂霉素

无锡圣丰减震器有限公司

江苏省无锡市锡山区港下镇[214199]

电话:(0510)88361256;88361750;88361730
传真:(0510)88360935
供销电话:88361757;88361730
职工人数:400 人
网址:www.wxsfjz.com
E-mail:wxsfjz@wxsfjz.com
【主要产品】聚氨酯胶板;减震器及配件;铁路橡胶轨枕垫板;聚氨酯胶轮;橡胶筛网;橡胶支座;橡胶履带

无锡市奥特印花油墨厂

江苏省无锡市惠山区前洲镇北七房工业区[214182]
电话:(0510)83451250;13912379819
传真:(0510)83451250
网址:www.wxaote.com
E-mail:sales@wxaote.com
【主要产品】油墨;热转印油墨

无锡市彪王化工设备厂

江苏省无锡市钱桥镇恒源祥工业园恒亮路 12 号[214153]
电话:(0510)83270766;13382890056
传真:(0510)83271766
供销电话:83270766;13906194366
网址:www.bwhgsb.com
E-mail:bw@bwhgsb.com
【主要产品】工业搪玻璃反应釜;搪玻璃换热器;冷凝器;搪玻璃储罐;密封;阀门;球阀

无锡市博达化机厂

江苏省无锡市南门外进溪桥[214125]
电话:(0510)85186263;13806190085
传真:(0510)85182652
经济类型:股份合作　法人代表:陆介伟
网址:www.wxsbd.com
E-mail:ljw@wxsbd.com
【主要产品】反应釜

无锡市长润石油化工有限公司

江苏省宜兴市新建镇闸上村 270 号[214253]
电话:(0510)87281675;13921313886
传真:(0510)87288025
网址:www.wxcrsh.com.cn
E-mail:zxp@wxcrsh.com;web@wxcrsh.com
【主要产品】白油;导热油;防锈油;合成切削液;内燃机油;双曲线齿轮油;齿轮机油;液压油;汽轮机油;压缩机油;变压器油;机械油;润滑油;矿物油型真空泵油

无锡市大新食品添加剂厂

江苏省无锡市鸿声镇红丰桥[214115]
电话:(0510)88580549;88581476
传真:(0510)88580050　经济类型:集体
供销电话:88580394　有进出口权
职工人数:260 人　法人代表:蔡伟明
【主要产品】山梨酸;山梨酸钾

无锡市第二工业气体厂

江苏省无锡市郊区河埒乡[214151]
电话:(0510)85518858;85515859
传真:(0510)85511547
经济类型:股份合作　法人代表:张华平
【主要产品】溶解乙炔

无锡市第七橡胶厂

江苏省无锡市[214084]
电话:(0510)85552751;85550540;13951579871
传真:(0510)85550539
法人代表:钱祖龙
网址:www.mapai.com
E-mail:mapai@mapai.com
【主要产品】橡胶运输带;橡胶三角带;胶管

无锡市第七制药有限公司

江苏省无锡市南门外雪浪乡方桥镇[214125]
电话:(0510)85184897;85180355
传真:(0510)85180734
供销电话:85180377　职工人数:480 人
经济类型:有限责任公司
网址:www.wx7pharma.com;www.wx7pharma.com.cn
E-mail:wx7y@wx7pharma.com.cn
【主要产品】利巴韦林;维生素 K3;维生素 K1;醋酸甲萘氢醌;盐酸川芎嗪;盐酸黄酮哌酯;氨基己酸;羟丁酸钠;葡萄糖酸钙

无锡市第五橡胶厂

江苏省无锡市马山区五号桥[214092]
电话:(0510)85996344;85996790;85996124
传真:(0510)85997203　经济类型:集体
固定资产:55,000 千元
职工人数:450 人　法人代表:潭柏民
网址:www.wuxiwxj.com
【主要产品】橡胶运输带;橡胶平型传动带;橡胶三角带;搓毛胶板;丁腈胶辊;砻谷胶辊;橡胶密封圈

无锡市第一橡塑机械有限公司

江苏省无锡市北门外西漳镇[214171]
电话:(0510)83752295;83751423;83751269
传真:(0510)83750600
供销传真:83752295　法人代表:万果照
经济类型:私营企业
网址:www.wuxinol.com/htmls/frame.htm
E-mail:wgz@wuxinol.com
【主要产品】密炼机;辊式捏合机;切胶机;胶片冷却装置;橡胶挤出机;卧式裁断机;摩托车轮胎成型机;内胎接头机;液压硫化机

无锡市东风化工厂

江苏省无锡市锡山区甘露镇[214117]
电话:(0510)88751604
传真:(0510)88755138　职工人数:50 人
经济类型:私营企业　产值:5,000 千元
网址:www.wxdfgh.com
E-mail:wxdfhg@wxdfhg.com
【主要产品】1,2-二氯乙烷;三氯甲烷;丙酮;乙醇(无水)

无锡市东升助剂厂

江苏省无锡市东湖塘镇东升工业区[214198]
电话:(0510)88791207;88798248
传真:(0510)88798072
供销电话:13606180985
网址:www.ds-zhuji.com
E-mail:ywy0729@sina.com
【主要产品】5-氨基水杨酸;对氨基水杨酸;对乙酰氨基水杨酸甲酯;对氨基水杨酸甲酯;对氨基水杨酸钙;氢化偶氮苯;保泰松;保泰松钠;对氨基水杨酸钠;甲氧氯普胺;单苯基保泰松

无锡市方达胶粘剂有限公司

江苏省无锡市新区硕放镇[214142]
电话:(0510)85308838
传真:(0510)85305758
网址:www.jsfangda.com
E-mail:sales@jsfangda.com
【主要产品】胶黏剂

无锡市菲尔特水处理用品有限公司

江苏省无锡市中桥水厂路葛巷 1 号[214001]
电话:(0510)88170949;85132501;85123762
传真:(0510)85132501
网址:www.wxfilter.cn
【主要产品】空气清新剂;高分子絮凝剂;工业水处理剂;聚合氯化铝;聚合硫酸铁;纸张增强剂

无锡市丰硕化工厂

江苏省无锡市新区硕放镇秦村[214143]
电话:(0510)85330888;85330521
传真:(0510)85330106
经济类型:私营企业　职工人数:250 人
法人代表:曹定良
网址:www.fengshuo.com
E-mail:sales@fengshuo.com
【主要产品】二苯醚;3-甲基-6-氨基苯磺酸;1,3-二硝基苯;N-乙酰基-1,3-苯二胺;3-硝基苯胺

无锡市高润杰化学有限公司

江苏省无锡市北塘区吴桥西路 97 号[214044]
电话:(0510)82625962;82626715;82625962
传真:(0510)82624617
职工人数:400 人
网址:www.gorunjie.cn

E-mail:gorunjie@gorunjie.com
【主要产品】乙二醇单甲醚;硅脂;防锈乳化油;合成制动液;合成制动液719型;冷却液;淬火油;汽油机油;柴油机油;双曲线齿轮油;重负荷车辆齿轮油;抗磨液压油;液力传动油;压缩机油;变压器油;二硫化钼锂基润滑脂;锂基润滑脂;汽车用锂基润滑脂;极压锂基脂;二硫化钼复合钙基润滑脂;石墨钙基润滑脂;钙基润滑脂;轧钢机油;全损耗系统用油;油酸钠皂

无锡市海江干燥成套设备有限公司

江苏省江阴市南闸镇[214405]
电话:(0510)86181761;86181930;13906166812
传真:(0510)86182799 职工人数:65人
经济类型:股份合作 产值:12,000千元
网址:www.chenggan.com
E-mail:cg@chenggan.com
【主要产品】干燥设备

无锡市浩华氟涂料有限公司

江苏省无锡市官林镇新官东路63号[214251]
电话:(0510)87201751
传真:(0510)87201807
供销传真:87201807)
网址:www.wxhaohua.com
E-mail:wxhaohua@wxhaohua.com
【主要产品】腻子;高弹性外墙乳胶漆;真石漆;硅丙内外墙涂料;硅丙外墙乳胶漆;环保内墙乳胶漆;环氧抗静电地坪漆;自流平环氧地坪涂料;瓷釉涂料;氟碳漆;内外墙防霉抗碱封固底漆;高耐候性外墙涂料

无锡市恒昌合成纤维厂

江苏省无锡市滨湖区广益镇[214011]
电话:(0510)82404457;82404352;82408108
传真:(0510)82406166
职工人数:800人 法人代表:许国荣
网址:www.hylive.com/jiangsu/jiangsu18792.html
【主要产品】涤纶长丝

无锡市恒河化工防腐设备有限公司

江苏省无锡市北塘区吴桥西路107号[214044]
电话:(0510)82608502;82616672;13806193557
传真:(0510)82626645
经济类型:有限责任公司
网址:www.58whf.com
E-mail:wxhhff@sina.com
【主要产品】化工专用泵;耐腐蚀泵

无锡市恒辉化学有限公司

江苏省无锡市人民东路29号[214007]
电话:(0510)82822827;82986033;13506173961
传真:(0510)82820023 有进出口权
供销电话:82822827;13951578110
经济类型:有限责任公司
法人代表:浦卫锋
网址:pridechem.anyp.cn
E-mail:pridechem@thmz.com
【主要产品】α-甲基苯乙烯;二聚酸;α-甲基苯乙烯线性二聚体;分子量调节剂;聚α-烯烃合成油;妥尔油

无锡市洪华化工有限公司

江苏省无锡市新区硕放火车站[214144]
电话:(0510)85262591;13812292108
传真:(0510)85262591
网址:www.chem-hh.com
E-mail:hl@chem-hh.com
【主要产品】酚醛树脂(热固性);酚醛树脂(2123型);酚醛树脂;皮辊涂料

无锡市鸿翔印铁涂料厂

江苏省无锡市滨湖区胡埭镇[214161]
电话:(0510)85590047;85595399
经济类型:股份合作 职工人数:40人
法人代表:徐富江
网址:www.hylive.com/jiangsu/jiangsu19098.html
【主要产品】印铁涂料

无锡市虎皇漆业有限公司

江苏省宜兴市扶风镇通政路[214265]
电话:(0510)87541658;87542877
传真:(0510)87541877
经济类型:私营企业 法人代表:胡胜初
网址:www.huhuang.com.cn
E-mail:info@huhuang.com.cn
【主要产品】硝基漆类;木器漆;丙烯酸桔纹漆;环氧地坪涂料;耐高温防腐涂料;锤纹漆

无锡市华恒橡胶有限公司

江苏省无锡市新惠路三号桥[214037]
电话:(0510)83702006;83733479
传真:(0510)83735242
网址:www.wxhhxj.com
E-mail:sales@wxhhxj.com
【主要产品】橡胶运输带;涤纶运输带;耐油运输带;耐酸碱运输带;薄型运输带;环型运输带;胶管;普通橡胶板

无锡市华克塑胶有限公司

江苏省无锡市惠山区洛社镇雅西工业园[214187]
电话:(0510)83832278;83832995
传真:(0510)83832995
网址:www.5hyind.com
E-mail:sales@5hyind.com
【主要产品】聚氯乙烯粒料

无锡市华茂硅胶厂

江苏省无锡市西漳镇旺庄[214171]
电话:(0510)83751663;83501805;83757602
传真:(0510)83750581
供销电话:83751663;13861796310
网址:www.wuxihuamao.com
E-mail:huamao@wuxihuamao.com
【主要产品】硅橡胶输送带;硅胶管;硅橡胶板;胶辊;印刷胶辊;丁基胶辊;印染胶辊;印铁胶辊;硅橡胶辊;三元乙丙胶辊;硅橡胶密封条;硅橡胶制品;硅橡胶密封圈

无锡市华能表面处理有限公司

江苏省锡山市西漳镇新宇12号[214171]
电话:(0510)83750765;83750762;13606182141
传真:(0510)83750765 职工人数:50人
法人代表:成兆伟
E-mail:sales@huanengmach.com
【主要产品】反应釜

无锡市华日集装袋有限公司

江苏省宜兴市闸口镇[214316]
电话:(0510)87881115;87886888
传真:(0510)87881928
固定资产:8,000千元 职工人数:138人
经济类型:有限责任公司
网址:www.hrbag.com
E-mail:web@hrbag.com
【主要产品】塑料编织袋;柔性集装袋

无锡市华润宝润滑油有限公司

江苏省无锡市锡澄路2号桥前村工业园A区33号[214046]
电话:(0510)83124352;13601518682
传真:(0510)83132361
网址:www.hilube.com
E-mail:szx@hualube.com;szx000155@yahoo.com.cn
【主要产品】超薄层防锈油;微乳化型切削油;线切割乳化油;高温链条润滑油;水基冷轧润滑防锈液

无锡市汇友化工有限公司

江苏省无锡市锡山区安镇团结村[214105]
电话:(0510)88786688;13801519880
传真:(0510)88786988
职工人数:118人
网址:www.huiyouchem.com
E-mail:sales@huiyouchem.com
【主要产品】1,3-丙二胺四乙酸;*N*-乙基苯胺;*N*,*N*-二羟乙基苯胺;间氯双羟乙基苯胺;3-甲基苯胺;*N*,*N*-二乙基苯胺;*N*,*N*-二乙基间甲苯胺;*N*-甲基-*N*-羟乙基苯胺;对氨基乙酰苯胺;*N*-乙基-*N*-羟乙基苯胺;*N*,*N*-二羟乙基间甲苯胺;*N*-乙基-*N*-氰乙基间甲苯胺;*N*-乙基邻甲苯胺;*N*-乙基对甲苯胺;*N*-乙基-*N*-羟乙基间甲苯胺;*N*-乙基间甲苯胺;彩色显影剂(CD-2型);彩色显影

剂(CD-3 型);彩色显影剂(CD-4 型)

无锡市惠弛胶辊制造有限公司

江苏省无锡市杨市镇镇北村[214154]
电话:(0510)83557081;83552921;
13706198617
传真:(0510)83557081
供销电话:83557081;13706198617
网址:www. hcjg. com
E-mail:hcjg@ hcjg. com
【主要产品】尼龙辊;印铁胶辊

无锡市惠普换热设备厂

江苏省无锡市锡澄北路 135 号
[214063]
电话:(0510)83754978
传真:(0510)83502112　法人代表:浦玮
网址:www. huipu-wx. com
E-mail:web@ huipu-wx. com;
wxhuipu@ wst. net. cn
【主要产品】换热器

无锡市佳盛高新改性材料有限公司

江苏省无锡市锡山区荡口镇鹅湖工业园[214116]
电话:(0510)88748136;88748340;
13906202341
传真:(0512)65390573
网址:www. wx-jiasheng. com
E-mail:webmaster@ wx-jiasheng. com
【主要产品】硫代硫酸铵;硫氰酸铵;苯乙酮;聚乙烯蜡;M-80 树脂;α-甲基苯乙烯线性二聚体;增塑剂 V-276;塑料光亮润滑剂;1,1,3-三甲基-3-苯基茚满;二苯茚双马来酰亚胺;防老剂 SP;抗氧剂 KY-405;2,4-二苯基-4-甲基-1-戊烯

无锡市嘉利华化工有限公司

江苏省宜兴市太华镇工业小区
[214235]
电话:(0510)87381288;13701530288
传真:(0510)87388288
网址:www. pasalong. com
E-mail:888@ pasalong. com
【主要产品】硬脂酸;棕榈酸;植物油脂肪酸;油酸;生物柴油

无锡市郊区红星合成材料厂

江苏省无锡市滨湖区山北镇红星村[214037]
电话:(0510)83709785
经济类型:集体　职工人数:12 人
法人代表:谢奔娣
网址:www. hylive. com/jiangsu/jiangsu18841. html
【主要产品】邻苯二甲酸二丁酯

无锡市杰盛环化设备有限公司

江苏省无锡市太湖镇双新工业区(环宇园)[214125]
电话:(0510)85181368;13806190366
传真:(0510)85186582
供销电话:85181368;15961822522
网址:www. hiya. com. cn
E-mail:zhu@ hiya. com. cn;
wxhiya@ 126. com
【主要产品】填料塔;反应釜;外盘管式反应锅;电加热反应釜;波纹填料;离心式刮板薄膜蒸发器;旋转蒸发器;薄膜蒸发器;常规蒸馏装置;真空减压浓缩罐;球形浓缩罐;GF 系列分散机;列管式换热器;螺旋板式换热器;列管式冷凝器;空气冷却器;V 型转鼓混合机;双螺旋锥形混合机;干燥器;圆盘(板)加热真空干燥器;SZG 系列双锥回转真空干燥机;真空耙式干燥机;卧式储罐;罐车;聚酯树脂设备;酒精回收塔

无锡市金帆化工有限公司

江苏省江阴市北外顾山镇工业园西区[214413]
电话:(0510)86329666;86329959;
13806160500
传真:(0510)86329819
网址:www. chinacmc. cn
【主要产品】羧甲基纤维素钠(食品级);羧甲基纤维素钠

无锡市军嶂轻化设备厂

江苏省无锡市[214084]
电话:(0510)85553625;13961811951
网址:www. wxjzqh. com
E-mail:jzqh@ wxgb. com
【主要产品】反应釜;发酵罐;浮头式冷凝器;列管式冷凝器;储罐;聚酯树脂设备;切片机;酒精回收塔;多功能提取罐

无锡市凯利药业有限公司

江苏省宜兴市周铁镇南[214261]
电话:(0510)87501812;87501816;
87501880
传真:(0510)87501812
供销传真:87501816　职工人数:120 人
经济类型:股份合作
网址:www. wuxikaili. com
E-mail:zxh@ wuxikaili. com
【主要产品】半胱胺盐酸盐;阿昔洛韦;西咪替丁;西咪替丁盐酸盐;硝呋太尔

无锡市鲲鹏科工贸有限公司

江苏省无锡市县前东街 21 号
[214002]
电话:(0510)82762978;82750743
传真:(0510)82715897
经济类型:股份有限公司
产值:50,000 千元　职工人数:120 人
法人代表:金裕兴
网址:www. chinakunpeng. com
E-mail:wxkp@ chinakunpeng. com
【主要产品】锅炉洗涤剂;锅炉清灰剂;高效节煤剂

无锡市乐达制药化工设备有限公司

江苏省无锡市雪浪双新经济园
[214125]
电话:(0510)85180163;13806192138
传真:(0510)85188035
网址:www. xlzyhg. com. cn
E-mail:web@ xlzyhg. com. cn
【主要产品】反应釜;外盘管式反应锅;发酵罐;波纹填料;WZI 型外加热式真空蒸发器;离心式刮板薄膜蒸发器;常规蒸馏装置;真空减压浓缩罐;球形浓缩罐;管式过滤机;列管式换热器;螺旋板式换热器;列管式冷凝器;V 型转鼓混合机;干燥器;SZG 系列双锥回转真空干燥机;真空耙式干燥机;真空干燥机;罐车;聚酯树脂设备;酒精回收塔;多功能提取罐

无锡市雷虹冷却液有限公司

江苏省无锡市滨湖区南泉科技工业园 B 座 5 号[214128]
电话:(0510)85952501;85953071;
13806183031
传真:(0510)85951071
网址:www. wxqxy. com
E-mail:business@ wxqxy. com
【主要产品】磨削油;金属净洗剂;切削剂;高速精密磨削液;合成切削液

无锡市梁溪精细化工有限公司

江苏省无锡市新安华联村[214135]
电话:(0510)85380247;85384643;
85380850
传真:(0510)85384643　有进出口权
供销传真:85380247　职工人数:150 人
经济类型:有限责任公司
法人代表:糜锡骏
网址:www. lxjxhg. com
E-mail:web@ lxjxhg. com
【主要产品】柠檬酸三丁酯;柠檬酸三辛酯;钛酸四丁酯;双丙酮丙烯酰胺;顺丁烯二酸二乙酯;茶多酚;己二酸二异辛酯;邻苯二甲酸二丁酯;邻苯二甲酸丁苄酯;邻苯二甲酸二辛酯;顺丁烯二酸二丁酯;顺丁烯二酸二辛酯;癸二酸二丁酯;癸二酸二辛酯;偏苯三酸三辛酯;对苯二甲酸二辛酯;邻苯二甲酸二异壬酯

无锡市侣湖橡胶制品有限公司

江苏省无锡市宜兴周铁镇竺西工业集中园区[214261]
电话:(0510)87500780
传真:(0510)87509378
法人代表:王建明
网址:www. lhxjc. com
E-mail:lhxjc@ lhxjc. com
【主要产品】轻型运输带;环型运输带;挡边运输带;橡胶杂品;印刷胶辊;油封

无锡市曼德粉末涂料有限公司

江苏省无锡市锡澄路 258 号[214041]
电话:(0510)83104348;83105873

苏

传真:(0510)83104348
网址:www. wxmend. cn
E-mail:cnyuming@ mainone. cn
【主要产品】各色聚酯环氧型粉末涂料;半光型环氧聚酯粉末涂料;无光型环氧聚酯粉末涂料;闪光粉末涂料

无锡市美峰橡胶制品制造有限公司

江苏省无锡市锡澄路一号桥化机路1号[214041]
电话:(0510)83102654
传真:(0510)83102752
经济类型:有限责任公司
职工人数:460人
网址:www. meifengrubber. com
E-mail:office@ meifengrubber. com
【主要产品】铁路橡胶轨枕垫板;汽车橡胶配件;橡胶支座;桥梁板式橡胶支座;盆式橡胶支座;汽车制动皮碗;O形密封圈

苏

无锡市明珠石油化工备件厂

江苏省无锡市胡埭镇西溪中心路28号[214161]
电话:(0510)85599637;13606196069
传真:(0510)85599637 职工人数:50人
经济类型:股份合作 法人代表:强云珠
网址:www. wxmingzhu. com
【主要产品】聚四氟乙烯垫片;橡胶垫;石墨垫片;化工填料;管道过滤器;各种金属垫片;齿形垫;阻火器

无锡市摩晶氟碳涂料科技有限公司

江苏省无锡市南泉镇[214128]
电话:(0510)85950688;13801519518
传真:(0510)85950268
供销电话:85950688;13585082797
法人代表:董桂泉
网址:www. wxmojing. com
E-mail:mojing@ wxmojing. com
【主要产品】氟树脂;腻子;环氧封闭底漆;氟碳漆;外墙专用腻子

无锡市南方橡塑制品厂

江苏省无锡市惠山区堰桥镇横渔村[214175]
电话:(0510)83743883;13806190397
传真:(0510)83570883
网址:www. nf88. com
E-mail:nf@ nf88. com
【主要产品】橡胶制品;硅胶管;橡胶杂品;橡胶密封胶条

无锡市南泉化工成套设备厂

江苏省无锡市南泉镇新湖村[214128]
电话:(0510)85958025;13606175605
传真:(0510)85958827
供销电话:85952685 法人代表:薛献祖
经济类型:股份合作
网址:www. thhj. com
E-mail:sales@ thhj. com
【主要产品】反应釜;外盘管式反应锅;电加热反应釜;发酵罐;蒸汽发生器;WZI型外加热式真空蒸发器;薄膜蒸发器;高效旋转薄膜蒸发器;真空减压浓缩罐;GF系列分散机;袋式过滤器;列管式换热器;换热器;螺旋板式换热器;混合机;双螺旋锥形混合机;SZG系列双锥回转真空干燥机;真空耙式干燥机;三足式吊袋卸料离心机;三足式上部人工卸料离心机;三足式刮刀下卸料自动离心机;三足式沉降离心机;贮气罐(柜);储罐;罐车;高剪切乳化机;切片机;多功能提取罐

无锡市南泉石化装备有限公司

江苏省无锡市滨湖区南泉镇方湖[214128]
电话:(0510)85951076;13306187525
传真:(0510)85958995
经济类型:有限责任公司
法人代表:陆兆忠
网址:www. cnpce. com
E-mail:lsz@ cnpce. com
【主要产品】加热炉;反应釜;外盘管式反应锅;电加热反应釜;发酵罐;WZI型外加热式真空蒸发器;升膜式蒸发器;真空减压浓缩罐;螺旋板式换热器;列管式冷凝器;真空耙式干燥机;聚酯树脂设备;酒精回收塔;多功能提取罐

无锡市南泉双丰制药化工机械厂

江苏省无锡市滨湖区南泉镇[214128]
电话:(0510)85953329;13806180612
传真:(0510)85953329
网址:www. wxsfzy. com
E-mail:web@ wxsfzy. com
【主要产品】反应釜;发酵罐;波纹填料;WZI型外加热式真空蒸发器;离心式刮板薄膜蒸发器;薄膜蒸发器;管道过滤器;双效浓缩器;真空减压浓缩罐;袋式过滤器;螺旋板式换热器;列管式冷凝器;真空耙式干燥机;聚酯树脂设备;酒精回收塔;多功能提取罐

无锡市南生新材料有限公司

江苏省无锡市滨湖区太湖镇金城湾路98号[214123]
电话:(0510)85071735;13338117210
传真:(0510)85071735
供销传真:85072735
网址:www. nsxcl. com
E-mail:postmaster@ nsxcl. com
【主要产品】脱水防锈油;水基防锈剂;磨削油;水基金属清洗剂;透明磨削液;铝合金切削液;合成切削液;极压乳化油

无锡市南雅化工有限公司

江苏省宜兴市官林工业区[214241]
电话:(0510)87210860;13606159259
传真:(0510)87210860
供销电话:87202868
网址:www. wxnyhg. com
E-mail:web@ wxnyhg. com
【主要产品】防火涂料;防水涂料;工业地坪涂料;防腐涂料

无锡市诺亚防水材料有限公司

江苏省宜兴市经济开发区黄沙渎89号[214200]
电话:(0510)87821298
传真:(0510)87598011
网址:www. wxnyfs. com
E-mail:web@ wxnyfs. com
【主要产品】丙烯酸弹性防水涂料;防水涂料;聚合物改性水泥基弹性防水涂料;瓷砖胶黏剂;补漏王

无锡市全立化工有限公司

江苏省无锡市新区[214145]
电话:(0510)88990627;13806197627
传真:(0510)88990516
网址:www. quanlichem. com
E-mail:sales@ quanlichem. com
【主要产品】二甲基二甲氧基硅烷;二甲基二乙氧基硅烷;甲基乙烯基硅橡胶(110型);甲基硅橡胶(101型);室温硫化甲基硅橡胶(107型);硅橡胶混炼胶;甲基乙烯基硅油;水溶性硅油;羟基封端聚甲基硅油;甲氧基封端聚甲基硅油;乙氧基封端聚甲基硅油;含氢硅油;苯甲基硅油;乳化硅油;甲基硅油;硅油;氨基硅油

无锡市瑞源化工有限公司

江苏省无锡市锡山区港下镇[214199]
电话:(0510)88353982;13861707283
传真:(0510)88763982
网址:www. ruiyuanchem. com
E-mail:sales@ ruiyuanchem. com
【主要产品】氟氢酸;氟硅酸;氟硼酸;氟铝酸;单氟磷酸钠;氟硼酸亚锡;氟硼酸钾;氟硼酸钠;氟硼酸铵;氟硼酸铅;氟硼酸铬;氟硼酸镍;氟化钠;氟化钙;氟化钾;氟化铵;氟化铝;氟化铬;氟化锶;氟氢化钠;氟氢化钾;氟氢化铵;氟硅酸钠;氟硅酸铵;氟硅酸钾;氟硅酸锌;氟硅酸镁;氟铝酸钠;氟铝酸钾;锆氟酸钾;氟钛酸钾;氟钛酸;氟硼酸锌;氟化镍;氟化钡;氟化镁;氨基乙酸;乙酸钙;聚合氯化铝

无锡市三吉助剂有限责任公司

江苏省无锡市南门化肥桥[214023]
电话:(0510)85753152-283
传真:(0510)85759816
经济类型:有限责任公司
网址:sjzj. wxzx. com/2default. htm
E-mail:sjzj@ chinawuxi. com
【主要产品】乙醇(无水);正丁醇;丙三醇;邻苯二甲酸;醋酸丁酯;丙酮;苯酐;己二酸二正辛酯;己二酸二异辛酯;邻苯二甲酸二丁酯;邻苯二甲酸二异丁酯;邻苯二甲酸二辛酯;偏苯三酸

三辛酯;对苯二甲酸二辛酯

无锡市申科日用化工有限公司

江苏省无锡市南站经济发展园区 A 区 37 号[214027]
电话:(0510)82124096
传真:(0510)82133920
网址:www. skrh. com
E-mail:web@ skrh. com;skrh@ 163. com
【主要产品】消毒洗手液;环保型水性金属防锈剂;置换型防锈油;除锈剂;金属清洗剂;合成切削液;白炭黑(沉淀法)

无锡市神杰减震器有限公司

江苏省无锡市清扬路 310 号(下甸桥堍)[214023]
电话:(0510)85743215;85749417
传真:(0510)85749417　职工人数:30 人
网址:www. sjjzq. com
E-mail:web@ sjjzq. com
【主要产品】橡胶制品;橡胶杂品;减震器及配件;橡胶接管;橡胶密封圈

无锡市胜特石化配件有限公司

江苏省无锡市胡埭镇龙延[214161]
电话:(0510)85599079
传真:(0510)85598117
经济类型:股份合作　法人代表:周坚胜
网址:www. wuxijn. com
E-mail:wuxijn888@ 163. com
【主要产品】石墨垫片;管道过滤器;管道配件;阻火器

无锡市石化配件厂

江苏省无锡市胡埭工业区南区[214161]
电话:(0510)85581555;85581338;85582978
传真:(0510)85582555　经济类型:集体
法人代表:吴国松
网址:www. wxshsp. com
【主要产品】聚四氟乙烯垫片;石墨垫片;膨胀石墨填料环;管道过滤器;接头;法兰;各种金属垫片;包复垫;齿形垫;阻火器

无锡市石化通用件厂

江苏省无锡市胡埭沙滩 60 号[214161]
电话:(0510)85597145;85598497;85591516
传真:(0510)85590470;85596628
供销电话:85597145;85591516
经济类型:有限责任公司
网址:www. piping-component. com
E-mail:wxpcf@ public1. wx. js. cn
【主要产品】聚四氟乙烯垫片;聚四氟乙烯滑动支座;软接头;石墨垫片;精密过滤器;无缝管件;管件;法兰;各种金属垫片;包复垫;齿形垫;密封;油罐附件;阻火器

无锡市石油化工设备有限公司

江苏省无锡市金城湾[214123]
电话:(0510)85062691;85061497
传真:(0510)85417400
经济类型:股份合作　法人代表:宣兴南
网址:www. wxpv. com
E-mail:xishanshihua@ sina. com
【主要产品】加热炉;旋风分离器;换热器;罐;低温液体储罐;翼阀;塔盘;塔器

无锡市苏穗氟塑料制品有限公司

江苏省无锡市锡山区东亭镇源泉新村 104 号[214101]
电话:(0510)88702163;13771190398
传真:(0510)88212566
网址:www. susui. cn
E-mail:info@ susui. cn
【主要产品】聚四氟乙烯管材;聚全氟乙丙烯管;聚四氟乙烯棒材

无锡市太湖气体厂

江苏省锡山市雪浪镇葛埭村[214126]
电话:(0510)85180289
传真:(0510)85182280　经济类型:集体
职工人数:80 人　法人代表:薛祖泉
网址: www. hylive. com/jiangsu/jiangsu19128. html
【主要产品】溶解乙炔

无锡市太平洋化肥有限公司

江苏省无锡市玉祁镇工业园区内[214001]
电话:(0510)83888588;13906187916
传真:(0510)83885953
职工人数:900 人
网址:www. tpyhf. com
E-mail:tpy@ tpyhf. com
【主要产品】硫酸钾复合肥;复合肥;BB 肥;有机无机复混肥

无锡市通达泵阀厂

江苏省无锡市洛社镇新兴西路 31 号[214187]
电话:(0510)83308710;13606198422
传真:(0510)83308710
经济类型:私营企业　产值:15,000 千元
职工人数:100 人　法人代表:倪树德
网址:www. xilongcn. com
E-mail:sale@ xilongcn. com
【主要产品】衬氟耐腐蚀离心泵;防腐塑料泵

无锡市万力粘合材料有限公司

江苏省无锡市新区长江南路 17#-17[214135]
电话:(0510)85345529;85344780;85344823
传真:(0510)85343126
供销电话:85344780;85345357
网址:www. jiliresin. com
E-mail:wxjili@ jiliresin. com
【主要产品】水溶性聚氨酯树脂;水溶性胶黏剂;EVA 型热熔胶黏剂;聚氨酯胶黏剂;酚醛树脂胶黏剂;热熔胶黏剂;热熔压敏胶

无锡市奚妙工业涂料有限公司

江苏省无锡市胡埭镇[214161]
电话:(0510)85582815;13906195482
网址:www. ximiao. com
E-mail:sales@ ximiao. com
【主要产品】防水防腐涂料;环氧煤沥青防腐涂料;环氧耐磨防滑地面涂料;环氧富锌防锈防腐涂料;聚氨酯富锌底漆;聚氨酯防腐涂料;聚氨酯防水防腐涂料;氯磺化聚乙烯防腐涂料;冷却塔专用涂料;航标涂料

无锡市锡宝钛业有限公司

江苏省无锡市厚桥镇嵩山[214106]
电话:(0510)88720870;88721769
传真:(0510)88725102
供销电话:88707818;88204382
供销传真:88204393　职工人数:251 人
经济类型:私营企业
网址:www. xibaotaiye. com
E-mail:xibaotaiye@ xibaotaiye. com
【主要产品】硫酸亚铁;硫酸亚铁(一水);钛白粉;活性氧化锌

无锡市锡南农药有限公司

江苏省无锡市高新区旺庄工业配套区 73 号地块[214028]
电话:(0510)85345888
经济类型:集体
【主要产品】吡虫啉可湿性粉剂;高渗吡虫啉可湿性粉剂;多菌灵可湿性粉剂;甲基硫菌灵可湿性粉剂;异丙隆可湿性粉剂;嗪草酮可湿性粉剂;多·福可湿性粉剂;多·硫可湿性粉剂;硫·三环可湿性粉剂;丁·苄可湿性粉剂;福·甲硫可湿性粉剂;吡·乙酰甲可湿性粉剂;吡·灭可湿性粉剂

无锡市锡山雪浪药化工程装备厂

江苏省无锡市滨湖区雪浪镇前章[214125]
电话:(0510)85182867;85187758;13806173701
传真:(0510)85189897
供销电话:85182867;13806173701
经济类型:私营企业　法人代表:沈冠群
网址:www. wxyhzb. com;www. wxxuelang. com
E-mail:zls@ wxyhzb. com
【主要产品】填料塔;反应釜;蒸汽加热反应釜;发酵罐;波纹填料;WZI 型外加热式真空蒸发器;离心式刮板薄膜蒸发器;高效旋转薄膜蒸发器;常规蒸馏装置;间歇式浓缩器;真空减压浓缩罐;列管式换热器;换热器;浮头式换热器;螺旋板式换热器;列管式冷凝器;空气冷却器;冷凝器;混合机;双螺旋锥形混合机;干燥器;热风循环烘

箱；真空耙式干燥机；储罐；聚酯树脂设备；酒精回收塔；多功能提取罐；乳化炸药专用乳化机

无锡市锡西化机配件有限公司

江苏省无锡市胡埭镇沙滩村[214161]
电话：(0510)85590537；13906183151
传真：(0510)85598755
经济类型：股份合作 法人代表：李末兴
网址：www.wxxhj.cn
E-mail：sales@wxxhj.cn
【主要产品】聚四氟乙烯编织盘根；聚四氟乙烯填料；软接头；石墨垫片；塔填料；化工填料；静态混合器；管道过滤器；接头；法兰；各种金属垫片；齿形垫；密封；管道密封件

无锡市锡州金属粉厂

江苏省无锡市锡山区东亭开发区东区春笋路3[214101]
电话：(0510)88262155
传真：(0510)88263955
法人代表：沈建峰
网址：www.wuxijinfen.com
E-mail：web@wuxijinfen.com
【主要产品】漂浮型银粉浆；铜金粉

无锡市先得生化有限公司

江苏省无锡市惠山区洛社镇[214187]
电话：(0510)83310190；83315108；13906177728
传真：(0510)83311220；83308896
网址：www.aipuer.com
E-mail：wx_xiande@163.com
【主要产品】柠檬酸钠

无锡市祥健四氟制品有限公司

江苏省无锡市蠡溪路58号-1[214061]
电话：(0510)85806952；88867221；13961854879
传真：(0510)85816550
经济类型：私营企业 法人代表：王祥余
网址：www.wxxj.com
E-mail：sales@wxxj.com
【主要产品】聚四氟乙烯生料带；聚四氟乙烯密封圈；聚四氟乙烯薄膜；聚四氟乙烯车削板；聚四氟乙烯模压板；聚四氟乙烯板材；尼龙板；尼龙软管；聚四氟乙烯管材；聚全氟乙丙烯管；尼龙棒(1010)；聚四氟乙烯编织盘根；聚四氟乙烯棒材；聚四氟乙烯垫圈；橡胶制品；普通橡胶板；耐油橡胶板；耐酸碱橡胶板；氟橡胶板；硅橡胶板；O形密封圈；氟橡胶O形圈；石墨盘根；聚四氟乙烯石墨盘根；碳素纤维盘根

无锡市橡胶厂

江苏省无锡市新惠路7号[214037]
电话：(0510)83706638
传真：(0510)83707295 经济类型：国有
供销电话：83704406 法人代表：徐建邦
网址：jsfamous.js.cei.gov.cn/0200042/cluxianq.
E-mail：luxiang@mx.js.cei.gov.cn
【主要产品】橡胶运输带；橡胶同步带；橡胶三角带；切割式V带；汽车三角带；多楔带；胶管；夹布胶管

无锡市新华胶辊厂

江苏省无锡市杨市镇[214154]
电话：(0510)83550053；13506191309
传真：(0510)83555643
法人代表：戈建新
网址：www.xh-jg.com
E-mail：info@xh-jg.com
【主要产品】尼龙辊；胶辊

无锡市新联胶粘剂厂

江苏省无锡市扬名高新开发区C区12号[214024]
电话：(0510)85400174
传真：(0510)85715927
网址：www.wxjnj.com
E-mail：web@wxjnj.com
【主要产品】瓷砖胶黏剂；丙烯酸酯胶黏剂；聚氨酯胶黏剂；热熔胶黏剂

无锡市新敏特种润滑油厂

江苏省无锡市石塘湾镇东天石路3号[214185]
电话：(0510)83260682；13806176010
传真：(0510)83267820
网址：www.xmrhy.com
E-mail：ceo@xmrhy.com
【主要产品】石蜡基橡胶油；极压复合锂基润滑脂；高温润滑油；特种润滑油；耐高温润滑脂

无锡市新王化纤有限公司

江苏省无锡市国家高新技术开发区旺庄老街[214028]
电话：(0510)85213345；85225526；13601488067
传真：(0510)85212499
网址：www.xwhx.com.cn
E-mail：xwhx@xwhx.com.cn
【主要产品】涤纶长丝；涤纶阻燃丝；尼龙-6纤维(单丝)；锦纶66长丝；丙纶长丝

无锡市新中亚特种橡胶制品有限责任公司

江苏省无锡市锡澄立交化机路1号[214041]
电话：(0510)83114421；83102752
传真：(0510)83102752
经济类型：有限责任公司
网址：www.sd-wt.com
E-mail：wxrubber@publicl.wx.js.cn
【主要产品】减震用橡胶制品；橡胶密封制品；摩托车油封；汽车油封

无锡市鑫兴化工厂

江苏省无锡市甘露镇甘北路5号[214117]
电话：(0510)88751845
传真：(0510)88755887 有进出口权
网址：www.xxchem.com
E-mail：xxhg@xxchem.com
【主要产品】氢氧化镍；硫酸镍；硝酸镍(六水)；碳酸镍；氧化镍；氧化铁脱硫剂

无锡市兴达尼龙有限公司

江苏省锡山市玉祁镇玉西村[214183]
电话：(0510)83883285
传真：(0510)83886415 经济类型：集体
职工人数：500人
网址：www.xdnylon.com
E-mail：xingda@xdnylon.com
【主要产品】十二烷二元胺；癸二腈；尼龙-610；尼龙1010；尼龙610盐；尼龙612树脂；尼龙1010单体；1,10-癸二胺

无锡市雪达化工装备厂

江苏省无锡市南门外进溪桥[214125]
电话：(0510)85180435
传真：(0510)85180435
供销电话：13771185000
网址：www.wxxdhj.com
E-mail：dyf@wxxdhj.com
【主要产品】反应釜；发酵罐；波纹填料；WZI型外加热式真空蒸发器；离心式刮板薄膜蒸发器；真空减压浓缩罐；列管式换热器；螺旋板式换热器；列管式冷凝器；SZG系列双锥回转真空干燥机；真空耙式干燥机；聚酯树脂设备；酒精回收塔；多功能提取罐

无锡市雪浪化工换热设备厂

江苏省无锡市滨湖区雪浪镇钓桥[214126]
电话：(0510)85181788；85182188；13901513502
传真：(0510)85180924
供销电话：85180737；13951568831
法人代表：杭海成
网址：www.wx-huanre.com
E-mail：hang@wx-huanre.com
【主要产品】外盘管式反应锅；电加热反应釜；发酵罐；波纹填料；离心式刮板薄膜蒸发器；薄膜蒸发器；真空减压浓缩罐；板式换热器；螺旋板式换热器；冷凝器；真空耙式干燥机；储罐；罐车；聚酯树脂设备；切片机；酒精回收塔；多功能提取罐

无锡市雪浪金属化工设备厂

江苏省无锡市滨湖区太湖镇雪浪横山路11号[214125]
电话：(0510)88933827；13861870687
传真：(0510)8518052 职工人数：50人
经济类型：私营企业 法人代表：肖介明
网址：www.hgzysb.com
E-mail：xiaosaidong@alibaba.com.cn

【主要产品】反应釜；发酵罐；波纹填料；换热器；冷凝器；储罐；罐车

无锡市阳光干燥设备厂

江苏省无锡市惠山区前洲镇杨家圩大桥堍[214181]
电话：(0510)83581817；83581355；13906175583
传真：(0510)83581006
经济类型：私营企业　法人代表：边文阳
网址：www.yggz.com
E-mail：sales@yggz.com
【主要产品】热风炉；脉冲袋式除尘器；干燥器；旋转闪蒸干燥机；粉碎气流型干燥器；LPG 系列高速离心喷雾干燥机；压力喷雾干燥机；振动流化床干燥机；喷雾干燥制粒机

无锡市银湖化工有限责任公司

江苏省无锡市东湖镇[214196]
电话：(0510)88797629；88791235；13506189787
传真：(0510)88797918　职工人数：45 人
供销电话：88792325　产值：3,000 千元
经济类型：有限责任公司
销售收入：800 千元　法人代表：倪银林
网址：yhhg.wxzx.com
E-mail：yhhg@chinawuxi.cn
【主要产品】三(β-氯乙基)磷酸酯；阻燃增塑剂 TCPP；磷酸三(1,3-二氯-2-丙基)酯

无锡市英波化工有限公司

江苏省无锡市锡山区东港镇工业区 B 区[214199]
电话：(0510)88768858；88352858
传真：(0510)88768233
网址：www.ybchem.cn
E-mail：sale@yq.js.cn
【主要产品】硝基面漆；聚酯面漆；PU 聚酯底漆；酸固化油漆；PU 有色亚光面漆；各色亮光面漆

无锡市永达化工装备有限公司

江苏省无锡市雪浪镇进溪桥横山路 6 号[214125]
电话：(0510)85186867；85181293；13801518751
传真：(0510)85186867
法人代表：张弘勋
网址：www.yongdahuagong.com
E-mail：zhangfan@chemn.com
【主要产品】反应釜；WZI 型外加热式真空蒸发器；高效旋转薄膜蒸发器；真空减压浓缩罐；列管式换热器；列管式冷凝器；干燥器；真空耙式干燥机；聚酯树脂设备

无锡市玉祁生物有限公司

江苏省无锡市玉祁镇绛脚下 143 号[214183]
电话：(0510)83880195
供销电话：83880263
【主要产品】井冈霉素水剂；井冈霉素粉剂

无锡市裕田高分子材料有限公司

江苏省无锡市崇安区广瑞二村内[214011]
电话：(0510)82404277
传真：(0510)82449357
供销电话：82451229
法人代表：杨聚宝
经济类型：私营企业
网址：www.1east.com/wxqiye1/514.files/488.html
【主要产品】环氧树脂绝缘浇注料；阻燃环氧灌封料；环氧包封料；环氧密封胶；蓄电池封口胶

无锡市远方橡胶工程有限公司

江苏省无锡市锡山区东北塘镇农坝工业区[214191]
电话：(0510)83772244；13806189556
传真：(0510)83770913
供销传真：83770193
网址：www.wxyflt.com
E-mail：sales@wxyflt.com
【主要产品】沙滩用轮胎；摩托车轮胎；摩托车内胎；丁基内胎

无锡市云湖涂料有限公司

江苏省无锡市滨湖区胡埭镇秦尚书湾[214161]
电话：(0510)85599374；85595278
传真：(0510)85597374
网址：www.yunhupaint.com/tlgs/tlgssy.htm
E-mail：yunhu@yunhupaint.com
【主要产品】F53-31 红丹酚醛防锈漆；F53-34 锌黄酚醛防锈漆；F53-38 铝铁酚醛防锈漆；C04-2 各色醇酸磁漆；C04-9 灰色云铁醇酸磁漆；C04-10 各色醇酸磁漆；C04-42 各色醇酸磁漆；C06-1 铁红醇酸底漆；铁红醇酸防锈漆；C53-31 红丹醇酸防锈漆；C53-34 云铁醇酸防锈漆；金属油罐抗静电防腐涂料；丙烯酸类面漆；标志涂料；环氧树脂漆类；铁红环氧酯底漆；环氧富锌底漆；聚氨酯云铁防锈漆；聚氨酯铁红防锈漆；聚氨酯防腐涂料；聚氨酯涂料；氯化橡胶面漆；氯磺化聚乙烯防腐漆；氯磺化聚乙烯防腐底漆；高氯化聚乙烯防腐面漆；各色氯化橡胶马路划线漆；氯化橡胶航空标志漆；氯化橡胶厚浆型面漆；氯磺化聚乙烯防腐涂料；高氯化聚乙烯铁红防锈漆；高氯化聚乙烯中涂漆；氯化橡胶云铁防锈漆；铁红氯化橡胶厚膜型防锈漆；氰凝防水防腐涂料；煤气柜专用防腐涂料

无锡市泽辉化工有限公司

江苏省无锡市锡山区锡沪路 123 号 705 室[214001]
电话：(0510)88206310；88898396；88216489
传真：(0510)88206310；88216987
经济类型：股份合作　法人代表：周浩兰
网址：www.wxzhhg.com
E-mail：momo-917@163.com；root@wxzhhg.com
【主要产品】碳酸镁；氧化锌；氧化镁(轻质)；氧化镁(药用)；活性氧化镁；氧化镁

无锡市中良橡胶有限公司

江苏省无锡市滨湖区荣巷[214000]
电话：(0510)85702988
传真：(0510)85705740
网址：www.asia-belt.com
E-mail：asia-belt@163.com
【主要产品】橡胶同步带；橡胶三角带；橡胶六角带；橡胶履带

无锡市中竹漆业有限公司

江苏省宜兴市太华镇振兴路 132 号[214235]
电话：(0510)87381117；87383818
传真：(0510)87381117
法人代表：蒋汉新
网址：www.wxzzqy.com
E-mail：info@wxzzqy.com
【主要产品】醇酸树脂漆类；氨基树脂漆类；硝基漆类；高级乳胶漆；抗碱封闭底漆；丙烯酸外墙乳胶漆；聚氨酯漆类；耐变黄亚光清面漆；透明腻子；聚氨酯固化剂

无锡双诚炭黑厂

江苏省宜兴市诸桥工业区[214200]
电话：(0510)87122000；87123081
传真：(0510)87123208；87123211
供销电话：87123200　经济类型：集体
职工人数：200 人
网址：www.wxshuangcheng.cn
E-mail：wxsc@wxshuangcheng.cn
【主要产品】中超耐磨炉黑 N220；高耐磨炭黑 N330；快压出炉炭黑 N550；低结构快压出炭黑 N539；炭黑；炭黑 N660；低定伸非污染半补强炉黑 N762；新工艺炉炭黑 N339；新工艺炉炭黑 N375；新工艺炭黑 N219；炭黑 N774；炭黑 N234；低结构高耐磨炉黑 N326；高结构高耐磨炭黑 N347；炭黑 N351

无锡顺达金属粉末有限公司

江苏省无锡市滨湖区南方泉丁石桥[214128]
电话：(0510)85958320；13861827880
传真：(0510)85952322
供销电话：13701514273
经济类型：中外合资经营企业
法人代表：朱雪邦
网址：www.cnnanwan.com
E-mail：cnnanwan@cnnanwan.com
【主要产品】碳化钨；钴；铜粉；镍；羰基镍粉；银粉；铬；铜合金粉

无锡四周氨基酸有限公司

江苏省无锡市蠡园经济开发区[214001]

苏

电话:(0510)82751518
传真:(0510)82790615
网址:www. aminoacid. cn
E-mail:sizhou@ wst. net. cn
【主要产品】氨基乙酸;L-脯氨酸;D-脯氨酸;L-胱氨酸;L-半胱氨酸;L-缬氨酸;L-丝氨酸;D-丝氨酸;DL-丝氨酸;L-苹果酸;L-丙氨酸;D-丙氨酸;无水肌酸;DL-丙氨酸;D-苯丙氨酸;L-赖氨酸-L-天冬氨酸盐;柠檬酸;DL-谷氨酸;L-亮氨酸;L-异亮氨酸;L-精氨酸;L-茶氨酸;L-天门冬氨酸;D-天门冬氨酸;DL-天门冬氨酸;L-天冬氨酸钠;牛磺酸;L-苏氨酸;L-酪氨酸;L-天冬酰胺;D-天冬酰胺;L-组氨酸;谷氨酸;D-谷氨酸;赖氨酸;蛋氨酸;L-蛋氨酸;D-蛋氨酸;L-苯丙氨酸;L-色氨酸;D-色氨酸;复方氨基酸;L-谷氨酰胺

苏

无锡特种油品有限公司

江苏省无锡市清扬路209号[214023]
电话:(0510)82552316;13601516563
网址:www. gpso. cn
E-mail:wolflxf@ 263. net
【主要产品】防锈油;快速光亮淬火油;真空淬火油;变压器油;润滑油

无锡通达石油有限公司

江苏省无锡市八士镇东街昆村桥堍[214192]
电话:(0510)83781935;83788868;83781684
传真:(0510)83781684;83781935
经济类型:私营企业
网址:www. tongda-oil. com
【主要产品】润滑油基础油;汽油机油;柴油机油;液压油;机械油

无锡万博氟碳树脂有限公司

江苏省无锡市梅村工业园区锡泰路219号[214112]
电话:(0510)88550277
传真:(0510)88550667
供销电话:88550277;88551117
供销传真:88552192　职工人数:300人
经济类型:有限责任公司
网址:www. wanbocoating. com
E-mail:xfw@ wanbocoating. com;zy@ wanbocoating. com
【主要产品】丙烯酸树脂;自交联型纯丙乳液;氟碳树脂

无锡万利化工有限公司

江苏省无锡市惠山区钱桥镇[214151]
电话:(0510)83232442;83238288
传真:(0510)83238188　有进出口权
经济类型:股份有限公司
法人代表:毛裕昌
网址:www. wlchem. com
E-mail:wlchem@ wlchem. com
【主要产品】过碳酸钠

无锡尉达橡胶有限公司

江苏省无锡市锡山区港下[214199]
电话:(0510)88350280;88762518
传真:(0510)88351550
职工人数:1,500人
网址:www. weida-cn. com
E-mail:wxweida@ wst. net. cn
【主要产品】摩托车轮胎

无锡卧龙泵阀有限公司

江苏省无锡市梁青路216号[214001]
电话:(0510)13806180563
传真:(0510)85868655
供销电话:85812665;85814058
职工人数:420人
网址:www. wx-wl. com
E-mail:wjm@ wx-wl. com
【主要产品】磁力泵;自吸式磁力泵;泥浆泵;离心泵;管道;内衬氟塑料截止阀;球阀

无锡锡成油脂化工有限公司

江苏省无锡市锡山区张泾镇寨门村[214195]
电话:(0510)83910796
传真:(0510)83911298
供销电话:(021)65188365
供销传真:(021)65198911
经济类型:与港澳台商合资经营
网址:www. chinachemnet. com/seasonchem
【主要产品】聚醋酸乙烯酯;季戊四醇松香增黏树脂;甘油松香树脂;氢化松香甘油酯;聚合松香甘油酯

无锡锡隆塑料化工有限公司

江苏省无锡市洛社镇[214187]
电话:(0510)83311984-105;13901517032
传真:(0510)83311379　经济类型:集体
法人代表:管锡康
【主要产品】无毒亚磷酸酯

无锡先进化药化工有限公司

江苏省锡山市八士镇[214190]
电话:(0510)83782495;83781542
经济类型:外商独资　职工人数:230人
【主要产品】直接染料;酸性染料;活性染料;分散染料

无锡翔华化工有限公司

江苏省无锡市东北塘通津路1号[214191]
电话:(0510)88716617
传真:(0510)83772425
网址:www. xh-chemistry. com
E-mail:wuxixh@ xh-chemistry. com. cn
【主要产品】苯乙醇;氧化苯乙烯

无锡橡胶集团有限责任公司

江苏省无锡市清扬路413号[214023]
电话:(0510)85753152
传真:(0510)85759816
供销电话:85752127;85755760
供销传真:85752127;85755760
经济类型:有限责任公司
法人代表:荣心诚
网址:jsfamous. js. cei. gov. cn/0200054/cshuanfq.
E-mail:xjjt@ public. wx. js. cn
【主要产品】摩托车轮胎

无锡新虹化工有限公司

江苏省无锡市锡山区新安镇[214135]
电话:(0510)85380679
传真:(0510)85211575
经济类型:有限责任公司
职工人数:200人　法人代表:朱叙根
网址:www. 1east. com/wxqiye1/522. files/489. htm
【主要产品】甲醛;过氧化叔丁醇;酚醛树脂;环氧树脂

无锡新开河储罐有限公司

江苏省无锡市洛社镇雅西开发区新园路68号[214187]
电话:(0510)83830001;83830066;83830055
传真:(0510)83830002
供销电话:83830001;13812277075
经济类型:有限责任公司
产值:3,000千元　职工人数:100人
法人代表:王江明
网址:www. silo. cn
E-mail:yanlijun1983@ 163. com
【主要产品】钢塑复合管;储罐

无锡信泰涤纶单丝有限公司

江苏省无锡市清扬路新下甸桥堍[214023]
电话:(0510)85409588
传真:(0510)85409588
网址:www. wxpets. com
E-mail:web@ wxpets. com
【主要产品】涤纶长丝;尼龙-6纤维(单丝);丙纶长丝

无锡兴达泡塑新材料有限公司

江苏省无锡市锡山经济开发区(东亭)[214101]
电话:(0510)88701849;88703684
传真:(0510)88700297　有进出口权
供销传真:88700297;88204013
经济类型:私营企业　法人代表:华若中
网址:www. xingdaeps. com
E-mail:xdeps@ pub. wx. jsinfo. net
【主要产品】可发性聚苯乙烯;聚苯乙烯泡沫塑料板材;聚苯乙烯泡沫塑料

无锡压缩机股份有限公司

江苏省无锡市塘南路114号[214026]
电话:(0510)85016437;85024889
传真:(0510)85021724;85019865
供销电话:85024242　有进出口权

经济类型:股份有限公司
企业规模:大型
网址:www. compressor-xy. com
E-mail:office@ compressor-xy. com
【主要产品】活塞式压缩机;离心式压缩机;无油润滑压缩机;螺杆压缩机

无锡阳山生化有限责任公司

江苏省无锡市阳山镇郭庄桥堍[214155]
电话:(0510)83691283;83695280
传真:(0510)83691930
供销电话:83691283;13906181141
网址:www. yschemicals. com
E-mail:yschem@ 163. com
【主要产品】工业氨水;磷酸二氢钠;磷酸三钠;磷酸三钠(无水);磷酸氢二钠(无水);磷酸锌;三聚氰酸;醋酸钠;醋酸钠(无水);醋酸钾;醋酸铜;醋酸锌;无水醋酸锌;醋酸镁;无水醋酸镁;乙酸钙;一水醋酸钙;双乙酸钠;乙酸铵;醋酸钴;醋酸锰;增稠剂

无锡一撒得富复合肥有限公司

江苏省无锡市高新技术开发区迎宾路[244028]
电话:(0510)85216238;13403740033
传真:(0510)85216328　有进出口权
企业规模:大型　法人代表:丁国明
网址:www. ysdf. com
E-mail:webmaster@ ysdf. com
【主要产品】高浓度复合肥

无锡友联绝缘材料有限公司

江苏省无锡市广瑞路广瑞二村[214011]
电话:(0510)82760881;82404277
传真:(0510)82449357
供销电话:82404277;82760881
经济类型:与港澳台商合资经营
法人代表:林丽君
网址:www. wx-youlian. com
E-mail:youngluo2003@ sina. com
【主要产品】阻燃环氧灌封料;环氧包封料;变压器底面专用漆;环氧树脂黏合剂;少溶剂快干绝缘浸渍胶;蓄电池封口胶

无锡运河石油化工有限公司

江苏省无锡市惠山区石塘湾镇五秦村[214185]
电话:(0510)83268698
传真:(0510)83260698
经济类型:私营企业
网址:www. wxyhsh. com
【主要产品】基础油;汽油机油;柴油机油;车辆齿轮油;工业齿轮油;冷冻机油;抗磨液压油;液压油;汽轮机油;压缩机油;机械油;矿物油型真空泵油

无锡兆阳化工装备有限公司

江苏省无锡市滨湖区太湖镇雪浪双新园区雪丰路[214125]
电话:(0510)85180008;85181008;13806199983
传真:(0510)85186008;85187008
网址:www. wxzyhg. com
E-mail:xxy@ wxzyhg. com;
xxy666008@ sina. com
【主要产品】反应釜;外盘管式反应锅;发酵罐;波纹填料;离心式刮板薄膜蒸发器;真空减压浓缩罐;球形浓缩罐;GF 系列分散机;袋式过滤器;管式过滤机;螺旋板式换热器;列管式冷凝器;V 型转鼓混合机;双螺旋锥形混合机;SZG 系列双锥回转真空干燥机;真空耙式干燥机;真空干燥机;储罐;罐车;聚酯树脂设备;酒精回收塔;多功能提取罐;乳化炸药专用乳化机

锡山市后宅催化剂厂

江苏省锡山市后宅镇大坊桥[214146]
电话:(0510)88990154
传真:(0510)88990154
经济类型:私营企业　法人代表:王志坚
网址:www. 1east. com/wxqiye1/615. htm
【主要产品】钛酸四丁酯

锡山市锡达化工有限公司

江苏省锡山市东亭镇[214101]
电话:(0510)88700787
经济类型:私营企业
网址:www. hylive. com/jiangsu/jiangsu18842. html
【主要产品】正戊烷

兴达化工有限公司

江苏省宜兴市闸口[214216]
电话:(0510)87881361;13806156185
传真:(0510)87883185
网址:www. xdchemical. com
E-mail:sales@ xdchemical. com
【主要产品】乙二醇;一缩二乙二醇;1,4-二氨基蒽醌;1,4-二羟基蒽醌;还原蓝 RD;透明蓝 AP;透明蓝 RP;透明蓝 GP;透明紫 B

耀辉化工有限公司

江苏省宜兴市宜城镇沧浦工业区[214206]
电话:(0510)87997056;87990913
传真:(0510)87996088
网址:www. yxyghg. com
E-mail:yghg@ yxyghg. com
【主要产品】锆英石粉;二氧化锰;超细煅烧高岭土;硅酸锆;二氧化锆;二氧化锡;氧化钴;三氧化二镍;氧化镍;氧化铜;氧化钇;氧化钕;氧化镧;氧化镨;氧化铈;氧化铬绿;陶瓷颜料

宜兴华宜化工有限公司

江苏省宜兴市官林镇东[214251]
电话:(0510)87203090;87202800
经济类型:与港澳台商合资经营
法人代表:史君伟
网址:www. huaee. com
【主要产品】醇酸防腐涂料;建筑涂料;丙烯酸防腐涂料;环保型内外墙乳胶漆;环氧地坪涂料;环氧带锈防锈防腐涂料;聚氨酯防腐涂料;彩色聚氨酯防水涂料;聚氨酯厚质弹性防水涂料;氰凝防水防腐涂料

宜兴申利化工有限公司

江苏省宜兴市范道镇[214257]
电话:(0510)87241291;87241292
固定资产:80,000 千元
经济类型:有限责任公司
职工人数:536 人
网址:www. hylive. com/jiangsu/jiangsu18872. html
E-mail:ceijs@ mx. js. cei. gov. cn
【主要产品】硫酸钾复合肥;复合肥

宜兴市邦尔特化纤厂

江苏省宜兴市芳桥镇车站东[214264]
电话:(0510)87587788;87581012
传真:(0510)87587318;87581089
职工人数:560 人
网址:www. bangup. cn/xs/0. htm
【主要产品】涤纶短纤维

宜兴市博兴化工有限公司

江苏省宜兴市周铁镇前观村[214262]
电话:(0510)87557588;87502531;13901530232
传真:(0510)87557588
网址:www. jsbxhg. com
E-mail:info@ 021555. com
【主要产品】乙醇;甲醇;乙二醇;一缩二乙二醇;三乙二醇;1,2-丙二醇;醋酸(食品级);*N*,*N*-二甲基甲酰胺;苯胺;聚乙二醇;平平加

宜兴市昌吉利化工有限公司

江苏省宜兴市新建镇新丰中路 140 号[214253]
电话:(0510)87283555;87281629;87288555
传真:(0510)87288001　经济类型:集体
供销电话:87734366　职工人数:50 人
法人代表:蒋国群
网址:www. changjili. com
E-mail:yxcjlhg@ public1. wx. js. cn
【主要产品】四氯化锡;乙醇(无水);氯代叔丁烷;氯代环已烷;氯代正辛烷;氯代环戊烷;1,2-二甲氧基苯;烯丙基苯基醚;醋酸丁酯;香叶基丙酮;1-氯丁烷;氯代异丁烷;2-溴戊烷;*N*,*N*-二乙基间甲基苯甲酰胺;氯化橡胶;丁基锂;二正丁基氧化锡;丁基硫醇锡;汽油抗氧防胶稳定剂;油浆阻垢剂

宜兴市创新精细化工有限公司

江苏省宜兴市环保科技工业园陶都路 71 号[214222]
电话:(0510)87496538;13901532248
传真:(0510)87496488　职工人数:88 人
经济类型:有限责任公司

网址:www.yxchuangxin.com.cn
E-mail:chuangxin@vip.163.com
【主要产品】非离子表面活性剂;汽、柴、煤、燃油多效清净剂;金属钝化剂;汽油抗爆剂

宜兴市第三化工原料厂

江苏省宜兴市周铁镇建湖1号[214261]
电话:(0510)87501518;87501520
传真:(0510)87501518 职工人数:66人
经济类型:股份合作 法人代表:张晓端
网址:www.hylive.com/jiangsu/jiangsu03546.html
【主要产品】偏苯三酸三辛酯;对苯二甲酸二辛酯;二(2-乙基己基)磷酸酯

苏

宜兴市鼎峰漆业有限公司

江苏省宜兴市太华镇工业区[214235]
电话:(0510)87382888;87385666
传真:(0510)87382382
供销电话:87382382;87381171
经济类型:有限责任公司
法人代表:宗志华
【主要产品】醇酸树脂漆类;氨基树脂漆类;硝基漆类;汽车漆;摩托车漆;聚酯树脂漆类;聚氨酯漆类

宜兴市范道有机化工厂

江苏省宜兴市高塍镇远东路[214257]
电话:(0510)87241091;87243555;13806159318
传真:(0510)87244155
网址:www.jhresin.com
E-mail:webmaster@jhresin.com
【主要产品】糠醇树脂;铸造涂料;铸造黏结剂;铸造树脂用磺酸固化剂;脱模剂

宜兴市芳桥东方化工厂

江苏省宜兴市芳桥镇华阳村[214264]
电话:(0510)87581290;87584056;87586010
传真:(0510)87583694 有进出口权
供销电话:87584055;13901535321
经济类型:股份合作
网址:www.eastchemicals.com
E-mail:suming@public1.wx.js.cn
【主要产品】氢溴酸;溴化钠;三溴化磷;3,3-二甲基-1-丁烯;氯代叔丁烷;溴代叔丁烷;氯代环己烷;1-氯己烷;1-氯丙烷;氯代正辛烷;氯代环戊烷;氯代正戊烷;*N*,*N*-二甲基甲酰胺二甲缩醛;邻溴苯甲醛;对溴苯甲醛;间溴苯甲醛;1,3-二溴-2-丙醇;2,3-二溴丙酸;2-溴丙酸;3-溴丙酸;溴乙酸;邻溴苯甲酸;对溴苯甲酸;2-溴异戊酸;邻溴肉桂酸;α,β-二溴丁二酸;2-溴丙酸乙酯;3-溴丙酸乙酯;溴乙酸乙酯;溴乙酸甲酯;2,3-二溴丙酸乙酯;溴乙酸丙酯;对溴苯甲酸甲酯;邻溴苯甲酸甲酯;2,3-二溴丙酸甲酯;2-溴丙酸甲酯;3-溴丙酸甲酯;2-溴丙酸十二酯;溴乙酸苯酯;溴乙酸叔丁酯;2-溴己酸甲酯;2-溴己酸乙酯;2-溴戊酸甲酯;2-溴异戊酸甲酯;2-溴丁酸乙酯;4-溴丁酸乙酯;α-溴代异丁酸甲酯;2-溴丁酸甲酯;α-溴代异丁酸乙酯;α-溴代异丁酸叔丁酯;4-溴丁酸甲酯;4-溴苯酐;戊二酸酐;二溴甲烷;三溴甲烷;1-溴-2-氯乙烷;1,2-二溴戊烷;1,5-二溴戊烷;溴代异戊烷;1-溴-2-甲基丁烷;3,3-二甲基-1-溴丁烷;四溴乙烷;3-溴丙烯;2,3-二溴丙烯;1-氯丁烷;2-氯丁烷;氯代异丁烷;1,4-二氯丁烷;4-溴甲苯;2-溴-1,3,5-三甲基苯;邻溴异丙苯;对溴异丙苯;溴乙烷;溴代十二烷;溴代十四烷;溴代十六烷;溴代十八烷;溴代异十三烷;3-溴丙炔;1-溴丙烷;2-溴丙烷;1,2,3-三溴丙烷;环氧溴丙烷;1-氯十二烷;对二溴苯;2-溴丁烷;1,4-二溴丁烷;对溴溴苄;邻溴溴苄;1-溴萘;1,2-二溴乙烷;溴乙酰溴;乙酰溴;溴辛烷;2-溴辛烷;2-溴戊烷;1-溴戊烷;溴代正己烷;溴代正癸烷;溴代正庚烷;溴代异丁烷;1,6-二溴己烷;溴代异辛烷;溴壬烷;溴代环戊烷;溴代环己烷;β-溴苯乙烷;四乙基溴化铵;丙炔胺;四丁基溴化铵;α-溴代异戊酸乙酯;2-溴戊酸乙酯;α-溴-γ-丁内酯;1,3-溴氯丙烷;4-溴异喹啉;溴乙醛缩二乙醇;1,3-二氯丙烷;2-氯丙烷;1,3-二溴丙烷;α-溴丁酸

宜兴市芳桥镇江南化工厂

江苏省宜兴市芳桥镇龙眼桥西[214264]
电话:(0510)87581605;13706156699
传真:(0510)87581660
经济类型:私营企业 法人代表:任国忠
网址:www.tianhouchem.com
E-mail:sales@tianhouchem.com
【主要产品】聚乙二醇;聚乙二醇(6000)双硬脂酸酯;匀染剂O;分散剂IW;渗透剂JFC;HA稳定剂;乳化剂OP-10;硬脂酸乙二醇双酯

宜兴市芳霞化工有限公司

江苏省宜兴市芳桥镇沙坂村[214264]
电话:(0510)87581788;87583518;13801531258
传真:(0510)87581258
经济类型:股份合作 法人代表:卢占平
网址:www.chinachemnet.com/fqchem
E-mail:sales@hi2000.com
【主要产品】乙二醇;一缩二乙二醇;聚乙二醇;匀染剂O;渗透剂JFC;乳化剂;乳化剂OP;净洗剂6501;壬基酚聚氧乙烯醚

宜兴市分水橡塑化工厂

江苏省宜兴市分水镇南街[214200]
电话:(0510)87551297;13701531297
传真:(0510)87553510
网址:www.yxxschem.com
E-mail:yxxschem@yxxschem.com
【主要产品】氰尿酸铅

宜兴市高塍日新化工厂

江苏省宜兴市高塍镇李家路1号[214214]
电话:(0510)87830222;87892628
传真:(0510)87895873
固定资产:5,000千元 职工人数:150人
供销电话:13306159890
供销传真:87898597;87830222
经济类型:股份合作 产值:35,000千元
法人代表:欧玉良
网址:www.rixinchem.com
E-mail:webmaster@rixinchem.com
【主要产品】3-硝基苯酐;3-硝基邻苯二甲酸;4-硝基邻苯二甲腈;3-硝基邻苯二腈;1,4-苯二胺;3-硝基邻苯二甲酰胺;4-硝基邻苯二甲酰胺;3-硝基邻苯二甲酰亚胺;4-硝基邻苯二甲酰亚胺;邻苯二甲酸-4-磺酸钾;2,3-二氰基对苯二酚;F53-31红丹酚醛防锈漆;铁红酚醛防锈漆;酚醛面漆;沥青底漆;沥青船底防污漆;醇酸面漆;铁红醇酸防锈底漆;建筑涂料;丙烯酸内墙乳胶漆;环氧面漆;铁红环氧底漆;环氧红丹防锈漆;高氯化聚乙烯磁漆;高氯化聚乙烯防腐面漆;高氯化聚乙烯船舶漆;亚光外墙乳胶漆;防腐涂料;HCPE特种带锈防锈防腐漆;毛皮棕NZ;毛皮棕P;毛皮黑DB;毛皮黑D;氯丁橡胶胶黏剂;稳定剂A;热稳定剂;防老剂DNP;防老剂MB

宜兴市高塍助剂厂有限公司

江苏省宜兴市高塍镇人民西路183号[214214]
电话:(0510)87891257;13806150620
传真:(0510)87894161
经济类型:股份合作
网址:www.xunda-group.com
E-mail:xunda@hi2000.com
【主要产品】亲水性硅油;黏合剂;超滑爽氨基硅油

宜兴市光辉包装材料有限公司

江苏省宜兴市周铁镇分水[214262]
电话:(0510)87551919;87555902
传真:(0510)87551347
经济类型:私营企业
网址:www.yxguanghui.com
E-mail:yxgh@yxguanghui.com
【主要产品】软聚氯乙烯薄膜(包装用);聚氯乙烯热收缩膜

宜兴市光辉胶粘剂化工厂

江苏省宜兴市周铁镇分水新达路75号[214262]
电话:(0510)87557691;87557692
传真:(0510)87557919
经济类型:股份合作
网址:www.wxguanghui.com
E-mail:yxkankan@163.com

【主要产品】胶黏剂;空气滤清器用聚氨酯密封胶;封箱热熔胶;热熔胶黏剂;热熔压敏胶;烟用胶黏剂

宜兴市广汇助剂化工有限公司

江苏省宜兴市周铁镇河南村[214262]
电话:(0510)87552092;13606159902
传真:(0510)87555968
网址:www.ghchem.com
E-mail:web@ghchem.com
【主要产品】立德粉;氢氧化钠;氯化钙(无水);氢氧化钾;氢氧化铵;丙酮;盐酸;硫酸;乙醇(无水);甲醛(溶液)

宜兴市恒雷化工助剂有限公司

江苏省宜兴市宜丰镇南[214000]
电话:(0510)87691385;83526660
传真:(0510)87696285
网址:www.yxhenglei.cn
E-mail:wxhenglei@163.com
【主要产品】硝酸铅;氰尿酸铅;富马酸铅;二盐基亚磷酸铅;三盐基硫酸铅;硬脂酸钙;硬脂酸锌

宜兴市宏达塑料化工有限公司

江苏省宜兴市新庄镇兴科路38号[214266]
电话:(0510)87566688;13806155989
传真:(0510)87561375
法人代表:史锡洪
网址:www.hdslhg.com
E-mail:13771375118@e172.com
【主要产品】过氧化甲乙酮;无色促进剂;过氧化苯甲酸特丁酯;引发剂A

宜兴市鸿源化学厂

江苏省宜兴市周铁镇[214261]
电话:(0510)87501879;87508879;13906156584
传真:(0510)87501879
E-mail:hongyu@jshongyu.com.cn
【主要产品】一缩二丙二醇;乙二醇;三乙二醇;1,2-丙二醇

宜兴市华宝化工厂

江苏省宜兴市太华镇振兴路131号[214200]
电话:(0510)87385977;87382866
传真:(0510)87382877
网址:www.hbpaint.com
E-mail:hbhg@hbpaint.com
【主要产品】醇酸树脂;硝基清漆;彩色硝基漆;各色硝基防锈底漆;高级乳胶漆;丝光乳胶漆;高固分聚酯透明底漆;聚氨酯色漆;聚氨酯清漆;聚氨酯固化剂

宜兴市惠兴塑胶有限公司

江苏省宜兴市和桥镇高塍路28号[214211]
电话:(0510)87801908
传真:(0510)87812090
网址:www.china-shuangli.com
E-mail:shuangli@china-shuangli.com
【主要产品】环保PVC塑胶粒;改性PVC粒料;无毒透明硬聚氯乙烯粒料;塑料异型材;橡胶杂品;橡胶型材;化工填料

宜兴市锦程化工有限公司

江苏省宜兴市阳泉西路82号[214200]
电话:(0510)87941102;13301538272
传真:(0510)87941103
供销电话:87941102;13901538272
网址:www.yxjcchem.com
E-mail:lxd@yxjcchem.com
【主要产品】亚硫酸氢钠;三苯基氯甲烷;六甲基二硅氮烷;六甲基二硅烷;六甲基氧二硅烷;聚乙烯醇(17-99型);硅酸钠;碳酸氢钠;氢氧化钙;氧化钙;碳酸钙;二甲基亚砜

宜兴市鲸皇化工厂

江苏省宜兴市鲸塘开发区[214244]
电话:(0510)87687818;87687916;13921389168
传真:(0510)82939159
供销电话:87687818;82939166
网址:www.jh818.com
E-mail:Rwp@jh818.com
【主要产品】柴油稳定剂;柴油低温流动改进剂;汽油抗氧防胶稳定剂;汽油抗爆剂;原油脱盐剂;油品脱色除味剂;加氢精制阻垢剂

宜兴市卡欧化工有限公司

江苏省宜兴市新街镇工业园[214204]
电话:(0510)82936950
传真:(0510)87132001
网址:www.kaouchem.com
E-mail:fqm@kaouchem.com
【主要产品】癸酸钴;环烷酸钴;硬脂酸钴;促进剂M;促进剂NS;橡胶分散剂;橡胶黏结促进剂;活性氧化锌;橡胶塑解剂;橡胶脱模剂

宜兴市凯达氟橡胶密封件有限公司

江苏省宜兴市徐舍镇宜丰仇圩村[214242]
电话:(0510)87693203;13706154081
传真:(0510)87692051
网址:www.yxkdf.com
E-mail:info@yxkdf.com
【主要产品】聚四氟乙烯补偿器;聚四氟乙烯管材;聚四氟乙烯模压制品;防尘盖;氟橡胶制品

宜兴市凯欣化工有限公司

江苏省宜兴市周铁镇分水[214262]
电话:(0510)87551792;87556963
传真:(0510)87551792
经济类型:私营企业
网址:www.kaixinchem.com
E-mail:Lfp@kaixinchem.com
【主要产品】三醋酸甘油酯;1,3-丁二醇二醋酸酯;乙酸丙酯;乙酸戊酯;醋酸异丙酯;醋酸异丁酯;乙二醇丁醚醋酸酯;丙酸乙酯;二醋纤增塑剂

宜兴市康源生物化工有限公司

江苏省宜兴市诸桥工业区惠兴北路6号[214200]
电话:(0510)88568718;88565817
传真:(0510)88568702
网址:www.kybiochem.com
E-mail:wfl@kybiochem.com
【主要产品】D-缬氨酸;L-正缬氨酸;D-正缬氨酸;DL-正缬氨酸;L-丝氨酸;D-丝氨酸;DL-丝氨酸;DL-2-氨基丁酸;L-2-氨基丁酸;D-2-氨基丁酸;DL-3-氨基丁酸;2-氨基异丁酸;3-氨基异丁酸;氟胺氰菊酯;DL-天门冬氨酸;氨酪酸;氨基己酸

宜兴市利达农药厂

江苏省宜兴市分水镇[214262]
电话:(0510)87551550
经济类型:股份合作
【主要产品】溴氰菊酯乳油;氯氰菊酯乳油;氰戊菊酯乳油;高效氯氟氰菊酯乳油;甲氰菊酯乳油;氧乐·高氯乳油;辛·氰乳油;溴·敌乳油

宜兴市燎原化工有限公司

江苏省宜兴市周铁镇湖滨公路[214261]
电话:(0510)87501562;87507213;87508213
传真:(0510)87503371　职工人数:96人
经济类型:有限责任公司
法人代表:冯启明
网址:www.liaoyuanchem.com
E-mail:l.y.chem@public1.wx.js.cn
【主要产品】硫氢化钠;硫氰化钠;硫氰酸钙;硫氰酸铵;硫氰酸钾;硫氰酸亚铜;乙二醇;一缩二乙二醇;三乙二醇;琥珀酸

宜兴市灵谷复合肥有限公司

江苏省宜兴市宜城镇文庄村[214203]
电话:(0510)87121323
传真:(0510)87121323
经济类型:有限责任公司
网址:www.linggu.com.cn/xs4.htm
【主要产品】混配复合肥料

宜兴市绿波水处理化学品有限公司

江苏省宜兴市东山西路66号[214205]
电话:(0510)87975887;13961551989
传真:(0510)87975997
网址:www.lvbo.cn
E-mail:hcf@lvbo.cn;info@lvbo.cn

苏

【主要产品】硫酸亚铁；硫酸镁；三氯化铁；聚丙烯酰胺；高效消泡剂；阻垢分散剂；杀菌灭藻剂；聚合氯化铝；聚合硫酸铁；絮凝剂；ST 絮凝剂；阳离子絮凝剂；高效脱色絮凝剂；阻垢缓蚀剂；不停车化学清洗剂

宜兴市满球化工有限公司

江苏省宜兴市周铁镇彭干村[214261]
电话：(0510)87506118；13382260970
传真：(0510)87508899　职工人数：70 人
固定资产：10,000 千元
供销电话：87502217；13382260970
经济类型：股份合作　法人代表：杭奇东
网址：www.wuzhouchemical.com
E-mail：sales@wuzhouchemical.com
【主要产品】亚磷酸；盐酸；亚磷酸二乙酯；氯乙烷

宜兴市茂达化工有限公司

江苏省宜兴市闸口镇[214216]
电话：(0510)87881007；87886929；13906154702
传真：(0510)87885007
法人代表：邵其新
网址：www.maoda.com.cn
E-mail：maoda@maoda.com.cn
【主要产品】聚酯树脂漆类；聚酯亚胺漆包线漆；改性聚酯漆；聚氨酯漆类

宜兴市南方化工助剂厂

江苏省宜兴市官林镇桂方[214256]
电话：(0510)87251086
传真：(0510)87014507
网址：www.chinachemnet.com/yixinnanfang/index-
E-mail：yzbx@163.net
【主要产品】氢氧化钙；亚硫酸氢钠；氯化钙(无水)；过氧化钙；三氟化硼乙醚溶液；亚磷酸三苯酯

宜兴市屺亭化工厂

江苏省宜兴市屺亭镇[214213]
电话：(0510)87861328；13806158166
传真：(0510)87863586
经济类型：股份合作　职工人数：136 人
法人代表：陈万清
网址：www.qt-chem.com
E-mail：info@qt-chem.com
【主要产品】2,4-噻唑烷二酮；2-氯-5-硝基苯甲酸；4-氯-3-硝基苯甲酸；抗坏血酸棕榈酸酯；L-肌肽；网印黏合剂；有机硅织物柔软剂；亲水性柔软剂；砂洗柔软剂；十二烷基二甲基苄基氯化铵；高温匀染剂 802；交链剂 EH；抗静电剂 SN；分散剂 WA；固色剂 Y；无甲醛固色剂；双氧水漂白稳定剂；洗涤剂 209；净洗剂 105

宜兴市泉龙化工有限公司

江苏省宜兴市化工交易市场三楼[214200]
电话：(0510)87948886
传真：(0510)87948889
产值：30,000 千元　职工人数：210 人
网址：www.yxqlhg.com
E-mail：root@yxqlhg.com
【主要产品】聚丙烯酰胺；有机硅消泡剂；杀菌灭藻剂；聚合氯化铝；高效脱色絮凝剂；聚丙烯酰胺干粉(阳离子型)；聚丙烯酰胺干粉(阴离子型)；聚丙烯酰胺干粉(非离子型)；阻垢缓蚀剂

宜兴市瑞风橡塑助剂有限公司

江苏省宜兴市和桥镇闸口岗南村[214246]
电话：(0510)87886886
传真：(0510)87888100
网址：www.rfchemical.com
E-mail：sales@rfchemical.com
【主要产品】促进剂 CZ；促进剂 CA；促进剂 D；促进剂 DM；促进剂 M；促进剂 NA-22；促进剂 NOBS；促进剂 TETD；促进剂 TMTD；促进剂 ZDC；促进剂 PZ；促进剂 BZ；促进剂 DTDM；促进剂 DOTG；促进剂 TMTM；促进剂 TRA；促进剂 ZMBT；橡胶促进剂 TP；防老剂 MB；防老剂 NBC；抗返原增塑剂

宜兴市赛利化工有限公司

江苏省宜兴市周铁镇南环路东[214261]
电话：(0510)87507778；13801537178
传真：(0510)87507778
经济类型：股份有限公司
产值：3,000 千元　职工人数：100 人
法人代表：徐建良
E-mail：xuhongbing201@sina.com
【主要产品】乙二醇；一缩二乙二醇；三乙二醇；防冻液

宜兴市三洋化工厂

江苏省宜兴市大塍镇[214267]
电话：(0510)87591562
传真：(0510)87594868
经济类型：私营企业
网址：www.qylog.com/15/72296/
【主要产品】1,4-苯二胺

宜兴市申光医药化工有限公司

江苏省宜兴市芳桥镇西[214264]
电话：(0510)87541371；87541303
传真：(0510)87541303
法人代表：蒋中杰
网址：www.shenguang-chem.com
E-mail：shenguang@shenguang-chem.com
【主要产品】水杨酸钠

宜兴市圣德力合成革材料有限公司

江苏省宜兴市沪宜公路南漕镇[214217]
电话：(0510)87851337；13812569659
传真：(0510)87851750
网址：www.yxsdl.com
E-mail：ylp@yxsdl.cn
【主要产品】微晶纤维素

宜兴市石化助剂厂

江苏省宜兴市新街镇[214204]
电话：(0510)87061816
传真：(0510)87132277
经济类型：股份合作
网址：www.yxshzj.com
E-mail：yx-shzj@public1.wx.js.cn
【主要产品】高效脱硫剂；橡胶防焦剂；石油破乳剂；汽、柴、煤、燃油多效清净剂；金属钝化剂；脱钙剂；油浆阻垢剂；加氢裂化阻垢剂

宜兴市石油化学助剂厂

江苏省宜兴市官林镇回图[214251]
电话：(0510)87231188；87231166
传真：(0510)87231188
经济类型：股份合作
网址：www.hylive.com/jiangsu/jiangsu18924.html
【主要产品】磷酸；聚磷酸；五氧化二磷；磷化液

宜兴市双发化工有限公司

江苏省宜兴市巷头西路 243 号[214207]
电话：(0510)87222055；87942126
传真：(0510)87942126
网址：www.yghg.com
E-mail：mjmyixing@21cn.com
【主要产品】过氧化氢；硅酸钠；氟硅酸钠；亚硫酸钠(无水)；磷酸三钠；三聚磷酸钠；磷酸二氢钠；磷酸氢二钠；氢氧化钙；氧化钙；氯化钙(无水)；氯化钙(六水)；碳酸钙；氟硅酸钾；磷酸二氢钾；磷酸氢二钾；三氯化铁；硫酸镍；氟化铵；氟化氢铵；重铬酸铵；磷酸二氢铵；磷酸氢二铵；硫酸铜；苯胺；氢氟酸；二缩三乙二醇；多聚甲醛；有机硅消泡剂

宜兴市苏南石油化工助剂有限公司

江苏省宜兴市官林镇[214256]
电话：(0510)87251393
传真：(0510)87253637　有进出口权
经济类型：私营企业
网址：www.sunanchem.com
E-mail：hxq@hi2000.com
【主要产品】钛酸四丁酯；钛酸四乙酯；钛酸四辛酯；钛酸四异丙酯；钛酸四丙酯；钛酸酯偶联剂

宜兴市太湖尼龙厂

江苏省宜兴市周铁镇[214262]
电话：(0510)87551138；87557558；13906158785
传真：(0510)87556236
职工人数：100 人
网址：www.taihu-nylon.com
E-mail：nylon@21cn.com

【主要产品】聚己内酰胺；增强尼龙 6；尼龙 66；增强尼龙 610；玻璃纤维增强尼龙-1010；共聚尼龙；玻璃纤维增强聚酰胺 66

宜兴市太极化工实业公司

江苏省宜兴市太华镇乾元 393 号[214200]
电话：(0510)87382297；87382300
供销电话：87381657；87381509
供销传真：87383697 法人代表：宗汉平
经济类型：股份合作
网址：www.yxtjhg.com
E-mail：web@yxtjhg.com
【主要产品】硝基漆类；丙烯酸内墙乳胶漆；聚酯木器漆

宜兴市腾蛟化工材料有限公司

江苏省宜兴市闸口镇[214216]
电话：(0510)87886538；87881506
传真：(0510)87886538
法人代表：张伟权
网址：www.yxweiye.com
E-mail：web@yxweiye.com
【主要产品】水溶性环氧树脂（溶剂型 681 型）；水溶性环氧树脂（非溶剂型，682 型）；水溶性树脂；固色剂 G；润湿剂；玻璃纤维浸润剂；乳化剂

宜兴市腾明化工有限公司

江苏省宜兴市新街工业园区[214200]
电话：(0510)87137333；87137711；87135998-858
传真：(0510)87135133
固定资产：60,000 千元
经济类型：股份合作 职工人数：300 人
法人代表：潘小明
网址：www.tengmingchem.com
E-mail：sales@tengmingchem.com
【主要产品】亚磷酸；盐酸；一氯甲烷；酚醛树脂泡沫塑料；聚氨酯硬质泡沫塑料；聚苯乙烯泡沫塑料板材

宜兴市腾星化工有限公司

江苏省宜兴市宜城镇西[214200]
电话：(0510)87112888；13013660777
传真：(0510)87116058
供销电话：87112888；13901530018
法人代表：肖祖坤
网址：www.yxtxhg.com
E-mail：web@yxtxhg.com
【主要产品】聚醋酸乙烯乳液胶黏剂；聚氨酯胶黏剂；黏合剂；拼板胶；有机硅织物柔软剂；有机硅阳离子羟乳；柔软剂 EST；砂洗柔软剂；氨基硅油；蓬松柔软剂；酸性匀染剂；超细纤维匀染剂；十二烷基二甲基苄基氯化铵；棉用匀染剂；亲水型氨基硅油整理剂；有机硅织物整理剂；分散剂 WA；固色剂 Y；无甲醛固色剂；渗透剂 JFC；涂料浆 A；防油防水整理剂；洗涤剂 209；精炼剂；退浆剂；螯合分散剂；阻燃剂；高效消泡剂；交链剂

宜兴市天娇净水剂有限公司

江苏省宜兴市屺亭镇[214213]
电话：(0510)87861211；13806153824
传真：(0510)87869638
网址：www.yudachem.com.cn
E-mail：web@yudachem.com.cn
【主要产品】氢氧化钙；硫酸亚铁；硫酸铝；聚合氯化铝；聚丙烯酰胺干粉（阳离子型）；硅酸铝耐火纤维制品

宜兴市通达化学有限公司

江苏省宜兴市分水镇[214262]
电话：(0510)87551127；87551228
传真：(0510)87552143
经济类型：私营企业
网址：www.cmcyuanyuan.com
E-mail：tongda@yycmc.com
【主要产品】羧甲基纤维素钠（食品级）；三聚甘油单硬脂酸酯；羧甲基纤维素钠

宜兴市万达富工业设备有限公司

江苏省宜兴市周铁镇[214261]
电话：(0510)87501780；87501793；87501188
传真：(0510)87501793；87502889
法人代表：潘正寅
网址：www.wandafu.cn
E-mail：Sales@wandafu.cn；Han@wandafu.cn
【主要产品】玻璃钢冷却塔；储罐

宜兴市威之信化工有限公司

江苏省宜兴市闸口镇西[214216]
电话：(0510)87888356；87881157；13806152031
传真：(0510)87888356；87881157
网址：www.wzxchemical.com
E-mail：mxc@wzxchemical.com
【主要产品】2-氯乙醇；酚醛树脂；酚醛树脂（FFD-302）；自硬型酚醛树脂；热芯盒酚醛树脂；糠醇树脂；塑料编织袋；醇基涂料；酚醛型聚氨酯黏结剂

宜兴市卫星化工有限公司

江苏省宜兴市化工交易市场 8336-8337[214207]
电话：(0510)87934840；82090301
传真：(0510)87942302
网址：www.yxxlchem.com
E-mail：xl@yxxlchem.com
【主要产品】亚硫酸氢钠；碳酸钙；碳酸铵；氯化钠；氢氧化钙

宜兴市新光合成革有限公司

江苏省宜兴市环科园南岳路 158 号[214205]
电话：(0510)87068300；87068399
经济类型：私营企业
网址：www.xgcc.com
E-mail：xghcg@vip.163.com
【主要产品】聚氨酯合成革

宜兴市兴达催化剂厂

江苏省宜兴市宜浦路[214226]
电话：(0510)87451038
传真：(0510)87455258 职工人数：50 人
经济类型：股份合作 法人代表：陈洪兴
网址：www.xinda.cc
E-mail：web@xinda.cc
【主要产品】高效脱硫剂；高效复合脱硫剂；金属钝化剂；双金属钝化剂；油浆阻垢剂

宜兴市兴科橡塑制品有限公司

江苏省宜兴市新庄镇兴科路[214266]
电话：(0510)87561136
传真：(0510)87566188
网址：www.yxlh.com
E-mail：smq@yxlh.com
【主要产品】三元乙丙密封条；密封阻尼胶；橡胶密封制品

宜兴市兴宁化工科技有限公司

江苏省宜兴市化学工业园长青路 2 号[214213]
电话：(0510)87868890
传真：(0510)87860082
网址：www.xingningchem.com
E-mail：xn@xnchemical.com
【主要产品】*N*，*N*-二甲基苯胺；防老剂 RD

宜兴市星石纺织助剂有限公司

江苏省宜兴市闸口楝树工业开发区[214216]
电话：(0510)87881660；13606157593
传真：(0510)87888660
网址：www.xsfzzj.com
E-mail：web@xsfzzj.com
【主要产品】涂料印花色浆；自交联印花黏合剂；柔软剂；双氨基硅油；无甲醛固色剂；双氧水漂白稳定剂；高效精炼剂；修色剂；高效消泡剂；净洗剂 105

宜兴市阳生化工有限公司

江苏省宜兴市张渚镇西山岗[214231]
电话：(0510)87931362；87301362
传真：(0510)87301362 经济类型：集体
【主要产品】岩石乳化炸药；岩石铵锑炸药 2 号

宜兴市益农化工厂

江苏省宜兴市新芳镇新城路 9 号[214254]
电话：(0510)87261318
传真：(0510)87261328
经济类型：股份合作 法人代表：涂学明
网址：www.yixing.gov.cn/qyzc/jjzc/yinong
E-mail：ybnh@public1.wx.js.cn
【主要产品】增效溴氰菊酯乳油；41% 草甘膦异丙胺盐水剂；二氯喹啉酸可湿性粉剂；多·福·酮可湿性粉剂；丙·

苏

辛乳油；噻·杀单可湿性粉剂；井·噻·杀单可湿性粉剂；杀·井可湿性粉剂；二氯·苄可湿性粉剂

宜兴市永加化工有限公司

江苏省宜兴市周铁镇东湖村[214200]
电话：(0510)87556655；87551216
传真：(0510)87551655　　有进出口权
法人代表：周永芳
网址：www.yjchemicals.com
E-mail：sales@yjchemicals.com
【主要产品】三醋酸甘油酯；乙酸丙酯；醋酸异辛酯；醋酸异丙酯；乙二醇丁醚醋酸酯；丙酸丙酯；丙酸乙酯；二醋纤增塑剂

苏

宜兴市有机化工四厂

江苏省宜兴市西渚镇元上振元南路[214237]
电话：(0510)87361202；87362203
传真：(0510)87361202
经济类型：股份合作　法人代表：陈英杰
网址：www.hylive.com/jiangsu/jiangsu12377.html
【主要产品】亚磷酸

宜兴市远东化工有限公司

江苏省宜兴市范道镇远东路[214200]
电话：(0510)87241187
传真：(0510)87246077　职工人数：80人
经济类型：股份合作
网址：www.ydhgc.com
E-mail：yuanhua@public1.wx.js.cn
【主要产品】糠醇树脂；铸造用呋喃树脂；铁红酚醛防锈漆；醇酸面漆；金属油罐抗静电防腐涂料；各色丙烯酸氯化橡胶防腐漆；内外墙乳胶漆；环氧富锌底漆；各色无溶剂环氧地坪漆；聚氨酯防潮面漆；聚氨酯铁红防锈漆；聚氨酯耐热防腐涂料；各色聚氨酯环氧防腐漆；高氯化聚乙烯磁漆；高氯化聚乙烯防腐面漆；氯磺化聚乙烯铁红防锈漆；氯磺化聚乙烯云铁防锈漆；高氯化聚乙烯中涂漆；高氯化聚乙烯厚浆型防锈漆；膨胀装饰型防火涂料；膨胀型钢结构防火涂料；铸造涂料；耐磨地坪涂料；砂型黏结剂；铸造树脂用磺酸固化剂；脱模剂

宜兴市月盛助剂有限公司

江苏省宜兴市渎边公路16.5公里处[214263]
电话：(0510)87571187
传真：(0510)87577188
经济类型：股份合作　法人代表：欧定良
网址：www.yx-yuesheng.com
E-mail：yuesheng@yx-yuesheng.com
【主要产品】酵母浸膏；防锈油；金属加工液用杀菌剂；水基防锈剂；金属清洗剂；高速精密磨削液；切削油；合成切削液

宜兴市振华造漆厂

江苏省无锡市新建工业区庄林镇[214200]
电话：(0510)87281991；87286938
传真：(0510)87286299
网址：wuxi.eastday.com/e/x20041230zhenhua/
E-mail：zmwg630@sohu.com
【主要产品】铁红醇酸底漆；各色醇酸磁漆；氨基烘干清漆；各色氨基烘干磁漆；汽车漆；过氯乙烯防腐涂料；各色丙烯酸磁漆；环氧富锌防锈防腐涂料；环氧烘干防锈底漆；聚氨酯耐磨清漆；各色聚氨酯磁漆

宜兴市中港精细化工有限公司

江苏省宜兴市湖㳇镇城泽村[214223]
电话：(0510)87470487；87479185
传真：(0510)87479300
经济类型：私营企业
网址：www.zhgchem.com
E-mail：zhg@zhgchem.com
【主要产品】丁醛；异戊醛；异丁醛；4-羟基-4-甲基-2-戊酮；2-戊醇；3-戊醇；2-庚醇；二异丙基甲醇；丁醚；丁酸；异丁酸；异戊酸；丁酸丁酯；丙酸丙酯；异丁酸异丁酯；甲基异丙基酮；二异丙基酮；苯丙酮；苯基丙酮；环戊酮；仲辛酮；3-戊酮；2-壬酮；2-十一酮；6-十一酮；2-己酮；2-庚酮；3-庚酮；4-庚酮；2,6-二甲基-4-庚酮；5-壬酮；异戊醚；异戊酸异戊酯；2,2,4-三甲基-1,3-戊二醇双异丁酸酯；醇酯-12

宜兴市中天助剂有限公司

江苏省宜兴市丁山三洞桥村[214221]
电话：(0510)87437800；87434809
传真：(0510)87435406
法人代表：王玉林
网址：www.yxztzj.com
E-mail：wyl@yxztzj.com
【主要产品】丙三醇

宜兴市中宇药化技术有限公司

江苏省宜兴市鲸塘镇工业园区[214244]
电话：(0510)87688158；87688101；87688002
传真：(0510)87686999　　有进出口权
固定资产：10,000千元　职工人数：50人
经济类型：有限责任公司
产值：30,000千元　　法人代表：丁友旺
销售收入：30,000千元
网址：www.zypharmchem.com
E-mail：sjpingshi@hotmail.com
【主要产品】5,6-二羟基吲哚啉；6-氟吲哚；4-氟吲哚；5-氟吲哚；6-氯吲哚；4-硝基吲哚；4-甲氧基吲哚；5-甲氧基吲哚；6-甲氧基吲哚；7-甲氧基吲哚；4-氰基吲哚；5-氰基吲哚；4-苄氧基吲哚；5-苄氧基吲哚；6-苄氧基吲哚；7-苄氧基吲哚；4-羟基吲哚；6-羟基吲哚；7-羟基吲哚；4-氨基吲哚；6-氨基吲哚；4-氮杂吲哚；5-氮杂吲哚；4-溴吲哚；3-吲哚乙腈；5-苄氧基-3-吲哚乙腈；5-苄氧基-3-吲哚甲醛；吲哚啉-2-羧酸；吲哚-6-羧酸；3-吲哚丙烯酸；2-氧环戊基甲酸乙酯；吲哚-4-羧酸甲酯；吲哚-5-甲酸甲酯；吲哚-7-甲酸甲酯；吲哚-6-甲酸甲酯；5-氯吲哚-2-羧酸乙酯；4-硝基-1-萘酚；吲哚-5-羧酸；5-氯吲哚-2-酮；6-氯-1,3-二氢吲哚-2-酮；4-异丙基甲苯；*N*,*S*-二丙酰基半胱胺；γ-氯代乙酰乙酸乙酯；1-羟基苯并三氮唑；吲哚-6-甲醛；吲哚-5-甲醛；吲哚-4-甲醛；对甲苯肼盐酸盐；2,3,3-三甲基-4,5-苯并吲哚；4-氯吲哚；5-羟基吲哚；5-氯吲哚；4-甲基吲哚；6-甲基吲哚；5-甲基吲哚；2,3,3-三甲基吲哚；7-乙基吲哚；三溴甲基苯砜；那格列奈；盐酸洛美利嗪

宜兴新兴锆业有限公司

江苏省宜兴市徐舍镇[214241]
电话：(0510)87601891；87601195；87602822
传真：(0510)87601541　　有进出口权
供销电话：87089586；13616157194
经济类型：私营企业　法人代表：杨新民
产值：120,000千元　职工人数：1,200人
网址：www.asiazirconium.com
E-mail：xjh71@hotmail.com
【主要产品】氢氧化锆；硫酸锆；氧氯化锆；碳酸锆；锆氟酸钾；氟锆酸铵；氟化锆；硅酸锆；二氧化锆；氧化锆(纳米)

宜兴兴农化工制品有限公司

江苏省宜兴市万石镇漕南[214217]
电话：(0510)87851001
传真：(0510)87851537
经济类型：与港澳台商合资经营
【主要产品】高渗哒螨灵乳油；高渗氧乐果乳油；高渗三唑磷乳油；溴氰菊酯乳油；增效溴氰菊酯乳油；氯氰菊酯乳油；高效氯氰菊酯乳油；氰戊菊酯乳油；高效氯氟氰菊酯乳油；甲氰菊酯乳油；毒死蜱乳油；甲基硫菌灵可湿性粉剂；百菌清可湿性粉剂；25%咪鲜胺乳油；松脂酸铜；41%草甘膦异丙胺盐水剂；百草枯水剂；20%吗啉胍·乙铜可湿性粉剂；甲霜·锰锌可湿性粉剂；辛·氰乳油；哒·螨醇乳油；吡·井·杀单可湿性粉剂；吡·灭可湿性粉剂；柴油·哒乳油；敌畏·毒乳油；阿维·高氯微乳剂；辛·阿乳油；吡·高氯乳油；辛·唑磷乳油；噻·氧乐乳油；噻·杀扑乳油；苏云金杆菌可湿性粉剂

张家港科悦精细化工有限公司

江苏省张家港市城东经济开发区[214432]
电话：(0510)86023601；86022903；83932259
传真：(0510)86023618
供销电话：58951035；13606198598
法人代表：杨玉娟
网址：www.keyuepvp.com
E-mail：yyj@keyuepvp.com

【主要产品】聚乙烯吡咯烷酮

中农新肥科技股份有限公司

江苏省无锡市惠山区(玉祁镇)堰玉路120号[214183]
电话:(0510)83886047;83880017;83889633
传真:(0510)83887889;83889574
经济类型:股份有限公司
法人代表:金锡生
网址:www.sateli.com
E-mail:f-east@public1.wx.js.cn
【主要产品】过磷酸钙;复合肥;BB肥;OA活化有机肥

中油销售江苏有限公司兴能沥青厂

江苏省江阴市滨江开发区[214429]
电话:(0510)86192407;86192404;86191151
传真:(0510)86192404;86191491
供销电话:86191152
网址:www.cpsc-js.com
E-mail:webmaster@cpsc-js.com
【主要产品】改质沥青;乳化沥青;重交沥青

苏州市

艾利(昆山)有限公司

江苏省昆山市开发区耀宁路9号[215335]
电话:(0512)57716198
传真:(0512)57716816
经济类型:外商独资
【主要产品】不干胶

爱普科精细化工(苏州)有限公司

江苏省苏州市华山路148号[215011]
电话:(0512)66653210-311
传真:(0512)66653510
网址:www.apco-cn.com
【主要产品】聚氯乙烯粒料

保利时化工(昆山)有限公司

江苏省昆山市石牌镇北[215312]
电话:(0512)57681229
传真:(0512)57681229
供销电话:57681133;57681229
供销传真:57681133
经济类型:外商独资
【主要产品】硫酸二甲酯;一硝基甲烷

滨海县明昇化工厂

江苏省盐城市沿海化工园区[224500]
电话:(0512)63378238;63371201
传真:(0512)63372127 有进出口权
经济类型:私营企业 法人代表:王昌明
网址:www.minsie.com
E-mail:minsie@163.com
【主要产品】钛酸锶;纳米级钛酸锶;钛酸钡;纳米级钛酸钡;α-氟萘;4-甲基苯胺;4-氯苯胺;邻氯苯胺盐酸盐;2-氯苯胺;3-氯苯胺;邻苯二甲酰亚胺;3,3′-二氯-4,4′-二氨基二苯基甲烷

彩之源化学有限公司

江苏省昆山市江浦路68号[215300]
电话:(0512)57515288
传真:(0512)57515287
网址:www.chdye.com
E-mail:info@chdye.com
【主要产品】溶剂黄R;透明黄PS;溶剂红KL;溶剂橙GR;荧光黄YJP-1;荧光红5B;荧光橙GG;透明红HRR;透明红EG;透明红BR;透明橙3G;透明橙G;透明黄3G;透明黄2G;透明紫B;透明紫3R;金属络合染料

常进化工(苏州)有限公司

江苏省苏州市吴中区鸿达路21号[215128]
电话:(0512)65010921;65014639
传真:(0512)65012647
法人代表:李恩喜
网址:www.sangjin.com.cn
【主要产品】防水涂料;地坪涂料;工业用特种胶

常熟华港制药有限公司

江苏省常熟市尚湖镇冶塘[215554]
电话:(0512)52401338;52401336
传真:(0512)52401333
固定资产:50,000千元
供销电话:52401515 职工人数:600人
经济类型:中外合资经营企业
法人代表:戴忠明
网址:www.huagang-pharm.com
E-mail:info@huagang-pharm.com
【主要产品】2-氨基-6-羟基嘌呤;4-氨基苯酚;对氨基苯甲酰谷氨酸;对乙酰氨基酚

常熟华益化工有限公司

江苏省常熟市莫城镇南[215556]
电话:(0512)52451179;52491118;52491778
传真:(0512)52451806
职工人数:290人
网址:www.huayichemical.com
E-mail:sales@huayichemical.com
【主要产品】苯并咪唑;5-溴吲哚;5-氨基间苯二甲酸二甲酯;1,4-二羟基-2-萘甲酸苯酯;2,5-二乙氧基苯胺;3-氰基苯肼盐酸盐;3-氨基-4-氰基吡唑;间氨基-*N*-苯甲酰苯胺;3-氨基-4-甲氧基苯甲酸;4-甲氧基-2-甲基苯胺;5-乙酰乙酰氨基苯并咪唑酮;5-氨基苯并咪唑酮;2-(4-氯-3-氨基苯甲酰)苯甲酸;4-甲酰氨基乙酰乙酰苯胺;对氯邻甲基乙酰乙酰苯胺;间氨基苯腈;色酚系列

常熟积源祥化纤有限公司

江苏省常熟市虞山工业园一区联合路合丰[215500]
电话:(0512)52857049;52841289;52859643
传真:(0512)52858544 法人代表:凌敏
经济类型:与港澳台商合资经营
网址:www.csjyx.com/index.html
E-mail:sdy@cs-jyx.com
【主要产品】涤纶工业丝

常熟金柏医化制品有限公司(金申医化合资公司)

江苏省常熟市王庄镇冶塘西街[215500]
电话:(0512)52400535;52400340
传真:(0512)52875167
供销电话:52400340;52400526
供销传真:52400340
经济类型:股份合作
网址:www.sulfadoxine.com
E-mail:csjsmc@sulphadoxine.com
【主要产品】磺胺邻二甲氧嘧啶

常熟三爱富氟化工有限责任公司

江苏省常熟市福山镇[215522]
电话:(0512)52621243;52621108;52621673
传真:(0512)52621243;52621673
供销电话:52620973;52629108
供销传真:52625346 有进出口权
网址:www.3fluorine.com
E-mail:fff@3fluorine.com
【主要产品】无水氟化氢;1,1-二氟乙烷;1-氟-1,1-二氯乙烷;二氟甲烷;三氟乙烷;三氟氯乙烯;1,1,1-三氯乙烷;六氯乙烷;七氟丙烷;氟利昂-11;氟利昂-113;1,1-二氯-2,2,2-三氟乙烷;氟利昂-12;氟利昂-142;氟利昂-22;氟制冷剂R502;1-氯-1,2,2,2-四氟乙烷;五氟乙烷;五氟氯乙烷

常熟市长江精细化工厂

江苏省常熟市海虞镇[215517]
电话:(0512)52595728
传真:(0512)52598728
网址:www.changjiang-cs.com
E-mail:webmaster@changjiang-cs.com
【主要产品】1,1,2,2-四氯乙烷;1,1,1-三氯乙烷;1,1,2-三氯乙烷;三氯乙烯;六氯乙烷;五氯乙烷;四氯乙烯;牛磺酸

常熟市东湖化工有限公司

江苏省常熟市东南开发区银环路[215558]
电话:(0512)52837205;52839790;13906237978
传真:(0512)52831805
网址:www.dh-chem.com
E-mail:qxs@dh-chem.com;dh@dh-chem.com
【主要产品】常温高效金属清洗剂;脱脂

清洗剂

常熟市杜威化工有限公司

江苏省常熟市王市镇中心街 56 号［215519］
电话：(0512)52561103
传真：(0512)52561103　经济类型：集体
职工人数：20 人　法人代表：潘国平
【主要产品】糠醇树脂

常熟市蜂蚁化工综合厂

江苏省常熟市大义镇立新路［215557］
电话：(0512)52391436
传真：(0512)52398632
网址：www. cc4v. com/co. aspx? id =7433
E-mail：shsdinfo@ sz. jsinfo. net
【主要产品】2-氨基-6-羟基嘌呤；4-氨基苯酚

苏

常熟市芙蓉化工有限公司

江苏省常熟市白茆镇西［215532］
电话：(0512)52531132；13506240255
传真：(0512)52531011
网址：www. furong-chem. com
E-mail：fr@ furong-chem. com
【主要产品】β-萘甲醚；β-萘乙醚；3-甲基-3-苯基缩水甘油酸乙酯

常熟市辐照技术应用厂

江苏省常熟市大义镇［215557］
电话：(0512)52393888；52391625
传真：(0512)52391223
经济类型：股份合作　法人代表：陆建青
网址：www. kg. com. cn
E-mail：kg@ kg. com. cn；jscsfzc@ china. com
【主要产品】低温涂料印花黏合剂；高温涂料印花黏合剂；无甲醛免烫整理剂；增稠剂；涂料印花增稠剂；染料印花合成增稠剂；涂料印花黏合剂

常熟市工业胶辊有限公司

江苏省常熟市沙家浜镇三堂址 121 号［215554］
电话：(0512)52571528；52571536
传真：(0512)52575528
网址：www. shuijin. com
【主要产品】尼龙辊；胶辊；印刷胶辊；印染胶辊；印铁胶辊；聚氨酯胶辊；硅橡胶辊；三元乙丙胶辊

常熟市海虞橡胶有限公司

江苏省常熟市海虞工业园二区常浒公路陈塘站［215517］
电话：(0512)52599881-805；51768850
传真：(0512)52599658
供销电话：52599881-809
网址：www. hyrp. com
E-mail：master@ hyrp. com；mxj@ hyrp. com
【主要产品】丁苯橡胶；氯丁橡胶；三元乙丙橡胶；异戊橡胶；丁基橡胶；天然橡胶

常熟市虹盛石油化工有限公司

江苏省常熟市森泉镇大虹桥堍［215515］
电话：(0512)52371586；52371549
传真：(0512)52371438
网址：www. cssh2. com
【主要产品】煤油；溶剂油 200 号；溶剂油

常熟市沪联助剂有限责任公司

江苏省常熟市杨园镇［215562］
电话：(0512)52471350
传真：(0512)52471342　职工人数：60 人
供销电话：52471342
经济类型：有限责任公司
【主要产品】1,2-二氯乙烷；1,3-二氯丙烷；2-氯丙烷；1,2-二氯丙烷；乙烯利

常熟市江南胶带有限公司

江苏省常熟市支塘镇双黄路 18 号［215531］
电话：(0512)52512288；52512218；13906231406
传真：(0512)52512636　职工人数：54 人
网址：www. jntape. com
E-mail：jntape@ pub. sz. jsinfo. net
【主要产品】双面胶带；美纹胶带；电器胶带；阻燃胶带；胶黏带；布基胶带

常熟市杰扬塑料助剂厂

江苏省常熟市王庄工业园［215500］
电话：(0512)52438676；13706160309
传真：(0512)52438656
网址：www. cnjieyang. com
E-mail：wjb@ cnjieyang. com
【主要产品】聚乙烯蜡；氧化聚乙烯蜡；无尘复合铅盐稳定剂；高分子复合酯；亚乙基双硬脂酰胺

常熟市金城化工有限公司

江苏省常熟市董浜镇［215500］
电话：(0512)52513636；52559292；13506239196
传真：(0512)52554588
经济类型：集体
供销电话：52559191；52512918
有进出口权
法人代表：陆昌元
网址：www. jchg. com；www. chchin. com/hgwz
E-mail：info@ jchg. com；jchg@ public. sz. js. cn
【主要产品】盐酸；明矾；亚磷酸二氢钾；磷酸氢钙；碱式碳酸铜；过氧化钙；过氧化叔丁醇；二苄醚；α-酮戊二酸；无水肌酸；肌酸一水化物；三氯化苄；肌氨酸钠；苯甲酰氯；苯甲醇；1,1,3-三甲基环己烷；过碳酰胺；胍基丙酸；胍基乙酸；牛磺酸；替加氟；羟基脲；肌酸酐；三肌酸苹果酸；2-脱氧-D-葡萄糖；三肌酸柠檬酸；硫化剂双 25；过氧化苯甲酰；过氧化苯甲酸特丁酯；引发剂 CP-10；引发剂 PV；引发剂 A；引发剂 DP275B；引发剂 OT

常熟市金三角精细化工有限公司

江苏省常熟市王市镇府前路 8 号［215519］
电话：(0512)52561186
传真：(0512)52561800　经济类型：集体
产值：5,000 千元　职工人数：30 人
法人代表：杜宗喜
【主要产品】戊二酸二仲辛酯

常熟市锦纶切片有限公司

江苏省常熟市梅李镇赵市西［215518］
电话：(0512)52381055；52387655
传真：(0512)52381055
经济类型：私营企业
网址：www. cn-weisili. com
E-mail：webmaster@ cn-weisili. com
【主要产品】尼龙 6 切片

常熟市精细化工厂

江苏省常熟市唐市镇西首中环路 5 号［215542］
电话：(0512)52571273；52571635；52578471
传真：(0512)52571471　经济类型：集体
职工人数：120 人　法人代表：周巧生
网址：www. hy-chem. com
E-mail：zhw@ hy-chem. com；master@ hy-chem. com
【主要产品】1,4-苯二胺；1,3-苯二胺；丙烯酸压敏胶黏剂；脲醛树脂胶

常熟市利民精细化工厂

江苏省常熟市新港镇太平桥村［215536］
电话：(0512)52656282
经济类型：私营企业　职工人数：28 人
【主要产品】氯气(液)

常熟市农药厂有限公司

江苏省常熟市莫城镇南［215556］
电话：(0512)52451166；52452768
传真：(0512)52451508
经济类型：有限责任公司
法人代表：徐俊良
网址：www. wapai. com
E-mail：hangmeinonghua@163. com
【主要产品】草甘膦；41% 草甘膦异丙胺盐水剂；草甘膦(10% 铵盐水剂)；乙烯利；40% 乙烯利水剂；甲哌鎓；甲哌鎓水剂

常熟市染料化工厂

江苏省常熟市谢桥镇汤桥［215523］
电话：(0512)52611199；52611198
传真：(0512)52611190；52619599
经济类型：集体　有进出口权
职工人数：170 人　法人代表：沈永祥
网址：www. jydyes. com
E-mail：qiangjian16@ hotmail. com

【主要产品】酸性嫩黄 G;酸性嫩黄 2G;酸性橙Ⅱ;酸性红 3B;酸性红 G;酸性红 FRL;酸性大红 RS;酸性大红 3R;酸性红 A;酸性红 B;酸性玫瑰红 B;酸性品红 6B;弱酸性蓝 AS;酸性绿 P-3B;酸性绿 VS;酸性粒子元;弱酸嫩黄 G;弱酸艳红 B;弱酸酱红 5BL;弱酸艳蓝 RAW;弱酸性深蓝 GR;弱酸深蓝 5R;弱酸性深蓝 R;弱酸性红棕 V;弱酸性黑 BR;弱酸大红 FG;酸性朱红 MOO;中性枣红 D-BN;中性深蓝 2BL;中性黑 BGL

常熟市上海飞奥压力容器制造有限公司

江苏省常熟市白茆工业开发区[215532]
电话:(0512)52531234;52539385
传真:(0512)52531135
供销传真:52531234
经济类型:股份合作
网址:www.yao-ji.cn
E-mail:sale@yao-ji.cn;
tjl@yao-ji.cn
【主要产品】反应釜;真空减压浓缩罐;列管式冷凝器;真空箱式干燥器;酒精回收塔

常熟市水处理助剂厂

江苏省常熟市白茆镇童王村[215532]
电话:(0512)52536888
传真:(0512)52301327 经济类型:集体
职工人数:71 人
网址:sclzj.com
E-mail:webmaster@sclzj.com
【主要产品】阻垢分散剂;阻垢缓蚀剂;缓蚀剂;阻垢剂

常熟市唐市精细医药化工厂

江苏省常熟市唐市镇张湖村[215542]
电话:(0512)52572132;52576131;13806239783
传真:(0512)52579251
网址:www.lb-chem.com
E-mail:zlb@lb-chem.com
【主要产品】二甲基苄基甲醇;1-叔丁基-3,5-二甲基苯;乙酸二甲基苄基原酯;酮麝香;丁酸二甲基苄基原酯

常熟市向阳橡塑助剂有限公司

江苏省常熟市王庄镇俞巷[215554]
电话:(0512)52409085;13328022656
传真:(0512)52409086
供销电话:52409085;13806234985
网址:www.cs-cpp.com
E-mail:info@cs-cpp.com
【主要产品】氯化乙烯-醋酸乙烯共聚物;氯化聚丙烯

常熟市辛庄吉祥助剂有限公司

江苏省常熟市辛庄镇南湖农场老化工区[215562]
电话:(0512)52422788;13606238666
传真:(0512)52422996 职工人数:60 人
经济类型:私营企业
网址:www.csjixiangchem.com
E-mail:lby@csjixiangchem.com
【主要产品】氟硅酸;氟硼酸;锆氟酸;氯化钾;氯化锂(无水);磷酸氢二钠(无水);磷酸铝;氟硼酸钾;氟硼酸钠;氟硼酸铵;硼酐;四硼酸钾;氟化钠;氟化钙;氟化钾;氟化铵;氟化铝;氟氢化钠;氟氢化钾;氟氢化铵;氟硅酸钠;氟硅酸钾;氟铝酸钠;氟铝酸钾;四氟铝酸钾;锆氟酸钾;氟钛酸钾;氟钛酸;氟化氢;氯化钠;白炭黑

常熟市新华化工有限公司

江苏省常熟市海虞镇[215522]
电话:(0512)52320515
传真:(0512)52320513
经济类型:私营企业 职工人数:500 人
法人代表:陶惠平
网址:www.pvdf.cn
E-mail:jinfei@pvdf.cn
【主要产品】聚偏氟乙烯树脂;氟橡胶-26

常熟市新腾化工有限公司

江苏省常熟市福山化工开发区[215524]
电话:(0512)52322228;52322220;13601572088
传真:(0512)52322229
网址:www.xinteng-chem.com
E-mail:xinteng-chem@vip.sina.com
【主要产品】3,5-二甲基吡唑;3-硝基-4-甲氧基苯甲醛;9-蒽甲醇;3,5-二氨基苯甲酸;3,4-二氨基苯甲酸;3-甲基-4-氨基苯甲酸;3-氨基-4-甲基苯甲酸;5-氨基间苯二甲酸;*N*-CBZ-*S*-苯基-L-半胱氨酸;2,4,6-三甲基苯甲酸;3-氨基-2-甲基苯甲酸乙酯;对乙氧基苯甲酸乙酯;间苯二甲酸二甲酯;5-氨基间苯二甲酸二甲酯;5-硝基间苯二甲酸;3-硝基邻苯二甲酸;5-硝基吲唑;5-硝基邻甲酚;4-溴-2,6-二甲基苯胺;3-氯丙胺盐酸盐;4-氟-2-碘苯胺;2-氟-4-碘苯胺;对叔丁基苯肼盐酸盐;均三甲苯磺酸钠;间苯二甲酸二甲酯-5-磺酸钠;5-羧基苯并三氮唑;2-甲基-3-硝基苯甲酸;氨基硫脲;3-氨基-4-甲氧基苯磺酸;5-硝基间苯二甲酸二甲酯;2-(4-氯-3-氨基苯甲酰)苯甲酸;4-硝基苯肼;4-甲氧基苯肼盐酸盐;2,6-二甲基苯肼盐酸盐;对异丙基苯肼盐酸盐;对氯苯肼盐酸盐;对甲苯肼盐酸盐;间苯二甲酸-5-磺酸钠;氨基胍硝酸盐;5-氨基-2-甲基苯酚;4-氨基苯甲醚-3-磺酸;对氟苯肼盐酸盐;对羧基苯肼盐酸盐;邻羧基苯肼盐酸盐;4-乙酰氨基-2-氨基苯磺酸;可溶性还原蓝 IBC;乙酰丙酮铝

常熟市颜料化工厂有限公司

江苏省常熟市莫城镇建桥村[215556]
电话:(0512)52451205;52452176;52457937
传真:(0512)52451788
经济类型:股份合作
网址:www.cs-pigment.com
E-mail:co-star@public1.sz.js.cn
【主要产品】酞菁蓝 B;酞菁绿 G;酞菁绿 GB;汉沙黄 G;耐晒黄 GR;耐晒黄 S3G;耐晒黄 RX;汉沙黄 10G;永固黄 G;永固黄 GG;永固黄 GT;永固黄 GRC;永固黄 RN;联苯胺黄 HR;联苯胺黄 G;联苯胺黄 GT;永固橘黄 G;永固橙 RN;永固橙 RL;耐晒艳红 BBC;永固红 FGR;耐晒大红 BBN;耐晒大红 BBS;3117 耐晒亮红 N;金光红;金光红 CN;永固红 F4R;永固红 FBB;永固紫红 ER;坚固红青莲 BF;立索尔宝红 6B;甲苯胺红;永固紫 RL;颜料大红 R;坚固玫瑰红

常熟市药用辅料有限公司

江苏省常熟市王庄镇北[215553]
电话:(0512)52431062;52436988
传真:(0512)52437778
法人代表:周仁宇
网址:www.meixing-cn.com
E-mail:meixing@hyrp.com
【主要产品】微晶纤维素(药用)

常熟市医药原料厂

江苏省常熟市支塘镇窑镇村[215531]
电话:(0512)52551940;52553159;13906235576
传真:(0512)52553578 经济类型:集体
网址:www.china-csp.com
【主要产品】*N*-氰基-*N*-[2-(5-甲基咪唑-4-甲硫)乙基]-*S*-甲基异硫脲;氨乙基硫醚;半胱胺盐酸盐;氰亚氨基二硫代碳酸二甲酯;磷酸哌嗪;枸橼酸哌嗪;左旋咪唑碱;氯氰碘柳胺;西咪替丁;雷尼替丁;雷尼替丁碱;法莫替丁

常熟市益康化工有限公司

江苏省常熟市新港镇溪东路88号[215500]
电话:(0512)52292580
传真:(0512)52292580 经济类型:集体
网址:www.csyikang.com
E-mail:5188@yikang.com
【主要产品】6,8-二氯辛酸乙酯;3,4-二甲氧基苯乙胺;2,5-二甲氧基苯乙胺;亚氨基二苄;卡马西平;硫辛酸

常熟市虞南复合肥有限公司

江苏省常熟市辛庄镇东荡村[215555]
电话:(0512)52481237
传真:(0512)52481237 职工人数:80 人
供销电话:52481832 法人代表:陶根发
经济类型:股份合作
【主要产品】氮磷钾三元复混肥

常熟市育新化工有限公司

苏

江苏省常熟市王庄镇(冶塘)工业区北侧[215553]
电话:(0512)52820555;52406828;13806235296
传真:(0512)52406858
供销电话:13611959657
法人代表:吴妙金
网址:www. csyuxin. com
E-mail:yuxin@ csyuxin. com
【主要产品】4-甲苯磺酸;6,8-二氯辛酸乙酯;4-甲苯磺酸钠;硫辛酸

常熟市制药化工机械总厂有限公司

江苏省常熟市南三环路斜桥[215556]
电话:(0512)52451184,13901570986
传真:(0512)52451999
固定资产:1,751 千元 职工人数:140 人
经济类型:私营企业 法人代表:王坤金
网址:clyj. china315. com; www. chunlaijixie. com
E-mail:chunlai@ chunlai. cn
【主要产品】化工设备;反应釜;发酵罐;外循环蒸发器;薄膜蒸发器;真空精馏罐(减压精馏罐);双效浓缩器;球形浓缩罐;压滤机;水喷射真空泵;酒精回收塔;多功能提取罐

常熟市中杰化工有限公司

江苏省常熟市大义镇新胜村[215557]
电话:(0512)52396518;58831060;13606227535
传真:(0512)52395618
固定资产:5,000 千元 职工人数:100 人
供销电话:13506221293
法人代表:戴祥保
网址:www. zhjchem. com
E-mail:zhj@ zhjchem. com
【主要产品】四氯化硅;丁醚;硅酸乙酯;硅酸甲酯;3-戊酮;2-戊酮;6-十一酮;2-已酮;4-庚酮

常熟市中新化工厂有限公司

江苏省常熟市冶塘镇大河村[215554]
电话:(0512)52401185
传真:(0512)52401075 职工人数:71 人
供销电话:52401075 法人代表:张德华
经济类型:私营企业
【主要产品】氧化铁黑

常熟市周行润达化工厂

江苏省常熟市海虞镇曹阁村[215517]
电话:(0512)52595989;52599989;13706238238
传真:(0512)52595989
网址:www. de-shen. com
E-mail:master@ de-shen. com
【主要产品】线切割乳化油;液压油;油墨矿物油;玻璃胶溶剂

常熟市阻燃化工有限公司

江苏省常熟市支塘镇北环路[215531]
电话:(0512)52551841;52551422
传真:(0512)52512260
法人代表:朱惠良
【主要产品】溴化锂,溶液;橡胶黏合剂;十溴二苯醚;阻燃剂

常熟铁红厂

江苏省常熟市白雪北路 13 号[215500]
电话:(0512)52777812;52777023;527776685
传真:(0512)52777802
固定资产:23,270 千元
经济类型:有限责任公司
职工人数:160 人 法人代表:钱仁晋
网址:www. cspigment. com
E-mail:thc@ cspigment. com
【主要产品】铁氧体用氧化铁;氧化铁颜料;氧化铁红;氧化铁黄;哈巴粉;氧化铁黑;氧化铁绿

常熟橡胶厂

江苏省常熟市东南开发区高新工业园(古里)[215500]
电话:(0512)52528585;81560001;52529168
传真:(0512)52529090
供销电话:52529888;52529900
经济类型:股份合作
网址:www. yongheng. com. cn
E-mail:csrubber@ 126. com; c2882141@ 163. com
【主要产品】防眩板;桥梁板式橡胶支座;盆式橡胶支座;公路桥梁橡胶伸缩装置

常熟欣润染料有限公司

江苏省常熟市唐市镇三塘村[215542]
电话:(0512)52571304;52571950;52577095
传真:(0512)52576117 有进出口权
经济类型:与港澳台商合资经营
网址:www. xinrunchem. com
E-mail:jianxu@ china. com
【主要产品】1,3-苯二胺;三氯蔗糖

常熟新特化工有限公司

江苏省常熟市海虞镇福山北[215522]
电话:(0512)52322908;52321938;52321366
传真:(0512)52321928
供销电话:52321938;13906237856
网址:www. xintechem. com
E-mail:sandros@ vip. 163. com; zs_xinte@ vip. 163. com
【主要产品】次磷酸;次磷酸钠;氯化四羟甲基磷;四羟甲基硫酸磷;四羟甲基硫酸磷-尿素体;阻燃剂 CX18

常熟亚美化工有限公司

江苏省常熟市大义镇压路机村[215557]
电话:(0512)52391648;52362026;13606232283
传真:(0512)52390695
网址:www. yameichem. com
E-mail:yamei@ yameichem. com; zzl@ yameichem. com
【主要产品】硼氢化钾;5-甲氧基吲哚;5-溴嘧啶;5-苄氧基吲哚;5-甲氧基吲哚-3-甲醛;2,3-二氮杂萘;氯代十六烷基吡啶;溴代十六烷基吡啶;1,2-环氧环戊烷;5-溴戊酸;吲哚-6-羧酸;八氯萘;*N*-羟基-5-降冰片烯-2,3-二羰酰亚胺;双酚芴;替加色罗

常熟一统聚氨酯制品有限公司

江苏省常熟市虞山北路 34 号[215500]
电话:(0512)52871568;52322222;52322602
传真:(0512)52873008
法人代表:陶林元
网址:www. js-yp. com/com/02/comcarb. asp? id = 268
E-mail:master@ yl-pc. com
【主要产品】聚醚多元醇;聚合物多元醇

常州市江南胶带有限公司

江苏省常熟市支塘镇双黄路 18 号[215531]
电话:(0512)52512288;52512218;52512618
传真:(0512)52512636
供销电话:52512618;13906231406
网址:www. jntape. com
E-mail:jntape@ pub. sz. jsinfo. net
【主要产品】双面胶带;美纹胶带;阻燃胶带;铝箔胶黏带;聚酯压敏胶带;胶黏带;布基胶带;胶带

大华涂料(中国)股份有限公司

江苏省昆山市周市镇青阳北路 559 号[215335]
电话:(0512)57626999
传真:(0512)57626996
网址:www. dpc. net. cn
E-mail:dahua@ dpc. net. cn
【主要产品】红丹醇酸防锈漆;木器漆;汽车专用修补漆;各色聚酯环氧型粉末涂料;聚酯粉末涂料;环氧型粉末涂料;彩绘漆;油性底漆

丹尼斯克(张家港)亲水胶体有限公司

江苏省张家港市凤凰镇[215613]
电话:(0512)58400502;58400531;58400515
传真:(0512)58490329 有进出口权
经济类型:有限责任公司
网址:www. cmcsanhui. com
E-mail:cmcsanhui@ hi2000. com
【主要产品】羧甲基纤维素钠

帝兴树脂(昆山)有限公司

苏

江苏省昆山市周市镇青阳北路 50 号[215314]
电话:(0512)57623000
传真:(0512)57623666　职工人数:35 人
经济类型:中外合资经营企业
网址:cn.uinfo.net/detail/_93532.html
【主要产品】粉末涂料用纯聚酯树脂

富士化研(昆山)有限公司

江苏省昆山市张浦镇滨江南路 3 号[215300]
电话:(0512)57455799;57455778
传真:(0512)57455775
职工人数:145 人
网址:www.ksfj.net
E-mail:yoshinaga@ksfj.net;
fujichem@ksfj.net
【主要产品】粉末涂料;UV 罩光涂料;溶剂型涂料;水性凹印油墨;水性柔版油墨;移印油墨;丝网印刷油墨;各种胶印油墨;UV 系列油墨;UV 丝印油墨;UV 胶印油墨;UV 凹印油墨;UV 柔版油墨;油墨印刷助剂

建大橡胶(中国)有限公司

江苏省昆山市开发区昆嘉路 2 号[215300]
电话:(0512)57614172;57618056
传真:(0512)57614171
经济类型:港澳台商独资经营
网址:yingzhilian147.b2b.hc360.com
【主要产品】轮胎;工业车辆轮胎;农用车辆轮胎;摩托车轮胎;自行车外胎

江苏彩华包装集团公司

江苏省昆山市埛垳路 188 号[215321]
电话:(0512)57445888;57441275
传真:(0512)57441009
法人代表:夏加良
网址:www.caihua.com
E-mail:caihua@caihua.com
【主要产品】PA/PE 共挤复合膜;复合膜

江苏常顺化工有限责任公司

江苏省常熟市海虞通江路 26 号[215621]
电话:(0512)58660058;58661935;58017270
传真:(0512)58608571
供销电话:52567069;13806223190
网址:www.changshunyy.com
E-mail:cjc73112@pub.sz.jsinfo.net
【主要产品】硝酸硫胺;盐酸硫胺;维生素 B2;维生素 B6;维生素 K3;叶酸

江苏常余化工有限公司

江苏省张家港市乐余镇种子场[215621]
电话:(0512)58603563;58660410;58606308
传真:(0512)58603880;58661312
固定资产:50,800 千元　有进出口权
供销电话:58660843;13906242931
供销传真:58661120;58606298
经济类型:私营企业　职工人数:300 人
产值:250,000 千元　法人代表:张林
网址:www.cychemical.com
E-mail:L-zhang@public1.sz.js.cn
【主要产品】五氧化二磷;9-蒽甲醇;对甲氧基苯甲酸;邻甲氧基苯甲酸;磷酸三乙酯;磷酸三丁氧基乙酯;1-苯基-3-甲基-5-吡唑啉酮;9-蒽甲醛;*N*-乙酰乙酰苯胺;*N*-甲基-*N*-环已基-2-硝基苯磺酰胺;乙基磷酰二氯;安乃近;三(*β*-氯乙基)磷酸酯;阻燃增塑剂 TCPP;磷酸三(1,3-二氯-2-丙基)酯

江苏飞翔化工(张家港)有限公司

江苏省张家港市凤凰镇[215613]
电话:(0512)58497873;58490384;58490335
传真:(0512)58490130;58497873
供销传真:58497820　有进出口权
经济类型:有限责任公司
网址:www.feixiangchem.com
E-mail:sales@feixiangchem.com
【主要产品】6-甲氧基-2-萘甲醛;对羟基苯甲醛;*N*-甲基吡咯烷酮;*N*-月桂基吡咯烷酮;*N*-辛基吡咯烷酮;*α*-吡咯烷酮;*N*-乙基-2-吡咯烷酮;对羟基苯丙酮;对羟基苯庚酮;对羟基苯丁酮;对羟基苯戊酮;4,4-二甲基-1-(对氯苯基)-3-戊酮;4-甲基儿茶酚;对甲氧基苯乙胺;3,4-二甲氧基苯乙胺;对羟基苯乙胺;对羟基苯乙胺盐酸盐;*N*-(对氯苯甲酰基)酪胺;*N*,*N*-二甲基酪胺;3-氯-2-羟丙基三甲基氯化铵;*N*,*N*-二甲基-1,3-丙二胺;十八烷基二甲基叔胺;双十八叔胺;5,5-二甲基海因;硬脂酰胺;*γ*-丁内酯;对羟基苯丙酸甲酯;十三烷基-2,6-二甲基吗啉;3,4-二羟基苯甲醛;5-乙酰基水杨酰胺;2-溴-6-甲氧基萘;*N*-丁基间氨基邻苯二甲酰亚胺;2-羟基-6-萘甲酸;3,4-二甲氧基苯丙酸;对羟基苯丙酸;对甲氧基-*β*-苯丙酸;羟乙基磺酸钠;多果定;牛磺酸;甲基牛磺酸钠;萘丁美酮;苯扎贝特;苯扎溴铵;洗涤剂 808;异香兰素;脂肪胺聚氧乙烯醚;十二烷基二甲基苄基氯化铵;十四烷基二甲基苄基溴化铵;十六烷基二甲基苄基溴化铵;双十二烷基二甲基溴化铵;双八烷基二甲基氯化铵;双十烷基二甲基溴化铵;烷基双羟乙基叔胺;扩散剂 MF;亚甲基双萘磺酸钠;洗涤剂 209;4,4′-二酚基戊酸;油酸酰胺;芥酸酰胺;亚乙基双硬脂酰胺;5-氯-2-甲基异噻唑啉-3-酮;羟丙基甲基纤维素;三烷基胺;二十二烷基三甲基氯化铵;椰油基三甲基氯化铵;十八烷基三甲基氯化铵;十八烷基三甲基溴化铵;十二烷基二甲基叔胺;十六烷基二甲基叔胺;十四烷基二甲基叔胺;脂肪烷基二甲基叔胺;双八/十烷基二甲基氯化铵;双八/十烷基二甲基溴化铵;十六/十八烷基二甲基叔胺;椰油基二甲基叔胺;十二烷基三甲基溴化铵;十六烷基三甲基溴化铵;椰油胺;十二烷基三甲基氯化铵;羧甲基纤维素钠;木质素磺酸钠;改性木质素磺酸钠;萘磺酸甲醛缩合物;甲基纤维素

江苏汉斯通药业有限公司

江苏省常熟市支塘镇窑镇南[215500]
电话:(0512)52551940;52513628
传真:(0512)52513628
网址:www.jshst.com
E-mail:ahwdp@sohu.com;
ahwdp@sina.com
【主要产品】呋布西林钠;美洛西林钠;阿洛西林钠;头孢匹胺;硫酸头孢匹罗;头孢硫脒;葡萄糖酸依诺沙星;磷酸哌嗪;甲硝唑磷酸二钠;尼麦角林;盐酸雷尼替丁;卡络磺钠

苏

江苏华昌(集团)有限公司

江苏省张家港市城北路 28 号[215600]
电话:(0512)58686806;58699808
传真:(0512)58699960;58686806
经济类型:有限责任公司　有进出口权
企业规模:大型　职工人数:2,820 人
网址:www.huachanggroup.com
E-mail:iehc@public1.sz.js.cn;
hubo@hchy.com
【主要产品】亚磷酸;六氟磷酸;纯碱;硫酸镍;氯化镍;漂白粉;六氟磷酸钾;硼氢化钠;钛酸钡;3-氨基-1,2,4-三氮唑;4-氨基-1,2,4-三氮唑;对甲砜基苯甲醛;3-溴苯酞;甲基磺酸;乳酸;酒石酸;L-缬氨酸;D-丙氨酸;3,3-二甲基-2-丁酮;三氯乙醛水合物;4-甲基苯胺;2-甲基苯胺;2-氯苯胺;乙酸铵;1,2,4-三氮唑;环已亚胺;三唑钠;2-甲基呋喃;硫脲;甲砜胺;六氯三聚磷腈;D-对甲砜基苯丝氨酸乙酯;苯甲酸苄酯;1-萘酚-2-甲酸;液氨;氯化铵;混配复合肥料;噻嗪酮;烯唑醇;丙环唑;三唑酮;三唑醇;戊唑醇;苯达松;禾草灵;嗪草酮;多效唑;烯效唑;L-亮氨酸;L-异亮氨酸;D-异抗坏血酸钠;D-异抗坏血酸;葡糖淀粉酶;甲砜霉素;甲砜霉素甘氨酸酯盐酸盐;氟洛芬;蛋白酶;D-苏氨酸;DL-苏氨酸;蛋氨酸;L-蛋氨酸;D-蛋氨酸;*N*-乙酰蛋氨酸;*N*-乙酰-L-蛋氨酸;*N*-乙酰-D-蛋氨酸;纤维素酶;聚丙烯酰胺;淀粉酶

江苏华昌化工股份有限公司

江苏省张家港市城北路 28 号[215600]
电话:(0512)58683240;58937160
传真:(0512)58691277
供销电话:58680191;58686806
供销传真:58680191　企业规模:大型
经济类型:股份有限公司
网址:www.huayuanchem.com
E-mail:huayuan@huayuanchem.com
【主要产品】纯碱;工业氯化铵;硼氢化

钠;1,2-丙二醇;环己亚胺;液氨;尿素;复合肥;DL-苏氨酸;N-乙酰蛋氨酸

江苏菊花味精集团公司

江苏省张家港市港口镇[215612]
电话:(0512)58480209;58481226;58480587
传真:(0512)58480209;58480585
供销传真:58482998 经济类型:集体
有进出口权 企业规模:大型
法人代表:缪振兴
网址:www.jschry.com
E-mail:uuajs@public1.sz.js.cn
【主要产品】L-脯氨酸;D-脯氨酸;L-丙氨酸;L-天门冬氨酸;D-天门冬氨酸;DL-天门冬氨酸;谷氨酸

苏

江苏龙灯化学有限公司

江苏省昆山市经济技术开发区龙灯路88号[215301]
电话:(0512)57711544
【主要产品】阿维菌素乳油;噻螨酮乳油;乙酰甲胺磷可溶性粉剂;乐果乳油(40%);杀螟硫磷乳油;吡虫啉可湿性粉剂;吡虫啉可溶性液剂;高渗吡虫啉可湿性粉剂;吡虫啉悬浮剂;丙溴磷乳油;噻嗪酮可湿性粉剂;灭多威乳油;灭多威水剂;灭多威可溶性粉剂;高效氯氰菊酯乳油;高效氯氰菊酯水乳剂;啶虫脒乳油;双甲脒乳油;抗蚜威可湿性粉剂;多菌灵可湿性粉剂;多菌灵胶悬剂;甲基硫菌灵可湿性粉剂;甲基硫菌灵悬浮剂;百菌清可湿性粉剂;代森锌可湿性粉剂;代森锰锌可湿性粉剂;41%草甘膦异丙胺盐水剂;二甲戊乐灵乳油;精喹禾灵乳油;40%乙烯利水剂;甲哌鎓水剂;多·烯唑可湿性粉剂;甲霜·锰锌可湿性粉剂;螨醇·噻螨乳油;辛·氯乳油;二甲戊·乙氧氟乳油;20%三环·异稻可湿性粉剂;毒·氯乳油;吡·异可湿性粉剂;百·甲霜可湿性粉剂;阿维·高氯微乳剂;吡·氯乳油

江苏三角洲塑化集团有限公司

江苏省太仓市沙溪镇新北东路90号[215421]
电话:(0512)53212763;53212307;53228101
传真:(0512)53213708 经济类型:集体
有进出口权
网址:www.jsdelta.com.cn
E-mail:delta3@pub.sz.jsinfo.net
【主要产品】聚氯乙烯糊树脂;聚氯乙烯电缆料;聚氯乙烯电缆料(绝缘级);聚氯乙烯电缆料(阻燃护层);聚乙烯电缆料;辐照交联阻燃聚烯烃电缆料;低烟无卤阻燃聚烯烃电缆料;通讯电缆绝缘料及护套料

江苏省常熟市南湖实业化工厂

江苏省常熟市辛庄镇[215563]
电话:(0512)52443069;13901571937
传真:(0512)52448121
供销电话:52444867;13915616909
职工人数:180人 法人代表:陆永林
网址:www.nh-chem.com
E-mail:zl19791220@126.com
【主要产品】甲醇(精);α-乙酰基-γ-丁内酯;4-氨基苯磺酰胺;磺胺邻二甲氧嘧啶;磷酸伯氨喹

江苏省国营昆山生物化学厂

江苏省昆山市柏芦路538号[215300]
电话:(0512)57553856
传真:(0512)57553856 经济类型:国有
【主要产品】井冈霉素水剂

江苏省昆山市鼎烽农药有限公司

江苏省昆山市周市镇尉州路21号[215314]
电话:(0512)57621705
经济类型:私营企业
【主要产品】吡虫啉可湿性粉剂;多菌灵可湿性粉剂;三环唑可湿性粉剂;异丙隆可湿性粉剂;丁草胺颗粒剂(5%);乙草胺可湿性粉剂;多·硫悬浮剂;丁·苄可湿性粉剂;20%井·三环可湿性粉剂;氯磺·异丙可湿性粉剂;吡·杀单可湿性粉剂;苄·二甲戊可湿性粉剂;28%多·井悬浮剂;苯噻酰·苄可湿性粉剂

江苏省太仓市归庄镇武兵化工厂

江苏省太仓市归庄镇[215425]
电话:(0512)53293464;53295757;13906226804
传真:(0512)53293464;53290306
法人代表:朱炳根
网址:www.wb-hg.com
E-mail:zhuliqiang@vip.sina.com
【主要产品】硫酸镍;硫酸镍铵;三氯化铬;氯化镍;邻氯苯甲醛;丁炔二醇;炔丙醇;氨基磺酸;一乙醇胺;十二烷基硫酸钠;烯丙基磺酸钠;苯亚磺酸钠;氨基磺酸镍;醋酸镍;聚乙二醇;氢氧化钠;次磷酸钠;氢氧化钾;润湿剂;净洗抑雾剂;常温除油水基清洗剂;镀镍光亮剂;快速镀镍光亮剂;铜锡合金光亮剂;碱性镀锌光亮剂;氰化镀锌光亮剂;镀银光亮剂;铜酸洗光亮剂;氯化钾(钠)镀锌光亮剂;碱性除油抑雾剂;防铜变色剂;防银变色剂;防锡变色剂;防金变色剂;去铜剂

江苏省太仓市康达化工厂

江苏省太仓市城厢镇南郊新泾路[215411]
电话:(0512)53403842
传真:(0512)53408123
网址:www.cnkdchem.chinachemnet.com
E-mail:cnkdchem@hi2000.com
【主要产品】无水乙醇(药用);食用酒精

江苏苏化集团有限公司

江苏省苏州市南门路1号[215007]
电话:(0512)65256072
传真:(0512)65256083 有进出口权
经济类型:有限责任公司
企业规模:大型 法人代表:杨振华
网址:www.jsgc.com
E-mail:jsgc@jsgc.com
【主要产品】盐酸;烧碱(液体);离子膜烧碱;过氧化氢;氢气;氯气(液);联苯;氢化三联苯;3-苯氧基苯甲醇;二苯醚;一氯化苯;间苯氧基苯甲醛;甲基毒死蜱;甲基毒死蜱乳油;乙酰甲胺磷;乙酰甲胺磷乳油;甲胺磷;甲胺磷乳油;甲基对硫磷;甲基对硫磷乳油;乐果;乐果乳油(40%);吡虫啉;吡虫啉可湿性粉剂;氯菊酯;氯氰菊酯乳油;氯氰菊酯;高效氯氰菊酯;高效氯氟氰菊酯;高效氯氟氰菊酯乳油;啶虫脒;啶虫脒乳油;啶虫脒可溶性液剂;啶虫脒可湿性粉剂;毒死蜱;毒死蜱乳油;噁草酮;噁草酮乳油;草除灵;草除灵悬浮剂;草甘膦水剂(10%);41%草甘膦异丙胺盐水剂;异丙甲草胺;异丙甲草胺乳油;氟磺胺草醚水剂;氟磺胺草醚;精喹禾灵;精喹禾灵乳油;苯噻草胺;乙羧氟草醚;乙·莠悬乳剂;草除·精喹乳油;吡·杀单可湿性粉剂;毒·氯乳油;异丙甲·莠悬浮剂;苯噻酰·苄可湿性粉剂;塑料制品

江苏苏州吴县东渚化工厂

江苏省吴县市东渚镇新苏街[215163]
电话:(0512)66891469
传真:(0512)66895088 经济类型:集体
法人代表:华凤男
【主要产品】铝镍合金;镍铜合金;铜铝合金;铜铝锌合金;固化剂

江苏太湖地区农科所苏州农药实验厂

江苏省苏州市相城区望亭镇问渡路63号[215155]
电话:(0512)65381992
经济类型:联营企业 职工人数:30人
法人代表:李沛元
【主要产品】多·酮可湿性粉剂;井·噻·杀单可湿性粉剂;二氯·苄可湿性粉剂;多·锰锌可湿性粉剂;阿维·吡可湿性粉剂

江苏天鹏化工集团张家港市氧化铅厂

江苏省张家港市三兴镇[215624]
电话:(0512)58530288;58570688
传真:(0512)58570739 有进出口权
经济类型:股份合作
网址:www.chinatp.com
E-mail:bgs@chinatp.com
【主要产品】硅酸铅;一氧化铅;红丹

江苏沃德化工有限公司

江苏省常熟市东南开发区[215558]

电话:(0512)52836238;52836128
传真:(0512)52836278
网址:www. worldbrom. com
E-mail:xu@ worldbrom. com
【主要产品】溴化钠;溴化钙;溴化锂;溴酸钠;溴酸钾;溴化钾;溴化铵;溴乙酸;α,β-二溴丁二酸;氯乙酸钠;1,4-双(溴乙酰氧)-2-丁烯

江苏亚太氨基酸有限公司
江苏省张家港市城北路28号[215600]
电话:(0512)58674739
传真:(0512)58674751　有进出口权
经济类型:中外合资经营企业
E-mail:ytaaa@ pub. sz. jsinfo. net
【主要产品】L-缬氨酸;L-异亮氨酸

江苏张家港市三惠化工有限公司
江苏省张家港市凤凰镇[215612]
电话:(0512)58490329;58493000
传真:(0512)58491329;58490329
网址:www. cmcsanhui. com;
www. 3461. tradebig. com
【主要产品】羧甲基纤维素钠

江苏中鼎化学有限公司
江苏省张家港市韩国工业园西张路1号[215614]
电话:(0512)58450193
传真:(0512)58451273　有进出口权
供销电话:58450391;58451726
法人代表:朱正兴
网址:www. cntop. cn
E-mail:cntop@ cntop. cn
【主要产品】丙三醇;硬脂酸;单硬脂酸甘油酯;硬脂酸钡;硬脂酸铝;硬脂酸锌;硬脂酸镁

金柯有色金属有限公司
江苏省昆山市青阳南路159号[215301]
电话:(0512)57322666;57322670
传真:(0512)57313734　职工人数:60人
经济类型:中外合资经营企业
【主要产品】氯化镍

京昆油田化学科技开发公司
江苏省昆山市昆太路210号[215300]
电话:(0512)57665191;57665762;57665259
传真:(0512)57661097
供销电话:57666345;57665195
职工人数:150人
网址:www. jingkun. cn
E-mail:john@ jingkun. cn
【主要产品】瓜尔胶粉(食品级);阳离子瓜尔胶;羟丙基瓜尔胶粉;原油降凝剂

科氏-格利奇(苏州)石化工程有限公司
江苏省苏州市吴中区太湖西路168号[215128]
电话:(0512)65981018;65251926;65650888
传真:(0512)65981028
经济类型:中外合资经营企业
法人代表:李航胜
网址:www. chemm. cn/company/info. asp? id = 1236
【主要产品】规整填料;散装填料;塔器配件

昆山城东化工有限公司
江苏省昆山市千灯精细化工区致威路西侧[215334]
电话:(0512)86178850;86178860;13906262775
传真:(0512)86178858　经济类型:集体
职工人数:60人　法人代表:姚品洪
网址:kscdhg. com
【主要产品】叔丁基苯;2-羟基喹噁啉;苯丙酮;对甲基苯丙酮;对乙基苯丙酮;对叔丁基氯苯;对叔丁基苄硫醇;对叔丁基苯乙腈

昆山创景炭素开发有限公司
江苏省昆山市陆杨镇财茂路11号[215313]
电话:(0512)57646630-3
传真:(0512)57646626
经济类型:外商独资
网址:www. actview. com. cn
E-mail:actview@ pub. sz. jsinfo. net
【主要产品】活性炭

昆山防火材料厂
江苏省昆山市陆家镇光复路1号[215331]
电话:(0512)57671145
传真:(0512)57671517　经济类型:集体
固定资产:5,000千元　职工人数:100人
法人代表:裘陆道
网址:www. kfc-qiu. com
E-mail:kfc-mo@ 163. com
【主要产品】过氯乙烯防火涂料;饰面型防火涂料;钢结构隔热防火涂料;薄型钢结构防火涂料;超薄型钢结构防火涂料;厚涂型钢结构防火涂料;隧道防火涂料;无机防火堵料;有机防火堵料

昆山丰迪复合肥有限公司
江苏省昆山市千灯镇[215341]
电话:(0512)57461920;57461918
传真:(0512)57461876　经济类型:集体
固定资产:15,000千元
职工人数:250人　法人代表:朱大年
网址:www. fengdiks. com
E-mail:service@ fengdiks. com
【主要产品】氮磷钾复合肥

昆山宏沓医药化工有限公司
江苏省昆山市昆南路395号[215300]
电话:(0512)57305672;13092655177
传真:(0512)57339108
经济类型:有限责任公司
法人代表:金永良
网址:www. hongtayiyaohuagong. com
E-mail:yvonnetingnic@ 163. com
【主要产品】色甘酸二乙酯

昆山互利食品添加剂有限公司
江苏省昆山市玉山经济技术开发区江浦路18号[215300]
电话:(0512)57536168;57537168;57539168
传真:(0512)57530168　有进出口权
供销电话:57536168;13862657116
网址:www. kshuli. com;
www. sweeteners. com. cn
E-mail:sales@ kshuli. com
【主要产品】甜蜜素

昆山华旭精细化工有限公司
江苏省昆山市昆北路190号[215300]
电话:(0512)57790114;13906262555
传真:(0512)57790616
网址:www. huaxuchem. com
E-mail:sales@ huaxuchem. com
【主要产品】六氟磷酸钾;六氟磷酸铵;1,5-二氨基萘;甘油缩甲醛;3,5-二羟基苯甲酸;5-溴-2-氯苯甲酸;2,5-二溴苯甲酸;2,5-二(三氟乙氧基)苯甲酸;5-溴-2-羟基苯乙酮;2-甲基四氢呋喃-3-酮;3-氨基-2-羟基苯乙酮;α-氟萘;1,2,3-三氟苯;5-氯-2-羟基苯乙酮;3-噻吩丙二酸;1,2,3,4-四氟苯;4-甲基-5-羟乙基噻唑;4-甲基-5-(2-乙酰氧乙基)噻唑;3-氨基-2-羟基苯乙酮盐酸盐

昆山化工医药原料有限公司
江苏省昆山市昆太路242号[215337]
电话:(0512)57665628;57663858;57663298
传真:(0512)57661056;57666708
经济类型:集体　职工人数:286人
法人代表:苏文兴
网址:www. kshgyy. com
E-mail:kshgyy@ public1. sz. js. cn
【主要产品】1-(2,3-二氯苯基)哌嗪;7-羟基-3,4-二氢喹诺酮;盐酸美他环素;盐酸多西环素;强力霉素一水物;强力霉素氢化物;巴柳氮二钠;罗非西布;赛利克西;苯妥英;富马酸比索洛尔;依美司坦;阿立哌唑;苯妥英钠;磷苯妥英钠;辣椒素;盐酸考来替泊;醋酸氟卡尼;依匹唑

昆山化工医药原料有限公司
江苏省昆山市昆太路242号[215337]
电话:(0512)57665628;57663858;57665578
传真:(0512)57661056;57666708
有进出口权
网址:www. kshgyy. com
E-mail:export@ kshgyy. com

【主要产品】2,3-二氯-1,4-萘醌;3,5-二甲氧基苯甲醛;2-氨基苯乙醇;3,4′-二硝基二苯醚;2-巯基异丁酸;2,6-二甲氧基苯甲酸;2,4,6-三甲基苯甲酸;α-甲基-4-氯苯乙酸;三羟甲基丙烷三苯甲酸酯;4,4′-二氟二苯甲酮;4-氟-4′-甲氧基二苯甲酮;2-氨基-2′-氟-5-氯二苯甲酮;5-氯-1-茚酮;3,4,3′,4′-四甲基二苯甲酮;2,3-二溴丙酰氯;邻氯苄胺;N-甲基-2-氟苯胺;2,4-二羟基苯甲酸;2,6-二羟基苯甲酸;2,5-二氯苯并噁唑;N-苄基-4-哌啶酮;2-羟基-4-甲氧基苯甲醛;N,N′-羰基二咪唑;对甲砜基氯苄;7-(4-溴丁氧基)-3,4-二氢-2-喹啉酮;7-羟基-3,4-二氢喹诺酮;3,5-二氟苯胺;2,2′,4,4′-四羟基二苯甲酮;2,3,4,4′-四羟基二苯甲酮;磷苯妥英酯化物;2-(2-氯乙基砜基)乙胺盐酸盐;2-氯-4-硝基苯胺;2-氟-5-氨基苯腈;3-苯甲酰基苯甲酰氯;盐酸美他环素;盐酸多西环素;强力霉素一水物;强力霉素氢化物;巴柳氮二钠;罗非西布;赛利克西;盐酸万拉法新;苯妥英;富马酸比索洛尔;依美司坦;阿立哌唑;苯妥英钠;磷苯妥英钠;拉莫三嗪;氢溴酸加兰他敏;2-脱氧-D-葡萄糖;盐酸考来替泊;醋酸氟卡尼;氨萘非特;马来酸替加罗德;紫外线吸收剂UV-9;紫外线吸收剂 UV-531

昆山加浦包装材料有限公司

江苏省昆山市张浦镇[215321]
电话:(0512)57441723;57441720
经济类型:与港澳台商合资经营
【主要产品】塑料包装袋

昆山嘉福香料有限责任公司

江苏省昆山市玉山镇城北昆山民营科技工业园[215316]
电话:(0512)57790177
传真:(0512)57790177
供销电话:57790093 法人代表:范学成
经济类型:有限责任公司
【主要产品】樟脑;桉叶油

昆山晶科微电子材料有限公司

江苏省昆山市千灯精细化工区致威路17号[215341]
电话:(0512)57460758;57467258;57468758
传真:(0512)57468585
供销电话:57467258;57460758
法人代表:吴建良
网址:www. ksjingke. com
E-mail:sales@ ksjingke. com
【主要产品】混合酸;铬酸;丁炔二醇;α-苯丁烯-γ-酮;氢氧化钠;硝酸钠;过硫酸钠;硫代硫酸钠;碳酸钠;磷酸三钠;氯化钙(无水);氢氧化钾;高锰酸钾;硫酸亚铁;氟硼酸亚锡;氟硼酸铅;氟化铵;氢氧化铵;过硫酸铵;氯化铵;硫酸铜;硫酸铝;甲苯;1,1,2-三氯乙烷;己烷;二氯甲烷;三氯甲烷;庚烷;三氯乙烯;2-丁酮;丙酮;4-甲基-2-戊酮;乙酸乙酯;乙酸正丁酯;乙二醇乙醚乙酸酯;乙酸,无水;甲酸;油酸;柠檬酸;氢氟酸;盐酸;硝酸;硫酸;硼酸;氟硼酸;氢溴酸;氨基磺酸;磷酸;乙醇(无水);乙二醇;异丙醇;甲醇;乙醚;硫脲

昆山立邦化学(医药)有限公司

江苏省昆山市新镇东方路118号[215337]
电话:(0512)57661055
传真:(0512)57661267
【主要产品】硫氰酸钾;β-苯乙胺;氢氯噻嗪;利血生

昆山密友实业有限公司

江苏省昆山市望山南路16号[215316]
电话:(0512)57790822
传真:(0512)57791241
供销电话:57790822;57790006
网址:www. miyou. com. cn;www. miyou. cn
E-mail:miyou@ miyou. com. cn
【主要产品】板式换热器;板翅式换热器;立式研磨机;流化床对撞式气流粉碎机;超细气流粉碎机;微粉碎机;超音速气流粉碎机;卧式内分级超细粉碎机;涡轮式分级机;密封

昆山三友医药辅料厂

江苏省昆山市玉山镇高科园崇科路1号[215316]
电话:(0512)57790468;13806266126
传真:(0512)57782528
经济类型:有限责任公司
法人代表:吴小弟
网址:www. sanyoupharm. com
E-mail:wu@ sanyoupharm. com
【主要产品】对溴苯酚;α-乙基去氧苯偶姻;乙二胺,盐酸盐;枸橼酸他莫昔芬;氟他胺;甲磺酸酚妥拉明

昆山市巴城助剂化工厂

江苏省昆山市巴城镇新澄路27号[215311]
电话:(0512)57651362;13906260269
传真:(0512)57651362 职工人数:54人
供销电话:57851710 法人代表:李金龙
经济类型:私营企业
网址:www. ksbczj. com
【主要产品】硼氢化钠;硼氢化钾

昆山市博尔日化工有限公司

江苏省昆山市周市新镇东方路132号[215337]
电话:(0512)57665688;57662668
传真:(0512)57665168
供销电话:57662668;57667188
经济类型:私营企业 职工人数:200人
网址:www. ksber. com
E-mail:service@ ks-ber. com;ksber@ 163. com

【主要产品】盐酸;硫酸;硝酸;工业氨水;烧碱;过氧化氢;氢氧化钠;氢氧化铵

昆山市超微碎机厂

江苏省昆山市民营科技工业园望山南路16号[215316]
电话:(0512)57790006;57796666
传真:(0512)57791241
经济类型:有限责任公司
法人代表:吴建明
网址:www. miyou. com. cn
E-mail:sales@ miyou. com. cn
【主要产品】流化床对撞式气流粉碎机;超音速气流粉碎机;湿法立式搅拌磨;超细粉体分级机;密封

昆山市大进齿科材料有限公司

江苏省昆山市张浦镇大市尚明甸村[215323]
电话:(0512)57251331
传真:(0512)57251331 经济类型:集体
职工人数:25人 法人代表:李前进
网址:www. dajin-js. com
【主要产品】骨粘固剂

昆山市鼎惠精细化工有限公司

江苏省昆山市周市镇东方路128号[215337]
电话:(0512)57661084;13706263817
传真:(0512)57661976
网址:www. dinghuichem. com
E-mail:sales@ dinghuichem. com
【主要产品】乙内酰脲;对甲砜基甲苯

昆山市釜用机械密封厂

江苏省昆山市民营科技工业园望山南路16号[215316]
电话:(0512)57790173;57791295
传真:(0512)57790443
网址:www. miyou. com. cn;www. miyouchina. com
E-mail:sales@ miyou. com. cn
【主要产品】密封

昆山市富丽香料有限公司

江苏省昆山市张浦镇南港工业区[215326]
电话:(0512)57421072
传真:(0512)57427890
经济类型:私营企业
网 址: www. jsti. com. cn/ksfl/flxl/index. htm
E-mail:ksfuli@ 126. com
【主要产品】食用香精;日化香精;复盆子酮

昆山市合峰化工有限公司

江苏省昆山市长江南路57号[215300]
电话:(0512)57311858;57369080;57304985
传真:(0512)57372133

供销传真:57311858　职工人数:130 人
经济类型:与港澳台商合资经营
网址:www. kshfc. com
【主要产品】己二酸二异辛酯;邻苯二甲酸二壬酯;邻苯二甲酸二辛酯;环氧大豆油;癸二酸二辛酯;偏苯三酸三辛酯;己二酸二异壬酯;对苯二甲酸二辛酯;尼龙酸二辛酯;偏苯三甲酸三异壬酯;钡锌膏状复合稳定剂;膏状钡锌发泡稳定剂;催发泡稳定剂

昆山市花桥化工四厂

江苏省昆山市花桥镇东泾村[215332]
电话:(0512)57691146;13901734580
传真:(0512)57695666
经济类型:私营企业　法人代表:叶春林
网址:www. hqhg4c. com
【主要产品】四氯三氧化二磷;氯化锂(无水);氟化钾;溴化锂;吡啶氢溴酸盐;2-羟基异丁酸;*N*-乙酰-DL-色氨酸;4-甲苯磺酸;六氯丙酮;2-乙酰氧基异丁酰溴;2-乙酰氧基异丁酰氯;对硝基溴苄;溴乙酰溴;4-溴-*N*,*N*-二甲基苯胺;乙二胺四乙酸二钠;柠檬酸钠;四丁基硫酸氢铵;*N*-甲基吗啉;钯碳酸钙;二氯二氨钯;四氯二氨钯

昆山市华泰染料化工有限公司

江苏省昆山市蓬朗镇[215333]
电话:(0512)57619700;(0513)82651016
传真:(0512)57619899
供销电话:57619700;13915488805
网址:www. huataidyes. com
E-mail:sales@ huataidyes. com
【主要产品】*N*-乙酰基-1,3-苯二胺;直接枣红 NGB;直接混纺紫 D-5BL;直接混纺蓝 D-RGL;直接混纺蓝 D-3GL;直接混纺翠蓝 D-BGL;直接混纺藏青 D-R;直接墨绿 NB;直接黄棕 ND3G;直接混纺棕 D-RS;直接深棕 NM;直接耐晒橙 GGL;直接耐晒蓝 B2RL;直接耐晒蓝 RGL;直接耐晒棕 *S*-BR;直接耐晒黑 GF;直接耐晒黑 VSF;直接耐晒红 4B;直接黑 OB;活性嫩黄 B-4GLN;活性嫩黄 B-6GLN;活性黄 B-4RFN;活性橙 B-2RLN;活性红紫 X-2R;活性艳蓝 X-BR;活性艳蓝 K-GRS;活性翠蓝 B-BG-FN;活性深蓝 B-2GLN;永固紫 RL

昆山市华亿塑料有限公司

江苏省昆山市张浦镇[215321]
电话:(0512)57441249;13806267568
传真:(0512)57443111
经济类型:股份合作　法人代表:陈震球
网址:www. kunshanhuayi. com
E-mail:huayi@ kunshanhuayi. com
【主要产品】EVOH 树脂

昆山市化学原料有限公司

江苏省昆山市昆南公路吴淞江大桥南堍[215321]
电话:(0512)57441852;57446052;13914983813
传真:(0512)57448228
供销电话:57441152　产值:91,540 千元
经济类型:联营企业　职工人数:221 人
法人代表:邵慧良
E-mail:wushiyou@ vip. sina. com
【主要产品】邻乙基苯胺;2,6-二乙基-4-甲基苯胺;2,6-二异丙基苯胺;2-甲基-6-乙基苯胺;2,6-二乙基苯胺

昆山市江华日用化工厂

江苏省昆山市陆杨镇杠江村[215313]
电话:(0512)57641227
传真:(0512)57642271
经济类型:私营企业　法人代表:沈水林
【主要产品】碘化钠

昆山市金城精细化工二厂有限公司

江苏省昆山市陆家镇陆溪大桥西[215331]
电话:(0512)57671839
传真:(0512)57871588　经济类型:集体
职工人数:30 人　法人代表:许惠良
【主要产品】氯化锌;磷酸盐

昆山市精细化工研究所有限公司

江苏省昆山市新镇东方路 138 号[215337]
电话:(0512)57667153;57667198
传真:(0512)57667157
供销电话:57667129;57667152
经济类型:联营企业
网址:www. ksfinechem. com
【主要产品】水溶性聚氨酯树脂;加氢转化催化剂 T201;氧化锌脱硫剂;脱砷剂;脱氯剂;高温脱氯剂;常低温 COS 水解催化剂;氧化铝瓷球(惰性);分子筛,3A 型;环氧树脂活性增韧剂;活性氧化铝吸附剂;脱氧剂

昆山市陆家红星化工厂

江苏省昆山市陆家镇陈家巷村[215331]
电话:(0512)57671631;57673689
传真:(0512)57671631　职工人数:95 人
经济类型:私营企业　法人代表:王阿祥
网址:www. hongxing-chem. com
E-mail:sales@ hongxing-chem. com
【主要产品】3-氨基丙醇;*N*,*N*-二乙基-1,3-丙二胺;γ-[(β-甲氧基)乙氧基]丙胺;3-异辛氧基丙胺;β-苯乙胺;DL-α-苯乙胺;DL-泛醇;L-α-苯乙胺;γ-甲氧基丙胺;3-乙氧基丙胺;3-异丙氧基丙胺

昆山市鹿都香料厂

江苏省昆山市环城北路 74 号 302 室[215300]
电话:(0512)57552222;57558234
传真:(0512)57552218　职工人数:36 人
供销传真:57558234　法人代表:缪雨生
经济类型:股份合作
【主要产品】庚酸烯丙酯;正戊酸异戊酯;薄荷脑;乙酸薄荷酯;左旋香芹酮;菠萝酯;菠萝乙酯;薄荷素油;己酸烯丙酯

昆山市曼氏香精有限公司

江苏省昆山市千灯镇曼氏路 2 号[215300]
电话:(0512)57468888
传真:(0512)57462888
供销电话:57471181　职工人数:150 人
经济类型:私营企业
网址:www. vmf. com. cn
E-mail:vmf@ cina. com
【主要产品】食用香精

苏

昆山市美丽华油墨涂料有限公司

江苏省昆山市千灯镇南湾路东[215341]
电话:(0512)57463017;57465700
传真:(0512)57463016
经济类型:港澳台商独资经营
职工人数:230 人
网址:www. mlhink. com
E-mail:mlh@ mlhink. com
【主要产品】聚酯烤漆;UV 系列油墨;PVC 油墨;尼龙油墨;塑胶油墨;金银卡油墨;水性胶浆印花油墨

昆山市南方化工厂

江苏省昆山市朝阳支路 24 号[215300]
电话:(0512)57312872;57301083;13906263407
传真:(0512)57312872
经济类型:股份合作
网址:www. nfchemks. com
E-mail:webmaster@ nfchemks. com
【主要产品】4-仲辛烷基苯酚;胡椒醛;交联剂 DE;固色剂 M;固色剂 Y;固色剂 G;环氧树脂固化剂;环氧树脂固化剂 650;环氧树脂固化剂 651;T-31 环氧树脂固化剂

昆山市申才化工有限公司

江苏省昆山市千灯镇致威路 13 号[215300]
电话:(0512)57475298;57472266
传真:(0512)57475000
法人代表:曹玉林
网址:www. ksschg. com
【主要产品】混合酸;硝酸;过氧化氢;氢氧化钠;乙酸,无水;氢氟酸;盐酸;硫酸;磷酸

昆山市石浦化工三厂

江苏省昆山市石浦镇宏川路 13 号[215343]
电话:(0512)57401004;13906268256
传真:(0512)57401009

经济类型:私营企业 职工人数:120 人
法人代表:陈志义
网址:www. sp-chem. cn
E-mail:zp@ sp-chem. cn
【主要产品】氨基钠;2-氨基吡啶;4-甲苯磺酰胺;4-氨基-2,6-二甲氧基嘧啶;磺胺林

昆山市世名科技开发有限公司

江苏省昆山市黄浦江北路 219 号[215337]
电话:(0512)57665888;57663119;57665885
传真:(0512)57665880
供销电话:57665889;57665880
网址:www. smcolor. com. cn
E-mail:kssm@ smcolor. com; smsj@ pub. sz. jsinfo. net
【主要产品】水性色浆分散剂;水性色浆

苏

昆山市文教日用化工厂

江苏省昆山市马鞍山东路 51 号[215300]
电话:(0512)57553853
传真:(0512)57579323 经济类型:集体
职工人数:30 人
【主要产品】2-氨基苯甲酸甲酯;香兰素;2-甲基-2-乙酸乙酯基-1,5-二氧戊烷;邻苯二甲酸二乙酯

昆山市新镇振东化工厂

江苏省昆山市昆太路 56 号[215337]
电话:(0512)57669138-802;13906221192
传真:(0512)57666290
网址:www. zhendongchem. com
E-mail:sales@ zhendongchem. com
【主要产品】2-氨基吡啶;乙内酰脲;1-氨基海因盐酸盐;1-苄基-5-乙氧基海因;1-苄基海因;*N*-乙基乙二胺;3-氨基-4-氯苯甲酸月桂酯;苯乙酸甲酯;甲磺酰甲胺;二硫氰基甲烷;柳氮磺胺吡啶

昆山市永淀精细化工厂

江苏省昆山市淀山湖镇东[215345]
电话:(0512)57482481
传真:(0512)57482482 职工人数:80 人
经济类型:私营企业 法人代表:江祖林
【主要产品】2-噻吩乙酰氯;醋酸钾

昆山市远洋化工有限公司

江苏省昆山市千灯大唐开发区[215341]
电话:(0512)57471777
传真:(0512)57471216 职工人数:40 人
经济类型:有限责任公司
法人代表:陈德明
网址:www. yy-chem. com
E-mail:chen@ yy-chem. com
【主要产品】硫酸钠;硫酸钾;硫酸铜;无水硫酸铜;硝酸铜;碱式硝酸铜;氯化亚铜;氯化铜;氧氯化铜;磷酸铜;碱式碳酸铜;溴化铜;溴化亚铜;碘化亚铜;钛酸锶;钛酸钡;氧化亚铜;氧化铜;酒石酸铜;醋酸铜;柠檬酸铜;吡啶甲酸铜

昆山市中星染料化工有限公司

江苏省昆山市新镇东方路 188 号 339 省道南侧[215300]
电话:(0512)57863968;57863965
传真:(0512)57863969
网址:www. midstar. cn
E-mail:midstar@ public1. sz. js. cn
【主要产品】涂料助剂;油墨消光粉;无机颜料;荧光颜料;有机颜料;预分散颜料;金属络合染料;扩散剂;荧光增白剂;增稠剂;紫外线吸收剂;光引发剂;聚烯烃成核透明剂

昆山天然香料厂

江苏省昆山市南街 148 号[215300]
电话:(0512)57552441
经济类型:股份合作 职工人数:20 人
【主要产品】丁香酚;丁香油;桉叶油;胡椒醛

昆山兴邦钨钼科技有限公司

江苏省昆山市采莲街 231-233 号[215300]
电话:(0512)57559159;50581298
传真:(0512)57578537
供销电话:13906267958
供销传真:57384696 产值:50,000 千元
经济类型:中外合作经营企业
职工人数:128 人
网址:www. wmochem. com; www. chinawm. chem. cn
E-mail:sales@ wmochem. com
【主要产品】磷酸三钠;钨酸钠;钼酸钠;钼酸铵;仲钼酸铵;二钼酸铵;四钼酸铵;七钼酸铵

昆山秧浦化学工业有限公司

江苏省昆山市陆家镇开发区 A 区一号路 3 号[215331]
电话:(0512)57876071;57876072
传真:(0512)57876087 职工人数:70 人
供销电话:57876072;13390872800
网址:www. yangpuch. com
E-mail:mail@ yangpuch. com
【主要产品】水性乳胶漆;水性印花胶浆系列

丽珠集团苏州新宝制药厂

江苏省苏州市城北公路 2 号桥堍[215008]
电话:(0512)67533275
传真:(0512)67515342
【主要产品】透明质酸;乳酸丁酯;乳酸甲酯;糜蛋白酶;舒血管素;硫酸软骨素;脑安泰;凝血酶;肝素钠

纳尔科化学(苏州)有限公司

江苏省苏州市新区塔园路 88 号[215011]
电话:(0512)68255001
传真:(0512)68250130
经济类型:中外合作经营企业
【主要产品】工业水处理剂

上海斌顺金属材料有限公司

江苏省吴江市黎里镇南环路[215000]
电话:(0512)63620107;63623107
传真:(0512)63623296
网址:www. shbinshun. com
E-mail:binshun888@ yahoo. com. cn
【主要产品】硫酸钴;硫酸铜;硫酸镍;硝酸铜;硝酸镍(六水);氯化亚铜;氯化钴;氯化铜;氧氯化铜;氯化镍;焦磷酸铜;碱式碳酸铜;碳酸镍;氧化钴;氧化镍;氧化铜;醋酸钠(无水);醋酸铜;醋酸钴

上海三维制药公司太仓岳王药物原料厂

江苏省太仓市岳王镇市西路 1 号[215437]
电话:(0512)53301791;53301685
传真:(0512)53301956
职工人数:200 人
网址:www. ywpharm. com
E-mail:zyd@ ywpharm. com
【主要产品】2-氯喹嗯啉;甘油缩甲醛;3,4-二甲氧基甲苯;2-甲基四氢呋喃-3-酮;4-硝基邻苯二甲腈;1-甲基-3-苯基哌嗪;肉桂腈;*N*-苯基异烟酰胺;3-噻吩丙二酸;2-乙酰基苯并噻吩;2,6-二氯吡嗪;2,3-二氯吡嗪;2-氯吡嗪;2-甲基-5-氟茚满酮;4-甲基噻唑;4,5-二甲基噻唑;4-甲基-5-羟乙基噻唑;4-甲基-5-乙烯基噻唑;维生素 C 磷酸酯镁;磺胺林;磺胺对甲氧嘧啶;磺胺氯吡嗪钠;抗坏血酸棕榈酸酯;奥美普林;四氢噻吩-3-酮

上海试剂四厂昆山分厂

江苏省昆山市花桥镇西[215332]
电话:(0512)57691101;57697888;57691116
传真:(0512)57693788;57695117
网址:www. huagongshiji. com
E-mail:root@ huagongshiji. com
【主要产品】甲苯;丙酮;乙酸正丁酯;乙酸,无水;盐酸;硝酸;硫酸;乙醇(95%);异丙醇

苏州 PPG 包装涂料有限公司

江苏省苏州市新区向阳路 66 号[215011]
电话:(0512)68251300;68251299
传真:(0512)68253900 有进出口权
经济类型:中外合资经营企业
网址:www. ppg. com
E-mail:ppgsuzou@ public1. sz. js. cn
【主要产品】食品容器内壁无涂料

苏州昂邦化工有限公司

江苏省太仓市沙溪镇周泾路[215421]

电话:(0512)53228758;13806243386
传真:(0512)53226898
网址:www.angbang.com
E-mail:angbang@angbang.com
【主要产品】漆雾凝聚剂;脱漆剂;塑料用脱漆剂;常温快速脱脂剂;脱脂除油清洗剂;磷化液;金属表面调整剂;金属抛光剂;宽温快速阳极氧化添加剂

苏州奥美光学材料有限公司

江苏省苏州市高新区华山路158-30号[215011]
电话:(0512)66652011
传真:(0512)66652012
供销电话:66652013;13913131300
经济类型:中外合作经营企业
网址:www.pc-film.com/cn/intro.htm; www.omay.cn
E-mail:omay@pc-film.com
【主要产品】聚碳酸酯薄膜

苏州百氏高化工有限公司

江苏省常熟市经济开发区虞山高新技术产业园[215557]
电话:(0512)52361999;52361779
传真:(0512)52361889;52361999
供销电话:13962369924
经济类型:私营企业　产值:5,000千元
职工人数:100人　法人代表:褚俊华
网址:www.basico-chem.com
E-mail:bacc@basico-chem.com
【主要产品】六羟甲基三聚氰胺树脂;低温涂料印花黏合剂;喷胶棉黏合剂;压敏胶胶黏剂;无纺布黏合剂;有机硅平滑剂;氨基硅油柔软剂;蓬松柔软剂;匀染剂;棉用匀染剂;匀染修补剂;酸性染料染色用固色剂;耐碱渗透剂;增稠剂;涂料印花增稠剂;染料印花合成增稠剂;涂料印花黏合剂;涂料染色黏合剂;双氧水漂白稳定剂;PA涂层胶;耐碱精炼剂;浴中柔软剂;硬挺剂;无泡皂洗剂;螯合分散剂;有机硅消泡剂;净洗剂

苏州百氏高涂料有限公司

江苏省常熟经济开发区高新技术产业园[215500]
电话:(0512)52848999
传真:(0512)52848990
网址:www.basico-paint.com
E-mail:office@basico-paint.com
【主要产品】腻子;木器漆;内墙涂料;外墙涂料;高渗透封固底漆;水性底漆;水性封碱底漆;环保水性透明底漆

苏州比特丽油墨涂料有限公司

江苏省苏州市甪直镇蒋浦村佳马路18号[215217]
电话:(0512)65046075;65046076;65046077
传真:(0512)65046078
经济类型:港澳台商独资经营
网址:www.beautifully-ink.com
E-mail:a_11270376@sina.com
【主要产品】包装油墨;凹版印刷油墨;塑料印刷油墨;丝网印刷油墨;UV系列油墨;喷涂油墨;PP油墨;冰花油墨;机印油墨;溶剂型油墨;水性胶浆印花油墨

苏州超宇纺织化工有限公司

江苏省苏州市友新路友联运河大桥西堍[215004]
电话:(0512)68155849;68155936
传真:(0512)68154506
网址:www.cyfzhg.com
E-mail:info@cyfzhg.com
【主要产品】柔软剂;涤纶匀染剂;棉用匀染剂;多功能整理剂;抗静电剂;分散剂;双氧水漂白稳定剂;平滑剂;精炼剂;阻燃剂;消泡剂

苏州诚和医药化学有限公司

江苏省太仓市新湖镇204国道新建路口[215415]
电话:(0512)53413000;53411530;13906224881
传真:(0512)53410246
供销电话:53413000;81602999
网址:www.chenghechem.com
E-mail:mingfang@hi2000.com
【主要产品】邻甲氧基苯甲酸;4-氯-2-甲氧基苯甲酸;对乙基苯磺酸;4-甲苯磺酸;邻甲氧基苯甲酸甲酯;4-甲苯磺酸甲酯;氯磺酰异氰酸酯;苯磺酸甲酯;4-甲苯磺酰胺;2,4,6-三甲基苯磺酰胺;苯磺酰胺;对叔丁基苯磺酰胺;4-(2-氨乙基)苯磺酰胺;对乙基苯磺酰胺;对乙酰氨基苯磺酰胺;对乙酰基苯磺酰胺;对溴苯磺酰胺;2-氯-5-硝基苯磺酰胺;3-硝基-4-氯苯磺酰胺;2-甲基-5-硝基苯磺酰胺;对氟苯磺酰胺;苯亚磺酸钠;对甲苯亚磺酸钠;对氯苯亚磺酸钠;对乙酰氨基苯亚磺酸钠;二苯砜;对羧基苯磺酰胺;2-甲氧基-5-磺酰胺基苯甲酸;2,4,6-三甲基苯磺酰氯;4-叔丁基苯磺酰氯;对甲氧基苯磺酰氯;4-乙酰氨基苯磺酰氯;对硝基苯磺酰氯;邻硝基苯磺酰氯;间硝基苯磺酰氯;对氯苯磺酰脲;4-甲苯磺酰氯;对乙基苯磺酰氯;对溴苯磺酰氯;对氯苯磺酰胺;对甲砜基甲苯;邻硝基对甲砜基甲苯;2-甲氧基-5-甲砜基苯甲酸甲酯;2-甲氧基-5-乙砜基苯甲酸甲酯;5-氯-4-乙酰氨基-2-甲氧基苯甲酸甲酯;4-乙酰氨基-2-甲氧基苯甲酸甲酯;2-甲氧基-5-磺酰胺基苯甲酸甲酯;2-甲氧基-5-氨磺酰基苯甲酸乙酯;间甲砜基苯甲酸;4-*β*-羟基乙砜乙酰苯胺;苯磺酰氯;2-氯-5-硝基苯磺酰氯;3-硝基-4-氯苯磺酰氯;4-氯苯磺酰氯;间羧基苯磺酰氯;4,4′-氧代双苯磺酰氯;*N*-甲基对甲苯磺酰胺;*N*,*N*-二甲基对甲苯磺酰胺;*N*-甲基-*N*-亚硝基对甲苯磺酰胺;4-甲砜基苯乙酮;2-硝基-4-乙砜基氯苯;邻硝基对甲砜基氯苯;对乙砜基氯苯;对甲砜基氯苯;3-硝基-4-甲基苯磺酰氯;2-甲基-5-硝基苯磺酰氯;对乙酰基苯磺酰氯;发泡剂OBSH;对甲苯磺酰肼;苯磺酰肼

苏州第六制药厂

江苏省吴县市木渎镇西街64号[215101]
电话:(0512)66261015;66261014
传真:(0512)66258888
【主要产品】硫酸阿米卡星

苏州第四制药厂有限公司

江苏省苏州市白洋湾大街171号[215008]
电话:(0512)65334311
传真:(0512)65353104　有进出口权
经济类型:联营企业　职工人数:380人
网址:www.spf4.com
E-mail:spf4@spf4.com
【主要产品】L-肉毒碱;丙叉克林霉素;克林霉素醇化物;盐酸林可霉素;盐酸克林霉素;克林霉素磷酸酯;布洛芬;来氟米特;盐酸万拉法新;喹硫平富马酸盐;盐酸帕罗西汀;盐酸西布曲明;扎莱普隆;利培酮;阿立哌唑;奥氮平;维库溴铵;泮库溴铵

苏州东瑞制药有限公司

江苏省苏州市吴中经济开发区天灵路22号[215128]
电话:(0512)65626868;13906206793
传真:(0512)65628688
供销电话:13306218331
经济类型:与港澳台商合资经营
网址:www.dawnrays.com
E-mail:dawnrays@public1.sz.js.cn
【主要产品】无水碳酸钠;头孢噻肟钠;头孢噻肟酸;头孢吡肟;头孢哌酮;头孢哌酮钠/舒巴坦钠;头孢克肟;头孢呋辛钠;头孢他啶;乳酸司帕沙星;舒巴坦钠;头孢曲松钠;氨氯地平;盐酸西替利嗪

苏州东洋化肥有限公司

江苏省苏州市相城区东桥工业开发区新浒东路[215152]
电话:(0512)65373688;65373788;65375288
传真:(0512)65374226
经济类型:股份有限公司
职工人数:400人　法人代表:陆冬明
网址:www.szdyhf.com
【主要产品】复合肥

苏州杜邦聚酯有限公司

江苏省苏州市新区横山路6号[215011]
电话:(0512)68235299
传真:(0512)68232379
经济类型:中外合资经营企业
网址:www.dupont.com.cn/china/suzhou.html
【主要产品】聚酯切片;涤纶长丝

苏州二叶制药有限公司

江苏省苏州市盘胥路859号[215002]
电话:(0512)68220866;68111449;68215693
传真:(0512)68157769;68202801
经济类型:联营企业
网址:www.2-pharmacy.com
E-mail:sales@2-pharmacy.com
【主要产品】苯唑青霉素钠;呋苄西林钠;美洛西林钠;阿洛西林钠;乙酰螺旋霉素;扎莱普隆

苏州非金属矿工业设计研究院

江苏省苏州市三香路179号[215004]
电话:(0512)68601732;68265454-2239
传真:(0512)68657232
供销电话:68601732;13706201108
法人代表:沈春林
网址:www.chinabw.com
E-mail:uufash@public1.sz.js.cn
【主要产品】自交联型纯丙乳液;弹性纯丙乳液;丙烯酸防水涂料;非焦油聚氨酯防水涂料;有机硅防水涂料;丁基腻子;JS复合防水涂料;丙烯酸密封膏;聚硫密封胶;快速堵漏胶;补漏王;抗压密封剂;建筑防水剂;有机硅防水剂;水泥密封防水剂M1500;混凝土防水剂

苏州福玛威尔医药科技有限公司

江苏省苏州市滨河路1326号325室[215011]
电话:(0512)68097210;68785163;13771921062
传真:(0512)68785163
网址:www.szpharmawell.com
E-mail:sales@szpharmawell.com
【主要产品】2-氨基-3-硝基-6-甲氧基吡啶;2-巯基-5-甲氧基咪唑[4,5-n]吡啶;4-硝基-L-苯丙氨酸;4-二甲氨基丁醛缩二甲醇;4-(*N*,*N*-二甲氨基)二乙缩丁醛;*N*-甲基-4-氨基苯甲磺酰胺;2-苯硫基-5-丙酰基苯乙酸;6-氟-3-(4-哌啶基)-1,2-苯并异噁唑盐酸盐;(*S*)-4-(4-氨基苄基)-1,3-噁唑-2-酮;扎托洛芬;佐米曲坦;舒马曲坦;利培酮;泰妥拉唑;奥扎格雷钠;奥扎格雷;盐酸奥扎格雷;酒石酸溴莫尼定

苏州工业园区赛康德万马化工有限公司

江苏省苏州市工业园区朝阳路1号[215123]
电话:(0512)65476188;65933010
传真:(0512)65471599
职工人数:200人
网址:www.secopharma.com
E-mail:sales@secopharma.com
【主要产品】胞苷酸;β-胸腺嘧啶核苷;2′-脱氧尿嘧啶核苷;司他夫定;5-甲基尿苷;尿苷;2,2′-环尿苷;胞苷;2′-脱氧胞苷;保护胸苷;3′,5′-脱水胸苷

苏州工业园区苏扬制皂有限公司

江苏省苏州市横塘晋源桥堍吴越路[215008]
电话:(0512)68231996;68231325
传真:(0512)68231996;68237739
经济类型:股份有限公司
法人代表:曹国良
网址:www.syzz.cn
E-mail:gms@syzz.cn
【主要产品】丙三醇;肥皂;皂粒(片)

苏州工业园区亚科化学试剂有限公司

江苏省苏州市东环路328号东环大厦1101室[215021]
电话:(0512)87163780
传真:(0512)67174288
网址:www.yacoo.com.cn
E-mail:sales@yacoo.com.cn
【主要产品】6-甲氧基喹啉;5-硝基水杨醛;2,4,6-三溴-3-羟基苯甲酸;3-[三(羟甲基)甲基]氨基-1-丙磺酸;*N*-(2-乙酰氨基)亚氨基二乙酸;三羟甲基氨基甲烷;三(羟甲基)氨基甲烷盐酸盐;3,3′,5,5′-四甲基联苯胺盐酸盐;乙二胺四乙酸三钾;*N*,*N*′-二环己基-4-吗啉脒;*N*-羟基丁二酰亚胺;*N*,*N*′-二琥珀酰亚胺基碳酸酯;硫氰酸胍;2,2′-联吡啶-4,4′-二甲酸;1,8-二氮杂-9-芴酮;1,3-丙基磺酸内酯;氯化金;丙烯酰胺;乙二醇双(氨乙基醚)四乙酸

苏州海宇生物科技有限公司

江苏省苏州市高新区金山路6号[214239]
电话:(0512)87357328;13003349343
传真:(0512)68095739
供销电话:68097639;61053898
网址:www.dikarmun.com
E-mail:sales@dikarmun.com
【主要产品】2,4-二甲基-3-乙基吡咯;2,3,4-三羟基苯甲醛;5-溴-2-甲氧基苯甲醛;5-溴水杨醛;吡咯-2-甲醛;2-戊醇;3-氯-2-甲基苯甲酸;3-溴-2-甲基苯甲酸;异氰基乙酸乙酯;2-十一酮;6-十一酮;3-溴-2-氯硝基苯;1,2-二甲氧基-4,5-二硝基苯;4-氨基-3-硝基苯酚;3-硝基-4-(2-羟丙氨基)苯酚;3-硝基-4-(2-羟乙氨基)苯酚;1-(3-氯苯基)哌嗪盐酸盐;1-(2,3-二氯苯基)哌嗪盐酸盐;1-(3-氯苯基)-4-(3-氯丙基)哌嗪盐酸盐;4,5-二甲氧基-2-硝基苯甲酸;5-氯吲哚-2-酮;4-氨基-2-氯-6,7-二甲氧基喹唑啉;1-(2-甲氧基苯基)哌嗪盐酸盐;1-(4-甲氧苯基)哌嗪盐酸盐;噻唑-4-羧酸乙酯;7-(4-溴丁氧基)-3,4-二氢-2-喹啉酮;7-羟基-3,4-二氢-2-喹啉酮;4,5-二甲氧基-2-硝基苯甲酸甲酯;2-氨基-4,5-二甲氧基苯甲酸甲酯;2-氨基-4,5-二甲氧基苯甲酸;2-氨基-4-氯苯酚;盐酸曲唑酮;盐酸奈法唑酮;阿立哌唑;盐酸依托必利

苏州合成化工有限公司

江苏省苏州平家巷20号12号楼[215001]
电话:(0512)67541165;67542841
传真:(0512)67521779;67548607
经济类型:有限责任公司　有进出口权
网址:www.ssccchem.com
E-mail:szhchg@public1.sz.js.cn
【主要产品】双戊烯;反丁烯二酸;樟脑;苯酐;顺丁烯二酸酐;分散染料;富马酸二甲酯;富马酸亚铁;异松油烯

苏州虹利塑胶有限公司

江苏省苏州市高新区浒墅关经济开发区中虹路6号[215151]
电话:(0512)66723328-804;66721878
传真:(0512)66725868
供销电话:66721858;66721878
经济类型:与港澳台商合资经营
网址:www.hlpr.com.cn
E-mail:webmaster@hlpr.com.cn;hlsj@vip.sina.com
【主要产品】改性聚丙烯;阻燃ABS/HIPS;耐高温ABS;增强ABS/AS;增强尼龙6;玻纤增强尼龙

苏州鸿程化工有限公司

江苏省苏州市东桥镇[215152]
电话:(0512)65372661;65370938;13906217873
传真:(0512)65378685
供销电话:65370938;65372661
网址:www.hongchengchem.cn
E-mail:sales@hongchengchem.cn
【主要产品】4-甲苯磺酸;4-甲苯磺酸钠;二甲苯磺酸钠;二甲苯磺酸铵;2,4-二甲基苯磺酸;三聚氰胺甲醛树脂;聚醋酸乙烯乳液胶黏剂

苏州华苏塑料有限公司

江苏省太仓市浏家港镇华苏路1号[215433]
电话:(0512)53645554;53647369
传真:(0512)53647289
供销电话:53645751;53643145
经济类型:中外合资经营企业
法人代表:赵元修
网址:www.sinopvc.com
E-mail:sales_cal@huasu.com
【主要产品】聚氯乙烯树脂;环保PVC塑胶粒;PVC塑胶布;胶布制品

苏州华泰塑胶有限公司

江苏省张家港市凤凰镇港口工业区[215600]
电话:(0512)58340790;58340789
传真:(0512)58488600
网址:www.chinahuatai.com/zjht/szht/
E-mail:szhuatai@126.com
【主要产品】聚丙烯薄膜(阻燃级);涤纶薄膜;聚碳酸酯薄膜(阻燃级)

苏州华特防水材料有限公司

江苏省苏州市吴中区浦庄联盟街15号[215105]

苏

电话:(0512)66538388;66539399;
13904270508
网址:www.cn-huaheng.com
E-mail:huate@cn-huaheng.com
【主要产品】聚乙烯丙纶复合防水卷材

苏州华源农用生物化学品有限公司

江苏省苏州市木渎金枫南路[215101]
电话:(0512)66263757;66262667;
66261432
传真:(0512)66262457　　有进出口权
供销电话:66262458
网址:www.wunong.com
E-mail:szagro@pub.sz.jsinfo.net
【主要产品】氯甲酸甲酯;碳酸二乙酯;氰胺;1,2-苯二胺;喹硫磷乳油(25%);吡虫啉;吡虫啉可湿性粉剂;吡虫啉乳油;吡虫啉可溶性液剂;啶虫脒;多菌灵;多菌灵可湿性粉剂;多菌灵胶悬剂;甲基硫菌灵;噁草酮;敌草隆;异丙隆;异丙隆可湿性粉剂;乙烯利;多·硫悬浮剂

苏州化工装备有限公司

江苏省苏州市经济开发区兴吴路8号[215001]
电话:(0512)65850633;13951109685
传真:(0512)67531067　　经济类型:国有
供销电话:67544407　　法人代表:汤兴雄
网址:www.szhgzb.com
【主要产品】化工设备;离心制冷机

苏州惠业化轻工业有限公司

江苏省苏州市吴中区经济开发区迎春路8号[215128]
电话:(0512)65285023;65274422;
65625900
传真:(0512)65272366　　有进出口权
经济类型:外商独资　　法人代表:杨福龙
网址:www.hylive.com/jiangsu/jiangsu14483.html
【主要产品】塑料色母粒

苏州嘉丰肥业有限责任公司

江苏省苏州市高新区浒墅关[215151]
电话:(0512)65391667;65398713
传真:(0512)66710313
网址:www.szjiafeng.com
E-mail:info@szjiafeng.com
【主要产品】复合肥

苏州嘉美克聚氨酯制品有限公司

江苏省苏州市吴中区长桥镇先锋村[215128]
电话:(0512)65250910;13901543822
传真:(0512)65250075
供销电话:65250910;13606212749
经济类型:有限责任公司
网址:www.jmk-pu.com
E-mail:sales@jmk-pu.com
【主要产品】聚氨酯弹性体制品;聚氨酯浇注制品;输送机用托辊;胶辊;聚氨酯橡胶弹性联轴节

苏州金龙精细化工有限公司

江苏省苏州市新区滨河路205号金龙大厦[215011]
电话:(0512)68258891;68258892;
68258897
传真:(0512)68257608
网址:www.jlnc.com
E-mail:szxq@public1.sz.js.cn
【主要产品】涂层胶;多功能整理剂;染料印花合成增稠剂;聚氨酯皮革涂饰剂;杀菌剂(工业用)

苏州金忠化工有限公司

江苏省苏州市相城区北桥镇锦峰工业园[215144]
电话:(0512)65418689;65998862;
13901548862
传真:(0512)65413919
供销电话:65998862;65418689
网址:www.sz-jinzhong.com
E-mail:szjz@hi2000.com;
jzhg@hi2000.com
【主要产品】4-甲苯磺酰胺;*N*-乙基邻甲苯磺酰胺;*N*-乙基对甲苯磺酰胺;苯磺酰胺;对甲苯亚磺酸钠;4-甲苯磺酰氯;邻/对甲苯磺酰胺;*N*-甲基对甲苯磺酰胺;*N*-甲基-*N*-亚硝基对甲苯磺酰胺;邻/对甲苯磺酰胺甲醛树脂;*N*-丁基苯磺酰胺

苏州锦源精细化工有限责任公司

江苏省苏州市东桥镇方桥村[215152]
电话:(0512)65370380;65376881
传真:(0512)65379218　职工人数:80人
经济类型:有限责任公司
法人代表:顾长根
网址:www.jyfine.cn
E-mail:sales@jyfine.cn
【主要产品】三苯基氧化膦;三苯基膦

苏州精细化工有限公司

江苏省苏州市平江区娄门外苏昆公路[215001]
电话:(0512)67243601;67248490
传真:(0512)67248490;67241510
供销电话:67603679　　有进出口权
经济类型:有限责任公司
企业规模:大型　　法人代表:徐建荣
网址:www.suzhoufinechemicals.com
E-mail:sfcgc@public1.sz.js.cn
【主要产品】盐酸;硫酸;硫酸(98%);发烟硫酸;氯磺酸;硫酸铝;二氧化硫(液);甲醛;乌洛托品;硫酸钾(农用);糖精钠;糖精(不溶性);糖精钙

苏州敬业医药化工有限公司

苏州市高新区金枫路三联街88号[215151]
电话:(0512)66658818
传真:(0512)66658801　　经济类型:集体
供销电话:66658588;66658898
网址:www.daxinchem.com
E-mail:daxin@hi2000.com
【主要产品】十氢异喹啉;3,4-二甲氧基苄醇;4,4-二甲基-1-(对氯苯基)-3-戊酮;*N*-甲基对苯二胺;苄胺;邻氯苄胺;对甲氧基苄胺;间氨基苄胺;对氨基苄胺;2-氨基二苯硫醚;1-羟乙氧基乙基哌嗪;反式对异丙基环己基甲酸;2-(2-氯乙氧基)乙醇;(*S*)-4-苯基-2-噁唑烷酮;甲基苄胺;芝麻酚;那格列奈;喹硫平富马酸盐;葡辛胺;葡乙胺

苏州久创化工有限公司

江苏省苏州市望亭镇[215155]
电话:(0512)65382956
传真:(0512)66700761
网址:www.szjcchem.com
E-mail:master@szjcchem.com
【主要产品】三氯化铝;氧化铝

苏州开元民生化学科技有限公司

江苏省苏州市工业园区群星二路68号[215006]
电话:(0512)62889638;62887188-205
传真:(0512)62889738　　有进出口权
供销电话:62889106;62889638
经济类型:私营企业　　职工人数:60人
网址:www.minshengpharm.com
E-mail:business@minshengpharm.com
【主要产品】5-氯-2-硝基苯甲酸;3-氯-2-硝基苯甲酸;L-异丝氨酸;氨基甲酸甲酯;4,4-二甲基-3-氧代戊酸甲酯;对叔丁基氯苯;4-氯-3-硝基叔丁基苯;3,4,5-三氟苯酚;4-氯-3-氨磺酰基苯甲酸;4-氯-3-硝基苯甲酸;2-氮杂双环[2.2.1]庚-5-烯-3-酮;氮螺盐酸盐;氮螺溴酸盐;4-氯苯甲酸;3-氨基-4-氯苯甲酸月桂酯;3-氨基-4-氯苯甲酸;4,5,6-三氯嘧啶;4-氯-3-氨磺酰基苯甲酰氯;乌拉坦;乙硫异烟胺;丙硫异烟胺

苏州科斯伍德油墨有限公司

江苏省苏州市潘阳工业园[215152]
电话:(0512)65373047;65372218;
65379085
传真:(0512)65373547
网址:www.tatoyo.com
E-mail:service@tatoyo.com;
sales@tatoyo.com
【主要产品】树脂胶版油墨;轮转柔版(胶版)油墨;胶印亮光快干四色油墨;快干印铁耐蒸油墨;调墨油;UV系列油墨;油墨印刷助剂

苏州立邦雅士利涂料有限公司

江苏省苏州市工业园区娄葑东区东宏路48号[215000]
电话:(0512)65939879;67253564;

苏

65931868
传真:(0512)65930868
供销电话:67254171 职工人数:130 人
供销传真:67241930 法人代表:傅一端
经济类型:外商独资
网址:www. sz-nippon. com. cn
E-mail:sznptl@ pub. sz. jsinfo. net
【主要产品】高级环保乳胶漆;抗碱封闭底漆;浮雕漆;环保型外墙乳胶漆;环保型内外墙乳胶漆;环保内墙乳胶漆;聚酯水晶地板漆;聚酯装修漆;无苯聚酯漆;高级聚酯漆系列;水泥漆;水溶性涂料;油性涂料;水性环保腻子

苏州立新制药有限公司

江苏省苏州市新区塘西路 21 号[215151]
电话:(0512)88169868;88169807;88169809
传真:(0512)88169811
供销电话:88169809;88169806
网址:www. lixinpharm. com
E-mail:sales@ lixinpharm. com
【主要产品】阿魏酸;盐酸尼莫司汀;达卡巴嗪;吲达帕胺;阿魏酸钠;艾地苯醌;奥沙利铂;阿魏酸哌嗪;多奈哌齐盐酸盐;氢氯噻嗪;氯噻嗪;布美他尼;盐酸利托君;聚丙烯酸

苏州丽兰化工有限公司

江苏省太仓市富豪经济开发区[215415]
电话:(0512)53410963;55776448;13906223817
传真:(0512)53410723;53411981
供销电话:53541186 法人代表:唐利平
经济类型:私营企业
网址:www. lilanchem. com
E-mail:lilan@ lilanchem. com
【主要产品】对甲砜基苯甲醛;6,8-二氯辛酸乙酯;4-甲苯磺酰胺;对甲苯亚磺酸钠;2-氨基-4-氯-6-甲氧基嘧啶;2-氨基-4,6-二甲氧基嘧啶;4-甲苯磺酰氯;对甲砜基甲苯;2-甲氨基-4-甲氧基-6-甲基-1,3,5-三嗪;硫辛酸

苏州林通染料化工有限公司

江苏省苏州市尹山桥东堍[215124]
电话:(0512)65252072;65650524;65257750
传真:(0512)65252487
供销电话:65252073;65620524
经济类型:中外合资经营企业
职工人数:285 人 法人代表:徐惠通
网址:www. lintong. com
E-mail:szlt@ public1. sz. js. cn
【主要产品】萘(精);2-萘酚;3-甲基-6-氨基苯磺酸;四甲基米氏酮;四乙基米氏酮;2-萘酚-3-甲酸;2-羟基-6-萘甲酸;*N*-乙基-1-萘胺;1,4-环己二酮-2,5-二甲酸二甲酯;碱性紫 5BN;碱性艳蓝 B;碱性艳蓝 BO;碱性艳蓝 R;色酚 AS;色酚 *AS*-BS;色酚 *AS*-D;色酚 *AS*-PH;油溶蓝 B;油溶紫 5BN;结晶紫

苏州明达化工有限公司

江苏省苏州市相城区北桥镇[215133]
电话:(0512)65992278
传真:(0512)65992298 职工人数:50 人
网址:www. szmdchem. com
E-mail:webmaster@ szmdchem. com
【主要产品】2-氯苯胺;3,3′-二氯-4,4′-二氨基二苯基甲烷

苏州平平佳涂料化工有限公司

江苏省苏州相城区渭塘镇[215134]
电话:(0512)65407000;65407700
传真:(0512)65405710
经济类型:股份合作
网址:www. szppj. net
E-mail:zyq@ szppj. net
【主要产品】醇酸清漆;各色醇酸磁漆;亮光氨基清烘漆;各色氨基烘干磁漆;各色氨基烘干锤纹漆;硝基磁漆;各色丙烯酸过氯乙烯外用磁漆;内墙涂料;外墙涂料;特白银粉漆;各色丙烯酸烘漆;耐变黄亚光清面漆;水晶耐磨地板漆;各种清面漆;各种磁漆;透明腻子;硝基漆稀释剂;氨基漆稀释剂;醇酸漆稀释剂;环氧漆稀释剂;脱漆剂;硝基漆防潮剂 F-1;聚氨酯固化剂

苏州普强导电涂料有限公司

江苏省苏州市嘉业阳光 1706[215100]
电话:(0512)68056020;13913505243
传真:(0512)68056021
网址:cn. pqxiaodai. cnele. com
E-mail:pqxiaodai@ 126. com
【主要产品】导电涂料

苏州群力膨润土化工有限公司

江苏省苏州市东环路南斜港大桥南堍[215124]
电话:(0512)65966458;65961973;13906201856
传真:(0512)65961973
法人代表:仲海根
网址:www. cnqunxing. com
E-mail:qunxing@ pub. sz. jsinfo. net
【主要产品】活性白土;颗粒白土;有机膨润土

苏州荣亿达化工有限公司

江苏省太仓市归庄镇[215400]
电话:(0512)53292800;53929018
传真:(0512)53929019
经济类型:私营企业
网址:www. cn-ryd. com
E-mail:webmaster@ cn-ryd. com
【主要产品】柔软剂 HC;腈纶匀染剂 TAN;分散剂 WA;扩散剂 MF;亚甲基双萘磺酸钠;固色剂 Y;拉开粉 BX;消泡平滑剂;净洗剂 LS;乳化剂 FM;乳化剂 OS;农药高效渗透剂

苏州瑞红电子化学品有限公司

江苏省苏州市吴县经济技术开发区盘蠡公路 10 号桥[215128]
电话:(0512)65284759;65281007
传真:(0512)65279925
经济类型:中外合资经营企业
网址:www. szruihong. com
E-mail:ruihong@ szruihong. com
【主要产品】PS 版专用感光胶;过氧化氢;丙酮;4-甲基-2-戊酮;乙酸正丁酯;乙酸,无水;盐酸;硝酸;硫酸;磷酸;异丙醇;甲醇;乙二醇一丁醚;光刻胶

苏州润达油脂化工有限公司

江苏省苏州市相城区北桥镇[215144]
电话:(0512)65412353;65412557;13906202240
传真:(0512)65991911 经济类型:集体
职工人数:30 人 法人代表:张永伟
网址:www. runda. cn
E-mail:runda@ runda. cn
【主要产品】防锈油;内燃机油;齿轮机油;液压油;油酸钠皂;润滑油

苏州申茂精细化工有限公司

江苏省太仓市富豪开发区[215415]
电话:(0512)53411996;56685260
传真:(0512)53415598
供销电话:53415598;53411996
网址:www. szshenmao. com
E-mail:shenmao@ szshenmao. com
【主要产品】漆雾凝聚剂;皮革脱脂剂;防锈剂;铝合金表面处理剂

苏州晟鑫化工有限公司

江苏省苏州市新区狮山路 18 号华福大厦 8F[215011]
电话:(0512)68249353
传真:(0512)68243556
职工人数:160 人
网址:www. shxchem. com
E-mail:meilin@ shxchem. com
【主要产品】1-苯基-3-甲基-5-吡唑啉酮;2-萘酚-3-甲酸;铜金粉;色酚 AS;色酚 *AS*-D;色酚 *AS*-E;色酚 *AS*-OL;色酚 *AS*-PH;金属络合染料;油溶性染料;荧光增白剂

苏州市奥盛精细化工有限公司

江苏省苏州市新区金山路 6 号[215011]
电话:(0512)68244182;68079625
传真:(0512)68412325
网址:www. ausunchem. com
E-mail:ausun@ ausunchem. com
【主要产品】4-氨基-6-氯-1,3-苯二磺酰胺;半缩醛;头孢替唑酸;头孢噻吩酸;盐酸丁脒;1-(2,6-二氯苯基)-2-吲哚酮;喹烯酮;盐酸头孢噻呋;头孢替呋钠盐;盐酸氨丙啉;醋氯芬酸;扑湿痛;双氯芬酸钠;双氯芬酸钾;双氯芬酸;双氯芬酸二乙胺盐;替诺昔康;氯诺昔康;尼卡巴嗪;盐酸安他唑啉;氢氯噻嗪;氯噻嗪

苏

苏州市宝带农药有限责任公司

江苏省苏州市相城区望亭镇锦湖路3号[215155]
电话:(0512)65254323;66709069
传真:(0512)65381005
网址:www.baodaipesticide.com
E-mail:baodai@hi2000.com;
gym@hi2000.com
【主要产品】异丙隆可湿性粉剂;苄磺隆可湿性粉剂;甲基苯噻隆;苄·异丙可湿性粉剂;苄·乙可湿性粉剂;氯磺·异丙可湿性粉剂;多·酮可湿性粉剂;吡·多·酮可湿性粉剂

苏州市保丰油墨厂

江苏省苏州市浒墅关镇保丰村[215151]
电话:(0512)65393154;13806203549
传真:(0512)66727890
网址:www.szbfym.com
【主要产品】水性印刷油墨

苏州市畅通化学品有限公司

江苏省苏州市西园路8号[215004]
电话:(0512)68293660;65575628;13806137298
传真:(0512)65576857
经济类型:私营企业
网址:www.ct-chem.com
E-mail:webmaster@ct-chem.com
【主要产品】对氯苯甲醛;3,4-二羟基苯甲酸;4-羟基-3-甲氧基苯甲酸;咖啡酸;阿魏酸;富马酸单乙酯;丙二酸单乙酯;邻甲基氯苄;邻二氯苄;*N*-(2-呋喃甲酰基)哌嗪;*N*-苄基-*N*-甲基乙醇胺;富马酸钠;4-氯氯苄;邻氯氯苄;3-氯氯苄;2,4-二氯氯苄;2,6-二氯氯苄;3,4-二氯氯苄;丙二酸单乙酯甲酰胺;4-氨基-2-氯-6,7-二甲氧基喹唑啉;盐酸哌唑嗪;盐酸特拉唑嗪;盐酸多沙唑嗪;阿夫唑嗪;盐酸尼卡地平;盐酸酚苄明;羟苯磺酸钙;阿魏酸钠;氢溴酸右美沙芬;阿魏酸哌嗪;盐酸雷洛西芬;4-二甲氨基吡啶

苏州市第四橡胶有限公司

江苏省苏州市胥口香山工业园香山路3号[215164]
电话:(0512)66216787;66512557;66215982
传真:(0512)66512557;66215982
经济类型:股份合作
网址:www.sz-forever.com
E-mail:xindisi@pub.sz.jsinfo.net
【主要产品】埋地管道重防腐涂料;密封胶;煤气胶管;橡胶杂品;橡胶垫;煤气管道橡胶密封圈;橡胶密封圈;防腐胶带

苏州市东化钒硅有限公司

江苏省苏州市苏福路[215002]
电话:(0512)68207189
传真:(0512)68201188
网址:www.sz-xxd.com
E-mail:webmaster@sz-xxd.com
【主要产品】硝酸钒;五氧化二钒;磷酸三辛酯;白炭黑

苏州市东吴染料有限公司

江苏省苏州市相城区东桥镇[215152]
电话:(0512)65372624;65371531
传真:(0512)65371655;65371418
经济类型:集体　　有进出口权
职工人数:450人　　法人代表:吴金根
网址:www.dongwudyestuff.com
E-mail:dwrl@public1.sz.js.cn
【主要产品】3-氨基-1,2,4-三氮唑;1,3,3-三甲基-2-亚甲基吲哚啉;1,3,3-三甲基-2-亚甲基吲哚啉乙醛;4-[*N*-甲基-*N*-(*β*-氯乙基)]氨基苯甲醛;4-[*N*-甲基-*N*-(*β*-氰乙基)]氨基苯甲醛;4-(*N*,*N*-二乙基)氨基苯甲醛;2-氨基-6-甲氧基苯并噻唑;氨基胍碳酸氢盐;酸性蓝2R;酸性蓝BGA;酸性蓝BS;碱性橙;分散阳离子黄SD-5GL;分散阳离子黄SD-3RL;分散阳离子黄SD-GRL;分散阳离子黄SD-7GL;分散阳离子黄SD-10GFF;分散阳离子桃红SD-FG;分散阳离子艳红SD-5GN;分散阳离子蓝SD-GSL;分散阳离子黑SD-RL;阳离子染料;阳离子黄X-5GL;阳离子黄XL-5GL;阳离子黄4GN;阳离子黄X-GRL;阳离子黄X-8GL;阳离子黄M-RL;阳离子拔染黄D-2RL;阳离子艳黄10GFF;阳离子金黄X-GL;阳离子桃红B;阳离子艳红5GN;阳离子红2GL;阳离子红X-GRL;阳离子红M-RL;阳离子拔染红D-TL;阳离子紫3BL;阳离子艳紫X-5BLH;阳离子翠蓝GB;阳离子艳蓝RL;阳离子蓝X-GRL;阳离子拔染蓝D-2BL;阳离子黑RL;阳离子拔染黑D-HO;阳离子藏青SD-BRL;阳离子蓝M-RL;阳离子黑X-2RL;阳离子黑XL-O;阳离子拔染黑D-WRL;阳离子橙GL;阳离子拔染橙D-BRL;阳离子红L-GTLN;阳离子红L-GTLP;阳离子红L-3R;分散阳离子红SD-GRL;分散阳离子红SD-GTL;分散阳离子红SD-2GL;分散阳离子翠蓝SD-GB;分散阳离子蓝SD-BL;分散阳离子蓝SD-RL;液状阳离子金黄XL-GL;阳离子红XL-GRL;阳离子红XL-FBL;阳离子蓝XL-BL;分散阳离子橙SD-G;分散阳离子深棕SD-3RL;分散阳离子黑SD-O;分散阳离子黑SD-MG

苏州市海鑫医药化工有限公司

江苏省太仓市城厢镇新毛区毛观堂桥堍[215414]
电话:(0512)53421158;13906223387
传真:(0512)53421919
网址:www.tc-pharm.com
E-mail:sales@tc-pharm.com
【主要产品】2,5-二氯噻吩;2,5-二氯噻吩-3-磺酰胺;2,5-二氯-3-噻吩磺酰氯;2,5-二氯-3-乙酰基噻吩;联萘酚磷酸酯;二苯并[a,d]环庚烯-5-酮;4-三氟甲氧基苯乙酮;*β*,*β*′-联萘酚;(*R*)-(+)-1,1′-联-2-萘酚;(*S*)-(−)-1,1′-联-2-萘酚;3-磺酰氯-2-噻吩甲酸甲酯;3-氨基噻吩-2-羧酸甲酯;2-甲氧羰基噻吩-3-磺酰氨基乙酸甲酯;多塞平酮基物;4-甲基-5-羟乙基噻唑;4-甲基-5-(2-乙酰氧乙基)噻唑;2,2-二乙氧基乙醇;磺胺吡啶;柳氮磺胺吡啶;多虑平

苏州市浒墅关化工添加剂厂

江苏省苏州市浒墅关镇保丰村[215151]
电话:(0512)65393152;65395468;13906203567
传真:(0512)65395468
网址:www.sztjj.com
E-mail:zhang_jing_bo@hotmail.com
【主要产品】重烷基苯磺酸钠;二壬基萘磺酸;二壬基萘二磺酸;二壬基萘磺酸钡;T701防锈剂;T702防锈剂;二壬基萘磺酸钙

苏州市华丰精细化工有限公司

江苏省苏州市吴中区郭巷镇东首农科站[215124]
电话:(0512)65972152;65961535;13306133751
传真:(0512)65979383
供销电话:13915583693
网址:www.szhuafeng.com
E-mail:sales@szhuafeng.com
【主要产品】甲氧基乙酸;乙氧基乙酸;丙烯酸八氟戊酯;甲基丙烯酸八氟戊酯;溴乙酸叔丁酯;氯乙酸叔丁酯;3,3-二甲基-2-丁酮;氯乙酰胺;三氯乙酰胺;甲氧基乙酰氯;醋酸甲脒;甘氨酰胺盐酸盐;乙烯基氟硅油;环氧氟硅油;氟硅油;四氟丙基烯丙醚

苏州市华伦化工有限公司

江苏省苏州市相城区黄桥镇下庄经济开发区[215131]
电话:(0512)65461955
传真:(0512)65466955
网址:www.hualunchemical.com
E-mail:sales@hualunchemical.com
【主要产品】(*R*)-3-羟基吡咯烷;(*R*)-3-羟基吡咯烷盐酸盐;(*S*)-3-羟基吡咯烷盐酸盐;3-氨基-2,6-二溴吡啶;2,4-二氯吡啶;2-碘吡啶;3-溴-5-氟吡啶;4-巯基吡啶;4-碘咪唑;3-氨基吡啶;4-氨基吡啶;2,3-二氨基吡啶;2-氨基-5-溴吡啶;4-氨基-2-溴吡啶;4-溴-2-甲基吡啶;4-羟基吡啶;6-氯吲哚;5-羟甲基糠醛;过氧化叔丁醇;三氯乙醇;5-溴吡啶-2-甲酸;氯甲酸三氯乙酯;二碳酸二叔丁酯;反-3-戊烯酸甲酯;1-溴-5-氯戊烷;(*R*)-(+)-1,1′-联-2-萘酚;(*S*)-(−)-1,1′-联-2-萘酚;2-乙氧基苯腈;高良姜素;2-氯-4-氨基吡啶;苯甲酰氯;溴化聚苯乙烯;六溴环十二烷;过氧化苯甲酰;过氧化苯甲酸特丁酯;引发剂A

苏

苏

苏州市化工研究所有限公司

江苏省苏州市沧浪区南门路 2 号[215002]
电话:(0512)65186958;65191276
传真:(0512)65197100　经济类型:国有
产值:2,100 千元　职工人数:77 人
网址:www. szhys. com
E-mail:canyue@ szhys. com
【主要产品】N,N′-亚甲基双丙烯酰胺;四丁基溴化铵;酚醛树脂;家具底漆;磷钼酸;搭口胶;分散剂 DA;聚丙烯酸钠;三乙基苄基氯化铵

苏州市黄桥酚醛树脂厂

江苏省苏州市黄桥镇新联村[215132]
电话:(0512)65461571;13951106550
传真:(0512)65461571
经济类型:私营企业　法人代表:朱三男
网址:www. tian-lin. com
E-mail:tianlin@ 21jind. com
【主要产品】酚醛树脂(2123 型);酚醛树脂(2127 型);覆膜砂用酚醛树脂;橡胶软化剂 RX-80

苏州市金马涂料厂

江苏省苏州市度假区光福玉屏山[215159]
电话:(0512)66953980;66954980;66955980
传真:(0512)66950980
网址:www. haochipaifhtl. com
E-mail:jinma123@ pub. sz. jsinfo. net
【主要产品】弹性乳胶漆;真石漆;丙烯酸外墙乳胶漆;环保内墙乳胶漆;仿石涂料;高级封底乳胶漆;水溶性膨胀型防火涂料

苏州市金穗粉末冶金有限公司

江苏省苏州市相城区北桥镇[215144]
电话:(0512)65993907;13806203092
传真:(0512)65414797
经济类型:有限责任公司
法人代表:张菊民
网址:www. chinajinsui. com
E-mail:market@ chinajinsui. com
【主要产品】还原铁粉

苏州市晶华化工有限公司

江苏省常熟市支塘镇南[215531]
电话:(0512)52558868;52512238;13906222958
传真:(0512)52511868　经济类型:国有
供销电话:52558868;13906222958
产值:5,000 千元　职工人数:200 人
法人代表:屠惠明
网址:www. jinghuachem. com
E-mail:jinghua@ hi2000. com
【主要产品】2-溴噻吩;3-溴噻吩;3,4-二溴噻吩;吡啶氢溴酸盐;2-氯烟酸;溴乙烷;三乙胺盐酸盐;三乙基硅烷;三乙基氯硅烷;N,O-双(三甲基硅基)乙酰胺;N,O-双(三甲基硅烷基)三氟乙酰胺;三(三溴新戊基)磷酸酯;孟鲁司特钠;十溴二苯醚;二溴新戊二醇;三溴新戊醇;十溴二苯乙烷

苏州市连海油脂化工有限公司

江苏省苏州市镇湖镇石帆村冷湾浜[215161]
电话:(0512)66911072
传真:(0512)66911231
经济类型:私营企业　法人代表:陆连海
【主要产品】硬脂酸;油酸;二壬基萘磺酸钡;T701 防锈剂;T702 防锈剂

苏州市龙盛精细化工厂

江苏省苏州市吴中区角直镇吴淞路 29 号[215127]
电话:(0512)65010620;65046276
传真:(0512)65049015
供销电话:62885875;62885876
供销传真:62885873
网址:www. szls-chem. com
E-mail:zjl@ szls-chem. com;
roger@ szls-chem. com
【主要产品】2,4-二羟基苯甲醛;2,5-二羟基苯甲醛;2,3-二羟基苯甲酸;2,4-二甲氧基苯甲酸;2,5-二甲氧基苯甲酸;2,6-二甲氧基苯甲酸;4-甲氧基水杨酸;5-甲氧基水杨酸;3-甲氧基水杨酸;6-甲氧基水杨酸;5-甲氧基水杨酸甲酯;6-甲氧基水杨酸甲酯;2,4-二羟基苯甲酸甲酯;2,3-二羟基苯甲酸甲酯;2,5-二羟基苯甲酸甲酯;2,6-二羟基苯甲酸甲酯;3-甲氧基水杨酸甲酯;4-甲氧基水杨酸甲酯;4-三氟-1-(4-甲基苯基)-1,3-丁二酮;2,6-二羟基苯甲酸;2,5-二羟基苯甲酸;2-羟基-4-甲氧基苯甲醛;对氨磺酰基苯肼盐酸盐;2,2′,4,4′-四羟基二苯甲酮;地红霉素;帕苏沙星;罗非西布;赛利克西;美他沙酮;盐酸罗沙替丁醋酸酯;2,2′-二羟基-4,4′-二甲氧基二苯甲酮;2,2′-二羟基-4-甲氧基二苯甲酮

苏州市美花日用香料有限公司

江苏省苏州市虎丘虎阜路 9 号[215008]
电话:(0512)65325988;65577018;65348139
传真:(0512)65315715
网址:www. meihuaspice. com
E-mail:info@ meihuaspice. com
【主要产品】N-丁基咪唑;2-异丙基咪唑;2-丙基咪唑;N-丙基咪唑;N-异丙基咪唑;N-乙基咪唑;2-乙基咪唑;4-甲基-2-乙基咪唑;1,2-二甲基咪唑;N,N′-硫羰基二咪唑;N,N′-硫酰二咪唑;5-溴水杨酸;2,4-二甲氧基苯甲酸;5-甲氧基水杨酸;咪唑-1-乙酸;2,3-丁二酮;丙二酸二乙酯;N-甲基咪唑;N,N′-羰基二咪唑;三甲基硅基咪唑;2,2′,4,4′-四羟基二苯甲酮;四甲基米氏酮;四乙基米氏酮;异长叶烷酮;苯乙酸乙酯;桃醛;橙花素;6-甲基香豆素;γ-壬内酯;2-甲基-2-乙酸乙酯基-1,5-二氧戊烷;茉莉酯;星苹酯;丙酸三环癸烯酯;乙酸三环癸烯酯;乙酸长叶酯;2-甲基-2-戊烯酸乙酯;2-甲基-2-戊烯酸;可可醛;乙酸琥珀酯

苏州市群策胶粘制品有限公司

江苏省苏州市新区紫金路 6 号[215011]
电话:(0512)66367980;66367970;66360780
传真:(0512)66369190
网址:www. qunce. com
E-mail:qunce@ qunce. com
【主要产品】双面胶带;美纹胶带

苏州市荣丰高新化工有限公司

江苏省吴江市平望镇莲丰村[215221]
电话:(0512)63648685;13706257509
传真:(0512)63648085
网址:www. rongchem. com
E-mail:szrongfeng@ sina. com. cn
【主要产品】甲基萘;α-甲基萘;β-甲基萘;芳烃溶剂;工业萘

苏州市溶解乙炔气厂

江苏省苏州市虎丘镇新城村[215008]
电话:(0512)65334925;65351331
固定资产:4,500 千元　职工人数:64 人
经济类型:股份合作　法人代表:顾瑞根
网址:www. hylive. com/jiangsu/jiangsu17491. html
【主要产品】溶解乙炔

苏州市瑞腾化工有限公司

江苏省苏州市相城区东桥镇[215152]
电话:(0512)65371565
网址:www. szrthg. com
【主要产品】氢氧化钠;氢氧化钾;氢氧化铵;盐酸;硝酸;硫酸;乙醇(无水);异丙醇

苏州市三利特种添加剂有限公司

江苏省苏州市镇湖镇[215161]
电话:(0512)66915561;66919746;13706135229
传真:(0512)66915561
网址:www. sanli-sz. com
E-mail:www. ping21888@ sina. com
【主要产品】硬脂酸;油酸;二壬基萘磺酸钡;T701 防锈剂;T702 防锈剂;T704 防锈剂

苏州市盛隆橡塑制品有限公司

江苏省苏州市相成区渭塘镇创新工业园[215134]
电话:(0512)65909212;65901018;13776105226
传真:(0512)65401171
供销电话:65400839;13806217208

网址:www. shenglong-rubber. com
E-mail:shenglong-rubber@126. com
【主要产品】塑料制品;胶管;输水胶管;蒸汽胶管;耐油胶管;输油胶管;钢丝编织胶管;液压胶管;橡胶密封制品;骨架油封;O形密封圈;橡胶密封圈

苏州市石湖橡塑助剂厂

江苏省苏州市虎丘区横塘乡石湖村[215009]
电话:(0512)68231205;68231210
经济类型:股份合作　法人代表:陶玉林
网址:www. hylive. com/jiangsu/jiangsu03328. html
【主要产品】脲甲醛模塑粉

苏州市双虎高分子材料公司

江苏省苏州市郊区横塘乡横塘北[215009]
电话:(0512)68231248;68239712
传真:(0512)68232363;68231248
经济类型:集体
网址:www. double-tiger. com
E-mail:info@double-tiger. com
【主要产品】导电塑料粒子

苏州市苏瑞医药化工有限公司

江苏省苏州市新区滨河路 1750 号 2-3-305 室[215011]
电话:(0512)68086196;68418607;68085197
传真:(0512)68240735
网址:www. guowangpharm. com
E-mail:sunraypharma@vip. sina. com
【主要产品】6-氯嘌呤;次黄嘌呤;托品酸;4′-溴甲基联苯-2-羧酸甲酯;对溴苯酚;邻甲氧基苯氧基乙胺盐酸盐;2-甲氧基苯氧基乙胺;*N*-甲基邻苯二胺;1,2,3,4-四氢-9-甲基咔唑-4-酮;二苯乙醇酮;对甲氨基苯甲酰谷氨酸;对甲氨基苯甲酰谷氨酸二乙酯;对甲氨基苯甲酰谷氨酸锌;7-甲基-2-丙基-(1H)-苯并咪唑-5-羧酸;2,6-二氨基嘌呤;雌(甾)酮;α-乙基去氧苯偶姻;2,4,6-三氨基嘧啶;5-亚硝基-2,4,6-三氨基嘧啶;2,4,5,6-四氨基嘧啶硫酸盐;L-肉毒碱;左旋肉碱酒石酸盐;乙酰左旋肉碱盐酸盐;L-肉碱富马酸盐;苯甲酰氯;4-羟基咔唑;苯乙酸甲酯;α-甲酰基苯乙酸甲酯;1,2,3,4-四氢-4-氧代咔唑;4-(2,3-环氧丙氧基)咔唑;醋酸磺胺米隆;磺胺嘧啶银盐;活力康唑;阿德福韦;非那甾胺;雌二醇;雌三醇;枸橼酸他莫昔芬;苯丙酸诺龙;倍他米松戊酸酯;倍他米松磷酸钠;洛莫司汀;枸橼酸氯米芬;卡莫氟;甲氨蝶呤;甲氨蝶呤二钠;6-巯基嘌呤;盐酸环胞苷;盐酸阿糖胞苷;阿糖胞苷;依托泊苷;去甲斑蝥素;异环磷酰胺;顺铂;卡铂;氨鲁米特;米力农;托吡卡胺;盐酸莫雷西嗪;硝苯地平;雷诺嗪;替米沙坦;尼群地平;氨力农;贝尼地平;卡维地洛;盐酸恩丹西酮;美司那;氨苯蝶啶;白消安;甲酰四氢叶酸钙;甲磺酸酚妥拉明;盐酸阿那格雷

苏州市天瑞化工有限公司

江苏省吴县市木渎镇[215101]
电话:(0512)66261492;66255406
传真:(0512)66262036
网址:china. alibaba. com/company/detail/sztianr
【主要产品】氢化三联苯;基础油;导热油

苏州市吴赣化工有限责任公司

江苏省吴江市同里镇屯村庄区[215216]
电话:(0512)63372100
传真:(0512)63371236　法人代表:钱晨
供销电话:63371057;63372265
经济类型:股份有限公司
职工人数:300 人
网址:www. wugan. com
E-mail:info@wugan. com;qianchen@wugan. com
【主要产品】硫酸二甲酯;一硝基甲烷;三羟甲基氨基甲烷;盐酸羟胺;甘氨酰胺;甲基乙基酮肟;丙酮肟;2-氨基-4,6-二羟基嘧啶;4-氨基苯磺酰胺;硝酸胍;结晶磺胺;磺胺噻唑;磺胺噻唑钠;磺胺嘧啶;磺胺二甲嘧啶;磺胺二甲嘧啶钠;磺胺喹噁啉;磺胺喹噁啉钠;磺胺对甲氧嘧啶钠;磺胺脒;磺胺醋酰钠;溴硝醇

苏州市吴中区胥口试剂厂

江苏省苏州市吴中区胥口镇[215164]
电话:(0512)66211784;66211588;13906203429
传真:(0512)66211560
法人代表:李义根
网址:www. pd-c. cn
E-mail:sales@pd-c. cn
【主要产品】炭载含钌加氢催化剂;钯炭催化剂;炭载含铂、钯双金属加氢催化剂;炭载含铂加氢催化剂;炭载含铑催化剂;钯碳酸钙

苏州市相城区开来化工有限公司

江苏省苏州市相城区东桥镇[215152]
电话:(0512)65376388
传真:(0512)65377401
法人代表:朱胜伟
网址:www. sz-kailai. com
【主要产品】印染助剂

苏州市相城区青台精细化工有限公司

江苏省苏州市相城区黄桥镇青台村[215132]
电话:(0512)65464264;65465896
传真:(0512)65469249
网址:www. qtchem. com
E-mail:ly@qtchem. com
【主要产品】2-氨基-5-溴苯甲酸;4-氯水杨酸;4-氯-2-甲氧基苯甲酸;2-苯基丙烯酸;2,4-二羟基苯甲酸甲酯;5-甲基水杨酸甲酯;二正丁酸丁烯-1,4-二醇酯;2-氯-5-硝基苯酚;4-氨基-3-硝基苯酚;3-硝基-4-(2-羟丙氨基)苯酚;3-硝基-4-(2-羟乙氨基)苯酚;2-氯-5-氨基苯酚;4-羟基水杨酰胺;5-甲基水杨酰胺;2-氯-5-硝基苯胺;2-氯-6-甲基苯胺;苯甲脒盐酸盐;2-甲氧基-4-氯-5-氨磺酰基苯甲酸;2-巯基苯并噁唑;2,5-二氨基苯磺酸;4-甲基-3-硝基苯酚;5-甲基水杨酸;3-硝基-4-(2-羟乙氨基)甲苯;2-硝基-1,4-双(2-羟乙氨基)苯;5-氯-2-巯基苯并噻唑

苏州市相城区新益化工厂

江苏省苏州市相城区黄埭镇北[215143]
电话:(0512)65719189;66226726;13962179699
传真:(0512)65719189
网址:www. szxinyi. com
E-mail:xinyi@szxinyi. com;yxd@szxinyi. com
【主要产品】2-溴-4-硝基苯甲酸;4-溴-2-硝基苯甲酸;2-氟-4-硝基苯甲酸;对氟苯甲酸;间氟苯甲酸;2,4-二氟苯甲酸;2-氯-4-氟苯甲酸;2,3,4-三氟苯甲酸;2-溴-5-氯苯甲酸;5-溴-2-氯苯甲酸;4-溴-2-氯苯甲酸;2-氯-5-氟苯甲酸;5-氯-2-氟苯甲酸;2,5-二溴苯甲酸;间溴苯甲酸;2-溴-5-氟苯甲酸;4-溴-2-氟苯甲酸;4-溴-3-氟苯甲酸;2-溴-4-氟苯甲酸;5-溴-2-氟苯甲酸;3-溴-4-氟苯甲酸;4-溴-3-氯苯甲酸;2-溴-4-氯苯甲酸;3-溴-4-氯苯甲酸;4-氯-2-氟苯甲酸;3,4-二氟苯甲酸;2,3-二氟苯甲酸;2,5-二氟苯甲酸;3,5-二氟苯甲酸;2-氯-3-氟苯甲酸;2-氨基-4-氟苯甲酸;2,3-二氯苯甲酸

苏州市湘园特种精细化工有限公司

江苏省苏州市平四路 25 号[215001]
电话:(0512)67528819
供销电话:67528929;67539063
供销传真:67526573
网址:www. chinamboca. com
E-mail:sales@chinamboca. com
【主要产品】对苯二酚二(2-羟乙基)醚;间苯二酚二(2-羟乙基)醚;聚异氰酸酯胶;3,3′-二氯-4,4′-二氨基二苯基甲烷

苏州市鑫隆化工有限公司

江苏省苏州市相城区太平镇[215137]
电话:(0512)65433274;65436628;13706138907
传真:(0512)65434044　有进出口权

网址:www. xinlong-chem. com
E-mail:sales@ xinlong-chem. com
【主要产品】4-甲苯磺酰胺;4-甲苯磺酰氯;对甲砜基甲苯;邻硝基对甲砜基甲苯;D-对甲砜基苯丝氨酸乙酯;甲砜霉素;氟洛芬

苏州市兴邦化学建材有限公司

江苏省苏州市相城区望亭镇新华开发区[215008]
电话:(0512)68079299
传真:(0512)66703575
经济类型:私营企业 产值:1,500 千元
职工人数:100 人 法人代表:毛荣良
网址:www. xbcbm. com
E-mail:xbcbm@ yaohoo. com
【主要产品】高效减水剂;水泥

苏

苏州市兴业化工有限公司

江苏省苏州市高新区浒墅关工业园兴业路[215151]
电话:(0512)65392236;65399688
传真:(0512)65391921;66721589
经济类型:集体 法人代表:王全兴
网址:www. chinaxingye. com
E-mail:chinaxingye@ vip. sina. com
【主要产品】4-甲苯磺酸;4-甲苯磺酸钠;呋喃树脂(自硬型);水基涂料;除渣剂;酚醛树脂胶黏剂;固化剂;脱模剂;清洗剂

苏州市永达精细化工有限公司

江苏省苏州市斜塘民生路 2 号[215123]
电话:(0512)65938285;65935080;65935018
传真:(0512)65938286 法人代表:严伟
供销电话:65935080;65938285
经济类型:股份合作 职工人数:380 人
网址:www. yotech. com;
www. yongdachemical. com
E-mail:yotech@ public1. sz. js. cn
【主要产品】氟硼酸;氟硼酸钾;氟化钠;氟化钾;氟氢化钾;氟氢化铵;氟硅酸钾;氟铝酸钠;氟铝酸钾;溴化钠;溴酸钠;溴酸钾;溴化钾;甘氨酸甲酯盐酸盐;甘氨酸乙酯盐酸盐;甘羟铝;甘氨酸(医药级);聚合氯化铝

苏州市御窑精细化工有限公司

江苏省苏州市相城区陆慕镇御窑村[215131]
电话:(0512)65491532;13706213415
传真:(0512)65765932 职工人数:60 人
经济类型:私营企业 法人代表:宋金火
网址:www. szyuyao. com;
www. yuyaochem. com
E-mail:info@ szyuyao. com
【主要产品】2,3-二氯苯甲醛;3,4-二氯苯甲醛;对氯苯甲醛;间氯苯甲醛;2,4-二氯苯甲醛;对氯苄醇;乙氧基亚甲基氰乙酸乙酯;4-氯甲苯;2-氯甲苯;2,3-二氯甲苯;邻甲基氯苄;邻二氯苄;2,4-二氯苯甲酸;4-氯氯苄;邻氯氯苄;3-氯氯苄;2,4-二氯氯苄;2,6-二氯氯苄;3,4-二氯氯苄;2-氯苯甲酸;3,4-二氯甲苯;2,4-二氯甲苯;乙氧基亚甲基丙二腈

苏州市振兴化工厂

江苏省苏州市官渎里立交桥北口[215131]
电话:(0512)67010588;67520190;67522615
传真:(0512)67528339
网址:www. zxchem-cn. com
【主要产品】四氯化碳;过氧化氢;乙二胺四乙酸二钠;氢氧化钠;重铬酸钠;硫酸钠(无水);十二烷基硫酸钠;亚硫酸钠(无水);过硫酸钠;硫代硫酸钠(无水);氯化钠;四硼酸钠;磷酸三钠;柠檬酸钾;氢氧化钾;重铬酸钾;碘化钾;高锰酸钾;溴化钾;碳酸钾(无水);氯化亚锡;柠檬酸三铵;氟化铵;氢氧化铵;重铬酸铵;氯化铵;硫酸铜;吡啶;甲苯;*N*,*N*-二甲基甲酰胺;顺丁烯二酸酐;己烷;二氯甲烷;三氯甲烷;环己烷;庚烷;三氯乙烯;苯酚;2-丁酮;丙酮;乙酸乙酯;乙酸正丁酯;邻苯二甲酸二丁酯;磷酸三丁酯;乙酸,无水;甲酸;油酸;草酸;柠檬酸;盐酸;硝酸;硫酸;硼酸;磷酸;乙醇(95%);乙醇(无水);乙二醇;丁醇;异丁醇;异丙醇;丙三醇;甲醇;辛醇;乙醚;脲;硫脲;松节油;蓖麻油

苏州市中发医药化工有限公司

江苏省苏州市日规路 1-1-106 号[215021]
电话:(0512)67246269
传真:(0512)67246269
【主要产品】1,3,5-三甲氧基苯;乙醛酸;1,3,5-三溴苯;哌嗪;尿囊素;对羟基苯甲酸乙酯;对羟基苯甲酸甲酯;对羟基苯甲酸丙酯;对羟基苯甲酸丁酯;人工牛黄;二甲基亚砜(药用)

苏州市众山塑料有限公司

江苏省苏州工业园区胜浦镇同胜路 33 号[215000]
电话:(0512)62863165;62863111
传真:(0512)65312523;62863132
供销电话:62863151 法人代表:王春华
网址:www. szzhongshan. com
E-mail:tom@ szzhongshan. com
【主要产品】低密度聚乙烯;线型低密度聚乙烯树脂;高密度聚乙烯;聚丙烯

苏州首诺导热油有限公司

江苏省苏州市新区滨河路 1156 号金狮大厦[215011]
电话:(0512)68258167;68258597
传真:(0512)68250417
网址:www. szsolutia. com
E-mail:webmaster@ szsolutia. com
【主要产品】合成导热油

苏州双荣橡塑有限公司

江苏省苏州市相城经济开发区春申湖东路[215100]
电话:(0512)65451222;65455867
传真:(0512)65456123
网址:www. shuangrong. com. cn
E-mail:wsr@ shuangrong. com. cn
【主要产品】塑料制品;橡胶制品;硅橡胶按键;高压电器橡胶配件;O 形密封圈;橡胶防尘密封圈

苏州顺德钛设备制造有限公司

江苏省苏州市新区枫桥镇旺米村[215129]
电话:(0512)65369161;13706218591
传真:(0512)65369161
法人代表:杨德生
网址:www. jsti. com. cn
E-mail:tai@ jsti. com. cn
【主要产品】强磁力搅拌反应釜;反应釜;金属填料;旋转蒸发器;薄膜蒸发器;蒸馏塔;旋风分离器;固定管板式换热器;钛材热交换器;冷凝器;离心机;异径管;盘管;管件;三通;钛材化工设备

苏州特种化学品有限公司

江苏省张家港市乐余镇东沙工业园[215619]
电话:(0512)67535564;58633625
传真:(0512)67534562;58630521
经济类型:有限责任公司 有进出口权
法人代表:吴钰荪
网址:www. sz-specchem. com
E-mail:sale@ sz-specchem. com
【主要产品】二甲苯甲醛树脂;环氧树脂;酚醛环氧树脂;橡胶软化剂 RX-80;气相防锈油;防锈油 F201;防锈乳化油;防锈脂;二壬基萘磺酸钡;薄层防锈油;金属乳化切削油;切削油

苏州天马医药集团

江苏省苏州市新区滨河路 1156 号金狮大厦 25 楼[215011]
电话:(0512)58091489;58095065;68097302
传真:(0512)68090175
网址:www. tianmapharma. com
E-mail:peptide@ tianmapharma. com
【主要产品】盐酸克林霉素;克林霉素磷酸酯;氟康唑;阿昔洛韦;枸橼酸喷托维林;阿尼西坦;瑞巴匹特;盐酸依托必利

苏州天普化学工业有限公司

江苏省张家港市凤凰镇凤南路[215613]
电话:(0512)58497812
传真:(0512)58497000
网址:www. tianpuchem. com
E-mail:globalbiz@ tianpuchem. com
【主要产品】羟丙基甲基纤维素;甲基纤维素

苏州天意达化工有限公司

江苏省苏州市吴中经济开发区迎春南路96-3号[215128]
电话:(0512)65650088
传真:(0512)65650099
网址:www.techlead.com.cn
E-mail:info@techlead.com.cn
【主要产品】建筑乳液;纺织乳液

苏州万庆药业有限公司

江苏省太仓市富豪经济开发区[215415]
电话:(0512)53413666;53413111;53414600
传真:(0512)53414800;53414900
网址:www.wanqingpharm.com;www.szwanqing.com
E-mail:webmaster@szwanqing.com
【主要产品】头孢噻肟钠;头孢噻肟酸;头孢孟多酯钠;头孢克罗;头孢克肟;头孢呋辛;头孢呋辛钠;头孢呋辛酯;头孢丙烯;头孢他啶;头孢硫脒;头孢曲松钠;美洛昔康;酮基布洛芬;洛索洛芬钠;丙硫氧嘧啶;替米沙坦;盐酸特拉唑嗪;甲磺酸多沙唑嗪;盐酸氟西汀;卡马西平;奥卡西平;西替利嗪;氯雷他定;脱羧氯雷他定

苏州威力士精细化工有限公司

江苏省苏州市吴中区河东工业园六丰路53号[215124]
电话:(0512)65617987;13912793717
传真:(0512)65964056　有进出口权
网址:www.wchem.com.cn
E-mail:sale@wchem.com.cn
【主要产品】洗涤剂(工业);轮胎喷涂与胶片隔离剂

苏州维华化工有限公司

江苏省苏州市相城区东桥镇东新西路37号[215152]
电话:(0512)65378000
传真:(0512)65373220
网址:www.weihuachem.com
E-mail:szwh@weihuachem.com
【主要产品】维生素C磷酸酯

苏州温橡特种橡胶有限公司

江苏省太仓市开发区北京路188号[215400]
电话:(0512)81616666;81616667;81616668
传真:(0512)81609666
固定资产:21,000千元
供销电话:81616669;81616668
职工人数:250人　法人代表:陈善睦
网址:www.china-autopart.com
E-mail:dfrubber@sohu.com
【主要产品】汽车用胶管;减震器及配件;橡胶接管;橡胶密封圈

苏州吴中前进有机化工有限公司

江苏省苏州市吴中区甪直镇迎宾西路[215127]
电话:(0512)65010469;64971258
传真:(0512)65011037;55967597
供销电话:65475494　经济类型:集体
法人代表:吴国城
【主要产品】焦亚硫酸钠;4-甲氧基苯甲醛;2,4-二硝基苯酚;苯肼;1-苯基-3-吡唑烷酮;阻燃型玛帝脂

苏州西华化工有限公司

江苏省苏州市吴中区镇湖镇[215161]
电话:(0512)66911035;13906137408
传真:(0512)66911035
经济类型:有限责任公司
网址:www.xi-hua.com
E-mail:service@xi-hua.com
【主要产品】丙三醇;硬脂酸;油酸

苏州依俐法化工有限公司

江苏省苏州市沧浪区南门路1号[215007]
电话:(0512)65611820;65612926;65619210
传真:(0512)65253458
经济类型:中外合资经营企业
法人代表:张嘉诚
网址:www.elifa-cmc.com
E-mail:elifa@hi2000.com;elifasales@hi2000.com
【主要产品】羧甲基纤维素钠(食品级)

苏州益良药业有限公司

江苏省苏州市西园路8号[215008]
电话:(0512)67231113
传真:(0512)67232843　经济类型:国有
供销电话:65219546
供销传真:65243065
【主要产品】噻吗洛尔;盐酸哌唑嗪;枸橼酸喷托维林

苏州寅生化工有限公司

江苏省苏州市东大街万丽花园1-101号[215007]
电话:(0512)65234733;63242862;65230866
传真:(0512)65230588;63243892
供销电话:65230866;65234733
经济类型:私营企业　有进出口权
网址:www.dapsone.com
E-mail:shdx@public1.sz.js.cn;tiger@hi2000.com
【主要产品】2-溴-3-羟基吡啶;2-氯-3-羟基吡啶;4,5-二氰基咪唑;2-氨基-3-羟基吡啶;3-羟基吡啶;3-羟基-2-硝基吡啶;2-硝基-3-甲氧基吡啶;4,4′-氧双邻苯二甲酸酐;4,4′-二羟基二苯砜;2-氨基二苯砜;*N*-苄基叔丁胺;苯亚磺酸钠;4-甲硫基苯甲酸;2-氨基-4,6-二甲基嘧啶;二苯砜;4,4′-双(4-氨基苯氧基)二苯砜;4,4′-二氯二苯砜;4,5-二氯咪唑;2-溴-4,5-二氯咪唑;4,4′-二氨基二苯砜;3,3′-二氨基二苯砜;4-氯二苯砜;联(4-氯二苯砜)

苏州英杰注塑有限公司

江苏省苏州市吴县木渎镇苏福路210号[215101]
电话:(0512)66262224;66367122;66261363
传真:(0512)66254698
经济类型:中外合资经营企业
职工人数:350人
网址:www.szyj.com
E-mail:info@szyj.com
【主要产品】塑胶制品;塑料注射成型机

苏州永拓医药科技有限公司

江苏省苏州市新区滨河路1326号301室[215011]
电话:(0512)68079749-803;13862084806
传真:(0512)68086857
供销电话:68086856;13862084806
网址:www.time-chem.com
E-mail:timechem@hi2000.com
【主要产品】5-溴-2-氯嘧啶;5-溴-2-碘嘧啶;三氯乙醇;二茂铁甲酸;丙二酸二叔丁酯;偶氮二甲酸二叔丁酯;丙二酸单甲酯酰氯;丙二酸单乙酯酰氯;特戊酸氯甲酯;特戊酸碘甲酯;氯甲酸对硝基苯酯;2-氯-4′-氟苯乙酮;α-溴代对羟基苯乙酮;蒽酮;双蒽酮;丙二酰氯;4,4′-二碘联苯;1-碘庚烷;4-溴-2,6-二甲基苯酚;*N*,*N*′-二异丙基碳酰亚胺;*N*,*N*′-二环己基碳二亚胺;对甲氧基苯磺酰氯;偶氮二甲酸二异丙酯;2-氯-4,6-二甲氧基-1,3,5-三嗪;2,4-二氯-6-甲氧基-1,3,5-三嗪;3-乙酰氨基苯乙酮;噻康唑;佐米曲坦;氯吡格雷硫酸盐

苏州园方化工有限公司

江苏省太仓市富豪开发区[215400]
电话:(0512)53413633;53414911;53414535
传真:(0512)53413657
网址:www.yfchem.com
E-mail:lhy@yfchem.com;yfchem@yfchem.com
【主要产品】三苯乙烯;2,3-二甲氧基苯甲醛;3-二甲氨基-1,2-丙二醇;2,3-二甲氧基苯甲酸;3-甲氧基水杨酸;苯基丁酸;丙炔酸;3-甲氧基水杨酸甲酯;丙炔酸乙酯;甲烷磺酰胺;2,3-二甲氧基-5-磺酰胺基苯甲酸;4-溴甲基喹诺酮;*S*-(-)-3-叔丁基氨基-1,2-丙二醇;1-乙基-2-氨甲基四氢吡咯;*N*-甲基-2-(2-氨基乙基)吡咯烷;3,4-二硝基氯苯;溴三苯乙烯;2-甲氧基-5-乙磺酰基苯甲酸甲酯;对羟基苯甲酸乙酯;对羟基苯甲酸甲酯;对羟基苯甲酸丙酯;L-焦谷氨酸;舒必利;盐酸苯海索;瑞巴匹特;硫辛酰胺;阿利苯醇;硫普罗宁

苏州志和无纺助剂有限公司

江苏省常熟市莫城开发区[215500]
电话:(0512)52821259;13606262755

传真:(0512)52810349
经济类型:港澳台商独资经营
网址:www.zhihechem.com
【主要产品】自交联型纯丙乳液;超强吸水剂;无纺布黏合剂;抗菌防霉柔软剂;静电防止剂;荧光增白剂;聚酯纤维荧光增白剂;增稠剂;硬挺剂;抗紫外线整理剂;阻燃剂;高效消泡剂

苏州中联化学制药有限公司

江苏省吴江市黎里镇交能东路9号[215212]
电话:(0512)63624246;63626103;63621969
传真:(0512)63627582
经济类型:中外合资经营企业
E-mail:pharma@uni-cent.com
【主要产品】头孢噻吩钠;头孢甲肟;头孢匹罗;头孢克罗;头孢他啶盐酸盐;头孢米诺钠;头孢曲松钠

太仓凤新化工设备有限公司

江苏省太仓市双凤镇[215416]
电话:(0512)53433153;53438196;13915772288
传真:(0512)53439185 职工人数:60人
网址:www.fengxintc.com
E-mail:lyq@fengxintc.com
【主要产品】聚丙烯板;聚丙烯填料塔;聚丙烯球型填料;石墨改性聚丙烯降膜吸收器;离子交换器;盘式真空过滤机;石墨改性聚丙烯列管式换热器;增强聚丙烯水喷射真空泵;聚氯乙烯储罐;储罐;管道;弯头;法兰;球阀;三通;真空计量罐;异型材拼装机组

太仓汇丰化学肥料有限公司

江苏省太仓市城厢镇昆太路888号[215400]
电话:(0512)53530518
传真:(0512)53523476 职工人数:63人
经济类型:与港澳台商合资经营
法人代表:张荫萱
【主要产品】复合肥

太仓建滔化工有限公司

江苏省太仓市港口开发区石化工业区[215433]
电话:(0512)53647022
传真:(0512)53647099
经济类型:港澳台商独资经营
【主要产品】甲醛

太仓市长海石油化工有限公司

江苏省太仓市洛阳路168号[215400]
电话:(0512)53566181;53566182;53566183
传真:(0512)53589698
网址:www.tcch.com.cn
E-mail:changhai@tcch.com.cn;market@tcch.com.cn
【主要产品】聚苯乙烯树脂;高抗冲聚苯乙烯

太仓市东明化工有限公司

江苏省太仓市直塘镇光明路1号[215417]
电话:(0512)53253858;13962607118
传真:(0512)53253858
经济类型:股份有限公司
法人代表:王健峰
网址:www.dongmingchem.com
【主要产品】2,5-二氯苯甲酸;间氟苯甲酸;邻氟苯甲酸;4-异丙基苯甲酸;对乙基苯甲酸;2-萘甲酸;1-萘甲酸;2,3-二甲基苯甲酸;2,5-二甲基苯甲酸;2,4-二甲基苯甲酸;2,6-二羟基甲苯;3,4-二氯苯甲酸;2,3-二氯苯甲酸;2,4-二氯苯甲酸;3-甲基苯甲酸;4-甲基苯甲酸;对甲基苯甲酸乙酯;4-氯苯甲酸;1,4-萘二甲酸;苯佐卡因;对甲氧基苯乙酮;荧光增白剂OB;荧光增白剂OB-1;荧光增白剂KCB

太仓市防腐塑料设备厂

江苏省太仓市归庄镇[215425]
电话:(0512)53293752;13906227855
传真:(0512)53293525
供销电话:53293752;13809051428
经济类型:私营企业 法人代表:陈晓平
网址:www.tc-ff.com
E-mail:tcff@chemnet.com
【主要产品】聚丙烯板;聚丙烯填料塔;储槽;聚丙烯球型填料;石墨改性聚丙烯降膜吸收器;盘式真空过滤机;石墨改性聚丙烯列管式换热器;增强聚丙烯水喷射真空泵

太仓市红丹厂

江苏省太仓市浮桥镇浏家港三里村[215433]
电话:(0512)53645858;13338682233
传真:(0512)53645152
供销电话:53645858;13906228066
网址:www.tc-hd.com
E-mail:sales@tc-hd.com
【主要产品】一氧化铅;铅;红丹

太仓市金阳气体有限公司

江苏省太仓市南郊镇[215411]
电话:(0512)53405562;53405560
传真:(0512)53405562
经济类型:股份有限公司
法人代表:倪金良
【主要产品】溶解乙炔

太仓市良盛橡胶制品有限公司

江苏省太仓市浮桥镇[215434]
电话:(0512)53701772;56567466;13906229481
传真:(0512)53709025
供销电话:53701772;13809051692
经济类型:有限责任公司
企业规模:大型 法人代表:傅锦良
网址:www.lsrubber.nease.net
E-mail:cttxzq@sohu.com
【主要产品】聚氨酯泡沫塑料;聚氨酯保温材料;减震器及配件;油封;O形密封圈

太仓市农药厂有限公司

江苏省太仓市浏河镇滨河街114号[215431]
电话:(0512)53611849
经济类型:有限责任公司
E-mail:uutpf@public1.sz.js.cn
【主要产品】多菌灵;多菌灵可湿性粉剂;多菌灵胶悬剂;丙环唑;丙环唑乳油;甲基硫菌灵;甲基硫菌灵可湿性粉剂;苯菌灵;苯菌灵可湿性粉剂;草甘膦水剂(10%);草甘膦;41%草甘膦异丙胺盐水剂;20%井·三环可湿性粉剂;28%多·井悬浮剂

太仓市荣生达胶辊厂

江苏省太仓市新塘镇新墙路588号[215436]
电话:(0512)53621167;53621121;13806243178
传真:(0512)53621167
供销电话:53621167;13809054082
法人代表:冯瑞生
网址:www.rongshengda.net
E-mail:rongshengda@rongshengda.net
【主要产品】胶辊;印刷胶辊

太仓市三耐化工设备有限公司

江苏省太仓市沙溪镇洪泾中心路[215421]
电话:(0512)53215283;53229009;13806241713
传真:(0512)53229089
经济类型:股份有限公司
网址:www.jssn.com
E-mail:jssn@hi2000.com
【主要产品】聚丙烯板;石墨改性聚丙烯降膜吸收器;吸收塔;离子交换器;微孔过滤器;石墨改性聚丙烯列管式换热器;塑料风机;增强聚丙烯水喷射真空泵;储罐;真空计量罐

太仓市神州化工设备有限公司

江苏省太仓市沙溪镇民营科技园区[215421]
电话:(0512)53222999
传真:(0512)82626067
固定资产:30,000千元
供销电话:82026067 产值:10,000千元
供销传真:82026067 职工人数:100人
经济类型:私营企业 法人代表:龚国清
销售收入:9,800千元
E-mail:info@shenzhousb.com
【主要产品】石墨改性聚丙烯降膜吸收器;离子交换器;石墨改性聚丙烯列管式换热器

太仓市新星轻工助剂厂

江苏省太仓市新塘镇新谊西路85号[215436]
电话:(0512)53620904;53962038;53627620
传真:(0512)53620904

苏

经济类型:股份合作 法人代表:卢钦能
【主要产品】硫酸铝;聚丙烯酰胺;杀菌灭藻剂;聚合氯化铝

太仓市鑫鹄化工有限公司

江苏省太仓市城厢镇南郊区南新路10号[215411]
电话:(0512)53409660
传真:(0512)53409680
职工人数:100人
网址:www.xinhuchem.com
E-mail:xhhg@hi2000.com
【主要产品】三溴化磷;2-苯基咪唑;2-乙氧基丙烯;丙酰溴;1-碘-3-甲基丁烷;碘乙烷;碘甲烷;四碘甲烷;乙酰溴;苯磺酰胺;丙酮肟;*N*-溴代丁二酰亚胺;*N*-氯代丁二酰亚胺;苯磺酰氯;2-正辛基-4-异噻唑啉-3-酮;碘代丙烷;二碘甲烷;碘仿;氯胺T;氯胺B;溴硝醇;2,2-二溴-3-次氮基丙酰胺;2,2-二溴-2-硝基乙醇;多用酸洗缓蚀剂;1,2-苯并异噻唑啉-3-酮

太仓市运通化工厂

江苏省太仓市港区化工开发区滨海路[215433]
电话:(0512)53640999;13862299178
传真:(0512)53640998
供销电话:53640999;13182688188
网址:www.tcytchem.com
E-mail:sales@tcytchem.com
【主要产品】4-苯基-1,2,3,6-四氢吡啶;3-溴苯酞;膦酰基乙酸三甲酯;苯甲酸萘酯;1-羟基-2-萘甲酸苯酯;乙酰氧基乙酰氯;1,1-环己基二乙酸单酰胺;1,1-环己二乙酸酐;1-(2-嘧啶基)哌嗪;2-氯吩噻嗪;2-甲硫基吩噻嗪;2-甲氧基吩噻嗪;2-乙酰吩噻嗪;2-三氟甲基吩噻嗪;3,3-环戊烷戊二酰亚胺;3,3-亚戊烯基-4-丁内酰胺;邻醛基苯甲酸;4-(*N*,*N*-二甲基)氨基苯甲醛;5-硝基间苯二甲酸二甲酯;2-氯嘧啶;1-环己烯基乙腈;三溴甲基苯砜;加巴喷丁;加巴喷丁盐酸盐;普瑞巴林

太仓市振湖化工厂

江苏省太仓市新湖镇[215415]
电话:(0512)53410187;53415187
传真:(0512)53413631
网址:www.zhchem.com
E-mail:info@zhchem.com
【主要产品】3-苯基-1-丙醇;2,3-二羟基苯甲酸;3,4-二羟基苯甲酸;对甲基苯乙酮;氯乙酰胺;邻乙基苯胺;苯乙酸乙酯;盐酸氯苯胍;溴硝醇

太仓市中天化学有限公司

江苏省太仓市沙溪镇西门街163号[215421]
电话:(0512)53220662;53222693;56560662
传真:(0512)53220662
供销电话:56560662;13801655662
经济类型:私营企业 法人代表:包泉兴
网址:www.chinachemnet.com/company/0111c.htm
E-mail:zhongsheng@hi2000.com
【主要产品】丙苯;正戊基苯;对丙基环己基苯;对戊基苯甲醚;邻溴苯甲酸;对溴苯甲酸;对正丁基苯甲酸;4-异丙基苯甲酸;对丙基苯甲酸;5-甲基间苯二甲酸;对乙基苯甲酸;对戊基苯甲酸;1,2,3-苯三甲酸;均苯三甲酸;3,5-二甲基苯甲酸;对丙基苯乙酮;对戊基苯乙酮;对甲氧基苯戊酮;4-甲基苯甲酸;1,4-萘二甲酸

太仓塑料助剂厂有限公司

江苏省太仓市城厢镇南门街2号[215400]
电话:(0512)53522254;53522629;13906222836
传真:(0512)53529748 有进出口权
经济类型:私营企业 法人代表:杨利华
网址:www.dcpaa.com
E-mail:ylhua@dcpaa.com
【主要产品】异丙苯;氯化聚乙烯;复合膜黏合剂;过氧化二异丙苯;过氧化氢异丙苯

太仓新工搪玻璃有限公司

江苏省太仓市经济开发区苏州路新洋工业园区[215400]
电话:(0512)53522861;53543668;53522635
传真:(0512)53543698 经济类型:集体
供销电话:56655855;53531117
有进出口权 法人代表:唐京华
网址:www.xgtangboli.com
E-mail:shenyongqi88@tom.com
【主要产品】圆盘(板)加热真空干燥器

太仓新太酒精有限公司

江苏省太仓市古塘街18号[215400]
电话:(0512)53523431;53523427
传真:(0512)53526468
经济类型:外商独资
网址:www.tcxintai.com
E-mail:info@tcxintai.com;sales@tcxintai.com
【主要产品】二氧化碳;乙醇;乙醇(无水);无水乙醇(药用);杂醇油;食用酒精

太仓制药厂

江苏省太仓市城厢镇新毛区毛观堂桥堍[215414]
电话:(0512)53421158;13906223387
传真:(0512)53421919
经济类型:股份合作
网址:www.tc-pharm.com
E-mail:sales@tc-pharm.com
【主要产品】2,5-二氯噻吩;2,5-二氯噻吩-3-磺酰胺;2,5-二氯-3-噻吩磺酰氯;2,5-二氯-3-乙酰基噻吩;联萘酚磷酸酯;二苯并[a,d]环庚烯-5-酮;4-三氟甲氧基苯乙酮;*β*,*β*′-联萘酚;(*R*)-(+)-1,1′-联-2-萘酚;(*S*)-(-)-1,1′-联-2-萘酚;3-磺酰氯-2-噻吩甲酸甲酯;3-氨基噻吩-2-羧酸甲酯;2-甲氧羰基噻吩-3-磺酰氨基乙酸甲酯;多塞平酮基物;4-甲基-5-羟乙基噻唑;4-甲基-5-(2-乙酰氧乙基)噻唑;2,2-二乙氧基乙醇;磺胺吡啶;柳氮磺胺吡啶;多虑平

万胜化工(昆山)有限公司

江苏省昆山市玉山经济技术开发区江浦北路281号[215300]
电话:(0512)57515781;57573816
传真:(0512)57518643
法人代表:杨兴泉
网址:www.ks-ws.com
E-mail:yang@ks-ws.com
【主要产品】工业涂料;丙烯酸类面漆;丙烯酸带锈底漆;丙烯酸内墙乳胶漆;聚酯树脂漆类;无苯聚酯漆;环氧地坪涂料;环氧树脂类防腐涂料;各色聚氨酯环氧防腐漆;氟碳漆;有机硅耐高温防腐涂料;改性氯磺化聚乙烯防腐涂料;高氯化聚乙烯防腐涂料;氯化橡胶防腐涂料;高级外墙乳胶漆;无毒饮水舱防腐涂料

威怡化工(苏州)有限公司

江苏省苏州市宝南路85号[215128]
电话:(0512)65289898
传真:(0512)65287645
网址:www.weiyichem.com
E-mail:wysales@weiyichem.com
【主要产品】羧甲基纤维素钠

吴江迪宇化纤原料有限公司

江苏省吴江市梅堰高新技术开发区[215225]
电话:(0512)63682585
传真:(0512)63683585
法人代表:黄春林
网址:www.cn-jsdy.com
E-mail:wjdy3585@pub.sz.jsinfo.net
【主要产品】间苯二甲酸二甲酯-5-磺酸钠

吴江宏伟环保助剂有限公司

江苏省吴江市梅堰镇[215225]
电话:(0512)63681281;63681373;13906250792
传真:(0512)63689281
供销电话:63681281;13951123536
网址:www.hongweizj.com
E-mail:sales@hongweizj.com
【主要产品】芳烃溶剂油;芳烃增塑剂

吴江明恒化学有限公司

江苏省吴江市震泽镇开发区[215231]
电话:(0512)63786502;13906258301
传真:(0512)63786503
网址:www.mingheng-chem.com
E-mail:sales@mingheng-chem.com

【主要产品】6-氨基-5-溴喹喔啉；二苯甲醇；1-苯基-1-丙醇；N-对硝基苄氧基-β-丙氨酸；苯丙酮；对硝基苯甲酰氯；α-溴代苯丙酮；3-硝基苯磺酸钠；1-氨基-2-甲基吲哚啉盐酸盐；苯海拉明；盐酸苯海拉明

吴江森亮化工有限公司

江苏省吴江市铜罗镇[215237]
电话：(0512)63883388；63885588；63889228
传真：(0512)63881383；63882338
供销电话：63882661；13606255687
经济类型：股份合作　职工人数：150 人
法人代表：李根荣
网址：www. senliang. com
E-mail：sales@ senliang. com
【主要产品】2，6-二氯-4-硝基苯胺；4-硝基苯胺；2-氯-4-硝基苯胺；1-氨基-2-溴-4-羟基蒽醌；1-氨基-2，4-二溴蒽醌；螺灭杀；分散红 E-4B；分散红 FB；氯硝柳胺；氯硝柳胺哌嗪盐

吴江山湖颜料有限公司

江苏省吴江市运东开发区[215200]
电话：(0512)63401888
传真：(0512)63401478
网址：www. shanhuchem. com
E-mail：shanhu@ shanhuchem. com
【主要产品】耐晒桃红色原；耐晒桃红色淀；耐晒玫瑰色淀 B；耐晒玫瑰色原；耐晒青莲色原 R；耐晒青莲色淀；耐晒品蓝色原 2R；耐晒品蓝色原 BR；耐晒品蓝色淀 BO；耐晒大红 2BP；坚固大红 G；永固红 FBB；坚固红青莲 BF；颜料紫 19；坚固玫瑰红

吴江市东风化工有限公司

江苏省吴江市震泽镇[215231]
电话：(0512)63786348；63785522
传真：(0512)63785033　有进出口权
固定资产：30，000 千元
供销电话：63785050　产值：50，000 千元
供销传真：63785194　职工人数：200 人
经济类型：股份有限公司
销售收入：40，000 千元
法人代表：施鹤年
网址：www. dfchem. com
E-mail：uudfchem@ publicl. sz. js. cn
【主要产品】间二甲氨基苯甲酸；三羟甲基氨基甲烷；2，4，6-三甲基苯胺；N-苯基-1-萘胺-8-磺酸铵；N-苯基-1-萘胺-8-磺酸；1-萘胺-5-磺酸；8-氨基-1-萘磺酸；甲苯基周位酸；紫外线吸收剂 UV-234；紫外线吸收剂 UV-329；紫外线吸收剂 UV-320

吴江市繁荣化工有限公司

江苏省吴江市八坼镇南郊[215222]
电话：(0512)63340218；13901552309
传真：(0512)63342905
网址：www. fr-lanolin. com
E-mail：sales@ fr-lanolin. com；nwr@ fr-lanolin. com
【主要产品】羊毛脂醇；羊毛脂(药用)；工业羊毛脂

吴江市高新精细化工有限公司

江苏省吴江市庙港工业开发区[215232]
电话：(0512)63731533；13806256929
传真：(0512)63731533
法人代表：周菊荣
网址：www. gaoxin-chem. com
E-mail：sales@ gaoxin-chem. com
【主要产品】溴化钠；4-甲基苯乙炔；对异丙基苯甲醛；2，4，6-三甲基苯甲酸；α-环己烯酮；甲基丙烯酸酐；3-丁氧基丙胺；氧化苯乙烯；二苯基氯化膦；γ-甲氧基丙胺；3-乙氧基丙胺；替莫唑胺；尼可地尔；华法林钠；二苯基(2，4，6-三甲基苯甲酰)氧化膦

吴江市合力树脂有限公司

江苏省吴江市运东经济开发区江陵东路庞山[215200]
电话：(0512)63401963；63132150；63407822
传真：(0512)63400701
网址：www. hlresin. com
E-mail：sales@ hlresin. com
【主要产品】热塑性丙烯酸树脂；羟基丙烯酸树脂；水溶性氨基丙烯酸树脂；硅丙乳液；硅丙树脂；塑料漆专用丙烯酸树脂；苯丙乳液；氨基树脂；环氧树脂；醇酸树脂；丙烯酸改性醇酸树脂；醇酸有机硅树脂；有机硅改性聚酯树脂；有机硅树脂；有机硅环氧树脂；A30-11 氨基烘干绝缘漆；环氧树脂固化剂

吴江市汇丰化工厂

江苏省吴江市震泽汇丰工业园区[215231]
电话：(0512)63771999；63786713；63784721
传真：(0512)63785811　经济类型：集体
供销电话：62504870；13901552533
法人代表：孙振荣
网址：www. huifengdyes. com；www. resorcinol. cn
E-mail：sunzhenrong011@ 163. com
【主要产品】2，6-二氯苯甲醛；2-羟基苯甲酸；4-氯-2-硝基苯酚；2，5-二氯苯胺；2，6-二氯苯腈；6-硝基-1，4-二氯苯；2-氨基苯甲酸；3-氨基-4-羟基苯磺酸；1，4，5，8-萘四甲酸；1-萘酚-5-磺酸；2-氨基-4-氯苯酚；邻甲基水杨酸；1，2-二羟基蒽醌；4-氯-2-氨基苯酚-6-磺酸；酸性墨水蓝 G；酸性媒介深黄 GG；酸性媒介桃红 3BM；酸性媒介红 S-80；酸性媒介漂蓝 B；酸性媒介藏青 RRN；酸性媒介棕 RH；酸性媒介灰 BS；酸性媒介黑 PV；酸性媒介黑 T；永固黄 G；联苯胺黄 G

吴江市锦联化工有限公司

江苏省吴江市黎里镇镇南路[215212]
电话：(0512)63620107；63623107
传真：(0512)63623296
网址：www. shsunbin. com
E-mail：binshun888@ yahoo. com. cn
【主要产品】亚硫酸钠；硫酸铜；硝酸钴；氯化亚铜；氯化钴；氯化铜；氧氯化铜；氯化镍；碱式碳酸铜；碳酸镍；氧化镍；氧化亚铜；氧化铜

吴江市绿艳化工厂

江苏省吴江市铜罗镇[215237]
电话：(0512)63853098；63889750
传真：(0512)63882516
供销传真：63852655　法人代表：顾小毛
经济类型：股份有限公司
网址：www. tlcshg. com
【主要产品】氢氧化铜；氯化亚铜；氯化铜；碱式碳酸铜；醋酸铜

吴江市梅堰涤纶改性剂有限公司

江苏省吴江市梅堰镇双浜村[215225]
电话：(0512)63681535
传真：(0512)63686387　职工人数：50 人
经济类型：股份合作　法人代表：徐坤泉
【主要产品】1，3-苯二甲酸

吴江市普强医药化工有限公司

江苏省吴江市松陵镇交通南路 17 号[215200]
电话：(0512)63457343；61617737；63428197
传真：(0512)63457274
【主要产品】盐酸土霉素；强力霉素；磺胺氯哒嗪钠；磺胺嘧啶；磺胺二甲嘧啶；磺胺二甲嘧啶钠；磺胺喹噁啉；磺胺喹噁啉钠；磺胺甲噁唑；磺胺甲基异噁唑钠；磺胺-6-甲氧嘧啶；磺胺脒；甲氧苄啶；乳酸甲氧苄啶；磺胺对甲氧嘧啶；二甲氧苄氨嘧啶；安乃近；维生素 B6；磺胺氯吡嗪钠；盐酸氯苯胍；左旋咪唑

吴江市青云九洲保险粉有限公司

江苏省吴江市青云镇东首[215200]
电话：(0512)63866777；13906255675
供销电话：63866555；62505675
法人代表：谢成根
网址：www. jzbxf. com
【主要产品】连二亚硫酸钠；焦亚硫酸钠；二氧化硫(液)

吴江市青云塑料厂

江苏省吴江市青云镇[215235]
电话：(0512)63861750；63861838；63865615
传真：(0512)63861597　经济类型：集体
固定资产：14，917 千元
供销电话：63861612　职工人数：100 人
法人代表：吴松林
网址：www. qingyun-china. com
E-mail：sulqy@ public1. sz. js. cn

【主要产品】塑料包装箱及容器；塑料桶

吴江市太湖涂料有限公司

江苏省吴江市北厍镇[215214]
电话：(0512)63240058；63245310；63241860
传真：(0512)63241334；63249866
供销电话：63249877　法人代表：施泉荣
网址：www. sz-taihu. com
E-mail：taihu@ sz-taihu. com
【主要产品】环氧无溶剂浸渍树脂；改性耐热不饱和聚酯树脂；通用浸渍树脂；无溶剂浸渍树脂；固体成膜高分子材料；各色快干醇酸磁漆；C04-42 各色醇酸磁漆；1038 快干氨基醇酸绝缘漆；C32-39 各色醇酸抗弧磁漆；C32-58 各色醇酸烘干抗弧漆；氨基静电烘漆；半导体漆；丙烯酸静电防锈清漆；黑色水性丙烯酸烘漆；铁红聚酯绝缘漆；各色聚酯绝缘磁漆；聚酯绝缘烘漆；聚酯快干绝缘漆；聚酯三防绝缘漆；铁红环氧酯底漆；H06-4 环氧富锌底漆；环氧三防绝缘漆；环氧云铁底漆；环氧面漆；绝缘环氧涂料；环氧酯绝缘漆；H31-54 各色环氧酯烘干绝缘漆；无溶剂浸渍漆；聚氨酯磁漆；铁红聚氨酯底漆；各色聚氨酯立体锤纹漆；各色聚氨酯静电磁漆；有机硅自干绝缘漆；有机硅绝缘漆；各色氯化橡胶面漆(原浆型)；氯化橡胶厚浆型面漆；铁红氯化橡胶厚膜型防锈漆；聚酰亚胺浸渍漆；油漆稀释剂；绝缘漆稀释剂；液体流平剂；环氧平衡胶泥；粉云母带

吴江市万达化工厂

江苏省吴江市八都镇曹村[215233]
电话：(0512)63877258；63877257；13906208738
传真：(0512)63878228
供销电话：63877257；63877358
法人代表：屠伟伟
网址：www. wjwdchem. com
E-mail：sales@ wjwdchem. com
【主要产品】1,3-二甲氧基苯；2,3-二甲基苯酚；4-氯-2-硝基苯酚；3,4-二甲酚；2-氨基-6-氯-4-硝基苯酚；2-氨基-4,5-二甲基苯磺酸；2-氨基-3,5-二甲基苯磺酸；2-氨基甲苯-5-磺酸；2,5-二氨基甲苯硫酸盐；2-氯-1,4-苯二胺，硫酸盐；2-氨基苯酚-4-磺酰胺；2-氨基苯酚-4-磺酰甲胺；2-氨基苯酚-4-磺酰乙胺；2-氨基苯酚-4-(2′-羧基)磺酰苯胺；3-氨基-4-羟基苯磺酸；2-氨基-4-氯苯酚；2-氨基-4,5-二氯苯磺酸；2-氨基-3,5-二氯苯磺酸；5-氨基-2-甲基苯酚；6-硝基-2-氨基苯酚-4-磺酸；2-甲基吲哚啉；5-氨基-2-甲基-*N*-苯基苯磺酰胺；2-甲基吲哚

吴江市新星特种聚酯切片厂

江苏省吴江市梅堰镇开发区[215225]
电话：(0512)63681249
传真：(0512)63680124
法人代表：周万青
【主要产品】聚酯切片

吴江市雪力润滑油有限公司

江苏省吴江市梅堰镇[215225]
电话：(0512)63688280；63688378；13606253613
传真：(0512)63688355
供销电话：13862188118
网址：www. xuelichem. com
E-mail：xl@ xuelichem. com
【主要产品】芳烃溶剂油；芳烃增塑剂；润滑油

吴县市德大化工厂

江苏省吴县市木渎镇七子村[215101]
电话：(0512)66262006
传真：(0512)66366542　经济类型：集体
网址：www. dedachemistry. comm
E-mail：suzhoudeda@ hotmail. com
【主要产品】无水肌酸；氰胺；四苯硼钠；脱漆剂；肌酸酐

吴县市碳酸钙厂

江苏省吴县市木渎镇[215105]
电话：(0512)66262060；66262593
经济类型：股份合作　职工人数：300 人
法人代表：周云祥
【主要产品】碳酸钙；轻质碳酸钙

吴县市紫龙防伪油墨厂

江苏省吴县市渭塘镇中南村[215134]
电话：(0512)65402262
传真：(0512)65402262
经济类型：私营企业　法人代表：张桂根
网址：www. hylive. com/jiangsu/jiangsu00074. html
【主要产品】防伪油墨

耶普(苏州)塑技有限公司

江苏省苏州市工业园区青丘街 158 号[215126]
电话：(0512)62833090
传真：(0512)62833096
网址：www. yep-i. com/cn
E-mail：sales@ yep-i. com
【主要产品】聚乙烯管；塑料管；聚氯乙烯管件；聚氨酯橡胶传动带；聚氨酯胶辊

张家港爱华化工有限公司

江苏省常熟市常馨苑 2 号[215500]
电话：(0512)58632039；13806222356
传真：(0512)58963036
供销电话：52825301；52822952
供销传真：52823618
网址：www. aihuachem. com
E-mail：sales@ aihuachem. com
【主要产品】次磷酸；碳酸甲乙酯；丙酸酐；环氧氯丙烷；醋酸钠(无水)；甲基二乙氧基硅烷；*N*,*O*-双(三甲基硅基)乙酰胺；*N*,*O*-双(三甲基硅烷基)三氟乙酰胺；2′-脱氧-D-尿苷；氨水；敌敌畏；磺胺邻二甲氧嘧啶；磺胺间二甲氧嘧啶；磺胺间二甲氧嘧啶钠；磺胺醋酰钠；环磷腺苷；5-甲基尿苷；3′,5′-脱水胸苷；三(环氧丙基)异氰尿酸酯

张家港保税区东方农化国贸有限公司

江苏省张家港市泗杨西路[215638]
电话：(0512)58585658；58585198
传真：(0512)58585658
供销传真：58971805
网址：www. east-agrochem. com
E-mail：east8158@ hotmail. com
【主要产品】3,3-二甲基-2-丁酮；2-戊酮；1,2,4-三氮唑；硫代卡巴肼；一氯频哪酮；二氯频哪酮；三唑酮；三唑酮可湿性粉剂；三唑酮乳油；稻瘟灵；稻瘟灵乳油；噁草酮；嗪草酮；嗪草酮可湿性粉剂；多效唑；多效唑可湿性粉剂；21% 增效马·氰乳油；敌畏·氰乳油

张家港飞航实业有限公司

江苏省张家港市凤凰镇栏杆桥[215614]
电话：(0512)58450000；58450345；58458258
传真：(0512)58452577
固定资产：13,000 千元
经济类型：股份有限公司
职工人数：200 人
网址：www. feihang. com；www. feihang. cn
E-mail：uutaowx@ pub. sz. jsinfo. net
【主要产品】聚合物多元醇；低密度聚氨酯高回弹泡沫组合料；聚氨酯自结皮泡沫组合料；聚氨酯硬质泡沫塑料发泡用组合料；聚氨酯组合料；水杨醛

张家港丰达制药有限公司

江苏省张家港市锦丰镇华润路 88 号[215625]
电话：(0512)58550842；58550535；13306249200
传真：(0512)58550842
固定资产：9,500 千元　职工人数：118 人
经济类型：私营企业　法人代表：季士章
网址：www. jsfengda. com
E-mail：jsfengda@ jsfengda. com
【主要产品】氧化钴；氧化铜；5-甲基间苯二甲酸；均苯三甲酸；3,5-二甲基苯甲酸；4-氨基苯甲醚；2-氨基苯乙醚；4-氨基苯乙醚；2-氨基苯甲醚；聚酰胺树脂(低分子量,651 型)；氯霉素；非那西丁；胆维他；环氧固化剂

张家港凤凰输水管福利厂

江苏省张家港市凤凰镇南[215613]
电话：(0512)58490041；13906247733
传真：(0512)58402282
供销电话：58490479；13913600180
法人代表：徐洪新
网址：www. changxicn. com

苏

E-mail:xhx@ changxicn. com
【主要产品】胶管

张家港浩波化学品有限公司

江苏省张家港市南沙镇开发区[215632]
电话:(0512)56909111;56909181
传真:(0512)56909100;56909182
供销电话:58397190;58391063
供销传真:58391989　有进出口权
经济类型:股份有限公司
网址:www. hopechem. com
E-mail:sales@ hopechem. com
【主要产品】乙酰乙酸乙酯;乙酰乙酸甲酯;4-氯乙酰乙酸甲酯;双乙烯酮;氯乙酰胺;乙酰乙酰甲胺;γ-氯代乙酰乙酸乙酯;A-K 糖;奥拉西坦

苏

张家港宏盟橡塑泡沫有限公司

江苏省张家港市香山风景区[215600]
电话:(0512)58397188;58391221;58391352
传真:(0512)58391197
网址:www. hongmeng. com. cn
E-mail:yyp@ hongmeng. com. cn;ym8@ hongmeng. com. cn
【主要产品】橡胶发泡制品;EVA 鞋材;海绵泡沫制品

张家港金冠化工有限公司

江苏省张家港市西张镇双龙路[215614]
电话:(0512)58450487;58450489;13806222976
传真:(0512)58450340　有进出口权
经济类型:股份合作
网址:www. jsjinguan. com
E-mail:jinguan@ jsjinguan. com
【主要产品】聚氨酯树脂;聚氨酯表面处理剂

张家港民丰化工有限公司

江苏省张家港市三兴镇东[215624]
电话:(0512)58570175;58570601;13806226113
传真:(0512)58531089　法人代表:闻斌
供销电话:58570175;13806226113
网址:www. minfengchem. com
E-mail:minfeng@ minfengchem. com
【主要产品】硫酸钴;硫酸镍;氯化钴;氯化镍;钼酸钠;钼酸钡;氧化钴;氧化镍;搪瓷颜料;醋酸钴

张家港市昌威机械厂

江苏省张家港市五棵松东路[215624]
电话:(0512)58532328;58575368
传真:(0512)58575368
供销电话:58575368;13606220368
网址:www. cwjx. com
E-mail:cwjx@ cwjx. com
【主要产品】冷却混合机;高速混合机;塑料粉碎机;振动筛;给料机;螺旋给料机;塑料管材挤出机;塑料型材挤出机;塑料挤出造粒机组;塑料挤出机;造粒机;塑料管材切割机

张家港市长江化工设备厂

江苏省张家港市东沙镇[215619]
电话:(0512)58633118;13906248759
传真:(0512)58633118
经济类型:有限责任公司
法人代表:刘玉明
网址:www. jsyuyang. com
E-mail:yuyang@ jsyuyang. com
【主要产品】化工专用泵;离心泵

张家港市德宝化工有限公司

江苏省张家港市扬子江国际化学工业园区[215635]
电话:(0512)58103908;58102988;58103878
传真:(0512)58102998;58103908
网址:www. dupluschem. com
E-mail:sales@ dupluschem. com
【主要产品】渗透剂;精炼渗透剂;双氧水漂白稳定剂;精炼剂;高效精炼剂;除油精炼剂;螯合分散剂;特效除油污剂

张家港市东昌化工有限公司

江苏省张家港市东沙镇南[215619]
电话:(0512)58630386;58632019
传真:(0512)58630386
经济类型:股份合作
【主要产品】五氧化二磷;甲醇;4-甲氧基苯甲醛;对甲氧基苯甲酸;醋酸钠;磺胺邻二甲氧嘧啶

张家港市东昌涂料有限公司

江苏省张家港市东沙镇[215619]
电话:(0512)58630195;58699038
传真:(0512)58631535　职工人数:48 人
供销电话:58630242　法人代表:顾长春
经济类型:私营企业
网址:www. dong-chang. com
E-mail:service@ dong-chang. com
【主要产品】橡胶沥青防腐涂料;冬用型环氧煤沥青防腐涂料;醇酸防腐涂料;金属油罐抗静电防腐涂料;防火涂料;丙烯酸聚氨酯防腐涂料;丙烯酸防水涂料;硅丙系列防腐涂料;环氧富锌底漆;环氧云铁防锈中涂漆;薄涂型环氧地坪涂料;自流平环氧地坪涂料;耐高温防腐涂料;互穿网络防腐涂料;输送管防腐涂料;耐酸防腐涂料;煤气柜专用防腐涂料;冷却塔专用涂料

张家港市飞宇化工有限公司

江苏省张家港市乐余镇[215621]
电话:(0512)58603060;58966083
传真:(0512)58603863
网址:www. jsfeiyuchem. com
E-mail:fy-company@ netease. com
【主要产品】五氧化二磷;4-甲氧基苯甲醛;磷酸三乙酯;醋酸钠(无水);9-蒽甲醛;冬用型环氧煤沥青防腐涂料;硅丙系列防腐涂料;环氧富锌底漆;环氧云铁防锈中涂漆;环氧厚浆型面漆;环氧地坪涂料;环氧系列重防腐涂料;环氧酯防锈漆;耐高温防腐涂料;互穿网络防腐涂料;氯磺化聚乙烯防腐涂料;高氯化聚乙烯防腐涂料;氯化橡胶厚浆型防腐涂料;橡塑网络涂料;聚丙烯管道防腐面漆;耐候保色漆;无毒饮水舱防腐涂料;防腐涂料;氰凝防水防腐涂料

张家港市福利化学原料二厂

江苏省张家港市德积镇新华桥南[215635]
电话:(0512)58750252;58750250
传真:(0512)58750252
供销电话:58750247　法人代表:钱勤生
【主要产品】2-萘酚-3-甲酸

张家港市国泰华荣化工新材料有限公司

江苏省张家港市后塍镇塍东路 112 号[215631]
电话:(0512)58780118;58770531;58783157
传真:(0512)58783699
经济类型:有限责任公司
职工人数:242 人　法人代表:沈锦良
网址:www. gthr. com. cn
E-mail:market@ gthr. com. cn
【主要产品】硅酸乙酯;硅酸甲酯;甲基二甲氧基硅烷;十二甲基环六硅氧烷;十甲基环五硅氧烷;甲基三乙氧基硅烷;三乙氧基硅烷;三甲氧基硅烷;甲基三甲氧基硅烷;甲基二乙氧基硅烷;异丁基三甲氧基硅烷;异丁基三乙氧基硅烷;异辛基三甲氧基硅烷;异辛基三乙氧基硅烷;甲基硅树脂粉;高黏度二甲基硅油;甲基苯基硅油;挥发性硅油;羊绒柔软剂;平滑柔软剂;有机硅平滑剂;柔软剂;织物整理剂;氨基硅油;氨基硅油乳液;水溶性氨基硅油;羊毛羊绒防缩剂;无甲醛固色剂;平滑剂;抗菌防臭整理剂;羊毛定型剂;硅烷偶联剂 KH-560;3-缩水甘油醚氧基丙基三乙氧基硅烷;3-缩水甘油醚氧基丙基甲基二乙氧基硅烷

张家港市恒盛药用化学有限公司

江苏省张家港市扬子江国际化工园[215635]
电话:(0512)58726718;58726738;58726768
传真:(0512)58726721;58723488
网址:www. hspharm. cn
E-mail:tzs@ hspharm. cn;sales@ hspharm. cn
【主要产品】D-对甲砜基苯丝氨酸乙酯;甲砜霉素;氟洛芬

张家港市宏新化学制药有限公司

江苏省张家港市乐余镇染整工业区长江路[215636]
电话:(0512)58609828;13606220160
传真:(0512)58609815　有进出口权
经济类型:有限责任公司
法人代表:朱玉良
网址:www. hongxinchempharm. com
E-mail:hongxin@ hongxinchempharm. com
【主要产品】维生素 B6

张家港市沪江离心机制造有限公司

江苏省张家港市常阴沙管理区[215623]
电话:(0512)58640886;58641155
传真:(0512)58649796　法人代表:黄平
经济类型:股份有限公司
网址:www. lixinji. com
E-mail:hujianglxj@ lixinji. com
【主要产品】三足式吊袋卸料离心机;三足式上部人工卸料离心机;三足式刮刀下卸料自动离心机;卧式刮刀离心机;手动刮刀离心机;离心机

张家港市华惠塑料助剂厂

江苏省张家港市塘桥镇北[215600]
电话:(0512)58441747
传真:(0512)58441747
网址:www. zjghh. cn
【主要产品】改性聚酯;改性 PBT;聚对苯二甲酸丁二醇酯

张家港市华泰涂料有限公司

江苏省张家港市暨阳中路 426 号[215600]
电话:(0512)58153565;58893363;61860822
传真:(0512)58153565
法人代表:姜华平
网址:www. jshuatai. cn
E-mail:info@ jshuatai. cn
【主要产品】醇酸防腐涂料;防火涂料;建筑涂料;丙烯酸防腐涂料;环氧树脂类防腐涂料;聚氨酯防腐涂料;互穿网络防腐涂料;有机硅耐高温防腐涂料;氯磺化聚乙烯防腐涂料;氯化橡胶防腐涂料

张家港市活性炭厂

江苏省张家港市乘航镇[215617]
电话:(0512)58291483;58292693
供销传真:58292693　经济类型:集体
网址:www. chinachemnet. com/zjgac/c1. htm
E-mail:xjk@ hi2000. com
【主要产品】活性炭;活性炭(糖用);活性炭(药用);4-氨基苯酚

张家港市金源生物化工有限公司

江苏省张家港市乘航老宅路 18 号[215617]
电话:(0512)58670730;58678016
传真:(0512)58187713;58678016
供销电话:13906248166
经济类型:有限责任公司
网址:www. jybcl. com
E-mail:jybcl@ jybcl. com
【主要产品】木聚糖酶;过氧化氢酶;葡糖淀粉酶;植酸酶;右旋糖酐;蛋白酶;纤维素酶;果胶酶

张家港市锦丰轧花剥绒有限责任公司

江苏省张家港市锦丰镇锦花路[215617]
电话:(0512)58565068;58550217;58565008
传真:(0512)58550217　有进出口权
供销电话:58550508;58565086
经济类型:有限责任公司
职工人数:1,500 人
网址:www. jinhuachina. com
E-mail:sales@ jinhuachina. com
【主要产品】黏胶纤维;黏胶短纤维;棉浆粕

张家港市九洲特种离心机制造有限公司

江苏省张家港市常阴沙(农场)开发区[215623]
电话:(0512)58649811;58641218;13951136309
传真:(0512)58641318
供销电话:58641613;58838095
网址:www. tzlxj. com
E-mail:info@ tzlxj. com
【主要产品】离心萃取设备;过滤干燥机;三足式吊袋卸料离心机;三足式离心机;三足式上部人工卸料离心机;三足式下部人工卸料离心机;三足式刮刀下卸料自动离心机;抗震无基础离心机;卧式螺旋卸料沉降离心机;立式(卧式)螺旋卸料过滤式离心机;立式全自动下卸料离心机;LX 系列自动连续卸料离心机;立式吊袋上卸料离心机;离心机

张家港市菊花氨基酸有限公司

江苏省张家港市港口[215612]
电话:(0512)58481226
传真:(0512)58480585
职工人数:110 人
网址:www. globalaminoacid. com
E-mail:uuajs@ 163. com
【主要产品】L-脯氨酸;DL-脯氨酸;L-缬氨酸;D-缬氨酸;L-丙氨酸;L-亮氨酸;L-异亮氨酸;L-天门冬氨酸;D-天门冬氨酸;DL-天门冬氨酸;谷氨酸

张家港市开创机械制造有限公司

江苏省张家港市蒋桥[215600]
电话:(0512)58193858;13601569108
传真:(0512)58190838
供销电话:58193858;13606220928
网址:www. zjgkc. com. cn
E-mail:kc@ zjgkc. com. cn
【主要产品】双螺旋锥形混合机;卧式槽形混合机;三维运动混合机;二维运动混合机;高效混合机;热风循环烘箱;SZG 系列双锥回转真空干燥机;振动流化床干燥机;真空干燥机;高效沸腾干燥机;带式干燥机;粗碎机;微粉碎机;万能粉碎机;高效粉碎机;振动筛;高效筛粉机;离心机;快速整粒机;干式造粒机;摇摆式颗粒机;旋转式颗粒机;挤压造粒机

张家港市科龙表面处理材料有限公司

江苏省张家港市欧洲工业园[215618]
电话:(0512)58591120;58595968
传真:(0512)58599011;58595578
法人代表:李逸平
网址:www. klddcl. com
E-mail:kl@ klddcl. com
【主要产品】α-苯丁烯-γ-酮

张家港市美特高分子材料有限公司

江苏省张家港市杨舍镇章卿村[215600]
电话:(0512)58588673;13901567257
传真:(0512)58588175
网址:www. toptpe. com
E-mail:web@ toptpe. com
【主要产品】热塑性动态硫化橡胶

张家港市牡丹离心机制造有限公司

江苏省张家港市乐余经济开发区[215621]
电话:(0512)58603630;58660823
传真:(0512)58662145
供销电话:58603630;58608620
法人代表:顾济林
网址:www. mudancentrifuge. com
E-mail:mudan@ mudancentrifuge. cn
【主要产品】三足式吊袋卸料离心机;三足式上部人工卸料离心机;三足式下部人工卸料离心机;三足式手摇刮刀下卸料离心机;三足式刮刀下卸料自动离心机;三足式沉降离心机;卧式螺旋卸料沉降离心机;立式(卧式)螺旋卸料过滤式离心机;立式(卧式)离心卸料过滤离心机;立式吊袋上卸料离心机;上悬式离心机;离心机

张家港市庆安化工厂

江苏省张家港市杨金镇[215617]
电话:(0512)58292030;13801562230
传真:(0512)58445312
网址:www. szqingan. com
E-mail:hms@ szqingan. com
【主要产品】硫化钾;α-苯丁烯-γ-酮;塑料用脱漆剂;镀锌光亮剂

张家港市三兴生化试剂厂

苏

江苏省张家港市三兴镇人民南路116号[215624]
电话:(0512)58570190;13701931717
传真:(0512)58531390
供销电话:58570190;13801562536
法人代表:黄惠波
网址:www. zjg-shenghua. com
E-mail:zighy@ zjg-shenghua. com
【主要产品】L-丝氨酸;L-赖氨酸盐酸盐;L-精氨酸盐酸盐;L-苏氨酸;L-组氨酸盐酸盐;赖氨酸;L-赖氨酸醋酸盐;蛋氨酸

张家港市双林油墨厂

江苏省张家港市鹿苑镇银苑路85号[215600]
电话:(0512)58477668;58477661;58478008
传真:(0512)58900121
供销电话:58477661;13806229530
网址:www. shuanglincn. com
E-mail:zlx@ shuanglincn. com
【主要产品】卷材涂料;各色塑料涂料;车辆涂料;凹印塑料油墨;凹版表印透明塑料薄膜油墨;凹版复合塑料薄膜油墨;塑料薄膜凹版里印油墨

张家港市威达科技有限公司

江苏省张家港市城南工业开发区[215600]
电话:(0512)58216780
传真:(0512)58217090
法人代表:席影秋
网址:www. weidakeji. com
E-mail:sales@ weidakeji. com
【主要产品】醇醚磷酸酯;有机硅消泡剂;表面活性剂;水基防锈剂;薄层防锈油;金属清洗剂;切削油;油酸钠皂

张家港市卫星化工厂

江苏省张家港市三兴镇[215624]
电话:(0512)58570726
传真:(0512)58531206 经济类型:集体
网址:www. szhg114. com/co. asp? id =91
E-mail:thethe7@ 163. com
【主要产品】硫酸铜;三氯化铝;氯化铜(无水);氧化铜;磷酸三丁氧基乙酯;三苯基氯甲烷;聚合氯化铝

张家港市祥新电镀材料制造有限公司

江苏省张家港市塘桥镇鹿苑西区[215616]
电话:(0512)58479785;13962297943
传真:(0512)58471289
法人代表:钱新亚
网址:www. xxddcl. com
E-mail:xxdd@ xxddcl. com
【主要产品】邻氯苯甲醛;α-苯丁烯-γ-酮;电镀添加剂

张家港市新华化工机械有限公司

江苏省张家港市兆丰镇[215622]
电话:(0512)58657789;58520866
传真:(0512)58521866
网址:www. xhhj. com. cn
E-mail:xhhj@ cnct. net
【主要产品】离心机

张家港市新型高分子材料厂

江苏省张家港市港口镇[215612]
电话:(0512)58483118;58483120
经济类型:私营企业
职工人数:35人
法人代表:朱石明
【主要产品】硅烷交联聚乙烯绝缘电缆料

张家港市易华塑料有限公司

江苏省张家港市杨舍镇工业开发区[215600]
电话:(0512)58693008
传真:(0512)58686138
供销电话:89580018;89580028
供销传真:58699235
经济类型:股份有限公司
网址:www. yihuaplastic. com
E-mail:jean@ yihuaplastic. com
【主要产品】聚氯乙烯人造革;PVC塑胶地砖

张家港市银达塑料有限公司

江苏省张家港市塘桥镇[215611]
电话:(0512)58441354;58441365
传真:(0512)58441365
固定资产:10,000千元
职工人数:300人 法人代表:顾建达
网址:www. yindasl. com
E-mail:webmaster@ yindasl. com
【主要产品】塑料制品

张家港市永方化工有限公司

江苏省张家港市东沙工业园[215619]
电话:(0512)58633008;13906245857
传真:(0512)58633008
法人代表:丁正方
网址:www. yongfangchem. com
E-mail:sales@ yongfangchem. com
【主要产品】2,3-二氯苯甲酸;2,4-二氯苯甲酸;2-氯苯甲酸

张家港市永泰防腐涂料有限公司

江苏省张家港市南丰经济开发区[215600]
电话:(0512)58629938;58611895;58113121
传真:(0512)81627800
供销电话:58689938
经济类型:有限责任公司
网址:www. yongtaigroup. cn
E-mail:yt@ yongtaigroup. cn; yongtaico@ yeah. net
【主要产品】环氧煤沥青防腐涂料;C04-2各色醇酸磁漆;铁红醇酸防锈漆;C53-31红丹醇酸防锈漆;C53-33锌黄醇酸防锈漆;C53-34云铁醇酸防锈漆;C61-51铝粉醇酸烘干耐热漆;弹性乳胶漆;B01-1丙烯酸清漆;各色丙烯酸磁漆;溶剂型丙烯酸外墙涂料;各色丙烯酸氨基烘漆;内墙封闭底漆;外墙封闭底漆;抗碱封闭底漆;各色丙烯酸锤纹漆;高性能工程机械漆;丙烯酸外墙乳胶漆;常温道路标志漆;双组分环氧酚醛防腐清漆;H06-2铁红,锌黄环氧酯底漆;H06-4环氧富锌底漆;环氧地坪涂料;各色环氧防腐面漆;环氧红丹防锈漆;环氧玻璃鳞片漆;聚氨酯清漆;S04-1各色聚氨酯磁漆;聚氨酯耐油面漆;各色聚氨酯地坪漆;各色聚氨酯立体锤纹漆;互穿网络防腐涂料;有机硅耐高温防腐涂料;氯磺化聚乙烯防腐漆;氯磺化聚乙烯防腐底漆;氯化橡胶外墙涂料;氯化橡胶防腐涂料;氯化橡胶厚浆型防腐涂料;氯磺化聚乙烯冷却塔防潮涂料;抗静电重防腐涂料;防腐涂料

张家港市兆丰化纤有限公司

江苏省张家港市兆丰镇东[215622]
电话:(0512)58650439;58650425
传真:(0512)58650512
固定资产:20,000千元
经济类型:股份有限公司
企业规模:大型 职工人数:120人
法人代表:王永华
【主要产品】涤纶短纤维

张家港天亨化工有限公司

江苏省张家港市南沙镇港西北路1号[215632]
电话:(0512)58392688;58373238
传真:(0512)58391827
供销电话:58393415
网址:www. tianhengchem. com
E-mail:office@ tianhengchem. com
【主要产品】35%硫丹乳油;久效磷;久效磷乳油(40%);久效磷可溶性浓剂;丙溴磷;丙溴磷乳油;三唑酮;三唑酮可湿性粉剂;三唑酮乳油;戊唑醇;多效唑;多效唑可湿性粉剂;吡·酮可湿性粉剂;阿维·唑磷乳油

正新橡胶(中国)有限公司

江苏省昆山市陆家镇合丰路8号[215331]
电话:(0512)57673888
传真:(0512)57672342
经济类型:外商独资
企业规模:大型
法人代表:罗才仁
网址:www. cst. com. cn
E-mail:whhuang@ mail. cst. com. cn
【主要产品】轿车轮胎;越野车轮胎

苏

浙 江 省

杭州市

淳安千岛湖梓桐橡胶厂
浙江省杭州市淳安县梓桐镇[311700]
电话:(0571)65067188;13456789888
传真:(0571)65067188
网址:www.zjztxj.com
【主要产品】再生胶;橡胶粉

富阳科兴生物化工有限公司
浙江省富阳市江滨东大道35号[311400]
电话:(0571)88273999;63319374;13968183866
传真:(0571)88273998;63319374
经济类型:私营企业 有进出口权
职工人数:110人
网址:www.kexing-biochem.com
E-mail:sales@kexing-biochem.com
【主要产品】替米考星;泛癸利酮

富阳市昌源化工厂
浙江省富阳市新登镇[311404]
电话:(0571)85809131
传真:(0571)85809350
网址:www.changyuanchemical.com
E-mail:wanglili@mail.hz.zj.cn
【主要产品】氧化铁红;透明氧化铁黄;透明氧化铁棕;透明氧化铁红

富阳市成兴化工助剂有限公司
浙江省杭州市天成路87号现代大厦3002/3003室[310017]
电话:(0571)86469952;86458815
传真:(0571)86453164
网址:www.cxbc.com
E-mail:bchen@cxbc.com;
bchen@mail.hz.zj.cn
【主要产品】苯甲酰甲酸甲酯;氯甲酸对硝基苄酯;苯甲酰腈;乙氧酰胺苯甲酯;尼卡巴嗪;富马酸亚铁

富阳市东辰生物工程有限公司
浙江省富阳市高富路8号[311400]
电话:(0571)63432333;63322614;13805767576
传真:(0571)63322614
职工人数:139人
网址:www.aminoacid-china.com
E-mail:dongchen@fy.hz.zj.cn
【主要产品】L-缬氨酸;L-亮氨酸;L-异亮氨酸

富阳市永星化工有限公司
浙江省富阳市永昌镇何云[311423]
电话:(0571)63201608;63201577;13336073205
传真:(0571)63201608
网址:www.fyyxchem.com
E-mail:sales@fyyxchem.com
【主要产品】甲醛;三聚氰胺

杭州安隆达化工有限公司
浙江省杭州市观音塘路103号[310016]
电话:(0571)86987491;86987492;86985429
传真:(0571)86987480
供销电话:13575734996
供销传真:86987480;88152136
法人代表:肖红安
网址:www.arondyes.com
E-mail:dyes@arondyes.com;
sales@arondyes.com
【主要产品】1-萘酚-3,6-二磺酸;5-硝基邻甲酚;2-氨基-5-硝基苯酚;5-氨基-2-甲基苯酚;酸性橙Ⅱ;弱酸性橙3G;酸性红3BN;弱酸性桃红BS;酸性红B;酸性玫瑰红B;酸性艳蓝6B;酸性蓝BRLL;酸性蓝2B;弱酸性绿GS;酸性绿VS;酸性黑10B;弱酸艳红B;酸性蓝2GL;弱酸深蓝5R;酸性媒介黑PV;酸性络合黑WAN;弱酸大红FG;酸性黄6G;酸性黄PL;酸性黄2GL;弱酸大红F-3GL;酸性紫3B;酸性棕S-R;中性灰2BL;油溶蓝2B

杭州百汇化工有限公司
浙江省杭州市萧山区义蓬镇北六工段[311225]
电话:(0571)82989238;82989666
传真:(0571)82989412 有进出口权
供销电话:82989138;82989888
网址:www.baihuichem.com
E-mail:sales@baihuichem.com
【主要产品】钼铬红;钼铬红107;耐光钼铬红;耐光大红;酸性黑NT;弱酸深蓝5R;弱酸性黑BR;弱酸黑NB-G;分散染料;分散橙F3R;分散橙3RL;分散橙3RFL;分散橙GR;分散橙S-2RFL;分散橙3GL;分散红E-4B;分散红GG;分散大红G-S;分散红S-R;分散大红BRE;分散红玉SE-GFL;分散红玉S-2GFL;分散紫H-FRL;分散紫2R;分散紫RL;分散紫S-3RL;分散深蓝S-2GL;分散深蓝S-3BG;分散黄棕S-3RL;分散棕S-3R;分散深棕P-NR;分散黑S-3BL;中性黑D-SL;中性黑M-SRL;耐晒黄GR;联苯胺黄G;耐晒艳红BBC;耐晒大红BBN;耐晒大红BBS;耐晒亮红GY;耐晒深红BBM;大红粉;永固红F4R;永固红F2R;立索尔大红RB;立索尔深红CT;甲苯胺红RS;甲苯胺紫红F2R-B

杭州邦化化工有限公司
浙江省杭州市良渚工业园区[311113]
电话:(0571)88765578
传真:(0571)88767189
网址:www.banghuachem.com
【主要产品】草甘膦水剂(10%);草甘膦;41%草甘膦异丙胺盐水剂;草甘膦可溶性粉剂

杭州包尔得有机硅有限公司
浙江省杭州市经济技术开发区[310018]
电话:(0571)86913796;86912814
传真:(0571)86912876
经济类型:私营企业
网址:www.baldsil.com
E-mail:baldsil@163.com
【主要产品】亲水性硅油;有机硅乳液;聚醚改性硅油;环氧硅油;聚醚硅油;氟硅油;雾化硅油;涂料专用消泡剂;有机硅流平剂;密封胶;有机硅织物柔软剂;羧基改性硅油乳液;氨基硅油;氨基硅油柔软剂;固色剂;硅烷偶联剂;有机硅脱模剂;匀泡剂;消泡剂;农药增效剂;氨基硅油乳化剂;皮革防水剂;有机硅防水剂;高效润湿分散剂;防雾滴剂

杭州宝晶生物化工有限公司
浙江省杭州市余杭区塘栖工业区[311106]
电话:(0571)86324158
传真:(0571)86324811
网址:www.biokingco.com
【主要产品】酒石酸;D-酒石酸;L-酒石酸;酒石酸钾钠;酒石酸氢钾

杭州宝塔油漆有限公司
浙江省杭州市登云路555号[310011]
电话:(0571)88091450
传真:(0571)88093623
供销电话:88091450;88092373
供销传真:88091450
经济类型:有限责任公司
网址:www.hz-coatings.com
E-mail:sales@hz-coatings.com
【主要产品】酚醛树脂;醇酸树脂;酚醛树脂漆类;F01-14 酚醛清漆;F03-1 各色酚醛调合漆;F06-1 黑,铁红酚醛底漆;F31-1 酚醛绝缘漆;F53-31 红丹酚醛防锈漆;铁红酚醛防锈漆;F80-31 酚醛地板漆;醇酸树脂漆类;醇酸清漆;各色醇酸调合漆;C03-3 各色醇酸调合漆;C03-5 各色醇酸调合漆;C06-1 铁红醇酸底漆;C06-10 醇酸二道底漆;C06-18 铁红醇酸带锈底漆;C30-11 醇酸烘干绝缘漆;氨基树脂漆类;装饰漆;A30-11 氨基烘干绝缘漆;硝基漆类;各色过氯乙烯磁漆;G06-4 锌黄,铁红过氯乙烯底漆;丙烯酸带锈底漆;H06-2 铁红,锌黄环氧酯底漆;环氧地坪涂料;聚氨酯磁漆;各色聚氨酯底漆;聚氨酯亚光磁漆;各色聚氨酯地坪

浙

漆;水晶漆;油漆辅助材料类

杭州奔马化学制品有限公司

浙江省杭州市下沙经济技术开发区19号路5号门[310019]
电话:(0571)86714478
传真:(0571)86736956
网址:www.benmachem.com
E-mail:zm@benmachem.com
【主要产品】聚氨酯乳液;腈纶柔软剂;酸性匀染剂;十二烷基二甲基苄基氯化铵;涤纶匀染剂;高温匀染剂;棉用匀染剂;分散剂WA;匀染修补剂;固色剂;尼龙固色剂;固色剂Y;防染剂;化纤油剂;膨化剂P

杭州博化化工有限公司

浙江省杭州市教工路557号[310011]
电话:(0571)56836735
传真:(0571)56836731
有进出口权
供销电话:13221075352
经济类型:有限责任公司
产值:10,000千元
法人代表:董中策
网址:www.hzbofa.com
E-mail:john@hzbofa.com
【主要产品】2-乙基丁醇;2-乙基丁酸;拉米夫定;4-二甲氨基吡啶

杭州超帆防腐设备有限公司

浙江省杭州市萧山区南阳经济开发区[311227]
电话:(0571)82172208;82172830
传真:(0571)82170472;22821037
网址:www.chaofan8.com
E-mail:zjchaofan@yahoo.com.cn
【主要产品】石墨降膜吸收器;列管式换热器;石墨换热器;石墨设备

杭州诚实化工有限公司

浙江省杭州市萧山区南阳镇南虹路80号[311227]
电话:(0571)82186705;82186706;82186218
传真:(0571)82186707
网址:www.mypigment.com
E-mail:pigment8000@yahoo.com.cn
【主要产品】耐晒桃红色原;酞菁蓝BGS;汉沙黄G;耐晒黄GR;耐晒黄S3G;汉沙黄10G;永固黄G;永固黄GG;永固黄3G;颜料艳黄HGR;颜料黄FRN;永固黄RN;联苯胺黄HR;联苯胺黄10G;联苯胺橙R;永固橘黄G;永固橙RN;永固橙RL;永固红F5RK;耐晒艳红BBC;永固红FGR;耐晒大红BBN;耐晒大红BBS;3117耐晒亮红N;耐晒深红BBM;耐晒大红2R;坚固桃红;金光红C;永固红F4R;永固红F2R;颜料艳红6B;永固红FBB;坚固红青莲BF;立索尔大红R;立索尔大红RB;立索尔宝红BK;立索尔宝红4B;立索尔紫红2R;甲苯胺红;甲苯胺紫红;永固紫RL;颜料红B;颜料蓝GR;坚固玫瑰红

杭州创引化工科技有限公司

浙江省杭州市下城区竹竿巷12-602号[310006]
电话:(0571)87086220;13858158250
传真:(0571)87086220　职工人数:60人
网址:www.trylead-chem.com
E-mail:zyf@trylead-chem.com
【主要产品】2,5-二羟基对苯二甲酸;间甲氧基苯硫酚;二苯基重氮甲烷;3-甲基黄酮-8-羧酸;2,5-二氨基甲苯硫酸盐;1,2-二氨基萘-5,7-二磺酸

杭州达康化工有限公司

浙江省杭州市经济技术开发区3号大街53号[310018]
电话:(0571)86912871;86912873;86910637
传真:(0571)86910637　有进出口权
供销电话:86912871;86910637
经济类型:中外合资经营企业
产值:10,000千元　职工人数:100人
法人代表:汪大犟
网址:www.dakangchem.com
E-mail:expo@dakangchem.com
【主要产品】D-核糖;α-氯丙烯腈;2-氯-6-甲基苯胺;S-甲基异硫脲硫酸盐;二甲基砜;5-氰基苯酞;噻螨酮;那格列奈;扎莱普隆;L-谷氨酰胺

杭州大好家食品添加剂有限公司

浙江省杭州市艮山西路章家坝西区235号[310000]
电话:(0571)86494287;86495653
传真:(0571)56320776
供销电话:86496970
供销传真:56320786
网址:www.dahaojia.com
E-mail:dahaojia_123@126.com
【主要产品】食用香精

杭州大华化工有限公司

浙江省富阳市大源工业园区[311413]
电话:(0571)63594909;63594908;63594907
传真:(0571)63594906　职工人数:40人
网址:www.zjdahua.com
E-mail:syq@zjdahua.com
【主要产品】三氯化铝(六水);改性氯化铝

杭州德爱生物技术有限公司

浙江省杭州市滨江区滨康路677号[310052]
电话:(0571)86673365;86674065
传真:(0571)86674065
网址:www.sino-isoflavone.com
E-mail:aiping@sino-isoflavone.com
【主要产品】染料木黄酮;大豆异黄酮

杭州德立化工有限公司

浙江省杭州市余杭区塘栖工业园[311106]
电话:(0571)28006833;28006270;28006268
传真:(0571)28006267
网址:www.dlchemical.com
E-mail:exp@dlchemical.com
【主要产品】2-氯烟酸;2-氯-3-氰基吡啶;环己甲酰氯;番茄红素;β-胡萝卜素;利巴韦林;茚曲他滨;醋氯芬酸;扑湿痛;盐酸曲马多;异维A酸;氯索龙;青蒿素;去氧孕烯;米非司酮;屈螺酮;盐酸安非他酮;来曲唑;泛癸利酮;乌拉地尔;西洛他唑;新伐他汀;地奥明;盐酸溴己新;盐酸氨溴索;氨溴索;盐酸依匹斯汀;依普利酮;盐酸丁螺环酮;奥氮平;盐酸雷尼替丁;雷贝拉唑钠;酒石酸溴莫尼定;阿曲汀;阿达帕林;双氟美松;多库酯钠

杭州德森科技有限公司

浙江省杭州市江干区三新家园西区2-3-202[310020]
电话:(0571)86952593;85663020;87590439
传真:(0571)86980593
网址:www.adsonbbs.com
E-mail:web@adsonbbs.com
【主要产品】EVA型热熔胶黏剂;封箱热熔胶;封边胶

杭州迪康生物技术有限公司

浙江省杭州市老杭海路7号[310019]
电话:(0571)86908532
传真:(0571)86904396
经济类型:私营企业　法人代表:吴金秀
网址:www.decancor.com
E-mail:shen.yf@decancor.com
【主要产品】大豆卵磷脂;金银花提取物;首乌提取物;芦荟提取物;野菊花提取物

杭州电化集团气体有限公司

浙江省杭州市拱墅区和睦路351号[310011]
电话:(0571)88180820;88091606
传真:(0571)88093336
网址:www.hz-qt.com
E-mail:web@hz-qt.com
【主要产品】二氧化碳;氢气;氧气;高纯氩;氨气;高纯氨;氮气;硅烷;乙炔;环氧乙烷

杭州东旭助剂有限公司

浙江省杭州市沈半路2号[310015]
电话:(0571)88283333
传真:(0571)88028105
网址:www.china181.com
E-mail:dongxu181@163.com
【主要产品】油酸甲基锡;硫醇有机锡复合物;氧化甲基锡

杭州沸点化工有限公司

浙江省杭州市莫干山路1265号[310012]
电话:(0571)88199226;13355782198
传真:(0571)88169340
网址:www.feidianchem.com
E-mail:sales@feidianchem.com
【主要产品】硅烷偶联剂ND-42;钛酸酯偶联剂NDZ-101;钛酸酯偶联剂NDZ-102;钛酸酯偶联剂NDZ-311;硅烷偶联剂KH-560;硅烷偶联剂KH-570;硅烷偶联剂KH-792;硅烷偶联剂KH-602;硅烷偶联剂KH-550;硅烷偶联剂KH-702;钛酸酯偶联剂NDZ-401;钛酸酯偶联剂NDZ-105;乙烯基三乙氧基硅烷;钛酸酯偶联剂NDZ-109;乙烯基三甲氧基硅烷;钛酸酯偶联剂NDZ-130;附着力促进剂

杭州丰彩颜料染料化工有限公司

浙江省杭州市萧山区萧绍路289号华蔚大厦815室[311200]
电话:(0571)82727289;82753876
传真:(0571)82738027;82131093
有进出口权
网址:www.chinadyespigment.com
E-mail:pigment@chinadyespigment.com
【主要产品】无机颜料;柠檬黄;锌铬黄;钼铬红;有机颜料;酞菁蓝BGS;酞菁蓝B;汉沙黄G;耐晒黄S3G;汉沙黄10G;永固橘黄G;永固橙RL;永固红FBB;立索尔大红R;甲苯胺紫红;溶剂黑B;醇溶耐晒黄GR;溶剂染料

杭州福德化工有限公司

浙江省杭州市萧山区南阳经济开发区[311227]
电话:(0571)82171206;82170699
传真:(0571)82170755
经济类型:私营企业 法人代表:陈福林
网址:www.yanyangpigment.com
E-mail:yanyang@hi2000.com;
yangcheng@hi2000.com
【主要产品】3-氨基-1,2,4-三氮唑;对羟基苯甲醛;1,2,4-三氮唑-3-羧酸甲酯;2,4-二硝基苯胺;2-氨基蒽醌;4-氨基-5-羟基-2,7-萘二磺酸;氨基胍碳酸氢盐;无机颜料;中铬黄;橘铬黄;钼铬红107;钼铬红207;华蓝;直接耐晒黑G;酸性蓝2GL;还原蓝RSN;分散黄RGFL;有机颜料;耐晒桃红色原;耐晒淡红色淀;耐晒桃红色淀;耐晒玫瑰红色原;耐晒玫瑰红色淀;耐晒青莲色原R;耐晒青莲色淀;4231耐晒油漆湖蓝;耐晒孔雀蓝色淀;耐晒品蓝色淀BO;联苯胺黄HR;有机柠檬黄;永固橙RN;永固红F5RK;耐晒艳红BBC;耐晒大红BBN;立索尔宝红BK;立索尔紫红2R

杭州富阳国诚化工有限公司

浙江省富阳市万市镇后源村5-9号[311406]
电话:(0571)63221161;63221507
传真:(0571)63222028 经济类型:集体
供销电话:63222188;63222258
产值:1,000千元 职工人数:95人
法人代表:甘国平
网址:www.hzwanli.com
E-mail:gjl51888@163.com
【主要产品】重晶石矿粉;活性重质碳酸钙;超细重质碳酸钙;轻质活性碳酸钙;滑石粉

杭州富阳新型建筑防水材料厂

浙江省富阳市桂花西路245号[311400]
电话:(0571)63367778;63431035
网址:www.hztianmu.com
E-mail:tianmu@hztianmu.com
【主要产品】SBS改性沥青防水涂料;JS复合防水涂料;SBS改性沥青防水卷材;APR系列改性沥青防水卷材

杭州富阳永昌压滤机有限公司

浙江省富阳市新登镇工业园区[311404]
电话:(0571)63256919;63256972
传真:(0571)63256912 法人代表:何小
经济类型:股份合作 职工人数:100人
网址:www.ycfilter.com
E-mail:ycfilter@hi2000.com
【主要产品】厢式压滤机;板框压滤机

杭州格丽特化工有限公司

浙江省杭州市萧绍路289号华蔚大厦610室[311200]
电话:(0571)82735591;13906717876
网址:www.createrchem.com
E-mail:xlg@createrchem.com
【主要产品】2-巯基吡啶;邻氰基氯苄;对氰基氯苄;对二氯苄;OB-1氯苄;荧光增白剂OB-1醛;荧光增白剂ER-Ⅰ;荧光增白剂ER-Ⅱ;荧光腈纶增白剂DCB;塑料荧光增白剂PF;荧光增白剂OB;荧光增白剂OB-1

杭州广林生物医药有限公司

浙江省杭州市天目山路148号西六教学楼六楼[310028]
电话:(0571)88273139
传真:(0571)88273515
网址:www.great-forest.com
【主要产品】*N*-甲基吡咯烷;1-甲基吲唑;1-甲基苯并咪唑;1,2,3,4-四氢喹啉;5,6,7,8-四氢喹啉;1-甲基-1,2,3,4-四氢喹啉;9,9′-螺二芴;3-氰基-1,2,4-三氮唑;3-氯-1,2,4-三氮唑;1-甲基-1,2,4-三氮唑;1-甲基-1,2,3-三氮唑;1-甲基吡唑;3-甲基吡唑;1,5-二甲基吡唑;1,3-二甲基吡唑;1,3,5-三甲基吡唑;4-碘吡唑;十氢喹啉;4-苄氧基苯甲醛;3-丁炔-1-醇;三聚硫氰酸;2-亚甲基丁内酯;1,3-环己二酮;2-溴-4′-甲基苯乙酮;1,3-二溴甲基-5-甲基苯;2,7-二羟基十氢萘;2,6-二羟基十氢萘;4-羟基-3-甲氧基苄胺盐酸盐;5-甲基间苯二乙腈;五甲基-1,3-二乙氰基苯;*N*,*N*′-二甲基哌嗪;1-甲基-7-硝基-1,2,3,4-四氢喹啉;1-乙基-7-硝基-1,2,3,4-四氢喹啉;7-硝基-1,2,3,4-四氢喹啉;1-氨基-1,2,3,4-四氢喹啉;*N*-甲基哌啶;*N*-甲基吗啉;α,α-二甲基苯乙酸;1-甲基苯并三氮唑;5-溴甲基-α,α,α′,α′-四甲基-1,3-二乙氰基苯;7-羟基-3,4-二氢喹诺酮;托品醇;托品酮;1-甲基吲哚啉;1-甲基吲哚;丙酸氯倍他索;二丙酸倍他米松酯;羟基脲;染料木黄酮;金丝桃素;乙酰唑胺;辣椒素;阿托伐醌;2-氰基-3,3-二苯基丙烯酸乙酯

杭州国晨化工技术有限公司

浙江省杭州市庆春路三瑞大厦[310016]
电话:(0571)87291803
传真:(0571)87291830
网址:www.guchem.com
E-mail:gu_chem@hotmail.com
【主要产品】联苯;对三联苯;二苯醚;联苯-4-乙酸;异丙基异氰酸酯;4,4′-二碘联苯;联苯二氯苄;4-联苯乙酮;酯化物;荧光增白剂FP-127;4,4′-二羟基联苯;导热油

杭州国电水利电力工程有限公司大坝安全工程公司

浙江省杭州市西湖区古墩路997号[310030]
电话:(0571)56737782
传真:(0571)88941020
网址:www.hzgdfs.com
E-mail:zhang_zm@ecidi.com
【主要产品】水溶性聚氨酯树脂;改性环氧涂料;工业地坪涂料;耐磨地坪涂料;防腐涂料;聚氨酯密封胶;聚氨酯嵌缝胶;黏合剂;密封剂;止水带;混凝土添加剂;锚固剂

杭州国森化学工业有限公司

浙江省杭州市莫干山路金家渡中2号[311112]
电话:(0571)88172040;88175872
传真:(0571)88174162
网址:www.ksbond.com
E-mail:sales@ksbond.com
【主要产品】聚醋酸乙烯乳液胶黏剂;强力胶

杭州海尔希畜牧科技有限公司

浙江省杭州市萧山区育才路428号[311200]
电话:(0571)82705398;82233758;82233728
传真:(0571)82705971
网址:www.healthy-tech.com.cn
E-mail:wjlou@healthy-tech.com.cn
【主要产品】三甲胺;三甲胺盐酸盐;烟酸铬;盐酸甜菜碱;甜菜碱;烟酸

杭州海峰塑料有限公司

浙江省杭州市余杭区良诸镇荀山村[311113]
电话:(0571)88772879
传真:(0571)88779230 有进出口权
经济类型:私营企业 法人代表:陈海贤
网址:www.haihongholding.com
E-mail:haifeng@haihongholding.com
【主要产品】聚乙烯泡沫塑料

杭州海虹精细化工有限公司

浙江省杭州市余杭区良渚镇[311113]
电话:(0571)88778977
传真:(0571)88779363 有进出口权
经济类型:中外合资经营企业
法人代表:祝以芳
网址:www.haihongholding.com
E-mail:haihong@haihongholding.com
【主要产品】偶氮二甲酰胺

浙

杭州海特医药化工有限公司

浙江省杭州市三墩西湖科技园区西园一路8号[310007]
电话:(0571)81958059;81958066
传真:(0571)81958069
网址:www.hetdpharm.com
E-mail:sales@hetdpharm.com
【主要产品】磷酸奥司他韦;他莫昔芬;比卡鲁胺;阿那曲唑;来曲唑;盐酸阿糖胞苷;阿糖胞苷;紫杉醇;多烯紫杉醇;9-硝基喜树碱;氯尼达明;克拉曲滨;盐酸阿扎司琼;盐酸拓扑替康;盐酸伊立替康;盐酸帕洛诺司琼;唑来膦酸;依普利酮;马来酸伊索拉定;左西孟旦;盐酸诺拉曲塞;依替米贝;马来酸氟伏沙明;奎宁盐酸盐;伊班膦酸钠;氨磷汀

杭州杭云精细化工有限公司

浙江省杭州市余杭区仁和镇云会村金倪家塘81号[311107]
电话:(0571)86332739;86330442;13616516271
传真:(0571)86332739
网址:www.hyunchem.com
E-mail:web@hzjxhg.com
【主要产品】网印黏合剂;土耳其红油;抗静电柔软剂;柔软剂;酸性匀染剂;十二烷基二甲基苄基氯化铵;高温匀染剂;腈纶匀染剂;棉用匀染剂;抗静电剂;分散剂;无甲醛固色剂;非离子润湿渗透剂;双氧水漂白稳定剂;织物阻燃剂;浆纱平滑剂;染料溶解剂;白底防污剂;沉淀防止剂;精炼剂;真丝精炼剂;硬挺剂;毛纺清洗剂;无泡皂洗剂;螯合分散剂;碱减量促进剂;消泡剂;净洗剂6501

杭州恒贸化工有限公司

浙江省杭州市滨江区浦沿镇工业园区[310053]
电话:(0571)28805788;86610154;28805811
传真:(0571)86618327
E-mail:web@hz-hmhg.com
【主要产品】盐酸(精制);工业氨水;氯化钙(无水);氯化钙(二水);氨水

杭州恒润凡士林制造有限公司

浙江省杭州市余杭区塘栖镇里仁北路10号[311106]
电话:(0571)86317400;85611679
传真:(0571)86317400
供销电话:86317411;13705811396
经济类型:股份合作
网址:www.chinavaseline.com
E-mail:mhmy@sina.com
【主要产品】防锈油;高滴点油脂;钢丝绳表面脂;工业凡士林;凡士林;黄凡士林

杭州弘博化工有限公司

浙江省富阳市渔山乡工业功能区[311419]
电话:(0571)63521666;63522000;13805767881
传真:(0571)63521555
固定资产:13,000千元
网址:www.hzhongbo.com
E-mail:hzhb@hzhongbo.com
【主要产品】羧甲基纤维素钠

杭州红山化纤有限公司

浙江省杭州市萧山区红山农场[311234]
电话:(0571)82867999;82867178
传真:(0571)82867305
供销电话:82867288;82867161
网址:www.hscf.com.cn
E-mail:info@cn-hongjian.com
【主要产品】涤纶预取向丝;涤纶低弹丝

杭州红妍颜料化工有限公司

浙江省杭州市萧山区河庄镇蜀山东[311222]
电话:(0571)82175109
传真:(0571)82174188 有进出口权
供销电话:82176008;82175708
供销传真:82178666 职工人数:300人
经济类型:股份合作 法人代表:马仁爱
网址:www.hy-pigment.com
E-mail:simon@hy-pigment.com
【主要产品】柠檬黄;橘铬黄;深铬黄;钼铬红107;华蓝;有机颜料;耐晒青莲色原R;耐晒品蓝色原R;耐晒品蓝色淀BO;酞菁蓝B;酞菁绿G;汉沙黄10G;永固黄G;联苯胺黄G;3117耐晒亮红N;立索尔宝红BK;立索尔紫红2R;永固紫RL;油溶红;油溶性染料

杭州华东普洛医药科技有限公司

浙江省杭州市莫干山路866号[310011]
电话:(0571)88175143
传真:(0571)88174668
法人代表:李邦良
网址:www.eastprotech.com
E-mail:master@eastprotech.com
【主要产品】(S)-(-)-2-氯丙酸;5-苯甲酰基-2-糠酸甲酯;苄基肼;N,N-二苄基肼;雷帕霉素;阿卡波糖;环孢素;泛癸利酮;L-脯氨酰胺;盐酸依氟鸟氨酸;虫草菌粉;他克莫司

杭州华杰胶辊有限公司

浙江省杭州市江干区丁桥镇私营经济园区内[310021]
电话:(0571)88114896
传真:(0571)88114940
网址:www.chinahuajie.net
E-mail:yic@chinahuajie.net
【主要产品】印刷胶辊;硅橡胶辊

杭州华仁香料有限公司

浙江省杭州市余杭区仁和镇奉欣路47号[311107]
电话:(0571)86391563;86390568;86391515
传真:(0571)86390578
网址:www.halren.com
E-mail:web@halren.com
【主要产品】食用香精

杭州华顺化工防腐有限公司

浙江省杭州市萧山区义蓬镇外六工段[311225]
电话:(0571)82989111;82989222
传真:(0571)82989977
网址:www.hzhshg.com
E-mail:web@hzhshg.com
【主要产品】环氧煤沥青防腐涂料;各色醇酸调合漆;C53-31红丹醇酸防锈漆;C53-36铁红醇酸防锈漆;各色聚氨酯丙烯酸锤纹漆;丙烯酸内墙乳胶漆;丙烯酸外墙乳胶漆;彩色卷钢涂料;环氧铁红防锈漆;H06-1环氧富锌底漆;稳定型环氧带锈防锈底漆;环氧云铁防锈漆;自流平环氧地坪涂料;环氧树脂类防腐涂料;环氧抗静电防腐涂料;耐高温防腐涂料;氯磺化聚乙烯防腐涂料;高氯化聚乙烯防腐涂料;氯化橡胶防腐涂料;涉水设备内壁涂料;无毒防霉墙面漆

杭州华塑色母有限公司

浙江省杭州市莫干山路1137号[310012]
电话:(0571)88192555;88196408;88183961
传真:(0571)88192555;88473276
固定资产:1,000千元 有进出口权
供销电话:88473291 产值:8,000千元
经济类型:有限责任公司
销售收入:7,500千元 职工人数:38人
法人代表:金双林
网址:www.huasu-sm.com
E-mail:sml@huasu-sm.com
【主要产品】抗静电母粒;防雾滴母粒;功能母粒;阻燃母粒;珠光母粒;滑爽开口母粒;PP-R管专用色母粒

杭州华欣工贸有限公司

浙江省杭州市三墩镇塘河村杨家塘[310030]
电话:(0571)88953694;13705812508
网址:www.hz-huaxin.com
E-mail:jincx@hz-huaxin.com
【主要产品】柔软剂;氨基硅油柔软剂

杭州汇华树脂有限公司

浙江省杭州市西湖区学院路58号[311232]
电话:(0571)56779837;13335887865
网址:www.atobo.com/Inc/hzhuihua
E-mail:hzhueihua@com.hz.cn
【主要产品】强酸性苯乙烯系阳离子交换树脂(001×7型);大孔强酸性苯乙烯系阳离子交换树脂(D001型);大孔弱酸性丙烯酸系阳离子交换树脂(D113型);强碱性苯乙烯系阴离子交换树脂(201×7型);大孔强碱性苯乙烯系阴离子交换树脂(D201型);大孔弱碱性苯乙烯系阴离子交换树脂(D301)

杭州汇能生物技术有限公司

浙江省杭州市天目山路376号龙都大厦7F[310013]
电话:(0571)85025401
传真:(0571)85025474
供销电话:85025401-215
网址:www.huineng.cn;
www.hn-bio.com
E-mail:huineng@mail.hz.zj.cn
【主要产品】高效复合酸化剂;抗坏血酸多聚磷酸酯;饲料添加剂

杭州吉驰达有机硅有限公司

浙江省杭州市余杭区勾庄工业园区通运路3号[311112]
电话:(0571)88752038
传真:(0571)88752376
经济类型:私营企业　法人代表:陈临吉
网址:www.hz-jcd.com
E-mail:web@hz-jcd.com
【主要产品】甲基乙烯基硅橡胶(110型);甲基双苯基室温硫化硅橡胶(108型);室温硫化甲基硅橡胶(107型);甲基硅橡胶;混炼胶;二甲基硅油(201型);乳化硅油;阳离子羟基乳液硅油(305型);阴离子羟基硅油乳液

杭州江南化工有限公司

浙江省杭州市高新区(滨江)[310052]
电话:(0571)86627788;86628000
传真:(0571)86626879
网址:www.hzjnchem.com
E-mail:jnc@mail.hz.zj.cn
【主要产品】1,2-萘醌;2-溴嘧啶;白油;吲哚-3-甲酸;3,4-二羟基苯甲醛;L-(+)-邻氯苯甘氨酸;5-甲基尿嘧啶;2-氨基嘧啶盐酸盐;2-氨基嘧啶;3,3'-二吲哚甲烷;2-氯嘧啶;涤纶油剂;涤纶高速纺丝拉伸(FDY)油剂;淬火油;冷冻机油

杭州捷尔思阻燃化工有限公司

浙江省杭州市环城东路土山弄2号2楼[310003]
电话:(0571)87250386;87250387
传真:(0571)87250388
网址:www.jlschemical.com
E-mail:sales@jlschemical.com
【主要产品】低烟无卤阻燃聚烯烃电缆料;阻燃剂;聚氨酯用阻燃剂;无卤环保阻燃剂;高效阻燃剂

杭州金诚助剂有限公司

浙江省杭州市拱墅区霞湾巷5幢20楼H座[310005]
电话:(0571)89901835;88354278;88770890
传真:(0571)88354278;88770890
网址:www.jczj.cn.bosslink.com
【主要产品】辛癸酸甘油酯;单硬脂酸季戊四醇酯;单硬脂酸甘油酯;聚甘油脂肪酸酯;单乳酸月桂酸甘油酯;聚甘油单月桂酸酯;聚甘油乳酸酯;聚甘油辛癸酸酯;蔗糖脂肪酸酯;单双硬脂酸甘油酯;硬脂酸丁酯;PVC内润滑剂;PVC外润滑剂;乳化油

杭州金帆达化工有限公司

浙江省桐庐县横村镇胜峰[311512]
电话:(0571)64698866
传真:(0571)64698348　有进出口权
经济类型:与港澳台商合资经营
职工人数:300人　法人代表:孔鑫明
网址:www.mingxinggroup.com
E-mail:kxm@public1.hz.zj.cn;
kxm@stereolpharm
【主要产品】亚磷酸;琥珀酸;一氯甲烷;草甘膦;41%草甘膦异丙胺盐水剂;62%草甘膦异丙胺盐水剂;百草枯;百草枯水剂

杭州金鹤来食品添加剂有限公司

浙江省杭州市桐庐方埠外贸工业园区[311502]
电话:(0571)64699366;64699908
传真:(0571)64699227
供销电话:64699217;64699207
网址:www.jinhelai.com
E-mail:jhl@jinhelai.com;
sales@jinhelai.com
【主要产品】对羟基苯甲酸乙酯;对羟基苯甲酸丙酯;对羟基苯甲酸丁酯;对羟基苯甲酸乙酯钠;对羟基苯甲酸丙酯钠;对羟基苯甲酸丁酯钠;蔗糖脂肪酸酯

杭州金诺涂料有限公司

浙江省杭州市萧山区义蓬工业园区[311225]
电话:(0571)82188397;13666647388
传真:(0571)82188251
网址:www.4f2c.com
E-mail:service@4f2c.com
【主要产品】不粘锅餐具漆

杭州金田珠光颜料有限公司

浙江省杭州市余杭区塘栖工业园区[311106]
电话:(0571)86319777
传真:(0571)86319298
网址:www.goldland.cn
E-mail:john@goldland.cn;
goldland@goldland.cn
【主要产品】珠光颜料

杭州金鹰塑粉有限公司

浙江省杭州市五堡工业园区渡口路110号[310021]
电话:(0571)86046792;86046808;86966570
传真:(0571)86046041;86046800
经济类型:与港澳台商合资经营
网址:www.yenkar.com
E-mail:yenkar@yenkar.com;
sales@yenkar.com
【主要产品】粉末涂料;热固性粉末涂料;聚酯粉末涂料;热固型纯环氧粉末涂料;聚氨酯粉末涂料

杭州近江化工染料有限公司

浙江省杭州市建国北路658号海华广场408室[310004]
电话:(0571)85863398
传真:(0571)85863378　有进出口权
经济类型:中外合资经营企业
网址:www.jj-dyes.com
E-mail:info@jj-dyes.com
【主要产品】3-氨基-1,2,4-三氮唑;2-氨基-5-二异丙氨基-1,3,4-噻二唑;2-氨基-5-溴-1,3,4-噻二唑;1,3,3-三甲基-2-亚甲基吲哚啉;1,3,3-三甲基-2-亚甲基吲哚啉乙醛;4-(*N*,*N*-二甲基)氨基苯甲醛;4-[*N*-甲基-*N*-(*β*-氯乙基)]氨基苯甲醛;4-[*N*-甲基-*N*-(*β*-氰乙基)]氨基苯甲醛;2-甲基-4-(*N*-乙基-*N*-氰乙基)氨基苯甲醛;4-(*N*,*N*-二乙基)氨基苯甲醛;2-氨基-6-甲氧基苯并噻唑;*N*,*N*-甲基苄基苯胺;*N*-甲基-*N*-羟乙基苯胺;*N*-甲基-*N*-氰乙基苯胺;碱性染料;阳离子染料

杭州九鼎化工有限公司

浙江省杭州市拱墅区莫干山路1265号[310011]
电话:(0571)82375588;82372966;13606809638
传真:(0571)82662558;82378585
网址:www.jiudingchem.com
E-mail:liujun@jiudingchem.com
【主要产品】柔软剂;酸性匀染剂;棉用匀染剂;低泡型匀染剂;抗静电剂;修补剂;固色剂;渗透剂;高效渗透剂;耐碱渗透剂;耐碱丝光渗透剂;双氧水稳定剂;羊毛洗涤剂;高温促染剂;精炼剂;高效精炼剂;真丝精炼剂;还原清

洗剂；防污皂洗剂；无泡皂洗剂；高效皂洗剂；螯合分散剂；消泡剂；净洗剂209

杭州久固涂料有限公司

浙江省杭州市江干区五安路1号201室[310020]
电话：(0571)86890345
经济类型：私营企业 产值：200千元
法人代表：廖德军
网址：www.jiugu.com.cn
【主要产品】环氧树脂

杭州凯明催化剂有限公司

浙江省杭州市西溪882号[310023]
电话：(0571)87154016；87154009；87167410
传真：(0571)85227023
网址：www.hzkm.cn
E-mail：sales@hzkm.cn；office@hzkm.cn
【主要产品】乙酸钯；高效脱氧催化剂；炭载含铂、钯双金属加氢催化剂；气体净化催化剂；钯碳酸钙；四(三苯基膦)钯

杭州凯胜生物技术有限公司

浙江省杭州市朝晖路152号绿洲花园12幢1层[310014]
电话：(0571)56850066
传真：(0571)85785669 有进出口权
供销电话：56850035；56850293
经济类型：股份有限公司
法人代表：王宏
网址：www.chyszbio.com
E-mail：sales@chyszbio.com
【主要产品】头孢替呋钠盐；头孢替呋盐酸盐；硫酸安普霉素；磷霉素钠；磷霉素钙；克林霉素磷酸酯；磷酸替米考星；盐酸氨丙啉；盐酸莱克多巴胺；胞二磷胆碱

杭州康臣有机硅有限公司

浙江省杭州市广济路半山油库旁[310022]
电话：(0571)88131356
传真：(0571)88126086
网址：www.hzkcxigui.com
E-mail：hzkc@hzkcxigui.com
【主要产品】阳离子羟基乳液硅油(305型)；甲基硅油；硅脂；羟基硅油乳液；平滑柔软剂；柔软剂；丝绸柔软剂；蓬松柔软剂；聚酯纤维荧光增白剂；耐碱渗透剂；高效精炼剂；螯合分散剂；去油剂

杭州康德权科技有限公司

浙江省杭州市秋涛北路164号[310029]
电话：(0571)86339999；86339627
传真：(0571)86339628；86339111
网址：www.kdqchem.com
E-mail：sales@kdqchem.com
【主要产品】丁酸钠；半胱胺盐酸盐；硒代蛋氨酸；*S*,*S*-二甲基-*β*-丙酸噻亭；富马酸亚铁

杭州科本化工有限公司

浙江省杭州市萧山南阳经济开发区[310004]
电话：(0571)28021577；28021578；13958139292
传真：(0571)28021579
网址：www.cobenpharm.com
E-mail：coben@coben.sina.net
【主要产品】硫尿嘧啶；7-乙基色醇；对溴甲基苯丙酸；4-溴-2-氟联苯；2-硝基联苯；*N*-甲基-3,4-二甲氧基苯乙胺；邻甲氧基苯氧基乙胺盐酸盐；2-氨基联苯；5-(2-氨基丙基)-2-甲氧基苯磺酰胺；4-氨基-2-羟基嘧啶；依托度酸甲酯；4-(2,3-环氧丙氧基)咔唑；齐多夫定；司他夫定；奥塞米韦；依发韦仑；阿德福韦；阿巴卡维；茚曲他滨；泰诺福韦；氟比洛芬；依托度酸；环氧洛芬；盐酸维拉帕米；氨氯地平；阿替洛尔；卡维地洛；阿伐他汀；坦索罗辛；拉米夫定；氯吡格雷；胞苷

杭州科望特种油墨有限公司

浙江省杭州市余杭区闲林工业区裕丰路3号[310023]
电话：(0571)88687891；88687892；88687893
传真：(0571)88687896
网址：www.kewanguv.com
E-mail：hzkw@163.com
【主要产品】电泳涂料；印刷电路板油墨；UV系列油墨；UV丝印油墨；UV胶印油墨；UV凹印油墨；热固型文字油墨

杭州蓝迪化工有限公司

浙江省杭州市萧山区新塘油树下工业区[311200]
电话：(0571)82725327；82713745
传真：(0571)82728193
网址：www.cn-ldhg.com
E-mail：web@cn-ldhg.com
【主要产品】氨基烘漆；各色聚丙烯塑料专用底漆；丙烯酸烤漆；丙烯酸聚氨酯漆；丙烯酸自干漆；橡胶漆类；钢结构防腐涂料；自干锤纹漆；静电稀释剂

杭州力禾颜料有限公司

浙江省杭州市萧山区义蓬镇乐园桥[311226]
电话：(0571)22851166；22851232；22851233
传真：(0571)82890677；22851177
网址：www.chinariwa.com
E-mail：jason@riwachemicals.com
【主要产品】间氯苯甲醛；9,10-蒽醌；间氯甲苯；4-硝基苯甲酸；4-氨基苯酚；1,3-苯二胺；2-氰基-4-硝基苯胺；3,4-二氯苯胺；3-氨基-4-甲氧基乙酰苯胺；3-氨基苯酚；甲基磺酰氯；3,5-二氨基-2,4,6-三甲基苯磺酸；2,6-二氯-4-硝基苯胺；1,8-二氯蒽醌；4-硝基苯胺；*N*-乙酰基-1,3-苯二胺；2-氨基-5-萘酚-7-磺酸；*α*-氯蒽醌；4-溴-1-氨基蒽醌-2-磺酸；2-氨基苯酚；2-氨基-5,6(6,7)-二氯苯并噻唑；3-氨基-5-硝基苯并噻唑；4-甲氧基-3-氨基苯酰替苯胺；3-硝基苯甲酸；4-甲基-3-硝基苯胺；色酚系列；黄色基GC；红色基B；红色基KB；红色基KD；耐晒玫瑰色原；耐晒品蓝色原R；耐晒品蓝色淀BO；酞菁红(*γ*型)；酞菁蓝BGSF；酞菁蓝BGS；酞菁蓝BS；酞菁蓝B；酞菁绿G；汉沙黄G；耐晒黄GR；耐晒黄S3G；汉沙黄10G；永固黄G；永固黄GG；永固黄HRT；永固黄H4G；永固黄H3G；永固黄GRX；永固黄2R；颜料艳黄HGR；颜料黄K-5G；永固黄RN；联苯胺黄HR；联苯胺黄G；联苯胺黄GT；联苯胺黄10G；永固橘黄G；联苯胺黄GR；永固橙RN；永固橙RL；耐晒艳红BBC；耐晒大红BBN；3117耐晒亮红N；大红粉；金光红C；永固红F4R；永固红F2R；永固红FBB；立索尔大红R；立索尔大红RB；甲苯胺红；甲苯胺紫红；永固紫RL；1-苯基-3-甲基-5-吡唑酮

杭州立威化工涂料有限公司

浙江省桐庐县徐家埠经济开发区[311502]
电话：(0571)64699518；64699008
传真：(0571)64699228
法人代表：柳彩虹
网址：www.china-lw.com
E-mail：cgx@china-lw.com
【主要产品】氨基醇酸树脂涂料；硝基漆类；乳胶漆；各色丙烯酸氨基烘漆；丙烯酸外墙乳胶漆；塑胶漆；聚酯氨基烤漆；聚氨酯漆类

杭州利人药业有限公司

浙江省杭州市余杭区瓶窑镇石濑村[311115]
电话：(0571)88547933；88551257；13805778056
传真：(0571)88551257 职工人数：29人
固定资产：4,750千元
法人代表：傅爱珍
网址：www.hzlryy.com
E-mail：web@hzlryy.com
【主要产品】盐酸(药用)；药用氨水；酒石酸氢胆碱

杭州林峰食品添加剂有限公司

浙江省杭州市太平门直街245号[310016]
电话：(0571)86043229；86015865
传真：(0571)86093134
经济类型：有限责任公司
网址：www.hzlfchem.com
E-mail：sales@hzlfchem.com
【主要产品】食用色素；稳定性二氧化氯；二氧化氯

杭州临安德昌化学有限公司

浙江省临安市青山湖开发区[311300]
电话:(0571)63727044;63711190
传真:(0571)63711190
网址:www. dechang-chem. com
E-mail:sales@ dechang-chem. com
【主要产品】聚乙烯抗静电母料;改性ABS;PE、PP塑料专用抗静电剂

杭州临安市橡胶有限公司

浙江省临安市昌化工业园区[311300]
电话:(0571)63662796;13906815862
传真:(0571)63668866
职工人数:160人
网址:www. hzlaxj. com
E-mail:hzlaxj@ hzlaxj. com
【主要产品】橡胶杂品;减震器及配件;胶轮;密封垫;O形密封圈;异形密封圈

杭州龙生化工有限公司

浙江省杭州市余杭区塘栖工业园区[311106]
电话:(0571)86382218;86381288;86382063
传真:(0571)86381288
网址:www. longshengchem. cn
E-mail:zcl@ longshengchem. cn
【主要产品】2-氨基-3,5-二溴苯甲醛;联苯-4-乙酸;对硝基溴苄;3,3′,5,5′-四甲基联苯胺;4-(*N*,*N*-二甲氨基)二乙缩丁醛;反式-4-氨基环己醇;3,5-二溴邻氨基苯甲酸甲酯;*N*-甲基-4-甲磺酰氨基苯肼盐酸盐;盐酸金刚乙胺;舒马曲坦;盐酸氨溴索;盐酸依匹斯汀

杭州龙兴化工助剂有限公司

浙江省杭州市江干区新塘路元华旺座中心A楼1602室[310016]
电话:(0571)86466882;86466881;86011806
传真:(0571)86881617　经济类型:国有
职工人数:50人
网址:www. hzlongxing. com
E-mail:web@ hzlongxing. com
【主要产品】平滑柔软剂;酸性匀染剂;涤纶分散匀染剂;棉用匀染剂;阳离子染料匀染剂;有机硅织物整理剂;分散剂WA;分散匀染剂;固色剂Y;无甲醛固色剂;双氧水漂白稳定剂;平滑剂;洗涤剂209;精炼剂;高效精炼剂;浴中柔软剂;螯合分散剂

杭州绿典化工有限公司

浙江省杭州市萧山区新街镇双圩村[311217]
电话:(0571)82853800;82853811
传真:(0571)82853883
网址:www. ldchemical. com
E-mail:ld@ ldchemical. com
【主要产品】无甲醛固色剂;涤纶增白剂ER;荧光增白剂OB;荧光增白剂OB-1;荧光增白剂OB-4;荧光增白剂OB-P;荧光增白剂FP;渗透剂;还原清洗剂;消泡剂;皮革柔软剂;皮革光亮剂;皮革脱脂剂;造纸增白剂;废纸脱墨剂

杭州绿色助剂研究所

浙江省杭州市石桥路永华街127号[310022]
电话:(0571)85818982;85818983;85818986
传真:(0571)85818965;88857206
网址:www. greenadditive. com
E-mail:green@ greenadditive. com
【主要产品】丙烯酸树脂乳液;造纸用消泡剂;造纸助剂;纸张柔软剂;纸品固色剂;剥离剂

杭州绿源精细化工有限公司

浙江省杭州市余杭区余杭镇通济路57号[311121]
电话:(0571)88668650;13606811022
传真:(0571)88672050
网址:www. hz-lvyuan. com
E-mail:wufangping@ 126. com
【主要产品】保鲜剂;干燥剂

杭州麦克密封材料有限公司

浙江省杭州市萧山区浦阳镇[311200]
电话:(0571)82321838;82375706
传真:(0571)82326881;82657307
网址:www. mcseal. com
E-mail:mcseal@ zj. com;
mcseal@ hi2000. com
【主要产品】膨体聚四氟乙烯密封带;增强聚四氟乙烯盘根;聚四氟乙烯编织盘根;柔性石墨盘根;聚四氟乙烯石墨盘根;碳素纤维盘根

杭州麦林环保船用漆有限公司

浙江省杭州市保淑北路36号[310012]
电话:(0571)88830038;88055262
传真:(0571)88050291
固定资产:38,000千元
法人代表:张海生
网址:www. mailinpaint. com
E-mail:yuzhongjiang@ mailinpaint. com
【主要产品】丙烯酸内墙乳胶漆;高级氟碳外墙装饰漆;船舶防腐漆

杭州美高华颐化工有限公司

浙江省杭州市萧山经济技术开发区桥南区支一路[311231]
电话:(0571)82697878
传真:(0571)82697603
网址:www. mg-chem. com
E-mail:mgchem@ 126. com
【主要产品】柔软剂;增白剂;工业快速渗透剂;氟系列防水防油整理剂;织物阻燃剂;浴中柔软剂;还原清洗剂;皂洗剂

杭州木材有限公司活性炭分公司

浙江省杭州市秋涛路190号[310008]
电话:(0571)86061575;86051344-6566
传真:(0571)86061575;86051806
职工人数:80人
网址:www. hzcarbon. com
E-mail:hc@ hzcarbon. com
【主要产品】活性炭;活性炭(糖用);活性炭(药用);油脂活性炭

杭州南博生化科技有限公司

浙江省杭州市五常联胜路8号[310023]
电话:(0571)88739652;13805740422
传真:(0571)88212853
网址:www. nanbobiochem. com
E-mail:nanbo@ hi2000. com;
sales@ nanbobiochem. com
【主要产品】D-(+)-甘油醛;L-(-)-甘油醛;D-甘油醛缩丙酮;L-甘油醛缩丙酮;三氟甲基磺酸钠;4-氨基-3,5-二氯三氟甲苯;三氟乙酰赖氨酸;噻虫啉;氟虫腈;烯啶虫胺

杭州盼达涂料有限公司

浙江省杭州市萧山区所前镇[311254]
电话:(0571)82447085
传真:(0571)82447083
法人代表:何朱水
网址:www. chinaxs. com/pdtl
E-mail:web@ hzpdtl. com
【主要产品】乳胶漆;真石漆

杭州琦巧化工有限公司

浙江省杭州市西湖区三墩厚仁桥[310030]
电话:(0571)88968494;88959881;13805713076
网址:www. chinachemnet. com
E-mail:Zunqiao@ mail. hz. zj. cn;
qiqiao@ hi2000. com
【主要产品】滑爽整理剂;远红外整理剂;酸性匀染剂;分散匀染剂;耐碱渗透剂;双氧水漂白稳定剂;平滑剂;染料溶解剂;白底防污剂;精炼剂;浴中柔软剂;硬挺剂;还原清洗剂;防污皂洗剂;无泡皂洗剂;螯合分散剂;去油剂

杭州沁源天然植物科技有限公司

浙江省杭州市文三路199号创业大厦1105室[310012]
电话:(0571)88217682;88217683
传真:(0571)88217681　有进出口权
经济类型:有限责任公司
销售收入:20,000千元　职工人数:22人
网址:www. hzqinyuan. com
E-mail:info@ hzqinyuan. com;
jaulei@ yahoo. com. cn
【主要产品】茶多酚;大豆异黄酮;银杏叶提取物;绿茶提取物

杭州瑞阳化工有限公司

浙江省杭州市萧山区南阳化工开发区[311226]
电话:(0571)22851232;22851166;22851232
传真:(0571)82890677;22851177
网址:www. chinariwa. com;
www. riwadyes. com
E-mail:jason@ riwachemicals. com
【主要产品】分散剂(涂料专用);高速纺涤纶长丝(常规纺)油剂;涤纶短纤维油剂;造纸专用分散剂

杭州赛乐化工有限公司

浙江省杭州市武林新村 104 号[310002]
电话:(0571)28812357;13777801096
传真:(0571)88334000
网址:www. sailorchem. com
E-mail:sales@ sailorchem. com
【主要产品】氯醚树脂;高聚合度聚氯乙烯树脂;消光聚氯乙烯专用树脂;匀染剂;纺织乳蜡

杭州三艾橡胶有限公司

浙江省杭州市余杭区黄湖镇高村[311118]
电话:(0571)88513098;88513358;13805786838
传真:(0571)88513321
网址:www. hzsyxj. com
E-mail:web@ hzsyxj. com
【主要产品】窄 V 带;联组 V 带

杭州三禾化工科技有限公司

浙江省杭州市文三路 567 号康新花园 B1502 室[310013]
电话:(0571)87952843;88929257;13957110871
传真:(0571)87952843
经济类型:有限责任公司
法人代表:康宏杰
网址:www. 3hchem. com
E-mail:sanhechem@ 3hchem. com
【主要产品】1,3-二甲基金刚烷;1,2,4-三甲氧基苯;2-氯吡啶;2,6-二氯吡啶;2,6-二氯-3-硝基吡啶;2,4,5-三甲氧基苯甲醛;2,3-二氯苯甲醛;环己基甲醇;碳酸亚乙烯酯;1-溴-3,5-二甲基金刚烷;对环己基苯酚;*N*-甲基己内酰胺;2,3-二氯苯甲酸;2-氮杂双环[2.2.1]庚-5-烯-3-酮;1,4-苯并二噁烷-2-羧酸;2,3-二氯苯甲酰氯;1-氯-6,6-二甲基-2-庚烯-4-炔;地喹氯铵;更昔洛韦;吡啶硫酮钠

杭州三益密封件有限公司

浙江省杭州市德胜中路 473 号[310014]
电话:(0571)85342706;85384089;85386976
传真:(0571)85340275
网址:www. syseals. com
E-mail:web@ syseals. com
【主要产品】聚四氟乙烯生料带;聚四氟乙烯密封圈;聚甲醛制品;聚四氟乙烯制品;聚四氟乙烯棒材;O 形密封圈;橡胶防尘密封圈;组合密封圈;聚氨酯油封

杭州胜大药业有限公司

浙江省富阳市灵桥镇山基村[311418]
电话:(0571)63557568;63556523;63556978
传真:(0571)63556778
网址:www. sdbiochem. com
E-mail:shengda@ sdbiochem. com
【主要产品】异烟酰胺;异烟酸;烟酸;烟酰胺;肌醇烟酸酯

杭州盛翔化工有限公司

浙江省杭州市西郊中泰同和亭[311121]
电话:(0571)88639865;88639388
传真:(0571)88639865
网址:www. hzsxchem. com
E-mail:sales@ hzsxchem. com
【主要产品】亚磷酸三苯酯;亚磷酸一苯二异辛酯;甲基锡热稳定剂

杭州市一韦涂料化学有限公司

浙江省杭州市余杭区仁和镇[311107]
电话:(0571)86390339;86391939
传真:(0571)86391339　职工人数:56 人
经济类型:股份有限公司
法人代表:朱剑强
网址:www. evencoating. com
E-mail:even@ hi2000. com;
even@ evencoating. com
【主要产品】丙烯酸树脂;丙烯酸树脂漆类;丙烯酸聚氨酯漆;水性丙烯酸烘漆;丙烯酸塑料漆;油漆稀释剂

杭州市银湖化工有限公司

浙江省杭州市天目山路 224 号中融城市花园 2 幢 1 单元 12 层[310012]
电话:(0571)85028645;85028646
传真:(0571)85028640
供销电话:85028946
网址:www. yinhuchem. com
E-mail:yuping0571@ hotmail. com
【主要产品】甲基丙烯酸二甲氨基乙酯;*N*-乙烯基吡咯烷酮;3-氯-2-羟丙基三甲基氯化铵;二乙基二烯丙基氯化铵;*N*,*N′*-二甲基-3,3′-二硫代二丙酰胺;氯化胆碱;二甲基二烯丙基氯化铵;润滑防皱剂;固色交链剂;无甲醛固色剂;高效渗透剂;双氧水漂白稳定剂;螯合分散剂;抗紫外线整理剂;聚丙烯酸钠;杀菌灭藻剂;聚合氯化铝;ST 絮凝剂;聚丙烯酰胺干粉(阳离子型);聚季铵-7;聚丙烯酰胺干粉(阴离子型);甲基丙烯酰氧乙基三甲基氯化铵;压裂稠化剂;异噻唑啉酮;1,2-苯并异噻唑啉-3-酮;造纸专用分散剂

杭州顺达集团高分子材料有限公司

浙江省临安市青山工业园区[311305]
电话:(0571)63785368;63819227;63785667
传真:(0571)63785506　职工人数:85 人
供销电话:63785567;63819227
供销传真:63785567　产值:12,000 千元
经济类型:股份有限公司
法人代表:贾建
网址:www. shunda-chem. com
E-mail:shunda@ shunda-chem. com
【主要产品】聚异丁烯

杭州顺祥工贸有限公司

浙江省杭州市新文路 3 号[310015]
电话:(0571)88173299;88173056;85662018
传真:(0571)88173056
网址:www. sxom. com
【主要产品】氧化铜;氧化铝;乌洛托品;酚醛树脂(2123 型);酚醛树脂(2127 型);酚醛树脂 703;糠醇树脂;粉末涂料;RM-1 橡胶金属热硫化胶黏剂;通用塑料胶黏剂;灯具专用密封胶;硅烷偶联剂 KH-560;硅烷偶联剂 KH-550;有机硅脱模剂

杭州泰鑫医药化工有限公司

浙江省桐庐县桥北区泰鑫路 188 号[311500]
电话:(0571)64617316;64617328;13567168688
传真:(0571)64617319　职工人数:80 人
法人代表:钱满金
网址:www. taixinpharm. com
E-mail:taixin@ taixinpharm. com
【主要产品】茄尼醇;6,8-二氯辛酸乙酯;1,1-环己基二乙酸单酰胺;1,1-环己基二乙酸;1,1-环己二乙酸酐;3,3-环戊烷戊二酰亚胺;盐酸苄丝肼;3,3-亚戊烯基-4-丁内酰胺;2-乙酰基-4-丁酰氨基苯酚;牛磺酸;加巴喷丁盐酸盐;硫辛酸

杭州天草科技有限公司

浙江省杭州市文二路 206 号金地大厦 3610 室[310012]
电话:(0571)88053319;81806048;13857127774
传真:(0571)88054060
网址:www. skyherb. net
E-mail:skyherbmarket@ hotmail. com
【主要产品】二氢黄酮苷;水飞蓟素;大豆异黄酮;贯叶连翘提取物;淫羊藿提取物;红景天提取物;黄芪提取物;葛根提取物;厚朴提取物;虎杖提取物;红车轴草提取物;白柳皮提取物;当归提取物;枳实提取物;葡萄籽提取物;银杏叶提取物;绿茶提取物;黄芩提取物;刺五加浸膏;芹菜素;木犀草素

杭州天丽化工厂

浙江省杭州市莫干山路 1137 号[310011]

浙

电话:(0571)87828913;13958051510
网址:tianli. chemnet. com
E-mail:tianli@ hi2000. com
【主要产品】水性消泡剂

杭州通达塑料薄膜包装厂

浙江省杭州市江干区丁桥镇后珠村37号[310021]
电话:(0571)88113552
传真:(0571)88113552
网址:www. hztdsl. com
E-mail:web@ hztdsl. com
【主要产品】聚乙烯热收缩膜;聚氯乙烯热收缩膜;聚烯烃热收缩薄膜

杭州万景新材料有限公司

浙江省杭州市文一西路50号[310026]
电话:(0571)85968971;88362563
传真:(0571)88362632 法人代表:徐进
供销电话:13957186331
供销传真:88852193 产值:50,000千元
经济类型:有限责任公司
职工人数:200人
网址:www. veking. cn
E-mail:dycscience@ hzcnc. com
【主要产品】纳米二氧化硅;氧化铝(纳米);2-叔丁基对苯二酚;2,5-二叔丁基对苯二酚;DL-泛醇;钛白粉(纳米级);吡啶硫酮锌;纳米抗紫外线整理剂;二甲基十二烷基叔胺醋酸盐;纳米银系无机抗菌剂;甲醛清除剂;复合型高效保湿剂

杭州维华生物技术有限公司

浙江省杭州市杭大路15号嘉华国际商务中心308室[310007]
电话:(0571)87175183;87175182
传真:(0571)87175163
网址:www. vetpharm. cn;
www. vet-pharm. com
E-mail:vetpharm@ mail. hz. zj. cn
【主要产品】亚磷酸;环丙乙炔;2,3-环戊烯并吡啶;γ-氯代乙酰乙酸乙酯;三氯蔗糖;克拉红霉素;格替沙星;阿卡波糖;泛癸利酮

杭州稳健钙业有限公司

浙江省建德市大同工业功能区块[311614]
电话:(0571)64581578;64583001
传真:(0571)64581579
网址:www. wjcac. com. cn
E-mail:sales@ wjcac. com. cn
【主要产品】氢氧化钙;重质碳酸钙;氧化钙

杭州五圣圆化学有限公司

浙江省富阳市鹿山街道蒋家村[311401]
电话:(0571)63485708
传真:(0571)63485808 职工人数:80人
网址:www. wushengyuanchem. com
E-mail:sales@ wushengyuanchem. com
【主要产品】硫酸锌;硝酸铅;碳酸锌;活性氧化锌

杭州西子化工机械厂

浙江省杭州市闲林镇文卫路32号[311122]
电话:(0571)88681275;88686370;13588719184
传真:(0571)88686371
网址:www. xzhgjx. com
E-mail:sales@ xzhgjx. com
【主要产品】双螺旋锥形混合机;卧式刮刀离心机

杭州下沙经济开发区中联化工有限公司

浙江省杭州市下沙开发区[310018]
电话:(0571)86934603
传真:(0571)86921933
职工人数:200人 法人代表:方有明
网址:www. hzzlhg. com
E-mail:web@ hzzlhg. com
【主要产品】柔软剂;匀染剂;匀染修补剂;固色剂;渗透剂;双氧水漂白稳定剂;精炼剂;还原清洗剂;皂洗剂;螯合分散剂;消泡剂;净洗剂

杭州先进科技化工有限公司

浙江省富阳市富春街道春华[311401]
电话:(0571)63336888
传真:(0571)63336777
经济类型:与港澳台商合资经营
职工人数:220人
网址:www. hzacc. com;
www. caco3. com. cn
E-mail:acc@ hzacc. com;
caco3@ hzacc. com
【主要产品】轻质碳酸钙;超细轻质碳酸钙;轻质活性碳酸钙

杭州萧山飞翔化工有限公司

浙江省临安市青山经济开发区[311305]
电话:(0571)63781022
传真:(0571)63781630 职工人数:50人
供销电话:63781542;63781022
供销传真:63781562 法人代表:马士华
经济类型:有限责任公司
网址:www. linanchem. com
E-mail:linan@ hi2000. com
【主要产品】亚氨基二乙酸;4-硝基苯胺;2-氯-4-硝基苯胺;2-氨基蒽醌;β-氯蒽醌;直接耐晒黑G;酸性橙Ⅱ;酸性黑ATT;酸性黑10B;弱酸艳红3B;还原蓝BC;还原蓝RSN;还原深蓝VB;活性艳红X-3B;分散黄RGFL

杭州萧山恒康化工有限公司

浙江省杭州市萧山区新湾镇[311228]
电话:(0571)82127522
传真:(0571)82951868
网址:www. hengkangchem. com
E-mail:lzp@ hengkangchem. com
【主要产品】半胱胺盐酸盐;胱胺二盐酸盐

杭州萧山汇仁复合有机肥料有限公司

浙江省杭州市萧山区红山农场[311234]
电话:(0571)82696381;82600388;13906718781
传真:(0571)82609266
法人代表:李国忠
网址:www. hz-hryjf. com
E-mail:web@ hz-hryjf. com
【主要产品】有机肥

杭州萧山楼塔饲料添加剂厂

浙江省杭州市萧山区楼塔镇[311266]
电话:(0571)82225795;13805753795
传真:(0571)82225795
网址:www. loutachem. com
E-mail:lhl@ loutachem. com
【主要产品】三甲胺盐酸盐;柠檬酸二氢胆碱;氯化胆碱;酒石酸氢胆碱

杭州萧山前进化工有限公司

浙江省杭州市萧山区新湾镇2号闸[311228]
电话:(0571)82127536;82127539;82195916
传真:(0571)82129765;82197010
供销电话:82127537;82197709
经济类型:有限责任公司 有进出口权
职工人数:300人 法人代表:王家友
网址:www. qj-chem. com
E-mail:qjhg@ hi2000. com;
qjhg2@ hi2000. com
【主要产品】半胱胺盐酸盐;高氯化聚乙烯;氯化聚氯乙烯树脂;中铬黄;浅铬黄;柠檬黄;橘铬黄;深铬黄;钼铬红;耐晒钼铬红;华蓝;耐晒桃红色原;耐晒淡红色淀;耐晒桃红色淀;耐晒玫瑰红色淀;耐晒玫瑰色原;耐晒青莲色原R;耐晒青莲色淀;耐晒湖蓝色淀;耐晒孔雀蓝色淀;耐晒品蓝色原BR;耐晒品蓝色淀BO;耐晒翠绿色淀;耐晒品绿色淀;酞菁蓝B;耐晒黄3G;汉沙黄10G;联苯胺黄G;有机柠檬黄;有机中黄;永固橘黄G;耐晒艳红BBC;耐晒大红BBN;耐晒大红BBS;耐晒深红BBM;坚固大红G;橡胶大红LG;大红粉2R;金光红;金光红C;永固红F4R;永固红F2R;颜料艳红6B;立索尔大红R;立索尔宝红BK;立索尔深红;立索尔紫红2R;甲苯胺红;甲苯胺紫红;透明黄2G

杭州萧山钱潮锦纶有限公司

浙江省杭州市萧山区义蓬镇金星村[311226]
电话:(0571)82981668;82982668
传真:(0571)82185668-8000

浙

网址:www. qianchaojl. com
E-mail:webmaster@ qianchaojl. com
【主要产品】锦纶拉伸变形丝

杭州萧山三江精细化工有限公司

浙江省杭州市萧山区新街镇[311217]
电话:(0571)82852266
传真:(0571)82612731 有进出口权
经济类型:股份有限公司
法人代表:管建忠
网址:www. zjsjchem. com
E-mail:sales@ zjsjchem. com;
gjz@ zjsjchem. com
【主要产品】甘油醚;C_{12}-C_{14}醇油酸酯;聚醚系列;聚乙二醇;聚乙二醇(400)月桂酸酯;聚乙二醇(400)油酸双酯;乳化剂S-185;柔软剂SG-6;匀染剂O;平平加OS-15;匀染剂AN;抗静电剂;渗透剂JFC;添加剂AC1815;硬脂酸异辛酯;涤纶油剂;涤纶高速纺络筒油剂;涤纶高速纺丝拉伸(FDY)油剂;平平加;乳化剂EL;乳化剂OP;乳化剂OP-10;净洗剂6501;壬基酚聚氧乙烯醚;乳化剂PES;斯盘系列;吐温系列;乳化剂LAE-9;脂肪酸聚氧乙烯酯;脂肪醇聚氧乙烯醚磷酸酯;农药乳化剂;农药乳化剂600号;农药乳化剂1600号;农药乳化剂700号

杭州萧山曙光化工厂

浙江省杭州市萧山区闻堰镇[311258]
电话:(0571)57116606
传真:(0571)57114818 职工人数:50人
经济类型:私营企业 产值:1,000千元
法人代表:来金昌
E-mail:xuweiqiang789@ 126. com
【主要产品】工业氯化铵;硬脂酸钙;硬脂酸钡;硬脂酸铅;硬脂酸锌;硬脂酸镁;硬脂酸镉

杭州萧山塑料总厂

浙江省杭州市萧山区临浦镇劳动路44号[311251]
电话:(0571)82471402;82472801;82471414
传真:(0571)82473165 职工人数:70人
法人代表:鲁寿安
E-mail:xsslzc@ 163. com
【主要产品】中空容器

杭州萧山天一化工有限公司

浙江省杭州市萧山区临浦镇塘郎姚村[311251]
电话:(0571)82481878;13588817771
网址:www. yansuan. com
E-mail:weg@ yansuan. com
【主要产品】盐酸;盐酸(精制);氯化锌

杭州萧山新发助剂厂

浙江省杭州市萧山区新街朝阳桥南岸[311217]
电话:(0571)82614573
传真:(0571)82856573
固定资产:2,000千元
网址:www. hzxfzj. com
E-mail:web@ hzxfzj. com
【主要产品】羟基硅油乳液;柔软剂;氨基硅油;去油剂

杭州萧山阳光涂料有限公司

浙江省杭州市萧山区新湾工业区[311228]
电话:(0571)82901777
传真:(0571)82903777
网址:www. hz-yg. com
E-mail:web@ hz-yg. com
【主要产品】各色醇酸调合漆;铁红醇酸带锈底漆;铁红醇酸防锈底漆;铁红醇酸防锈漆;红丹醇酸防锈漆;各色醇酸磁漆;浅色醇酸防锈漆;C53-34云铁醇酸防锈漆;各色丙烯酸氯化橡胶防腐漆;丙烯酸聚氨酯防腐涂料;丙烯酸快干防腐漆;环氧铁红防锈漆;环氧富锌防锈底漆;环氧云铁防锈漆;各色环氧防腐面漆;环氧红丹防锈漆;各色聚氨酯环氧防腐漆;铝粉氯化橡胶防锈漆;各色氯化橡胶防腐面漆;氯化橡胶防锈漆;氯化橡胶云铁防锈漆;铁红氯化橡胶厚膜型防锈漆

杭州新安江工业泵厂

浙江省杭州市新安江桥南工业区[311600]
电话:(0571)64701690;64701691
传真:(0571)64702191;64702999
网址:www. xinanjiangpump. com
E-mail:sales@ xajpump. com
【主要产品】PP-R管材管件;聚丙烯球型填料;石墨改性聚丙烯降膜吸收器;石墨改性聚丙烯列管式换热器;衬氟耐腐蚀离心泵;磁力泵;增强聚丙烯耐腐离心泵;管道式离心泵;罗茨真空泵;水环式真空泵;汽水串联真空泵;水喷射真空泵;阀门;球阀;蝶阀

杭州新晨颜料有限公司

浙江省杭州市萧山区南阳开发区[311227]
电话:(0571)82171888;82173888;82173333
传真:(0571)82170887;82171916
网址:www. hangzhoupigment. com
E-mail:star-up@ china. com
【主要产品】中性深黄GL;有机颜料;耐晒桃红色原B;耐晒玫瑰色原;耐晒青莲色原R;耐晒青莲色淀;耐晒品蓝色原BR;耐晒黄S3G;汉沙黄10G;永固黄GG;永固黄H4G;颜料艳黄HGR;永固黄5GF;联苯胺黄HR;联苯胺黄G;联苯胺黄GW;联苯胺黄10G;永固橘黄G;永固橙RL;永固红F5RK;耐晒大红BBN;耐晒大红2BP;耐晒大红WI;金光红C;坚固红青莲BF;立索尔大红W;立索尔深红;坚固玫瑰红

杭州新龙化工有限公司

浙江省杭州市江东经济技术开发区[311222]
电话:(0571)82989988;82989168;82989568
传真:(0571)82989261
网址:www. xinlongchemical. com
E-mail:sales@ xinlongchemical. com
【主要产品】硝酸;硼酸;硝酸钠;亚硝酸钠;硝酸钙;硝酸钾;对氯苯基异氰酸酯;异氰酸苯酯;茴香硫醚;2-氨基-1,3,4-噻二唑

杭州信凯化工有限公司

浙江省杭州市三墩丰潭路工业园B1幢三楼四楼[310030]
电话:(0571)81957777
传真:(0571)81957500
网址:www. trustchem. cn;
www. pigments. cn
E-mail:trust@ mail. hz. zj. cn
【主要产品】氧化铁红;氧化铁黄;氧化铁绿;耐晒青莲色淀;颜料黄HG;颜料红5R;颜料紫19;颜料蓝GR;颜料红122

杭州依田化工有限公司

浙江省杭州市萧山区商业城万商汇3幢27号[311200]
电话:(0571)82836090;13306527568
传真:(0571)82836367
网址:www. chinachemnet. com/yitian
E-mail:yitian0388@ 163. com
【主要产品】4,4′-二羟基二苯醚;己唑醇;氟硅唑;氯苯嘧啶醇;噁醚唑;啶斑肟

杭州逸峰化工涂料有限公司

浙江省杭州市九堡工业区[310016]
电话:(0571)86700814;86981738
传真:(0571)86700814
供销电话:86700814;86906353
网址:www. hzyftl. com
E-mail:web@ hzyftl. com
【主要产品】防水防腐涂料;真石漆;彩色石漆;丙烯酸内墙乳胶漆;聚酯木器漆;环氧地坪涂料;超耐候氟碳涂料;各种清面漆;质感涂料;钻石漆

杭州永盛催化剂有限公司

浙江省临安市青山湖街道南环北路6号[311305]
电话:(0571)63724149;63819266;13906816036
传真:(0571)63724149;63819266
职工人数:256人 法人代表:朱永林
网址:www. yscatalyst. com
E-mail:hzys_571@ 163. com
【主要产品】活性白土;颗粒白土;延迟焦化消泡剂

杭州永欣精细化工有限公司

浙江省杭州市拱墅区富强路38号

［310011］
电话:(0571)88182309
传真:(0571)88185986　职工人数:40 人
固定资产:2,000 千元
供销电话:13805780277
经济类型:股份有限公司
法人代表:蒋来根
网址:www. yongxinchem. com
E-mail:laohujy66@ 163. com
【主要产品】分子筛用酚醛树脂;室温硫化甲基硅橡胶(107 型);有机硅乳液;有机硅消泡剂

杭州余杭艾迪精细化工研究所

浙江省杭州市余杭区临平街道陈家木桥 3 组 8 号［311106］
电话:(0571)86203902;86204665;86204662
传真:(0571)86204665
网址:www. adhgyjs. com
E-mail:web@ adhgyjs. com
【主要产品】弹性树脂;有机硅织物柔软剂;阳离子柔软剂;羊绒柔软剂;弹性柔软剂;超级柔软剂;非离子柔软剂;起毛柔软剂;匀染剂;抗静电剂;吸水性抗静电剂;分散剂;分散匀染剂;高性能染料分散剂;固色剂 Y;活性和直接染料固色剂;酸性染料染色用固色剂;渗透剂;耐碱渗透剂;精炼渗透剂;耐碱丝光渗透剂;高温消泡剂;双氧水稳定剂;防水剂;氟系列防水防油整理剂;织物阻燃剂;平滑剂;调酸剂;精炼剂;浴中柔软剂;还原清洗剂;皂洗剂;螯合分散剂;聚氨酯用阻燃剂;有机硅消泡剂;乳化剂

杭州宇龙化工有限公司

浙江省杭州市余杭区塘栖工业区［311106］
电话:(0571)86378858;86379113
传真:(0571)86318877
经济类型:有限责任公司
法人代表:吴华龙
网址:www. udragonchem. com;www. udragon. com. cn
E-mail:udragon@ yh. hz. zj. cn
【主要产品】高效氟氯氰菊酯乳油;戊菌唑;戊菌唑乳油;戊菌唑水乳剂;己唑醇;粉唑醇;噁醚唑;噁醚唑乳油;解草唑;噁唑禾草灵;噁唑禾草灵乳油;噁唑禾草灵水乳剂;炔草酯

杭州越尔佳化工有限公司

浙江省杭州市萧山区［311257］
电话:(0571)92359981;13867137479
网址:www. hhchem. cn
【主要产品】玻璃油墨

杭州运河橡塑化工有限公司

浙江省杭州市莫干山路勾庄工业区［311112］
电话:(0571)88172838;88171248;88170938
传真:(0571)88172642;88171808
固定资产:50,000 千元
职工人数:280 人
网址:www. yhxs. com
E-mail:yhxs@ yhxs. com
【主要产品】胶管;夹布胶管;输油胶管;编织胶管;缠绕胶管;减震用橡胶制品;减震器及配件;橡胶密封制品;汽车缓冲块

杭州再纯生物工程有限公司

浙江省杭州市上城区清泰街 208 号［310009］
电话:(0571)88056261;13336192355
传真:(0571)88087551
网址:www. sitosterolchem. com
E-mail:sitosterol@ sitosterol. com. cn
【主要产品】β-谷甾醇

杭州浙大泛科化工有限公司

浙江省杭州市玉古路石虎山 18 号［310027］
电话:(0571)87986637;87982106
传真:(0571)87984136
网址:www. zhedachem. com
E-mail:panaco@ mail. hz. zj. cn
【主要产品】六氟磷酸钾;六氟磷酸铵;四氢吡咯;N-甲基吡咯烷;2-氯吡啶;2,3,5-三甲基吡啶;2-氨基-6-甲基吡啶;2-羟基吡啶;1-羟基乙基-5-巯基四氮唑;2-甲氧基-6-甲基吡啶;2-巯基-4,6-二羟基嘧啶;二乙醇缩甲醛;间溴苯甲醛;6-氯-1-己醇;3-溴-1-丙醇;3-氯丙醇;三苯甲醇;3,6-二硫杂-1,8-辛二醇;3,5-二硫杂-1,7-庚二醇;乙二醇二甲醚;2-氯乙基甲基醚;3-氯丙基甲基醚;1,3-丙二醇单甲醚;1,3-丙二醇单乙醚;环丙酸;对氰基苯甲酸;对甲氧基苯甲酸;二氟甲基硫乙酸;异氰酸-2-氯乙酯;环丙甲酸甲酯;原甲酸四乙酯;乙酸烯丙酯;三羟甲基丙烷三甲基丙烯酸酯;环丙基甲酮;4-氯-4′-氟苯丁酮;4,4-二甲基-1-(对氯苯基)-3-戊酮;2-戊酮;6-氯-2-己酮;6-溴-2-己酮;氯溴甲烷;1-溴-2-氯乙烷;4-氯丁酰氯;4-甲基儿茶酚;间苯三酚;乙胺;二乙胺;盐酸二乙胺;N,N-二甲基氯乙酰胺;N,N-二乙基氯乙酰胺;二烯丙基胺;烯丙基胺;三烯丙基胺;二异丙胺;N,N-二异丙基乙胺;二异丙醇胺;三乙胺;N,N-二苯基氯甲酰胺;异丙胺;异丙醇胺;氰乙酰脲;α-氯丙烯腈;N-异丙基-3-氟苯胺;二乙基羟胺;N,N-二苄基羟胺;三正丁胺;二正丁胺;二仲丁胺;N,N-二甲基丁胺;二异丁胺;正辛胺;异辛胺;二正辛胺;正丙胺;二正丙胺;三正丙胺;2-溴乙烷磺酸钠;N,O-双(三甲基硅基)乙酰胺;S-甲基异硫脲硫酸盐;二乙氨基甲酰氯;1,3-二乙基脲;2-甲硫基-4,6-二氯嘧啶;4,6-二羟基-2-甲硫基嘧啶;4,6-二甲氧基-2-甲磺酰基嘧啶;5-甲氧基-2-巯基苯并咪唑;二乙氨基氯乙烷盐酸盐;利多卡因碱;正丁胺;异丁胺;仲丁胺;16,17-环氧孕烯醇酮;16,17-环氧孕烯醇酮醋酸酯;高半胱氨酸硫内酯盐酸盐;2,4-二氨基-6-氯嘧啶;2-氯甲基-3,5-二甲基-4-甲氧基吡啶盐酸盐;2-氰基-3-甲基吡啶;2-氯-4-氰基吡啶;6-氨基尿嘧啶;1,3-二氯丙烷;1,3-二溴丙烷;3-甲基黄酮-8-羧酸;1-羟基苯并三氮唑;1-羟基苯并三氮唑一水物;5-氰基苯酞;氟乙醇;环丙胺;3-氨基-5-巯基-1,2,4-三氮唑;2-氯-4-氨基吡啶;二氯丙烯胺;二碘甲烷;盐酸利多卡因;DL-高胱氨酸;DL-高半胱氨酸;盐酸萘甲唑啉;硝酸萘甲唑啉;三辛胺

杭州浙地矿产科技有限公司

浙江省杭州市体育场路 508 号［310006］
电话:(0571)85118417;63597056;13605819572
传真:(0571)85118417
网址:www. hzzdkc. com
E-mail:zfw1208@ hzcnc. com
【主要产品】超细重质碳酸钙;活性超细碳酸钙

杭州中法化学有限公司

浙江省杭州市北大桥化工区［310011］
电话:(0571)88094830;88093580
传真:(0571)88092284　有进出口权
供销传真:88099166　职工人数:180 人
经济类型:中外合资经营企业
法人代表:张金荣
网址:www. dfc-cn. com
E-mail:hsfccql@ mail. hz. zj. cn
【主要产品】聚酯树脂;饱和聚酯树脂;粉末涂料;环氧聚酯混合型粉末涂料;聚酯粉末涂料;环氧型粉末涂料;聚氨酯粉末涂料;热塑性粉末涂料;固体流平剂

杭州中铁日欣橡胶塑制品有限公司

浙江省富阳市春华［311401］
电话:(0571)63368517
传真:(0571)63368901
固定资产:38,000 千元
法人代表:孙济龙
网址:www. zhong-tie. com
E-mail:zhongtie@ fy. hz. zj. cn
【主要产品】铁路橡胶轨枕垫板;桥用橡胶垫板;橡胶垫;油封;桥梁板式橡胶支座;公路桥梁橡胶伸缩装置;O 形密封圈;橡胶密封圈

杭州中香化学有限公司

浙江省杭州市解放路 138 号航天通信大厦 19 楼［310009］
电话:(0571)87229691;87037768
传真:(0571)87215266
网址:www. cac. cn
E-mail:wh@ cac. cn
【主要产品】二乙苯;2-乙基-1,3-己二醇;环氧丙醇;3-氨基-1,2-丙二醇;丙

烯酸;1,2-丙二醇二乙酸酯;丁二酸酐;十二烯基丁二酸酐;戊二酸酐;乙烯亚胺;苄基三甲基氯化铵;*N*-苄基-*N*-甲基乙醇胺;*N*,*N*-二甲基苄胺;3-氯-1,2-丙二醇;3-乙氧基丙腈;利血平;葛根黄酮;己二酸二正辛酯;硅烷偶联剂 KH-792;十二烷基二甲基叔胺;氨基磺酸铵

杭州众汇贸易(实业)有限公司

浙江省杭州市城头巷128号赞成科技大厦309室[310026]
电话:(0571)87819735;87824069
传真:(0571)87819735
经济类型:私营企业
网址:www. zhonghuichem. com
E-mail:yjj5587@ yahoo. com
【主要产品】硬脂酸;脂肪酸;单硬脂酸甘油酯;硬脂酸钙(轻质);硬脂酸钡(轻质);硬脂酸铅(轻质);硬脂酸锌(轻质)

建德市大康助剂厂

浙江省建德市乾潭(陵上)经济开发区[311602]
电话:(0571)64116588;13805701322
传真:(0571)64116788
供销电话:64116588;64176666
网址:www. dakang-chem. com
E-mail:sales@ dakang-chem. com
【主要产品】脱漆剂;防锈剂;除锈剂;铝脱脂剂;脱脂剂;中温磷化剂;常温磷化剂;磷化促进剂;金属表面调整剂;金属油污清洗剂;金属钝化剂

建德市宏达橡塑无机化工厂

浙江省建德市杨村桥镇三路里[311600]
电话:(0571)64158408;13906527230
职工人数:30人 法人代表:蔡大流
网址:www. jdhdhg. cn
E-mail:sales@ jdhdhg. cn
【主要产品】氯化钙(无水);氯化钙(二水);聚合氯化铝

建德市锦春精细钙业有限公司

浙江省建德市钦堂工业园区[311601]
电话:(0571)64170988
传真:(0571)64170998
网址:www. cnjinchun. com
E-mail:sales@ cnjinchun. com
【主要产品】碳酸钙

建德市利达生化工程有限公司

浙江省建德市新安江镇[311600]
电话:(0571)64755690
传真:(0571)64755690
【主要产品】氨基葡萄糖盐酸盐;氨基葡萄糖硫酸盐

建德市六合精细化工有限公司

浙江省建德市麻车乡高垣村[311600]
电话:(0571)64736536;13805703073
传真:(0571)64736536
网址:liuhe. chemnet. com
E-mail:jcdjc123@ mail. china. com
【主要产品】异丁酸酐;乙酸异丁酸蔗糖酯

建德市龙华塑化有限公司

浙江省建德市大同镇劳村北山[311614]
电话:(0571)64571838
传真:(0571)64571178
网址:www. jdlhsh. com
E-mail:wenggh@ jdlhsh. com
【主要产品】重质碳酸钙;超细重质碳酸钙;微细活性碳酸钙(重质)

建德市荣盛塑业制造有限公司

浙江省建德市莲花镇[311618]
电话:(0571)64737045;64747370;13805700403
传真:(0571)64747360
网址:www. china-rongsheng. com
E-mail:webmaster@ china-rongsheng. com
【主要产品】轻质碳酸钙;重质碳酸钙;活性碳酸钙;改性聚丙烯;塑料填充母料

建德市三耐防腐钢结构有限公司

浙江省建德市洋溪街道新安江路929号[311607]
电话:(0571)64742169
传真:(0571)64742569 职工人数:70人
经济类型:有限责任公司
产值:50,000千元 法人代表:林建平
网址:www. 3nff. com
E-mail:jdsn@ 163. com;jdsn@ 3nff. com
【主要产品】反应釜;储槽;增强聚丙烯水喷射真空泵;真空计量罐

建德市新化化工有限责任公司

浙江省建德市新安江镇桥东路90号[311600]
电话:(0571)64755918;64723915
传真:(0571)64755178 有进出口权
经济类型:有限责任公司
职工人数:748人 法人代表:胡健
网址:www. xhchem. com
E-mail:xinhua@ jd. hz. zj. cn
【主要产品】磷酸二氢钾;磷酸一铵(工业级);过碳酸钠;过氧化氢;莰烷;1,3-二甲基-2-咪唑啉酮;对异丙基环己醇;冰醋酸;乙酸烯丙酯;丙酸甲酯;庚酸烯丙酯;*β*-萘乙酮;乙胺;二乙胺;四乙基溴化铵;庚胺;二异丙胺;三乙胺;异丙胺;戊胺;二戊胺;三戊胺;三正丁胺;二正丁胺;二异丁胺;正辛胺;正丙胺;二正丙胺;三正丙胺;四丙基溴化铵;正丁胺;异丁胺;仲丁胺;二氢月桂烯;合成氨;碳酸氢铵;香茅醇;月桂烯;二氢月桂烯醇;苯氧乙酸烯丙酯;荧光增白剂 OB-1

建德市新业聚氨酯有限公司

浙江省建德市梅城镇三星街90号[311604]
电话:(0571)64142139;13906818816
传真:(0571)64147916
网址:www. xy-pu. com
E-mail:xinye@ xy-pu. com
【主要产品】聚氨酯弹性体制品;聚氨酯密封件;胶辊;聚氨酯胶轮

建德市医药化工厂

浙江省建德市新安江镇[311600]
电话:(0571)64792478;13357166128
传真:(0571)64723843
E-mail:yougmin@ jd. hz. zj. cn
【主要产品】3,5-二碘水杨酸;5-氨基水杨酸;5-乙酰水杨酸甲酯;5-(*N*,*N*-二苄基氨基乙酰)水杨酰胺;5-乙酰基水杨酰胺;5-溴乙酰水杨酰胺;邻乙酰水杨酰氯;柳胺苄心定

临安青山化纤有限公司

浙江省临安市临安市青山经济开发区[311300]
电话:(0571)63785858
传真:(0571)63819187
网址:laqshq. 168ec. com
E-mail:www. laqshq@ 163. com
【主要产品】涤纶短纤维

临安市青虹化工助剂厂

浙江省临安市青山镇石亭子村[311305]
电话:(0571)63781225;63781600
传真:(0571)63781561;63785088
固定资产:6,000千元 经济类型:集体
供销电话:63781561;63781600
产值:20,000千元 职工人数:65人
销售收入:16,000千元
法人代表:龚彬松
网址:www. qhchemical. com
E-mail:qh@ qhchemical. com;sales@ qhchemical. com
【主要产品】膨润土

盛华香料(杭州)有限公司

浙江省杭州市萧山经济技术开发区桥南区高新十路1号[311231]
电话:(0571)22886600;82869160;22868687
传真:(0571)22868899
网址:www. ngflavor. com
E-mail:newgreen@ mail. hz. zj. cn;xinlu1000@ 163. com
【主要产品】食用香精

浙江淳安千岛湖龙祥化工有限公司

浙江省淳安县文昌镇[311705]
电话:(0571)64900688;13506819872
传真:(0571)64900020
网址:www. longxiangchem. com
E-mail:info@ longxiangchem. com

【主要产品】三(β-氯乙基)磷酸酯；阻燃增塑剂 TCPP；磷酸三(1,3-二氯-2-丙基)酯；聚氨酯用阻燃剂；阻燃剂 FR；三异丙苯基磷酸酯

浙江东越化工有限公司

浙江省杭州市东新路 5 号物资城大厦 5031-5033 室[310004]
电话：(0571)85359218；85370557；85385571
传真：(0571)85361822；85368730
经济类型：股份有限公司　有进出口权
企业规模：大型　职工人数：50 人
法人代表：郑小水
网址：www.donguechem.com
E-mail：sales@donguechem.com
【主要产品】甲基丙烯酸；甲基乙基酮肟；超吸水树脂；网印黏合剂；聚氨酯胶黏剂；搭口胶；分散剂；发泡剂；偶氮二异丁腈

浙江富阳金灵斯特林化工有限公司

浙江省富阳市灵桥汤山[311418]
电话：(0571)63552999；63366422
传真：(0571)63551055　有进出口权
经济类型：与港澳台商合资经营
法人代表：王顺富
网址：www.jlpigment.com
E-mail：info@jlpigment.com；jinling@jlpigment.com
【主要产品】氧化铁红；氧化铁黄

浙江国泰密封材料股份有限公司

浙江省杭州市萧山区浦阳工业区[311255]
电话：(0571)82322322；82321588
传真：(0571)82321234；82737227
职工人数：600 人
网址：www.zjcps.cn
E-mail：xxseal@xs.hz.zj.cn
【主要产品】聚四氟乙烯生料带；膨体聚四氟乙烯密封带；聚四氟乙烯车削板；聚四氟乙烯模压板；聚四氟乙烯板材；聚四氟乙烯管材；聚四氟乙烯填充管；聚四氟乙烯填充棒；聚四氟乙烯填充制品；聚四氟乙烯编织盘根；聚四氟乙烯棒材；骨架油封；O 形密封圈；石棉橡胶板；石墨垫片；柔性石墨盘根；碳素纤维盘根

浙江海宁萧湘化工有限公司

浙江省杭州市滨江区浦沿镇[310053]
电话：(0571)86611198
传真：(0571)86611238
职工人数：500 人
网址：www.qianchaochem.com
E-mail：sales@xiaoxiangchem.com
【主要产品】氧化铁红；氧化铁黄；哈巴粉；氧化铁黑；氧化铁蓝

浙江杭州富阳晨华涂料厂

浙江省富阳市高桥开发区上陈路 8 号[311402]
电话：(0571)63421346；13336073187
供销电话：13362105800
网址：www.hzcfq.com
E-mail：hhd@hzcfq.com
【主要产品】C06-1 铁红醇酸底漆；A01-1 氨基烘干清漆；A04-9 各色氨基烘干磁漆；A04-60 各色氨基烘干半光磁漆；A06-2 各色氨基烘干底漆；A14-51 各色氨基烘干透明漆；A16-51 各色氨基烘干锤纹漆；各色氨基闪光烘漆；自干漆；丙烯酸烘干清漆；丙烯酸烘干磁漆；各色丙烯酸烘干闪光漆；丙烯酸快干锤纹漆；丙烯酸亚光烘干清漆；铁红环氧酯底漆；塑料漆；双组分聚氨酯清漆；双组分各色聚氨酯磁漆；玻璃涂料；聚氨酯漆稀释剂；丙烯酸漆稀释剂；脱漆剂；油漆固化剂

浙江杭州鑫富药业股份有限公司

浙江省临安市锦城镇[311300]
电话：(0571)63807888；63818999
传真：(0571)63807830
供销电话：63759259；63757919
供销传真：63759260　职工人数：800 人
网址：www.xinfubiochem.com
E-mail：xf@xinfupharm.com；info@xinfupharm.com
【主要产品】DL-乙基泛醇；D-泛醇；右旋泛酸钙；泛硫乙胺

浙江恒逸集团有限公司

浙江省杭州市萧山区衙前镇优胜村[311209]
电话：(0571)82797888
传真：(0571)82797666
经济类型：有限责任公司
企业规模：大型　法人代表：邱建林
网址：www.hengyi.com
E-mail：hengyi@hengyi.com
【主要产品】聚酯切片；涤纶长丝

浙江华成有机硅材料有限公司

浙江省杭州市萧山经济技术开发区江东工业园区[311222]
电话：(0571)82986678；82986677；82986618
传真：(0571)82986637
供销传真：82986637；82985888
网址：www.hcgui.com
【主要产品】甲基三氯硅烷；苯基三氯硅烷；甲基苯基二氯硅烷；苯基三甲氧基硅烷；苯基三乙氧基硅烷；甲基苯基二乙氧基硅烷；硅树脂；硅油；密封胶；门窗密封剂；酸性硅酮玻璃密封胶；中性硅酮密封胶

浙江华康药业有限公司

浙江省杭州市密渡桥路白马大厦 7 楼 F 座[310005]
电话：(0571)85812005-8008；85828097
传真：(0571)85812010
供销电话：85866612
网址：www.chinaxylitol.com
E-mail：sales@chinaxylitol.com
【主要产品】木糖醇；木糖；麦芽糖醇

浙江化工科技集团有限公司

浙江省杭州市西溪路 926 号(天目山路 387 号)[310023]
电话：(0571)85226855
传真：(0571)85229858
网址：www.zciri.com
E-mail：business@zciri.com；cheminfo@zciri.com
【主要产品】丙烷；异丁烷；1,1-二氟乙烷；1-氟-1,1-二氯乙烷；三氟乙酸；二氟甲烷；三氟甲烷；三氟乙烷；三氟溴甲烷；七氟丙烷；六氟丙烷；1,1-二氯-2,2,2-三氟乙烷；氟利昂-142；四氟二氯乙烷；1-氯-1,2,2,2-四氟乙烷；1,1,1,2-四氟乙烷；五氟乙烷；氯甲基二甲基氯硅烷；1,3-双(对氨基苯氧基)四甲基二硅氧烷；2,2′-二硫代二苯甲酸；2-氯-5-三氟甲基吡啶；炔螨特；炔螨特乳油；乙硫磷；乙硫磷乳油；丙硫克百威；丁硫克百威；丁硫克百威乳油；特丁噻草隆；辛酰溴苯腈；辛酰溴苯腈乳油；氟节胺；氟节胺乳油；超耐候氟碳涂料；耐高温涂料；特种涂料；热固阻焊油墨；不粘油涂料；硅烷偶联剂；多聚磷酸铵；环氧树脂活性增韧剂；高效水溶性缓蚀剂；高效油溶性缓蚀剂 T711；强力杀菌防腐剂；1,2-苯并异噻唑啉-3-酮；螺带式混合机；双螺旋锥形混合机；LDH 型高效犁刀式混合机；无重力粒子混合机；空心桨叶式干燥机；内藏分级立式微粉碎机组；涡轮粉碎机；超细气流粉碎机；涡轮式分级机

浙江化工科技集团有限公司精细化工厂

浙江省杭州市西溪路 926 号[310023]
电话：(0571)85223874；85226855-3301
传真：(0571)85229136
有进出口权
供销电话：85220728
网址：www.zjfinechem.com
E-mail：office@zjfinechem.com
【主要产品】六甲基二硅氮烷；三氟丙基甲基环三硅氧烷；甲基三乙氧基硅烷；氰乙基甲基二甲氧基硅烷；二苯基二甲氧基硅烷；苯基三甲氧基硅烷；γ-氯丙基三甲氧基硅烷；γ-氯丙基三乙氧基硅烷；甲基三甲氧基硅烷；苯基三乙氧基硅烷；聚丙烯(阻燃)；阻燃 ABS；氟硅橡胶；氟硅胶胶料；环氧包封料；饰面型防火涂料；超薄型钢结构防火涂料；水性色浆；滑爽整理剂；高温消泡剂；硅烷偶联剂 KH-590；硅烷偶联剂 KH-560；硅烷偶联剂 KH-792；硅烷偶联剂 KH-602；甲基三丁酮肟基硅烷；乙烯基三丁酮肟基硅烷；多聚磷酸铵；环氧树脂固化剂；环氧树脂活性增

韧剂；高效水溶性缓蚀剂；高效油溶性缓蚀剂 T711；氟硅润滑油；填料表面处理剂

浙江建德建业有机化工有限公司

浙江省建德市梅城工农路 28 号［311604］
电话：(0571)64149288；64149275
传真：(0571)64144048
有进出口权
经济类型：有限责任公司
职工人数：400 人
网址：www. chinaorganicchem. com
E-mail：office@ chinaorganicchem. com
【主要产品】轻质碳酸钙；活性超细碳酸钙；轻质活性碳酸钙；乙酸乙酯；醋酸丁酯；乙酸丙酯；醋酸异丙酯；醋酸异丁酯；乙胺；二乙胺；二异丙胺；三乙胺；异丙胺；三正丁胺；二正丁胺；二仲丁胺；二异丁胺；正丙胺；二正丙胺；三正丙胺；正丁胺；异丁胺；仲丁胺；轻质碳酸钙（食品级）；邻苯二甲酸二丁酯；邻苯二甲酸二异丁酯；邻苯二甲酸二辛酯；偏苯三酸三辛酯；对苯二甲酸二辛酯；邻苯二甲酸二异壬酯；高补强透明白炭黑；白炭黑

浙江建德顺发化工助剂有限公司

浙江省建德市新安江白沙村［311600］
电话：(0571)64755430；64755500
传真：(0571)64756139
网址：www. shunfachemical. com
E-mail：sales@ shunfachemical. com
【主要产品】水性消泡剂；起毛柔软剂；防粘剂；无甲醛免烫整理剂；无甲醛固色剂；高效渗透剂；快速渗透剂 T；稳定剂；精炼剂；硬挺剂；螯合分散剂；抗菌防臭整理剂；抗菌剂；聚氨酯泡孔控制剂；偶联剂；匀泡剂；合成革用消泡剂；乳化剂；皮革柔软剂；泡孔整理剂；皮革渗透剂

浙江金质丽化工有限公司

浙江省临安市经济开发区［311300］
电话：(0571)85224189；63819416；13336060998
传真：(0571)85224189；63819416
法人代表：蔡国强
网址：www. jbhg. com
E-mail：jbhg@ jbhg. com
【主要产品】热塑性丙烯酸树脂；热固性丙烯酸树脂；氟碳树脂

浙江科力厌氧胶有限公司

浙江省杭州市石祥路储鑫路 17 号［310015］
电话：(0571)88293502
传真：(0571)88015413
网址：www. zjkeli. com
E-mail：sales@ zjkeli. com
【主要产品】环氧树脂黏合剂；厌氧胶；有机硅胶黏剂；晶体胶；UV 无影胶

浙江临安福盛涂料助剂有限公司

浙江省临安市玲珑工业区卦畈［311301］
电话：(0571)63759075
传真：(0571)63759079
经济类型：私营企业
网址：www. fstlzj. com
E-mail：web@ fstlzj. com
【主要产品】膨润土；涂料专用消泡剂；分散剂（涂料专用）；油漆防沉剂；粉末涂料流平剂；增稠剂；固化剂；有机膨润土

浙江锐特化工科技有限公司

浙江省杭州市德胜路 247 号［310014］
电话：(0571)88778317；88320552
传真：(0571)88320221
法人代表：陈志三
网址：www. leaderchemical. com
E-mail：chenzhisan@ leaderchemical. com
【主要产品】高渗三唑磷乳油；异丙威乳油（20%）

浙江省建德市生物化工厂

浙江省建德市乾潭镇建北北路 75 号［311602］
电话：(0571)64171288
传真：(0571)64171288
经济类型：私营企业
E-mail：jbichem@ hz. col. com. cn
【主要产品】*N*-乙酰氨基葡萄糖；肌醇六磷酸；硫酸软骨素；壳聚寡糖；氨基葡萄糖盐酸盐；D-氨基葡萄糖硫酸钾盐；D-氨基葡萄糖硫酸钠盐

浙江省建德市新成化工厂

浙江省建德市新安江镇城南［311600］
电话：(0571)64725862；64768626；13003638858
传真：(0571)64725862；64722537
经济类型：私营企业　法人代表：徐永生
网址：www. zjjdxchgc. com
E-mail：zjjdxc@ alibaba. com. cn
【主要产品】壬烯；正己烯；己烷；丁醛；异丁醛；1,2-己二醇；石油醚

浙江省建德市新德化工有限公司

浙江省建德市梅城镇桐溪村［311614］
电话：(0571)64728296；13575768139
网址：www. xindechem. com
E-mail：xinde@ hi2000. com
【主要产品】二异丙胺；*N*,*N*-二异丙基乙二胺；*N*,*N*-二异丙基乙胺；*N*,*N*-二乙基乙醇胺；四甲基氯化铵；四甲基氢氧化铵

浙江省冶金研究院有限公司

浙江省杭州市莫干山路 1418 号［310011］
电话：(0571)88178131；88178136；88178133
传真：(0571)88178131；88178132
网址：www. pgmcatalyst. com
E-mail：dongnan@ mail. hz. zj. cn
【主要产品】铝镍合金；顺铂；奥沙利铂；炭载含钌加氢催化剂

浙江天松新材料股份有限公司

浙江省临安市钱王大街 413 号［311300］
电话：(0571)63920050
传真：(0571)63723783
网址：www. tiansong. com/xclgf. asp
【主要产品】环氧树脂；粉末涂料用纯聚酯树脂；道路标线涂料专用树脂；热塑性聚乙烯粉末涂料

浙江勿忘农生物科技有限公司

浙江省杭州市萧山经济技术开发区建设一路 141 号［311200］
电话：(0571)82864092；82864093
传真：(0571)82864093
网址：www. wuwangnong. com
E-mail：songhua123cn@ yahoo. com. cn
【主要产品】三聚磷酸钾；三聚磷酸钠；焦磷酸钾；焦磷酸铜；磷酸二氢钾；磷酸氢二钾；四硼酸钾

浙江优联医药化工有限公司

浙江省杭州市朝晖路 182 号国都发展大厦 1-8-F［310014］
电话：(0571)85803833；85803809
传真：(0571)85803855
网址：www. unipharma-chem. com
E-mail：info@ unipharma-chem. com
【主要产品】噻吩；2-氯-3-甲基噻吩；苯并噻吩；3-甲基噻吩；频哪醇；2-羟基异丁酸；L-正缬氨酸；1,3-丙酮二羧酸；3-乙基-4-甲基吡咯啉-2-酮；1,4-环己二酮；对乙基苯丙酮；间氯苯丙酮；1,1,3-三溴丙酮；邻氟苯乙酮；1-溴-4-苯基丁烷；*N*-（对氯苯甲酰基）酪胺；反式-4-甲基环己胺；硫代乙酸钾；对硝基苯磺酰氯；丙二酸亚异丙酯；2,3-二氯-5,6-二氰基-1,4-苯醌；8-羟基喹啉；3-氨基噻吩-2-羧酸甲酯；3-氨基-5-苯基-2-噻吩羧酸甲酯；1-羟基苯并三氮唑一水物；8-羟基喹啉酮；3-氯-3′,4′-二甲氧基苯丙酮；*S*-（－）-*N*-乙基-2-氨甲基吡咯烷；2′,4′-二氟-2-［1H-(1,2,4-三唑基)］苯乙酮；3-氨基-2-羟基苯乙酮盐酸盐；三氯蔗糖；氯化胆碱；盐酸甜菜碱；甜菜碱；非那甾胺；替诺昔康；维生素 D3；噻嘧啶；比卡鲁胺；甲基多巴；奈比洛尔；异丙托溴铵；富马酸福莫特罗；克脑迷；盐酸舍曲林；盐酸米那普仑；匹卡米隆钠盐；硫酸阿托品；托拉塞米；奥沙米特；曲司氯胺

中轻物产化工有限公司

浙江省杭州市萧山经济技术开发区建设一路 60 号［311215］

电话:(0571)82833786;82831730
传真:(0571)82831382
经济类型:与港澳台商合资经营
网址:www. sinolight-chem. com
E-mail:slzc@ sinolight-chem. com
【主要产品】烷基苯磺酸;十二烷基硫酸钠;脂肪醇聚氧乙烯醚硫酸钠;阴离子表面活性剂 K12-A;α-烯烃磺酸钠;脂肪醇聚氧乙烯醚硫酸铵;十二烷基硫酸酯三乙醇胺盐

中外合资杭州嘉伟生物制品有限公司

浙江省杭州市西园八路2号银江科技园B座二层[310030]
电话:(0571)89987333;89987999
传真:(0571)88883312
网址:www. hairont. com
E-mail:sales@ hairont. com
【主要产品】透明质酸

宁波市

慈溪氟化总厂

浙江省慈溪市周巷镇大通西路188号[315324]
电话:(0574)63301737
传真:(0574)63301737 有进出口权
【主要产品】聚四氟乙烯制品

慈溪富盛化纤有限公司

浙江省慈溪市横河工业园区[315318]
电话:(0574)63259822;63259829;63259823
传真:(0574)63259819
供销电话:63259829;13566066358
网址:www. cnfstex. com
E-mail:ssp@ cnfstex. com
【主要产品】丙纶长丝

慈溪市彩得隆喷涂材料有限公司

浙江省慈溪市周巷镇企业路东[315324]
电话:(0574)63301744
传真:(0574)63300733
网址:www. caidelong. com
E-mail:xgx@ caidelong. com
【主要产品】各色聚酯环氧型粉末涂料;聚酯粉末涂料;环氧型粉末涂料;高温防腐漆;不粘油涂料

慈溪市飞兰有色金属有限公司

浙江省慈溪市慈东工业园区[315311]
电话:(0574)63785818;63780240
传真:(0574)63785868
网址:www. fl-chemical. com
E-mail:benwh@ tom. com
【主要产品】硫酸钴;硫酸铜;硫酸镍;氯化钴;氯化镍;碳酸钴;钴酸锂;二氧化锡;氧化钴;氧化镍;氧化铜;钴;草酸钴;氧化铬绿

慈溪市固达化工新材料厂

浙江省慈溪市海关北路345号[315300]
电话:(0574)63037228
传真:(0574)63037238
经济类型:私营企业
网址:www. e-ptfe. com
E-mail:gold_ncm@ public. cx. nbptt. zj. cn
【主要产品】膨体聚四氟乙烯密封带;聚四氟乙烯编织盘根;聚四氟乙烯填料

慈溪市恒立密封材料有限公司

浙江省慈溪市浒山镇浒崇公路工业区655号[315300]
电话:(0574)63038829;63038775
传真:(0574)63013255
网址:www. sealing-packing. com
E-mail:hengli@ public. cx. nbptt. zj. cn
【主要产品】膨体聚四氟乙烯密封带;聚四氟乙烯垫片;聚四氟乙烯编织盘根;复合橡胶板;橡胶密封制品;O形密封圈;石棉橡胶板;石墨制品;石墨板材;石墨垫片;柔性石墨盘根;碳素纤维盘根;芳纶纤维盘根

慈溪市华宇橡胶制品厂

浙江省慈溪市长河镇长丰村陆家路13号[315326]
电话:(0574)63401603;63410047
传真:(0574)63410440
经济类型:私营企业
网址:www. huayumfj. com
E-mail:sales@ huayumfj. com
【主要产品】橡胶制品;骨架油封;硅橡胶制品;O形密封圈;异形密封圈

慈溪市立新橡胶制品有限公司

浙江省慈溪市长河镇工业园区[315326]
电话:(0574)63412220;63412221
传真:(0574)63412828;63412223
供销传真:63405888
网址:lx-xiangjiao. com
E-mail:web@ lx-xiangjiao. com
【主要产品】减震器及配件;橡胶垫;橡胶膜片;胶圈;硅橡胶制品;O形密封圈;V形密封圈;橡胶密封圈

慈溪市天益化纤有限公司

浙江省慈溪市周巷镇兴业南路385号[315324]
电话:(0574)63308486;63302038;13600616062
传真:(0574)63302602
网址:www. cixigroup. com
E-mail:Tyhx8486@ yahoo. com. cn
【主要产品】涤纶短纤维

慈溪市伟伟塑料制品有限公司

浙江省慈溪市宗汉镇工业开发区兴园路[315301]
电话:(0574)63287789;63287770
传真:(0574)63225268
经济类型:股份合作
网址:www. nbweiwei. com
E-mail:manager@ nbweiwei. com
【主要产品】色母粒

慈溪市周巷镇大通助剂厂

浙江省慈溪市周巷镇车站路70号[315324]
电话:(0574)63309764
经济类型:私营企业 职工人数:30人
法人代表:潘金其
网 址: www. b2b168. com/c168-562562. html
【主要产品】喷胶棉黏合剂

奉化南海药化集团有限公司

浙江省奉化市下陈文昌阁[315538]
电话:(0574)88763158;88763527
传真:(0574)88763515
供销电话:88765158 职工人数:150人
经济类型:有限责任公司
网址:www. south-sea. com
E-mail:nhxsb@ south-sea. com
【主要产品】二苯乙醇酮;粉末砂纹剂;粉末皱纹剂;粉末涂料消光固化剂;液体流平剂;固体流平剂;粉末涂料用固化剂

华龙同步带轮有限公司

浙江省慈溪市龙山镇工业区[315311]
电话:(0574)63788298;63788299
传真:(0574)63788299
网址:www. ec-hl. com
E-mail:hl@ ec-hl. com
【主要产品】橡胶平型传动带;橡胶同步带;切割式V带;多楔带

宁波安达防腐材料有限公司

浙江省慈溪市经济开发区海通西路[315300]
电话:(0574)63037690
传真:(0574)23705095
经济类型:有限责任公司
法人代表:徐孟锦
网址:goldway. ebigchina. com
E-mail:goldway@ public. cx. nbptt. zj. cn
【主要产品】膨体聚四氟乙烯密封带;聚四氟乙烯垫片;聚四氟乙烯编织盘根;聚乙烯防腐胶带;缠绕式密封垫片;石墨板材;石墨垫片;柔性石墨盘根;芳纶纤维盘根

宁波安力绝缘材料有限公司

浙江省宁波市镇海区骆驼街道妙胜[315206]
电话:(0574)86551567;86551308
传真:(0574)86550588
网址:www. nbanli. com
E-mail:anli@ nbanli. com
【主要产品】酚醛树脂(2124型);酚醛玻璃纤维模塑料

宁波贝递同步带有限公司

浙江省宁波慈溪市龙山镇恒力大道[315311]
电话:(0574)63785900
传真:(0574)63783838
网址:www.nb-hl.com;
www.chinabeidi.com
E-mail:beidi@chinabeidi.com
【主要产品】橡胶同步带;切割式V带;多楔带

宁波博通塑业有限公司

浙江省宁波市宁海县黄坛镇下洋工业区[315608]
电话:(0574)65276666;65276667
传真:(0574)65272566
经济类型:股份有限公司
网址:www.chinabotong.com
E-mail:nbbt0001@mail.nbptt.zj.cn
【主要产品】塑料制品

宁波大发化纤有限公司

浙江省宁波市慈溪胜山工业园区[315323]
电话:(0574)63528306;63528312
传真:(0574)63528311 有进出口权
供销电话:63528300;63536000
经济类型:中外合资经营企业
网址:www.nbdafa.com
E-mail:dafa@nbdafa.com
【主要产品】涤纶短纤维

宁波大红鹰药业股份有限公司

浙江省宁波市科技园区明珠路396号[315010]
电话:(0574)87053888
传真:(0574)56150313
经济类型:股份有限公司
职工人数:500人
网址:www.dhypharm.com
E-mail:dhypharm@dhypharm.com
【主要产品】4,6-二羟基嘧啶;腺嘌呤硫酸盐;腺嘌呤盐酸盐;4,6-二氯-5-硝基嘧啶;4,6-二氯-5-氨基嘧啶;6-苄氨基嘌呤;结晶磺胺;甲氧苄啶;美洛昔康;酮基布洛芬;吲哚美辛;舒林酸;维生素B4;盐酸二甲双胍;盐酸普罗帕酮;氨氯地平;氟哌啶醇;氯氮平;奥氮平;西沙必利;布美他尼;枸橼酸铁铵

宁波东方明珠传动带有限公司

浙江省慈溪市龙山镇[315311]
电话:(0574)63780033;63780049
传真:(0574)63780109;63781500
供销电话:63781858;63781827
网址:www.fulong-drivingbelt.com
E-mail:fldb@public.cx.nbptt.zj.cn
【主要产品】橡胶平型传动带;橡胶同步带;汽车同步带;双面齿同步带;切割式V带;多楔带

宁波东方永宁化工科技有限公司

浙江省宁波市镇海区蟹浦镇南洪村正德路西[315204]
电话:(0574)86368908;63352173;13805843271
传真:(0574)86367700
网址:www.yongningchem.com
E-mail:sales@yongningchem.com
【主要产品】十六酰胺基丙基三甲基氯化铵;十八酰胺基丙基二甲胺;脂肪醇聚氧乙烯醚磺基琥珀酸酯二钠盐;乳化硅油;氨基硅油;月桂酰胺丙基甜菜碱;月桂酰胺丙基氧化胺

宁波东港电化有限责任公司

浙江省宁波市大榭开发区东港北路1号[315812]
电话:(0574)86716288
传真:(0574)86761816
供销电话:86716268;86760215
经济类型:有限责任公司
职工人数:273人 法人代表:李自强
网址:www.donggangdh.com
E-mail:donggangdh@donggangdh.com
【主要产品】盐酸;烧碱;次氯酸钠(液体);氯化钡;碘;氢气;氯气(液);海藻酸钠;氯化石蜡-52

宁波东来化工有限公司

浙江省宁波市化工园区北海路389号(镇海区澥浦镇)[315204]
电话:(0574)86505656;86505601
传真:(0574)86503987
网址:www.donglai-chem.com
E-mail:office@donglai-chem.com
【主要产品】柠檬酸三丁酯;乙酰柠檬酸三丁酯;邻苯二甲酸二丁酯;邻苯二甲酸二异丁酯;邻苯二甲酸二异癸酯;邻苯二甲酸二辛酯;邻苯二甲酸辛癸酯;偏苯三酸三辛酯;对苯二甲酸二辛酯;邻苯二甲酸二异壬酯

宁波海德氨基酸工业有限公司

浙江省宁波市招宝山街道安平路301号[315200]
电话:(0574)86251555;86274206;86254626
传真:(0574)86251777
供销电话:86280521;86254626
网址:www.amino-acid-haide.com
E-mail:nbhaai@mail.nbptt.zj.cn
【主要产品】氨基乙酸;L-脯氨酸;L-羟基脯氨酸;L-胱氨酸;L-半胱氨酸;D-半胱氨酸盐酸盐;L-半胱氨酸盐酸盐一水物;L-半胱氨酸盐酸盐无水物;L-缬氨酸;L-丝氨酸;L-丙氨酸;*N*-乙酰氨基葡萄糖;DL-苯丙氨酸;*N*-乙酰-L-酪氨酸;*N*-乙酰-L-谷氨酸;*N*-乙酰-L-半胱氨酸;L-肉毒碱;L-肉碱盐酸盐;左旋肉碱酒石酸盐;L-肉碱富马酸盐;L-赖氨酸盐酸盐;木糖醇;木糖;L-亮氨酸;DL-亮氨酸;L-异亮氨酸;L-精氨酸;L-精氨酸盐酸盐;L-天门冬氨酸;牛磺酸;羧甲司坦;L-苏氨酸;L-酪氨酸;L-天冬酰胺;L-组氨酸;L-组氨酸盐酸盐;L-瓜氨酸;谷氨酸;L-盐酸鸟氨酸;蛋氨酸;L-蛋氨酸;*N*-乙酰蛋氨酸;*N*-乙酰-L-蛋氨酸;L-苯丙氨酸;L-色氨酸;*N*-乙酰-L-亮氨酸;L-谷氨酰胺;氨基葡萄糖盐酸盐;D-氨基葡萄糖硫酸钾盐;D-氨基葡萄糖硫酸钠盐

宁波海硕生物科技有限公司

浙江省宁波市象山爵溪北塘开发区[315708]
电话:(0574)65607600;13906696608
传真:(0574)65605086
供销电话:87262580;87362301
供销传真:87253806
经济类型:股份有限公司
网址:www.dongshuo-bio.com
E-mail:dongshuo@dongshuo-bio.com
【主要产品】L-胱氨酸;L-半胱氨酸;L-半胱氨酸盐酸盐一水物;L-半胱氨酸盐酸盐无水物;L-缬氨酸;*N*-乙酰-L-半胱氨酸;L-赖氨酸盐酸盐;L-亮氨酸;L-精氨酸;L-精氨酸盐酸盐;羧甲司坦;L-苏氨酸;L-酪氨酸;L-蛋氨酸;L-色氨酸

宁波海雁带业有限公司

浙江省宁波市鄞州区邱隘新市[315100]
电话:(0574)88412731;88412500;13705749782
传真:(0574)88359715
法人代表:史海德
网址:haiyanzhidai.com
E-mail:floraqq@gmail.com;
ammy_qian@hotmail.com
【主要产品】聚丙烯打包带

宁波赫革丽高分子科技有限公司

浙江省宁波市北仑区小港义成路7号[315803]
电话:(0574)86224460;86222304
传真:(0574)86229667
经济类型:港澳台商独资经营
网址:www.harvestpoly.com
E-mail:harvestpoly@harvestpoly.com
【主要产品】聚氨酯树脂;聚氨酯橡胶;聚氨酯涂料;鞋用聚氨酯胶黏剂;聚氨酯表面处理剂

宁波衡山模塑有限公司

浙江省宁波市镇海区骆驼工业区荣吉路180号[315202]
电话:(0574)86310188
传真:(0574)86310149
经济类型:中外合资经营企业
职工人数:650人
网址:www.nbhengshan.com
E-mail:sales@nbhengshan.com
【主要产品】塑胶模具;空调器塑料件

宁波华发化工工贸实业有限公司

浙江省宁波市骆驼机电工业园区荣吉路438号[315000]
电话:(0574)86571168;86571178;13958222368
传真:(0574)86571111
网址:www. nbhuafa. cn
E-mail:sales@ nbhuafa. com
【主要产品】塑料制品;泡沫塑料

宁波华杰化工有限公司

浙江省宁波市科技园区梅墟工业区杨木矸路[315103]
电话:(0574)88483558;88351558;88482688
传真:(0574)88487558
固定资产:11,251千元
经济类型:私营企业　职工人数:150人
法人代表:蔡文杰
网址:www. huajiechem. com
E-mail:chemhuaj@ mail. nbptt. zj. cn
【主要产品】分散染料;分散黄 SE-4G;分散金黄 SE-3R;分散红 F3BS;分散红 H-GLN;分散紫 S-3RL;分散紫 S-4RL;分散蓝 CR-E;分散蓝 SE-2R;分散蓝 S-BBL;分散蓝 BBLSN;分散蓝 BGLS;分散蓝 BBLR;分散蓝 S-3G;分散蓝 F2GS;分散棕 S-RL;分散棕 S-GR;分散灰 S-BL;分散黑 S-2BL

宁波华塑机械制造有限公司

浙江省宁波市姜山星火科技园区北大路138号[315191]
电话:(0574)88098282
传真:(0574)88098279
供销电话:88098777
网址:www. nb-huasu. com
E-mail:huasu@ nb-huasu. com
【主要产品】塑料注射成型机

宁波华旭化学有限公司

浙江省宁波市小港开发区G4区[315803]
电话:(0574)86221739;86220196
传真:(0574)86222051;86221924
经济类型:中外合资经营企业
网址:www. nbhuaxu. com
E-mail:sales@ nbhuaxu. com
【主要产品】低密度聚乙烯;聚乙烯泡沫塑料;聚乙烯泡沫塑料板材

宁波杰事杰工程塑料有限公司

浙江省宁波市化工区北海路189号[315204]
电话:(0574)86508730;86508401
传真:(0574)86508717
供销电话:86508729
法人代表:田千里
供销传真:86508728
经济类型:股份有限公司
网址:www. nbgenius. com
E-mail:nbgenius@ mail. nbptt. zj. cn
【主要产品】改性聚丙烯;增强聚丙烯;改性聚酰胺;玻璃纤维增强 ABS;改性 ABS

宁波金和新材料有限公司

浙江省余姚市谭家岭东路高新技术园区[315400]
电话:(0574)62720000;62730990
传真:(0574)62727888
供销电话:62717888　职工人数:328人
网址:www. nicosn. com
E-mail:zfdccl@ mail. nbptt. zj. cn;sales@ nicosn. com
【主要产品】氢氧化镍;氯化钴;钴酸锂;氧化钴;四氧化三钴

宁波金杉密封机械有限公司

浙江省慈溪市横河工业园区横彭路16号[315318]
电话:(0574)23706900;23706901;23706911
传真:(0574)63261299
经济类型:有限责任公司
网址:www. jssealing. com
E-mail:sales2@ jssealing. com;ysb@ jssealing. com
【主要产品】膨体聚四氟乙烯密封带;聚四氟乙烯板材;聚四氟乙烯垫片;增强聚四氟乙烯盘根;聚四氟乙烯编织盘根;石墨板材;聚四氟乙烯石墨盘根;碳素纤维盘根;芳纶纤维盘根;膨胀石墨填料环

宁波经济技术开发区希科新材料有限公司

浙江省宁波市经济技术开发区科技创业园天麟[315800]
电话:(0574)86897101;86861656;13957875838
传真:(0574)86861655
网址:www. nbsico. com
E-mail:sico@ mail. nbptt. zj. cn
【主要产品】环氧硅油;硅油;氨基硅油乳液;平滑剂;氨纶油剂

宁波康曼丝涂料有限公司

浙江省宁波市鄞州区下应镇齐心工业园区[315000]
电话:(0574)88238366;88232521;13777200985
传真:(0574)88495854
网址:www. chinachomex. com
E-mail:info@ chinachomex. com
【主要产品】腻子;高弹性外墙乳胶漆;纳米防水耐污染内墙涂料;抗碱封闭底漆;真石漆;高级环保内墙漆;环氧抗静电地坪漆;无机抗菌防霉涂料;高耐候性外墙涂料;质感涂料

宁波柯力高分子材料有限公司

浙江省宁波市五乡工业区[315111]
电话:(0574)88355785;88355786;88355787
传真:(0574)88359353
网址:www. cnu7. com
E-mail:yyl@ cnu7. com
【主要产品】食品容器内壁无毒涂料;金属漆;裂纹漆;乳胶漆;弹性墙面漆;真石漆;塑胶漆;环氧树脂漆类;聚氨酯漆类;瓷器专用漆

宁波科瑞生物工程有限公司

浙江省宁波市贵驷工业区耕渔路[315206]
电话:(0574)86553333;86553666
传真:(0574)86553222
网址:www. sinobiochem. com
E-mail:info@ createbiochem. com
【主要产品】L-脯氨酸;L-半胱氨酸;L-半胱氨酸盐酸盐一水物;L-半胱氨酸盐酸盐无水物;L-缬氨酸;L-丙氨酸;乙酰左旋肉碱盐酸盐;L-赖氨酸盐酸盐;谷氨酸钠;L-亮氨酸;L-异亮氨酸;L-精氨酸;L-精氨酸盐酸盐;羧甲司坦;L-苏氨酸;L-酪氨酸;L-天冬酰胺;L-组氨酸盐酸盐;谷氨酸;L-盐酸鸟氨酸;L-蛋氨酸;L-苯丙氨酸;L-色氨酸;L-谷氨酰胺

宁波乐金甬兴化工有限公司

浙江省宁波市镇海区后海塘海天路66号[315200]
电话:(0574)86377122;86377114
传真:(0574)86167442;87296829
经济类型:中外合资经营企业
法人代表:金汉燮
网址:www. lgyx. com. cn;www. ningbochina. com
【主要产品】ABS树脂;苯乙烯-丙烯腈共聚物;塑料制品

宁波立华制药有限公司

浙江省宁波市育才路288号繁景花园165栋[315016]
电话:(0574)87224411;87224400
传真:(0574)87224433
网址:www. liwah. com
E-mail:liwah-phar@ yahoo. com. cn
【主要产品】L-脯氨酸;DL-胱氨酸;L-半胱氨酸盐酸盐一水物;L-丙氨酸;L-精氨酸盐酸盐;石杉碱甲;L-苏氨酸;L-酪氨酸;L-谷氨酰胺;氨基葡萄糖盐酸盐;D-氨基葡萄糖硫酸钾盐;银杏叶提取物

宁波敏特尼龙工业有限公司

浙江省慈溪市三北大街210号[315300]
电话:(0574)63012267
传真:(0574)63010932　有进出口权
经济类型:中外合资经营企业
法人代表:赖平儿
网址:minte. ebigchina. com
E-mail:minteco@ public. cx. nbptt. zj. cn
【主要产品】己二酸;己二胺;尼龙66系列工程塑料

宁波麒灵医药生物化学有限公司

浙江省宁波市北仑大港工业区南海

路5号[315800]
电话:(0574)86818018;86818017;86818012
传真:(0574)86818001 有进出口权
固定资产:20,000千元
供销电话:87304762 职工人数:100人
供销传真:87305487 法人代表:王孝麒
经济类型:有限责任公司
网址:www. ningbo-qiling. com
E-mail:amylee378@ hotmail. com
【主要产品】氮基杂环盐酸盐;4-异丙基苯甲酸;环戊二碳酰亚胺;4-甲苯磺酰脲;氮杂双环盐酸盐;盐酸二甲双胍;格列吡嗪;格列齐特

宁波乔士橡塑有限公司

浙江省余姚市泗门镇经济开发区[315470]
电话:(0574)62150616;62155999;62153148
传真:(0574)62156588 有进出口权
固定资产:10,000千元
供销电话:62155999;62155938
经济类型:私营企业 职工人数:200人
网址:www. qsxs. com
E-mail:qsxs@ mail. nbptt. zj. cn
【主要产品】塑料制品;汽车塑料配件;减震器及配件;汽车橡胶隔膜;橡胶膜片;橡胶密封圈

宁波润禾化学工业有限公司

浙江省宁海市新兴开发区C区[315600]
电话:(0574)65556097;65554848
传真:(0574)65550997
网址:www. chinarunhe. com
E-mail:runhe@ chinarunhe. com
【主要产品】羊毛柔软剂;平滑柔软剂;氨基改性聚二甲基硅氧烷

宁波市北仑华兴橡胶软垫有限公司

浙江省宁波市北仑区亚浦镇[315807]
电话:(0574)86905088;86909088;86890858
传真:(0574)86909088
网址:www. cnxjrd. com
E-mail:cnxjrd@ sohu. com
【主要产品】橡胶垫;硅橡胶制品;O形密封圈;橡胶密封圈

宁波市贝特化工新材料有限公司

浙江省宁波市雅戈尔大道2-1号[315040]
电话:(0574)88263111
传真:(0574)88263111
经济类型:股份有限公司
法人代表:邛孟杰
网址:www. nbbetter. com
E-mail:wzj@ nbbetter. com
【主要产品】均苯四甲酸;2,4,6-三甲基苯甲酸;均苯四甲酸二酐;9-芴酮;均苯四甲酸四辛酯

宁波市飞轿造漆有限公司

浙江省宁波市宁海县城关镇跃龙山路11号[315600]
电话:(0574)65210705;65561477;13780063999
传真:(0574)65210705;65527266
固定资产:22,000千元
网址:www. feiqiao. com
E-mail:feiqiao@ feiqiao. com; wangkuihua@ sohu. com
【主要产品】工业涂料;聚酯树脂漆类

宁波市海达塑料机械有限公司

浙江省宁波市镇海区俞范东路77号[315200]
电话:(0574)86370758;86373363
传真:(0574)86373405
网址:www. haidaj. com
E-mail:sale@ haidaj. com; sean@ haidaj. com
【主要产品】塑料注射成型机

宁波市汉塘工贸有限公司

浙江省宁波市镇海区庄市镇兆龙路46号[315201]
电话:(0574)86691344;86692222
传真:(0574)86691852
职工人数:400人
网址:www. ningbo-hantang. com/index. htm
E-mail:htxxy@ mail. nbptt. zj. cn
【主要产品】塑料制品

宁波市求是化工有限公司

浙江省宁波市镇海区蟹浦化工区凤翔路289号[315204]
电话:(0574)86505526;86505528;13505747674
传真:(0574)86505529 有进出口权
供销电话:86505528;13116657056
经济类型:中外合资经营企业
法人代表:惠建斌
网址:www. nbqs. com
E-mail:sales@ nbqs. com; qs-ts@ nbqs. com
【主要产品】L-氨基丙醇;DL-氨基丙醇;D-氨基丙醇;D-(+)-苯丙氨醇;L-(-)-苯丙氨醇;L-缬氨醇;α-氨基-2′-氯苯乙醇;DL-对氯苯甘氨醇;L-异亮氨醇;L-亮氨醇;DL-苯甘氨醇;L-苯甘氨醇;D-苯甘氨醇;丝氨醇;L-丝氨醇;L-脯氨醇;D-脯氨醇;*N*-甲基-L-脯氨醇;L-蛋氨醇;L-苏氨醇;2-甲基-4-甲氧基硝基苯;*N*-苯基-2-吲哚酮;1-氨基-2-甲基吲哚啉;1-氨基-2-甲基吲哚啉盐酸盐;3-乙氧基丙腈;*N*-甲基-*N*-亚硝基对甲苯磺酰胺;3-甲氧基丙腈

宁波市天衡制药有限公司

浙江省宁波市镇海区庄市工三路6号[315201]
电话:(0574)86690021;86690027;86690019
传真:(0574)86692706
供销电话:86690023;86690026
供销传真:86690026
网址:www. teampharm. com
E-mail:cb@ teampharm. com; team@ mail. nbptt. zj. cn
【主要产品】氧氟沙星盐酸盐;美洛昔康;舒林酸;卡维地洛;依巴斯汀;多索茶碱;盐酸格拉司琼;盐酸恩丹西酮;巴氯芬;碘海醇;马吲哚

宁波市鄞州朝阳圣达化工厂

宁波市鄞州区姜山镇周韩村[315195]
电话:(0574)88463601;13065859858
传真:(0574)88463601 职工人数:30人
固定资产:5,000千元
网址:www. nbsdchem. com
E-mail:sales@ nbsdchem. com
【主要产品】三聚磷酸钠;六偏磷酸钠;焦磷酸钠;磷酸二氢钠;磷酸二氢钾;磷酸三钠;磷酸氢二钠;磷酸氢二钾;磷酸钾

宁波市鄞州珪普塑胶有限公司

浙江省宁波市鄞州高桥镇高峰村[315174]
电话:(0574)56167518
供销电话:56167519 职工人数:20人
供销传真:56168136 法人代表:颜建平
经济类型:私营企业
【主要产品】硅橡胶混炼胶

宁波市鄞州虎啸合成化工厂

浙江省鄞县虎啸周村[315193]
电话:(0574)88466316
传真:(0574)88467771 职工人数:16人
经济类型:私营企业 法人代表:沈行德
网址:www. fu2de. com
【主要产品】氯丁橡胶胶黏剂;氯丁-酚醛强力胶;环保型装饰胶

宁波市鄞州集士港天一塑胶制品厂

浙江省宁波市鄞州区集士港集北新村47号[315171]
电话:(0574)88421590
传真:(0574)88421590
网址:www. nb-xiangjiao. com
E-mail:tianyi-nb@ 163. com
【主要产品】橡胶杂品;橡胶密封制品;密封垫;橡胶棒;O形密封圈;橡胶密封圈;硅橡胶密封圈

宁波市鄞州今明磷肥有限公司

浙江省宁波市下应镇东升村[315104]
电话:(0574)88491224
传真:(0574)88491220 职工人数:50人
法人代表:柴金财
网址:DS2091. myqy. cn

【主要产品】磷肥

宁波市鄞州区新新塑料模具厂

浙江省宁波市鄞州中心区(钟公庙)[315192]
电话:(0574)88213888;13957870988
传真:(0574)88462779
网址:www. xxyijia. com
E-mail:sales@ xxyijia. com
【主要产品】日用塑料制品

宁波市鄞州三友塑料机械有限公司

浙江省宁波市望春徐家漕 76 弄 8 号[315016]
电话:(0574)87151801;87150348;13905745955
传真:(0574)87151828
网址:www. haishu. com
E-mail:haishu@ mail. nbptt. zj. cn
【主要产品】冷却塔;混合机;料斗式干燥机;微粉碎机;给料机;塑料注射成型机

宁波市鄞州兴华化工厂

浙江省宁波市鄞县中公庙镇铜鹏浦[315192]
电话:(0574)88212577
传真:(0574)88212566
职工人数:100 人
网址:www. xinghuachem. com
E-mail:xingh@ 360sky. com
【主要产品】直接耐晒红 F3B;酸性绿 P-3B;弱酸艳绿 G;弱酸艳绿 5G;弱酸艳绿 6G;酸性绿 BS;弱酸艳红 B;弱酸艳蓝 RAW;酸性紫 3B;中性绿 GK;溶剂染料

宁波市鄞州宗华塑料皮件制品厂

浙江省宁波市潘火[315000]
电话:(0574)88495371
传真:(0574)88235776
网址:www. zh-sl. com
E-mail:zonghua@ zh-sl. com
【主要产品】塑料编织袋

宁波市永恒塑胶有限公司

浙江省慈溪市长河镇工业园区[315326]
电话:(0574)63405638
传真:(0574)63405639
经济类型:股份有限公司
网址:www. cn-forever. com
E-mail:forever@ cn-forever. com
【主要产品】硅胶管;橡胶杂品;油封;硅胶绝缘子;O 形密封圈

宁波市镇海步云生化厂

浙江省宁波市镇海区九龙湖镇工业区[315205]
电话:(0574)86530587;13306693818
传真:(0574)86530587
法人代表:叶惠良
【主要产品】氨基酸;L-胱氨酸;L-半胱氨酸;L-半胱氨酸盐酸盐一水物;L-亮氨酸;羧甲司坦;L-酪氨酸

宁波市镇海磷肥厂

浙江省宁波市镇海区宁波化工区[315201]
电话:(0574)86691236
【主要产品】过磷酸钙

宁波市镇海泰欣涂料有限公司

浙江省宁波市镇海区俞范东路 188 号[315200]
电话:(0574)86260133;86260132
网址:www. cnzhongzi. com
E-mail:webmaster@ cnzhongzi. com
【主要产品】弹性涂料;金属漆;浮雕漆;真石漆;丙烯酸内墙乳胶漆;丙烯酸外墙乳胶漆

宁波市镇海天龙氨基酸厂

浙江省宁波市镇海区九龙湖镇工业小区[315205]
电话:(0574)86530018;13506849787
传真:(0574)86530018
法人代表:沈广衍
网址:www. nb-tianlong. com
E-mail:web@ nb-tianlong. com
【主要产品】L-胱氨酸;L-半胱氨酸;L-半胱氨酸盐酸盐一水物

宁波市镇海翔宇化工有限公司

浙江省宁波市镇海大运路 1 号 D112 室[315221]
电话:(0574)87662451;86315506;13306816982
传真:(0574)87662451;86315505
网址:www. nbxychem. com
E-mail:sales@ nbxychem. com
【主要产品】间甲苯异氰酸酯;对氯苯基异氰酸酯;异氰酸苯酯;氯甲酸异丙酯;4-硝基苯甲酸;3-硝基氯苯;3-氯苯胺;3-氯-2-甲基苯胺;二乙氨基甲酰氯;二甲氨基甲酰氯;对硝基苯甲酰氯

宁波市镇海众利化工有限公司

浙江省宁波市镇海区后海塘安平路 289 号[315200]
电话:(0574)86292059
传真:(0574)86279322
法人代表:王庆国
【主要产品】烧碱;次氯酸钠;过氧化氢;氯化石蜡-52

宁波天源化学有限公司

浙江省宁波市鄞州中心区宁南北路 818 号[315192]
电话:(0574)88216239;88216587;83036872
传真:(0574)88216417
经济类型:私营企业
网址:www. tianyuan818. com
E-mail:sale@ tianyuan818. com
【主要产品】杂氮环丁烷;2,3-二氮杂萘;氯代十六烷基吡啶;喹啉-2-硼酸;环丁酮;3-壬烯-2-酮;5-溴-2-甲氧基苯酚;5-戊基间苯二酚;2,3-杂氮萘酮;3-氧代环丁烷羧酸;消泡剂;润滑剂;造纸润滑剂

宁波王龙集团有限公司

浙江省余姚市方家路[315476]
电话:(0574)62092608;62092418
传真:(0574)62092570
经济类型:私营企业　法人代表:王国军
网址:www. wanglong. com
E-mail:sales@ wanglong. com
【主要产品】山梨酸;山梨酸钾

宁波武盛化学有限公司

浙江省宁波市鄞州区姜山镇翻石渡村[315136]
电话:(0574)88464827
传真:(0574)88099156
经济类型:有限责任公司
网址:www. wushengchem. com
【主要产品】吲哚啉-2-羧酸;吲哚-2-甲酸甲酯;吲哚-2-羧酸乙酯;邻苯二甲酰肼;八氢吲哚-2-羧酸

宁波橡胶有限公司

浙江省宁波市镇海区蟹浦镇北海路 365 号[315204]
电话:(0574)86505009;86505068;86505008
传真:(0574)86505009;86505068
经济类型:有限责任公司　有进出口权
法人代表:韩共达
网址:www. chinav-belt. com
E-mail:nbrubber@ mail. nbptt. zj. cn
【主要产品】农业轮胎垫带;橡胶三角带;窄 V 带;联组 V 带;汽车三角带;橡胶六角带

宁波新福钛白粉有限公司

浙江省宁波市化学工业区北海路 159 号[315204]
电话:(0574)86508988;13968226822
传真:(0574)86508777
供销电话:86508988;86508588
经济类型:中外合资经营企业
网址:www. xinfu-tio2. com
E-mail:sales@ xinfu-tio2. com
【主要产品】钛白粉(陶瓷用);钛白粉

宁波新格兰工贸有限公司

浙江省慈溪市龙山镇龙头场 57 号[315311]
电话:(0574)63787080
传真:(0574)63787241　有进出口权
经济类型:有限责任公司
产值:5,000 千元　职工人数:100 人
法人代表:袁弈英
网址:www. chinaseal. cn
E-mail:mgr@ chinaseal. cn
【主要产品】石墨盘根;碳素纤维盘根;

浙

芳纶纤维盘根

宁波兴华化学有限公司

浙江省宁波市北仑科技园区普陀山路97号[315800]
电话:(0574)86803267
传真:(0574)86803268
供销电话:87305584;87309130
供销传真:87298313 职工人数:100人
经济类型:中外合资经营企业
网址:www.xinghuaworld.com
E-mail:xinghua@xinghuaworld.com
【主要产品】液体石蜡;有机硅乳液;特效去油灵;有机硅织物柔软剂;多功能柔软剂;氨基硅油;氨基硅油乳液;氨基硅油柔软剂;匀染剂S;高温高压匀染剂;棉用匀染剂;有机硅织物整理剂;抗静电剂PK;抗静电剂SN;酸性染料染色用固色剂;无甲醛固色剂;消泡王(高浓缩);稳定剂;平滑剂;纺纱润滑剂;高效精炼剂;低泡精炼剂;还原清洗剂;皂洗剂;螯合分散剂;螯合剂;修色剂;高效消泡剂;软水剂;乳化剂;净洗剂

宁波亚东化工有限公司

浙江省奉化市滕头工业园区[315503]
电话:(0574)88926867;13906846867
传真:(0574)88932296;88926838
经济类型:中外合资经营企业
网址:www.cn-yadong.com;
www.nbyadong.com
E-mail:sales@cnyadong.com
【主要产品】聚四氟乙烯生料带;聚四氟乙烯密封圈;聚四氟乙烯薄膜;聚四氟乙烯制品;氟橡胶制品;石墨垫片

宁波雁门化工有限公司

浙江省慈溪市龙山镇工业开发区[315311]
电话:(0574)63780618;63780688
传真:(0574)63780242
经济类型:私营企业
网址:www.yanmenchem.com
E-mail:sales@yanmenchem.com
【主要产品】硫酸钴;硫酸铜;硫酸镍;氯化钴;氯化镍;碳酸钴;钴酸锂;二氧化锡;氧化钴;氧化镍;氧化铜;草酸钴;氧化铬绿

宁波伊尔密封件有限公司

浙江省宁波市鄞州区高桥镇新庄工业区[315175]
电话:(0574)88055015;88055016
传真:(0574)88055017
供销电话:88051275
网址:www.yierka.com
E-mail:seal@yierka.com
【主要产品】热塑性聚氨酯;橡胶杂品;橡胶密封制品

宁波亿得精细化工有限公司

浙江省余姚市东南街道竹山桥[315404]
电话:(0574)62589038;62589383;13777160212
传真:(0574)62587520
网址:www.cndthg.com
E-mail:yd@yide-chem.com
【主要产品】盐酸;氯代叔丁烷;氯乙酰氯;甲代烯丙基氯;*N*,*N*-二甲基乙酰胺;甲基丙烯磺酸钠;高速纺涤纶长丝(POY)油剂;腈纶油剂

宁波有机化工有限公司

浙江省宁波市江东北路329号[315040]
电话:(0574)87781188
传真:(0574)87762900
网址:www.nborchem.net
E-mail:nborchem@yahoo.com.cn
【主要产品】硫氢化钠;硫氰化钠;硫氰酸铵;促进剂CZ;促进剂D;促进剂DM;促进剂DZ;促进剂M;促进剂NS;促进剂TMTD;防老剂4010NA;防老剂RD;防老剂4020

宁波宇联密封件有限公司

浙江省慈溪市北二环中路262号[315300]
电话:(0574)63019440
传真:(0574)63014418
网址:www.graphiteseal.com
E-mail:yulian@graphiteseal.com
【主要产品】膨体聚四氟乙烯密封带;增强聚四氟乙烯盘根;聚四氟乙烯编织盘根;缠绕式密封垫片;石墨制品;石墨板材;石墨垫片;石墨盘根;聚四氟乙烯石墨盘根;碳素纤维盘根;碳纤维石墨盘根;膨胀石墨填料环

宁波远欧精细化工有限公司

浙江省宁波市化工区(镇海)北海路388号[315203]
电话:(0574)86505358
传真:(0574)86305359
供销电话:87701778;87733115
供销传真:87701738
网址:www.yuanou.com
E-mail:gfl@yuanou.com;
amy@yuanou.com
【主要产品】2-氨基-3-羟基吡啶;2-氯烟酸;*N*,*N*-二甲基-1,3-丙二胺;*N*,*N*-二乙基-1,3-丙二胺;噁唑吡啶酮;2,6-二氯吡嗪;3,6-二氯哒嗪;2-氯吡嗪;磺胺氯哒嗪钠;磺胺氯吡嗪钠

宁波志华化学有限公司

浙江省宁波市象山爵溪工业园区[315716]
电话:(0574)81771895;65604678;65604668
传真:(0574)65750220
供销电话:13003698157
经济类型:有限责任公司
产值:80,000千元 职工人数:120人
法人代表:夏志中
网址:www.zhihua.com
E-mail:alexvqi@yahoo.com.cn
【主要产品】4-氯-3,5-二甲基苯酚;二苯乙醇酮;弹性涂料;消光剂;低温快速固化剂;液体流平剂;粉末涂料流平剂;环氧型粉末涂料流平剂;纯聚酯粉末涂料流平剂;混合型粉末涂料流平剂;粉末涂料用增光剂;对羟基苯甲酸乙酯;对羟基苯甲酸甲酯;对羟基苯甲酸丙酯;对羟基苯甲酸丁酯;氯胺T;三氯生;三氯对称二苯脲

宁海天成化学有限公司

浙江省宁海县桥头胡镇桥井东路86号[315611]
电话:(0574)65195358;65195149
传真:(0574)65195138
经济类型:股份有限公司
网址:www.tccc.com.cn
E-mail:tchx@cnool.net
【主要产品】甲基膦酸二甲酯;油酰肌氨酸;高效油溶性缓蚀剂T711

宁海兴利橡胶密封件厂

浙江省宁海市新兴工业园区新园二路16号[315600]
电话:(0574)65530698
传真:(0574)65530697
网址:www.cnxingli.com
E-mail:sales@cnxingli.com
【主要产品】橡胶杂品;油封;汽车油封;O形密封圈;橡胶密封圈

宁海有机化工厂

浙江省宁海县西店镇工业区[315613]
电话:(0574)65182085;65176798;13805858558
传真:(0574)65182566
供销电话:65186588;87801028
职工人数:300人
网址:www.chinatartaricacid.com
E-mail:xcmy168@alibaba.com.cn
【主要产品】酒石酸;D-酒石酸;L-酒石酸;D-(－)-酒石酸二乙酯;酒石酸钾钠;酒石酸钾;酒石酸铵;酒石酸锑钾;酒石酸氢钾;L-瓜氨酸

瑞博化工有限公司

浙江省宁波市[315192]
电话:(0574)88100160
传真:(0574)88100085
网址:www.rbcolor.com
E-mail:info@rbcolor.com;
sales@rbcolor.com
【主要产品】荧光颜料

象山宏祥橡塑制品有限公司

浙江省宁波市象山县丹城西门工业乐业路[315700]
电话:(0574)65710028;65710038;65728548
传真:(0574)65711212
供销电话:65710028;13805854950

法人代表:孙金根
网址:www.xshx.net
E-mail:tech@xshx.net;
sales@xshx.net
【主要产品】塑料制品;塑料配件;汽车塑料配件;汽车橡胶配件

象山华泰模塑电器有限公司

浙江省宁波市象山县西周镇关山村[315721]
电话:(0574)65871618;65873333
传真:(0574)65872333
供销电话:65871618;65872333
网址:www.xshtdq.com
E-mail:huataims@sina.com
【主要产品】塑料制品;汽车塑料配件;塑料波纹管;缠绕胶管

象山金泰塑胶有限公司

浙江省宁波市象山东郊工业开发区[315706]
电话:(0574)65622188;65622666;65622788
传真:(0574)65622168
供销电话:13805853688
经济类型:私营企业　职工人数:100 人
网址:www.xsjt.com
E-mail:zjxsjt@163.com
【主要产品】塑料制品;橡胶制品;硅橡胶制品;塑料色母粒

鄞县兴华化工厂

浙江省宁波市鄞县中公庙镇铜鹏浦[315192]
电话:(0574)88205688
传真:(0574)88205688
产值:50,000 千元　职工人数:100 人
网址:www.chinachemnet.com/xinghua
E-mail:sales@hi2000.com
【主要产品】1-硝基-2-甲基蒽醌;3-氨基-4-羟基苯磺酸;4-氯-3-硝基苯磺酸;酸性海蓝 GGR;酸性绿 BS;酸性蓝 BGA;酸性媒介黑 PV;酸性紫 2R

余姚化工厂有限责任公司

浙江省余姚市城郊双岭庵[315400]
电话:(0574)62632190;62633407
传真:(0574)62632190;62648028
经济类型:股份合作　法人代表:陈士泉
网址:www.chinachemnet.com/yuyaochem
E-mail:yyhgc@mail.nbptt.zj.cn
【主要产品】3-苯氧基苯甲醇;3-甲基二苯醚;间苯氧基苯甲醛;间苯氧基苯甲酸;聚对苯二甲酸丁二醇酯;PAB 系列工程塑料;PABB 类工程塑料;PPS 系列工程塑料;PP 系列工程塑料

余姚市大伟橡塑制品有限公司

浙江省余姚市经济开发区 B 区玉立路 33 号[315400]
电话:(0574)62825577
传真:(0574)62828357　法人代表:黄伟
网址:www.cnrubber.net
E-mail:postmaster@cnrubber.net
【主要产品】尼龙管材;聚四氟乙烯垫圈;汽车塑料配件;胶管;汽车用胶管;伸缩管;减震用橡胶制品;胶辊;橡胶密封制品;汽车挡泥板;汽车橡胶配件;防尘罩;护套;橡胶密封圈

余姚市低塘中发橡胶厂

浙江省余姚市低塘镇郑巷[315492]
电话:(0574)62292028
传真:(0574)62294539　有进出口权
网址:www.nbzf.com
E-mail:zfxj@mail.nbptt.zj.cn
【主要产品】不饱和聚酯玻璃钢;热塑性弹性体;橡胶制品;橡胶杂品;硅橡胶按键;O 形密封圈

余姚市国荣塑料有限公司

浙江省慈溪市宗汉镇马家路中街[315400]
电话:(0574)62537980
传真:(0574)62537960
网址:www.yyguorong.com
【主要产品】聚碳酸酯;玻纤增强聚碳酸酯;透明聚碳酸酯

余姚市三星密封件厂

浙江省余姚市朗霞镇赵家村[315400]
电话:(0574)62190446;13968280550
传真:(0574)62190446
供销电话:62190446;13958363252
网址:www.sxseals.com
E-mail:sales@sxseals.com
【主要产品】橡胶密封制品;骨架油封;汽车密封条;橡胶密封圈

余姚市舜尧橡胶制品有限公司

浙江省余姚市经济开发区 A 区城南磨刀桥路(市商检东首)[315400]
电话:(0574)62729111;62727777
传真:(0574)62710750
网址:www.shunyao.com
E-mail:shunyao@mail.nbptt.zj.cn
【主要产品】汽车塑料配件;挤出塑料管材;手推车外胎;汽车橡胶配件;硅橡胶制品

余姚市亚特橡塑有限公司

浙江省余姚市低塘镇环镇北路 40 号[315490]
电话:(0574)62260336
传真:(0574)62263039
网址:www.cn-yate.com
E-mail:Manager@cn-yate.com
【主要产品】硅胶管;橡胶杂品;硅橡胶制品;橡胶密封圈

余姚市永丰特种橡胶制品厂

浙江省余姚市西北街道新桥村[315400]
电话:(0574)62602625;62602898;13805805501
传真:(0574)62602737
法人代表:姚成江
网址:www.cnyongfeng.com
E-mail:yongfeng@cnyongfeng.com
【主要产品】橡胶制品;橡胶杂品;硅橡胶制品;橡胶密封圈;防毒面具

余姚特种涂料厂

浙江省余姚市东北街道冶山路[315400]
电话:(0574)62633861
传真:(0574)62633572　经济类型:集体
法人代表:包建康
网址:www.yyyj.com
E-mail:bao@yyyj.com;jsk@yyyj.com
【主要产品】环氧滴浸树脂;环氧快固化连续沉浸树脂;氨基醇酸快固化浸渍树脂;醇酸磁漆;防锈漆;汽车漆;不饱和聚酯漆;环氧快固化浸渍漆;环氧玻璃鳞片漆;耐高温防腐涂料;聚氨酯防腐涂料;氯化橡胶面漆;氯磺化聚乙烯防腐漆;高氯化聚乙烯磁漆;氯磺化聚乙烯高空结构标志涂料;氯化橡胶厚浆型面漆;氯化橡胶玻璃鳞片涂料;聚丙烯管道防腐底漆;聚丙烯管道防腐面漆;透明漆;车间底漆;皮辊涂料

余姚正丰化纤有限公司

浙江省余姚市东郊工业园区[315400]
电话:(0574)62689222;13305842568
传真:(0574)62689221
经济类型:有限责任公司
网址:www.cn-zf.com
E-mail:zf@cn-zf.com
【主要产品】涤纶短纤维;锦纶 66 短纤维;丙纶短纤维

浙江金甬腈纶有限公司

浙江省宁波市镇海区五里牌[315221]
电话:(0574)86302903;86318013;86318108
传真:(0574)86302903　法人代表:车地
供销电话:86318101;86318107
供销传真:86302915
经济类型:有限责任公司
职工人数:1,300 人
网址:www.zjjyjl.com.cn
E-mail:office@jyacrylic.com;
sales@jyacrylic.com
【主要产品】腈纶毛条;腈纶短纤维;腈纶长丝束

浙江宁波裕隆工贸实业有限公司碧波化工厂

浙江省宁波庄市光明村[315201]
电话:(0574)86692368;68693688;68693988
传真:(0574)86691896　法人代表:陈琦
【主要产品】甲醛

浙江省宁海县变流设备厂

浙江省宁波市宁海县城关镇宁昌西

路28号[315600]
电话:(0574)65595333;13805857227
传真:(0574)65591607
供销电话:13906603706
法人代表:冯兴苗
网址:www.nb-eastmns.com
E-mail:blsebei@mail.nbptt.zj.cn
【主要产品】塑料制品

浙江太平洋化学有限公司

浙江省宁波市北仑区石桥[315800]
电话:(0574)86177483
传真:(0574)86177542 有进出口权
供销传真:86177435
经济类型:外商独资
网址:www.dow.com
【主要产品】环氧丙烷;1,2-丙二醇;丙三醇;聚醚多元醇

浙江逸盛石化有限公司

浙江省宁波市北仑区港口路8号[315801]
电话:(0574)86189081
经济类型:股份有限公司 有进出口权
职工人数:330人
【主要产品】1,4-苯二甲酸

浙江振邦化纤有限公司

浙江省慈溪市杭州湾新区[315301]
电话:(0574)63070099;63070098
传真:(0574)63070888
供销电话:63070168
供销传真:63070078
职工人数:1,300人
网址:www.zbcfc.com
E-mail:absale@zbcfc.com;
zbsale@zbcfc.com
【主要产品】半消光聚酯切片;涤纶短纤维;丙纶长丝

镇海炼化工业贸易总公司

浙江省宁波市镇海区蛟川街道[315207]
电话:(0574)86442714
传真:(0574)86455751
职工人数:1,200人 法人代表:徐国荣
网址:www.tiyi.biz
E-mail:xgr@tiyi.biz
【主要产品】聚丙烯;塑料包装袋;水质稳定剂;絮凝剂;破乳剂;汽油脱臭活化剂;汽油安定性改进剂;粗酚

中德合资慈溪博格曼密封材料有限公司

浙江省慈溪市浒山镇慈甬路787-817号[315302]
电话:(0574)63826211
传真:(0574)63826117 有进出口权
供销电话:63826196;63826276
供销传真:63826444
经济类型:中外合资经营企业
网址:www.staticsealing.com
E-mail:burgmann@alibaba.com.cn
【主要产品】膨体聚四氟乙烯密封带;柔性石墨材料;石墨垫片;石墨盘根;膨胀石墨填料环

中国石化三公司镇海石化设备厂

浙江省宁波市镇海镇骆路312号[315206]
电话:(0574)86458613;86458610
传真:(0574)86456037 经济类型:国有
供销传真:86456322 职工人数:180人
网址:www.zhshsb.com
【主要产品】空气预热器;管;盘管;弯管;弯头;法兰;三通

中国石化镇海炼油化工股份有限公司

浙江省宁波市镇海区[315207]
电话:(0574)86440114;86444213;86456425
传真:(0574)86270077 有进出口权
供销电话:86445036 企业规模:大型
供销传真:86262418 法人代表:孙伟君
经济类型:股份有限公司
网址:www.zrcc.com.cn
E-mail:dsh@zrcc.com
【主要产品】丙烯;二甲苯;甲苯;苯;1,4-二甲苯;芳烃;原油;石油液化气;汽油;煤油;柴油;尿素;聚丙烯;石油沥青;改质沥青;石油焦

温州市

苍南县中旺塑料厂

浙江省苍南县灵溪镇交通路上林工业区[325800]
电话:(0577)64778675;13806828797
传真:(0577)64778675
职工人数:120人
网址:www.cn-zw.com
E-mail:manager@cn-zw.com
【主要产品】塑料编织袋

华峰集团有限公司

浙江省瑞安市莘塍工业园区[325206]
电话:(0577)65178888;65179999
传真:(0577)65178080
供销电话:65178032;65178095
供销传真:65178085
经济类型:有限责任公司
网址:www.huafeng.com
E-mail:huafeng@huafeng.com
【主要产品】聚氨酯树脂;聚氨酯鞋底原液;氨纶

乐清市今升有机化工有限公司

浙江省乐清市北白象镇水潭工业区[325603]
电话:(0577)61804363;13905878421
传真:(0577)62724914 有进出口权
供销电话:62884363
网址:www.yqjs.cn
【主要产品】水性防水涂料;酪素蛋白胶;铝箔黏合剂;聚丙烯酰胺;水泥密封防水剂 M1500

乐清市乐安化工有限公司

浙江省乐清市磐石镇东门建才仓库[325600]
电话:(0577)62842213;62255571;62831213
传真:(0577)62255572;62842213
固定资产:10,000千元 有进出口权
职工人数:70人
网址:www.leanchem.com
E-mail:xiaomls@126.com;
lean@leanchem.com
【主要产品】亚氨基二乙酸;2-硝基苯胺;4-(*N*,*N*-二甲基)氨基苯甲醛;4-[*N*-甲基-*N*-(β-氯乙基)]氨基苯甲醛;4-(*N*-乙基-*N*-氯乙基)氨基苯甲醛;4-(*N*-甲基-*N*-羟乙基)氨基苯甲醛;4-(*N*-乙基-*N*-苄基)氨基苯甲醛;2-甲基-4-(*N*-乙基-*N*-苄基)氨基苯甲醛;4-[*N*-甲基-*N*-(β-氰乙基)]氨基苯甲醛;4-(*N*-乙基-*N*-氰乙基)氨基苯甲醛;2-甲基-4-(*N*-乙基-*N*-氰乙基)氨基苯甲醛;2-甲基-4-(*N*-乙基-*N*-氯乙基)氨基苯甲醛;2-甲基-4-(*N*-乙基-*N*-羟乙基)氨基苯甲醛;4-(*N*,*N*-二乙基)氨基苯甲醛;2-甲基-4-(*N*,*N*-二乙基)氨基苯甲醛;4-硝基苯胺;2-氯-4-硝基苯胺;2-氨基蒽醌;*N*-乙基-*N*-(β-氯乙基)苯胺;*N*-乙基-*N*-(β-氯乙基)间甲苯胺

平阳县华德胶粘制品有限公司

浙江省温州市平阳县鳌江大道563号[325401]
电话:(0577)63637108;63635278
传真:(0577)63676791
供销电话:63637108;13506621169
网址:www.hdtape.com
E-mail:wzhuade@163.com
【主要产品】阻燃输送带;胶带;高压绝缘橡胶带;特种胶带

平阳县平氮化工有限公司

浙江省温州市平阳县昆阳镇[325400]
电话:(0577)63018441;63018443
传真:(0577)63018859 经济类型:国有
供销电话:13606770298
职工人数:220人 法人代表:潘定光
【主要产品】高纯氢;甲醇(精);合成氨;液氨;碳酸氢铵

瑞安市东盛橡塑机械有限公司

浙江省瑞安市飞云镇孙桥工业区[325200]
电话:(0577)83510771
传真:(0577)65625590 法人代表:牛林
经济类型:私营企业 职工人数:150人
网址:www.zjdsjx.com
E-mail:nl@zjdsjx.com
【主要产品】超细橡胶粉碎机;塑料粉碎机;双螺杆挤出机;塑料管材挤出机;

浙

鼓式硫化机(非用于 V 带);开放式炼塑机;切粒机

瑞安市美达化工材料有限公司
浙江省瑞安市潘岱街道办事处芦浦工业区[325216]
电话:(0577)65092818
传真:(0577)65091819 法人代表:周婵
经济类型:有限责任公司
网址:www. meidachem. com
E-mail:meidachem@ 126. com
【主要产品】夜光涂料;黄金漆;反光涂料;日光荧光印花涂料

瑞安市双环工业公司
浙江省瑞安市汀田乡金后村[325206]
电话:(0577)65506704
传真:(0577)65506704 经济类型:国有
供销电话:65506705
【主要产品】邻苯二甲酸二甲酯;聚氨酯水性涂饰剂

瑞安原野化工有限公司
浙江省瑞安市沿江西路 100 号[325200]
电话:(0577)65663772;65666436
传真:(0577)65663772
网址:www. china-yuanye. com
E-mail:yuanye@ china-yuanye. com
【主要产品】聚氨酯鞋底原液;聚氨酯软泡硅油

温州奥特塑胶有限公司
浙江省温州市经济技术开发区 5 号小区[325011]
电话:(0577)86531791;86531350
传真:(0577)86553747
经济类型:私营企业
网址:www. aotenic. com
E-mail:info@ aotenic. com
【主要产品】橡胶杂品;橡胶垫;摩托车油封;汽车油封;O 形密封圈;橡胶密封圈;异形密封圈

温州超维工程塑料有限公司
浙江省温州市工业园区中兴路 128 号[325013]
电话:(0577)86637788;86639488
传真:(0577)86639477
网址:www. chinachaowei. com
E-mail:wzchaowei@ mail. wzptt. zj. cn
【主要产品】聚乙烯管;PP-R 管材管件

温州海力橡胶制品有限公司
浙江省瑞安市阁巷镇工业开发区[325207]
电话:(0577)65550777;65553182
传真:(0577)65552182
网址:www. haili. cn;
www. hlrubber. com
E-mail:office@ hlrubber. com
【主要产品】橡胶密封制品;汽车橡胶隔膜;密封垫;防尘罩;汽车制动皮碗

温州华华集团有限公司
浙江省温州市龙湾区蒲州[325003]
电话:(0577)86553080;86553070
传真:(0577)86443083;86553084
供销电话:86553087;86553088
经济类型:股份有限公司
法人代表:谢庆华
网址:www. hhjituan. com
E-mail:hhjituan@ mail. wzptt. zj. cn
【主要产品】加氢精制催化剂 481-3;加氢精制催化剂 FDS-4A;钠-Y 型分子筛;稀土 Y 型分子筛;柴油加氢脱硫催化剂;活性氧化铝;沸石

温州华克珠光颜料有限公司
浙江省温州市龙港塑编工业区华克工业园[325802]
电话:(0577)64359666
传真:(0577)64350000
供销传真:64359666
网址:www. huake. cc
E-mail:huake@ huake. cc
【主要产品】云母铁系列颜料;珠光颜料;金色珠光颜料;银白色珠光颜料

温州金源化工有限公司
浙江省洞头县小九厅燕山路 151 号[325700]
电话:(0577)63482465;63487425
传真:(0577)63482092
供销电话:63481026;13757703015
法人代表:黄日新
网址:www. wzjychem. com
E-mail: jinyuanchemical @ mail. wzptt. zj. cn
【主要产品】碘;*N*-乙基-*N*-(3-磺酸苄基)苯胺;3-硝基苯磺酸钠;2-萘酚-6-磺酸钠;颜料紫 19;颜料红 122;食用亮蓝;海藻酸钠

温州康泰药物原料有限公司
浙江省温州市经济技术开发区雁荡东路 211 号[325011]
电话:(0577)86531828;86556129;13505777171
传真:(0577)86536818
E-mail:hyc@ wzkt. sina. net
【主要产品】磺胺喹噁啉;磺胺喹噁啉钠;盐酸氨丙啉

温州罗浮塔涂料有限公司
浙江省温州市瓯北塘头工业区华东路 33 号[325102]
电话:(0577)67350801
传真:(0577)67365517 法人代表:张罗
网址:www. luofuta. com
E-mail:xuaiyun168@ jmkj. net
【主要产品】三合一弹性面漆;内外墙乳胶漆;浮雕漆;真石漆;外墙半光乳胶漆;高光型外墙乳胶漆;环氧地坪涂料;各色外墙耐洗墙面漆;外墙专用腻子;绒毛漆;无醛建筑胶水

温州美尔诺化工有限公司
浙江省温州市火车站广场瓯江大厦主楼 506 室[325000]
电话:(0577)86120111;86799090
传真:(0577)86793366
供销电话:86797722;86750111
法人代表:陈林光
网址:www. sircatcn. com
E-mail:sircat@ sircatcn. com
【主要产品】硫酸铬钾;氯化钴;碱式硫酸铬;2-羟基苯甲酸;1-苯基-3-甲基-5-吡唑啉酮;2-氨基-4-硝基苯酚;甲酸铬;*N*-乙酰乙酰苯胺;2-氨基苯甲酸;2-氨基苯酚-4-磺酰胺;3-氨基-4-羟基苯磺酸;2-氨基-5-硝基苯酚;2-氨基-4-硝基苯酚钠;红色基 B;金属络合染料;油溶性染料

温州市白水化工厂
浙江省温州市龙湾区永昌城北[325024]
电话:(0577)86935222;13004747237
传真:(0577)86935797
经济类型:私营企业
网址:www. baishuichem. com
E-mail:sales@ baishuichem. com
【主要产品】酒石酸;D-酒石酸;L-(-)-二苯甲酰酒石酸;D-(-)-酒石酸二乙酯;酒石酸钾钠;酒石酸锑钾;酒石酸氢钾

温州市大陆机械有限公司
浙江省温州市瓯海三洋黄屿工业区宏旺路 18 号[325014]
电话:(0577)86775736
传真:(0577)86770655
网址:www. wzdalu. com
E-mail:info@ wzdalu. com
【主要产品】聚四氟乙烯补偿器;聚四氟乙烯波纹管;聚四氟乙烯垫片;聚四氟乙烯设备内衬;聚丙烯管材;FRPP 管材;反应釜;储槽;异径管;弯头;封头;内衬氟塑料截止阀;三通;四通

温州市东方精细化工有限公司
浙江省温州市仰义后京 330 复线口南边[325008]
电话:(0577)88792628
传真:(0577)88791122
经济类型:有限责任公司
法人代表:张秀中
网址:www. wzdjh. com
E-mail:zbaifan@ sohu. com
【主要产品】不饱和聚酯树脂;聚氨酯鞋底原液;过氧化甲乙酮

温州市国工实业公司
浙江省温州市过境公路 1 号[325003]
电话:(0577)88630188
传真:(0577)88623195
经济类型:私营企业 法人代表:余梦林
网址:www. guogong. com. cn
E-mail:info@ guogong. com. cn

【主要产品】橡胶杂品

温州市化学试剂有限公司

浙江省温州市黎明西路 10 弄 7 号［325000］
电话：(0577)88835158；88815889
传真：(0577)88835158
供销电话：88815889；88814585
经济类型：股份合作　法人代表：朱永筱
网址：www. chemwz. com
E-mail：qkp@ mail. wzptt. zj. cn；chemwz@ hotmail. com
【主要产品】松油醇；五氧化二碘；一氯化碘；三氯化碘；乙酸钠；乙酸钠，无水，亚硫酸钠（无水）；偏重亚硫酸钠；亚硫酸氢钠；硫氰酸钠；碘酸钠；高碘酸钠；乙酸钙；亚硫酸钙；碘酸钙；乙酸钾；偏重亚硫酸钾；亚硫酸氢钾；硫氰酸钾；碘酸钾；高碘酸钾；乙酸铅；乙酸铵；硫氰酸铵；乙酸铜；硫酸铜；醋酸铝；乙酸镁；氢氧化铋；硝酸铋；次硝酸铋；碘乙烷；碘甲烷；双戊烯；肉桂酸乙酯；肉桂酰氯；丹宁酸；肉桂酸；没食子酸；焦性没食子酸；碘酸；高碘酸

温州市寰宇高分子材料有限公司

浙江省温州市高新技术园区创业服务中心［325028］
电话：(0577)88983068；88982366
传真：(0577)88983078
网址：www. huanyupu. com
E-mail：huanyu208@ wz. zj. cn
【主要产品】水溶性聚氨酯树脂；聚氨酯水性涂饰剂

温州市嘉力化工有限公司

浙江省温州市江滨路时代海景景江阁 A 幢 402［325000］
电话：(0577)88560802；88560803；13968968102
传真：(0577)88560806
网址：www. jiahechem. com；www. wzjlhg. com
E-mail：linli@ wzjlhg. com
【主要产品】硫氢化钠；促进剂 CZ；促进剂 D；促进剂 DM；促进剂 M；促进剂 NA-22；促进剂 NOBS；促进剂 PX；促进剂 TMTD；促进剂 ZDC；促进剂 PZ；促进剂 DTDM；促进剂 TMTM；防老剂 MB；防老剂 RD

温州市塑料薄膜厂

浙江省温州市黎明中路 278 号［325003］
电话：(0577)88335176；88330697；88335010
传真：(0577)88335175
法人代表：王勤然
网址：www. plastic-pack. com/ plastic%20bm
【主要产品】聚氯乙烯电缆料；软聚氯乙烯粒料（电线电缆用，护套级）；聚乙烯农膜；聚乙烯吹塑包装膜；高密度聚乙烯薄膜；地膜；多功能大棚膜；聚乙烯薄膜；复合膜

温州市泰昌胶粘制品有限公司

浙江省苍南县金乡镇湖兴北路 1 号［325800］
电话：(0577)68100811
传真：(0577)64571055
网址：www. chinataichang. com
E-mail：taichang@ chinataichang. com
【主要产品】压敏胶胶黏剂；不干胶

温州市天丰塑料助剂有限公司

浙江省温州市永嘉县桥头前庄工业区［325107］
电话：(0577)67457398；13706696788
传真：(0577)67459970
经济类型：股份有限公司
网址：www. tianfeng. cn
【主要产品】甲基丙烯酸甲酯；不饱和聚酯树脂

温州四方化工机械厂

浙江省温州市鹿城工业区康泉路 15 号［325007］
电话：(0577)88781781
传真：(0577)88785390
网址：www. china-sifang. com
E-mail：sifang@ mail. wzptt. zj. cn
【主要产品】燃烧器；管道过滤器；阻火器

温州泰珠集团有限公司

浙江省温州市经济技术开发区滨海园区 A503 小区［325025］
电话：(0577)86805896；86805898；13806818396
传真：(0577)86805899
网址：www. taizhu. com
E-mail：wzppc@ mail. wzptt. zj. cn
【主要产品】珠光颜料

温州天盛电化有限公司

浙江省温州市龙湾区蒲州镇屿田村［325011］
电话：(0577)86551594；86535939；86552459
传真：(0577)86552459　有进出口权
供销电话：13806871286
供销传真：86551594　职工人数：275 人
经济类型：股份有限公司
网址：www. wzdianhua. com
E-mail：sales@ wzdianhua. com
【主要产品】盐酸（食用）；烧碱（液体）；三氯化铁；三氯化铝（六水）；次氯酸钠；氢气；氯气（液）；2，4-二甲基苯胺；2，6-二甲基苯胺；消毒剂；氯化石蜡-52

温州天盛塑料助剂有限公司

浙江省温州市龙湾区屿田［325011］
电话：(0577)86552031；86552034
传真：(0577)86552034
法人代表：王金杰
网址：www. wztssz. com
E-mail：market@ wztssz. com；master@ wztssz. com
【主要产品】丙烯酸酯共聚物；二盐基邻苯二甲酸铅；二盐基亚磷酸铅；二盐基硬脂酸铅；三盐基硫酸铅；复合铅盐稳定剂；钙锌无毒复合稳定剂；硬脂酸钙；硬脂酸钡（轻质）；硬脂酸铅（轻质）；硬脂酸锌；硬脂酸镉；稀土复合稳定剂；塑料改性剂 ACR-201；PVC 加工改性剂 ACR-401

温州鑫雅精细化工有限公司

浙江省温州市龙湾区海城工业区［325055］
电话：(0577)85223881；85227881；85220888
传真：(0577)85224881
网址：www. wenzhouxinya. com
E-mail：xinya88@ chinese. com
【主要产品】耐晒桃红色原；汉沙黄 G；永固黄 G；永固黄 GG；联苯胺黄 HR；联苯胺黄 G；联苯胺橙 R；永固橘黄 G；联苯胺黄 GR；联苯胺黄 GRL；永固橙 RN；耐晒艳红 BBC；耐晒大红 BBN；金光红 C；立索尔大红 R；立索尔宝红；立索尔宝红 6B

温州亚光机械制造有限公司

浙江省温州市经济技术开发区滨海园区滨海三道 4525 号［325025］
电话：(0577)86906555；13706673030
传真：(0577)86906900
供销电话：86906886
网址：www. china-yaguang. com
E-mail：sale_dom@ china-yaguang. com
【主要产品】锥盘压榨过滤机；V 型转鼓混合机；过滤干燥机；微粉碎机；真空泵；水环式真空泵；阀门；球阀；干式造粒机

温州冶炼总厂

浙江省温州市牛山北路 13 号［325027］
电话：(0577)88633081
传真：(0577)88623592　经济类型：国有
供销电话：88621427；88609800
职工人数：1，140 人　法人代表：金益林
网址：www. cnun. com/wzyl
【主要产品】硫酸；硫酸铜；硫酸锌；氧化锌；电解铅；电解锌；电解镉；锌基合金

永嘉县瓯北通达橡胶制品厂

浙江省永嘉县瓯北塘头东大街 120 号［325000］
电话：(0577)57982875；57986309；13968955381
传真：(0577)57982875
网址：www. yjtongda. com
E-mail：web@ yjtongda. com；web@ 126. com
【主要产品】聚氨酯密封件；橡胶制品；减震器及配件；防震橡胶板；胶辊；硅橡胶辊；橡胶垫；减震器油封；油封；橡胶膜片；O 形密封圈；氟橡胶 O 形圈；

浙

V 形密封圈；组合密封圈

浙江苍南县大丰塑业有限公司

浙江省苍南县灵溪镇新建工业区［325800］
电话：(0577)64839918；64839432；13906660076
传真：(0577)64839265
法人代表：苏苗丹
网址：www. dafengsuye. com
E-mail：chinadafeng@ dafengsuye. com
【主要产品】塑料编织袋

浙江格力泵阀有限公司

浙江省永嘉县三桥工业区浦一［325105］
电话：(0577)57989295
供销传真：67313838
产值：50,000 千元
经济类型：中外合资经营企业
职工人数：300 人　　法人代表：蒋瑜
网址：www. geepump. com
E-mail：valvepump@ gmail. com
【主要产品】耐腐蚀液下泵；磁力泵；自吸式磁力泵；螺杆泵；离心泵；耐腐蚀离心泵；增强聚丙烯耐腐离心泵；阀门；内衬氟塑料截止阀；疏水阀

浙江华泰塑胶股份有限公司

浙江省瑞安市安阳工业区 C 区华泰路 1 号［325200］
电话：(0577)65176004；65536111
传真：(0577)65536111
供销电话：65528889；65528887
供销传真：65532111
经济类型：股份有限公司
网址：www. chinahuatai. com
E-mail：master@ chinahuatai. com
【主要产品】硬质聚氯乙烯透明膜；聚氯乙烯压延薄膜；聚氯乙烯薄膜；聚氯乙烯木纹膜

浙江江南减速机有限公司

浙江省温州市经济技术开发区滨海园区［325025］
电话：(0577)88626587；88626588；88626589
传真：(0577)88620938
供销电话：86806588；86906587
供销传真：86906938　　法人代表：叶少华
网址：www. chinareducers. com；www. jbsb. cn
E-mail：jnredu@ mail. wzptt. zj. cn
【主要产品】移动式搅拌机；减速机

浙江联大化工有限公司

浙江省瑞安市化工开发区［325206］
电话：(0577)65093666；13705789790
传真：(0577)65093222
法人代表：余荣华
网址：www. lucky. cbh. com. cn；www. liandachem. com
E-mail：lianda@ mail. wzptt. zj. cn
【主要产品】硝酸钾；工业氯化铵

浙江瑞森化工有限公司

浙江省乐清市黄华工业区［325605］
电话：(0577)62650588；62650577；62650688
传真：(0577)62650002
网址：www. resinchem. com
E-mail：rscc@ wz. zj. cn
【主要产品】酚醛玻璃纤维模塑料；不饱和聚酯树脂；模压制品

浙江申力塑料机械厂

浙江省平阳县城东工业区万联路 69 号［325400］
电话：(0577)63725886；63722712；63722135
传真：(0577)63727864
网址：www. china-shenli. com
【主要产品】塑料加工专用设备；铝塑复合管机

浙江省乐清市芙蓉橡胶有限公司

浙江省乐清市芙蓉工业区 106 号［325612］
电话：(0577)62292029；13706776255
传真：(0577)62291209
职工人数：100 人
网址：www. dalongqiu. com. cn
E-mail：dalongqiu@ dalongqiu. com. cn
【主要产品】输水胶管；氧气胶管；乙炔胶管；硅胶管；减震器及配件；普通橡胶板；止水带；橡胶地毯

浙江天瑞药业有限公司

浙江省瑞安市经济开发区毓蒙路 188 号［325200］
电话：(0577)65607150；65607100；65607228
传真：(0577)65607252
供销电话：65608012；65607100
网址：www. zjtr. com
E-mail：zjtr@ zjtr. com
【主要产品】莪术油；甘油磷酸钙；甘油磷酸钠

浙江温州佳禾助剂有限公司

浙江省温州市龙湾区天河镇建丰工业区［325025］
电话：(0577)86827718；86827755
传真：(0577)86827708
法人代表：陈剑峰
【主要产品】甲醛

浙江玉石塑粉有限公司

浙江省乐清市经济开发新区经纬路［325600］
电话：(0577)62052138；62056138；62051000
传真：(0577)62050138
经济类型：股份合作　　法人代表：陈玉才
网址：www. china-yushi. com
E-mail：chinays@ mail. wz. zj. cn
【主要产品】粉末涂料用纯聚酯树脂；热固性粉末涂料

中澳合资温州澳珀化工有限公司

浙江省温州市龙湾扶贫经济开发区 1 号小区［325013］
电话：(0577)86636528；86636500
传真：(0577)86636500　　有进出口权
供销电话：86636529　　职工人数：63 人
经济类型：中外合资经营企业
法人代表：金益林
网址：www. opalchem. com
E-mail：opal1@ wzptt. zj. cn
【主要产品】甘油缩甲醛；丙酮醛；丙酮醛缩二甲醇；4-甲基咪唑；咪唑；2-甲基喹啉；西咪替丁

嘉兴市

海宁广源化纤有限公司

浙江省海宁市硖石镇赵家漾路 38 号［314400］
电话：(0573)87033388
传真：(0573)87024051　　有进出口权
经济类型：有限责任公司
网址：www. hnguangyuan. com
E-mail：guangyuan@ mail. jxptt. zj. cn
【主要产品】涤纶预取向丝；涤纶低弹丝；锦纶 6 预取向长丝；锦纶全拉伸丝；丙纶 BCF

海宁市长安化工厂

浙江省海宁市长安镇环镇东路 26 号［314408］
电话：(0573)87411569；87411817
传真：(0573)87411569
经济类型：私营企业　　法人代表：张建洪
网址：www. eastpe. com/company/comp. htm
E-mail：master@ eastpe. com
【主要产品】中性深黄 GL；中性枣红 GRL；中性灰 2BL；中性黑 BL

海宁市华翔橡胶厂

浙江省海宁市马桥街道马桥村［314000］
电话：(0573)87766256；87760256
传真：(0573)87760286
网址：www. hxrubber. cn
E-mail：webmaster@ hxrubber. cn
【主要产品】橡胶制品；减震用橡胶制品；橡胶接头；骨架油封；O 形密封圈；V 形密封圈；硅橡胶密封圈

海宁市金潮实业总公司

浙江省海宁市硖石东山北路 35 号［314400］
电话：(0573)87024669；87022971
传真：(0573)87024669
供销电话：87035053　　职工人数：800 人
经济类型：有限责任公司
法人代表：周金根
网址：www. hnjinchao. com
E-mail：sales@ hnjinchao. com

【主要产品】氢气；合成氨；氨水；液氨；碳酸氢铵；酶制剂

海宁市现代化工有限公司

浙江省海宁市袁花镇谈桥向湖路28号[314417]
电话：(0573)87815988；87811468-806
传真：(0573)87815398 法人代表：徐斌
供销电话：87815988；13957335016
网址：www. modernchemical. com
E-mail：dyes@ modernchemical. com
【主要产品】塑料着色剂；聚酯纺前着色剂

海宁中乾皮革化工有限公司

浙江省海宁市郭店镇建设路51号[314412]
电话：(0573)87688313
传真：(0573)87688580
供销电话：87682588
经济类型：股份合作
【主要产品】合成加脂剂；SCF结合型加脂剂；高吸收铬鞣剂

海盐北洋磷原物资有限公司

浙江省海盐县海塘乡北阳桥[314304]
电话：(0573)86855049；86853338；86855145
传真：(0573)86855145
经济类型：有限责任公司
职工人数：145人
【主要产品】过磷酸钙；混配复合肥料

海盐博大精细化工有限公司

浙江省海盐县经济开发区大桥新区化工区[314304]
电话：(0573)86973836；86973837；86973838
传真：(0573)86973838
网址：www. hyagrochemicals. com
E-mail：hyagrochemicals@ hi2000. com
【主要产品】40%杀扑磷乳油；杀虫单；杀虫单可溶性粉剂；杀虫双；杀虫双水剂；2甲4氯；2甲4氯钠盐；2甲4氯钠水剂；2甲4氯钠粉剂(56%)；噻·杀单可湿性粉剂；阿维·杀单微乳剂；25%噻·仲乳油

海盐华达油墨化学有限公司

浙江省海盐县六里镇环北路[314301]
电话：(0573)86562688
传真：(0573)86563888
经济类型：有限责任公司
法人代表：张跃成
网址：www. cn-huadachemical. com
E-mail：huada@ mail. jxptt. zj. cn
【主要产品】金属烤漆；金属闪光漆；汽车漆；硝基木器漆；各色丙烯酸磁漆；高性能工程机械漆；摩托车漆；聚酯木器漆；塑料漆；高温防腐漆；塑料自干漆；特种涂料；各种机壳漆；油墨；树脂胶版油墨；胶印亮光快干四色油墨；各种胶印油墨；耐高温油墨

海盐精诚化纤有限公司

浙江省海盐县西塘桥镇新城村[314304]
电话：(0573)86855081
传真：(0573)86855298
经济类型：私营企业 法人代表：方光明
网址：china. 21cpp. com/Card/257726. Shtml
【主要产品】涤纶纤维；丙纶

海盐利晖化工塑料有限公司

浙江省海盐县沈荡齐家集镇[314311]
电话：(0573)86766402；86760033
传真：(0573)86769788 职工人数：60人
法人代表：戴朝晖
网址：www. lihuichem. com
E-mail：sales@ lihuichem. com
【主要产品】硬脂酸；大豆油脂肪酸；豆油酸；植物油酸

海盐六和淀粉化工有限公司

浙江省海盐县城海滨西路402号[314300]
电话：(0573)86120414；86124742；13706837009
传真：(0573)86129433
法人代表：徐黎平
网址：www. lhstarch. com
E-mail：rqf@ hi2000. com；lhdf@ hi2000. com
【主要产品】硬脂酸镁(药用)；蛋白粉；玉米浆；玉米朊；预胶化淀粉；白糊精；微晶纤维素(药用)；淀粉；水溶性淀粉

海盐县永辉化工有限公司

浙江省海盐县西塘桥镇场前[314400]
电话：(0573)86855217
【主要产品】过磷酸钙；混配复合肥料

海盐新世纪石化设备有限公司

浙江省海盐县百步镇福田弄2号[314312]
电话：(0573)86776735；13906832577
传真：(0573)86776985
供销电话：86776735；86776985
法人代表：吴金初
网址：www. hgtl. net
E-mail：shihua@ mail. jxptt. zj. cn
【主要产品】化工填料；塔器配件

韩泰轮胎(嘉兴)有限公司

浙江省嘉兴市秀洲区经济开发区东方路[314003]
电话：(0573)82161888
传真：(0573)82205086
经济类型：外商独资 企业规模：大型
网址：www. hankook. com. cn/syxg. asp
【主要产品】子午线轮胎

嘉善嘉生药业有限公司

浙江省嘉善县惠民经济开发区[314112]
电话：(0573)84644021；84644510；84644158
传真：(0573)84644105 有进出口权
供销电话：84644021；84644158
经济类型：有限责任公司
法人代表：蒋国良
网址：www. zjjsh. com
E-mail：sales@ zjjsh. com；info@ zjjsh. com
【主要产品】喹乙醇；二氢吡啶；美西林；氯羟吡啶；二甲氧苄氨嘧啶；痢菌净；4,4′-二氨基苯砜；硝呋索尔；米诺地尔；氨苯蝶啶

嘉善县合力精细化工厂

浙江省嘉善县大云镇东云村[314100]
电话：(0573)84681283；84668968；13806736913
传真：(0573)84668968
法人代表：陆建林
网址：www. heli-chem. com；www. jianhuachem. com
E-mail：Ljg@ heli-chem. com
【主要产品】氨基胍碳酸氢盐；亲水性硅油；柔软剂；氨基硅油；增深增艳剂

嘉善县有机氟制品厂

浙江省嘉善县魏塘镇中山西路858号[314100]
电话：(0573)84024232
传真：(0573)84024287 经济类型：集体
供销电话：84023443 职工人数：220人
法人代表：蒋文君
【主要产品】聚四氟乙烯膨体生料带；聚四氟乙烯有油生料带；聚四氟乙烯薄膜；聚四氟乙烯模压板；聚四氟乙烯管材；钢塑复合管；聚四氟乙烯推压棒；聚四氟乙烯填充制品；聚四氟乙烯模压制品

嘉善兴申纺织助剂有限公司

浙江省嘉善县天凝工业园区[314100]
电话：(0573)84912038
传真：(0573)84911166
网址：www. xingshen. cn
E-mail：webmaster@ xingshen. cn
【主要产品】静电植绒黏合剂

嘉善志远生化有限公司

浙江省嘉兴市嘉善经济开发区[314000]
电话：(0573)84755178；84755179
传真：(0573)84755180
网址：zhiyuan. chemnet. com
E-mail：zyfz888@ mail. jxptt. zj. cn
【主要产品】3-羟基-2-丁酮；3-氯-2-丁酮；1-氯-2-丁酮；3-巯基-2-丁酮；硅烷偶联剂 KH-858

嘉兴阿尔法精细化工有限公司

浙江省嘉兴市秀城工业区步焦公

路[314004]
电话:(0573)83100955;83100577;
13905735303
传真:(0573)83100516
供销电话:83100577;13806731083
网址:www. alpharm. com. cn
E-mail:alpharm@ alpharm. com. cn
【主要产品】碳酸亚乙烯酯;氯代碳酸乙烯酯;六氢苯酐;反式-4-氨基环己醇;对乙酰氨基环己醇;丙二酸亚异丙酯;甲基六氢苯酐

嘉兴辰龙化工有限责任公司

浙江省嘉兴市秀城工业园区[314004]
电话:(0573)83103208;83103308;
13736456670
传真:(0573)83103085;83103086
网址:www. jxclchem. com
E-mail:sales@ jxclchem. com
【主要产品】4-甲苯磺酰胺;*N*-乙基邻甲苯磺酰胺;*N*-乙基对甲苯磺酰胺;苯磺酰胺;苯亚磺酸钠;对甲苯亚磺酸钠;苯亚磺酸锌;对甲苯亚磺酸锌;4-甲苯磺酰氯;2-甲苯磺酰胺;*N*-甲基对甲苯磺酰胺;邻、对甲苯磺酰胺甲醛树脂;氯胺T;氯胺B;增塑剂;*N*-丁基苯磺[illegible]胺;对甲苯磺酰肼;发泡剂RA;发[illegible]剂K

嘉兴东方树脂厂

浙江省嘉兴市秀城区步云工业园区[314004]
电话:(0573)83103997;83101998
传真:(0573)83100315
法人代表:任海潮
网址:www. eastresin. com
E-mail:rhc@ eastresin. com
【主要产品】二乙基羟胺;双酚A二异丙醇醚;双酚A型环氧树脂;水溶性环氧树脂;甲酚甲醛环氧树脂(JF-43型);含溴环氧树脂(EX-20);酚醛环氧树脂;绝缘树脂;8411沉浸绝缘树脂

嘉兴精化化工有限公司

浙江省嘉兴市大桥镇嘉兴工业园区[314001]
电话:(0573)82201425;82207450;
82201425
传真:(0573)82202273　有进出口权
供销电话:82204141;82201032
经济类型:有限责任公司
网址:www. goldenchem. com;
finechem-jiaxing. com
E-mail:jxfc@ mail. jxptt. zj. cn
【主要产品】二茂铁甲酸;甲基纳迪克酸酐;2-氯-4-硝基甲苯;4-甲基苯胺;3-甲基-6-氨基苯磺酸;5-氨基-2-甲基苯磺酸;2-氨基-4-氯-5-甲基苯磺酸;2-氨基-4-氯-5-甲基苯磺酸钠;2-氨基-5-氯-4-甲基苯磺酸;2-氯-4-氨基甲苯;丙烯酸树脂;丙烯酸树脂乳液;聚丙烯酸酯浆料;聚氨酯树脂;洗涤剂613;聚丙烯酸甲酯浆料;喷水织机浆料;PA涂层胶;甲基四氢苯酐;3-甲基四氢苯酐;甲基六氢苯酐;聚氨酯皮革涂饰剂;聚氨酯水性涂饰剂;二环戊二烯铁;乙酰基二茂铁

嘉兴科隆化工有限公司

浙江省嘉兴市大桥镇南湖工业区明新路[314004]
电话:(0573)83103288
传真:(0573)83100825
经济类型:外商独资
E-mail:crowncolor@ sohu. com
【主要产品】有机颜料

嘉兴磷肥厂

浙江省嘉兴市秀城区七星乡集镇[314002]
电话:(0573)83888028
传真:(0573)83888088
经济类型:股份合作
网址:jxlfc. bip. und. cn
【主要产品】磷肥;过磷酸钙;混配复合肥料

嘉兴南洋化工厂

浙江省嘉兴市王江泾工发区纵二路[314001]
电话:(0573)2281222;13957389048
传真:(0573)2281180　职工人数:50人
网址:www. jxnyqy. com
E-mail:liyf@ jxnyqy. com
【主要产品】甲基四氢苯酐

嘉兴荣泰雷帕司绝缘材料有限公司

浙江省嘉兴市凤桥镇凤飞路1号[314007]
电话:(0573)83188888;83189500
传真:(0573)83188900;83182300
供销电话:83188500;83181300
经济类型:中外合资经营企业
网址:www. jxrt. com
E-mail:info@ jxrt. com;001@ jxrt. com;
004@ jxrt. com
【主要产品】环氧滴浸树脂;环氧绝缘浸渍树脂;通用滴浸树脂;环氧灌封料;防粘涂料;绝缘环氧涂料;硅钢片漆;沉浸绝缘漆;快干,连续沉浸绝缘漆;变压器底面专用漆;环氧平衡胶泥

嘉兴市八字长安油脂化工厂

浙江省嘉兴市新塍镇西栅[314015]
电话:(0573)3411757;13605730138
法人代表:高德忠
网址:www. jx-ca. com
E-mail:webmaster@ jx-ca. com
【主要产品】防锈油;乳化油;齿轮机油;液压油;钙基润滑脂;机械油;润滑油;溶剂油(橡胶工业用);燃料油

嘉兴市步云富欣化工厂

浙江省嘉兴市郊区步云镇人民路(东)36号[314004]
电话:(0573)83100895;13806735198
传真:(0573)83100493　职工人数:66人
经济类型:私营企业　法人代表:张富根
网址:www. fuxinchem. com
E-mail:fuxin@ hi2000. com
【主要产品】环己基苯;4,4′-联吡啶;亚硫酸乙二酯;亚硫酸丙烯酯;苯基丙酮;4-丁氧基苯酚

嘉兴市步云染化厂

浙江省嘉兴市步云镇花园路10号[314004]
电话:(0573)83100888;13905738332
传真:(0573)83100580　经济类型:集体
供销电话:83100578　有进出口权
网址:www. buyundyes. com
E-mail:buyundyes@ hi2000. com
【主要产品】3-氨基-1,2,4-三氮唑;对羟基苯甲醛;1,2-已二醇;1,2-辛二醇;双苯溴丁酸;3-乙基-4-甲基吡咯啉-2-酮;2,2-二苯基-4-溴丁酰氯;5-硝基邻甲酚;4-甲苯磺酰胺;*N*-乙基邻甲苯磺酰胺;*N*-乙基对甲苯磺酰胺;1,2,4-三氨基苯二盐酸盐;邻硝基对甲砜基甲苯;1,3,3-三甲基-2-亚甲基吲哚啉;5-氯-1,3,3-三甲基-2-亚甲基吲哚啉;1,3,3-三甲基-2-亚甲基吲哚啉乙醛;2-氨基-4-(β-羟乙基氨基)苯甲醚;2-氨基-4-[*N*-(2-羟乙基)氨基]苯甲醚硫酸盐;氨基胍碳酸氢盐;氨基胍硝酸盐;5-氨基-2-甲基苯酚;5-氨基邻甲酚硫酸盐;4,5-二氨基-1-(2-羟乙基)吡唑硫酸盐;5-氨基-1-羟乙基吡唑

嘉兴市东方化工厂

浙江省嘉兴市城南路四号桥[314001]
电话:(0573)82612827;82612716
法人代表:戚根兴
网址:www. dongfangchem. cn
E-mail:master@ dongfangchem. cn
【主要产品】甲基四氢苯酐

嘉兴市福来特化工有限公司

浙江省嘉兴市十八里工业园区[314006]
电话:(0573)83285418;83285995
传真:(0573)83286418
网址:www. frdchem. com
E-mail:frd@ mail. jxptt. zj. cn
【主要产品】浸渍绝缘漆;甲基四氢苯酐

嘉兴市加伟化工有限公司

浙江省嘉兴市东栅北[314021]
电话:(0573)82806038;13506647656
传真:(0573)82805038
网址:www. 518hg. net
E-mail:hg@ zjbiz. cn
【主要产品】硫酸亚铁;氧化铁脱硫剂;聚合氯化铝;皮革脱脂剂

嘉兴市江南化工厂

浙江省嘉兴市秀洲区高照镇[314015]
电话:(0573)83522785;83522773;

浙

83524592
职工人数:100 人
网址:www.jiangnchem.com
E-mail:sales@ jiangnchem.com
【主要产品】N-乙基苯胺;N,N-二甲基苯胺;N-乙基-N-苄基苯胺;N-乙基-N-氰乙基苯胺;N-乙基间甲苯胺;洗涤剂;柔软剂;氨基硅油;分散剂 WA;固色剂;平滑剂

嘉兴市金禾化工有限公司

浙江省嘉兴市秀城区大桥镇步云人民路2号[314004]
电话:(0573)83103588;83101776
传真:(0573)83100905 有进出口权
固定资产:25,000 千元
供销电话:83103233;83100543
供销传真:83100905;83103585
经济类型:有限责任公司
职工人数:160 人
网址:www.jinhe-chem.com
E-mail:sales@ jinhe-chem.com ;
buyun@ hi2000.com
【主要产品】对羟基苯甲醛;4-甲苯磺酰胺;N-乙基邻甲苯磺酰胺;苯磺酰胺;4-甲苯磺酰氯;邻硝基对甲砜基甲苯;间-β-羟乙基砜硫酸酯苯胺;间-β-羟乙基砜苯胺;苯磺酰氯;邻/对甲苯磺酰胺;N-甲基对甲苯磺酰胺;氯胺 T

嘉兴市金利化工有限责任公司

浙江省嘉兴市秀城化工园区富源路[314006]
电话:(0573)83286288;83636888
传真:(0573)83286444
经济类型:有限责任公司
职工人数:120 人
网址:www.jinlichemical.com;
www.jxjchg.com
E-mail:zjh@ hi2000.com
【主要产品】对羟基苯甲醛;3-氨基-1,2-丙二醇;4-甲苯磺酸甲酯;对甲苯磺酸丙酯;对甲苯磺酸正丁酯;对甲苯磺酸月桂酯;对甲苯磺酰异氰酸酯;苯磺酸甲酯;苯磺酸乙酯;戊二酸酐;N-甲基苯磺酰胺;4-甲苯磺酰胺;N-乙基邻甲苯磺酰胺;N-乙基对甲苯磺酰胺;N,N-二乙基对甲苯磺酰胺;N-丁基对甲苯磺酰胺;苯磺酰胺;N-乙基苯磺酰胺;N-(2-羟丙基)对甲苯磺酰胺;N-(2-羟丙基)苯磺酰胺;对氟苯磺酰胺;二乙基羟胺;苯亚磺酸钠;对甲苯亚磺酸钠;对氯苯亚磺酸钠;苯亚磺酸锌;对甲苯亚磺酸锌;醋酸钠;二苯砜;对羧基苯磺酰胺;2,4,6-三甲基苯磺酰氯;间硝基苯磺酰氯;4-甲苯磺酰氯;对氯苯磺酰胺;3-氯-1,2-丙二醇;邻硝基对甲砜基甲苯;苯磺酰氯;4-氯苯磺酰氯;4-甲基苯磺酸乙酯;2-甲苯磺酰胺;邻、对甲苯磺酰胺;N-甲基对甲苯磺酰胺;N,N-二甲基对甲苯磺酰胺;N-甲基-N-亚硝基对甲苯磺酰胺;烯丙基苯基砜;4-氯苯基甲基砜;对溴苯甲砜;邻硝基对甲砜基氯苯;聚醋酸乙烯乳液;邻、对甲苯磺酰胺甲醛树脂;二羟丙茶碱;羟丙茶碱;乙酸茶碱;乙酸茶碱哌嗪盐;甘氨酸茶碱钠;氯胺 T;氯胺 B;聚醋酸乙烯乳液胶黏剂;地板胶;木胶粉;N-环己基对甲苯磺酰胺;N-丁基苯磺酰胺;发泡剂 OBSH;对甲苯磺酰肼;发泡剂 RA;苯磺酰肼;发泡剂 K

嘉兴市南化化工有限公司

浙江省嘉兴市南湖区大桥镇明新路[314006]
电话:(0573)82612221;82612743;
82612149
传真:(0573)82615154
网址:www.nanhuchem.com
E-mail:sales@ nanhuchem.com
【主要产品】对氯苯甲醛;邻氯苯甲醛;2-氯苯甲酸;4-氯苯甲酸;2-氨基-4-氯-5-甲基苯磺酸;2-氯-4-氨基甲苯

嘉兴市清洋化学有限公司

浙江省嘉兴市大桥镇步焦公路[314004]
电话:(0573)83919199;83919200;
83919218
传真:(0573)83919202
网址:www.doublehorse.com
E-mail:doulbe@ hi2000.com
【主要产品】六氢苯酐;甲基四氢苯酐;甲基六氢苯酐;环氧树脂活性增韧剂

嘉兴市雀屏化工有限公司

浙江省桐乡市濮院镇毛衫城工业园区宏苑路[314500]
电话:(0573)88832558;88832618
传真:(0573)88835555
网址:www.qpchem.com
E-mail:jxqphg@ 163.com
【主要产品】平滑柔软剂;蓬松柔软剂;无甲醛固色剂;平滑剂

嘉兴市通元化工有限公司

浙江省嘉兴市秀城工业区[314006]
电话:(0573)83285888;83285688;
13906832788
传真:(0573)83286333
法人代表:赵华飞
网址:www.tongyuan-chem.com
E-mail:tongyuan@ hi2000.com
【主要产品】N-乙基苯胺;N,N-二羟乙基苯胺;N,N-二乙基苯胺;N,N-二乙基间甲苯胺;N-乙基-N-苄基苯胺;N,N-二羟乙基间甲苯胺;N-乙基-N-氰乙基苯胺;N-乙基-N-氰乙基间甲苯胺;N-乙基-N-苄基间甲苯胺;N-乙基间甲苯胺

嘉兴市王店龙鑫氟塑料厂

浙江省嘉兴市王店镇庆丰街[314011]
电话:(0573)83246344;13606835311
传真:(0573)83246344
网址:www.lxptfe.com
E-mail:lxptfe@ mail.jxptt.zj.cn
【主要产品】聚四氟乙烯生料带;聚四氟乙烯密封圈;聚四氟乙烯板材;聚四氟乙烯管材

嘉兴市向阳化工厂

浙江省嘉兴市步云镇人民路1号[314004]
电话:(0573)83102518;83101898
传真:(0573)83100412
供销电话:83102518;83100413
经济类型:股份合作 职工人数:110 人
法人代表:陈培根
网址:www.xiangyang-chem.com
E-mail:chenjunmin@ mail.jxptt.zj.cn
【主要产品】4-甲基-2-乙基咪唑;5-硝基水杨醛;4-甲苯磺酰胺;N-乙基对甲苯磺酰胺;二乙基羟胺;N-异丙基羟胺;对甲苯亚磺酸钠;草酸钠;4-甲苯磺酰氯;2-氯-4-氨基苯甲酸甲酯;4-氯苯磺酰氯;邻/对甲苯磺酰胺;氯胺 B;缓蚀剂;脱氧剂

兴市秀城油脂化工厂

浙江省嘉兴市城北路环岛西北侧 14001]
:(0573)82201035;82201522
:(0573)82227359
:www.jxyzhg.cn
要产品】单硬脂酸甘油酯;复合乳化剂

嘉兴市中科化学有限公司

浙江省嘉兴市亚太路 JRC 大楼[314000]
电话:(0573)82585213
传真:(0573)82585233
网址:www.chimicalabs.com
E-mail:info@ chimicalabs.com
【主要产品】(S)-3-羟基吡咯烷盐酸盐;3-氨基-1,2-丙二醇;3-甲氨基-1,2-丙二醇;2,2-二羟甲基丁酸;4,6-二氯烟酸甲酯;苯基二氯氧化膦;4,5,6,7-四氢-2,6-苯并噻唑二胺;1,3-丙酮二羧酸二甲酯;丙酮二羧酸二乙酯;氟环唑;三氯蔗糖;盐酸普鲁卡因胺;拉米夫定;酒石酸溴莫尼定

平湖市宏伟化工有限公司

浙江省平湖市沪杭公路小营头[314203]
电话:(0573)85867977;85867989;
85867321
传真:(0573)85867405
职工人数:200 人
网址:www.hwchemical.com
E-mail:sales@ hwchemical.com
【主要产品】硫代硫酸钠;硫化染料

平湖市龙兴化工有限公司

浙江省平湖市曹桥工业园[314214]
电话:(0573)85966871
传真:(0573)85968276
网址:www.phlongxing.com

E-mail:rejdue@126.com;
rejdue@yahoo.com.cn
【主要产品】明矾;三醋酸纤维素;聚丙烯酰胺;聚合氯化铝;碱式氯化铝铁;复合高效聚合氯化铝;聚合硫酸铁;ST絮凝剂;聚合硅酸硫酸铝;聚合硅酸氯化铝;聚合氯化铁

平湖市莎普爱思制药有限公司

浙江省平湖市城北路角棉中桥[314200]
电话:(0573)85013183
传真:(0573)85013183 经济类型:国有
供销电话:85015634
网址:www.zjspas.com
E-mail:zjspas@zjspas.com
【主要产品】甘草酸二铵;苄达赖氨酸

平湖市双马精细化工有限公司

浙江省平湖市林埭镇虹霓[314004]
电话:(0573)83919188;83919218;13967396997
传真:(0573)83919288
供销电话:83919199;83919200
供销传真:83919202 法人代表:施土根
经济类型:有限责任公司
网址:www.doublehorse.com
E-mail:yp@qychem.cn
【主要产品】2-羟基吡啶;安息香异丙醚;3-甲基-6-氨基苯磺酸;2-氨基-4-氯-5-甲基苯磺酸;2-氨基-4-氯-5-甲基苯磺酸钠;2-氯-4-氨基甲苯;环氧固化剂;液体酸酐类固化剂;甲基四氢苯酐;甲基六氢苯酐;环氧芳香胺固化剂;环氧树脂活性增韧剂

平湖市新埭精细化工厂

浙江省平湖市新埭镇后市河口[314211]
电话:(0573)85600089
经济类型:私营企业 法人代表:陆林根
网址:www.hylive.com/zhejiang/zhejiang16570.ht
【主要产品】乙酰胺

桐乡市凤鸣合纤有限公司

浙江省桐乡市洲泉镇金鸡路198号[314513]
电话:(0573)88512009;88512826;88511243
传真:(0573)88512009 经济类型:集体
供销电话:88512105
职工人数:1,000人
【主要产品】涤纶长丝

桐乡市恒达化工有限公司

浙江省桐乡市乌镇南大街河西74号[314501]
电话:(0573)88711709;13512160998
传真:(0573)88721305
供销电话:88711709;13806701007
网址:www.hengdachem.com
E-mail:sales@hengdachem.com
【主要产品】3-吡啶乙酸盐酸盐;邻乙氧基苯甲酸;2-(1H-咪唑-1-基)乙酸盐酸盐;焦碳酸二乙酯;*N*-甲基正戊胺;利塞膦酸;伊班膦酸;乙柳酰胺;唑来膦酸;利塞膦酸钠;伊班膦酸钠

桐乡市康普达生物科技有限公司

浙江省桐乡市乌镇镇城东路工业园区[314501]
电话:(0573)88718797;88718384;13957365008
传真:(0573)88718796
网址:www.txwecan.com
E-mail:wgq@txwecan.com
【主要产品】焦磷酸铁;焦磷酸铁钠;磷酸氢钙(药用);磷酸铁;碳酸钙(药用);碘酸钾;亚硒酸钠;乳酸;氨基乙酸;L-脯氨酸;L-胱氨酸;L-半胱氨酸;L-半胱氨酸盐酸盐一水物;L-半胱氨酸盐酸盐无水物;L-缬氨酸;L-丝氨酸;DL-苹果酸;L-丙氨酸;乙二胺四乙酸铁钠;柠檬酸钙;柠檬酸锌;果酸钙;DL-丙氨酸;L-肉毒碱;复合氨基酸粉;氨基酸锌;L-赖氨酸盐酸盐;葡萄糖酸铜;L-亮氨酸;L-异亮氨酸;L-精氨酸;乳酸钙;烟酸铬;乳酸锌;乳酸镁;乳酸亚铁;L-天门冬氨酸;苹果酸钙;苹果酸钾;苹果酸锌;甘氨酸螯合镁;氯化胆碱;复合氨基酸螯合铁;复合氨基酸螯合铜;复合氨基酸螯合锰;牛磺酸;维生素A醋酸酯;维生素A;维生素B族;烟酸;烟酰胺;维生素H;抗坏血酸;维生素C钙盐;维生素C钠盐;维生素D2;维生素E;维生素K3;叶酸;肌醇;L-苏氨酸;L-酪氨酸;L-组氨酸盐酸盐;谷氨酸;蛋氨酸;L-蛋氨酸;L-苯丙氨酸;L-色氨酸;抗坏血酸棕榈酸酯;L-谷氨酰胺;葡萄糖酸锌;生物钙;葡萄糖酸钾;葡萄糖酸镁;葡萄糖酸锰;葡萄糖酸钙

浙江博泰塑胶有限公司

浙江省海宁市丁桥镇联丁路3号[314413]
电话:(0573)87671222
传真:(0573)87671333 职工人数:80人
固定资产:24,000千元
经济类型:有限责任公司
产值:10,000千元 法人代表:朱金浩
销售收入:90,000千元
E-mail:jiesheng168@126.com
【主要产品】聚氯乙烯压延薄膜

浙江海宁群力化工有限公司

浙江省海宁市经济开发区施带路[314400]
电话:(0573)87093913;13906737788
网址:www.ql-bio.com
E-mail:sales@ql-bio.com
【主要产品】2,2-二甲基环丙烷甲酸;*N*-苯基甘氨酸;羟基乙酸;2-吲哚乙酸;对羟基苯乙酰胺;3-吲哚乙酰胺

浙江海宁市郭店东亚过滤机械厂

浙江省海宁市郭店建设路72号[314412]
电话:(0573)87688515;13906738195
传真:(0573)87682580
法人代表:顾苗良
网址:www.dyfilter.com
E-mail:gml@ccen.net
【主要产品】微孔滤膜;板框式多层过滤器;摺皱式微孔过滤器;袋式过滤器;板框压滤机;储罐

浙江海盐睎迪助剂有限公司

浙江省海盐县沈荡新桥南路20号[313411]
电话:(0573)86725193;86725195
传真:(0573)86725199
网址:www.chinaxidi.com
E-mail:sales@chinaxidi.com
【主要产品】δ-层状结晶二硅酸钠

浙江嘉善德昌粉体材料有限公司

浙江省嘉善县亭桥北路235号[314100]
电话:(0573)84122218;84022033;13506839820
传真:(0573)84122218
网址:www.dechangchem.com
E-mail:gby@hi2000.com;
sales@dechangchem.com
【主要产品】粉状速溶硅酸钠;硅酸钾

浙江嘉兴富安化工有限公司

浙江省嘉兴市吴泾路5号[314021]
电话:(0573)82807429;82807122
传真:(0573)82807122 职工人数:37人
经济类型:与港澳台商合作经营
网址:www.powerproduct.com
E-mail:jiahua@hi2000.com
【主要产品】双酚A型环氧树脂(E39-D型)

浙江科禹龙实业股份有限公司

浙江省嘉兴市经济开发区[314004]
电话:(0573)82203446;82203778
传真:(0573)82214666
经济类型:股份有限公司
网址:www.stlchem.com
E-mail:sales@stlchem.com;
manager@stlchem.com
【主要产品】浆料;PA涂层胶

浙江平湖凯宇化工集团有限公司

浙江省平湖市当湖镇环城西路238号[314200]
电话:(0573)85090614;85090982
传真:(0573)85090377 法人代表:徐治
经济类型:有限责任公司
职工人数:190人
【主要产品】脂肪酸酰胺;橡胶防老剂;工业水处理剂

浙江省海宁海龙化学有限责任公司

浙江省海宁市新海公路周家弄[314421]
电话:(0573)87071799;13506739333
传真:(0573)87071611
供销电话:87072263 法人代表:徐龙观
供销传真:78071611
经济类型:私营企业
网址:www. sdchem. cn
E-mail:xzh@ mail. jxptt. zj. cn
【主要产品】水溶性丙烯酸树脂;溶剂型丙烯酸罩光漆;水溶性丙烯酸浸涂漆;夜光涂料;苯丙乳胶漆;热固性丙烯酸涂料;真石漆;丙烯酸乳胶漆;硅丙外墙乳胶漆;丙烯酸内墙乳胶漆;高渗透封固底漆;氟碳漆;五合一弹性多功能乳胶漆;玻璃涂料;镜背涂料;水性抗碱底漆;消毒剂;环氧树脂固化剂;环氧促进剂 DMP-30;环氧树脂活性增韧剂;混凝土养护剂;有机硅防水剂;有机硅混凝土增强剂

浙江省海宁市云涛化工有限责任公司

浙江省海宁市经济开发区[314400]
电话:(0573)87091468;13806703377
传真:(0573)87293007;87092278
供销电话:13706595353
职工人数:200 人
网址:www. yuntaochem. com
E-mail:yuntao@ hi2000. com
【主要产品】β-苯基丙烯酸;右旋苯甘氨酸;D-(-)-苯甘氨酸邓氏盐

浙江省嘉善县东方有机氟塑料厂

浙江省嘉善县魏塘镇三里桥村工业园区[314100]
电话:(0573)84172536;84172522;13905833808
传真:(0573)84172189
网址:www. dfptfe. com
E-mail:ylz@ dfptfe. com
【主要产品】聚四氟乙烯板材;聚四氟乙烯管材;聚四氟乙烯棒材

浙江省嘉兴市曹庄化工厂

浙江省嘉兴市余新镇[314022]
电话:(0573)83222645;83227591
传真:(0573)82061309
网址:www. jxchc. com
E-mail:webmaster@ jxchc. com
【主要产品】常温氧化铁脱硫剂(T501型)

浙江省嘉兴市巨强化工有限公司

浙江省嘉兴市秀城工业园区十八里化工区[314006]
电话:(0573)83285378;83285528;13606836835
传真:(0573)83285557;82211808
供销电话:83285557;13905738379
网址:www. chinachemnet. com/jqchem
E-mail:jqchem@ hi2000. com
【主要产品】1,2-辛二醇;1,2-戊二醇;1,2-二甲氧基苯;9,10-二羟基十八酸;9,10-二羟基十八酸甲酯;苯甲醚;愈创木酚磺酸钾;愈创木酚;磷化液

浙江双箭橡胶股份有限公司

浙江省桐乡市洲泉镇工业区[314513]
电话:(0573)88531999;88531233;88531385
传真:(0573)88531023;88531566
供销电话:88531568 法人代表:沈耿亮
经济类型:股份有限公司
网址:www. doublearrow. net
E-mail:doublearrow9999@ yahoo. com. cn
【主要产品】橡胶运输带;强力型尼龙运输带;涤纶运输带;钢丝绳橡胶运输带;耐热运输带;耐寒型运输带;耐油运输带;耐酸碱运输带;食品运输带;环型运输带;管状输送带;花纹输送带;挡边运输带;整芯运输带;阻燃钢丝绳芯运输带;织物芯运输带;胶带;胶管

浙江天益食品添加剂有限公司

浙江省桐乡市乌镇镇新浮兰桥路1号[314501]
电话:(0573)88712898;88719898;88712888
传真:(0573)88712378
网址:www. zjty. com. cn
E-mail:zjty@ hi2000. com
【主要产品】葡萄糖酸钠;食用消泡剂;葡萄糖酸铜;葡萄糖酸-δ-内酯;葡萄糖酸亚铁;葡萄糖酸;葡萄糖酸锌;葡萄糖酸钾;葡萄糖酸镁;葡萄糖酸钙;灵芝菌粉

浙江信越精细化工有限公司

浙江省嘉善经济开发区丽正路66号[314100]
电话:(0573)84755071;84755072
传真:(0573)84755070
经济类型:中外合资经营企业
网址:www. zhejiang-shinetsu. com
E-mail:sales@ zhejiang-shinetsu. com
【主要产品】单组分室温硫化硅橡胶;有机硅乳液;氨基改性聚二甲基硅氧烷;有机硅消泡剂

浙江兄弟实业发展公司

浙江省海宁市周王庙工业区[314407]
电话:(0573)87539977
传真:(0573)87533384
供销电话:87533484;87539977
职工人数:996 人
网址:www. brother. com. cn
E-mail:office@ brother. com. cn
【主要产品】烟酸;烟酰胺;维生素 K3;合成鞣剂;皮革加脂剂;复合型加脂剂;金属铬合鞣剂;高吸收铬鞣剂;浸灰助剂

浙江众成包装材料有限公司

浙江省嘉善县经济开发区柳溪路26号[314100]
电话:(0573)84185237
传真:(0573)84184968
供销电话:84183198
网址:www. zjzhongda. com
E-mail:info@ zjzhongda. com
【主要产品】聚烯烃热收缩薄膜

湖州市

安吉豪森药业有限公司

浙江省安吉县灵峰南路振州工业园内[313300]
电话:(0572)5872666;5871668;13235724321
传真:(0572)5871772
网址:www. haosenpharm. com
E-mail:ajhsyy@ 126. com
【主要产品】硫酸亚铁;硫酸铜(药用);硫酸锌(药用);硫酸锰;氯化钾(药用);碳酸钙(药用);氧化锌(药用);氧化镁(药用);丙三醇;十二烷基硫酸钠;硫辛酸;富马酸亚铁;氨基葡萄糖盐酸盐

安吉宁宏日用化工厂

浙江省安吉县地铺镇鲁家[313300]
电话:(0572)5205167;13326167855
传真:(0572)5303089
网址:www. chinachemnet. com/ningrong
E-mail:ningrong@ hi2000. com
【主要产品】硫酸氢钠

长兴明华精细化工有限公司

浙江省长兴县李家巷镇杨家山[313102]
电话:(0572)6060400
传真:(0572)6060402
网址:www. mhfinechem. com
E-mail:sales@ mhfinechem. com
【主要产品】轻质碳酸钙;邻苯二甲酰亚胺钾盐;1-氯甲酰基-3-甲磺酰基-2-咪唑烷酮;1-甲磺酰基-2-咪唑烷酮;1-氯甲酰基-2-咪唑烷酮;氯乙醛缩二甲醇;氯乙醛缩二乙醇;邻苯二甲酰亚胺;亚乙基脲;普通硅酸盐水泥

德清县建洋化工有限公司

浙江省德清县钟管镇工业园区[313220]
电话:(0572)8400289
传真:(0572)8400303
网址:www. jianyangchem. com
E-mail:sales@ jianyangchem. com
【主要产品】活性炭;巯基乙酸异辛酯;维生素 B6

德清县莫干山化工助剂厂

浙江省德清县莫干山经济开发区志远南路 115 号[313204]
电话:(0572)8285558;8285668
传真:(0572)8285078
网址:www.mgs-chemical.com
E-mail:info@mgs-chemical.com
【主要产品】液体钡锌稳定剂;液体钡镉锌复合稳定剂;催发泡稳定剂;皮革消光剂;增光剂;降黏剂

德清县天宝化工厂

浙江省德清县三合乡和睦村[313225]
电话:(0572)8481245;13706824500
传真:(0572)8481242
法人代表:莫宝庆
网址:www.chinachemnet.com/company/0202c.htm
E-mail:pell_ma@hotmail.com;langjing@chemnet.com
【主要产品】氢氧化铬;2-羟基-6-氨基嘌呤;2,5-二氨基-4,6-二氯嘧啶;2-巯基-4,6-二羟基嘧啶;茄尼醇;2-氨基-4,6-二甲基嘧啶;4-氨基-2,6-二甲基嘧啶;4,6-二甲基-2-巯基嘧啶;4,6-二氯嘧啶;2,6-二氨基嘌呤;4,6-二羟基-2-甲基嘧啶;2,4,6-三氨基嘧啶;2,4,5,6-四氨基嘧啶硫酸盐;2,4,5,6-四氨基嘧啶盐酸盐;2-甲基-4,6-二氯-5-氨基嘧啶;磷酸铬;吡啶甲酸铬;甲氨蝶呤;米力农;氨力农

德清县新溪塑化有限公司

浙江省德清县新安镇勾里百富斗工业园区[313212]
电话:(0572)8218118;8218588
传真:(0572)8218300
网址:www.xinxichem.com
E-mail:zyq@xinxichem.com
【主要产品】工业氨水;*S*-(-)-*N*,*N*-二甲基-3-羟基-3-(2-噻吩)丙胺;*S*-(+)-*N*,*N*-二甲基-3-(1-萘氧基)-3-(2-噻吩)丙胺;液氨;度洛西汀盐酸盐;烷基磺酸苯酯;阻燃剂 DOPO;碳铵添加剂;1,2-苯并异噻唑啉-3-酮

德清县中信油脂有限公司

浙江省德清县雷甸镇杨墩村[313219]
电话:(0572)8240328;8240420;8241233
传真:(0572)8240420
网址:www.chinachemnet.com/zhongxin
E-mail:zhongxin@hi2000.com
【主要产品】丙三醇;硬脂酸;脂肪酸;植物油酸;动物油酸

德清新康化工有限公司

浙江省德清县新安镇舍南村[313217]
电话:(0572)8245333;8245222
传真:(0572)8245888　　有进出口权
供销电话:8246168　　职工人数:300 人
经济类型:中外合资经营企业
法人代表:陈荣根
网址:www.xinkangchem.com
E-mail:xinkang@mail.huptt.zj.cn
【主要产品】硫酸锆;碱式硫酸锆;氧氯化锆;碳酸锆;碳酸锆铵;锆氟酸钾;二氧化锆;乙酸锆

湖州长盛化工有限公司

浙江省湖州市长超镇沙浦田[313017]
电话:(0572)3731402;3731426;13905728992
传真:(0572)3731421　　职工人数:100 人
固定资产:30,000 千元
经济类型:私营企业　　法人代表:杨锁成
网址:www.changshengchem.com
E-mail:info@changshengchem.com
【主要产品】硝酸镍(六水);2,3-二溴-1,4-丁烯二醇;顺丁烯二酸;2,2-二羟甲基丙酸;α,β-二溴丁二酸;三氯乙酰胺;乙二胺盐酸盐;乙二胺氢溴酸盐;盐酸二乙胺;二乙胺溴氢酸盐;异丙醇胺氢溴酸盐;环己胺盐酸盐;环己胺氢溴酸盐;乙酰苯肼;二苯胍氢溴酸盐;蒽醌-2,6-二磺酸二钠;蒽醌-2,7-二磺酸二钠;蒽醌-2,6-二磺酸二铵;甲酸钙;乙酰丙酮镍

湖州城区天顺化工厂

浙江省湖州市南门外施家桥[313022]
电话:(0572)3111806;3111915;13706525950
传真:(0572)3111915
网址:www.tianshun-chem.com
E-mail:he_yanqiao@hotmail.com
【主要产品】氯化锌;四氯化锡;二聚环戊二烯;巯基乙酸异辛酯;龙脑;耐油密封胶;自交联印花黏合剂;增稠剂;甲基硫醇锡热稳定剂

湖州东欣化工厂

浙江省湖州市东迁镇[313000]
电话:(0572)3081184;3081505;13905722926
传真:(0572)3081184
网址:www.chinadongxin.com
E-mail:info@chinadongxin.com
【主要产品】硫酸铜;硫酸镍;硝酸镍(六水);氯化镍;离子交换树脂

湖州恩贝希生物原料有限公司

浙江省湖州市长兴县泗安镇玉泉村桃园[313113]
电话:(0572)6084990
供销电话:(021)54831376　　有进出口权
供销传真:(021)54426771
网址:www.sm-nbc.com
E-mail:info@sm-nbc.com
【主要产品】3,5-二叔丁基水杨醛;间氯肉桂酸;对溴肉桂酸;咖啡酸;2,5-二甲氧基肉桂酸;2,3-二甲氧基肉桂酸;2,3,4-三甲氧基肉桂酸;3,4-二氯肉桂酸;间硝基肉桂酸;4-氨基肉桂酸乙酯;对甲基肉桂酸乙酯;1,3-二(4′-氨基苯氧基)苯;香菇菌多糖;云芝多糖;灵芝多糖

湖州核地新材料有限公司

浙江省湖州市杭长桥北路 399 号[313000]
电话:(0572)2871900
固定资产:10,000 千元
供销电话:13587245035
供销传真:2871900　　产值:50,000 千元
职工人数:250 人　　法人代表:王国水
E-mail:wwmcool@sohu.com
【主要产品】活性超细碳酸钙

湖州恒远生物化学技术有限公司

浙江省湖州市经济开发区机电路 326 号[313000]
电话:(0572)2116303;13567283958
传真:(0572)2116303
网址:www.hengshunpharm.com
E-mail:hengyuanpharm@yahoo.com.cn
【主要产品】*N*-甲基邻苯二胺盐酸盐;*N*-(三苯基甲基)-5-(4′-溴甲基联苯-2-基)四氮唑;4,5-二甲基-1,3-二氧杂环戊烯-2-酮;2,4,5,6-四氨基嘧啶硫酸盐;甲磺酸帕珠沙星;普卢利沙星;利拉萘酯;氯诺昔康;米格列奈;盐酸尼莫司汀;羟基脲;米力农;替米沙坦;度洛西汀盐酸盐;阿立哌唑;美司那;甲酰四氢叶酸钙;左旋亚叶酸钙;阿达帕林;富马酸卢帕他定;阿折地平

湖州华达化学工业有限公司

浙江省湖州市长兴县和平镇[313100]
电话:(0572)6970999;6970916
传真:(0572)6970755
供销电话:6970958;6970988
网址:www.huadachemical.com
E-mail:sales@huadachemical.com
【主要产品】己二酸二异辛酯;邻苯二甲酸二辛酯;癸二酸二辛酯;偏苯三酸三辛酯;对苯二甲酸二辛酯;邻苯二甲酸二异壬酯

湖州康润化工有限公司

浙江省湖州市下昂工业区[313019]
电话:(0572)3752768
传真:(0572)3752758
网址:www.kangrunchem.com
E-mail:huat@mail.huptt.zj.cn
【主要产品】亚磷酸;盐酸;二聚环戊二烯;八氯二丙醚;*N*-CBZ-*S*-苯基-L-半胱氨酸;3-甲基二苯醚;盐酸氯苯胍;甲基锡热稳定剂;斯盘 80

湖州明隆超细矿粉有限公司

浙江省湖州市经济开发区杨家埠镇[313005]
电话:(0572)2351767;13706728116
传真:(0572)2350737
供销电话:2351767;13362236188

浙

网址：www. cn-minglong. com
E-mail：minglong@ cn-minglong. com
【主要产品】二氧化硅（高纯超细粉）

湖州森奇活性炭有限公司

浙江省湖州市旧馆镇北港[313012]
电话：(0572)3518606；3518178
传真：(0572)3518178
网址：www. acticarbon-senqi. com
E-mail：sales@ acticarbon-senqi. com
【主要产品】活性炭

湖州市菱湖新望化学有限公司

浙江省湖州市菱湖镇开发区[313018]
电话：(0572)3310703
传真：(0572)3310939
固定资产：10,000 千元
供销电话：3943638
供销传真：3948368
网址：www. xwchemical. com
E-mail：sales@ xwchemical. com
【主要产品】三硅酸镁；硬脂酸；硬脂酸镁（药用）；硫酸镁；三氯蔗糖；硬脂酸钠；硬脂酸钾；硬脂酸钙；硬脂酸锌

湖州市双林圣涛植物油脂厂

浙江省湖州市双林镇黄龙兜[313012]
电话：(0572)3620286；13706721039
传真：(0572)3623568
网址：www. shengtao. com
E-mail：xjlxt@ shengtao. com
【主要产品】二十八醇

湖州天宝日化有限公司

浙江省湖州市南门岘山路 168 号[313000]
电话：(0572)2041010；2042613；13326187111
传真：(0572)2042603 有进出口权
供销电话：2042613；2043505
经济类型：有限责任公司
法人代表：沈小明
网址：www. chinatian-bao. com
E-mail：tianbao-zj@ 163. com
【主要产品】香皂

湖州通宝精细化工有限公司

浙江省湖州市菱湖镇下昂工业区[313019]
电话：(0572)3752149；13706721705
传真：(0572)3752072 职工人数：41 人
经济类型：私营企业 法人代表：沈发根
网址：www. tbchem. com
E-mail：shen4548@ tbchem. com
【主要产品】乙酰丙酮，醋酸酐

湖州万能硅微粉厂

浙江省湖州市杭长桥北路 1155 号[313000]
电话：(0572)2108884；2102450
传真：(0572)2102450
供销电话：2108884；2102450
网址：www. hzwanneng. com
E-mail：info@ mail. hzwanneng. com
【主要产品】硅粉

湖州新奥特医药化工有限公司

浙江省湖州市菱湖镇下昂工业区[313019]
电话：(0572)3755918；3755181；3755896
传真：(0572)3755766
供销电话：3755181；13706538479
网址：www. xatchem. com
E-mail：xat@ xatchem. com；
xat@ xatchem. com
【主要产品】乙酸异丙烯酯；乙酰丙酮；醋酸酐；N-甲基邻苯二胺；他唑巴坦；泛癸利酮；替米沙坦；乙酰丙酮铝；甲基硫醇锡热稳定剂

湖州新飞碟胶粘带有限公司

浙江省湖州市双林镇[313012]
电话：(0572)3978588；3975792
传真：(0572)3975670 职工人数：70 人
供销电话：3974999；3978588
经济类型：有限责任公司
法人代表：高春元
网址：www. cnxfd. com
【主要产品】胶黏带；封口胶带

湖州伊唯尔实业有限公司

浙江省德清县莫干山经济开发区丰庆街 198 号[313204]
电话：(0572)8051288；8051980
传真：(0572)8051798 有进出口权
供销电话：8051890；8051288
经济类型：私营企业 法人代表：潘伟成
网址：www. yiweier. com
E-mail：yiweiershiye@ 163. com
【主要产品】2-乙基已酸

湖州展望药业化学有限公司

浙江省湖州市菱湖镇解放路 1 号[313018]
电话：(0572)3943538；3943554
传真：(0572)3942338
网址：www. chinapharmamaterial. com
E-mail：hshsdzxx@ mail. huptt. zj. cn
【主要产品】硫酸钙（药用）；磷酸氢钙（药用）；二氧化硅；硬脂酸；硬脂酸镁（药用）；甲氨蝶呤；米力农；盐酸艾司洛尔；氨力农；甲酰四氢叶酸钙；依托咪酯；预胶化淀粉；丙烯酸树脂（药用）；羟丙甲纤维素邻苯二甲酸酯；微晶纤维素（药用）；羧甲基纤维素钠（医药级）；羧甲基淀粉钠（医药级）；羟丙基甲基纤维素；羟丙基纤维素；聚乙烯吡咯烷酮；淀粉

湖州中林炭素有限公司

浙江省湖州市双林镇[313000]
电话：(0572)3623780
传真：(0572)2188798 有进出口权
职工人数：85 人
网址：www. zlactivatedcarbon. com
E-mail：sales@ zlactivatedcarbon. com
【主要产品】活性炭

金洲集团有限公司

浙江省湖州市二里桥路 57 号[313000]
电话：(0572)2099999
传真：(0572)2066981 有进出口权
经济类型：股份有限公司
法人代表：俞锦方
网址：www. chinajinzhou. com
E-mail：jzjt@ mail. huptt. zj. cn
【主要产品】燃气用聚乙烯管；给水用聚乙烯管材；钢塑复合管；PP-R 管材管件

升华集团控股有限公司

浙江省湖州市德清县钟管镇青墩村[313220]
电话：(0572)8401888；8401718；8409018
传真：(0572)8401828
供销电话：8402928；8401888
经济类型：股份有限公司
企业规模：大型 法人代表：夏士林
网址：www. shenghuagroup. com
E-mail：gm@ shenghuagroup. com
【主要产品】亚磷酸；氢氧化锆；硫酸锆；硫酸氧锆；硝酸锆；氧氯化锆；氢氧氯化锆；碳酸锆；碳酸锆铵；锆氟酸钾；硅酸锆；二氧化锆；二氧化锆（稳定）；水合氧化锆；乙酸锆；阿维菌素；麦草畏；6-苄氨基嘌呤；阿维·高氯微乳剂；辛·阿乳油；赤霉素 A3（九二○）粉剂；马杜拉霉素；盐霉素；硫酸粘杆菌素；依维菌素；地克珠利；碱性蛋白酶

通宝生物工程有限公司

浙江省德清县城关镇东门[313216]
电话：(0572)8423087
传真：(0572)8423086
网址：www. tongbaobio. com
E-mail：sales@ tongbaobio. com；
tbsw@ tongbaobio. com
【主要产品】L-丙氨酸；L-天门冬氨酸

浙江德清县银苑化工有限公司

浙江省湖州市德清县武康镇光明街南[313200]
电话：(0572)8082816；13706828039
传真：(0572)8082609；8082816
供销电话：8082816；13757217732
网址：www. yinyuanchem. com
E-mail：info@ yinyuanchem. com
【主要产品】溴化钠；碘化银；丁二酰亚胺；N-碘代丁二酰亚胺；N-溴代丁二酰亚胺；N-氯代丁二酰亚胺；1,3-二溴-5,5-二甲基海因

浙江丰虹粘土化工有限公司

浙江省安吉县经济开发区浦源大道[313300]
电话：(0572)5021307；5021306；5021304
传真：(0572)5028640
固定资产：80,000 千元

网址:www.zjfenghong.com
E-mail:fenghong@mail.huptt.zj.cn
【主要产品】活性白土;涂料用膨润土;十八烷基三甲基氯化铵;有机膨润土;SM凝胶

浙江湖州四丰天然蜡精炼厂

浙江省湖州市和孚荻港工业区[313017]
电话:(0572)3771955;13706723311
传真:(0572)3771956
网址:www.chinachemnet.com/sifeng
E-mail:sif@hi2000.com
【主要产品】二十四醇;二十八醇;二十六醇;三十二烷醇;三十烷醇

浙江华彩化工有限公司

浙江省德清县经济开发区工业园区长虹街46号[313204]
电话:(0572)8085505;8080666
传真:(0572)8080778
网址:www.zjhuacai.com
E-mail:zjhc@zjhuacai.com
【主要产品】环氧聚酯混合型粉末涂料;聚酯粉末涂料;环氧型粉末涂料;美术花纹型热固性粉末涂料;聚氨酯粉末涂料;抗菌型粉末涂料;重防腐粉末涂料

浙江省德清县胶辊实业公司

浙江省德清县三桥镇[313205]
电话:(0572)8025064;8025509;8027898
传真:(0572)8027918
经济类型:股份合作　法人代表:裘忠业
网址:www.zyjiaogun.com
E-mail:info@zrjiaogun.com
【主要产品】胶辊;聚氨酯胶辊;硅橡胶辊;运输胶辊

浙江省湖州沙龙化工有限公司

浙江省湖州市和孚镇长超化工开发区[313017]
电话:(0572)3731398;3731183;13705724980
传真:(0572)3731183
经济类型:私营企业　法人代表:孙敏儿
网址:www.cnshalong.com
E-mail:info@cnshalong.cn
【主要产品】亚磷酸;羟基乙酸;乙酰氯;丙酰氯;3-环戊基丙酰氯;丁酰氯;乙酰氧基乙酰氯;月桂酰氯;正癸酰氯;十一烷酰氯;十四烷酰氯;十六碳酰氯;3-苯丙酰氯;正己酰氯;异丁酰氯;正戊酰氯;正庚酰氯;辛酰氯

浙江世佳科技有限公司

浙江省德清县新市镇工业园区[313201]
电话:(0572)8668522;8440001
传真:(0572)8085599;8442020
网址:www.segaagro.com
E-mail:sega@segaagro.com
【主要产品】硫黄;十三烷基-2,6-二甲基吗啉;阿维菌素;甲氨基阿维菌素苯甲酸盐;吡虫啉;啶虫脒;乙膦铝;丙环唑;戊菌唑;粉唑醇;噁醚唑;甲霜灵;百草枯;双草醚;氯芬欣;烷基糖苷

浙江五龙化工股份有限公司

浙江省德清县新市镇东五龙桥[313201]
电话:(0572)8444079
传真:(0572)8444502
经济类型:股份有限公司
网址:www.chinawulong.com
E-mail:info@chinawulong.com
【主要产品】扩散剂MF;高效减水剂;低氯低碱减水剂;混凝土添加剂

浙江星丰科技有限公司

浙江省德清县武康镇中兴北路668号[313200]
电话:(0572)8084882;8084777
传真:(0572)8083626;8084777
网址:www.xingfengtech.com
E-mail:info@xingfengtech.com
【主要产品】磷化表面调整剂;无磷脱脂剂;酸雾抑制缓蚀剂

浙江浙北药业有限公司

浙江省德清市新市果山路66号[313201]
电话:(0572)8435687;13957268180
传真:(0572)2994036　职工人数:400人
网址:www.zhebeipharma.com
E-mail:sales@zhebeipharma.com
【主要产品】阿昔洛韦钠;咪唑;酵母抽提物;盐酸万古霉素;司他夫定;阿昔洛韦;更昔洛韦;泛昔洛韦;黄体酮;西力士;阿卡波糖;格列齐特;替米沙坦;甲基多巴;卡维地洛;美乐托宁;加巴喷丁;速尿;螺内酯

浙江中维药业有限公司

浙江省湖州市经济技术开发区紫荆路366号[313000]
电话:(0572)2679988;2615858
传真:(0572)2679900
供销电话:2228920;2679977
网址:www.joinwaypharm.com
E-mail:zwyy@joinwaypharm.com
【主要产品】硫酸钙(药用);二氧化硅;乙酰丙酮;硬脂酸镁(药用);预胶化淀粉;丙烯酸树脂(药用);甲基纤维素(药用);乙基纤维素(药用);微晶纤维素(药用);羧甲基淀粉钠(医药级);薄膜包衣剂;羟丙基甲基纤维素;甲基纤维素;羟丙基纤维素;水溶性淀粉

中外合资升华集团湖州升宝涂料有限公司

浙江省湖州市钟管工业区[313220]
电话:(0572)8260399;8260398;8260099
传真:(0572)8260089
供销电话:8260399;8260398
网址:www.sen-bao.com
E-mail:info@sen-bao.com
【主要产品】腻子;金属漆;木器漆;真石漆;丙烯酸内墙乳胶漆;丙烯酸外墙乳胶漆;罩光漆;封墙底漆

绍兴市

杭州优泰克农化有限公司

浙江省上虞市百官镇文化小区[312300]
电话:(0575)82202186
传真:(0575)82202186
网址:www.unitech-chem.com
E-mail:shengsq@unitech-chem.com
【主要产品】2,4-二甲基苯胺;2,6-二甲基苯胺;噻螨酮;双硫磷;杀螟威;双甲脒;唑螨酯;环嗪酮;丙环唑;戊唑醇;己唑醇;粉唑醇;噁醚唑;甲霜灵;乙氧氟草醚;氟磺胺草醚;三氟羧草醚;乳氟禾草灵;乙羧氟草醚;灭草烟

上虞催化剂有限责任公司

浙江省上虞市经济开发区[312300]
电话:(0575)82152102;82159366
传真:(0575)82151101
供销传真:82018419
经济类型:有限责任公司
网址:www.sy-chj.com
E-mail:web@sy-chj.com
【主要产品】左旋氨基二醇;β-萘甲醚;DL-萘普生;氨合成催化剂;A301型低温低压氨合成催化剂;氨合成催化剂A110

上虞弘强彩色涤纶有限公司

浙江省上虞市曹娥工业园区A-11[312352]
电话:(0575)82152708;82151781;82152938
传真:(0575)82153575
网址:www.hqcd.cn;www.honjoy.com
E-mail:honjoy@honjoy.com
【主要产品】涤纶短纤维

上虞市东海化工有限公司

浙江省上虞市杭州湾精细化工园区[312369]
电话:(0575)82736362;82736270;82731966
传真:(0575)82737368;82736270
供销电话:82736718　有进出口权
经济类型:股份有限公司
法人代表:陈阿胖
网址:www.donghaifinechem.com
E-mail:donghai@donghaifinechem.com
【主要产品】耐晒玫瑰色原;耐晒青莲色淀;耐晒湖蓝色淀;耐晒孔雀蓝色淀;耐晒品蓝色淀;耐晒翠绿色淀;酞菁蓝BGS;酞菁蓝BS;酞菁蓝B;酞菁绿G;汉沙黄G;汉沙黄10G;永固黄G;永固黄GG;联苯胺黄HR;联苯胺黄G;透明联苯胺黄G;永固橘黄G;联苯胺黄GR;耐晒艳红BBC;耐晒大红BBN;耐晒大红BBS;3117耐晒亮红N;耐晒深

浙

红 BBM；橡胶大红 LG；大红粉；金光红；金光红 C；颜料艳红 6B；立索尔大红 R；立索尔宝红 BK；甲苯胺红

上虞市光明化工厂

浙江省上虞市精细化工园区西纬一路[312352]
电话：(0575)82729777；82728745
传真：(0575)82729798；82729799
网址：www.ds-dyestuff.com
E-mail：sygmcf@mail.sxptt.zj.cn
【主要产品】酸性染料；中性染料；皮革染料

上虞市国泰化工有限公司

浙江省上虞市道墟镇沽渚化工区[312368]
电话：(0575)82042728
传真：(0575)82042528　职工人数：40 人
法人代表：阮国炎
网址：www.guotai-chem.com
E-mail：rgy@guotai-chem.com
【主要产品】3-硝基苯磺酸钠；柔软剂 ES；柔软剂 EST；柔软剂 PEN；氨基硅油；高温匀染剂 BOF；匀染剂 DC；十二烷基二甲基苄基氯化铵；交链剂 EH；分散剂 IW；分散剂 WA；亚甲基双萘磺酸钠；固色剂 Y；无甲醛固色剂；荧光增白剂 CXT；荧光增白剂 VBL；耐酸增白剂 VBA；拉开粉 BX；渗透剂 JFC；快速渗透剂 T；纺纱润滑剂；皂洗剂；乳化剂 A105；乳化剂 FM；乳化剂 OP；乳化剂 OP-10；乳化剂 OS；斯盘 80；净洗剂 6501

上虞市海申化工有限公司

浙江省上虞市沥海镇北门外[312366]
电话：(0575)82771584；82778588；13505859890
传真：(0575)82771119
网址：www.haishenchem.com
E-mail：haishen8588@yahoo.com.cn
【主要产品】羟乙基纤维素；羟丙基甲基纤维素；甲基纤维素

上虞市华康化工有限公司

浙江省上虞市杭州湾精细化工园区[312369]
电话：(0575)82738031；82731598
传真：(0575)82738030
网址：www.hkchemical.com
E-mail：sales@hkchemical.com
【主要产品】5-甲氧基吲哚；4-苄氧基吲哚；4-羟基吲哚；5-甲氧基吲哚-3-甲醛；DL-色氨酸；*N*-乙酰-DL-色氨酸；吲哚啉-2-羧酸；2,2-二甲基环丙甲酰胺；2-氰基-4′-甲基联苯；(*S*)-(－)-1,2,3,4-四氢异喹啉-3-羧酸；布洛芬；酮基布洛芬；瑞巴匹特；马来酸替加罗德

上虞市佳华高分子材料有限公司

浙江省上虞市小越镇冯山村（边盖线冯山段）[312367]
电话：(0575)82070586；82070580；13505854849
传真：(0575)82070587
网址：www.javachem.com
E-mail：lq@javachem.com
【主要产品】抗静电母粒；工程塑料；抗静电剂 TM；塑料抗菌剂；抗静电剂 AT；抗静电剂 ASA；抗静电剂 AC；抗静电剂 AN；抗静电剂 AV；抗静电剂 AVC；玻璃纤维浸润剂；聚烯烃成核透明剂

上虞市康特化工有限公司

浙江省上虞市道墟镇龙盛桥[312365]
电话：(0575)82041875；82041028；28041582
传真：(0575)82041028
职工人数：380 人
网址：www.zhedongchem.com
E-mail：zhedong@hi2000.com；gjl@zhedongchem.com
【主要产品】三聚磷酸钠；六偏磷酸钠；十二烷基硫酸钠；3-硝基苯磺酸钠；纯丙乳液；甲基硅油；柔软剂 HC；柔软剂；滑爽整理剂；氨基改性聚二甲基硅氧烷；高温匀染剂 BOF；匀染剂 O；脂肪醇聚氧乙烯醚(N＝9)；平平加 O-15；十二烷基二甲基苄基氯化铵；高温匀染剂 P-10；匀染剂 OS-15；高温匀染剂 802；亲水型有机硅织物整理剂；抗静电剂 SN；分散剂 IW；分散剂 WA；修补剂；扩散剂 MF；亚甲基双萘磺酸钠；固色剂 Y；无甲醛固色剂；荧光增白剂 DT；荧光增白剂 VBL；拉开粉 BX；渗透剂 JFC；耐碱渗透剂；双氧水漂白稳定剂；洗涤剂 209；无泡皂洗剂；螯合分散剂；吸湿排汗整理剂；消泡剂；羟丙基甲基纤维素；净洗剂 LS；十二烷基苯磺酸钠；乳化剂 OP；乳化剂 OP-10；净洗剂 105；净洗剂 6501；净洗剂 6502；羧甲基纤维素钠；耐强碱性消泡剂；甲基纤维素；膨化剂 P

上虞市莱特佳化工有限公司

浙江省上虞市杭州湾精细化工园区纬五路[312369]
电话：(0575)82735588；82735568；13967537586
传真：(0575)82733399
供销电话：82205568；82205578
供销传真：82205598　职工人数：200 人
网址：www.laitejia.com
E-mail：laitejia@chemnet.com；ltj@laitejia.com
【主要产品】维生素 B6

上虞市临江化工有限公司

浙江省上虞市杭州湾精细化工园区经十一路纬三路[312369]
电话：(0575)82739410；13906591213
传真：(0575)82739410　职工人数：45 人
法人代表：易克炎
网址：www.linjiangchem.com.cn
【主要产品】醋酸甲酯；3-氯-4-氟苯胺；PVC 加工改性剂 AC*R*-401

上虞市南华化工厂

浙江省上虞市五星中路 88 号[312300]
电话：(0575)82120261；82607227；82138306
传真：(0575)82120211
网址：www.nanhuachem.com
E-mail：nhc@nanhuachem.com
【主要产品】酸性嫩黄 G；酸性嫩黄 2G；酸性大红 RS；酸性红 A；酸性红 2B；酸性玫瑰红 B；弱酸性绿 GS；弱酸红 GN；弱酸艳蓝 RAW；弱酸性艳蓝 P-RL；酸性媒介黑 T；弱酸性紫 *N*-FBL；中性灰 2BL；中性黑 BL；皮革黑 G

上虞市强盛化工有限公司

浙江省上虞市沥海镇友谊闸[312366]
电话：(0575)82778118；82885852；82779283
传真：(0575)82778228
网址：www.syqschem.com
E-mail：sales@syqschem.com
【主要产品】硅酸钠；硅酸钠（液体）；硅酸钾；硅酸钾钠；硅酸锂；偏硅酸钠；偏硅酸钠（五水）

上虞市斯莫有机化学研究所

浙江省上虞市文锦路 266 号东三层[312300]
电话：(0575)82122428；82122438
传真：(0575)82120612　职工人数：20 人
经济类型：私营企业　产值：3,000 千元
法人代表：杨锌荣
网址：www.simochem-ac.com
E-mail：simo@simochem-ac.com
【主要产品】氨基硅油柔软剂；反应性染料匀料剂；酸性染料染色用固色剂；无甲醛固色剂；无泡皂洗剂；水处理设备

上虞市卧龙化工有限公司

浙江省上虞市曹娥经济开发区[312300]
电话：(0575)82214719
传真：(0575)82213736
固定资产：12,000 千元
经济类型：私营企业　法人代表：陈菊铭
网址：www.wolongcn.com
E-mail：wolongchem@wolongcn.com
【主要产品】肌氨酸甲酯盐酸盐；4,4′-二氟二苯甲酮；4-硝基-3-三氟甲基苯胺；3,4-二氯苯胺；4-(3,4-二氯苯基)-1-四氢萘酮；*N*-苄基甘氨酸乙酯；2-氯-3-氨基-4-甲基吡啶；3,4-二氯硝基苯；敌稗；不饱和聚酯树脂；肌酸乙酯盐酸盐；肌酸乙酯；氯索龙；磷酸肌酸二钠盐

上虞颜料厂

浙江省上虞市曹娥铁路北首[312300]
电话:(0575)82014911;82015760
传真:(0575)82014911
法人代表:朱海根
【主要产品】氯乙烷;活性艳蓝 KN-R

上虞亿得化工有限公司

浙江省上虞市精细化工园区[312366]
电话:(0575)82736060;82736565
传真:(0575)82736969　有进出口权
供销电话:82736969　职工人数:180人
经济类型:有限责任公司
法人代表:蒋志平
网址:www. yidechem. com
E-mail:sales@ yidechem. com
【主要产品】1-氨基-8-萘酚-4,6-二磺酸;醋酸钠;间氨基苯脒盐酸盐;2,8-二羟基萘-6-磺酸钠;2-氨基-4-磺酸基苯甲酸;苝四甲酸二酐;2-氨基-8-萘酚-6-磺酸;8-羟基-2-(*N*-苯基)萘胺-5-磺酸;甲基 γ 酸;1,8-萘酐;2-萘酚-6-磺酸钾;2-萘酚-3,6-二磺酸二钠;2-萘酚-6,8-二磺酸二钾;2-萘酚-6-磺酸钠;2-萘胺-6-磺酸;4,6-二氨基苯-1,3-二磺酸;2-氨基-4-硝基苯酚-6-磺酸;活性嫩黄 K-6G;活性黄 K-RN;活性艳橙 K-GN;反应艳红 K-4BC;活性紫 K-3R;活性深蓝 K-R;活性艳蓝 K-GR;活性翠蓝 K-GL;反应橙 K-2RL;活性黑 K-BR

绍兴贝斯美化工有限公司

浙江省上虞市杭州湾精细化工园区经十一路[312369]
电话:(0575)82738301;82738302;82738303
传真:(0575)82738300
网址:www. bsmchem. com
E-mail:info@ bsmchem. com
【主要产品】2,5-二甲基苯胺;4-氟苯胺;3-硝基邻二甲苯;4-硝基邻二甲苯;2,6-二甲基硝基苯;2-氟苯胺;对三氟甲基苯胺;对溴三氟甲苯;2,5-二甲基硝基苯;2,4-二甲基硝基苯;2,3-二甲基苯胺;3,4-二甲基苯胺;2,6-二甲基苯胺;邻氨基三氟甲苯;蛋氨酸

绍兴海成化工有限公司

浙江省绍兴县滨海工业区思进路[312073]
电话:(0575)85622078;85622079
传真:(0575)85621355
网址:www. haichengchemical. com
E-mail:haichem@ mail. hz. zj. cn
【主要产品】2,3-二氨基-6-甲氧基吡啶盐酸盐;2-巯基-5-甲氧基咪唑[4,5-n]吡啶;*N*,*N*-二(2-羟乙基)对苯二胺硫酸盐;3-甲氨基-4-羟基苯胺盐酸盐

绍兴市海燕聚氨酯有限公司

浙江省绍兴市生态产业园漫池南[312001]
电话:(0575)88623999;13905757671
传真:(0575)88620833
网址:www. sxhaiyan. com
E-mail:haiyan@ sxhaiyan. com
【主要产品】聚醚多元醇(硬质板块发泡);组合聚醚;聚氨酯硬质泡沫塑料;复合 EPS 板胶黏剂

绍兴市恒丰聚氨酯实业有限公司

浙江省绍兴市东浦镇工业园区镜水路1035号[312069]
电话:(0575)85192222;85382199;85199818
传真:(0575)85199777
经济类型:有限责任公司
职工人数:150人　法人代表:山柏芳
网址:www. zjsxhengfeng. com
E-mail:sxhfpu@ mail. sxptt. zj. cn
【主要产品】聚醚多元醇;聚合物多元醇;聚酯多元醇;组合聚醚

绍兴市南方化工有限公司

浙江省嵊州市罗柱岙工业区[312400]
电话:(0575)83102159;83183927
传真:(0575)83187126
网址:www. southernchemical. com. cn
E-mail:tn_wang@ mail. hz. zj. cn
【主要产品】强力杀菌防腐剂;工业防霉剂

绍兴市银迪钼业有限公司

浙江省绍兴市鉴湖工业区[311200]
电话:(0575)88057383;88057382;13957555798
传真:(0575)88057383
职工人数:138人
网址:www. yd-molybdenum. com;www. mingmuchem. com
E-mail:sales@ yd-molybdenum. com
【主要产品】钼酸钠;四钼酸铵;七钼酸铵

绍兴市应用化学研究所

浙江省上虞市道墟化工区[312368]
电话:(0575)82040188;82047888
传真:(0575)82041998
网址:www. applychem. com
E-mail:app@ mail. sxptt. zj. cn
【主要产品】3-硝基苯磺酸钠;六羟甲基三聚氰胺树脂;洗涤剂(工业);柔软剂;匀染剂;2D 树脂;分散剂;固色剂;增白剂;渗透剂;增稠剂;消泡剂

绍兴县光耀化工助剂厂

浙江省绍兴县福全镇帽山村[312046]
电话:(0575)84024623;13357573292
传真:(0575)84024623
供销电话:88659023
网址:www. guangyao-hg. com
E-mail:web@ guangyao-hg. com
【主要产品】烧碱(固体);六偏磷酸钠;磷酸三钠;磷酸氢二钠;2,5-噻吩二羧酸;丙三醇;3-硝基苯磺酸钠;黏合剂;土耳其红油;柔软剂;匀染剂 O;十二烷基二甲基苄基氯化铵;高温匀染剂;2D 树脂;抗静电剂;分散剂 WA;扩散剂 MF;亚甲基双萘磺酸钠;聚丙烯酰胺;固色剂 Y;无甲醛固色剂;荧光增白剂;拉开粉 BX;工业快速渗透剂;消泡平滑剂;增稠剂;高温消泡剂;双氧水漂白稳定剂;精炼剂;硬挺剂;十二烷基苯磺酸钠;乳化剂 OP-10;膨化剂 P

绍兴县海天助剂制造有限公司

浙江省绍兴县陶堰镇工业园区[312036]
电话:(0575)88736018;88736668
传真:(0575)88731780　职工人数:80人
固定资产:15,000千元
网址:www. sxhtzj. com
E-mail:sales@ sxhtzj. com
【主要产品】柔软剂 EST;柔软剂 SG;氨基硅油柔软剂;高温匀染剂 BOF;匀染剂 O;脂肪醇聚氧乙烯醚(N=3);脂肪醇聚氧乙烯醚(N=9);平平加 O-15;高温匀染剂 P-10;交链剂 EH;分散剂 IW;扩散剂 MF;亚甲基双萘磺酸钠;固色剂 M;固色剂 Y;无甲醛固色剂;拉开粉 BX;渗透剂 JFC;快速渗透剂 T;耐碱渗透剂;双氧水漂白稳定剂;煮炼剂;精炼剂;螯合分散剂;去油剂;吸湿排汗整理剂;净洗剂 LS;十二烷基苯磺酸钠;乳化剂 OP-4;乳化剂 OP-7;乳化剂 OP-10;净洗剂 105;净洗剂 6501;净洗剂 209;皮革脱脂剂

绍兴县南方石化有限公司

浙江省绍兴市钱清[312025]
电话:(0575)84056346;84058461
传真:(0575)84058461;84518112
固定资产:12,000千元
网址:www. nxhg. com
E-mail:nxhg@ mail. sxptt. zj. cn
【主要产品】白油;化妆白油;抗静电油剂;锦纶油剂;导热油;抗飞溅油剂

嵊州市油脂化工制品厂

浙江省嵊州市黄泽镇大桥路88号[312455]
电话:(0575)83051069;83501955;13706852956
传真:(0575)83051164;83501955
供销电话:83501955;13306853758
职工人数:100人
网址:www. shengzhouchem. com
E-mail:sales@ shengzhouchem. com
【主要产品】L-氨基丙醇;DL-氨基丙醇;谷维素;牙周宁

浙江埃克盛化工有限公司

浙江省上虞市杭州湾精细化工园区[312369]
电话:(0575)82739711;82739282
传真:(0575)82739282
网址:www. artsenchem. com

E-mail:artsen@artsenchem.com
【主要产品】异丁烷;1,1-二氟乙烷;1-氟-1,1-二氯乙烷;二氟甲烷;三氟乙烷;氟利昂-142;氟利昂-22;1-氯-1,2,2,2-四氟乙烷;1,1,1,2-四氟乙烷;五氟乙烷

浙江昂利康制药有限公司

浙江省嵊州市嵊州大道北100号[312400]
电话:(0575)83110299;83112188
传真:(0575)83110299
供销电话:83100181;83108588
网址:www.alkpharm.com
E-mail:office@alkpharm.com;
sales@alkpharm.com
【主要产品】头孢氨苄;头孢拉定;甲苯磺酸舒他西林;多索茶碱;谷维素;牙周宁;碘海醇

浙

浙江白云伟业化工股份有限公司

浙江省新昌县城关镇上礼泉[312500]
电话:(0575)86230311;86238620;86238718
传真:(0575)86228937
职工人数:500人
网址:www.bychemical.com;
www.bychemgroup.com
E-mail:sales@bychemgroup.com
【主要产品】2,4,5-三氟苯甲酸;3-甲氧基-2,4,5-三氟苯甲酸;2,3,4,5-四氟苯甲酸;2,4-二氯-5-氟苯甲酸;3,4,5,6-四氟邻苯二甲酸;原甲酸三乙酯;原甲酸三甲酯;2,4-二氯-5-氟苯乙酮;2,4,5-三氟苯腈;*N*-甲基-3-苯基-3-羟基丙胺;*N*-甲基哌嗪;2,3,4,5-四氟苯甲酰氯;2,4-二氯苯乙酮;顺式-2,6-二甲基哌嗪;偶氮二甲酸二异丙酯;氟西汀

浙江保圣配料有限公司

浙江省上虞市杭州湾精细化工园区[312369]
电话:(0575)82737111;82728100
传真:(0575)82737711;82739911
网址:www.zjbossen.com
E-mail:sales@zjbossen.com
【主要产品】山梨酸;山梨酸钾

浙江丰利粉碎设备有限公司

浙江省嵊州市城关罗柱岙工业区[312400]
电话:(0575)83105888;83185888;83100888
传真:(0575)83105888;83185888
供销电话:83183618 法人代表:余绍火
供销传真:83180066
网址:www.zjfengli.com;
www.fengli.biz
E-mail:fengli@mail.sxptt.zj.cn
【主要产品】脉冲袋式除尘器;螺旋式混合机;双螺旋锥形混合机;LDH型高效犁刀式混合机;无重力粒子混合机;多功能强力粉碎干燥机;冲击式破碎机;对滚式粗碎机;涡轮粉碎机;微粉碎机;气流涡旋微粉机;无筛卧式粉碎机;无筛立式粉碎机;强力切碎机;低温粉碎机;齿式细碎机;塑料粉碎机;纤维粉碎机;涡流磨;旋风磨;泵式液体粉碎机;振动筛;涡轮式分级机

浙江广科化工有限公司

浙江省绍兴市袍江工业区北二路[312071]
电话:(0575)88131100;88030800-8212
传真:(0575)88032510
网址:www.guangkechem.com
E-mail:info@guangkechem.com
【主要产品】*N*-甲基吡咯烷;索法酮;头孢吡肟盐酸盐;克拉红霉素;红霉素肟;罗红霉素;醋氯芬酸

浙江华联三鑫石化有限公司

浙江省绍兴市滨海工业区兴滨路[312000]
电话:(0575)85627800;85622999
传真:(0575)85627500
供销电话:85622366;85627977
供销传真:85626707
网址:www.sunshine-pec.com
E-mail:sunshine@sunshine-pec.com
【主要产品】1,4-苯二甲酸;聚酯切片

浙江华纳药业有限公司

浙江省绍兴县滨海工业区兴滨路北五路口[325000]
电话:(0575)85623111;85620999;88701333
传真:(0575)85620255
经济类型:外商独资
网址:www.wanapharm.com;
www.chemfrom.com
E-mail:sales@chemfrom.com
【主要产品】2-(二苯甲硫基)乙酸;2-氨基-4-氟苯乙酸;4-硝基-L-苯丙氨酸;1-羟乙氧基乙基哌嗪;反式对氨基环己甲酸;反式对氰基环己甲酸;(*R*)-4-苯基-2-噁唑烷酮;(*R*)-4-苄基-2-噁唑烷酮;羟丙哌嗪;奈维拉平;佐米曲坦;雷诺嗪;哌唑嗪;吲达帕胺;特拉唑嗪;多沙唑嗪;莫索尼定;乌拉地尔;阿夫唑嗪;桂哌齐特;吡嘧司特钾;脑脉宁;萘哌地尔;奥沙拉明;左羟丙哌嗪;依普拉酮;盐酸曲唑酮;非哌西特;莫达非尼;阿立哌唑;西沙必利;氨甲环酸;盐酸羟嗪;盐酸去氯羟嗪;西替利嗪;托烷司琼;阿屈非尼;哌非尼酮;多库酯钠

浙江皇马化工集团有限公司

浙江省上虞市章镇工业区[312363]
电话:(0575)82097088;82096121
传真:(0575)82096153;82091301
固定资产:125,610千元 有进出口权
供销电话:82097661;82096946
经济类型:有限责任公司
产值:283,276千元 职工人数:416人
销售收入:269,983千元
法人代表:王伟松
网址:www.huangma.com
E-mail:syhuma@mail.sxptt.zj.cn
【主要产品】聚乙二醇单甲醚;乙二醇单丙醚;季戊四醇油酸酯;季戊四醇四辛酸酯;硬脂酸聚氧乙烯酯;辛酸异辛酯;三羟甲基丙烷椰子油酸酯;三羟甲基丙烷三油酸酯;C_{12}-C_{14}醇油酸酯;聚醚多元醇;聚合物多元醇;聚醚多元醇GEP-330N;三羟甲基丙烷聚醚;烯丙醇聚醚F-6;甲基封端辛醇无规聚醚;甘油聚醚;聚醚系列;聚丙二醇;聚乙二醇;聚乙二醇(400)月桂酸酯;脂肪胺聚氧乙烯醚;柔软剂SG;油酸聚氧乙烯酯;匀染剂AN;椰油酸聚氧乙烯酯;甘油聚氧乙烯醚;抗静电剂;渗透剂JFC;低泡精炼剂;己二酸二异辛酯;癸二酸二异辛酯;硬脂酸辛酯;化纤油剂;异辛醇聚氧乙烯醚磷酸酯;苯乙烯基苯酚聚氧乙烯醚磺酸盐;平平加;乳化剂EL;乳化剂OS;甘油聚氧乙烯醚油酸酯;壬基酚聚氧乙烯醚;斯盘系列;吐温系列;聚氧乙烯月桂酸酯;聚乙二醇264油酸酯;油酸聚乙二醇单酯;油酸聚乙二醇双酯;异辛醇磷酸双酯;异构十三醇聚氧乙烯醚;异辛醇聚氧乙烯醚;脂肪醇聚氧乙烯聚氧丙烯醚;丁醇聚氧乙烯聚氧丙烯醚;十二烷基氧化叔胺;农药乳化剂600号;农药乳化剂1600号;农药乳化剂700号;农药乳化剂400号

浙江汇德隆化工有限公司

浙江省杭州湾上虞新区汇德隆化工园区[312369]
电话:(0575)2739999;2732222
传真:(0575)2731111
网址:www.hdlchem.com
E-mail:sale@hdlchem.com
【主要产品】亚硫酸钠;连二亚硫酸钠;焦亚硫酸钠;二氧化硫(液)

浙江嘉成化工有限公司

浙江省杭州市精细化工园区纬七路[310026]
电话:(0575)82739889;82739803
传真:(0575)82739118
供销传真:82739781
经济类型:与港澳台商合资经营
网址:www.jacheng.com
E-mail:zjjchg@sina.com
【主要产品】硫酸;烧碱;连二亚硫酸钠;焦亚硫酸钠;二氧化硫;过氧化氢;甲酸钠

浙江嘉利珂钴镍材料有限公司

浙江省上虞市杭州湾精细化工园区[312369]
电话:(0575)82729688;82729699
传真:(0575)82729666
网址:www.galico.com.cn;
www.galico.cn
E-mail:sales@galico.com.cn
【主要产品】氢氧化钴;硫酸钴;氯化钴;

碳酸钴；氧化钴；氧化镍；氧化铜；钴；草酸钴；癸酸钴

浙江金立源药业有限公司

浙江省上虞市杭州湾工业园区[312369]
电话:(0575)82738388;13967532999
传真:(0575)82738399
供销电话:82737898;82738388
职工人数:560 人
网址:www. kinglyuan. com
E-mail:kinglyuan@ kinglyuan. com
【主要产品】4′-溴甲基-2-氰基联苯；α-羟基苯丁酸；4′-甲基联苯-2-羧酸；1-氯乙基环己基碳酸酯；4′-溴甲基联苯-2-羧酸甲酯；R-2-羟基-4-苯基丁酸乙酯；N-甲基邻苯二胺盐酸盐；2-正丙基-4-甲基-6-(1′-甲基苯并咪唑-2-基)苯并咪唑；7-甲基-2-丙基-(1H)-苯并咪唑-5-羧酸；4-氟-α-(2-甲基-1-氧丙基)-γ-氧代-N,β-二苯基苯丁酰胺；(S)-3-氨基-2,3,4,5-四氢-2-氧-1H-1-苯并氮杂卓-1-乙酸叔丁酯；三苯甲基奥美沙坦酯；顺-1,3-二苄基咪唑-2-酮-4,5-二羧酸；1-环己基-5-(4-氯丁基)四氮唑；N-(三苯基甲基)-5-(4′-溴甲基联苯-2-基)四氮唑；6-羟基-3,4-二氢-2-喹啉酮；L-缬氨酸甲酯盐酸盐；红霉素肟；罗红霉素；替米沙坦；缬沙坦；伊贝沙坦；坎地沙坦酯；奥美沙坦酯；贝那普利盐酸盐；西洛他唑；维生素 E 烟酸酯；阿托伐他汀钙；依普利酮；恩替卡韦；钯炭催化剂

浙江三力士橡胶股份有限公司

浙江省绍兴县柯岩街道[312031]
电话:(0575)84365688;84361766
传真:(0575)84365246　有进出口权
供销电话:84369628　法人代表:吴培生
供销传真:84363282
经济类型:私营企业
网址:www. v-belt. com
E-mail:sanlux@ mail. sxptt. zj. cn
【主要产品】汽车同步带；变速带；橡胶三角带；切割式 V 带；汽车三角带；多楔带；胶管

浙江上虞绍风化工有限公司

浙江省上虞市上浦经济开发区(104国道旁)[312375]
电话:(0575)82365618;13819577992
传真:(0575)82361088
经济类型:中外合资经营企业
职工人数:100 人
网址:www. zjsysf. com
E-mail:webmaster@ zjsysf. com
【主要产品】过氧化叔丁醇；硫化剂双 25；过氧化苯甲酰；过氧化苯甲酸特丁酯；过氧化新癸酸特丁酯；引发剂 PV；引发剂 A；引发剂 OT；过氧化异壬酸叔丁酯；过氧化 2-乙基己酸特戊基酯；过氧化马来酸单叔丁酯

浙江上虞市珊瑚化工厂

浙江省上虞市道墟经济开发区[312368]
电话:(0575)82042333;82042864
传真:(0575)82044848
网址:www. shanhu-chem. com
E-mail:shanhu@ shanhu-chem. com
【主要产品】3-硝基苯磺酸钠；羟基硅油；硫化黑；分散染料；土耳其红油；起毛柔软剂；柔软剂；氨基硅油柔软剂；高温匀染剂 BOF；匀染剂 O；十二烷基二甲基苄基氯化铵；匀染剂 OS-15；高温匀染剂 802；交链剂 EH；抗静电剂 SN；分散剂 IW；分散剂 WA；扩散剂 MF；亚甲基双萘磺酸钠；固色剂 Y；无甲醛固色剂；荧光增白剂；拉开粉 BX；渗透剂 JFC；工业快速渗透剂；耐碱渗透剂；高温消泡剂；双氧水漂白稳定剂；平滑剂；洗涤剂 209；精炼剂；螯合分散剂；消泡剂；乳化剂 OP；净洗剂 6501；膨化剂 P

浙江绍兴万利发橡塑有限公司

浙江省绍兴市杨汛桥镇江桥工业区[312028]
电话:(0575)84508228
传真:(0575)84508548
产值:28,000 千元
E-mail:wanlifa@ wanlifa. com
【主要产品】聚乙烯泡沫塑料

浙江省华宝集团(舜宝颜料)化工有限公司

浙江省上虞市经济开发区五星路 88 号[312300]
电话:(0575)82137096;13305859228
传真:(0575)2120846
网址:www. shunbaopigment. com
E-mail:wdb@ shunbaopigment. com
【主要产品】酞菁蓝 BGS；酞菁蓝 BS；酞菁绿 G；汉沙黄 G；耐晒黄 GR；耐晒黄 3G；汉沙黄 10G；耐晒黄 GG；永固黄 RN；联苯胺黄 G；永固红 F5RK；耐晒深红 BBM；大红粉；永固红 F4R；立索尔大红 R；立索尔宝红 8B；甲苯胺红；坚固玫瑰红

浙江省上虞市杜浦化工厂

浙江省上虞市道墟镇[312368]
电话:(0575)82040292;82043678;82045678
传真:(0575)82043678
网址:www. dupuchem. com
E-mail:dupuchem@ nihao. com
【主要产品】3-硝基苯磺酸钠；硬挺树脂；有机硅织物柔软剂；柔软剂；氨基硅油；高温匀染剂 BOF；匀染剂 O；十二烷基二甲基苄基氯化铵；高温匀染剂；交链剂 EH；有机硅织物整理剂；分散剂；分散剂 IW；分散剂 WA；亚甲基双萘磺酸钠；固色剂；固色剂 Y；无甲醛固色剂；荧光增白剂 DT；荧光增白剂 PS-1；荧光增白剂 VBL；增白剂；渗透剂；拉开粉 BX；渗透剂 JFC；防染盐 H；消泡王(高浓缩)；双氧水漂白稳定剂；精炼剂；耐碱精炼剂；无泡皂洗剂；去油剂；消泡剂；交链剂；乳化剂；净洗剂；净洗剂 6501；膨化剂 P

浙江省上虞市精益生物化工有限公司

浙江省上虞市经济开发区聚英路 776 号[312300]
电话:(0575)82184058;13905850345
传真:(0575)82137148
供销电话:82138270
供销传真:82138270
网址:www. king-year. com
E-mail:king-year@ king-year. com
【主要产品】α-酮戊二酸；α-酮戊二酸二钠盐；L-谷氨酰胺-α-酮戊二酸；L-组氨酸-α-酮戊二酸；L-精氨酸-α-酮戊二酸盐；肌酸酮戊二酸

浙江省嵊州市恒通化建工贸有限公司

浙江省嵊州市博济镇上路西开发区[312464]
电话:(0575)83610186;13806763909
传真:(0575)83616286
网址:www. hthuagong. com
E-mail:hengtong@ hthuagong. com
【主要产品】氯化聚乙烯

浙江省嵊州市新化科技有限公司

浙江省嵊州市甘霖镇[312400]
电话:(0575)(0571)88968170;13705816362
传真:(0571)81957595
网址:www. xhkj. chem. cn
E-mail:bandeng@ eyou. com
【主要产品】4-氨基吡啶；2,4,6-三甲基苯甲醛；4-二甲氨基吡啶

浙江舜龙化工有限公司

浙江省上虞市杭州湾精细化工园区[312369]
电话:(0575)82732766
传真:(0575)82737272;82733939
供销电话:82733737
网址:www. zjreactivedyes. com
E-mail:syylc@ hi2000. com
【主要产品】活性嫩黄 KN-G；活性嫩黄 M-4GL；活性金黄 KM-G；活性黄 M-3RE；活性艳橙 M-2R；活性橙 KN-5R；活性橙 KN-2G；活性橙 KN-GR；活性艳红 M-3BE；活性艳红 M-2BE；活性艳红 M-8B；活性艳红 M-6BF；活性红 KN-5B；活性红 KN-RB；活性艳紫 KN-4R；活性红紫 M-R；活性艳蓝 KN-R；活性翠蓝 KN-G；活性翠蓝 M-GB；活性蓝 M-BRF；活性深蓝 M-2GE；活性深蓝 M-BF；活性深蓝 M-R；活性黑 KN-B；活性黑 KN-G2RC

浙江万丰化工有限公司

浙江省绍兴县马鞍镇新二村[312072]

电话：(0575)85623265；85623223；85623225
传真：(0575)85623263　有进出口权
网址：www. wtdyes. com；www. sxdyes. com
E-mail：sales@ wtdyes. com
【主要产品】分散染料

浙江新赛科药业有限公司

浙江省上虞市杭州湾精细化工园区[312369]
电话：(0575)82738999；82731920
传真：(0575)82732285　有进出口权
供销电话：82732999　法人代表：李洪武
供销传真：82732285；82731920
经济类型：股份合作
网址：www. zjxsk. com；www. newsec. com. cn
E-mail：xsk@ zjxsk. com；sale@ zjxsk. com
【主要产品】异烟酸；磺胺二甲嘧啶；异烟肼；鱼腥草素钠；烟酸；烟酰胺；氨氯地平；盐酸特拉唑嗪；缬沙坦；地巴唑；肌醇烟酸酯；维生素 E 烟酸酯；盐酸多巴胺

浙江新世纪粉碎设备有限公司

浙江省嵊州市经济开发区城北区罗新路[312400]
电话：(0575)83109326；83109276；83126268
传真：(0575)83109276
供销电话：83122298；83122296
网址：www. zjfensuiji. com
E-mail：xuexiao@ alibaba. com. cn
【主要产品】脉冲袋式除尘器；双锥混合机；桶式预混合机；三维运动混合机；高效混合机；破碎机；对滚式粗碎机；涡轮粉碎机；微粉碎机；气流涡旋微粉机；无筛立式粉碎机；高速塑料磨粉机；塑料粉碎机；涡流磨；振动筛；超细粉体分级机；螺旋输送机；斗式（链式）提升机

浙江浙邦制药有限公司

浙江省上虞市杭州湾精细化工园区8号[312369]
电话：(0575)82732308；82728916
传真：(0575)82728901
网址：www. zbpharm. com
E-mail：info@ zbpharm. com
【主要产品】L-氨基丙醇；2，4，5-三氟苯甲酸；3-羟基-2，4，5-三氟苯甲酸；3-甲氧基-2，4，5-三氟苯甲酸；2，3，4，5-四氟苯甲酸；3，4，5，6-四氟邻苯二甲酸；2，4，5-三氟-3-甲氧基苯甲酸甲酯；2，3，4，5-四氟苯甲酸乙酯；2，4，5-三氟-3-甲氧基苯甲酰氯；2，3，4，5-四氟苯甲酰氯；5-甲基尿嘧啶；2，3，4，5-四氟苯甲酰乙酸乙酯；头孢拉定；头孢克罗；格替沙星；乳酸加替沙星；左旋氧氟沙星；左氧氟羧酸

浙江震元制药有限公司

浙江省绍兴市胜利西路1015号[312000]
电话：(0575)85153956；85158965；85166295
传真：(0575)85170304；85171304
供销电话：85153956；85151214
供销传真：85151060　有进出口权
经济类型：有限责任公司
职工人数：800 人　法人代表：莫衍银
网址：www. zypharm. com
E-mail：office@ zypharm. com
【主要产品】硫酸西梭霉素；头孢吡肟盐酸盐；盐酸头孢他美酯；硫酸头孢匹罗；罗红霉素；氯诺昔康

浙江洲际橡胶集团有限公司

浙江省诸暨市牌头工业区[311825]
电话：(0575)87057888；87051737；87050798
传真：(0575)87052789
职工人数：500 人
网址：www. zhouji. com
E-mail：zhouji@ zhouji. com
【主要产品】轮胎

诸暨丰盈化工有限公司

浙江省诸暨市暨阳街道诸化路31号[311800]
电话：(0575)87235011；87219186；13506853830
传真：(0575)87282522；87376311
供销电话：87232519；87221822
经济类型：国有　职工人数：285 人
网址：www. zjfychem. com
E-mail：yjgchairman@ sohu. com
【主要产品】硫酸亚铁；硫酸铜（药用）；硫酸锌（药用）；硫酸锰；药用碳酸镁；氧化镁（药用）；十二烷基硫酸钠；乳酸亚铁；富马酸亚铁

诸暨市化工研究所

浙江省诸暨市城关镇张庄[311800]
电话：(0575)87109123；87109761
传真：(0575)87109266
经济类型：有限责任公司
职工人数：100 人
网址：www. zhujichem. com
E-mail：ybz@ zhujichem. com；yzw@ zhujichem. com
【主要产品】硫酸亚铁；硫酸铜（饲料级）；硫酸锌（食用级）；硫酸锌（一水）；硫酸锰；氯化钾（食用）；碳酸钙；碳酸镁；氧化镁；十二烷基硫酸钠；草酸铵；氧化锌（食用级）；富马酸亚铁

诸暨市兴源橡塑管业有限公司

浙江省诸暨市店口工业区金一路268号[311835]
电话：(0575)87657281；87652879；87655668
传真：(0575)87650150
网址：www. xingyuan-china. com
E-mail：webmaster@ xingyuan-china. com
【主要产品】输水胶管；压缩空气胶管；蒸汽胶管；喷砂胶管；汽车用胶管；液化石油气管；输油胶管；编织胶管；缠绕胶管

金华市

东阳市惠泽化工涂料有限公司

浙江省东阳市小商品工业园区[322100]
电话：(0579)863619778；86361771；13606899105
传真：(0579)86361707
供销电话：86361977；86361771
网址：www. paint. com. cn
E-mail：huize@ paint. com. cn
【主要产品】弹性涂料；金属漆；自干漆；裂纹漆；各色聚丙烯塑料专用漆；丙烯酸烤漆；聚氨酯漆类；美术漆；无毒硬胶漆；PVC 软胶漆；硬质地坪涂料；绒毛漆；水纹漆；水性色浆

东阳市向阳化工有限公司

浙江省东阳市南马镇路西工业区[322121]
电话：(0579)86287257；86286878；86287278
传真：(0579)86287298
网址：www. flysun-fluorochem. com
E-mail：flysun@ hi2000. com
【主要产品】氟氢酸；氟硅酸；氟磺酸；六氟磷酸；氟硼酸；六氟磷酸钾；六氟磷酸钠；六氟磷酸铵；六氟磷酸锂；六氟磷酸钙；六氟磷酸钡；六氟磷酸镁；氟硼酸亚锡；氟硼酸钾；氟硼酸钠；氟硼酸铵；氟硼酸铅；氟化钠；氟化钙；氟化铵；氟化铬；氟氢化钠；氟氢化钾；氟氢化铵；氟硅酸铵；氟硅酸钾；氟硅酸镁；锆氟酸钾；氟钛酸钾；氟化镍；氟化镁；六氟锑酸钠；六氟锑酸钾；3-溴苯酞；5-溴苯酞；2，2-二羟甲基丙酸；5-氟-2-硝基甲苯；2-氟-6-硝基甲苯；叠氮化钠；对三氟甲基苯胺；邻乙基苯肼盐酸盐

横店集团家园化工有限公司

浙江省东阳市横店工业区[322118]
电话：(0579)86557588；86557820；86557822
传真：(0579)86557819；86557166
供销电话：86557198　有进出口权
供销传真：86557198　企业规模：大型
经济类型：有限责任公司
职工人数：1，600 人　法人代表：徐秀忠
网址：www. hdjiayuan. com. cn；www. hdjiayuan. com
E-mail：hdjy@ hengdian. com
【主要产品】3，4，5-三甲氧基甲苯；6-甲氧基-2-萘甲醛；2-噻吩甲醇；2-噻吩乙胺；2-噻吩甲醛；3-溴噻吩；4-羟基喹啉；1-羟基乙基-5-巯基四氮唑；2-噻吩乙腈；对甲硫基苯甲醛；*S*-(+)-*α*-氨基苯乙醇；D-(−)-*α*-氨基苯乙醇；*α*-氨基-2′-氯苯乙醇；对羟基苯乙醇；3，4′-二氨基二苯醚；4，4′-二羟基二苯醚；2，4，5-三氟苯甲酸；2，3，4，5-四氟

苯甲酸;五氟苯甲酸;3-甲基-4-氨基苯甲酸;间甲氧基苯乙酸;D-对羟基苯甘氨酸;右旋苯甘氨酸;二氟甲基硫乙酸;L-扁桃酸;4,4′-二苯醚二甲酸;β-氯代苯丙酮;间硝基苯酚;2-硝基乙苯;对硝基乙苯;对甲氧基乙基苯酚;4-甲基儿茶酚;对羟基苯乙胺盐酸盐;对羟基苯乙酰胺;叠氮化钠;邻苯二乙腈;4-氨基苯乙酮;3-氨基苯酚;(1S,2S)-(+)-2-氨基-1-苯基-1,3-丙二醇;α-溴-2-氯苯乙酸;邻氯苦杏仁酸;对羟基苯甘氨酸邓钾盐;左旋苯甘氨酸邓钾盐(乙基);D-(-)-α-苯甘酰氯盐酸盐;D-(-)-邻氯苯甘氨酸;对氯苯甘氨酸;S-(+)-对氯苯甘氨酸;L-(+)-邻氯苯甘氨酸;D-(-)-苯甘氨酰胺;2-噻吩乙酸;3-氨基噻吩-2-羧酸甲酯;甲基巯基噻二唑;四氮唑乙酸;2-丁基-1,3-二氮杂螺环[4,4]壬-1-烯-4-酮盐酸盐;4-溴甲基喹啉-2-酮;L-α-苯乙胺;2-溴-6-甲氧基萘;4,4′-氧二苯甲酰氯;间氨基苯甲醚;间硝基苯甲醚;(R)-4-氯-3-羟基丁腈;S-(+)-2,2-二甲基-1-乙酰氨基环丙烷;氯霉素;合霉素;克林霉素磷酸酯;红霉素琥珀酸乙酯;甲苯磺酸舒他西林;万乃洛韦;萘丁美酮;舒马曲坦;三氯苯哒唑;万拉法新;替米沙坦;艾司洛尔;伊贝沙坦;苯扎贝特;地布酸钠;盐酸氟西汀;奈法唑酮;西布曲明;阿利苯醇;氯吡格雷;氯吡胺;L-蛋氨酸;D-蛋氨酸;L-色氨酸;咪喹莫特;西司他汀

金华恒利康化工有限公司

浙江省金华市婺城区白龙桥镇上邵[321026]
电话:(0579)82205657;13586998278
传真:(0579)82205658
网址:www. hanllycome. com
E-mail:sales@ hanllycome. com
【主要产品】酸性嫩黄 2G;酸性橙 G;弱酸性桃红 BS;酸性湖蓝 A;弱酸性艳蓝 5GM;酸性艳蓝 6B;酸性艳蓝 RL;弱酸性绿 GS;酸性黑 NT;弱酸嫩黄 G;弱酸黄 3GS;弱酸橙 GS;弱酸蓝 2BR;弱酸性黑 BR;弱酸大红 FG;中性黑 2S-RL

金华立信医药化工有限公司

浙江省金华市白龙桥工业区[321025]
电话:(0579)82213191;82217377
传真:(0579)82213406　有进出口权
供销电话:82382200;82066627
供销传真:82380011　职工人数:200 人
经济类型:私营企业
网址:www. lixinchem. com
E-mail:lixin@ hi2000. com;
wxj@ hi2000. com
【主要产品】反式4-甲基环己基异氰酸酯;3-乙基-4-甲基吡咯啉-2-酮;1,3-环己二酮;盐酸苄丝肼;克拉红霉素;罗红霉素;阿奇霉素;非诺贝特

金华市金龙化工有限公司

浙江省金华市塘雅工业园区[321000]
电话:(0579)82866333;82866399;
13868982288
传真:(0579)82866168
网址:www. jinlongchemical. com
E-mail:wxg@ hi2000. com;
jlchemical@ 163. com
【主要产品】氯甲酸三氯甲酯;2-氨基-4,6-二氯嘧啶;2-氨基-4,6-二甲基嘧啶;2-氨基-4-氯-6-甲氧基嘧啶;2-氨基-4,6-二羟基嘧啶;2-氨基-4,6-二甲氧基嘧啶;磺酰胺;噻磺酰胺;邻甲氧羰基苄磺酰胺;邻氯苯磺酰胺;2-氨基-4-甲氧基-6-甲基-1,3,5-三嗪;2-甲氨基-4-甲氧基-6-甲基-1,3,5-三嗪;2-氨基-4-甲氨基-6-乙氧基-1,3,5-三嗪;邻甲氧羰基苯磺酰胺;邻甲酸乙酯苯磺酰胺;吡嘧磺隆;醚苯磺隆;烟嘧磺隆;氯磺隆;胺苯磺隆;甲磺隆;苯磺隆;氯嘧磺隆;苄磺隆;噻吩磺隆;磺酰磺隆;甲嘧磺隆

金华双宏化工有限公司

浙江省金华县婺城区雅畈镇[321051]
电话:(0579)82781108;82373099;
82391738
传真:(0579)82781188
供销传真:82373068　职工人数:300 人
法人代表:徐建成
网址:www. china-dyes. com
E-mail:jhxujch@ mail. jhptt. zj. cn
【主要产品】4-十二烷基苯胺;对正丁基苯胺;4,4′-二氨基三苯基甲烷;4,4′-二氨基二苯基环己烷;酸性嫩黄 2G;酸性橙 G;弱酸性橙 3G;酸性红 G;酸性大红 GR;酸性大红 RS;酸性红 2B;酸性艳蓝 6B;卡普仑绿 5G;弱酸性绿 GS;酸性绿 VS;酸性黑 ATT;弱酸黄 3G;酸性橙 AGT;弱酸红 GN;弱酸红 GRS;弱酸性紫红 BB;弱酸艳蓝 RAW;酸性蓝 2GL;弱酸性艳蓝 P-RL;弱酸棕 RL;弱酸黑 3G;酸性媒介黑 T;弱酸大红 FG;酸性黄 RXL;酸性黄 2GL;弱酸大红 F-3GL;酸性棕 SG;中性深蓝 2BL;中性黑 BGL;亚甲基双萘磺酸钠

兰溪市恒顺化工有限公司

浙江省兰溪市水亭工业区[321107]
电话:(0579)88639186;88639187;
88639188
传真:(0579)88639189
网址:www. hs-chemical. com
E-mail:hs@ hs-chemical. com
【主要产品】硬脂酸;脂肪酸甲酯;异辛酸铝;二盐基硬脂酸铅;双硬脂酸铝;硬脂酸钙;硬脂酸钡;硬脂酸铅;硬脂酸锌;硬脂酸镁;硬脂酸镉;复合稳定剂;生物柴油

兰溪市江南包装机械厂

浙江省兰溪市城北开发区[321100]
电话:(0579)88806168;88806453;
13905896156
传真:(0579)88806168
网址:www. jiangn. com
E-mail:jiangn@ pack. net. cn
【主要产品】耐高温油墨

兰溪市申业精细化工厂

浙江省兰溪市游埠工业园区[321100]
电话:(0579)88678388;88678588
传真:(0579)88678388
供销电话:88678388;13905896303
法人代表:裘向进
网址:www. syjxhg. com
E-mail:syjxhg@ 126. com
【主要产品】过氧化氢;氢氧化钠;亚硝酸钠;硫化钠;硫酸钠(无水);亚硫酸钠(无水);氯化钠;硫酸钾;氯化钾;硫酸亚铁;氢氧化铵;氯化铵;丙酮;盐酸;硝酸;硫酸;乙醇(无水)

兰溪市屹达化工试剂有限公司

浙江省兰溪市轻工专业园区张泽岗[321100]
电话:(0579)88766576;13967904037
传真:(0579)88766582
网址:www. yidareagent. com
E-mail:sales@ yidareagent. com
【主要产品】氯酸钠;一氯化碘;三氯化碘;过氧化氢;钠石灰;乙酸钠;乙二胺四乙酸二钠;氢氧化钠;硅酸钠;亚硝酸钠;硫化钠;硫酸钠(无水);亚硫酸钠;硫代硫酸钠;氯化钠;磷酸三钠;磷酸二氢钠;磷酸氢二钠;氯化钙(无水);氢氧化钾;硝酸钾;硫酸钾;氯化钾;硫酸亚铁;硫酸亚锡;氢氧化铵;硫酸铵;氯化铵;硫酸铜;硫酸镁;苯;甲苯;乙二胺;N,N-二甲基甲酰胺;六次甲基四胺;二氯甲烷;三氯甲烷;环己烷;庚烷;苯酚;2-丁酮;丙酮;乙酸乙酯;乙酸正丁酯;邻苯二甲酸二丁酯;乙酸,36%;乙酸,无水;甲酸;肉桂酸;草酸;柠檬酸;氢氟酸;盐酸;硝酸;硫酸;磷酸;乙醇(95%);乙醇(无水);丁醇;丙三醇;甲醇;乙醚;硅胶,变色;卡尔费休试剂

美尔诺油墨化工有限公司

浙江省浦江县特色工业园区[322200]
电话:(0579)84200008;84200466
传真:(0579)84200416
经济类型:中外合作经营企业
网址:www. meiernuo. com
E-mail:meiernuo@ pack. net. cn
【主要产品】发泡油墨;UV 胶印油墨;PP 油墨;PVC 油墨;冰花油墨;尼龙油墨

普洛康裕股份有限公司

浙江省东阳市横店镇江南西路 8 号[322118]
电话:(0579)86551777;86557777;
86554602
传真:(0579)86557666;86551666
供销电话:86551689;86551663

经济类型:集体　法人代表:葛萌芽
网址:www.kangyu.com/index.htm
E-mail:zjkangyu@public.dy.jhptt.zj.cn
【主要产品】金刚烷;1,3-二甲基金刚烷;1-金刚烷醇;3,4-二乙氧基苯乙酸;氟嗪羧酸;特戊酸氯甲酯;1-金刚烷甲酮;1-溴金刚烷;1-溴-3,5-二甲基金刚烷;3,4-二乙氧基苯乙胺;N-(3,4-二乙氧基苯乙基)-3,4-二乙氧基苯乙酰胺;1-羟基苯并三氮唑;1-金刚烷甲酸;N-乙酰基金刚烷胺;3,4-二乙氧基苯乙腈;4,6-二甲基嘧啶-2-硫代甲酸苄酯;醚酮;阿维菌素;头孢他美酯;盐酸头孢他美酯;柱晶白霉素;舒巴坦酸;司他夫定;盐酸金刚烷胺;盐酸金刚乙胺;氟嗪酸;盐酸左旋氧氟沙星;右旋泛酸钙;依维菌素;新伐他汀;盐酸右旋麻黄素;乌苯美司;聚维酮碘;盐酸美金刚胺;盐酸屈他维林

上海华源制药浙江凤凰化工分公司

浙江省兰溪市城郊西路23号[321103]
电话:(0579)88230568
传真:(0579)88230909　有进出口权
职工人数:532人
网址:www.cwgc-fhhg.com
E-mail:office@cwgc-fhhg.com
【主要产品】丙三醇;硬脂酸;单脂肪酸甘油酯;脂肪醇;棕榈蜡

义乌市康成特种橡胶有限公司

浙江省义乌市廿三里镇工业区[322013]
电话:(0579)85012336;85015336
传真:(0579)85013309
经济类型:有限责任公司
网址:www.kang-cheng.com.cn
E-mail:office@kang-cheng.com.cn
【主要产品】硅橡胶混炼胶;室温硫化有机硅模具胶;橡胶密封制品;油封;硅橡胶制品;硅橡胶密封圈

义乌市石油化工配件厂

浙江省义乌市城南章店[322000]
电话:(0579)85321610
经济类型:股份合作
网址:www.zjlxgj.com
E-mail:ywhd@publu.ywptt.zj.cn
【主要产品】盘管;弯管;弯头;无缝弯头;管道配件

永康市农用化学研究所

浙江省永康市九铃东路3298号[321300]
电话:(0579)87296209
传真:(0579)87295339
经济类型:私营企业　法人代表:程一如
E-mail:yk7296209@mail.china.com
【主要产品】8%异丙·苄·甲细颗粒剂;45%禾草敌·苄磺隆细粒剂

永康市溶剂厂

浙江省永康市古丽镇东塔路15号[321300]
电话:(0579)87111377
传真:(0579)87112365
法人代表:许立庆
【主要产品】甲醇钠;乙酸乙酯;醋酸丁酯

永康市天彩化工材料有限公司

浙江省永康市西城街道烈桥工业区[321000]
电话:(0579)87277668;87277688
传真:(0579)87277669
网址:www.cntiancai.com
E-mail:yk126889@mail.jhptt.zj.cn
【主要产品】热固性粉末涂料

浙江奥托康制药集团

浙江省金华市婺城区定业新村[321053]
电话:(0579)82021151;82020152
传真:(0579)82021151
供销传真:28021151
网址:www.zjatk.com
【主要产品】红霉素琥珀酸乙酯;阿奇霉素;盐酸芬氟拉明;帕米膦酸二钠;氟马西尼

浙江迪耳化工有限公司

浙江省金华市金衢路128号[321016]
电话:(0579)82275537;82270604
传真:(0579)82277133
供销传真:82275537
网址:www.deyerchem.com
E-mail:expo@deyerchem.com
【主要产品】三溴化吡啶鎓;辛癸酸甘油酯;β-D-半乳糖五乙酸酯;葡萄糖五乙酸酯;苦味剂SA;苦精;苦精-S;蔗糖脂肪酸酯;蔗糖硬脂酸酯;蔗糖八乙酸酯;三聚甘油单硬脂酸酯;乳品稳定剂;光稳定剂HA-18;蔗糖苯甲酸酯;斯盘60

浙江迪耳药业有限公司

浙江省金华市金衢路128号[321016]
电话:(0579)82273733
传真:(0579)82273730　有进出口权
经济类型:有限责任公司
网址:www.deyer.com
E-mail:deyer@mail.jh.zj.cn
【主要产品】三溴化吡啶鎓;葡萄糖五乙酸酯;苦精;苦精-S;蔗糖脂肪酸酯;蔗糖八乙酸酯;盐酸金刚烷胺;牛磺酸;光稳定剂770;光稳定剂HA-18;蔗糖苯甲酸酯;斯盘60

浙江东阳化学工贸有限公司

浙江省东阳市吴宁镇东七里[322100]
电话:(0579)86686403
传真:(0579)86686402
经济类型:股份合作　法人代表:吕国栋
网址:www.hxgm.cn
E-mail:hxgm@hxgm.cn
【主要产品】甲醚;3-溴苯酞;液氨;碳酸氢铵;硅丙乳液;苯丙乳液;乳胶漆;真石漆

浙江东阳市四环防腐设备有限公司

浙江省东阳市横店南上湖[322118]
电话:(0579)86560572;86560656;13906799572
传真:(0579)86560224
供销电话:86560208;13505890208
法人代表:何智良
网址:www.chinasihuan.com
E-mail:sihuan@public.dy.jhptt.zj.cn
【主要产品】聚四氟乙烯生料带;聚四氟乙烯编织盘根;模压制品;反应釜;换热器;储罐;球阀

浙江丰登化工股份有限公司

浙江省兰溪市城郊西路20号[321103]
电话:(0579)88230992
传真:(0579)88230713
供销电话:88230295　职工人数:354人
经济类型:股份有限公司
法人代表:陈庆林
【主要产品】氮肥;合成氨;液氨;碳酸氢铵;混配复合肥料

浙江华义医药有限公司

浙江省义乌市义南工业园区[322000]
电话:(0579)85471630;85471640;85471632
传真:(0579)85471640
供销电话:85471638;85471633
经济类型:中外合资经营企业
职工人数:220人
网址:www.huayipharm.com
E-mail:huayi@public.ywptt.zj.cn
【主要产品】三苯甲醇;二甲基砜;5-甲氧基-2-巯基苯并咪唑;2-氯甲基-3,5-二甲基-4-甲氧基吡啶盐酸盐;3-(3-喹啉基)-2-丙烯-1-醇;3-(3-喹啉基)-2-丙炔-1-醇;环丙羧酸;克拉红霉素;红霉素肟;阿奇霉素;蒽诺沙星;盐酸蒽诺沙星;环丙沙星;盐酸环丙沙星;匹格列酮盐酸盐;新伐他汀;奥美拉唑;奥美拉唑钠盐

浙江家园药业原料厂

浙江省武义县环城南路5号[321200]
电话:(0579)87644658;87646648
传真:(0579)87646208
供销传真:87646648　法人代表:王伟全
【主要产品】阿昔洛韦;更昔洛韦;万乃洛韦;泛昔洛韦;喷昔洛韦;地昔洛韦;维生素B2;葫芦素

浙江嘉华化工有限公司

浙

浙江省兰溪市马涧镇赤山[321115]
电话:(0579)88441116;88441114;88441120
传真:(0579)88441114
供销电话:13706897247
经济类型:中外合资经营企业
法人代表:姜雪仁
网址:zj. 1188cc. com/company/34239/
【主要产品】乙膦铝;乙磷铝可湿性粉剂;异稻瘟净;异稻瘟净乳油

浙江尖峰集团股份有限公司

浙江省金华市婺江东路 88 号[321000]
电话:(0579)82326868
传真:(0579)82324666
网址:www. jianfeng. com. cn
E-mail:webmaster@ jianfeng. com. cn
【主要产品】人工牛黄;普通硅酸盐水泥

浙江金华康恩贝生物制药有限公司

浙江省金华市金衢路 288 号[321016]
电话:(0579)82272212;82273927;82272230
传真:(0579)82273935;82273137
供销电话:82273128　企业规模:大型
供销传真:82273128
经济类型:有限责任公司
网址:www. jhconba. com
E-mail:jhsales@ conbagroup. com
【主要产品】阿洛西林钠;硫酸阿米卡星;硫酸核糖霉素;盐酸大观霉素;地红霉素;磺胺甲噁唑;奥美拉唑

浙江耐司康药业有限公司

浙江省金华市白龙桥工业区[321025]
电话:(0579)83188559;82382200;83182935
传真:(0579)83183146;82380011
职工人数:300 人
网址:www. nexchem. cn
E-mail:commercial@ nexchem. cn
【主要产品】盐酸苄丝肼;克拉红霉素;罗红霉素;氟罗沙星;阿奇霉素;美罗培南;格列美脲;非诺贝特;曲尼司特

浙江南方涂料工业有限公司

浙江省东阳市经济开发区东义路 168 号[322100]
电话:(0579)86815861;86813211
传真:(0579)86815862
经济类型:与港澳台商合资经营
网址:www. southpaint. com
E-mail:zjsp@ public. dy. jhptt. zj. cn
【主要产品】木器家具漆;内墙封闭底漆;外墙封闭底漆;丙烯酸弹性防水涂料;浮雕漆;真石漆;丙烯酸内墙乳胶漆;环氧封闭底漆;聚氨酯金属漆;罩面清漆;油性外墙封固底漆;防静电地坪涂料;超级外墙保护漆

浙江普洛化学有限公司

浙江省东阳市横店工业区[322118]
电话:(0579)86557506;86557507;86558575
传真:(0579)86557848　有进出口权
供销电话:86557727;86557465
经济类型:有限责任公司
职工人数:612 人　法人代表:葛跃年
网址:www. apeloachem. com
E-mail:office@ apeloachem. com
【主要产品】2,4-二氯-5-氟苯乙酮;4-氟硝基苯;3-氯-4-氟苯胺;4-氟苯胺;1,2,4-三嗪-2-甲基-6-羟基-3-硫代-5-酮;甲氧亚氨基呋喃乙酸铵;*N*,*N*′-羰基二咪唑;双氢苯甘氨酸甲基邓钾盐;左旋双氢苯甘氨酸邓钠盐(甲基);左旋双氢苯甘氨酸;头孢地尼侧链酸;氨噻肟酸;2-(2-氨基噻唑-4-基)-2-[2-(特丁氧羰基)-甲氧亚氨基]乙酸;头孢他啶侧链酸;2-(2-氨基-4-噻唑基)-2-(甲氧亚氨基)乙酸硫代苯并噻唑酯;头孢他啶侧链酸活性酯;2,4-二氯氟苯;氟虫腈;头孢拉定;头孢替呋钠盐;头孢替呋盐酸盐;头孢克肟;头孢呋辛;头孢呋辛钠;头孢呋辛酯;氟洛芬;地克珠利;氯芬欣

浙江三美化工有限公司

浙江省武义县青年路胡处工业区[321200]
电话:(0579)87642198;87648198;87646602
传真:(0579)87646868
供销电话:87641888;13605728129
经济类型:私营企业
网址:www. sanmeichem. com
E-mail:sales@ sanmeichem. com
【主要产品】萤石粉;无水氟化氢;氟氢酸;氟硼酸;氟硼酸钾;氟化钠;氟化钾;氟化铵;氟氢化铵;氟铝酸钾;锆氟酸钾;氟钛酸钾;氟化镁;氟化氢;1,1-二氟乙烷;1-氟-1,1-二氯乙烷;二氟甲烷;氟利昂-142;氟利昂-22;氢氟酸

浙江三鹰化学试剂有限公司

浙江省兰溪市轻工工业功能区凤凰路[321100]
电话:(0579)88233028;88233026;88233188
传真:(0579)88230179
网址:www. cnsanying. cn
E-mail:zjsanying090@ 163. com
【主要产品】氟化钠;碘化钾;氟化铵;氟化氢铵;乙腈;氢氟酸;氢碘酸;氢溴酸;甲醇

浙江省东阳市康峰有机氟化工厂

浙江省东阳市怀鲁镇学士宅工业区[322104]
电话:(0579)86709298;13906793372
传真:(0579)86709678　职工人数:81 人
经济类型:私营企业　法人代表:吴永良
网址:www. kangfeng. com
E-mail:lu2w2000@ hotmail. com
【主要产品】2,4,5-三氟苯乙酸;三氯化苄;3,4,5-三氯三氟甲苯;3,5-二硝基-4-氯三氟甲苯;3-硝基-4-氯三氟甲苯;2,4-二氯-3,5-二硝基三氟甲苯;2-氯-5-硝基三氟甲苯;4-氟-3-硝基三氟甲苯;2-氨基-5-硝基三氟甲苯;间三氟甲基苯乙腈;2,4-二氯苯腈;2,6-二氟苯腈;间三氟甲基苯甲酸;2,4-二氟苯腈;三氟甲苯;间溴三氟甲苯;2,6-二氟苯甲酰胺;五氯苯甲酰氯;3-氯三氟甲苯;2-氯三氟甲苯;4-氯三氟甲苯;3,4-二氯三氟甲苯;2,4-二氯三氟甲苯;间三氟甲基氯苄;3-氨基三氟甲苯;邻氨基三氟甲苯;间硝基三氟甲苯;氟乐灵

浙江省东阳市天宇化工有限公司

浙江省东阳市望江南路 136 号[322100]
电话:(0579)86826800;86841001;13967996275
传真:(0579)86633073;86841008
固定资产:10,000 千元　职工人数:50 人
供销电话:86675145;86675552
供销传真:86675078;86675196
经济类型:有限责任公司
产值:50,000 千元　法人代表:葛红心
销售收入:5,000 千元
网址:www. tychem. com
E-mail:sales@ 163. com
【主要产品】叠氮化钠

浙江省东阳市巍华化工有限公司

浙江省东阳市巍山镇工业大道 128 号[322109]
电话:(0579)86962888;86967388
传真:(0579)86967488;86967298
经济类型:私营企业　有进出口权
职工人数:210 人
网址:www. chinafluorochem. com
E-mail:zdcr@ public. dy. jhptt. zj. cn
【主要产品】3,4,5-三氯三氟甲苯;3,5-二硝基三氟甲苯;3-硝基-4-氯三氟甲苯;2,4-二氯-3,5-二硝基三氟甲苯;4-氟-3-硝基三氟甲苯;间三氟甲基苯酚;1,3-二(三氟甲基)苯;1,4-二(三氟甲基)苯;3,5-二(三氟甲基)苯胺;三氟甲苯;5-氯-2-氨基三氟甲苯;3-氨基-4-氯三氟甲苯;间溴三氟甲苯;3-氯三氟甲苯;2-氯三氟甲苯;4-氯三氟甲苯;3,4-二氯三氟甲苯;2,4-二氯三氟甲苯;3-氨基三氟甲苯;邻氨基三氟甲苯;间硝基三氟甲苯

浙江省金华市第三制药厂

浙江省金华市大黄山工业区[321007]
电话:(0579)82341248;82348288;82270568
传真:(0579)82347371;82270327
E-mail:zyzy@ mail. jhptt. zj. cn
【主要产品】吲哚美辛;萘普生;枸橼酸

铋钾;次硝酸铋

浙江省金华因达制药厂

浙江省金华市婺江西路 256 号 [321000]
电话:(0579)82175383
传真:(0579)82175817
【主要产品】茶多酚;无水咖啡因

浙江省兰溪凯普化学有限公司

浙江省兰溪市城郊西路 23 号 [321100]
电话:(0579)88901853;13606793396
传真:(0579)88901896
网址:www. kaipuchemical. com
E-mail:sales@ kaipuchemical. com
【主要产品】亚硫酸钠;2,4,5-三氟苯甲酸;3-羟基-2,4,5-三氟苯甲酸;2,3,4,5-四氟苯甲酸;3,4,5,6-四氟邻苯二甲酸;4-氯丁酸甲酯;4-氯丁酸异丙酯;2,4,5-三氟-3-甲氧基苯甲酰氯;2,3,4,5-四氟苯甲酰氯;*N*-甲基四氟邻苯二甲酰亚胺

浙

浙江省浦江县塑料总厂

浙江省浦江县人民东路 186 号 [322200]
电话:(0579)84153771;84153570;84153052
传真:(0579)84153771
法人代表:陈伟进
网址:www. pjcc. cn/qyml/sulzc. htm
【主要产品】塑料桶;中空容器

浙江省义乌市强哥水钻材料有限公司

浙江省义乌市兴中饰品配件专业街 15 幢 23 号-2 [322000]
电话:(0579)85156010
传真:(0579)85156010 产值:1 千元
供销电话:13355791068
经济类型:私营企业 职工人数:15 人
法人代表:龚航升
网址:www. ywqg. com
【主要产品】特种涂料

浙江顺风海德尔有限公司

浙江省东阳市江北许村工业区 [322100]
电话:(0579)86684505;86684347
传真:(0579)86684132
网址:haider. chemnet. com
E-mail:haider@ chemnet. com
【主要产品】六甲基二硅氮烷

浙江物产崇一医药化工有限公司

浙江省武义县城青年路 168 号 [321200]
电话:(0579)87643359;87645039;13906795378
传真:(0579)87642178
供销电话:(0571)85803870
网址:www. chongyichem. com
E-mail:sales@ chongyichem. com
【主要产品】环丙乙炔;*N*-(2-羟乙基)吗啉;*N*-甲基哌嗪乙酸;2-哌啶酮-3-甲酸;3,4-二氯苯乙腈;5-硝基邻甲氧基苯酚;1,2-二苯基乙二胺;对溴-*α*-苯乙胺;2,5-二甲氧基-4-正丙硫基苯乙胺;3,4-二羟基-*α*-氯代苯乙酮;哌嗪-2-羧酸二盐酸盐;氨基乙醛缩二甲醇;溴乙醛缩二乙醇;氨基乙醛缩二乙醇;5-甲氧基-*N*,*N*-二甲基色胺;5-甲氧基-*α*-甲基色胺;5-羟基色胺盐酸盐;5-甲氧基色胺;5-甲氧基色胺盐酸盐;格替沙星;阿昔洛韦;更昔洛韦;泛昔洛韦;天门冬氨酸洛美沙星;美乐托宁;盐酸哌仑西平;羟基柠檬酸钾;硫普罗宁

浙江星腾化工有限公司

浙江省金华市双龙南街 276 号金华日报 18 楼[321017]
电话:(0579)83187700;83186716;83186752
传真:(0579)83186717
网址:www. xingtengchemical. com
E-mail:trading@ xtchemical. cn
【主要产品】1,1-二氟乙烷;二氟甲烷;三氟甲烷;氟利昂-142;氟利昂-22;1,1,1,2-四氟乙烷;五氟乙烷;聚全氟乙丙烯树脂

浙江野风化工有限公司

浙江省东阳市北江镇工业区[322105]
电话:(0579)86730319;86733275
传真:(0579)86730319;86731688
经济类型:集体 有进出口权
法人代表:周国智
网址:www. wildwind. com. cn/docc/company6. html
E-mail:wwgc@ public. dy. jhptt. zj. cn
【主要产品】邻甲氧基苯甲酸;2,4-二氯-5-磺酰胺基苯甲酸

浙江野风药业有限公司

浙江省东阳市歌山镇北江工业区 [322105]
电话:(0579)86733291;86733319;86731688
传真:(0579)86730319;86733090
职工人数:190 人
网址:www. wildwindchem. com
E-mail:sales@ wildwindchem. com
【主要产品】2,4-二氯-5-磺酰胺基苯甲酸;4-氯-3-氨磺酰基苯甲酸;对硝基苯磺酰氯;1-羟基苯并三氮唑;1-羟基苯并三氮唑一水物;2,5-二巯基-1,3,4-噻二唑;4-氨基-2-甲基-5-甲氧基-*N*-甲基苯磺酰胺;L-氨基丙腈盐酸盐;甲基多巴;L-甲基多巴甲酯;卡比多巴

浙江鹰鹏化工有限公司

浙江省永康市永化路 69 号[321300]
电话:(0579)87264106;87264108;87264019
传真:(0579)87264118;87264101
供销电话:87264102
供销传真:87264108
经济类型:中外合资经营企业
网址:www. yingpengchemical. com
E-mail:ykzjyp@ mail. jhptt. zj. cn
【主要产品】萤石粉;无水氟化氢;氟氢酸;氟硅酸;氟硼酸;氟硼酸钾;氟化钠;氟化钾;氟化铵;氟化铝;氟氢化钾;氟氢化铵;氟铝酸钾;锆氟酸钾;氟钛酸钾;氟化镍;1,1-二氟乙烷;1-氟-1,1-二氯乙烷;三氟甲烷;氟利昂-113;1,1-二氯-2,2,2-三氟乙烷;氟利昂-12;氟利昂-142;氟利昂-22;1,1,1,2-四氟乙烷;4-氟甲苯;氟苯;2,4-二氯氟苯;1,3-二氟苯;三氟甲苯;4-氯三氟甲苯;3,4-二氯三氟甲苯

浙江莹光化工有限公司

浙江省东阳市吴宁东路[322100]
电话:(0579)86686201
传真:(0579)86686197
供销电话:86686298;86686174
经济类型:中外合作经营企业
网址:www. yingguangchem. com
E-mail:yingguang@ hi2000. com
【主要产品】无水氟化氢;氟氢酸;氟硅酸;氟硼酸;六氟磷酸钾;氟硼酸钾;氟硼酸钠;氟硼酸铵;氟化钙;氟化钾;氟化铵;氟化铝;氟化锌;氟氢化钠;氟氢化钾;氟氢化铵;氟硅酸铵;氟硅酸镁;氟化钡;氟化氢;二氟一氯溴甲烷;七氟丙烷;六氟丙烷;氟利昂-12;氟利昂-22;1,1,1,2-四氟乙烷;3,4,5-三氯三氟甲苯;3,5-二(三氟甲基)硝基苯;3,5-二硝基-4-氯三氟甲苯;3-硝基-4-氯三氟甲苯;2-氯-3,5-二硝基三氟甲苯;2-氯-5-硝基三氟甲苯;2-氟-5-硝基三氟甲苯;2-氨基-5-硝基三氟甲苯;4-氨基-3-硝基三氟甲苯;4-氟-3-三氟甲基苯胺;三氟甲氧基苯;三氯甲氧基苯;2,5-二氨基三氟甲苯;3,4-二氨基三氟甲苯;1,3-二(三氟甲基)苯;3,5-二(三氟甲基)苯胺;2,6-二氟苯胺;3,5-二氟苯胺;三氟甲苯;邻氯三氯甲苯;5-氯-2-氨基三氟甲苯;3-氨基-4-氯三氟甲苯;5-氨基-2-氯三氟甲苯;2-氯三氟甲苯;4-氯三氟甲苯;3,4-二氯三氟甲苯;3-氨基三氟甲苯;三环唑;代森锌;代森锰锌;氟乐灵;氟硅酸钠;氟化钾,无水;氟化氢钾;氟硅酸钾;氟锆酸钾;四硼酸钾;碳酸钾(无水);氟化镁;HCFC 混合 A 灭火剂;HCFC 混合 C 灭火剂

浙江永进化工有限公司

浙江省兰溪市永进路 9 号[321100]
电话:(0579)88864138;88864878
传真:(0579)88864136
供销电话:88864228 法人代表:张月忠
供销传真:88864228
经济类型:有限责任公司
网址:www. yjhg. com/gsjj. htm
E-mail:zjlx@ yihg. com

【主要产品】氢氧化铵;盐酸;硝酸;硫酸;岩石抗水硝铵炸药2号;岩石乳化炸药;铵油炸药;2号岩石粉状铵锑炸药

浙江中星化工试剂有限公司

浙江省兰溪市凯旋路83号[321100]
电话:(0579)88800388;88800888;13967903058
传真:(0579)88800388 经济类型:集体
网址:www. zh-chem. com
E-mail:sales@ zh-chem. com;cjj@ zh-chem. com
【主要产品】硫酸铝

衢州市

常山县永合颜料有限公司

浙江省常山县生态工业园区[324200]
电话:(0570)5266078;5266098;13905702136
传真:(0570)5266058
供销电话:5266078;13905702136
法人代表:张正华
网址:www. yhyl. com
E-mail:master@ yhyl. com
【主要产品】中铬黄;浅铬黄;柠檬黄;橘铬黄;深铬黄;钼铬红107;耐晒桃红色原;耐晒桃红色淀;酞菁蓝B;酞菁绿G;汉沙黄G;耐晒黄GR;联苯胺黄G;永固橘黄G;耐晒艳红BBC;耐晒大红BBN;耐晒大红BBS;3117耐晒亮红N;耐晒深红BBM;金光红C;永固红F2R;立索尔大红R;立索尔大红RB;立索尔宝红BK;立索尔紫红2R;甲苯胺红

江山金固特化工有限公司

浙江省江山市江东大道2号[324100]
电话:(0570)4052825;4052828
传真:(0570)4052827
经济类型:股份合作 法人代表:詹叔礼
网址:www. china-sf. com
E-mail:sfkingster@ 126. com
【主要产品】丝网感光胶;封网胶;重氮感光胶;硬化剂

江山市齐心化工有限公司

浙江省江山市特色工业园区6号[324100]
电话:(0570)4332199
法人代表:毛春雷
【主要产品】甲醛

开化县青华化工有限公司

浙江省开化县华埠镇解放路20号[324302]
电话:(0570)6031421
传真:(0570)6031311 职工人数:582人
供销电话:6031423 法人代表:徐华生
【主要产品】二硫化碳;液氨;碳酸氢铵;塑料编织袋

开化县鑫源精细化工有限公司

浙江省开化县华埠镇石梁山[324302]
电话:(0570)6030828;13757018298
传真:(0570)6865575
网址:www. xinyuanchem. com
E-mail:sales@ xinyuanchem. com
【主要产品】硫酸铜;三氯氢硅;四氯化硅;硅粉;铜粉;硅酸乙酯;三甲氧基硅烷

开化兴达化工有限公司

浙江省开化县华埠镇下星口[324302]
电话:(0570)6035806;6034959
传真:(0570)6034965;6033790
网址:www. xdcarbon. com
E-mail:sales@ xdcarbon. com
【主要产品】活性炭

龙游诚义精细化工厂

浙江省龙游县城南开发区[324400]
电话:(0570)7855900;13905705507
传真:(0570)7855068
网址:www. chinachemnet. com/chenyi/
E-mail:chenyi@ hi2000. com
【主要产品】1,4-苯二胺;3-氯苯胺

龙游县化工试剂厂

浙江省龙游县城桥下何家巷5号[324400]
电话:(0570)7022098;7022220
经济类型:股份合作 法人代表:黄海瑞
【主要产品】吐温80;斯盘85

衢县立新化工有限公司

浙江省衢县沈家经济开发区[324022]
电话:(0570)2931682;3830407
传真:(0570)2931682
经济类型:股份合作
【主要产品】1,4-苯二胺

衢州埃菲姆化工有限公司

浙江省衢州市工业区[324000]
电话:(0570)6040288;13757015555
传真:(0570)6259526;6040488
网址:www. afmpharm. com
E-mail:sales@ afmpharm. com
【主要产品】匹伐他汀钙;罗苏伐他汀钙;阿托伐他汀钙;氟伐他汀钠

衢州海顺医药化工有限公司

浙江省衢州市柯城区巨化厂区[324004]
电话:(0570)3091616;13705705166
传真:(0570)3090585
供销电话:3091616;3091617
网址:www. chemsynpharm. com
E-mail:sales@ chemsynpharm. com
【主要产品】盐酸(药用);硫酸氢钠;硫酸钠;醋酸钠;4-乙酰氨基苯磺酰氯;4-氨基苯磺酰胺;4-氨基苯磺酸;氨水;杀铃脲;结晶磺胺;磺胺噻唑;磺胺噻唑钠;磺胺二甲嘧啶;磺胺二甲嘧啶钠;磺胺脒

衢州佳捷助剂有限公司

浙江省衢州市沈家经济开发区[324022]
电话:(0570)3830392;3830028;13705701932
传真:(0570)3046250;3830765
有进出口权
网址:www. giajiechem. com
E-mail:sales@ giajiechem. com
【主要产品】多聚磷酸铵

衢州金牛碳酸钙有限责任公司

浙江省衢州市上方镇[324002]
电话:(0570)2911020;2911012;2911308
传真:(0570)2911309
网址:qzjinniu. hi2000. com
E-mail:tzs@ hi2000. com
【主要产品】轻质碳酸钙;活性碳酸钙

衢州康环医药化工有限公司

浙江省衢州市[324022]
电话:(0570)2933211
传真:(0570)3097332 有进出口权
经济类型:股份有限公司
【主要产品】2,3,4-三氟硝基苯;2,6-二氯苯胺;2,4,6-三氯苯胺

衢州蓝点工业有限公司

浙江省衢州市衢江区沈家振兴中路106号[324022]
电话:(0570)4773667;13511401119
传真:(0570)4773666
网址:www. ldchem. com
E-mail:zah@ ldchem. com
【主要产品】甲基三乙氧基硅烷;二甲基二乙氧基硅烷;甲基羟基硅油;四甲基二乙烯基二硅氧烷;乙烯基乙氧基二甲基硅烷

衢州瑞源化工有限公司

浙江省衢州市衢江区沈家精细化工园区南山路[324022]
电话:(0570)3039366;3039321;3039361
传真:(0570)3039386;3039321
网址:www. kaiyuan-chemical. com
E-mail:kyjx@ kaiyuan-chemical. com
【主要产品】2,4,5-三甲氧基苯甲醛;3,4-二甲氧基苯甲醛;2,4,5-三甲氧基苯甲酸;1,2,4-偏苯三酸酐酰氯;五氟丙烷;六氟丙烷;对苯二甲酰氯;邻苯二甲酰氯;间苯二甲酰氯;偏苯三酚;1,4-苯二胺;1,4-苯二胺盐酸盐;对苯二胺硫酸盐;对氯苯胺盐酸盐;对三氟甲氧基苯酚;2,4-二氯氟苯;对三氟甲基苯胺;3-硝基苯甲醛;4-三氟甲氧基苯胺;聚偏氟乙烯树脂;防老剂DBH;防老剂DNP;全氟表面活性剂OBS

衢州市宏坤碳素制造厂

浙

浙江省衢州市衢江区庙前乡管家村[324017]
电话:(0570)2917038;2917238
传真:(0570)2917386
网址:hongkun.chemnet.com
E-mail:hongkun@chemnet.com
【主要产品】活性炭(糖用);活性炭(药用);5-硝基水杨醛

衢州市九洲化工有限公司

浙江省衢州市巨化中俄科技园区[324004]
电话:(0570)3063988;13705708599
传真:(0570)3099802　职工人数:100人
经济类型:私营企业
网址:www.jzhg.com.cn
E-mail:qzzhouz@mail.qzptt.zj.cn
【主要产品】β-苯基丙烯酸;吡啶-2,6-二羧酸;吡啶-2,5-二羧酸;吡啶-2,3-二羧酸;吡啶-3,5-二羧酸;2,3-吡啶二酸酐;二氟一氯溴甲烷;三氟溴甲烷;4-三氟甲氧基苯胺;邻三氟甲氧基苯胺

衢州市聚华特种试剂厂

浙江省衢州市巨化[324004]
电话:(0570)3066667;13819002126
网址:www.qzchem.com
E-mail:myqzchem@126.com
【主要产品】2,3,5-三氯吡啶;5-氯-2,3-二氟吡啶;2,3,5-三甲基吡啶;5-碘-2-甲基苯甲酸;没食子酸(无水);单宁酸;4-氯-2-甲基苯酚;3,5-二氯苯甲酸;吡嗪-2-羧酸;吡嗪-2,3-二羧酸酐;氯乙腈;二氯乙腈;对羟基苯腈;邻羟基苯腈;吡丙醚;没食子酸丙酯;没食子酸乙酯;没食子酸甲酯;甜菜碱;吡啶硫酮锌

衢州市衢化永和新型制冷剂有限公司

浙江省衢州市东港工业园区E-025号[324022]
电话:(0570)8886807;3832776;3832773
传真:(0570)3832767
供销电话:3832775;3832773
网址:www.qhyh.com
E-mail:yhzl@qhyh.com;
zjyhchem@yahoo.com
【主要产品】1,1-二氟乙烷;1-氟-1,1-二氯乙烷;二氟一氯溴甲烷;二氟甲烷;三氟甲烷;二氯甲烷;三氟乙烷;三氟溴甲烷;二氟二溴甲烷;三氯乙烯;三氯甲烷;四氯乙烯;七氟丙烷;五氟丙烷;六氟丙烷;氟利昂-11;氟利昂-113;1,1-二氯-2,2,2-三氟乙烷;氟利昂-12;氟利昂-142;氟利昂-22;氟里昂-21;四氟二氯乙烷;1-氯-1,2,2,2-四氟乙烷;1,1,1,2-四氟乙烷;五氟乙烷

衢州市台胞投资经贸有限公司

浙江省衢州市松园西二巷52号三楼[324000]
电话:(0570)3086305;13505709670
传真:(0570)3083179
网址:www.tbchemical.com
E-mail:sales@tbchemical.com
【主要产品】氟氢酸;碳酸镍;六氟化硫;二氧化锆;氧化镍;活性炭;硅粉;氯化氢;四氟丙醇;3-吲哚甲醇;衣康酸;酒石酸;L-酒石酸;D-(+)-二苯甲酰酒石酸;D-(+)-二苯甲酰酒石酸一水物;D-(+)-二对甲基苯甲酰酒石酸;D-(+)-二对甲基苯甲酰酒石酸一水物;L-(-)-二苯甲酰酒石酸;L-(-)-二苯甲酰酒石酸一水物;L-(-)-二对甲基苯甲酰酒石酸;L-(-)-二对甲基苯甲酰酒石酸一水物;2-氟异丁酸甲酯;环己酮;二氟甲烷;氟利昂-12;氟利昂-22;叠氮化钠;乙氧氟草醚;四氟丙酸钠;吲哚美辛;白糊精;黄糊精

衢州市兴隆助剂有限公司

浙江省衢州市衢江区廿里镇[324012]
电话:(0570)2963118;2963333
传真:(0570)2963036
网址:www.xl-chem.com;
xl.chemnet.com
E-mail:xlsales@hi2000.com
【主要产品】酒石酸;酒石酸钾钠;酒石酸钾;酒石酸钠;酒石酸锑钾;酒石酸氢钾

衢州市秀晨精细化工有限公司

浙江省衢州市沈家经济开发区南山化工园区11号[324022]
电话:(0570)3375580;13906702277
供销电话:3375365;13357019966
供销传真:3375382
经济类型:股份有限公司
网址:www.xiuchen.com
E-mail:calvin_wang99@hotmail.com
【主要产品】2-氯吡啶;2-氯苯胺;固化剂DADMT;3,3′-二氯-4,4′-二氨基二苯基甲烷

衢州市一川化工有限公司

浙江省衢州市沈家精细化工园区[324022]
电话:(0570)3800097;13757022901
传真:(0570)3375129
供销电话:3800097;3052099
网址:www.yichuanchem.com
E-mail:yichuan@yichuanchem.com
【主要产品】5-硝基水杨醛;L-缬氨醇;L-正缬氨酸;D-正缬氨酸;DL-正缬氨酸;磷酸二苄酯;L-缬氨酸甲酯盐酸盐;L-正缬氨酸乙酯盐酸盐

浙江奥仕化学有限公司

浙江省江山市经济开发区江东区[324123]
电话:(0570)4351991;4351775
传真:(0570)4351772
网址:www.chinaositerchem.com
E-mail:ositer@chinaositerchem.com
【主要产品】涂料助剂;荧光增白剂4BK;荧光增白剂CXT;荧光增白剂PS-1;荧光增白剂PS-2000;荧光增白剂PSD;荧光增白剂PSW-201;荧光增白剂PSM;荧光增白剂VBL;荧光增白剂OS-DT;荧光增白剂OB;荧光增白剂OB-1;荧光增白剂FP-127;荧光增白剂PMB;去油剂;塑料增白剂;造纸增白剂

浙江巨化股份有限公司氟聚厂

浙江省衢州市柯城区[324004]
电话:(0570)3090574;3617214
传真:(0570)3090574
经济类型:股份有限公司
网址:www.jhgf.com.cn/fuju.asp
【主要产品】六氟丙烯;偏氟乙烯;聚全氟乙丙烯树脂;氟橡胶

浙江巨化股份有限公司硫酸厂

浙江省衢州市柯城区花园[324004]
电话:(0570)3094360;3097845;3097746
传真:(0570)3098287　有进出口权
经济类型:股份有限公司
法人代表:刘奇
网址:www.jhlsc.com
E-mail:lsgkw@juhua.com.cn
【主要产品】硫酸(98%);发烟硫酸;氯磺酸;亚硫酸钠;焦亚硫酸钠;二氧化硫(液)

浙江巨州国盛化工有限公司

浙江省衢州市三衢路257号[324002]
电话:(0570)3375339
【主要产品】甲醛

浙江开化盛丰化工有限公司

浙江省开化县封家镇工业园区[324303]
电话:(0570)6041008;(0576)4251288
网址:www.sfchem.cn
E-mail:info@sfchem.cn
【主要产品】2,5-二叔丁基对苯二酚;二乙氨基氯乙烷盐酸盐;促进剂NA-22;促进剂PX;促进剂ZDC;促进剂PZ;促进剂BZ;促进剂ZMBT;防老剂MB

浙江凯圣氟化学有限公司

浙江省衢州市高新技术产业园区[324004]
电话:(0570)3687668;3687298
传真:(0570)3687299
网址:www.kaisn.com
E-mail:zjks@kaisn.com
【主要产品】萤石;萤石粉;无水氟化氢;氟氢酸;氟硅酸

浙江龙游戈德化工有限公司

浙江省龙游县石佛[324405]
电话:(0570)7035588;7035699;
13506706550
传真:(0570)7035088
网址:www.gdchemicals.com
E-mail:sales@gdchemicals.com

【主要产品】多聚磷酸铵;蜜胺包覆聚磷酸铵;环氧树脂包覆型聚磷酸铵

浙江普康化工有限公司

浙江省衢州市开化县华埠镇[324302]
电话:(0570)6032555;13357015399
传真:(0570)6030880
网址:www. bulk-chem. com
E-mail:sales@ bulk-chem. com
【主要产品】4-(2-氨乙基)吗啉;*N*-(2-羟乙基)吗啉;1-羟基乙基-5-巯基四氮唑;*N*-(2-氯乙基)哌啶盐酸盐;1-(2-氨基乙基)哌啶;D-脯氨酸;*N*,*N*-二甲基乙醇胺;*N*,*N*-二异丙基乙二胺;*N*,*N*-二甲基-1,2-乙二胺;1-乙基-3-(3-二甲基氨基丙基)碳化二亚胺盐酸盐;1,2-二乙酰基肼;二异丙氨基氯乙烷盐酸盐;二乙氨基氯乙烷盐酸盐;二甲氨基氯乙烷盐酸盐;4-(3,4-二氯苯基)-1-四氢萘酮;氮杂环丁烷-2-羧酸;1-乙基-5-巯基四氮唑;1-(2-二甲基氨基乙基)-5-巯基四氮唑;1,2,3-三氮唑;5-巯基-1,2,3-三氮唑单钠盐;3-巯基-1,2,4-三氮唑;3-巯基-4-甲基-1,2,4-三氮唑;邻苯二胺对磺酸;1-苯基-5-巯基四氮唑;盐酸舍曲林

浙江衢化氟化学有限公司

浙江省衢州市柯城区[324004]
电话:(0570)3096798
传真:(0570)3098687
供销电话:3096345　　法人代表:叶志翔
供销传真:3097726
经济类型:股份有限公司
网址:www. jhgf. com. cn/fuhua. asp
E-mail:qzfh@ mail. qzptt. zj. cn
【主要产品】无水氟化氢;氟氢酸;二氯甲烷;三氯甲烷;四氯化碳;氟利昂-11;氟利昂-12;氟利昂-22;一氯甲烷

浙江衢州佳盟化工有限公司

浙江省衢州市高新科技园区[324002]
电话:(0570)3097901
传真:(0570)3097901
网址:www. jiamengchem. com
E-mail:sales@ jiamengchem. com
【主要产品】氟碳表面活性剂

浙江衢州门捷化工有限公司

浙江省衢州市沈家经济开发区[324022]
电话:(0570)3830028;3830391;3830392
传真:(0570)3830390
供销电话:13705701932
经济类型:私营企业
网址:www. menjiechem. com
E-mail:sales@ menjiechem. com
【主要产品】2-甲基蒽醌;二氯异氰尿酸钠;2-(4-乙基苯甲酰)苯甲酸;2-乙基蒽醌;2-叔丁基蒽醌;聚合氯化铝

浙江省常山长盛化工有限公司

浙江省常山县生态工业园区[324203]
电话:(0570)5266042;5266979
传真:(0570)5266985　　经济类型:集体
供销电话:13967029632
法人代表:范秀正
【主要产品】2,6-二氯-4-硝基苯胺;2-氯-4-硝基苯胺

浙江省常山县恒达有限责任公司

浙江省常山县天马镇蒲塘村口[324200]
电话:(0570)5010260
传真:(0570)5023185　　职工人数:26 人
经济类型:私营企业　　法人代表:杨叶琳
【主要产品】2-氨基-5,6(6,7)-二氯苯并噻唑;2-氨基-6-硝基苯并噻唑

浙江省龙游绿得农药化工有限公司

浙江省龙游县龙游镇宝塔路 50 号[324400]
电话:(0570)7855226;7855741
传真:(0570)7855806　　法人代表:王文
经济类型:私营企业
网址:www. longyougreenland. com
【主要产品】伏杀磷;杀扑磷;异丙威乳油(20%);噻嗪酮;噻嗪酮可湿性粉剂;杀螨剂;抗蚜威;噁草酮;草甘膦水剂(10%);草甘膦;41% 草甘膦异丙胺盐水剂;禾草灵;禾草灵乳油;噁唑禾草灵;噁唑禾草灵乳油;苯磺隆可湿性粉剂

舟山市

浙江海力生集团有限公司

浙江省舟山市普陀区兴建路 265 号[316000]
电话:(0580)3011708
传真:(0580)3012170
供销传真:3012170
经济类型:有限责任公司
企业规模:大型　　职工人数:1,500 人
网址:www. hailisheng. com
E-mail:hls1@ mail. zsptt. zj. cn
【主要产品】蒙脱石

浙江永跃海洋生物有限公司

浙江省舟山市普陀区浦西开发区新园路 8 号[316101]
电话:(0580)3090555;3090666;13082871109
传真:(0580)3093111
网址:www. yyhysw. com
E-mail:dcsy12345@ 163. com;sales@ yyhysw. com
【主要产品】壳聚糖盐酸盐;壳聚糖;羧甲基壳聚糖;几丁质;D-氨基葡萄糖;D-氨基葡萄糖硫酸钾盐;D-氨基葡萄糖硫酸钠盐

舟山市海星科技服务公司

浙江省舟山市定海环城南路 18 号 201[316100]
电话:(0580)2380601;2380527
经济类型:集体
网址:www. qd888. com/b2b/qybl/vip. asp? id = 1637
【主要产品】除锈剂;磷化剂;除油剂;金属钝化剂

舟山市普陀新兴医药化工厂

浙江省舟山市普陀区朱家尖镇顺母北站[316112]
电话:(0580)6638570
传真:(0580)6639252　　有进出口权
固定资产:9,000 千元
供销电话:6638570;13905803075
经济类型:私营企业　　法人代表:胡道亨
网址:www. 86pharmachem. com
【主要产品】*N*-乙酰氨基葡萄糖;壳聚糖;几丁质;8-氯茶碱;8-溴茶碱;巴咪茶碱;8-苄基茶碱;氨基葡萄糖盐酸盐;氨基葡萄糖硫酸盐

舟山市强弘精细化工有限公司

浙江省舟山市普陀区展茅丰岛开发区[316104]
电话:(0580)6629209;6629210;13906803176
传真:(0580)6629209　　职工人数:102 人
供销电话:6629210;13306802828
经济类型:有限责任公司
网址:www. qianghong. cn;www. cnhydantoin. com
E-mail:qianghong@ hi2000. com
【主要产品】5,5-二甲基海因;盐酸四咪唑;3,5-二硝基邻甲苯甲酰胺;左旋咪唑;1,3-二羟甲基-5,5-二甲基海因;1,3-二氯-5,5-二甲基海因;1,3-二溴-5,5-二甲基海因;1-溴-3-氯-5,5-二甲基海因

舟山造漆厂

江省舟山市定海白泉工业园区[316021]
电话:(0580)8075007;8075077;8075097
传真:(0580)8075057;8075038
经济类型:私营企业
网址:www. zhoushanpaint. com
E-mail:yuwenjuna@ sina. com
【主要产品】工业涂料;重防腐漆;船舶防腐漆

舟山浙东制药厂

浙江省舟山市普陀区东海中路 1130 号[316100]
电话:(0580)23054146;23011483
经济类型:国有
【主要产品】磷酸氯喹;乙胺嘧啶;双嘧达莫;多虑平;二氟尼柳;苯海拉明

台州市

博星化工涂料有限公司

浙江省温岭市东湖工业区[317500]
电话:(0576)8615111;8615222;

86159800
传真:(0576)86159900
职工人数:150人
网址:www.chinaboxin.com
E-mail:boxin@mail.tzptt.zj.cn
【主要产品】汽车漆;高弹性外墙乳胶漆;外墙封闭底漆;亚光内外墙乳胶漆;丙烯酸外墙罩面漆;水性丙烯酸罩光涂料;硅丙水性罩光漆;硅丙外墙乳胶漆;丙烯酸外墙乳胶漆;高级丝光内墙乳胶漆;亚光型内墙乳胶漆;摩托车漆;环氧地坪涂料;瓷釉涂料;聚氨酯金属漆;超耐候氟碳涂料;有机硅防水涂料;瓦面漆;饰面型防火涂料;薄型钢结构防火涂料;防水防霉涂料;万能胶

浙

东港工贸集团有限公司

浙江省台州市椒江区解放北路83号[318000]
电话:(0576)88227958;88804997;88881534
传真:(0576)88227958 有进出口权
供销电话:88887398;88227958
经济类型:有限责任公司
职工人数:950人 法人代表:王云友
网址:www.dankong.com
E-mail:dankong@mail.tzptt.zj.cn
【主要产品】2,2-二甲氧基丙烷;3-己炔-2-醇;异丁酰乙酸甲酯;3-氧代戊酸甲酯;硼酸三甲酯;二异丙基胺锂;二乙基甲氧基硼烷;4-氨基-2-氯-6,7-二甲氧基喹唑啉;*N*-[(1,4-苯并二噁烷-2-基)羰基]哌嗪盐酸盐;3-氨基吡嗪-2-羧酸;灭蝇胺;吗啉噁酮;奈维拉平;美罗培南;诺氟沙星;盐酸诺氟沙星;烟酸诺氟沙星;法罗培南 ;帕尼培南;甲磺酸多沙唑嗪;匹伐他汀钙;罗苏伐他汀钙;阿托伐他汀钙;氟伐他汀钠;盐酸溴已新;盐酸舍曲林;盐酸帕罗西汀;罗匹尼罗盐酸盐;阿加曲班;盐酸非索非那定;阿达帕林;依米培南;马来酸替加罗德

椒江海门万隆橡胶密封件有限公司

浙江省台州市东环大道336号[318000]
电话:(0576)88203835
传真:(0576)88203409
销售收入:30,000千元
职工人数:200人
网址:www.chinawanlong.com;chinawanlong.wjw.cn
【主要产品】橡胶杂品;油封;O形密封圈

临海市金桥化工有限公司

浙江省临海市化学原料药基地临海园区[317016]
电话:(0576)85588068
传真:(0576)85588238
经济类型:股份有限公司
网址:www.jq-chem.com
E-mail:sales@jq-chem.com
【主要产品】丙二酸单乙酯甲酰胺;反式-3-乙氧羰基-4-(4-氟苯基)-1-甲基哌啶-2,6-二酮;反式-4-(4-氟苯基)-3-羟甲基-1-甲基哌啶;甲基帕罗西汀;头孢甲肟;头孢甲肟盐酸盐;替卡西林;膦甲酸钠;牛磺酸;乙柳酰胺;度洛西汀;盐酸帕罗西汀;帕罗西汀碱;氯吡格雷;硫普罗宁;盐酸达泊西汀

临海市先锋化工有限公司

浙江省临海市涌泉镇[317021]
电话:(0576)85686323;85686585
传真:(0576)85686323 有进出口权
供销电话:13676653658
经济类型:有限责任公司
职工人数:150人 法人代表:王文标
网址:www.xfchem.com.cn
E-mail:xianfeng@xfchem.com.cn
【主要产品】甲醇钠;5-溴苯酞;乙酰氯;甲醇钠(甲醇溶液);2-丙烯酰氨基-2-甲基-1-丙磺酸

临海市永固为华涂料有限公司

浙江省临海市括苍镇长坛工业园区[317027]
电话:(0576)85860151;85861051
传真:(0576)85860061
供销传真:85223733 法人代表:金如朋
经济类型:私营企业
网址:www.yongguweihua.com
E-mail:market@yongguweihua.com
【主要产品】金属油罐抗静电防腐涂料;汽车漆;内外墙涂料;建筑涂料;丙烯酸聚氨酯防腐涂料;超耐候丙烯酸溶剂型外墙涂料;聚酯装修漆;自流平环氧地坪涂料;聚氨酯自流平地坪涂料;高氯化聚乙烯防腐涂料;船舶涂料;特种涂料;纳米涂料;砂浆地坪涂料;各色FVC重防腐涂料;防腐涂料;耐酸防腐涂料;工艺品涂料

三门华丽医药化工有限公司

浙江省三门县海游镇悬渚[317100]
电话:(0576)83366266;83366378;83366003
传真:(0576)83366139
法人代表:杨曙忠
网址:www.china-medicament.com
E-mail:huali@mail.tzptt.zj.cn
【主要产品】氰酸钠;氰酸钾;4-硝基苯甲酸;*N*,*N*-二乙基乙醇胺;盐酸普鲁卡因

索力达同步带有限公司

浙江省临海市城南工业园[317000]
电话:(0576)85178560;85177286
传真:(0576)85178288
网址:www.solidbelt.com
E-mail:solid@mail.tzptt.zj.cn
【主要产品】橡胶同步带;聚氨酯同步带;变速带;切割式V带

台州百大医药化工有限公司

浙江省台州市仙居县城关镇工业东路14号[317300]
电话:(0576)87750197
传真:(0576)87750094
供销电话:(0571)85215531
供销传真:(0571)85215530
经济类型:私营企业
网址:www.chinahormone.com
E-mail:info@chinahormone.com
【主要产品】17α-羟基黄体酮;非那甾胺;安宫黄体酮;醋酸甲地孕酮;己酸孕酮;环丙氯地孕酮;氯地孕酮;黄体酮;坎利酮;螺内酯

台州东升医药化工有限公司

浙江省温岭市石桥头工业区[317515]
电话:(0576)86289869;86288960
传真:(0576)86289856 有进出口权
经济类型:有限责任公司
职工人数:100人 法人代表:林祖国
网址:www.chemds.com
E-mail:info@chemds.com
【主要产品】2-氨基-3,5-二溴苯甲醛;邻氯苯乙酮;邻氯乙苯;1-羟乙氧基乙基哌嗪;*N*-甲基-*N*-(2-氯乙基)邻苯甲酰苯甲酰胺;*N*-乙酰氨基葡萄糖;3,5-二溴邻氨基苯甲酸甲酯;3,5-二溴邻氨基苯甲醇;壳聚糖;盐酸克林霉素;盐酸萘福泮;格列吡嗪;环磷酰胺;硝苯地平;盐酸溴已新;盐酸氨溴索;氯丙那林;盐酸氯丙嗪;联苯双酯;盐酸羟嗪;盐酸去氯羟嗪;氨基葡萄糖盐酸盐;D-氨基葡萄糖硫酸钾盐;D-氨基葡萄糖硫酸钠盐

台州复大海洋生物实业有限公司

浙江省温岭市石桥头镇工业区[317515]
电话:(0576)86151318;86151212;86280000
传真:(0576)86151313;86289380
供销电话:86288800;13605861000
网址:www.fudabiochem.com
E-mail:jcg@fudabiochem.com
【主要产品】透明质酸;*N*-乙酰氨基葡萄糖;壳聚糖;羧甲基壳聚糖;几丁质;壳聚寡糖;氨基葡萄糖盐酸盐;D-氨基葡萄糖硫酸钾盐;D-氨基葡萄糖硫酸钠盐

台州海辰药业有限公司

浙江省临海市沿海工业园区[317016]
电话:(0576)85588187;85588683
传真:(0576)85588152
职工人数:200人
网址:www.highsunpharm.com
E-mail:sales@highsunpharm.com;gmb@tzhc.cn
【主要产品】*R*-2-羟基-4-苯基丁酸乙酯;大黄酸;4-甲基-5-甲酰基噻唑;*N*-甲基-2-(2-氨基乙基)吡咯烷;2-噁唑烷酮;格列吡嗪;赖诺普利;利培酮;尼扎

替丁；大黄素；芦荟大黄素；芦荟提取物；大黄酚；大黄素甲醚；双醋瑞因

台州和丰医药化工有限公司

浙江省仙居县城关河埠大桥头［317300］
电话：(0576)87727395；13306586188
传真：(0576)87727338
网址：www. chinachemnet. com/hefeng
E-mail：hefeng2006395@163. com
【主要产品】环丙基甲酮；3-乙酰丙醇；5-氯-2-戊酮；阿夫唑嗪

台州宏盛化学品有限公司

浙江省温岭市淋川镇淋箬路 368 号［317511］
电话：(0576)86677368
传真：(0576)86678125
经济类型：中外合资经营企业
【主要产品】2,3,4,5-四氟-6-氯苯甲酸；2,3,4,5-四氟苯甲酸；3,4,5,6-四氟邻苯二甲酸；四氟邻苯二甲酸酐；2,3,4,5-四氟苯甲酰氯；2,3,4,5-四氟-6-硝基苯甲酸

台州南峰药业有限公司

浙江省仙居县南峰东路 8 号［317300］
电话：(0576)87750728
传真：(0576)87750700
网址：www. chinananfeng. com
E-mail：info@ chinananfeng. com
【主要产品】法尼基丙酮；盐酸苄丝肼；利福昔明；非那甾胺；美屈孕酮；屈螺酮；曲安奈德；地奥明；依普利酮；左尼沙胺；替普瑞酮；维 A 酸；布地奈德；地夫可特；安托卡朋

台州市奥力特精细化工有限公司

浙江省台州市椒江区云西路 147 号［318000］
电话：(0576)88221739；88225757；88221750
传真：(0576)88811295　　有进出口权
供销电话：88808552；88222050
网址：www. special-chem. com
E-mail：charley@ mail. tzptt. zj. cn
【主要产品】2,2-二甲氧基丙烷；2-噻吩乙胺；5-溴吲哚；新戊醛；3-氨基-1,2-丙二醇；2,4,6-三碘-5-氨基间苯二甲酸；对甲基苯硼酸；二碳酸二叔丁酯；*N*-乙烯基吡咯烷酮；3-乙基-4-甲基吡咯啉-2-酮；反式-4-甲基环己胺盐酸盐；叔丁基二甲基氯硅烷；六甲基二硅烷；2,4-噻唑烷二酮；*N*-甲基哌嗪；α-乙酰基-γ-丁内酯；D-(－)-苯甘氨酸邓氏盐；*N*-羟基丁二酰亚胺；四甲基胍；氨噻肟酸；1,2,3-三氮唑；对甲苯肼盐酸盐；2-苯乙基异硫氰酸酯；灭蝇胺；头孢拉定；舒巴坦钠；舒巴坦；舒巴坦匹酯；氟罗沙星；甲苯磺酸舒他西林；美罗培南；头孢曲松钠；非那甾胺；异维 A 酸；依维菌素；1-睾酮；他唑巴坦；他唑巴坦钠；环戊丙酸睾酮；曲安奈德；格列美脲；那格列奈；紫杉醇；氨氯地平；吲达帕胺；特拉唑嗪；伊贝沙坦；坎地沙坦酯；阿夫唑嗪；卡维地洛；新伐他汀；阿伐他汀；舍曲林；西酞普兰；佐匹克隆；拉莫三嗪；雷贝拉唑；奥扎格雷；西替利嗪；氯雷他定；维 A 酸；碘海醇；替勃龙；雷洛西芬；4-二甲氨基吡啶

台州市春泉医化有限公司

浙江省台州市黄岩城柏树家园 8 幢 803 室［318020］
电话：(0576)4291439；13867693727
传真：(0576)4291447
网址：www. chunquanchem. com
E-mail：yxd@ sanlichemical. com
【主要产品】6-溴-2-萘甲酸；2-氯-5-硝基苯酚；5,5′-亚甲基二水杨酸；灭蝇胺；双水杨酸酯；非尔氨酯

台州市大众化工有限公司

浙江省台州市椒江岩头化工开发区［318000］
电话：(0576)88517057
传真：(0576)88882457
经济类型：有限责任公司
【主要产品】2-氨基-5-硝基-2′-氯二苯甲酮；4-氯-4′-羟基二苯甲酮；红霉素琥珀酸乙酯；硫糖铝

台州市丰润生物化学有限公司

浙江省玉环县珠港镇坎门里澳中兴路［317602］
电话：(0576)87501998；87501498
传真：(0576)87502498
网址：www. frbio. com
E-mail：fengrun@ cn-fengrun. com
【主要产品】*N*-乙酰氨基葡萄糖；壳聚糖；羧化壳聚糖；几丁质；氨基葡萄糖盐酸盐；D-氨基葡萄糖硫酸钾盐；D-氨基葡萄糖硫酸钠盐

台州市国雨橡胶制品有限公司

浙江省台州市路桥区新安南街 692 号［318050］
电话：(0576)82448149
传真：(0576)82441526
经济类型：有限责任公司
法人代表：尚才国
E-mail：gyrubber@163. com
【主要产品】橡胶杂品；汽车刮水器胶条；汽车油封

台州市海峰医化有限公司

浙江省台州市椒江区岩头化工开发区［318000］
电话：(0576)88517288；88517388；88732091
传真：(0576)88517089
经济类型：股份合作
网址：www. china-hiday. com
E-mail：sales@ china-hiday. com
【主要产品】对苯丁氧基苯甲酸；异丁酸异丁酯；溴乙烷；溴代十二烷；1-溴丙烷；1-溴丁烷；2-溴丁烷；1,2-二溴乙烷；溴辛烷；2-溴辛烷；1-溴戊烷；2,5-二甲基苯酚；3,5-二甲基苯酚；4-氯-3,5-二甲基苯酚；5-氯-2,2-二甲基戊酸异丁酯；氯乙腈；二氯乙腈；三氯乙腈；盐酸特比萘酚；吉非罗齐

台州市华鼎化工有限公司

浙江省台州市经济开发区［318000］
电话：(0576)88583898；13957688418
传真：(0576)88587373
【主要产品】α-乙基-4-硝基苯乙酸；β-苯甲酰基丙烯酸乙酯；2,3-丁二酮；2-茚酮；*N*-苄基异丙胺；*N*-苄基叔丁胺；*R*-1,2,3,4-四氢异喹啉-3-羧酸；(*S*)-四氢异喹啉-3-*N*-叔丁基甲酰胺；D-苯丙氨酸甲酯盐酸盐；乙酸苄酯

台州市华润制漆有限公司

浙江省台州市路桥区桐屿坝头工业园区［318053］
电话：(0576)82335533；13018823555
传真：(0576)82335577
网址：www. zjhuarun. com
E-mail：sales@ zjhuarun. com
【主要产品】彩色卷钢涂料；耐高温涂料；水溶性涂料；油漆稀释剂

台州市江南橡胶密封件有限公司

浙江省台州市椒江区葭芷葭中路 281 号［318050］
电话：(0576)88225655；88889355；88882486
传真：(0576)88220895
供销电话：88889355；13906578319
职工人数：180 人
网址：www. zj-jn. com
E-mail：info@ zj-jn. com
【主要产品】橡胶杂品；减震用橡胶制品；阻尼橡胶板；医用导管；减震器油封；骨架油封；防尘罩；O 形密封圈

台州市开创化工有限公司

浙江省台州市椒江区江滨大厦东幢 12B［318000］
电话：(0576)88827193；88828907；88820069
传真：(0576)88822496　　有进出口权
供销电话：88827176　　职工人数：85 人
网址：www. creatingchem. com
E-mail：sonya@ creatingchem. com
【主要产品】2,3-二甲氧基-5-甲基-1,4-苯醌；盐酸头孢噻呋；头孢替呋钠盐；比卡鲁胺；盐酸安非他酮；长春瑞宾双酒石酸盐；硫酸长春碱；盐酸舍曲林；盐酸西布曲明；酒石酸托特罗定

台州市融丰医药化工有限公司

浙江省台州市椒江区岩头化工开发园区［318020］
电话：(0576)88516620；13958585353

浙

传真:(0576)88515933
供销电话:88516620;13957683170
职工人数:100 人
网址:www.rongfengpharm.com
E-mail:sales@rongfengpharm.com
【主要产品】氯丁基甲醚;4-(3′-甲基苯基)氨基-3-吡啶磺酰胺;α,α-二甲基苯乙酸;2,6-二氨基嘌呤;反式-4-(4-氟苯基)-3-羟甲基哌啶;(*S*)-4-(4-氨基苄基)-1,3-噁唑-2-酮;佐米曲坦;阿那曲唑;托拉塞米;酒石酸托特罗定;马来酸氟伏沙明

台州市申源化学品有限公司

浙江省台州市椒江区枫山村综合楼二楼[318000]
电话:(0576)888207186
传真:(0576)888206110
经济类型:股份合作 法人代表:邱士宏
网址:www.acid.com.cn
E-mail:sales@acid.com.cn
【主要产品】氢溴酸;硫酸铜;对甲基苯甲醛;乙醚;甲酸;醋酸;氯磷酸二苯酯;一甲胺(40%);二甲胺(40%~50%);*N*,*N*-二甲基甲酰胺;甲酰胺;甲酸铵;甲酸钠;2,2,3,3-四甲基环丙烷羧酸

台州市新东方医化有限公司

浙江省台州市椒江区岩头开发区[318000]
电话:(0576)88517047
传真:(0576)88517049
法人代表:项金虎
网址:www.tzeastchem.com
E-mail:service@tzeastchem.com
【主要产品】2,3-二甲氧基苯甲醛;3,4-二乙氧基苯甲醛;3,4-二甲氧基苄醇;2,3-二羟基苯甲酸;3-甲氧基苯甲酸;3,4-二羟基苯甲酸;3,4-二甲氧基苯甲酸;2,3-二甲氧基苯甲酸;邻乙氧基苯甲酸;3,4-二乙氧基苯甲酸;4-羟基-3-甲氧基苯甲酸;3-羟基-4-甲氧基苯甲酸;3-甲氧基水杨酸;咖啡酸;3,4-二甲氧基肉桂酸;4-羟基-3-甲氧基苯甲酸甲酯;原甲酸四乙酯;对甲基苯丙酮;菲醌;2-甲基-4-甲氧基硝基苯;3-氯苯酚;丁二酰亚胺;2,4-二羟基苯甲酸;3,4-二羟基苯甲醛;间乙氧基苯甲醛;对乙氧基苯甲醛;*N*-氯代丁二酰亚胺;硝苯地平;异香兰素

台州市新华树脂有限公司

浙江省台州市路桥区路南石曲工业区[318050]
电话:(0576)82505783;82505578
传真:(0576)82505614
网址:www.xinhua-resin.com
E-mail:info@xinhua-resin.com
【主要产品】氨基树脂;环氧树脂;醇酸树脂

台州市新日东生物科技有限公司

浙江省台州市椒江区岩头工业区[318000]
电话:(0576)88517133;88517034;88517413
传真:(0576)88517034
供销电话:13906551466
网址:www.xinridong.com
E-mail:ridong@hi2000.com;
rd@xinridong.com
【主要产品】3,3′,5,5′-四甲基联苯胺;阿仑膦酸;异维A酸;替莫唑胺;阿仑磷酸钠;维胺酯;维A酸

台州市兴华真空设备制造有限公司

浙江省台州市经济技术开发区纬五路51号[318000]
电话:(0576)88523678;88523699
传真:(0576)88529009
网址:www.zj-vacuum.com
E-mail:info@cn-vacuum.com
【主要产品】罗茨真空泵;真空泵;蒸汽喷射泵;旋片式真空泵;水环式真空泵;往复式真空泵;水喷射真空泵

台州市知青化工有限公司

浙江省台州市椒江岩头开发区[318000]
电话:(0576)88517240;88517115
传真:(0576)88582636
职工人数:170 人
网址:www.zhiqingchem.com
E-mail:xuxubin@263.net
【主要产品】6-甲氧基-2-丙酰萘;二乙酰鸟嘌呤;2-氨基-6-氯嘌呤;6-氟吲哚;4-硝基吲哚;β-萘甲醚;2-氧环戊基甲酸乙酯;6-甲氧基-2-萘乙酮;4-溴-3,5-二氟苯酚;3-甲基-4-氨基苯磺酰胺;2,3-二甲氧基-5-甲基-1,4-苯醌;*N*-乙酰基-9-[(2-乙酰氧基)乙氧基]甲基鸟嘌呤;头孢他啶侧链酸;2,4,5-三氨基-6-羟基嘧啶硫酸盐;2,4,6-三氨基嘧啶;2-溴-6-甲氧基萘;4-甲氧基苯肼盐酸盐;柳氮磺胺吡啶;DL-萘普生;氯吡格雷硫酸盐

台州市中海医药化工有限公司

浙江省台州市椒江区中山西路490-496号[318000]
电话:(0576)88822983;88822583;13586091615
传真:(0576)88822871
供销电话:88822983;88268066
网址:www.zhonghaiyh.com
E-mail:zhonghai@vip.163.com
【主要产品】硫酸铜;重铬酸钠;氰化亚铜;氰化钠;氰化钾;钨酸钠;过氧化氢;氯气(液);乙二醛;多聚甲醛;叔丁醇;甲苯二异氰酸酯;硫酸二甲酯;四氯化碳;苯酚;丙烯腈

台州市中荣化工有限公司

浙江省台州市淑江区屿崦路71号七楼[318000]
电话:(0576)88698107;88698077
传真:(0576)88698110 有进出口权
经济类型:私营企业 职工人数:100 人
法人代表:沈晓勇
网址:www.zrhg.com.cn
E-mail:lichan_546@163.com
【主要产品】茄尼醇;反式-4-甲基环己基异氰酸酯;3-乙基-4-甲基吡咯啉-2-酮;反式-4-甲基环己胺;异烟酸;6-氨基嘌呤;盐酸头孢噻呋;头孢替呋钠盐;克拉红霉素;利福平;炎痛喜康;异维A酸;依维菌素;异普黄酮;格列美脲;托吡酯;替米沙坦;缬沙坦;伊贝沙坦;洛沙坦;坎地沙坦;奥美沙坦;西尼地平;卡维地洛;洛伐他汀;新伐他汀;盐酸舍曲林;西布曲明;加巴喷丁;尼扎替丁;瑞巴匹特;罗沙替丁;盐酸罗沙替丁醋酸酯;酒石酸托特罗定;维A酸

台州耀业医化有限公司

浙江省台州市路桥区丁岙村[318050]
电话:(0576)82441631;82465331;13905765060
传真:(0576)82446229
供销电话:82441631;13905765060
网址:www.yypharma.com
E-mail:sales@yypharma.com
【主要产品】α-环己基扁桃酸;苯甲酰甲酸甲酯;丁炔胺酯;氟乙醇;苦杏仁酸甲酯;对甲苯磺酸氟乙酯;氟罗沙星;甘露醇烟酸酯;盐酸奥昔布宁;α-氰基丙烯酸乙酯瞬干胶;防老剂2246

天台昌明化学制品有限公司

浙江省天台县平桥镇友谊西路[317203]
电话:(0576)83661858;83669333;83667888
传真:(0576)83662268 有进出口权
供销电话:83661858;83668993
经济类型:中外合资经营企业
网址:www.changming.com.cn
E-mail:zmh@changming.com.cn;
alex@cmchemical.com
【主要产品】*N*-[1-(*S*)-乙氧羰基-3-苯丙基]-L-丙氨酸;三氟乙酰赖氨酸;*N*2-(1-乙氧羰基-3-苯丙基)-N6-三氟乙酰基-L-赖氨酸;*N*,*N*′-羰基二咪唑;依那普利氢化物酸酐;(S,S,S)-2-氮杂双环[3,3,0]辛烷-3-羧酸苄酯盐酸盐;热固性粉末涂料;粉末涂料平滑除气剂;粉末砂纹剂;粉末涂料消光固化剂;液体流平剂;固体流平剂;马来酸依那普利;雷米普利;润滑增光剂;三(环氧丙基)异氰尿酸酯

仙居安德特医药化工厂

浙江省仙居县龙皇山路2号[317300]
电话:(0576)87784056;13606764023
传真:(0576)87784056
【主要产品】氯霉素;硫氰酸红霉素;罗红霉素;盐酸环丙沙星;盐酸左旋氧氟

沙星;帕苏沙星

仙居县鸿燕医药化工有限公司

浙江省仙居县城关镇河埠路66号[317300]
电话:(0576)87750885;87750882
传真:(0576)87750559
网址:www.xjchemind.com
E-mail:sale@xjchemind.com
【主要产品】去氢表雄酮;17α-羟基黄体酮;17α-羟基黄体酮醋酸酯;安宫黄体酮;己酸孕酮;皮甾酮

仙居县力天化工有限公司

浙江省仙居县城关镇城南开发区发展二路2号[317300]
电话:(0576)87750292;13958518268
传真:(0576)87750292
网址:www.cnskychem.com
E-mail:sales@cnskychem.com
【主要产品】表雄酮;甲睾酮;黄体酮;米非司酮;康力龙;康复龙;美雄酮;16α-羟基泼尼松龙;羟基泼尼松龙醋酸酯;布地奈德;美雄诺龙;地索奈德

仙居县绿叶医药原料厂

浙江省仙居县河埠路105号[317300]
电话:(0576)87820355;87820377;13088608290
传真:(0576)87820366　职工人数:68人
供销电话:13506763230
网址:www.greenleafpharm.com
E-mail:xrx@hi2000.com
【主要产品】1,4-雄烯二酮;表雄酮;雄酮;5α-雄烷二醇;地红霉素;异维A酸;炔诺酮;庚酸睾酮;黄体酮;米非司酮;康力龙;康复龙;美雄酮;美睾酮;癸酸诺龙;苯丙酸诺龙;宝丹酮;维A酸;诺龙;美雄诺龙;雄诺龙

玉环密得邦化学有限公司

浙江省台州市玉环县城关镇环东工业区[317600]
电话:(0576)87217888;87223069
传真:(0576)87211326
网址:www.cn-mdb.com
E-mail:info@cn-mdb.com
【主要产品】油性全天候自洁漆;防火涂料;内墙亚光面漆;抗碱封闭底漆;超耐候丙烯酸溶剂型外墙涂料;环保型外墙乳胶漆;亚光型内墙乳胶漆;罩光漆;防霉防潮绝缘涂料;防霉防潮涂饰剂;外墙晴雨漆;绒毛漆;高耐候性外墙涂料;防虫涂料;建筑胶903;聚醋酸乙烯乳液胶黏剂;万能胶;白胶浆;防水嵌缝密封胶;强力地板黏合剂;酸性硅酮玻璃密封胶;搭口胶;附着力促进剂

浙江奥马药业有限公司

浙江省台州市黄岩区下洋顾[318020]
电话:(0576)84058058;84058168;84058028
传真:(0576)84058088　有进出口权
供销电话:84058058;84058028
经济类型:股份合作
网址:www.omachem.com
E-mail:sales@omachem.com
【主要产品】2-氨基-6-羟基嘌呤;二乙酰鸟嘌呤;黄嘌呤;硫鸟嘌呤;D-(+)-甘油醛;L-(-)-甘油醛;D-甘油醛缩丙酮;L-甘油醛缩丙酮;*N*-(4-二氟甲氧基苯基)乙酰胺;乙基雌烯醇;阿昔洛韦侧链;D-α-苯乙胺;L-α-苯乙胺;噻虫啉;甲基多巴;甲基诺龙

浙江保尔力胶带有限公司

浙江省天台县天台经济开发南区[317207]
电话:(0576)83079323
传真:(0576)83077788
网址:www.powerbelt.hxut.com
E-mail:hushuwen1984@hotmail.com
【主要产品】橡胶运输带;橡胶平型传动带;橡胶三角带;切割式V带;胶管

浙江昌明药业有限公司

浙江省天台县赤城街道坡塘工业区[317200]
电话:(0576)83980381;13958508467
传真:(0576)83980300　有进出口权
职工人数:180人
网址:www.cmpharm.com;
www.changmingpharm.com
E-mail:lucy@cmpharm.com;
Zmh@changming.com.cn
【主要产品】赖诺普利;马来酸依那普利;雷米普利;盐酸喹那普利;贝那普利盐酸盐;福辛普利

浙江车头制药有限公司

浙江省仙居县大战农场[317321]
电话:(0576)87641665
传真:(0576)87641988　经济类型:集体
供销传真:(021)63524820　有进出口权
职工人数:300人
网址:www.charioteer.com.cn
E-mail:charioteer@mail.tzptt.zj.cn
【主要产品】2-氨基-6-羟基嘌呤;2-氨基-6-氯嘌呤;6-氟吲哚;5-氟吲哚;6-氯吲哚;6-硝基吲哚;4-硝基吲哚;5-甲氧基吲哚;4-苄氧基吲哚;5-苄氧基吲哚;4-羟基吲哚;8-氟喹啉;5-溴吲哚;1,3-二氧五环;二氯异丙醇;茄尼醇;5-氯吲哚-2-羧酸;吲哚-6-羧酸;丙酮酸;苯基丙酮酸;吲哚-4-羧酸甲酯;α-溴代异丁酸叔丁酯;6-甲氧基-2-萘乙酮;6-甲氧基-2-萘丙酮;硝基乙烷;4-溴-3,5-二氟苯酚;3-甲基-4-氨基苯磺酰胺;3-硝基苄胺;5-硝基吲哚;2,4-二氯苯肼盐酸盐;邻甲基苯肼盐酸盐;DL-邻氯苯甘氨酸;头孢他啶侧链酸活性酯;肼基乙酸乙酯盐酸盐;4-甲基-2-氧代戊酸;吲哚-6-甲醛;4-甲氧基苯肼盐酸盐;4-硝基苯肼盐酸盐;3,5-二甲基苯肼盐酸盐;对氯苯肼盐酸盐;对甲苯肼盐酸盐;4-氟苯肼盐酸盐;5-氯吲哚;齐多夫定;司他夫定;阿昔洛韦;更昔洛韦;泛昔洛韦;盐酸伐昔洛韦;奈维拉平;喷昔洛韦;阿德福韦酯;异丙基安替比林;醋氯芬酸;萘普生;DL-萘普生;萘普生钠;泛癸利酮;硝酸异山梨酯;福多司坦;沙利度胺;氯吡格雷硫酸盐;酮咯酸氨丁三醇;盐酸非那吡啶;卡立普多

浙江大统密封件有限公司

浙江省台州市椒江区工人路西路633号[318000]
电话:(0576)88221849
传真:(0576)88884793
经济类型:股份有限公司
法人代表:王林军
网址:www.tzdt.com
E-mail:datong@tzdt.com
【主要产品】橡胶密封制品;减震器油封;汽车橡胶配件;汽车油封

浙江东亚医药化工有限公司

浙江省台州市黄岩区城关镇王西路191号[318020]
电话:(0576)84285079;84273552;84273812
传真:(0576)84273559　有进出口权
经济类型:有限责任公司
网址:www.east-asiapharmchem.com
E-mail:dongya@mail.tzptt.zj.cn
【主要产品】苯并咪唑-5,6-二羧酸;3,4,5-三甲氧基苯甲酸;2,3,4-三氟硝基苯;左氟羧酸;二氟羧酸;1-乙酰基-4-(4-羟基苯基)哌嗪;β-胸腺嘧啶核苷;顺式溴代酯;2-(2-氨基-4-噻唑基)-2-(甲氧亚氨基)乙酸硫代苯并噻唑酯;2,4-二氯苯乙酮;酮康唑;氟嗪酸;盐酸左旋氧氟沙星;左旋氧氟沙星;氧氟沙星盐酸盐;塞克硝唑;依帕司特;曲美布汀马来酸盐;曲美布汀;硫普罗宁

浙江海川化学品有限公司

浙江省玉环县大麦屿经济开发区滨河路[317604]
电话:(0576)87379261;87379105;13967673033
传真:(0576)87379253　有进出口权
供销电话:13967679611
网址:www.cnhichi.com
E-mail:kkk@cnhichi.com
【主要产品】碘;五氧化二碘;一氯化碘;三氯化碘;碘乙酸钠;碘化钠;碘酸钠;高碘酸钠;碘化钡;碘化钾;碘化铋钾;碘酸钾;高碘酸钾;碘化钴;碘化铅;碘酸铅;碘化锡;碘化铵;碘化亚铜;碘化银;碘化锌;碘酸锌;碘化镉;碘化锂;碘酸锂;碘化铋;碘代乙酰胺;碘乙烷;碘代丁烷;碘代丙烷;碘代戊烷;碘甲烷;二碘甲烷;三碘甲烷;碘乙酸;对碘苯甲酸;间碘苯甲酸;碘酸;高碘酸;对碘苯甲醚

浙江海特橡塑有限公司

浙江省台州市经济开发区开发大道

339 号[318000]
电话:(0576)88165888;88169691;88165666
传真:(0576)88165688
职工人数:400 人
网址:www.zjhaite.com
E-mail:market@zjhaite.com
【主要产品】胶管;减震器及配件;橡胶密封制品;减震器油封;油封;摩托车橡胶配件;汽车橡胶配件;防尘罩;汽车制动皮碗;护套;O 形密封圈

浙江海正药业股份有限公司

浙江省台州市椒江区外沙路46号[318000]
电话:(0576)88827988;88827984
传真:(0576)85270053　有进出口权
供销电话:8827988;8827971
供销传真:8827971　企业规模:大型
经济类型:股份合作　法人代表:白骅
职工人数:3,000 人
网址:www.hisunpharm.com
E-mail:hy@hisunpharm.com
【主要产品】樟脑;7-氨基-3-去乙酰氧基头孢烷酸;阿莫西林;哌拉西林;头孢噻肟钠;头孢氨苄;头孢唑啉钠;头孢拉定;头孢哌酮;头孢羟氨苄;硫酸头孢匹罗;头孢克肟;头孢他啶;妥布霉素;盐酸万古霉素;柔红霉素;舒巴坦钠;司氟沙星;硫酸卷曲霉素;齐多夫定;美罗培南;诺氟沙星;盐酸环丙沙星;依诺沙星;头孢曲松钠;盐酸洛美沙星;甲苯磺酸托氟沙星;莫能霉素;赛利克西;别嘌醇;佐米曲坦;维生素B4;叶酸;氯索龙;吡喹酮;阿佛菌素;依维菌素;他唑巴坦钠;比卡鲁胺;阿卡波糖;环磷酰胺;甲氨蝶呤;头孢泊肟酯;盐酸阿糖胞苷;2′-脱氧-5-氟尿苷;硫酸博莱霉素;盐酸博来霉素;盐酸米托蒽醌;丝裂霉素;长春新碱;长春瑞宾双酒石酸盐;紫杉醇;异环磷酰胺;克拉曲滨;卡铂;更生霉素;盐酸拓扑替康;帕米膦酸二钠;盐酸普罗帕酮;硝酸异山梨酯;伊贝沙坦;盐酸塞利洛尔;洛沙坦钾;甲磺酸多沙唑嗪;洛伐他汀;新伐他汀;普伐他汀;美伐他汀;阿托伐他汀钙;氟伐他汀钠;盐酸舍曲林;西酞普兰氢溴酸盐;盐酸西布曲明;氯硝西泮;盐酸格拉司琼;酒石酸托特罗定;美司那;甲酰四氢叶酸钙;氢溴酸加兰他敏;氯雷他定;腺苷;依替膦酸二钠;D-氨基葡萄糖硫酸钠盐;西司他汀;氟达拉滨磷酸酯;吗替麦考酚酯;丁二酸洛沙平;氨磷汀;氨曲南;他克莫司

浙江华邦医药化工有限公司

浙江省临海市化学原料药基地临海园区[317016]
电话:(0576)85588299;85588289;13905767158
传真:(0576)85588225
网址:www.huananchem.com
E-mail:export@huabangmedical.com
【主要产品】4-氯-2-三氟乙酰基苯胺盐酸盐一水合物;美洛西林钠;阿洛西林;舒巴坦酸;他唑巴坦酸;他唑巴坦钠;普罗布考

浙江华海药业股份有限公司

浙江省临海市汛桥经济开发区[317024]
电话:(0576)85010288;85016086
传真:(0576)85016021;85991062
供销电话:85991124;85016081
经济类型:有限责任公司　有进出口权
企业规模:大型
网址:www.huahaipharm.com
E-mail:hhphar@mail.tzptt.zj.cn
【主要产品】N-甲基羟胺盐酸盐;奈维拉平;伊贝沙坦;卡托普利;赖诺普利;马来酸依那普利;尼莫地平;盐酸多巴酚丁胺;富马酸酮替芬;去羟肌苷

浙江黄岩博泰化工有限公司

浙江省台州市黄岩区大环家园2号楼1906室[318020]
电话:(0576)84126177;84126197
传真:(0576)84126210　职工人数:56 人
法人代表:王敏
网址:www.botaichem.com
E-mail:botai@botaichem.com
【主要产品】4-(3-甲基-2-丁烯氧基)苯甲醛;氯甲酸对硝基苄酯;索法酮;美罗培南侧链;克拉红霉素;红霉素肟;美罗培南;醋氯芬酸;西洛他唑

浙江黄岩澄江精细化工厂

浙江省黄岩江市口化工区大路18号[318020]
电话:(0576)84179038;84179039
传真:(0576)84179039　经济类型:集体
法人代表:贺友德
网址:www.hyfinechem.com
E-mail:hyfinechem@mail.tzptt.zj.cn
【主要产品】特戊酸;特戊酸乙酯;特戊酸甲酯;特戊酸氯甲酯;特戊酸碘甲酯;特戊酰氯;3-邻氯苯基-5-甲基-4-异噁唑酰氯;3-(2,6-二氯苯基)-5-甲基异噁唑-4-甲酰氯;二苯甲酮腙;正戊酰氯;氯唑西林钠;克拉红霉素;双氯西林钠;舒巴坦;他唑巴坦

浙江黄岩东升医药化工有限公司

浙江省台州市黄岩区尚司路21号金顶大厦2楼[318020]
电话:(0576)84292561;84292571;13606826071
传真:(0576)84292560　有进出口权
固定资产:30,000 千元
经济类型:有限责任公司
产值:70,000 千元　职工人数:156 人
销售收入:70,000 千元
法人代表:柯善治
网址:www.yannpharmachem.com
E-mail:yannian@mail.tzptt.zj.cn
【主要产品】氰基硼氢化钠;2-氰基嘧啶;5-溴吲哚;5-溴苯酞;甲氧基胺盐酸盐;5-氰基-1-(4-氟苯基)-1,3-二氢化异苯并呋喃;甲氧亚氨基呋喃乙酸铵;2-氯甲基-3,4-二甲氧基吡啶盐酸盐;2-氯甲基-3-甲基-4-(3-甲氧丙氧基)吡啶;反式对异丙基环己基甲酸;1-(2-嘧啶基)哌嗪;5-甲酰氨基-1-(2-甲酰氧乙基)吡唑;尿嘧啶;2-巯基-4-甲基-5-噻唑乙酸;5-氰基苯酞;右旋氯吡格雷盐酸盐;N,O-二甲基羟胺盐酸盐;1,2,3-三氮唑;2,3-二氯苯甲酰氯;2-氯嘧啶;5-甲氧基色胺;头孢吡肟盐酸盐;头孢匹罗;头孢呋辛;头孢呋辛钠;头孢呋辛酯;他唑巴坦;他唑巴坦钠;异普黄酮;西力士;那格列奈;伊贝沙坦;西酞普兰;西布曲明;佐匹克隆;美乐托宁;潘托拉唑;雷贝拉唑;氯吡格雷;非索非那定;氯雷他定;硫普罗宁;咪喹莫特;雷洛西芬;瓦地那非

浙江黄岩合成化工厂

浙江省台州市黄岩区城关镇黄椒路109-2号[318020]
电话:(0576)84275594;84275578;13906571310
传真:(0576)84275594　经济类型:国有
【主要产品】三氟化硼甲醇络合物;三氟化硼乙醚络合物;三氟化硼醋酸络合物;三氟化硼乙腈络合物;三氟化硼四氢呋喃

浙江黄岩精细化学品集团有限公司

浙江省台州市黄岩城关柔极路5号[318020]
电话:(0576)84276848;84276563;84276688
传真:(0576)84276736;84276530
经济类型:有限责任公司　有进出口权
职工人数:800 人
网址:www.finechemgroup.com
E-mail:office@finechem.zjip.com
【主要产品】硼酸;硫酸肼;硫酸钴;硝酸钴;硝酸镍(六水);氯化亚锡;氯化钴;氯化镍;碳酸钴;碳酸镍;氟化镍;氟化钴;氨基磺酸;硝酸异丙酯;5,6-二甲氧基-1-茚酮;2,5-二甲基苯酚;氨基磺酸钴;氨基磺酸镍;醋酸镍;葡萄糖酸钠;草酸高铁铵;5-氯-2,2-二甲基戊酸异丁酯;2,2-二甲基-5-(2,5-二甲苯氧基)戊酸异丁酯;甲基物;5-磺基水杨酸;3,4-二羟基苯甲醛;对氨磺酰基苯肼盐酸盐;2-氨基-5-甲基噻唑;环丁基甲酸;α,α-二苯基-4-哌啶甲醇;2-氨基嘧啶;2-氯嘧啶;环丁基甲酰氯;硫酸镍;硫酸亚锡;美洛昔康;罗非西布;DL-萘普生;盐酸胺碘酮;非诺贝特;吉非罗齐;盐酸奈法唑酮;多奈哌齐;盐酸非索非那定;咖啡酸苯乙酯;醋酸钴;酸性脱脂剂;光亮清洗剂;中温封闭剂;铝材成膜剂;无铬成膜剂;酸性砂面剂

浙江黄岩三力化工厂

浙江省台州市黄岩区王西路 213 号[318020]
电话:(0576)84273870;84273944;13957625101
传真:(0576)84291447
网址:www.sanlichemical.com
E-mail:sales@sanlichemical.com
【主要产品】6-溴-2-萘甲酸;2-氯-5-硝基苯酚;*N*,*O*-双(三甲基硅基)乙酰胺;2,3-二氯-5,6-二氰基-1,4-苯醌;灭蝇胺;双水杨酸酯;磷酸依托泊苷;非尔氨酯

浙江黄岩生物工程有限公司

浙江省台州市黄岩经济开发区大闸路 28 号[318000]
电话:(0576)84178188;84178111
传真:(0576)84179777
经济类型:有限责任公司
E-mail:hysw@mail.tzptt.zj.cn
【主要产品】L-酒石酸;三甲基氢醌;维生素 E 粉;克拉红霉素;维生素 E

浙江黄岩先灵化工厂

浙江省台州市黄岩区黄椒路 109 号[318020]
电话:(0576)84275503
传真:(0576)84275503
供销电话:84275708
经济类型:股份合作
【主要产品】琥珀酸;*N*-羟基丁二酰亚胺;*N*-溴代丁二酰亚胺

浙江黄岩浙东橡胶助剂有限公司

浙江省台州市黄岩区城关山亭新村 6 号[318020]
电话:(0576)84223588;84111112;13705768123
传真:(0576)84211218　有进出口权
供销电话:84215196;84222427
网址:www.zhedongauxiliary.com
E-mail:zd@zhedongauxiliary.com
【主要产品】交联剂 TAIC;抗氧剂;抗氧剂 300;硅烷偶联剂 KH-858;促进剂 CZ;促进剂 DM;促进剂 DZ;促进剂 M;促进剂 NA-22;促进剂 NOBS;促进剂 PX;促进剂 TETD;促进剂 ZDC;橡胶促进剂;促进剂 PZ;促进剂 BZ;促进剂 DTDM;促进剂 TMTM;促进剂 TRA;促进剂 ZMBT;橡胶促进剂 TDEC;橡胶防老剂;防老剂 2246;防老剂 4010NA;防老剂 BLE;防老剂 DNP;防老剂 MB;防老剂 RD;防老剂丁;防老剂 AW;防老剂 DFC-34;防老剂 SP-C;防老剂 998;防老剂 NBC;硫化剂 VA-7

浙江黄岩中兴香精香料有限公司

浙江省台州市黄岩江品轻化区永灵路 4 号[318020]
电话:(0576)84179161;13957680876
传真:(0576)84174667　有进出口权
E-mail:trade@zxff.com
【主要产品】溴乙酸乙酯;乙酸叔丁酯;氯乙酸叔丁酯;乙酸柏木酯;3-羟基己酸乙酯;对羟基苯甲醇;左旋香芹酮;菠萝甲酯;甲基柏木烯酮;紫罗兰酮;甲基柏木醚;甲基环戊烯醇酮

浙江尖峰海洲制药有限公司

浙江省临海市江滨路 2 号[317000]
电话:(0576)85283272;85283072;85119072
传真:(0576)85281643
经济类型:有限责任公司
网址:www.jianfeng.com.cn;www.chinahaizhou.com
E-mail:zjhz@ppp.tzptt.zj.cn
【主要产品】舒巴坦;牛磺酸;愈创甘油醚;愈创木酚磺酸钾;愈创木酚

浙江江北药业有限公司

浙江省台州市椒江区章安街道东埭码头[318017]
电话:(0576)88786543;88786518
传真:(0576)88786538　有进出口权
固定资产:60,000 千元
供销电话:88786668;88786518
经济类型:股份合作　职工人数:200 人
网址:www.jiangbei.com
E-mail:trade@jiangbei.com;admin@jiangbei.com
【主要产品】洛伐他汀;新伐他汀

浙江椒江制药厂

浙江省台州市椒江区工人路 260 号[318013]
电话:(0576)88881040;88881382
传真:(0576)88881382　有进出口权
经济类型:股份合作
【主要产品】盐酸克林霉素;诺氟沙星;卡马西平

浙江精进药业有限公司

浙江省台州市黄岩经济开发区大闸路 9 号[318020]
电话:(0576)84160008
传真:(0576)84160000
职工人数:128 人
网址:www.excelpharma.com
E-mail:sales@excelpharma.com
【主要产品】硝酸异丙酯;2,5-二甲基苯酚;5-氯-2,2-二甲基戊酸异丁酯;2,2-二甲基-5-(2,5-二甲苯氧基)戊酸异丁酯;甲基物;5-磺基水杨酸;对氨磺酰基苯肼盐酸盐;2-氨基-5-甲基噻唑;环丁基甲酸;α,α-二苯基-4-哌啶甲醇;环丁基甲酰氯;美洛昔康;DL-萘普生;赛利克西;盐酸胺碘酮;非诺贝特;吉非罗齐;盐酸奈法唑酮

浙江九洲药业股份有限公司

浙江省台州市椒江区外沙路 99 号[318000]
电话:(0576)88827714
传真:(0576)88827559　有进出口权
供销电话:88827714;88827610
经济类型:股份有限公司
网址:www.jiuzhou-pharma.com
E-mail:zbjz@mail.tzptt.zj.cn
【主要产品】间氯苯乙酮;5-氨基-1,2,3-噻二唑;2-氨基-3-氰基-5-甲基噻吩;噻苯隆;盐酸特比萘酚;磺胺间二甲氧嘧啶;磺胺-6-甲氧嘧啶;磺胺间甲氧嘧啶钠;柳氮磺胺吡啶;诺氟沙星;盐酸氨丙啉;酮基布洛芬;酮基布洛芬赖氨酸盐;依托度酸;异维 A 酸;阿苯哒唑;三氯苯哒唑;格列齐特;盐酸万拉法新;盐酸丁洛地尔;赖诺普利;盐酸喹那普利;苯扎贝特;吉非罗齐;丙咪嗪;盐酸氟西汀;盐酸帕罗西汀;加巴喷丁;卡马西平;无溴卡马西平;奥卡西平;拉莫三嗪;氟他胺;氯吡格雷

浙江科盛染料化工有限公司

浙江省台州市椒江区三山化工区[318013]
电话:(0576)88312578;88312591;13905769351
传真:(0576)88312543
法人代表:陶建伟
网址:www.zhongkesheng.com
E-mail:kesheng@hi2000.com
【主要产品】4-(*N*,*N*-二乙氨基)水杨醛;5-氨基水杨酸;5-氨基苯并咪唑酮;大红色基 LG;分散黄 8GFF;分散荧光橙 2GFL;分散荧光红 2GL;分散荧光桃红 BG;分散荧光桃红 FBS;分散荧光绿 5G;分散荧光黄 Ⅱ;分散荧光黄 10GN;荧光橘红 GG;荧光红 BK;荧光红 GK

浙江丽晶化学有限公司

浙江省台州市椒江区滨海路 81 号[318000]
电话:(0576)88517095;88517096
传真:(0576)88517175
网址:www.regenchem.com
E-mail:regenkm@163.com;regen@regenchem.com
【主要产品】乐卡地平主环;乐卡地平侧链;更昔洛韦;万乃洛韦;乐卡地平;盐酸氟西汀;阿托莫西汀;三氯对称二苯脲;甘宝素;吡啶硫酮锌;吡啶硫酮钠;吡啶硫酮铜;抗氧剂 1790

浙江燎原药业有限公司

浙江省临海市沿海工业园区[317016]
电话:(0576)85300870;85300990;85300829
传真:(0576)85302808　有进出口权
供销电话:85300829;85308861
经济类型:有限责任公司
职工人数:220 人
网址:www.liaoyuan.com.cn
E-mail:alanzp@liaoyuan.com.cn
【主要产品】2-噻吩甲醇;2-噻吩乙醇;2-乙酰噻吩;2-噻吩乙胺;2-噻吩甲胺;2-噻吩甲醛;1,2-亚甲二氧基苯;3,4-亚

浙

甲二氧基苯胺;3,4-二乙氧基苯乙酸;3,4-二甲氧基苯乙酸;3,4-二甲氧基苯乙胺;1-甲基-3-苯基哌嗪;3,4-二乙氧基苯乙胺;3,4-二甲氧基苯乙腈;1-(2-噻吩基)-1-丙酮;米氮醇;4,5,6,7-四氢噻吩[3,2-c]吡啶盐酸盐;*N*-(3,4-二乙氧基苯乙基)-3,4-二乙氧基苯乙酰胺;5-甲酰氨基-1-(2-甲酰氧乙基)吡唑;*S*-(-)-*N*,*N*-二甲基-3-羟基-3-(2-噻吩)丙胺;*S*-(+)-*N*,*N*-二甲基-3-(1-萘氧基)-3-(2-噻吩)丙胺;氨噻肟酸苯并三唑酯;3,4-二甲氧基苯胺;三氟醋柳酸;度洛西汀盐酸盐;盐酸氟西汀;米氮平;拉莫三嗪;噻氯匹定盐酸盐;苯磺酸阿曲库铵

浙

浙江荣康密封件有限公司

浙江省台州市经济开发区纬五路126号[318000]
电话:(0576)88523508;88523566
传真:(0576)88523506
职工人数:200人
网址:www.rkoilseals.com/ccontact.htm
E-mail:sales@rkoilseals.com
【主要产品】橡胶杂品;减震用橡胶制品;工业橡胶零件;油封;摩托车橡胶配件;汽车橡胶配件;汽车制动皮碗;O形密封圈

浙江润康药业有限公司

浙江省台州市黄岩区大闸路[318020]
电话:(0576)84177900;84178216;84179898
传真:(0576)84178238 有进出口权
经济类型:股份合作 法人代表:李文秀
网址:www.chinarunkang.com
E-mail:manager@chinarunkang.com
【主要产品】甲砜胺;D-对甲砜基苯丝氨酸乙酯;环丙羧酸;甲砜霉素;甲砜霉素甘氨酸酯盐酸盐;氟洛芬;盐酸蒽诺沙星;环丙沙星;盐酸环丙沙星;乳酸环丙沙星;沙拉沙星盐酸盐;双氟沙星盐酸盐;地克珠利

浙江三维橡胶制品有限公司

浙江省三门县沙田洋开发区[317100]
电话:(0576)83371361;83371053;83371778
传真:(0576)83371060
网址:www.three-v.com
E-mail:zjsw@mail.tzptt.zj.cn
【主要产品】轮胎;橡胶运输带;橡胶平型传动带;橡胶同步带;变速带;橡胶三角带;窄V带;切割式V带;多楔带;橡胶六角带;胶管

浙江山峪染料化工有限公司

浙江省台州市椒江区三山化工区[318013]
电话:(0576)88312517;88312577;88312600
传真:(0576)88312618;88312609
经济类型:联营企业 有进出口权
职工人数:280人 法人代表:陶国来
网址:www.shanyu.com
E-mail:shanyu@shanyu.com
【主要产品】分散染料;分散嫩黄6GSL;分散黄5GR;分散黄HG;分散橙HGL;分散大红G-S;分散红2B;靛蓝

浙江神洲药业有限公司

浙江省仙居县穿城南路14号[317300]
电话:(0576)87784451;87773305;13905865658
传真:(0576)87774559 经济类型:集体
供销电话:87784451;13906555099
有进出口权 职工人数:150人
法人代表:王均良
网址:www.shenzhoupharma.com
E-mail:xjzy2@mail.tzptt.zj.cn
【主要产品】17α-羟基孕烯醇酮;妊娠烯醇酮;妊娠双烯醇酮;去氢黄体酮;单烯醇酮醋酸酯;萘丁美酮;炔孕酮;黄体酮;达那唑;坎利酸钾;醋酸去氧皮质酮;去氧皮质酮;去氧皮质酮新戊酸酯;坎利酮;螺内酯

浙江省黄岩利民电镀材料有限公司

浙江省台州市黄岩区桔乡大道442号[318020]
电话:(0576)84257719;84257889;13906573366
传真:(0576)84254630
固定资产:10,000千元
供销电话:84254630;84257719
经济类型:股份合作 法人代表:柯元和
网址:www.csec-mp.com/zsq/Hyzx/hylm1.htm
E-mail:hylimin@mail.tzptt.zj.cn
【主要产品】润湿剂;除锈剂;锌钙磷化液;快速磷化液;磷化剂;常温磷化剂;低温磷化液;除油剂;无氰镀锌添加剂DE;聚二硫二丙基磺酸钠;碱性锌酸盐无氰镀锌光亮剂;硫酸盐镀锌光亮剂;镀镍光亮剂;镀镍光亮剂791;快速镀镍光亮剂;电镀光亮剂;酸性光亮镀锡添加剂;镍铁合金光亮剂;低氰镀锌光亮剂;碱性镀锌光亮剂;镀锌层超低铬彩色钝化剂;钢铁件常温发黑剂;镀锡光亮剂;氯化钾(钠)镀锌光亮剂;镀锌光亮剂;去铜剂;脱漆脱塑剂

浙江省三门解氏化学工业有限公司

浙江省三门县六敖镇巡检司[317100]
电话:(0576)83410626;83410660
传真:(0576)83410737 有进出口权
经济类型:有限责任公司
职工人数:500人 法人代表:解建法
网址:www.xieshichem.com
E-mail:sales@xieshichem.com
【主要产品】2-氯-6-氟苯甲醛;2-氯-4-氟苯甲醛;3-氯-4-氟苯甲醛;对氟苯甲醇;邻氟苯甲醇;间氟苯甲醇;3,5-二氟苯甲醇;2,4-二氟苯甲醇;邻氟苯甲醚;2-氟-5-硝基苯甲酸;对氟苯甲酸;间氟苯甲酸;2-氯-4-氟苯甲酸;3-氯-4-氟苯甲酸;2,3-二氟苯甲酸;邻氟苯乙酸;2,4-二氟苯乙酸;2-氯-4-氟苯腈;3-氯-4-氟苯腈;3-溴-4-氟甲苯;3,4-二氟溴苯;3,5-二氟溴苯;2,4-二氟溴苯;2-氯氟苯;对氯氟苯;间氯氟苯;邻氟溴苯;4-溴氟苯;间溴氟苯;1,3-二溴-5-氟苯;3,5-二氯-4-氟硝基苯;2,4-二氟甲苯;3,4-二氟甲苯;3-氯-4-氟甲苯;五氟苯甲酰氯;2,3,4-三氟硝基苯;3,4-二氟硝基苯;2,4-二氟硝基苯;2-氟硝基苯;4-氟苯酚;2-氟苯酚;2,4-二氟苯酚;2,3-二氟苯酚;2,5-二氟苯酚;3-氯-4-氟苯酚;2-氯-4-氟苯酚;4-氯-2-氟苯酚;5-氟-2-甲基苯胺;4-氟-2-甲基苯胺;2-氯-4-氟苯胺;4-氯-2-氟苯胺;3-氯-4-氟苯胺;4-氟苯胺;2,6-二氟苯腈;邻氟苯甲酰氯;对氟苯甲酰氯;间氟苯甲酰氯;2,4-二氯氟苯;3,4-二氯氟苯;1,2-二氟苯;1,3-二氟苯;1,4-二氟苯;2-氟苯胺;3-氟苯胺;2,6-二氟苯胺;2,4-二氟苯胺;3,4-二氟苯胺;2,5-二氟苯胺;对氟苯甲腈;邻氟苯腈;间氟苯腈;2,6-二氯氟苯;3-氟苯酚;2-溴-4-氟甲苯;4-氟-3-硝基苯甲酸;2-氯-6-氟苯腈

浙江省三门县康宁化工有限公司

浙江省三门县甲岙龟山[317100]
电话:(0576)83375888;83375688;13906550505
传真:(0576)83375868
网址:www.knchem.com
E-mail:yjl@knchem.com
【主要产品】4-氨基-5-氯-2-乙氧基苯甲酸;2-氨甲基-4-(4-氟苄)吗啉;1,1-环己基二乙酸单酰胺;1,1-环己基二乙酸;碘代物;4-(1-羟基-1-甲基乙基)-2-丙基-1H-咪唑-5-羧酸乙酯;3,3-亚戊烯基-4-丁内酰胺;盐酸胺碘酮;奥美沙坦;咪达唑仑;加巴喷丁;枸橼酸莫沙必利;噻氯匹定盐酸盐;氯吡格雷硫酸盐

浙江省台州市椒江天一化工厂

浙江省台州市椒江区岩头工业区[318000]
电话:(0576)88517351;13957699728
传真:(0576)88517000 有进出口权
经济类型:股份合作 法人代表:王祝义
网址:www.tianyichem.com
E-mail:ty@tianyichem.com
【主要产品】2,3,5-三氯吡啶;5-氯-2,3-二氟吡啶;1,4-环己二酮;3,5-二氟溴苯;对硝基溴苄;2,4-二氟硝基苯;4-氰基-3,5-二氟苯酚;2,3-二氟苯酚;3,4-二氟苯酚;1-(2,3-二氯苯基)哌嗪盐酸盐;2,3-二氟苯胺;3,5-二氟苯胺;2-噁唑烷酮;*N*,*N*-二甲氧羰酰乙基苯胺;*N*-乙基-*N*-甲氧羰酰乙基苯胺;4-

硝基苯甲醇；伏杀磷；氟胺氰菊酯；伏虫隆；萎锈灵；噁草酮；炔草酯；L-鼠李糖；槲皮素

浙江省天台沪天胶带有限公司

浙江省天台县三合镇下路工业区[317207]
电话：(0576)83080988；83080688
传真：(0576)83080666
网址：www. hutian. com
E-mail：webmaster@ hutian. com
【主要产品】聚氯乙烯软管；橡胶运输带；橡胶三角带；汽车三角带；输水胶管

浙江省天台三信化工有限公司

浙江省天台县城关镇坡塘[317200]
电话：(0576)83738971
传真：(0576)83738938　职工人数：40 人
网址：www. sanxinchem. com
E-mail：mwq76@ hotmail. com
【主要产品】噻菌灵；罗红霉素；阿奇霉素；吡喹酮；阿拉瑞林；米力农；氨力农；加压素；去氨加压素；盐酸溴己新；盐酸氨溴索；盐酸氯丙那林；硫辛酸；联苯双酯；奥曲肽；盐酸去氯羟嗪；胸腺五肽；曲普瑞林；D-氨基葡萄糖；催产素；生长抑素；戈那瑞林

浙江省天台塑粉总厂

浙江省天台县高新产业园区[317208]
电话：(0576)3938028；3938030；13706547335
传真：(0576)3938029
供销电话：3938028；3938029
网址：www. zj-sufen. com
E-mail：anronghua@ 163. net
【主要产品】热固性粉末涂料

浙江省天台县富华塑胶有限公司

浙江省天台县经济开发区(亭头)[317207]
电话：(0576)83087888；83087818；83087808
传真：(0576)83087819
供销电话：83087999；83087808
网址：www. zjfh. com
E-mail：wlp@ zjfh. com
【主要产品】聚氯乙烯软管；纤维增强 PVC 软管；聚氯乙烯螺旋管；钢丝增强 PVC 软管；PVC 透明管；聚氯乙烯管件；塑料螺旋管；橡胶运输带；橡胶平型传动带；橡胶同步带；橡胶三角带；吸水胶管；高压胶管；橡胶杂品；铁路道枕橡胶垫；橡胶轮廓标；汽车缓冲块；消防水带

浙江省仙居华康医药化工有限公司

浙江省仙居县穿城南路6号[317300]
电话：(0576)87778937；87751138；87751187
传真：(0576)87813396；87779973
供销电话：13819630208
供销传真：87751187　法人代表：赵建军
网址：www. huakangchem. com
E-mail：huakang@ hi2000. com
【主要产品】反式-4-甲基环己基异氰酸酯；3-乙基-4-甲基吡咯啉-2-酮；反式-4-甲基环己胺；反式-4-甲基环己胺盐酸盐；格列美脲；左尼沙胺；L-高精氨酸盐酸盐

浙江省仙居县晨阳化工厂

浙江省仙居县工业东路9号[317300]
电话：(0576)87750189；13906553310
传真：(0576)87750081；87723889
供销电话：13906556173
网址：www. 86xy. com. cn
E-mail：sales@ 86xy. com. cn
【主要产品】氯霉素；罗红霉素；盐酸诺氟沙星；盐酸环丙沙星；盐酸左旋氧氟沙星；氧氟沙星盐酸盐

浙江省仙居县福利无机化工厂

浙江省仙居县城南工业区发展二路二号[317300]
电话：(0576)87774656；87756768
固定资产：3,000 千元　职工人数：50 人
法人代表：郑洪星
网址：www. fuli-chem. com
E-mail：xjzhxx@ mail. tzptt. zj. cn
【主要产品】硫酸钴；硫酸镍；硝酸钴；硝酸镍(六水)；氯化钴；氯化镍；对氯苯基异氰酸酯；醋酸钾；醋酸镍；异辛酸钾；2-乙基己酸锰；异辛酸铅；异辛酸钴；2-乙基己酸锌；环烷酸钙；环烷酸钴；环烷酸铅；环烷酸锌；环烷酸锰；环烷酸镍；涂料催干剂 LC802；环烷酸铜；醋酸钴；无色促进剂

浙江省仙居县康博化工厂

浙江省仙居县城关化工园区[317300]
电话：(0576)87797311；13968537111
传真：(0576)87797311
【主要产品】氯霉素；甲砜霉素；硫氰酸红霉素；诺氟沙星；盐酸环丙沙星；盐酸左旋氧氟沙星；氧氟沙星盐酸盐；卡巴匹林钙

浙江省仙居县美克化工厂

浙江省仙居县穿城南路 140 号[317300]
电话：(0576)87769018；87759200；13706543054
传真：(0576)87759200
【主要产品】异维 A 酸；孕二烯酮；去氧孕烯；左尼沙胺；替普瑞酮；硫普罗宁；阿维 A 酯；维 A 酸；阿曲汀；阿达帕林

浙江省仙居县南门医药原料化工厂

浙江省椒江市仙居县穿城南路6号[317300]
电话：(0576)87783352
传真：(0576)87783352
法人代表：陈封田
【主要产品】舒巴坦酸；去氧皮质酮

浙江省仙居县腾洲化工厂

浙江省仙居县城南开发区[317300]
电话：(0576)87784215；13906553959
传真：(0576)87778046
【主要产品】硫酸卡那霉素；硫氰酸红霉素；罗红霉素；盐酸蒽诺沙星；诺氟沙星；盐酸诺氟沙星；盐酸环丙沙星；氧氟沙星盐酸盐

浙江省仙居县通用橡胶密封件厂

浙江省仙居县横溪工业区曹店新村[317312]
电话：(0576)87072635；13506763900
传真：(0576)87072635
网址：www. taizhoucom. net/xjty
【主要产品】橡胶密封胶条；骨架油封；O 形密封圈

浙江省仙居县欣宏医药化工有限公司

浙江省仙居县双溪二级电站[317305]
电话：(0576)87777451；87777452；13906553910
传真：(0576)87777970
供销电话：87777452；13906555221
网址：xh. chemnet. com
E-mail：zoulj@ mail. tzptt. zj. cn
【主要产品】葡萄糖酸钠；葡萄糖酸铜；葡萄糖酸-δ-内酯；肌醇；葡萄糖酸亚铁；葡萄糖酸；葡萄糖酸锌；葡萄糖酸钾；葡萄糖酸镁；葡萄糖酸锰；葡萄糖酸钙

浙江省玉环县星光防腐阀门厂

浙江省玉环县栈台工业区[317610]
电话：(0576)87451139；87451998；13306768139
传真：(0576)87455329　经济类型：集体
供销电话：87451139；87455329
法人代表：龚陈斌
网址：www. yhfm. cn
E-mail：gcb@ yhfm. cn
【主要产品】精密过滤器；球阀；胶管截止阀；蝶阀；闸阀

浙江圣达药业有限公司

浙江省天台县人民东路大桥旁[317200]
电话：(0576)83881111；83993696
传真：(0576)83993731　有进出口权
经济类型：与港澳台商合资经营
职工人数：170 人
网址：www. sd-pharm. com
E-mail：sdyy@ mail. tzptt. zj. cn
【主要产品】二氧化锰；1-氯甲基萘；(*S*)-

浙

(－)-2-氯丙酸;反式-4-环己基-L-脯氨酸;间甲基苯硼酸;对碘苯甲酸乙酯;(*S*)-(－)-2-氯丙酸甲酯;2-氧环戊基甲酸乙酯;4-溴-2-羟基苯乙酮;5-氟-2-羟基苯乙酮;1-(2,4-二氯苯基)-2-(1-咪唑基)乙醇;3,5-二(三氟甲基)苯乙酮;吗啉噁酮;硝酸咪康唑;维生素H;替莫唑胺;安非他酮;福辛普利;奈法唑酮;法莫替丁

浙江司太立制药有限公司

浙江省仙居县城关三桥[317300]
电话:(0576)87721162;87728307
传真:(0576)87728308　有进出口权
供销电话:87721162;1390586506
经济类型:私营企业　法人代表:胡锦生
网址:www. starrypharm. com
E-mail:sales@ starrypharm. com
【主要产品】5-氨基-2,4,6-三碘-*N*,*N*′-二(2,3-二羟基丙基)-1,3-苯二甲酰胺;5-乙酰胺基-2,4,6-三碘-*N*,*N*′-双(2,3-二羟基丙基)-1,3-苯二甲酰胺;美罗培南;盐酸左旋氧氟沙星;左旋氧氟沙星;左氧氟羧酸;帕苏沙星;甲磺酸帕珠沙星;法罗培南;碘海醇;碘氟醇;碘帕醇;碘普罗胺;碘克沙醇

浙江台州海神制药有限公司

浙江省台州市黄岩王西路37号[318020]
电话:(0576)84275202;84275203;84275222
传真:(0576)84275212
职工人数:200人
网址:www. xinhuachem. com;www. hisyn. cn
E-mail:xinhuachem@ hi2000. com
【主要产品】*N*-叔丁氧羰基甘氨酸;5-氨基-2,4,6-三碘-*N*,*N*′-二(2,3-二羟基丙基)-1,3-苯二甲酰胺;5-乙酰胺基-2,4,6-三碘-*N*,*N*′-双(2,3-二羟基丙基)-1,3-苯二甲酰胺;灭蝇胺;碘海醇;碘氟醇

浙江台州海翔医药化工有限公司

浙江省台州市椒江区外沙支路100号[318000]
电话:(0576)88828009;88828058;88828158
传真:(0576)88828096;88828228
供销电话:88828001;88828045
经济类型:私营企业　有进出口权
网址:www. hisoar. com
E-mail:jjrh@ mail. tzptt. zj. cn
【主要产品】环丙乙炔;6-甲氧基-2-萘甲醛;1,2,3-三甲氧基苯;3-氨基-2,6-二甲基吡啶;4,4′-二氟二苯甲醇;透明质酸;2-氯-6-甲基烟酸;5-氯-6-羟基烟酸;2-甲氧基烟酸;2-氯烟酸;6-氯烟酸;5,6-二氯烟酸;6-羟基烟酸;6-甲基烟酸甲酯;间氯苯乙酮;3,5-二羟基苯乙酮;2-氨基-2′,5-二氯二苯甲酮;2-氨基-5-硝基-2′-氯二苯甲酮;环丙基甲酮;4-硝基-3-三氟甲基苯胺;尼氟酸;3-氨基苯乙酮;3,5-二乙酰氧基苯乙酮;3,5-二苄氧基苯乙酮;3-羟基苯乙酮;2-氯-3-氰基吡啶;6-甲氧基-2-(4-甲氧苯基)苯并噻吩;环丙胺;2-氯-3-氨基吡啶;2-氯-3-氨基-4-甲基吡啶;异丙基氯甲基碳酸酯;3-乙酰氨基苯乙酮;3-硝基苯乙酮;甲基吡啶磷;甲砜霉素;甲砜霉素甘氨酸酯盐酸盐;甲砜霉素棕榈酸酯;氟洛芬;盐酸克林霉素;克林霉素磷酸酯;盐酸克林霉素棕榈酸酯;奥塞米韦;美罗培南;环丙沙星;莫西菌素;卡洛芬;盐酸曲马多;氯索龙;匹格列酮盐酸盐;比卡鲁胺;瑞格列奈;米格列奈;伏格列波糖;米格列醇;那格列奈;氟伐他汀钠;吗氯贝胺;联苯双酯;布美他尼;氟尼辛葡甲胺;甘草黄酮;阿克他利;吡咯他尼;氨磷汀;依米培南;布帕伐醌;阿托伐醌

浙江台州海橡密封件有限公司

浙江省台州市经一路233号(台州经济开发区)[318000]
电话:(0576)88203100;88207429;88207428
传真:(0576)88207348
供销电话:88207429;88207801
经济类型:有限责任公司
法人代表:丁一凡
网址:www. rejister. com;www. cnhxmfi. com
E-mail:hx@ hxmfi. com
【主要产品】橡胶杂品;减震器及配件;减震器油封;骨架油封;防尘罩;O形密封圈;异形密封圈

浙江台州清泉医药化工有限公司

浙江省仙居县城关穿城南路3号[317300]
电话:(0576)87772379
传真:(0576)87789006　有进出口权
供销电话:87772379;87786566
经济类型:有限责任公司
网址:www. qqpharm. com
E-mail:xjhchgc@ mail. tzptt. zj. cn
【主要产品】2-乙酰基呋喃;吡咯;*N*-甲基吡咯;*N*-甲基吡咯烷;呋喃;2-氨甲基吡啶;3-氨甲基吡啶;3,4-二氢吡喃;四氢吡喃;2-氨甲基哌啶;环己基甲醛;四氢糠醇;2-甲基环己醇;1,4-环己二醇;对叔丁基环己醇;1,4-环己二甲酸;2-呋喃甲酸;四氢糠酸;环己甲酸甲酯;异烟酸乙酯;2-糠酸甲酯;2-糠酸乙酯;2-四氢糠酸甲酯;2-四氢糠酸乙酯;4-哌啶甲酸乙酯;1,3-丙二胺;反式-4-氨基环己醇;2-甲基四氢呋喃;糠胺;2-四氢糠胺;环己甲酸;反式对异丙基环己基甲酸

浙江台州市金田医药化工有限公司

浙江省台州市椒江区云西路12号[318000]
电话:(0576)88850180;88220078
传真:(0576)88888308
供销电话:88517258;8517415
E-mail:tzjt@ mail. tzptt. zj. cn
【主要产品】2-氨基-6-羟基嘌呤;2,3,4,5-四氟苯甲酸;一氯醋酸甲酯;二氯醋酸甲酯;氯霉素右旋氨基物;2,3,4,5-四氟-6-硝基苯甲酸;氯霉素;甲砜霉素;盐酸克林霉素;克林霉素磷酸酯;利福平;酮康唑;盐酸蒽诺沙星;诺氟沙星;盐酸环丙沙星;氟嗪酸

浙江天台福达医药化工有限公司

浙江省天台市城关丰泽路197号[317200]
电话:(0576)83993086
传真:(0576)83993715
固定资产:30,000千元
经济类型:股份有限公司
职工人数:156人
网址:www. fdpharm. com
E-mail:sales@ fdpharm. com
【主要产品】2-氨基-3,5-二溴苯甲醛;二苯甲醇;*α*,*β*-二溴丁二酸;2,6-二氯-5-氟烟酰乙酸乙酯;对硝基溴苄;反式-4-氨基环己醇;2,6-二氯-5-氟烟酸;左旋苯甘氨酰胺;*N*-氯代邻苯二甲酰亚胺;硫酸软骨素;盐酸氨溴索;氨溴索;氨基葡萄糖盐酸盐;D-氨基葡萄糖硫酸钾盐;D-氨基葡萄糖硫酸钠盐

浙江天台药业有限公司

浙江省天台县城关丰泽路[317200]
电话:(0576)83993765;83993512;83993758
传真:(0576)83993748;83993765
经济类型:有限责任公司　有进出口权
职工人数:380人
网址:www. ttpharm. com
E-mail:ttpharmajz@ hi2000. com
【主要产品】霉菌氧化物;7-ANCA;7-TACA;7-氨基-3-氯-3-头孢环-4-羧酸;头孢克罗;盐酸克林霉素;克林霉素磷酸酯;盐酸克林霉素棕榈酸酯

浙江天新药业有限公司

浙江省天台县丰泽路215号[317200]
电话:(0576)83993819;83993659;13905860368
传真:(0576)83993869　有进出口权
供销电话:83993819;13958501873
经济类型:有限责任公司
法人代表:许江南
网址:www. txpharm. com
E-mail:info@ txpharm. com
【主要产品】3-羟基-2-甲基苯甲酸;2-甲基-3-氨基苯甲酸;2-甲基-3-硝基苯甲酸;3-乙酰氧基-2-甲基苯甲酸;D-苯丙氨酸;DL-苯丙氨酸;4-甲基-5-乙氧基噁唑;扑湿痛;萘普生;萘普生钠;维生素B6;L-苯丙氨酸;抗坏血酸棕榈酸酯

浙江天宇药业有限公司

浙江省台州市黄岩区江口化工开发区[318020]
电话:(0576)84172828;84177669;84179462
传真:(0576)84172669　法人代表:林洁
固定资产:10,000 千元
供销电话:84177669;13806573669
经济类型:私营企业　职工人数:126 人
网址:www. tianyuchem. com
E-mail:tianyu@ tianyupharma. com
【主要产品】4′-溴甲基-2-氰基联苯;4′-甲基联苯-2-羧酸;氯甲酸-1-氯乙酯;1-氯乙基环己基碳酸酯;4′-甲基联苯-2-羧酸甲酯;4′-溴甲基联苯-2-羧酸甲酯;1,3,5-三氯苯;对甲硫基间甲苯酚;2,6-二氯苯胺;2,4,6-三氯苯胺;*N*,*N*′-二异丙基碳酰亚胺;*N*,*N*′-二环己基碳二亚胺;2,6-二氯苯腈;2-氰基-4′-甲基联苯;4-氨基-2-氯-6,7-二甲氧基喹唑啉;2-氯甲基-3,5-二甲基-4-甲氧基吡啶盐酸盐;2-正丙基-4-甲基-6-(1′-甲基苯并咪唑-2-基)苯并咪唑;2-丁基-4-氯-5-甲酰基咪唑;*N*-(三苯基甲基)-5-(4′-甲基联苯-2-基)四氮唑;*N*-(三苯基甲基)-5-(4′-溴甲基联苯-2-基)四氮唑;2-丁基-1,3-二氮杂螺环[4,4]壬-1-烯-4-酮盐酸盐;L-缬氨酸甲酯盐酸盐;2,6-二氯硝基苯;倍硫磷;倍硫磷乳油(50%);替米沙坦;缬沙坦;伊贝沙坦;洛沙坦钾;坎地沙坦;坎地沙坦酯

浙江同丰医药化工有限公司

浙江省临海市汛桥镇[317024]
电话:(0576)85991250;85991251
传真:(0576)85010026　有进出口权
经济类型:股份合作
网址:www. tongfengchem. com
E-mail:tongfeng@ tongfengchem. com
【主要产品】2-乙基苯并呋喃;吡唑;3,5-二溴-4-羟基苯甲酸;2,4,6-三氯苯甲酸;4′-溴甲基联苯-2-甲酸叔丁酯;6-溴-2-萘甲酸甲酯;1,3,5-三氯苯;1,2,4,5-四氯苯;1,2,3,5-四氯苯;3,5-二氯溴苯;2-甲氧基-4-硝基甲苯;4-甲基-3-硝基苯甲醚;*N*-甲基邻苯二胺盐酸盐;2,4,6-三氯苯胺;2,4,6-三氯苯基马来酰亚胺;辛酰肼;双(乙烯砜基)丙醇;*N*-3-[3-(1-哌啶甲基)苯氧基]丙胺;3-(1-哌啶甲基)苯酚;2,4,6-三氯苯肼;6-氨基嘌呤;3-甲基黄酮-8-羧酸;2-(1-金刚烷基)-4-溴苯甲醚;2-(1-金刚烷基)-4-溴苯酚;6-[3-(1-金刚烷)-4-甲氧基苯基]-2-萘甲酸甲酯;6-氟-3-(4-哌啶基)-1,2-苯并异噁唑盐酸盐;双(乙烯砜基)甲烷;5-氨基-1-羟乙基吡唑;阿达帕林;培美曲塞二钠盐

浙江仙居捷大医药化工有限公司

浙江省仙居县南峰南路24号[317300]
电话:(0576)87750900;87750871;87750872
传真:(0576)87750508;87773192
网址:www. xjjieda. com
E-mail:info@ xjjieda. com;sales@ xjjieda. com
【主要产品】19-去甲基-5(10)-雄甾烯-3,17-二酮;5-雄烯二酮;4-雄烯二酮;妊娠烯醇酮;17α-羟基黄体酮;氢化可的松半琥珀酸酯;氢化可的松琥珀酸钠;氢化泼尼松琥珀酸钠;氟甲喹;己酸孕酮;甲睾酮;黄体酮;硫酸普拉睾酮钠;福美斯坦

浙江仙居君业医药化工有限公司

浙江省仙居县城关河埠大桥北200米[317300]
电话:(0576)87821310;87750188;87750166
传真:(0576)87750188
固定资产:20,000 千元
供销电话:13905865368
职工人数:150 人
网址:www. junyepharm. com
E-mail:junye@ junyepharm. com
【主要产品】5-雄烯二醇;4-雄烯二醇;5-雄烯三醇;4-雄烯三酮;19-去甲基-4-雄烯二酮;19-去甲基-5(10)-雄甾烯-3,17-二酮;5-雄烯二酮;1,4-雄烯二酮;19-去甲基-4-雄烯二醇;表雄酮;5α-雄烷二醇;17α-甲基-5α-雄烷二醇;5α-雄烷二酮;安宫黄体酮;甲地孕酮;炔诺酮;醋酸炔诺酮;1-睾酮;甲睾酮;庚酸睾酮;十一酸睾酮;癸酸睾丸素;米非司酮;康力龙;康复龙;美雄酮;苯丙酸睾酮;环戊丙酸睾酮;美睾酮;癸酸诺龙;苯丙酸诺龙;美替诺龙;美替诺龙庚酸酯;氧甲氢龙;宝丹酮;宝丹酮十一烯酸酯;群勃龙;群勃龙醋酸酯;甲基氢化泼尼松;醋酸甲泼尼龙;诺龙;替勃龙;美雄诺龙;雄诺龙

浙江仙居康牧医药原料化工厂

浙江省仙居县城北西路305号[317300]
电话:(0576)87752156;13906553867
传真:(0576)87728637
供销电话:87752156;13362660777
网址:www. kangmuchem. com
E-mail:sales@ kangmuchem. com
【主要产品】氯霉素;甲砜霉素;强力霉素;盐酸蒽诺沙星;诺氟沙星;盐酸诺氟沙星;环丙沙星;盐酸环丙沙星;氟嗪酸;氟甲喹

浙江仙居仙乐药业有限公司

浙江省仙居县穿城南路5号[317300]
电话:(0576)87789188;87750303
传真:(0576)87793388
经济类型:股份有限公司
职工人数:200 人
网址:www. xianle. com
E-mail:sales@ xianle. com
【主要产品】17α-羟基黄体酮醋酸酯;17α-羟基-1α,2α-亚甲基孕甾-4,6-二烯-3,20-二酮醋酸酯;氟孕酮;环丙氯地孕酮;四烯物;地塞米松;醋酸地塞米松;地塞米松磷酸钠;倍他米松

浙江仙居县四达医药化工厂

浙江省仙居县城关通垟巷4-3号[317300]
电话:(0576)87733103;13906555136
传真:(0576)87733408
供销电话:87733103;13586203220
【主要产品】硫氰酸红霉素;罗红霉素;盐酸诺氟沙星;盐酸环丙沙星;氟嗪酸;安宫黄体酮;黄体酮

浙江仙一橡胶密封件有限公司

浙江省仙居县城关管山工业区[317300]
电话:(0576)87731765;13967611118
传真:(0576)87731788
网址:www. xian-yi. com
E-mail:xianyi@ xian-yi. com
【主要产品】汽车塑料配件;农用车辆轮胎;摩托车轮胎;油封;摩托车橡胶配件;防尘罩;O 形密封圈

浙江新东海医药化工有限公司

浙江省台州市椒江区外沙路118号[318000]
电话:(0576)88827558;88531297
传真:(0576)88827574　有进出口权
经济类型:有限责任公司
职工人数:300 人
网址:www. donghaichem. com
E-mail:donghaichem@263. net
【主要产品】3-(*N*-苯基-*N*-甲基)氨基丙烯醛;D-酒石酸;D-(－)-酒石酸二甲酯;L-(＋)-酒石酸二甲酯;D-(－)-酒石酸二异丙酯;L-(＋)-酒石酸二异丙酯;L-(＋)-酒石酸二乙酯;D-(－)-酒石酸二乙酯;3-乙基-4-甲基吡咯啉-2-酮;2,2′-二硝基联苄;反式-4-甲基环己胺;D-苯丙氨酸;7-氨基-3-去乙酰氧基头孢烷酸;邻氯苦杏仁酸;1-乙基-2-氨甲基四氢吡咯;*S*-(－)-*N*-乙基-2-氨甲基吡咯烷;格列美脲;舒必利;卡马西平;奥氮平

浙江新花蝶化工有限公司

浙江省台州市椒江区外沙工业区[318000]
电话:(0576)88828188;88828079
传真:(0576)88828083;88063102
网址:www. huadiedyes. com
E-mail:gmw@ mail. tzptt. tzptt. zj. cn
【主要产品】4-(*N*,*N*-二乙氨基)水杨醛;十一烷酸;巴豆酸;巴豆酸甲酯;巴豆酸乙酯;巴豆酸酐;巴豆酰氯;肉桂基氯;2-氨基-4-硝基苯酚;3,4-二甲氧基苯乙腈;2-氨基-5-巯基-1,3,4-噻二唑;三氟乙醇;三苯基膦;3,4-二甲氧基苯胺;十一酸睾酮;盐酸氨溴索;克罗米

通；异香兰素

浙江新农化工股份有限公司

浙江省仙居县杨府三里溪[317300]
电话：(0576)87733616
传真：(0576)87733619　有进出口权
供销电话：87733678；87733630
供销传真：87733631；87733621
经济类型：有限责任公司
网址：www.xinnongpesticide.com
E-mail：xnche.m@163.com
【主要产品】1,3-环已二酮；六氢哒嗪；3,4-二氯苯胺；*N*-(1-乙基丙基)-3,4-二甲基苯胺；*O*,*O*-二乙基硫代磷酰氯；1-苯基-3-羟基-1,2,4-三唑；5-氨基-2-氯-4-氟苯硫基乙酸甲酯；苯肼；苯肼盐酸盐；2,3-二甲基苯胺；3,4-二甲基苯胺；2,6-二甲基苯胺；2-氯-4-氨基甲苯；三唑磷；三唑磷乳油；毒死蜱；毒死蜱乳油；毒死蜱颗粒剂；噻唑锌；二甲戊乐灵；二甲戊乐灵乳油；双草醚；22%吡·毒乳油；毒·氯乳油；毒·唑磷乳油

浙江银河药业有限公司

浙江省仙居县白塔镇[317317]
电话：(0576)87012157
传真：(0576)87011037
经济类型：有限责任公司
法人代表：童舜火
网址：www.yinhepharm.com
E-mail：zjyhyyyxgs@easyeb.net
【主要产品】β-谷甾醇；植物甾醇；阿魏酸；阿魏酸钠；谷维素；牙周宁

浙江鱼童发达造漆有限公司

浙江省温岭市松门镇礁山北路78号[317511]
电话：(0576)86628028；86628888
传真：(0576)86628026
经济类型：股份合作
网址：www.yutongpaint.com
E-mail：fadayouqi@vip.163.com
【主要产品】Y53-31红丹油性防锈漆；食品容器内壁无毒涂料；沥青船底防污漆；醇酸清漆；C03-3各色醇酸调合漆；醇酸面漆；各色醇酸船舱漆；C53-31红丹醇酸防锈漆；C53-33锌黄醇酸防锈漆；C54-31各色醇酸耐油漆；磷化底漆；丙烯酸类面漆；铁红环氧酯底漆；环氧三防绝缘漆；环氧云铁防锈漆；厚膜型环氧地坪涂料；环氧沥青管道底漆；环氧铁红车间底漆；846环氧沥青厚浆防锈漆；环氧玻璃鳞片漆；聚氨酯导电漆；聚氨酯面漆；有机硅耐热漆；氯化橡胶涂料；各色氯化橡胶面漆(原浆型)；各色氯化橡胶水线漆；无机硅酸锌底漆；绒面涂料；酚醛漆稀释剂；101氯化橡胶漆稀释剂；醇酸漆稀释剂；环氧漆稀释剂；丙烯酸漆稀释剂；沥青漆稀释剂

浙江宇仁新材料有限公司

浙江省三门县工业园区[317100]
电话：(0576)83350128；83350188；13362607111
传真：(0576)83350555　职工人数：70人
固定资产：20,000千元
网址：www.cnyuren.com
E-mail：sales@cnyuren.com
【主要产品】硅酸乙酯；甲基三氯硅烷；一甲基二氯硅烷；二甲基二氯硅烷；三甲基一氯硅烷；六甲基氧二硅烷；甲基三乙酰氧基硅烷；聚硅酸乙酯；硅烷偶联剂KH-602；γ-氯丙基甲基二甲氧基硅烷

浙江玉环塑胶化工实业有限公司

浙江省玉环县漩门工业区[317608]
电话：(0576)87206572；87204473
传真：(0576)87206001
供销电话：87204472；87206572
职工人数：300人
网址：www.chinalonghe.com
E-mail：web@chinalonghe.com
【主要产品】汽车用胶管；煤气胶管；输油胶管；编织胶管；减震器及配件；汽车橡胶配件；汽车密封条；橡胶鞋底

丽水地区

遂昌金恒化工有限公司

浙江省遂昌县妙高镇金岸工业园区[323300]
电话：(0578)8196606
经济类型：有限责任公司
法人代表：金旭龙
【主要产品】环丙胺

遂昌希顺炭业有限公司

浙江省遂昌县官碧路71号[323300]
电话：(0578)8171515
传真：(0578)8171516
经济类型：私营企业
网址：www.zjcesun.com
E-mail：hhf@zjcesun.com；ssy@zjcesun.com
【主要产品】活性炭

浙江晨龙橡胶集团有限责任公司

浙江省缙云县壶镇镇溪东北路158号[321404]
电话：(0578)3158589；3158688；3158988
传真：(0578)3158999
供销电话：3158589；3160688
经济类型：有限责任公司
法人代表：吕普龙
网址：www.chenlongrubber.com
E-mail：chenlong@chenlongrubber.com
【主要产品】橡胶制品；橡胶示警筒；橡胶杂品；防眩板；橡胶垫；橡胶轮廓标；汽车缓冲块；胶鞋

浙江龙鑫化工有限公司

浙江省龙泉市杨连[323700]
电话：(0578)7128190；7115888；7121754
传真：(0578)7123261；7121784
固定资产：60,000千元　法人代表：姜鑫
供销电话：7122044；7123302
经济类型：有限责任公司
职工人数：390人
网址：www.longhuachem.com
E-mail：lh@hi2000.com
【主要产品】过氧化氢；松油醇；氢化松油醇；乙酸松油酯；二氢乙酸松油酯；乙基黄原酸钠；正丁基黄原酸钠；松醇油

浙

安 徽 省

合肥市

安徽爱迪尔涂料有限责任公司

安徽省合肥市高新技术产业开发区红枫路25号[230088]
电话:(0551)5329877;8683037
传真:(0551)5328677
经济类型:有限责任公司
网址:www.ahideal.com
E-mail:ideal@ahideal.com
【主要产品】内墙涂料;外墙涂料;水性外墙涂料;溶剂型丙烯酸罩光漆;浮雕漆;真石漆;高级丝光内墙乳胶漆;亚光型内墙乳胶漆;聚酯树脂漆类;水性底漆;水性罩光漆;防霉内墙乳胶漆;溶剂型外墙漆;抗裂弹性腻子;水性环保腻子

安徽贝克药业有限公司

安徽省合肥市长江西路306号和信大厦A座505室[230031]
电话:(0551)5167062
传真:(0551)5171062
网址:www.bcpharm.com
E-mail:xlzhang5@mail.hf.ah.cn;
zxl@bcpharm.com
【主要产品】2-脱氧-D-核糖;氯乙基氯甲基醚;亚磷酸三异丙酯;薄荷脑;β-胸腺嘧啶核苷;齐多夫定;司他夫定;阿昔洛韦;更昔洛韦;奈维拉平;茚地那维;阿德福韦;阿德福韦酯;帕罗西汀;拉米夫定;地丹诺辛;氯雷他定;薄荷素油

安徽丰乐农化有限责任公司

安徽省合肥市合裕路胡岗[230011]
电话:(0551)5572086;5571314
传真:(0551)5571834
有进出口权
经济类型:有限责任公司
网址:www.fengle-agrochem.com
E-mail:flnh5322153@sina.com
【主要产品】吡虫啉悬浮剂;高效氯氰菊酯;高效氯氰菊酯乳油;27%高氯苯油;氟虫腈;烯酰吗啉;50%烯酰吗啉可湿性粉剂;毒死蜱;毒死蜱乳油;福·克悬浮种衣剂;多·福·克悬浮种衣剂;多·福悬浮种衣剂;多·福·甲枯悬浮种衣剂;丙环唑乳油;戊唑醇;异噁草酮;阿特拉津胶悬剂;草甘膦水剂(10%);草甘膦;41%草甘膦异丙胺盐水剂;异噁草松;异噁草松乳油;百草枯水剂;氟磺胺草醚水剂;烟嘧磺隆;噁唑禾草灵;噁唑禾草灵乳油;噁唑禾草灵水乳剂;苯磺隆;苯磺隆可湿性粉剂;噻吩磺隆;噻磺隆可湿性粉剂;噻吩磺隆干悬浮剂;精喹禾灵;精喹禾灵乳油;乳氟禾草灵乳油;高效氟吡甲禾灵;高效氟吡甲禾灵乳油;福·菌核可湿性粉剂;锰锌·烯酰可湿性粉剂;丁·噁乳油;辛·氰乳油;噻磺·乙可湿性粉剂;42%二甲戊·莠悬浮剂;精喹禾·乙乳油;溴·敌乳油;苄·乙可湿性粉剂;乙·异噁松乳油;咪乙烟·异噁松乳油;草除·精喹乳油;35%氟磺胺·精喹·异噁松乳油;氯·灭微乳剂;拌·福可湿性粉剂;噻·杀单可湿性粉剂;阿维·高氯微乳剂

安徽丰乐香料有限责任公司

安徽省合肥市蜀山经济开发区创业大道4号[230031]
电话:(0551)5315313;5310809;5310822
传真:(0551)5316868　　有进出口权
经济类型:有限责任公司
网址:www.fengleperfume.com
E-mail:sales@fengleperfume.com
【主要产品】薄荷脑;大蒜油

安徽国风集团有限公司

安徽省合肥市长江东路46号[230001]
电话:(0551)4322111
传真:(0551)4322088　　经济类型:国有
企业规模:大型
网址:www.guofeng.com
E-mail:guofeng@mail.hf.ah.cn
【主要产品】超细重质碳酸钙;塑料薄膜;塑料板片材;塑胶制品;挤出塑料管材

安徽国风塑业股份有限公司

安徽省合肥市国家高新技术产业开发区天智路36号[230001]
电话:(0551)5336123;5336168
传真:(0551)5336777　　有进出口权
经济类型:股份有限公司
企业规模:大型
法人代表:郑忠勋
网址:www.guofeng.com/xsgs/gfgs.htm
E-mail:guofeng@mail.hf.ah.cn
【主要产品】塑料薄膜;双向拉伸聚丙烯薄膜;塑料管;丙烯腈-丁二烯-苯乙烯板;注塑制品

安徽海丰精细化工股份有限公司

安徽省合肥市金寨路1084号[230022]
电话:(0551)3660059;3660002;13505516544
传真:(0551)3634190
经济类型:国有
有进出口权　　职工人数:1,000人
法人代表:方立贵
网址:www.ahhf.com.cn
E-mail:ahhf@ahhf.com.cn
【主要产品】亚氨基二乙酸;N-甲基吡咯烷酮;N-月桂基吡咯烷酮;N-辛基吡咯烷酮;α-吡咯烷酮;N-乙基-2-吡咯烷酮;1,3-苯二胺;双甘膦;γ-丁内酯;山梨醇;草甘膦;麦芽糖醇;聚乙烯吡咯烷酮

安徽合雅精细化工有限公司

安徽省合肥市长丰县双墩镇双三公路[231131]
电话:(0551)6395388
传真:(0551)6394006;6394007
经济类型:中外合资经营企业
有进出口权
网址:www.ahheya.com
E-mail:sxia@ahheya.com
【主要产品】酞菁绿G;永固紫RL;预分散颜料

安徽华亚实业股份有限公司

安徽省合肥市龙岗工业区[231633]
电话:(0551)7671851;7672851;7673851
传真:(0551)7677851
网址:www.huayafangshui.com
【主要产品】氯化聚乙烯防水卷材;氯化聚乙烯-橡胶共混防水卷材;三元乙丙橡胶防水卷材;SBS改性沥青防水卷材;APP改性沥青防水卷材;沥青复合胎柔性防水卷材

安徽金泰农药化工有限公司

安徽省合肥市双凤大道107号[231131]
电话:(0551)6371666;13855112666
传真:(0551)4233602
供销电话:4233653
网址:www.jtlb.com
E-mail:jintai@mail.hf.ah.cn
【主要产品】2-氯-5-氯甲基吡啶;哒螨灵;哒螨灵乳油;阿维菌素乳油;三唑磷乳油;吡虫啉;吡虫啉可湿性粉剂;高效氯氰菊酯乳油;氰戊菊酯乳油;啶虫脒;啶虫脒乳油;12.5%烯唑醇可湿性粉剂;乙磷铝可湿性粉剂;腈菌唑乳油;三环唑可湿性粉剂;41%草甘膦异丙胺盐水剂;氟乐灵乳油;百草枯;百草枯水剂;苯磺隆可湿性粉剂;硫·三环可湿性粉剂;辛·氰乳油;毒·氯乳油;福·酮可湿性粉剂;阿维·哒乳油;阿维·哒可湿性粉剂

安徽联科化工有限责任公司

安徽省合肥市合裕路1491号[230011]
电话:(0551)4491458;13905602398
传真:(0551)4490983
经济类型:有限责任公司
网址:www.ahlkchem.com
【主要产品】草酸锂;草酸钠;草酸钾;草酸亚铁;草酸亚锡;草酸镍;草酸锶;草

皖

酸铜;草酸铵;草酸高铁铵;草酸钡

安徽氯碱化工集团有限责任公司

安徽省合肥市郎溪路10号[230011]
电话:(0551)4533124;4531863;4523074
传真:(0551)4533340;4532955
供销电话:4532224 企业规模:大型
经济类型:有限责任公司
职工人数:2,937人 法人代表:李学文
网址:www.acacg.com
E-mail:acacg@acacg.com
【主要产品】盐酸;烧碱;烧碱(固体);离子膜烧碱;连二亚硫酸钠;三氯化铁;三氯化铁(无水);次氯酸钠;氧气;氯气(液);溶解乙炔;三氯甲基碳酸酯;双甘膦;杀虫单;杀虫双;草甘膦;聚氯乙烯树脂;糊状聚氯乙烯树脂(EPVC型);尼龙1010

皖

安徽省肥东县太子山化工有限责任公司

安徽省合肥市肥东县石塘镇[231609]
电话:(0551)7451198;7451179
传真:(0551)7451198
经济类型:有限责任公司
网址:www.ahtzs.com.cn
E-mail:chinsong197@sohu.com
【主要产品】硫酸;过磷酸钙

安徽省恒锐新技术开发有限责任公司

安徽省合肥市高新区长江西路669号[230088]
电话:(0551)5329591;5237018
传真:(0551)5329592 有进出口权
经济类型:有限责任公司
网址:www.horae.chem.cn
E-mail:sales@horaechina.com
【主要产品】D-脯氨酸;DL-胱氨酸;D-胱氨酸;DL-半胱氨酸盐酸盐;DL-半胱氨酸盐酸盐一水物;D-缬氨酸;DL-缬氨酸;L-正缬氨酸;DL-色氨酸;*N*-乙酰-DL-色氨酸;L-丝氨酸;D-丝氨酸;DL-丝氨酸;D-丙氨酸;氨基乙腈盐酸盐;乙酰氨基丙二酸二乙酯;*β*-丙氨酸;D-苯丙氨酸;DL-苯丙氨酸;L-缬氨酸甲酯盐酸盐;亚甲氨基乙腈;D-赖氨酸盐酸盐;D-亮氨酸;DL-精氨酸盐酸盐;D-精氨酸;D-精氨酸盐酸盐;D-天门冬氨酸;环丝氨酸;L-苏氨酸;D-苏氨酸;D-丙氨酸甲酯盐酸盐;D-酪氨酸;D-组氨酸;D-谷氨酸;L-盐酸鸟氨酸;DL-赖氨酸;DL-丝氨酸甲酯盐酸盐;D-丝氨酸甲酯盐酸盐;L-苯丙氨酸;L-苯丙氨酸盐酸盐;*N*-乙酰-DL-苯丙氨酸;L-苯丙氨酸叔丁酯盐酸盐;L-色氨酸;D-色氨酸;D-别苏氨酸;D-色氨酸甲酯盐酸盐;L-高苯丙氨酸;D-高苯丙氨酸;L-高苯丙氨酸盐酸盐;L-高丝氨酸;L-高精氨酸盐酸盐

安徽省化工研究院

安徽省合肥市阜阳北路363号[230041]
电话:(0551)5527899
传真:(0551)5524269 经济类型:国有
供销电话:5527958 有进出口权
网址:www.ahrici.com;
www.ahrici.com.cn
【主要产品】哒螨灵;阿维菌素;三唑磷;吡虫啉;噻嗪酮;灭多威;硫双灭多威;氯氰菊酯;高效氯氰菊酯乳油;啶虫脒;丁醚脲;烯唑醇;烯酰吗啉;乙膦铝;醚菌酯;毒死蜱;多菌灵;丙环唑;三唑酮;腈菌唑;戊唑醇;代森锰锌;噁醚唑;甲霜灵;嘧霉胺;多效唑

安徽省庆云医药化工有限公司

安徽省合肥市双凤大道中市工业区[231131]
电话:(0551)6391062;6391125;13505695656
传真:(0551)6391097
固定资产:4,000千元
网址:www.qingyunchem.com
E-mail:klyyah@163.com;
qyyhg@126.com
【主要产品】氨来占诺;雷诺嗪;盐酸艾司洛尔;多沙唑嗪;匹伐他汀钙;罗苏伐他汀钙;左羟丙哌嗪;厄多司坦;甲酰四氢叶酸钙

安徽微纳生命科学技术开发有限公司

安徽省合肥市经济技术开发区民营科技园[230601]
电话:(0551)3823398;3823388
传真:(0551)3823399 职工人数:50人
网址:www.vnalife.com
E-mail:info@vnalife.com
【主要产品】对溴氯苯;舒必利;盐酸舒托必利;盐酸氯丙嗪

合肥安邦化工有限公司

安徽省合肥市东郊龙岗工业区[230011]
电话:(0551)4327738;7675711;13605601386
传真:(0551)7675711
网址:www.anbangchem.com
E-mail:anbang@anbangchem.com
【主要产品】二甲基丙烯酸乙二醇酯;三羟甲基丙烷三甲基丙烯酸酯;对二氯苄;*N*,*N*′-亚甲基双丙烯酰胺;交联剂TAIC;乙烯基三(2-甲氧基乙氧基)硅烷;2-丙烯酰氨基-2-甲基-1-丙磺酸

合肥东风化工总厂

安徽省合肥市长江东路407号[230011]
电话:(0551)6395088;13965127819
传真:(0551)6377516 有进出口权
供销电话:13805516447
经济类型:股份合作 法人代表:陶玉国
网址:www.oxalic-cn.com
E-mail:hfdfgcp@mail.hf.ah.cn
【主要产品】硫酸钠;草酸;甲酸钠

合肥东南化工机械有限公司

安徽省合肥市西市区合作化南路9号[230022]
电话:(0551)5132727-3122
传真:(0551)5116442 经济类型:国有
职工人数:685人
网址:www.hlrx.com/com/?ID=5132727
【主要产品】化工设备

合肥飞建化工有限责任公司

安徽省合肥市北二环汴河路东段[230011]
电话:(0551)4213593
传真:(0551)4213502
供销传真:4213593 法人代表:凌德和
经济类型:有限责任公司
网址:feijian.ctiwt.com/index.jsp
E-mail:feijian@ctiwt.com
【主要产品】磷肥;混配复合肥料

合肥工业大学化学试剂厂

安徽省合肥市屯溪路59号[230009]
电话:(0551)4659754;2901582;13905698128
传真:(0551)4660814 经济类型:集体
供销电话:4650651 法人代表:刘家国
网址:www.hgdsjc.com
【主要产品】钼酸钠;二硫化钼

合肥健坤化工有限公司

安徽省合肥市合裕路168号裕昌新村1#108[230011]
电话:(0551)3915854;5331771;13855184642
传真:(0551)5331771
网址:www.chempowder.com
E-mail:chempowder@gmail.com
【主要产品】噻吩;2,2-二羟甲基丙酸;尿囊素;5-氟尿嘧啶核苷;5′-脱氧氟尿苷;2′-脱氧-5-氟尿苷

合肥江淮化肥总厂

安徽省合肥市金寨南路1084号[230022]
电话:(0551)3634501;3634512
传真:(0551)3636868 经济类型:国有
供销电话:3634190
法人代表:方立贵
网址:hfjhu.info.und.cn
【主要产品】硫酸;*N*-甲基吡咯烷酮;*α*-吡咯烷酮;*γ*-丁内酯;山梨醇;碳酸氢铵;过磷酸钙;磷酸一铵;混配复合肥料

合肥精汇化工研究所

安徽省合肥市高新技术开发区科学大道104号科大创新大楼一层[230088]
电话:(0551)5324038;5324018
传真:(0551)5324068 法人代表:陈进
经济类型:股份合作
网址:www.jinghuichem.com
E-mail:fcici@mail.hf.ah.cn;

info@ jinghuichem.com
【主要产品】钼酸钠;钼酸铵;仲钼酸铵;双乙酸钠;地毯洗涤剂;洁厕王;消毒洗手液;PVC 电缆料润滑热稳定剂;无卤阻燃剂 MP;异氰尿酸蜜胺盐;混凝土高效减水剂;高级油污清洗剂;金属油污清洗剂;金属深拉伸润滑剂

合肥立方精细化学品有限公司

安徽省合肥市长江西路 669 号高新区望江西路[230088]
电话:(0551)5390206;5328443-8012
传真:(0551)5328442-8019
网址:www.lifchem.com
E-mail:yujiandv@ 126.com
【主要产品】5-氟尿嘧啶核苷;吗茚酮;5′-脱氧氟尿苷;2′-脱氧-5-氟尿苷;盐酸氮卓斯汀;卡培他滨

合肥燎原化工有限公司

安徽省合肥市长江东路 435 号[230011]
电话:(0551)4417071
传真:(0551)4417638　经济类型:集体
职工人数:95 人　法人代表:张庆增
E-mail:shpi@ ahetc.gov.cn
【主要产品】磷酸二氢钠;磷酸三钠;磷酸氢二钠;硅酸钠;4A 沸石;金属清洗剂

合肥轮胎翻新厂

安徽省合肥市东市嘉山路 36 号[230041]
电话:(0551)5527524
传真:(0551)5527524　经济类型:国有
【主要产品】翻新轮胎

合肥三友化工厂

安徽省合肥市清溪路 27 号[230031]
电话:(0551)5133181
传真:(0551)5133181　职工人数:58 人
经济类型:股份合作
网址:www.sanyouhg.com
E-mail:webmaster@ sanyouhg.com
【主要产品】烧碱(固体);氯化钙(无水);石蜡(食品用)

合肥四方集团公司

安徽省合肥市祁门路 12 号[230022]
电话:(0551)3525195;3515114
传真:(0551)3523570　有进出口权
经济类型:有限责任公司
企业规模:大型　职工人数:2,500 人
法人代表:程家华
网址:www.sifang-group.com
E-mail:market@ redsifang.com;
sales@ redsifang.com
【主要产品】纯碱;三聚磷酸钠;*N*-甲基吡咯烷酮;三聚氰胺;液氨;尿素;氯化铵;硫酸铵;碳酸氢铵;混配复合肥料;尿基复合肥

合肥四方磷复肥有限责任公司

安徽省合肥市合马路 27 号[231607]
电话:(0551)7335415;7331415
传真:(0551)7331344
经济类型:有限责任公司
网址:www.hf-sf.com;
www.hf-jh.com
E-mail:sflfu123@ mail.hf.ah.cn;
hfsflff@ 163.com
【主要产品】硫酸;氟硅酸钠;过磷酸钙;颗粒磷肥;磷酸一铵;磷酸二铵;混配复合肥料;复合肥

合肥天工科技开发有限公司

安徽省合肥市长江西路高新区天湖路 29 号[230088]
电话:(0551)5310098;5335543;5311098
传真:(0551)5311098
供销电话:13605514407
网址:www.tgtech.com.cn;
www.tgtech.cn
E-mail:tech@ tgtech.com.cn
【主要产品】离心萃取设备;袋式过滤器;筒式密闭加压过滤机;带式连续压榨机;三足式上部人工卸料离心机;卧式刮刀离心机;立式(卧式)螺旋卸料过滤式离心机;上悬式离心机;回收设备;制氮机

合肥万友橡胶制品厂

安徽省合肥市东七里站站塘路 6 号[230001]
电话:(0551)4410911
传真:(0551)4410911
固定资产:4,000 千元
网址:www.wanyourubber.com;
www.wanyourubber.cn
E-mail:sales@ wanyourubber.cn
【主要产品】胶管;普通橡胶板;橡胶密封制品;橡胶密封胶条;橡胶垫;油封;防尘罩;O 形密封圈

合肥亚龙化工有限责任公司

安徽省合肥市合裕路 596 号[230011]
电话:(0551)4537238
传真:(0551)4531048
经济类型:有限责任公司
网址:www.aac.net.cn
E-mail:asialon@ hotmail.com;
asialon@ asialon.com
【主要产品】草酸钛钾;草酸锌;草酸钠;草酸氢钠;草酸钾;草酸氢钾;草酸三氢钾;草酸钙;草酸铁;草酸亚铁;草酸亚锡;草酸铝;草酸锶;草酸铜;草酸氢铵;草酸铵;草酸高铁铵;草酸钡;草酸高铁钠;草酸铁钾

合肥益民化工有限责任公司

安徽省合肥市龙岗开发区 B 区[23163]
电话:(0551)7673178
传真:(0551)7671201　产值:2,000 千元
固定资产:1,000 千元　职工人数:86 人
经济类型:有限责任公司
销售收入:2,000 千元
法人代表:蔡继圣
网址:www.ymhg.com;
ccaiyong.cn.alibaba.com
E-mail:ymhg@ 163.com
【主要产品】聚合氯化铝;碱式氯化铝铁

合肥中科阻燃新材料有限公司

安徽省合肥市包河区义城镇合巢路 88 号[230601]
电话:(0551)3512526;3512527;13905513552
传真:(0551)3518132
网址:www.zkxcl.com
E-mail:hefei@ zkxcl.com;
wlg@ zkxcl.com
【主要产品】氢氧化铝;氢氧化镁;滑石粉;三氧化二锑;白炭黑

皖

芜湖市

安徽神剑新材料有限公司

安徽省芜湖市国家级经济技术开发区[241008]
电话:(0553)5316331;5316333;5316335
传真:(0553)5316330　职工人数:151 人
供销电话:5316337
经济类型:私营企业
网址:www.shen-jian.com.cn
E-mail:wang@ shen-jian.com.cn
【主要产品】异氰尿酸三缩水甘油酯;双酚 A 型环氧树脂(E12 型);环氧聚酯混合树脂;粉末涂料流平剂

安徽省繁昌县顺发颜料厂

安徽省繁昌县横山河沿山[241204]
电话:(0553)7411183;7414066;13855390711
传真:(0553)7411933
供销电话:13805530487
法人代表:王顺发
网址:www.shunfachem.com
E-mail:shunfachem@ hi2000.com
【主要产品】云母粉;云母氧化铁红;氧化铁红;氧化铁黄;云母氧化铁灰

安徽芜湖华颜化工颜料有限公司

安徽省芜湖市海深湖集装箱外贸码头隔壁[241000]
电话:(0553)5846329;5847738;13309635588
传真:(0553)5846329
法人代表:韦中华
网址:www.hypigment.com
E-mail:huayan@ hi2000.com
【主要产品】氧化铁黄

核工业华东地质局芜湖二七一化工厂

安徽省芜湖市火龙岗镇 271 大队[241000]
电话:(0553)8311150
传真:(0553)8311148　经济类型:国有

职工人数:62 人　　法人代表:王新民
【主要产品】草酸

芜湖华海生物工程有限公司

安徽省芜湖市三山绿色食品经济开发区[241000]
电话:(0553)3916028;3916027
传真:(0553)3916029　产值:7,000 千元
经济类型:私营企业　职工人数:92 人
法人代表:茆振斌
网址:www. huahaibiochem. com
E-mail:order@ huahaibiochem. com
【主要产品】尿囊素;维生素 E 醋酸酯;维生素 E 粉

芜湖人本合金有限责任公司

安徽省芜湖市芜湖县湾址镇赵桥工业园[241000]
电话:(0553)7458444;7458260;4225444
传真:(0553)4223381
经济类型:有限责任公司
网址:www. cjhg. com
E-mail:whrbhj@ tom. com
【主要产品】偏钒酸铵;偏钒酸钠;五氧化二钒

芜湖人本合金责任有限公司

安徽省芜湖市湾址镇机械工业园[241100]
电话:(0553)8731001;8731558
传真:(0553)8731155
网址:www. rbhj. com. cn;
www. cjhg. com
【主要产品】偏钒酸钾;偏钒酸铵;偏钒酸钠;五氧化二钒

芜湖市星光合成材料有限公司

安徽省芜湖市高新技术产业开发区滨江南路 12 [241003]
电话:(0553)2245178;2245190;2245191
传真:(0553)3022488
网址:www. xgrj. com
E-mail:webmaster@ xgrj. com;
sales@ xgrj. com
【主要产品】乳胶漆;水性黏合剂

芜湖四捍粉末涂料有限公司

安徽省芜湖市桥北工业区[241008]
电话:(0553)5311328;13956153910
传真:(0553)5312368
经济类型:股份有限公司
网址:www. whsihan. com
E-mail:sale@ whsihan. com;
office@ whsihan. com
【主要产品】防腐性酚醛树脂型粉末涂料;环氧聚酯混合型粉末涂料;环氧型粉末涂料

蚌埠市

安徽八一化工股份有限公司

安徽省蚌埠市淮滨路 379 号[233000]
电话:(0552)3027765;3019007
传真:(0552)3028181　经济类型:国有
供销传真:3029731　有进出口权
职工人数:1,800 人　法人代表:李德昌
网址:www. bayichem. com
E-mail:sales_1@ 81chem. com
【主要产品】盐酸;离子膜烧碱;氯气(液);一氯化苯;4-硝基苯酚;2-硝基苯酚;4-硝基氯苯;2-硝基氯苯;3-硝基氯苯;4-氨基苯酚;1,4-苯二胺;1,2-苯二胺;4-氯苯胺;2-氯苯胺;3-氯苯胺;2-硝基苯胺;3,4-二氯苯胺;4-硝基酚钠;2,6-二氯-4-硝基苯胺;4-氨基苯甲醚;4-硝基苯胺;2-氨基苯甲醚;2-硝基苯甲醚;对硝基苯甲醚;2-氨基苯酚;对乙酰氨基酚

安徽佰仕化工有限公司

安徽省蚌埠市江淮路 161 号[233010]
电话:(0552)4927766;13855210556
传真:(0552)4928918
网址:www. baishichem. com
E-mail:sgz@ baishichem. com
【主要产品】硫代硫酸钠;3,4-二甲氧基苯甲醛;1,2-二甲氧基苯;1,4-二氯苯;1,2-二氯苯;1,3-二氯苯;3-硝基氯苯;4-氯苯胺;2-氯苯胺;3-氯苯胺;4-氨基苯甲醚;2-氨基苯乙醚;4-氨基苯乙醚;2-氨基苯甲醚;2-硝基苯甲醚;香兰素;乙基香兰素;愈创木酚

安徽蚌埠天星树脂有限公司

安徽省蚌埠市固镇县城天星路(老固灵路)[233700]
电话:(0552)6058111;6058888;
13855243088
传真:(0552)6058666　法人代表:杨奇
网址:www. txsz. com. cn
E-mail:tx@ txsz. com. cn
【主要产品】强酸性苯乙烯系阳离子交换树脂(001 型);强酸性苯乙烯系阳离子交换树脂(001 ×7 型);强酸性苯乙烯系阳离子交换树脂(001 ×8 型);强酸性苯乙烯系阳离子交换树脂(JK008 型);大孔强酸性苯乙烯系阳离子交换树脂(D001 型);弱酸性丙烯酸系阳离子交换树脂(110 型);大孔弱酸性丙烯酸系阳离子交换树脂(D113 型);大孔弱酸性丙烯酸系阳离子交换树脂(D152 型);大孔弱酸性丙烯酸系阳离子交换树脂(DK110 型);CD180 大孔吸附树脂;弱酸性酚醛系阳离子交换树脂(122 型);强碱性季铵Ⅰ型阴离子交换树脂(201 ×4 型);强碱性苯乙烯系阴离子交换树脂(201 ×7 型);大孔强碱性苯乙烯系阴离子交换树脂(D201 型);大孔弱碱性苯乙烯系阴离子交换树脂(D301);大孔弱碱性丙烯酸系阴离子交换树脂(D311 型);330 弱碱性环氧系阴离子交换树脂;大孔吸附树脂 D312;D101 大孔吸附树脂;氨基酸专用树脂

安徽丰原集团

中国安徽省蚌埠市大庆路 73 号[233010]
电话:(0552)4926238;4927440;4927815
传真:(0552)4928238;4928405
网址:www. bbca. com. cn
E-mail:yykfb@ mail. bbca. com. cn
【主要产品】(3-硝基苯亚甲基)乙酰乙酸-2-甲氧基乙酯;柠檬酸三乙酯;柠檬酸三丁酯;3-氨基丁烯酸肉桂酯;吲哚-3-甲酰氯;1-(3-氯苯基)-4-(3-氯丙基)哌嗪盐酸盐;2-氯甲基-3,5-二甲基-4-甲氧基吡啶盐酸盐;头孢吡肟;赖氨匹林;西尼地平;萘哌地尔;盐酸奈法唑酮;扎莱普隆;奥美拉唑;乳果糖;盐酸托烷司琼;赖氨酸;玉米朊;马来酸替加罗德;替加色罗

安徽豪杰塑胶制品有限公司

安徽省蚌埠市大庆路 170 号[233010]
电话:(0552)4928929;4928837
传真:(0552)4928126
供销电话:4928458
法人代表:许忠安
网址:www. hjco. com. cn;
www. zjco-china. com
E-mail:zjco@ mail. ahbbptt. net. cn
【主要产品】医用手套;检查手套;家用手套;避孕套

安徽三星树脂科技有限公司

安徽省固镇县经济开发区三星路[233700]
电话:(0552)6566111;6566888;6566166
传真:(0552)6566188
法人代表:周家付
网址:www. sxsz. com. cn
E-mail:zjf@ sxsz. com. cn
【主要产品】强酸性苯乙烯系阳离子交换树脂;强酸性苯乙烯系阳离子交换树脂(001 型);强酸性苯乙烯系阳离子交换树脂(001 ×7 型);大孔强酸性苯乙烯系阳离子交换树脂(D001 型);弱酸性丙烯酸系阳离子交换树脂(110 型);724 弱酸性阳离子交换树脂;大孔弱酸性丙烯酸系阳离子交换树脂(D113 型);大孔弱酸性丙烯酸系阳离子交换树脂(D152 型);大孔弱酸性丙烯酸系阳离子交换树脂(DK110 型);CD180 大孔吸附树脂;弱酸性酚醛系阳离子交换树脂(122 型);强碱性季铵Ⅰ型阴离子交换树脂(201 ×4 型);强碱性苯乙烯系阴离子交换树脂;强碱性苯乙烯系阴离子交换树脂(201 ×7 型);大孔强碱性季铵Ⅰ型阴离子交换树脂(D204 型);大孔强碱性苯乙烯系阴离子交换树脂(D201 型);大孔弱碱性苯乙烯系阴离子交换树脂(D301);大孔弱碱性丙烯酸系阴离子交换树脂(D311 型);330 弱碱性环氧系阴离子交换树脂;大孔吸附树脂 D1300;DM11 大孔吸附树脂;大孔吸附树脂 CAD-45;D101 大孔吸附树脂;大孔吸附树脂;大孔吸附树脂 H103;大孔吸附树脂 AB-8;大孔吸附树脂 X-5

皖

安徽省蚌埠市鑫盛精细化工有限责任公司

安徽省蚌埠市体育中路 56 号体育宾馆 7 层[233000]
电话:(0552)2067495;2067483;2061497
传真:(0552)2067496
供销电话:2067450;13305523283
经济类型:有限责任公司
网址:www.oil-product.com
E-mail:gqs@oil-product.com
【主要产品】六甲基氧二硅烷;二甲基硅油(201 型);二甲基羟基硅油乳液;水溶性硅油;苯基甲基硅油(250-30 型);超高真空扩散泵硅油;柔软剂;氨基硅油;脱模剂

安徽省蚌埠市永艳染料化工有限公司

安徽省蚌埠市珠城路 244 号[233040]
电话:(0552)3021091;13905526768
传真:(0552)3021091　经济类型:集体
供销电话:3013790;13905526768
法人代表:邱勇
网址:www.yongyandyes.com
E-mail:bbyongyan@mail.ahbbptt.net.cn
【主要产品】硫化嫩黄 G;硫化淡黄 GC;硫化蓝 CV;硫化蓝 BRN;硫化红棕 B3R;硫化红 GGF;硫化黑 B;硫化蓝;硫化黄棕;硫化红棕

安徽省蚌埠橡胶有限公司

安徽省蚌埠市凤阳东路 343 号[233044]
电话:(0552)3038817
传真:(0552)3038817
法人代表:张效志
网址:www.netsun.com/company/show/clist--36443
【主要产品】橡胶制品;胶管;再生胶;水闸橡胶密封件

安徽省怀远县虹桥化工有限公司

安徽省怀远县[233400]
电话:(0552)8219888;13909627027
网址:www.hongqiaohg.com
E-mail:sales@hongqiaohg.com
【主要产品】4,4′-二氨基二苯醚;2,4-二硝基苯酚;2,4-二氟硝基苯;4-氟硝基苯;3,4-二氯苯胺;2,4-二硝基氟苯;6-硝基-1,4-二氯苯;3,4-二氯硝基苯;2,4-二硝基苯胺;2,4-二硝基氯苯;2,6-二溴-4-硝基苯胺;4,4′-二氨基二苯砜

安徽中键塑胶制品有限公司

安徽省蚌埠市大庆路 170 号[233010]
电话:(0552)4928837;4928344
传真:(0552)4928126　有进出口权
供销电话:4928458　法人代表:孟飞
经济类型:与港澳台商合资经营
网址:www.zjco-china.com
E-mail:zjco@mail.ahbbptt.net.cn
【主要产品】医用手套;检查手套;家用手套;避孕套

蚌埠八一药业有限公司

安徽省蚌埠市高新区东海大道西段[233000]
电话:(0552)4128393
传真:(0552)4127650　职工人数:192 人
网址:www.bayiwanli.com
E-mail:bbxcg@hotmail.com
【主要产品】磺胺间二甲氧嘧啶钠;乙酰水杨酸;对乙酰氨基酚;香兰素;愈创木酚

蚌埠化工工程塑料厂

安徽省蚌埠市中区怀五路[233020]
电话:(0552)2821520
传真:(0552)2826167　职工人数:49 人
法人代表:黄厚平
【主要产品】药用氨水;消泡剂

蚌埠化工机械制造有限公司

安徽省蚌埠市解放路 123 号[233040]
电话:(0552)3016032;3016059
传真:(0552)3016059　职工人数:420 人
经济类型:有限责任公司
网址:www.bbhj.net
E-mail:bbhj@bbhj.net;
bbhj@ahbb.net
【主要产品】化工设备;压力容器;橡胶工业专用设备

蚌埠市海兴化工有限责任公司

安徽省蚌埠市淮五路小蚌埠[233000]
电话:(0552)2080062;2080071
传真:(0552)2080070　有进出口权
固定资产:50,000 千元
供销电话:2080063　职工人数:300 人
经济类型:有限责任公司
网址:www.haixinchem.com.cn
E-mail:sales@haixinchem.com.cn
【主要产品】硫代硫酸钠;对氯苯基异氰酸酯;3,4-二氯苯基异氰酸酯;2-硝基苯酚;3-硝基氯苯;1,4-苯二胺;4-氯苯胺;3,4-二氯苯胺;4-硝基酚钠;3,4-二氯硝基苯;2,4-二硝基氯苯;4-氨基苯甲醚;4-硝基苯胺;2-氨基苯甲醚;2-硝基苯甲醚;对硝基苯甲醚;2-氨基苯酚;愈创木酚

蚌埠市化学试剂厂

安徽省蚌埠市西市区山香路 149 号[233010]
电话:(0552)4039289;13955291050
经济类型:集体　法人代表:张玉久
网址:www.yk84.com/gsjj.htm
E-mail:84@yk84.com
【主要产品】过氧乙酸;消毒液

蚌埠市淮河橡胶助剂厂

安徽省蚌埠市淮河北岸小蚌埠镇[233020]
电话:(0552)2821599;2821029;13805527766
传真:(0552)2821808
供销电话:2821029;2821599
法人代表:宋同银
网址:www.hhxjzj.com
【主要产品】双戊烯;抗氧剂 1010;抗氧剂 168;2,6-二叔丁基对甲基苯酚;再生胶活化剂 420;硫化橡胶再生活化剂 B-450;古马隆树脂;松香;松焦油

蚌埠市金星有机硅材料厂

安徽省蚌埠市凤阳东路 76 号[233040]
电话:(0552)3037375;13909628200
传真:(0552)3037375
网址:www.jxyjg.com
E-mail:bbjxc@163.com;
djg@jxyjg.com
【主要产品】八甲基环四硅氧烷;二甲基环硅氧烷;耐高温有机硅树脂;甲基乙烯基硅橡胶(110 型);二甲基硅油(201 型);二甲基羟基硅油乳液;硅油;复合型高效有机硅防水剂

皖

蚌埠市辽源新材料有限公司

安徽省蚌埠市固镇仲兴棠棣[233700]
电话:(0552)6019308;6029688;13805523365
传真:(0552)6019308
网址:www.lysz.com.cn
E-mail:liaoyuan@lysz.com.cn
【主要产品】强酸性苯乙烯系阳离子交换树脂;强酸性苯乙烯系阳离子交换树脂(001 型);强酸性苯乙烯系阳离子交换树脂(001×4 型);强酸性苯乙烯系阳离子交换树脂(001×7 型);大孔强酸性苯乙烯系阳离子交换树脂(D001 型);724 弱酸性阳离子交换树脂;强碱性苯乙烯系阴离子交换树脂;大孔强碱性季铵Ⅰ型阴离子交换树脂(D241 型);大孔强碱性季铵Ⅰ型阴离子交换树脂(D204 型);D202 大孔强碱性苯乙烯系阴离子交换树脂;大孔弱碱性苯乙烯系阴离子交换树脂;大孔弱碱性苯乙烯系阴离子交换树脂(D301);大孔弱碱性丙烯酸系阴离子交换树脂(D311 型);弱碱性环氧系阴离子交换树脂;330 弱碱性环氧系阴离子交换树脂;弱碱性环氧系阴离子交换树脂(331 型);大孔吸附树脂 CAD-40;D101 大孔吸附树脂;大孔吸附树脂;大孔吸附树脂 AB-8

蚌埠市天宇耐高温树脂材料有限公司

安徽省怀远县荆涂大桥西首南 600 米[233400]
电话:(0552)8352800;13721181668
传真:(0552)8352857
法人代表:陈士年
网址:www.fbresin.com
E-mail:fbresin@sina.com

【主要产品】玻纤增强高温酚醛模塑料；耐高温阻燃热固性酚醛树脂；高温高炭酚醛树脂；耐火材料用酚醛树脂；耐高温树脂；环氧树脂固化剂

蚌埠市通达橡塑助剂有限责任公司

安徽省蚌埠市小蚌埠镇吴庵村 232 号[233020]
电话：(0552)2819062；13905522564
传真：(0552)2819011
经济类型：有限责任公司
网址：www. tdxiangsu. com
E-mail：wxx@ tdxiangsu. com
【主要产品】黑油膏

蚌埠市新瑞有机硅有限公司

安徽省蚌埠市吴湾路 247 号[233000]
电话：(0552)4958925；4958059；13909651977
传真：(0552)4958308
网址：www. bbxr. com
E-mail：zy@ bbxr. com
【主要产品】八甲基环四硅氧烷；八甲基环四硅氮烷；六甲基氧二硅烷；甲基三乙氧基硅烷；二甲基环硅氧烷；二甲基二乙氧基硅烷；耐高温有机硅树脂；透明甲基硅树脂；甲基苯基硅树脂；甲基乙烯基硅橡胶；单组分室温硫化硅橡胶；甲基硅橡胶；水溶性硅油；甲基含氢硅油；低含氢硅油；苯甲基硅油；甲基硅油；匀泡剂 L108；超高真空扩散泵硅油；聚甲基三乙氧基硅烷；羟基硅油；室温硫化有机硅模具胶；氨基硅油

蚌埠伊锐精细化工有限公司

安徽省蚌埠市高新技术开发区民营科技园[233000]
电话：(0552)4083311；4081133；4087377
传真：(0552)4083300；4087377
供销电话：4087992；4087881
供销传真：4087992
网址：www. yi-rui. cn
E-mail：web@ yi-rui. cn
【主要产品】乙烯基硅油；二甲基硅油(201 型)；水溶性硅油；甲基含氢硅油(202 型)；含氢硅油；环氧硅油；复合发用硅油；挥发性硅油；羟基硅油；氨基硅油；有机硅脱模剂

淮南市

安徽东盛制药有限公司

安徽省淮南市经济技术开发区振兴路 1 号[232007]
电话：(0554)3311427；3312862
传真：(0554)3311021 职工人数：300 人
供销电话：3311899；3312197
经济类型：股份有限公司
网址：www. ahtopsun. com
E-mail：lenpharm@ yeah. net
【主要产品】5-氨基水杨酸；乙酰水杨酸；对乙酰氨基酚；氯硝柳胺；甲硝唑；苯妥英钠；丙谷胺；盐酸普鲁卡因

安徽淮化集团有限公司

安徽省淮南市泉山[232038]
电话：(0554)6411670；6875422；6414556
传真：(0554)6413347 有进出口权
供销电话：6416714 企业规模：大型
经济类型：有限责任公司
法人代表：张俊
网址：www. hhjt. com. cn
E-mail：hhjt@ 263. net
【主要产品】硝酸；过氧化氢；硫黄；二氧化碳(食用)；甲醇；甲醛；*N*,*N*-二甲基甲酰胺；混甲胺；合成氨；氨水；液氨；尿素；硝酸铵；轻苯；煤焦油；焦炭

安徽永安制药有限公司

安徽省淮南市经济开发区永兴路[232008]
电话：(0554)3315981；3315983；13305543658
传真：(0554)3315981 有进出口权
网址：www. ahyongan. com
E-mail：mabyazy@ sina100. com
【主要产品】对乙酰氨基酚

淮南华宫工程胶管有限公司

安徽省淮南市田家庵区国庆东路橡胶四厂院内[232007]
电话：(0554)3621166；3628106
传真：(0554)3647948；3621166
经济类型：联营企业
网址：www. ahhgjg. com
E-mail：ahhgjg@ ahhgjg. com；xs@ ahhgjg. com
【主要产品】高压胶管；钢丝编织胶管；钢丝缠绕胶管；钻探胶管；胶辊

淮南佳盟药业有限公司

安徽省淮南市国庆东路[232007]
电话：(0554)3313387
传真：(0554)3310387
网址：www. jmyy. cn
E-mail：ylfc@ jmyy. cn；ylfc@ jmyy. cn
【主要产品】吗啉胍；对乙酰氨基酚；盐酸二甲双胍；盐酸克仑特罗

淮南山河药业有限公司合成药厂

安徽省淮南市田家庵区国庆东路[232007]
电话：(0554)3310309
传真：(0554)3625336；3310309
经济类型：有限责任公司
法人代表：田玉成
网址：www. huainan. gov. cn/zghn/hnqy/shanhe/jies
E-mail：Shanhe86@ mail. ahbbptt. net. cn
【主要产品】对乙酰氨基酚

淮南山河药用辅料有限公司

安徽省淮南市经济技术开发区[232007]
电话：(0554)3312819；3314826；9914180
传真：(0554)3310019 职工人数：87 人
供销传真：3625336 法人代表：刘涛
经济类型：有限责任公司
网址：www. shanhe01. com
E-mail：shanhe@ shanhe01. com
【主要产品】二氧化硅；*β*-环状糊精；硬脂酸；硬脂酸镁(药用)；盐酸克仑特罗；聚维酮碘；玉米朊；药用淀粉；预胶化淀粉；丙烯酸树脂(药用)；各色包衣粉；甲基纤维素(药用)；乙基纤维素(药用)；微晶纤维素(药用)；羧甲基纤维素钠(医药级)；羧甲基淀粉钠(医药级)；卡波姆；糊精；羟丙基甲基纤维素；羟丙基纤维素；不溶性聚乙烯吡咯烷酮

淮南市东风化工机械厂

安徽省淮南市大通区舜化路[232033]
电话：(0554)2516160；2515928；13905544192
传真：(0554)2515928；2518969
供销电话：2516160；13905544192
职工人数：368 人
网址：www. hndfhg. com
E-mail：dfhg@ hndfhg. com
【主要产品】换热器；浮头式换热器；板翅式换热器；波纹管式换热器；螺旋管式换热器；再沸器(重沸器)

淮南市恩贝化工有限公司

安徽省淮南市泉山长泰花园 2 号楼 1 单元 1 号[232038]
电话：(0554)6415152；13855491888
传真：(0554)6425068
网址：www. enbeichem. com
E-mail：web@ enbeichem. com
【主要产品】硝酸；甲醇；一甲胺；二甲胺；*N*,*N*-二甲基甲酰胺；三甲胺

淮南市净水剂厂

安徽省淮南市电厂路 93 号[232007]
电话：(0554)3641622
传真：(0554)3641622
【主要产品】聚合氯化铝

淮南市石油化工机械设备厂

安徽省淮南市大通工业新区 9 号[232033]
电话：(0554)2515510；2515999；2512666
传真：(0554)2514939；2515999
固定资产：21,000 千元
职工人数：300 人 法人代表：王长斌
网址：www. hnshihua. com
E-mail：hn2518655@ 163. com
【主要产品】搅拌器；浮头式换热器；一、二类压力容器

淮南亿万达集团橡塑公司

安徽省淮南市八公山区新庄孜[232072]
电话：(0554)5612108
传真：(0554)5622605 经济类型：集体

职工人数:170 人　　法人代表:李建华
网 址:bid. coal. com. cn/member/compabout_120157.
E-mail:yiwanda@ coal. com. cn
【主要产品】塑料编织袋;橡胶杂品

江苏德邦兴华化工股份有限公司淮南市分公司

安徽省淮南市田家庵建设路[232007]
电话:(0554)3315259
传真:(0554)3315259
经济类型:股份有限公司
法人代表:卜庆义
网址:www.jsdebang.com
E-mail:hoffice@ jsdebang.com
【主要产品】纯碱;碳酸氢钠;氯化铵

马鞍山市

安徽盾安化工集团有限公司

安徽省马鞍山市当涂县提署东路10号[243100]
电话:(0555)6735601
传真:(0555)6735559
网址:dahg.cn/index.asp
E-mail:tangxy1@ dunan.cn
【主要产品】乳化炸药;岩石铵锑炸药2号;铵锑炸药;震源药柱;雷管;震源导爆索

当涂县橡胶厂

安徽省当涂县新桥乡[243102]
电话:(0555)6811759
经济类型:集体　　职工人数:52 人
【主要产品】再生胶

马鞍山金星化工(集团)有限公司

安徽省马鞍山市慈湖化工路[243051]
电话:(0555)8330000;3503765
传真:(0555)3500222;3503765
经济类型:国有　　有进出口权
企业规模:大型　　法人代表:王金生
网址:www.goldstarchem.com
E-mail:magshg@ mail.ahwhptt.net.cn
【主要产品】偏钛酸;硫酸;发烟硫酸;D-苯丙氨酸;钛白粉;钛白粉(搪瓷用)

马鞍山市宏力橡胶制品有限公司

安徽省马鞍山市金家庄区慈湖街北京路[243051]
电话:(0555)3503524
传真:(0555)3503824　　经济类型:集体
供销电话:2472814　　职工人数:169 人
法人代表:高法训
【主要产品】橡胶密封制品

马鞍山市华吉实业有限公司

安徽省当涂县东门经济开发区[243100]
电话:(0555)6717488;6730028
传真:(0555)6711204
供销电话:6730033
经济类型:私营企业
网址:www.anhui-huaji.com
E-mail:hjsy@ ah163.com;
hjsy@ hi2000.com
【主要产品】分散松香胶乳液;阴离子中性分散松香胶;阳离子分散松香胶;纸张干强剂;造纸施胶剂;造纸用中性施胶剂;中性施胶剂

马鞍山市康华化工有限公司

安徽省马鞍山市花山路中段[243000]
电话:(0555)2472844;2476708;2471375
传真:(0555)2476708　　职工人数:170 人
经济类型:股份有限公司
【主要产品】酚醛树脂漆类;F01-1 酚醛清漆;F03-1 各色酚醛调合漆;F04-1 铝粉酚醛磁漆;F31-1 酚醛绝缘漆;F50-31 各色酚醛耐酸漆;F53-31 红丹酚醛防锈漆;铁红酚醛防锈漆;沥青漆类;L01-13 沥青清漆;醇酸树脂漆类;C01-1 醇酸清漆;C04-2 各色醇酸磁漆;C06-1 铁红醇酸底漆;氨基树脂漆类;乙烯乳胶漆;丙烯酸树脂漆类;聚酯树脂漆类;环氧树脂漆类;聚氨酯漆类;S01-3 聚氨酯清漆

马鞍山市天力橡胶制品厂

安徽省马鞍山市昭明村135号[243000]
电话:(0555)2810094;13817072552
网址:tianlinet.diytrade.com
【主要产品】橡胶密封制品

淮北市

安徽巨成精细化工有限公司

安徽省淮北市濉溪开发区水杉路33号[235102]
电话:(0561)6063692
传真:(0561)6063636
供销电话:(0552)4021234
供销传真:(0552)4031234
网址:www.cjccchem.com
E-mail:tech@ cjccchem.com;
sales@ cjccchem.com
【主要产品】丙烯酰胺;聚丙烯酰胺干粉(阳离子型);聚丙烯酰胺干粉(阴离子型);聚丙烯酰胺干粉(非离子型)

安徽雷鸣科化股份有限公司

安徽省淮北市东山路[235042]
电话:(0561)4948281;4948283
传真:(0561)4948281;3091910
经济类型:股份有限公司
职工人数:731 人　　法人代表:张海龙
网址:www.lmkh.com
E-mail:sales@ lmkh.com
【主要产品】高岭土;岩石膨化硝铵炸药;工业粉状铵锑炸药;水胶炸药;震源药柱;工业电雷管;毫秒延期电雷管;瞬发电雷管;工业火雷管;导爆管;导爆管雷管

安徽天地人(集团)股份有限公司

安徽省淮北市相阳路235号[235000]
电话:(0561)3111849-8056
传真:(0561)3111567
网址:www.tdrgroup.com
E-mail:info@ tdrgroup.com
【主要产品】强力型尼龙运输带;涤纶运输带;阻燃输送带;管状输送带;阻燃钢丝绳芯运输带;织物芯运输带

安徽中意胶带有限责任公司

安徽省淮北市濉溪路115号[235000]
电话:(0561)3022135;3022093
传真:(0561)3022135　　有进出口权
经济类型:有限责任公司
网址:www.ahzhy.com
E-mail:ahzyjd@ 163.com
【主要产品】聚氨酯胶板;全塑整芯阻燃运输带;分层输送带;橡胶筛网

淮北联炭化工有限公司

安徽省淮北市东山路[235000]
电话:(0561)3806866;13909618261
传真:(0561)3806966
经济类型:中外合资经营企业
网址:www.zschemical.com
E-mail:jlpec@ hotmail.com
【主要产品】活性炭;氧化铁脱硫剂;脱硫剂;液化气脱臭剂;天然气脱硫剂;煤气脱硫剂

淮北市博奥高科生物化学有限公司

安徽省淮北市烈山工业园8号[235000]
电话:(0561)4082029;4082039;
13909615893
传真:(0561)4082039
职工人数:128 人　　法人代表:赵厚法
网址:www.chemboao.com
E-mail:boao@ chemboao.com
【主要产品】去氢胆酸;胆固醇苯甲酸酯;胆甾醇;牛羊胆酸;硫酸软骨素;脑安泰;去氧胆酸;去氧胆酸钠;猪去氧胆酸;胆酸钠;胆固醇乙酸酯;溶菌酶;胆红素;水牛角浓缩粉;牛胆粉;猪胆粉

淮北新兴实业有限责任公司

安徽省淮北市相山区[235003]
电话:(0561)4947322
传真:(0561)3150760　　经济类型:国有
供销电话:13966103853　　有进出口权
职工人数:500 人　　法人代表:吴金成
网址:www.hbxinxing.cn
E-mail:chenyan848484@ yahoo.com.cn
【主要产品】氨基酸

淮北新兴实业有限责任公司

皖

安徽省淮北市相山区[235003]
电话:(0561)4947129;13605616053
传真:(0561)3150760　法人代表:朱勇
供销电话:4947009;13966097656
网址:www.hbxinxing.cn
E-mail:cy_xx@hbcoal.com;
wang@hbxinxing.cn
【主要产品】L-丙氨酸;L-天门冬氨酸;L-天门冬氨酸镁;L-天门冬氨酸钙;L-天门冬氨酸钾;L-天冬氨酸钠;L-天门冬氨酸锌;L-天门冬氨酸锰;L-天门冬氨酸螯合镁

淮北原野生物工程有限公司

安徽省淮北市濉溪县经济开发区工业园国槐路[235100]
电话:(0561)6064085;6064086;6064087
传真:(0561)6064085
网址:www.hb-yuanye.com
E-mail:yuanye@hb-yuanye.com
【主要产品】L-丙氨酸;D-丙氨酸;β-丙氨酸;L-天门冬氨酸;DL-天门冬氨酸;L-天门冬氨酸镁;L-天门冬氨酸钙;L-天门冬氨酸钾;L-天冬氨酸钠;L-天门冬氨酸锌;L-天门冬氨酸铜

皖

铜陵市

安徽六国化工股份有限公司

安徽省铜陵市铜港路8号[244023]
电话:(0562)3801208;3801021
传真:(0562)3801014　职工人数:892人
供销电话:3801063;3801088
供销传真:3802308　企业规模:大型
经济类型:股份有限公司
法人代表:袁菊兴
网址:www.liuguo.com
E-mail:liuguo@liuguo.com
【主要产品】磷酸二铵

安徽省铜陵福成农药有限公司

安徽省铜陵县钟鸣镇[244121]
电话:(0562)8292032
传真:(0562)8294191
网址:www.fc-pesticide.com
E-mail:tlfc9147@163.com
【主要产品】阿维菌素乳油;吡虫啉可湿性粉剂;高渗吡虫啉乳油;高效氯氰菊酯乳油;毒死蜱乳油;叶青双可湿性粉剂(20%);甲基硫菌灵可湿性粉剂;草甘膦水剂(10%);增效草甘膦;辛·氯乳油;二氯·苄可湿性粉剂;毒·辛乳油;敌畏·氯乳油;阿维·高氯微乳剂;阿维·哒乳油;辛·唑磷乳油;噻·异可湿性粉剂

安徽省铜陵化工集团新桥矿业有限公司

安徽省铜陵市东郊[244132]
电话:(0562)6801088
传真:(0562)6801280　经济类型:国有
供销电话:6801038;6801128
供销传真:6801038　企业规模:大型
法人代表:王泽群
网址:www.xqmcl.com
E-mail:info@xqmcl.com
【主要产品】硫铁矿;铁精矿;铜精砂

安徽省星河化学有限责任公司

安徽省铜陵县化工开发区[244100]
电话:(0562)8814442;8814518
传真:(0562)8815948　有进出口权
供销电话:8812794　法人代表:崔贤和
供销传真:8816971
经济类型:有限责任公司
网址:llii.und.com.cn
【主要产品】对氯氰苄;还原蓝RD;分散红FB;分散紫H-FRL;分散蓝;牛磺酸

安徽铜陵金亨化工有限公司

安徽省铜陵市铜官路[244000]
电话:(0562)5150498;2814328
传真:(0562)2814444
法人代表:袁雷霖
网址:www.chinachemnet.com/jinhao
E-mail:jinhao@hi2000.com
【主要产品】硫酸铜

安徽亚邦化工有限公司

安徽省铜陵县城关镇马冲[244100]
电话:(0562)8813040;8815432
传真:(0562)8813042　职工人数:450人
经济类型:中外合资经营企业
法人代表:崔贤和
网址:hy.shidui.com/anhui/anhui00003.html
【主要产品】1-氨基蒽醌;还原蓝BC;还原蓝RD;还原深蓝BO;分散红FB

铜陵化工集团有机化工有限责任公司

安徽省铜陵市金岭道1269号[244027]
电话:(0562)5827298;5827098
传真:(0562)5819044　经济类型:国有
职工人数:670人
法人代表:钱叶明
网址:www.tlyjh.com
E-mail:web@tlyjh.com
【主要产品】苯酐;N-苯基-1,4-苯二胺;1-萘胺-5-磺酸;甲苯基周位酸;防老剂4010NA;防老剂4020

铜陵金泰化工实业有限责任公司

安徽省铜陵市淮河大道南段252号[244000]
电话:(0562)2625146;5864894;5864898
传真:(0562)2625249
职工人数:100人
供销电话:5864898;2625349
经济类型:有限责任公司
网址:www.tljintai.com;
www.tljintai.cn
E-mail:dmcandpg@yahoo.com.cn
【主要产品】1,2-丙二醇;甲醇钠;六亚甲基二异氰酸酯;碳酸二乙酯;碳酸二甲酯;碳酸甲乙酯;碳酸二苯酯;碳酸丙烯酯;碳酸乙烯酯;聚碳酸酯

铜陵儒德化工有限责任公司

安徽省铜陵市天桥南路[244021]
电话:(0562)3866696;3861303;3863368
传真:(0562)3862768　法人代表:江山
网址:www.roadchem.com
E-mail:road@hi2000.com;
aoma@mail.ahwhptt.net.cn
【主要产品】2,5-二甲基苯酚;1-氨基蒽醌;1-氨基-2-溴-4-羟基蒽醌;1-氨基-2,4-二溴蒽醌;1,4-二氨基-2,3-二氯蒽醌;还原染料;分散染料;溶剂染料

铜陵市环球矿业有限责任公司

安徽省铜陵市钟鸣镇铁路东1号[244121]
电话:(0562)8294532;8291632
传真:(0562)8291632
网址:www.hqchem.com
E-mail:tongling@hqchem.com
【主要产品】膨润土;云母氧化铁红;云母氧化铁灰

铜陵市金运橡胶塑料有限公司

安徽铜陵市狮子山曹山路工业园区[244033]
电话:(0562)6826268;6828228
经济类型:有限责任公司
职工人数:432人　法人代表:陈明刚
网址:www.qy360.com.cn/co.asp?id=167
E-mail:jyxjsl@jyxjsl.com
【主要产品】塑料制品;橡胶制品;橡胶运输带;防水卷材

铜陵市柯信化工有限责任公司

安徽省铜陵市金山路168号[244000]
电话:(0562)3868289;3867631;
13955905792
传真:(0562)3868289　有进出口权
经济类型:有限责任公司
产值:35,000千元　职工人数:186人
法人代表:袁和平
网址:alikexin.oranpage.com
【主要产品】亚硫酸氢铵;亚硫酸铵;氟化钠;氟硅酸钠;氟硅酸钾;二氧化硫(液);氨水

铜陵市陵阳化工有限责任公司

安徽省铜陵市铜官山区铜港路[244000]
电话:(0562)5812266;5811122
传真:(0562)5812266　职工人数:78人
经济类型:股份合作　法人代表:刘艾莲
【主要产品】水性电泳漆;乳化沥青;聚氯乙烯防水油膏

铜陵市铜官山化工有限公司

安徽省铜陵市铜官山区金山路[244024]
电话:(0562)3868114;3868192

传真:(0562)3862071　有进出口权
供销电话:3868196　企业规模:大型
供销传真:3862714　职工人数:2,100 人
网址:www.tgschem.com;
www.tgschem.cn
【主要产品】硫酸;发烟硫酸;亚硫酸氢铵;亚硫酸铵;氟硅酸钠;氟硅酸钾;过磷酸钙;颗粒磷肥;混配复合肥料;氧化铁红;氧化铁黄;氧化铁黑

铜陵阳光合成材料有限公司

安徽省铜陵县开发区[244100]
电话:(0562)5827012;13905620991
传真:(0562)5827010
供销电话:8827028;13905628191
供销传真:8827028
网址:www.sk-chem.com
E-mail:sales@sk-chem.com
【主要产品】吡咯;四氢吡咯;*N*-甲基吡咯烷;甲醇钙;五氯苯甲腈;对氰基苄基溴;1,2-二溴乙烷;1,1-环丁烷二羧酸;2-丙烯酰氨基-2-甲基-1-丙磺酸

铜陵有色金属(集团)公司

安徽省铜陵市铜官山区长江西路[244001]
电话:(0562)5860016
传真:(0562)5861313　经济类型:国有
有进出口权　企业规模:大型
网址:www.tnmg.com.cn
【主要产品】硫精砂;硫酸;硫酸铜;硝酸银;高纯阴极铜;碳酸二甲酯

中科铜都粉体新材料股份有限公司

安徽省铜陵市淮河大道北段 305 号 10F[244000]
电话:(0562)5861713;2606198
传真:(0562)5861705　有进出口权
供销电话:2606111
供销传真:2606111
经济类型:股份有限公司
网址:www.zktd.com.cn
E-mail:zhb@zktd.com.cn;
sales@zktd.com.cn
【主要产品】硫酸铜;硫酸镍;硝酸银;氰化金钾;电解铜;铜粉;银粉;铅铋合金

安庆市

安徽华业化工有限公司

安徽省潜山县彭岭工业区[246300]
电话:(0556)8924098;8930832;8930708
网址:www.anhuihuaye.com
E-mail:sales@anhuihuaye.com
【主要产品】对氟肉桂醛;十二腈;双吗啉乙基醚;桃醛;*γ*-庚内酯;*γ*-壬内酯;*δ*-辛内酯;*δ*-壬内酯;*γ*-己内酯;丙位十二内酯;*δ*-十二内酯;*δ*-癸内酯;*γ*-癸内酯;*δ*-十一内酯

安徽华亿油墨有限公司

安徽省桐城市桐安路文昌工业园[231400]
电话:(0556)6194996;6194727
传真:(0556)6194996　法人代表:方帆
经济类型:与港澳台商合资经营
网址:www.huayi-ink.com
E-mail:sale@huayi-ink.com
【主要产品】塑料凹版表印油墨

安徽省岳西撞钟化肥有限公司

安徽省岳西县菖蒲镇溪沸路 48 号[246680]
电话:(0556)2478085;2478086;2478087
传真:(0556)2478082;2478084
网址:www.zhuangzhong.com
E-mail:webmaster@zhuanzhong.com
【主要产品】硼;磷硼二氢钾;氨基酸锌;硼酸二氢钾;复合硼锌肥;硼钼二氢钾;小麦专用肥

安徽新源石油化工技术开发有限公司

安徽省安庆市天柱山路 12 号[246005]
电话:(0556)5349809;5370196
传真:(0556)5349866
经济类型:与港澳台商合资经营
网址:www.ahxy.com
E-mail:ahxyshgs@mail.hf.ah.cn
【主要产品】亚硫酸氢钠;C_9 芳烃;高效脱硫剂;亚乙基双硬脂酰胺;橡胶软化剂;工业水处理剂;破乳剂;高温发泡剂;高温乳化降黏剂;清防蜡剂;油田驱油剂;乳化油;汽油脱臭活化剂;稠油活化剂;燃料油乳化剂;金属钝化剂;油浆阻垢剂;钻探润滑剂

安庆和兴化工有限责任公司

安徽省安庆市开发区工业园纬二路[246005]
电话:(0556)5345537;5345507;5345547
传真:(0556)5345507;5345547
经济类型:私营企业　有进出口权
职工人数:100 人　法人代表:马世金
网址:www.aqhex.cn;
www.hexinggroup.com
E-mail:aqhxhg@aqhex.cn
【主要产品】琥珀酸;丁二酸酐;丁二酸钠;三苯基膦;酞菁蓝 BGS

安庆金泉药业有限公司

安徽省安庆市望江县雷池工业园[246200]
电话:(0556)7231506;7231505;15905566559
传真:(0556)7231500
网址:www.jinquanpharm.com
E-mail:sales@jinquanpharm.com
【主要产品】2-噻吩乙醇;异丁酰乙酸甲酯;3-氧代戊酸甲酯;硼酸三甲酯;10-甲氧基亚氨基芪;(*S*)-4-氰基-3-羟基丁酸乙酯;4-氟-*α*-(2-甲基-1-氧丙基)-*γ*-氧代-*N*,*β*-二苯基苯丁酰胺;2,3-二氯-5,6-二氰基-1,4-苯醌;邻乙基苯肼盐酸盐;灭蝇胺;阿托伐他汀钙

安庆菱湖漆业有限公司

安徽省安庆市华中路 138 号[246003]
电话:(0556)5207704;5208239
传真:(0556)5207484
经济类型:有限责任公司
法人代表:陈怀德
网址:www.aqlhqy.com
E-mail:webmaster@aqzqc.com
【主要产品】热塑性丙烯酸树脂;热固性丙烯酸树脂;羟基丙烯酸树脂;锤纹漆用快干型树脂;丙烯酸改性醇酸树脂;苯乙烯改性醇酸树脂;短油度醇酸树脂;中油度醇酸树脂;高档汽车漆用树脂;酚醛清漆;各色酚醛调合漆;酚醛树脂漆底漆;各色酚醛地板漆;酚醛锅炉漆;酚醛烟囱漆;酚醛黑板漆;醇酸清漆;C03-3 各色醇酸调合漆;C04-2 各色醇酸磁漆;各色醇酸底漆;各色醇酸二道底漆;氨基烘干清漆;各色氨基烘干磁漆;各色氨基烘干静电磁漆;低温快干氨基烘漆;各色氨基闪光烘漆;汽车专用修补漆;木器家具漆;环保乳胶漆;丙烯酸系列汽车漆;聚氨酯丙烯酸中涂漆;丙烯酸氨基罩光漆;丙烯酸氨基闪光漆;丙烯酸金属闪光漆;丙烯酸内墙乳胶漆;丙烯酸外墙乳胶漆;高级聚酯漆系列;阳极电泳漆;聚氨酯汽车漆;氟碳漆;氯化橡胶底漆;船舶涂料;特种涂料;防腐涂料;快干腻子

皖

安庆市博大化工有限公司

安徽省岳西县建西工业区[246600]
电话:(0556)2185608
传真:(0556)2186689
法人代表:吴传满
网址:www.ahboda.com
E-mail:web@ahboda.com
【主要产品】聚氨酯保温材料;聚氨酯内外墙涂料

安庆市博盛橡塑有限公司

安徽省安庆市集贤北路独秀园 8 号[246005]
电话:(0556)5368569;13805569756
传真:(0556)5368579
固定资产:2,500 千元
网址:www.aqbs.cn
E-mail:bosh@aqbs.cn
【主要产品】塑料制品;塑胶制品;橡胶制品

安庆市福利化工厂

安徽省安庆市迎江区龙狮桥北一巷 22 号[246003]
电话:(0556)5207584
传真:(0556)5207584　经济类型:集体
职工人数:15 人　法人代表:张南祥
【主要产品】硫黄

安庆市鸿源化工有限责任公司

安徽省安庆市开发区站南路[246005]
电话:(0556)5318904;5322201;5320321
传真:(0556)5357838
固定资产:18,000 千元

经济类型:私营企业
网址:www. aq-hy. com
E-mail:web@ aq-hy. com
【主要产品】二聚酸;脂肪酸;聚酰胺树脂;油漆

安庆市凯达钼业有限公司

安徽省安庆市太湖县城东郊[246445]
电话:(0556)4161646;13955681099
传真:(0556)4161646
网址:www. ah-xy. com
E-mail:web@ ah-xy. com
【主要产品】钼酸钠;钼酸铵;二钼酸铵;四钼酸铵;七钼酸铵;八钼酸铵;三氧化钼(精制)

安庆市燎原化工厂

安徽省安庆市燎原路 2 号[246014]
电话:(0556)5313316;5333427
传真:(0556)5312614
供销电话:5311510 职工人数:1,172 人
法人代表:仲宏斌
网址:www. trisence. com/zgcs/anhui/anqing/an24/
【主要产品】烟用改性聚丙烯丝束;塑料编织袋

安庆市曙光包装有限责任公司

安徽省安庆市开发区[246003]
电话:(0556)5353247
传真:(0556)5353247 职工人数:108 人
经济类型:中外合资经营企业
法人代表:吴学铮
网址:www. sgchem. com/2pp66. htm
E-mail:cnwxz@ vip. 163. com
【主要产品】钢桶

安庆市曙光军工有机玻璃有限责任公司

安徽省安庆市华中东路 78 号[246003]
电话:(0556)5208072
传真:(0556)5208072 经济类型:国有
职工人数:91 人 法人代表:王林
网址:www. sgchem. com/7pp66. htm
【主要产品】有机玻璃(工业级)

安庆市特种橡塑制品有限责任公司

安徽省安庆市经济技术开发区 1. 3 平方公里工业园区发展企业工业园[246003]
电话:(0556)5369000;5369800;5369300-8009
传真:(0556)5345858
供销电话:5345959
经济类型:有限责任公司
网址:www. aqrubber. com
E-mail:postmaster@ aqrubber. com
【主要产品】橡胶密封制品;浮顶油罐密封装置丁腈橡胶密封带;橡胶密封带

安庆市有机化工有限责任公司

安徽省安庆市迎江区曙光路 5 号[246003]
电话:(0556)5543867;5545867;5512548
传真:(0556)5512548
经济类型:有限责任公司
法人代表:陈建勤
【主要产品】顺丁烯二酸酐;不饱和聚酯树脂

安庆市月铜冶金化工有限责任公司

安徽省安庆市北郊范家塘[246133]
电话:(0556)4690728;4051030-262
传真:(0556)4690728
供销电话:4051040-2874
供销传真:4690028 法人代表:徐生运
网址:www. aytchem. com
E-mail:qsy@ hi2000. com
【主要产品】钼酸钠;仲钼酸铵;二钼酸铵;四钼酸铵;八钼酸铵;三氧化钼;三氧化钼(精制);钼铁;喷涂钼粉;钼酸铵

安庆曙光化工(集团)有限公司

安徽省安庆市华中路 236 号[246003]
电话:(0556)5201079
传真:(0556)5201079
经济类型:有限责任公司
法人代表:余永发
网址:www. sgchem. com/pp66. htm
E-mail:jtb@ sgchem. com
【主要产品】氰化钠(液体);氰化银钾;氰化银;甲醇;亚氨基二乙酸;合成氨;碳酸氢铵

怀宁县远征化工厂

安徽省怀宁县马庙镇洪山村[246121]
电话:(0556)4856450
经济类型:集体 法人代表:汪南艳
【主要产品】黏合剂

怀宁县月山化工原料有限公司

安徽省怀宁县月山镇小元村[246113]
电话:(0556)4051134;4051201
传真:(0556)4051134
经济类型:股份有限公司
【主要产品】轻质碳酸钙;活性碳酸钙

桐城市晨光化工有限责任公司

安徽省桐城市同安路 292 号[231400]
电话:(0556)6205548
传真:(0556)6205548 经济类型:集体
职工人数:100 人
网址:www. ahxhhg. com
E-mail:ahxhhg@ ahxhhg. com
【主要产品】纸塑复合胶;消泡剂;促进剂 TMTD;促进剂 ZDC;促进剂 Fe-DEC;防老剂 NBC;亚乙基双硬脂酰胺

桐城市国元塑业有限公司

安徽省桐城市老梅镇[231460]
电话:(0556)6980282;6982383
传真:(0556)6980282 职工人数:120 人
固定资产:25,000 千元
经济类型:私营企业
网址:www. guoyuanpack. com
E-mail:web@ guoyuanpack. com
【主要产品】塑料制品;聚乙烯薄膜;复合膜;塑料包装袋

桐城市水电橡胶制品有限公司

安徽省桐城市童铺街 9 号[231460]
电话:(0556)6042360;13705563051
传真:(0556)6042429
经济类型:有限责任公司
网址:www. yyxj. com
E-mail:web@ yyxj. com
【主要产品】橡胶制品

黄山市

安徽黄山市嘉徽医药化工有限责任公司

安徽省黄山市歙县新安路 40-2 号[245200]
电话:(0559)6519911;13905595668
传真:(0559)6510121;6519911
经济类型:股份有限公司
网址:www. jiahuichem. com
E-mail:jiahuiwy@ yahoo. com. cn
【主要产品】硫代乙酰胺;2,3-二氯-5,6-二氰基-1,4-苯醌;塞克硝唑

安徽省歙县宏大化工有限公司

安徽省黄山市歙县新洲路 1 号[245200]
电话:(0559)6513929;6510823
传真:(0559)6510802
经济类型:私营企业 法人代表:方文敏
网址:www. hontar. com
E-mail:info@ hontar. com
【主要产品】异氰尿酸三缩水甘油酯;聚酯树脂;双酚 A 型环氧树脂(E12 型);粉末涂料消光固化剂;低温快速固化剂

杜邦华佳化工有限公司

安徽省黄山市徽州区岩寺镇[245061]
电话:(0559)3515170;3513755
传真:(0559)3515170 职工人数:43 人
供销电话:3515170;3513755
供销传真:3511660 法人代表:余根基
经济类型:中外合资经营企业
网址:www. hjchem. com
E-mail:hjchem@ hjchem. com
【主要产品】防腐用聚乙烯粉末涂料;聚乙烯粉末涂料;丙烯酸粉末涂料;聚酯/TGIC 型粉末涂料;聚酯粉末涂料;纯聚酯耐候性粉末涂料;环氧型粉末涂料;紫外光固化涂料;热转印粉末涂料;抗菌型粉末涂料;重防腐粉末涂料

黄山市宝华塑粉彩涂有限公司

安徽省黄山市屯溪区九龙开发区博林路 118 号[245000]
电话:(0559)2567868
传真:(0559)2568608
网址:www.hsbaohua.com
E-mail:web@hsbaohua.com
【主要产品】粉末涂料;各色聚酯环氧型粉末涂料;聚酯粉末涂料;环氧型粉末涂料;美术花纹型热固性粉末涂料;聚氨酯粉末涂料;闪光粉末涂料;功能型粉末涂料;金属型粉末涂料;透气粉末涂料

黄山市德平化工有限公司

安徽省黄山市歙县河西路 1 号[245200]
电话:(0559)6530261;6510090
传真:(0559)6530260
供销电话:6510092
经济类型:私营企业
网址:www.chem-depend.com
E-mail:dphg@chem-depend.com
【主要产品】均苯四甲酸;异氰尿酸三缩水甘油酯;均苯四甲酸二酐;粉末涂料消光固化剂;低温快速固化剂;荧光颜料

黄山市华尔特化肥有限公司

安徽省黄山市徽州区广惠工业小区[245061]
电话:(0559)3517618
固定资产:30,000 千元
供销传真:3517618　职工人数:120 人
经济类型:私营企业　法人代表:程国波
【主要产品】混配复合肥料

黄山市华美精细化工有限公司

安徽省歙县北岸镇斯干村[245232]
电话:(0559)6840332;6840333
传真:(0559)6840331　有进出口权
供销传真:6844331　法人代表:吴灶林
经济类型:与港澳台商合资经营
网址:www.hshuamei.com
E-mail:huamei@hshuamei.com
【主要产品】异氰尿酸三缩水甘油酯;均苯四甲酸二酐;双酚 A 型环氧树脂(E12 型);粉末涂料无光固化剂;低温快速固化剂;液体流平剂;固体流平剂;粉末涂料用增光剂

黄山市龙胜化工有限公司

安徽省黄山市歙县郑村镇[245261]
电话:(0559)3511550
传真:(0559)3511242
经济类型:有限责任公司
【主要产品】硝酸;硝酸钠;亚硝酸钠;二氧化碳(液体);液氨;碳酸氢铵

黄山市密封件厂

安徽省黄山市屯溪黎阳街 261 号[245011]
电话:(0559)2512084;2519614;13955986525
传真:(0559)2519614　职工人数:125 人
法人代表:贺跃进
网址:hs_hm.ah35.com
E-mail:hs_hm@ah35.com
【主要产品】减震用橡胶制品;橡胶密封制品;O 形密封圈;橡胶防尘密封圈;橡胶密封圈;异形密封圈

黄山市强力化工有限公司

安徽省黄山市休宁县海阳镇横江路 88 号[245400]
电话:(0559)7531158;7519688
传真:(0559)7515388
网址:www.hsqlhg.com;www.hsqlhg.cn
E-mail:ygh@hsqlhg.cn
【主要产品】硅油;羊绒柔软剂;有机硅消泡剂;涤纶短纤维油剂

黄山市润发化工(集团)有限公司

安徽省黄山市歙县新安路 31 号[245200]
电话:(0559)6511198;6510197;6511248
传真:(0559)6519508　有进出口权
经济类型:私营企业　法人代表:吴吉平
网址:www.huangshanrunfa.com
E-mail:runfa3788@hotmail.com
【主要产品】氯化聚乙烯;聚酯树脂;环氧树脂;聚氨酯树脂;粉末涂料无光固化剂;低温快速固化剂;粉末涂料流平剂;环氧树脂固化剂 593;T-31 环氧树脂固化剂

黄山市善孚化工有限公司

[245251]
电话:(0559)6680308;6680388
传真:(0559)6682377　职工人数:360 人
网址:www.chem-shanfu.com
E-mail:webmaster@chem-shanfu.com
【主要产品】聚酯树脂;双酚 A 型环氧树脂(E12 型);环氧树脂

黄山市泰达化工有限公司

安徽省黄山市徽州区徽州西路 55 号[245061]
电话:(0559)2130807
供销电话:2130668;2130806
供销传真:3516688　产值:500 千元
经济类型:有限责任公司
职工人数:321 人
网址:www.td-chem.cn
E-mail:xiaoshou@td-chem.cn
【主要产品】1,2,3-苯三甲酸;均苯三甲酸;3,5-二甲基苯甲酸;异氰尿酸三缩水甘油酯;偏苯三酸酐;1,3,5-三苯甲酰氯

黄山市天目药业有限公司

安徽省黄山市屯溪区黄山中路 45 号[245000]
电话:(0559)2513184;2513518
传真:(0559)2513184;2513518
经济类型:国有
网址:www.tmpharm.com
【主要产品】薄荷脑

黄山市歙县三利橡塑厂

安徽省黄山市歙县[245200]
电话:(0559)6538595;13956271106
传真:(0559)6538595
供销电话:13805591620
网址:www.hsslxs.com
E-mail:hsslxs@126.com;xt_qiu@126.com
【主要产品】塑料制品;橡胶制品;橡胶杂品;橡胶支座

黄山市歙县银宇化工厂

安徽省歙县徽城镇古关路 70-51 号[245200]
电话:(0559)6517368;6513368;6517370
传真:(0559)6513369
经济类型:私营企业　法人代表:黄文宇
网址:www.hylive.com/anhui/anhui04029.html
E-mail:abcd@anhui.net.cn
【主要产品】双酚 A 型环氧树脂(E12 型)

黄山市新力油墨化工厂

安徽省黄山市徽州区永佳大道 129 号[245061]
电话:(0559)3511968-2018
传真:(0559)3514540　经济类型:集体
供销电话:3516898-2006
供销传真:3512617　法人代表:唐礼亮
网址:www.xinli-ink.com
E-mail:zhsxltll@mail.ahwhptt.net.cn
【主要产品】纸凹印油墨;塑料凹版表印油墨;醇溶凹版塑料表印油墨;凹版复合塑料薄膜油墨;醇溶塑料复合油墨;塑料复合凹版里印油墨

黄山歙县德邦化工有限公司

安徽省黄山市歙县徽城镇[245200]
电话:(0559)2130898;3514618
传真:(0559)6510821　有进出口权
经济类型:私营企业　法人代表:钱文胜
网址:www.tech-power.cn
E-mail:sales@tech-power.cn
【主要产品】消光剂;粉末涂料用固化剂;粉末涂料流平剂

黄山永佳安大创新中心有限公司

安徽省黄山市徽州区永佳大道 668 号[245061]
电话:(0559)3514878
传真:(0559)3514878
供销电话:3514878;3514891
网址:www.yongjiaanda.com.cn
E-mail:yjad@yongjiaanda.com.cn
【主要产品】双酚 A 型环氧树脂;水溶性聚氨酯树脂;饱和聚酯树脂;水性乳胶漆;内外墙涂料;聚氨酯木器清漆;封闭乳胶底漆;水性木器漆

黄山永新股份有限公司

安徽省黄山市徽州区徽州东路 188 号[245061]
电话:(0559)3518118
传真:(0559)3518128
网址:www. novel. com. cn
E-mail:novel@ novel. com. cn
【主要产品】塑料复合包装膜;PVDC 阻隔薄膜

祁门县林产化工厂

安徽省祁门县祁山镇中心南路 98 号[245600]
电话:(0559)4512536
经济类型:私营企业
网址: www. hylive. com/anhui/anhui08247. html
【主要产品】松节油;松香

祁门县芦溪化工厂

安徽省祁门县芦溪乡[245609]
电话:(0559)4591317
经济类型:集体　法人代表:戴小强
网址:www. hylive. com/anhui/anhui08247. html
【主要产品】松节油;松香

皖

滁州市

安徽金邦医药化工有限公司

安徽省来安县永阳西路 188 号[239200]
电话:(0550)5632629;5624999;5628185
传真:(0550)5611578　职工人数:182 人
供销电话:5628208;5614741
经济类型:私营企业　法人代表:曹金龙
网址:www. cnahjb. com
E-mail:jb@ cnahjb. com
【主要产品】甲醇钠;乙醚;六甲基氧二硅烷;丙二酸二乙酯

安徽省定远县化肥厂

安徽省滁州市定远县炉桥镇[233200]
电话:(0550)4344201
传真:(0550)4344201　经济类型:国有
供销电话:4344204　职工人数:1,018 人
供销传真:4344204　法人代表:丁明昌
网址:ehdyhfc. und. com. cn
E-mail:dyhfc@ mail. hf. ah. cn
【主要产品】合成氨;尿素;碳酸氢铵

安徽省明光市曼迪矿业科技有限公司

安徽省明光市池河大道 98 号[239400]
电话:(0550)8153100;13013008553
传真:(0550)8156979　有进出口权
网址:www. medyfk. com
E-mail:mgmd@ medyfk. com
【主要产品】长石粉;白云石粉;超细绢云母;黏土粉;抗盐黏土;轻质碳酸钙;重质碳酸钙;轻质活性碳酸钙;硅砂;涂料用膨润土;饲料添加剂;塑料填充母料;塑料色母粒;橡胶补强剂;水处理滤料;农药增效剂;生物肥专用造粒剂;无机凝胶;吸附剂;干燥剂

安徽省明美矿物有限公司

安徽省明光市明涧路 11 号[239400]
电话:(0550)8099999;13905506169
传真:(0550)8098458;8098414
供销电话:8098414;13505505170
供销传真:8099555
网址:www. mmkw. cn
E-mail:sunney@ ah163. com
【主要产品】抗盐黏土;分子筛;吸附剂

安徽省天长市绿色化工助剂有限公司

安徽省天长市新河北路公园街 10 号[239300]
电话:(0550)7027028;13855015208
传真:(0550)7024034　职工人数:150 人
供销电话:7027028;13905508979
经济类型:私营企业　法人代表:刘绪明
网址:www. lszj. com
E-mail:lszj@ lszj. com
【主要产品】钛酸四异丙酯;新型高效环保漆墨分散稳定剂;水性涂料分散剂;有机钛螯合物;钛酸酯交联剂 TD-5-1;钛酸酯交联剂 TA-13;塑料荧光增白剂 PF;荧光增白剂 OB;铝酸酯偶联剂;钛酸酯偶联剂;硅烷偶联剂 KH-560;硅烷偶联剂 KH-570;硅烷偶联剂 KH-550;炭黑分散剂;填料表面处理剂;抗旱保水剂;颜料分散剂

安徽省天长市南方有机玻璃厂

安徽省天长市珠湖西路 108 号[239300]
电话:(0550)3268555
传真:(0550)7321008　产值:5,000 千元
固定资产:500 千元　职工人数:68 人
经济类型:私营企业　法人代表:郁培方
销售收入:2,000 千元
网址:www. lantian8188. com
E-mail:8188@ lantian8188. com
【主要产品】有机玻璃管;聚碳酸酯棒;有机玻璃板材

安徽省皖东化工厂

安徽省天长市珠湖东路 88 号[239300]
电话:(0550)7030454;7321397;13909602456
传真:(0550)7321802　经济类型:国有
有进出口权　产值:100,000 千元
职工人数:300 人　法人代表:舒宏俊
网址:21tcm. com/Company/55917/index. shtml
E-mail:tcwhwjd@ sina. com
【主要产品】离子交换树脂;强酸性苯乙烯系阳离子交换树脂(JK008 型);大孔弱碱性苯乙烯系阴离子交换树脂(D301);氨基酸专用树脂

安徽泰昌化工有限公司

安徽省天长市建设东路[239300]
电话:(0550)7041128;7681522;
传真:(0550)7032538;58851267
固定资产:3,000 千元　经济类型:集体
供销传真:7681586　有进出口权
职工人数:50 人　法人代表:曾仁彪
网址:www. tcchem. cn
E-mail:tcchem@ tcchem. com
【主要产品】钛酸四丁酯;水性涂料分散剂;交联剂;塑料荧光增白剂 PF;钛酸酯偶联剂;四异丙基钛酸酯

滁州市惠友粉体材料厂

安徽省滁州市珠龙镇广卫[239000]
电话:(0550)3038710;13855070622
传真:(0550)3038061　产值:2,200 千元
供销传真:3038710　职工人数:15 人
经济类型:私营企业
网址:www. hymica. cn;
www. hymica. com
E-mail:czhuiyou@ yahoo. com. cn;
hymica@ 126. com
【主要产品】氢氧化镁;煅烧高岭土;铝镁合金粉

来安县亨通橡塑制品有限公司

安徽省来安县永阳东路 1 号[239200]
电话:(0550)5615040;5612765
传真:(0550)5614629;5615068
供销电话:5612260
经济类型:有限责任公司
网址:www. htoilet. net/hengtong. htm
【主要产品】聚氯乙烯塑料地板;地板胶;阻燃橡胶板

来安县振兴化工公司

安徽省来安县城南门外[239200]
电话:(0550)5614149
传真:(0550)5614149
经济类型:股份有限公司
【主要产品】二氧化硫(液)

明光市橡胶厂

安徽省明光市桃园巷 8 号[239400]
电话:(0550)8033947
传真:(0550)8022076　经济类型:集体
网址:chengjin. diytrade. com
【主要产品】胶管

天长市广源精细化工厂

安徽省天长市万寿乡张安村[239300]
电话:(0550)7021425;7027495;13955074669
传真:(0550)7021425
网址:www. ahtcgy. com
E-mail:ahtcgy@ ahtcgy. com
【主要产品】钛酸四异丙酯;钛酸酯交联剂;钛酸酯交联剂 TA-13;塑料荧光增白剂 PF;钛酸酯偶联剂 TC-27;钛酸酯偶联剂 TC-2;钛酸酯偶联剂 TC-1;钛酸酯偶联剂 TC-F;异丙基三(焦磷酸二辛酯)钛酸酯;钛酸酯偶联剂 TC-WT;钛酸酯偶联剂 TC-201;钛酸酯偶

联剂;钛酸酯偶联剂 NDZ-102;硅烷偶联剂 KH-570;硅烷偶联剂 KH-550;二(辛烷基苯酚聚氧乙烯醚)磷酸酯;四异丙基钛酸酯

天长市宏盛精细化工厂

安徽省天长市建设东路 138 号 3 号信箱[239300]
电话:(0550)7306660;7022506;13605505472
传真:(0550)7306661
网址:www. tianchangchem. com
E-mail:wushiyou@ vip. sina. com
【主要产品】钛酸四异丙酯;钛酸酯交联剂 TD-5-1;钛酸酯偶联剂 TC-27;钛酸酯偶联剂 TC-2;有机钛偶联剂 TC-3;钛酸酯偶联剂 TC-F;异丙基三(焦磷酸二辛酯)钛酸酯;钛酸酯偶联剂 TC-WT;钛酸酯偶联剂;二(辛烷基苯酚聚氧乙烯醚)磷酸酯

天长市华锦防腐清洗材料厂

安徽省天长市园林路园林街道 10 信箱[239300]
电话:(0550)7043428
传真:(0550)7026786　产值:2,500 千元
经济类型:私营企业　职工人数:200 人
法人代表:徐成相
网址:www. bxgqx. com
E-mail:xuchengxiang21@ 126. com
【主要产品】光亮清洗剂;焊嘴防堵剂;焊接防溅剂;研磨液;不锈钢酸洗钝化膏

天长市劲松塑料助剂集团有限公司

安徽省天长市杨村开发区[239300]
电话:(0550)7304592;7761333
传真:(0550)7761338
供销电话:7761333;13705505752
网址:www. jing-song. com
【主要产品】荧光增白剂 DT;塑料荧光增白剂 PF;荧光增白剂 PF-3;荧光增白剂 OB;荧光增白剂 KB;荧光增白剂 KCB;荧光增白剂 EB;荧光增白剂 FP;荧光增白剂 PB;塑料荧光增白剂

天长市天广有机玻璃有限公司

安徽省天长市二凤南路 333 号[239300]
电话:(0550)7306579;7021409
传真:(0550)7306580;7021269
经济类型:有限责任公司
网址:www. cntctg. com
E-mail:web@ cntctg. com
【主要产品】有机玻璃板管及棒;玻璃钢格栅

天长市天祺有机玻璃厂

安徽省天长市万寿南路东侧 16 号[239300]
电话:(0550)7025648;13955099233
传真:(0550)7025393
网址:www. tianqi. com. cn
E-mail:ahtianqi@ 163. com
【主要产品】有机玻璃(圆棒);有机玻璃管;聚碳酸酯管材;离子交换器

皖东金瑞化工有限公司

安徽省来安县东大街 127 号[239200]
电话:(0550)5635858;5635859;5619090
传真:(0550)5635899;5623638
有进出口权
网址:www. lajingda. com
E-mail:yangjuanok@ avl. com. cn;lajinjun@ yahoo. com
【主要产品】乙基麦芽酚;麦芽酚;安赛蜜;δ-十二内酯

阜阳市

安徽昊源化工集团有限公司

安徽省阜阳市阜康路 1 号[236000]
电话:(0558)2368015
传真:(0558)2368015　有进出口权
供销传真:2326615　企业规模:大型
经济类型:有限责任公司
职工人数:1,600 人　法人代表:饶金锋
网址:www. ahhychem. com
E-mail:fhzc@ mail. ahbbptt. net. cn
【主要产品】氧气;甲醇;甲醛;吗啡啉;尿素;碳酸氢铵;塑料编织袋

安徽康达化工有限责任公司

安徽省亳州市谯城区亳魏路 2 号[236822]
电话:(0558)5559611
传真:(0558)5559234
供销电话:5520335　法人代表:牛大兴
网址:kd. und. com. cn
E-mail:xfz@ ahbzbip. com
【主要产品】55% 甲拌磷乳油;甲拌磷颗粒剂;甲基异柳磷颗粒剂;20% 高渗辛硫磷乳油;高渗氧乐果乳油;多·甲拌悬浮种衣剂;复硝酚钠水剂;多·乙铝可湿性粉剂;氰·氧乐乳油;辛·氯乳油;硫·三环可湿性粉剂;辛·氰乳油;酮·氧乐乳油;乙·莠可湿性粉剂;噻·杀单可湿性粉剂;柴油·哒乳油;苯噻酰·苄可湿性粉剂

安徽临泉化工股份有限公司

安徽省临泉县城关临化路 2 号[236400]
电话:(0558)6582139;6512350
传真:(0558)6514990　有进出口权
经济类型:股份有限公司
网址:www. lqhg. com. cn
E-mail:ahlqhg@ 163. com;tonicool@ 163. com
【主要产品】过氧化氢;甲醇;尿素;碳酸氢铵;复合肥

安徽三星化工集团公司

安徽省涡阳县三星大道 183 号[233610]
电话:(0558)7271611;7271600;7213799
传真:(0558)7213098　经济类型:国有
供销电话:7271632;7271629
企业规模:大型　职工人数:1,700 人
网址:www. sunsonchem. com
E-mail:gh@ sunsonchem. com
【主要产品】甲醇;三聚氰胺;尿素;碳酸氢铵

安徽省阜南县化工总厂

安徽省阜阳市阜南县城南郊[236324]
电话:(0558)6751920;6712890
传真:(0558)6752890　职工人数:700 人
网址:www. hylive. com/anhui/anhui03832. html
【主要产品】过氧化氢;甲醇;合成氨;液氨;碳酸氢铵

安徽省振华工贸股份有限公司

安徽省蒙城县蒙宿路 125 号[233500]
电话:(0558)7613688;7613078;13856807788
传真:(0558)7612282
网址:www. ah-zh. com
E-mail:ahfxc@ 126. com
【主要产品】高弹环保防水乳胶漆;喷涂浮雕漆;丙烯酸外墙涂料;金丝彩缎涂料;混凝土添加剂;水泥

亳州市福利硝酸钾厂

安徽省亳州市南市区黉学居民委员会[236804]
电话:(0558)5523028
传真:(0558)5523028　经济类型:集体
【主要产品】硝酸钾;混配复合肥料

蒙城华昌化工有限公司

安徽省蒙城县桃园新村 456 号[233500]
电话:(0558)7622625
传真:(0558)7622625　职工人数:200 人
固定资产:5,000 千元
经济类型:有限责任公司
网址:huachanghg. bip. und. cn
E-mail:bz236800@ 126. com
【主要产品】过磷酸钙;颗粒磷肥;混配复合肥料

宿州市

安徽安特集团

安徽省宿州市淮海路 10 号[234000]
电话:(0557)3600555;3600369;3600294
传真:(0557)3600365;3600138
供销电话:3600305;3600418
网址:www. antegroup. com
E-mail:atjj@ antegroup. com
【主要产品】乙醇;乙醇(无水);无水乙醇(药用);饲料添加剂;玉米淀粉;玉米油

安徽科纳新材料有限公司

安徽省宿州市芦岭镇工人路[234113]

电话:(0557)2152873
传真:(0557)2883175　有进出口权
经济类型:股份有限公司
产值:10,000 千元　职工人数:1,000 人
法人代表:查凤林
网址:www. ankena. com
E-mail:liya8799@ sohu. com
【主要产品】纳米抗菌浆料;钛白粉(纳米级);新型高效无机抗菌粉;导电粉

安徽省宿州化学试剂有限公司

安徽省萧县车站路 64 号[235200]
电话:(0557)5091625;5090625;3883985
传真:(0557)5091625
经济类型:联营企业　职工人数:48 人
网址: zhanshi. expolab. com. cn/002about1. htm
E-mail:Ldgshj@ 163. com
【主要产品】乙酸钠;酒石酸钾钠;亚铁氰化钾;氯化钾

安徽省萧县三氯化磷厂

安徽省萧县刘套镇[235200]
电话:(0557)5220200;13505212973
传真:(0557)5220317
固定资产:5,980 千元
供销电话:5220200;5220201
法人代表:李久民
网址:www. anhuichemical. com
E-mail:sales@ anhuichemical. com
【主要产品】亚磷酸;盐酸

宿州市亨达农药有限公司

安徽省宿州市汴河东路 66 号[234000]
电话:(0557)3312878;2150557
网址:www. ahhengda. cn
E-mail:sdqj163@ 163. com
【主要产品】高渗阿维菌素乳油;高效氯氰菊酯乳油;12.5%烯唑醇可湿性粉剂;百草枯;乙草胺水乳剂;锰锌·烯唑可湿性粉剂;氰·氧乐乳油

宿州市恒昌塑胶有限公司

安徽省宿州市宿灵路 888 号[234000]
电话:(0557)3338162;3338691
传真:(0557)3338167
经济类型:股份有限公司
网址:www. szhcsj. com
E-mail:djh@ szhcsj. com
【主要产品】塑料薄膜;塑料真空包装袋

宿州市华润化工有限责任公司

安徽省宿州市汴河南岸汇源大道路西[234000]
电话:(0557)3623296;3623080
传真:(0557)3622988
经济类型:私营企业
网址:www. huarunhg. com
E-mail:webmaster@ huarunhg. com
【主要产品】氧气;氮气;大豆油;交联剂 TAIC;有机硅消泡剂;聚合氯化铝;乳化剂

巢湖市

安徽巢东纳米材料科技有限公司

安徽省含山县昭关东路 168 号[238100]
电话:(0565)4310425;4314947
传真:(0565)4310425
网址:www. ahcdnm. com
E-mail:npcc@ ahcdnm. com
【主要产品】碳酸钙(纳米级)

安徽华星化工股份有限公司

安徽省和县乌江镇[238251]
电话:(0565)5391218
传真:(0565)5392858
供销电话:5393188　职工人数:1,000 人
经济类型:有限责任公司
法人代表:庆祖森
网址:www. huaxingchem. com
E-mail:services@ huaxingchem. com
【主要产品】三唑磷;三唑磷乳油;吡虫啉;高效氟氯氰菊酯;高效氯氟氰菊酯;杀虫单;杀虫单可溶性粉剂;杀虫双;杀虫双颗粒剂;杀虫双水剂;杀虫双可溶性粉剂;杀螟丹;啶虫脒;氟虫腈;醚菌酯;毒死蜱;毒死蜱乳油;草甘膦水剂(10%);草甘膦;草甘膦可溶性粉剂;草除灵乙酯;解草唑;噁唑禾草灵;噁唑禾草灵乳油;噁唑禾草灵水乳剂;胺苯磺隆;苯磺隆;苯磺隆可湿性粉剂;磺草酮;苄磺隆;苄磺隆可湿性粉剂;精喹禾灵;精喹禾灵乳油;乙·嗪可湿性粉剂;苄·乙可湿性粉剂;草除·精喹乳油;吡·杀单可湿性粉剂;噁唑灵·异丙隆可湿性粉剂;腈菌·锰锌可湿性粉剂;苯噻酰·苄可湿性粉剂;阿维·哒乳油;滴丁·辛酰溴乳油;精噁禾·解草唑乳油;精噁禾·解草唑水乳剂

安徽庐江新亚精细化工有限责任公司

安徽省庐江县白湖镇金湾[231551]
电话:(0565)7587013
传真:(0565)7587013
经济类型:有限责任公司
法人代表:王亚波
网址:xinyajingxi. b2b. 315. com. cn
【主要产品】亚硫酸氢钠;亚硫酸钠;焦亚硫酸钠;氟化钠

安徽省庐江矾矿

安徽省巢湖市庐江区矾山镇[231553]
电话:(0565)7611450;13093451177
传真:(0565)7611340　经济类型:国有
固定资产:30,000 千元　法人代表:汪洋
供销传真:7611450　产值:50,000 千元
销售收入:40,000 千元
职工人数:1,000 人
网址:www. du78. com;www. ahmf. cn
E-mail:ahljyhg@ hotmail. com
【主要产品】明矾石;明矾;高岭土;滑石粉;早强剂;减水剂;混凝土高效复合抗裂防水剂;速凝剂;膨胀剂;混凝土快速修补剂;防冻剂;混凝土引气剂

安徽省庐江橡胶密封件有限公司

安徽省庐江县军二东路晨光巷[231500]
电话:(0565)7417935
传真:(0565)7416834
网址:www. lymfj. com
E-mail:web@ lymfj. com
【主要产品】橡胶密封圈

安徽省银山药业有限公司

安徽省巢湖市银山路 58 号[238000]
电话:(0565)2371284
供销电话:(0551)2132083
供销传真:(0551)4393205
网址:www. yinshanchem. com
E-mail:zhuhwa@ hotmail. com; sales@ yinshanchem. com
【主要产品】功夫酸;2-氯-5-氯甲基吡啶;氟环唑;戊唑醇;草除灵;草甘膦可溶性粉剂;百草枯;噁唑禾草灵;苯噻酰·苄可湿性粉剂

巢湖瑞雪精细化工有限责任公司

安徽省和县沈巷经济开发试验区[238271]
电话:(0565)5369868;13708495759
传真:(0565)5365470
经济类型:有限责任公司
网址:ruixue. chemnet. com
E-mail:ruixue@ hi2000. com
【主要产品】甲醛阻聚剂

巢湖香枫塑胶助剂有限公司

安徽省无为县石涧镇进军南路 272 号[238391]
电话:(0565)6182688;6183300
传真:(0565)6182100　职工人数:100 人
固定资产:26,000 千元
网址:www. xf-chem. com
E-mail:info@ xf-chem. com
【主要产品】柠檬酸三丁酯;己二酸二异辛酯;环氧大豆油;癸二酸二辛酯;偏苯三酸三辛酯;液体钙锌稳定剂;液体钡镉锌复合稳定剂;聚氯乙烯液体复合热稳定剂;泡孔整理剂

和县晶汇实业有限公司和州橡胶厂

安徽省和县历阳镇文昌北路 38 号[238200]
电话:(0565)5312939;5311041
传真:(0565)5311041　职工人数:118 人
固定资产:9,400 千元
经济类型:私营企业　法人代表:洪必钊
网址:www. hylive. com/anhui/anhui04680. html

【主要产品】橡胶三角带；胶管

庐江县幸生涂料有限公司

安徽省巢湖市庐城镇晨光经济开发区[231500]
电话：(0565)7335006；13905654819
传真：(0565)7335006
法人代表：王幸生
网址：www.ljxstl.com
E-mail：webmaster@ljxstl.com
【主要产品】弹性涂料；水性乳胶漆；水性封碱底漆；腻子粉

六安市

安徽良臣硅源材料有限公司

安徽省霍山县淠源东路7号[237200]
电话：(0564)5033328；3131877；3131977
传真：(0564)5023598　法人代表：赵震
供销电话：3131977；13505647362
经济类型：私营企业
网址：www.wxhsgy.com
E-mail：huangran@mail.hf.ah.cn
【主要产品】硅酸；硅酸钠；硅溶胶；B型硅胶；A型硅胶；白炭黑；活化硅胶；变色硅胶；硅胶；粗孔硅胶；耐水硅胶；高效薄层层析硅胶预制板；柱层层析硅胶；薄层层析硅胶；液相色谱固定相硅胶

安徽省六安市建来化工有限公司

安徽省六安市金安区东市街宁平路16号[237010]
电话：(0564)3395719
传真：(0564)3395719　职工人数：600人
供销传真：3394695
经济类型：外商独资
网址：www.jianlaichem.com
E-mail：info@jianlaichem.com
【主要产品】甲醇；合成氨；尿素；碳酸氢铵

安徽舒城群峰造漆有限责任公司

安徽省舒城县桃溪镇工业园[231350]
电话：(0564)8710517；13956123102
传真：(0564)8710187　职工人数：50人
经济类型：有限责任公司
网址：www.ahqfzq.com
E-mail：web@ahqfzq.com
【主要产品】Y03-1各色油性调合漆；F53-31红丹酚醛防锈漆；灰色酚醛防锈漆；铁红酚醛防锈漆

六安市捷通达化工有限责任公司

安徽省六安市北郊十五里墩[237158]
电话：(0564)3711165；3711666
传真：(0564)3711167　职工人数：38人
经济类型：有限责任公司
网址：www.jietondachem.com
E-mail：jietonda@jietondachem.com
【主要产品】2-苯基咪唑啉；涂料助剂；粉末涂料平滑除气剂；粉末砂纹剂；消光剂；低温快速固化剂；粉末涂料用固化剂；粉末涂料用固化促进剂；催化剂SA210；三烷基胺；三乙基苄基氯化铵

六安市同源油墨厂

安徽省六安市金寨县古碑[237007]
电话：(0564)3211034
经济类型：集体
E-mail：3211034@cpp114.com
【主要产品】油墨

舒城县万年防水新材料有限责任公司

安徽省舒城县万佛湖旅游经济开发区[231300]
电话：(0564)8539777-8888，8013；8537869
传真：(0564)8537869
供销电话：8539777-8019，8018
经济类型：有限责任公司
法人代表：叶远荣
网址：www.chinapengda.com
E-mail：webmaster@chinapengda.com
【主要产品】PVC塑胶布

宣城地区

安徽广德凯瑞生物化工有限公司

安徽省广德市经济技术开发区[242200]
电话：(0563)6010888；6989055；13311628912
传真：(0563)6988778
网址：www.shxianhe.com
E-mail：cairui1088@sina.com
【主要产品】*N*-氨基哌啶盐酸盐；潘托拉唑；普瑞巴林

安徽广德莱德圣颜料有限公司

安徽省广德县新杭镇工业园区[242234]
电话：(0563)6089689；6089698；6089667
传真：(0563)6089099　经济类型：集体
网址：www.colourpigment.com
E-mail：jqm@hi2000.com；wfy@hi2000.com
【主要产品】氧化铁红；氧化铁黄；哈巴粉；氧化铁黑；氧化铁绿；氧化铁蓝；氧化铁紫

安徽郎溪县新科化工有限公司

安徽省郎溪县南丰镇[242100]
电话：(0563)7331288；13155377555
传真：(0563)7331388
经济类型：私营企业
网址：www.xinkechem.cn
E-mail：xinke@xinkechem.cn；sl@xinkechem.cn
【主要产品】硫酸钾；4-羟基苯甲酸；对氰基酚；氯化聚乙烯；对羟基苯甲酸乙酯；对羟基苯甲酸甲酯；对羟基苯甲酸丙酯；对羟基苯甲酸丁酯

安徽李氏化工有限公司

安徽省郎溪县城南经济开发区[242100]
电话：(0563)7085504；7086581；13966229999
传真：(0563)7086060　职工人数：200人
网址：www.leechemical.com
E-mail：sales@leechemical.com
【主要产品】对羟基苯乙酰胺；1-甲基-3-苯基丙胺；二乙酰阿昔洛韦；4-氯苯甲酰氯；1,1-环己基二乙酸；5-溴乙酰水杨酰胺；4-氯-4′-羟基二苯甲酮；1-萘酚-2-甲酸；红色基KD

安徽立兴化工有限公司

安徽省绩溪县城南外三元[245300]
电话：(0563)8165518；8152608；13905636092
传真：(0563)8167310　经济类型：集体
供销电话：8165518；8163717
有进出口权　法人代表：汪德林
网址：www.lixingchem.com
E-mail：song@lixingchem.com；hxh@lixingchem.com
【主要产品】1,3-丙二醇；乙二醇二甲醚；二乙二醇二丁醚；二乙二醇二甲醚；3,4′-二氯二苯醚；乙二醇二乙醚；二乙二醇二乙醚；甲氧基乙酸；1,3,5-三氯苯；1,3-二氯苯；3,5-二氯苯胺；单组分室温硫化硅橡胶；氨基硅酮织物弹性整理剂；有机硅织物整理剂；抗静电剂；抗静电剂PK；橡胶脱模剂；涤纶油剂；涤纶短纤维油剂；皮革柔软剂

安徽美诺华药物化学有限公司

安徽省广德县经济技术开发区[242200]
电话：(0563)6012188
传真：(0563)6012288
网址：www.menovopharm.com
E-mail：export@menovopharm.com
【主要产品】万拉法新；缬沙坦；坎地沙坦；奥美沙坦；培哚普利；阿托伐他汀钙；度洛西汀；多奈哌齐；罗匹尼罗盐酸盐；奥美拉唑；氢溴酸加兰他敏；西替利嗪；齐拉西酮；伊班膦酸钠；群多普利

安徽宁国中鼎密封件有限公司

安徽省宁国市宁阳工业开发区[242300]
电话：(0563)4181877；4181851
传真：(0563)4181880　经济类型：国有
企业规模：大型
法人代表：夏鼎湖
网址：www.zhongdinggroup.com
E-mail：webmaster@zhongdinggroup.com
【主要产品】减震用橡胶制品；胶辊；橡胶密封制品；油封；汽车橡胶配件

安徽省广德科苑化工有限公司

安徽省广德县精细化工园区[242238]
电话:(0563)6833666;6833888;
13906148318
传真:(0563)6833918
网址:www. keyuanchem. com
E-mail:sales@ keyuanchem. com;
guo@ keyuanchem. com
【主要产品】6-氯嘌呤;1,3-二甲基-2-咪唑啉酮;3-羟基-2-甲基苯甲酸;1,4-二羟基-2-萘甲酸;D-扁桃酸;L-扁桃酸;对氟扁桃酸;间氯扁桃酸;2,5-二氟扁桃酸;2,4-二氟扁桃酸;3,4-二氟扁桃酸;3,5-二氟扁桃酸;对溴扁桃酸;对甲基扁桃酸;对甲氧基扁桃酸;对丙氧基扁桃酸;对羟基扁桃酸;α-环己基扁桃酸;苯甲酰甲酸甲酯;扁桃酸乙酯;对甲基-α-氯苯乙酸甲酯;2,4-二甲基苯乙酮;对氯苯乙酮;α-氯代苯乙酮;2,4-二羟基苯乙酮;3,4-二甲基苯乙酮;α-溴代苯乙酮;4-溴苯乙酮;α-乙酰氧基苯乙酮;α-甲酰基扁桃酸酰氯;对溴-α-苯乙胺;α-苯乙胺;3-乙酰氧基-2-甲基苯甲酸;苯甲酰乙酸乙酯;对氯扁桃酸;乙酰氧基扁桃酸;邻氯苦杏仁酸;α-羟基苯乙酸;苦杏仁酸甲酯;4-联苯乙酮;苯甲酰甲酸;α-羟基-3-苯氧基苯乙腈;4-羟基-3,5-二甲基苯腈;氯吡脲;6-苄氨基嘌呤;氯鼠酮

安徽省绩溪县天池化工厂

安徽省宣城市绩溪区葛家湾15号[245300]
电话:(0563)8155659;8169249;
13805635448
传真:(0563)8165796
供销电话:8169249;13856353688
经济类型:私营企业 法人代表:王甫泉
网址:www. tianking. com
E-mail:tianking@ tianking. com
【主要产品】乙二醇二甲醚;二乙二醇二丁醚;1,3-丙二醇二甲醚;二丙二醇二甲醚;二乙二醇二甲醚;乙二醇二乙醚;二乙二醇二乙醚;丙烯酸-2-乙氧基乙酯;邻苯二甲酸二甲氧基乙酯

安徽省康达锆业有限公司

安徽省郎溪县城南七里[242100]
电话:(0563)7085531;7086456;
13856370288
传真:(0563)7085086
网址:www. kfzr. com
E-mail:sale@ kfzr. com;zxm@ kfzr. com
【主要产品】锆氟酸;氢氧化锆;硫酸锆;氧氯化锆;碳酸锆;碳酸锆铵;碳酸锆钾;锆氟酸钾;氟锆酸钠;氟锆酸铵;氟化锆;二氧化锆;异辛酸锆;乙酸锆;十三烷基-2,6-二甲基吗啉

安徽省郎溪县联科实业有限公司

安徽省郎溪县城南乡山脚底49号[242100]
电话:(0563)7086515;13865479508
传真:(0563)7086516 法人代表:张坚
网址:www. lh-biochem. com;
www. lk-biochem. com
E-mail:sales@ lh-biochem. com
【主要产品】5-苯基四氮唑;L-氨基丙醇;D-氨基丙醇;L-亮氨醇;L-脯氨醇;D-脯氨醇;α,β-二溴丁二酸;2-氯烟酸;4-甲苯磺酸;D-樟脑酸;2,3,5-三甲基苯酚;二甲胺盐酸盐;叠氮基三甲基硅烷;叠氮化钠;4-氨基-3-苯基丁酸盐酸盐;顺-1,3-二苄基咪唑-2-酮-4,5-二羧酸;5′-脱氧氟尿苷;多索茶碱;匹卡米隆;匹卡米隆钠盐;4-二甲氨基吡啶

安徽省宁国江南化工有限责任公司

安徽省宁国市港口镇分界山[242310]
电话:(0563)4802794;4802798;
13956602855
传真:(0563)4802798 职工人数:258人
固定资产:40,000千元
经济类型:私营企业 法人代表:熊立武
【主要产品】乳化炸药

安徽省宁国市朝农化工有限责任公司

安徽省宁国市宁阳西路288号[242300]
电话:(0563)4180918;13305630001
传真:(0563)4180104
供销电话:4028958
经济类型:有限责任公司
网址:www. chaonong. com
E-mail:xccngs@ 126. com
【主要产品】乙酰甲胺磷;杀虫单;敌·乙酰甲乳油

安徽省宁国市仙塔漆业有限公司

安徽省宁国市狮桥经济开发区[242333]
电话:(0563)4702027;4702028
传真:(0563)4700107
法人代表:邵喜根
网址:www. xian-ta. com
【主要产品】醇酸树脂漆类;氨基树脂漆类;硝基漆类;丙烯酸树脂漆类;聚酯树脂漆类;环氧树脂漆类;聚氨酯漆类

安徽省宁国司尔特化肥有限公司

安徽省宁国市经济技术开发区[242300]
电话:(0563)4181520;4181521
供销电话:4181517;4181518
经济类型:有限责任公司 有进出口权
企业规模:大型 职工人数:3,500人
法人代表:金国清
网址:www. sierte. com
E-mail:sierte@ mail. xc. ah163. net
【主要产品】硫酸;液氨;碳酸氢铵;磷酸一铵;复合肥

安徽振汉塑胶制品有限公司

安徽省宣城市经济技术开发区西环路[242000]
电话:(0563)2626313
传真:(0563)2626316
供销电话:(021)54251021
供销传真:(021)54253121
经济类型:港澳台商独资经营
网址:www. zhenhanplastic. com
E-mail:ahxc@ zhenhanplastic. com
【主要产品】丙烯腈-丁二烯-苯乙烯板

安徽省广德县中信化工厂

安徽省广德县邱村镇高湖开发区[242227]
电话:(0563)6602777;6602888;6602999
职工人数:150人
网址:www. zhongsingchem. com
E-mail:zhongxin@ zhongsingchem. com
【主要产品】三苯基氯甲烷;2,4-二硝基苯酚;2-氨基-4-硝基苯酚;二甲氨基甲酰氯;三聚氟氰;对氯邻硝基乙酰乙酰苯胺;2-氨基-4-硝基苯酚钠

广德创新颜料有限公司

安徽省广德县流洞镇徐家边化工区[242232]
电话:(0563)6081209
传真:(0563)6081099 职工人数:80人
网址:www. wanhuachina. com
E-mail:web@ wanhuachina. com
【主要产品】103中铬黄;柠檬黄;橘铬黄;铬酸铅;钼铬红107;华蓝;有机柠檬黄;有机中黄

广德金邦化工有限公司

安徽省广德县东郊[242200]
电话:(0563)6832688;13856386318
网址:www. gdjbchem. com
E-mail:sales@ gdjbchem. com
【主要产品】1-萘甲醛;α-萘乙腈;环已基苯;1-乙炔基环己醇;2-溴苄醇;对溴苄醇;间溴苄醇;亚硫酸乙二酯;对氯苯乙酮;2-氯-4′-氟苯乙酮;α-溴代苯乙酮;2,4,6-三羟基苯乙酮;2-溴-1,3,5-三甲基苯;3,4-二甲基溴苯;3,5-二甲基溴苯;2,6-二甲基溴苯;4-溴氟苯;对溴碘苯;4-正丁基间苯二酚;4-戊基间苯二酚;4-丙基间苯二酚;4-乙基间苯二酚;己二酸二酰肼;乙烯基溴化镁;1-甲基六氢氮杂卓-4-酮盐酸盐;3,5-二氯-4-氨基苯乙酮;α-萘乙酸;α-溴代苯丙酮;9-溴菲;对羟基苯乙腈

广德县天成化工有限公司

安徽省广德县邱村镇和平村[242200]
电话:(0563)6601638;6603344;
13956598128
传真:(0563)6601638
网址:www. gdtcchem. com
E-mail:gc@ gdtcchem. com;
ykw@ gdtcchem. com
【主要产品】硫酸铜;硫酸镍;1-萘酚-4-

皖

磺酸;1-氨基-4-萘磺酸钠

广德县永成化工有限公司

安徽省广德县流洞镇徐家边化工园区[242200]
电话:(0563)6812777;13905637303
传真:(0563)6812777
网址:www.ychengchem.com
E-mail:sales@ychengchem.com
【主要产品】1-萘酚-4-磺酸;1-氨基-4-萘磺酸钠

郎溪县鸿盛化工有限公司

安徽省郎溪县回龙山工业园[242100]
电话:(0563)7691678;13905196323
职工人数:200 人
网址:hongsheng.chemnet.com
【主要产品】1,4-苯二胺;1,2-苯二胺;2-硝基苯胺;4-硝基苯胺;甲霜灵

宁国佳华化学有限公司

安徽省宁国市经济开发区千秋北路[242300]
电话:(0563)4184669;4184659;4184666
传真:(0563)4184659
网址:www.jiahuachemistry.com
E-mail:czljxian@126.com
【主要产品】叔丁醇;清洁汽油调和剂

宣城东泰漆业有限公司

安徽省宣城市经济技术开发区[242000]
电话:(0563)2611448;2610560
传真:(0563)2811278;2610435
网址:www.dongtaipaint.com
E-mail:dt@dongtaipaint.com
【主要产品】抗碱封闭底漆;丙烯酸内墙乳胶漆;丙烯酸外墙乳胶漆;耐黄变聚酯漆

宣城精方医药化工有限公司

安徽省宣城市宣州工业园区[242000]
电话:(0563)3378288;13966197205
传真:(0563)3378288
职工人数:100 人
固定资产:20,000 千元
网址:www.jingfangchem.com
E-mail:sales@jingfangchem.com
【主要产品】(*R*)-丁酸缩水甘油酯;盐酸丙脒;1-甲基巴比妥酸;格替沙星

宣城森泰化工有限责任公司

安徽省宣城市宣州区渣溪[242000]
电话:(0563)2060399
传真:(0563)2060461
供销电话:2060251
法人代表:张申林
经济类型:有限责任公司
网址:vwww.hylive.com/anhui/anhui05912.html
【主要产品】硫酸;过磷酸钙;磷酸一铵

池州地区

安徽华泰化学工业有限公司

安徽省东至县香隅镇[247260]
电话:(0566)8161473;8161613
传真:(0566)8161128 有进出口权
供销电话:8161004;8161393
经济类型:中外合作经营企业
法人代表:吴李杰
网址:www.ahhthg.com
E-mail:huatai1008@sohu.com
【主要产品】硝酸;硝酸钠;亚硝酸钠;合成氨;碳酸氢铵

安徽青阳铜鑫化工厂

安徽省青阳县庙前路319号[242800]
电话:(0566)5180026;13063295818
传真:(0566)5021226 职工人数:200 人
网址:www.chinachemnet.com/tongxin
E-mail:tongxin@hi2000.com
【主要产品】硫酸铜;硫酸镍;硝酸铅;硝酸银;草酸钴;氰化亚金钾;氰化银钾

安徽省池州新赛德化工有限公司

安徽省池州市杏村西路318号[247000]
电话:(0566)2035593;2022034;2022845
传真:(0566)2031558 职工人数:400 人
固定资产:50,000 千元
供销电话:2031558;2026183
法人代表:黄文明
网址:www.sinceritychem.com
E-mail:sincerity@mail.chz.ah163.net
【主要产品】*O*,*O*-二乙基硫代磷酰氯;1-苯基-3-羟基-1,2,4-三唑;3,5,6-三氯吡啶-2-醇钠;2-特丁基-4,5-二氯-3-2H-哒嗪酮;甲胺磷;甲胺磷乳油;乐果;乐果乳油(40%);治螟磷;治螟磷乳油(40%);哒嗪硫磷;哒嗪硫磷乳油(20%);三唑磷;三唑磷乳油;二嗪磷;二嗪磷乳油;异丙威乳油(20%);噻嗪酮可湿性粉剂;毒死蜱;毒死蜱乳油;腈菌唑乳油;嘧霉胺;嘧霉胺悬浮剂;三氟羧草醚;乙羧氟草醚;乙羧氟草醚乳油;敌·乐乳油;草除·精喹乳油;乙·苄·甲可湿性粉剂;哒嗪·氰乳油;哒嗪·灭·氰乳油;哒嗪·乙酰乳油;哒嗪·三唑乳油;15%高氯·唑磷乳油;20%三环·异稻可湿性粉剂;苯噻酰·苄可湿性粉剂;阿维·唑磷乳油;阿维·哒乳油;辛·唑磷乳油;敌·唑磷乳油;毒·唑磷乳油;双组分中厚膜阴极电泳漆;阴极电泳漆;水性浸涂漆;氧化铁红;氧化铁黄;氧化铁黑;氧化铁绿

安徽省青阳县银兴化工原料有限责任公司

安徽省青阳县蓉城镇庙前路319号[242800]
电话:(0566)5180018;3171888;5180099
传真:(0566)5180026;5180135
经济类型:有限责任公司
产值:500 千元 职工人数:50 人
法人代表:周转
网址:www.yxgs.com.cn
E-mail:yxgx@263.net
【主要产品】硫酸铜;硝酸铅;硝酸银;二氯化铅;氧化银;醋酸铅;二氧化锰

池州旷达冶金化工厂

安徽省池州市[247100]
电话:(0566)2220943;2221676;2221767
传真:(0566)2220467
法人代表:曹金海
网址:www.kdachem.com
E-mail:sales1@kdachem.com;
cjh@kdachem.com
【主要产品】钼酸钠;钼酸铵;仲钼酸铵;二钼酸铵;三氧化钼(精制);3-噻吩甲酸;3-噻吩甲醛;3-甲基噻吩;3-噻吩乙酸;甲磺酸多沙唑嗪

池州市黎明油脂化工有限公司

安徽省池州市长江北路11-8号[247000]
电话:(0566)2611978
传真:(0566)2612058
网址:www.czliming.com
E-mail:lmyh168168@163.com
【主要产品】刹车油;防冻液

东至德泰精细化工有限公司

安徽省东至县香隅化工园区[247260]
电话:(0566)8166666
传真:(0566)8166555
网址:www.detaichem.com
E-mail:sales@detaichem.com
【主要产品】4-氟甲苯;间氟甲苯;氟苯;2,4-二氯氟苯;1,2-二氟苯;1,3-二氟苯;1,4-二氟苯

青阳硫铁矿

安徽省池州市青阳县新河镇洪山村[242800]
电话:(0566)5760207;13965910479
传真:(0566)5030651
经济类型:有限责任公司
法人代表:潘国庆
网址:qyxltk.hy68.cn
E-mail:qyxltk@hy68.cn
【主要产品】硫铁矿;方解石

皖

福 建 省

福州市

东北理光(福州)印刷设备有限公司

福建省福州市马尾区[350015]
电话:(0591)83978138
传真:(0591)83978128　有进出口权
固定资产:18,519 千元
经济类型:外商独资　职工人数:244 人
产值:267,779 千元　法人代表:敦贺博
销售收入:234,727 千元
【主要产品】油墨

福建东海漆业有限公司

福建省福州市连江县青霞路8号[350500]
电话:(0591)26161673
传真:(0591)26161717　职工人数:93 人
固定资产:24,573 千元
供销电话:26161817　产值:15,790 千元
供销传真:26162777　法人代表:庄孝忠
经济类型:中外合资经营企业
销售收入:18,023 千元
E-mail:caiwu-esp@ 163. com
【主要产品】油漆;醇酸树脂漆类;丙烯酸树脂漆类;聚酯树脂漆类;环氧树脂漆类;聚氨酯漆类

福建福农生化有限公司

福建省福州市晋安区鼓山镇远东村[350014]
电话:(0591)83623286
传真:(0591)83623286　法人代表:何青
固定资产:38,460 千元
供销电话:83547713　产值:7,600 千元
经济类型:私营企业　职工人数:200 人
销售收入:7,570 千元
E-mail:qiujin12345@ sina. com
【主要产品】80% 敌敌畏乳油;杀虫双水剂;毒死蜱乳油

福建关西化工有限公司

福建省福清市融侨开发区宏路镇大埔村[350301]
电话:(0591)85379445
传真:(0591)85380949　有进出口权
固定资产:40,741 千元
供销电话:85382971　产值:41,020 千元
经济类型:外商独资
销售收入:38,039 千元
法人代表:诹访晋一
网址:www. fjkansai. com
E-mail:kansai@ pub3. fz. fj. cn
【主要产品】防震橡胶板;O 形密封圈;工业防震密封圈

福建景士兰涂料有限公司

福建省福清市龙田工业区[350315]
电话:(0591)85773018;85788767
传真:(0591)85783678
网址:fqjsl. 98fj. com
E-mail:lhm@ jsl. com
【主要产品】工程乳胶漆;外墙亚光弹性乳胶漆;溶剂型丙烯酸外墙涂料;抗碱防霉丙烯酸酯底漆;硅丙外墙涂料;耐黄变装修漆;外墙抗碱底漆;高级外墙弹性涂料

福建三邦化工有限公司

福建省福州市新店崇安路李园工业区内[350012]
电话:(0591)87912828;87922535;87917120
传真:(0591)87912858
网址:5000064. my. sme. cn
E-mail:sanbang@ pub2. fz. fj. cn
【主要产品】硅溶胶

福建省东南电化股份有限公司

福建省福州市晋安区岳峰镇二化村[350011]
电话:(0591)83152661
传真:(0591)87336303　有进出口权
固定资产:776,612 千元
供销电话:83152255　企业规模:大型
经济类型:股份有限公司
产值:787,510 千元　职工人数:2,119 人
销售收入:785,614 千元
法人代表:倪远东
网址:www. erhua. com
E-mail:erhua@ erhua. com
【主要产品】盐酸;烧碱(液体);漂白粉;氯气(液);环氧丙烷;敌百虫;聚氯乙烯树脂;聚醚多元醇

福建省闽侯东亚化工有限公司

福建省福州市闽侯区白沙镇长坪园11号[350102]
电话:(0591)22951038
传真:(0591)22958586　职工人数:53 人
固定资产:749 千元　产值:18,410 千元
供销电话:22950158　法人代表:林玉希
经济类型:有限责任公司
销售收入:10,300 千元
【主要产品】杀虫剂类;杀扑 · 毒乳油;噻 · 杀扑乳油

福建省闽侯橡胶制品有限公司

福建省福州市闽侯县白沙镇下浦路55号[350102]
电话:(0591)22951155
传真:(0591)22959284　职工人数:73 人
固定资产:1,229 千元
产值:4,504 千元
供销电话:22951284　法人代表:陈梦君
经济类型:有限责任公司
销售收入:4,476 千元
【主要产品】氯化聚乙烯防水卷材;橡胶三角带;橡胶轮廓标

福建省闽清县华宇胶粘剂厂

福建省福州市闽清县梅溪路66号[350800]
电话:(0591)22373859;22373898
传真:(0591)22373369
网址:www. fjhuayu. com
E-mail:huayu@ fjhuayu. com
【主要产品】单组分室温硫化硅橡胶;全透明环氧胶;高分子液态密封胶;强力AB胶;中性硅酮密封胶;强力瞬干胶

福建师大高分子实验厂

福建省福州市仓山区[350007]
电话:(0591)83440760
传真:(0591)83440760　经济类型:国有
供销电话:83441324　产值:6,400 千元
销售收入:5,400 千元　法人代表:林建
【主要产品】铝酸酯偶联剂

福建欣诺日化有限公司

福建省福州市工业路209号[350004]
电话:(0591)83831264;83837882
传真:(0591)83835395　有进出口权
供销电话:83825754
供销传真:83837882
经济类型:港澳台商独资经营
网　址: www. hylive. com/fujian/fujian08414. html
E-mail:fjsino@ pub1. fz. fj. cn
【主要产品】松油醇;香精;乙酸松油酯;松油

福建中德科技有限公司

福建省福清市龙田镇福庐工业区[350315]
电话:(0591)85773387;85782596
传真:(0591)28397168　有进出口权
经济类型:私营企业
网址:www. fj-zd. com
E-mail:sales@ fj-zd. com
【主要产品】二聚酸;单酸;硬脂酸;聚酰胺树脂(低分子量);醇溶性聚酰胺树脂;聚酰胺热熔胶;热熔胶黏剂

福清楷祥纺织助剂有限公司

福建省福清市城头镇东皋村元洪投资区[350300]
电话:(0591)85585301;85585302
传真:(0591)85585310
经济类型:港澳台商独资经营
网址:www. fqkx. cn
E-mail:info@ fqkx. cn
【主要产品】高效分散剂;抗菌防霉柔软剂;起毛柔软剂;柔软剂;酸性匀染剂;腈纶匀染剂;棉用匀染剂;静电防止剂;分散匀染剂;酸性染料染色用固色

剂；荧光增白剂；渗透剂；精炼渗透剂；双氧水稳定剂；纯涤织物阻燃剂；染料溶解剂；沉淀防止剂；精炼剂；高效精炼剂；耐碱精炼剂；浴中柔软剂；皂洗剂；螯合分散剂；修色剂；去油剂；消泡剂；酸性清洗剂

福清联昌化工有限公司
福建省福清市渔溪区［350307］
电话：(0591)85683966
固定资产：19,351 千元　职工人数：57 人
经济类型：外商独资　产值：8,012 千元
销售收入：6,633 千元
法人代表：郑文昌
【主要产品】聚氨酯橡胶

福清市南宝树脂有限公司
福建省福州市福清区阳下镇洪宽工业村［350323］
电话：(0591)85291391
传真：(0591)85291570　有进出口权
固定资产：40,112 千元　职工人数：94 人
经济类型：外商独资　产值：60,181 千元
销售收入：59,654 千元
法人代表：黄胜家
【主要产品】聚氨酯胶黏剂；接枝型氯丁橡胶胶黏剂；黄胶

福清市新美光涂料有限公司
福建省福清市渔溪镇仑头自然村［350307］
电话：(0591)85682101
传真：(0591)85682103　有进出口权
固定资产：14,581 千元　职工人数：43 人
经济类型：外商独资　产值：19,614 千元
销售收入：21,917 千元
法人代表：李聪达
E-mail：fqhmk001@ 163. com
【主要产品】油墨

福清市友谊粘胶带制品有限公司
福建省福清市龙田镇友谊村［350315］
电话：(0591)85772039
固定资产：12,940 千元
供销传真：85765897　职工人数：101 人
经济类型：股份合作　法人代表：林子茂
产值：130,318 千元
销售收入：130,318 千元
网址：www. yyjnd. com
E-mail：xiaoshou@ yyjnd. com
【主要产品】胶黏带

福州澳丽美制漆有限公司
福建省福州市仓山县仓山镇湖边村工业小区［35008 ］
电话：(0591)83598398
传真：(0591)83598866　职工人数：30 人
固定资产：2,199 千元　产值：3,144 千元
供销电话：83516911　法人代表：杨国营
经济类型：私营企业
销售收入：3,144 千元
网址：www. aolimei. cn
【主要产品】油漆

福州创源化工科技有限公司
福建省福州市仓山区建新镇金山浦上工业区台汇园 25 号楼［350008］
电话：(0591)83855968
传真：(0591)83855918　职工人数：19 人
固定资产：288 千元　产值：12,600 千元
经济类型：有限责任公司
销售收入：12,000 千元
法人代表：陈鸿熙
E-mail：chuangyuan@ orig. cn
【主要产品】工业涂料

福州德贤化工有限公司
福建省福州市晋安区［350014］
电话：(0591)83992159
传真：(0591)83994076　职工人数：26 人
固定资产：7,457 千元
经济类型：私营企业　产值：31,878 千元
销售收入：38,342 千元
法人代表：王志贤
网址：www. dexian. cn
【主要产品】硝基漆类；木器漆；各色水性无毒玩具漆；常温固化丙烯酸涂料；塑胶漆；PU 高级聚酯漆；紫外光固化涂料；特殊工艺漆

福州福乐鞋材有限公司
福建省长乐市航城镇湖边溪工业加工区［350200］
电话：(0591)28923599
传真：(0591)28923825
固定资产：41,664 千元
经济类型：外商独资　产值：59,010 千元
销售收入：59,010 千元
职工人数：448 人　法人代表：廖长富
E-mail：ye@ fzfule. com
【主要产品】橡胶鞋底

福州福兴医药有限公司
福建省福州市连江北路 530 号［350011］
电话：(0591)85966188；83549501
传真：(0591)83677206　法人代表：蒋华
供销电话：83549523；83549527
供销传真：83549525
经济类型：中外合资经营企业
职工人数：1,000 人
网址：www. fxpharm. com
E-mail：fuxing@ fxpharm. com
【主要产品】硫酸西梭霉素；硫酸卡那霉素；卡那霉素碱；卡那霉素 B；硫酸阿米卡星；妥布霉素；硫酸核糖霉素；盐酸万古霉素；硫酸粘杆菌素；硫酸奈替米星

福州冠通化工有限公司
福建省福州市群众东路 89 号隆达苑 1104 室［350004］
电话：(0591)83331973；83326795；13809554657
传真：(0591)83326795
供销电话：83326795；13705000988
网址：www. guantong. cn
E-mail：office@ guantong. cn
【主要产品】聚乙烯蜡；氧化聚乙烯蜡；二盐基硬脂酸铅；三盐基硫酸铅；三盐基顺丁烯二酸铅；复合铅盐稳定剂；硬脂酸钙；硬脂酸钡；硬脂酸铅；硬脂酸锌；硬脂酸镉；复合稳定剂；塑料改进剂 ACR

福州金凤涂料有限公司
福建省福州市仓山北园科技园区［350026］
电话：(0591)83578178；83578327；83578317
传真：(0591)83578484
经济类型：私营企业
网址：www. jf-print. cn
E-mail：info@ jf-paint. cn；jfpaint@ 163. com
【主要产品】氨基树脂漆类；硝基漆类；裂纹漆；乳胶漆；内墙涂料；外墙涂料；地板涂料；聚酯树脂漆类；防水涂料；皱纹漆；水溶性涂料；水溶性罩面漆

福州金日涂料有限公司
福建省福州市仓山郭宅外商投资区［350007］
电话：(0591)83431463；83460593；83460484
传真：(0591)83424000
网址：www. jrfz. cn
E-mail：info@ jr-paint. com
【主要产品】乳胶漆；高级环保外墙漆；水泥漆

福州昆胜复合塑料有限公司
福建省福州市晋安区福兴投资区埠兴支路 26 号［350014］
电话：(0591)83542685
传真：(0591)83542690　有进出口权
固定资产：33,742 千元　职工人数：80 人
供销电话：83542685-102
经济类型：外商独资　法人代表：陈吉高
产值：105,477 千元
销售收入：105,477 千元
网址：www. koslen-tpu. com
E-mail：koslen05@ koslen-plas. com
【主要产品】聚氨酯橡胶

福州力业化工有限公司
福建省福州市闽候县白沙镇汶溪 2 号［350102］
电话：(0591)22951614
传真：(0591)22951140
供销电话：83621316　产值：25,500 千元
供销传真：83621316　职工人数：105 人
经济类型：有限责任公司
销售收入：7,450 千元
法人代表：陈继顺
网址：www. fzlyhg. com
【主要产品】硫酸；硫酸铝；过磷酸钙

福州利菱橡塑有限公司

福建省闵溪县青口投资区[350119]
电话:(0591)87012080
传真:(0591)22783917 有进出口权
固定资产:10 千元 经济类型:外商独资
产值:90 千元 销售收入:60 千元
职工人数:40 人 法人代表:许振林
E-mail:leading-03@163.com
【主要产品】橡胶密封胶条

福州明江科技有限公司

福建省福清市[350301]
电话:(0591)85380195
传真:(0591)85380176 有进出口权
固定资产:123,406 千元
供销电话:85380842 职工人数:385 人
经济类型:外商独资 法人代表:陈啸巍
产值:204,426 千元
销售收入:197,514 千元
【主要产品】录像磁带

福州日冕科技开发有限公司

福建省福州市工业路422号[350004]
电话:(0591)83769772;83769751;83830069
传真:(0591)83769723;83890196
供销电话:83769772;83830069
经济类型:私营企业
网址:www.fzrm.com;www.chinacorona.com
E-mail:zhangyu@fzrm.com
【主要产品】鞣花酸;茶多酚;盐酸小檗碱;黄芩苷;二氢黄酮苷;白藜芦醇;绞股蓝总皂苷;金丝桃素;甘草酸二铵;甘草酸单铵;芍药苷;淫羊藿苷;熊果酸;莽草酸;槲皮素;柚皮素

福州三邦硅材料有限公司

福建省福清市元洪投资区[350314]
电话:(0591)85583200
传真:(0591)85583213
固定资产:6,537 千元
供销电话:85583210 产值:10,467 千元
经济类型:有限责任公司
销售收入:14,318 千元
法人代表:韩荣琛
【主要产品】硅溶胶

福州三和泰涂装有限公司

福建省福州市晋安区学院路8号[350000]
电话:(0591)83966584;83967706;83966530
传真:(0591)83967179
网址:www.sun-hitech.com
【主要产品】各色聚酯环氧型粉末涂料;热固性粉末涂料;聚酯粉末涂料;环氧型粉末涂料;美术花纹型热固性粉末涂料;漆雾凝聚剂

福州市防治白蚁公司

福建省福州市鼓楼区古田路29号[350005]
电话:(0591)83341785
传真:(0591)83341784 经济类型:国有
固定资产:5,140 千元 产值:2,156 千元
供销电话:83341784 职工人数:36 人
销售收入:2,910 千元
法人代表:吴传声
网址:www.fzctc.com
E-mail:fzctc@263.net
【主要产品】卫生杀虫剂

福州市晋安区橡胶制品厂

福建省福州市晋安区新店湖前[350012]
电话:(0591)87720689;13705054972
传真:(0591)87735201
供销电话:87720689;13905009413
法人代表:林华东
网址:www.fjxj.com
E-mail:lhd@fjxj.com
【主要产品】橡胶制品;橡胶密封制品;止水带;硅橡胶按键;护套;硅胶杂件;O 形密封圈;Y 形密封圈;V 形密封圈

福州鲜信光电技术有限公司

福建省福州市仓山区[350002]
电话:(0591)83856811
传真:(0591)83856820 有进出口权
固定资产:73,920 千元
供销电话:83767317 产值:40,900 千元
经济类型:中外合资经营企业
销售收入:47,721 千元
职工人数:100 人 法人代表:王观光
网址:www.si-digitech.com
【主要产品】可录光盘

福州燕兰塑胶软管制品有限公司

福建省福州市仓山区聚龙路燎原工业区[350008]
电话:(0591)83745457
传真:(0591)83743631 有进出口权
固定资产:2,215 千元 职工人数:107 人
经济类型:中外合资经营企业
产值:19,883 千元 法人代表:卞根枝
销售收入:19,786 千元
网址:www.superglue-china.com
E-mail:fzyl@pub5.fz.fj.cn
【主要产品】瞬间胶黏剂;汽车橡胶配件

福州耀隆化工集团公司

福建省福州市晋安区岳峰镇竹屿村化工路17号[350014]
电话:(0591)83660085
传真:(0591)83652661 经济类型:国有
固定资产:298,756 千元 有进出口权
供销电话:83672447 法人代表:肖建新
供销传真:83672447
产值:400,617 千元 职工人数:1,170 人
销售收入:400,591 千元
网址:www.fz.yaolong.com
E-mail:yaolong@pub2.fz.fj.cn
【主要产品】纯碱;氯化铵;碳酸氢铵

福州一化化学品股份有限公司

福建省福州市晋安区福新中路126号岳峰综合楼[350011]
电话:(0591)83660880
传真:(0591)83660140 有进出口权
固定资产:479,933 千元
供销电话:83660225 职工人数:607 人
经济类型:股份有限公司
产值:146,695 千元 法人代表:卢亨齐
销售收入:268,952 千元
网址:www.chinachlorate.com.cn
E-mail:fyh@pub2.fz.fj.cn
【主要产品】高氯酸钾;氯酸钠;过氧化氢;偶氮二甲酰胺

福州永昇化工有限公司

福建省福州市连江县凤城镇玉山村[350500]
电话:(0591)26232567;26232570
传真:(0591)26229593
供销电话:26229373;26232570
经济类型:有限责任公司
产值:164,731 千元 职工人数:386 人
销售收入:160,523 千元
法人代表:刘永柱
【主要产品】碳酸氢铵

施多富生物科技集团

福建省福州市鼓楼区杨桥西路268号[350002]
电话:(0591)83792843;83768746
传真:(0591)83768749
固定资产:897 千元 产值:25,000 千元
供销电话:83716903 职工人数:140 人
供销传真:83739848 法人代表:郭秀椿
经济类型:有限责任公司
销售收入:21,736 千元
网址:www.sinodashing.com
E-mail:sales@sinodashing.com
【主要产品】阿维菌素乳油;阿维·氰铃乳油;阿维·毒乳油

厦门市

花仙子(厦门)日用化学品有限公司

福建省厦门市集美区[361021]
电话:(0592)6100323
传真:(0592)6100330 有进出口权
固定资产:7,590 千元 职工人数:150 人
经济类型:港澳台商独资经营
产值:46,352 千元 法人代表:陈永松
销售收入:46,172 千元
E-mail:xmps@xmail.farceut.com.tw
【主要产品】防霉剂

杰宏(厦门)电子有限公司

福建省厦门市杏林区永丰路2号[361022]
电话:(0592)6214759
传真:(0592)6220975 有进出口权
经济类型:港澳台商独资经营
企业规模:大型 法人代表:许政郎
网址:jiehong.cn/Product/GB/gsjj.asp
E-mail:jiehong@public.xm.fj.cn

【主要产品】橡胶杂品；医用导管；硅橡胶按键；橡胶密封圈

蓝茵(厦门)化工有限公司

福建省厦门市同安区西柯小工业区[361100]
电话：(0592)7113202
传真：(0592)7113203
网址：www.xmlanyin.cn
E-mail：yi_vv@163.com
【主要产品】丙烯酸烤漆；丙烯酸塑料漆

林德气体(厦门)有限公司

福建省厦门市集美区侨英镇兑山村[361021]
电话：(0592)6102990
传真：(0592)6102991　有进出口权
固定资产：572,415 千元
供销电话：6159270　产值：205,619 千元
供销传真：6102999　职工人数：182 人
经济类型：外商独资　法人代表：孔拉特
销售收入：203,844 千元
网址：www.lindegas.com
E-mail：linde.gxm.@public.xm.fj.cn
【主要产品】氢气；氧气；氮气

隆台(厦门)塑胶工业有限公司

福建省厦门市杏林工业区广兴南路 8 号[361022]
电话：(0592)6663888；6214245
传真：(0592)6211409
经济类型：港澳台商独资经营
法人代表：刘名德
网址：www.ltpcxm.com
E-mail：ltpc@vip.163.com
【主要产品】聚氯乙烯人造革；聚氨酯合成革；PVC 塑胶布；贴合胶

美琪玛化学(厦门)有限公司

福建省厦门市海沧区南海三镇 388 号[361026]
电话：(0592)6081188
传真：(0592)6081199　有进出口权
固定资产：17,078 千元　职工人数：14 人
供销电话：6080993　产值：20,440 千元
经济类型：外商独资　法人代表：严隆财
销售收入：20,311 千元
E-mail：mechema@mechema.com.cn
【主要产品】催化剂

青上化工(厦门)有限公司

福建省厦门市杏林区海沧镇新美路 1 号[361022]
电话：(0592)6512317-216
传真：(0592)6512312　职工人数：60 人
供销电话：6512317-212
经济类型：港澳台商独资经营
产值：10,000 千元　法人代表：陈生贵
销售收入：87,818 千元
【主要产品】盐酸；硫酸钾

世佳化工(厦门)有限公司

福建省厦门市海沧区新阳工业区霞光路 101 号[361022]
电话：(0592)6804319；6804317
传真：(0592)6511789　职工人数：65 人
固定资产：94,642 千元
供销电话：6512762　产值：169,338 千元
供销传真：6519736
经济类型：外商独资
销售收入：157,031 千元
法人代表：鲇泽义二
E-mail：nwcill@163.com
【主要产品】苯酐

腾龙特种树脂(厦门)有限公司

福建省厦门市海沧区南海路 1189 号[361016]
电话：(0592)6888800；6888888
传真：(0592)6888899　有进出口权
供销电话：6888879　职工人数：405 人
供销传真：6888877　法人代表：袁贵麟
经济类型：外商独资
网址：www.dragonsr.com
E-mail：mfwu@dragonsr.com
【主要产品】高黏度聚酯切片；聚酯切片(瓶级)；聚酯切片

厦门白马橡塑金属工业有限公司

福建省厦门市集美区董任路 8 号[361022]
电话：(0592)6076575
传真：(0592)6076576　有进出口权
固定资产：27,998 千元
经济类型：港澳台商独资经营
产值：103,833 千元　职工人数：496 人
销售收入：94,515 千元
法人代表：林钦钟
E-mail：xwhrpms@public.xm.fj.cn
【主要产品】气门嘴

厦门彩圣涂料有限公司

福建省厦门市海沧区东孚镇 2199 号[361027]
电话：(0592)6312818
传真：(0592)6312838　产值：3,765 千元
固定资产：1,000 千元　职工人数：58 人
供销电话：6315619　法人代表：刘炳林
经济类型：私营企业
销售收入：3,765 千元
网址：www.chiefsun.com
E-mail：contact@chiefsun.com
【主要产品】丙烯酸无毒塑胶漆；聚氨酯涂料；防腐涂料

厦门草船涂料有限公司

福建省厦门市莲前西路 2 号莲富大厦写字楼 4H 号[361000]
电话：(0592)5167431
传真：(0592)5167432
网址：www.caochuan.com；www.caochuan.cn
E-mail：caochuan@caochuan.com
【主要产品】木器漆；内墙涂料；外墙涂料；水性木器漆

厦门长天塑化有限公司

福建省厦门市海沧区[361026]
电话：(0592)6517000
传真：(0592)6519700　有进出口权
固定资产：75,468 千元
经济类型：有限责任公司
销售收入：64,233 千元
网址：www.xmctsh.com
E-mail：amps@xmctsh.com
【主要产品】包装胶带；2-丙烯酰氨基-2-甲基-1-丙磺酸

厦门大学化工厂

福建省厦门市思明区思明南路 422 号[361005]
电话：(0592)2088440
传真：(0592)2088440　经济类型：国有
固定资产：1,482 千元　产值：1,619 千元
供销电话：2184717　职工人数：45 人
销售收入：2,101 千元
法人代表：李一农
网址：www.xmucf.com
E-mail：xmuplant@sina.com
【主要产品】三十烷醇；乙苯脱氢催化剂

厦门佛大工业有限公司

福建省厦门市杏林工业区马銮路 8 号[361022]
电话：(0592)6211961；6210694
传真：(0592)6211962
固定资产：96,794 千元
经济类型：港澳台商独资经营
产值：111,158 千元　职工人数：812 人
销售收入：119,827 千元
法人代表：陈一民
网址：www.foda.cn
E-mail：foda1989@public.xm.fj.cn
【主要产品】塑料编织袋

厦门共隆塑胶有限公司

福建省厦门市莲前东路前埔莲花石[361009]
电话：(0592)5914762；5914760
传真：(0592)5914761
网址：www.xmtube.com
E-mail：xiamensujiao@sina.com；xmsj@21cn.com
【主要产品】聚乙烯软管；塑料管；塑胶模具

厦门海光润滑油有限公司

福建省厦门市思明区文屏路 229 号[361004]
电话：(0592)5802803
传真：(0592)5802765　职工人数：48 人
固定资产：1,346 千元
供销电话：5853184　产值：137,151 千元
经济类型：联营企业　法人代表：蔡明冬
销售收入：134,942 千元
【主要产品】柴油机油；齿轮机油；抗磨液压油

闽

厦门汉旭化工有限公司

福建省厦门市思明区文屏路106号[361004]
电话:(0592)5813228
传真:(0592)5815163　产值:3,934千元
固定资产:128千元　职工人数:19人
供销电话:5882181　法人代表:叶剑青
经济类型:有限责任公司
销售收入:3,846千元
网址:www. xmcew. com
E-mail:xmcew@ public. xm. fj. cn
【主要产品】室温硫化甲基硅橡胶(107型);二甲基硅油(201型);二甲基羟基硅油乳液;6FS有机硅织物整理剂;284硅油脱模剂

厦门好农友生物科技有限公司

福建省厦门市嘉禾路366号604室[361012]
电话:(0592)5285588
传真:(0592)5562977
法人代表:林文通
网址:www. xmgfb. com
E-mail:haonongyou@ xmgfb. com
【主要产品】复合氨基酸液肥

厦门金桐合成洗涤剂有限公司

福建省厦门市集美区杏林瑶山路13号[361022]
电话:(0592)6221157;6210618
传真:(0592)6211190　有进出口权
固定资产:6,668千元　职工人数:67人
供销电话:6211191　产值:258,757千元
供销传真:6221162　法人代表:方金龙
经济类型:中外合资经营企业
销售收入:368,999千元
网址:www. jintungxm. com
E-mail:xmjt@ jintungxm. com
【主要产品】十二烷基苯磺酸

厦门进尚树脂有限公司

福建省厦门市同安区大同镇顶溪头村[361100]
电话:(0592)7132271
传真:(0592)7132273　有进出口权
供销电话:7132272　职工人数:40人
经济类型:外商独资　法人代表:陈评
网址:www. gsunresin. com
E-mail:gsun@ public. xnl. fj. cn
【主要产品】树脂接着剂;人造革表面处理剂

厦门空分特气实业有限公司

福建省厦门市蔡塘工业区[361100]
电话:(0592)3172360
经济类型:私营企业　职工人数:59人
法人代表:张维忠
网址:www. kftq. com
E-mail:kftq100@ 163. com
【主要产品】氧气(医用)

厦门利恒股份有限公司

福建省厦门市集美区杏林杏西路50号[361022]
电话:(0592)6215316;6211446
传真:(0592)6210529　有进出口权
固定资产:177,893千元
供销电话:6210556　产值:10,146千元
供销传真:6221229　职工人数:112人
经济类型:股份有限公司
销售收入:10,146千元
法人代表:陈泳妃
网址:www. aatig. com. cn
E-mail:csf2004317@ 163. com. cn
【主要产品】聚酯切片;涤纶短纤维

厦门联星化学工业有限公司

福建省厦门市杏林区新源路32号[361022]
电话:(0592)6216891;6210833
传真:(0592)6212834　有进出口权
供销电话:6215417
经济类型:港澳台商独资经营
网址:lianxing. w35. cn
E-mail:mingxing8899@ yahoo. com. cn
【主要产品】装饰漆;木器漆;塑料漆;彩绘漆

厦门鹭路塑料异型材有限公司

福建省厦门市湖里大道67号14号厂房[361006]
电话:(0592)6023250
传真:(0592)6021266　有进出口权
供销电话:6021266
经济类型:与港澳台商合资经营
网址:www. fjzs. com/info/web_jc. asp?hid=8613
E-mail:xmlulu2005@ 126. com
【主要产品】塑钢门窗;塑料异型材

厦门鹭意彩色母粒有限公司

福建省厦门市思明区莲花新村龙昌路1-5号[361009]
电话:(0592)5557691
传真:(0592)5523960　有进出口权
固定资产:14,365千元　职工人数:38人
供销电话:5521921　产值:18,020千元
经济类型:与港澳台商合资经营
销售收入:18,324千元
法人代表:唐金海
E-mail:xmluni@ 163. net
【主要产品】色母粒

厦门绿源泰食品添加剂有限公司

福建省厦门市禾祥东路108号鸿运大厦1605室[361009]
电话:(0592)5802246
传真:(0592)5802346
网址:www. xmlyt. com
【主要产品】保鲜剂;面粉改良剂;食用香精;面粉增白剂;聚丙烯酸钠;变性淀粉

厦门麦丰密封件有限公司

福建省厦门市同安区西柯工业区同丙路[361009]
电话:(0592)7111388
传真:(0592)7111288
网址:www. xmmfc. com
E-mail:info@ xmmfc. com
【主要产品】胶管;橡胶杂品;橡胶密封胶条;油封;密封垫;O形密封圈;Y形密封圈;橡胶密封圈

厦门齐兴达塑料板材有限公司

福建省厦门市厦禾路537号[361022]
电话:(0592)6227962;6227583;2202542
经济类型:联营企业
网址:www. fj-plastic. com
E-mail:plastic@ ctiwt. com
【主要产品】塑料制品;聚氯乙烯片材;聚氯乙烯低发泡板材;聚丙烯板;硬聚氯乙烯焊条;聚氯乙烯板材;通风机

厦门奇力树脂有限公司

福建省厦门市湖里区禾山镇梓店村[361009]
电话:(0592)5231239
传真:(0592)5231731　有进出口权
经济类型:港澳台商独资经营
职工人数:15人　法人代表:陈延成
E-mail:xmql1991@ public. xm. fj. cn
【主要产品】黏合剂

厦门群鹭香业有限公司

福建省厦门市灌口武警农场内[361023]
电话:(0592)6092463
传真:(0592)6381819　职工人数:142人
固定资产:1,847千元
供销电话:6097016　产值:38,925千元
经济类型:私营企业
销售收入:38,817千元
网址:www. qunlu. cn
【主要产品】蚊香

厦门市达诚塑胶有限公司

福建省厦门市龙山工业区[361006]
电话:(0592)5521502;5526619
传真:(0592)5516862
供销传真:5516862
网址:www. xmdcsj. cn
E-mail:dcsj@ xmdcsj. cn;8001@ xmdcsj. cn
【主要产品】塑胶制品

厦门市豪尔化工有限公司

福建省厦门市吕岭路124号凯悦丽池大厦B座8B[361003]
电话:(0592)5557816
传真:(0592)5557817
网址:www. hower. com. cn
E-mail:hower@ hower. cn
【主要产品】脱漆剂;移印油墨;丝网印刷油墨;升华油墨;耐蒸煮里印复合油墨;离型剂;脱模剂;抛光膏清洗剂;清洗剂

厦门市湖里今日成科工贸有限

公司
福建省厦门市湖里区禾山镇后坑村前社 215-3 号[361009]
电话:(0592)5220368;5222556
传真:(0592)5222269;5097051
经济类型:私营企业
E-mail:jrch@public.xm.fj.cn
【主要产品】乳清酸;重氮烷基脲;缩二脲

厦门市及时雨精细化工有限公司
福建省厦门市湖里区小东山圆山高科技产业开发区[361006]
电话:(0592)5713458
传真:(0592)5712337
经济类型:私营企业
网址:www.jissyu.com
E-mail:xm@jissyu.com
【主要产品】助焊剂

厦门市绿地康生物工程有限公司
福建省厦门市同安县新民镇新民中学旁[361100]
电话:(0592)7129111
传真:(0592)7365789　职工人数:80 人
供销电话:7029020　产值:10,950 千元
经济类型:有限责任公司
销售收入:10,775 千元
法人代表:柯溪水
网址:www.smexm.gov.cn
E-mail:xmldr@163.com
【主要产品】辛硫磷颗粒剂;吡虫啉可湿性粉剂;阿维·苏可湿性粉剂

厦门市麦华橡胶制品有限公司
福建省厦门市湖里区钟宅果林场工业园[361009]
电话:(0592)5782950;5782960
传真:(0592)5782903
网址:www.xmmh.com
E-mail:info@xmmh.com
【主要产品】塑胶制品;橡胶制品;橡胶杂品;普通橡胶板;橡胶垫;硅橡胶按键;汽车橡胶配件;护套;硅橡胶制品;O 形密封圈;硅橡胶 O 形圈

厦门市琪峰塑胶有限公司
福建省厦门市海沧区东孚镇洪塘村[361027]
电话:(0592)6317001
传真:(0592)6317016　职工人数:26 人
经济类型:与港澳台商合资经营
法人代表:林丽惠
【主要产品】高级塑胶粉

厦门市西田复合肥有限公司
福建省厦门市同安县祥平街瑶头村[361100]
电话:(0592)7895058
传真:(0592)7039938　职工人数:57 人
固定资产:4,960 千元
供销电话:7039938　产值:16,223 千元
经济类型:其他内资　法人代表:陈金塔
销售收入:17,096 千元
【主要产品】混配复合肥料

厦门市先端科技有限公司
福建省厦门市国家留学人员创业园创业大厦[361006]
电话:(0592)3922777;13860122618
传真:(0592)3923960
网址:www.xm-pioneer.com
E-mail:fjxmxdkj@gmail.com
【主要产品】四乙基溴化铵;甲基三丁基氯化铵;甲基三辛基氯化铵;甲基三辛基溴化铵;苄基三甲基溴化铵;苄基三乙基溴化铵;甲基三丁基溴化铵;苄基三丁基溴化铵;苄基三丙基溴化铵;苄基三丁基氯化铵;苄基三丙基氯化铵;苄基三甲基氯化铵;苯基三甲基氯化铵;苯基三甲基溴化铵;三丙基甲基氯化铵;三丙基甲基溴化铵;四甲基碘化铵;四乙基碘化铵;四丙基碘化铵;四丁基碘化铵;四甲基氟化铵;四乙基氟化铵;四丙基氟化铵;四丁基氟化铵;四甲基溴化铵;四甲基氯化铵;四乙基氯化铵;四丙基氯化铵;四丁基氯化铵;四丁基溴化铵;四甲基醋酸铵;四乙基醋酸铵;四丙基醋酸铵;四丁基醋酸铵;四丁基硫酸氢铵;四甲基硫酸氢铵;四丙基硫酸氢铵;四乙基硫酸氢铵;四辛基氯化铵;四丙基溴化铵;四辛基溴化铵;双十二烷基二甲基氯化铵;双十四烷基二甲基氯化铵;双十六烷基二甲基氯化铵;双十八烷基二甲基氯化铵;双十二烷基二甲基溴化铵;双十四烷基二甲基溴化铵;双十六烷基二甲基溴化铵;双十八烷基二甲基溴化铵;双八烷基二甲基氯化铵;双八烷基二甲基溴化铵;双十烷基二甲基溴化铵;三癸基甲基氯化铵;三癸基甲基溴化铵;三壬基甲基氯化铵;三壬基甲基溴化铵;三(十八烷基)甲基氯化铵;三(十八烷基)甲基溴化铵;三(十四烷基)甲基氯化铵;三(十二烷基)甲基氯化铵;三(十二烷基)甲基溴化铵;三(十六烷基)甲基氯化铵;三(十六烷基)甲基溴化铵;三乙基苄基氯化铵;十八烷基三甲基氯化铵;十六烷基三甲基氯化铵;十八烷基三甲基溴化铵;双十烷基二甲基氯化铵;十二烷基三甲基溴化铵;十四烷基三甲基溴化铵;十四烷基三甲基氯化铵;十六烷基三甲基溴化铵;十二烷基三甲基氯化铵;双壬烷基二甲基氯化铵;双壬烷基二甲基溴化铵

厦门万里橡塑制品有限公司
福建省厦门市江头园山工业区 1 号厂房[361009]
电话:(0592)5524023;5519151
传真:(0592)5559529
网址:www.xmwl.cn
E-mail:rubber@xmwl.cn
【主要产品】塑料异型材;三元乙丙密封条;胶管;橡胶杂品;橡胶密封胶条;汽车密封条;防尘罩;橡胶密封圈

厦门厦化实业有限公司
福建省厦门市集美区杏林镇瑶山路 13 号[361022]
电话:(0592)6228077
传真:(0592)6210327　有进出口权
固定资产:100,416 千元
供销电话:6210222　产值:92,753 千元
经济类型:私营企业　职工人数:318 人
销售收入:92,056 千元
法人代表:方金龙
网址:www.xmxhsy.com
E-mail:xmxhsy@xmxhsy.com
【主要产品】硫酸;过磷酸钙;混配复合肥料

厦门星光彩印包装有限公司
福建省厦门市特区湖里工业区华光路 20 号[361009]
电话:(0592)5653388;6032607
传真:(0592)5622631;5651188
经济类型:与港澳台商合资经营
网址:www.starlight-print.com
E-mail:star@starlight-print.com
【主要产品】塑料复合包装膜

厦门冶建材料厂
福建省厦门市开元区洪文村工业小区[361009]
电话:(0592)5132297;5137259
传真:(0592)5132297　经济类型:国有
网址:www.hymake.net/xmyj
【主要产品】保温型硬泡聚氨酯板材;丙烯酸弹性防水涂料;硅橡胶防水涂料;聚合物改性水泥基弹性防水涂料;混凝土界面处理剂;补缝胶;结构胶胶黏剂;丙烯酸密封膏;建材板用胶黏剂;聚硫密封胶;混凝土添加剂;快速堵漏胶

厦门正新海燕轮胎有限公司
福建省厦门市海沧区新阳工业区[361026]
电话:(0592)6885333
传真:(0592)6537356　有进出口权
固定资产:971,490 千元
供销电话:6885333-8190
经济类型:中外合资经营企业
产值:1,014,654 千元
销售收入:1,065,730 千元
企业规模:大型　职工人数:1,359 人
法人代表:陈秀雄
网址:www.xcs.com.cn
E-mail:cstpa2@mail.xcs.com.cn
【主要产品】工程机械轮胎;子午线轮胎;力车胎外胎

厦门正新橡胶工业有限公司
福建省厦门市集美区杏林镇西滨路 15 号[361022]
电话:(0592)6211606
传真:(0592)6210420　有进出口权

闽

固定资产:1,125,551 千元
经济类型:港澳台商独资经营
产值:3,288,709 千元
销售收入:3,544,342 千元
企业规模:大型　职工人数:5,391 人
法人代表:陈秀雄
网址:www.xcs.com.cn
E-mail:xcs@mail.xcs.com.cn
【主要产品】轮胎;摩托车轮胎;力车胎外胎;自行车外胎;力车胎内胎

厦门志鸿达化工有限公司

福建省厦门市同安区新民镇甘岭村[361100]
电话:(0592)7360468
传真:(0592)7122608　有进出口权
固定资产:2,672 千元　产值:6,708 千元
供销电话:7361468　职工人数:20 人
经济类型:港澳台商独资经营
销售收入:7,552 千元
法人代表:林致玮
网址:www.zhd-chem.com
E-mail:zhd-chem@163.com
【主要产品】无毒亚磷酸酯;金属皂盐复合安定剂

翔鹭石化企业(厦门)有限公司

福建省厦门市海沧区海沧镇南海路1180 号[361026]
电话:(0592)6808822
传真:(0592)6808922　有进出口权
固定资产:3,573,804 千元
供销电话:6808231;6808811
供销传真:6808239　职工人数:380 人
经济类型:中外合资经营企业
产值:7,813,101 千元
销售收入:7,659,530 千元
法人代表:俞新昌
网址:www.xlp.com.cn
E-mail:yhhuang@xlp.com.cn
【主要产品】1,4-苯二甲酸

英科新创(厦门)科技有限公司

福建省厦门市海沧工业区新光路332 号[361022]
电话:(0592)6807164
传真:(0592)6519159　有进出口权
固定资产:34,638 千元
供销电话:6807188　产值:107,285 千元
供销传真:6519555　职工人数:317 人
经济类型:外商独资　法人代表:Frank
销售收入:99,136 千元
网址:www.asintec.com
【主要产品】胆固醇

三明市

大田县前峰硫铁矿

福建省三明市大田县均溪镇宝山路109 号[366100]
电话:(0598)7233758
传真:(0598)7222066　经济类型:国有
固定资产:13,417 千元　职工人数:38 人
产值:3,453 千元　销售收入:3,453 千元
法人代表:林小春
【主要产品】硫铁矿;铁精矿

福建纺织化纤集团有限公司

福建省三明市永安县曹远镇[366016]
电话:(0598)3638888
传真:(0598)3639011　经济类型:国有
固定资产:1,204,350 千元　有进出口权
产值:57,758 千元　企业规模:大型
销售收入:57,873 千元
职工人数:2,509 人　法人代表:王学鼎
网址:www.fuwei.com
E-mail:texchfbr@pubcic.smpttfj.cn
【主要产品】电石;醋酸乙烯酯;聚乙烯醇

福建宁化翠江化工有限公司

福建省三明市宁化县城郊镇高堑村1 号[365400]
电话:(0598)6834169
传真:(0598)6834169　职工人数:368 人
固定资产:39,500 千元　法人代表:周玮
供销电话:6823318　产值:11,592 千元
经济类型:私营企业
销售收入:12,744 千元
E-mail:L.W.h99@tom.com
【主要产品】乳酸;合成氨;碳酸氢铵;复合肥;水泥

福建三明华茂化工有限公司

福建省三明市三元区工业中路 159号[365000]
电话:(0598)8208959
传真:(0598)8241905　职工人数:50 人
固定资产:138,110 千元
供销电话:8208256;8208472
经济类型:与港澳台商合资经营
产值:155,057 千元
销售收入:120,313 千元
网址:www.fjsmhg.com
E-mail:sh@fjsmhg.com
【主要产品】三聚氰胺

福建三明强力管件有限公司

福建省三明市三元区新亭路300 号[365001]
电话:(0598)8337940
传真:(0598)8310616　有进出口权
固定资产:2,617 千元　产值:8,237 千元
经济类型:中外合资经营企业
销售收入:9,250 千元　职工人数:45 人
法人代表:辜耕涛
【主要产品】管材与管件

福建三农集团股份有限公司

福建省三明市梅列区列东街 1829号[365000]
电话:(0598)8238008
传真:(0598)8242852　有进出口权
供销电话:8238012　产值:302,872 千元
经济类型:股份有限公司
法人代表:季平谊
网址:www.sannong.com
E-mail:fjsnb@sannong.com
【主要产品】烧碱;草甘膦水剂(10%);草甘膦

福建省宏明塑胶股份有限公司

福建省三明市三元区长兴路23 号[365001]
电话:(0598)8322376;8322268
传真:(0598)8307376　职工人数:157 人
固定资产:51,469 千元
供销电话:8322293　产值:20,476 千元
供销传真:8319133　法人代表:俞龙瑞
经济类型:股份有限公司
销售收入:26,258 千元
E-mail:hongming@fiec.com
【主要产品】塑料板片材

福建省将乐县振业林产化工有限公司

福建省将乐县龟山北路80 号[353300]
电话:(0598)2333738
传真:(0598)2334646
经济类型:私营企业　法人代表:肖荣寿
【主要产品】松节油;脂松香

福建省宁化县利丰化工有限公司

福建省三明市宁化县城南[365400]
电话:(0598)6832555
传真:(0598)6821688　有进出口权
固定资产:15,605 千元　职工人数:36 人
供销电话:6836555　产值:70,000 千元
经济类型:有限责任公司
销售收入:68,000 千元
法人代表:巫扬鸿
网址:www.lifengchem.com
E-mail:wyh@lifengchem.com
【主要产品】季戊四醇松香酯;对叔丁基苯酚甲醛树脂;松香改性酚醛树脂;醇溶性松香改性酚醛树脂;松香改性马来酸树脂;道路标线涂料专用树脂;甘油松香树脂;食用松香;脂松香;脂松节油

福建省清流县东莹化工有限公司

福建省三明市清流县龙津镇大路口村[365300]
电话:(0598)5331271
传真:(0598)5331498　有进出口权
固定资产:30,000 千元
供销电话:5331497
产值:80,000 千元
经济类型:私营企业　职工人数:110 人
销售收入:70,000 千元
法人代表:胡荣达
网址:dongying.cn-yp.com
E-mail:lizishu1963@sina.com
【主要产品】无水氟化氢;氟氢酸;氟

硅酸

福建省清流县鸿翔化工有限公司

福建省三明市清流县长兴中街 105 号[365300]
电话:(0598)5322392;5322396;13605964966
传真:(0598)5322395 有进出口权
经济类型:有限责任公司
职工人数:50 人
网址:www. rosin-china. com/gysml/hongxiang/inde
【主要产品】重油;松香;聚合松香;脂松香;脂松节油

福建省三联化工股份有限公司

福建省三明市沙县大洲镇 156 号[365500]
电话:(0598)5822749
传真:(0598)5822749 职工人数:302 人
固定资产:74,095 千元
供销电话:5822338 产值:82,657 千元
经济类型:股份有限公司
销售收入:63,181 千元
法人代表:杜建宁
E-mail:Sanlian381@163. com
【主要产品】硫酸;过磷酸钙;混配复合肥料;白炭黑

福建省三明三化甲醛有限公司

福建省三明市三元区工业中路 159 号[365000]
电话:(0598)8208350
传真:(0598)8248183 职工人数:36 人
固定资产:15,553 千元
供销电话:8208472 产值:66,004 千元
供销传真:8241905 法人代表:黄先强
经济类型:其他内资
销售收入:65,687 千元
网址:www. fjsmhg. com
E-mail:sh@ fjsmhg. com
【主要产品】甲醛

福建省三明市三钢煤化工有限公司

福建省三明市梅列区列西街道三群藻居委会[365000]
电话:(0598)8205313
传真:(0598)8205310 职工人数:156 人
固定资产:131,260 千元
供销电话:8205310 产值:121,914 千元
经济类型:股份有限公司
销售收入:123,980 千元
法人代表:朱小夏
【主要产品】苯;硫酸铵;粗苯;煤焦油

福建省三农碳酸钙有限责任公司钙品分公司

福建省三明市将乐县水南镇溪南路 37 号[353300]
电话:(0598)2336116-8007
传真:(0598)2322149 有进出口权
固定资产:12,900 千元 职工人数:46 人
供销电话:2262888 产值:19,335 千元
经济类型:有限责任公司
销售收入:22,048 千元
法人代表:陈学农
网址:www. dongnanpai. com
E-mail:sn@ dongnanpai. com
【主要产品】重质碳酸钙;苯基丁酸;一氯醋酸甲酯;1-四氢萘酮;3,5-二氯苯甲酰氯;3,5-二甲基苯甲酰氯;对乙基苯甲酰氯;虫酰肼

福建省沙县福利化工厂

福建省沙县科技工业园[365500]
电话:(0598)5853762
传真:(0598)5822970 经济类型:集体
E-mail:flhg@ sm. gov. cn
【主要产品】再生胶;超细橡胶粉;松焦油

福建省沙县宏光化工有限公司

福建省三明市沙县洋坊科技工业园[365500]
电话:(0598)5852926
传真:(0598)5852876 职工人数:110 人
固定资产:7,099 千元
供销电话:5823648 产值:49,407 千元
经济类型:有限责任公司
销售收入:49,251 千元
法人代表:罗增寿
网址:www. hg-chemical. com. cn
E-mail:sxhg68@ public. smptt. fj. cn
【主要产品】脲甲醛模塑粉

福建省沙县嘉利化工有限公司

福建省沙县民营科技工业园[365500]
电话:(0598)5825560;5824517
传真:(0598)5829366
经济类型:港澳台商独资经营
网址:www. jiali-chem. com
E-mail:sxjl@ jiali-chem. com
【主要产品】二聚酸;硬脂酸;脂肪酸;季戊四醇松香酯;苯溶型聚酰胺树脂;甘油松香树脂;油酸;植物沥青;浮油松香;脂松香

福建省沙县金沙白炭黑制造有限公司

福建省沙县城关大州路 156 号[365500]
电话:(0598)5836352;13906083607
传真:(0598)5631003;5840082
经济类型:股份有限公司
职工人数:150 人
网址:www. baitanhei. com
E-mail:webmaster@ baitanhei. com
【主要产品】二氧化硅食品添加剂;高补强白炭黑;白炭黑(消光);白炭黑

福建省沙县青杉化工碳素有限公司

福建省沙县青州涌溪村[365507]
电话:(0598)5681268
传真:(0598)5681809 产值:7,082 千元
固定资产:1,695 千元 职工人数:95 人
销售收入:7,396 千元
法人代表:张信华
【主要产品】活性炭

福建省沙县松川化工有限公司

福建省沙县民营科技工业区[365500]
电话:(0598)5822204
传真:(0598)5822020 有进出口权
固定资产:1,800 千元 职工人数:70 人
经济类型:股份合作 法人代表:张福山
销售收入:3,780 千元
网址:www. fjsongchuan. com
E-mail:songchuan@ fjsongchuan. com
【主要产品】浮油松香

福建省胜达化工有限公司

福建省三明市泰宁县杉城镇小均 1 号[354400]
电话:(0598)7838888
传真:(0598)7860825 产值:9,605 千元
固定资产:6,658 千元 职工人数:101 人
供销电话:7862469 法人代表:陈胜林
供销传真:7862469
经济类型:私营企业
销售收入:9,323 千元
E-mail:tnsdhg@ 163. com
【主要产品】2-氨基苯甲酸

福建省永安风帆精细化工有限公司

福建省永安市江滨路 26 号[366000]
电话:(0598)3898879;3650926;13328926969
传真:(0598)3650925
网址:www. fengfanchem. com
E-mail:fengfanchem@163. com
【主要产品】双戊烯;1-氰基四氢化萘;西瓜酮;2-甲酚;4-甲基儿茶酚;2-溴-4-甲基苯酚;苯酚;*N*,*N*′-二苯基-4,4′-联苯胺;松油醇;柏木烯;长叶烯;柏木脑;愈创木酚;4-甲基愈创木酚;4-乙基愈创木酚;4-乙烯基愈创木酚;植物沥青;松节油;松油;松香

福建石化集团三明化工有限责任公司

福建省三明市三元区工业中路 159 号[365000]
电话:(0598)8208877
固定资产:1,299,210 千元 有进出口权
供销电话:8208472 经济类型:国有
产值:1,007,971 千元
销售收入:1,108,951 千元
企业规模:大型 法人代表:陈允冀
网址:www. fjsmhg. com
E-mail:sh@ fjsmhg. com
【主要产品】工业氨水;硅酸钠;硫黄;二氧化碳(食用);氧气;氩气;氮气;溶

闽

解乙炔；电石；甲醇；甲醛；三聚氰胺；双氰胺；液氨；尿素；白炭黑

福建石化集团三明化工有限责任公司综合厂

福建省三明市三元区白沙街工业中路41号[365000]
电话：(0598)8208372
传真：(0598)8242255　经济类型：集体
固定资产：10,483千元
供销电话：8208332　产值：31,136千元
销售收入：20,022千元
职工人数：387人　法人代表：郭军固
E-mail：sddz8372@ sahu. com
【主要产品】复合肥；聚氯乙烯薄膜（吹塑）；塑料编织袋

福建泰宁金湖碳素有限公司

福建省泰宁县民主街10号[354400]
电话：(0598)7837798；7830798
传真：(0598)7830798
经济类型：私营企业
网址：www. goldenlake. net/jhts/gsjs. htm
E-mail：lgy@ carboncn. com
【主要产品】活性炭

福建永安化工厂

福建省永安市茅坪桂口[366034]
电话：(0598)3830161；3830155；3830005
传真：(0598)3830155；3830156
经济类型：国有
网址：yahuagong. fjfair. com
【主要产品】乳化炸药；岩石膨化硝铵炸药；铵油炸药；工业导火索

三明金明农资有限公司

福建省三明市三元区荆东路16号[365004]
电话：(0598)8568905
传真：(0598)8568903　职工人数：49人
固定资产：16,281千元
经济类型：中外合资经营企业
产值：86,444千元　法人代表：张清明
销售收入：68,317千元
【主要产品】烟草专用复合肥料

三明市贝斯诺农业科技有限公司

福建省三明市沙县[365500]
电话：(0598)8850777
固定资产：9,819千元　职工人数：70人
供销电话：8850666　产值：34,475千元
经济类型：外商独资　法人代表：张祥新
销售收入：32,346千元
网址：www. bassara. com. cn
E-mail：bassara@ sina. com
【主要产品】混配复合肥料

三明市梅列区第三化工厂

福建省三明市徐碧碧口村[365000]
电话：(0598)8249391
经济类型：集体　职工人数：20人
法人代表：连新国

网址：www. fjchem. com/hgyp. asp
【主要产品】松节油；松香

三明市梅列香料厂

福建省三明市梅列区洋口仔村100号[365011]
电话：(0598)8350188；8350088；13906088975
传真：(0598)8350239
供销电话：8350188；13906088975
法人代表：黄明生
网址：www. smmlxl. com
E-mail：hms1106_cn@ sina. com
【主要产品】双戊烯；松油烯-4-醇；樟脑；α-松油醇；白樟油；茴香油；桉叶油；橙花叔醇；芳樟醇；柠檬醛

三明市美灵印刷有限公司

福建省三明市新市中路123号美灵大厦[365001]
电话：(0598)8585336；8585337
传真：(0598)8588337
网址：www. smmeiling. com. cn
E-mail：zengfeng@ public. smptt. fj. cn
【主要产品】塑料制品

沙县宏盛塑料有限公司

福建省三明市沙县洋坊科技工业园[365500]
电话：(0598)5852926
传真：(0598)5852876　有进出口权
固定资产：33,424千元
供销电话：5823648　产值：216,337千元
经济类型：中外合资经营企业
销售收入：212,841千元
职工人数：358人　法人代表：罗建峰
网址：www. hg-chemical. com. cn
E-mail：sxhg68@ public. smptt. fj. cn
【主要产品】酚醛压塑粉

沙县集辰复合肥有限公司

福建省三明市沙县洋坊街[365500]
电话：(0598)5799999
传真：(0598)5850666　职工人数：28人
固定资产：682千元　产值：10,657千元
供销电话：5877777　法人代表：李开标
经济类型：有限责任公司
销售收入：9,704千元
【主要产品】混配复合肥料

永安市丰源化工有限公司

福建省三明市永安小陶镇大陶口村[366025]
电话：(0598)3702401
传真：(0598)3706199　职工人数：150人
固定资产：18,150千元
供销电话：3706111　产值：50,000千元
经济类型：私营企业　法人代表：孙文斌
销售收入：41,410千元
E-mail：lsf02107@163. com
【主要产品】硅酸钠；白炭黑

永安市福维精细化工有限公司

福建省永安市曹远镇汶州村[366016]
电话：(0598)3638317
传真：(0598)3577808　职工人数：25人
固定资产：6,303千元
供销电话：3638320　产值：20,563千元
供销传真：3638318　法人代表：潘智远
经济类型：有限责任公司
销售收入：20,173千元
【主要产品】聚醋酸乙烯乳液；聚醋酸乙烯乳液胶黏剂；高速卷烟接嘴胶

永安市启胜矿产有限公司

福建省永安市玉田街421号[366000]
电话：(0598)3632967
传真：(0598)3621188　有进出口权
固定资产：32,000千元　职工人数：60人
供销电话：3632327　产值：45,803千元
经济类型：与港澳台商合作经营
销售收入：78,000千元
法人代表：魏金发
【主要产品】重晶石

永安智胜化工有限公司

福建省三明市永安区坂尾90号[366013]
电话：(0598)3699541
传真：(0598)3636583　有进出口权
固定资产：241,556千元
供销电话：3699888　产值：570,100千元
供销传真：3699360　职工人数：839人
经济类型：有限责任公司
销售收入：475,149千元
法人代表：林宇光
网址：www. sinochem-zs. com
E-mail：zhisheng@ public. smptt. fj. cn
【主要产品】二氧化碳（食用）；合成氨；尿素；氮磷钾复合肥

尤溪浩泽有色金属冶炼有限公司

福建省三明市尤溪县梅仙镇坪寨村[365101]
电话：(0598)6262901
传真：(0598)6263286　有进出口权
固定资产：23,077千元　职工人数：92人
供销电话：13850843598
经济类型：与港澳台商合资经营
产值：111,239千元　法人代表：伍志和
销售收入：98,763千元
【主要产品】硫酸；锌

莆田市

福建洪洋集团有限公司

福建省莆田市城厢区下林工业区[351100]
电话：(0594)2691818
传真：(0594)2656161
网址：www. hongyang. com. cn
E-mail：hongyang@ public. ptptt. fj. cn
【主要产品】水性光油；镀铝膜专用涂料；水性复膜胶；纸管胶；复合胶；醇溶性上、压光油；UV上光油

福建佳通轮胎有限公司

福建省莆田市秀屿区笏石镇江埔工业区[351146]
电话:(0594)5898385
传真:(0594)5898688　有进出口权
固定资产:3,099,209 千元
经济类型:中外合资经营企业
产值:2,517,715 千元
销售收入:2,000,945 千元
企业规模:大型　职工人数:3,177 人
法人代表:李怀靖
网址:www. gititire. com
E-mail:gm-pt@ gititire. com
【主要产品】半钢子午线轮胎;全钢载重子午线轮胎

福建莆田大隆化工实业有限公司

福建省莆田市荔城区黄石镇瑶台村[351144]
电话:(0594)2197574
传真:(0594)2187501　有进出口权
固定资产:2,010 千元　产值:8,790 千元
经济类型:港澳台商独资经营
销售收入:10,247 千元　职工人数:14 人
法人代表:游丽芬
【主要产品】鞋用聚氨酯胶黏剂;氯丁-酚醛强力胶;PU、PVC 表面处理剂

福建瑞国药业有限公司

福建省仙游县赖店镇前埔[351251]
电话:(0594)8696888;13808572168
传真:(0594)8690133　经济类型:集体
固定资产:20,000 千元
供销电话:8690133　职工人数:120 人
法人代表:陈瑞国
网址:www. ruiguo. com. cn
E-mail:fjptzhb@ yahoo. com. cn
【主要产品】薄荷脑;牛羊胆酸;云芝多糖;猪去氧胆酸;胆红素;水牛角浓缩粉;人工牛黄;青黛;丹参提取物;苦参提取物;甘草提取物;刺五加浸膏;小叶榕浸膏;满山红油;牛胆粉;猪胆粉;刺五加粉;薄荷素油;龙脑

福建省莆田凯松化工厂

福建省莆田市荔城区黄石东源工业区[351144]
电话:(0594)2199528;2197078;2197079
传真:(0594)2197079
网址:kshg. ccbip. und. cn;
www. kaisong. com
E-mail:kaisong@ public. ptptt. fj. cn
【主要产品】月桂氮卓酮;金属加工液用杀菌剂

福建省莆田市医药酒精厂

福建省莆田市仙游县木兰工业区[351200]
电话:(0594)8292336
传真:(0594)8595333
网址:www. pujiu. com
E-mail:pujiu@ msn. com
【主要产品】无水乙醇(药用)

莆田市三江化学工业有限公司

福建省莆田市城厢区畅林工业区28 号[351100]
电话:(0594)2789588;2789188;2789288
传真:(0594)2789088
供销传真:2761948
经济类型:有限责任公司
网址:www. esanjiang. com;
www. skshu. com. cn
E-mail:skshu@ esanjiang. com
【主要产品】木器家具漆;抗碱封闭底漆;丙烯酸外墙罩面漆;硅丙面漆;高级丝光内墙乳胶漆;内墙半光乳胶漆;环氧地坪涂料;聚氨酯外墙漆;双组分聚氨酯耐磨涂料;耐黄变白面漆;氟碳漆;高级氟碳外墙装饰漆;五合一弹性多功能乳胶漆;亚光外墙乳胶漆;耐黄变封闭底漆;高级外墙弹性涂料;油漆稀释剂;无苯稀释剂;镀铝膜专用涂料;白胶浆;镀铝膜胶;UV 上光油

莆田市新邦胶粘制品有限公司

福建省莆田市仙前县枫亭镇工业路[351254]
电话:(0594)7672333
传真:(0594)7671338　职工人数:100 人
固定资产:8,000 千元
供销电话:7689111　产值:90,000 千元
供销传真:7685759　法人代表:朱万里
经济类型:私营企业
销售收入:80,000 千元
网址:www. fjlb. com
E-mail:fjlb@ fjlb. com
【主要产品】压敏胶胶黏剂

莆田腾立鞋业有限公司

福建省莆田市涵江区保虎镇[351111]
电话:(0594)3392858
传真:(0594)3396142　职工人数:930 人
固定资产:7,500 千元
供销电话:3590125　产值:60,000 千元
经济类型:与港澳台商合资经营
销售收入:72,000 千元
法人代表:徐建华
E-mail:tengli@ public. ptptt. fj. cn
【主要产品】EVA 鞋材

仙游县金马鞋材有限公司

福建省莆田市仙游县枫亭镇工业园路[351254]
电话:(0594)7669666
传真:(0594)7669888　产值:5,521 千元
固定资产:708 千元　职工人数:35 人
经济类型:有限责任公司
销售收入:5,521 千元
法人代表:马明雄
【主要产品】EVA 鞋材

泉州市

地方国营南安市化工厂

福建省泉州市南安东田镇东田村[362303]
电话:(0595)86213886
传真:(0595)86213886　经济类型:国有
固定资产:680 千元　产值:1,800 千元
销售收入:1,800 千元　职工人数:19 人
法人代表:何学海
【主要产品】黑火药

福建大元化工有限公司

福建省石狮市永宁镇工业园区[362700]
电话:(0595)88601799
传真:(0595)88600799　有进出口权
固定资产:93,396 千元　职工人数:60 人
供销电话:88601788　产值:10,800 千元
销售收入:1,045,084 千元
法人代表:柯金灿
【主要产品】聚氨酯树脂

福建高科日化有限公司

福建省泉州市南安区柳城镇帽山村[362300]
电话:(0595)86353993
传真:(0595)86354209
固定资产:55,000 千元
经济类型:有限责任公司
产值:78,090 千元　职工人数:312 人
销售收入:78,500 千元
法人代表:许春晖
网址:www. gaoke-cn. com
E-mail:bst88@ sina. com
【主要产品】高效杀虫剂(气雾剂);蚊香

福建海汇化工有限公司

福建省泉州市永春县石鼓镇社山村76 号[362601]
电话:(0595)23824671
传真:(0595)23824981
供销电话:23824674　产值:62,968 千元
经济类型:中外合资经营企业
销售收入:64,840 千元
职工人数:536 人　法人代表:朱德权
【主要产品】合成氨;液氨;碳酸氢铵

福建宏玮鞋塑有限公司

福建省泉州市晋江陈埭镇鹏头村[362211]
电话:(0595)85199388
传真:(0595)85180331
固定资产:35,610 千元
供销电话:85199858　法人代表:丁响亮
经济类型:外商独资
产值:435,323 千元　职工人数:2,085 人
销售收入:328,581 千元
网址:www. cn-hongwei. com
E-mail:zhongxie@ public. qz. fj. cn
【主要产品】橡胶鞋底

福建华星石化有限公司

福建省泉州市泉港区后龙镇上西村[362117]
电话:(0595)87088107
传真:(0595)87080105　有进出口权

闽

固定资产:320,000 千元
供销电话:87088016 职工人数:55 人
经济类型:中外合资经营企业
产值:840,000 千元 法人代表:苏刚康
销售收入:840,000 千元
E-mail:fjhx12@publ.qx.fj.cn
【主要产品】石油液化气

福建惠安华南新型防水材料厂

福建省惠安县涂寨镇曾厝工业区[362133]
电话:(0595)87239605;87890883
传真:(0595)87214605
网址:www.huananfj.cnqz.com
【主要产品】非焦油聚氨酯防水涂料

福建莱克石化有限公司

福建省泉州市南安梅山镇蓉中村[362321]
电话:(0595)86597815
传真:(0595)86597820
固定资产:5,609 千元 职工人数:102 人
供销电话:86588901 法人代表:李振生
供销传真:86585036
经济类型:私营企业
产值:256,880 千元
销售收入:256,880 千元
网址:www.chinalaike.com
E-mail:901@chinalaike.com
【主要产品】刹车油

福建湄洲湾氯碱工业有限公司

福建省泉州市泉港区泉五路中段[362800]
电话:(0595)87027007
传真:(0595)87027102 有进出口权
固定资产:612,973 千元
供销电话:87027039 职工人数:628 人
供销传真:87027038 法人代表:毛雪凡
经济类型:有限责任公司
产值:536,368 千元
销售收入:548,796 千元
【主要产品】盐酸(精制);离子膜烧碱;氯气(液);环氧丙烷;聚醚系列

福建泉州美家涂料制造有限公司

福建省泉州市惠安县洛阳镇杏田工业区[362121]
电话:(0595)87491272
传真:(0595)87491273 有进出口权
固定资产:5,000 千元 产值:8,378 千元
经济类型:港澳台商独资经营
销售收入:8,800 千元 职工人数:36 人
法人代表:陈青云
网址:www.megapaint.cnqz.com
E-mail:megapaint@cnqz.com
【主要产品】氨基烘漆;硝基漆类;各色丙烯酸氨基烘漆;聚氨酯丙烯酸汽车面漆;聚酯氨基烤漆;聚氨酯漆类;闪光漆;工业用烤漆/喷漆

福建泉州铭锴化工颜料有限公司

福建省泉州市湖心街东段 116 号[362000]
电话:(0595)28069888
传真:(0595)28061888
网址:www.mingkaichem.com
E-mail:mingkai@mingkaichem.com
【主要产品】无机颜料

福建泉州市中原隆化工有限公司

福建省泉州市南安区梅山镇灯埔村[362321]
电话:(0595)86129688
传真:(0595)86592777 有进出口权
固定资产:14,513 千元 职工人数:30 人
供销电话:86592555
产值:28,064 千元
供销传真:86592333 法人代表:叶建源
经济类型:与港澳台商合作经营
销售收入:28,064 千元
【主要产品】硬脂酸;油酸

福建省德化县龙津林化有限公司

福建省泉州市德化县龙浔镇[362500]
电话:(0595)23518898
传真:(0595)23518898 产值:150 千元
固定资产:5 千元 销售收入:10 千元
供销电话:23522664 职工人数:32 人
供销传真:23587768 法人代表:曾宪民
经济类型:有限责任公司
网址:www.fjqzdhly.com
E-mail:dhlyhgc@163.com
【主要产品】浅色改性松香树脂;松节油;松香

福建省惠安恒惠鞋业有限公司

福建省泉州市惠安县螺城镇南阳路 43 号[362100]
电话:(0595)87335895
传真:(0595)87333878
固定资产:16,261 千元
经济类型:中外合资经营企业
产值:17,853 千元 职工人数:398 人
销售收入:19,746 千元
法人代表:温海江
【主要产品】硫化胶鞋

福建省金鹿日化股份有限公司

福建省泉州市南安县洪濑镇东溪工业区[362331]
电话:(0595)86696828
传真:(0595)86696158 有进出口权
固定资产:71,484 千元
供销电话:86696558
职工人数:832 人
经济类型:股份有限公司
产值:282,627 千元 法人代表:张华安
销售收入:71,821 千元
网址:www.goldeergroup.com
E-mail:jinlu@pub2.qz.fj.cn
【主要产品】高效杀虫剂(气雾剂);蚊香

福建省晋江市奔马蚊香有限公司

福建省晋江市罗山镇许坑村[362200]
电话:(0595)88196979
传真:(0595)88175977 职工人数:80 人
固定资产:4,283 千元 产值:8,415 千元
供销电话:88178969 法人代表:吴太平
经济类型:私营企业
销售收入:8,310 千元
【主要产品】蚊香

福建省晋江市华福化工有限公司

福建省泉州市晋江区池店镇工业区[362212]
电话:(0595)85992000
传真:(0595)85980088 职工人数:80 人
固定资产:1,500 千元 产值:8,500 千元
供销电话:13905088829
经济类型:私营企业 法人代表:张瑞成
销售收入:7,890 千元
E-mail:hfhg0088@163.com
【主要产品】聚酯多元醇;聚氨酯树脂;聚氨酯鞋底原液

福建省泉州德盛农药有限公司

福建省泉州市永春县玉斗镇玉美村[362600]
电话:(0595)23788178
传真:(0595)23782178 职工人数:30 人
固定资产:4,079 千元
经济类型:私营企业 产值:21,417 千元
销售收入:21,417 千元
法人代表:颜禧旋
【主要产品】螨醇·噻螨乳油;20% 甲氰·唑磷乳油;福·甲硫可湿性粉剂;毒·氯乳油;阿维·哒乳油

福建省泉州市华邦树脂有限公司

福建省泉州市丰泽区东海镇后厝东滨工业区[362000]
电话:(0595)22900234
传真:(0595)22912992
经济类型:私营企业
网址:www.huabang.cc
【主要产品】不饱和聚酯树脂;玻璃钢树脂;硅橡胶

福建省泉州市佳友精化有限公司

福建省泉州市惠安县白崎乡惠南工业区[362124]
电话:(0595)87599968
传真:(0595)87599868 职工人数:25 人
固定资产:5,600 千元
经济类型:有限责任公司
产值:15,600 千元 法人代表:郭奎顺
销售收入:13,760 千元
网址:www.jiayou-fj.com

闽

E-mail:jiayou@ jiayou-fj. com
【主要产品】聚氨酯涂层胶;水性聚氨酯涂层胶;PA 涂层胶

福建省永春制药厂

福建省泉州市永春城关[362600]
电话:(0595)23866600
传真:(0595)23863300
网址:yczy. bip. und. cn
E-mail:yczy@ cnqz. com
【主要产品】4-乙基-2,3-双氧哌嗪;4-乙基-2,3-二氧-1-哌嗪甲酰氯;2*R*-2-[(4-乙基-2,3-双氧代哌嗪基)甲酰胺]苯乙酸;2*R*-2[(4-乙基-2,3-双氧代哌嗪基)甲酰胺]对羟基苯乙酸;2-氨基-5-甲基噻唑;头孢他啶侧链酸;头孢他啶侧链酸活性酯;环丙基溴甲烷;石杉碱甲

福建兴宇树脂有限公司

福建省泉州市晋江区五里工业区[362263]
电话:(0595)85806666
传真:(0595)88161555
固定资产:41,000 千元
供销电话:88162203　产值:33,000 千元
供销传真:85697099　职工人数:182 人
经济类型:外商独资　法人代表:林水杰
销售收入:31,000 千元
E-mail:wuja23@ 163. com
【主要产品】聚氨酯树脂;聚氨酯鞋底原液

富联化工有限公司

福建省晋江市深沪镇东海安工业区[362200]
电话:(0595)88288767;88290221
传真:(0595)88287787
网址:www. fulianchina. com
E-mail:fulian@ pub2. qz. fj. cn
【主要产品】白炭黑

海盛(福建)鞋材有限公司

福建省泉州市清濛开发区[362005]
电话:(0595)22491888
传真:(0595)22492999
固定资产:18,400 千元
经济类型:港澳台商独资经营
产值:16,830 千元　职工人数:450 人
销售收入:15,300 千元
法人代表:林美丽
网址:www. haisheng. cnqz. com
E-mail:haisheng@ public. qz. fj. cn
【主要产品】塑胶鞋底

华珠(泉州)鞋业有限公司

福建省泉州市开发区崇荣街 6-16(A)号[362200]
电话:(0595)15980029938
传真:(0595)22493697
固定资产:50,240 千元
供销电话:13960339199
经济类型:港澳台商独资经营
产值:280,887 千元　职工人数:980 人
销售收入:280,000 千元
法人代表:曾仁乐
【主要产品】运动鞋

汇盈化学品实业(泉州)有限公司

福建省南安市水头镇大盈工业区[362342]
电话:(0595)86932938
传真:(0595)86932938
固定资产:25,258 千元
供销电话:86934938　职工人数:130 人
供销传真:86934938　法人代表:林重耀
经济类型:外商独资
产值:233,142 千元
销售收入:228,621 千元
网址:www. qzhuiying. com
【主要产品】13X 分子筛;4A 沸石;分子筛;分子筛,10X 型

惠安德贤油漆化工厂

福建省惠安县东桥镇东桥工业区[362141]
电话:(0595)87853837;87193158;13805973158
传真:(0595)87856395
经济类型:股份合作　法人代表:王志贤
网址:www. dexian. cnqz. com;www. dexian. com
E-mail:dexian@ pub2. qz. fj. cn
【主要产品】氨基烘漆;硝基漆类;丙烯酸无毒塑胶漆;聚酯树脂漆类;彩绘漆

惠安县厦日防水材料有限公司

福建省惠安县涂寨镇工业区[362133]
电话:(0595)87239729
传真:(0595)87238992
网址:www. xiari. cnqz. com
E-mail:xiari@ cnqz. com
【主要产品】聚氨酯防水涂料;复合防水涂料;SBS 改性沥青防水卷材;聚氯乙烯防水油膏

惠安新型建材厂

福建省惠安县涂寨工业区[362122]
电话:(0595)87238955;13959700985
传真:(0595)87238652
经济类型:私营企业
网址:www. haxxjc. com
【主要产品】丙烯酸防水涂料;彩色屋面防水隔热涂料;聚氨酯防水涂料;硅橡胶防水涂料;聚合物改性水泥基弹性防水涂料;墙面黏结剂;建筑用聚氨酯化学灌浆材料;强力堵漏防水剂;高效外墙防水剂

晋江市东风橡胶厂

福建省晋江市东石镇东埕工业区[362271]
电话:(0595)85586663;85589668
传真:(0595)85589668
网址:www. dongfeng. cnqz. com
E-mail:dongfeng. cnqz. com
【主要产品】橡胶制品;翻新轮胎;普通橡胶板;胶辊;橡胶密封制品;汽车橡胶配件

晋江市华鑫塑料橡胶制品有限公司

福建省晋江市龙湖镇粘厝埔工业区[362241]
电话:(0595)85252788
传真:(0595)85252288　有进出口权
【主要产品】再生胶

晋江市亲亲日化有限公司

福建省晋江市灵源镇张前村[362216]
电话:(0595)88195882
传真:(0595)88185863　职工人数:58 人
固定资产:2,810 千元　产值:3,000 千元
经济类型:有限责任公司
销售收入:210 千元　法人代表:何天瑞
E-mail:065863@ public. qz. fj. cn
【主要产品】蚊香;空气清新剂

联泰(泉州)轻工有限公司

福建省泉州市鲤城区浮桥霞州村[362000]
电话:(0595)22470888
传真:(0595)22470088　有进出口权
固定资产:46,102 千元
经济类型:港澳台商独资经营
产值:68,140 千元　职工人数:985 人
销售收入:72,956 千元
法人代表:周新东
【主要产品】硫化胶鞋

南安市丰华橡塑制品有限公司

福建省南安市霞美镇四黄村[362302]
电话:(0595)86767288
传真:(0595)86761988　有进出口权
固定资产:1,013 千元　产值:5,628 千元
经济类型:港澳台商独资经营
销售收入:5,628 千元　职工人数:28 人
法人代表:林伟辉
【主要产品】塑胶鞋底

南安市晶联化工有限公司

福建省南安市美林镇李西工业区[362300]
电话:(0595)86289696;86287108
传真:(0595)86298686
经济类型:有限责任公司
E-mail:jinglian-gd@ jinglianchem. com
【主要产品】白炭黑

泉州嘉豪涂料厂

福建省泉州市惠安县辋川玉溪工业区[362103]
电话:(0595)87251888;87251999;87263161
传真:(0595)87261385
网址:www. carhare. com;

www.cnkylin.com
E-mail:paint@carhare.com
【主要产品】各类亚光清漆;硝基纤维素喷漆;塑胶漆;聚酯亚光清漆;聚酯透明底漆;高固分聚酯透明底漆;耐变黄亚光清面漆;耐黄变白面漆;各色亮光面漆;耐黄变透明底漆;透明腻子

泉州浪花漆有限公司

福建省泉州市泉港区驿坂工业区[362111]
电话:(0595)87066668;13905057525
传真:(0595)87065599　职工人数:60 人
经济类型:有限责任公司
网址:www.langhua.cnqz.com
【主要产品】油漆;内墙涂料;外墙涂料

泉州隆泰化工有限公司

福建省泉州市田安路祥泰商城和祥阁 1102 室[362000]
电话:(0595)22555753;22555763;22530169
传真:(0595)22530262
经济类型:与港澳台商合资经营
职工人数:180 人
网址:www.longtaichem.com
E-mail:zfb@longtaichem.com
【主要产品】亚氯酸钠;氯酸钠;氯酸钾;过碳酸钠;过氧化氢;二氧化硫脲

泉州洛江三星涂料树脂有限公司

福建省泉州市洛江区杏宅工业区[362011]
电话:(0595)22656666
传真:(0595)22652092　职工人数:46 人
固定资产:3,000 千元　产值:1,500 千元
经济类型:私营企业　法人代表:郭清南
销售收入:1,200 千元
网址:www.san-xing.net
E-mail:sx@san-xing.net
【主要产品】不饱和聚酯树脂;不饱和聚酯树脂腻子

泉州诺亚工贸有限公司现代树脂厂

福建省泉州市洛江区塘西工业区[362011]
电话:(0595)22656653;22657753;22658853
传真:(0595)22650208
供销电话:22659953;22658853
经济类型:私营企业　法人代表:陈齐斌
网址:www.noahco.com
E-mail:noahco@163.com
【主要产品】不饱和聚酯树脂

泉州匹克鞋材有限公司

福建省泉州市丰泽区乐海镇北颖七区[362000]
电话:(0595)22906596
传真:(0595)22906756　职工人数:85 人
固定资产:7,031 千元
供销电话:22907750　产值:16,275 千元
经济类型:中外合资经营企业
销售收入:16,275 千元
法人代表:许景南
【主要产品】塑胶鞋底;EVA 片材

泉州三匹特种胶粘带有限公司

福建省泉州市泉秀工业区大淮 244 号[362000]
电话:(0595)22168850
传真:(0595)22586499　经济类型:国有
职工人数:50 人
【主要产品】双面胶带;半导电胶布带

泉州市宏利达橡塑制品有限公司

福建省南安市霞美镇四黄村[362302]
电话:(0595)86769999
传真:(0595)86758877
固定资产:13,691 千元
供销电话:86769989　产值:40,565 千元
经济类型:中外合资经营企业
销售收入:40,565 千元
职工人数:280 人　法人代表:黄衍国
网址:www.cnacr.com
E-mail:acy@cnacr.com
【主要产品】橡胶杂品;减震器及配件

泉州市华达精细化工有限公司

福建省泉州市南安洪濑东溪开发区[362331]
电话:(0595)86696828
传真:(0595)86696158
固定资产:2,911 千元　职工人数:100 人
经济类型:中外合资经营企业
产值:74,681 千元　法人代表:张华安
销售收入:52,357 千元
【主要产品】高效杀虫剂(气雾剂)

泉州市泉港海洋聚苯树脂有限公司

福建省泉州市泉港区陆岛路[362804]
电话:(0595)87093008;87093003
传真:(0595)87093007　有进出口权
供销电话:22113839　法人代表:李国俊
供销传真:22116838
经济类型:中外合资经营企业
网址:www.soegroup.com
E-mail:xlsueps@pub2.92.fj.cn
【主要产品】聚苯乙烯树脂

泉州市泉港化工厂

福建省泉州市泉港区山腰镇[362801]
电话:(0595)87990905;13505911366
传真:(0595)87990905
网址:www.china-agag.com
E-mail:lwq33333@vip.sohu.com;sheey@huyue.com.cn
【主要产品】卡拉胶(食品级)

泉州市三立漆有限公司

福建省晋江市磁灶笑口三友集团大厦[362214]
电话:(0595)85952999;85985535;85951112
传真:(0595)85887755
经济类型:有限责任公司
网址:www.sunyo.com.cn;www.salle.com.cn
E-mail:salle@salle.com.cn;sunyo@pub2.qz.fj.cn
【主要产品】木器漆;内外墙乳胶漆;内外墙腻子;瓷砖胶黏剂

泉州市肖厝山腰盐场

福建省泉州市肖厝山腰街[362111]
电话:(0595)87981189
传真:(0595)87981246　经济类型:国有
供销电话:87981401;87981474
企业规模:大型
【主要产品】氯化钠;氯化钠(精制);海盐

泉州市信和涂料有限公司

福建省泉州市洛江区万安开发区[362011]
电话:(0595)22631777
传真:(0595)22636777
经济类型:有限责任公司
职工人数:174 人　法人代表:王涛榕
网址:www.xinhe-paint.com
E-mail:xh@xinhe-paint.com
【主要产品】氨基树脂漆类;硝基漆类;丙烯酸聚氨酯漆

泉州益峰鞋服有限公司

福建省泉州市来泽区北峰镇北峰工业区[362000]
电话:(0595)22882000
传真:(0595)22882333　产值:892 千元
固定资产:150 千元　销售收入:892 千元
供销电话:13905078297
经济类型:私营企业　职工人数:92 人
法人代表:洪小龙
【主要产品】橡胶鞋底

桑川(泉州)制漆有限公司

福建省泉州市丰泽区东海滨城工业园 23 号[362000]
电话:(0595)22903889
传真:(0595)22905889　经济类型:国有
法人代表:林雅芳
网址:www.songchuen.com
E-mail:web@songchuen.com
【主要产品】金属漆;金属烤漆;自干漆;裂纹漆;塑胶漆;聚酯树脂漆类;常温道路标志漆;聚氨酯色漆;高级外墙乳胶漆;锤纹漆;荧光涂料;内外墙防霉抗碱封固底漆;地坪涂料;仿古建筑专用涂料;透明腻子;电镀涂料;尼龙油墨;鞋用油墨

石狮特斯无纺布制衣有限公司

福建省石狮市锦尚镇西港村[362712]
电话:(0595)88952955

传真:(0595)88952977　有进出口权
固定资产:15,585 千元
经济类型:港澳台商独资经营
产值:54,134 千元　职工人数:140 人
销售收入:60,512 千元
法人代表:邱于建
【主要产品】无纺布

鑫源热熔胶有限公司

福建省晋江市陈埭镇岸刀村工业区[362200]
电话:(0595)85166838
传真:(0595)85166828　职工人数:50 人
经济类型:私营企业　产值:5,000 千元
法人代表:丁鑫源
网址:www.xyrrj.com
E-mail:xinyuan@xyrrj.com
【主要产品】鞋用胶黏剂

中亚涂料(石狮)有限公司

福建省泉州市石狮区锦尚镇卢厝村[362700]
电话:(0595)88981616
传真:(0595)88981618　职工人数:40 人
固定资产:2,444 千元　产值:2,305 千元
供销电话:88950619　法人代表:杨传欲
经济类型:外商独资
销售收入:2,305 千元
网址:www.cacpaint.com
E-mail:cacpaint@163.com
【主要产品】乳胶漆;丙烯酸内墙乳胶漆;丙烯酸外墙乳胶漆;腻子粉

漳州市

长泰县长庆合成化工有限公司

福建省漳州市长泰县岩溪镇门坑村[363902]
电话:(0596)8285266
传真:(0596)8285368　职工人数:266 人
供销电话:8288413　产值:27,469 千元
供销传真:8288413　法人代表:曾庆颜
经济类型:有限责任公司
销售收入:26,870 千元
【主要产品】甲醇(精);碳酸氢铵

福建嘉达光电有限公司

福建省漳州市韶安县[363500]
电话:(0596)3303333
传真:(0596)3301333　有进出口权
固定资产:86,117 千元　职工人数:90 人
供销电话:3302966　产值:42,200 千元
经济类型:与港澳台商合资经营
销售收入:41,800 千元
法人代表:杨锡吟
【主要产品】可录光盘

福建三农农化有限公司

福建省漳州市龙海区角美镇上房[363107]
电话:(0596)6774420;6774549;6774411
传真:(0596)6774410　有进出口权
经济类型:股份有限公司
网址:www.sannong.com/docc/xiashu/kg-nh.htm
【主要产品】哒螨灵可湿性粉剂;乙酰甲胺磷可溶性粉剂;吡虫啉可湿性粉剂;克百威粉剂(3%);10%氯氰菊酯可湿性粉剂;高效氯氰菊酯可湿性粉剂;草甘膦可溶性粉剂;百草枯水剂;丁草胺颗粒剂(5%);锰锌·霜脲可湿性粉剂

福建省锦江日用化工有限公司

福建省漳州市龙海区榜山镇雩林村[363100]
电话:(0596)6597625
传真:(0596)6597625　职工人数:120 人
固定资产:12,568 千元
供销电话:6593188　产值:12,600 千元
供销传真:6593188　法人代表:方汀全
经济类型:私营企业
销售收入:13,500 千元
网址:www.jinjiang.biz
E-mail:jinjiang@jinjiang.biz
【主要产品】蚊香

福建省梦娇兰日用化学品有限公司

福建省漳州市龙海区颜厝镇工业开发区[363118]
电话:(0596)6651636
传真:(0596)6666589　有进出口权
固定资产:1,000 千元　职工人数:193 人
经济类型:私营企业　产值:34,200 千元
销售收入:38,000 千元
法人代表:卢碧莲
网址:www.xiaohuanxiong.com
【主要产品】洗涤剂;卫生杀虫剂

福建省平和合成氨厂

福建省漳州市平和县山格镇[363703]
电话:(0596)5204006
传真:(0596)5204004　经济类型:国有
供销电话:5204007　职工人数:375 人
销售收入:30,533 千元
法人代表:杨文良
【主要产品】合成氨;碳酸氢铵

福建省双赢集团有限公司

福建省漳州市南靖区山城镇东大路[363600]
电话:(0596)7840859;7841085
传真:(0596)7840933　职工人数:223 人
固定资产:17,730 千元
经济类型:有限责任公司
产值:44,459 千元　法人代表:蓝森古
销售收入:31,371 千元
网址:www.win-wingroup.com
E-mail:winwin@plbeic.zzptt.fj.cn
【主要产品】过磷酸钙;混配复合肥料;复合肥

福建省腾龙工业公司

福建省漳州市仓海区[363111]
电话:(0596)6630077
传真:(0596)6630099　经济类型:国有
固定资产:26,740 千元
产值:58,589 千元　职工人数:179 人
销售收入:58,409 千元
法人代表:黄河松
网址:www.tlcoatings.com
E-mail:long@tlcoatings.com
【主要产品】各色醇酸调合漆;醇酸磁漆;乳胶漆;聚酯树脂漆类;环氧树脂漆类;铝粉磁漆

福建省厦鹭电化有限公司

福建省漳州市长泰县兴泰开发区旗杆山[363900]
电话:(0596)8319333
传真:(0596)8310222　职工人数:289 人
固定资产:68,970 千元　法人代表:陈奇
供销电话:8310288　产值:152,621 千元
供销传真:8310299
经济类型:股份合作
销售收入:139,148 千元
E-mail:fjxldh@126.com
【主要产品】盐酸;烧碱;氯化石蜡

福建省漳浦县扬绿化工有限公司

福建省漳州市漳浦县绥安镇高罗山村[363200]
电话:(0596)3226430
传真:(0596)3226430　有进出口权
供销电话:3221520　法人代表:柯龙山
供销传真:3221520
经济类型:有限责任公司
【主要产品】二氧化碳;液氨(工业用);甲醇(精);碳酸氢铵

福建省漳州市龙文农化有限公司

福建省漳州市龙文区郭坑镇工业路17号[363005]
电话:(0596)2188468
传真:(0596)2188468　产值:4,626 千元
固定资产:2,196 千元　职工人数:40 人
经济类型:私营企业　法人代表:杨龙谋
销售收入:4,843 千元
【主要产品】甲基对硫磷乳油;异丙威乳油(20%);氰戊菊酯乳油;增效氰戊菊酯乳油;草甘膦水剂(10%);多·硫悬浮剂

福建省漳州市芗城元光塑料助剂厂

福建省漳州市后房农场17号[363000]
电话:(0596)2578280;2578240;2910190
供销传真:2577600;2578280
经济类型:私营企业　法人代表:陈联福
网址:www.zzygsl.com
E-mail:root@zzygsl.com
【主要产品】环氧大豆油

龙海市气体有限责任公司

福建省龙海市角美镇洪岱村[363107]

闽

电话:(0596)6777180
传真:(0596)6777180　产值:4,182 千元
固定资产:1,691 千元　职工人数:29 人
经济类型:有限责任公司
法人代表:王聪明
【主要产品】乙炔

南靖县盛安化工有限公司

福建省漳州市南靖县南坑镇[363606]
电话:(0596)7798027
传真:(0596)7798027　职工人数:226 人
经济类型:股份合作　产值:22,798 千元
法人代表:周东曦
【主要产品】氮肥;合成氨;碳酸氢铵

旭化学工业(漳洲)有限公司

福建省漳州市蓝田开发区[363005]
电话:(0596)2107556
传真:(0596)2109479　有进出口权
固定资产:5,703 千元　职工人数:42 人
经济类型:外商独资　产值:12,547 千元
销售收入:13,573 千元
法人代表:张小勤
网址:www.atonik.cn
E-mail:qsahi@atomik.cn
【主要产品】复硝酚钠水剂

燕南精细化工有限公司

福建省漳州市长泰县兴泰工业区[363900]
电话:(0596)8315984;8315957
传真:(0596)8316951
网址:www.sscn.net
E-mail:biz@sscn.net
【主要产品】聚醋酸乙烯乳液;内外墙涂料;特种黏合剂

漳州片仔癀皇后化妆品有限公司

福建省漳州市芗城区草寮街 132 号[363000]
电话:(0596)2633173
传真:(0596)2630270　有进出口权
固定资产:85,475 千元　法人代表:潘杰
供销电话:2633987　产值:17,376 千元
经济类型:有限责任公司
销售收入:12,089 千元
职工人数:126 人
网址:www.queen-cosmetic.com
E-mail:market@queen-cosmetic.com
【主要产品】珍珠霜

漳州三炬生物科技有限公司

福建省南靖县高科技工业园[363600]
电话:(0596)7665999;7668555;7668333
传真:(0596)7665599
经济类型:中外合资经营企业
网址:www.chinasanju.com
E-mail:ywb@chinasanju.com
【主要产品】微量元素肥料

漳州市夼龙达纳米材料有限公司

福建省漳州市金峰工业开发区内[360014]
电话:(0596)2528259;2528759
传真:(0596)2528759
网址:lnmt.ccbip.und.cn
【主要产品】纳米氧化铁;氧化锌(纳米)

漳州市龙海集友塑料有限公司

福建省龙海市角美镇洪岱工业小区[363107]
电话:(0596)6777899;6777889
传真:(0596)6788431　职工人数:280 人
固定资产:40,145 千元
经济类型:私营企业　产值:10,559 千元
销售收入:10,221 千元
法人代表:陈友护
网址:www.chinajiyou.cn
E-mail:jiyou@chinajiyou.cn
【主要产品】建筑排水用硬聚氯乙烯管材管件;给水用硬聚氯乙烯管材;PP-R 管材管件;聚氯乙烯双壁波纹管

漳州市龙文磷肥厂

福建省漳州市龙文区郭坑镇[363006]
电话:(0596)2188340
传真:(0596)2186362　经济类型:国有
固定资产:87,524 千元
产值:45,677 千元　职工人数:410 人
销售收入:41,124 千元
法人代表:周煌全
【主要产品】硫酸(98%);过磷酸钙;磷酸一铵

漳州市平和永升化工有限公司

福建省漳州市平和县黄井工业区[363700]
电话:(0596)5297119
传真:(0596)5297118
供销电话:(0592)5379687
供销传真:(0592)5124218
网址:www.yongsheng98.com.cn
E-mail:april@yongsheng98.com.cn
【主要产品】过硫酸钾;过硫酸铵;过二硫酸钠;硫酸铵(工业级)

漳州市万安实业有限公司

福建省漳州市芗城区石亭镇[363002]
电话:(0596)2573745
传真:(0596)2575992　职工人数:97 人
固定资产:58,676 千元　法人代表:苏捷
供销电话:2573538　产值:100,694 千元
供销传真:2573497
经济类型:有限责任公司
销售收入:100,575 千元
网址:www.fjwanan.com
E-mail:master@fjwanan.com
【主要产品】粉末涂料

漳州永恒化妆品有限公司

福建省漳州市沼安区闽粤开发区[363500]
电话:(0596)3322568
传真:(0596)3350796　产值:810 千元
固定资产:500 千元　销售收入:800 千元
经济类型:与港澳台商合资经营
职工人数:25 人　法人代表:沈永南
网址:www.zzyonghengc.cn.alibaba.com
E-mail:yonghangongsi@sina.com
【主要产品】蚊香;卫生杀虫剂

漳州元皓化工有限公司

福建省漳州市南靖县山城镇荆江路 86 号[363600]
电话:(0596)7821702;7821703
传真:(0596)7823701
经济类型:外商独资
网址:www.ystbond.com
E-mail:yensinj@public.zzptt.fj.cn
【主要产品】加成型硅橡胶;特种硅橡胶;环氧树脂黏合剂;全透明环氧胶;UV 胶黏剂

南平市

福建华瑞化工有限公司

福建省南平市浦城县南浦镇梦笔山路 668 号[353400]
电话:(0599)2823113
传真:(0599)2846908
固定资产:96,070 千元
供销电话:2823139　产值:24,917 千元
经济类型:有限责任公司
销售收入:20,467 千元
法人代表:余金生
网址:hrhg.fjfair.com
【主要产品】无水氟化氢;硫酸;二氢月桂烯;过磷酸钙

福建嘉联化工集团

福建省南平市延平区新建路 136 号[353000]
电话:(0599)8630210
传真:(0599)8630351　有进出口权
固定资产:58,477 千元
供销电话:8601531　产值:175,691 千元
供销传真:8623040　职工人数:731 人
经济类型:有限责任公司
销售收入:180,191 千元
法人代表:刘能瑞
网址:www.wellinkchem.com
E-mail:lxc@wellinkchem.com
【主要产品】硅酸钠;活性炭;白炭黑

福建建瓯华丰化工有限公司

福建省南平市建瓯瓯宁街兴宁工业区[353100]
电话:(0599)3730169
传真:(0599)3722506　职工人数:26 人
固定资产:5,500 千元
供销电话:3730069　产值:27,487 千元
经济类型:有限责任公司
销售收入:28,000 千元
法人代表:游万太
【主要产品】甲醛

闽

福建建瓯市芝星活性炭有限公司

福建省建瓯市城关栖林[353100]
电话:(0599)3832513;3838388;3822129
传真:(0599)3838328　有进出口权
固定资产:11,472 千元
供销电话:3868866;3822136
经济类型:私营企业　产值:66,000 千元
销售收入:25,998 千元
职工人数:200 人　法人代表:魏安国
网址:www.acticarbon.com
E-mail:joac@public.npptt.fj.cn
【主要产品】活性炭

福建建阳龙翔科技开发有限公司

福建省建阳市宝山路16号[354200]
电话:(0599)13809590919
传真:(0599)5835691　有进出口权
固定资产:8,990 千元　职工人数:360 人
供销电话:5828002　产值:55,300 千元
经济类型:中外合资经营企业
销售收入:55,300 千元
法人代表:戴造成
网址:www.filcme.com
E-mail:tai@filcme.com;
lc@filcme.com
【主要产品】轮胎成型机

福建南平瀚森化工有限公司

福建省南平市延平区水东街[353012]
电话:(0599)8469500
传真:(0599)8469501　有进出口权
固定资产:70,851 千元　职工人数:96 人
供销电话:8469508　产值:46,324 千元
经济类型:中外合资经营企业
销售收入:45,689 千元
网址:www.hexion.com
【主要产品】改性酚醛树脂

福建浦城绿安生物农药有限公司

福建省南平市浦城县南浦镇生态工业园区17号[353400]
电话:(0599)2822368
传真:(0599)2827567　有进出口权
固定资产:7,536 千元　职工人数:140 人
供销电话:2831937;2839789
供销传真:2839087　产值:20,953 千元
经济类型:有限责任公司
销售收入:9,572 千元
法人代表:赖潭平
网址:www.pcgreenshell.com
E-mail:sales@pcgreenshell.com
【主要产品】杀单·苏可湿性粉剂;苏云金杆菌;苏云金杆菌可湿性粉剂

福建邵武榕丰化工有限公司

福建省邵武市解放西路378号[354000]
电话:(0599)6533989
传真:(0599)6533987　职工人数:78 人
经济类型:私营企业　法人代表:黄强炀
网址:www.fjrfhg.com
E-mail:yfhgfjsw@163.com
【主要产品】硫酸;亚硫酸钠;焦亚硫酸钠;过磷酸钙

福建省建瓯福农化工有限公司

福建省南平市建瓯城关镇北门村[353100]
电话:(0599)3851474
传真:(0599)3851537　职工人数:260 人
固定资产:8,849 千元
供销电话:3851473　产值:50,656 千元
经济类型:有限责任公司
销售收入:45,384 千元
法人代表:王和贵
网址:www.fnhg.net;www.jo-fn.com
E-mail:fnhg@fnhg.net
【主要产品】三唑磷;三唑磷乳油;毒·唑磷乳油;酚醛树脂;松香

福建省建瓯市华荣化工有限公司

福建省建瓯市徐墩镇叶仿村[353103]
电话:(0599)3563188
传真:(0599)3563118　职工人数:36 人
固定资产:3,007 千元
经济类型:有限责任公司
产值:21,059 千元　法人代表:余华荣
销售收入:21,724 千元
【主要产品】甲醛

福建省建瓯市立伟塑料有限公司

福建省南平市建瓯兴宁工业区[353100]
电话:(0599)3736732
传真:(0599)3732476　有进出口权
固定资产:6,285 千元　职工人数:110 人
供销电话:3730181　产值:47,195 千元
经济类型:有限责任公司
销售收入:47,175 千元　法人代表:王历
网址:www.chinachemnet.com/company/0002c.htm
E-mail:jowljo@public.npptt.fj.cn
【主要产品】酚醛塑料粉

福建省建西蛇纹石矿

福建省南平市顺昌县大历镇黄源村[353202]
电话:(0599)7663042;7663040
供销电话:7663528;7663518
经济类型:国有
网址:www.hylive.com/fujian/fujian06553.html
【主要产品】蛇纹石

福建省建阳金石氟业有限公司

福建省南平市建阳区童游水尾村[354200]
电话:(0599)5636092
传真:(0599)5636072　有进出口权
固定资产:11,442 千元
供销电话:5636858　产值:48,703 千元
经济类型:有限责任公司
销售收入:48,720 千元
职工人数:125 人　法人代表:王锦华
网址:www.kingsfluoride.com
E-mail:sales@kingsfluoride.com
【主要产品】萤石粉;无水氟化氢;氟氢酸;氟硅酸;氟硼酸;氟化铵;氟氢化铵;三氟乙酸;全氟辛基磺酰氟;阳离子表面活性剂;全氟丁基磺酰氟;全氟辛酸;全氟辛酸铵;全氟辛基磺酰基季铵碘化物;阴离子表面活性剂;全氟正辛基磺酸钾

福建省建阳市碳素厂

福建省建阳市西郊六公里[354200]
电话:(0599)5831292;5835684
传真:(0599)5838425
网址:www.jycarbon.com
E-mail:ye@hi2000.com
【主要产品】活性炭

福建省建阳橡机制造有限公司

福建省建阳市潭城镇水东工业路50号[354200]
电话:(0599)5623936
固定资产:21 千元　经济类型:私营企业
产值:11,922 千元　职工人数:53 人
销售收入:7,879 千元
法人代表:徐柳成
【主要产品】胶片冷却装置;胎面挤出联动线

福建省南平嘉元化工有限公司

福建省南平市新建路143号[353000]
电话:(0599)8635960
传真:(0599)8635221　有进出口权
固定资产:80,097 千元
供销电话:8615511　产值:98,574 千元
经济类型:有限责任公司
销售收入:110,955 千元
职工人数:120 人　法人代表:卢元健
网址:www.wellinkchem.com
E-mail:glb@wellinkchem.com
【主要产品】白炭黑

福建省南平市榕昌化工有限公司

福建省南平市顺昌县大干镇富文村[353207]
电话:(0599)7553845
传真:(0599)7553070
供销电话:7553140　产值:284,036 千元
供销传真:7553390　法人代表:林强华
经济类型:有限责任公司
销售收入:275,887 千元
网址:www.rcchem.com
E-mail:fjfwhg@21cn.com
【主要产品】烧碱(液体);漂白粉;过氧化氢;氯气(液);联二脲;聚氯乙烯树脂

福建省南平市万荣炭黑有限

闽

公司
福建省南平市延平区西芹镇茅坪4号[353001]
电话:(0599)8507775
传真:(0599)8507810 职工人数:53人
固定资产:2,891千元
供销电话:8506932 产值:14,300千元
经济类型:有限责任公司
销售收入:13,763千元
法人代表:王贵明
E-mail:nprxlf@fjfz.cnuninet.net
【主要产品】乙炔炭黑;C311色素炭黑

福建省南平市兴源橡胶制品有限公司
福建省南平市工业路91号[353000]
电话:(0599)8735051
传真:(0599)8735230 职工人数:120人
固定资产:4,330千元
经济类型:有限责任公司
产值:12,750千元 法人代表:黄敬叶
销售收入:14,189千元
【主要产品】橡胶制品;橡胶运输带;橡胶传动带;胶辊

福建省南平威尔生化科技有限公司
福建省南平市兴达街9号[353000]
电话:(0599)8733715
传真:(0599)8733716 职工人数:39人
固定资产:3,267千元
供销电话:(0591)83770618
供销传真:(0591)83770328
经济类型:私营企业 产值:17,000千元
销售收入:16,420千元
法人代表:黄继富
网址:www.welltouch.com.cn
【主要产品】稳定剂;造纸用消泡剂;农药乳化剂

福建省南平元力活性碳有限公司
福建省南平市延平区来舟镇新建路143号[353000]
电话:(0599)8635137;13905091726;8558386
传真:(0599)8635221 职工人数:200人
固定资产:22,906千元
供销电话:8625495;8615367
供销传真:8630843;8635221
经济类型:有限责任公司
产值:39,179千元 法人代表:王延安
销售收入:37,720千元
E-mail:yuanli@hi2000.com;glb@wellinkchem.com
【主要产品】活性炭

福建省浦城林产化工总厂
福建省浦城县莲塘镇工业路188号[353400]
电话:(0599)2882597;2882598
传真:(0599)2882597
法人代表:李国庆
网址:www.hylive.com/fujian/fujian03178.html
【主要产品】活性炭;松香

福建省邵武化肥厂
福建省邵武市下沙镇晒溪桥2号[354014]
电话:(0599)6611004
传真:(0599)6611097 经济类型:国有
固定资产:130,155千元
供销电话:6611130 产值:73,214千元
供销传真:6611121 职工人数:1,433人
销售收入:706,431千元
法人代表:张维缨
E-mail:shtjy@163.com
【主要产品】硝酸钠;亚硝酸钠;硝酸铵

福建省邵武市城郊镇碳粉厂
福建省邵武市城郊镇镇政府内[354000]
电话:(0599)13225973066
供销电话:13960686556
经济类型:私营企业 产值:5,000千元
法人代表:陈宝清
【主要产品】活性炭

福建省邵武市永飞化工有限公司
福建省南平市邵武晒口镇新氨路18号[354001]
电话:(0599)6654493
传真:(0599)6655091 有进出口权
供销电话:6654936 产值:14,735千元
供销传真:6654591 职工人数:192人
经济类型:私营企业 法人代表:崔桅龙
网址:www.shaowufluoride.com
E-mail:shaowufluoride@netease.com
【主要产品】无水氟化氢;氟氢酸;氟氢化铵

福建省邵武市正兴武夷轮胎有限公司
福建省邵武市下沙镇洒溪桥街1号[354014]
电话:(0599)6260996;6611916
传真:(0599)6611961;6611950
供销电话:6611980;6611916
供销传真:6611991 有进出口权
经济类型:有限责任公司
职工人数:700人 法人代表:陈水吉
网址:www.wytyre.com
E-mail:swltc@public.npptt.tj.cn
【主要产品】轮胎;载重汽车轮胎外胎;轻型载重汽车轮胎外胎;轿车轮胎;工程机械轮胎;农用车辆轮胎

福建省顺昌富宝实业有限公司
福建省南平市顺昌县埔上镇回垅村34号[353205]
电话:(0599)7513796
传真:(0599)7513797 职工人数:856人
固定资产:226,360千元
供销电话:7513011 产值:265,060千元
供销传真:7513790 法人代表:何文桐
经济类型:与港澳台商合资经营
销售收入:257,326千元
网址:www.fubaochem.com
E-mail:fubao@public.npptt.fj.cn
【主要产品】甲醇;尿素

福建省顺昌富宝腾达化工有限公司
福建省南平市顺昌县大干镇白石村[353206]
电话:(0599)7514330
传真:(0599)7514302 有进出口权
固定资产:26,490千元
供销电话:7516966 产值:79,566千元
供销传真:7514999 职工人数:138人
经济类型:中外合资经营企业
销售收入:87,590千元
法人代表:何文桐
网址:www.tdfluoride.com
E-mail:sales@tdfluoride.com
【主要产品】氟石膏;无水氟化氢;氟氢酸;硫酸;氟化铵;氟化铝;氟氢化铵;三聚氰胺;聚四氟乙烯;含氟表面活性剂

福建省顺昌县林产化工厂
福建省顺昌县通城路18号[353201]
电话:(0599)7653061
经济类型:国有 职工人数:24人
法人代表:吴方居
网址:hy.shidui.com/fujian/fujian07652.html
【主要产品】松节油;松香

福建省松溪生物化工厂
福建省松溪县塔下工业区19号[353500]
电话:(0599)2331688;2392478;2393088
传真:(0599)2321991
供销电话:2331688;13905999075
网址:www.teaextract.com
E-mail:tianbao@teaextract.com
【主要产品】茶多酚

福建永大陶瓷材料有限公司
福建省南平市延平区樟湖镇[353016]
电话:(0599)8481220;8481454;8481582
传真:(0599)8481178
供销电话:13859391456
经济类型:外商独资
法人代表:永冶良郎
网址:www.ngy.com.cn
E-mail:fuzhou@ngy.com.cn
【主要产品】陶瓷色料;陶瓷颜料

建瓯市建松气体有限公司
福建省建瓯市通济办事处栖林村[353100]
电话:(0599)3859977;13055828018
固定资产:4,080千元 产值:600千元

经济类型:股份合作 职工人数:16 人
法人代表:熊雄福
【主要产品】氧气

建阳市青松化工有限公司

福建省南平市建阳民主南路 88 号[354200]
电话:(0599)5825751;5825753;5843068
传真:(0599)5822765;5825003
固定资产:28,027 千元 有进出口权
供销电话:5823579;13905998221
经济类型:有限责任公司
产值:183,284 千元 职工人数:250 人
销售收入:177,734 千元
法人代表:柯维龙
网址:www.camphor.com.cn
E-mail:jmyjmj@yzoh.net
【主要产品】樟脑;莰烯;乙酸异龙脑酯;龙脑;松香

南平嘉闽化工有限公司

福建省南平市新建路 136 号[353000]
电话:(0599)8635960
传真:(0599)8635221 职工人数:107 人
固定资产:20,818 千元
供销电话:8612257 产值:53,863 千元
经济类型:有限责任公司
销售收入:55,388 千元
法人代表:刘解瑞
【主要产品】硅酸钠

南平龙盛合成氨有限公司

福建省南平市延平区水南街沙门路 31 号[353001]
电话:(0599)8510810
传真:(0599)8510113 职工人数:145 人
固定资产:15,720 千元
供销电话:8510793 产值:30,836 千元
经济类型:有限责任公司
销售收入:30,753 千元
法人代表:王金龙
E-mail:kkil6923_cn@sina.com
【主要产品】碳酸氢铵

南平元禾化工有限公司

福建省南平市新建路 136 号[353000]
电话:(0599)8635960
传真:(0599)8635221 职工人数:279 人
固定资产:8,013 千元
供销电话:8615511 产值:101,880 千元
经济类型:有限责任公司
销售收入:96,979 千元
法人代表:佘桂天
【主要产品】硅酸钠;白炭黑

浦城正大生化有限公司

福建省南平市浦城县南浦镇正大路 305 号[353400]
电话:(0599)2827049
传真:(0599)2827015 有进出口权
固定资产:172,894 千元
供销电话:2827013 产值:339,484 千元
供销传真:2827002 职工人数:503 人
经济类型:中外合资经营企业
销售收入:276,918 千元
法人代表:赖潭平
网址:www.pcctc.com
E-mail:pcmk@public.npptt.fj.cn
【主要产品】饲料金霉素粉剂;盐酸金霉素;盐霉素钠

世纪阳光(南平)生物工程有限公司

福建省建瓯市南雅县南雅农场白沙分场[353101]
电话:(0599)3521186
传真:(0599)3521186 产值:3,624 千元
固定资产:2,254 千元 职工人数:160 人
经济类型:外商独资
销售收入:5,020 千元
【主要产品】茶叶专用肥

顺昌县远达化工有限公司

福建省顺昌县大干镇富文工矿区[353206]
电话:(0599)7544716;7544728;13859484729
传真:(0599)7544728
供销电话:7544736
网址:www.chemyuanda.com
E-mail:schf2006@126.com
【主要产品】三氯甲基碳酸酯

龙岩市

福建龙岩港龙化工有限公司

福建省龙岩市新罗区曹溪镇石粉路 118 号[364021]
电话:(0597)2753928
传真:(0597)2755327 职工人数:55 人
固定资产:28,520 千元
供销电话:2755326 产值:14,923 千元
经济类型:中外合资经营企业
销售收入:15,221 千元
法人代表:唐大增
网址:www.glchcm.com
E-mail:92753928@public.ryptt.fj.cn
【主要产品】过氧化氢

福建省百花化学股份有限公司

福建省龙岩市连城县城关北大路 64 号[366200]
电话:(0597)8922007
传真:(0597)8921898 职工人数:115 人
固定资产:11,186 千元
供销电话:8922008 产值:126,903 千元
供销传真:8931570 法人代表:华庆德
经济类型:股份有限公司
销售收入:120,416 千元
网址:www.baihuacoatings.com
E-mail:fibh@ilcoatingso.com
【主要产品】酚醛树脂漆类;醇酸树脂漆类;聚氨酯漆类

福建省连城百新科技有限公司

福建省龙岩市连城县莲峰镇栗园水利大楼[366200]
电话:(0597)8926818
传真:(0597)8926818 有进出口权
固定资产:12,000 千元 职工人数:58 人
供销传真:8926898 产值:21,000 千元
经济类型:有限责任公司
销售收入:19,600 千元
法人代表:罗道锶
网址:www.baixintech.com
E-mail:sales@baixintech.com
【主要产品】二聚酸;三聚酸;单酸

福建省龙岩龙化化工有限公司

福建省龙岩市新罗区曹溪镇石粉路 118 号[364021]
电话:(0597)2751041
传真:(0597)2751251 有进出口权
固定资产:77,745 千元
供销电话:2751267 产值:204,753 千元
供销传真:2751367 职工人数:470 人
经济类型:有限责任公司
销售收入:203,644 千元
法人代表:方道成
网址:www.fjlonghua.com
E-mail:lhjtgs18@public.lyptt.fj.cn
【主要产品】盐酸;烧碱;纯碱;漂白粉;漂粉精;过氧化氢;氯气(液);氯化石蜡-52;偶氮二甲酰胺

福建省龙岩市复合肥厂

福建省龙岩市新罗区南环东路 18 号[364000]
电话:(0597)2339208;2339210
传真:(0597)2339208
供销电话:2328713
供销传真:2328713
网址:www.jsxys.com/fujian/364000/8768716.html
【主要产品】混配复合肥料;有机无机复混肥

福建省龙岩市豪迪化工有限公司

福建省龙岩市新罗区龙门镇石埠村[364000]
电话:(0597)2531818
传真:(0597)2520125 职工人数:60 人
固定资产:16,065 千元
供销电话:2531717 产值:80,050 千元
经济类型:有限责任公司
销售收入:80,130 千元
法人代表:叶活耀
网址:www.haodi.com
E-mail:fjhaodi@public.lyptt.fj.cn
【主要产品】各色醇酸调合漆;醇酸磁漆;木器漆;水性乳胶漆;双组分聚酯漆

福建省龙岩市卓越化工有限公司

福建省龙岩市新罗区龙门镇谢洋村[364000]

电话:(0597)2520025
传真:(0597)2520055 职工人数:20人
固定资产:10,601千元
经济类型:有限责任公司
产值:14,974千元 法人代表:叶活动
销售收入:14,900千元
【主要产品】醋酸丁酯

福建省上杭县明华化工有限公司

福建省上杭县古田镇西山下村[364203]
电话:(0597)3649388
传真:(0597)3649888 职工人数:100人
固定资产:20,000千元
经济类型:有限责任公司
产值:20,000千元 法人代表:赖宗明
销售收入:20,000千元
E-mail:shmhq@sina.com
【主要产品】三聚氰胺;碳酸氢铵

闽

福建省上杭鑫舟硅橡胶制品有限公司

福建省龙岩市上杭县南岗工业开发区[364200]
电话:(0597)3889716;3885726
传真:(0597)3842035 职工人数:160人
固定资产:6,000千元
网址:www.xinzhou.nct.cn
E-mail:xinzhou@xinzhou.net.cn
【主要产品】硅橡胶;硅橡胶混炼胶;硅胶管;发泡硅橡胶管;橡胶杂品;硅橡胶板;发泡硅橡胶板;高抗撕硅胶板;骨架油封;硅橡胶按键;硅胶杂件;O形密封圈

福建省武平县德兴化工有限公司

福建省龙岩市武平县中山镇新城091号[364304]
电话:(0597)4972668
传真:(0597)4972520 职工人数:326人
固定资产:13,640千元
供销电话:4972519 产值:27,043千元
经济类型:其他内资 法人代表:杨庆华
销售收入:25,277千元
E-mail:ym2008@126.com
【主要产品】液氨;碳酸氢铵

福建省漳平化肥有限公司

福建省龙岩市漳平区芦芝乡东坑口23号[364400]
电话:(0597)7771866
传真:(0597)7771866 职工人数:212人
固定资产:22,926千元
供销电话:7771152
产值:47,578千元
供销传真:7771152 法人代表:郑波亮
经济类型:私营企业
销售收入:48,618千元
网址:www.zpcff.com.cn
E-mail:zphuafei@public.lyptt.fj.cn
【主要产品】二氧化碳(食用);合成氨;碳酸氢铵

福建省漳平凯达氟制品有限公司

福建省漳平市东坑口路33号[364400]
电话:(0597)7772886
传真:(0597)7773002 有进出口权
固定资产:18,049千元 职工人数:53人
供销电话:7772299;7771873
供销传真:7772299 产值:38,598千元
经济类型:与港澳台商合资经营
销售收入:38,409千元
法人代表:颜志元
网址:www.kaidafchem.com
E-mail:zpkdfzp@public.fj.cn
【主要产品】无水氟化氢;氟氢酸;氟氢化铵

福建省漳平市振福化工有限公司

福建省漳平市永福镇工贸小区[364401]
电话:(0597)7882735;13906073349
传真:(0597)7881088 职工人数:150人
固定资产:10,000千元
经济类型:股份有限公司
法人代表:李大根
网址:www.fjzfhg.com
E-mail:fjzfhg@126.com
【主要产品】偏硅酸钠(五水);硅酸铝;氨基酸系列混肥;黏合剂

福建省漳平市正昌化工有限公司

福建省漳平市东坑口路23号[364400]
电话:(0597)7772688
传真:(0597)7773010 职工人数:127人
固定资产:34,479千元
经济类型:有限责任公司
产值:74,275千元 法人代表:魏雪平
销售收入:73,944千元
网址:www.fjzphg.com
E-mail:fjzpzc@163.com
【主要产品】硅酸钠;硅酸钠(液体);白炭黑

福建天枢石化有限公司

福建省龙岩市新罗区东肖镇[364012]
电话:(0597)2799965
传真:(0597)2799865 有进出口权
固定资产:11,656千元 职工人数:60人
经济类型:有限责任公司
产值:70,335千元 法人代表:黄小平
销售收入:62,305千元
E-mail:ls9933@163.com
【主要产品】润滑油

福建漳平金鑫硫酸化工有限公司

福建省漳平市芦芝乡东坑口路33号[364400]
电话:(0597)7772886
传真:(0597)7773002 职工人数:145人
固定资产:88,593千元
供销电话:7775361 产值:45,937千元
供销传真:7775361 法人代表:郭志刚
经济类型:有限责任公司
销售收入:41,713千元
网址:www.fjzphg.com
E-mail:ls@fjzphg.com
【主要产品】硫酸;氟硅酸钠;过磷酸钙

福建漳平市正盛化工有限公司

福建省漳平市东坑口路23号[364400]
电话:(0597)7772688
传真:(0597)7773010 职工人数:105人
固定资产:30,905千元
经济类型:有限责任公司
产值:59,618千元 法人代表:汤道英
销售收入:61,977千元
网址:www.fjzphg.com
E-mail:fjzpzc@163.com
【主要产品】硅酸钠;硅酸钠(液体);白炭黑

核工业龙岩二九五胶辊厂

福建省龙岩市保竹南路5号[364000]
电话:(0597)2220267
传真:(0597)2227673
法人代表:钟益华
网址:www.xxzyk.longyan.gov.cn
【主要产品】胶辊;聚氨酯胶辊

连城鸿泰化工有限公司

福建省龙岩市连城县北团镇上江村[366203]
电话:(0597)8468808
传真:(0597)8460808 职工人数:360人
固定资产:9,534千元
供销电话:8460808 产值:39,827千元
经济类型:股份有限公司
销售收入:33,867千元
法人代表:苏亚元
【主要产品】碳酸氢铵

龙岩连润化工有限公司

福建省龙岩市连城区朋口镇工业园区[366211]
电话:(0597)8365333
传真:(0597)8365333 职工人数:25人
固定资产:2,550千元
供销电话:8365999 产值:31,050千元
经济类型:私营企业 法人代表:邓漳荣
销售收入:30,960千元
【主要产品】甲醛

龙岩市港昌化工有限公司

福建省龙岩市新罗区龙门镇谢洋村[364000]
电话:(0597)2530661
传真:(0597)2530663 职工人数:300人
固定资产:15,252千元

供销电话:2525104 产值:63,025 千元
经济类型:与港澳台商合资经营
销售收入:62,785 千元
法人代表:黄文才
网址:www.haoying.com
【主要产品】二氧化碳(食用);液氨;碳酸氢铵

龙岩市龙门化工发展有限公司

福建省龙岩市新罗区龙门镇龙门村[364015]
电话:(0597)2561148
经济类型:有限责任公司
职工人数:80 人 法人代表:叶华
【主要产品】杀虫剂类;农用杀菌剂;除草剂

龙岩市牛坑肥业有限公司

福建省龙岩市新罗区南环东路 18 号[364000]
电话:(0597)2328713
传真:(0597)2339208 产值:6,000 千元
固定资产:2,600 千元 职工人数:32 人
经济类型:有限责任公司
销售收入:6,000 千元
法人代表:方国忠
【主要产品】氮磷钾复合肥;硫酸钾复合肥;果树专用肥

龙岩市瑞晶机械有限公司

福建省龙岩市(武平)经济开发区二期[364300]
电话:(0597)4886222;13906070222
传真:(0597)4868111
供销电话:4886222;13906075222
网址:www.ruijingjx.com
E-mail:web@ruijingjx.com
【主要产品】密炼机;搅拌机;振动筛;输送机;双螺杆挤出机;开放式炼胶机;造粒机;捏合机

龙岩市三友化工有限公司

福建省龙岩市新罗区曹溪镇下寮新村 10 号[364021]
电话:(0597)2751708;2751700;2751706
传真:(0597)2751707
供销电话:2751756
经济类型:有限责任公司
网址:www.fjxinluo.gov.cn/qy/syhg/index.htm
【主要产品】失水苹果酸树脂(422 型);失水苹果酸树脂(424 型);甘油松香树脂(138 型);甘油松香树脂 136;橡胶软化剂 RX-80;脂松香;脂松节油

龙岩万安信和硅业有限公司

福建省龙岩市新罗区万安镇红光村[364007]
电话:(0597)2607553
传真:(0597)2617441 职工人数:80 人
固定资产:11,056 千元
供销电话:2610107 产值:20,218 千元
经济类型:中外合资经营企业
销售收入:19,413 千元
法人代表:曾生旺
【主要产品】金属硅

冶金部二勘局三队龙岩矿业技术公司

福建省龙岩市新罗区[364000]
电话:(0597)2312533
传真:(0597)2312533
网址:www.eyesky.com.cn
E-mail:Tianmu@public.lyptt.fj.cn
【主要产品】三氧化二铁;铁粉;云母氧化铁红;氧化铁黑

永定县众旺化工有限公司

福建省龙岩市永定县坎市镇新罗村[364102]
电话:(0597)5662282
传真:(0597)5662282 职工人数:386 人
固定资产:25,361 千元
供销电话:5662281 产值:41,071 千元
经济类型:私营企业 法人代表:林太良
销售收入:37,500 千元
E-mail:ydzwhg@163.com
【主要产品】液氨;碳酸氢铵

宁德市

福鼎市天和胶粘剂有限公司

福建省福鼎市桐城镇星火工业园区[355200]
电话:(0593)7871588
传真:(0593)7871588 职工人数:23 人
固定资产:1,800 千元
供销电话:7871628 产值:13,000 千元
经济类型:有限责任公司
销售收入:12,000 千元
法人代表:何孟生
【主要产品】变性淀粉

福建白莲花化工有限公司

福建省宁德市蕉城区单石碑路 150 号[352100]
电话:(0593)2867205
传真:(0593)2835205 职工人数:40 人
固定资产:152 千元
产值:33,629 千元
供销电话:2839388
法人代表:谢成森
经济类型:股份有限公司
销售收入:33,629 千元
网址:www.fjblh.cn
E-mail:fjblh@163.com
【主要产品】外墙涂料;水泥漆;环保腻子粉;环保装饰胶水

福建宁德大扬工业有限公司

福建省宁德市蕉城区七都镇六都村 1 号[352107]
电话:(0593)2388002
传真:(0593)2388005 有进出口权
固定资产:20,219 千元 职工人数:75 人
供销电话:2388003 产值:16,885 千元
经济类型:外商独资 法人代表:李安燃
销售收入:16,515 千元
网址:www.captain.net
E-mail:captain@ms.captain.net
【主要产品】双面胶带;橡胶运输带

福建省(屏南)榕屏化工有限公司

福建省宁德市屏南县屏城乡城南路 215 号[352300]
电话:(0593)3309598
传真:(0593)3323231 有进出口权
固定资产:243,056 千元
经济类型:有限责任公司
产值:134,920 千元 职工人数:203 人
销售收入:122,757 千元
法人代表:林强华
【主要产品】氯酸钾

福建省福鼎市绿丰化工有限公司

福建省宁德市福鼎区山前镇铁塔里[355200]
电话:(0593)7851568
传真:(0593)7851735 职工人数:30 人
固定资产:1,950 千元
供销电话:7823511 产值:36,260 千元
经济类型:股份有限公司
销售收入:36,260 千元
法人代表:郑丁榜
【主要产品】草甘膦水剂(10%);41% 草甘膦异丙胺盐水剂;百草枯水剂

福建天盛油脂化工有限公司

福建省宁德市福鼎区山前镇铁矿 80 号[355200]
电话:(0593)7807959
传真:(0593)7832818 职工人数:80 人
固定资产:5,633 千元
供销电话:7832818 产值:25,370 千元
经济类型:有限责任公司
销售收入:26,323 千元
法人代表:叶亚胜
【主要产品】硬脂酸;油酸

宁德市晶航化工有限公司

福建省宁德市蕉城区金涵乡原合成氨厂内[352105]
电话:(0593)2722169
传真:(0593)2722165 职工人数:90 人
固定资产:9,873 千元
经济类型:有限责任公司
产值:30,000 千元 法人代表:魏宝明
销售收入:29,975 千元
【主要产品】白炭黑

江 西 省

南昌市

江西昌九金桥化工有限公司

江西省南昌市东郊[330012]
电话:(0791)8397433;6043766;13607916494
传真:(0791)8397093
供销电话:8397433;13305856988
网址:www.jinqiaochem.com
E-mail:sales@jinqiaochem.com
【主要产品】氢化钠;哌嗪;三乙烯二胺;*N*-甲基哌嗪;*N*-羟乙基哌嗪;*N*-乙基哌嗪;2-甲基哌嗪;4-乙基-2,3-二氧-1-哌嗪甲酰氯;顺式-2,6-二甲基哌嗪;固化剂1号

赣

江西昌九农科化工有限公司

江西省南昌市北京东路171号分析测研大楼[330029]
电话:(0791)8335022;8316878
传真:(0791)8335033
经济类型:有限责任公司
法人代表:刘正光
网址:www.baizhu.com
E-mail:ncljhg@public.nc.jx.cn
【主要产品】丙烯酰胺;聚丙烯酰胺

江西昌九生物化工股份有限公司

江西省南昌市北京东路98号华赣大厦七楼[330029]
电话:(0791)8300796
传真:(0791)8318883
法人代表:肖建国
网址:www.21sjzg.com/zgjx2/jxcjhg.htm
E-mail:jxcjgf@public.nc.jx.cn
【主要产品】过氧化氢;二氧化碳(液体);甲醇;丙烯酰胺;合成氨;尿素;塑料管;聚丙烯酰胺;白炭黑

江西涤纶厂

江西省南昌市解放西路378号[330002]
电话:(0791)8221706;8214622
传真:(0791)8222397 经济类型:国有
有进出口权 企业规模:大型
法人代表:胡杰华
网址:www.jxdl.com
E-mail:jxdlc@public.nc.jx.cn
【主要产品】涤纶长丝

江西帝博企业有限公司

江西省南昌市民营科技园民富路299号[330096]
电话:(0791)8195588
传真:(0791)8195599
经济类型:外商独资
网址:www.tbff.com.cn
E-mail:tbff@tbff.com.cn
【主要产品】茶香螺烷;紫苏亭;咖啡酮;二甲基烟叶酮;烟酮;甜豆醛;巴可酮;苏莱酮

江西光华塑料厂

江西省南昌市长陵镇[330100]
电话:(0791)3710325
传真:(0791)3713096 经济类型:国有
【主要产品】酚醛模塑料(PF2A2-131);酚醛塑料粉;塑料制品;塑料板片材;软聚氯乙烯板;聚氯乙烯硬板;聚氯乙烯硬管;塑料棒管材;硬聚氯乙烯焊条

江西国药有限责任公司

江西省南昌市小兰工业园国药大道888号[330052]
电话:(0791)5985800
传真:(0791)5985888 有进出口权
经济类型:有限责任公司
网址:www.ncx.gov.cn/Article11/Print.asp? Artic
E-mail:guoyao@jxyy.com
【主要产品】十三碳二元酸;盐酸土霉素;盐酸林可霉素;虫草菌粉

江西恒大高新技术实业有限公司

江西省南昌市高新技术开发区金庐北路88号[330029]
电话:(0791)8196865;8196532
传真:(0791)8328466;8327583
经济类型:私营企业 法人代表:朱星河
网址:www.heng-da.com
E-mail:jxhdgs@263.net
【主要产品】环氧富锌底漆;耐高温涂料;玻璃鳞片重防腐涂料;特种涂料;特种防腐涂料;HCPE特种带锈防锈防腐漆;铝粉漆

江西洪都生物化学有限公司

江西省南昌市昌南工业园(万溪村)[330001]
电话:(0791)8451621;8452980;8452982
传真:(0791)8453279
网址:www.chem118.com
E-mail:webmaster@chem118.com
【主要产品】乙醇(无水);一氯乙酸;八甲基环四硅氧烷;碘;乙酸钠;氯化钠;磷酸三钠;磷酸二氢钠;磷酸氢二钠;乙酸钾;氢氧化钾;重铬酸钾;硝酸钾;氯化钾;碘化钾;高锰酸钾;碳酸钾(无水);磷酸二氢钾;磷酸氢二钾;氯化亚锡;氢氧化铵;硫酸镁;磷酸三丁酯;盐酸;硝酸;硫酸;磷酸;乙醇(95%);乙二醇;丁醇;异丙醇;1,2-丙二醇;甲醇;辛醇;烯丙醇;净洗剂6501

江西江氨化学工业有限公司

江西省南昌市罗家镇东郊[330012]
电话:(0791)8399089;8399079;8399065
传真:(0791)8398927;8398930
供销电话:8399062 经济类型:国有
企业规模:大型 法人代表:范骏
网址:jiangan.ccbip.und.cn
E-mail:gsb@jianganchem.com
【主要产品】过氧化氢;二氧化碳(液体);甲醇;合成氨;尿素;混配复合肥料;聚丙烯酰胺;白炭黑

江西江联能源环保股份有限公司

江西省南昌市迎宾北大道913号[330001]
电话:(0791)5218904;5232424
传真:(0791)5232225
供销电话:5241749 企业规模:大型
供销传真:5201879 法人代表:王锡高
经济类型:有限责任公司
网址:www.jianglian.com
E-mail:info@jx-jl.com;bpuc@163.com
【主要产品】化工设备;化工炉;压力釜

江西江中药业股份有限公司

江西省南昌市高新开发区火炬大街788号[330096]
电话:(0791)8164133
传真:(0791)8164133 有进出口权
经济类型:股份有限公司
职工人数:2,000人
网址:218.65.95.164/web/index.asp
E-mail:yyxzb@jzjt.com
【主要产品】青霉素G钾;青霉素G钠;氨苄西林钠;普鲁卡因青霉素

江西晶安高科技股份有限公司

江西省安义县万埠镇[330029]
电话:(0791)3432146;3432719
传真:(0791)3432588
供销电话:3432146;3432506
经济类型:股份有限公司
网址:www.chinazrchem.com
E-mail:fcluo2003@yahoo.com.cn
【主要产品】氢氧化镍;氢氧化锆;氧氯化锆;碳酸锆;锆氟酸钾;硅酸锆;二氧化锆;乙酸锆

江西聚尔美制药有限公司

江西省南昌市东效鲤鱼洲[330008]
电话:(0791)5936257;5936208
传真:(0791)5936825
网址:www.juermei.com
E-mail:juermei851@126.com;sales@juermei.com
【主要产品】半胱胺盐酸盐;氰亚胺荒酸二甲酯;西咪替丁

江西科源新材料科技有限公司

江西省南昌市文教路418号[330077]
电话:(0791)8509718;13907915898
传真:(0791)8523037
网址:www.ke-yuan.com
E-mail:chengang@ke-yuan.com
【主要产品】丙烯酸防水涂料;建筑用内外墙界面剂;速溶胶粉;缓凝剂;早强高效减水剂;复合缓凝减水剂;复合型高效有机硅防水剂;聚合物水泥砂浆防水胶;混凝土高效复合抗裂防水剂;混凝土复合防冻早强剂;混凝土脱模剂;砂浆增效剂

江西联达化工有限公司

江西省南昌市南昌县莲塘镇[330200]
电话:(0791)3061066;3061353
传真:(0791)3061066　经济类型:国有
法人代表:朱晓波
网址:www.chinachemnet.com/ncnyc
E-mail:lianda1001@yahoo.com.cn
【主要产品】对苯二甲酰氯;间苯二甲酰氯

江西联科化工有限公司

江西省南昌市新祺周[330115]
电话:(0791)3061353;13330112167
传真:(0791)3061353
网址:www.lkhg.cn
E-mail:sales@lkhg.cn
【主要产品】对苯二甲酰氯;间苯二甲酰氯

江西农大锐特化工科技有限公司

江西省南昌市昌北对外经济技术开发区(江西农业大学院内)[330045]
电话:(0791)3894820
传真:(0791)3893949　职工人数:300人
网址:www.leaderchemical.com/pages/introj.htm
E-mail:chenzhisan@leaderchemical.com
【主要产品】阿维菌素;高渗三唑磷乳油;三环唑可湿性粉剂;多效唑;多效唑可湿性粉剂;烯效唑;吡·噻可湿性粉剂;马·唑磷乳油;噻·异乳油

江西设备防腐公司

江西省南昌市沿江南路691号[330002]
电话:(0791)6416485;6412390
网址:www.jxff.com
E-mail:info@jxff.com
【主要产品】环氧树脂;二甲苯型不饱和聚酯树脂;乙烯基酯树脂;自流平环氧地坪涂料;环氧抗污涂料;环氧抗静电防腐涂料;耐磨涂料;氟碳漆;耐高温涂料;纳米涂料;搪玻璃修补胶;耐高温胶泥

江西省励远化工科技实业公司

江西省南昌市北京东路98号[330029]
电话:(0791)2183588;8318538;8328416
传真:(0791)8328094
供销电话:8328094
网址:www.liyuanchem.com
E-mail:sjpjq001@sina.com
【主要产品】对溴联苯;4′-溴甲基-2-氰基联苯;2-甲基联苯;3-甲基联苯;4-甲基联苯;2,2′-联吡啶;4,4′-联吡啶;4-苯基哌啶;4-苯基吡啶;对氨基苯乙酸;联苯-4-乙酸;4′-甲基联苯-2-羧酸;4′-溴甲基联苯-2-羧酸甲酯;4,4′-二氟二苯甲酮;2,4-二氟联苯;4,4′-二氟联苯;2-氟联苯;4-氟联苯;4-溴-2-氟联苯;*N*-苯基哌嗪;4-溴-2-氟苯乙酰胺;4-溴-2,6-二氟苯胺;4-溴-2-氟苯胺;4-联苯乙腈;2-氰基-4′-甲基联苯;2-对溴甲基苯基丙酸;盐酸氯咪唑;1,3,5-三氟苯;2-氟苯胺;2,6-二氟苯胺;2,4-二氟苯胺;3-(1-氰乙基)苯甲酸;间三氟甲基苯乙酮;氟比洛芬;吗氯贝胺;三氯对称二苯脲;汽车用点焊密封胶

江西师大化工有限公司

江西省南昌市北京西路437号江西师范大学[330027]
电话:(0791)8523905;8506304;13803518836
传真:(0791)8506304
供销电话:13870806901
网址:www.jxsdhg.com
E-mail:ask@jxsdhg.com
【主要产品】环已烯;环已醇;抗钒剂;汽油脱臭活化剂;金属钝化剂;双金属钝化剂;甲基环戊二烯三羰基锰;环戊二烯三羰基锰

江西泰丰轮胎有限公司

江西省南昌市上海路639号[330029]
电话:(0791)8310138
传真:(0791)8319695　有进出口权
供销传真:8328087　企业规模:大型
经济类型:与港澳台商合作经营
法人代表:马绍进
网址:www.21sjzg.com/zgjx/jxtfltgs.htm
E-mail:federal@public.nc.jx.cn
【主要产品】轿车斜交轮胎;子午线轮胎;轮胎垫带;汽车内胎

江西泰欣诺实业有限公司

江西省南昌市经济技术开发区麦庐大道299号[330013]
电话:(0791)7160858
传真:(0791)7160858
经济类型:股份有限公司
网址:www.taisinor.com
E-mail:xwycom@yahoo.com.cn
【主要产品】α-甲基肉桂醛;2-氯乙酰乙酸乙酯;2-氯乙酰乙酸甲酯;异戊腈;2-氰基-4′-甲基联苯;绕丹宁-3-乙酸;5-溴甲基-$\alpha,\alpha,\alpha',\alpha'$-四甲基-1,3-二乙氰基苯;美洛西林钠;阿洛西林;阿德福韦酯;巴洛沙星;法罗培南;依帕司特;阿那曲唑;盐酸拓扑替康;盐酸伊立替康;兰索拉唑;盐酸托烷司琼;布地奈德;西司他丁钠;依米培南;孟鲁司特钠;替加色罗

江西武藏野生物化工有限公司

江西省南昌市小蓝北路1161号[330200]
电话:(0791)5761066
传真:(0791)5761063
网址:www.china-musashino.com
E-mail:admini@china-musashino.com
【主要产品】乳酸;乳酸甲酯;乳酸钠;乳酸乙酯;乳酸钙;乳酸锌;乳酸钾;乳酸镁;乳酸亚铁

江西玉龙防水材料厂

江西省南昌市新建县望城镇[330103]
电话:(0791)3686996;3686998;13907082779
传真:(0791)3686999
网址:www.ylfs.cn
E-mail:ylfs@ylfs.cn
【主要产品】聚乙烯丙纶复合防水卷材;丙烯酸弹性防水涂料;非焦油聚氨酯防水涂料;沥青基聚氨酯防水涂料;SBS改性沥青防水涂料;氯丁橡胶沥青防水涂料;弹性防水涂料;PVC防水涂料;JS复合防水涂料;高聚物改性沥青防水涂料;聚氨酯密封胶;氯丁橡胶胶黏剂;丁苯橡胶沥青密封膏;建筑防水沥青嵌缝油膏;止水带;SBS改性沥青防水卷材;丁基橡胶防水卷材;APP改性沥青防水卷材;自粘橡胶沥青防水卷材;沥青复合胎柔性防水卷材;新型改性沥青防水卷材;有机硅防水剂;防水隔热粉;石油沥青纸胎油毡;聚氯乙烯防水油膏

江西制药有限责任公司

江西省南昌市三经路113号[330006]
电话:(0791)6816580;6812020
传真:(0791)6816697　有进出口权
供销电话:6816577　企业规模:大型
供销传真:6816577　法人代表:邓跃华
经济类型:有限责任公司
网址:www.jxpharm.com;jxpharm.ctiwt.com
E-mail:jxpharm@public.nc.jx.cn
【主要产品】硫酸小诺霉素;克拉维酸钾;硫酸庆大霉素

南昌东方巨龙化工实业有限公司

江西省南昌市新建县璜溪[330100]
电话:(0791)3670666
供销电话:13807059717
供销传真:3670889　产值:20,000千元
经济类型:有限责任公司
职工人数:100人　法人代表:周建龙
网址:www.ncdfjl.com
E-mail:slz691110@sina.com
【主要产品】盐酸;氯化石蜡-52

南昌赣宇有机硅有限公司

江西省南昌市经济技术开发区玉屏东大街692号[330013]
电话:(0791)3817782
传真:(0791)3817531 职工人数:56人
网址:www. gysilicon. com
E-mail:gy. zfy@ gysilicon. com
【主要产品】三氯氢硅;四氯化硅;γ-氯丙基三氯硅烷;γ-氯丙基三甲氧基硅烷;γ-氯丙基三乙氧基硅烷;γ-巯丙基三乙氧基硅烷;硅烷偶联剂 SG-Si996;硅烷偶联剂 KH-858

南昌化工设备二厂

江西省南昌市青云谱区迎宾北大道943号[330001]
电话:(0791)5217224
传真:(0791)5217224 经济类型:集体
产值:8,000千元 法人代表:余定勇
【主要产品】化工设备

南昌氯碱总厂

江西省南昌市青山湖区塘山镇潘坊[330039]
电话:(0791)8101489;8101635
传真:(0791)8102274 职工人数:580人
固定资产:52,000千元
供销电话:8103929;8101650
法人代表:胡赣龄
网址:21sjzg. com/zgjx2/390. htm
【主要产品】盐酸;烧碱;三氯氢硅;四氯化硅;氯气(液);缩二脲;水合肼;聚氯乙烯树脂;聚氯乙烯管材;硫酸;偶氮二甲酰胺

赣

南昌市赣江溶剂厂

江西省南昌市郊区扬子洲[330008]
电话:(0791)8670846;8670568;8670768
传真:(0791)6898099;6899266
供销电话:6899066;6899266
经济类型:私营企业 法人代表:蔡道卫
网址:www. gjsolvent. com
E-mail:sales@ gjsolvent. com
【主要产品】乙酸乙酯;醋酸丁酯

南昌市万华生化制品有限公司

江西省南昌市民营科技园贤湖工业区B4栋2楼[330096]
电话:(0791)8195915;8195679;8195532
传真:(0791)8196129;8522730
网址:www. wanhua-biochem. com
E-mail:info@ wanhua-biochem. com
【主要产品】绒促性素;尿促性素;抑肽酶;尿激酶;乌司他丁

南昌市兴赣科技实业有限公司

江西省南昌市进贤县温圳镇[331721]
电话:(0791)5548268;13907910152
传真:(0791)5548128
供销电话:13307088663
网址:xinggan. chemnet. com
E-mail:xinggan@ hi2000. com
【主要产品】氯化苄;苯甲醇;苯甲醛

南昌陶氏化工实业有限公司

江西省南昌市沿江路497号附8号[330000]
电话:(0791)2176397;8671071;13807051132
传真:(0791)6408371;8671803
供销电话:6417643 法人代表:陶柱汉
网址:www. nctshg. com
E-mail:tzh@ nctshg. com;tsl@ nctsgh. com
【主要产品】各色醇酸耐油漆;丙烯酸内墙乳胶漆;丙烯酸外墙乳胶漆;腻子粉

南昌天时化工有限公司

江西省南昌市安义县万埠垦殖场[330500]
电话:(0791)3490776
传真:(0791)3490915
【主要产品】黏合剂;印染助剂;柔软剂;荧光增白剂 CXT;荧光增白剂 VBL;纺纱润滑剂;塑料增白剂

景德镇市

江西电化高科有限责任公司

江西省乐平市乐安江工业园[333311]
电话:(0798)6806567;6806468;13907981352
传真:(0798)6806404
经济类型:有限责任公司
网址:www. jxdh. com
E-mail:jxdhgk@ 163. com
【主要产品】烧碱;氯气(液);聚氯乙烯树脂;偶氮二甲酰胺

江西电化精细化工有限责任公司

江西省乐平市塔山工业园[333332]
电话:(0798)6806555;6806866;6806888
传真:(0798)6806666 有进出口权
经济类型:有限责任公司
网址:www. jxdhac. com
E-mail:jxdhc@ public1. jd. jx. cn
【主要产品】盐酸;烧碱;碳酸钠(十水);过氧化氢;氢气;氧气;氯气(液);氮气;溶解乙炔;一氯乙酸;氨基乙酸;偶氮二甲酰胺

江西化纤化工有限责任公司

江西省乐平市[333311]
电话:(0798)6700001;6701114;6701016
传真:(0798)6701049 有进出口权
供销电话:6700368;6701016
经济类型:有限责任公司
企业规模:大型 职工人数:2,902人
法人代表:孙文泉
网址:www. jiangwei. com. cn
E-mail:jxh@ jiangwei. com. cn
【主要产品】电石;甲醛;醋酸乙烯酯;聚醋酸乙烯乳液;聚乙烯醇;普通硅酸盐水泥

江西乐安江化工有限公司

江西省乐平市乐安江工业园[333332]
电话:(0798)6806788;6806818;6966549
传真:(0798)6806795;6806216
网址:www. lajchem. com
E-mail:laj788@ 126. com;sales@ lajchem. com
【主要产品】漂粉精;过碳酸钠;二氧化硫;过氧化氢

江西乐平佳宏化工有限公司

江西省乐平市塔山工业区江西电化厂内[333300]
电话:(0798)6806753;13979870389
传真:(0798)6806043
法人代表:刘志能
网址:www. jiahongchem. com
E-mail:sales@ jiahongchem. com
【主要产品】氟化钠;氟硅酸钠;白炭黑

景德镇市富祥药业有限公司

江西省景德镇市瓷都大道53号[333000]
电话:(0798)8335001;8337130;13320087888
传真:(0798)8336773
供销电话:8336726
网址:www. fuxiangpharm. com
E-mail:fuxiang@ fuxiangpharm. com
【主要产品】(3-硝基苯亚甲基)乙酰乙酸-2-甲氧基乙酯;4-乙基-2,3-二氧-1-哌嗪甲酰氯;哌拉西林钠;哌拉西林酸;舒巴坦钠;舒巴坦酸;碘甲基舒巴坦;舒巴坦匹酯;舒他西林碱;甲苯磺酸舒他西林;他唑巴坦酸;他唑巴坦钠;西尼地平

景德镇市焦化煤气总厂

江西省景德镇市历尧[333000]
电话:(0798)8399166
传真:(0798)8331618 经济类型:国有
固定资产:320,000千元
企业规模:大型
职工人数:4,200人
法人代表:郝来春
网址:jdzjhmqc. ctiwt. com/index. jsp
E-mail:jdzjhmqc@ ctiwt. com
【主要产品】复合肥;炭黑;焦炉煤气;焦炭

景德镇市开门子药用化工有限公司

江西省景德镇市昌西路58号[333000]
电话:(0798)8581837;8581697
传真:(0798)8581318
经济类型:国有
供销电话:8581328;8581697
法人代表:梁发象
网址:www. kmzpharmchem. com
E-mail:lfx@ kmzpharmpharmchem. com
【主要产品】二甲苯;甲苯;苯;1,3-二噻烷;右旋樟脑磺酸;α-吡咯烷酮;三甲基碘硅烷;六甲基二硅烷;甲酸乙酯;甲醇钠(甲醇溶液);8-羟基喹啉;他唑巴坦酸;乙酰胺吡咯烷酮

萍乡市

江西萍乡市广萍化工有限责任公司

江西省萍乡市下埠镇[337022]
电话:(0799)3411029;3412518
传真:(0799)3411052
网址:www. gphuagong. com
E-mail:sales@ gphuagong. com
【主要产品】盐酸;氢氧化钾;漂白粉;氯气(液);消毒液

江西全兴化工填料有限公司

江西省萍乡市腊市工业园1号[337022]
电话:(0799)6798888;6791288
传真:(0799)6798268
经济类型:有限责任公司
法人代表:骆福全
网址:www. quanxing. jx. cn
E-mail:quanxing@ china. com
【主要产品】分子筛,5A型;13X分子筛;活性氧化铝;分子筛,3A型;金属填料;聚丙烯球型填料;陶瓷填料

江西省黑豹炭黑有限公司

江西省萍乡市安源区丹江街[337034]
电话:(0799)6680417;6680494;6680462
传真:(0799)6680462 经济类型:国有
供销传真:6681366 法人代表:林明桃
网址:www. jxheibao. com
E-mail:mail@ jxheibao. com
【主要产品】中超耐磨炉黑N220;高耐磨炭黑N330;炭黑;炭黑N660;低结构通用炉黑N630;新工艺炉炭黑N339;新工艺炭黑N110系列;新工艺炉炭黑N375;炭黑N774;炭黑N234;低结构高耐磨炉黑N326

江西省萍乡市博泰化工填料有限公司

江西省萍乡市建设中路莲花街(21016-10信箱)[337016]
电话:(0799)6225913
传真:(0799)6328268 产值:1,000千元
供销电话:13979986678
经济类型:有限责任公司
职工人数:180人 法人代表:张贯华
网址:www. china0799. cn
E-mail:pxbtgs@ 163. com
【主要产品】分子筛;塔填料

江西省萍乡市城松环保填料有限公司

江西省萍乡市排上镇[337024]
电话:(0799)3481168;13707997529
传真:(0799)3481899
网址:www. chengsong. com
E-mail:mail@ chengsong. com
【主要产品】活性炭;PVC填料;重整预加氢催化剂;脱铁催化剂;加氢转化催化剂;活性氧化铝(球状);氧化铝瓷球(惰性);分子筛;规整填料;金属填料;陶瓷填料

江西省萍乡市方正填料厂

江西省萍乡市安源开发区[337000]
电话:(0799)6782556
传真:(0799)6782500
法人代表:糜艳君
网址:www. fzpacking. com
E-mail:mail@ fzpacking. com
【主要产品】波纹填料;金属填料;聚丙烯球型填料;陶瓷填料

江西省萍乡市化工填料有限公司

江西省萍乡市高新技术工业园西区[337000]
电话:(0799)6611700;13979988544
传真:(0799)6612000 职工人数:830人
经济类型:股份有限公司
法人代表:张有忠
网址:www. chempacking. com
E-mail:pxwgtl@ px. jx. cn;
zyz@ chempacking. com
【主要产品】活性炭;重整预加氢催化剂;脱铁催化剂;加氢转化催化剂;氧化锌脱硫剂;活性氧化铝(球状);HT环保型保护剂

江西省萍乡市乐乐腐植酸厂

江西省萍乡市西郊小桥[337029]
电话:(0799)3458163;3458999;13807996153
传真:(0799)3458481
网址:www. humicchem. com
E-mail:images@ hi2000. com
【主要产品】腐殖酸;硝基腐殖酸;腐殖酸钠;腐殖酸铵;腐殖酸钾;硝基腐殖酸钾

江西省萍乡市万通实业有限公司

江西省萍乡市富丽花园43栋[337016]
电话:(0799)6829328;13907998176
传真:(0799)6829328
经济类型:有限责任公司
网址:wtshy. ccbip. und. cn
【主要产品】催化剂;13X-Cu分子筛;分子筛,5A型;分子筛,4A型;活性氧化铝;多孔瓷球;分子筛,3A型;水处理滤料;规整填料

江西省萍乡市鑫源化工填料有限公司

江西省萍乡市凤凰街49栋25077信箱302号[337055]
电话:(0799)6866361;13907996361
传真:(0799)6866361 有进出口权
经济类型:股份合作
网址:wwwpx. ebigchina. com
E-mail:huatian_xiaoshou@ hotmail. com
【主要产品】活性炭;催化剂;活性氧化铝;分子筛;规整填料;化工填料

江西省永泰化工有限公司

江西省萍乡市芦溪县科技工业园[337200]
电话:(0799)7586939;7586358;7586336
传真:(0799)7586721
法人代表:钱胜文
网址:www. jxyongtai. com
E-mail:sales@ jxyongtai. com
【主要产品】过硼酸钠;过碳酸钠;过氧化镁;过氧化钙;过氧化锌;1,4-苯二甲酸;过氧乙酸;四乙酰乙二胺;二氧化硫脲;过碳酰胺;邻苯二甲酸二丁酯;邻苯二甲酸二辛酯

萍乡市凤凰填料工业公司

江西省萍乡市富丽花园41栋[337055]
电话:(0799)6833750;6823819
传真:(0799)6863188
供销电话:6833750;6823819
供销传真:6863188
网址:www. ypm. com. cn
E-mail:ypm668@ sina. com
【主要产品】活性炭;活性氧化铝(球状);分子筛;金属填料;塑料填料;陶瓷填料

赣

萍乡市合发化工填料有限公司

江西省萍乡市下埠工业区[337022]
电话:(0799)3411168
传真:(0799)7030555 职工人数:300人
供销电话:13607997217
法人代表:朱隆炳
网址:www. pxhf. com
E-mail:yellowfly@ pxhf. com
【主要产品】催化剂;重整预加氢催化剂;加氢转化催化剂;氧化锌脱硫剂;天然气脱硫剂;硫黄回收催化剂;催化剂AD946;活性氧化铝;氧化铝瓷球(惰性);分子筛,3A型;重油加氢保护剂;金属填料;塑料填料;陶瓷填料

萍乡市环球化工填料有限公司

江西省萍乡市高坑工业园[337042]
电话:(0799)6377168
传真:(0799)6377198 职工人数:150人
固定资产:1,580千元
经济类型:有限责任公司
产值:30,000千元 法人代表:胡自斌
销售收入:2,200千元
网址:www. pxhq. com
E-mail:pxhqhg@ 163. com
【主要产品】硫黄回收催化剂;催化剂AD946;活性氧化铝;氧化铝瓷球(惰性);多孔瓷球;分子筛;陶瓷填料

萍乡市环盛催化剂有限公司

江西省萍乡市安源经济开发区[337055]
电话:(0799)6791333;6768667
传真:(0799)6796388
经济类型:有限责任公司

法人代表:王仲全
网址:www. huan-sheng. com
E-mail:px. hs@ 163. com
【主要产品】活性氧化铝;分子筛;金属填料;塑料填料;陶瓷填料

萍乡市潘塘腐植酸厂

江西省萍乡市潘塘工业区[337200]
电话:(0799)3411030
传真:(0799)3411829 有进出口权
网址:www. ptchem. com
E-mail:mail@ ptchem. com
【主要产品】腐殖酸;腐殖酸钠;水解聚丙烯腈钠盐;防塌剂;腐殖酸钾;磺甲基腐殖酸钠;堵漏剂

萍乡市石化填料厂

江西省萍乡市下埠工业区[337022]
电话:(0799)3411028;6861268
传真:(0799)3411086;6843929
法人代表:李建明
网址:www. tttc. cn
E-mail:jiahao3201@ sohu. com
【主要产品】分子筛;规整填料;金属填料;塑料填料

萍乡市石化填料有限责任公司

江西省萍乡市下埠工业区[337022]
电话:(0799)3411918;13907993028
传真:(0799)3412668
法人代表:刘继红
网址:www. sino-packing. com
E-mail:pcp@ sino-packing. com
【主要产品】活性炭;重整预加氢催化剂;脱铁催化剂;加氢转化催化剂;氧化锌脱硫剂;活性氧化铝;硅胶;分子筛;吸附剂;重油加氢保护剂;干燥剂;陶瓷填料

萍乡市碳酸钙实业有限公司

江西省萍乡市湘东狮形山工业区[337016]
电话:(0799)3375368;3375098;3375610
传真:(0799)3375098;3375610
供销电话:3375978 经济类型:集体
法人代表:何水
网址:www. cn-lushan. com
E-mail:webmaster@ cn-lushan. com
【主要产品】轻质碳酸钙;碳酸钙(纳米级);活性超细碳酸钙

萍乡市天源化工厂

江西省萍乡市牛角坪[337055]
电话:(0799)6832110
传真:(0799)6822700 经济类型:国有
职工人数:70 人 法人代表:贺建国
【主要产品】溶解乙炔;腐殖酸钠;腐殖酸钾

萍乡市五丰耐酸工业瓷厂

江西省萍乡市湘东泉湖南路 105 号[337016]
电话:(0799)3388845
传真:(0799)3449550 有进出口权
产值:1,000 千元 职工人数:500 人
网址:www. pxwf. com
E-mail:px. wf@ 163. com
【主要产品】陶瓷填料

萍乡市一帆造型材料厂

江西省萍乡市安源区丹江街[337034]
电话:(0799)6680322
传真:(0799)6680322
经济类型:私营企业
网址:www. ecsino. com/corp/detail/9/858751. asp
【主要产品】酚醛树脂

萍乡置顺陶瓷有限公司

江西省萍乡市金陵西路 30 号[337000]
电话:(0799)6790781;6790782;6790783
传真:(0799)6790785
供销电话:6790784
经济类型:有限责任公司
网址:www. chemshun. com
E-mail:office@ chemshun. com
【主要产品】氧化铝瓷球(惰性);多孔瓷球;塔填料;规整填料;陶瓷填料

新余市

江西第二化肥厂

江西省新余市渝水区二化[338002]
电话:(0790)6311181;6311698;6311303
传真:(0790)6311441 经济类型:国有
供销电话:6311158;6311156
法人代表:胡云根
网址:jxeh. ctiwt. com/index. jsp
E-mail:jxeh@ ctiwt. com
【主要产品】甲醛;合成氨;尿素

江西省新余市南方硅灰实业公司

江西省新余市人和乡[339025]
电话:(0790)6710815;13367900226
传真:(0790)6710815;6719019
网址:www. xynfw. com
E-mail:xynfw@ yhaoo. com. cn;xymyd@ 163. com
【主要产品】硅灰石

新余市东鹏化工有限责任公司

江西省新余市高新技术经济开发区[338025]
电话:(0790)6464666;13979085376
传真:(0790)6464662
供销电话:6864666;6464661
供销传真:6464662;6464663
经济类型:有限责任公司
网址:www. rubidium-cs. com
E-mail:jxxydpc@ 163. com
【主要产品】氢氧化锂;氢氧化铯(一水);硫酸锂;硝酸锂;磷酸锂;碳酸锂(高纯);氟化锂;氟化铯;硫酸铯;氯化铯;碘化铯;碳酸铯;碳酸铷;高氯酸锂

新余市赣锋锂业有限公司

江西省新余市经济技术开发区龙腾路[338015]
电话:(0790)6855220;6855435;4605430
传真:(0790)6855220;6855376
法人代表:李良彬
网址:www. ganfenglithium. com
E-mail:gfsale@ ganfenglithium. com
【主要产品】硫酸锂;硫酸锂(一水);硝酸锂;硝酸铯;次氯酸锂;高氯酸锂;氯化锂(无水);铬酸锂;碳酸锂(高纯);氟化锂;钴酸锂;锂;高纯锂;醋酸锂;硫酸铯;碳酸铯;碳酸铷;碳酸锂(药用);丁基锂

九江市

江西长江化工厂

江西省九江市前进东路 1210 号[332006]
电话:(0792)8355727;8352257
传真:(0792)8352717 有进出口权
供销电话:8352239 企业规模:大型
网址:5727. ctiwt. com/index. jsp
E-mail:jjch5727@ public1. jj. jx. cn
【主要产品】玻璃纤维增强聚酰亚胺管材

江西赣北化工厂

江西省九江市滨江东路 25 号[332000]
电话:(0792)8596235;8596166
传真:(0792)8581633 经济类型:国有
供销电话:8224141 职工人数:1,000 人
供销传真:8596733 法人代表:张金龙
网址:gbhg. ctiwt. com/index. jsp
E-mail:gbhg@ ctiwt. com
【主要产品】钙镁磷肥;混配复合肥料;塑料编织袋;聚氯乙烯双壁波纹管

江西省赫埔化工有限公司

江西省九江市星火工业园[330319]
电话:(0792)3171548;3171552
传真:(0792)3171550
网址:www. jxhope. com
E-mail:zhangxiaohong@ jxhope. com
【主要产品】三异辛酸甘油酯;辛癸酸甘油酯;季戊四醇四辛酸酯;异壬酸异壬酯;二异辛酸新戊二醇酯;二癸酸新戊二醇酯;三硬脂酸甘油酯

江西星火化工厂

江西省永修县星火工业园区[330307]
电话:(0792)3125020;3126011
传真:(0792)3125101;3125055
经济类型:国有 企业规模:大型
职工人数:500 人
网址:www. lxxh. com
E-mail:lxxh@ lxxh. com
【主要产品】四甲基氯化铵;甲基二甲氧基硅烷;六甲基氧二硅烷;甲基三乙氧

基硅烷；甲基三甲氧基硅烷；二甲基二甲氧基硅烷；二甲基二乙氧基硅烷；氯化聚乙烯；耐高温有机硅树脂；透明甲基硅树脂；加成型硅橡胶；室温硫化甲基硅橡胶；高温硫化混炼硅橡胶；乙烯基硅油；甲基乙烯基硅油；二甲基硅油(201 型)；水溶性硅油；乳化硅油；羟基硅油；喷涂胶；氨基硅油；有机硅固体粉沫型消泡剂；硅烷偶联剂 KH-602；有机硅脱模剂；有机硅防水剂

江西浔朋化工有限公司

江西省湖口县柘矶工业区一号[332500]
电话：(0792)6330700；6327960；13879291172
传真：(0792)6327980
固定资产：30,000 千元
法人代表：朱明亚
E-mail：xunpeng@ xunpengchem. com
【主要产品】无水氟化氢；氟苯；2,4-二氯氟苯

江西宇洋化工有限公司

江西省九江县沿江产业集群区〈赤湖坪头山〉[332100]
电话：(0792)6831839；13593677649
传真：(0792)6831839
供销电话：6831839；13607024193
网址：www. yuyangchem. com
E-mail：sales@ yuyangchem. com
【主要产品】三苯基氯甲烷；盐酸普萘洛尔；西布曲明；利莫那班

九江华雄化工有限公司

江西省九江市庐山区威家镇[332015]
电话：(0792)8559660；8752220；13907925384
传真：(0792)8589325
网址：www. huaxiongchem. com
E-mail：hx@ huaxiongchem. com
【主要产品】硅酸钠；硅砂；复合硅酸盐保温涂料；环烷酸钙；环烷酸钴；环烷酸锰；环烷酸镍；无机胶黏剂；分子筛，5A 型；苯胺催化剂；粗孔微球硅胶；耐水硅胶；干燥剂

九江市专用复合肥厂

江西省九江市庐山区九瑞路 144 号[332000]
电话：(0792)8369299
供销电话：8361104　经济类型：集体
职工人数：15 人　法人代表：吴浩东
网址：www. hylive. com/jiangxi/jiangxi06471. html
【主要产品】混配复合肥料

九江中天药业有限公司

江西省九江市湖口金砂湾工业园[332500]
电话：(0792)6529888；6529768
传真：(0792)6529766；6529769
供销电话：13867693727
经济类型：有限责任公司
网址：www. ztpharm. com
E-mail：sales@ ztpharm. com
【主要产品】6-溴-2-萘甲酸；2-氯-5-硝基苯酚；2,3-二氯-5,6-二氰基-1,4-苯醌；5,5′-亚甲基二水杨酸；灭蝇胺；双水杨酸酯；非尔氨酯

蓝星化工新材料股份有限公司江西星火有机硅厂

江西省永修县杨家岭[330319]
电话：(0792)3170091
传真：(0792)3170009
供销电话：3171240；3170301
供销传真：3171401；3171243
企业规模：大型
网址：www. lxxhsilicone. cn
【主要产品】盐酸；烧碱(液体)；氯气(液)；硅酸乙酯；甲基三氯硅烷；一甲基二氯硅烷；二甲基二氯硅烷；八甲基环四硅氧烷；三甲基一氯硅烷；六甲基氧二硅烷；二甲基环硅氧烷；室温硫化甲基硅橡胶(107 型)；甲基含氢硅油

鹰潭市

诚志股份有限公司合成洗涤剂分公司

江西省鹰潭市林荫西路 14 号[335000]
电话：(0701)6222666；13807016620
传真：(0701)6682300
经济类型：股份有限公司
企业规模：大型
网址：www. qwbiz. com/company/biz_24678/
E-mail：sjhn@ public1. ytptt. jx. cn
【主要产品】合成洗衣粉

贵溪市三元冶炼化工有限责任公司

江西省贵溪市柏里大道[335425]
电话：(0701)3322533；13197801145
传真：(0701)3322638　职工人数：212 人
网址：gxsyylhggs. sme. cn
E-mail：gxsyylhggs@ sme. cn
【主要产品】硫化钠；氧化铋；电解铅；黄金；铋；银；碲；铅锡合金；次硝酸铋

贵冶华信金属有限责任公司

江西省贵溪市冶金大道 19 号贵溪冶炼厂厂内[335424]
电话：(0701)3778115
传真：(0701)3778102
网址：huaxinmetae. net. und. cn
E-mail：zjl@ huaxinmetal. com
【主要产品】硫酸铜；铼酸铵；电解铜；铜粉；硒粉；碲

海利贵溪化工农药有限公司

江西省贵溪市柏里工业区[335400]
电话：(0701)3322888；3322808；13907010700
传真：(0701)3322888
网址：hlgx. chemnet. com
E-mail：shxzq700@ 126. com
【主要产品】对甲苯磺酰异氰酸酯；氯甲酸甲酯；月桂酰氯；亚氨基芪甲酰氯；十八碳酰氯；异丙威；异丙威乳油(20%)；仲丁威；仲丁威乳油；甲萘威；克百威；丁硫克百威；速灭威；灭多威；灭多威可溶性粉剂；多菌灵；多菌灵可湿性粉剂；甲基硫菌灵；甲基硫菌灵可湿性粉剂；甲硫·硫可湿性粉剂

华康天然色素厂

江西省贵溪市 205 信箱[335406]
电话：(0701)3601427；3601239；3601962
传真：(0701)3601238　经济类型：国有
固定资产：14,000 千元　有进出口权
供销电话：3601238；3601427
法人代表：俞献民
网址：www. hk-colour. com
E-mail：market@ hk-colour. com
【主要产品】叶绿素铜钠；栀子黄色素；红曲红色素；可可色素；紫甘蓝色素；嫩叶绿色素

赣

江西诚志生物工程有限公司

江西省鹰潭市林荫西路 20 号[335000]
电话：(0701)6285201；6257579
传真：(0701)6282336　有进出口权
经济类型：有限责任公司
职工人数：182 人
网址：www. chengzhi. com. cn
E-mail：czbio@ 163. com；ytchengzhibio@ 163. com
【主要产品】D-核糖；L-谷氨酰胺

江西电化有限责任公司余江化工分厂

江西省余江县 320 国道边[335200]
电话：(0701)5880188；5881308；5881223
传真：(0701)5880188　经济类型：国有
供销电话：5880188；5881223
有进出口权　职工人数：120 人
网址：www. 21sjzg. com/zgjx/ytdd/yjhgc. htm
E-mail：yjdhc@ publicl. ytptt. jx. cn
【主要产品】氨基乙酸；偶氮二甲酰胺

江西贵溪化肥有限责任公司

江西省贵溪市化工大道 1 号[335424]
电话：(0701)3358888
传真：(0701)3353851　有进出口权
经济类型：有限责任公司
职工人数：2,100 人
网址：www. jxgh. com. cn
【主要产品】磷石膏；氟硅酸；盐酸；磷酸；氟硅酸钠；磷酸二铵；磷铵钾复合肥；硫酸钾复合肥；氯基三元复合肥；BB 肥；复合肥防结块剂

江西麒麟化工有限公司

江西省贵溪市西门外路 39 号[335400]

电话：(0701)3322268；3322200
传真：(0701)3322368 职工人数：150 人
经济类型：中外合资经营企业
网址：www.yongxiong-chem.com
E-mail：sales@yongxiong-chem.com
【主要产品】对羟基联苯；邻氯苯甲醛；二氯异丙醇；间苯二甲酸二苯酯；对苯二甲酰氯；间苯二甲酰氯；甲烷磺酰胺；2-氰基-4′-甲基联苯；间羟基苯甲酸；4-氯氯苄；邻氯氯苄；3-氯-1，2-丙二醇；氯代特戊酰氯；三氯生

江西永雄饲料化工有限公司

江西省贵溪市西门外路 39 号［335400］
电话：(0701)3770099
传真：(0701)3770533 职工人数：100 人
法人代表：李皓榛
网址：www.21sjzg.com/zgjx/ytdd/yxslgs.htm
【主要产品】乙酸丙酯；甲烷磺酰胺；间羟基苯甲酸；三氯生

余江县冶金化工厂

江西省余江县邓埠镇四青路冠英巷 001 号［335200］
电话：(0701)5881142；13907013280
法人代表：王大建
网址：www.21sjzg.com/zgjx/ytdd/yjyjc.htm
【主要产品】钼酸钠；钼酸铵

赣

赣州市

赣南果业赣州农药公司

江西省赣州市龙岗［341005］
电话：(0797)8452077
传真：(0797)8452309 经济类型：国有
供销电话：8454881；8462270
有进出口权 产值：35，000 千元
【主要产品】甲胺磷；甲胺磷乳油；甲基对硫磷；甲基对硫磷乳油；杀螟硫磷；杀螟硫磷乳油；杀虫双水剂

赣州大丰肥料有限公司

江西省赣州市渡口路 28 号［341000］
电话：(0797)8119988
经济类型：中外合资经营企业
网址：www.jxdafeng.com
【主要产品】复合肥

赣州钴钨有限责任公司

江西省赣州市 814 大道［341000］
电话：(0797)8112550；8152535；8152533
传真：(0797)8125931 有进出口权
供销电话：8152534；8152532
供销传真：8121333
经济类型：有限责任公司
网址：www.gzct.cn.alibaba.com；www.gzct.com
E-mail：liuhui@gzct.com
【主要产品】硫酸钴；硫酸镍；氯化钴；碳酸钴；碳酸镍；仲钨酸铵；氧化钴；四氧化三钴；三氧化钨；电解钴；钴；镍；草酸钴

赣州泰普化学有限公司

江西省赣州市红金工业区兴园大道［341100］
电话：(0797)4430878；4433187；8378118
传真：(0797)4430879；8377118
网址：www.taipuchem.com
E-mail：olin@taipuchem.com
【主要产品】α-蒎烯；β-蒎烯；萜烯树脂

江西省兴国县金莹氟业有限责任公司

江西省兴国县 22 号［342400］
电话：(0797)5313165
经济类型：有限责任公司
网址：1009382.my.sme.cn
【主要产品】萤石粉；轻质碳酸钙；石英粉

南康市宏发矿业有限公司

江西省南康市泰康西路 114 号［341400］
电话：(0797)6649492；6640420；13970120120
传真：(0797)7849492
供销传真：6649492
网址：hongfa.chemnet.com
E-mail：hongfa@hi2000.com
【主要产品】仲钨酸铵；钨酸钠；锡酸钠

信丰泰荣活性炭有限公司

江西省信丰县铁石口镇［341605］
电话：(0797)3209899；3209898；13907072766
传真：(0797)3732138 职工人数：300 人
网址：www.goodcarbon.com
E-mail：sales@goodcarbon.com
【主要产品】活性炭

上饶地区

德兴市百勤异 VC 钠有限公司

江西省德兴市新岗山［334221］
电话：(0793)7790020；7790014
传真：(0793)7790061；7790096
经济类型：私营企业
网址：www.xinvc.com
E-mail：service@parchn.com
【主要产品】D-异抗坏血酸钠；D-异抗坏血酸

广丰县弘立化工厂

江西省广丰县大南镇大南村［334606］
电话：(0793)2982678；13506766101
传真：(0793)2982966
网址：www.hongli-cn.com
E-mail：fdw@hongli-cn.com
【主要产品】一甲胺盐酸盐；四乙基溴化铵；苄基三乙基溴化铵；苄基三甲基氯化铵；二甲胺盐酸盐；三乙胺盐酸盐；三甲胺盐酸盐；四甲基溴化铵；四甲基氯化铵；四乙基氢氧化铵；四丁基氢氧化铵；四丙基氢氧化铵；四丁基溴化铵；四丁基硫酸氢铵；四丙基溴化铵；乙基三苯基溴化膦；丁基三苯基溴化膦；苄基三苯基溴化膦；溴化四苯基膦；三乙基苄基氯化铵；四甲基氢氧化铵

江西迪瑞合成化工有限公司

江西省上饶市铅山工业园［334500］
电话：(0793)5186545；5186492
传真：(0793)5186608 有进出口权
经济类型：有限责任公司
产值：70，000 千元 职工人数：150 人
网址：www.jx-dirui.com
E-mail：dirui@jx-dirui.com
【主要产品】反式-4-环己基-L-脯氨酸；N-［1-(S)-乙氧羰基-3-苯丙基］-L-丙氨酸；β-苯甲酰基丙烯酸乙酯；2-氰基-4′-甲基联苯；三氟乙酰赖氨酸；N2-(1-乙氧羰基-3-苯丙基)-N6-三氟乙酰基-L-赖氨酸；(S)-(－)-1，2，3，4-四氢异喹啉-3-羧酸；2，5-二巯基-1，3，4-噻二唑；(S，S，S)-2-氮杂双环［3，3，0］辛烷-3-羧酸苄酯盐酸盐；赖诺普利；马来酸依那普利；雷米普利；盐酸喹那普利；福辛普利

江西怀玉山活性炭(集团)有限公司

江西省玉山县城西工业区［334711］
电话：(0793)2553173；2571066
传真：(0793)2553753；2556565
经济类型：国有 有进出口权
法人代表：王平
网址：www.hysac.com
E-mail：zxhong@hysac.com
【主要产品】活性炭

江西金海化工有限公司

江西省玉山县金山工业园区［334700］
电话：(0793)2365088；(0571)87830103
传真：(0793)2365077
网址：www.jxjhchem.com
E-mail：sales@jxjhchem.com；jhhwh@china.com
【主要产品】5-氨基乙酰丙酸盐酸盐；4-羟基-3-硝基苯甲醛；4-甲氧基-2-硝基苯酚；双酚 BP；N-丁基邻苯二甲酰亚胺；4-氯-5-硝基邻苯二甲酰亚胺；N-溴邻苯二甲酰亚胺；N-甲基邻苯二甲酰亚胺；邻苯二甲酰亚胺钾盐；1，3-二丙基-7-甲基黄嘌呤；N-溴甲基邻苯二甲酰亚胺；2-氨基-5-异丙基嘧啶；邻苯二甲酰亚胺；N-羟甲基邻苯二甲酰亚胺；N-(2-羟乙基)邻苯二甲酰亚胺；四氢邻苯二甲酰亚胺；异丙基氯甲基碳酸酯；1，1-二(4-羟基苯基)-1-苯基乙烷；N-环己基硫代酞酰亚胺；5-氯苯并三氮唑

江西金鹰油墨有限公司

江西省玉山县金山工业园区［334700］
电话：(0793)2467397
传真：(0793)2467396；2467398
供销电话：2467398
网址：www.jinju-ink.com

E-mail:cai@ jinju-ink. com
【主要产品】印刷油墨专用树脂;树脂铅印油墨;树脂胶版油墨;轮转油墨;塑料印刷油墨;胶印轮转油墨;丝网印刷油墨;胶印亮光油墨;快干印铁耐蒸油墨;快固亮光油墨;油墨印刷助剂

江西蒙莱特漆业有限公司

江西省广丰县芦林工业区[334600]
电话:(0793)2625189
传真:(0793)2625122
经济类型:中外合资经营企业
网址:www. menglaite. com
【主要产品】腻子;外墙亚光弹性乳胶漆;内墙亚光面漆;外墙封闭底漆;外墙金属漆;真石漆;高级环保内墙漆;外墙半光乳胶漆;高级丝光内墙乳胶漆;高渗透封固底漆;亮光型聚氨酯清漆;PU 透明底漆;亚光外墙乳胶漆;各种清面漆;防霉内墙乳胶漆;水泥漆;高级外墙弹性涂料;外墙厚质弹性中层漆;聚氨酯漆稀释剂;耐黄变固化剂;聚氨酯固化剂

江西上饶现代化工有限公司

江西省上饶市旭日工业区[334100]
电话:(0793)8208289;8445306;13036258408
传真:(0793)8440995
供销电话:8208289;13036258408
网址:www. srmodernchem. com
E-mail:sales@ srmodernchem. com
【主要产品】2-溴吡啶;2,5-二溴吡啶;6-氟-2-甲基喹啉;7-氟-2-甲基喹啉;8-氟-2-甲基喹啉;6-氟吲哚;4-氟吲哚;5-氟吲哚;6-三氟甲基喹啉;7-三氟甲基喹啉;8-三氟甲基喹啉;2-甲基-8-三氟甲基喹啉;3-溴-4-氟苯甲醛;邻三氟甲基苯甲醛;间三氟甲基苯甲醛;2-氯-5-三氟甲基苯甲醛;4-氯-3-三氟甲基苯甲醛;3,5-二(三氟甲基)苯甲醛;2,3-二氟苯甲醛;3,4-二氟苯甲醛;3,5-二氟苯甲醛;3,5-双(三氟甲基)苄醇;4-氯-3-三氟甲基苄醇;2-氯-5-三氟甲基苄醇;3,4-二氟苯甲酸;2,3-二氟苯甲酸;3,5-二氟苯甲酸;4-氯-3-三氟甲基苯甲酸;3,5-二氟扁桃酸;2,3-二氟苯乙酸;3,5-双(三氟甲基)苯乙酸;对氟苯硼酸;间氟苯硼酸;4-三氟甲基苯硼酸;2-三氟甲基苯硼酸;3-三氟甲基苯硼酸;3,5-双(三氟甲基)苯硼酸;2,6-二氟苯硼酸;2,3-二氟苯硼酸;2′-溴-2,6-二氟苯乙酮;2,3-二氟苯乙酮;3,4-二氟苯乙酮;3,5-二氟苯乙酮;2,6-二氟苯乙酮;3,5-二氟苯丙酮;对碘溴苄;3,5-双(三氟甲基)溴苯;3,5-双三氟甲基苄基溴;2,3-二氟溴苄;3,4-二氟溴苄;3,5-二氟溴苄;4-溴-3-氟-6-硝基甲苯;5-氟-2-硝基甲苯;2-氟-4-硝基甲苯;2-氟-5-硝基甲苯;4-氟-2-硝基甲苯;2-氟-6-硝基甲苯;3,5-双三氟甲基苯硫酚;2,6-二氟苯酚;3,5-二氟苯酚;4-氟-2-甲基苯酚;2,6-二氟苄胺;3,5-双三氟甲基苯酚;邻三氟甲基苯甲酸;3,5-双三氟甲基苯甲酸;对三氟甲基苯甲酸;1,3,5-三氟苯;对三氟甲基苯胺;3,5-二氟苯胺;4-氟-3-硝基苯甲酸;3,5-二(三氟甲基)苯乙酮;对三氟甲基苯乙酮;3,5-双三氟甲基氯苄

江西省德畅集团

江西省德兴市花桥工业区[334200]
电话:(0793)7560185;7560699
传真:(0793)7561176
网址:www. jxdechang. com
E-mail:dc@ jxdechang. com
【主要产品】醇酸树脂涂料;各色厚浆醇酸面漆;纳米环保乳胶涂料;环氧树脂漆类;氯化橡胶涂料;氯磺化聚乙烯涂料

江西弋阳蛇纹石矿

江西省弋阳县[334400]
电话:(0793)5926046
传真:(0793)5926043
网址:yyswsk. ctiwt. com/index. jsp
E-mail:yysws k@ ctiwt. com
【主要产品】蛇纹石

江西玉山县膨润土实业有限公司

江西省玉山县双明镇东工业区[334701]
电话:(0793)2422313;13767385888
传真:(0793)2423392
法人代表:周维琛
网址:www. sino-bentonite. com
E-mail:sales@ sino-bentonite. com
【主要产品】活性白土

江西中氟化工有限公司

江西省玉山县四股桥[334700]
电话:(0793)2321111;2321555;13576332788
传真:(0793)2321588
经济类型:中外合资经营企业
网址:www. chinafluorine. com
E-mail:sales@ chinafluorine. com
【主要产品】无水氟化氢;氟氢酸

上饶市广氟医药化工有限公司

江西省上饶市广丰县洋口镇青桥莲花山[334604]
电话:(0793)2695777;2695807
传真:(0793)2695788　职工人数:66 人
供销电话:2695805;13320035979
供销传真:2695806
网址:www. galtchem. com
E-mail:jhlpy@ galtchem. com;jhlpy@ hotmail. com
【主要产品】氟氢酸;氟硅酸;氟化钠;氟化钾;氟化铵;氟氢化钠;氟氢化钾;氟氢化铵;氟硅酸铵;氟硅酸钾;氟硅酸锌;氟硅酸钙;氟硅酸镁;叠氮化钠

宜春地区

江西百汇生物科技有限公司

江西省高安市新世纪工业园[330820]
电话:(0795)5219900
供销电话:13755887222
供销传真:5219900　经济类型:国有
职工人数:200 人　法人代表:唐勇
【主要产品】食用香精;乳化香精

江西犇牛医药化工有限公司

江西省宜丰县良岗工业园区[336300]
电话:(0795)2901650;2901920;13958510044
传真:(0795)2901750
网址:www. benniuchem. com
【主要产品】苯并噻吩-2-甲酸;2-氰基苯并噻吩;5-氟吲哚酮;7-氟吲哚酮;5-氰基吲哚;3-噻吩乙腈;3-噻吩乙酸;4-甲氧基-3-硝基苯甲酸;4-乙氧基-3-硝基苯甲酸;邻乙氧基苯甲酸;对乙氧基苯甲酸;对戊氧基苯甲酸;邻丙氧基苯甲酸;对丙氧基苯甲酸;3-硝基-4-丙氧基苯甲酸;L-(+)-3-氨基-3-苯基丙酸;2-哌啶甲酸;3-氨基-5-硝基吲唑;*R*-(-)-2-甲基哌嗪;*S*-(+)-2-甲基哌嗪;戊烷磺酸钠;己烷磺酸钠;庚烷磺酸钠;辛烷磺酸钠;3,4,5-三甲氧基苯乙腈;5-硝基吲哚;5-氯吲哚-2-酮;L-甲状腺素钠;对己氧基苯甲酸;达泊西汀

江西畅成药业有限公司

江西省上高县工业园[336400]
电话:(0795)2592956;2592858;13607952399
传真:(0795)2592868　职工人数:120 人
网址:www. ccpharm. com. cn
E-mail:sales@ ccpharm. com. cn
【主要产品】4-氨基-2-氯-6,7-二甲氧基喹唑啉;4-氨基-2-羟基嘧啶;8-羟基喹啉;头孢吡肟;头孢米诺钠;伏格列波糖;泛癸利酮;伊贝沙坦;舒必利;氯氮平;噻氯匹定盐酸盐;苯磺酸阿曲库铵

江西丰农生物科技有限公司

江西省樟树市沿江路沙洲里 1 号[331200]
电话:(0795)7375555;13507055997
传真:(0795)7375676
网址:www. fengnongbio. com
E-mail:jxfengnong@ yahoo. com. cn
【主要产品】腐殖酸;BB 肥;腐殖酸钠;腐殖酸复合肥;腐殖酸液肥;腐殖酸钾

江西高安金龙生物科技有限公司

江西省高安市新世纪工业城[330800]
电话:(0795)5291111
传真:(0795)5291111　产值:5,000 千元
经济类型:私营企业　职工人数:62 人
法人代表:孙家法
网址:trade. jgny. net/show/index. asp? id=10512
E-mail:2006cuijiazhen@ 163. com
【主要产品】苦参碱

江西华明纳米碳酸钙有限公司

江西省高安市建山镇[330808]
电话:(0795)5642889;5642882;13801797404
传真:(0795)5642882
供销电话:5642889;5642886
经济类型:有限责任公司
网址:www.jxhuam.com
E-mail:strpine@sina.com
【主要产品】碳酸钙(纳米级)

江西金瑞化工有限责任公司

江西省靖安县香田经济开发区[330600]
电话:(0795)4662576;13970535337
传真:(0795)4654999;4662576
经济类型:有限责任公司
职工人数:200 人 法人代表:龚金生
网址:www.jinruichem.com
E-mail:jinrui@jinruichem.com
【主要产品】2-噻吩乙醇;2-噻吩乙胺;2-溴噻吩;四氟丙醇;4-溴丁酸;*N*-[1-(*S*)-乙氧羰基-3-苯丙基]-L-丙氨酸;β-苯甲酰基丙烯酸乙酯;*N*2-(1-乙氧羰基-3-苯丙基)-N6-三氟乙酰基-L-赖氨酸;依那普利氢化物酸酐;伏格列波糖;盐酸塞利洛尔;赖诺普利;马来酸依那普利;普罗布考;萘哌地尔;度洛西汀;罗沙替丁;美托拉宗

江西钜洲生物科技有限公司

江西省宜春市西村镇人民路406号[336008]
电话:(0795)3542789,3542885;3541047
传真:(0795)3542678
网址:www.everbrightbio.com
E-mail:wfchang@mail.china.com
【主要产品】腐殖酸复合肥;腐殖酸液肥;腐殖酸钾

江西绿源生物工程有限公司

江西省上高县镜山粮油工业区[336400]
电话:(0795)2517666
传真:(0795)2517666
网址:lysw.und.com.cn
【主要产品】茶多酚

江西省赣西化工有限公司

江西省宜春市袁州区工业园[336000]
电话:(0795)3653793
传真:(0795)3653792
法人代表:葛银生
网址:jxgxhg.3515.com.cn
E-mail:jxgxhg@hc360.com.cn
【主要产品】亚磷酸;异戊烯醇;3,3-二甲基-4-戊烯酸甲酯;原乙酸三乙酯;原乙酸三甲酯;1-氯-3-甲基-2-丁烯;聚酰胺树脂(低分子量,650型);丙烯酸酯胶黏剂

江西省高峰化工矿业发展有限公司

江西省高安市高安大道158号[330800]
电话:(0795)5288016
传真:(0795)5288026
网址:www.jxgofen.com
E-mail:info@jxgofen.com
【主要产品】硅灰石;超细碳酸钙;超细重质碳酸钙;滑石粉;塑胶稳定剂;白炭黑;超细白炭黑

江西省泰华碳酸钙有限责任公司

江西省高安市建山镇建山工业园[330800]
电话:(0795)5642062;5643190
传真:(0795)5643189
供销电话:5642158;13707057945
经济类型:有限责任公司
法人代表:郭奕忠
网址:www.sinocaco3.com
【主要产品】碳酸钙;胶质碳酸钙;碳酸钙(纳米级);活性轻质碳酸钙(纳米级)

江西省铜鼓县永宁化工有限责任公司

江西省铜鼓县城剑石路8号[336200]
电话:(0795)8687224
职工人数:60 人
网址:www.tghrkj.com
E-mail:jxtgynhg@163.com
【主要产品】高氯酸钾

江西省宜春市瑞思博化工有限公司

江西省宜春市外环南路宜春经济技术开发区[336000]
电话:(0795)3248888;3247777;3242222-8007
传真:(0795)3249998
供销电话:3248888-8300
经济类型:有限责任公司
网址:www.jxruisibo.com
E-mail:ycruibao@sina.com
【主要产品】脱漆剂;厌氧型平面密封胶;螺纹锁固密封胶;防锈松锈润滑剂;油污清洗剂;抛光膏清洗剂;碳污清洁剂;电器清洗剂;电气设备防湿绝缘保护剂;油墨清洗剂

江西省宜春远大化工有限公司

江西省宜春市东浦经济开发区[336000]
电话:(0795)3291919;3291113;15979545955
传真:(0795)3291676
供销传真:3291646 法人代表:黄荣来
经济类型:私营企业
网址:www.yuanda-chem.com
E-mail:sun5555@263.net
【主要产品】二聚酸;硬脂酸;聚酰胺树脂;油酸;植物沥青

江西湘衡百信药业有限公司

江西省上高县田心镇[336409]
电话:(0795)2508773
传真:(0795)2508772
网址:xhbx.b2b.hc360.com
【主要产品】甘草浸膏;贯叶连翘提取物;山楂提取物;益母草流浸膏;乌药干浸膏;紫珠干浸膏;薄荷素油

江西樟树冠京香料有限公司

江西省樟树市药都北大道100号[331200]
电话:(0795)7360118;7340518
传真:(0795)7360668
经济类型:有限责任公司
法人代表:张义根
网址:www.crown-capital.com
E-mail:capital@public.guangzhou.gd.cn
【主要产品】4-甲氧基苯甲醛;β-萘甲醚;β-萘乙醚;乙酸柏木酯;柏木油;芳樟醇;二氢芳樟醇;四氢芳樟醇;柏木脑;香兰素;甲基柏木烯酮;甲基柏木醚;乙酸芳樟酯;复盆子酮

江西正和化工有限公司

江西省奉新县冯田开发区[330700]
电话:(0795)4605678;4605599;13905709268
传真:(0795)4605422 经济类型:国有
供销电话:4605599;4605126
有进出口权 职工人数:170 人
网址:www.zhenghechem.com
E-mail:fxhg@jxfxhg.com
【主要产品】3,5-二羟基苯甲醛;2,3-二氯苯甲醛;3,5-二甲氧基苯甲醛;2,5-二氯苯甲酸;5-氯-2-氟苯甲酸;3-氯-2-氟苯甲酸;3,5-二羟基苯乙酸;2,3-二氯苯腈;3,5-二羟基甲苯;2-(2,3-二氯亚苄基)乙酰乙酸甲酯;3-氨基-2,5-二氯苯甲酸;3,5-二甲氧基苯乙酮;3,5-二羟基苯甲醇;溴莫普林;非洛地平;白藜芦醇;特布他林;非诺特罗;帕罗西汀;假密环菌甲素;马来酸伊索拉定;伊索拉定

江西中林农药化工有限公司

江西省丰城市东郊路2号[331100]
电话:(0795)6422472;6422473
传真:(0795)6422472
法人代表:吴烈生
网址:www.21sjzg.com/zgjx/fcsnyc.htm
【主要产品】异丙威乳油(20%);异丙威粉剂;仲丁威乳油;硫·三环悬浮剂;20%三环·异稻可湿性粉剂

宜春市袁州区晶鑫化工厂

江西省宜春市袁州区高士北路瑞福楼B栋2单元[336000]
电话:(0795)3581278;8880178;13097052456
传真:(0795)3581271
供销电话:3581278;13097052456

赣

网址：www.ycjxhg.com
E-mail：yc6301@vip.jx163.com
【主要产品】胶黏剂

宜春英龙橡胶有限公司

江西省宜春市宜阳北路899号[336000]
电话：(0795)3576389；3576396
传真：(0795)3556666
供销电话：3576389；3572158
网址：www.ylxj.net/about.asp
E-mail：ycylxj01@163.com
【主要产品】夹布胶管；汽车刹车软管总成；特种胶管；高压胶管；液压胶管；橡胶杂品

抚州地区

江西博大化工有限公司

江西省东乡县经济开发区[331800]
电话：(0794)4380168；15907043284
传真：(0794)4380166
网址：www.jxbdhg.com
E-mail：bodahg2007@163.com
【主要产品】造纸施胶剂

江西日上化工有限公司

江西省南昌市黎川工业园区[330029]
电话：(0794)7468322
传真：(0794)7468333
经济类型：股份合作
网址：www.rshg.com.cn
E-mail：rshg@rshg.com.cn
【主要产品】2-氨基-4-甲氧基-6-甲基-1，3，5-三嗪；烟嘧磺隆；苯磺隆；苯磺隆可湿性粉剂；苯磺隆水分散粒剂；苄磺隆

江西添光化工有限责任公司

江西省抚州市抚北工业区[344001]
电话：(0794)8355555
传真：(0794)8352555
经济类型：有限责任公司
法人代表：刘双龙
网址：www.tg-chem.com
E-mail：yxb@tg-chem.com
【主要产品】硫酸；硫酸铝；钛白粉

江西雨帆化工有限责任公司

江西省东乡县大富岗工业开发区[331800]
电话：(0794)4332239
传真：(0794)4332381
经济类型：有限责任公司
网址：www.jxyufan.com
E-mail：jxyfan@sina.com
【主要产品】聚丙烯酸酯浆料；浆料；造纸助剂；淀粉磷酸酯；变性淀粉

吉安地区

吉安市海洲医药化工有限公司

江西省吉安市青原区富滩工业园B区[343009]
电话：(0796)3211786；3211968；13970627222
传真：(0796)3211786
E-mail：sales@@haizhouchem.com
【主要产品】乙醇；丙三醇；酒石酸；氟嗪羧酸；4-甲苯磺酰脲；甲砜霉素；氟洛芬；硫氰酸红霉素；盐酸特比萘酚；阿奇霉素；诺氟沙星；盐酸环丙沙星；氧氟沙星盐酸盐；醋氯芬酸；六甲基磷酰三胺；乙腈

吉安市通海医药化工有限公司

江西省吉安市井冈山大道120号第九层902室[343000]
电话：(0796)8218338
传真：(0796)8218338
【主要产品】乙醇；丙三醇；酒石酸；氟嗪羧酸；乙酸乙酯；二氯甲烷；4-甲苯磺酰脲；甲砜霉素；氟洛芬；硫氰酸红霉素；盐酸特比萘酚；阿奇霉素；盐酸环丙沙星；氧氟沙星盐酸盐；醋氯芬酸；依维菌素；乙腈

吉安市制氧厂

江西省吉安市吉州区白塘乡石溪头[343000]
电话：(0796)8284096
经济类型：国有　　法人代表：李清生
网址：www.hylive.com/jiangxi/jiangxi08697.html
【主要产品】氧气；氮气；溶解乙炔

吉水县金海天然香料油科技有限公司

江西省吉水县城西工业园区[331600]
电话：(0796)3536686；3523906；3537988
传真：(0796)3523906；3537988
供销电话：13607867702
网址：www.cyy123.com/act_webinfo/jh
【主要产品】丙三醇；丁香酚；水杨酸甲酯；薄荷脑；樟脑；松油醇；莪术油；月见草油；甘草流浸膏；甘草浸膏；冬青油；艾叶油；紫苏叶油；广藿香油；荆芥油；大蒜油；陈皮油；当归油；丁香罗勒油；生姜油；连翘油；鸦胆子油；沙棘油；青蒿油；牡荆油；川芎油；厚朴酚；熊果酸；桂油；山苍子油；白樟油；丁香油；香茅油；柠檬油；薄荷素油；茴香油；桉叶油；熏衣草油；龙脑；蓖麻油（药用）

江西东川化工有限公司

江西省新干县城北七琴工业区[331300]
电话：(0796)2620288；2620616
传真：(0796)2620282　　产值：8，520千元
固定资产：3，600千元　　职工人数：36人
经济类型：有限责任公司
销售收入：9，320千元
法人代表：陈世荣
【主要产品】环烷酸（精制）；三混甲酚；不饱和聚酯树脂；工业洗瓶剂；商标纸胶；柴油乳化剂；重油乳化剂；溶剂油

江西福达香料化工有限公司大森林树脂厂

江西省吉安市吉水县文峰工业区[331600]
电话：(0796)3511555；3525413；13907067011
传真：(0796)3511556；3522833
网址：www.eastfuda.com
E-mail：eastfuda@sina.com
【主要产品】α-蒎烯；β-蒎烯；松香改性酚醛树脂（210型）；松香改性酚醛树脂（2118型）；对叔丁基酚醛树脂；失水苹果酸树脂（422型）；失水苹果酸树脂；失水苹果酸树脂（424型）；道路标线涂料专用树脂；甘油松香树脂136；145松香季戊四醇树脂；印刷油墨专用树脂；紫罗兰酮；β-紫罗兰酮；增黏树脂

江西恒辉医药化工有限公司

江西省峡江县工业园区[331409]
电话：(0796)3692389；13576865892
传真：(0796)3692579
供销电话：3692389；13576809088
网址：www.henghuiyaohua.com
E-mail：sales@henghuiyaohua.com
【主要产品】6-氯嘌呤；次黄嘌呤；6-氨基嘌呤；腺嘌呤硫酸盐；腺嘌呤盐酸盐；6-苄氨基嘌呤；维生素B4；氯氮平；丁二酸洛沙平

赣

江西吉安市绿康天然香料油厂

江西省吉安市河东青原大道326号五建内[343009]
电话：(0796)8107286；8107283；13766287383
传真：(0796)8107283
【主要产品】薄荷脑；莪术油；月见草油；大黄素；艾叶油；荆芥油；大蒜油；陈皮油；辛夷油；当归油；红花油；连翘油；青蒿油；牡荆油；川芎油；熊果酸；白樟油；丁香油；柠檬油；茴香油；桉叶油

江西吉水县威海药用油厂

江西省吉水县文峰工业区[331600]
电话：(0796)3512178；13576841578
传真：(0796)3512508
【主要产品】α-蒎烯；β-蒎烯；阿魏酸；百里酚；丹皮酚；莪术油；月见草油；冬青油；颠茄浸膏；艾叶油；广藿香油；荆芥油；大蒜油；陈皮油；当归油；生姜油；连翘油；鸦胆子油；香叶油；苏合香油；川芎油；橄榄油；熊果酸；桂油；丁香油；柠檬油；薄荷素油；茴香油；桉叶油；蓖麻油（药用）

江西吉水县兴华天然香料有限公司

江西省吉水县城南工业区[331600]
电话：(0796)3512477；13907963866
传真：(0796)3511463　　有进出口权
供销电话：3512477；13707961553
经济类型：私营企业　　法人代表：张亲春

网址:jishui.fnfnet.com/chndefault.htm
E-mail:zhangcy21922@163.com
【主要产品】α-蒎烯;β-蒎烯;樟脑;山苍子油;桉叶油;芳樟醇;月桂烯

江西金峰原料药有限公司

江西省峡江县水边镇新村[331409]
电话:(0796)3676038;3731115;13507960781
传真:(0796)3676037
网址:www.jxjinfeng.com
E-mail:jxjinfeng114@tom.com
【主要产品】8-羟基喹啉;利福昔明;氯霉素;阿奇霉素;膦甲酸钠;洛索洛芬钠;环氧洛芬;异维A酸;塞克硝唑;缬沙坦;地奥明;吗氯贝胺;丙硫异烟胺;维A酸

江西瓯林化工有限责任公司

江西省吉安市梅林工业园[343000]
电话:(0796)8101579;8107888;13806552855
传真:(0796)8101579
经济类型:外商独资
网址:www.oulink.com
E-mail:jxol@oulink.com
【主要产品】松香改性酚醛树脂

江西生物制品研究所

江西省吉安市高新技术产业开发区[343000]
电话:(0796)8403905;8403918;13517967628
传真:(0796)8403906;8403916
供销电话:8403916 法人代表:姜洪涛
网址:www.jxibp.com
E-mail:sales@jxibp.com
【主要产品】碘伏;戊二醛;稳定性二氧化氯

江西省吉安市福达天然药用油厂

江西省吉安市井冈山北大道[343000]
电话:(0796)8268796;8268789;13879608163
传真:(0796)8268819
【主要产品】丁香酚;薄荷脑;松油醇;巴豆油;连翘油;香叶油;厚朴酚;丁香油;柠檬油;桉叶油;蓖麻油(药用)

江西省吉安市林源香料公司

江西省吉安市庐境园5号[343000]
电话:(0796)8239789;13907968281
传真:(0796)8239789
网址:jaly.b2b.hc360.com
E-mail:jalyxl@163.com
【主要产品】双戊烯;丙三醇;樟脑;松油醇;叶绿素铜钠;冬青油;丁香罗勒油;橄榄油;桂油;白樟油;香茅油;柠檬桉油;茴香油;桉叶油;熏衣草油;龙脑;凡士林;松节油

江西省吉水三达天然药用香料油厂

江西省吉水县白沙经济开发区[331614]
电话:(0796)3528905;13807962925
传真:(0796)3528647
网址:www.sanda-xly.com
E-mail:sanda@sanda-xly.com
【主要产品】双戊烯;丁香酚;壬二酸;顺式十八碳-9,12-二烯酸;薄荷脑;樟脑;对丙烯基茴香醚;萜烯树脂;糊状叶绿素;左旋香芹酮;丹皮酚;甘草酸;猴菇菌粉;大黄提取物;辣椒流浸膏;大青叶提取物;苦杏仁提取物;板蓝根浸膏;穿心莲浸膏;颠茄浸膏;益母草流浸膏;野菊花浸膏;小叶榕浸膏;罗布麻浸膏;紫丹参浸膏;三七浸膏;巴豆油;紫苏叶油;广藿香油;荆芥油;玫瑰油;大蒜油;陈皮油;当归油;丁香罗勒油;生姜油;连翘油;黄柏果油;苏合香油;姜黄油;牡荆油;川芎油;菖蒲油;橄榄油;熊果酸;桂油;山苍子油;白樟油;黄樟油;丁香油;香茅油;柠檬桉油;柠檬油;薄荷素油;茴香油;桉叶油;熏衣草油;茶皂素;松节油;松焦油;亚麻油

江西省吉水县宏达天然香料有限公司

江西省吉水县文山大道十九号[331600]
电话:(0796)3511924;13707966539
传真:(0796)3511598
供销电话:3511924;13907964067
供销传真:3511307
法人代表:罗宪春
网址:www.hongda-aromachem.com
E-mail:info@hongda-aromachem.com
【主要产品】双戊烯;α-蒎烯;β-蒎烯;松油醇;α-松油醇;异松油烯;松节油;松油

江西省吉水县华宝天然药用油厂

江西省吉水县城南工业区3号[331600]
电话:(0796)3512243;13907969049
法人代表:陈庆赛
网址:www.huabao6688.cn;hbyyy.cn.alibaba.com
【主要产品】丁香酚;阿魏酸;薄荷脑;樟脑;液体石蜡;左旋香芹酮;大豆油;丹皮酚;莪术油;甲基橙皮苷;月见草油;甘草浸膏;水飞蓟素;冬青油;颠茄浸膏;野菊花浸膏;小叶榕浸膏;巴豆油;艾叶油;紫苏叶油;广藿香油;荆芥油;大蒜油;陈皮油;当归油;红花油;丁香罗勒油;生姜油;连翘油;黄柏果油;鸦胆子油;香叶油;苏合香油;青蒿油;五味子油;牡荆油;菖蒲油;橄榄油;满山红油;厚朴酚;丹参酮;熊果酸;槲皮素;桂油;山苍子油;白樟油;黄樟油;丁香油;香茅油;柠檬油;薄荷素油;茴香油;桉叶油;熏衣草油;龙脑;松焦油;蓖麻油;椰子油

江西省吉水县华源香料油厂

江西省吉水县城南工业区二排3栋[331600]
电话:(0796)3513692;13907963613
传真:(0796)3513692
网址:www.hyxly.com
E-mail:abc@hyxly.com
【主要产品】薄荷脑;左旋香芹酮;丹皮酚;紫杉醇;莪术油;甘草浸膏;红车轴草提取物;银杏叶提取物;板蓝根浸膏;颠茄浸膏;益母草流浸膏;巴豆油;艾叶油;紫苏叶油;广藿香油;荆芥油;大蒜油;陈皮油;辛夷油;当归油;生姜油;连翘油;鸦胆子油;苏合香油;川芎油;菖蒲油;满山红油;丁香油;薄荷素油;茴香油;桉叶油;香兰素;龙脑;氢化蓖麻油

江西省吉水县金康天然香料厂

江西省吉水县城南工业区[331600]
电话:(0796)3512238;3512233;13970674889
传真:(0796)3512233
【主要产品】双戊烯;薄荷脑;樟脑;百里酚;香芹酚;松油醇;益母草流浸膏;巴豆油;广藿香油;荆芥油;核桃油;连翘油;苏合香油;姜黄油;缬草油;厚朴酚;熊果酸;桂油;山苍子油;柏木油;柠檬油;薄荷素油;松节油;蓖麻油(药用)

江西省吉水县康神天然药用油提炼厂

江西省吉水县城南开发B区[331600]
电话:(0796)3512288
传真:(0796)3512321
【主要产品】丁香酚;阿魏酸;薄荷脑;樟脑;松油醇;左旋香芹酮;大豆油;丹皮酚;莪术油;甲基橙皮苷;月见草油;甘草流浸膏;甘草浸膏;水飞蓟素;冬青油;颠茄浸膏;小叶榕浸膏;巴豆油;艾叶油;紫苏叶油;广藿香油;荆芥油;大蒜油;陈皮油;当归油;红花油;丁香罗勒油;生姜油;连翘油;黄柏果油;鸦胆子油;香叶油;苏合香油;青蒿油;五味子油;牡荆油;川芎油;菖蒲油;橄榄油;满山红油;厚朴酚;丹参酮;熊果酸;桂油;丁香油;香茅油;柠檬油;薄荷素油;茴香油;檀香油;桉叶油;熏衣草油;龙脑;松节油;松焦油;蓖麻油(药用)

江西省吉水县水南威霸香料公司

江西省吉水县城水南文化街27号[331613]
电话:(0796)3371069;13907963726
传真:(0796)3371176
网址:www.jxweiba.com
E-mail:jxweibaoil@126.com
【主要产品】丁香酚;薄荷脑;樟脑;大豆油;穿心莲内酯;丹皮酚;莪术油;月见

赣

草油;甘草浸膏;冬青油;连翘提取物;金银花提取物;丹参提取物;川芎提取物;当归提取物;山楂提取物;茵陈提取物;白芍提取物;砂仁提取物;板蓝根浸膏;颠茄浸膏;银杏浸膏;益母草流浸膏;小叶榕浸膏;艾叶油;紫苏叶油;广藿香油;荆芥油;大蒜油;陈皮油;辛夷油;当归油;丁香罗勒油;生姜油;连翘油;香叶油;苏合香油;姜黄油;青蒿油;牡荆油;川芎油;橄榄油;缬草油;满山红油;厚朴酚;熊果酸;桂油;丁香油;香茅油;柠檬油;薄荷素油;茴香油;檀香油;桉叶油;熏衣草油;龙脑

江西省吉水县水南药用百草油提炼厂

江西省吉水县城南工业开发区 A 区[331600]
电话:(0796)3511778;13879650333
传真:(0796)3511977
经济类型:股份合作
网址:www. bcyyy. com
【主要产品】丁香酚;薄荷脑;樟脑;液体石蜡;莪术油;月见草油;冬青油;艾叶油;紫苏叶油;广藿香油;荆芥油;苏子油;大蒜油;陈皮油;当归油;红花油;丁香罗勒油;生姜油;连翘油;苏合香油;沙棘油;牡荆油;川芎油;橄榄油;桂油;白樟油;黄樟油;丁香油;香茅油;柠檬油;薄荷素油;茴香油;桉叶油;龙脑;松节油;蓖麻油(药用)

江西省吉水县同仁天然药用油厂

江西省吉水县城南工业区[331600]
电话:(0796)3511089;13907067122
传真:(0796)3511977
网址:www. tryyy. com
E-mail:jszcr@ 163. com
【主要产品】丁香酚;薄荷脑;樟脑;液体石蜡;黄芩苷;丹皮酚;莪术油;月见草油;甘草浸膏;冬青油;艾叶油;广藿香油;荆芥油;苏子油;大蒜油;陈皮油;当归油;红花油;丁香罗勒油;香叶油;苏合香油;沙棘油;青蒿油;牡荆油;川芎油;橄榄油;熊果酸;槲皮素;白樟油;黄樟油;丁香油;香茅油;柠檬油;薄荷素油;茴香油;桉叶油;龙脑;松节油;蓖麻油(药用)

江西省吉水药用提炼厂

江西省吉水县城南工业园区文山大道 137 号[331600]
电话:(0796)3511863;3511873;13879602716
传真:(0796)3511278
网址:www. jsyyy. com
E-mail:jsyyy@ jsyyy. com
【主要产品】丙三醇;丁香酚;阿魏酸;薄荷脑;液体石蜡;松油醇;穿心莲内酯;青蒿素;莪术油;月见草油;紫苏叶油;荆芥油;大蒜油;当归油;丁香罗勒油;连翘油;沙棘油;橄榄油;厚朴酚;熊果酸;柠檬油;薄荷素油;茴香油;桉叶油;龙脑;吐温 80;松节油;蓖麻油(药用)

江西省吉水中南天然香料油厂

江西省吉水县白沙开发区井冈北路 20 号[331614]
电话:(0796)3537683;3537685;13979609655
传真:(0796)3537685
网址:www. jstrxly. com
E-mail:www. jstrxly. com
【主要产品】双戊烯;丁香酚;β-苯基丙烯酸;阿魏酸;琥珀酸;顺式十八碳-9,12-二烯酸;薄荷脑;樟脑;百里酚;尿囊素;对丙烯基茴香醚;小檗碱;大蒜素;鱼腥草素钠;丹皮酚;莪术油;羟甲香豆素;辣椒流浸膏;板蓝根浸膏;颠茄浸膏;野菊花浸膏;三七浸膏;艾叶油;大蒜油;鸦胆子油;姜黄油;牡荆油;厚朴酚;熊果酸;山苍子油;白樟油;丁香油;柠檬油;茴香油;肉桂醛;香兰素;香豆素;酮麝香;愈创木酚;松焦油

江西省南方药物油厂

江西省吉水县城南[331600]
电话:(0796)3524548;3520995;13707966808
传真:(0796)3520995;3524548
网址:xjb4548. foodqs. com
【主要产品】4-甲氧基苯甲醛;丁香酚;阿魏酸;薄荷脑;樟脑;百里酚;二苯乙醇酮;对丙烯基茴香醚;松油醇;糊状叶绿素;黄芩苷;丹皮酚;莪术油;月见草油;甘草浸膏;齐墩果酸;熊果苷;冬青油;辣椒流浸膏;枳实提取物;银杏叶提取物;穿心莲浸膏;颠茄浸膏;小叶榕浸膏;巴豆油;艾叶油;紫苏叶油;广藿香油;荆芥油;苏子油;玫瑰油;大蒜油;陈皮油;当归油;丁香罗勒油;生姜油;连翘油;黄柏果油;鸦胆子油;香叶油;苏合香油;沙棘油;青蒿油;牡荆油;葡萄籽油;菖蒲油;橄榄油;满山红油;厚朴酚;桂油;丁香油;香茅油;柠檬油;薄荷素油;木香油;茴香油;桉叶油;熏衣草油;肉桂醛;龙脑;复盆子酮;迷迭香;松焦油;蓖麻油(药用)

江西威科油脂化学有限公司

江西省吉安市高新技术开发区拓展大道 02 号[343100]
电话:(0796)8403336;8403339;13907066369
传真:(0796)8402567
网址:www. wk163. com
E-mail:weikeyouzhi@ 163. com
【主要产品】山萮酸酰胺;油酸酰胺;聚氨酯高效脱模剂;树脂制品脱模剂;芥酸酰胺;PVC 内润滑剂;PVC 外润滑剂;亚乙基双油酸酰胺;橡胶防粘剂

江西银鑫有色金属有限公司

江西省永新县工业开发区[343400]
电话:(0796)7751888;7751509;13979658888
传真:(0796)7752888
供销电话:7751888;13979658888
网址:www. silver-cn. com
E-mail:webmaster@ silver-cn. com
【主要产品】硝酸银;氰化银钾;氧化银

江西永友化工助剂有限公司

江西省永丰县城东湖工业区[331500]
电话:(0796)2515712
传真:(0796)2516944
网址:233378. my. sme. cn
【主要产品】硬脂酸酰胺;各色塑料涂料;塑料印刷油墨;油酸酰胺;芥酸酰胺;棕榈油

赣

江西宇能医药化工有限公司

江西省吉安市高新技术开发区[343000]
电话:(0796)8402708;13307063230
传真:(0796)8402709　职工人数:130 人
网址:www. yunengchem. com
E-mail:sales@ yunengchem. com
【主要产品】烯丙基雌烯醇;雌(甾)酮;头孢吡肟盐酸盐;头孢尼西钠;氟替卡松丙酸酯;雌二醇;雌三醇;6-甲基醋酸泼尼松龙;甲基氢化泼尼松;羟基泼尼松龙醋酸酯;曲安奈德;福美斯坦;依普利酮;泰妥拉唑;维库溴铵;布地奈德;双氟美松;醋酸氯司替勃;地索奈德

遂川县新海化工有限责任公司

江西省遂川县工业园区创业大道 56 号[343900]
电话:(0796)6233077;6233893;13807963948
传真:(0796)6233893
供销电话:6233893;6233077
经济类型:私营企业
网址:www. xinhaichem. com;www. xinhai. cn
E-mail:sales@ xinhaichem. com
【主要产品】季戊四醇松香酯;松香改性酚醛树脂;松香改性马来酸树脂;萜烯树脂;萜烯酚醛树脂;萜烯苯乙烯树脂;超级增黏树脂;季戊四醇松香增黏树脂;甘油松香树脂;印刷油墨专用树脂

山东省

济南市

阿维化学(山东)公司

山东省济南市山大路201号创展中心421室[250014]
电话:(0531)87930874;13808922984
传真:(0531)82920050
网址:www.avfchem.com
E-mail:sales@avfchem.com
【主要产品】氟虫腈;三氯蔗糖;植酸酶;3,5-二硝基邻甲苯甲酰胺;甲氧苄啶;卡洛芬;泛酸钙;叶酸;托曲珠利;地克珠利

鲍山化工厂

山东省济南市工业南路殷陈村[250101]
电话:(0531)88683782;13964019903
传真:(0531)88881789
职工人数:150人
网址:www.baoshanchem.com
E-mail:sales@baoshanchem.com
【主要产品】氢溴酸;硫酸铵(工业级);二甲苯;甲苯;苯;邻溴苯甲醚;对溴苯甲醚;对氯苯甲醚;对氯苯乙醚;对溴苯酚;邻溴苯酚;对溴苯乙醚;2,4,6-三溴苯酚;偶氮二异丁腈;工业萘;洗油;混合油;粗酚;中温沥青;低温沥青;高温沥青

北杉化学有限公司

山东省济南市天桥区北外环路药山北[250032]
电话:(0531)85708090;85708099
传真:(0531)85708014
经济类型:港澳台商独资经营
法人代表:杜益铭
网址:www.peisun.com
E-mail:jinan@peisun.com
【主要产品】防锈油;酸腐蚀抑制剂;切削油;多用酸洗缓蚀剂

化学工业(全国)饲料添加剂工程技术中心山东科技公司

山东省济南市历下区文化东路80号[250014]
电话:(0531)82946345
传真:(0531)82663100 经济类型:国有
固定资产:100千元 产值:200千元
销售收入:180千元 职工人数:20人
法人代表:冯维春
E-mail:chemsci@sohu.com
【主要产品】甘氨酸螯合铁;氨基酸微量元素螯合盐

济南爱特佳涂料有限公司

山东省济南市天桥区黄岗路15-25号(黄岗工业园一区)[250032]
电话:(0531)85606769;85606782;85979678
传真:(0531)85979678 职工人数:60人
供销电话:85606769;85979678
供销传真:85606782;85979678
经济类型:有限责任公司
法人代表:左卫东
网址:www.aitega.com
E-mail:jnaitega@163.com
【主要产品】醇酸树脂;硝基家具漆;内外墙乳胶漆

济南奥凯氟塑料有限公司

山东省济南市道德北街197号[250022]
电话:(0531)87950442
传真:(0531)87159431
网址:www.aukf.com.cn
E-mail:aukf@public.jn.sd.cn
【主要产品】聚全氟乙丙烯树脂;聚四氟乙烯生料带;聚四氟乙烯导向带;聚四氟乙烯薄膜;聚四氟乙烯多孔板;聚四氟乙烯板材;聚四氟乙烯增强板;聚四氟乙烯补偿器;聚四氟乙烯波纹管;聚四氟乙烯管材;不锈钢丝增强聚四氟乙烯软管;聚四氟乙烯垫片;聚四氟乙烯滑动支座;聚四氟乙烯制品;聚四氟乙烯棒材;聚四氟乙烯套筒

济南白鹤塑料有限责任公司

山东省济南市明湖北路1号[250033]
电话:(0531)86961175
传真:(0531)86961795 有进出口权
职工人数:400人
网址:www.baiheplastic.com
E-mail:baihe@163169.net;
xs@baiheplastic.com
【主要产品】塑料制品;塑料编织袋

济南白云有机化工有限公司

山东省济南市辛丘龙山镇龙湖路33号[250216]
电话:(0531)83624616
传真:(0531)83624616 有进出口权
供销电话:83624611 法人代表:李守顺
供销传真:83624611
经济类型:有限责任公司
E-mail:jnbyz@china-blnestar.com
【主要产品】甲醛;乌洛托品

济南铂源化学有限公司

山东省济南市桑园路50号[250100]
电话:(0531)88969631
供销传真:88964879 产值:10,000千元
经济类型:私营企业 职工人数:21人
法人代表:张立国
网址:www.jnboyuan.com.cn
E-mail:slsl@jnboyuan.com
【主要产品】氯铂酸;二碘二氨合铂;(1R,2R)-(-)-1,2-环己二胺;1,1-环丁烷二羧酸;氯铂酸钾;氯亚铂酸钾;氧化铂;地红霉素;盐酸特比萘酚;盐酸布替萘芬;法罗培南;卡莫氟;替加氟;顺铂;卡铂;克脑迷;佐匹克隆;奥沙利铂;新凝灵;卡络磺钠;奥扎格雷钠;*S*-罗哌卡因甲磺酸盐;萘达铂

济南长城炼油厂

山东省济南市市中区七贤镇杨庄路10号[250022]
电话:(0531)81219210
传真:(0531)87165108
经济类型:国有
固定资产:263,000千元 有进出口权
供销电话:87165160
职工人数:564人
供销传真:87151306 法人代表:渠龙
销售收入:868,000千元
网址:www.china-blustar.com
E-mail:jncl@jn-public.sd.cninfo.net
【主要产品】原油;石油液化气;汽油;0号轻柴油;柴油;重油;SBS防水卷材;建筑沥青

济南成港纤维素有限公司

山东省济南市天桥区成丰街25号[250031]
电话:(0531)85767908
传真:(0531)85767908
网址:www.sd-liangbao.com
E-mail:chenggang@sd-chenggang.com
【主要产品】羧甲基纤维素钠

济南诚汇双达化工有限公司

山东省济南市华信路高新产业基地凯贝特大厦2楼[250100]
电话:(0531)82312525;82312538;82312533
传真:(0531)88017765 有进出口权
经济类型:股份合作 职工人数:200人
法人代表:王志明
网址:www.jnchsd.com
E-mail:captain0723@hotmail.com;
ydh@jnchsd.com
【主要产品】环丁基甲醇;东莨菪醇;对甲基肉桂酸;4-哌啶甲酸甲酯;5,6-二甲氧基-1-茚酮;*N*-苯基哌嗪;*N*-(2′,6′-二甲苯基)-2-哌啶甲酰胺;2,3-环戊烯并吡啶;*N*-羟基邻苯二甲酰亚胺;2-羟基喹啉-4-甲酰氯;3-甲基-3-羟甲基氧杂环丁烷;头孢匹罗;膦甲酸钠;鱼腥草素钠;坎地沙坦酯;米屈肼;噻托溴铵;左羟丙哌嗪;雷贝拉唑钠;盐酸罗沙替丁醋酸酯;奥扎格雷钠;奥扎格雷;盐酸奥扎格雷;*S*-盐酸罗哌卡因;*S*-罗哌卡因甲磺酸盐;盐酸布比卡因;盐酸地布卡因;盐酸左旋西替利嗪;氯雷他定;硫普罗宁;盐酸丙胺卡因;司替罗宁

济南大正伟业科贸有限公司

山东省济南市山大北路 37 号[250100]
电话:(0531)88021288;88026842
传真:(0531)88111192
经济类型:股份有限公司
法人代表:刘同清
网址:www.dazhengwy.com
E-mail:dazhengwy@163.com
【主要产品】醋酸钠;醋酸钾;乙酸铵;盐酸甜菜碱;甜菜碱;盐酸特比萘酚;替加氟;羟基脲

济南德澳科技有限公司

山东省济南市槐荫街 90 号[250031]
电话:(0531)87191879
经济类型:私营企业　产值:3,500 千元
职工人数:25 人　法人代表:赵萍
E-mail:liunan180@yahoo.com.cn
【主要产品】污水处理剂

济南德洋特种气体有限公司

山东省济南市历城区华山镇胜利路 66 号[250108]
电话:(0531)88770724;88771238
传真:(0531)88262746
固定资产:5,000 千元　职工人数:100 人
供销电话:88770724;85313845
经济类型:有限责任公司
法人代表:魏春河
网址:www.jndytq.com
E-mail:office@jndytq.com
【主要产品】氧气(医用);混合气

济南东合化工有限公司

山东省济南市解放东路 35 号[250100]
电话:(0531)88930674;88561168;88933750
【主要产品】5% 菌毒清水剂;辛·氰乳油;高氯·辛乳油;水胺·辛乳油

济南方信集团有限公司

山东省济南市白马山南路 15 号[250022]
电话:(0531)87964946;87962254
传真:(0531)87964946　有进出口权
供销电话:87964946;87957511
经济类型:有限责任公司
企业规模:大型　法人代表:王伟
网址:www.fangxin.com
E-mail:fangxin@china.com
【主要产品】聚氯乙烯门窗型材;聚氯乙烯薄膜;给水用硬聚氯乙烯管材;聚氯乙烯板材;塑钢门窗

济南凤山恒坤化工科技有限公司

山东省济南市正丰路高新区环保科技园[250100]
电话:(0531)82375880
传真:(0531)82375880　职工人数:30 人
经济类型:有限责任公司
产值:3,000 千元　法人代表:许坤
E-mail:fengshanhengkun@sina.com
【主要产品】盐酸多沙普仑

济南钢铁集团总公司焦化厂

山东省济南市历城区工业北路 21 号[250101]
电话:(0531)88985901-69065,69047
传真:(0531)88982126
经济类型:国有
供销电话:88866932　有进出口权
法人代表:李长顺
【主要产品】焦化二甲苯;甲苯;焦化苯;工业酚;硫酸铵;粗苯;工业萘;煤焦油;中温沥青;焦炭

济南高华制药公司

山东省济南市高新技术产业开发区华阳路 80 号[250100]
电话:(0531)88905244;88905243
传真:(0531)88012284;88064486
供销电话:88064486　法人代表:赵宝山
供销传真:88061186
经济类型:有限责任公司
网址:www.gaohuazhiyao.com
【主要产品】吲达帕胺;富马酸氯马斯丁

济南高新开发区大山科贸公司

山东省济南市华阳路留学生创业园南楼 238 室[250101]
电话:(0531)88111580;88511504;88113668
传真:(0531)88113667　经济类型:国有
供销电话:88113669　职工人数:32 人
法人代表:陈际江
网址:www.dashanco.com
E-mail:email@dashanco.com;
【主要产品】丁苯热塑橡胶;丙烯酸乳胶漆;聚氨酯密封胶;氯丁橡胶胶黏剂

济南国邦化工有限公司

山东省济南市市中区七贤镇七贤村南首[250022]
电话:(0531)88912526;13066021112
传真:(0531)87120706
网址:www.jngb.net
【主要产品】聚醚系列;二甲基硅油;有机硅消泡剂;甲基硅酸钠;有机硅防水剂;焊接防溅剂

济南海得贝海洋生物工程有限公司

山东省济南市段店北路 155 号[250022]
电话:(0531)87561461;87500146
传真:(0531)87505298　有进出口权
经济类型:股份有限公司
产值:5,000 千元
职工人数:120 人
法人代表:齐恩辉
网址:www.haidebei.com
E-mail:jnhdb@haidebei.com;market@haidebei.com
【主要产品】壳聚糖;壳聚寡糖

济南海华洗涤制品有限公司

山东省济南市槐荫区吴家堡镇济齐路中段[250118]
电话:(0531)85971074;85985743
传真:(0531)85971074
经济类型:与港澳台商合资经营
法人代表:臧十月
网址:www.jnhaihua.com
E-mail:hh@jnhaihua.com
【主要产品】十二烷基苯磺酸;合成洗衣粉;洗洁精;洗衣膏

济南海汇新能源科技发展有限公司

山东省济南市历城区祝甸农业干部管理学院[250100]
电话:(0531)88912711
传真:(0531)88912711
经济类型:中外合作经营企业
网址:www.hhxny.com
E-mail:hhxny126@163.com
【主要产品】汽油;柴油;石油添加剂

济南海启明化工有限责任公司

山东省济南市平阴县刁山坡化工区[250404]
电话:(0531)87785569
传真:(0531)87786158
固定资产:15,000 千元
供销电话:87785321　法人代表:李子顺
经济类型:私营企业
网址:www.haiqiming.com
【主要产品】杀虫剂类;农用杀菌剂;嘧霉胺;除草剂

济南恒益瑞德化工有限公司

山东省济南市章丘绣惠桃花山工业园[250200]
电话:(0531)83483688
经济类型:有限责任公司
产值:2,000 千元　职工人数:80 人
法人代表:魏建国
【主要产品】盐酸

济南弘丰化工有限公司

山东省济南市曲堤化工园[250014]
电话:(0531)84481886;84480516
传真:(0531)84488867　职工人数:70 人
经济类型:有限责任公司
网址:www.qudichem.com
E-mail:sales@qudichem.com;
【主要产品】氯乙酰氯

济南弘易化工厂

山东省济南市天桥区黄台山乡魏家庄 1 号[250032]
电话:(0531)82982358
传真:(0531)88315813　经济类型:集体
固定资产:15,000 千元
网址:www.hongyi-chem.com
E-mail:baihuagongsi@163.com

鲁

【主要产品】乙二胺；二盐基亚磷酸铅；三盐基硫酸铅；硬脂酸钙；硬脂酸锌

济南宏业音像化工有限责任公司

山东省济南市市中区二七新村南路14号[250002]
电话：(0531)82722646
供销电话：88966093　有进出口权
供销传真：88966085　职工人数：430人
经济类型：有限责任公司
法人代表：郭殿峰
网址：www. marbelon. cn；www. qxav. com. cn
E-mail：master@ hy2008. net
【主要产品】乙二胺；油漆；内外墙乳胶漆；真石漆；钢塑涂料；硬脂酸铅

济南鸿华集团总公司

山东省济南市长清区固山工业开发区[250307]
电话：(0531)87432529；87432236；87432238
传真：(0531)87432239　经济类型：集体
有进出口权　职工人数：800人
法人代表：张青云
网址：www. jnhonghua. com
E-mail：jnhhjt@ 126. com
【主要产品】无水碳酸钠；硝酸钠；氨基树脂；环氧树脂

济南华富达实业有限公司

山东省济南市标山路11号[250033]
电话：(0531)85709978
传真：(0531)85709978
网址：huafuda. chem. cn
E-mail：huafuda@ chem. cn
【主要产品】环氧树脂；不饱和聚酯树脂；胶衣树脂；聚氨酯树脂；氟碳漆；环氧固化剂

济南华菱药业有限公司

山东省济南市历下区丁家庄南路6号[250100]
电话：(0531)88934846；88934818
传真：(0531)82966221　有进出口权
供销电话：88934818；88925208
供销传真：88934818　法人代表：张国强
经济类型：中外合资经营企业
网址：www. hl-asia. com
E-mail：sales@ hl-asia. com
【主要产品】氯化胆碱；酒石酸氢胆碱

济南华鲁氟化学工业联合公司

山东省济南市济洛路130号[250031]
电话：(0531)85919809；85940904
传真：(0531)85946047　职工人数：70人
网址：www. huafchem. com
E-mail：f4@ huafchem. com
【主要产品】聚四氟乙烯薄膜；聚四氟乙烯板材；聚四氟乙烯管材；聚全氟乙丙烯管；聚四氟乙烯棒材

济南华明生化有限公司

山东省章丘市明水经济开发区工业园[250200]
电话：(0531)83257610；83257420
传真：(0531)83257420　经济类型：国有
有进出口权　产值：5,000千元
职工人数：260人　法人代表：张永贡
网址：www. jnhuaming. com
E-mail：sales@ jnhuaming. com
【主要产品】衣康酸

济南华泰科技发展有限公司

山东省济南市开发区正丰路环保科技园1号楼2楼[250100]
电话：(0531)88885628；88882578
传真：(0531)88902540；88109803
供销传真：88169803；88882578
经济类型：与港澳台商合资经营
有进出口权　法人代表：李传生
网址：www. jnwp. com
E-mail：lichuansheng@ jnwp. com
【主要产品】卵磷脂；十二烷基二甲基苄基氯化铵；聚丙烯酸；阻垢分散剂；羟基亚乙基二膦酸；阻垢缓蚀剂

济南华泰隆化工有限公司

山东省济南市济阳县曲堤镇[251412]
电话：(0531)84480848；84480002；84480016
传真：(0531)84480032　有进出口权
固定资产：160,000千元
供销电话：4480032　法人代表：苏继才
经济类型：私营企业
网址：www. htlchem. com
E-mail：ws1668@ 126. com
【主要产品】三聚氰胺；氨水；无纺布；水性复膜胶；SBS改性沥青防水卷材；沥青

济南华阳食品添加剂有限公司

山东省济南市将军路80号将军集团北门[250100]
电话：(0531)88260666；88261588
传真：(0531)88260666
网址：www. china-rongbao. com
E-mail：webmaster@ china-rongbao. com
【主要产品】羧甲基纤维素钠(食品级)；羧甲基纤维素钠

济南化肥厂有限责任公司

山东省济南市历城区王舍人镇工业北路23号[250101]
电话：(0531)86511810；86511202
传真：(0531)88694964　有进出口权
固定资产：620,000千元
供销电话：86511834；86511268
供销传真：88697580　法人代表：孔凡亭
经济类型：有限责任公司
职工人数：1,700人
网址：www. jnhfc. com
E-mail：jnhfc@ jnhfc. com
【主要产品】硝酸；工业氨水；硫黄；二氧化碳(液体)；甲醇；三聚氰胺；合成氨；液氨；碳酸氢铵；混配复合肥料；冲施肥；塑料编织袋

济南化工厂分厂

山东省济南市汽车厂东路2号[250031]
电话：(0531)85953316
传真：(0531)85950634　经济类型：集体
网址：www. azho. com
E-mail：azho@ azho. com；pofzsy2002@ 163. com
【主要产品】氟氢酸；氟硼酸；氟硼酸钾；氟化钠；氟化钾；氟氢化钾；氟化铵；氟化氢铵

济南化工机械总厂有限公司

山东省济南市天桥区堤口路86号[250031]
电话：(0531)85952114；85951236
传真：(0531)85952114　有进出口权
经济类型：股份合作　职工人数：566人
法人代表：王子兴
网址：www. jnhj. net
E-mail：sale@ jnhj. net
【主要产品】带式压榨过滤机；厢式压滤机；板框压滤机；板式换热器；三足式离心机；卧式螺旋卸料沉降离心机

济南槐荫化工总厂

山东省济南市槐荫区丁字山东路125号[250022]
电话：(0531)87972224；87955784
传真：(0531)87957308　经济类型：集体
有进出口权
法人代表：魏济平
网址：www. hyhgzc. com
E-mail：zc@ hyhgzc. com
【主要产品】盐酸；氢氧化钠；氯化钾；漂白液；高锰酸钾；硅酸钠；防火涂料；建筑涂料；丙烯酸内墙乳胶漆；环保型装饰胶

济南黄河涂料厂

山东省章丘市黄河商业大街5号[250210]
电话：(0531)83561068
经济类型：私营企业　职工人数：96人
法人代表：于宗亭
网址：www. huanghexingxin. com
E-mail：huanghe@ huanghexingxin. com
【主要产品】内墙涂料；外墙涂料；丙烯酸内墙乳胶漆；丙烯酸外墙乳胶漆；钢化涂料；建筑胶801；聚醋酸乙烯乳液胶黏剂；107胶；地板胶；环保108胶

济南惠泽新型建材有限公司

山东省济南市市中区七贤镇文庄路14号[250022]
电话：(0531)87119066；13583108934
供销传真：87119066　职工人数：16人
经济类型：私营企业　法人代表：陈小琴
【主要产品】混凝土添加剂；砂浆增效剂

鲁

济南杰兴实业有限公司

山东省济南市槐荫区段店大李 188 号[250117]
电话:(0531)87984229
传真:(0531)87515102
经济类型:有限责任公司
法人代表:李大杰
网址:www. jxsj. com
E-mail:webmaster@ jxsj. com
【主要产品】聚四氟乙烯生料带;聚四氟乙烯密封圈;聚四氟乙烯板材;聚乙烯钢塑防腐管道;聚四氟乙烯管材;聚四氟乙烯填充制品;聚四氟乙烯制品;聚四氟乙烯棒材;三元乙丙橡胶胶板;橡胶防腐衬里系列;硅橡胶制品;氟橡胶制品;丁腈橡胶制品;氟橡胶 O 形圈

济南金达药化有限公司

山东省济南市洪楼西路 29 号[250200]
电话:(0531)83260663;83260901;13705402409
传真:(0531)83260728　有进出口权
供销电话:88900314;13705402409
供销传真:88902114　法人代表:程玉水
经济类型:有限责任公司
网址:www. jindapharm. com
E-mail:saless@ jindapharm. com
【主要产品】1-氨基海因盐酸盐;醋酸钠;尿囊素;硝呋醛;呋喃唑酮;呋喃妥因;鞣酸小檗碱;保泰松;非普拉宗;卡洛芬;双嘧达莫;盐酸索他洛尔;环扁桃酯;盐酸甲哌酮;氟哌啶醇;氯氮平;卡马西平;西咪替丁;溴甲贝那替秦;联苯双酯;黄酮哌酯;丹曲林钠;月桂氮卓酮

济南金地农药有限公司

山东省济南市商河县商中路 116 号[251600]
电话:(0531)84880299;84874396
传真:(0531)84880299　经济类型:集体
【主要产品】高渗哒螨灵乳油;吡虫啉乳油;5% 菌毒清水剂;草甘膦水剂(10%);25% 丙·仲乳油;高氯·灭乳油;阿维·唑磷乳油

济南金信洋染料有限公司

山东省济南市济北开发区造纸工业园[251403]
电话:(0531)84217686;84382816;13506406751
传真:(0531)84217718　职工人数:89 人
经济类型:有限责任公司
法人代表:程善林
网址:www. jinzhouchem. com
E-mail:csl@ jinzhouchem. com;
fjb@ jinzhouchem. com
【主要产品】直接橙 S;直接桃红 5B;直接耐酸大红 4BS;直接耐晒翠蓝 GL;酞菁蓝

济南金属颜料总厂

山东省济南市泺安路 5 号[250032]
电话:(0531)85736056
传真:(0531)85704195　经济类型:集体
供销电话:85736060;85704195
法人代表:郭吉生
【主要产品】铝粉;铝银浆

济南九州富得香料有限责任公司

山东省济南市高新技术产业开发区新泺大街 2 号[250101]
电话:(0531)88878814;88873363-8206
传真:(0531)88874054
网址:www. jzfd-flavour. com
E-mail:webmaster@ jzfd-flavour. com
【主要产品】香精

济南巨升实业有限公司

山东省济南市济新路 8 号[250015]
电话:(0531)82991415
传真:(0531)82991415　职工人数:25 人
供销电话:87921059　法人代表:谭国利
经济类型:私营企业
【主要产品】油墨

济南巨业精细化工有限公司

山东省济南市历城区王舍人镇坝王路北首[250100]
电话:(0531)88680691;88885516;88880696
传真:(0531)88680718
供销电话:88880696;13153105046
职工人数:260 人
网址:www. jnjyjx. com
E-mail:info@ jnjyjx. com
【主要产品】过碳酸钠;过氧化氢;冰醋酸;氨基甲酸甲酯;*N*,*N'*-二环己基碳二亚胺;二氯异氰尿酸钠;醋酸钠;二氧化硫脲;除垢剂;阴离子柔软剂;氨基硅油柔软剂;蓬松柔软剂;十二烷基二甲基苄基氯化铵;高温分散匀染剂;高分子絮凝剂;固色剂 Y;渗透剂 JFC;快速渗透剂 T;工业快速渗透剂;双氧水稳定剂;精炼剂;耐碱精炼剂;皂洗剂;消泡剂;聚丙烯酸钠;聚丙烯酸;丙烯酸-丙烯酸羟丙酯共聚物;2-膦酸丁烷-1,2,4-三羧酸;水解聚马来酸酐;氨基三亚甲基膦酸;羟基亚乙基二膦酸;2-羟基膦酰基乙酸;水质稳定剂;水质稳定剂 EDTMPS;二乙烯三胺五亚甲基膦酸;杀生剂;聚合氯化铝;净洗剂 209;磷化液;铜缓蚀剂;阻垢缓蚀剂;缓蚀剂;异噻唑啉酮;清洗剂

济南乐康信药业有限公司

山东省济南市高新区华能路 19 号留学人员创业园 2 号楼 242 室[250100]
电话:(0531)82373278;13335115528
传真:(0531)82373277
网址:www. jnjz. com
E-mail:webmaster@ jnjz. com
【主要产品】2,6-二异丙基苯酚;2,3-环戊烯并吡啶;三苯基膦;头孢他美酯;头孢硫脒;克霉唑;鱼腥草素钠;右旋泛酸钙;托曲珠利;阿苯哒唑;环磷腺苷;雷替曲塞;米力农;米屈肼;度洛西汀;多潘立酮;拉米夫定;托拉塞米;黄酮哌酯;卡络磺钠;米托坦

济南隆盛有限责任公司

山东省济南市历城区遥墙镇工业路 15 号[250107]
电话:(0531)88746225
传真:(0531)88745087
网址:www. sdjnls. com
E-mail:sdjnls1993@ Yahoo. com. cn;
sales@ sdjnls. com
【主要产品】2-乙氧基-5-氟尿嘧啶;2,4-二氯-5-氟尿嘧啶;4-氨基-2-氯-5-氟尿嘧啶;氟乙酸甲酯;氟乙酸乙酯;*O*-甲基异脲硫酸盐;3-氰基-2,6-二羟基-5-氟吡啶;氟胞嘧啶;氟尿嘧啶;5-氟胞苷

济南鲁康化学工业有限公司

山东省济南市历城区工业北路路家庄东[250101]
电话:(0531)88881462;88888401-3169
传真:(0531)88885196　有进出口权
供销传真:88881462　法人代表:朱建生
经济类型:有限责任公司
【主要产品】甲酸乙酯;甲醇;甲醛(溶液);防冻液

济南鲁联集团试剂有限公司

山东省济南市槐荫区丁子山路 35 号[250022]
电话:(0531)87952525
传真:(0531)87952525　有进出口权
供销电话:87955386　法人代表:谢明新
供销传真:87955386
经济类型:有限责任公司
【主要产品】氟硼酸;氟硼酸亚锡;氟硼酸铅;乙二胺四乙酸;二乙烯三胺五乙酸;次氮基三乙酸;乙二胺四乙酸二钠;乙二胺四乙酸四钠;乙二胺四乙酸铁钠;醋酸钠

济南鲁联集团橡胶制品有限公司

山东省济南市天桥区济泺路 32 号[250032]
电话:(0531)85702887;85706785
固定资产:550,000 千元　有进出口权
供销电话:85702887;85701376
经济类型:有限责任公司
销售收入:1,500,000 千元
企业规模:大型　法人代表:刘津福
【主要产品】矿用胶布导风筒;橡胶杂品;普通橡胶板;橡胶布;绝缘胶布带

济南鲁泉奥凯防水材料有限公司

山东省济南市经七路 843 号泰山国际大厦 15 楼 B—05 室[250022]
电话:(0531)83318416;87964634;87964296
传真:(0531)87157423

鲁

供销电话:87964296;87953839
网址:www.lqaokai.com
【主要产品】聚氯乙烯塑料地板;聚氯乙烯复合土工膜;彩色聚氨酯防水涂料;聚氯乙烯防水卷材

济南玛博伦环保涂料有限公司

山东省济南市魏家庄1号[250100]
电话:(0531)88966017
传真:(0531)88966017 有进出口权
固定资产:8,000千元 职工人数:34人
供销电话:88966093 产值:10,000千元
供销传真:88966085 法人代表:张荣丰
经济类型:私营企业
销售收入:10,000千元
网址:www.marbelon.cn
E-mail:sale@marbelon.cn
【主要产品】油漆;水性多彩涂料;建筑涂料;丙烯酸聚氨酯漆;内外墙乳胶漆;真石漆;环保型内外墙乳胶漆;聚酯水晶地板漆;环氧地坪涂料;氟碳漆;水性环保型弹性涂料;水性木器漆

济南美壁丽实业有限公司

山东省济南市市中区七贤镇白马山西路39号[250022]
电话:(0531)87966937;13906414261
传真:(0531)87966937 职工人数:16人
经济类型:有限责任公司
法人代表:徐如军
【主要产品】丙烯酸内墙乳胶漆;丙烯酸外墙乳胶漆

济南明鑫制药有限公司

山东省章丘市明水工业二路七号[250200]
电话:(0531)83312713;83314433
传真:(0531)83312713;83312885
经济类型:有限责任公司 有进出口权
法人代表:黄葆新
网址:www.mingxinpharm.com
E-mail:mszyc@public.jn.sd.cn
【主要产品】2,3,4,5-四甲氧基甲苯;次黄嘌呤;1,2,3,5-四乙酰-β-D-呋喃核糖;2,3-二甲氧基-5-甲基-1,4-苯醌;利巴韦林;维生素K1;吲达帕胺;三磷酸腺苷二钠;肌苷;腺苷;胞苷

济南普恩聚氨酯有限公司

山东省济南市天桥开发区兴业路29号[250032]
电话:(0531)85736166
传真:(0531)85700124
经济类型:中外合资经营企业
网址:www.chinapuren.com
【主要产品】聚醚多元醇(喷涂用硬质);环戊烷组合聚醚;耐高温型组合聚醚;组合聚醚;保温型硬泡聚氨酯板材;聚氨酯直埋保温管

济南锐铂化工有限公司

山东省济南市临港经济开发区B区[250100]
电话:(0531)88742922;13505405185
供销电话:88779531 有进出口权
供销传真:82370118 职工人数:56人
网址:www.rbchem.cn
E-mail:sales@rbchem.cn
【主要产品】促进剂CZ;促进剂CA;促进剂D;促进剂DM;促进剂M;促进剂NA-22;促进剂PX;促进剂TETD;促进剂TMTD;促进剂ZDC;硫化剂;橡胶促进剂;促进剂PZ;硫化促进剂TBTD;硫化促进剂ZBEC;促进剂DTDM;促进剂TMTM;促进剂TRA;促进剂ZMBT;橡胶促进剂TP;橡胶促进剂TDEC;橡胶防老剂;防老剂DNP;防老剂MB;防老剂RD;防老剂MBZ;防老剂MMB;防老剂NBC;硫化剂VA-7

济南瑞孚润滑材料有限公司

山东省济南市长安工业园[251600]
电话:(0531)83981467;13969103583
传真:(0531)84606589 有进出口权
固定资产:5,000千元 职工人数:100人
经济类型:私营企业 产值:50,000千元
销售收入:30,000千元
网址:www.ruifugroup.com
E-mail:ruifu@ruifugroup.com
【主要产品】防锈油;防锈切削油;切削油;淬火油;拔丝润滑剂;清洗剂

济南瑞凯化工有限公司

山东省济南市北园大街679号[250031]
电话:(0531)82630378
传真:(0531)82630326
网址:www.richeschem.com
E-mail:sdutsj@chemnet.com;cf218@chemnet.com
【主要产品】三羟甲基硝基甲烷;2-巯基-4,6-二羟基嘧啶;对羟基苯甲醛;4-甲氧基苯甲醛;邻甲氧基苯甲醛;2,6-二甲氧基苯甲醛;2,6-二氟苯甲醛;1,3-二甲氧基-2-丙醇;3-氨基-1,2-丙二醇;3-巯基-1,2-丙二醇;丝氨醇;丝氨醇盐酸盐;3-甲氨基-1,2-丙二醇;3-二甲氨基-1,2-丙二醇;3-二乙氨基-1,2-丙二醇;对氰基苯甲醚;2,6-二甲氧基苯甲酸;2,6-二甲氧基苯甲酸甲酯;对羟基苯甲酰胺;2,6-二氯苯甲酰胺;2-氨基-4,6-二氯嘧啶;2-甲硫基-4,6-二氯嘧啶;4,6-二甲氧基-2-甲磺酰基嘧啶;4,6-二甲氧基-2-甲硫基嘧啶;2-氨基-4,6-二羟基嘧啶;2-氨基-4,6-二甲氧基嘧啶;2,6-二氟苯腈;2,6-二氯苯甲酸;2,6-二羟基苯甲酸;2,6-二氯苯甲酰氯;4,6-二氯嘧啶;4,6-二羟基嘧啶;3-氯-1,2-丙二醇;2,6-二甲氧基苯甲酰氯;2,6-二氟苯甲酰胺;对羟基苯腈;邻羟基苯腈

济南润邦科技有限责任公司

山东省济南市段店南腊山路18号[250022]
电话:(0531)87518299;87512108;87518117
传真:(0531)87512108 有进出口权
供销电话:13789821562
经济类型:有限责任公司
产值:5,000千元 职工人数:100人
法人代表:付先
网址:www.jnhuafa.com
E-mail:jn59178@163.com
【主要产品】稀土铝硅酸锶发光粉;水性丙烯酸超长余辉发光涂料

济南润原化工有限责任公司

山东省济南市工业北路东[250101]
电话:(0531)88682500;88682501;88682502
传真:(0531)88682509
职工人数:1,000人
网址:www.runyuanchem.com
【主要产品】盐酸;烧碱;三氯化铁;次氯酸钠(液体);漂白液;氯气(液);1,3-苯二胺;2,4-二氨基苯磺酸钠;3-氨基苯磺酸钠;2-氨基-4-硝基苯酚钠;软质聚氨酯泡沫塑料

济南三爱富氟化工有限责任公司

山东省济南市天桥区济洛路130号[250031]
电话:(0531)85952201;85952244;85954160
传真:(0531)85951373 有进出口权
供销电话:85933647;85951659
经济类型:有限责任公司
企业规模:大型 职工人数:2,800人
法人代表:周克金
网址:www.jnflon.com
E-mail:jn3f@163.com
【主要产品】氟氢酸;氟硅酸;氟化氢;氟利昂-22;聚四氟乙烯;聚四氟乙烯树脂(悬浮);聚四氟乙烯分散液(通用型);聚全氟乙丙烯树脂;聚四氟乙烯密封垫;聚四氟乙烯棒材

济南三星橡胶有限责任公司

山东省济南市历城区大桥路34号[250101]
电话:(0531)88260978
传真:(0531)88260978 有进出口权
经济类型:有限责任公司
企业规模:大型 职工人数:1,600人
法人代表:杨鹤平
网址:www.jnyyw.net
E-mail:qqra@jn-public.sd.cninfo.net
【主要产品】轮胎外胎;军用航空轮胎;橡胶三角带;胶管;夹布胶管;输油胶管;排吸胶管

济南山泉科技有限公司

山东省济南市济兖路492号[250117]
电话:(0531)87507766;87507768
传真:(0531)87507768
供销电话:87507768;13705402166
经济类型:有限责任公司
法人代表:贯庭山
网址:www.jnsq.com

鲁

E-mail:jnsq@ jnsq. com
【主要产品】柴油破乳剂;高效水溶性缓蚀剂;柴油降凝剂;柴油精制剂;汽油抗爆剂;原油加工消泡剂;油溶性缓蚀剂

济南圣泉海沃斯化工有限公司

山东省章丘市刁镇工业开发区[250204]
电话:(0531)83511608;83514153;83526271
固定资产:270,000 千元　有进出口权
经济类型:中外合资经营企业
职工人数:500 人
网址:www. sqhepworth. com
E-mail:shengquan@ sqhepworth. com
【主要产品】酚醛树脂(热塑性);酚醛树脂(热塑性高软化点);酚醛树脂(2124 型);酚醛树脂;改性酚醛树脂;酚醛压塑粉;覆膜砂用酚醛树脂;耐火材料用酚醛树脂;酚醛树脂泡沫塑料

济南圣泉集团股份有限公司

山东省章丘市化工工业园[250204]
电话:(0531)83511076
传真:(0531)83511356　有进出口权
经济类型:股份有限公司
销售收入:1,000,000 千元
企业规模:大型　法人代表:唐一林
网址:www. shengquan. com
E-mail:sqzb@ shengquan. com
【主要产品】糠醛;糠醇;酚醛树脂;糠醇树脂;呋喃树脂(自硬型);呋喃树脂(冷芯盒);聚四氢呋喃;铸造涂料;铸造树脂用磺酸固化剂

济南市长清区明星化工厂

山东省长清区城北玉符街西首[250300]
电话:(0531)87221910
传真:(0531)87221910
经济类型:私营企业　法人代表:魏玉新
【主要产品】白炭黑

济南市锦绣川化纤厂

山东省济南市历城区锦绣川镇[250112]
电话:(0531)82818043
供销电话:82816988;13065050778
经济类型:私营企业　法人代表:闫忠勇
【主要产品】阻燃母粒;涤纶短纤维

济南市科华树脂应用技术开发中心

山东省济南市天桥区济洛路 129 号[250031]
电话:(0531)86678318;13506410918
传真:(0531)85890918
网址:www. sdfrp. com
E-mail:kehua@ chem. cn
【主要产品】室温硫化有机硅模具胶

济南市历城区利农全元肥料厂

山东省济南市历城区董家镇吕家村[250105]
电话:(0531)88200742
经济类型:私营企业　职工人数:22 人
法人代表:吕安芬
【主要产品】混配复合肥料

济南市美华实业总公司化工厂

山东省济南市工业北路 70 号[250101]
电话:(0531)88982475;13854145516
传真:(0531)88982475　职工人数:56 人
法人代表:赵文新
网址:www. meihua-chem. com
E-mail:meihua@ chem. com
【主要产品】三氟乙酸;三氟乙酸乙酯;三氟乙酸甲酯;三氟乙酰乙酸乙酯

济南市商河县合成化工厂

山东省济南市商河县燕韩路东侧[251600]
电话:(0531)84973788;13905415683
传真:(0531)84973886
固定资产:6,000 千元　职工人数:100 人
经济类型:私营企业
网址:www. shangchem. com
【主要产品】α-甲硫基乙酰肟;2-甲基-2-甲硫基丙醛肟;灭多威;溶剂油

济南市特种油品厂

山东省济南市天桥区纱厂西街 16 号[250031]
电话:(0531)85956645;85951532
传真:(0531)85956645　经济类型:集体
有进出口权　职工人数:262 人
法人代表:王世芹
【主要产品】润滑油

济南市油墨厂

山东省济南市天桥区济洛路马家庄 199 号[250032]
电话:(0531)85701815
传真:(0531)85701363
固定资产:20,000 千元
供销电话:85701102;85736868
经济类型:股份合作　职工人数:500 人
法人代表:常起辉
网址:www. jnymc. com. cn
E-mail:pigment@ jnymc. com. cn;ink@ jnymc. com. cn
【主要产品】油墨;中铬黄;浅铬黄;柠檬黄;深铬黄;钼铬红

济南树脂化工公司

山东省济南市经一路 46 号[250001]
电话:(0531)85293016;13969014305
传真:(0531)85293016　职工人数:78 人
网址:www. jnshzhch. com
E-mail:jnshzhch@ 126. com
【主要产品】聚酯树脂;双酚 A 型环氧树脂(E12 型);双酚 A 型环氧树脂(E42 型);双酚 A 型环氧树脂(E44 型);乙烯基酯树脂;环氧树脂固化剂 593;T-31 环氧树脂固化剂

济南舜华化工有限公司

山东省济南市天桥区洛口办事处赵家庄 293 号[250032]
电话:(0531)85957774;13688647728
传真:(0531)85718457
供销电话:85765714;85942942
经济类型:联营企业
网址:www. jlfchem. com
E-mail:info@ jlfchem. com
【主要产品】无水氟化氢;氟氢酸;氟硅酸;氟硼酸;氟硼酸钾;氟硼酸钠;氟硼酸铵;氟化钠;氟化钾;氟化铵;氟氢化钾;氟氢化铵;氟硅酸铵;氟硅酸钾;氟硅酸锌;氟钛酸钾

济南舜凯化工有限公司

山东省济南市天桥区洛口赵家庄 301 号[250033]
电话:(0531)85765714;85942942
传真:(0531)85068798
经济类型:有限责任公司
职工人数:200 人　法人代表:刘根宪
网址:www. shunkaichem. com
E-mail:tzyjn@ 126. com
【主要产品】无水氟化氢;氟硅酸;氟化钠;氟化钾;氟化铵;氟氢化铵;氟硅酸钠

济南司普润化工产品有限公司

山东省济南市槐荫区纬十二路 382 号[250021]
电话:(0531)87925143;87914452;87066483
传真:(0531)87914452;87925141
供销传真:85975331　有进出口权
经济类型:中外合资经营企业
法人代表:安德烈
网址:www. jnspring. com
E-mail:scb@ jnspring. com
【主要产品】盐酸;氢氧化钾;高锰酸钾;氯气(液);混配复合肥料

济南台岛化工有限公司

山东省济南市天桥区北园水屯路 22 号[250033]
电话:(0531)88625343;88978047;88606946
传真:(0531)88978047　有进出口权
经济类型:与港澳台商合资经营
职工人数:97 人　法人代表:葛胜才
【主要产品】胶黏剂;黏合剂;107 胶

济南太得肥总厂

山东省济南市历下区解放东路 24-1 号[250013]
电话:(0531)88191628;88191676
传真:(0531)88191628
经济类型:私营企业
【主要产品】专用肥

济南泰山金鹏涂料有限公司

鲁

山东省济南市天桥区黄台山魏家庄1号[250100]
电话:(0531)88617118;88962574
传真:(0531)88617108 职工人数:20人
供销传真:88617008 法人代表:谢长金
经济类型:私营企业
网址:www.jinanpaint.com
【主要产品】油脂漆类;沥青漆类;L01-13沥青清漆;醇酸树脂漆类;C01-1醇酸清漆;各色醇酸调合漆;C04-2各色醇酸磁漆;C06-1铁红醇酸底漆;C07-5各色醇酸腻子;C53-31红丹醇酸防锈漆;C53-36铁红醇酸防锈漆;氨基树脂漆类;过氯乙烯清漆;G04-9各色过氯乙烯外用磁漆;G06-4锌黄,铁红过氯乙烯底漆;乙烯乳胶漆;B01-1丙烯酸清漆;丙烯酸路线漆;丙烯酸乳胶漆;聚酯树脂漆类;聚氨酯清漆;橡胶漆类;油漆辅助材料类;过氯乙烯漆稀释剂;X-1硝基漆稀释剂;X-4氨基漆稀释剂;X-6醇酸漆稀释剂;X-7环氧漆稀释剂

济南泰星精细化工有限公司

山东省章丘市相公镇工业区[250203]
电话:(0531)83834444;83835555
传真:(0531)83833769 有进出口权
供销电话:88870399;88870499
供销传真:88870799 职工人数:203人
经济类型:有限责任公司
网址:www.taixinghuagong.com
E-mail:sales@taixinghuagong.com
【主要产品】氢氧化铝;氢氧化镁;硼酸锌;三氧化二锑;赤磷;三聚氰胺;阻燃聚酯切片;溴化阻燃型环氧树脂;阻燃性不饱和聚酯树脂;功能母粒;阻燃母粒;涤纶短纤维;涤纶长丝;阻燃塑料;织物阻燃剂;氯化石蜡-52;氯化石蜡-70;磷酸三甲苯酯;十溴二苯醚;三(β-氯乙基)磷酸酯;四溴双酚A;聚氯乙烯用阻燃剂;六溴环十二烷;八溴醚;多聚磷酸铵;无卤环保阻燃剂;无卤阻燃剂MPP;异氰尿酸蜜胺盐;十溴二苯乙烷

济南天齐特种平带有限公司

山东省济南市济齐路92号[250023]
电话:(0531)85603866;85961745
传真:(0531)85977449 有进出口权
经济类型:中外合资经营企业
法人代表:贾凤美
网址:www.nybelt.com
E-mail:mkinfo@nybelt.com
【主要产品】轻型运输带;橡胶传动带;橡胶锭带

济南田园塑胶助剂有限公司

山东省济南市佳园化工市场[250100]
电话:(0531)88775255
传真:(0531)88775255
供销电话:88771595 法人代表:闫化启
经济类型:有限责任公司
网址:www.pr-agent.com.cn/main.asp
【主要产品】乙烯-醋酸乙烯共聚物;聚乙烯蜡;氧化聚乙烯;工程塑料;阻燃工程塑料;改性工程塑料;热塑性弹性体;热熔胶黏剂;荧光增白剂;有机锡稳定剂;抗氧剂;紫外线吸收剂;硅烷偶联剂;铝酸酯偶联剂;成核剂

济南万兴达化工有限公司

山东省济南市济阳县太平镇共建路1号[251400]
电话:(0531)84331234;13969071018
传真:(0531)84331000
网址:www.wanxingda.cn
E-mail:zhangzheng02006@163.com
【主要产品】三氟乙酸;三氟乙酸乙酯;三氟乙酰乙酸乙酯

济南维尔康生化制药有限公司

山东省济南市工业北路303号[250100]
电话:(0531)88960454
传真:(0531)88976442
供销电话:88966336;88616024
供销传真:88966336 职工人数:200人
网址:www.jnwelcomezy.com
E-mail:webmaster@jnwelcomezy.com
【主要产品】聚胞苷酸;三磷酸胞苷二钠;胃蛋白酶;胰酶(药用);胃膜素;胰激肽原酶

济南维卡塑料门窗有限公司

山东省济南市历山路95号[250013]
电话:(0531)86991744
传真:(0531)86992535
经济类型:有限责任公司
【主要产品】塑料门窗

济南湘蒙阻燃材料有限公司

山东省济南市历山北路北首佳园化工市场北区A4-18号[250033]
电话:(0531)88773782;88264548;13361069588
传真:(0531)88773781
网址:www.xiangmengchem.com
E-mail:sgh@xiangmengchem.com
【主要产品】氢氧化铝;硫化锑;硼酸锌;锑酸钠;偏锑酸钠;三氧化二锑;三氧化二锑(高纯超细);活性氧化锑;五氧化二锑(胶体);锑;阻燃母粒;十溴二苯醚;复合玻璃澄清剂

济南欣邦药业有限公司

山东省济南市经十路泰山大厦15层[250102]
电话:(0531)88053875;13583180940
经济类型:中外合资经营企业
E-mail:jnxinbang@126.com;ylmdyx@163.com
【主要产品】5-磺基水杨酸;磺胺甲基异噁唑钠;水杨酸钠

济南新佳涂料有限公司

山东省济南市解放东路15号西侧向北50米[250014]
电话:(0531)88959953;13808935363
传真:(0531)88959953
网址:www.jnxinjia.com
E-mail:jnxinjia@126.com
【主要产品】抗碱封闭底漆;真石漆;超耐候丙烯酸溶剂型外墙涂料;丙烯酸内墙乳胶漆;外墙半光乳胶漆;水性水泥漆;油性面漆

济南新星发光科技有限公司

山东省济南市腊山路18号[250022]
电话:(0531)89095671;13969130684
供销传真:89095671 产值:800千元
经济类型:私营企业 职工人数:48人
法人代表:孙剑
网址:www.sunjian1.qy6.com
【主要产品】稀土铝硅酸锶发光粉

济南雅思达化工技术发展有限公司

山东省济南市高新开发区新宇路大学科技园[250101]
电话:(0531)88872060
传真:(0531)88870327
经济类型:中外合资经营企业
法人代表:李德伟
网址:www.yasida.cn
E-mail:yasida@yasida.cn
【主要产品】铝银浆;非浮型铝银浆;漂浮型银粉浆

济南一通锦泓科技有限公司

山东省济南市华阳路69号(济南留学人员创业园2期413室)[250100]
电话:(0531)88065516
传真:(0531)82373272
网址:www.jnyt.com
E-mail:cefepime@163.com
【主要产品】头孢吡肟盐酸盐;头孢吡肟硫酸盐;头孢孟多酯钠;硫酸头孢匹罗

济南医用硅橡胶制品厂

山东省济南市二环西路8号[250023]
电话:(0531)85600186
传真:(0531)85600196
网址:www.jn-siliconerubber.com
E-mail:guijiao@public.jn.sd.cn
【主要产品】硅胶条;硅胶管;硅橡胶辊;氟橡胶制品;硅橡胶密封圈

济南银丰硅制品有限责任公司

山东省济南市西外环美里湖开发区新沙工业园[250118]
电话:(0531)85600541
传真:(0531)85603017 有进出口权
供销电话:85600541;85604298
供销传真:85603017;85604298
经济类型:私营企业 职工人数:48人
法人代表:谢遵斗

鲁

网址:www.silicon-china.com
E-mail:silicon@silicon-china.com
【主要产品】碳化硅微粉;硅粉;硅溶胶

济南永扬药业有限公司

山东省济南市华能路 19 号留学人员创业园二期[250001]
电话:(0531)82373605;82373639;82373598
传真:(0531)82373605
网址:www.yongyangyaoye.cn
E-mail:dt78@tom.com
【主要产品】盐酸头孢噻呋;头孢吡肟盐酸盐;硫酸头孢匹罗;头孢地嗪钠;替卡西林钠;盐酸特比萘酚;氯酯醒;潘托拉唑钠;华法林钠

济南裕兴化工总厂

山东省济南市天桥区五柳闸 14 号[250033]
电话:(0531)83162668
传真:(0531)83162000　经济类型:国有
供销电话:83162100　有进出口权
供销传真:83162100;83162000
企业规模:大型　法人代表:高志伟
网址:www.yuxing-chem.com.cn
E-mail:yxiec@public.jn.sd.cn
【主要产品】硫酸;硫酸亚铁;硫酸钠(十水);重铬酸钠;碱式硫酸铬;三氧化铬;钛白粉(纳米级);钛白粉(锐钛型)

济南裕兴化工总厂裕新化工厂

山东省济南市天桥区北部五柳闸 14 号[250033]
电话:(0531)85951147
传真:(0531)85951147
经济类型:中外合资经营企业
职工人数:120 人　法人代表:律长明
【主要产品】硫酸钠(十水);塑料桶;高效减水剂;混凝土缓凝高效减水剂;混凝土高效减水剂;混凝土养护剂;混凝土脱模剂;微沫剂

济南元通化工有限公司

山东省济南市开源路兴泉工业园 B-1 号[250101]
电话:(0531)88685521;88685531
传真:(0531)88682467　职工人数:50 人
固定资产:1,000 千元
经济类型:有限责任公司
产值:20,000 千元　法人代表:楚甲民
销售收入:20,000 千元
网址:www.jnyuantong.com
E-mail:yuantongchu@163.com
【主要产品】环保型外墙乳胶漆;环保内墙乳胶漆;反射隔热漆;凯松类防腐杀菌剂;异噻唑啉酮;卡松;防冻液;长效防冻液

济南泽溢科技有限公司

山东省济南市花园路 146 号[250100]
电话:(0531)82352356
传真:(0531)82352089
网址:www.richeschem.com
E-mail:sdutsj@chemnet.com
【主要产品】三羟甲基硝基甲烷;1,3-二甲氧基-2-丙醇;3-氨基-1,2-丙二醇;3-巯基-1,2-丙二醇;丝氨醇;丝氨醇盐酸盐;3-甲氨基-1,2-丙二醇;3-二甲氨基-1,2-丙二醇;3-二乙氨基-1,2-丙二醇;3-氯-1,2-丙二醇

济南章城油墨有限公司

山东省章丘市绣惠镇北村[250201]
电话:(0531)83470398;83470009
传真:(0531)83487938　职工人数:36 人
固定资产:1,000 千元
经济类型:有限责任公司
产值:12,000 千元　法人代表:康传永
销售收入:12,000 千元
网址:www.zqym.com
E-mail:zqym@zqym.com
【主要产品】水性油墨用丙烯酸乳液;松香改性酚醛树脂;松香改性马来酸树脂;水溶性树脂;水性凹印油墨;水性印刷油墨;水可洗油墨

济南正昊化纤新材料有限公司

山东省济南市化纤厂路 2 号[250100]
电话:(0531)88068009
传真:(0531)88036578
职工人数:1,600 人
网址:www.jnzhaf.com
E-mail:bgs@jnzhaf.com
【主要产品】1,4-苯二甲酸;聚酯切片;涤纶短纤维;涤纶长丝

济南正恒聚氨酯材料有限公司

山东省济南市历城区孙村镇[250104]
电话:(0531)88761520
传真:(0531)88762930
供销电话:86927399
供销传真:86157958
网址:www.zhh-pu.com
E-mail:zhengheng168@zhh-pu.com
【主要产品】聚醚多元醇(喷涂用硬质);环戊烷组合聚醚;耐高温型组合聚醚;组合聚醚;聚氨酯硬质泡沫塑料;内墙涂料;外墙涂料;聚氨酯防水涂料;高聚物改性沥青防水涂料;聚氨酯嵌缝胶;装饰胶黏剂;混凝土养护剂;混凝土道路嵌缝胶;混凝土快速修补剂

平阴县金城化工厂

山东省济南市平阴县玫瑰镇陶庄村[250407]
电话:(0531)87687111;87687999
传真:(0531)87687888　有进出口权
固定资产:10,000 千元
经济类型:私营企业　法人代表:丁尚月
网址:www.jinchengchem.com.cn
E-mail:jincheng@jinchengchem.com.cn
【主要产品】2,4-二硝基苯胺;异山梨醇

齐鲁安替制药有限公司

山东省济南市历城区董家镇 849 号[250105]
电话:(0531)83128668;83128639;83128681
传真:(0531)83128687
供销电话:13905315974
供销传真:83128639
经济类型:外商独资
网址:www.qilu-antibioticos.com
E-mail:info@qilu-antibioticos.com
【主要产品】头孢噻吩钠;头孢噻肟钠;头孢匹胺钠;头孢唑啉钠;头孢哌酮;头孢哌酮钠/舒巴坦钠;头孢克肟;头孢呋辛钠;头孢丙烯;头孢他啶;头孢曲松钠

山东阿波罗集团有限公司

山东省济南市留学人员创业园(高新开发区华阳路 69 号)[250100]
电话:(0531)84586963;82341963;88917963
传真:(0531)82341963;88917963
经济类型:有限责任公司　有进出口权
法人代表:李向群
网址:www.sdapollo.com
【主要产品】有机无机复混肥;专用肥;冲施肥;有机肥

山东北方现代化学工业有限公司

山东省济南市天桥区新城庄 1 号[250033]
电话:(0531)85951026;85951021;85956868
传真:(0531)85951026;85951021
固定资产:260,000 千元　有进出口权
经济类型:有限责任公司
企业规模:大型　职工人数:1,800 人
法人代表:孔令胜
网址:www.sdnmc.cn
E-mail:234@sdnmc.cn
【主要产品】自交联型纯丙乳液;酚醛树脂;酚醛树脂(FFD-302);酚醛树脂(FFD-381-P);酚醛树脂(FFD-384);酚醛模塑料;自硬型酚醛树脂;耐磨酚醛塑料粉;砂轮用酚醛树脂;糠醇树脂;酚醛玻璃钢;丙烯酸树脂漆类;内外墙乳胶漆;氟碳漆;金属防腐涂料;瓷砖胶黏剂;胶黏剂;聚醋酸乙烯乳液胶黏剂;环氧树脂黏合剂;丙烯酸酯胶黏剂;超级万能胶;丙烯酸酯密封胶;聚氨酯胶黏剂;聚氨酯密封胶;牛皮纸热熔胶带;密封胶;压敏胶胶黏剂;压敏胶黏带;胶黏带;环保型黏合剂

山东博士伦福瑞达制药有限公司

山东省济南市山大路 264 号[250014]
电话:(0531)88937780;88937891
传真:(0531)88934032　有进出口权
经济类型:中外合资经营企业
法人代表:凌沛学
网址:www.cp-freda.com
【主要产品】卡巴胆碱

山东长清制药厂

山东省长清县城南后三 123 号[250300]
电话:(0531)87263178;87263177
传真:(0531)87263179
供销电话:87226347 法人代表:徐西华
供销传真:87263559
经济类型:私营企业
【主要产品】硫酸钡

山东大华广济生化工程有限公司

山东省济南市槐村街 68 号[250022]
电话:(0531)87190171;87181224
传真:(0531)87119945
网址:www. dhgj. com
【主要产品】甜菜碱;大蒜素;烟酰胺;大蒜油;牛至油

山东东辰工程塑料有限公司

山东省章丘市圣井镇西姚村[250220]
电话:(0531)83686688
传真:(0531)83686788 有进出口权
固定资产:120,000 千元
供销电话:83686688;83696666
经济类型:股份有限公司
职工人数:138 人 法人代表:孙德继
网址:www. dongchenchem. com
E-mail:dcam@ dongchenchem. com
【主要产品】改性聚丙烯;聚酰胺树脂;改性聚酰胺;尼龙 1212

山东东方农药科技实业公司

山东省济南市北园大街 234 号[250100]
电话:(0531)88669376
【主要产品】哒螨灵可湿性粉剂;哒螨灵乳油;吡虫啉可湿性粉剂;灭多威乳油;高渗灭多威乳油;氯氰菊酯乳油;氟啶脲;氟啶脲乳油;福美双可湿性粉剂;百草枯;精喹禾灵乳油;敌·辛乳油;多·硫悬浮剂;氰·马乳油;40%硫丹·辛乳油;辛·氰乳油;哒·螨醇乳油;42%二甲戊·莠悬浮剂;35%柴油·氰乳油;酮·乙蒜乳油;酮·氧乐乳油;哒·四螨悬浮剂;高氯·水胺乳油;氯·水胺乳油;甲氰·辛乳油;福·甲硫可湿性粉剂;毒·辛乳油;28%多·井悬浮剂;辛·灭乳油;灭·氰乳油;30%灭·氰·辛乳油;柴油·哒乳油;锰锌·乙铝可湿性粉剂;敌畏·氯乳油;阿维·高氯微乳剂

山东福瑞达生物化工有限公司

山东省济南市高新技术开发区天辰大街 678 号[250101]
电话:(0531)82685998;82685996
传真:(0531)82685988 有进出口权
经济类型:中外合资经营企业
法人代表:赵燕
网址:www. fredabiochem. com. cn
E-mail:marketing@ fredabiochem. com. cn
【主要产品】透明质酸钠;透明质酸钙;透明质酸锌

山东恒利达化学品公司

山东省济南市历山路 80 号[250013]
电话:(0531)86943874
【主要产品】哒螨灵乳油;乙酰甲胺磷乳油;10%高渗喹硫磷乳油;吡虫啉可湿性粉剂;灭多威乳油;氯氰菊酯乳油;高效氯氰菊酯乳油;啶虫脒乳油;啶虫脒可溶性液剂;福美双可湿性粉剂;福美锌可湿性粉剂;菌核净可湿性粉剂;多·福·霉威可湿性粉剂;多·福可湿性粉剂;敌畏·氧乐乳油;哒·螨砜可湿性粉剂;73%机油·炔螨乳油;高氯·毒乳油;高氯·马乳油;福·甲硫可湿性粉剂;福·腐可湿性粉剂;80%多·福·锌可湿性粉剂;吡·灭可湿性粉剂;柴油·哒乳油;柴油·辛乳油;多·锰锌可湿性粉剂;福·腈菌可湿性粉剂;阿维·甲氰乳油;苏云金杆菌可湿性粉剂

山东华塑建材有限公司

山东省章丘市明水镇鲁宏大道 1 号[250200]
电话:(0531)83311998
传真:(0531)83314899 有进出口权
固定资产:165,000 千元
供销电话:83311998;83314979
经济类型:有限责任公司
企业规模:大型 法人代表:陈志
【主要产品】聚氯乙烯门窗型材;塑料异型材

山东化友科技服务中心

山东省济南市文化东路 73 号[250014]
电话:(0531)88553822
传真:(0531)88943036 经济类型:国有
产值:8,000 千元
职工人数:40 人
法人代表:段丽菊
网址:www. sdhykj. com
E-mail:sdhykj@ sdhykj. com
【主要产品】马来酸二甲酯;稳定性二氧化氯;十二烷基二甲基苄基氯化铵;聚丙烯酰胺;有机硅消泡剂;聚丙烯酸钠;聚丙烯酸;丙烯酸-丙烯酸羟丙酯共聚物;丙烯酸/2-丙烯酰胺-2-甲基丙烷磺酸/丙烯酸羟丙酯三元共聚物;水解聚马来酸酐;聚合氯化铝;乳化剂 OP;异噻唑啉酮

山东环球润滑油股份有限公司

山东省济南市工业南路 36 号[250101]
电话:(0531)88982749;88982694
传真:(0531)88982694
经济类型:股份有限公司
E-mail:sell@ huanqiulube. com
【主要产品】汽油机油;柴油机油;齿轮机油;液压油;润滑油

山东健康药业有限公司

山东省济南市槐荫区南辛南街 18 号[250022]
电话:(0531)87156480;87954297;87954378
传真:(0531)87111268;87156480
供销电话:87965174;87954297
经济类型:中外合资经营企业
有进出口权 法人代表:于叔良
网址:www. sdjkw. com
E-mail:sdjk_wj@ sdjkw. com
【主要产品】乙酰螺旋霉素;环丙沙星;盐酸环丙沙星;枸橼酸他莫昔芬;尼莫地平

山东金元昌盛实业有限公司

山东省济南市洛微路 125 号[250022]
电话:(0531)87965646
传真:(0531)87965646 职工人数:23 人
经济类型:有限责任公司
法人代表:殷玉珍
【主要产品】内墙平光乳胶漆

山东久隆高分子材料有限公司

山东省济南市历下区经十路科院路 19 号[250014]
电话:(0531)82605402;82605467
传真:(0531)82959240 职工人数:33 人
固定资产:2,000 千元
经济类型:有限责任公司
产值:10,000 千元 法人代表:曹树梁
销售收入:9,000 千元
网址:www. sdjiulong. com
E-mail:webmaster@ sdjiulong. com
【主要产品】EVA 型热熔胶黏剂;热缩材料用胶黏剂;尼龙涂层胶;M-958 多功能乳胶;聚氨酯胶黏剂;封箱热熔胶;标签用溶液型热熔胶;热熔胶黏剂;封边用热熔胶;热熔胶黏剂薄膜;复膜胶;热熔压敏胶;纸塑复合胶;扒圆起脊胶

山东久隆精细化工有限公司

山东省济南市化纤厂路 4 号[250100]
电话:(0531)83172936
传真:(0531)83172936 职工人数:20 人
供销电话:13583129794
经济类型:私营企业 产值:5,000 千元
销售收入:5,000 千元
法人代表:李志远
网址:www. jiulongsd. com
E-mail:qingyan7590@ hotmail. com
【主要产品】4-吡啶甲醛;头孢吡肟盐酸盐;头孢他啶盐酸盐;甲砜霉素;膦甲酸钠;磷酸替米考星;双胍苯脲;卡络磺钠;氟尼辛葡甲胺

山东科源制药有限公司

山东省济南市经十东路 8169 号力诺科技园[250103]
电话:(0531)88729272;88729285
传真:(0531)88729257
网址:www. lnkf. com;

www. keyuanpharm. com
E-mail:public@ keyuanpharm. com
【主要产品】氨基杂环盐酸盐;盐酸苯乙双胍;格列齐特;硝酸异山梨酯;烟酸占替诺;异氟醚

山东聊城鲁西化工集团总公司平阴化肥厂

山东省济南市平阴县青龙路15号[250400]
电话:(0531)87851578;87851903
传真:(0531)87851578　经济类型:国有
固定资产:179,000千元
供销电话:87869246;87869287
供销传真:87851783　法人代表:李树海
销售收入:262,000千元
职工人数:1,100人
【主要产品】合成氨;氨水;尿素;碳酸氢铵

山东绿生生化科技有限公司

山东省济南市高新开发区环保科技园商务中心[250100]
电话:(0531)83177095;88746231;13156100828
传真:(0531)83177097-812
供销电话:83177095;83177096
供销传真:83177098　职工人数:120人
经济类型:股份有限公司
网址:www. lvsheng. com
E-mail:info@ lvsheng. com
【主要产品】碘甲烷;对三氟甲硫基苯酚;香芹酚;甲基脲;头孢克肟侧链酸活性酯;2-(2-氨基噻唑-4-基)-2-[2-(特丁氧羰基)-甲氧亚氨基]乙酸;三甲基碘化砜;二氢吡啶;S,S-二甲基-β-丙酸噻亭;托曲珠利;氯苯胍;乙氧酰胺苯甲酯;癸氧喹酯;牛至油

山东泺源化工集团

山东省济南市长清区归德镇[250301]
电话:(0531)87352192;87352020;87352362
传真:(0531)87352192　有进出口权
固定资产:260,000千元
经济类型:有限责任公司
法人代表:李昌利
网址:www. sdluoyuan. com
E-mail:luoyuan@ sdluoyuan. com
【主要产品】油漆

山东迈英德化学有限公司

山东省济南市民营科技产业园新沙北路5号[250118]
电话:(0531)85976087;85976085
传真:(0531)85970566
经济类型:有限责任公司
网址:www. mind-chemical. com
E-mail:mind@ mind-chemical. com
【主要产品】80%敌敌畏乳油;敌敌畏烟剂;氰戊菊酯乳油;甲氰菊酯乳油;腐霉利烟剂;哒・螨醇乳油;百・腐烟剂;甲氰・辛乳油;福・甲硫可湿性粉剂;高氯氟氰・辛乳油;高氯・灭乳油

山东明水大化集团

山东省章丘市明水镇荷花路15号[250200]
电话:(0531)83253305
传真:(0531)83252988　有进出口权
供销电话:83253494　企业规模:大型
供销传真:83253363　法人代表:石建忠
经济类型:股份合作
销售收入:2,300,000千元
职工人数:5,000人
网址:www. sdmingquan. com
E-mail:jituanban@ sdmingquan. com
【主要产品】过氧化氢;甲醇;三聚氰胺;尿素;碳酸氢铵;压力容器

山东平阴农药厂

山东省济南市平阴县刁山坡镇[250404]
电话:(0531)87785229
传真:(0531)87785188
经济类型:股份合作
【主要产品】敌畏・氯乳油;水胺・甲氰乳油(25%)

山东齐发药业有限公司

山东省济南市平阴县青龙路21号[250400]
电话:(0531)83105838;83105828;83105813
传真:(0531)83105800　有进出口权
固定资产:80,000千元
经济类型:有限责任公司
法人代表:刘书江
网址:www. qilupharma. com
E-mail:gm@ qilupharma. com
【主要产品】阿维菌素;硫酸安普霉素;盐酸金霉素;金霉素钙;莫能霉素;依维菌素;洛伐他汀;马度米星铵

山东齐鲁制药有限公司

山东省济南市七里河路北段2号[250100]
电话:(0531)83126666;83127777;83128888
传真:(0531)83126688;83129688
供销电话:83128888;83129999
经济类型:与港澳台商合资经营
有进出口权
网址:www. qilu-pharma. com
E-mail:web@ qilu-pharma. com
【主要产品】尿嘧啶;哌拉西林钠;头孢噻肟钠;头孢唑啉钠;头孢哌酮;头孢哌酮钠/舒巴坦钠;头孢他啶;硫酸阿米卡星;氟洛芬;头孢曲松钠;他唑巴坦;卡莫氟;替加氟;羟基脲

山东潜力化工有限公司

山东省济南市历城区国际机场路11397号[250109]
电话:(0531)88991137
传真:(0531)88992283
经济类型:私营企业　法人代表:观学道
网址:www. sdqianli. com
E-mail:qianli@ sdqianli
【主要产品】酚醛树脂;自硬型酚醛树脂;高强度酚醛树脂;覆膜砂用酚醛树脂;砂轮用酚醛树脂;铸造用呋喃树脂

山东润丰化工有限公司

山东省济南市高新产业开发区新宇路750号[250101]
电话:(0531)88875237
传真:(0531)88875224　经济类型:国有
有进出口权　职工人数:150人
法人代表:王文才
网址:www. rainbowchem. com
E-mail:wenxiaomin001@ 163. com
【主要产品】二甲氧基甲烷;一氯甲烷;扑草净;甲草胺;莠灭净

山东三塑集团有限公司

山东省济南市历下区历山路95号[250013]
电话:(0531)86943668;86943888;84561022
传真:(0531)86952316　有进出口权
经济类型:有限责任公司
企业规模:大型　职工人数:800人
法人代表:田开生
网址:www. sansugroup. com
E-mail:info@ sansugroup. com
【主要产品】塑料薄膜;聚氯乙烯防水卷材

山东山大华特科技股份有限公司环保分公司

山东省济南市高新技术开发区颖秀路山大科技园[250101]
电话:(0531)85198706;85198718
传真:(0531)85198713
供销电话:85198998　法人代表:张兆亮
供销传真:85198728
经济类型:股份有限公司
网址:www. clo2. sd. cn
E-mail:heart@ sd-wit. com
【主要产品】二氧化氯;二氧化氯发生器

山东山大康诺制药有限公司

山东省济南市高新区颖秀路山大科技园内[250101]
电话:(0531)85198771;85198778
传真:(0531)85198769
供销电话:85198758
供销传真:85198761
经济类型:股份有限公司
网址:www. sdkn. com
E-mail:Sdkn@ sdu. edu. cn
【主要产品】普卢利沙星;去甲斑蝥素;羟甲烟胺;甘草锌

山东胜邦绿野化学有限公司

山东省济南市章丘刁镇化工工业园绿野路[250204]
电话:(0531)88725005;85704999
传真:(0531)85708249;88725001

鲁

供销传真:88725000 有进出口权
经济类型:有限责任公司
销售收入:500,000 千元
职工人数:800 人 法人代表:邓永宝
网址:www.greenlandchem.com
E-mail:sdsbly@126.com
【主要产品】50% 敌敌畏乳油;灭多威乳油;菌毒清;扑草净;扑草净可湿性粉剂;西玛津;阿特拉津;阿特拉津胶悬剂;草甘膦水剂(10%);草甘膦;41% 草甘膦异丙胺盐水剂;二甲戊乐灵;二甲戊乐灵乳油;2,4-二氯苯氧乙酸正丁酯乳油;百草枯水剂;甲草胺;异丙草胺;丁草胺;丁草胺乳油;乙草胺;乙草胺乳油;乙草胺水乳剂;苯磺隆可湿性粉剂;咪唑乙烟酸水剂;噻吩磺隆;精喹禾灵;精喹禾灵乳油;莠灭净;莠灭净可湿性粉剂;苯噻草胺;苯噻酰草胺可湿性粉剂;辛酰溴苯腈;丁·噁乳油;乙·噁乳油;丁·苄可湿性粉剂;35% 二甲戊·扑乳油;苄·乙可湿性粉剂;扑·乙悬浮剂;草除·精喹乳油;异丙草·莠悬浮剂;苯噻酰·苄可湿性粉剂;滴丁·辛酰溴乳油;60% 滴丁·嗪·乙乳油

山东胜利股份有限公司

山东省济南市黑虎泉西路 139 号胜利大厦[250011]
电话:(0531)88878899-6608,6681
传真:(0531)88873166 有进出口权
供销电话:88878899-6681
经济类型:股份有限公司
企业规模:大型
网址:www.vicome.com
E-mail:yuxf@vicome.com;
slco@public.jn.sd.cn
【主要产品】燃气用聚乙烯管;给水和排水管

山东省济南天邦化工有限公司

山东省济南市天桥区大桥镇 308 国道 230 号[250010]
电话:(0531)88667690
【主要产品】高渗哒螨灵乳油;阿维菌素乳油;乙酰甲胺磷乳油;吡虫啉可湿性粉剂;高效氯氰菊酯乳油;啶虫脒乳油;百草枯水剂;哒·机油乳油;48% 柴油·毒乳油;80% 柴油·敌畏乳油;丙·辛乳油;高氯·辛乳油;福·福锌可湿性粉剂;异丙草·莠悬浮剂;丁·莠悬乳剂;柴油·哒乳油;柴油·辛乳油;高氯·柴乳油;阿维·唑磷乳油;吡·高氯乳油;苏云金杆菌可湿性粉剂

山东省济南燕山三丰实业有限公司

山东省济南市长清区孝里镇[250302]
电话:(0531)88953584
经济类型:集体 销售收入:30,000 千元
职工人数:180 人 法人代表:李玉英
网址:www.yanshansanfeng.com
E-mail:yanshansanfeng@126.com
【主要产品】增效水胺硫磷乳油;灭多威乳油;叶青双可湿性粉剂(20%);20% 吗啉胍·乙铜可湿性粉剂;福·菌核可湿性粉剂;高氯·马乳油

山东省联合农药工业有限公司

山东省济南市历下区历山路 80 号[250013]
电话:(0531)86401532;86966414
传真:(0531)86966424
经济类型:有限责任公司
网址:www.sdupi.com
E-mail:sdlhny@sdupi.com
【主要产品】哒螨灵;哒螨灵乳油;甲氨基阿维菌素苯甲酸盐乳油;丁硫克百威乳油;氯氰菊酯乳油;高效氯氰菊酯乳油;氰戊菊酯乳油;啶虫脒乳油;啶虫脒可湿性粉剂;虫酰肼悬浮剂;毒死蜱乳油;腈菌唑;腈菌唑乳油;乙霉威;霜霉威;霜霉威水剂;哒·螨醇乳油;高氯·马乳油;高氯·灭乳油

山东省农药研究所

山东省济南市北园大街 234 号[250100]
电话:(0531)88631889;88631826
传真:(0531)88631803;88631826
经济类型:国有 职工人数:136 人
法人代表:李德军
网址:www.pesticide-sd.com.cn
E-mail:liukun@163.net;
sdnyy@beelink.com
【主要产品】氰戊菊酯;百草枯

山东省章丘市清源化工厂

山东省章丘市明水办事处王东村[250200]
电话:(0531)13176677237
固定资产:1,000 千元 产值:5,000 千元
经济类型:私营企业 职工人数:20 人
销售收入:5,000 千元
法人代表:马素良
【主要产品】氨水

山东塑料试验厂

山东省济南市历城区工业北路东首[250101]
电话:(0531)88682502
传真:(0531)88682509 经济类型:集体
有进出口权 职工人数:1,200 人
法人代表:于政建
网址:www.shansu.com
E-mail:sdss@shansu.com;
ssgx@shansu.com
【主要产品】盐酸;烧碱;纯碱;次氯酸钠;氯气(液);水合肼;软质聚氨酯泡沫塑料;塑料包装箱及容器;泡沫塑料;偶氮二甲酰胺;聚丙烯酰胺干粉(阳离子型)

山东新汉邦化工科技有限公司

山东省济南市历下区文化东路 80 号[250014]
电话:(0531)82961674
传真:(0531)82961674 职工人数:20 人
固定资产:300 千元 产值:3,000 千元
经济类型:股份有限公司
销售收入:3,000 千元 法人代表:韩军
E-mail:hanbang-001@163.com
【主要产品】聚氨酯防水涂膜;氯丁橡胶沥青防水涂料

山东中氟化工科技有限公司

山东省济南市章丘刁镇化工工业园[250204]
电话:(0531)83168069;83168061
传真:(0531)83168098 有进出口权
供销电话:83168053;83168606
供销传真:83168098;83168059
经济类型:中外合资经营企业
职工人数:580 人 法人代表:何日兴
网址:www.sdzf.com
E-mail:product@sdzf.com
【主要产品】八氟戊醇;四氟丙醇;四氟乙烯;氟利昂-22;五氟乙烷

山东中科泰斗化学有限公司

山东省济南市工业南路 67 号[250100]
电话:(0531)88586991;88939710
传真:(0531)88191106 职工人数:96 人
网址:www.chem-star.com;
www.chemstar.com.cn
E-mail:lxxcs@yahoo.com.cn
【主要产品】2,4-二羟基吡啶;4-羟基吡啶-3-磺酸;1-苯基-3-甲基-5-吡唑啉酮;4,4′-二氟二苯甲酮;2,6-二异丙基苯酚;对异丙基苯酚;*N*-(2-羟乙基)-3-(4-硝基苯基)丙胺;吡咯列酮亚胺;匹格列酮烯;4-氯吡啶-3-磺酰氯;4-(3′-甲基苯基)氨基-3-吡啶磺酰胺;4-氯-3-吡啶磺酰胺;丙二酸亚异丙酯;3-奎宁环酮盐酸盐;二(对氟苯基)甲基哌嗪;1,3-二甲基-6-(2-羟乙基)氨基尿嘧啶;1,3-二甲基-4-氨基尿嘧啶;2-肟基-2-(2-氨基噻唑)-4-乙酸乙酯;去甲基氨噻肟酸;托品醇;3-(4-硝基苯基)丙酸;盐酸特比萘酚;茚曲他滨;帕苏沙星;甲磺酸帕珠沙星;氨来占诺;甲钴胺;阿仑磷酸钠;匹格列酮盐酸盐;那格列奈;盐酸尼莫司汀;替加氟;多烯紫杉醇;氧嗪酸钾;替米沙坦;匹伐他汀钙;盐酸洛美利嗪;盐酸哌罗匹隆;胆维他;多潘立酮;托拉塞米;奥扎格雷;*S*-盐酸罗哌卡因;*S*-罗哌卡因甲磺酸盐;托烷司琼;盐酸托烷司琼;盐酸非那吡啶

新时代(济南)民爆科技产业有限公司

山东省济南市高新区孙村镇[250014]
电话:(0531)88767706;88767707
传真:(0531)88767142 经济类型:国有
有进出口权 法人代表:李光生
网址:www.456.com.cn
【主要产品】不饱和聚酯树脂;耐化学性

不饱和聚酯树脂(3301 型);复合乳化剂;乳化炸药;粘性粒状炸药

章丘日月化工有限公司

山东省章丘市化工工业园[250208]
电话:(0531)83552938;13573764318
传真:(0531)83551057
固定资产:900,000 千元
供销电话:83554312　法人代表:王绪仁
供销传真:83554312
经济类型:有限责任公司
销售收入:500,000 千元
职工人数:1,200 人
E-mail:zqeh@sohu.com
【主要产品】过氧化氢;甲醇;一甲胺;二甲胺;*N*,*N*-二甲基甲酰胺;三甲胺;苯胺;合成氨;液氨;尿素

章丘市金属颜料有限公司

山东省章丘市相公镇桑园工业园[250203]
电话:(0531)83831840;83831032
传真:(0531)83835858　经济类型:集体
法人代表:刘恩伟
网址:www.zq-yinjian.com
E-mail:yinjian@zq-yinjian.com
【主要产品】铝粉;铝银浆;非浮型铝银浆;漂浮型银粉浆

章丘市鲁洪化工有限公司

山东省章丘市刁镇环镇南路东首[250204]
电话:(0531)83523568;83511151;83511490
传真:(0531)83514916
网址:www.ju-hong.com
E-mail:zq-juhong@sina.com
【主要产品】盐酸;氯化钙(无水);氯化钙(二水);氟化钠;聚合氯化铝

章丘市三行化工有限公司

山东省章丘市刁镇董家工业路 1 号[250204]
电话:(0531)83511231;83512368
传真:(0531)83512368
经济类型:私营企业
网址:www.sanhangchem.com
E-mail:sanhang@sanhangchem.com
【主要产品】脱漆剂;二合一净洗剂;脱水防锈油;防锈剂;脱脂除油清洗剂;磷化液;金属表面调整剂;钢铁件常温发黑剂;无油透明切削液

中国石油化工股份有限公司济南分公司

山东省济南市历下区工业南路 26 号[250101]
电话:(0531)88832200;88983622;88832301
传真:(0531)88983622　有进出口权
固定资产:3,400,000 千元
供销电话:88832552;88831114
供销传真:88984203　企业规模:大型
经济类型:股份有限公司
职工人数:2,012 人
网址:www.sinopec.com
E-mail:sjnr@sjnr.com.cn;jnnanpr@sinopec.com.cn
【主要产品】硫黄;丙烯;糠醛;甲基叔丁基醚;原油;石油液化气;车用汽油;煤油;柴油;润滑油基础油;聚丙烯;溶剂油;原料油;石油沥青;石油焦

中国重型汽车集团济南商用车有限公司橡胶密封件厂

山东省济南市天桥区堤口路 41 号[250031]
电话:(0531)85582978;85582979
传真:(0531)85582977;85582999
经济类型:国有　企业规模:大型
网址:www.jnrubseal.com
E-mail:jnxjmfj@public.jn.sd.cn
【主要产品】高压尼龙编织软管;减震用橡胶制品;骨架油封;护套;O 形密封圈;Y 形密封圈

青岛市

海洋化工研究院

山东省青岛市金湖路 4 号[266071]
电话:(0532)85845903
传真:(0532)85826372;85845903
供销传真:85826372;85845210
经济类型:国有　有进出口权
法人代表:刘连河
网址:www.sino-mrici.com
E-mail:mrici@public.qd.sd.cn
【主要产品】重防腐漆;船舶防污涂料;特种涂料;水性防腐涂料;胶黏剂

海之源集团青岛绿野仙踪化学品有限公司

山东省青岛市城阳区棘洪滩镇丽姿大厦[266111]
电话:(0532)87802996;87802997;87802998
传真:(0532)87802997
供销电话:87805680;87802997
网址:www.greencoating.com
E-mail:tuliao@haiyuan.com
【主要产品】水性木器漆用乳液;水性乳胶漆;室温交联丙烯酸酯清漆;水性底漆;透明腻子

胶南飞达塑料制品有限公司

山东省胶南市铁山路西端[266400]
电话:(0532)88163702;13964851228
传真:(0532)88163702
职工人数:140 人
网址:www.feida-qd.com
E-mail:info@feida-qd.com
【主要产品】高压聚乙烯包装袋

胶南恒源化工有限公司

山东省胶南市灵山卫大海湾[266400]
电话:(0532)83185683
供销电话:81166193　有进出口权
经济类型:有限责任公司
法人代表:郑刘琢
【主要产品】硝酸;烧碱;硝酸钠;亚硝酸钠;氧化锌(纳米);1,3-苯二胺;苯甲酸钠

胶南市星海橡胶制品有限公司

山东省胶南市琅琊镇[266408]
电话:(0532)84111722
传真:(0532)84113178
供销电话:84111722;86168510
经济类型:私营企业　法人代表:张伟星
网址:www.xhxj8.com
E-mail:info@xhxj8.com
【主要产品】轮胎;摩托车轮胎;轮胎内胎;力车胎外胎;电动自行车外胎;胶轮

胶州市精细化工有限公司

山东省胶州市广州北路 85 号[266300]
电话:(0532)82290242;82290447
传真:(0532)82292818　经济类型:集体
供销电话:82290447;82290242
有进出口权　职工人数:500 人
法人代表:王金友
网址:www.jinjiaochem.com
E-mail:chemical@public.qd.sd.cn
【主要产品】2,4-二羟基喹啉;3-甲基-5-吡唑啉酮;1-苯基-3-甲基-5-吡唑啉酮;3-硝基邻苯二腈;乙酰乙酰邻氯苯胺;乙酰乙酰对氯苯胺;乙酰乙酰邻甲氧基苯胺;对甲苯基吡唑酮;*N*-乙酰乙酰苯胺;*N*-乙酰乙酰苄胺;1-(2′,5′-二氯-4′-磺酸苯基)-3-甲基-5-吡唑啉酮;1-(2′-氯-5′-磺酸苯基)-3-甲基-5-吡唑啉酮;4-甲氧基-*N*-乙酰乙酰基苯胺;5-乙酰乙酰氨基苯并咪唑酮;1-(4′-氯苯基)-3-甲基-5-吡唑啉酮;1-(4′-磺酸苯基)-3-羧基-5-吡唑啉酮;1-(3′-磺酰胺苯基)-3-甲基-5-吡唑啉酮;1-(2′-氯苯基)-3-甲基-5-吡唑啉酮;1-(3′-氯苯基)-3-甲基-5-吡唑啉酮;1-(2′,5′-二氯苯基)-3-甲基-5-吡唑啉酮;乙酰乙酰对乙氧基苯胺;乙酰乙酰对甲基苯胺;邻甲基乙酰乙酰苯胺;3-硝基乙酰乙酰苯胺;4-硝基乙酰乙酰苯胺;邻硝基乙酰乙酰苯胺;1-(3′-磺酸苯基)-3-甲基-5-吡唑啉酮;1-(4′-磺酸苯基)-3-甲基-5-吡唑啉酮;1-苯基-3-羧酸乙酯-5-吡唑酮;1-苯基-3-羧基-5-吡唑酮;4-甲酰氨基乙酰乙酰苯胺;5-氯-2-甲氧基乙酰乙酰苯胺;间氨基苯乙炔;色酚 AS-IRG;永固黄 S3G;永固黄 S4G;坚固洋红 S4C;坚牢红 S2B

胶州市三利源物资有限公司

山东省胶州市常州路南首桥南 200 米[266300]
电话:(0532)82212934;82210276;87265549
传真:(0532)82212934
网址:www.paohuajian.com

E-mail:info@ paohuajian. com
【主要产品】硅酸钠

莱西市天时化工有限公司

山东省莱西市南墅镇镇兴路 3 号[266613]
电话:(0532)83432445;83433410;83433411
传真:(0532)83432446
供销电话:83433412;83432919
经济类型:股份有限公司
网址:www. tianshi-chem. com
E-mail:wkf@ tianshi-chem. com
【主要产品】四氯化锡;4-氨基苯磺酸;4-氨基苯磺酸钠;三苯基氯化锡;荧光增白剂;荧光增白剂 VBL;荧光增白剂 BBU

平度市滑石矿业有限公司

山东省平度市麻兰镇[266700]
电话:(0532)83351138;83351139
传真:(0532)83351198 有进出口权
固定资产:56,000 千元
供销电话:83351136 职工人数:700 人
供销传真:83358136
网址:www. talc-qd. com
E-mail:info@ talc-qd. com
【主要产品】碳酸钙;滑石粉;高纯石墨;膨胀石墨填料环

青岛埃翡漆业有限公司

山东省青岛市 308 国道 233 号[266100]
电话:(0532)88723117;88723118;88721777
传真:(0532)88723115 职工人数:20 人
经济类型:中外合资经营企业
网址:www. ainfe. com. cn
E-mail:sale@ ainfe. com. cn
【主要产品】硝基木器漆;内外墙涂料;聚酯树脂漆类;工业地坪涂料;水性木器漆;胶黏剂

青岛安邦炼化有限公司

山东省青岛市城阳区棘洪滩街道铁家岭东侧[266111]
电话:(0532)87801481
传真:(0532)87801481 有进出口权
固定资产:300,000 千元
经济类型:有限责任公司
销售收入:4,000,000 千元
企业规模:大型 职工人数:610 人
法人代表:王百增
【主要产品】甲基叔丁基醚;燃料油;重交沥青;常减压装置

青岛安达涂料化学材料有限公司

山东省青岛市香港中路 20 号黄金广场北楼 11510 [266071]
电话:(0532)85925920
传真:(0532)85925925
网址:www. qdadachi. com
E-mail:adachi@ qdadachi. com
【主要产品】硝基漆类;木器漆;内墙涂料;外墙涂料;聚酯树脂漆类

青岛安利橡胶有限公司

山东省青岛市经济技术开发区连江路 39 号[266520]
电话:(0532)86871826
传真:(0532)86878554 有进出口权
供销电话:86878126 法人代表:焦志建
经济类型:有限责任公司
网址:www. anli. und. com. cn
E-mail:info@ anlirubber. com;ceo@ anlirubber. com
【主要产品】轻型运输车辆轮胎;农用车辆轮胎;摩托车轮胎

青岛奥诺轮胎有限公司

山东省平度市明村镇橡胶工业园[266723]
电话:(0532)86321101;85923709
传真:(0532)86321801;85921502
经济类型:有限责任公司
职工人数:1,000 人 法人代表:穆宝俊
网址:www. honourgroup. cn
【主要产品】轮胎;中型载重汽车轮胎;普通载重汽车大客车及挂车轮胎外胎(斜交);轻型运输车辆轮胎;农用车辆轮胎

青岛八福仙有机肥料有限公司

山东省青岛市城阳区赵园路[266041]
电话:(0532)87725518;87725517;87725668
传真:(0532)87725518;87725515
职工人数:150 人
网址:www. bafuxian. com
E-mail:info@ bafuxian. com
【主要产品】有机肥

青岛白玉化工有限公司

山东省胶州市兰州东路 388 号[266300]
电话:(0532)82279609;82279611;82279612
传真:(0532)82279606 有进出口权
供销传真:82279611
法人代表:魏喜彬
经济类型:有限责任公司
网址:www. baiyuchem. com
E-mail:manager@ baiyuchem. com
【主要产品】碱式碳酸锌;立德粉

青岛昌泰橡胶制品有限公司

山东省胶州市福州北路 20 号[266300]
电话:(0532)87288724
传真:(0532)87213720
职工人数:300 人
网址:www. qdchangtai. com
E-mail:info@ qdchangtai. com
【主要产品】轮胎;载重汽车轮胎外胎;轻型运输车辆轮胎;农用车辆轮胎

青岛诚宇化工有限公司
山东省青岛市城阳区流亭街道[266108]
电话:(0532)84936118;84935849
传真:(0532)84935849　有进出口权
网址:www.chengyuchem.com
E-mail:sales@chengyuchem.com
【主要产品】A型硅胶;高效型干燥硅胶;无钴变色硅胶;蓝色硅胶;粗孔硅胶;高效薄层层析硅胶预制板;柱层层析硅胶;薄层层析硅胶

青岛城阳海洋化工有限公司
山东省青岛市城阳区流亭街道三元路288号[266108]
电话:(0532)84717111
传真:(0532)84718311
法人代表:郑松竹
网址:www.qingdaochem.com
E-mail:info@qingdaochem.com
【主要产品】硅砂;球形硅胶;A型硅胶;高效型干燥硅胶;无钴变色硅胶;蓝色硅胶;粗孔硅胶;耐水硅胶;香味硅胶;啤酒硅胶

青岛城阳利德防腐材料厂
山东省青岛市城阳区城阳街道后桃林工业园[266109]
电话:(0532)87737111
传真:(0532)87737775　有进出口权
经济类型:私营企业　法人代表:纪启尚
网址:www.qdlide.com
E-mail:jqs@qdlide.com
【主要产品】牺牲阳极

青岛川一硅藻土有限公司
山东省胶州市胶东镇胶东工业园川一路9号[266300]
电话:(0532)88261888;87231106
传真:(0532)88200080
供销传真:87200080
网址:www.cn-diatomite.cn
E-mail:info@cn-diatomite.cn
【主要产品】硅藻土

青岛大润化工有限公司
山东省青岛市城阳区仙山路西段[266000]
电话:(0532)84936987
传真:(0532)84936986　职工人数:50人
经济类型:有限责任公司
产值:10,000千元　法人代表:刘建才
网址:www.qddarun.com
E-mail:info@qddarun.com
【主要产品】硅酸钠;偏硅酸钠(五水);减水剂

青岛大生钛业有限公司
山东省青岛市城阳区河套工业园[266113]
电话:(0532)87922321;87922345;87922369
传真:(0532)87922359
经济类型:私营企业　职工人数:112人
法人代表:纪大生
网址:www.qd-dasheng.com
E-mail:info@qd-dasheng.com
【主要产品】反应釜;电解槽;换热器;盘管换热器;盘式连续干燥机;鼓风机;储罐

青岛大伟食品添加剂有限公司
山东省青岛市李沧区湘潭路8号[266021]
电话:(0532)84815711
传真:(0532)84823522
网址:www.dwtianjiaji.com
E-mail:fxw@yahoo.com.cn
【主要产品】丁二酸钠;乳酸钠;脱氢醋酸钠;乳酸钾

青岛大洋涂料厂
山东省青岛市市北区辽阳西路186号[266034]
电话:(0532)85621387;85621820;84908010
传真:(0532)85646761;85619094
供销电话:85624039　职工人数:180人
经济类型:股份合作　法人代表:崔常钰
网址:www.dayangcoating.com
E-mail:sales@dayangcoating.com
【主要产品】乳胶漆;丙烯酸系列内外墙涂料;丙烯酸弹性防水涂料;丙烯酸复层花样涂料;真石漆;瓦面漆;亚光涂料

青岛德慧精细化工有限公司
山东省青岛市南京路300号[266034]
电话:(0532)85611743;85621046;85631911
传真:(0532)85621046　职工人数:28人
供销电话:85612459;85611743
经济类型:有限责任公司
法人代表:杨松涛
网址:www.qd-dehui.com
E-mail:dehui126@126.com
【主要产品】聚氨酯制品脱模剂;树脂制品脱模剂;橡胶脱模剂;离型剂;轮胎喷涂与胶片隔离剂;润滑剂;水泥制品脱模剂;螺栓松动剂;模具防锈剂;油污清洗剂;模具清洗剂;焊嘴防堵剂;焊接防溅剂;精密器械润滑剂;金属润滑剂;不锈钢酸洗钝化膏;金属压铸脱模剂;精密模铸脱模剂;电器清洗剂

青岛德泰塑料机械有限公司
山东省胶州市北京东路[266300]
电话:(0532)83293368
传真:(0532)87270807　职工人数:46人
供销电话:13953283368
经济类型:私营企业　产值:10,000千元
销售收入:9,800千元
法人代表:刘玉古
网址:liuyugu.cn.tengxin.com
E-mail:liuyugu3368@163.com
【主要产品】塑料挤出造粒机组

青岛德誉金陵聚氨酯有限公司
山东省胶州市扬州西路238号[266330]
电话:(0532)82219882;82221388
传真:(0532)82220140
网址:www.deyupu.com
【主要产品】聚氨酯泡沫填缝剂

青岛德源化工有限公司
山东省青岛市唐河路8号[266206]
电话:(0532)84896508;88086801
传真:(0532)84896508
网址:www.qddeyuan.com
E-mail:info@qddeyuan.com
【主要产品】一氯乙酸

青岛东方工业品制造有限公司
山东省胶南市经济技术开发区[266423]
电话:(0532)82125998;82120177;82120377
传真:(0532)82125999;83191368
经济类型:有限责任公司　有进出口权
企业规模:大型　职工人数:2,600人
法人代表:薛万孝
网址:www.xingyutyre.com
E-mail:info@xingyutyre.com
【主要产品】轻型载重汽车斜交轮胎;中型载重汽车轮胎;工程机械轮胎;农用车辆轮胎;摩托车轮胎;轮胎外胎;轮胎内胎;胶轮;聚氨酯胶轮

青岛东方化工股份有限公司
山东省莱西市青岛南路14号[266601]
电话:(0532)86645688
传真:(0532)86645328　有进出口权
固定资产:4,900,000千元
供销电话:86645168　企业规模:大型
经济类型:股份有限公司
职工人数:1,645人
网址:www.eastchemical.com
E-mail:info@eastchemical.com
【主要产品】硫酸;过磷酸钙;氮磷钾复合肥;磷酸一铵;磷酸二铵;硫酸钾复合肥;水泥

青岛东风化工有限公司
山东省青岛市四方区开封路23号[266042]
电话:(0532)84855956;84852864;84857953
传真:(0532)84863551　有进出口权
供销电话:84852284;84855956
供销传真:84855956;84967684
经济类型:有限责任公司
法人代表:王孔国
网址:www.qd-dongfeng.com
E-mail:wkg@qd-dongfeng.com
【主要产品】氯磺酸;硫化钠;硫酸钡;药用硫酸钡;改性超细硫酸钡

青岛东海龙塑钢材料有限公司

鲁

山东省即墨市留村工业园[266200]
电话:(0532)86598888;86655666
传真:(0532)86598366 有进出口权
经济类型:有限责任公司
法人代表:林苗文
网址:www.donghailong-qd.com
E-mail:office@donghailong-qd.com
【主要产品】PVC透明管;塑料管;注塑制品;空调器塑料件

青岛东海源生化科技有限公司

山东省青岛市经济技术开发区海坛岛街133号[266500]
电话:(0532)86852816
传真:(0532)88893281
网址:www.dhysh.chem.cn
E-mail:yingchunli957@sohu.com
【主要产品】对溴联苯;对氟苯甲醛;对苯二甲醛;对溴苯甲醛;邻甲氧基苯甲醛;3,4-二甲氧基苯甲醛;间溴苯甲醚;邻溴苯甲醚;对溴苯甲醚;丁香酚;3-溴丙酸;4-溴丁酸;对氟苯甲酸;壬二酸;巯基丙酸;粘溴酸;柠檬酸三乙酯;柠檬酸三丁酯;4,4′-二溴联苯;3-溴丙烯;间溴甲苯;邻溴甲苯;溴代十二烷;溴苯;4-溴氟苯;对二溴苯;1,3,5-三溴苯;1,4-二溴丁烷;对溴溴苄;溴化苄;4-氟甲苯;溴辛烷;溴代正己烷;β-溴苯乙烷;碘苯;对二碘苯;对碘甲苯;对溴硝基苯;1,4-苯二酚;对溴苯酚;间溴苯酚;4-碘苯酚;4-氟苯酚;2-氟苯酚;邻溴苯胺;3-溴苯胺;4-溴苯胺;2,6-二氟苯腈;邻氟苯肼;N-溴代丁二酰亚胺;邻氟苯腈;对溴苯腈;4-甲基苯甲醚;乳酸乙酯;阿苯哒唑;己二酸二正辛酯;顺丁烯二酸二丁酯;4,4′-二羟基联苯;溴硝醇;十六烷基三甲基溴化铵

青岛东生药业有限公司

山东省平度市云山镇[266745]
电话:(0532)83341238;83341209
传真:(0532)88476622
供销电话:88476617;88476622
供销传真:88483137 职工人数:286人
经济类型:股份有限公司
【主要产品】炔螨特乳油;灭线磷颗粒剂;高渗氧乐果乳油;灭多威乳油;灭多威可湿性粉剂;啶虫脒乳油;代森锌可湿性粉剂;福美双可湿性粉剂;二氯异氰尿酸钠可溶性粉剂;20%吗啉胍·乙铜可湿性粉剂;多·福·霉威可湿性粉剂;多·福可湿性粉剂;百·锰锌可湿性粉剂;锰锌·烯酰可湿性粉剂;多·硫悬浮剂;多·硫可湿性粉剂;辛·氰乳油;哒·螨醇乳油;哒·机油乳油;哒·螨砜可湿性粉剂;73%机油·炔螨乳油;40%机油·杀扑乳油;阿维·敌畏乳油;高氯·毒乳油;15%高氯·唑磷乳油;吡·杀单可湿性粉剂;80%多·福·锌可湿性粉剂;58%多·福锌可湿性粉剂;15%灭·哒乳油;多·锰锌可湿性粉剂;锰锌·乙铝可湿性粉剂;腈菌·酮乳油;辛·阿乳油;阿维·甲氰乳油;阿维·柴乳油;辛·唑磷乳油;苏云金杆菌可湿性粉剂

青岛东岳泡花碱有限公司

山东省青岛市李沧区兴国路25号[266041]
电话:(0532)84632514;84632267
传真:(0532)84632094 有进出口权
供销电话:84632422;84614618
供销传真:84635184 法人代表:成群善
经济类型:有限责任公司
网址:www.qssf.com
E-mail:business@qssf.com
【主要产品】硅酸钠;粉状速溶硅酸钠;硅酸钾;硅酸钾钠;偏硅酸钠

青岛丰华灏龙化工助剂有限公司

山东省青岛市城阳区空港工业园[266032]
电话:(0532)87725976;13395320223
传真:(0532)87725976 有进出口权
供销电话:87725976;13395320263
网址:www.qdfenghua.com
E-mail:long_fortune@yahoo.com.cn
【主要产品】抗氧剂1010;抗氧剂1076;抗氧剂168;复合型抗氧剂B215;复合型抗氧剂B225;抗氧剂B900

青岛扶桑精制加工有限公司

山东省青岛市崂山区株州路200号[266101]
电话:(0532)88701061;88701062;88701063
传真:(0532)88701060 有进出口权
经济类型:外商独资
法人代表:夏本修三
网址:www.jfq.com.cn
E-mail:jfq@jfq.com.cn
【主要产品】4-叔丁基苯甲酸;衣康酸;DL-苹果酸;柠檬酸钠;柠檬酸钙;柠檬酸;苹果酸钠

青岛福来鑫清洗剂有限公司

山东省青岛市城阳区流亭街道仙山路中段[266108]
电话:(0532)89226088
传真:(0532)89006066 职工人数:20人
经济类型:有限责任公司
产值:2,000千元 法人代表:王兰英
网址:fulaixin.com
【主要产品】金属清洗剂

青岛富源轮胎有限公司

山东省平度市明村工业区[266724]
电话:(0532)86318888
传真:(0532)86311888
固定资产:46,800千元
职工人数:680人 法人代表:于钦法
网址:www.haituotyre.com;
www.fuyuantyre.com
E-mail:market@haituotyre.com
【主要产品】轮胎;载重汽车轮胎外胎;载重汽车斜交轮胎;轻型运输车辆轮胎;农用车辆轮胎

青岛罡正橡塑机械有限公司

山东省胶州市铺集工业园区[266326]
电话:(0532)86250194;86250138
传真:(0532)86250138
供销电话:86250009;86251374
经济类型:股份有限公司
法人代表:刘正雨
网址:www.gangzheng.cn
E-mail:gangzheng@gangzheng.cn
【主要产品】破碎机;塑料管材挤出机;塑料挤出造粒机组;塑料异型材挤出机组;塑料挤出机;薄膜吹塑机

青岛高天车辆有限公司

山东省胶南市隐珠镇[266431]
电话:(0532)87198277;87198786;87198157
传真:(0532)87198287 有进出口权
职工人数:500人 法人代表:张传君
网址:www.gaotian-china.com
E-mail:info@gaotian-china.com
【主要产品】轮胎;摩托车轮胎;轮胎内胎;胶轮

青岛光明轮胎制造有限公司

山东省平度市明村镇前楼工业区[266724]
电话:(0532)86311999
传真:(0532)86311777 有进出口权
经济类型:私营企业
网址:www.guangmingtyre.cn
E-mail:guangming@guanmingtyre.cn
【主要产品】载重汽车子午线轮胎;载重汽车轮胎外胎;轻型运输车辆轮胎;子午线无内胎轮胎;工程机械轮胎;微型轮胎

青岛广濑塑料制品有限公司

山东省青岛市黄岛开发区嘉陵江西路218号[266555]
电话:(0532)86898375
传真:(0532)86886302 有进出口权
供销电话:86898449
供销传真:86890215
经济类型:外商独资
网址:www.hirose-group.com/chinese/qyjj-1.htm
E-mail:adsdwtgs@public.qd.sd.cn
【主要产品】塑料制品;塑料包装容器

青岛广利橡胶厂

山东省即墨市孙家官庄村[262200]
电话:(0532)88558818
传真:(0532)88558117
网址:www.guangli.cn
E-mail:qdguangli@126.com;
info@guangli.cn
【主要产品】轻型运输车辆轮胎;农用车辆轮胎;摩托车轮胎;手推车外胎;电

鲁

动自行车外胎

青岛广源发集团有限公司
山东省青岛市308国道丹山岭［266107］
电话:(0532)87782777;87785168
传真:(0532)87783288　有进出口权
供销传真:87782888　企业规模:大型
经济类型:有限责任公司
销售收入:6,000,000千元
职工人数:4,800人　法人代表:胡谅伦
网址:www. gyf-qd. com;www. gyf. cn
E-mail:gyf@ gyf-qd. com
【主要产品】原油;石油液化气;沥青;道路沥青

青岛硅创精细化工有限公司
山东省青岛市李沧区南岭三路64号［266041］
电话:(0532)84811703
传真:(0532)84811702
网址:www. guichuang. com
E-mail:sales@ guichuang. com
【主要产品】硅橡胶板;硅溶胶;A型硅胶;高效型干燥硅胶;变色硅胶;粗孔硅胶;柱层层析硅胶;薄层层析硅胶;啤酒硅胶

青岛国海化工有限公司
山东省即墨市闫家岭［266228］
电话:(0532)82519858;82518157
传真:(0532)82518157
经济类型:港澳台商独资经营
网址:ghchemical. net. und. cn
E-mail:info@ guohai-qd. com
【主要产品】油漆;乳胶漆

青岛国人科技股份有限公司
山东省青岛市市北区杨家群［266100］
电话:(0532)88721684;88723587
传真:(0532)88723082　有进出口权
固定资产:100,000千元
供销电话:8722242;8723519
供销传真:8723324;8723082
经济类型:股份有限公司
销售收入:1,000,000千元
职工人数:1,000人　法人代表:赵洪祥
网址:www. chinagren. com
E-mail:grltcw@ public. qd. sd. cn
【主要产品】轮胎;载重汽车轮胎外胎;农用车辆轮胎;轮胎内胎

青岛海川化工有限公司
山东省青岛市李沧区四流北路39号［266021］
电话:(0532)84826567
传真:(0532)84826569　法人代表:孙涛
经济类型:有限责任公司
【主要产品】塑料桶

青岛海达石墨有限公司
山东省平度市张舍镇刘戈庄［266719］
电话:(0532)87389999;87389108;87388065
传真:(0532)87389018　有进出口权
经济类型:有限责任公司
职工人数:600人　法人代表:刘照波
网址:www. qdhaida. com. cn
E-mail:info@ qdhaida. com. cn
【主要产品】鳞片石墨;石墨粉;石墨制品;可膨胀石墨

青岛海达制盐有限责任公司
山东省胶州市营海镇东营村前［266318］
电话:(0532)85275163-8057;85276661
传真:(0532)85275106
固定资产:30,560千元
供销电话:85276870　职工人数:418人
经济类型:有限责任公司
法人代表:王耀先
网址:www. qd-haida. cn
E-mail:qingdaohaida@ public. qd. sd. cn
【主要产品】海盐;工业盐;聚乙烯管

青岛海化化工有限责任公司
山东省青岛市崂山区王哥庄街道办事处［266105］
电话:(0532)87911508;87911084;87849242
传真:(0532)87911058　有进出口权
经济类型:有限责任公司
企业规模:大型　法人代表:周进善
网址:www. laoshanchem. com
E-mail:office@ laoshanchem. com
【主要产品】碘酸钾;精碘;海藻酸;几丁质;甘露醇;海藻酸钠;海藻酸钙

青岛海汇生物工程有限公司
山东省青岛市香港东路254号［266101］
电话:(0532)88896966;88978628
传真:(0532)88978627
网址:www. haihuishengwu. com
E-mail:hecreat@ 163. com
【主要产品】几丁质;牛磺酸

青岛海佳胶带有限公司
山东省青岛市四方区康宁路1-18号［266031］
电话:(0532)83713393;83779149
传真:(0532)83727718
经济类型:有限责任公司
法人代表:王传利
网址:www. haijiajiaodai. com
E-mail:trade@ haijiajiaodai. com
【主要产品】聚氯乙烯电气绝缘胶带;聚氯乙烯胶带;布基胶带

青岛海佳助剂有限公司
山东省即墨市烟青路402号［266200］
电话:(0532)83562878;83562178;13905424005
传真:(0532)83562178
网址:www. qdhj-china. com
E-mail:gxq@ qdhj-china. com
【主要产品】黏合树脂;橡胶增黏剂;增黏树脂;橡胶增黏树脂

青岛海建化学有限公司
山东省青岛市高新技术产业开发区［266102］
电话:(0532)88808616;88809038
传真:(0532)88800645;88807498
经济类型:与港澳台商合资经营
法人代表:丁德富
网址:www. haijianche. com
E-mail:haijian@ public. qd. sd. cn
【主要产品】沥青清漆;沥青船底防污漆;铝粉沥青船底漆;防火涂料;各色防污漆;丙烯酸磁漆;丙烯酸类面漆;耐热防腐涂料;聚氨酯铝粉耐热防锈底漆;聚氨酯面漆;氟碳漆;氯化橡胶铝粉底漆;各色氯化橡胶水线漆;氯化橡胶甲板漆;氯化橡胶沥青船底漆;铁红氯化橡胶厚膜型防锈漆;氯化橡胶磷酸锌底漆

青岛海晶化工集团有限公司
山东省青岛市四方区唐河路8号［266042］
电话:(0532)88086666;88086888
传真:(0532)84857429　有进出口权
固定资产:1,060,000千元
供销电话:88086216　企业规模:大型
供销传真:84879280　法人代表:李明
经济类型:有限责任公司
销售收入:1,378,000千元
网址:www. hygain. com. cn
E-mail:hjjckb@ public. qd. sd. cn;info@ haijing. com
【主要产品】盐酸;盐酸(食用);盐酸(精制);烧碱(液体);离子膜烧碱;亚硫酸钠;三氯化铁(无水);次氯酸钠(液体);氯气(液);氯化聚乙烯;聚氯乙烯树脂;聚氯乙烯树脂SG;聚氯乙烯树脂(食品级);RM-1橡胶金属热硫化胶黏剂;聚丙烯酸钠;引发剂EHP

青岛海浪硅胶干燥剂厂
山东省青岛市流亭工业园双园路168号［266018］
电话:(0532)87717329;87717076
供销电话:85980002;85988862
供销传真:85980003
网址:www. qdsilica-gel. com
【主要产品】分子筛,5A型;13X分子筛;活性氧化铝;粗孔微球硅胶;A型硅胶;高效型干燥硅胶;粗孔硅胶;耐水硅胶;高效薄层层析硅胶预制板;柱层层析硅胶;薄层层析硅胶;液相色谱固定相硅胶

青岛海普生物技术有限公司
山东省胶南市寨里镇龙谭路49号［266407］
电话:(0532)84151027;85166168
传真:(0532)84152220;85166168
经济类型:中外合资经营企业

鲁

职工人数:76 人
网址:www.qd-heppe.com
【主要产品】壳聚糖;几丁质;硫酸软骨素;氨基葡萄糖盐酸盐;D-氨基葡萄糖硫酸钾盐

青岛海湾集团有限公司

山东省青岛市香港中路 52 号时代广场 28F[266071]
电话:(0532)85759200;85759201
传真:(0532)85759202　有进出口权
经济类型:有限责任公司
销售收入:4,200,000 千元
企业规模:大型　职工人数:10,000 人
法人代表:罗方辉
网址:www.qdhw.com
E-mail:zhglb@qdhw.com;info@qdhw.com
【主要产品】盐酸;烧碱;纯碱;原盐;氯化钙(无水);硅酸钠;二氧化碳(液体);氯气(液);甲醇(精);甲醛;合成氨;尿素;碳酸氢铵;混配复合肥料;水胺硫磷;甲基异柳磷;氟磺胺草醚;氯化聚乙烯;聚氯乙烯树脂;水泥

鲁

青岛海星干燥剂厂

山东省青岛市李沧区上王埠花卉基地[266100]
电话:(0532)81936866
传真:(0532)81936966
法人代表:李云雷
网址:www.qd-haixing.cn
E-mail:info@qd-haixing.cn
【主要产品】高效型干燥硅胶

青岛海洋化工厂分厂

山东省青岛市李沧区汾阳路 12 号[266046]
电话:(0532)84616592;84660688
传真:(0532)84635014　经济类型:集体
有进出口权　销售收入:400,000 千元
职工人数:1,000 人　法人代表:孙秀云
网址:www.yinhai-chem.com
E-mail:info@yinhai-chem.com
【主要产品】硅酸;活化胶粉;B 型硅胶;小球形硅胶;高效薄层层析硅胶预制板;柱层层析硅胶;薄层层析硅胶

青岛海洋化工集团特种硅胶厂

山东省青岛市城阳区仙山路 15 号[266106]
电话:(0532)84935566;84935203;84939543
传真:(0532)84939787
法人代表:薛洪旭
网址:www.specialsilicagel.com
E-mail:info@specialsilicagel.com
【主要产品】硅砂;粗孔微球硅胶;B 型硅胶;A 型硅胶;高效型干燥硅胶;变色硅胶;蓝色硅胶;粗孔硅胶

青岛海洋化工有限公司

山东省青岛市李沧区沔阳路 7 号[266041]
电话:(0532)84633243;84632861;84639737
传真:(0532)84635796;84632306
固定资产:320,000 千元　有进出口权
供销电话:84632861;84632306
经济类型:有限责任公司
销售收入:4,000,000 千元
企业规模:大型　职工人数:1,200 人
法人代表:成群善
网址:www.haiyangchem.com
E-mail:xs@haiyangchem.com
【主要产品】硅酸钠;硅砂;硅溶胶;B 型硅胶;A 型硅胶;小球形硅胶;褐藻酸丙二醇酯;硅胶;蓝色硅胶;硅铝胶;粗孔硅胶;柱层层析硅胶;薄层层析硅胶;啤酒硅胶

青岛豪迈三利轮胎制造有限公司

山东省平度市明村镇前楼橡胶工业园[266724]
电话:(0532)86311688
传真:(0532)86311097
经济类型:私营企业　职工人数:200 人
网址:www.haomaityre.com
E-mail:info@haomaityre.com
【主要产品】轮胎;载重汽车轮胎外胎;轻型运输车辆轮胎;农用车辆轮胎

青岛和兴精细化学有限公司

山东省青岛市四方区重庆北路 7 号[266108]
电话:(0532)84913817;84910948
传真:(0532)84813851　有进出口权
经济类型:与港澳台商合资经营
法人代表:谷焱昭
网址:www.unionfinechem.com
E-mail:info@unionfinechem.com
【主要产品】4-三氟甲基苄胺;邻三氟甲基苯腈;邻三氟甲基苯甲酸;间三氟甲基苯乙酸;4-氯靛红;3-氯三氟甲苯;间三氟甲基氯苄

青岛黑龙石墨有限公司

山东省平度市张舍镇[266719]
电话:(0532)86376817
传真:(0532)86371398
法人代表:车坚亭
网址:www.bd-graphite.com
E-mail:black-dragon@public.qd.sd.cn
【主要产品】鳞片石墨;高纯石墨;柔性石墨材料;可膨胀石墨

青岛亨通伟业特种织物科技有限公司

山东青岛市李沧区书院路 268 号[266043]
电话:(0532)87626730;87651000;13706346942
传真:(0532)87622891　有进出口权
供销电话:87651000;15863061000
经济类型:有限责任公司
法人代表:卜庆革
网址:www.hengtong-chem.com
E-mail:info@hengtong-chem.com
【主要产品】导电纤维

青岛恒达轮胎有限公司

山东省平度市前楼工业园[266724]
电话:(0532)86316788;85893391
传真:(0532)86316898;85893392
经济类型:有限责任公司
职工人数:800 人
法人代表:于钦田
网址:www.hengdatyre.com
E-mail:info@hengdatyre.com
【主要产品】载重汽车轮胎外胎;轻型运输车辆轮胎;工程机械轮胎;农用车辆轮胎

青岛弘中元化学有限公司

山东省青岛市城阳区正阳路城子 C 区五十号楼[266109]
电话:(0532)86089551;87869781;87869421
传真:(0532)86089551　有进出口权
经济类型:有限责任公司
法人代表:解学良
网址:www.hongzhongyuan.com
E-mail:hzhy@otiwt.com;hzy@hongzhongyuan.com
【主要产品】一氧化铅;铅;电解铅;铅镉合金;铅锑合金;铅钙合金;中铬黄;红丹

青岛红星化工集团天然色素有限公司

山东省青岛市四流北路 43 号[266043]
电话:(0532)84915032;84915033
传真:(0532)84915031　有进出口权
经济类型:有限责任公司
网址:www.qd-np.com
E-mail:ceo@qd-np.com
【主要产品】辣椒红色素;紫苏红色素;紫甘蓝色素;叶黄素

青岛红星化工集团有限责任公司

山东省青岛市济阳路 8 号[266011]
电话:(0532)82850016;82850015
传真:(0532)82830410　经济类型:国有
固定资产:2,600,000 千元　有进出口权
企业规模:大型
职工人数:4,800 人
法人代表:姜志光
网址:www.redstarchem.com
E-mail:rstar@ns.qd.sd.cn
【主要产品】氯磺酸;氢氧化钡;氢氧化钡(一水);硫化钠;硫酸钡;硝酸钡;硝酸锶;碳酸钡;碳酸锶;电解二氧化锰;硫黄;不溶性硫黄;丙三醇;硬脂酸;脂肪酸;豆油酸;二氧化硫脲;辣椒红色素;紫苏红色素;山苍子油;桉叶油;二盐基亚磷酸铅;硬脂酸钙;硬脂酸钡;硬脂酸铅;硬脂酸锌;硬脂酸镁;

针织机油

青岛红星化工集团自力实业公司

山东省青岛市李沧区四流北路 35 号[266043]
电话:(0532)84913091;84913089
传真:(0532)84913085　经济类型:国有
有进出口权　法人代表:纪成友
网址:www. redstarchem-zili. com
E-mail:sales@ redstarchem-zili. com
【主要产品】氢氧化钡;氢氧化钡(一水);氯化钡;甲基乙基酮肟;二盐基亚磷酸铅;三盐基硫酸铅;硬脂酸钙;硬脂酸钡;硬脂酸铅;硬脂酸锌;硬脂酸镁;稀土复合稳定剂;针织机油

青岛宏达塑胶总公司

山东省青岛市四方区清江路 152 号[266032]
电话:(0532)85624649;85624373;85667783
传真:(0532)85624373　经济类型:集体
固定资产:40,000 千元　有进出口权
企业规模:大型　职工人数:815 人
法人代表:梁同康
网址:www. qdhonda. com
E-mail:dongsg@ 126. com
【主要产品】地膜;聚乙烯农用地膜;聚乙烯食品包装膜;聚乙烯热收缩膜;塑料管;长寿无滴 EVA 膜;塑料异型材;挤出板材

青岛宏泰盛橡胶制品有限公司

山东省青岛市李沧区上王埠 308 国道西侧[266100]
电话:(0532)87068386;88037978
传真:(0532)88037967
经济类型:私营企业　职工人数:230 人
网址:www. hongtai-rubber. com
E-mail:hlx@ hongtai-rubber. com
【主要产品】胶带;胶管;橡胶发泡制品;胶辊;橡胶垫;油封;硅橡胶密封条;橡胶腻子;O 形密封圈

青岛华达橡胶制品有限公司

山东省青岛市胶南区隐珠镇[266431]
电话:(0532)86616280;86616281;86616282
传真:(0532)86616287;86616288
供销电话:86616266;86616282
经济类型:有限责任公司　有进出口权
职工人数:1,200 人　法人代表:卢培实
网址:www. huadatyre. cn
E-mail:huadatyres@ hotmail. com
【主要产品】载重汽车轮胎外胎;农用车辆轮胎;摩托车轮胎;轮胎内胎;胶轮

青岛华东制钙有限公司

山东省青岛市李沧区四流北路 78 号[266043]
电话:(0532)84811932;84814494;84813318
传真:(0532)84811557　有进出口权
经济类型:与港澳台商合作经营
法人代表:王进波
网址:www. hdcpc. com
E-mail:hdcpc@ hdcpc. com
【主要产品】氯化钙

青岛华冠密封工业有限公司

山东省青岛市开发区灵山卫镇[266520]
电话:(0532)83188728
传真:(0532)83188718
网址:www. qdhuaguan. cn
【主要产品】橡胶密封制品;油封;O 形密封圈;组合密封圈

青岛华贵聚氨酯泡绵制品有限公司

山东省青岛市流亭镇仙家寨南流路 261 号[266108]
电话:(0532)84816255;84816665
传真:(0532)84811300　有进出口权
法人代表:毕研琳
网址:www. qd-huagui. com
E-mail:info@ qd-huagui. com
【主要产品】塑料薄膜;泡沫板材

青岛华海环保工业有限公司

山东省胶南市海滨工业园[266400]
电话:(0532)88139939
传真:(0532)88139937　有进出口权
固定资产:100,000 千元
供销电话:88139767;88139757
经济类型:股份有限公司
职工人数:400 人　法人代表:张方海
网址:www. huahai-online. com
E-mail:huahai@ huahai-online. com
【主要产品】橡胶运输带;普通橡胶板;胶轮;橡胶护舷;橡胶垫;橡胶水坝;橡胶围油栏;橡胶密封圈

青岛华恒助剂厂

山东省青岛市李沧区延寿宫路 57 号[266100]
电话:(0532)87655556;87655065
传真:(0532)87653630;87655065
供销传真:87655556　经济类型:集体
职工人数:70 人　法人代表:仲跻恩
网址:www. qdhh. com
E-mail:zjn@ qdhh. com;
qdhh@ hotmail. com
【主要产品】促进剂 DZ;防老剂 DTPD

青岛华龙涂料有限公司

山东省青岛市长沙路 26 号[266100]
电话:(0532)85033271;85035506;82680168
传真:(0532)85033271　职工人数:41 人
供销电话:85032272;82670168
经济类型:与港澳台商合资经营
网址:www. hualong-coating. com
E-mail:info@ hualong-coating. com
【主要产品】丙烯酸封闭底漆;真石漆;真石漆罩面漆;真石漆底漆;丙烯酸有光面漆;纯丙高光乳胶漆;纯丙亚光乳胶漆;丙烯酸内墙乳胶漆

青岛华仁塑胶医药用品有限公司

山东省青岛市高科园株洲路 187 号[266101]
电话:(0532)88701519
传真:(0532)88603044　有进出口权
固定资产:60,000 千元
供销电话:88601948　法人代表:孙国华
经济类型:有限责任公司
销售收入:50,000 千元
网址:www. huaruida. com;
www. huarenplastic. com
E-mail:info@ huaruida. com
【主要产品】丁基橡胶瓶塞

青岛华泰润滑密封科技有限责任公司

山东省平度市华侨科技园经一路[266706]
电话:(0532)83305599;83305597;84847918
传真:(0532)83305597　有进出口权
供销电话:83305599;13687683600
经济类型:有限责任公司
职工人数:92 人　法人代表:陈登科
网址:www. huataigraphite. com
E-mail:huatai@ huataigraphite. com
【主要产品】胶体石墨;石墨粉

青岛华鹰工业品制造有限公司

山东省胶南市隐珠镇[266400]
电话:(0532)87197388
传真:(0532)87197009　有进出口权
经济类型:有限责任公司
职工人数:600 人　法人代表:薛桂海
网址:www. huayingtyres. com
E-mail:info@ huayingtyres. com
【主要产品】载重汽车轮胎外胎;轻型运输车辆轮胎;农用车辆轮胎;胶轮

青岛化工研究院

山东省青岛市重庆北路 7 号[266108]
电话:(0532)84911927;84915131;84911451
传真:(0532)84819900;84915131
经济类型:国有　有进出口权
法人代表:张重柱
网址:www. qdciri. com
E-mail:sales@ qdciri. com
【主要产品】对苯二甲醛;对氰基苯甲醛;环丙基甲酮;邻氰基氯苄;对氰基氯苄;对二氯苄;甲基乙基酮肟;4-甲基苯甲酸;对甲酰基苯甲酸;对甲酰基苯甲酸甲酯;对苯二甲醇;环保型脲醛树脂胶黏剂;分散剂;工业防霉剂

青岛黄海轮胎厂

山东省即墨市留村镇团彪村[266205]
电话:(0532)86580178
传真:(0532)86580086　有进出口权
职工人数:500 人　法人代表:隋志先
网址:www. qdystyre. com
E-mail:info@ qdystyre. com
【主要产品】载重汽车轮胎外胎;工程机械轮胎;农用车辆轮胎

青岛黄海橡胶集团公司

山东省青岛市李沧区沧安路 1 号[266041]
电话:(0532)84678030;84678290;84678099
传真:(0532)84678777　有进出口权
供销电话:84678169;84678165
供销传真:84678086　企业规模:大型
经济类型:股份有限公司
法人代表:孙振华
网址:www. yellowsea. com. cn
E-mail:yellowsea@ yellowsea. com. cn
【主要产品】载重汽车轮胎外胎;轻型载重汽车中小客车及其挂车轮胎外胎(斜交);轿车轮胎外胎;全钢载重子午线轮胎;农用车辆轮胎;摩托车轮胎;子午线轮胎;载重汽车轮胎内胎;轿车内胎;力车胎外胎;手推车外胎

青岛汇智生物工程公司

山东省青岛市市南区长汀路 9 号西 103 室[266001]
电话:(0532)85922932;13395320262
传真:(0532)85922932
网址:www. bio-huizhi. cn
E-mail:lyl@ bio-huizhi. cn
【主要产品】壳聚糖;羧甲基壳聚糖;几丁质;羧甲基甲壳质

青岛吉利达橡胶有限公司

山东省青岛市崂山区王哥庄街道办事处江家土寨村[266105]
电话:(0532)87846858
传真:(0532)87846858
职工人数:118 人　法人代表:兰仁颂
网址:www. cn-jilida. com
E-mail:manager@ cn-jilida. com
【主要产品】农用轮胎内胎;摩托车内胎;汽车内胎

青岛吉利化工有限公司

山东省胶州市扬州路东段[266300]
电话:(0532)87282060;87282057
传真:(0532)87281679
经济类型:外商独资　法人代表:范阿鉴
网址:www. greatsponge. com
E-mail:jili@ greatsponge. com
【主要产品】聚氨酯泡沫塑料

青岛加华化工有限公司

山东省胶南市开发区连云港路 8 号[266400]
电话:(0532)88171876;88171897
传真:(0532)88171879　有进出口权
经济类型:港澳台商独资经营
职工人数:120 人　法人代表:胡燕玲
网址:www. jiahuachem. com. cn
E-mail:market@ jiahuachem. com. cn
【主要产品】异戊醇;巯基乙酸甲酯;巯基乙酸异辛酯;巯基乙酸乙酯;巯基乙酸甘油酯;二巯基乙酸乙二醇酯;四巯基乙酸季戊四醇酯;松油醇;异硫氰酸烯丙酯;苯甲酰基异硫氰酸酯;甲基硫醇锡热稳定剂;巯基苯并噻唑钠;异丙基甲硫氨酯;正丁基甲硫氨酯;异丁基甲硫氨酯;异丁基乙硫氨酯;正丁基乙硫氨酯;异丙基乙硫氨酯;异丁基黄原酸丙烯酯;异戊基黄原酸丙烯酯;乙基黄原酸甲酸乙酯;异丙基黄原酸甲酸乙酯;异丁基黄原酸甲酸乙酯;N,N-二乙基二硫代氨基甲酸丙烯酯;松油

青岛碱业股份有限公司

山东省青岛市李沧区四流北路 78 号[266043]
电话:(0532)84813455
传真:(0532)84812049　有进出口权
供销电话:84815265　企业规模:大型
供销传真:84819178
法人代表:罗方辉
经济类型:股份有限公司
职工人数:5,500 人
网址:www. qdjy. com
E-mail:xxzx@ qdjy. com;sale@ qdjy. com
【主要产品】纯碱;重质纯碱;轻质纯碱;氯化钙(二水);倍半碳酸钠;过碳酸钠;过氧化氢;二氧化碳(液体);甲醇;甲醛;尿素;碳酸氢铵;高浓度复合肥;水胺硫磷;水胺硫磷乳油;增效水胺硫磷乳油;甲基异柳磷乳油;甲基异柳磷颗粒剂;增效甲基异柳磷乳油;氧化乐果乳油;倍硫磷;倍硫磷乳油(50%);烯酰吗啉;福美双可湿性粉剂;福美胂可湿性粉剂(40%);异丙草胺乳油;氟磺胺草醚水剂;三氟羧草醚水剂;乙羧氟草醚;乙羧氟草醚乳油;多·福可湿性粉剂;氟羧草·灭松水剂;高氯·水胺乳油;福·福甲胂·福锌可湿性粉剂;福·福锌可湿性粉剂;异丙草·莠悬浮剂;20%吡·丁硫乳油;福·锰锌可湿性粉剂;水胺·甲氰乳油(25%);水胺·氰戊乳油;食用小苏打;食用纯碱

青岛碱业股份有限公司天柱化肥分公司

山东省平度市青岛路 96 号[266700]
电话:(0532)88336027;88336031
传真:(0532)87362695　有进出口权
固定资产:450,000 千元
供销传真:87362483　企业规模:大型
经济类型:股份合作
法人代表:李丰坤
职工人数:1,200 人
网址:www. tzhf. com
E-mail:mail@ tzhf. com
【主要产品】二氧化碳(液体);甲醇;甲醛;丙三醇;硬脂酸;合成氨;尿素;碳酸氢铵;混配复合肥料

青岛建青橡胶制品有限公司

山东省即墨市城马路 16 号[266001]
电话:(0532)82522077;82522377;13905326143
传真:(0532)82522377
网址:www. qingdaorubber. com
E-mail:jqrubber@ alibaba. com. cn
【主要产品】橡胶制品;胶管;橡胶打包带;橡胶发泡制品;硅橡胶板;胶辊;聚氨酯胶轮;橡胶密封制品;洗衣机密封件;汽车橡胶配件;硅橡胶制品

青岛健泰化工有限公司

山东省青岛市山东路 42 号[266071]
电话:(0532)84858733;85015583
传真:(0532)84965701
经济类型:有限责任公司
【主要产品】油漆

青岛江鑫化学建材有限公司

山东省青岛市辽阳西路 217 号[266034]
电话:(0532)85696296;82828836;13808982908
传真:(0532)85696327
网址:www. qdjxhx. com
E-mail:qdjxhx@ qdjxhx. com
【主要产品】丙烯酸内墙乳胶漆;丙烯酸外墙涂料;高级外墙透明防水涂料;瓦面漆;亚光涂料;高级外墙耐沾污涂料

青岛胶南盛泰化工有限公司

山东省胶南市珠山北路 13 号[266400]
电话:(0532)88159338;88158201;88158966
传真:(0532)88159338　法人代表:王纬
供销电话:88158808;13606487679
经济类型:私营企业
网址:www. chinashengtai. com
E-mail:info@ chinashengtai. com
【主要产品】氧化锌;胶轮;橡胶履带

青岛捷达化工原料有限公司

山东省青岛市高科园海尔路中段[266100]
电话:(0532)84828187;88914387;84469108
传真:(0532)84828186　有进出口权
供销电话:84811636;84819116
供销传真:84828186;88914387
经济类型:有限责任公司
法人代表:王振国
网址:www. qdjdchem. com
E-mail:ytj@ qdjdchem. com
【主要产品】烧碱(固体);电镀清洗剂;电镀添加剂;聚二硫二丙基磺酸钠;氯化钾(钠)镀锌光亮剂

青岛金辉石墨有限公司

鲁

山东省莱西市康平路27号[266600]
电话:(0532)88451328;13706488766
传真:(0532)88451396
供销电话:88451328;88451396
网址:www.jinhui-graphite.com
E-mail:sunhui@jinhui-graphite.com
【主要产品】鳞片石墨;石墨粉;高纯石墨;可膨胀石墨

青岛金龙源化工有限公司

山东省胶州市后屯乡驻地[266313]
电话:(0532)83240999
传真:(0532)83240777
职工人数:200人
网址:www.jinlongyuan.com
E-mail:info@jinlongyuan.com
【主要产品】重晶石;硝酸钡;硝酸锶;氯化钡;二氧化硫脲

青岛金秋农业科技有限公司

山东省青岛市李沧区南王上流工业园[266100]
电话:(0532)87606618
传真:(0532)87606618
供销电话:87606618;13791985128
经济类型:中外合资经营企业
网址:www.goldenharvest.net
E-mail:jinqiu@goldenharvest.net
【主要产品】海藻肥

青岛金森达化工有限公司

山东省青岛市即墨大信工业园[266229]
电话:(0532)82538849;13906390245
传真:(0532)82538849
网址:www.qdshuanghe.com
E-mail:info@qdshuanghe.com
【主要产品】水性乳胶漆;水性环保地板漆;水性木器亮光漆;水性底漆;环保水性木器装修清漆;荧光增白剂VBL;渗透剂JFC;双氧水稳定剂

青岛锦绣防水材料有限公司

山东省即墨市七级镇政府东街六号[266233]
电话:(0532)83523666;13905329710
传真:(0532)83523888
网址:www.qdjinxiu.com
E-mail:jinxiu@qdjinxiu.com
【主要产品】聚乙烯丙纶复合防水卷材;水乳型橡胶沥青防水涂料;聚氨酯防水涂料;彩色聚氨酯防水涂料;JS复合防水涂料;丙烯酸防水建筑胶;新型改性沥青防水卷材

青岛精盛达橡塑机械有限公司

山东省胶州市胶州西路204号[266300]
电话:(0532)87256511
传真:(0532)87256512　职工人数:62人
供销电话:87256511;13606304033
经济类型:股份有限公司
网址:www.jsdsuji.com
E-mail:info@jsdsuji.com
【主要产品】混合机;塑料粉碎机;单螺杆挤出机;塑料管材挤出机;塑料异型材挤出机组;塑料板材挤出机组;造粒机;泡沫塑料成型机

青岛久润精细化工有限公司

山东省青岛市辽宁路127号恒泰大厦13层[266012]
电话:(0532)83804572;83829025
传真:(0532)82081070;83804572
网址:www.jiurun-chem.com
E-mail:jxhg@jiurun-chem.com;jury-fc@tom.com
【主要产品】复合型高效保湿剂

青岛玖琦精细化工有限责任公司

山东省青岛市李沧区滨海路9号[266043]
电话:(0532)84816031;84846963
传真:(0532)84810188
供销电话:84914550;13906391285
经济类型:有限责任公司
职工人数:280人　法人代表:王泽琏
网址:www.qdjiuqi.com
E-mail:qdjiouqi@tom.com
【主要产品】中超耐磨炉黑N220;高耐磨炭黑N330;快压出炉炭黑N550;低结构快压出炭黑N539;炭黑;炭黑N660;低定伸非污染半补强炉黑N762;炭黑N774;炭黑N234;低结构高耐磨炉黑N326

青岛聚大洋海藻工业有限公司

山东省胶南市王台镇[266425]
电话:(0532)86157058
传真:(0532)86157068　有进出口权
供销电话:86157038;86157066
经济类型:有限责任公司
法人代表:吴仕鹏
网址:www.judayang.com
E-mail:info@judayang.com
【主要产品】碘;海藻酸;海藻肥;卡拉胶(食品级);甘露醇;海藻酸钠

青岛开达实业(集团)有限公司

山东省青岛市市北区308国道207号(李村)[266100]
电话:(0532)88721776;88721778
传真:(0532)88721776
固定资产:48,600千元
职工人数:212人
网址:www.kaida-web.com
E-mail:web@kaida-web.com
【主要产品】超吸水树脂;浆料;聚合氯化铝;针织机油

青岛开世密封工业有限公司

山东省青岛市四方区嘉禾路7号[266031]
电话:(0532)83713755
传真:(0532)83713756　有进出口权
经济类型:中外合资经营企业
法人代表:马小维
网址:www.tks.cn
E-mail:tks@tks.cn
【主要产品】橡胶密封制品

青岛凯联精细化学有限公司

山东省青岛市城阳区重庆北路7号[266108]
电话:(0532)84816267
传真:(0532)84912786　职工人数:93人
供销电话:84816860　法人代表:张重柱
经济类型:有限责任公司
【主要产品】甲醛;脲醛树脂胶

青岛凯阳化工有限公司

山东省青岛市李沧区唐山路中段[266041]
电话:(0532)84696312;87080567
传真:(0532)84696312
经济类型:有限责任公司
法人代表:李文波
网址:www.qdkyhg.com
E-mail:kyhg8989@sina.com
【主要产品】一氧化铅;中铬黄;浅铬黄;橘铬黄;深铬黄;锌铬黄;钼铬红;红丹

青岛康原药业有限公司

山东省胶州市扬州东路99号[266300]
电话:(0532)87282648
传真:(0532)87280802
供销电话:87282648;83883580
职工人数:1,900人　法人代表:刘乃山
网址:www.kangyuan.com.cn
E-mail:manager@kangyuan.com.cn
【主要产品】苯甲酸钠;绒促性素;尿促性素;硫酸软骨素;尿激酶;肝素钠

青岛柯丽亚(韩国)胶带有限公司

山东省青岛市城阳区仙家寨[266100]
电话:(0532)84826601;84820605;84826604
传真:(0532)84826606　有进出口权
供销电话:84826601;84826602
经济类型:外商独资　职工人数:400人
法人代表:申成大
网址:www.qdkorea.cn
E-mail:sale@qbkorea.cn
【主要产品】尼龙分层阻燃运输带;橡胶三角带;多楔带;橡胶杂品;普通橡胶板;耐油橡胶板;耐磨蚀橡胶板;耐热胶板

青岛科奥植物制品有限公司

山东省胶南市宝山路54号[266400]
电话:(0532)86151281;13963911229
传真:(0532)86150723
E-mail:qdcho@163.com
【主要产品】黄芩苷;金银花提取物

青岛鲲鹏橡胶制品厂

鲁

山东省即墨市通济办事处辛家庄工业园[266200]
电话:(0532)88566361;13963985037
传真:(0532)88566361
网址:www. qd-kunpeng. com
E-mail:info@ qd-kunpeng. com
【主要产品】发泡胶条;橡胶三角带;普通橡胶板;胶辊;密封垫;胶圈;橡胶密封圈

青岛琅琊台集团股份有限公司

山东省胶南市琅琊台路198号[266400]
电话:(0532)86151198;86151271;86150835
传真:(0532)86151260 有进出口权
供销传真:86151260;85131397
经济类型:股份有限公司
企业规模:大型 职工人数:2,000人
法人代表:李悦明
网址:www. langyatai. com;www. langyataigroup. com
E-mail:info@ langyatai. com;sales@ langyatai. com
【主要产品】D-核糖;衣康酸;衣康酸二甲酯;葡萄糖酸钠;阻垢缓蚀剂

青岛朗力防锈材料有限公司

山东省青岛市李沧区京口路133号[266100]
电话:(0532)87899627
传真:(0532)86277899 职工人数:15人
经济类型:私营企业 产值:1,500千元
销售收入:1,000千元
法人代表:宋新波
网址:www. qdlangli. com
E-mail:sxb@ qdlangli. com
【主要产品】亚硝酸二环己胺;有机硅消泡剂;防锈油;脱脂剂;合成切削液

青岛丽珠海洋化工厂

山东省胶南市工业园[266400]
电话:(0532)86182387;13863971105
传真:(0532)86182387
网址:www. chinaseaweed. com
E-mail:market@ chinaseaweed. com
【主要产品】海藻酸钠;海藻酸钾;海藻酸钙

青岛利中甲壳质公司

山东省即墨市环秀办事处李家西城西[266200]
电话:(0532)88561998;88562298;13806398182
传真:(0532)88561998
网址:www. lizhong-chitin. com
E-mail:lizhong@ lizhong-chitin. com
【主要产品】壳聚糖;羧甲基壳聚糖;几丁质

青岛联美化工有限公司

山东省青岛市李沧区楼山支路1号[266043]
电话:(0532)84813191;13953288612
传真:(0532)84810296
网址:www. lianmeichem. com
E-mail:sales@ lianmeichem. com
【主要产品】纯涤织物阻燃剂;聚氨酯用阻燃剂;甲基膦酸二甲酯;无卤环保阻燃剂;环氧树脂用阻燃剂;木材阻燃剂

青岛林泰工贸有限公司

山东省青岛市南区宁国三路9号[266071]
电话:(0532)85925248;85872672;85927827
传真:(0532)85872672
网址:www. qdltgm. com
E-mail:info@ qdltgm. com
【主要产品】双面胶带;包装胶带;压敏胶黏带;BOPP胶黏带

青岛临港橡塑制品有限公司

山东省胶南市隐珠镇郭家河岩[266425]
电话:(0532)88183534
传真:(0532)88183534 法人代表:马明
经济类型:有限责任公司
网址:www. qdrubber. com
E-mail:info@ qdrubber. com
【主要产品】花纹输送带;挡边运输带;橡胶三角带;夹布胶管;吸引胶管;编织胶管;钢丝编织胶管;钻探胶管

青岛六象胶带有限公司

山东省青岛市城阳区正阳路中段[266109]
电话:(0532)87963331;87963330
传真:(0532)87963332 有进出口权
经济类型:有限责任公司
产值:80,000千元 职工人数:500人
法人代表:陈国栋
网址:www. 6rubber. com
E-mail:cgdrubber@ 163. com
【主要产品】强力型尼龙运输带;涤纶运输带;钢丝绳橡胶运输带;耐寒型运输带;耐油运输带;耐酸碱运输带;花纹输送带;挡边运输带;全塑整芯阻燃运输带;普通橡胶板

青岛龙海轮胎制造有限公司

山东省青岛市城阳区政府东端(正阳路东)[266109]
电话:(0532)87962167;87963606
传真:(0532)87962707 有进出口权
经济类型:有限责任公司
职工人数:530人 法人代表:纪家连
网址:www. tyres-longhai. com
E-mail:info@ tyres-longhai. com
【主要产品】轻型载重汽车轮胎外胎;重型载重汽车斜交轮胎;中型载重汽车轮胎;农用车辆轮胎

青岛绿叶橡胶有限公司

山东省青岛市城阳区上马工业园[266041]
电话:(0532)87816999
传真:(0532)87932603 职工人数:62人
网址:www. greenleaf-cn. com
E-mail:greenleaf@ rubberpowder. com
【主要产品】塑胶跑道;彩色塑胶运动场;弹性防撞安全胶垫;橡胶粉

青岛伦敦杜蕾斯有限公司

山东省青岛市市北区台东一路103号[266022]
电话:(0532)83617675;83634524
传真:(0532)83631464
经济类型:中外合资经营企业
法人代表:刘峪世
网址:www. durex. com. cn
【主要产品】避孕套

青岛茂林橡胶制品有限公司

山东省胶南市灵山卫镇南街138号[266400]
电话:(0532)83181130;83181129;83187041
传真:(0532)83182293;83183298
固定资产:30,000千元 有进出口权
经济类型:私营企业 产值:56,000千元
销售收入:50,000千元
职工人数:250人 法人代表:韩志刚
网址:www. qd-jn. com
E-mail:shihao110@ 163. com;office@ qd-jn. com
【主要产品】橡胶密封制品

青岛美高集团有限公司

山东省青岛市城阳区流亭镇双元路188号[266108]
电话:(0532)87719818;87719218;87719228
传真:(0532)87710987 有进出口权
经济类型:私营企业 法人代表:李永兆
网址:www. silica-gel. com
E-mail:makall@ silica-gel. com. cn
【主要产品】细孔球形硅胶;硅胶;蓝色硅胶;桔色硅胶指示剂;粗孔硅胶;耐水硅胶;柱层层析硅胶;吸附剂;干燥剂

青岛米兰化工有限公司

山东省青岛市南京路98号1号楼2304室[266034]
电话:(0532)85800695
传真:(0532)85800643
网址:www. milanchem. com
E-mail:milan@ milanchem. com
【主要产品】阻燃母粒;三氧化二锑阻燃母粒;溴锑阻燃剂;无卤环保阻燃剂

青岛明月海藻集团有限公司

山东省胶南市铁山路132号[266400]
电话:(0532)86612029;86612111
传真:(0532)88191201 有进出口权
供销电话:86612029;88184223
经济类型:有限责任公司
企业规模:大型 职工人数:2,300人
法人代表:张国防
网址:www. yssi. com;www. bmscn. com

E-mail:69pang@ 163. com
【主要产品】碘(药用);海藻酸;山梨醇;海藻肥;甘露醇;海藻酸钠;褐藻酸丙二醇酯

青岛南岭化工有限公司

山东省青岛市李沧区南岭村东南[266043]
电话:(0532)84833859
传真:(0532)84834076
经济类型:有限责任公司
法人代表:刘亭世
网址:www. nlhg. cn
E-mail:nanlinghuagong@ 126. com
【主要产品】次氯酸钠

青岛南墅宏达石墨制品厂

山东省莱西市南墅镇西院上东[266613]
电话:(0532)83434138;13706488760
传真:(0532)83434138　职工人数:60 人
网址:www. qdnshongda. com
E-mail:qdnshongda@ sina. com
【主要产品】锻压石墨乳;石墨粉;石墨乳;高纯石墨

青岛南洋海藻工业有限公司

山东省胶南市海滨工业园[266400]
电话:(0532)84127705;88139102;86617719
传真:(0532)88139551　有进出口权
供销电话:88121565
法人代表:于新成
经济类型:有限责任公司
网址:www. nanyangseaweed. com
E-mail:info@ nanyangseaweed. com
【主要产品】碘;海藻酸;海藻肥;海藻粉;海藻酸钠

青岛农冠农药有限责任公司

山东省胶南市泊里席乡路 14 号[266409]
电话:(0532)84181186
传真:(0532)84181736
供销电话:84181186;13806428635
供销传真:84181186　法人代表:许传金
经济类型:有限责任公司
E-mail:qdngny@ 163. com
【主要产品】三唑磷乳油;多硫化钙;精喹禾灵乳油;氰·马乳油;乙·氟净乳油;异丙草·莠悬浮剂;丁·莠悬乳剂;甲拌·辛颗粒剂;水胺·氰戊乳油;吡·高氯乳油

青岛派超环保漆业有限公司

山东省青岛市市南区保尔工业园[266000]
电话:(0532)85032680;82775612;13188958733
传真:(0532)82802740
网址:www. cn-petrel. com
E-mail:info@ cn-petrel. com
【主要产品】内墙涂料;外墙涂料;环保木器装饰漆;玻璃涂料

青岛普瑞德化工有限公司

山东省青岛市城阳区流亭街道双元路[266032]
电话:(0532)13792854050
传真:(0532)87716092　有进出口权
供销电话:87723360　产值:1,000 千元
经济类型:私营企业　职工人数:80 人
法人代表:岳中香
网址:www. cnpride. cn
E-mail:merry521@ 163. com
【主要产品】功能母粒;阻燃母粒;珠光母粒;色母粒;炭黑母粒

青岛琪丰化工有限公司

山东省平度市经济技术开发区广州路西侧[266700]
电话:(0532)83307698
传真:(0532)83307699　法人代表:梁萍
网址:www. silica-gelchina. com
E-mail:silica-gel-gy@ public. qd. sd. cn
【主要产品】B 型硅胶;A 型硅胶;蓝色硅胶;粗孔硅胶

青岛琴泰工业品制造有限公司

山东省青岛市胶南隐珠镇登仙庄[266400]
电话:(0532)83192717
传真:(0532)83191509　有进出口权
供销电话:86109557;81867766
供销传真:86109551
经济类型:有限责任公司
网址:www. qintaichina. com
E-mail:info@ qintaichina. com
【主要产品】实心轮胎

青岛青碱建材有限公司

山东省青岛市李沧区四流北路 68 号[266043]
电话:(0532)84811816;84813360;84812092
传真:(0532)84812139　经济类型:国有
供销电话:84811819;84812426
网址:www. qingjianjiancai. com
【主要产品】水泥

青岛润泰制漆有限公司

山东省青岛市崂山区沙子口镇南宅村[266102]
电话:(0532)88822917
传真:(0532)88822047
网址:www. rt-paint. com
E-mail:info@ rt-paint. com
【主要产品】各色氨基醇酸烘干磁漆;醇酸改性硝基漆;各色丙烯酸氨基烘漆;聚氨酯丙烯酸汽车面漆;丙烯酸塑料漆;聚氨酯漆类

青岛润兴光电材料有限公司

山东省青岛市北仲路67号甲[266024]
电话:(0532)83637769;13869889563
传真:(0532)83667079
网址:www. rxgdchem. com;www. dongtaida. com
E-mail:qdhsx@ 126. com
【主要产品】4,4'-二(羟甲基)联苯;3-羟基-4-硝基苯甲酸;3,3-二甲基丁酸;3,5-二甲氧基苯甲酰胺;2-萘乙酸;1,1-二苯基肼盐酸盐;偶氮二甲酰胺;偶氮二异丁腈;偶氮二异戊腈;偶氮二异庚腈;2,2'-偶氮(2-甲基丙基脒)二盐酸盐

青岛赛特香料有限公司

山东省胶南市铁山路 6 号[266400]
电话:(0532)88183653
传真:(0532)88182531　有进出口权
供销电话:88182531　法人代表:王东
经济类型:有限责任公司
网址:www. qd-scitech. com
E-mail:scitech@ qd-scitech. com
【主要产品】辣椒红色素

青岛三凯化工有限公司

山东省青岛市香港中路 59 号青岛国际金融中心[266071]
电话:(0532)85793216;85793217;85793218
传真:(0532)85793219　有进出口权
供销电话:85253616;85793215
供销传真:85253616　法人代表:孙昌东
经济类型:私营企业
网址:www. chinasunchem. com
E-mail:sunchem@ chinasunchem. com
【主要产品】氟氢酸;铬酸;碳酸氢钠;硫酸钡;硫酸钴;硫酸镍;三氯化铁(无水);碳化硅;氯化钡;氯化钙;氯化钴;氯化锌;氯化镁;漂白粉;重铬酸钠;重铬酸钾;碳酸钡;碳酸锶;碳酸镁;高锰酸钾;溴化锂,溶液;氧化钴;氧化锌;镁;乙二胺四乙酸;甲酸;苯甲酸;氨基磺酸;三氯乙醛水合物;环氧氯丙烷;*N*-甲基-4-氨基苯酚硫酸盐;乌洛托品;丙烯酰胺;1,4-苯二胺;硫脲;间苯二甲酸-5-磺酸钠;氯化铵;磷酸一铵;氯化聚乙烯;甲基丙烯酸甲酯-丁二烯-苯乙烯共聚物;三聚氰胺甲醛模塑料;氧化铁红;立德粉;钛白粉;氧化铬绿;红丹;苯甲酸钠;柠檬酸;大豆卵磷脂;氯化胆碱;甲酸钙;抗坏血酸;十二烷基二甲基苄基氯化铵;海藻酸钠;荧光增白剂 OB-4;偶氮二甲酰胺;石油树脂;石油树脂 PR2;聚合氯化铝;过氧化二异丙苯;乙炔炭黑;硅胶;蓝色硅胶

青岛三力化工技术有限公司

山东省青岛市山东路 27 号[266071]
电话:(0532)85017127;85017102
传真:(0532)85018537　有进出口权
经济类型:有限责任公司
网址:www. qdsanli. com
E-mail:market@ qdsanli. com;sales@ qdsanli. com
【主要产品】3,5-二甲基苯甲酸;间苯二甲酸二甲酯;对苯二甲酰氯;氯化苄;

鲁

间苯二甲酰氯；N,N-二乙基间甲基苯甲酰胺；3-甲基苯甲酸；4-甲基苯甲酸；3,5-二甲基苯甲酰氯；对氯甲基苯甲酸；对甲基苯甲酰氯；间甲基苯甲酰氯；磺化酚醛树脂；超吸水树脂；快速渗透剂 T；聚丙烯酰胺干粉（阳离子型）；聚丙烯酰胺干粉（阴离子型）；聚丙烯酰胺干粉（非离子型）；乳化剂 SP-80；有机膨润土；两性离子聚丙烯酰胺；钻井用润滑剂；抗高温抗盐降滤失剂；油溶性暂堵剂；油井水泥消泡剂

青岛三泰化工有限公司

山东省青岛市城阳区仙山路西［266106］
电话：(0532)84938049
传真：(0532)84939737
网址：www. santaiqd. com
E-mail：jcd@ santaiqd. com
【主要产品】丁二酸钠；乳酸钠；苯甲酸钠；丙酸钙；丙酸钠；乳酸钙

青岛三星硅藻土有限公司

山东省胶州市北京路［266300］
电话：(0532)82210989；82221989
传真：(0532)82210095 有进出口权
固定资产：748 千元 职工人数：38 人
经济类型：私营企业
法人代表：李存昌
网址：www. china-diatomite. com
E-mail：sales@ china-diatomite. com
【主要产品】硅藻土；硅藻土助滤剂

青岛盛洋化工有限公司

山东省胶南市泰薛路中段 267 号［266400］
电话：(0532)86191534；86191514；86191260
传真：(0532)86191514
网址：www. sheng-yang. com
E-mail：chengxinD1@163. com
【主要产品】碘；透明质酸；海藻酸；羧甲基壳聚糖；几丁质；甘露醇；海藻酸钠；瓜尔胶粉

青岛石大卓越科技股份有限公司

山东省青岛市经济技术开发区通会路 487 号［266500］
电话：(0532)86900288
传真：(0532)86900286 有进出口权
经济类型：中外合资经营企业
企业规模：大型
法人代表：卓润生
网址：www. noblestar. com. cn
E-mail：zrs@ noblestar. com. cn
【主要产品】塑料改性剂 PMI；柴油低温流动改进剂；汽油脱臭活化剂；柴油十六烷值改进剂；柴油安定性改进剂；汽油安定性改进剂；一氧化碳助燃剂

青岛石喜精细化工有限公司

山东省即墨市普东营普路 2 号［266234］
电话：(0532)82561072；86651821
传真：(0532)82561347
法人代表：王进芳
网址：www. qd-shixi. com
E-mail：info@ qd-shixi. com
【主要产品】十二烷基苯磺酸钙；聚乙二醇；聚乙二醇(400)月桂酸酯；聚乙二醇硬脂酸酯；乳化剂 S-185；脂肪醇聚氧乙烯醚(N=3)；脂肪醇聚氧乙烯醚(N=9)；脂肪醇聚氧乙烯醚(N=20)；脂肪醇聚氧乙烯醚(N=7)；平平加 O-20；平平加 O-25；渗透剂 JFC；固化剂 2 号；防老剂 SP；十二烷基苯磺酸钠；乳化剂 OP；乳化剂 SG-10；农药乳化剂 600 号；农药乳化剂 BY；农药乳化剂 700 号；破乳剂 SP-169；原油降凝剂；沥青乳化剂

青岛世纪星化学试剂有限公司

山东省青岛市四方区金华路 60-6 号［266042］
电话：(0532)84861200；84898420；13864860888
传真：(0532)84898420
供销电话：84898420；13964275555
网址：www. sjxche. com
E-mail：shijixing@ chemn. com
【主要产品】钠；乙醇钠；丁二酸钠；巴比妥钠；水杨酸钠；甲酸钠；甲醇钠；苯甲酸钠；乳酸钠；草酸钠；柠檬酸钠；钨酸钠；氟化钠；氢氧化钠；钼酸钠；过氧化钠；酒石酸钠；硅酸钠；氟硅酸钠；铬酸钠；硫化钠；过硫酸钠；焦硫酸钠；硫酸氢钠；硫氰酸钠；氯酸钠；次氯酸钠；碘化钠；碘酸钠；高碘酸钠；过硼酸钠；氟硼酸钠；锡酸钠；溴化钠；磷酸三钠；焦磷酸钠；乙酸钾；邻苯二甲酸氢钾；草酸钾；柠檬酸二氢钾；亚铁氰化钾；氟硅酸钾；硝酸钾；硫酸钾；偏重亚硫酸钾；氟锆酸钾；氯化钾；氯酸钾；碘化钾；碘酸钾；氟硼酸钾；溴化钾；溴酸钾；碳酸钾；碳酸钾（无水）；磷酸钾（三水）；磷酸二氢钾；磷酸氢二钾；三氯化铁；氢氧化铵；乙酸铜；硫酸铜；硫酸锌；二氧化锰；盐酸；硝酸；硫酸

青岛市海大化工有限公司

山东省青岛市新泰安路 27 号如意大厦 21 层 2105 室［266001］
电话：(0532)82867216；82867217
传真：(0532)82867215
网址：www. haidacn. com
【主要产品】三氧化二锑（高纯超细）；辣椒素；荧光增白剂 OB；磷酸三苯酯；抗氧剂 1010；抗氧剂 1076；抗氧剂 DLTP；抗氧剂 168；紫外线吸收剂 UV-327；紫外线吸收剂 UV-531；紫外线吸收剂 UV-326；紫外线吸收剂 UV-P；硅烷偶联剂 KH-560；硅烷偶联剂 KH-570；乙烯基三乙氧基硅烷；乙烯基三(2-甲氧基乙氧基)硅烷；乙烯基三甲氧基硅烷；十溴二苯醚；三(β-氯乙基)磷酸酯；四溴双酚 A；八溴醚；甲基膦酸二甲酯；十溴二苯乙烷；色素炭黑

青岛市基亿达硅胶试剂厂

山东省青岛市四方区开封路 44 号［266041］
电话：(0532)84868235；13061379818
传真：(0532)84966338
有进出口权
经济类型：私营企业
职工人数：25 人
法人代表：单正基
网址：www. qd-silica-gel. com
E-mail：info@ qd-silica-gel. com
【主要产品】硅酸；硅胶；硅溶胶；A 型硅胶；高效型干燥硅胶；变色硅胶；无钴变色硅胶；高效薄层层析硅胶预制板；柱层层析硅胶；薄层层析硅胶

青岛市建筑材料工业总公司

山东省青岛市沂水路 7 号［266001］
电话：(0532)82870054
传真：(0532)82879300 经济类型：国有
销售收入：2,000,000 千元
企业规模：大型 职工人数：11,000 人
网址：www. qd-bmic. com. cn
E-mail：jiancai@ public. qd. sd. cn
【主要产品】建筑涂料；SBS 改性沥青防水卷材

青岛市崂山区晓望化工有限公司

山东省青岛市崂山区王哥庄晓望［266105］
电话：(0532)87849091
传真：(0532)87849091
经济类型：私营企业 法人代表：刘作成
网址：www. qdxwhg. com
E-mail：info@ qdxwhg. com
【主要产品】硫酸铬钾；丙烯酸罩光油；丙烯酸乳胶漆；水性丙烯酸树脂印刷油墨；商标纸胶；上光油

青岛市平度山林染料化工有限公司

山东省平度市郑州路 32 号［266700］
电话：(0532)88372628；88373369；88329677
传真：(0532)88372628
供销电话：88372628；88311536
经济类型：股份有限公司
法人代表：赵玉山
网址：www. cn-shanlin. com
E-mail：manager@ cn-shanlin. com
【主要产品】二甲基硅油；水溶性硅油；含氢硅油；乳化硅油；羟基硅油；直接桃红 5B；直接耐酸大红 4BS；直接耐晒翠蓝 GL；直接耐晒黑 G；酸性橙Ⅱ；酸性大红 GR；酸性大红 3R；酸性红 A；酸性红 B；酸性黑 ATT；酸性黑 10B；酸性朱红 MOO；碱性玫瑰精 B；碱性紫 5BN；碱性湖蓝 BB；碱性品绿；碱性品蓝；大红粉；阴离子羟基硅油乳液；氨

鲁

基硅油;氨基硅油乳液

青岛市平度银河福利助剂厂

山东省平度市仁兆镇冷戈庄村[266741]
电话:(0532)83371011
传真:(0532)83371011　经济类型:集体
固定资产:1,409 千元　产值:1,700 千元
销售收入:1,200 千元　职工人数:22 人
法人代表:衣波
网址:yinhezj. qdsh. cn
E-mail:yinhezj@ 163. com
【主要产品】固体水溶蜡;表面活性剂;压井、洗井液用氯化钙增溶剂;油污清洗剂;盐抑制剂

青岛市润邦化工建材有限公司

山东省胶州市洋河镇[266321]
电话:(0532)86202378;86200051
传真:(0532)86202378
经济类型:有限责任公司
职工人数:180 人　法人代表:闫炳润
网址:www. runbang. cn
E-mail:runbang@ runbang. cn
【主要产品】活性白土;防水涂料;环保型大桥防水涂料;燃料助燃剂

青岛市石家防腐工程有限公司

山东省青岛市李沧区石家村滨海路15 号[266043]
电话:(0532)84812723
传真:(0532)84812723
网址:www. qd-shijia. com
E-mail:info@ qd-shijia. com
【主要产品】酚醛树脂胶黏剂

青岛市天和石墨有限公司

山东省莱西市南墅镇[266613]
电话:(0532)83438508;83438506;83438077
传真:(0532)83438198
职工人数:368 人
网址:www. thsm. com. cn
E-mail:hengxin@ thsm. com. cn
【主要产品】鳞片石墨;石墨粉;高纯石墨;可膨胀石墨

青岛双蝶集团股份有限公司

山东省青岛市辽宁路 167 号[266012]
电话:(0532)83836527
传真:(0532)83836527　有进出口权
供销电话:83618135;83836369
供销传真:83617187　法人代表:刘峪世
经济类型:股份有限公司
网址:www. qdbg. com
E-mail:info@ qdbg. com
【主要产品】避孕套

青岛双合轮胎有限公司

山东省青岛市平度明村镇前楼工业园[266724]
电话:(0532)86311186;86312068;85938508
传真:(0532)86316688　有进出口权
固定资产:80,000 千元
供销电话:86311186;85899575
供销传真:86316688;85938328
经济类型:有限责任公司
职工人数:600 人
网址:www. shuanghetyre. com
E-mail:info@ shuanghetyre. com
【主要产品】轻型载重汽车轮胎外胎;中型载重汽车轮胎;工程机械轮胎;农用车辆轮胎;微型轮胎

青岛双利化工有限公司

山东省青岛市李沧区四流北路 39 号[266043]
电话:(0532)84911884
传真:(0532)84811486
经济类型:有限责任公司
法人代表:翁清亮
【主要产品】印染助剂

青岛双收农药化工有限公司

山东省胶州市德州路 8 号[266300]
电话:(0532)82297286;82290402
传真:(0532)82290402
供销电话:82296287;82298286
供销传真:82296919
网址:www. qdssny. com. cn
E-mail:qdssny@ public. qd. sd. cn
【主要产品】2-羟基吡啶;2,3,5,6-四氟对苯二甲醇;2,3,5,6-四氟苯甲醇;5-氯-2-硝基苯甲酸;4-溴-2-硝基苯甲酸;2-羟基苯甲酸;2,4,6-三氯苯甲酸;2,3,4,5-四氟苯甲酸;2,3,5,6-四氟对苯二甲酸;2-氨基-5-甲氧基苯甲酸;3,5-二羟基苯乙酸;2,3,5,6-四氟苯甲酸甲酯;水杨酸甲酯;四氟对苯二甲腈;4-硝基邻苯二甲酸;4-硝基邻苯二甲腈;对硝基苯酚钾;4-氨基邻苯二甲腈;4-硝基邻苯二甲酰胺;己二酸二酰肼;对硝基苯甲腈;1,2,4,5-四氟苯;4-硝基邻苯二甲酰亚胺;邻溴苯腈;对溴苯腈;2,3,5,6-四氟对苯二甲酰胺;水胺硫磷;水胺硫磷乳油;增效水胺硫磷乳油;甲基异柳磷;甲基异柳磷乳油;甲基异柳磷颗粒剂;增效甲基异柳磷乳油;氧化乐果;氧化乐果乳油;丙溴磷;丙溴磷乳油;烯酰吗啉;福美甲胂可湿性粉剂(50%);福美双;福美双可湿性粉剂;福美胂;福美胂可湿性粉剂(40%);异丙草胺;异丙草胺乳油;氟磺胺草醚水剂;三氟羧草醚;三氟羧草醚水剂;乙羧氟草醚;乙羧氟草醚乳油;锰锌・烯酰可湿性粉剂;氟羧草・灭松水剂;精喹禾・乙乳油;异丙草・莠悬浮剂;20% 吡・丁硫乳油;水杨酰胺

青岛双桃精细化工(集团)有限公司

山东省青岛市四方区杭州路 28 号[266031]
电话:(0532)83075757;83075708
传真:(0532)83733846　有进出口权
供销电话:83733656　企业规模:大型
供销传真:83733342　法人代表:曾庆军
经济类型:有限责任公司
职工人数:2,000 人
网址:www. qingdaodyes. com;www. dpsc. cn
E-mail:market@ dpsc. cn
【主要产品】3,3-二甲基丙烯酸;乙酰乙酸乙酯;乙酰乙酸甲酯;3,3-二甲基丙烯酸乙酯;3,3-二甲基丙烯酸甲酯;乙酰乙酸叔丁酯;乙酰乙酸异丙酯;1-苯基-3-甲基-5-吡唑啉酮;2-氨基-4-硝基苯酚;乙酰乙酰邻氯苯胺;乙酰乙酰对氯苯胺;乙酰乙酰邻甲氧基苯胺;3-氨基苯磺酰胺;对甲苯基吡唑酮;*N*-乙酰乙酰苯胺;1-乙酰氨基-7-萘酚;1-(2′,5′-二氯-4′-磺酸苯基)-3-甲基-5-吡唑啉酮;1-(2′-氯-5′-磺酸苯基)-3-甲基-5-吡唑啉酮;1,5(1,8)-二硝基蒽醌(混合);4-甲氧基-*N*-乙酰乙酰基苯胺;1-(4′-氯苯基)-3-甲基-5-吡唑啉酮;1-(4′-磺酸苯基)-3-羧基-5-吡唑啉酮;1-(3′-磺酰胺苯基)-3-甲基-5-吡唑啉酮;1-(2′-氯苯基)-3-甲基-5-吡唑啉酮;1-(3′-氯苯基)-3-甲基-5-吡唑啉酮;乙酰乙酰对乙氧基苯胺;邻甲基乙酰乙酰苯胺;2,4-二甲基乙酰乙酰苯胺;2-氨基苯酚-4-磺酰胺;1-(3′-磺酸苯基)-3-甲基-5-吡唑啉酮;1-(4′-磺酸苯基)-3-甲基-5-吡唑啉酮;弱酸嫩黄 G;弱酸艳红 B;弱酸艳红 10B;碱性紫 5BN;大红色基 G;分散黄 3G;分散黄 RGFL;分散黄 E-3G;分散黄 SE-5R;分散黄 S-3GL;分散橙 S-2RFL;分散橙 S-4RL;分散大红 SE-R;分散大红 S-3GFL;分散红 E-4B;分散红 FB;分散大红 G-S;分散红 S-R;分散红玉 SE-GFL;分散红玉 S-2GFL;分散翠蓝 H-GL;分散蓝 2BLN;分散深蓝 S-3BG;分散草绿 E-BGL;分散草绿 S-2GL;分散棕 S-2BR;分散灰 BL;分散灰 N;分散黑 H-2BL;分散黑 S-2BL;分散黑 S-3BL;中性深黄 GL;中性深黄 GRL;中性橙 RL;中性枣红 GRL;中性蓝 BNL;中性蓝 2BNL;中性棕 RL;中性深棕 BRL;中性灰 2BL;中性黑 BL;中性黑 S-2R;中性黑 BGL;中性艳黄 S-5GL;中性艳蓝 S-5GL;中性红 S-BRL;皮革喷涂黄 GL;皮革喷涂橙 2RL;皮革喷涂红 GL;皮革喷涂蓝 RL;皮革喷涂棕 RG;皮革喷涂黑 RL;油溶苯胺黑;醇溶黑;扩散剂 MF

青岛双星股份有限公司

山东省青岛市新街口工业区江山中路 180 号[266510]
电话:(0532)82657986
传真:(0532)82657986　有进出口权
供销电话:82538665　法人代表:汪海
供销传真:82538980
经济类型:股份有限公司
网址:www. doublestar. com. cn
【主要产品】胶鞋

青岛双星轮胎工业有限公司

鲁

山东省胶南市青岛路95号[266400]
电话:(0532)86163978;86175270
传真:(0532)86163978;86175270
供销电话:86160670 有进出口权
经济类型:股份有限公司
企业规模:大型 职工人数:7,000人
法人代表:李同勤
网址:www. doublestartyre. com/index. asp
E-mail:hqjt@ public. qd. sd. cn
【主要产品】载重汽车轮胎外胎;农用车辆轮胎;轮胎外胎;子午线轮胎;轮胎垫带;汽车内胎

青岛双燕乳胶制品有限公司

山东省即墨市青石路96号[266200]
电话:(0532)88563768
传真:(0532)88562896
职工人数:180人 法人代表:王立新
网址:www. shuang-yan. com
E-mail:info@ shuang-yan. com
【主要产品】橡胶耐酸碱手套

青岛顺德塑料机械有限公司

山东省胶州市西湖公园南侧[266300]
电话:(0532)87286677
传真:(0532)87285047 有进出口权
固定资产:4,520千元 职工人数:300人
供销电话:87285708 法人代表:赵桂旭
经济类型:港澳台商投资股份有限公司
产值:143,000千元
销售收入:140,000千元
网址:www. shunde-qd. com
E-mail:qdsdssjgs@ 163169. net
【主要产品】土工格栅;燃气用聚乙烯管;PP-R管材管件;塑料管材挤出机;塑料片材挤出机;塑料异型材挤出机组;塑料板材挤出机组

青岛松林橡胶有限公司

山东省青岛市唐山路中段乐亭路17号[266041]
电话:(0532)84636789;84632541
传真:(0532)84639089
经济类型:中外合资经营企业
网址:www. qdsonglin. com
E-mail:sladm@ public. qd. sd. cn
【主要产品】变速带;橡胶三角带;切割式V带;内齿切边带;多楔带;油封;密封垫;O形密封圈

青岛泰发集团股份有限公司

山东省胶南市隐珠镇驻地[266431]
电话:(0532)83192069;83195527
传真:(0532)83191088 有进出口权
固定资产:700,000千元
供销电话:83195669;83192032
供销传真:83191762 企业规模:大型
经济类型:股份有限公司
职工人数:8,500人 法人代表:冯学楼
网址:www. chinataifa. com;
www. taifagroup. com
E-mail:taifa@ qd-public. sd. cninfo. net
【主要产品】农用车辆轮胎;摩托车轮胎;农用轮胎内胎;摩托车内胎;力车胎外胎;手推车外胎;力车胎内胎;手推车内胎

青岛腾江轮胎有限公司

山东省平度市前楼工业园[266724]
电话:(0532)85873601;85873679;87379968
传真:(0532)85873625 有进出口权
固定资产:23,000千元
供销电话:85873679,87379968
经济类型:有限责任公司
职工人数:700人 法人代表:郭维华
网址:www. tengjiangtyre. com
E-mail:sales@ tengjiangtyre. com
【主要产品】轮胎;普通载重汽车大客车及挂车轮胎外胎(斜交);轻型运输车辆轮胎;农用车辆轮胎;轮胎垫带;轮胎内胎

青岛天驰轮胎有限公司

山东省平度市明村橡胶工业园[266723]
电话:(0532)86322262
传真:(0532)86322273 有进出口权
固定资产:21,160千元
经济类型:有限责任公司
销售收入:300,000千元
职工人数:550人
网址:www. tianchityre. com
E-mail:tianchi@ tianchityre. com
【主要产品】轮胎;载重汽车轮胎外胎;轻型运输车辆轮胎;工程机械轮胎;农用车辆轮胎

青岛天盾橡胶有限公司

山东省青岛市城阳区正阳街71号[266109]
电话:(0532)87925139;87925223;87925225
传真:(0532)87925256 有进出口权
供销传真:87925256;87926324
经济类型:有限责任公司
法人代表:刘曾凡
网址:www. tiandun-qd. com
E-mail:market@ tiandun-qd. com
【主要产品】橡胶护舷

青岛天孚气体有限公司

山东省青岛市四方区金华支路14号[266042]
电话:(0532)84851849
传真:(0532)84885766
经济类型:私营企业
【主要产品】氢气

青岛天宇轮胎有限公司

山东省青岛市李沧区十梅庵[266043]
电话:(0532)84835686;84835987;84834267
传真:(0532)84835686
网址:www. tianyu-tyre. com
E-mail:info@ tianyu-tyre. com
【主要产品】摩托车轮胎;微型轮胎;实心轮胎

青岛天元化工股份有限公司

山东省胶南市海滨二路595号[266400]
电话:(0532)88184729;88184496;88183934
传真:(0532)88184496;88195255
固定资产:160,000千元 有进出口权
供销电话:88183181 职工人数:900人
供销传真:88184496;88185155
经济类型:股份有限公司
法人代表:徐本彪
网址:www. qdtychem. com
E-mail:tychem@ public. qd. sd. cn
【主要产品】盐酸;烧碱;次氯酸钠(液体);漂白液;氯气(液);2,5-二氯对苯二甲醚;三氯异氰尿酸;苯甲酸;三聚氰胺;4-甲基苯胺;二氯异氰尿酸钠;2,5-二甲氧基-4-氯苯胺;2-氨基-5-氯-4-甲基苯磺酸;促进剂CZ;促进剂DM;促进剂M;促进剂NOBS;防老剂RD

青岛万达包装制品有限公司

山东省青岛市李沧区毛杨路南首[266041]
电话:(0532)87973177;87973277;87973066
传真:(0532)87973166
网址:www. xsd-cn. com
E-mail:newera@ xsd-cn. com
【主要产品】双面胶带;美纹胶带;牛皮纸热熔胶带;胶黏带

青岛王冠石油化学有限公司

山东省青岛市308国道233号[266100]
电话:(0532)88722088;88724000
传真:(0532)88723177
供销电话:88723017
供销传真:88722617
网址:www. copton. com. cn
【主要产品】柴油机油;摩托车油;车用润滑油

青岛文武港橡塑有限公司

山东省青岛市崂山区王哥庄港东村[266105]
电话:(0532)87912284;87912817
传真:(0532)87912546 有进出口权
经济类型:有限责任公司
法人代表:刘团治
网址:www. wenwugang. com
E-mail:wwg@ wenwugang. cn
【主要产品】塑料隔离膜;涤纶薄膜;聚乙烯薄膜黏结方底阀袋;聚乙烯塑料袋;包装桶

青岛西盛源化工有限公司

山东省青岛市重庆中路922号[266000]
电话:(0532)84810709

鲁

传真:(0532)84810709
经济类型:有限责任公司
法人代表:王正国
【主要产品】二氯甲烷;耐火材料用酚醛树脂;硫酸

青岛希尤精细石墨化工有限公司

山东省莱西市南墅镇[266613]
电话:(0532)85405125;13905425120
传真:(0532)85405305
网址:www.xiyoushimo.com
E-mail:info@xiyoushimo.com
【主要产品】鳞片石墨;导电涂料

青岛橡六集团有限公司

山东省青岛市市北区华阳路36号[266021]
电话:(0532)83832087;83834184
传真:(0532)83826304　有进出口权
经济类型:有限责任公司
企业规模:大型　法人代表:赵希贞
网址:www.rubber6.com
E-mail:xjl@rubber6.com
【主要产品】橡胶运输带;强力型尼龙运输带;钢丝绳橡胶运输带;钢缆橡胶运输带;挡边运输带;整芯运输带;阻燃钢丝绳芯运输带;橡胶三角带;胶管;夹布胶管;排吸胶管;钢丝编织胶管;钻探胶管

青岛橡六三角带厂

山东省莱西市姜山镇昌阳工业园[266021]
电话:(0532)83817288
传真:(0532)83805818　经济类型:国有
供销电话:83836341　有进出口权
企业规模:大型　法人代表:黄方铜
网址:www.qdxlsjd.com
E-mail:qdxlvd@public.qd.sd.cn
【主要产品】橡胶三角带

青岛欣华先化工有限公司

山东省青岛市四方区唐河路11号[266042]
电话:(0532)84851763
传真:(0532)84890898
供销电话:84852362　法人代表:毕子汉
经济类型:有限责任公司
【主要产品】环已胺;二环已胺

青岛新大成塑料机械有限公司

山东省胶州市阜安第二工业园内[266300]
电话:(0532)83233555;83233666
传真:(0532)83233777
供销电话:83232898;83232838
供销传真:83233767
网址:www.jzxdcsj.com
E-mail:xdc1998@vip.163.com;
xdc@jzxdcsj.com
【主要产品】高速塑料磨粉机;单螺杆挤出机;双螺杆挤出机;塑料管材挤出机;塑料片材挤出机;同向平行双螺杆挤出机;塑料挤出造粒机组;铝塑复合管机

青岛新韩特殊橡胶制品有限公司

山东省青岛市城阳区城阳街前旺疃村[266109]
电话:(0532)87752716;87752717;87752718
传真:(0532)87752715
网址:www.latextubing.com
E-mail:qdxinhan@public.qd.sd.cn
【主要产品】胶管

青岛新宇田化工有限公司

山东省青岛市李沧区十梅庵路33号[266043]
电话:(0532)84835799;84835730
传真:(0532)84835710　有进出口权
经济类型:与港澳台商合资经营
法人代表:吴如舟
网址:www.yutianchina.com
【主要产品】聚酯多元醇;聚氨酯树脂;聚氨酯鞋底原液;聚氨酯胶黏剂;皮革助剂;人造革表面处理剂

青岛鑫海轮胎有限公司

山东省胶州市胶西镇驻地[266329]
电话:(0532)85202978;13705422788
传真:(0532)85201178
固定资产:5,000千元　职工人数:200人
经济类型:私营企业
网址:www.xinhaityre.com
E-mail:info@xinhaityre.com
【主要产品】轮胎;载重汽车轮胎外胎;轻型运输车辆轮胎;农用车辆轮胎;轮胎内胎

青岛兴国涂料化工有限公司

山东省胶南市灵山卫街道办事处[266427]
电话:(0532)83182143;83178811
传真:(0532)83185963
经济类型:私营企业　法人代表:刘炳义
网址:www.xingguochem.com
E-mail:info@xingguochem.com
【主要产品】纯丙乳液;硅丙乳液;苯丙乳液;水性乳胶漆;水性纳米外墙漆;内外墙乳胶漆;真石漆;丙烯酸外墙乳胶漆;高温防腐漆;高级内墙水性漆;溶剂型外墙漆;水性面漆;水性防锈漆;除菌内墙漆;水性木器漆;抗裂弹性腻子

青岛宣威涂层材料有限公司

山东省胶州市经济技术开发区[266317]
电话:(0532)87277698;872776999
传真:(0532)87277677
网址:qdxuanwei.com
【主要产品】厚浆型环氧煤沥青防腐涂料;水性乳胶漆;丙烯酸聚氨酯漆;丙烯酸聚氨酯罩光清漆;聚氨酯丙烯酸汽车面漆;丙烯酸防腐涂料;丙烯酸外墙涂料;环氧富锌底漆;环氧封闭底漆;环氧抗静电地坪漆;塑料漆;耐高温防腐涂料;聚氨酯耐磨清漆;各色聚氨酯地坪漆;氟碳漆;氟碳重防腐涂料;有机硅耐高温防腐涂料;氯化橡胶面漆;氯化橡胶船壳面漆;氯磺化聚乙烯防腐漆;高氯化聚乙烯防腐面漆;高氯化聚乙烯船舶漆;水性无机富锌底漆;水晶家具漆;高性能电磁屏蔽涂料

青岛雪洁助剂有限公司

山东省胶州市李哥庄镇大沽河工业园[266316]
电话:(0532)88200158;13853288672
传真:(0532)88200591
网址:www.xuejiechem.com.cn
E-mail:info@xuejiechem.com.cn
【主要产品】氯代叔丁烷;叔丁醇钠;4-叔丁基苯甲酸;亚磷酸二乙酯;原乙酸三甲酯;乙酸叔丁酯;原戊酸三甲酯;异丙基苯磺酸钠

青岛亚东橡机集团有限公司

山东省胶南市薛家庄乡双胶路158号[266424]
电话:(0532)83121118;86998653;13605422968
传真:(0532)83121116;86998651
固定资产:6,280千元　有进出口权
经济类型:股份合作　职工人数:530人
法人代表:李廷玺
网址:www.yadong-rm.com
E-mail:admin@chinajudong.com
【主要产品】密炼机;切胶机;橡胶挤出机;开放式炼胶机;平板硫化机组;轮胎硫化机;胶带硫化机

青岛阳光农药厂(有限公司)

山东省即墨市马山工业区[266228]
电话:(0532)82523388
经济类型:有限责任公司
E-mail:008@21fob.com
【主要产品】阿维菌素乳油;甲基异柳磷乳油;丙溴磷乳油;克百威颗粒剂;毒死蜱颗粒剂;福·克悬浮种衣剂;三唑锡乳油;甲哌鎓水剂;20%吗啉胍·乙铜可湿性粉剂;多·硫悬浮剂;辛·氰乳油;哒·螨醇乳油;氰铃·辛乳油;福·腐可湿性粉剂;灭·氰乳油;甲拌·辛颗粒剂;多·锰锌可湿性粉剂;锰锌·乙铝可湿性粉剂

青岛一农七星化学有限公司

山东省青岛市南宁路5号[266033]
电话:(0532)83759728
传真:(0532)82800619　有进出口权
供销电话:83834408;82800619
经济类型:有限责任公司
企业规模:大型　法人代表:沈君涛
网址:www.qyq17.com
E-mail:jm293@126.com
【主要产品】哒螨灵乳油;久效磷;辛硫

鲁

磷乳油;敌敌畏;80%敌敌畏乳油;丙溴磷;丙溴磷乳油;霜霉威;霜霉威水剂;甲哌鎓水剂;丙·辛乳油;丙·氯乳油;红磷阻燃剂

青岛亿明翔精细化工科技有限公司

山东省青岛市高科技工业园[266000]
电话:(0532)88909398;13808998337
网址:www.ymxchem.com
E-mail:sales@ymxchem.com
【主要产品】2,5-二氯苯酚;麦草畏

青岛亿泰涂料化工有限公司

山东省青岛市开发区昆仑山南路[266510]
电话:(0532)86721218;86722557
传真:(0532)86721289
供销电话:86720918;86720919
网址:www.yitaichem.com
E-mail:admin@yitaichem.com
【主要产品】硝基漆类;各色防污漆;真石漆;环氧地坪涂料;防水涂料

鲁

青岛谊华塑料机械有限公司

山东省胶州市中云工业园亳州路南首与泸州路交汇处[266300]
电话:(0532)87253663;87251156;87253773
法人代表:傅华堂
网址:www.cn-yhsuji.com
E-mail:info@cn-yhsuji.com
【主要产品】混合机;干燥器;塑料粉碎机;塑料管材挤出机;塑料挤出波纹管机组;塑料异型材挤出机组;塑料板材挤出机组;同向双螺杆塑料造粒机;挤压造粒机;塑料挤压成型机组;塑铝管材挤出机组;塑料注射成型机;塑料吹瓶机;塑料加工专用设备

青岛银利塑业有限公司

山东省青岛市城阳区青威路[266109]
电话:(0532)87732111
传真:(0532)87732333
网址:www.qdyinli.cn
E-mail:qdyinli@163169.net
【主要产品】聚氯乙烯热稳定剂

青岛鹰飞化工有限公司

山东省胶南市珠海东路185号[266400]
电话:(0532)85172566;13371480630
传真:(0532)85172166
法人代表:谭耕波
网址:www.qdyingfei.com
E-mail:info@qdyingfei.com
【主要产品】碘;海藻酸;海藻粉;甘露醇;海藻酸钠

青岛永利源化工有限公司

山东省胶州市铺集镇高家庄[266300]
电话:(0532)86258398
传真:(0532)86259555 有进出口权
经济类型:有限责任公司
职工人数:30人 法人代表:王培利
网址:www.yongliyuan.com
E-mail:yly@yongliyuan.com
【主要产品】重晶石矿粉;硝酸钡;氯化钡(无水)

青岛永兴泡花碱有限公司

山东省胶州市国际社区(204国道宋家营段)[266300]
电话:(0532)85271777;85271188;13954266777
传真:(0532)85271777 有进出口权
经济类型:有限责任公司
法人代表:殷学部
网址:www.jianye-qd.com
E-mail:info@jianye-qd.com
【主要产品】硅酸钠;δ-层状结晶二硅酸钠;偏硅酸钠;陶瓷泥浆减水剂

青岛宇尔塑料机械有限公司

山东省胶州市泰州路北段[266300]
电话:(0532)87271371;87271372;87271373
传真:(0532)87271171
供销电话:13606303795
网址:www.qdshunda.com
E-mail:info@qdshunda.com
【主要产品】混合机;塑料粉碎机;塑料管材挤出机;塑料挤出波纹管机组;塑料异型材挤出机组;造粒机;吹塑中空成型机;薄膜吹塑机;泡沫塑料成型机;纸塑复合制袋机

青岛宇龙海藻有限公司

山东省青岛市崂山区沙子口镇[266102]
电话:(0532)88807642
传真:(0532)88807338 有进出口权
经济类型:中外合资经营企业
网址:www.yl-algae.com
E-mail:ylalgae@public.qd.sd.cn
【主要产品】碘;三氯乙醛水合物;甘露醇;海藻酸钠

青岛裕宝精细化工有限公司

山东省青岛市重庆北路[266108]
电话:(0532)84810324
传真:(0532)84817271 有进出口权
经济类型:有限责任公司
法人代表:于文捷
网址:www.yubaochem.com
E-mail:info@yubaochem.com
【主要产品】A型硅胶;变色硅胶;无钴变色硅胶;蓝色硅胶;包装用硅胶;薄层层析硅胶

青岛裕达精细化工有限公司

山东省青岛市香港中路61号阳光大厦2508室[266071]
电话:(0532)85763537;84859388;13706416907
传真:(0532)84859388;85753258
经济类型:有限责任公司 有进出口权
网址:www.yudachem.cn
E-mail:sale@yudachem.cn
【主要产品】1,6-二甲氧基萘;1,3,5-三甲氧基苯;4-吡啶基硫代乙酸;3,4-二氯吡啶;3-氨基-2-甲基吡啶;3-氨基-4-甲基吡啶;5-氨基-2-甲基吡啶;2,3-二氨基吡啶;2,5-二氨基吡啶;3,4-二氨基吡啶;5-氨基-2-羟基吡啶;3-氨基-2-羟基吡啶;3-氨基-4-羟基吡啶;5-溴-2-甲基吡啶;2-羟基吡啶;4-羟基吡啶;4-羟基-3-硝基吡啶;2-氯-3-硝基吡啶;3-氨基-4-氯吡啶;4-氯-3-硝基吡啶;4-氯-3-硝基吡啶盐酸盐;4-乙氧基-3-硝基吡啶;2-氨基-3-硝基吡啶;4-氨基-3-硝基吡啶;2-甲基-5-硝基吡啶;3,5-二叔丁基-4-羟基苯甲醛;5-硝基香兰素;4-氯水杨酸;3,5-二甲基-4-甲氧基苯甲酸;3-氨基-4-氟苯甲酸;阿魏酸;3,5-二羟基苯乙酸;4-苄氧基-3,5-二甲基苯甲酸;D-(-)-酒石酸二甲酯;4-氟-3-硝基苯甲酸乙酯;3-氨基-4-氟苯甲酸乙酯;3,5-二羟基苯乙酸甲酯;3,5-二碘水杨酰氯;对溴苯酚;1,6-二羟基萘;3,5-二甲氧基苯胺;*R*-(+)-叔丁基亚磺酰胺;胆固醇硫酸酯钾盐;胆固醇硫酸酯钠盐;乙酰氨基丙二酸二乙酯;1,2,3,4-四氢-9-甲基咔唑-4-酮;(*S*)-(-)-1,2,3,4-四氢异喹啉-3-羧酸;2-氨基-5-硝基吡啶;2-羟基-3硝基吡啶;2-羟基-5-硝基吡啶;2-氯-5-硝基吡啶;3-(2,6-二氯苯基)-5-甲基-4-异噁唑甲酸;5-甲基-3-苯基-4-异噁唑甲酸;5-甲基-3-(2-氯苯基)-4-异噁唑甲酸;*R*-(+)-叔丁基亚磺酸硫代特丁酯;肼基乙酸乙酯盐酸盐;5-甲基-3-苯基-4-异噁唑酰氯;3-邻氯苯基-5-甲基-4-异噁唑酰氯;3-(2,6-二氯苯基)-5-甲基异噁唑-4-甲酰氯;3,5-二氯-4-羟基吡啶;4-氟-3-硝基苯甲酸;2-氯-3-氨基吡啶;2-氯-5-氨基吡啶;4-羟基咔唑;*R*-(-)-2-氧代噻唑啉-4-羧酸;2,2-双(4-羟基苯基)-1,1-二氯乙烯;1,2,3,4-四氢-4-氧代咔唑;4-羟基-3,5-二甲基苯腈;灭蝇胺;灭蝇胺可溶性浓剂;灭蝇胺可湿性粉剂;丙环唑乳油;戊唑醇;沙美特罗;蒽丹西酮;4-二甲氨基吡啶

青岛增达利工贸有限公司

山东省青岛市[266041]
电话:(0532)84691377;84691260;13906426825
传真:(0532)84691377 有进出口权
网址:www.qdzdl.cn
E-mail:qdzdl@qdzdl.cn
【主要产品】氯化钙(无水);溶雪剂

青岛振华工业集团有限公司

山东省胶南市隐珠[266431]
电话:(0532)83198700;86616798;83198776
传真:(0532)83198858 有进出口权
供销传真:83198787 企业规模:大型

经济类型:股份有限公司
职工人数:3,000 人　法人代表:赵天来
网址:www.chinazhenhua.com
E-mail:info@ chinazhenhua.com
【主要产品】塑料制品;轮胎;轻型运输车辆轮胎;农用车辆轮胎;摩托车轮胎;轮胎外胎;农用轮胎内胎;摩托车内胎;轮胎内胎;丁基内胎;胶轮

青岛振利化工有限公司

山东省即墨市环秀区国家泊子工业园[266200]
电话:(0532)88564675
传真:(0532)88563971
网址:www.china-zhenli.com
E-mail:zhenlichina@ public.qd.sd.cnt
【主要产品】芳烃溶剂油;碳九芳烃石油树脂;古马隆树脂;石油树脂;苯乙烯-茚树脂;橡胶增黏树脂

青岛正好助剂厂

山东省胶州市胶州西路砚里庄村西南[266300]
电话:(0532)87259003;87257773
传真:(0532)87259898
经济类型:私营企业　法人代表:李丛全
网址:www.laowangu.com
E-mail:info@ laowangu.com
【主要产品】防老剂 BLEE;防老剂 SP;防老剂 AW;防老剂 H;防老剂 DFC-34;*N*-环己基硫代酞酰亚胺;再生胶活化剂 420;古马隆树脂

青岛中宝化工有限公司

山东省莱西市烟台南路46 号[266601]
电话:(0532)88412728
传真:(0532)88412986
经济类型:有限责任公司
产值:20,000 千元　职工人数:300 人
法人代表:刘在胜
网址:www.zhongbaochem.com
E-mail:zhongbaochem@ 163.com
【主要产品】硅油

青岛中达化纤有限公司

山东省青岛市经济技术开发区香江路 108 号[266555]
电话:(0532)86898043;86897788;86897789
传真:(0532)86897751
供销电话:86897791
网址:www.zdfibre.com
E-mail:office@ zdfibre.com;sales@ zdfibre.com
【主要产品】锦纶-6 弹力丝;锦纶 66 弹力丝

青岛中孚塑胶有限公司

山东省青岛市市北区伊春路 168 号[266034]
电话:(0532)85637740;85989485;1369766646
传真:(0532)85989485　有进出口权
固定资产:80,000 千元
经济类型:有限责任公司
企业规模:大型　法人代表:杨先和
网址:www.qdzfsj.com
E-mail:zhongfu@ qdzfsj.com
【主要产品】包装桶

青岛中科塑料机械有限公司

山东省胶州市扬州西路233 号[266330]
电话:(0532)87212770;87213330;13808979969
传真:(0532)87213330
网址:www.qdzhongke.com
E-mail:info@ qdzhongke.com
【主要产品】混合机;塑料粉碎机;单螺杆挤出机;双螺杆挤出机;塑料挤出造粒机组

青岛中能硅化工有限公司

山东省青岛市京口路 135 号[266100]
电话:(0532)87662222;87060202;87624582
传真:(0532)87680075;87060202
经济类型:有限责任公司
网址:www.chinazhongneng.com
E-mail:silica@ chinazhongneng.com
【主要产品】细孔球形硅胶;硅胶;包装用硅胶;块状硅胶;柱层层析硅胶;薄层层析硅胶

青岛中塑经济发展有限公司

山东省青岛市香港中路 6 号世贸中心 B 座 1904 室[266071]
电话:(0532)83869062;85910532;83894621
传真:(0532)85918054
网址:www.chemright.com
【主要产品】聚乙烯蜡;氧化聚乙烯蜡;EVA 蜡;聚丙烯蜡;油酸酰胺;硬脂酸锌;芥酸酰胺;亚乙基双硬脂酰胺

青岛洲际化工实业有限公司

山东省青岛市李沧区福盈路 18 号[266100]
电话:(0532)87660380;87665337
传真:(0532)87676916　职工人数:80 人
法人代表:于佳伟
网址:www.zhoujichem.com
E-mail:zhouji@ zhoujichem.com
【主要产品】氯化钙;工程塑料;消毒液;海藻酸钠

青岛钻石硅胶有限公司

山东省青岛市崂山区同安路 9 号[266061]
电话:(0532)88917676;88917256;88917255
传真:(0532)88917250　职工人数:30 人
供销电话:88911080;88917255
经济类型:有限责任公司
网址:www.silicagelproducts.com
E-mail:info@ silicagelproducts.com
【主要产品】膨润土;硅砂;B 型硅胶;A 型硅胶;高效型干燥硅胶;变色硅胶;粗孔硅胶;香味硅胶

山东省青岛奥迪斯生物科技有限公司

山东省青岛市香港中路 56 号金光大厦 1608 室[266071]
电话:(0532)85759222
【主要产品】硫酸铜;哒螨灵可湿性粉剂;哒螨灵乳油;阿维菌素乳油;吡虫啉可湿性粉剂;吡虫啉可溶性液剂;丙溴磷乳油;灭多威可溶性粉剂;氯氰菊酯乳油;高效氯氰菊酯水乳剂;高效氯氟氰菊酯乳油;啶虫脒可湿性粉剂;虫酰肼悬浮剂;乙磷铝可湿性粉剂;丙环唑乳油;三唑锡可湿性粉剂;甲基硫菌灵可湿性粉剂;百菌清可湿性粉剂;代森锰锌可湿性粉剂;25% 咪鲜胺乳油;嘧霉胺可湿性粉剂;41% 草甘膦异丙胺盐水剂;精喹禾灵乳油;喹 · 氰乳油;甲霜 · 锰锌可湿性粉剂;锰锌 · 烯唑可湿性粉剂;锰锌 · 烯酰可湿性粉剂;10% 苯丁 · 哒乳油;阿维 · 啶虫乳油;73% 机油 · 炔螨乳油;40% 阿维 · 炔螨乳油;22% 吡 · 毒乳油;福 · 福锌可湿性粉剂;40% 毒 · 机油乳油;辛 · 灭乳油;吡 · 噻可湿性粉剂;敌畏 · 氯乳油;吡 · 阿乳油;阿维 · 吡可湿性粉剂;阿维 · 甲氰乳油;丁硫 · 马乳油;苏云金杆菌悬浮剂;苏云金杆菌可湿性粉剂

山东省青岛海利尔药业有限公司

山东省青岛市香港中路 56 号金光大厦[266071]
电话:(0532)85721111;85722222
传真:(0532)85722222
网址:www.hailir.com
E-mail:webmaster@ hailir.com
【主要产品】哒螨灵可湿性粉剂;阿维菌素可湿性粉剂;阿维菌素乳油;马拉硫磷乳油;20% 高渗辛硫磷乳油;高渗氧乐果乳油;高渗三唑磷乳油;吡虫啉;吡虫啉可湿性粉剂;吡虫啉乳油;吡虫啉可溶性液剂;高渗灭多威乳油;硫双灭多威可湿性粉剂;高效氯氰菊酯乳油;灭蝇胺可溶性浓剂;啶虫脒;啶虫脒乳油;啶虫脒可溶性液剂;虫酰肼;虫酰肼悬浮剂;三磷锡乳油;毒死蜱乳油;三唑锡可湿性粉剂;甲基硫菌灵可湿性粉剂;代森锌可湿性粉剂;代森锰锌可湿性粉剂;福美双可湿性粉剂;5% 菌毒清水剂;嘧霉胺可湿性粉剂;二甲戊乐灵乳油;百草枯水剂;异丙草胺乳油;丁草胺乳油;氟磺胺草醚水剂;乙草胺乳油;乙羧氟草醚乳油;甲哌鎓水剂;20% 吗啉胍 · 乙铜可湿性粉剂;霉威 · 霜脲乳油;多 · 福 · 霉威可湿性粉剂;多 · 福可湿性粉剂;多 · 福 · 溴菌可湿性粉剂;甲霜 · 霜霉可湿性粉剂;多 · 硫悬浮剂;氰 · 马乳油;29% 哒 · 辛乳油;哒 · 螨砜可湿性

鲁

粉剂;氟铃·辛乳油;12.5%烯禾啶·机油乳油;73%机油·炔螨乳油;40%机油·杀扑乳油;阿维·敌畏乳油;哒·四螨悬浮剂;哒·四螨可湿性粉剂;哒·唑锡可湿性粉剂;40%阿维·炔螨乳油;氟磺胺·烯禾乳油;35%氟磺胺·精喹·异噁松乳油;丙·灭乳油;15%高氯·唑磷乳油;甲氰·辛乳油;福·甲硫可湿性粉剂;硫·酮可湿性粉剂;高氯·辛乳油;高氯氟氰·辛乳油;福·福锌可湿性粉剂;五氯·多可湿性粉剂;异丙草·莠悬浮剂;40%毒·机油乳油;80%多·福·锌可湿性粉剂;吡·噻可湿性粉剂;28%百·霉威可湿性粉剂;百·福·福锌可湿性粉剂;柴油·哒乳油;多·锰锌可湿性粉剂;锰锌·乙铝可湿性粉剂;腈菌·锰锌可湿性粉剂;腈菌·咪鲜乳油;敌畏·毒乳油;阿维·高氯微乳剂;阿维·高氯可湿性粉剂;阿维·毒乳油;辛·阿乳油;阿维·唑磷乳油;吡·高氯乳油;阿维·苏可湿性粉剂;阿维·哒乳油;丁硫·马乳油;苏云金杆菌悬浮剂;苏云金杆菌可湿性粉剂

鲁

山东省青岛好利特生物农药有限公司

山东省青岛市莱西马连庄[266617]
电话:(0532)85432888
【主要产品】哒螨灵可湿性粉剂;三唑磷乳油;吡虫啉可湿性粉剂;高效氯氰菊酯乳油;啶虫脒乳油;代森锰锌可湿性粉剂;多·福可湿性粉剂;敌·辛乳油;锰锌·烯酰可湿性粉剂;多·硫可湿性粉剂;哒·机油乳油;氟铃·辛乳油;二甲戊·乙氧氟乳油;73%机油·炔螨乳油;48%柴油·毒乳油;阿维·敌畏乳油;甲氰·辛乳油;高氯·马乳油;高氯·辛乳油;吡·柴油乳油;柴油·辛乳油;多·锰锌可湿性粉剂;阿维·甲氰乳油;阿维·柴乳油;苏云金杆菌可湿性粉剂

山东威泰精细化工有限公司

山东省平度市新河镇工业园区[266717]
电话:(0532)86355455;13964675876
传真:(0532)86355455
网址:www.wtfinechem.com
E-mail:info@wtfinechem.com
【主要产品】氢溴酸;溴化钠;溴化锌;溴化铵;溴素;2-溴丙酸;2-溴丙酸乙酯;二溴甲烷;氯溴甲烷;溴乙烷;1-溴丙烷;1-溴丁烷;溴辛烷;1-溴戊烷;溴代正己烷;1,3-溴氯丙烷

石油大学卓越科技有限责任公司

山东省青岛市经济技术开发区重化工区[266500]
电话:(0532)86900288
传真:(0532)86900286
经济类型:有限责任公司
网址:www.noblestar.com.cn;zhuoyue.xihaian.cn
E-mail:noblestar@noblestar.com.cn
【主要产品】高效复合脱硫剂;塑料改性剂PMI;石油破乳剂;高效中和缓蚀剂;柴油低温流动改进剂;高效汽油抗氧剂;汽油脱臭活化剂;柴油安定性改进剂;磺化酞菁钴;油浆阻垢剂;加氢精制阻垢剂;一氧化碳助燃剂

双星集团有限责任公司

山东省青岛市南区贵州路5号[266002]
电话:(0532)82680528
传真:(0532)82689796　有进出口权
供销电话:82689532　企业规模:大型
供销传真:82671554　法人代表:汪海
经济类型:有限责任公司
网址:www.doublestar.com.cn
E-mail:webmast@doublestar.com.cn
【主要产品】胶鞋;运动鞋

颐中(青岛)实业有限公司

山东省青岛市沾化路3号甲[266021]
电话:(0532)83833459
传真:(0532)83810445　有进出口权
供销电话:83833459;83837930
供销传真:83810445;83837235
经济类型:股份有限公司
企业规模:大型
网址:www.etsong-sunrise.com
E-mail:service@etsong-sunrise.com
【主要产品】水性聚氨酯分散体;水性木器漆用乳液;高弹性外墙乳胶漆;抗碱封闭底漆;超级亚光漆;有光外墙乳胶漆;内墙工程乳胶漆;外墙工程乳胶漆;弹性内墙乳胶漆;聚醋酸乙烯乳液胶黏剂;装饰胶黏剂;拼板胶;烟用胶黏剂;环保型装饰胶

中国石化集团青岛石油化工有限责任公司

山东省青岛市李沧区滨海路8号[266043]
电话:(0532)84816591
传真:(0532)84816954　经济类型:国有
有进出口权　企业规模:大型
职工人数:200人　法人代表:王英彬
网址:www.qdpec.com
E-mail:info@qdpec.com
【主要产品】硫黄;丙烯;原油;石油液化气;石脑油;93号汽油;无铅汽油;轻柴油;0号轻柴油;煤油;合成树脂;聚丙烯;聚烯烃;油漆工业用溶剂油;燃料油

淄博市

奥德美(淄博)高分子材料有限公司

山东省淄博市张田路66号[255039]
电话:(0533)8556999
传真:(0533)8550717
经济类型:有限责任公司
法人代表:张晓泽
网址:www.sdadm.com
E-mail:adm@chemnet.com
【主要产品】水溶性聚氨酯树脂;环保型水性木器漆用树脂;水性树脂专用固化剂

博山恒泰化工厂

山东省淄博市博山区五岭路48号[255200]
电话:(0533)4283527;4282568
传真:(0533)4282759　职工人数:820人
固定资产:40,000千元　法人代表:赵江
经济类型:股份合作
网址:www.bsht.com
E-mail:4283527@bsht.com
【主要产品】氯化钙;溶解乙炔;甲基丙烯酸甲酯;聚合硫酸铁

博山化学厂(有限公司)

山东省淄博市博山区白塔镇工业园2号[255202]
电话:(0533)4682772;4680372;13808944343
传真:(0533)4681071
经济类型:有限责任公司
法人代表:吴坤山
网址:www.shanhengda.com
E-mail:wksbt@163169.net
【主要产品】烧碱(固体);硫酸铜;硫酸锌;硫酸镍;焦亚硫酸钠;硝酸铜;硝酸锌;硝酸镍(六水);氯化镍;硫黄;硫黄粉;苯甲酸钠;柠檬酸

博山轻工化学厂

山东省淄博市博山区白塔工业园[255202]
电话:(0533)4681062;13705332453
传真:(0533)4688788　职工人数:120人
网址:www.cnsimei.com
E-mail:simei@cnsimei.com
【主要产品】丙烯酸树脂;各色丙烯酸锤纹漆;常温道路标志漆

桓台县东化助剂厂

山东省淄博市桓台县205国道与铁道交叉口[256400]
电话:(0533)8013853;13355232989
传真:(0533)8013853　职工人数:60人
固定资产:1,000千元
供销电话:8013853;13589599121
经济类型:私营企业　法人代表:崔佃奎
网址:www.zbdhchem.com
E-mail:root@zbdhchem.com
【主要产品】无水氟化氢;氟氢酸;硫酸;硝酸;氟化铵;氟氢化铵;氨水

桓台县光辉化工厂

山东省淄博市桓台县周家镇政驻地[256411]
电话:(0533)8486268
传真:(0533)8486268
经济类型:私营企业　法人代表:李光辉

【主要产品】阻垢分散剂;水解聚马来酸酐;氨基三亚甲基膦酸;羟基亚乙基二膦酸;黏泥剥离剂

桓台县果里保温防腐建材厂
山东省淄博市桓台县城转盘向南5公里路西[256400]
电话:(0533)8400418
法人代表:任吉平
【主要产品】硅酸铝;聚氨酯管材;玻璃纤维制品

桓台县恒德导热油有限公司
山东省淄博市桓台县火车站北邻[256400]
电话:(0533)8216159
传真:(0533)8216159 职工人数:30人
经济类型:有限责任公司
法人代表:苗德育
网址:www.hengde.com.cn
E-mail:hdmd@sohu.com
【主要产品】导热油;导热油炉清洗剂;中央空调清洗剂;工业润滑油;导热油泵

桓台县宏翔化工保温材料厂
山东省淄博市桓台县周家镇中心路27号[256411]
电话:(0533)8480048
经济类型:私营企业 法人代表:成兆秀
【主要产品】氨基三亚甲基膦酸;羟基亚乙基二膦酸;羟基亚丙基二膦酸

桓台县聚鑫福利化工厂
山东省淄博市桓台县唐山公路分站南一公里[256401]
电话:(0533)8512069
传真:(0533)8510968 职工人数:120人
经济类型:私营企业 法人代表:毕磊
网址:www.juxinchem.com
E-mail:juxin@juxinchem.com;
zb-juxin@163.com
【主要产品】氰氢酸;聚丙烯酰胺;屏蔽暂堵剂;缓凝剂;早强剂;堵水调剖剂;混凝土高效减水剂;混凝土防水剂;混凝土脱模剂;泵送剂

桓台县社会福利橡胶助剂厂
山东省淄博市桓台县田庄[256402]
电话:(0533)8580078
传真:(0533)8582188 法人代表:牛毅
经济类型:私营企业
【主要产品】促进剂CZ;促进剂NOBS

桓台县双峰助剂厂
山东省淄博市桓台县唐山镇西郊[256411]
电话:(0533)8262832
法人代表:王治安
【主要产品】絮凝剂;乳化剂OP;清防蜡剂;油污清洗剂

桓台县田庄镇东方化工助剂厂
山东省淄博市桓台县田庄镇[256402]
电话:(0533)8581716
经济类型:私营企业 法人代表:殷茂水
【主要产品】乙醇;异丙醇;清防蜡剂

桓台县耀鑫化工厂
山东省淄博市桓台县周家镇[256411]
电话:(0533)8480767;13964304468
传真:(0533)8480767 职工人数:60人
法人代表:牛汝利
网址:www.zbyxchem.com
E-mail:root@zbyxchem.com
【主要产品】氯化钙(无水);氯化钙(二水)

桓台县渔洋洗涤剂化工厂
山东省淄博市桓台县新城镇韩家村[256403]
电话:(0533)8883727
传真:(0533)8883727
经济类型:私营企业 法人代表:王银希
【主要产品】甲酸;油漆稀释剂;农药助剂

桓台县周家镇沈家化工厂
山东省淄博市桓台县周家镇沈家村[256411]
电话:(0533)8485999;8480286;
13806482212
传真:(0533)8480286
经济类型:私营企业 法人代表:沈青祥
网址:www.sdshenjia.com
E-mail:shen-c@vip.163.com
【主要产品】硫酸亚铁;硫酸铜;硫酸锌;硫酸镁;氯化钙(无水);氯化钙(二水);氯化钙(四水);氯化钙;氯化钙(液体);氯化镁;活性白土

津南大化工厂
山东省淄博市张店新村东路25号[255000]
电话:(0533)2176783;2091882;
13705332741
传真:(0533)2176783 法人代表:杨震
网址:www.jinnanchem.com
E-mail:webmaster@jinnanchem.com
【主要产品】强酸性苯乙烯系阳离子交换树脂(001×7型);大孔弱酸性丙烯酸系阳离子交换树脂(D113型);强碱性季铵Ⅰ型阴离子交换树脂(201×7型);大孔弱碱性苯乙烯系阴离子交换树脂(D301);杀菌灭藻剂;中央空调清洗剂;阻垢缓蚀剂;锅炉防垢剂;锅炉洗涤剂;设备保养剂;锅炉清灰剂;燃料助燃剂;石墨垫片;碳素纤维盘根

临淄恒增化工厂
山东省淄博市临淄区齐鲁化工园槐行工业小区[255400]
电话:(0533)7328570
传真:(0533)7328570 法人代表:王仪
经济类型:私营企业
【主要产品】硝酸铜;塑料编织袋

临淄洪春树脂厂
山东省淄博市临淄区朱台镇桐林村[255432]
电话:(0533)7780322
经济类型:私营企业 职工人数:15人
法人代表:郭洪春
【主要产品】石油树脂;溶剂油

临淄华泰化工厂
山东省淄博市临淄区愚公东路108号[255418]
电话:(0533)7683696;13853332258
传真:(0533)7688326;7688329
经济类型:私营企业 有进出口权
网址:www.zbhuatai.com
【主要产品】烧碱(固体);活性白土;新戊二醇;环氧树脂

临淄金冠防腐化工厂
山东省淄博市临淄区管仲路41号[255400]
电话:(0533)7114927
传真:(0533)7111323
法人代表:赵文会
【主要产品】丙烯酸防腐涂料;环氧防腐漆;聚氨酯防腐涂料;有机硅耐热漆

鲁

临淄金赢塑料制品厂
山东省淄博市临淄区稷下街道办王家村[255400]
电话:(0533)7311253
传真:(0533)7311253
经济类型:私营企业 法人代表:王金星
【主要产品】聚乙烯管;包装桶

临淄九洲化工厂
山东省淄博市临淄区凤凰镇禺工山东路[255418]
电话:(0533)7683397
传真:(0533)7686806
经济类型:私营企业 法人代表:王绵之
【主要产品】烧碱

临淄乐达化工有限公司
山东省淄博市临淄区皇城镇于家村南[255424]
电话:(0533)7882087;7882757
供销电话:7888788 职工人数:20人
经济类型:有限责任公司
法人代表:于汉邦
【主要产品】1,2-二氯乙烷;油漆稀释剂

临淄黎明化工厂
山东省淄博市临淄区辛店街道办西夏居委会[255411]
电话:(0533)7524398
经济类型:私营企业 职工人数:20人
法人代表:刘洪章
【主要产品】二盐基硫酸铅;二盐基亚磷酸铅;硬脂酸钙;硬脂酸钡;硬脂酸铅

临淄利润化工厂
山东省淄博市临淄区朱台镇[255432]

电话:(0533)7780278
传真:(0533)7780278
经济类型:私营企业 法人代表:郭景园
【主要产品】碳九芳烃石油树脂;碳五石油树脂

临淄鲁安化工厂

山东省淄博市临淄区皇城镇[255424]
电话:(0533)7888386;13853375623
固定资产:1,200 千元 产值:2,000 千元
经济类型:私营企业 职工人数:16 人
销售收入:2,000 千元
法人代表:陈洪洲
【主要产品】二甲苯;甲苯;甲醇;1,2-二氯乙烷;1,3-二氯丙烷;溶剂油

临淄奇麟石化油脂有限公司

山东省淄博市临淄区齐都镇赵王村[255422]
电话:(0533)7838666
传真:(0533)7830078
经济类型:有限责任公司
法人代表:赵学东
【主要产品】基础油;齿轮机油;机械油;润滑油

临淄桥牌油脂化工厂

山东省淄博市临淄区路山镇愚公东路中段[255418]
电话:(0533)7683895
传真:(0533)7683895 法人代表:张军
经济类型:私营企业
【主要产品】齿轮机油;机械油;润滑油

临淄勤润油脂化工厂

山东省淄博市临淄区凤凰镇[255418]
电话:(0533)7680157;13505337327
传真:(0533)7683220 职工人数:18 人
固定资产:1,800 千元
经济类型:私营企业 产值:20,000 千元
销售收入:20,000 千元
法人代表:刘开勤
网址:www.zbqinrun.com
E-mail:qinrunyouzhi@126.com
【主要产品】导热油;齿轮机油;抗磨液压油;变压器油

临淄青华化工溶剂厂

山东省淄博市临淄区路山镇大路村南[255400]
电话:(0533)7681727
传真:(0533)7687799
供销电话:7981727 法人代表:路昌青
【主要产品】乙醇;甲醇;乙二醇;一缩二乙二醇;辛醇

临淄区银通助剂厂

山东省淄博市临淄区朱台镇[255432]
电话:(0533)7781941
传真:(0533)7781941
法人代表:朱俊旺
【主要产品】防锈乳化油;乳化油

临淄晟恒绝缘材料厂

山东省淄博市临淄区朱台镇[255432]
电话:(0533)7780674
传真:(0533)7780674
供销电话:7965999 法人代表:曹效清
供销传真:7965999
经济类型:私营企业
【主要产品】二甲酚;三混甲酚;3-/4-甲酚;2-甲酚;苯酚

临淄孙娄特种涂料厂

山东省淄博市临淄区齐鲁石化机械厂生活区[255400]
电话:(0533)7311072
传真:(0533)7311072
法人代表:赵学军
【主要产品】沥青耐酸漆;高氯化聚乙烯防腐涂料

临淄同德防腐材料有限公司

山东省淄博市临淄区齐鲁化学工业园[255410]
电话:(0533)7480301;13355257267
传真:(0533)7485536
经济类型:有限责任公司
法人代表:王循光
【主要产品】防腐涂料

临淄鑫安化工厂

山东省淄博市临淄区齐鲁乙烯南路东首[255400]
电话:(0533)7580118
传真:(0533)7580118
经济类型:私营企业 法人代表:李立功
【主要产品】烧碱(固体);水泥添加剂

临淄信记刚军实业有限公司

山东省淄博市临淄区朱台工业区南宋桥村东[255432]
电话:(0533)7785166
传真:(0533)7785166
经济类型:有限责任公司
法人代表:宋怀信
【主要产品】摩托车油;机械油;润滑油

临淄兴武化工厂

山东省淄博市临淄区孙家原村址南[255000]
电话:(0533)7488956;7488399;13561627999
法人代表:刘淑生
网址:www.xingwu-chem.com
E-mail:m@xingwu-chem.com
【主要产品】硫化锌;硫化氢;甲硫醇;甲硫醇钠;二甲基二硫代氨基甲酸钠;叔十二碳硫醇

临淄颐祥化工有限公司

山东省淄博市临淄区边河乡边河路2号[255400]
电话:(0533)7450240
经济类型:有限责任公司
法人代表:姜志祥
【主要产品】护套;PVC 发泡调节剂;塑料改进剂 ACR

临淄颐中化工有限公司

山东省淄博市临淄区齐兴路西首[255400]
电话:(0533)7315246
传真:(0533)7326688
经济类型:有限责任公司
法人代表:刘志明
【主要产品】网印黏合剂;*N*-羟甲基丙烯酰胺;涂料印花增稠剂

临淄英中石油树脂厂

山东省淄博市临淄区朱台[255432]
电话:(0533)7781006
传真:(0533)7781006
经济类型:私营企业 法人代表:齐英中
【主要产品】碳九芳烃石油树脂;石油树脂;溶剂油

临淄永红油墨厂

山东省淄博市临淄区朱台工业区[255432]
电话:(0533)7789206
传真:(0533)7785906
经济类型:私营企业 法人代表:朱洪训
【主要产品】水性柔版油墨;塑料编织袋油墨;塑料凹版表印油墨;水性印刷油墨

临淄钰丰油墨厂

山东省淄博市临淄区朱台镇[255432]
电话:(0533)7783206
传真:(0533)7784206
经济类型:私营企业 法人代表:郭永吉
【主要产品】油墨

临淄泽荣化工有限公司

山东省淄博市临淄区齐城高新技术开发区[255420]
电话:(0533)7663966
传真:(0533)7663699
经济类型:有限责任公司
法人代表:刘洪宝
【主要产品】石油醚;丁酸;工业快速渗透剂

临淄振达石化有限公司

山东省淄博市临淄区齐都镇大夫村[255442]
电话:(0533)7860369
传真:(0533)7839186 法人代表:苏彬
经济类型:有限责任公司
【主要产品】橡胶填充油;齿轮机油;液压油;压缩机油

临淄中田化工有限公司

鲁

山东省淄博市临淄区路山镇东申村[255418]
电话:(0533)7680135
传真:(0533)7688739
经济类型:有限责任公司
法人代表:张中田
【主要产品】烧碱(液体);烧碱(固体)

临淄重质碳酸钙厂

山东省淄博市临淄区金岭镇披甲村[255400]
电话:(0533)7486888
传真:(0533)7486888　职工人数:20 人
经济类型:私营企业　法人代表:于玉汛
【主要产品】氢氧化钙;重质碳酸钙;氧化钙

纳西姆工业(中国)有限公司

山东省淄博市博山区经济开发区纬五路 18 号[255213]
电话:(0533)4650168;4654888
传真:(0533)4651466;4650166
经济类型:外商独资　有进出口权
网址:www.nash-elmo.com.cn
E-mail:gdnc@gardnerdenver.com
【主要产品】真空泵

齐都润滑油厂

山东省淄博市临淄区齐都镇东三里[255422]
电话:(0533)7830664
传真:(0533)7834729
经济类型:私营企业
【主要产品】齿轮机油;机械油

齐鲁石化公司胜利炼油厂

山东省淄博市临淄区辛店[255434]
电话:(0533)7180841;7587421;7181012
经济类型:国有　企业规模:大型
网址:www.zshg.com/other104.htm
【主要产品】硫黄;石油苯;石油甲苯;90 号汽油;97 号无铅汽油;航空煤油;10 号柴油;道路沥青

山东宝沣化工集团公司

山东省淄博市东四路南首宝沣大厦[255071]
电话:(0533)2081754;2092092;2083668
传真:(0533)2081719;2081420
经济类型:集体
网址:www.baofeng-chem.com
E-mail:baofeng@baofeng-chem.com
【主要产品】硝酸钡;碳酸钡;糠醛;四氢糠醇;季戊四醇;糠醇;十二烷二元醇;醋酸;苯甲酸;十三碳二元酸;正十二烷二元酸;丙烯酰胺;二氧化硫脲;4,5-二甲氧基-2-硝基苯甲酸;2,4-二羟基-6,7-二甲氧基喹唑啉;硫脲;2-甲基-6-硝基苯胺;聚氨酯合成革;钛白粉(锐钛型);苯甲酸钠;柠檬酸;阿那曲唑;唑来膦酸;马来酸伊索拉定;聚丙烯酰胺

山东宝源化工有限公司

山东省淄博市桓台县唐山镇[256401]
电话:(0533)8514368;6273188;8514530
传真:(0533)8514528　有进出口权
供销电话:6273619;8514368
经济类型:私营企业　职工人数:500 人
法人代表:巩子连
网址:www.baoyuanchem.com
E-mail:sdbaoyuan@vip.sina.com
【主要产品】甲酸;一硝基甲烷;盐酸羟胺;甲酸钙

山东博邦纳米材料有限公司

山东省淄博市民营科技工业园民发路 19 号[255089]
电话:(0533)3982678;3983813;13953332377
传真:(0533)3982678
产值:50,000 千元
网址:www.shandongbobang.com
E-mail:bobang@shandongbobang.com
【主要产品】高纯氧化铝;醇酸磁漆;铁红醇酸底漆;丙烯酸外墙涂料;氯磺化聚乙烯防腐漆;高氯化聚乙烯防腐面漆;氯磺化聚乙烯铁红防锈漆;高氯化聚乙烯厚浆型防锈漆

山东博丰植保药业有限公司

山东省淄博市临淄区敬仲镇敬仲路 11 号[255416]
电话:(0533)7702117;7701461
传真:(0533)7702116　有进出口权
固定资产:50,000 千元
供销电话:7701461;7703888
经济类型:私营企业　职工人数:300 人
法人代表:王文友
网址:www.bofengchem.com
E-mail:sales@bofengchem.com
【主要产品】甲醇;乙醛;甲醛;季戊四醇;双季戊四醇;甲酸;甲酸钠;α-甲硫基乙酰肟;灭多威乳油;硫双灭多威;硫双灭多威可湿性粉剂;克·杀单颗粒剂;毒·仲乳油;甲酸钙

山东博山博杰工业泵厂

山东省淄博市博山区大海眼[255202]
电话:(0533)4680750;4683838;13806434086
传真:(0533)7911838　职工人数:50 人
经济类型:私营企业
销售收入:5,000 千元
网址:www.zbbojie.com
E-mail:bojie@zbbojie.com
【主要产品】化工专用泵

山东博山化工设备厂

山东省淄博市博山区颜北路 486 号[255202]
电话:(0533)4680362;4680930
传真:(0533)4681531　经济类型:集体
企业规模:大型　法人代表:孙启云
网址:www.chinahaifeng.cn
E-mail:sqy@chinahaifeng.cn;gxk@chinahaifeng.cn
【主要产品】化工设备

山东博山环宇实业公司

山东省淄博市博山区白塔镇海万路 188 号[255202]
电话:(0533)4680015;4680251;13906434848
传真:(0533)4680250　经济类型:集体
法人代表:白怀平
网址:www.boshanhuanyu.com
E-mail:bhp@boshanhuanyu.com
【主要产品】氯化钡;碳酸钡;高纯碳酸钡;碳酸锶(电子级)

山东博山齐鲁油泵厂

山东省淄博市博山区白塔工业园 6 号[255202]
电话:(0533)4688866
传真:(0533)4680229
法人代表:闫新田
【主要产品】叶片式泵;齿轮泵;油泵

山东博山腾升集团坤林化工厂

山东省淄博市博山区崮山镇岳东村[255211]
电话:(0533)4513188;13355236588
传真:(0533)4513188
经济类型:私营企业
网址:www.cneb.net/klhg
E-mail:klhg@cneb.net
【主要产品】氧化铁红;氧化铁黄;哈巴粉;氧化铁黑;氧化铁绿

山东博山制药有限公司

山东省淄博市博山区山头路 187 号[255215]
电话:(0533)4408560;4408013
传真:(0533)4418369　有进出口权
固定资产:65,000 千元
供销电话:4408560;4408162
供销传真:4408887　职工人数:490 人
经济类型:有限责任公司
法人代表:马敬生
网址:www.bszy.com.cn
E-mail:bszy@bszy.com.cn
【主要产品】克霉唑;萘啶酸;安替比林;氨基比林;格列本脲;盐酸苯乙双胍;硝酸异山梨酯;盐酸氯丙嗪;奋乃静;葡醛内酯;葡萄糖醛酸钠

山东大成农药股份有限公司

山东省淄博市张店区洪沟路 25 号[255009]
电话:(0533)2112998;2112028;2116668
传真:(0533)2113511　有进出口权
供销电话:2112028;2111437
供销传真:2111511　企业规模:大型
经济类型:股份有限公司
法人代表:耿佃杰
网址:www.shandongdacheng.com
E-mail:dcnywl@shandongdacheng.com
【主要产品】盐酸;烧碱;离子膜烧碱;焦亚硫酸钠;氯气(液);环己烷;1,4-二氯苯;1,2-二氯苯;一氯甲烷;2,2,3,3-

鲁

四甲基环丙烷羧酸;2,3-二甲基-2-丁烯;辛硫磷;辛硫磷乳油;氧化乐果;氧化乐果乳油;敌百虫;敌敌畏;80%敌敌畏乳油;50%敌敌畏乳油;吡虫啉乳油;高效氯氰菊酯;高效氯氰菊酯水乳剂;甲氰菊酯;甲氰菊酯乳油;高渗甲氰菊酯乳油;三氯杀螨醇;三氯杀螨醇乳油(20%);乙膦铝;乙磷铝可湿性粉剂;三唑酮乳油;百菌清;百菌清可湿性粉剂;扑草净;氰草津;氰草津悬浮剂;异丙草胺;乙草胺;乙烯利;40%乙烯利水剂;扑·乙悬浮剂;辛·甲氰乳油;高氯·辛乳油;农药乳化剂

山东东大化学工业(集团)公司橡胶厂

山东省淄博市张店区新村东路25号[255028]
电话:(0533)2159523;2171217
传真:(0533)2183149　经济类型:国有
有进出口权　企业规模:大型
职工人数:380人　法人代表:刘庆海
网址:www.dongdaxs.com
E-mail:zyt@dongdaxs.com
【主要产品】医用橡胶塞;丁基橡胶瓶塞

鲁

山东东大化学工业有限公司

山东省淄博市张店区新村东路21号[255028]
电话:(0533)2159697
传真:(0533)2150666　有进出口权
固定资产:370,626千元
供销电话:2062277　产值:872,009千元
供销传真:2064327　企业规模:大型
经济类型:有限责任公司
销售收入:1,225,958千元
职工人数:2,020人　法人代表:王继文
网址:www.dongdagroup.com
E-mail:wmh@dongdagroup.com
【主要产品】环氧丙烷;二乙烯基苯;聚醚多元醇;组合聚醚;强酸性苯乙烯系阳离子交换树脂(001×7型);大孔强酸性苯乙烯系阳离子交换树脂;大孔弱酸性丙烯酸系阳离子交换树脂(D113型);强碱性苯乙烯系阴离子交换树脂(201×7型);大孔强碱性苯乙烯系阴离子交换树脂(D201型);弱碱性苯乙烯系阴离子交换树脂(D301×6);丙烯酸系强碱性阴离子交换树脂

山东东佳集团公司

山东省淄博市博山区秋谷横里河55号[255200]
电话:(0533)4180979;4167720
传真:(0533)4182060　有进出口权
供销电话:4167718;4159005
供销传真:4180712;4167726
经济类型:股份有限公司
职工人数:1,300人
网址:www.dongjiagroup.com
E-mail:dongjiamarketing@yahoo.com.cn
【主要产品】硫酸;发烟硫酸;蓄电池硫酸;亚硫酸氢铵;亚硫酸铵;硫酸亚铁;硫酸钴;硫酸镍;氯化钴;氧化钴;四氧化三钴;海绵铜;草酸钴;癸酸钴;硫酸铵;环烷酸钴;钛白粉;钛白粉(锐钛型);钛白粉(金红石型);硬脂酸钴;橡胶黏结促进剂

山东东岳化工股份有限公司

山东省淄博市桓台县唐山镇[256401]
电话:(0533)8510072;8520352
传真:(0533)8513000　有进出口权
供销电话:8516666;8518666
供销传真:8516888　企业规模:大型
经济类型:外商投资股份有限公司
法人代表:张建宏
网址:www.dongyuechem.com
E-mail:yfzx@dongyuechem.com
【主要产品】无水氟化氢;氟氢酸;烧碱(液体);氟氢化铵;1,1-二氟乙烷;八氟环丁烷;1-氯-1,1-二氟乙烷;二氟甲烷;二氯甲烷;六氟丙烯;氟利昂-22;一氯甲烷;五氟乙烷;甲基三氯硅烷;一甲基二氯硅烷;八甲基环四硅氧烷;三甲基一氯硅烷;聚四氟乙烯树脂(分散);超细聚四氟乙烯粉

山东富安集团农药有限公司

山东省淄博市博山区夏庄镇五龙北路7号[255214]
电话:(0533)4201564
传真:(0533)4200841　职工人数:260人
固定资产:12,000千元
供销电话:4205188　产值:17,830千元
经济类型:股份有限公司
销售收入:15,160千元
法人代表:薛桂梅
网址:user.sdnews.com.cn/fuan
E-mail:longze@zblongze.com
【主要产品】甲基硫环磷;甲基硫环磷乳油(35%);硫环磷乳油;高渗吡虫啉乳油;高效氟氯氰菊酯乳油;代森铵水溶液;代森锰锌可湿性粉剂;2,4-二氯苯氧乙酸正丁酯乳油;菌毒·烷醇可湿性粉剂;多·硫悬浮剂;多·硫可湿性粉剂;哒·螨砜乳油;高氯·马乳油;高氯·杀水乳剂;福·甲硫可湿性粉剂;硫·酮可湿性粉剂;高氯·辛乳油;异丙草·莠悬浮剂;吡·柴油乳油;柴油·哒乳油;多·锰锌可湿性粉剂;锰锌·乙铝可湿性粉剂;阿维·高氯微乳剂;阿维·柴乳油

山东富丰化工股份有限公司

山东省淄博市临淄区齐城路1号[255400]
电话:(0533)7152655
传真:(0533)7152655
供销电话:7505888
网址:www.fufengchem.com
E-mail:ffchem@163169.net
【主要产品】叔丁胺;聚丙烯;碳五石油树脂

山东高青达盛源化工有限公司

山东省淄博市高青县田镇镇后巩村[256300]
电话:(0533)6983597;13031780576
传真:(0533)6983597　职工人数:50人
固定资产:5,000千元
经济类型:有限责任公司
产值:13,000千元
销售收入:15,000千元
网址:www.dsychem.com
E-mail:wenfeng@dsychem.com
【主要产品】氯化钙(无水);氯化钙(二水)

山东公泉化工股份有限公司

山东省淄博市临淄区胜利路34号[255436]
电话:(0533)7541123;7541124
传真:(0533)7541123
供销传真:7541124
网址:www.gqcat.com.cn
E-mail:sgcsc@oilchem.net
【主要产品】氢氧化铝凝胶;蜡油加氢裂化催化剂;减压馏分油加氢裂化催化剂;馏分油加氢精制催化剂;炼厂气加氢脱硫催化剂;渣油加氢脱硫催化剂

山东广恒化工有限公司

山东省淄博市临淄区朱台工业区[255432]
电话:(0533)7788177;7781659;13969359218
传真:(0533)7788177;7781167
经济类型:私营企业　有进出口权
职工人数:100人　法人代表:朱临国
网址:www.guanghengchem.com
E-mail:sales@guanghengchem.com
【主要产品】2-氟-5-三氟甲基吡啶;2-氯-3-三氟甲基吡啶;2-氯-4-三氟甲基吡啶;2-氯-6-三氟甲基吡啶;2-氯-5-三氯甲基吡啶;对溴苯甲醚;对氯苯甲醚;邻氯苯甲醚;间氯苯甲醚;邻氟苯甲醚;间氟苯甲醚;对氟苯甲醚;对碘苯甲醚;三氟甲基苯硫醚;氯乙酰氯;3-氯-4-氟三氟甲苯;邻氯三氟甲氧基苯;间氯三氟甲氧基苯;邻氟三氟甲氧基苯;间氟三氟甲氧基苯;对氟三氟甲氧基苯;2-氟三氟甲苯;3-氟三氟甲苯;4-氟三氟甲苯;对溴苯酚;三氟甲氧基苯;对氯三氟甲氧基苯;对溴三氟甲氧基苯;2,4-二硝基三氟甲氧基苯;2-氯-5-三氟甲基吡啶;2,3-二氯-5-三氟甲基吡啶;2-氨基-5-三氟甲基吡啶;2-氨基-3-氯-5-三氟甲基吡啶;4-甲基苯甲醚;间甲基苯甲醚;邻甲基苯甲醚;苯甲醚;4-三氟甲氧基苯胺;3-氯三氟甲苯;2-氯三氟甲苯;4-氯三氟甲苯;3,4-二氯三氟甲苯;2,4-二氯三氟甲苯;邻氨基三氟甲苯

山东赫达股份有限公司

山东省淄博市周村区王村镇工业开发区[255311]
电话:(0533)6680088;6680099
传真:(0533)6681698
供销传真:6681698;6681111

经济类型:股份有限公司
法人代表:毕心德
网址:www.sdhead.com
E-mail:sale@sdhead.com
【主要产品】双丙酮丙烯酰胺;羟乙基纤维素;羧甲基纤维素钠(食品级);羟丙基甲基纤维素;羧甲基纤维素钠;聚阴离子纤维素;甲基纤维素;乙基纤维素;羟丙基纤维素;石墨降膜吸收器

山东恒嘉精细化工有限公司

山东省淄博市博山区夏家庄镇良庄村[255200]
电话:(0533)4203757;4204441
传真:(0533)4205333
网址:www.hengjiachem.com
E-mail:info@hengjiachem.com
【主要产品】无铁硫酸铝;苯肼;苯肼盐酸盐;2-甲基吲哚;2,3-二甲基吲哚

山东金城医药化工有限公司

山东省淄博市淄川区昆仑镇昆新路26号[255129]
电话:(0533)5773517;5770186
传真:(0533)5772739;5776517
网址:www.jinchengpharm.com
E-mail:jcheng@public.zbptt.sd.cn
【主要产品】2-氨基-3-羟基吡啶;双丙酮丙烯酰胺;*N*,*N'*-二异丙基碳酰亚胺;*N*,*N'*-二环己基碳二亚胺;甲氧亚氨基呋喃乙酸铵;7-氨基头孢三嗪;三嗪环;头孢克肟侧链酸活性酯;氨噻肟酸;2-(2-氨基噻唑-4-基)-2-[2-(特丁氧羰基)-甲氧亚氨基]乙酸;2-肟基-2-(2-氨基噻唑)-4-乙酸乙酯;2-(2-氨基-4-噻唑基)-2-(甲氧亚氨基)乙酸硫代苯并噻唑酯;头孢他啶侧链酸活性酯;氨噻肟乙酸乙酯;2-巯基-4-甲基-5-噻唑乙酸;头孢噻肟酸;头孢他啶盐酸盐;帕苏沙星

山东金洋药业有限公司

山东省淄博市淄川区城里大街469号[255100]
电话:(0533)5280088;5275510;5280209
传真:(0533)5263520　职工人数:100人
网址:www.sd-sanchuan.com
E-mail:zczy@public.zbptt.sd.cn
【主要产品】牲血素;土霉素;盐酸土霉素;右旋糖酐20;右旋糖酐40;右旋糖酐70

山东凯盛生物化工有限公司

山东省淄博市淄川区双沟镇[255190]
电话:(0533)5330845
传真:(0533)5330845　职工人数:500人
经济类型:私营企业　产值:10,000千元
法人代表:王加荣
E-mail:2-kssh@163.com
【主要产品】腺苷酸;鸟苷酸钠;核苷酸

山东科威化工有限公司

山东省淄博市齐鲁化学工业区精细化工园纬七路1号[255424]
电话:(0533)7525198;7525298
传真:(0533)7525397　职工人数:120人
固定资产:20,000千元
网址:www.keweichem.cn
E-mail:kewei@keweichem.cn
【主要产品】2,4-二叔丁基苯酚;2,6-二叔丁基苯酚;2-叔丁基苯酚;2-叔丁基-5-甲基苯酚;2-叔丁基-4-甲基苯酚;2,4,6-三叔丁基苯酚;抗氧剂T502

山东力邦化学制品有限公司

山东省淄博市临淄区乙烯南路[255400]
电话:(0533)7525165
传真:(0533)7525167
网址:www.lblbc.com
E-mail:lblbc666@163.com
【主要产品】二氧化氯;聚天门冬氨酸;水解聚马来酸酐;羟基亚乙基二膦酸;阻垢缓蚀剂;异噻唑啉酮;黏泥剥离剂

山东联合化工股份有限公司

山东省沂源县南麻镇东风路36号[256120]
电话:(0533)3261986
传真:(0533)3286374　有进出口权
固定资产:250,000千元
供销电话:3286425;3263203
供销传真:3263203;3280085
经济类型:股份有限公司
产值:300,000千元　企业规模:大型
职工人数:2,200人　法人代表:王宜明
网址:www.lianhechem.com.cn
E-mail:fhh0072002@163.com
【主要产品】硝酸;纯碱;硝酸钠;亚硝酸钠;硝酸铵(工业用);硝酸异辛酯;三聚氰胺;硫化异丁烯;合成氨;氯化铵;硝基复合肥;皮革助剂

山东隆信化工有限公司

山东省淄博市临淄乙烯路299号[255414]
电话:(0533)7580888;13869392490
传真:(0533)7525999　产值:5,000千元
经济类型:私营企业　职工人数:100人
法人代表:李建厂
网址:www.Longxin-chen.com
E-mail:bft@2002.com
【主要产品】糠醇;2-羟基苯甲酸;2-羟基苯甲酸(升华级)

山东陆海石化有限公司

山东省淄博市临淄区梧台工业园[255420]
电话:(0533)7660119;7690111
传真:(0533)7660017
经济类型:有限责任公司
法人代表:王义群
网址:www.luhaichem.cn
【主要产品】重油;燃料油;沥青

山东铝业股份有限公司研究院

山东省淄博市张店区五公里路1号[255051]
电话:(0533)2943201
传真:(0533)2980474　经济类型:国有
供销电话:2944506;2980474
供销传真:29890474　产值:6,000千元
网址:www.salcotech.com.cn
E-mail:inform@public.zbptt.sd.cn
【主要产品】氢氧化铝;铝酸钠;氧化铝;活性氧化铝;分子筛;水泥

山东绿丰肥料有限公司

山东省淄博市张店区东四路南首[255000]
电话:(0533)2088388
传真:(0533)2082268　职工人数:100人
供销电话:2095777　法人代表:黄莛淳
经济类型:私营企业
网址:www.lvfenghuafei.com
E-mail:lvfenghuafei@lvfenghuafei.com
【主要产品】复混肥料

山东齐峰化轻集团公司

山东省淄博市临淄区朱台镇朱台路22号[255432]
电话:(0533)7780161;7781781
传真:(0533)7788998　经济类型:集体
供销传真:7780947　有进出口权
职工人数:700人　法人代表:李学峰
网址:www.qifeng.com.cn
E-mail:qifeng@zb-public.sd.cninfo.net
【主要产品】顺丁烯二酸酐

山东齐隆化工股份有限公司

山东省淄博市张店区冯北路7号[255411]
电话:(0533)7522011;7524509;7525209
传真:(0533)7522012
经济类型:有限责任公司
法人代表:郝守增
网址:www.qilongchem.com
E-mail:yxk@qilongchem.com
【主要产品】反丁烯二酸;C_{10}馏分;焦油树脂;L-天门冬氨酸;石油树脂;工业萘

山东齐鲁华信实业有限公司防腐设备制造分公司

山东省淄博市周村区体育场路1号[255336]
电话:(0533)6860111;6860758
传真:(0533)6860758
经济类型:股份有限公司
法人代表:明日信
网址:www.qlff.com
E-mail:info@qlff.com
【主要产品】聚苯硫醚;橡胶衬里泵

山东齐鲁融汇碱业有限公司

山东省淄博市临淄区乙烯中路24号[255411]
电话:(0533)7522829
传真:(0533)7580068　有进出口权
固定资产:550千元　产值:120,000千元

鲁

供销电话:8522829　职工人数:100 人
经济类型:股份有限公司
销售收入:100,000 千元
法人代表:顾洪岩
网址:www.qlrhui.com
E-mail:qlrhfxg@163.com
【主要产品】烧碱(固体)

山东齐鲁石化机械制造有限公司

山东省淄博市临淄区新化路 1 号[255400]
电话:(0533)7582734;7582453;7582062
传真:(0533)7314346
供销传真:7582504　法人代表:曲大伟
经济类型:有限责任公司
网址:www.qlmw.com
E-mail:qlhj@qlmw.com;qljx@qlmw.com
【主要产品】塑胶模具;脱氢反应器;氧氯化反应器;反应釜;发生器;列管式蒸发器;固定床吸附器;换热器;再沸器(重沸器);冷凝器;封头;塔器

山东齐鲁塑编集团股份有限公司

山东省淄博市临淄区牛山路 375 号[255400]
电话:(0533)7152001;7188666
传真:(0533)7171123　有进出口权
供销电话:7188666;7152035
经济类型:股份有限公司
产值:17,000,000 千元
职工人数:1,892 人　法人代表:李宝钧
网址:www.qilupack.com
E-mail:qilupfco@163169.net
【主要产品】塑料编织袋

山东齐鲁乙烯化工股份有限公司

山东省淄博市临淄区大武路 116 号[255414]
电话:(0533)7523153;7480487
传真:(0533)7480487　有进出口权
供销电话:7482270;7480951
供销传真:7480591　职工人数:370 人
经济类型:股份合作　法人代表:马福祥
网址:www.qiluchem.com
E-mail:qlchem@public.zbptt.sd.cn
【主要产品】氢氧化钙;氯化钙(液体);重质碳酸钙;氧化钙;端羟基聚丁二烯;水泥胶乳;丁苯胶乳;沥青丁苯胶乳;丁腈橡胶(液体)

山东齐鲁增塑剂股份有限公司

山东省淄博市临淄区齐鲁化学工业园区乙烯北路[255411]
电话:(0533)7580688;7580764
传真:(0533)7524666
经济类型:股份有限公司
法人代表:李振平
网址:www.china-plasticizers.com
E-mail:qlzsj@china-plasticizers.com
【主要产品】柠檬酸三丁酯;乙酰柠檬酸三丁酯;钛酸四异丙酯;已二酸二异辛酯;邻苯二甲酸二丁酯;邻苯二甲酸二异丁酯;邻苯二甲酸二异癸酯;邻苯二甲酸二辛酯;邻苯二甲酸辛癸酯;癸二酸二辛酯;对苯二甲酸二辛酯;邻苯二甲酸二异壬酯

山东瑞阳制药有限公司

山东省沂源县城二郎山路 6 号[256100]
电话:(0533)3221555;3223935;3228333
传真:(0533)3244471　有进出口权
供销电话:3258999;3228333
供销传真:3242111;3248777
经济类型:有限责任公司
企业规模:大型　职工人数:1,800 人
法人代表:赵玉山
网址:www.reyoung.com
E-mail:reyoung@public.zbptt.sd.cn;ry@reyoung.cn
【主要产品】苯唑青霉素钠;氨苄西林钠;酒石酸吉他霉素;阿莫西林;哌拉西林;美洛西林钠;头孢噻肟钠;头孢哌酮;四环素;盐酸四环素;土霉素;舒巴坦钠;灰黄霉素;头孢曲松钠;中性蛋白酶

山东胜亚化工有限公司

山东省淄博市临淄区朱台镇[255432]
电话:(0533)7782253;13905335744
传真:(0533)7782253
经济类型:有限责任公司
法人代表:王学忠
【主要产品】溶剂油 200 号;石油树脂

山东省桓台县金龙化工有限公司

山东省淄博市桓台县新城镇[256403]
电话:(0533)8886555
传真:(0533)8886555
经济类型:有限责任公司
法人代表:王绍军
网址:www.jinlongchem.com.cn
【主要产品】十二烷基二甲基苄基氯化铵;热稳定剂;硬脂酸钙;硬脂酸钡;硬脂酸铅;硬脂酸锌;硬脂酸镉;聚丙烯酸钠;磺-丙共聚物;水解聚马来酸酐;杀菌灭藻剂;氯锭型杀菌灭藻剂;氨基三亚甲基膦酸;羟基亚乙基二膦酸;水质稳定剂;缓蚀剂;异噻唑啉酮

山东省桓台县社会福利有机化工厂

山东省桓台县新城镇驻地[256403]
电话:(0533)8880177;8880176
传真:(0533)8880687　经济类型:集体
有进出口权　法人代表:伊茂亮
网址:www.sd-huagong.com
E-mail:webmaster@sd-huagong.com
【主要产品】糠醛;糠醇;糠醇树脂

山东省桓台县鑫荣化工厂

山东省淄博市桓台县唐山镇西马村[256401]
电话:(0533)8515195;13906438191
传真:(0533)8515195
法人代表:荣钦祯
网址:www.xinronghg.com
E-mail:xr@xinronghg.com
【主要产品】二甲苯;甲苯;甲醇;1,2-二氯乙烷;1,1-二氯乙烷;1,1,2-三氯乙烷;溶剂;混合苯;溶剂油;煤焦油;D-D 混剂

山东省淄博三丙化工有限公司

山东省淄博市周村区站北路 39 号 908 室[255300]
电话:(0533)6158111;64149219
传真:(0533)6163111
网址:www.sanbingchem.com
E-mail:jdijw@hi2000.com;xxg171@sohu.com
【主要产品】丙醛;正丁醇;混丁醇;丙醇

山东省淄博市临淄三银化工有限公司

山东省淄博市临淄区乙烯南路东首[255411]
电话:(0533)7525021
传真:(0533)7523733　产值:5,000 千元
经济类型:私营企业　职工人数:50 人
法人代表:张涛
E-mail:lzywq32@sogou.com
【主要产品】烧碱(固体)

山东省淄博市淄川黉阳农药有限公司

山东省淄博市淄川区洪山镇聊斋路 81 号[255120]
电话:(0533)5811409;5810602;5823588
传真:(0533)5811410　产值:7,500 千元
固定资产:8,858 千元　职工人数:50 人
供销电话:5811409;5815398
经济类型:私营企业　法人代表:胡朋
销售收入:7,000 千元
网址:www.hongyangnongyao.com
E-mail:sdzhny@sina.com
【主要产品】高渗吡虫啉乳油;农用杀菌剂;多菌灵可湿性粉剂;多菌灵胶悬剂;三唑酮可湿性粉剂;三唑酮乳油;甲基硫菌灵可湿性粉剂;20% 吗啉胍·乙铜可湿性粉剂;多·福可湿性粉剂;锰锌·霜脲可湿性粉剂;多·硫悬浮剂;多·硫可湿性粉剂;哒·螨醇乳油;4.5% 井·铜水剂;50% 琥铜·福锌·乙铝可湿性粉剂;扑·乙悬浮剂;高氯·马乳油;福·甲硫·硫可湿性粉剂;甲硫·霉威可湿性粉剂;井·酮悬浮剂;多·硫·酮可湿性粉剂;硫·酮悬浮剂;高氯·辛乳油;高氯·灭乳油;异丙草·莠悬浮剂;40% 毒·机油乳油;毒·辛乳油;5% 毒·辛颗粒剂;28% 多·井悬浮剂;多·井可湿性粉剂;吡·灭乳油;28% 百·霉威可湿性粉剂;50% 苯菌·福·锰锌可湿性粉剂;甲拌·辛颗粒剂;阿维·柴乳

油;辛·唑磷乳油

山东省淄博市淄川汇通油脂精细化工厂

山东省淄博市淄川经济开发区鑫威路北 04-9 号[255130]
电话:(0533)5410953;13806483497
传真:(0533)5416289
经济类型:私营企业　法人代表:王焕胜
网址:www.huitong-chem.com
E-mail:huansheng@huitong-chem.com
【主要产品】硬脂酸;椰油酸;棕榈油脂肪酸;脂肪酸甲酯;复合蜡;油酸;橡胶助剂;橡胶增塑剂 A;斯盘 80;植物油酸;动物油酸

山东省淄博市淄川鲁峰精细化工厂

山东省淄博市淄川区二里村南[255107]
电话:(0533)5165288
传真:(0533)5165288　职工人数:20 人
固定资产:5,000 千元　法人代表:张勇
经济类型:私营企业　产值:50,000 千元
销售收入:48,000 千元
网址:www.lufeng-chem.com
E-mail:zhangyong@lufeng-chem.com
【主要产品】环烷酸;甲基丙烯磺酸钠;异辛酸钴;环烷酸铁;环烷酸钙;环烷酸钴;环烷酸铅;环烷酸锌;环烷酸锰;环烷酸镍;涂料催干剂 LC802;异辛酸稀土催干剂;橡胶增黏剂

山东省淄川北旺化工厂

山东省淄博市淄川区龙泉镇北旺村[255144]
电话:(0533)5880545
传真:(0533)5880545　经济类型:集体
职工人数:44 人　法人代表:董树国
【主要产品】亚硫酸氢铵;二氧化硫(液)

山东圣世达化工有限责任公司

山东省淄博市博山区南博山镇[255206]
电话:(0533)4577272;4578192
传真:(0533)4578192
固定资产:50,000 千元
供销传真:4577272　职工人数:1,116 人
经济类型:有限责任公司
销售收入:120,000 千元
法人代表:梁金刚
网址:www.sdssd.cn
E-mail:sdssd@sdssd.cn
【主要产品】乳化炸药;工业粉状铵锑炸药;水胶炸药;秒延期电雷管;毫秒延期电雷管;瞬发电雷管(金属壳)

山东狮邦化工科技有限公司

山东省淄博市高新技术开发区万杰路 93 号[255039]
电话:(0533)3588977;3590266
传真:(0533)3590266
网址:www.clevay.com/customer/seibou/
E-mail:seibou@sina.com
【主要产品】氢氧化铝;氧化铝

山东舜天力塑胶有限公司

山东省淄博市临淄区朱台工业区[255432]
电话:(0533)7789988
传真:(0533)7782126
经济类型:有限责任公司
法人代表:路玉滨
【主要产品】高苯乙烯橡胶;羧基丁腈胶乳;塑料改进剂 ACR;促进剂 NOBS

山东天成农药有限公司

山东省淄博市博山区白塔工业园 88 号[255202]
电话:(0533)8911111;4682811;4682517
传真:(0533)2646678　有进出口权
网址:www.chinatcny.com
E-mail:tiancheng@chinatcny.com
【主要产品】硫氰化钠;三氯乙酰氯;3,5,6-三氯吡啶-2-醇钠;吡虫啉可湿性粉剂;毒死蜱;代森锌;代森锰锌;代森锰;福美双可湿性粉剂;丙森锌;多·福可湿性粉剂;73% 机油·炔螨乳油;40% 机油·杀扑乳油;80% 柴油·敌畏乳油;柴油·辛乳油;多·锰锌可湿性粉剂;锰锌·乙铝可湿性粉剂

山东新大精细化工有限公司

山东省淄博市桓台县新城镇[256403]
电话:(0533)8888698
传真:(0533)8883789　职工人数:80 人
固定资产:50,000 千元
经济类型:有限责任公司
法人代表:王丽萍
网址:www.shandongxinda.com
E-mail:jxhg@shandongxinda.com
【主要产品】β-环状糊精;预胶化淀粉

山东新华东风化工有限公司

山东省淄博市张店区新村东路 23 号[255028]
电话:(0533)2283416;2281302;2281301
传真:(0533)2183269　有进出口权
供销传真:2175652　职工人数:400 人
经济类型:股份有限公司
法人代表:王绪一
网址:www.dongfengchem.com
E-mail:sales@dongfengchem.com
【主要产品】一氯乙酸;氰乙酸乙酯;氰乙酸异丙酯;氰乙酸正丁酯;氰乙酸甲酯;氰乙酸异辛酯;氰乙酸甲氧基乙酯;正丁基丙二酸二乙酯;丙二酸二乙酯;丙二酸二甲酯;丙二酸二异丙酯

山东新华万博化工有限公司

山东省淄博市张店区宝石镇东张村北[255000]
电话:(0533)2282023
传真:(0533)2177799　有进出口权
供销电话:2071127;2174847
供销传真:2071126　法人代表:刘从德
经济类型:有限责任公司
网址:www.xhgm.net/index-holding.htm
E-mail:sdxhgm@163.com
【主要产品】硫酸二甲酯;醋酸丁酯;异丁基苯;四甲基胍;1,8-二氮杂环[5,4,0]十一烯-7

山东新华制药股份有限公司

山东省淄博市张店区东一路 14 号[255005]
电话:(0533)2166666;2113715;2196704
传真:(0533)2184991;2162726
供销电话:2196776;2196717
供销传真:2113715;2184360
经济类型:股份有限公司　有进出口权
企业规模:大型　职工人数:4,600 人
法人代表:郭琴
网址:www.xhzy.com
E-mail:xhyy@xhyy.net;
xhzy@xhzy.com
【主要产品】硫酸铝;乙醇钠;甲醇钠;一氯乙酸;2-羟基苯甲酸;醋酸;一氯醋酸甲酯;原甲酸三乙酯;原甲酸三甲酯;氯乙酸乙酯;氰乙酸乙酯;氰乙酸甲酯;硫酸二甲酯;乙酰氯;丙酰氯;α-氯代丙酰氯;3-氯丙酰氯;N-甲基-4-氨基苯酚硫酸盐;N-甲基乙酰胺;正丁基丙二酸二乙酯;丙二酸二乙酯;丙二酸二甲酯;丙二酸二异丙酯;四甲基胍;1,8-二氮杂环[5,4,0]十一烯-7;克拉红霉素;克林霉素磷酸酯;甲氧苄啶;吡哌酸;乙酰水杨酸;安替比林;异丙基安替比林;美洛昔康;氨基比林;安乃近;安乃近镁盐;布洛芬;盐酸曲马多;氢化可的松;醋酸泼尼松;尼莫地平;茶碱;氨茶碱;无水咖啡因;异戊巴比妥;葡萄糖酸锑钠;工业搪玻璃反应釜;三足式离心机;三足式上部人工卸料离心机;三足式刮刀下卸料自动离心机;快速整粒机;切粒机

鲁

山东鑫山工贸有限公司

山东省淄博市临淄区齐鲁石化乙烯路东段[255411]
电话:(0533)7525277;7525266;7481888
传真:(0533)7525257　职工人数:160 人
固定资产:12,000 千元
供销电话:7481888;7487777
经济类型:有限责任公司
产值:42,000 千元　法人代表:石广勤
销售收入:45,000 千元
E-mail:guangqing7777@eyou.com
【主要产品】烧碱;烧碱(固体);纯碱;氯化钠;三氧化二铁

山东兴辉化工有限公司

山东省淄博市淄川区杨寨镇建材城中心路东首[255185]
电话:(0533)5481773;5481802;5481427
传真:(0533)5481427;5493977
供销电话:5481427;13953323643
经济类型:私营企业
网址:www.xhhg.com
E-mail:xhhg@chemnet.com

【主要产品】硫酸二甲酯;一硝基甲烷;盐酸羟胺;对甲苯亚磺酸钠;对甲砜基甲苯;甲酸钙

山东迅达化工有限公司

山东省淄博市临淄区敬仲镇[255416]
电话:(0533)7702707;7701516
传真:(0533)7702288　有进出口权
供销电话:7229817;7229818
供销传真:7229816　法人代表:崔传义
经济类型:有限责任公司
网址:www.sdxunda.com
E-mail:sale@sdxunda.com
【主要产品】硫黄回收催化剂;多孔瓷球;抗聚剂

山东瀛寰化工有限公司

山东省淄博市临淄区[255400]
电话:(0533)7521199;13853315899
传真:(0533)7522111　职工人数:150人
网址:www.sdyh.com.cn
E-mail:mail@sdyh.com.cn
【主要产品】3,5-二氨基苯甲酸;对碘甲苯;4,6-二硝基-2-仲丁基苯酚;2,6-二硝基对甲酚;对氯苯肼盐酸盐;2-羟基-5-异辛基-2′-硝基偶氮苯;1,3-丙基磺酸内酯;紫外线吸收剂UV-329;防粘釜剂

山东中舜科技发展有限公司

山东省淄博市淄川区聊斋路18号[255120]
电话:(0533)5859601;5859501;5813935
传真:(0533)5810955　有进出口权
供销电话:5859601;5859501
经济类型:有限责任公司
职工人数:500人　法人代表:王廷刚
网址:www.zhongshun.com
E-mail:sdzs@public.zbptt.sd.cn
【主要产品】碳化硅;衣康酸;琥珀酸;衣康酸酐;柠檬酸钠;柠檬酸钙;葡萄糖酸钠;曲酸;钕铁硼;赤藓糖醇

山东淄博仿瓷涂料厂

山东省淄博市淄川区昆仑镇西笠山[255129]
电话:(0533)5780417
传真:(0533)5780417　法人代表:张炘
网址:www.cnkunyu.com
E-mail:kunyu@cnkunyu.com
【主要产品】有光内外墙涂料;弹性乳胶漆;丙烯酸系列内外墙涂料;真石漆;硅丙内外墙涂料;丙烯酸内墙乳胶漆;丙烯酸外墙乳胶漆;丙烯酸外墙涂料;环氧树脂漆类;瓷釉涂料;特级丝绸乳胶漆;钢化涂料;强力胶

山东淄博华龙制药有限公司

山东省淄博市开发区兰雁大道39号[255086]
电话:(0533)5331415
传真:(0533)5331412
网址:www.hlpc-vc.com
E-mail:zbhualong@hlpc-vc.com
【主要产品】古龙酸;抗坏血酸;维生素C钙盐;维生素C钠盐

山东淄博利尔化工有限公司

山东省淄博市经济技术开发区[255300]
电话:(0533)6188878;6557799;13561637066
传真:(0533)6171898
网址:www.lier-chem.com
E-mail:sales@lier-chem.com
【主要产品】氢氧化铝;硅酸钠;硅酸钾钠;铝酸钠;氧化铝;高纯氧化铝;低温氧化铝

山东淄博南韩化工有限公司

山东省淄博市淄川区罗村镇南韩工业园[255000]
电话:(0533)5686818
传真:(0533)5688799　经济类型:集体
供销电话:5676466;5683947
职工人数:115人　法人代表:刘海峰
网址:www.nanhanchem.com
E-mail:fax5688799@126.com;fax5688799@126.com
【主要产品】氟石膏;氢氧化铝;氟化钠;氟化铝;氟硅酸钠;氟铝酸钠;氟化镁

山东淄博三福化工开发有限公司

山东省淄博市博山区石马镇[255208]
电话:(0533)4567777;4568888;4567999
传真:(0533)4568888　职工人数:96人
固定资产:10,200千元
经济类型:有限责任公司
法人代表:李华平
网址:www.hualuchem.com
E-mail:bszjc@zb-public.sd.cninfo.net
【主要产品】3-氯丙醇;*N*-甲基-4-硝基邻苯二甲酰亚胺;*N*-甲基邻苯二甲酰亚胺;*N*-羟甲基邻苯二甲酰亚胺;苯肼;2-苯基吲哚;*N*-甲基-2-苯基吲哚;2-苯基吲哚-5-磺酸钠;*N*-乙基-2-苯基吲哚;2-甲基吲哚啉;2-甲基吲哚;防老剂RD;防老剂SP;二腈二胺甲醛缩合物;三烷基氯化胺

山东淄博中埠化工有限公司

山东省淄博市张店区中埠镇中埠村南首[255080]
电话:(0533)3085817;3085797;3085818
传真:(0533)3085817　经济类型:集体
职工人数:180人
网址:www.maoyuanchemical.com
E-mail:hyli@public.zbptt.sd.cn
【主要产品】氧氯化锆;碳酸锆;二氧化锆

山东淄博淄川新兴化工厂

山东省淄博市淄川区大钟街11号[255106]
电话:(0533)5410952;5411769;13053377000
传真:(0533)5411769　职工人数:288人
固定资产:18,800千元
经济类型:股份有限公司
销售收入:48,800千元
法人代表:高纯海
网址:www.zbxinxing.com
E-mail:xinxing@zbxinxing.com
【主要产品】乙醇钠(乙醇溶液);硬脂酸;草酸二乙酯;甲醇钠(甲醇溶液);氯化胆碱;油酸

山东淄川精细化工厂

山东省淄博市淄川区西外环城南工业园[255110]
电话:(0533)5131988;5788896;13964476688
传真:(0533)5131889
经济类型:私营企业　法人代表:张启际
网址:www.zcjxchem.com
E-mail:root@chem-jx.com
【主要产品】亚硫酸钠;焦亚硫酸钠;甲酸;醋酸丁酯;甲酸钠;醋酸钠;揩光浆;干酪素

山东淄川碳化厂

山东省淄博市淄川区洪山镇[255120]
电话:(0533)5810695;13953319888
传真:(0533)5811320　职工人数:120人
固定资产:5,000千元
供销电话:5810695;5811049
经济类型:私营企业　产值:40,000千元
销售收入:40,000千元
法人代表:李德怀
网址:www.zccf.com
E-mail:zl@zccf.com
【主要产品】硫化钠

山东淄川新华防腐涂料厂

山东省淄博市一路车苏王站东首[255100]
电话:(0533)5791169;5785945;13953387071
传真:(0533)5791169
法人代表:张启良
网址:www.xhpaint.com
E-mail:xinhua@xhpaint.com
【主要产品】防腐涂料

沂源联宇助剂有限公司

山东省淄博市沂源县保丰路26号[256100]
电话:(0533)3243753;3220412
传真:(0533)3220025　有进出口权
供销电话:3220412;3243562
经济类型:私营企业　职工人数:120人
法人代表:王宜明
E-mail:yylyzhj@126.com
【主要产品】皮革鞣剂;皮革加脂剂;皮革涂饰剂;皮革脱灰剂;浸灰助剂;皮革脱脂剂

沂源瑞丰高分子材料有限公司

山东省淄博市沂源县保丰路 26 号[256100]
电话:(0533)3231093
传真:(0533)3256197　有进出口权
固定资产:5,000 千元　职工人数:200 人
供销电话:3240384　产值:15,000 千元
供销传真:3220007　法人代表:周士斌
经济类型:股份有限公司
销售收入:14,000 千元
网址:www.ruifengchemical.com
E-mail:zhlin@ruifengchemical.com
【主要产品】甲基丙烯酸甲酯-丁二烯-苯乙烯共聚物;塑料改进剂 ACR

沂源翔鹏宇化工有限公司

山东省淄博市沂源县南麻镇西下高庄村[256100]
电话:(0533)3264655
供销电话:13589482413
经济类型:有限责任公司
法人代表:史修平
【主要产品】胶黏剂

张店海丰化工厂

山东省淄博市张店区湖田镇柳杭村西首[255075]
电话:(0533)2066290
经济类型:私营企业　法人代表:王文峰
【主要产品】液体石油树脂;溶剂油

张店良誉新型材料厂

山东省淄博市张店区沣水[255071]
电话:(0533)2091677;2115299;13864381666
传真:(0533)2115299　职工人数:200 人
固定资产:8,000 千元
经济类型:私营企业　法人代表:孟庆海
网址:www.zbliangyu.com
E-mail:liangyu@zbliangyu.com
【主要产品】硫酸铝;丙烯酰胺;聚丙烯酰胺;聚合氯化铝

张店永发化工厂

山东省淄博市张店区沣水镇[255071]
电话:(0533)2090727
法人代表:孟永忠
【主要产品】渗透剂;乳化剂

中国石油化工股份有限公司齐鲁石化股份公司

山东省淄博市临淄区齐园路 81 号[255086]
电话:(0533)7553425;7554152
传真:(0533)7554823;7554127
供销电话:7554825;7535724
经济类型:股份有限公司
企业规模:大型
网址:user.oilchem.net/qilugufen
E-mail:qlgfdms@mail.qilu.com.cn
【主要产品】烧碱;乙烯;丙烯;甲苯;苯;苯乙烯;1,2-二甲苯;1,4-二甲苯;甲基叔丁基醚;苯酐;环氧氯丙烷;低密度聚乙烯;线型低密度聚乙烯树脂;高密度聚乙烯;聚氯乙烯树脂;聚丙烯;透明聚丙烯;聚丙烯(无规共聚);聚丙烯(抗冲改性);聚苯乙烯树脂;丁苯橡胶;顺丁橡胶;6 号抽提溶剂油;溶剂油 120 号

周村北效镇源生活性炭厂

山东省淄博市周村区北效镇班里村[255300]
电话:(0533)6585379
传真:(0533)6585379
经济类型:私营企业　法人代表:袁聿财
【主要产品】活性炭

周村长城润滑油脂厂

山东省淄博市周村区南郊拥军路 5 号[255300]
电话:(0533)6808908;13705330170
传真:(0533)6800741　法人代表:王磊
经济类型:私营企业
网址:www.zbytzj.com/cc
【主要产品】油酸钠皂;润滑油

周村大成特种油品厂

山东省淄博市周村区萌水镇水磨村[255318]
电话:(0533)6886868;6882636;6889324
传真:(0533)6882636　职工人数:20 人
固定资产:1,000 千元
经济类型:私营企业　产值:12,000 千元
销售收入:10,000 千元
法人代表:孙兆亭
网址:www.zbdc.com
E-mail:dacheng@zbdc.com
【主要产品】硬脂酸;脂肪酸;聚醚系列;油酸;植物油酸;动物油酸

周村和平化工有限公司

山东省淄博市周村区西外环路和平工业园[255300]
电话:(0533)6811569
传真:(0533)6801723
经济类型:有限责任公司
法人代表:王家禄
【主要产品】环己烷;异丙醇;1,2-二氯乙烷;二氯甲烷

周村华丰树脂厂

山东省淄博市周村区新建西路 24 号[255300]
电话:(0533)6411708
传真:(0533)6411708
经济类型:私营企业
法人代表:蒋林凯
【主要产品】混丁醇;丙酮;透明腻子

周村金星硝酸锌厂

山东省淄博市周村区大姜镇南首[255314]
电话:(0533)6500448
经济类型:私营企业
【主要产品】磷酸;硫酸锌;硝酸锌;酸式磷酸锰;磷酸二氢锌;磷化液

周村鲁岳化工有限公司

山东省淄博市周村区凤阳路西首路南[255300]
电话:(0533)6451029;13805336489
经济类型:有限责任公司
法人代表:韩守福
【主要产品】乙醇;1,2-二氯乙烷;硝基漆稀释剂

周村新升化工厂

山东省淄博市周村区梅河工业园[255314]
电话:(0533)6582178;6580413;13808946028
传真:(0533)6580413
经济类型:私营企业　法人代表:刘淑生
网址:www.zbxsh.com
E-mail:zbxsh18@163.com
【主要产品】硝酸锌;氯化锌;磷酸二氢锌;磷化液

淄博爱迪森油脂化工有限公司

山东省淄博市周村区萌水镇[255318]
电话:(0533)6889176;6886288
传真:(0533)6886288
经济类型:有限责任公司
法人代表:朱宪法
网址:www.aidisenyouzhi.com
E-mail:zxf@aidisenchem.com
【主要产品】硬脂酸;脂肪酸;硬脂酸丁酯;油酸;橡胶增塑剂 A;乳化剂

淄博爱科实业有限责任公司

山东省淄博市淄川区般阳东路(淄博矿业集团大门西 200 米)[255120]
电话:(0533)5851594
传真:(0533)5854501　职工人数:141 人
固定资产:5,650 千元
经济类型:有限责任公司
法人代表:田淑滨
网址:www.zbak.com
E-mail:zgs@zbak.com
【主要产品】肥皂;钢丝编织胶管;缠绕胶管;液压支架用乳化油;汽油机油;柴油机油;工业齿轮油;抗磨液压油;汽轮机油;空气压缩机油;钙基润滑脂;机械油

淄博安昌化工有限公司

山东省淄博市临淄区凤凰镇[256407]
电话:(0533)7607816;13853367542
传真:(0533)7607816
经济类型:有限责任公司
法人代表:边宗安
网址:www.anchang.net
E-mail:root@anchang.net
【主要产品】萘(精);工业萘;轻油;煤焦油;燃料油;改质沥青

淄博安兴化工有限公司

鲁

山东省淄博市临淄区乙烯路289号[255400]
电话:(0533)7115999;7110422;13082705991
传真:(0533)7112500 有进出口权
固定资产:8,000千元 职工人数:110人
经济类型:私营企业 产值:30,000千元
销售收入:30,000千元
法人代表:边树刚
网址:www.sdanxing.chem.cn
E-mail:sdanxing@chem.cn
【主要产品】硫酸;乙炔;丁炔二醇;炔丙醇

淄博奥威粘合剂有限公司
山东省淄博市淄川区昆仑昆新路83号[255129]
电话:(0533)5771618;5770046
传真:(0533)5771618 产值:3,000千元
固定资产:1,200千元 职工人数:80人
经济类型:私营企业 法人代表:张庆玲
销售收入:2,400千元
网址:www.cnaowei.com
E-mail:aowei@cnaaowei.com
【主要产品】环保型水性纳米涂料;脲醛树脂胶;木胶粉;高速泡丝剂

鲁

淄博澳纳斯化工有限公司
山东省淄博市临淄区梧台工业区[255420]
电话:(0533)7167159;13361597248
传真:(0533)7167159;7661437
供销电话:7167159;13573387445
经济类型:中外合资经营企业
有进出口权 法人代表:王庆军
网址:www.cnwfhg.com
E-mail:honors@honors.com.cn;wf@cnwfhg.com
【主要产品】甲代烯丙基醇;乙酸甲代烯丙酯;β-甲基环氧氯丙烷;甲代烯丙基氯;甲基丙烯磺酸钠

淄博百成化工有限公司
山东省淄博市张店[255071]
电话:(0533)2081157
经济类型:私营企业 产值:20,000千元
职工人数:30人 法人代表:高红萍
E-mail:bcgh@hc360.com.ch
【主要产品】丙烯酰胺

淄博宝翠实业有限公司
山东省淄博市张店南定镇漫泗河村[255051]
电话:(0533)2982688
供销电话:2982588 职工人数:26人
经济类型:有限责任公司
法人代表:仇东
网址:www.baocuishiye.com
E-mail:bao_cui@sina.com
【主要产品】硫酸锰;甲基丙烯酸丁酯

淄博宝鼎化工有限公司
山东省淄博市张店区山泉路南首[255063]
电话:(0533)8184943;2980280;2980709
传真:(0533)2980710
网址:www.baoding.com.cn/chemical-c.htm
E-mail:fucheq@zb-public.sd.cninfo.net
【主要产品】1,2-丙二醇;碳酸二甲酯

淄博北斗星化工有限公司
山东省淄博市桓台开发区[256400]
电话:(0533)8166929
传真:(0533)8169308 职工人数:100人
网址:www.bdxchem.com
E-mail:info@bdxchem.com
【主要产品】偶氮二甲酰胺

淄博北方淄特化工有限公司
山东省淄博市309国道贾黄路口[255304]
电话:(0533)6010011;6011444
传真:(0533)6010777
经济类型:有限责任公司
法人代表:杨乃堂
网址:www.chinazite.com
【主要产品】导热油;齿轮机油;变压器油;机械油

淄博贝林化工有限公司
山东省淄博市张店区傅家镇营子村营南路北[255063]
电话:(0533)2901882
传真:(0533)2908390
经济类型:有限责任公司
法人代表:马立彪
网址:www.cnbillion.com
【主要产品】耐高温有机硅树脂;各色醇酸调合漆;锤纹漆;高温防腐漆;铝粉漆;工业搪玻璃反应釜;微粉碎机

淄博博威涂料有限公司
山东省淄博市张博路淄川双沟段[255190]
电话:(0533)5331868;5334868;5332868
传真:(0533)5332868
网址:www.boweiqiangqi.com
E-mail:bowei@boweiqiangqi.com
【主要产品】外墙涂料;防霉内墙乳胶漆;内外墙腻子

淄博博洋化工有限公司
山东省淄博市张店区山南定镇三泉路[255067]
电话:(0533)2986184;2972655;2972633
传真:(0533)2972655 有进出口权
经济类型:有限责任公司
法人代表:商冲
网址:www.boyangchem.com
E-mail:sales@boyangchem.com
【主要产品】活性氧化铝;分子筛;活性氧化铝除氟剂

淄博昌金防腐设备有限公司
山东省淄博市张店区世纪路南首[255063]
电话:(0533)2711244;13853395210
传真:(0533)2710244 职工人数:70人
网址:www.zbff.com
E-mail:changji@zbff.com
【主要产品】反应釜;电加热反应釜;列管式换热器;冷凝器;离心机;储罐;内衬塑料弯头;配件;三通;钛材化工设备

淄博畅顺化工有限公司
山东省淄博市临淄区南王镇[255438]
电话:(0533)7402666;7402777
传真:(0533)7401666;7402777
网址:www.changshunchem.com
E-mail:changshun@changshunchem.com
【主要产品】N,N′-二异丙基碳酰亚胺;N,N′-二环已基碳二亚胺;N,N′-二乙基硫脲;2,5-二巯基-1,3,4-噻二唑;甲基巯基噻二唑;邻苯二甲酰亚胺;四氢邻苯二甲酰亚胺;水泥胶乳;丁苯胶乳;高苯乙烯橡胶;羧基丁腈胶乳;纸品乳液;促进剂CA;N,N′-二正丁基硫脲;聚丙烯酰胺干粉(阳离子型)

淄博辰源粉体有限公司
山东省淄博市张店区西八路南首路东[255063]
电话:(0533)2900646;13969330606
传真:(0533)2900646 有进出口权
固定资产:10,000千元
供销电话:2909086 产值:180,000千元
经济类型:有限责任公司
销售收入:180,000千元
网址:www.zbcy.com
E-mail:chenyuan@zbcy.com
【主要产品】锆英石粉;硅酸锆

淄博晨龙橡胶助剂公司
山东省淄博市桓台县田庄镇[256402]
电话:(0533)8580078
传真:(0533)8582188
网址:www.chenlongchem.com
E-mail:office@chenlongchem.com
【主要产品】硫酸铵(工业级);叔丁胺;促进剂CZ;促进剂DM;促进剂M;促进剂NOBS;促进剂NS

淄博创大实业有限公司
山东省淄博市淄川区罗村驻地[255138]
电话:(0533)5857198;5857201
传真:(0533)5857198;5686373
经济类型:有限责任公司 有进出口权
职工人数:1,100人 法人代表:王继兴
网址:www.chuangda.com.cn
E-mail:cdgsscb@yahoo.com.cn
【主要产品】硫酸铝;明矾;橡胶三角带;窄V带;橡胶密封圈

淄博创大实业有限公司橡胶制品分公司

山东省淄博市淄川区[255138]
电话:(0533)5686280
传真:(0533)5686280　经济类型:集体
固定资产:3,000 千元　职工人数:180 人
产值:10,000 千元　法人代表:王继兴
销售收入:9,800 千元
【主要产品】橡胶三角带;橡胶杂品;骨架油封;O 形密封圈

淄博春旺达化工有限公司

山东省淄博市齐鲁化学工业园乙烯路南首[255075]
电话:(0533)7523860;13605337088
传真:(0533)7523860
网址:www.cwdchem.com
E-mail:sales@cwdchem.com
【主要产品】α-羟基苯乙酸;偶氮二异庚腈;引发剂 EHP

淄博达隆制药科技有限公司

山东省淄博市淄川区双沟镇[255190]
电话:(0533)5334755
传真:(0533)5334755;5332787
网址:www.dlkj.com.cn;
www.dlpharm.com
E-mail:sales@dlkj.com.cn
【主要产品】3,5-二甲基苯甲酸;对氟苯乙酰氯;对苯二甲酰氯;间苯二甲酰氯;1,3,5-三苯甲酰氯;水杨酰氯;*N*,*N*-二乙基间甲基苯甲酰胺;3-甲基苯甲酸;4-甲基苯甲酸;2,6-二甲基苯甲酰氯;3,5-二甲基苯甲酰氯;对氯甲基苯甲酸;对甲基苯甲酰氯;间甲基苯甲酰氯;多索茶碱

淄博大众食用化工有限公司

山东省淄博市淄川区罗村镇经济开发园[255138]
电话:(0533)5677999;5689494;5671111
传真:(0533)5671111　职工人数:200 人
经济类型:股份合作　法人代表:陈晓
网址:www.zbdazhong.com
E-mail:market@zbdazhong.com;
punuo@sina.com
【主要产品】氢氧化钙;硫酸铝;无铁硫酸铝;明矾;硫酸铝钾(脱水);硫酸铝铵;硫酸铝铵(脱水);轻质碳酸钙;发酵粉

淄博德丰化工有限公司

山东省淄博市桓台县田庄绿环工业园[256402]
电话:(0533)8580403;8583921
传真:(0533)8583921　职工人数:216 人
供销电话:8227566
供销传真:8227566
经济类型:港澳台商独资经营
网址:www.defengchem.com.cn
E-mail:sales@defengchem.com.cn
【主要产品】纯碱;对羟基苯甲醛;甲醇钠;一氯醋酸甲酯;氯乙酸乙酯;氰乙酸乙酯;氰乙酸甲酯;双丙酮丙烯酰胺;丙二酸二乙酯;丙二酸二甲酯;丙二酸二异丙酯;氰基乙酸;对羟基苯腈

淄博德信联邦化学工业有限公司

山东省淄博市桓台县果里镇石化路[256400]
电话:(0533)8400338;8407920;
13589489491
传真:(0533)8400336
网址:www.dxlb.com
E-mail:bjyxp@163.com
【主要产品】聚合物多元醇;聚醚多元醇(软质块状泡沫);聚醚多元醇(高弹性软质泡沫);聚醚多元醇(硬质板块发泡)

淄博德业油脂化工有限公司

山东省淄博市临淄区凤凰镇东申村[254418]
电话:(0533)7683366
经济类型:有限责任公司
职工人数:12 人　法人代表:冯海雷
【主要产品】渣油;蜡油

淄博东港化学制品有限公司

山东省淄博市张店区东四路南首-309 国道边[255071]
电话:(0533)2091135;2091107;
13853315338
传真:(0533)2081047
网址:www.donggangchem.com.cn
E-mail:info@donggangchem.com.cn
【主要产品】无铁硫酸铝;苄基三甲基氯化铵;丙烯酰胺;*N*,*N*′-亚甲基双丙烯酰胺;*N*,*N*-二苄基羟胺;*N*-羟甲基丙烯酰胺;聚丙烯酰胺

淄博东高化工有限公司

山东省淄博市张店区沣水镇东高村南首[255071]
电话:(0533)2081549
传真:(0533)2086788
固定资产:50,000 千元
网址:www.donggaochem.com
E-mail:sales@donggaochem.com
【主要产品】轻质碳酸钙;微细活性碳酸钙(重质);轻质碳酸钙(食品级)

淄博东宏化工有限公司

山东省淄博市淄川区龙泉镇矾场村凤凰山[255144]
电话:(0533)5895268;5895066;
13708940958
传真:(0533)5895269
供销电话:5895268;13581049658
经济类型:有限责任公司
法人代表:李清河
网址:www.zb-dh.com
E-mail:dh@zb-dh.com
【主要产品】亚磷酸

淄博杜高化工有限公司

山东省淄博市淄川区洪山镇聊斋路101 号[255120]
电话:(0533)5810622
传真:(0533)5815111
经济类型:私营企业　法人代表:王谋强
网址:www.dugaochem.com
E-mail:alice@dugaochem.com
【主要产品】各类清漆;硝基亚光漆;聚氨酯漆类;耐黄变装修漆;透明腻子;硝基漆稀释剂;油漆固化剂

淄博飞龙橡胶厂

山东省淄博市淄川区[255100]
电话:(0533)5686304;2559067
传真:(0533)5686304　产值:500 千元
固定资产:300 千元　销售收入:500 千元
经济类型:私营企业　职工人数:15 人
法人代表:刘仁深
【主要产品】橡胶制品

淄博飞亚达塑化有限公司

山东省淄博市临淄区朱台谢家工业园[255432]
电话:(0533)7758000
法人代表:秦华清
【主要产品】TPR 粒料;增韧剂

鲁

淄博丰登农药化工有限公司

山东省淄博市周村经济开发区闫路东段[255300]
电话:(0533)6533388
传真:(0533)6532966
网址:www.zb-fengdeng.com
E-mail:fengdeng@zb-fengdeng.com
【主要产品】哒螨灵可湿性粉剂;辛硫磷颗粒剂;吡虫啉可湿性粉剂;啶虫脒乳油;啶虫脒可湿性粉剂;多·福可湿性粉剂;锰锌·霜脲可湿性粉剂;21% 增效马·氰乳油;乙·异丙甲·莠悬乳剂;高氯·马乳油;高氯·辛乳油;吡·杀单可湿性粉剂;福·锰锌可湿性粉剂;柴油·辛乳油;32% 柴油·氯乳油;阿维·高氯微乳剂;阿维·柴乳油;辛·唑磷乳油

淄博峰源化工有限公司

山东省淄博市临淄区[255400]
电话:(0533)7600888
传真:(0533)7601929
供销电话:7600701;7170997
经济类型:有限责任公司
法人代表:朱林茂
网址:www.fengyuanchem.cn
E-mail:fengyuan@fengyuanchem.cn
【主要产品】纯丙乳液;硅丙乳液;苯丙乳液;合成胶乳;抗碱封闭底漆;真石漆;特级丝绸乳胶漆;环保腻子粉;缔合型碱溶胀增稠剂;弹性乳液

淄博凤宝化工有限公司

山东省淄博市周村区萌水镇[255318]
电话:(0533)6889529;6889546
传真:(0533)6885546
经济类型:私营企业　法人代表:刁凤森

网址:www.fengbaochem.com
E-mail:info@fengbaochem.com
【主要产品】3-噻吩甲醇;2-噻吩乙醇;2-乙酰噻吩;2-噻吩乙胺;2-噻吩甲醛;3-噻吩甲醛;2-噻吩乙酰氯;2-溴-3-甲基噻吩;2-溴噻吩;3-溴噻吩;3-甲基噻吩;硬脂酸;棕榈酸;脂肪酸;3,4,5-三氯硝基苯;马来酰亚胺;3,4,5-三氯苯肼;2-噻吩乙酸;3-噻吩丙二酸;油酸酰胺;油酸;植物油酸;动物油酸

淄博凤凰山冶金材料有限公司浩源钙厂

山东省淄博市张店区中埠工业园[255080]
电话:(0533)3088591
传真:(0533)3088591
法人代表:丁宏昌
【主要产品】轻质碳酸钙;活性碳酸钙;重过磷酸钙;橡胶补强剂

淄博福琛精细化工有限公司

山东省淄博市淄川区昆仑奎三北57号[255129]
电话:(0533)5770118;5777118;13706439288
传真:(0533)5773766
E-mail:taozhengliang@sohu.com
【主要产品】硫代乙酸;L-半胱氨酸;苯丙酮;2-羟乙基肼;硫代乙酸钾;α-甲基葡萄糖苷

淄博福春化工有限公司

山东省淄博市博山区白塔镇饮马村[255202]
电话:(0533)4682678
传真:(0533)4686609 职工人数:100人
网址:www.zbfuchun.com
E-mail:fc@zbfuchun.com
【主要产品】硫酸镍;硫酸锰;硝酸钴;硝酸铈;硝酸铜;硝酸锰;硝酸镍(六水);硝酸镧;硝酸镨;硝酸铵;氯化钴;氯化铜;氯化锰(无水);氯化镍;氯化镧;氯化铈;氯化镨;硝酸铬;氟化铬;醋酸铬;氯化铵;氯化铬;醋酸钴;醋酸锰

淄博福颜化工集团有限公司

山东省淄博市博山区顺河街252号[255200]
电话:(0533)4192888
传真:(0533)4192999 经济类型:集体
有进出口权 法人代表:王兴堂
网址:www.fychem.com
E-mail:sales@fychem.com
【主要产品】酞菁蓝

淄博富丰同盛化工有限公司

山东省淄博市临淄齐鲁工业园乙烯北路西首[255410]
电话:(0533)7525338
传真:(0533)7525608 职工人数:95人
经济类型:中外合资经营企业
法人代表:郭强
E-mail:qihui_1972@126.com
【主要产品】三羟甲基丙烷;甲酸钠

淄博富华化工设备有限公司

山东省淄博市张店区新村东路7号[255000]
电话:(0533)2061921
传真:(0533)2068781 法人代表:张莉
经济类型:有限责任公司
【主要产品】工业搪玻璃反应釜;防腐管道

淄博高氟特化工机械有限公司

山东省淄博市张店区付家镇义集[255063]
电话:(0533)2900560;13001516180
传真:(0533)2900560
供销电话:13605333309
经济类型:私营企业
网址:www.gaofutehuaji.com
E-mail:gaofute@gaofutehuji.com
【主要产品】聚四氟乙烯车削板;聚四氟乙烯板材;聚四氟乙烯波纹管;聚四氟乙烯推压管;聚四氟乙烯管材;橡胶垫;工业搪玻璃反应釜;聚四氟乙烯热交换器;冷凝器;搪玻璃搅拌器;减速机;衬氟耐腐蚀离心泵;盘管;管道;密封;阀门

淄博工业搪瓷厂

山东省淄博市张店区傅家镇付家村[255063]
电话:(0533)2900147;2900816
传真:(0533)2900118 经济类型:集体
供销电话:2900147;2900896
有进出口权 职工人数:1,188人
法人代表:王遂孚
网址:www.zbgytc.com
E-mail:zbgongtang@zbgytc.com
【主要产品】化工设备;工业搪玻璃反应釜;搪玻璃储罐

淄博光正铝盐化工有限公司

山东省淄博市淄川区城南镇光正工业园[255100]
电话:(0533)5788263;5867754;13355280316
有进出口权
网址:www.zghb.com.cn/co.asp?id=986
E-mail:kkfnitfk@126.com
【主要产品】硫酸铝

淄博广通化工有限责任公司

山东省淄博市淄川区龙泉镇[255144]
电话:(0533)5860098
传真:(0533)5860296;5880797
供销电话:5860002;5860296
供销传真:5860002;5860296
经济类型:有限责任公司 有进出口权
法人代表:刘其永
网址:www.gtchems.com
E-mail:zbgt@gtchems.com
【主要产品】氧氯化锆;二氧化锆;十二烷二元醇;十五碳二元酸;十三碳二元酸;正十二烷二元酸;十二烷二元胺;粉末尼龙;尼龙1212;尼龙1212盐

淄博广源塑胶有限公司

山东省淄博市博山区域城镇张家庄215号[255200]
电话:(0533)4182637;8606678;13070656309
传真:(0533)4183050 有进出口权
经济类型:有限责任公司
法人代表:韩祥辉
【主要产品】橡胶三角带;胶管;夹布胶管;胶鞋

淄博国澳生物技术有限公司

山东省淄博市临淄区人民西路[255400]
电话:(0533)7321366;7324685
传真:(0533)7325233
经济类型:私营企业
网址:www.ga-enzyme.com
E-mail:enzymes@ga-enzyme.com
【主要产品】葡糖淀粉酶;高活力糖化酶;纤维素酶;α-淀粉酶

淄博国科石油化工添加剂有限公司

山东省淄博市临淄区北外环路国家新村东150米路北[255400]
电话:(0533)7212616;7212916;13605337251
传真:(0533)7212916
供销电话:13953307104
经济类型:股份有限公司
法人代表:张立宪
网址:www.guokesh.cn
E-mail:zbguoke@163.com
【主要产品】液化气脱臭剂;降凝剂T804;油品脱色除味剂

淄博海杰化工有限公司

山东省淄博市张店区沣水镇昌国路[255022]
电话:(0533)2083555
传真:(0533)2092267 法人代表:赵永
经济类型:私营企业
网址:www.haijiechem.com
E-mail:haijie-chem@163.com
【主要产品】五氧化二磷;十二烷基苯磺酸;十二烷基二甲基苄基氯化铵;渗透剂JFC;脂肪醇聚氧乙烯醚硫酸钠;平平加;乳化剂OS;净洗剂6501;壬基酚聚氧乙烯醚;斯盘系列;吐温系列

淄博海纳高科材料有限公司

山东省淄博市临淄区齐鲁化学工业园[255411]
电话:(0533)7965718;13869389837
传真:(0533)7965718
供销电话:7965718;13869389937
网址:www.cnhina.com
E-mail:sales@cnhina.com

鲁

【主要产品】纳米二氧化硅

淄博海诺化工有限公司

山东省淄博市开发区鲁泰大道288号[255075]
电话:(0533)2063788;2065808;2063530
传真:(0533)2060588
供销电话:2063530;13953387328
经济类型:有限责任公司
法人代表:张克水
网址:www.weixigai.com
E-mail:zks@weixigai.com;dida110@sina.com
【主要产品】氢氧化钙;超细轻质碳酸钙;超细重质碳酸钙;轻质活性碳酸钙;超细滑石粉;氧化钙;活性氧化钙;轻质碳酸钙(食品级)

淄博海顺化工有限公司

山东省淄博市高新技术开发区[256413]
电话:(0533)8401122
传真:(0533)8401271
网址:www.zibhs.com
E-mail:sale@zibhs.com
【主要产品】氧化锌

淄博海特曼化工有限公司

山东省淄博市高新技术产业开发区海特曼北路[255086]
电话:(0533)3914888;3918088;3918668
传真:(0533)3918670
固定资产:20,000千元
网址:www.hitecmen.com.cn
E-mail:hitecmen@hitecmen.com.cn
【主要产品】聚氨酯胶板;聚氨酯筛网;聚氨酯密封件;聚氨酯密封胶;胶辊;胶轮;清洗剂

淄博海正化工有限公司

山东省淄博市临淄区桑坡路67号[255100]
电话:(0533)7328778;7681777;13561672888
传真:(0533)7366782　职工人数:30人
网址:www.zbhaizheng.com
E-mail:zbzhoubing@163.com
【主要产品】仲丁醇;叔丁醇;异丙醇;清洁汽油调和剂

淄博海洲化工有限公司

山东省淄博市博山区白塔工业园[255202]
电话:(0533)4683301;4684192
传真:(0533)4683301　职工人数:60人
网址:www.chemhi.com
E-mail:chenxxy@sohu.com
【主要产品】3,3-二甲基-4-戊烯酸甲酯;原乙酸三乙酯;原乙酸三甲酯;三氯蔗糖

淄博昊孚合成树脂有限公司

山东省淄博市淄川区商城西[255100]
电话:(0533)5171201;5171205;5166159
传真:(0533)5176688　职工人数:100人
网址:www.hfresin.com
E-mail:sales@hfresin.com
【主要产品】大孔强酸性苯乙烯系阳离子交换树脂;大孔弱酸性丙烯酸系阳离子交换树脂(D113型);大孔强碱性苯乙烯系阴离子交换树脂(D201型);凝胶强碱性苯乙烯系阴离子交换树脂;凝胶强酸性苯乙烯系阳离子交换树脂;大孔弱碱性苯乙烯系阴离子交换树脂;丙烯酸系强碱性阴离子交换树脂;大孔弱碱性丙烯酸系阴离子交换树脂;螯合树脂

淄博昊强化工有限责任公司

山东省淄博市张店区南定镇南田路中段[255022]
电话:(0533)2980846;13869362224
传真:(0533)2981326
经济类型:有限责任公司
网址:www.zbhq.com
E-mail:xiao5358@sina.com
【主要产品】硫酸铝;无铁硫酸铝;水泥添加剂

淄博合力化工有限公司

山东省淄博市张店区东三路6号[255028]
电话:(0533)2110715;2110424
传真:(0533)2110715-0　有进出口权
供销传真:2110424　经济类型:国有
法人代表:付青山
网址:www.ziboheli.com
E-mail:heli@ziboheli.com
【主要产品】磷酸氢钙;一氯乙酸;一氯醋酸甲酯;丁苯胶乳;丁吡胶乳

淄博恒福化工设备有限公司

山东省淄博市张店区昌国路西首[255063]
电话:(0533)2837539
传真:(0533)2837713　法人代表:傅华
经济类型:有限责任公司
网址:www.hengfu-fu.com
E-mail:hengfu-fu@hengfu-fu.com
【主要产品】钢塑复合管;橡胶杂品;离心泵;管件;阀门;内衬氟塑料截止阀;胶管截止阀

淄博恒盛聚氨酯制品厂

山东省淄博市桓台县[256400]
电话:(0533)8687446;13884608468
网址:www.zbjaz.cn
E-mail:zbjaz@126.com
【主要产品】聚氨酯筛网;聚氨酯浇注制品;印刷胶辊;聚氨酯胶辊

淄博宏盛集团化工厂

山东省淄博市淄川经济开发区[255100]
电话:(0533)5792610;5792620;8769448
传真:(0533)5792610
供销电话:5792610;13508948094
网址:www.zbxianan.com
E-mail:xianan@zbxianan.com
【主要产品】丙烯酰胺;稳定性二氧化氯;高分子絮凝剂;聚丙烯酸钠;2-膦酸丁烷-1,2,4-三羧酸;水解聚马来酸酐;氨基三亚甲基膦酸;聚合氯化铝;碱式氯化铝铁;聚丙烯酰胺干粉(阴离子型);聚丙烯酰胺干粉(非离子型)

淄博鸿盛微细碳酸钙厂

山东省淄博市张店湖田镇南焦宋村南[255075]
电话:(0533)2063156
传真:(0533)2063156　职工人数:30人
经济类型:私营企业　法人代表:毕建峰
【主要产品】氢氧化钙;超细轻质碳酸钙;超细重质碳酸钙;活性超细碳酸钙

淄博华澳化工有限公司

山东省淄博市张店区良乡工业园[255071]
电话:(0533)2091887
传真:(0533)2091869　职工人数:200人
网址:www.huaaochem.com
E-mail:huaao@huaaochem.com
【主要产品】糠醛;四氢糠醇;糠醇;2-呋喃甲酸

鲁

淄博华鼎化工设备制造有限公司

山东省淄博市张店区山泉路228号[255067]
电话:(0533)2971506;2676288
传真:(0533)2972836　有进出口权
固定资产:38,000千元
法人代表:崔浩
供销电话:2971612
产值:25,000千元
经济类型:有限责任公司
销售收入:25,000千元
职工人数:120人
网址:www.hua-ding.com
E-mail:zbhuading@163.com
【主要产品】化工设备;工业搪玻璃反应釜;换热器;搪玻璃管道及配件

淄博华东玉华工贸有限责任公司

山东省淄博市临淄区新化路22号西邻[255436]
电话:(0533)7546873
传真:(0533)7540510　职工人数:40人
经济类型:私营企业　产值:20,000千元
法人代表:力志刚
【主要产品】环氧树脂

淄博华联钙业有限公司

山东省淄博市淄川区罗村[255138]
电话:(0533)5689757
经济类型:私营企业　职工人数:60人
法人代表:刘春峰
【主要产品】超细硅灰石粉;超细轻质碳

酸钙；超细重质碳酸钙；煅烧高岭土；超细滑石粉

淄博华日化工设备有限公司

山东省淄博市临淄区齐陵镇[256400]
电话：(0533)7088916
传真：(0533)7088917
经济类型：有限责任公司
法人代表：李守亮
【主要产品】工业搪玻璃反应釜；蒸馏罐；搪玻璃搅拌器；搪玻璃储罐；压力容器

淄博华瑞防腐设备有限公司

山东省淄博市临淄区稷下街道办事处程营村[255400]
电话：(0533)7321327；13325219712
经济类型：有限责任公司
法人代表：丁国江
【主要产品】聚乙烯钢塑防腐管道

淄博华瑞铝塑包装材料有限公司

山东省淄博市淄川文化路北首[255100]
电话：(0533)5268123；5288966
传真：(0533)5288966
供销电话：5267791 法人代表：赵进礼
经济类型：与港澳台商合资经营
网址：www.zbhrpack.com
E-mail：zbhr888@tom.com
【主要产品】铝箔；塑料复合包装膜

淄博华王化工有限公司

山东省淄博市博山区颜北路480号[255202]
电话：(0533)4680356；13906434481
传真：(0533)4680623
经济类型：联营企业 法人代表：王继亭
网址：www.zbhwhg.com.cn；www.chinahuawang.com
E-mail：hlhgc@public.zbptt.sd.cn
【主要产品】烧碱（固体）；氰化亚铜；福美双；福美锌；促进剂NA-22；促进剂TETD；促进剂TMTD；促进剂ZDC；促进剂PZ；防老剂MB

淄博华星化工设备厂

山东省淄博市张店区付家镇付家村[255063]
电话：(0533)2900117；13506431373
传真：(0533)2908817 经济类型：集体
法人代表：肖永德
网址：www.zbhuaxing.com
E-mail：zbhuaxing@zbhuaxing.com
【主要产品】化工设备

淄博华星助剂有限公司

山东省淄博市临淄区乙烯北路中段[255410]
电话：(0533)6292078
传真：(0533)6292080
供销电话：6292078；6090530
供销传真：6292080；6292068
网址：www.hxzj.cc
E-mail：hxzj@hxzj.cc
【主要产品】氯化聚乙烯135A；硬脂酸钙；PVC发泡调节剂；塑料改进剂ACR；PVC内润滑剂

淄博化工机械厂有限责任公司

山东省淄博市张店区共青团路东首38号[255030]
电话：(0533)2602336；2602250
传真：(0533)2602234
经济类型：有限责任公司
网址：www.qianyindianji.com.cn
E-mail：qydj@zqydj.com
【主要产品】工业搪玻璃反应釜；搪玻璃蒸馏罐；搪玻璃储罐；压力容器

淄博化学试剂厂有限公司

山东省淄博市博山区夏家庄路6号[255200]
电话：(0533)4138301；4180842
传真：(0533)4180842 经济类型：集体
供销电话：4180842；4183392
供销传真：4183392 职工人数：147人
法人代表：武辉
网址：www.bangdechem.com
E-mail：sales@bangdechem.com
【主要产品】四氯化碳；巴比妥钠；柠檬酸钠；氢氧化钠；亚硫酸氢钠；氯化亚锡；乙酸铵；柠檬酸三铵；氢氧化铵；硫酸铁铵；硫酸亚铁铵；碳酸铵；氢氧化铝；氧化铝；对氨基苯酚，硫酸盐；乙酸乙酯；乙酸正丁酯；乙酸，36%；乙酸，无水；二乙基巴比土酸；抗坏血酸；柠檬酸；硫酸；乙醇（95%）；乙醇（无水）；丁醇；甲醇

淄博环海佳业科工贸有限公司

山东省淄博市临淄区大武路127号[255414]
电话：(0533)7485366；7485377；7485277
传真：(0533)6294789
法人代表：景向东
网址：www.mwchem.com
E-mail：marketing@mwchem.com
【主要产品】二甲苯；α-甲基萘；β-甲基萘；芳烃溶剂；石油甲苯；反丁烯二酸；溶剂油200号；碳九芳烃石油树脂；导热油；甲基萘馏分

淄博环拓化工有限公司

山东省淄博市临淄区乙烯路196号[255414]
电话：(0533)2636169；13505337483
传真：(0533)2636176 有进出口权
经济类型：股份有限公司
职工人数：300人
法人代表：石广胜
网址：www.shandongshuxing.com
E-mail：sales@shandongshuxing.com
【主要产品】烧碱；烧碱（固体）；氧氯化锆；二氧化锆；白炭黑

淄博桓台祥龙化工有限公司

山东省淄博市桓台县马桥大成工业园[256405]
电话：(0533)8535118；13355291066
传真：(0533)8539068
供销传真：8535118 法人代表：何晋祥
经济类型：私营企业
网址：www.zbxianglong.com
E-mail：hjx9068@163.com
【主要产品】过碳酸钠；稳定性二氧化氯；十二烷基二甲基苄基氯化铵；水解聚马来酸酐；杀菌灭藻剂；氨基三亚甲基膦酸；羟基亚乙基二膦酸；阻垢缓蚀剂；异噻唑啉酮

淄博汇昌石化助剂有限责任公司

山东省淄博市临淄区皇城镇皇城东路9号[255424]
电话：(0533)7880281；7885828；13306431788
传真：(0533)7885688 有进出口权
供销电话：13964330778
经济类型：有限责任公司
法人代表：杨立良
网址：www.huichangchem.cn
E-mail：zbhc@chem.cn
【主要产品】偶氮二异戊腈；偶氮二异庚腈

淄博汇鑫化工有限责任公司

山东省淄博市张店区南定镇小旦村[255051]
电话：(0533)2981157；13853369616
传真：(0533)2985035 职工人数：28人
固定资产：1,620千元
经济类型：有限责任公司
产值：10,000千元 法人代表：翟所春
销售收入：80,000千元
网址：www.huixinchem.com
E-mail：huixin@hi2000.com；office@huixinchem.com
【主要产品】钠；乙醇钠；甲醇钠；甲醇钠（液体）；甲醇钾；白炭黑（纳米级）

淄博惠华化工有限公司

山东省淄博市淄川区松龄东路89号[255100]
电话：(0533)5281018
传真：(0533)5281548 法人代表：赵宇
供销电话：5281548
经济类型：有限责任公司
网址：www.huihuachem.com
E-mail：huihua@huihuachem.com
【主要产品】亚磷酸二正丁酯

淄博火炬精细化工有限公司

山东省淄博市[255056]
电话：(0533)2979490
传真：(0533)2979490 职工人数：50人
供销电话：2979490；2996391
经济类型：有限责任公司
法人代表：焦新方

【主要产品】氨基硅油乳液;匀染剂

淄博济维泽化工有限公司

山东省淄博市临淄区乙烯路198号[255414]
电话:(0533)7481566;7487177;7480597
传真:(0533)7487177;7480701
经济类型:有限责任公司
企业规模:大型
网址:www.shuguangchem.com.cn
E-mail:market@shuguangchem.com.cn
【主要产品】氯化钡;三嗪环;氨噻肟酸;2-(2-氨基-4-噻唑基)-2-(甲氧亚氨基)乙酸硫代苯并噻唑酯;氯化聚乙烯;氯化石蜡

淄博加华新材料资源有限公司

山东省淄博市临淄区南王镇加华路9号[255438]
电话:(0533)7501311
传真:(0533)7501235　有进出口权
供销电话:6299231
经济类型:中外合资经营企业
【主要产品】稀土系列产品

淄博嘉虹化工有限公司

山东省淄博市张店[255000]
电话:(0533)2156465
传真:(0533)6209667　职工人数:150人
固定资产:5,000千元
供销传真:2156382　法人代表:徐丙红
经济类型:有限责任公司
【主要产品】铝镍合金;催化剂

淄博洁水化工有限公司

山东省淄博市淄川区磁村镇石牛村西首[255192]
电话:(0533)5558590
传真:(0533)5558590
经济类型:有限责任公司
法人代表:李荣基
网址:www.zbjieshui.com
【主要产品】聚丙烯酰胺;消泡剂;聚合氯化铝;聚合硫酸铁;高效脱色絮凝剂

淄博金德化工有限公司

山东省淄博市桓台县新城镇崔楼村[256400]
电话:(0533)8889885
传真:(0533)8889885
经济类型:有限责任公司
法人代表:毛民基
【主要产品】1,2-丙二醇;碳酸二甲酯

淄博金坤化学工业有限公司

山东省淄博市淄川区寨里镇寨里村[255150]
电话:(0533)5611289;13518641388
传真:(0533)5611477　有进出口权
固定资产:11,000千元
经济类型:有限责任公司
职工人数:120人　法人代表:潘志全
网址:www.zbjinkun.com
E-mail:jinkun@zb-public.sd.cninfo.net
【主要产品】硫酸;硫酸二甲酯

淄博金鲁染料化工有限公司

山东省淄博市周村区周隆路2139号[255300]
电话:(0533)6821888;6826888;6810939
传真:(0533)6821999
网址:www.jldye.com
E-mail:jinluranliao@sina.com
【主要产品】硫化染料;酸性染料;还原染料;分散染料;阳离子染料;印染助剂;亲水性柔软剂;柔软剂;无甲醛固色剂;增深增艳剂;漂毛剂;剥色剂;低泡皂洗剂;消泡剂;净洗剂

淄博金马化工厂

山东省淄博市开发区四宝山管委会[255075]
电话:(0533)2068577
传真:(0533)2068577　经济类型:集体
固定资产:9,600千元　产值:4,130千元
供销电话:2068677　职工人数:171人
供销传真:2668880　法人代表:于亦忠
销售收入:10,120千元
网址:www.zbjinma.cn
E-mail:jinma@zbjinma.cn
【主要产品】乙脒盐酸盐;丙二酸二甲酯

淄博津利精细化工厂

山东省淄博市周村区南郊镇永和村[255302]
电话:(0533)6061262;13506436273
传真:(0533)6062320
经济类型:私营企业　法人代表:李加林
网址:www.zbjinli.com
E-mail:fang20102000@yahoo.com.cn
【主要产品】分散松香胶乳液;阴离子羟基硅油乳液;显白剂;纸张增强剂;造纸助留助滤剂;造纸抗水剂;中性施胶剂;造纸用湿强剂;造纸专用分散剂;剥离剂;废纸脱墨剂

淄博津溶化工有限公司

山东省淄博市临淄区皇城镇[255424]
电话:(0533)7880028;13869346888
传真:(0533)7883298
供销电话:7880028;13869328735
经济类型:有限责任公司
法人代表:于津元
网址:www.jinrongchem.com
E-mail:jinrong@chem.com
【主要产品】丁醛;正丁醇;醋酸丁酯;建筑沥青

淄博锦川洪峰化工有限公司

山东省淄博市淄川区罗村镇锦川路182号[255138]
电话:(0533)5686124;5670999
传真:(0533)5686124　职工人数:420人
固定资产:9,600千元
供销电话:5686070;5670999
经济类型:有限责任公司
法人代表:陈立义
网址:www.zbjinchuan.com
E-mail:jinchuan@zbjingchuan.com
【主要产品】轻质碳酸钙

淄博锦星化工有限公司

山东省淄博市淄川区钟楼工业开发区[255130]
电话:(0533)6881089;5418876;13706435601
传真:(0533)6883488　法人代表:谭笑
经济类型:有限责任公司
网址:www.liusuanmei.com
E-mail:liusuanmei@liusuanmei.com
【主要产品】硫酸亚铁;硫酸锌;硫酸镁(一水);硫酸锰

淄博京和化工染料有限公司

山东省淄博市张店区东一路37号甲44号[255005]
电话:(0533)2607972;13305332185
传真:(0533)2607972　职工人数:30人
固定资产:1,000千元
经济类型:有限责任公司
产值:26,700千元
销售收入:26,700千元
E-mail:muyi_qd@163.com
【主要产品】氢氧化镁;硫酸亚铁;硬脂酸钠

淄博净水剂有限公司

山东省淄博市淄川区磁村镇河夹村[255100]
电话:(0533)5552168
传真:(0533)5552168
经济类型:有限责任公司
法人代表:边道富
网址:www.lujing.com
E-mail:zbjsjc@public.zbptt.sd.cn
【主要产品】聚合氯化铝

淄博巨丰乳化剂厂

山东省淄博市博山区新博南路南首[255215]
电话:(0533)4408025;4400702;4400722
传真:(0533)7911599
网址:www.jufengchem.com
E-mail:jufeng@jufengchem.com
【主要产品】乙二醇丁醚醋酸酯;聚醚系列;聚乙二醇;渗透剂JFC;快速渗透剂T;平平加;乳化剂EL;乳化剂OP;乳化剂OP-10;斯盘系列;吐温系列;农药乳化剂

淄博俱进化工有限公司

山东省淄博市张店区城东路8号[255071]
电话:(0533)2083712;13581036229
传真:(0533)2081076
网址:www.jujinchem.com
E-mail:jujin@jujinchem.com
【主要产品】十二烷基硫酸钠;超高分子量聚乙烯管材;脂肪醇聚氧乙烯醚硫酸钠;阴离子表面活性剂K12-A;脂肪

鲁

醇聚氧乙烯醚硫酸铵

淄博开发区光明社会福利化工厂

山东省淄博市开发区石桥办事处东吕村[255086]
电话:(0533)3910362;13905337167
传真:(0533)3910362 经济类型:集体
固定资产:36,000 千元 职工人数:56 人
产值:10,000 千元 法人代表:石光森
网址:www.guangming-chem.com
E-mail:gmflngc@sohu.com
【主要产品】3,4-二甲氧基苯甲醛;3-呋喃甲酸;β-甲基戊二酸单甲酯;十二烷二酸单甲酯;氰乙酰胺;3-硝基苯甲醛

淄博开发区三威化工厂

山东省淄博市开发区张店区中心路301 号[255086]
电话:(0533)3915303;13181949388;3918202
传真:(0533)3915303 职工人数:180 人
固定资产:2,000 千元
供销电话:3915303;3918202
经济类型:私营企业 产值:40,000 千元
销售收入:40,000 千元
法人代表:魏衍忠
网址:www.zbsanwei.com
E-mail:weiyanzhong@zbsanwei.com
【主要产品】乙二胺四乙酸;乙二胺四乙酸二钠;乙二胺四乙酸四钠;乙二胺四乙酸铁钠;二乙烯三胺五乙酸五钠

淄博开发区医药化工厂

山东省淄博市高新区化工路 1 号(四宝山办事处东张村北)[255075]
电话:(0533)2060927;2063677
传真:(0533)2060859 经济类型:集体
固定资产:42,000 千元
产值:100,000 千元 法人代表:李俊昌
销售收入:100,000 千元
网址:www.xindong-chem.com
E-mail:info@xindong-chem.com
【主要产品】乙酰乙酸乙酯;乙酰乙酸甲酯;乙酸异丙烯酯;乙酰乙酸叔丁酯;乙酰乙酸异丁酯;乙酰乙酸异丙酯;乙酰丙酮;双乙烯酮;醋酸酐;哌嗪(六水);α-乙酰基-γ-丁内酯

淄博凯美可工贸有限公司

山东省淄博市临淄区北青路3 号[255434]
电话:(0533)7574434;7577229
传真:(0533)7587498 职工人数:100 人
供销电话:7574434;7587498
经济类型:有限责任公司
产值:35,000 千元 法人代表:王立元
销售收入:50,000 千元
网址:www.linzichem.com
E-mail:zbkmk@163.com
【主要产品】丙烯增产剂;LH-98 复合脱硫剂;聚酞菁钴催化剂;抗静电剂;延迟焦化消泡剂;金属钝化剂;油浆阻垢剂;9899 缓蚀剂;7019 缓蚀剂;结焦抑制剂;SH 化学处理剂;长效防冻液

淄博凯瑞化工厂

山东省淄博市周村区 309 国道高塘段路北[255300]
电话:(0533)6063051;6063798;13964463662
传真:(0533)6063798 职工人数:160 人
固定资产:12,000 千元
网址:www.kairuichem.com
E-mail:info@kairuichem.com
【主要产品】L-丙氨酸;L-天门冬氨酸;L-天门冬氨酸镁;L-天门冬氨酸钙;染料印花合成增稠剂;2-丙烯酰氨基-2-甲基-1-丙磺酸

淄博康迪日用化工有限公司

山东省淄博市柳泉路 51 号[255031]
电话:(0533)3178660;3164147
传真:(0533)3178661
经济类型:有限责任公司
法人代表:董志建
网址:www.kondy.cn
E-mail:kondy97@163.com
【主要产品】过氧化氢消毒剂

淄博科飞助剂厂

山东省淄博市临淄区齐都镇谢家村[255422]
电话:(0533)13853383899
传真:(0533)7832699 职工人数:200 人
固定资产:1,000 千元
经济类型:私营企业 产值:20,000 千元
销售收入:20,000 千元
法人代表:赵庆华
网址:www.zbkefei.com
E-mail:zbxiegang@126.com
【主要产品】芳烃溶剂油;聚乙烯防雾滴防老化功能母料

淄博科绿活性炭有限公司

山东省淄博市桓台县新城镇政府东1 公里路南[256403]
电话:(0533)8882002
传真:(0533)8882002
经济类型:有限责任公司
法人代表:高奎忠
【主要产品】活性炭;活性炭(脱色);聚合硫酸铁

淄博科宇化工有限公司

山东省淄博市齐鲁化学工业区纬六路西段[255400]
电话:(0533)7316381;13905335629
传真:(0533)7361239
经济类型:有限责任公司
法人代表:陈木玲
网址:www.keyuchem.com
E-mail:keyu@keyuchem.com
【主要产品】聚丙烯酰胺;阻垢分散剂;2-膦酸丁烷-1,2,4-三羧酸;氨基三亚甲基膦酸;羟基亚乙基二膦酸;2-羟基膦酰基乙酸;复合型杀菌剂;聚合氯化铝;预膜剂;聚丙烯酰胺干粉(阳离子型);多聚季胺盐杀菌灭藻剂;铜缓蚀剂;阻垢缓蚀剂;异噻唑啉酮;黏泥剥离剂

淄博矿业集团有限责任公司

山东省淄博市淄川区洪山镇[255120]
电话:(0533)5851873;5851173
传真:(0533)5850672 经济类型:国有
供销电话:5851473 有进出口权
销售收入:7,000,000 千元
企业规模:大型 法人代表:耿加怀
网址:www.zbcoal.com.cn
【主要产品】硫酸铝;衣康酸;煤沥青

淄博坤元化工有限公司

山东省淄博市张店区良乡工业园东区1 路3 号[255071]
电话:(0533)2115088;2091688;2090666
传真:(0533)2115088
网址:www.kunyuanchem.com
E-mail:kunyuan@kunyuanchem.com
【主要产品】丙烯酰胺;聚丙烯酰胺;聚丙烯酰胺干粉(阳离子型)

淄博蓝帆化工有限公司

山东省淄博市齐鲁化学工业园内[255411]
电话:(0533)7524973;7524513;13561687411
传真:(0533)7524973 职工人数:120 人
经济类型:有限责任公司
法人代表:李振平
网址:www.bluesail.com.cn
E-mail:lf@qlzsj.com
【主要产品】乙酰柠檬酸三丁酯;钛酸四异丙酯;己二酸二正辛酯;邻苯二甲酸二丁酯;邻苯二甲酸二异丁酯;癸二酸二辛酯;偏苯三酸三辛酯;对苯二甲酸二辛酯;邻苯二甲酸二异壬酯

淄博力诺密封材料有限公司

山东省淄博市临淄区凤凰镇西申村[255418]
电话:(0533)7686289
经济类型:有限责任公司
法人代表:路学庆
【主要产品】聚四氟乙烯密封垫

淄博力业化工设备有限公司

山东省淄博市周村区南郊镇李家工业园[255300]
电话:(0533)6018989
传真:(0533)6018898
经济类型:有限责任公司
法人代表:陈学品
【主要产品】工业搪玻璃反应釜;搪玻璃蒸馏罐;搪玻璃储罐

淄博联碳化学有限公司

山东省淄博市临淄区乙烯北路西段[255414]

鲁

电话:(0533)7525660;7525858;7525831
传真:(0533)7526360;7521051
网址:www. c5chem. com
E-mail:sales@ c5chem. com
【主要产品】氧化锌(纳米);二聚环戊二烯;异戊烯;叔戊醇;石油液化气;精制碳五

淄博联兴炭素有限公司

山东省淄博市张店区潘南东路 14 号[255000]
电话:(0533)7314913;3126828;3126819
传真:(0533)7314913;3126800
经济类型:中外合资经营企业
网址:www. lxcarbon. com
E-mail:zdandycn@ hotmail. com
【主要产品】石油焦;石墨电极

淄博临淄鲁威化工有限公司

山东省淄博市齐鲁乙烯南路东首[255000]
电话:(0533)7487307
传真:(0533)7481306　有进出口权
经济类型:私营企业　法人代表:刘玉广
网址:linzlw. und. com. cn
E-mail:luwei@ luwei-chem. com
【主要产品】烧碱(固体)

淄博临淄区浩源实业有限公司

山东省淄博市临淄区北环路中段[255422]
电话:(0533)7213817;7212008
传真:(0533)7217692　有进出口权
供销电话:7213817;13953353663
经济类型:私营企业　法人代表:于富国
网址:www. haoyuan-cn. com
E-mail:haoyuan99@ gmail. com
【主要产品】2-辛醇;4-甲酚;3-甲酚;2-甲酚;对特辛基苯酚;2,4-二叔丁基苯酚;2,6-二叔丁基苯酚;聚氯乙烯热稳定剂;对叔丁基苯酚

淄博隆邦化工有限公司

山东省淄博市临淄区辛化路 4 号[255400]
电话:(0533)7582641
传真:(0533)7582620　有进出口权
供销电话:7586242　职工人数:500 人
供销传真:7586242　法人代表:路森明
经济类型:私营企业
网址:www. zblb. com
E-mail:domainadm@ zblb. com
【主要产品】二氧化碳(食用);丙酸;丁酸;异丁酸;丁酸酐;醋酸丁酸纤维素

淄博陇川镍产品有限公司

山东省淄博市周村区大庄村[255300]
电话:(0533)6802102
传真:(0533)6805393　有进出口权
固定资产:2,000 千元　职工人数:20 人
供销电话:6805393　产值:30,000 千元
经济类型:有限责任公司
销售收入:5,000 千元
法人代表:聂金华
【主要产品】硫酸钴;硫酸镍;次磷酸钠;乳酸

淄博鲁中化工厂

山东省淄博市临淄区皇城镇皇城东路 38 号[255424]
电话:(0533)7888977;13589576118
传真:(0533)7885086
供销电话:13853375008
法人代表:李长明
网址:www. zblzchem. com
E-mail:root@ zblzchem. com
【主要产品】碳五石油树脂;古马隆树脂;石油树脂;溶剂油

淄博绿晶农药有限公司

山东省淄博市周村区 309 国道 462 公里处[255321]
电话:(0533)6610065
传真:(0533)6611399
经济类型:私营企业　法人代表:彭绍亮
网址:www. lujingnongyao. com
E-mail:lujing@ lujingnongyao. com
【主要产品】炔螨特乳油;灭线磷颗粒剂;氧化乐果乳油;敌敌畏烟剂;噻嗪酮可湿性粉剂;氯氰菊酯乳油;高效氯氰菊酯乳油;联苯菊酯;啶虫脒乳油;啶虫脒可湿性粉剂;氟铃脲;百菌清烟剂;代森锰锌可湿性粉剂;嘧霉胺;嘧霉胺悬浮剂;百草枯水剂;高效氟吡甲禾灵乳油;20% 吗啉胍 · 乙铜可湿性粉剂;多 · 福可湿性粉剂;锰锌 · 霜脲可湿性粉剂;锰锌 · 烯酰可湿性粉剂;多 · 硫可湿性粉剂;氰 · 马乳油;哒螨醇乳油;氟铃 · 辛乳油;40% 柴油 · 唑磷乳油;百 · 腐烟剂;哒 · 四螨可湿性粉剂;福 · 甲硫可湿性粉剂;甲硫 · 锰锌可湿性粉剂;硫 · 酮可湿性粉剂;高氯 · 辛乳油;福 · 福锌可湿性粉剂;80% 多 · 福 · 锌可湿性粉剂;28% 百 · 霉威可湿性粉剂;柴油 · 哒乳油;柴油 · 辛乳油;多 · 锰锌可湿性粉剂;锰锌 · 乙铝可湿性粉剂;敌畏 · 氯乳油;阿维 · 高氯微乳剂;阿维 · 高氯可湿性粉剂;阿维 · 柴乳油;吡 · 高氯可湿性粉剂;阿维 · 哒可湿性粉剂

淄博苗栗化工有限公司

山东省淄博市临淄区乙烯东路 202 号[255400]
电话:(0533)7521491
传真:(0533)7580801　职工人数:100 人
固定资产:10,000 千元
经济类型:私营企业
产值:120,000 千元
销售收入:120,000 千元
【主要产品】烧碱(固体);双酚 A 型环氧树脂(E12 型)

淄博明升精细化工厂

山东省淄博市张店区湖田镇上湖村[255075]
电话:(0533)2065870
供销电话:13220681881
经济类型:私营企业　法人代表:寇德亮
【主要产品】重质碳酸钙;轻质活性碳酸钙

淄博铭威特安全设备有限公司

山东省淄博市淄川区聊斋路 81 号[255120]
电话:(0533)5823588;13964492666
传真:(0533)5821799　产值:2,600 千元
固定资产:5,000 千元　职工人数:20 人
经济类型:私营企业　法人代表:胡立明
销售收入:2,000 千元
网址:www. mingweite. com
E-mail:mwt@ mingweite. com
【主要产品】各色内外墙无光漆;高级环保外墙漆;外墙半光乳胶漆;有机硅耐高温漆;亚光外墙乳胶漆;防霉内墙乳胶漆;超薄型钢结构防火涂料;内外墙腻子

淄博耐驰尔永邦锆业有限公司

山东省淄博市山泉路 144 号[255067]
电话:(0533)2989080;2970768
传真:(0533)2989080　职工人数:85 人
供销传真:2970768
经济类型:私营企业
【主要产品】硅酸锆

淄博普圣经贸有限公司

山东省淄博市淄川区[255100]
电话:(0533)5180873
传真:(0533)5184335　职工人数:12 人
供销电话:13054874660
经济类型:有限责任公司
法人代表:孟祥强
E-mail:zbpsjm2003@ sina. com
【主要产品】氨水

淄博齐花油脂化工有限公司

山东省淄博市临淄区朱台镇[255432]
电话:(0533)7781911
传真:(0533)7782836
经济类型:私营企业
【主要产品】合成制动液;刹车油;化油器清洗剂;汽油机油;柴油机油;车辆齿轮油;工业齿轮油;液压油;汽轮机油;油酸钠皂;润滑油;防冻液

淄博齐胜工贸股份有限公司

山东省淄博市临淄区炼油厂中路 5 号[255400]
电话:(0533)7574792
传真:(0533)7574792　职工人数:600 人
网址:www. zbqisheng. com
E-mail:kfk@ zbqisheng. com
【主要产品】叔丁醇;脱钙剂;高级汽油机油;加氢裂化阻垢剂;渣油阻垢剂;阳离子沥青乳化剂

淄博齐泰化工有限公司

鲁

山东省淄博市张店区朝阳南路 9 号[255068]
电话:(0533)6202032;6202243
传真:(0533)2990211 经济类型:国有
固定资产:80,000 千元
职工人数:300 人 法人代表:翟丕沐
【主要产品】氰化钠;糠醇;丙烯腈;聚丙烯(粉状);乙腈

淄博齐田医药化工有限公司

山东省淄博市张店区[255071]
电话:(0533)2091333
经济类型:中外合资经营企业
职工人数:40 人 法人代表:田卫星
E-mail:zbqtyy@ 163. com
【主要产品】苯胺基乙腈

淄博齐翔腾达化工有限公司

山东省淄博市临淄辛化路 38 号[255438]
电话:(0533)7544873;7548577
传真:(0533)7540401
网址:www. qxgm. com/tengda. html
【主要产品】甲醇;异丁烯;仲丁醇;叔丁醇;2-丁酮;三异丁基铝

淄博千汇精细化工有限公司

山东省淄博市高新开发区石桥办事处朱家庄[255000]
电话:(0533)3911456
网址:www. sdzbqh. com
【主要产品】β-环状糊精;羟丙基-β-环糊精

淄博乾宝化工设备厂

山东省淄博市张店区傅家镇黄家村南[255063]
电话:(0533)2905142;2901182;13505331447
传真:(0533)2901456 职工人数:100 人
经济类型:私营企业 法人代表:张云耀
网址:www. qianbao-enamel. com
E-mail:qianbao@ qianbao-enamel. com
【主要产品】化工设备

淄博乾胜化工有限公司

山东省淄博市临淄区凤凰镇[255418]
电话:(0533)7685182
传真:(0533)7685182
经济类型:有限责任公司
法人代表:王德忠
【主要产品】烧碱(固体);苯乙烯;环氧氯丙烷;油漆

淄博全威振业化工有限公司

山东省淄博市桓台县新世纪工业园[255318]
电话:(0533)8409597;13905338355
传真:(0533)8409597
经济类型:有限责任公司
法人代表:王希成
网址:www. zbqw. com
E-mail:wangxc555@ vip. sina. com
【主要产品】氟氢酸;硫酸

淄博荣泽化工有限公司

山东省淄博市周村区莫家庄 159 号[255300]
电话:(0533)6810729;13953388698
传真:(0533)6810729 职工人数:150 人
固定资产:12,000 千元
网址:www. rongzechem. com
E-mail:info@ rongzechem. com
【主要产品】磷酸;硫酸镁;磷酸三甲酯;分散剂 DC

淄博锐博化工有限公司

山东省淄博市临淄区胜炼大庆二路 3 号[255434]
电话:(0533)7571888
传真:(0533)7587276 经济类型:集体
供销电话:7573777;7579402
供销传真:7579408 职工人数:593 人
法人代表:巩日山
网址:www. zbrb. com
【主要产品】二甲苯;C10 芳烃;偏三甲苯;溶剂油

淄博瑞爱特化工有限责任公司

山东省淄博市齐鲁化学工业区乙烯南路[255400]
电话:(0533)6293679;7172296;13505333627
传真:(0533)7178039
网址:www. china-bright. com
E-mail:info@ china-bright. com
【主要产品】稳定性二氧化氯;十二烷基二甲基苄基氯化铵;聚丙烯酰胺;聚丙烯酸钠;复配阻垢缓蚀剂;2-膦酸丁烷-1,2,4-三羧酸;磺-丙共聚物;水解聚马来酸酐;杀菌灭藻剂;工业循环水灭菌杀藻剂;聚合氯化铝;预膜剂;油田注水缓蚀剂;铜缓蚀剂;阻垢缓蚀剂;多用酸洗缓蚀剂;多效复合有机磷阻垢缓蚀剂;高效锅炉阻垢剂;PESA 阻垢剂;异噻唑啉酮

淄博瑞穗化工有限公司

山东省淄博市张店[255000]
电话:(0533)2125611;13409074111
传真:(0533)2125611
经济类型:有限责任公司
法人代表:邵承纲
【主要产品】氯化镁;三聚磷酸钠;乙二醇;羧甲基纤维素钠

淄博润达化工有限公司

山东省淄博市临淄区梧台镇[255400]
电话:(0533)7661102
传真:(0533)7661102 产值:7,500 千元
固定资产:2,147 千元 职工人数:65 人
经济类型:有限责任公司
销售收入:7,500 千元
法人代表:胡振田
网址:www. zbrunda. cn
【主要产品】抗氧剂 1010;抗氧剂 168;消泡剂;防粘釜剂;丙酮缩氨基硫脲

淄博润湖工贸有限公司

山东省淄博市张店区湖田镇柳杭村[255075]
电话:(0533)2066298;2072681;13806489649
传真:(0533)2072698 职工人数:50 人
经济类型:股份有限公司
法人代表:刘金泉
网址:www. zlychem. com
E-mail:liyuanhuagong@ 163. com
【主要产品】轻质碳酸钙;超细碳酸钙;活性超细碳酸钙;增稠剂;环氧大豆油

淄博赛德克陶瓷颜料有限公司

山东省淄博市淄川区昆仑镇铁路街 263 号[255129]
电话:(0533)5780375
传真:(0533)5781176 有进出口权
固定资产:50,000 千元
供销电话:5780377;5781319
供销传真:5781809 职工人数:170 人
经济类型:中外合资经营企业
法人代表:殷书建
E-mail:zccc@ public. zbptt. sd. cn
【主要产品】陶瓷色料;玻璃彩绘颜料

淄博三丰化工有限公司

山东省淄博市博山区白塔工业园[255202]
电话:(0533)4683588;4680888;13905331472
传真:(0533)4681996 职工人数:330 人
固定资产:51,000 千元
网址:www. zbsfchem. com
E-mail:sales@ zbsfchem. com
【主要产品】硫酸;硫酸铝

淄博三昊精细化工有限公司

山东省淄博市临淄区辛化路 4 号[255400]
电话:(0533)7589850;13325212756
传真:(0533)7586242
供销电话:7583585;13853307708
法人代表:王建军
网址:www. dingsuan. com
E-mail:dingsuan@ dingsuan. com
【主要产品】丁醛;丙酸;丁酸;异丁酸

淄博三鹏化工有限责任公司

山东省淄博市临淄区齐都镇邵家村北[255422]
电话:(0533)7820777;13002718280
传真:(0533)7831039
供销电话:7820777;13806437388
经济类型:有限责任公司
网址:www. sanpengchem. com
E-mail:xingqw7@ vip. sina. com
【主要产品】活性炭;3-氯苯酐;4-氯苯酐;二乙基羟胺;加氢转化催化剂;甲烷化催化剂;氧化锌脱硫剂;脱硫剂;硫黄回收催化剂;耐硫一氧化碳变换

鲁

催化剂；抗硫酸盐化有机硫水解催化剂；亚甲基双萘磺酸钠；防老剂 TNP；预混剂；防老剂 SP；三烷基氯化胺

淄博三泰润滑油有限公司

山东省淄博市周村区三衣工业园[255318]
电话：(0533)6882598
传真：(0533)6882587　法人代表：孟敏
经济类型：有限责任公司
【主要产品】白油；导热油；防锈油；压缩机油；变压器油

淄博森杰化工助剂有限公司

山东省淄博市张店区房镇镇东首[255095]
电话：(0533)3883249；3881050；13953303427
传真：(0533)3881005　职工人数：150 人
供销电话：3881005；13853315090
经济类型：私营企业
网址：senjie.chem.com.cn
E-mail：sj@senjiechem.com；senjie@senjiechem.com
【主要产品】双草酸酯；碳酸丙烯酯；十八烷基二甲基叔胺；十二烷基二甲基苄基氯化铵；十二烷基二甲基叔胺；十四烷基二甲基叔胺；脂肪烷基二甲基叔胺

淄博森淼化工有限公司

山东省淄博市张店区东首[255095]
电话：(0533)3882283
网址：www.ctscn.com；www.ctscn.net
E-mail：webmaster@ctscn.net；zfs@ctscn.net
【主要产品】脱硫催化剂

淄博社会福利泡花碱厂

山东省淄博市周村区南效镇大庄村[255319]
电话：(0533)6807896
传真：(0533)6808078　经济类型：集体
固定资产：35,000 千元
供销电话：6810745　产值：60,000 千元
销售收入：55,000 千元
职工人数：180 人　法人代表：陈继民
E-mail：zbzcphjc@sina.com
【主要产品】硅酸钠

淄博申宝活性白土厂

山东省淄博市临淄区凤凰镇[255419]
电话：(0533)7683221；13953329292
传真：(0533)7686768
网址：www.sdshenbao.com
E-mail：shenbao@sdshenbao.com
【主要产品】烧碱；活性白土

淄博申维化工有限公司

山东省淄博市桓台县田庄天齐路22 号[256402]
电话：(0533)8593818
传真：(0533)8593818　有进出口权
固定资产：7,000 千元　职工人数：65 人
经济类型：联营企业　法人代表：王礼法
网址：www.zbshenwei.com
E-mail：swhg808@yahoo.com.cn
【主要产品】DL-泛酸内酯；β-丙氨酸

淄博申兴化工厂

山东省淄博市临淄区凤凰村[255400]
电话：(0533)7687993；13869320213
传真：(0533)7687993　法人代表：李涛
供销电话：13869331522
经济类型：私营企业
E-mail：root@zbsxchem.com
【主要产品】烧碱(液体)；烧碱(固体)

淄博胜宝化工有限公司

山东省淄博市桓台县赵凤镇华沟西首[256407]
电话：(0533)8689469；13606438168
传真：(0533)8689666　有进出口权
经济类型：有限责任公司
法人代表：曲庆海
网址：www.shbhg.com
E-mail：www.shbhg@sina.com
【主要产品】氢溴酸；己酸；4,4′-二氨基二苯乙烯-2,2′-二磺酸；聚丙烯(粉状)；塑料编织袋；淀粉；变性淀粉

淄博圣诺化工有限公司

山东省淄博市博山白塔工业园[255202]
电话：(0533)4688558；4688872；4684089
传真：(0533)4688828
网址：www.shengnuohg.com
E-mail：shengnuo@shengnuohg.com
【主要产品】硫酸铜；亚氯酸钠；氯酸钠；二氧化氯；二氧化氯发生器

淄博圣泽精细化工有限公司

山东省淄博市杨寨工业园[255100]
电话：(0533)5484999；5485988
传真：(0533)5485988
网址：www.sdsz.cn
E-mail：vip@sdsz.cn
【主要产品】3,4-二甲氧基苯甲醛；对羟基苯乙酸；D-对羟基苯甘氨酸；5-(4-羟基苯基)海因；乙醛酸钠；尿囊素；乙基香兰素

淄博实得工贸有限公司

山东省淄博市临淄区凤凰镇染家村东[255418]
电话：(0533)7680230
传真：(0533)7682289
经济类型：有限责任公司
法人代表：王伟华
【主要产品】烧碱(固体)

淄博世宏化学工业有限公司

山东省淄博市淄川区昆仑镇奎一化工园[255136]
电话：(0533)5776909
传真：(0533)5771909　职工人数：85 人
供销电话：5771909　法人代表：王世宏
经济类型：有限责任公司
网址：www.shihongchem.com
E-mail：shihonghuagong@sina.com
【主要产品】2-氨基-3-羟基吡啶；双丙酮丙烯酰胺

淄博世拓高分子材料有限公司

山东省沂源县经济开发区埠岭南路[256100]
电话：(0533)3252855
传真：(0533)3255665　职工人数：180 人
网址：www.zbshituochem.com
E-mail：zbshituo@163.com
【主要产品】甲基丙烯酸甲酯-丁二烯-苯乙烯共聚物；聚氯乙烯加工用助剂；PVC 发泡调节剂；塑料改进剂 ACR

淄博市博山东方化工厂

山东省淄博市博山区南外环路石炭坞段[255201]
电话：(0533)4508188
传真：(0533)4511466　经济类型：集体
固定资产：5,000 千元　职工人数：40 人
供销电话：4511411；4508188
产值：10,000 千元　法人代表：徐光清
销售收入：8,000 千元
网址：www.bsdongfang.com
E-mail：bsdfhg@163.com
【主要产品】二硫化碳；多硫化钠；无铁硫酸铝；对羟基苯甲醛；3-氨基-1,2-丙二醇；二甲基二硫；5-(3′-羟基-2′-萘甲酰氨基)苯并咪唑酮；稳定性二氧化氯；高效脱硫剂；十二烷基二甲基苄基氯化铵；羟基亚乙基二膦酸；二甲基二硫代氨基甲酸钠

淄博市博山吉利浮选剂厂

山东省淄博市博山区石马镇蛟龙村[255200]
电话：(0533)4566788；4505699
传真：(0533)4505599
经济类型：私营企业
法人代表：岳庆喜
网址：jilifuxu.21trader.com
E-mail：jiliyqx@sina.com
【主要产品】乙基黄原酸钠；正丁基黄原酸钠；异丙基黄原酸钠；异丁基黄原酸钠；松醇油 2 号；乙硫氮；丁铵黑药；二甲苯基二硫代磷酸

淄博市博山老龄胶塑制品厂

山东省淄博市博山区张博路海眼段92 号[255200]
电话：(0533)4680339
传真：(0533)4684240
法人代表：王书栋
网址：www.hfjs.com
E-mail：hfjs@hfjs.com
【主要产品】聚四氟乙烯制品；橡胶杂品；聚氨酯胶辊

淄博市博山双赢化工有限公司

山东省淄博市博山区夏家庄镇良庄村[255214]
电话:(0533)4200240
传真:(0533)4200240 职工人数:25人
网址:www.zbshuangying.com
E-mail:shuangying@zbshuangying.com
【主要产品】无铁硫酸铝

淄博市博山彤望福利化纤有限公司

山东省淄博市博山经济开发区[255213]
电话:(0533)4663399;4662299;13583331418
传真:(0533)4654866 职工人数:160人
网址:www.twflhx.com
E-mail:tongwanghuaxian@126.com
【主要产品】丙纶短纤维;色母粒

淄博市汉圣化工有限公司

山东省淄博市临淄区济青高速临淄入口处[255400]
电话:(0533)7662877
传真:(0533)7662877
经济类型:有限责任公司
法人代表:刘振国
【主要产品】碳酸钙;超细重质碳酸钙;滑石粉

淄博市嘉龙化工科技有限公司

山东省淄博市高新技术开发区宝山路南一街1号[255089]
电话:(0533)3983053
传真:(0533)2671333
固定资产:19,000千元
网址:www.zbjlchem.com
E-mail:zbjialong@zbjlchem.com
【主要产品】氧化铝;间二乙基苯;二乙烯基苯;减压馏分油加氢裂化催化剂;馏分油加氢精制催化剂;硫黄回收催化剂

淄博市金达氢氟酸厂

山东省淄博市[255039]
电话:(0533)8013811;13335221716
供销电话:13864357767
网址:www.zbjinda.cn
E-mail:zibojinda@163.com
【主要产品】氟氢酸;硝酸;氟氢化铵;氨水

淄博市临淄奥永化工厂

山东省淄博市临淄区凤凰镇东申村[255418]
电话:(0533)7680605;7686035
传真:(0533)7680605
经济类型:私营企业 法人代表:王连双
【主要产品】烧碱(固体)

淄博市临淄冰清精细化工厂

山东省淄博市临淄区皇城镇大蓬村[255424]
电话:(0533)7881999;7880789;13754765666
传真:(0533)7886109
供销电话:7880789;7886109
经济类型:私营企业 法人代表:于炳清
网址:www.bingqingchem.com
E-mail:info@bingqingchem.com
【主要产品】四氢呋喃;正丁醇;炔丙醇

淄博市临淄大荣精细化工厂

山东省淄博市临淄区齐都镇[255400]
电话:(0533)7709957;7709958;13706432956
传真:(0533)7709957
网址:www.darongchem.com
E-mail:darong@darongchem.com
【主要产品】二氯化硫;邻苯二甲酰亚胺

淄博市临淄东方红化工厂

山东省淄博市临淄区人民路西段152号[255400]
电话:(0533)7315598;13953340328
传真:(0533)7315555;7222224
经济类型:集体 法人代表:王振华
网址:www.dfhchem.com
E-mail:xyc@chem.cn
【主要产品】过硫酸钾;己烷;正戊烷;石油醚;丁醚;脱色专用树脂;油漆稀释剂;降凝催化剂;柴油降凝剂;油品助燃增标剂;油品脱色除味剂

淄博市临淄丰资化工厂

山东省淄博市临淄区齐鲁乙烯厂南路东首[255411]
电话:(0533)7580216;13906437659
传真:(0533)7580216
经济类型:私营企业 法人代表:刘树国
【主要产品】石油树脂;溶剂油

淄博市临淄沣田化工有限公司

山东省淄博市临淄区铁石西路11号[255400]
电话:(0533)7322216;13706437567
传真:(0533)7322938
网址:www.fengtianchem.com
E-mail:fengtianchem@fengtianchem.com
【主要产品】2-巯基噻吩;2-氨基-5-三氟甲基-1,3,4-噻二唑;3-氨基-5-氯-1,2,4-噻二唑;*N*,*N'*-二乙基硫脲;2,5-二巯基-1,3,4-噻二唑;2,5-二巯基-1,3,4-噻二唑二钠;氯化聚乙烯;氯化聚氯乙烯树脂;塑料改进剂ACR

淄博市临淄高楼化工有限公司

山东省淄博市临淄区北郊[255416]
电话:(0533)7705422;13573318869
传真:(0533)7706718 职工人数:80人
网址:www.gaolouchem.com
E-mail:sales@gaolouchem.com
【主要产品】2-甲氧基-5-甲基苯胺;2-甲氧基-5-甲基-*N*-乙酰苯胺;2-甲氧基-5-甲基-*N*-乙酰乙酰苯胺;3-氨基-4-甲氧基甲苯-6-磺酸;4-氨基-2-甲基-5-甲氧基-*N*-甲基苯磺酰胺;4-氨基-2-甲基-5-甲氧基苯磺酰胺;4-氯-2-甲氧基-5-甲基苯胺;4-氨基-2,5-二甲氧基-*N*-甲基苯磺酰胺;4-氨基-2,5-二甲氧基-*N*-苯基苯磺酰胺;双乙酰克利西丁磺酸钠;乙酰乙酰克利西丁磺酸铵

淄博市临淄昊虹工贸有限公司

山东省淄博市临淄区乙烯南路[255410]
电话:(0533)7525166
经济类型:私营企业 法人代表:赵国栋
【主要产品】1,2-二氯乙烷;1,1,2-三氯乙烷

淄博市临淄恒立助剂有限公司

山东省淄博市临淄区南王工业开发区[255438]
电话:(0533)7501175;7507055
传真:(0533)7503031 有进出口权
固定资产:2,000千元 产值:1,500千元
经济类型:有限责任公司
销售收入:1,500千元 职工人数:80人
法人代表:王振河
网址:www.hl-chem.com
E-mail:hengli@hi2000.com
【主要产品】氢气;氮气;仲辛酮;聚丙烯;防老剂4010NA;防老剂RD;防老剂SP;防老剂8PPD;防老剂688;十二烷基苯磺酸钠

淄博市临淄红星化工厂

山东省淄博市临淄区大武镇东夏村[255414]
电话:(0533)7481838;7521288
传真:(0533)7481838
供销电话:7521288;7481838
经济类型:私营企业 法人代表:罗公君
【主要产品】烧碱(固体)

淄博市临淄环保产业开发公司

山东省淄博市临淄区朱台工业区[255432]
电话:(0533)7780107;13573368966
传真:(0533)7780107
经济类型:股份合作 法人代表:路效森
E-mail:zbhbcy@126.com
【主要产品】聚丙烯酰胺;杀菌灭藻剂;聚合氯化铝;碱式氯化铝铁;聚合硫酸铁

淄博市临淄环城玻璃钢制品有限公司

山东省淄博市临淄区北外环西路[255400]
电话:(0533)7317511;13705337320
传真:(0533)7325333
供销电话:13605337864
经济类型:私营企业 法人代表:王民友
网址:www.zhcfrp.com
E-mail:hcgs@163.com
【主要产品】不饱和聚酯树脂;乙烯基树脂;玻璃钢制品;搅拌器;吸收塔;玻璃钢冷却塔;玻璃钢耐酸储罐

鲁

淄博市天德精细化工研究所

主要产品:石油醚 30～60;60～90;90-120;正己烷(60～80%、≥80%、≥95%、≥97%、≥99%);正戊烷;甲基叔丁基醚(MTBE);四氯化碳;二氯甲烷;纯苯;无水甲醇;正丙醇;异辛醇;二甲基硅油;海绵发泡剂;乙二胺(无水);二茂铁;环戊二烯三羰基锰(CMT);氢氧化钾;阴阳离子交换树脂;柴油降凝剂。

其他产品:亚硫酸;正丁酸;36%乙酸;乙二胺四乙酸;抗坏血酸;过氧乙酸;油酸;乳酸;丙酸;苯甲酸;柠檬酸;氟硼酸;酒石酸;水杨酸;甲醇;乙醇;丙三醇;异丙醇;正丁醇;异丁醇;叔丁醇;松油醇;正丙醇;无水甲醇;丙二醇;碘;碘化钾;碘酸钾;溴化钾;氯化钾;铬酸钾;氯酸钾;硫酸钾;氢氧化钾;铁氰化钾;亚铁氰化钾;高锰酸钾;重铬酸钾;过硫酸钾;硫酸铝钾;无水碳酸钾;甲酸钠;硅酸钠;氟化钠;氯化钠;亚硝酸钠;次亚磷酸钠;焦磷酸钠;苯甲酸钠;重铬酸钠;四硼酸钠;柠檬酸钠;次氯酸钠;氢氧化钠;碳酸氢钠;无水乙酸钠;硫代硫酸钠;无水硫酸钠;无水碳酸钠;六偏磷酸钠;多聚磷酸钠;亚硫酸氢钠;酒石酸钾钠;磷酸二氢钠;磷酸氢二钠;偏重亚硫酸钠;十二烷基硫酸钠;十二烷基苯磺酸钠;EDTA 二钠;EDTA 四钠;碳酸钙;氢氧化钙;无水氯化钙;氧化镁;氯化镁;硫酸镁;氧化铝;氢氧化铝;无水氯化铝;结晶氯化铝;锌粒;氧化锌;氯化锌;乙酸锌;硝酸锌;二茂铁;还原铁(粉状);二氧化锰;硫酸锰;硫酸铜;氯化钡;硫酸钡;碳酸钡;硫脲;双氧水;喹啉;凡士林;硅藻土;氟化铵;柠檬酸铵;过硫酸铵;硫酸亚铁铵;乙酸胺;三乙醇胺;二甲胺;二乙胺;三乙胺;十八胺;二异丙胺;三乙烯四胺;多乙烯多胺;六次甲基四胺;邻苯二甲酸二丁酯;邻苯二甲酸二辛酯;磷酸三丁酯;氰乙酸乙酯;二甲基硅油;升华硫;液体石蜡;可溶性淀粉;变色硅胶;甲醛;二氧化硅;三氯乙烯;丙酮;丁酮;环己酮;乙酰丙酮;甲基异丁基甲酮;纯苯;正己烷;正戊烷;环己烷;二氯甲烷;活性碳;六氯乙烷;蔗糖;无水葡萄糖;苯酚;石油醚;乙醚;正丁醚;丙烯酰氯;柠檬酸铁

地址:山东省淄博市临淄区闫家东华路 12 号[255400]
联系人:张甫
手机:13906438331
电话:(0533)7319576;7316576
传真:(0533)7325600
网址:www.tiandechem.com.cn
E-mail:td_100@163.com

淄博市临淄建明化工有限公司

山东省淄博市临淄区辛店镇上庄村[255400]
电话:(0533)13505337638
传真:(0533)7326178　职工人数:20 人
固定资产:1,000 千元
供销电话:7326178　法人代表:石广锋
销售收入:30,000 千元
【主要产品】2-乙基己醇;正丁醇;异丁醇;混丁醇

淄博市临淄金利油墨厂

山东省淄博市金岭镇北[255400]
电话:(0533)7480080
传真:(0533)7483383
经济类型:私营企业　法人代表:薛安锋
网址:www.jinliyoumo.com
E-mail:jinli@jinliyoumo.com
【主要产品】快干剂;水性凹印油墨;水性凹印版柔性版油墨;柔性凸版油墨;柔版塑料油墨;水可洗油墨

淄博市临淄鲁达化工有限公司

山东省淄博市临淄区梧台镇[255400]
电话:(0533)7669669;7664444;13705337118
传真:(0533)7660504
网址:www.ludachem.com
E-mail:info@ludachem.com
【主要产品】1,3-二氯丙烯;1,2-二氯丙烷;D-D 混剂

淄博市临淄闽东活性炭厂

山东省淄博市临淄区凤凰镇田旺村北[255400]
电话:(0533)7681329;13505337992
传真:(0533)7687225　职工人数:100 人
供销电话:13355216829
法人代表:李妙灯
网址:www.mdhxt.com
【主要产品】活性炭

淄博市临淄齐德化工有限公司

山东省淄博市临淄区朱台工业园[255432]
电话:(0533)7780258;13906437503
传真:(0533)7780258　职工人数:100 人
固定资产:8,000 千元
供销电话:13964395013
经济类型:有限责任公司
网址:www.zbqd.com
E-mail:root@zbqd.com
【主要产品】胶黏剂;石油树脂;橡胶增塑剂 A;溶剂油

淄博市临淄齐泉工贸有限公司

山东省淄博市临淄区齐鲁化学工业区精细化工园[255424]
电话:(0533)7487818;13905333398
传真:(0533)7488266
供销电话:7487818;13053221269
网址:www.qiquanchem.com
E-mail:johnxu@qiquanchem.com;qfg@qiquanchem.com
【主要产品】硅酸乙酯;γ-氯丙基三氯硅烷;六甲基二硅氮烷;三乙氧基硅烷;γ-氯丙基三甲氧基硅烷;γ-氯丙基三乙氧基硅烷;三甲氧基硅烷;氧化聚乙烯蜡;聚乙烯防雾滴防老化功能母料;聚丙烯增白母粒;功能母粒;硅烷偶联剂 KH-560;硅烷偶联剂 KH-570;硅烷偶联剂 KH-792;硅烷偶联剂 KH-602;乙烯基三乙氧基硅烷;乙烯基三(2-甲氧基乙氧基)硅烷;乙烯基三甲氧基硅烷;γ-氯丙基甲基二甲氧基硅烷;γ-氯丙基甲基二乙氧基硅烷;乙烯基三氯硅烷;聚丙烯色母粒

淄博市临淄区罗鑫化工厂

山东省淄博市临淄区朱台镇罗家村[255432]
电话:(0533)7782577;13906437817
传真:(0533)7781999
经济类型:私营企业　法人代表:魏明修
【主要产品】二氯化硫;氯乙酸叔丁酯;氯乙酰氯

淄博市临淄顺发塑料化工厂

山东省淄博市临淄区梧台[255400]
电话:(0533)7663736
传真:(0533)7663736　产值:8,000 千元
固定资产:500 千元　职工人数:15 人
供销电话:13953357095
经济类型:私营企业
【主要产品】塑料光亮润滑剂;古马隆树脂;石油树脂

淄博市临淄泰达化工有限公司

山东省淄博市临淄区召口[255400]
电话:(0533)7600029
经济类型:有限责任公司
法人代表:边昌海
【主要产品】乙醇钠;甲醇钠;异丙醇

淄博市临淄特种橡胶制品厂

山东省淄博市临淄区乙烯路 4 号[255400]
电话:(0533)7112213;7111701
传真:(0533)7111701　职工人数:30 人
供销电话:7112213;13808947976
经济类型:私营企业　法人代表:孙家般
【主要产品】胶辊

淄博市临淄天地化工厂

山东省淄博市临淄区齐都镇大夫村[255422]
电话:(0533)7869119;7211888
传真:(0533)7830233;7225088
法人代表:张锡进
【主要产品】固化剂;润滑油添加剂;泡沫灭火剂

淄博市临淄同康塑料制品有限公司

山东省淄博市临淄区永流路 74 号

鲁

［255400］
电话:(0533)7185770;7161163;7182788
传真:(0533)7191386　经济类型:集体
法人代表:崔秀杰
网址:www. cn-tk. com
E-mail:tongkang@ cn-tk. com
【主要产品】聚氯乙烯粒料;塑料周转箱;塑料管;塑料桶

淄博市临淄万通精细化工厂

山东省淄博市临淄区南王镇南杨路万通巷8号［255438］
电话:(0533)7507888;7504888;7500666
传真:(0533)7505316　经济类型:集体
固定资产:15,000千元　有进出口权
供销传真:7574114　企业规模:大型
职工人数:280人　法人代表:徐志平
网址:www. thiocarbamide. com
E-mail:wthg@ wanchang. com
【主要产品】硫脲

淄博市临淄新农塑料厂

山东省淄博市齐鲁石化热电厂东邻［255414］
电话:(0533)7487373;13806437806
网址:www. shensuan. com. cn
E-mail:webmaster@ shensuan. com. cn
【主要产品】多功能膜;地膜;长寿无滴EVA膜

淄博市临淄鑫齐工贸有限公司

山东省淄博市临淄区［255411］
电话:(0533)7525978
传真:(0533)7525978　产值:4,000千元
固定资产:4,000千元
经济类型:私营企业　法人代表:崔国森
销售收入:3,800千元
网址:www. xinqichina. com
E-mail:xinqihuagong@ 126. com
【主要产品】三氟化硼;三氟化硼甲醇络合物;三氟化硼乙醚络合物;三氟化硼甲醚络合物;三氟化硼丁醚络合物;三氟化硼磷酸络合物;三氟化硼醋酸络合物;三氟化硼乙醇络合物;三氟化硼正丁醇络合物;三氟化硼乙腈络合物;三氟化硼碳酸二甲酯络合物;三氟化硼苯酚络合物;三氟化硼水络合物;三氟化硼四氢呋喃

淄博市临淄鑫强化工有限公司

山东省淄博市临淄区南王镇经济开发区［255438］
电话:(0533)7507953;13953333258
传真:(0533)7509886
经济类型:有限责任公司
网址:www. xinqiangchem. com
E-mail:wzc@ xinqianghg. com
【主要产品】三氟化硼;三氟化硼甲醇络合物;三氟化硼乙醚络合物;三氟化硼醋酸络合物;三氟化硼乙腈络合物;三氟化硼碳酸二甲酯络合物;三氟化硼苯酚络合物;三氟化硼四氢呋喃

淄博市临淄鑫森化工有限公司

山东省淄博市临淄区南仇镇经济开发区北首［255438］
电话:(0533)7501771
传真:(0533)7507258　职工人数:56人
固定资产:5,000千元
经济类型:有限责任公司
产值:30,000千元　法人代表:冯传清
销售收入:30,000千元
网址:www. chenkaichem. com
E-mail:sales@ chenkaichem. com
【主要产品】三氟化硼;三氟化硼甲醇络合物;三氟化硼乙醚络合物;三氟化硼乙腈络合物;三氟化硼苯酚络合物

淄博市临淄鑫勇石化添加剂厂

山东省淄博市临淄区一诺路口北200米路西［255400］
电话:(0533)7316058;13505338213
传真:(0533)7316058
供销电话:7326058　法人代表:王新文
经济类型:私营企业
网址:www. xytjj. com
E-mail:root@ xytjj. com
【主要产品】石油醚;二丁醚;炼油催化剂;柴油降凝剂;油品长效稳定剂;汽油脱臭活化剂;柴油十六烷值改进剂;柴油添加剂;柴油清净节能剂;汽油抗爆剂;油品脱色除味剂

淄博市临淄旭日化工油田助剂厂

山东省淄博市临淄区人民西路东高路北［255400］
电话:(0533)7360875;13969395875
传真:(0533)7360875
经济类型:私营企业　法人代表:国学业
网址:www. xurihg. com
E-mail:guoxueye@ 126. com
【主要产品】炼油用降凝抗氧催化剂;裂解汽油加氢催化剂;柴油降凝剂;油品脱色除味剂;环戊二烯三羰基锰

淄博市临淄耀环化工有限公司

山东省淄博市临淄区南王镇南仇经济开发区［255438］
电话:(0533)7505188
传真:(0533)7505188
网址:www. yaohuanchem. com
E-mail:xuxg@ yaohuanchem. com
【主要产品】聚苯乙烯树脂;丁苯透明抗冲树脂;丁苯胶乳;高苯乙烯橡胶;充油高苯乙烯橡胶

淄博市临淄银汇化工厂

山东省淄博市临淄区［255400］
电话:(0533)7321292;13864454834
传真:(0533)7321292　产值:6,000千元
经济类型:私营企业　职工人数:150人
法人代表:王玉祥
【主要产品】烧碱(固体)

淄博市临淄有机化工股份有限公司

山东省淄博市临淄区人民路东首(魏家村南)［255400］
电话:(0533)7213611;7218207
传真:(0533)7211981;7216457
供销电话:7220550　有进出口权
经济类型:股份有限公司
企业规模:大型　职工人数:520人
法人代表:胡玉信
网址:www. yongliu. com
E-mail:info@ yongliu. com
【主要产品】糠醛;糠醇;乙酰丙酸;2-甲基呋喃

淄博市临淄于官福利化工厂

山东省淄博市临淄区朱台镇工业开发区［255432］
电话:(0533)7780398
传真:(0533)7786388
经济类型:私营企业　法人代表:朱云德
网址:www. yuguanchem. com
E-mail:yuguan@ wanxinwang. com
【主要产品】聚氯乙烯粒料;三异丙苯基磷酸酯

淄博市临淄育发化工厂

山东省淄博市临淄区朱台镇宋桥村南［255432］
电话:(0533)7780283;13953385818
传真:(0533)7786682
供销电话:7780283;13355339771
经济类型:私营企业　法人代表:路田桂
网址:www. zyfchem. com
E-mail:root@ zyfchem. com
【主要产品】苯乙烯;混合苯;燃料油

淄博市临淄正华助剂有限公司

山东省淄博市临淄区齐都付家村341号［255422］
电话:(0533)7830234;7835656;7833238
传真:(0533)7830234　有进出口权
经济类型:股份合作　法人代表:侯永正
E-mail:lzzhzj@ public. zbptt. sd. cn
【主要产品】叔丁基过氧化物

淄博市临淄中亚化工有限公司

山东省淄博市临淄区凤凰镇［255400］
电话:(0533)7680239
传真:(0533)7680587
经济类型:有限责任公司
法人代表:刘际业
【主要产品】烧碱(液体);烧碱(固体)

淄博市鲁川化工有限公司

山东省淄博市淄川区城南镇石门村［255110］
电话:(0533)5133758;13969385569
传真:(0533)5182746　职工人数:30人
固定资产:24,800千元
经济类型:有限责任公司
产值:64,000千元
销售收入:59,000千元
网址:luchuanchem. cn. alibaba. com
【主要产品】硼酸锌;钛酸四丁酯;钛酸

鲁

四异丙酯；二盐基亚磷酸铅；二盐基硬脂酸铅；三盐基硫酸铅；硬脂酸钠；硬脂酸钙；硬脂酸钡；硬脂酸铅；硬脂酸铝；硬脂酸锌；硬脂酸镁；硬脂酸镉；稀土复合稳定剂；钛酸酯偶联剂

淄博市鲁中福利化工厂

山东省淄博市张店区南定镇山泉路88号[255067]
电话：(0533)2981026
传真：(0533)2981086　经济类型：集体有进出口权　职工人数：26人
法人代表：翟胜利
【主要产品】聚丙烯酰胺

淄博市荣瑞达粉体材料厂

山东省淄博市博山区北神头凤凰坡15号[255200]
电话：(0533)4156537
传真：(0533)4180536　产值：10千元
经济类型：私营企业　职工人数：100人
法人代表：岳翠蓉
网址：yaorong. 21trader. com
E-mail：sqiangcn@ sina. com
【主要产品】氢氧化铈；氢氧化镧；硫酸铈；硝酸钡；硝酸铈；硝酸锰；硝酸铝；硝酸镧；硝酸铁；硝酸镁；硝酸钇；硝酸钕；硝酸锆；氧氯化锆；氯化镧；硝酸铬；碳酸钕；碳酸铈；碳酸镧；氟化钕；氧化钇；氧化钕；氧化铒；氧化镧；氧化镨；氧化铈；醋酸镧；醋酸钕；醋酸铈；硝酸氧锆

淄博市天贶利化工有限公司

山东省淄博市临淄区人民路西首[255400]
电话：(0533)7316068；13355266958
传真：(0533)7316068　产值：1,000千元
供销电话：13606431473
经济类型：有限责任公司
法人代表：王建忠
网址：www. tkl. chem. cn
E-mail：wjz@ tkl. chem. cn
【主要产品】油墨稀释剂

淄博市新材料研究所

山东省淄博市张店区潘南西路20号[255040]
电话：(0533)3183893
传真：(0533)3181892　经济类型：国有
供销电话：3183893；3181892
职工人数：74人　法人代表：王文举
网址：www. chinachemnet. com/xincailiao
E-mail：xclyjs@ zb-public. sd. cninfo. net
【主要产品】2-叔丁基-4-甲基苯酚；6-叔丁基间甲酚；高温远红外涂料；乙酸铵；抗氧剂300；紫外线吸收剂UV-326；防老剂2246；抗氧剂2246-S；造纸用湿强剂

淄博市新阜康特种材料有限公司

山东省淄博市临淄区南王镇南阳路万通巷4号[255438]
电话：(0533)7508288；7503058
传真：(0533)7503058　职工人数：50人
供销电话：7585738　法人代表：唐曾吉
经济类型：有限责任公司
网址：www. xinfukang. com
E-mail：xfk@ xinfukang. com；jiangnm@ 21cn. com
【主要产品】氮化硼

淄博市悦成化工有限公司

山东省淄博市桓台县新城镇北[256403]
电话：(0533)8186037；13605339485
传真：(0533)8186037
经济类型：有限责任公司
法人代表：徐业成
网址：www. zbyuecheng. com
E-mail：yuecheng@ zbyuecheng. com
【主要产品】活性炭；二氧化氯；聚丙烯酸钠；阻垢分散剂；水解聚马来酸酐；氨基三亚甲基膦酸；羟基亚乙基二膦酸；水质稳定剂EDTMPS；预膜缓蚀剂；苯并三氮唑；阻垢缓蚀剂

淄博市张店齐鑫化工厂

山东省淄博市张店区湖田镇官庄村工业园[255075]
电话：(0533)2068006
传真：(0533)2072356　经济类型：集体
固定资产：3,424千元　产值：5,000千元
销售收入：4,700千元　职工人数：12人
法人代表：王成富
【主要产品】糠醇树脂；环氧树脂固化剂；溶剂油

淄博市张店雪雨化工厂

山东省淄博市张店区湖田镇南焦宋村[255075]
电话：(0533)2062811；13953322104
传真：(0533)2062811　职工人数：17人
经济类型：私营企业　法人代表：刘涛
【主要产品】氯化钙(无水)；氯化钙(二水)

淄博市周村海威特润滑油厂

山东省淄博市周村区萌水镇水磨村[255300]
电话：(0533)6885767
经济类型：私营企业　法人代表：张景永
【主要产品】导热油；压缩机油；润滑油

淄博市周村吉星化工厂

山东省淄博市周村区萌水镇[255318]
电话：(0533)6889120
传真：(0533)6883166
经济类型：私营企业　法人代表：苏同之
【主要产品】合成制动液；汽油机油；柴油机油

淄博市周村金冠润滑油厂

山东省淄博市周村区萌水镇中心大街东1号[255318]
电话：(0533)6889296；13365339488
传真：(0533)6889296　法人代表：王峰
网址：www. zbjinguan. com
E-mail：jinguan@ zbjinguan. com
【主要产品】导热油；汽油机油；柴油机油；齿轮机油；液压油

淄博市周村利源化工厂

山东省淄博市周村区北郊梅河工业园东二路[255300]
电话：(0533)6532767
传真：(0533)6533948
网址：www. liyuanchem. com. cn
E-mail：sales@ liyuanchem. com. cn
【主要产品】硼酸；硝酸钠

淄博市周村隆跃化工有限公司

山东省淄博市周村区北郊镇大美公路站院内[255314]
电话：(0533)6501686；13583303188
传真：(0533)6501686　职工人数：120人
网址：www. zblongyue. com
【主要产品】烧碱；纯碱；亚硫酸钠；硝酸锌；酸式磷酸锰

淄博市周村鲁博化工有限公司

山东省淄博市周村区北郊镇[255314]
电话：(0533)6581388
传真：(0533)6581838
经济类型：有限责任公司
法人代表：王军谋
网址：www. cn-lubo. com
E-mail：lubo@ cn-lubo. com
【主要产品】亚硫酸钠；乙醇钠；α-纤维素

淄博市周村萌山化工厂

山东省淄博市周村区萌水镇北王村[255318]
电话：(0533)6888219；13808946426
传真：(0533)6882488　经济类型：集体
职工人数：196人　法人代表：吕智育
网址：www. tkec. com. cn/company/63832. html
【主要产品】硫酸铝；钠明矾；明矾；硫酸铝铵；硫酸铵(工业级)

淄博市周村前进化工厂

山东省淄博市周村区西外环路和平村工业园[255300]
电话：(0533)6819029；13805336259
传真：(0533)6800136
法人代表：房兴民
网址：www. zbqianjin. com
E-mail：qj@ zbqianjin. com
【主要产品】硝基漆类；木器家具漆；高级聚酯漆系列；装修漆；透明腻子；硝基漆稀释剂；聚酯漆稀释剂；油漆固化剂

淄博市周村区前进助剂实验厂

山东省淄博市周村区新建西路15

鲁

号[255300]
电话:(0533)6412985
传真:(0533)6412985 经济类型:集体
供销电话:6412985;13964402605
职工人数:140人
E-mail:lw790614@ hotmail. com
【主要产品】反丁烯二酸

淄博市周村区裕源助剂厂

山东省淄博市周村区米和路476号[255300]
电话:(0533)6829285
传真:(0533)6829285 职工人数:40人
固定资产:2,500千元
经济类型:私营企业 法人代表:张学军
E-mail:fengdaoke@ mail. china. com
【主要产品】明矾;硝酸铅;醋酸钠;醋酸铅

淄博市周村穗丰农药化工有限公司

山东省淄博市周村区太和路146号[255300]
电话:(0533)6182525;6182706;6182328
传真:(0533)6181186 职工人数:408人
经济类型:股份有限公司
法人代表:张兴
网址:www. cnfengye. com
E-mail:fengye@ cnfengye. com
【主要产品】甲拌磷颗粒剂;灭线磷;灭线磷颗粒剂;辛硫磷;辛硫磷乳油;高渗吡虫啉乳油;丙溴磷;多菌灵可湿性粉剂;百菌清烟剂;硫黄胶悬剂;霜霉威;霜霉威水剂;多·硫可湿性粉剂;氰·马乳油;辛·氰乳油;乙·扑乳油;硫·酮悬浮剂;异丙草·莠悬浮剂;丁·莠悬乳剂;异丙甲·莠悬浮剂;甲拌·辛颗粒剂;高氯·柴乳油

鲁

淄博市周村天合化工有限公司

山东省淄博市周村区萌水镇[255318]
电话:(0533)6886408;6882558;13505336915
传真:(0533)6886408
固定资产:1,500千元
经济类型:有限责任公司
网址:www. yousuan. com
E-mail:tianhe@ yousuan. com
【主要产品】硬脂酸;半硬化牛脂脂肪酸;脂肪酸甲酯;斯盘80;动物油酸

淄博市淄川宝龙化工有限公司

山东省淄博市淄川区城南镇二里[255100]
电话:(0533)5180429
传真:(0533)5154929 职工人数:40人
固定资产:6,000千元
经济类型:有限责任公司
产值:10,000千元 法人代表:张天宝
销售收入:10,000千元
【主要产品】二氧化锆

淄博市淄川创业油脂化工厂

山东省淄博市淄川区商家镇馆里村[255188]
电话:(0533)5430994;13964396590
传真:(0533)5430994
经济类型:私营企业 法人代表:苗百泉
网址:www. chuangye-chem. com
E-mail:chuangye@ chuangye-chem. com
【主要产品】斯盘60;斯盘80;吐温60;吐温80;斯盘20;斯盘40;吐温20;吐温40

淄博市淄川方友化工有限公司

山东省淄博市淄川区罗村镇鲁家村4-60号[255000]
电话:(0533)5672551
传真:(0533)5682423
网址:www. fangyouchem. com
E-mail:info@ fangyouchem. com
【主要产品】乙醇钠;甲醇钠;原甲酸三乙酯;原甲酸三甲酯;乙酰氯;可膨胀石墨

淄博市淄川凤凰精细化工有限公司

山东省淄博市淄川区双凤工业园[255100]
电话:(0533)5331512;13808949829
传真:(0533)5336077;5335909
供销电话:5336066;13561692907
网址:www. chinachemnet. com/fenghuang
【主要产品】高纯超细氧化铝;甲酸;4A沸石

淄博市淄川福利化工原料厂

山东省淄博市淄川区城南镇山咀头村[255100]
电话:(0533)5752888;13906430456
传真:(0533)5752986 经济类型:集体
固定资产:10,000千元 职工人数:60人
供销电话:5752888;13953337191
供销传真:5753869 法人代表:李作迁
网址:www. chemstaple. com
E-mail:lzq@ chemstaple. com
【主要产品】硫酸;硫酸二甲酯;一硝基甲烷;盐酸羟胺;甲酸钙

淄博市淄川华海化工厂

山东省淄博市淄川区(城南镇)西外环路中段[255000]
电话:(0533)5413977
传真:(0533)5413977
供销电话:5413977;13806485977
经济类型:私营企业 法人代表:赵守德
网址:www. huahai977. com
E-mail:977@ huahai977. com
【主要产品】硼酸;硝酸钠

淄博市淄川佳洁化工有限公司

山东省淄博市淄川区[255120]
电话:(0533)5814763
传真:(0533)5814763 职工人数:30人
固定资产:5,000千元
经济类型:私营企业 产值:10,000千元
销售收入:3,000千元
法人代表:孙兆寿
【主要产品】高分子絮凝剂;聚合氯化铝

淄博市淄川区昆仑新开工业瓷厂

山东省淄博市淄川区昆仑镇泗村[255129]
电话:(0533)5780396;5780397
传真:(0533)5780378 职工人数:158人
经济类型:私营企业
销售收入:7,800千元
网址:www. xkgyc. com
E-mail:sleilei0@ 163. com
【主要产品】规整填料

淄博市淄川区社会福利五金化工厂

山东省淄博市淄川区城南镇西山村[255100]
电话:(0533)5410243
传真:(0533)5412999 经济类型:集体
供销电话:5412999 法人代表:宋德广
【主要产品】丙烯酰胺;聚丙烯酰胺;硬脂酸钙;硬脂酸钡;硬脂酸铅;硬脂酸锌;硬脂酸镉

淄博市淄川区石牛社会福利化工厂

山东省淄博市淄川区磁村镇石牛村[255192]
电话:(0533)5558246;13964396177
传真:(0533)5553666
网址:www. zbshiniu. com
【主要产品】三氯化铝

淄博市淄川塑料助剂厂

山东省淄博市淄川区锦川路3号[255138]
电话:(0533)5686069;5670156;13906432147
传真:(0533)5681038 职工人数:80人
固定资产:8,000千元 法人代表:刘东
经济类型:股份合作
产值:80,000千元
销售收入:7,800千元
网址:www. sdzyzj. com
E-mail:liudong@ sdzyzj. com
【主要产品】PVC发泡调节剂;塑料改进剂ACR;PVC加工改性剂ACR-401;PVC润滑剂

淄博市淄川五龙化工材料厂

山东省淄博市淄川区城南镇贾官村[255100]
电话:(0533)5176480
传真:(0533)5176480
固定资产:5,000千元
经济类型:中外合作经营企业
产值:10,000千元 法人代表:王际秋
销售收入:20,000千元
【主要产品】草酸;硬脂酸盐;复合稳定剂

淄博市淄川兴隆化工有限公司
山东省淄博市淄川区城南镇兴隆村西首[255110]
电话:(0533)5750668;5751093;5750593
传真:(0533)5750593
网址:www. xinglongchem. com
E-mail:xinglong@ xinglongchem. com
【主要产品】乙醇钠;甲醇钠;丙烯酰胺;二甲基二烯丙基氯化铵;聚丙烯酰胺

淄博市淄川氧化铁红厂
山东省淄博市淄川区城南镇[255100]
电话:(0533)5411468;13506435908
法人代表:宋仪荣
网址:www. shyhth. com
E-mail:yhth@ shyhth. com
【主要产品】氧化铁红

淄博双玉化工有限公司
山东省淄博市张店区东四路南首[255071]
电话:(0533)2090436;13869398208
经济类型:私营企业　产值:500 千元
职工人数:30 人　法人代表:靳玉彬
网址:www. zbsychem. com
E-mail:sales@ zbsychem. com
【主要产品】糠醇;乙酰丙酸;乙酰乙酸乙酯;乙酰丙酸乙酯;乙酰丙酸丁酯;乙酰丙酸甲酯;乙酰丙酸丙酯;乙酰乙酸甲酯;果糖酸钙

淄博顺景精细化工有限公司
山东省淄博市临淄区凤凰镇顺达工业园[255419]
电话:(0533)7600830;7600762;7606830
传真:(0533)7605223　有进出口权
经济类型:中外合资经营企业
职工人数:300 人
网址:www. zb-sj. com
E-mail:zbsjzsj@ yahoo. com. cn
【主要产品】2,3,4,5-四甲氧基甲苯;4-羟基-6-甲基烟酸;2,3,6-三溴对甲苯酚;尼氟酸;7-TMCA;(E)-4-氯-2-甲基-1-苯磺酰基-2-丁烯;头孢匹胺

淄博四泰联合化学有限公司
山东省淄博市临淄区辛化路57A 号[255434]
电话:(0533)7121666;7121888;7117788
传真:(0533)7121888;7113103
网址:www. sitaichem. com
E-mail:sales@ sitaichem. com
【主要产品】叔丁醇;清洁汽油调和剂

淄博太极工业搪瓷有限公司
山东省淄博市张店区西郊 309 国道路北[255063]
电话:(0533)2868606;2866609;13355252963
传真:(0533)2832833　有进出口权
供销电话:2837794;13395335199
经济类型:有限责任公司
网址:www. taiji-enamel. com. cn
E-mail:sales@ taiji-enamel. com
【主要产品】工业搪玻璃反应釜;搪玻璃蒸馏罐;管式过滤机;搪玻璃换热器;换热器;搪玻璃搅拌器;三足式离心机;减速机;搪玻璃储罐;Ⅰ、Ⅱ、Ⅲ类非标压力容器

淄博泰畅润滑油有限公司
山东省淄博市桓台县新城镇毛家工业园[256402]
电话:(0533)8886656;8583284;13864378480
传真:(0533)8583284
经济类型:有限责任公司
网址:www. sd-luxing. com
E-mail:luxing@ sd-luxing. com
【主要产品】芳烃溶剂油;导热油;石油钻井助剂;合脂油

淄博泰兴粉末涂料厂
山东省淄博市博山经济开发区北首[255200]
电话:(0533)5760049;4616385
传真:(0533)5761119　职工人数:80 人
网址:www. zbtaixing. com
E-mail:taixing@ zbtaixing. com
【主要产品】丙烯酸树脂;醇酸树脂;氨基烘漆;丙烯酸彩瓦漆;粉末涂料;有机硅耐高温漆;氯磺化聚乙烯防腐涂料;锤纹漆;油漆固化剂

淄博天海化工有限公司
山东省淄博市淄川区西环路中段[255110]
电话:(0533)5417599
传真:(0533)5417488
网址:www. zbthhg. com
E-mail:th@ zbthhg. com
【主要产品】丙烯酰胺;聚合氯化铝;聚丙烯酰胺干粉(阳离子型);聚丙烯酰胺干粉(阴离子型);聚丙烯酰胺干粉(非离子型);两性离子聚丙烯酰胺

淄博天锦工贸有限公司
山东省淄博市周村区太和路 319 号[255300]
电话:(0533)6196100
传真:(0533)6196101
网址:www. zbtjgm. com
E-mail:zbtjgm@ 126. com
【主要产品】聚酯树脂漆类;聚酯环氧防腐涂料;热固性粉末涂料

淄博天山化工有限公司
山东省淄博市桓台县新城镇转盘北 100 米[256403]
电话:(0533)8881796
传真:(0533)8880979
经济类型:有限责任公司
【主要产品】水质稳定剂;造纸助剂

淄博天堂山化工有限公司
山东省淄博市临淄区边河[255440]
电话:(0533)7455887;7450218;7450327
传真:(0533)7451321
网址:www. chinatts. com
E-mail:manager@ chinatts. com
【主要产品】*N*,*N*′-二叔丁基碳二亚胺;*N*,*N*′-二异丙基碳酰亚胺;*N*,*N*′-二乙基碳二亚胺;*N*,*N*′-二环己基碳二亚胺;*N*,*N*′-二叔丁基硫脲;*N*,*N*′-二乙基硫脲;*N*,*N*′-二异丙基硫脲;*N*,*N*′-二环己基硫脲;5-巯基四氮唑-1-甲烷磺酸二钠盐;阿洛西林

淄博天信搪瓷设备有限公司
山东省淄博市张店区南外环路中国财富城西邻[255063]
电话:(0533)2904448;13805331448
传真:(0533)2904588
经济类型:有限责任公司
网址:www. zbtianxin. com
E-mail:tianxin@ zbtianxin. com
【主要产品】反应釜;工业搪玻璃反应釜;搪玻璃换热器;套管换热器;列管式冷凝器;冷凝器;搪玻璃搅拌器;储罐;搪玻璃管道及配件;阀门

淄博天智化工有限公司
山东省淄博市淄川区立交桥东鲁泰文化路[255100]
电话:(0533)5288919;5288929;13053382911
传真:(0533)5288929;5288919
供销电话:5288929;13053330091
网址:www. zbtz. cn
E-mail:tianzhichem@ 21cn. com
【主要产品】亚硫酸氢钠;硫代硫酸钠;焦亚硫酸钠;二氧化锆;乳酸;醋酸钠;醋酸钠(无水)

淄博同川化工有限公司
山东省淄博市淄川区杨寨[255100]
电话:(0533)5482304
传真:(0533)5482304　职工人数:60 人
经济类型:私营企业　法人代表:艾永修
网址:www. tongchuan-chem. com
E-mail:tongchuan@ tongchuan-chem. com
【主要产品】硼酸;硫酸铜;硫酸镁(一水);硫酸镁(无水);硫酸镁

淄博同洁化工有限公司
山东省淄博市周村贾黄矿山路九号[255300]
电话:(0533)6010149;13869302406
传真:(0533)6016078
经济类型:有限责任公司
法人代表:周恒保
网址:www. tongjie-chem. com
E-mail:tongjie@ zbtongjie. com
【主要产品】铝酸钠;混凝土速凝剂

淄博万昌集团有限公司
山东省淄博市齐鲁化学工业区精细化工园[255424]
电话:(0533)2988888;2990868;7880297

传真:(0533)2091578;2990868
供销电话:2990868;13573372666
经济类型:有限责任公司　有进出口权
职工人数:880人　法人代表:高庆昌
网址:www.wanchang.com
E-mail:office@wanchang.com
【主要产品】原甲酸三乙酯;原甲酸三甲酯;二氧化硫脲;双甘膦;硫脲

淄博万杰纤维有限公司

山东省淄博市博山经济开发区[255213]
电话:(0533)4657220
传真:(0533)4653455
网址:wjxw.wanjie.com
【主要产品】涤纶短纤维;涤纶长丝

淄博万康医药化工有限公司

山东省淄博市高新技术开发区卫固镇[255084]
电话:(0533)3782768;3782968
传真:(0533)3781425
网址:www.wankangchem.com
E-mail:wankangyiyao@sina.com
【主要产品】碘化钠;碘化钾;碘酸钾;精碘;碘甲烷;*N*,*N*-二甲基甲酰胺;*N*-溴代丁二酰亚胺;碘酸;碘酸钙;碘海醇;三(三溴苯基)氰尿酸酯;2,4,6-三溴苯酚;白炭黑

淄博文盛化工有限公司

山东省淄博市周村区米山路7号[255300]
电话:(0533)6811119
传真:(0533)6811119
经济类型:有限责任公司
法人代表:宋寿云
【主要产品】蜡油;基础油;石油添加剂;燃料油

淄博五维实业有限公司

山东省淄博市桓台县建设街134号建设银行四楼[256400]
电话:(0533)8018688
传真:(0533)8011175
网址:www.wuwei.cn
E-mail:wuwei@wuwei.cn
【主要产品】硼酸锌

淄博希凯建材有限公司

山东省淄博市淄川区双沟镇[255190]
电话:(0533)5330847;5330987
传真:(0533)5330903　有进出口权
供销电话:5332211　职工人数:22人
经济类型:中外合资经营企业
【主要产品】瓷砖胶黏剂

淄博翔达化工有限公司

山东省淄博市临淄区辛化路南首[255438]
电话:(0533)7548041;7543030;7540307
传真:(0533)7548041
供销电话:7544971;7540307
经济类型:有限责任公司
法人代表:于新杰
网址:www.qxgm.com
E-mail:wyz@qxgm.com
【主要产品】甲基丙烯酸甲酯-丁二烯-苯乙烯共聚物;水泥胶乳;羧基丁苯胶乳;沥青丁苯胶乳

淄博橡塑填料厂

山东省淄博市临淄区南王经济开发区[255438]
电话:(0533)7505568;7506099;13173260789
传真:(0533)7509178;7506099
经济类型:私营企业　法人代表:李文秋
网址:www.zxschem.com
E-mail:root@zxschem.com
【主要产品】氮化硼;活性白土

淄博新农基农药化工有限公司

山东省淄博市开发区北首博丰南路[256410]
电话:(0533)8409995;8407111;8407222
传真:(0533)8409985;8407566
有进出口权　职工人数:200人
法人代表:邵长禄
网址:www.nabagro.com
E-mail:nabagro@hotmail.com
【主要产品】异噁草酮;氟磺胺草醚;苯磺隆;咪唑乙烟酸;精喹禾灵;乳氟禾草灵;乙羧氟草醚;咪唑喹啉酸

淄博新泰化工设备有限公司

山东省淄博市张店区付家村西[255000]
电话:(0533)2903061
传真:(0533)2903061　法人代表:韩军
经济类型:有限责任公司
【主要产品】蒸馏罐;真空泵;密封

淄博新万特农药有限公司

山东省淄博市淄川区城南镇前来村[255110]
电话:(0533)5750381;5753844
传真:(0533)5750514
经济类型:有限责任公司
法人代表:张卫国
【主要产品】混配复合肥料;多菌灵胶悬剂

淄博新宇集团有限公司

山东省淄博市桓台县索镇通化路137号[256400]
电话:(0533)8225010
传真:(0533)8210153　法人代表:王林
经济类型:有限责任公司
网址:www.xinyu.com.cn
E-mail:xinyu@pubil.zzbptt.sd.cn
【主要产品】硝酸;硝酸钠;亚硝酸钠;甲醛;聚乙烯农膜

淄博鑫诺新材料有限公司

山东省淄博市张店区湖田[255075]
电话:(0533)2070718;13506431216
传真:(0533)2070618
经济类型:私营企业　法人代表:毕立凯
网址:www.zbxnxc.com
E-mail:xinnuo@zbxnxc.com
【主要产品】氢氧化钙;氧化钙;色母粒;环氧大豆油

淄博鑫桥化工有限公司

山东省淄博市张店区[255075]
电话:(0533)2060699
传真:(0533)2063690　职工人数:30人
经济类型:私营企业　法人代表:张奎全
【主要产品】碳酸钙

淄博信业化工有限公司

山东省淄博市张店区昌国路东首[255071]
电话:(0533)2092289;2084499;13953359489
传真:(0533)2086800;2092289
经济类型:有限责任公司
法人代表:田大信
网址:www.xinye-chem.com
E-mail:info@xinye-chem.com
【主要产品】丙烯酰胺;*N*-羟甲基丙烯酰胺;聚丙烯酰胺

淄博兴乐化工有限公司

山东省淄博市周村区北郊镇丰乐村[255314]
电话:(0533)6500283
传真:(0533)6500389
网址:www.zbxingle.com
E-mail:sales@zbxingle.com;xingle93@hotmail.com
【主要产品】叔丁醇钠;叔丁醇钾;二碳酸二叔丁酯

淄博兴鲁化工厂

山东省淄博市周村区北郊镇大姜村[255314]
电话:(0533)6500022;6501188;6500613
传真:(0533)6500022　职工人数:150人
经济类型:股份有限公司
法人代表:石志海
网址:www.zbxlhg.com
E-mail:xlhg@zbxlhg.com
【主要产品】硫酸二甲酯;一硝基甲烷;盐酸羟胺;丙烯酸改性树脂;黏合剂;固色剂;染料印花合成增稠剂;丙烯酸树脂皮革涂饰剂

淄博星辉化工有限公司

山东省淄博市临淄区梧台镇驻地[255420]
电话:(0533)8186458;13505334429
经济类型:有限责任公司
【主要产品】盐酸

淄博星之联化工有限公司

山东省淄博市张店区中心路31号

[255000]
电话:(0533)2282832;13905334757
传真:(0533)2282859
网址:www.xingzhilian.com
E-mail:zbfetdc@zb-public.sd.cninfo.net
【主要产品】1,4-哌嗪二乙磺酸;4-羟乙基哌嗪乙磺酸;乙烯基磺酸溶液;3-(*N*-吗啉)丙磺酸;吗啉乙磺酸;三羟甲基氨基甲烷;羟胺-*N*,*N*-二(乙基磺酸钠);对苯乙烯磺酸钠;乙烯基磺酸钠;2-(*N*-吗啉)乙磺酸钠盐;甲酸乙酯;1,3-丙基磺酸内酯;聚苯乙烯磺酸钠溶液

淄博醒龙化工有限公司
山东省淄博市临淄区一诺路63号[255400]
电话:(0533)6298296
传真:(0533)6093110
经济类型:有限责任公司
法人代表:杜之平
【主要产品】次氯酸钠(液体);活性碳酸钙;消毒液

淄博旭升化工有限公司
山东省淄博市张店区昌国路良乡工业园东区1路5号[255022]
电话:(0533)2091567;13964473888
传真:(0533)2091567
网址:www.xushengchem.com
E-mail:mengxb@xushengchem.com
【主要产品】乙醇钠;乙醇钠(乙醇溶液);甲醇钠;甲醇钠(液体);草酸二乙酯

淄博亚津工贸有限公司
山东省淄博市临淄区乙烯南路26号[255411]
电话:(0533)7522500;7525555
网址:www.ziboyajin.com
E-mail:yzw@ziboyajin.com
【主要产品】亚硫酸钠

淄博耀鑫化工配件厂
山东省淄博市临淄区凤凰镇卢家[255418]
电话:(0533)7687071
经济类型:私营企业 法人代表:卢玉国
【主要产品】配件

淄博业盛化工有限公司
山东省淄博市临淄区齐都[255422]
电话:(0533)7211166
传真:(0533)7216188 职工人数:36人
固定资产:4,600千元
经济类型:私营企业 产值:30,000千元
销售收入:28,000千元
法人代表:李玉财
网址:www.ziboys.com
E-mail:yesheng@163.com
【主要产品】丙酸;丁酸;异丁酸;醋酸;醋酸丁酯

淄博一方实业有限公司特种润滑油厂
山东省淄博市临淄区朱台镇工业区[255432]
电话:(0533)7789888
传真:(0533)7789117 职工人数:26人
固定资产:5,000千元
经济类型:私营企业 产值:10,000千元
销售收入:10,000千元
法人代表:宗立谭
【主要产品】二甲苯;基础油

淄博亿腾化工有限公司
山东省淄博市淄川区杨寨工业园[255100]
电话:(0533)5492121;13964387111
传真:(0533)5492121 有进出口权
网址:www.zbytchem.com
E-mail:sales@zbytchem.com
【主要产品】氢溴酸;盐酸;溴化钠;溴化锰;3,5-二溴-4-羟基苯甲醛;2-羟基苯甲酸;醋酸;醋酸丁酯;*β*-溴苯乙烷;溴苯腈

淄博鹰特化工厂
山东省淄博市临淄区牛山路一诺路口以西[255400]
电话:(0533)7360715
传真:(0533)7185583 产值:500千元
经济类型:私营企业 法人代表:王英春
网址:zbythgc.china315.com
【主要产品】地毯施工胶黏剂

淄博永超化工有限公司
山东省淄博市周村区北郊镇[255300]
电话:(0533)6500539;6500248;13606436248
传真:(0533)6500248
网址:www.zbyongchao.cn
E-mail:zbyongchao@163.com
【主要产品】盐酸;硫酸钠;氧化锌;叔丁醇钠;叔丁醇钾;草酸;建筑用内外墙界面剂;除垢剂;缓凝剂;早强剂;减水剂;混凝土早强减水剂;混凝土减水剂;混凝土养护剂;水泥密封防水剂M1500;混凝土防水剂;混凝土复合防冻早强剂;混凝土防冻剂;脱模剂;微沫剂;混凝土速凝剂;混凝土膨胀剂;防渗剂;泵送剂;混凝土引气剂

淄博永航化工有限公司
山东省淄博市临淄区齐都镇南马村[255420]
电话:(0533)7216177
传真:(0533)7216177 产值:5,000千元
固定资产:1,000千元 职工人数:16人
供销电话:13573389588
经济类型:私营企业 法人代表:王永升
销售收入:6,000千元
网址:www.zpyhf.7su.net
【主要产品】C_{12}-C_{14}醇油酸酯;杂醇油

淄博永嘉化工有限公司
山东省淄博市临淄区乙烯路200号[255414]
电话:(0533)7170356;13306432156
传真:(0533)7517698 职工人数:100人
供销电话:13335231386
经济类型:私营企业 法人代表:薛勇
网址:www.shuguangchina.com
E-mail:wangqinghe1230@163.com
【主要产品】烧碱(固体);氯化聚乙烯135A;PVC发泡调节剂;塑料改性剂AC*R*-201;PVC加工改性剂AC*R*-401;PVC抗冲改性剂AC*R*-601

淄博永益化工有限公司
山东省淄博市张店区良乡工业园[255071]
电话:(0533)2091322;13953319601
传真:(0533)2091322
网址:zbyongyi.cn.chemnet.com/show/
【主要产品】*N*,*N'*-亚甲基双丙烯酰胺;*N*-羟甲基丙烯酰胺;聚合氯化铝;聚丙烯酰胺(胶体);造纸助留助滤剂

淄博永正化工设备有限公司
山东省淄博市张店区山泉路162号[255067]
电话:(0533)2980819;13869334076
传真:(0533)2986278 产值:3,000千元
固定资产:2,000千元 职工人数:139人
经济类型:有限责任公司
销售收入:3,000千元
法人代表:王洪财
网址:www.zbyongzheng.com
E-mail:zbyzhg@163.com
【主要产品】搪瓷反应罐

淄博元兴化工有限公司
山东省淄博市博山区冯八峪1号[255200]
电话:(0533)4159169
传真:(0533)4189541 有进出口权
经济类型:有限责任公司
法人代表:冯延国
E-mail:yuanxinghuagong@sina.com
【主要产品】二硫化碳;促进剂NA-22;促进剂PX;促进剂PZ;促进剂BZ;促进剂ZIP;促进剂DIP;二甲基二硫代氨基甲酸钠;乙基黄原酸钠;正丁基黄原酸钠;异丙基黄原酸钠;异丁基黄原酸钠;异戊基黄原酸钠;乙硫氨酯;萘磺酸甲醛缩合物;松醇油2号;乙硫氮;丁铵黑药;二甲苯基二硫代磷酸;二甲苯基二硫代磷酸钠;二苯胺基二硫代磷酸;二丁基二硫代磷酸钠

淄博远达化工有限公司
山东省淄博市齐都工业园[255422]
电话:(0533)7835777
传真:(0533)7839226
经济类型:有限责任公司
法人代表:黄长银
网址:www.zbydchem.cn
E-mail:zbyd@chem.cn;2169921@zdydchem.cn

【主要产品】溶剂油

淄博远望化工厂

山东省淄博市临淄区朱台工业园［255400］
电话：(0533)7785987；13606436983
法人代表：朱学一
网址：www. zywchem. com
E-mail：root@ zywchem. com
【主要产品】1,3-二氯丙烯；1,3-二氯丙烷；1,2-二氯丙烷

淄博增瑞化工有限公司

山东省淄博市周村区王村镇双沟村［255300］
电话：(0533)6167818；13789892599
传真：(0533)6167818
网址：zengrui. chemnet. com
E-mail：zengrui@ chemnet. com
【主要产品】1,3-二氯丙烯；3,5,6-三氯吡啶-2-醇钠

淄博增盛化工有限公司

山东省淄博市张店区湖田镇南焦宁波村北［255075］
电话：(0533)2060591；13355230255
传真：(0533)2070591
职工人数：68 人
固定资产：4,000 千元
经济类型：有限责任公司
产值：10,000 千元
法人代表：毕青锋
销售收入：10,000 千元
网址：www. chaoxihuoxingtansuangai. com. cn
【主要产品】活性超细碳酸钙；活性碳酸钙

淄博张店东方化学股份有限公司

山东省淄博市张店区东四路南首［255071］
电话：(0533)2081515；2081517；2083216
传真：(0533)2081515 有进出口权
固定资产：60,000 千元
经济类型：股份有限公司
产值：220,000 千元 职工人数：350 人
销售收入：200,000 千元
法人代表：王宝庆
网址：www. chinachemnet. com/orientchem
E-mail：ddhgzj@ zb-public. sd. cninfo. net
【主要产品】硫酸铝；糠醇；3-氯-2-羟丙基三甲基氯化铵；丙烯酰胺；丙烯酰胺水合液；*N*,*N′*-亚甲基双丙烯酰胺；丁苯吡胶乳；*N*-羟甲基丙烯酰胺；聚丙烯酰胺；聚丙烯酰胺(胶体)；造纸助留助滤剂

淄博张店弘利超微细粉体厂

山东省淄博市张店区湖田镇南焦宋村北［255075］
电话：(0533)2063321
经济类型：私营企业 法人代表：王涛
【主要产品】超细轻质碳酸钙；超细重质碳酸钙；活性超细碳酸钙

淄博张店湖田新兴重钙厂

山东省淄博市张店区湖田镇南焦宋村北［255075］
电话：(0533)2061802；13355230312
传真：(0533)2061802 职工人数：40 人
经济类型：股份合作 法人代表：毕贞孟
【主要产品】重质碳酸钙；滑石粉；氧化钙

淄博张店金泉化工厂

山东省淄博市张店区湖田镇上湖村［255075］
电话：(0533)2061592
传真：(0533)2061592
供销电话：13953313954
经济类型：私营企业 法人代表：于金贵
网址：www. jinquanchem. com
E-mail：jinquanchem@ 163. com
【主要产品】氢氧化钙；重质碳酸钙；活性超细碳酸钙；轻质活性碳酸钙；氧化钙

淄博张店君臣化工厂

山东省淄博市张店沣水镇昌城村［255071］
电话：(0533)2091178；13355255837
传真：(0533)2091178 产值：6,903 千元
固定资产：1,029 千元 职工人数：50 人
经济类型：私营企业 法人代表：王臣
销售收入：5,900 千元
【主要产品】甲基丙烯酰胺；4-甲基苯甲酸；对甲基苯甲酰氯

淄博张店丽龙化工厂

山东省淄博市张店区湖田镇南焦宋村［255075］
电话：(0533)2061803
传真：(0533)2070598
法人代表：孙传祥
【主要产品】碳酸钙；活性重质碳酸钙；活性超细碳酸钙；活性碳酸钙；氯化聚乙烯；PVC 填料

淄博张店鑫沣生物化工厂

山东省淄博市张店区沣水镇张三村［255071］
电话：(0533)2081660；2081181；13708941153
传真：(0533)2081660 职工人数：150 人
法人代表：高国强
网址：www. zbxfsh. net
E-mail：ggq@ zbxfsh. net
【主要产品】L-丝氨酸；L-苹果酸；L-丙氨酸；L-天门冬氨酸；L-天门冬氨酸镁；L-天门冬氨酸钙；L-天门冬氨酸钾；L-天冬氨酸钠；L-天门冬氨酸锌；L-色氨酸；聚天门冬氨酸

淄博兆凯化工有限公司

山东省淄博市淄川区昆新路 30 号［255129］
电话：(0533)5781847
传真：(0533)5781847
网址：www. zbzhaokai. com
E-mail：username@ domainname. com
【主要产品】硫酸铜；过氧化氢；环烷酸；二甲胺；代森铵水溶液；福美锌；促进剂 CZ；促进剂 TETD；促进剂 TMTD；促进剂 ZDC；促进剂 PZ；促进剂 BZ

淄博照新化工有限公司

山东省淄博市淄川区昆仑镇昆新路 4 号［255129］
电话：(0533)5780816；2553169；13305335948
传真：(0533)2553159；
固定资产：33,000 千元
经济类型：私营企业 产值：80,000 千元
职工人数：120 人 法人代表：孙兆新
网址：www. zbzxhg. com
E-mail：zhaoxin@ zbzxhg. com
【主要产品】硫酸铝；二氧化锆；环烷酸钴；环烷酸盐催干剂

淄博真空泵厂有限公司

山东省淄博市张店山泉路 129 号［255022］
电话：(0533)2980329；2984121
传真：(0533)2988392
经济类型：有限责任公司
网址：www. zbvp. com
E-mail：zbvacuump@ zbvp. com
【主要产品】真空泵

淄博真空设备厂有限公司

山东省淄博市博山区双山街 160 号［255200］
电话：(0533)4159140；4182962；4650617
传真：(0533)4180391；4653227
固定资产：100,000 千元
经济类型：股份有限公司
产值：120,000 千元 法人代表：黄毅
销售收入：110,000 千元
E-mail：czssv@ czssv. com
【主要产品】盘式连续干燥机；SZG 系列双锥回转真空干燥机；振动流化床干燥机；真空耙式干燥机；真空干燥机；压缩机；真空压缩机；水环式压缩机；真空泵；旋片式真空泵；水环式真空泵；往复式真空泵

淄博振河塑胶化工有限公司

山东省淄博市张店区昌国路东段［255071］
电话：(0533)2091859
传真：(0533)2091839
经济类型：有限责任公司
法人代表：赵振河
【主要产品】乙酰氯；苯乙酰氯；苯甲酰氯；橡胶同步带；窄 V 带；聚合氯化铝；废纸脱墨剂

淄博镇荣工贸有限公司

山东省淄博市张店区湖罗路沣泉煤井西［255071］

鲁

电话:(0533)2083619;2084148;
13082712032
传真:(0533)2084148;3186069
职工人数:55 人
网址:www.sinoluyi.com
E-mail:sales@sinoluyi.com;
info@sinoluyi.com
【主要产品】对碘苯甲醚;特戊酸;草酸单乙酯酰氯;乙酰氯;苯乙酰氯;糠酰氯;丁酰氯;己二酰氯;2-甲基丙烯酰氯;对溴苯酚;特戊酰氯;正己酰氯;异丁酰氯;硫酸铵

淄博正德建筑装饰材料有限公司

山东省淄博市临淄区梧台镇工业区[255420]
电话:(0533)7661648;7669648
传真:(0533)7663648　职工人数:130 人
供销电话:7661648;7661087
供销传真:7661648　法人代表:刘建利
经济类型:有限责任公司
网址:www.zhengdechem.com
【主要产品】芳烃溶剂油;万能胶;PVC塑胶布;古马隆树脂;石油树脂

淄博中海安龙化工科技有限公司

山东省淄博市临淄区化工工业园[255400]
电话:(0533)6090311;6090312
传真:(0533)6090301
网址:www.csarrow.com
E-mail:sales@csarrow.com
【主要产品】异戊烯;叔丁醇;ATC-01 型固体催化剂;清洁汽油调和剂;烃水促溶剂

淄博中凯化工有限公司

山东省淄博市博山区[255200]
电话:(0533)5690537;13589558980
传真:(0533)5690537
网址:zhongkai.chemnet.com
E-mail:zhongkai@chemnet.com
【主要产品】乙醇钠;甲醇钠

淄博中森化工有限公司

山东省淄博市张店区张一工业园工业1路5号门[255071]
电话:(0533)2087006;13953304611
传真:(0533)2090303
网址:www.zhongsenchem.com
E-mail:info@zhongsenchem.com
【主要产品】丙烯酰胺;*N*,*N*′-亚甲基双丙烯酰胺;骨架蓝色铜催化剂;*N*-羟甲基丙烯酰胺;聚丙烯酰胺;聚合氯化铝;聚丙烯酰胺干粉(阳离子型);聚丙烯酰胺干粉(阴离子型);聚丙烯酰胺干粉(非离子型);两性离子聚丙烯酰胺

淄博中银化工有限公司

山东省淄博市淄川区罗村镇聂村[255138]
电话:(0533)5690417;13969390006
传真:(0533)5690417
网址:www.zhongyinchem.com
E-mail:info@zhongyinchem.com
【主要产品】乙醇钠;甲醇钠

淄博助友石油化工有限公司

山东省淄博市周村区萌水镇三衣工业园[255318]
电话:(0533)6887797;6886797;6885797
传真:(0533)6884609
经济类型:有限责任公司
法人代表:刘克训
网址:www.zhuyoulube.com
【主要产品】基础油;导热油;工业齿轮油;冷冻机油;抗磨液压油;压缩机油

淄川诚达化工厂

山东省淄博市淄川区[255100]
电话:(0533)5980176
传真:(0533)5130130　职工人数:70 人
供销电话:13505335060
经济类型:私营企业　法人代表:许兆明
E-mail:chengdahg@163.com
【主要产品】硬脂酸钠;硬脂酸钙;硬脂酸锌;硬脂酸镁

枣庄市

山东海化煤业化工有限公司

山东省枣庄市薛城区临泉路68号[277000]
电话:(0632)4411382-80080;4460096
传真:(0632)4412032　有进出口权
供销电话:4412047;4681352
供销传真:4466570;4412032
经济类型:有限责任公司
企业规模:大型　职工人数:2,100 人
法人代表:丁忠民
网址:www.xccoke.com
E-mail:xccoke@xccoke.com
【主要产品】甲醇;煤气;粗苯;煤焦油;焦炭

山东力华防水建材有限公司

山东省滕州市平行南路76号[277500]
电话:(0632)5699450;5699298
传真:(0632)5699275　职工人数:526 人
固定资产:80,000 千元
供销电话:5699259　法人代表:朱应力
经济类型:有限责任公司
网址:www.sdlihua.com
E-mail:sdlihua@vip.163.com
【主要产品】氯化聚乙烯-橡胶共混防水卷材;聚氨酯涂料;三元乙丙橡胶防水卷材黏合剂;胶辊;高分子复合防水卷材

山东鲁南瑞虹化工仪器有限公司

山东省滕州市荆河中路206号[277500]
电话:(0632)5513127;5582138
传真:(0632)5581056　有进出口权
供销电话:5581056;5581054
供销传真:5581056;5570896
经济类型:有限责任公司
职工人数:306 人　法人代表:朱瑞林
E-mail:inrhhgiq@163.net
【主要产品】化工设备

山东神工化工股份有限公司

山东省枣庄市薛城区松江路[277019]
电话:(0632)8695788
传真:(0632)4414588　有进出口权
固定资产:220,000 千元
供销电话:8695688;13012661540
经济类型:股份有限公司
产值:300,000 千元　职工人数:1,000 人
法人代表:杨尚海
网址:www.shengongchem.com
E-mail:shengongchem@vip.163.com
【主要产品】硫酸;三氯化铝;9,10-蒽醌;D-蒽醌

山东省泰和水处理有限公司

山东省枣庄市市中区西王庄[277100]
电话:(0632)3460157;3460159;5113088
传真:(0632)3460156　职工人数:60 人
经济类型:私营企业　法人代表:程终发
网址:www.th-chem.com;
www.thwater.com
E-mail:th@th-chem.com
【主要产品】氢氧化铵;十二烷基二甲基苄基氯化铵;乙二胺四亚甲基膦酸;聚丙烯酸钠;聚丙烯酸;丙烯酸-丙烯酸羟丙酯共聚物;灰水阻垢剂;2-膦酸丁烷-1,2,4-三羧酸;磺-丙共聚物;AA-MA-AMPS-次磷酸四元共聚物;水解聚马来酸酐;氨基三亚甲基膦酸;多氨基多醚基亚甲基膦酸;羟基亚乙基二膦酸;2-羟基膦酰基乙酸;水质稳定剂EDTMPS;二乙烯三胺五亚甲基膦酸;复合型杀菌剂;无磷助洗剂;苯并三氮唑;阻垢缓蚀剂

山东省滕州瑞达化工有限公司

山东省滕州市荆河西路96号[277500]
电话:(0632)5682222
传真:(0632)5582140
固定资产:300,000 千元
供销电话:5682380　企业规模:大型
经济类型:有限责任公司
销售收入:360,000 千元
职工人数:1,100 人　法人代表:陈庆洪
网址:www.rdhg.com.cn
E-mail:rdhg@rdhg.com
【主要产品】合成氨;尿素;碳酸氢铵;复合肥

山东省滕州瑞达焦化有限公司

山东省滕州市荆河西路98号

鲁

[277500]
电话:(0632)5887308
传真:(0632)5887308
供销电话:5887225 企业规模:大型
供销传真:5886990 职工人数:1,431 人
经济类型:有限责任公司
法人代表:冬瑞芹
网址:www.rdjh.com.cn
E-mail:rdjh@rdjh.com.cn
【主要产品】煤气;粗苯;煤焦油;焦炭

山东省滕州市国安化工有限公司

山东省滕州市东沙河镇[277511]
电话:(0632)5051681;5051881;13806325967
传真:(0632)5051681
【主要产品】4-甲苯磺酸;3-氯-2-丁酮;4-氯苯胺;对氯苯胺盐酸盐;4-甲苯磺酰氯;氰亚胺荒酸二甲酯;3-巯基-1,2,4-三氮唑;盐酸氮芥;盐酸氯己定

山东省滕州市滕宝化工有限责任公司

山东省滕州市级索镇千佛阁村[277518]
电话:(0632)2439207;13806379386
传真:(0632)2439593
固定资产:50,000 千元
经济类型:有限责任公司
产值:30,000 千元 法人代表:王宜真
网址:www.tengbaochem.com
E-mail:sales@tengbaochem.com
【主要产品】苯甲酸;苯甲酸钠;丙酸钙;丙酸钠;金属清洗剂

山东滕州东信精细化工厂

山东省滕州市振兴路魏园街 36 号[277500]
电话:(0632)5681989
传真:(0632)5681979
经济类型:私营企业 法人代表:胡孝东
E-mail:huxiaodong@qingdaonews.com
【主要产品】苯甲酸;苯甲酸钾;乳酸钠;苯甲酸钙;苯甲酸钠;山梨酸钾;丙酸钙;丙酸钠;苯甲酸锌

山东滕州悟通香料有限责任公司

山东省滕州市文昌路 151 号[277500]
电话:(0632)5658328;5658329
传真:(0632)5658327 有进出口权
经济类型:有限责任公司
法人代表:卫舒平
网址:www.wu-tong.com
E-mail:tzwt@wu-tong.com
【主要产品】1,2-环氧丁烷;2,3-环氧丁烷;5-甲基-2-乙酰基呋喃;2-乙酰基呋喃;2-甲基-3-呋喃硫醇;2-甲基-3-甲硫基呋喃;2-甲基四氢呋喃-3-硫醇;2-乙基吡啶;2-乙酰噻吩;2-乙酰基吡啶;3-乙酰基吡啶;2-丙基吡啶;2-乙酰基吡咯;*N*-甲基-2-乙酰基吡咯;*N*-乙基-2-乙酰基吡咯;吡嗪;2-巯基吡嗪;5,6,7,8-四氢喹喔啉;2-甲基噻吩;2,5-二甲基-3-乙酰基噻吩;2-甲氧基吡啶;2-乙氧基吡啶;2-甲硫基吡啶;2-巯基噻唑;5-甲基糠醛;5-羟甲基糠醛;聚三乙醛;3,4-二甲氧基苯甲醛;3-甲硫基丁醛;异丁醇;异戊醇;L-2-甲基丁醇;1-辛烯-3-醇;叔壬基醇;丙醇;苄硫醇;3-巯基-2-丁醇;1,3-丙二硫醇;1,2-丁二硫醇;2,3-丁二硫醇;1,6-己二硫醇;3,4-己二硫醇;叔壬基硫醇;异丁硫醇;正丁硫醇;二烯丙基二硫;二丁基硫醚;烯丙基硫醚;烯丙基甲基硫醚;甲基乙基硫醚;乙硫醚;二叔壬基硫醚;正十二烷基硫醚;异戊酸;咖啡酸;阿魏酸;巯基丙酸;硫代糠酸;硫代乙酸丙酯;硫代丁酸甲酯;2,3-戊二酮;3-羟基-2-丁酮;3,4-己二酮;4-甲硫基-2-丁酮;2-甲基四氢呋喃-3-酮;3-氯-2-丁酮;碘乙烷;碘甲烷;4-乙基苯硫酚;2-苯硫代乙醇;二甲基二甲氨基氯硅烷;二甲基二硫;二甲基硫醚;2,4,5-三甲基噻唑;2-甲基噻唑;4-甲基噻唑;2,4-二甲基噻唑;4-甲基-5-羟乙基噻唑;2-异丁基噻唑;2-异丁基-4-甲基噻唑;4-甲基-5-(2-乙酰氧乙基)噻唑;4-甲基-5-乙烯基噻唑;2-乙基-4-甲基噻唑;对叔丁基苯乙酸甲酯;2,4-二甲基-5-乙酰基噻唑;2-异丙基-4-甲基噻唑;4,5-二甲基-2-异丁基-3-噻唑啉;正丁基亚砜;4-乙基愈创木酚;2-乙酰基噻唑;4,5-二甲基噻唑;2-溴代噻唑;2-甲基吡嗪;3-甲硫基丙酸甲酯;乙酸糠酯;丁二酸二乙酯;二糠基二硫;二糠基硫醚;糠基甲基硫醚;糠基硫醇;糠基异丙基硫醚;异丙基糠基醚;3-甲硫基丙酸乙酯;硫代丙酸糠酯;硫代丁酸糠酯;硫代甲酸糠酯;硫代糠酸甲酯;硫代乙酸糠酯;硫代乙酸乙酯;硫代乙酸甲酯;硫代乙酸苄酯;硫代乙酸-2-苯基乙酯;硫代丙酸乙酯;硫代丙酸苄酯;2-糠硫基-3(5/6)-甲基吡嗪;2-甲氧基噻唑;2-甲硫基噻唑;2-糠硫基噻唑;2-乙氧基噻唑;3-甲硫基丙醇;3-甲硫基丙醛;甲基(2-甲基-3-呋喃基)二硫;双(2-甲基-3-呋喃基)二硫;异香兰素;2-甲氧基吡嗪;2-乙氧基吡嗪;2,3-二乙基吡嗪;2,3-二乙基-5-甲基吡嗪;2,6-二甲基吡嗪;2,3,5-三甲基吡嗪;2,3,5,6-四甲基吡嗪;2,3-二甲基吡嗪;2-甲硫基-3(5/6)-甲基吡嗪;2-甲氧基-3(5/6)-甲基吡嗪;2-甲氧基-3-仲丁基吡嗪;2-乙氧基-3(5/6)-甲基吡嗪;2-乙酰基吡嗪;2-甲氧基-3-异丁基吡嗪;2-甲氧基-3-异丙基吡嗪;2-乙酰基-3-乙基吡嗪;2-乙酰基-3-甲基吡嗪;2-乙基吡嗪;2-甲硫基吡嗪;2-乙基-3-甲基吡嗪;2-乙基-3,5(6)-二甲基吡嗪;2-甲基-3(5/6)-甲氧基吡嗪;2,3-二甲基-5-乙基吡嗪;四氢噻吩-3-酮;二聚巯基丙酮;4-甲基-4-糠硫基-2-戊酮;3-巯基-2-丁酮;烟酮

山东天立集团枣庄康净化工有限公司

山东省枣庄市市中区解放南路 20 号[277103]
电话:(0632)3292781;3269493
传真:(0632)3269493 职工人数:100 人
固定资产:590 千元 法人代表:孙青松
供销电话:3262514;3292582
经济类型:有限责任公司
网址:www.slqchem.com
E-mail:slqchem@slqchem.com
【主要产品】十二烷基二甲基苄基氯化铵;水解聚马来酸酐;氨基三亚甲基膦酸;羟基亚乙基二膦酸;甲基苯并三氮唑;阻垢缓蚀剂

山东亨元精细化工有限公司

山东省枣庄市山亭区桑村镇工业开发区[277211]
电话:(0632)8612388
传真:(0632)8613399 职工人数:360 人
固定资产:60,000 千元
网址:www.sdhyhg.com
E-mail:sdhyhg@sdhyhg.com
【主要产品】玉米淀粉;变性淀粉

山东辛化(集团)公司

山东省滕州市东郭镇辛绪工业区[277533]
电话:(0632)3822277;2529217
传真:(0632)3822277;2529282
固定资产:218,000 千元 有进出口权
供销电话:2529217;13336378960
经济类型:有限责任公司
职工人数:486 人 法人代表:仇荣林
网址:www.xinxuchem.com
【主要产品】硅酸钠;硅胶

山东志达化工有限公司

山东省枣庄市市中区枣庄经济开发区长江路 33 号[277100]
电话:(0632)3266988
传真:(0632)3266388 有进出口权
固定资产:260,000 千元
供销电话:13963276186
供销传真:3276546 企业规模:大型
经济类型:股份有限公司
法人代表:王德志
网址:www.zhidahuagong.net
E-mail:zhidahg@163.net;zhidahg@tom.com
【主要产品】聚丙烯酸酯浆料;柔软剂;浆料;涤纶浆料;牛仔布专用浆料;无甲醛固色剂;渗透剂;双氧水稳定剂;浆纱油剂;氧化交联淀粉;淀粉磷酸酯;淀粉醋酸酯;淀粉;变性淀粉

滕州吉田香料有限公司

山东省滕州市龙阳镇工业园区[277532]
电话:(0632)2031499;2032499;13706326999
传真:(0632)2033499 有进出口权
供销电话:2031499;13706326999
经济类型:股份有限公司

网址：www.tzjitian.com；www.ji-tian.com
E-mail：tengzhou@ji-tian.com
【主要产品】5-甲基-2-乙酰基呋喃；2-乙酰基呋喃；2-甲基-3-呋喃硫醇；2-甲基-3-甲硫基呋喃；2-巯基吡啶；2-乙酰噻吩；2-乙酰基吡啶；3-乙酰基吡啶；2,6-二甲基吡啶；2-乙酰基吡咯；*N*-甲基-2-乙酰基吡咯；*N*-乙基-2-乙酰基吡咯；*N*-糠基吡咯；吡嗪；5,6,7,8-四氢喹喔啉；2,5-二甲基-3-乙酰基噻吩；2-甲氧基吡啶；2-乙氧基吡啶；2-甲硫基吡啶；2-糠硫基吡啶；2-巯基噻唑；2-呋喃基丙烯醛；5-甲基糠醛；3-甲硫基丁醛；吡咯-2-甲醛；3-巯基-2-丁醇；1,6-己二硫醇；甲基异丙基二硫醚；二甲基三硫；二甲基四硫醚；二丁基硫醚；二丙基四硫醚；乙硫醚；二苄基硫醚；硫代乙酸丙酯；2-糠酸甲酯；2-糠酸乙酯；硫代丁酸甲酯；2-甲基四氢呋喃-3-酮；碘甲烷；二甲基二硫；二甲基硫醚；4-甲基-5-噻唑甲酸乙酯；4-甲基-5-噻唑甲酸甲酯；2-氯吡嗪；2-甲基-4,5-二氢-1,3-噻唑；2,4,5-三甲基噻唑；2-甲基噻唑；4-甲基噻唑；2,4-二甲基噻唑；4,5-二甲基噻唑；4-甲基-5-羟乙基噻唑；2-异丁基噻唑；4-甲基-5-(2-乙酰氧乙基)噻唑；4-甲基-5-乙烯基噻唑；2-乙酰基噻唑；2-乙基-4-甲基噻唑；2-乙基-4,5-二甲基噻唑；2-溴噻唑；2,4-二甲基-5-乙酰基噻唑；4-甲基-5-乙酰基噻唑；2-异丙基-4-甲基噻唑；4,5-二甲基-2-异丁基-3-噻唑啉；3-甲硫基己醇；丙酸四氢糠酯；乙酸糠酯；乙酸四氢糠酯；二糠基二硫；二糠基硫醚；糠基甲基硫醚；糠基硫醇；糠基异丙基硫醚；硫代丙酸糠酯；硫代糠酸甲酯；硫代乙酸糠酯；硫代乙酸乙酯；2-糠硫基-3(5/6)-甲基吡嗪；2-糠硫基吡嗪；2-甲基-3(5/6)-糠硫基吡嗪；2-甲氧基噻唑；2-甲硫基噻唑；2-糠硫基噻唑；2-乙氧基噻唑；3-甲硫基丙醇；3-甲硫基丙醛；4-乙基愈创木酚；2-仲丁基吡嗪；2-甲氧基吡嗪；2-乙氧基吡嗪；2,3-二乙基吡嗪；2,3-二乙基-5-甲基吡嗪；2,6-二甲基吡嗪；2,3,5-三甲基吡嗪；2,3,5,6-四甲基吡嗪；2,3-二甲基吡嗪；2-甲硫基-3(5/6)-甲基吡嗪；2-甲氧基-3(5/6)-甲基吡嗪；2-甲氧基-3-仲丁基吡嗪；2-乙氧基-3(5/6)-甲基吡嗪；2-乙酰基吡嗪；2-甲氧基-3-异丁基吡嗪；2-甲氧基-3-异丙基吡嗪；2-乙酰基-3-乙基吡嗪；2-乙酰基-3-甲基吡嗪；2-乙基吡嗪；2-异丁基吡嗪；2-甲硫基吡嗪；2-甲基吡嗪；2,5-二甲基吡嗪；2-乙基-3-甲基吡嗪；2-乙基-3,5(6)-二甲基吡嗪；2-甲基-3(5/6)-甲氧基吡嗪；2-异丙基吡嗪；2-乙烯基吡嗪；四氢噻吩-3-酮；3-巯基-2-丁酮

滕州市奥龙化工有限公司

山东省滕州市鲍沟镇盛亚园区［277522］
电话：(0632)2662168
传真：(0632)2662587　　有进出口权
经济类型：有限责任公司
法人代表：闵康懿
网址：www.aolongchem.com
E-mail：info@aolongchem.com；almky@163.com
【主要产品】苯甲酸；苯甲酸钾；苯甲酸钠；山梨酸钾；丙酸钙；安赛蜜

滕州市瑞得丰精细化工有限公司

山东省滕州市界河镇民营经济园［277531］
电话：(0632)2727536；2727896；13562236767
传真：(0632)2727536
供销电话：2727788
供销传真：2727788
网址：www.readchem.com
E-mail：hyhqah@yeah.net
【主要产品】三聚氰酸；硫酸铵；三(环氧丙基)异氰尿酸酯

滕州市润隆香料有限公司

山东省滕州市益康大道南首南沙河工业园区［277500］
电话：(0632)5956699；5956899
传真：(0632)5956799　　职工人数：80 人
网址：www.tzrunlong.com
E-mail：runlong@chemnet.com
【主要产品】2-乙酰基吡咯；*N*-甲基-2-乙酰基吡咯；*N*-乙基-2-乙酰基吡咯；5,6,7,8-四氢喹喔啉；2-异丙基-4-甲基噻唑；2,3-二乙基-5-甲基吡嗪；2,6-二甲基吡嗪；2,3,5-三甲基吡嗪；2,3,5,6-四甲基吡嗪；2,3-二甲基吡嗪；2-甲氧基-3-仲丁基吡嗪；2-乙酰基吡嗪；2-甲氧基-3-异丁基吡嗪；2-乙基吡嗪；2-甲硫基吡嗪；2-甲基吡嗪；2,5-二甲基吡嗪；2-乙基-3-甲基吡嗪

滕州市腾龙化工有限责任公司

山东省滕州市洪绪镇龙庄工业区［277512］
电话：(0632)5911699；5913299；5911886
传真：(0632)5913299
网址：www.tztenglong.com
E-mail：tl@tztenglong.com
【主要产品】苯甲酸；苯甲酸(药用)；苯甲酸钾；苯甲酸钠

滕州市通达海藻工程技术有限责任公司

山东省滕州市大同北路北首 6 号［277500］
电话：(0632)5515756；5530219
传真：(0632)5593992
法人代表：孔文
网址：www.td-hz.com
E-mail：td-hz@163.com
【主要产品】卡拉胶(食品级)

滕州市香源化工有限责任公司

山东省滕州市南沙河前房工业区［277513］
电话：(0632)5959488；13906329459
传真：(0632)5959499
经济类型：有限责任公司
网址：www.xiangyuanchem.com
E-mail：xiangyuanchem@163.com
【主要产品】5-甲基-2-乙酰基呋喃；2-乙酰基呋喃；2-甲基-3-呋喃硫醇；2-甲基-3-甲硫基呋喃；2-甲基四氢呋喃-3-硫醇；2-乙基吡啶；3-乙基吡啶；噻吩；2-乙酰基吡啶；3-乙酰基吡啶；2-乙酰基吡咯；*N*-甲基-2-乙酰基吡咯；*N*-乙基-2-乙酰基吡咯；5,6,7,8-四氢喹喔啉；2-乙酰基噻吩；5-甲基糠醛；苄硫醇；3-巯基-2-丁醇；2,3-丁二硫醇；1,6-己二硫醇；二烯丙基二硫；二烯丙基硫醚；二丁基硫醚；2-甲基四氢呋喃-3-酮；二甲基二硫；二甲基硫醚；2,4,5-三甲基噻唑；4-甲基噻唑；2,4-二甲基噻唑；4,5-二甲基噻唑；4-甲基-5-羟乙基噻唑；4-甲基-5-(2-乙酰氧乙基)噻唑；4-甲基-5-乙烯基噻唑；2-乙基-4-甲基噻唑；2,4-二甲基-5-乙酰基噻唑；4,5-二甲基-2-异丁基-3-噻唑啉；二糠基二硫；二糠基硫醚；糠基甲基硫醚；糠基硫醇；硫代甲酸糠酯；硫代乙酸糠酯；2-糠硫基-3(5/6)-甲基吡嗪；3-甲硫基丙醇；3-甲硫基丙醛；甲基(2-甲基-3-呋喃基)二硫；双(2-甲基-3-呋喃基)二硫；4-乙基愈创木酚；2,3-二乙基吡嗪；2,6-二甲基吡嗪；2,3,5-三甲基吡嗪；2,3,5,6-四甲基吡嗪；2-甲硫基-3(5/6)-甲基吡嗪；2-甲氧基-3-仲丁基吡嗪；2-乙氧基-3(5/6)-甲基吡嗪；2-乙酰基吡嗪；2-甲氧基-3-异丁基吡嗪；2-乙酰基-3-乙基吡嗪；2-乙酰基-3-甲基吡嗪；2-乙基吡嗪；2,5-二甲基吡嗪；2-乙基-3-甲基吡嗪；2-甲基-3(5/6)-甲氧基吡嗪；2,3-二甲基-5-乙基吡嗪；四氢噻吩-3-酮；二聚巯基丙酮；4-甲基-4-糠硫基-2-戊酮；3-巯基-2-丁酮

滕州市制胶化工厂

山东省滕州市姜屯镇［277500］
电话：(0632)5012388
传真：(0632)5012388
职工人数：136 人
固定资产：9,600 千元
网址：www.sdtzzj.com
E-mail：huagong@tengzhou.net
【主要产品】骨粉；骨胶；工业明胶

滕州天祥香精香料有限公司

山东省滕州市荆河韩桥经济技术开发区［277500］
电话：(0632)5607875
传真：(0632)5608987
网址：www.sd-tx.com.cn
E-mail：info@sdtianxiang.net
【主要产品】5,6,7,8-四氢喹喔啉；4-甲基-5-羟乙基噻唑；2,3-二乙基-5-甲基吡嗪；2,6-二甲基吡嗪；2,3,5-三甲基吡嗪；2,3,5,6-四甲基吡嗪；2,3-二甲基吡嗪；2-甲氧基-3(5/6)-甲基吡嗪；2-乙酰基吡嗪；2-甲基吡嗪；2,5-二甲

鲁

基吡嗪;2-乙基-3-甲基吡嗪

滕州香池化工原料有限公司

山东省滕州市南沙河镇北池村[277513]
电话:(0632)5969498
传真:(0632)5969498 经济类型:集体
固定资产:12,609 千元
供销电话:5969498;5969222
供销传真:5969879;5969498
产值:64,386 千元 职工人数:318 人
销售收入:58,745 千元
法人代表:王玉明
【主要产品】磷酸;三聚磷酸钠;六偏磷酸钠;塑料编织袋;洗衣膏

滕州银丰化工有限公司

山东省滕州市南界河[277531]
电话:(0632)2722051;2712616
传真:(0632)2722208 有进出口权
供销电话:2722052;13793700099
经济类型:有限责任公司
法人代表:邵长银
网址:www. tzyfchemical. com
E-mail:tcca@ 163. com
【主要产品】三氯异氰尿酸;三聚氰酸;二氯异氰尿酸钠;硫酸铵;混配复合肥料;1-溴-3-氯-5,5-二甲基海因

滕州永兴化工有限责任公司

山东省滕州市木石镇[277527]
电话:(0632)2358147;2362655
传真:(0632)2358245;2358147
固定资产:27,000 千元
供销电话:2358147;2358606
经济类型:有限责任公司
职工人数:150 人 法人代表:宋志伟
网址:www. yongxingchem. com
E-mail:yxhg_tz@ sina. com;tzyxhg@ 163. com
【主要产品】一甲胺(40%);二甲胺;三甲胺;氯化胆碱

兖矿鲁南化肥厂

山东省滕州市木石镇[277527]
电话:(0632)2362035
传真:(0632)2362065 经济类型:国有
固定资产:1,600,000 千元 有进出口权
供销电话:2362396 企业规模:大型
供销传真:2363801 法人代表:褚宏春
网址:www. lunangroup. com
E-mail:info@ lunangroup. com
【主要产品】碳酸钾;硫黄;甲醇;液氨;尿素

枣庄联力铁合金有限公司

山东省枣庄市双山路 142 号[277142]
电话:(0632)3782961;3782958
传真:(0632)3782961
经济类型:股份有限公司
法人代表:侯贺雷
E-mail:xijingwangzi@ 163. com
【主要产品】锰铁;锰硅合金;电石

枣庄麒彩手性药物化学有限公司

山东省枣庄市薛城工业区张桥小学西[277000]
电话:(0632)5192770;4676300
传真:(0632)5192780 法人代表:周伟
经济类型:有限责任公司
网址:www. chiral. cn
E-mail:chiral@ chiral. cn
【主要产品】(*S*)-(-)-2-氯丙酸;(*R*)-(+)-2-氯丙酸;D-酒石酸;L-苹果酸;D-丙氨酸;L-丙氨酰-L-谷氨酰胺

枣庄市德宏化工有限公司

山东省枣庄市东郊[277100]
电话:(0632)3466996;3467888
传真:(0632)3466996
法人代表:王德明
网址:www. dh-hg. com
E-mail: wdml7888 @ zz-public. sd. cninfo. net
【主要产品】纸品乳液;聚丙烯酰胺干粉(阳离子型);造纸用消泡剂;氧化交联淀粉;变性淀粉

枣庄市东涛化工技术有限公司

山东省枣庄市市中区朱子埠矿院内[277122]
电话:(0632)3536777;3536598;13806371780
传真:(0632)4075206
网址:www. dongtaochem. com
E-mail:info@ dongtaochem. com
【主要产品】乙二胺四亚甲基膦酸;2-膦酸丁烷-1,2,4-三羧酸;氨基三亚甲基膦酸;羟基亚乙基二膦酸;二乙烯三胺五亚甲基膦酸

枣庄市丰元化工有限公司

山东省枣庄市台儿庄化工园区[277400]
电话:(0632)6611675;6656106
传真:(0632)6600888
有进出口权
供销电话:6611799;6611675
经济类型:有限责任公司
销售收入:280,000 千元
职工人数:1,500 人
法人代表:赵光辉
网址:www. fengyuanchem. com
E-mail:info@ fengyuanchem. com
【主要产品】硝酸;硝酸钠;草酸

枣庄市富锦塑料有限公司

山东省枣庄市山亭区富川南路 10 号[277000]
电话:(0632)8812312;8811545
传真:(0632)8811487
固定资产:8,000 千元
经济类型:有限责任公司
产值:50,000 千元 法人代表:彭兴友
网址:www. zz-ss. com
E-mail:pxy@ zz-ss. com;sl@ zz-ss. com
【主要产品】多功能膜;地膜;除草地膜;防渗膜;塑料编织袋

枣庄市河海水处理化工有限公司

山东省枣庄市市中区十里泉西路 6 号[277100]
电话:(0632)3317220;3260295;13306323268
传真:(0632)3260295 法人代表:陈艳
经济类型:有限责任公司
网址:www. hehaichem. com
E-mail:hh@ hehaichem. com
【主要产品】工业水处理剂

枣庄市清泉化工有限公司

山东省枣庄市市中区清泉中路 18 号[277103]
电话:(0632)3276040
传真:(0632)3264078 职工人数:500 人
供销电话:3266448 法人代表:沈飞
经济类型:股份合作
【主要产品】液氨(工业用);甲醇(精);甲醇;甲醛;三聚氰胺;氮肥;合成氨;碳酸氢铵

枣庄市世纪新星化工有限责任公司

山东省枣庄市薛城区泰山中路 30 号[277000]
电话:(0632)4411418;13188922792
传真:(0632)4418289 有进出口权
供销电话:4411418;13806324001
经济类型:有限责任公司
法人代表:杨家玺
网址:www. sl-resin. com
E-mail:luck1030@ 126. com
【主要产品】三聚酸;水溶性丙烯酸树脂;苯溶型聚酰胺树脂;醇溶性聚酰胺树脂;塑印油墨防冻液

枣庄市翔宇淀粉有限公司

山东省枣庄市台儿庄区马兰[277412]
电话:(0632)6711135;6711149
传真:(0632)6711999
网址:www. xiangyudianfen. com
E-mail:xydf@ xiangyudianfen. com
【主要产品】聚丙烯酸酯浆料;玉米淀粉;阳离子淀粉;淀粉磷酸酯;变性淀粉

枣庄市鑫鹏泡花碱厂

山东省枣庄市山亭区城头镇石沟村[277212]
电话:(0632)8718299;8711028
传真:(0632)8718299 法人代表:徐鹏
供销电话:13326377985
经济类型:私营企业
【主要产品】硅酸钠;硅酸钠(液体)

枣庄天元精细化工有限公司

山东省枣庄市薛城区天山南路明河街 22 号[277000]

电话:(0632)4430988;4411869
传真:(0632)4415911　有进出口权
固定资产:28,000 千元　法人代表:赵靖
供销电话:4411869;4461828
经济类型:有限责任公司
职工人数:300 人
网址:www. sdzzty. com
E-mail:zztytb@ sdzzty. com
【主要产品】硫酸亚铁;云母钛珠光颜料;钛白粉(锐钛型)

枣庄永利化工有限公司

山东省枣庄市市中区齐村镇[277100]
电话:(0632)3557388
传真:(0632)3557388
网址:www. lylchem. com
E-mail:lyl@ lylchem. com ; yl@ lylchem. com
【主要产品】硝酸钡;氯化钡;碳酸钡;碳酸锶

东营市

德士力(东营)化工有限公司

山东省东营市西三路 168 号齐龙大厦 505 号[257000]
电话:(0546)8910505;8910606;13515466108
传真:(0546)8910606　有进出口权
供销电话:8609006;8910606
经济类型:外商独资
网址:www. deslead. com
E-mail:deslead@ 263. net
【主要产品】环氧地坪涂料;自流平环氧地坪涂料;地坪涂料;砂浆地坪涂料;防静电地坪涂料;耐磨地坪涂料

东辰(集团)化工有限公司

山东省东营市永莘路 98 号[257506]
电话:(0546)2061716;2068256
传真:(0546)2061716　经济类型:集体
固定资产:60,000 千元　有进出口权
职工人数:110 人
网址:www. dongchens. com
E-mail:bzengxin2005@ 126. com
【主要产品】甲醛;甲醛溶液;新戊二醇;麦角固醇;石蜡;93 号无铅汽油;壳聚糖;氨基葡萄糖盐酸盐;强效杀菌剂;高分子阳离子净水剂;6 号抽提溶剂油;聚合醇;堵水剂;防砂堵水剂;降黏剂;清防蜡剂;清蜡剂;油田酸化缓蚀剂;油田驱油剂;阻垢缓蚀剂;污水缓蚀剂;阻垢剂;清洗剂;油漆工业用溶剂油

东营东方化学工业有限公司

山东省东营市胜坨镇[257506]
电话:(0546)8741521;8741381
传真:(0546)8742574　职工人数:258 人
固定资产:30,000 千元　法人代表:谭璋
经济类型:中外合资经营企业
【主要产品】破乳剂;降黏剂;清蜡剂;黏土稳定剂;咪唑啉缓蚀剂;阻垢剂

东营华泰化工集团公司

山东省东营市东城东二路 2 号[257091]
电话:(0546)8351964;8351605
传真:(0546)8351967　有进出口权
固定资产:1,200,000 千元
供销电话:8352222;8351605
供销传真:8351967;8351605
经济类型:有限责任公司
销售收入:1,000,000 千元
企业规模:大型　法人代表:李建华
网址:www. huatai. com
E-mail:hthg@ 163. com
【主要产品】盐酸;烧碱;过氧化氢;氯气(液);3-氯丙烯

东营鲁能方大精细化学工业有限责任公司

山东省东营市垦利县振兴路东首[257500]
电话:(0546)2522855;8195778
传真:(0546)2525666　职工人数:168 人
供销传真:8195778　法人代表:温云芳
经济类型:股份有限公司
网址:www. china0546. com/gongshang/382
E-mail:xiaoshou@ lunengfdhg. com
【主要产品】粉末涂料

东营胜邦塑胶有限公司

山东省东营市南二路 226 号[257067]
电话:(0546)8182169;8180153
传真:(0546)8180158
固定资产:260,000 千元
供销电话:6078888-8805
供销传真:6038264　法人代表:王友印
经济类型:有限责任公司
网址:www. vicomepipe. com
E-mail:sbplas@ vicomepipe. com
【主要产品】聚乙烯管

东营胜利绿野农药化工有限公司

山东省东营市河口区仙河镇[257237]
电话:(0546)8584229;8583867
传真:(0546)8583060　有进出口权
供销电话:8583060　法人代表:邓永宝
经济类型:有限责任公司
【主要产品】吡虫啉可湿性粉剂;唑蚜威;阿特拉津;甲草胺;甲草胺乳油;乙草胺;乙草胺乳油;多·福可湿性粉剂;乙·扑乳油;福·甲硫可湿性粉剂

东营石油化工厂

山东省东营市东营区史口镇郝纯路西[257015]
电话:(0546)8281448
传真:(0546)8281448　经济类型:国有
供销电话:8281446　职工人数:415 人
法人代表:杨晓宏
网址:www. chinaccm. com/member/04/dongying/dong
E-mail:sddysh@ public. dyptt. sd. cn
【主要产品】石油液化气;70 号汽油;90 号汽油;0 号柴油;溶剂油;重交沥青

东营市博美特化工有限责任公司

山东省东营市经济开发区一类工业园渭河路[257091]
电话:(0546)8739295
传真:(0546)8739300　有进出口权
固定资产:16,000 千元　职工人数:80 人
经济类型:有限责任公司
法人代表:缪辉
网址:www. bromatechem. com
E-mail:mh@ bromatechem. com
【主要产品】氢溴酸;溴化钠;溴化钙;溴化锂;溴化锌;溴酸钠;溴酸钾;溴化钾;溴化铵

东营市达伟塑化有限责任公司

山东省东营市开发区二类工业园东二路 789 号[257091]
电话:(0546)8354816;13854617099
传真:(0546)8354816
网址:www. dydwsh. com
E-mail:webmaster@ dydwsh. com
【主要产品】甲基丙烯酸丁酯;甲基丙烯酸异丁酯;甲基丙烯酸二甲氨基乙酯

东营市德邦高分子科技有限公司

山东省东营市开发区徐州路西十三号支路北[257091]
电话:(0546)8056688
传真:(0546)8056697
网址:www. top-paint. com
【主要产品】金属面漆;高弹性外墙乳胶漆;硅丙水性罩光漆;外墙半光乳胶漆;氟碳漆;荷叶外墙漆;水性防锈底漆;环保水性木器底漆;水性木器漆;木器腻子;水性色浆

东营市东营区盛达化工厂

山东省东营市海河路 16 号(职业学院北侧)[257091]
电话:(0546)8060790
传真:(0546)8060504　经济类型:集体
供销电话:13706364743
法人代表:孙海军
网址:www. dysdhg. com
E-mail:sdchem@ tom. com
【主要产品】亚氯酸钠;二氧化氯

东营市方圆实业有限责任公司

山东省东营市垦利县胜坨镇驻地[257506]
电话:(0546)2061328
传真:(0546)2061888
供销电话:8742094　法人代表:苟文民
经济类型:股份合作

鲁

网址:www.fy-chemical.com
E-mail:fy@fy-chemical.com
【主要产品】丙烯酸树脂乳液;建筑乳液;油漆;106 内墙涂料;水性多彩涂料;真石漆;瓷釉涂料;水泥漆;内外墙水泥漆;高级水泥地板漆;荧光涂料色浆;聚醋酸乙烯乳液胶黏剂;107 胶

东营市丰源化工有限责任公司

山东省东营市东二路[257102]
电话:(0546)8833588
传真:(0546)8833820
网址:www.fychem.cn
E-mail:info@fychem.cn
【主要产品】烧碱(固体);亚硫酸氢钠;亚硫酸钠;硫代硫酸钠;焦亚硫酸钠

东营市广北炭黑有限责任公司

山东省东营市广饶县丁庄镇广北农场三分场[257347]
电话:(0546)6402558
传真:(0546)6402368 有进出口权
经济类型:有限责任公司
【主要产品】中超耐磨炉黑 N220;高耐磨炭黑 N330;快压出炉炭黑 N550;低结构快压出炭黑 N539;炭黑 N660;新工艺炭黑 N110 系列;新工艺炉炭黑 N375;炭黑 N234

东营市海科气分有限责任公司

山东省东营市东营史口镇郝纯路西[257105]
电话:(0546)8288032
供销电话:8596740 有进出口权
经济类型:有限责任公司
职工人数:546 人
法人代表:张在忠
【主要产品】丙烯

东营市海科新源化工有限责任公司

山东省东营市胜利工业园[257100]
电话:(0546)8188557;8182959;8182956
传真:(0546)8182389 有进出口权
供销电话:8182956;8182959
供销传真:8183959
法人代表:杨晓宏
经济类型:股份有限公司
网址:www.chinadmc.com
E-mail:market@chinadmc.com
【主要产品】1,2-丙二醇;异丙醇;碳酸二甲酯;碳酸丙烯酯

东营市恒丰橡塑有限公司

山东省东营市广饶县大王镇[257335]
电话:(0546)6891565;6877688
传真:(0546)6891621
供销电话:6891621;6893593
经济类型:有限责任公司
网址:www.hengfengchina.com
E-mail:hf@hengfengchina.com
【主要产品】载重汽车斜交轮胎;轻型运输车辆轮胎;无内胎轮胎;工程机械轮胎;农用车辆轮胎;胶管

东营市恒锐新技术开发有限责任公司

山东省东营市东二路 91 号胜大工业园内[257102]
电话:(0546)8833767;13505468731
传真:(0546)8833762 职工人数:27 人
经济类型:有限责任公司
产值:15,000 千元 法人代表:孙振忠
网址:www.chinahengrui.com
E-mail:info@chinahengrui.com
【主要产品】氨基磺酸;氯乙基磺酸钠;三氟乙醇;依维菌素

东营市恒星化工有限责任公司

山东省东营市东二路 91 号[257102]
电话:(0546)8833640;8833289
传真:(0546)8833640 有进出口权
经济类型:有限责任公司
法人代表:程立芳
E-mail:sdhx@sohu.com
【主要产品】DL-色氨酸;β-丙氨酸;肌酸乙酯;磷酸肌酸二钠盐

东营市恒益化工有限责任公司

山东省东营市西城油郭工业园西四路南首[257103]
电话:(0546)8615339
传真:(0546)8615339 职工人数:50 人
供销电话:13356626802
供销传真:8615339;8120125
经济类型:有限责任公司
法人代表:王明云
网址:www.dyhy168.com
E-mail:wangxiaohui717@163.com;root@dyhy168.com
【主要产品】γ-氯丙基三氯硅烷;烯丙基三乙氧基硅烷;氯化聚乙烯;橡胶黏合剂;硅烷偶联剂;橡胶芳烃油

东营市华安化工有限责任公司

山东省广饶县西水集团工业园区[257300]
电话:(0546)6497386;6506398
传真:(0546)6506009
固定资产:12,500 千元
职工人数:105 人
网址:www.und.cn
E-mail:huaandy@263.com
【主要产品】塑料制品;橡胶芳烃油

东营市华侨橡塑有限责任公司

山东省东营市广饶县大王镇[257335]
电话:(0546)6891017;6891591
传真:(0546)6892998 有进出口权
固定资产:8,500 千元 职工人数:350 人
经济类型:有限责任公司
销售收入:30,000 千元
法人代表:李云章
网址:huaqiao.und.com.cn
【主要产品】摩托车轮胎;胶管

东营市华星防水材料厂

山东省东营市广饶县大王镇转盘北 3 公里[257335]
电话:(0546)6891623
传真:(0546)6891623
经济类型:私营企业 法人代表:延增顺
【主要产品】聚乙烯丙纶复合防水卷材;SBS 防水卷材;防水油膏

东营市金河化工有限责任公司

山东省东营市广饶县城南 4 公里[257300]
电话:(0546)6910666;6910555
传真:(0546)6910666 职工人数:58 人
固定资产:3,500 千元
经济类型:有限责任公司
法人代表:燕会营
E-mail:wangzw112233@sina.com
【主要产品】橡胶芳烃油;溶剂油(橡胶工业用)

东营市金华石油助剂有限责任公司

山东省东营市华山路北段地质院丰收村[257055]
电话:(0546)8368019
传真:(0546)8368019
网址:www.jhsyzj.com
E-mail:webmaster@jhsyzj.com
【主要产品】聚醚系列;乳化剂;破乳剂

东营市利明石油化工有限公司

山东省东营市高新技术开发区[257000]
电话:(0546)8224569
传真:(0546)8224569 职工人数:50 人
供销电话:13361518288
供销传真:7771226 法人代表:李振波
经济类型:有限责任公司
网址:lizhens-86.wchem.com
【主要产品】碳酸二甲酯;破乳剂;汽油抗爆剂;缓蚀剂

东营市联成化工有限责任公司

山东省东营市东二路 2 号[257091]
电话:(0546)8351605;8353622
传真:(0546)8351605 有进出口权
供销电话:8351730 职工人数:300 人
经济类型:有限责任公司
法人代表:李建华
E-mail:wqm2001@163.com
【主要产品】盐酸;二氯异丙醇;丙三醇;环氧氯丙烷;3-氯丙烯;1,3-二氯丙烷;D-D 混剂

东营市瑞丰化工厂

山东省东营市华山路 68 号[257055]
电话:(0546)8360481
传真:(0546)8360498
网址:www.rfchem.cn

鲁

【主要产品】纳米乳液；四溴双酚A；四溴双酚S；八溴醚；八溴S醚；钻井液降滤失剂；钻井液用强包被剂

东营市润达化工有限公司

山东省东营市河口区海盛路北首[257200]
电话：(0546)3881006
传真：(0546)3882098　有进出口权
供销电话：3881006；3880158
经济类型：有限责任公司
职工人数：100人　法人代表：李忠信
网址：www. runda-chem. com
E-mail：info@ runda-chem. com
【主要产品】2,4,5-三氟苯甲酸；3-羟基-2,4,5-三氟苯甲酸；3-甲氧基-2,4,5-三氟苯甲酸；2,3,4,5-四氟苯甲酸；五氟苯甲酸；*R*-(+)-叔丁基亚磺酰胺；*S*-(-)-叔丁基亚磺酰胺；双联新戊二醇硼酸酯；双联频哪醇硼酸酯；双联邻苯二酚硼酸酯；(1R,2S)-1-氨基-2-茚醇；(1S,2R)-(-)-1-氨基-2-茚醇

东营市太平洋化工有限责任公司

山东省东营市开发区沂州路43号[257091]
电话：(0546)7692606；13518666568
传真：(0546)8334557　职工人数：100人
经济类型：有限责任公司
产值：10,000千元　法人代表：张胜利
网址：www. pacific-sd. com
E-mail：wangjx818@ 163. com
【主要产品】氢溴酸；溴化钠；溴化钙；溴化锂；溴化锌；溴酸钠；溴酸钾；溴化钾；溴化铵

东营市信德化工有限责任公司

山东省东营市西刘桥开发区[257338]
电话：(0546)6412999；13561069666
传真：(0546)6413777
法人代表：张玉刚
网址：www. xbaixing. com
E-mail：xinde@ sdhchina. com
【主要产品】瓜尔胶粉(食品级)；羟丙基瓜尔胶粉

东营市信义化工有限公司

山东省东营市广饶县大王经济开发区[257335]
电话：(0546)6880819-8600；6880799
传真：(0546)6880822；6880799
经济类型：股份有限公司　有进出口权
法人代表：李俊福
E-mail：xinyihuagongchang@ 163. com
【主要产品】石油钻井助剂；润滑油；防冻液

东营市谊海工贸有限责任公司

山东省东营市垦利县胜坨镇[257506]
电话：(0546)2068905；2071300
传真：(0546)2068392　职工人数：256人
固定资产：50,000千元
网址：www. sd-yihai. com
E-mail：sd-yihai@ sd-yihai. com
【主要产品】塑钢门窗；絮凝剂；白炭黑

东营市珠峰化工厂

山东省东营市广饶县高新区[257336]
电话：(0546)6500555
传真：(0546)6500555
法人代表：徐家义
【主要产品】二硫化钼；锂基润滑脂；钙基润滑脂

东营泰宏化工有限公司

山东省东营市广饶县大王镇经济工业园李桥西[257335]
电话：(0546)6877288；13805330546
传真：(0546)7728658
经济类型：有限责任公司
法人代表：李建华
【主要产品】橡胶芳烃油；石油钻井助剂

东营天东生化工业有限公司

山东省东营市南二路1236号[257067]
电话：(0546)8188829
传真：(0546)8186333；8182829
供销电话：8188829；8180302
供销传真：8182829；8180302
经济类型：与港澳台商合资经营
有进出口权　职工人数：262人
法人代表：杨晓宏
网址：www. td-pharm. com
E-mail：market@ td-pharm. com
【主要产品】肝素钠

东营万象化工有限责任公司

山东省东营市利津县经济开发区[257400]
电话：(0546)7708966；13325068601
传真：(0546)7708966　职工人数：120人
网址：www. wanxiangchem. com
E-mail：info@ wanxiangchem. com
【主要产品】辛烷；四氢呋喃；1,4-丁二醇；γ-丁内酯

东营旭业化工有限公司

山东省东营市河口经济开发区[257200]
电话：(0546)3633129
传真：(0546)3632729　职工人数：300人
供销电话：(0536)6772188
供销传真：(0536)6772199
网址：www. xuyechem. com
E-mail：sales@ xuyechem. com
【主要产品】间苯二甲酸二甲酯；间苯二甲酸二甲酯-5-磺酸钠；间苯二甲酸-5-磺酸锂；间苯氧基苯甲醛；间苯二甲酸-5-磺酸钠；间苯二甲酸-5-磺酸；氯化聚乙烯；氯化聚氯乙烯树脂；间苯二甲酸二乙酯

东营银桥化工有限公司

山东省东营市广饶县辛桥工业园区[257342]
电话：(0546)6261123；6263189
传真：(0546)6263897
网址：www. bridgesd. com
E-mail：yqjt@ bridgesd. com
【主要产品】二氯乙酸；三氯乙酸；三氯乙酸甲酯；二氯乙酸乙酯；三氯乙酸乙酯；二氯乙酰氯；三氯乙酰氯

东营中一橡胶有限公司

山东省东营市大王经济技术开发区[257093]
电话：(0546)6890999；6890666；13854689000
传真：(0546)6890988
供销电话：6890666；6697888
网址：www. zhongyirubber. com
【主要产品】输水胶管；压缩空气胶管；耐热胶管；吸水胶管

广饶海丰盐化有限公司

山东省东营市广饶县盐区[257346]
电话：(0546)6522869；13505463409
传真：(0546)6521093　职工人数：600人
固定资产：60,000千元
供销电话：6522869；6521386
经济类型：有限责任公司
法人代表：郭光东
网址：www. dyhaifeng. com
E-mail：yutai@ hi2000. com
【主要产品】烧碱(固体)；纯碱；氯化钙；工业盐；溴素；溴化阻燃型环氧树脂

广饶县大王镇兴达化工厂

山东省东营市广饶县大王镇邓家村[257335]
电话：(0546)6885522；13906473255
传真：(0546)6885522　职工人数：15人
经济类型：私营企业　法人代表：杨永建
【主要产品】烧碱；油酸钠皂

广饶县福利树脂厂

山东省广饶县稻庄镇[257300]
电话：(0546)6498078；13963363556
传真：(0546)6497212　有进出口权
固定资产：58,000千元
经济类型：股份有限公司
职工人数：530人　法人代表：朱其泉
网址：www. dongshenghg. com
E-mail：dshg8@ 263. net
【主要产品】二聚酸；硬脂酸；植物油脂肪酸；苯溶型聚酰胺树脂；醇溶性聚酰胺树脂；聚酰胺热熔胶；植物油酸；动物油酸

广饶县金岭公司化工厂

山东省东营市广饶大王经济技术开发区[257335]
电话：(0546)6881219；6882730
传真：(0546)6881718　有进出口权
经济类型：股份有限公司
职工人数：138人　法人代表：赵曰岭
网址：www. jinlingchina. com

鲁

E-mail:jl@ jinlingchina.net
【主要产品】盐酸;烧碱;氯气(液);环氧氯丙烷;3-氯丙烯;瓜尔胶粉(食品级);羟丙基瓜尔胶粉

广饶县盐化工业集团总公司

山东省东营市广饶县盐区[257346]
电话:(0546)6521100;6442462
职工人数:800人　法人代表:李延丰
网址:www.sd-guangyan.com
【主要产品】烧碱(固体);原盐;氯化钙;氯化镁;溴素;溴化阻燃型环氧树脂

广饶县永晟特种油化工有限公司

山东省东营市广饶县立交桥南200米路东[257300]
电话:(0546)6916758
传真:(0546)6916368
经济类型:有限责任公司
法人代表:杨德东
【主要产品】橡胶填充油;机械油;润滑油

鲁

华亚(东营)塑胶有限公司

山东省东营市东城东二路27号[257091]
电话:(0546)8305240;8305238-511;8305238
传真:(0546)8307178　有进出口权
供销电话:8305238-501,504,506
经济类型:与港澳台商合资经营
法人代表:杨英灿
网址:www.hydyplst.com.cn
E-mail:huaya@ hydyplst.com.cn
【主要产品】聚乙烯管;聚氯乙烯管材;PP-R管材管件

垦利三合新材料科技有限责任公司

山东省东营市垦利县经济技术开发区[257500]
电话:(0546)2889233;2881196
传真:(0546)2889233
固定资产:80,000千元
供销传真:2881602　法人代表:张松房
网址:www.sahootech.com
E-mail:lengliang@ 163.net
【主要产品】超细轻质碳酸钙;轻质活性碳酸钙;氨基酸;白炭黑

利华益集团股份有限公司

山东省东营市利津县大桥路86号[257400]
电话:(0546)5621310;5685658;5612178
传真:(0546)5621310　有进出口权
固定资产:6,000,000千元
供销电话:5620402;5629811
供销传真:5621310;5629811
经济类型:股份有限公司
企业规模:大型　职工人数:5,000人
法人代表:徐云亭
网址:www.lihuayi.com
E-mail:lihuayi@ lihuayi.com
【主要产品】丙烯;甲基叔丁基醚;苯酐;原油;石油液化气;石脑油;加氢汽油;汽油;渣油;柴油;加氢柴油;蜡油;消毒液

山东宝莫生物化工股份有限公司

山东省东营市西四路416号[257000]
电话:(0546)7775277;7775258;7775280
传真:(0546)7775200　有进出口权
固定资产:260,000千元
供销电话:7775222;7775258
供销传真:7773708　职工人数:605人
经济类型:有限责任公司
法人代表:夏春良
网址:www.slcapam.com.cn
E-mail:polymer@ 263.net.cn
【主要产品】交联剂;聚丙烯酰胺;聚丙烯酰胺干粉(阳离子型);聚丙烯酰胺干粉(阴离子型);石油破乳剂;耐温耐盐聚丙烯酰胺;钻井液用增黏剂

山东贝斯特化工有限公司

山东省广饶县经济技术开发区[257300]
电话:(0546)6444138;6455139
传真:(0546)6455139　有进出口权
网址:www.sd-best.com
E-mail:sd-best@ sohu.com
【主要产品】中超耐磨炉黑N220;高耐磨炭黑N330;快压出炉炭黑N550;低结构快压出炭黑N539;炭黑;炭黑N660;新工艺炉炭黑N339;新工艺炉炭黑N375;炭黑N234

山东博森精细化工有限公司

山东省东营市北郊工业园区[257500]
电话:(0546)2666788;2666266;13082609156
传真:(0546)2666266
网址:www.bosenchem.com
E-mail:bs001@ bosenchem.com
【主要产品】4,5-二氰基咪唑;对羟基苯乙醇;对羟基苯乙酸;对氨基苯乙酸;4-甲氧基苯基丙酮;2-甲氧基苯基丙酮;1-溴-3,5-二甲基金刚烷;5-硝基吲唑;*N*-甲基-3-苯基-3-羟基丙胺;叠氮化钠;1-氨基-3,5-二甲基金刚烷;1-乙酰氨基-3,5-二甲基金刚烷;三苯基膦;对羟基苯乙酸乙酯;度洛西汀盐酸盐;西酞普兰草酸盐;西酞普兰氢溴酸盐;盐酸美金刚胺

山东大明塑料型材有限公司

山东省东营市东营区西四路349号[257000]
电话:(0546)8772740;8787971;8793736
传真:(0546)8225784　有进出口权
供销电话:8558417;7550093
供销传真:8796977　法人代表:王建民
经济类型:有限责任公司
网址:www.dmxc.com
E-mail:Market@ dmxc.com
【主要产品】聚氯乙烯门窗型材

山东东昌精细化工科技有限公司

山东省东营市经济开发区胜利油田工业园[257109]
电话:(0546)8596815;8596003;13562260911
传真:(0546)8596815
网址:www.chinanmt.com
E-mail:howru@ chinanmt.com
【主要产品】甲基环戊二烯三羰基锰;环戊二烯三羰基锰

山东东辰生物工程股份有限公司

山东省东营市永莘路98号[257506]
电话:(0546)2068598
传真:(0546)2068598　有进出口权
固定资产:100,000千元
经济类型:股份有限公司
职工人数:205人
网址:www.dongchens.com
E-mail:dc@ dongchens.com
【主要产品】新戊二醇;麦角固醇;透明质酸;透明质酸钠;透明质酸钙;壳聚糖;维生素D2;D-氨基葡萄糖

山东东方华龙集团公司

山东省东营市广饶县经济技术开发区团结路801号[257300]
电话:(0546)6455176;6929300;6929305
传真:(0546)6511044;6929308
固定资产:450,000千元　有进出口权
供销电话:6455176;6929328
供销传真:6450276　职工人数:1,000人
经济类型:有限责任公司
法人代表:刘德信
网址:www.sdhualong.cn
【主要产品】4A沸石;絮凝剂;降黏剂;防膨剂;沥青

山东广河精细化工有限责任公司

山东省东营市河口经济开发区[257200]
电话:(0546)3637888;3637666
传真:(0546)3637888　职工人数:100人
网址:www.guanghegroup.com
【主要产品】甲醛;新戊二醇;甲酸钠

山东海科化工集团

山东省东营市东营区博新路西侧[257105]
电话:(0546)8288032
传真:(0546)8288448　职工人数:975人
经济类型:其他内资　法人代表:杨晓宏
销售收入:1,500,000千元
网址:www.sinohi-tech.cn
【主要产品】烧碱;异丙醇;碳酸二甲酯;钙基润滑脂;常减压装置

山东海科胜利电化有限公司

山东省东营市东二路618号[257091]
电话:(0546)8351040;8352483;8351344
传真:(0546)8351635　有进出口权
固定资产:120,000千元
经济类型:有限责任公司
销售收入:150,000千元
职工人数:320人　法人代表:张在忠
网址:www.dysldh.com
E-mail:dyhelj@dy-public.sd.cninfo.net
【主要产品】盐酸;烧碱;离子膜烧碱;硫酸钡;次氯酸钠;氯气(液)

山东和利时石化科技开发有限公司

山东省东营市垦利县胜坨镇永莘路69号[257506]
电话:(0546)2071377;2071369
传真:(0546)2071368　职工人数:182人
网址:www.sdhelishi.com
E-mail:helishi@sdhelishi.com
【主要产品】丙烷;丁烷;正戊烷;异戊烷;6号抽提溶剂油;溶剂油(橡胶工业用);油漆工业用溶剂油

山东华泰化工集团

山东省东营市东城东二路二号[257091]
电话:(0546)8351964
固定资产:1,200,000千元　有进出口权
经济类型:有限责任公司
产值:10,000,000千元
销售收入:10,245,200千元
企业规模:大型　职工人数:1,000人
法人代表:魏立志
网址:www.huatai.com
【主要产品】烧碱;过氧化氢;氧化铝;环氧氯丙烷

山东华星石油化工集团有限公司

山东省东营市大王镇华星工业园[257335]
电话:(0546)6872990;6872660
传真:(0546)6873918;6872661
供销电话:6872653;6882688
经济类型:有限责任公司　有进出口权
产值:6,645,000千元
销售收入:6,600,000千元
企业规模:大型　职工人数:1,200人
法人代表:聂仁卿
网址:www.dyhx.com
E-mail:huaxing@dyhx.com
【主要产品】硫黄;正丁醇;原油;汽油;溶剂油200号;柴油;重油;白油;聚丙烯;油酸钠皂;润滑油;建筑石油沥青;道路石油沥青

山东佳泰石油化工有限公司

山东省东营市东营区郝纯路[257019]
电话:(0546)8596881
传真:(0546)8597020
供销电话:(0531)85180627
供销传真:(0531)85180615
网址:www.slzychem.com;
www.jiatai168.com
E-mail:info@jiatail168.com
【主要产品】四氢呋喃;1,4-丁二醇;马来酸二甲酯;丁二酸二甲酯;顺丁烯二酸酐;γ-丁内酯

山东金岭化工集团股份有限公司

山东省东营市大王经济技术开发区[257335]
电话:(0546)6881881;6881219;6881718
传真:(0546)6881881;6881718
固定资产:4,000,000千元　有进出口权
供销电话:6881881;6882976
经济类型:股份有限公司
企业规模:大型　职工人数:3,000人
法人代表:赵曰岭
网址:www.shandongjinling.cn
E-mail:washingtonmiao@hotmail.com
【主要产品】盐酸;盐酸(精制);烧碱;离子膜烧碱;氯气(液);环氧丙烷;二氯甲烷;三氯甲烷;四氯化碳;3-氯丙烯;一硝基苯;苯胺;羟丙基瓜尔胶粉

山东金宇轮胎有限公司

山东省东营市大王开发区[257335]
电话:(0546)6858833;6858888;6881015
传真:(0546)6882376　有进出口权
固定资产:2,000,000千元
供销传真:6878135　职工人数:800人
经济类型:有限责任公司
法人代表:延万华
网址:www.jinyutyres.com
E-mail:suny@jinyutyres.com;
juhy@jinyutyres.com
【主要产品】子午线无内胎轮胎;轿车斜交轮胎;半钢子午线轮胎

山东垦利石化有限责任公司

山东省东营市垦利县利河路299号[257500]
电话:(0546)2528264;2528284
传真:(0546)2528105　有进出口权
固定资产:3,000,000千元
供销电话:2523034;2529973
供销传真:2528105;2528573
经济类型:有限责任公司
企业规模:大型　法人代表:黄传宝
网址:www.klsh.com
E-mail:klsh8670@163.com
【主要产品】硫氢化钠;玻璃纤维;丙烯(合成级);甲醇;原油;石油液化气;90号汽油;柴油;聚丙烯;原料油;燃料油

山东胜海化工股份有限公司

山东省东营市东营区西四路598号[257000]
电话:(0546)8615533;8615555;8615531
传真:(0546)8612915;8616655
经济类型:股份有限公司　有进出口权
销售收入:120,000千元
职工人数:68人　法人代表:张俊林
网址:www.shenghaichem.com
E-mail:shenghai@shenghaichem.com
【主要产品】已烷;2-甲基戊烷;正戊烷;环戊烷;异戊烷;溶剂油200号;戊烷发泡剂;6号抽提溶剂油;溶剂油120号

山东胜通集团股份有限公司

山东省东营市垦利县胜坨镇[257506]
电话:(0546)2061312
传真:(0546)2061326　有进出口权
固定资产:1,425,000千元
经济类型:股份有限公司
企业规模:大型　职工人数:2,260人
法人代表:王秀生
网址:www.shengtong.cn
E-mail:webmaster@shengtong.com
【主要产品】δ-层状结晶二硅酸钠;铝塑复合管;聚氯乙烯玻璃钢复合管道;石油钻井助剂;缓蚀剂

山东省东营国丰精细化工有限责任公司

山东省东营市东营区五分场[257029]
电话:(0546)8833717;13515462786
传真:(0546)8833717
网址:www.gfchem.cn
E-mail:webmaster@gfchem.cn
【主要产品】二氯异丙醇;甲基丙烯酸丁酯;丙烯酸羟丙酯;丙烯酸羟乙酯;3-氯-2-羟丙基三甲基氯化铵;环氧丙基三甲基氯化铵;二甲基二烯丙基氯化铵;聚丙烯酰胺干粉(阳离子型);阳离子瓜尔胶;阳离子淀粉

山东省东营市金友来工贸有限责任公司

山东省东营市垦利开发区东首[257500]
电话:(0546)2562962
传真:(0546)2882206
经济类型:私营企业
网址:www.klxy.com
E-mail:klxy@klxy.com
【主要产品】纯丙乳液;苯丙乳液;建筑乳液;压敏胶胶黏剂

山东省东营市银桥金属颜料厂

山东省东营市广饶县辛桥工业园区[257342]
电话:(0546)6261202;6261863
传真:(0546)6261351　职工人数:150人
网址:www.bridgesd.com
E-mail:yqjt@bridgesd.com
【主要产品】铝银浆

山东省东营远大化工有限公司

山东省东营市南二路1118号胜利工业园[257067]

鲁

电话:(0546)8180599;8180099;13561027111
传真:(0546)8180003　有进出口权
固定资产:50,000 千元
经济类型:外商独资　职工人数:200 人
法人代表:王东平
网址:www. yuandachemical. com
E-mail:ydhg@ yuandachemical. com
【主要产品】邻羟基联苯

山东省广饶石油机械股份有限公司

山东省东营市广饶县辛河路24号[257300]
电话:(0546)6441686
传真:(0546)6442791　职工人数:460 人
经济类型:股份有限公司
法人代表:来庆岩
【主要产品】化工设备;炼油设备

山东省广饶县大王橡胶一厂

山东省东营市广饶县周庄镇[257335]
电话:(0546)6892381;6881648
经济类型:私营企业　法人代表:李祝华
【主要产品】橡胶杂品

山东省垦利县化肥厂

山东省东营市垦利县坨西[257506]
电话:(0546)2061306
传真:(0546)2065151　经济类型:国有
供销电话:2064112　职工人数:1,075 人
法人代表:徐红卫
【主要产品】甲醇;合成氨;磷肥;过磷酸钙;复合肥

山东省利津石油化工厂有限公司

山东省东营市利津县永莘路55号[257400]
电话:(0546)5621310
传真:(0546)5621310　有进出口权
供销电话:5627653　法人代表:徐云亭
经济类型:有限责任公司
【主要产品】原油

山东省利津县正和化工有限公司

山东省东营市河口区海盛路56号[257200]
电话:(0546)3668277;3662570;3662354
传真:(0546)3662354　职工人数:321 人
固定资产:46,000 千元
供销电话:3668297　法人代表:王春平
经济类型:有限责任公司
【主要产品】甲醇;甲醛;合成氨;碳酸氢铵

山东省胜利磷肥厂

山东省东营市东营区史口镇[257105]
电话:(0546)8281001
固定资产:220 千元　经济类型:国有
职工人数:43 人　法人代表:徐红卫
【主要产品】过磷酸钙

山东圣光化工集团有限公司

山东省广饶县经济开发区[257300]
电话:(0546)6928666;6929866
传真:(0546)6920967　有进出口权
供销电话:6926917　法人代表:崔志勇
经济类型:有限责任公司
网址:www. chinasingal. com
E-mail:sg@ chinasingal. com
【主要产品】纯丙乳液;硅丙乳液;苯丙乳液;改性苯丙乳液;水性环氧改性纳米聚氨酯乳液树脂;真石漆用乳液;饰面型防火涂料;钢结构隔热防火涂料;弹性乳液;水性环保阻燃剂

山东石大科技集团有限公司

山东省东营市北二路能源巷1号[257061]
电话:(0546)8395267;8221194;8395304
传真:(0546)8224498　有进出口权
固定资产:800,000 千元
供销电话:8395338;8395304
经济类型:有限责任公司
销售收入:4,300,000 千元
职工人数:1,600 人　法人代表:孙海峰
网址:shlyc. hdpu. edu. cn
E-mail:sdkj@ sdkj. hdpu. edu. cn
【主要产品】环氧丙烷;1,2-丙二醇;碳酸二乙酯;碳酸二甲酯;碳酸甲乙酯;碳酸丙烯酯;原油;石油液化气;汽油;渣油;柴油;碳酸肼;溶剂油;道路石油沥青

山东石大胜华化工股份有限公司

山东省东营市北二路565号[257061]
电话:(0546)8222567;8395371
传真:(0546)8223982　有进出口权
固定资产:700,000 千元
供销电话:8395260;8222567
供销传真:8395033;8395371
经济类型:股份合作　法人代表:叶智刚
职工人数:1,000 人
网址:www. sinodmc. com
E-mail:hlw@ sinodmc. com;solvent@ sinodmc. com
【主要产品】环氧丙烷;1,2-丙二醇;碳酸二乙酯;碳酸二甲酯;碳酸甲乙酯;碳酸丙烯酯;卡巴肼;溶剂油

山东双王橡胶有限公司

山东省东营市大王高新技术开发区[257335]
电话:(0546)6891376;6893169
传真:(0546)6891507　有进出口权
供销电话:6891376;6893588
供销传真:6893169　法人代表:张元德
经济类型:有限责任公司
网址:www. shuangwang. com
E-mail:shuangwang@ shuangwang. com
【主要产品】轻型载重汽车轮胎外胎;中型载重汽车轮胎;轿车斜交轮胎;农用车辆轮胎;摩托车轮胎

山东双燕化工有限公司

山东省广饶县大王镇延集村[257335]
电话:(0546)6891866;13954613800
传真:(0546)6893692　有进出口权
固定资产:50,000 千元
经济类型:私营企业　法人代表:延旭卫
网址:www. cnyupeng. com
E-mail:shuangyanhuagong2006@ 126. com
【主要产品】活性氧化锌

山东顺通集团

山东省东营市东二路787号[257091]
电话:(0546)8351596;8351123;8352997
传真:(0546)8352997　有进出口权
固定资产:128,000 千元
供销电话:8351596;8351555
经济类型:有限责任公司
法人代表:燕文广
网址:www. shuntonggroup. com
E-mail:sales@ shuntonggroup. com
【主要产品】过氧化氢;丙烯酰胺;甲酸钠;聚丙烯酰胺

山东万通石油化工集团有限公司

山东省东营市精细化工区(史口镇)[257019]
电话:(0546)8288666;8288106
传真:(0546)8288189;8288666
供销电话:8288066;8288777
网址:www. wantong-group. com
E-mail:wantong1998@ sohu. com
【主要产品】道路沥青;建筑沥青

山东新发药业有限责任公司

山东省东营市垦利县同兴路1号[257500]
电话:(0546)7398966;7398111
传真:(0546)7398333　有进出口权
固定资产:51,000 千元
供销电话:7398866　职工人数:600 人
经济类型:有限责任公司
网址:www. sdxinfa. cn
E-mail:exp@ sdxinfa. cn
【主要产品】D-泛醇;3,5-二硝基邻甲苯甲酰胺;盐酸硫胺;右旋泛酸钙;叶酸;托曲珠利;苯硫胍;癸氧喹酯

山东信义集团东营信义橡塑厂

山东省东营市广饶县大王镇[257335]
电话:(0546)6881478;6881298;6878036
传真:(0546)6881478
经济类型:集体
有进出口权　企业规模:大型
职工人数:1,500 人
法人代表:于凤璞
网址:www. xinyis. com
E-mail:wanglin@ xinyiauto. com

鲁

【主要产品】胶带；胶管；普通橡胶板；汽车橡胶配件

山东营利丰化工新材料有限公司

山东省东营市东营区科研新村[257017]
电话：(0546)8553697；8761989
传真：(0546)8763035　有进出口权
固定资产：20,000 千元　职工人数：75 人
供销电话：8763428　法人代表：陈建峰
经济类型：与港澳台商合资经营
【主要产品】油漆；装饰涂料；石油钻井助剂

山东永一集团公司

山东省东营市广饶西水工业区[257336]
电话：(0546)6498399；6498588；6498516
传真：(0546)6498588　有进出口权
供销电话：6497021；13780795588
经济类型：有限责任公司
产值：720,000 千元　企业规模：大型
职工人数：1,605 人　法人代表：张学永
网址：www. yongyichina. com. cn
E-mail：yongyi@ yongyichina. com. cn
【主要产品】丁基橡胶水胎；轮胎硫化胶囊

山东正和集团股份有限公司

山东省东营市广饶县石村镇[257300]
电话：(0546)6261072
传真：(0546)6261072　有进出口权
固定资产：1,500,000 千元
供销电话：6261073　企业规模：大型
经济类型：股份有限公司
职工人数：2,030 人　法人代表：姜文祥
网址：www. zhenghe-china. com
E-mail：grgpsc@ dy-public. sd. cninfo. net
【主要产品】丙烯；甲基叔丁基醚；原油；石油液化气；汽油；车用汽油；轻柴油；渣油；柴油；聚丙烯；轮胎；溶剂油；道路沥青；建筑沥青

胜利油田北海化工有限责任公司

山东省东营市河口区仙河镇[257237]
电话：(0546)3985162；13954628369
传真：(0546)3985161
网址：www. beihaichem. com
E-mail：manager@ beihaichem. com
【主要产品】氧化锌；高纯氧化锌

胜利油田大明集团股份有限公司

山东省东营市济南路 57 号大明大厦[257000]
电话：(0546)8556533；8558412
传真：(0546)8556533；8224942
经济类型：股份有限公司　有进出口权
企业规模：大型　职工人数：2,073 人
法人代表：薛万东
网址：www. sydm. com. cn
E-mail：dmzqb@ public. dyptt. sd. cn
【主要产品】原油；聚氯乙烯异型材；石油钻井助剂；润滑油；采油配件

胜利油田大明新型建筑防水材料有限责任公司

山东省东营市经济开发区东七路与黄河路交汇处[257091]
电话：(0546)7769001
传真：(0546)7769001　有进出口权
固定资产：210,000 千元
供销电话：7769018　职工人数：380 人
供销传真：7769018　法人代表：王建民
经济类型：有限责任公司
网址：www. dynamicchina. cn
E-mail：dmfsnew@ vip. 163. com
【主要产品】氯化聚乙烯防水卷材；氯化聚乙烯-橡胶共混防水卷材；内外墙乳胶漆；聚氨酯防水涂料；JS 复合防水涂料；胶黏剂；三元乙丙橡胶防水卷材；SBS 改性沥青防水卷材；APP 改性沥青防水卷材；沥青复合胎柔性防水卷材

胜利油田东胜星润化工有限责任公司

山东省东营市六户镇政府驻地[257102]
电话：(0546)8833176；8833096
传真：(0546)8833681；8833681
网址：www. starrefine. com
E-mail：info@ starrefine. com
【主要产品】*N*-甲基吡咯烷酮；*α*-吡咯烷酮；*γ*-丁内酯；*N*,*N*-二甲基苯胺

胜利油田方圆实业集团有限公司防腐材料分公司

山东省东营市井下虹霞路 7 号[257077]
电话：(0546)8747628
传真：(0546)2181350
固定资产：18,000 千元
供销电话：8747889；8642586
经济类型：有限责任公司
产值：60,000 千元
网址：www. sfcoat. com
E-mail：ffgsa@ 163. com
【主要产品】油漆；各色聚酯环氧型粉末涂料；环氧型粉末涂料；防腐涂料；压裂助排剂；防冻液

胜利油田方圆有限责任公司化工分公司

山东省东营市井下[257077]
电话：(0546)8642986；8749255
传真：(0546)8642986　有进出口权
固定资产：38,000 千元
供销电话：8747113　职工人数：300 人
经济类型：有限责任公司
销售收入：110,000 千元
法人代表：韩荣山
网址：www. shenglishengyuan. com
E-mail：shengyuan@ shenglishengyuan. com
【主要产品】聚丙烯酰胺；破乳剂

胜利油田海发环保化工有限责任公司

山东省东营市河口区仙河镇[257237]
电话：(0546)8871162
传真：(0546)8871102　职工人数：20 人
经济类型：有限责任公司
【主要产品】高氯化聚乙烯防腐涂料；氯化橡胶防腐漆；杀菌剂（工业用）；黏土稳定剂；缓蚀剂；溢油分散剂

胜利油田环通化工合成材料厂

山东省东营市东二路 739 号[257091]
电话：(0546)8080707；13954666293
传真：(0546)8080707　职工人数：123 人
固定资产：26,000 千元
产值：80,000 千元　法人代表：胡黎明
网址：www. huantongchem. com
E-mail：sales@ huantongchem. com
【主要产品】聚丙烯酰胺；聚丙烯酰胺干粉（阳离子型）；聚丙烯酰胺干粉（非离子型）；两性离子聚丙烯酰胺

胜利油田集兴石化安装有限公司气雾剂厂

山东省东营市东营区菏泽路 28 号[257000]
电话：(0546)8799606
传真：(0546)8799606　职工人数：80 人
经济类型：股份合作　法人代表：崔新章
【主要产品】高效杀虫剂(气雾剂)；螺栓松动剂；清洁剂

胜利油田嘉叶化工有限责任公司

山东省东营市东营区胜利石化总厂厂区[257019]
电话：(0546)8418646
传真：(0546)8418357
经济类型：有限责任公司
法人代表：佟庆春
网址：www. shenglijiaye. com
E-mail：info@ shenglijiaye. com；
【主要产品】高效脱硫剂；水质稳定剂；絮凝剂；石油破乳剂；杀菌剂（工业用）；高效中和缓蚀剂；抗氧防胶剂；金属钝化剂；原油脱盐剂

胜利油田聚能化工助剂有限责任公司

山东省东营市西城区南二路 1502 号[257000]
电话：(0546)8594955
供销电话：13854687435
经济类型：有限责任公司
职工人数：128 人　法人代表：韩春堂
【主要产品】PEP 填充母料；水质稳定剂；采油增油助剂；水煤浆添加剂

鲁

胜利油田胜大集团总公司化工一厂

山东省东营市东营区六户镇[257102]
电话：(0546)8833630;8833103;8833632
传真：(0546)8833630;8768537
供销电话：8833320　职工人数：200 人
网址：www.shengdachem.com
E-mail：office@shengdachem.com
【主要产品】硫酸;亚硫酸钠;焦亚硫酸钠;二氧化硫;三氧化硫(液);吡啶三氧化硫络合物;2,2-二羟甲基丁酸;2,2-二羟甲基丙酸;9,10-蒽醌

石油大学(华东)机械厂

山东省东营市北二路271号[257062]
电话：(0546)8392765;8393269;8393829
传真：(0546)8233609;8397706
固定资产：9,000 千元　经济类型：国有
供销电话：8393630　职工人数：64 人
销售收入：8,000 千元
法人代表：李晓东
【主要产品】化工设备

石油大学宇光科技有限公司

山东省东营市北二路能源巷1号[257061]
电话：(0546)8395210;8210568;8395293
传真：(0546)8395210
网址：www.ygupc.cn
【主要产品】五氧化二锑(胶体);乙二胺四亚甲基膦酸;聚丙烯酸钠;聚丙烯酸;2-膦酸丁烷-1,2,4-三羧酸;膦基羧酸共聚物;水解聚马来酸酐;羟基亚乙基二膦酸;二乙烯三胺五亚甲基膦酸;石油破乳剂;石油钻井助剂;炼油助剂;黏土稳定剂

万达集团股份有限公司

山东省东营市永莘路68号[257506]
电话：(0546)2062286;2065369
传真：(0546)2061318;2079999
固定资产：6,000,000 千元　有进出口权
供销电话：8741268　企业规模：大型
供销传真：8741908　职工人数：5,000 人
经济类型：股份有限公司
法人代表：尚吉永
网址：www.chinawanda.com
E-mail：wanda@chinawanda.com;
wdhgo1@126.com
【主要产品】4,4'-二氨基二苯醚;甲基丙烯酸甲酯-丁二烯-苯乙烯共聚物;溴化聚苯乙烯;聚酰亚胺薄膜;全钢载重子午线轮胎;聚丙烯酰胺(超高分子量)

兴源轮胎集团有限公司

山东省东营市广饶县西水工业区[257336]
电话：(0546)6506568;6498980
传真：(0546)6498892　有进出口权
固定资产：1,200,000 千元
供销电话：6497311;6506600
供销传真：6497311　企业规模：大型
经济类型：股份有限公司
职工人数：3,800 人　法人代表：宋文广
网址：www.xingyuangroup.com
E-mail：liulianhui1981@163.com;
xylac88@126.com
【主要产品】轿车斜交轮胎;全钢载重子午线轮胎

中国石化胜利油田有限公司

山东省东营市东营区济南路258号[257001]
电话：(0546)8552074;8555313
传真：(0546)8221719　有进出口权
经济类型：有限责任公司
企业规模：大型　法人代表：王立新
网址：www.sinopec.com/subsidiary/wholly-ownedsub/shengli
【主要产品】原油;天然气

中国石化胜利油田有限公司石油化工总厂

山东省东营市史口镇郝纯路东首[257019]
电话：(0546)8596333;8596628
传真：(0546)8596302　经济类型：国有
供销电话：8596521;8597358
供销传真：8418341　职工人数：1,100 人
法人代表：董伟
E-mail：dzbdzd@slof.com
【主要产品】原油

潍坊市

安丘市宏儒化工公司

山东省安丘市凌河镇[262127]
电话：(0536)4641589
传真：(0536)4641589　职工人数：300 人
固定资产：20,000 千元
经济类型：私营企业　法人代表：李信成
网址：www.aqhrjt.com
E-mail：lxc@aqhrjt.com
【主要产品】硫酸镁;硝酸钡;硝酸锶;氯化钡(无水);氯化锶(六水);碳酸钡;碳酸锶

安丘市鲁安药业有限责任公司

山东省安丘市小河崖[262100]
电话：(0536)4390238;4390033;4390070
传真：(0536)4390033;4390238
供销电话：4390033;4390238
经济类型：有限责任公司　有进出口权
职工人数：850 人　法人代表：王军
网址：www.luanpharm.com
E-mail：luan@luanpharm.com
【主要产品】醋酸钠;对乙酰氨基酚;聚醋酸乙烯乳液胶黏剂

安丘市鲁星化学有限公司

山东省安丘市景芝镇宋官疃经济技术开发区[262107]
电话：(0536)4781048;4781049;4782048
传真：(0536)4781049　有进出口权
经济类型：股份合作　法人代表：杨锡宝
网址：www.luxingchem.com
E-mail：info@luxingchem.com
【主要产品】硼酸锌;石油破乳剂;降黏剂

安丘市橡胶制品厂

山东省安丘市景芝镇[262119]
电话：(0536)4611180
传真：(0536)4611281
经济类型：港澳台商独资经营
法人代表：李明宗
网址：www.china-jingyang.com
E-mail：Info@china-jingyang.com
【主要产品】橡胶运输带;环型运输带;橡胶传动带;橡胶三角带;洗衣机密封件

安丘市雄鹰纤维素有限责任公司

山东省安丘市凌河镇[262127]
电话：(0536)4640478
固定资产：36,000 千元
法人代表：李宗福
网址：www.xycmc.com
【主要产品】乳品稳定剂;橡胶制品;羟甲基纤维素

昌乐恒昌化工有限公司

山东省潍坊市昌乐县城南经济开发区[262405]
电话：(0536)6732510;6731182;
13356725750
传真：(0536)6732510
经济类型：有限责任公司
法人代表：赵守德
网址：www.hengchang-chemical.com
E-mail：clhc@hengchang-chemical.com
【主要产品】碱性酚醛树脂;热芯盒酚醛树脂;呋喃树脂(冷芯盒);砂型黏结剂;封箱膏;铸造树脂用磺酸固化剂;有机酯固化剂;金属清洗剂

昌乐康泰塑胶有限公司

山东省潍坊市昌乐县马宋镇前唐家店子村[262415]
电话：(0536)6928738;13853636717
传真：(0536)6928826
经济类型：有限责任公司
法人代表：王树增
【主要产品】聚丙烯增白母粒;硬脂酸锌;芥酸酰胺

昌乐县天成化工厂

山东省潍坊市昌乐县朱汉[262413]
电话：(0536)6971476
传真：(0536)6971476
经济类型：私营企业　法人代表：张春兰
【主要产品】油墨

昌邑东泽化工有限责任公司

山东省昌邑市柳疃镇青乡北灶户盐化院内[261300]
电话：(0536)7027770;7027773;

13904409020
传真:(0536)7808389
经济类型:有限责任公司
网址:www.vbvrt.com
E-mail:sales@vbvrt.com
【主要产品】2-氯-5-硝基苯磺酸;蓝色盐VB;蓝色盐VRT

东方润博农化(山东)有限公司

山东省青州市经济开发区新区[262500]
电话:(0536)3529266;13854436588
传真:(0536)3523988
供销电话:3523999;3523988
网址:www.df-rb.com
E-mail:service@df-rb.com
【主要产品】氧氯化铜;醋酸铜;马拉硫磷;高渗吡虫啉可湿性粉剂;灭多威可湿性粉剂;啶虫脒;啶虫脒乳油;氟铃脲;代森锰锌可湿性粉剂;福美双可湿性粉剂;氢氧化铜可湿性粉剂;20%吗啉胍·乙铜可湿性粉剂;多·霉威可湿性粉剂;多·福可湿性粉剂;硫·锰锌可湿性粉剂;锰锌·烯酰可湿性粉剂;73%机油·炔螨乳油;40%机油·杀扑乳油;锰锌·乙铝可湿性粉剂;阿维·高氯微乳剂;阿维·唑磷乳油;吡·氯乳油;苏云金杆菌可湿性粉剂

高密力王轮胎有限公司

山东省高密市姜庄镇隋家屯[261506]
电话:(0536)2733489
传真:(0536)2738666
网址:www.liwangtyre.com
E-mail:lcj@liwangtyre.com;
liwang@liwangtyre.com
【主要产品】农用车辆轮胎;力车胎外胎;自行车外胎

高密密达橡塑制品有限公司

山东省高密市立新街40号[261500]
电话:(0536)2324120
传真:(0536)2322442　有进出口权
固定资产:10,000千元
供销电话:2320387　产值:15,000千元
经济类型:有限责任公司
销售收入:15,000千元
职工人数:195人　法人代表:冯德亮
网址:www.midarubber.com
E-mail:mdxjgs@public.wfptt.sd.cn
【主要产品】橡胶制品;拖拉机轮胎外胎;轮胎内胎;力车胎外胎;自行车外胎;橡胶密封制品;洗衣机密封件

高密市高源企业集团公司电化厂

山东省高密市城东路北段[261500]
电话:(0536)2321191;2320613
传真:(0536)2321191;2323870
经济类型:国有
网址:www.chinachemnet.com/gaomichem
E-mail:zhysh18@sina.com
【主要产品】亚氯酸钠;氯酸钠

高密市海洋化工有限公司

山东省高密市夏庄工业园A区56号[261500]
电话:(0536)2590699;13573665888
网址:www.haiyanghuagong.cn
E-mail:hy@haiyanghuagong.cn
【主要产品】亚氯酸钠

高密市华诚橡胶制品有限公司

山东省高密市姚哥庄镇驻地[261502]
电话:(0536)2582042;13964615568
传真:(0536)2581999　有进出口权
经济类型:股份有限公司
网址:www.huachengseal.com
E-mail:market@huachengseal.com
【主要产品】减震器及配件;胶轮;橡胶密封胶条;橡胶垫;油封;O形密封圈

高密市明星化工有限公司

山东省高密市南外环路中段[261500]
电话:(0536)2637966;2637988
传真:(0536)2637799
经济类型:私营企业
网址:www.mingxingchem.com
E-mail:zxb@mingxingchem.com
【主要产品】超细滑石粉;防霉剂;织物整理剂;杀生剂;纺丝油剂;皮革防腐剂;卡松

高密市润丰化工有限公司

山东省高密市夏庄工业园A区69号[261505]
电话:(0536)2861618;13608953558
传真:(0536)2861618　职工人数:120人
网址:www.runfengchem.com
E-mail:wzq@runfengchem.com;
info@runfengchem.com
【主要产品】过氧化氢

高密市永进工贸有限公司

山东省高密市开发区李家八里庄工业园区[261500]
电话:(0536)2360338
供销电话:13963661115
供销传真:2360338　产值:2,000千元
经济类型:有限责任公司
职工人数:50人　法人代表:陈永进
网址:www.yjjy999.com
E-mail:jy6775@tom.com
【主要产品】橡胶工业专用设备;再生胶动态脱硫罐

高密友强助剂有限公司

山东省高密市平日路夏庄路口北100米[261505]
电话:(0536)2311696;13805364793
传真:(0536)2338216　法人代表:张强
经济类型:有限责任公司
网址:www.youqiangzhuji.com
E-mail:zhangqiang@youqiangzhuji.com
【主要产品】硬脂酸;二盐基硬脂酸铅;三盐基硫酸铅;硬脂酸钙;硬脂酸钡;硬脂酸铅;硬脂酸锌;硬脂酸镁;硬脂酸镉

华瑛橡胶有限公司

山东省高密市立新街东首高原工业园内[261500]
电话:(0536)2329335;13606369172
传真:(0536)2329335
供销电话:2329335;13706465697
法人代表:高铁瑛
网址:www.huayingrubber.com
E-mail:gty@huayingrubber.com
【主要产品】轻型运输车辆轮胎;农用车辆轮胎;摩托车轮胎

临朐华隆科技开发有限公司

山东省潍坊市临朐县骈邑路94号[262600]
电话:(0536)3211955
传真:(0536)3211955　职工人数:80人
固定资产:3,860千元
供销电话:3211955;3121868
经济类型:股份有限公司
产值:10,000千元　法人代表:侯云秀
销售收入:8,000千元
网址:www.hlkeji.com
E-mail:hbywqf@sina.com
【主要产品】一氧化铅;红丹;食品漂白剂;保鲜剂;二氧化氯

临朐金富建材有限公司

山东省潍坊市临朐县城东营子[262617]
电话:(0536)3710567
经济类型:有限责任公司
法人代表:郝元宝
【主要产品】1,2-丙二醇;反丁烯二酸;苯酐

临朐天汇生物助剂有限公司

山东省临朐县东城工业园[262619]
电话:(0536)3399769;13686369972
传真:(0536)3399769　职工人数:50人
供销电话:3399769;13516388988
网址:www.wftianhui.cn
E-mail:wfth769@yahoo.com.cn
【主要产品】*N*-羟基邻苯二甲酰亚胺;*N*-氯甲基邻苯二甲酰亚胺;邻苯二甲酰亚胺;*N*-羟甲基邻苯二甲酰亚胺;六溴环十二烷;*N*-环已基硫代酞酰亚胺

临朐县大祥精细化工有限公司

山东省潍坊市临朐县临朐镇秦池路46号[262600]
电话:(0536)3211355;3118116;3214603
传真:(0536)3211355;3118116
经济类型:中外合资经营企业
有进出口权　法人代表:张佃光
网址:www.dxhg.com.cn
E-mail:daxiang@dxhg.com.cn

鲁

【主要产品】低温变换催化剂；氨合成催化剂；氧化铁脱硫剂；甲醇合成催化剂；耐硫低温变换催化剂

临朐县第一化工厂

山东省临朐县辛寨镇[262611]
电话：(0536)3761043；13508965623
传真：(0536)3763008 有进出口权
供销电话：3761043；13806498172
经济类型：私营企业 法人代表：吕传春
网址：www.linquchem.com
E-mail：sales@linquchem.com
【主要产品】二氯异氰尿酸钠；消毒剂；早强剂；混凝土缓凝高效减水剂；混凝土早强减水剂；混凝土养护剂；混凝土高效复合抗裂防水剂；混凝土复合防冻早强剂；混凝土脱模剂；泵送剂

临朐县东郊化工有限公司

山东省潍坊市临朐县营子镇[262619]
电话：(0536)3717319；13805362400
经济类型：有限责任公司
法人代表：郑来玉
【主要产品】乙二醇；一缩二乙二醇；三乙二醇；1,2-丙二醇

临朐县恒鸣化建有限公司

山东省潍坊市临朐县营子镇[262617]
电话：(0536)3353158
传真：(0536)3117278
经济类型：有限责任公司
法人代表：李宪国
【主要产品】乙二醇；一缩二乙二醇；1,2-丙二醇

临朐县宏达化工树脂有限公司

山东省潍坊市临朐县东城开发区[262619]
电话：(0536)3717199；13792636111
传真：(0536)3717191
经济类型：港澳台商独资经营
法人代表：徐中升
网址：www.hongdashuzhi.cn
E-mail：xyw@hongdashuzhi.cn
【主要产品】不饱和聚酯树脂

临朐县宏恩橡塑制品有限公司

山东省潍坊市临朐县七贤工业园[262609]
电话：(0536)3690777
传真：(0536)3690711 职工人数：100 人
经济类型：有限责任公司
法人代表：李效庆
网址：www.lq-hongen.com
E-mail：sdhexs@163.com
【主要产品】硬脂酸；橡胶密封圈；炭黑

临朐县宏兴化工厂

山东省潍坊市临朐县七贤镇[262609]
电话：(0536)3690128
传真：(0536)3690128 法人代表：井涛
经济类型：私营企业
【主要产品】增塑剂

临朐县泓杰化工有限公司

山东省潍坊市临朐县汽车站西 100 米路西[262600]
电话：(0536)3219947
传真：(0536)3219947 法人代表：夏杰
经济类型：有限责任公司
【主要产品】乙酸乙酯；醋酸丁酯；溶剂油

临朐县九鼎化工有限公司

山东省潍坊市临朐县五井镇[262600]
电话：(0536)3619828；13953679181
传真：(0536)3619828
经济类型：有限责任公司
法人代表：王德政
【主要产品】商标纸胶；柔软剂；真丝抗皱剂；无甲醛固色剂

临朐县龙岗弥龙乙二醇厂

山东省潍坊市临朐县龙岗镇[262618]
电话：(0536)3412779；13608956252
经济类型：私营企业 法人代表：董化政
【主要产品】乙二醇；一缩二乙二醇；1,2-丙二醇

临朐县农药厂

山东省临朐县汽车站北临朐北首路东[262600]
电话：(0536)3152275；3211275
传真：(0536)3154390 经济类型：集体
【主要产品】高渗灭多威乳油；多·硫可湿性粉剂；高渗阿维·高氯乳油；高渗吡·高氯乳油

临朐县万利助剂厂

山东省潍坊市临朐县杨善镇[262601]
电话：(0536)3470405；3476488
传真：(0536)3470405
经济类型：私营企业
网址：www.lqwanli.com
E-mail：wanli@lqwanli.com
【主要产品】*N*-羟甲基硬脂酰胺；食用消泡剂；油酸酰胺；有机硅消泡剂；芥酸酰胺；塑料光亮剂

临朐县辛寨化工厂

山东省维坊市临朐县辛寨镇大峪村[262610]
电话：(0536)3443345
传真：(0536)3443345 经济类型：集体
固定资产：100 千元 产值：3,000 千元
销售收入：2,600 千元 职工人数：41 人
法人代表：周立起
网址：www.lu-wei.com
【主要产品】氧化锌

临朐县乙二醇化工厂

山东省潍坊市临朐县城南街[262600]
电话：(0536)3150618；3214594
传真：(0536)3150618
法人代表：王守奎
【主要产品】乙二醇；一缩二乙二醇；1,2-丙二醇；复合甘油

临朐县中亮颜料有限公司

山东省潍坊市临朐县蒋峪镇[262600]
电话：(0536)3722822；3722828
传真：(0536)3722856
经济类型：有限责任公司
法人代表：王福亮
网址：www.fzhongliang.com
【主要产品】一氧化铅；中铬黄；浅铬黄；柠檬黄；橘铬黄；深铬黄；钼铬红；红丹

临朐新颜铝业有限公司胶粘剂厂

山东省潍坊市临朐县东城开发区[262617]
电话：(0536)3718400；3717208
传真：(0536)3717208
经济类型：中外合资经营企业
【主要产品】胶黏剂；透明胶；汽车密封胶；防伪胶

青州贝特化工有限公司

山东省青州市东方北路 2066 号(309 国道)[262500]
电话：(0536)3208559；3204306；3204900
传真：(0536)3529667 经济类型：集体
固定资产：2,000 千元 职工人数：100 人
供销电话：3204900；3529668
产值：200,000 千元 法人代表：窦俊英
销售收入：200,000 千元
网址：www.wanlichem.com
E-mail：djx@wanlichem.com；zxy@wanlichem.com
【主要产品】过硫酸铵；乙二醇；1,2-丙二醇；异丙醇；过氧化叔丁醇；乙二醇单丁醚；丙烯酸树脂乳液；纯丙乳液；硅丙乳液；水性油墨用丙烯酸乳液；苯丙乳液；改性苯丙乳液；苯丙防水乳液；水性聚氨酯分散体；水性双组分聚氨酯树脂；柔性水泥防水涂料乳液；建筑乳液；弹性防水乳液；叔碳酸乙烯酯-醋酸乙烯共聚乳液；聚乙烯醇；防锈乳液；封底乳液；缔合型碱溶胀增稠剂；水性涂料增稠剂；钛白粉；水性色浆；叔丙乳液；水性复膜胶；保护胶；弹性乳液；压敏型乳液；脂肪醇聚氧乙烯醚(N=9)；*N*-羟甲基丙烯酰胺；分散剂；增稠剂；邻苯二甲酸二丁酯；脂肪醇聚氧乙烯醚硫酸钠；消泡剂 SPA-202；壬基酚聚氧乙烯醚；杀菌剂(工业用)；醇酯-12；颜料分散剂

青州红星化工有限公司

山东省青州市朱良镇[262511]
电话：(0536)3597126
传真：(0536)3598112
经济类型：私营企业 法人代表：郭宗兴

鲁

【主要产品】重油;焦油树脂;燃料油;沥青

青州金昊化工有限公司

山东省青州市普通镇工业园区[262507]
电话:(0536)3808962;13780850826
传真:(0536)3298433
法人代表:张国英
网址:www.sdjhchem.com
E-mail:jinhao@sdjhchem.com
【主要产品】造纸用消泡剂;纸张增强剂;造纸施胶剂;造纸助留助滤剂;中性施胶剂;纸张挺硬剂;废纸脱墨剂

青州金水盈化工有限公司

山东省青州市王母宫镇北环一路277号[262515]
电话:(0536)3524556
传真:(0536)3524559
经济类型:有限责任公司
法人代表:李大健
【主要产品】胶囊;轮胎喷涂与胶片隔离剂;脱模剂;造纸润滑剂

青州迈特科创材料有限公司

山东省青州市益都办事处徐大路[262505]
电话:(0536)3827199
传真:(0536)3827299
职工人数:68人
经济类型:股份合作
产值:10,000千元
法人代表:张锦兴
网址:www.materialkechuang.com
E-mail:material@materialkechuang.com
【主要产品】氮化硼

青州鹏奥润滑油有限公司

山东省青州市弥河工业园[262501]
电话:(0536)3811353
传真:(0536)3811353　法人代表:韩鹏
经济类型:有限责任公司
【主要产品】基础油;导热油;合成切削液;汽油机油;柴油机油;齿轮机油;液压油

青州强鑫达化工有限公司

山东省青州市经济技术开发区[262515]
电话:(0536)3521555;13562613975
传真:(0536)3521555
供销电话:3521555;13964785528
网址:www.qxdchem.com
【主要产品】磷酸;六偏磷酸钠;磷酸二氢钠;磷酸二氢钾;磷酸三钠;磷酸氢二钠;磷酸氢二钾

青州荣华化工有限公司

山东省青州市仪巷街6号[262500]
电话:(0536)3923169
传真:(0536)3231896
经济类型:有限责任公司
法人代表:徐锡荣
【主要产品】磷酸盐;硫脲;环氧树脂

青州瑞洋油脂化工有限公司

山东省青州市黄楼镇弥河桥东临[262518]
电话:(0536)3836388;13705362563
传真:(0536)3836399　职工人数:150人
固定资产:15,000千元
网址:www.ruiyangoil.com
【主要产品】白油;液压油;L-TSA汽轮机油;变压器油

青州市安达化工有限公司

山东省青州市经济技术开发区[262515]
电话:(0536)3521308;3522618
传真:(0536)3522618　有进出口权
供销电话:3521308;13806365337
供销传真:3521308　法人代表:崔安亭
经济类型:股份合作
网址:www.andachem.cn
E-mail:anda@chem.cn
【主要产品】氢氧化铝;氢氧化镁;硼酸锌;三氧化二锑;溴素;反丁烯二酸;氯化石蜡-52;氯化石蜡-70;十溴二苯醚;四溴双酚A;八溴醚;多聚磷酸铵;十溴二苯乙烷

青州市奥星化工有限公司

山东省青州市郑母镇[262519]
电话:(0536)3877199;13356750138
传真:(0536)3879803
经济类型:有限责任公司
网址:www.aoxingchem.com
E-mail:aoxingchem@163.com;aoxingchem@163.com
【主要产品】2-氯喹噁啉;2-羟基喹噁啉;草酸;乙醛酸;乙二酰胺;尿囊素;*N*-羟基邻苯二甲酰亚胺;*N*-氯甲基邻苯二甲酰亚胺;*N*-溴甲基邻苯二甲酰亚胺;邻苯二甲酰亚胺;*N*-氯代邻苯二甲酰亚胺;*N*-羟甲基邻苯二甲酰亚胺;*N*-(2-羟乙基)邻苯二甲酰亚胺;双酚A型环氧树脂(E12型);磺胺喹噁啉钠;螯合剂;六溴环十二烷;八溴醚;十溴二苯乙烷;消泡剂;溴硝醇;1,3-二溴-5,5-二甲基海因;1-溴-3-氯-5,5-二甲基海因;2,2-二溴-3-次氮基丙酰胺;废纸脱墨剂

青州市宝达化工有限公司

山东省青州市青州北路延伸路3269号[262500]
电话:(0536)3291462;3291465;3291467
传真:(0536)3291452　产值:8,000千元
固定资产:1,600千元
经济类型:有限责任公司
销售收入:7,800千元
法人代表:崔宝琪
网址:www.padachem.com
E-mail:pada@padachem.com
【主要产品】纯丙乳液;改性丙烯酸乳液;硅丙乳液;苯丙乳液;水性金属防锈漆乳液;叔碳酸乙烯酯-醋酸乙烯共聚乳液;叔丙乳液;弹性乳液;纺织乳液

青州市博奥炭黑有限责任公司

山东省青州市驼山中路588号[262500]
电话:(0536)3260327;3268296
传真:(0536)3260327　有进出口权
供销电话:3260564　职工人数:248人
经济类型:有限责任公司
法人代表:王变生
网址:www.qingzhoutanhei.com
E-mail:boao@qingzhoutanhei.com
【主要产品】中超耐磨炉黑N220;高耐磨炭黑N330;快压出炉炭黑N550;低结构快压出炭黑N539;炭黑;炭黑N660;新工艺炉炭黑N339;新工艺炉炭黑N332;新工艺炭黑N219;炭黑N234;低结构高耐磨炉黑N326

青州市晨鸣变性淀粉有限责任公司

山东省青州市北西关[262500]
电话:(0536)3260762;3262808
传真:(0536)3260762
经济类型:有限责任公司
网址:www.chenmingstarch.com
E-mail:fsm@chenmingstarch.com
【主要产品】变性淀粉

青州市大华化工厂

山东省青州市弥河镇石楼村[262501]
电话:(0536)3710771;13573680771
经济类型:私营企业　法人代表:郝三瑞
【主要产品】反丁烯二酸;苯酐

青州市得海精细化工厂

山东省青州市口埠镇[262513]
电话:(0536)3551869
传真:(0536)3551869　职工人数:38人
法人代表:贾世荣
网址:www.qzdhjxchemnet.com
【主要产品】中性施胶剂;废纸脱墨剂

青州市东方建筑防水材料厂

山东省青州市东环路4公里路口东[262517]
电话:(0536)3532916;13905363642
传真:(0536)3532916
法人代表:崔爱华
网址:www.east-fangshui.com
E-mail:cah@east-fangshui.com
【主要产品】有机硅防水涂料

青州市福利皮革化工厂

山东省青州市王坟镇郭庄村[262502]
电话:(0536)3735036;13705368202
传真:(0536)3735036　经济类型:集体
法人代表:杨景贵
网址:www.huaxingjituan.com

鲁

E-mail:yjg@huaxingjituan.com
【主要产品】芦丁;皮革加脂剂

青州市光大化工有限公司

山东省青州市东高镇徐大路[262509]
电话:(0536)3826908
传真:(0536)3824156
经济类型:有限责任公司
法人代表:周明礼
【主要产品】二氧化硫脲;环氧大豆油

青州市广汇化工厂

山东省青州市王母宫镇[262515]
电话:(0536)3292128;13806463604
传真:(0536)3282736
供销电话:3292128;13583652927
供销传真:3292128 法人代表:曹金收
经济类型:私营企业
网址:www.ghchem.cn;
www.ghchem.com.cn
E-mail:guanghui@ghchem.cn
【主要产品】六偏磷酸钠;磷酸二氢钠;磷酸二氢钾;磷酸三钠;磷酸氢二钠;磷酸氢二钾;醋酸钠;腐殖酸钠

鲁

青州市国鼎化工有限公司

山东省青州市东方南路4299号[262517]
电话:(0536)3200696;3208997
传真:(0536)3207999
经济类型:有限责任公司
法人代表:刘稳实
【主要产品】防霉剂;催化剂

青州市国泰化工有限公司

山东省青州市经济开发区王母宫段[252618]
电话:(0536)3527054
传真:(0536)3527054 法人代表:祝君
网址:www.guotaichem.com
E-mail:198@guotaichem.com
【主要产品】活性超细碳酸钙;橡胶塑解剂;五氯苯硫酚锌盐

青州市海光化工有限公司

山东省青州市驼山北路505号[262500]
电话:(0536)3292090
传真:(0536)3292060
经济类型:有限责任公司
法人代表:于海晨
【主要产品】萜烯树脂;丁苯热塑橡胶;石油树脂;松香

青州市海力化工有限公司

山东省青州市东夏工贸区[262500]
电话:(0536)3503188;3297399
传真:(0536)3501518
法人代表:刘岩军
网址:www.haili-chem.com
E-mail:haili@haili-chem.com
【主要产品】促进剂CZ;促进剂DM;促进剂M;促进剂NOBS;促进剂NS;橡胶分散剂

青州市海源化工有限公司

山东省青州市黄楼镇巨弥村[262518]
电话:(0536)3501501
传真:(0536)3501086
经济类型:私营企业 法人代表:郇明宗
【主要产品】表印油墨;塑料里印油墨;复合胶

青州市汉诺威肥业有限公司

山东省青州市经济开发区[262515]
电话:(0536)3526234;13853651800
传真:(0536)3526690
经济类型:有限责任公司
法人代表:张培海
【主要产品】硫酸钾(农用);混配复合肥料;冲施肥

青州市恒威漆业有限公司

山东省青州市羊临路弥河工业区[262501]
电话:(0536)3800660;3800560
传真:(0536)3800660 法人代表:魏波
经济类型:有限责任公司
网址:www.hengwei.china315.com
E-mail:hengwei@china315.com
【主要产品】二甲苯;甲苯;油漆;油漆固化剂

青州市恒兴化工有限公司

山东省青州市东高镇[262509]
电话:(0536)3820738
传真:(0536)3820739
经济类型:有限责任公司
法人代表:王长海
【主要产品】多聚甲醛;乌洛托品

青州市化纤厂

山东省青州市东环路四公里路口南600米[262517]
电话:(0536)3200696;3208997
传真:(0536)3207999
经济类型:私营企业 法人代表:刘稳实
网址:www.guodingchem.com
E-mail:qzhxc@sx-nic.com
【主要产品】涤纶短纤维;丙纶短纤维;甲醇合成催化剂;工业防霉剂

青州市金达化工有限公司

山东省青州市北环一路[262515]
电话:(0536)3524158;13853689525
传真:(0536)3524158
经济类型:有限责任公司
法人代表:王海波
网址:www.jindachem.com
E-mail:jindehuagong@yahoo.com.cn
【主要产品】丙烯酸树脂乳液;水性复膜胶

青州市金汇化工厂

山东省青州市东坝办事处扬家庄[262517]
电话:(0536)3501397;13356751797
传真:(0536)3501397
法人代表:李国生
【主要产品】磷酸;磷酸二氢钠;磷酸二氢钾;磷酸三钠;磷酸氢二钠;磷酸氢二钾

青州市精源助剂有限公司

山东省青州市玲珑山北路3058号[262500]
电话:(0536)3526468;3526378;13905363539
传真:(0536)3526468;3526378
经济类型:有限责任公司
法人代表:魏忠勤
E-mail:jingyuanzhi@china315.com
【主要产品】叶面肥;冲施肥;纯丙乳液;硅丙乳液;苯丙乳液;涂料助剂;弹性乳液

青州市康力特化工有限公司

山东省青州市东坝办事处东建大街[262517]
电话:(0536)3531035
传真:(0536)3536807
供销电话:3811353 法人代表:韩存吉
供销传真:3811353
经济类型:有限责任公司
【主要产品】食用明胶

青州市科缔化工有限公司

山东省青州市高柳[262508]
电话:(0536)3860658
传真:(0536)3860899
经济类型:有限责任公司
法人代表:赵家兴
网址:www.kedichem.com
【主要产品】磷酸;六偏磷酸钠;磷酸二氢钠;磷酸二氢钾;磷酸三钠

青州市科力源化工有限公司

山东省青州市弥河工业区[262501]
电话:(0536)3811177;3983788
传真:(0536)3811177 职工人数:40人
经济类型:有限责任公司
产值:18,000千元 法人代表:刘万欣
【主要产品】机械油

青州市力特润滑油厂

山东省青州市普通镇南辛店[262500]
电话:(0536)3805417
传真:(0536)3805570
法人代表:张新义
【主要产品】基础油;润滑油;车用润滑油

青州市力特油业有限公司

山东省青州市西环路中段[262500]
电话:(0536)3805417
传真:(0536)3805570

经济类型：有限责任公司
法人代表：张新义
【主要产品】白油；基础油；工业润滑油

青州市利达防水材料有限公司

山东省青州市青州北路 5888 号［262500］
电话：(0536)3526996；3526997
传真：(0536)3524697
经济类型：私营企业　法人代表：王有水
网址：www. lidafangshui. com
E-mail：wys@ lidafangshui. com
【主要产品】防水防腐涂料；环保型聚氨酯防水涂料；有机硅防水涂料；有机硅防水剂

青州市良田化肥有限公司

山东省青州市弥河镇［262501］
电话：(0536)3758917
传真：(0536)3758488
经济类型：私营企业　法人代表：陈守良
网址：www. qingzhouliangtian. com
【主要产品】微量元素肥料；硝基腐殖酸；腐殖酸复合肥；冲施肥；生物肥；腐殖酸钾

青州市迈特创新材料有限公司

山东省青州市东高镇徐大路文登［262509］
电话：(0536)3827199
传真：(0536)3827299　有进出口权
经济类型：私营企业　法人代表：张锦兴
【主要产品】氮化硼；二硼化钛

青州市明珠化工有限公司

山东省青州市朱良镇［262511］
电话：(0536)3593777
传真：(0536)3593777
经济类型：有限责任公司
法人代表：崔好林
【主要产品】氧化铝

青州市诺森新型材料厂

山东省青州市东高镇东高村［262509］
电话：(0536)3820525；13906462076
经济类型：私营企业　法人代表：贾清茂
【主要产品】盐酸（精制）；高氯化聚乙烯；聚醋酸乙烯乳液胶黏剂

青州市庆大化工有限公司

山东省青州市东高工业园区［262609］
电话：(0536)3825808
传真：(0536)3825858
经济类型：有限责任公司
法人代表：王国文
网址：www. qingdachem. cn
【主要产品】硫酸；发烟硫酸；三元含硫复合肥

青州市染料厂

山东省青州市东夏镇［262500］
电话：(0536)3511698
法人代表：苗文焕
【主要产品】纺织乳液；荧光增白剂；中性施胶剂

青州市瑞源化工有限公司

山东省青州市弥河［262500］
电话：(0536)3817471
传真：(0536)3815198
经济类型：有限责任公司
法人代表：王林民
【主要产品】润滑油

青州市三星化工厂

山东省青州市北城新村［262500］
电话：(0536)3284087；13806365287
传真：(0536)3283575　职工人数：46 人
法人代表：张寿浩
网址：www. cn-saixing. com
E-mail：info@ cn-saixing. com；
web@ cn-saixing. com
【主要产品】环氧树脂结构胶；高强度黏合剂；防伪胶；固化剂；水下固化剂

青州市同盛建材有限公司

山东省青州市东方南路 4666 号［262500］
电话：(0536)2134555；3203989；13356726020
传真：(0536)3203989　职工人数：70 人
固定资产：6,000 千元
经济类型：有限责任公司
法人代表：马厚民
网址：www. qztongsheng. com
E-mail：tongsheng@ qztongsheng. com
【主要产品】混凝土界面处理剂；高效减水剂；混凝土复合防冻早强剂

青州市威凯建材厂

山东省青州市后营子街［262500］
电话：(0536)3885808；3980888
传真：(0536)3885808
经济类型：私营企业　法人代表：李金凯
网址：www. weikaijc. com
【主要产品】有机硅防水涂料；腻子粉

青州市鑫隆化工有限公司

山东省青州市邵庄镇中文登村［262505］
电话：(0536)3750996
传真：(0536)3750996　职工人数：35 人
经济类型：有限责任公司
产值：8,000,000 千元
销售收入：6,000,000 千元
法人代表：宋云刚
网址：www. qzxlhg. com
E-mail：yyyyuu@ 163. com
【主要产品】三氟化硼乙醚溶液；三氟化硼醋酸络合物；三氟化硼乙腈络合物；三氟化硼四氢呋喃

青州市兴源助剂厂

山东省青州市王母宫街道办事处［262515］
电话：(0536)3520039
传真：(0536)3520039
经济类型：私营企业　法人代表：田兴旺
【主要产品】六偏磷酸钠；磷酸三钠；草酸

青州市意高发水墨有限公司

山东省青州市青州南路 1339 号［262500］
电话：(0536)3206420
传真：(0536)3206421
经济类型：中外合资经营企业
法人代表：晋国良
【主要产品】水性柔版油墨

青州市永胜化工有限公司

山东省青州市丰收路东段路北［262500］
电话：(0536)3208800；3224995
传真：(0536)3208781　职工人数：270 人
经济类型：有限责任公司
法人代表：牛世忠
【主要产品】磷酸；六偏磷酸钠；磷酸二氢钠；磷酸二氢钾；磷酸三钠；磷酸氢二钠；磷酸氢二钾；醋酸钠

青州市永泰橡胶有限公司

山东省青州市朱良镇群英东路 255 号［262500］
电话：(0536)3593496；13963662127
传真：(0536)3593496　职工人数：115 人
固定资产：8,000 千元　法人代表：刘迅
网址：yongtairubber. com
E-mail：yt@ yongtairubber. com
【主要产品】再生胶；丁基再生胶；普通橡胶板；橡胶片丝；橡胶地砖；橡胶粉

青州市振华化工有限公司

山东省青州市八喜路 2728 号［262500］
电话：(0536)3291918；3291028；3292139
传真：(0536)3291613　有进出口权
供销电话：3291918；13906462385
经济类型：有限责任公司
销售收入：300,000 千元
企业规模：大型　职工人数：280 人
法人代表：刘英华
网址：www. sdzhhg. com
E-mail：lgx@ sdzhhg. com
【主要产品】磷酸；硫酸钡；氯化钡；三聚磷酸钠；六偏磷酸钠；磷酸二氢钠；磷酸二氢钾；磷酸三钠；磷酸氢二钠；磷酸氢二钾；草酸；渣油；蜡油；硫脲；沥青

青州市政通化工有限公司

山东省青州市东坝镇东建德村［262517］
电话：(0536)3537598
传真：(0536)3537598
网址：www. zhengtong-chemical. com
E-mail：zhengtong-hg @ zhengtong-chemical. com

【主要产品】盐酸;硫酸;工业氨水;烧碱(液体);甲醇;液氨

青州市中财化工有限责任公司

山东省青州市东坝镇尚家村[262517]
电话:(0536)3531186
传真:(0536)3532111 职工人数:150人
网址:www.damingchem.com
E-mail:cjg@damingchem.com
【主要产品】盐酸;工业氨水;烧碱(液体)

青州市中远化工有限公司

山东省青州市驼山中路1565号[262500]
电话:(0536)2133296;3298766;3298100
传真:(0536)2133296;3257236
经济类型:有限责任公司
法人代表:李增坤
网址:www.zthg.com
E-mail:info@zthg.cn
【主要产品】编织袋专用胶黏剂;色素炭黑

鲁

青州祥利泡花碱有限公司

山东省青州市东方路中段路东[262500]
电话:(0536)3298206;3257056;3256630
传真:(0536)3298206 职工人数:300人
固定资产:16,000千元
供销电话:3288184;3288226
经济类型:有限责任公司
网址:www.cnxiangli.com
E-mail:xiangli@cnxiangli.com
【主要产品】硅酸钠

青州兴庆助剂有限公司

山东省青州市东环路开发区[262517]
电话:(0536)3535328;13355365900
传真:(0536)3535146
法人代表:程美花
网址:www.longxingchem.com
E-mail:cmh@longxingchem.com
【主要产品】热塑性丙烯酸树脂;纯丙乳液;硅丙乳液;苯丙乳液;BC-01建筑乳液;建筑乳液;丙烯酸外墙罩面漆;纸品乳液;橡胶塑解剂;五氯苯硫酚锌盐

青州振利化工有限公司

山东省青州市开发区[262515]
电话:(0536)3520383
传真:(0536)3520165
经济类型:有限责任公司
法人代表:刘甲虎
【主要产品】活性超细碳酸钙;塑解剂121;塑解剂AP;橡胶补强剂

山东奥宝化工集团有限公司

山东省安丘市城北新区[262100]
电话:(0536)4390162;4390055;4221974
传真:(0536)4390161;4221162
供销传真:4732199 有进出口权
经济类型:有限责任公司
企业规模:大型 职工人数:2,380人
法人代表:刘宗满
网址:www.cn-aobao.com
E-mail:aobao@cn-aobao.com
【主要产品】硫酸;二氧化碳(液体);合成氨;氨水;液氨;碳酸氢铵;复合肥;塑料编织袋;催化剂

山东奥通轮胎有限公司

山东省高密市井沟镇前宋[261515]
电话:(0536)2692222
传真:(0536)2692517 职工人数:360人
网址:www.aotongluntai.com
E-mail:sale@aotongluntai.com
【主要产品】轻型载重汽车轮胎外胎;中型载重汽车轮胎;农用车辆轮胎;拖拉机导向轮胎普通断面斜交外胎

山东大地盐化集团

山东省寿光市侯镇[262725]
电话:(0536)5391103;5396288
传真:(0536)5391168;5391161
供销电话:5391125;5391169
职工人数:1,500人 法人代表:孙文勇
网址:www.chemdadi.com
E-mail:sales@chemdadi.com
【主要产品】工业盐;溴素;α-甲基苯乙烯;1,3,5-三甲氧基苯;9-溴芴;2,2,2-三溴乙醇;3,4,5-三氟苯硼酸;α-溴代对羟基苯乙酮;4-氯-3-硝基苯乙酮;2,6-二甲基溴苯;2,2-二甲基丁酰氯;1,3,5-三溴苯;对溴苯酚;4-溴-*N*,*N*-二甲基苯胺;对溴乙酰苯胺;2-溴-4-硝基苯胺;4-溴-3-硝基苯胺;4-溴苯胺;2,4,6-三溴苯胺;2,4-二溴苯胺;4-氯-2,6-二溴苯胺;三苯基硅烷;三乙基硅烷;*N*,*O*-双(三甲基硅基)乙酰胺;溴乙醛缩二乙醇;2,6-二溴-4-硝基苯胺;2,4-二硝基-6-溴苯胺;邻溴苯肼盐酸盐;溴氨酸钠盐;十溴二苯醚;四溴双酚A;2,4,6-三溴苯酚

山东高密康丰农化有限公司

山东省高密市交通路北首[261500]
电话:(0536)2322540;2323133
传真:(0536)2329658;2323199
供销电话:2323040 有进出口权
经济类型:有限责任公司
法人代表:孟庆祥
网址:www.china-kangfeng.com
E-mail:tyade@china-kangfeng.com
【主要产品】乙酰甲胺磷;乙酰甲胺磷乳油;久效磷乳油(40%);久效磷可溶性浓剂;甲胺磷;甲胺磷乳油;甲基对硫磷;甲基对硫磷乳油;敌百虫;80%敌敌畏乳油;蚜灭磷;蚜灭磷乳油;三氯杀螨砜;三氯杀螨砜乳油;甲基立枯磷;20%甲基立枯磷乳油;嘧霉胺悬浮剂;精喹禾灵;精喹禾灵乳油

山东高密同利化工有限公司

山东省高密市百脉湖大街东首[261500]
电话:(0536)2911106
传真:(0536)2323131 职工人数:209人
网址:www.xylose-china.com
E-mail:info@xylose-china.com
【主要产品】木糖

山东高密银鹰化纤有限公司

山东省高密市人民大街101号[261500]
电话:(0536)2323121
传真:(0536)2323187 有进出口权
供销电话:2323121-6026
经济类型:有限责任公司
法人代表:李桂荣
网址:www.sinocellulose.com
E-mail:info@silverhawkfiber.com
【主要产品】丙纶BCF;黏胶短纤维;塑料丝及编织制品;棉浆粕

山东高天实业股份有限公司

山东省高密市创业街8号[261500]
电话:(0536)2323704;2345704
传真:(0536)2323704;2323630
经济类型:集体 有进出口权
法人代表:李允志
网址:www.gaotian.com
【主要产品】气门芯;气门嘴

山东广通宝医药有限公司

山东省青州市范公亭西路1775号[262500]
电话:(0536)3223585
传真:(0536)3235805
经济类型:与港澳台商合资经营
网址:www.gtb-pharm.cn
E-mail:gtchlorophyll@hotmail.com
【主要产品】植物醇;叶绿素铜钠;叶绿素铜;糊状叶绿素;维生素K3;维生素K1;叶绿素铁钠;叶绿素镁钠;叶绿素锌钠

山东广威消毒剂有限公司

山东省潍坊市临朐县董家沟村[262618]
电话:(0536)3412089;3412289
传真:(0536)3417689 有进出口权
固定资产:26,000千元
经济类型:有限责任公司
法人代表:董京升
网址:www.guangwei.cc
E-mail:mgk@guangwei.cc;
djs@guangwei.cc
【主要产品】三氯异氰尿酸;二氯异氰脲酸;三聚氰酸;二氯异氰尿酸钠

山东海化股份有限公司

山东省潍坊市海洋化工高新技术产业开发区[262737]
电话:(0536)5329379;5329931
传真:(0536)5329879 有进出口权
经济类型:股份有限公司
企业规模:大型 法人代表:刘景孟

网址:www. chinahaihua. com
E-mail:hhgf@ haihua. chem. com. cn
【主要产品】纯碱;硫酸钾;硝酸钠;亚硝酸钠;氯化钙;氯化镁;硅酸钠;溴素;乙酸乙酯;三聚氰胺;间苯二甲酸二甲酯-5-磺酸钠;尿素;白炭黑

山东海化股份有限公司硫酸钾厂

山东省潍坊市海洋化工高新技术产业开发区[262737]
电话:(0536)5328369;5328696;5328698
传真:(0536)5329800　有进出口权
经济类型:股份有限公司
职工人数:290 人　法人代表:刘建华
网址:www. hailei. com
E-mail:sdhhlsj@ 163169. net
【主要产品】氯化钠(精制);氯化镁;硫酸钾(农用)

山东海化股份有限公司氯化钙厂

山东省潍坊市海化开发区[262737]
电话:(0536)5329184;5336648
传真:(0536)5329095
网址:www. cacl2. com. cn
E-mail:email@ cacl2. com. cn;
gf-lhg@ haihua. cn
【主要产品】氯化钙;溶雪剂

山东海化华龙硝铵有限公司

山东省潍坊市潍城区符山镇北乐埠[261055]
电话:(0536)2106772
传真:(0536)2106787　有进出口权
经济类型:股份有限公司
法人代表:迟虎峰
网址:www. cn-nitrate. com
E-mail:info@ cn-nitrate. com
【主要产品】硝酸;硝酸钠;亚硝酸钠;亚硝酸钠(食品级);硝酸钡;硝酸锶;碳酸氢铵;碳酸氢铵(食品级);聚氯乙烯加工用助剂;造纸润滑剂;造纸抗水剂;造纸专用分散剂

山东海化氯碱树脂有限公司

山东省潍坊市滨海经济开发区[262737]
电话:(0536)5322680;5978785;
13792615498
传真:(0536)5322910　职工人数:506 人
供销电话:5322958　企业规模:大型
供销传真:5322907;5322956
经济类型:中外合资经营企业
法人代表:张忠生
网址:sdhhlj. b2b. hc360. com
E-mail:ljsz@ haihua. com
【主要产品】离子膜烧碱;聚氯乙烯树脂

山东海化盛兴化工有限公司

山东省青州市稷山路 1591 号[262500]
电话:(0536)3257156;3858509
传真:(0536)3257626　职工人数:716 人
固定资产:141,997 千元
供销电话:3858902　产值:266,486 千元
供销传真:3858528　法人代表:李进军
经济类型:有限责任公司
销售收入:270,674 千元
E-mail:hhsx@ 163169. net
【主要产品】过氧化氢;甲醇;液氨;尿素

山东海化炭黑化工有限公司

山东省潍坊市海化开发区[262737]
电话:(0536)5328567;5328551
传真:(0536)5328230
供销电话:5328734
供销传真:5328734
网址:www. tanhei. com;
www. tanhei. cn
E-mail:office@ tanhei. com;
sales@ tanhei. com
【主要产品】炭黑

山东海龙博莱特化纤有限责任公司

山东省安丘市经济开发区工业园[262100]
电话:(0536)4370309
传真:(0536)4381187　有进出口权
固定资产:700,000 千元
供销电话:4381760;4370302
供销传真:4391187　产值:560,000 千元
经济类型:有限责任公司
销售收入:560,000 千元
企业规模:大型　法人代表:刘全平
网址:www. sdpolytex. com
E-mail:blt@ sdpolytex. com
【主要产品】涤纶帘子布;尼龙浸胶帆布;尼龙帘子布

山东海王化工有限公司

山东省潍坊市寒亭海洋化工开发区[261107]
电话:(0536)7579292
传真:(0536)7578888
经济类型:有限责任公司
职工人数:1,000 人
网址:www. sdhwchem. com
【主要产品】原盐;溴化钙;溴化锂;溴化锌;溴化镁;溴化钾;溴化铵;溴素;2,3-二甲氧基-5-甲基-1,4-苯醌

山东豪迈机械科技有限公司

山东省高密市密水科技工业园豪迈路 1 号[261500]
电话:(0536)2361008
传真:(0536)2361006
网址:www. haomaikeji. com
E-mail:haomai@ haomaikeji. com
【主要产品】橡胶压延机;橡胶挤出切料机;子午线轮胎模具

山东鸿汇烟草用药有限公司

山东省青州市高新路 9 号[262500]
电话:(0536)3200711;3201611
传真:(0536)3201111　有进出口权
供销电话:13808700012
经济类型:与港澳台商合资经营
【主要产品】氧氯化铜;斯美地;仲丁灵;仲丁灵乳油

山东华诚高科胶粘剂有限公司

山东省青州市青州南路 6618 号[262501]
电话:(0536)2130888;2130777;
13606367679
传真:(0536)2130366
网址:www. huachengchem. com
E-mail:cbs@ huachengchem. com
【主要产品】水性光油;环氧树脂黏合剂;低温涂料印花黏合剂;喷胶棉黏合剂;复膜胶;水性复膜胶;聚氯乙烯胶黏剂;油墨胶;金、银卡胶水;建筑黏合剂;地板胶;保护膜胶;拼板胶;商标纸胶;纸管胶;裱纸胶;静电植绒黏合剂;搭口胶;无纺布黏合剂;SBS 塑塑复合胶;真空吸塑胶;复合胶;镀铝膜胶

鲁

山东金达双鹏集团有限公司

山东省高密市姜庄镇驻地[261506]
电话:(0536)2733198;2733286;
13905361890
传真:(0536)2734298　经济类型:集体
网址:www. cnmihe. com
E-mail:xiaoshou@ cnmihe. com
【主要产品】内三醇;硬脂酸;聚氯乙烯加工用助剂;二盐基亚磷酸铅;二盐基硬脂酸铅;三盐基硫酸铅;复合铅盐稳定剂;硬脂酸钙;硬脂酸钡;硬脂酸铅;硬脂酸锌;硬脂酸镁;硬脂酸镉;稀土复合稳定剂;PVC 发泡调节剂;氢化油

山东科润生物化工有限公司

山东省寿光市经济开发区[262711]
电话:(0536)5787602
传真:(0536)5581222　有进出口权
供销电话:5787602;5787603
网址:www. kerunchem. com
E-mail:info@ kerunchem. com
【主要产品】硫酸;烧碱(固体);亚硫酸钠;4-甲苯磺酸;三混甲酚;4-甲酚

山东乐化集团有限公司

山东省昌乐县红河镇乐化工业园[262412]
电话:(0536)6681427;6681421;6681533
传真:(0536)6681151;6681421
固定资产:161,462 千元　有进出口权
供销电话:6681127;6681425
供销传真:6681080　企业规模:大型
经济类型:有限责任公司
职工人数:2,000 人　法人代表:沈孝业
网址:www. lehuagroup. com
E-mail:paint@ lehuagroup. com
【主要产品】铝型复合塑料板;醇酸树脂漆类;醇酸汽车专用漆;氨基烘漆;硝基漆类;防火涂料;高级乳胶漆;丙烯酸树脂漆类;塑胶漆;环氧树脂漆类;

聚氨酯漆类;有机硅耐高温防腐涂料;氯化橡胶防腐漆;船舶防腐漆;锤纹漆;速干银漆

山东丽波日化股份有限公司

山东省潍坊市奎文区鸢飞路907号[261031]
电话:(0536)8661036;8666957;8663616
传真:(0536)8668032;8666957
供销电话:8663564;8663032
经济类型:股份有限公司 有进出口权
法人代表:戴晓忠
网址:www. libo. com
E-mail:wfxhq@ yahoo. com. cn
【主要产品】合成洗涤剂

山东联科白炭黑有限公司

山东省青州市东坝村[262517]
电话:(0536)3532728
传真:(0536)3536617 有进出口权
固定资产:55,000千元
供销电话:3537928 产值:120,000千元
经济类型:中外合作经营企业
销售收入:105,000千元
职工人数:325人 法人代表:吴晓林
网址:www. sdlink. com. cn
E-mail:link@ 163169. net
【主要产品】硅酸钠;白炭黑

山东联盟化工集团有限公司

山东省寿光市建新街199号[262700]
电话:(0536)5201201;5206395
传真:(0536)5200380 有进出口权
供销电话:5200424 企业规模:大型
供销传真:5205511 法人代表:杨志强
经济类型:有限责任公司
网址:www. leaguechem. com;
www. lmjt. com
E-mail:lmjt@ leaguechem. com;
123@ lmjt. com
【主要产品】盐酸;硫酸;三聚磷酸钠;磷酸氢钙;甲醇;柴油;山梨醇;尿素;混配复合肥料;复合肥;甘露醇;2-丙烯酰氨基-2-甲基-1-丙磺酸;建筑沥青

山东临朐富源精细化工有限公司

山东省潍坊市临朐县纸坊工业园[262600]
电话:(0536)3119230;3112200
传真:(0536)3112200 职工人数:45人
固定资产:3,600千元
供销传真:3492998 产值:15,000千元
经济类型:私营企业 法人代表:傅少伟
销售收入:12,000千元
网址:www. sdfuyuan. com
E-mail:wf@ public. sd. cnint. net
【主要产品】工业洗瓶剂;过氧化氢消毒剂;商标纸胶;酪素蛋白胶;链板润滑剂;强力除垢剂;酸性清洗剂

山东临朐恒达化工建材厂

山东省临朐县卧龙镇西半中[262612]
电话:(0536)3721235;3729258
传真:(0536)3721235 经济类型:集体
法人代表:窦信然
网址:www. hengdajiaodai. com
【主要产品】橡胶运输带

山东临朐华元生物工程有限公司

山东省临朐县粟山路50号[262600]
电话:(0536)3215054
传真:(0536)3215054
经济类型:中外合资经营企业
网址:www. chinahua-yuan. com
E-mail:lqhysw@ wf-public. sd. cninfo. net
【主要产品】透明质酸

山东临朐利尔杰塑化有限公司

山东省临朐县临朐路北首[262600]
电话:(0536)3159322;3118001
传真:(0536)3159093
网址:www. lierjie. com
E-mail:lierjie@ lierjie. com
【主要产品】氯化聚乙烯;高氯化聚乙烯

山东临朐山旺化工有限责任公司

山东省潍坊市临朐县上林镇解家河[262600]
电话:(0536)3421228;3421118
传真:(0536)3421228 产值:5,100千元
固定资产:7,100千元 职工人数:250人
经济类型:有限责任公司
销售收入:7,200千元
法人代表:刘惠云
网址:www. cnshanwang. com
E-mail:sales@ cnshanwang. com
【主要产品】硅藻土;精磁铁砂;虎皮灵;氯化胆碱;饲料添加剂;大蒜素

山东临朐万和橡胶制品有限公司

山东省潍坊市临朐县上林镇[262617]
电话:(0536)3421888
传真:(0536)3421699 产值:8,000千元
固定资产:4,600千元 职工人数:60人
经济类型:股份有限公司
销售收入:7,600千元 法人代表:王胜
E-mail:wanhexiangjiao@ sohu. com
【主要产品】橡胶运输带;环型运输带;橡胶杂品;普通橡胶板

山东临朐县天成助剂厂

山东省潍坊市临朐县七贤镇[262609]
电话:(0536)3692580;13963699631
供销电话:13964751221
经济类型:私营企业 法人代表:刘恒成
【主要产品】环氧大豆油;环氧大豆油酸辛酯;液体钙锌稳定剂;液体钡锌稳定剂

山东泸河集团有限公司

山东省诸城市昌城镇道口工业区[262216]
电话:(0536)6336066;6333333
传真:(0536)6401038 经济类型:集体
供销电话:6336086;6401171
供销传真:6401168 有进出口权
企业规模:大型 法人代表:许传弟
网址:www. luhe. com
E-mail:webmaster@ luhe. com;
market@ luhe. com
【主要产品】氧化锌;摩托车轮胎;摩托车内胎;平板硫化机组

山东绿丰农药有限公司

山东省青州市东青高速路口南6公里处[262500]
电话:(0536)3529528
传真:(0536)3529525
经济类型:有限责任公司
网址:www. lvfengpesticide. com
E-mail:sfx@ lvfengpesticide. com
【主要产品】高渗三唑磷乳油;高渗吡虫啉可湿性粉剂;啶虫脒可湿性粉剂;烯酰吗啉;百菌清可湿性粉剂;福美胂可湿性粉剂(40%);二氯异氰尿酸钠可溶性粉剂;百草枯;20%吗啉胍·乙铜可湿性粉剂;多·霉威可湿性粉剂;多·菌核可湿性粉剂;多·福可湿性粉剂;锰锌·霜脲可湿性粉剂;哒·螨醇乳油;73%机油·炔螨乳油;氧乐·甲氰乳油;福·甲硫可湿性粉剂;硫·酮可湿性粉剂;高氯·辛乳油;福·福锌可湿性粉剂;辛·灭乳油;锰锌·乙铝可湿性粉剂

山东默锐化学有限公司

山东省寿光市羊口[262714]
电话:(0536)5346799;5455580
传真:(0536)5455598
网址:www. morischem. com
E-mail:yingxiao@ morischem. com
【主要产品】溴化钠;3,5-二溴-4-羟基苯甲醛;1-溴丙烷;2-溴丙烷;1-溴丁烷;β-溴苯乙烷;2-氯-4-溴苯酚;四丁基溴化铵;1,3-溴氯丙烷;2-甲基-4-甲氧基二苯胺;四溴双酚A

山东青州诚信化工有限公司

山东省青州市夏镇河坝路中段[262514]
电话:(0536)3865868
传真:(0536)3511536
经济类型:有限责任公司
法人代表:文振光
【主要产品】羧基丁苯胶乳

山东青州华诚化工有限公司

山东省青州市青州南路6618号[262501]
电话:(0536)3892777;3892999
传真:(0536)3892668
网址:www. huachengchem. com
E-mail:cbs@ huachengchem. com
【主要产品】水性光油;环氧树脂黏合剂;标签用溶液型热熔胶;水性复膜

鲁

胶；聚氯乙烯胶黏剂；金、银卡胶水；建筑黏合剂；保护膜胶；压敏胶胶黏剂；裱纸胶；印花黏合剂；搭口胶；纸塑复合胶；SBS 塑塑复合胶；真空吸塑胶；镀铝膜胶；涂料印花增稠剂

山东青州清泉纤维素厂

山东省青州市五里镇洪山头[262521]
电话：(0536)3702738；13953681829
传真：(0536)3702738
网址：www.qingquancmc.com
E-mail：sqcmc@yahoo.com.cn
【主要产品】羧甲基纤维素钠

山东青州日月化工有限公司

山东省青州市弥河镇化工小区[262500]
电话：(0536)3757357；13505362252
传真：(0536)3757257
网址：www.sdryhg.com
E-mail：root@sdryhg.com
【主要产品】特戊酸；氯乙酸乙酯；特戊酰氯；氯代特戊酰氯；异噁草酮；水性复膜胶；镀铝膜胶

山东青州友邦化工有限公司

山东省青州市王府办事处曹家村[262500]
电话：(0536)3262818；3262828
传真：(0536)3262688　职工人数：200 人
固定资产：20,000 千元
网址：www.henglichem.com
E-mail：hllm@henglichem.com
【主要产品】过氧化氢；二氧化硫脲；硫脲；纸浆漂白剂 FAS

山东日科化学有限公司

山东省潍坊市昌乐经济开发区[262400]
电话：(0536)6295121；13356725857
传真：(0536)6295121　职工人数：560 人
法人代表：赵东日
网址：www.rikechem.com
E-mail：gys@rikechem.com
【主要产品】聚氯乙烯加工用助剂；PVC 发泡调节剂；塑料改进剂 ACR；PVC 抗冲改性剂 ACM 树脂

山东三工橡胶有限公司

山东省诸城市皇华镇驻地[262229]
电话：(0536)6581388；6581258
传真：(0536)6581388　有进出口权
供销电话：6581251　企业规模：大型
供销传真：6581728　法人代表：孙乐华
经济类型：有限责任公司
网址：www.sangongcn.com
E-mail：bg1338@sangongcn.com
【主要产品】轮胎；全钢载重子午线轮胎；摩托车轮胎

山东森博化学有限责任公司

山东省潍坊市东风东街 360 号泰华大厦 1607 室[261041]
电话：(0536)5455599；5343072；13869646668
传真：(0536)8253229　有进出口权
供销电话：8250229
经济类型：有限责任公司
网址：www.sinobromchem.com
E-mail：zxqtimon@sinobromchem.com
【主要产品】四溴双酚 A

山东神星农药有限公司

山东省青州市北环中路 1669 号[262500]
电话：(0536)3291497
传真：(0536)3292169
经济类型：有限责任公司
法人代表：张怀智
网址：www.chinashenxing.com
E-mail：chinashenxing@163.com
【主要产品】氢氧化铜；吡虫啉乳油；灭蝇胺可湿性粉剂；氟磺胺草醚；乙羧氟草醚；盐酸吗啉胍 · 锌可溶性粉剂；福 · 菌核可湿性粉剂；哒 · 螨醇乳油；甲硫 · 菌核可湿性粉剂；福 · 甲硫 · 硫可湿性粉剂；毒 · 辛乳油；百 · 盐酸吗啉胍水剂；锰锌 · 乙铝可湿性粉剂；阿维 · 高氯微乳剂

山东省昌乐县华颖液体瓷厂

山东省昌乐县城站前街 236 号[262400]
电话：(0536)6231097
传真：(0536)6231097
供销电话：6252665　法人代表：李肖杰
经济类型：私营企业
E-mail：hyyt0118@sohu.com
【主要产品】高性能液体瓷；各色丙烯酸聚氨酯磁漆；高性能工程机械漆；光固化涂料；各色环氧防腐面漆；速干银漆

山东省昌乐县金海特种油脂厂

山东省潍坊市昌乐县朱刘镇[262404]
电话：(0536)8176737
固定资产：400 千元　法人代表：李金海
供销电话：13506490418
经济类型：私营企业
【主要产品】脂肪酸；脂肪酸甲酯；植物沥青

山东省大洋化工有限公司

山东省临朐县潍临路(临朐县城东三公里)[262619]
电话：(0536)3717225
传真：(0536)3718475
经济类型：私营企业　法人代表：刘天亮
网址：www.dayangchem.com
E-mail：ltl@dayangchem.com
【主要产品】磷化液；脱漆脱塑剂

山东省海洋化工科学研究院

山东省寿光市大家洼镇[262737]
电话：(0536)5331751
传真：(0536)5331781　有进出口权
经济类型：有限责任公司
企业规模：大型　法人代表：王福润
网址：www.ocamchem.com
E-mail：soles@oceanchem.com
【主要产品】氢溴酸；原盐；溴化钙；溴化锂；3,5-二溴-4-羟基苯甲醛；二苯醚；溴代十二烷；1-溴丙烷；邻二溴苯；十溴二苯醚；四溴双酚 A；八溴醚；二溴新戊二醇；三溴新戊醇；十溴二苯乙烷；2,4,6-三溴苯酚；自动焊剂 431 号

山东省临朐县发达塑胶有限责任公司

山东省潍坊市临朐县城南环路与益新路交叉口北[262600]
电话：(0536)3159684；3153669；13705361596
传真：(0536)3153669
法人代表：李兴恩
网址：www.fadahuagong.com
E-mail：lxe@fadahuagong.com
【主要产品】氯化聚乙烯；高氯化聚乙烯；氯化聚氯乙烯树脂

山东省临朐县华丰化工厂

山东省临朐县辛寨辛龙工业区[262610]
电话：(0536)3441178；3440691；3440688
传真：(0536)3441178
职工人数：50 人
网址：www.huafengcn.com
E-mail：lqjl691@wf-public.sd.cninfo.net
【主要产品】复合高效聚合氯化铝；水基防锈剂；防锈切削油；油污清洗防锈剂；磷化液；金属清洗剂；金属表面调整剂

山东省临朐县龙马化工有限公司

山东省潍坊市临朐县弥河路东首[262600]
电话：(0536)3210726；13793682885
传真：(0536)3210726　法人代表：王涛
经济类型：有限责任公司
【主要产品】二氧化氯；建材板用胶黏剂

山东省临朐县明硕化工有限公司

山东省临朐县纸坊工业园[262602]
电话：(0536)3498999；3498858；13963675181
传真：(0536)3498818
网址：www.mingshuo889.com
【主要产品】氧化锌脱硫剂；脱硫催化剂；氧化铁脱硫剂；脱硫剂；活性炭精脱硫剂；脱氯剂；抗硫酸盐化有机硫水解催化剂

山东省临朐县强力化建有限公司

山东省临朐县太平工业园[262600]
电话：(0536)3398178
传真：(0536)3398177

鲁

网址：www. lqql. com
E-mail：lqql@ lqql. com
【主要产品】乙二醇；各色聚氨酯底漆；聚氨酯面漆；油漆固化剂

山东省临朐县冶源硬质合金材料厂

山东省潍坊市临朐县冶源镇[262605]
电话：(0536)13905368321
网址：www. wfmcg. com
【主要产品】硝酸钴；氯化钴；碳化钨；氧化钴；钴；镍

山东省临朐橡胶有限公司

山东省潍坊市临朐县辛寨镇[262610]
电话：(0536)3342368；3440139；13806469487
传真：(0536)3442455
供销电话：3440139；3440136
经济类型：有限责任公司
法人代表：程永生
网址：www. linquxiangjiao. com
E-mail：sdlqxisis@ 163. com
【主要产品】橡胶运输带

鲁

山东省青州市宏伟助剂有限公司

山东省青州市西环路城区变电站南邻[262500]
电话：(0536)3886856；3260175；13606460693
传真：(0536)3886856
网址：www. hongweizhuji. com
E-mail：hongwei@ 0536. und. cn
【主要产品】环氧大豆油

山东省青州市农药厂

山东省青州市 402 医院西邻[262500]
电话：(0536)3260561
经济类型：集体
【主要产品】多·硫悬浮剂；敌畏·氧乐乳油；甲硫·硫悬浮剂

山东省青州市鑫丰化工有限公司

山东省青州市将军山路将军工业园[262500]
电话：(0536)3208173
传真：(0536)3204818　职工人数：260 人
网址：www. sdxfhg. com
E-mail：xinfeng@ sdxfhg. com
【主要产品】磷酸；六偏磷酸钠；磷酸二氢钠；磷酸二氢钾；磷酸三钠；磷酸氢二钠；磷酸氢二钾

山东省青州市鑫源化工有限公司

山东省青州市驼山北路 689 号[262500]
电话：(0536)3292069；13606367261
传真：(0536)3292597　职工人数：110 人
经济类型：私营企业　法人代表：李新华
【主要产品】磷酸；六偏磷酸钠；磷酸三钠；黄磷

山东省寿光市圣海化工有限公司

山东省寿光市羊口镇环渤海精细化工园[262714]
电话：(0536)5455686；13953685656
传真：(0536)5455688　有进出口权
供销电话：5455686；13863665656
经济类型：有限责任公司
网址：www. sunshinechemical. com
E-mail：sunshine@ sunshinechemical. com
【主要产品】环己烯；橡胶促进剂 TBzTD；促进剂 DM；促进剂 M；促进剂 NS；促进剂 TMTD；促进剂 DTDM；防老剂 RD；*N*-环己基硫代酞酰亚胺

山东省潍坊海滨化工有限公司

山东省潍坊市海化开发区工业园区内[262737]
电话：(0536)5330248；13905360315
传真：(0536)5330248
网址：www. haibinchem. com
E-mail：haibin@ haibinchem. com
【主要产品】原盐；氯化钙；氯化镁

山东省潍坊金宝防水材料有限公司

山东省寿光市台头镇工业区[262735]
电话：(0536)5511829；13964738885
网址：www. jinbaofs. com
E-mail：info@ jinbaofs. com
【主要产品】聚乙烯丙纶复合防水卷材；SBS 改性沥青防水卷材；APP 改性沥青防水卷材；沥青复合胎柔性防水卷材

山东省潍坊市正泰防水材料有限公司

山东省寿光市台头工业园[262735]
电话：(0536)5511035；5518999；5529388
传真：(0536)5518999
网址：www. wfdezhong. cn/cailiao/ztgs. htm
【主要产品】聚乙烯丙纶复合防水卷材；非焦油聚氨酯防水涂料；JS 复合防水涂料；SBS 改性沥青防水卷材

山东省裕源集团总公司

山东省潍坊市海洋化工高新区海化街中段喜海路[262737]
电话：(0536)5330188；5331179
传真：(0536)5330189
固定资产：275，000 千元
供销电话：5308978；5308866
供销传真：5308866；5330189
企业规模：大型　职工人数：3，900 人
法人代表：孟庆升
网址：www. yuyuangroup. com
E-mail：yuyuan@ yuyuan. com
【主要产品】工业盐；溴素

山东省诸城市腾霞油墨有限公司

山东省诸城市郭家屯镇[262213]
电话：(0536)6301028；13964667326
传真：(0536)6302058
网址：www. tengxiayoumo. com
E-mail：tengxia@ tengxiayoumo. com
【主要产品】失水苹果酸树脂(424 型)；水性凹印版柔性版油墨；凹印塑料油墨；凹版表印透明塑料薄膜油墨；凹版复合塑料薄膜油墨；抗水防冻油墨；PET 复合塑料油墨；PVC 喷涂亮光油墨；耐蒸煮复合塑料油墨

山东省诸城市鑫盛化工厂

山东省诸城市郭家屯镇[262213]
电话：(0536)6301066
传真：(0536)6307066
法人代表：曹发兴
网址：www. xinshengchem. com
E-mail：xinsheng@ xinshengchem. com
【主要产品】烧碱；硅酸钠；柔软剂 HC；高效渗透剂；酸洗除垢剂

山东寿光昌达化工有限公司

山东省寿光市侯镇工业园区(岔河)[262725]
电话：(0536)5392888；5393988
传真：(0536)5392888　职工人数：200 人
网址：www. sdchangda. com
E-mail：changda@ sdchangda. com
【主要产品】氯化钙(无水)；氯化钙(二水)；氯化镁；碳酸镁；轻质碳酸镁；氧化镁(轻质)；氧化镁(药用)；活性氧化镁；涂料杀菌防腐剂；氧化镁；造纸助剂

山东寿光健元春有限公司

山东省寿光市光明路 128 号[262700]
电话：(0536)5200558；5201888
传真：(0536)5200588　有进出口权
经济类型：有限责任公司
企业规模：大型
网址：www. jianyuanchun. com
E-mail：shgjych@ 163169. com
【主要产品】农用薄膜；包装膜；塑料编织袋；柔性集装袋

山东寿光绿洲化工有限公司

山东省寿光市侯镇[262724]
电话：(0536)5361596
传真：(0536)5361663
固定资产：8，000 千元
网址：www. lvzhouchem. com
E-mail：grh@ lvzhouchem. com
【主要产品】硫酸亚铁；硫酸铝；水泥添加剂

山东寿光绿洲皮革塑料有限公司

山东省寿光市侯镇[262724]
电话:(0536)5361596
传真:(0536)5762866　产值:8,000 千元
固定资产:1,900 千元
供销电话:5361663;5361596
经济类型:有限责任公司
销售收入:7,500 千元
法人代表:国仁海
网址:www.lvzhouchem.com
E-mail:grh@lvzhouchem.com
【主要产品】硫酸铝;水泥添加剂;水泥助磨剂

山东寿光双星农药有限公司

山东省寿光市开发区[262700]
电话:(0536)5226126;5107178;5234123
传真:(0536)5291901　有进出口权
供销电话:5226126;5196561
供销传真:5234123　职工人数:500 人
经济类型:私营企业
网址:www.sdsgsx.com
E-mail:sdsgsx@sdsgsx.com
【主要产品】炔螨特;灭线磷颗粒剂;吡虫啉可湿性粉剂;40%杀扑磷乳油;氰戊菊酯乳油;灭幼脲悬浮剂;啶虫脒乳油;烯酰吗啉水分散粒剂;氟铃脲乳油;毒死蜱颗粒剂;丙环唑乳油;腈菌唑乳油;三唑锡可湿性粉剂;噁醚唑;乙霉威;嘧霉胺悬浮剂;多·霉威可湿性粉剂;多·乙铝可湿性粉剂;多·烯唑可湿性粉剂;40%多·嘧霉可湿性粉剂;多·福可湿性粉剂;酮·锰锌可湿性粉剂;甲硫·锰锌悬浮剂;甲硫·霉威悬浮剂;锰锌·乙铝可湿性粉剂;阿维·唑磷乳油

山东四季旺农化有限公司

山东省安丘市永安路南首[262100]
电话:(0536)4290000
传真:(0536)4225757
经济类型:有限责任公司
网址:www.sijiwang.com
【主要产品】叶面肥;冲施肥;有机肥

山东天达生物制药股份有限公司

山东省高密市城南街民营科工园[261500]
电话:(0536)2345708;2343938;2352116
传真:(0536)2342173　职工人数:600 人
经济类型:股份有限公司
法人代表:张世家
网址:www.tianda2116.com.cn
E-mail:td2116@tianda2116.com.cn
【主要产品】噁霉灵;盐酸西替利嗪

山东天信化工有限公司

山东省潍坊市玉清东街 171 号[261061]
电话:(0536)2103633
传真:(0536)8865639　有进出口权
固定资产:12,000 千元　法人代表:孟烨
供销电话:13562620633
经济类型:股份有限公司
产值:80,000 千元　职工人数:270 人
销售收入:75,000 千元
网址:www.yyhg.com
E-mail:anni0603@yahoo.com.cn
【主要产品】氢溴酸;溴化钠;溴化钙;溴化锂;溴化锌;溴化钾;溴化铵;四溴双酚 A

山东潍坊华诚改性塑料有限公司

山东省潍坊市眉村镇政府驻地[261203]
电话:(0536)7682188
网址:www.huachengpacking.co
E-mail:heng@huachengpacking.com
【主要产品】塑料编织袋;PEP 填充母料

山东潍坊义兴橡胶有限公司

山东省高密市平日路 14 号[261500]
电话:(0536)2868237;2122096
传真:(0536)2346237
供销电话:13356752915
法人代表:张守义
网址:www.yixingrubber.com
E-mail:lyy@yixingrubber.com
【主要产品】轻型运输车辆轮胎;叉车轮胎;农用车辆轮胎

山东潍坊制药厂有限公司

山东省潍坊市潍城区北宫西街 1 号[261021]
电话:(0536)8957113;2118360
传真:(0536)8957113;2118390
固定资产:60,000 千元　有进出口权
供销电话:2118369;2118360
供销传真:2118390;8957113
经济类型:有限责任公司
产值:300,000 千元　职工人数:460 人
销售收入:100,000 千元
法人代表:姜林海
网址:www.weifangpharm.com
E-mail:wfyy@public.wfptt.sd.cn
【主要产品】盐酸肼屈嗪;卡托普利;赖诺普利;盐酸川芎嗪;吉非罗齐;醋谷胺

山东鑫达鲁鑫防水材料有限公司

山东省潍坊市潍城区于河镇 309 国道 351 公里处[261021]
电话:(0536)8171768;8171999
传真:(0536)8171999
网址:www.xdlx.cn
E-mail:luxin@xdlx.cn
【主要产品】聚乙烯防水卷材;聚乙烯丙纶复合防水卷材;聚氨酯防水涂料;JS 复合防水涂料;聚氯乙烯防水卷材

山东玉成生化农药有限公司

山东省安丘市北郊 4 公里处潍徐北路东侧[262100]
电话:(0536)4390588
传真:(0536)4390388　职工人数:300 人
固定资产:40,000 千元
供销电话:4390188　法人代表:吕玉成
供销传真:4390188
网址:www.cnyucheng.com
E-mail:lyc@cnyucheng.com;
【主要产品】2-乙酰噻吩;2-噻吩甲醛;7-乙基色醇;杀虫剂类;丁硫克百威乳油;虫酰肼;氟铃脲;吡·高氯乳油

山东跃马胶带有限公司

山东省潍坊市临朐县辛寨镇[262610]
电话:(0536)3440237;3442080
传真:(0536)3342597　经济类型:集体
供销电话:3440237;3440888
法人代表:王永堂
网址:www.sdjaidai.com
E-mail:yuema@yuema.com.cn
【主要产品】橡胶运输带

山东兆冠药业有限公司

山东省潍坊市临朐经济技术开发区秦池路 38 号[262600]
电话:(0536)3121855;3121055;3212680
传真:(0536)3120817　职工人数:600 人
固定资产:56,000 千元
网址:www.zhaoguan.com
E-mail:wxy@zhaoguan.com;
mail@zhaoguan.com
【主要产品】二氧化氯

山东振兴化工有限公司

山东省青州市东坝镇东阳河村[262517]
电话:(0536)3533716;3536353
传真:(0536)3531264　职工人数:185 人
固定资产:12,000 千元
经济类型:私营企业　法人代表:王兆永
网址:www.sdzxhg.cn
E-mail:qzzxhg@public.wfptt.sd.cn
【主要产品】琥珀酸;L-胱氨酸;L-半胱氨酸盐酸盐一水物;L-半胱氨酸盐酸盐无水物;丁二酸钠;半胱氨酸;*N*-乙酰-L-半胱氨酸;木糖醇;木糖;L-亮氨酸;羧甲司坦;L-酪氨酸;白炭黑

山东中策轮胎有限公司

山东省寿光市台头工业园区[262735]
电话:(0536)8243169;8232030
传真:(0536)8267300
网址:www.xinyuantyre.com
E-mail:zhongcetyre@hotmail.com
【主要产品】载重汽车轮胎外胎;轻型运输车辆轮胎;工程机械轮胎;农用车辆轮胎

寿光富康制药有限公司

山东省寿光市经济技术开发区北海路 168 号[262700]
电话:(0536)5101708;13506465308
传真:(0536)5196200　有进出口权
固定资产:203,772 千元

鲁

供销电话:5101568;5102088
供销传真:5101568;5103108
经济类型:与港澳台商合资经营
产值:428,811 千元 职工人数:580 人
销售收入:867,465 千元
法人代表:杨维国
网址:www. shouguangpharm. com
E-mail:sgfksc811@ sohu. com
【主要产品】氢溴酸;溴化钠;溴素;1,3,5-三甲氧基苯;2,4,5-三甲氧基苯甲醛;3,5-二溴-4-羟基苯甲醛;甲醇钠;苄基-2-萘基醚;间溴苯甲醛;1-溴丙烷;2-溴丙烷;1-溴丁烷;1,2-二溴乙烷;1,3-溴氯丙烷;3,4,5-三甲氧基苯甲醛;2-甲基-4-甲氧基二苯胺;2-苯胺基-3-甲基-6-二丁氨基荧烷;磺胺甲噁唑;甲氧苄啶;伊曲康唑;盐酸二甲双胍;羟基脲;奥美拉唑

寿光申达化学工业有限公司

山东省寿光市化工开发区[262700]
电话:(0536)5890777;5892688;13176701666
传真:(0536)5897777
网址:www. shishengda. com
E-mail:ssd@ shishengda. com
【主要产品】4-溴氟苯;α-氯丙烯腈;对氯苯甘氨酸;溴菌腈

寿光市宝特化工有限公司

山东省寿光市卧铺乡第一工业园区[262712]
电话:(0536)5312281;13356729351
传真:(0536)5312281
网址:www. baotechem. com
E-mail:whb@ baotechem. com
【主要产品】二氧化硅(高纯超细粉);白炭黑(疏水);高效型干燥硅胶

寿光市恒通化工有限公司

山东省寿光市台头镇工业园[262735]
电话:(0536)5524777
传真:(0536)5524888 有进出口权
经济类型:私营企业 产值:5,000 千元
职工人数:100 人 法人代表:刘长吉
网址:www. hengtongchem. com
E-mail:liuchangji@ yahoo. com. cn
【主要产品】甲酸钾

寿光市华泰防水材料有限公司

山东省寿光市台头镇工业园区[262735]
电话:(0536)5519998;13706464668
传真:(0536)5518198 职工人数:38 人
法人代表:隋金德
网址:www. huataifangshui. com
【主要产品】聚乙烯丙纶复合防水卷材;SBS 改性沥青防水卷材;APP 改性沥青防水卷材

寿光市金泽洋化工有限公司

山东省寿光市王高镇工业园[262709]
电话:(0536)5717668;5717678;13563669811
传真:(0536)5717688 职工人数:120 人
网址:www. jinzeyang. com
E-mail:sales@ jinzeyang. com
【主要产品】乙醇(无水);对苯二甲醛;对二氯苄;对苯二甲基二甲醚;二甲基亚砜

寿光市利飞混凝土外加剂有限公司

山东省寿光市田马镇[262727]
电话:(0536)5641762
传真:(0536)5461861 职工人数:380 人
固定资产:30,000 千元
网址:www. cnlifei. com
E-mail:lifei@ cnlifei. com
【主要产品】混凝土复合防冻早强剂;混凝土膨胀剂;高效泵送剂

寿光市明鑫助剂有限责任公司

山东省寿光市洛城工业区[262705]
电话:(0536)5661397
传真:(0536)5660308
网址:www. mingxinstarch. com
E-mail:mingxin@ mingxinstarch. com
【主要产品】阳离子淀粉;淀粉;变性淀粉;表面施胶淀粉

寿光市南马店阳光化工厂

山东省寿光市文家街道办事处南马[262712]
电话:(0536)5505005
传真:(0536)5505005
法人代表:张之枢
【主要产品】溴乙烷

寿光市曙光助剂厂

山东省寿光市稻田镇[262706]
电话:(0536)5655567
传真:(0536)5655567 产值:1,000 千元
固定资产:100 千元 职工人数:16 人
供销电话:13706462012
经济类型:私营企业 法人代表:李敬三
销售收入:1,500 千元
【主要产品】聚甘油脂肪酸酯;防火涂料;丙烯酸涂料;分散松香胶乳液;塑料专用分散剂;造纸助剂;造纸助留助滤剂;聚乙烯大棚膜用流滴剂;有机分散剂

寿光市天成精细化工厂

山东省寿光市王高工业园[262709]
电话:(0536)5717699;5717669;13563608910
传真:(0536)5717698
网址:www. tcjxhgc. com
E-mail:lmh@ tcjxhgc. com
【主要产品】对羟基苯甲醛;均苯四甲酸二酐;2-叔丁基-4-甲基苯酚;硬脂酸钙;紫外线吸收剂 UV-326;2,6-二叔丁基对甲基苯酚;防老剂 2246

寿光市天健化工有限公司

山东省寿光市开发区科技工业园[262700]
电话:(0536)5101069
供销电话:5222766
经济类型:股份有限公司
网址:www. tianjian. net
E-mail:tianjianchem@ tom. com
【主要产品】丙烯;甲基叔丁基醚;聚丙烯;塑料编织袋

寿光市万奥化工有限公司

山东省寿光市侯镇大地工业园[262725]
电话:(0536)5396025
传真:(0536)5396085 职工人数:50 人
固定资产:3,000 千元
经济类型:私营企业 产值:50,000 千元
销售收入:5,000 千元
E-mail:Lgx710320@ 126. com
【主要产品】溴乙烷;1-溴丙烷;2-溴丙烷;1-溴丁烷

寿光市信昌化工有限公司

山东省寿光市道口乡政府驻地[262717]
电话:(0536)5401937
传真:(0536)5401937
经济类型:股份有限公司
【主要产品】二苯醚;四溴双酚 A;八溴醚

寿光市旭东化工有限公司

山东省寿光市王高镇王高工业园[262709]
电话:(0536)5429888;5423888
传真:(0536)5429888 职工人数:95 人
固定资产:10,500 千元
网址:www. sdxudongchem. com
E-mail:sales@ sdxudongchem. com
【主要产品】甲醛;多聚甲醛;乌洛托品

寿光卫东化工有限公司

山东省寿光市羊口镇[262714]
电话:(0536)5342269
传真:(0536)5342255
供销电话:5343040;5615988
供销传真:5341017 职工人数:1,000 人
法人代表:袁德洪
网址:www. wdchem. com
E-mail:wdyc@ 163169. net
【主要产品】氢溴酸;原盐;溴素;1-溴丙烷;十溴二苯醚;非卤膨胀型阻燃剂;多聚磷酸铵;溴氮结合型阻燃剂;无卤环保阻燃剂;十溴二苯乙烷;乙撑双四溴邻苯二甲酰亚胺;阻燃剂 DOPO

寿光鑫龙化工厂

山东省寿光市稻田镇[262706]
电话:(0536)5058830
传真:(0536)5058950
网址:www. sd-xinlong. com
E-mail:xinlong@ sd-xinlong. com
【主要产品】造纸用消泡剂;无甲醛抗水剂;异噻唑啉酮;造纸抗水剂;有机分散剂

鲁

天德化工控股有限公司

山东省潍坊市高新技术开发区高创中心[261031]
电话:(0536)8886552;2103200;2103209
传真:(0536)2103222
网址:www.tdchem.com
E-mail:tdchemi@public.wfptt.sd.cn
【主要产品】乙醇(无水);叔丁醇;2-辛醇;原甲酸三乙酯;氰乙酸乙酯;氰乙酸正丁酯;氰乙酸异丁酯;氰乙酸甲酯;氰乙酸环己酯;氰乙酸异辛酯;氰乙酸正辛酯;氰乙酸仲辛酯;氰乙酸甲氧基乙酯;混合二元酸二甲酯;1,6-二溴己烷;辛二胺;辛二腈;丙二酸二乙酯;丙二酸二甲酯;丙二酸二异丙酯;氰基乙酸

潍坊奥维特农药有限公司

山东省潍坊市坊子区潍州路13.5公里处[261207]
电话:(0536)7628628
传真:(0536)7628629
经济类型:有限责任公司
法人代表:刘其智
【主要产品】多·硫悬浮剂;21%增效马·氰乳油;氰·马乳油;高氯·辛乳油

潍坊巴罗斯农化有限公司

山东省寿光市东坝镇东阳河工业园139号[262517]
电话:(0536)3538383
供销电话:13606366342
经济类型:股份合作　职工人数:83人
法人代表:孙俊生
【主要产品】微量元素肥料;叶面肥;冲施肥

潍坊宝盛化工有限公司

山东省潍坊市东风东街325号[261041]
电话:(0536)8252126
传真:(0536)8292126　职工人数:400人
网址:www.bschem.com.cn
E-mail:sales@bschem.com.cn;
lichem@bschem.com.cn
【主要产品】氯化钙;氯化镁;溴化钙;溴化锌;溴化钾;磷酸铵盐干粉灭火剂;溶雪剂

潍坊博安化工有限公司

山东省潍坊市寒亭区潍县北路388号[261100]
电话:(0536)7363577;13475665688
传真:(0536)7363577
网址:boan.chemnet.com
E-mail:boan@chemnet.com
【主要产品】二环戊二烯铁

潍坊昌大肥料有限公司

山东省潍坊市海洋化工高新技术产业开发区[262737]
电话:(0536)5326989;5309909
传真:(0536)5309908　有进出口权
供销电话:5326989;13455692321
经济类型:有限责任公司
网址:www.wfcdfl.com
E-mail:zxr@wfcdfl.com;cdfl@wfcdfl.com
【主要产品】复合肥

潍坊昌大化工有限公司

山东省潍坊市海化工业开发区[261061]
电话:(0536)5317683;5327688
传真:(0536)5327686
供销电话:5303868
供销传真:5303868
网址:www.cnchangdachem.com
E-mail:zdp@cnchangdachem.com
【主要产品】原盐;氯化钙;氯化镁;溶雪剂

潍坊昌盛硝盐有限公司

山东省潍坊市昌乐县[262404]
电话:(0536)6711131
传真:(0536)6711450　职工人数:100人
经济类型:私营企业　产值:12,000千元
法人代表:吴学山
【主要产品】硝酸钾

潍坊长安化工贸易有限公司

山东省潍坊市海化开发区[262737]
电话:(0536)5335998;13705361434
传真:(0536)5335998
网址:www.wfcachem.com
E-mail:wzl@wfcachem.com
【主要产品】氢溴酸;氯化钙;溴化钠;溴酸钠;溴素

潍坊春晨石油化工有限公司

山东省潍坊市外商投资开发区远里村[261056]
电话:(0536)8179795;13791887488
传真:(0536)8175615
经济类型:有限责任公司
法人代表:于长辰
【主要产品】甲基丙烯酰氧乙基三甲基氯化铵;润滑油

潍坊丹灵精细化工有限公司

山东省昌邑市西环路西利民街北[261300]
电话:(0536)7212736
传真:(0536)7210317　有进出口权
经济类型:有限责任公司
法人代表:赵培德
【主要产品】溴化锂;4,6-二硝基-2-仲丁基苯酚

潍坊德众化工有限公司

山东省寿光市台头工业园[262735]
电话:(0536)5510938;5510939
固定资产:50,000千元　有进出口权
职工人数:500人
网址:www.wfdezhong.cn/index.asp
【主要产品】高钾喷施肥;叶面肥;冲施肥;活性有机肥;复合微生物肥;生物有机肥;微生物菌剂;螯合微肥

潍坊东邦化工有限公司

山东省青州市云门山南路南首[262500]
电话:(0536)3988558;3758893;3758388
传真:(0536)3758388　职工人数:62人
经济类型:中外合资经营企业
法人代表:徐平安
网址:www.dbch.cn
E-mail:wfdbch@126.com
【主要产品】耐擦洗内墙涂料;高级环保内墙漆;高级外墙乳胶漆;超级防水雨刷漆

潍坊杜得利化学工业有限公司

山东省临朐县龙岗工业园[262618]
电话:(0536)3418777;3419010;
13395367333
传真:(0536)3418766
网址:www.dudeli.com
E-mail:ddl@dudeli.com;
yaosales@dudeli.com
【主要产品】丁酰乙酸甲酯;丁酰乙酸乙酯;异丁酰乙酸甲酯;异丁酰乙酸乙酯;硼酸三甲酯;溴乙烷;乙烯亚胺;二甲基二硫;(*R*)-4-氰基-3-羟基丁酸乙酯;4-氟-α-(2-甲基-1-氧丙基)-γ-氧代-*N*,β-二苯基苯丁酰胺;2,3-二氯-5,6-二氰基-1,4-苯醌;灭蝇胺;邻苯二甲酸二辛酯;多聚磷酸铵

潍坊福桥化工有限公司

山东省潍坊市滨海项目区央子镇[261108]
电话:(0536)7577688
传真:(0536)7577688　职工人数:66人
经济类型:有限责任公司
法人代表:王涛
【主要产品】氯化聚乙烯

潍坊高信化工科技有限公司

山东省潍坊市海化开发区张呈村北100米[262737]
电话:(0536)5313887;5319366;
13356366577
传真:(0536)5319399
法人代表:刘春山
网址:www.gaoxinchem.com
E-mail:gaoxin@gaoxinchem.com
【主要产品】氯化聚乙烯;高氯化聚乙烯;氯化聚氯乙烯树脂;聚氯乙烯粒料

潍坊光田石化有限公司

山东省潍坊市潍城区于河镇潘里村[261056]
电话:(0536)8179621
传真:(0536)8171908
经济类型:有限责任公司
法人代表:刘永田
【主要产品】润滑油

潍坊国桥化工有限公司

鲁

山东省潍坊市坊子区荆山工业园(荆山洼镇)[261208]
电话:(0536)7635778
传真:(0536)7635610
网址:www. gooqual. com;
　www. chinabridgewf. com
E-mail:chinabridge@ gooqual. com
【主要产品】氯化胆碱

潍坊海化三江化工有限公司

山东省潍坊市海化开发区[262737]
电话:(0536)5324578
传真:(0536)5324577　产值:5,000 千元
经济类型:私营企业　职工人数:100 人
法人代表:刘长吉
网址:www. third-river. com
E-mail:info@ third-river. com
【主要产品】硫酸钠;氯化钙(无水);氯化钙(二水);氯化钙;氯化镁;溴化钠;溴化钙;溴化锌;溴酸钠;溴化钾;溴化铵;三溴化磷;三硅酸镁;甲酸;乙酰氯;丙酰氯;丙烯酰氯;间溴硝基苯;3-溴苯胺;甲酸铵;甲酸钠;甲酸钾;苯甲醚;丙酸钙;甲酸钙;水杨酸镁;四溴双酚 A;2,4,6-三溴苯酚

潍坊海化远大精细化工有限公司

山东省潍坊市滨海经济开发区[262737]
电话:(0536)5332378
传真:(0536)5310398
经济类型:私营企业
网址:www. ourbromide. com
E-mail:hhwzx@ public. wfptt. sd. cn
【主要产品】氢溴酸;氯化钙;氯化镁;溴化钠;溴化钙;溴化锂;溴化锌;溴化镁;溴化锰;溴酸钠;溴化钾;溴化铵;溴素;碳酸氢铵;食用小苏打;酮麝香;二甲苯麝香;十溴二苯醚;四溴双酚 A;六溴环十二烷;八溴醚;溴硝醇;2,2-二溴-3-次氮基丙酰胺

潍坊海龙化工有限公司

山东省潍坊市鸢飞路 1002 号[261021]
电话:(0536)8668210;8670701;
　13953621518
有进出口权　职工人数:100 人
网址:www. hailongchem. com
E-mail:info@ hailongchem. com
【主要产品】辛二酸;丁二酸二甲酯;间苯二甲酸二甲酯;癸二酸单甲酯酰氯;己二酸单乙酯酰氯;己二酸单甲酯酰氯;己二酸二甲酯;己二酸二乙酯;己二酸二丁酯;己二酸二正已酯;己二酸单乙酯;己二酸单甲酯;己二酸二异丙酯;戊二酸二乙酯;癸二酸二甲酯;癸二酸单甲酯;癸二酸二乙酯;癸二酸单乙酯;丁二酸二乙酯;癸二酸二丁酯;癸二酸二辛酯;癸二酸二异丙酯

潍坊海特塑胶有限公司

山东省潍坊市昌乐县经济技术开发区[262400]
电话:(0536)6221911;6222445;6234591
传真:(0536)6221469　有进出口权
供销电话:6232042;6221911
经济类型:股份有限公司
法人代表:周晓辉
网址:www. kinghose. com
E-mail:info@ kinghose. com
【主要产品】聚氯乙烯管材;聚氯乙烯螺旋管

潍坊浩鑫精细化工有限公司

山东省寿光市王高工业园[262709]
电话:(0536)5719652
传真:(0536)5719651
网址:www. haoxindyes. com
E-mail:uufechen@ public1. sz. js. cn
【主要产品】4-甲苯磺酰胺;四甲基米氏酮;四乙基米氏酮;*N*-乙基-1-萘胺;碱性染料;碱性艳蓝 B;碱性艳蓝 BO;碱性艳蓝 R;油溶黄 BL;透明黄 5R;溶剂红 109;溶剂红 335B;溶剂橙 2A;溶剂橙 5A;油溶绿 3;溶剂蓝 HL;透明红 EG;透明红 GB;透明橙 3G;透明黄 3GL;透明蓝 RP;透明紫 B;结晶紫;透明黑 BG;金属络合染料;溶剂染料

潍坊浩鑫造纸助剂有限公司

山东省潍坊市昌乐县鄌头仓镇[262408]
电话:(0536)6762567
传真:(0536)6762567
经济类型:私营企业
网址:www. zaozhizhuji. com
E-mail:jianghai@ zaozhizhuji. com
【主要产品】纸张增强剂;阳离子助留剂;阳离子淀粉;纸张挺硬剂;淀粉磷酸酯;废纸脱墨剂

潍坊恒联油墨有限公司

山东省潍坊市昌乐县马宋镇河头工业园[262416]
电话:(0536)6911098;6918888
传真:(0536)6911088　经济类型:集体
网址:www. hlyoumo. com
E-mail:manager@ hlyoumo. com
【主要产品】水性凹印版柔性版油墨;塑料编织袋油墨;醇溶性编织袋表印油墨;柔性凸版塑料印刷油墨;水可洗油墨;双面胶带

潍坊恒泰建材有限公司

山东省潍坊市眉村工业区[261203]
电话:(0536)7681528;7681968
传真:(0536)7681868
网址:www. aea. com. cn
E-mail:hengtai@ aea. com. cn
【主要产品】混凝土添加剂;无机防水堵漏材料

潍坊恒兴化工有限公司

山东省潍坊市奎文区鸢飞路 925 号[261031]
电话:(0536)8665901
传真:(0536)8665900　有进出口权
经济类型:股份有限公司
法人代表:郭宝杰
网址:www. hengxingchem. cn;
　www. dispersant. cn
E-mail:gxj@ hengxingchem. cn
【主要产品】超细重质碳酸钙;涂料印花浆用消泡剂;涂料印花黏合剂;络合剂;皂洗剂;强力杀菌防腐剂;造纸施胶剂;硬脂酸钙分散液;造纸抗水剂;造纸用中性施胶剂;阳离子淀粉;有机分散剂;变性淀粉;表面施胶淀粉;表面喷雾淀粉

潍坊弘润石化助剂有限公司

山东省潍坊市福寿东街[261061]
电话:(0536)3556555
传真:(0536)3556009　职工人数:600 人
供销电话:3556558
网址:www. wfhrcn. com
E-mail:wfhrcn@ wfhrcn. com
【主要产品】石油液化气;石脑油;汽油;减粘渣油;柴油;燃料油;焦化沥青;重交沥青

潍坊宏涛化工有限公司

山东省潍坊市临朐县城东 10 公里[262619]
电话:(0536)3717336
传真:(0536)3717289
经济类型:有限责任公司
法人代表:吕秀红
【主要产品】塑料薄膜;双向拉伸聚酯薄膜

潍坊宏远化工有限公司

山东省潍坊市海化开发区工业园区[262737]
电话:(0536)5331028
传真:(0536)5317718　有进出口权
经济类型:有限责任公司
网址:www. wfhongyuan. com
E-mail:wfhyhg2008@ 163. com
【主要产品】氢溴酸;原盐;氯化钙;氯化镁;溴化钠;溴化钙;溴化锌;溴化镁;溴化锰;溴化铁;溴酸钠;溴酸钾;溴化钾;溴化铵;溴化铝;2,4,6-三溴苯酚;溶雪剂

潍坊华光塑胶有限公司

山东省潍坊市东风东街 293 号[261041]
电话:(0536)8235243
传真:(0536)8235243
供销电话:8222392　法人代表:张建伟
经济类型:有限责任公司
E-mail:hgzs2002@ yahoo. com. cn
【主要产品】塑料制品

潍坊华夏膨润土有限公司

山东省潍坊市坊子区眉村镇[261203]
电话:(0536)7681568;8583085;8589085
传真:(0536)7681068;8583085
法人代表:张立英

鲁

网址:www. wfhuaxia. com
E-mail:huaxia@ wfhuaxia. com
【主要产品】钠基膨润土;高效钠质膨润土;膨润土

潍坊华星塑料有限公司

山东省潍坊市潍城区符山镇政府驻地[261055]
电话:(0536)8110063
传真:(0536)8119963 职工人数:700 人
固定资产:20,000 千元
供销电话:8301756 法人代表:季伟令
供销传真:8301738
网址:www. huaxingplastics. com
E-mail:hxsl@ huaxingplastics. com
【主要产品】塑料编织袋

潍坊环宇油漆工业有限公司

山东省诸城市郭家屯镇驻地[262213]
电话:(0536)6309859
传真:(0536)6309859
供销电话:6309086;6309860
经济类型:股份有限公司
法人代表:宫献银
网址:www. huanycn. com
E-mail:info@ huanycn. com
【主要产品】醇酸树脂漆类;醇酸磁漆;防锈漆;硝基漆类;丙烯酸树脂漆类;内外墙乳胶漆;聚酯树脂漆类;环氧树脂漆类;各色氯化橡胶马路划线漆;锤纹漆;氨基漆稀释剂

潍坊金城化工油漆有限公司

山东省诸城市郭家屯镇驻地[262213]
电话:(0536)6307888
传真:(0536)6307888
供销传真:6308888
网址:jcyq. und. com. cn
E-mail:gxm@ jinchengqili. com
【主要产品】醇酸树脂漆类;硝基漆类;乳胶漆;丙烯酸树脂漆类;聚酯树脂漆类;聚氨酯漆类

潍坊金山化工有限公司

山东省潍坊市凤凰山高新技术产业园金山街 10 号[261206]
电话:(0536)7603015;7606022
传真:(0536)7605163 有进出口权
经济类型:中外合资经营企业
法人代表:凌天杜
网址:www. jinshanchemical. com
E-mail:jinshan@ jinshanchemical. com
【主要产品】氯化聚乙烯;高氯化聚乙烯;氯化聚氯乙烯树脂

潍坊凯华碳化硅微粉有限公司

山东省潍坊市坊子区六马路西[261207]
电话:(0536)7669079;13963637612
传真:(0536)7669058
经济类型:有限责任公司
网址:www. cn-kaihua. com
E-mail:kaihua@ cn-kaihua. com
【主要产品】碳化硅微粉

潍坊凯龙化工有限公司

山东省潍坊市海洋化工高新技术开发区[262737]
电话:(0536)5317819;5317816;13705367699
传真:(0536)5317818;5339777
网址:www. klong. cn
E-mail:info@ klong. cn
【主要产品】亚硫酸钠;连二亚硫酸钠;硫化钠;焦亚硫酸钠;氯化钙;氯化镁;工业盐;溴素;溴乙烷;十溴二苯醚;四溴双酚 A;八溴醚

潍坊凯盛化工有限公司

山东省潍坊市海化经济开发区大家洼工业园[262737]
电话:(0536)5324858;13964642039
传真:(0536)5306696 职工人数:100 人
法人代表:袁金福
网址:www. wfkschem. com
E-mail:whd@ wfkschem. com
【主要产品】纯碱;氯化钙(无水);氯化镁;溴化钠;溴化钙;溴化锌;溴酸钠;溴化钾;溴化铵;氧化镁(轻质);溴素;丙炔;2-溴丙烷;八溴醚;二溴新戊二醇

潍坊科海甲壳素有限公司

山东省潍坊市昌乐县朱刘镇工业园[262404]
电话:(0536)6712265;13806497089
传真:(0536)6772996 职工人数:31 人
网址:www. kehai. com. cn
E-mail:kehai@ kehai. com. cn
【主要产品】壳聚糖;几丁质

潍坊鲁邑橡胶制品有限公司

山东省昌邑市辛沙路 1 号[261311]
电话:(0536)7840888;7842156;7842018
传真:(0536)7842018 有进出口权
经济类型:股份有限公司
企业规模:大型 法人代表:谭炳禄
网址:www. luyigroup. com
E-mail:luyi@ luyigroup. com
【主要产品】轮胎;轻型载重汽车轮胎外胎;农用车辆轮胎;微型轮胎

潍坊密恩化工有限公司

山东省高密市材沟镇[261519]
电话:(0536)2662039;13356369352
传真:(0536)2662150
固定资产:12,000 千元
经济类型:股份有限公司
法人代表:邱广智
网址:www. cn-mien. com
E-mail:mien@ cn-mien. com
【主要产品】一乙醇胺;二乙醇胺;高效脱硫剂;高效脱碳剂;高效消泡剂;高效杀菌灭藻剂;羟基亚乙基二膦酸;新型高效缓蚀剂;柴油低温流动改进剂;汽油脱臭活化剂;柴油安定性改进剂;金属钝化剂;油浆阻垢剂

潍坊强源化工有限公司

山东省潍坊市海化开发区工业园[262737]
电话:(0536)5317111;5317222;13806477916
传真:(0536)5317588 有进出口权
固定资产:1,000 千元 产值:5,000 千元
供销电话:5317008;13963636900
供销传真:5317008 法人代表:袁景海
经济类型:有限责任公司
销售收入:5,000 千元
网址:www. bro-chem. com
E-mail:office@ bro-chem. com
【主要产品】氯化钙(无水);氯化镁;溴化钠;溴化钙;溴化锂;溴化锌;溴酸钠;溴化钾;溴化铵;间溴苯甲醚;阻燃母粒;溴酸钾;十溴二苯醚;无卤阻燃剂 MP;异氰尿酸蜜胺盐

潍坊青田化工科技有限公司

山东省青州市朱良镇[262511]
电话:(0536)3592668
传真:(0536)3592668
经济类型:有限责任公司
法人代表:崔好林
【主要产品】卡巴肼;包装桶

潍坊庆丰阀门制造有限公司

山东省潍坊市潍城区安顺路 12 号[261011]
电话:(0536)8324164
传真:(0536)8324165
经济类型:有限责任公司
法人代表:刘书琦
网址:www. wfqf. cn
E-mail:famen@ wfqf. cn;qingfeng@ wfqf. cn
【主要产品】压力容器;阀门

潍坊瑞光化工有限公司

山东省潍坊市寒亭区东环路南首[261100]
电话:(0536)7270136;7262976;7252436
传真:(0536)7270136
法人代表:王瑞刚
网址:www. ruiguangchem. com
E-mail:ruiguang@ ruiguangchem. com
【主要产品】氨水;硫酸软骨素;白胶浆;土耳其红油;柔软剂 C;十二烷基二甲基苄基氯化铵;透心油;渗透剂 JFC;耐碱渗透剂;双氧水稳定剂;煮炼剂;高效精炼剂;螯合分散剂;有机硅消泡剂;聚丙烯酰胺干粉(阳离子型);净洗剂;造纸专用分散剂

潍坊瑞敏化工有限公司

山东省潍坊市开发区东明路 399 号[261031]
电话:(0536)8897386
传真:(0536)8893086
经济类型:中外合资经营企业
网址:www. ruiminchem. com

鲁

E-mail:glw@ ruiminchem. com
【主要产品】二氧化硫脲;硫脲

潍坊润丰造纸助剂有限公司

山东省潍坊市玄武东街 123 号[261031]
电话:(0536)8661277;8662837;13791600812
传真:(0536)8662837
网址:www. rfzj. com
E-mail:rfzj888@ yahoo. com. cn
【主要产品】3-氯-2-羟丙基三甲基氯化铵;造纸用消泡剂;阳离子助留剂;造纸润滑剂;造纸用湿强剂;废纸脱墨剂

潍坊三强集团复合肥厂

山东省潍坊市仓南街 33 号[261011]
电话:(0536)8906585;8906888
传真:(0536)8906888 职工人数:300 人
供销电话:8917868
网址:www. threepower. com
E-mail:wfsq@ threepower. com
【主要产品】硫酸钾复合肥;有机无机复混肥;冲施肥

鲁

潍坊三强生物有限公司

山东省潍坊市仓南街 33 号[261011]
电话:(0536)8911788
传真:(0536)8906888
网址:www. threepower. com
E-mail:wfsq@ threepower. com
【主要产品】烟碱;硫酸烟碱;甲苯烟碱;柠檬酸烟碱

潍坊三希化工有限公司

山东省青州市东坝镇振兴工业园[262517]
电话:(0536)3535454
传真:(0536)3535464
经济类型:外商独资
网址:www. sanxi369. com
E-mail:jsc@ sanxi369. com
【主要产品】L-胱氨酸;L-半胱氨酸;L-半胱氨酸盐酸盐一水物;L-半胱氨酸盐酸盐无水物;丁二酸钠;*N*-乙酰-L-半胱氨酸;L-赖氨酸盐酸盐;木糖醇;木糖;熊果苷;烫发剂

潍坊世达助剂厂

山东省潍坊市潍城区望留[261053]
电话:(0536)8139367
传真:(0536)8139367 产值:20 千元
供销电话:13963656368
经济类型:私营企业 职工人数:20 人
法人代表:孙世俊
网址:hzqhzqhzq. 168ec. com
E-mail:wfxc07457@ bdchina. com
【主要产品】过氧化苯甲酰

潍坊市安江实业有限公司

山东省潍坊市经济技术开发区玄武东街 29 号[261031]
电话:(0536)8678618;8665531
传真:(0536)8668831
供销电话:8668667
经济类型:中外合资经营企业
网址:www. china-anjiang. com
E-mail:wfanjiang@ 163. com
【主要产品】电泳设备

潍坊市晨鸣新型防水材料有限公司

山东省寿光市台头工业园[262735]
电话:(0536)5522999;5513818
传真:(0536)5522998
网址:www. chenmingcn. com
E-mail:wfchenming@ 163. com
【主要产品】聚乙烯丙纶复合防水卷材;聚氨酯防水涂料;JS 复合防水涂料;防水胶;SBS 改性沥青防水卷材;APP 改性沥青防水卷材;防水片材

潍坊市春美防水工程有限公司

山东省寿光市台头工业区[262735]
电话:(0536)5526829
传真:(0536)5522199
经济类型:有限责任公司
法人代表:侯玉华
E-mail:cemgs@ 163. com
【主要产品】聚乙烯丙纶复合防水卷材;JS 复合防水涂料;抗老化高弹性彩色防水涂料;SBS 改性沥青防水卷材;APP 改性沥青防水卷材

潍坊市大明化工有限公司

山东省昌乐县朱刘工业园[262404]
电话:(0536)6777008;6776256;13563687088
传真:(0536)6776588 职工人数:300 人
固定资产:35,000 千元 法人代表:刘伟
经济类型:有限责任公司
网址:www. daming-chem. com
E-mail:info@ daming-chem. com
【主要产品】硬脂酸;豆油酸;植物油酸;植物沥青

潍坊市大正塑胶有限公司

山东省潍坊市潍城区友爱路 1569 号[261021]
电话:(0536)8382199;8376399
传真:(0536)8382199 职工人数:120 人
固定资产:3,786 千元
经济类型:私营企业 产值:30,210 千元
销售收入:28,600 千元
法人代表:陈军光
网址:www. chinatianhui. com
E-mail:chinatianhui@ 163. com
【主要产品】建筑排水用硬聚氯乙烯管材管件;建筑用绝缘电工套管及管件;交联聚乙烯管材

潍坊市宏源防水材料有限公司

山东省寿光市台头工业园区[262735]
电话:(0536)5511628;5516999
传真:(0536)5513268
网址:www. hongyuanchina. com
E-mail:hongyuan@ hongyuanchi
【主要产品】聚乙烯丙纶复合防水卷材;丙烯酸防水涂料;聚氨酯防水涂料;彩色聚氨酯防水涂料;JS 复合防水涂料;SBS 改性沥青防水卷材;APP 改性沥青防水卷材;无机防水堵漏材料

潍坊市华光防水材料有限公司

山东省寿光市台头镇[262735]
电话:(0536)5519639
传真:(0536)5511039
法人代表:刘建华
网址:www. shengaoo. com
E-mail:ljh@ shengaoo. com
【主要产品】聚乙烯丙纶复合防水卷材;聚氨酯防水涂料;纳米高弹防水涂料;SBS 改性沥青防水卷材;APP 改性沥青防水卷材;无机防水堵漏材料

潍坊市胶泉氧化锌有限公司

山东省诸城市程戈庄南岭经济开发区[262210]
电话:(0536)6461129;13864621336
传真:(0536)6466095 职工人数:120 人
固定资产:2,000 千元
经济类型:有限责任公司
法人代表:吴培刚
网址:www. jiaoquan. com
E-mail:wu-peigang@ 163. com
【主要产品】氧化锌

潍坊市金隆防水材料有限公司

山东省寿光市化龙工业区[262721]
电话:(0536)5512846
传真:(0536)5520288
网址:www. jlfs. com
E-mail:info@ jlfs. com
【主要产品】聚乙烯丙纶复合防水卷材;SBS 改性沥青防水卷材;APP 改性沥青防水卷材;无机防水堵漏材料

潍坊市金源防水材料有限公司

山东省寿光市台头工业区[262735]
电话:(0536)5519180
传真:(0536)5528555
网址:www. jinyuanfangshui. com
E-mail:syl@ jinyuanfangshui. com
【主要产品】SBS 改性沥青防水卷材;APP 改性沥青防水卷材

潍坊市精华粉体工程设备有限公司

山东省潍坊市昌乐县崖头工业园区[262418]
电话:(0536)6946686;6946687;6946663
传真:(0536)6946665 职工人数:92 人
供销电话:6946098 法人代表:吕勇
经济类型:有限责任公司
网址:www. powder-jh. com
E-mail:jinghua@ powder-china. com
【主要产品】碳化硅微粉;袋式过滤器;

砂磨机；超细振动研磨机；冲击式破碎机；超细气流粉碎机；微粉碎机；粉碎整形机；气流分级机；卧式螺旋分级机

潍坊市聚源防水材料有限公司

山东省寿光市台头工业园区［262735］
电话：(0536)5512693
传真：(0536)5511249
网址：www.juyuanfangshui.com
E-mail：juyuan@juyuanfangshui.com
【主要产品】APP 改性沥青防水卷材；APAO 改性沥青防水卷材

潍坊市科纳粉末冶金厂

山东省临朐县冶源镇［262605］
电话：(0536)3633068
传真：(0536)3633160
网址：www.kenagroup.com
E-mail：fjm@kenagroup.com
【主要产品】碳化硼；碳化钨；氧化钴；钴；电解镍；聚丙烯酰胺

潍坊市田元农化研究所

山东省潍坊市奎文区宏伟南路 14 号［261041］
电话：(0536)8808894
法人代表：朱乃军
网址：www.tianyuan-hg.com
【主要产品】乙二醇；脂肪醇聚氧乙烯醚硫酸钠

潍坊市新虎啸化工有限公司

山东省潍坊市海化区大家洼镇［262737］
电话：(0536)5317388
传真：(0536)5327787
供销电话：13963622085
经济类型：私营企业　法人代表：魏金泉
E-mail：huxiaogs@263.net
【主要产品】盐酸；氯化钙；氟利昂-22；蓖麻油；溶雪剂

潍坊市亚东化工有限公司

山东省青州市东夏镇［262514］
电话：(0536)3519068
传真：(0536)3519068　职工人数：100 人
供销电话：3519068；13053659825
经济类型：有限责任公司
法人代表：王增民
网址：www.yadongchemical.com
E-mail：ydhg@yadongchemical.com
【主要产品】复合氨基酸液肥；丙烯酸酯胶黏剂；聚乙烯黏合剂；农药增效剂

潍坊市宇虹新型防水材料（集团）有限公司

山东省寿光市台头镇工业区［262735］
电话：(0536)5511698；5512698；5525678
传真：(0536)5522698；5525638
网址：www.yuhonggroup.com
E-mail：yuhong@yuhonggroup.com
【主要产品】聚乙烯丙纶复合防水卷材；三元乙丙橡胶防水卷材；聚氯乙烯防水卷材；SBS 改性沥青防水卷材

潍坊市元利化工有限公司

山东省昌乐县朱刘镇工业园［262404］
电话：(0536)6777058；6776858
传真：(0536)6777188；6777178
供销电话：6776858-8004
经济类型：有限责任公司
网址：www.yuanlichem.com.cn
E-mail：yuanli@yuanlichem.com.cn
【主要产品】2-辛醇；癸二酸二甲酯；混合二元酸二甲酯；仲辛酮；阴离子中性分散松香胶；阳离子分散松香胶；己二酸二异辛酯；邻苯二甲酸二仲辛酯；顺丁烯二酸二丁酯；癸二酸二丁酯；癸二酸二辛酯；松香乳液乳化剂

潍坊市跃龙橡胶有限公司

山东省寿光市台头工业区［262735］
电话：(0536)5528888；5529188
传真：(0536)5519456
经济类型：港澳台商独资经营
网址：www.constancy.com.cn
E-mail：zjl@constancy.com.cn
【主要产品】载重汽车轮胎外胎；轻型载重汽车斜交轮胎；叉车轮胎；工程机械轮胎；农用车辆轮胎

潍坊市泽源防水材料有限公司

山东省寿光市台头工业园区［262735］
电话：(0536)5512838；5523838
传真：(0536)5512959
法人代表：郑青华
网址：www.zeyuanwaterproof.com
E-mail：zqh@zeyuanwaterproof.com
【主要产品】聚乙烯丙纶复合防水卷材；丙烯酸防水涂料；聚氨酯防水涂料；彩色聚氨酯防水涂料；SBS 改性沥青防水卷材；APP 改性沥青防水卷材

潍坊泰泽化工有限公司

山东省潍坊市海化高新技术开发区［262737］
电话：(0536)5329170；5337701
传真：(0536)5337705　有进出口权
供销电话：5329170；13964628769
网址：www.taizechem.com
E-mail：sales@taizechem.com
【主要产品】氯化钙（无水）；溶雪剂

潍坊特化精细化工有限公司

山东省安丘市潍徐北路 156 号［262100］
电话：(0536)4332458；13805362608
传真：(0536)4330301
网址：www.tehuachem.com
E-mail：sales@tehuachem.com
【主要产品】4-氰基-3-甲基苯甲酸；3-甲基-4-氨基苯甲酸甲酯；2-正丙基-4-甲基-6-(1′-甲基苯并咪唑-2-基)苯并咪唑；7-甲基-2-丙基-(1H)-苯并咪唑-5-羧酸；2-氨基-4,5-二甲氧基苯甲酸；安他唑啉；替米沙坦；盐酸妥拉唑林；非诺唑啉；布美他尼

潍坊天达植保有限公司

山东省潍坊市潍城区北宫西街［261021］
电话：(0536)8958326；8958352
传真：(0536)8958326　法人代表：李铮
经济类型：私营企业
网址：www.tdzb.com
E-mail：tdzb777@sohu.com；tdzb@tdzb.com
【主要产品】阿维菌素乳油；高效氯氟氰菊酯乳油；灭幼脲悬浮剂；啶虫脒乳油；虫酰肼悬浮剂；噁霉灵；噁霉灵水剂；阿维·柴乳油

潍坊天健化工有限公司

山东省潍坊市海洋化工高新技术产业开发区［261041］
电话：(0536)5317318；5992260；13805365612
传真：(0536)5317398；5807397
供销电话：5992260；13854460172
网址：www.tenorchem.com
E-mail：tenorchem@163.com
【主要产品】氯化钙；氯化镁；溶雪剂

潍坊天洁环保科技有限公司

山东省安丘市姜蒜批发市场东［262102］
电话：(0536)4876788；4876766
传真：(0536)4876799　职工人数：150 人
固定资产：15,000 千元
经济类型：股份有限公司
产值：40,000 千元　法人代表：李见成
销售收入：38,000 千元
网址：www.wftjanjie.com
E-mail：wftjanjie@126.com
【主要产品】浮选剂 DF-101；抑铜剂；燃料油；脉冲袋式除尘器；圆盘式螺旋振动干燥机

潍坊天相化工有限公司

山东省潍坊市临朐县营子镇［262619］
电话：(0536)3719005
传真：(0536)3425878
经济类型：有限责任公司
网址：www.tianxiang-chem.com
E-mail：tx@tianxiang-chem.com
【主要产品】磷化液

潍坊同业化学有限公司

山东省潍坊市潍城区北环路东端 88 号［261031］
电话：(0536)8651011
传真：(0536)8651021　有进出口权
经济类型：与港澳台商合资经营
法人代表：刘洪亮
网址：www.comchem.com.cn
E-mail：comchem@comchem.com.cn

鲁

【主要产品】乙醇(无水);叔丁醇;氰乙酸乙酯;氰乙酸甲酯

潍坊拓实化工有限公司

山东省潍坊市海化开发区大洼镇工业园[262737]
电话:(0536)5309918
传真:(0536)5309919 职工人数:56人
网址:www.tuoshichem.com
E-mail:tuoshichem@sina.com
【主要产品】氯化镁;工业盐;丁二酸二甲酯;间苯二甲酸二甲酯;己二酸二甲酯;癸二酸二甲酯;癸二酸二丁酯;癸二酸二辛酯;尼龙酸二甲酯;防冻剂;溶雪剂

潍坊万源化工有限公司

山东省寿光市侯镇东岔河村东坡上[262724]
电话:(0536)5396538;13953616621
传真:(0536)5396738
网址:www.chemwy.com
E-mail:ck-403@163.com
【主要产品】硫酸肼;硫酸钴;硫酸镍;硫酸亚锡;硫酸镍铵;硝酸铜;氯化钴;碳酸镍;六氰钴酸钾;氟化镍;溴化亚铜;氨基磺酸;甲酸镍;甲酸钴;氨基磺酸钴;氨基磺酸钠;氨基磺酸镍;醋酸铜;醋酸镍;草酸高铁铵;2,2′-二氨基二苯二硫;*N*-溴代丁二酰亚胺;*N*-氯代丁二酰亚胺;8-羟基喹啉铜;双盐酸肼;醋酸钴;硬脂酸钴;对甲苯磺酰肼;氨基磺酸铵

鲁

潍坊潍泰化工有限公司

山东省潍坊市潍北农场五分场北[261109]
电话:(0536)7576069;13964613828
传真:(0536)7576069 经济类型:集体
供销电话:7576069;13964613788
职工人数:168人 法人代表:王俊国
网址:www.weitaichem.com
E-mail:office@weitaichem.com
【主要产品】硫化钠;次氯酸钠;一氯乙酸;硫代乙酸;4-甲苯磺酸;苯丙酮;丙酰氯;3-乙酰硫基-2-甲基丙酸;5-磺基水杨酸;α-溴代苯丙酮;异丁酰氯;铸造树脂用磺酸固化剂

潍坊祥维斯化学品有限公司

山东省潍坊市东方路鲁伟商务港701室[261061]
电话:(0536)8869166;8869168
传真:(0536)8869188 有进出口权
供销电话:8890088 产值:20,000千元
经济类型:有限责任公司
职工人数:95人 法人代表:马兴群
网址:www.sunwincn.com
E-mail:sales@sunwincn.com;
sunwin@sunwincn.com
【主要产品】2-乙基-3-羟基-6-甲基吡啶;3-吡啶乙酸盐酸盐;吡啶-3-乙酸;2-氯-5-羟基吡啶;3-乙酰基吡啶;3-羟基-2-甲基吡啶;3-羟基-2,6-二甲基吡啶;2-氯-4-硝基吡啶;柠檬酸锌;多聚烟酸铬;*N*,*N*-二甲基甘氨酸盐酸盐;2-氯-4-氨基吡啶;甘氨酸钙;甘氨酸镁;吡啶甲酸铬;蛋氨酸锌;盐酸甜菜碱;柠檬酸甜菜碱;枸橼酸铁铵

潍坊辛雁化工有限公司

山东省潍坊市临朐县城东10公里[262619]
电话:(0536)3717228
传真:(0536)3717288 职工人数:120人
固定资产:60,000千元
法人代表:辛少国
网址:www.xinyan-chem.com
E-mail:xinyan@xinyan-chem.com
【主要产品】聚酯切片;涤纶薄膜;聚酯薄膜带

潍坊新华海洋精细化工有限公司

山东省潍坊市海化开发区海化街东段[262737]
电话:(0536)5324068
传真:(0536)5324068
经济类型:有限责任公司
网址:www.xinhuabrom.com
E-mail:xinhua@xinhuabrom.com
【主要产品】氢溴酸;溴化钠;溴化钙;溴化锂;溴化锌;溴化锰;溴化钾;溴化铵;3,5-二溴-4-羟基苯甲醛;溴乙烷;1-溴丙烷;辛酰溴苯腈;溴苯腈;十溴二苯醚;2,4,6-三溴苯酚

潍坊鑫达化工有限公司

山东省潍坊市寒亭区泊子乡北辛庄村[261107]
电话:(0536)7376888;13869668675
传真:(0536)7376999 经济类型:集体
固定资产:20,000千元
职工人数:160人 法人代表:王奉忠
网址:www.yaxinchem.com
E-mail:fyb2b@fy-wt.com
【主要产品】叔丁醇;氯化聚乙烯

潍坊鑫环盐化有限公司

山东省潍坊市寒亭区央子镇工业园99号[261108]
电话:(0536)7577966
传真:(0536)7577977 职工人数:230人
网址:www.xinhuan.cn
【主要产品】原盐

潍坊信托防水材料有限公司

山东省寿光市台头工业区[262735]
电话:(0536)5516998;13006550928
传真:(0536)5516998
网址:www.fuhuafs.com;
www.chinaxintuo.com
E-mail:fhfs@fuhuafs.com;
xintuo@chinaxintuo.com
【主要产品】聚乙烯防水卷材;聚乙烯丙纶复合防水卷材;水性防水涂料;三元乙丙橡胶防水卷材;聚氯乙烯防水卷材;SBS改性沥青防水卷材;APP改性沥青防水卷材;自粘橡胶沥青防水卷材;多层复合防水卷材

潍坊兴源防水材料有限公司

山东省寿光市台头工业区[262735]
电话:(0536)5519808
传真:(0536)5529908
网址:www.xingyuan.cc
E-mail:hsh@xingyuan.cc;
xingyuan@xingyuan.cc
【主要产品】聚乙烯丙纶复合防水卷材;彩色聚氨酯防水涂料;SBS改性沥青防水卷材;APP改性沥青防水卷材;无机防水堵漏材料

潍坊亚东化工塑胶有限公司

山东省潍坊市奎文区[261031]
电话:(0536)8203093
传真:(0536)8202836 法人代表:丁革
经济类型:有限责任公司
网址:www.wf-yadong.com
E-mail:webmaseer@wf-yadong.com
【主要产品】硼酸;氯化聚氯乙烯树脂

潍坊阳春化工有限公司

山东省潍坊市临朐县卧龙镇[262612]
电话:(0536)3721209;3721114;
13853605036
传真:(0536)3721209
经济类型:有限责任公司
法人代表:连文义
网址:www.sdlqcanyao.co
E-mail:webmaster@sdlqcanyao.com
【主要产品】工业防霉剂

潍坊银丰化工有限公司

山东省潍坊市海化开发区[262737]
电话:(0536)5327986;5327988;
13869675516
传真:(0536)5317306
职工人数:1,600人
网址:www.yinfengchem.com
E-mail:ycf@yinfengchem.com;
lzh@yinfengchem.com
【主要产品】盐酸;硫酸钠;硫酸钾;原盐

潍坊永安科技有限公司

山东省寿光市稻田镇政府驻地[262706]
电话:(0536)5866777
传真:(0536)5863777
网址:www.yongantech.cn
E-mail:yongankeji@163.com
【主要产品】氢氧化镁(高纯阻燃级);碳酸镁;活性氧化镁

潍坊玉金泉化工有限公司

山东省潍坊市海化开发区周疃村东侧[262737]
电话:(0536)5316991
传真:(0536)5316991

网址:www.yjqchem.com
E-mail:yjq@yjqchem.com
【主要产品】碳酸氢钠;氯化钙;氯化镁;溶雪剂

潍坊云飞化工有限公司

山东省诸城市郭家屯镇[262213]
电话:(0536)6309238;6309388
传真:(0536)6309358
经济类型:有限责任公司
法人代表:马云孝
网址:www.yelee.com.cn
E-mail:yfq777@163169.net
【主要产品】各色醇酸调合漆;各色醇酸磁漆;各色氨基烘干磁漆;硝基磁漆;汽车专用修补漆;丙烯酸磁漆;特种涂料

潍坊张氏化工有限公司

山东省潍坊市海化开发区工业园[262737]
电话:(0536)5318019;13608958179
传真:(0536)5318019　职工人数:200 人
固定资产:20,000 千元
经济类型:有限责任公司
网址:www.zhangyoutian.com
E-mail:zyt@zhangyoutian.com
【主要产品】氢溴酸;氯化钙;溴酸钠;溴素;四溴乙烷;溴乙烷;八溴醚;2,4,6-三溴苯酚;溶雪剂

潍坊振兴焦化有限公司

山东省潍坊市昌乐县朱刘镇政府驻地[262404]
电话:(0536)6711114;6772408;6711502
传真:(0536)6711469　有进出口权
固定资产:290,285 千元
供销传真:6711491;6713559
经济类型:私营企业　企业规模:大型
产值:781,478 千元　职工人数:2,274 人
销售收入:1,391,052 千元
法人代表:夏云国
网址:www.sdcoke.com
E-mail:wfzxjh@public.wfptt.sd.cn
【主要产品】液氨(工业用);苯;环己胺;碳酸氢铵;碳酸氢铵(食品级);甜蜜素;焦炉煤气;粗苯;煤焦油;焦炭

潍坊正本涂料有限公司

山东省潍坊市生物开发区新华路北首[261041]
电话:(0536)8658358
传真:(0536)8658378
固定资产:15,000 千元
法人代表:陈瑞田
网址:www.zhengbentuliao.com
E-mail:info@zhengbentuliao.com
【主要产品】水性电泳漆;各色醇酸磁漆;各色氨基烘干磁漆;金属闪光漆;硝基漆类;各色丙烯酸磁漆;粉末涂料;环氧树脂漆类;各色聚氨酯磁漆;氟碳漆;有机硅树脂漆类;氯化橡胶漆类;锤纹漆;美术漆;水性浸涂漆;水性高级内外墙涂料;水性防锈底漆;防腐涂料;漆雾凝聚剂;脱漆剂;防冻液

潍坊正远粉体工程设备有限公司

山东省潍坊市高新区玉清街 169 号[261061]
电话:(0536)8880795;8889736;8889316
传真:(0536)8888719
网址:www.wf-zhengyuan.com
E-mail:wfzy@wf-zhengyuan.com
【主要产品】脉冲袋式除尘器;超细气流粉碎机;微粉碎机;球磨机;气流分级机

潍坊中业化学有限公司

河北省潍坊市经济技术开发区民通路9号[261031]
电话:(0536)8650268;8650871
传真:(0536)8669665
供销电话:8650268-201
网址:www.zhongyehx.com
E-mail:cbns@sohu.com
【主要产品】五氧化二磷;丙三醇;2-辛醇;白油;聚丙烯降温母粒;抗静电剂;橡胶软化油;锦纶油剂;丙纶油剂;导热油;净洗剂 6501;乳化剂 MOA-3;防锈油;导轨油;抗磨液压油;液压油;机械油;润滑油;车轴油;脱胶精炼蓖麻油

潍坊中云机器有限公司

山东省昌邑市饮马街[261317]
电话:(0536)7722031;8797788
传真:(0536)7726992;8893186
经济类型:有限责任公司　有进出口权
法人代表:张其智
网址:www.zhong-yun.com
E-mail:zhy@zhong-yun.com
【主要产品】塑料管材挤出机;塑料挤出波纹管机组;铝塑复合管机

亚星化学股份有限公司

山东省潍坊市奎文区鸢飞路 899 号[261031]
电话:(0536)8667941-2021
传真:(0536)8666877　经济类型:国有
供销电话:8663501　有进出口权
企业规模:大型　职工人数:1,559 人
法人代表:陈华森
网址:www.chinayaxing.com
E-mail:info@chinayaxing.com
【主要产品】盐酸;烧碱;漂白液;氯气(液);氯化聚乙烯;聚氯乙烯树脂

诸城市浩天药业有限公司

山东省诸城市辛兴镇驻地[262218]
电话:(0536)6520115;6523366
传真:(0536)6523666　有进出口权
固定资产:80,000 千元
供销电话:6523127;13906112212
经济类型:与港澳台商合资经营
职工人数:286 人　法人代表:王聚泉
网址:www.zchtpharm.com
E-mail:info@zchtpharm.com;
sunny@zchtpharm.com
【主要产品】磷酸二氢钾;磷酸钙;黄芩苷;卡巴匹林钙;肌醇烟酸酯;肌醇

诸城市康盛饲料添加剂厂

山东省诸城市兴华东路 157 号[262200]
电话:(0536)6063197;6052886
传真:(0536)6053588
经济类型:私营企业　法人代表:卢焕江
【主要产品】硫酸亚铁;硫酸铜(饲料级);硫酸锌(食用级);硫酸锰(饲料级)

诸城市乐天化工有限公司

山东省诸城市龙都建材城西 500 米[262200]
电话:(0536)6117618;6211799
传真:(0536)6211799　经济类型:集体
固定资产:20,000 千元
供销电话:6211799;6357769
产值:56,000 千元　职工人数:160 人
销售收入:50,000 千元
法人代表:宋新荣
网址:www.chinaletian.com
E-mail:letian@chinaletia.com
【主要产品】混合二元酸二甲酯;汽车专用修补漆;塑料漆;高装饰汽车面漆;汽车底漆

诸城市良丰化学有限公司

山东省诸城市兴华西路 39 号[262200]
电话:(0536)6125781
传真:(0536)6125781　有进出口权
经济类型:有限责任公司
产值:280,000 千元　职工人数:736 人
法人代表:宋良
网址:www.lfhx.com
E-mail:lilianfu854@163.com
【主要产品】三聚氰酸

诸城市新星油漆化工厂

山东省诸城市郭家屯镇驻地[262213]
电话:(0536)6309371
经济类型:私营企业　法人代表:郭增建
【主要产品】硫酸钡;醇酸树脂;超白银粉漆专用树脂;无机颜料;氧化铁红

诸城市鑫达建材有限责任公司

山东省诸城市繁荣路东首[262200]
电话:(0536)6080888
传真:(0536)6080888
网址:www.xindafangshui.com
E-mail:zzj@xindafangshui.com
【主要产品】非焦油聚氨酯防水涂料;高分子防水涂料;JS 复合防水涂料;抗老化高弹性彩色防水涂料

诸城翔龙化学品有限公司

山东省诸城市兴创产业园[262218]

鲁

电话:(0536)6524691;6524692
传真:(0536)6524690　产值:4,000千元
固定资产:1,000千元　职工人数:80人
供销电话:6500355　法人代表:李基硕
经济类型:中外合资经营企业
销售收入:4,000千元
网址:www. xing-chuang. com
E-mail:xingchuang@163. com
【主要产品】稳定剂;造纸用消泡剂;纸张增强剂;造纸施胶剂;清洗剂;废纸脱墨剂

烟台市

安特化工(烟台)有限公司

山东省烟台市福山区高新区太华路110号[265500]
电话:(0535)6303699;13376450999
传真:(0535)6303119
网址:www. anti. com. cn
E-mail:antichem@163. com
【主要产品】结构胶胶黏剂;UV胶黏剂;厌氧型平面密封胶;快干胶黏剂;螺纹锁固密封胶

鲁

昌誉密封产品有限公司

山东省莱阳市龙门西路057号[265200]
电话:(0535)7269388;7269371
传真:(0535)7335769;7269371
网址:www. lycy. com
E-mail:info@lycy. com;
sales@lycy. com
【主要产品】橡胶杂品;油封;O形密封圈

海阳市正丰塑料制品有限责任公司

山东省海阳市二十里店镇孙格庄[265120]
电话:(0535)3516199;3516120
传真:(0535)3516657　有进出口权
固定资产:22,000千元
供销电话:3516118　职工人数:260人
供销传真:3516544　法人代表:张正爱
经济类型:股份合作
【主要产品】聚乙烯农用地膜;除草地膜;多功能大棚膜

核工业烟台同兴实业有限公司

山东省栖霞市跃进路668号[265300]
电话:(0535)5214271;5216170;5216022
传真:(0535)5214284　职工人数:800人
固定资产:120,000千元
经济类型:有限责任公司
法人代表:龚景仁
网址:www. hexingjixie. com. cn
E-mail:hxjx@txsy. com;
hxjx@vip. sina. com
【主要产品】转鼓真空过滤机;橡胶带式真空过滤机;管式过滤机;DY型带式压滤机;DZY型真空带式压滤机;LX系列自动连续卸料离心机

莱阳华润塑业有限公司

山东省莱阳市经济技术开发区067号[265200]
电话:(0535)7182308;7182137;13806452386
传真:(0535)7182137　职工人数:300人
经济类型:有限责任公司
E-mail:webmaster@huarunchina. com
【主要产品】聚乙烯管

莱阳市春帆漆业有限责任公司

山东省莱阳市山前店镇南张夼村[265210]
电话:(0535)7788056;7788086;13589757333
传真:(0535)7788185
固定资产:38,000千元
网址:www. chunfanpaint. com
E-mail:webmaster@chunfanpaint. com
【主要产品】F11-7各色纯酚醛烘干电泳漆;高级木器清漆;各色醇酸调合漆;铁红醇酸底漆;各色醇酸磁漆;各色氨基烘干磁漆;金属闪光漆;汽车漆;汽车专用修补漆;珠光涂料;高性能工程机械漆;铁红环氧酯底漆;H11-51各色环氧酯烘干电泳漆;阴极电泳漆

莱阳市金易化工有限公司

山东省莱阳市交警队汽车培训中心北[265200]
电话:(0535)7235257
传真:(0535)7266318
网址:www. jinyipaint. com
E-mail:webmaster@jinyipaint. com
【主要产品】水性氨基烘漆;环保纳米乳胶漆;弹性乳胶漆;内外墙乳胶漆;浮雕漆;真石漆;水性底漆;聚氨酯磁漆;氟碳漆;防水涂料;环保磷酸锌金属底漆;水性底面合一漆;建筑胶

莱阳市明玉涂料公司

山东省莱阳市龙门西路[265200]
电话:(0535)7261587;13705452276
网址:www. mingyutuliao. com
E-mail:webmaster@mingyutuliao. com
【主要产品】内外墙乳胶漆

莱阳市星火农药有限公司

山东省莱阳市城厢太平新村[265200]
电话:(0535)3867250
传真:(0535)7182897
网址:www. ssxh. com/xhchem/index. htm
E-mail:sshuang2005@126. com
【主要产品】阿维菌素乳油;三氟氯氰菊酯;高效氯氰菊酯;氟氯氰菊酯;高效氯氟氰菊酯;甲氰菊酯乳油;多菌灵可湿性粉剂;甲基硫菌灵可湿性粉剂;代森铵水溶液;草甘膦;百草枯水剂;精喹禾灵

莱阳市亚力美涂料有限公司

山东省莱阳市望石路62号[265200]
电话:(0535)7226787;7231532
传真:(0535)7266208;7211292
供销电话:7211292;7213912
经济类型:集体　职工人数:164人
法人代表:梁兆福
网址:www. yalimei-group. com
E-mail:webmaster@yalimei-group. com
【主要产品】醇酸树脂漆类;高级木器清漆;各色醇酸调合漆;过氯乙烯漆类;丙烯酸树脂漆类;丙烯酸磁漆;各色丙烯酸聚氨酯磁漆;内外墙乳胶漆;环氧聚酯混合型粉末涂料;热固型纯聚酯粉末涂料;环氧树脂漆类;聚氨酯漆类;聚氨酯清漆;聚氨酯磁漆;高氯化聚乙烯防腐涂料;船舶防腐漆;水性浸涂漆

莱阳双双化工有限公司

山东省莱阳市太平新村[265200]
电话:(0535)7182897;7182860
传真:(0535)7182865　法人代表:马杰
经济类型:私营企业
网址:www. ssxh. com
E-mail:sales@ssxh. com
【主要产品】乙酸钠;乙酸钠,无水;乙二胺四乙酸二钠;柠檬酸钠;氟化钠;氢氧化钠;硫酸钠(无水);亚硫酸氢钠;氯化钠;四硼酸钠;磷酸三钠;焦磷酸钠;磷酸二氢钠;磷酸氢二钠;氢氧化钡;硫酸钾;硫酸铝钾;磷酸二氢钾;柠檬酸铁;硫酸亚铁;氟化氢铵;氢氧化铵;硫酸铵;氯化铵;乙酸锌;羟胺,盐酸盐;乙酸,36%;乙酸,无水;乙二胺四乙酸;2-羟基苯甲酸;磺基水杨酸;甲酸;苯甲酸;乳酸;油酸;草酸;柠檬酸;氢氟酸;盐酸;硬脂酸;硝酸;硫酸;高氯酸;硼酸;氢溴酸;磷酸;丙烯酸;乙二醇;丁醇;异丙醇;丙三醇;异戊醇;甲醇;辛醇;苯甲醇;石油醚

莱阳祥和生化制品有限公司

山东省莱阳市外向型工业园2号地[265202]
电话:(0535)7237018;7236996
传真:(0535)7237018;7237108
经济类型:中外合资经营企业
职工人数:100人
网址:www. bio-xianghe. com
E-mail:leochang@bio-xianghe. com
【主要产品】硫酸软骨素

莱阳油漆厂有限公司

山东省莱阳市龙门西路79号[265200]
电话:(0535)7225329;7214798;7211053
传真:(0535)7214798　职工人数:420人
固定资产:5,000千元
经济类型:股份有限公司
法人代表:盖树鹤
网址:www. sanxianshan. com;
www. sanxianshan. cn
E-mail:webmaster@sanxianshan. com
【主要产品】高级木器清漆;各色氨基烘干磁漆;Q01-1硝基清漆;NC高级木器二道底漆;各色聚氨酯丙烯酸凹凸锤纹漆;聚酯亚光面漆;聚酯粉末涂

料;聚酯透明底漆;环氧型粉末涂料

莱州海润橡塑有限公司

山东省莱州市城港三教北流[264006]
电话:(0535)2486138;13793590518
传真:(0535)2486992　有进出口权
经济类型:私营企业　职工人数:220 人
法人代表:徐锦星
网址:www.china-hose.com
E-mail:starcn@sohu.com;
cnhose@yahoo.com.cn
【主要产品】夹布胶管;输水胶管;压缩空气胶管;氧气胶管;乙炔胶管;煤气胶管;输油胶管;吸引胶管

莱州金兴化工有限责任公司

山东省莱州市海庙后工业区 185 号[261400]
电话:(0535)2483086
传真:(0535)2483099　有进出口权
固定资产:100,000 千元
供销电话:2483192;2480663
供销传真:2480653　职工人数:700 人
经济类型:私营企业
网址:www.jxhg.cn
E-mail:jxhg@public.ytptt.sd.cn
【主要产品】盐酸;硫酸(98%);硫酸镁(一水);二氧化硫(液);氨基磺酸;硫酸钾复合肥;BB 肥;有机无机复混肥;腐殖酸复合肥;专用肥

莱州盛源化工机械厂

山东省莱州市沙河镇西孙工业园[261432]
电话:(0535)2343287;2343699
传真:(0535)2343699
经济类型:私营企业　法人代表:任宝成
网址:www.lz-syhj.com
E-mail:info@lz-syhj.com
【主要产品】高速分散机;袋式过滤器;双螺旋锥形混合机;立式砂磨机;高速混合机;捏合机;胶体磨;振动筛

莱州市昌龙化工机械有限公司

山东省莱州市 206 国道珍珠段路西[261427]
电话:(0535)2377578
传真:(0535)2377758　经济类型:国有
产值:100 千元　职工人数:50 人
法人代表:韩元春
网址:www.clhj.cn
E-mail:cl@clhj.cn
【主要产品】捏合机

莱州市长河化工有限公司

山东省莱州市城港路街道办事处城港路东侧[261411]
电话:(0535)2297018;13791163792
传真:(0535)2297019
供销电话:2297018;13325161962
网址:www.lzchanghe.com
【主要产品】硫酸镁(一水);硫酸镁(无水);硫酸镁;硫酸镁(三水);硫酸镁(五水);四溴双酚 A;八溴醚;2,4,6-三溴苯酚

莱州市晨宏化工有限公司

山东省莱州市玉海西路 251 号[261411]
电话:(0535)2481158;2484799
传真:(0535)2715218
经济类型:股份合作　法人代表:刘云政
网址:www.chchem.net;
www.chenhonchem.com
E-mail:laizhouchhg@126.com
【主要产品】柔软剂 C;酸性匀染剂;阳离子染料匀染剂;固色剂;活性和直接染料固色剂;阻燃剂;金属表面处理剂

莱州市德隆化工机械厂

山东省莱州市沙河镇(原路旺镇驻地西 500 米)[261400]
电话:(0535)2358698;2358699;
13864548786
传真:(0535)2358699
网址:www.dlhgjx.com
E-mail:dlhj8@163.com
【主要产品】电加热反应釜;GFJ 高速升降分散机;分散机;手动升降分散机;板框压滤机;螺带式混合机;双螺旋锥形混合机;三辊研磨机;立式砂磨机;无重力粒子混合机;捏合机;压片机;高低速双轴搅拌机;球磨机;振动筛;带式输送机;离心机;滤胶机;真空升降乳化机;高剪切乳化机;混合乳化机;移动式乳化机;聚酯树脂设备

莱州市海源碱业有限责任公司

山东省莱州市土山镇北[261413]
电话:(0535)2839219;2839217
传真:(0535)2839219　有进出口权
经济类型:有限责任公司
职工人数:500 人　法人代表:李玉敏
网址:www.haiyuan-soda.com
E-mail:sdlzhygc@163.net
【主要产品】纯碱;硅酸钠;工业盐;二氧化硅;塑料丝及编织制品

莱州市恒力达化工有限公司

山东省莱州市文昌北路昌安街 238 号[261400]
电话:(0535)2260023
传真:(0535)2260023
网址:www.henglidahuagong.com
E-mail:webmaster@henglidahuagong.com
【主要产品】酚醛树脂;防锈油

莱州市宏达化工机械集团

山东省莱州市西孙工业区[261432]
电话:(0535)2343598;2351218;
13505459285
传真:(0535)2351218　有进出口权
经济类型:私营企业　法人代表:王忠仁
网址:www.lzhdhj.com
E-mail:market@lzhdhj.com
【主要产品】热风炉;搅拌釜;反应釜;外盘管式反应锅;板框式多层过滤器;GFJ 高速升降分散机;全自动板式密闭过滤机;列管式冷凝器;V 型转鼓混合机;双螺旋锥形混合机;三辊研磨机;立式砂磨机;卧式砂磨机;双行星混合机;卧式槽形混合机;高速混合机;捏合机;密炼机;高速分散搅拌机;移动式搅拌机;球磨机;立式搅拌球磨机;胶体磨;振动筛;给料机;三足式离心机;真空升降乳化机;混合乳化机;移动式乳化机;聚酯树脂设备;涂料油漆设备

莱州市宏科化工有限公司

山东省莱州市文峰路街道经济园区兴石东路[261431]
电话:(0535)2425718
传真:(0535)2425668
网址:www.hongke.biz
E-mail:info@hongke.biz
【主要产品】硅橡胶;硅橡胶混炼胶;二甲基硅油;高含氢硅油;羟基硅油;印染助剂;有机硅消泡剂;丙纶油剂;氨纶油剂;有机硅皮革滑爽剂

莱州市化工三厂

山东省莱州市西由镇[261418]
电话:(0535)2742118
传真:(0535)2742118　产值:3,346 千元
固定资产:240 千元　职工人数:50 人
经济类型:与港澳台商合作经营
销售收入:2,654 千元
法人代表:原锁波
网址:www.lz-chem.com
E-mail:lz-chem@chemn.com
【主要产品】脱漆剂;润滑剂;磷化表面调整剂;脱脂除油清洗剂;磷化液

莱州市甲壳粉厂

山东省莱州市虎头崖尹家村[261428]
电话:(0535)2523398
传真:(0535)2529999　有进出口权
供销电话:13505459260
经济类型:中外合资经营企业
职工人数:68 人　法人代表:尹恒良
网址:www.lzjkfc.com
E-mail:lzyhl2000@yahoo.com.cn
【主要产品】壳聚糖

莱州市莱玉化工有限公司

山东省莱州市开发区朱由西首[261416]
电话:(0535)2719337;2719339;2719553
传真:(0535)2755678　有进出口权
经济类型:股份合作　职工人数:290 人
网址:www.laiyu.com
E-mail:lyhg@laiyu.com
【主要产品】氢氧化镁;硫酸镁(一水);硫酸镁(无水);硫酸镁;硫酸镁(二水);硫酸镁(三水);硫酸镁(五水);硝酸镁;过碳酸钠;双酚 A 双烯丙基醚;过氧乙酸;醋酸镁;聚 2,6-二溴苯醚;交联剂 TAIC;四溴双酚 A;八溴醚;烯丙基三溴苯醚;三氧化二锑阻燃母粒;溴氯代烷基磷酸酯;溴化环氧树

鲁

脂阻燃剂；三（三溴苯基）氰尿酸酯；十溴二苯乙烷；2,4,6-三溴苯酚；螺旋输送机；对辊式造粒机

莱州市利福达农用肥原料厂

山东省莱州市朱桥镇盛王[261419]
电话：(0535)2391190；13605459875
传真：(0535)2391190；2740037
经济类型：私营企业 职工人数：45 人
法人代表：吴星南
网址：www.sdlfd.com
E-mail：wulfd@sina.com
【主要产品】硫酸镁

莱州市龙翔化工机械有限公司

山东省莱州市沙河镇路旺大街[261432]
电话：(0535)2349338；2348856；13181515276
传真：(0535)2349338
法人代表：娄延军
网址：www.longxianghj.com
E-mail：info@longxianghj.com
【主要产品】外盘管式反应锅；发酵罐；GFJ 高速升降分散机；混合机；V 型转鼓混合机；液压升降高速搅拌机

鲁

莱州市鲁庆橡胶工业有限公司

山东省莱州市土山镇[261413]
电话：(0535)2331093；2335204
传真：(0535)2331093
供销电话：2331096 职工人数：1,200 人
供销传真：2331262 法人代表：潘书昌
经济类型：中外合资经营企业
【主要产品】半钢子午线轮胎；全钢载重子午线轮胎；农用车辆轮胎；橡胶三角带

莱州市日通油墨化工厂

山东省烟台市莱州区城港路[261411]
电话：(0535)2482897
传真：(0535)2480179
经济类型：私营企业 法人代表：孙京扬
【主要产品】水性凹印油墨；醇溶性凹印油墨；醇溶凹版塑料表印油墨；调金油；UV 上光油

莱州市胜龙化工机械厂

山东省莱州市沙河镇大杨开发区[261423]
电话：(0535)2312867；2315777；2795777
传真：(0535)2315777；2820777
供销电话：2312867；13905454937
经济类型：股份合作 法人代表：宋聚国
网址：www.shenglonghuaji.com；www.lzslhj.com
E-mail：webmaster@lzslhj.com
【主要产品】电加热反应釜；GFJ 高速升降分散机；振动筛分过滤机；三辊研磨机；立式砂磨机；高速混合机；捏合机；高低速双轴搅拌机；球磨机；胶体磨；真空升降乳化机；高剪切乳化机；聚酯树脂设备

莱州市腾飞化工有限公司

山东省莱州市土山镇[261413]
电话：(0535)2839298
传真：(0535)2839180
网址：www.tfchemical.com
E-mail：sales@tfchemical.com
【主要产品】氢溴酸；溴化锂；2-氯-4-溴苯酚；四溴双酚 A；八溴醚

莱州市腾源化工机械厂

山东省莱州市 206 国道 196.8 公里处路北[261432]
电话：(0535)2357058；2357056；13853512078
传真：(0535)2348677 职工人数：280 人
网址：www.tengyuan.com
E-mail：hjx@tengyuan.com
【主要产品】燃油机热载体炉；搅拌釜；反应釜；外盘管式反应锅；蒸汽加热反应釜；发酵罐；GFJ 高速升降分散机；板框压滤机；冷凝器；三辊研磨机；砂磨机；卧式砂磨机；双锥砂磨机；球磨机；胶体磨；振动筛；卧式螺旋分级机；三足式离心机；高剪切乳化机；捏合机；聚酯树脂设备

莱州市橡塑厂

山东省莱州市平里店镇[261414]
电话：(0535)2615528；2615988
传真：(0535)2615527 有进出口权
固定资产：80,000 千元
经济类型：股份合作 职工人数：800 人
法人代表：徐锦诚
网址：www.rubber-products.biz
E-mail：yuelong@rubber-products.biz
【主要产品】橡胶运输带；耐热运输带；挡边运输带；织物芯运输带；橡胶三角带；窄 V 带；内齿切边带；夹布胶管；输水胶管；压缩空气胶管；输稀酸、碱胶管；耐油胶管；喷砂胶管；氧气胶管；乙炔胶管；吸水胶管；吸引胶管；高压胶管；缠绕胶管；减震用橡胶制品

莱州市雄鹰橡胶工业有限公司

山东省莱州市土山镇潘家村[261413]
电话：(0535)2335204
传真：(0535)2331093 有进出口权
供销电话：2335343 企业规模：大型
经济类型：有限责任公司
销售收入：650,000 千元
职工人数：2,558 人 法人代表：原修杰
【主要产品】轮胎

莱州市占龙化工机械厂

山东省莱州市沙河镇 206 国道 208 公里处北[261423]
电话：(0535)2811930；2826699；13562530453
传真：(0535)2811930
供销电话：13562523369
经济类型：私营企业 法人代表：贾占龙
网址：www.lzzlhj.com
E-mail：zlhj@sd-sy.com
【主要产品】反应釜；蒸汽加热反应釜；板框式多层过滤器；旋风分离器；GFJ 高速升降分散机；袋式过滤器；振动筛分过滤机；全自动板式密闭过滤机；双螺旋锥形混合机；强制搅拌混合机；三辊研磨机；立式砂磨机；卧式砂磨机；真空型捏合机；液压升降高速搅拌机；高低速双轴搅拌机；移动式搅拌机；立式搅拌球磨机；卧式球磨机；胶体磨；振动筛；分样震筛机；三足式离心机；造粒机；真空升降乳化机；聚酯树脂设备

莱州市众鑫包装有限公司

山东省莱州市文峰路仲家洼子村[261400]
电话：(0535)2285558
传真：(0535)2213607 职工人数：80 人
固定资产：1,500 千元
法人代表：王洪英
网址：www.zx-bz.com
E-mail：zxbz@sd-sy.com
【主要产品】泡沫板材；聚苯乙烯泡沫塑料板材

莱州鑫和化工有限公司

山东省莱州市[261400]
电话：(0535)2525128；13963833318
网址：www.lzlsm.com
E-mail：lz-lsm@163.com
【主要产品】硫酸镁；滑石粉；氧化镁；氧化镁（轻质）；镁

莱州永丰塑料有限公司

山东省莱州市虎头崖镇[261428]
电话：(0535)2521277；2521031
传真：(0535)2521128 有进出口权
固定资产：50,000 千元
经济类型：中外合资经营企业
职工人数：1,100 人 法人代表：孙松恩
网址：www.yf-packaging.com
E-mail：webmaster@yf-packaging.com
【主要产品】塑料编织袋；柔性集装袋

龙口华东气体有限公司

山东省龙口市龙口开发区梁家煤矿南[265700]
电话：(0535)8849167
传真：(0535)8841989 有进出口权
固定资产：38,000 千元
供销电话：8843346；8844666
经济类型：股份合作 职工人数：350 人
法人代表：孟凡业
网址：www.huadonggroup.cn
E-mail：office@huadonggroup.cn
【主要产品】氧气；液氧；氩气；氮气；液氮；乙炔；电石；聚丙烯；群青

龙口科达化工有限公司

山东省龙口市化工路 4 号[265700]
电话：(0535)8830982；8830969；8830996
传真：(0535)8812885 经济类型：集体
固定资产：35,000 千元 有进出口权
供销电话：8830969；13953589376

供销传真:8812885;8830969
产值:38,000 千元　　职工人数:247 人
销售收入:53,000 千元
法人代表:李延功
网址:www.lkltx.com.cn;
　www.kadachem.com
E-mail:lklyg@public.ytptt.sd.cn
【主要产品】盐酸;烧碱(液体);次氯酸钠;氢气;氯气(液);甲醛;3-甲基二苯胺;4-甲基二苯胺;5,5-二甲基海因;对羟基二苯胺;邻甲基间羟基二苯胺;2-甲基-4′-羟基二苯胺;3-羟基二苯胺;3-甲氧基二苯胺;4-甲氧基二苯胺;六羟甲基三聚氰胺树脂;1,3-二氯-5-甲基-5-乙基海因;1-溴-3-氯-5-甲基-5-乙基海因;5-甲基-5-乙基海因;1,3-二氯-5,5-二甲基海因;1,3-二溴-5,5-二甲基海因;1-溴-3-氯-5,5-二甲基海因;2,2-二溴-3-次氮基丙酰胺

龙口市方元油墨有限公司

山东省龙口市诸由观镇[265705]
电话:(0535)8561190;13706456621
传真:(0535)8563288
经济类型:股份有限公司
法人代表:张常基
网址:www.fangyuanyoumo.com
E-mail:fangyuan@longkou.gov.cn
【主要产品】水性光油;树脂铅印油墨;树脂胶版油墨;胶印轮转油墨;胶印亮光油墨;胶印亮光快干油墨;各种胶印油墨;环保型水性油墨;油墨印刷助剂

龙口市华瑞新材料科技有限公司

山东省龙口市黄城沿河西路1号高新技术创业服务中心[265701]
电话:(0535)8529786;13963836616
传真:(0535)8529786
网址:www.hray-chem.com
E-mail:wn.yang@163.com
【主要产品】过氧乙酸;乳化石蜡;聚乙烯蜡;微粉化聚乙烯蜡;氧化聚乙烯蜡;纸箱防水涂料;纳米环保乳胶涂料;涂料专用消泡剂;钛白粉(纳米级);发酵用消泡剂;抗静电柔软剂;无机纳米阻燃剂;有机硅乳液型消泡剂;造纸用消泡剂;皮革助剂;纳米银系无机抗菌剂

龙口市化工厂

山东省龙口市兰高镇四平[265709]
电话:(0535)8638999
传真:(0535)8519802　　经济类型:集体
有进出口权　　法人代表:山广利
网址:www.chinafumigant.com
E-mail:sales@chinafumigant.com
【主要产品】硫酰氟;铝粉;磷化铝;磷化锌

龙口市科达橡胶制品有限公司

山东省龙口市徐福镇[265713]
电话:(0535)8592188
传真:(0535)8591191
固定资产:5,000 千元
网址:www.lkkd.com
E-mail:info@lkkd.com
【主要产品】橡胶制品

龙口市联源纸张助剂有限责任公司

山东省龙口市诸由观镇辛家[265700]
电话:(0535)8572299;13505456380
传真:(0535)8572199
供销电话:8572299;13905450062
经济类型:有限责任公司
网址:www.lyxez.com
E-mail:lzx@lyxez.com
【主要产品】纸张增强剂;造纸专用乳化剂;中性施胶剂;AKD 蜡粉

龙口市龙丹塑料有限公司

山东省龙口市东江镇政府驻地[265718]
电话:(0535)8665366;8613169
传真:(0535)8665386　　有进出口权
经济类型:有限责任公司
法人代表:郝宏英
网址:www.longdanplastic.com
E-mail:lkdimo@public.ytptt.sd.cn
【主要产品】塑料薄膜;塑料包装袋

龙口市龙海精细化工有限公司

山东省龙口市徐福镇草泊村西[265713]
电话:(0535)8595180;8591116
传真:(0535)8591116;8591181
固定资产:190,000 千元　　有进出口权
经济类型:股份有限公司
企业规模:大型　　职工人数:420 人
法人代表:于俊田
网址:www.longhaijc.com
E-mail:thhg6921@pub.sz.jsinfo.net
【主要产品】2-氯-6-硝基甲苯;2,6-二氯苯甲醛;1,3-二甲基-5-吡唑酮;3-氯-2-甲基苯胺;吡唑胺;2,6-二氯苯甲酸;氟苯;2,6-二氯甲苯;2,4-二氯甲苯;2-硝基-4-氯甲苯;5-氯-2-甲基苯胺;吡嘧磺隆

龙口市气体化工厂

山东省龙口市黄城汽车站北1公里[265701]
电话:(0535)8521751;13905458915
网址:www.lk-gas.com
E-mail:manager@lk-gas.com
【主要产品】硫化氢

龙口市宇龙密封材料有限公司

山东省龙口市黄城车站北2公里路西[265712]
电话:(0535)8581216;8581170
传真:(0535)8522018
网址:www.lkyulong.com
E-mail:info@lkyulong.com
【主要产品】建筑乳液;丙烯酸酯结构胶;改性丙烯酸胶黏剂;丁基型密封胶;防水胶;硅酮阻燃密封胶;中性硅酮密封胶;硅酮耐候密封胶;铝塑复合胶黏剂;聚硫型中空玻璃专用密封剂;硅酮型中空玻璃密封剂;聚硫灌注胶;防霉密封胶;增稠剂;干燥剂

龙口市云龙密封材料有限公司

山东省龙口市黄城车站北[265701]
电话:(0535)8521877
传真:(0535)8522369
法人代表:徐金成
网址:www.chinayunlong.cn
E-mail:root@chinayunlong.cn
【主要产品】丙烯酸密封膏;地板胶;大玻璃专用密封胶

龙口市振龙酒精有限公司

山东省龙口市北马镇中心街271号[265702]
电话:(0535)8926168;8911450
传真:(0535)8911078
网址:www.zhenlongalcohol.com
E-mail:wangyiqiang@zhenlongalcohol.com
【主要产品】食用酒精

龙口兴隆轮胎有限公司

山东省龙口市经济开发区[265703]
电话:(0535)8861036;13853560109
传真:(0535)8862768　　有进出口权
供销电话:8862133;13853560109
经济类型:私营企业　　法人代表:邹方亮
网址:www.longlingroup.com
E-mail:xinglongtyrezhang@163.com
【主要产品】轻型载重汽车轮胎外胎;中型载重汽车轮胎;无内胎轮胎;工程机械轮胎;工业车辆轮胎;农用车辆轮胎

龙口旭光塑胶制品有限公司

山东省龙口市诸由镇东台[265700]
电话:(0535)8564468;8571888;8571388
传真:(0535)8564368;8571688
固定资产:8,000 千元　职工人数:150 人
网址:www.xuguang-china.com
E-mail:info@xuguang-china.com
【主要产品】塑料制品;复合稳定剂

蓬莱鸿源化工有限公司

山东省蓬莱市沙河路北[265600]
电话:(0535)3357801;13963817008
传真:(0535)5610257　职工人数:200 人
网址:www.plhychem.com
E-mail:pl9740cz@yt-public.sd.cninfo.net
【主要产品】对甲苯磺酰甲基异氰酸酯;六氯丙酮;间三氟甲基苯酚;环庚三烯酚酮;2-氯-4-硝基苯甲酸;2-氨基苯酚-4-磺酰胺;2-氨基苯酚-4-磺酰甲胺;2-氨基苯酚-4-(2′-羧基)磺酰苯胺;2,6-二氯-4-氨基苯酚;2-氨基-*N*-甲基-*N*-环己基苯磺酰胺;2-氨基-*N*-乙基-*N*-苯基苯磺酰胺;3-硝基苯甲酸;间硝基苯甲酸钠

蓬莱奇宝肥业有限公司

鲁

山东省蓬莱市徐家集镇孙家[265600]
电话:(0535)5932570;5932886
传真:(0535)5932571
网址:www. qibao-farm. com
E-mail:qibaofarm@ yahoo. com. cn
【主要产品】硝酸钾;叶面肥;专用肥

蓬莱市北海印花色浆厂

山东省蓬莱市北沟镇栾家口村[265601]
电话:(0535)5911015
传真:(0535)5911015
经济类型:港澳台商独资经营
法人代表:张仁波
【主要产品】荧光涂料色浆桃红 G;涂料印花色浆白 FCOW;涂料印花色浆嫩黄 FG;涂料印花色浆嫩黄 F7G;涂料印花色浆金黄 FGR;涂料印花色浆橙 FGR;涂料印花色浆大红 FFG;涂料印花色浆蓝青莲 FFR;涂料印花色浆蓝 FFG;涂料印花色浆艳绿 FB;涂料印花色浆桃红 F3R;网印胶黏剂 106

蓬莱市福鑫化工有限公司

山东省蓬莱市城东[265608]
电话:(0535)5961581;5963585
传真:(0535)5961408　职工人数:260 人
网址:www. pl-fuxin. com
E-mail:fuxin@ plwin. com;
plwin@ pl-fuxin. com
【主要产品】覆膜砂用酚醛树脂;摩擦材料用酚醛树脂;高温匀染剂;固色剂;精炼渗透剂;涂料印花黏合剂;硬挺剂;高效净洗剂

蓬莱市广大树脂有限公司

山东省蓬莱市南关路 202 号[265600]
电话:(0535)5613710
传真:(0535)5613707　有进出口权
供销电话:13954575706
供销传真:5610208　法人代表:战庆树
经济类型:有限责任公司
【主要产品】可发性聚苯乙烯;高苯乙烯橡胶

蓬莱市海洋生物有限公司

山东省蓬莱市蓬莱经济开发区金创路 9 号[265607]
电话:(0535)5989236;5989267;
13853510897
传真:(0535)5989263
经济类型:有限责任公司
网址:www. foodelite. com
E-mail:xinglian@ public. ytptt. sd. cn
【主要产品】顺式十八碳-9,12-二烯酸;柠檬酸钙;柠檬酸锌;柠檬酸镁(无水);乙酸钙;果酸钙;丁酸钙;丁酸钠;轻质碳酸钙(食品级);花青素;乳酸钙;亚油酸乙酯;葡萄糖酸锌;活性钙;牡蛎钙;生物钙;葡萄糖酸钾;葡萄籽提取物;葡萄籽油

蓬莱市红卫化工厂

山东省蓬莱市南关路 190 号[265600]
电话:(0535)5610911;5610151
传真:(0535)5610151　经济类型:集体
法人代表:王士君
网址:www. donghai-china. com/lxwm. htm
E-mail:shijunw@ public. ytptt. sd. cn
【主要产品】乙基环已烷甲酸;丙基环已烷甲酸;戊基环已烷甲酸;丁基环已烷甲酸;*N*,*N*-二苄基苯胺;月桂酸乙酯;黏胶纤维助剂

蓬莱市宏光橡胶制品厂

山东省蓬莱市北沟镇聂家村[265601]
电话:(0535)5929960
传真:(0535)5911268　经济类型:集体
法人代表:聂洪本
网址:www. plhongguang. com
E-mail:a-na@ sohu. com
【主要产品】胶管;夹布胶管;输水胶管;风压管

蓬莱市华茂精细化工有限公司

山东省蓬莱市南关路 198 号[265600]
电话:(0535)5610200
传真:(0535)5610208　职工人数:150 人
经济类型:外商独资　法人代表:魏健明
网址:www. sumalon. com
E-mail:domestic@ sumalon. com
【主要产品】分散染料

蓬莱市科龙聚氨酯设备有限责任公司

山东省蓬莱市钟楼南路 100 号[265600]
电话:(0535)5656924;5644289
网址:www. kelongpu. com
E-mail:kelongpu@ vip. 163. com
【主要产品】超过滤器;泡沫塑料成型机

蓬莱市前卫化工有限公司

山东省蓬莱市沙河路北[265600]
电话:(0535)3357801;3357802;
13963817008
传真:(0535)5610257　职工人数:280 人
网址:www. qianweichem. com;
www. plhychem. com
E-mail:sales@ qianweichem. com;
info@ plhychem. com
【主要产品】对甲苯磺酰甲基异氰酸酯;六氯丙酮;间三氟甲基苯酚;邻硝基苯磺酰氯;环庚三烯酚酮;2-氯-4-硝基苯甲酸;2-氨基苯酚-4-磺酰胺;2-氨基苯酚-4-磺酰甲胺;2-氨基苯酚-4-(2′-羧基)磺酰苯胺;3-氨基-4-羟基苯磺酸;2,6-二氯-4-氨基苯酚;2-氨基-*N*-甲基-*N*-环已基苯磺酰胺;2-氨基-*N*-乙基-*N*-苯基苯磺酰胺;4,4′-二(2-氨基苯磺酸)双酚 A 酯;3-硝基苯甲酸;间硝基苯甲酸钠

蓬莱市特种绝缘材料厂

山东省蓬莱市钟楼南路 151 号[265600]
电话:(0535)5630204;5647680
传真:(0535)5641323
网址:www. pengte. com
E-mail:manager@ pengte. com
【主要产品】通用浸渍树脂;耐高温树脂;C04-2 各色醇酸磁漆;C06-1 铁红醇酸底漆;C07-5 各色醇酸腻子;A04-9 各色氨基烘干磁漆;A14-51 各色氨基烘干透明漆;各色氨基烘干锤纹漆;1032 三聚氰胺醇酸浸渍漆;Q01-1 硝基清漆;Q04-2 各色硝基外用磁漆;硝基底漆;Q06-4 各色硝基底漆;乙烯磷化底漆;丙烯酸氨基醇酸清烘漆;丙烯酸清漆;各色丙烯酸硝基磁漆;丙烯酸聚酯清漆;各色丙烯酸氨基烘漆;各色丙烯酸锤纹漆;丙烯酸聚氨酯漆;丙烯酸自干漆;各色丙烯酸改性醇酸磁漆;不饱和聚酯漆;各色环氧磁漆;灰环氧酯底漆;H07-5 各色环氧酯腻子;无溶剂浸渍漆;硅钢片漆;酚醛-丁腈胶黏剂;聚酰亚胺胶黏剂;胶泥

蓬莱市天阳化工有限公司

山东省蓬莱市北沟镇港里村北[265601]
电话:(0535)5921649
传真:(0535)5922329　职工人数:80 人
固定资产:15,000 千元
经济类型:与港澳台商合资经营
网址:www. pl-tianyang. com
E-mail:master@ pl-tianyang. com
【主要产品】二氧化碳;液氧;液氩;液氮;溶解乙炔

蓬莱市仙阁化工厂

山东省蓬莱市化工东路[265600]
电话:(0535)5610477;5656946
传真:(0535)5603833
网址:www. pl-xiange. com
E-mail:mailto:xiange@ plwin. com
【主要产品】净洗剂 105;净洗剂 664;水基防锈剂;金属清洗剂;水基金属切削液;齿轮润滑剂

蓬莱市新达化工有限公司

山东省蓬莱市登州路 176 号[265600]
电话:(0535)5829677;5835988;5646388
传真:(0535)5828868;5828377
职工人数:250 人
网址:www. xd-pigment. com
E-mail:missgao@ xd-pigment. com
【主要产品】中铬黄;浅铬黄;柠檬黄;深铬黄;耐光大红;汉沙黄 G;耐晒黄 GR;汉沙黄 10G;永固黄 G;联苯胺黄 G;永固橘黄 G;耐晒艳红 BBC;耐晒大红 BBN;耐晒大红 BBS;3117 耐晒亮红 N;耐晒深红 BBM;金光红 C;永固红 F4R;永固红 F2R;颜料艳红 6B;立索尔大红 R;立索尔宝红 BK;立索尔宝红 4B;立索尔深红;甲苯胺红;甲苯胺紫红

蓬莱市运通橡塑化工有限公司

鲁

山东省蓬莱市临港工业区[265601]
电话:(0535)5928118;5911468
传真:(0535)5928118
网址:www. pl-yuntong. com
E-mail:plwin@ pl-yuntong. com
【主要产品】排吸泥胶管;橡胶护舷

蓬莱市振兴油墨有限公司

山东省蓬莱市城区内西首 206 国道 73 公里处路南[265600]
电话:(0535)5638598
传真:(0535)5653873
法人代表:张鹤铭
网址:www. plg-printingink. com
E-mail:root@ plg-printingink. com
【主要产品】凹印塑料油墨;PVC 收缩膜凹印油墨;凸版水性纸箱油墨;凸版编织袋油墨;塑料凹版表印油墨;透明塑料油墨;抗水塑料油墨;塑料复合油墨;耐蒸煮油墨

蓬莱天晨化工有限公司

山东省蓬莱市西城临港工业区[265601]
电话:(0535)5922569
传真:(0535)5922068　有进出口权
经济类型:与港澳台商合资经营
职工人数:168 人　法人代表:林天晨
网址:www. tianchen-china. com
E-mail:tianchen@ tianchen-china. com
【主要产品】5-氨基苯并咪唑酮;荧光增白剂 CXT;荧光增白剂 VBL;耐酸增白剂 VBA;荧光增白剂 BST;造纸增白剂

蓬莱新光颜料化工有限公司

山东省蓬莱市沙河路[265600]
电话:(0535)5610390;5601557;5600551
传真:(0535)5618560　有进出口权
固定资产:16,730 千元
供销电话:5610688　产值:50,000 千元
经济类型:中外合资经营企业
职工人数:600 人　法人代表:郑宏瑜
网址:www. pl-xinguang. com
E-mail:plxg@ public. ytptt. sd. cn
【主要产品】中铬黄;耐高温中铬黄;浅铬黄;柠檬黄;橘铬黄;深铬黄;铬酸铅;锌铬黄;钼铬红;钼铬红 107;耐晒钼铬红;钼铬红 207;华蓝;酞菁蓝 BGS;酞菁蓝 BGS-W;酞菁蓝 BS;酞菁蓝 B;酞菁绿 G;酞菁蓝 NCF;汉沙黄 G;耐晒黄 GR;耐晒黄 S3G;耐晒黄 RX;汉沙黄 10G;永固黄 G;永固黄 RN;联苯胺黄 HR;联苯胺黄 G;联苯胺黄 GG;透明联苯胺黄 G;联苯胺黄 10G;联苯胺黄 GS;联苯胺黄 RS;有机柠檬黄;有机中黄;永固橘黄 G;联苯胺黄 GR;永固橙 RL;永固红 F5RK;耐晒艳红 BBC;耐晒大红 BBN;耐晒大红 BBS;耐晒桃红 FBB;坚固大红 G;橡胶大红 LC;橡胶大红 LG;大红粉;金光红;金光红 C;金光红 C-W;永固红 F4R;颜料艳红 6B;永固红 FBB;1307 艳红 6BW;立索尔大红 R;立索尔宝红 BK;立索尔紫红 2R;甲苯胺红;射光蓝浆 AG;颜料绿 B

栖霞通达选矿药剂有限公司

山东省栖霞市市府路西首[265300]
电话:(0535)5203189;5203286
传真:(0535)5203217
网址:www. aotongchem. com. cn
E-mail:qiaotong@ public. ytptt. sd. cn
【主要产品】乙基黄原酸钠;乙基黄原酸钾;正丁基黄原酸钠;正丁基黄原酸钾;异丙基黄原酸钠;异丁基黄原酸钠;异丁基黄原酸钾;异戊基黄原酸钠;异戊基黄原酸钾;乙硫氨酯;乙硫氮;丁铵黑药;二甲苯基二硫代磷酸;二甲苯基二硫代磷酸钠;二苯胺基二硫代磷酸;二丁基二硫代磷酸钠;二乙基二硫代磷酸钠;二异戊基二硫代磷酸钠

山东国大黄金冶炼股份有限公司

山东省招远市玲珑镇西秦家北[265406]
电话:(0535)8120606;8120686;8120719
传真:(0535)8120602
固定资产:1,000,000 千元
供销电话:8129067;8262168
供销传真:8218052　企业规模:大型
经济类型:股份有限公司
销售收入:2,000,000 千元
职工人数:1,550 人　法人代表:徐永祥
网址:www. guoda. cn
【主要产品】硫铁矿;硫酸;黄金;电解铜;银

山东瀚海化工肥料有限责任公司

山东省栖霞市桃村[265301]
电话:(0535)5481050
传真:(0535)5483400　职工人数:468 人
供销电话:5483400;5487116
供销传真:5483896　法人代表:李和印
经济类型:有限责任公司
【主要产品】合成氨;尿素;碳酸氢铵;复合肥

山东恒邦冶炼股份有限公司

山东省烟台市牟平区水道镇水道村[264109]
电话:(0535)4631041;4631180
传真:(0535)4631105　有进出口权
固定资产:784,000 千元
供销电话:4631180;4631037
经济类型:股份有限公司
企业规模:大型　职工人数:1,800 人
法人代表:王信恩
网址:www. hbyl. cn
【主要产品】盐酸;硫酸;烧碱;二氧化硫(液);过氧化氢;黄金;电解铜;银;氯气(液);甲酸钠;3,3′-二氯-4,4′-联苯二胺,盐酸盐

山东恒欣镁业有限责任公司

山东省莱州市镁矿路 1118 号[261408]
电话:(0535)2468266
传真:(0535)2468200
固定资产:205,000 千元
经济类型:有限责任公司
职工人数:1,200 人　法人代表:王新其
网址:www. sdmgmine. com. cn
E-mail:hxmy@ sd. cei. gov. cn
【主要产品】氢氧化镁;硫酸镁;轻质碳酸镁;氧化镁(轻质)

山东华源化工有限公司

山东省蓬莱市南关路 198 号[265612]
电话:(0535)5600905
传真:(0535)5600910　有进出口权
经济类型:外商独资　法人代表:洋金钢
网址:www. huayuanchemical. com
E-mail:hychem@ hychem. cn
【主要产品】1,3-苯二甲酸;间苯二甲酸二甲酯;间苯二甲酸二甲酯-5-磺酸钠;间苯二甲酸二乙酯-5-磺酸钠;间苯二甲酸乙二醇酯-5-磺酸钠;间苯二甲酸-5-磺酸钠;间苯二甲酸-5-磺酸

鲁

山东金潮新型建材有限公司

山东省招远市黄水路 88 号[265408]
电话:(0535)8111350
传真:(0535)8114600　有进出口权
经济类型:股份有限公司
法人代表:程少华
网址:www. goldentidepipe. com
【主要产品】聚乙烯管;给水用聚乙烯管材;聚丙烯管材;PP-R 管材管件

山东金河实业有限公司

山东省烟台市经济技术开发区古现办事处[265502]
电话:(0535)6941148
传真:(0535)6941146　有进出口权
供销电话:6941118;6941340
经济类型:有限责任公司
销售收入:670,000 千元
企业规模:大型　职工人数:1,200 人
法人代表:张心达
网址:www. chinajinhe. com
E-mail:yejinhe@ public,ytptt. sd. cn
【主要产品】亚硫酸钠;连二亚硫酸钠;硫氰酸亚铜;氧化亚铜;甲酸钠;塑料包装袋;包装桶;氨基烘漆;改性聚酯漆;聚酯高光漆;各色聚酯底漆;氯化橡胶面漆;高氯化聚乙烯防腐面漆;氨基漆稀释剂;聚氨酯漆稀释剂

山东京蓬生物药业股份有限公司

山东省蓬莱市北沟镇孙陶村[265601]
电话:(0535)5911488;5911317;5915698
传真:(0535)5911538　有进出口权
固定资产:200,000 千元
供销电话:5911488;5911659

供销传真:5911538;5912408
经济类型:股份有限公司
职工人数:2,000 人　法人代表:张天良
网址:www.jpyy.com
E-mail:zgrmrh1888@163.com
【主要产品】吡虫啉;吡虫啉可湿性粉剂;复方多菌灵胶悬剂;精喹禾灵乳油;玉米专用除草剂;芸苔素内酯;多·硫悬浮剂;氰·马乳油;对·辛·氯乳油;辛·氰乳油;滴丁·乙乳油;扑·乙悬浮剂;矮·甲哌水剂;烟碱微乳剂

山东科亿达雨布集团有限公司

山东省龙口市科亿达工业园[265702]
电话:(0535)8918178;8922761;8918198
传真:(0535)8922702;8918201
供销电话:8918199;8918202
经济类型:有限责任公司　有进出口权
销售收入:4,000,000 千元
职工人数:800 人　法人代表:栾仁科
网址:www.lkppc.com.cn/prise/keyida/index.htm
E-mail:keyida@longkou.gov.cn
【主要产品】聚氯乙烯防水布

山东莱州虎头崖镇渤海农用肥原料厂

山东省莱州市虎头崖镇工业区朱流[261415]
电话:(0535)2321585;13954509473
传真:(0535)2321585;2219783
网址:liran123.diytrade.com
【主要产品】硫酸镁(一水);农用硫镁肥

山东莱州市渤海化工厂

山东省莱州市金城镇大庄[261438]
电话:(0535)2636076
经济类型:私营企业　职工人数:23 人
法人代表:王绍禹
【主要产品】阻燃剂

山东莱州市海力生物制品有限公司

山东省莱州市石坊路 275 号[261400]
电话:(0535)2216640;13805450978
传真:(0535)2216641
供销电话:2216640;13805451488
网址:www.haili-chitosan.com
E-mail:haili@chemn.com;mingqing17@sina.com
【主要产品】N-乙酰氨基葡萄糖;壳聚糖盐酸盐;壳聚糖乳酸盐;壳聚糖醋酸盐;壳聚糖谷氨酸盐;壳聚糖;羧甲基壳聚糖;几丁质;羧甲基甲壳质;壳聚寡糖;氨基葡萄糖盐酸盐;D-氨基葡萄糖硫酸钾盐;D-氨基葡萄糖硫酸钠盐

山东莱州鑫达化工机械厂

山东省莱州市虎头崖镇高家[261428]
电话:(0535)2527838;13583557688
传真:(0535)2527638
法人代表:高广新
网址:www.lzxdhj.com
E-mail:guangxingao@126.com
【主要产品】电加热反应釜;振动筛分过滤机;捏合机;搅拌机;胶体磨

山东玲珑橡胶有限公司

山东省招远市金城路 170 号[265400]
电话:(0535)8242700;8242600
传真:(0535)8213349　有进出口权
供销电话:8242612　企业规模:大型
经济类型:有限责任公司
网址:www.linglong.cn/index.asp
E-mail:linglong@ec.com.cn
【主要产品】轻型载重汽车斜交轮胎;载重汽车斜交轮胎;无内胎工程机械轮胎;轿车子午线轮胎;轿车斜交轮胎;工程机械轮胎;全钢载重子午线轮胎;工业车辆轮胎;农用车辆轮胎;摩托车轮胎

山东龙口龙达化工有限公司

山东省龙口市新嘉街道办事处张郑村北[265711]
电话:(0535)8551199
传真:(0535)8553099　有进出口权
经济类型:私营企业　职工人数:20 人
法人代表:王国臣
网址:www.sd-longda.com
E-mail:web@sd-longda.com
【主要产品】增塑剂;环氧大豆油

山东龙口石油化工厂

山东省龙口市化工路 3 号[265700]
电话:(0535)8811171;8830030
传真:(0535)8811171　经济类型:国有
职工人数:260 人　法人代表:徐启茂
【主要产品】环氧丙烷;聚丙烯

山东龙口市第二制药厂

山东省龙口市电厂东路北首[265700]
电话:(0535)8819908
传真:(0535)8811694　经济类型:国有
职工人数:220 人　法人代表:刘玉德
【主要产品】氯霉素;右旋泛酸钙

山东龙兴化工机械集团有限公司

山东省莱州市沙河镇路旺龙旺埠[261432]
电话:(0535)2348158;2348159;2348102
传真:(0535)2342578　有进出口权
供销电话:2348320;2358038
经济类型:与港澳台商合资经营
法人代表:吕增奎
网址:www.lzhj.com
E-mail:longxing@2348158.com
【主要产品】静密封磁力搅拌高压反应釜;强磁力搅拌反应釜;工业搪玻璃反应釜;蒸汽加热反应釜;精馏塔;GFJ高速升降分散机;高速分散机;分散机;混合机;螺带式混合机;双螺旋锥形混合机;双锥混合机;连续混合机;砂磨机;立式砂磨机;卧式砂磨机;棒销式砂磨机;LDH 型高效犁刀式混合机;无重力双轴桨叶混合机;捏合机;真空型捏合机;重型捏合机;液压升降高速搅拌机;立式搅拌球磨机;卧式球磨机;胶体磨;振动筛;混合乳化机;移动式乳化机

山东省莱阳方舟生物制品有限公司

山东省莱阳市富水南路 127 号[265020]
电话:(0535)7319282;13705352339
传真:(0535)7319282　有进出口权
经济类型:外商独资　法人代表:辛德芳
网址:www.china-fangzhou.com
E-mail:manager@china-fangzhou.com
【主要产品】硫酸软骨素;氨基葡萄糖盐酸盐

山东省莱阳经济技术开发区博丰化工厂

山东省莱阳市经济技术开发区东赵疃[265202]
电话:(0535)7321818
法人代表:刘长文
网址:www.bofenghuagong.cn
E-mail:lcw@bofenghuagong.cn
【主要产品】二甲基硅油;水溶性硅油;乳化硅油;硫酸软骨素;脱模剂;金属清洗剂

山东省莱阳市春帆漆业有限责任公司

山东省莱阳市山前店镇南张夼村南[265210]
电话:(0535)7788056;7788086;13589757333
传真:(0535)7788185　经济类型:集体
供销电话:7788056;13791197088
法人代表:孙孟民
网址:www.chunfanpaint.com
E-mail:webmaster@chunfanpaint.com
【主要产品】高级木器清漆;金属闪光漆;聚酯透明底漆;阳极电泳涂料;阳极电泳漆;阴极电泳漆;水性浸涂漆;阴离子电沉积涂料

山东省莱州市程郭矿山橡塑厂

山东省莱州市程郭镇东蒋家村[261400]
电话:(0535)2418049;2415628;13808914848
固定资产:3,000 千元
网址:www.laizhouxiangsu.com
E-mail:webmaster@laizhouxiangsu.com
【主要产品】输水胶管;输稀酸、碱胶管;耐油胶管;耐热胶管;风压管

山东省莱州市东佳化工机械有限公司

山东省莱州市珍珠镇湾头[261427]

鲁

电话:(0535)2377988;2378256;13506459162
传真:(0535)2872281
网址:www.dongshenghuaji.com
E-mail:office@dongshenghuaji.com
【主要产品】电加热反应釜;双螺旋锥形混合机;三辊研磨机;立式砂磨机;高速分散搅拌机;振动筛;混合乳化机

山东省莱州市三维集团公司

山东省莱州市路旺高新技术工业区[261432]
电话:(0535)2348175;13805457268
传真:(0535)2348176　职工人数:480 人
固定资产:50,000 千元
法人代表:侯松尧
网址:www.laizhousanwei.com
E-mail:info@laizhousanwei.com
【主要产品】热风炉;外盘管式反应锅;电加热反应釜;发酵罐;GFJ 高速升降分散机;全自动板式密闭过滤机;板框压滤机;V 型转鼓混合机;双螺旋锥形混合机;三辊研磨机;立式砂磨机;卧式砂磨机;卧式槽形混合机;高速混合机;捏合机;密炼机;高速分散搅拌机;高低速双轴搅拌机;移动式搅拌机;SZG 系列双锥回转真空干燥机;流化床干燥器;真空耙式干燥机;XF 系列沸腾干燥机;立式搅拌球磨机;卧式球磨机;高速球磨机;塑料粉碎机;胶体磨;振动筛;三足式离心机;塑料管材挤出机;塑料挤出机;造粒机;真空升降乳化机;移动式乳化机;薄膜吹塑机;聚酯树脂设备

山东省莱州市珍珠化工机械厂

山东省莱州市珍珠镇河崖村[261427]
电话:(0535)2378221
传真:(0535)2377267
经济类型:私营企业　法人代表:李芳楠
网址:www.zhenzhuhuaji.com
E-mail:manager@zhenzhuhuaji.com
【主要产品】电加热反应釜;GFJ 高速升降分散机;高速分散机;分散机;振动筛分过滤机;混合机;双螺旋锥形混合机;三辊研磨机;立式砂磨机;高速混合机;真空型捏合机;密炼机;移动式搅拌机;球磨机;胶体磨;真空升降乳化机;高剪切乳化机;移动式乳化机;聚酯树脂设备

山东省莱州市中天镁业化工有限公司

山东省莱州市西郊[261408]
电话:(0535)2468805
传真:(0535)2469805　有进出口权
经济类型:有限责任公司
法人代表:段宝真
E-mail:zhongtianmg@yahoo.com.cn
【主要产品】氢氧化镁;硫酸镁;氧化镁;氧化镁(食用)

山东省龙口市橡塑胶管有限公司

山东省龙口市黄城北后李家[265712]
电话:(0535)8581145;13905450497
传真:(0535)8581231　职工人数:210 人
固定资产:6,000 千元
经济类型:有限责任公司
法人代表:李恒亮
网址:www.china-longyang.com
E-mail:root@china-longyang.com
【主要产品】丙烯酸密封膏;胶管;夹布胶管;氧气,乙炔联体胶管;吸引胶管;缠绕胶管

山东省烟台科达化工有限公司

山东省招远市泉山路 100 号[265400]
电话:(0535)8382018
传真:(0535)8382467
固定资产:10,000 千元
网址:www.ytkeda.cn
E-mail:ytkeda@21cn.com
【主要产品】丙溴磷;丙溴磷乳油;嘧霉胺;嘧霉胺悬浮剂;福·菌核可湿性粉剂;多·福可湿性粉剂;丙·辛乳油;硫·酮悬浮剂;高氯·辛乳油;灭蝇·杀单可溶性粉剂;高氯·灭乳油;28%多·井悬浮剂;吡·灭乳油;锰锌·乙铝可湿性粉剂;阿维·杀单微乳剂;阿维·甲氰乳油

山东双龙化工有限公司

山东省龙口市振兴路 217 号[265700]
电话:(0535)8812637;8812645
传真:(0535)8811694;8812695
固定资产:3,400 千元　经济类型:集体
供销电话:8812645;8815414
有进出口权　职工人数:960 人
法人代表:刘玉德
网址:www.chinadoubledragon.com
E-mail:doubledragon.sd@gmail.com
【主要产品】双丙酮丙烯酰胺;1,2-二羟基蒽醌;2,4-二磺酸苯甲醛;4-氯-2-氨基苯酚-6-磺酸;群青;酸性艳蓝 6B;右旋泛酸钙

山东烟台凯联化工有限公司

山东省烟台市芝罘区化工路 59 号[264002]
电话:(0535)6530608;6529044
传真:(0535)6530939　有进出口权
供销电话:6530596　法人代表:王树林
经济类型:有限责任公司
网址:atica.ccbip.com.cn/type98/introduction.asp
【主要产品】蓄电池硫酸;过氧化氢;丙三醇;硬脂酸;二氧化硫脲;过磷酸钙;混配复合肥料;氯化油

山东招金膜天有限责任公司

山东省招远市温泉路 132 号[265400]
电话:(0535)8112236;8118516
传真:(0535)8112404　有进出口权
固定资产:92,250 千元
供销电话:8113296;8118508
经济类型:有限责任公司
职工人数:360 人　法人代表:王生春
网址:www.chinamotian.com
E-mail:postmaster@chinamotian.com
【主要产品】塑料制品;微孔滤膜

山东招远化工总厂

山东省招远市玲珑镇泮家村[265406]
电话:(0535)8360568;8360558;8360454
传真:(0535)8360568　经济类型:集体
供销传真:8364019;8360568
有进出口权　企业规模:大型
职工人数:1,000 人　法人代表:孙登利
网址:www.zhaoyuanchemical.com
E-mail:huagong@zhaoyuanchemical.com
【主要产品】硫酸;4-氨基苯磺酸;4,4′-二氨基二苯乙烯-2,2′-二磺酸;三苯基氯化锡;荧光增白剂;荧光增白剂 DT;荧光增白剂 VBL;荧光增白剂 BBU;复合热稳定剂

鲁

山东招远市金涛合成材料有限公司

山东省招远市城西增甲沟[265400]
电话:(0535)8126719;13905456613
网址:www.china-yangzi.com
E-mail:yangzi@china-yangzi.com
【主要产品】硫酸锌;聚酯多元醇;间苯二甲酸型不饱和聚酯;聚氨酯防腐涂料;聚氨酯胶黏剂 101;软包装黏合剂

泰盛精化新材料有限公司

山东省烟台市开发区天山路 29 号[264006]
电话:(0535)6389399;2163599
传真:(0535)6389699
网址:www.tightsen.com
E-mail:ytts@tightsen.com
【主要产品】结构胶胶黏剂;厌氧型平面密封胶;中性硅酮密封胶;强力瞬干胶;螺纹锁固密封胶

特丝丽化工有限公司

山东省龙口市北马南路[265700]
电话:(0535)8913005;8812345
传真:(0535)8811179　有进出口权
供销电话:(0532)8998170-803
供销传真:(0532)8997629
经济类型:中外合作经营企业
职工人数:680 人　法人代表:王桂辛
网址:www.chunlong.com.cn
E-mail:yangmin@public.ytptt.sd.cn
【主要产品】合成洗衣粉

烟台安泰橡胶有限公司

山东省蓬莱市北沟镇孙陶村[265601]
电话:(0535)5911668;13853533929
传真:(0535)5911666　有进出口权
经济类型:外商独资　职工人数:175 人

法人代表：吴义男
网址：www. antairubber. com
E-mail：yantaiantai@ msn. com
【主要产品】橡胶垫；橡胶粉

烟台氨纶股份有限公司

山东省烟台市经济技术开发区黑龙江路10号[264006]
电话：(0535)6371291；6372728
传真：(0535)6371234　有进出口权
固定资产：1,400,000千元
供销电话：6371291；6398801
供销传真：6372728　职工人数：800人
经济类型：股份有限公司
法人代表：朱敏英
网址：www. ytspandex. com
E-mail：zjb@ ytspandex. com
【主要产品】芳纶1313；氨纶

烟台奥东化学材料有限公司

山东省烟台市芝罘区只楚北路20-2号[264002]
电话：(0535)6527629；6513909；13805352317
传真：(0535)6527629；6526978
职工人数：30人
网址：www. aodongchem. com
E-mail：aodong@ aodongchem. com
【主要产品】β-苯基丙烯酸；甲氧基胺盐酸盐；甲氧基胺甲磺酸盐；乙氧基胺盐酸盐；甲氧亚氨基呋喃乙酸铵；3-氯甲基吡啶盐酸盐；*N*,*O*-二甲基羟胺盐酸盐

烟台奥利福化工有限公司

山东省烟台市福山区北三路西首[265500]
电话：(0535)6333368；6331909
传真：(0535)6333318
经济类型：有限责任公司
法人代表：夏保林
网址：www. aolifu. com
E-mail：webmaster@ aolifu. com
【主要产品】环氧树脂；氢化双酚A型环氧树脂；防腐涂料；环氧树脂固化剂；环氧树脂活性增韧剂

烟台创业高科技有限公司

山东省烟台市莱山区[264003]
电话：(0535)6717849；13863869198
传真：(0535)6717935
网址：www. ytchuangye. com
E-mail：ytcy@ ytchuangye. com；ytcy@ chemn. com
【主要产品】室温硫化甲基硅橡胶(107型)；高温硫化混炼硅橡胶；二甲基硅油(201型)；硅脂；有机硅消泡剂(食品用)；氨纶防黄剂；阳离子羟基硅油乳液；阴离子羟基硅油乳液；有机硅脱模剂；氨纶油剂

烟台达斯特克化工有限公司

山东省烟台市化工路59号[264002]
电话：(0535)6530669；6528324
传真：(0535)6530939　有进出口权
经济类型：中外合资经营企业
法人代表：王树林
网址：www. dasteck. com
E-mail：ytd@ dasteck. com；qyz@ dasteck. com
【主要产品】二氧化硫脲；多聚磷酸铵

烟台得蒙精细化工有限公司

山东省烟台市开发区古现工业园[265500]
电话：(0535)6941268；6131281
传真：(0535)6943986
网址：ytdemon@ 126. com
E-mail：www. ytdemon. com. cn
【主要产品】醇酸船壳防污漆；氨基设备漆；氨基烘漆；各色氨基汽车漆；乙烯长效防污漆；丙烯酸系列汽车漆；丙烯酸路线漆；高性能工程机械漆；环氧树脂类化工管道防腐漆；环氧树脂类船舶涂料；环氧沥青耐油漆；聚氨酯木器磁漆；聚氨酯汽车漆；各色聚氨酯立体锤纹漆；有机硅耐高温漆；氯化橡胶船壳面漆；高氯化聚乙烯防腐面漆；高氯化聚乙烯船舶漆；油漆稀释剂

烟台第七化工厂

山东省烟台市福山区福海路东周格庄[265500]
电话：(0535)6331392
传真：(0535)6331392
供销电话：6331390　法人代表：王英豪
经济类型：私营企业
【主要产品】印染助剂

烟台东诚生化有限公司

山东省烟台市开发区长白山路7号[264006]
电话：(0535)6373853；6378569；6370505
传真：(0535)6373885
网址：www. dcb-group. com
【主要产品】透明质酸；*N*-乙酰氨基葡萄糖；水解动物蛋白；硫酸软骨素；肝素钠；肝素钙；氨基葡萄糖盐酸盐；D-氨基葡萄糖硫酸钾盐；D-氨基葡萄糖硫酸钠盐

烟台东聚防水保温工程有限公司

山东省烟台市开发区舟山路[264006]
电话：(0535)6393458
传真：(0535)6393458　职工人数：60人
供销传真：6110800　产值：30,000千元
经济类型：私营企业　法人代表：孙德波
销售收入：29,500千元
网址：www. china-dongju. com
E-mail：syqwt1437@ 163. net
【主要产品】组合聚醚

烟台广源塑料有限公司

山东省烟台市芝罘区福斯达小区南500米[264000]
电话：(0535)6536953；13964503058
网址：www. yt-guangyuan. com
E-mail：webmaster@ yt-guangyuan. com
【主要产品】聚乙烯热收缩膜；聚氯乙烯热收缩膜

烟台海湾塑料制品有限公司

山东省烟台市卧龙外商投资开发区海湾工业园[264004]
电话：(0535)2116126；2116118；2116128
传真：(0535)2116110　有进出口权
固定资产：20,000千元
经济类型：与港澳台商合资经营
职工人数：820人　法人代表：王志洁
网址：www. ythw. cn
E-mail：slr88888@ 126. com
【主要产品】塑料编织袋；柔性集装袋

烟台合普生物制品有限公司

山东省烟台市莱山区新苑路5号[264003]
电话：(0535)6719966；6719986；6719955
传真：(0535)6719976
网址：www. hepu-cn. com
【主要产品】几丁质；植酸酶；胰蛋白酶；糜蛋白酶；泛癸利酮；硫酸软骨素；尿激酶；胰酶(药用)；细胞色素C；胃膜素；肝素钠；肝素钙；玻璃酸酶；氨基葡萄糖盐酸盐；氨基葡萄糖硫酸盐

烟台恒邦泵业有限公司

山东省烟台市牟平区工商大街551号[264100]
电话：(0535)4316844；4314979；4316551
传真：(0535)4316844；4316923
固定资产：120,000千元　有进出口权
经济类型：有限责任公司
职工人数：800人　法人代表：王信恩
网址：www. ytby. com
E-mail：ytby@ ytby. com
【主要产品】化工专用泵；耐腐蚀泵；衬氟耐腐蚀离心泵；耐腐蚀液下泵；离心泵；料浆泵；管道式离心泵；配件；密封

烟台恒邦化工有限公司

山东省烟台市牟平区大窑镇[264100]
电话：(0535)4656402
传真：(0535)4656412　有进出口权
固定资产：60,000千元
供销电话：13181548344
经济类型：有限责任公司
职工人数：600人
网址：www. ythbhg. com
E-mail：ddm666@ sina100. com
【主要产品】烧碱；过氧化氢；氯气(液)；三氯异氰尿酸；甲酸；甲酸钠

烟台恒邦化工助剂有限公司

山东省烟台市牟平区工商大街855号[264100]
电话：(0535)4712389；4713556；4712049
传真：(0535)4713717
网址：www. ythbzj. com

E-mail:ythbzj@ythbzj.com
【主要产品】磷酸三辛酯;乙基黄原酸钠;正丁基黄原酸钠;异丙基黄原酸钠;异丁基黄原酸钠;异戊基黄原酸钠;捕收剂;选矿起泡剂;松醇油2号;乙硫氮;丁铵黑药;二甲苯基二硫代磷酸钠

烟台恒鑫化工科技有限公司

山东省烟台市开发区珠江路32号留学人员创业园[264006]
电话:(0535)6385889
传真:(0535)6371778　有进出口权
经济类型:有限责任公司
法人代表:张玉
网址:www.thinkingchem.com
E-mail:thi@thinkingchem.com
【主要产品】*N*-甲基吡咯烷酮;对叔丁基邻氨基苯酚;2-叔丁基对苯二酚;双马来酰亚胺;富马酸丙氧基双酚A聚酯;消泡剂;有机硅消泡剂;防锈油;清洗剂

烟台恒源生物工程有限公司

山东省龙口市黄城兰高工业园[265709]
电话:(0535)8635116
传真:(0535)8635136
网址:www.hybioengineering.com
E-mail:admin@hybioengineering.com
【主要产品】反丁烯二酸;L-丙氨酸;L-天门冬氨酸;L-天门冬氨酸镁;L-天门冬氨酸钙;L-天门冬氨酸钾;L-天冬氨酸钠;L-天门冬氨酸锌;L-天门冬氨酸锰;L-天门冬氨酸螯合铁

烟台宏泰达有限公司

山东省烟台市轸大路66号[264003]
电话:(0535)6719751
传真:(0535)6719752
网址:www.hongtaida.com
E-mail:public@hongtaida.com
【主要产品】4-吗啉甲醛;四(正)丁氧基锆;室温硫化甲基硅橡胶(107型);二甲基硅油(201型);乳化硅油;橡胶增塑剂A;橡胶脱模剂;轮胎喷涂与胶片隔离剂;橡胶补强剂;脱模剂

烟台华大化学工业有限公司

山东省烟台市芝罘区幸福南路7号[264002]
电话:(0535)6837985;6837261;6837947
传真:(0535)6837141;6837190
供销电话:6837985;13505358039
经济类型:有限责任公司　有进出口权
法人代表:尹国平
网址:www.huada-chem.com
E-mail:market@huada-chem.com
【主要产品】聚酯多元醇;聚氨酯树脂;聚氨酯/聚氯乙烯仿真革

烟台华特聚氨酯有限公司

山东省烟台市幸福南路7号[264002]
电话:(0535)6837846
传真:(0535)6800746
网址:www.huatepu.cn
E-mail:yantaihuatepu@sina.com
【主要产品】耐高温防腐涂料;重防腐漆;弹性防水涂料;防腐涂料;防腐耐磨涂料

烟台华鑫聚氨酯有限公司

山东省烟台市开发区嘉陵江路北[264002]
电话:(0535)6936137;6936157;6936197
网址:www.yt-huaxin.com
E-mail:hx@yt-huaxin.com
【主要产品】聚酯多元醇;热塑性聚氨酯

烟台佳信塑料化工有限公司

山东省烟台市福山区泰山路86号海通工业园4区3楼[264006]
电话:(0535)6384987
传真:(0535)6379347;6379397
供销电话:6384987-806
经济类型:有限责任公司
法人代表:齐庆明
【主要产品】聚乙烯电缆料;染色改性工程塑料

烟台巨力化肥有限公司

山东省莱阳市荆山路105号[265202]
电话:(0535)7318511;7318545;7318522
传真:(0535)7318523　有进出口权
固定资产:228,000千元
经济类型:有限责任公司
销售收入:300,000千元
职工人数:1,200人　法人代表:巩和国
网址:www.ly-yk.com/jlhf.htm
【主要产品】甲醇;合成氨;尿素

烟台开发区富水化工科技有限公司

山东省烟台市开发区珠江路32号[264006]
电话:(0535)6382228
经济类型:私营企业　有进出口权
法人代表:宋钦
网址:www.fushuichem.com
E-mail:lk_6805858@sina.com
【主要产品】阻垢分散剂;絮凝剂;缓蚀剂

烟台开发区三贡化工有限公司

山东省烟台市福山区北四路[265500]
电话:(0535)6302679;6392998
传真:(0535)6302679
网址:www.sangongchem.com
E-mail:information@sangongchem.com
【主要产品】3-氯-2-羟丙基三甲基氯化铵;环氧丙基三甲基氯化铵;*N*,*N*-二甲基乙酰胺;有机硅织物柔软剂;柔软剂;匀染剂;无甲醛固色剂;渗透剂;耐碱丝光渗透剂;双氧水漂白稳定剂;精炼剂;螯合分散剂;甲基丙烯酰氧乙基三甲基氯化铵;丙烯酰氧乙基三甲基氯化铵

烟台开发区星火化工有限公司

山东省烟台市开发区昆仑山路69号[264006]
电话:(0535)6393388;6937159
传真:(0535)6388211　有进出口权
经济类型:私营企业　法人代表:鲁钟钧
网址:www.sparkyt.com
E-mail:spark@sparkyt.com
【主要产品】五甲基哌啶醇;氨纶防黄剂;光稳定剂944;光稳定剂770;光稳定剂622;聚丙烯酰胺干粉(阳离子型);甲基丙烯酰氧乙基三甲基氯化铵;丙烯酰氧乙基三甲基氯化铵

烟台凯大环保科技有限公司

山东省烟台市幸福中路210号付6号[264002]
电话:(0535)6834727
传真:(0535)6843806　有进出口权
经济类型:中外合作经营企业
职工人数:120人　法人代表:孙叔翔
网址:www.zhenghaichem.com
E-mail:sales@zhenghaichem.com
【主要产品】氢氧化镍;纳米级超细氧化铁红;金属清洗剂

烟台康达化工有限公司

山东省烟台市开发区五指山路21号[264006]
电话:(0535)6935168;6935189
传真:(0535)6935188;6935199
有进出口权
网址:www.fenglin.com.cn
E-mail:fenglin@fenglin.com.cn
【主要产品】环氧树脂;饱和聚酯树脂;粉末涂料用固化剂;粉末涂料流平剂;粉末涂料用增光剂

烟台康得生化制品有限公司

山东省莱阳市鹤山路工贸巷9号[265200]
电话:(0535)7260368
传真:(0535)7219900
固定资产:2,000千元
网址:www.yantai-kangde.com
E-mail:webmaster@yantai-kangde.com
【主要产品】透明质酸;硫酸软骨素;胃蛋白酶;胆红素;肝素钠;氨基葡萄糖盐酸盐

烟台龙燕化纤制造有限公司

山东省牟平县城东郊大窑镇沁冰河东[264117]
电话:(0535)4652029
传真:(0535)4652029　职工人数:320人
经济类型:有限责任公司
法人代表:赵坚
【主要产品】涤纶纤维;涤纶长丝

烟台鲁银药业有限公司

鲁

山东省烟台市芝罘区白石路102号[264002]
电话:(0535)6267888-2022;6251884
传真:(0535)6251431 有进出口权
经济类型:有限责任公司
职工人数:585人
网址:www.luyinyaoye.com
E-mail:qgb@luyinyaoye.com;
root@luyinyaoye.com
【主要产品】芦丁;葛根素;曲克芦丁

烟台绿云生物化学有限公司

山东省烟台市莱山区莱山工业园[264003]
电话:(0535)6919385-8000
传真:(0535)6919385-8009
供销电话:6919395-8008
网址:www.lvyun.com.cn
【主要产品】杀虫剂类;杀螨剂;农用杀菌剂

烟台纳美仕电子材料有限公司

山东省烟台市经济技术开发区泰山路86号[264006]
电话:(0535)6387357
传真:(0535)6387358 有进出口权
经济类型:外商独资
法人代表:小田屿寿
网址:www.namics.cn
E-mail:namics@public.ytptt.sd.cn
【主要产品】绝缘粉末涂料;电子制品涂料

烟台鹏晖铜业有限公司

山东省烟台市芝罘区化工路45号[264002]
电话:(0535)6532324-2368;6512704
传真:(0535)6530579;6532506
固定资产:1,700,000千元 有进出口权
供销电话:6532324-2648;6512704
经济类型:与港澳台商合资经营
产值:6,000,000千元
企业规模:大型 职工人数:1,482人
法人代表:黄文杰
网址:www.ytphcopper.com
E-mail:ytph@ytphcopper.com
【主要产品】黄铜矿;硫酸(98%);硫酸铜;黄金;高纯阴极铜;银;铂;钯

烟台三鼎化工有限公司

山东省莱州市三山岛工业园[261442]
电话:(0535)2686908;2686808
传真:(0535)2686388
经济类型:中外合资经营企业
网址:www.ytsanding.com
E-mail:sales@ytsanding.com
【主要产品】硫酸镁;氨基磺酸;胍,盐酸盐;氨基磺酸铵;氨基磺酸胍

烟台狮王石化工业有限公司

山东省烟台市经济技术开发区泰山路52号[264006]
电话:(0535)6384582;6391360;6120640
传真:(0535)6391360
网址:www.lokn.cn
E-mail:yt@lokn.cn;sw@lokn.cn
【主要产品】软膜防锈油;置换型防锈油;薄层防锈油;切削油;汽油机油;柴油机油;齿轮机油;冷冻机油;导轨油;抗磨液压油;液压油;压缩机油;润滑油

烟台市德邦科技有限公司

山东省烟台市开发区金沙江路98号[264006]
电话:(0535)6933377
传真:(0535)6933368 有进出口权
经济类型:股份合作 法人代表:初晓红
网址:www.darbond.com
E-mail:darbond@darbond.com
【主要产品】α-氰基丙烯酸酯系列胶黏剂;光固化黏合剂;厌氧型平面密封胶;中性硅酮密封胶;工业修补剂

烟台市福山东华化工厂

山东省烟台市福山区北二路[265500]
电话:(0535)6321953
传真:(0535)6325092
经济类型:股份有限公司
法人代表:孙茂健
【主要产品】各色聚酯环氧型粉末涂料;纯聚酯耐候性粉末涂料

烟台市福山聚氨酯材料厂

山东省烟台市福山区斗余镇两甲庄[265508]
电话:(0535)6488888;6488289;6488030
传真:(0535)6488999 职工人数:100人
供销传真:6488028 法人代表:张廷林
经济类型:私营企业
网址:j.model.china315.com/web/j/u/a/n/z/h/i/
E-mail:webmaster@china-chushan.com
【主要产品】聚醚多元醇;聚酯多元醇

烟台市福山区化工研究所有限公司

山东省烟台市福山区福海路158号[265500]
电话:(0535)6363893
传真:(0535)6362450 职工人数:60人
固定资产:6,000千元
经济类型:股份有限公司
产值:11,000千元 法人代表:王世鹏
销售收入:11,200千元
网址:www.yantaichem.cn
【主要产品】2-乙基己酸亚锡;丙烯酸树脂乳液;聚氨酯树脂;聚酯树脂漆类;聚氨酯汽车漆;高级汽车漆;聚氨酯胶黏剂;聚氨酯胶黏剂101;软包装黏合剂;聚氨酯着色剂

烟台市福山区正源化工有限公司

山东省烟台市福山区[265508]
电话:(0535)6488277
经济类型:有限责任公司
产值:2,000千元 职工人数:20人
法人代表:孙承远
【主要产品】连二亚硫酸钠;二氧化硫;液氨(工业用);甲醇;甲醛

烟台市福山云丽涂料厂

山东省烟台市福山区南210省道14.9公里路西[265500]
电话:(0535)6369568;13905352507
传真:(0535)6369568 职工人数:15人
固定资产:490千元 产值:30,000千元
经济类型:私营企业 法人代表:于志鸿
销售收入:1,200千元
网址:www.yt-yunli.com
E-mail:info@yt-yunli.com
【主要产品】苯丙乳液;弹性涂料;乳胶漆;内外墙涂料;纳米外墙涂料;负离子涂料

烟台市广大橡胶制品有限公司

山东省莱州市梁郭镇店邦村[261436]
电话:(0535)2381048
传真:(0535)2381052 产值:1,000千元
固定资产:6,000千元 职工人数:80人
供销电话:2308048 法人代表:王吉臣
经济类型:有限责任公司
销售收入:1,000千元
【主要产品】橡胶制品

烟台市国昌塑料包装有限公司

山东省烟台市芝罘区黄务办事处立交桥南行50米路西[264004]
电话:(0535)6732395;13905359396
传真:(0535)6730717
网址:www.guochangsuliao.com
E-mail:gc@guochangsuliao.com
【主要产品】聚乙烯热收缩膜;聚苯乙烯泡沫塑料板材

烟台市海滨涂料厂

山东省烟台市高新区盛泉工业园[264003]
电话:(0535)6908168;6908189;13906387988
传真:(0535)6908168 经济类型:集体
法人代表:吕其棣
网址:www.haibinpaint.com
E-mail:haibin@haibinpaint.com
【主要产品】弹性乳胶漆;重防腐漆;氟碳漆;特种公路划线漆;船舶防腐漆;锤纹漆

烟台市恒茂化工有限公司

山东省烟台市牟平经济开发区沁水工业园[264117]
电话:(0535)4651154;4652065
传真:(0535)4652268 有进出口权
固定资产:10,000千元
经济类型:其他内资 职工人数:200人
法人代表:任廷茂
网址:www.chinahengmao.com

E-mail:webmaster@ chinahengmao.com
【主要产品】碳五石油树脂;芳烃石油树脂;固体古马隆-茚树脂;增黏树脂;造纸施胶剂;造纸助留助滤剂

烟台市化学工业研究所

山东省烟台市芝罘区白石路93号[264000]
电话:(0535)6252670;6251131
传真:(0535)6275309　经济类型:国有
供销电话:6252670;6275309
供销传真:6241417;6251131
职工人数:39人　法人代表:谷传香
网址:www.hgyjs.com
E-mail:hg@ hgyjs.com
【主要产品】四(正)丁氧基锆;高效薄层层析硅胶预制板;薄层层析硅胶

烟台市金河保险粉厂有限公司

山东省烟台市经济技术开发区古现办事处金河[265502]
电话:(0535)6941201
传真:(0535)6941146　有进出口权
经济类型:股份合作　企业规模:大型
法人代表:林德增
网址:www.chinajinhe.com
E-mail:lf_0519@ 163.com
【主要产品】亚硫酸钠;连二亚硫酸钠

烟台市牟平区经协化工厂

山东省烟台市牟平区北关大街103号[264100]
电话:(0535)4224568;4224843
传真:(0535)4224842　经济类型:集体
有进出口权　法人代表:孙爱民
网址:www.hw2000.com;
www.pvc.com.cn
E-mail:sales@ hw2000
【主要产品】盐酸;油溶苯胺黑;磷酸氢钙(食用级);氯化石蜡-70;氯化石蜡

烟台市幸福海藻工业有限公司

山东省烟台市幸福中路[264002]
电话:(0535)6847586;6847270
传真:(0535)6846076　职工人数:235人
固定资产:16,500千元
供销电话:6818933;6847586
经济类型:有限责任公司
法人代表:徐功禄
网址:www.sodiumalginate-xf.com
E-mail:yxseaweed@ yt-public.sd.cninfo.net
【主要产品】精碘;甘露醇;海藻酸钠;海藻胶

烟台市裕盛化工有限公司

山东省烟台市莱山区春晖路12号[264003]
电话:(0535)6712377;2102348;2102177
传真:(0535)2102346　职工人数:160人
固定资产:25,000千元
网址:www.china-yusheng.com
E-mail:yusheng@ china-yusheng.com
【主要产品】甲氧基胺盐酸盐;乙氧基胺盐酸盐;抗氧剂245;抗氧剂1790;光稳定剂;紫外线吸收剂UV-234;紫外线吸收剂UV-327;紫外线吸收剂UV-329;紫外线吸收剂UV-328;紫外线吸收剂UV-326

烟台市芝罘振兴聚氨酯材料厂

山东省烟台市芝罘区机场路108号[264001]
电话:(0535)6019634;6014319
传真:(0535)6019319
固定资产:10,000千元
网址:www.zxpu.com
E-mail:zhxpu@ zxpu.com
【主要产品】塑料制品

烟台泰鸿橡胶有限公司

山东省烟台市莱山区盛泉东路9号[264003]
电话:(0535)6726028
传真:(0535)6726029　有进出口权
固定资产:22,000千元
供销电话:6726030　职工人数:256人
供销传真:6726039　法人代表:魏其禄
经济类型:与港澳台商合资经营
网址:www.taihong.com.cn
E-mail:chshj@ public.ytptt.sd.cn
【主要产品】高压胶管;橡胶杂品;橡胶护舷

烟台腾达包装有限公司

山东省烟台市福山区东厅工业园[264000]
电话:(0535)6442680
传真:(0535)6442682　经济类型:国有
供销电话:13184021937
职工人数:110人　法人代表:葛运林
网址:www.tengda.com
【主要产品】脱氧剂

烟台腾达除氧剂有限公司

山东省烟台市芝罘区黄务镇张家村东街18号[264004]
电话:(0535)6799963;13805356142
传真:(0535)6797962
法人代表:葛运林
网址:www.tdcy.cn
E-mail:tdcy@ tdcy.cn
【主要产品】脱氧剂

烟台天福包装有限公司

山东省莱阳市丹崖路[265202]
电话:(0535)7319057
传真:(0535)7315337
网址:www.tianfusuliao.com
E-mail:webmaster@ tianfusuliao.com
【主要产品】塑料包装袋

烟台通世化工有限公司

山东省烟台市幸福中路[264002]
电话:(0535)6847072;6847132
传真:(0535)6847072　经济类型:集体
有进出口权　法人代表:魏东强
网址:www.tongshi-cn.com
E-mail:tongshi@ yt-public.sd.cninfo.net
【主要产品】肉食品改良剂;抗氧剂T502;2,6-二叔丁基对甲基苯酚

烟台同达全元化肥有限公司

山东省烟台市芝罘区化工路北首[264002]
电话:(0535)6837849
传真:(0535)6837764　职工人数:98人
经济类型:中外合作经营企业
网址:www.shidele.com
E-mail:webmaster@ shidele.com
【主要产品】氮磷钾复合肥

烟台同化防水保温工程有限公司

山东省烟台市福山高新区永大街591号[265500]
电话:(0535)6302799;6302899
传真:(0535)6303259
经济类型:有限责任公司
法人代表:夏良强
网址:www.yt-tonghua.com
E-mail:web@ yt-tonghua.com
【主要产品】保温型硬泡聚氨酯板材;丙烯酸弹性防水涂料;防水涂料;甲基膦酸二甲酯

烟台万华合成革集团有限公司

山东省烟台市芝罘区幸福南路7号[264002]
电话:(0535)6837888
传真:(0535)6837594　有进出口权
固定资产:5,500,000千元
经济类型:有限责任公司
企业规模:大型　职工人数:2,840人
法人代表:李建奎
网址:www.wanhua.com.cn
E-mail:wanhua@ wanhua.com.cn
【主要产品】烧碱;次氯酸钠;二苯基甲烷-4,4′-二异氰酸酯;多亚甲基多苯基多异氰酸酯;聚酯多元醇;聚氨酯树脂;聚氨酯鞋底原液;聚氨酯合成革

烟台万华聚氨酯股份有限公司

山东省烟台市芝罘区幸福南路2号[264002]
电话:(0535)6837888-8954;2998399
传真:(0535)6875686　有进出口权
供销电话:13863861739
供销传真:6837390　企业规模:大型
经济类型:股份有限公司
销售收入:4,900,000千元
职工人数:952人　法人代表:丁建生
网址:www.ytpu.com
E-mail:information@ ytpu.com
【主要产品】4,4′-二氨基二苯基甲烷;二苯基甲烷-4,4′-二异氰酸酯;4,4′-双仲丁氨基三苯基甲烷;多亚甲基多苯基多异氰酸酯;热塑性聚氨酯

烟台万华氯碱有限责任公司

山东省烟台市芝罘区化工路[264002]

鲁

电话:(0535)6530683
传真:(0535)6530683 有进出口权
固定资产:300,000 千元
供销电话:6530440 企业规模:大型
经济类型:有限责任公司
职工人数:600 人 法人代表:石敏
网址:www. yt-lj. com
E-mail:lujian01@ sohu. com
【主要产品】盐酸;烧碱;烧碱(液体);次氯酸钠;氢气;氯气(液)

烟台新利生化制品有限公司

山东省莱阳市富水南路[265202]
电话:(0535)7317858
传真:(0535)7319917 职工人数:70 人
固定资产:30,000 千元
法人代表:荀风强
网址:www. xinli-china. com
E-mail:info@ xinli-china. com
【主要产品】硫酸软骨素

烟台新特耐化工有限公司

山东省烟台市南大街 153 号[264000]
电话:(0535)6289518;6664868
传真:(0535)6664868
经济类型:私营企业
网址:www. yt-xtn. cn
【主要产品】防老剂 1010-A;防老剂双酚 1 号;防老剂耐晒白;橡胶防老剂;2,6-二叔丁基对甲基苯酚;防老剂 2246-A;防老剂 264-B;防老剂 4010NA;防老剂 MB-A;防老剂 RD;防老剂 MBZ;防老剂 4020;橡胶防老剂 D-50;炭黑分散剂;白炭黑分散剂;硫化活化剂 MJ;橡胶增白剂

烟台鑫海化肥工业有限公司

山东省海阳市徐家店镇驻地[265141]
电话:(0535)3862059
固定资产:60,000 千元 经济类型:国有
供销电话:3862850;3862059
供销传真:3862059 法人代表:李凤良
E-mail:xhgs@ public. ytptt. sd. cn
【主要产品】合成氨;碳酸氢铵;磷肥;磷酸一铵

烟台颐中精细化工有限公司

山东省栖霞市金岭路 23 号[265300]
电话:(0535)5229717
传真:(0535)5229717 产值:4,000 千元
经济类型:有限责任公司
职工人数:106 人 法人代表:应青苗
网址:www. etsong-starch. com
E-mail:zouquanben@ sina. com
【主要产品】变性淀粉

烟台有色金属集团有限公司

山东省烟台市幸福中路 178 号[264002]
电话:(0535)6843579;6842592;6532324
传真:(0535)6843579 有进出口权
固定资产:2,000,000 千元
经济类型:有限责任公司
销售收入:3,000,000 千元
企业规模:大型 法人代表:徐金山
【主要产品】硫酸;电解铜

烟台云开化工有限责任公司

山东省烟台市开发区嘉陵江路[264006]
电话:(0535)6397568;6377569
传真:(0535)6397568
经济类型:有限责任公司
网址:www. yunkaichem. com
E-mail:yunkai@ yunkaichem. com
【主要产品】二甲基丙烯酸-1,4-丁二醇酯;二甲基丙烯酸-1,3-丁二醇酯;二甲基丙烯酸新戊二醇酯;二甲基丙烯酸乙二醇酯;聚乙二醇(200)二甲基丙烯酸酯;聚乙二醇(400)二甲基丙烯酸酯;二甲基丙烯酸二乙二醇酯;二甲基丙烯酸三乙二醇酯;二甲基丙烯酸四乙二醇酯;光固化树脂;季戊四醇三丙烯酸酯;三乙二醇二-2-乙基己酸酯

烟台镇泰滚塑厂

山东省烟台市芝罘区白石路 103 号[264000]
电话:(0535)6652473;6252814;6641555
传真:(0535)6652473 经济类型:集体
职工人数:85 人 法人代表:邹建镇
网址:www. zhentai. com. cn
E-mail:manager@ zhentai. com. cn
【主要产品】聚乙烯;立式园柱形罐(平底平顶)

烟台正大聚氨酯化工有限公司

山东省烟台市开发区长江路 68 号[264002]
电话:(0535)6938868;6938866;6399928
传真:(0535)6877156
网址:www. zhengda-ppg. com
E-mail:zd@ zhengda-ppg. com
【主要产品】单体聚醚;组合聚醚

烟台芝罘永固化工有限公司

山东省烟台市芝罘区幸福十二村西街 113 号[264001]
电话:(0535)6816773;6839729
传真:(0535)6839729
网址:www. ytyonggu. com
【主要产品】水性复膜胶;工业用特种胶;裱纸胶

烟台只楚合成化学有限公司

山东省烟台市芝罘区只楚南路 7-1 号(107 医院西)[264002]
电话:(0535)3607008;3607009
传真:(0535)3607000 经济类型:集体
供销电话:6870422;3607009
法人代表:马连福
网址:www. zhichuchem. com
E-mail:yttd@ zhichuchem. com
【主要产品】5-甲氧基吲哚;3,4-二甲基苯甲醛;4-羟基-*N*-甲基哌啶;*N*-甲基-4-哌啶酮;聚烯烃成核透明剂

烟台只楚天大化工填料厂

山东省烟台市芝罘区 107 医院西[264002]
电话:(0535)6870422;6870455
传真:(0535)6870470 职工人数:110 人
网址:www. ytchem. cn
E-mail:yttd@ zhichuchem. com
【主要产品】规整填料;散装填料

烟台只楚药业有限公司

山东省烟台市芝罘区烟福路 1 号[264002]
电话:(0535)6535028;6536988
传真:(0535)6535028 有进出口权
固定资产:120,000 千元
经济类型:有限责任公司
企业规模:大型 职工人数:990 人
法人代表:李世勋
网址:www. justaware. com
E-mail:zhiyao@ public. ytptt. sd. cn
【主要产品】硫酸庆大霉素;麦迪霉素

烟台中策橡胶有限公司

山东省烟台市芝罘区凤凰台路 2 号[264002]
电话:(0535)6529584;6530702
传真:(0535)6533493 有进出口权
供销电话:6531476;6530702
供销传真:6525474 职工人数:300 人
经济类型:与港澳台商合资经营
法人代表:盛渝
网址:www. csirubber. com
E-mail:ytcsircl@ public. ytptt. sd. cn
【主要产品】工程机械轮胎外胎;实心轮胎;橡胶运输带;橡胶杂品;橡胶水坝

招远汇源硅胶有限公司

山东省招远市金城路 392 号[265400]
电话:(0535)8246682;8222489;13906454656
传真:(0535)8246683 有进出口权
固定资产:8,000 千元 职工人数:235 人
供销电话:8251155;8222489
经济类型:股份合作 法人代表:温亭功
网址:www. silicagel-hy. com
E-mail:tinggong@ hysililagel. com
【主要产品】B 型硅胶;球形硅胶;A 型硅胶;高效型干燥硅胶;桔色硅胶指示剂;包装用硅胶

招远七六一有限责任公司

山东省招远市夏甸镇留仙庄村西[265418]
电话:(0535)8449091;8449261;8449262
传真:(0535)8449088 有进出口权
固定资产:60,000 千元
供销电话:8449261;8449091
供销传真:8449091 职工人数:756 人
经济类型:有限责任公司
法人代表:郝学桂
网址:www. zy761. com

鲁

E-mail:761@zy761.com
【主要产品】2-萘酚;2-萘胺-1-磺酸;斯盘60;乳化炸药;岩石膨化硝铵炸药;铵松蜡炸药1号;工业粉状铵锑炸药;震源药柱

招远三联化工厂
山东省招远市大户工业园[265407]
电话:(0535)8435163;8435411
传真:(0535)8435411　有进出口权
固定资产:190,000千元
经济类型:股份有限公司
产值:90,000千元　职工人数:600人
法人代表:陈松海
网址:www.sanlianchem.cn
E-mail:slinfo@sanlianchem.cn
【主要产品】炔螨特乳油;三磷锡乳油;丙环唑;丙环唑乳油;三唑锡;三唑锡悬浮剂;三唑锡可湿性粉剂;灭幼·哒螨可湿性粉剂;毒·氯乳油;20%吡·唑锡可湿性粉剂;多·锰锌可湿性粉剂

招远三联化工集团公司
山东省招远市金岭镇大户工业园[265400]
电话:(0535)8435163;8435118;8436018
传真:(0535)8435411
经济类型:私营企业　法人代表:陈松海
网址:www.sanlianchem.cn
E-mail:slinfo@sanlianchem.cn
【主要产品】丙环唑;三唑锡;三唑锡悬浮剂;三唑锡可湿性粉剂;代森锰锌可湿性粉剂;灭幼·哒螨可湿性粉剂

招远三联交通涂料公司
山东省招远市大户陈家乡[265407]
电话:(0535)8435118
传真:(0535)8435411　经济类型:集体
供销电话:8435118;8435197
职工人数:180人　法人代表:陈松海
【主要产品】丙烯酸树脂;反光道路标线涂料;热熔道路标志漆

招远市国泰化工厂
山东省招远市张星镇圈子村东[265400]
电话:(0535)8332616;13356988598
传真:(0535)8331698
网址:www.zygthg.com
E-mail:wsj0924@263.net
【主要产品】间苯二甲酸二甲酯;己二酸二甲酯;己二酸二乙酯;己二酸二异丙酯;癸二酸二甲酯;癸二酸二乙酯;中铬黄;浅铬黄;柠檬黄;深铬黄;己二酸二异辛酯;癸二酸二丁酯;癸二酸二辛酯;癸二酸二异丙酯;聚丙烯酸钠

招远市宏达化工有限公司
山东省招远市大户工业园北首[265407]
电话:(0535)8438255
传真:(0535)8438258　有进出口权
固定资产:2,000千元　产值:8,000千元
供销电话:8438258;13583596288
经济类型:有限责任公司
销售收入:7,500千元　职工人数:58人
法人代表:杨桂建
E-mail:li-shao-ying@126.com
【主要产品】橡胶防护蜡;分散蓝BF-SL

招远市金昌化工有限责任公司
山东省招远市三环路东首[265408]
电话:(0535)8383274
传真:(0535)8383274　经济类型:集体
供销电话:8383384;8383982
法人代表:温元昌
网址:www.jinchangcn.com
E-mail:welcome@jinchangcn.com
【主要产品】亚硫酸钠;硫酸钠;氰化钠(液体);1,3-苯二酚

招远市金恒化工有限公司
山东省招远市辛庄镇[265401]
电话:(0535)8311020;8309999
传真:(0535)8311068
网址:www.jinhengchina.com
E-mail:webmaster@jinhengchina.com
【主要产品】四氯化锡;三苯基膦;三苯基醋酸锡;三苯基乙酸锡可湿性粉剂;三苯基氢氧化锡;三苯基氢氧化锡悬浮剂;三苯基氯化锡

招远市秦金化工有限公司
山东省招远市开发区588号[265400]
电话:(0535)8131070
传真:(0535)8131072　有进出口权
固定资产:62,000千元
供销电话:8131070;13361319933
经济类型:有限责任公司
职工人数:280人　法人代表:盛立松
网址:www.qinjinchemical.com
E-mail:qinjin@qinjinchemical.com
【主要产品】邻苯二甲酰亚胺;分散蓝;*N*-环己基硫代酞酰亚胺

招远市青山化工厂
山东省招远市金岭镇山里陈家[265404]
电话:(0535)8379125;8379506;13184003330
传真:(0535)8379506　职工人数:160人
网址:qingshanhg.ebigchina.com
E-mail:wxb_512@126.com
【主要产品】塑料补强剂;橡胶防老剂;橡胶塑解剂

招远市石油化工厂有限公司
山东省招远市金城路407号[265400]
电话:(0535)8215012;8217205;8216210
传真:(0535)8220684　有进出口权
经济类型:有限责任公司
销售收入:60,000千元
职工人数:200人　法人代表:刘进芳
网址:www.zhaoyuanchem.com
E-mail:market@zhaoyuanchem.com
【主要产品】聚丙烯;丙烯酸内墙乳胶漆;丙烯酸外墙乳胶漆;荧光增白剂;氯化石蜡-52

招远威达硅胶有限公司
山东省招远市金城路403号[265400]
电话:(0535)8135602;8216321
传真:(0535)8135603;8223910
固定资产:138,000千元　有进出口权
供销电话:8135602;13863852668
供销传真:8135603;8213191
经济类型:股份有限公司
职工人数:760人　法人代表:徐孝俊
网址:zysia.ccbip.und.cn
E-mail:vitagel@public.ytptt.sd.cn
【主要产品】硅酸钠;硅胶;蓝色硅胶;包装用硅胶;耐水硅胶

中化山东进出口集团海阳精细化工厂
山东省海阳市海阳外向型工业加工区石人泊村[265118]
电话:(0535)3232238;3361078
传真:(0535)3232238　经济类型:国有
固定资产:22,000千元　有进出口权
法人代表:孙华忠
【主要产品】三唑酮乳油;氰·氧乐乳油

威海市

北京化工大学乳山联营化工厂
山东省乳山市白沙滩镇[264500]
电话:(0631)6728135;6728398
传真:(0631)6728968
供销电话:6728135;6888534
经济类型:股份合作　法人代表:刘悦熙
网址:www.buct-rschem.com
E-mail:rsbuct@wh-public.sd.cninfo.net
【主要产品】乳化石蜡;聚乙烯蜡;微粉化聚乙烯蜡;氧化聚乙烯蜡;分散剂;增稠剂;复合高效水质稳定剂;水质稳定剂;剥离剂

迪沙药业集团有限公司
山东省威海市经济技术开发区齐鲁大道55号[264205]
电话:(0631)3637339;5998138;3637331
传真:(0631)5923072　有进出口权
固定资产:360,000千元
经济类型:有限责任公司
销售收入:250,000千元
职工人数:2,000人　法人代表:王德军
网址:www.disha.com.cn
E-mail:ylyxsb@disha.com.cn
【主要产品】洛索洛芬钠;格列吡嗪;盐酸安非他酮;盐酸特拉唑嗪;盐酸氟桂利嗪

荣成安泰橡胶制品有限公司
山东省荣成市石岛镇[264313]
电话:(0631)7391168
传真:(0631)7391169

法人代表:方安昭
网址:www. atxj. net
E-mail:info@ atxj. net
【主要产品】橡胶运输带;强力型尼龙运输带;涤纶运输带;耐热运输带;环型运输带;挡边运输带;普通橡胶板;耐油橡胶板;绝缘橡胶板;耐酸碱橡胶板;耐热胶板

荣成奥西橡胶有限公司

山东省荣成市崂山北路98号[264300]
电话:(0631)7513909
传真:(0631)7513900 有进出口权
供销电话:7513906 法人代表:姜子军
经济类型:中外合资经营企业
销售收入:300,000千元
网址:www. aoxi-china. com
E-mail:sx@ 163169. net
【主要产品】轻型载重汽车斜交轮胎;载重汽车斜交轮胎;工程机械轮胎

荣成鲁阳化工有限公司

山东省荣成市人和镇沙窝岛[264307]
电话:(0631)7461131;7461044
传真:(0631)7468900 有进出口权
固定资产:50,000千元
供销电话:7461131;7461045
经济类型:中外合资经营企业
销售收入:150,000千元
职工人数:200人 法人代表:张以军
网址:www. chitosan-glucosamine. com
E-mail:dongys@ hi2000. com
【主要产品】几丁质

荣成荣达橡胶制品有限公司

山东省荣成市青山西路66号[264300]
电话:(0631)7500047;7572401;7571384
传真:(0631)7500047 经济类型:集体
固定资产:280,000千元 有进出口权
供销电话:3615988;7571384
企业规模:大型 职工人数:1,500人
法人代表:张福禄
网址:www. rongda-tire. com
E-mail:rd@ rongda-tire. com
【主要产品】橡胶制品;轮胎;载重汽车轮胎外胎;轻型运输车辆轮胎;轿车轮胎;工业车辆轮胎外胎;农用车辆轮胎;轮胎外胎;翻新轮胎

荣成荣鹰橡胶制品有限公司

山东省荣成市秀水街3号[264300]
电话:(0631)7550054;7551231
传真:(0631)7557938 有进出口权
固定资产:15,000千元
经济类型:中外合资经营企业
职工人数:400人
网址:www. rongying. com
E-mail:rongying@ public. whptt. sd. cn
【主要产品】轿车轮胎;摩托车轮胎;轮胎垫带;农用轮胎内胎;摩托车内胎;汽车内胎

荣成市第一轮胎厂

山东省荣成市寻山[264316]
电话:(0631)7651123
传真:(0631)7651124
企业规模:大型 法人代表:李福法
【主要产品】轻型载重汽车斜交轮胎;载重汽车斜交轮胎;轿车轮胎;工业车辆轮胎;农用车辆轮胎

荣成市飞达轮胎翻新有限公司

山东省荣成市崖头村工商西街20号[264300]
电话:(0631)7571724
传真:(0631)7500047 经济类型:集体
固定资产:6,000千元 产值:8,000千元
销售收入:6,800千元 职工人数:120人
法人代表:王建国
【主要产品】翻新轮胎;轮胎垫带

荣成市丰泰橡胶技术有限公司

山东省荣成市石岛镇斥山村[264308]
电话:(0631)7321160;7181100
传真:(0631)7321160
供销传真:7313660 法人代表:钱国峰
经济类型:有限责任公司
网址:www. friendrubber. com
E-mail:office@ friendrubber. com
【主要产品】输油胶管;铁路橡胶轨枕垫板;造纸胶辊;印染胶辊;聚氨酯胶辊;硅橡胶辊;橡胶密封制品;油封;硅橡胶按键;汽车橡胶配件

荣成市峰富橡胶有限责任公司

山东省荣成市寻山镇城后[264316]
电话:(0631)7653299;7651031
传真:(0631)7651123 有进出口权
固定资产:680,000千元
供销电话:7651124 企业规模:大型
供销传真:7651031 职工人数:600人
经济类型:有限责任公司
法人代表:李福法
网址:www. ffxj. com
E-mail:fengfu12345@ vip. sina. com
【主要产品】轮胎;载重汽车轮胎外胎;轻型载重汽车中小客车及其挂车轮胎外胎(斜交);轿车轮胎;全钢载重子午线轮胎;工业车辆轮胎;农用车辆轮胎

荣成市华龙助剂总厂

山东省荣成市石岛镇[264309]
电话:(0631)7281100;7571672
传真:(0631)7521672 经济类型:集体
供销电话:7525668 有进出口权
法人代表:栾财强
【主要产品】促进剂 M

荣成市化工总厂有限公司

山东省荣成市南山南路101号[264300]
电话:(0631)7571672;7572050;7578866
传真:(0631)7521672 有进出口权
固定资产:80,000千元
供销传真:7571672 职工人数:800人
经济类型:有限责任公司
法人代表:栾财强
网址:www. hgzc. com. cn
E-mail:quyanb@ sina. com
【主要产品】硫黄粉;不溶性硫黄;促进剂 CZ;促进剂 DM;促进剂 DZ;促进剂 M;促进剂 NOBS;促进剂 NS;防老剂 RD;橡胶增塑剂 A

荣成市劳保福利橡塑厂

山东省荣成市俚岛镇驻地[264317]
电话:(0631)7661324;7661498
传真:(0631)7661498 职工人数:149人
经济类型:股份有限公司
法人代表:王允平
网址:www. luting. cn
【主要产品】氯化聚乙烯防水卷材;橡胶杂品;防水胶布;雨靴

荣成市崂山化肥厂

山东省荣成市南边五公里崂山镇宁家村[264315]
电话:(0631)7691157
经济类型:私营企业 职工人数:18人
法人代表:宁兰强
【主要产品】混配复合肥料

荣成市隆泰化工有限公司

山东省荣城市崖头镇黎明路1号[264300]
电话:(0631)7575125
传真:(0631)7575125 法人代表:李亮
供销电话:7575125;7993106
经济类型:私营企业
【主要产品】柴油机油;车辆齿轮油;冷冻机油;液压油;机械油

荣成市日跃化工有限公司

山东省荣成市夏庄镇[264326]
电话:(0631)7741162;7744662
传真:(0631)7741162
经济类型:集体
固定资产:5,000千元 职工人数:35人
法人代表:杨跃大
网址:www. cn-chemical. com
E-mail:info@ cn-chemical. com
【主要产品】异十八酸;硅溶胶;氨纶油剂;萃取添加剂;三烷基胺;硬脂酸异十六醇酯

荣成市天宇科技有限公司

山东省荣成市凭海东路220号[264300]
电话:(0631)7512598
传真:(0631)7519598
供销电话:7512588
经济类型:有限责任公司
网址:www. cn-tianyu. com
E-mail:info@ cn-tianyu. com
【主要产品】橡胶黏合剂 RE;促进剂 DZ;促进剂 NOBS;促进剂 DTDM;促进剂 DBM;*N*-环己基硫代酞酰亚胺

荣成市综合福利厂

山东省荣成市崖头镇鸭湾村南[264300]
电话:(0631)7571244
传真:(0631)7571244　经济类型:集体
供销电话:7571244;7571242
职工人数:23 人　法人代表:王春波
【主要产品】氧气;乙炔

荣成兴隆化工有限责任公司

山东省荣成市滕家镇西仙王家村[264314]
电话:(0631)7681167
传真:(0631)7681167
经济类型:私营企业　法人代表:刘新兴
销售收入:50,000 千元
【主要产品】塑料隔离膜;橡胶促进剂

乳山三友润滑油有限公司

山东省乳山市冯家镇[264505]
电话:(0631)6466407;13906319001
传真:(0631)6466061　法人代表:姜敏
经济类型:有限责任公司
网址:www. sanyoulubeoil. com
E-mail:info@ sanyoulubeoil. com
【主要产品】油酸钠皂;润滑油

乳山市佰德信新材料有限责任公司

山东省乳山市乳山口镇祝家庄[264515]
电话:(0631)6321062
传真:(0631)6322659　有进出口权
供销电话:6321808　职工人数:110 人
经济类型:外商独资　法人代表:武伟
【主要产品】氢氧化铈;硝酸铈;氧化镧;氧化铈

乳山市大洋硅胶厂

山东省乳山市乳山口镇祝家庄[264515]
电话:(0631)6321197;6321059;13606311041
传真:(0631);6321059;6321056
固定资产:70,000 千元
经济类型:股份合作　职工人数:300 人
法人代表:孙月竹
网址:www. dy-tk. com
E-mail:dysyz2006@ 163. com
【主要产品】B 型硅胶;A 型硅胶;蓝色硅胶;柱层层析硅胶;变压吸附硅胶

乳山市东华助剂厂

山东省乳山市下初镇下初村[264501]
电话:(0631)6440444
传真:(0631)6440444
供销电话:13863001111
经济类型:私营企业　法人代表:宋恩朋
【主要产品】促进剂 CZ;促进剂 DM;促进剂 M;促进剂 NOBS

乳山市环宇化工有限公司

山东省乳山市青山路南首(乳山口工业园)[264500]
电话:(0631)6618666;6681666
传真:(0631)6689666
网址:www. huanyu-chem. com
E-mail:lwg@ huanyu-chem. com;yn@ huanyu-chem. com
【主要产品】B 型硅胶;A 型硅胶;高效型干燥硅胶;蓝色硅胶

乳山市金华集团有限公司

山东省乳山市崖子镇东井口村[264516]
电话:(0631)6588818
传真:(0631)6588999　经济类型:国有
企业规模:大型　职工人数:3,350 人
网址:www. sdjinhua. com
E-mail:info@ sdjinhua. com
【主要产品】硫铁矿;硫精砂

乳山市太阳干燥剂厂

山东省乳山市胜利街东首长庆路中段[264500]
电话:(0631)6423878
传真:(0631)6423585
经济类型:股份合作　法人代表:周明波
网址:www. china-taiyang. com
E-mail:info@ china-taiyang. com
【主要产品】氧化铝;活性炭;球形硅胶;A 型硅胶;块状硅胶;彩色硅胶

乳山市银河化工机电厂有限公司

山东省乳山市郊区[264500]
电话:(0631)6617721
传真:(0631)6618709
经济类型:有限责任公司
法人代表:于成夫
E-mail:y6618709@ wh-eublic. sd. cninfo. net
【主要产品】脱漆剂;磷化液;金属清洗剂

三角集团有限公司

山东省威海市青岛中路 56 号[264200]
电话:(0631)5322983
传真:(0631)5321246　有进出口权
固定资产:3,000,000 千元
供销电话:5311549;5317504
经济类型:有限责任公司
企业规模:大型　职工人数:5,300 人
法人代表:丁玉华
网址:www. triangle. com. cn
E-mail:triangle@ public. whptt. sd. cn
【主要产品】载重汽车轮胎外胎;轿车轮胎外胎;工程机械轮胎外胎;工业车辆轮胎外胎;农用车辆轮胎;轮胎外胎;子午线轮胎;载重汽车轮胎内胎;轿车内胎;工程机械轮胎内胎;工业车辆轮胎内胎;农用轮胎内胎;轮胎内胎

山东成山集团有限公司

山东省荣成市南山北路 98 号[264300]
电话:(0631)7523999;7523236
传真:(0631)7523888　有进出口权
固定资产:3,000,000 千元
经济类型:有限责任公司
企业规模:大型　职工人数:6,000 人
法人代表:车宏志
网址:www. chengshan. com
E-mail:info@ chengshan. com
【主要产品】轮胎;轻型载重汽车斜交轮胎;载重汽车斜交轮胎;轿车斜交轮胎;工程机械轮胎;半钢子午线轮胎;全钢载重子午线轮胎;工业车辆轮胎;农用车辆轮胎

山东恒大化工(集团)有限公司

山东省荣成市南山中路 118 号[264300]
电话:(0631)7521229;7991507;7571500
固定资产:500,000 千元
经济类型:有限责任公司
企业规模:大型　职工人数:2,000 人
法人代表:邹本礼
网址:www. hengdahuagong. com. cn
E-mail:sdhdhggs @ wh-public. sd. cninfo. net
【主要产品】纯碱;二氧化碳(液体);合成氨;碳酸氢铵;高浓度复合肥

山东康威药业有限公司

山东省威海市文登市荷山镇[264414]
电话:(0631)8546666;8547999
传真:(0631)8547777　职工人数:180 人
固定资产:52,000 千元
经济类型:有限责任公司
网址:www. sdkw. cn
【主要产品】月见草油

山东荣成市荣成胶带有限公司

山东省荣成市河西北路 118 号[264300]
电话:(0631)7512257
传真:(0631)7571910
经济类型:有限责任公司
网址:www. rongwei. com. cn
E-mail:info@ rongwei. com. cn
【主要产品】汽车同步带;变速带;汽车三角带;多楔带

山东省航天发泡剂总厂

山东省文登市米山路 289 号[264400]
电话:(0631)8253416
传真:(0631)8252761　有进出口权
供销电话:8262041　职工人数:500 人
经济类型:股份合作　法人代表:王凤航
网址:www. htzc. com
E-mail:htzcwfh@ wh-public. sd. chinfo. net
【主要产品】盐酸;烧碱;重质纯碱;三氯化铁;氢气;氧气;氯气(液);氯化聚乙烯;偶氮二甲酰胺;硅酸铝耐火纤维制品

鲁

山东省农科院原子能研究所荣成市化工厂

山东省荣成市成山镇卫岳家村［264319］
电话:(0631)7821101
传真:(0631)7829722　经济类型:集体
职工人数:25人　法人代表:曲以奎
【主要产品】混配复合肥料

山东文登振宇化工有限公司

山东省文登市龙山路108-9号［264400］
电话:(0631)3629099
传真:(0631)3621818　法人代表:王晓
网址:www.wdzhy.cn
E-mail:info@wdzhy.cn
【主要产品】橡胶黏合剂RE;促进剂DT-DM;促进剂DBM;*N*-环己基硫代酞酰亚胺;橡胶塑解剂

威海钺业新材料有限公司

山东省乳山市崖子镇大业工业园(崖子镇东井)［264516］
电话:(0631)6588838;13963108788
传真:(0631)6588618　职工人数:80人
固定资产:4,600千元
经济类型:与港澳台商合资经营
法人代表:丁立平
网址:www.sdjinghua.com
E-mail:sdrscy@163.com
【主要产品】超细绢云母

威海迪素制药有限公司

山东省威海市高技区科技路196号［264209］
电话:(0631)3657230
传真:(0631)5620160　有进出口权
经济类型:有限责任公司
职工人数:56人　法人代表:王德军
网址:www.disha.com.cn
E-mail:ymei7730@163.com
【主要产品】格列喹酮;氨氯地平;马来酸氨氯地平;盐酸特拉唑嗪;盐酸黄酮哌酯

威海富成涂料有限公司

山东省威海市经济技术开发区海南路17号［264205］
电话:(0631)5922252;5922253;5922254
传真:(0631)5922251
经济类型:有限责任公司
网址:www.bs-paint.com
E-mail:webmaster@bs-paint.com
【主要产品】水白硝基底漆;三合一多功能乳胶漆;抗碱封闭底漆;喷涂浮雕漆;丙烯酸乳胶漆;高级丝光内墙乳胶漆;亚光型内墙乳胶漆;耐黄变聚酯漆;耐黄变水晶聚酯漆;环氧地坪涂料;聚氨酯清漆;高级外墙乳胶漆;不变黄玻璃漆;水晶耐磨地板漆;有色透明封闭底漆;水性木器漆;透明腻子

威海广利化工有限公司

山东省威海市泊于镇夏庄村［264213］
电话:(0631)5571094
经济类型:股份合作　法人代表:车锡锑
【主要产品】改性丙烯酸胶黏剂

威海恒安化工机械有限公司

山东省威海市孙家疃镇［264201］
电话:(0631)5818618;13806307522
传真:(0631)5128618
网址:www.hahj.com
E-mail:lijh@hahj.com
【主要产品】反应釜;高压反应釜;柱塞泵

威海宏协化工机械有限公司

山东省威海市羊亭镇北小城［264204］
电话:(0631)5765677
传真:(0631)5763488
经济类型:有限责任公司
网址:www.whhongxie.com
E-mail:info@whhongxie.com
【主要产品】磁力反应釜;高压反应釜;自吸式搅拌器

威海华泰分子筛有限公司

山东省文登市昆嵛路北29号［264400］
电话:(0631)8988808;8080808;13361159189
传真:(0631)8080808
固定资产:80,000千元
供销电话:13356815628
供销传真:8451218　职工人数:1,000人
经济类型:有限责任公司
法人代表:徐承欣
网址:www.huatai-cn.com
E-mail:info@huatai-cn.com
【主要产品】碳分子筛

威海化工机械有限公司

山东省威海市环翠区张村蓬莱路392号［264203］
电话:(0631)5757083;5759249
传真:(0631)5757767　职工人数:460人
供销电话:5759249;5757500
经济类型:股份有限公司
法人代表:董建清
网址:www.chemdevice.com
E-mail:howareyou@chemdevice.com
【主要产品】搅拌器;磁力反应釜;反应釜;高压反应釜;换热器;储罐;塔器

威海化工机械有限公司金属复合材料厂

山东省威海市张村度假区［264203］
电话:(0631)5781379;13061162467
传真:(0631)5757366　有进出口权
供销电话:13210900611
职工人数:460人　法人代表:董建清
网址:www.fuheban.com
E-mail:info@fuheban.com
【主要产品】反应釜;钛材热交换器;储罐

威海江源精细化工有限公司

山东省威海市青岛中路望岛［264200］
电话:(0631)5322889;5321389
传真:(0631)5323876　有进出口权
固定资产:10,000千元
经济类型:中外合资经营企业
职工人数:120人
网址:www.jiangwon.com
E-mail:jw-sale@chemn.com;
jw-mgr@chemn.com
【主要产品】水性色浆;防水涂层胶

威海金和洋塑料制品有限公司

山东省威海市经济开发区南曲阜工业园［264205］
电话:(0631)5998096
传真:(0631)5998096　职工人数:80人
经济类型:有限责任公司
法人代表:黄涛
【主要产品】聚乙烯色母粒

威海金泓化工集团有限公司

山东省威海市环翠区草庙子镇驻地［264211］
电话:(0631)5584016;5584120
传真:(0631)5584217　经济类型:集体
固定资产:250,000千元　有进出口权
职工人数:2,000人　法人代表:徐东国
网址:www.jinhong.com.cn
E-mail:Jinhongchem@sohu.net
【主要产品】氯化聚乙烯;甲基丙烯酸甲酯-丁二烯-苯乙烯共聚物;聚氯乙烯管材;聚丙烯酰胺;塑料改进剂ACR;聚合氯化铝

威海金威化学工业有限公司

山东省威海市环翠区草庙子［264211］
电话:(0631)5583884;5583882;13863101888
传真:(0631)5585188
供销电话:5584168　法人代表:王继经
经济类型:有限责任公司
网址:www.jinweichemical.com
E-mail:jinwei@jinweichemical.com
【主要产品】三氯甲基碳酸酯;光稳定剂770;紫外线吸收剂UV-234;紫外线吸收剂UV-327;紫外线吸收剂UV-329;紫外线吸收剂UV-328;紫外线吸收剂UV-326;紫外线吸收剂UV-320;紫外线吸收剂UV-360;2,6-二叔丁基对甲基苯酚

威海金鑫石化设备有限公司

山东省威海市张村镇和徐疃［264203］
电话:(0631)5757129;5755258;13906302764
传真:(0631)5752199
供销电话:13606498232
经济类型:有限责任公司

法人代表：谷山昭
网址：www.jinxinshihua.com.cn
E-mail：info@jinxinshihua.com.cn
【主要产品】搅拌器；反应釜

威海坤昌化工机械有限公司

山东省威海市环翠度假区[264203]
电话：(0631)5753139；5756185；2812179
传真：(0631)5756185
经济类型：有限责任公司
网址：www.kunchanghuaji.com
E-mail：kunchang@kunchanghuaji.com
【主要产品】静密封磁力搅拌高压反应釜；强磁力搅拌反应釜；反应釜；高压反应釜；玻璃反应釜；磁力搅拌器

威海瑞丰化工机械设备有限公司

山东省威海市经济技术开发区南曲阜工业园[264205]
电话：(0631)5996068；13001632565
传真：(0631)3969688
网址：www.ruifenghj.com
E-mail：info@ruifenghj.com
【主要产品】反应釜；磁力搅拌器

威海赛奥化工有限公司

山东省威海市崮山百尺所工业园[264200]
电话：(0631)5386780
传真：(0631)5386777　职工人数：53 人
固定资产：15,000 千元
供销电话：3968889；5386778
供销传真：3968780
经济类型：有限责任公司
网址：www.chinasaiao.com
E-mail：xs@chinasaiao.com.cn
【主要产品】二甲基硅油；水溶性硅油；羟基硅油乳液；室温硫化有机硅模具胶；有机硅织物柔软剂；氨基改性聚二甲基硅氧烷；氨基硅油；低泡皂洗剂；有机硅脱模剂

威海市百兴四氟制品有限公司

山东省威海市环翠区环海路 172 号[264201]
电话：(0631)5125492
传真：(0631)5125190　职工人数：82 人
固定资产：9,800 千元
经济类型：有限责任公司
销售收入：12,000 千元
法人代表：李百春
网址：www.whbxsf.com
E-mail：bxsfoffice@126.com
【主要产品】聚乙烯薄膜内衬袋；聚四氟乙烯管材；橡胶密封带

威海市东洋化工厂

山东省威海市环翠区羊亭镇[264204]
电话：(0631)5764588；5764319
传真：(0631)5764588　有进出口权
固定资产：50,000 千元
经济类型：联营企业　职工人数：300 人
销售收入：100,000 千元
法人代表：孙本华
网址：www.yangting.com/dyhg/index.htm
E-mail：yangting@weihai.gov.cn
【主要产品】2,4,6-三硝基苯酚

威海市氟塑集团公司

山东省威海市环翠区孙家疃镇沙窝村[264201]
电话：(0631)5125698；5125492；5125489
传真：(0631)5125190　职工人数：260 人
固定资产：12,000 千元
供销电话：5125490　法人代表：李百春
销售收入：200,000 千元
E-mail：qzy-qzy@263.net
【主要产品】膨体聚四氟乙烯密封带；聚四氟乙烯制品；ABS 系列工程塑料

威海市瀚玉化纺有限公司

山东省威海市羊亭镇大西庄车站[264204]
电话：(0631)5764088；5764259
传真：(0631)5764088
供销电话：5763126　法人代表：林均海
经济类型：股份有限公司
网址：www.cnhanyu.com
E-mail：info@cnhanyu.com
【主要产品】无纺布；油漆；紫外光固化涂料；UV 系列油墨

威海市华威渔具公司渔竿涂料厂

山东省威海市文化中路 56 号[264200]
电话：(0631)5816561
传真：(0631)5816561　职工人数：20 人
经济类型：私营企业　法人代表：刘崇明
【主要产品】渔具漆

威海市金盛实业有限公司

山东省威海市青岛中路望岛[264200]
电话：(0631)5328162；13336309149
传真：(0631)5328162　职工人数：80 人
固定资产：20,000 千元
供销电话：5325270
供销传真：5325270
经济类型：有限责任公司
销售收入：20,000 千元
网址：www.whjssy.com
E-mail：lxj@whjssy.com
【主要产品】丙烯酸树脂漆类

威海市明美涤化工有限责任公司

山东省威海市环翠区羊亭镇中阳村[264204]
电话：(0631)5764470；13606498457
传真：(0631)5765468　职工人数：31 人
固定资产：20,000 千元
网址：www.mmdchem.com
E-mail：li@mmdchem.com；info@mmdchem.com
【主要产品】几丁质；肥皂；洗涤剂；抗静电剂；无甲醛固色剂；渗透剂；煮炼剂；真丝精炼剂；低泡精炼剂；无泡皂洗剂；螯合分散剂；特效除油污剂

威海市明珠硅胶有限公司

山东省乳山市胜利街东首长庆路[264500]
电话：(0631)6669699；6664669；6664668
传真：(0631)6613503；6669699
供销电话：6880667；13806310667
经济类型：有限责任公司　有进出口权
职工人数：240 人　法人代表：周培文
网址：www.mingzhuchina.com
E-mail：mingzhuguijiao@alibaba.com.cn
【主要产品】硅砂；A 型硅胶；高效型干燥硅胶；蓝色硅胶；变压吸附硅胶

威海市农药厂

山东省乳山市乳山寨镇风台顶村[264508]
电话：(0631)6842098；6843484；6842174
传真：(0631)6842098　经济类型：集体
固定资产：15,000 千元
职工人数：160 人
网址：www.hanfubio.cn
E-mail：whny02@hanfubio.cn
【主要产品】哒螨灵可湿性粉剂；阿维菌素乳油；炔螨特乳油；乙酰甲胺磷乳油；马拉硫磷乳油；增效水胺硫磷乳油；辛硫磷乳油；吡虫啉；高渗吡虫啉乳油；高效氯氰菊酯水乳剂；灭幼脲悬浮剂；啶虫脒乳油；抑食肼；氟铃脲；多菌灵可湿性粉剂；福·克悬浮种衣剂；克·多种衣剂；甲基硫菌灵可湿性粉剂；百菌清烟剂；百菌清可湿性粉剂；代森锌可湿性粉剂；代森锰锌可湿性粉剂；福美双可湿性粉剂；福美锌可湿性粉剂；噁霉灵；噁霉灵水剂；二氯异氰尿酸钠可溶性粉剂；嘧霉胺悬浮剂；甲草胺乳油；福·菌核可湿性粉剂；多·烯唑可湿性粉剂；多·福可湿性粉剂；敌·辛乳油；多·硫悬浮剂；多·硫可湿性粉剂；40% 硫丹·辛乳油；氰·氧乐乳油；哒·螨醇乳油；哒·螨砜可湿性粉剂；30% 丁硫·机油乳油；氟铃·辛乳油；6% 甲萘·四聚颗粒剂；酮·氧乐乳油；乙·莠可湿性粉剂；哒·四螨悬浮剂；甲氰·辛乳油；福·甲硫可湿性粉剂；硫·酮悬浮剂；灭·杀单可溶性粉剂；20% 毒·氟铃乳油；40% 毒·机油乳油；毒·氯乳油；28% 多·井悬浮剂；吡·灭可湿性粉剂；甲拌·克悬浮种衣剂；柴油·哒乳油；多·锰锌可湿性粉剂；锰锌·乙铝可湿性粉剂；腈菌·咪鲜乳油；阿维·杀单微乳剂；阿维·高氯微乳剂；福·腈菌可湿性粉剂；噻·杀扑乳油

威海市溶解乙炔厂

山东省威海市张村镇前双岛村[264203]
电话：(0631)5751117

传真:(0631)5751117 经济类型:集体
法人代表:李文林
【主要产品】溶解乙炔

威海市天华综合加工厂

山东省威海市环翠区崮山镇岭后村[264207]
电话:(0631)5382209
传真:(0631)5383688 职工人数:97人
固定资产:9,360千元
供销电话:13001636288
经济类型:私营企业
【主要产品】炸药;工业导火索

威海市万通化工有限公司

山东省威海市草庙子镇[264211]
电话:(0631)5584157
传真:(0631)5584788 经济类型:集体
固定资产:16,000千元
供销电话:5584788 职工人数:300人
法人代表:谭先礼
网址:www.wantongchemical.com
【主要产品】糠醇树脂;铸造涂料;封箱热熔胶

鲁

威海市望岛渔具专用配套总厂

山东省威海市环翠区望岛[264200]
电话:(0631)5312986
传真:(0631)5323979 职工人数:150人
固定资产:25,000千元
供销电话:5321519
经济类型:股份合作
网址:www.whyouqi.cn
E-mail:lcj158@whyouqi.cn
【主要产品】渔具漆

威海市望威油漆有限公司

山东省威海市青岛中路82号[264200]
电话:(0631)5981332
传真:(0631)5981027 法人代表:王威
经济类型:私营企业
【主要产品】汽车专用修补漆

威海市燕威橡塑公司

山东省威海市环翠区草庙子[264211]
电话:(0631)5584118;5584168;13863101888
传真:(0631)5585188
供销电话:5585188;13806316360
经济类型:有限责任公司
网址:www.chinachemnet.com/jyw
E-mail:whyanwei@wh-public.sd.cninfo.net
【主要产品】三氯甲基碳酸酯;光稳定剂770;紫外线吸收剂UV-234;紫外线吸收剂UV-327;紫外线吸收剂UV-329;紫外线吸收剂UV-328;紫外线吸收剂UV-326;紫外线吸收剂UV-320;紫外线吸收剂UV-360;2,6-二叔丁基对甲基苯酚

威海市玉威漆业有限公司

山东省威海市青岛中路望岛[264200]
电话:(0631)5320925
传真:(0631)5303909 职工人数:80人
固定资产:6,000千元
经济类型:有限责任公司
销售收入:38,000千元
法人代表:刘玉东
网址:www.whyuwei.cn
E-mail:yuwei@whyuwei.cn
【主要产品】汽车漆;丙烯酸树脂漆类;各色丙烯酸聚氨酯磁漆;丙烯酸工程机械磁漆;环氧红丹防锈底漆;聚氨酯漆类;锤纹漆

威海天霸防水材料有限公司

山东省威海市烟台中路西河北[264202]
电话:(0631)5251551;5251961
传真:(0631)5251889 职工人数:158人
法人代表:黄松
网址:www.weihaitianba.com
【主要产品】丙烯酸外墙乳胶漆;SBS防水卷材

威海武岭爆破器材有限公司

山东省威海市环翠区崮山镇卫家滩村东[264207]
电话:(0631)5383318
传真:(0631)5382042 经济类型:集体
固定资产:60,000千元
供销电话:5382154 企业规模:大型
销售收入:65,000千元
职工人数:700人 法人代表:阮彦博
网址:www.whwl.cn
E-mail:ruanyb@whwl.cn
【主要产品】工业电雷管;煤矿许用毫秒延期电雷管;雷管;煤矿许用瞬发电雷管;工业火雷管;导爆管;导爆管雷管

威海新元化工机械有限公司

山东省威海市环翠区珠海路657号[264205]
电话:(0631)5920709;5920710;13508911886
传真:(0631)5920711
经济类型:股份有限公司
法人代表:孙成本
网址:www.xinyuanhuaji.com
E-mail:sunchengben@163.com
【主要产品】反应釜;高压反应釜;磁力搅拌器;自吸式搅拌器

威海新元化工有限公司

山东省威海市经济开发区珠海路657号[264205]
电话:(0631)5920703;13863171217
传真:(0631)5920704 职工人数:50人
经济类型:股份有限公司
法人代表:黄宝堂
网址:www.newerachem.com
E-mail:newera@hi2000.com
【主要产品】1,1,1,3-四氯丙烷;甲基丙烯酸三氟乙酯;3,3,3-三氟丙烯;三氟丙基甲基二氯硅烷;三氟丙基甲基环三硅氧烷;三氟乙醇

威海鑫泰化工设备厂

山东省威海市羊亭镇曲家河工业园[264204]
电话:(0631)5770868;5770866;13806317049
传真:(0631)5770868 职工人数:50人
供销电话:5770868;13869089351
经济类型:私营企业 法人代表:李恩端
网址:www.xintai-cn.com
E-mail:info@xintai-cn.com
【主要产品】强磁力搅拌反应釜;磁力反应釜;反应釜;磁力搅拌器

威海兴邦化工涂料有限公司

山东省威海市环翠区温泉镇柳林北[264200]
电话:(0631)5372000;5364132
传真:(0631)5372099 职工人数:160人
固定资产:9,550千元
网址:www.xing-bang.com
E-mail:webmaster@xing-bang.com
【主要产品】金属闪光漆;汽车漆;汽车专用修补漆;丙烯酸工程机械磁漆;双组分聚氨酯漆;油漆稀释剂

威海中威橡胶有限公司

山东省威海市世昌大道345号[264209]
电话:(0631)5660118;5662008
传真:(0631)5660118 有进出口权
固定资产:140,000千元
供销电话:5660128 职工人数:1,400人
供销传真:5660128;5660156
经济类型:股份有限公司
法人代表:李仁书
网址:www.zhongweirubber.cn
E-mail:office@zhongweirubber.cn
【主要产品】轮胎;胶鞋

威海自控反应釜有限公司

山东省威海市环翠旅游度假区[264203]
电话:(0631)5757888;5757988;5755528
传真:(0631)5755528 有进出口权
经济类型:股份有限公司
法人代表:李本范
网址:www.weibafyf.com
E-mail:lyz52@wh-public.sd.cninfo.net
【主要产品】静密封磁力搅拌高压反应釜;反应釜;玻璃反应釜;磁力搅拌器

文登飞联塑料制品有限公司

山东省文登市龙山路136号[264400]
电话:(0631)8359230;8359231
传真:(0631)8359232 有进出口权
经济类型:与港澳台商合资经营
法人代表:谭瑞松
网址:www.feilian.com.cn
E-mail:wdfailian@wh-public.sd.cninfo.net
【主要产品】聚乙烯捆包拉伸膜

文登市第二橡胶厂

山东省文登市交通路82号[264400]
电话:(0631)8252475
传真:(0631)8252479 有进出口权
供销电话:8252892 职工人数:360人
经济类型:股份合作 法人代表:于国章
【主要产品】橡胶制品;轮胎内胎;橡胶三角带;橡胶鞋底

文登市葛家化工厂

山东省文登市葛家镇英山前村[264422]
电话:(0631)8881191
供销电话:8881190 经济类型:集体
法人代表:宫云新
【主要产品】漂白粉

文登市慧隆化工有限公司

山东省文登市环山路街道办事处西寨村东[264400]
电话:(0631)8251389;13906317596
传真:(0631)8251389
固定资产:3,000千元
经济类型:有限责任公司
网址:www. huilongchemical. com
【主要产品】外墙金属漆;浮雕漆;真石漆;丙烯酸内墙乳胶漆;丙烯酸外墙涂料;荷叶外墙漆;水性封墙底漆

文登市金叶化工有限公司

山东省文登市文营镇保得路7号[264400]
电话:(0631)8664098;8664868
传真:(0631)8664098 有进出口权
经济类型:有限责任公司
职工人数:118人 法人代表:戴振奎
网址:www. whjinye. com
E-mail:info@ whjinye. com
【主要产品】单氟磷酸钠

文登市开泰橡塑有限公司

山东省文登市口子村[264409]
电话:(0631)8631049
传真:(0631)8631049 职工人数:150人
供销电话:8631035 法人代表:徐承学
经济类型:私营企业
网址:www. sd-kaitai. com
【主要产品】橡胶制品

文登市茼山福利塑料厂

山东省文登市茼山镇中韩路1号[264400]
电话:(0631)8545156;8545458;8545023
传真:(0631)8545999 经济类型:集体
固定资产:480,000千元
职工人数:135人
网址:www. weiying. com. cn;
www. china-plastics. co
E-mail:info@ china-plastics. com
【主要产品】聚乙烯;聚乙烯管;聚氯乙烯电线电缆管;塑料管;塑胶管;给水和排水管

文登市三峰轮胎有限公司

山东省文登市龙山路148号[264400]
电话:(0631)8355030;8353410
传真:(0631)8355030;8352100
经济类型:有限责任公司 有进出口权
法人代表:刘玉明
网址:www. sanfengchina. cn
E-mail:sanfeng@ sanfengchina. cn
【主要产品】载重汽车轮胎外胎;轻型载重汽车轮胎外胎;工程机械轮胎;农用车辆轮胎;轮胎内胎

文登市燕锦高分子材料有限公司

山东省文登市葛家镇[264422]
电话:(0631)8881318;8881171
传真:(0631)8881318
经济类型:有限责任公司
法人代表:吕海召
网址:www. sdhaixiang. com
E-mail:admin@ sdhaixiang. com
【主要产品】聚丙烯(阻燃);改性聚丙烯;玻璃纤维增强聚丙烯;阻燃ABS;玻璃纤维增强尼龙-6;增韧尼龙6;玻璃纤维增强阻燃PBT

济宁市

格瑞特漆业(梁山)有限公司

山东省梁山县青年路40号[272600]
电话:(0537)7339877
传真:(0537)7333138
法人代表:韩学进
网址:www. sdgrt. com
E-mail:webmaster@ sdgrt. com
【主要产品】汽车漆;双组分聚酯各色闪光漆;环氧树脂漆类;聚氨酯漆类;各色聚氨酯速干锤纹漆;重防腐漆;船舶防腐漆

济宁高新区泰丰化轻技术装备研究所

山东省济宁市高新区火炬工业园[272000]
电话:(0537)2361683
传真:(0537)2361683 职工人数:36人
经济类型:股份合作 法人代表:马承海
网址:www. taifeng. chem. cn
E-mail:tf@ chem. cn
【主要产品】氢氧化铝(活性);活性氢氧化镁;煅烧高岭土

济宁格瑞特化工有限公司

山东省济宁市古槐路60号[272141]
电话:(0537)2276110
传真:(0537)2276110 职工人数:140人
经济类型:有限责任公司
法人代表:邵长光
【主要产品】活性炭

济宁广通输送带有限责任公司

山东省济宁市市中区济安桥北路137号[272041]
电话:(0537)2281888;2282888;2286868
传真:(0537)2281828;2289256
固定资产:120,000千元 有进出口权
供销电话:2282468;2279491
供销传真:2281808 职工人数:1,360人
经济类型:有限责任公司
销售收入:580,000千元
法人代表:裴伟强
网址:www. china-guangtong. com
E-mail:info@ china-guangtong. com
【主要产品】强力型尼龙运输带;强力型维纶运输带;橡塑整芯阻燃运输带;阻燃钢丝绳芯运输带;分层输送带

济宁贵和肥业有限公司

山东省济宁市市中区冯赵庄路[272133]
电话:(0537)2277188;13675373596
传真:(0537)2277861
供销电话:2277188;13345186418
网址:www. guihefeiye. com
E-mail:jining05372277188@ 163. com
【主要产品】混配复合肥料;复合肥;多元液体复合肥;有机无机复混肥;有机肥

济宁浩美化工有限公司

山东省济宁市金宁路47号置城国际中心A座21层A21-26[272100]
电话:(0537)3281883
传真:(0537)3281885 有进出口权
固定资产:15,000千元
供销电话:13791736972
经济类型:中外合作经营企业
职工人数:260人
网址:www. chinachemnet. com/haomei
E-mail:haomei@ hi2000. com
【主要产品】4-甲氧基水杨酸;2,4-二羟基苯甲酸甲酯;2,4-二羟基苯甲酸;2-(*N*-苯氨基)-5-萘酚-7-磺酸;对甲氧基苯基J酸;8-羟基-2-(*N*-苯基)萘胺-5-磺酸;乙酰γ酸;2-乙酰氨基-5-萘酚-7-磺酸;甲基J酸;苯甲酰基J酸;对甲苯磺酰基H酸;*N*-苯甲酰基H酸;乙酰H酸

济宁凯模特化工有限公司

山东省济宁市三里营路2号[272100]
电话:(0537)2397226;2391177
传真:(0537)2395226 有进出口权
供销电话:2397701;2397712
经济类型:中外合资经营企业
法人代表:刘玉林
网址:www. kaimote. com
E-mail:info@ kaimote. com;
office@ kaimote. com
【主要产品】咔唑;9,10-蒽醌;粗蒽;菲油;萘油;蒽油

济宁鲁源化工厂

山东省济宁市电化路北首西侧[272141]
电话:(0537)2270966

鲁

传真:(0537)2270866　职工人数:25 人
供销电话:2270966;13805378503
经济类型:私营企业　法人代表:杨东岳
【主要产品】磷酸二氢钠;磷酸二氢钾

济宁鲁源医药化工有限公司

山东省济宁市任城区接庄镇[272171]
电话:(0537)2616127;2636166;13012606678
传真:(0537)2636166
供销电话:13605376324
经济类型:有限责任公司
法人代表:黄庆江
网址:www. lyyyhg. com
【主要产品】吡啶盐酸盐;吡啶氢溴酸盐;D-α-氨基己二酸;过氧乙酸;六甲基二硅氮烷;六甲基氧二硅烷

济宁宁丰化工有限公司

山东省济宁市任城区南张镇仙庄村[272055]
电话:(0537)2115357
传真:(0537)2116375　有进出口权
供销电话:2301375
经济类型:外商独资
【主要产品】氯化胆碱

济宁圣城化工实验有限责任公司

山东省济宁市北郊金宇西路59号[272131]
电话:(0537)2230050
传真:(0537)2221287　有进出口权
供销电话:2230062;2230061
经济类型:有限责任公司
职工人数:800 人　法人代表:戴国明
网址:www. shengchengchem. com
E-mail:sale@ shengchengchem. com
【主要产品】赤磷;2-呋喃甲酸;4,4′-二(二甲氨基)二苯基甲烷;4-(*N*,*N*-二甲基)氨基苯甲醛;丙溴磷;丙溴磷乳油;灭多威乳油;磷化铝;磷化锌;50%多·福·锰锌可湿性粉剂;丙·辛乳油;辛·灭乳油

济宁市安康制药有限公司

山东省济宁市高新区同济路[272073]
电话:(0537)2211143;2481088
传真:(0537)2481017　有进出口权
供销电话:2481018;2481099
供销传真:2481006　法人代表:瞿水忠
经济类型:有限责任公司
网址:www. akzy. cn
E-mail:akzygs@ yahoo. com. cn
【主要产品】谷维素;牙周宁;玉米油

济宁市安康制药有限责任公司

山东省济宁市高新区同济路[272000]
电话:(0537)2481036;2481088;13805370286
传真:(0537)2481036　有进出口权
供销电话:2481018;2481099
供销传真:2481017;2481006
法人代表:瞿水忠
网址:www. akzy. cn
E-mail:akzygs@ yahoo. com. cn
【主要产品】阿魏酸钠;牙周宁;玉米油

济宁市丰田化工有限责任公司

山东省济宁市高新区火炬工业园[272023]
电话:(0537)2352207;13953763153
传真:(0537)2316576
供销电话:13953763152
法人代表:韩立本
网址:www. jnfthg. com
E-mail:hlb@ jnfthg. com;fthg698@ 163169. net
【主要产品】磷酸二氢钾(农用);复合肥;黄腐殖酸(纯)

济宁市恒立化工有限公司

山东省济宁市荷花路24号[272067]
电话:(0537)2883570;2883573
传真:(0537)2217484　法人代表:杨峰
供销电话:2883571　职工人数:1,863 人
供销传真:2883582
经济类型:有限责任公司
销售收入:200,000 千元
E-mail:jnhfc163169. net
【主要产品】甲醇;氮肥;合成氨;尿素;碳酸氢铵

济宁市化工研究所

山东省济宁市市中区红星东路127号[272017]
电话:(0537)2314465;2389649
传真:(0537)2310823　经济类型:国有
供销电话:2389649;3971918
职工人数:60 人　法人代表:陆书凯
网址:www. kzhg. net. cn
【主要产品】吡啶氢溴酸盐;环庚亚胺;食品添加剂;高效复合酸化剂;酶制剂;甲钴胺;维酶素;硫酸胍乙啶;盐酸洛美利嗪;氟哌利多;丙烯酸树脂皮革涂饰剂;聚氨酯水性涂饰剂

济宁市化工研究所试剂厂

山东省济宁市市中区红星东路127号[272017]
电话:(0537)2317782
传真:(0537)2310823　经济类型:国有
法人代表:陆书凯
【主要产品】乙酸钠;十六烷基三甲基溴化铵;饲料添加剂

济宁市金驰塑料助剂厂

山东省济宁市市中区小北湖路2号[272000]
电话:(0537)2205238
传真:(0537)2205176
网址:www. jcslzj. com
【主要产品】塑料光亮润滑剂;PVC 润滑剂;亚乙基双月桂酰胺;亚乙基双油酸酰胺;亚乙基双硬脂酰胺

济宁市六佳药用辅料有限公司

山东省济宁市开发区王因镇[272103]
电话:(0537)3863593;13562719818
传真:(0537)3863593
经济类型:有限责任公司
网址:www. liujiafuliao. com
E-mail:jijunfei@ chenguang. cc
【主要产品】磷酸二氢钾;磷酸氢二钠;玉米淀粉;药用淀粉;白糊精

济宁市鲁煤化工有限公司

山东省济宁市环城西路环翠桥旁华信四号[272100]
电话:(0537)2863644;13905370817
传真:(0537)2863644;3921381
经济类型:有限责任公司　有进出口权
网址:www. lmhg. hxuu. com
E-mail:hg88gh@ 163. com
【主要产品】焦化苯;萘(精);粗苯;工业萘;混合油;蒽油;燃料油;酚油;中温沥青;焦炭;煤沥青

济宁市任城区福利精细化工厂

山东省济宁市任城区济梁路南张西首[272055]
电话:(0537)2115812
经济类型:集体　职工人数:80 人
法人代表:郑洪印
【主要产品】多聚磷酸铵;混凝土添加剂

济宁市天骄橡胶制品厂

山东省济宁市高新区柳行[272000]
电话:(0537)2862343;2364819
传真:(0537)2364819
网址:www. tianjiaochem. com/xiansu/adouts. htm
E-mail:jn@ tianjiaochem. com
【主要产品】塑料制品;橡胶密封圈

济宁市通达化工厂

山东省济宁市任城区长沟经济开发区[272057]
电话:(0537)2583193;2583895;13605370492
传真:(0537)2583895　经济类型:集体
法人代表:黄兆兴
网址:www. tongdahg. com
【主要产品】甲拌磷颗粒剂;灭线磷颗粒剂;辛硫磷;辛硫磷乳油;辛硫磷颗粒剂;毒死蜱乳油;辛·氰乳油;28%百·霉威可湿性粉剂;甲拌·辛颗粒剂;锰锌·乙铝可湿性粉剂;阿维·高氯微乳剂;井冈霉素

济宁市益民化工厂

山东省济宁市南环路中段[272067]
电话:(0537)2291046;2298666;2292668
传真:(0537)2292669　有进出口权
供销电话:2291046;2292668

鲁

经济类型:私营企业　职工人数:116 人
法人代表:李友亮
网址:www.yiminchem.com
E-mail:ym@yiminchem.com;
ym@yiminchem.com
【主要产品】磷化铝;磷化锌

济宁碳素工业总公司

山东省济宁市车站南路 39 号[272127]
电话:(0537)2317667;2317557
传真:(0537)2317557　有进出口权
固定资产:1,180,000 千元
供销电话:3970986;2380581
供销传真:2333506
企业规模:大型
职工人数:2,500 人
法人代表:宫振
网址:www.jncarbon.com
【主要产品】碳化硅;萘(精);蒽油;煤焦油;煤沥青

济宁天骄化工有限公司

山东省济宁市高新区柳行[272000]
电话:(0537)2862343;13325182189
传真:(0537)2364819　职工人数:50 人
经济类型:私营企业　法人代表:盛振亮
网址:zhenliang8.cn.nowec.com
E-mail:jn@tianjiaochem.com
【主要产品】炭黑

济宁同利橡胶制品有限责任公司

山东省济宁市中区牛市街[272000]
电话:(0537)2233067
传真:(0537)2238318　有进出口权
经济类型:有限责任公司
法人代表:闫福爱
E-mail:info@jntlxj.com
【主要产品】橡胶杂品;普通橡胶板;抗菌素橡胶瓶塞;橡胶密封制品;汽车橡胶配件;橡胶密封圈

济宁新格瑞水处理有限公司

山东省济宁市济安桥北路 17 号[272119]
电话:(0537)2235215
传真:(0537)2279588
网址:www.jngreen.net
E-mail:jngr@jngreen.net
【主要产品】三氯异氰尿酸;二氯异氰尿酸钠;丙烯酸-丙烯酸酯共聚物;十二烷基二甲基苄基氯化铵;十四烷基二甲基苄基氯化铵;消泡剂;聚丙烯酸钠;马来酸丙烯酸甲酯共聚物;2-膦酸丁烷-1,2,4-三羧酸;膦酸基羧酸共聚物;磺-丙共聚物;AA-MA-AMPS-次磷酸四元共聚物;水解聚马来酸酐;杀菌灭藻剂;氨基三亚甲基膦酸;羟基亚乙基二膦酸;2-羟基膦酰基乙酸;水质稳定剂 EDTMPS;水质稳定剂 PAPE;二乙烯三胺五亚甲基膦酸;絮凝剂;1-溴-3-氯-5,5-二甲基海因;杀菌剂(工业用);苯并三氮唑;甲基苯并三氮唑;高级油污清洗剂;停用设备保护剂

济宁信东化工有限公司

山东省济宁市任城区南张[272131]
电话:(0537)2112518;2993114;4916281
传真:(0537)2388220　有进出口权
经济类型:有限责任公司
网址:www.sinorient.com
E-mail:info@sinorient.com
【主要产品】2-氟吡啶;3-氟吡啶;2-氨基-5-氟吡啶;3,5-二(三氟甲基)苯甲醛;间氟苯甲醚;对三氟甲基苯甲醚;3,5-二氟苯乙酸;3,5-二氟苯乙酮;3-溴-4-氟三氟甲苯;3-氯-4-氟三氟甲苯;2-溴-5-氟甲苯;5-溴-2-氟甲苯;2,4-二氟溴苯;邻氟溴苯;4-溴氟苯;间溴氟苯;3,5-双(三氟甲基)溴苯;2-氟三氟甲苯;3-氟三氟甲苯;4-氟三氟甲苯;3,5-二硝基三氟甲苯;4-甲基苯胺;对氟苄胺;4-硝基-3-三氟甲基苯胺;2-氨基-5-硝基三氟甲苯;4-氟-2-三氟甲基苯胺;3-溴-4-氟苯胺;4-氟苯胺;三氟甲氧基苯;对溴三氟甲氧基苯;间三氟甲氧基苯酚;间三氟甲基苯酚;邻三氟甲基苯酚;对三氟甲基苯酚;1,3-二(三氟甲基)苯;1,4-二(三氟甲基)苯;5-氯-2-氨基三氟甲苯;3-氨基-4-氯三氟甲苯;5-氨基-2-氯三氟甲苯;2-氨基-5-溴三氟甲苯;5-氨基-2-溴三氟甲苯;2-氯-5-氟甲苯;间溴三氟甲苯;4-三氟甲氧基苯胺;3-三氟甲氧基苯胺;3,4-二氯三氟甲苯;3-氨基三氟甲苯;邻氨基三氟甲苯

济宁有机化工厂

山东省济宁市市中区三里营南路 3 号[272015]
电话:(0537)2397459;2397458;13506388983
传真:(0537)2383983
供销电话:2317518;13853700811
经济类型:私营企业　法人代表:王希德
网址:www.jnyjhg.com
【主要产品】一硝基苯;三混甲酚

济宁中银电化有限公司

山东省济宁市市中区太白楼西路[272021]
电话:(0537)2782042;2782011
传真:(0537)2278911
供销电话:2782698　职工人数:1,100 人
供销传真:2282025　法人代表:常广水
经济类型:与港澳台商合资经营
网址:www.jnzydh.com
E-mail:sjca@jnzydh.com
【主要产品】盐酸;烧碱;离子膜烧碱;漂粉精;压缩氢气;氯气(液);一氯化苯;聚氯乙烯树脂;氯化石蜡-52

嘉祥蒂澳钛白粉厂

山东省济宁市嘉祥县黄岗工业园区[272408]
电话:(0537)6862960;6812079
供销电话:13963779856　有进出口权
经济类型:私营企业　法人代表:陈宏辉
网址:www.deaochem.com
E-mail:ischen@citiz.net
【主要产品】硫酸亚铁;硫酸亚铁(一水);钛白粉(陶瓷用);钛白粉;钛白粉(搪瓷用);钛白粉(锐钛型)

嘉祥县华星生物化学有限公司

山东省济宁市嘉祥县建设南路 66 号[272400]
电话:(0537)6864989;6863925
传真:(0537)6864989
经济类型:有限责任公司
【主要产品】浏阳霉素乳油

梁山县阿姆斯生物肥料厂

山东省济宁市梁山县拳铺乡[272613]
电话:(0537)7762679;7762680
经济类型:私营企业
【主要产品】复合肥

梁山县昌胜油漆厂

山东省济宁市梁山县梁山镇后孙庄[272619]
电话:(0537)7790448
传真:(0537)7790448
经济类型:私营企业　法人代表:褚帮进
【主要产品】油漆

梁山县第一油漆厂

山东省济宁市梁山县拳铺乡[272613]
电话:(0537)7762056
传真:(0537)7761125　职工人数:98 人
经济类型:私营企业　法人代表:李若勋
销售收入:11,150 千元
网址:www.bbyq.com
E-mail:lzt511@163.com
【主要产品】油漆;各色醇酸调合漆;各色醇酸磁漆;快干氨基醇酸烘漆

青岛钢铁公司兖州焦化厂

山东省兖州市北站[272117]
电话:(0537)3412291
传真:(0537)3412145　职工人数:900 人
固定资产:296,700 千元
法人代表:李晶
E-mail:qgyj666@126.com
【主要产品】粗苯;煤焦油;焦炭

曲阜晨光化工有限公司

山东省曲阜市息陬乡[273100]
电话:(0537)4631088;13505374693
传真:(0537)4631369
经济类型:私营企业　法人代表:渠景山
网址:www.cnchenguangchem.com
E-mail:cg@cnchenguangchem.com
【主要产品】硅烷偶联剂

曲阜广龙生物化工有限公司

山东省曲阜市经济开发区光明路 1 号[273100]

鲁

电话:(0537)4436379;4436380;13475769857
传真:(0537)4436377
供销电话:4436379;13505379028
网址:www.qfgl.com
E-mail:sales@qfgl.com
【主要产品】透明质酸;硫酸软骨素

曲阜慧迪化工有限责任公司

山东省曲阜市天华路22号[273100]
电话:(0537)4401930;4401952;4402585
传真:(0537)4402096　有进出口权
固定资产:26,000千元　法人代表:卞杰
经济类型:有限责任公司
职工人数:260人
网址:www.qfhuidi.com
E-mail:webmaster@qfhuidi.com
【主要产品】聚醋酸乙烯乳液;丙烯酸及酯类共聚乳液;脲醛树脂;高分子防水涂料;建筑用内外墙界面剂;酚醛树脂胶黏剂;黏合剂;商标纸胶;环保型装饰胶

曲阜市尔福农药厂

山东省济宁市曲阜县经济开发区[273100]
电话:(0537)4422083
传真:(0537)4421094　职工人数:210人
固定资产:11,000千元
经济类型:股份有限公司
销售收入:70,000千元
法人代表:孔昭国
【主要产品】杀虫剂类

曲阜市神力橡塑有限公司

山东省曲阜市曲姚路1号[273100]
电话:(0537)4412690;4412771;4412660
传真:(0537)4415332　有进出口权
固定资产:50,000千元　法人代表:靳虎
经济类型:有限责任公司
网址:www.qfslrubber.com
E-mail:slxs@163169.net
【主要产品】橡胶运输带;环型运输带;橡胶平型传动带;橡胶三角带;胶管;夹布胶管;吸引胶管;铠装胶管;橡胶杂品;橡胶水坝

曲阜市石门化工厂

山东省曲阜市董庄工业区[273115]
电话:(0537)4591156
传真:(0537)4591156　职工人数:21人
固定资产:1,200千元
经济类型:私营企业　法人代表:翟兴余
【主要产品】硝酸胍

曲阜市天昊化工助剂有限公司

山东省曲阜市书院街道办事处[273125]
电话:(0537)4917777;4411803
传真:(0537)4411803　有进出口权
固定资产:24,000千元
供销电话:4411905　职工人数:300人
供销传真:4411905　法人代表:孙洪印
经济类型:有限责任公司
网址:www.tianhaochem.com
E-mail:info@tianhaochem.com
【主要产品】硫代硫酸钠;氯化亚铁;乙二胺四乙酸;4-甲基苯胺;乙二胺四乙酸四钠;乙二胺四乙酸铁钠;3-氨基三氟甲苯;过氧化氢二异丙苯;二环戊二烯铁

曲阜市天利药用辅料有限公司

山东省曲阜市曲宁路18号[273105]
电话:(0537)4513888;4511777
传真:(0537)4511666
固定资产:36,000千元
法人代表:孔维銮
网址:www.qufutianli.com
E-mail:qftl@qufutianli.com
【主要产品】β-环状糊精;硬脂酸镁(药用);药用淀粉;预胶化淀粉;白糊精;羧甲基淀粉钠(医药级);微晶纤维素

曲阜市万达化工有限公司

山东省曲阜市息陬[273145]
电话:(0537)4631061;4631498;13705474676
传真:(0537)4631478
固定资产:6,000千元
供销电话:4631478;13505374693
经济类型:有限责任公司
法人代表:孔德喜
网址:www.wandachem.com
E-mail:sales@wandachem.com;kdx@wandachem.com
【主要产品】γ-氯丙基三甲氧基硅烷;γ-氯丙基三乙氧基硅烷;硅烷偶联剂;硅烷偶联剂KH-560;硅烷偶联剂KH-570;乙烯基三乙氧基硅烷;乙烯基三甲氧基硅烷;硅烷偶联剂NQ-61;硅烷偶联剂KH-858

曲阜市药用辅料有限公司

山东省曲阜市孔林东侧(周公庙东100米)[273100]
电话:(0537)4421866
传真:(0537)4487866　职工人数:120人
固定资产:6,800千元
经济类型:有限责任公司
销售收入:26,000千元
法人代表:颜景法
网址:www.qfyyfl.com
E-mail:qfyf@qfyyfl.com
【主要产品】硬脂酸镁(药用);药用淀粉;预胶化淀粉;白糊精;微晶纤维素(药用);羧甲基淀粉钠(医药级);羟丙基甲基纤维素;羟丙基纤维素;水溶性淀粉

曲阜市助剂厂

山东省曲阜市董庄乡董大城[273115]
电话:(0537)4591433;13605473988
传真:(0537)4591433　职工人数:87人
固定资产:8,500千元
销售收入:20,000千元
法人代表:颜世银
网址:www.qfzhuji.com
E-mail:qfzhuji@126.com
【主要产品】氢溴酸;4-氯苯酚;2-氯-4-溴苯酚;2,4-二氯苯酚;2,4-二氯苯酚钠;甲基巯基噻二唑;2-巯基-1,3,4-噻二唑;丙溴磷

曲阜昕地化工研究所有限公司

山东省曲阜市息陬区小终吉[273100]
电话:(0537)4631171;13853759774
传真:(0537)4631378
经济类型:私营企业　法人代表:白世义
网址:www.xindechemical.com
E-mail:bsy@xindechemical.com
【主要产品】硅烷偶联剂KH-560;硅烷偶联剂KH-570;硅烷偶联剂KH-792;硅烷偶联剂KH-602;乙烯基三乙氧基硅烷;乙烯基三(2-甲氧基乙氧基)硅烷

山东奔腾漆业有限公司

山东省邹城市西外环路3268号[273500]
电话:(0537)3137088
传真:(0537)5312321　有进出口权
供销电话:3131666;3131777
供销传真:5312542　职工人数:500人
经济类型:私营企业　法人代表:孟祥开
网址:www.puntium.cn
E-mail:puntium@puntium.cn
【主要产品】沥青漆类;各色醇酸调合漆;醇酸磁漆;氨基树脂漆类;金属漆;硝基漆类;汽车漆;高级乳胶漆;聚酯装修漆;聚氨酯漆类;高级汽车漆

山东昊福集团有限公司

山东省济宁市微山县夏镇新河北街27号[277600]
电话:(0537)8224205
传真:(0537)8222023　职工人数:480人
固定资产:200,000千元
供销电话:8223252　法人代表:张成福
供销传真:8223732
经济类型:有限责任公司
E-mail:wshgroup@163169.net
【主要产品】甲醇(精);合成氨;液氨;碳酸氢铵

山东宏河集团

山东省邹城市宏泰路199号(西外环路南首)宏河工业园区[273500]
电话:(0537)5305102;5312860
传真:(0537)5300609　有进出口权
固定资产:400,000千元
供销电话:5300608　企业规模:大型
经济类型:股份有限公司
销售收入:617,000千元
职工人数:6,000人
网址:www.sdhhjt.com
E-mail:swzx@sdhhjt.com
【主要产品】盐酸;氢氧化钾;次氯酸钠(液体);高锰酸钾;氯气(液)

山东宏河矿业集团恒业化工有限公司

山东省邹城市营西路 56 号[273500]
电话:(0537)5312068;5312347-818;5300259
传真:(0537)5313152　经济类型:国有
供销电话:5312860　职工人数:700 人
法人代表:马亿刚
E-mail:sjm@kailaichem.com;qgy@kailaichem.com
【主要产品】盐酸;氢氧化钾;漂白液;氯气(液);高锰酸钾(药用)

山东华仙集团总公司

山东省济宁市任城区南张镇仙庄村[272055]
电话:(0537)6062931;2043582
传真:(0537)2043583　有进出口权
固定资产:150,000 千元
供销电话:2043591　企业规模:大型
供销传真:2115289;2043583
经济类型:股份有限公司
职工人数:800 人　法人代表:郑书旺
网址:www.steviachina.com
【主要产品】混配复合肥料;甜菊糖;氯化胆碱

山东济宁胆碱厂

山东省济宁市太白西路[272121]
电话:(0537)2274266
传真:(0537)2264459　有进出口权
固定资产:20,000 千元
法人代表:李玉军
网址:www.chun-miao.com
【主要产品】氯化胆碱;酒石酸氢胆碱

山东济宁高新技术开发区永丰化工厂

山东省济宁市济大东路 191 号大学科技园[272025]
电话:(0537)2351666;2352888
传真:(0537)2351666　职工人数:280 人
经济类型:股份有限公司
法人代表:王书平
网址:www.yongfengcn.com
E-mail:alplucy@public.qd.sd.cn
【主要产品】丙酰胺;磷化铝;磷化锌

山东济宁齐天佳丽日化有限公司

山东省济宁市太白楼西路 185 号[272021]
电话:(0537)2279981;2320583
传真:(0537)2320583　有进出口权
固定资产:5,000 千元　职工人数:400 人
供销电话:2279175　企业规模:大型
供销传真:2279175　法人代表:程爱国
经济类型:有限责任公司
网址:www.jiali.com
E-mail:jiali@ji-public.sd.cninfo.net;jiali@1631
【主要产品】透明皂;合成洗衣粉;洗衣膏;毛皮专用清洗剂;金属清洗剂

山东济宁运河染料化工厂

山东省济宁市任城区接庄镇驻地[272071]
电话:(0537)2616317
传真:(0537)2626317　经济类型:集体
固定资产:12,000 千元
供销电话:13505470233
供销传真:2636838　法人代表:姬长军
【主要产品】酸性大红 GR;碱性嫩黄 O;活性艳红 X-3B

山东嘉吉化肥有限公司

山东省济宁市置城国际中心大厦[272119]
电话:(0537)2345877;3366629
传真:(0537)3366649
经济类型:外商独资
网址:www.jnjiaji.com
E-mail:jnjiajihuafei@126.com
【主要产品】磷酸二铵;混配复合肥料;复合肥

山东嘉润塑胶材料有限公司

山东省济宁市嘉祥高新区泰山路北首(瞳里镇亚集)[272400]
电话:(0537)2281505
传真:(0537)2101505
供销电话:6973487　法人代表:王春胜
供销传真:6970222
经济类型:有限责任公司
网址:www.jiarun.net
E-mail:post@jiarun.net
【主要产品】亚乙基双月桂酰胺;亚乙基双油酸酰胺;亚乙基双硬脂酰胺

山东金乡德华化工有限公司

山东省济宁市金乡县城北 2 公里[272200]
电话:(0537)8755115
固定资产:190,000 千元
供销电话:8735233;13583781476
经济类型:股份有限公司
网址:www.sddhhg.com
E-mail:sddhhg@sddhhg.com;jxdehua@126.com
【主要产品】合成氨;尿素;碳酸氢铵

山东梁山蓝天化工有限公司

山东省济宁市梁山县越山路 6 号[272600]
电话:(0537)7321530;7321251
传真:(0537)7321203　职工人数:346 人
供销电话:7321531;7321203
经济类型:有限责任公司
销售收入:130,000 千元
法人代表:侯庆堂
【主要产品】包装桶;油漆;酚醛树脂漆类;灰色酚醛镜子漆;L01-6 沥青清漆;醇酸树脂漆类;C01-1 醇酸清漆;醇酸绝缘漆;各色醇酸调合漆;各色醇酸磁漆;硝基纤维素喷漆;过氯乙烯腻子;丙烯酸树脂漆类;环氧树脂漆类;聚氨酯漆类;聚氨酯清漆;油漆辅助材料类;X-1 硝基漆稀释剂;X-6 醇酸漆稀释剂;印铁涂料;非那西丁

山东梁山三利树脂有限公司

山东省济宁市梁山县梁济路蔡林 118 号梁山三利工业园[272614]
电话:(0537)7701076;7702598
传真:(0537)7701128
供销电话:7666888;7702598
供销传真:7701698　法人代表:李建宝
经济类型:私营企业
网址:www.3lchem.com
E-mail:ljb@3lchem.com
【主要产品】黏合剂;热熔胶黏剂

山东梁山万金化工有限公司

山东省梁山县东环路(茶庄段)[272600]
电话:(0537)7332888;7333955
传真:(0537)7330728
固定资产:15,000 千元
供销电话:7360001　法人代表:唐金胜
供销传真:7332888
经济类型:有限责任公司
网址:www.wanjinhg.com
E-mail:wanjinhg@czkx.com.cn
【主要产品】高级木器清漆;各色氨基烘干磁漆;硝基磁漆;各色丙烯酸磁漆;丙烯酸烘干磁漆;高性能工程机械漆;聚酯树脂漆类;聚酯面漆;环氧清漆;各色环氧酯底漆;聚氨酯清漆;各色聚氨酯磁漆;氟碳漆;有机硅树脂漆类;卷材涂料;自干锤纹漆;各色塑料涂料;水晶漆

山东菱花集团公司

山东省济宁市高新技术产业开发区菱花路[272073]
电话:(0537)2080233;2085100
传真:(0537)2080657　经济类型:国有
固定资产:1,120,000 千元　有进出口权
企业规模:大型　法人代表:江保安
网址:www.linghua.com
E-mail:linghua@linghua.com
【主要产品】谷氨酸钠

山东鲁抗动植物生物药品事业部

山东省济宁市古槐路 37 号[272000]
电话:(0537)2985837;2985833;2887828
传真:(0537)2887827　有进出口权
供销电话:2887808;2887826
供销传真:2887827;2887820
企业规模:大型
网址:www.caaa.cn/exp/list.php? comid=368
E-mail:nzq@lkpc.com;scksyb@lkpc.com
【主要产品】硫酸粘菌素;盐霉素;盐霉素钠;硫酸粘杆菌素;泰乐菌素

山东鲁抗立科药物化学有限公司

鲁

山东省济宁市高新区东外环路鲁抗工业园[272021]
电话:(0537)2983405;2211947;2983401
传真:(0537)2280944;2983603
经济类型:有限责任公司 有进出口权
职工人数:108 人 法人代表:章建辉
网址:www.lksz.cn;www.lksz.net
E-mail:s_xinquan@lkpc.com;
deqian.vip@Gmail.com
【主要产品】7-ANCA;3-噻吩丙二酸;强酸性苯乙烯系阳离子交换树脂;弱酸性丙烯酸系阳离子交换树脂;强碱性苯乙烯系阴离子交换树脂;弱碱性苯乙烯系阴离子交换树脂;大孔吸附树脂 D312;大孔吸附树脂 CAD-45

山东鲁抗医药股份有限公司

山东省济宁市太白楼西路 173 号[272021]
电话:(0537)2983607;2983632;2983624
传真:(0537)2218814 有进出口权
供销电话:2983612;2983728
经济类型:股份有限公司
企业规模:大型 法人代表:章建辉
网址:www.lkpc.com
E-mail:lukang@lkpc.com
【主要产品】7-氨基头孢烷酸;7-氨基-3-去乙酰氧基头孢烷酸;6-氨基青霉烷酸;头孢唑啉酸;阳离子交换树脂;青霉素 G 钠;头孢氨苄;硫酸链霉素;盐酸大观霉素;乙酰螺旋霉素;泰乐菌素;氟尼辛葡甲胺

山东鲁抗医药集团鲁原有限公司

山东省济宁市市中区太白楼西路 173 号[272021]
电话:(0537)2983293;2983602
传真:(0537)2218814 经济类型:国有
有进出口权 企业规模:大型
职工人数:700 人 法人代表:刘从德
【主要产品】阳离子交换树脂;氨苄西林钠;阿莫西林;头孢唑啉钠;盐酸大观霉素;乙酰螺旋霉素

山东鲁抗医药集团有限公司

山东省济宁市太白西路 173 号[272021]
电话:(0537)2213961;2887822;2880808
传真:(0537)2218813 有进出口权
固定资产:3,800,000 千元
经济类型:有限责任公司
企业规模:大型 职工人数:7,000 人
法人代表:章建辉
网址:www.lkpc.com
E-mail:master@lkpc.com
【主要产品】7-氨基头孢烷酸;7-氨基-3-去乙酰氧基头孢烷酸;6-氨基青霉烷酸;离子交换树脂;青霉素 G 钠;氨苄青霉素;氨苄西林钠;阿莫西林;头孢唑啉钠;头孢拉定;硫酸链霉素;麦迪霉素;盐酸林可霉素

山东民生煤化工有限公司

山东省济宁市市中区东五里营路 1 号[272115]
电话:(0537)2397989;2397966;2397849
传真:(0537)2311534 有进出口权
固定资产:72,000 千元
供销电话:2397885;2397585
供销传真:2311534;2397928
经济类型:有限责任公司
销售收入:55,000 千元
企业规模:大型 法人代表:刘明亮
网址:www.msmh.cn
E-mail:sdmsmh@126.com
【主要产品】硫酸;二甲苯;焦化二甲苯;甲苯;焦化甲苯;苯;焦化苯;萘;一硝基苯;硫酸铵;焦炉煤气;重苯;粗苯;工业萘;粗蒽;洗油;粗酚;蒽油;煤焦油;中温沥青;电极沥青;改质沥青;焦炭

山东曲阜弘利化工有限公司

山东省曲阜市大同路 49 号圣城国贸大厦 5C[273100]
电话:(0537)4496566;4491996
传真:(0537)4496569 有进出口权
固定资产:30,000 千元
供销传真:4485785 法人代表:王桂斌
经济类型:私营企业
销售收入:60,000 千元
网址:www.hongly.com
E-mail:candyfy@126.com;
exp@hougly.com
【主要产品】阿魏酸;邻甲氧基苯氧基乙胺盐酸盐;1,2,3,4-四氢-9-甲基咔唑-4-酮;4-羟基咔唑;4-(2,3-环氧丙氧基)咔唑;枸橼酸托瑞米芬;卡维地洛;盐酸米多君;舒必利;盐酸格拉司琼;蒽丹西酮;盐酸恩丹西酮;盐酸托烷司琼

山东三孔集团曲阜宇丰复合肥有限公司

山东省曲阜市姚村镇火车站东[273105]
电话:(0537)4518819;4511898
传真:(0537)4511898
固定资产:48,000 千元
供销电话:4511063 法人代表:张衍生
经济类型:股份有限公司
网址:www.qfyufeng.sqw.cn
E-mail:qfyufeng@china315.com
【主要产品】混配复合肥料;玉米专用肥;复合肥;BB 肥

山东省金乡有机化工厂

山东省金乡县王丕镇[272203]
电话:(0537)8728170;13953788103
传真:(0537)8728190 职工人数:80 人
固定资产:3,000 千元
法人代表:周志信
网址:www.chinachemnet.com/jxyj
E-mail:jxyj@hi2000.com
【主要产品】3-氨基苯酚

山东省鲁抗辰欣药业有限公司

山东省济宁市市中区环城北路 19 号[272031]
电话:(0537)2214878;2885308;2215851
传真:(0537)2215851 有进出口权
固定资产:300,000 千元
供销电话:2214878;2899958
经济类型:有限责任公司
销售收入:520,000 千元
职工人数:1,000 人 法人代表:杜振新
网址:www.lkcisen.com
E-mail:cisen@ji-public.sd.cninfo.net
【主要产品】左旋氧氟沙星

山东省曲阜市燕宇石油化工有限公司

山东省曲阜市书院镇曲宁路口[273100]
电话:(0537)4919644;13854730888
传真:(0537)4919644
供销电话:13562774693
经济类型:私营企业
网址:www.yusy.com
E-mail:kongtao@yusy.com
【主要产品】汽油;无铅汽油;柴油;环保柴油;商标纸胶;混合苯;轻油

山东省微山县广源化工有限公司

山东省微山县城南环路[277600]
电话:(0537)8225210;13905478257
传真:(0537)8259500
经济类型:有限责任公司
法人代表:朱广民
【主要产品】丁苯胶乳

山东省微山县化工厂

山东省济宁市微山县城戚城路 36 号[277600]
电话:(0537)8224708;8225708;
8224528-8806
传真:(0537)8224708 经济类型:集体
固定资产:36,000 千元
法人代表:李勇
销售收入:42,000 千元
职工人数:120 人
网址:www.sdwshg.com
E-mail:sdwshg@sohu.com
【主要产品】氯化稀土;芳烃溶剂;三乙二醇;三缩四乙二醇;1,2-苯二酚;2-叔丁基对苯二酚;2,5-二叔丁基对苯二酚;聚乙烯醇;PVC 抗鱼眼剂;2,6-二叔丁基对甲基苯酚;二腈二胺甲醛缩合物;对叔丁基邻苯二酚;丙酮缩氨基硫脲

山东省汶上洁威化工有限公司

山东省济宁市汶上县郭仓乡黄庄村[272516]
电话:(0537)7968699
传真:(0537)7968869
职工人数:200 人
经济类型:有限责任公司
法人代表:张振奎

【主要产品】三聚氰酸;二氯异氰尿酸钠

山东泗水丰田农药有限公司

山东省济宁市泗水县柘沟镇[273214]
电话:(0537)4371067;4373888;4371755
传真:(0537)4371066　职工人数:500 人
固定资产:50,000 千元　法人代表:闫涛
经济类型:有限责任公司
销售收入:80,000 千元
网址:www. china-fengtian. com
E-mail:info@ china-fengtian. com
【主要产品】辛硫磷颗粒剂;二嗪磷乳油;吡虫啉乳油;高渗吡虫啉乳油;多菌灵可湿性粉剂;多菌灵胶悬剂;超微多菌灵可湿性粉剂;复方多菌灵胶悬剂;25%绿麦隆可湿性粉剂;异丙隆;异丙隆可湿性粉剂;多·硫悬浮剂;多·硫可湿性粉剂;42%二甲戊·莠悬浮剂;毒·辛乳油;28%多·井悬浮剂;甲拌·辛颗粒剂;阿维·哒乳油

山东仙泉铸造材料厂

山东省曲阜市郭沟工业区[273115]
电话:(0537)4591099;13505473123
传真:(0537)4594888
产值:1,000 千元
固定资产:1,000 千元
职工人数:60 人
经济类型:私营企业　法人代表:仙印生
网址:www. sdxqzz. com
E-mail:xianyuan099@ sina. com
【主要产品】膨润土;增碳剂

山东新荣兴化工有限公司

山东省济宁市任城区安居镇八里庙私营工业园[272113]
电话:(0537)2559399;2552668
传真:(0537)2552668　职工人数:60 人
经济类型:私营企业
网址:www. jnyxjq. com
E-mail:webmaster@ jnyxjq. com
【主要产品】甲醛;季戊四醇;乌洛托品

山东阳光颜料有限公司

山东省济宁市车站南路[272000]
电话:(0537)2311908;3361089
传真:(0537)2311908　有进出口权
固定资产:55,000 千元
供销电话:2317897　法人代表:于宪松
经济类型:有限责任公司
销售收入:200,000 千元
网址:www. sino-pigment. com
E-mail:market@ sino-pigment. com
【主要产品】*N*-乙酰乙酰苯胺;中铬黄;浅铬黄;柠檬黄;橘铬黄;深铬黄;锌铬黄;钼铬红;荧光颜料;直接耐晒嫩黄5GL;色酚 AS;色酚 AS-BS;色酚 AS-D;色酚 AS-E;可溶性还原桃红 IR;荧光涂料色浆桃红 B;荧光涂料色浆宝蓝;涂料印花色浆;汉沙黄 G;汉沙黄10G;联苯胺黄 G;永固橘黄 G;永固橙GC;坚固大红 G;大红粉;金光红;金光红 C;永固红 F4R;永固红 RB;坚固红青莲 BF;立索尔大红 R;坚固玫瑰红;网印黏合剂;印染助剂;造纸助剂

山东银河橡塑集团总公司

山东省兖州市兖济公路 327 国道路北[272100]
电话:(0537)3658002;3653319
传真:(0537)3653316　有进出口权
固定资产:1,600,000 千元
供销电话:3658029;3653033
供销传真:3653316;3653226
经济类型:中外合资经营企业
企业规模:大型　职工人数:493 人
法人代表:牛宜顺
【主要产品】橡胶运输带;难燃型运输带

山东鱼台清达精细化工厂

山东省鱼台县县城北大桥南 100 米路南[272300]
电话:(0537)6218566;13696376939
传真:(0537)6253739　经济类型:国有
供销电话:3112966;13854716005
有进出口权　法人代表:刘凤雷
网址:www. qingdachem. com
E-mail:info@ qingdachem. com
【主要产品】氢氧化铈;氢氧化镧;硫酸铈;硝酸钆;硝酸钐;硝酸钴;硝酸铈;硝酸镧;硝酸镨;硝酸钇;硝酸钕;硝酸锆;氯化镧;氯化铈;醋酸镧;醋酸钕;醋酸铈;乙酸锆;硝酸铈铵;硝酸镝

泗水县正泰化工有限公司

山东省济宁市泗水县杨柳镇老泉村[273215]
电话:(0537)4211189
经济类型:有限责任公司
职工人数:35 人　法人代表:胡祥芹
【主要产品】1,8-二氮杂环[5,4,0]十一烯-7

威利丹化肥(济宁)有限公司

山东省济宁市韩资工业园[272000]
电话:(0537)7329999
传真:(0537)7322222　职工人数:300 人
经济类型:中外合资经营企业
网址:www. wldhf. com
E-mail:wldhf999@ 163. com
【主要产品】混配复合肥料;复合肥

微山县天翔化工有限公司

山东省济宁市微山县付村镇山河口煤矿东[277605]
电话:(0537)8581018
传真:(0537)8583516　经济类型:集体
固定资产:60,000 千元
职工人数:103 人　法人代表:马旭田
网址:www. wstxhg. com
【主要产品】硅酸钠;白炭黑

微山县微山湖碱厂

山东省济宁市微山县欢城镇[277606]
电话:(0537)8614039
传真:(0537)8611787　经济类型:集体
供销电话:8617039　有进出口权
职工人数:100 人　法人代表:王吉宝
网址:wshjc. diytrade. com
E-mail:wshjc@ xinhuanet. com
【主要产品】硅酸钠

兴隆庄煤矿化工公司

山东省兖州市兴隆庄煤矿[272102]
电话:(0537)3875807;3875815;3877547
固定资产:4,000 千元　职工人数:100 人
网址:www. xlhg-cn. com
E-mail:webmaster@ xlhg-cn. com
【主要产品】丙烯酸防水涂料;环保型内外墙乳胶漆;肥皂;聚氨酯胶黏剂(电缆冷补胶);氯丁橡胶胶黏剂;煤矿低浓度通用乳化油

兖矿集团济宁化工机械厂

山东省济宁市市中区红星东路 49 号[272023]
电话:(0537)2314207;2312770
传真:(0537)2312770　经济类型:国有
供销传真:2314207　有进出口权
职工人数:200 人　法人代表:吴书伦
网址:www. ykjnhj. com
E-mail:ykjnhj@ ji-public. sd. cninfo. net
【主要产品】鼓风机;压力容器

兖矿科蓝煤焦化有限公司

山东省济宁市市中区东五里营南路[272027]
电话:(0537)2383509;2383528
传真:(0537)2383535
经济类型:股份有限公司
法人代表:张伟东
网址:www. clan. net. cn
E-mail:kelangongsi@ 163. com;why3566@ 163. com
【主要产品】工业萘;粗蒽;轻油;粗酚;煤焦油;沥青

兖矿峄山化工有限公司

山东省邹城市峄化路[273500]
电话:(0537)5116200
传真:(0537)5344179;5344127
固定资产:648,000 千元
供销电话:5344175;5116126
供销传真:5344175　企业规模:大型
经济类型:有限责任公司
职工人数:2,600 人　法人代表:刑克力
网址:www. sdyihua. cm
E-mail:yihuagongsi@ sd163. net
【主要产品】甲醇;合成氨;尿素;混配复合肥料

兖矿峄山化工有限公司金乡尿素厂

山东省济宁市金乡县城北二公里 105 国道西侧[272200]
电话:(0537)8755115
传真:(0537)8753736　经济类型:国有
供销电话:8735233　有进出口权
供销传真:8735233　职工人数:1,000 人

鲁

法人代表:赵凯
【主要产品】合成氨;液氨;尿素;碳酸氢铵;混配复合肥料

兖州矿区焦化厂
山东省邹城市营西南路888号[273500]
电话:(0537)5392188
传真:(0537)5345722 经济类型:国有
供销电话:5392353 有进出口权
供销传真:5345721 职工人数:1,100人
网址:www.ykcoke.com
E-mail:yankuangcoke@ykcoke.com
【主要产品】粗苯;工业萘;煤焦油;沥青;焦炭

兖州生宝制药有限公司
山东省兖州市振华路10号[272100]
电话:(0537)3415594;3415591
传真:(0537)3962076 职工人数:220人
供销电话:3415591;3413301
供销传真:3962076;3414356
经济类型:与港澳台商合资经营
法人代表:张伟
网址:www.yzsbzy.com
E-mail:sbzy@sbzy.com
【主要产品】人工牛黄

兖州市恒源化工有限责任公司
山东省兖州市民营科技园[272100]
电话:(0537)3657666;3653428;13805472946
传真:(0537)3657666 职工人数:105人
固定资产:50,000千元
供销电话:3657666;13805472538
经济类型:有限责任公司
法人代表:周忠芳
网址:www.hengyuanchemical.com
E-mail:office@hengyuanchemical.com
【主要产品】2,4,5-三氯苯胺;*N*,*N*-二甲基苯胺;阴离子中性分散松香胶;阳离子分散松香胶;絮凝剂;聚丙烯酰胺干粉(阳离子型);松香乳液乳化剂;抗水剂;造纸助剂;废纸脱墨剂

兖州市康华制药有限公司
山东省兖州市大安镇西北店[272014]
电话:(0537)3832876;3832215
传真:(0537)3832876 有进出口权
固定资产:56,000千元
供销电话:3839388 职工人数:360人
供销传真:3832213;3832876
经济类型:有限责任公司
法人代表:卞昭洪
网址:www.kanghuachina.com
【主要产品】双氯芬酸钠

兖州市向阳化工有限公司
山东省兖州市新兖镇泗庄工业区[272100]
电话:(0537)3752391
传真:(0537)3752391 职工人数:160人
经济类型:有限责任公司
法人代表:张峰
【主要产品】硫酸铝;酚醛树脂

兖州天成化工有限公司
山东省兖州市兖州北站西路[272000]
电话:(0537)3482493;13605374628
传真:(0537)3414528 职工人数:60人
固定资产:4,150千元
经济类型:有限责任公司
销售收入:9,000千元
法人代表:朱年德
网址:www.yztchg.com
【主要产品】氰戊菊酯;中性施胶剂

兖州易陆轮胎有限公司
山东省兖州市兖济公路银河工业园区[272100]
电话:(0537)3888888
传真:(0537)3650999 有进出口权
供销电话:3658009 职工人数:750人
供销传真:3653316 法人代表:牛宜顺
经济类型:私营企业
网址:www.roadone.com.cn
E-mail:info@roadone.com.cn
【主要产品】全钢载重子午线轮胎

银河德普胶带有限公司
山东省兖州市兖济公路北[272100]
电话:(0537)3653319;3653397;3653033
传真:(0537)3653316;3653226
经济类型:有限责任公司 有进出口权
企业规模:大型 法人代表:牛宜顺
网址:www.yhdp.com
E-mail:info@yhdp.com
【主要产品】橡胶运输带;钢丝绳橡胶运输带;耐热运输带;管状输送带;整芯运输带;分层输送带

鱼台奥伦特原野化工有限公司
山东省济宁市鱼台县鱼城镇[272344]
电话:(0537)6106347;6106317;13905472038
传真:(0537)6106338 有进出口权
固定资产:12,000千元 法人代表:赵峰
供销电话:6106347;13905472038
经济类型:中外合资经营企业
网址:www.ytofci.com
E-mail:zhaolei@ytofci.com
【主要产品】羧甲基纤维素钠(食品级);烟草薄片专用黏合剂;羧甲基纤维素钠(碱性);脱脂棉

鱼台县开元精细化工有限公司
山东省鱼台县经济开发区建设路12号[272300]
电话:(0537)6331868;13173186400
传真:(0537)6331868
供销电话:2165162;6251558
供销传真:2165162 法人代表:周学习
网址:www.ky-hg.net
E-mail:zxx2256@163.com
【主要产品】聚丙烯酰胺;消泡剂;促进剂M;聚丙烯酸钠;2-膦酸丁烷-1,2,4-三羧酸;水解聚马来酸酐;杀菌灭藻剂;氨基三亚甲基膦酸;水质稳定剂EDTMPS;工业水处理剂;聚合氯化铝;聚合硫酸铁;预膜剂;预膜缓蚀剂;苯并三氮唑;阻垢缓蚀剂;低压锅炉阻垢剂

邹城市富阳生物化工有限公司
山东省邹城市平阳寺镇驻地平阳大街2258号[273512]
电话:(0537)5554043;5554033;13953757969
传真:(0537)5554033
经济类型:有限责任公司
法人代表:赵德章
【主要产品】L-天门冬氨酸

邹城市中远化工有限公司
山东省邹城市宏发路869号[273500]
电话:(0537)5350518
传真:(0537)5350518;5350158
职工人数:150人
网址:www.zouchengzhongyuan.com
E-mail:zyhg@zouchengzhongyuan.com
【主要产品】硼酸;氢氧化镁(高纯阻燃级);四硼酸钠(十水);碳酸镁;氧化镁

泰安市

肥城阿斯德化工有限公司
山东省肥城市泰西街121号[271600]
电话:(0538)3380586;13905382151
传真:(0538)3212081 有进出口权
固定资产:300,000千元
供销电话:3211982;3463742
经济类型:中外合资经营企业
销售收入:110,000千元
法人代表:孙宝远
网址:www.chinafac.com
E-mail:faccl@public.taptt.sd.cn
【主要产品】一氧化碳;甲醇;对甲基苯甲醛;邻甲基苯甲醛;3,4-二甲基苯甲醛;甲醇钾;甲酸;甲酸甲酯;*N*,*N*-二甲基甲酰胺;甲酰胺;混甲胺;甲酸铵;甲酸钾;甲酸钙

肥城恒宏橡胶有限公司
山东省肥城市泰西大街152号[271602]
电话:(0538)3161233;3160687
传真:(0538)3160687 有进出口权
固定资产:20,000千元
供销电话:3160292 产值:50,000千元
经济类型:有限责任公司
销售收入:40,000千元
职工人数:200人 法人代表:赵传生
网址:msir.qzone.com
E-mail:fczhming@public.taptt.sd.cn
【主要产品】橡胶运输带;橡胶三角带;

鲁

普通橡胶板

肥城市泰龙橡胶制品厂

山东省肥城市仪阳开发区[271602]
电话:(0538)3160233
传真:(0538)3161660　职工人数:126 人
法人代表:孔繁荣
网址:www.tailong-fc.com
【主要产品】橡胶密封制品

肥城泰山焦化有限公司

山东省肥城市泰西大街 31 号[271601]
电话:(0538)3395018
传真:(0538)3461270
固定资产:150,000 千元
供销电话:3395052　职工人数:1,931 人
经济类型:有限责任公司
销售收入:400,000 千元
法人代表:张吉生
E-mail:tsjhqsj@yahoo.com
【主要产品】二甲苯;甲苯;苯;煤气;粗苯;煤焦油;焦炭

莱芜钢铁集团新泰铜业有限公司

山东省新泰市高新技术开发区云山路[271200]
电话:(0538)7058007;7058006
传真:(0538)7058081　有进出口权
固定资产:280,000 千元
供销电话:7058005;7058007
经济类型:有限责任公司
销售收入:1,200,000 千元
企业规模:大型　法人代表:高德军
网址:www.coppersulphate.cn
E-mail:business@coppersulphate.cn
【主要产品】硫酸;硫酸铜;硫酸铜(饲料级);铁精粉

山东阿斯德化工有限公司

山东省肥城市泰西大街 121 号[271600]
电话:(0538)3212710;3397215
传真:(0538)3380844　有进出口权
固定资产:1,200,000 千元
供销电话:3397220;3211982
供销传真:3380260　企业规模:大型
经济类型:有限责任公司
法人代表:孙宝远
网址:www.chunwang.com.cn;
www.sdfcc.com.cn
E-mail:fchfcxu@163.com
【主要产品】甲醇;甲酸;合成氨;尿素;甲酸钙

山东白云农药有限公司

山东省宁阳县伏山镇朱庄村[271408]
电话:(0538)5796568
【主要产品】阿维菌素乳油;辛硫磷颗粒剂;吡虫啉可湿性粉剂;氯氰菊酯乳油;高效氯氰菊酯乳油;啶虫脒可湿性粉剂;乙草胺乳油;敌·辛乳油;多·硫可湿性粉剂;福·甲硫可湿性粉剂;异丙草·莠悬浮剂;丁·莠悬乳剂

山东邦盛化工公司

山东省泰安市灵山大街 342 号[271000]
电话:(0538)6269678
网址:www.shengdatech.com
E-mail:shengda@shengdatech.com
【主要产品】甲醇;合成氨;碳酸氢铵

山东春潮色母料有限公司

山东省新泰市经济开发区[271200]
电话:(0538)7059273;7059373;7059328
传真:(0538)7059273　有进出口权
固定资产:150,000 千元
供销电话:7059328;7059173
经济类型:有限责任公司
产值:270,000 千元　职工人数:460 人
法人代表:王培利
网址:www.sdsml.com
E-mail:sczq067@163.com
【主要产品】阻燃母粒;可光降解母粒;聚氯乙烯电缆料;PVC-U 管件粒料;聚丙烯打包带;三层复合缠绕拉伸膜;塑料包装袋;色母粒;塑料填充母料;丙纶色母粒;工程塑料着色母料;脂肪醇聚氧乙烯醚硫酸钠

山东飞达化工科技有限公司

山东省泰安市宁阳县城南 1 公里[271400]
电话:(0538)5650506;5650521
传真:(0538)5650939　有进出口权
固定资产:305,000 千元
供销电话:5650518;6560631
经济类型:有限责任公司
职工人数:1,565 人　法人代表:王学先
网址:www.feida-chem.com
E-mail:nyfdhggs@public.taptt.sd.cn
【主要产品】硝酸;甲醇(精);甲醛;*N*-苯基-1,4-苯二胺;合成氨;液氨;尿素;碳酸氢铵;复合肥;防老剂 4010NA;防老剂 4020;防老剂 8PPD

山东肥城恒宏橡胶有限公司

山东省肥城市济兖路 152 号[271602]
电话:(0538)3160292
传真:(0538)3160687　经济类型:集体
固定资产:12,000 千元
职工人数:286 人　法人代表:赵传生
【主要产品】橡胶运输带;环型运输带;橡胶三角带

山东肥城鲁泰(集团)有限公司

山东省肥城市火车站南济兖路 024 号[271601]
电话:(0538)3463437;3461437
传真:(0538)3463269　职工人数:600 人
固定资产:180,000 千元
供销电话:3463437;13176825943
供销传真:3463269;3461086
经济类型:有限责任公司
法人代表:赵德存
网址:www.china-lutai.com
E-mail:lutai@china-lutai.com
【主要产品】新戊二醇;甲酸钠;环氧树脂;硅酸钙绝热制品

山东港泰实业有限公司

山东省肥城市高新技术开发区[271600]
电话:(0538)3393599;3393679;3393658
传真:(0538)3393688　职工人数:160 人
固定资产:120,000 千元
经济类型:中外合资经营企业
法人代表:赵元玺
网址:www.sdgangtai.com
E-mail:sales@sdgangtai.com
【主要产品】PVC 无毒稳定剂

山东海化魁星化工有限公司

山东省宁阳县磁窑镇[271411]
电话:(0538)5838001;5838009
传真:(0538)5838009;5811176
经济类型:有限责任公司　有进出口权
销售收入:560,000 千元
职工人数:1,500 人　法人代表:祝兴奎
网址:www.haihua.com.cn
E-mail:haihua@kuixing.cn
【主要产品】硫酸;三聚氰胺;混配复合肥料;三聚氰胺甲醛树脂;葡糖淀粉酶

山东海泽纳米有限公司

山东省泰安市青春创业开发区创业路中段[271000]
电话:(0538)8560677
传真:(0538)8560687　有进出口权
供销电话:8560616
经济类型:有限责任公司
网址:www.shengdatech.com/intro1.htm
【主要产品】碳酸钙(纳米级)

山东华阳科技股份有限公司

山东省宁阳县磁窑镇[271411]
电话:(0538)5826155;5826188;5826018
传真:(0538)5826258　有进出口权
固定资产:530,000 千元
供销电话:5826155;5826336
经济类型:股份有限公司
企业规模:大型　职工人数:1,850 人
法人代表:刘敬路
网址:www.huayang.com
E-mail:hy@huayang.com;
robert@pesticideclub.com
【主要产品】硫酸;硝酸;氯磺酸;烧碱;三氯氢硅;一氯乙酸;光气;2-萘胺-1-磺酸;乙酰甲胺磷;甲胺磷乳油;甲基对硫磷粉剂;异丙威;异丙威乳油(20%);仲丁威;仲丁威乳油;克百威颗粒剂;丁硫克百威乳油;速灭威;速灭威乳油(20%);灭多威乳油;灭多威水剂;灭多威可溶性粉剂;氯氰菊酯乳油;高效氯氰菊酯;高效氯氰菊酯乳油;高效氯氰菊酯水乳剂;氰戊菊酯;

鲁

氰戊菊酯乳油;甲氰菊酯乳油;毒死蜱乳油;毒死蜱颗粒剂;多菌灵可湿性粉剂;多菌灵胶悬剂;福·克悬浮种衣剂;福·克·酮悬浮种衣剂;克·多种衣剂;多·福·克悬浮种衣剂;多·甲拌悬浮种衣剂;甲基硫菌灵可湿性粉剂;百菌清可湿性粉剂;25%咪鲜胺乳油;二甲戊乐灵;二甲戊乐灵乳油;乙草胺;乙草胺乳油;苯磺隆可湿性粉剂;苯磺隆水分散粒剂;敌·毒乳油;锰锌·霜脲可湿性粉剂;多·硫悬浮剂;40%二甲戊·乙乳油;哒·水胺乳油;高氯·毒乳油;福·甲硫可湿性粉剂;20%吡·唑锡可湿性粉剂;甲拌·克悬浮种衣剂;多·锰锌可湿性粉剂;阿维·高氯微乳剂;阿维·高氯可湿性粉剂;毒·唑磷乳油

山东华阳农药化工集团有限公司

山东省泰安市宁阳县磁窑镇[271411]
电话:(0538)5826001;5811605
传真:(0538)5826066 有进出口权
固定资产:530,000 千元
经济类型:有限责任公司
企业规模:大型 职工人数:1,850 人
法人代表:刘敬路
网址:www.huayang.com
E-mail:cnhy@huayang.com
【主要产品】盐酸;硫酸;氯磺酸;烧碱;烧碱(液体);氯乙酰氯;α-甲硫基乙酰肟;2-萘胺-1-磺酸;甲胺磷;甲基对硫磷;涕灭威;灭多威;四螨嗪;溴虫腈;毒死蜱;多菌灵;种衣剂;戊唑醇;甲基硫菌灵;二甲戊乐灵;苯磺隆

山东鲁燕色母粒有限公司

山东省泰安市岱岳区青春创业园振兴街[271200]
电话:(0538)8569165;8569185;13805481658
传真:(0538)7237735 有进出口权
供销电话:13954899598;8569285
供销传真:8560358 职工人数:50 人
经济类型:股份合作 法人代表:陈卫国
网址:www.xtlycm.com
E-mail:sdly18@xtlycm.com;jinyan@xtlycm.com
【主要产品】聚乙烯蜡;氧化聚乙烯蜡;聚丙烯蜡;珠光母粒;色母粒;ABS 色母粒;塑料色母粒;炭黑母粒

山东鲁岳化工有限公司

山东省肥城市安站镇[271603]
电话:(0538)3680368;3680358
传真:(0538)3680368
供销电话:13953826988
经济类型:有限责任公司
法人代表:闫吉玉
网址:www.luyue.com
E-mail:sales@luyue.com
【主要产品】1,2-二氯乙烷;*N*,*N*-二甲基丙烯胺;二烯丙基胺;烯丙基胺;三烯丙基胺;二甲基环硅氧烷;高弹聚合物防水涂料;防水卷材;二甲基二烯丙基氯化铵;高分子絮凝剂;聚阴离子纤维素;有机硅防水剂;润滑油;煤焦油

山东明瑞化工集团总公司

山东省肥城市长山街 066 号[271600]
电话:(0538)3380065;3212689;8520600
传真:(0538)3381098;8520601
供销传真:3381278 有进出口权
经济类型:有限责任公司
产值:800,000 千元 职工人数:1,200 人
销售收入:800,000 千元
法人代表:王明悦
网址:www.sdmrjt.com
E-mail:sdmrhg888@126.com
【主要产品】硫酸;硝酸钾;甲醛;过磷酸钙;磷酸一铵;磷酸二铵;三元含硫复合肥

山东瑞泰化工(集团)有限公司

山东省肥城市汶阳镇[271606]
电话:(0538)3850248;3850348;3850243
传真:(0538)3850247;3850288
固定资产:320,000 千元 有进出口权
供销电话:3850248;13905386024
供销传真:3850247;2160888
经济类型:有限责任公司
职工人数:700 人 法人代表:吕兴富
网址:www.ruitai.com
E-mail:fclxfu@public.taptt.sd.cn
【主要产品】半硬化牛脂脂肪酸;豆油酸;季戊四醇松香酯;羟乙基纤维素;甘油松香树脂;各色包衣粉;羟丙甲纤维素邻苯二甲酸酯;乙基纤维素(药用);微晶纤维素(药用);铸造黏合剂;歧化松香;歧化松香钾皂;羟丙基甲基纤维素;羧甲基纤维素钠;甲基纤维素;乙基纤维素;羟丙基纤维素

山东瑞星化工有限公司

山东省泰安市东平县彭集镇瑞星工业园[271509]
电话:(0538)2418058;2418068
传真:(0538)2418027 有进出口权
固定资产:1,300,000 千元
供销电话:2418090;2418216
供销传真:2418027;2418216
经济类型:有限责任公司 产值:60 千元
企业规模:大型 职工人数:3,500 人
法人代表:孟广银
网址:www.rxchem.com
E-mail:rxjt@ruixinggroup.com
【主要产品】甲醇;丙三醇;硬脂酸;乌洛托品;尿素;碳酸氢铵;饲料蛋白粉;一水葡萄糖;玉米淀粉

山东省宁阳县蚕用化工厂

山东省宁阳县宁阳镇沙岭店[271400]
电话:(0538)5676242
传真:(0538)5676742 经济类型:集体
职工人数:130 人 法人代表:陈怀星
网址:www.sdcanyao.com
【主要产品】漂白粉;农用杀菌剂;二氧化氯

山东盛大化工机械有限责任公司

山东省泰安市泰山青春创业开发区[271021]
电话:(0538)8560628;8560608;13762109005
传真:(0538)8560680 法人代表:陈振
供销电话:8560628;13792109990
经济类型:有限责任公司
网址:www.shengdatech.com
E-mail:sdhuaji2004@163.com
【主要产品】反应釜;换热器;储罐;压力容器;塔器

山东盛大科技(集团)股份有限公司

山东省泰安市青春创业开发区[271000]
电话:(0538)8560677
传真:(0538)8560687 有进出口权
经济类型:股份有限公司
企业规模:大型
【主要产品】碳酸钙(纳米级);甲醇;化工设备

山东泰安市泰山生化原料厂

山东省泰安市泰山区邱家店镇北王庄[271031]
电话:(0538)8769130;13805389012
传真:(0538)8769130;6110442
经济类型:私营企业
【主要产品】磷脂;猪去氧胆酸;胆红素;猪胆酸;猪胆粉

山东泰安宜丰化工有限公司

山东省泰安市泰山区邱家店镇逯家庄[271031]
电话:(0538)8862666
传真:(0538)8862788 有进出口权
供销电话:13335276977
经济类型:有限责任公司
职工人数:108 人 法人代表:张圣美
网址:www.cnyfchem.com
E-mail:admin@cnyfchem.com
【主要产品】乙醛肟;灭多威;西咪替丁

山东泰山海泽生物工程有限公司

山东省新泰市高新技术开发区[271200]
电话:(0538)7352499
供销电话:7352499;13905481898
职工人数:260 人
网址:www.sdtshz.cn
【主要产品】柠檬酸钠;柠檬酸(一水)

山东泰山轮胎有限公司

山东省肥城市泰西大街 1 号[271600]

电话:(0538)3269616;3269222;3269341
传真:(0538)3160101　有进出口权
供销电话:3269001;3269341
供销传真:3260511　企业规模:大型
经济类型:有限责任公司
法人代表:翟远新
网址:www. taishantyre. com
E-mail:tstyre@ 263. net;
xiaoshou@ taishantyre. com
【主要产品】载重汽车轮胎外胎;轻型载重汽车轮胎外胎;轿车轮胎;工程机械轮胎;农用车辆轮胎;轮胎内胎

山东泰山染料股份有限公司

山东省新泰市宫里镇西柳乡[271214]
电话:(0538)7786289;7786178
传真:(0538)7786213　有进出口权
供销电话:7786289;7772268
经济类型:股份有限公司
法人代表:夏庆奉
网址:www. taishandyes. com
E-mail:xtrlhg@ public. taptt. sd. cn
【主要产品】4,6-二氨基间苯二酚;3,3′-二甲氧基联苯胺盐酸盐;3,3′-二氯-4,4′-联苯二胺,盐酸盐;四氯联苯胺;联苯胺黄 G;戊二醛

山东泰山史宾莎涂料有限公司

山东省泰安市东岳大街 111 号[271000]
电话:(0538)8260059
传真:(0538)8260059　有进出口权
供销电话:2108965;8260056
经济类型:中外合资经营企业
职工人数:106 人　法人代表:鹿启端
网址:www. taishanspencer. com
E-mail:spencer@ public. taptt. sd. cn
【主要产品】快干氨基烘干磁漆;磷化底漆;建筑涂料;丙烯酸磁漆;丙烯酸橡胶防腐漆;各色丙烯酸聚氨酯磁漆;各色环氧酯底漆;环氧过渡底漆;环氧面漆;环氧导静电防腐漆;煤焦油环氧漆;有机硅耐热漆;云母氧化铁底漆;氯化橡胶涂料;水性磷酸锌防锈底漆;锤纹漆;防腐底漆;各种磁漆

山东一滕集团化工有限公司

山东省肥城市高新技术开发区一滕路 106 号[271400]
电话:(0538)3366399;3368999
传真:(0538)3366289　有进出口权
固定资产:1,000,000 千元
供销电话:3368999;3368666
经济类型:有限责任公司
产值:2,000,000 千元
企业规模:大型　职工人数:4,000 人
法人代表:滕鸿儒
网址:www. yiteng. net;www. sdytjt. com
E-mail:yiteng@ yiteng. net
【主要产品】羟乙基纤维素;羟丙基甲基纤维素;羧甲基纤维素钠;聚阴离子纤维素

泰安华塑建材有限公司

山东省泰安市岱岳经济开发区卧虎街 1 号[271000]
电话:(0538)8417151;8417191
传真:(0538)8410564　有进出口权
固定资产:80,000 千元
供销传真:8567988　职工人数:281 人
经济类型:有限责任公司
法人代表:曹西森
网址:www. ta-chinaplastic. com;
www. geogrid. com
E-mail:sale@ ta-chinaplastic. com
【主要产品】土工格栅;塑料管;塑料加工专用设备

泰安华威消毒剂有限公司

山东省泰安市岱岳区角峪镇[271033]
电话:(0538)6992080
传真:(0538)6992081
网址:www. huaweichem. com
E-mail:export@ huaweichem. com
【主要产品】漂白粉;漂粉精;三氯异氰尿酸;三聚氰酸;二氯异氰尿酸钠;十二烷基二甲基苄基氯化铵

泰安鲁普耐特塑料有限公司

山东省泰安市佛光路 9 号[271000]
电话:(0538)8502248;8514322;
13345289572
传真:(0538)8502249;8514322
固定资产:50,000 千元
经济类型:股份合作　职工人数:500 人
销售收入:100,000 千元
网址:www. ropenet. cn
E-mail:rope@ ropeking. com;
henry@ ropeking. com
【主要产品】聚乙烯绳

泰安瑞泰纤维素有限公司

山东省肥城市汶阳镇[271606]
电话:(0538)3850248;3850703
传真:(0538)3850247　有进出口权
供销传真:3850247;2160888
经济类型:股份有限公司
法人代表:吕兴富
网址:www. ruitai. com
E-mail:fclxfu@ public. taptt. sd. cn
【主要产品】羟乙基纤维素;羟丙基甲基纤维素;乙基纤维素

泰安市孛家店福利化工厂

山东省泰安市泰山区庄省镇孛家店[271039]
电话:(0538)6582137
传真:(0538)6582137　经济类型:集体
固定资产:2,460 千元　职工人数:35 人
供销电话:6582138　产值:38,660 千元
销售收入:38,000 千元
法人代表:韩长征
E-mail:hanchangzheng138@ sina. com
【主要产品】氯化石蜡

泰安市大禹化工有限责任公司

山东省泰安市泰良路北首(热电厂南邻)[271000]
电话:(0538)6916555;6916268
传真:(0538)8235226
经济类型:有限责任公司
网址:www. dayuchem. cn
E-mail:taiandayuchem@ yahoo. com. cn
【主要产品】硅酸钠;稳定性二氧化氯;十二烷基二甲基苄基氯化铵;促进剂 M;乙二胺四亚甲基膦酸;聚丙烯酸钠;马来酸丙烯酸甲酯共聚物;丙烯酸-丙烯酸羟丙酯共聚物;丙烯酸-丙烯酸羟丙酯-AMPS 共聚物;垢锈分散剂;2-膦酸丁烷-1,2,4-三羧酸;AA-MA-AMPS-次磷酸四元共聚物;水解聚马来酸酐;杀菌灭藻剂;氨基三亚甲基膦酸;羟基亚乙基二膦酸;二乙烯三胺五亚甲基膦酸;中央空调水处理剂;聚合氯化铝;有机硅消泡剂(水处理专用);预膜剂;多聚季胺盐杀菌灭藻剂;苯并三氮唑;甲基苯并三氮唑;油污清洗剂;阻垢缓蚀剂;多用酸洗缓蚀剂;湿蒸汽发生器水质复合除氧剂;锅炉洗涤剂;不停车化学清洗剂;异噻唑啉酮;黏泥剥离剂

鲁

泰安市东岳精制盐厂

山东省泰安市岱岳区大汶口镇[271026]
电话:(0538)8811330;8811291
传真:(0538)8811229　经济类型:国有
职工人数:300 人
网址:www. sdbbc. com/qyzs/qy_info. asp?id = 1648
E-mail:master@ dongyue. com
【主要产品】氯化钠(精制)

泰安市东岳助剂厂

山东省泰安市泰汶路 199 号[271000]
电话:(0538)6611988
传真:(0538)6610809
网址:www. dylh-paper. com
E-mail:dylh-paper@ tom. com
【主要产品】漂白粉;荧光增白剂 VBL;造纸助留助滤剂;废纸脱墨剂

泰安市更新橡塑密封件有限公司

山东省泰安市龙潭路(原泰安市泮河路)[271000]
电话:(0538)6625830;6625604
传真:(0538)6626120　职工人数:90 人
固定资产:900 千元
网址:www. tagxxsmfj. com
【主要产品】伸缩管;橡胶杂品;橡胶垫;骨架油封;煤气管道橡胶密封圈;O 形密封圈;Y 形密封圈;V 形密封圈;橡胶密封圈;聚氨酯油封

泰安市景风化工厂

山东省泰安市泰山区邱家店镇浙汶河村[271031]
电话:(0538)8767059
经济类型:集体　职工人数:43 人

法人代表:宋西法
【主要产品】α-甲硫基乙酰肟

泰安市黎明化工有限责任公司

山东省泰安市开发区北集坡镇[271025]
电话:(0538)8911063;13905386157
传真:(0538)8911063
供销电话:8911063;8912788
经济类型:有限责任公司
法人代表:刘盛渭
【主要产品】过磷酸钙;复合肥;葡萄糖酸-δ-内酯;磷酸氢钙(食用级);合成切削液

泰安市利达胶业有限公司

山东省泰安市龙潭路[271000]
电话:(0538)8212919;8297288;13305384698
传真:(0538)8212919
供销电话:8212919;13305384698
经济类型:有限责任公司
网址:www.sdldjy.com
【主要产品】热熔胶黏剂;封边用热熔胶;桃胶

泰安市泰山精细化工实业总公司

山东省泰安市高新区北集坡镇[271025]
电话:(0538)8925061;8925046
传真:(0538)8925061 有进出口权
固定资产:36,000千元
经济类型:股份合作 产值:60,000千元
法人代表:周淑华
网址:www.tachem.com
E-mail:tachem@tachem.com
【主要产品】不溶性硫黄

泰安市泰山区腾龙化工材料站

山东省泰安市泰山区省庄镇南河西村[271000]
电话:(0538)6511785;13325286689
网址:www.chinachemnet.com/tenglong/#1
【主要产品】邻苯二甲酸二丁酯;邻苯二甲酸二辛酯;氯化石蜡;尼龙酸二异丁酯

泰安市新建助剂有限公司

山东省泰安市泰山区省庄镇前省庄村[271039]
电话:(0538)6512117
传真:(0538)6512117
固定资产:2,000千元
经济类型:股份有限公司
法人代表:罗金田
网址:www.shangwu114.com
【主要产品】建筑防水剂;混凝土防冻剂

泰安市鑫泉精细化工制造有限公司

山东省泰安市泰山区泰良路118号[271000]
电话:(0538)8204188;21186715
传真:(0538)6215122
供销传真:8920388;63284918
经济类型:私营企业 法人代表:刘学会
网址:www.8206588.com
E-mail:lsqxq@public.taptt.sd.cn
【主要产品】增光剥离剂;纸张增强剂;泡柔膨化剂;造纸用湿强剂;造纸专用分散剂;纸张挺硬剂

泰安市亚特尔化工建材有限公司

山东省泰安市高新技术产业开发区8号路[271000]
电话:(0538)6920765;13355387526
传真:(0538)6920608
网址:www.yateer.com
E-mail:info@yateer.com
【主要产品】三聚氰胺;双乙酸钠;氨基树脂;内外墙乳胶漆;复合硅酸盐保温涂料;高温黏合剂;混凝土高效减水剂;混凝土复合防冻早强剂;硅酸铝耐火纤维制品

泰安市众乐高分子材料有限公司

山东省泰安市新汶[271219]
电话:(0538)7836340
传真:(0538)7836249
网址:www.zhonglechem.com
E-mail:sales@zhonglechem.com
【主要产品】超吸水树脂

泰安双丰化肥有限公司

山东省新泰市楼德镇南泉村[271212]
电话:(0538)7642356;7645233
传真:(0538)7642417 有进出口权
经济类型:有限责任公司
产值:334,000千元 企业规模:大型
职工人数:2,886人 法人代表:白安军
【主要产品】硝酸;甲醇;三聚氰胺;合成氨;尿素;碳酸氢铵;混配复合肥料;微量元素肥料

泰安中荟植物生化有限公司

山东省新泰市翟镇工业园泰丰路88号[271204]
电话:(0538)7506189;7506829;7506269
传真:(0538)7513518;7506308
供销电话:7506269;13853816398
网址:www.tazhonghui.com
E-mail:sdzzcgf@sohu.com
【主要产品】丹皮酚;白藜芦醇;沙棘酮;芍药苷;黄芪多糖;熊果酸

新泰市宏达化工有限公司

山东省新泰市青云街西周村[271232]
电话:(0538)7063526
传真:(0538)7063526 有进出口权
供销电话:7063650 产值:410,000千元
供销传真:7063517 职工人数:470人
经济类型:有限责任公司
法人代表:白安军
【主要产品】反丁烯二酸;苯酐;顺丁烯二酸酐;三聚氰胺;γ-丁内酯;液氨;碳酸氢铵

新泰市兰得染料化工有限公司

山东省新泰市新安路西首[271200]
电话:(0538)7052801;7051208
传真:(0538)7051762 有进出口权
固定资产:86,000千元
经济类型:有限责任公司
职工人数:360人 法人代表:王永刚
网址:www.landchem.com
E-mail:xtld69@163.com
【主要产品】硫代硫酸钠;3,3′-二甲氧基联苯胺盐酸盐;3,3′-二氯-4,4′-联苯二胺,盐酸盐;2-氨基苯甲醚;2-硝基苯甲醚;四氯联苯胺

新泰市蓝天化工科技有限公司

山东省新泰市[271200]
电话:(0538)7069838;13854809056
职工人数:48人
网址:www.china-lthg.com
E-mail:tlg1688@163.com
【主要产品】丝氨醇

新泰市磷肥有限公司

山东省新泰市市中办事处马庄[271200]
电话:(0538)7223971
传真:(0538)7102715 职工人数:40人
经济类型:有限责任公司
法人代表:丁科峰
【主要产品】氮磷钾复合肥

新泰市鲁鑫物资有限公司

山东省新泰市楼德镇[271212]
电话:(0538)6329999
传真:(0538)6329992 职工人数:210人
固定资产:8,600千元
经济类型:私营企业
网址:www.luxinchem.com
E-mail:info@luxinchem.com
【主要产品】硫酸软骨素;肝素钠

新泰市浓润化工有限公司

山东省新泰市东都镇[271222]
电话:(0538)7374011;13854831038
传真:(0538)7374022 有进出口权
供销电话:2201677 职工人数:600人
供销传真:2201666
经济类型:有限责任公司
销售收入:80,000千元
网址:www.nongrun.com.cn
E-mail:nongrun2000@yahoo.com.cn
【主要产品】氯化苄;二氯异氰尿酸钠;2-氨基苯酚

新泰市双圆化工涂料有限公司

山东省新泰市沈汶路李仙桥南[271229]

鲁

电话:(0538)7270529;13563818598
传真:(0538)7270004
固定资产:8,000 千元
供销电话:7270259　法人代表:韩清来
经济类型:有限责任公司
网址:www.syhgtl.com;
www.syhgtl.com.cn
E-mail:xtsyhg@sohu.com;
syhgtl@163.com
【主要产品】纯丙乳液;苯丙乳液;高光乳液;丙烯酸系列内外墙涂料;氟碳漆;超耐候氟碳涂料;乳胶涂料分散剂;乳胶漆增稠剂

新泰市万河化工有限责任公司

山东省新泰市小协镇[271000]
电话:(0538)7351747;7212104;
13355382571
传真:(0538)7351747　职工人数:200 人
固定资产:8,000 千元
网址:www.wanhechem.com
E-mail:info@wanhechem.com
【主要产品】硫化钠;硫氢化钠;硝酸钡

新泰泰山生化有限公司

山东省新泰市小协镇南岭[271221]
电话:(0538)7352491;7352499;7361389
传真:(0538)7352491　职工人数:360 人
固定资产:70,000 千元
供销电话:7352499;7351743
供销传真:7352499　法人代表:黄庆珍
经济类型:有限责任公司
【主要产品】柠檬酸;柠檬酸(一水)

新汶矿业集团有限责任公司

山东省新泰市新汶办事处[271233]
电话:(0538)7872190;7872147;7872446
传真:(0538)7829185;7872531
供销电话:7829107　有进出口权
经济类型:有限责任公司
企业规模:大型　职工人数:80,000 人
法人代表:郎庆田
网址:www.xwky.com
E-mail:xwky@ec.com.cn
【主要产品】石膏;烧碱;聚氯乙烯树脂;玻璃钢制品;聚氯乙烯硬泡沫塑料板;各色醇酸调合漆;乳胶漆;内墙涂料;107 建筑涂料;丙烯酸外墙涂料;瓷釉涂料;建筑胶 801;钢丝编织胶管;铁道橡胶密封件;SBS 改性沥青防水卷材;金属净洗剂 741;乳化油;钙基润滑脂 3 号;乳化炸药;铵锑炸药;水泥;管材与管件

日照市

莒县化工厂

山东省日照市莒县城西莒沂路北侧[276500]
电话:(0633)6426188
传真:(0633)6427999　经济类型:国有
固定资产:1,200 千元　职工人数:160 人
供销电话:13626331577
供销传真:6425534　法人代表:卢兆亮
【主要产品】除草剂

莒县银丰柠檬有限公司

山东省日照市莒县西大街[276500]
电话:(0633)6212299
传真:(0633)6221168　有进出口权
经济类型:有限责任公司
法人代表:郭忠志
【主要产品】柠檬酸钠;柠檬酸;柠檬酸(一水)

日照金禾生化集团有限公司

山东省日照市兴海西路 9 号[276800]
电话:(0633)8280725;8287575
传真:(0633)8289823　有进出口权
固定资产:390,000 千元
供销传真:8283353　职工人数:652 人
经济类型:有限责任公司
销售收入:250,000 千元
法人代表:寇光智
网址:www.rzbc.com
E-mail:sales@rzbc.com;
lizb@rzbc.com
【主要产品】柠檬酸钠;柠檬酸钙;柠檬酸锌;柠檬酸;柠檬酸(一水);柠檬酸钾

日照金马化工有限公司

山东省日照市山东路 589 号[276825]
电话:(0633)3387318;3387328;3387358
传真:(0633)3387368　有进出口权
供销电话:3387358;3387368
供销传真:3387358　职工人数:190 人
经济类型:股份合作　法人代表:马成训
销售收入:120,000 千元
网址:www.jmchem.com
E-mail:info@jmchem.com
【主要产品】苯丙乳液;羧基丁苯胶乳;丙烯酸酯胶黏剂;聚丙烯酰胺

日照岚星化工工业有限公司

山东省日照市岚山工业园区 1 号[276807]
电话:(0633)2616708
传真:(0633)2616883
经济类型:有限责任公司
法人代表:林相英
网址:www.guxing.com.cn
E-mail:guxing@guxing.com.cn
【主要产品】γ-氯丙基三乙氧基硅烷;硅烷偶联剂 SG-Si996;硅烷偶联剂 KH-858

日照市工业学校实验化工厂

山东省日照市五莲县莲山路 5 号[262300]
电话:(0633)5881776
传真:(0633)5881595　经济类型:国有
【主要产品】阿维菌素乳油;高渗吡虫啉可湿性粉剂;氢氧化铜可湿性粉剂;络氨铜水剂;19% 氰·唑磷乳油;哒·螨醇乳油;柴油·辛乳油

日照市广大化工有限公司

山东省日照市东港区丹阳路 37 号[276800]
电话:(0633)2212888
传真:(0633)2212788
供销电话:2212788;13066069090
供销传真:8223496　法人代表:成永聚
经济类型:有限责任公司
网址:www.guangdajituan.com
E-mail:dlj@guangdajituan.com
【主要产品】纯丙乳液;醋酸乙烯-丙烯酸酯共聚乳液;苯丙乳液;有光苯丙乳液;建筑乳液;叔碳酸乙烯酯-醋酸乙烯共聚乳液;羧基丁苯胶乳;胶黏剂;分散剂;增稠剂;消泡剂 SPA-202

日照市金秋化工有限公司

山东省日照市海曲西路西首[276800]
电话:(0633)8281190
传真:(0633)8281190　有进出口权
固定资产:113,000 千元
供销电话:8281158　法人代表:安丰年
经济类型:有限责任公司
【主要产品】溶解乙炔;甲醇(精);合成氨;碳酸氢铵;混配复合肥料

鲁

日照市金源橡胶有限公司

山东省莒县橡胶工业园 101 号[276518]
电话:(0633)6432688;13706332258
传真:(0633)6432399　职工人数:130 人
固定资产:2,600 千元
经济类型:私营企业
网址:www.rzjinyuan.com
E-mail:jinyuan@rzjinyuan.com
【主要产品】聚氨酯密封件;胶管;油封;煤气管道橡胶密封圈;汽车橡胶配件;O 形密封圈

日照市三星化工有限公司

山东省日照市东港区工业园[276800]
电话:(0633)8613938;8613099;
13326333979
传真:(0633)8613508　职工人数:92 人
经济类型:私营企业　法人代表:王元青
网址:www.chinasxcc.com
E-mail:sanxing@chinasxcc.com
【主要产品】氯化聚乙烯

山东洁晶集团股份有限公司

山东省日照市山东路 517 号[276800]
电话:(0633)8235367;8235581;8237989
传真:(0633)8235365　有进出口权
固定资产:580,000 千元
供销电话:8251196　企业规模:大型
供销传真:8235533　职工人数:2,800 人
经济类型:股份有限公司
法人代表:林鹤峰
网址:www.china-jiejing.com
E-mail:china-jiejing@china-jiejing.com
【主要产品】碘;甘露醇;壳聚寡糖;海藻

酸钠

山东金太阳制药有限公司

山东省日照市高科技工业园[276800]
电话:(0633)2219688;2219686;13863336011
传真:(0633)2219687
供销电话:8222499;13863336011
法人代表:李国华
网址:www. jtyzy. com
E-mail:jtyzy@ sina. com
【主要产品】烟酸诺氟沙星;乳酸环丙沙星

山东凯翔生物化工有限公司

山东省五莲县城沿河路52号[262300]
电话:(0633)6157789;5311789;5325777
传真:(0633)6157776
供销电话:6157777
经济类型:有限责任公司
网址:www. itaconicacid. com
E-mail:sales@ itaconicacid. com
【主要产品】衣康酸;葡萄糖酸钠

鲁

山东泰山民爆器材有限公司

山东省五莲县城解放路146号[262300]
电话:(0633)5212307;5213064
传真:(0633)5212479
固定资产:120,000千元
经济类型:股份有限公司
企业规模:大型　职工人数:1,500人
网址:www. taishanminbao. com
E-mail:mail@ taishanminbao. com
【主要产品】雷管

山东驼宝橡胶有限公司

山东省日照市五莲县高泽镇七宝山驻地[262321]
电话:(0633)5431018
传真:(0633)5431179　有进出口权
固定资产:81,430千元
销售收入:120,000千元
职工人数:1,000人
法人代表:王克坤
网址:www. tuobao. com. cn
E-mail:tuobao@ tuobao. com. cn
【主要产品】载重汽车轮胎外胎;农用车辆轮胎;摩托车轮胎

山东银丰化工集团股份有限公司

山东省日照市莒县城青年北路12号[276500]
电话:(0633)6212299;13906332066
传真:(0633)6221168　有进出口权
固定资产:600,000千元
经济类型:股份有限公司
企业规模:大型
职工人数:3,000人
网址:www. yinfenggroup. com
E-mail:zhangjianbo@ ningmengsuan. cn
【主要产品】柠檬酸钠;食品添加剂;柠檬酸

斯比凯可(山东)生物制品有限公司

山东省五莲县城沿河路140号[262300]
电话:(0633)5312999
传真:(0633)5324008　有进出口权
供销电话:5323808
供销传真:5322199
经济类型:有限责任公司
E-mail:
【主要产品】黄原胶

莱芜市

莱芜东浩化工有限责任公司

山东省莱芜市莱城区办事处十里铺北[271100]
电话:(0634)6115368
传真:(0634)6112819　有进出口权
供销电话:6125368　法人代表:陈孝熹
经济类型:有限责任公司
【主要产品】合成氨;液氨;碳酸氢铵;硫酸钾复合肥

莱芜钢铁股份有限公司焦化厂

山东省莱芜市钢城区艾山街道办事处周家坡村[271104]
电话:(0634)6827412;6827394;6827374
传真:(0634)6827361　经济类型:国有
固定资产:900,000千元　有进出口权
供销电话:6827394;6827412
供销传真:6827394　企业规模:大型
职工人数:1,200人　法人代表:亓学山
E-mail:sdlgmys@ sohu. com
【主要产品】焦化二甲苯;焦化甲苯;焦化苯;工业酚;硫酸铵;轻苯;粗苯;工业萘;粗蒽;洗油;粗酚;蒽油;煤焦油;酚油;焦炭;煤沥青

莱芜市福泉橡胶有限公司

山东省莱芜市经济开发区原山南路[271100]
电话:(0634)8867869;8867294
传真:(0634)8867869　职工人数:350人
经济类型:有限责任公司
网址:www. lwfuquan. com
E-mail:lwfqxjgs@ lwinfo. com
【主要产品】轮胎垫带;再生胶;胶辊;印刷胶辊;造纸胶辊;气门嘴

莱芜市黑牛炭黑有限公司

山东省莱芜市市区大桥北路[271100]
电话:(0634)6186666;6187777
传真:(0634)6888220;6888330
网址:www. blackbullcarbon. com
E-mail:info@ blackbullcarbon. com
【主要产品】炭黑

莱芜市晋荣炭黑有限公司

山东省莱芜市文化北路[271100]
电话:(0634)6227799;8290206;13963416387
传真:(0634)6227799
网址:www. jinrongcarbon. com
E-mail:info@ jinrongcarbon. com
【主要产品】炭黑

莱芜市莱城区绝缘材料厂

山东省莱芜市莱城区寨寨里镇[271121]
电话:(0634)6511273
经济类型:集体　法人代表:赵德军
网址:www. 114shandong. com/laiwu/C39. htm
【主要产品】三氯化铝;三混甲酚;磷酸三甲苯酯

莱芜市润中精细化工有限公司

山东省莱芜市高新技术产业开发区凤凰路009号[271100]
电话:(0634)6251222;6175589;13706386136
传真:(0634)6251222
网址:www. runzhongchem. com
E-mail:Lzw@ runzhongchem. com
【主要产品】D-(+)-二对甲基苯甲酰酒石酸;D-(+)-二对甲基苯甲酰酒石酸一水物;L-(-)-二对甲基苯甲酰酒石酸;L-(-)-二对甲基苯甲酰酒石酸一水物;原丙酸三甲酯;原丁酸三甲酯;原丁酸三乙酯;原戊酸三甲酯;原丙酸三乙酯

莱芜市泰山炭黑有限公司

山东省莱芜市莱城区高庄工业园[271122]
电话:(0634)6040998;13963475581
传真:(0634)6040004
固定资产:10,000千元
网址:www. taishancarbon. com
E-mail:sales@ taishancarbon. com
【主要产品】炭黑

莱芜市汶河化工有限公司

山东省莱芜市莱城区口镇经济园[271114]
电话:(0634)6650796;6650799
传真:(0634)6650796　职工人数:600人
供销电话:6650788　法人代表:吴延乐
经济类型:有限责任公司
网址:www. wenhechemical. com
E-mail:postmaster@ wenhechemical. com
【主要产品】甲醛;高效减水剂;减水剂;防冻剂;高效泵送剂

莱芜市橡胶集团公司山东慧通轮胎有限公司

山东省莱芜市莱城区鲁中东大街76号[271100]
电话:(0634)8867461;8867462
传真:(0634)8808295　有进出口权
供销电话:8868015　企业规模:大型
经济类型:有限责任公司

法人代表：吕务民
网址：www. httyre. com
E-mail：feiya@ lwinfo. com
【主要产品】轮胎；农用车辆轮胎；轮胎外胎；胶管；再生胶

莱芜市雅鲁生化有限公司

山东省莱芜市钢城区[271104]
电话：(0634)6865666；6865999；13906340726
传真：(0634)6865306
供销电话：6865169；6865363
法人代表：谢业链
网址：www. changyuanchem. com
E-mail：cy@ changyuanchem. com
【主要产品】苊(工业)；α-甲基萘；β-甲基萘；喹啉；芴；异喹啉；煤焦油

莱芜市涌金化工厂

山东省莱芜市龙潭西大街[271100]
电话：(0634)6175212
供销电话：6175943　经济类型：集体
供销传真：6175993　职工人数：300 人
法人代表：李忠笃
E-mail：huagong@ puyanggroup. com
【主要产品】聚丙烯酰胺干粉(阴离子型)

莱芜泰禾生化有限公司

山东省莱芜市经济开发区鲁中东大街 106 号[271100]
电话：(0634)8808564；8803516；8808479
传真：(0634)8808983　有进出口权
供销电话：8808479；8803516
经济类型：有限责任公司
职工人数：469 人
网址：www. lwtaihe. com
E-mail：lwicd@ lwinfo. com
【主要产品】柠檬酸钠；柠檬酸钙；柠檬酸；柠檬酸钾

山东华星轮胎有限公司

山东省莱芜市鲁中东大街 76 号[271100]
电话：(0634)8867462；8868015
传真：(0634)8867746
网址：www. hxtyre. com
【主要产品】载重汽车轮胎外胎；轻型运输车辆轮胎；农用车辆轮胎

山东莱芜美星化工有限公司

山东省莱芜市凤城西大街 257 号[271100]
电话：(0634)6196360；6114891；6196220
传真：(0634)6114891　经济类型：集体
供销电话：6196280；6133971
供销传真：6196016
网址：03016246. b2b. hc360. com
【主要产品】过氧化叔丁醇；甲基乙基酮肟；面粉改良剂；塑料改进剂 ACR；过氧化苯甲酰；过氧化苯甲酸特丁酯；引发剂 A

山东莱芜润达化工有限公司

山东省莱芜市鹏泉东大街 158 号[271100]
电话：(0634)8801657；8805173；8801078
传真：(0634)8807924　职工人数：68 人
经济类型：股份合作　法人代表：李长彬
网址：www. lwrunda. com；www. lwresin. com
E-mail：office@ lwrunda. com
【主要产品】酚醛树脂

山东莱芜塑料制品股份有限公司

山东省莱芜市鲁中东大街 109 号[271100]
电话：(0634)8806149；8806494；8807149
传真：(0634)8801526　有进出口权
固定资产：98，200 千元
供销电话：8807446；8805855
供销传真：8807623　企业规模：大型
经济类型：股份有限公司
职工人数：960 人　法人代表：王庆安
E-mail：sdlwslc@ lw-public. sd. cninfo. net
【主要产品】聚乙烯薄膜；聚乙烯管；聚氯乙烯硬管；聚氯乙烯塑胶手套

德州市

德州埃法化学有限公司

山东省德州市新华工业园 1 号[253000]
电话：(0534)2600859；2600857
传真：(0534)2600859
经济类型：外商独资
网址：www. dzalpha. com
E-mail：office@ dzalpha. com
【主要产品】间苯二腈；对苯二甲腈；4-硝基邻苯二甲腈；3-硝基邻苯二腈；邻苯二甲腈；2-氯苯甲腈；4-氯苯腈；帕苏沙星；脂肪醇聚氧乙烯醚硫酸钠；脂肪醇聚氧乙烯醚硫酸铵

德州常兴化工新材料研制有限公司

山东省宁津县开发区[253405]
电话：(0534)5812808；5811034；5811021
传真：(0534)5813666　职工人数：350 人
固定资产：40，000 千元
供销电话：5812708　法人代表：崔仁宏
供销传真：5811284
经济类型：有限责任公司
网址：www. chinachemnet. com/changxing
E-mail：changxing@ hi2000. com
【主要产品】苯基二氯化磷；阻燃剂 CX18

德州大陆架油气高科技有限公司

山东省德州市经济开发区 1 号大街[253034]
电话：(0534)2561218
传真：(0534)2561216
供销电话：2561217；2561206
经济类型：有限责任公司
法人代表：李国华
E-mail：shelf@ cn-shelf. com
【主要产品】炼油设备

德州德药制药有限公司

山东省德州市德城区三八路中路 538 号[253015]
电话：(0534)2623032
经济类型：有限责任公司　有进出口权
法人代表：丁峰峻
网址：www. deyao. cn
E-mail：ly1@ deyao. cn
【主要产品】甲巯咪唑；卡铂；硝苯地平

德州地区丙纶厂

山东省陵县城西工业区[253500]
电话：(0534)8321339；8321332
传真：(0534)8321338
法人代表：崔占明
网址：www. ccfa. com. cn/newsclass/zhuanye4. htm
【主要产品】丙纶短纤维

德州福鑫化工有限公司

山东省德州市经济开发区[253023]
电话：(0534)2768688；2768896
传真：(0534)2768896
经济类型：有限责任公司
网址：www. fxchem. com
E-mail：fuxin@ fxchem. com
【主要产品】一硝基苯；3-氨基苯磺酸；3-硝基苯磺酸钠；直接橙 S；直接耐酸大红 4BS；直接耐晒翠蓝 GL；碱性玫瑰精 B；碱性品绿；蓝色盐 VRT；酞菁绿 G；油溶苯胺黑；醇溶黑

德州恒东农药化工有限公司

山东省德州市天衢工业园恒东路 18 号[253003]
电话：(0534)2730555
传真：(0534)2730556　有进出口权
供销电话：2730586；2730588
供销传真：2730589　法人代表：宋建军
经济类型：有限责任公司
网址：www. hengdongchem. com
E-mail：hdny@ hengdongchem. com
【主要产品】马拉硫磷；马拉硫磷乳油；甲胺磷；高效氯氰菊酯；高效氯氰菊酯乳油；联苯菊酯；除虫脲；除虫脲乳油；氟铃脲；氟铃脲乳油；异噁草松；异噁草松乳油；氟磺胺草醚；霉威・霜脲乳油；氟铃・辛乳油；氟铃・高氯乳油；高氯・马乳油；马・灭乳油；阿维・溴氰乳油

德州恒兴化学有限公司

山东省德州市德兴北路北首[253000]
电话：(0534)2356823；2356728
传真：(0534)2356821　产值：5，000 千元
经济类型：私营企业　法人代表：付朝阳
网址：hx139. sdidc. com
E-mail：hxhx@ hx139. com
【主要产品】皮革脱脂剂；防锈油；防锈剂；除锈剂；磷化液；金属表面调整剂；

合成切削液

德州虹桥染料化工有限公司

山东省德州市天衢工业园虹桥路[253035]
电话：(0534)2745956;2745958
传真：(0534)2745900　有进出口权
供销传真：2745956　法人代表：吴高楼
经济类型：有限责任公司
网址：www. sd-dyes. com
E-mail：drgs@ dz-public. sd. cninfo. net
【主要产品】一硝基苯；3-硝基苯磺酸钠；直接桃红5B；直接耐酸大红4BS；直接耐晒翠蓝GL；酸性粒子元；碱性嫩黄O；碱性玫瑰精B；碱性紫5BN；酞菁蓝；酞菁蓝BGS；酞菁绿G；立索尔大红R；油溶苯胺黑；醇溶黑

德州佳兴化工有限公司

山东省德州市宁津大曹工业园[253400]
电话：(0534)5563777;13053445158
传真：(0534)2759628
网址：www. jiaxingchem. com
E-mail：jx@ jiaxingchem. com
【主要产品】一硝基苯；3-硝基苯磺酸钠；直接橙S；直接耐酸大红4BS；直接耐晒翠蓝GL；碱性玫瑰精B；碱性品绿；酞菁绿G；油溶苯胺黑；醇溶黑

德州金峰尼龙制品厂

山东省德州市经济开发区[253000]
电话：(0534)2772203
传真：(0534)2772203
经济类型：私营企业　法人代表：孙金峰
【主要产品】尼龙管材；尼龙板；尼龙棒(1010)

德州晋平化工厂

山东省德州市平原县前曹镇吴家庙村西[253112]
电话：(0534)4745091
经济类型：私营企业　法人代表：周树治
销售收入：50,000千元
【主要产品】碱性品绿

德州龙腾化工有限公司

山东省德州市新华工业园双一路5号[253000]
电话：(0534)2183888;2600999
传真：(0534)2600999
经济类型：有限责任公司
法人代表：申凤义
网址：www. ltchem. cn
E-mail：sales@ ltchem. cn
【主要产品】乙醇钠；乙醇钠(乙醇溶液)；乙醇镁；叔丁醇钠；叔丁醇钾；叔丁醇钾溶液；叔丁醇镁；甲醇钠；甲醇钠(液体)；甲醇镁

德州龙田化工有限公司

山东省德州市经济开发区晶华路南首[253000]
电话：(0534)2561873
传真：(0534)2561873　职工人数：120人
经济类型：有限责任公司
法人代表：霍惠芳
E-mail：bianzhouzi@ 163. com
【主要产品】聚酯树脂

德州鲁王化工机械有限公司

山东省德州市陵西路15号[253019]
电话：(0534)2344040
传真：(0534)2344040　职工人数：817人
供销电话：2321293;2380758
经济类型：股份合作　法人代表：祝怀明
【主要产品】化工设备；气化炉；Ⅰ、Ⅱ、Ⅲ类非标压力容器；液化石油气钢瓶

德州鹏源科技有限公司

山东省德州市经济开发区共青团路[253034]
电话：(0534)2722898;2722500
传真：(0534)2722555　职工人数：120人
经济类型：有限责任公司
产值：50,000千元　法人代表：辛玉祥
【主要产品】四氯化钛

德州锐隆化工有限公司

山东省德州市创业南路24号[253004]
电话：(0534)2492068;13573433777
传真：(0534)2492066
固定资产：5,000千元
经济类型：有限责任公司
网址：www. ruilongchemical. com
E-mail：yzg@ ruilongchemical. com
【主要产品】对氯苯基异氰酸酯；对甲苯磺酰异氰酸酯

德州市金友实业有限公司

山东省德州市河东开发区新兴路[253000]
电话：(0534)2363848
传真：(0534)2369706
供销电话：2363848;2369706
经济类型：有限责任公司
网址：www. leyuanqiangqi. com
E-mail：manager@ leyuanqiangqi. com
【主要产品】纯丙乳液；苯丙乳液；丙烯酸内墙乳胶漆；丙烯酸外墙乳胶漆

德州市双兴实业有限公司

山东省德州市德城区德兴北路[253027]
电话：(0534)2262818;2302245
经济类型：股份合作　法人代表：张文林
【主要产品】色母粒

德州市宇虹化工有限公司

山东省德州市天衢工业园[253000]
电话：(0534)2342259;2325039
传真：(0534)2323974　经济类型：集体
有进出口权　法人代表：陈都方
网址：www. yuhongchemical. com
E-mail：root@ yuhongchemical. com
【主要产品】酞菁蓝BGS；酞菁蓝B；酞菁绿G；汉沙黄G；耐晒黄GR；耐晒黄S3G；汉沙黄10G；永固黄G；联苯胺黄G；永固橘黄G；永固橙RL；耐晒艳红BBC；耐晒大红BBN；3117耐晒亮红N；耐晒大红2BP；坚固大红G；大红粉；金光红C；永固红F4R；坚固深红；坚固红青莲BF；立索尔大红R；立索尔宝红BK；立索尔宝红6B；坚固玫瑰红；荧光桃红G；荧光桃红B

德州双环建材有限公司

山东省德州市向阳路112号[253000]
电话：(0534)2624597;2624624
传真：(0534)2624623
经济类型：有限责任公司
【主要产品】SBS改性沥青防水卷材；APP改性沥青防水卷材；APAO改性沥青防水卷材

德州天宇化学工业有限公司

山东省德州市德城区天衢工业园[253025]
电话：(0534)2358535;2357000
传真：(0534)2358535　职工人数：140人
经济类型：有限责任公司
法人代表：吕庆霞
网址：www. dztianyu. cn/tyhg/gzmnhg/lxwm. htm
【主要产品】丁炔二醇；炔丙醇

德州信达化工有限公司

山东省德州市陵县经济开发区北辰路[253500]
电话：(0534)8221882;8327161;8327169
传真：(0534)8221883;8281551
供销电话：13365445299　有进出口权
经济类型：有限责任公司
法人代表：张俊祥
网址：www. xindagroup. com
E-mail：zhjx@ hi2000. com; sales@ xindagroup. com
【主要产品】氯甲酸2-乙基已酯；4,5-二甲基-1,3-二氧杂环戊烯-2-酮；4-氯甲基-5-甲基-1,3-二氧杂环戊烯-2-酮；双J酸；1-萘胺-6-磺酸；1-萘胺-7-磺酸；克列夫酸；8-氨基-1-萘磺酸；6,6′-(1,3-亚脲基)双(1-萘酚-3-磺酸钠)；对氨基乙酰苯胺；猩红酸；直接冻黄G；直接橙S；直接桃红5B；直接耐酸大红4BS；直接耐酸枣红；直接湖蓝5B；直接耐晒黄RS；直接耐晒翠蓝GL；荧光增白剂VBL

东营光正化工有限责任公司

山东省东营市机广路1915号[257091]
电话：(0534)8310603;8310998
传真：(0534)8310176
网址：www. dygzchem. com
E-mail：nxm@ 263. net. cn
【主要产品】聚丙烯酰胺；聚丙烯酰胺

鲁

（超高分子量）；聚丙烯酰胺干粉（阳离子型）；聚丙烯酰胺干粉（非离子型）；耐温耐盐聚丙烯酰胺；两性离子聚丙烯酰胺

景津压滤机集团有限公司

山东省德州市经济开发区晶华路北首［253034］
电话：(0534)2753066;2753099
传真：(0534)2753695　有进出口权
固定资产：169,000 千元
经济类型：有限责任公司
产值：830,000 千元　企业规模：大型
职工人数：2,670 人　法人代表：姜桂廷
网址：www. jjylj. com
E-mail：jjylj@ 263. net. cn
【主要产品】橡胶压滤板；压滤机；配件

临邑氟瑞精细化工有限公司

山东省临邑县临邑镇［251500］
电话：(0534)4423466;13869162255
传真：(0534)4423466
经济类型：有限责任公司
E-mail：furui2000@ 126. com
【主要产品】2-十三酮；鱼腥草素钠；氟尿嘧啶；替加氟；羟基脲；胶态果胶铋

临邑恒润化工有限公司

山东省临邑县城北 4 公里［251500］
电话：(0534)4552188;13365447087
传真：(0534)4552188　职工人数：180 人
法人代表：陶卫东
网址：tanhei. chemnet. com
E-mail：tanhei@ chemnet. com
【主要产品】快压出炉炭黑 N550；炭黑 N660；低定伸非污染半补强炉黑 N762

临邑黄河化工有限公司

山东省临邑县恒源经济开发区［251500］
电话：(0534)4423118;13573480949
传真：(0534)4423118
供销电话：13500168015
经济类型：有限责任公司
法人代表：孙福刚
网址：www. lyhuanghe. com
E-mail：dfl@ lyhuanghe. com
【主要产品】直接冻黄 G；直接橙 S；直接桃红 5B；直接耐酸大红 4BS；直接耐酸枣红；直接红棕 RN；直接深棕 MM；直接耐晒翠蓝 GL；直接耐晒蓝 RGL；直接耐晒黑 G；碱性嫩黄 O；碱性玫瑰精 B；碱性品绿；碱性棕 G；碱性品蓝；荧光增白剂 VBL

临邑鲁冀化工有限公司

山东省德州市临邑县临邑镇沙河［251503］
电话：(0534)4262010
供销电话：13953409939
法人代表：孙绪俊
【主要产品】亚硫酸铵；基础油

临邑县德平染化厂

山东省德州市临邑县德平镇教场［251514］
电话：(0534)4872062
传真：(0534)4872062　经济类型：集体
法人代表：周贯春
【主要产品】直接染料；酸性染料

临邑县精细化工厂

山东省德州市临邑县兴隆镇工业园南区［251506］
电话：(0534)4802568;4802068
传真：(0534)4801168　经济类型：集体
法人代表：董大义
网址：www. xueyanjxhg. cn
【主要产品】磷酸氢钙；食品添加剂；磷酸钙；过氧化苯甲酰；给料机

陵县东方染料厂

山东省德州市陵碱店乡［253518］
电话：(0534)8652035
传真：(0534)8652469
经济类型：私营企业　法人代表：穆修刚
【主要产品】直接桃红 5B；直接耐酸大红 4BS

陵县汇源化工有限公司

山东省陵县陵西工业区［253500］
电话：(0534)8321372
经济类型：集体　职工人数：30 人
法人代表：车浩
【主要产品】直接黑 BN

宁津县方圆氟塑料制品有限公司

山东省德州市宁津县车站东路 93 号［253400］
电话：(0534)5421386
传真：(0534)5424386
经济类型：股份有限公司
法人代表：崔长青
网址：www. dezhou. org/company/corporation_web. a
E-mail：zys@ dezhou. org
【主要产品】聚四氟乙烯

宁津县宏源化工厂

山东省德州市宁津县长官镇郭相村［253409］
电话：(0534)5218237
供销电话：13853458181
经济类型：私营企业　职工人数：25 人
法人代表：姜俊梅
【主要产品】印染助剂；齿轮机油；润滑油

宁津县华宏化工有限公司

山东省德州市宁津县大曹镇［253421］
电话：(0534)5541949;13706392248;5541050
传真：(0534)5541050　经济类型：集体
法人代表：吴刚
网址：www. huahong-chem. com
E-mail：sdnj@ huahong-chem. com
【主要产品】聚乙烯挤压板；聚乙烯钢塑防腐管道；超高分子量聚乙烯管材；塑料异型材；阀门

平原海达化工有限公司

山东省德州市平原县兴平路西［253100］
电话：(0534)4380612;4380634;13505447058
传真：(0534)4380600　有进出口权
经济类型：股份有限公司
法人代表：田光辉
网址：www. pyhaidachem. com
E-mail：sales@ pyhaidachem. com
【主要产品】乙酸异丙烯酯；乙酰丙酮

平原县芳香化学有限公司

山东省平原县立交东路 5 号［253100］
电话：(0534)4380698
传真：(0534)4383018
网址：www. pyfxhx. com
E-mail：hongxiangping@ sina. com
【主要产品】苯甲醇；乙酸苄酯

鲁

山东百龙创园生物科技有限公司

山东省德州市禹城市高新区德信大街中段［251200］
电话：(0534)2128609
传真：(0534)2125676　职工人数：450 人
供销电话：2128626
经济类型：私营企业
销售收入：140,000 千元
网址：www. sdblcy. com
E-mail：sdblcy@ 126. com
【主要产品】麦芽糖醇

山东德齐龙化工集团有限公司

山东省德州市平原县立交东路 15 号［253100］
电话：(0534)4381625;4381626
传真：(0534)4381625　有进出口权
固定资产：2,000,000 千元
供销电话：4381934　企业规模：大型
经济类型：股份有限公司
职工人数：2,800 人　法人代表：刘方军
E-mail：xsh8000880@ sina. com
【主要产品】甲醇（精）；三聚氰胺；合成氨；尿素；碳酸氢铵

山东德州石油化工总厂

山东省德州市德城区湖滨南路 31 号［253007］
电话：(0534)2622702;2622704
传真：(0534)2625577　经济类型：国有
固定资产：340,000 千元　有进出口权
供销电话：2641487;2666714
职工人数：1,700 人　法人代表：陈志诚
E-mail：
【主要产品】盐酸；烧碱（液体）；氯气（液）；氯乙烯；聚氯乙烯树脂；塑料

制品

山东福田药业有限公司

山东省禹城市市中路 1266 号［251200］
电话：(0534)7269517；7266358；13706395587
传真：(0534)7269223
经济类型：有限责任公司
网址：www.xylitol-cn.com
E-mail：gddlmtc@public.dzptt.sd.cn
【主要产品】山梨醇；木糖醇；木糖；麦芽糖醇；异麦芽酮糖醇；甘露醇；赤藓糖醇；玉米淀粉

山东恒源石油化工集团有限公司

山东省德州市临邑县恒源路 111 号［251500］
电话：(0534)4239833；4434666；4233776
供销电话：4233701；4233776
经济类型：国有　有进出口权
销售收入：2,415,000 千元
企业规模：大型　职工人数：2,600 人
法人代表：王有德
网址：www.sdhyshjt.com；www.hyshjt.com
E-mail：hyjt2@hyshjt.com；lingxin2200@163.com
【主要产品】丙烯；二甲苯；叔戊烯；叔丁醇；甲基叔丁基醚；丙烯酸；原油；石油液化气；汽油；90 号汽油；93 号汽油；渣油；柴油；聚丙烯；燃料油；沥青

山东洪磊生物化工有限公司

山东省禹城市高新技术开发区东外环［251200］
电话：(0534)7280678
经济类型：有限责任公司
产值：100,000 千元　职工人数：1,000 人
法人代表：李洪磊
网址：www.sdhlshwhg.com
E-mail：liudeming5212@sina.com
【主要产品】复合肥；有机无机复混肥

山东华鲁恒升化工股份有限公司

山东省德州市德城区天衢西路 24 号［253024］
电话：(0534)2465122；2465158；2465143
经济类型：股份有限公司　有进出口权
企业规模：大型
网址：www.hl-hengsheng.com
【主要产品】甲醇；甲醛；一甲胺；N,N-二甲基甲酰胺；尿素

山东华鲁恒升集团有限公司

山东省德州市德城区天衢西路 24 号［253024］
电话：(0534)2465016
传真：(0534)2465015　有进出口权
供销电话：2465118；2465123
供销传真：2465117　产值：3,300 千元
经济类型：有限责任公司
企业规模：大型
网址：www.hl-hengsheng.com
E-mail：sale@hl-hengsheng.com
【主要产品】甲醇；甲醛；一甲胺；二甲胺；N,N-二甲基甲酰胺；三甲胺；合成氨；尿素；混配复合肥料；聚氯乙烯门窗型材

山东华阳和乐农药有限公司

山东省乐陵市兴隆镇南［253600］
电话：(0534)6421060；6621555-8018
传真：(0534)6421888　有进出口权
供销电话：6621605
企业规模：大型
供销传真：6621605
法人代表：宋东升
经济类型：股份合作
E-mail：dianyong888@sohu.com
【主要产品】高渗阿维菌素乳油；阿维菌素乳油；增效水胺硫磷乳油；辛硫磷乳油；辛硫磷颗粒剂；三唑磷乳油；嘧啶磷乳油；二嗪磷乳油；增效溴氰菊酯乳油；增效氰戊菊酯乳油；啶虫脒乳油；四螨嗪悬浮剂；多硫化钙；仲丁灵；仲丁灵乳油；硫·锰锌可湿性粉剂；锰锌·霜脲可湿性粉剂；哒·四螨悬浮剂；阿维·四螨可湿性粉剂；水胺·氰戊乳油

山东金能煤炭气化有限公司

山东省齐河县工业园区西路 1 号［251100］
电话：(0534)2159822；2159988
传真：(0534)2159958　有进出口权
固定资产：700,000 千元
销售收入：870,000 千元
职工人数：1,500 人
网址：www.jncoke.com
E-mail：jinnengoffice@163.com；sales@jncoke.com
【主要产品】巴豆醛；4-甲酚；硫酸铵；山梨酸；山梨酸钾；粗苯；煤焦油；焦炭

山东乐陵福星塑料助剂厂

山东省乐陵市挺进西路 309 号［253600］
电话：(0534)6228835；13705342893
传真：(0534)6228835
供销电话：6228835；13505442819
法人代表：陈忠田
网址：www.sdslzj.com
E-mail：web@sdslzj.com
【主要产品】环氧大豆油；环氧脂肪酸甲酯

山东乐陵市天源塑料助剂厂

山东省乐陵市挺进西路 309 路［253600］
电话：(0534)6228220；13706397803
传真：(0534)6228220
网址：www.tyslzj.com
E-mail：web@tyslzj.com
【主要产品】环氧大豆油；环氧脂肪酸甲酯

山东临邑鲁晶化工有限公司

山东省临邑县恒源工业区南区［251500］
电话：(0534)4236796；2146009；13869279991
传真：(0534)4362108　有进出口权
固定资产：20,000 千元　职工人数：50 人
经济类型：股份有限公司
法人代表：张光明
网址：www.ljchemical.com
E-mail：lihuijun1993@126.com
【主要产品】4-羟基-4-甲基-2-戊酮；异烟酸乙酯；N,N-二羟乙基癸氧丙基胺；二环戊基二甲氧基硅烷；2-氯-5-氯甲基噻唑；N-甲基硝基胍；脂肪胺聚氧乙烯醚；环己基二甲氧基甲基硅烷；双季铵盐杀生剂；溴硝醇；2,2-二溴-3-次氮基丙酰胺；2,2-二溴-2-硝基乙醇；二(溴乙酸)乙二醇酯；1,4-双(溴乙酰氧)-2-丁烯

山东临邑县宏达化工有限公司

山东省德州市临邑县［251500］
电话：(0534)4431233
传真：(0534)4332288
供销电话：4431233；13905441826
经济类型：有限责任公司
法人代表：王延新
【主要产品】氯代环己烷；三醋酸甘油酯；醋酸甲酯；乳化剂 OP-10；柴油降凝剂

山东陵县阳光涂料助剂厂

山东省陵县东街工业区［253500］
电话：(0534)8266006；8223215
传真：(0534)8266006　有进出口权
供销电话：8421588　法人代表：张国权
供销传真：8322577
经济类型：私营企业
网址：www.sun-dyes.com
E-mail：sales@sun-dyes.com
【主要产品】3-氨基苯酚；直接染料；直接橙 S；直接桃红 5B；直接耐酸大红 4BS；直接红 239；直接黑 PS；直接耐晒翠蓝 GL；直接耐晒蓝 B2RL；直接耐晒蓝 BRL；直接耐晒棕 BRS；酸性橙 X；酸性红 M；酸性红 NY；酸性大红 RS；酸性大红 3R；酸性红 A；酸性红 B；酸性红 F-2R；酸性艳蓝 6B；酸性绿 20；酸性黑 ATT；酸性黑 10B；弱酸嫩黄 G；弱酸性艳蓝 P-RL；酸性蓝 2AL；弱酸性红棕 V；弱酸黑 3G；弱酸黑 NB-G；酸性棕 NT；酸性棕 O；酸性棕 B；酸性棕 S-R；酸性棕 SG；弱酸性棕 R；皮革染料

山东陵县懿津化工有限公司

山东省德州市陵县滋镇光东村［253500］
电话：(0534)8806557
供销电话：13153483690　产值：100 千元
经济类型：私营企业　法人代表：赵传装

鲁

【主要产品】铝酸钠;氢氧化铝

山东鲁抗生物农药有限责任公司

山东省齐河县城齐鲁大街1号[251100]
电话:(0534)5333679
传真:(0534)5337916　有进出口权
供销电话:5332296;5337908
经济类型:有限责任公司
职工人数:300人
网址:www.lkbp.com
E-mail:liuzhaoli713@163.com
【主要产品】哒螨灵;高渗阿维菌素乳油;阿维菌素乳油;吡虫啉;灭多威;三氟氯氰菊酯;啶虫脒;毒死蜱;丙环唑;三唑酮;烯草酮;百草枯水剂;精喹禾灵乳油;赤霉素;20%吗啉胍·乙铜可湿性粉剂;锰锌·霜脲可湿性粉剂;丙·辛乳油;杀单·苏可湿性粉剂;福·腐可湿性粉剂;异丙草·莠悬浮剂;21%毒·苏可湿性粉剂;吡·苏可湿性粉剂;异丙甲·莠悬浮剂;苯噻酰·苄可湿性粉剂;阿维·苏可湿性粉剂;苏云金杆菌悬浮剂;苏云金杆菌可湿性粉剂;多抗霉素可湿性粉剂;多抗霉素;赤霉素结晶品;多杀菌素;硫酸链霉素

山东鲁西兽药股份有限公司

山东省齐河县城西[251100]
电话:(0534)2151518;2151558
传真:(0534)2151586　有进出口权
固定资产:60,000千元
经济类型:股份有限公司
职工人数:206人
网址:www.luxiam.com
E-mail:luxi518@vip.163.com
【主要产品】双乙酸钠;噁喹酸;灭蝇胺;虎皮灵;脲酶抑制剂;大蒜素;地克珠利;氯氰碘柳胺钠

山东平原县恒源化工有限公司

山东省平原县坊子经济开发区[253108]
电话:(0534)4666999
传真:(0534)4666777　职工人数:110人
固定资产:10,000千元
经济类型:有限责任公司
网址:www.hengyuan-chem.com
E-mail:sales@hengyuan-chem.com
【主要产品】5-溴吲哚;甲氧甘油三乙酸酯;甲氧基胺盐酸盐;5-硝基吲哚;甲氧亚氨基呋喃乙酸铵;*N*,*O*-二甲基羟胺盐酸盐;盐酸克林霉素棕榈酸酯;卡络磺钠;苄达赖氨酸

山东平原县忠臣化工有限公司

山东省平原县前曹镇[253113]
电话:(0534)4670229
传真:(0534)4670605　有进出口权
固定资产:10,000千元
经济类型:私营企业　职工人数:120人
法人代表:武忠臣
网址:www.zhongchen-chem.com
E-mail:pyqcwzhch@163169.net
【主要产品】1,6-二羟基萘;2,7-二羟基萘;1-乙酰氨基-7-萘酚;1-甲氧基羰酰氨基-7-萘酚;1-氨基-5-萘酚;1-氨基-7-萘酚;1-萘胺-6-磺酸;1-萘胺-7-磺酸;2,7-萘二磺酸钠;1-萘酚-5-磺酸;1,5-萘二磺酸钠;1,6-萘二磺酸钠;2,6-萘二磺酸钠

山东齐河银飞达化工有限公司

山东省齐河县黄河经济开发区[251100]
电话:(0534)5677188;5677417;5679699
传真:(0534)5677471
法人代表:田书岭
网址:www.yfdchem.com
E-mail:yfd@hi2000.com;
yfd@yfdchem.com
【主要产品】1,3-二氯丙烯;叔丁基乙炔;6-甲氧基-2-(4-甲氧苯基)苯并噻吩;*N*-甲基-1-萘甲胺;*N*-甲基-1-萘甲胺盐酸盐;盐酸萘替芬;盐酸特比萘酚;盐酸布替萘芬;阿莫罗芬;尼莫司汀;吲达帕胺;萘哌地尔;氯酯醒;雷洛西芬

山东庆云春草塑料制品有限公司

山东省庆云县开元大街41号[253700]
电话:(0534)13705340999
传真:(0534)3222491　职工人数:200人
经济类型:股份有限公司
产值:50,000千元　法人代表:杨金常
网址:www.chuncaoplastics.com
E-mail:sdqylwt@163.com
【主要产品】塑料桶

山东瑞普生化有限公司

山东省齐河县城晨鸣西路1号[251100]
电话:(0534)2159879
传真:(0534)2158666　有进出口权
供销电话:2159818
经济类型:股份有限公司
网址:www.cnrpchem.com
E-mail:sdcmhg@dz-public.sd.cninfo.net
【主要产品】硫酸;亚硫酸钠;4-甲苯磺酸;4-甲酚;山梨酸;山梨酸钾;甲氧苄啶;2,6-二叔丁基对甲基苯酚

山东尚沃化工有限公司

山东省禹城市人民路560号[251200]
电话:(0534)7320188
传真:(0534)7320177　职工人数:800人
固定资产:86,500千元
供销电话:7320188;13953422116
供销传真:7320177;7358555
经济类型:股份合作　法人代表:徐永强
网址:www.sdzljt.com
E-mail:suno@sdzljt.com
【主要产品】复合肥

山东省乐陵市华虹染化有限公司

山东省乐陵市杨安镇永馆路北侧[253614]
电话:(0534)6606717
传真:(0534)6606716　职工人数:65人
固定资产:3,000千元
经济类型:私营企业　法人代表:崔成智
销售收入:30,000千元
【主要产品】直接冻黄G;直接橙S;直接桃红5B;直接耐酸大红4BS;直接铜盐蓝2R;直接耐晒翠蓝GL;直接耐晒蓝B2RL;直接耐晒黑G;酸性橙Ⅱ;酸性黑ATT;酸性黑8GB

山东省临邑县碱李化工厂

山东省德州市临邑县德平镇碱李工业区[251513]
电话:(0534)4891188;4877118
传真:(0534)4891188;4877118
固定资产:5,000千元　职工人数:150人
供销电话:13685349685
经济类型:私营企业　法人代表:韩传杰
E-mail:gongruxue@tom.com
【主要产品】芳烃抽余油;软化重油;再生胶;馏分油;松焦油

鲁

山东省宁津县鲁盾聚氨酯制品有限公司

山东省宁津县城南宁德公路工业区[245300]
电话:(0534)5213790;7071795
传真:(0534)5213790;7071795
经济类型:有限责任公司
职工人数:50人　法人代表:战先金
网址:www.ldgy.cn
E-mail:webmaster@ldgy.cn;
ludun11111@163.com
【主要产品】聚氨酯管材;聚氨酯密封件;聚氨酯浇注制品;塑料保温管;输油胶管;喷雾胶管

山东省宁津县永兴化工有限责任公司

山东省德州市宁津县城南环路西[253400]
电话:(0534)5233900;5231103
传真:(0534)5231102
固定资产:300,000千元
经济类型:有限责任公司
法人代表:苑陆田
E-mail:njhfch@126.com
【主要产品】甲醇;三聚氰胺;合成氨;尿素;碳酸氢铵

山东省平原永恒化工有限公司

山东省平原县城东五公里(前曹镇刘庄)[253113]
电话:(0534)4671879;4671688
传真:(0534)4670282　有进出口权
固定资产:50,000千元
供销电话:4671880;4671202
经济类型:股份合作　职工人数:230人
法人代表:武忠山

网址：www.yhchem.cn
E-mail：chemlinda@163169.net
【主要产品】1-氰基四氢化萘；5-氰基吲哚；十八烷基异氰酸酯；对甲苯异氰酸酯；对氯苯基异氰酸酯；3,4-二氯苯基异氰酸酯；环己基异氰酸酯；异氰酸苯酯；α-萘异氰酸酯；对甲苯磺酰异氰酸酯；1-萘胺-6-磺酸；1-萘胺-7-磺酸；克列夫酸；6,6′-(1,3-亚脲基)双(1-萘酚-3-磺酸钠)；猩红酸；重酒石酸去甲肾上腺素；肾上腺素；盐酸去氧肾上腺素；三氯对称二苯脲

山东省平原制药厂

山东省平原县立交东路1号[253100]
电话：(0534)2160285
传真：(0534)2160268　经济类型：国有
固定资产：60,000千元　有进出口权
供销电话：2160285；2160269
销售收入：150,000千元
职工人数：560人　法人代表：翟慎强
网址：www.sdspyzyc.com
E-mail：yuanliao6@163.com
【主要产品】芬布芬；去甲斑蝥素；盐酸胺碘酮；硝酸甘油；盐酸哌唑嗪；二氧丙嗪；地西泮；盐酸氟桂利嗪；阿普唑仑；硫普罗宁

山东省齐河县超虎氧化镁有限公司

山东省齐河县城北一公里[251100]
电话：(0534)5691866
传真：(0534)5690068
网址：qhyhm.china315.com
E-mail：qhyhm@china315.com
【主要产品】氧化镁；聚氨酯电器密封胶；耐高温绝缘电子用粘接剂

山东省庆云华威塑料制品有限公司

山东省庆云县开元大街29号[253700]
电话：(0534)3423456；3429689；13953411106
传真：(0534)3429089
网址：www.sdhwsy.com
E-mail：huaweisuliao456@yahoo.com.cn
【主要产品】塑料桶；中空容器

山东省武城汽车密封配件有限公司

山东省德州市武城县花园屯街[253307]
电话：(0534)6391888
传真：(0534)6391888
经济类型：私营企业　法人代表：陈永合
【主要产品】橡胶密封制品

山东省夏津县振华化工厂

山东省夏津县田庄乡张堡村[253200]
电话：(0534)3553027；13905442323
传真：(0534)3553696
固定资产：70,000千元
经济类型：股份合作　法人代表：张成喜
网址：www.zhenhuachemical.com
E-mail：zcx@zhenhuachemical.com
【主要产品】荧光增白剂BA；荧光增白剂VBL；荧光增白剂BBU

山东省禹城市兴达工程塑胶总厂

山东省禹城市解放路129号[251200]
电话：(0534)7360697；13853415208
传真：(0534)7324305　经济类型：国有
供销电话：7360639　法人代表：黄会学
网址：www.sdxdsj.com
E-mail：sdxdsj@sdxdsj.com
【主要产品】丙烯腈-丁二烯-苯乙烯管；给水和排水管

山东世安化工有限公司

山东省德州市齐河县仁里乡[251106]
电话：(0534)5992035；5993159
传真：(0534)5992309
经济类型：有限责任公司
网址：www.shian-chem.com
E-mail：lfy@shian-chem.com
【主要产品】磷酸二铵(工业级)；磷酸一铵(工业级)；多聚磷酸铵；聚丙烯用阻燃剂；发泡剂RA；塑性电缆防火堵料

山东水星橡塑集团有限公司

山东省德州市武城县开发区工业园水兴街1号[253300]
电话：(0534)6691916；6698395
传真：(0534)6651148；6698395
固定资产：350,000千元　有进出口权
经济类型：股份有限公司
企业规模：大型　职工人数：1,800人
法人代表：董卫东
网址：www.sdsxgy.com
【主要产品】胶管；汽车密封条

山东天庆化工有限公司

山东省德州市渤海经济开发区渤海路22号[253700]
电话：(0534)3228999；3424199
传真：(0534)3425982
网址：tianqinghuagong.dzxxg.com
E-mail：office@sdqykj.com.cn；info@sdqykj.com.cn
【主要产品】洗涤剂(工业)；二氧化氯；阻垢分散剂；2-膦酸丁烷-1,2,4-三羧酸；氨基三亚甲基膦酸；羟基亚乙基二膦酸；反渗透膜专用阻垢剂

山东武城康达化工有限公司

山东省德州市武城县运河经济开发区[253300]
电话：(0534)6651888；2178678；2178155
传真：(0534)2178798
有进出口权
供销电话：6698876；13905349802
经济类型：私营企业
法人代表：王子明
网址：www.sdkangdachem.com
E-mail：kangda@hi2000.com
【主要产品】亚硫酸钠；1,1,3,3-四乙氧基丙烷；2-乙酰噻吩；喹唑啉-4-酮；2,4-二羟基苯甲醛；二异丙基甲醇；异丁酸；2-甲基丁酸；甲氧基乙酸；甲基异丙基酮；对甲基苯乙酮；3-戊酮；2-戊酮；2-庚酮；4-庚酮；甲氧基乙酰氯；邻氰基氯苄；4-硝基三氟甲苯；甲基乙基酮肟；对三氟甲基苯腈；间三氟甲基苯腈；乙醛肟；甲硫基乙醛肟；丙酮肟；对三氟甲基苯甲酸；甲氧基乙酸甲酯；3,4-二氢-2(1H)-喹啉酮；4-三氟甲基苯甲酰氯；4-氯苯腈；4-三氟甲氧基苯胺；5-壬酮；对甲氧基苯乙酮

山东兴达化工有限公司

山东省禹城市高新区德信大街[251200]
电话：(0534)2125669；2125676；13853461919
传真：(0534)7425869　有进出口权
职工人数：300人
网址：www.xingdachem.com.cn
E-mail：xingda@xingdachem.com.cn
【主要产品】三聚氰酸；硫酸铵

山东禹城中农润田化工有限公司

山东省禹城市骇河街1447号[251200]
电话：(0534)7281200
传真：(0534)7321269
供销电话：7281299　法人代表：邢仁泉
经济类型：有限责任公司
【主要产品】合成氨；尿素；碳酸氢铵

武城县甲马营新通橡塑有限公司

山东省德州市武城县甲马营乡邢风台村[253307]
电话：(0534)6391135
传真：(0534)6391136　职工人数：50人
经济类型：私营企业
【主要产品】汽车密封条

武城县龙祥有限公司

山东省德州市武城县运河经济开发区果里[253300]
电话：(0534)6691180
传真：(0534)6651162
经济类型：私营企业　法人代表：韩庆国
【主要产品】橡胶密封胶条

临沂市

费县钢浩化工有限公司

山东省临沂市费县探沂镇[273411]
电话：(0539)13954903668
经济类型：有限责任公司
法人代表：巩传刚

鲁

【主要产品】脲醛树脂胶

莒南县达尔特化肥有限公司

山东省临沂市莒南县庆丰路68号[276600]
电话:(0539)7312007;7312105;7312106
传真:(0539)7312281 有进出口权
供销电话:7312106;7312007
经济类型:有限责任公司
法人代表:张宝安
网址:www. qingshang. com
E-mail:qs@ qingshang. com
【主要产品】盐酸;硫酸;过磷酸钙;硫酸钾(农用);复合肥;果树专用肥

莒南县泰祥化肥有限公司

山东省临沂市莒南县庆丰街159号[276600]
电话:(0539)7312080
传真:(0539)7319519 有进出口权
固定资产:110,000千元
供销电话:7319376 企业规模:大型
经济类型:股份有限公司
职工人数:1,200人 法人代表:李凤省
网址:taixianggroup. com
E-mail:taixiangoffice@ texindex. com
【主要产品】硫酸钡;氯化钡;碳酸钡;甲醇;硫脲;合成氨;液氨;碳酸氢铵;复合肥

临沭县丰收化肥厂

山东省临沂市临沭县苍山北路[276700]
电话:(0539)6212292
传真:(0539)6212167 经济类型:集体
供销电话:6212290;6211598
法人代表:云雪峰
【主要产品】混配复合肥料

临沭县金塑制革公司

山东省临沂市临沭县沂蒙创业园[276700]
电话:(0539)6260865;13905397894
传真:(0539)6260595 经济类型:集体
有进出口权 法人代表:杨进新
网址:www. jinsuls. com
E-mail:jinsuls@ 126. com
【主要产品】聚氨酯/聚氯乙烯仿真革

临沭县农友化肥厂

山东省临沂市临沭县周庄街[276702]
电话:(0539)6280888
传真:(0539)6280297 职工人数:190人
供销电话:6280567 法人代表:崔广安
经济类型:私营企业
【主要产品】复合肥

临沂奥浦生物技术有限公司

山东省临沂市兰山区兰华工业园北区30号[276000]
电话:(0539)2982805;2982802;13355038896
传真:(0539)2982825
供销电话:2982802;13355022518
网址:www. lyaopu. cn
E-mail:sales@ lyaopu. cn
【主要产品】2,4-噻唑烷二酮;西力士;安非他酮;西酞普兰;阿立哌唑;羟甲烟胺;替加色罗;瓦地那非;宏地那非;胡椒醛

临沂费县兴达化工有限责任公司

山东省费县刘庄镇许庄村东首路南[273407]
电话:(0539)5641288;5643588
传真:(0539)5643566
经济类型:私营企业 法人代表:王茂军
【主要产品】甲醛

临沂丰禾化工有限责任公司

山东省临沂市火车站南5公里[276021]
电话:(0539)8978558;8978559;13355004198
传真:(0539)8978567
供销电话:8978559;8978560
经济类型:有限责任公司
网址:www. fenghehuafei. com
【主要产品】硫酸钾(农用);磷酸二铵;复合肥;硅钙磷肥;含氮硫钙肥;有机肥

临沂福尔斯特化肥有限公司

山东省临沭县城沭新路西段139号[276700]
电话:(0539)6260889
传真:(0539)6261999 有进出口权
固定资产:10,000千元
经济类型:中外合资经营企业
职工人数:350人 法人代表:高泉玉
网址:www. lufeng-fst. com
E-mail:maya_yyx@ sina. com
【主要产品】复合肥

临沂恒然胶业有限公司

山东省临沂市临西三路与金二路交汇处[276003]
电话:(0539)2908367;13355050880
传真:(0539)8153583
网址:www. hengran. cn
E-mail:hengran126@ 126. com
【主要产品】建筑胶801;聚醋酸乙烯乳液胶黏剂;酚醛树脂胶黏剂;脲醛树脂胶;三聚氰胺甲醛树脂胶黏剂

临沂恒润生物化工有限公司

山东省临沂市罗庄高新技术开发区[276024]
电话:(0539)8288136
传真:(0539)8288136
经济类型:有限责任公司
法人代表:王春玲
网址:www. sinobangtai. com
E-mail:hengrun@ sinobangtai. com
【主要产品】硝酸钾;氯化铵

临沂宏仕德化工有限公司

山东省临沂市经济开发区梅埠办事处[276024]
电话:(0539)8892669;8892656
传真:(0539)8892555 有进出口权
固定资产:120,000千元
职工人数:400人 法人代表:杨化邦
网址:www. sinobangtai. com
E-mail:hsdhg@ sinobangtai. com
【主要产品】硫酸;硫酸钾;乙醇;甲酸;柠檬酸

临沂宏业化工设备有限公司

山东省临沂市罗庄区龙潭路东段[276017]
电话:(0539)8241629;2923767;8241728
网址:www. lyhongye. com
E-mail:hongye@ lyhongye. com
【主要产品】搪玻璃蒸馏罐;搪玻璃搅拌器

临沂金磺化工有限公司

山东省临沂市罗庄区罗西乡满沟屯村[276014]
电话:(0539)8518263;8518099;8518819
传真:(0539)8518188 有进出口权
经济类型:私营企业
网址:www. jinhuanghg. com
E-mail:wangyafeng123@ 163. net
【主要产品】明矾;硫黄;硫黄粉

临沂金泰化工有限公司

山东省临沂市兰山区宏达工业园[276000]
电话:(0539)8165815;8372178;8372638
传真:(0539)8168676;8372178
供销电话:8372638;13705396688
经济类型:中外合资经营企业
有进出口权
网址:www. jintai-chem. com
E-mail:sales@ jintai-chem. com
【主要产品】苯并三氮唑;甲基苯并三氮唑;甲基苯并三氮唑钠

临沂金亿化工有限公司

山东省临沂市罗庄区罗十路中段[276017]
电话:(0539)8265579;13573987666
传真:(0539)8265501 有进出口权
经济类型:私营企业 职工人数:760人
法人代表:周洪海
网址:www. jinyichem. com
E-mail:jinyi@ jinyichem. com
【主要产品】一硝基甲烷;盐酸羟胺;甲酸钙

临沂美都包装有限公司

山东省临沂市临册路西侧[276001]
电话:(0539)2029918;7060819
传真:(0539)7060819
供销传真:7050819 法人代表:丘品端

鲁

经济类型:有限责任公司
网址:www. meidou. com;
www. meidoupacking. com
E-mail:md@ meidou. com
【主要产品】塑料编织袋;柔性集装袋

临沂瑞达精细化工有限公司

山东省费县工业园区[273400]
电话:(0539)5665199;13188738490
传真:(0539)7275389
【主要产品】丙二酸乙酯单钾盐;丙二酸单甲酯钾盐;N-甲基邻苯二胺盐酸盐;5′-脱氧氟尿苷;替米沙坦;卡培他滨

临沂市大有化工有限公司

山东省临沂市兰山区[276000]
电话:(0539)8566206;13954970870
传真:(0539)8566206
供销传真:2190766 法人代表:杜希祥
经济类型:私营企业
【主要产品】乌洛托品

鲁

临沂市浩源塑业有限公司

山东省临沂市河东工业园区109路3号[276004]
电话:(0539)8389886
传真:(0539)8389887
供销电话:8389885 法人代表:谢洪光
供销传真:8313888
经济类型:有限责任公司
【主要产品】聚氯乙烯粒料;PVC塑料加工制品

临沂市兰山区中山化工厂

山东省临沂市兰山区白沙埠镇[276035]
电话:(0539)8653499
传真:(0539)8653499 职工人数:200人
经济类型:私营企业 法人代表:王孝敬
【主要产品】硫酸钠;甲酸;甲酸钠

临沂市坦银贵金属催化剂有限公司

山东省临沂市开阳路西苗庄[276001]
电话:(0539)8161873
供销电话:8161873;13705396253
经济类型:私营企业 法人代表:张坦银
【主要产品】银催化剂

临沂市意顺化工厂

山东省临沂市河东区相公镇东朱团村[276025]
电话:(0539)8831288
固定资产:18,000千元 职工人数:95人
供销电话:8839288 法人代表:朱孔计
供销传真:8832888
经济类型:私营企业
E-mail:nengli. student@ sina. com
【主要产品】聚丙烯T30S

临沂天利集团有限公司

山东省临沂市罗庄区罗西[276014]
电话:(0539)8986786;8986787
传真:(0539)8986785 有进出口权
固定资产:18,000千元
经济类型:有限责任公司
产值:186,000千元 法人代表:郭宗岭
网址:www. tianligroup. com. cn
E-mail:info@ tianligroup. com. cn
【主要产品】硫酸软骨素;鹅脱氧胆酸

临沂先锋科技有限公司

山东省临沂市高新技术产业开发区双月路西段[276017]
电话:(0539)7109569
传真:(0539)7109186 有进出口权
供销电话:7109158 法人代表:王彦廷
经济类型:有限责任公司
网址:www. vanchemical. com;
www. goldvan. cn
E-mail:info@ vanchemical. com
【主要产品】山梨酸;山梨酸钾

临沂亿鑫化工有限公司

山东省临沂市罗庄区罗西街道办事处[276014]
电话:(0539)8518066;13954908997
传真:(0539)8518717
网址:www. chemyixin. com
E-mail:sales@ chemyixin. com
【主要产品】一硝基甲烷;盐酸羟胺;甲酸钙

临沂银河甲醛厂

山东省临沂市兰山区义堂镇南楼工业园[276013]
电话:(0539)8561375
传真:(0539)8561555 有进出口权
供销传真:8561166 法人代表:刘志亮
经济类型:私营企业
网址:sd-yinhe. com
【主要产品】甲醛

临沂永达甲醛厂

山东省临沂市兰山区义堂镇大义堂村工业园[276013]
电话:(0539)8561062
经济类型:私营企业 法人代表:刘恩中
【主要产品】甲醛

临沂玉新橡胶(工业)有限公司

山东省临沂市高新技术开发区创业大厦[276017]
电话:(0539)8249588;8929602
传真:(0539)8249889 有进出口权
经济类型:有限责任公司
职工人数:600人 法人代表:田桂波
【主要产品】轻型载重汽车斜交轮胎;载重汽车斜交轮胎;农用车辆轮胎;摩托车轮胎

临沂远博化工有限公司

山东省临沂市河东经济技术开发区[276000]
电话:(0539)6017888
传真:(0539)6017886 职工人数:50人
固定资产:12,000千元
供销电话:6017888;13854961640
经济类型:私营企业 产值:60,000千元
法人代表:陈功玉
网址:www. yahoosme. com/yuanbo222/1. html
E-mail:lhf19832008@ yahoo. com. cn
【主要产品】一硝基甲烷

临沂正元石蜡化工有限公司

山东省临沂市兰山区兰山办事处刘朱许工业区[276005]
电话:(0539)8030349;13605497736
传真:(0539)7020600
供销电话:8030349;2156125
经济类型:有限责任公司
法人代表:李福席
网址:www. linyizhengyuan. com
E-mail:zhengyuan@ linyizhengyuan. com
【主要产品】石蜡

鲁南制药集团股份有限公司

山东省临沂市兰山区红旗路209号[276006]
电话:(0539)8336002;8336336;8336081
传真:(0539)8336000 有进出口权
供销传真:8336336 企业规模:大型
经济类型:有限责任公司
职工人数:3,500人 法人代表:赵志全
网址:www. lunan. com. cn
E-mail:lunan@ lunan. com. cn;
sales@ lunan. com. cn
【主要产品】米力农;硝酸异山梨酯;盐酸索他洛尔;枸橼酸莫沙必利;盐酸西替利嗪;氯唑沙宗

蒙阴县新丰化工有限公司

山东省临沂市蒙阴县城汶河路009号[276200]
电话:(0539)4810999
传真:(0539)4830503 职工人数:230人
固定资产:68,000千元
经济类型:私营企业 法人代表:申存伶
【主要产品】盐酸;硫酸钾复合肥;高效生物菌肥

平邑县丰源有限责任公司

山东省临沂市平邑县南温水镇[273307]
电话:(0539)4311011
传真:(0539)4311011
供销电话:4311076 法人代表:陈宗忠
经济类型:有限责任公司
【主要产品】碳酸二甲酯;碳酸丙烯酯;合成氨;碳酸氢铵

青岛双星集团瀚海鞋业有限公司

山东省临沂市沂水县高庄镇杏峪村[276427]
电话:(0539)2444541;2444668

传真:(0539)2444548　经济类型:国有
供销电话:2444777　有进出口权
供销传真:2444593　产值:150,000 千元
职工人数:2,000 人　法人代表:张青
网址:www. doublestar. com. cn
【主要产品】胶鞋

山东大东方化纤塑料股份有限公司

山东省莒南县城嵋山路 197 号[276600]
电话:(0539)7212430
传真:(0539)7212265
供销电话:7212914　法人代表:刘长瑜
经济类型:股份有限公司
【主要产品】丙纶短纤维;塑料制品;地膜

山东大陆药业有限公司

山东省临沂市临西十一路 18 号[276012]
电话:(0539)8413900;8413912;8413901
传真:(0539)8413901
供销传真:8413900
网址: www. yysx. com/company/index. asp? id = 346
【主要产品】硫酸庆大霉素;阿尼西坦

山东丹化肥业有限公司

山东省临沂市兰山区清河北路 458 号[276000]
电话:(0539)8170116;8170117
传真:(0539)8170118
网址:www. danhuachina. com
E-mail:info@ danhuachina. com
【主要产品】磷酸二铵;硫酸钾复合肥;复合肥;BB 肥;硅钙肥;有机无机复混肥;腐殖酸脲

山东阜丰集团公司

山东省莒南县天桥路[276600]
电话:(0539)7212351;7212210
传真:(0539)7218266　有进出口权
固定资产:500,000 千元
经济类型:股份有限公司
销售收入:1,000,000 千元
企业规模:大型　法人代表:李学纯
网址:www. furuigroup. com; www. sd-fufeng. com
E-mail:trade@ furuigroup. com
【主要产品】有机无机复混肥;谷氨酸钠;黄原胶;谷氨酸;玉米淀粉

山东恒通化工股份有限公司

山东省临沂市郯城县人民路 305 号[276100]
电话:(0539)6138619;6225058;6138114
传真:(0539)6225058　有进出口权
固定资产:2,000,000 千元
供销电话:6138369　企业规模:大型
供销传真:6108570　职工人数:3,000 人
经济类型:股份有限公司
法人代表:王永立
网址:www. hengtongchemical. com
E-mail:shcc@ hengtongchemical. com
【主要产品】盐酸;烧碱;漂白粉;过氧化氢;压缩氢气;氯气(液);甲醇(精);一氯乙酸;氯化苄;合成氨;尿素;聚氯乙烯树脂

山东红日阿康化工股份有限公司

山东省临沂市罗庄区湖北路东段[276017]
电话:(0539)7112901;8290334;8260100
传真:(0539)7112902　有进出口权
供销电话:7109999　企业规模:大型
供销传真:7101000
经济类型:外商投资股份有限公司
网址:www. hongriacron. com
E-mail:hrak2008@ 163. com
【主要产品】盐酸;硫酸;硫酸铝;液氨(工业用);甲醇;合成氨;磷酸一铵;混配复合肥料

山东金大地生态工程股份有限公司

山东省临沂市临沭县常林东街[276700]
电话:(0539)6211989;6215088
传真:(0539)6218246　有进出口权
固定资产:1,000,000 千元
供销电话:6232815;6210698
供销传真:6212637　企业规模:大型
经济类型:有限责任公司
销售收入:1,600,000 千元
职工人数:2,000 人　法人代表:万连部
网址:www. kingenta. com; www. jindadi. com
E-mail:kgt@ kingenta. com; chenghu. zhong@ gmail. com
【主要产品】复合肥

山东金秋化工科技有限公司

山东省临沂市兰山区义堂镇代庄工业园[276013]
电话:(0539)8566339;2190799;13608999999
传真:(0539)2190798　职工人数:49 人
固定资产:30,000 千元
供销电话:13953980678
经济类型:有限责任公司
法人代表:李传信
网址:www. sdjqmy. com
E-mail:trade@ sdjqmy. com
【主要产品】甲醛;树脂胶

山东金沂蒙集团有限公司

山东省临沂市临沭县兴大西街 99 号[276700]
电话:(0539)6268027;6213888
传真:(0539)6212918　有进出口权
固定资产:1,000,000 千元
供销电话:6268009　企业规模:大型
经济类型:有限责任公司
销售收入:170,000 千元
职工人数:2,000 人　法人代表:张立省
网址:www. goldym. com
E-mail:office@ goldym. com
【主要产品】乙醇(无水);乙二醛;甲醛溶液;冰醋酸;乙酸乙酯;醋酸丁酯;合成氨;碳酸氢铵;氮磷钾复合肥;硫酸钾复合肥;食用酒精

山东久泰化工科技股份有限公司

山东省临沂市罗庄区罗八路中段[276017]
电话:(0539)7110369
传真:(0539)7110111　有进出口权
经济类型:股份有限公司
职工人数:800 人　法人代表:崔连国
网址:www. jiutaichem. com
【主要产品】甲醇;甲醚

山东莒南县宝华化工厂

山东省莒南县城西路镇大南黄庄[276600]
电话:(0539)7275559;13705495729
传真:(0539)7275559
网址:www. sunyea. com
E-mail:hua@ baohuachem. com
【主要产品】混丁醇;异戊醇;丙醇;1-戊醇

山东凯利化工有限公司

山东省莒南县城南 4 公里[276627]
电话:(0539)7629378;7629388
传真:(0539)7629378;7629377
职工人数:70 人
网址:www. kailihg. cn
E-mail:kailihg@ 163. com
【主要产品】氯化硫酰;乙醇;正丁醇;异戊醇;混丙醇

山东临沂湖滨化工有限公司

山东省临沂市罗庄区高新技术开发区[276014]
电话:(0539)8511038;8519181
传真:(0539)8984666
网址:www. cnhubin. cn
E-mail:hubin@ cnhubin. cn
【主要产品】不溶性硫黄

山东临沂华丰化肥有限公司

山东省临沂市临沭县城常林东大街东首 327 国道北侧[276700]
电话:(0539)6219999;6211787;6201137
传真:(0539)6219999;6255677
固定资产:48,000 千元　有进出口权
供销电话:6233369;6219999
经济类型:有限责任公司
职工人数:680 人
网址:www. ehuafeng. com
E-mail:ehuafeng@ ehuafeng. com
【主要产品】过磷酸钙;混配复合肥料

山东临沂兰山区银河化工有限公司

山东省临沂市兰山区义堂镇南楼村[276013]

电话：(0539)8561375；13953995551
供销电话：8521033；13953995551
经济类型：有限责任公司
职工人数：144 人　法人代表：刘克亮
【主要产品】甲醛

山东临沂蒙洁尔活性炭有限公司

山东省临沂市经济开发区梅埠工业园[276024]
电话：(0539)8891313；13953948693
传真：(0539)8895358
网址：www. ymhxt. com
E-mail：zhongyousong@ ymhxt. com
【主要产品】活性炭

山东临沂市造纸化工厂

山东省临沂市罗庄区付庄镇[276018]
电话：(0539)8501066
传真：(0539)8501881　职工人数：330 人
固定资产：40,000 千元　法人代表：陈勇
经济类型：股份有限公司
销售收入：100,000 千元
【主要产品】烧碱

鲁

山东鲁光化工厂

山东省临沂市通达路 257 号[276016]
电话：(0539)7065222；7065092
传真：(0539)7065099　经济类型：国有
固定资产：120,000 千元　有进出口权
供销电话：7065088；7065188
供销传真：7065099；7065333
企业规模：大型　职工人数：800 人
法人代表：蹇兆旺
网址：www. lu-guang. com
E-mail：gongxiao@ lu-guang. com
【主要产品】硝酸；硫酸钠；硝酸钠；亚硝酸钠；硝酸钙；亚硝酸钙；硝酸铵(工业用)；一硝基甲烷；盐酸羟胺

山东鲁南造漆厂

山东省临沂市沂水县高桥工业园四号[276400]
电话：(0539)2813888
传真：(0539)2811978　经济类型：集体
法人代表：刘学春
网址：www. lnpaint. com
E-mail：lnpaint@ 163. com
【主要产品】热塑性丙烯酸树脂；热固性丙烯酸树脂；沥青漆类；环氧煤沥青防腐涂料；各色快干醇酸磁漆；各色氨基烘干磁漆；各色氨基烘干锤纹漆；硝基清漆；硝基磁漆；铁红过氯乙烯底漆；丙烯酸树脂漆类；丙烯酸清漆；丙烯酸磁漆；各色丙烯酸聚氨酯磁漆；丙烯酸路线漆；真石漆；聚酯清漆；聚酯木器漆；铁红环氧酯底漆；环氧地坪涂料；有机硅耐热漆；氯化橡胶漆类；氯化橡胶底漆；氯磺化聚乙烯防腐漆；氯磺化聚乙烯防腐底漆；高氯化聚乙烯铁红防锈漆；各色氯化橡胶无光防火漆；铁红氯化橡胶厚膜型防锈漆；无机硅酸锌底漆；防火漆；聚氨酯固化剂

山东鲁洲集团沂水化工有限公司

山东省临沂市沂水县沂蒙路 181 号[276400]
电话：(0539)2273452
传真：(0539)2273706　有进出口权
供销电话：2273455；2273556
经济类型：有限责任公司
法人代表：田宝俊
网址：www. luzhoufood. com
E-mail：chemical@ luzhoufood. com
【主要产品】合成氨；尿素；碳酸氢铵

山东陆邦涂料有限公司

山东省郯城市工业园郯东路 9 号[276100]
电话：(0539)6100758；6100588
传真：(0539)6112759　职工人数：25 人
供销电话：6100558　法人代表：陆仲国
经济类型：有限责任公司
网址：www. lubangpaint. cn
E-mail：support@ lubangpaint. com
【主要产品】硝基清漆；环保乳胶漆；真石漆；丙烯酸外墙涂料；聚酯地板漆；常温道路标志漆；木器用装饰漆；各色亮光面漆；透明底漆；水性木器漆；透明腻子

山东蒙阴益丰企业集团总公司

山东省临沂市蒙阴县蒙山路 99 号[276200]
电话：(0539)4276998
传真：(0539)4810999　职工人数：326 人
【主要产品】混配复合肥料；硫酸钾复合肥；专用肥

山东铭杉精细化工有限公司

山东省临沂市罗庄收费处(京沪高速)北 2 公里[276014]
电话：(0539)8986111；8986222；13305490999
传真：(0539)8986677
经济类型：有限责任公司
法人代表：魏荣朝
网址：www. mingshanchem. com
E-mail：info@ mingshanchem. com
【主要产品】阻燃剂 CX18；阻燃剂 DOPO；阻燃剂 DOPO-BQ；阻燃剂 DDP

山东三方化工有限公司

山东省临沂市莒南县庆丰路 68 号[276600]
电话：(0539)7312105
传真：(0539)7312281　有进出口权
供销电话：7312006；7315984
经济类型：有限责任公司
产值：300,000 千元　法人代表：徐长青
【主要产品】硫酸钾；复合肥

山东三农农药有限公司

山东省莒南县城西环路北段西侧[276600]
电话：(0539)7218750
传真：(0539)7232136
网址：www. sdsannong. com
E-mail：sdsannong@ 126. com
【主要产品】异丙草胺乳油；乙草胺乳油；扑·乙悬浮剂；异丙草·莠悬浮剂

山东胜邦鲁南农药有限公司

山东省临沂市兰山区解放路 353 号[276006]
电话：(0539)8350058；8350361；8350753
传真：(0539)8350361　有进出口权
供销电话：8350753；6019918
供销传真：8350361；6019918
经济类型：有限责任公司
法人代表：郑诗峰
网址：www. lunong. com
E-mail：lunong@ ly-public. sd. cninfo. net
【主要产品】*O*,*O*-二乙基硫代磷酰氯；辛硫磷；辛硫磷乳油；辛硫磷颗粒剂；治螟磷乳油(40%)；三唑磷；二嗪磷；二嗪磷乳油；克百威颗粒剂；丁硫克百威；丁硫克百威乳油；毒死蜱；毒死蜱乳油；多菌灵可湿性粉剂；乙·噁乳油；哒·水胺乳油；毒·辛乳油

山东省大舜化工有限公司

山东省临沂市沂南县城玉泉路 11 号[276300]
电话：(0539)3259028；3252981
传真：(0539)3252981　有进出口权
供销传真：3259028　职工人数：160 人
经济类型：有限责任公司
网　址：www. shuntianchem. com/jtxs-03. htm
【主要产品】三聚氰胺

山东省莒南制药厂

山东省莒南县城民主路 106 号[276600]
电话：(0539)7231589；7221274；7212335
传真：(0539)7231050　经济类型：国有
固定资产：89,000 千元
供销电话：7231589；13953989526
产值：150,000 千元　职工人数：620 人
销售收入：86,000 千元
法人代表：潘庆才
网址：www. luming-pharma. com. cn
E-mail：sales@ luming-pharma. com. cn
【主要产品】盐酸苯乙双胍；去甲斑蝥素；盐酸普罗帕酮；羧甲司坦；盐酸米安色林；丙戊酸钠；甘羟铝；盐酸地芬尼多

山东省临沂市罗庄区硝酸钾厂

山东省临沂市罗庄区盛庄镇[276016]
电话：(0539)8593666
传真：(0539)8591666
固定资产：10,000 千元
经济类型：私营企业　法人代表：孟祥才
【主要产品】硝酸钾；工业氯化铵

山东省临沂市三丰化工有限公司

山东省临沂市河东区政府驻地[276034]
电话:(0539)8380686;8382233
传真:(0539)8388298　有进出口权
经济类型:有限责任公司
法人代表:张忠琴
网址:www.sfhg.cn
E-mail:wzhx1010@sfhg.cn
【主要产品】抗氧剂;抗氧剂1010;抗氧剂1076;抗氧剂6225;抗氧剂MD-1024;抗氧剂1098;抗氧剂168;复合型抗氧剂B215;抗氧剂702

山东省临沂市银东硅制品有限公司

山东省临沂市罗庄区罗西办事处[276014]
电话:(0539)3296464;13508999007
网址:www.zjdwcy.com
【主要产品】硅溶胶

山东省平邑天宝化工有限公司

山东省平邑县城蒙阳路南首[273300]
电话:(0539)4262819
传真:(0539)4262696;4262919
职工人数:480人
网址:www.cntianbao.com
E-mail:tianbaohg@sohu.com;info@cntianbao.com
【主要产品】煤矿许用膨化炸药;抗水岩石炸药;岩石乳化炸药;岩石膨化硝铵炸药;铵油炸药;铵松蜡炸药1号;岩石粉状铵锑油炸药2号;岩石铵锑炸药4号;煤矿许用乳化炸药;震源药柱

山东省沂水华祥塑料建材有限公司

山东省沂水县杨庄镇[276400]
电话:(0539)2831158;2832226;2313805
传真:(0539)2831189;2313539
职工人数:980人
网址:www.china-huaxiang.com
E-mail:ruth@china-huaxiang.com
【主要产品】塑料编织袋;柔性集装袋

山东省沂水隆大生物工程有限责任公司

山东省临沂市沂水县城沂博路3号[276400]
电话:(0539)2257423;2251064
传真:(0539)2268415　职工人数:325人
固定资产:50,000千元
供销传真:2257423　法人代表:陈盛壮
经济类型:有限责任公司
网址:www.longda-enzyme.com
E-mail:sales@longda-enzyme.com
【主要产品】酶制剂;葡糖淀粉酶;纤维素酶;α-淀粉酶

山东施丰化工有限公司

山东省费县费成镇建设路121号[273400]
电话:(0539)5012729
传真:(0539)5012729　职工人数:580人
固定资产:60,000千元
供销电话:5012908　产值:98,954千元
经济类型:私营企业　法人代表:李洪祥
销售收入:101,009千元
网址:www.shikefeng.com
【主要产品】合成氨;液氨;碳酸氢铵;复合肥

山东舜民肥业有限公司

山东省临沂市南坊镇[276001]
电话:(0539)8605200;3252981
传真:(0539)8605168;3259028
固定资产:160,000千元　有进出口权
经济类型:有限责任公司
法人代表:岳清渠
网址:www.shuntianchem.com
【主要产品】碳酸氢铵;复合肥

山东信科环化有限责任公司

山东省临沂市临沭县城西工业区[276700]
电话:(0539)6212516;6212223;6212837
传真:(0539)6212391　有进出口权
固定资产:220,000千元
供销电话:6215868　企业规模:大型
经济类型:有限责任公司
职工人数:1,858人　法人代表:王君正
网址:www.xinkechem.com
E-mail:trade@xinkechem.com
【主要产品】氢氧化钡;氢氧化钡(一水);硫氢化钠;氯化钡;氯化钡(无水);二氧化硫脲;硫脲;白炭黑

山东旭洋机械股份有限公司

山东省临沂市兰山区通达路96号[276003]
电话:(0539)8223761;8226080
传真:(0539)8226080　职工人数:860人
经济类型:股份有限公司
法人代表:刘方春
网址:www.xuyang.com.cn
E-mail:office@xuyang.com.cn
【主要产品】立式煅烧窑炉;蒸汽煅烧炉;吸收塔;冷却机;喷浆造粒干燥机;烘干机;球磨机;储罐;压力容器;喷浆造粒机

山东银光化工集团有限公司

山东省临沂市费县费城和平路129号[273400]
电话:(0539)5039999;5039157
传真:(0539)5039114　有进出口权
固定资产:260,000千元
供销电话:5039157;5039316
供销传真:5039577;5039963
经济类型:股份有限公司
企业规模:大型　职工人数:1,600人
法人代表:孙伯文
E-mail:fxygmy@sina.com
【主要产品】镁;炸药;震源导爆索

山东正兴轮胎股份有限公司

山东省临沂市兰山区马厂湖镇[276015]
电话:(0539)8527688;8528003
传真:(0539)8527000;8527405
固定资产:600,000千元　有进出口权
产值:500,000千元　企业规模:大型
职工人数:1,600人　法人代表:刘子予
网址:www.sdzhengxing.com
E-mail:trade@kingtyre.com
【主要产品】摩托车轮胎;力车胎外胎;力车胎内胎

山东中天生态肥业有限公司

山东省临沂市临沭县店头工业园宏联路2号[276703]
电话:(0539)6970069;6970808
传真:(0539)6970069　有进出口权
经济类型:有限责任公司
职工人数:500人　法人代表:郭瑞
网址:www.sdzhongtian.cn
E-mail:sdztsfy@126.com
【主要产品】混配复合肥料

郯城县信合有机化工厂

山东省临沂市郯城县黄山镇[276133]
电话:(0539)6781390
经济类型:集体
【主要产品】甲醛;季戊四醇

郯城县杨集起飞化工厂

山东省临沂市郯城县杨集镇[276121]
电话:(0539)6501081
传真:(0539)6501689　产值:5,000千元
固定资产:380千元　职工人数:36人
经济类型:私营企业　法人代表:丁明春
销售收入:4,952千元
E-mail:lyqifei@163.com
【主要产品】反丁烯二酸;苯酐;硫脲;炭黑

聊城市

茌平华昊化工有限公司

山东省聊城市茌平县工交路西首[252100]
电话:(0635)2981278
传真:(0635)2981258　有进出口权
经济类型:中外合资经营企业
职工人数:60人　法人代表:赵洪涛
网址:www.chipinghuahao.com
E-mail:info@huahaochem.com
【主要产品】乙酰丙酮

东阿县创新化工有限公司

山东省东阿县刘集工业园[252213]
电话:(0635)3516058;13869569526
传真:(0635)3516909
供销电话:3516518
经济类型:有限责任公司
网址:www.cxhg.cn
E-mail:webmaster@cxhg.cn
【主要产品】黏合剂

聊城华奥化工有限公司

山东省聊城市朱老庄工业园[252000]
电话:(0635)8556699;6966166
传真:(0635)8552366　有进出口权
固定资产:10,000千元
供销传真:6966555　职工人数:160人
经济类型:股份有限公司
网址:www.chem-huaao.com
E-mail:wangxm@chem-huaao.com
【主要产品】三氯异氰尿酸;二氯异氰尿酸钠;消毒剂

聊城佳恒化工有限公司

山东省聊城市经济开发区黄河路16号五层[252000]
电话:(0635)8530995;8530998-8005
传真:(0635)8530999
供销电话:8510996
经济类型:有限责任公司
网址:www.jiahenggroup.com
E-mail:jiaheng@jiahenggroup.com
【主要产品】聚氨酯硬泡组合聚醚;聚乙烯管;丙烯酸内墙乳胶漆;丙烯酸外墙涂料;高分子防水涂料;壁纸涂料;刚玉涂料

鲁

聊城齐鲁特种涂料有限公司

山东省聊城市东昌府区闫寺工业园[252000]
电话:(0635)8721073
传真:(0635)8722916　职工人数:160人
固定资产:20,000千元
经济类型:有限责任公司
网址:www.qltetu.com
【主要产品】特种涂料

聊城秋实化工有限公司

山东省聊城市东昌府区北城办事处[252000]
电话:(0635)8853955;8853788;8853666
传真:(0635)8853928
网址:www.qiushichem.com
E-mail:qiushichem@chemnet.com
【主要产品】嘧草酮

聊城瑞捷化学有限公司

山东省聊城市东昌东路159号[252000]
电话:(0635)8378686;13666387166
传真:(0635)8378586　有进出口权
经济类型:私营企业　法人代表:张宪明
网址:www.lcruijie.com
E-mail:lcruijiehx@163.com
【主要产品】季戊四醇硬脂酸酯;季戊四醇油酸酯;三羟甲基丙烷三油酸酯;偏苯三酸三辛酯;单脂肪酸甘油酯;脂肪酸锌;橡胶助剂;橡胶增塑剂A

聊城市川岛润滑油有限公司

山东省聊城市聊堂西路38号[252000]
电话:(0635)8435818;8436388
传真:(0635)8432889;8446789
供销电话:8966266;13780728777
经济类型:中外合资经营企业
有进出口权　法人代表:陈庆军
网址:www.cdrhy8.com/gycd.htm
E-mail:lcdrhy@sohu.com
【主要产品】工业齿轮油;抗磨液压油;润滑油

聊城市中联化工有限公司

山东省聊城市东昌东路91号106室[252000]
电话:(0635)2110109;2113580
传真:(0635)8261288;8685200
固定资产:30,000千元　有进出口权
经济类型:有限责任公司
产值:88,000千元　职工人数:393人
销售收入:61,000千元
法人代表:谢遵华
网址:www.zhonglianchemical.com
E-mail:fruchun@163.com
【主要产品】三氯异氰尿酸;三聚氰酸;二氯异氰尿酸钠;氯化橡胶

聊城泰林化工有限公司

山东省聊城市梁水镇(聊临路交警四中队南邻)[252037]
电话:(0635)8751034;8751194
传真:(0635)8751990　职工人数:81人
固定资产:8,700千元　法人代表:牟林
经济类型:私营企业
【主要产品】混配复合肥料

临清市永康油脂厂

山东省临清市刘垓子镇梁庄村[252600]
电话:(0635)2671616;2671818;2671828
传真:(0635)2671806
供销电话:2671616;2671808
经济类型:私营企业　法人代表:陈捷型
网址:www.lqykyz.com
E-mail:lqykjieda@sina.com
【主要产品】硬脂酸;豆油酸;油酸

山东奥克特化工有限公司

山东省聊城市高唐县官道北街5号[252800]
电话:(0635)3961001;3961201;13806353671
传真:(0635)3961001　经济类型:国有
供销传真:3961209　有进出口权
职工人数:960人　法人代表:曹俊山
网址:www.aocter.com;
www.gaotangchemical.com
E-mail:sales@aocter.com
【主要产品】糠醛;醋酸钠;D-苯丙氨酸;DL-苯丙氨酸;氯化胆碱;富马酸单甲酯;二氢吡啶;大蒜素;富马酸亚铁

山东昌裕集团有限公司

山东省聊城市闫寺工业区1号[252036]
电话:(0635)8721041;8721233;8721215
传真:(0635)8721152;8721041
供销电话:8721110;8721040
供销传真:8721153　经济类型:集体
销售收入:300,000千元
企业规模:大型　职工人数:1,600人
法人代表:孙洪源
网址:www.sdcygroup.com
E-mail:qilupaint@yahoo.com.cn
【主要产品】油漆;C01-1醇酸清漆;各色醇酸调合漆;各色醇酸磁漆;快干氨基烘干磁漆;Q04-2各色硝基外用磁漆;各色聚氨酯磁漆

山东茌平中信化工有限公司

山东省茌平县乐平镇二十里铺向东6公里[252100]
电话:(0635)4573410;4573408
传真:(0635)4573588　职工人数:360人
固定资产:80,000千元
供销电话:4573408;4573406
经济类型:有限责任公司
法人代表:胡建明
网址:www.zgzxhg.com
E-mail:hjm@zgzxhg.com;
wj@zgzxhg.com
【主要产品】氟化钙;氟化铝;氟铝酸钠;氟化镁;氟化氢

山东东泰农化有限公司

山东省聊城市道口铺工业区[252033]
电话:(0635)2111785;8671517
传真:(0635)8672788　有进出口权
固定资产:18,600千元
经济类型:有限责任公司
职工人数:210人　法人代表:周保东
网址:www.sddtnh.com
E-mail:pzhd@lc-public.sd.cninfo.net
【主要产品】阿维菌素;辛硫磷乳油;20%高渗辛硫磷乳油;高渗氧乐果乳油;三唑磷;高渗三唑磷乳油;吡虫啉;吡虫啉可湿性粉剂;氰戊菊酯乳油;甲氰菊酯乳油;高渗甲氰菊酯乳油;啶虫脒;啶虫脒乳油;啶虫脒可湿性粉剂;氟铃脲乳油;三唑锡可湿性粉剂;福美双可湿性粉剂;嘧草酮;二甲戊乐灵;二甲戊乐灵乳油;苯磺隆;苯磺隆可湿性粉剂;精喹禾灵乳油;扑灭津;20%吗啉胍·乙铜可湿性粉剂;辛·氰乳油;40%柴油·唑磷乳油;哒·水胺乳油;硫·酮可湿性粉剂;苄·丙草可湿性粉剂;毒·辛乳油;吡·异可湿性粉剂;吡·柴油乳油;28%百·霉威可湿性粉剂;柴油·哒乳油;阿维·高氯微乳剂;阿维·柴乳油;苏云金杆菌可湿性粉剂

山东东信生物农药有限公司

山东省临清市南郊济津街87号[252600]
电话:(0635)2318989
传真:(0635)2316638
经济类型:有限责任公司
法人代表:苏庆申
网址:www.dongxinchina.com
E-mail:sdlw212@sohu.com

【主要产品】吡虫啉可湿性粉剂;高效氯氰菊酯乳油

山东高威化工有限公司

山东省高唐县东兴路 18 号[252800]
电话:(0635)3910666;3910698
传真:(0635)3913022　有进出口权
供销电话:3910698;3911786-8009
经济类型:中外合资经营企业
网址:www. gaoven. com
E-mail:gaoven@ gaoven. com
【主要产品】弹性乳胶漆;真石漆;水性铁红丙烯酸底漆;自流平环氧地板漆;环氧耐磨防滑地面涂料;单组分水晶地板漆;特级丝绸乳胶漆;溶剂型外墙漆;高级水性封闭底漆;抗裂弹性腻子;封墙底漆

山东谷丰源化肥有限公司

山东省阳谷县南外环 30 号[252300]
电话:(0635)6330378;6330466
传真:(0635)6330315;6330566
职工人数:600 人
网址:www. sdgfy. cn
E-mail:gfy@ sdgfy. cn
【主要产品】含硫尿素;复合肥;螯合微肥

山东吉地尔集团有限公司

山东省聊城市高唐县官道街北首 3 号[252800]
电话:(0635)3961160;3961096
传真:(0635)3961099;2131666
固定资产:120,000 千元　有进出口权
供销电话:3961976;3961159
经济类型:私营企业　法人代表:李玉华
网址:www. sdjde. com
【主要产品】磷酸二铵;复合肥

山东景阳岗软管总厂

山东省聊城市阳谷县工业园区[252300]
电话:(0635)6322787;6322877
传真:(0635)6322787　经济类型:集体
供销电话:13706356287　有进出口权
职工人数:500 人　法人代表:唐恒明
网址:www. jygrg. com
【主要产品】胶管;钢丝编织胶管;振动器软管;膨胀橡胶软管

山东聊城阿华制药有限公司

山东省聊城市卫育北路 1 号[252000]
电话:(0635)8386272;8382239
传真:(0635)8382238;8381745
供销电话:8382239;8386272
经济类型:股份有限公司　有进出口权
法人代表:尹健
网址:www. ehuapharm. com. cn
E-mail:sales@ ehuapharm. com. cn
【主要产品】氢氧化铝;三硅酸镁;二氧化硅;硬脂酸镁(药用);药用淀粉;预胶化淀粉;白糊精;甲基纤维素(药用);乙基纤维素(药用);微晶纤维素(药用);羧甲基纤维素钠(医药级);羧甲基淀粉钠(医药级);薄膜包衣剂;羟丙基甲基纤维素;羟丙基纤维素

山东聊城钾肥有限公司

山东省聊城市聊阳路 33 号[252000]
电话:(0635)8243158;8243133
传真:(0635)8243133;8241460
固定资产:26,000 千元
供销电话:8241460;8245141
职工人数:120 人
网址:www. lfhg. com. cn
E-mail:mlhg. yml@ 163. com
【主要产品】盐酸;硫酸钾(农用);磷酸二铵;三元含硫复合肥

山东聊城鲁工涂料助剂有限公司

山东省聊城市光岳路南首[252000]
电话:(0635)8531311;8186066;8186188
传真:(0635)8531311
供销电话:8186188;13356359089
网址:www. lgzhj. com
E-mail:lgzhj@ lgzhj. com
【主要产品】纯丙乳液;硅丙乳液;苯丙乳液;涂料专用消泡剂;水性涂料分散剂;涂料润滑剂;缔合型碱溶胀增稠剂;水性涂料用流平剂;水性涂料增稠剂;压敏型乳液;颜料分散剂

山东聊城鲁西化工集团总公司第五化肥厂

山东省阳谷县汉桥路 13 号[252300]
电话:(0635)6322212;6323198
传真:(0635)6323303　经济类型:国有
固定资产:354,768 千元　有进出口权
供销电话:6322127;6322131
产值:467,357 千元　企业规模:大型
销售收入:419,863 千元
职工人数:1,140 人　法人代表:张勇
网址:www. lxhg. com
E-mail:lxhg@ public. lcptt. sd. dn
【主要产品】硫酸;硫酸钾复合肥

山东聊城氧气厂

山东省聊城市东昌府区东昌东路 1 号[252000]
电话:(0635)8352091
固定资产:3,000 千元　经济类型:国有
法人代表:刘华宽
【主要产品】氧气

山东临清洪流化工总公司

山东省临清市更道街 248 号[252600]
电话:(0635)2341099;2342052
传真:(0635)2340968　经济类型:国有
有进出口权　职工人数:380 人
法人代表:李娜莉
网址:www. hlyq. com
E-mail:hongliu@ public. lcptt. sd. cn
【主要产品】油漆;醇酸树脂漆类;装饰漆;金属漆;汽车漆;木器家具漆;建筑涂料;丙烯酸树脂漆类;羟基丙烯酸聚氨酯珍珠面漆;氟碳漆;船舶防腐漆;环保型建筑涂料

山东鲁西化工股份有限公司

山东省聊城市鲁化路 68 号[252000]
电话:(0635)8334395
传真:(0635)8334395　有进出口权
供销电话:8332319;8336993
经济类型:股份有限公司
企业规模:大型　法人代表:张金成
网址:www. luxichemical. com
E-mail:info@ luxichemical. com
【主要产品】硫酸;合成氨;尿素;过磷酸钙;磷酸二铵;硫酸钾复合肥

山东齐鲁漆业有限公司

山东省聊城市嘉明工业园 1 号[252036]
电话:(0635)8721107;8721017
传真:(0635)8721153　有进出口权
固定资产:110,000 千元
供销电话:8721110;8721040
经济类型:股份有限公司
销售收入:278,730 千元
职工人数:1,600 人　法人代表:孙洪源
网址:www. sdcygroup. com
E-mail:qlqygroup@ 126. com
【主要产品】各色醇酸调合漆;氨基树脂漆类;硝基漆类;环氧酯防锈漆;聚氨酯漆类;油漆稀释剂

山东泉林嘉有机肥料有限责任公司

山东省聊城市高唐县官北首 26 号[252800]
电话:(0635)3961889
传真:(0635)3961614　职工人数:430 人
供销电话:3961565;2138213
经济类型:有限责任公司
法人代表:李洪法
E-mail:jiayou@ vip. sina. com
【主要产品】有机复合肥

山东润源实业有限公司

山东省临清市临博路 15 号[252653]
电话:(0635)2636100;2636128
传真:(0635)2636128　有进出口权
经济类型:有限责任公司
职工人数:1,600 人　法人代表:丁月芝
网址:www. runyuan. com. cn
E-mail:sdrysy@ 163. com
【主要产品】桃胶;阿拉伯树胶

山东省茌平县德玺生物肥料有限责任公司

山东省茌平县乐平工业园[252126]
电话:(0635)4612063
传真:(0635)4612063;4615026

供销电话：13306354087
经济类型：有限责任公司
职工人数：200 人 法人代表：王厚喜
网址：www.sddexi.com
E-mail：dxwwj@163.com
【主要产品】BB 肥；冲施肥；生物有机肥；生物磷钾肥

山东省聊城市硫酸厂

山东省聊城市东昌府区梁水镇北 1 华里［252000］
电话：(0635)8751025
传真：(0635)8751025 经济类型：国有
产值：160,000 千元 企业规模：大型
法人代表：南怀忠
【主要产品】硫酸；亚硫酸铵；磷酸氢钙；锌；过磷酸钙；混配复合肥料

山东省莘县四强化工有限公司

山东省莘县古云镇工业园区［252429］
电话：(0635)4839999
传真：(0635)7881999 职工人数：260 人
固定资产：38,000 千元
网址：www.sdsxsqhg.com
【主要产品】丙三醇；2-辛醇；癸二酸；脂肪酸

山东省信祥化工有限公司

山东省聊城市茌平县工交路 14 号［252100］
电话：(0635)4287676；4287005
固定资产：260,000 千元 有进出口权
经济类型：有限责任公司
销售收入：900,000 千元
企业规模：大型 职工人数：2,600 人
法人代表：于素平
【主要产品】硫酸；合成氨；液氨；碳酸氢铵；复合肥；谷氨酸钠；淀粉

山东阳谷恒泰实业有限公司

山东省阳谷县闫楼工业区［252323］
电话：(0635)6710056；13303937318
传真：(0635)6710662
供销电话：6710662；13963533354
经济类型：私营企业 法人代表：杨传省
网址：www.yghtjt.com
E-mail：yght1@163.com
【主要产品】聚乙烯管；塑料桶

山东阳谷华泰化工有限公司

山东省阳谷县阳谷镇南环路 217 号［252300］
电话：(0635)6381064；6381031
传真：(0635)6381030 有进出口权
经济类型：有限责任公司
法人代表：王传华
网址：www.yg-huatai.com
E-mail：hthg@lc-public.sd.cninfo.net
【主要产品】环己烯；促进剂 NS；*N*-环己基硫代酞酰亚胺；橡胶增塑剂 A

山东阳谷鲁燕化工有限公司

山东省阳谷县大布工业区［252329］
电话：(0635)6580333；6581783；13963586602
传真：(0635)6581012；6580333
经济类型：有限责任公司
网址：www.sdlyhg.com
E-mail：zh-111@163.com
【主要产品】AKD 蜡粉；羧甲基淀粉；淀粉；表面施胶淀粉

山东阳谷中石药业有限公司

山东省聊城市阳谷县石门宋工业区［252317］
电话：(0635)6820988；6820989
传真：(0635)6820992；6820989
供销电话：6820992 职工人数：300 人
经济类型：有限责任公司
【主要产品】高渗氧乐果乳油；高渗吡虫啉可湿性粉剂；氯氰菊酯；高效氯氰菊酯；高效氯氰菊酯水乳剂；阿特拉津胶悬剂；乙草胺；乙草胺乳油；乙草胺水乳剂；辛·溴乳油；哒·螨醇乳油；酮·氧乐乳油；哒·水胺乳油；辛·甲氰乳油；30% 高氯·马·辛乳油；异丙草·莠悬浮剂；阿维·高氯微乳剂

山东阳光化工有限公司

山东省阳谷县工业园区化工路［252300］
电话：(0635)6381010
传真：(0635)6324198
经济类型：股份合作
网址：www.sinosunshine.com
E-mail：jcf926@sohu.com
【主要产品】三氯异氰尿酸；三聚氰酸；二氯异氰尿酸钠；聚丙烯酰胺

莘县科力恒油脂化学有限公司

山东省莘县通运路北首［252400］
电话：(0635)7361490；7361217；13563537068
传真：(0635)7362741
经济类型：股份合作 法人代表：翟玉民
网址：www.sdklh.cn
E-mail：zhymin1968@126.com
【主要产品】脂肪酸；豆油酸；季戊四醇硬脂酸酯；单硬脂酸甘油酯；植物沥青

阳谷中天锌业有限公司

山东省阳谷县民营工业园［252300］
电话：(0635)6383609；6383619；13963510878
传真：(0635)6383619 职工人数：305 人
经济类型：有限责任公司
网址：www.ygztchem.com
E-mail：zhong_tian@126.com
【主要产品】硫酸锌；氯化锌；碱式碳酸锌；活性氧化锌

滨州地区

滨州市化工设计研究院

山东省滨州市黄河六路 540 号［256613］
电话：(0543)3216294
传真：(0543)3366247 经济类型：国有
固定资产：1,300 千元 职工人数：29 人
供销传真：3216294 法人代表：胡勤周
【主要产品】无荧光防塌降滤失剂；油田污水处理剂；采油增油助剂

滨州市津滨精细化工有限公司

山东省滨州市滨城区小营镇车站路 7 号［256623］
电话：(0543)3613722；13396498301
传真：(0543)3613722
网址：www.jinbinchem.cn
E-mail：info@jinbinchem.cn
【主要产品】次氯酸钠；漂白粉

滨州市胜达化工厂

山东省滨州市滨北镇梧桐十路凤凰四路交叉口［256621］
电话：(0543)2221285
传真：(0543)2221286 职工人数：160 人
网址：www.sdshengda.com
E-mail：shengda@sdshengda.com
【主要产品】乳化剂 OP-10；乳化剂 OP-9；乳化剂 OP-15；乳化剂 OP-20；农药乳化剂 600 号；农药乳化剂 500 号；水解聚丙烯酰胺；降黏剂；硝酸脲；油田酸化缓蚀剂；混凝土添加剂；降凝剂 T804

滨州双峰石墨密封材料有限公司

山东省滨州市渤海五路 746 号［256600］
电话：(0543)3371125
传真：(0543)3371937
网址：www.bz-graphite.com
E-mail：sales@bz-graphite.com
【主要产品】柔性石墨材料；石墨板材；石墨垫片；石墨盘根；可膨胀石墨；膨胀石墨填料环

博兴华润油脂化学有限公司

山东省滨州市博兴县新经济技术开发区［256500］
电话：(0543)2306037；2303377；2305243
传真：(0543)2306108 有进出口权
供销电话：2305243；2301810
供销传真：2306199 企业规模：大型
经济类型：中外合资经营企业
法人代表：朱丹
网址：www.creoleochem.com；www.croc.cn
E-mail：creoleo@291hk.com；sales@croc.cn
【主要产品】丙三醇；硬脂酸；椰油酸；棕榈油脂肪酸；十八胺；十八烷基二甲基叔胺；脂肪胺；脂肪胺聚氧乙烯醚；氢化牛脂基伯胺（蒸馏品）；伯胺 18D；双十八烷基二甲基氯化铵；椰油胺聚氧乙烯醚；油酸；脂肪仲胺；十二烷基二甲基叔胺；十六烷基二甲基叔胺；十四烷基二甲基叔胺；十六/十八烷基二甲基叔胺；牛油基二甲基叔胺；氢化牛油

鲁

基二甲基叔胺;椰油基二甲基叔胺;十二烷基三甲基溴化铵;椰油胺;植物油酸;动物油酸

博兴县华鑫助剂厂

山东省博兴县湖滨工业园[256512]
电话:(0543)2851390;2129333;13793886668
传真:(0543)2851390;2121383
供销电话:2851390;2851337
经济类型:私营企业
职工人数:30人
法人代表:李东雪
网址:www.fangjieji.com
【主要产品】聚酯漆用固化剂;阳离子表面活性剂;复合肥防结块剂;沥青乳化剂

山东碧隆巨佳胆碱有限公司

山东省邹平县韩店工业园[256209]
电话:(0543)4618278;13884850065
传真:(0543)4618378;4619838
E-mail:business@choline-china.com
【主要产品】氯化胆碱

山东滨化集团有限责任公司

山东省滨州市滨城区黄河五路560号[256619]
电话:(0543)2118000;2117000;2116000
传真:(0543)2118888 经济类型:国有
供销电话:2117000;2118161
有进出口权 企业规模:大型
销售收入:10,300,000千元
职工人数:2,298人 法人代表:张忠正
网址:www.befar.com.cn
E-mail:befar@befar.com.cn
【主要产品】盐酸;烧碱;次氯酸钠(液体);原盐;氯气(液);丙烯;环氧丙烷;原油;石油液化气;90号汽油;轻柴油;乳化剂;沥青

山东滨农科技有限公司

山东省滨州市滨北经济开发区新永莘路18号[256621]
电话:(0543)3317321;3316611;3315541
传真:(0543)3317123;3319511
有进出口权
网址:www.binnong.com
E-mail:binnong@binnong.com
【主要产品】阿维菌素乳油;甲氨基阿维菌素苯甲酸盐乳油;乙酰甲胺磷乳油;吡虫啉;吡虫啉可湿性粉剂;丙溴磷乳油;高效氟氯氰菊酯乳油;啶虫脒;啶虫脒乳油;50%烯酰吗啉可湿性粉剂;氟铃脲乳油;毒死蜱乳油;丙环唑乳油;三唑醇;戊唑醇;戊唑醇悬浮剂;扑草净;西玛津;西草净;氰草津;阿特拉津;氟草净;氟乐灵;二甲戊乐灵;特丁津;仲丁灵;甲草胺;异丙草胺;异丙甲草胺;丁草胺;乙草胺;噁唑禾草灵;丙草胺;特丁净;莠灭净;吡氟禾草灵;莎稗磷;扑灭津;高效氟吡甲禾灵;氟铃·辛乳油;氟氯氰·辛乳油;阿维·唑磷乳油

山东滨州嘉源环保有限责任公司

山东省滨州市滨城区黄河五路560号[256619]
电话:(0543)2118158
传真:(0543)3312324
网址:www.bzjiayuan.com
E-mail:jiayuan@bzjiayuan.com
【主要产品】二甲基二烯丙基氯化铵;复合絮凝剂;絮凝剂;ST絮凝剂;阳离子絮凝剂;高效脱色絮凝剂;反相破乳剂;压裂稠化剂;黏土稳定剂

山东滨州天阳化工有限公司

山东省滨州市北城开发区凤凰六路北首[256657]
电话:(0543)6995688;6995668;13181029366
传真:(0543)6995866 职工人数:235人
固定资产:16,000千元
供销电话:6995868;6995866
经济类型:有限责任公司
销售收入:60,000千元
法人代表:刘凤文
【主要产品】甲醇(精);液氨;碳酸氢铵

山东滨州裕华化工总公司

山东省滨州市渤海九路548号[256600]
电话:(0543)3360855;3362922
传真:(0543)3360855 经济类型:集体
有进出口权 法人代表:郭申荣
网址:www.yuhuagroup.com
【主要产品】甲醇;异丁烯;二氧化氯

山东长链化学有限公司

山东省滨州市博兴县经济开发区[256500]
电话:(0543)2613118
传真:(0543)2613196
经济类型:有限责任公司
法人代表:牟元华
网址:www.sdclcc.com
E-mail:bxcy@chem.cn
【主要产品】氯化苄;十八胺;十二胺;十八烷基二甲基叔胺;十二烷基伯胺醋酸盐;十八烷基伯胺醋酸盐;十八烷基二甲基苄基氯化铵;十二烷基二甲基苄基氯化铵;双十八烷基二甲基氯化铵;十八烷基三甲基氯化铵;十六烷基三甲基氯化铵;十二烷基二甲基甜菜碱;十二烷基二甲基叔胺;十二烷基氧化叔胺;十二烷基三甲基氯化铵;沥青乳化剂

山东恩贝集团有限公司

山东省邹平县好生工业园[256219]
电话:(0543)4501393;4501209;4501261
传真:(0543)4501993;4502004
供销电话:4502002
供销传真:4505777
网址:www.nbgroup.cn
E-mail:nboffice@nbgroup.cn
【主要产品】氯化胆碱

山东方兴科技开发有限公司

山东省邹平县长山镇开发区[256207]
电话:(0543)4832518;4831999;4831899
传真:(0543)4831999
网址:www.fangxingkeji.com
E-mail:info@fangxingkeji.com
【主要产品】1-氨基海因盐酸盐;醋酸钠;5-硝基糠醛二醋酸酯;噁喹酸;硝呋醛;呋喃妥因;卡洛芬;盐酸呋喃他酮;噁喹酸钠

山东富斯特化工有限公司

山东省滨州市博兴县湖滨镇工业项目区[256511]
电话:(0543)2261988;13326282999
传真:(0543)2261977;2168638
网址:www.sdfusite.cn
E-mail:sdfusite2006@126.com;sdfusite@163.com
【主要产品】十八烷基二甲基叔胺;丁苯胶乳;十八烷基二甲基苄基氯化铵;十二烷基二甲基苄基氯化铵;双十八烷基二甲基氯化铵;十八烷基三甲基氯化铵;十六烷基三甲基氯化铵;十二烷基二甲基叔胺;十二烷基氧化叔胺;十六烷基二甲基叔胺;十二/十四烷基二甲基胺;脂肪烷基二甲基叔胺;十六/十八烷基二甲基叔胺;二甲基十二烷基叔胺醋酸盐;十二烷基三甲基氯化铵;沥青乳化剂;阳离子沥青乳化剂

山东金羚毛纺有限公司丙纶厂

山东省无棣县无棣镇富路大街9号[251900]
电话:(0543)6321631
传真:(0543)6321888
经济类型:私营企业 法人代表:杨金岭
【主要产品】丙纶长丝

山东京博农化有限公司

山东省博兴县陈户镇京博工业园[256505]
电话:(0543)2511168;2874552;2874550
传真:(0543)2511898
固定资产:70,710千元
供销电话:2874579 法人代表:温佩宏
经济类型:有限责任公司
网址:www.jingboagrochem.com
E-mail:webmaster@jingbo.net
【主要产品】高渗阿维菌素乳油;甲氨基阿维菌素苯甲酸盐;甲氨基阿维菌素苯甲酸盐乳油;高渗吡虫啉乳油;高效氯氟氰菊酯乳油;灭幼脲悬浮剂;虫酰肼;虫酰肼悬浮剂;虫酰肼可湿性粉剂;醚菌酯;嘧霉胺;嘧霉胺悬浮剂;阿特拉津胶悬剂;苯磺隆可湿性粉剂;精喹禾灵;精喹禾灵乳油;多·霉威可湿性粉剂;多·乙铝可湿性粉剂;锰锌·霜脲可湿性粉剂;25%氰·硫乳油;扑·乙悬浮剂;高氯氟氰·辛乳油;异丙草·莠悬浮剂;毒·氯乳油;柴油·哒乳油;阿维·唑磷乳油;阿维·柴乳

鲁

油;吡·氯乳油;2甲钠·灭松水剂

山东梁邹矿业集团公司

山东省邹平县城黛溪三路南首428号[256200]
电话:(0543)4351850;4354146
传真:(0543)4351850　经济类型:国有
供销电话:4354146;4354076
供销传真:4354146　有进出口权
产值:10,000千元　职工人数:1,100人
法人代表:李信
网址:www.zoutong.com.cn
E-mail:sdzpty@sohu.com
【主要产品】电解铜;1,3-丙二醇;二烯丙基胺;4-硝基苯胺

山东鲁北企业集团总公司

山东省滨州市无棣县埕口镇[251909]
电话:(0543)6451721;6451057
传真:(0543)6451057　有进出口权
固定资产:5,000,000千元
供销传真:6451721　企业规模:大型
经济类型:股份有限公司
产值:10,000,000千元
销售收入:10,060,000千元
职工人数:2,500人　法人代表:冯怡生
网址:www.lubei.com.cn
E-mail:lubei@public.bzptt.sd.cn
【主要产品】盐酸;硫酸;离子膜烧碱;原盐;溴化钠;氯气(液);合成氨;氮磷钾复合肥;磷酸一铵;钛白粉

山东鲁北药业有限公司

山东省沾化县城中心路1145号[256800]
电话:(0543)7323255;7322548
传真:(0543)7323255　职工人数:156人
供销传真:7322548　法人代表:刘洁平
经济类型:有限责任公司
网址:www.sdlbyy.com
E-mail:liujieping2006@sohu.com
【主要产品】溶菌酶

山东侨昌化学有限公司

山东省滨州市黄河二路713号[256614]
电话:(0543)3220644;2226100;3212785
传真:(0543)3221861;3220643
供销电话:3324864;3224232
经济类型:与港澳台商合资经营
有进出口权　法人代表:王春源
网址:www.sdqc.com.cn
E-mail:mail:neiqin@sdqc.com.cn
【主要产品】烧碱(固体);离子膜烧碱;氯气;一氯乙酸;三聚氯氰;噻菌灵;异噁草酮;扑草净;2甲4氯;乙氧氟草醚;西草净;阿特拉津;草甘膦;41%草甘膦异丙胺盐水剂;氟乐灵;2,4-D胺;百草枯;甲草胺;异丙草胺;异丙甲草胺;丁草胺;氟磺胺草醚;乙草胺;烟嘧磺隆;丙草胺;咪唑乙烟酸;精喹禾灵;莠灭净;2,4-二氯苯氧乙酸;2,4-二氯苯氧乙酸钠;2,4-二氯苯氧乙酸正丁酯

山东青龙明胶有限公司

山东省滨州市博兴区兴福镇[256510]
电话:(0543)2421031
网址:www.sdqinglong.cn
E-mail:qlmj@bzqlmj.com
【主要产品】工业明胶

山东省滨州渤海塑料有限责任公司

山东省滨州市渤海三路506号[256617]
电话:(0543)3201711;3202709;13906490884
传真:(0543)3201711
网址:www.sdbhsl.com
【主要产品】辐射交联聚乙烯热收缩带

山东省滨州天欧机化有限责任公司

山东省滨州市滨城区渤海一路668号[256613]
电话:(0543)2110782;3327284
传真:(0543)3327284
网址:www.tianouchina.com
E-mail:xinjianchang@tianouchina.com
【主要产品】十二烷基二甲基苄基氯化铵;聚合氯化铝;防膨剂;柴油降凝剂;阻垢缓蚀剂;阻垢剂

山东省博兴县凯利精细化工有限责任公司

浙江省滨州市博兴县店子镇[256500]
电话:(0543)2835966;2835967;13563352201
传真:(0543)2835968
固定资产:10,000千元
网址:sdkaili.chemnet.com
E-mail:kaili@chemnet.com
【主要产品】四氢呋喃;1,4-丁二醇;1,2-丙二醇;炔丙醇;γ-丁内酯

山东省博兴县润丰化工有限公司

山东省博兴县博昌工业园[256512]
电话:(0543)2335066
传真:(0543)2335067　产值:5,000千元
经济类型:有限责任公司
职工人数:150人　法人代表:舒和平
网址:www.bxrfhg.com
E-mail:bxrfhg@bxrfhg.com
【主要产品】建筑用聚氨酯化学灌浆材料;脱硫剂

山东省邹平八四工厂

山东省滨州市邹平县长山镇[256207]
电话:(0543)4836098
传真:(0543)4836268　经济类型:集体
供销电话:4836099　有进出口权
法人代表:马方兴
【主要产品】乳化炸药;岩石铵锑油炸药;工业粉状铵锑炸药;粘性粒状炸药

山东省邹平县长山镇金鑫化工厂

山东省滨州市邹平县长山镇甘中村[256206]
电话:(0543)4851067;13906491690
传真:(0543)4853201
经济类型:私营企业　法人代表:潘正法
网址:www.zpjxchem.com
E-mail:webmaster@zpjxchem.com
【主要产品】硫酸锌;硫酸镁;氯化钙(无水);氯化锌

山东省邹平县环亚化工厂

山东省邹平县高新开发区[256200]
电话:(0543)4810482;13905431753
法人代表:李振章
网址:www.huanyahuagong.com
E-mail:postmaster@huanyahuagong.com
【主要产品】硫酸亚铁;硫酸铜;硫酸锌;硫酸锌(一水);硫酸镁(一水);硫酸镁;氯化锌

山东省邹平县汇苑化工厂

山东省邹平县长山镇李富村[256207]
电话:(0543)4832366;13906491529
传真:(0543)4832369
供销电话:4832366;13706371064
经济类型:私营企业　法人代表:毛冠洪
网址:www.huiyuanchem.com
E-mail:mgh@huiyuanchem.com
【主要产品】氧化锌;锌粉

山东省邹平县鲁旺化工有限公司

山东省邹平县长山镇工业园(长山镇北4公里处)[256206]
电话:(0543)4852165
供销电话:13220709388　有进出口权
供销传真:4852165　产值:100千元
经济类型:私营企业　职工人数:92人
法人代表:李敬乐
网址:www.luwangchem.cn
E-mail:luguang115@163.com
【主要产品】硫酸钾;硫酸镁

山东省邹平县齐苑化工有限公司

山东省滨州市邹平县长山乡苑城村[256207]
电话:(0543)4831777
传真:(0543)4831888　有进出口权
固定资产:6,500千元　职工人数:120人
经济类型:有限责任公司
法人代表:张金岭
网址:www.chinachemnet.com/qiyuanchem
E-mail:qiyuanchem@sina.com
【主要产品】草酸二甲酯;草酸二乙酯;

鲁

草酸二丁酯;橡胶助剂

山东省邹平县苑城福利化工厂

山东省滨州市邹平县苑城北首[256207]
电话:(0543)4831058;4831006;13705431229
传真:(0543)4832506　经济类型:集体
固定资产:4,000 千元
供销电话:4831006;13356241229
法人代表:孙东生
网址:www.xingyuan-chem.com
E-mail:sunsp@xingyuan-chem.com
【主要产品】氧化锌;锌粉

山东双桥化工有限公司

山东省邹平县城黛溪西路 54 号[256200]
电话:(0543)4339639;4339686
传真:(0543)4339686　有进出口权
固定资产:50,000 千元
供销电话:4339639;4339636
职工人数:350 人
网址:www.sdsq.com.cn
E-mail:sales@sdsq.com.cn
【主要产品】亚硫酸钠;连二亚硫酸钠;酸性蓝 B;分散红玉 SE-GFL;分散蓝 BF-SL

山东西王集团有限公司

山东省滨州市邹平县韩店镇[256209]
电话:(0543)6868888;4866666
传真:(0543)4866888　有进出口权
经济类型:有限责任公司
企业规模:大型　职工人数:2,800 人
法人代表:王勇
网址:www.xiwang.com.cn
E-mail:xiwang@xiwang.com.cn
【主要产品】蛋白粉;谷氨酸;葡萄糖;玉米淀粉;玉米油

山东先达化工有限公司

山东省博兴县经济开发区[256500]
电话:(0543)2311566;(0531)88873390
传真:(0543)2311216　有进出口权
网址:www.cynda.cn
E-mail:sales@cynda.cn
【主要产品】吡啶-2,3-二羧酸二乙酯;5-乙基-2,3-吡啶二羧酸二乙酯;乙氧基胺盐酸盐;2-氨基-2,3-二甲基丁酰胺;氯代烯丙氧基胺;喹啉-2,3-二羧酸二乙酯;*N*-乙酰基吗啉;烯禾啶;烯酰吗啉;异噁草松;烯草酮;咪唑乙烟酸;乳氟禾草灵乳油;灭草烟;咪唑喹啉酸;甲氧咪草烟;甲基咪草烟

山东沾化东旺装饰有限公司

山东省沾化县城富国路(永馆路)东首[253614]
电话:(0543)7336046;13905432649
传真:(0543)7336148
法人代表:薛顺尧
网址:www.dwtlc.com
E-mail:zhengwang1986111@163.com
【主要产品】各色丙烯酸水性腻子

山东邹平国安化工有限公司

山东省邹平县城北外环黛溪工业园[256200]
电话:(0543)4341918;2101518
传真:(0543)2101266
网址:www.sdgahg.com
E-mail:sales@sdgahg.com
【主要产品】异戊烯醇;原乙酸三乙酯;原乙酸三甲酯;乙二胺四亚甲基膦酸;2-膦酸丁烷-1,2,4-三羧酸;水解聚马来酸酐;氨基三亚甲基膦酸;羟基亚乙基二膦酸;2-羟基膦酰基乙酸;水质稳定剂 EDTMPS;水质稳定剂 PAPE;二乙烯三胺五亚甲基膦酸

山东邹平教育装备有限公司黛溪化工

山东省邹平县碑楼路[256200]
电话:(0543)4358848;13153386777
传真:(0543)4348636　有进出口权
经济类型:股份有限公司
产值:1,000 千元　职工人数:55 人
法人代表:张志刚
网址:www.daixichem.com
E-mail:sales@daixichem.com
【主要产品】工业氯化铵;氯化铵(药用)

山东邹平开元化工石材有限公司

山东省邹平县九户经济开发区[256200]
电话:(0543)4716666
传真:(0543)4717399
固定资产:20,000 千元
网址:www.sdkychem.com
E-mail:sales@sdkychem.com
【主要产品】促进剂 DM;促进剂 M

山东邹平农药有限公司

山东省滨州市邹平县县城环城北路 190 号[256200]
电话:(0543)4321332;4321330;4321525
传真:(0543)4321332;4321525
固定资产:50,000 千元　法人代表:石岩
经济类型:有限责任公司
职工人数:280 人
网址:www.sdzpny.com
E-mail:bz5646@public.bzp.sd.cn
【主要产品】哒螨灵可湿性粉剂;啶虫脒乳油;啶虫脒可湿性粉剂;抗蚜威可湿性粉剂;氟铃脲乳油;毒死蜱乳油;多菌灵可湿性粉剂;福·克悬浮种衣剂;多·甲拌悬浮种衣剂;三唑酮可湿性粉剂;三唑酮乳油;甲基硫菌灵可湿性粉剂;百菌清烟剂;腐霉利烟剂;硫黄胶悬剂;多效唑可湿性粉剂;70% 丙森·多可湿性粉剂;多·硫悬浮剂;多·硫可湿性粉剂;高氯·马乳油;硫·酮悬浮剂;高氯·辛乳油;福·福锌可湿性粉剂;毒·辛乳油;柴油·哒乳油

山东邹平鑫富源精细化工厂

山东省邹平县城东工业园区[256200]
电话:(0543)4821669;13954301615
法人代表:徐运富
网址:www.xinfuyuan.com
E-mail:xfy@xinfuyuan.com
【主要产品】硫酸锌;硫酸镁;磷酸二氢钾

山东邹平宜中实业有限责任公司

山东省邹平县好生镇[256219]
电话:(0543)4503598;4510259;13455761066
传真:(0543)4501568
法人代表:韩长平
网址:www.sdyizhong.com
E-mail:yizhong@sdyizhong.com
【主要产品】噻吩;反丁烯二酸;羟乙基纤维素;羟丙基甲基纤维素;甲基纤维素

鲁

山东邹平怡康集团有限公司

山东省邹平县城东开发区[256200]
电话:(0543)4306501;4306509;4306511
传真:(0543)4306510;4306498
职工人数:1,100 人
网址:www.cnglucose.com
E-mail:sales1@cnglucose.com
【主要产品】蛋白粉;玉米淀粉

无棣海星煤化工有限责任公司

山东省滨州市无棣县马山子镇[251907]
电话:(0543)6585098;6585040
传真:(0543)6585091　职工人数:350 人
网址:www.haixingchem.com;www.seastarchem.com
E-mail:info@haixingchem.com
【主要产品】硫酸亚铁;钛白粉

无棣金盛化工有限公司

山东省无棣县马山子镇东风港开发区[251907]
电话:(0543)6581238;13706373560
传真:(0543)6581238　职工人数:320 人
固定资产:21,000 千元
网址:www.jinsheng-chem.com
E-mail:info@jinsheng-chem.com
【主要产品】氢溴酸;溴素;溴乙烷;2-硝基苯胺;2,6-二溴-4-硝基苯胺;4-硝基苯胺;十溴二苯醚

星宇塑料助剂(邹平)有限公司

山东省邹平县黛溪工业园[256200]
电话:(0543)2105816;13905431708
传真:(0543)4324818
供销电话:2105816;13583368120
经济类型:有限责任公司
法人代表:杨利民

网址：www.xy-pa.com
E-mail：xingyu181@126.com
【主要产品】环氧大豆油；硫醇锑复合热稳定剂；甲基硫醇锡热稳定剂；复合热稳定剂

邹平铭兴化工有限公司

山东省滨州市邹平县黛溪三路南首428号[256200]
电话：(0543)4354355；13963081109；4339630
传真：(0543)4351850；4339721
固定资产：26,000千元　有进出口权
供销电话：13705431501
经济类型：有限责任公司
产值：50,000千元　职工人数：138人
销售收入：50,000千元　法人代表：李信
网址：www.zoutong.com.cn
E-mail：mbhg@zoutong.com.cn
【主要产品】氯代正辛烷；2-氯吡啶；2,6-二氯吡啶；2-氨基-5-甲基吡啶；间溴苯甲醛；1,3-丙二醇；烯丙醇；3-溴-1-丙醇；3-氯丙醇；二烯丙基二硫；二烯丙基三硫；烯丙基硫醚；乙酸烯丙酯；氯溴甲烷；1-溴-2-氯乙烷；3-溴丙烯；氯代异丁烷；二烯丙基胺；醋酸钠(无水)；1,3-二氯丙烷；1,3-二溴丙烷；二氯丙烯胺；大蒜素油；己酸烯丙酯

邹平县长山大中化工厂

山东省邹平县长山镇王家村工业园[256206]
电话：(0543)4851301
传真：(0543)4850400　产值：300千元
供销电话：4851301；13706371915
经济类型：私营企业　法人代表：李红涛
网址：www.dazhong-chem.com
E-mail：liht@dazhong-chem.com
【主要产品】硫酸锌；氯化锌；氧化锌

邹平县长山福利化工厂

山东省邹平县长山镇小牛[256207]
电话：(0543)4852678；13326285599
传真：(0543)4817168
网址：www.csfl-chem.com
E-mail：info@csfl-chem.com
【主要产品】硫酸锌；氧化锌

邹平县东方化工有限公司

山东省滨州市邹平县好生工业园[256219]
电话：(0543)4501136；4500892
传真：(0543)4502242　经济类型：集体
固定资产：13,000千元
供销电话：4502242　法人代表：孙守庚
E-mail：dongfang@sddongfang.com
【主要产品】稳定性二氧化氯；聚丙烯酸钠；丙烯酸-丙烯酸羟丙酯共聚物；阻垢分散剂；2-膦酸丁烷-1,2,4-三羧酸；磺-丙共聚物；水解聚马来酸酐；高效杀菌灭藻剂；氨基三亚甲基膦酸；羟基亚乙基二膦酸；水质稳定剂EDTMPS；工业水处理剂；苯并三氮唑；异噻唑啉酮

邹平县亨通化工有限公司

山东省滨州市邹平县好生镇八里河[256219]
电话：(0543)4501086
传真：(0543)4501401　职工人数：25人
供销电话：4500567　法人代表：王长征
经济类型：有限责任公司
【主要产品】硅酸钠

邹平县鲁津化工有限公司

山东省邹平县邹同路中段路北[256219]
电话：(0543)4224588；4221788
传真：(0543)4502608　有进出口权
供销传真：4224589　法人代表：李昌福
经济类型：私营企业
网址：www.sdlujin.com
E-mail：lujin@sdlujin.com
【主要产品】丙烯酸-丙烯酸酯共聚物；十二烷基二甲基苄基氯化铵；消泡剂；乙二胺四亚甲基膦酸；聚丙烯酸；水解聚马来酸酐；杀菌灭藻剂；氨基三亚甲基膦酸；羟基亚乙基二膦酸；水质稳定剂；预膜剂；铜缓蚀剂；阻垢缓蚀剂；清洗剂

邹平县绿大药业有限公司

山东省滨州市邹平县好生工业园[256219]
电话：(0543)4501664；4502228
传真：(0543)4502228　职工人数：86人
固定资产：5,000千元
经济类型：有限责任公司
法人代表：尹兆忠
网址：www.lvyao.com
E-mail：shenglin@163.net
【主要产品】哒螨灵可湿性粉剂；哒螨灵乳油；阿维菌素乳油；甲氨基阿维菌素苯甲酸盐乳油；高效氯氰菊酯乳油；毒死蜱颗粒剂；氰·氧乐乳油；48%柴油·毒乳油；福·甲硫可湿性粉剂；甲拌·辛颗粒剂；柴油·哒乳油；阿维·高氯可湿性粉剂；吡·高氯可湿性粉剂

邹平县鑫阳化工有限公司

山东省滨州市邹平县邹周路月河桥东[256200]
电话：(0543)4223838
传真：(0543)4223838　职工人数：36人
供销电话：4223838；13561511040
经济类型：有限责任公司
法人代表：张茂生
网址：www.zpxyhg.com
E-mail：zpxyhg@zpxyhg.com
【主要产品】环氧大豆油；硫醇锑复合热稳定剂；甲基锡热稳定剂

邹平县玉光塑料助剂有限公司

山东省邹平县经济技术开发区东[256200]
电话：(0543)6188818；13406161000
传真：(0543)4811799
供销电话：6188818；13706377785
经济类型：有限责任公司
法人代表：张保和
网址：www.zp-181.com
E-mail：yuguang@zp-181.com
【主要产品】环氧大豆油；亚磷酸一苯二异辛酯；有机锡稳定剂；甲基锡热稳定剂；聚氯乙烯液体复合热稳定剂

邹平县振中化工厂

山东省滨州市邹平县长山镇王家村[256206]
电话：(0543)4851273
传真：(0543)4850288
经济类型：私营企业　法人代表：张中辉
网址：www.zhenzhong.net.cn
E-mail：oooisO@163.com
【主要产品】硫酸铜；硫酸锌；硫酸镁

邹平玉泉化工有限公司

山东省滨州市邹平县黄山5路[256200]
电话：(0543)4322242；2101802；13356240718
传真：(0543)2101801　有进出口权
固定资产：15,000千元
经济类型：有限责任公司
产值：40,000千元　职工人数：120人
法人代表：吕宗水
【主要产品】糠醛；乙酸乙酯

菏泽地区

东明县黄河专用化肥厂

山东省东明县莱园集乡东李寨[274513]
电话：(0530)7611888
传真：(0530)7611888　经济类型：集体
职工人数：60人　法人代表：李士春
【主要产品】专用肥

菏泽嘉林橡胶制品有限公司

山东省菏泽市成阳路21号[274000]
电话：(0530)5575495
传真：(0530)5572988
经济类型：与港澳台商合资经营
网址：www.jialinrubber.com
E-mail：info@jialinrubber.com
【主要产品】医用胶管；硅橡胶板；密封垫；O形密封圈

菏泽蓝天新能源有限公司

山东省菏泽市鄄城县青年路9号[274600]
电话：(0530)2686848；2415708
传真：(0530)2415708
供销电话：2415708；13505308248
经济类型：有限责任公司
法人代表：史先修
E-mail：sdlt@163.com
【主要产品】农药增效剂；农药助剂

菏泽睿鹰制药集团

山东省菏泽市牡丹区北城薛楼

鲁

[274000]
电话:(0530)5852366;5850184;
(021)61203162
传真:(0530)5850171;5856118
固定资产:670,000 千元　有进出口权
供销电话:(021)61203163
供销传真:(021)61203161
经济类型:有限责任公司
产值:800,000 千元　企业规模:大型
职工人数:1,500 人　法人代表:彭继先
网址:www.rychem.com;
www.ruiyingpharma.com
E-mail:rycg@rychem.com;
flj@rychem.com
【主要产品】1,3,5-三甲氧基苯;2,4,6-三甲氧基苯甲醛;邻三氟甲基苯甲醛;对三氟甲基苯甲醛;邻三氟甲基肉桂酸;对三氟甲基肉桂酸;对三氟甲基苯腈;4-乙基-2,3-双氧哌嗪;4-乙基-2,3-二氧-1-哌嗪甲酰氯;邻三氟甲基苯甲酸;间三氟甲基苯甲酸;对三氟甲基苯甲酸;2-甲氧羰基甲氧亚胺基-4-氯-3-氧代丁酸;1-氯甲酰基-3-甲磺酰基-2-咪唑烷酮;2*R*-2-[(4-乙基-2,3-双氧代哌嗪基)甲酰胺]苯乙酸;2*R*-2[(4-乙基-2,3-双氧代哌嗪基)甲酰胺]对羟基苯乙酸;7-氨基头孢烷酸;四甲基硫脲;2-(2-氨基-4-噻唑基)-2-(甲氧亚氨基)乙酸硫代苯并噻唑酯;头孢他啶侧链酸活性酯;甲基巯基噻二唑;甲硫四氮唑;四氮唑乙酸;对三氟甲基苯乙酮;硫代氯甲酸-2-萘酯;青霉素 G 钠;哌拉西林;美洛西林钠;头孢吡肟;头孢唑肟;头孢孟多酯钠;头孢哌酮;头孢克肟;头孢呋辛;头孢他啶;舒巴坦酸;头孢曲松钠

菏泽仕达化工有限公司

山东省菏泽市定陶南路[274007]
电话:(0530)5338111;5337757
传真:(0530)5338111　职工人数:156 人
供销电话:5337757;13305308920
经济类型:有限责任公司
法人代表:闫俊山
网址:www.shida-cn.com
E-mail:webmaster@shida-cn.com
【主要产品】油漆;氨基树脂漆类;聚酯树脂漆类;聚氨酯清漆

菏泽泰龙化工有限公司

山东省菏泽市牡丹南路[274000]
电话:(0530)5384777
传真:(0530)5384777　有进出口权
供销电话:5386277;5386067
经济类型:有限责任公司
产值:120,000 千元　法人代表:刘龙
网址:www.hztlhg.com
E-mail:master@hztlhg.com
【主要产品】合成氨;碳酸氢铵;复合肥;塑料编织袋;炭黑

菏泽沃蓝化工有限公司

山东省鄄城县富春开发区[274600]
电话:(0530)2479888;2479666;
13583071999
传真:(0530)2479777
网址:www.wolanchem.com
E-mail:info@wolanchem.com
【主要产品】三氯异氰尿酸;三聚氰酸;二氯异氰尿酸钠

菏泽源丰农药有限公司

山东省菏泽市侯集镇南亚庄村[274013]
电话:(0530)5663339
传真:(0530)5333849
固定资产:40,000 千元
供销电话:13605301800
经济类型:有限责任公司
法人代表:王中兴
【主要产品】三氯硫磷;乙酰甲胺磷;甲胺磷;倍硫磷;灭多威;氰·马乳油;氰·氧乐乳油;哒·螨醇乳油;辛·灭乳油;聚丙烯酸钠

鄄城建融有限公司

山东省鄄城县东郊工业开发区[274600]
电话:(0530)2361808;13905307585
传真:(0530)2361809
经济类型:有限责任公司
网址:www.jianronghg.com
E-mail:2402622270@sohu.com
【主要产品】三氯异氰尿酸;二氯异氰尿酸钠

鄄城明江化工有限公司

山东省鄄城县陈良[274600]
电话:(0530)2909719
传真:(0530)2881444　产值:2,000 千元
供销电话:2609719　职工人数:30 人
经济类型:有限责任公司
法人代表:程巨方
E-mail:zhongmin_ji@hotmail.com
【主要产品】硫化钠

鄄城欧亚化工有限公司

山东省鄄城县凤凰开发区[274600]
电话:(0530)2360777;2360699;2361678
传真:(0530)2361789
网址:www.ouyachem.com
E-mail:info@ouyachem.com
【主要产品】三氯异氰尿酸;三聚氰酸;二氯异氰尿酸钠

山东曹达化工有限公司

山东省菏泽市双河东路 28 号[274000]
电话:(0530)5159118
【主要产品】哒螨灵可湿性粉剂;阿维菌素可湿性粉剂;阿维菌素乳油;炔螨特乳油;辛硫磷乳油;30% 敌百虫乳油;吡虫啉可湿性粉剂;氯氰菊酯乳油;高效氯氰菊酯乳油;甲基硫菌灵可湿性粉剂;福美双可湿性粉剂;甲柳·酮乳油;多·福可湿性粉剂;敌·辛乳油;硫·锰锌可湿性粉剂;锰锌·霜脲可湿性粉剂;多·硫可湿性粉剂;哒·机油乳油;敌畏·高氯乳油;阿维·氯乳油;哒·唑锡可湿性粉剂;高氯·水胺乳油;福·甲硫可湿性粉剂;多·酮可湿性粉剂;高氯·辛乳油;福·腐可湿性粉剂;百·福可湿性粉剂;50% 苯菌·福·锰锌可湿性粉剂;柴油·哒乳油;阿维·柴乳油

山东成武龙翔化工有限公司

山东省菏泽市成武县汶上镇经济开发区[274200]
电话:(0530)8890699
传真:(0530)8890699
供销电话:13583063169
经济类型:有限责任公司
法人代表:王作刚
【主要产品】炼油助剂

山东定陶县润鑫精细化工有限公司

山东省定陶县定砀路西段[274100]
电话:(0530)2123769;2122838;
13605304989
传真:(0530)2123768　有进出口权
供销电话:2123769;13853024396
网址:www.runxinchemical.com
E-mail:mcj@runxinchemical.com
【主要产品】2-溴丁酸甲酯;α-溴丁酸;溴硝醇;2,2-二溴-3-次氮基丙酰胺;2,2-二溴-2-硝基乙醇

山东定陶友帮化工有限公司

山东省定陶县仿山经济开发区[274100]
电话:(0530)2651266;13583067777
传真:(0530)2651266
网址:www.youbangchemical.com
E-mail:lxs@youbangchemical.com
【主要产品】苊(工业);甲基萘;α-甲基萘;β-甲基萘;喹啉;芴;三混甲酚;异喹啉;吲哚;工业萘;工业氧芴;燃料油

山东东明石化集团科耀化工有限公司

山东省菏泽市东明县站前路西段[274500]
电话:(0530)7270758;7272566;7272589
传真:(0530)7270002　有进出口权
供销电话:7270002;7272566
经济类型:有限责任公司
法人代表:王树礼
网址:www.sdkeyao.com
E-mail:sdkeyao@czkx.com.cn
【主要产品】丙烯酸树脂;丙烯酸树脂乳液;热塑性丙烯酸树脂;热固性丙烯酸树脂;丙烯酸改性醇酸树脂;苯乙烯改性醇酸树脂;TDI 改性醇酸树脂;短油度醇酸树脂;饱和聚酯树脂;路标漆用树脂;常温道路标志漆

山东东明石化集团有限公司

山东省菏泽市东明县石化大道 27 号[274500]

鲁

电话:(0530)7288888;7286388;7286437
传真:(0530)7281777 有进出口权
固定资产:5,000,000 千元
供销电话:7286437;7281288
经济类型:有限责任公司
销售收入:7,000,000 千元
企业规模:大型 职工人数:2,000 人
法人代表:李湘平
网址:www.dmsh.com.cn;
www.newjobs.com.cn
E-mail:dmsh@dmsh.com.cn
【主要产品】烧碱;丙烯;原油;石油液化气;石脑油;无铅汽油;轻柴油;液体石蜡;柴油;聚丙烯;丙烯酸树脂;溶剂油;燃料油;重交沥青;石油焦

山东东明石化集团玉皇实业有限公司

山东省东明县黄河路北段[274512]
电话:(0530)7601666;7601888;7601999
传真:(0530)7602888 经济类型:国有
职工人数:260 人 法人代表:王金书
网址:www.chinaheze.net/yuhuang
【主要产品】二聚环戊二烯;1,3-戊二烯;异戊二烯;环戊烷;液体石蜡;C_5 馏分;溶剂油;轻油

山东方明化工有限公司

山东省菏泽市东明县五四路东 96 号[274500]
电话:(0530)7295567;7295686;6252596
传真:(0530)7295696;6252596
固定资产:140,000 千元 有进出口权
经济类型:有限责任公司
产值:200,000 千元 职工人数:550 人
法人代表:余庆明
网址:www.fmchem.com
E-mail:sales@fmchem.com
【主要产品】环己烷;环己醇;环己酮;三聚氰胺;合成氨;碳酸氢铵;碳酸氢铵(食品级);轻油

山东方明药业股份有限公司

山东省东明县黄河路方明段[274500]
电话:(0530)7201766;7208439;7201676
传真:(0530)7202529;7201676
供销电话:7201536;13953083038
经济类型:有限责任公司 有进出口权
企业规模:大型 法人代表:余庆明
网址:www.fangming.com
E-mail:fmxszx@fangming.com
【主要产品】贝诺酯;炎痛喜康;α-溴异戊酰脲;丙戊酸钠;酚磺乙胺;蒽林;葡萄糖醛酸钠;茜草双酯

山东九洲农药有限公司

山东省菏泽市鄄城县富春金堤经济开发区 8 号[274600]
电话:(0530)2471158;2471666;2471765
传真:(0530)2471679 职工人数:180 人
经济类型:有限责任公司
法人代表:李希波
网址:www.sd-jiuzhou.com
E-mail:sdjiuzhou@163.com
【主要产品】哒螨灵可湿性粉剂;阿维菌素乳油;甲氨基阿维菌素苯甲酸盐乳油;吡虫啉可湿性粉剂;灭多威可湿性粉剂;啶虫脒乳油;三唑锡可湿性粉剂;精喹禾灵乳油;甲哌鎓水剂;甲哌鎓可溶性粉剂;辛·氯乳油;哒·螨醇乳油;高氯·毒乳油;福·福锌可湿性粉剂;辛·灭乳油;柴油·哒乳油;多·锰锌可湿性粉剂;腈菌·酮乳油;水胺·氰戊乳油

山东农丰化工有限公司

山东省菏泽市北郊 220 国道旁(413km)高新技术开发区[274005]
电话:(0530)5670030;5677888;5677999
传真:(0530)5671111 经济类型:集体
固定资产:12,000 千元
法人代表:陈庆军
网址:www.sdnfhg.com
【主要产品】叶面肥;辛硫磷颗粒剂;高渗吡虫啉可湿性粉剂;高效氯氰菊酯乳油;啶虫脒乳油;甲哌鎓水剂;氰·马乳油;福·腐可湿性粉剂

山东省单县化工有限公司

山东省单县城东南四公里处[274300]
电话:(0530)4681625;4698033
传真:(0530)4684121 有进出口权
固定资产:200,000 千元
供销电话:4681927;4698033
经济类型:有限责任公司
职工人数:1,050 人 法人代表:徐承秋
网址:www.sx-chem.com
E-mail:sxchem@sx-chem.com
【主要产品】促进剂 CZ;促进剂 D;促进剂 DM;促进剂 DZ;促进剂 M;促进剂 NOBS;促进剂 NS;促进剂 TMTD;*N*-环己基硫代酞酰亚胺

山东省菏泽市化工有限公司

山东省菏泽市人民路南端[274000]
电话:(0530)5333343;5388333
传真:(0530)5333343 职工人数:360 人
固定资产:56,800 千元
经济类型:有限责任公司
法人代表:庞承全
网址:www.hezehg.chem.cn
E-mail:hzchem@chem.cn
【主要产品】氰化钠;甲酸甲酯;叔丁胺;硫酸铵

山东省菏泽市橡胶制品厂

山东省菏泽市中华西路华春巷 45 号[274000]
电话:(0530)5623428;13805307676
传真:(0530)5623428
网址:www.hzrubber.com
E-mail:wangshouqian@hzurbber.com
【主要产品】硅胶条;硅胶管;橡胶杂品;减震用橡胶制品;胶辊;橡胶密封胶条

山东省金农生物化工有限责任公司

山东省菏泽市定陶县黄店镇姑庵村[274114]
电话:(0530)2552999;2552555
传真:(0530)2552555 职工人数:200 人
经济类型:有限责任公司
法人代表:董香德
【主要产品】辛·氯乳油;哒·水胺乳油;丙·辛乳油;吡·灭乳油;噻·唑磷乳油;苏云金杆菌

山东省巨野凌峰化工原料有限公司

山东省巨野县核桃园镇[274938]
电话:(0530)8502868
传真:(0530)8503155 产值:1,000 千元
固定资产:5,000 千元 职工人数:120 人
经济类型:私营企业 法人代表:范兴山
网址:www.chemcp.com/web/index.asp?id=11989
E-mail:zhuyuliang@chemnet.com
【主要产品】2,4,6-三溴苯基马来酰亚胺;2,4,6-三氯苯基马来酰亚胺;*N*-羟基丁二酰亚胺;*N*-溴代丁二酰亚胺;4-溴-1-氨基蒽醌-2-磺酸;羟苯磺酸钙;愈创木酚磺酸钾;速尿;三氯生

山东省鄄城县振兴石油助剂厂

山东省菏泽市鄄城县大埝乡大埝村[274612]
电话:(0530)2844118
传真:(0530)2844101 经济类型:集体
职工人数:20 人 法人代表:李平安
【主要产品】氟硼酸;油层化学解堵剂;缓蚀剂

山东省麒麟农化有限公司

山东省巨野县麒麟镇麒麟开发区[274900]
电话:(0530)8261668
传真:(0530)8265555 有进出口权
固定资产:80,000 千元
职工人数:420 人 法人代表:伊海红
网址:www.qlnh.com
E-mail:qi8lin@163.net
【主要产品】哒螨灵可湿性粉剂;哒螨灵乳油;甲氨基阿维菌素苯甲酸盐乳油;炔螨特;辛硫磷颗粒剂;吡虫啉;吡虫啉可湿性粉剂;高效氯氰菊酯乳油;三氯杀螨醇乳油(20%);啶虫脒乳油;啶虫脒可溶性液剂;精喹禾灵乳油;多·福可湿性粉剂;氟铃·高氯乳油;73%机油·炔螨乳油;48%柴油·毒乳油;40%柴油·唑磷乳油;福·甲硫可湿性粉剂;异丙草·莠悬浮剂;柴油·辛乳油;阿维·高氯微乳剂;阿维·高氯可湿性粉剂

山东省三利轮胎制造有限公司

山东省菏泽市曹县中兴路东 3 号[274400]
电话:(0530)3231362;3232888
传真:(0530)3231972;3210888

鲁

经济类型:股份有限公司　有进出口权
职工人数:1,087 人　法人代表:安军
网址:www. sanlityre. com
E-mail:sanli@ sanlitire. com
【主要产品】载重汽车轮胎外胎;轻型载重汽车轮胎外胎;农用车辆轮胎;摩托车轮胎;轮胎外胎;载重汽车轮胎内胎;农用轮胎内胎;轮胎内胎

山东省郓城县鲁发化工有限公司

山东省菏泽市郓城县董店乡县城南环路中段[274700]
电话:(0530)6522132
传真:(0530)6527110　职工人数:550 人
固定资产:50,000 千元
供销电话:6531032　法人代表:魏强华
经济类型:股份有限公司
网址:www. yclf. com
E-mail:xljhz@ hz-public. sd. cninfo. net
【主要产品】三聚氰胺;合成氨;碳酸氢铵;稀土复合肥

山东圣奥化工股份有限公司

山东省菏泽市曹县北环路 1 号[274400]
电话:(0530)3232558;3232567
传真:(0530)3232558　有进出口权
经济类型:股份有限公司
企业规模:大型　职工人数:1,400 人
网址:www. sinorgchem. com
E-mail:master@ sinorgchem. com
【主要产品】*N*-苯基-1,4-苯二胺;防老剂 4010NA;防老剂 4020

山东玉皇化工有限公司

山东省东明县武胜开发区[274512]
电话:(0530)7601666
传真:(0530)7602888　有进出口权
固定资产:398,000 千元
供销电话:7601888;7601717
供销传真:7601888;7601996
经济类型:股份有限公司
销售收入:1,000,000 千元
职工人数:698 人　法人代表:王金书
网址:www. yuhuanghuagong. com
E-mail:yuhuangtrade@ 126. com
【主要产品】丙烯;二聚环戊二烯;1,3-戊二烯;异戊二烯;环戊烯;环戊烷;甲基叔丁基醚;甲醚;液化天然气;C_5 馏分;轻油

山东郓城爱科斯特化学有限公司

山东省郓城县李集乡[274712]
电话:(0530)6791276
传真:(0530)6793899
供销电话:6791276;13869718910
经济类型:有限责任公司
法人代表:武国秀
网址:www. acctchem. com
E-mail:acct@ acctchem. com
【主要产品】聚硫橡胶;促进剂 TETD;橡胶促进剂;橡胶防老剂;防老剂 DNP

山东郓城三兴化工有限公司

山东省郓城县工业园区[274700]
电话:(0530)6562266;13854010578
传真:(0530)6561981　职工人数:32 人
固定资产:1,000,000 千元
经济类型:股份合作　法人代表:李庆林
网址:www. cnbromide. com
E-mail:ycsxhg@ 163. com
【主要产品】氢溴酸;溴化钠;溴化钙;溴化锂;溴化锌;溴化镁;溴化锰;溴化钾;溴化铵;过氧乙酸;双乙酸钠

山东中亚制药有限公司

山东省菏泽市牡丹工业园[274000]
电话:(0530)5198388;6069556
传真:(0530)5198399
网址:www. mudan. gov. cn/zyzy
E-mail:zhongyazhiyao@ 163. com
【主要产品】克拉红霉素;罗红霉素;阿奇霉素;乳糖酸阿奇霉素;乳酸环丙沙星;甲磺酸培氟沙星

河南省

郑州市

巩义宏发净水材料有限公司

河南省巩义市夹津口镇[451200]
电话:(0371)64373808;13592539219
传真:(0371)64373808
网址:www.chinesehongfa.com
E-mail:hongfa@chinesehongfa.com
【主要产品】亚硫酸氢钠;活性炭;水处理滤料;聚合氯化铝;无烟煤滤料;石英砂滤料;磁铁矿滤料;化工填料

巩义市碧波供水材料有限公司

河南省巩义市芝田镇羽林庄村[451252]
电话:(0371)84132683;13803825637
传真:(0371)84132525
网址:www.bibopac.com
【主要产品】铝酸钙;活性炭;聚合氯化铝

豫

巩义市昌华辅料厂

河南省巩义市八零八路[451250]
电话:(0371)64371956;64373956;13938254114
传真:(0371)64371956
经济类型:私营企业 职工人数:500人
法人代表:李新峰
网址:www.gychanghua.com
E-mail:webmaster@gychanghua.com
【主要产品】云母粉;硫酸钡;煅烧高岭土;超细煅烧高岭土;涂料助剂;油漆油墨防结皮剂;分散剂;橡胶补强剂

巩义市长虹净水材料有限公司

河南省巩义市南河渡乡五龙村[451251]
电话:(0371)64155158;64155368
传真:(0371)64155158 经济类型:集体
法人代表:白由光
【主要产品】硫酸铝;明矾;三氯化铝;聚合氯化铝

巩义市诚达净化材料厂

河南省巩义市西村镇长风村[451281]
电话:(0371)13073763125
法人代表:贺长欣
【主要产品】聚合氯化铝

巩义市当力黄腐酸科技开发有限公司

河南省巩义市西村镇[451281]
电话:(0371)64031817
传真:(0371)64031817
固定资产:600千元 法人代表:张文俊
经济类型:股份有限公司
【主要产品】黄腐殖酸(纯);硝基腐殖酸;腐殖酸钠;腐殖酸钾

巩义市丁东滤料加工厂

河南省巩义市夹津口[451200]
电话:(0371)64364388;13938562008
传真:(0371)64588388
网址:www.dingdongll.com
E-mail:dd@dingdongll.com
【主要产品】活性炭;活性炭(净化水);活性炭(植物果壳类);煤质活性炭;无烟煤滤料;石英砂滤料;卵石滤料;塔填料;化工填料

巩义市方圆橡塑制品有限公司

河南省巩义市北山口汽车站北200米[451250]
电话:(0371)64122014;13323886031
经济类型:集体 法人代表:刘海涛
【主要产品】橡胶制品

巩义市丰东耐材化工有限公司

河南省巩义市[451250]
电话:(0371)64376668;13849066886
法人代表:郝保州
【主要产品】三聚磷酸钠;六偏磷酸钠;鳞片石墨;木质素磺酸钙

巩义市富源净水材料有限公司

河南省巩义市光明路[451200]
电话:(0371)64123456;13613812838
传真:(0371)64376663
供销电话:64376663;13613812838
经济类型:有限责任公司
法人代表:张进有
【主要产品】氢氧化铝;铝酸钙;工业水处理剂;聚合氯化铝

巩义市海龙净水剂厂

河南省巩义市开发区芝田镇[451252]
电话:(0371)64032429;13703901197
传真:(0371)64100652
供销电话:13938200045
经济类型:私营企业 法人代表:杨恩龙
【主要产品】聚合氯化铝;碱式氯化铝铁

巩义市海洋有机化工厂

河南省巩义市康店镇黑石关北[451200]
电话:(0371)64329689
传真:(0371)64329689 经济类型:集体
法人代表:周建锋
【主要产品】2-硝基苯胺;4-硝基苯胺

巩义市嵩山滤材有限公司

河南省巩义市杜甫路杜甫商厦406室[451250]
电话:(0371)66557845
传真:(0371)64124184
法人代表:韩贯通
网址:www.gysslc.com
E-mail:hgt@gysslc.com
【主要产品】聚合氯化铝

巩义市恒大结合剂厂

河南省偃师市中宫底村[451200]
电话:(0371)64234103
传真:(0371)64234103
经济类型:私营企业 法人代表:郑遂道
【主要产品】酚醛树脂(2123型);酚醛树脂(2124型);酚醛树脂;酚醛树脂(872A型);酚醛树脂(SG-42型);酚醛树脂(SG-45型)

巩义市恒泰滤材有限公司

河南省巩义市杜甫路96号[451200]
电话:(0371)64566685;13938599159
传真:(0371)64566138
网址:www.gyhtlc.com
E-mail:gyhtlc@163.com
【主要产品】活性炭;活性炭(植物果壳类);活性氧化铝(球状);聚丙烯酰胺;水处理滤料;聚合氯化铝;碱式氯化铝铁;石英砂滤料;卵石滤料;阻垢缓蚀剂;缓蚀剂;脱氧剂;塔填料

巩义市恒星泡花碱厂

河南省巩义市南官庄村北工业区[451250]
电话:(0371)64117518
法人代表:李守奇
网址:www.51hx.com
E-mail:hengxing@51hx.com
【主要产品】磷酸铝;硅酸钠;偏硅酸钠;偏硅酸钠(五水)

巩义市恒源净水材料有限公司

河南省巩义市芝田镇寨沟村[451283]
电话:(0371)64130910
传真:(0371)64130879
经济类型:股份有限公司
法人代表:魏光明
网址:www.chnhengyuan.com
E-mail:info@chnhengyuan.com
【主要产品】聚合氯化铝

巩义市宏达滤料厂

河南省巩义市新兴路84号[451200]
电话:(0371)64350770;64386738
传真:(0371)64386738
网址:www.chinahdll.com
E-mail:chinahdll@371.net
【主要产品】活性炭;活性氧化铝;水处理滤料;聚合氯化铝;无烟煤滤料;石

英砂滤料

巩义市宏和结合剂厂

河南省巩义市回郭镇北罗村[451283]
电话:(0371)64234331;13938282714
供销电话:13703980477
经济类型:私营企业　法人代表:云顺和
【主要产品】酚醛树脂(热塑性);酚醛树脂(热固性);酚醛树脂(2123型);酚醛树脂

巩义市宏亚冶化有限公司

河南省巩义市大峪沟镇矿区[451271]
电话:(0371)64056038
传真:(0371)64056038
经济类型:股份合作　法人代表:刘兴林
【主要产品】酚醛树脂(热固性);酚醛树脂

巩义市华美颜料化工有限公司

河南省巩义市回郭镇北寺村[451283]
电话:(0371)64236543
经济类型:集体　法人代表:訾治军
【主要产品】氯化聚乙烯;钛白粉;氯化石蜡-42;氯化石蜡-52;二盐基亚磷酸铅;三盐基硫酸铅;硬脂酸钡;硬脂酸铅;硬脂酸锌;硬脂酸镉;高耐磨炭黑N330

巩义市华明化工材料有限公司

河南省巩义市芝田永安道[451200]
电话:(0371)64121222;13803828338
传真:(0371)64121788
供销电话:64133188;64133577
供销传真:64133060　法人代表:刘明选
网址:www. hnhuaming. com
E-mail:huaming@ hnhuaming. com
【主要产品】聚合氯化铝

巩义市华南供水材料有限公司

河南省巩义市芝田镇永安道[451252]
电话:(0371)64133052
传真:(0371)64134769
经济类型:股份有限公司
法人代表:路栓劳
网址:www. cnhuanan. com
E-mail:huanan@ cnhuanan. com
【主要产品】聚合氯化铝;无烟煤滤料

巩义市华通滤材厂

河南省巩义市西村镇工业区170号[451281]
电话:(0371)64030268
传真:(0371)64031686
经济类型:私营企业　法人代表:庞进通
网址:www. huatonglvcai. com
E-mail:pangzhanshui888@ eyou. com
【主要产品】聚丙烯酰胺;聚合氯化铝;复合高效聚合氯化铝

巩义市回郭镇荣兴化工厂

河南省巩义市回郭镇小訾殿村310国道边工业区[451283]
电话:(0371)64268201;13613813461
供销电话:64268201;13103844179
经济类型:私营企业　法人代表:闫建辉
【主要产品】苯;甲醇;混合苯

巩义市嘉华耐火材料有限公司

河南省巩义市[451200]
电话:(0371)64376628
传真:(0371)64376629
经济类型:股份有限公司
法人代表:温茂长
网址:www. jhnc. com
E-mail:jhnc@ jhnc. com
【主要产品】刚玉;碳化硅;硅粉

巩义市碱业有限公司

河南省巩义市嵩洛路1号[451250]
电话:(0371)64386998
传真:(0371)64356032
供销电话:64386958　企业规模:大型
经济类型:有限责任公司
法人代表:景银聚
网址:www. gyjy. com. cn
【主要产品】无水碳酸钠;纯碱;重质纯碱

巩义市教育化工助剂厂

河南省巩义市芝田镇[451252]
电话:(0371)64133250
传真:(0371)64133250　经济类型:集体
法人代表:李长安
网址:www. cnchangtong. com
E-mail:cnchangtong@ sina. com
【主要产品】酚醛树脂;改性酚醛树脂

巩义市金源化工有限公司

河南省巩义市康店镇工业园区[451200]
电话:(0371)64324093
传真:(0371)64349666
经济类型:私营企业　法人代表:焦建章
网址:www. gyjyhg. com
E-mail:jyhg@ gyjyhg. com;
yifanuser@ 163. com
【主要产品】盐酸;聚丙烯酰胺;氯化石蜡-42;氯化石蜡-52

巩义市凌云胶粘剂厂

河南省巩义市芝田镇南石村[451283]
电话:(0371)64130113
传真:(0371)64103113
经济类型:私营企业　法人代表:郑宗仁
【主要产品】聚醋酸乙烯乳液胶黏剂;α-氰基丙烯酸乙酯瞬干胶;无机胶黏剂;抑泡剂;消泡剂;抗水剂;防腐剂;硬脂酸钙分散液;造纸专用分散剂

巩义市陇海化工厂

河南省巩义市黑石关车站[451251]
电话:(0371)64329635
传真:(0371)64325635　经济类型:集体
法人代表:孟昭庆
E-mail:longhai-chem@ longhai-chem. com
【主要产品】2-硝基苯胺;4-硝基苯胺

巩义市纳洁涂料厂

河南省巩义市北山口镇[451250]
电话:(0371)64123718;13183002968
经济类型:私营企业
网址:www. najie. cn
【主要产品】环保纳米乳胶漆;浮雕漆;瓷釉涂料;防水涂料

巩义市强力塑料制品厂

河南省巩义市回郭镇二化桥[451283]
电话:(0371)64239958
传真:(0371)64235909
供销传真:64239958　法人代表:孙彦宏
【主要产品】TPR粒料;合成橡胶;聚氯乙烯电缆料;聚氯乙烯电缆料(绝缘级);聚氯乙烯电缆料(阻燃护层)

巩义市桥上化工厂

河南省巩义市民营经济创业园(康店镇)[451200]
电话:(0371)64349199;64349138;64349136
传真:(0371)64349189;64349138
经济类型:私营企业　有进出口权
法人代表:崔光敏
网址:www. qschemical. com
E-mail:sales@ qschemical. com
【主要产品】2-硝基-4-氯苯胺;烷基糖苷

巩义市清源化材厂

河南省巩义市工业区永安道[451252]
电话:(0371)64133493
传真:(0371)64133773
经济类型:私营企业　法人代表:赵安良
【主要产品】聚丙烯酸钠;聚合氯化铝

巩义市三和耐火材料有限公司

河南省巩义市[451250]
电话:(0371)64361946;64368227
传真:(0371)64361946　法人代表:王辉
供销电话:13803857327
【主要产品】刚玉;三聚磷酸钠;六偏磷酸钠;粉状速溶硅酸钠;鳞片石墨;金属硅;硅粉;木质素磺酸钙

巩义市三星水处理设备有限公司

河南省巩义市人民路39号[451200]
电话:(0371)64362494
传真:(0371)64362411
网址:www. chinesesanxing. com
E-mail:sanxing@ chinesesanxing. com
【主要产品】活性炭(植物果壳类);水处理滤料;杀生剂;聚合氯化铝;碱式氯化铝铁;无烟煤滤料;活性炭滤料;石英砂滤料;磁铁矿滤料;阻垢缓蚀剂

巩义市三星陶瓷材料有限公司

豫

河南省巩义市芝田镇芝田村[451252]
电话:(0371)64133033;64133197;13903859508
传真:(0371)64133033 经济类型:集体
供销电话:64133078 法人代表:武小舟
【主要产品】氮化硼;氮化铝;二硼化钛

巩义市神都耐材有限公司

河南省巩义市光明路12号附9号[451200]
电话:(0371)64353005;64376811;64360700
传真:(0371)64355221
供销电话:64353005;13938286643
法人代表:白二红
网址:www.chinashendu.com
E-mail:shendu@chinashendu.com
【主要产品】膨润土;刚玉;硅线石;蓝晶石;碳化硅;三聚磷酸钠;六偏磷酸钠;磷酸二氢铝;粉状速溶硅酸钠;氧化铝(煅烧α型);鳞片石墨;硅粉;氧化铬绿;糊精;木质素磺酸钙;高温沥青

巩义市石虎洁源静化材料厂

河南省巩义市西村镇[451281]
电话:(0371)64030599;13592569076
供销电话:13938280368
经济类型:私营企业 法人代表:赵石虎
【主要产品】聚合氯化铝

巩义市嵩山滤料厂

河南省巩义市新兴路西段(第二造纸厂院内)[451200]
电话:(0371)64367884
传真:(0371)64359682 经济类型:集体
法人代表:韩海亮
网址:www.song-xin.com
E-mail:gysongshan@163.com
【主要产品】聚合氯化铝;无烟煤滤料;活性炭滤料;石英砂滤料;卵石滤料

巩义市嵩源有机化工厂

河南省巩义市康店镇黑北村[451200]
电话:(0371)64329518
供销电话:13592498126
法人代表:周喜灿
【主要产品】2-硝基苯胺

巩义市腾达供水材料厂

河南省巩义市西村镇东村工业区[451281]
电话:(0371)64031609;64038269;64030852
传真:(0371)64030852 职工人数:80人
经济类型:私营企业 产值:2,000千元
法人代表:贺荣安
网址:www.tengdapac.com
E-mail:tengda@hi2000.com
【主要产品】铝酸钙;聚合氯化铝

巩义市通达化工厂

河南省巩义市西村镇天坡工业区[451281]
电话:(0371)63233666
传真:(0371)64033186
经济类型:私营企业 法人代表:李孝钦
【主要产品】酚醛树脂

巩义市香山供水材料厂

河南省巩义市车元工业区[451281]
电话:(0371)68396001;64016006;13938297946
传真:(0371)68396001
网址:www.xiang-shan.com
E-mail:office@xiang-shan.com
【主要产品】活性炭;聚合氯化铝

巩义市孝北化工厂

河南省巩义市石河道[451200]
电话:(0371)64359183;13803827519
网址:www.gyxbhg.com
E-mail:huagong@gyxbhg.com
【主要产品】2-硝基苯酚;氯化石蜡

巩义市孝义二中兰天化工厂

河南省巩义市孝义镇北站东[451200]
电话:(0371)64352365
传真:(0371)64312266 经济类型:集体
法人代表:兰红涛
【主要产品】*N*-乙酰苯胺;4-硫酸乙酯砜基苯胺

巩义市孝义镇化工厂

河南省巩义市石河道工业区[451200]
电话:(0371)64352259;13703906289
传真:(0371)64352259
经济类型:股份有限公司
法人代表:邰德伟
E-mail:taideweid@371.net
【主要产品】4-硝基苯酚;邻硝基苯酚钠;2,4-二硝基苯酚钠;2-硝基苯酚;1,4-苯二胺;4-硝基酚钠;2-硝基苯甲醚;复硝酚钠

巩义市鑫达化工厂

河南省巩义市芝田镇芝田村[451252]
电话:(0371)64134272;64133416
传真:(0371)64133636 经济类型:集体
供销传真:64133416 法人代表:赵延德
【主要产品】聚合氯化铝;碱式氯化铝铁

巩义市兴发电器有限公司

河南省巩义市康店[451200]
电话:(0371)64326268
传真:(0371)64326268
供销电话:64320188 法人代表:曲德林
经济类型:股份有限公司
【主要产品】配件

巩义市兴发化工有限公司

河南省巩义市康店[451200]
电话:(0371)64320698
传真:(0371)64326400 有进出口权
供销电话:64320999 法人代表:曲德林
经济类型:股份有限公司
【主要产品】次氯酸钠;1,2,4-三氯苯;1,4-二氯苯;1,2-二氯苯

巩义市一〇三民爆有限公司

河南省巩义市回郭镇里河路136号[451283]
电话:(0371)64267800
传真:(0371)64266394
供销电话:64267816 法人代表:王金标
经济类型:有限责任公司
【主要产品】炸药;硝铵炸药

巩义市益民化工有限公司

河南省巩义市喂庄工业区[451252]
电话:(0371)64100000;13903824889
传真:(0371)64100388
网址:www.hnyimin.com
E-mail:yimin@hnyimin.com
【主要产品】铝酸钙;聚合氯化铝;碱式氯化铝铁;无烟煤滤料;石英砂滤料

巩义市永兴生化材料有限公司

河南省巩义市芝田镇八陵工业区[451200]
电话:(0371)64138908;13703829888
传真:(0371)64138588
网址:www.yxshcl.com
E-mail:yxshcl@126.com
【主要产品】三氯化铁(液);聚丙烯酰胺;聚合氯化铝;碱式氯化铝铁;无烟煤滤料;活性炭滤料;石英砂滤料;磁铁矿滤料;阻垢缓蚀剂

巩义市宇贸净水材料有限公司

河南省巩义市经济技术开发区[451200]
电话:(0371)64386099;64324285;13783509718
传真:(0371)64386099;64353691
经济类型:私营企业
网址:www.yumao.com
E-mail:www@yumao.com
【主要产品】硫酸铝;铝酸钙;聚合氯化铝;碱式氯化铝铁

巩义市宇清净水材料有限公司

河南省巩义市南河渡工业区[451251]
电话:(0371)64156198;64157099
传真:(0371)64157099
经济类型:股份有限公司
企业规模:大型 法人代表:康治亮
网址:www.yqjs.com
E-mail:yuqing@yqjs.com
【主要产品】硫酸铝;三氯化铝(六水);铝酸钙;聚合氯化铝;碱式氯化铝铁

巩义市豫西化工厂

河南省巩义市康店[451250]
电话:(0371)64322138

豫

经济类型:私营企业　法人代表:叶忠义
【主要产品】树脂胶

巩义市振宇净水材料厂

河南省巩义市西村镇东村[451281]
电话:(0371)64031085
法人代表:李明立
【主要产品】聚合氯化铝

巩义市芝田净化剂厂

河南省巩义市芝田镇芝田村[451200]
电话:(0371)64133458;64133756;13903853275
传真:(0371)64133458-8806
固定资产:700 千元　有进出口权
经济类型:私营企业　产值:1,500 千元
职工人数:87 人　法人代表:周秋涛
网址:www.qiutao.com
E-mail:qiutao@qiutao.com
【主要产品】聚合氯化铝;碱式氯化铝铁

巩义市中昌水处理材料有限公司

河南省巩义市南河渡工业区[451250]
电话:(0371)64391258;64381659
传真:(0371)64381659
网址:www.chinazhongchang.com
E-mail:zhongchang@chinazhongchang.com
【主要产品】活性炭(植物果壳类);煤质活性炭;锰砂;水处理滤料;聚合氯化铝;无烟煤滤料;石英砂滤料;磁铁矿滤料;化工填料

巩义市中龙高岭土有限公司

河南省巩义市东郊八公里[451271]
电话:(0371)64051006
传真:(0371)64051008
法人代表:张四发
网址:www.gyzhonglong.com
E-mail:zhonglong@gyzhonglong.com
【主要产品】高岭土;煅烧高岭土

巩义市中亚净水材料有限公司

河南省巩义市车元[451281]
电话:(0371)64364730;64385636;13603990330
传真:(0371)64386560
网址:www.hngyzy.com
E-mail:webmaster@hngyzy.com
【主要产品】活性炭;聚合氯化铝

巩义雪莲香料有限公司

河南省巩义市康店镇黑石关村[451200]
电话:(0371)64320888;13783632676
传真:(0371)64320889
经济类型:有限责任公司
法人代表:赵国平
【主要产品】3,4-二甲氧基苯甲醛;香兰素;乙基香兰素

河南安达化工有限公司

河南省郑州市高新技术产业开发区雪松路 5 号[450001]
电话:(0371)67981244-8807;67981245
传真:(0371)67982792
供销电话:67983918;13903717019
网址:www.zhengzhouanda.com
E-mail:zzad@163.com
【主要产品】玻璃纤维

河南东方人农化有限责任公司

河南省郑州市二七区马寨镇东方路 1 号[450001]
电话:(0371)67860894
传真:(0371)67861065
经济类型:私营企业
法人代表:王建国
【主要产品】杀虫剂类;农用杀菌剂;除草剂

河南巩义市银海天大化工有限公司

河南省巩义市回郭镇人民东路[451283]
电话:(0371)64234646;64233789
传真:(0371)64235958;64234818
经济类型:集体　法人代表:邵国强
【主要产品】4-硫酸乙酯砜基苯胺;磺胺甲噁唑;呋喃唑酮

河南昊海实业有限公司

河南省郑州市纬五路 29 号附 12 号千金大厦 1509 室[450003]
电话:(0371)63916105;63919738
传真:(0371)63933438　有进出口权
网址:www.haohaichem.com
E-mail:zgs@haohaichem.com
【主要产品】对氟苯甲醛;邻氟苯甲醛;间氟苯甲醛;对氟苯甲醇;邻氟苯甲醇;间氟苯甲醇;对氟苯甲酸;间氟苯甲酸;邻氟苯甲酸;2,4′-二氟二苯甲酮;三氯化苄;4-氟氰苄;邻氟氰苄;间氟氰苄;氯化苄;4-氟氯苄;邻氟氯苄;间氟氯苄;邻氟苄胺;间氟苄胺;对氟苄胺;4-氯苯甲酰氯;邻氟苯甲酰氯;对氟苯甲酰氯;间氟苯甲酰氯;2,4-二氯苯甲酰氯;1,2,3,5-四乙酰-β-D-呋喃核糖;苯甲酰氯;二苯甲酮;芝麻酚;过氧化苯甲酰

河南金固建筑防水工程有限公司

河南省郑州市高新区郑塘路孙庄[450000]
电话:(0371)67851551;67100150;67100151
供销电话:67100152;67100153
经济类型:股份有限公司
网址:www.hnjingu.com
E-mail:all@hnjingu.com
【主要产品】内外墙涂料;聚氨酯防水涂料;SBS 改性沥青防水涂料;高分子防水涂料;JS 复合防水涂料;水泥基渗透结晶型防水涂料;SBS 改性沥青防水卷材

河南金田地农化有限公司

河南省郑州市国泰路 6 号[450045]
电话:(0371)65558437
传真:(0371)65558412
【主要产品】敌敌畏烟剂;百菌清烟剂;除草剂;异丙甲草胺乳油;乙草胺乳油;精喹禾灵乳油;30% 螨醇·水胺乳油;丁·噁乳油;乙·莠可湿性粉剂;苄·乙可湿性粉剂;噻·杀单可湿性粉剂;高氯·灭乳油;二氯·苄可湿性粉剂;2 甲钠·草甘可溶性粉剂

河南久弘塑业有限公司

河南省郑州市荥阳乔楼镇[450100]
电话:(0371)64610260
传真:(0371)64613453
经济类型:私营企业　法人代表:王俊贤
【主要产品】塑料包装袋

河南久玖化工有限公司

河南省郑州市中原区大岗刘乡石羊寺村 1 号[450006]
电话:(0371)67614419;67618209;67628112
传真:(0371)67618279　有进出口权
供销电话:67628099
网址:www.jiujiuchem.com
E-mail:sales@hnjjhg.com
【主要产品】丙三醇;硬脂酸;*N*-苯基苯胺;二盐基亚磷酸铅;二盐基硬脂酸铅;三盐基硫酸铅;硬脂酸钙;硬脂酸钡;硬脂酸铅;硬脂酸锌;防老剂 BLE;防老剂 SP;氢化油

河南开普化工股份有限公司

河南省巩义市新兴路 1 号[451200]
电话:(0371)64379100
传真:(0371)64351681　有进出口权
供销电话:64379233;64379230
供销传真:64379233　企业规模:大型
经济类型:股份有限公司
法人代表:张建华
网址:www.kaipuchem.com.cn
E-mail:xxzx@kaipuchem.com.cn
【主要产品】盐酸;盐酸(精制);烧碱(液体);烧碱(固体);氯气(液);一氯化苯;4-硝基氯苯;2-硝基氯苯;一硝基苯;苯胺;氯化石蜡;聚合氯化铝;汽缸油 65 号

河南开普集团有限公司

河南省巩义市新兴路 1 号[451200]
电话:(0371)64379150
传真:(0371)64351681
经济类型:有限责任公司
企业规模:大型　法人代表:张建华
网址:www.kaipugroup.com
E-mail:jtgs@kaipuchem.com.cn
【主要产品】盐酸;烧碱;液氮

河南凯伯宁实业有限公司

豫

河南省郑州市南三环王胡砦东三街2号[450052]
电话:(0371)68719851;68710640
传真:(0371)68716742
法人代表:张晓玲
E-mail:webmaster@kaiboning.com
【主要产品】电缆防火封墙材料

河南康泰橡胶制品有限公司
河南省郑州市上街区新乡路东段[450041]
电话:(0371)68933169
传真:(0371)68113226
职工人数:270人
网址:www.ktxj.net.cn
E-mail:ktxj@vip.371.net;
shisx@ktxj.net.cn
【主要产品】橡胶杂品;橡胶柔性补偿器;橡胶接头

河南康泰制药集团公司
河南省荥阳市汜水镇康泰路338号[450141]
电话:(0371)64899316;64899527;64896713
传真:(0371)64899316;64898916
供销电话:64899527;64899411
经济类型:集体　　有进出口权
法人代表:周振江
网址:www.kangtai.com.cn
E-mail:xyktjt@public2.zz.ha.cn
【主要产品】3-氨基吡咯烷;L-氨基丙醇;2,3,4-三氟硝基苯;3-氯-4-氟苯胺;6,7,8-三氟喹啉羧酸酯;顺式-2,6-二甲基哌嗪;甲磺酸加替沙星;诺氟沙星;盐酸洛美沙星

河南康泰制药集团公司河南省精细化工厂
河南省荥阳市汜水镇康泰路338号[450141]
电话:(0371)64899527;13703868966
传真:(0371)64899316;64898916
经济类型:集体　　有进出口权
法人代表:周振江
网址:www.kangtai.com.cn
E-mail:xyktjt@public2.zz.ha.cn
【主要产品】3-氨基吡咯烷;3-氨基丙醇;2,3,4-三氟硝基苯;3-氯-4-氟苯胺;乙氧基亚甲基丙二酸丙二酯;顺式-2,6-二甲基哌嗪;司氟沙星;甲磺酸加替沙星;盐酸洛美沙星

河南科来福工贸有限公司
河南省郑州市中原中路44号波奥大厦9层B座[450007]
电话:(0371)67622033;67648069;67619396
传真:(0371)67661079
供销电话:67661981
法人代表:魏剑波
网址:www.chife.com.cn
E-mail:clife@clife.com.cn
【主要产品】涂料印花色浆;印染助剂

河南蓝天净化材料有限公司
河南省巩义市芝田喂庄工业区[451252]
电话:(0371)64100132
传真:(0371)64100228
网址:www.hnlantian.com
E-mail:lantian@hnlantian.com
【主要产品】铝酸钙;聚合氯化铝;碱式氯化铝铁;石英砂滤料

河南力浮科技有限公司
河南省郑州市文化路[450002]
电话:(0371)63887839;63886154;67842843
传真:(0371)63886722;63886154
供销传真:67842843
网址:www.fertileef.com
E-mail:leef@public2.zz.ha.cn
【主要产品】混配复合肥料

河南力克化工有限公司
河南省郑州市经三路28号融丰花苑A7A[450008]
电话:(0371)65786348;65793651
传真:(0371)65786153
固定资产:20,000千元
职工人数:200人
法人代表:张力力
【主要产品】高渗哒螨灵乳油;阿维菌素乳油;乙酰甲胺磷乳油;甲胺磷乳油;一六〇五乳油;辛硫磷乳油;氧化乐果乳油;三唑磷乳油;吡虫啉乳油;高渗吡虫啉乳油;啶虫脒乳油;毒死蜱乳油;多菌灵可湿性粉剂;三唑酮可湿性粉剂;三唑酮乳油;腈菌唑;苯磺隆可湿性粉剂;甲哌鎓水剂;多效唑;多效唑可湿性粉剂;敌·甲胺乳油;甲霜·锰锌可湿性粉剂;氰·马乳油;萘乙·硝钠水剂;酮·氧乐乳油;噻·杀单可湿性粉剂;异丙草·莠悬浮剂;辛·灭乳油;阿维·高氯微乳剂

河南农业大学康拓科贸公司
河南省郑州市金水区文化路95号工业大学1号实验楼[450002]
电话:(0371)63558259
经济类型:集体
E-mail:zwbhxy@sohu.com
【主要产品】杀虫剂类;高渗氧乐果乳油;除草剂;苯磺隆可湿性粉剂;甲柳·酮乳油;氯·氧乐乳油;辛·氰乳油;酮·氧乐乳油;井·酮可湿性粉剂;拌·福·五粉剂;多·锰锌可湿性粉剂;锰锌·乙铝可湿性粉剂;敌畏·辛乳油;脂肪胺醋酸盐

河南青峰实业有限公司
河南省郑州市高新技术开发区桃花里3号[450001]
电话:(0371)67980845
传真:(0371)67980496
网址:www.hnqf.com
E-mail:hnqf@hnqf.com
【主要产品】烟草香精

河南庆安化工高科技股份有限公司
河南省新郑市庆安路189号[451150]
电话:(0371)62638868;62638899
传真:(0371)62638877;62638955
供销电话:62638999;62638988
经济类型:股份有限公司　　有进出口权
企业规模:大型　　法人代表:司俊杰
网址:www.qinganchem.com
E-mail:office@qinganchem.com
【主要产品】反丁烯二酸;2-乙基己酸;苯酐;油漆;聚氨酯漆类;油漆辅助材料类;涂料催干剂LC802;稳定剂;己二酸二正辛酯;邻苯二甲酸二丁酯;邻苯二甲酸二异丁酯;邻苯二甲酸二异癸酯;邻苯二甲酸二辛酯;癸二酸二辛酯;偏苯三酸三辛酯;氯化石蜡;对苯二甲酸二辛酯;邻苯二甲酸二异壬酯;清洗剂

河南省超前涂料有限责任公司
河南省郑州市郑密路北段[450052]
电话:(0371)68868219;68868229
传真:(0371)68856935
供销电话:68856935;13938457091
经济类型:有限责任公司
法人代表:马素英
网址:www.cosunpaint.com
E-mail:chaoqianqi@126.com
【主要产品】腻子;乳胶漆;真石漆;水泥漆

河南省大地农化有限责任公司
河南省郑州市二七区[450000]
电话:(0371)63563582
传真:(0371)63563375
法人代表:夏建中
网址:www.dadiweb.126.com
E-mail:dadiweb@371.net
【主要产品】农用杀菌剂;乙蒜素;乙蒜素乳油;乙·噁乳油;酮·乙蒜乳油;16%酮·乙蒜可湿性粉剂

河南省大明实业有限公司
河南省郑州市桥南新区花园路35号[450045]
电话:(0371)65742502
传真:(0371)65741931
供销电话:65742502;65741762
网址:www.hasunny.com
E-mail:sales@hasunny.com;
hasunny@tom.com
【主要产品】金刚烷胺;吡啶甲酸铬;抗坏血酸多聚磷酸酯;二氢吡啶;酒石酸吉他霉素;硫酸阿米卡星;氟洛芬;罗红霉素;舒巴坦钠;甲磺酸加替沙星;舒他西林;磺胺喹噁啉;磺胺喹噁啉钠;磺胺-6-甲氧嘧啶;磺胺间甲氧嘧啶钠;甲氧苄啶;乳酸甲氧苄啶;二甲氧苄氨嘧啶;利巴韦林;盐酸金刚烷胺

河南省道纯化工技术有限公司
河南省郑州市文化路128号15楼

[450002]
电话:(0371)63563761
传真:(0371)63563936
经济类型:有限责任公司
法人代表:王丽华
网址:www.dchg.com.cn
E-mail:dchgyx@tom.com
【主要产品】绿氧;溴代十二烷;光盘专用染料;显影剂;X光胶片定影剂(粉);PS版护版胶;阳图PS版显影粉;分散松香胶乳液;阴离子中性分散松香胶;分散剂;显白剂;氧化锌版润版剂;PS版修版膏;R-3表面活性剂;油墨清洗剂;列管式换热器;螺带式混合机

河南省德嘉丽科技开发公司

河南省郑州市政六街3号科技经委所楼701室[450003]
电话:(0371)65974161;65973413
传真:(0371)65973413
法人代表:李明献
网址:www.dejiali.com
E-mail:djl@dejiali.com
【主要产品】水性金属漆;环保乳胶漆;真石漆;氟碳漆;特级丝绸乳胶漆;金丝彩缎涂料;壁纸涂料;外墙漆王;保温涂料;白玉涂料;质感涂料

河南省登封市豫科研究所

河南省登封市中岳大街[452470]
电话:(0371)62871687
传真:(0371)62877778　有进出口权
经济类型:私营企业　法人代表:景志杰
网址:zzdfyuke.nease.net
E-mail:zzdf.yuke.@371.net
【主要产品】蒙砂粉

河南省巩义市锦华机械厂

河南省巩义市东黑石关大桥头[451200]
电话:(0371)64377507;64377136;13938265575
传真:(0371)64377136
法人代表:吴建华
网址:www.zzjinhua.com
E-mail:zzjinhua@zzjinhua.com
【主要产品】强力搅拌机;SZG系列双锥回转真空干燥机;锤式破碎机;双辊破碎机;振动筛;带式输送机;给料机;圆盘造粒机

河南省巩义市南石化工厂

河南省巩义市南石桥头[451200]
电话:(0371)64103166
供销电话:13838530192
【主要产品】二甲苯;甲苯;苯;硝基漆稀释剂;氨基漆稀释剂;醇酸漆稀释剂;聚酯漆稀释剂

河南省巩义市强力塑料制品厂

河南省巩义市回郭镇二化桥东[451283]
电话:(0371)64239958
经济类型:私营企业　有进出口权
【主要产品】聚氯乙烯电缆料

河南省巩义市嵩鑫滤材工业有限公司

河南省巩义市夹津口镇(家具城院内)[451200]
电话:(0371)64359484;64385416
供销传真:64385418　法人代表:韩书亮
经济类型:有限责任公司
网址:www.sxlc.com
E-mail:webmaster@sxlc.com
【主要产品】活性炭;聚丙烯酰胺;工业水处理剂;磺化煤;聚合氯化铝;无烟煤滤料

河南省巩义市五七化工厂

河南省巩义市回郭镇南罗[451283]
电话:(0371)64260174
供销电话:64260280　经济类型:集体
供销传真:64230174　法人代表:刘进学
【主要产品】雷管

河南省巩义市新奇化工厂

河南省巩义市河洛镇[451262]
电话:(0371)64289439
传真:(0371)64289041;64289439
供销电话:64289439;13903824561
经济类型:私营企业　有进出口权
法人代表:曹新奇
网址:www.xinqichem.com
E-mail:caoxinqi@xinqichem.com
【主要产品】2-硝基苯胺;4-硝基苯胺;2-硝基-4-氯苯胺;工业洗瓶剂;氯化石蜡高效复合热稳定剂;油井水泥降水剂;油污清洗防锈剂;石油管道清洗剂

河南省巩义市韵沟联营滤料厂

河南省巩义市新华路244号(银河宾馆南)[451200]
电话:(0371)64359535;64355031;13803859951
传真:(0371)64355031
法人代表:李景周
网址:www.gyygly.com
E-mail:webmaster@gyygly.com
【主要产品】活性炭;活性炭(植物果壳类);水处理滤料;聚合氯化铝;无烟煤滤料;石英砂滤料;磁铁矿滤料;塔填料

河南省化工研究所

河南省郑州市建设东路37号[450052]
电话:(0371)67447774;67440031
传真:(0371)67447774　经济类型:国有
供销电话:67970997　有进出口权
法人代表:马家轩
网址:ljla.126.com
E-mail:kejb@chem.cn
【主要产品】四氯化碳;氢氧化钠;氢氧化钾;碘化钾;吡啶;苯;甲苯;二氯甲烷;丙酮;乙酸乙酯;乙酸正丁酯;乙酸,无水;盐酸;乙醇(无水);丁醇;丙三醇;卡尔费休试剂;阳离子沥青乳化剂;螯合稀土钼

河南省惠康实业总公司

河南省郑州市陈寨冷库思念工业园区内[450008]
电话:(0371)66186788;65692325;13343718619
传真:(0371)65693684;65696713
经济类型:国有　法人代表:李红业
网址:www.hnhkang.com
E-mail:Hui_kang@163.com
【主要产品】防水专用腻子粉;高级内墙水性腻子;抗裂弹性腻子;外墙抗裂腻子;混凝土界面处理剂;钢化涂料;瓷砖胶黏剂;树脂胶;高分子聚合物粘接剂;水泥制品脱模剂

河南省金凤化工有限公司

河南省郑州市综合投资区长兴路北段北环外[450044]
电话:(0371)63981884;63789309
传真:(0371)63789310
经济类型:私营企业
【主要产品】丙烯酸;聚酯树脂漆类;聚氨酯涂料;油漆稀释剂

河南省天择实业有限公司

河南省郑州市文化路97号(工业大学校内)[450002]
电话:(0371)63925204
传真:(0371)63937873
经济类型:有限责任公司
E-mail:tzar@371.net;
tzarchem@sohu.com
【主要产品】维生素H;维生素K3

河南省荥阳甲醇钠有限公司

河南省荥阳市乔楼乡陈沟村[450100]
电话:(0371)64685237;64665820
传真:(0371)64685237
供销电话:64685237;13703996690
供销传真:64685169　法人代表:王志贵
经济类型:股份合作
【主要产品】乙醇钠;甲醇钠;甲醇钠(液体);2-氨基-4,6-二羟基嘧啶;4,6-二羟基嘧啶

河南省荥阳市氧化铁厂

河南省荥阳市郑上路王村镇西大村[450100]
电话:(0371)64852288
传真:(0371)64852288
供销电话:13503851345
法人代表:郑子民
【主要产品】氧化铁红;氧化铁黄313;氧化铁黑;氧化铁绿

河南省郑州富利达农药有限公司

河南省郑州市中牟县白沙工业区富

豫

利达大道1号[451464]
电话:(0371)62366569
【主要产品】阿维菌素乳油;乙酰甲胺磷乳油;辛硫磷乳油;三唑磷乳油;80%敌敌畏乳油;高效氯氰菊酯乳油;三氯杀螨醇乳油(20%);啶虫脒乳油;毒死蜱乳油;三唑酮乳油;百草枯水剂;精喹禾灵乳油;21%增效马·氰乳油;19%氰·唑磷乳油;18%丁硫·螨醇乳油;啶虫·高氯可湿性粉剂;20%甲氰·唑磷乳油;高氯·辛乳油;高氯氟氰·辛乳油;毒·氯乳油;吡·辛乳油;柴油·哒乳油;阿维·唑磷乳油

河南嵩山净水材料有限公司
河南省巩义市芝田[451200]
电话:(0371)64135266
法人代表:曹万印
【主要产品】聚合氯化铝;碱式氯化铝铁;聚合氯化铁

河南泰吉股份有限公司
河南省郑州市二七区小李庄东街49号[450000]
电话:(0371)68740803;68740823
传真:(0371)68719449 产值:500千元
经济类型:股份有限公司
法人代表:张宝山
【主要产品】活性炭

河南信威磷化有限公司
河南省巩义市回郭镇人民东路322号[451283]
电话:(0371)64234271
传真:(0371)64235700
经济类型:有限责任公司
法人代表:孙怀锋
【主要产品】锌焙砂;硫酸;铁粉;过磷酸钙;聚合硫酸铁

河南兴泰科技实业有限公司
河南省郑州市国家高新技术产业开发区银屏路22号[450053]
电话:(0371)67981666;67990252
传真:(0371)67981625;67991780
经济类型:私营企业 职工人数:350人
法人代表:刘晓真
网址:www.xingtaikj.com
E-mail:master@xingtaikj.com
【主要产品】食品乳化剂;面粉改良剂;肉食品改良剂

河南阳光涂料有限公司
河南省郑州市国家高新技术产业开发区石楠路1号[450001]
电话:(0371)67983138;67991777
传真:(0371)67992297
网址:www.ygtuliao.com
E-mail:yangyuangqi2005@126.com
【主要产品】丙烯酸内墙乳胶漆;丙烯酸外墙乳胶漆;水性纳米氟碳漆;抗裂弹性腻子

河南医科大学制药厂
河南省郑州市高新开发区瑞达路86号[450001]
电话:(0371)67981282
传真:(0371)67982920
经济类型:联营企业 法人代表:张若飞
【主要产品】氯化钠;氨基酸;甲硝唑;甘露醇;右旋糖酐;葡萄糖

河南远洋科技有限公司
河南省郑州市经济技术开发区航海东路1269号[450016]
电话:(0371)66783089
传真:(0371)66728806
供销电话:66785229 产值:50,000千元
经济类型:股份有限公司
职工人数:100人
网址:www.yybz.net
E-mail:yuanyangkj@sohu.com
【主要产品】薄膜吹塑机;纸塑复合制袋机;铝塑复合管机

河南郑顺氟化工有限责任公司
河南省巩义市米河镇东竹园[451263]
电话:(0371)64334277
传真:(0371)64334746
供销电话:64334739 职工人数:316人
供销传真:64338871 法人代表:田韶辉
经济类型:联营企业
网址:www.zhengshun.com
E-mail:zsf@zhengshun.com
【主要产品】氟氢酸;硫酸钙;氟硼酸钾;氟化铝;氟硅酸钠;氟硅酸钾;氟铝酸钠;氟钛酸钾

河南郑州市曙光化工有限公司
河南省郑州市中原区须水镇址刘村[450042]
电话:(0371)67857799;67857588
传真:(0371)67857588
法人代表:李炎鑫
【主要产品】甲醛

河南中孚药业有限公司
河南省巩义市嵩洛路42号[451200]
电话:(0371)64388180
传真:(0371)64388179 经济类型:国有
供销电话:64387578;64380111
有进出口权 企业规模:大型
法人代表:张洪恩
E-mail:zfyywjs@public2.zz.ha.cn
【主要产品】4-氨基-6-甲氧基嘧啶;磺胺甲噁唑;磺胺-6-甲氧嘧啶;磺胺间甲氧嘧啶钠;盐酸小檗碱

河南中原防火材料有限公司
河南省郑州市西环路东冯湾路口[450006]
电话:(0371)67820005;67820003
传真:(0371)67820005 经济类型:集体
法人代表:李新河
【主要产品】防火板;膨胀装饰型防火涂料;多用型膨胀防火涂料;塑性电缆防火堵料

河南众通塑胶管道有限公司
河南省郑州市化工路25号[450066]
电话:(0371)67843824;67843828
传真:(0371)67843827
法人代表:李伯炎
【主要产品】聚乙烯管;聚氯乙烯管材;硅芯管

恒运集团石油股份有限公司
河南省郑州市高新技术产业开发区国槐街7号[450001]
电话:(0371)67982408;67989354
传真:(0371)67983954
供销电话:67987863;67987865
供销传真:67987865
经济类型:股份有限公司
网址:www.heral.com.cn
【主要产品】柴油机油;重负荷车辆齿轮油;闭式齿轮油;抗磨液压油;锂基润滑脂;车用润滑油

沙隆达郑州农药有限公司
河南省郑州市城东南路57号[450009]
电话:(0371)66818314;66813580;66813168
传真:(0371)66823556;66819620
供销电话:66816083 有进出口权
供销传真:66818876 企业规模:大型
经济类型:股份有限公司
法人代表:李作荣
网址:www.pesticidechina.com
E-mail:sndzzpco@public2.zz.ha.cn
【主要产品】盐酸;烧碱;烧碱(液体);次氯酸钠;氯气(液);氧化乐果;氧化乐果乳油;80%敌敌畏乳油;吡虫啉;吡虫啉可湿性粉剂;克百威;苯氧威乳油;苯氧威可湿性粉剂;灭多威;啶虫脒;啶虫脒乳油;啶虫脒可湿性粉剂;农用杀菌剂;多菌灵;氰草津;氰草津悬浮剂;氰草津可湿性粉剂;百草枯;乙草胺;乙草胺乳油;苯磺隆可湿性粉剂;辛酰溴苯腈;辛酰溴苯腈乳油;甲柳·酮乳油;氰·氧乐乳油;敌畏·氧乐乳油;丁·苄可湿性粉剂;酮·氧乐乳油;滴丁·乙乳油;吡·杀单可湿性粉剂;毒·氯乳油;辛·灭乳油;腈菌·锰锌可湿性粉剂;敌畏·氯乳油;苯噻酰·苄可湿性粉剂;阿维·柴乳油;滴丁·辛酰溴乳油

圣丰科技(河南)有限公司
河南省郑州市农业路西段60号附2号[450053]
电话:(0371)63821968
传真:(0371)63821658
经济类型:港澳台商独资经营
法人代表:陈福林
网址:www.safech.com
E-mail:safe@safech.com
【主要产品】阿维菌素;阿维菌素可湿性粉剂;阿维菌素乳油;高渗吡虫啉可湿

豫

性粉剂;丁硫克百威乳油;三苯基乙酸锡可湿性粉剂;百菌清烟剂;百菌清胶悬剂;代森铵水溶液;络氨铜水剂;5%菌毒清水剂;威百亩;百草枯水剂;10%苯丁·哒乳油;丁·噁乳油;哒·螨醇乳油;酮·氧乐乳油;哒·四螨可湿性粉剂;丙·辛乳油;高氯·马乳油;阿维·高氯微乳剂;阿维·柴乳油;苏云金杆菌可湿性粉剂;多抗霉素

圣斯诺化工有限公司

河南省郑州市经五路37号1-10[450003]
电话:(0371)65921147;67895335;13603844888
传真:(0371)65921147
网址:www. sansnow. com. cn
E-mail:cunliang@ 371. net
【主要产品】4,4′-二氟二苯甲醇;4,4′-二氟二苯甲酮;苯丙烯基哌嗪;二(对氟苯基)甲基哌嗪;桂利嗪;盐酸氟桂利嗪;肉桂醇

新乡市瑞特精细化工有限公司

河南省郑州市文化路15号黄金大厦425房间[450014]
电话:(0371)63520331;63520040
传真:(0371)63520330　职工人数:94人
网址:www. vetchempharm. com
E-mail:info@ vetchempharm. com
【主要产品】吡啶甲酸铬;氟洛芬;替米考星;磷酸替米考星;诺氟沙星;乳酸诺氟沙星;烟酸诺氟沙星

新乡谢人实业有限公司

河南省郑州市京广南路32号附6号
[450052]
电话:(0371)68728892
传真:(0371)68710228
经济类型:私营企业　法人代表:谢宏杰
网址:www. xierengroup. com
E-mail:xierenzb@ xierengroup. com
【主要产品】PVC塑料加工制品;给水和排水管

新郑佳丝丽涂料有限公司

河南省新郑市新建路453号[451150]
电话:(0371)62695370;13938271375
传真:(0371)62695370
经济类型:私营企业　法人代表:石惠民
【主要产品】内外墙乳胶漆

新郑市纺织助剂化工有限公司

河南省新郑市城关镇城北工业园区[451150]
电话:(0371)62696642
传真:(0371)62693632;62696642
经济类型:股份有限公司
法人代表:靳水泉
【主要产品】土耳其红油;浆料;喷水织机浆料

新郑市韩春化工有限公司

河南省新郑市城关北竹园东侧[451150]
电话:(0371)62693117
传真:(0371)62697765
供销电话:62691942　法人代表:陈百丰
供销传真:62697765;62697752
经济类型:股份有限公司
【主要产品】甲醇;甲醛;合成氨;液氨;碳酸氢铵;塑料编织袋

新郑市宏达树脂厂

河南省新郑市辛店镇[451150]
电话:(0371)62522039
经济类型:私营企业　法人代表:靳国彬
【主要产品】不饱和聚酯树脂(191型)

新郑市后屯涂料厂

河南省新郑市后屯[451150]
电话:(0371)62676693
经济类型:私营企业　法人代表:郭德恒
【主要产品】丙烯酸涂料

新郑市泡沫材料公司

河南省新郑市观音寺乡林庄村[451181]
电话:(0371)62444028;62447079
经济类型:集体　法人代表:张全忠
【主要产品】聚苯乙烯泡沫塑料板材

新郑市树脂厂

河南省新郑市辛店镇工业区[451184]
电话:(0371)62522062
传真:(0371)62522223　经济类型:集体
供销电话:62522062;62523688
供销传真:62520889　法人代表:赵松森
E-mail:xxzlll@ public2. zz. ha. cn
【主要产品】不饱和聚酯树脂;组合聚醚;聚酯切片;过氧化环己酮;固化剂

新郑市新光化工涂料有限公司

河南省新郑市新华街[451150]
电话:(0371)62685246
经济类型:私营企业　法人代表:孙志强
【主要产品】氨基烘干清漆;内外墙乳胶漆;聚氨酯清漆685号

新郑市永兴工贸有限公司

河南省新郑市梨河经济开发区[451100]
电话:(0371)62659832;62659833;13903856097
传真:(0371)62659833
网址:www. hnyxchem. com
E-mail:sales@ hnyxchem. com
【主要产品】3-氨基苯乙酮;3-羟基苯乙酮;α-甲氨基间羟基苯乙酮硫酸盐;苯甲酰氯;二苯甲酮;3-硝基苯乙酮;过氧化苯甲酰

荥阳龙达实业有限公司

河南省荥阳市荥密路口南一公里五龙工业园区[450100]
电话:(0371)64696402;64695491;13803821130
传真:(0371)64695491
经济类型:私营企业
【主要产品】锌粉

荥阳市六零集团公司六零二分厂

河南省荥阳市乔楼陈沟[450100]
电话:(0371)64685137;13903851238
传真:(0371)64685137　经济类型:国有
法人代表:李有福
【主要产品】乙醛酸;草酸二乙酯;*N*-乙酰苯胺;乙氧基亚甲基丙二酸丙二酯

郑州白玉涂料厂

河南省郑州市中原区秦岭路[450007]
电话:(0371)67542012
经济类型:私营企业　法人代表:宋贵臣
【主要产品】瓷釉涂料;建筑胶

郑州邦泰药业有限公司

河南省郑州市工农路34号[450013]
电话:(0371)67621184;67621155
传真:(0371)67631274
经济类型:股份有限公司
法人代表:鲁来政
【主要产品】维酶素;β-D-无水葡萄糖

郑州宝丰农化有限公司

河南省荥阳市乔楼镇孙砦村万山路[450100]
电话:(0371)64940057
传真:(0371)64940057;64942637
法人代表:杨朝军
网址:www. bfnh. cn
【主要产品】含硫尿素;碳酸氢铵;钾肥;混配复合肥料

郑州标典化工有限公司

河南省郑州市农业路1号[450000]
电话:(0371)65758215;65751310
传真:(0371)65740122
网址:www. zzbiaodian. com. cn
E-mail:zzbiaodian@ yahoo. com. cn
【主要产品】邻硝基苯酚钠;4-硝基酚钠;复硝酚钠;α-萘乙酸钠;氯吡脲;胺鲜酯

郑州博路化工科技有限公司

河南省郑州市高新区化工路25号[450065]
电话:(0371)67376576;13017852412
传真:(0371)67376576
供销电话:67989237
网址:www. boluchem. com
E-mail:blchem@ sohu. com
【主要产品】脱漆剂;皮革脱脂剂;螺栓松动剂;防锈剂;磷化液;金属表面调整剂;除油剂;石油管道清洗剂;电力设备清洗剂;阻垢缓蚀剂

郑州博涛颜料有限公司

豫

河南省郑州市大同路 8 号(火车站附近)[450000]
电话:(0371)66961943;66935968;66863168
传真:(0371)66955339
经济类型:私营企业 职工人数:128 人
法人代表:马海涛
网址:www.botaoyl.com
E-mail:botao@botaoyl.com;maht@botaoyl.com
【主要产品】钼铬红 107;酞菁蓝 BGS;酞菁蓝 BS;酞菁蓝 B;酞菁绿 G;汉沙黄 G;耐晒黄 3G;汉沙黄 10G;永固黄 G;永固黄 GG;联苯胺黄 G;永固橘黄 G;联苯胺黄 GR;耐晒艳红 BBC;耐晒大红 BBN;耐晒大红 BBS;3117 耐晒亮红 N;耐晒深红 BBM;耐晒大红 2R;银朱 R;橡胶大红 LC;大红粉;220 大红粉;金光红;金光红 C;金光红 CN;永固红 F4R;颜料艳红 6B;立索尔大红 R;立索尔宝红 BK;甲苯胺红;油溶红

郑州长城科工贸有限公司

河南省郑州市上街工业开发区安阳路 15 号[450041]
电话:(0371)68942560;68942282
传真:(0371)68942866
网址:www.zzgwsit.com.cn
E-mail:cckgm@371.net
【主要产品】搅拌器;旋转蒸发器;真空箱式干燥器;低温冷却液循环泵;油泵;真空泵;水环式真空泵

郑州超达食品化学有限公司

河南省巩义市新兴路东[451200]
电话:(0371)64364293;64325706
传真:(0371)64325706
经济类型:私营企业 法人代表:付明伟
网址:www.cnshenli.com
E-mail:shenli@cnshenli.com
【主要产品】苯甲酰氯;面粉改良剂;过氧化苯甲酰

郑州大学生化工程中心

河南省郑州市鑫水区文化街 97 号[450003]
电话:(0371)63887324
法人代表:马晓建
【主要产品】吸附剂;生物柴油

郑州方泰化工有限责任公司

河南省新密市超化火车站[452385]
电话:(0371)69236682
传真:(0371)69236682
供销电话:69236393 法人代表:魏子贺
经济类型:有限责任公司
E-mail:lcw393@sina.com
【主要产品】碳酸氢钾;碳酸钾;工业氯化铵

郑州福乐日化有限公司

河南省郑州市金水区黄河路 68 号[450053]
电话:(0371)63947247;68227699
传真:(0371)63947247
供销电话:63825692 法人代表:王宗良
经济类型:有限责任公司
网址:www.goods-china.com/c/jaapbe.htm
【主要产品】肥皂;洗涤剂

郑州福源化工有限公司

河南省巩义市鲁庄镇苏家庄[451200]
电话:(0371)65749921;65742580
传真:(0371)65749920;65727556
供销电话:65727556
网址:www.fypharm.com
E-mail:torefy@fypharm.com
【主要产品】氨苄西林钠;头孢拉定;罗红霉素;阿昔洛韦;替米考星;乳酸环丙沙星;尼卡巴嗪

郑州富龙新材料科技有限公司

河南省郑州市陇海西路 328 号[450006]
电话:(0371)68623423;68615854;68623430
传真:(0371)68623423
网址:www.fulongtech.com.cn
E-mail:ysldyf@public2.zz.ha.cn
【主要产品】超细硅灰石粉;白云母粉;氢氧化镁;高岭土;分子筛

郑州富炜新型材料有限公司

河南省郑州市高新技术产业开发区重阳街 73 号[450001]
电话:(0371)67981202;67981150;13803862696
传真:(0371)67981150
经济类型:有限责任公司
法人代表:侯中田
【主要产品】氢氧化铝;氧化铝

郑州工业大学化工总厂

河南省郑州市文化路 97 号[450002]
电话:(0371)63887610;63887615;13838072845
传真:(0371)63887610 经济类型:国有
法人代表:马双林
网址:www.cheminfo.gov.cn/cpgjz/zhengzhouchem
【主要产品】聚四氟乙烯密封圈;聚四氟乙烯管材;聚四氟乙烯棒材;聚四氟乙烯垫圈;聚四氟乙烯填料;聚四氟乙烯热交换器

郑州海化氯碱化工有限公司

河南省郑州市中原区化工路 25 号[450066]
电话:(0371)67843312
传真:(0371)67843312
经济类型:股份有限公司
企业规模:大型 法人代表:董益军
【主要产品】盐酸;烧碱

郑州海昆食品添加剂有限公司

河南省郑州市新华中食品城食化区 48 号[450052]
电话:(0371)68750667;68763358
传真:(0371)68738855
供销电话:68750667;68739055
经济类型:私营企业 职工人数:102 人
法人代表:李修旨
网址:www.cs-zztc.com
E-mail:zzglhp@yahoo.com
【主要产品】乙基麦芽酚;双乙酸钠;苯甲酸钠;山梨酸钾;木糖醇;甜菊糖;天冬氨酰苯丙氨酸甲酯;香兰素

郑州好上好化工有限公司

河南省郑州市上街济源路 5 号[450041]
电话:(0371)68939882;13838206638
传真:(0371)68939882
供销电话:68922336 法人代表:胡文峰
经济类型:私营企业
【主要产品】油漆;重防腐漆

郑州浩普科技有限公司

河南省郑州市国家高新技术产业开发区金梭路[450001]
电话:(0371)67987748
经济类型:有限责任公司
法人代表:赵千生
【主要产品】清洗剂

郑州恒生实业有限公司

河南省郑州市高新开发区先锋路 18 号[450052]
电话:(0371)67448446;67449373;67827855
传真:(0371)67439576;67860885
供销电话:67827822;67827833
经济类型:集体 企业规模:大型
法人代表:王华蓝
网址:www.ms-rubber.com
E-mail:info@ms-rubber.com
【主要产品】橡胶三角带;氧气胶管

郑州宏德包装材料有限公司

河南省郑州市新郑路南五里堡北街 26 号[450004]
电话:(0371)66819413;66817567
传真:(0371)66819413 经济类型:集体有进出口权 法人代表:党志宏
【主要产品】水性复膜胶;水性压敏胶;商标纸胶;BOPP 胶黏带;胶黏带

郑州厚泽木食品技术有限公司

河南省郑州市管城区货栈北街 1 号[450004]
电话:(0371)66342711;66382398
传真:(0371)66330861
经济类型:私营企业
网址:www.houzemu.com
E-mail:houzemu@163.com
【主要产品】氨基乙酸;L-脯氨酸;L-胱氨酸;L-半胱氨酸;L-缬氨酸;L-丝氨酸;L-丙氨酸;DL-丙氨酸;L-赖氨酸盐酸盐;L-亮氨酸;L-异亮氨酸;L-精氨酸;

豫

L-天门冬氨酸;牛磺酸;L-苏氨酸;L-酪氨酸;L-组氨酸;谷氨酸;蛋氨酸;L-蛋氨酸;L-苯丙氨酸;L-色氨酸

郑州华宏重工机械有限公司

河南省郑州市郑上路西岗开发区[450000]
电话:(0371)66119706;66119709
传真:(0371)67816206
网址:www. zzhuahong. com
E-mail:zzhuahong@ 163. com
【主要产品】烘干机;颚式破碎机;圆锥破碎机;锤式破碎机;冲击式破碎机;辊式破碎机;球磨机;振动筛;输送机

郑州华伦生物技术有限公司

河南省郑州市经三路北段注协大厦南楼西三单元四楼[450011]
电话:(0371)63389361;63389362
传真:(0371)63389361
经济类型:有限责任公司
网址:www. heallen. com
E-mail:sales@ heallen. com
【主要产品】阿莫西林;盐酸头孢噻呋;头孢替呋钠盐;氟洛芬;盐酸土霉素;舒巴坦钠;阿奇霉素;磺胺间甲氧嘧啶钠;乳酸甲氧苄啶;替米考星;磷酸替米考星;乳酸诺氟沙星;乳酸环丙沙星;泰妙菌素;盐酸倍他洛尔

郑州华美油漆有限公司

河南省郑州市上街区中心路155号[450041]
电话:(0371)68118886
传真:(0371)68119886
供销电话:68929914　法人代表:刘保安
经济类型:有限责任公司
网址:www. zzhmyq. com
【主要产品】油漆;各色醇酸调合漆;醇酸磁漆;闪光漆;锤纹漆

郑州华新化工有限公司

河南省郑州市航海路81号[450015]
电话:(0371)68730707;68288633
传真:(0371)68288633
供销电话:68288632　法人代表:李国斌
网址:hahg. home. chinaren. com
E-mail:hahg@ chinaren. com
【主要产品】正丁醇;醋酸丁酯;甲基乙基酮肟;丙烯酸树脂;松香改性酚醛树脂(210型);三聚氰胺甲醛树脂;环氧树脂;醇酸树脂;印刷油墨专用树脂;油漆;分散剂(涂料专用);防流挂剂;粉末涂料流平剂;中铬黄;柠檬黄

郑州华宇科技有限公司

河南省郑州市农业路22号兴业大厦[450053]
电话:(0371)65336633;65336655
传真:(0371)65336677
网址:www. huayukeji. com
【主要产品】工业修补胶;结构胶胶黏剂;绝缘灌封胶;橡胶黏合剂;建筑黏合剂;结构装配密封剂

郑州化工厂

河南省郑州市中原区化工路25号[450065]
电话:(0371)67843312
传真:(0371)67843312
经济类型:国有
供销电话:67980160　企业规模:大型
供销传真:67843588
法人代表:肖志昂
【主要产品】盐酸;烧碱;次氯酸钠;漂白粉;氯气(液);聚氯乙烯树脂;氯化石蜡-52

郑州金宝橡塑有限公司

河南省郑州市桐柏路231号421室[450006]
电话:(0371)67612846
传真:(0371)67612846
网址:www. jbxs. com
【主要产品】再生胶

郑州金岭化工有限公司

河南省郑州市二七区陇海中路28号[450052]
电话:(0371)66975030
传真:(0371)66975030　有进出口权
供销电话:66975045　法人代表:陈茂丛
经济类型:与港澳台商合资经营
【主要产品】改性三聚磷酸铝;特种除锈防锈漆

郑州凯瑞涂料有限公司

河南省郑州市上街区中心路188号[450000]
电话:(0371)68923288
传真:(0371)68110770
供销电话:68117964　法人代表:胡玉峰
【主要产品】油漆

郑州康馨日化用品有限公司

河南省郑州市金水区黄河路68号[450053]
电话:(0371)63827769
传真:(0371)63827769
经济类型:股份有限公司
法人代表:樊建舟
网址:www. kangxinrihua. com
E-mail:kx@ kangxinrihua. com
【主要产品】香皂

郑州蓝星化工设备有限公司

河南省郑州市中原区沟赵乡郭庄村[450066]
电话:(0371)67847081;13323850136
传真:(0371)67847057　职工人数:86人
供销电话:67847057;67847081
经济类型:有限责任公司
法人代表:李政锋
网址:www. hnlanxing. com
E-mail:lanxing@ lanxing. com
【主要产品】化工设备;搪瓷反应罐;换热器

郑州力威管道设备有限公司

河南省郑州市上街区孟津路66号[450041]
电话:(0371)68921527;68938314
传真:(0371)68929024;68115411
供销电话:68921527;68932887
经济类型:有限责任公司　有进出口权
法人代表:刘运章
网址:www. liweigroup. com
E-mail:liweigroup@ sina. com
【主要产品】橡胶接头;橡胶防腐衬里系列;阀门

郑州利丰化工有限公司

河南省荥阳市汜水镇[450141]
电话:(0371)64899869;13703820881
传真:(0371)64892676
供销传真:64899869　法人代表:王桂娥
经济类型:股份有限公司
网址:www. chinachemnet. com/lifeng
E-mail:lifeng@ hi2000. com
【主要产品】2-氨基-6-氯嘌呤;巴豆酸;丙二酰脲

郑州利伟生物化工有限公司

河南省巩义市经济技术开发区利伟路1号[451200]
电话:(0371)64108888;64355782;13803825148
传真:(0371)64355782
供销电话:64108888;13803998828
供销传真:64134676　法人代表:白希明
经济类型:中外合资经营企业
网址:www. chinaleawell. com
E-mail:office@ chinaleawell. com
【主要产品】胆甾醇;牛羊胆酸;硫酸软骨素;人工牛黄;牛胆粉;猪胆酸

郑州路路德化学制品有限公司

河南省郑州市高新区合欢街5号[450001]
电话:(0371)67370516;67992033;13949065935
传真:(0371)67992033
【主要产品】1,2,3-三甲氧基苯;氯乙基氯甲基醚;异氰酸正己酯;异氰酸正庚酯;4,4′-二氨基二苯甲酮;氰基三甲基硅烷;叠氮基三甲基硅烷;1-(4,4′-二氟二苯甲基)哌嗪盐酸盐;二(对氟苯基)甲基哌嗪;2-氯-4,6-双烯丙基三嗪;盐酸土霉素;司氟沙星;格替沙星;阿德福韦酯;乳酸诺氟沙星;乳酸环丙沙星;卡莫氟;樟脑磺酸钠;甲磺酸阿米三嗪;氟桂嗪;兰索拉唑;盐酸曲美他嗪

郑州铝厂氧化铝厂劳动服务公司化工厂

河南省郑州市上街区汝南路15号[450041]
电话:(0371)68922846;68117903

传真:(0371)68117903 经济类型:集体
法人代表:王国长
【主要产品】氢氧化铝;硫酸铝;氧化铝

郑州铝城实业开发总公司

河南省郑州市上街区[450041]
电话:(0371)68915022
传真:(0371)68915022 经济类型:集体
企业规模:大型 法人代表:石殿臣
网址:zzlcsy. cn-al. com
E-mail:zlkfzjs@ 163. com
【主要产品】硫酸铝;碳化硅微粉;硅酸钠;电石

郑州民众制药有限公司

河南省郑州市黄河路126号江山大厦A座15楼[450008]
电话:(0371)65797114;65797115;13939071561
传真:(0371)65797120
经济类型:与港澳台商合资经营
法人代表:赵圣义
网址:www. rifampicin-china. com
E-mail:yy143143@ public2. zz. ha. cn
【主要产品】利福霉素-S;利福平;利福霉素S钠;利福霉素SV;曲克芦丁

豫

郑州那威高肥业有限公司

河南省郑州市须水镇工贸园区[450042]
电话:(0371)67823977
传真:(0371)67823080
经济类型:股份有限公司
企业规模:大型 职工人数:352人
法人代表:李海荣
【主要产品】复合肥

郑州派尼化学试剂厂

河南省郑州市开洛高速高村站刘寨工业园区[450100]
电话:(0371)66971285
传真:(0371)66988096 职工人数:66人
网址:www. zzpn. com
【主要产品】乙酸钙;氢氧化钙;氧化钙;硝酸钙;硫酸钙;碳化钙;碳酸钙;硫酸钡;氯化钡;乙酸钾;油酸钾;草酸钾;亚硒酸钾;硝酸钾;硫酸钾;氯化钾;氯酸钾;碘化钾;碘酸钾;溴酸钾;碳酸氢钾;一氧化钴;铁粉;二茂铁;柠檬酸铁;三氧化二铁;四氧化三铁;硫化亚铁;硫酸铁;硫酸亚铁;三氯化铁;氯化亚铁;镍,粉状;硫酸镍;乙酸铵;甲酸铵;草酸铵;柠檬酸三铵;氟化铵;钼酸铵;硝酸铵;硫化铵,溶液;硫酸铵;过硫酸铵;硫氰酸铵;氯化铵;碘化铵;溴化铵;碳酸铵;碳酸氢铵;磷酸铵;乙酸铜;氧化铜,粉状;硝酸铜;硫酸铜;氯化铜;氯化亚铜;溴化铜;乙酸锌;硫酸锂;镁粉;氧化镁;硫酸镁;氯化镁;苯;甲苯;硝基苯;二乙胺;三乙胺;乙二胺;乙酰胺;乙醇胺;二乙醇胺;丁胺;二丁胺;三丁胺;1,6-己二胺;二异丙胺;甲胺;二甲胺;甲酰胺;苯胺;二苯胺;1-萘胺;二氰二胺;氯胺T;己烷;2,2,4-三甲基戊烷;环已烷;庚烷;苯酚;邻甲酚;对苯二酚;2-丁酮;丙酮;蒽酮;乙酸乙酯;乙酸正丁酯;乙酸甲酯;甲酸甲酯;乳酸乙酯;乙酸,36%;乙酸,无水;丹宁酸;2-羟基苯甲酸;丙酸;甲酸;吡啶-3-甲酸;苯甲酸;乳酸;油酸;草酸;盐酸;钼酸;硬脂酸;硝酸;硫酸;硼酸;磷酸;乙醇(无水);2-氯乙醇;乙二醇;丁醇;异丁醇;叔丁醇;1,4-丁二醇;丙醇;异丙醇;1,2-丙二醇;丙三醇;戊醇;异戊醇;甲醇;甲醇(无水);戊二醛,溶液;呋喃甲醛;苯甲醛;乙醚;乙醚(无水);二丁醚;异丙醚;石油醚,30~60℃

郑州强强锌业有限公司

河南省荥阳市荥密路口南三里庄[450100]
电话:(0371)64695041;64958999
供销电话:64662030 经济类型:国有
法人代表:郑清立
【主要产品】立德粉

郑州强旺复合肥有限责任公司

河南省郑州市荥阳贾峪镇[450007]
电话:(0371)67632382;64984158
传真:(0371)63260848
经济类型:私营企业 法人代表:刘国强
【主要产品】复合微生物肥

郑州瑞康制药有限公司

河南省郑州市高新技术开发区瑞达路84号[450001]
电话:(0371)67980544;67981376;13803829984
传真:(0371)67981376
经济类型:有限责任公司
法人代表:孟宪明
E-mail:rby@ rkpharm. com
【主要产品】乙酰乙酸(2-甲氧基)乙酯;乙酰乙酸甲酯;乙酰乙酸异丙酯;β-氨基巴豆酸甲氧基乙酯;β-氨基巴豆酸异丙酯;洛美沙星;盐酸洛美沙星;卡托普利;桂利嗪;尼莫地平;盐酸氟桂利嗪;法莫替丁

郑州瑞普生物工程有限公司

河南省郑州市高新技术开发区瑞达路96号[450001]
电话:(0371)67896828
传真:(0371)67896830
供销电话:67896821
法人代表:梅志恒
经济类型:私营企业
网址:www. ruipu. com
E-mail:cnruipu@ gmail. com
【主要产品】硫酸镁(药用);焦磷酸铁钠;乙二胺四乙酸铁钠;柠檬酸钙;柠檬酸锌;乳酸钠;果酸钙;骨粉;轻质碳酸钙(食品级);柠檬酸铁;乳酸钙;乳酸锌;乳酸钾;乳酸镁;乳酸亚铁;苹果酸钙;苹果酸钾;苹果酸锌;葡萄糖酸亚铁;葡萄糖酸锌;生物钙;葡萄糖酸镁;葡萄糖酸钙

郑州三大料化肥有限公司

河南省郑州市中原区须水镇工贸园[450042]
电话:(0371)67834670
传真:(0371)67834670
供销电话:67823992 法人代表:康凤针
经济类型:有限责任公司
【主要产品】复合肥

郑州三一涂料有限公司

河南省郑州市东经济技术开发区第三大街北段[450047]
电话:(0371)66783531;66783532
传真:(0371)66783511
经济类型:中外合资经营企业
网址:www. sanyituliao. com
E-mail:sale@ sanyituliao. com
【主要产品】丙烯酸内墙乳胶漆;丙烯酸外墙乳胶漆;常温道路标志漆;自流平环氧地板漆;溶剂型环氧地板漆;环氧地坪封闭底漆;环保木器装饰漆;各色聚氨酯底漆;各色聚氨酯地板漆;聚氨酯自流平地坪涂料;金属防腐涂料;水溶性膨胀型防火涂料;瓷砖美化涂料

郑州森奥化工有限责任公司

河南省郑州市电厂路4号[450051]
电话:(0371)63262567;13592608389
固定资产:18,000千元
经济类型:有限责任公司
职工人数:150人
网址:www. senaochem. com
E-mail:xsb@ senaochem. com;lgf@ senaochem. com
【主要产品】硅酸钠;甲醇;甲酸甲酯;甲酰胺

郑州山川科技实业有限公司

河南省郑州市上街区汝南路17号[450041]
电话:(0371)68942750
经济类型:私营企业 法人代表:吴靖宪
【主要产品】氧化铝;氧化铝(煅烧α型)

郑州盛宏丰实业有限公司

河南省郑州市中原区大岗刘乡[450007]
电话:(0371)67820158;13937100888
传真:(0371)67820281
网址:www. jiachunna. com
E-mail:shf@ jiachunna. com
【主要产品】甲醇钠(液体)

郑州盛源粉体有限公司

河南省郑州市上街区汝南路19号[450043]
电话:(0371)68942839
传真:(0371)68942266
法人代表:白玉花
【主要产品】氧化铝

郑州市宝德利涂料有限公司

河南省郑州市东经济技术开发区第

二大街 C4 东[450047]
电话:(0371)66728510
传真:(0371)66777380
经济类型:有限责任公司
法人代表:王海亮
网址:www.bodli-ink.com
E-mail:info@bodli-ink.com
【主要产品】塑料印刷油墨;铝箔印刷油墨;上光油

郑州市得洁化工有限公司
河南省郑州市高新开发区化工路[450001]
电话:(0371)67843135;13703719390
经济类型:集体　法人代表:左鸿朝
【主要产品】盐酸;烧碱(液体);次氯酸钠;漂白粉;氯气(液)

郑州市第二化肥厂
河南省郑州市中原区须水镇[450042]
电话:(0371)67811945;67814301
传真:(0371)67811946　经济类型:集体
供销电话:67811946　法人代表:曹新立
【主要产品】复合肥

郑州市二七区彩润涂料厂
河南省郑州市航海中路孙八寨中街8号[450005]
电话:(0371)68891628;68891638
传真:(0371)68891628　法人代表:赵飞
【主要产品】木器家具漆

郑州市二七特种化工厂
河南省郑州市郑密路168号南段[450006]
电话:(0371)68884752
传真:(0371)68860807　经济类型:集体
有进出口权　法人代表:郭春才
网址:www.zztehua.com
E-mail:sales@zztehua.com
【主要产品】环氧树脂漆类;氯磺化聚乙烯防腐漆;高氯化聚乙烯防腐涂料;防腐涂料

郑州市鸿凯化工有限公司
河南省郑州市上街区济源路[450000]
电话:(0371)68118318;68922269
传真:(0371)68118318
供销电话:13323815182
经济类型:股份有限公司
法人代表:谭书臣
【主要产品】油漆

郑州市候砦装饰防水防腐材料厂
河南省郑州市二七区郑密路2号[450052]
电话:(0371)68986990
传真:(0371)68983254
法人代表:刘保军
【主要产品】丙烯酸;乳胶漆;防水涂料;聚合物改性水泥基弹性防水涂料;防腐涂料;有机硅防水剂

郑州市华麟化工有限公司
河南省巩义市西村镇[451281]
电话:(0371)64032111;64031888
供销传真:64032555　法人代表:贺明波
经济类型:私营企业
网址:www.chinesehualin.com
E-mail:zhengzhouhualin@126.com
【主要产品】造纸助剂

郑州市环清净水剂厂
河南省荥阳市峡窝镇左照村[450134]
电话:(0371)68925529
传真:(0371)68925529　经济类型:集体
法人代表:陈炳南
【主要产品】硫酸铝;聚合氯化铝

郑州市捷士化工有限公司
河南省新郑市双湖经济开发区(龙湖镇)[451191]
电话:(0371)62566666;62568566
传真:(0371)62568169
固定资产:12,000千元
职工人数:118人
网址:www.jshg.com
E-mail:jieshi@jshg.com
【主要产品】高级聚酯漆系列;双组分聚氨酯清漆;闪光漆;透明底漆;透明腻子;油漆固化剂

郑州市金鹏化工实业有限公司
河南省郑州市管城区十八里河镇[450061]
电话:(0371)66753278
传真:(0371)66753541
网址:www.jpchem.com.cn
E-mail:sales@jpchem.com.cn
【主要产品】灭多威;噻虫嗪;烯唑醇;三唑酮;三唑醇;双苯三唑醇;戊唑醇;己唑醇;戊炔草胺;磺草灵;多效唑;烯效唑

郑州市金水东方石化厂
河南省郑州市凤凰台张庄[450004]
电话:(0371)66510594;66514431
传真:(0371)66521699
【主要产品】汽车专用修补漆;不饱和聚酯树脂腻子

郑州市邙山区王砦涂料厂
河南省郑州市南阳路与兴隆路交叉口[450016]
电话:(0371)63750785
经济类型:私营企业　法人代表:张百广
【主要产品】内外墙乳胶漆;888仿瓷涂料

郑州市泡花碱厂
河南省郑州市航海路东段环城开发区[450009]
电话:(0371)66814308
传真:(0371)66310864　有进出口权
经济类型:有限责任公司
法人代表:李爱云
【主要产品】硅酸钠;偏硅酸钠(五水)

郑州市三环油漆厂
河南省郑州市上街区新乡路东段[450000]
电话:(0371)68119669;13703901867
传真:(0371)68933788
经济类型:私营企业　法人代表:时来旺
【主要产品】醇酸树脂;油漆;油漆稀释剂

郑州市上街区氧气厂
河南省郑州市上街区济源路东段14号[450041]
电话:(0371)68922636
经济类型:集体　法人代表:杜仕杰
【主要产品】氧气;氮气

郑州市上街区银河化工厂
河南省郑州市上街区新安西路[450041]
电话:(0371)68934228;68934226
经济类型:私营企业　法人代表:李银龙
【主要产品】碳铵添加剂

豫

郑州市胜亮涂料有限公司
河南省郑州市秦岭路与化工路交叉口北300米路西[450016]
电话:(0371)67541052;65021521;13598887530
传真:(0371)67530422
经济类型:私营企业
【主要产品】乳胶漆;丙烯酸防水涂料;瓷釉涂料

郑州市实验化工厂
河南省郑州市黄河公路大桥向南500米[450045]
电话:(0371)65591012;65591002
传真:(0371)65591002
经济类型:股份合作　法人代表:李家安
【主要产品】二甲苯;甲苯;苯;酒石酸;顺丁烯二酸酐;酒石酸钾钠

郑州市卧龙化工有限公司
河南省郑州市淮河西路[450000]
电话:(0371)6861613б
传真:(0371)68619459
网址:www.zzwlhg.com
E-mail:zzwlhg@126.com
【主要产品】油漆稀释剂;脱漆剂

郑州市兴威化工有限公司
河南省郑州市荥阳高村乡南北路路西[450101]
电话:(0371)64902036
传真:(0371)64900006;64902036
经济类型:有限责任公司
法人代表:张全兴

【主要产品】酚醛树脂;脲醛树脂;铸造用冷芯盒树脂;铸造用呋喃热芯盒树脂;呋喃树脂(自硬型);铸造用呋喃树脂;自硬树脂催化剂

郑州市医药科技开发中心
河南省郑州市化工路30号[450001]
电话:(0371)67981182
传真:(0371)67987717
供销电话:67370552 法人代表:郑平安
网址:www. zzbk. com
E-mail:pinghuixu@ 163. com
【主要产品】卡托普利;桂利嗪;盐酸氟桂利嗪

郑州市荥阳龙马机械有限公司
河南省荥阳市万山路3号[450100]
电话:(0371)64940752
传真:(0371)64642747
经济类型:有限责任公司
法人代表:王文平
【主要产品】硅酸钠;羧甲基淀粉

郑州市永昌化工有限公司
河南省荥阳市郑上路荥密路口南500米路西[450100]
电话:(0371)64695596;64695586;13603992815
传真:(0371)64695586
职工人数:150人
网址:www. yongchanghg. cn
E-mail:yongchanghg@ yongchanghg. cn
【主要产品】硫酸锌;硫酸铵(工业级);碳酸锌;活性氧化锌

郑州市豫中油漆涂料有限公司
河南省荥阳市郑上路荥密路口北200米[450100]
电话:(0371)64662377;64690892;64690880
传真:(0371)64690880 经济类型:集体
法人代表:魏福增
【主要产品】各色醇酸调合漆;T202抗氧抗腐剂

郑州市中原区长风橡胶制品厂
河南省郑州市西环路冯湾工业区[450000]
电话:(0371)67824151;13803861457
网址:www. zzxjzpc. com
【主要产品】橡胶杂品;橡胶密封胶条;油封;给排水管道密封胶圈;橡胶密封圈

郑州市中岳涂料助剂有限公司
河南省郑州市任砦北街6号[450003]
电话:(0371)63931765
传真:(0371)63919391
网址:www. zyzj. com
E-mail:zy_zj@ yahoo. com. cn
【主要产品】甲基乙基酮肟;超分散剂;立体锤纹助剂;防沉分散剂;粉末涂料流平剂;消泡剂

郑州市中州硫酸厂
河南省荥阳市火车站道北[450100]
电话:(0371)64687322
经济类型:股份合作 法人代表:王银囤
【主要产品】硫酸;磷肥;过磷酸钙

郑州市中州油漆厂
河南省郑州市金水区宋寨村[450044]
电话:(0371)63733094
传真:(0371)63733094
经济类型:股份合作 法人代表:宋丰岭
【主要产品】各色醇酸调合漆;醇酸磁漆;各色氨基烘干磁漆

郑州双塔涂料有限公司
河南省郑州市东开发区第三大街经北三路[450016]
电话:(0371)66781108;60905928;13643717911
传真:(0371)60905997 经济类型:国有
供销传真:66781108 法人代表:秦峰
网址:www. zzst. com. cn
E-mail:info@ zzst. com. cn
【主要产品】三聚氰胺甲醛树脂;油脂漆类;天然树脂漆类;酚醛树脂漆类;沥青漆类;醇酸树脂漆类;氨基树脂漆类;硝基漆类;过氯乙烯漆类;丙烯酸树脂漆类;聚酯树脂漆类;聚氨酯漆类;橡胶漆类;油漆辅助材料类

郑州水晶股份有限公司
河南省郑州市中原区秦岭路4号[450051]
电话:(0371)63262511
传真:(0371)63262513
供销电话:63262529 企业规模:大型
经济类型:股份有限公司
法人代表:王建勋
【主要产品】纯碱;工业氯化铵;δ-层状结晶二硅酸钠;液氨(工业用);合成氨;氯化铵;混配复合肥料

郑州斯泰尔化工产品有限公司
河南省郑州市农业路1号[450002]
电话:(0371)68687627
传真:(0371)67261076 职工人数:50人
经济类型:有限责任公司
产值:9,000千元 法人代表:申庆华
网址:www. zzstr. ebigchina. com
E-mail:zzstr@ tom. com
【主要产品】乙蒜素;三十烷醇;复硝酚钠;α-萘乙酸钠

郑州嵩源涂料有限公司
河南省郑州市嵩山南路汝河路中段[450052]
电话:(0371)68985149
传真:(0371)68898775
法人代表:荆巧玲
【主要产品】乳胶漆;建筑涂料;内外墙乳胶漆;防霉涂料;内外墙腻子

郑州天润乳酸有限公司
河南省郑州市农业路60号附2号[450053]
电话:(0371)63617080
传真:(0371)63824848
法人代表:刘传才
网址:www. zztr. com
E-mail:sales@ zztr. com;
zztr@ zztr. com
【主要产品】乳酸;L-乳酸;乳酸钠;乳酸乙酯;乳酸钙;乳酸锌;乳酸钾;乳酸镁;乳酸亚铁

郑州天源橡胶有限公司
河南省郑州市上街区安阳路27号[450041]
电话:(0371)68936888;68927141
传真:(0371)68936666
供销传真:68936665 法人代表:曹天裕
经济类型:股份有限公司
【主要产品】橡胶制品;橡胶杂品;普通橡胶板

郑州拓立造漆有限公司
河南省郑州市中原区西站北一街[450051]
电话:(0371)67530689
传真:(0371)67510535
法人代表:张新许
网址:www. zztuoli. com
E-mail:info@ zztuoli. cim
【主要产品】醇酸树脂漆类;氨基树脂漆类;丙烯酸树脂漆类;环氧树脂漆类

郑州拓洋实业有限公司
河南省郑州市国家高新技术产业开发区科学大道76号[450001]
电话:(0371)67990295
传真:(0371)67990292 有进出口权
职工人数:1,000人
网址:www. tuoyang. com
E-mail:tuoyang@ tuoyang. com
【主要产品】D-核糖;D-异抗坏血酸钠;D-异抗坏血酸;维生素B2;核黄素磷酸钠

郑州沃原化工股份有限公司
河南省荥阳市建设路26号[450100]
电话:(0371)64687829;64687812;64687938
传真:(0371)64687923;64687206
供销电话:64687938;64687812
经济类型:股份有限公司
职工人数:1,200人 法人代表:张子明
网址:www. woyuanchem. com
E-mail:sunhao@ woyuanchem. com
【主要产品】甲醇;氮肥

郑州下坡杨橡胶制品厂
河南省郑州市南阳路北段[450044]

豫

电话:(0371)63981319
传真:(0371)63787012
经济类型:股份合作　法人代表:王二孩
网址:www. zzxpy. com
E-mail:xpy@ zzxpy. com
【主要产品】胶管;减震用橡胶制品;减震器及配件

郑州翔宇铸造材料有限公司

河南省郑州市经济开发区第二大街96号[450016]
电话:(0371)66777960;66777961
传真:(0371)66777962　有进出口权
固定资产:15,000 千元
经济类型:有限责任公司
产值:20,000 千元　法人代表:朱剑甫
网址:www. zzxiangyu. com
E-mail:zzxiangyu@ sina. com
【主要产品】糠醇树脂;铸造树脂用磺酸固化剂

郑州新达化工有限公司

河南省新郑市城北开发区梨河镇三里岗[451150]
电话:(0371)62687952;62650528
经济类型:中外合资经营企业
有进出口权　法人代表:黎志光
E-mail:zzxinxin@ yahoo. com. cn
【主要产品】氧化铁红;氧化铁黄

郑州雪泉聚合材料有限公司

河南省郑州市上街区工业路123号[450041]
电话:(0371)68921767;13903820107
传真:(0371)68942314
经济类型:有限责任公司
法人代表:王洪伟
E-mail:xl-1@ 371. net
【主要产品】超强吸水剂;聚丙烯酰胺;聚丙烯酸钠

郑州雪山实业有限公司

河南省荥阳市峡窝镇西马固村[450134]
电话:(0371)68946594;68946270
传真:(0371)68946607
经济类型:私营企业　法人代表:张雪成
【主要产品】分子筛,5A 型;分子筛,4A 型;13X 分子筛;分子筛,3A 型;分子筛;分子筛,10X 型

郑州油脂化学集团有限责任公司

河南省郑州市黄河路68号[450053]
电话:(0371)63943049
传真:(0371)67030719
经济类型:有限责任公司
企业规模:大型　法人代表:田力勤
【主要产品】合成洗衣粉;洗洁精

郑州育才磷酸盐化工厂

河南省巩义市南山口汽车站[451250]
电话:(0371)64110451;64120305;13703829462
传真:(0371)64120305
法人代表:郝学敏
网址:www. zzyucai. com
【主要产品】磷酸;三聚磷酸钠;六偏磷酸钠;焦磷酸钠;磷酸二氢钠;磷酸二氢钾;磷酸二氢铝;磷酸三钠;磷酸氢二钠;偏硅酸钠

郑州豫华助剂有限公司

河南省新密市超化镇区豫华大道[452300]
电话:(0371)69859633
传真:(0371)69859833
职工人数:216 人
网址:www. zzyh. net
E-mail:zxc1104@ vip. sina. com
【主要产品】超细碳酸钙;磺化酚醛树脂;聚丙烯酰胺;聚合醇;防塌润滑剂;无荧光润滑剂;铁铬木质素磺酸盐;聚丙烯酰胺钾盐;腐殖酸钾;磺甲基腐殖酸钠;无荧光防塌降滤失剂;有机硅腐殖酸钾;水解聚丙烯腈铵盐;钻井液用单向压力封闭剂;降黏剂;羧甲基纤维素钠;正电胶;钻井液用增黏剂;羧甲基淀粉;低荧光防塌沥青;磺化沥青

郑州元丰食品添加剂有限责任公司

河南省郑州市经三路金成国际广场C座12层[450000]
电话:(0371)68702239;68702006;68056939
传真:(0371)68702239
经济类型:有限责任公司
网址:www. yyfsh. com
E-mail:lhpzzg@ yahoo. com. cn
【主要产品】苯甲酸;2-叔丁基对苯二酚;柠檬酸钠;肌醇六磷酸;山梨酸钾;面粉改良剂;磷酸钙;抗坏血酸;低聚果糖;海藻酸钠

郑州正源涂装材料有限公司

河南省郑州市航海路[450000]
电话:(0371)67529865
经济类型:有限责任公司
法人代表:白强
【主要产品】表面活性剂;皮革脱脂剂;金属表面处理剂;防锈油;除锈剂;油污清洗剂;磷化液;金属清洗剂;高效除锈磷化剂;金属表面调整剂;电镀添加剂;金属钝化剂;阻垢剂;锅炉洗涤剂;脱漆脱塑剂

郑州郑氏化工产品有限公司

河南省郑州市农业路72号国际企业中心A座25层东[450002]
电话:(0371)63612752;63862712
传真:(0371)63612752
经济类型:私营企业　法人代表:郑先福
网址:www. zs-chem. cn
E-mail:master@ zs-chem. cn
【主要产品】啶虫脒乳油;复硝酚钠;α-萘乙酸钠;胺鲜酯

郑州中大农化有限公司

河南省郑州市经三路32号财富广场[450002]
电话:(0371)66079369
传真:(0371)63602030
网址:www. zdnh. com
E-mail:zz@ zdnh. com
【主要产品】邻硝基苯酚钠;2,4-二硝基苯酚钠;4-硝基酚钠;复硝酚钠;α-萘乙酸钠;对氯苯氧乙酸钠;噻苯隆;氯吡脲

郑州中凡防震包装材料股份有限公司

河南省郑州市郑上路219号富丽家园1号楼803室[450007]
电话:(0371)66673998
传真:(0371)67680321　有进出口权
经济类型:私营企业　产值:10,000 千元
职工人数:100 人　法人代表:朱爱群
网址:www. zhong-fan. com
E-mail:zhengzhouzf@ 126. com
【主要产品】可发性聚苯乙烯;聚氨酯泡沫塑料;聚氯乙烯软泡沫塑料制品

郑州中吉精细化工有限公司

河南省郑州市经二路北7号[450000]
电话:(0371)66560787;13343713921
传真:(0371)63284918;63282936
供销电话:66560787;13383821790
网址:www. zjpp. com
E-mail:info@ zjpp. com
【主要产品】3-氯-2-羟丙基三甲基氯化铵;丙烯酸树脂乳液;分散剂 DC;荧光增白剂;显白剂;增光剥离剂;涂料印花浆用消泡剂;聚丙烯酰胺干粉(阳离子型);造纸用消泡剂;强力杀菌防腐剂;纸张增强剂;纸张干强剂;纸浆漂白剂 FAS;造纸施胶剂;造纸专用蒸煮助剂;泡柔膨化剂;造纸助留助滤剂;造纸润滑剂;造纸用中性施胶剂;中性施胶剂;阳离子淀粉;造纸用湿强剂;造纸专用分散剂;纸张柔软剂;纸品固色剂;纸张挺硬剂;剥离剂;废纸脱墨剂

郑州中兴轮胎有限公司

河南省新郑市新村镇北城区[451150]
电话:(0371)62620110;62620382
供销传真:62620021　有进出口权
经济类型:有限责任公司
法人代表:陈金城
网址:www. zhongxingtyre. com
E-mail:info@ zhongxingtyre. com
【主要产品】轮胎垫带;工程机械轮胎内胎;农用轮胎内胎;轮胎内胎

郑州中原精工橡塑制品有限公司

河南省郑州市西环路冯湾工业区[450007]

电话:(0371)67820012;13937191818
传真:(0371)67820012
供销电话:67824151;13803861457
网址:www.zzxjzp.com
E-mail:xtdslzp@sina.com
【主要产品】塑料制品;塑料桶;减震器及配件;普通橡胶板;胶辊;橡胶护舷;橡胶密封制品;防尘罩;橡胶地砖

郑州中原轮胎橡胶股份有限公司

河南省郑州市中原区郑上路42号[450007]
电话:(0371)67629602
传真:(0371)67629602
经济类型:股份有限公司
企业规模:大型　法人代表:马繁生
【主要产品】轮胎;载重汽车轮胎外胎;农用车辆轮胎

郑州中原应用技术研究开发有限公司

河南省郑州市高新区银屏路26号[450001]
电话:(0371)67648054;67988998
传真:(0371)67658995　有进出口权
供销电话:67612203　企业规模:大型
供销传真:67612203
法人代表:张德恒
经济类型:有限责任公司
网址:www.cnsealant.com
E-mail:sealant@371.net
【主要产品】丁基腻子;门窗密封剂;结构装配密封剂;聚硫型中空玻璃专用密封剂;硅酮型中空玻璃密封剂;硅烷偶联剂

中国石化中原油气高新股份有限公司

河南省郑州市高新技术产业开发区[450001]
电话:(0371)67981018;64893830
传真:(0371)67984573
经济类型:股份有限公司
法人代表:刘思学
网址:www.zyyq.com
E-mail:zyyq@zytx.com.cn
【主要产品】原油;石油液化气;天然气

中牟县橡胶厂

河南省中牟县张庄镇[451474]
电话:(0371)62372006
传真:(0371)62371126
经济类型:集体
法人代表:韩书智
【主要产品】橡胶制品;橡胶杂品

中原制药厂

河南省郑州市化工路30号[450066]
电话:(0371)67981166;67981446
传真:(0371)67981256　经济类型:国有
法人代表:宋亚军
【主要产品】抗坏血酸;药用淀粉

开封市

河南飞舟实业股份有限公司

河南省开封市大梁路[475004]
电话:(0378)3852212;3851193
传真:(0378)3851193　有进出口权
经济类型:股份有限公司
职工人数:600人
法人代表:乔家源
【主要产品】胶鞋

河南开封田威生物化学有限公司

河南省开封县农科所72号[475100]
电话:(0378)65646638
经济类型:集体　法人代表:孙玉民
【主要产品】阿维菌素乳油;增效溴氰菊酯乳油;啶虫脒乳油;腈菌唑乳油;精喹禾灵乳油;酮·乙蒜乳油;锰锌·乙铝可湿性粉剂;苏云金杆菌可湿性粉剂

河南前锋药业科技有限公司

河南省开封市鼓楼区大王屯东街13号[475004]
电话:(0378)3989735;3931715;3931689
传真:(0378)3960196　经济类型:国有
供销电话:3982687　法人代表:赵随群
【主要产品】硫酸庆大霉素

河南省康源香料有限公司

河南省尉氏县建设路西12号[475500]
电话:(0378)7993571;7990186
传真:(0378)7990186
经济类型:股份合作　法人代表:张志军
【主要产品】异丁醇;丙三醇;异戊醇;丙酸;甲酸;醋酸;2,3-丁二酮;二乙醇缩乙醛;丁酸乙酯;已酸乙酯;乳酸乙酯;香精

河南省尉氏县久龙轮胎厂

河南省尉氏县城关镇南环路1号[475500]
电话:(0378)7991993
传真:(0378)7972946　有进出口权
供销电话:7994375　法人代表:陶建军
经济类型:股份合作
【主要产品】维纶帘子布;橡胶三角带

河南省尉氏县香料厂

河南省开封市尉氏县永兴镇北街[475500]
电话:(0378)7288134;7288219
传真:(0378)7288219　经济类型:集体
法人代表:谷长安
【主要产品】正戊醛;异丁醇;异戊醇;丙醇;正己醇;1-戊醇;2,3-丁二醇;丁酸;己酸;异戊酸;异戊酸乙酯;癸酸乙酯;2,3-丁二酮;3-羟基-2-丁酮;丁二酸二甲酯;乙醛缩二乙醇;丁二酸二乙酯;丁酸乙酯;戊酸乙酯;已酸乙酯;辛酸乙酯;乳酸乙酯;庚酸乙酯;乙酸异戊酯;已酸烯丙酯

河南五一油漆集团

河南省开封市五一路51号[475003]
电话:(0378)3921851;3920051-5159
传真:(0378)3922851
企业规模:大型　法人代表:张武星
网址:www.wuyi.com.cn
E-mail:wuyi@wuyi.com.cn
【主要产品】汽车漆;木器家具漆;环保乳胶漆;工业涂料

开封宏大油脂化工厂

河南省开封市禹珨区开杞路屠府坟村口[475000]
电话:(0378)2667302
传真:(0378)2667079　经济类型:集体
法人代表:刘凤枝
【主要产品】蓖麻油

开封化工三厂

河南省开封市民享街5号[475003]
电话:(0378)3932052;3932459;3931346
传真:(0378)3932277　经济类型:国有
供销电话:2942295;3934449
有进出口权　企业规模:大型
法人代表:鲍祥生
网址:www.21sjzg.com/hnkf/xhgsc.htm
E-mail:kfsp@public.kfptt.ha.cn
【主要产品】邻甲基苯甲腈;食品添加剂;糖精钠;热熔胶黏剂

开封化学试剂总厂

河南省开封市龙亭区铁塔西路[475001]
电话:(0378)2875524
传真:(0378)2875524　经济类型:集体
供销电话:2876836　法人代表:夏鸿飞
【主要产品】冰醋酸;乙酸乙酯;醋酸丁酯;乙二胺四乙酸二钠;硝酸钾;甲苯;二甲苯,异构体混合物;乙二胺;丙酮;乙酸正丁酯;邻苯二甲酸二丁酯;乙酸,无水;乙醇(无水);丁醇;丙三醇;甲醇;甲醛(溶液)

开封晋开化工有限公司试剂厂

河南省开封市东郊大花园[475002]
电话:(0378)2928317;13837895686
传真:(0378)2928317
供销电话:2995090　法人代表:雷东升
【主要产品】氢氧化铵;硝酸铵;乙酸,无水;盐酸;硝酸;硫酸;磷酸;乙醇(无水);甲醇

开封开化(集团)有限公司

河南省开封市顺河区东郊大花园[475002]
电话:(0378)2995000
传真:(0378)2923285　经济类型:国有
供销电话:2995188　有进出口权
企业规模:大型　法人代表:杨诗敬
网址:www.khjt.com
E-mail:kfhfjt@public.kfptt.ha.cn

【主要产品】盐酸;硫酸(98%);发烟硫酸;蓄电池硫酸;硝酸;氯磺酸;亚硫酸氢铵;亚硫酸铵;硫酸钾;硝酸钠;亚硝酸钠;氟硅酸钠;二氧化硫(液);三氧化硫(液);氧气;甲醇(精);1-氨基-8-萘酚-4-磺酸;合成氨;硝酸铵;碳酸氢铵;过磷酸钙;氮磷钾复合肥;氮磷钾三元复混肥;中温变换催化剂;硫酸生产用钒催化剂

开封开化(集团)有限公司炼锌厂

河南省开封市顺河区东郊羊尾铺[475002]
电话:(0378)2995061
传真:(0378)2995085
供销电话:2997088　法人代表:杨诗敬
供销传真:2997088
经济类型:有限责任公司
【主要产品】硫酸;氧化锌;锌锭

开封开化(集团)有限公司磷肥厂

河南省开封市东郊羊尾铺[475002]
电话:(0378)3267355
传真:(0378)3267356　经济类型:国有
供销电话:2995083　企业规模:大型
法人代表:杨诗敬
网址:www.khjt.com
E-mail:kfkhjt@public.zz.ha.cn
【主要产品】氟硅酸钠;过磷酸钙;复合肥

开封空分集团有限公司

河南省开封市公园路28号[475002]
电话:(0378)2928446
传真:(0378)2921298　法人代表:李密
经济类型:有限责任公司
企业规模:大型
网址:www.kfas.com.cn
E-mail:pkfas@public.zz.ha.cn
【主要产品】规整填料;列管式换热器;活塞式压缩机;膨胀机

开封明阳化工有限责任公司

河南省尉氏县城关镇健康路东段开发区[475500]
电话:(0378)7982324;13503487282
传真:(0378)7981601
供销电话:13806238377
法人代表:李卫群
网址:guangyu.chemnet.com
E-mail:guangyu@hi2000.com
【主要产品】5,7-二氯-8-羟基喹啉;8-羟基喹啉硫酸盐;草酸二甲酯;草酸二乙酯;8-羟基喹啉-5-磺酸;8-羟基喹啉;5-硝基-8-羟基喹啉;5-氯-8-羟基喹啉;8-羟基喹啉硫酸氢钾盐;8-羟基喹啉酮;8-羟基喹啉铜;香精

开封青上化工有限公司

河南省开封市顺河区大花园[475002]
电话:(0378)2911276;2953800
传真:(0378)2911275　有进出口权
经济类型:中外合资经营企业
法人代表:杨诗敬
网址:www.kfqingshang.com
E-mail:qingshang@kfqingshang.com
【主要产品】盐酸;氯磺酸;硫酸钾

开封染料化工厂

河南省开封市龙亭区北仁义胡同26号[475001]
电话:(0378)5663353
经济类型:有限责任公司
法人代表:程景伊
E-mail:ltyl958@hotmail.com
【主要产品】4-甲基苯胺;染料中间体;间烷氧基-*N*,*N*-二乙基苯胺;1,3,3-三甲基-2-亚甲基吲哚啉;脱氢硫代对甲苯胺单磺酸;4-[*N*-甲基-*N*-(*β*-氯乙基)]氨基苯甲醛;4-[*N*-甲基-*N*-(*β*-氰乙基)]氨基苯甲醛;4-(*N*,*N*-二乙基)氨基苯甲醛;*N*,*N*-甲基苄基苯胺;直接耐晒嫩黄5GL;直接耐晒黄RR;酸性染料;酸性湖蓝A;活性艳红X-3B;阳离子染料;阳离子黄X-8GL;阳离子艳黄10GFF;阳离子金黄X-GL;阳离子桃红FG;阳离子艳红5GN;阳离子红X-GRL;阳离子艳蓝RL;阳离子艳蓝X-2RL;有机颜料;苯胺蓝;射光蓝浆AG

开封市安迪电镀化工有限公司

河南省开封市金明区三间房工业园区[475000]
电话:(0378)2576778
传真:(0378)2578941
网址:www.kfaddi.com
E-mail:ck-addi@371.net
【主要产品】防锈剂;退金剂;脱水剂

开封市汴梁漆业有限公司

河南省开封市南关区郑汴路小王屯西[475001]
电话:(0378)3922822;3921254
传真:(0378)3922822
供销电话:3922891;3920047
经济类型:有限责任公司
法人代表:曹士强
【主要产品】油漆;醇酸树脂漆类;氨基树脂漆类

开封市电镀化工厂

河南省开封市鼓楼区大纸坊街75号[475000]
电话:(0378)3930483
传真:(0378)3937406　经济类型:集体
法人代表:王铁盟
【主要产品】铝及铝合金长寿命碱浸蚀剂;钢铁件高温除油剂CK-S02;铝及铝合金高温除油剂CK-S01;碱性无氰镀锌添加剂KR-7;碱性镀锌添加剂;镀镍光亮剂KBN;镀锌层超低铬白色钝化剂;镀锌层超低铬彩色钝化剂;钢铁件常温发黑剂;宽温快速阳极氧化添加剂;铝和铝合金碱性砂面剂;两酸抛光添加剂

开封市电石厂

河南省开封市南关区蔡屯路[475003]
电话:(0378)3920625;3925059
传真:(0378)3921847　经济类型:集体
有进出口权　法人代表:缑泽汉
【主要产品】溶解乙炔;电石;复合乳化剂

开封市恒利化工厂

河南省开封市杨正门[475003]
电话:(0378)2942351;13513782983
传真:(0378)2942351　经济类型:集体
法人代表:李秀花
【主要产品】4-甲苯磺酸;5-磺基水杨酸

开封市华星化工厂

河南省开封市南关区民享街5号[475003]
电话:(0378)3931346
传真:(0378)3934448　经济类型:国有
供销电话:13937861467　有进出口权
供销传真:3932277　职工人数:560人
法人代表:贺思明
网址:www.chinahxchem.com
E-mail:gaojing@vip.371.net
【主要产品】2-甲基苯甲酸;对甲基苯甲腈;间甲基苯甲腈;4-甲基苯甲酸;邻甲基苯甲腈;荧光增白剂;塑料荧光增白剂PF;荧光增白剂OB;荧光增白剂OB-1;荧光增白剂OB-2;荧光增白剂KSN;荧光增白剂FP-127

开封市化丰劳动服务中心

河南省开封市东郊乡大花园开化宾馆三楼[475002]
电话:(0378)2650376
传真:(0378)2650371　经济类型:集体
法人代表:李滇
【主要产品】过磷酸钙

开封市化工原料总公司

河南省开封市鼓楼区中山路北段19号[475000]
电话:(0378)5952415
传真:(0378)5956558　经济类型:国有
供销电话:5952415;5952419
供销传真:5955730　法人代表:张新社
【主要产品】烧碱;三氯化铁;氯化锌

开封市金杞化工有限公司

河南省杞县西关外[475200]
电话:(0378)8973036;8970883
传真:(0378)8973046　经济类型:国有
法人代表:黄克东
E-mail:hgy378@163.com
【主要产品】合成氨;碳酸氢铵;微量元素肥料

开封市开抗药业有限公司

河南省开封市汴京大道东段[475002]
电话:(0378)2923438;2921870

豫

传真:(0378)2938481 有进出口权
经济类型:有限责任公司
法人代表:陈大力
E-mail:hnkkyygs@163. net
【主要产品】螺旋霉素碱;利福霉素S钠

开封市龙亭塑胶有限公司

河南省开封市西门外小北岗育新街7号[475004]
电话:(0378)3856979
供销电话:3873447
法人代表:吕德志
经济类型:有限责任公司
【主要产品】橡胶密封胶条

开封市南郊巨龙化工厂

河南省开封市南郊化工园区[457000]
电话:(0378)5658977
传真:(0378)5658109
网址:user. chem99. com/kfnjjulong
【主要产品】焦化二甲苯;焦化甲苯;焦化苯;重苯

开封市农药化工研究所

河南省开封市南郊杨正门[475003]
电话:(0378)2941689;2679656
传真:(0378)2942195
经济类型:股份合作 法人代表:刘继岗
【主要产品】叶面肥;氯氰菊酯乳油;氯氰菊酯;氰戊菊酯乳油;高效氰戊菊酯;氰·氧乐乳油;酮·辛乳油

开封市三环塑业有限公司

河南省开封市滨河路东段88号[475000]
电话:(0378)2863787
经济类型:有限责任公司
法人代表:宋合成
【主要产品】PP-R管材管件;塑钢门窗;外墙涂料;外墙面漆;防水卷材

开封市三胜化工设备厂

河南省开封市五一路[475003]
电话:(0378)3924434;3924419
传真:(0378)3924418
经济类型:国有
供销电话:3924419;13503786267
有进出口权 企业规模:大型
法人代表:杨伏虎
网址:www. sstbl. com
E-mail:kfsstbl@163. com;
sstc1200@yahoo. com. cn
【主要产品】工业搪玻璃反应釜;冷凝器;储罐;搪玻璃管道及配件

开封市三象胶带有限公司

河南省开封市南郊小王屯树脂厂院内[475003]
电话:(0378)3922238
传真:(0378)3922236
经济类型:股份有限公司
法人代表:牛国清
【主要产品】橡胶运输带;阻燃输送带;橡胶传动带;橡胶三角带

开封市顺河聚氨酯工业公司

河南省开封市东郊羊尾铺[475002]
电话:(0378)2937885
经济类型:集体
【主要产品】保温型硬泡聚氨酯板材;聚氨酯硬质泡沫塑料发泡用组合料;复合EPS板胶黏剂

开封市顺河区大有化纤厂

河南省开封市东环北路13号[475002]
电话:(0378)2855490
传真:(0378)2855490
法人代表:杜平杰
【主要产品】邻甲基苯甲腈;荧光增白剂

开封市铁塔特种胶带有限责任公司

河南省开封市西环城路南段37号[475004]
电话:(0378)3932808;3978525
传真:(0378)3972088 经济类型:集体
供销电话:3931050-3008
法人代表:曹士强
【主要产品】特种运输带

开封市通达化工厂

河南省开封市五福路42号[475000]
电话:(0378)3932081
传真:(0378)3931729
供销电话:3932081-3082
法人代表:曹振坤
【主要产品】反丁烯二酸;顺丁烯二酸酐;不饱和聚酯树脂;富马酸二甲酯;环氧大豆油

开封市通盛化工厂

河南省开封市南郊杨正门[475003]
电话:(0378)2676115
法人代表:王随义
【主要产品】苯;混合苯

开封市尉氏县化工总厂

河南省开封市尉氏县人民路西关段156号[475000]
电话:(0378)7580387
传真:(0378)7580387 经济类型:国有
供销电话:7580172 企业规模:大型
法人代表:谷廷凯
【主要产品】合成氨;碳酸氢铵;海藻酸钠;羧甲基田菁胶

开封市祥利化工厂

河南省开封市南关区民南干道东段[475003]
电话:(0378)2942378
传真:(0378)2633202 经济类型:国有
法人代表:王仲康
【主要产品】亚硫酸钠;电解铜;2-氯苯甲酸;2-氨基苯甲酸;5-硝基水杨酸

开封市星火石油钻采开发有限公司

河南省开封市西高速路口[475002]
电话:(0378)2859732
传真:(0378)2856296
经济类型:有限责任公司
法人代表:沈世昌
E-mail:kfxhgs@public. kfptt. ha. cn
【主要产品】交联剂;屏蔽暂堵剂;油田酸化缓蚀剂;防砂剂;阻垢剂

开封市医用氧气厂

河南省开封市龙亭区玉皇庙街24号[475001]
电话:(0378)5663197
经济类型:集体 法人代表:陆景亮
【主要产品】氧气(医用)

开封市永安化工厂

河南省开封市郊区杨正门[475003]
电话:(0378)2679888
法人代表:张华
【主要产品】次氯酸钠;硫酸镁;磺基水杨酸;盐酸

开封市予丰劳动服务中心

河南省开封市顺河区羊尾铺[475002]
电话:(0378)3267360
经济类型:集体 法人代表:王中玉
【主要产品】混配复合肥料;塑料制品;塑料丝及编织制品

开封市豫农夫化工有限公司

河南省开封市南干道东转盘南700米[475003]
电话:(0378)2668910
传真:(0378)2668787 经济类型:国有
法人代表:丁凌云
【主要产品】氰戊菊酯;氰·马乳油;氰·氧乐乳油;丙·灭乳油;灭·氰乳油;柴油·哒乳油;哒·氧乐乳油

开封市中邦生物制品有限公司

河南省开封市郑汴路小王屯[475003]
电话:(0378)3925333;3925255;3925295
传真:(0378)3925444
【主要产品】蛋白胨;干酵母

开封市中原泡沫塑料厂

河南省开封市滨河路东段羊尾铺[475002]
电话:(0378)2953331;13903786313
传真:(0378)2953331
经济类型:私营企业
网址:www. kfpmsl. com
【主要产品】聚苯乙烯泡沫塑料

开封特耐股份有限公司

河南省开封市金明大道南段[475003]
电话:(0378)3924274;3922369;3925142
传真:(0378)3921033;3922369

豫

固定资产:70,000 千元　　有进出口权
供销电话:3925142;3924274
经济类型:股份有限公司
产值:300,000 千元　　法人代表:张长喜
销售收入:260,000 千元
网址:www.kftn.com
E-mail:zhang@kftn.com
【主要产品】电熔铬镁尖晶石;刚玉;莫来石;氧化铝陶瓷;氧化铝(煅烧 α 型);氧化铝瓷球(惰性)

开封铁塔橡胶(集团)有限公司

河南省开封市西环城路南段 37 号[475004]
电话:(0378)3978350
传真:(0378)3961155　　经济类型:国有
有进出口权　　企业规模:大型
法人代表:曹士强
网址:www.tieta.cn
E-mail:scc@tieta.na
【主要产品】橡胶运输带;橡胶平型传动带;橡胶三角带;窄 V 带;汽车三角带;夹布胶管;制孔胶管;排吸胶管;钢丝编织胶管;缠绕胶管

开封希百寿制药有限公司

河南省开封市禹珨区禹南街 4 号[475002]
电话:(0378)2678361;2678022
传真:(0378)2678933
【主要产品】泰来肽

开封油脂化工厂

河南省开封市南关区五福西街 42 号[475003]
电话:(0378)3932477
传真:(0378)3931729　　经济类型:国有
供销电话:3932336　　法人代表:桑振山
网址:www.yzhgc.126.com
E-mail:kyh@public.kfptt.ha.cn
【主要产品】反丁烯二酸;顺丁烯二酸酐;不饱和聚酯树脂;富马酸二甲酯;环氧大豆油

开封豫港制药有限公司

河南省开封市禹珨区禹南街 1 号[475003]
电话:(0378)2678206
传真:(0378)2678206　　有进出口权
供销电话:(0371)65677250
供销传真:(0371)65677250
经济类型:与港澳台商合资经营
企业规模:大型　　法人代表:朱文臣
网址:www.yugang.com.cn
E-mail:y303@public.kfptt.ha.cn
【主要产品】头孢唑啉钠;头孢曲松钠

开封再生胶厂

河南省开封市郑汴路[475003]
电话:(0378)5878733
传真:(0378)3961155　　经济类型:国有
供销电话:13137561868
法人代表:曹士强
【主要产品】油法再生胶;橡胶杂品

开封制药(集团)有限公司

河南省开封市禹南街 1 号[475003]
电话:(0378)2677256
传真:(0378)2677798　　有进出口权
经济类型:有限责任公司
企业规模:大型　　法人代表:朱文臣
【主要产品】硫酸庆大霉素;强力霉素;头孢曲松钠;芬布芬;炎痛喜康;非诺贝特

开化集团开封市树脂厂

河南省开封市郑汴路小王屯[475003]
电话:(0378)3922352
传真:(0378)3922352　　经济类型:集体
法人代表:代跃武
网址:khshzhw.ccbip.com.cn
【主要产品】双酚 A 型环氧树脂(E44 型);消泡剂 GP;聚氧丙烯聚氧乙烯甘油醚;丙烯酸树脂皮革涂饰剂;消泡剂 PPE

平顶山煤业集团开封东大化工有限公司

河南省开封市南关区郑汴路 40 号[475003]
电话:(0378)3925002
传真:(0378)3921847　　经济类型:国有
供销电话:3920489;3925058
有进出口权　　法人代表:王福贞
网址:www.hndongda.com.cn; www.kfddchem.com
E-mail:kfddqin@163.com
【主要产品】盐酸;盐酸(食用);氯磺酸;烧碱;烧碱(液体);离子膜烧碱;次氯酸钠;硅酸钠;氢气;氯气(液);乙醇(无水);一氯乙酸;食品添加剂;偶氮二甲酰胺

平煤集团开封兴化精细化工厂

河南省开封市南干道东段[475002]
电话:(0378)2633098;2633229
传真:(0378)2633219　　经济类型:国有
供销电话:2633216;2633118
供销传真:2633228　　有进出口权
法人代表:鲍祥生
网址:www.kfxhpmjt.com.cn
E-mail:hehuanwu@yahoo.com.cn
【主要产品】糖精钠;糖精(不溶性)

尉氏县奔腾橡胶厂

河南省尉氏县洧川镇南关街[475572]
电话:(0378)7266066
经济类型:集体　　法人代表:李怀鹏
【主要产品】橡胶三角带

尉氏县红太阳涂料厂

河南省开封市尉氏县人民路[475000]
电话:(0378)7984531;13839971900
经济类型:私营企业
【主要产品】乳胶漆;钢化涂料;107 胶

尉氏县宋塔香料厂

河南省开封市尉氏县人民路东段[452170]
电话:(0378)7985082
传真:(0378)7981466
【主要产品】异丁醇;丙醇;正己醇;丁酸;己酸;异戊酸;乳酸;异戊酸乙酯;癸酸乙酯;丁酸乙酯;己酸乙酯;乳酸乙酯

尉氏县挺凯植物胶化工厂

河南省开封市尉氏县人民路 156 号[452170]
电话:(0378)7580539
传真:(0378)7580387
法人代表:谷挺凯
【主要产品】印花糊料;压裂助排剂;压裂稠化剂;高温交联剂

尉氏县一品涂料厂

河南省开封市尉氏县健康路东段开发区[475500]
电话:(0378)7980839;13837838088
经济类型:私营企业　　法人代表:肖牛
【主要产品】钢化涂料;107 胶;108 胶

尉氏县中原化工厂

河南省尉氏县城关镇人民路东段[475500]
电话:(0378)7981353
经济类型:集体　　法人代表:孙卫民
【主要产品】盐酸;一氯乙酸

尉氏县中原橡胶有限公司

河南省尉氏县工业路 49 号[475500]
电话:(0378)7993345;7993850;7973366
传真:(0378)7991082
供销电话:7993345;7973366
供销传真:7991082;7995075
经济类型:股份合作　　法人代表:陶红亮
网址:www.jiulong-belt.com
【主要产品】帘子布;农用车辆轮胎;橡胶运输带;橡胶平型传动带;橡胶三角带;窄 V 带;农业排灌胶管;吸沙胶管

豫港合资隆丰塑料有限公司

河南省开封市铁塔西街 2 号[475000]
电话:(0378)2879939;2877007
传真:(0378)2879939
经济类型:港澳台商投资股份有限公司
法人代表:刘建成
【主要产品】塑料门窗;PP-R 管材管件;塑料异型材

洛阳市

顾县镇蓝天化工厂

河南省偃师市顾县镇西宫底村[471922]
电话:(0379)67518732;13838859856

法人代表:许继争
【主要产品】烧碱

河南澳得斯涂料有限公司

河南省洛阳市首阳路43号[471900]
电话:(0379)67735677;67713383;67735177
传真:(0379)67731859
法人代表:孔祥永
网址:www.ads-paint.com
E-mail:root@ads-paint.com
【主要产品】丙烯酸外墙涂料;环保内墙乳胶漆;888仿瓷涂料;纳米墙面漆

河南洛染股份有限公司

河南省偃师市顾县[471922]
电话:(0379)67518366;67518566
传真:(0379)67518600　有进出口权
供销电话:67519366;67519566
经济类型:股份有限公司
法人代表:段孝宁
【主要产品】2,4-二硝基氯苯

河南商都集团有限责任公司

河南省偃师市城关商都北路1号[471900]
电话:(0379)67712848
传真:(0379)67712532
供销电话:67719902　法人代表:姚建华
经济类型:有限责任公司
【主要产品】合成氨;尿素

河南神鸿达印刷材料有限公司

河南省偃师市岳滩镇工业区佃路东段[471921]
电话:(0379)67616741;67616766;67621666
传真:(0379)67613628;67620065
供销电话:67616766;13803889697
经济类型:私营企业　职工人数:50人
法人代表:王宏轩
网址:www.shdink.com.cn
E-mail:whx6766@sohu.com
【主要产品】油墨

河南省浩宇管道有限公司

河南省偃师市顾县镇曲家寨[471922]
电话:(0379)67518188
传真:(0379)67518195
经济类型:有限责任公司
法人代表:赵现东
【主要产品】高中低压管件

河南省华豫塑料有限公司

河南省洛阳市伊川县鸣皋镇中溪村[471334]
电话:(0379)68588123
传真:(0379)68588888
职工人数:110人　法人代表:姜明站
【主要产品】聚氯乙烯电缆料

河南省连通石化机械有限公司

河南省偃师市曲家寨[471922]
电话:(0379)67520688
传真:(0379)67520688　产值:3千元
供销电话:67520588　法人代表:赵西东
经济类型:私营企业
【主要产品】异径管;无缝管件

河南省栾川县三生化学研究所涂料厂

河南省栾川县城关镇君山路5号[471500]
电话:(0379)66825471;13703799471
传真:(0379)66829672　法人代表:李庄
【主要产品】乳胶漆;丙烯酸涂料;丙烯酸带锈底漆;钢化涂料保色剂;氧化铁红;污水处理剂

河南省洛阳市关林大洋塑料厂

河南省洛阳市洛龙区关林镇大西村[471023]
电话:(0379)65954284;65695707;13503886232
经济类型:股份有限公司
法人代表:王军灵
【主要产品】塑料桶

河南省洛阳市郊区消防药剂厂

河南省洛阳市老城区校场27号[471002]
电话:(0379)63480564;63583119
传真:(0379)63480564　经济类型:集体
法人代表:孙应照
【主要产品】蛋白泡沫灭火剂;水成膜泡沫灭火剂

河南省孟津县化肥厂

河南省洛阳市孟津县白合镇一公里[471112]
电话:(0379)67866092
传真:(0379)67866094　经济类型:国有
供销电话:67866189;67862440
供销传真:67866189　法人代表:韩建国
网址:www.mjhfc.com
E-mail:mjhfc.@800114.cn;hj@800114.cn1
【主要产品】甲醇(精);甲醇;氮肥;合成氨;液氨;碳酸氢铵;塑料编织袋

河南省孟津县磷肥厂

河南省洛阳市孟津县焦枝线白合火车站[471112]
电话:(0379)67862101;67862102
经济类型:国有　法人代表:韩建国
【主要产品】硫酸;钙镁磷肥;过磷酸钙;颗粒磷肥;混配复合肥料

河南省偃师市第一塑料泡沫制品厂

河南省偃师市寺里碑村口西20米[471943]
电话:(0379)67555518;67558188;13503493807
供销电话:13653886737
经济类型:私营企业
【主要产品】泡沫板材;阻燃泡沫板

河南省偃师市东谷泡花碱厂

河南省偃师市岳滩镇[471921]
电话:(0379)67616808
传真:(0379)67611088　有进出口权
供销电话:67611088　企业规模:大型
经济类型:私营企业　法人代表:李文宗
网址:www.lydonggu.com
E-mail:liuxiaoqun@lydonggu.com
【主要产品】硅酸钠;粉状速溶硅酸钠

河南省偃师市化工三厂

河南省偃师市翟镇翟西村[471941]
电话:(0379)67453100
供销电话:13598153456
经济类型:国有　法人代表:王合贵
【主要产品】酚醛树脂;糠醇树脂;油漆稀释剂

河南省偃师市金风油墨厂

河南省偃师市周寨村(府店镇)[471924]
电话:(0379)67408047
【主要产品】塑料复合油墨

河南省偃师市纳百川化工有限公司

河南省偃师市迎宾路南段[471900]
电话:(0379)67716787;67726822
传真:(0379)67726822
网址:www.lynbc.com
E-mail:nbc@lynbc.com
【主要产品】羧甲基纤维素钠

河南省偃师市石油化学厂

河南省偃师市缑氏乡扒头村[471923]
电话:(0379)67591053
传真:(0379)67591053　经济类型:集体
法人代表:李金堂
E-mail:liwei@wocall.com
【主要产品】高级润滑油;工业润滑油

河南省偃师市首阳山义井塑料泡沫厂

河南省偃师市首阳山镇义井[471943]
电话:(0379)67558143
传真:(0379)67558143
经济类型:私营企业　法人代表:赵武卿
【主要产品】聚苯乙烯泡沫塑料板材

河南省偃师市伟通化工有限公司

河南省偃师市商都西路93号[471900]
电话:(0379)67718665;13803795125
供销电话:13643880606
经济类型:有限责任公司
法人代表:魏少伟
【主要产品】烧碱(固体);硫代硫酸钠;

过氧化氢；十二烷基苯磺酸；钛白粉；立索尔大红 R；聚丙烯酰胺；乳化剂 OP-10；废纸脱墨剂

河南省偃师市新建石蜡厂

河南省偃师市南蔡庄道北 200 米路西[471943]
电话：(0379)67550636；13837932898
传真：(0379)67550636
经济类型：私营企业
【主要产品】盐酸；氯化石蜡

河南省偃师市新星油漆厂

河南省偃师市缑氏镇扒头[471923]
电话：(0379)67591587
经济类型：私营企业　法人代表：李启星
【主要产品】醇酸树脂；各色快干氨基烘漆；闪光漆

河南省偃师市中州油墨一厂

河南省偃师市岳滩乡喂南村[471921]
电话：(0379)67615756；13937919081
传真：(0379)67615756　经济类型：集体
法人代表：张振波
【主要产品】凹印塑料油墨

河南省宜阳县华星塑料有限公司

河南省洛阳市宜阳县白杨镇一村[471623]
电话：(0379)68798307
供销电话：68798755　法人代表：蔡明伟
经济类型：股份有限公司
【主要产品】聚氯乙烯电缆料(护层级)；聚氯乙烯电缆料(绝缘级)；聚氯乙烯电缆料(低烟低卤阻燃护层级)；软聚氯乙烯粒料(电线电缆用，护套级)；通讯电缆绝缘料及护套料

河南一通胶带有限公司

河南省偃师市顾县镇曲家寨村[471922]
电话：(0379)67516997；13603885815
传真：(0379)67518973
供销电话：67518973　职工人数：150 人
经济类型：私营企业　法人代表：王太六
【主要产品】全塑整芯阻燃运输带；高压绝缘橡胶带

河南宜阳高桥化工厂

河南省洛阳市宜阳县城关高桥村[471600]
电话：(0379)68817208
供销电话：68817208；13303882336
经济类型：私营企业　法人代表：刘信法
【主要产品】重晶石矿粉；硫化钡

河南宜阳县益民钡盐厂

河南省洛阳市宜阳县火车站南[471600]
电话：(0379)68812073
传真：(0379)68812073
供销电话：68812073；13803798602
经济类型：私营企业　法人代表：王孝义
【主要产品】硫化钠；硫化钡；硫酸钡

黎明化工研究院

河南省洛阳市邙岭路 5 号[471001]
电话：(0379)62301670；62301671
传真：(0379)62307056　经济类型：国有
供销电话：62301606；62301501
有进出口权　职工人数：755 人
法人代表：李志强
网址：www.lrici.com.cn
E-mail：lrici@public2.lyptt.ha.cn；sale@lrici.com
【主要产品】六氟化硫；过氧化氢；2-乙基蒽醌；丙烯酸酯共聚物；聚醚多元醇 ZS-4110Ⅱ；环戊烷组合聚醚；聚氨酯硬泡组合聚醚；不饱和聚酯树脂；聚氨酯鞋底原液；硬质聚醚型聚氨酯泡沫塑料；聚氨酯弹性体制品；聚氨酯泡沫塑料；聚氨酯预聚体；低密度纤维增强聚氨酯；聚四氟乙烯生料带；聚氨酯-聚脲轿车侧护板；聚氨酯硬质泡沫塑料发泡用组合料；阻燃环氧灌封料；环氧灌封料；阻燃绝缘灌封料；水溶性硅油；聚氨酯涂料；调墨油；过氧化氢消毒剂；环氧树脂黏合剂；环氧强力胶黏剂；丙烯酸酯密封胶；聚氨酯胶黏剂；聚氨酯胶黏剂 101；聚氨酯胶黏剂(电缆冷补胶)；聚氨酯电器密封胶；空气滤清器用聚氨酯密封胶；聚氨酯密封胶；聚酯胶；复膜胶；搭口胶；汽车挡泥板；钯催化剂；交联剂；双氧水稳定剂；聚氨酯制品脱模剂；二乙基甲苯二胺；交链剂；农药增效剂；脱模剂；模具清洗剂

栾川众鑫化工有限公司

河南省洛阳市栾川县庙子镇[471500]
电话：(0379)66667503
传真：(0379)66668151
法人代表：魏长福
E-mail：wsongf@163.com
【主要产品】锌焙砂；硫酸；硫酸亚铁；氧化锌；钛白粉；活性氧化锌

洛阳大学化学试剂厂

河南省洛阳市洛龙区大学路 1 号[471023]
电话：(0379)65620078；13603965256
传真：(0379)65620078　经济类型：集体
供销传真：65625078　法人代表：王伯平
【主要产品】混合酸；氢氧化钠；氢氧化钾；氢氧化铵；氢氟酸；盐酸；硝酸；硫酸；钢铁表面处理液

洛阳大豫实业有限公司

河南省洛阳市关林庙[471023]
电话：(0379)65957159；65956818
传真：(0379)65957159
经济类型：有限责任公司
法人代表：赵青山
网址：www.dayugroup.com
E-mail：dayu@lyd.com.cn；dayu@dayugroup.com
【主要产品】内墙涂料

洛阳多力泰格生化科技有限公司

河南省洛阳市西工区红山工业园区[471041]
电话：(0379)62136898；62134457
传真：(0379)62139264　有进出口权
经济类型：外商独资　职工人数：190 人
法人代表：江文娟
网址：www.dolytiger.com
E-mail：dolytiger@dolytiger.com
【主要产品】L-(－)-α-氨基-4-羟基苯乙酸；左旋对羟基苯甘氨酸邓钾盐(乙基)

洛阳瑰宝印刷材料有限公司

河南省偃师市庞村镇[471936]
电话：(0379)67508021
传真：(0379)67508021
经济类型：股份有限公司
法人代表：李建成
【主要产品】塑料印刷油墨

洛阳昊华化学试剂有限公司

河南省洛阳市孟津县常袋工业园区[471133]
电话：(0379)67842787
传真：(0379)67842717
固定资产：3,000 千元　产值：6,000 千元
供销电话：67842768　职工人数：100 人
经济类型：私营企业　法人代表：王克俊
网址：www.lyhhsj.com
E-mail：hhsj@lyhhsj.com
【主要产品】2-羟基苯甲酸；草酸；柠檬酸；氢氟酸；盐酸；硝酸；硫酸；硼酸；磷酸

洛阳恒光化工有限公司

河南省偃师市车站街 1 号[471900]
电话：(0379)67712326；67711529
传真：(0379)67778888
经济类型：股份合作　法人代表：张洪群
【主要产品】甲基丙烯酸缩水甘油酯；纯丙乳液；苯丙乳液

洛阳弘泰工矿贸易有限公司

河南省洛阳市栾川县庙子乡[471500]
电话：(0379)65291978
传真：(0379)66666166　法人代表：张元
经济类型：私营企业
网址：lyht.nease.net
E-mail：lyhongtai@vip.163.com
【主要产品】萤石粉

洛阳红旗高分子材料有限公司

河南省洛阳市伊川县中溪工业区[471331]
电话：(0379)68588186；13838879986
传真：(0379)68586186

E-mail:lyhqsy@163.com
【主要产品】聚氯乙烯电缆料

洛阳惠中兽药有限公司

河南省洛阳市郊区白马寺[471013]
电话:(0379)63302921;63302923;63302925
传真:(0379)63302925
网址:www.huizhongsy.com.cn
E-mail:huizhong@huizhongsy.com.cn
【主要产品】头孢噻呋;乳酸环丙沙星;沙拉沙星盐酸盐;地克珠利

洛阳机车工厂区启明塑料制品厂

河南省洛阳市廛河区启明东路五街坊8号[471002]
电话:(0379)63571454
经济类型:集体 法人代表:柳久和
【主要产品】塑料制品

洛阳吉明化工有限公司

河南省洛阳市吉利区华北路[471012]
电话:(0379)66927261;66927445;66932551
传真:(0379)66927260 职工人数:60人
供销电话:66927261;66932550
经济类型:股份有限公司
法人代表:李志强
网址:www.jimingchem.com
E-mail:webmaster@jimingchem.com
【主要产品】聚酯多元醇;聚氨酯预聚体;热塑性聚氨酯;固化剂

洛阳金岛化工有限公司

河南省偃师市岳滩镇喂北工业区[471921]
电话:(0379)67615918;67615928;67615958
传真:(0379)67615938;63917998
供销电话:67615918;67615958
经济类型:中外合资经营企业
有进出口权 法人代表:李宏涛
网址:www.wacinfo.net
E-mail:marketjd@jindaochem.com
【主要产品】氯化锌;一氧化铅;氧化锌;红丹

洛阳津青工贸有限公司

河南省洛阳市[471000]
电话:(0379)63949688;63889506
传真:(0379)63949688
经济类型:股份有限公司
法人代表:魏建忠
E-mail:lyjinzhu@163.com
【主要产品】磷酸;三聚磷酸钠;重铬酸钠;重铬酸钾;三氧化铬;氧化钴;铁粉;氧化铬绿

洛阳精成化工有限公司

河南省孟津县洛阳飞机场经济技术开发区[471132]
电话:(0379)67899202;67895331
传真:(0379)67899203
供销电话:67895331;13303887100
经济类型:与港澳台商合资经营
法人代表:韩宏然
网址:www.lyjc.net
E-mail:lylc@lyjc.net
【主要产品】2-硝基苯酚;4-氯-2-硝基苯酚;邻羟基乙酰苯胺;苯甲醛-2-磺酸钠

洛阳骏马化工有限公司

河南省洛阳市宜阳县火车站[471600]
电话:(0379)68811561
传真:(0379)68811546 经济类型:国有
职工人数:900人 法人代表:李春名
【主要产品】甲醇;液氨;尿素

洛阳科恩精细化学品有限公司

河南省洛阳市吉利区华北路中段16号[471012]
电话:(0379)66932576;66932379;66932575
传真:(0379)66932379
固定资产:2,500千元 产值:4,000千元
经济类型:股份合作
销售收入:500千元
网址:www.lyknfc.com
E-mail:klnhg@163.com
【主要产品】聚氨酯胶黏剂;水质稳定剂;杀生剂;强力杀菌防腐剂;日化品用杀菌防腐剂

洛阳科农康商贸有限公司

河南省洛阳市吉利区[471012]
电话:(0379)66932001
传真:(0379)66932001 职工人数:18人
经济类型:私营企业 法人代表:张桂荣
E-mail:hanhan666@eyou.com
【主要产品】有机复合肥;液体微生物肥料;微生物菌剂

洛阳黎明化工科工贸总公司

河南省洛阳市西工区邙岭路5号[471001]
电话:(0379)62301702
传真:(0379)62304587 经济类型:集体
供销电话:62304587 有进出口权
法人代表:曹景辰
【主要产品】2-乙基蒽醌;聚四氟乙烯制品板;黏合剂

洛阳立白日化有限公司

河南省洛阳市洛龙区关林东路182号[471023]
电话:(0379)62676505
传真:(0379)62676505
经济类型:私营企业 企业规模:大型
法人代表:陈凯臣
【主要产品】无磷洗衣粉

洛阳隆升化工有限公司

河南省洛阳市吉利区华北路[471012]
电话:(0379)66927565;66932626
供销传真:66932626 法人代表:张和平
经济类型:股份合作
【主要产品】包装桶

洛阳米林通用助剂厂

河南省洛阳市洛龙区关林南街92号[471023]
电话:(0379)65958604;65958204
传真:(0379)65958604 经济类型:集体
法人代表:王竹女
网址:www.fuhuachem.com
E-mail:sales@fuhuachem.com
【主要产品】不溶性硫黄

洛阳民昌药用辅料有限公司

河南省洛阳市安乐军民路2号[471022]
电话:(0379)65521908;13608667253
传真:(0379)65517542 职工人数:98人
固定资产:550千元
网址:www.minchangfuliao.com
E-mail:luoyangminchang@yahoo.com
【主要产品】硬脂酸镁(药用);药用淀粉;预胶化淀粉;白糊精;羧甲基淀粉钠(医药级)

洛阳奇盛葡萄糖有限公司

河南省偃师市诸葛镇[471935]
电话:(0379)67418196;13603966093
传真:(0379)67418196;67415196
供销电话:67418196;13007632394
经济类型:有限责任公司
法人代表:王盛耀
【主要产品】葡萄糖

洛阳千禧生物科技有限公司

河南省洛阳市伊川县彭婆草店高科技园区[471315]
电话:(0379)68410036
传真:(0379)68410679
网址:www.qianxitech.com
E-mail:lyyczx@163.net
【主要产品】不溶性硫黄

洛阳强龙精细化工总厂

河南省洛阳市洛龙区花园开发区[471023]
电话:(0379)65960558;13503793373
传真:(0379)65961800 职工人数:40人
网址:www.lyql.com
E-mail:lyql@lyql.com
【主要产品】高效有机硅消泡剂;阻垢分散剂;杀生剂;絮凝剂;有机硅消泡剂(水处理专用);预膜剂;阻垢缓蚀剂;缓蚀剂;高效锅炉阻垢剂;清洗剂

洛阳轻捷石油化工厂

河南省偃师市高龙镇[471931]
电话:(0379)67548256
传真:(0379)67548191 经济类型:国有
供销电话:67548117 法人代表:王玉合
供销传真:67548117

豫

网址:www. lyqj. com
E-mail:lyqj@ lyqj. com
【主要产品】刹车油;齿轮机油;润滑油

洛阳瑞丰工业有限公司

河南省偃师市段东工业区[471922]
电话:(0379)67515498;67713688;67515218
传真:(0379)67713688;67515677
供销电话:67515498;67515218
经济类型:中外合资经营企业
有进出口权　法人代表:段长安
【主要产品】直接桃红 5B;直接耐酸大红 4BS;直接湖蓝 5B;直接深棕 M;直接灰 D

洛阳三安精细化工有限公司

河南省洛阳市吉利科技园纬三路 18 号[471012]
电话:(0379)66959198;66959195-8007
传真:(0379)66959196　职工人数:85 人
固定资产:9,500 千元
经济类型:有限责任公司
产值:15,000 千元
网址:www. san-an. com. cn
E-mail:webmaster@ san-an. com. cn
【主要产品】抗氧剂 1010;抗氧剂 1076;抗氧剂 168;复合型抗氧剂 B215;抗氧剂 JX-35

洛阳三星化工有限公司

河南省洛阳市涧西区周山小区 18 幢 1 号[471000]
电话:(0379)64325758;67319019
传真:(0379)64325758;67931019
供销电话:67931019　职工人数:20 人
经济类型:股份有限公司
法人代表:任强
【主要产品】腻子粉;建筑胶粉;速溶胶粉;烟草薄片专用黏合剂;羧甲基纤维素钠

洛阳石化金达实业公司化工厂

河南省洛阳市吉利区[471012]
电话:(0379)66992650
传真:(0379)66912479　经济类型:集体
供销电话:66994215　法人代表:王进才
供销传真:66992650
网址:www. lyjd. net
E-mail:jinda@ lyjd. net
【主要产品】水质稳定剂;絮凝剂;破乳剂

洛阳石化聚丙烯有限责任公司

河南省洛阳市吉利区[471012]
电话:(0379)66992857
传真:(0379)66912603　有进出口权
供销电话:66992848　企业规模:大型
经济类型:有限责任公司
法人代表:郑国栋
【主要产品】聚丙烯

洛阳石化拉膜厂

河南省洛阳市吉利区河阳路[471012]
电话:(0379)66992798;66992796;66992793
传真:(0379)66911245
供销电话:66992793;66992795
法人代表:张新锁
E-mail:lyxq1007@ sina. com
【主要产品】双向拉伸聚丙烯薄膜

洛阳石油化工总厂宏达实业总公司宏力化工厂

河南省洛阳市吉利区大港路[471012]
电话:(0379)66992960;66992972
传真:(0379)66912618　经济类型:集体
供销电话:66992964　企业规模:大型
法人代表:路玉堂
【主要产品】丙烯;异丁烯;甲基叔丁基醚;聚丙烯

洛阳市白马寺幸福化工厂

河南省洛阳市洛龙区白马寺白马村[471013]
电话:(0379)63789376
经济类型:集体　法人代表:王东江
【主要产品】硅酸钠

洛阳市廛河鹤牌特种涂料厂

河南省洛阳市老城区林巷 35 号[471002]
电话:(0379)62867082;63558750
传真:(0379)63558750
经济类型:私营企业　法人代表:翟升敏
【主要产品】弹性涂料;自发光涂料;特种涂料;纳米涂料

洛阳市大普橡胶有限公司

河南省洛阳市洛龙区安乐镇安宜路新村[471022]
电话:(0379)65513561
传真:(0379)65513561
经济类型:有限责任公司
法人代表:白俊杰
【主要产品】橡胶杂品;油封;O 形密封圈

洛阳市第一焊剂厂

河南省洛阳市洛龙区水磨村[471022]
电话:(0379)65511542;65512502
传真:(0379)65511542　经济类型:集体
法人代表:张锁灵
【主要产品】自动焊剂 431 号

洛阳市恩迪化工有限公司

河南省洛阳市宜阳县白杨镇二区[471623]
电话:(0379)68798091
传真:(0379)68799906
经济类型:有限责任公司
法人代表:陈书现
网址:www. lyendi. com
E-mail:manager@ lyendi. com
【主要产品】硫化钡;硫酸钡;硝酸钡;氯化钡;碳酸钡;硫黄

洛阳市非凡无机盐有限公司

河南省洛阳市高新技术开发区辛店延秋[471000]
电话:(0379)64125448;64126535;13703491409
传真:(0379)64118448
网址:www. ffhg. cn
E-mail:lyhaifeng@ 163. com
【主要产品】硝酸锌;硝酸锰;硝酸镍(六水);酸式磷酸锰;磷酸二氢锌;磷酸锌;碳酸锰;磷化液

洛阳市丰华焊材有限公司

河南省伊川县环城南路 3 号[471300]
电话:(0379)68331291;68360984
传真:(0379)68352291
固定资产:5,000 千元
供销电话:68359168　法人代表:陶志凡
经济类型:私营企业
网址:www. lyfh. cn
E-mail:lyfenghua@ 126. com
【主要产品】埋弧自动焊剂

洛阳市符家屯硫酸厂

河南省洛阳市符家屯[471003]
电话:(0379)64263193;64263221
传真:(0379)64263220　经济类型:集体
法人代表:符继鹏
【主要产品】硫酸;硫酸(98%)

洛阳市福港冶金化工有限公司

河南省洛阳市珠江路兴隆新村一号楼[471003]
电话:(0379)64622880;13939911339
传真:(0379)64622880
经济类型:有限责任公司
法人代表:李向阳
网址:www. forgods. net
【主要产品】钼酸钠;钼酸铵;钼铁

洛阳市富安净水材料厂

河南省洛阳市孟津县平乐镇警民路[471125]
电话:(0379)67816298
传真:(0379)67816299　经济类型:集体
法人代表:庞惠君
【主要产品】聚合氯化铝

洛阳市富通化工有限公司

河南省洛阳市伊川县建新西街[471300]
电话:(0379)68336608;13903799088
传真:(0379)68358608
经济类型:股份有限公司
法人代表:李穗征
【主要产品】直接大红 4BE

洛阳市富苑精细化工有限公司

河南省偃师市佃庄镇东大郊村[471942]

电话:(0379)67436418
供销电话:13503887256
法人代表:韩德朝
【主要产品】羧甲基纤维素钠

洛阳市高压软管厂

河南省洛阳市涧西区郑州路63号[471003]
电话:(0379)64218338
传真:(0379)64211148　经济类型:集体
法人代表:付丽娟
【主要产品】胶管

洛阳市海盛化工有限公司

河南省偃师市顾县镇苗湾村[471922]
电话:(0379)67518338
传真:(0379)67517082　经济类型:集体
供销电话:13803889676
法人代表:张治甫
【主要产品】直接黄 GR;直接冻黄 G;直接耐酸大红 4BS;直接枣红 B;直接紫 N;直接紫 R;皮革黑

洛阳市黑金龙色素炭黑有限责任公司

河南省洛阳市郊区白马寺镇王白村[471013]
电话:(0379)63789682;13837907242
传真:(0379)63697266;63697910
经济类型:有限责任公司
法人代表:张桂花
【主要产品】中超耐磨炉黑 N220;高耐磨炭黑 N330;天然气槽法炭黑;炭黑;中色素炭黑;色素炭黑;高色素炭黑

洛阳市华工实业有限公司

河南省洛阳市孟津县平乐镇平西路65号[471125]
电话:(0379)67811103
传真:(0379)67811712
供销电话:67811102　法人代表:董克亮
经济类型:股份合作
网址:www. lyhgsy. com
【主要产品】高效脱硫剂;丙烯酸-丙烯酸羟丙酯共聚物;水解聚马来酸酐;聚合氯化铝;乳化剂;平平加;石油破乳剂;破乳剂;高效中和缓蚀剂;润滑油

洛阳市化学试剂厂

河南省洛阳市孟津跃店[471125]
电话:(0379)63780186
传真:(0379)63780182
供销电话:63780184;63780183
经济类型:股份合作　法人代表:尤保敏
网址:www. lyhxsjc. com
E-mail:sales@ lyhxsjc. com
【主要产品】过氧化氢;氟化钠;氢氧化钠;氟化氢铵;氢氧化铵;钼酸铵;氯化铵;硫酸铜;丙酮;氢氟酸;盐酸;硝酸;硫酸;乙醇(95%)

洛阳市吉利区高欣涂料厂

河南省洛阳市吉利区权庄[471012]
电话:(0379)66923402;66923642;13903797721
传真:(0379)66924306　有进出口权
法人代表:陈全文
【主要产品】锤纹漆用快干型树脂;各色丙烯酸底漆;高温防腐漆

洛阳市吉利区金巷府涂料厂

河南省洛阳市吉利区科技园[471012]
电话:(0379)66932258;13014777688
【主要产品】内外墙乳胶漆;重防腐漆;耐高温涂料;防水涂料

洛阳市吉利太合密封材料厂

河南省洛阳市吉利区华北路[471012]
电话:(0379)66932685
传真:(0379)66927976
经济类型:私营企业　法人代表:徐三合
【主要产品】橡胶制品

洛阳市嘉瑞塑业有限公司

河南省洛阳市伊川县鸣皋镇中溪[471334]
电话:(0379)68588002;13938853628
法人代表:姜军明
【主要产品】二苯甲酸二甘醇酯

洛阳市建发石化有限公司

河南省偃师市顾县工业区[471922]
电话:(0379)67518329;67518305;67517707
传真:(0379)67518335
固定资产:16,000千元
职工人数:200人　法人代表:张留见
【主要产品】硫代硫酸钠;群青

洛阳市建龙化工有限公司

河南省偃师市城关镇新寨工业园[471900]
电话:(0379)67759618
传真:(0379)67759617
供销电话:67759259;13849965316
网址:www. lyjlhg. com
E-mail:jianpo@ lyjlhg. com;
yangli@ lyjlhg. com
【主要产品】粉状速溶硅酸钠;分子筛

洛阳市郊区橡胶制品研究所

河南省洛阳市洛龙区龙门镇杜村[471023]
电话:(0379)65788453
传真:(0379)65788193
经济类型:私营企业　法人代表:李成相
【主要产品】橡胶制品

洛阳市金鑫化工厂

河南省洛阳市嵩县田湖毛庄[471412]
电话:(0379)66510146
传真:(0379)66510149　经济类型:国有
供销电话:66510149　法人代表:张岳成
【主要产品】硫化钠;硫酸钡

洛阳市锦谷润滑油厂

河南省洛阳市西工区纱厂北路14号[471001]
电话:(0379)63130373
【主要产品】车用汽油;石油添加剂;特种润滑脂;工业润滑油

洛阳市峻岭消防药剂厂

河南省洛阳市白马寺35号[471013]
电话:(0379)63789494;13803797161
传真:(0379)63786391　经济类型:国有
供销电话:13623887318
法人代表:唐金光
网址:www. jlxiaofang. com
E-mail:jlxiaofang@ 126. com
【主要产品】氟蛋白泡沫灭火剂;蛋白泡沫灭火剂;高倍数泡沫灭火剂;抗溶性泡沫灭火剂;水成膜泡沫灭火剂;耐寒型抗溶泡沫灭火剂

洛阳市蓝天化工厂

河南省洛阳市关林火车站南[471023]
电话:(0379)65958362
传真:(0379)65951203　经济类型:集体
有进出口权　企业规模:大型
职工人数:200人　法人代表:沈坤照
网址:www. lylt. com. cn
E-mail:lylt1@ 163. com;
hxz-1@ yeah. net
【主要产品】碱式碳酸锌;氧化锌;氧化锌(纳米)

洛阳市浪潮消防药剂厂

河南省洛阳市老城区九都东路南光3号楼[471002]
电话:(0379)63581902;63582037;63582119
传真:(0379)62616911　经济类型:集体
职工人数:200人　法人代表:韩占宏
网址:www. lylangchao. com
E-mail:lylangchao@ lylangchao. com
【主要产品】磷酸铵盐干粉灭火剂;氟蛋白泡沫灭火剂;蛋白泡沫灭火剂;高倍数泡沫灭火剂;中倍数泡沫灭火剂;抗溶性泡沫灭火剂;水成膜泡沫灭火剂;碳酸氢钠干粉灭火剂

洛阳市老城中州橡胶制品厂

河南省洛阳市老城区大众街14号[471002]
电话:(0379)63952029
经济类型:集体　法人代表:庆献国
【主要产品】橡胶杂品

洛阳市乐友化工厂

河南省偃师市段西村[471922]
电话:(0379)67513138
传真:(0379)67513137　经济类型:集体
有进出口权　企业规模:大型

法人代表:段建民
【主要产品】皮革黑 DMX

洛阳市利保化工有限公司
河南省洛阳市白马寺镇白马寺西街34号[471013]
电话:(0379)63789012
传真:(0379)63789141
经济类型:有限责任公司
法人代表:白怀勤
网址:www.lyqiyun.com
E-mail:lysqyhgc@371.net
【主要产品】氢氧化钡;硫氢化钠

洛阳市龙门防锈润滑材料厂
河南省洛阳市洛龙区[471023]
电话:(0379)65788460
传真:(0379)65788460　经济类型:集体
固定资产:1,800千元　产值:1,200千元
供销电话:13303791071
销售收入:1,100千元
法人代表:李灵州
【主要产品】防锈油

洛阳市龙门金属热处理材料厂
河南省洛阳市郊区龙门镇龙门村[471023]
电话:(0379)65958131
经济类型:集体　法人代表:李毛山
【主要产品】渗碳剂

洛阳市绿亚净水材料有限公司
河南省洛阳市宜阳区白杨镇二区[471623]
电话:(0379)68799008
供销电话:13837911872
经济类型:股份合作　法人代表:孟文献
【主要产品】聚合氯化铝

洛阳市洛滨化工有限公司
河南省洛阳市瀍河区唐寺门西310国道南侧[471002]
电话:(0379)63610288;13383885857
传真:(0379)63610688
网址:www.lylb.cn
E-mail:lyluobin@163.com
【主要产品】十二烷基二甲基苄基氯化铵;十四烷基二甲基苄基氯化铵;聚丙烯酰胺;聚丙烯酸;复配阻垢缓蚀剂;2-膦酸丁烷-1,2,4-三羧酸;磺-丙共聚物;水解聚马来酸酐;氯锭型杀菌灭藻剂;氨基三亚甲基膦酸;羟基亚乙基二膦酸;二乙烯三胺五亚甲基膦酸;复合型杀菌剂;双季铵盐杀生剂;聚合氯化铝;碱式氯化铝铁;苯并三氮唑;阻垢缓蚀剂;反渗透膜专用阻垢剂;异噻唑啉酮;锅炉清灰剂

洛阳市洛东化工厂
河南省偃师市翟镇乡翟西村[471941]
电话:(0379)67453075
传真:(0379)67453080　经济类型:集体
法人代表:张继斌
【主要产品】4-氨基苯磺酸;4-氨基苯磺酸钠

洛阳市洛硅实业总公司
河南省洛阳市西工区九都路77号[471009]
电话:(0379)63390494
传真:(0379)63390490　经济类型:集体
法人代表:徐长江
【主要产品】氢气

洛阳市洛龙区龙门渗剂厂
河南省洛阳市郊区龙门镇龙门村[471023]
电话:(0379)65956329
经济类型:私营企业　法人代表:刘振海
【主要产品】防渗剂;渗碳剂

洛阳市洛南焊剂厂
河南省洛阳市洛龙区安乐镇茹凹村[471022]
电话:(0379)65512998
传真:(0379)65510819
供销电话:65512998;65510819
经济类型:私营企业　法人代表:茹松正
【主要产品】自动焊剂431号;助焊剂

洛阳市美乐染化有限公司
河南省偃师市城关镇北窑[471900]
电话:(0379)67768452;13903799465
传真:(0379)67768354
法人代表:毛殿军
【主要产品】氯化聚乙烯

洛阳市孟津县汉陵精细化工厂
河南省洛阳市孟津县白鹤镇[471100]
电话:(0379)67066718;13903886529
传真:(0379)67869506
网址:www.hanlingchem.com
E-mail:sales@hanlingchem.com
【主要产品】羧甲基纤维素钠

洛阳市闽吉塑胶有限公司
河南省洛阳市吉利区华北路[471012]
电话:(0379)66932755;13937908983
传真:(0379)66932755
供销电话:66932655　法人代表:叶贻生
经济类型:有限责任公司
【主要产品】功能母粒;珠光母粒

洛阳市强胜实业有限公司
河南省洛阳市首阳山镇[471943]
电话:(0379)67670295;13838830297
传真:(0379)67550335
经济类型:私营企业
网址:www.lyqsgs.com
E-mail:zhaobinhui@163.com
【主要产品】塑料编织袋

洛阳市秦岭制药有限公司
河南省洛阳市高新技术开发区[471031]
电话:(0379)64180624;64180591;64182316
传真:(0379)64180591
经济类型:股份合作　法人代表:张克平
E-mail:qlzy@public2.lyptt.hn.cn
【主要产品】氯化钠(药用);甲硝唑;甘露醇

洛阳市荣源化工有限公司
河南省洛阳市宜阳县城关镇红旗西路[471600]
电话:(0379)68899006
传真:(0379)68883087
供销传真:68881087　法人代表:许菊娃
经济类型:股份有限公司
网址:www.lyryhg.com
E-mail:lyryhg@lyryhg.com
【主要产品】赛钛白粉;多聚磷酸铵

洛阳市汝化化工有限公司
河南省汝阳县城东工业区[471212]
电话:(0379)68140201
传真:(0379)68140000　经济类型:国有
供销电话:68140203　有进出口权
法人代表:李维政
网址:www.lyrh.com
【主要产品】盐酸;硫酸;磷酸;亚硫酸铵;氟硅酸钠;碳酸氢铵;过磷酸钙;三元含硫复合肥;塑料编织袋

洛阳市瑞通石化管件有限公司
河南省偃师市顾县镇苗湾工业区[471922]
电话:(0379)67519150;67510080
传真:(0379)67516938
经济类型:股份有限公司
法人代表:任占青
网址:www.lyruitong.com
E-mail:lyruitong@lyruitong.com
【主要产品】管件;弯管;弯头

洛阳市润康石油化工有限公司
河南省偃师市翟镇镇宁南村[471941]
电话:(0379)67453153
经济类型:集体　法人代表:段宝林
【主要产品】一氯乙酸;润滑油

洛阳市三金化工塑料有限公司
河南省洛阳市伊川县[471334]
电话:(0379)68588239
经济类型:股份合作　职工人数:50人
法人代表:姜安定
【主要产品】盐酸;氯化石蜡

洛阳市三瑞实业有限公司
河南省洛阳市西工区纱厂北路13号[471001]
电话:(0379)63191196;63190099
传真:(0379)63190099　有进出口权
固定资产:8,500千元

经济类型:有限责任公司
产值:30,000 千元　法人代表:任绍艺
网址:www.lysunrise.com.cn
E-mail:webmaster@lysunrise.com.cn
【主要产品】不溶性硫黄

洛阳市圣君漆业制造厂

河南省洛阳市伊川县平等镇[471332]
电话:(0379)68541888;68541777;13333877777
传真:(0379)68541021
经济类型:私营企业　法人代表:李金环
网址:www.lyshengjun.com
E-mail:root@lyshengjun.com
【主要产品】各色醇酸调合漆;汽车漆;内外墙乳胶漆;聚酯树脂漆类

洛阳市石化配件厂

河南省洛阳市邙岭路33号[471011]
电话:(0379)62303424
传真:(0379)62302701　有进出口权
经济类型:有限责任公司
职工人数:160 人　法人代表:冯寿通
网址:www.lsp.com.cn
E-mail:lsp@lsp.com.cn
【主要产品】管;异径管;管件;弯管;弯头;接头;封头;法兰;三通

洛阳市输送带厂

河南省偃师市车站街一号[471900]
电话:(0379)67712326;67711529
传真:(0379)67778888　经济类型:国有
有进出口权　职工人数:800 人
法人代表:张洪群
【主要产品】全塑整芯阻燃运输带

洛阳市曙光福利染化厂

河南省洛阳市洛龙区安乐镇曙光村[471022]
电话:(0379)65518818
传真:(0379)65519658
法人代表:杨平安
【主要产品】2-氨基-4,6-二硝基苯酚钠;4,4′-二氨基苯磺酰替苯胺;4,4′-二氨基二苯胺二磺酸;直接橙 S;直接桃红 5B;直接耐酸大红 4BS;直接黄棕 ND3G;直接红棕 RN;直接深棕 M;直接深棕 NM;直接黑 BNN;直接黑 AN-BN;直接黑 BN;直接黑 PS;直接耐晒黑 G;直接耐晒黑 GF;直接绿 BE;酸性橙Ⅱ;酸性黑 NT;酸性黑 10B;酸性棕 NT;酸性棕 O;酸性棕 EDR;中性黑 2S-RL;皮革黑;皮革黑 NT

洛阳市曙光化工厂

河南省洛阳市郊区安乐乡曙光村北[471022]
电话:(0379)65512682
传真:(0379)65512683　经济类型:集体
法人代表:李纪川
【主要产品】2-硝基苯酚;对氨基苯甲酰胺;6,6′-(1,3-亚脲基)双(1-萘酚-3-磺酸钠);苯并噁唑酮;6-(2-羟乙基砜基)苯并噁唑酮

洛阳市四通新技术发展有限公司

河南省洛阳市涧西区衡山路北段[471003]
电话:(0379)64214961
传真:(0379)64313618
经济类型:股份合作　法人代表:王予秦
E-mail:lyst.lygx.com.cn
【主要产品】磁化肥

洛阳市天泉玻璃钢有限公司

河南省洛阳市启明西路47号[471002]
电话:(0379)63559360
传真:(0379)63559280　经济类型:集体
供销电话:63559403;63559360
法人代表:殷朝阳
【主要产品】玻璃钢制品;玻璃钢冷却塔

洛阳市同乐溶解乙炔厂

河南省洛阳市老城区邙山镇大路口村[471003]
电话:(0379)62215691
经济类型:集体　法人代表:杜建伟
【主要产品】乙炔

洛阳市文昌石油化工厂

河南省偃师市高龙乡火神凹[471931]
电话:(0379)67548145
传真:(0379)67540990　经济类型:集体
法人代表:文忠信
【主要产品】润滑油

洛阳市西工洛北化工厂

河南省洛阳市西工路洛北乡王城大道南头[471000]
电话:(0379)63356782
传真:(0379)63350552　经济类型:集体
法人代表:王正豪
【主要产品】硅酸钠

洛阳市夏都树脂厂

河南省偃师市翟镇二里头[471941]
电话:(0379)67457777
传真:(0379)67457777
供销电话:13849959220
经济类型:私营企业　法人代表:王建龙
【主要产品】环氧树脂

洛阳市兴隆化工有限责任公司

河南省洛阳市开洛高速公路西出口[471003]
电话:(0379)64611344;64611438
传真:(0379)64611344;64617063
固定资产:35 千元　产值:100 千元
经济类型:股份有限公司
销售收入:90 千元　法人代表:孙万民
【主要产品】氯化锰(无水);精炼剂;钡熔剂

洛阳市杏园甲兴化工厂

河南省偃师市商城西路首阳山电厂对面[471900]
电话:(0379)67718936;13939910379
供销电话:67718939　法人代表:寇甲须
【主要产品】水溶性涂料;浅铬黄;柠檬黄;铬酸铅;钼铬红;新型油漆大红

洛阳市延秋化工原料有限公司

河南省洛阳市洛龙区辛店镇延秋村[471031]
电话:(0379)64118331;13903882009
传真:(0379)64118331
法人代表:陈天民
【主要产品】硝酸锌;酸式磷酸锰;磷化液

洛阳市伊川县恒泰塑料厂

河南省洛阳市伊川县鸣皋镇中溪[471334]
电话:(0379)68588098
传真:(0379)68588098
经济类型:私营企业　法人代表:姜红立
【主要产品】聚氯乙烯电缆料

洛阳市伊川县中原焊接材料有限公司

河南省洛阳市伊川县城鹤鸣路3号[471300]
电话:(0379)68360558
传真:(0379)68360558
经济类型:股份有限公司
网址:www.lyzhongyuan.com.cn
E-mail:hanji@lyzhongyuan.com.cn
【主要产品】埋弧自动焊剂

洛阳市英东化工有限公司

河南省洛阳市偃师槐新路46号[471900]
电话:(0379)67718593;13903885003
传真:(0379)67731135
网址:www.lydychem.com;www.yingdongchem.com
E-mail:yd@yingdongchem.com
【主要产品】亚氯酸钠;稳定性二氧化氯;十二烷基二甲基苄基氯化铵;十四烷基二甲基苄基氯化铵;聚丙烯酰胺;巯基苯并噻唑钠;乙二胺四亚甲基膦酸;聚丙烯酸钠;2-膦酸丁烷-1,2,4-三羧酸;水解聚马来酸酐;氨基三亚甲基膦酸;羟基亚乙基二膦酸;2-羟基膦酰基乙酸;二乙烯三胺五亚甲基膦酸;聚合氯化铝;碱式氯化铝铁;聚合硫酸铁;预膜剂;苯并三氮唑;甲基苯并三氮唑;异噻唑啉酮;黏泥剥离剂

洛阳市誉诚化工有限公司

河南省洛阳市嵩县田湖镇[471412]
电话:(0379)66513006;66513096
传真:(0379)66513096
经济类型:股份有限公司
法人代表:张万智
E-mail:wanzhi2002@163.net

豫

【主要产品】硫化钠；硫酸钡；改性超细硫酸钡

洛阳市云鹰塑胶有限公司

河南省洛阳市伊川县鸣皋镇中溪[471334]
电话：(0379)68588195；13937927546
传真：(0379)68588492
法人代表：姜鹏程
【主要产品】环保 PVC 塑胶粒；聚氯乙烯电缆料；聚氯乙烯电缆料(阻燃护层)

洛阳市正天化工有限公司

河南省洛阳市宜阳县白杨镇[471623]
电话：(0379)68798090
传真：(0379)68798262
供销电话：68798090；68798262
供销传真：68790362　法人代表：马长安
经济类型：有限责任公司
【主要产品】硫化钠；硫酸钡；硝酸钡；碳酸钡；钡化涂料；立德粉；脲醛树脂胶

洛阳市中达化工有限公司

河南省偃师市顾县苗湾村[471922]
电话：(0379)67518785；67516588
传真：(0379)67517996；67510168
供销电话：13903885382　有进出口权
经济类型：有限责任公司
法人代表：张建国
网址：www.lyzhongdachem.com
E-mail：lyzhongda@lyzhongdachem.com
【主要产品】磷酸二异辛酯；铜萃取剂；成核剂

洛阳市中州焊剂厂

河南省洛阳市伊川县杜康大道南段[471300]
电话：(0379)68330467
传真：(0379)68360390
固定资产：21,000 千元
经济类型：股份有限公司
产值：36,000 千元　职工人数：130 人
销售收入：35,000 千元
法人代表：杨治民
网址：www.lyzhongzhou.com
【主要产品】埋弧自动焊剂

洛阳市重科防腐工程有限公司

河南省偃师市诸葛镇道湛村[471935]
电话：(0379)67418075
传真：(0379)67415898　经济类型：集体
法人代表：王永祥
【主要产品】耐高温涂料；船舶涂料；防腐涂料

洛阳市宗轩化工有限公司

河南省洛阳市洛龙区辛店镇延秋村[471031]
电话：(0379)64121989
传真：(0379)64119261　经济类型：集体
法人代表：赵宗轩
【主要产品】硝酸锌；硝酸锰；硝酸镍(六水)；酸式磷酸锰；磷酸二氢锌；碳酸锰；磷化液

洛阳泰和实业总公司

河南省偃师市道北路15号[471900]
电话：(0379)67760312-800
传真：(0379)67760210　经济类型：国有
法人代表：周庆仁
【主要产品】钙镁磷肥；复合肥；塑料编织袋

洛阳天骋化学试剂有限公司

河南省洛阳市新安县夷泉路133号[471800]
电话：(0379)62640389；62640358；13938848189
传真：(0379)62640358
法人代表：袁天成
网址：www.tc66.cn
E-mail：ytc@tc66.cn
【主要产品】5-硝基水杨醛；3-[三(羟甲基)甲基]氨基-1-丙磺酸；1,4-哌嗪二乙磺酸；3,3′,5,5′-四甲基联苯胺硫酸盐；3,3′,5,5′-四甲基联苯胺盐酸盐；2-(*N*-吗啉)乙磺酸钠盐；牛磺酸

洛阳天平分子筛有限公司

河南省洛阳市吉利区科技园大港路3号[471012]
电话：(0379)66928338
传真：(0379)66928338　有进出口权
供销传真：66928038；66928338
经济类型：股份合作　法人代表：席保平
【主要产品】分子筛

洛阳铁塔橡胶有限公司

河南省洛阳市涧西区嵩山路15号[471003]
电话：(0379)64908960；13838817883
传真：(0379)64915915
网址：www.china-rubbers.com
E-mail：webmaster@china-rubbers.com
【主要产品】强力型尼龙运输带；钢丝绳橡胶运输带；耐热运输带；耐寒型运输带；难燃型运输带；阻燃输送带；织物芯运输带；导静电运输带

洛阳万乐防腐涂料有限公司

河南省洛阳市偃师庞村新区88号[471936]
电话：(0379)67508108；67509198；13703791668
传真：(0379)67509198　经济类型：集体
职工人数：1,880 人　法人代表：王发科
网址：www.lywanle.com
E-mail：lywanle@163.com
【主要产品】油漆；耐热防腐涂料；防腐涂料

洛阳万山高新技术应用工程有限公司

河南省洛阳市凯旋西路29号建设大厦东座16层[471000]
电话：(0379)63940258；63901966
传真：(0379)63913080
经济类型：有限责任公司
法人代表：曲万山
网址：www.wanshan.com
E-mail：wanshan@wanshan.com
【主要产品】二氧化氯

洛阳祥和电线电缆有限公司

河南省洛阳市伊川县中溪工业区[471331]
电话：(0379)68588316；13513796978
传真：(0379)68588416
经济类型：私营企业
【主要产品】聚氯乙烯电缆料

洛阳兴光机械辅材有限公司

河南省洛阳市涧西区天津路南段八一桥南[471003]
电话：(0379)64280943
传真：(0379)64282752　经济类型：集体
法人代表：孙庆龙
【主要产品】防锈油；透明磨削液；光亮淬火油；钢件防氧化保护剂；润滑油

洛阳兴意磷肥有限责任公司

河南省洛阳市洛龙区关林镇八里村西[471023]
电话：(0379)65975141
传真：(0379)65971218
供销电话：65971218　法人代表：王万木
经济类型：有限责任公司
【主要产品】氟氢酸；钙镁磷肥；过磷酸钙

洛阳伊龙药业有限公司

河南省洛阳市伊川县城关小庄村南[471300]
电话：(0379)68333532；68368279
传真：(0379)68333532；68368160
供销电话：68368160；13938886611
经济类型：国有　有进出口权
职工人数：416 人　法人代表：范柯
网址：www.lyyilong.com
E-mail：lyyilong@lyyilong.com
【主要产品】麦迪霉素；硫氰酸红霉素

洛阳英翔化工有限公司

河南省洛阳市高新区洛宜北路延秋段[471031]
电话：(0379)64118445
传真：(0379)64110610
供销电话：13903888715
经济类型：有限责任公司
法人代表：来廷杰
【主要产品】硝酸锌；硝酸锰；硝酸镍(六水)；酸式磷酸锰；磷酸二氢锌；皮革脱脂剂；磷化液；金属表面调整剂；清洗剂

洛阳永光化工有限公司

豫

河南省洛阳市郊区孙旗屯乡[471003]
电话:(0379)64314226
经济类型:集体　法人代表:孙家义
【主要产品】硫代硫酸钠;硫酸钠;4-甲氧基-3-硝基苯甲酸

洛阳月阳工贸有限公司
河南省洛阳市洛龙区古城乡后河村[471023]
电话:(0379)65410151;13803884374
传真:(0379)65410151
供销电话:65410151;13353996176
经济类型:股份合作　法人代表:刘和平
E-mail:lhep@371.net;
gcxhhc@public2.lyptt
【主要产品】内外墙乳胶漆;钢化涂料;建筑胶

洛阳峥洁科工贸有限公司
河南省洛阳市孟津县[471112]
电话:(0379)67872828
传真:(0379)67872933
经济类型:股份有限公司
法人代表:卫兆虎
【主要产品】重铬酸钠;三氧化铬;氧化铬绿;合成洗衣粉;洗涤剂

豫

洛阳中原化工有限责任公司
河南省宜阳县白杨镇东关[471631]
电话:(0379)68798048
传真:(0379)68798096　经济类型:集体
供销电话:68798048;68798949
有进出口权　法人代表:魏全喜
网址:www.zhongyuan.com.cn
E-mail:zhy@ly.col.com.cn;
8798096@ly.col.com.cn
【主要产品】硫化钡;硫酸钡;硝酸钡;硝酸钾;氯化钡;碳酸钡

偃师东方管件有限公司
河南省偃师市曲家寨[471922]
电话:(0379)67510087;13937977485
传真:(0379)67510444
供销电话:67516838　法人代表:石桂宾
经济类型:股份有限公司
【主要产品】高中低压管件;无缝弯头;异径接头;法兰;三通;管帽

偃师乳酸有限公司
河南省偃师市二里头[471900]
电话:(0379)67456416;67456955
传真:(0379)67456955
供销电话:67456416;13608665209
经济类型:股份有限公司
法人代表:王俊克
【主要产品】磷酸氢钙;碳酸钙;乳酸;乳酸钠;氢氧化钠;乳酸钙;乳酸锌;乳酸亚铁;荧光增白剂

偃师市奥达化工厂
河南省偃师市顾县镇李湾村[471922]
电话:(0379)67515664
经济类型:集体　法人代表:赵振坤
【主要产品】烧碱;直接染料;直接耐酸大红4BS;直接绿B

偃师市白村泡沫包装厂
河南省偃师市首阳山镇白村[471943]
电话:(0379)67551598;67552362
经济类型:私营企业　法人代表:沈朝献
【主要产品】可发性聚苯乙烯

偃师市宝隆化工有限公司
河南省偃师市城关镇新城[471900]
电话:(0379)67711810;67726755;67711309
传真:(0379)67728118
供销传真:67711810　法人代表:侯栋梁
经济类型:有限责任公司
网址:www.baolonghuagong.com
E-mail:sales@baolonghuagong.com
【主要产品】溴化钠;溴酸钾;溴化钾;不溶性硫黄;塑料编织袋;磺胺二甲嘧啶;磺胺脒;甲氧苄啶

偃师市诚意皮革化工厂
河南省偃师市南十公里顾县镇苗湾工业区[471922]
电话:(0379)67518546;13803797215
传真:(0379)67518986
职工人数:126人　法人代表:高安伟
网址:www.chengyihg.com
E-mail:chengyi@chengyihg.com
【主要产品】直接冻黄G;直接大红4BE;直接枣红NGB;直接紫N;直接湖蓝5B;直接深棕NM;直接黑BNN;直接耐晒黑GF;酸性金黄G;酸性大红GR;酸性红B;酸性湖蓝A;酸性黑ATT;弱酸黑NB-G;反应艳红K-4BC;皮革染料;皮革黑ATS

偃师市第五化工厂
河南省偃师市顾县镇曲家寨村[471922]
电话:(0379)67518169;13703791778
经济类型:集体　法人代表:曲云峰
【主要产品】钛白粉

偃师市第一泡花碱厂
河南省偃师市岳滩镇[471921]
电话:(0379)67612967;13592094606
经济类型:集体　法人代表:李向白
【主要产品】硅酸钠

偃师市东园化工有限公司
河南省偃师市佃庄镇东大郊村[471942]
电话:(0379)67435819;67436133;67436169
传真:(0379)67436169;67436819
经济类型:集体　有进出口权
职工人数:350人　法人代表:韩建仓
网址:www.dongyuanchem.com
E-mail:dy@dongyuanchem.com
【主要产品】对硝基甲苯邻磺酸;4,4′-二氨基二苯乙烯-2,2′-二磺酸;4-硝基-4′-氨基二苯乙烯-2,2′-二磺酸;4,4′-二硝基二苯乙烯-2,2′-二磺酸

偃师市二里头宇飞化工厂
河南省偃师市二里头区[471943]
电话:(0379)67456315
经济类型:私营企业　法人代表:王京伟
【主要产品】石油树脂;混合苯

偃师市凤仪化工厂
河南省偃师市翟镇镇二里头[471941]
电话:(0379)67456758
法人代表:陈有才
【主要产品】油漆稀释剂;水基金属切削液

偃师市福兴石油化工厂
河南省偃师市火神凹工业开发区[471931]
电话:(0379)67548286
经济类型:集体　法人代表:王治轩
【主要产品】润滑油

偃师市福兴纤维素厂
河南省偃师市顾县镇苗湾村[471922]
电话:(0379)67518394;13603964902
传真:(0379)67521760
供销电话:67510139　法人代表:杨松安
经济类型:私营企业
E-mail:hnlyxws@yahoo.com
【主要产品】羧甲基纤维素钠(食品级);速溶胶粉

偃师市关庄涂料厂
河南省偃师市佃庄镇关庄[471900]
电话:(0379)67436386
法人代表:魏宏德
【主要产品】内外墙乳胶漆;粉末涂料;内外墙腻子;901胶

偃师市恒源乙炔厂
河南省偃师市顾县[471922]
电话:(0379)67518686
经济类型:私营企业　法人代表:高世民
【主要产品】乙炔

偃师市化工设备修造厂
河南省偃师市城关镇商城北路1号[471900]
电话:(0379)67712662
传真:(0379)67712532　经济类型:集体
法人代表:周会召
【主要产品】化工设备

偃师市化学纤维厂
河南省偃师市城关北窑火车站东2公里[471900]
电话:(0379)67768242
传真:(0379)67768242　经济类型:集体
供销电话:13838895509

法人代表:张荣斋
E-mail:lxhyx@263.net
【主要产品】羧甲基纤维素钠

偃师市金山纺织有限责任公司

河南省偃师市顾县西路北[471922]
电话:(0379)67520159
供销电话:13523620209
经济类型:有限责任公司
法人代表:段宏安
【主要产品】阻燃输送带

偃师市聚源化工厂

河南省偃师市山化乡东屯工业区[471911]
电话:(0379)67561006;67561988
传真:(0379)67560685
供销电话:67578006;67561988
经济类型:私营企业　法人代表:丁聚波
网址:www.ysjyhg.com
E-mail:jyhg@ysjyhg.com
【主要产品】甲酸乙酯;1-萘酚-4-磺酸;1-氨基-4-萘磺酸钠;聚氨酯泡沫塑料

偃师市科承化工有限公司

河南省偃师市山化乡王窑村[471911]
电话:(0379)67578029
传真:(0379)67579197
经济类型:股份有限公司
法人代表:孟现成
【主要产品】1-氨基-8-萘酚-3,6-二磺酸一钠;皮革染料;皮革黑 2GB;皮革黄 GRA;皮革红 GRS;皮革深棕 2RB

偃师市兰天化工有限公司

河南省偃师市高龙镇辛村[471931]
电话:(0379)67548162
传真:(0379)67548162　经济类型:集体
法人代表:马献中
【主要产品】BC-01 建筑乳液;群青;偶氮二甲酰胺;复合发泡剂

偃师市鹏飞化工厂

河南省偃师市翟镇二里头[471941]
电话:(0379)67456268
供销电话:13603795392
经济类型:集体　法人代表:王跃民
【主要产品】油漆稀释剂

偃师市前进石油化工厂

河南省偃师市高龙镇高崖村[471931]
电话:(0379)67548180
传真:(0379)67548180
经济类型:私营企业　法人代表:王丙辰
【主要产品】润滑油

偃师市三业化工厂

河南省偃师市顾县镇西官底村[471922]
电话:(0379)67518139;67517931;13803889759
传真:(0379)67518139
经济类型:私营企业　法人代表:曲全森
【主要产品】烧碱;磷酸三钠;磷酸氢二钠;群青

偃师市商城防腐材料有限公司

河南省偃师市[471941]
电话:(0379)67452380
传真:(0379)67458070
经济类型:有限责任公司
法人代表:刘朝杰
E-mail:liu67457999@163.com
【主要产品】芳烃溶剂;脲醛树脂胶

偃师市商城树脂厂

河南省偃师市翟镇二里头[471941]
电话:(0379)67457168
传真:(0379)67456356
经济类型:私营企业　法人代表:王书现
【主要产品】糠醇树脂;铸造树脂用磺酸固化剂;煤焦油;燃料油

偃师市天工实业有限公司橡胶制品厂

河南省偃师市城关镇塔庄村[471900]
电话:(0379)67711659;67717696
传真:(0379)67711659　经济类型:集体
法人代表:周宏彦
【主要产品】胶管

偃师市天雷助剂厂

河南省偃师市高龙镇姬桥工业区[471931]
电话:(0379)67548331
经济类型:私营企业　法人代表:刘天助
【主要产品】群青

偃师市万通化工厂

河南省偃师市缑氏镇姚凹工业区[471923]
电话:(0379)67592518
传真:(0379)67592518
供销电话:13803795278
经济类型:私营企业　法人代表:曲贯四
【主要产品】烧碱(固体);氧化锌;群青 462 号

偃师市新材磨料有限公司

河南省偃师市山化乡东屯村[471911]
电话:(0379)67578012;62657666;13306173188
传真:(0379)67578012　经济类型:集体
供销电话:13503793188
法人代表:蔺洪乐
【主要产品】丁苯胶乳;丁吡胶乳;丁腈胶乳

偃师市信应化工有限公司

河南省偃师市首阳山镇南蔡庄村北[471943]
电话:(0379)67550255;13937958098
传真:(0379)67550255
经济类型:有限责任公司
法人代表:王彦辉
【主要产品】盐酸;次氯酸钠;氯化石蜡

偃师市兴盛化工厂

河南省偃师市山化乡东屯村[471911]
电话:(0379)67560136
经济类型:集体　法人代表:宋元都
【主要产品】硫代硫酸钠;萘(精);α-萘胺

偃师市雪峰塑料化工有限公司

河南省偃师市首阳山化工区[471943]
电话:(0379)67552409;13937901333
传真:(0379)67552154　有进出口权
经济类型:私营企业　法人代表:张雪峰
网址:www.lyxuefeng.com
E-mail:lyxuefeng@126.com
【主要产品】盐酸;次氯酸钠;氯化石蜡

偃师市展望涂料化工有限公司

河南省偃师市东庞村[471936]
电话:(0379)67508176
传真:(0379)67508176
法人代表:郜定洲
【主要产品】静电粉末涂料;凹印塑料油墨;塑料印刷油墨

偃师太学染化有限公司

河南省偃师市佃庄乡东大郊村[471942]
电话:(0379)67436138
传真:(0379)67436438　经济类型:集体
法人代表:李景超
网址:www.taixuedyes.com
【主要产品】直接冻黄 G;荧光增白剂 VBL

偃师天龙化工有限公司

河南省偃师市高龙镇[471931]
电话:(0379)67548287
传真:(0379)67549858
供销电话:67548287;67548261
经济类型:私营企业　法人代表:刘天颖
【主要产品】氰化钠

偃师万能达塑料有限公司

河南省偃师市偃化路口 209 号[471900]
电话:(0379)67728118;67711309
经济类型:集体　法人代表:侯栋梁
网址:www.baolonghuagong.com
【主要产品】聚丙烯

伊川县大华塑料厂

河南省洛阳市伊川县中溪工业区[471331]
电话:(0379)68588289
经济类型:私营企业　法人代表:姜朝红
【主要产品】聚氯乙烯电缆料

伊川县高分子材料厂

豫

河南省洛阳市伊川县中溪工业区[471331]
电话:(0379)68588607
经济类型:私营企业 法人代表:蒋志功
【主要产品】聚氯乙烯电缆料

伊川县宏鑫塑料厂

河南省洛阳市伊川县明高镇中溪[471334]
电话:(0379)68589358
经济类型:私营企业 法人代表:姜站青
【主要产品】聚氯乙烯电缆料

伊川县华昌橡塑厂

河南省洛阳市伊川县明高镇中溪[471334]
电话:(0379)68588998;13603966863
经济类型:私营企业 法人代表:贯道良
【主要产品】聚氯乙烯电缆料

伊川县华丰塑料化工厂

河南省洛阳市伊川县中溪工业区[471331]
电话:(0379)68588185
经济类型:私营企业 法人代表:姜宏斌
【主要产品】聚氯乙烯电缆料

豫

伊川县华强塑料厂

河南省洛阳市伊川县中溪工业区[471331]
电话:(0379)68588609
经济类型:私营企业 法人代表:马富军
【主要产品】聚氯乙烯电缆料

伊川县华盛塑料厂

河南省洛阳市伊川县明高镇中溪[471334]
电话:(0379)13937931328
传真:(0379)68589306
供销电话:68589306 法人代表:姜进庄
经济类型:私营企业
【主要产品】聚氯乙烯电缆料

伊川县华威塑料有限公司

河南省洛阳市伊川县鸣皋镇中溪[471334]
电话:(0379)68588986
传真:(0379)68588469
经济类型:私营企业 法人代表:姜继伟
网址:www.ychuawei.com
【主要产品】聚氯乙烯电缆料;聚氯乙烯薄膜

伊川县环宇化工厂

河南省洛阳市伊川县中溪工业区[471331]
电话:(0379)68588023
经济类型:私营企业 法人代表:王会强
【主要产品】聚氯乙烯电缆料

伊川县汇英塑料厂

河南省洛阳市伊川县明高镇中溪[471334]
电话:(0379)68588297
经济类型:私营企业 法人代表:姜学旺
【主要产品】聚氯乙烯电缆料

伊川县金世纪塑料厂

河南省洛阳市伊川县鸣皋镇中溪[471334]
电话:(0379)68588392;13503496031
经济类型:联营企业 法人代表:姜念侠
【主要产品】阻燃粒料;聚氯乙烯电缆料;软聚氯乙烯粒料(电线电缆用,护套级)

伊川县燎原塑料厂

河南省伊川县中溪工业区[471331]
电话:(0379)68588169
经济类型:私营企业 法人代表:姜裕民
【主要产品】聚氯乙烯电缆料

伊川县南街豫鹏化工厂

河南省洛阳市伊川县彭婆镇[471311]
电话:(0379)68566149
供销电话:13608668079
经济类型:私营企业
【主要产品】硫酸钡;硝酸钡

伊川县奇强塑料厂

河南省洛阳市伊川县中溪工业区[471331]
电话:(0379)68589268
经济类型:私营企业 法人代表:姜可奇
【主要产品】聚氯乙烯电缆料

伊川县群星机电化轻有限公司

河南省洛阳市伊川县中溪工业区[471334]
电话:(0379)68588148
传真:(0379)68588011
经济类型:私营企业 法人代表:王站庄
【主要产品】聚氯乙烯树脂;聚氯乙烯电缆料(阻燃护层);聚氯乙烯薄膜

伊川县瑞华橡塑制品厂

河南省洛阳市伊川县中溪工业区[471334]
电话:(0379)68589302
法人代表:姜留池
【主要产品】聚氯乙烯电缆料

伊川县亚华塑料厂

河南省洛阳市伊川县中溪工业区[471331]
电话:(0379)68588318
经济类型:私营企业 法人代表:姜会宾
【主要产品】聚氯乙烯电缆料

伊川县永鑫塑料有限公司

河南省洛阳市伊川县中溪工业区[471334]
电话:(0379)68588238
传真:(0379)68588088
供销电话:13849956278
经济类型:股份合作 法人代表:姜继辉
E-mail:xiohuanhaoxin@163.com
【主要产品】聚氯乙烯电缆料

伊川县誉丰橡塑制品厂

河南省洛阳市伊川县[471331]
电话:(0379)13849956036
传真:(0379)68588068
供销电话:67665157 法人代表:姜松伟
供销传真:67665157
经济类型:私营企业
【主要产品】聚氯乙烯电缆料

义马煤业(集团)洛阳石油化工有限责任公司

河南省洛阳市西工区石油路279号[471001]
电话:(0379)62312136
传真:(0379)62314352
固定资产:53,670千元
供销电话:62313980 法人代表:马树生
经济类型:有限责任公司
职工人数:1,056人
【主要产品】柴油;汽油机油;柴油机油;齿轮机油;抗磨液压油;汽轮机油;压缩机油;精密机床油;变压器油

中国石油化工股份有限公司洛阳分公司

河南省洛阳市吉利区[471012]
电话:(0379)66991895
供销电话:66996150;66992727
供销传真:66994682 经济类型:国有
企业规模:大型 法人代表:魏文波
E-mail:lyfgs@lypcc.com.cn
【主要产品】1,4-二甲苯

中国石油天然气第一建设公司石油化工设备厂

河南省洛阳市关林镇[471023]
电话:(0379)65972504;65972511
传真:(0379)65957946;65959937
供销电话:65972582 经济类型:国有
企业规模:大型 法人代表:周平
网址:cpfa.com.cn
E-mail:shebeichang@cpfu.com.cn
【主要产品】化工设备

中铁第十五工程局化工厂

河南省洛阳市洛龙区白马寺镇董村西侧[471013]
电话:(0379)63715099;13703881238
传真:(0379)63715464 经济类型:国有
法人代表:段洪涛
网址:www.rail-chem-15.com
E-mail:duant@rail-chem-15.com
【主要产品】1-氨基-4-萘磺酸钠

中信重型机械公司电石厂

河南省洛阳市建设路206号[471039]
电话:(0379)64086566
供销传真:64086566 经济类型:国有

有进出口权　　法人代表：任沁新
【主要产品】溶解乙炔

平顶山市

宝丰县泡花碱厂

河南省平顶山市宝丰县城关镇[467400]
电话：(0375)6582890
经济类型：集体　　法人代表：邓金柱
【主要产品】硅酸钠

河南华利药业有限责任公司

河南省平顶山市南环南路东21号[467001]
电话：(0375)3908866
传真：(0375)3808777　　有进出口权
供销电话：3808886　　法人代表：慎天贵
经济类型：有限责任公司
网址：www. hnhlyy. com
E-mail：huali@ hnhlyy. com
【主要产品】土霉素

河南神马氯碱化工股份有限责任公司

河南省平顶山市工农路10号[467001]
电话：(0375)3932644；3932639；3920504
传真：(0375)3920504；3928113
经济类型：股份有限公司
企业规模：大型　　职工人数：1,485人
法人代表：侯欲晓
网址：www. shenmalujian. com
E-mail：hnsmljlcy@ shenmalujian. com
【主要产品】盐酸；烧碱；氯气(液)；电石；聚氯乙烯树脂；塑料制品

河南神马尼龙化工有限责任公司

河南省平顶山市建设路东段经济技术开发区[467013]
电话：(0375)3989501
传真：(0375)3989039　　有进出口权
供销电话：3989111　　企业规模：大型
供销传真：3989322　　法人代表：吕清海
经济类型：有限责任公司
网址：www. shenmanylon. cn
E-mail：nl66@ shenmanylon. com
【主要产品】环己烷；己二酸；尼龙66；尼龙66盐

河南省平顶山市新华特种建材厂

河南省平顶山市叶宝路市一中西500米南50米[467001]
电话：(0375)4971097；4942315；13837582090
传真：(0375)4966723　　经济类型：集体
法人代表：刘乐义
【主要产品】微沫剂

河南省汝州天泽焦化有限公司

河南省汝州市王寨乡[467535]
电话：(0375)6949596
【主要产品】焦炭

河南天宏焦化(集团)劳动服务公司

河南省平顶山市卫东区矿工东路[467021]
电话：(0375)2796678；2796647
经济类型：集体　　法人代表：窦红兵
【主要产品】焦炭

河南天宏焦化(集团)有限公司炭黑厂

河南省平顶山市矿工东路1号[467021]
电话：(0375)2796678
经济类型：中外合资经营企业
法人代表：孙长贵
【主要产品】炭黑

河南天宏焦化(集团)有限责任公司

河南省平顶山市矿工东路1号[467021]
电话：(0375)2796558
传真：(0375)3871040　　有进出口权
经济类型：有限责任公司
企业规模：大型　　法人代表：郝川声
网址：qysw. pdsinfo. ha. cn/th
【主要产品】硫酸铵；粗苯；工业萘；粗酚

河南兴发镁业有限责任公司

河南省平顶山市许南路与高阳路交叉口西800米[467000]
电话：(0375)3252669；13837576390
传真：(0375)3252659
经济类型：有限责任公司
网址：www. xingfamy. com
E-mail：xingfameiye@ 163. com
【主要产品】盐酸；氢氧化镁；氯化镁；碳酸镁；氧化钙；氧化镁(药用)；活性氧化镁；氧化镁

河南易元制药有限公司

河南省平顶山市高新技术产业开发区[467000]
电话：(0375)2910408；3982219
传真：(0375)2910408；3982219
网址：www. ymon. net/yiyuan. htm
【主要产品】L-苯丙氨酸

恒甫油漆助剂有限公司

河南省平顶山市郏县广阔天地杨庄[467100]
电话：(0375)5531499
传真：(0375)5531589
经济类型：股份有限公司
网址：www. hengfu. ha. cn
E-mail：hf@ hengfu. ha. cn；gthengfu@ vip. sina. com
【主要产品】2-乙基己酸；己二胺；酚醛树脂；环氧树脂固化剂；水下环氧固化剂；T-31环氧树脂固化剂

平顶山飞行化工(集团)有限责任公司

河南省平顶山市南环路西段[467001]
电话：(0375)7196258
传真：(0375)4943507
供销电话：7196305　　企业规模：大型
供销传真：4963644　　法人代表：乔思怀
经济类型：有限责任公司
网址：www. fxhg. com. cn
E-mail：webmaster@ fxhg. com. cn
【主要产品】工业氨水；硫黄；二氧化碳(液体)；合成氨；尿素；复合肥

平顶山金盾化工有限责任公司

河南省平顶山市光明路南段42号院[467000]
电话：(0375)4942485
传真：(0375)4935740　　经济类型：集体
法人代表：张进才
【主要产品】塑料编织袋；润滑油

平顶山矿务局五矿焦化厂

河南省平顶山市新华区西市场[467091]
电话：(0375)2950098
经济类型：集体　　法人代表：吴云华
【主要产品】焦炭

平顶山市奥思达化学助剂厂

河南省平顶山市叶县化工路4号[467200]
电话：(0375)8093115；8092395
传真：(0375)8092395　　经济类型：集体
供销电话：4937089；13323750048
供销传真：4937089　　法人代表：白浩
【主要产品】聚氯乙烯加工用助剂；减水剂；萘系高效减水剂；混凝土减水剂

平顶山市第四焦化厂

河南省鲁山县梁洼镇八里坪村[467311]
电话：(0375)5052427
经济类型：集体　　法人代表：杨根水
【主要产品】焦炭

平顶山市海德化工有限公司

河南省平顶山市高阳路中段九里山开发区[467001]
电话：(0375)4943666；4946790
传真：(0375)4971777　　经济类型：集体
有进出口权　　法人代表：吉兴民
网址：www. haide7. com
【主要产品】油漆；醇酸树脂漆类；各色醇酸调合漆；常温道路标志漆；聚酯低温快干烤漆；各种磁漆；防腐涂料；胶黏剂

平顶山市恒帝石化有限公司

河南省平顶山市卫东区东高皇乡高皇村[467013]
电话：(0375)3256293
供销传真：3256293　　法人代表：贺申
经济类型：有限责任公司

豫

【主要产品】润滑油

平顶山市恒兴化工有限公司
河南省平顶山市水库路中段[467001]
电话:(0375)4907297
传真:(0375)4906590　经济类型:集体
有进出口权　法人代表:范延隆
E-mail:shangying1hao@sina.com
【主要产品】2-氨基对苯二甲酸二甲酯;2-氨基-4-氯苯酚;2-氨基苯酚

平顶山市矿益胶管制品有限责任公司
河南省平顶山市卫东区东工人镇[467013]
电话:(0375)2742562;3260267
传真:(0375)3261370　经济类型:集体
固定资产:15,000千元
供销传真:2742565　产值:30,000千元
销售收入:30,000千元
职工人数:188人　法人代表:董秋生
E-mail:kuangyi@pmjt.com.cn
【主要产品】编织胶管;缠绕胶管

豫

平顶山市染料化工厂
河南省平顶山市建设路东段[467021]
电话:(0375)3895082;3932076
传真:(0375)3895082
经济类型:私营企业　法人代表:陈石头
【主要产品】硫化淡黄GC;硫化蓝CV;硫化草绿;硫化墨绿;硫化黄棕5G;硫化黄棕6G

平顶山市神翔化工厂
河南省平顶山市水库路中段(李堂)[467001]
电话:(0375)4908444
传真:(0375)4908412
供销电话:2900156　法人代表:李家臣
【主要产品】帘线浸渍用胶乳;减水剂

平顶山市新华福利厂
河南省平顶山市薛庄新建路35号[476000]
电话:(0375)2811504
经济类型:集体　法人代表:王印
【主要产品】各色醇酸调合漆;醇酸防锈漆

平顶山市鹰泰化工有限责任公司
河南省平顶山市卫东区皇台办申楼村北[467021]
电话:(0375)2796704
传真:(0375)2796694　法人代表:王常
供销电话:13507625866
经济类型:有限责任公司
【主要产品】硫酸铵(工业级);萘(精)

平顶山市湛河区新材料研究所
河南省平顶山市火车站西程庄259号[467001]
电话:(0375)4944463;13803901241
经济类型:私营企业　法人代表:魏志豪
【主要产品】聚四氟乙烯导向带;胶黏剂;机械密封胶;聚氯乙烯胶黏剂;食品用塑料复合包装胶黏剂

平顶山同辉药业有限公司
河南省叶县昆水路1号[467200]
电话:(0375)6115563
传真:(0375)8060096　职工人数:30人
供销电话:6113568　法人代表:牛秀珍
经济类型:股份有限公司
【主要产品】氯化钠(药用)

平顶山易成碳化硅制品有限公司
河南省平顶山市高新开发区北500米[467013]
电话:(0375)3260658;3260068;3269787
法人代表:孙毅
网址:www.pds-sic.com
E-mail:manager@pds-sic.com
【主要产品】碳化硅

汝州市闽力化工有限责任公司
河南省汝州市西环路[467500]
电话:(0375)6862448;6862419-8019
经济类型:国有　法人代表:刘太斌
【主要产品】合成氨;碳酸氢铵

神马实业股份有限公司
河南省平顶山市建设中路63号[467000]
电话:(0375)3921651;3921161;3921222
传真:(0375)3921500　有进出口权
经济类型:股份有限公司
企业规模:大型　法人代表:张健
网址:www.shenma.com
E-mail:shenma@public.pdptt.ha.cn
【主要产品】涤纶帘子布;尼龙-6浸胶帘子布;锦纶66长丝

叶县科丰磁性复合肥厂
河南省叶县叶舞路口东[467200]
电话:(0375)8058388;13903905971
传真:(0375)8058388　经济类型:国有
法人代表:彭兴伟
【主要产品】复合肥

中国神马集团橡胶轮胎有限责任公司
河南省平顶山市荆山路18号[467001]
电话:(0375)4857200;4857217
传真:(0375)4857202　经济类型:国有
供销传真:4857209　有进出口权
企业规模:大型　法人代表:王义成
网址:www.shenmatyre.com
E-mail:office@shenmatyre.com
【主要产品】轮胎

中国神马集团有限责任公司
河南省平顶山市建设中路63号[467000]
电话:(0375)3921901
传真:(0375)3921100　有进出口权
经济类型:有限责任公司
企业规模:大型　法人代表:吕清海
网址:www.shenma.com
【主要产品】盐酸;烧碱;聚氯乙烯树脂;尼龙浸胶帆布;尼龙66盐;锦纶66长丝;尼龙66切片;尼龙帘子布;轮胎外胎

焦作市

博爱惠丰生化农药有限公司
河南省博爱县城汽车站南2公里[454450]
电话:(0391)8695669;8615528
传真:(0391)8695641　有进出口权
网址:www.hfny.cn
E-mail:hfny@vip.sina.com
【主要产品】过氧乙酸;阿维菌素;阿维菌素乳油;甲氨基阿维菌素苯甲酸盐乳油;炔螨特乳油;辛硫磷可湿性粉剂;高渗吡虫啉乳油;高效氯氰菊酯乳油;啶虫脒乳油;啶虫脒可湿性粉剂;氟硅唑;阿特拉津可湿性粉剂;烟嘧磺隆;精喹禾灵乳油;乙·莠悬乳剂;乙·阿乳油;杀单·苏可湿性粉剂;异丙甲·莠悬浮剂;矮·甲哌水剂

博爱县化学农药厂
河南省博爱县城东倒槐树村西[454450]
电话:(0391)8695344
传真:(0391)8695588
经济类型:私营企业　法人代表:赵大建
【主要产品】苏云金杆菌;白炭黑

博爱新开源制药有限公司
河南省博爱县中山路9号[454450]
电话:(0391)8610682;8610683;8610685
传真:(0391)8692950　有进出口权
供销电话:8696320;8610683
经济类型:股份有限公司
法人代表:王东虎
网址:www.china-pvp.com
E-mail:sales@china-pvp.com
【主要产品】聚维酮碘;乙烯基吡咯烷酮/醋酸乙烯共聚树脂;聚乙烯吡咯烷酮;不溶性聚乙烯吡咯烷酮

多氟多化工股份有限公司
河南省焦作市中站区焦克路[454191]
电话:(0391)2802615;2800066
传真:(0391)2802980;2956986
固定资产:21,000千元　有进出口权
供销电话:2800066;2802245
经济类型:股份有限公司
销售收入:275,000千元
职工人数:663人　法人代表:李世江
网址:www.dfdchem.com
E-mail:dfd@dfdchem.com

【主要产品】氟化钠；氟化钾；氟化铝；氟铝酸钠；氟化镁；白炭黑

方圆生化有限公司

河南省沁阳市沁园工业区[454550]
电话：(0391)5686778
传真：(0391)5689789 职工人数：200人
法人代表：陈宝华
网址：www. fyshchina. com
E-mail：qyfysh@21cn. com
【主要产品】牛磺酸

风神轮胎股份有限公司

河南省焦作市焦东南路48号[454003]
电话：(0391)3999013
传真：(0391)3933952 有进出口权
供销电话：3914869；3999091
供销传真：3999095 企业规模：大型
经济类型：股份有限公司
法人代表：曹朝阳
网址：www. aeolustyre. com
E-mail：office@aeolustyre. com
【主要产品】轮胎；载重汽车斜交轮胎；轻型运输车辆轮胎；工程机械轮胎；全钢载重子午线轮胎；农用车辆轮胎；轮胎外胎；特种轮胎；军用航空轮胎

昊华宇航化工有限责任公司

河南省焦作市解放东路279号[454002]
电话：(0391)397000；3935761
传真：(0391)3933276 有进出口权
供销电话：3970104 企业规模：大型
供销传真：3970122 法人代表：赵胜利
经济类型：股份合作
网址：www. haohuayuhang. com
E-mail：chinajcpg@163. com
【主要产品】烧碱（液体）；氯气（液）；聚氯乙烯树脂；聚氯乙烯门窗型材

河南佰利联化学股份有限公司

河南省焦作市中站区西[454191]
电话：(0391)2801618
传真：(0391)2947904 有进出口权
供销电话：2801551 企业规模：大型
供销传真：2947818 法人代表：许刚
经济类型：股份有限公司
网址：www. billionschem. com
E-mail：jsbinfo@billionschem. com
【主要产品】硫酸；亚硫酸铵；硫酸铝；氧氯化锆；偏硅酸钠（五水）；二氧化锆；钛白粉

河南博爱县源泰化电有限责任公司

河南省博爱县县城东关中山路8号[454450]
电话：(0391)8693158
传真：(0391)8699372 职工人数：600人
固定资产：44,840千元
供销电话：8693445 法人代表：王相来
供销传真：8697170
经济类型：有限责任公司
销售收入：88,000千元
网址：www. yuyuan-pvp. com
【主要产品】甲醇；氮肥；合成氨；液氨；碳酸氢铵；塑料制品；塑料丝及编织制品

河南大江化工有限公司

河南省焦作市温县城北工业街9号[454850]
电话：(0391)6192554；6125168
传真：(0391)6192554 经济类型：国有
法人代表：梁国斌
【主要产品】尿素

河南恒通化工有限公司

河南省济源市周园街509号[454650]
电话：(0391)6692929
供销电话：6961996 法人代表：孙有才
供销传真：6961995
经济类型：股份有限公司
网址：www. hengtong. com. cn
E-mail：webmaster@hengtong. com. cn
【主要产品】盐酸；烧碱（液体）；聚氯乙烯树脂；塑料制品；塑料棒管材；塑料丝及编织制品

河南汇隆化工有限公司

河南省博爱县许良镇南道工业区[454491]
电话：(0391)8685355；8810091；8811806
传真：(0391)8812518 有进出口权
供销电话：8810166；8810130
经济类型：有限责任公司
法人代表：郑富会
网址：www. hn-huilong. com
E-mail：hn-huilong@sohu. com
【主要产品】糠醛；糠醇；冰醋酸；糠醇树脂；新型糠醇催化剂

河南金山化工有限责任公司

河南省孟州市西工区[454750]
电话：(0391)8192831
传真：(0391)8190443
经济类型：有限责任公司
企业规模：大型 法人代表：杨玉琛
网址：www. hnjinshan. com
E-mail：hnjs2002@public2. lyptt. ha. cn
【主要产品】纯碱；合成氨；氯化铵

河南龙飞精细化工有限公司

河南省沁阳市长城西路4号[454550]
电话：(0391)5688313
传真：(0391)5694222 有进出口权
供销电话：5688313；5694002
经济类型：私营企业 产值：800千元
法人代表：狄天德
网址：www. longfeichina. com；www. longfeichem. com
E-mail：webmaster@longfeichem. com
【主要产品】硫氢化钠；硫氰化钠；硫氰酸铵；硫氰酸钾

河南孟州市环宇化工厂

河南省孟州市谷旦镇米庄村[454761]
电话：(0391)8531303
传真：(0391)8531303
供销电话：13782793936
经济类型：私营企业 法人代表：党步辉
【主要产品】二甲苯；甲苯；苯乙烯

河南沁阳市龙旺化工有限公司

河南省沁阳市河内路西段[454550]
电话：(0391)5680797
传真：(0391)5680797 有进出口权
供销电话：5651977 法人代表：江永寿
【主要产品】甲醇；液氨；尿素；碳酸氢铵；复合肥

河南省博爱县光明化工厂

河南省博爱县高庙乡[454451]
电话：(0391)8695366
经济类型：国有 法人代表：董爱林
【主要产品】乙炔

河南省大山药业有限公司

河南省温县城北经济开发区[454850]
电话：(0391)6103345；6103505；13938160517
传真：(0391)6103506 职工人数：200人
固定资产：21,000千元
经济类型：有限责任公司
法人代表：何全水
网址：www. etianlei. com
E-mail：tianlei@etianlei. com
【主要产品】1-甲氨基-1-甲硫基-2-硝基乙烯；盐酸倍他洛尔；雷尼替丁碱；盐酸雷尼替丁

河南省济源科汇材料有限公司

河南省济源市济新路东段赵礼庄段[454650]
电话：(0391)6603986；13938176011
传真：(0391)6603986
固定资产：2,000千元
网址：www. hnjykh. com
E-mail：jykh@hnjykh. com
【主要产品】活性超细碳酸钙；活性轻质碳酸钙（纳米级）；钛白粉；PEP填充母料

河南省济源市恒利肥业有限公司

河南省济源市济渎西路666号[454650]
电话：(0391)6677855
传真：(0391)6677818
供销电话：6677888 法人代表：王济东
经济类型：股份合作
【主要产品】液氨；碳酸氢铵

河南省焦作市广兴实业有限公司

河南省焦作市博爱县柏山镇北[454461]

豫

电话:(0391)2802688;8986488
传真:(0391)8986488 经济类型:国有
供销电话:2802358;8986861
法人代表:贺广平
【主要产品】硫铁矿;硫酸;铁;过磷酸钙;复合肥

河南省焦作市华康化工有限公司

河南省焦作市武陟县西陶镇西陶村[454981]
电话:(0391)7569613
传真:(0391)7569398 有进出口权
供销电话:7569615 法人代表:余建明
经济类型:有限责任公司
【主要产品】糠醛;糠醇;糠醇树脂;木糖

河南省金城碳素厂

河南省焦作市博爱县东金城[454450]
电话:(0391)8913088;13839187098
传真:(0391)8911811
法人代表:孙长印
网址:bajcts.com
【主要产品】石墨阳极

河南省绿宇化电有限公司

河南省焦作市武陟县红旗路[454950]
电话:(0391)7206724;7206704
传真:(0391)7207666 有进出口权
固定资产:23,000 千元
供销电话:7206366 产值:28,000 千元
经济类型:股份有限公司
销售收入:33,000 千元
职工人数:1,480 人 法人代表:常小松
网址:www.wzlyhd.com
E-mail:yddyd@china.com
【主要产品】甲醇;合成氨;尿素;尿基复合肥

河南省孟州市城关胶管厂

河南省孟州市马桥[454750]
电话:(0391)8191346;13903899105
经济类型:私营企业 职工人数:100 人
法人代表:张良红
【主要产品】尼龙软管;塑料螺旋管;胶管

河南省沁阳市正大化工有限公司

河南省沁阳市沁园区河内路西段[454550]
电话:(0391)5695237;13903912107
传真:(0391)5680234
经济类型:股份有限公司
法人代表:李红兵
E-mail:mcxhl@163.com
【主要产品】大豆卵磷脂;硅溶胶;水处理药剂;碳铵添加剂;建筑防水剂

河南省温县克岭化工有限公司

河南省温县北岭工业区[454862]
电话:(0391)6422088;6420088
传真:(0391)6423188
经济类型:有限责任公司
法人代表:闫克岭
网址:www.hnklhg.com
E-mail:yuwen@hnklhg.com
【主要产品】氧化铁红

河南省武陟县工程塑料厂

河南省焦作市武陟县城东开发区[454950]
电话:(0391)7292683
传真:(0391)7291592 经济类型:集体
法人代表:张国才
【主要产品】塑料制品

河南省武陟县塑光化工有限公司

河南省武陟县南关[454950]
电话:(0391)7411547;7411546;7410038
传真:(0391)7410007
固定资产:3,580 千元
网址:www.chemsuguang.com
E-mail:songqian72@yahoo.com.cn
【主要产品】二苯甲酸二甘醇酯;增塑剂;三甘醇二庚酸酯;三乙二醇二-2-乙基己酸酯;己二酸二异辛酯;多元醇苯甲酸酯;二丙二醇二苯甲酸酯;尼龙酸二异丁酯;对苯二甲酸二辛酯;尼龙酸二辛酯

河南省翔宇实业公司

河南省孟州市缑村镇上段村[454750]
电话:(0391)8571232;8571251;8571252
传真:(0391)8571166
经济类型:有限责任公司
法人代表:吴生辉
【主要产品】甲醛;三聚氰酸;二氯异氰尿酸钠

河南省修武县大通物产有限公司

河南省修武县云台大道中段[454351]
电话:(0391)7184099
传真:(0391)7879327 有进出口权
供销电话:7184000;7184888
经济类型:股份有限公司
法人代表:李增
网址:www.datongwuchan.com.cn
【主要产品】甲醇;尿素;碳酸氢铵

河南省中州胶带股份有限公司

河南省焦作市解放西路(中站段)25 号[454191]
电话:(0391)2953000
传真:(0391)2953014
供销电话:2953008
法人代表:李平玉
经济类型:股份有限公司
E-mail:hnzzrb@sohu.com
【主要产品】橡胶运输带;橡胶传动带;橡胶三角带;氧气,乙炔联体胶管

河南永信生物农药股份有限公司

河南省焦作市博爱县温博路南[454450]
电话:(0391)8695893;8695897;8695232
传真:(0391)8695897 有进出口权
固定资产:79,000 千元
供销电话:8695233 产值:60,000 千元
供销传真:8610516 法人代表:李元山
经济类型:股份合作
销售收入:40,000 千元
网址:www.phoxim.com
E-mail:yongxin@phoxim.com
【主要产品】2-氰基苯甲肟;*O*,*O*-二乙基硫代磷酰氯;哒螨灵;辛硫磷;辛硫磷乳油;辛硫磷颗粒剂;20% 高渗辛硫磷乳油;高渗氧乐果乳油;吡虫啉;高渗吡虫啉乳油;高效氯氰菊酯乳油;啶虫脒;苯磺隆可湿性粉剂;锰锌·霜脲可湿性粉剂;哒·水胺乳油;福·甲硫·硫悬浮剂;辛·阿乳油;2 甲·麦草水剂

河南宇蓝科技公司

河南省济源市北海东路科技城[454650]
电话:(0391)6606288
传真:(0391)6606388
法人代表:赵宗富
网址:www.yulanyu.com
【主要产品】苯丙乳液;水性复膜胶;增黏树脂

河南豫光金铅股份有限公司

河南省济源市荆梁南街 1 号[454650]
电话:(0391)6665991
传真:(0391)6693547 有进出口权
供销电话:6665828 企业规模:大型
供销传真:6664284 法人代表:杨安国
经济类型:股份有限公司
网址:www.yggf.com.cn
E-mail:ygjtgs@public2.lyptt.ha.cn
【主要产品】硫酸;一氧化铅;氧化锌;氧化锌(纳米);电解铅

河南中州种子科技发展有限公司

河南省济源市东郊[454650]
电话:(0391)6606308
传真:(0391)6606250 职工人数:70 人
供销电话:6606980 法人代表:陈杰生
经济类型:有限责任公司
网址:www.hnzzzy.cn
E-mail:zhyzhyj@hnzzzy.cn
【主要产品】种衣剂;福·克悬浮种衣剂;福·克·酮悬浮种衣剂;多·克·酮悬浮种衣剂;多·福·酮悬浮种衣剂

济源市大洋化工有限公司

豫

河南省济源市火车站西 300 米[454650]
电话:(0391)6653888;6653666;6658548
传真:(0391)6658139
经济类型:有限责任公司
法人代表:陈阳贵
【主要产品】碳酸钾;工业氯化铵

济源市丰田肥业有限公司

河南省济源市丰田路 111 号[454650]
电话:(0391)6650428
传真:(0391)6655040　法人代表:成光
供销电话:6650000　企业规模:大型
经济类型:有限责任公司
网址:www. fengtian. com
E-mail:fengtian@ fengtian. com
【主要产品】硫酸;磷酸;亚硫酸铵;磷酸钾;氯化铵;氮磷钾复合肥;磷酸一铵;烟草专用复合肥料;硅肥

济源市济水一中乙炔厂

河南省济源市周园路[454650]
电话:(0391)6693151
经济类型:集体　法人代表:王世明
【主要产品】乙炔;电石

济源市清源水处理有限责任公司

河南省济源市天坛中路[454650]
电话:(0391)6691031;6689350;6689351
传真:(0391)6667033　职工人数:150 人
经济类型:有限责任公司
法人代表:王志清
网址:www. qywt. com. cn
E-mail:sales@ qywt. com. cn
【主要产品】2-膦酸丁烷-1,2,4-三羧酸;氨基三亚甲基膦酸;氨基三亚甲基膦酸五钠;羟基亚乙基二膦酸;水质稳定剂 EDTMPS;二乙烯三胺五亚甲基膦酸;二乙烯三胺五亚甲基膦酸二钠;二乙烯三胺五亚甲基膦酸七钠

济源市西关涂料厂

河南省济源市济水大道中段[454650]
电话:(0391)6691482
经济类型:私营企业　法人代表:王普选
【主要产品】外墙涂料;瓷釉涂料

济源市鑫源陶瓷材料有限公司

河南省济源市济水大街西段 785 号[454650]
电话:(0391)6985156;13838901185
传真:(0391)2591880　职工人数:600 人
经济类型:股份有限公司
网址:www. xytc. com
E-mail:gdx@ al-cera. com
【主要产品】氧化铝;氧化铝陶瓷;氧化铝(煅烧 α 型)

济源市亚桥制氧厂

河南省济源市亚桥乡亚桥村[454652]
电话:(0391)6607278
经济类型:股份有限公司
法人代表:蔡振国
【主要产品】氧气

焦作伴侣纳米材料工程有限公司

河南省焦作市中站区焦克路[454191]
电话:(0391)2942123
传真:(0391)2952609
经济类型:中外合资经营企业
企业规模:大型　法人代表:李世江
网址:www. nanomat. com. cn
E-mail:nanomat@ nanomat. com. cn
【主要产品】润滑油添加剂

焦作大学精细化工厂

河南省武陟县城民族街磷肥厂院[454950]
电话:(0391)7270298;3927512
传真:(0391)7285466
法人代表:王东头
【主要产品】硫酸亚铁;磷酸二氢钾;磷酸一铵;复合稳定剂

焦作电力集团奥星化工有限公司

河南省焦作市建设西路 1 号[454001]
电话:(0391)3668822
传真:(0391)2620737
供销电话:3668823　法人代表:任卫东
网址:www. aoxing. chem. cn
E-mail:aoxing@ chem. cn
【主要产品】聚酯树脂;双酚 A 型环氧树脂(E12 型);聚酯树脂 P5127;十二烷基二甲基苄基氯化铵;乙二胺四亚甲基膦酸;聚丙烯酸;阻垢分散剂;2-膦酸丁烷-1,2,4-三羧酸;水解聚马来酸酐;氨基三亚甲基膦酸;羟基亚乙基二膦酸;水质稳定剂 PAPE

焦作多生多化工股份有限公司

河南省焦作市解放西路马涧[454100]
电话:(0391)2759088;2759160
传真:(0391)2759080　有进出口权
经济类型:股份有限公司
法人代表:李万峰
网址:www. dsdchem. com
E-mail:dsdhg@ 371. net
【主要产品】丙烯酰胺

焦作李封工业有限责任公司

河南省焦作市中站区跃进路 113 号[454191]
电话:(0391)2952277;3538305;13939182908
传真:(0391)3538305
职工人数:1,500 人
网址:www. rixin-chem. com
E-mail:rxzgs@ rixin-chem. com
【主要产品】氧氯化锆;偏钒酸铵;二氧化锆;氧化钇锆;氧化钙锆;五氧化二钒;电熔锆;硅钙钡;织物芯运输带;内齿切边带;再生胶;活化胶粉;硅铝钙钡

焦作美达精细化工有限责任公司

河南省沁阳市山王庄工业区[454562]
电话:(0391)5979777;13939195199
传真:(0391)5979678
法人代表:廉高鹏
网址:www. meidapvp. com
E-mail:info@ meidapvp. com;liu@ meidapvp. com
【主要产品】聚乙烯吡咯烷酮

焦作平光制药有限责任公司

河南省焦作市高新技术产业开发区神州西路[454159]
电话:(0391)3681538;3562627
传真:(0391)3563451　法人代表:陈勇
供销电话:3563767;3681538
经济类型:有限责任公司
网址:www. hnpgzy. com
E-mail:jzpgzy@ sina. com
【主要产品】盐酸普罗帕酮

焦作群泽塑胶有限公司

河南省焦作市武陟县西陶工业区[454981]
电话:(0391)7561299
供销电话:7563009　职工人数:100 人
供销传真:7563009　法人代表:田云兴
经济类型:有限责任公司
【主要产品】矿用胶布导风筒

焦作市冰晶科技开发有限公司

河南省焦作市中站区焦克路北 1 号[454191]
电话:(0391)2951607
传真:(0391)2951707
经济类型:有限责任公司
法人代表:杨晓英
【主要产品】氟氢酸;氟氢化铵

焦作市博爱药业有限公司

河南省博爱县城东工业园区[454450]
电话:(0391)8695522;8615118
传真:(0391)8695738　经济类型:国有
有进出口权　法人代表:陈千兴
E-mail:wlm4545@ sohu. com;klyygt@ pub2. lyptt. ha. cn
【主要产品】硫酸庆大霉素;盐酸地芬诺酯

焦作市地丰肥业有限公司

河南省焦作市武陟县迎宾大道[454900]
电话:(0391)7268662
传真:(0391)7268866　职工人数:200 人

供销电话:7268662;13939107088
网址:www.jz-dffy.com
E-mail:jzdifeng@126.com
【主要产品】复合肥;叶面肥;冲施肥

焦作市东星炭素有限公司

河南省焦作市马村区东孔庄[454172]
电话:(0391)3260905
传真:(0391)3261808 职工人数:520 人
固定资产:60,000 千元
网址:www.dxts.com
E-mail:dxts@163.com
【主要产品】石墨电极

焦作市韩信粘合剂有限公司

河南省焦作市西环路中段[454152]
电话:(0391)2624794
传真:(0391)2635258
供销电话:2635258 法人代表:张全友
经济类型:股份有限公司
【主要产品】防腐涂料;油漆稀释剂;胶黏剂;乳胶;万能胶;复合胶;速固型强力胶;天然橡胶

焦作市恒昌化工颜料厂

河南省温县城北经济技术开发区[454850]
电话:(0391)6102088;6102728;6422088
传真:(0391)6102088 经济类型:国有
供销电话:6102088;6422088
法人代表:闫克岭
网址:www.lyqhg.21online.net
E-mail:kelinghuagong@371.net
【主要产品】氧化铁红;氧化铁黄

焦作市华联化工有限公司

河南省武陟县西陶工业区 1 号[454981]
电话:(0391)7561050
传真:(0391)7560189 有进出口权
经济类型:有限责任公司
法人代表:郭华德
网址:www.jzhlhg.com
E-mail:guohuade@jzhlhg.com
【主要产品】工业氨水;三聚磷酸钠;六偏磷酸钠;磷酸二氢钠;磷酸三钠;磷酸氢二钠;丙酮肟;水合肼;消毒液;稳定性二氧化氯;二氧化氯;十四烷基二甲基苄基氯化铵;聚丙烯酰胺;聚丙烯酸钠;水质稳定剂;阻垢缓蚀剂 DQ-202

焦作市华翔电力有限公司电石厂

河南省焦作市后寨[454000]
电话:(0391)3968241
传真:(0391)3542241
法人代表:杨俊安
【主要产品】电石

焦作市润宏实业公司化工二厂

河南省焦作市山阳区焦东办事处(街道)周庄[454151]
电话:(0391)3931040;13903919986
经济类型:集体 法人代表:刘平安
【主要产品】硅酸钠

焦作市金虹塑粉厂

河南省焦作市万方铝厂工业园区邓庄[454172]
电话:(0391)3260758;3266688
传真:(0391)3266688
网址:www.jzjhsf.cn
E-mail:jhsf@jzjhsf.cn
【主要产品】热固性聚酯改性环氧粉末涂料;热固型纯聚酯粉末涂料;热固型纯环氧粉末涂料;无光型热固性环氧粉末涂料;美术花纹型热固性粉末涂料;热塑性粉末涂料

焦作市聚达装饰材料有限责任公司

河南省焦作市中站区王封街道[454191]
电话:(0391)2947989
供销电话:2951399 法人代表:郭凤军
经济类型:股份合作
【主要产品】再生胶

焦作市诺敦机械设备有限公司

河南省焦作市工业路 39 号[454002]
电话:(0391)2583707;13938167315
传真:(0391)2583707
网址:www.nuodjx.com
E-mail:nuodun168@163.com
【主要产品】旋转闪蒸干燥机;LPG 系列高速离心喷雾干燥机;压力喷雾干燥机;脉冲气流干燥机

焦作市鹏升化工有限公司

河南省焦作市高新区汉昌路[454003]
电话:(0391)3564888;13569181009
传真:(0391)3561698
网址:www.pengshenghg.com
E-mail:pengshenghg@163.com
【主要产品】建筑防水密封胶;止水带

焦作市瑞宝丰生化农药有限公司

河南省博爱县月山火车站东 600 米[454493]
电话:(0391)8987818
固定资产:1,200 千元 产值:300 千元
供销电话:8985222 销售收入:500 千元
供销传真:8987222 职工人数:168 人
经济类型:私营企业 法人代表:毕大千
网址:www.ruibaofeng.com
【主要产品】辛硫磷;杀螨剂;玉米专用除草剂;植物生长调节剂

焦作市三普生化有限公司

河南省焦作市中站区西(西部工业集聚区)[454191]
电话:(0391)2803521;2803520;2803588
传真:(0391)2803522
供销电话:13137186000
网址:www.sunup-chem.com
E-mail:sp@sunup-chem.com
【主要产品】亚硫酸铵;硫酸亚铁;五水硫酸亚铁;硫酸铜(饲料级);硫酸铝;硫酸锌(食用级);硫酸镁;聚合氯化铝

焦作市山阳区北方化工厂

河南省焦作市山阳区焦东办事处(街道)周庄[454151]
电话:(0391)3933337
经济类型:集体 法人代表:刘东方
【主要产品】氯化钙;轻质碳酸钙;重质碳酸钙

焦作市神骐轮胎购销有限公司

河南省武陟县西陶乡西陶村[454981]
电话:(0391)7591165
传真:(0391)7561074 经济类型:集体
供销电话:7561165 有进出口权
法人代表:陶长有
网址:www.shenqityre.com
E-mail:shenqityre@371.net
【主要产品】农用车辆轮胎;轮胎外胎

焦作市盛世康隆药业有限公司

河南省温县城北工业街 19 号[454850]
电话:(0391)3825588;3829988;3822018
传真:(0391)3822000;3822016
固定资产:65,000 千元
经济类型:私营企业 职工人数:368 人
法人代表:王美云
网址:www.sskl.cn
E-mail:ssklyy@126.com;
sskl@371.net
【主要产品】口服葡萄糖;葡萄糖;药用淀粉

焦作市太行橡胶厂

河南省焦作市山阳区建设路马作村[454151]
电话:(0391)3934793
经济类型:集体 法人代表:王庆钟
【主要产品】再生胶

焦作市维联精细化工有限公司

河南省焦作市中站区桃源路[454191]
电话:(0391)2953895
传真:(0391)2953895;2953322
经济类型:有限责任公司
职工人数:50 人 法人代表:魏保学
【主要产品】亚硝酸钠;硫酸钠(无水);亚硫酸钠(无水);硫酸

焦作市锌品厂

河南省焦作市工业路东段[454151]
电话:(0391)3938292;3911898

豫

传真:(0391)3905578　经济类型:集体
供销电话:3911898;3911318
有进出口权　法人代表:王玉忠
网址:www. chinachemnet. com/zinc
E-mail:wyz@ hi2000. com
【主要产品】氧化锌

焦作市新元生物化工食品有限公司

河南省焦作市墙南工业区北路东1号[454001]
电话:(0391)3301391;13903919548
传真:(0391)3301722
网址:www. jz-xinyuan. com
E-mail:jzxinyuan@ sohu. com
【主要产品】过氧化钙;聚葡萄糖;磷酸氢钙(食用级);磷酸钙;磷酸脲;增氧剂

焦作市鑫豫风机有限公司

河南省焦作市温县城北工业街9号[454850]
电话:(0391)6192995
传真:(0391)6197682
经济类型:有限责任公司
法人代表:朱国兴
网址:www. jzfj. com
E-mail:jzfj@ jzfj. com
【主要产品】鼓风机

焦作市应用化学研究所

河南省焦作市武陟县城北(磷肥厂院内)[454100]
电话:(0391)7206369;7273876
传真:(0391)7273876
法人代表:王加伟
网址:cheminfo. gov. cn/cpgjz/jiaozuo/index. htm
E-mail:liujin9699@ 163. net
【主要产品】复合型聚丙烯酰胺;乙二胺四亚甲基膦酸;聚丙烯酸;水解聚马来酸酐;氨基三亚甲基膦酸;羟基亚乙基二膦酸;聚合氯化铝;聚合硫酸铁

焦作市源海精细化工有限公司

河南省博爱县月山工业路8号[454450]
电话:(0391)8057665;8057662
传真:(0391)8056038
网址:www. yuanhaipvp. com
E-mail:sales@ yuanhaipvp. com
【主要产品】*N*-乙烯基吡咯烷酮;聚乙烯吡咯烷酮;不溶性聚乙烯吡咯烷酮

焦作市中州炭素有限责任公司

河南省焦作市中站区[454191]
电话:(0391)2803266
传真:(0391)2803266
有进出口权
供销电话:2802388
法人代表:王学堂
经济类型:有限责任公司
【主要产品】电极糊;石墨制品;石墨电极

焦作王封工业有限责任公司

河南省焦作市中站区安全街11号[454191]
电话:(0391)3538480;2947414;2948277
传真:(0391)2947414　经济类型:国有
法人代表:张全智
网址:wfjt. 126. com
E-mail:wfjt@ 371. net
【主要产品】盐酸;烧碱(固体);离子膜烧碱;硫酸锆;氧氯化锆;四氯化锆;二氧化锆;氯气(液)

焦作鑫安科技股份有限公司

河南省焦作市解放区环城北路28号[454000]
电话:(0391)2923487;2925951-298
传真:(0391)2901199　有进出口权
供销电话:2922763　企业规模:大型
经济类型:股份有限公司
法人代表:谢国胜
网址:www. jzxa. com
E-mail:jzxa@ jzxa. com
【主要产品】纯碱;重质纯碱;氯化钙(二水);轻质碳酸钙;硅酸钠;亚硝酸钠;亚硫酸钠(无水);硫代硫酸钠;氯化钠;磷酸三钠;重铬酸钾;溴化钾;氯化铵

焦作鑫安科技股份有限公司药业分公司

河南省焦作市建设东路168号[454002]
电话:(0391)3908888;3996001
传真:(0391)3996001　有进出口权
经济类型:股份有限公司
法人代表:谢国胜
网址:www. jz-baoshen. com
E-mail:bsyy@ public2. lyptt. ha. cn
【主要产品】对乙酰氨基酚;盐酸萘福泮;硝苯地平;盐酸氯环嗪;葫芦素

焦作鑫达化工有限公司

河南省焦作市南通路78号[454001]
电话:(0391)2631111;2631102;2631026
传真:(0391)2631100
供销电话:2631018;2631086
法人代表:刘新生
网址:www. jiaozuoxinda. com
E-mail:xdlxs@ yahoo. com. cn;
xdsuorong@ 126. com
【主要产品】过氧化氢;乙炔炭黑

孟州市恒昌化工有限公司

河南省孟州市西工业区[454750]
电话:(0391)8165100;13782710552
传真:(0391)8165107
网址:www. hcchem. cn
E-mail:sales@ hcchem. cn
【主要产品】2-羟基苯甲酸

孟州市华兴生物化工有限责任公司

河南省孟州市西工区[454750]
电话:(0391)8510152;8510936;13503911980
传真:(0391)8510338　有进出口权
经济类型:有限责任公司
法人代表:杨晓明
网址:www. mzhx. com
E-mail:huaxing@ 263. net. cn
【主要产品】乙醇;α-环状糊精;β-环状糊精;乙酸乙酯

孟州市泰利杰有限责任公司

河南省孟州市湘子路工业园区[454570]
电话:(0391)8192881;13608639009;8196881
传真:(0391)8196881
经济类型:股份有限公司
法人代表:郭全太
网址:www. tailijie. com. cn
E-mail:guoqt@ 371. net
【主要产品】聚葡萄糖

孟州市鑫源有限责任公司

河南省孟州市城东马桥[454750]
电话:(0391)8192790;8192359;8164603
传真:(0391)8193625　有进出口权
供销电话:8193625;8192359
供销传真:8193625;8164603
经济类型:有限责任公司
法人代表:何定战
网址:www. hnxinyuan. com
E-mail:xygs@ 371. net
【主要产品】糊精

沁阳福瑞生化科技有限公司

河南省沁阳市沁园区袁屯[454550]
电话:(0391)5686778;(0311)85882468
供销传真:(0311)85882085
职工人数:188人
网址:www. fortunebio-chem. com;
www. forehigh. com
E-mail:forehigh@ heinfo. net
【主要产品】牛磺酸;维生素B12

沁阳国顺硅源光电气体有限公司

河南省沁阳市怀府中路17号四楼[454550]
电话:(0391)5639445;5637586;5634587
传真:(0391)5639445
经济类型:股份合作　法人代表:杨和群
【主要产品】三氯氢硅;二氯硅烷;四氯化硅

沁阳市氟硅酸厂

河南省沁阳市木楼乡木楼工业区[454550]
电话:(0391)5900666
传真:(0391)5900302
法人代表:朱兴义
网址:www. qyfgsc. com

豫

E-mail:qyfgsc@sohu.com
【主要产品】氟硅酸

沁阳市华美有限公司

河南省沁阳市太行南路[454550]
电话:(0391)5697968;5697628
传真:(0391)5697628　经济类型:集体
法人代表:孟国良
【主要产品】玻璃钢耐酸储罐

沁阳市华鑫防腐有限公司

辽宁省沁阳市长城西路08号[454550]
电话:(0391)5690882
传真:(0391)5690882
网址:www.qyhxff.com
E-mail:hnqylsj@126.com
【主要产品】硅酸钾;膨胀型电缆防火涂料;环氧平衡胶泥;胶泥;玻璃钢冷却塔

沁阳市九菱化工厂

河南省沁阳市崇义镇张庄村东[454550]
电话:(0391)5056703
传真:(0391)5056730　经济类型:集体
法人代表:杜水生
【主要产品】聚丙烯酸;氨基三亚甲基膦酸

沁阳市沁龙化学防腐有限公司

河南省沁阳市西万镇工业区[454561]
电话:(0391)5083208
传真:(0391)5083208
供销传真:5988134　法人代表:刘发镇
经济类型:私营企业
【主要产品】玻璃钢制品;玻璃钢分级机

沁阳市生物化学厂

河南省沁阳市沁园区袁屯[454550]
电话:(0391)5696329
供销电话:5697323　经济类型:国有
法人代表:瞿永辉
【主要产品】黄原胶;牛磺酸

沁阳市天益化工有限公司

河南省沁阳市王占工业区[454583]
电话:(0391)13608496526;5296863
传真:(0391)5296863
供销电话:5296555　法人代表:冯星起
网址:www.hnqyty.com
E-mail:hnqyty@163.com
【主要产品】癸酸钴;环烷酸钴;橡胶黏结促进剂

沁阳市万中溶解乙炔气厂

河南省沁阳市山王庄镇万中[454562]
电话:(0391)5988077
经济类型:集体　法人代表:张卫星
【主要产品】乙炔

沁阳市希望合成材料厂

河南省沁阳市西万镇西万村[454561]
电话:(0391)5988078
传真:(0391)5083716　经济类型:集体
法人代表:董小方
【主要产品】辛基酚醛增黏树脂;增黏树脂

沁阳市制药厂

河南省沁阳市[454550]
电话:(0391)5055072
传真:(0391)5055072　经济类型:国有
法人代表:李福傅
【主要产品】肌醇;肝素钠

沁阳市中会纺织助剂厂

河南省沁阳市南七公里[454550]
电话:(0391)5056698;5051606;13703912520
经济类型:私营企业　法人代表:栗中臣
【主要产品】印染助剂;造纸助剂

天津药业焦作有限公司

河南省武陟县朝阳三街8号[454950]
电话:(0391)7291426
传真:(0391)7291426
经济类型:有限责任公司
法人代表:申桂英
【主要产品】三磷酸腺苷二钠;辅酶A;胞二磷胆碱钠

豫港(济源)焦化集团有限公司

河南省济源市西环路[454600]
电话:(0391)6680100
传真:(0391)6671618　有进出口权
供销电话:6680122　企业规模:大型
经济类型:外商投资股份有限公司
职工人数:400人　法人代表:饶朝晖
网址:www.ygjh.net
E-mail:ygjh@jiyuan.gov.cn
【主要产品】硫黄;煤气;粗苯;煤焦油;焦炭

中国铝业股份有限公司中州分公司

河南省焦作市修武县[454174]
电话:(0391)3502312;3502620
传真:(0391)3501019;3501707
供销电话:3502566　有进出口权
供销传真:3502566;3501707
经济类型:股份有限公司
企业规模:大型　法人代表:肖亚庆
网址:www.zz-al.com
【主要产品】氢氧化铝;氧化铝

鹤壁市

河南淇县东方化工有限公司

河南省淇县解放路[456750]
电话:(0392)7284988;7284999;13693929888
传真:(0392)7284858
供销电话:7284998;13303921185
网址:www.hndongfangchem.com
E-mail:dongfang@hndongfangchem.com
【主要产品】二硫化碳;硫氰化钠;硫氰酸铵;硫氰酸钾;2-氨基-6-甲氧基苯并噻唑

河南淇县新华福利化工厂

河南省淇县原本庙[456750]
电话:(0392)7111999;7113888;13903927918
传真:(0392)7111333　经济类型:集体
供销电话:13803927599　有进出口权
法人代表:王荣印
网址:www.tshgc.com
E-mail:wry7111999@tshgc.com
【主要产品】二硫化碳;硫氰化钠;硫氰酸铵;硫氰酸钾

河南省鹤壁市电力树脂厂

河南省鹤壁市红旗桥东[458000]
电话:(0392)2622780
传真:(0392)2622780　经济类型:国有
法人代表:李桂云
【主要产品】强酸性苯乙烯系阳离子交换树脂;强碱性季铵Ⅰ型阴离子交换树脂(201型);大孔强碱性季铵Ⅰ型阴离子交换树脂(D201型)

河南省鹤壁市石英化工设备厂

河南省鹤壁市新区[458030]
电话:(0392)3311773
供销传真:3355773　经济类型:集体
E-mail:syhgsbc@china315.com
【主要产品】化工设备

河南省鹤壁市助剂一厂

河南省鹤壁市铁东路1号[458000]
电话:(0392)2683181
传真:(0392)2686707　职工人数:450人
固定资产:12,000千元
网址:www.chinachemnet.com/zhuji
E-mail:zhyy@hi2000.com
【主要产品】促进剂CZ;促进剂D;促进剂DM;促进剂M;促进剂NA-22;促进剂NOBS;促进剂TETD;促进剂TMTD;促进剂ZDC;促进剂BZ;促进剂DTDM;促进剂TMTM;促进剂TRA;促进剂ZMBT;防老剂NBC

河南省鹤壁天元股份有限公司

河南省鹤壁市淇滨经济开发区[458030]
电话:(0392)2642070;2650104
传真:(0392)6250145
供销电话:2624118　企业规模:大型
供销传真:2624118　法人代表:申保全
经济类型:有限责任公司
网址:www.jiasheng.com/tianyuan
E-mail:hbty@public2.zz.ha.cn
【主要产品】洗发香波;卫生杀虫剂

河南省淇县天水化工厂

河南省淇县铁西工业路西段[456750]
电话:(0392)7271888;7271666;13903927918
传真:(0392)7271999
法人代表:王荣印
网址:www. tshgc. com
E-mail:wry7111999@ tshgc. com
【主要产品】二硫化碳;硫氢化钠;硫氰化钠;硫氰酸钙;硫氰酸铵;硫氰酸钾;全氯甲硫醇;硫氰酸胍

河南省淇县殷都化工厂

河南省淇县铁西区工业路[456750]
电话:(0392)7271628
传真:(0392)7271699　经济类型:集体
供销电话:13603923891
供销传真:7235092　法人代表:郜海均
网址:www. chinachemnet. com/yindu
E-mail:yindu@ hi2000. com;shanhai@ zdl. net
【主要产品】硫氰化钠;硫氰酸铵;硫氰酸钾

鹤壁飞鹤股份有限公司

河南省鹤壁市山城区朝阳街59号[458000]
电话:(0392)2623159;2626650
传真:(0392)2624103
供销电话:2623159;2622069
经济类型:股份有限公司
法人代表:贾身聚
【主要产品】雨靴;胶鞋

鹤壁环燕轮胎有限责任公司

河南省鹤壁市浚县黄河路南端[456250]
电话:(0392)5522606;5521644
传真:(0392)5529001
供销电话:5524834
法人代表:张希岭
经济类型:私营企业
网址:www. huanyan. com
E-mail:huanyan@ huanyan. com
【主要产品】载重汽车斜交轮胎;轻型运输车辆轮胎;农用车斜交轮胎;拖拉机导向轮胎普通断面斜交外胎;轮胎外胎;轮胎内胎

鹤壁联昊化工有限公司

河南省鹤壁市新黎阳路东段[458030]
电话:(0392)3326708;3333686;13903922271
传真:(0392)3321215
供销电话:3326708;13803921466
经济类型:有限责任公司
法人代表:张智亮
E-mail:Lianhaohuagong@ sina. com
【主要产品】促进剂 CZ;促进剂 D;促进剂 DM;促进剂 M;促进剂 NA-22;促进剂 TETD;促进剂 TMTD;促进剂 ZDC;硫化剂;促进剂 PZ;促进剂 BZ;促进剂 DOTG;促进剂 TMTM;促进剂 ZMBT;防老剂 MB

鹤壁市宝马化肥厂

河南省鹤壁市山城区长风南路13号[458008]
电话:(0392)2415798-8022
供销电话:2416789　法人代表:于喜有
供销传真:2416789
经济类型:股份有限公司
网址:www. hebibaoma. com
E-mail:hbbaoma@ hebibaoma. com
【主要产品】甲醇;碳酸氢铵

鹤壁市东环路金石橡塑材料厂

河南省鹤壁市东环路[458000]
电话:(0392)2635746;2625690
传真:(0392)2625691　有进出口权
经济类型:私营企业　法人代表:舒福顺
E-mail:jinshihuagong@ sohu. com
【主要产品】橡胶促进剂;橡胶防老剂

鹤壁市国峰助剂有限责任公司

河南省鹤壁市红旗街铁东路[458000]
电话:(0392)2621241
传真:(0392)2665780　经济类型:集体
供销电话:2622625;2621241
有进出口权　法人代表:梅品煜
网址:www. hf-auxiliary. com
E-mail:webmaster@ hf-auxiliary. com
【主要产品】促进剂 CZ;促进剂 D;促进剂 DM;促进剂 M;促进剂 NOBS;促进剂 TMTD

鹤壁市红兴橡塑制品厂

河南省鹤壁市山城区汤河桥[458000]
电话:(0392)2922449
供销电话:13503925853
经济类型:集体　法人代表:叶和娟
【主要产品】橡胶制品

鹤壁市宏利振动机械有限公司

河南省鹤壁市鹤壁集长风北路[458010]
电话:(0392)2832913;13283921865
传真:(0392)2832913
网址:www. hbhlzd. com
E-mail:hbhlzd@ 163. com
【主要产品】振动筛分过滤机;振动筛;旋振筛;超声波振动筛;直线筛;叶轮式选粉机;带式输送机;螺旋输送机;链式输送机;斗式(链式)提升机;给料机

鹤壁市宏鬆促进剂有限公司

河南省鹤壁市山城区红旗街东段[458000]
电话:(0392)2620241;2685587
传真:(0392)2620241
经济类型:中外合资经营企业
法人代表:张燕锋
【主要产品】促进剂 M;橡胶促进剂

鹤壁市华夏助剂有限责任公司

河南省鹤壁市东环城路南段[458000]
电话:(0392)2623116;2620589
传真:(0392)2620589;2623981
供销电话:2661133-8007
经济类型:集体　法人代表:陈玉权
网址:www. hbhx. com. cn
E-mail:rub-accelerator@ vip. 163. com
【主要产品】促进剂 CZ;促进剂 D;促进剂 DM;促进剂 M;促进剂 NOBS;促进剂 TMTD;促进剂 ZDC;促进剂 PZ;促进剂 ZMBT

鹤壁市化工四厂

河南省鹤壁市鹤山区北站道南[458010]
电话:(0392)2813307;2811488
传真:(0392)2811488　经济类型:集体
法人代表:于奇志
【主要产品】硫酸;硫酸铝;一氯乙酸;塑料制品;塑料编织袋

鹤壁市金昌化工有限公司

河南省鹤壁市山城区东环路南段[458000]
电话:(0392)2648344;2697092
传真:(0392)2688982　有进出口权
供销电话:2648344;13849216638
经济类型:有限责任公司
法人代表:赵海顺
网址:www. hbjc1522. chembb. com
E-mail:hcjc1522@ sohu. com;lhm_1985521@ 126. com
【主要产品】橡胶促进剂

鹤壁市金属化工有限公司

河南省鹤壁市东环城路[458000]
电话:(0392)2625240
经济类型:集体　法人代表:杨海红
【主要产品】硅酸钠

鹤壁市巨星树脂有限公司

河南省鹤壁市化工园区[458030]
电话:(0392)2565555;13523921111
传真:(0392)2567777　职工人数:560人
供销电话:2566666;2560739
网址:www. hbszc. com
E-mail:public@ hbszc. com
【主要产品】强酸性苯乙烯系阳离子交换树脂(001×7型);大孔强酸性苯乙烯系阳离子交换树脂(D001型);大孔弱酸性丙烯酸系阳离子交换树脂(D113型);强碱性苯乙烯系阴离子交换树脂(201×4);强碱性苯乙烯系阴离子交换树脂(201×7型);大孔强碱性苯乙烯系阴离子交换树脂(D201型);D202大孔强碱性苯乙烯系阴离子交换树脂;强碱性季铵Ⅱ型阴离子交换树脂(202型);大孔弱碱性苯乙烯系阴离子交换树脂(D301);大孔弱碱性丙烯酸系阴离子交换树脂;发泡剂 H;促进剂 D;促进剂 DM;促进剂 M;促进剂 TMTD

鹤壁市前进乳化剂厂

河南省鹤壁市前进路南关路东[458000]
电话:(0392)2628465
传真:(0392)2628465 经济类型:集体
法人代表:陈玉伟
【主要产品】重烷基苯磺酸钠;乳化剂;煤矿低浓度通用乳化油

鹤壁市瑞隆化工有限公司

河南省鹤壁市红旗街东环路[458000]
电话:(0392)2661615;13033877775
传真:(0392)2625858
网址:www.ruilongchem.com
E-mail:sales@ruilongchem.com
【主要产品】促进剂 CZ;促进剂 D;促进剂 DM;促进剂 M;促进剂 NA-22;促进剂 NOBS;促进剂 PX;促进剂 TMTD;促进剂 ZDC;促进剂 PZ;促进剂 BZ;促进剂 TMTM;促进剂 ZMBT

鹤壁市山城区安利助剂厂

河南省鹤壁市山城区红旗街东段[458000]
电话:(0392)2636007
供销电话:13569037297
经济类型:私营企业 法人代表:胡丙星
【主要产品】水质稳定剂;缓蚀剂;阻垢剂

鹤壁市山城区昌海助剂厂

河南省鹤壁市红旗街东段[458000]
电话:(0392)2652626;13849212372
传真:(0392)2652626
网址:www.chhaizhuji.com
E-mail:chhaizhuji@chhaizhuji.com
【主要产品】N,N'-二乙基硫脲;促进剂 CA;促进剂 NA-22;促进剂 ZDC;促进剂 PZ;促进剂 BZ;促进剂 DTDM;促进剂 TMTM;防老剂 MB;防老剂 MBZ

鹤壁市树脂有限公司

河南省鹤壁市山城区长风南段(鹿楼)[458008]
电话:(0392)2411701;2412283;2413402
传真:(0392)2412283;2413402
供销电话:2413402;2412283
供销传真:2413900;2412283
经济类型:有限责任公司
法人代表:马志民
【主要产品】强酸性苯乙烯系阳离子交换树脂(001×7型);大孔强酸性苯乙烯系阳离子交换树脂(D001型);大孔弱酸性丙烯酸系阳离子交换树脂(D113型);强碱性季铵Ⅰ型阴离子交换树脂(201×4型);强碱性季铵Ⅰ型阴离子交换树脂(201×7型);大孔强碱性季铵Ⅰ型阴离子交换树脂(D201型);大孔强碱性季铵Ⅱ型阴离子交换树脂(D202型);大孔弱碱性苯乙烯系阴离子交换树脂(D301);苯乙烯系聚合白球

鹤壁市特种树脂有限公司

河南省鹤壁市山城区长风路南段[458008]
电话:(0392)2416222
传真:(0392)2416111
经济类型:有限责任公司
法人代表:陈和平
【主要产品】强酸性苯乙烯系阳离子交换树脂(001×7型);强碱性季铵Ⅰ型阴离子交换树脂(201×4型);强碱性季铵Ⅰ型阴离子交换树脂(201×7型)

鹤壁市特种油品厂

河南省鹤壁市东环路南段[458008]
电话:(0392)2400196
传真:(0392)2400110
供销电话:3976513 法人代表:张敬录
经济类型:股份合作
【主要产品】齿轮机油;冷冻机油;液压油;压缩机油;润滑油

鹤壁市天罡树脂化工有限公司

河南省鹤壁市汤鹤路中段东石林村北[458030]
电话:(0392)2565308
传真:(0392)2560350
网址:www.hbshuzhi.com
E-mail:hbshuzhi@163.com
【主要产品】强酸性苯乙烯系阳离子交换树脂(001×7型);大孔强酸性苯乙烯系阳离子交换树脂;强碱性苯乙烯系阴离子交换树脂(201×7型);大孔弱碱性苯乙烯系阴离子交换树脂(D301);螯合树脂;吸附树脂;消泡剂;聚丙烯酸钠;2-膦酸丁烷-1,2,4-三羧酸;水解聚马来酸酐;羟基亚乙基二膦酸;水质稳定剂 EDTMPS;黏土稳定剂;锅炉盐酸酸洗缓蚀剂;磷酸酸洗缓蚀剂;多用酸洗缓蚀剂

鹤壁天龙化工有限公司

河南省鹤壁市红旗街铁东路8号[458000]
电话:(0392)2631886
经济类型:私营企业 法人代表:王玉平
E-mail:tanlongchem@yahoo.com.cn
【主要产品】促进剂 D

浚县绿宝农药厂

河南省浚县屯子[456291]
电话:(0392)5711195
传真:(0392)5711545
法人代表:余永功
网址:www.nongyao.com.cn
E-mail:lubao@nongyao.com.cn
【主要产品】灭多威乳油;百菌清烟剂;腐霉利烟剂;代森锰锌;代森锰锌可湿性粉剂;菌核净;30%腐殖酸铜可湿性粉剂;辛·氯乳油;百·腐烟剂;甲硫·烯唑可湿性粉剂;高氯·马乳油;福·甲硫·硫可湿性粉剂;甲硫·锰锌可湿性粉剂;28%百·霉威可湿性粉剂;百·霜脲可湿性粉剂;腈菌·锰锌可湿性粉剂

美尔(鹤壁)化工科技有限公司

河南省鹤壁市山城区长风路南段[458000]
电话:(0392)2418396
传真:(0392)2128999 职工人数:100人
经济类型:有限责任公司
法人代表:向涌
【主要产品】橡胶促进剂

淇县宏达化工有限公司

河南省鹤壁市淇县铁西区工业路18号[456750]
电话:(0392)7222300;7222281;7277222
传真:(0392)7277222 有进出口权
供销电话:7222290 法人代表:吴付奎
经济类型:有限责任公司
【主要产品】甲醇;甲醛

淇县鑫鈺化工有限责任公司

河南省鹤壁市淇县东关6号[456750]
电话:(0392)7222090;2112888;13939297888
传真:(0392)7230690
固定资产:2,500千元
经济类型:有限责任公司
网址:cnxinyu.chemnet.com
E-mail:cnxinyu@chemnet.com
【主要产品】硝酸钡;硝酸锶;硅酸钠;硅酸钾溶液;硅酸钾钠

新乡市

河南捷利增强塑料有限公司

河南省新乡市高新技术开发区化工东路348号[453003]
电话:(0373)3527998;3527989;13503801850
传真:(0373)3527996
网址:www.jlzqsl.com
E-mail:jlzqsl@163.com
【主要产品】玻璃钢制品;玻璃钢型材;玻璃钢管材

河南康威药业有限公司

河南省新乡县七里营镇新庄村[453731]
电话:(0373)5680190;13937333969
传真:(0373)5680985
经济类型:股份有限公司
法人代表:王付广
【主要产品】诺氟沙星

河南科隆石化装备有限公司

河南省新乡市建设路中段218号[453002]
电话:(0373)3375846
传真:(0373)3375810 经济类型:国有
供销电话:3382842;3375812
供销传真:3375810;3375812
法人代表:程清丰
网址:www.hnkl.com.cn

豫

E-mail:klsh@hnkl.cn
【主要产品】工业盐交换器；Ⅰ、Ⅱ、Ⅲ类非标压力容器

河南省伯马股份有限公司

河南省新乡市人民路163号[453000]
电话:(0373)2182088
传真:(0373)2624153;2613640
供销电话:2615507;2465301
供销传真:2629754　有进出口权
经济类型:股份合作　企业规模:大型
法人代表:吕培中
【主要产品】磷酸二氢铝;酚醛树脂(热固性)

河南省辉县市橡胶厂

河南省辉县市东环路1号[453600]
电话:(0373)6291233
传真:(0373)6292496　经济类型:集体
供销电话:6291951　法人代表:侯林芳
网址:www.hnhxxj.com.cn
E-mail:hx@hnhxxj.com.cn
【主要产品】多孔通信管;塑料电缆制品

河南省辉县市玉康油脂化工有限责任公司

河南省辉县市菲山路北段[453600]
电话:(0373)6217374
传真:(0373)6217763
经济类型:有限责任公司
法人代表:潘金康
【主要产品】一氧化铅;二盐基亚磷酸铅;二盐基硬脂酸铅;三盐基硫酸铅;无尘复合铅盐稳定剂;硬脂酸钙;硬脂酸钡;硬脂酸铅;硬脂酸铝;硬脂酸锌;硬脂酸镁;硬脂酸镉

河南省辉县市振兴化工厂

河南省辉县市城后西街36号[453600]
电话:(0373)6280558;6292978
传真:(0373)6280558　经济类型:集体
供销传真:6258506　法人代表:孟广生
E-mail:zxhgc947@sohu.com
【主要产品】2-丙烯酰氨基-2-甲基-1-丙磺酸;润滑剂;堵漏剂

河南省获嘉县纸业有机化工总厂

河南省获嘉县史庄乡大清村[453801]
电话:(0373)4900121;4900122
经济类型:集体　法人代表:王明亮
【主要产品】乙炔

河南省金三角化工有限公司

河南省新乡县七里营金三角开发区[453731]
电话:(0373)5680258;5600455;13803739018
传真:(0373)5600455
法人代表:祖绍德
网址:www.chinachemnet.com/jinsanjiao
E-mail:xxjsj@hi2000.com
【主要产品】氨基三亚甲基膦酸;缓蚀剂

河南省龙泉集团药业有限公司

河南省新乡市龙泉工业区[453731]
电话:(0373)5651067
传真:(0373)5651141　经济类型:集体
法人代表:梁志红
网址:www.hnlqyy.com
E-mail:lqyy@alibaba.com.cn
【主要产品】阿奇霉素;盐酸环丙沙星;乳酸环丙沙星;甘草酸二铵;硫普罗宁

河南省龙泉集团医药中间体有限公司

河南省新乡县古固寨镇北街[453700]
电话:(0373)5750035;5753335
传真:(0373)5750035
经济类型:股份有限公司
法人代表:王金平
【主要产品】氮化铝;6,7,8-三氟-1,4-二氢-4-氧代喹啉-3-羧酸乙酯;环丙羧酸;盐酸环丙沙星;乳酸环丙沙星;羟乙磺酸喷他脒

河南省荣星鞋业有限公司

河南省新乡市胜利路南头南环路北[453000]
电话:(0373)2135888
传真:(0373)2136738　有进出口权
供销电话:2135888;5035648
经济类型:私营企业　法人代表:樊晓光
网址:www.rongxingxy.com
E-mail:rongxingxy@yahoo.com.cn
【主要产品】胶鞋

河南省卫辉市豫北化工有限公司

河南省卫辉市工农路1号[453100]
电话:(0373)4410066;4495395;4410432
传真:(0373)4495395　经济类型:国有
供销电话:4410835　法人代表:孙正忠
【主要产品】甲醇;*N*-甲基吡咯烷酮;α-吡咯烷酮;碳酸氢铵

河南省新乡活塞有限公司

河南省延津县小店工业开发区[453242]
电话:(0373)7763026
传真:(0373)7763084　经济类型:集体
供销电话:7763026;13837382458
职工人数:320人　法人代表:郭茂富
网址:www.hnxxhs.com
E-mail:xxhs@hnxxhs.com
【主要产品】压缩机活塞

河南省新乡六通实业有限公司

河南省新乡市小冀镇青年路[453731]
电话:(0373)5592019
传真:(0373)5581207　有进出口权
经济类型:股份有限公司
法人代表:刘可乾
E-mail:lchgc@371.net;
lthgc@371.net
【主要产品】苯乙酸;乙酸乙酯;醋酸丁酯;苯乙腈;热熔道路标志漆

河南省新乡市荣军精细化工厂

河南省新乡市和平路与南环路交叉口[453700]
电话:(0373)5115621;5115364
传真:(0373)5115045　经济类型:国有
有进出口权　法人代表:蒯明山
网址:www.zs-114.com/comdetail444284.htm
【主要产品】一氧化铅;二盐基亚磷酸铅;三盐基硫酸铅

河南省新乡市溶剂厂

河南省新乡市平原路东段尚村[453000]
电话:(0373)3718458;13603731218
传真:(0373)3719270　经济类型:集体
法人代表:秦郡堂
网址:www.xxrjc.com
【主要产品】2-氯乙醇;羧甲基淀粉钠

河南省新乡市顺达实业有限公司

河南省新乡市长垣县城东工业区[453400]
电话:(0373)8751425;8795984
传真:(0373)8795984
法人代表:宋喜来
【主要产品】羧甲基淀粉钠(食品级);复合稳定剂;羧甲基纤维素钠

河南省新乡铁新化工工业公司

河南省新乡市郊西合河[453700]
电话:(0373)5430206;5430238
传真:(0373)5430206　经济类型:集体
供销电话:5592555　法人代表:秦保喜
【主要产品】柴油增效剂CZ-A

河南省新乡卫星染化厂

河南省新乡县小冀镇21号桥[453731]
电话:(0373)5596266;5580090
传真:(0373)5592226;5587678
供销电话:5587678;13903809311
经济类型:集体　有进出口权
法人代表:魏朝阳
网址:www.chinaparabase.com
E-mail:sales@chinaparabase.com
【主要产品】*N*-乙酰苯胺;4-硫酸乙酯砜基苯胺

河南省新乡扬远化工有限责任公司

河南省新乡县小吉镇南环路8号[453731]
电话:(0373)5593565
传真:(0373)5599565

豫

经济类型：有限责任公司
网址：www.lead-oxide.com
E-mail：general@lead-oxide.com
【主要产品】硅酸铅；一氧化铅；红丹；二盐基亚磷酸铅；三盐基硫酸铅

河南省新乡振兴实验化工厂

河南省新乡市古固寨镇北街村［453700］
电话：(0373)5750132
经济类型：集体 法人代表：冯思显
【主要产品】亚硫酸铵

河南省新谊药业股份有限公司

河南省新乡市小冀镇［453000］
电话：(0373)5031302
传真：(0373)5032636
供销电话：5018989 法人代表：穆来安
供销传真：5018689
经济类型：股份有限公司
网址：www.xy-jt.com
E-mail：ztsheng@371.net；zongbu@xyjt.sina.net
【主要产品】磺胺嘧啶锌；磺胺甲噁唑；西咪替丁

河南省新谊医药(集团)公司

河南省新乡市和平路南段368号［453000］
电话：(0373)5031302；5035417
传真：(0373)5032636
供销电话：5592177；5592178
经济类型：有限责任公司
企业规模：大型 法人代表：穆来安
网址：www.xy-jt.com
E-mail：zongbu@xyjt.sina.net
【主要产品】双氯芬酸钠

河南省新谊医药集团精细化工有限公司

河南省新乡市高新技术开发西区［453731］
电话：(0373)5591013；5591014；13937389226
传真：(0373)5591014 产值：3,000千元
职工人数：150人 法人代表：侯新邦
网址：www.xyfinechem.com
E-mail：info@xyfinechem.com
【主要产品】四氯三氧化二磷；4-羟基-6-甲基烟酸；6-甲基-4-羟基-2-吡喃酮；异烟酸；5-巯基四氮唑-1-甲烷磺酸二钠盐；巯唑甲磺酸；烟酸；烟酰胺；重酒石酸去甲肾上腺素

河南心连心化工有限公司

河南省新乡市高新技术开发西区［453731］
电话：(0373)5592209；5592214
传真：(0373)5592527 有进出口权
供销电话：5594462 企业规模：大型
经济类型：有限责任公司
法人代表：刘兴旭
网址：hnxlx.com.cn
E-mail：hnxh@vip.371.net
【主要产品】糠醛；尿素；复合肥

河南新乡华星药厂

河南省新乡市七里营刘庄村［453731］
电话：(0373)5688888
传真：(0373)5680028 经济类型：集体
有进出口权 企业规模：大型
法人代表：史世会
网址：www.xxhx.com.cn
E-mail：xxhx@xxhx.com.cn
【主要产品】青霉素G钾；青霉素G钠；青霉素G钾工业粉；硫氰酸红霉素；肌苷

河南新乡延化集团

河南省延津县城关新延街19号［453200］
电话：(0373)7650681
传真：(0373)7650452
法人代表：李东升
E-mail：master@xxyhjt.com
【主要产品】甲醇；三乙烯二胺；尿素；碳酸氢铵；塑料编织袋

河南新乡张氏化工有限公司

河南省新乡市［453731］
电话：(0373)5596318
经济类型：股份合作 法人代表：张绍振
【主要产品】对叔丁基邻氨基苯酚；2,4-二氯苯胺；2,4-二氯硝基苯；2-氨基对苯二甲酸二甲酯

河南新新精细化工有限公司

河南省新乡市小冀镇［453731］
电话：(0373)5592242
传真：(0373)5595558 经济类型：国有
供销电话：5595558 有进出口权
产值：20千元 法人代表：刘兴旭
E-mail：mcc989@sohu.com
【主要产品】2-甲基咪唑

河南延化化工有限责任公司

河南省延津县经济开发区［453200］
电话：(0373)7730935；13783738897
传真：(0373)7730906
经济类型：有限责任公司
职工人数：1,800人 法人代表：李东昇
网址：www.hnyhchem.com
E-mail：qhp@hnyhchem.com
【主要产品】甲醇；吡啶；2,6-二叔丁基苯酚；哌嗪；三乙烯二胺；*N*-羟乙基哌嗪；合成氨；氨水；液氨；尿素；碳酸氢铵；塑料编织袋；固化剂1号；4,4′-二羟基联苯

河南银田精细化工有限公司

河南省原阳县原齐路6号［453500］
电话：(0373)7275605
传真：(0373)7275059
网址：www.hnythg.com
【主要产品】林丹；辛硫磷颗粒剂；20%高渗辛硫磷乳油；吡虫啉可湿性粉剂；灭多威可湿性粉剂；啶虫脒乳油；三唑酮乳油；百菌清烟剂；腐霉利烟剂；氯溴异氰尿酸；苯磺隆可湿性粉剂；敌·灭乳油；多·硫可湿性粉剂；辛·氰乳油；酮·辛乳油；20%敌畏·仲乳油；马·辛乳油；辛·唑磷乳油

河南中科化工有限责任公司

河南省新乡市新华区化工路2号［453000］
电话：(0373)5049042；5049145
传真：(0373)5049145 经济类型：国有
法人代表：秦仁运
E-mail：xxranhua@sina.com
【主要产品】糠醇；合成氨；碳酸氢铵；塑料编织袋；碳铵添加剂

辉县市东普合成中间体有限责任公司

河南省辉县市百泉开发区英达路［453600］
电话：(0373)6292048；13707653531
传真：(0373)6267549
经济类型：有限责任公司
网址：www.dongpu-chem.com
E-mail：sales@dongpu-chem.com
【主要产品】2,4,6-三氯苯酚；*N*-苯基-2,6-二氯苯胺；2,4-二氯苯酚；2,6-二氯苯酚；1-(2,6-二氯苯基)-2-吲哚酮；双氯芬酸钠；双氯芬酸钾；双氯芬酸

辉县市航天化工厂

河南省辉县市冀屯乡［453634］
电话：(0373)6590127
传真：(0373)6590686 经济类型：集体
法人代表：鲁振成
【主要产品】黏土稳定剂

辉县市昊利达化工有限公司

河南省辉县市北环路79号［453600］
电话：(0373)6291488；6292075
传真：(0373)6291543
供销电话：6292882 企业规模：大型
供销传真：6291336
法人代表：张建军
经济类型：有限责任公司
网址：www.haolidachem.com
E-mail：haolida@hi2000.com；haolidachem@126.com
【主要产品】三聚氰胺；合成氨；尿素；碳酸氢铵；尿基复合肥

辉县市宏泰化工有限公司

河南省辉县市经济技术开发区［453600］
电话：(0373)6291516
传真：(0373)6291196 职工人数：680人
固定资产：12,000千元
供销电话：6294755；6272588
网址：www.hongty.com
E-mail：hnhthg@126.com

豫

【主要产品】氯酸钠;安赛蜜;木糖

辉县市化工厂

河南省辉县市[453647]
电话:(0373)6292463
传真:(0373)6272574　经济类型:集体
法人代表:鲁建立
【主要产品】乳化炸药;炸药;铵锑炸药

辉县市泉西化工厂

河南省辉县市百泉镇西刘店村北[453600]
电话:(0373)6200845;13949623788
传真:(0373)6200845
经济类型:私营企业　法人代表:李建岭
E-mail:hxqxljl@yahoo.com.cn
【主要产品】三溴化磷;溴乙酸;2-呋喃甲酸;2-糠酸甲酯;2-糠酸乙酯

辉县市日新化工厂

河南省辉县市冀屯乡冀北[453634]
电话:(0373)6590129
传真:(0373)6590128　经济类型:集体
法人代表:曹法军
【主要产品】防塌剂;降滤失剂;降黏剂;钻井液用强包被剂

老松(新乡)机械有限公司

河南省新乡市南干道21号[453000]
电话:(0373)2056711;2056145;2056147
传真:(0373)2056146
经济类型:港澳台商独资经营
法人代表:游溪霖
网址:www.laosong.com
E-mail:xxlaosong@371.net
【主要产品】振动筛分过滤机;振动筛

卫辉市姜源矿业化工厂

河南省卫辉市太公泉镇大漫流村[453700]
电话:(0373)4168846
经济类型:私营企业　法人代表:崔玉录
【主要产品】水泥助磨剂

卫辉市同达化工有限公司

河南省卫辉市柳庄工业开发区[453100]
电话:(0373)4496593
传真:(0373)4491330　职工人数:168人
网址:www.hc2003.com
【主要产品】水解聚丙烯腈钠盐;聚丙烯酰胺钾盐;钻井用润滑剂;抗高温抗盐降滤失剂;钻井液降滤失剂;钻井液用单向压力封闭剂;钻井液用降黏剂;钻井液用强包被剂;黏土稳定剂;钻井液用增黏剂

新乡爱龙化工有限公司

河南省新乡市新乡县小冀镇工业路[453731]
电话:(0373)5593778
传真:(0373)5593230
经济类型:有限责任公司
法人代表:刘建富
【主要产品】丙烯酰胺;聚丙烯酰胺;钻井液用抑制型降黏剂 XK-423

新乡安玻化工材料有限公司

河南省新乡市卫滨区化工路1号[453000]
电话:(0373)5046749
传真:(0373)5046749　有进出口权
供销电话:5036804　法人代表:李留恩
经济类型:外商投资股份有限公司
E-mail:xxacb@vip.163.com
【主要产品】碳酸锶;氧化铈;硫酸铵;抛光粉

新乡白鹭化纤集团有限责任公司

河南省新乡市凤泉区锦园路1号[453011]
电话:(0373)3978900;3978958;3978966
传真:(0373)3096610　有进出口权
供销电话:3978808　企业规模:大型
供销传真:3978818　法人代表:陈玉林
经济类型:有限责任公司
网址:www.bailu.com;
www.xxinfo.ha.cn/xinxiang
E-mail:info@bailu.com;
bailu@public.xxptt.ha.cn
【主要产品】硫酸钠;涤纶工业丝;黏胶纤维;黏胶短纤维;黏胶长丝;氨纶;棉浆粕

新乡百代催化剂有限责任公司

河南省新乡县小吉镇北工业路[453731]
电话:(0373)5581197
传真:(0373)5592074　经济类型:集体
供销电话:5592074　法人代表:李述平
网址:www.baidaichem.com
E-mail:sales@baidaichem.com
【主要产品】高温变换催化剂;高温变换催化剂 B113

新乡高技术陶瓷材料公司

河南省获嘉县楼村西工业区[453836]
电话:(0373)4951023;4951074;4951652
传真:(0373)4951255　职工人数:350人
固定资产:60,000千元
网址:www.xgt-cn.com
E-mail:zqj@xgt-cn.com
【主要产品】氢氧化铝;高纯氧化铝;5-乙酰乙酰氨基苯并咪唑酮

新乡海伦颜料有限公司

河南省新乡市新乡县小吉镇工业路[453731]
电话:(0373)5590568
传真:(0373)5592052　有进出口权
供销电话:5593638;5598638
经济类型:中外合作经营企业
法人代表:岳世文
网址:www.xxhp.com
E-mail:ysw@xxhp.com;gxc@xxhp.com
【主要产品】一氧化铅;绝缘漆;铬酸铅;钼铬红;酞菁蓝

新乡恒久远药业有限公司

河南省新乡市新郑公路21号桥南[453731]
电话:(0373)5592559
传真:(0373)5592389　有进出口权
供销电话:5592819
法人代表:刘红民
经济类型:中外合资经营企业
网址:www.hjyyy.com
【主要产品】谷氨酸诺氟沙星

新乡弘辰科技有限公司

河南省新乡市学院路尚庄[453000]
电话:(0373)3350884;13837360726
传真:(0373)3350884;3350921
有进出口权
网址:www.xxhckj.com
E-mail:ltlzai@126.com
【主要产品】氯磷酸二苯酯;氯甲酸对硝基苄酯;2-溴丙酰溴;对硝基苄醇丙二酸单酯镁;丙二酸单对硝基苄酯;亚胺培南母核;美罗培南侧链;比阿培南侧链;4,5-二甲基-1,3-二氧杂环戊烯-2-酮;4-氯甲基-5-甲基-1,3-二氧杂环戊烯-2-酮;4-硝基苯甲醇;维生素C磷酸酯镁

豫

新乡吉恩镍业有限公司

河南省新乡市卫滨区化工路1号[453000]
电话:(0373)5015930;5037874
传真:(0373)5032073　有进出口权
供销电话:5028567
法人代表:徐广平
供销传真:5022774
经济类型:有限责任公司
E-mail:jinie0373@126.com
【主要产品】硫酸铜;硫酸镍

新乡锦锈防水材料股份有限公司

河南省新乡市解放路351号[453000]
电话:(0373)2021617;2714066
传真:(0373)2021617
供销电话:2713341;2714066
经济类型:股份有限公司
法人代表:袁卫国
网址:www.jinxiu.com
【主要产品】防火板;乳胶漆;聚氨酯防水涂料;SBS防水卷材

新乡开发区甲醛化工厂

河南省新乡市开发区化工路东段[453000]
电话:(0373)3098966
传真:(0373)3090563
经济类型:私营企业　法人代表:赵海生

【主要产品】甲醛

新乡联谊制药厂

河南省新乡市小冀镇青年路 88 号[453000]
电话:(0373)5592177
传真:(0373)5590368
供销电话:5018989 法人代表:穆来安
【主要产品】双氯芬酸钠

新乡三星染化有限公司

河南省新乡市新乡县翟坡镇[453731]
电话:(0373)5630006
传真:(0373)5630005 经济类型:集体
供销电话:5630005 法人代表:张永茂
【主要产品】氧化铁红;氧化铁黄;氧化铁黑;华蓝

新乡三星油漆助剂厂

河南省新乡市翟坡工业路中段[453000]
电话:(0373)5631593;3080252
传真:(0373)5633632
法人代表:戴永纪
【主要产品】涂料助剂

豫

新乡市奥威斯科技发展有限公司

河南省新乡市经济开发区中央大道 69 号[453000]
电话:(0373)5586119
传真:(0373)5586119
经济类型:有限责任公司
法人代表:刘凤科
网址:www. xxoasis. com
【主要产品】钢结构隔热防火涂料

新乡市巴山科工贸有限责任公司

河南省新乡市开发区和平路南段[453000]
电话:(0373)5049212;13937360854
供销传真:5034050 经济类型:国有
职工人数:1,500 人 法人代表:朱辉
网址:www. 540. com
【主要产品】配件

新乡市博迪颜料有限公司

河南省新乡市合河乡合河村[453700]
电话:(0373)5435000;5435203
传真:(0373)5435000;5435111
经济类型:集体 法人代表:朱命军
【主要产品】有机颜料;酞菁蓝 BGS;酞菁蓝 B;酞菁绿 G;大红粉

新乡市长城橡胶厂

河南省新乡市西干道 217 号[453003]
电话:(0373)2621402;13703731098
经济类型:国有 法人代表:刘炳俊
【主要产品】橡胶杂品;胶辊

新乡市第八化工有限公司

河南省新乡市新辉路三里桥[453002]
电话:(0373)2688038
传真:(0373)2512988 职工人数:260 人
网址:www. dbhg. com. cn
E-mail:market@ dbhg. com. cn
【主要产品】硫酸镍;硝酸镍(六水);硝酸镉;三氧化二钴;氧化钴;四氧化三钴;三氧化二镍;氧化镉;氧化铋;海绵镉

新乡市第一振动机械厂

河南省新乡市建设路 127 号[453002]
电话:(0373)3357525;3386027;3386030
传真:(0373)3334920;3386027
经济类型:集体 法人代表:张维生
网址:www. xxyizhen. com. cn; www. dyzd. cn
E-mail:xxdyzd@ 163. com
【主要产品】超细振动研磨机;振动筛;旋振筛;气流筛;直线筛

新乡市东风化工有限责任公司

河南省新乡市化工路 19 号[453000]
电话:(0373)5031322;5039204
传真:(0373)5024154 有进出口权
经济类型:有限责任公司
法人代表:范辑玉
网址:www. dongfenghuagong. com
E-mail:yjf@ public. xxptt. ha. cn
【主要产品】苦皮素乳油;苦皮素;苦皮素烟剂;油漆;沥青漆类;醇酸树脂漆类;氨基树脂漆类

新乡市东振机械制造有限公司

河南省新乡市开发区东振路[453000]
电话:(0373)3510800;3510801
传真:(0373)3510806
经济类型:有限责任公司
法人代表:韩卫民
网址:www. dzjx. com. cn
E-mail:zym@ dzjx. com. cn
【主要产品】旋振筛;直线筛

新乡市凤泉区环宇化工有限公司

河南省凤泉区大块乡大块村[453700]
电话:(0373)5410215
经济类型:集体 法人代表:刘保区
【主要产品】硝酸钠;磷酸盐

新乡市海纳筛分机械制造有限公司

河南省新乡市学院路[453002]
电话:(0373)3339068
传真:(0373)3339078
经济类型:有限责任公司
法人代表:张爱香
网址:www. hainasf. com
E-mail:hainasf@ 163. com
【主要产品】振动筛;气流筛;直线筛;振动式输送机;螺旋给料机

新乡市恒辉生化科技有限公司

河南省新乡市新秀路东段[453002]
电话:(0373)2688290;2688293
传真:(0373)2688260
经济类型:股份有限公司
网址:www. henghuibiotech. com
E-mail:info@ henghuibiotech. com
【主要产品】胞苷酸;腺苷酸;1,2,3,5-四乙酰-β-D-呋喃核糖;4-氨基-2-羟基嘧啶;尿嘧啶;2′-脱氧尿嘧啶核苷;阿糖胞苷;尿苷;2′-脱氧-2′-氟尿苷;阿糖尿苷;胞苷;2′-脱氧胞苷;2′-脱氧-2′-氟胞苷

新乡市恒基化工有限公司

河南省新乡市西郊[453000]
电话:(0373)5420499;5646633;13949629000
传真:(0373)5646321;5420302
网址:www. hengji-chem. com
E-mail:hengji@ hengji-chem. com
【主要产品】α-甲基吡啶;2,2′-联吡啶;2-苄基吡啶;2-苯基吡啶

新乡市恒星化工有限责任公司

河南省新乡市小店工业区(化纤厂对面 300 米)[453242]
电话:(0373)3686388;13937301880
传真:(0373)3686008
经济类型:有限责任公司
网址:www. hxhg. com
E-mail:hxhgzzt@ sohu. com
【主要产品】复合钙基润滑脂;电机轴承脂;聚脲基润滑脂;复合钛基润滑脂;油酸钠皂;轴承润滑脂;耐高温润滑脂;低温润滑脂

新乡市恒源塑化有限公司

河南省新乡县翟坡镇[453700]
电话:(0373)5580787
传真:(0373)5598584
经济类型:私营企业 法人代表:张新亮
网址:xxsh. e. chem. cn
E-mail:wangyimin4182@ sohu. com
【主要产品】硼酸锌;二盐基亚磷酸铅;三盐基硫酸铅;复合铅盐稳定剂;稀土复合稳定剂

新乡市华丰福利化工厂

河南省新乡市新辉路三里桥[453002]
电话:(0373)2687769
传真:(0373)2687755 经济类型:集体
职工人数:60 人 法人代表:李文宽
E-mail:liuafu-520@ yahoo. com. cn
【主要产品】硫酸镍;硝酸镍(六水);次磷酸钠

新乡市华丰实验化工厂

河南省新乡市郊区王村镇中马坊村[453002]
电话:(0373)2687622
传真:(0373)2687828　经济类型:集体
法人代表:岳永虎
【主要产品】硫酸镍;硝酸镍(六水);氯化钠;促进剂 TMTD

新乡市华瑞精细化工有限公司

河南省长垣县凡相聂店工业园区[453400]
电话:(0373)8957256
【主要产品】环己烯;环己烷;氯代环己烷;邻苯二甲酰亚胺;N-环己基硫代酞酰亚胺

新乡市华幸化工有限责任公司

河南省新乡市凤泉区大块镇小块[453000]
电话:(0373)5410391;5410337;13803808784
传真:(0373)5413456
网址:www.xxhx.net
E-mail:sales@xxhx.net
【主要产品】磷酸;亚硝酸钠;三聚磷酸钾;三聚磷酸钠;六偏磷酸钠;六偏磷酸钠(食品级);焦磷酸钠;焦磷酸钠(食品级);焦磷酸钾;磷酸二氢钠;磷酸二氢钾;磷酸二氢铝;磷酸三钠;磷酸氢二钠;磷酸氢二钾;磷酸氢钙;磷酸二氢钙;偏硅酸钠;三聚氰胺;柠檬酸钠;葡萄糖酸钠;三偏磷酸钠;食用磷酸;柠檬酸;焦磷酸二氢二钠;多聚磷酸钠;金属清洗剂;锅炉洗涤剂

新乡市化肥厂有限责任公司

河南省新乡市百泉镇城北街30号[453600]
电话:(0373)6291488
经济类型:国有　企业规模:大型
法人代表:张天利
【主要产品】甲醇(精);合成氨;尿素

新乡市黄河精细化工有限公司

河南省新乡市原阳县城关镇南关[453500]
电话:(0373)7278519;7278799;13903735135
传真:(0373)7278865　有进出口权
经济类型:有限责任公司
法人代表:刘忠山
网址:www.xxhhjxhg.com
E-mail:lzhshan@xxhhjxhg.com;sales@xxhhjxhg.com
【主要产品】萤石粉;氟氢酸;氟硅酸;氟化钾;氟化钾(二水);氟化铝;氟氢化钾;氟硅酸钠;氟铝酸钠;4-甲苯磺酸

新乡市汇新振动设备有限公司

河南省新乡市翟坡镇工业区[453700]
电话:(0373)5636848;5636489;5636496
传真:(0373)5636849
经济类型:有限责任公司
法人代表:王延伟
网址:www.xxhxjt.com
E-mail:webmaster@xxhxjt.com
【主要产品】振动筛分过滤机;振动式输送机

新乡市金牛振动设备厂

河南省新乡市建设路东段[453000]
电话:(0373)3393081
传真:(0373)3329515　职工人数:50人
供销传真:3351573　产值:10,000千元
经济类型:私营企业　法人代表:余顺利
【主要产品】振动筛;旋振筛;直线筛;给料机

新乡市金升化工有限公司

河南省新乡县七里营镇[453731]
电话:(0373)5600243;5552892;5591389
传真:(0373)5603608;5601255
供销电话:5592526;5591389
供销传真:5592516　职工人数:200人
经济类型:私营企业　法人代表:李先宾
网址:www.jshg-dd.com
E-mail:lxb@jshg-dd.com;sales@jshg-dd.com
【主要产品】盐酸依匹斯汀;聚丙烯酸;氨基三亚甲基膦酸;羟基亚乙基二膦酸

新乡市金鑫化工设备有限责任公司

河南省新乡市东风路51号[453002]
电话:(0373)3381743;3383994
传真:(0373)3381742
供销电话:3381742　法人代表:谢锡兰
经济类型:有限责任公司
【主要产品】化工设备;配件

新乡市巨晶化工有限责任公司

河南省新乡市获嘉县楼村[453836]
电话:(0373)4951024;4951151;13803738675
传真:(0373)4951330;4951156
经济类型:有限责任公司
法人代表:许寿吉
网址:www.jujingchem.com
E-mail:jujing@371.net;jujing@public.xptt.ha.cn
【主要产品】吡嗪;2-氰基吡嗪;哌嗪;三乙烯二胺;N-羟乙基哌嗪;2-甲基吡嗪;固化剂1号

新乡市聚星龙水处理厂

河南省新乡市红旗区关堤乡政府驻地[453700]
电话:(0373)5761927;5760528
传真:(0373)5762666　职工人数:160人
供销电话:5761927;13653905177
经济类型:股份合作　法人代表:徐世君
网址:www.xxxjxl.chem.cn
E-mail:jxl@chem.cn
【主要产品】十二烷基二甲基苄基氯化铵;聚丙烯酸;复配阻垢缓蚀剂;丙烯酸-丙烯酸羟丙酯-AMPS共聚物;水解聚马来酸酐;氨基三亚甲基膦酸;羟基亚乙基二膦酸;阻垢缓蚀剂

新乡市瑞丰化工有限责任公司

河南省新乡市大召营镇[453700]
电话:(0373)5466556;5466557
传真:(0373)5466000
经济类型:有限责任公司
网址:www.sinoruifeng.com
E-mail:sale@sinoruifeng.com
【主要产品】活性白土;树脂显色剂

新乡市赛能科技发展有限公司

河南省新乡市纺织路78号[453003]
电话:(0373)5039752
传真:(0373)5011263　有进出口权
经济类型:有限责任公司
法人代表:刘红霞
网址:www.saineng.com
E-mail:info@sainengsc.com
【主要产品】振动筛;直线筛;输送机

新乡市赛特化工有限公司

河南省新乡市西环路中段朱小郭工业园[453700]
电话:(0373)5457718;13462318041
传真:(0373)5457978
经济类型:其他内资
网址:www.saiterchem.com
E-mail:sales@saiterchem.com
【主要产品】5-氮胞嘧啶;6-氯嘌呤;2,6-二氯嘌呤;2,6-二巯基嘌呤;腺苷酸;6-氨基嘌呤;5-氯尿嘧啶;尿嘧啶;维生素B4;2′-脱氧-5-氟尿苷;5-甲基尿苷;卡托普利;腺苷;尿苷;胞苷;硫普罗宁

新乡市三力振动设备厂

河南省新乡市新飞大道83号[453002]
电话:(0373)3355199;3333486
传真:(0373)3337848
供销电话:13503739601
法人代表:吴新长
网址:www.sanlizd.com
E-mail:sanli2829@sina.com
【主要产品】振动筛;旋振筛;气流筛;直线筛;螺旋输送机;给料机;电磁振动给料器

新乡市三圆堂机械有限公司

河南省新乡市五一路26号[453003]
电话:(0373)5055770;5033789;5054173
传真:(0373)5052890
经济类型:私营企业
法人代表:白学亭
网址:www.sanyuantang.com
E-mail:info@sanyuantang.com
【主要产品】振动筛分过滤机;空气过滤器;分样震筛机;旋振筛;超声波振动筛;振动式输送机;给料机

豫

新乡市升华化工有限公司

河南省新乡市牧野区王村镇中马坊村[453002]
电话:(0373)2687652
传真:(0373)2688238
供销电话:2688338　法人代表:岳永根
经济类型:股份有限公司
【主要产品】磷酸三钠;氧化镉;海绵镉

新乡市石油化工厂

河南省新乡市黄河大道98号[453000]
电话:(0373)5031606;5031612
传真:(0373)5031612　经济类型:集体
法人代表:陈秀云
【主要产品】双乙酸钠;原油;二甲基二烯丙基氯化铵;ST絮凝剂;聚季铵-7;油酸钠皂;润滑油

新乡市士友化纤有限责任公司

河南省新乡市原阳县原新路188号[453000]
电话:(0373)7277585;13839065368
传真:(0373)7277585
经济类型:股份有限公司
法人代表:江彩霞
【主要产品】丙纶FDY

豫

新乡市双飞胶粘带有限公司

河南省新乡市凤泉区宝山西路2号[453011]
电话:(0373)3096238
传真:(0373)3090942
经济类型:有限责任公司
法人代表:李士俭
【主要产品】屏蔽电缆料;苯丙乳液;JD-16-1胶黏带;压敏胶胶黏剂

新乡市太行振动机械厂

河南省新乡市人民西路68号[453000]
电话:(0373)2652953;2621784;13703739399
传真:(0373)2652953;2621784
供销电话:3030323;13503802925
经济类型:集体　法人代表:刘东升
网址:www.thzd.com.cn
E-mail:thzdjx@public.xxptt.ha.cn
【主要产品】超细振动研磨机;立式研磨机;振动筛;旋振筛;气流筛;直线筛;振动式输送机;耐高温水平输送机;给料机

新乡市天丰精细化工有限公司

河南省新乡市环宇大道东[453000]
电话:(0373)2513858
传真:(0373)2513700　有进出口权
网址:www.tianfengchem.com
E-mail:tianfeng@tianfengchem.com
【主要产品】3-吡啶乙酸盐酸盐;二乙酰鸟嘌呤;次黄嘌呤;2,6-二巯基嘌呤;5-甲硫基四氮唑;5-乙硫基四唑;5-苄硫基四氮唑;5-氨基水杨酸;4-氨基-2,6-二氯嘧啶;*N*-乙酰苯胺;阿昔洛韦侧链;1,2,3,5-四乙酰-β-D-呋喃核糖;4,6-二氯嘧啶;4-氨基-2-羟基嘧啶;6-氨基嘌呤;尿嘧啶;利塞膦酸;5-硝基水杨酸;阿仑磷酸钠;唑来膦酸;重酒石酸去甲肾上腺素;肾上腺素;盐酸去氧肾上腺素;西酞普兰草酸盐;西酞普兰氢溴酸盐;阿立哌唑;腺苷;尿苷;胞苷;鸟苷;双丙酮-D-葡萄糖;齐拉西酮;利塞膦酸钠

新乡市天峰换热设备有限公司

河南省新乡市和平大道南236号[453003]
电话:(0373)5091238
传真:(0373)5063249
经济类型:集体
供销电话:13603938562
法人代表:孙秀灿
【主要产品】板式换热器

新乡市天力胶体新材料有限公司

河南省新乡市高新技术开发区创业中心[453003]
电话:(0373)5023488;2205978
传真:(0373)2859728
供销电话:13937349588
经济类型:有限责任公司
法人代表:李金国
E-mail:xxtljt_office@163.com
【主要产品】胶黏剂;高温高强度结构胶;橡胶黏合剂;工业修补剂

新乡市万达振动机械有限公司

河南省新乡市和平路南段[453000]
电话:(0373)5095328;5095686
传真:(0373)5095328
供销电话:13938724641
网址:www.xxwt.com
E-mail:wt@xxwt.com
【主要产品】旋振筛;直线筛;给料机

新乡市卫滨钟声建筑涂料厂

河南省新乡市卫滨区化工路李村路口[453000]
电话:(0373)5034362
供销电话:2291521
职工人数:100人
经济类型:私营企业
【主要产品】瓷釉涂料

新乡市祥润化工有限公司

河南省新乡市人民路272号靖业公寓东单元四[453000]
电话:(0373)2035253
网址:www.xiangrunchem.com
E-mail:sales@xiangrunchem.com
【主要产品】2-甲基苯甲酸;邻甲基苯甲酸甲酯;*N*,*N*-二乙基间甲基苯甲酰胺;对甲基苯甲腈;3-甲基苯甲酸;4-甲基苯甲酸;间甲基苯甲酸乙酯;对甲基苯甲酸甲酯;对甲基苯甲酸乙酯;邻甲基苯甲腈

新乡市新辉染化厂

河南省辉县市孟庄镇段屯村[453621]
电话:(0373)6066966;6066989;13503733639
传真:(0373)6066966　经济类型:集体
法人代表:李福生
【主要产品】硫化蓝CV;硫化深蓝3R;硫化草绿;硫化黑;硫化黄棕;硫化红棕

新乡市新辉药业有限公司

河南省辉县市中心路13号[453600]
电话:(0373)6292454;6291308
传真:(0373)6292261
固定资产:64,000千元
经济类型:股份有限公司
企业规模:大型　职工人数:1,600人
法人代表:刘喜顺
E-mail:xhzy.ha@163.com
【主要产品】盐酸环丙沙星;盐酸氟桂利嗪

新乡市新龙化工有限公司

河南省新乡市凤泉区汲詹线东[453011]
电话:(0373)3098965;3098966
传真:(0373)3090563　职工人数:200人
网址:www.xinlong-pvp.com
E-mail:xl@xinlong-pvp.com
【主要产品】氢氧化镍;甲醛;聚维酮碘;乙烯基吡咯烷酮/醋酸乙烯共聚树脂;聚乙烯吡咯烷酮;不溶性聚乙烯吡咯烷酮

新乡市鑫盛陶瓷材料有限责任公司

河南省新乡市新辉路[453000]
电话:(0373)2516006
传真:(0373)2516006　有进出口权
经济类型:有限责任公司
产值:1,000千元　职工人数:100人
法人代表:苗章林
E-mail:miaozhanglin@mail.china.com
【主要产品】硫酸镉;硫酸镍;硝酸镍(六水)

新乡市鑫原振动设备有限公司

河南省新乡市新辉桥北50米周村寺庄顶路[453002]
电话:(0373)2513802;2513803
传真:(0373)2513804　法人代表:叶瑞
经济类型:私营企业
网址:zy.xx.com.cn
【主要产品】振动筛;旋振筛

新乡市鑫源化工实业有限公司

河南省获嘉县城东一公里处[453800]
电话:(0373)4556051;4556052;4556053
传真:(0373)4556056　职工人数:150人

网址:www.xx-xinyuan.com
E-mail:office@xx-xinyuan.com
【主要产品】聚氨酯泡沫塑料

新乡市兴亮精细化工有限公司

河南省新乡市七里营工业聚集区[453731]
电话:(0373)5607000;5607005;13083801988
传真:(0373)5607001　职工人数:100人
经济类型:股份有限公司
网址:www.hnxlhg.com
E-mail:xxxlhg@hnxlhg.com;2008jxhg@163.com
【主要产品】α-甲基吡啶;2-氰基吡啶;2-乙烯基吡啶;2,3-二甲基吡啶;兰索拉唑;4-二甲氨基吡啶

新乡市星火机械有限公司

河南省新乡市北环路开发区[453002]
电话:(0373)2623390
传真:(0373)2664640
供销电话:2623390;13503808956
经济类型:有限责任公司
法人代表:程瑞林
【主要产品】橡胶工业专用设备;三辊压延机;开放式炼胶机;同向双螺杆塑料造粒机;平板硫化机组;再生胶设备;加压式捏炼机;切粒机

新乡市意达氧化铝有限公司

河南省新乡市获嘉县黄堤镇(新焦公路中段)[453800]
电话:(0373)4900088;13937386078
传真:(0373)4901588
法人代表:韩立儒
【主要产品】氢氧化铝;氢氧化铝(活性);氧化铝;氧化铝(煅烧α型)

新乡市永昌化工有限责任公司

河南省辉县市孟庄镇孟庄村北[453621]
电话:(0373)6090530;6090902;6090713
传真:(0373)6096456
经济类型:集体
供销电话:6090713;6095627
法人代表:郭焕彩
网址:www.xxychg.com
【主要产品】硝酸;氮肥;合成氨;碳酸氢铵

新乡市永华油漆化工厂

河南省新乡市原阳县师寨镇工业区[453000]
电话:(0373)7391016;13803805231
传真:(0373)7391995
网址:www.xxyhyq.com
E-mail:yhmailyy@sohu.com
【主要产品】各色醇酸磁漆;各色氨基烘干磁漆;各色氨基烘干底漆;各色氨基烘干锤纹漆;各色氨基金属闪光漆;丙烯酸树脂漆类;丙烯酸烘干磁漆;丙烯酸快干型面漆;塑料漆

新乡市宇辉药业有限公司

河南省新乡市西华大道230-1号[453002]
电话:(0373)2616666;13603936606
传真:(0373)2628996
法人代表:吉全珍
E-mail:yuhuiyaoye@163.com
【主要产品】硫酸阿米卡星;硫酸庆大霉素;盐酸林可霉素;盐酸克林霉素;硫氰酸红霉素;利巴韦林;阿昔洛韦;盐酸金刚烷胺;诺氟沙星

新乡市豫恒机械有限公司

河南省新乡市开发区振中路北段567号信箱[453000]
电话:(0373)3515376;13837380021
传真:(0373)3515377
网址:www.yuhengjx.com
【主要产品】振动筛分过滤机;振动筛;分样震筛机;气流筛;直线筛;振动式输送机;给料机

新乡市真空泵设备有限公司

河南省新乡市郊区王村西马坊村[453002]
电话:(0373)2687656
传真:(0373)2687656
经济类型:有限责任公司
法人代表:关庆广
【主要产品】罗茨真空泵;水环式真空泵

新乡市振动筛机厂

河南省新乡市和平大道南段228号[453003]
电话:(0373)5091204;13803808395
传真:(0373)5091160
经济类型:私营企业　法人代表:史清玉
网址:www.shaiji.com.cn
E-mail:shaiji@tom.com
【主要产品】分样震筛机;旋振筛

新乡市振动设备制造厂

河南省新乡市新汲路[453003]
电话:(0373)3718438;3718439;13837378348
传真:(0373)3718430;3718433
供销电话:3718431;13503808150
网址:www.xinzhen.com.cn
E-mail:xxzd@sohu.com
【主要产品】旋振筛;直线筛;高效筛粉机;给料机

新乡台硝化工有限公司

河南省新乡县翟坡镇[453731]
电话:(0373)5630315
传真:(0373)5630013
供销电话:5630332　法人代表:张永茂
供销传真:5630950
经济类型:中外合资经营企业
E-mail:xxtnc@371.net
【主要产品】硝酸纤维素;脱脂棉

新乡天丰振动机械厂

河南省新乡市北二环路188号[453003]
电话:(0373)3365682;3388583;3383583
传真:(0373)3334016
经济类型:私营企业　法人代表:路全国
网址:www.xxtfzd.com
E-mail:sales@xxtfzd.com;support@xxtfzd.com
【主要产品】振动筛分过滤机;振动筛

新乡铁军颜料有限公司

河南省辉县市孟庄镇郭村[453621]
电话:(0373)6068962;6068590
传真:(0373)6068064　有进出口权
经济类型:股份合作　法人代表:姚克君
网址:www.tiejunpigments.com
E-mail:yaokejun@yahoo.com.cn
【主要产品】氧化铁红;氧化铁黄

新乡拓新生化科技有限公司

河南省新乡市高新技术开发区[453000]
电话:(0373)5066207;2687673;5412539
传真:(0373)5066337;2687681
经济类型:股份有限公司　有进出口权
职工人数:1,000人　法人代表:杨西宁
网址:www.tuoxinchem.com
E-mail:tuoxin@tuoxinchem.com
【主要产品】5-氮胞嘧啶;6-氯嘌呤;次黄嘌呤;2-脱氧-D-核糖;胞苷酸;腺苷酸;阿昔洛韦侧链;1,2,3,5-四乙酰-β-D-呋喃核糖;1-乙酰-2,3,5-三苯甲酰-1-β-D-呋喃核糖;4-氨基-2-羟基嘧啶;6-氨基嘌呤;腺嘌呤硫酸盐;腺嘌呤盐酸盐;5-氯尿嘧啶;β-胸腺嘧啶核苷;2′-脱氧尿嘧啶核苷;维生素B4;盐酸环胞苷;阿糖胞苷;5-甲基尿苷;腺苷酸二钠盐;2-氯腺嘌呤核苷;6-氯嘌呤核苷;2,6-二氯嘌呤核苷;腺苷;腺苷盐酸盐;2-氨基腺苷;6-氯鸟嘌呤核苷;尿苷;2′-*O*-甲基尿苷;2′-脱氧-2′-氟尿苷;2,2′-环尿苷;阿糖尿苷;胞苷;2′-脱氧胞苷;2′-脱氧-2′-氟胞苷;5-氟胞苷;5-氮胞苷;鸟苷

新乡县西大阳兴旺塑料厂

河南省新乡市新乡县翟坡镇工业区[453700]
电话:(0373)5599198
经济类型:私营企业
职工人数:150人
法人代表:杜习文
【主要产品】聚氯乙烯管材

新乡正华化工有限责任公司

河南省新乡市凤泉区宝山路中段[453011]
电话:(0373)3096858
传真:(0373)3096858　有进出口权
供销电话:3094210;3094229
经济类型:有限责任公司
企业规模:大型　法人代表:皇甫小双
E-mail:xxcz@public.xxptt.ha.cn
【主要产品】盐酸;烧碱;聚氯乙烯树脂

新乡制药股份有限公司
河南省新乡市建设西路 30 号[453002]
电话:(0373)2622110;2626220
传真:(0373)2622110　经济类型:国有
供销电话:2629178　企业规模:大型
供销传真:2621594　法人代表:郭兵
网址:www.xin-yao.com
E-mail:xinyao@public.xxptt.ha.cn
【主要产品】2-氨基-6-羟基嘌呤;二乙酰鸟嘌呤;次黄嘌呤;1,2,3,5-四乙酰-β-D-呋喃核糖;6-氨基嘌呤;1,2,4-三氮唑-3-羧酸甲酯;利巴韦林;阿昔洛韦;肌苷;肌酸酐

新乡中新化工有限责任公司
河南省获嘉县火车站南[453800]
电话:(0373)4532368;4532195
传真:(0373)4531341
供销电话:(0374)4532248
供销传真:4532195　企业规模:大型
经济类型:有限责任公司
法人代表:向大新
【主要产品】纯碱;甲醇(精);液氨;氯化铵

豫

延津县化肥厂
河南省延津县城西关[453200]
电话:(0373)7650681
传真:(0373)7650452　经济类型:国有
供销电话:7650461　法人代表:李东升
【主要产品】甲醇;碳酸氢铵

原阳县第一农药厂
河南省新乡市原阳县城北干道 198 号[453500]
电话:(0373)7291716
传真:(0373)7286212　经济类型:集体
法人代表:杨彦永
【主要产品】杀虫剂类;辛硫磷颗粒剂;喹·辛乳油;高氯·辛乳油;马·杀乳油;水胺·辛乳油

原阳县化工厂
河南省原阳县城北工业区[453500]
电话:(0373)7292462;13569896313
传真:(0373)7292462
供销电话:7292462;13346673520
法人代表:彭光会
【主要产品】盐酸;氯乙酰氯

原阳县鑫富化肥有限责任公司
河南省新乡市原阳县城北原新路 50 号[453500]
电话:(0373)7284767
传真:(0373)7287177　经济类型:国有
供销电话:7284787　法人代表:孙则太
【主要产品】合成氨;尿素

安阳市

安阳钢铁股份有限公司焦化厂
河南省安阳市殷都区梅元庄[455004]
电话:(0372)3122850
传真:(0372)3122851　经济类型:国有
供销电话:3122851　企业规模:大型
法人代表:张纪民
【主要产品】硫酸铵(工业级);硫黄;硫酸铵;轻苯;工业萘;粗蒽;洗油;粗酚;煤焦油;酚油;中温沥青;焦炭;煤沥青

安阳化学工业集团有限责任公司
河南省安阳市龙安区[455133]
电话:(0372)5400888
传真:(0372)5400777　有进出口权
供销电话:5401489　企业规模:大型
供销传真:5400283　法人代表:苏同利
经济类型:有限责任公司
网址:www.ahjt.com
E-mail:gsb@ahjt.com
【主要产品】甲醇;一甲胺;尿素

安阳化学纤维工业股份有限公司
河南省安阳市文明大路中段[455000]
电话:(0372)3921194
传真:(0372)3932562
供销电话:3921124　法人代表:崔元昌
经济类型:股份合作
【主要产品】涤纶长丝;黏胶短纤维

安阳九州药业有限责任公司
河南省安阳市东风路南段[455000]
电话:(0372)2967553;2966697;2518288
传真:(0372)2977849　有进出口权
经济类型:股份有限公司
企业规模:大型　法人代表:赵文武
E-mail:libo69999@yahoo.com.cn
【主要产品】红霉素;无味红霉素;硫氰酸红霉素;双氯芬酸钠

安阳路德药业有限责任公司
河南省安阳市东工路 39 号[455000]
电话:(0372)2969904;2536788;2979458
传真:(0372)2963127
法人代表:王安平
网址:www.ayldyy.com
E-mail:webmaster@ayldyy.com
【主要产品】硫酸庆大霉素

安阳染料厂
河南省安阳市北关区化工路 1 号[455000]
电话:(0372)2917687
传真:(0372)2923760　经济类型:国有
供销电话:2923703　有进出口权
法人代表:王天明
E-mail:ayhc@sohu.com;
ayrlc28@yahoo.com
【主要产品】9,10-蒽醌;*N*-乙酰苯胺;2,4-二硝基氯苯;3,4-二硝基氯苯;蒽醌-2,6(或2,7)-二磺酸二钠;1-氨基-8-萘酚-3,6-二磺酸一钠;硫化黑;活性黑 KN-B

安阳市安林生物化工有限责任公司
河南省安阳市韩陵路 1 号[455000]
电话:(0372)2923738;2922186;2941377
传真:(0372)2941379;2292870
经济类型:国有　有进出口权
职工人数:322 人　法人代表:翟石山
网址:www.aylyc.com
【主要产品】阿维菌素乳油;敌敌畏;80%敌敌畏乳油;50%敌敌畏乳油;敌敌畏烟剂;灭幼脲;灭幼脲悬浮剂;除虫脲;除虫脲悬浮剂(20%);氰铃脲乳油;三唑酮乳油;百菌清;百菌清烟剂;百菌清胶悬剂;腐霉利烟剂;草甘膦水剂(10%);草甘膦;草甘膦可溶性粉剂;敌·马烟剂;敌·马乳油;氰·马乳油;辛·氯乳油;百·腐烟剂

安阳市超高工业技术有限责任公司
河南省安阳市开发区井冈大街 1 号[455000]
电话:(0372)2966711;2991462;13503729639
传真:(0372)2961406
经济类型:有限责任公司
网址:www.hnaycg.com
E-mail:aycg@alibaba.com.cn
【主要产品】超高分子量聚乙烯板材;超高分子量聚乙烯管材

安阳市第二橡胶厂
河南省安阳市灯塔路东段 4 号[455000]
电话:(0372)2944940
传真:(0372)2947643　经济类型:国有
供销电话:2943647　有进出口权
法人代表:白中秋
【主要产品】夹布胶管;喷砂胶管;排吸胶管;吸引胶管;编织胶管;橡胶杂品;纯胶管

安阳市第九染料化工厂
河南省安阳市化工路北段[455000]
电话:(0372)2919139
传真:(0372)2919139　经济类型:集体
供销电话:2919138　法人代表:杜新民
【主要产品】碱性红 6GDN;碱性红 1:1

安阳市光明化工有限责任公司
河南省安阳市铁西路中段[455004]
电话:(0372)3975492;13603721679
传真:(0372)3923595
经济类型:有限责任公司
法人代表:崔志明
【主要产品】乙酸乙酯;醋酸丁酯;苯酚;丁醇;异丁醇;异丙醇;甲醇

安阳市恒立化工有限责任公司
河南省安阳市殷都区铁西街 300 号[455000]

电话:(0372)3990485
传真:(0372)3990485　法人代表:马伟
经济类型:有限责任公司
E-mail:hnaymw@ 371. net
【主要产品】合成橡胶

安阳市红旗药业有限公司

河南省滑县民寨(遵华)工业城[456462]
电话:(0372)8498888
传真:(0372)8498288　经济类型:集体
供销电话:8498288　法人代表:和德生
【主要产品】辛硫磷乳油;辛硫磷颗粒剂;克百威颗粒剂;啶虫脒乳油;氰铃脲乳油;克·多种衣剂;噻菌灵;乙草胺乳油;精喹禾灵乳油;辛·氰乳油;酮·氧乐乳油;哒·水胺乳油;氯·灭微乳剂;异丙甲·莠悬浮剂;苯噻酰·苄可湿性粉剂;阿维·苏可湿性粉剂

安阳市华鹰精细化工有限责任公司

河南省安阳市韩陵[455000]
电话:(0372)2718188;13323726666
传真:(0372)2716666
经济类型:有限责任公司
法人代表:吴秀云
网址:www. huayingcc. com
E-mail:hy@ huayingcc. com
【主要产品】4-叔丁基苯甲酸;间二甲氨基苯甲酸;对二甲氨基苯甲酸;对叔丁基苯甲酸甲酯;4-硝基苯甲酸;4-氨基苯甲酸;间氨基苯甲酸;3-硝基苯甲酸;苯佐卡因

安阳市华昱塑胶有限责任公司

河南省安阳市段都区铁西路300号[455000]
电话:(0372)3931709
传真:(0372)3931298
供销电话:3931719　法人代表:罗玉廷
经济类型:有限责任公司
【主要产品】胶管;振动器软管

安阳市健美日化有限责任公司

河南省安阳市盘庚街46号[455001]
电话:(0372)2924886
传真:(0372)3691698　经济类型:国有
供销电话:2920570　有进出口权
法人代表:刘爱玲
E-mail:ayrhc@ public. ayptt. ha. cn
【主要产品】十二烷基苯磺酸;肥皂;合成洗衣粉;浴液;合成洗涤剂;洗涤剂(工业);洗涤剂;丝毛洗涤剂;衣领净;洗衣膏;洗面奶;洗发香波;洁厕王;清洗剂

安阳市郊南漳涧永平涂料厂

河南省安阳市北关区南漳涧大门[455000]
电话:(0372)2924412
传真:(0372)2924412
供销电话:13693723640
经济类型:私营企业　法人代表:陈红新
【主要产品】内墙涂料;高级墙面漆

安阳市郊区永固防水乳胶漆厂

河南省安阳市北关区化工路北段[455000]
电话:(0372)2942266
传真:(0372)2942266
供销电话:13083861728
经济类型:股份有限公司
法人代表:张荣榜
【主要产品】高级环保乳胶漆;聚氨酯防水涂料;纳米高弹防水涂料;高弹聚合物防水涂料;超级防水雨刷漆

安阳市郊中原助剂厂

河南省安阳市北关区安漳路[455001]
电话:(0372)2953190
传真:(0372)2948897
经济类型:私营企业　法人代表:李勇军
【主要产品】分散松香胶乳液;抗水剂;中性施胶剂;造纸用湿强剂

安阳市津安化工有限责任公司

河南省安阳市安漳路26号[455000]
电话:(0372)2922951;2928600;13503728089
传真:(0372)2954426;2922951
供销电话:13603723767
经济类型:有限责任公司
法人代表:王海龙
网址:www. ayjinan. com
E-mail:ayjazww@ 126. com
【主要产品】烧碱(固体);磷酸三钠;电镀光亮剂

安阳市景晟染化厂

河南省安阳市北关区韩俊路3号[455000]
电话:(0372)3686188
传真:(0372)3686199　经济类型:集体
法人代表:侯照起
【主要产品】活性染料

安阳市九州药业有限责任公司北厂

河南省安阳市韩陵路4号[455000]
电话:(0372)2923762
传真:(0372)2923762
法人代表:孟凡卿
【主要产品】醋氯芬酸;双氯芬酸钾;阿西美辛;泛癸利酮;氢氯噻嗪;三氯噻嗪

安阳市绿宇农药化肥有限责任公司

河南省安阳市汤阴区火车站[456150]
电话:(0372)3298688;3298636
传真:(0372)3298636　职工人数:68人
经济类型:有限责任公司
法人代表:柴贵枝
【主要产品】含硫尿素;过磷酸钙;混配复合肥料;复合肥

安阳市谦和染料化工有限责任公司

河南省安阳市北关区东漳涧[455000]
电话:(0372)2923065
传真:(0372)2922295　职工人数:160人
经济类型:私营企业　法人代表:韩培谦
网址:www. aydyes. com
E-mail:ay5rl@ 163. com
【主要产品】糠醛;2-氨基-4-硝基苯酚;4-十二烷基苯胺;2-氨基-4-硝基苯酚钠;硫化黑;双倍硫化黑;硫化黑 B;水溶性硫化黑 B

安阳市全丰农药化工有限责任公司

河南省安阳市东工路北段9号[455000]
电话:(0372)2923329;2954431;2273234
传真:(0372)2954431　有进出口权
供销电话:2923329;2273234
经济类型:有限责任公司
法人代表:王志国
网址:www. ayquanfeng. com
E-mail:info@ ayquanfeng. com
【主要产品】速杀硫磷乳油;氯氰菊酯悬浮剂;顺式氯氰菊酯;矮壮素;矮壮素水剂(50%);植物生长调节剂;敌鼠钠;氰·马乳油;辛·氰乳油;阿维·灭幼可湿性粉剂;卫生杀虫剂

安阳市曙光化工厂

河南省安阳市安漳大道52号[455000]
电话:(0372)2924879;13323728938
传真:(0372)3673033　经济类型:集体
供销电话:5253396;2924879
法人代表:崔建军
【主要产品】柔软剂;渗透剂;造纸用湿强剂

安阳市双环助剂有限责任公司

河南省安阳市化工路2号[455000]
电话:(0372)2921665;13803725556
传真:(0372)2921644
经济类型:有限责任公司
法人代表:李幼民
网址:www. ayshuanghuan. com;www. ayhgzj. com
E-mail:ayshzj@ 163. com
【主要产品】分散剂 CNF;扩散剂 MF;亚甲基双萘磺酸钠;分散剂 S;渗透剂;拉开粉 BX;木质素磺酸钠;高效减水剂;混凝土添加剂;水煤浆添加剂

安阳市铁西华北涂料厂

河南省安阳市文峰大道工贸中心[455000]

电话:(0372)3935831
经济类型:股份合作 法人代表:侯明乾
【主要产品】热塑性丙烯酸树脂;油漆;氨基烘漆;涂料助剂;水性色浆;涂料印花色浆

安阳市通用气体有限责任公司

河南省安阳市文明大道80号[455000]
电话:(0372)3931248
传真:(0372)3931248
供销电话:3932749;3931216
经济类型:有限责任公司
法人代表:王天来
【主要产品】二氧化碳;氧气;氮气;高纯氮;溶解乙炔;电石

安阳市小康农药有限责任公司

河南省安阳市文明大道65号[455000]
电话:(0372)3931685
传真:(0372)3982058 有进出口权
经济类型:股份合作 法人代表:王和生
网址:www.xkny.com
E-mail:ayxkny@371.net
【主要产品】α-萘乙酸;叶面肥;百菌清烟剂;甲哌鎓;甲哌鎓水剂;百·腐烟剂

安阳市兴亚洗涤用品有限责任公司

河南省安阳市东工路35号[455000]
电话:(0372)2938869;2946298
传真:(0372)2281699;2950230
供销电话:2938869-8020
经济类型:集体 法人代表:史海全
网址:www.china-xyjt.com.cn
E-mail:xingyasusan@163.com
【主要产品】十二烷基苯磺酸;十二烷基苯磺酸钠;α-烯烃磺酸钠;农药乳化剂500号

安阳市中州石油化工厂

河南省滑县老店乡[456480]
电话:(0372)8341089
经济类型:集体 法人代表:常西计
【主要产品】润滑油

安阳市助剂厂

河南省安阳市化工路北段[455000]
电话:(0372)2913852;2924615;2923117
传真:(0372)2924615 经济类型:集体
网址:www.ayslzj.com
E-mail:ayslzj@371.net
【主要产品】印染助剂;分散剂CNF;扩散剂MF;亚甲基双萘磺酸钠;分散剂S;固色剂;拉开粉BX;快速渗透剂T;改性木质素磺酸钠;高效减水剂;高效减水剂FDN;混凝土添加剂;水煤浆添加剂

安阳松下炭素有限公司

河南省安阳市北关区韩陵路7-1号[455000]
电话:(0372)2911492
传真:(0372)2928034
供销电话:2910401 法人代表:董建国
经济类型:中外合资经营企业
E-mail:lsj826@163.com
【主要产品】再生电极

安阳炭素有限责任公司

河南省安阳市韩陵路7号[455000]
电话:(0372)2924951;2923753;2910461
传真:(0372)2928035 有进出口权
经济类型:有限责任公司
法人代表:董建国
【主要产品】再生电极

安阳县西北化工厂

河南省安阳县安丰乡[455143]
电话:(0372)2758586;5915735
经济类型:集体 法人代表:曹日莹
【主要产品】二甲苯;甲苯;苯;重油;轻苯;重苯;溶剂油;工业萘;轻油;沥青油;脱酚酚油;煤焦油;燃料油

安阳豫北制药厂

河南省安阳市安漳路57号[455000]
电话:(0372)2945027;2945271
传真:(0372)2271979 经济类型:集体
供销电话:2945027;2945271-8025
法人代表:张永生
【主要产品】泼尼松;安他唑啉;磷酸安他唑啉;溴硝醇

河南安阳康星制药有限公司

河南省安阳市文峰区相五路[455000]
电话:(0372)2974559
传真:(0372)2975419
【主要产品】氨苄西林钠;萘普生

河南安阳中科神农医药科技有限责任公司

河南省安阳市高新区海河大道东段[455000]
电话:(0372)3658301;5961890
传真:(0372)3658301
法人代表:段友鹏
网址:www.aysnyy.com/snyy/index.html
E-mail:snyyd@163.net;
snzcy@tom.com
【主要产品】各色包衣粉

河南东泰制药有限公司

河南省汤阴县长虹路东段[456150]
电话:(0372)6217645;6212598;6201522
传真:(0372)6212598 有进出口权
供销电话:6212598;13603726201
经济类型:外商投资股份有限公司
职工人数:762人 法人代表:苗青
网址:www.dongtaipharm.com
E-mail:tymr@public.ayptt.ha.cn
【主要产品】2-吲哚酮;N-苯基-2,6-二氯苯胺;1-(2,6-二氯苯基)-2-吲哚酮;盐酸金刚乙胺;醋氯芬酸;双氯芬酸钠;双氯芬酸钾;双氯芬酸二乙胺盐;阿西美辛;泼尼松龙;醋酸泼尼松龙;泼尼松龙磷酸钠

河南滑县活性炭厂

河南省安阳市滑县小铺乡[456483]
电话:(0372)8626096
传真:(0372)8626096 有进出口权
法人代表:李广朝
网址:www.chinaactivarbons.com
E-mail:twk@hi2000.com;
hnhx@hi2000.com
【主要产品】活性炭

河南滑县县社涂料厂

河南省安阳市滑县[456400]
电话:(0372)8115634
法人代表:阎月莲
【主要产品】外墙涂料;防瓷涂料;钢化涂料

河南滑县远航化工有限责任公司

河南省滑县四间房工业区[456400]
电话:(0372)8692308;8692666
传真:(0372)8692398 职工人数:68人
经济类型:有限责任公司
网址:www.yuanhangchem.com
E-mail:xiajin@yuanhangchem.com
【主要产品】铬矿石;三氧化铬;氧化铬绿

河南利华制药有限公司

河南省安阳市安汤路北段[455000]
电话:(0372)3925752;3925753
传真:(0372)3925732;3961409
经济类型:港澳台商独资经营
有进出口权 法人代表:李勇
网址:www.hnlihua.com.cn
E-mail:lhpco@public.ayptt.ha.cn
【主要产品】去氢表雄酮;甲睾酮;黄体酮;氢化可的松;醋酸氢化可的松;醋酸可的松;泼尼松;泼尼松龙;醋酸泼尼松龙;醋酸泼尼松;地塞米松磷酸钠;倍他米松

河南上官化工厂

河南省滑县上官镇[456472]
电话:(0372)8311918
经济类型:集体 法人代表:刘梦耀
【主要产品】羧甲基淀粉钠(医药级)

河南省安阳市第一制药厂

河南省安阳市安汤路4号[455000]
电话:(0372)2982717
传真:(0372)2986095 经济类型:国有
法人代表:齐文富
【主要产品】土霉素;甲硝唑;氟尿嘧啶

河南省安阳市航天涂料化工有限责任公司

河南省安阳市东郊小营[455000]
电话:(0372)2929787
传真:(0372)2929787
供销电话:2926097;2958070
法人代表:岳法民
网址:www.htlhg.ha.cn
【主要产品】油漆;内外墙涂料;油墨;洗涤剂(工业);防锈油;磷化液

河南省安阳市化工实验厂

河南省安阳市北关区韩陵路[455000]
电话:(0372)2912107;2929727
传真:(0372)2912107 经济类型:国有
法人代表:郭跃进
【主要产品】α-萘乙酸;甲氰菊酯乳油;乙烯利;40%乙烯利水剂;赤霉素乳油;矮壮素;矮壮素水剂(50%);甲哌鎓

河南省安阳市益康制药厂

河南省安阳市灯塔路东段[455000]
电话:(0372)2291528;13903726509
传真:(0372)2291528 经济类型:国有
法人代表:赵和平
【主要产品】二苯溴甲烷;二苯甲基哌嗪;苯丙烯基哌嗪;盐酸普罗帕酮;尼群地平;桂利嗪;尼莫地平;盐酸氟桂利嗪

河南省安阳县崔家桥兴华化工厂

河南省安阳县崔家桥[455112]
电话:(0372)2688518
法人代表:杨玉荣
【主要产品】热塑性丙烯酸树脂;丙烯酸涂料;各色塑料涂料

河南省安阳荧迪化工有限责任公司

河南省安阳市龙安区文明大道烟厂路[455000]
电话:(0372)3932694;3931405
传真:(0372)3931859
经济类型:有限责任公司
法人代表:石君伟
E-mail:ayd@public2.zz.ha.cn
【主要产品】4,4′-二氨基二苯乙烯-2,2′-二磺酸;印染助剂;荧光增白剂BC;荧光增白剂VBL

河南省保利平原药业有限责任公司

河南省安阳市铁西路北段252号[455000]
电话:(0372)3930276;13311182510
传真:(0372)3930276 有进出口权
经济类型:股份合作 法人代表:徐华军
E-mail:polypy@vip.163.com
【主要产品】β-苯基丙烯酸;对乙酰氨基苯亚磺酸;邻乙酰氨基苯甲酸;酒石酸吉他霉素;四环素

河南省滑县934涂料厂

河南省安阳市滑县向阳路29号[456400]
电话:(0372)8162844;13937262149
经济类型:私营企业 法人代表:王化锋
【主要产品】108外墙涂料;夜光涂料;瓷釉涂料;纳米涂料;钢化涂料;107胶

河南省滑县永丰化肥有限责任公司

河南省滑县解放北路3号[456400]
电话:(0372)8112391;8112724
传真:(0372)8115994;8123879
供销电话:8113166 有进出口权
经济类型:私营企业 法人代表:柳永久
E-mail:hxyongfeng@126.com
【主要产品】合成氨;碳酸氢铵;塑料制品

河南省九州药业有限责任公司

河南省安阳市相东路1号[455000]
电话:(0372)2965603;2966697
传真:(0372)2965903 有进出口权
供销电话:2989613 企业规模:大型
供销传真:2989619
法人代表:廖哲明
经济类型:有限责任公司
【主要产品】靛红;土霉素;盐酸土霉素;双氯芬酸钠;氢氯噻嗪

河南省开仑化工有限责任公司

河南省滑县道口镇解放北路25号[456400]
电话:(0372)8112391
传真:(0372)8112724 有进出口权
供销电话:13503461999
经济类型:有限责任公司
法人代表:苗进之
网址:www.kl-chem.com
E-mail:zhj5598@sina.com
【主要产品】硫代硫酸钠;不溶性硫黄;α-萘胺;促进剂CZ;促进剂DM;促进剂M;促进剂NOBS;橡胶防老剂;防老剂BLE;防老剂RD;防老剂丁;防老剂甲;防老剂DFC-34;炭黑分散剂;辛基酚醛增黏树脂;叔丁酚醛增黏树脂;油井水泥膨胀剂;压裂助排剂;油井水泥消泡剂;油井水泥减轻剂SU

河南省汤阴县永新助剂厂

河南省汤阴县白营乡北陈王村[456150]
电话:(0372)6480907
传真:(0372)6214869
经济类型:私营企业 法人代表:张迎宾
【主要产品】促进剂NS;N-环已基硫代酞酰亚胺

河南正弘药用辅料有限公司

河南省汤阴县铁东路南端[456150]
电话:(0372)6236099
传真:(0372)6236199
经济类型:有限责任公司
【主要产品】硬脂酸镁(药用);药用淀粉;白糊精;羧甲基淀粉钠(医药级)

红旗渠环保涂料厂

河南省林州市市委党校对面[456550]
电话:(0372)6856998
供销电话:13700725238
经济类型:私营企业 法人代表:石明生
【主要产品】瓷釉涂料;玻璃钢漆

滑县桥南老四防水涂料厂

河南省安阳市滑县道口[456400]
电话:(0372)8117338;13598117338
经济类型:私营企业 法人代表:李文科
【主要产品】内外墙乳胶漆;瓷釉涂料;弹性防水涂料;钢化涂料

林州市茶店化工厂

河南省林州市茶店乡山拐头北[456574]
电话:(0372)6741154
传真:(0372)6742154 经济类型:集体
法人代表:李买生
【主要产品】一氧化铅;五氧化二钒;二盐基亚磷酸铅;三盐基硫酸铅

林州市大众涂料厂

河南省林州市太行路北段[456550]
电话:(0372)6810279
经济类型:私营企业 法人代表:李晓岚
【主要产品】乳胶漆;内外墙涂料

林州市光华药业有限公司

河南省林州市社书[456575]
电话:(0372)6710666;6711097;6711100
传真:(0372)6711100 经济类型:集体
供销电话:6710430;6710882
法人代表:张拴成
网址:www.aygh.com
E-mail:ghzy@public.ayptt.ha.cn
【主要产品】亚硝酸钠;一乙醇胺;醋酸钠;呋喃唑酮;盐酸氟桂利嗪

林州市华帅化工有限公司

河南省林州市小店乡桂林镇[456581]
电话:(0372)6761108;6765888
传真:(0372)6765888;6761182
经济类型:股份合作 职工人数:180人
法人代表:郭文江
网址:www.huashuaichem.com
【主要产品】2-甲基苯胺;2-甲基-6-乙基苯胺

林州市蓝天涂料厂

河南省林州市六路口东南角[456550]
电话:(0372)6839135
经济类型:私营企业 法人代表:王书林
【主要产品】内外墙乳胶漆;防水涂料

林州市蓝星涂料厂

河南省林州市粮油巷[456550]

豫

电话:(0372)6821972
经济类型:私营企业 法人代表:李怀增
【主要产品】内外墙乳胶漆;瓷釉涂料

林州市水晶涂料厂
河南省林州市城关镇北关街[456550]
电话:(0372)6885300
经济类型:私营企业 法人代表:龙民江
【主要产品】内外墙乳胶漆;107 胶

林州市阳光涂料厂
河南省林州市南环路八一厂院内[456550]
电话:(0372)13938683917
经济类型:私营企业 法人代表:李金仓
【主要产品】瓷釉涂料;821 腻子粉

林州市宇豪化工科技有限公司
河南省林州市城西木皂寺[456550]
电话:(0372)6811810
传真:(0372)6811810
供销电话:6908855 法人代表:李东生
【主要产品】乳化炸药;工业粉状铵锑炸药

豫

林州市制氧有限责任公司
河南省林州市陵阳镇陵阳大道南段[456550]
电话:(0372)6581930
经济类型:集体 法人代表:石聚生
【主要产品】氧气;氮气

内黄县金科化工有限责任公司
河南省安阳市内黄县中召乡杨村[456374]
电话:(0372)3915188
传真:(0372)7316568
供销电话:13938317266
经济类型:私营企业
【主要产品】石油树脂;溶剂油

内黄县糠醛有限公司
河南省安阳市内黄县西环城路 26 号[456300]
电话:(0372)7711921
传真:(0372)7711921 有进出口权
经济类型:股份合作 法人代表:盖振海
【主要产品】糠醛;醋酸钠

汤阳县山河涂料厂
河南省安阳市汤阳县[456150]
电话:(0372)6201385
经济类型:私营企业 法人代表:王秀玲
【主要产品】乳胶漆;内外墙涂料;瓷釉涂料;钢化涂料

汤阴融鑫有限责任公司
河南省汤阴县城东南[456150]
电话:(0372)6239051;13931597969
传真:(0372)6239032
经济类型:有限责任公司
法人代表:于金平
网址:www.rongxin-xylose.com
E-mail:rongxin@rongxin-xylose.com
【主要产品】木糖醇;木糖

汤阴县东鑫化工有限公司
河南省安阳市汤阴县[456150]
电话:(0372)6208268
传真:(0372)6208268
经济类型:股份有限公司
法人代表:张金鹏
【主要产品】橡胶增黏树脂;酚醛补强树脂

汤阴县奇昌化工有限公司
河南省汤阴县北陈王[456150]
电话:(0372)6222488
供销传真:6481905 法人代表:张常熙
经济类型:私营企业
E-mail:tanhei@371.net
【主要产品】色素炭黑

汤阴县豫鑫有限责任公司
河南省汤阴县长虹路东段[456150]
电话:(0372)6205929
传真:(0372)6205979 职工人数:540 人
固定资产:80,000 千元
供销电话:6205979
经济类型:私营企业
网址:www.yuxin-xylitol.com
【主要产品】木糖醇;木糖

汤阴县豫星化工有限责任公司
河南省安阳市汤阴县火车站南桥西[456100]
电话:(0372)3298688;3298636
传真:(0372)3298636
经济类型:股份合作 法人代表:王敬泉
【主要产品】过磷酸钙;有机无机磷肥

汤阴县忠武建筑涂料有限公司
河南省安阳市汤阴县人民路[456150]
电话:(0372)6215473
传真:(0372)6215473
供销电话:6215567 法人代表:李忠武
经济类型:有限责任公司
【主要产品】丙烯酸系列内外墙涂料;苯丙乳胶漆;彩色屋面防水隔热涂料;丙烯酸乳胶漆;硅丙水性罩光漆;硅丙外墙乳胶漆;环保内墙乳胶漆;888 仿瓷涂料;广告涂料;钢化涂料;107 胶

濮阳市

大朋化工集团第五化工厂二分厂
河南省濮阳市采油四厂老基地[457073]
电话:(0393)4854197
经济类型:集体 法人代表:刘锦信
【主要产品】脂肪胺醋酸盐

河南宏业化工有限公司
河南省南乐县城北二公里[457400]
电话:(0393)6681288;4636771;4637001
传真:(0393)4637731;6681266
固定资产:50,000 千元 有进出口权
经济类型:有限责任公司
产值:150,000 千元 职工人数:360 人
销售收入:150,000 千元
法人代表:陈志勇
网址:www.hongyechemical.com
E-mail:hongyechem@371.net
【主要产品】过碳酸钠;过氧化氢;糠醛;糠醇;四乙酰乙二胺;二氧化硫脲;硫脲;2-乙基蒽醌;纸浆漂白剂 FAS

河南南乐天润化工有限公司
河南省濮阳市南乐县城北两公里 106 国道西侧[457400]
电话:(0393)6298238
传真:(0393)6298238
供销电话:13721755976
经济类型:股份有限公司
【主要产品】聚丙烯

河南濮阳市三安化工有限公司
河南省濮阳市高新技术产业开发区黄河路西段[457000]
电话:(0393)8965008;8965059
传真:(0393)8965086 有进出口权
经济类型:股份合作 法人代表:刘天顺
网址:www.pysanan.com.cn
E-mail:pysanan@chem.com.cn
【主要产品】三聚氰胺;液氨

河南濮阳万里肌醇有限公司
河南省濮阳市高新技术开发区[457000]
电话:(0393)4616535;4633289;13603834393
传真:(0393)4616535
法人代表:张光祥
【主要产品】磷钙粉;肌醇

河南省贝利石化集团股份有限公司
河南省濮阳市范县新区[457500]
电话:(0393)5261666;5261628
传真:(0393)5261868
经济类型:股份有限公司
企业规模:大型 法人代表:王振彪
【主要产品】丙烷;环氧丙烷;石油液化气;汽油;柴油

河南省内黄县金科化工有限责任公司
河南省安阳市内黄县中召乡杨村[456374]
电话:(0393)3915188
传真:(0372)7316568 职工人数:30 人
供销电话:3902968 法人代表:杨金桥
经济类型:有限责任公司
【主要产品】石油树脂;溶剂油

河南省南乐县金九涂料厂

河南省濮阳市南乐县[457400]
电话:(0393)13939333016;13213960185
传真:(0393)6228737
网址:www.hnjjtl.com
【主要产品】碳酸钙(纳米级);乳胶漆;瓷釉涂料;水性防锈漆;建筑胶801

河南省濮阳市氯碱厂
河南省濮阳市黄河路西段[457000]
电话:(0393)4615689
传真:(0393)4615692　经济类型:国有
供销电话:4619084　有进出口权
企业规模:大型　法人代表:杨河峰
网址:www.pumeng.com
E-mail:sale@pumeng.com
【主要产品】盐酸;烧碱(液体);次氯酸钠;粉状速溶硅酸钠;氯气(液);糠醇;碳酸二甲酯;氯化聚乙烯

河南省中原大化集团有限责任公司
河南省濮阳市人民路西段[457004]
电话:(0393)8956507;4416201;4427333
传真:(0393)4411280;4433994
供销传真:4416201　有进出口权
经济类型:有限责任公司
企业规模:大型　法人代表:陈留拴
网址:www.zydh.com
E-mail:zydh@zydh.com
【主要产品】过氧化氢;三聚氰胺;合成氨;尿素;尿基复合肥;塑料编织袋;水质稳定剂

河南天盛化学工业有限公司
河南省濮阳市清丰县高堡工业区[457314]
电话:(0393)7605299;13703832199
传真:(0393)7608188　有进出口权
供销传真:7606188
经济类型:股份合作
网址:www.tschem.com.cn
E-mail:tschem@tschem.com.cn
【主要产品】羟乙基纤维素;甲基纤维素;羟丙基纤维素

恒源精细化工有限公司
河南省濮阳市胜利西路[457000]
电话:(0393)4437519
传真:(0393)4437037
供销电话:4437037　法人代表:裴保仲
经济类型:股份有限公司
【主要产品】甲基四氢苯酐

金邦制漆(中国)有限公司
河南省濮阳市京开大道南端[457000]
电话:(0393)3330777
传真:(0393)3333469
经济类型:有限责任公司
法人代表:吴秀森
网址:www.k-golden.com
E-mail:office@k-golden.com
【主要产品】装饰漆;真石漆;丙烯酸外墙涂料;弹性防水涂料;防霉装饰漆;内外墙水泥漆

南乐县鑫丰化工有限公司
河南省濮阳市南乐县城关镇光明北路西[457400]
电话:(0393)6227123
经济类型:股份有限公司
法人代表:张石珍
【主要产品】硫酸锌;碱式碳酸锌;十二烷基二甲基苄基氯化铵;氨基三亚甲基膦酸;聚合硫酸铁

濮阳东方化工总厂
河南省濮阳市中原油田茂名路55号[457001]
电话:(0393)4828075
传真:(0393)4827740　经济类型:集体
法人代表:贾海迎
【主要产品】脂肪胺醋酸盐;十二烷基三甲基氯化铵

濮阳合力化工厂
河南省濮阳市北环路[457001]
电话:(0393)4827153
传真:(0393)4828443　经济类型:国有
法人代表:刘锦信
【主要产品】磺化沥青

濮阳宏业化工有限公司
河南省濮阳市南乐县城[457400]
电话:(0393)6294797;13839332886
传真:(0393)6294986　有进出口权
供销电话:6294985;13938300988
经济类型:有限责任公司
法人代表:万卫平
E-mail:hongyechem@371.net
【主要产品】三氯化铝;酞菁蓝BGS;酞菁蓝B;酞菁绿G

濮阳泓天威药业有限公司
河南省濮阳市胜利西路西段[457000]
电话:(0393)4430188
传真:(0393)4421649　有进出口权
供销电话:4430368　法人代表:袁永忠
供销传真:4430368
经济类型:有限责任公司
网址:www.hotway.com.cn
【主要产品】马杜拉霉素;硫酸安普霉素;盐霉素

濮阳佳城聚氨酯工程有限公司
河南省濮阳市中原油田北环路茂名路[457001]
电话:(0393)8805398;8803559;13839367144
传真:(0393)8805398
供销电话:8803559;13839286538
企业规模:大型
网址:www.jiacheng.net.cn
E-mail:jiachengsujiao@126.com
【主要产品】聚氨酯塑胶铺装制品;塑胶跑道;彩色聚氨酯防水涂料

濮阳可利威化工有限公司
河南省濮阳市[457000]
电话:(0393)4638456
传真:(0393)4638678　有进出口权
供销电话:13903934904
经济类型:有限责任公司
法人代表:张伟中
网址:www.cleanwaychem.com
E-mail:sal@cleanwaychem.com
【主要产品】三氯异氰尿酸;三聚氰酸;二氯异氰尿酸钠

濮阳利鑫精细化工有限公司
河南省濮阳市范县新区[457506]
电话:(0393)5262862;5262595;13307158751
传真:(0393)5264319
网址:www.lixinchem.cn;www.acrolein.cn
E-mail:sales@lixinchem.cn
【主要产品】1,1,3,3-四甲氧基丙烷;1,1,3,3-四乙氧基丙烷;丙烯醛;乙烯基异丁基醚;乙烯基正丁基醚;乙烯基乙醚;乙烯基甲醚;2-氯-5-氯甲基吡啶;2-氯-5-三氟甲基吡啶;戊二醛;4-二甲氨基吡啶

豫

濮阳市宝利来化工有限公司
河南省濮阳市清丰县南关外083号[457300]
电话:(0393)7213666
传真:(0393)7213666
供销电话:7213777　法人代表:陈传亮
供销传真:7213777
经济类型:有限责任公司
【主要产品】氯化胆碱

濮阳市诚惠化工有限公司
河南省濮阳市盘锦路中段路东[457002]
电话:(0393)4813555;13603439859
传真:(0393)4813777
网址:www.chenghuichem.cn
E-mail:pychenghui@126.com
【主要产品】高氯化聚乙烯;氯化橡胶

濮阳市春盛化工有限公司
河南省濮阳市清丰县南关外083号[457300]
电话:(0393)7227800
传真:(0393)7225966　经济类型:国有
供销电话:7225948　有进出口权
供销传真:7225948　法人代表:李书京
【主要产品】偏苯三酸酐;一甲胺(40%);二甲胺(40%~50%);三甲胺水溶液;氯化胆碱

濮阳市冠宇化工有限公司
河南省台前县尚庄工业区[457600]
电话:(0393)2212398;2211324
传真:(0393)2216468

经济类型:有限责任公司
法人代表:李金军
E-mail:guanyu@chinaguanyu.com
【主要产品】β-甲基吡啶;己酸;乙酸乙酯;醋酸丁酯;己酸乙酯;月桂氮卓酮

濮阳市光明化工有限公司
河南省濮阳市范县工业区[457516]
电话:(0393)5972229
经济类型:私营企业 职工人数:50人
法人代表:冯献书
【主要产品】N-甲基吡咯烷酮

濮阳市光璞石化有限责任公司
河南省濮阳市范县濮城南关[457531]
电话:(0393)5901462;4842058;5901988
传真:(0393)5901894
供销电话:5901771;5901942
供销传真:5901771 法人代表:顾广新
经济类型:外商独资
网址:www.gpsh.net
E-mail:gpsh_liu@163.com
【主要产品】硅酸钠;二氧化锆;硅粉;石油液化气;邻苯二甲酸二辛酯;炭黑;天然气半补强炉法炭黑;白炭黑

豫

濮阳市恒美实业开发中心
河南省濮阳市胜利东路29号[457001]
电话:(0393)4883123
传真:(0393)4883123
供销电话:4883136 法人代表:贺新民
经济类型:股份合作
网址:www.chinahengmei.com
E-mail:hengmei@yeah.net
【主要产品】新型特种带锈防腐漆;醇酸清漆;C03-1各色醇酸调合漆;C04-2各色醇酸磁漆;铁红醇酸防锈漆;各色丙烯酸锤纹漆;热固性聚酯改性环氧粉末涂料;热固型纯聚酯粉末涂料;常温道路标志漆;热固型纯环氧粉末涂料;环氧防腐漆;鳞片重防腐涂料;特种防腐铝粉漆;特种除锈防锈漆;新型特种船舶甲板漆;新型特种船舶船壳漆;新型特种船舶水线漆;新型特种防腐锤纹漆;户外高光防腐漆;新型特种防腐清漆;超强摩托车保护剂;节能机油;汽车减磨节能机油;摩托车减磨节能机油;高级汽油机油;高级柴油机油;工业齿轮油;抗磨液压油;极压锂基脂;防冻液;长效防冻液

濮阳市惠成化工有限公司
河南省濮阳市黄河路西路[457001]
电话:(0393)8912778;8912775
传真:(0393)8948232 有进出口权
供销电话:8912776 职工人数:100人
经济类型:私营企业 法人代表:王中锋
网址:www.huichengchem.com
E-mail:lovins@hotmail.com
【主要产品】六氢苯酐;降冰片烯二酸酐;甲基纳迪克酸酐;四氢邻苯二甲酰亚胺;四氢苯酐;甲基四氢苯酐;3-甲基四氢苯酐;甲基六氢苯酐

濮阳市甲醇厂
河南省濮阳市高新区黄河路西段[457000]
电话:(0393)4615775
传真:(0393)4615970 经济类型:国有
供销电话:4615775-2038
企业规模:大型 法人代表:毕殿峰
网址:www.pyjc.com
E-mail:liqs@chem.com
【主要产品】甲醇(精);甲醛;季戊四醇;甲酸钠;阻燃剂

濮阳市卡博特化工有限公司
河南省濮阳市黄河路西段[457000]
电话:(0393)4610686
传真:(0393)4620701 有进出口权
固定资产:2,000千元 职工人数:120人
经济类型:有限责任公司
法人代表:李玉国
网址:www.kbtchemical.com
【主要产品】二甲氧基甲烷;高氯化聚乙烯;氯化橡胶

濮阳市凯宇化工有限公司
河南省濮阳市胜利路西段[457000]
电话:(0393)4430988;13721755989
传真:(0393)4430988;8969826
经济类型:有限责任公司 有进出口权
法人代表:马俊方
网址:www.qkchem.com
E-mail:majf@qkchem.com
【主要产品】二氧化硫脲

濮阳市康仕通化工有限公司
河南省濮阳市胜利路西段[457000]
电话:(0393)4419648;13781368975
传真:(0393)4418934
经济类型:有限责任公司
法人代表:高俊府
【主要产品】C_9芳烃;石油树脂;溶剂油

濮阳市利鑫化工有限公司
河南省濮阳市胜利路西段[457000]
电话:(0393)4435212;13703488678
传真:(0393)4435212
经济类型:有限责任公司
法人代表:梁献新
【主要产品】精丙三醇

濮阳市龙泉聚合物有限公司
河南省濮阳市龙泉工业区[457600]
电话:(0393)2237777;2237999
传真:(0393)2235222
法人代表:徐兴伟
网址:www.longquanchem.com.cn
E-mail:sales@longquanchem.com.cn
【主要产品】聚丙烯酰胺;聚合氯化铝;聚丙烯酸钾;油田驱油剂;钻井液用增黏剂

濮阳市迈奇精细化工有限公司
河南省濮阳市开发区胜利路西段[457000]
电话:(0393)4411740;4421729
传真:(0393)4412741
经济类型:私营企业 法人代表:苗胜利
网址:www.myj2002.com
E-mail:myj@myj2002.com
【主要产品】N-甲基吡咯烷酮;γ-丁内酯

濮阳市民源精细化工有限公司
河南省濮阳市范县民营高科园区[457000]
电话:(0393)5262987
传真:(0393)5266281;5261446
供销传真:5262987 职工人数:68人
法人代表:杨崇乐
网址:www.minyuan365.com
E-mail:minyuan@minyuan365.com
【主要产品】均苯四甲酸;均苯四甲酸二酐

濮阳市鹏程化工有限公司
河南省濮阳市胜利路西段[457000]
电话:(0393)4413556;13346823777
传真:(0393)4418550 经济类型:国有
固定资产:80,000千元 有进出口权
供销电话:8990556 法人代表:赵永杰
供销传真:8961858
【主要产品】木糖醇;木糖

濮阳市鹏鑫化工有限公司
河南省濮阳市胜利路西段[457000]
电话:(0393)4615775-2080
传真:(0393)4718745
供销电话:4622005 法人代表:赵永杰
供销传真:4618745
经济类型:股份有限公司
【主要产品】甲醛;季戊四醇;甲酸钠;木糖

濮阳市濮中化工有限公司
河南省濮阳市中原路西段[457000]
电话:(0393)8961885;13903938004
传真:(0393)8961881 有进出口权
经济类型:私营企业
网址:www.puzhongchem.com
E-mail:puzhongchem@371.net
【主要产品】二氧化硫脲;羧甲基纤维素钠

濮阳市溥源化工有限公司
河南省濮阳市黄河路西段[457000]
电话:(0393)4623510
传真:(0393)8961836
供销电话:8109569;13839309082
供销传真:8109569
经济类型:私营企业
【主要产品】硬脂酸;氢化油

濮阳市瑞森石油树脂有限公司
河南省濮阳市高新区黄河路西段[457000]
电话:(0393)4603222

传真:(0393)4603222　职工人数:200 人
供销电话:4603777　法人代表:闫荣普
供销传真:4603555
经济类型:股份有限公司
网址:www. pyruisen. com
E-mail:pyrssysz@ 163. com
【主要产品】苯;二聚环戊二烯;异戊二烯;精制碳五;碳九芳烃石油树脂;碳五石油树脂;混合苯

濮阳市市区四方化工厂

河南省濮阳市黄河路西段路南[457000]
电话:(0393)4615144
传真:(0393)4615044　经济类型:集体
固定资产:530 千元　产值:20,000 千元
供销传真:4615114　职工人数:80 人
法人代表:张征义
网址:syfang. chemnet. com
E-mail:sifang@ hi2000. com
【主要产品】13-二十二碳烯酸;正二十二酸;芥酸甲酯;山萮酸酰胺;油酸甲酯;六甲基磷酰三胺;油酸酰胺;油酸;芥酸酰胺;抗静电剂 1800

濮阳市帅星化工有限公司

河南省濮阳市胜利路西段[457000]
电话:(0393)4427418
传真:(0393)4427418
经济类型:有限责任公司
法人代表:裴全景
【主要产品】聚乙烯;聚丙烯 T30S

濮阳市双化特种气体有限公司

河南省濮阳市高新区黄河路[457000]
电话:(0393)8948219;13721716151
传真:(0393)4618007
经济类型:私营企业
【主要产品】二氧化碳;高纯氧

濮阳市顺昌日用化工有限公司

河南省濮阳市黄河路西段[457000]
电话:(0393)4620701
传真:(0393)4620701
经济类型:有限责任公司
法人代表:刘建寅
【主要产品】氯甲基甲醚;高氯化聚乙烯;氯化橡胶

濮阳市新豫化工物资有限公司

河南省濮阳市胜利西路西段路北[457000]
电话:(0393)4421362;4436988
传真:(0393)4436988
供销电话:8961878　法人代表:裴存甫
经济类型:股份合作
网址:www. pyxyhg. com
E-mail:mail@ pyxyhg. com
【主要产品】二聚环戊二烯;1,3-戊二烯;异戊二烯;精制碳五;碳九芳烃石油树脂;碳五石油树脂

濮阳市兴建防腐涂料有限公司

河南省濮阳市化工一路南段[457000]
电话:(0393)8110623;13603839995
传真:(0393)8110623
法人代表:尚海运
网址:www. xjff. com
E-mail:ma@ xjff. com
【主要产品】厚浆型环氧煤沥青防腐涂料;C03-3 各色醇酸调合漆;C04-42 各色醇酸磁漆;铁红醇酸防锈漆;C53-31 红丹醇酸防锈漆;C53-34 云铁醇酸防锈漆;常温道路标志漆;H06-4 环氧富锌底漆;环氧地坪涂料;环氧封闭底漆;环氧无溶剂自流平漆;环氧砂浆长效防腐涂料;铁红环氧底漆;环氧带锈防锈防腐涂料;各色环氧防腐面漆;环氧防腐底漆;环氧红丹防锈漆;有机硅耐高温漆;高氯化聚乙烯防腐底漆;高氯化聚乙烯防腐面漆;高氯化聚乙烯中涂漆;高氯化聚乙烯厚浆型防锈漆;输送管防腐涂料;玻璃鳞片重防腐涂料;热喷涂封闭底漆;无毒饮水舱防腐涂料;耐油导静电涂料;耐酸碱重防腐涂料

濮阳市星海化工厂

河南省濮阳市开发区黄河路西段[457000]
电话:(0393)13939362948
传真:(0393)4611598　经济类型:国有
供销电话:4611247;13939362948
有进出口权　法人代表:王勤轩
【主要产品】二甲苯;甲苯;芳烃;溶剂油 200 号;邻苯二甲酸二辛酯;石油树脂;混合苯

濮阳市一帆化工有限公司

河南省濮阳市黄河路西段[457000]
电话:(0393)4622959
传真:(0393)5625036
经济类型:有限责任公司
法人代表:周利书
【主要产品】盐酸;二甲氧基甲烷;氯甲基甲醚;一氯乙酸

濮阳市义达塑料化工有限公司

河南省濮阳市胜利西路[457000]
电话:(0393)4422143
传真:(0393)4422143
供销电话:4431122　法人代表:李秀生
供销传真:4431122
经济类型:有限责任公司
【主要产品】聚乙烯电缆料;硅烷交联聚乙烯绝缘电缆料

濮阳市亿丰生物化工工程有限公司

河南省濮阳市高新区黄河路西段[457000]
电话:(0393)4630486
传真:(0393)4630496
供销电话:4630486;13703837586
经济类型:股份有限公司
法人代表:盛玉振
网址:www. pyyfsw. com
E-mail:sale@ pyyfsw. com
【主要产品】二十八醇;茄尼醇

濮阳市益丰精细化工有限公司

河南省濮阳市高新区黄河路西段[457000]
电话:(0393)4615044
传真:(0393)4615144
经济类型:有限责任公司
法人代表:陈天锋
网址:pysifang. chemnet. com
E-mail:sifang@ hi2000. com
【主要产品】二甲基二硫;六甲基磷酰三胺

濮阳市银泰工贸有限公司

河南省濮阳市开州路 15 号[457000]
电话:(0393)4439615;4439715
传真:(0393)4439815　有进出口权
经济类型:私营企业
网址:www. yintai-cn. com
E-mail:yutrade@ 263. net
【主要产品】三氯异氰尿酸;三聚氰酸;癸二酸;对硝基苯甲酸乙酯;硫酸二乙酯;4-硝基苯甲酸;2-硝基苯甲醛;*N*,*N*-二异丙基乙胺;三聚氰胺;二氯异氰尿酸钠;咪唑;*N*,*N'*-羰基二咪唑;硫脲;4-硝基苯甲醇;羟乙基纤维素;4-硝基苯甲醛;多聚磷酸铵;羟丙基甲基纤维素;羧甲基纤维素钠;聚阴离子纤维素;乙基纤维素;羟乙基甲基纤维素

濮阳市中德石油树脂有限公司

河南省濮阳市京开大道南段[457000]
电话:(0393)8081448
传真:(0393)8081446
网址:www. petro-resin. com
E-mail:sales@ petro-resin. com
【主要产品】碳九芳烃石油树脂;碳五石油树脂;加氢石油树脂;石油树脂

濮阳天宇化工总厂

河南省濮阳市清丰县瓦屋头乡[457321]
电话:(0393)4834289
传真:(0393)4834093
经济类型:股份合作　法人代表:王教武
【主要产品】羧甲基纤维素钠

濮阳通达埃米科化工有限公司

河南省濮阳市范县濮城镇[457532]
电话:(0393)4841817
传真:(0393)4841701　法人代表:刘刚
【主要产品】杀菌剂(工业用);缓蚀剂;除铁剂

濮阳蔚林化工股份有限公司

河南省濮阳市工贸示范区(户部寨乡)[457163]
电话:(0393)4840366;3540377;3540873
传真:(0393)4840346

供销电话:4840981;4840336
法人代表:郭同心
网址:www. willingchem. com
E-mail:willing@ willingchem. com
【主要产品】N,N′-二乙基硫脲;橡胶促进剂 TBzTD;促进剂 CZ;促进剂 CA;促进剂 D;促进剂 DM;促进剂 M;促进剂 NA-22;促进剂 NOBS;促进剂 NS;促进剂 PX;促进剂 TETD;促进剂 TMTD;促进剂 ZDC;促进剂 PZ;促进剂 BZ;促进剂 TiBTD;硫化促进剂 ZBEC;促进剂 DTDM;促进剂 DOTG;促进剂 TMTM;促进剂 TRA;促进剂 ZMBT;橡胶促进剂 CuMDC;防老剂 MB;防老剂 MBZ;N-环己基硫代酞酰亚胺

濮阳县大丰化工有限公司

河南省濮阳市柳屯镇井下北路[457002]
电话:(0393)4875756;13703486684
传真:(0393)4875756
网址:www. chinachemnet. com/dafen
E-mail:liuzaimin@ chemnet. com
【主要产品】氯甲酸三氯甲酯;三氯甲基碳酸酯;邻苯二甲酰亚胺;氯化聚乙烯;高氯化聚乙烯;超细聚四氟乙烯粉

濮阳县化肥厂

河南省濮阳市老城解放路393号[457002]
电话:(0393)3311331
传真:(0393)3312191 经济类型:国有
供销电话:3311378 法人代表:王石增
E-mail:pyhfc@ 163. net
【主要产品】氯气(液);氮肥;合成氨;碳酸氢铵

濮阳县亿丰新型增塑剂有限公司

河南省濮阳县广场街5号[457002]
电话:(0393)3238868;13803931126
传真:(0393)3238869
法人代表:刘亚飞
网址:www. yifengchem. com
【主要产品】二苯甲酸二甘醇酯;邻苯二甲酸二丁酯;邻苯二甲酸二辛酯;多元醇苯甲酸酯;癸二酸二辛酯;烷基磺酸苯酯;氯化石蜡-42;氯化石蜡-52

濮阳中环橡胶总厂

河南省清丰县马庄桥204信箱[457331]
电话:(0393)4809398
传真:(0393)4809398 经济类型:集体
供销电话:4809881;4800756
法人代表:何福林
【主要产品】橡胶三角带;胶管

濮阳中原三力第二化工有限公司

河南省濮阳市清丰县马庄桥镇[457331]
电话:(0393)4806626;4800610
传真:(0393)4806626 经济类型:集体
法人代表:胡坤山
【主要产品】超细碳酸钙;磺甲基腐殖酸钠;羧甲基淀粉

濮阳中原三力实业有限公司

河南省清丰县201信箱(马庄桥镇)[457331]
电话:(0393)4800609;4800266
传真:(0393)4800266;4800609
供销电话:4800620
经济类型:股份合作
网址:www. sanli-group. com
E-mail:sales@ sanli-group. com
【主要产品】氨基乙酸;增黏剂;聚丙烯酸钾;羧甲基纤维素钠

清丰县方圆泡塑制品有限公司

河南省濮阳市清丰县南箕街南段路东[457300]
电话:(0393)7226869;13619862728
传真:(0393)7226869
经济类型:股份有限公司
法人代表:宋俊峰
【主要产品】泡沫板材

清丰县三鑫泡沫塑料厂

河南省濮阳市清丰县城关镇南箕街南段路东[457300]
电话:(0393)7212990
经济类型:私营企业 法人代表:李喜民
【主要产品】泡沫板材;泡沫塑料

清丰县亿安丰橡胶厂

河南省濮阳市清丰县城关镇南箕街141号[457300]
电话:(0393)7221573;7238336
传真:(0393)7221573
经济类型:股份有限公司
法人代表:李自安
【主要产品】自行车外胎;电动自行车外胎

上海海吉雅涂料有限公司濮阳分公司

河南省濮阳市黄河路西段[457000]
电话:(0393)4623536
传真:(0393)4623537
供销电话:4623537 法人代表:谷进忠
经济类型:有限责任公司
【主要产品】乳胶漆

新美德化工有限公司

河南省濮阳市胜利西路与化工路交口处[457000]
电话:(0393)4413499;4420466
供销电话:13939315288
经济类型:私营企业
【主要产品】乳胶漆;耐水腻子

中国石化集团公司中原石化公司

河南省濮阳县解放路350号[457002]
电话:(0393)3331627
传真:(0393)3311562 经济类型:国有有进出口权 企业规模:大型
法人代表:刘同群
【主要产品】乙烯;1-丁烯;丙烯;癸二酸;原油;加氢裂解汽油;裂解粗汽油;C_4馏分;C_5馏分;C_9馏分;合成树脂;线型低密度聚乙烯树脂;聚乙烯;聚丙烯;聚烯烃;增塑剂;重交沥青

中国石化中原石油化工有限责任公司

河南省濮阳市市区胜利西路[457000]
电话:(0393)4471077;4471266;4471264
传真:(0393)4416227
供销电话:4471470;4471510
供销传真:4410151 企业规模:大型
经济类型:有限责任公司
法人代表:鹿令义
E-mail:lxq@ zypc. sinopec. com. cn
【主要产品】乙烯;丙烯;合成树脂;线型低密度聚乙烯树脂;高密度聚乙烯;聚丙烯

中国石化中原油气高新股份有限公司天然气化工厂

河南省濮阳市柳屯[457061]
电话:(0393)4877666;4877892;4874187
传真:(0393)4877891;4874187
供销电话:4878129 法人代表:乜从凤
网址:www. zyyq-hdl. com
E-mail:pytrq@ public2. zz. ha. cn
【主要产品】丙烯;丙烷;丁烷;正戊烷;环戊烷;叠氮化钠;戊烷发泡剂;6号抽提溶剂油;溶剂油(橡胶工业用);溶剂油260号

中国石油化工股份有限公司中原油田分公司

河南省濮阳市中原路277号[457001]
电话:(0393)4822172;4822301
传真:(0393)4828300
经济类型:股份有限公司
企业规模:大型 法人代表:孔凡群
网址:www. sinopec. com/company/subsidiary
E-mail:jbwws@ zpeb. sinopec. com. cn
【主要产品】原油;天然气

中原石油勘探局濮阳联力化工总厂

河南省范县[457532]
电话:(0393)4841913;4841701
传真:(0393)4841096
【主要产品】旋扩式高细度制粉机

中原石油勘探局濮阳濮油化工总厂

河南省濮阳市文留镇花园村[457071]

豫

电话:(0393)4851940
传真:(0393)4851938
供销电话:4853657 法人代表:刘希辉
【主要产品】原油;清蜡剂

许昌市

长葛市八方豫硅有限公司
河南省长葛市和尚桥镇樊楼[461500]
电话:(0374)6415359;6412186
传真:(0374)6415359
经济类型:私营企业 法人代表:冯景申
网址:www. cnyugui. com
E-mail:fis@ cnyugui. com
【主要产品】硅酸钠

长葛市第二化工厂
河南省长葛市坡胡镇营张村[461500]
电话:(0374)6621118
传真:(0374)6621199
经济类型:私营企业 法人代表:张合丙
【主要产品】活性炭

长葛市虹美绝缘材料厂
河南省长葛市东村乡[461580]
电话:(0374)6681173
传真:(0374)6681173 经济类型:集体
法人代表:李长义
【主要产品】二甲酚;三混甲酚;焦化沥青

长葛市鸿达化肥有限公司
河南省长葛市和尚桥镇人民路2号[461500]
电话:(0374)6103168
传真:(0374)6103168 经济类型:国有
供销电话:6103008 法人代表:梁佰岭
【主要产品】甲醇;合成氨;液氨

长葛市锦秀化工有限公司
河南省长葛市坡胡镇营张村[461504]
电话:(0374)6621198;13839009123
传真:(0374)6627055 经济类型:集体
法人代表:张春花
【主要产品】活性炭;红丹

长葛市坡胡豫祥化工厂
河南省长葛市坡胡镇营张[461500]
电话:(0374)6621253;13503897253
传真:(0374)6627283
经济类型:私营企业 法人代表:张遂卿
E-mail:yuxiang@ hnyuxiang. com
【主要产品】三氧化二铁;脱硫剂;常温氧化铁脱硫剂

长葛市同兴化工有限公司
河南省长葛市双岳路[461500]
电话:(0374)6116181;6180719;13937489219
传真:(0374)6116182
经济类型:股份有限公司
法人代表:张喜安
【主要产品】活性炭

长葛市新原化工有限公司
河南省长葛市坡胡镇[461504]
电话:(0374)6621063
传真:(0374)6621065 经济类型:集体
法人代表:胡葆升
【主要产品】活性炭;2-羟基苯甲酸;催化剂

长葛市兴华化工厂
河南省长葛市坡胡镇营张村[461504]
电话:(0374)6621021;13803745260
传真:(0374)6621877 经济类型:集体
有进出口权 法人代表:张同箱
E-mail:xh698@263. net
【主要产品】活性炭

长葛市豫海橡胶助剂有限公司
河南省长葛市人民路北段[461500]
电话:(0374)6107981
传真:(0374)6107311
经济类型:有限责任公司
法人代表:谢银章
【主要产品】橡胶助剂

河南长葛德泰橡胶设备机械厂
河南省长葛市葛天路238号[461500]
电话:(0374)2510978
传真:(0374)2510978 职工人数:300人
经济类型:股份有限公司
产值:10,000千元 法人代表:贺银河
网址:www. hndtjx. com
E-mail:chenjing_1518@163. com
【主要产品】再生胶设备

河南长葛五环活性炭厂
河南省长葛市坡胡区[461500]
电话:(0374)6623975
传真:(0374)6623975
经济类型:私营企业 法人代表:胡兆灿
【主要产品】活性炭;2-羟基苯甲酸;催化剂;脱硫剂

河南格利特化工有限公司
河南省禹州市航海西路[452570]
电话:(0374)8213662;3812526
传真:(0374)8213751 有进出口权
法人代表:李文中
E-mail:greatyht@ sinobnet. com
【主要产品】氧化铁红;氧化铁黄;氧化铁黑

河南科力新材料股份有限公司
河南省许昌市经济技术开发区瑞祥路西段[461000]
电话:(0374)8316800
传真:(0374)8316818
供销电话:8316899;8316858
供销传真:8316858
经济类型:股份有限公司
网址:www. hnkeli. com
E-mail:klyx@ hnkeli. com
【主要产品】碳酸钙(纳米级)

河南省长葛市第一化工实验厂
河南省长葛市和尚桥镇八一路10号[461500]
电话:(0374)6122085
传真:(0374)6122085 经济类型:集体
法人代表:岳朝群
【主要产品】磷酸三钠;合成洗涤剂;脱硫剂;金属清洗剂;阻垢缓蚀剂

河南省长葛市废变宝产业有限公司
河南省长葛市富康路68号[461500]
电话:(0374)6315817
传真:(0374)6317011
经济类型:私营企业 法人代表:李大成
网址:www. new-circling. com
E-mail:fbbcyyxgs@ mail. china. com
【主要产品】橡胶粉

河南省长葛市鸿玉塑料制品厂
河南省长葛市市兴街168号[461500]
电话:(0374)6169183;13707602066
经济类型:私营企业 法人代表:张玉民
【主要产品】塑胶模具

河南省长葛市华旗活性炭有限公司
河南省长葛市长禹路营张化工区[461504]
电话:(0374)13849896585
传真:(0374)6826568
经济类型:有限责任公司
法人代表:牛双石
【主要产品】氧化镁;活性炭;活性炭(净化水);活性炭(脱色);溶剂回收活性炭;脱硫剂;JT水解504催化剂;活性焦

河南省长葛市化工三厂
河南省长葛市北环路八七村[461500]
电话:(0374)6122875
传真:(0374)6122875 经济类型:集体
法人代表:张红臣
【主要产品】环已醇;醋酸丁酯;邻苯二甲酸二环已酯;混合二元酸二甲酯;已二胺;邻苯二甲酸二异丁酯;邻苯二甲酸二辛酯

河南省长葛市吉鸿催化剂厂
河南省长葛市官亭乡东岗李[461502]
电话:(0374)6645693;13707602032
传真:(0374)6646585
网址:jhch. ebesite. com

豫

E-mail:jhch@sohu.com
【主要产品】2-羟基苯甲酸;水杨酸甲酯;脱硫催化剂

河南省长葛市久兴净化剂厂

河南省长葛市坡胡镇经济技术开发区[461500]
电话:(0374)6986177
传真:(0374)2583639 职工人数:150人
经济类型:股份有限公司
法人代表:张书梅
网址:www.hnjiuxing.com
E-mail:yangyanjiu1969@yahoo.con.cn
【主要产品】过氧化镁;过氧化钙

河南省长葛市农用生物药厂

河南省长葛市铁东路18号[461500]
电话:(0374)6229968
传真:(0374)6226809
法人代表:刘庆伟
【主要产品】甲胺磷;菌核净可湿性粉剂;甲柳·酮粉剂;辛·溴乳油;三环·杀单可湿性粉剂;吡·多·酮可湿性粉剂;福·腐可湿性粉剂;阿维·高氯微乳剂

河南省长葛市坡胡长兴活性炭厂

河南省长葛市坡胡镇[461504]
电话:(0374)13839015896
经济类型:私营企业 法人代表:胡绍杰
【主要产品】活性炭

河南省长葛市乾元化工厂

河南省长葛市坡胡镇营张村[461504]
电话:(0374)6623088
传真:(0374)6621199 经济类型:集体
供销电话:6621118 法人代表:张合丙
【主要产品】活性炭;氧化铁脱硫剂

河南省许昌华仁制药有限公司

河南省许昌市解放路南段[461000]
电话:(0374)3181771
供销电话:3181809 法人代表:姜华
经济类型:股份合作
【主要产品】环吡司胺;曲克芦丁

河南省禹州市新达彩色塑料厂

河南省禹州市远航路西段[461670]
电话:(0374)8212568
传真:(0374)8331122 法人代表:杨晓
经济类型:私营企业
【主要产品】塑料制品

河南四通精细化工有限公司

河南省长葛市轻工路31号[461500]
电话:(0374)6105083;6105858
传真:(0374)6105388
网址:www.stonechem.com
E-mail:market@stonechem.com
【主要产品】3-氯吡啶;D-对羟基苯甘氨酸;4-甲苯磺酸;氨基磺酸;L-(-)-α-氨基-4-羟基苯乙酸;对羟基苯甘氨酸邓钾盐;对羟基苯甘氨酸酰氯盐酸盐;5-氰基苯酞

河南新天地药业有限公司

河南省长葛市轻工路31号[461500]
电话:(0374)6105083;6105858
传真:(0374)6105388
网址:www.newlandpharma.com
E-mail:market@newlandpharma.com
【主要产品】3-氯吡啶;D-对羟基苯甘氨酸;4-甲苯磺酸;氨基磺酸;L-(-)-α-氨基-4-羟基苯乙酸;对羟基苯甘氨酸邓钾盐;对羟基苯甘氨酸酰氯盐酸盐;5-氰基苯酞

河南宇新活性炭厂

河南省长葛市视察路7号[461500]
电话:(0374)6122415
传真:(0374)6165340 经济类型:集体
法人代表:蔡万青
网址:www.hnyuxin.net
E-mail:hnyuxin88@126.com
【主要产品】活性炭;脱硫剂;分子筛

河南豫辰精细化工有限公司

河南省许昌县张潘[461000]
电话:(0374)5699606;4396037
传真:(0374)5699958
法人代表:刘道华
网址:www.yuchenchem.com
E-mail:ntxxj@371.net;
yc999@china.com
【主要产品】叔丁基乙炔;氯代叔丁烷;3,4-二氢吡喃;3-溴丙基苯基醚;β-苯氧基丙酸乙酯;1-溴-5-氯戊烷;1-溴-4-氯丁烷;硫代甲酰胺;叔丁基二甲基氯硅烷;1,3-溴氯丙烷;N,N-二甲基-2-氯丙胺盐酸盐;二甲氨基氯乙烷盐酸盐;(R)-4-氰基-3-羟基丁酸乙酯;3-(N,N-二甲基)氨基-1-氯丙烷,盐酸盐;1,3-二溴丙烷;西酞普兰氢溴酸盐

河南中促实业有限公司

河南省长葛市人民路北段[461500]
电话:(0374)6107577
传真:(0374)6107890
法人代表:付成军
【主要产品】盐酸;硫酸;硝酸;乙醇(无水);丙酮;苯胺

许昌东方化工有限公司

河南省许昌县张潘镇精细化工区[461000]
电话:(0374)5699526;5699566;
13633741218
传真:(0374)5699988
网址:www.xcdfchem.com
E-mail:info@xcdfchem.com
【主要产品】盐酸;一氯乙酸;二氯乙酸;醋酸;氨基乙酸;原乙酸三甲酯;三氯乙酰氯;氯化铵

许昌方圆工贸橡塑有限公司

河南省许昌市北郊八龙路[461000]
电话:(0374)3311068
传真:(0374)4395029 经济类型:国有
供销电话:13608431531
法人代表:李建民
网址:www.xcfyxs.com
E-mail:xcfyxs@126.com
【主要产品】涤纶运输带;活络三角带;减震器及配件;密封垫

许昌环宇企业有限公司

河南省许昌市魏都区六一路28号[461000]
电话:(0374)2335570
传真:(0374)2625271 有进出口权
供销电话:2334889 企业规模:大型
经济类型:外商独资 法人代表:罗念祖
【主要产品】胶鞋

许昌京豫农药厂

河南省许昌市魏都区西郊七里店[461000]
电话:(0374)3260238
传真:(0374)3260238 经济类型:集体
供销电话:3260284 法人代表:刘胜利
【主要产品】氯氰菊酯乳油;高效氯氰菊酯乳油;27%高氯苯油;辛·氯乳油;高氯·马乳油

许昌凯特精细化工厂

河南省许昌市经济技术开发区屯里路东段[461000]
电话:(0374)8306088;13937468779
传真:(0374)8306087
网址:www.xckate.com;
www.yalibofa.com
E-mail:sszlzl@163.com;
office@xckate.com
【主要产品】洗涤剂;柔软剂

许昌七星化工有限公司

河南省许昌市西郊七里店[461000]
电话:(0374)3260238;3260284
传真:(0374)3260238
经济类型:有限责任公司
法人代表:刘胜利
【主要产品】糠醇树脂;黏合剂;固化剂;脱模剂

许昌荣发化工有限公司

河南省许昌市小南海[461000]
电话:(0374)4518895
传真:(0374)4518897
供销电话:4518897 法人代表:宋有申
供销传真:3316111;4518897
经济类型:有限责任公司
【主要产品】三醋酸甘油酯;烟用胶黏剂;羧甲基纤维素钠

许昌市大气制氧有限公司

河南省许昌市颍川路16号[461000]
电话:(0374)3311587

经济类型:集体　法人代表:李群昌
【主要产品】氧气;氮气

许昌市华原药业有限公司

河南省长葛市人民路233号[461500]
电话:(0374)6123490
经济类型:集体　法人代表:杨文卿
【主要产品】2-羟基苯甲酸;青霉素G钾;硫酸链霉素;痢菌净;吗啉胍;氨基比林;安乃近;维生素B族;抗坏血酸

许昌市魏都正兴橡胶厂

河南省许昌市魏都区解放路268号[461000]
电话:(0374)3312175
经济类型:集体　法人代表:沈桂杰
【主要产品】橡胶三角带

许昌市物团化工有限公司

河南省许昌市魏都区解放路48号[461000]
电话:(0374)3311247
经济类型:国有
【主要产品】盐酸;硫酸;硝酸;轻质碳酸钙;过氧化氢;氧化锌;硬脂酸;氨水;氯化铵;钛白粉

许昌市豫中化工厂

河南省长葛市官亭乡[461502]
电话:(0374)6641198
传真:(0374)6642858　经济类型:集体
法人代表:段成立
【主要产品】活性炭;催化剂

许昌市中舜橡胶有限公司

河南省许昌市开发区[461000]
电话:(0374)3185573;13938901969
经济类型:私营企业　法人代表:魏喜顺
【主要产品】力车胎内胎;自行车内胎

许昌双马万通制药有限公司

河南省许昌市解放路南段10号[461000]
电话:(0374)3186705;13837493685
传真:(0374)3182186
经济类型:有限责任公司
法人代表:冯海松
E-mail:zhongsangzhiyao@163.net
【主要产品】右旋糖酐

许昌县天缘溶剂厂

河南省许昌县蒋李集镇碾桥[461101]
电话:(0374)5720086
经济类型:集体　法人代表:张水生
【主要产品】二甲酚;三混甲酚;苯酚

许昌中州轮胎有限公司

河南省许昌市魏都区五一路18号[461000]
电话:(0374)3128000
经济类型:有限责任公司
法人代表:党赖孩
网址:www.zzlt.com
E-mail:hnzzltgs@263.com
【主要产品】摩托车轮胎;轮胎外胎;力车胎外胎;自行车外胎;手推车外胎

禹州科邦化工有限公司

河南省禹州市滨河大道14号[461670]
电话:(0374)8193096;2765918;8190384
传真:(0374)8332966
固定资产:93,000千元
供销传真:2764655　产值:86,000千元
经济类型:有限责任公司
法人代表:张新华
【主要产品】碳酸氢铵;灭多威;灭多威乳油;高效氯氰菊酯乳油;5%菌毒清水剂;辛·氯乳油;辛·灭乳油;阿维·高氯微乳剂

禹州市百灵生物药业有限责任公司

河南省许昌市禹州北关花园工业区[461670]
电话:(0374)8200344
传真:(0374)8200344　职工人数:12人
经济类型:有限责任公司
法人代表:连书亭
【主要产品】杀虫剂类;阿维菌素乳油

禹州市鸿运化工助剂有限公司

河南省禹州市曹庄西段[461670]
电话:(0374)8201677;13598979679
经济类型:有限责任公司
法人代表:王朝晖
【主要产品】碳铵添加剂

禹州市化工机械厂

河南省禹州市古城乡古城镇[461673]
电话:(0374)8621722;8621612
经济类型:私营企业　法人代表:王礼星
E-mail:yzjx@163.net
【主要产品】板框压滤机;压力成型机

禹州市化工机械制造厂

河南省禹州市逍遥路北段[461670]
电话:(0374)8200570;13703748215
传真:(0374)8201784　职工人数:168人
网址:www.yzhgjx.net
E-mail:sbfuyp@163.com
【主要产品】板框式多层过滤器;带式压榨过滤机;压滤机;板框压滤机

禹州市洁冠活性炭有限公司

河南省禹州市褚河乡岳庄[461675]
电话:(0374)8661128;13839007975
传真:(0374)8661089　经济类型:集体
法人代表:王宏卫
【主要产品】活性炭

禹州市强国化工设备有限公司

河南省禹州市古城开发区[461670]
电话:(0374)8161378;13700898991
传真:(0374)8116366
网址:www.qgylj.com
E-mail:qgylj98@126.com;
qg@qgylj.com
【主要产品】带式压榨过滤机;高压隔膜压滤机;液压式压滤机;自动拉板压滤机;离心机

禹州市嵩峰涂料厂

河南省许昌市禹州西街商贸城西路口[461670]
电话:(0374)8212258;8973958;13839032531
经济类型:私营企业
【主要产品】乳胶漆;瓷釉涂料;钢化涂料

禹州市祥云化工机械厂

河南省禹州市新峰矿务局[461670]
电话:(0374)8153589;8152897;13937488300
传真:(0374)8153589　职工人数:260人
网址:www.chemxy.com
E-mail:chemxy88@163.com
【主要产品】反应釜;厢式压滤机;板框压滤机;自动拉板压滤机;三足式上部人工卸料离心机;离心机;化工专用泵

禹州市中凯塑料助剂厂

河南省禹州市夏都路南段[461670]
电话:(0374)8298132;13803895234
网址:www.cnzkchem.com
E-mail:zk@cnzkchem.com
【主要产品】高效液体阻燃剂;发泡剂OBSH;对甲苯磺酰肼;发泡剂RA;聚乙烯专用发泡剂;聚苯乙烯专用发泡剂;聚丙烯专用发泡剂

漯河市

河南省南街村(集团)油墨厂

河南省临颍县南街村[462600]
电话:(0395)8851336;8851151
传真:(0395)8851338　经济类型:集体
职工人数:80人　法人代表:陈书欣
【主要产品】凹版复合塑料薄膜油墨

河南省郾城县化工厂

河南省漯河市郾城县孟南工业区[462300]
电话:(0395)6166738
传真:(0395)6181889　经济类型:集体
法人代表:张广辉
【主要产品】漂白液;敌敌畏

河南银海化纤股份有限公司

河南省漯河市五一路461号[462000]
电话:(0395)2123826
传真:(0395)2122009
供销电话:2124522　法人代表:范春阳
经济类型:有限责任公司
网址:www.chyhhx.com

豫

E-mail:chyhhx@chyhhx.com
【主要产品】涤纶长丝

河南颍青化工有限公司

河南省漯河市临颍县五一路85号[462600]
电话:(0395)8861349;8863832;8869285
传真:(0395)8885891 经济类型:国有
法人代表:董保彤
网址:www.yqchem.com.cn
E-mail:yqchem@chem.com.cn
【主要产品】甲醇;甲醛;合成氨;尿素;碳酸氢铵

临颍县化工有限公司

河南省临颍县交通路82号[462600]
电话:(0395)8887136;8887139
传真:(0395)8887136 有进出口权
经济类型:有限责任公司
法人代表:郭荣海
【主要产品】一氧化铅;电解铅;氧化铁红;红丹

临颍县颍发化工有限公司

河南省漯河市临颍县五一路85号[462600]
电话:(0395)8889966
传真:(0395)8885891
经济类型:有限责任公司
法人代表:刘新民
【主要产品】甲醛

临颍县颍华技术开发有限公司

河南省临颍县铁西五一路85号[462600]
电话:(0395)8889396;13839565054
传真:(0395)8890199
经济类型:股份有限公司
法人代表:李文亮
E-mail:yinghuajishu@sina.com
【主要产品】3,5-二羟基苯甲酸;过氧乙酸;丁二酰亚胺;尿囊素;间羟基苯甲酸;*N*-羟基丁二酰亚胺;*N*-溴代丁二酰亚胺;*N*-氯代丁二酰亚胺;邻苯二甲酰亚胺;对羟基苯甲酸乙酯;对羟基苯甲酸甲酯;对羟基苯甲酸丙酯;羟基脲;白消安;洗发香波;护发素;消毒液;柔软剂;亲水型氨基硅油整理剂;固色剂;双氧水稳定剂;平滑剂;精炼剂;净洗剂;除油剂

漯河红日集团有限公司

河南省漯河市源汇区湘江路西段[462000]
电话:(0395)2122667
传真:(0395)2122071 有进出口权
供销电话:2123094 法人代表:尚广业
经济类型:有限责任公司
E-mail:lhhrJt@public.lhptt.ha.cn
【主要产品】肥皂;香皂;皂粒(片);洗涤剂;洗衣膏

漯河南街村药业集团制药有限公司

河南省漯河市人民东路7号[462000]
电话:(0395)2623719
传真:(0395)2660127
供销电话:2660122 法人代表:王洪斌
供销传真:2660122
经济类型:股份有限公司
【主要产品】利福霉素S钠

漯河市爱特包装材料厂

河南省漯河市淞江路东段孙庄乡[462000]
电话:(0395)3932208;3932599;13903952217
传真:(0395)3932108;3932106
供销电话:13603853595
供销传真:3931636 法人代表:李新华
经济类型:有限责任公司
【主要产品】铝箔

漯河市恒瑞化工有限公司

河南省漯河市人民东路73号[462000]
电话:(0395)2650929
传真:(0395)2650929
供销电话:2637588 法人代表:高明谦
经济类型:私营企业
【主要产品】松香乳液乳化剂;中性施胶剂;阳离子淀粉;表面施胶淀粉

漯河市华意防火材料有限公司

河南省漯河市人民东路6号[462006]
电话:(0395)2625363;2609898;13603956632
传真:(0395)2625363
法人代表:孟宪华
网址:www.hatianhe.com
E-mail:lhhuayi@sina.com
【主要产品】膨胀装饰型防火涂料;薄型钢结构防火涂料;高效液体阻燃剂;高效膨胀防火堵料

漯河市洁光涂料厂

河南省漯河市解放路423号[462000]
电话:(0395)2693995;13839596187
经济类型:私营企业 职工人数:70人
法人代表:马要伟
【主要产品】丙烯酸外墙涂料;瓷釉涂料;钢化涂料;107胶

漯河市金水化工有限责任公司

河南省漯河市源汇区解放路南段714号[462000]
电话:(0395)2367372
经济类型:股份有限公司
法人代表:李书璜
【主要产品】硅酸钾钠

漯河市溶解乙炔厂

河南省漯河市漯上路[462000]
电话:(0395)2360786
经济类型:集体 法人代表:杨胜利
【主要产品】溶解乙炔

漯河市天汇胶辊厂

河南省漯河市源汇区湘江路[462000]
电话:(0395)2175389
经济类型:私营企业 法人代表:潘书德
【主要产品】胶辊

漯河市天马化工有限公司

河南省漯河市人民东路[462000]
电话:(0395)2650929
传真:(0395)2650929
供销电话:2637588 法人代表:杨公尚
经济类型:私营企业
【主要产品】中性施胶剂

漯河市五龙明胶有限公司

河南省漯河市火车站前双汇写字楼7楼西[462000]
电话:(0395)2117688;3370688;13839582766
传真:(0395)2117699 职工人数:500人
经济类型:私营企业
网址:wlmj.chemnet.com
E-mail:wlmj@chemnet.com
【主要产品】食用明胶;工业明胶

漯河市兴茂钛业有限公司

河南省漯河市人民东路41号[462000]
电话:(0395)2699539;13507658291;2634367
传真:(0395)2629617 有进出口权
供销电话:2699526 企业规模:大型
经济类型:有限责任公司
法人代表:李茂恩
网址:www.xingmaoti.com
E-mail:wangz@xingmaoti.com
【主要产品】硫酸亚铁;钛白粉

漯河市制氧厂

河南省漯河市源汇区孙庄乡昆仑路[462000]
电话:(0395)3133854
经济类型:集体 法人代表:吉广建
【主要产品】氧气

漯河市中大天然食品添加剂有限公司

河南省临颍县黄龙工贸城[462600]
电话:(0395)8662037;8662007
传真:(0395)8661535
经济类型:有限责任公司
法人代表:文雁君
【主要产品】栀子黄色素;辣椒红色素;姜黄色素;红花黄色素;叶黄素

漯河泰丰化工有限责任公司

河南省漯河市人民东路111号[462006]
电话:(0395)2623993

豫

传真:(0395)2634381
供销电话:2623133;2621270
经济类型:私营企业　法人代表:李明清
职工人数:1,060 人
【主要产品】甲醇;合成氨;尿素;碳酸氢铵

三门峡市

河南电力益源化工有限责任公司

河南省三门峡市西站[472143]
电话:(0398)3803696
传真:(0398)3802529
经济类型:有限责任公司
网址:www.yiyuanchem.com
E-mail:yy@yiyuanchem.com
【主要产品】丙烯酸-丙烯酸酯共聚物;十二烷基二甲基苄基氯化铵;十四烷基二甲基苄基氯化铵;聚丙烯酸钠;聚丙烯酸;2-膦酸丁烷-1,2,4-三羧酸;水解聚马来酸酐;氨基三亚甲基膦酸;羟基亚乙基二膦酸;苯并三氮唑;甲基苯并三氮唑;异噻唑啉酮

河南鸿业科技化工有限公司

河南省义马市 310 国道(石河桥头)[472300]
电话:(0398)5626997;5632996;13839855516
传真:(0398)5626996　有进出口权
供销传真:5626997　法人代表:朱信明
经济类型:股份有限公司
E-mail:zhiyuani@126.com;jiangwangyuan@126.com
【主要产品】氰基乙醚盐酸盐;二甲酚;3-/4-甲酚;2-甲酚;苯酚

河南联科药业有限公司

河南省三门峡市西经济开发区[472143]
电话:(0398)3834379;3833564;13903981780
传真:(0398)3833625
法人代表:赵明云
网址:www.aokeby.com
E-mail:lkyy@hnaklk.com
【主要产品】巯基乙酸异辛酯;丁二酰亚胺;4-氨基苯乙酮;对羟基苯乙酮;*N*-羟基邻苯二甲酰亚胺;邻苯二甲酰亚胺钾盐;*N*-溴代丁二酰亚胺;*N*-氯代丁二酰亚胺;邻苯二甲酰亚胺;4-硝基邻苯二甲酰亚胺;*N*-(2-羟乙基)邻苯二甲酰亚胺;丁二酸二乙酯;硝苯地平;月桂氮卓酮

河南灵化集团有限公司

河南省灵宝市新区工业路[472500]
电话:(0398)8856391;8856392;8838068
传真:(0398)8853123　经济类型:国有
法人代表:孙天成
【主要产品】尿素;磷酸一铵

河南省华兴钡业有限责任公司

河南省渑池县张村镇华兴工业园[472000]
电话:(0398)5805013;13939892146
传真:(0398)4711680
法人代表:胡平均
网址:www.ymhxby.com
E-mail:chengjian@ymhxby.com;xsk@ymhxby.com
【主要产品】硫氢化钠;碳酸钡;硫脲

河南省三门峡市塑料制品厂

河南省三门峡市湖滨区黄河中路 42 号[472000]
电话:(0398)2861995
传真:(0398)2861995　经济类型:集体
供销电话:2862235　有进出口权
法人代表:贯发明
【主要产品】塑料制品

河南省三门峡天成电化有限公司

河南省三门峡市陕县观音堂镇东[472125]
电话:(0398)3711081
传真:(0398)3711713
供销电话:3711034　法人代表:刘金城
供销传真:3711034
经济类型:股份有限公司
【主要产品】盐酸;烧碱(液体);烧碱(固体);漂白粉;金属硅;氯气(液);一氯乙酸

河南省义马市鸿庆涂料厂

河南省义马市鸿庆路南[472300]
电话:(0398)5833782
经济类型:私营企业　法人代表:王万里
【主要产品】内外墙涂料;瓷釉涂料;107 胶

河南省振兴化工集团有限公司

河南省义马市千秋西路 20 号[472300]
电话:(0398)5625833;13849808523
传真:(0398)5625833　有进出口权
供销电话:13849809500
经济类型:有限责任公司
企业规模:大型　职工人数:2,600 人
网址:www.zhenxingchromium.com
E-mail:syymzx@21cn.com
【主要产品】重铬酸钠;重铬酸钾;三氧化铬

河南仰韶生化工程有限公司

河南省三门峡市渑池县城西工业区[472400]
电话:(0398)4823011
传真:(0398)4822077　有进出口权
供销电话:4823032　法人代表:焦新民
经济类型:股份合作
网址:www.yssh.com.cn
E-mail:mcyssh@371.net;mcyssh@yahoo.com.cn
【主要产品】葡糖淀粉酶;高活力糖化酶;碱性纤维素酶;果胶酶

三门峡奥科钡业有限公司

河南省陕县高阳路北段西侧[472143]
电话:(0398)3833563;3833564;3833561
传真:(0398)3833561　有进出口权
经济类型:股份合作　法人代表:兀吉康
E-mail:shjbj@public2.lyptt.ha.cn
【主要产品】硫氢化钠;硫酸钡;氯化钡;巯基乙酸异辛酯

三门峡航通化工有限责任公司

河南省陕县张湾乡[472143]
电话:(0398)3612077;13603404791
供销电话:13839881918　有进出口权
经济类型:国有　法人代表:张秋贞
【主要产品】硫氢化钠;氯化钡

三门峡湖滨区赵家后石膏粉厂

河南省三门峡市湖滨区磁钟乡[472000]
电话:(0398)2965062
经济类型:私营企业　法人代表:薛富峡
E-mail:xqhq@21cn.com
【主要产品】食用石膏粉

三门峡化工厂

河南省三门峡市金昌路西段[472000]
电话:(0398)2956558;2817299
供销电话:2956586　法人代表:茹华锋
经济类型:有限责任公司
【主要产品】磷酸;三聚磷酸钠;黄磷;甲酸;磷酸二氢钾铵;硅钙磷肥

三门峡化工研究院

河南省三门峡市文明东路[472000]
电话:(0398)2872599;2863328;13333984583
传真:(0398)2883380
网址:www.smx-chem.com
E-mail:scb@smx-chem.com
【主要产品】氯铂酸钾;氰化亚金钾;氰化银钾;氯化金;银,粉状;硝酸银;氰化银;氯化银;二氯二氨络钯;二氯四氨钯;氯铂酸

三门峡金茂化工有限公司

河南省三门峡市陕县原店镇神泉路东段[472143]
电话:(0398)3817780;3817857
传真:(0398)3817766　经济类型:国有
供销电话:3817705　有进出口权
企业规模:大型　法人代表:郑庭见
网址:www.hnsh.com
E-mail:hnshjt@263.net;sxjmsctj@sohu.com
【主要产品】甲醇;合成氨;尿素;碳酸氢铵;复合肥

三门峡金渠集团化工机械有限公司

豫

河南省三门峡市六峰路南端[472000]
电话:(0398)2817299;2827017
传真:(0398)2821144　经济类型:国有
供销电话:2817285　有进出口权
企业规模:大型　法人代表:卢夏慧
网址:www. hnshj. com
E-mail:shj@ hnshj. com
【主要产品】干燥设备;喷浆造粒干燥机;压力容器;塔器

三门峡赛诺维制药有限公司

河南省三门峡市宋会路东段[472000]
电话:(0398)2962595
传真:(0398)2962656
供销电话:2919256;2982526
经济类型:中外合作经营企业
法人代表:戚国忠
网址:www. sinowaypharma. com
E-mail:sinowayzhiyao@ 263. net
【主要产品】盐酸安非他酮;扎莱普隆;氯雷他定

三门峡市八四八化工厂

河南省三门峡市西站[472143]
电话:(0398)3802788
传真:(0398)3802788
法人代表:谢明江
网址:www. 848. com. cn
E-mail:hhhdh@ public2. lyptt. ha. cn
【主要产品】环保纳米乳胶漆;内外墙涂料;聚氨酯防水涂料;弹性防水涂料;环保型大桥防水涂料;防水胶;SBS 改性沥青防水卷材

三门峡市保质涂料厂

河南省三门峡市[472000]
电话:(0398)2872932
法人代表:王荣德
【主要产品】888 仿瓷涂料;钢化涂料;107 胶

三门峡市恒力合成原料厂

河南省三门峡市湖滨区春秋路东段[472000]
电话:(0398)2955485;13603408691
传真:(0398)2955485　经济类型:集体
法人代表:袁乃安
【主要产品】抗静电母粒;香味母粒;抗老化母粒;色母粒;塑料填充母料;工程塑料着色母料

三门峡市红旗涂料厂

河南省三门峡市黄河路[472000]
电话:(0398)2955483;2671507
经济类型:私营企业
【主要产品】瓷釉涂料

三门峡市天发实业有限公司

河南省三门峡市湖滨区沿河路[472000]
电话:(0398)2828478
传真:(0398)2932718

经济类型:股份合作　法人代表:魏振民
【主要产品】乙炔

三门峡市峡威化工有限公司

河南省陕县大营镇温塘村[472143]
电话:(0398)3804164
传真:(0398)3803502　有进出口权
供销电话:3802688　法人代表:薛建亚
经济类型:股份有限公司
网址:www. xiawei. com
E-mail:xiaweichina@ yahoo. com. cn
【主要产品】正丁基黄原酸钠;松醇油 2 号;丁铵黑药;二甲苯基二硫代磷酸

三门峡思念缓释肥业有限公司

河南省三门峡市五源路[472000]
电话:(0398)2823122;2850790
传真:(0398)2850790　有进出口权
经济类型:有限责任公司
法人代表:胡增元
网址:haofeiliao. com
E-mail:smxfhf@ 163. com
【主要产品】过磷酸钙;复合肥;塑料编织袋

三门峡腾翔特种耐火材料有限责任公司

河南省三门峡市金昌路[472000]
电话:(0398)2956628
传真:(0398)2956628
经济类型:有限责任公司
法人代表:李小岗
网址:www. smxtengxiang. com
E-mail:smxlxg-006@ sina. com
【主要产品】硅酸铝耐火纤维制品

三门峡西站大营涂料厂

河南省三门峡市陕县秦汉路[472000]
电话:(0398)3806971;13939810506
经济类型:私营企业　法人代表:杨天珍
【主要产品】乳胶漆;106 建筑涂料;丙烯酸涂料;瓷釉涂料;107 胶

三门峡西振华涂料厂

河南省三门峡市玻璃厂对面[472000]
电话:(0398)3805931;13525853128
经济类型:私营企业
【主要产品】乳胶漆;水晶漆

三门峡油墨彩印有限公司

河南省义马市人民路西段[472300]
电话:(0398)13849808569
传真:(0398)5613369　经济类型:国有
供销电话:5613369　有进出口权
法人代表:薛全伟
【主要产品】油墨;凹印塑料油墨

陕县光明涂料厂

河南省三门峡市陕县[472100]
电话:(0398)3803833;3886030;13303980978

经济类型:私营企业　法人代表:王方林
【主要产品】乳胶漆;106 建筑涂料;瓷釉涂料;钢化涂料;107 胶

渑池城关涂料厂

河南省三门峡市渑池县[472400]
电话:(0398)4818605
经济类型:私营企业　法人代表:刘玉寿
【主要产品】内外墙涂料

渑池县三保涂料厂

河南省三门峡市渑池县[472400]
电话:(0398)4811412
供销电话:2550649　法人代表:武林法
【主要产品】108 外墙涂料;106 建筑涂料;防瓷涂料;水晶漆;107 胶

渑池县永兴涂料厂

河南省三门峡市渑池县小寨街物资局北 100 米[472400]
电话:(0398)4815197
供销电话:4815197;13938124095
法人代表:张伟伟
【主要产品】外墙涂料;108 外墙涂料;106 建筑涂料;瓷釉涂料;水晶漆;107 胶

峡西八七涂料厂

河南省三门峡市陕县二中对面秦汉路中段[472000]
电话:(0398)3805499
法人代表:刘少君
【主要产品】106 建筑涂料;丙烯酸涂料;瓷釉涂料;107 胶

豫西药业股份有限责任公司

河南省灵宝市车站路西段[472500]
电话:(0398)8855465
传真:(0398)8867778
法人代表:张益民
E-mail:hshhlb@ public2. lyptt. ha. cn
【主要产品】乳酸钠;乳酸钙;盐酸小檗碱;无味黄连素

南阳市

邓州恒德化工有限责任公司

河南省邓州市人民路 17 号[474150]
电话:(0377)6129971;6129931
传真:(0377)6129931　法人代表:李进
固定资产:4,620 千元　职工人数:626 人
经济类型:私营企业　企业规模:大型
【主要产品】尿素;碳酸氢铵

邓州市达昌漆业有限公司

河南省邓州市襄城路 8 号[474100]
电话:(0377)62162285
传真:(0377)62161510
供销电话:62161510　法人代表:崔正泽
经济类型:有限责任公司
【主要产品】各色醇酸调合漆;氨基烘漆;工业涂料;常温道路标志漆;各种

磁漆;防腐涂料

邓州市东城顺达磷肥厂

河南省南阳市邓州东城镇[474150]
电话:(0377)62190722
经济类型:股份合作　　法人代表:贾惠
【主要产品】磷肥

邓州市佳利来涂料化工有限公司

河南省邓州市新华西路[474150]
电话:(0377)62210777
传真:(0377)62215777　　经济类型:集体
法人代表:余志凌
网址:www. hnjialilai. com
【主要产品】油漆;乳胶漆;胶黏剂

邓州市通力达化工有限公司

河南省邓州市人民路18号[474150]
电话:(0377)62125176;62968799;13503901663
供销电话:62966319　　经济类型:国有
供销传真:62966319　　法人代表:焦庆礼
【主要产品】氮肥;合成氨;碳酸氢铵;塑料丝及编织制品;化工设备

方城县华丰化工有限责任公司

河南省方城县城南关街150号[473200]
电话:(0377)67235696;67232232
传真:(0377)67232230　　经济类型:国有
固定资产:50,000千元
产值:50,000千元　　职工人数:600人
销售收入:50,000千元
法人代表:张振西
【主要产品】甲醇;液氨;碳酸氢铵

河南福森药业有限公司

河南省南阳市淅川县金河工业区[474450]
电话:(0377)64296506
传真:(0377)64299997　　有进出口权
供销电话:64299998
企业规模:大型
经济类型:有限责任公司
法人代表:曹长城
E-mail:webmaster@ xczy. com. cn
【主要产品】盐酸氟桂利嗪

河南科邦化工有限公司

河南省南阳市社旗县城东工业区[473300]
电话:(0377)67911511;67911673
传真:(0377)67911762　　有进出口权
固定资产:3,500千元
职工人数:86人
经济类型:有限责任公司
产值:20,000千元
法人代表:郭荣明
网址:www. kebangchem. com
E-mail:kebangchem@ sina. com
【主要产品】甲基磺酸;甲烷磺酰胺;甲基磺酸铅;甲基磺酸锡;甲基磺酸亚锡;甲基磺酰氯

河南省方城县翔宇化纤有限公司

河南省方城县交通街692号[473200]
电话:(0377)67233387;67232097;67233360
传真:(0377)67232097
经济类型:股份有限公司
法人代表:李化民
【主要产品】涤纶长丝;丙纶高强工业丝

河南省南阳市新旺氯碱化工有限责任公司

河南省南阳市建设东路519号[473000]
电话:(0377)63023967
传真:(0377)63023810
供销电话:63051772;63023076
经济类型:有限责任公司
法人代表:戴新田
【主要产品】盐酸;烧碱;三氯化铝;氯气(液)

河南省南阳市油漆化工厂

河南省南阳市车站南路王营村[473000]
电话:(0377)63327786;63327783;63327788
传真:(0377)63327786;63327782
经济类型:股份合作　　法人代表:李晓阳
【主要产品】油漆

河南省镇平药用原料化工有限公司

河南省南阳市镇平县城郊牛王庙[474250]
电话:(0377)65993569;65990970;13703459193
传真:(0377)65993355　　有进出口权
【主要产品】苯氧乙酸;对氨基苯乙酸;对硝基苯乙酸乙酯;对硝基苯乙酸甲酯;2-氨基-5-氯二苯甲酮;2-甲氨基-5-氯二苯甲酮;对硝基苯乙酸;邻硝基苯乙酸;3-苯基-5-氯苯并异噁唑;邻硝基苯乙腈;对硝基苯乙腈

河南石油勘探局盐化总厂

河南省南阳市官庄[473131]
电话:(0377)63857521
传真:(0377)63858277　　经济类型:国有
法人代表:袁正文
【主要产品】氯酸钠

河南天冠酒精化工集团有限公司

河南省南阳市建设东路16号[473000]
电话:(0377)63026688
传真:(0377)63222401　　经济类型:国有
供销电话:63036818　　有进出口权
供销传真:63036688　　法人代表:张晓阳
网址:www. tianguan. com. cn
E-mail:qgc@ tianguan. com. cn
【主要产品】乙醇;季戊四醇

河南天冠企业集团有限公司

河南省南阳市建设东路16号[473000]
电话:(0377)63036666;63036677
传真:(0377)63036688　　经济类型:国有
供销电话:63036699　　有进出口权
企业规模:大型　　职工人数:5,000人
法人代表:张晓阳
网址:www. tianguan. com. cn
E-mail:webmaster@ tianguan. com. cn
【主要产品】乙醇;醋酸;冰醋酸

河南油田南阳石蜡精细化工厂

河南省南阳市宛城区[473132]
电话:(0377)63823195
传真:(0377)63783719
固定资产:72,600千元
供销电话:63827191　　法人代表:张忠和
产值:180,000千元
网址:www. finewax. com
E-mail:xs26100@ huytnet. com; xsyb2003@ hnytnet. com
【主要产品】石蜡;汽油;煤油;柴油;聚丙烯;润滑油

河南油田腾远实业总公司

河南省南阳市唐河县[473400]
电话:(0377)63840762
经济类型:集体　　法人代表:胡景书
【主要产品】石油破乳剂

乐凯集团第二胶片厂

河南省南阳市车站南路718号[473003]
电话:(0377)63863782
传真:(0377)63151775;63132092
供销电话:63863072　　经济类型:国有
供销传真:63151778;63151775
有进出口权　　企业规模:大型
法人代表:滕方迁
网址:www. hgfilm. com. cn
E-mail:erjiao@ public. nyptt. ha. cn
【主要产品】涤纶薄膜;PS版;Y2-600Ⅱ型特硬性正色印刷制版软片

内乡县风神橡胶软木有限公司

河南省内乡县城关镇[474350]
电话:(0377)65332541
传真:(0377)65332541
经济类型:有限责任公司
法人代表:陈俊国
【主要产品】橡胶垫

南阳德润化工有限责任公司

河南省南阳市内乡县龙源路17号[474350]
电话:(0377)65333284

豫

传真:(0377)65313856 经济类型:国有
法人代表:王金
【主要产品】甲醇;合成氨;碳酸氢铵

南阳恒盛石英砂滤料有限公司

河南省南阳市方城[473200]
电话:(0377)67266896;13603411178
传真:(0377)67266389
法人代表:程运来
网址:www. nyhsll. com
E-mail:webmaster@ nyhsll. com
【主要产品】萤石;石英粉;活性炭;锰砂;水处理滤料;聚合氯化铝;无烟煤滤料;石英砂滤料;磁铁矿滤料;卵石滤料

南阳科生生物化工有限公司

河南省邓州市新华西路104号[474150]
电话:(0377)62216660;63100126
传真:(0377)62216060;63115933
供销电话:62218883 职工人数:300人
网址:www. nyks. cn
【主要产品】2-噻吩乙胺;2-噻吩甲醛;4-吗啉甲醛;壬酸;壬二酸;吡啶-2,3-二羧酸;双丙酮丙烯酰胺;7-氨基头孢烷酸;7-氨基头孢三嗪;碳酸胍;胍,盐酸盐;胍,磷酸盐;硫酸胍;美洛西林钠;阿洛西林;头孢噻肟钠;头孢噻肟酸;头孢吡肟盐酸盐;头孢匹胺;头孢他啶盐酸盐;头孢C钠盐;头孢曲松钠

南阳普康集团衡清制药有限责任公司

河南省南阳市伏牛路1号[473036]
电话:(0377)63121909;63198338;63177960
传真:(0377)63151343;63121818
供销电话:63121769;63198383
经济类型:国有 企业规模:大型
法人代表:余国全
网址:www. nyspf. com;www. fangyuanpharm. com
E-mail:nyzy@ public. nyptt. ha. cn
【主要产品】7-氨基头孢烷酸;硫酸庆大霉素;麦迪霉素;盐酸麦迪霉素;盐酸林可霉素;硫氰酸红霉素;头孢C钠盐;盐酸左旋氧氟沙星;天门冬氨酸洛美沙星;甲磺酸阿米三嗪;盐酸氟桂利嗪

南阳普康集团盲衡制药有限公司

河南省南阳市卧龙路55号[473067]
电话:(0377)63151343
传真:(0377)63151343;63151005
供销电话:13903770768
供销传真:63171005 法人代表:余国全
经济类型:有限责任公司
网址:www. nyspf. com
E-mail:nyzy@ public. nyptt. ha. cn
【主要产品】7-氨基头孢烷酸;盐酸林可霉素

南阳普康药业有限公司

河南省南阳市卧龙区工业北路796号[473053]
电话:(0377)63137336;63179669;63133155
传真:(0377)63133007 有进出口权
经济类型:有限责任公司
职工人数:1,500人 法人代表:李德文
网址:www. pkyy. com
E-mail:postmaster@ pkyy. com
【主要产品】阿维菌素;硫酸庆大霉素;盐酸林可霉素;盐酸克林霉素;克林霉素磷酸酯

南阳神力静态破碎剂厂

河南省南阳市高新区茹楼[473000]
电话:(0377)63028778;66995678
传真:(0377)66995678
经济类型:私营企业 法人代表:张建彪
网址:www. baopoji. com
E-mail:dabiao@ 371. net
【主要产品】静态破碎剂

南阳神龙塑胶集团有限公司

河南省南阳市宛城区光武中路2号[473011]
电话:(0377)63227588;63288626;63288625
传真:(0377)63261672 经济类型:国有
企业规模:大型 法人代表:冉中峰
网址:www. nanyang. gov. cn/zyk/xxzy91/index. htm
【主要产品】无纺布;塑料薄膜

南阳市东方化工厂

河南省南阳市长江东路[473000]
电话:(0377)63611093
传真:(0377)63611093
供销电话:63357568 法人代表:秦兆杰
经济类型:联营企业
【主要产品】油漆;油漆稀释剂;植物油酸

南阳市福来石油化学有限公司

河南省南阳市卧龙区七一路5号[473010]
电话:(0377)63216501
传真:(0377)63216501 有进出口权
供销电话:63216361;63229908
经济类型:股份有限公司
法人代表:吴琦
E-mail:fully@ public. nyptt. ha. cn
【主要产品】炔螨特;炔螨特乳油;氯氰菊酯乳油;高效氯氰菊酯乳油;高氯·马乳油;毒·辛乳油;醇型汽车制动液;锂基润滑脂;钙基润滑脂;油酸钠皂;润滑油

南阳市金朝矿冶化工工程有限公司

河南省南阳市北郊南石路十王殿369号[473000]
电话:(0377)63299116;63291222
传真:(0377)63299119;63171127
法人代表:张朝高
网址:www. nyjinzhao. com
E-mail:nyjinzhao@ sina. com
【主要产品】二氧化硅

南阳市理邦实业有限公司

河南省南阳市宛城区瓦店镇[473134]
电话:(0377)63680159;63680160;13903775631
传真:(0377)63107380
供销电话:63107280;63107878
法人代表:李明哲
【主要产品】樟脑磺酸;痢菌净;盐酸氨丙啉;盐酸氯苯胍;尼卡巴嗪;樟脑磺酸钠;碘解磷啶;氯磷啶;氯贝胆碱

南阳市思达特精细化学有限责任公司

河南省南阳市宛城区官庄镇[473131]
电话:(0377)63918025;63915653;63915210
传真:(0377)63915653 有进出口权
固定资产:7,300千元 产值:8,000千元
供销电话:63915210;63918025
经济类型:有限责任公司
职工人数:230人 法人代表:吕怀远
E-mail:nystart@ public. nyptt. ha. cn
【主要产品】甲醇;对氟苯甲醛;邻氟苯甲醛;甲基磺酸;甲基磺酸酐;甲烷磺酰胺;甲基磺酸铅;甲基磺酸锡;甲基磺酸钠;甲基磺酸镍;甲基磺酸铬;甲基磺酸锌;甲基磺酸铜;二甲基二硫;甲基磺酰氯

南阳市宛城区银河化工涂料厂

河南省南阳市新华东路东关小学对面1333巷68号[473000]
电话:(0377)63055068
传真:(0377)63055068
经济类型:股份合作 法人代表:耿远东
【主要产品】过氯乙烯漆稀释剂;松香水;硝基漆稀释剂

南阳市威特化工有限责任公司

河南省南阳市郊王村鱼池屯[473000]
电话:(0377)63569226;13603778551
传真:(0377)63569208
经济类型:有限责任公司
法人代表:王春军
网址:www. weiterchem. com
E-mail:weiter@ weiterchem. com
【主要产品】对氟苯甲醛;邻氟苯甲醛;间氟苯甲醛;对氟苯甲醇;对氟苯甲酸;甲基磺酸;对氟苯甲酸甲酯;对氟苯甲酸乙酯;4-氟甲苯;邻氟甲苯;4-氟氯苄;邻氟氯苄;间氟氯苄;甲基磺酸锡;二甲基二硫;对氟苯甲酰氯;甲基磺酰氯

南阳市卧龙区王村泡花碱厂

河南省南阳市卧龙区王村乡柳湾村[473139]
电话:(0377)68069305
经济类型:集体　法人代表:柳合玉
【主要产品】硅酸钠

南阳天冠生物化工有限责任公司

河南省南阳市车站南路34号[473000]
电话:(0377)63131593
传真:(0377)63131593　有进出口权
经济类型:有限责任公司
法人代表:张晓阳
【主要产品】乙酸乙酯;醋酸丁酯;黄原胶;栲胶

南阳天华制药有限公司

河南省南阳市卧龙区王村[473139]
电话:(0377)68060283
传真:(0377)68060453
网址:www.tian-hua.com;
www.tianhuapharm.com
E-mail:hyhe@tianhuapharm.com
【主要产品】磺胺-6-甲氧嘧啶;磺胺间甲氧嘧啶钠

南阳吴城盐碱矿

河南省南阳市桐柏县[474750]
电话:(0377)68135686
经济类型:有限责任公司
【主要产品】重质纯碱

唐河县瑞祥明胶有限公司

河南省南阳市唐河县城郊乡[473000]
电话:(0377)68636777;13803870248
传真:(0377)68636777
职工人数:160人
网址:www.rxgelatin.com
E-mail:sales@rxgelatin.com
【主要产品】骨胶;工业明胶

桐柏鸿基化工有限公司

河南省桐柏县城东工业开发区[474750]
电话:(0377)68222242;68224191
经济类型:集体　法人代表:陈仁平
【主要产品】硫酸;氧化锌

西峡县三胜化工有限公司

河南省西峡县民营生态工业园区[474500]
电话:(0377)69662920;13603770969
传真:(0377)65106285
网址:www.sanshg.com
E-mail:sanshg@china.com
【主要产品】防锈漆;防锈油;金属润滑剂

西峡县新兴化工厂

河南省西峡县城关镇刘巷村[474550]
电话:(0377)69663354
经济类型:集体　法人代表:闫丙林
【主要产品】油漆

淅川县化肥厂

河南省南阳市淅川县城关镇冬青村[474450]
电话:(0377)64212996;64212797
经济类型:国有　法人代表:柴景法
【主要产品】合成氨;碳酸氢铵

豫淅鹏程化冶总公司

河南省南阳市淅川县红旗路5号[474450]
电话:(0377)64212753;64218888
传真:(0377)64213242　经济类型:国有
有进出口权　法人代表:全文忠
【主要产品】五氧化二钒;辛硫磷乳油;敌敌畏;克百威;杀虫脒

镇平县裕隆化工有限公司

河南省镇平县城关312国道西段[474250]
电话:(0377)65983806;65982832
传真:(0377)65983008　经济类型:集体
企业规模:大型　法人代表:常进国
【主要产品】油漆;各色醇酸调合漆;工业涂料;各种磁漆

中国人民解放军第六四五六工厂

河南省南阳市麒麟路74号[473006]
电话:(0377)63871028
传真:(0377)63565507　经济类型:国有
供销电话:63871028;13837706610
企业规模:大型　法人代表:宋铁军
【主要产品】脱漆剂

商丘市

河南省商丘市丰源化肥有限公司

河南省商丘市睢阳区城站路18号凯旋路[476100]
电话:(0370)2809013
传真:(0370)2809013
经济类型:有限责任公司
法人代表:杨信华
【主要产品】合成氨;液氨;碳酸氢铵

河南省商丘天神农药厂

河南省商丘市睢阳区城东南门[476100]
电话:(0370)3313106
【主要产品】辛硫磷颗粒剂;20%高渗辛硫磷乳油;高渗氧乐果乳油;高渗吡虫啉乳油;高效氯氰菊酯乳油;三氯杀螨醇乳油(20%);啶虫脒乳油;多菌灵可湿性粉剂;噻磺隆可湿性粉剂;甲柳·酮乳油;硫·锰锌可湿性粉剂;乐·氰乳油;辛·氯乳油;5%氟羧草·精喹禾乳油;酮·辛乳油;酮·氧乐乳油;异丙草·莠悬浮剂;辛·灭乳油;35%马·酮乳油

河南省天工制药厂

河南省商丘市新建南路277号[476000]
电话:(0370)2219568;2213217;2311620
传真:(0370)2212014;2210560
供销电话:13503708200
职工人数:800人　法人代表:刘开运
网址:www.thyy.net
E-mail:tgzy@371.net
【主要产品】噻氯匹定盐酸盐;人工牛黄

河南省夏邑县华泰化工有限公司

河南省商丘市夏邑高新技术开发区[476400]
电话:(0370)6381585
【主要产品】哒螨灵可湿性粉剂;哒螨灵乳油;阿维菌素乳油;80%敌敌畏乳油;吡虫啉可湿性粉剂;高渗吡虫啉乳油;噻嗪酮可湿性粉剂;高效氯氰菊酯乳油;灭幼脲悬浮剂;啶虫脒乳油;毒死蜱乳油;多菌灵可湿性粉剂;三环唑可湿性粉剂;三唑锡可湿性粉剂;甲基硫菌灵可湿性粉剂;敌磺钠可湿性粉剂;代森锌可湿性粉剂;代森锰锌可湿性粉剂;络氨铜水剂;草甘膦水剂(10%);41%草甘膦异丙胺盐水剂;百草枯水剂;乙草胺乳油;苯磺隆可湿性粉剂;精喹禾灵乳油;20%吗啉胍·乙铜可湿性粉剂;甲霜·锰锌可湿性粉剂;锰锌·霜脲可湿性粉剂;噁霜·锰锌可湿性粉剂;硫·三环悬浮剂;辛·氰乳油;丁·苄可湿性粉剂;阿维·丁硫乳油;乙·嗪可湿性粉剂;哒·四螨悬浮剂;22%吡·毒乳油;噁霉·甲霜水剂;高氯·马乳油;甲硫·霉威可湿性粉剂;福·福锌可湿性粉剂;吡·杀单可湿性粉剂;40%毒·机油乳油;毒·氯乳油;28%多·井悬浮剂;吡·异可湿性粉剂;吡·灭可湿性粉剂;异丙甲·莠悬浮剂;柴油·哒乳油;腈菌·锰锌可湿性粉剂;阿维·杀单微乳剂;阿维·哒乳油;井冈霉素水剂;井冈霉素粉剂;松脂酸钠可溶性粉剂

河南省夏邑县益康生化原料厂

河南省夏邑县北郭庄开发区[476400]
电话:(0370)6331078;13703977515
传真:(0370)6331078　经济类型:国有
供销电话:13937086909
法人代表:赵振国
【主要产品】胆甾醇;牛羊胆酸;猪去氧胆酸;胆红素;人工牛黄

河南万邦企业有限责任公司

河南省夏邑县郭店乡杨集村[476425]
电话:(0370)6631088
传真:(0370)6631116　经济类型:集体

豫

职工人数:64 人　法人代表:何传良
【主要产品】油漆;酚醛树脂漆类;醇酸树脂漆类

河南夏邑县贝尔生物制品有限公司

河南省夏邑县郭庄工业园区[476445]
电话:(0370)6332288;6332999;13598372588
传真:(0370)6332966
供销电话:13837075078
经济类型:股份有限公司
法人代表:李春民
网址:www.hnbeier.com
E-mail:beier@hnbeier.com
【主要产品】胆甾醇;维生素 D3;硫酸软骨素;去氧胆酸;肝浸膏;胆红素;猪胆粉

商丘凯光涂料厂

河南省商丘市梁园区 187 号[476000]
电话:(0370)2812098
经济类型:私营企业
【主要产品】108 外墙涂料;环保乳胶漆;106 建筑涂料;丙烯酸外墙涂料;瓷釉涂料;钢化涂料;建筑胶 801;107 胶

商丘龙宇化工有限公司

河南省商丘市南京西路 16 号[476000]
电话:(0370)2928776;13639603309
传真:(0370)2928776　职工人数:500 人
供销电话:2928759
供销传真:2928111
网址:www.sanhechem.com.cn
E-mail:ycmdlcs@163.com;sanhe@sanhechem.com.cn
【主要产品】十八醇;丙三醇;十六醇;脂肪醇

商丘市博大化工有限公司

河南省商丘市睢阳区四方院工业区[476000]
电话:(0370)3280200;3280330;3280200
传真:(0370)3281111
网址:www.bodajt.com
E-mail:sqboda@126.com;bodajt123@163.com
【主要产品】弹性涂料;汽车漆;工业涂料;不饱和聚酯树脂腻子;紫外光固化涂料;密封胶

商丘市第一化肥厂

河南省商丘市建设路东段[476000]
电话:(0370)2820037
传真:(0370)2814481
供销电话:2814481　法人代表:牛光磊
经济类型:联营企业
【主要产品】钾肥;小麦专用肥

商丘市东方化学工业公司

河南省商丘市长征南路 222 号[476000]
电话:(0370)2212111
法人代表:刘新安
【主要产品】石油钻井助剂

商丘市龙海气体有限公司

河南省商丘市建路西段路南[476000]
电话:(0370)2833578
传真:(0370)2832089
经济类型:私营企业　法人代表:吴国华
【主要产品】氧气(医用)

商丘市明清制药有限责任公司

河南省商丘市民主西路 55 号[476000]
电话:(0370)2292998;2738865;13603705595
传真:(0370)2968676;2292998
经济类型:有限责任公司
法人代表:尹诗奇
网址:www.mqyy.com.cn
E-mail:webmaster@mqyy.com.cn
【主要产品】乙酰螺旋霉素

商丘市稀土微肥示范厂

河南省商丘市商曹公路西段 21 号[476000]
电话:(0370)2812161
传真:(0370)2813841　经济类型:集体
供销电话:2812161;2813025
法人代表:郑国锋
【主要产品】氧化钆;氧化钕;氧化钐;氧化铕;氧化镧;氧化镨;氧化铈;稀土微肥;油酸钠皂;润滑油;抛光粉

上海现代哈森(商丘)药业有限公司

河南省商丘市永安街 12 号[476000]
电话:(0370)2611749;2952098;2920005
传真:(0370)2952098;2617031
供销电话:2627280;13803979101
经济类型:有限责任公司
职工人数:800 人　法人代表:黄良安
网址:www.hasen-modern.com
E-mail:liujie7527@126.com;hasen@vip.371.net
【主要产品】6,8-二氯辛酸乙酯;硫酸胍;硫氰酸红霉素;罗红霉素;保泰松;格列齐特;马来酸依那普利;桂利嗪;曲克芦丁;二羟丙茶碱;乙酰胺吡咯烷酮;卡马西平;枸橼酸铋钾;山莨菪碱;氨甲环酸;盐酸萘甲唑啉

夏邑县谷氨酸股份有限公司

河南省商丘市夏邑县县城西郊工业路 5 号[476400]
电话:(0370)6280595
传真:(0370)6280598　经济类型:国有
供销电话:6213076　法人代表:贺光勤
【主要产品】柠檬酸;谷氨酸

永城化学工业公司

河南省永城市工业路 441 号[476600]
电话:(0370)5213308
经济类型:国有
法人代表:李德顺
【主要产品】过磷酸钙;混配复合肥料

信阳市

河南省信阳庆舞肥料有限责任公司

河南省罗山县西城工业区[464200]
电话:(0376)2169870
传真:(0376)2168099
经济类型:集体
供销电话:2169658;13903765189
网址:www.fuhefei.net
E-mail:qingwufuhefei@sina.com
【主要产品】过磷酸钙;复合肥

河南省中南助滤剂有限公司

河南省信阳市平桥区五里镇[464117]
电话:(0376)3881065;3882812;3882813
传真:(0376)3882888
网址:www.perlite.com.cn
【主要产品】珍珠岩助滤剂

信阳核工业恒达实业公司干燥剂厂

河南省信阳市京深路 101 号[464000]
电话:(0376)6320521;6331382;13937618916
传真:(0376)6331382
网址:www.cn-hx.com
E-mail:hegongye308@163.com
【主要产品】膨润土;分子筛;沸石;干燥剂

信阳市平桥区百泰化工厂

河南省信阳市平桥区千禧村[464000]
电话:(0376)6788266;13837612869
传真:(0376)6788266
网址:www.btchem.com
E-mail:bettar@pack.net.cn
【主要产品】膨润土;蒙脱石;沸石

开开援生制药股份有限公司

河南省固始县大别山路[465200]
电话:(0397)4652523;4652054;4651980
传真:(0397)4652732　有进出口权
供销传真:4652732;4651980
网址:www.yshmc.com.cn
E-mail:sales@yshmc.com.cn
【主要产品】2-苯基-2-二甲氨基正丁醇;2-氨基-2-苯基丁酸;曲美布汀马来酸盐;曲美布汀

周口地区

河南郸城顺兴石油助剂有限公司

河南省郸城县宁平镇工业区[477164]

豫

电话:(0394)3278666
传真:(0394)3278999
网址:www. henanshunxing. com
E-mail:henanshunxing@ tom. com
【主要产品】发泡剂;聚丙烯酸钠;解堵剂;高效破乳剂;防塌润滑剂;聚丙烯酸钾;降滤失剂;钻井液降滤失剂;油溶性暂堵剂;堵漏剂;清蜡剂;油井水泥减阻剂;钻井液用强包被剂;油田酸化缓蚀剂;稠油增产剂;油田驱油剂;油井注水杀菌剂;铁离子稳定剂;胶束剂;酸化多效添加剂

河南普瑞制药有限公司

河南省西华县城叶庄桥[466600]
电话:(0394)2541062;2531682;13353857786
【主要产品】托品酸;托品醇;托品酮;山莨菪碱

河南省周口山都丽化工有限公司

河南省周口市建设东路10号[466001]
电话:(0394)8583501
【主要产品】甲氨基阿维菌素苯甲酸盐乳油;高渗吡虫啉乳油;高效氯氰菊酯乳油;三磷锡乳油;三唑锡;三唑锡悬浮剂;三唑锡可湿性粉剂;噻吩磺隆;噻磺隆可湿性粉剂;20%吗啉胍·乙铜可湿性粉剂;多·福·霜威可湿性粉剂;锰锌·霜脲可湿性粉剂;5%氟羧草·精喹禾乳油;噻磺·乙可湿性粉剂;草除·精喹乳油;异丙草·莠悬浮剂;20%吡·唑锡可湿性粉剂

河南周口市中科化工有限公司

河南省太康市城南经济开发区中科科技园[461400]
电话:(0394)6837213;13700825809
传真:(0394)6837213
网址:www. zk2008. com
E-mail:zkhg2008@ 126. com
【主要产品】甲拌磷颗粒剂;氧乐·高氯乳油;阿维·氯乳油;氯·水胺乳油;辛·灭乳油;柴油·哒乳油

驻马店地区

平舆县馨星生化有限公司

河南省平舆县城东工业区[463400]
电话:(0396)5395698;5395699
传真:(0396)5395698
职工人数:120人
固定资产:6,600千元
E-mail:woai56@ 163. com
【主要产品】三氯蔗糖;头孢尼西;克林霉素磷酸酯;氟罗沙星;黄芩苷;二氢黄酮苷;芦丁;他唑巴坦钠;硫酸软骨素;地奥明;曲克芦丁;硫辛酸;L-鼠李糖;槲皮素

西平骏马精细化工有限公司

河南省西平县柏城镇迎宾大道西段路北[462100]
电话:(0396)3232866;3232858
传真:(0396)3232866
法人代表:汤广斌
网址:www. junmachem. com
E-mail:sales@ junmachem. com
【主要产品】对叔丁基邻氨基苯酚;2-氨基苯甲酸;2-氨基苯酚;荧光增白剂ER-Ⅰ;荧光增白剂ER-Ⅱ;荧光增白剂OB;荧光增白剂OB-1;荧光增白剂KCB;荧光增白剂KSN;荧光增白剂FP-127

驻马店中化肥业有限公司

河南省驻马店市练江大道986号[463000]
电话:(0396)3832522
传真:(0396)3821195
职工人数:535人
网址:www. zhfy. com
【主要产品】甲醇;尿素;磷酸一铵;玉米专用肥;复合肥;花生专用肥

湖北省

武汉市

湖北艾克尔工程塑料有限公司

湖北省武汉市胜利街128-134号新源大厦904室[430021]
电话:(027)82777272
传真:(027)82210202
经济类型:中外合资经营企业
网址:www.aikel.com
E-mail:aikel@public.wh.hb.cn
【主要产品】聚四氟乙烯制品

湖北华邦化学有限公司

湖北省武汉市关山一路89号[430074]
电话:(027)87439932
传真:(027)87452792
法人代表:雷兴家
网址:www.hbhuabang.com
E-mail:hb_huabang@sina.com
【主要产品】脱砷催化剂;脱硫剂;二氯二茂钛;二氯二茂锆;成核剂;高效中和缓蚀剂;二环戊二烯铁;抗氧防胶剂

鄂

湖北来斯化工新材料有限公司

湖北省武汉市丹水池菜园街91号[430012]
电话:(027)82343080;82341926;83516568
传真:(027)84612602;82346402
供销电话:83516568;83519402
供销传真:83550529
经济类型:与港澳台商合资经营
网址:www.efenmo.com/company/home.asp? id=118
E-mail:sale@hbhot.com
【主要产品】粉末锤纹剂;粉末砂纹剂;粉末皱纹剂

湖北派克密封件有限公司

湖北省武汉市武昌南湖新千家街130号[430070]
电话:(027)88039658;88036838;13907127230
传真:(027)88032848 有进出口权
供销电话:88030449;88038032
供销传真:88036698
经济类型:中外合资经营企业
网址:www.parkerhb.com.cn
E-mail:parkerhb@sohu.net
【主要产品】橡胶杂品;O形密封圈;各种金属垫片

湖北省化学工业研究设计院

湖北省武汉市洪山区关山一路89号[430074]
电话:(027)87439315
传真:(027)87439315
网址:www.hbhyy.com
E-mail:sales@hbhyy.com
【主要产品】硅酸甲酯;单硬脂酸甘油酯;二苯基二甲氧基硅烷;三甲氧基硅烷;二异丙基二甲氧基硅烷;二异丁基二甲氧基硅烷;二环戊基二甲氧基硅烷;水性复膜胶;搭口胶;复合胶;高效脱硫剂;硫醇硫醚精脱硫剂;二氯二茂钛;二氯二茂锆;JT水解504催化剂;硬脂酸钙;环已基二甲氧基甲基硅烷;润滑剂;聚烯烃成核透明剂

湖北省化学研究院

湖北省武汉市洪山区关山路30号[430074]
电话:(027)87404027
传真:(027)87800201 经济类型:国有
有进出口权
网址:www.haiso.com.cn
E-mail:haiso@126.com
【主要产品】4,4'-二氟二苯甲酮;4-氟二苯甲酮;3-(1-氰乙基)二苯甲酮;*N*,*N*'-(亚甲基二苯基)双马来酰亚胺;葡萄糖酸钠;4-氯二苯甲酮;3-(1-氰乙基)苯甲酸;联苯基苯甲酮;浸渍绝缘漆;茶多酚;葡萄糖酸-δ-内酯;葡萄糖酸锌;绝缘灌封胶;晶体胶;脱氢催化剂;TO-2型脱氧催化剂;TH系列脱氢催化剂;EZ-2型氧化锌精脱硫剂;脱硫剂;T703型氧化铁精脱硫剂;活性炭精脱硫剂;DS-1型复合氧化物精脱硫剂;转化吸收型精脱硫剂;硫醇硫醚精脱硫剂;ET型精脱氯剂;耐硫低温变换催化剂;常低温COS水解催化剂;硫化剂;絮凝剂;油水分离剂;研磨液;混凝土引气剂

湖北武大有机硅新材料股份有限公司

湖北省武汉市武昌区珞珈山武汉大学枫园[430072]
电话:(027)68754160
传真:(027)68754159
供销电话:87214371 法人代表:张彦谦
供销传真:87214371
经济类型:股份有限公司
网址:www.wdsilicone.cn
E-mail:sale@wdsilicone.cn
【主要产品】硅酸甲酯;甲基三乙酰氧基硅烷;γ-氯丙基三甲氧基硅烷;γ-氯丙基三乙氧基硅烷;三甲氧基硅烷;甲基三甲氧基硅烷;甲基乙烯基二氯硅烷;γ-巯丙基三乙氧基硅烷;硅烷偶联剂KH-590;硅烷偶联剂KH-560;硅烷偶联剂KH-570;硅烷偶联剂KH-792;硅烷偶联剂KH-602;硅烷偶联剂WD-10;硅烷偶联剂KH-550;γ-氨丙基甲基二乙氧基硅烷;甲基三丁酮肟基硅烷;乙烯基三乙氧基硅烷;乙烯基三甲氧基硅烷;硅烷偶联剂KH-858;乙烯基三氯硅烷

湖北信康实业有限公司

湖北省武汉市硚口区工农路23号武染工业园[430035]
电话:(027)83229053;63679541
传真:(027)83890170 有进出口权
网址:www.xinkangpharm.com
E-mail:xinkangwh@yahoo.com.cn
【主要产品】阿仑膦酸;灭蝇胺;替米考星;磷酸替米考星;甲磺酸帕珠沙星;托曲珠利;阿仑磷酸钠;尼卡巴嗪;盐酸莱克多巴胺;邻苯二甲酸丁苄酯

湖北英华密封材料有限公司

湖北省武汉市汉阳区邹家湾58号[430051]
电话:(027)84882776;84873100
传真:(027)84868455
网址:www.indowarna.com
E-mail:indowarn@indowarna.com
【主要产品】环氧树脂黏合剂;密封胶;汽车用点焊密封胶;玻璃胶;中性硅酮密封胶;包装黏合剂

湖北友芝友生物科技有限公司

湖北省武汉市发展大道267号人民防空大楼1103室[430015]
电话:(027)59209876;59509559;13396057019
传真:(027)59209875 职工人数:200人
网址:www.yzybio.com
E-mail:yzybio_xs@126.com;brightls@vip.sohu.com
【主要产品】L-丝氨酸;井冈霉素;苏云金杆菌;杆菌肽;L-色氨酸

湖北中佳药业有限公司

湖北省武汉市汉口建设大道625号金华大厦[431700]
电话:(027)83625020;83625030;84874426
传真:(027)83625030
网址:www.hubeimedical.com
E-mail:hzpc@hubeimedical.com
【主要产品】阿苯哒唑;氨甲环酸;吡诺克辛

武汉阿米诺科技有限公司

湖北省武汉市经济技术开发区保税仓库大楼二楼[430056]
电话:(027)84297465;84297760
传真:(027)84297760;84297465
网址:www.aaa-amino.com
E-mail:amino@aaa-amino.com
【主要产品】*N*-乙酰-L-羟基脯氨酸;L-羟基脯氨酸;DL-胱氨酸;L-胱氨酸;L-半胱氨酸;D-半胱氨酸;L-半胱氨酸盐酸盐一水物;L-半胱氨酸盐酸盐无水物;*N*-乙酰-DL-色氨酸;*N*-乙酰-L-色氨酸;肌氨酸甲酯盐酸盐;甘氨酸甲酯盐酸

盐;N-乙酰-L-酪氨酸;N-乙酰-DL-谷氨酸;N-乙酰-L-谷氨酸;半胱氨酸;N-乙酰-L-半胱氨酸;L-缬氨酸甲酯盐酸盐;L-焦谷氨酸;L-亮氨酸;L-异亮氨酸;L-精氨酸;L-精氨酸盐酸盐;DL-天门冬氨酸镁;DL-天冬氨酸钙;DL-天门冬氨酸钾;天冬氨酸钠;L-天门冬氨酸锌;羧甲司坦;L-丙氨酸甲酯盐酸盐;L-酪氨酸;L-酪氨酸甲酯盐酸盐;L-酪氨酸乙酯盐酸盐;L-组氨酸;L-瓜氨酸;L-盐酸鸟氨酸;N-乙酰蛋氨酸;N-乙酰-L-蛋氨酸;N-乙酰-D-蛋氨酸;N-乙酰-DL-苯丙氨酸;N-乙酰-L-苯丙氨酸;L-苯丙氨酸甲酯盐酸盐;乙酰亮氨酸;N-乙酰-L-亮氨酸;L-亮氨酸甲酯盐酸盐;L-精氨酸甲酯二盐酸盐;L-盐酸半胱氨酸甲酯;L-脯氨酸甲酯盐酸盐;L-脯氨酸叔丁酯盐酸盐;N-乙酰-L-脯氨酸;L-色氨酸乙酯盐酸盐;L-色氨酸甲酯盐酸盐;N-乙酰-L-谷氨酰胺

武汉爱民制药有限公司

湖北省武汉市汉口区赵家条 69 号[430010]
电话:(027)85991101;13607104088
传真:(027)85990841　　经济类型:国有
网址:www. whaimin. com
E-mail:aimin@ whaimin. com
【主要产品】β-七叶皂苷钠

武汉爱塞克斯化学有限公司

湖北省武汉市经济技术开发区 D 区汉强街 115 号[430056]
电话:(027)84892263
传真:(027)84892264
经济类型:中外合资经营企业
网址:essex. ccbip. und. cn
【主要产品】双面胶带;弹性粘接胶;密封胶;汽车用点焊密封胶;汽车车身聚氯乙烯密封胶

武汉奥莱斯轮胎有限公司

湖北省武汉市江夏区郑店街[430207]
电话:(027)87979933
传真:(027)87979660
供销传真:87979460
网址:www. aulice. cn
E-mail:info@ aulice. cn
【主要产品】载重汽车轮胎外胎;农用车辆轮胎

武汉百友氨基酸有限公司

湖北省武汉市新洲区邾城街兴盛路 5 号[430400]
电话:(027)86924589
传真:(027)86923399
供销电话:85490678;85491718
供销传真:85491717
网址:www. chinasgp. com
E-mail:export@ chinasgp. com
【主要产品】氨基酸;L-半胱氨酸;DL-半胱氨酸盐酸盐;L-半胱氨酸盐酸盐一水物;L-半胱氨酸盐酸盐无水物;N-乙酰-L-半胱氨酸;L-亮氨酸;羧甲司坦;L-酪氨酸

武汉拜耳润滑油有限公司

湖北省武汉市吴家山台商投资区慈惠工业园 38 号[430030]
电话:(027)83258288;83262024
传真:(027)83258855
供销电话:83257044
网址:www. chinalube. com;
www. runjia. com
E-mail:runjia@ chinalube. com
【主要产品】润滑油

武汉材料保护研究所

湖北省武汉市汉口宝丰二路 126 号[430030]
电话:(027)83641613;83640412;83330037
传真:(027)83637647;83638752
供销电话:83641613;13908637544
供销传真:83641613;83637647
网址:www. rimp. com. cn
E-mail:gzzy. corr. pro@ tom. com;
abc430030@ 126. com
【主要产品】阻垢缓蚀剂

武汉晨创化工机械制造有限责任公司

湖北省武汉市硚口区古田一路 30 号[430035]
电话:(027)83496751;83868425
传真:(027)83496751
经济类型:有限责任公司
法人代表:李国祥
网址:www. whhjc. com
E-mail:whzl@ whhjc. com
【主要产品】反应釜;发酵罐;薄膜蒸发器;真空减压浓缩罐;列管式冷凝器;真空干燥机;储罐;酒精回收塔;多功能提取罐

武汉春和工贸有限责任公司

湖北省武汉市汉阳区邹家湾 32 号[430051]
电话:(027)84881473
传真:(027)84619659
网址:www. hbchunhe. com
E-mail:yyc@ hbchunhe. com
【主要产品】粉末涂料;热塑性粉末涂料

武汉迪奥药业有限公司

湖北省武汉市汉南工业园[430092]
电话:(027)84391202;87526780;87526781
传真:(027)84391203;87526929
网址:www. ok-day. com
【主要产品】乐可安;香菇菌多糖

武汉方圆钛白粉有限公司

湖北省武汉市桥口区工农路 8 号[430035]
电话:(027)83412402;83412907
传真:(027)83412907
经济类型:有限责任公司
网址:www. qhgufen. com/fangyuan-e. htm
【主要产品】钛白粉

武汉风帆化工有限公司

湖北省武汉市江汉区天门墩路 17 号[430015]
电话:(027)85885509
传真:(027)85878075　　有进出口权
供销电话:85880528
供销传真:85880528
经济类型:中外合资经营企业
网址:www. fengfan. net
E-mail:chemical@ fengfan. net
【主要产品】2,5-二甲基-3-己炔-2,5-二醇;炔丙醇;1-丙炔基甘油醚;三氯乙醛水合物;烯丙基磺酸钠;3-氯-2-羟基丙基磺酸钠;羟甲基磺酸钠;双苯磺酰亚胺;3-二乙氨基-1-丙炔;丙氧基化丙炔醇;乙氧基丙炔醇;二乙氧基丁炔二醇;丙炔磺酸钠;二丙氧基丁炔二醇;N,N-二乙基丙炔胺甲酸盐;羟基丙烷磺酸吡啶嗡盐;2-乙基己基硫酸酯钠盐;S-羧乙基异硫脲氯化物

武汉福源化工有限公司

湖北省武汉市蔡甸区蔡河街 88 号[430100]
电话:(027)84942342
传真:(027)84942342
供销电话:84993608
经济类型:股份有限公司
【主要产品】尿素

武汉葛化集团有限公司

湖北省武汉市洪山区葛化街化工路 31 号[430078]
电话:(027)87602513
传真:(027)87600357　　有进出口权
网址:www. whghjt. com
E-mail:whghjt@ chem. com. cn
【主要产品】盐酸;烧碱(液体);氯气(液);一氯化苯;聚氯乙烯树脂(微悬浮法);聚氯乙烯糊树脂;氯化石蜡-52;氯化石蜡-70;炭黑

武汉国利精细化工有限公司

湖北省武汉市洪山区珞瑜路 208 号[430070]
电话:(027)87800517;87770185
职工人数:60 人
网址:www. goolee. com. cn
E-mail:master@ goolee. com. cn
【主要产品】组合聚醚;聚氨酯嵌缝胶;结构胶胶黏剂;密封胶;光亮清洗剂;金属清洗剂

武汉海德化工发展有限公司

湖北省武汉市盘龙城经济开发区刘店[430311]
电话:(027)61881202;61880308;13886198484
传真:(027)61882379

经济类型：有限责任公司
网址：hd.chemnet.com；
www.fluorochem.cn
E-mail：hdchem@hi2000.com
【主要产品】氟氢酸；氟硼酸；氟硼酸亚锡；氟硼酸钾；氟硼酸钠；氟硼酸铵；氟硼酸铅；氟硼酸铜；氟化钠；氟化钾；氟化铵；氟氢化铵；甲基磺酸；全氟辛基磺酰氟；甲基磺酸铅；甲基磺酸锡；铬雾抑制剂；含氟表面活性剂；全氟辛基磺酰基季铵碘化物；*N*-乙基全氟辛基磺酰胺；*N*-丙基-*N*-羟乙基全氟辛基磺酰胺；碱性镀锌添加剂；碱性镀锌光亮剂；热镀锌板钝化剂；氰化镀锌光亮剂；氯化钾（钠）镀锌光亮剂；全氟正辛基磺酸钾

武汉海力科技化工有限公司

湖北省武汉市南湖周家湾81号［430064］
电话：(027)87291218；87374825
传真：(027)87374916
经济类型：股份有限公司
网址：www.highlight.com.cn
E-mail：server@highlight.com.cn
【主要产品】二氧化氯；十四烷基二甲基苄基氯化铵；有机硅消泡剂；聚丙烯酸钠；聚丙烯酸；马来酸丙烯酸甲酯共聚物；丙烯酸-丙烯酸羟丙酯-AMPS共聚物；2-膦酸丁烷-1，2，4-三羧酸；膦基羧酸共聚物；水解聚马来酸酐；氨基三亚甲基膦酸；羟基亚乙基二膦酸；2-羟基膦酰基乙酸；水质稳定剂EDTMPS；水质稳定剂PAPE；二乙烯三胺五亚甲基膦酸；双季铵盐杀生剂；絮凝剂；预膜剂；油污清洗剂；耐酸型消泡剂；缓蚀剂

武汉汉龙氨基酸有限责任公司

湖北省武汉市汉南区纱帽街月亮湾路52号［430090］
电话：(027)82624300；82654066
传真：(027)82654693
网址：www.hanlong.com.cn
E-mail：billwan2002@yahoo.com.cn
【主要产品】氨基乙酸；L-脯氨酸；DL-胱氨酸；L-胱氨酸；L-半胱氨酸；DL-半胱氨酸盐酸盐一水物；L-半胱氨酸盐酸盐一水物；L-半胱氨酸盐酸盐无水物；L-缬氨酸；DL-丙氨酸；DL-苯丙氨酸；*N*-乙酰-L-酪氨酸；*N*-乙酰-L-半胱氨酸；复合氨基酸粉；DL-谷氨酸；L-亮氨酸；L-异亮氨酸；L-精氨酸；L-精氨酸盐酸盐；L-天门冬氨酸；羧甲司坦；L-酪氨酸；L-瓜氨酸；谷氨酸；L-盐酸鸟氨酸；蛋氨酸；L-蛋氨酸；L-苯丙氨酸；L-色氨酸；*N*-乙酰-L-亮氨酸；L-盐酸半胱氨酸甲酯；L-半胱氨酸乙酯盐酸盐

武汉汉南同心化工有限公司

湖北省武汉市汉南大道810号［430090］
电话：(027)84851471；84854610
传真：(027)84851480
网址：www.hntxchem.com
E-mail：sales@hntxchem.com
【主要产品】均苯四甲酸；均苯四甲酸二酐；苯酐；哒螨灵可湿性粉剂；哒螨灵乳油；久效磷乳油（40%）；甲胺磷乳油；氧化乐果乳油；30%敌百虫乳油；三唑磷乳油；80%敌敌畏乳油；喹硫磷乳油（25%）；三氯杀螨醇乳油（20%）；25%单甲脒盐酸盐水剂；敌瘟磷可湿性粉剂；除草醚；2，4-二氯苯氧乙酸

武汉鹤龟涂料有限公司

湖北省武汉市武昌区临江大道335号［430062］
电话：(027)88221722；88217184；88218611
传真：(027)88228975
供销电话：88877184
经济类型：私营企业
网址：www.hegui.com
E-mail：hegui@hegui.com
【主要产品】天然树脂漆类；酚醛树脂漆类；沥青漆类；醇酸树脂漆类；氨基树脂漆类；过氯乙烯漆类；丙烯酸树脂漆类；环氧树脂漆类；有机硅耐高温漆；氯化橡胶涂料；船舶防腐漆；无机富锌防腐漆

武汉华东化工有限公司

湖北省武汉市汉口竹叶山东方恒星园A栋8F［430012］
电话：(027)82944688；82944743；13212730887
传真：(027)82944743
网址：www.ecch.com.cn
E-mail：hdhg@ecch.com.cn
【主要产品】六硅酸镁；葡萄糖酸钠；木质素磺酸铵；木质素磺酸镁；木质素磺酸钠；木质素磺酸钙；碱木质素；酸化木质素

武汉华科大生命科技有限公司

湖北省武汉市东湖开发区华中科技大学科技园［430223］
电话：(027)87180761；87180762-811；87180763
传真：(027)87180764
供销电话：87180763；13871190908
经济类型：股份有限公司
网址：www.hustlife.com
E-mail：market@hustlife.com
【主要产品】羟乙基淀粉

武汉华联工业助剂有限公司

湖北省武汉市蔡甸区大集街特一号［430113］
电话：(027)69165618；69165638；69165648
传真：(027)69195618　　职工人数：50人
供销电话：13517291953
经济类型：私营企业　　法人代表：吕先福
产值：5,000,000千元
网址：www.hlzj.cn
E-mail：hyf981714@sohu.com
【主要产品】对-*N*，*N*-二甲氨基苯甲酸异戊酯；对-*N*，*N*-二甲氨基苯甲酸异辛酯；2，2′，4，4′-四羟基二苯甲酮；光稳定剂770；光稳定剂622；紫外线吸收剂三嗪-5；紫外线吸收剂UV-T；紫外线吸收剂UV-1；紫外线吸收剂UV-2；2，2′-二羟基-4，4′-二甲氧基二苯甲酮；光稳定剂292；光稳定剂UV-571

武汉吉瑞化工科技有限公司

湖北省武汉市雄楚大街937号绿之苑［430074］
电话：(027)87537101；87537102
传真：(027)87537100
网址：www.jewelc.com.cn
E-mail：jiruie@jewelc.com.cn
【主要产品】静电喷涂防锈油；封存防锈油；高效脱脂剂；热镀锌板钝化剂；多功能金属钝化剂

武汉径河化工有限公司

湖北省武汉市东西湖径河陈家岭特1号［430047］
电话：(027)83231898；83231968
传真：(027)83231277
网址：www.whjhchem.com
E-mail：whjh@wuhanjinghua.com
【主要产品】硬脂酸锰；硬脂酸铁；促进剂NA-22；促进剂NS；促进剂TMTD；橡胶促进剂；促进剂TRA；促进剂DBM；辛基酚醛硫化树脂；防老剂NBC；辛基酚醛增黏树脂；叔丁酚醛增黏树脂；橡胶塑解剂；橡胶增塑剂A；T202抗氧抗腐剂；润滑油添加剂

武汉久安药业有限公司

湖北省武汉市东湖高新技术开发区庙山小区［430223］
电话：(027)87990025；87990026
传真：(027)87990366
经济类型：有限责任公司
网址：www.chinajiuan.cn
【主要产品】硝呋醛

武汉巨英超王高科技有限公司

湖北省武汉市武昌武泰闸平安花园2栋1楼101［430064］
电话：(027)88123747；88115029
传真：(027)88115029
网址：www.whjuying.com
E-mail：loo18@public.wh.hb.cn
【主要产品】无机防水堵漏材料

武汉凯迪精细化工有限公司

湖北省武汉市洪山区广八路30号宏盛大厦11楼［430072］
电话：(027)87641416；87668853
传真：(027)87666931
网址：www.kaidifchem.com
E-mail：yangdl@public.wh.hb.cn
【主要产品】植物甾醇；脂肪酸甲酯；维生素E；乙二胺四亚甲基膦酸；水解聚马来酸酐；杀菌灭藻剂；聚合硫酸铁；

鄂

阻垢缓蚀剂；锅炉盐酸酸洗缓蚀剂

武汉凯兴颜料有限公司

湖北省武汉市黄陂区武湖农场工业园新河桥头[430345]
电话：(027)61810879
传真：(027)61810438
经济类型：有限责任公司
网 址：www. b2b168. com/c168-2161765. html
【主要产品】氧化铁红

武汉康博生物技术有限责任公司

湖北省武汉市东西湖区径河塔西路[430047]
电话：(027)83233110；13971655268
传真：(027)83233365
供销电话：85776927；13307117968
供销传真：85749123-8088
E-mail：kangbobio@ sina. com
【主要产品】酵母粉；酵母浸膏

武汉科诺生物农药有限公司

湖北省武汉市东湖开发区关南工业园区[430074]
电话：(027)87514086；87514031
传真：(027)87514063 有进出口权
经济类型：股份有限公司
网址：www. kenuo. com. cn
E-mail：webmaster@ kenuo. com. cn
【主要产品】阿维菌素乳油；高渗吡虫啉可湿性粉剂；灭多威可湿性粉剂；氯溴异氰尿酸；草甘膦可溶性粉剂；苯磺隆可湿性粉剂；丁·苄可湿性粉剂；久·辛乳油；草除·精喹乳油；杀单·苏可湿性粉剂；毒·氯乳油；阿维·苏可湿性粉剂；苏·灭可湿性粉剂；井冈霉素粉剂；苏云金杆菌悬浮剂；核苷类抗生素；苦参素

武汉莱恩科技有限公司

湖北省武汉市硚口区舵落口工农路18号[430035]
电话：(027)83412868；13971036948
传真：(027)83412542
经济类型：有限责任公司
网址：www. laien. com. cn
E-mail：lijun@ 027chem. cn
【主要产品】磷酸；三聚磷酸钠；六偏磷酸钠；焦磷酸钠；丙三醇；季戊四醇；酒石酸；硬脂酸；月桂酸；顺丁烯二酸酐；乌洛托品；醋酸钠；硫脲；三偏磷酸钠

武汉力发化工有限责任公司

湖北省武汉市江岸区汉黄路7-1号[430014]
电话：(027)82326235；82327385
传真：(027)82327385
供销传真：82327385
网址：www. whlf. com. cn
E-mail：manager@ whlf. com. cn
【主要产品】酚醛树脂；耐火材料用酚醛树脂；酚醛铸造树脂

武汉力诺双虎涂料有限公司

湖北省武汉市硚口区古田路17号[430035]
电话：(027)83825754；83832792
传真：(027)83833504；83831498
供销电话：83833770；13907162951
供销传真：83852629 有进出口权
经济类型：有限责任公司
企业规模：大型 法人代表：齐瑞龙
网址：www. linuottc. com/sh/index. asp
E-mail：office@ linuottc. com
【主要产品】油漆；汽车漆；工业涂料；高弹性外墙乳胶漆；建筑涂料；内墙封闭底漆；抗碱封闭底漆；内外墙乳胶漆；丙烯酸内墙乳胶漆；丙烯酸外墙乳胶漆；环保内墙乳胶漆；特种涂料；水溶性涂料；防腐涂料；木器涂料

武汉绿茵化工有限公司

湖北省武汉市江岸谌家矶大道62号[430011]
电话：(027)82335912；13507122983
传真：(027)82335859
网址：www. wuhan-yunhong. com
E-mail：gx@ wuhan-yunhong. com
【主要产品】缓释尿素；亚异丁二脲；专用肥

武汉麦可贝斯生物科技有限公司

湖北省武汉市经济技术开发区沌口小区4号地[430056]
电话：(027)84220745；84220050
传真：(027)84220751
供销电话：84220745-8105
网址：www. microbase. cn
E-mail：sales@ microbase. cn
【主要产品】氨基乙酸；L-脯氨酸；L-胱氨酸；L-半胱氨酸；DL-半胱氨酸盐酸盐；D-半胱氨酸盐酸盐；L-半胱氨酸盐酸盐一水物；L-半胱氨酸盐酸盐无水物；*N*-乙酰-L-胱氨酸；L-缬氨酸；L-丝氨酸；*N*-乙酰-L-酪氨酸；*N*-乙酰-L-半胱氨酸；L-赖氨酸盐酸盐；L-赖氨酸-L-天冬氨酸盐；L-赖氨酸-L-谷氨酸盐；L-亮氨酸；L-精氨酸；L-精氨酸盐酸盐；L-精氨酸-L-谷氨酸盐；L-天门冬氨酸；阿司匹林-L-精氨酸；赖氨匹林；羧甲司坦；L-苏氨酸；L-酪氨酸；L-组氨酸；L-盐酸鸟氨酸；蛋氨酸；*N*-乙酰-L-蛋氨酸；L-苯丙氨酸；L-色氨酸；*N*-乙酰-L-亮氨酸；L-精氨酸-L-天门冬氨酸；L-精氨酸-L-焦谷氨酸盐

武汉美利信新型建材有限责任公司

湖北省武汉市东湖新技术开发区庙山小区[430223]
电话：(027)87925949；13607184086
传真：(027)87925949
供销电话：87925949；87925951
网址：www. meilixin. com
E-mail：whmeilixin@ 163. com
【主要产品】高分子防水涂料；复合防水涂料；水泥基渗透结晶型防水涂料；建筑胶；强力胶；自粘橡胶沥青防水卷材；多层复合防水卷材

武汉青江化工股份有限公司

湖北省武汉市青山区临江大道862号[430081]
电话：(027)86863189；86883188
传真：(027)86888820 职工人数：550人
供销电话：86863189；86865871
经济类型：股份有限公司
法人代表：张恒明
网址：www. qhgufen. com
E-mail：sales@ qhgufen. com
【主要产品】铁精矿；发烟硫酸；亚硫酸氢铵；硫酸亚铁；二氧化硫（液）；硫酸二甲酯；巯基乙酸异辛酯；1-氨基蒽醌；过磷酸钙；复合肥；有机磷肥；钛白粉（搪瓷用）；硫酸

武汉人福高科技产业股份有限公司

湖北省武汉市洪山区关山街鲁磨路369号[430074]
电话：(027)87821372；87272571；87123923
传真：(027)87484393
经济类型：股份有限公司
网址：www. renfu. com. cn
E-mail：mackluo@ public. wh. hb. cn
【主要产品】非那甾胺；醋酸环丙孕酮；米非司酮

鄂

武汉瑞阳化工有限公司

湖北省武汉市硚口区工农路23号[430035]
电话：(027)83830849；83496595；13808662705
传真：(027)83830849；83412094
网址：ry. chemnet. com
E-mail：rychem01@ chemnet. com
【主要产品】间氯苯甲醛；对甲基苯甲醛；三羟甲基丙烷二烯丙基醚；2-羟基-3-萘甲酸甲酯；对甲基氯苄；炔丙基氯；对甲基溴苄；2,5-二丁氧基-4-溴硝基苯；*N*-氨丙基吗啉；2,3-二羟基萘-6-磺酸钠；2,4-二氯苯氧乙酸；醋酸乙烯-丙烯酸酯共聚乳液；晒图盐BG；晒图盐BGM；晒图盐BGT；1-重氮-2,5-二丁氧基-4-吗啉基苯氯化锌盐；1-重氮-2,5-二乙氧基-4-吗啉苯氯化锌复盐；重氮盐DH；*N*-(吗啉基)丙基-2-羟基-3-萘甲酰胺；丁吗硝

武汉赛达高新技术有限公司

湖北省武汉市中山路凤凰大厦B2-1601[430071]
电话：(027)88910167
传真：(027)88910171 职工人数：80人
供销电话：88916343 产值：20,000千元
供销传真：86545461 法人代表：桂华庆

经济类型:有限责任公司
销售收入:20,000 千元
E-mail:natduct@ 126. com
【主要产品】2,4-二羟基苯甲醛;茄尼醇

武汉三晶化工有限公司

湖北省武汉市硚口区古田一路 30 号[430035]
电话:(027)83830687;13907101691
传真:(027)83858652;83830687
网址:www. sjchem. cn;
www. chinachemnet. com
E-mail:sanjing@ hi2000. com
【主要产品】1,4-雄烯二酮;炔孕酮;氯地孕酮;双醋炔诺醇;睾丸素;甲睾酮;丙酸睾酮;庚酸睾酮;十一酸睾酮;癸酸睾丸素;苯乙酸睾酮;苯丙酸睾酮;环戊丙酸睾酮;异己酸睾酮;癸酸诺龙;苯丙酸诺龙;宝丹酮;宝丹酮十一烯酸酯;诺龙

武汉森茂精细化工有限公司

湖北省武汉市东湖国家新技术开发区大学园路武大科技园[430223]
电话:(027)87196115;87196114;
13986095788
传真:(027)87196115;87196114
网址:www. whsm. net. cn
E-mail:whsm0418@ sohu. com
【主要产品】环氧树脂;环氧地坪涂料;改性脂肪胺固化剂;环氧树脂活性稀释剂;环氧树脂活性增韧剂

武汉神舟化工有限公司

湖北省武汉市硚口区工农路 23 号[430035]
电话:(027)83839777;13607195265
传真:(027)83412094
网址:sz. chemnet. com
E-mail:szchem@ chemnet. com
【主要产品】酒石酸;四羟基丁二酸钠;苯肼-4-磺酸;柠檬黄;乙二胺二氢碘;蛋氨酸锌;蛋氨酸络合铜;富马酸单甲酯;富马酸亚铁;蛋氨酸铁

武汉胜鑫化工有限公司

湖北省武汉市硚口区古田五路 17 号[430034]
电话:(027)83495491;83495493;
13971525872
传真:(027)83495491 职工人数:98 人
经济类型:私营企业 法人代表:陈世华
网址:www. whsxhg. com
E-mail:sales@ whsxhg. com;
whsxhg@ hotmail. com
【主要产品】次磷酸;丙烯醛;乙烯基异丁基醚;乙烯基正丁基醚;乙烯基丙基醚;乙烯基乙醚;乙烯基甲醚;丙烯酸;2-氯-5-氯甲基吡啶;2-氯-5-羟甲基吡啶;戊二醛;4-二甲氨基吡啶

武汉市百草园生化药业有限公司

湖北省武汉市解放大道 2066 号[430011]
电话:(027)82314160;82314902;
13907117660
传真:(027)82314902
法人代表:但汉珍
网址:www. whbcy. com
E-mail:whbcy@ whbcy. com
【主要产品】人工牛黄

武汉市道奇化工公司

湖北省武汉市汉口江岸区湖边坊 740 号[430023]
电话:(027)83528845;13871455089
传真:(027)83528845
经济类型:私营企业
网址:www. dqchem. cn
E-mail:fqr@ 027chem. cn
【主要产品】氟氢酸;氟硅酸;次磷酸;氟硼酸;碳酸钾;氟硼酸亚锡;氟硼酸钾;氟硼酸钠;氟硼酸铵;氟硼酸铅;氟硼酸铜;氟化钠;氟化钙;氟化钾;氟化铵;氟化铝;氟氢化铵;氟硅酸钠;氟硅酸钾;氟硅酸镁;氟铝酸钠;氟化镍;三氧化二锑;全氟辛基磺酰氟

武汉市德孚经济发展有限公司

湖北省武汉市黄孝河路 142 号同安大厦 A 座 503 室[430019]
电话:(027)82609110
传真:(027)82653976
网址:defu. chemnet. com
E-mail:defu@ hi2000. com;
fuwh@ sohu. com
【主要产品】全氟辛基磺酰氟;八氟环丁醚;全氟三乙胺;全氟三丙胺;全氟三丁胺;全氟丁基磺酸钾;全氟丁基磺酰氟;全氟辛酸;全氟辛基磺酰基季铵碘化物;*N*-乙基全氟辛基磺酰胺;全氟辛基磺酰胺;全氟辛基磺酸铵;全氟辛基磺酸四乙基铵;*N*-丙基全氟辛基磺酰胺;全氟辛基甜菜碱;全氟辛基磺酰基二乙醇胺;全氟正辛基磺酸钾

武汉市工程塑料有限公司

湖北省武汉市经济技术开发区民营科技园[430056]
电话:(027)84222886
传真:(027)84222882 职工人数:200 人
供销电话:85877259 产值:30,000 千元
供销传真:85879258 法人代表:胡良桥
经济类型:有限责任公司
网址:www. whgcsl. com. cn
E-mail:hlq@ whgcsl. com. cn
【主要产品】聚四氟乙烯薄膜;聚四氟乙烯车削板;聚四氟乙烯制品;MC 尼龙 6 制品

武汉市合中化工制造有限公司

湖北省武汉市武昌区南胡首义创新生化工业园[430064]
电话:(027)68886680
传真:(027)88064757 法人代表:胡旺
供销电话:68886669;68886685
供销传真:68886691
经济类型:私营企业
网址:www. whhzhg. com
E-mail:huxiwang@ 126. com
【主要产品】硫酸;硫酸亚铁;硝酸铜;三氯化铁;三氯化铝;亚氯酸钠;氯化钾;三聚磷酸钾;次磷酸钙;磷酸二氢钾;三聚磷酸二氢铝;改性三聚磷酸铝;磷酸二铵(工业级);磷酸一铵(工业级);硼氢化钾;碳酸钡;碳酸锂;碳酸镁;溴化钠;碘化钾;工业盐;二氧化铅;α-环状糊精;乙二醛;邻苯二甲醛;苯乙醇;4-溴丁酸;L-乳酸;氨基乙酸;4-甲苯磺酸;DL-苹果酸;季戊四醇硬脂酸酯;甲酸肉桂酯;原甲酸三甲酯;肉桂酸甲酯;硝酸异辛酯;醋酸酐;四氯化碳;三氯乙酰氯;一硝基甲烷;乙二胺;盐酸羟胺;十二烷基硫酸钠;甲酸钠;柠檬酸镁(无水);泛酸钠;结晶山梨醇;DL-苯丙氨酸;半胱胺盐酸盐;肉毒碱盐酸盐;环丙羧酸;β-溴苯乙烯;尿素;钛白粉;溴化钡;氢氧化铵;天冬氨酰苯丙氨酸甲酯;庚酸乙酯;复合磷酸盐;红霉素;磺胺二甲嘧啶;磺胺喹噁啉;磺胺醋酰钠;灰黄霉素;二甲硝咪唑;塞克硝唑;格列美脲;格列吡嗪;硝酸异山梨酯;肌醇;甘草酸单铵;甘露醇;DL-赖氨酸盐酸盐;L-谷氨酰胺;苯甲醛;肉桂酸苄酯;乙酸肉桂酯;烟酮;氯化石蜡-70;硬脂酸钠;硬脂酸钾;硬脂酸镁;十二烷基苯磺酸钠;碱性蛋白酶

武汉市华昌应用技术研究所

湖北省武汉市鲁磨路 118 号鲁巷科技苑 A 单元 102 号[430074]
电话:(027)87596416;87596882
传真:(027)87596379 职工人数:100 人
经济类型:私营企业 法人代表:高贵义
网址:www. huachang-chem. com
E-mail:hcsilicone@ hi2000. com
【主要产品】γ-氯丙基三甲氧基硅烷;γ-氯丙基三乙氧基硅烷;硅油;钛酸酯偶联剂;硅烷偶联剂 KH-590;硅烷偶联剂 KH-560;硅烷偶联剂 KH-570;硅烷偶联剂 KH-792;硅烷偶联剂 KH-602;硅烷偶联剂 KH-550;硅烷偶联剂 KH-791;乙烯基三乙氧基硅烷;γ-氯丙基甲基二乙氧基硅烷;硅烷偶联剂 KH-858

武汉市化学工业研究所有限责任公司

湖北省武汉市武昌区大东门千家街 20 号[430064]
电话:(027)88071674;88062383
传真:(027)88078286
经济类型:有限责任公司
网址:www. whchinst. com
E-mail:whchinst@ whchinst. com
【主要产品】五氟化溴;全氟辛基磺酰氟;2,2,2-三氟乙酰胺;全氟环丁醚;全氟三乙胺;全氟三丁胺;全氟三戊胺;二甲基一氯硅烷;4,4′-双(二甲基

鄂

羟基硅基)二苯醚;1,4-双(二甲基羟基硅基)苯;四甲基二硅氧烷;六乙基环三硅氧烷;乙基三乙酰氧基硅烷;4-(3,4-二甲氧基苯基)-4-氧丁烯酸乙酯;2-氨基苯乙酮;4-氯甲基-5-甲基-1,3-二氧杂环戊烯-2-酮;5-硝基间苯二甲酸二甲酯;*N*-氟代二苯磺酰亚胺;2-硝基苯乙酮;乙基硅油;腻子胶;聚氨酯电器密封胶;硅烷偶联剂 KH-570;硅烷偶联剂 KH-602;硅烷偶联剂 KH-550;硅烷偶联剂 KH-791;硅烷偶联剂 KH-858;有机硅消泡剂;全氟丁基磺酸钾;全氟丁基磺酰氟;全氟辛酸;表面活性剂;全氟正辛基磺酸钾;锭子油;仪表油

武汉市黄陂区大田精细化工厂

湖北省武汉市黄陂区武湖农场陡马河[430345]
电话:(027)61867246;13871172918
传真:(027)61867246
网址:www.datianchemical.com
E-mail:sales@datianchemical.com
【主要产品】2-氯-5-硝基苯甲酸;2-氯苯甲腈;4-氯苯腈

武汉市嘉恒化工有限公司

湖北省武汉市硚口区工农路23号[430035]
电话:(027)83856061
传真:(027)83412126
网址:www.jiahengchem.com
E-mail:sales@jiahengchem.com
【主要产品】氯化钡;氯化钙(无水);氯化钙(二水);斯盘60;斯盘80;吐温60;吐温80;斯盘系列;斯盘20;吐温系列;吐温20

武汉市江润精细化工有限责任公司

湖北省武汉市硚口区古田一路长丰大道特8号[430035]
电话:(027)83843512;83837023
传真:(027)83837023 有进出口权
经济类型:有限责任公司
网址:www.jiangrun-chem.com
E-mail:qkcjjx@public.wh.hb.cn
【主要产品】氟氢酸;次磷酸;氟硼酸;硫代硫酸镁;次磷酸钠;次磷酸钙;次磷酸钾;次磷酸铵;次磷酸镍;氟硼酸亚锡;氟硼酸铅;氟硼酸铜;2,4-二羟基苯甲醛;全氟辛基磺酰氟;乙二胺四乙酸二钾;乙二胺四乙酸三钾;2-甲硫基吩噻嗪;硫酸铵;二甲基二烯丙基氯化铵;无甲醛固色剂;ST絮凝剂;全氟辛基磺酰基季铵碘化物;聚季铵-7;*N*-乙基全氟辛基磺酰胺;*N*-乙基全氟辛基磺酰胺乙醇;全氟辛基磺酸四乙基铵;油水分离剂;全氟正辛基磺酸钾;造纸助留助滤剂;阳离子淀粉

武汉市强龙化工新材料有限责任公司

湖北省武汉市汉口发展大道239号[430023]
电话:(027)85887724;85880006;82415083
传真:(027)85880006
经济类型:有限责任公司
网址:www.qlncm.cn
E-mail:qlncm@hotmail.com
【主要产品】三氯乙醛水合物;乙烯亚胺;聚乙烯亚胺;高分子量聚乙烯亚胺

武汉市天马解放化工有限公司

湖北省武汉市汉口赵家条187号(黄浦科技园)[430010]
电话:(027)82639181;82639182;82639183
传真:(027)82639181
网址:www.wuhantianma.com
E-mail:info@wuhantianma.com.cn
【主要产品】水溶性聚氨酯树脂;戊二醛;2D树脂;偶氮二甲酰胺;合成牛蹄油

武汉市天麦染料实业有限公司

湖北省武汉市硚口区工农路23号[430035]
电话:(027)83840107;83412626;13607147407
传真:(027)83412626 有进出口权
供销传真:83840107 职工人数:130人
经济类型:与港澳台商合资经营
法人代表:李攻陆
网址:www.tm-chem.com
E-mail:tianmai2004@chemnet.com
【主要产品】2-氯-3-硝基苯甲酸;2,5-二氨基苯甲酸;2-氨基-5-甲基苯甲酸;2-氨基-5-硝基苯甲酸;2-氨基-3-硝基苯甲酸;2-氨基-4-硝基苯甲酸;2-硝基二苯砜;氨基脲;2-氰基-4-硝基-6-溴苯胺;2-氰基-4-硝基-6-氯苯胺;2,5-二氨基苯甲腈;对硝基苯甲腈;2-氯-4-甲磺酰基苯甲酸;2-甲基喹啉;对甲砜基甲苯;邻硝基对甲砜基甲苯;对甲砜基苯甲酸;5-硝基靛红;5-甲基靛红

武汉市银冠化工有限公司黄陂精细化工厂

湖北省武汉市滠口经济开发区[430311]
电话:(027)61862077
传真:(027)61862754 职工人数:180人
法人代表:张立清
网址:www.hpchem.com
E-mail:whhpfcfw@public.wh.hb.cn
【主要产品】对羟基苯基苄基醚;邻羟基苯基苄基醚;苯氧乙酸钠;2-氨基二苯甲酮;2-氰基-4-硝基苯胺;2-氰基-4-硝基-6-溴苯胺;2-氰基-4-硝基-6-氯苯胺;邻苯二甲腈;2,4-二氯苯腈;2-氯-5-硝基苯甲酸;4,4'-二羟基二苯甲酮;3,4-二氯苯腈;2-氯苯甲腈;4-氯苯腈;间氯苯腈;2-氯-5-硝基苯腈;间羟基苯腈;对氯苯氧乙酸;紫外线吸收剂UV-9;紫外线吸收剂UV-531;紫外线吸收剂UV-0

武汉市煜昌化工涂料有限公司

湖北省武汉市东西湖台商投资区[430040]
电话:(027)83892654;83893098
传真:(027)83212117
网址:www.whyc-chem.com
E-mail:sw@yctl.sina.net
【主要产品】汽车漆;羟基丙烯酸树脂汽车罩光漆;聚氨酯丙烯酸汽车面漆;丙烯酸内墙乳胶漆;高温烘烤型汽车漆;塑料漆;油漆稀释剂;油漆固化剂

武汉市远华铸造有限公司

湖北省武汉市黄陂区王家河陈门潭街[430000]
电话:(027)85060988
经济类型:私营企业 产值:5,000千元
职工人数:100人 法人代表:沈远亮
网址:8888syl.cn.alibaba.com
E-mail:syl0000@126.com
【主要产品】还原铁粉

武汉市智发科技开发有限公司

湖北省武汉市江岸区江大路小区7号楼A座203[430010]
电话:(027)82613713
传真:(027)82607305
网址:www.zhifa-tech.com
E-mail:sales@zhifa-tech.com
【主要产品】硅溶胶;有机硅织物柔软剂;渗透剂;有机硅脱模剂;有机硅消泡剂;防锈剂;抛光膏清洗剂;切削油;拔丝润滑剂;蜡模清洗剂

武汉泰和化工有限公司

湖北省武汉市吴家山海峡两岸科技产业园[430040]
电话:(027)83891828
传真:(027)59325328
网址:www.whtaihe.com
E-mail:whtaihe@public.wh.hb.cn
【主要产品】汽、柴、煤、燃油多效清净剂;重(渣)油添加剂;重油节油剂

武汉天力纳米光触媒材料有限公司

湖北省武汉市珞狮南路特1号[430070]
电话:(027)87390133;87391019;62098160
传真:(027)87299459 经济类型:国有
供销电话:62778020;62098160
网址:www.nami888.net
E-mail:nami818@126.com
【主要产品】钛白粉(纳米级)

武汉天目科技发展有限责任公司

湖北省武汉市卓刀泉南路96号文泉书苑2-3-102[430079]
电话:(027)87299246

传真:(027)87384332
经济类型:私营企业
网址:www. teamcn. com
E-mail:info@ teamcn. com
【主要产品】甲基三乙氧基硅烷;甲基三乙酰氧基硅烷;γ-氯丙基三甲氧基硅烷;γ-氯丙基三乙氧基硅烷;甲基三甲氧基硅烷;水溶性硅油;甲基含氢硅油;硅油;羟基硅油;阳离子羟基硅油乳液;阴离子羟基硅油乳液;硅烷偶联剂 ND-42;γ-巯丙基三乙氧基硅烷;硅烷偶联剂 KH-590;硅烷偶联剂 KH-560;硅烷偶联剂 KH-570;硅烷偶联剂 KH-792;硅烷偶联剂 KH-602;硅烷偶联剂 WD-10;硅烷偶联剂 KH-550;硅烷偶联剂 KH-791;N-(β-氨乙基)-氨甲基三乙氧基硅烷;甲基三丁酮肟基硅烷;乙烯基三丁酮肟基硅烷;乙烯基三乙氧基硅烷;乙烯基三甲氧基硅烷;硅烷偶联剂 KH-858

武汉铁神化工有限公司

湖北省武汉市东湖新技术开发区庙山小区火炬路[430223]
电话:(027)87923884;87925573
传真:(027)87923885
经济类型:私营企业
网址:www. tieshen. net. cn
E-mail:tieshen_wh@ 163. com
【主要产品】高弹性外墙乳胶漆;内墙封闭底漆;外墙封闭底漆;丙烯酸防腐涂料;丙烯酸内墙乳胶漆;丙烯酸外墙乳胶漆;丙烯酸弹性防水外墙乳胶漆;环氧防腐漆;聚氨酯漆类;氟碳重防腐涂料;氯化橡胶防腐漆;抗静电重防腐涂料;无机富锌防腐漆;膨胀型钢结构防火涂料;高聚物合金重防腐涂料;HCPE 特种带锈防锈防腐漆;脱漆剂

武汉五景药业有限公司

湖北省武汉市东西湖鑫桥高新技术产业园[430040]
电话:(027)68853555
传真:(027)85782590　职工人数:700 人
经济类型:有限责任公司
网址:www. wjyy. com. cn
【主要产品】司他夫定;吡诺克辛

武汉武大弘元股份有限公司

湖北省武汉市武昌区珞瑜路 399 号[430070]
电话:(027)87453580;87452205;87452603
传真:(027)87403628
供销传真:87452206　法人代表:李清泉
经济类型:股份有限公司
网址:www. whuhoyo. com
E-mail:market@ whuhoyo. com
【主要产品】硫酸钡;氨基乙酸;L-脯氨酸;L-羟基脯氨酸;硫代脯氨酸;DL-胱氨酸;L-胱氨酸;D-胱氨酸;L-半胱氨酸盐酸盐;L-半胱氨酸;D-半胱氨酸;N-CBZ-S-苯基-L-半胱氨酸;DL-半胱氨酸盐酸盐一水物;L-半胱氨酸盐酸盐一水物;L-缬氨酸;N-乙酰-L-色氨酸;L-丙氨酸;醋酸钠;DL-丙氨酸;D-苯丙氨酸;DL-苯丙氨酸;N-乙酰-L-酪氨酸;半胱氨酸;N-乙酰-L-半胱氨酸;复合氨基酸粉;L-赖氨酸盐酸盐;DL-谷氨酸;L-亮氨酸;L-异亮氨酸;L-精氨酸;L-精氨酸盐酸盐;L-精氨酸醋酸盐;L-天门冬氨酸;羧甲司坦;L-苏氨酸;L-酪氨酸;L-酪氨酸甲酯盐酸盐;L-酪氨酸乙酯盐酸盐;L-天冬酰胺;L-组氨酸;L-组氨酸盐酸盐;L-瓜氨酸;谷氨酸;D-谷氨酸;L-鸟氨酸乙酯盐酸盐;L-盐酸鸟氨酸;L-鸟氨酸-L-天门冬氨酸;蛋氨酸;L-蛋氨酸;D-蛋氨酸;N-乙酰蛋氨酸;N-乙酰-L-蛋氨酸;L-苯丙氨酸;N-乙酰-L-苯丙氨酸;L-色氨酸;乙酰亮氨酸;N-乙酰-L-亮氨酸;L-亮氨酸甲酯盐酸盐;L-精氨酸-L-天门冬氨酸;精氨酸乙酯盐酸盐;L-精氨酸甲酯二盐酸盐;L-盐酸半胱氨酸甲酯;L-半胱氨酸乙酯盐酸盐;N-乙酰-L-脯氨酸;L-谷氨酰胺;N-乙酰-L-谷氨酰胺

武汉武药制药有限公司

湖北省武汉市古田路 5 号[430035]
电话:(027)83827810
传真:(027)83836358　职工人数:600 人
供销电话:83833604;83831575
网址:www. wyzy. net
E-mail:wyzy@ wyzy. net
【主要产品】溴化钠;溴化钾;溴化铵;异丙醇铝;1-苯基-3-甲基-5-吡唑啉酮;氯乙酰儿茶酚;2-甲基咪唑;2-甲基-5-硝基咪唑;2,6-二氯-5-氟烟酸;D-(-)-苏-1-对硝基苯基-2-氨基-1,3-丙二醇;4-氨基安替比林;4-甲酰基安替比林;4-甲氨基安替比林;1-对硝基苯基-2-氨基-1,3-丙二醇;α-乙酰氨基-β-羟基对硝基苯丙酮;氯霉素右旋氨基物;氯霉素;氯霉素棕榈酸酯;盐酸乙胺丁醇;更昔洛韦;牛磺酸;依诺沙星;葡萄糖酸依诺沙星;安替比林;氨基比林;安乃近;双氯芬酸钠;甲硝唑;苯酰甲硝唑;黄体酮;醋酸可的松;格列吡嗪;氟尿嘧啶;吲达帕胺;盐酸川芎嗪;重酒石酸去甲肾上腺素;肾上腺素;兰索拉唑;甘草酸二铵;酚磺乙胺;卡巴克络;盐酸普鲁卡因;苯佐卡因;二巯基丙醇;盐酸地匹福林;盐酸噻洛唑啉;硫普罗宁;苄达赖氨酸;吡诺克辛;8-甲氧基补骨脂素;盐酸曲美他嗪;盐酸替罗非班

武汉现代工业技术研究院

湖北省武汉大学校内湖滨路[430072]
电话:(027)59713668;59713669
传真:(027)59713665
网址:www. 21-century-material. com
E-mail:xctic@ public. wh. hb. cn
【主要产品】高氯化聚乙烯;有机硅改性环氧树脂;聚氨酯树脂;有机硅树脂;超耐候不黄变改性有机硅树脂;新型无毒带锈漆用树脂;玻璃钢树脂;水性无机富锌漆用树脂;醇溶性无机富锌漆用树脂;耐高温树脂;水性氨基烘漆;金属油罐抗静电防腐涂料;水性金属漆;各色防污漆;聚氨酯丙烯酸汽车面漆;各色环氧树脂磁漆;H06-4 环氧富锌底漆;环氧云铁底漆;环氧甲板防滑漆;环氧系列重防腐涂料;各色环氧厚浆型防腐涂料;环氧带锈防锈防腐涂料;聚氨酯防腐涂料;非焦油聚氨酯防水涂料;有机硅耐高温漆;有机硅防水涂料;各色氯化橡胶水线漆;氯化橡胶甲板漆;氯化橡胶云铁防锈漆;瓦面漆;水性无机富锌底漆;隧道防火涂料;无毒无溶剂防腐涂料;防腐涂料;重防腐粉末涂料;云石胶;聚醋酸乙烯乳液胶黏剂;聚氨酯嵌缝胶;大玻璃专用密封胶;金属表面处理剂;高级油污清洗剂;油污清洗防锈剂;低温磷化液;脱漆脱塑剂;蚀刻剂;胶泥

武汉新大地化工有限公司

湖北省武汉市桥口区南泥湾大道 8 号[430034]
电话:(027)83305573;83305591
传真:(027)83305570
供销电话:83305550;83499985
经济类型:股份有限公司
法人代表:常建军
网址:www. newlandchem. com
E-mail:ywx@ newlandchem. com
【主要产品】氧气(医用);聚维酮碘;二氧化氯;分散剂;消泡剂;杀菌灭藻剂;表面活性剂;乳化剂;双八/十烷基二甲基氯化铵;缓蚀剂;聚乙烯吡咯烷酮

武汉新景化工有限责任公司

湖北省武汉市桥口区古一小路一号[430035]
电话:(027)83496449;83496459
传真:(027)83496451　职工人数:130 人
供销电话:83496446;83496449
供销传真:83495896　法人代表:王明星
经济类型:私营企业
网址:www. xinjingchem. com
E-mail:whxjhg1@ public. wh. hb. cn
【主要产品】1,1,3,3-四甲氧基丙烷;1,1,3,3-四乙氧基丙烷;丙烯醛;3-环己烯-1-甲醛;乙烯基异丁基醚;乙烯基正丁基醚;乙烯基丙基醚;乙烯基乙醚;乙烯基甲醚;油溶青莲;戊二醛;4-二甲氨基吡啶

武汉星辰现代生物工程有限公司

湖北省武汉市东湖新技术开发区关南工业园 2 号[430074]
电话:(027)87514010;87514003;87514006
传真:(027)87514009
供销电话:87162771;87162772
供销传真:87162770
经济类型:私营企业
网址:www. starsmbe. com
E-mail:starsmbe@ public. wh. hb. cn
【主要产品】β-胡萝卜素

鄂

武汉醒狮化学品有限公司

湖北省武汉市硚口区古田路37号[430035]
电话:(027)83832456
传真:(027)83831162　经济类型:国有
供销电话:83849109;83825691
供销传真:83851726　有进出口权
职工人数:1,000人　法人代表:聂治平
网址:www.xingshichem.com
E-mail:office@xingshichem.com
【主要产品】磷酸;三聚磷酸钠;焦磷酸钠;酸式磷酸锰;磷酸二氢钠;磷酸二氢钾;磷酸二氢锌;磷酸三钠;磷酸氢二钠;磷酸氢二钾;磷酸二铵(工业级);磷酸一铵(工业级);磷酸锌;过氧化氢;氧气;酒石酸;酒石酸钾钠;酒石酸锑钾;酒石酸氢钾;食用磷酸

武汉一枝花油脂化工有限公司

湖北省武汉市汉阳区永丰乡四台工业园[430051]
电话:(027)84612703;84612749
传真:(027)84612749
法人代表:周长顺
网址:www.whyzh.com.cn
E-mail:luo@whyzh.com.cn;
yang@whyzh.com.cn
【主要产品】丙三醇;脂肪酸;硬脂酸镁(药用);硬脂酸钙(轻质);硬脂酸锌;HA稳定剂;油酸;金属轧制油;油酸钠皂

武汉怡兴化工有限公司

湖北省武汉市东西湖海峡两岸经济技术开发区慈惠工业园[430040]
电话:(027)59403700;13971036962
传真:(027)83242505
供销电话:59403705;13971036923
网址:www.yxcoating.com
E-mail:market@yxcoating.com
【主要产品】2-苯基苯并咪唑;二苯甲醇;苯氧乙酸;苯氧乙酸钾;苯氧乙酸钠;二苯乙醇酸甲酯;4,4′-二氟二苯甲酮;4-氨基二苯甲酮;2-氨基-5-氯二苯甲酮;2-氯-5-硝基二苯甲酮;2-氨基-5-硝基二苯甲酮;3,4-二氨基二苯甲酮;4-氨基-3-硝基二苯甲酮;4-硝基二苯甲酮;2-甲氨基-5-氯二苯甲酮;4-烯丙氧基-2-羟基二苯甲酮;2-氯-5-硝基苯甲酸;4,4′-二羟基二苯甲酮;4-氯-4′-羟基二苯甲酮;4-羟基二苯甲酮;4-氯二苯甲酮;4,4′-二氯二苯甲酮;4-甲基二苯甲酮;二苯甲酮腙;1,4-二(4-氟苯甲酰基)苯;联苯基苯甲酮;碱性紫5BN;油溶青莲;溶剂紫;紫外线吸收剂UV-T

武汉亿强科技开发有限公司

湖北省武汉市江夏区纸坊-龙头街17号[430200]
电话:(027)87010298
传真:(027)87952292　有进出口权
固定资产:2,500千元　产值:8,000千元
供销电话:87916686　职工人数:50人
经济类型:有限责任公司
销售收入:6,000千元
法人代表:陈执祥
网址:www.whyq.cn
E-mail:whyqkj@126.com
【主要产品】润湿剂;有机硅脱模剂;有机硅消泡剂;蜡模清洗剂

武汉有机合成材料研究所

湖北省武汉市汉口工农路10号[430035]
电话:(027)83411474;13907138097
传真:(027)83411474
网址:www.whorganic.com
E-mail:organic@hi2000.com
【主要产品】β-苯基丙烯酸;α-苯丁烯-γ-酮;4-苯基-2-丁酮;肉桂醇;肉桂醛

武汉有机实业股份有限公司

湖北省武汉市硚口区古田工农路10号[430035]
电话:(027)83853277;83839086
传真:(027)83832423　有进出口权
供销电话:83831582;83832451
供销传真:83848707　企业规模:大型
经济类型:股份合作
网址:www.chinaorganic.com
E-mail:organic@chinaorganic.com
【主要产品】2-羟基吡啶;丙烯醛;对氯苯甲醛;邻氯苯甲醛;对苯二甲醛;间苯二甲醛;邻苯二甲醛;对甲基苯甲醛;间甲基苯甲醛;邻甲基苯甲醛;3-氯丙醇;间氯苄醇;邻氯苄醇;对氯苄醇;邻苯二甲醇;间苯二甲醇;二苄醚;4,4′-二甲基二苄醚;β-苯基丙烯酸;苯乙酸;2,4-二氯苯乙酸;对甲基苯乙酸;邻甲基苯乙酸;间甲基苯乙酸;苯甲酸;苯甲酸(药用);2-甲基苯甲酸;2-氯苯乙酸;间氯苯乙酸;对氯苯乙酸;对苯二乙酸;邻苯二乙酸;3-(氯甲基)苯乙酸;4-(氯甲基)苯乙酸;丁酸苄酯;甲酸苄酯;苯甲酸乙酯;α-苯丁烯-γ-酮;苯甲酸酐;4-氯甲苯;2-氯甲苯;间氯甲苯;2,4-二氯氰苄;对甲基氯苄;邻甲基氯苄;间甲基氯苄;氯化苄;邻氰基氯苄;对氰基氯苄;间氰基氯苄;对二氯苄;邻二氯苄;间二氯苄;间氯对甲基氯苄;N,N-二甲基乙醇胺;N-甲基单乙醇胺;N-(2-羟乙基)乙二胺;苄胺;间甲基苄胺;对甲基苄胺;邻甲基苄胺;对氯苄胺;苯甲酸钾;苯甲酸铵;苯乙酸钾;邻苯二乙腈;苯乙腈;苯甲腈;对甲基苯甲腈;间甲基苯甲腈;对苯二乙腈;4-氯氯苄;邻氯氯苄;3-氯氯苄;2,4-二氯氯苄;3-甲基苯甲酸;4-甲基苯甲酸;2-氯苯甲酸;邻氯氰苄;对氯氰苄;间氯氰苄;4-氯苯甲酸;间氯甲基苯甲酸;对氯甲基苯甲酸;邻氯甲基苯甲酸;苯甲酰氯;对甲基苯甲酰氯;间甲基苯甲酰氯;邻甲基苯甲酰氯;邻甲基苯甲腈;4-甲基苯甲醚;苯甲醇;苯甲酸甲酯;苯甲酸苄酯;对苯二甲基二甲醚;对羟基苯腈;邻甲基苯乙腈;对甲基苯乙腈;对苯二甲醇;苯甲酸钙;苯甲酸钠;戊二醛;肉桂醇;肉桂醛;苯甲醛;茉莉醛;乙酸苄酯;丙酸苄酯;柑青醛;新铃兰醛;邻苯二甲酸丁苄酯;过氧化苯甲酰

武汉有机新康化工有限公司

湖北省武汉市硚口区工农路104号[430034]
电话:(027)83848916
传真:(027)83213497　法人代表:代军
固定资产:55,000千元
供销电话:13807159350
供销传真:83835775　产值:78,000千元
经济类型:有限责任公司
职工人数:1,200人
网址:xk.027chem.com
E-mail:xk@027chem.com
【主要产品】乙醛;对甲基苯甲醛;β-苯基丙烯酸;苯甲酸;苯甲酸丁酯;苯甲酸乙酯;氯化苄;苯甲酸铵;2-甲基咪唑;苯甲醇;对甲基苄醇;苯甲酸甲酯;苯乙酸甲酯;苯甲酸苄酯;苯甲酸钠;戊二醛;乙酸苄酯;丙酸苄酯;邻苯二甲酸丁苄酯

武汉宇辰塑料化工厂

湖北省武汉市武昌区晒湖路8号[430064]
电话:(027)88039772;88022563
传真:(027)88022563　法人代表:张军
网址:www.chinachemnet.com/yuchenchem
E-mail:yc1998@public.wh.hb.cn
【主要产品】聚氯乙烯粒料

武汉远城科技发展有限公司

湖北省武汉市武昌区中山路496号[430064]
电话:(027)68886445
传真:(027)68886696　有进出口权
供销电话:68886678;68886684
供销传真:68886696;　产值:5,000千元
经济类型:私营企业　职工人数:500人
法人代表:叶思
网址:www.yuanchengtech.com
E-mail:mhjx1995@yahoo.com.cn
【主要产品】α-溴代肉桂醛;植物甾醇;豆甾醇;β-苯基丙烯酸;脂肪酸甲酯;肉桂酸甲酯;肉桂酸乙酯;α-苯丁烯-γ-酮;肉桂腈;L-肉毒碱;3-硝基苯甲醛;β-溴苯乙烯;维生素E醋酸酯;维生素E粉;牛磺酸;维生素B1;丙硫硫胺;硝酸硫胺;盐酸硫胺;呋喃硫胺;维生素H;甲硝唑;紫杉醇;美乐托宁;冬青油;肉桂醇;肉桂醛;α-己基肉桂醛;苯甲醛;茉莉醛;香豆素;乙酸肉桂酯

武汉远大制药集团有限公司

湖北省武汉市古田路5号[430035]
电话:(027)83833738;83831037;
83834420
传真:(027)83832657　有进出口权
供销电话:83831902;83834010
供销传真:83831902;83827751
经济类型:股份有限公司

鄂

企业规模:大型
网址:www.wuhan-pharm.com
E-mail:whpharm@public.wh.bh.cn
【主要产品】溴化钠;溴化铵;氯乙酰儿茶酚;2-甲基咪唑;氯霉素;盐酸乙胺丁醇;依诺沙星;安替比林;安乃近;双氯芬酸钠;甲硝唑;黄体酮;醋酸可的松;格列吡嗪;氟尿嘧啶;盐酸川芎嗪;重酒石酸去甲肾上腺素;肾上腺素;酚磺乙胺;卡巴克络;盐酸普鲁卡因;苯佐卡因;二巯基丙醇;盐酸地匹福林;盐酸噻洛唑啉;硫普罗宁;8-甲氧基补骨脂素

武汉中德远东精细化工有限公司

湖北省武汉市江汉区新华路186号[430015]
电话:(027)85885293;85350515
传真:(027)85885293 有进出口权
供销电话:85350372;13707117668
供销传真:85554005 法人代表:杨江成
经济类型:外商投资股份有限公司
网址:www.pps.net.cn
E-mail:sales@pps.net.cn
【主要产品】1,3-丙基磺酸内酯;炔丙基-3-磺化丙基醚钠盐;丁炔二醇磺丙基醚钠盐;聚二硫二丙基磺酸钠;丙烷磺酸吡啶嗡盐;3-巯基丙烷磺酸钠盐;3-(苯并咪唑-2-巯基)丙烷磺酸钠盐;*N*,*N*-二甲基二硫代甲酰胺丙磺酸钠盐;3-硫-异硫脲丙基磺酸

中国石化武汉石油(集团)股份有限公司

湖北省武汉市万松小区18栋[430022]
电话:(027)85792760;85796497;85781439
传真:(027)85778551
法人代表:戢治成
网址:www.whoil.com
E-mail:whoil@whoil.com
【主要产品】油酸钠皂

黄石市

大冶有色金属公司

湖北省黄石市新下陆区[435005]
电话:(0714)5392789;5392607
传真:(0714)5392275 经济类型:国有
供销电话:5392709 企业规模:大型
职工人数:22,000人
网址:www.pp168.com/news/2006/8-17/112349.html
【主要产品】硫精矿粉;硫酸;铜;高纯阴极铜;过磷酸钙

湖北芳通药业股份有限公司

湖北省黄石市上窑新建路173号[435001]
电话:(0714)6232067;6223476;6232069
传真:(0714)6222132;6212809
供销电话:6232067;6316625
经济类型:股份有限公司 有进出口权
职工人数:72人 法人代表:牛南钢
网址:www.china-fangtong.com
E-mail:fangtong@china-fangtong.com
【主要产品】醋酸钠;4-雄烯二酮;表雄酮;醋酸去氢表雄酮;去氢表雄酮;妊娠烯醇酮;16,17α-环氧黄体酮;17α-羟基黄体酮;17α-羟基黄体酮醋酸酯;醋酸妊娠双烯醇酮;薯蓣皂素;安宫黄体酮;己酸孕酮;甲睾酮;黄体酮;康力龙;康复龙;氢化可的松;醋酸氢化可的松;泼尼松龙;醋酸泼尼松龙;甲基氢化泼尼松

湖北富驰化工医药股份有限公司

湖北省阳新县富池镇王坟路12号[435229]
电话:(0714)7531586;7531572;7531573
传真:(0714)7531503
经济类型:股份有限公司
法人代表:童吉山
网址:www.fuchigroup.com
E-mail:sales@fuchigroup.com;wwfy@hi2000.com
【主要产品】硫酸;氟化铝;氟硅酸钠;硫酸二甲酯;D-泛醇;β-丙氨酸;过磷酸钙;混配复合肥料;塑料编织袋;右旋泛酸钙

湖北黄石美丰化工有限公司

湖北省黄石市湖滨大道1905-1[435000]
电话:(0714)6516706;6516707
传真:(0714)6516705
网址:www.mfci.com.cn
E-mail:hsmfci2@163.com
【主要产品】甲氧基乙氧基氯甲烷

湖北美尔雅(集团)美升药业有限公司

湖北省黄石市沈下路619号[435003]
电话:(0714)6360248;6360249;13872123666
传真:(0714)6357321
供销电话:13597711186
网址:www.mshyy.com
E-mail:chenzp_970405@163.com
【主要产品】红霉素琥珀酸乙酯;黄体酮;盐酸芬氟拉明;10-羟基喜树碱;盐酸普罗帕酮;硝苯地平;盐酸克仑特罗;西咪替丁;铝碳酸镁;曲匹布通

黄石华诚制药有限公司

湖北省黄石市黄石港区黄石大道1314号[435002]
电话:(0714)6518862;6510387;6513753
传真:(0714)6522915
法人代表:褚现英
网址:www.yyxx.com.cn/article_view.asp? id=5508
【主要产品】青霉素G钾;青霉素G钠;氨苄青霉素

黄石龙骏化工科技有限公司

湖北省黄石市沈下路661号[435004]
电话:(0714)5379335;5379336;13197037803
传真:(0714)5379336
供销电话:13177302855
供销传真:5379335;5379336
经济类型:有限责任公司
网址:www.hs-longjun.com
E-mail:webmaster@hs-longjun.com
【主要产品】甲基丙烯酸二甲氨基乙酯;阴离子中性分散松香胶;阳离子分散松香胶;高分子絮凝剂;消泡剂;橡胶促进剂;引发剂;乳化剂;松香乳液乳化剂;甲基丙烯酰氧乙基三甲基氯化铵;皮革鞣剂;农药乳化剂;造纸施胶剂;造纸用湿强剂;废纸脱墨剂

黄石市安博珠光颜料有限公司

湖北省阳新县恩波堤路180号[435200]
电话:(0714)7338649;13797776111
传真:(0714)7338600
网址:www.chinaanbo.com
E-mail:sales@chinaanbo.com
【主要产品】云母钛珠光颜料

黄石兴华生化有限公司

湖北省黄石市黄石大道170号[435001]
电话:(0714)6403185;13872052812
传真:(0714)6401119 职工人数:600人
网址:www.xinghuabiochem.com
E-mail:info@xinghuabiochem.com
【主要产品】柠檬酸钠;柠檬酸钙;柠檬酸;柠檬酸(一水);柠檬酸钾

黄石振华化工有限公司

湖北省黄石市西塞工业区[435001]
电话:(0714)6406387;6406448
传真:(0714)6406448;6406382
经济类型:有限责任公司
职工人数:380人
网址:www.zhchemical.com
E-mail:sales@zhchemical.com
【主要产品】过磷酸;氢氧化铬;硫酸钠(十水);三氯化铬;重铬酸钠;重铬酸钾;三氧化铬;铬酸钠;硝酸铬;硫酸铬;氟化铬;铬;甲酸铬;醋酸铬;氧化铬绿;金属铬合鞣剂

襄樊市

保康县白竹磷矿

湖北省保康县马桥镇大横溪村[441614]
电话:(0710)5066884;5067090;5066880
【主要产品】磷矿石

保康县九里川保神磷化有限责任公司

鄂

湖北省保康县九里川[441614]
电话:(0710)5092468
经济类型:有限责任公司
【主要产品】磷矿石

保康庄园肥业有限责任公司

湖北省保康县城关清溪路 176 号[441600]
电话:(0710)5824452
传真:(0710)5824396
经济类型:私营企业
网址:www. ampcn. com/show/index. asp?id = 10320
【主要产品】硫铁矿;磷矿石;磷矿粉;硫酸;过磷酸钙;复合肥

湖北华中药业有限公司

湖北省襄樊市春园西路 168 号[441002]
电话:(0710)3150694;3150034
传真:(0710)3150921;3150684
供销电话:3150944;3150894
经济类型:国有　有进出口权
企业规模:大型
网址:www. huazhong-pharma. com
E-mail:huazhong@ public. xf. hb. cn
【主要产品】维生素 B1;硝酸硫胺;盐酸硫胺

湖北回天胶业股份有限公司

湖北省襄樊市清河路 33 号[441003]
电话:(0710)3820251
传真:(0710)3820718　法人代表:章锋
经济类型:股份有限公司
网址:www. huitian. net. cn
E-mail:huitian@ public. xf. hb. cn
【主要产品】高温弹性修补胶;丙烯酸酯胶黏剂;厌氧胶;聚氨酯胶黏剂;高分子液态密封胶;聚氨酯风档玻璃胶;橡胶修补剂;强力瞬干胶;五金制品胶;螺纹锁固密封胶

湖北金环股份有限公司

湖北省襄樊市[441133]
电话:(0710)2108338
传真:(0710)2107998
供销电话:2108507　企业规模:大型
供销传真:2108661　职工人数:6,200 人
经济类型:股份有限公司
网址:www. 0615. cn
【主要产品】二硫化碳;涤纶工业丝;尼龙-6 浸胶帘子布;黏胶短纤维;黏胶长丝;浆粕

湖北科兴医药化工股份有限公司

湖北省襄樊市庞公路 9 号[441021]
电话:(0710)3541077;3513190;3513704
传真:(0710)3513704　有进出口权
供销电话:3513704;13607275046
经济类型:有限责任公司
网址:www. xfhongwei. com
E-mail:dcy65@ vip. sina. com
【主要产品】2-苯基苯并咪唑;二苯甲醇;苯氧乙酸;苯氧乙酸钠;4,4′-二氟二苯甲酮;2-氨基-5-氯二苯甲酮;2-氯-5-硝基二苯甲酮;2-氨基-5-硝基二苯甲酮;4-硝基二苯甲酮;2-甲氨基-5-氯二苯甲酮;2-氯-5-硝基苯甲酸;3-苯基-5-氯甲基苯并异噁唑;4-氯-4′-羟基二苯甲酮;4-羟基二苯甲酮;4-氯二苯甲酮;4,4′-二氯二苯甲酮;2-氯二苯甲酮;4-甲基二苯甲酮;二苯甲酮腙;联苯基苯甲酮;硅溶胶;紫外线吸收剂 UV-9;紫外线吸收剂 UV-531;紫外线吸收剂 UV-0;2-羟基-4-甲氧基二苯甲酮-5-磺酸

湖北省枣阳化学工业总公司

湖北省枣阳市民主路 1 号[441200]
电话:(0710)6323550;6323500;6316509
传真:(0710)6312960　经济类型:集体
供销电话:6323098;6323452
法人代表:刘杨信
网址:zhzgs. ebigchina. com
E-mail:zhzgs@ xf. hb. cninfo. net
【主要产品】甲醇;甲醛;1,2-丙二醇;碳酸二甲酯;碳酸丙烯酯;液氨;尿素;碳酸氢铵;混配复合肥料;塑料编织袋;邻苯二甲酸二丁酯;邻苯二甲酸二辛酯;烷基磺酸苯酯;高效消泡剂;杀菌灭藻剂;碳铵添加剂;阻垢缓蚀剂

湖北襄樊福润达化工有限公司

湖北省襄樊市庞公路[441021]
电话:(0710)3535121
供销电话:3535121;13508666631
经济类型:股份合作　产值:1,500 千元
职工人数:80 人　法人代表:李海清
网址:xfhbly. b2b. hc360. com
E-mail:hbly@ chemnet. com
【主要产品】二苯甲醇;4,4′-二氟二苯甲醇;1,2-乙二硫醇;对羟基苯基苄基醚;邻羟基苯基苄基醚;4,4′-二氟二苯甲酮;2-氨基-5-硝基二苯甲酮;4-烯丙氧基-2-羟基二苯甲酮;二(对氟苯基)甲基哌嗪;4,4′-二羟基二苯甲酮;二苯甲酮腙

湖北襄西化学工业有限公司

湖北省襄樊市大庆东路 7 号[441000]
电话:(0710)3454830;13972052398
传真:(0710)3454820　有进出口权
供销电话:2112388
供销传真:2113278
经济类型:股份合作
网址:www. arbutin. com;
www. xiangxichem. com
E-mail:skinwhitening@ xiangxichem. com
【主要产品】十六碳酰氯;曲酸;熊果苷;曲酸双棕榈酸酯;辣椒碱

湖北枣阳四海化工有限公司

湖北省枣阳市襄阳路 91 号[441200]
电话:(0710)6221764;6245064;6241188
传真:(0710)6221764　有进出口权
经济类型:中外合资经营企业
法人代表:杨开柱
网址:www. sihaichem. com
E-mail:sihaichem@ 163. com
【主要产品】二甲基环硅氧烷;甲基苯基硅树脂;室温硫化甲基硅橡胶(107 型);有机硅灌封料;二甲基硅油(201 型);室温硫化有机硅模具胶;水性电泳漆;聚酯背漆;聚酯面漆;各色聚酯底漆;环氧背漆;卷钢环氧底漆;有机硅耐高温漆;涂料专用消泡剂;水性油墨型消泡剂;食用消泡剂;硅酮免垫片密封胶;氨基硅油乳液;硅烷偶联剂;有机硅消泡剂;造纸用消泡剂;耐酸型消泡剂

湖北制药有限公司

湖北省襄樊市襄城区岘山路 46 号[441023]
电话:(0710)3625188
传真:(0710)3625708
网址:www. hbpharm. com
【主要产品】2-氨基-5-氯二苯甲酮;2-甲氨基-5-氯二苯甲酮;盐酸林可霉素;盐酸克林霉素;非那西丁;芬布芬;萘普生;阿苯哒唑;左炔诺孕酮;肌醇烟酸酯;艾司唑仑;地西泮;硝西泮;氯氮卓

鄂

老河口华松化工有限责任公司

湖北省老河口市交通路 157 号[441800]
电话:(0710)8236067
传真:(0710)8233835
E-mail:huasonghuagong@ yahoo. com
【主要产品】盐酸;盐酸(精制);戊二醛;氯化石蜡-42;氯化石蜡-52;氯化石蜡-60;磺氯化油;碳铵添加剂;合成牛蹄油;切削液专用蜡;润滑油专用蜡

老河口荆洪化工有限责任公司

湖北省老河口市化工东路 163 号[441800]
电话:(0710)8236365;8223366
传真:(0710)8222936　职工人数:300 人
经济类型:私营企业　产值:30,000 千元
网址:www. jhchemical. com
E-mail:sales2@ jhchemical. com
【主要产品】丙烯醛;乙烯基异丁基醚;乙烯基正丁基醚;乙烯基丙基醚;乙烯基乙醚;乙烯基甲醚;4-硝基甲苯;2-硝基甲苯;2,4-二甲基苯胺;2,6-二甲基硝基苯;2,4-二甲基硝基苯;2,6-二甲基苯胺;杀虫双;杀虫双水剂;戊二醛

老河口新景染化有限责任公司

湖北省老河口市化工东路 160 号[441800]
电话:(0710)8221823
传真:(0710)8221823　职工人数:183 人
经济类型:有限责任公司
产值:20,000 千元　法人代表:王明星
网址:www. lhkxj. com

E-mail:mengzhiguang2008@ sina. com
【主要产品】戊二醛

南漳县盛华化工有限责任公司

湖北省襄樊市南漳城关镇车家店［441500］
电话:(0710)5231611
经济类型:有限责任公司
职工人数:70 人
网址:www. hbnz. gov. cn/ZS/zxzs/qhn. htm
【主要产品】氰化钠(液体)

南漳县襄九精细化工有限责任公司

湖北省襄樊市南漳县九集镇［441513］
电话:(0710)3523188;13507286887
传真:(0710)3528157　职工人数:300 人
产值:55,000 千元
网址:www. xjhg. com
E-mail:xiangjiu@ hi2000. com
【主要产品】氢溴酸;异丙醇铝;2-氯烟酸;溴乙酰溴;氨基脲;氨基脲盐酸盐;卡巴肼;紫外线吸收剂 UV-9;紫外线吸收剂 UV-531;紫外线吸收剂 UV-0;2-羟基-4-甲氧基二苯甲酮-5-磺酸

襄樊东方氧化铁颜料有限公司

湖北省宜城市孔湾镇［441404］
电话:(0710)4390786;4295195
传真:(0710)4390831;4390198
经济类型:国有
网址:www. dongfang-pigments. com
E-mail:sales@ dongfang-pigments. com
【主要产品】氧化铁红

襄樊高隆磷化工有限责任公司

湖北省襄樊市南漳城南工业区［441500］
电话:(0710)5199681;13396113989
传真:(0710)5231641　职工人数:130 人
经济类型:有限责任公司
法人代表:高兴沛
网址:www. xfgll. com
E-mail:wzsj1018@ hotmail. com
【主要产品】磷酸;聚磷酸;五氧化二磷;黄磷;食用磷酸

襄樊金译成精细化工有限公司

湖北省襄樊市襄城闸口二路［441021］
电话:(0710)3512177
传真:(0710)3510276　职工人数:230 人
网址:www. king-success. com
E-mail:xfjyc@ king-success. com
【主要产品】氢溴酸;二苯甲醇;异丙醇铝;三氯化苄;氨基脲;醋酸钠;氨基脲盐酸盐;卡巴肼;二苯甲酮腙;二甲硝咪唑;抗氧剂 1010;紫外线吸收剂 UV-9;紫外线吸收剂 UV-327;紫外线吸收剂 UV-531;紫外线吸收剂 UV-326;紫外线吸收剂 UV-P;紫外线吸收剂 UV-0;2-羟基-4-甲氧基二苯甲酮-5-磺酸

襄樊丽明化工有限公司

湖北省襄樊市大庆东路 47 号［441001］
电话:(0710)2815360
传真:(0710)2814004　经济类型:国有
供销电话:2813177;2828918
企业规模:大型　职工人数:700 人
网址:www. xflmhg. com
E-mail:lmhg@ public. xf. hb. cn
【主要产品】硫酸;过磷酸钙;磷酸一铵;钛白粉

襄樊明熙化工有限公司

湖北省襄樊市襄城南街 48 号［441021］
电话:(0710)3186440;3662519
传真:(0710)3522819
网址:www. mingxichem. com
E-mail:mingxi@ mingxichem. com
【主要产品】二苯甲醇;1,3-丙二硫醇;1,2-乙二硫醇;对羟基苯基苄基醚;2-氧环戊基甲酸乙酯;2-氯-5-硝基二苯甲酮;4-硝基二苯甲酮;氨基脲盐酸盐;2-氯-5-硝基苯甲酸;4,4′-二羟基二苯甲酮;2,2′,4,4′-四羟基二苯甲酮;4-羟基二苯甲酮;4-氯二苯甲酮;4-甲基二苯甲酮;2-氯苯甲腈;4-氯苯腈;联苯基苯甲酮;紫外线吸收剂 UV-9;紫外线吸收剂 UV-531;紫外线吸收剂 UV-0;2-羟基-4-甲氧基二苯甲酮-5-磺酸

襄樊诺尔化工有限公司

湖北省襄樊市长征路 71 号［441001］
电话:(0710)3405893
传真:(0710)3400299
网址:www. xfnuoer. com
E-mail:nuoerchem@ 126. com
【主要产品】1,2-亚甲二氧基苯;苯基丁二酸;4-羟基-3-硝基苯甲酸;3-氨基-4-羟基苯甲酸;对甲基苯乙酸;2-苯基丁酸;*N*-苯基甘氨酸;甲基丁二酸;2,2-二甲基丁二酸;2,6-二氯-4-硝基苯酚;对叔丁基邻氨基苯酚;邻羧基苯硫酚;己二酸二酰肼;2,5-二苯基噁唑;2,6-二氯-4-氨基苯酚

襄樊市共同化学有限公司

湖北省襄樊市汉江大道特一号观澜阁 2-13［441002］
电话:(0710)3423122;3423123
传真:(0710)3423124;3454978
网址:www. gardeniacolor. com
E-mail:info@ gardeniacolor. com
【主要产品】栀子黄色素;栀子红;栀子绿;栀子蓝色素;栀子黑;栀子提取物

襄樊市隆晔医药化工有限公司

湖北省襄樊市襄城区檀溪路张公祠［441021］
电话:(0710)3601326;3527304;13908671944
传真:(0710)3527304　职工人数:50 人
网址:www. longyechem. com
E-mail:sales@ longyechem. com
【主要产品】硫酸氢铵;1,4-二巯基-2,3-丁二醇;1,3-丙二硫醇;1,2-乙二硫醇;三聚硫氰酸;2-氯乙酰乙酸乙酯;二硫代氨基甲酸铵;4-甲基-5-甲酰基噻唑;2-巯基-4-甲基-5-噻唑甲酸乙酯;4-甲基-5-羟乙基噻唑;2-乙酰基吡嗪

襄樊市裕昌精细化工有限公司

湖北省襄樊市襄城区观音阁［441021］
电话:(0710)3626402
传真:(0710)3626401
经济类型:有限责任公司
法人代表:喻刚建
网址:www. yuchangchem. com
E-mail:yuchang@ hi2000. com
【主要产品】二苯甲醇;2-苄硫基烟酸;2-氯烟酸;6-氯烟酸;2-羟基烟酸;2,2,6,6-四甲基-4-哌啶酮;4-氯-3,5-二甲基苯酚;2-氯-3-氰基吡啶;二苯甲酮腙;3,5-二甲基苯胺;二苯甲酮;三氯生;紫外线吸收剂 UV-9;紫外线吸收剂 UV-531;紫外线吸收剂 UV-0;2-羟基-4-甲氧基二苯甲酮-5-磺酸;氮氧自由基哌啶醇

襄樊襄化机械设备有限责任公司

湖北省襄樊市襄城陵园路 28 号［441021］
电话:(0710)3556847
传真:(0710)3556847　职工人数:380 人
经济类型:有限责任公司
E-mail:wbjxc@ sina. com
【主要产品】化工设备

襄樊一诺精细化工有限公司

湖北省襄樊市人民西路 132 号［441000］
电话:(0710)3115201;13797591592
传真:(0710)3115201
网址:www. yinochem. com
【主要产品】二苯甲醇;4-氯二苯甲醇;对羟基苯基苄基醚;苯氧乙酸钠;2-氨基-5-氯二苯甲酮;2-甲氨基-5-氯二苯甲酮;4-羟基二苯甲酮;4-氯二苯甲酮;二苯甲酮腙;联苯基苯甲酮;虎皮灵;大蒜素;烟酸;紫外线吸收剂 UV-9;紫外线吸收剂 UV-531;紫外线吸收剂 UV-0

宜城市鑫富化肥有限责任公司

湖北省襄樊市宜城区城关镇三厂路 5 号［441400］
电话:(0710)4261460;4261410
经济类型:私营企业　职工人数:420 人
法人代表:孙则太
网址:www. hylive. com/hubei/hubei07216. html
【主要产品】甲醇;合成氨;碳酸氢铵;塑料编织袋

枣阳市残联福利生物化工厂

鄂

湖北省枣阳市车站路 98 号[441200]
电话:(0710)6370011;13545339628
传真:(0710)6373216　职工人数:160 人
经济类型:私营企业
网址:www. zaoyangchem. com
【主要产品】3-硝基苯甲醛;壳聚糖;几丁质

十堰市

丹江口管理局电石厂

湖北省丹江口市姚沟路 1 号[442700]
电话:(0719)5378470
传真:(0719)5223548
网址:www. chinachemnet. com/djkds
E-mail:wxq@ hi2000. com;
djkds@ hi2000. com
【主要产品】电石

湖北丹江口丹澳医药化工有限公司

湖北省丹江口市丹赵路[442700]
电话:(0719)5252573;5251167;
13508672698
传真:(0719)5251167
经济类型:有限责任公司
法人代表:崔立新
网址:danao. chemnet. com
E-mail:danao@ hi2000. com
【主要产品】5-雄烯二醇;醋酸钠;5-雄烯二酮;醋酸去氢表雄酮;16,17α-环氧黄体酮;17α-羟基黄体酮;17α-羟基黄体酮醋酸酯;醋酸妊娠双烯醇酮

湖北省丹江口开泰激素有限责任公司

湖北省丹江口市姚沟路北段[442700]
电话:(0719)5201275;5203107;5202189
传真:(0719)5201275　有进出口权
供销电话:13707282773
经济类型:有限责任公司
职工人数:118 人　法人代表:闻开学
网址:www. kaitaimone. com
E-mail:sales@ kaitaimone. com;
ktjs@ kaitaimone. com
【主要产品】4-雄烯二醇;表雄酮;醋酸去氢表雄酮;去氢表雄酮;16,17α-环氧黄体酮;醋酸妊娠双烯醇酮;皂素;醋酸孕酮;甲睾酮

湖北省郧西八珍药业有限公司

湖北省郧西县城关镇西安大道 225 号[442600]
电话:(0719)6227265;6228808
经济类型:有限责任公司
法人代表:赵跃星
网址:hy. shidui. com/hubei/hubei09432. html
【主要产品】曲克芦丁

湖北天神实业股份有限公司

湖北省郧县城关镇城北东路 67 号[442500]
电话:(0719)7232717;7228750;7238427
传真:(0719)7232170
经济类型:股份有限公司
网址:hy. shidui. com/hubei/hubei09844. html
【主要产品】炸药;岩石膨化硝铵炸药;工业导火索

十堰市香亭实业发展有限公司

湖北省十堰市南岳路 39 号[442001]
电话:(0719)8882032;8586009
传真:(0719)8586009　职工人数:580 人
经济类型:私营企业　法人代表:冯香亭
网址:www. hbxtsy. com
【主要产品】铸造用树脂;汽车漆;金属表面处理剂

郧西县第三化工厂

湖北省郧西县城关镇环城南路 11 号[442600]
电话:(0719)6227353;6228353
传真:(0719)6229422　有进出口权
网址:yhuagongchang. und. com. cn
E-mail:fei@ 0719. und. cn
【主要产品】重晶石粉(超微细);硫酸钡;立德粉;活性氧化锌

竹山县天新医药化工有限责任公司

湖北省竹山县城关镇土塘路[442200]
电话:(0719)4225152;4224031
传真:(0719)4224892　有进出口权
职工人数:120 人
网址:www. tianxinchem. com
E-mail:txyh@ tianxinchem. com
【主要产品】4-羟基-3,5-二甲氧基苯甲酸;没食子酸;3,4,5-三甲氧基苯甲酸;单宁酸;邻苯三酚;薯蓣皂素;3,4,5-三甲氧基苯甲酸甲酯;皂素;没食子酸丙酯

荆州市

湖北楚源集团股份有限公司

湖北省石首市张城垸高新技术园区[434400]
电话:(0716)7225971;7225976
传真:(0716)7296110;7296500
供销电话:7226126;7226468
经济类型:股份有限公司　有进出口权
企业规模:大型
网址:www. chuyuanchem. com
E-mail:xiaoyu284130@ 126. com
【主要产品】盐酸;硫酸;发烟硫酸;氯磺酸;硫化钠;硫代硫酸钠;硫酸钠;焦亚硫酸钠;4-氯苯酚;4-甲基苯胺;2-甲基苯胺;2,4-二氯苯酚;2-氯苯酚;N-乙酰苯胺;4-氨基苯甲醚;4-硫酸乙酯砜基苯胺;2-氨基苯乙醚;4-氨基苯乙醚;2-氨基苯甲醚;氯化铵;硫酸铵;过磷酸钙;硫酸钾(农用);氧化铁红

湖北大田化工股份有限公司

湖北省荆州市沙市区临江路特 1 号[434001]
电话:(0716)8352028
传真:(0716)8351841
经济类型:股份合作　法人代表:陶正煌
网址:www. datianchem. com
E-mail:admin@ mail. datianchem. com
【主要产品】合成氨;尿素;碳酸氢铵

湖北东信药业有限公司

湖北省荆州市沙市区观音垱汉沙街 33 号[434012]
电话:(0716)8611679
传真:(0716)8613073
供销电话:(027)82701206
供销传真:(027)82701207
网址:www. tungshungroup. com/index. htm
【主要产品】混合脂肪酸甘油酯

湖北洪湖化工机械总厂

湖北省洪湖市府场经济技术开发区中府路 58 号[433226]
电话:(0716)2852350;2852382;
13972130256
传真:(0716)2852246　经济类型:国有
职工人数:331 人　法人代表:张金阶
网址:www. hhhjkx. com
E-mail:hhjhmx@ 163. com
【主要产品】散装填料;波纹填料;换热器;冷凝器;塔盘;塔器

湖北省洪湖市茅江石化填料厂

湖北省洪湖市曹市镇工农街 17 号[433200]
电话:(0716)2872878;13986722756
传真:(0716)2872992
法人代表:刘双喜
网址:www. mjtl. com
E-mail:Lsx@ mjtl. com
【主要产品】金属填料;塑料填料;陶瓷填料

湖北省荆州市生物制药厂

湖北省荆州市南湖路 108 号[434000]
电话:(0716)8487525;13507251796
传真:(0716)8487955　法人代表:马科
【主要产品】天麻蜜环菌;假密环菌甲素;猴菇菌粉;灵芝菌粉

湖北省荆州油墨厂

湖北省荆州市荆州区托塔坊 38 号[434100]
电话:(0716)8439204
网址:www. hbjzymc. ebigchina. com
【主要产品】树脂胶版油墨;轮转油墨;铅印彩色墨;打字油墨

湖北省松滋市南海化工有限公司

湖北省松滋市南海镇民主街 55 号[434201]
电话:(0716)6640702;6640700

传真:(0716)6640702　经济类型:集体
职工人数:157 人　法人代表:许第军
网址:www.chinachemnet.com/nhchem
E-mail:sznh@hi2000.com;
szc001@163.net
【主要产品】酚醛树脂;环氧树脂;环氧树脂固化剂 593;T-31 环氧树脂固化剂;聚烯烃成核透明剂

湖北松滋市龙海化工有限公司

湖北省松滋市刘家场镇龙潭路 2 号[434217]
电话:(0716)6512657;6515002;13986162402
传真:(0716)6518765　有进出口权
经济类型:私营企业　职工人数:120 人
法人代表:刘仁富
网址:www.hblonghai.com/htm/index.html
【主要产品】石灰石粉;膨润土;钻井用润滑剂;降滤失剂;堵漏剂;降黏剂

湖北新生源生物工程股份有限公司

湖北省公安县城关沿江路 1 号[434300]
电话:(0716)5209555;5209209;13908614190
传真:(0716)5209777
供销电话:5233888;13872273552
经济类型:股份有限公司
法人代表:王先斌
网址:www.shine-star.com.cn
E-mail:shinestarhb@vip.sina.com
【主要产品】L-胱氨酸;L-半胱氨酸;L-半胱氨酸盐酸盐一水物;L-半胱氨酸盐酸盐无水物;*N*-乙酰-L-酪氨酸;*N*-乙酰-L-半胱氨酸;L-亮氨酸;L-精氨酸;L-精氨酸盐酸盐;甘氨酸螯合锌;复合氨基酸螯合铁;复合氨基酸螯合铜;复合氨基酸螯合锰;羧甲司坦;L-酪氨酸;3,5-二碘-L-酪氨酸;复方氨基酸;氨基葡萄糖盐酸盐;D-氨基葡萄糖硫酸钾盐;D-氨基葡萄糖硫酸钠盐;聚烯烃成核透明剂;磷化剂

荆州江汉精细化工有限公司

湖北省荆州市沙市区锣场镇[434005]
电话:(0716)8377816;8377819
传真:(0716)8377812　产值:5,000 千元
经济类型:有限责任公司
职工人数:206 人　法人代表:甘书官
网址:www.jianghanchemical.com
E-mail:sales@jianghanchemical.com
【主要产品】十二烷基苯磺酸钙;γ-氯丙基三氯硅烷;γ-氯丙基三甲氧基硅烷;γ-氯丙基三乙氧基硅烷;γ-氨丙基三甲氧基硅烷;硅烷偶联剂 KH-560;硅烷偶联剂 KH-570;硅烷偶联剂 KH-792;硅烷偶联剂 KH-602;硅烷偶联剂 KH-550;硅烷偶联剂 KH-791;硅烷偶联剂 SG-Si996;γ-氨丙基甲基二乙氧基硅烷;乙烯基三乙氧基硅烷;乙烯基三甲氧基硅烷;γ-氯丙基甲基二甲氧基硅烷;γ-氯丙基甲基二乙氧基硅烷;硅烷偶联剂 KH-858

荆州市博尔德化学有限公司

湖北省荆州市沙市区跃进路 12 号[434000]
电话:(0716)8313350;8313167
传真:(0716)8313914　有进出口权
供销电话:8315494;8321509
经济类型:有限责任公司
法人代表:何善银
网址:www.pearled.com.cn
E-mail:pearled@mailme.cn
【主要产品】苯酐;异辛酸钴;1,4-二氨基蒽醌,隐色体;1,4-二羟基蒽醌;1,4-二羟基蒽醌,隐色体;不饱和聚酯树脂(拉挤用);环烷酸钴;邻苯二甲酸二丁酯;邻苯二甲酸二异丁酯;邻苯二甲酸二辛酯;过氧化环己酮;过氧化甲乙酮;皮革复鞣剂;皮革加脂剂;聚氨酯皮革涂饰剂

荆州市隆华石油化工有限公司

湖北省荆州市沙市区北京东路 95 号[434001]
电话:(0716)8313694
传真:(0716)8313694
网址:www.jz-chem.com
E-mail:jzlh@jz-chem.com
【主要产品】聚醚多元醇;平平加;乳化剂 OP;农药乳化剂;农药乳化剂 BY;石油破乳剂

荆州市乾兴化工有限公司

湖北省荆州市沙市区锣场镇雷达工业区内[434005]
电话:(0716)8377415
传真:(0716)8377241　产值:2,000 千元
经济类型:有限责任公司
职工人数:20 人　法人代表:李成乾
【主要产品】多硫化钠

荆州市沙隆达维迅化工有限公司

湖北省荆州市开发区江津东路 155 号[434000]
电话:(0716)8331399;13872298388
传真:(0716)8331366
网址:weixun.chemnet.com
E-mail:pingjie.huang@wylson-chem.com
【主要产品】1,3-丙二胺四乙酸;2-萘胺-6-磺酰甲胺;5-硝基邻甲酚;2-氯-5-甲基-1,4-苯二胺;2-甲基-4-硝基-5-氯苯胺;2,6-二氯-3-氰基-4-甲基吡啶;2-氯-5-硝基苯磺酰氯;5-氨基-2-甲基苯酚;2-苯基吲哚-5-磺酸钠;胍基丙酸

沙隆达集团公司

湖北省荆州市北京东路 93 号[434001]
电话:(0716)8314802
传真:(0716)8208899
经济类型:联营企业　企业规模:大型
法人代表:李作荣
网址:www.sanonda.cn
E-mail:sld@chemchina.com.cn
【主要产品】烧碱;次氯酸钠;黄磷;氢气;三氯乙醛;三氯乙醛水合物;一氯甲烷;*O*,*O*-二乙基硫代磷酰氯;复合肥;哒螨灵乳油;阿维菌素乳油;乙酰甲胺磷可溶性粉剂;高渗吡虫啉乳油;高效氯氰菊酯乳油;毒死蜱乳油;百草枯水剂;精喹禾灵乳油;氯·唑磷乳油

宜昌市

当阳市三鑫生物工程有限责任公司

湖北省当阳市友谊路 6 号[444100]
电话:(0717)3226153;3223663;13997667388
传真:(0717)3237853
网址:www.sansun.cn
E-mail:sansun@hi2000.com
【主要产品】植酸锌;植酸钙;植酸钾;肌醇六磷酸;肌醇六磷酸钙镁;植酸钠

湖北华强科技有限责任公司

湖北省宜昌市港窑路 45 号[443003]
电话:(0717)6331610;6331516
传真:(0717)6331556;6331406
经济类型:有限责任公司
法人代表:王保清
网址:www.hqtc.com
E-mail:office@hqtc.com
【主要产品】聚乙烯薄膜;汽车塑料配件;普通橡胶板;丁基橡胶瓶塞;橡胶密封圈;丁基橡胶防水卷材

湖北开元化工科技股份有限公司

湖北省枝江市石碑山路 2 号[443200]
电话:(0717)4216154;4223526;4141298
传真:(0717)4215263;4141498
经济类型:有限责任公司
职工人数:400 人　法人代表:时克俭
网址:www.kaiyuanchem.com.cn
E-mail:kaiyuanchem@10mail.net
【主要产品】硫酸铵(工业级);碳酸锰;二氧化锰;苯醌;1,4-苯二酚;1,4-二氨基蒽醌,隐色体

湖北南星化工总厂

湖北省枝江市姚家港镇[443200]
电话:(0717)4140318;4212114;13872617075
传真:(0717)4140293;4212114-3903
供销电话:4140046　经济类型:国有
有进出口权　法人代表:孔秋德
网址:www.nx-chem.com
E-mail:info@nx-chem.com
【主要产品】甲基硫醇锡热稳定剂;月桂氮卓酮

湖北山山林产化工有限公司

湖北省宜昌市五峰县沿河东路 103

鄂

号[443400]
电话:(0717)5825657
传真:(0717)5825657　职工人数:100 人
供销电话:5825957;5825198
法人代表:王安利
网址:www. chinachemnet. com/sunson
E-mail:huazhongq@ hotmail. com
【主要产品】没食子酸;单宁酸;焦性没食子酸;没食子酸丙酯;没食子酸辛酯;茶多酚;荞草酸

湖北兴发化工集团股份有限公司
湖北省宜昌市兴山县古夫镇昭君路昭君山庄[443711]
电话:(0717)2582606;2520396;2520399
传真:(0717)2582606　经济类型:国有
供销电话:6760315　企业规模:大型
供销传真:6760308　法人代表:黄家明
网址:www. xingfagroup. com
E-mail:domestic@ xingfagroup. com
【主要产品】磷酸;三聚磷酸钠;五硫化二磷;六偏磷酸钠;次磷酸钠;单氟磷酸钠;焦磷酸钠;磷酸氢钙;黄磷;碳酸二甲酯;二甲基亚砜

湖北宜化集团有限责任公司
湖北省宜昌市东山大道 102 号[443000]
电话:(0717)6442268;6444588
传真:(0717)6448689　有进出口权
经济类型:有限责任公司
企业规模:大型　法人代表:蒋远华
网址:www. yihua. cn;www. hbyh. cn
E-mail:service@ yihua. cn;
yhirm@ hbyh. cn
【主要产品】盐酸(精制);烧碱;氯气(液);甲醇;甲醛;季戊四醇;双季戊四醇;甲酸钠;尿素;碳酸氢铵;过磷酸钙;磷酸一铵;混配复合肥料;聚氯乙烯树脂

神农架矿业有限责任公司
湖北省宜昌市西陵一路 9 号[443000]
电话:(0717)6753366
传真:(0717)6748205
经济类型:有限责任公司
网址:www. snjmining. com
E-mail:snjmining@ 21cn. net
【主要产品】磷矿砂

宜昌楚原化工有限责任公司
湖北省远安县向阳路 36 号[444200]
电话:(0717)3818068;3818066;3818919
传真:(0717)3821780
供销电话:3821762
经济类型:有限责任公司
网址:www. yuananchem. com
E-mail:ycyayt@ tom. com
【主要产品】磷酸;三聚磷酸钠;六偏磷酸钠;焦磷酸钠;黄磷

宜昌人福药业有限责任公司
湖北省宜昌市开发区大连路 18 号[443003]
电话:(0717)6345005;6345002
传真:(0717)6345002　有进出口权
供销电话:6345020;6345017
供销传真:6345020　企业规模:大型
经济类型:有限责任公司
网址:www. ycrenfu. com. cn
E-mail:mail@ ycrenfu. com. cn
【主要产品】山梨醇;盐酸克林霉素;磺胺嘧啶;诺氟沙星;甲磺酸培氟沙星;盐酸洛美沙星;磷酸可待因;抗坏血酸;盐酸可乐定;非诺贝特;苯丙醇;肌苷;甘氨酸(医药级);福尔可定

宜昌三峡制药有限公司
湖北省宜昌市滨江路 48 号[443002]
电话:(0717)6271064;6271063
传真:(0717)6274046　职工人数:915 人
经济类型:有限责任公司
法人代表:史启贵
网址:www. sanxiapharm. com
E-mail:sales@ sanxiapharm. com
【主要产品】L-缬氨酸;L-赖氨酸盐酸盐;L-亮氨酸;硫酸新霉素;谷氨酸;L-赖氨酸醋酸盐

宜昌山水投资有限公司
湖北省宜昌市东山大道 435 号[443001]
电话:(0717)6551408;6551007
传真:(0717)6551003
供销电话:6557282;6550254
供销传真:6557282
经济类型:私营企业
【主要产品】盐酸;烧碱;氯气(液);聚氯乙烯树脂

宜昌市葛洲坝合成材料厂
湖北省宜昌市西坝建设路 46 号[443000]
电话:(0717)6713587
传真:(0717)6715384　经济类型:集体
E-mail:gzb@ gzb-cpu. cn
【主要产品】硅丙弹性系列外墙乳胶漆;胶辊;砻谷胶辊

宜昌市欣龙化工新材料有限公司
湖北省宜都市枝城镇欣龙化工区[443300]
电话:(0717)4668688;4668686;4669535
传真:(0717)4668558;4669535
供销电话:4829218
供销传真:4828588
网址:www. ycxlchem. com
【主要产品】磷酸二氢钾;磷酸一铵(工业级);磷酸氢钙;三元含硫复合肥;聚合氯化铝

宜昌天仁药业有限责任公司
湖北省宜昌市伍家乡花艳路 2 号[443001]
电话:(0717)6555750;13507203466
传真:(0717)6555395　经济类型:国有
网址:www. yctianren. com
E-mail:tianrenyx@ 126. com
【主要产品】甲磺酸培氟沙星;葡萄糖酸依诺沙星;替米沙坦;苯丙醇

宜昌中孚化工有限公司
湖北省宜昌市夷陵区夷兴大道 140 号[443100]
电话:(0717)7822133
传真:(0717)7829004　有进出口权
经济类型:股份有限公司
职工人数:400 人　法人代表:陈志孚
网址:www. yczfhg. com
E-mail:master@ yczfhg. com
【主要产品】磷矿石;磷矿粉;磷酸;黄磷;钙镁磷钾肥

中南橡胶集团有限责任公司
湖北省宜昌市中南路 55 号[443003]
电话:(0717)6370099
传真:(0717)6370006　有进出口权
供销电话:6370118;6370228
供销传真:6370388　企业规模:大型
经济类型:有限责任公司
职工人数:2,400 人　法人代表:杨杰
网址:www. znrubber. com
E-mail:znrubber@ hotmail. com
【主要产品】轮胎内胎;橡胶运输带;强力型尼龙运输带;涤纶运输带;钢缆橡胶运输带;耐热运输带;全塑整芯阻燃运输带;阻燃钢丝绳芯运输带;橡胶传动带;橡胶三角带;夹布胶管;吸引胶管;编织胶管;钢丝编织胶管;水力除焦胶管;钻探胶管;胶辊;汽车橡胶配件;汽车密封条;桥梁板式橡胶支座;胶印印刷橡皮布

荆门市

湖北大峪口化工有限公司
湖北省钟祥市胡集镇[431912]
电话:(0724)4890098;4890078
传真:(0724)4891947
网址:www. sacf. com
E-mail:dyk@ sacf. com
【主要产品】硫酸;磷酸;氮磷钾复合肥;磷酸一铵;磷酸二铵

湖北京山县楚天钡盐有限责任公司
湖北省荆门市京山县宋河镇青龙大道 62 号[431806]
电话:(0724)7564066
传真:(0724)7562666　有进出口权
经济类型:有限责任公司
法人代表:王国玖
网址:www. hbjingyan. com
E-mail:jsshctby@ public. jm. hb. cn
【主要产品】碳酸钡;硫黄

湖北凯龙化工集团股份有限

公司
湖北省荆门市泉口路20号[448032]
电话:(0724)2309208
传真:(0724)2309615
职工人数:800人
供销电话:2309224;2309232
供销传真:2309228;2309178
网址:www.hbklgroup.cn
E-mail:zbb@hbklgroup.cn
【主要产品】活性轻质碳酸钙(纳米级);煤矿许用膨化炸药;岩石乳化炸药;震源药柱

湖北祥泰纤维素有限公司
湖北省钟祥市郊郢路24号[431900]
电话:(0724)4233984;4223654
传真:(0724)4233984
职工人数:85人
经济类型:与港澳台商合资经营
法人代表:时育武
网址:www.hbxt.net
E-mail:shi_yw@sina.com
【主要产品】羟乙基纤维素

京山华贝化工有限责任公司
湖北省钟祥市七里湖[431929]
电话:(0724)7498051;7498098;7498038
传真:(0724)7498001;7498149
经济类型:私营企业　法人代表:王国玖
网址:www.hbhb.com.cn
E-mail:lp@hbhb.com.cn
【主要产品】硫黄;甲醇;合成氨;液氨;碳酸氢铵;塑料编织袋;氢氧化铵

京山县华贝有机化工有限责任公司
湖北省京山县新市镇温泉路标29号[431800]
电话:(0724)7326008
传真:(0724)7326008
供销电话:7498098;7498038
法人代表:王国玖
网址:www.hbhb.com.cn
E-mail:lp@hbhb.com.cn
【主要产品】磷酸;三聚磷酸二氢铝;甲醛;纯丙乳液;苯丙乳液;压敏胶胶黏剂;BOPP胶黏带

京阳橡胶制品有限公司
湖北省京山县宋河镇[431806]
电话:(0724)7564888
传真:(0724)7562362
网址:www.gsrubber.com
【主要产品】印刷胶辊;硅橡胶辊

荆门炼化机械有限公司
湖北省荆门市炼厂路[448039]
电话:(0724)2215271;2215277
传真:(0724)2215277;2215987
经济类型:股份有限公司
职工人数:225人
【主要产品】阀门;蝶阀;翼阀;特种阀门

鄂州市

湖北葛店人福药业有限责任公司
湖北省鄂州市葛店经济开发区[436070]
电话:(0711)3812410;3812411
传真:(0711)3811590　职工人数:75人
供销电话:(027)87596825
供销传真:(027)87597383
经济类型:有限责任公司
法人代表:邓霞飞
网址:www.steroidchem.com.cn
E-mail:rfzthx@steroid-chem.com
【主要产品】*N*-叔丁基-3-酮-4-氮杂-5α-雄甾烯-17β-酰胺;雄甾-3-酮-4-烯-17β-羧酸;17α-羟基-1α,2α-亚甲基孕甾-4,6-二烯-3,20-二酮醋酸酯;7α-甲基-3,3-二甲氧基-5(10)-雄烯-17-酮;更昔洛韦;甲磺酸帕珠沙星;非那甾胺;孕二烯酮;环丙氯地孕酮;环丙孕酮;醋酸环丙孕酮;去氧孕烯;米非司酮;16α-羟基泼尼松龙;盐酸尼莫司汀;雷替曲塞;5′-脱氧氟尿苷;奥卡西平;盐酸托烷司琼;度他雄胺;吡诺克辛;布地奈德;葡甲胺;替勃龙;氨磷汀

孝感市

广水市茂鑫特种胶带有限责任公司
湖北省广水市经济技术开发区107国道3号[432721]
电话:(0712)6429058;6429255
传真:(0712)6429255
网址:mxtjv.ccbip.com.cn
E-mail:gsmaoxin@public.xg.hb.cn
【主要产品】橡胶同步带;橡胶三角带;多楔带

湖北白莲药用包装材料有限公司
湖北省汉川市经济开发区分水工业园[431603]
电话:(0712)8662101
传真:(0712)8662798　职工人数:218人
网址:www.hubeibl.com
E-mail:hbbailian@163.com
【主要产品】丁基橡胶瓶塞

湖北汉川科奥橡胶厂
湖北省汉川市城南开发区川马大道[432316]
电话:(0712)8383068;13972692816
传真:(0712)8383068
经济类型:联营企业
网址:www.hbkaxj.ebigchina.com
E-mail:hbkaxj@yahoo.com.cn
【主要产品】聚氨酯胶板;橡胶垫;超细橡胶粉

湖北恒新化工有限公司
湖北省应城市体育南路1号[432400]
电话:(0712)3222988;3251666;13995868888
传真:(0712)3268188
网址:www.fluoride-cn.com
E-mail:sales@fluoride-cn.com
【主要产品】全氟辛基磺酰氟;全氟三乙胺;全氟三丙胺;全氟三丁胺;铬雾抑制剂;全氟丁基磺酸钾;全氟丁基磺酰氟;全氟辛基磺酰基季铵碘化物;*N*-乙基全氟辛基磺酰胺;*N*-乙基全氟辛基磺酰胺乙醇;全氟辛基磺酰胺;全氟辛基磺酸铵;全氟辛基磺酸四乙基铵;全氟辛基甜菜碱;全氟正辛基磺酸钾

湖北黄麦岭磷化工集团公司
湖北省孝感市大悟县阳平镇黄麦岭[432818]
电话:(0712)7422002;7422014;7422150
传真:(0712)7422010　有进出口权
经济类型:有限责任公司
企业规模:大型　职工人数:2,900人
【主要产品】磷矿石;硫酸;磷酸;氟硅酸钠;二氧化碳(食用);合成氨;过磷酸钙;磷酸一铵;磷酸二铵;混配复合肥料

湖北凌志化工科技实业有限公司
湖北省汉川市分水镇[431600]
电话:(0712)8667640
传真:(0712)8668639　有进出口权
固定资产:5,000千元
经济类型:股份有限公司
产值:20,000千元　法人代表:崔志明
销售收入:2,000千元
网址:www.lzhg.net
E-mail:lingzhihg@yahoo.com.cn
【主要产品】*N*,*N*,*N*′,*N*′-四(2-羟丙基)乙二胺;1,3-丙基磺酸内酯;防老剂MB;四氢噻唑硫酮;快速镀镍光亮剂;碱性镀锌光亮剂;3-巯基丙烷磺酸钠盐;3-(苯并咪唑-2-巯基)丙烷磺酸钠盐;*N*,*N*-二甲基二硫代甲酰胺丙磺酸钠盐;3-硫-异硫脲丙基磺酸

湖北双环科技股份有限公司
湖北省应城市东马坊团结大道26号[432407]
电话:(0712)3592405;3591943
传真:(0712)3592405;3591424
经济类型:股份有限公司
法人代表:何光安
网址:www.shkj.cn
E-mail:jsjzhbsh@vip.163.com
【主要产品】盐酸;烧碱;纯碱;碳酸氢钠;工业氯化铵;工业盐;硫黄;氯气(液);氮气;乙脒盐酸盐;氨水;液氨;氮磷钾复合肥;多元液体复合肥;炭黑

湖北孝感亚风乳酸集团公司
湖北省孝感市长征路96号[432100]
电话:(0712)2324790
传真:(0712)2324790　有进出口权
法人代表:詹学贵

网址:www. chinachemnet. com/yafengchem/index_c.
E-mail:xgyjhg@ xg. hb. cninfo. net
【主要产品】乳酸;乳酸乙酯;乳酸钙;乳酸锌;乳酸亚铁

湖北应城市汉能化工有限责任公司

湖北省武汉市工业区 123 号[432400]
电话:(0712)3224480
传真:(0712)3224480
经济类型:有限责任公司
网址:hbycshn. myqy. cn
【主要产品】氯化亚铜;工业氯化铵;硅酸钠

湖北志诚化工科技有限公司

湖北省应城市长江埠秋湖路 36-1 号[432405]
电话:(0712)3616098;3617386;3617389
传真:(0712)3618178　职工人数:120 人
固定资产:38,000 千元
供销电话:13995883137
网址:www. hbzhicheng. com; www. zhicheng-chem. com
E-mail:zhicheng@ hi2000. com; yunfeiy2002@ 163. com
【主要产品】2-氯吡啶;咪唑-1-乙酸乙酯;3-氨基异噁唑;5-羟甲基噻唑;对苯二甲酸单甲酯;富马酸单乙酯;3,5-二(溴甲基)甲苯;*N*-甲基单乙醇胺;5-羧戊基三苯基溴化膦;1,2,4-三氮唑-3-甲酰胺;2,4-噻唑烷二酮;6-氯-3,4-二氢-4-甲基-3-氧-2H-1,4-苯并噁嗪-8-羧酸;7-氯-5-(2-氯苯基)-1,3-二氢-3H-1,4-苯并二氮杂卓-2-酮;6-(4-氨基苯基)-4,5-二氢-5-甲基-3(2H)-哒嗪酮;4-氨基-2-氯-6,7-二甲氧基喹唑啉;4-氯-2,3-二甲基吡啶-*N*-氧化物;2-氯甲基-3-甲基-4-(3-甲氧丙氧基)吡啶;2-[*N*-甲基-*N*-(2-吡啶基)氨基]乙醇;1-(四氢-2-呋喃甲酰基)-1,3-丙二胺;碘苯二乙酸;4-(1H-1,2,4-三唑基甲基)苯腈;帕米膦酸;4-(4-氨基苯基)-3-甲基-4-氧代丁酸;1,2,4-三氮唑-3-羧酸甲酯;1H-1,2,4-三氮唑-3-羧酸;5-氨基-1,2,4-三氮唑-3-羧酸;1H-1,2,4-三氮唑-3-甲酰肼;3-氨基-5-氯-2-羟基苯甲酸甲酯;氨基胍碳酸氢盐;环丙基腈;4-氨基-2-三氟甲基苯腈;荧光增白剂 SWN

孝感市龙马催化剂有限责任公司

湖北省孝感市大东门外正街 91 号[432100]
电话:(0712)2867285
传真:(0712)2867510　职工人数:500 人
经济类型:有限责任公司
法人代表:熊国庆
网址:xglongma. und. com. cn
E-mail:xglongma@ 163. com
【主要产品】邻苯二甲腈;中温变换催化剂 B112 型;氨合成催化剂 A110;氨合成催化剂 A201;氨合成催化剂 A202;低温变换催化剂 B302Q;苯并三氮唑;甲基苯并三氮唑;甲基苯并三氮唑钠

应城市德邦化工新材料有限公司

湖北省应城市长江埠新码头 1 号[432405]
电话:(0712)3618888;3616688
传真:(0712)3615999
网址:www. silane-coupler. com
E-mail:oscchina@ vip. sina. com
【主要产品】硅酸甲酯;γ-氯丙基三甲氧基硅烷;γ-氯丙基三乙氧基硅烷;三甲氧基硅烷;异丁基三乙氧基硅烷;γ-氨丙基三甲氧基硅烷;γ-巯丙基三乙氧基硅烷;硅烷偶联剂 KH-960;硅烷偶联剂 KH-590;硅烷偶联剂 KH-560;硅烷偶联剂 KH-570;硅烷偶联剂 KH-792;硅烷偶联剂 KH-602;硅烷偶联剂 KH-550;γ-氨丙基甲基二乙氧基硅烷;乙烯基三乙氧基硅烷;乙烯基三甲氧基硅烷;γ-氯丙基甲基二甲氧基硅烷;γ-氯丙基甲基二乙氧基硅烷;硅烷偶联剂 KH-858

应城市碘酸钾厂

湖北省应城市蒲阳大道 89 号[432401]
电话:(0712)3223730;3223727
传真:(0712)3224144　经济类型:集体
网址:hy. shidui. com/hubei/hubei02089. html
【主要产品】碘酸钾

中盐宏博(集团)有限公司

湖北省云梦县城关泰山路 155 号[432500]
电话:(0712)4325263
传真:(0712)4325510
职工人数:1,700 人
网址:www. hongbosalt. com
E-mail:hongbo@ hongbosalt. com
【主要产品】硫酸钠(十水);氯化钠(精制);氯化钠(药用)

黄冈市

湖北安达成药业有限公司

湖北省武穴市江堤路 1-2 号[436400]
电话:(0713)6222724
传真:(0713)6212498
经济类型:有限责任公司
网址:wwer. ccbip. und. cn
【主要产品】呋喃唑酮;双氯芬酸钾;酮基布洛芬;甲硝唑;二甲硝咪唑

湖北恒日化工股份有限公司

湖北省黄冈市罗田县凤山镇义水北路 428 号[438600]
电话:(0713)5072220;5072024;5072240
传真:(0713)5072024　有进出口权
经济类型:股份有限公司
职工人数:570 人　法人代表:尹国平
网址:www. hylive. com/hubei/hubei07217. html
E-mail:hengri@ goldenter. com
【主要产品】甲醇;乙二醛;甲醛;2-甲基咪唑;合成氨;碳酸氢铵;甲硝唑;三氯生

湖北龙感湖宏仕化工有限公司

湖北省蕲春县龙感湖塞湖[435300]
电话:(0713)3958728;13871978003
传真:(0713)3958728　职工人数:52 人
固定资产:3,000 千元
网址:www. chinachemnet. com/lghhsh/aboutus. htm
E-mail:gzp9988@ sina. com
【主要产品】对羟基苯甲醛;3-氯苯酚;3,5-二氯苯胺;叔辛胺;3-甲基-4-硝基苯甲酸;三氯生

湖北省黄冈市医药化工厂

湖北省黄冈市青砖湖路 118 号[438000]
电话:(0713)8981651
网址:hgyyhgc. my. sme. cn/index. jsp
E-mail:hgpc@ hi2000. com; chgq@ hi2000. com
【主要产品】L-肉毒碱;L-肉碱盐酸盐;左旋肉碱酒石酸盐;L-肉碱富马酸盐;羟乙基纤维素;混旋肉碱;甲硝唑;二甲硝咪唑

湖北省罗田顺惠化工有限责任公司

湖北省罗田县石桥卜[438600]
电话:(0713)5613276;13707252766
传真:(0713)5613276　职工人数:150 人
经济类型:股份合作　法人代表:张进飞
网址:www. sunwellchem. com
E-mail:sunwellchem@ 163. com
【主要产品】乙二醛;乙醛酸

湖北天盟化工有限公司

湖北省麻城市黄金桥科技经济开发区车站路[438300]
电话:(0713)3623096
传真:(0713)2992826
网址:www. tianmengchem. com
E-mail:sales@ tianmengchem. com
【主要产品】β-苯基丙烯酸;丙酸肉桂酯;肉桂酸甲酯;肉桂基氯;肉桂醇;肉桂醛;异戊酸肉桂酯;乙酸肉桂酯

湖北武穴市迅达药业有限公司

湖北省武穴市永宁大道南侧 1-2 号[435400]
电话:(0713)6212945
传真:(0713)6217004　职工人数:120 人
网址:xundapharm. chemnet. com
E-mail:ty0210@ 163. com; cyl22xh@ sina. com
【主要产品】三氯化铝;邻羟基苯乙酮;1,1-二苯基肼盐酸盐;酮基布洛芬;酮

鄂

基布洛芬赖氨酸盐

湖北祥云(集团)化工股份有限公司

湖北省武穴市盘塘[435405]
电话:(0713)6542366;6542350;6542858
传真:(0713)6542455
供销电话:6548543;6542367
供销传真:6548630　　企业规模:大型
经济类型:股份有限公司
法人代表:陈洪岩
网址:www.hbxiangyun.com;
　www.xychem.cn
E-mail:manage@hbxiangyun.com
【主要产品】磷石膏;硫酸;磷酸;磷酸二氢钾;氟硅酸钠;2-氨基-3-羟基吡啶;对羟基苯甲醛;邻苯二甲醛;富马酸单乙酯;五氯邻二甲苯;4-氯-3,5-二甲基苯酚;5-甲基间苯二乙腈;6-氯-3,4-二氢-4-甲基-3-氧-2H-1,4-苯并噁嗪-8-酰氯;4-(3,4-二甲氧基苯基)-4-氧丁烯酸乙酯;6-(4-氨基苯基)-4,5-二氢-5-甲基-3(2H)-哒嗪酮;对环丙基羰基苯乙腈;邻醛基苯甲酸;L-肉毒碱;对甲氧基苯乙酸乙酯;合成氨;过磷酸钙;磷酸一铵;复合肥;甲基吡啶磷;三氯生;缓凝剂

鄂

湖北永安集团

湖北省团风县团黄大道44号
[438800]
电话:(0713)6151504;6152586;
　13597555907
传真:(0713)6156345　　有进出口权
供销电话:6151504;13339950790
职工人数:1,100人
网址:www.yongangroup.com
E-mail:yongan@chinataurine.com
【主要产品】对羟基苯甲醛;羟乙基磺酸;DL-色氨酸;L-丝氨酸;DL-丝氨酸;羟甲基磺酸钠;羟乙基磺酸钠;甲基牛磺酸钠;L-色氨酸;香兰素;乙基香兰素;椰油酰基羟乙基磺酸钠

黄冈赛康药业有限公司

湖北省黄冈市黄州区西湖四路15号[438000]
电话:(0713)7516806;8693006;8693005
传真:(0713)8693002;7516540
职工人数:62人
网址:www.saikangpharm.com
E-mail:hgsk@saikangpharm.com
【主要产品】2-甲基咪唑;盐酸苄丝肼;甲硝唑;二甲硝咪唑;塞克硝唑;美乐托宁;胆维他;新凝灵;10-羟基-2-癸烯酸

黄冈市恒兴源化工有限责任公司

湖北省黄冈市七一商厦三楼[438000]
电话:(0713)8666233;8586558;
　13307258089
传真:(0713)8661582
经济类型:有限责任公司
网址:www.hghxy.com
E-mail:sales@hghxy.com
【主要产品】十四烷基巯基乙酸;丙酸酐;(*R*)-4-氰基-3-羟基丁酸乙酯;*N*,*S*-二乙酰基半胱氨酸甲酯;DL-邻氯苯甘氨酸;对氯苯甘氨酸;盐酸苄丝肼;肉毒碱盐酸盐;5-甲氧基色胺;混旋肉碱

黄冈市天然药业有限公司

湖北省罗田县三里畈镇沿河大道23号[438600]
电话:(0713)5682157
传真:(0713)5682572
网址:hg.chemnet.com
E-mail:neturehs@263.net;
　huanggang@hi2000.com
【主要产品】乙二醛;芦丁

罗田县恒兴源化工有限公司

湖北省罗田县骆驼坳镇城北路88号[438600]
电话:(0713)5773199;13307258005
传真:(0713)5774389
供销电话:(027)87333989
供销传真:(027)87333987
法人代表:胡松林
网址:www.lthxy.com
E-mail:www@lthxy.com
【主要产品】2-甲基咪唑;2-甲基-5-硝基咪唑;盐酸苄丝肼;5-甲氧基色胺盐酸盐;甲硝唑;二甲硝咪唑;美乐托宁;DL-丝氨酸甲酯盐酸盐;4-羟基香豆素

罗田县宏源化学原料药有限公司

湖北省罗田县凤山镇义水北路428号[438600]
电话:(0713)5072428;5072777
传真:(0713)5072224　职工人数:300人
网址:www.hybiochem.com
E-mail:sales@hybiochem.com
【主要产品】*N*-乙基咪唑;乙二醛;甲醛;氰基频那酮;(*S*)-4-氰基-3-羟基丁酸乙酯;2-甲基咪唑;2-甲基-5-硝基咪唑;*N*-甲基咪唑;L-肉毒碱;左旋肉碱酒石酸盐;乙酰左旋肉碱盐酸盐;L-肉碱富马酸盐;甲硝唑;二甲硝咪唑;美乐托宁;甲基诺龙

罗田县华阳生化有限公司

湖北省罗田县三里畈镇万古路8号
[438600]
电话:(0713)5685558
传真:(0713)5685499
供销电话:5685498;5685488
供销传真:5685489
网址:www.hxbio.com
E-mail:les@hxbio.com
【主要产品】硫酸氢钠;*S*-环氧丙烷;*R*-环氧丙烷;噻吩;2-噻吩乙醇;(*R*)-缩水甘油;*S*-环氧氯丙烷;*R*-环氧氯丙烷;*N*,*O*-双(三甲基硅基)乙酰胺;β-丙氨酸;*S*-3-氯-1,2-丙二醇;*R*-3-氯-1,2-丙二醇;L-肉毒碱;肉毒碱盐酸盐;左旋肉碱酒石酸盐;乙酰左旋肉碱盐酸盐;L-肉碱富马酸盐;美乐托宁

武穴市国邦生物工程有限公司

湖北省武穴市江堤路4号[435400]
电话:(0713)6219811
传真:(0713)6219889
【主要产品】蛋白胨;干酵母;酵母浸膏

武穴市龙翔药业有限公司

湖北省武穴市医药化工城龙坪五里[435402]
电话:(0713)6574888;6575918;
　13597580068
传真:(0713)6575786　　有进出口权
供销电话:6574888;6575918-8802
网址:www.lx-pharm.com
E-mail:cqpchina@sina.com
【主要产品】噁喹酸;氟洛芬;替米考星;磷酸替米考星;托曲珠利;尼卡巴嗪;噁喹酸钠

武穴市伟业药化有限责任公司

湖北省武穴市田镇黄家山[436506]
电话:(0713)6548188
传真:(0713)6548187
供销电话:(0576)4271415
供销传真:(0576)4271417
经济类型:有限责任公司
网址:www.weiyepharmchem.com
E-mail:sales@weiyepharmchem.com
【主要产品】2,3,5-三氯吡啶;2-氯烟酸;6-氯烟酸;6-羟基烟酸;2-氯烟酸甲酯;1,2-苯二胺;2-硝基苯胺;三氟甲基磺酸钠;2-氯-3-氰基吡啶;防老剂MB

咸宁市

赤壁市新世纪化纤有限公司

湖北省赤壁市车埠镇西街65号
[437335]
电话:(0715)5743288
传真:(0715)5742229
供销电话:5742229
经济类型:私营企业
网址:cbxxjhxgs.my.sme.cn
【主要产品】涤纶短纤维

湖北省阳新县葡萄糖厂

湖北省阳新县兴国镇北门坝28号
[435200]
电话:(0715)7323617
传真:(0715)7322966
网址:sswd.ccbip.und.cn
【主要产品】氯化钠(药用);口服葡萄糖;葡萄糖;玉米浆;白糊精

咸宁京汇药业有限公司

湖北省咸宁市银泉大道36号
[437000]
电话:(0715)8323535
传真:(0715)8323834
网址:qnjhyygs.my.sme.cn

【主要产品】维生素 B6

咸宁市中南橡胶技术有限公司

湖北省咸宁市咸安区 107 国道官埠段 87 号[437000]
电话:(0715)8323590;13870068298
传真:(0715)8323889
网址:znxj.myqy.cn
【主要产品】胶管;橡胶杂品;普通橡胶板

恩施土家族苗族自治州

湖北八峰药化股份有限公司

湖北省鹤峰县八峰高新技术开发区[445800]
电话:(0718)5265115;5265116;5265503
传真:(0718)5265181　有进出口权
供销电话:(027)59506116
供销传真:(027)59506102
经济类型:股份有限公司
企业规模:大型　职工人数:1,000 人
法人代表:姚绍斌
网址:www.8feng.com
E-mail:wbemaster@8feng.com
【主要产品】氨基乙酸;L-脯氨酸;L-胱氨酸;L-半胱氨酸盐酸盐无水物;L-缬氨酸;L-丝氨酸;L-丙氨酸;山梨醇;L-赖氨酸盐酸盐;L-亮氨酸;L-异亮氨酸;L-精氨酸;L-天门冬氨酸;L-苏氨酸;L-酪氨酸;L-组氨酸;L-组氨酸盐酸盐;谷氨酸;L-赖氨酸醋酸盐;L-蛋氨酸;L-苯丙氨酸;L-色氨酸

来凤恒发医药化工集团公司

湖北省来凤县翔凤镇青岗林[445700]
电话:(0718)6290171;6290188
传真:(0718)6290181　职工人数:120 人
供销电话:6290152　法人代表:李从民
网址:www.hengfapharmchem.com
E-mail:sales@hengfapharmchem.com
【主要产品】硼氢化钠;硼氢化钾;氢化钠;乙醇钠;甲醇钠;硼酸三甲酯;茶多酚

随州市

湖北省广水市民族化工有限公司

湖北省广水市应山文化路 17 号[432700]
电话:(0722)6236503;6232596;13872858670
传真:(0722)6236503
供销传真:6232116
网址:www.gsmzhg.com
E-mail:sales@gsmzhg.com
【主要产品】乳酸;乳酸钠;乳酸乙酯;乳酸钙;乳酸锌;乳酸亚铁

湖北永阳防水材料股份有限公司

湖北省广水市永阳大道 50 号[432700]
电话:(0722)6261276;6264158
传真:(0722)6261276
供销电话:6261276;13797870333
经济类型:股份有限公司
网址:www.yongyang.com.cn
E-mail:yongyang@yongyang.com.cn
【主要产品】防渗膜;氯化聚乙烯防水卷材;防火涂料;聚氨酯防水涂料;防水涂料;JS 复合防水涂料;地坪涂料;黏合剂;三元乙丙橡胶防水卷材;聚氯乙烯防水卷材;SBS 改性沥青防水卷材;丁基橡胶防水卷材;APP 改性沥青防水卷材;新型改性沥青防水卷材;有机硅防水剂

随州市府河化工有限责任公司

湖北省随州市陨水南路 5 号[441300]
电话:(0722)3820085
传真:(0722)3811877
供销电话:3820077
经济类型:有限责任公司
【主要产品】铵锑炸药;工业火雷管;工业导火索

随州市文峰涂料有限责任公司

湖北省随州市草店街 2 号[441300]
电话:(0722)3222274
传真:(0722)3243338
经济类型:有限责任公司
【主要产品】醇酸磁漆;氨基烘干清漆;丙烯酸聚酯清漆;锤纹漆

省直辖县

湖北保乐制药有限公司

湖北省天门市小板镇[431731]
电话:(0728)4575828;13707220764
传真:(0728)4576119
【主要产品】甲氧甘油三乙酸酯;阿昔洛韦;更昔洛韦;三乙酰更昔洛韦

湖北成宇制药有限公司

湖北省天门市岳口镇岳飞大道特 1 号[431702]
电话:(0728)4719318;13807222398
传真:(0728)4725958
网址:www.chengyupharm.com
E-mail:xcyy@chengyupharm.com
【主要产品】氟乙酸甲酯;氟乙酸乙酯;氯乙腈;二氯乙腈;三氯乙腈;青蒿琥酯;偶氮二异丁腈;偶氮二异戊腈;偶氮二异庚腈

湖北禾得乐药肥有限公司

湖北省潜江市刘岭街 8 号[433103]
电话:(0728)6400728;6240960
传真:(0728)6400614
经济类型:私营企业　法人代表:杨银洲
网址:www.hylive.com/hubei/hubei03235.html
【主要产品】复合氨基酸液肥

湖北蓝天化工有限公司

湖北省仙桃市干河办事处袁市经济开发区 8 号[433003]
电话:(0728)3254088;3262798;3254033
传真:(0728)3253808
经济类型:有限责任公司
网址:www.blueskychemical.com
E-mail:postmaster@blueskychemical.com
【主要产品】硅酸乙酯;硅酸甲酯;原硅酸四丙酯;乙酰氯;甲基三乙酰氧基硅烷;甲基三甲氧基硅烷;甲基乙基酮肟;二月桂酸二丁基锡;二醋酸二丁基锡;硅烷偶联剂 KH-560;硅烷偶联剂 KH-550;甲基三丁酮肟基硅烷;乙烯基三丁酮肟基硅烷;乙烯基三氯硅烷

湖北省潜江华润化肥有限公司

湖北省潜江市泽口经济开发区[433132]
电话:(0728)6201312
传真:(0728)6203258
供销电话:6201323　职工人数:1,100 人
网址:www.hrhf.cn
E-mail:hrhf3@sina.com
【主要产品】甲醇;甲醚;尿素;碳酸氢铵;复合肥;聚氨酯树脂;塑料编织袋

湖北省潜江市四维氨基酸有限公司

湖北省潜江市竹根滩镇竹中街 60 号[433101]
电话:(0728)6300557;6300430;6300721
传真:(0728)6300453
网址:www.siweiaa.com
E-mail:siwei@siweiaa.com
【主要产品】L-胱氨酸;DL-半胱氨酸盐酸盐;L-半胱氨酸盐酸盐无水物;DL-缬氨酸;DL-苯丙氨酸;L-亮氨酸;L-精氨酸;L-精氨酸盐酸盐;羧甲司坦;L-酪氨酸;DL-赖氨酸盐酸盐

湖北天义药业有限公司

湖北省天门市桥乡经济开发区[431700]
电话:(0728)5332568;5332622
传真:(0728)5332568　有进出口权
经济类型:有限责任公司
职工人数:100 人　法人代表:陈政权
网址:www.teyerpharm.com
E-mail:czq@tianyipharm.com
【主要产品】利巴韦林;阿昔洛韦;更昔洛韦;盐酸万乃洛韦;泛昔洛韦;盐酸伐昔洛韦;喷昔洛韦;盐酸左旋氧氟沙星;盐酸洛美沙星;甲磺酸帕珠沙星;鱼腥草素钠;佐米曲坦;卡托普利;硫普罗宁

湖北仙隆化工股份有限公司

湖北省仙桃市沿江大道东 36 号[433000]
电话:(0728)3223497;3224773;3224966

传真:(0728)3224243
有进出口权
供销电话:3223497;3224966
经济类型:股份有限公司
网址:www. xlchem. com
E-mail:xlchem@ xlchem. com
【主要产品】硫酸亚铁;2-羟基苯甲酸;四氯邻苯二甲酸;1-萘酚-3,6-二磺酸;水杨酸甲酯;水杨酸异丙酯;四氯苯酐;对甲硫基间甲苯酚;对正丁基苯胺;对叔丁基苯胺;γ-丁内酯;β-丙氨酸;四氯邻苯二甲酰亚胺;N-苯基-3,4,5,6-四氯邻苯二甲酰亚胺;邻苯二甲酰亚胺;N-羟甲基邻苯二甲酰亚胺;N-(2-羟乙基)邻苯二甲酰亚胺;4-氨基-2-氯-5-羟基苯磺酰胺;1,5-二对羟苯基-1,4-戊二烯-3-酮;阿维菌素乳油;炔螨特;水胺硫磷;甲胺磷;甲基对硫磷;甲基异柳磷乳油;亚胺硫磷;辛硫磷;三唑磷;杀虫单;毒死蜱;腈菌唑;百草枯;氯氰·水胺乳油;哒·水胺乳油;吡·水胺乳油;吡·杀单可湿性粉剂;阿维·高氯微乳剂;吡·阿乳油;高渗阿维·柴油乳油;阿维·苏可湿性粉剂;右旋泛酸钙;柳酸异戊酯

湖北益泰药业有限公司
湖北省天门市郊丰城垸[431700]
电话:(0728)5335627;5335701-806
传真:(0728)5335936　职工人数:246 人
供销电话:5332627;13507220261
网址:www. yitaipharmacy. com
E-mail:market@ yitaipharmacy. com
【主要产品】2-氨基-6-氯嘌呤;6-苄氨基嘌呤;利巴韦林;阿昔洛韦;更昔洛韦;泛昔洛韦;葡醛内酯;葡萄糖醛酸钠

湖北振声(集团)股份有限公司
湖北省洪湖市曹市镇振声大道 39 号[433203]
电话:(0728)2872232;2872309;2872685
传真:(0728)2872002
经济类型:股份有限公司
职工人数:1,500 人
法人代表:杨新远
【主要产品】油酸;醇酯-12;一、二类压力容器;塔器配件

潜江东立精细化工有限公司
湖北省潜江市杨市办事处翰林路 10 号[433103]
电话:(0728)6402208;13807224418
传真:(0728)6401888　有进出口权
供销电话:13339726085
职工人数:300 人
法人代表:刘一军
网址:www. jtpharm. cn
E-mail:steven@ jtpharm. cn;
yalezhao@ jtpharm. cn
【主要产品】2-氯烟酸;5,6-二甲氧基-1-茚酮;2-吲哚酮;吲哚-2-羧酸;2-甲基咪唑;2-甲基-5-硝基咪唑;环己甲酸;环己甲酰氯;甲硝唑;美乐托宁;荧光增白剂 KCB;荧光增白剂 KSN

潜江市申昌有机化工厂
湖北省潜江市渔洋镇工业园[433135]
电话:(0728)6891189;6891161
传真:(0728)6891148
网址:qjschg. wchem. com
【主要产品】酚醛铸造树脂;铸造树脂用磺酸固化剂

潜江市仙桥化学制品有限公司
湖北省潜江市泽口经济开发区盐化一路[433100]
电话:(0728)6202680;13407218979
传真:(0728)6202680　职工人数:368 人
经济类型:私营企业
网址:tutianhong. b2b. hc360. com/shop/show. html
【主要产品】盐酸;烧碱(液体);硫酸钡;氯气(液)

潜江永安药业有限公司
湖北省潜江市竹泽大道 16 号[433132]
电话:(0728)6201636;6202963;13339728858
传真:(0728)6202797　有进出口权
供销电话:6201636;13872962036
经济类型:有限责任公司
企业规模:大型　法人代表:陈勇
网址:www. chinataurine. com;
www. taurine. com. cn
E-mail:yapharm@ chinataurine. com
【主要产品】牛磺酸

潜江远达化工有限公司
湖北省潜江市竹泽大道 9 号[433102]
电话:(0728)6201419;6201352;6201348
传真:(0728)6201475
经济类型:有限责任公司
职工人数:208 人
网址:urine. und. com. cn
【主要产品】硫酸(98%);过磷酸钙

邱氏(湖北)涂料有限公司
湖北省潜江市横堤路东段 98 号[433100]
电话:(0728)6201988
传真:(0728)6202478
经济类型:外商独资
网址:tr1984. und. com. cn
E-mail:qiushi@ qiushituliao. com
【主要产品】汽车漆;木器家具漆;纳米家具漆;环保型工程乳胶漆;水性纳米外墙漆;外墙金属漆;环保内墙乳胶漆;防锈金属漆;水溶性涂料;环保腻子粉

天门阳光新材料技术发展有限公司
湖北省天门市皂市镇长汀河北路 21 号[431703]
电话:(0728)4811768
传真:(0728)4812198
供销电话:4812198
经济类型:私营企业
网址:www. qylog. com/12/3214/
【主要产品】黑色耐候性高密度聚乙烯绝缘料;屏蔽电缆料

仙桃市楚天精细化工厂
湖北省仙桃市彭场镇桥南[433018]
电话:(0728)2618727;13908638941
传真:(0728)2618727
职工人数:50 人
经济类型:私营企业
法人代表:鲁为桥
网址:www. chutianchem. com
E-mail:sales@ chutianchem. com
【主要产品】四氯化锡;一氯醋酸甲酯;二氯醋酸甲酯;氯乙酸乙酯;2-甲基-1,3-环戊二酮;2-乙基-1,3-环戊二酮;氯乙酰氯;氯乙酰胺;三氯乙酰氯;二氯乙酰胺;氰乙酰胺;6-甲氧基-1-萘满酮

仙桃市三达实业有限公司
湖北省仙桃市仙源大道 132 号[433000]
电话:(0728)3221235;13907227513
传真:(0728)3276559
网址:www. xtsd888. com
E-mail:xtsd@ hotmail. com
【主要产品】丙纶无纺布

仙桃市先峰化工有限公司
湖北省仙桃市陈场仙陈大道 88 号[433000]
电话:(0728)2784766;13307227372
传真:(0728)2784499
经济类型:私营企业
网址:www. xfdyes. com
E-mail:sales@ xfdyes. com;
yyz@ xfdyes. com
【主要产品】2-萘胺-6-磺酰甲胺;5-硝基邻甲酚;2-氨基-4-氯二苯醚;5-氨基-2-甲基苯酚;大红色基 G

中国石化江汉油田分公司盐化工总厂
湖北省潜江市一村[433121]
电话:(0728)6581940
传真:(0728)6581940
经济类型:国有
供销传真:6581658
有进出口权
企业规模:大型
职工人数:1,400 人
法人代表:雷进杰
网址:www. jh-chem. com;
www. jscc. com. cn
E-mail:office@ jh-chem. com;
dongdj@ vip. 163. com
【主要产品】盐酸;盐酸(精制);离子膜烧碱;硫酸钠;漂粉精;工业盐;氯气(液)

湖 南 省

长沙市

长沙埃索凯化工有限公司
湖南省长沙市芙蓉中路1段479号建鸿达现代城[410005]
电话:(0731)4411500;4411501;4411503
传真:(0731)4411519
网址:www.iskychem.com
E-mail:dhu@iskychem.com
【主要产品】硫酸亚铁;硫酸铜(饲料级);硫酸锰(饲料级);柠檬酸钙;柠檬酸锰;柠檬酸氢二铵;枸橼酸铁铵

长沙蜂巢颜料化工有限公司
湖南省长沙市望城县坪塘镇[410208]
电话:(0731)8500447;8500437
传真:(0731)8500437　有进出口权
固定资产:4,944千元　职工人数:580人
供销电话:8500302;8500303
供销传真:8500438　法人代表:周聘金
经济类型:有限责任公司
网址:www.chinacpcp.com;www.fengchao.cn
E-mail:generalmanager@chinacpcp.com
【主要产品】硫酸钡;二氧化锗;次氧化锌;铟;镉;消光剂;立德粉;大红粉;超细二氧化硅气凝胶

长沙鼓风机厂有限责任公司
湖南省长沙市树木岭路388号[410014]
电话:(0731)5585740
传真:(0731)5582640;5584765
供销电话:5593271;5664266
经济类型:有限责任公司　有进出口权
企业规模:大型　法人代表:苏春模
网址:www.chinablowers.com
E-mail:xs@chinablowers.com
【主要产品】空气过滤器;鼓风机;罗茨真空泵

长沙军工民用产品研究所
湖南省长沙市八一路417号[410011]
电话:(0731)2243175;4435827;13907485737
传真:(0731)2221846
网址:www.hhblacken.com
E-mail:hh902@china.com
【主要产品】脱水防锈油;油污清洗防锈剂;磷化液;高效擦铜剂;金属封闭剂;碱性除油抑雾剂;防锡变色剂;除油活化剂

长沙龙利化工有限公司
湖南省长沙市雨花区黎托乡合丰村[410129]
电话:(0731)5950896;9001389
传真:(0731)5950898　经济类型:集体
有进出口权　职工人数:55人
法人代表:邓龙其
【主要产品】油漆

长沙市城郊硫酸锰厂
湖南省长沙县黄兴镇竹山[410129]
电话:(0731)6867268
传真:(0731)4742436　有进出口权
供销电话:4743426　法人代表:盛运良
经济类型:股份合作
网址:www.hylive.com/hunan/hunan07162.html
【主要产品】硫酸锰

长沙市化工研究所
湖南省长沙市劳动西路108号[410007]
电话:(0731)5553360
传真:(0731)5535726　经济类型:国有
法人代表:张升龙
网址:www.chemcs.com
E-mail:chemcs@hi2000.com
【主要产品】聚酰胺树脂;环氧树脂黏合剂;电子灌注胶;绝缘灌封胶;强力胶;低温变换催化剂;环氧树脂固化剂;环氧树脂固化剂593;环氧树脂固化剂650;水下环氧固化剂;A-50环氧固化剂;T-31环氧树脂固化剂;新型低黏度环氧树脂固化剂;铸造模具用环氧树脂固化剂;电子灌封用环氧树脂固化剂;建筑结构胶专用环氧树脂固化剂;表面活性剂;金属表面调整剂;工业防霉剂

长沙市金湘饲料添加剂厂
湖南省长沙市洞井镇洪塘村[410005]
电话:(0731)5066966;13319578348
传真:(0731)5485983
网址:www.csjxsl.com
E-mail:jxsltjj@126.com
【主要产品】硫酸铜(饲料级);氧化锌(食用级)

长沙市有机试剂厂
湖南省长沙市书院路[410002]
电话:(0731)5815415;5158312;13607444465
传真:(0731)5825194　经济类型:集体
职工人数:30人
网址:www.chemyouji.com
E-mail:market@chemyouji.com
【主要产品】乙二胺四乙酸二钠;碳酸钡;草酸钾;酒石酸氢钾;氯化钾;草酸铵;乙二胺四乙酸;草酸;硼酸;丙三醇;脲;硫脲

长沙威凌锌材料有限公司
湖南省长沙市岳麓区三叉矶[410013]
电话:(0731)8680288;13508487967
传真:(0731)8646168　有进出口权
经济类型:与港澳台商合资经营
网址:www.welllink-zn.com
E-mail:welllink@welllink-zn.com
【主要产品】锌粉

长沙鑫本化工有限公司
湖南省浏阳市枨冲镇橙冲社区长丰组[410316]
电话:(0731)3729199;3729719
传真:(0731)3726189
网址:www.xinbenchem.com
E-mail:xb@xinbenchem.com
【主要产品】盐酸;硫酸钠;3,4′-二氯二苯醚;甲酸;1,2,4-三氮唑;三唑钠;水合肼;4-(对氯苯氧基)-2-氯苯乙酮

湖南长沙县金辉化工厂
湖南省长沙市雨花区[410011]
电话:(0731)5712859
传真:(0731)5713422　产值:500千元
固定资产:10,000千元
经济类型:私营企业　职工人数:500人
销售收入:1,000千元
法人代表:谢金明
E-mail:wy5528819@yahoo.com.cn
【主要产品】硫酸亚铁;硫酸锌;硫酸锰

湖南长沙远航生物制品有限公司
湖南省望城县高塘岭镇台商投资区泰嘉路78号[410200]
电话:(0731)8052688;8052668;13974961919
传真:(0731)8052628　有进出口权
网址:www.yuanhangbio.com
E-mail:sales@yuanhangbio.com
【主要产品】丹参提取物;淫羊藿提取物;黄芪提取物;厚朴提取物;虎杖提取物;红车轴草提取物;积雪草提取物;五味子提取物;当归提取物;生姜提取物;绞股蓝提取物;黑升麻提取物;蒲公英提取物;白蒺藜提取物;栀子提取物;杜仲叶提取物;荨麻提取物;灵芝菌粉

湖南德瑞生物产业集团有限公司
湖南省长沙市人民路9号朝阳银座625[410001]
电话:(0731)2894406
传真:(0731)2894376
供销电话:2894257;13367317600
网址:www.deray.cn
E-mail:deray@deray.cn;sophieou@deray.cn
【主要产品】7-酮基去氢表雄酮;青蒿素;

湘

紫杉醇;石杉碱甲;氨基己酸;氢溴酸加兰他敏;红车轴草提取物;生姜提取物

湖南尔康制药有限公司

湖南省浏阳市生物医药工业园[410031]
电话:(0731)3282198;3282158
传真:(0731)3282128;3282148
供销电话:3282888　法人代表:帅放文
网址:www. hnerkang. com
E-mail:hnerkang@ hnerkang. com
【主要产品】盐酸(药用);丙三醇;醋酸;柠檬酸钠;磺胺嘧啶银盐;高锰酸钾(药用);松节油;蓖麻油(药用)

湖南工业橡胶制品厂

湖南省长沙市开福区丽臣路157号[410008]
电话:(0731)4490017
固定资产:971千元　经济类型:国有
产值:749千元　销售收入:175千元
职工人数:52人　法人代表:马衍湘
【主要产品】胶布制品;橡胶工作服

湖南华日制药有限公司

湖南省长沙市宁乡县城金亭路16号[410600]
电话:(0731)7846291;7841432;7841431
传真:(0731)7808079
供销电话:7840859;7808079
法人代表:梁浩文
网址:www. huarizy. com
E-mail:juyuansuan@ huarizy. com
【主要产品】柠檬酸钠;柠檬酸钙;柠檬酸;柠檬酸钾;枸橼酸铋钾;枸橼酸铁铵

湖南九典制药有限公司

湖南省浏阳市生物医药园[410331]
电话:(0731)3280515;3280618
传真:(0731)3280918
供销电话:4433307;2229301
网址:www. hnjiudian. com
E-mail:jiudianxiaoshou@ 126. com
【主要产品】磷酸二氢钠;磷酸氢二钠;二十二醇;尿囊素;羟丙哌嗪;地红霉素;甲磺酸帕珠沙星;利拉萘酯;琥珀酸舒马曲坦;奥硝唑;塞克硝唑;西尼地平;左羟丙哌嗪;盐酸班布特罗;盐酸左旋西替利嗪;盐酸美金刚胺;盐酸环苯扎林

湖南科源科技实业有限公司

湖南省长沙市雨花区华隆大厦七楼[410016]
电话:(0731)4741725;4718938;4721718
传真:(0731)4729148
网址:www. chinacoran. com
E-mail:hcice@ chinacoran. com
【主要产品】硫酸锌(一水);二氧化锰;氧化铋

湖南丽臣奥威实业有限公司

湖南省长沙市浏阳河路1号[410003]
电话:(0731)2840068;2840069
传真:(0731)2840065
网址:www. resun-auway. com
E-mail:hraws@ public. cs. hn. cn
【主要产品】二甲基十二烷基叔胺醋酸盐;椰油酰胺丙基甜菜碱;十二烷基二甲基氧化胺;十二烷基硫酸酯三乙醇胺盐

湖南民合化工有限公司

湖南省浏阳市荷花办事处胡坪[410300]
电话:(0731)3628758;3614568
传真:(0731)3646101
网址:www. fr-china. com/ minhe/ shouye. htm
E-mail:minhe@ fr-china. com;
xiongran@ fr-china. com
【主要产品】过氧化叔丁醇;异氰尿酸三缩水甘油酯;硫化剂双25

湖南宁乡县铬黄厂

湖南省宁乡县夏铎铺镇[410605]
电话:(0731)7970278
供销传真:7970278　职工人数:135人
经济类型:私营企业　法人代表:周灿妓
【主要产品】中铬黄;浅铬黄;柠檬黄;橘铬黄;铬酸铅

湖南三环颜料有限公司

湖南省长沙市河西坪塘镇[410208]
电话:(0731)8500382;8502460
传真:(0731)8500382;8502460
供销电话:8500382;8911928
供销传真:8500382;8911780
经济类型:股份有限公司　有进出口权
职工人数:500人　法人代表:朱冀舜
网址:www. threeringpigments. com
E-mail:zxp39919@ public. cs. hn. cn
【主要产品】氧化锌;氧化铁颜料;氧化铁红;氧化铁黄;哈巴粉;氧化铁黑;中铬黄;柠檬黄;橘铬黄;立德粉;群青462号;氧化铬绿;陶瓷颜料;荧光涂料色浆宝蓝;酞菁蓝BGS;耐晒绿;炭黑;白炭黑

湖南省长沙市蓝天化工厂

湖南省长沙市桂花路171号丹桂雅苑2507房[410007]
电话:(0731)5562546;5467270;5466994
传真:(0731)5468325　经济类型:集体
供销电话:13707315285　有进出口权
职工人数:260人　法人代表:李友富
网址:www. lantianchem. com
E-mail:marketing@ lantianchem. com
【主要产品】硫酸锌;硫酸锌(一水);焦亚硫酸钠;硫酸锰(饲料级);硫酸锰;碳酸锰;二氧化锰

湖南省浏阳市择明热工器材有限公司

湖南省浏阳市集里平水[410300]
电话:(0731)3617903
传真:(0731)3617904;3627904
经济类型:私营企业　职工人数:28人
产值:100,000千元　法人代表:汤世国
网址:www. zeming. cn
E-mail:zmrg@ zeming. cn
【主要产品】水基金属切削液;快速光亮淬火油;快速淬火油;真空淬火油;淬火剂

湖南省永和磷肥厂

湖南省浏阳市永和镇[410306]
电话:(0731)3500269
传真:(0731)3500127
经济类型:股份合作
网址:www. hnagri. com/18feiliaoxinxi/031. htm
【主要产品】硫酸;氟硅酸钠;过磷酸钙;混配复合肥料

湖南松源化工有限公司

湖南省长沙市车站北路附18号[410000]
电话:(0731)2290526;2297392
传真:(0731)2290926
网址:www. sunyuanchem. com
E-mail:lixiaobo@ sunyuanchem. com
【主要产品】对孟烷;蒎烷;氢化松油醇;乙酸松油酯;过氧化氢对薄荷烷;过氧化氢蒎烷

湖南湘虹化工厂

湖南省长沙市四方坪德雅路1265号[410100]
电话:(0731)4826111
传真:(0731)4514526　有进出口权
固定资产:12,000千元
经济类型:股份合作　产值:20,000千元
职工人数:200人　法人代表:何铁盒
E-mail:6867154@ 163. com
【主要产品】焦亚硫酸钠

湖南湘江涂料集团有限公司

湖南省长沙市德雅路790号[410003]
电话:(0731)4218088
传真:(0731)4218068　有进出口权
供销电话:4218198　企业规模:大型
供销传真:4218098
经济类型:有限责任公司
网址:www. xjpaint. com
E-mail:scyx@ xjpaint. com
【主要产品】2-乙基己酸锰;醇酸树脂;醇酸树脂(364-3型);弹性涂料;各色氨基烘干磁漆;内墙涂料;建筑涂料;丙烯酸室外乳胶漆;丙烯酸内墙乳胶漆;各色聚酯环氧型粉末涂料;各色环氧聚酯型美术系列热固性粉末涂料;热固型纯聚酯粉末涂料;聚酯粉末涂料;各色纯聚酯型美术系列粉末涂料;环氧铁红防锈漆;无光型热固性环氧粉末涂料;环氧富锌防锈底漆;环氧车间底漆;环氧云铁防锈漆;环氧云铁防锈中涂漆;环氧铁红车间底漆;氟碳漆;氟碳重防腐涂料;铁红防锈底漆;水性无机富锌底漆;无机富锌底漆;水性木器漆;高效复合催干剂;代钴稀土催干

剂;异辛酸稀土催干剂

湖南新晨化工有限公司

湖南省浏阳市枨冲镇沿河村[410300]
电话:(0731)3613761;3658969
传真:(0731)3613761　职工人数:60 人
经济类型:与港澳台商合资经营
网址:www.fr-china.com
E-mail:xinchen@fr-china.com
【主要产品】异氰尿酸三缩水甘油酯

湖南以翔化工有限公司

湖南省浏阳市工业园[410300]
电话:(0731)3282288;3281838
传真:(0731)3281399
网址:www.fr-china.com
E-mail:sales@fr-china.com
【主要产品】过氧化叔丁醇;交联剂 BIPB;溴化环氧树脂阻燃剂;硫化剂双 25

湖南银海石化集团有限公司

湖南省宁乡县金亭路 16 号[410600]
电话:(0731)7881161;7882116;7881775
传真:(0731)7882731;7881775
经济类型:有限责任公司　有进出口权
企业规模:大型　职工人数:1,400 人
法人代表:梁浩文
网址:www.hunanyinhai.com
E-mail:longguoqi@vip.sina.com
【主要产品】柠檬酸钠;柠檬酸钙;柠檬酸;柠檬酸(一水);柠檬酸钾;柠檬酸铵

浏阳市化工厂有限公司

湖南省浏阳市古港镇[410300]
电话:(0731)3403238;3403237
传真:(0731)3403237
经济类型:有限责任公司
网址:www.hnliuhua.com;
www.chloratechina.com
E-mail:hnliuhua@cs.hn.cn
【主要产品】高氯酸钾;氯酸钠;氯酸钾

邵阳甾体化学品有限公司

湖南省邵阳市龙须塘[422000]
电话:(0731)2762868;5517661
传真:(0731)5551702　职工人数:80 人
网址:www.steroidchem.com
E-mail:sales@steroidchem.net
【主要产品】1,4-雄烯二酮;雄酮;2,3-二氯-5,6-二氰基-1,4-苯醌;雌(甾)酮;非那甾胺;依维菌素;安宫黄体酮;炔诺酮;环丙氯地孕酮;睾丸素;米非司酮;雌二醇;康力龙;康复龙;美雄酮;氧甲氢龙;群勃龙醋酸酯;新伐他汀;舍曲林;螺内酯;诺龙;美雄诺龙;雄诺龙

株洲市

茶陵县氮肥厂

湖南省茶陵县城关镇炎帝中路[412400]
电话:(0733)5222652
传真:(0733)5222652　经济类型:国有
供销电话:5222879　法人代表:付国朱
供销传真:5222879
网址:cldhc.und.com.cn
E-mail:hnzzbip@0733.com
【主要产品】液氨;碳酸氢铵;增效碳酸氢铵;塑料编织袋

湖南省醴陵市华强工业陶瓷填料厂

湖南省醴陵市东富镇台子上工业区 1 号[412200]
电话:(0733)3033132;13974134161
传真:(0733)3033132
法人代表:丁维本
网址:www.hqceramic.cn
E-mail:huaq@llcatv.com
【主要产品】陶瓷填料

湖南省醴陵市南方陶瓷颜料厂

湖南省醴陵市马恋镇申明村[412215]
电话:(0733)3438418;13707413085
法人代表:杨自立
网址:www.hnllnf.com
E-mail:hnllnf@llzc.com
【主要产品】陶瓷颜料

湖南省醴陵市橡胶一厂

湖南省醴陵市栗山坝[412200]
电话:(0733)3341367;3341368;3342668
传真:(0733)3342625;3343048
网址:www.llxjyc.com
E-mail:llxjyc@llzc.com
【主要产品】织物芯运输带;橡胶平型传动带;橡胶三角带;夹布胶管;氧气胶管;排吸胶管;橡胶杂品

湖南省攸县精细化工厂

湖南省株洲市攸县桃水镇[412303]
电话:(0733)4521388
传真:(0733)4521338　经济类型:集体
职工人数:80 人　法人代表:欧阳国忠
网址:www.taoshui.com
E-mail:fna@163.net
【主要产品】氟化钠;白炭黑(沉淀法)

湖南省攸县龙江化工厂

湖南省株洲市攸县桃水镇[412303]
电话:(0733)4524588;13077062133
传真:(0733)4524588
法人代表:周伯贤
网址:longjiang.chemnet.com
E-mail:longjiang@hi2000.com
【主要产品】氟化钠;白炭黑

湖南永利化工股份有限公司

湖南省株洲市石峰区清水塘[412004]
电话:(0733)2381300
传真:(0733)2381555
法人代表:龙小兵
网址:www.hnyongli.cn
E-mail:yongli@hnyongli.cn
【主要产品】氟硅酸;硫酸;亚硫酸氢铵;氟硅酸钠;二氧化硫(液);铁氧体用氧化铁;硫酸铵;过磷酸钙;钛白粉;钛白粉(锐钛型);钛白粉(金红石型)

湖南攸县湘永精细化工厂

湖南省攸县菜花坪镇[412316]
电话:(0733)4601688;13707416277
传真:(0733)4602868
网址:www.xiangyongchem.com
E-mail:sales@xiangyongchem.com
【主要产品】氟化钠;白炭黑

湖南智成化工有限公司

湖南省株洲市建设北路 98 号[412005]
电话:(0733)8362888;8360637
传真:(0733)8361440
经济类型:中外合资经营企业
企业规模:大型　职工人数:2,780 人
法人代表:汪志良
网址:www.zchg.com
E-mail:info@zchg.com
【主要产品】纯碱;过氧化氢;硫黄;甲醇;合成氨;尿素;氯化铵

湖南中成化工有限公司

湖南省株洲市清水塘[412005]
电话:(0733)8640870;8631273;8626028
传真:(0733)8631299;8632754
经济类型:与港澳台商合资经营
有进出口权　法人代表:汪志良
网址:www.zhongcheng-chem.com
E-mail:master@zhongcheng-chem.com
【主要产品】亚硫酸钠;连二亚硫酸钠;氧化锌;氧化锌(纳米);甲醛次硫酸氢钠;氧化锌(食用级);活性氧化锌

湖南株洲化工集团翔宇精细化工有限公司

湖南省株洲市清水塘[412004]
电话:(0733)2384712;2384535
传真:(0733)2380842　有进出口权
供销电话:2386560;2384535
经济类型:有限责任公司
网址:www.xiangyuchemical.com
E-mail:info@chinahydrazinehydrate.com
【主要产品】4-氯甲苯;2-氯甲苯;水合肼

青上化工(株洲)有限公司

湖南省株洲市清水塘[412000]
电话:(0733)2382189;2380750
传真:(0733)8626583
经济类型:与港澳台商合资经营
网址:www.greenon-zz.com
E-mail:greenonzz@163.com
【主要产品】盐酸;硫酸钾(农用)

株洲经仕实业有限公司

湖南省株洲市响石西路 168 号

湘

[412005]
电话:(0733)8349561;8333726;8308042
传真:(0733)8333601　经济类型:集体
有进出口权　职工人数:800人
法人代表:唐锡中
网址:www.sino-indium.com
E-mail:xsb@sino-indium.com;
zjl@sino-indium.com
【主要产品】硫酸锌

株洲福尔程化工有限公司

湖南省株洲市石峰区清水塘杨梅塘路[412004]
电话:(0733)8623557;8632882
传真:(0733)8632882
供销电话:(0755)86128652
供销传真:(0755)86128653
网址:www.zzfortunechem.com
E-mail:zzfortunechem@yahoo.com.cn
【主要产品】威百亩;促进剂NOBS;促进剂TMTD;促进剂TMTM;二甲基二硫代氨基甲酸钠;二甲基二硫代氨基甲酸钾

株洲金源化工有限公司

湖南省株洲市铜霞北路249号[412005]
电话:(0733)8316308;8319305;
13973351559
传真:(0733)8316144　有进出口权
经济类型:中外合资经营企业
网址:www.jinyuanchem.com
E-mail:jinyuan@jinyuanchem.com
【主要产品】硫酸铜;硝酸铅;氯化锌

株洲容昌包装有限责任公司

湖南省株洲市石峰区丁山路20号[412005]
电话:(0733)8331227
供销电话:13807331450
供销传真:8331227　产值:70,000千元
经济类型:有限责任公司
职工人数:300人　法人代表:谢安全
网址:www.hnrcbz.com
【主要产品】塑料桶

株洲市工业橡胶制品厂

湖南省株洲市芦淞区荷叶四村[412008]
电话:(0733)2501335;13873352733
传真:(0733)8511993　经济类型:集体
供销电话:8511993　法人代表:陈国庆
E-mail:xj_l1981@zzgyxj.com
【主要产品】橡胶杂品

株洲市海达集团化工有限公司

湖南省株洲市攸县城关镇西阁路36号[412300]
电话:(0733)4233775
传真:(0733)4331763　经济类型:国有
职工人数:900人
网址:www.zzhaida.com
E-mail:zzhaida@zzhaida.com
【主要产品】合成氨;尿素;碳酸氢铵

株洲市化工机械厂

湖南省株洲市石峰区建设北路11号[412005]
电话:(0733)2321698;2322526
传真:(0733)2321698　经济类型:国有
供销电话:2321698;2320308
供销传真:2322526
网址:www.zzhgjx.com
E-mail:changwei01234@sina.com
【主要产品】化工设备;压力容器

株洲市酒埠江化工厂

湖南省攸县酒埠江镇东田村[412313]
电话:(0733)4461369;4461371;4461370
传真:(0733)4461371
经济类型:私营企业　法人代表:邓湘华
【主要产品】合成氨;碳酸氢铵

株洲市塑料二厂

湖南省株洲市建设北路59号[412005]
电话:(0733)8332643
传真:(0733)8332166　经济类型:集体
供销电话:8332771　法人代表:刘志勇
【主要产品】净化过滤器;塑料风机;工程塑料泵;耐酸泵

株洲市天桥化工有限责任公司

湖南省株洲市石峰区湘天桥[412004]
电话:(0733)8390770;8390760
传真:(0733)8390760
经济类型:有限责任公司
【主要产品】聚丙烯酰胺

株洲市湘江橡胶制品厂

湖南省株洲市芦松路116号[412008]
电话:(0733)8511349;8518818
传真:(0733)8513393
供销电话:8518105;8513393
经济类型:股份合作
【主要产品】橡胶制品;普通橡胶板;橡胶防腐衬里系列

株洲市亚帝实业有限公司

湖南省株洲县南阳桥竹园冲[412100]
电话:(0733)7673680;13873328725
传真:(0733)8288103　职工人数:180人
网址:www.chinacvl.com
E-mail:liuhouzhi505@tom.com
【主要产品】环烷酸;间二甲氨基苯甲酸;4-(*N*,*N*-二甲基)氨基苯甲醛;结晶紫内酯

株洲市中天磷酸盐化工有限责任公司

湖南省株洲市杉木塘[412005]
电话:(0733)2324436;2321345
传真:(0733)2321345
经济类型:有限责任公司
法人代表:易仁俊
网址:www.phosphate.com.cn
E-mail:market@phosphate.com.cn
【主要产品】磷酸;磷酸二氢钠;磷酸二氢铝;磷酸氢二钠;磷酸一铵(工业级);磷酸二氢钾(农用);磷酸二铵

株洲天成化工有限责任公司

湖南省株洲市石峰区铜霞路14号[412005]
电话:(0733)8319916;8319917
传真:(0733)8316862　有进出口权
供销传真:8317110　职工人数:1,000人
经济类型:有限责任公司
法人代表:成云祥
网址:www.hntiancheng.com
E-mail:tiancheng@hntiancheng.com
【主要产品】促进剂CZ;促进剂DM;促进剂M;促进剂NOBS;巯基苯并噻唑钠;促进剂TMTD

株洲选矿药剂厂

湖南省株洲市石峰区响石岭[412005]
电话:(0733)8331241
传真:(0733)8332139　经济类型:国有
有进出口权　职工人数:1,260人
网址:zzxkyi.und.com.cn
E-mail:hnzzbip@0733.und.cn
【主要产品】草酸;乙基黄原酸钠;正丁基黄原酸钠;异丙基黄原酸钠;乙硫氨酯;乙硫氮;丁铵黑药

湘潭市

湖南金环颜料有限公司

湖南省湘潭市岳塘区滴水埠板竹路18号[411132]
电话:(0732)5541618;13975247363
传真:(0732)5541628　职工人数:200人
网址:www.jinhuan-pigments.com
E-mail:Jinhuan@jinhuan-pigments.com
【主要产品】碳酸镉;二氧化锡;氧化钴;氧化镍;硒粉;陶瓷色料;氧化铬绿

湖南立发颜料化工有限公司

湖南省湘潭市岳塘区竹埠港[411132]
电话:(0732)3584988
传真:(0732)3584788
供销电话:3584888　法人代表:梁梦林
经济类型:中外合资经营企业
网址:www.lifachem.com
E-mail:lifacode@lifachem.com
【主要产品】无机颜料

湖南省海洋生物工程有限公司

湖南省湘潭市宝丰街520号[411100]
电话:(0732)8288130;2316954;
13973272098
传真:(0732)2326988　有进出口权
网址:www.hysw.com.cn
E-mail:office@hysw.com.cn

【主要产品】三氯异氰尿酸;高效氟氯氰菊酯乳油;氯溴异氰尿酸;噻·异乳油

湖南省湘潭金洲化工有限公司

湖南省湘潭县梅林镇[411228]
电话:(0732)7550088
传真:(0732)7550928　有进出口权
经济类型:私营企业　职工人数:300 人
网址:www.xtmpcp.com
【主要产品】硫酸锌;高锰酸钾

湖南省湘潭市海通颜料有限责任公司

湖南省湘潭市岳塘区竹埠港[411132]
电话:(0732)3584774;13875257351
传真:(0732)3584128
供销电话:3584774;13607324916
经济类型:有限责任公司
网址:www.htpigment.chem.cn
E-mail:wangcy@chem.cn
【主要产品】钛铬棕;钛黄粉;硒硫化镉;硫化镉;镉橙

湖南湘大比德化工有限公司

湖南省湘潭市高新区新材料基地[411105]
电话:(0732)3584010
传真:(0732)3584668　有进出口权
经济类型:中外合资经营企业
产值:10,000 千元　法人代表:王良芥
网址:www.xdbd.com
E-mail:spark@bidechem.com
【主要产品】五氯吡啶;2,3,5,6-四氯吡啶;五氯苯甲腈;*O,O*-二甲基硫代磷酰胺;4-氨基-3,5-二氯-2,6-二氟吡啶;乙酰甲胺磷乳油;甲胺磷;毒莠定;二氯吡啶酸;氟草烟;乙撑双四溴邻苯二甲酰亚胺;1,2-双(2,4,6-三溴苯氧基)乙烷

湖南湘铝有限责任公司

湖南省湘乡市新湘路可心亭[411400]
电话:(0732)6808463;6808689
传真:(0732)6808013　有进出口权
供销电话:6808409;6808414
经济类型:有限责任公司
企业规模:大型　职工人数:3,792 人
法人代表:朱崇高
网址:www.fluoridechina.com
【主要产品】氟硼酸钾;氟化钠;氟化铝;氟化锂;氟硅酸钠;氟硅酸钾;氟铝酸钾;氟钛酸钾;氟化镁;二氧化硫(液)

湖南湘潭华莹精化有限公司

湖南省湘潭市雨湖区解放南路238号[411100]
电话:(0732)5543208;13973299802
传真:(0732)5543288　职工人数:246 人
网址:www.huayingchem.com
E-mail:xianghuaying_150@vip.163.com
【主要产品】钛铬棕;氧化铬绿;硒硫化镉;孔雀绿;黑色素

湖南信诺颜料科技有限公司

湖南省湘潭县吴家巷工业区丹凤南路[411228]
电话:(0732)7805588
传真:(0732)7805688
经济类型:中外合资经营企业
网址:www.pigmentenamel.com
E-mail:xttshang@hotmail.com
【主要产品】硝酸钠;磷酸三钠;碳酸镉;氧化锰;氟硅酸钠;钼酸钡;三氧化二锑;三氧化二锑(高纯超细);氧化镍;氧化铜;氧化锌;无机颜料;钛白粉

湘潭电化科技股份有限公司

湖南省湘潭市岳塘区河东滴水埠[411131]
电话:(0732)5544098;5544100;5544166
传真:(0732)5542370　经济类型:国有
有进出口权　企业规模:大型
法人代表:周红旗
网址:www.chinaemd.com
E-mail:xtdh@mail.xt.hn.cn;
xtdh@chinaemd.com
【主要产品】二氧化锰

湘潭分子筛化工有限公司

湖南省湘潭市岳塘区长潭路7号[411104]
电话:(0732)8561239;13907324562
传真:(0732)8521436　职工人数:241 人
网址:www.xtfzs.com
E-mail:hnxtfzs@163.com
【主要产品】13X-Cu 分子筛;分子筛,5A型;分子筛,4A 型;13X 分子筛;分子筛,3A 型

湘潭高新区科旺化工有限公司

湖南省湘潭市板塘铺竹埠港[411100]
电话:(0732)3584018
传真:(0732)3584358
网址:www.comate-chem.com
E-mail:market@comate-chem.com
【主要产品】丙二酰脲;5-(2-氯乙基)-6-氯-1,3-二氢吲哚-2-(2H)-酮;3-(1-哌嗪基)-1,2-苯并异噻唑盐酸盐;邻羟基联苯;对甲苯磺酰肼

湘潭高新区林盛化学有限公司

湖南省湘潭市竹埠港[411132]
电话:(0732)3584750;13807327495
传真:(0732)3584750
网址:www.chinachemnet.com/jianshe
E-mail:jianshe@hi2000.com;
chenlin@chemnet.com
【主要产品】新戊醛;环戊基甲酸;邻氟苯基丙酮;间三氟甲基苯基丙酮;炔丙基氯;2,5-二甲氧基苯乙胺;间氯过氧化苯甲酸;丙炔磺酸钠

湘潭市电石厂

湖南省湘潭市岳塘区马家河68号[411133]
电话:(0732)5565255;5565320
法人代表:姜其亮
网　址:www.hylive.com/hunan/hunan12350.html
【主要产品】溶解乙炔

湘潭市冠宇化工实业有限公司

湖南省湘潭市芙蓉大道依科路8号[411101]
电话:(0732)8580058
传真:(0732)8528588
网址:www.guan-yu.com
E-mail:mgr@guan-yu.com;
sell@guan-yu.com
【主要产品】三氧化二锑;无机颜料

湘潭市光华日用化工厂

湖南省湘潭市岳塘区滴水埠[411131]
电话:(0732)5544179;5542435
传真:(0732)5542435　经济类型:集体
职工人数:26 人　法人代表:蔡志雄
【主要产品】高锰酸钠;聚丙烯酰胺

湘潭市开元化学有限公司

湖南省湘潭市竹埠港[411132]
电话:(0732)3584385;13975223580
传真:(0732)3584385　职工人数:90 人
网址:www.kaiyuan-cn.com
E-mail:kaiyuan@hi2000.com;
chenluwu@163.net
【主要产品】2-乙酰氨基噻吩;3-甲基噻吩;2-仲丁基噻唑;2-氨基-4-甲基噻唑;2-甲基-5-甲氧基噻唑;1,3-二噻烷;1,3,5-三噻烷;1,3-二噻烷-2-羧酸;2-氰基-4-硝基苯胺;2-氯-5-氨基苯甲腈;6-氯-1,3-二氢吲哚-2-酮;2-氨基噻唑盐酸盐;3-噻吩丙二酸;2,5-二羟基-1,4-二噻烷;2,5-二甲基-2,5-二羟基-1,4-二噻烷;5-氨基-2-氯三氟甲苯;2-氯苯甲腈;2-氨基-5-硝基噻唑;3-氯苯并异噻唑;2-氯-5-硝基苯腈;3-氨基-5-硝基苯并异噻唑;3-氨基-5-硝基-7-溴苯并异噻唑;3-(1-哌嗪基)-1,2-苯并异噻唑盐酸盐;3-氨基苯并异噻唑;3,5-二硝基-2-氨基噻吩;2-氨基-3-氰基噻吩;2-氨基-3-氰基-4-氯-5-甲酰基噻吩;2-异丁基噻唑;洛美利嗪;拉米夫定;齐拉西酮

湘潭市银河化工有限公司

湖南省湘潭市雨湖区鹤岭镇[411202]
电话:(0732)7120578
传真:(0732)7120579
法人代表:郭建安
【主要产品】甲醛

湘潭市昭山旅游经贸开发区油脂化工厂

湖南省湘潭市岳塘区株易路口

湘

[411103]
电话:(0732)3281778;13607320723
传真:(0732)3686478 职工人数:52 人
固定资产:10,000 千元
供销电话:2553820 产值:50,000 千元
经济类型:股份合作 法人代表:陈玉成
销售收入:50,000 千元
网址:www. hnlipin. com
E-mail:market@ hnlipin. com
【主要产品】硬脂酸;脂肪酸;油酸;植物沥青

湘潭市昭山农药厂

湖南省湘潭市易家湾[411103]
电话:(0732)3281165
经济类型:股份合作
【主要产品】吡虫啉可湿性粉剂;异丙威乳油(20%);异丙威粉剂;速灭威可湿性粉剂(25%);速灭威乳油(20%);噻嗪酮可湿性粉剂;高效氯氟氰菊酯乳油;噻·异可湿性粉剂;噻·异乳油

湘潭市至诚涂料有限公司

湖南省湘潭市羊牯塘陈家湾 74 号[411100]
电话:(0732)2380383
传真:(0732)2862632
网址:www. zition. cn
E-mail:zition@ zition. cn
【主要产品】各色聚酯环氧型粉末涂料;各色环氧聚酯型美术系列热固性粉末涂料;耐高温强防腐粉末涂料;聚酯粉末涂料;各色纯聚酯型美术系列粉末涂料;无光型热固性环氧粉末涂料;超薄型粉末涂料

湘潭县三虎颜料厂

湖南省湘潭县易俗镇玉兰北路[411228]
电话:(0732)7881177;7883510;13607323548
传真:(0732)7881530
经济类型:股份有限公司
【主要产品】硒硫化镉;硫化镉

衡阳市

常宁市湘江化工厂

湖南省常宁市柏坊镇惠丰工业区[421521]
电话:(0734)7611367
传真:(0734)7611367 职工人数:182 人
供销传真:7514122 法人代表:刘云辉
经济类型:股份合作
网址:www. xiangjiangchem. com
E-mail:sales@ xiangjiangchem. com
【主要产品】硫酸锌;硫酸锌(一水);乳酸锌;乳酸锰;氧化锌(食用级)

衡阳美仑颜料化工有限公司

湖南省衡东县大浦镇交通街 38 号[421421]
电话:(0734)5375387;5375398;13907471578
传真:(0734)5375398 有进出口权
供销电话:5375387;13907471692
供销传真:5375387 职工人数:500 人
经济类型:股份合作 法人代表:胡建衡
网址:www. chinameilundye. com
E-mail:hjh@ hi2000. com; hymlylgs@ 263. net
【主要产品】立德粉

衡阳市邦友化工科技有限公司

湖南省衡阳市雁峰区车铜路 59 号[421002]
电话:(0734)8479178;8479172
传真:(0734)8479171 有进出口权
经济类型:股份有限公司
法人代表:刘志鸿
网址:www. topchem. com
E-mail:sales@ topchem. com
【主要产品】氟氢酸;氟硼酸;氟硼酸钾;氟硅酸钾;氟铝酸钾;锆氟酸钾;氟锆酸铵;氟钛酸钾;氟钛酸铵;氟钛酸

衡阳市晨晖化工有限责任公司

湖南省衡阳市城南区黄茶路 70 号[421008]
电话:(0734)8411313
传真:(0734)8423783
经济类型:有限责任公司
网址:www. xn-chem. com; kang@ xn-chem . com
E-mail:business@ xn-chem. com
【主要产品】醋酸锌;中温变换催化剂;宽温耐硫变换催化剂;硫酸生产用钒催化剂;联醇催化剂 C207 型

衡阳市湖东化工厂

湖南省衡阳市珠晖区湖东寺[421002]
电话:(0734)8347702;8331547;8351159
传真:(0734)8351159 有进出口权
固定资产:20,000 千元
经济类型:有限责任公司
法人代表:朱诗涤
网址:www. chinaguanqiu. com
E-mail:guanqiu@ hi2000. com
【主要产品】磁铁矿;锌焙砂;硫酸;氧化锌

衡阳市化工研究所

湖南省衡阳市蒸湘区南三角线 131 号[421008]
电话:(0734)8431841;8430143
传真:(0734)8430143 经济类型:国有
法人代表:宋海平
网址:www. chemacademe. com
E-mail:huagongyanjiusuo@ sina. com
【主要产品】乙酰柠檬酸三丁酯;高温变换催化剂;高温变换催化剂 B113;耐硫一氧化碳变换催化剂

衡阳市化工原料公司

湖南省衡阳市中山南路 3 号[421001]
电话:(0734)8224027
传真:(0734)8233789 职工人数:200 人
网址:www. hnhg. com. cn
E-mail:yangzhsh@ hnhg. com. cn
【主要产品】硫化钡;硫酸钡;硫酸钠(十水);氧化锌;皮革加脂剂;丙烯酸树脂皮革涂饰剂;聚氨酯皮革涂饰剂

衡阳市化学试剂厂

湖南省衡阳市珠晖区象山村 118 号[421002]
电话:(0734)8313141
经济类型:集体 法人代表:黄基廉
网址:www. hylive. com/hunan/hunan09501. html
【主要产品】氢氧化铵;盐酸;硝酸;硫酸;磷酸

衡阳市建辰锰业有限公司

湖南省衡阳市演武路 23 号 2102 室[421001]
电话:(0734)8295818;8197706;8297031
传真:(0734)8199980 有进出口权
供销电话:8199879;8297043
经济类型:有限责任公司
法人代表:刘建辰
网址:www. jianchen-chem. com
E-mail:sales@ jianchen-chem. com
【主要产品】硝酸锰;碳酸锰;电解二氧化锰

衡阳市金化科技有限公司

湖南省衡阳市高新技术产业开发区长丰大道 15 号[421001]
电话:(0734)8856558;8856368;8855268
传真:(0734)8852623
职工人数:100 人
固定资产:30,000 千元 法人代表:彭琪
网址:www. hyjhsy. com
E-mail:hyjhsy@ hyly. com
【主要产品】洗涤剂(工业);防锈切削油;磷化液;常温锌系磷化液;中温磷化剂;金属润滑剂;拔丝润滑剂;石墨润滑剂

衡阳市锦轩化工有限公司

湖南省衡阳市松木工业园[410001]
电话:(0734)8530939;13973465378
传真:(0734)8530939
法人代表:皮忠新
网址:www. jxadc. com
E-mail:lxp@ jxadc. com
【主要产品】氟化钠;偶氮二甲酰胺;白炭黑

衡阳市五化实业有限责任公司

湖南省衡阳市城北区七里井路 23-1 号[421005]
电话:(0734)8511142
供销电话:8511079 职工人数:82 人
经济类型:有限责任公司
法人代表:李小明
网址:www. hylive. com/hunan/hunan04762. html
【主要产品】一氧化铅;红丹

湘

衡阳市五橡胶厂
湖南省衡阳市珠晖区湖北路 120 号[421002]
电话:(0734)8332224;8332607
传真:(0734)8332607　经济类型:集体
法人代表:陈佩波
网址:www. hy0734. com/qj/A021/A017/xj5. htm
【主要产品】耐油胶管;橡胶杂品;普通橡胶板;止水带

衡阳市裕华化工实业有限公司
湖南省衡阳市珠晖区金甲岭[421001]
电话:(0734)8262819;6576662
传真:(0734)8306000
供销电话:8306009;8306010
经济类型:私营企业　法人代表:刘常松
网址:www. hyyhhg. com
E-mail:yuhua@ hyyhhg. com
【主要产品】工业盐;氯化铵;食用小苏打

衡阳市重晶石矿
湖南省衡南县谭子山镇[421107]
电话:(0734)8792515
经济类型:国有　职工人数:1,000 人
【主要产品】重晶石;硫酸钡;立德粉

衡阳天友化工有限公司
湖南省衡阳市三号信箱[421004]
电话:(0734)8356004;8361312;8356607
传真:(0734)8356448　经济类型:国有
供销传真:8356904　企业规模:大型
职工人数:4,000 人　法人代表:甘永清
网址:www. tianyouchem. com
E-mail:sales@ xinhuahuagong. com
【主要产品】硫酸亚铁;钼酸铵;钛白粉;中性蛋白酶;聚合硫酸铁

衡阳万峰化工有限公司
湖南省衡南县三塘镇[421001]
电话:(0734)8159988
传真:(0734)8124488　有进出口权
供销电话:8154488;13907342328
供销传真:8869815　职工人数:600 人
经济类型:中外合资经营企业
法人代表:谢卫峰
网址:www. wf-chem. com
E-mail:wf@ wf-chem. com
【主要产品】碳酸钡;碳酸锶;二氧化硫脲;硫脲

湖南衡山岳北天然香料油有限公司
湖南省衡山县开北路铁家街 4 号[421300]
电话:(0734)5828522;13875660951
传真:(0734)5828523
网址:www. hsyboil. com
E-mail:sales@ hsyboil. com
【主要产品】薄荷脑;莪术油;冬青油;艾叶油;紫苏叶油;荆芥油;陈皮油;当归油;生姜油;沙棘油;青蒿油;牡荆油;橄榄油;槲皮素;白樟油;柠檬油;薄荷素油;茴香油;桉叶油;蓖麻油

湖南省衡阳市国茂化工有限公司
湖南省衡南县谭子山镇莲塘村[421107]
电话:(0734)8294889
传真:(0734)8297069
网址:www. guomaochem. com
E-mail:rxzhao3@ hotmail. com
【主要产品】三氧化二砷

湖南天宇农药化工集团股份有限公司
湖南省衡阳市湘江南路 83 号[421001]
电话:(0734)8293803;8202592;8249647
传真:(0734)8202592　有进出口权
供销电话:8200288;8200388
供销传真:8260705
企业规模:大型
经济类型:股份有限公司
法人代表:唐臻中
网址:www. hy0734. com/qj/A021/A07/hj1. htm
E-mail:typgs@ mail. hy. hn. cn
【主要产品】甲胺磷;三唑磷;嘧啶磷;敌敌畏;稻瘟灵;多效唑可湿性粉剂;甲·异稻乳油;15% 高氯·唑磷乳油;仲·唑磷乳油;井冈霉素

清华紫光古汉生物制药股份有限公司
湖南省衡阳市先锋路 54 号[421001]
电话:(0734)8239332;8246918
传真:(0734)8239332　有进出口权
经济类型:股份有限公司
职工人数:1,690 人
网址:www. guhan. com
E-mail:markets@ guhan. com
【主要产品】甘油磷酸钠

邵阳市

湖南华诚制药有限公司
湖南省邵阳市双清区塔北路 26 号[422001]
电话:(0739)5195669;2352519;13973920856
传真:(0739)5195979　职工人数:88 人
网址:www. huachengpharm. com
E-mail:sales@ huachengpharm. com
【主要产品】2,3-二氯-5,6-二氰基-1,4-苯醌;磺苄西林钠;吗啉胍;非那甾胺;青蒿素;双氢青蒿素;青蒿琥酯;环丙氯地孕酮;康力龙;康复龙;美雄酮;苯丙酸诺龙;硝苯地平;布地奈德

湖南省星月颜料有限责任公司
湖南省邵东县金玉亭[422808]
电话:(0739)2621730
传真:(0739)2617006　有进出口权
经济类型:有限责任公司
职工人数:260 人　法人代表:肖聪吾
网址:www. sdchrome. com
E-mail:sales@ sdchrome. com
【主要产品】氟铝酸钠;一氧化铅;中铬黄;红丹

湖南中南制药有限责任公司
湖南省邵阳市双清区龙须塘[422001]
电话:(0739)2312358;13337295699
传真:(0739)5270030　经济类型:国有
有进出口权
网址:www. hn-zhongnan. com
【主要产品】邻甲氧基苯甲酸;5-氨基-4-甲酰胺咪唑;阿卡盐酸盐;阿卡重氮盐;乙酰水杨酸;匹格列酮盐酸盐;五氟利多;奥拉米特;去羟肌苷

邵阳三化有限责任公司
湖南省邵阳市江北乡槐树塘[422001]
电话:(0739)5223008;5620340
传真:(0739)5620340　有进出口权
经济类型:有限责任公司
职工人数:270 人　法人代表:黄福成
E-mail:hhlx@ mail. sy. hn. cn
【主要产品】聚丙烯打包带;乳化炸药

邵阳市大圳发达实业有限公司
湖南省武冈市马冲镇谢家岭[422412]
电话:(0739)4561467;4300467
经济类型:股份合作　职工人数:66 人
法人代表:黄民慕
网址:www. hylive. com/hunan/hunan07160. html
【主要产品】氯酸钾

邵阳市海纳兴业化工有限公司
湖南省邵阳市田家湾 188 号[422001]
电话:(0739)5274721;13786927688
传真:(0739)5271256　职工人数:238 人
法人代表:申福平
网址:syhn. bip. und. cn
【主要产品】硫酸;过磷酸钙;缓释复合肥

邵阳市佑华净水材料有限公司
湖南省邵阳市塔北东路 26 号[422001]
电话:(0739)5195539;5195529
传真:(0739)5195539
职工人数:125 人
网址:www. youhuaspfs. com
E-mail:sells@ youhuaspfs. com
【主要产品】硫酸铁;聚合硫酸铁

绥宁县化工厂
湖南省绥宁县长铺镇长征路 397 号[422600]

电话:(0739)7611229;7611230
传真:(0739)7611329　经济类型:集体
职工人数:244 人　法人代表:贺哲鹏
网址:www. hylive. com/hunan/hunan05547. html
【主要产品】甲醛

岳阳市

湖南长进石油化工有限公司

湖南省岳阳市八字门经济技术开发区[414000]
电话:(0730)8723282;13017208110
传真:(0730)8723282
网址:www. hunancj. com
E-mail:cjlj888@ sina. com. cn
【主要产品】丙纶无纺布

湖南洞庭柠檬酸化学有限公司

湖南省岳阳市湘阴县县城[414600]
电话:(0730)2151528;13974023765
传真:(0730)2152628　有进出口权
经济类型:有限责任公司
职工人数:260 人　法人代表:黄果成
网址:www. chinacitrate. com
E-mail:longguoqi@ vip. sina. com
【主要产品】柠檬酸钠;柠檬酸钙;柠檬酸;柠檬酸钾;柠檬酸铵

湖南汇博化工科技有限公司

湖南省岳阳市巴陵中路火炬创业中心五楼[414000]
电话:(0730)8284309;8284321
传真:(0730)8284329
供销电话:8284632
网址:www. phoebus. com. cn
E-mail:sell@ phoebus. com. cn
【主要产品】弹性涂料乳液;建筑涂料专用乳液;腻子;弹性涂料;内墙封闭底漆;高耐候性硅丙户外漆;硅丙外墙涂料;高级硅丙外墙中涂漆;高级硅丙外墙漆;高级硅丙内墙漆;丙烯酸外墙涂料;高级环保内墙漆;高级丝光内墙乳胶漆;高级内墙乳胶漆;超耐候氟碳涂料;溶剂型氟碳金属外墙漆;外墙面漆;超级防污渍内墙漆;外墙抗碱底漆;溶剂型外墙漆;除菌内墙漆

湖南省白银新材料有限公司

湖南省岳阳市经济技术开发区通海路[414000]
电话:(0730)8711099;8265333
传真:(0730)8711702　职工人数:156 人
固定资产:8,520 千元
法人代表:王成明
网址:www. hnbyhg. com
E-mail:hnbyhg@ 0730. net. cn
【主要产品】高耐候性硅丙户外漆;丝光型墙面漆;三合一型豪华墙漆王;外墙防污、防水、防风化涂料;外墙专用腻子;高效减水剂 FDN;混凝土缓凝高效减水剂;混凝土早强减水剂;混凝土复合早强剂;补漏王;砂浆防潮防水剂;混凝土高效复合抗裂防水剂;混凝土复合防冻早强剂;水下不分散混凝土絮凝剂

湖南省岳阳市青山油剂有限公司

湖南省岳阳市云溪区文桥镇[414012]
电话:(0730)8461088;8461855;13973018338
传真:(0730)8461088
供销电话:8461088;13973018338
经济类型:国有　法人代表:杨光明
网址:www. yyqsyj. com
E-mail:yyqsyj@ 163. com
【主要产品】环烷酸;絮凝剂;石油破乳剂;磺化酞菁钴;润滑油

湖南省岳阳市云溪区道仁矾溶剂化工厂

湖南省岳阳市云溪区道仁矶镇基隆化工园区[414009]
电话:(0730)8429159;13975079165
传真:(0730)8429158　职工人数:38 人
法人代表:闾长清
网址:www. chinachemnet. com/drj
E-mail:lzj159@ hi2000. com
【主要产品】1,3-二氯丙烯;3-氯丙烯;1,2-二氯丙烷

湖南岳阳三湘化工有限公司

湖南省岳阳市七里山社区[414003]
电话:(0730)8552068;8552098;8551358
传真:(0730)8552068　职工人数:150 人
供销电话:4734496
供销传真:4727070
网址:www. sanxiangchem. com
E-mail:zhy@ sanxiangchem. com
【主要产品】亚硫酸钠;焦亚硫酸钠;碳酸锰

岳阳昌德化工实业有限公司

湖南省岳阳市巴陵分公司[414000]
电话:(0730)8503624
传真:(0730)8503630;8503615
供销电话:8503615;8503616
经济类型:与港澳台商合资经营
网址:www. changdechem. com
E-mail:changdechem@ 0730. net. cn
【主要产品】邻氯环己醇;1,2-环己二醇;1-戊醇;环己二醇二缩水甘油醚;丙烯酸羟基环己酯;环氧环己烷;醇酮树脂;无苯溶剂;选矿起泡剂

岳阳高新技术产业开发区三生化工有限公司

湖南省岳阳市通海路[414000]
电话:(0730)8452444;8451440
传真:(0730)8478962
网址:www. sciensun. com
E-mail:yangly@ sciensun. com
【主要产品】聚丙烯涂覆料;馏分油加氢精制催化剂;蒽醌加氢催化剂;脱氯剂;金属钝化剂;汽油脱硫醇催化剂;油浆阻垢剂

岳阳磊鑫化工有限公司

湖南省岳阳市太阳桥建材大市场 B 幢098 号[414000]
电话:(0730)3259599;3259598;13327200308
职工人数:20 人
网址:www. leixinchem. com
E-mail:sales@ leixinchem. com
【主要产品】2,3-二氯丙烯;1,2,3-三氯丙烷;1,2-二氯丙烷

岳阳市宝庆化工有限公司

湖南省岳阳市北站路 1 号[414001]
电话:(0730)3239888;3238588;8511283
传真:(0730)3238218　有进出口权
供销电话:8512615;13908405843
法人代表:李克军
网址:www. baoqingchem. com
E-mail:baoqingchem@ 0730. net. cn
【主要产品】硫酸铵

岳阳市云溪区湘达化工厂

湖南省岳阳市云溪区云溪镇洗马路 2 号[414009]
电话:(0730)8418379; 8413886;13975078106
固定资产:5,800 千元　职工人数:26 人
网址:xiangda. chemnet. com
E-mail:xiangda@ chemnet. com
【主要产品】1,3-二氯丙烯;1,2,3-三氯丙烷;1,2-二氯乙烷;1,3-二氯丙烷;1,2-二氯丙烷

岳阳鑫达实业有限公司

湖南省岳阳市云溪区岳化大道东路[414014]
电话:(0730)8499305;8490720
传真:(0730)8481449
【主要产品】氯化锂(结晶);胶黏剂;防老剂 TNP

岳阳兴长石化股份有限公司

湖南省岳阳市金鄂中路康特大厦 9~12 层[414012]
电话:(0730)8452598;8843630
传真:(0730)8439028;8844078
供销电话:8452789;8452611
经济类型:股份有限公司　有进出口权
企业规模:大型　职工人数:800 人
网址:www. yyxc0819. com
E-mail:gxbu@ clpec. com. cn
【主要产品】氢气;丙烯;丙烷;甲醇;甲基叔丁基醚;石油液化气;聚丙烯(粉状);塑料编织袋

中国石化长岭炼油化工有限责任公司

湖南省岳阳市云溪区路口镇[414012]
电话:(0730)8451129;8452027;8451001
传真:(0730)8451184;8451010

湘

供销传真:8451184;8451824
经济类型:有限责任公司
企业规模:大型
网址:www. clpec. com. cn
E-mail:wf@ clpec. com. cn
【主要产品】2-丁烯;丙烯;丙烷;二甲苯;甲醇(精);甲醇;石油苯;石油甲苯;甲基叔丁基醚;原油;石脑油;无铅汽油;轻柴油;煤油;合成树脂;聚丙烯;塑料编织袋;聚丙烯制品;催化剂;炼油催化剂;催化裂化催化剂;催化重整催化剂;加氢精制催化剂;连续重整催化剂;6 号抽提溶剂油;吸附剂;一氧化碳助燃剂;溶剂油(橡胶工业用);燃料油

常德市

常德恒通石化助剂有限公司

湖南省常德市德山经济开发区海德路北段 1 号[415001]
电话:(0736)7341668;7314669;7341006
网址:www. chinahtsh. com
E-mail:htsh@ chinahtsh. com
【主要产品】盐酸;次氯酸钠(液体);氯化氢;白油;氯化石蜡-42;氯化石蜡-52

常德天盛电化有限公司

湖南省津市市大同路 10 号[415400]
电话:(0736)4200771;4200755;13875152965
传真:(0736)4200772;4200755
网址:www. wzdianhua. com
E-mail:sales@ wzdianhua. com
【主要产品】盐酸;烧碱;三氯化铝(六水);次氯酸钠(液体);漂白粉;氯气(液)

常德云港生物科技有限公司

湖南省常德市桥南工业园[415101]
电话:(0736)7391178;7382308
传真:(0736)7382308
网址:www. cdyg. com
E-mail:yungang@ hi2000. com
【主要产品】胆酸;去氢胆酸;去氧胆酸;去氧胆酸钠;熊去氧胆酸;猪去氧胆酸;鹅脱氧胆酸;牛胆粉;猪胆粉

湖南阿斯达生化科技有限公司

湖南省津市市工业新区龙岗路 008 号[415400]
电话:(0736)4215018;13907369780
网址:www. astarchem. com
E-mail:sales@ astarchem. com
【主要产品】1,8-辛二醇;1,9-壬二醇;9-溴-1-壬醇;1,10-癸二醇;甲基二磺酸;甲基二磺酸钠;甲基二磺酸钾

湖南洞庭药业股份有限公司

湖南省常德市德山区东沿路 16 号[415001]
电话:(0736)7312155;7317686;7312168
传真:(0736)7313818　有进出口权
供销电话:7312168;7316383
经济类型:股份有限公司
职工人数:800 人
网址:www. dtpharm. com
E-mail:dyxgd@ mail. cd. hd. cn
【主要产品】尼群地平;噻硫平富马酸盐;盐酸阿米替林;盐酸氯米帕明;盐酸硫利达嗪;劳拉西泮;格隆溴铵;氨甲苯酸;氨甲环酸

湖南汉寿县特种涂料厂

湖南省汉寿县城南岳路[415914]
电话:(0736)2851143;2862898;13973635568
传真:(0736)2862898
法人代表:梁文华
网址:www. wenmeipaint. com
E-mail:lzm@ wenmeipaint. com;lwh@ wenmeipaint. com
【主要产品】汽车漆;木器家具漆;防火涂料;建筑涂料;丙烯酸桔纹漆;氟碳漆;耐高温涂料;防水涂料;防静电涂料;船舶涂料;锤纹漆;美术漆;导电涂料;地坪涂料;防腐涂料;高性能电磁屏蔽涂料

湖南金帛化纤有限公司

湖南省常德市德山经济开发区德山南路 27 号[415004]
电话:(0736)7305216;7305121
传真:(0736)7305241;7305268
经济类型:国有　有进出口权
网址:www. cdpa6. com
E-mail:dyb88@ hotmail. com
【主要产品】尼龙 6 切片;锦纶 6 预取向长丝;尼龙-6 长丝;锦纶-6 弹力丝

湖南省汉寿县涂料化学有限公司

湖南省汉寿县东正街[415900]
电话:(0736)2862607;13077278920
传真:(0736)2866990
网址:www. swcoat. com
E-mail:hscoat@ 163. com
【主要产品】高级内墙水性漆;各色水性工业漆;水溶性涂料;水性木器漆

湖南省津市鸿鹰祥生物工程有限公司

湖南省津市北大东路 362 号[415400]
电话:(0736)4238378;4227368
传真:(0736)4227368　职工人数:120 人
经济类型:有限责任公司
法人代表:李湘澧
网址:www. hyxbio. com
E-mail:hyx@ hyxbio. com
【主要产品】酶制剂

澧县博远实业有限责任公司

湖南省澧县火连坡镇湘化街[415508]
电话:(0736)3766026;13508461498
传真:(0736)3766029　职工人数:80 人
固定资产:7,000 千元
E-mail:ranjy398@ sohu. com
【主要产品】硫酸钡;超细硫酸钡

澧县金源化工有限责任公司

湖南省常德市澧县澧南乡乔家河南岸[415512]
电话:(0736)3325518
供销电话:3234248　职工人数:256 人
经济类型:有限责任公司
【主要产品】碳酸氢铵

石门天赐信邦矿业有限公司

湖南省常德市石门县周家河(宝峰桥头)[415300]
电话:(0736)5165558;5165688
传真:(0736)5165558
经济类型:私营企业
网址:www. smtcxb. com
E-mail:smtcxb@ 163. com
【主要产品】磷矿石;磷酸一铵(工业级)

张家界市

湖南省张家界市贸源化工有限公司

湖南省张家界市永定区鹭鸶湾渡口[427000]
电话:(0744)8320659
传真:(0744)8320910　有进出口权
经济类型:私营企业　职工人数:170 人
网址:www. mychem. com. cn
E-mail:zjjmyhg@ 163. net
【主要产品】没食子酸;没食子酸(无水);3,4,5-三甲氧基苯甲酸;单宁酸;邻苯三酚;3,4,5-三甲氧基苯甲醛;3,4,5-三甲氧基苯甲酸甲酯;没食子酸丙酯;没食子酸乙酯;没食子酸辛酯;没食子酸十二酯;没食子酸十八酯

张家界化肥总厂

湖南省张家界市永定区邢家巷[427000]
电话:(0744)8222918;8222337
法人代表:龚朝明
【主要产品】钙镁磷肥;过磷酸钙;复合肥

益阳市

湖南虎山锑锌制品有限公司

湖南省桃江县桃花江镇桃花东路 102 号[413400]
电话:(0737)8824117;8880328;8822617
传真:(0737)8828018
经济类型:股份合作　法人代表:胡南秋
网址:www. sb-zn. com
E-mail:sb-zn@ sb-zn. com
【主要产品】硫化锑;二氧化锰;三氧化二锑;三氧化二锑(高纯超细);氧化锌;锑

湖南省安化华宇锑业有限公司

湖南省安化县马路镇[413506]

电话:(0737)7772451
传真:(0737)7772797
网址:www.huayu-sb.com
E-mail:ah@huayu-sb.com
【主要产品】三氧化二锑;三氧化二锑(高纯超细);锑;复合玻璃澄清剂

湖南省安化乳酸厂

湖南省安化县龙塘镇[413503]
电话:(0737)7311217;13973686375
传真:(0737)7311117 经济类型:国有
固定资产:18,000千元
供销电话:7311217;13875386361
网址:www.hnahrs.com
E-mail:sales@hnahrs.com
【主要产品】乳酸;乳酸钠;乳酸乙酯;乳酸锌;乳酸亚铁

湖南省安化县渣滓溪锑矿

湖南省安化县奎溪镇[413507]
电话:(0737)7741150;13973752156
传真:(0737)7741151
供销电话:7741151 法人代表:蒋利人
网址:www.huafengsb.com
E-mail:sales@huafengsb.com
【主要产品】三氧化二锑;锑

湖南省桃江县板溪锑矿

湖南省桃江县桃花江镇[413400]
电话:(0737)8480001;13807378579
传真:(0737)8480001;8480002
供销电话:8202357 经济类型:国有
有进出口权 法人代表:陈健宙
网址:www.thjgy.com/bxtk.htm
E-mail:jiutong@hi2000.com
【主要产品】硫化锑;三氯化锑;焦锑酸钠;偏锑酸钠;三氧化二锑;活性氧化锑;五氧化二锑(胶体);锑;醋酸锑;三氧化二锑阻燃母粒;阻燃剂AP;阻燃剂YT;有机锑醇

湖南省桃江县雄丰锑业有限公司

湖南省益阳市桃江县浮邱山乡人形山村[413400]
电话:(0737)8821115;13907378639
传真:(0737)8201211
法人代表:杨其兵
【主要产品】硫化锑;硫酸钡;二氧化锰;三氧化二锑;复合玻璃澄清剂

湖南省益阳市宏大锑业有限责任公司

湖南省益阳市资阳区新桥河镇[413056]
电话:(0737)4626208;4626180;4626018
传真:(0737)4626208
经济类型:有限责任公司
网址:hdti.b2b.hc360.com
【主要产品】三氧化二锑

湖南橡塑密封件厂

湖南省益阳市南县武圣宫建材路40号[413212]
电话:(0737)5811009;5811010
传真:(0737)5811654;5811890
经济类型:集体 有进出口权
法人代表:饶宏科
网址:www.hnbps.com
E-mail:iynxwx@public.iy.hn.cn; hnbps@china.com
【主要产品】橡胶运输带;环型运输带;橡胶三角带;橡胶杂品;骨架油封;汽车橡胶配件;硅橡胶制品;氟橡胶制品;O形密封圈;Y形密封圈;V形密封圈

湖南益阳旭日精细化工有限公司

湖南省益阳市赫山区兰溪路银天工业园[413000]
电话:(0737)4436689;4445998;13907370313
传真:(0737)4436689
网址:www.xurichem.com; hnxuri.ypb.cn
E-mail:service@xurichem.com
【主要产品】丙烯酸树脂乳液;三聚氰胺甲醛树脂;甲醚化氨基树脂;胶黏剂

湖南益阳益威生化试剂有限公司

湖南省益阳市新村路14号[413000]
电话:(0737)4221452;13607370103
传真:(0737)4221452
法人代表:曹国华
E-mail:xushis@sina.com
【主要产品】胆酸;胆甾醇;胆红素;蛋黄卵磷脂;牛胆粉;猪胆粉

益阳市华昌锑业有限公司

湖南省益阳市石壁路63号[413000]
电话:(0737)4260818;3800808
传真:(0737)4260868
网址:www.hcan.com; www.yyhc.cn
E-mail:sb2o3@hcan.com
【主要产品】锑酸钠;三氧化二锑;五氧化二锑(胶体);三氧化二锑阻燃母粒;阻燃剂YT

益阳市通用阻燃材料厂

湖南省益阳市赫山区龙岭工业园凤山路[413000]
电话:(0737)4213690;4213058;13807370788
传真:(0737)4213058
经济类型:有限责任公司
网址:www.ty-sb2o3.com.cn
E-mail:sales@ty-sb2o3.com.cn
【主要产品】锑酸钠;三氧化二锑;三氧化二锑(高纯超细);锑

郴州市

郴州方舟化工有限责任公司

湖南省资兴市鲤鱼江镇[423402]
电话:(0735)3481381
经济类型:有限责任公司
法人代表:章志伟
网址:www.chenzhouchem.com
E-mail:fz@chenzhouchem.com
【主要产品】盐酸;三元含硫复合肥

郴州高鑫铂业有限公司

湖南省郴州市劳动路3号附1号[423000]
电话:(0735)2265155;2272359
传真:(0735)2265155
经济类型:有限责任公司
网址:www.gxby.cn
E-mail:ldc@gxby.cn
【主要产品】钯炭催化剂;炭载含铂加氢催化剂

郴州桥氮化工有限责任公司

湖南省郴州市苏仙区桥口镇亚家山[423042]
电话:(0735)2646372
传真:(0735)2642360
经济类型:有限责任公司
法人代表:鄢建明
网址:www.chenzhouchem.com
E-mail:qd@chenzhouchem.com
【主要产品】甲醇;合成氨;尿素;碳酸氢铵

郴州天成化工有限责任公司

湖南省郴州市工业大道60号[423000]
电话:(0735)2832713
传真:(0735)2831841 经济类型:国有
供销电话:2834668;2831033
法人代表:林和平
网址:www.chenzhouchem.com
E-mail:tc@chenzhouchem.com
【主要产品】硫酸;氟硅酸钠;过磷酸钙;混配复合肥料

郴州旭辉工业气体有限公司

湖南省郴州市经济技术开发区旭辉路[423000]
电话:(0735)2321132
供销电话:2224864 法人代表:刘旭东
经济类型:中外合资经营企业
网址:www.hylive.com/hunan/hunan12351.html
【主要产品】氧气;氧气(医用);氮气;乙炔

桂东高氯酸钾厂

湖南省桂东县城关镇[423500]
电话:(0735)8641833
传真:(0735)8641898 经济类型:集体
固定资产:6,000千元 有进出口权
供销电话:8641833;13707352377
网址:www.j-shine.com
E-mail:hk.111@163.com
【主要产品】高氯酸;高氯酸钾;高氯酸铵;氯酸钠;氯酸钾;氯酸钡;高氯酸钡

湘

湖南郴州浩伦生化助剂有限公司

湖南省郴州市苏仙区白露塘镇香山坪[423038]
电话:(0735)2489998;13907352739
传真:(0735)2489988　职工人数:163 人
经济类型:私营企业
网址:www.haolun.com
E-mail:haolun@haolun.com
【主要产品】无毒亚磷酸酯;聚氯乙烯热稳定剂;PVC 润滑剂

湖南郴州化工集团有限公司

湖南省郴州市国庆北路 47 号[423000]
电话:(0735)2268558
传真:(0735)2269048　经济类型:国有
供销电话:2834668;2832058
有进出口权
企业规模:大型
职工人数:512 人
法人代表:孙建湘
网址:www.chenzhouchem.com
E-mail:ch@chenzhouchem.com
【主要产品】盐酸;硫酸;发烟硫酸;氟硅酸钠;铁粉;甲醇;合成氨;尿素;碳酸氢铵;过磷酸钙;氮磷钾三元复混肥;三元含硫复合肥;烟草专用复合肥料;小复合肥;果树专用肥;香蕉专用肥;小麦专用肥

湖南绿洲化肥有限公司

湖南省郴州市工业大道 60 号[423000]
电话:(0735)2832965
传真:(0735)2832965
经济类型:中外合资经营企业
网址:www.chenzhouchem.com
E-mail:lz@chenzhouchem.com
【主要产品】盐酸;三元含硫复合肥

湖南省郴州市湘晨高科实业有限公司

湖南省郴州市开发区万华大道[423000]
电话:(0735)2184856;2184872;2184877
传真:(0735)2184772　有进出口权
法人代表:谢成湘
网址:www.xcmetal.com.cn
E-mail:xcx4277@163.net
【主要产品】氯化钯;银;银粉;氧化铂;三(三苯基膦)氯化铑;钯炭催化剂

永州市

湖南诺伊尔生物制药有限公司

湖南省新田县龙泉大道 1168 号[425700]
电话:(0746)4783666;4781888
传真:(0746)4781888　职工人数:200 人
网址:www.hunroyaer.ccoo.cn
E-mail:hunanroyaer@163.com
【主要产品】烟碱;苦参碱;烟酸;紫杉醇;喜树碱;硫酸阿托品;苦参素;连翘提取物;颠茄浸膏

湖南省永州市化学工业集团公司

湖南省永州市芝山区桃江路 55 号[425006]
电话:(0746)6389870
传真:(0746)6225424　经济类型:国有
供销电话:6225191;6389863
法人代表:谭家斌
网址:www.hylive.com/hunan/hunan04734.html
【主要产品】氧化锌;甲醛;合成氨;碳酸氢铵;硫酸钾(农用);塑料编织袋

祁阳欣荣冶炼化工有限责任公司

湖南省永州市祁阳县浯溪镇天马路 6 号[426100]
电话:(0746)3271958;3217339
传真:(0746)3251638
经济类型:有限责任公司
网址:www.metal-e.com/info.asp?id=8669
【主要产品】锰硅合金;氧化铁红;氧化铁黄;氧化铁黑

永州市冷水滩中大冶炼有限责任公司

湖南省永州市冷水滩区黄阳司镇[425000]
电话:(0746)8513936
传真:(0746)8514378　职工人数:500 人
经济类型:有限责任公司
网址:www.yzzdyl.com
E-mail:yzxgq@163.com
【主要产品】氧化锌;铅;锰硅合金

怀化市

湖南怀化双溪煤矿

湖南省怀化市双溪镇[418102]
电话:(0745)7731698;7731608
传真:(0745)7731618　有进出口权
职工人数:1,000 人
【主要产品】五氧化二钒

湖南省洪江市昌和化工有限责任公司

湖南省怀化市洪江区创业路 19 号[418200]
电话:(0745)7623265;13707459805
传真:(0745)7625988　经济类型:国有
供销传真:7626988　法人代表:张昌文
网址:www.hjchhg.com
E-mail:hjchhhg@x263.net
【主要产品】植物甾醇;脂肪酸甲酯;三氯化苄;二苯甲酮;维生素 E;青蒿素;紫外线吸收剂 UV-9;紫外线吸收剂 UV-327;紫外线吸收剂 UV-531;紫外线吸收剂 UV-P;紫外线吸收剂 UV-0;UI802;二苯基(2,4,6-三甲基苯甲酰)氧化膦;光引发剂 ITX;紫外光引发剂 907;光引发剂 DETX

湖南省湘维有限公司

湖南省溆浦县大江口镇[419323]
电话:(0745)3587198
传真:(0745)3587722;3587720
经济类型:国有　有进出口权
企业规模:大型　法人代表:蒋征球
网址:www.china-pva.com
E-mail:hnxw@china-pva.com
【主要产品】电石;聚乙烯醇缩丁醛树脂;聚乙烯醇;维尼纶短纤维;高强高模聚乙烯醇纤维;无纺布;胶黏剂;聚醋酸乙烯乳液胶黏剂;普通硅酸盐水泥

湖南省新晃县化学总厂

湖南省新晃县波州镇红岩村[419202]
电话:(0745)6421288
传真:(0745)6421688
供销电话:6421348　法人代表:曾惠明
网址:www.hylive.com/hunan/hunan07845.html
【主要产品】溴·敌乳油;阿维·哒乳油

湖南省中方县宏旺化工有限公司

湖南省怀化市泸阳镇[418003]
电话:(0745)2886018;13973088920
传真:(0745)2883618
网址:www.hwchem.com
E-mail:tbd@hwchem.com
【主要产品】磷酸;磷酸三钠;磷酸三钠(无水);磷酸氢二钾;磷酸二铵(工业级);磷酸一铵(工业级);食用磷酸;除铅剂

芷江磷化有限责任公司

湖南省芷江县西站路 134 号[419100]
电话:(0745)6852811
E-mail:lzq327@126.com
【主要产品】混配复合肥料

娄底市

湖南金大乘化轻集团有限公司

湖南省娄底地区冷水江市禾青镇[417506]
电话:(0738)5661395;5661964
传真:(0738)5660474　有进出口权
经济类型:有限责任公司
职工人数:1,000 人　法人代表:潘凤姣
网址:www.chinachemnet.com/jindacheng/indexc.h
E-mail:jindc@163.net
【主要产品】硫酸;氧化锌;内墙涂料;外墙涂料;水性抗碱底漆;钢化涂料

湖南省娄底化工总厂试剂分厂

湖南省娄底市石井乡斗光村[417009]
电话:(0738)7180108;13907388384
传真:(0738)7180108

湘

网址:ldhgsj.chemnet.com
E-mail:wjh8384@163.com
【主要产品】磺基水杨酸钠;玫瑰红酸钠;靛蓝二磺酸钠;二苯胺磺酸钠;间硝基苯胺;羟胺,盐酸盐;对硝基苯酚;磺基水杨酸;邻氨基苯甲酸;对甲苯磺酸;盐酸肼;硫代氨基脲

湖南省湘中地质实验研究所

湖南省娄底市长青中街四号[417000]
电话:(0738)8228483
传真:(0738)8228483
经济类型:国有
固定资产:4,500 千元 产值:8,000 千元
供销电话:13762830186
销售收入:8,500 千元
职工人数:55 人
法人代表:申志刚
【主要产品】磺基水杨酸钠;二苯胺磺酸钠;乙酸钴;十六烷基三甲基溴化铵;二乙基二硫代氨基甲酸银;乙二胺四乙酸二钠镁盐;二苯胺;羟胺,盐酸盐;氯胺 T;对硝基苯酚;磺基水杨酸;*N*-苯基邻氨基苯甲酸;磷钨酸;氨基磺酸;对氨基苯磺酸,无水;盐酸肼;硫酸肼;硫代氨基脲;缩二脲;镍试剂

湖南湘渝化工有限责任公司

湖南省新化县上梅镇层半村[417600]
电话:(0738)3550198
传真:(0738)3550288
职工人数:70 人
供销电话:3550288
经济类型:有限责任公司
网 址: www.kuayuechina.com/xiangyu/xiangyu.htm
E-mail:market@kuayuechina.com
【主要产品】1-羟基蒽醌;1,5-二氯蒽醌;1,8-二氯蒽醌;1,4,5,8-四氯蒽醌;1-氨基-5-氯蒽醌;1-甲氨基蒽醌;1-异丙氨基蒽醌;1-异丙氨基-4-溴蒽醌;α-氯蒽醌;1-环已氨基蒽醌;1-环已氨基-4-溴蒽醌;1-甲氨基-4-溴蒽醌;蒽醌-1,5-二磺酸二钠;蒽醌-1,8-二磺酸二钾;蒽醌-1-磺酸钠;蒽醌-2-磺酸钠;蒽醌-1-磺酸铵;1-硝基蒽醌-5-磺酸铵;1-氨基-5-蒽醌磺酸铵;蒽醌-1-磺酸钾;1-氨基-4-羟基蒽醌

锡矿山闪星锑业有限责任公司

湖南省冷水江市[417500]
电话:(0738)5811143
传真:(0738)5811144
经济类型:有限责任公司
企业规模:大型
网址:www.hksts.com
E-mail:ldljhma@mail.ld.hn.cn
【主要产品】盐酸;硫酸;烧碱(液体);硫化锑;硫酸锌(一水);锑酸钠;偏锑酸钠;三氧化二锑;五氧化二锑;锌锭;锑;氯气(液)

新化县诺威化工有限公司

湖南省新化县[417600]
电话:(0738)3231868;13786855688
传真:(0738)3231868
固定资产:5,000 千元
经济类型:有限责任公司
网址:www.aorichem.com.cn
E-mail:sales@aorichem.com.cn
【主要产品】4-甲基吡啶-*N*-氧化物;4-溴吡啶盐酸盐;4-吡啶甲醛;4-哌啶甲醇;吡啶-4-硼酸;吡啶-3-硼酸;吡啶-2-硼酸;4-氨基吡啶;4-硝基吡啶-*N*-氧化物;3-吡啶磺酸;溴乙烯;二异丙基胺锂;甲基丙烯腈;甲基丙烯酸钠;吲哚-3-甲酸;10-羟基喜树碱;泛癸利酮;4,4′-二羟基联苯

湘西土家族苗族自治州

湖南金天铝业高科技有限公司

湖南省泸溪县金天路[416100]
电话:(0743)4222188
传真:(0743)4223028
网址:www.hngoldsky.com;office@hngoldsky.com
E-mail:sales@hngoldsky.com;office@hngoldsky.com
【主要产品】微细球形铝粉

湖南省泸溪县金源粉体材料有限责任公司

湖南省泸溪县上堡乡黄冲[416100]
电话:(0743)4225135;4225218;4225735
传真:(0743)4225218 经济类型:集体
法人代表:刘集贵
网址:www.jinyuanft.com
E-mail:yuxinglong@jinyuanft.com
【主要产品】微细球形铝粉

湖南湘源植物生化有限公司

湖南省花垣县建设中路 58 号[416400]
电话:(0743)7227865;13974361529
传真:(0743)7223562 经济类型:国有
固定资产:40,000 千元
供销电话:13307431779
职工人数:158 人
网址:www.zzz-hnagri.gov.cn/info/229.html
E-mail:xygs_88@yahoo.com.cn
【主要产品】茄尼醇;绿原酸;青蒿素;白藜芦醇;贯叶连翘提取物;越桔提取物;虎杖提取物;红车轴草提取物;生姜提取物;莽草酸

广 东 省

广州市

福田化学工业集团

广东省增城市中新大田高新技术开发区［511365］
电话:(020)82868338
传真:(020)82866108
经济类型:中外合资经营企业
企业规模:大型
网址:www.futianpaint.com
E-mail:gdfutian@futianpaint.com.cn
【主要产品】双组分高硬度镜面清漆;铁红酚醛水泥地板漆;各色内外墙无光漆;有光内外墙涂料;灰色丙烯酸底漆;丙烯酸封闭底漆;低温烘烤型汽车漆;常温道路标志漆;聚酯王;高级砂胶涂料;罩面清漆;自动喷漆;单组分汽车色漆

广东爱必达胶粘剂有限公司

广东省广州市白云区黄石东路天云街55号［510032］
电话:(020)36460239
传真:(020)36461139
网址:www.aibida.com
E-mail:aibida@126.com
【主要产品】瞬间胶黏剂;α-氰基丙烯酸乙酯瞬干胶;超级万能胶;快干胶黏剂

广东迪美生物技术有限公司

广东省广州市东山区先烈中路100号［510070］
电话:(020)88138432;13825069289
传真:(020)87668093
供销传真:87688093　法人代表:罗开明
经济类型:股份有限公司
网址:gddmswjsgs.my.sme.cn/index.jsp
E-mail:dxf3016@163.com
【主要产品】涂料杀菌防腐剂;肥皂;洗涤剂;凯松类防腐杀菌剂;清洗剂

广东高科力新材料有限公司

广东省广州市广汕二路高唐工业园高科路［510520］
电话:(020)37662515;37663740
传真:(020)37663890
法人代表:熊文忠
网址:www.htpower.com
E-mail:webmaster@htpower.com
【主要产品】外墙弹性纳米乳胶漆;弹性纳米内墙乳胶漆;胶黏剂

广东汇联达化工有限公司

广东省广州市天河区东圃广州化工城E座19号［510660］
电话:(020)82550332;82551046;13902223018
传真:(020)82551046
网址:www.hldhg.com
E-mail:ylz@hldhg.com
【主要产品】2-羟基苯甲酸;水杨酸甲酯;水杨酸苯酯;水杨酸乙二酯;5-磺基水杨酸;乙酰水杨酸;水杨酸钠

广东建科防水防腐材料开发有限公司

广东省广州市先烈东路121号［510500］
电话:(020)87257258;87250909
传真:(020)87256379
法人代表:韩金田
网址:www.gdjky.com/jigou/jklong.asp
E-mail:jiankelong@sohu.com
【主要产品】氯化聚乙烯防水卷材;强力防水涂料;水性防腐涂料;三元乙丙橡胶防水卷材;SBS改性沥青防水卷材;丁基橡胶防水卷材;混凝土缓凝高效减水剂;混凝土养护剂;建筑防水剂;强力堵漏防水剂;混凝土高效复合抗裂防水剂;高效泵送剂

广东捷泰实业发展有限公司

广东省广州市黄埔大道中144号海景中心海都轩［510655］
电话:(020)85626173;13322805788
传真:(020)85626175　职工人数:50人
经济类型:有限责任公司
法人代表:卢静波
网址:www.gd-jietai.com
E-mail:lujb2000@gd-jietai.com
【主要产品】乙醇;抛光蜡

广东俊瑞防水工程有限公司

广东省广州市番禺县钟村商贸城8~11排［511495］
电话:(020)84711008
传真:(020)84711802
网址:www.junrui.com
E-mail:chinajunrui@hotmail.com
【主要产品】防水涂料;防水卷材

广东省石油化工研究院

广东省广州市天河区棠下车陂西路［510665］
电话:(020)32373097;32373194;32373174
传真:(020)32373106
供销电话:32373174;32373949
法人代表:李伟东
网址:www.gdcri.com
E-mail:webmaster@gdcri.com
【主要产品】脂肪醇聚氧乙烯醚磺基琥珀酸酯二钠盐;二硫氰基甲烷;涂料专用消泡剂;防腐油墨;印刷电路板油墨;发酵用消泡剂;面粉强筋剂;食用抗氧剂;面粉增白剂;防霉剂;涂料印花浆用消泡剂;乳化剂;烷基酰胺丙基甜菜碱;二甲基十二烷基叔胺醋酸盐;椰油酰胺丙基氧化胺;皮革防霉剂1号;退锡剂;助焊剂;乳化油;防腐剂;蚀刻剂;α-淀粉酶

广东天辰生物技术有限公司

广东省广州市先烈中路100号科学院内［510070］
电话:(020)87686635
传真:(020)87684677　经济类型:国有
网址:www.gd-tianchen.com
E-mail:tianchen@gdas.ac.cn
【主要产品】水性涂料防霉剂

广东天普生化医药股份有限公司

广东省广州市天河高唐科技产业园高普路89号［510520］
电话:(020)87037288
传真:(020)87037999　职工人数:400人
网址:www.techpool.com.cn
E-mail:info@techpool.com.cn
【主要产品】绒促性素;尿促性素;抑肽酶;氢溴酸加兰他敏;尿激酶;肝素钠;胰激肽原酶;肝素钙

广信丝印材料有限公司

广东省广州市番禺区石基镇沙涌工业区［511450］
电话:(020)84554228;22638920
传真:(020)84559389
供销电话:22632081;22632082
供销传真:22632085;39962858
网址:www.kuangshun.com
E-mail:kuangshun@163.com
【主要产品】标牌专用油墨;感光线路油墨;耐酸碱抗蚀刻油墨;导电碳油墨;光固化阻焊油墨;热固阻焊油墨;抗电镀油墨

广州白云山雷威工业公司化工厂

广东省广州市沙河同和路［510515］
电话:(020)37370295;37350605;37350420
传真:(020)37350409
经济类型:集体
网址:www.leiwei.com
E-mail:dqx@leiwei.com
【主要产品】膨胀装饰型防火涂料;膨胀型乳胶防火涂料;超薄型钢结构防火涂料;膨胀型钢结构防火涂料;阻燃剂FR;可塑性防火堵料;高效膨胀防火堵料

广州白云山制药股份有限公司

广东省广州市白云区同和街云祥路88号［510515］
电话:(020)87062611;87062597;

粤

37241080
传真:(020)37241293
供销电话:87062611;37241080
供销传真:87063699 企业规模:大型
经济类型:股份有限公司
网址:www.gzbys.com
E-mail:byscpf@pub.guangzhou.gd.cn
【主要产品】头孢噻肟钠;头孢氨苄;头孢唑啉钠;头孢拉定;头孢哌酮;头孢他啶;头孢硫脒;帕司烟肼;头孢曲松钠

广州百鸿化工有限公司

广东省增城市中新镇大田工业区[511375]
电话:(020)82862500;82862501;82862509
传真:(020)82862229 职工人数:100 人
供销电话:82862502;82862503
经济类型:外商独资 法人代表:曾政义
网址:www.baihongink.com
E-mail:kenneth@baihongink.com
【主要产品】油漆;木器涂料;油墨;工艺品涂料

广州百花香料股份有限公司

广东省广州市荔湾区百花路 111 号[510370]
电话:(020)81892936;81895067
传真:(020)81562157;81890420
经济类型:股份有限公司
法人代表:黄本坚
网址:www.gbffchina.com
E-mail:sales@gbffchina.com
【主要产品】百里酚;食用香精;烟草香精;香料;香叶醇;羟基香茅醛;异甲基紫罗兰酮;2-甲基-2-乙酸乙酯基-1,5-二氧戊烷;日化香精;香精;异戊氧基乙酸丙烯酯;柠檬腈

广州拜尔精细化工有限公司

广东省广州市花都区芙蓉镇旗新村山前大道龙蚌路口[510302]
电话:(020)86991208;86991209;86991669
传真:(020)86991669
网址:www.gzbaier.com
E-mail:baier@pub.guangzhou.gd.cn
【主要产品】保温型硬泡聚氨酯板材;聚氨酯组合料

广州保信密封制品有限公司

广东省广州市白云区竹料镇大罗村飞来岭西侧自编 8 号[511340]
电话:(020)87443112;87443090;87443086
传真:(020)87443102
网址:www.bseal.cn
E-mail:sales@bseal.cn
【主要产品】橡胶密封制品;密封垫;橡胶防尘密封圈;旋转轴唇形密封圈

广州崇钰化工材料有限公司

广东省广州市海珠区南洲路南洲名苑南望阁 209~210[510288]
电话:(020)84061245
传真:(020)84050722 职工人数:55 人
经济类型:外商独资 产值:10,000 千元
法人代表:邱壬乙
网址:www.colorchange.com.tw
E-mail:haiven86@yahoo.com.cn
【主要产品】油墨;感光线路油墨;变色油墨

广州得尔塔有机硅技术开发有限公司

广东省广州市天河区五山 54060 部队农场[510640]
电话:(020)87059653;87261137;87261917
传真:(020)87059653
网址:www.gzdelta.com
【主要产品】硅橡胶;硅油;有机硅胶黏剂;聚氨酯制品脱模剂

广州迪盛橡胶密封件厂

广东省广州市增城新塘镇新墩工业区新墩大道 74 号[510650]
电话:(020)82789617;82687965;61076995
传真:(020)82686687
供销电话:37081936
供销传真:37086142
网址:www.gz-dsh.com
E-mail:dsh@gz-dsh.com
【主要产品】聚氨酯密封件;橡胶杂品;普通橡胶板;橡胶密封制品;O 形密封圈;V 形密封圈;橡胶防尘密封圈;旋转轴唇形密封圈;异形密封圈

广州第二橡胶厂

广东省广州市海珠区燕子岗南路 11 号[510250]
电话:(020)84368531
传真:(020)84367299 经济类型:国有
供销电话:84429861
网址:www.gzno2rf.com
E-mail:wj@gzno2rf.com
【主要产品】雨靴

广州第十一橡胶厂

广东省广州市海珠区工业大道北 90 号[510250]
电话:(020)84361542
传真:(020)84368172 经济类型:国有
供销电话:84309190 有进出口权
供销传真:84322595 法人代表:王向东
网址:www.double-one.com
E-mail:info@double-one.com
【主要产品】双面胶带;工业用手套;家用手套;气象气球;避孕套

广州番禺日出化工有限公司

广东省广州市番禺区鱼窝头镇市鱼路 200 号[511475]
电话:(020)84915458
传真:(020)84917157
经济类型:有限责任公司
网址:www.sunrising.com.cn
E-mail:jyrcjt@yahoo.com.cn
【主要产品】柔性丙烯酸乳液;纯丙乳液;硅丙乳液;醋酸乙烯-丙烯酸酯共聚乳液;苯丙乳液;叔碳酸乙烯酯-醋酸乙烯共聚乳液;水性木器漆用乳液;封底乳液;缔合型碱溶胀增稠剂;成膜助剂

广州合诚三先生物科技有限公司

广东省广州市白云区云埔工业区云诚路 8 号[510620]
电话:(020)38870937;38870935;32067089
传真:(020)38870823;32067066
有进出口权
网址:www.honsea.com
E-mail:hsbst@honsea.com;robertlo@honsea.com
【主要产品】丹皮酚;紫杉醇;月见草油;丹参提取物;淫羊藿提取物;葛根提取物;厚朴提取物;虎杖提取物;葡萄籽提取物;广藿香油;玫瑰油;当归油;生姜油;沙棘油;川芎油;厚朴酚;桂油;熏衣草油

广州宏宝树脂涂料有限公司

广东省广州市天河区中山大道西广海大厦海天楼 505 室[510000]
电话:(020)85558183;85558186
经济类型:股份有限公司
网址:www.hopeboom.com
E-mail:linda@hopeboom.com
【主要产品】水溶性胶黏剂;聚醋酸乙烯乳液胶黏剂;聚氯乙烯胶黏剂

广州宏昌胶黏带厂

广东省广州市花都区新华镇华海工业区[510800]
电话:(020)86867028
传真:(020)86868080;86863145
经济类型:中外合作经营企业
有进出口权 职工人数:600 人
网址:www.camat.com
E-mail:wemaster@camat.com
【主要产品】硅丙乳液;苯丙乳液;胶黏剂;胶黏带

广州宏焕塑胶工业有限公司

广东省广州市开发区东区连云路 8 号[510530]
电话:(020)82266168
传真:(020)82265142
经济类型:外商独资 法人代表:郭焕铭
网址:www.wngvinyl.com
E-mail:u61000@gracethw.com.tw
【主要产品】聚氯乙烯人造革;高发泡革;PVC 塑胶布

广州宏信塑胶工业有限公司

广东省广州市萝岗镇白云(云埔)

粤

工业区一路一号[510530]
电话:(020)82266188-2803
传真:(020)82266651
经济类型:外商独资 企业规模:大型
法人代表:黄涣文
网址:www.hanrigid.com
【主要产品】PVC 塑胶布

广州鸿英包装制品有限公司

广东省广州市三元里大道 799 号金来大厦 401 [510403]
电话:(020)36330935;36333437
传真:(020)36330935
经济类型:私营企业
网址:www.aa90.com
E-mail:gzwltabc@21cn.com
【主要产品】塑料桶

广州鸿雨精细化工有限公司

广东省广州市先烈中路云山大酒店 2301 室[510075]
电话:(020)34325577;13016091366
传真:(020)34325179
网址:www.hongyu-chem.com
E-mail:hongyu-chem@163.net
【主要产品】氯氧化铋;乙二醇苯醚;水杨酸辛酯;尿囊素;甘草酸二钾盐;乳酸薄荷酯;益康唑;甘草酸单铵;紫外线吸收剂 UV-9;紫外线吸收剂 UV-0;2-羟基-4-甲氧基二苯甲酮-5-磺酸

广州华立-萨其宾化工有限公司

广东省广州市黄埔区南岗西路 238 号[510760]
电话:(020)82252769
传真:(020)82233382 有进出口权
供销电话:82252886;82252010
供销传真:82242956 法人代表:李文强
经济类型:中外合资经营企业
网址:www.hualichem.com
E-mail:liupq@huasa.com.cn
【主要产品】硫酸钡;立德粉;耐晒白

广州化学试剂厂

广东省广州市工业大道南 882 号[510288]
电话:(020)84358111;84342518;84337413
传真:(020)84358111;84342518
供销电话:84357345 职工人数:550 人
供销传真:84356112 法人代表:须英俊
经济类型:股份合作
网址:www.chemicalreagent.com
E-mail:tjz@chemicalreagent.com
【主要产品】硫,升华;碘;溴;四氯化碳;赤磷;五氧化二磷;过氧化氢;乙酸钠;乙二胺四乙酸二钠;水杨酸钠;磺基水杨酸钠;草酸钠;柠檬酸钠;氟化钠;重铬酸钠;酒石酸钠;酒石酸钾钠;硅酸钠;氟硅酸钠;亚硒酸钠;硝酸钠;亚硝酸钠;硫化钠;亚硫酸钠;亚硫酸钠(无水);硫代硫酸钠;焦硫酸钠;硫酸氢钠;氰化钠;硫氰酸钠;氯化钠;氯酸钠;碘化钠,无水;碘酸钠;高碘酸钠;四硼酸钠;氟硼酸钠;溴化钠;碳酸钠;碳酸氢钠;磷酸三钠;焦磷酸钠;磷酸二氢钠;磷酸氢二钠;氟化钙;氯化钡;乙酸钾;邻苯二甲酸氢钾;柠檬酸钾;氟化钾,无水;氢氧化钾;重铬酸钾;铁氰化钾;亚铁氰化钾;氟硅酸钾;铬酸钾,无水;硝酸钾;硫酸钾;过硫酸钾;焦硫酸钾;硫酸铝钾;氯化钾;氯酸钾;碘化钾;高碘酸钾;氟硼酸钾;高锰酸钾;溴化钾;溴酸钾;碳酸钾;碳酸钾(无水);碳酸氢钾;磷酸钾(三水);磷酸二氢钾;磷酸氢二钾;乙酸钴;硝酸钴;硫酸钴;氧化镍,黑色;硫酸镍;碳酸镍,碱性;乙酸铅;乙酸铅,碱式;硝酸铅;碳酸铅,碱式;酒石酸亚锡;氯化锡,结晶;四氯化锡,无水;氯化亚锡;乙酸铵;甲酸铵;苯甲酸铵;偏钒酸铵;草酸铵;柠檬酸氢铵;氟化铵;氟化氢铵;氢氧化铵;重铬酸铵;钼酸铵;酒石酸铵;铬酸铵;硝酸铵;硫酸铵;过硫酸铵;硫酸铁铵;硫酸亚铁铵;硫酸铝铵;硫酸镍铵;硫氰酸铵;氯化铵;碘化铵;氟硼酸铵;溴化铵;碳酸氢铵;磷酸铵;磷酸二氢铵;磷酸氢二铵;铜,片状;乙酸铜;氢氧化铜;氧化铜,粉状;氧化亚铜;硝酸铜;硫酸铜;氰化亚铜;氯化铜;氯化亚铜;碳酸铜,碱式;氧化铝;硝酸铝;硫酸铝;氯化铝,无水;汞;乙酸汞;氧化汞,红色;氧化汞,黄色;硝酸汞;硝酸亚汞;硫酸汞;氯化汞;氯化亚汞;碘化汞,红色;溴化汞;乙酸锌;氧化锌;硝酸锌;硫酸锌;氯化锌;碳酸锌,碱式;乙酸镉;草酸镉;氧化镉;硝酸镉;硫酸镉;乙酸锂;氢氧化锂;硫酸锂;乙酸镁;氟化镁;硫酸镁;硫酸镁(无水);氯化镁;五氧化二钒;二氧化钛;二氯化钯;三氧化铬;三氧化二铬;硫酸铬;三氧化二锑;三氯化锑;吡啶;苯;甲苯;二甲苯,异构体混合物;硝基苯;氯苯;乙二胺,盐酸盐;乙醇胺;1,6-己二胺;苯胺,盐酸盐;*N*,*N*-二甲基苯胺;对甲苯磺酰胺;羟胺,盐酸盐;羟胺,硫酸盐;二乙烯三胺;六次甲基四胺;顺丁烯二酸酐;邻苯二甲酸酐;1,2-二氯乙烷;二氯甲烷;三氯甲烷;三溴甲烷;环己烷;三氯乙烯;苯乙烯;苯酚;邻甲酚;麝香草酚;对氨基苯酚;1-萘酚;2-萘酚;对氯苯酚;对苯二酚;间苯二酚;甲酚红;丙烯腈;2-丁酮;丙酮;乙酰丙酮;过氧化环己酮;苯并戊三酮;乙酰乙酸乙酯;乙酸异戊酯;乙酸乙烯酯;苯甲酸乙酯;硫酸二甲酯;磷酸三丁酯;苯磺酰氯;对甲苯磺酰氯;乙酸,36%;乙酸,无水;三氯乙酸;乙二胺四乙酸;丁二酸;丁烯二酸,顺式;2-羟基苯甲酸;磺基水杨酸;甘氨酸;甲酸;抗坏血酸;苦杏仁酸;苯甲酸;邻苯二甲酸;DL-苹果酸;草酸;柠檬酸;氢氟酸;盐酸;氟硅酸;亚硒酸;硬脂酸;氢碘酸;高碘酸;硼酸;氟硼酸;氢溴酸;氨基磺酸;对甲苯磺酸;对氨基苯磺酸,无水;1,5-萘二磺酸;磷酸;乙二醇;聚乙二醇;丁醇;异丙醇;甲醇;苯甲醇;水杨醛;甲醛(溶液);呋喃甲醛;苯甲醛;乙二醇一乙醚;石油醚;水合肼;苯肼,硫酸盐;脲;硫脲;二甲基亚砜;苯并三氮唑;α-乳糖;阿拉伯树胶;硅胶;硅胶,变色;聚氧乙烯山梨醇酐油酸酯;卡尔费休试剂

广州环叶制药有限公司

广东省广州市芳村大道东 195 号[510370]
电话:(020)81891327;81801977
传真:(020)81897766
经济类型:有限责任公司
企业规模:大型
网址:www.huanye.com
E-mail:sales@huanye.com
【主要产品】罗通定;二氢黄酮苷;新橙皮苷二氢查尔酮;甲苯磺丁脲;长春新碱;硫酸长春地辛;长春质碱;长春瑞宾双酒石酸盐;硫酸长春碱;甲基橙皮苷;地奥明;硫酸阿托品;溴丁东莨菪碱;氢溴酸东莨菪碱;甲溴东莨菪碱;柚苷;长春文喋灵

广州汇科精细化工有限公司

广东省广州市天河区柯木塱矿山机械城[510520]
电话:(020)87038780;87038965
传真:(020)87038815
法人代表:李卫宁
网址:www.gdhuike.com
E-mail:huike@gdhuike.com
【主要产品】单脂肪酸甘油酯;斯盘 60;斯盘 80;吐温 60;吐温 80;斯盘系列;斯盘 20;斯盘 40;吐温系列;吐温 20;吐温 40

粤

广州慧达精细化工有限公司

广东省广州市经济技术开发区明珠路 14 号[510515]
电话:(020)82223979;82222552;82229586
传真:(020)82223972 职工人数:105 人
经济类型:外商投资股份有限公司
企业规模:大型
网址:www.victa.com.cn/docc1/index.html
E-mail:sales@victa.com.cn
【主要产品】微粉化聚乙烯蜡;高密度聚乙烯微晶蜡;水基胶;热熔胶黏剂

广州吉必时科技实业有限公司

广东省广州市沙太南路 623 号[510510]
电话:(020)87232163;87233520
传真:(020)87232975
供销电话:81935699
供销传真:81935699
网址:www.nmgbs.com
E-mail:tech@nmgbs.com
【主要产品】二氧化硅

广州捷耐制漆有限公司

广东省广州市花都区北兴镇工业街 2 号[510897]
电话:(020)86790537;86795651;

86795978
传真:(020)86799308
网址:www. fluorocoating. com
E-mail:rich@ fluorocoating. com
【主要产品】汽车漆;乳胶漆;高性能工程机械漆;环氧富锌底漆;环氧耐磨防滑地面涂料;聚氨酯漆类;氟碳漆;有机硅耐高温漆;自发光涂料

广州金发科技股份有限公司

广东省广州市天河区柯木塱高塘工业区高普路[510520]
电话:(020)87037818
传真:(020)87082208
网址:www. kingfa. com. cn
E-mail:postmaster@ kingfa. com. cn
【主要产品】聚乙烯;聚丙烯(阻燃);阻燃高抗冲聚苯乙烯;阻燃 ABS;ABS/PBT 合金;改性聚苯乙烯;增强阻燃尼龙 6;增强阻燃尼龙-66;改性 PBT;改性聚苯硫醚;改性 PVC 粒料;ABS/PVC 塑料合金;改性聚苯醚;聚碳酸酯合金;PC/PBT 合金;PC/ABS 合金(改性)

广州金乐防水工程有限公司

广东省广州市珠江新城华利路 21 号远洋明珠大厦[510623]
电话:(020)37585196;37585188
传真:(020)37585200
经济类型:有限责任公司
法人代表:郝怀远
网址:www. jinle168. com
E-mail:jinle@ jinle168. com
【主要产品】防水防腐高分子材料;高分子防水涂料

广州金美联化工有限公司

广东省广州市海珠区华洲路土华工业区一街 6 号[510320]
电话:(020)89886359;89887696;89886117
传真:(020)89886117
网址:www. jmlian. com
E-mail:jmlian@ jmlian. com
【主要产品】腻子;硝基漆类;丙烯酸内墙乳胶漆;丙烯酸外墙乳胶漆;聚酯树脂漆类;不饱和聚酯漆;聚氨酯清漆

广州经丰纬聚氨酯有限公司

广东省广州市天河区柯木塱镇高塘工业区 B1 栋[510520]
电话:(020)62809987;62809982
传真:(020)62809979
经济类型:有限责任公司
法人代表:张子锴
网址:www. puproducts. com
E-mail:zzk@ puproducts. com
【主要产品】聚氨酯塑胶铺装制品;各色聚氨酯底漆;聚氨酯面漆;聚氨酯防水涂料;聚氨酯跑道涂料;聚氨酯胶黏剂;聚氨酯色膏

广州经济技术开发区飞天高级润滑油厂

广东省广州市黄埔区文冲华坑路 468 号[510726]
电话:(020)82395193
传真:(020)82395194
网址:www. gzfeitian. com
E-mail:webmaster@ gzfeitian. com
【主要产品】内燃机油;齿轮机油;冷冻机油;液压油;液力传动油;汽轮机油;压缩机油;变压器油;油酸钠皂;燃料油

广州聚成兆业有机硅原料中心

广东省广州市东圃化工城前商业街 36-38 号[510660]
电话:(020)82551770;82550662;82550552
传真:(020)82550552
供销电话:82551255;13902251510
经济类型:私营企业　法人代表:陈兆明
网址:www. gzjczy. com
E-mail:jczy888@ sina. com;
gzjczy@ 0086e. com
【主要产品】硅橡胶混炼胶;乙烯基硅油;水溶性硅油;低含氢硅油;甲基苯基硅油(255 型);聚醚改性硅油;乳化硅油;挥发性硅油;超高真空扩散泵硅油;羟基硅油乳液;羟基硅油;压敏胶胶黏剂;氨基硅油;有机硅脱模剂;高效有机硅消泡剂;皮革光亮剂;有机硅防水剂;脱模剂

广州隽佳塑胶科技有限公司

广东省广州市高新技术开发区东区宏光路榕环[510660]
电话:(020)62662109
传真:(020)62665910
经济类型:有限责任公司
网址:www. goodcolours. com. cn
E-mail:zhangb1588@ goodcolours. com. cn
【主要产品】聚丙烯(阻燃);透明聚丙烯;聚丙烯(抗冲改性);合成橡胶增韧低温高抗冲聚丙烯;聚丙烯(高光泽改性);改性工程塑料;塑胶色母粒

广州铠克液体表面防护材料有限公司

广东省广州市经济技术开发区东区东鹏大道 42 号[510530]
电话:(020)82265855
传真:(020)82251863
供销传真:82265863
经济类型:中外合资经营企业
网址:www. kemco. com. cn
E-mail:master@ kemco. com. cn
【主要产品】防水涂料;船舶涂料;地坪涂料;硬质地坪涂料;瓷砖美化涂料

广州科茂化工有限公司

广东省广州市燕岭路 89 号燕侨大厦 2801~2806 室[510507]
电话:(020)87227858
传真:(020)87228011
经济类型:有限责任公司
企业规模:大型
网址:www. gzkomo. com
E-mail:sales@ gzkomo. com
【主要产品】松香改性酚醛树脂;超级增黏树脂;季戊四醇松香增黏树脂;精制浅色松香

广州龙沙有限公司

广东省广州市海珠区金辉路 39 号[510288]
电话:(020)84338998
传真:(020)84331998　职工人数:140 人
经济类型:中外合作经营企业
网址:www. lonza-gz. com
E-mail:contact. cn@ lonza. com
【主要产品】均苯四甲酸;DL-苹果酸;乙酰乙酸乙酯;乙酰乙酸甲酯;氯磺酰异氰酸酯;均苯四甲酸二酐;丙二腈;烟酸;烟酰胺

广州洛德化工科贸有限公司

广东省广州市番禺区石楼镇官桥高新开发区[511447]
电话:(020)34850138;34850107;34850106
传真:(020)34850106
网址:www. luode. com. cn
【主要产品】防锈剂;合成切削液;清洗剂

广州美晨药业有限公司

广东省广州市沙面南街 48 号[510075]
电话:(020)81216836;37601412
传真:(020)81216336;37601412
网址:www. masson. com. cn
E-mail:pharmacy@ masson. com. cn
【主要产品】莪术油;厚朴提取物;野菊花提取物;当归油;川芎油;丹参酮ⅡA;丹参酮ⅡA 磺酸钠

广州美威涂料有限公司

广东省广州市白云区太和镇田心工业区田心路[510515]
电话:(020)87467476;87467426
传真:(020)87467429
经济类型:有限责任公司
网址:www. meiweiqiye. com
E-mail:jiangjd@ vip. sina. com
【主要产品】耐晒外用乳胶漆;弹性乳胶漆;丙烯酸地坪漆;内墙封闭底漆;抗碱封闭底漆;高级内墙乳胶漆;环氧地坪涂料;聚氨酯外墙漆;各色聚氨酯地坪漆;聚氨酯罩光漆;氟碳漆;高级氟碳外墙装饰漆;内墙抗碱底漆;高级外墙弹性涂料

广州名丰建材有限公司

广东省广州市白云区广从一路龙归路口[510160]
电话:(020)86050620;86050475
传真:(020)86050196
经济类型:有限责任公司

粤

网址：www. gzmf. com
E-mail：info@ gzmf. com
【主要产品】环氧地坪涂料

广州南方树脂有限公司

广东省广州市白云区江高镇新楼村龙兴路 56 号［510450］
电话：(020)36098295；36098696；36099702
传真：(020)36099425　有进出口权
经济类型：港澳台商独资经营
职工人数：100 人
网址：www. nanfangresin. com
E-mail：nanfang2 @ public. guangzhou. gd. cn
【主要产品】聚醋酸乙烯酯；酚醛树脂；饱和聚酯树脂；烤漆用压克力树脂

广州润土农药化工有限公司

广东省广州市番禺区石楼镇茭塘工业区［511447］
电话：(020)84846528；84846538；84847246
传真：(020)84846233
网址：www. goodchem. com
E-mail：sales@ goodchem. com；info@ goodchem. com
【主要产品】亚磷酸；五硫化二磷；硫氰化钠；多聚甲醛；一氯乙酸；亚氨基二乙酸；氯乙酰氯；α-甲硫基乙酰肟；O,O-二乙基硫代磷酰氯；O,O-二甲基硫代磷酰胺；双甘膦；间苯氧基苯甲醛；马拉硫磷；乐果；辛硫磷；氧化乐果；三唑磷；敌敌畏；吡虫啉；异丙威；仲丁威；灭多威；氯氰菊酯；氰戊菊酯；甲氰菊酯；杀虫单；啶虫脒；毒死蜱；多菌灵；三唑酮；三环唑；甲基硫菌灵；草甘膦；异丙甲草胺；丁草胺；乙草胺

广州市奥美特涂料厂有限公司

广东省广州市番禺区沙湾古东工业区［511400］
电话：(020)84747717；84747817
传真：(020)84747717-328　有进出口权
经济类型：中外合资经营企业
网址：www. gz-ourmate. com
E-mail：02084747717@ 008be. com
【主要产品】木器漆；乳胶漆；高级环保乳胶漆；抗碱封闭底漆；透明腻子；油漆稀释剂；油漆固化剂

广州市白云化工实业有限公司

广东省广州市白云区广州民营科技园内［510540］
电话：(020)37312999
传真：(020)37312900　经济类型：国有
供销电话：37312882　职工人数：186 人
法人代表：李和昌
网址：www. china-baiyun. com
E-mail：sale@ china-baiyun. com
【主要产品】建筑防水密封胶；密封胶；建筑胶；有机硅胶黏剂；石材硅酮密封胶；大玻璃专用密封胶；硅酮阻燃密封胶；中性硅酮密封胶；硅酮结构密封胶；硅酮耐候密封胶；通用石材防护剂

广州市宝力轮胎有限公司

广东省广州市花都区炭步镇松仔岗［510828］
电话：(020)86748603
传真：(020)86748638　有进出口权
供销电话：86748603；86748830
供销传真：86746668　企业规模：大型
经济类型：与港澳台商合资经营
职工人数：414 人　法人代表：陈镇国
网址：www. bolextyre. net
E-mail：bolex@ bolextyre. net
【主要产品】轮胎；轻型载重汽车子午线轮胎；轿车子午线轮胎；轮胎外胎；子午线轮胎

广州市波斯塑胶颜料有限公司

广东省广州市云埔工业区 22 号地 C1［510530］
电话：(020)82253210；82253219；82253239
传真：(020)82253220
网址：www. gzbosi. com
E-mail：bosi@ vip. 163. com
【主要产品】色母粒；聚氯乙烯色母粒；工程塑料着色母料；聚苯乙烯色母粒

广州市得威廉化工有限公司

广东省广州市黄埔大道东 838 号［510711］
电话：(020)82490263；82490183；82490400
传真：(020)82490627
供销电话：82490861；82490240
经济类型：有限责任公司
网址：www. yuzhu. cn
E-mail：yuzhu-cn@ 163. com
【主要产品】乙醇；松香水；硝基漆稀释剂；聚醋酸乙烯乳液胶黏剂；万能胶；皮革专用胶

广州市东风化工实业有限公司

广东省广州市黄埔东路 2019 号［510730］
电话：(020)82219157；82219648
传真：(020)82219648　有进出口权
供销电话：34365380；34365392
供销传真：34365392　法人代表：肖宇英
经济类型：有限责任公司
网址：www. gzdfhg. com
E-mail：gzdfhg@ gzdfhg. com
【主要产品】丙烯酸树脂乳液；双酚 A 型环氧树脂(E12 型)；双酚 A 型环氧树脂(E44 型)；环氧抗静电自流平地面漆用树脂；环氧树脂；彩色地板树脂；阻燃环氧灌封料；环氧清漆；各色环氧树脂磁漆；环氧富锌底漆；环氧云铁防锈漆；环氧漆稀释剂；环保万能胶；机械密封胶；聚氨酯胶黏剂；氯丁橡胶胶黏剂；防水胶；UPVC 管道系统胶黏剂；压敏型乳液；环氧大豆油

广州市东山南方密封件有限公司

广东省广州市北京路迎恩里 37-2［510115］
电话：(020)83303078；83362358；83365545
传真：(020)83303078
网址：www. southseals. com
E-mail：master@ southseals. com
【主要产品】聚四氟乙烯密封垫；聚四氟乙烯垫片；聚四氟乙烯编织盘根；缠绕式密封垫片；石墨垫片；膨胀石墨填料环

广州市番禺番氮化工有限公司

广东省广州市番禺区新造镇景秀路 85 号［511436］
电话：(020)84720760；84726302
传真：(020)84720330　经济类型：国有
供销传真：84726497　职工人数：509 人
法人代表：张展活
网址：www. py-fertilizer. com
E-mail：pnzheng@ pypn. com
【主要产品】甲醇(精)；碳酸氢铵

广州市番禺广氮二氧化碳有限公司

广东省广州市番禺区新造镇景秀路 85 号［511436］
电话：(020)84720398；84720396
传真：(020)84720319
网址：www. py-fertilizer. com
E-mail：gnc@ pygnc. com
【主要产品】二氧化碳(液体)

广州市番禺压力容器厂有限公司

广东省广州市番禺区南村镇市新路南 112 号［511442］
电话：(020)84761369；34765126
传真：(020)34765126；84761369
网址：www. pressurevessel. cn
E-mail：gzpyyr@ yahoo. com. cn
【主要产品】列管式换热器；浮头式换热器；储罐；塔器；炼油设备

广州市番禺源创机械厂

广东省广州市番禺区石基镇沙涌村长沙路 507［511450］
电话：(020)34551768；34551798
传真：(020)34551788
经济类型：私营企业
网址：www. yc020. com；www. ycmachine. com. cn
E-mail：pyyc020@ gmail. com
【主要产品】反应釜；手动升降分散机；混合机；双行星混合机

广州市氟缘硅科技有限公司

广东省广州市白云区唐阁北路唐阁四社工业区［510430］
电话：(020)62110425
传真：(020)62110427
网址：www. fsichem. com；

fsichem.b2b.hc360.com
【主要产品】二甲基硅油；高黏度二甲基硅油；甲基苯基硅油；聚醚改性硅油；改性硅油；环氧聚醚硅油；硅油；硅脂；导热硅脂；润滑硅脂；羟基硅油；乳胶漆用消泡剂；食用消泡剂；亲水型氨基硅油整理剂；涂料印花浆用消泡剂；有机硅消泡剂（水处理专用）；农药增效剂；皮革光亮剂；皮革手感剂；高效润湿分散剂

广州市高士实业有限公司

广东省广州市广花一级公路荔湾经济区［510450］
电话：(020)36080290；36080291
传真：(020)36080289
网址：www.glorystar.cn
E-mail：glorystar@glorystar.com.cn
【主要产品】万能胶；速溶胶粉；木胶粉；中性硅酮密封胶

广州市固特橡胶制品有限公司

广东省广州市天河区龙洞渔沙坦旺岗工业区C栋［510650］
电话：(020)87218972；87218973；37083242
传真：(020)87218797
网址：www.gute-gz.com
E-mail：gute@gute-gz.com
【主要产品】硅胶条；聚氨酯密封圈；胶管；耐油胶管；发泡硅橡胶管；减震用橡胶制品；橡胶发泡制品；橡胶密封胶条；洗衣机密封件；油封；硅胶杂件；O形密封圈；Y形密封圈；V形密封圈；橡胶密封圈；硅橡胶密封圈；组合密封圈；异形密封圈

广州市国花油漆制造公司

广东省广州市经济技术开发区东区［510515］
电话：(020)82241856
传真：(020)82241953
网址：www.ghyq.cn
E-mail：ghyq@ghyq.cn
【主要产品】醇酸自干漆；氨基烘漆；丙烯酸烤漆；丙烯酸类面漆；环氧铁红防锈漆；环氧富锌防锈底漆；环氧云铁防锈漆；各色环氧防腐蚀烘干底漆；环氧锌黄底漆；双组分聚氨酯漆；双组分底漆

广州市海珠区沙溪油墨厂

广东省广州市海珠区南洲路95号之16［510290］
电话：(020)84177120；84176832
传真：(020)84177120
网址：www.shaxiym.com
E-mail：sales@shaxiym.com
【主要产品】纸箱印刷油墨

广州市汉普医药有限公司

广东省广州市黄埔区云埔工业区东城片康达路8号［510760］
电话：(020)82251159；13600058345
传真：(020)82058669
经济类型：有限责任公司
【主要产品】硼酸（医药级）；硼砂（药用）；乌洛托品；地喹氯铵；磺胺甲噁唑；甲氧苄啶；克霉唑；硝酸咪康唑；益康唑；更昔洛韦；磷酸哌嗪；己烷雌酚；己烯雌酚；氯化铵（药用）；兰索拉唑；非诺夫他林；羟甲香豆素；醋酸洗必泰

广州市合成材料研究院

广东省广州市天河区棠下［510665］
电话：(020)82303695；82317502；13711558221
传真：(020)82312655；82303695
供销电话：82305911　　经济类型：国有
供销传真：82311773　　职工人数：200人
法人代表：黄尔文
网址：www.antioxidane.com.cn
E-mail：hcclyjy@pub.guangzhou.gd.cn
【主要产品】阻燃塑料

广州市恒昌实业有限公司

广东省广州市中新高新科技工业区［511365］
电话：(020)82862578；82862579；13922372586
传真：(020)82862578
经济类型：私营企业　　法人代表：郎小丽
网址：www.gzhc.net
E-mail：hengchang@gzhc.net
【主要产品】摩托车油；齿轮机油；发动机油；抗磨液压油；润滑油；车用润滑油；长效防冻液

广州市虹云高分子材料有限公司

广东省广州市东圃镇大马路5号雅怡居一期302房［510660］
电话：(020)85610789；82317577；13902269492
传真：(020)85610783
供销电话：13602787075
网址：www.hongyunhm.com.cn
E-mail：gm@hongyunhm.com.cn
【主要产品】乙烯基酯树脂；紫外光固化涂料；UV胶黏剂；热熔胶黏剂；PP/PE纸塑黏合剂；磨光油

广州市鸿生炭业化工有限公司

广东省广州市芳村大道西299号2楼［510360］
电话：(020)81553696；81553499
传真：(020)81554878
网址：www.huoxingtan.com
E-mail：hscarbon@sinobnet.com
【主要产品】活性炭；活性炭（净化水）；活性炭（净化空气）；活性炭（糖用）；活性炭（脱色）；活性炭（药用）；活性炭（植物果壳类）；脱硫活性炭；溶剂回收活性炭；煤质活性炭

广州市华强橡塑密封件厂

广东省广州市海珠区土华工业路11号［510320］
电话：(020)89886322；89604810
传真：(020)89604738
供销电话：89604810；89604070
网址：www.hq-gz.com
E-mail：lqy-@tom.com
【主要产品】O形密封圈

广州市荟普新材料有限公司

广东省广州市广州科学城国际企业孵化器A区［510130］
电话：(020)32052606；32057180；13826277007
传真：(020)32057060
供销电话：32052606；32057080
经济类型：股份有限公司
网址：www.huipucn.com
E-mail：hp@huipucn.com
【主要产品】碳酸钾；乙二醛；十八胺；苯甲醇；环氧活性稀释剂501型；戊二醛；聚维酮碘；十二烷基二甲基苄基氯化铵；双十八烷基二甲基氯化铵；塑料荧光增白剂PF；荧光增白剂OB；荧光增白剂OB-1；荧光增白剂KCB；荧光增白剂KSN；荧光增白剂FP；抗氧剂1010；抗氧剂1076；抗氧剂168；光稳定剂944；光稳定剂770；光稳定剂622；紫外线吸收剂UV-9；紫外线吸收剂UV-531；紫外线吸收剂UV-326；紫外线吸收剂UV-P；紫外线吸收剂UV-0；环氧促进剂DMP-30；2,6-二叔丁基对甲基苯酚；异噻唑啉酮；聚乙烯吡咯烷酮

广州市佳力士食品有限公司

广东省增城市中新镇风光路3号［511365］
电话：(020)82862628
传真：(020)82862006
法人代表：孙敬章
网址：www.gallicefood.com
E-mail：jialishifood@188.com
【主要产品】单硬脂酸甘油酯；塑料助剂

广州市坚红化工厂

广东省广州市黄埔大道中路505号［510660］
电话：(020)85570387；85535175；85570379
传真：(020)85525829　　经济类型：集体
供销电话：85525834　　职工人数：219人
供销传真：85525834　　法人代表：陈灼权
网址：www.jianhong.com.cn
E-mail：gzjhec@jianhong.com.cn
【主要产品】硝基漆类；乳胶漆；高级乳胶漆；内外墙乳胶漆；各色防霉乳胶漆；硝基漆稀释剂；胶黏剂；厌氧胶；黏合剂；印染助剂；荧光增白剂；荧光增白剂DT；塑料荧光增白剂

广州市金永固新材料有限公司

广东省广州市黄埔区三多路94号［510700］
电话：(020)82395557；82377171；

粤

82381150
传真：(020)82399962
网址：www.kingyork.com
E-mail：sales@kingyork.com
【主要产品】环氧树脂黏合剂；厌氧胶；光固化黏合剂；绝缘灌封胶；商标纸胶

广州市金珠江化学有限公司

广东省广州市芳村大道东200号[510370]
电话：(020)81895346；81892202
传真：(020)81891357　　有进出口权
供销传真：81587756；81891357
经济类型：有限责任公司
企业规模：大型　　法人代表：陈远荣
网址：www.gzjzj-chem.com
E-mail：jzj@gzjzj-chem.com
【主要产品】过硫酸铵；过二硫酸钠；过氧化氢；氢气；多·硫悬浮剂；硫·三环悬浮剂；氯化乙烯-醋酸乙烯共聚物；氯化聚丙烯；羧甲基纤维素钠(食品级)；羧甲基淀粉钠(食品级)；羧甲基纤维素钠(医药级)

广州市聚合星化工有限公司

广东省广州市黄埔南基工业村西小区第七栋[510730]
电话：(020)82225517；82225190
传真：(020)82225476
网址：www.pystar.com
E-mail：sales@pystar.com
【主要产品】粉末涂料；环氧地坪涂料

广州市骏旗气体有限公司

广东省广州市番禺区新造镇景秀路85号[511436]
电话：(020)84722990；84722991
传真：(020)84722993
网址：www.junqigas.com
E-mail：info@junqigas.com
【主要产品】硼烷(气体)；一氧化碳；二氧化碳；二氧化碳(液体)；氢气；氧气；氧气(医用)；高纯氩；氦气；高纯氯气；氮气；高纯氮；纯氮；液氨(工业用)；砷烷；硅烷；磷烷；乙炔；溶解乙炔；1-丁炔；乙烯；2-丁烯；1-丁烯；丙烯；丙二烯；丙烷；乙烷；丁二烯；异丁烯；甲烷；丁烷；异丁烷；己烷；2-甲基戊烷；环氧乙烷；一氯甲烷

广州市骏万丰公司

广东省广州市三元里华园路18号三楼[510403]
电话：(020)86361759；86394877；86394831
传真：(020)86394878
网址：www.gd-junwf.com
E-mail：gzjwf@yahoo.com.cn；yyjwf@yahoo.com.cn
【主要产品】胶黏剂；双面胶带；工业胶带

广州市骏鑫化工有限公司

广东省广州市南沙区黄阁镇[511456]
电话：(020)34973033
传真：(020)34973099
经济类型：私营企业
网址：www.gzjxhg.com.cn
E-mail：junxinhuagong@163.com
【主要产品】过氧化氢；二氧化碳；乙醇；甲醇；甲醛；乙酸乙酯

广州市康明硅橡胶科技有限公司

广东省广州市东圃镇田头岗工业区[510660]
电话：(020)82342666；32052666；13798143880
传真：(020)82342789；32052889
供销电话：32052666
网址：www.corming.com.cn
E-mail：cmtech@corming.com.cn
【主要产品】有机硅树脂；甲基乙烯基硅橡胶(110型)；有机硅凝胶；硅橡胶混炼胶；液体硅橡胶；二甲基硅油(201型)；羟基硅油；喷涂油墨；107胶；有机硅胶黏剂；硅橡胶制品

广州市联景聚氨酯化学有限公司

广东省广州市花都区新华镇工业大道西[510800]
电话：(020)86870010
网址：www.ljpu.com
E-mail：chenke@ljpu.com
【主要产品】聚氨酯组合料

广州市良田肥业有限公司

广东省广州市白云区良田镇广从公路边[510545]
电话：(020)87443230；87444404
传真：(020)87444473；87443230
职工人数：120人
网址：www.gzliangtian.com；www.ltfertilizer.com
E-mail：kangbao@agronet.com.cn
【主要产品】混配复合肥料；BB肥；有机肥

广州市良兆企业有限公司

广东省广州市天河区中山大道枫叶路8号二栋[510665]
电话：(020)85581277；85581500
传真：(020)85581457
网址：www.liang-zhao.com
E-mail：lianzhao@163.net
【主要产品】导电硅橡胶；橡胶制品；硅胶管；橡胶垫；硅橡胶按键；硅胶球；硅胶杂件；橡胶密封圈；工业防震密封圈

广州市南方制漆有限公司

广东省广州市番禺区化龙镇金山大道潭山村路口[511434]
电话：(020)34750768；34750778；13434277003
传真：(020)34750668
网址：www.southward.cn
E-mail：lwggzxxyw@21cn.com
【主要产品】氨基烘漆；金属烤漆；各色聚丙烯塑料专用底漆；抗碱封闭底漆；丙烯酸自干漆；聚氨酯面漆；双组分聚氨酯漆；聚氨酯罩光漆；铁红防锈底漆；防静电涂料；防腐底漆；高温防腐漆；火车漆；塑料自干漆；导电涂料

广州市欧彩涂料化工有限公司

广东省广州市白云区良田镇金盘工业区[510544]
电话：(020)87451070；87451071
传真：(020)87450920
网址：www.oucai.com.cn
【主要产品】水性内墙涂料；水性外墙涂料；聚酯树脂漆类

广州市品尼高食品添加剂有限公司

广东省广州市白云区石井镇大朗五社同兴工业区B13栋[510080]
电话：(020)61117777；61117776；61117779
网址：www.baneco.net
E-mail：baneco@baneco.net
【主要产品】对羟基苯甲酸乙酯；对羟基苯甲酸丁酯；山梨酸钾；脱氢醋酸钠；食品漂白剂；保鲜剂；二氧化硫清除剂；工业防霉剂

广州市浦源八达化工有限公司

广东省广州市天河区东圃大马路迎海花园[510660]
电话：(020)82551359；82320359
传真：(020)82550191；82319891
经济类型：私营企业
网址：badar.b2b.hc360.com
【主要产品】氯化钙(无水)；氯化钙(二水)；甲苯二异氰酸酯；聚醚多元醇

广州市奇威化工有限公司

广东省广州市天河区翠湖街6号906室[510630]
电话：(020)85620422；13556022353
传真：(020)85620846
网址：www.qiwei.cn
E-mail：wei@qiwei.cn
【主要产品】洗涤剂(工业)；印染助剂；工业水处理剂；合成切削液

广州市千色塑料色母有限公司

广东省广州市芳村海北工业区湖兴路11号[510378]
电话：(020)81418861；13802787392
传真：(020)81419240
经济类型：有限责任公司
网址：www.gzqianse.com
E-mail：sales@gzqianse.com
【主要产品】功能母粒；色母粒

广州市人民化工厂

广东省广州市海珠区工业大道北39号[510250]

粤

电话:(020)84337452
传真:(020)84364641　经济类型:国有
固定资产:9,090 千元　职工人数:236 人
供销电话:84367141　法人代表:夏正举
供销传真:84377536
网址:www.renminchem.com
E-mail:renminchem@renminchem.com
【主要产品】硅酸钠;氧化铬绿;食用枧水;硅溶胶;白炭黑(药用);白炭黑;活性白炭黑;超细二氧化硅气凝胶

广州市瑞奇化工有限公司

广东省广州市花都区花东镇金田工业区[510890]
电话:(020)86767615;86767616
传真:(020)86767619　职工人数:50 人
供销传真:83767619　法人代表:陈小金
网址:www.gz-rich.com
E-mail:chen@gz-rich.com
【主要产品】环氧固化剂;改性脂肪胺固化剂;环氧芳香胺固化剂

广州市三达塑业包装有限公司

广东省广州市海珠区新滘南路北山村桥头大街[510320]
电话:(020)34087888;34087108
传真:(020)34087776　职工人数:300 人
网址:www.san-da.com
E-mail:xsb@san-da.com
【主要产品】聚乙烯薄膜

广州市三磊新材料有限公司

广东省广州市白云区太和镇百足桥[518100]
电话:(020)87420551;87425449
传真:(020)87420336
经济类型:有限责任公司
网址:www.sunlanechem.com
E-mail:sunlane1@sunlanechem.com
【主要产品】平光乳胶漆;丝光乳胶漆;有光乳胶漆;高弹性外墙乳胶漆;丙烯酸紫外线保护清漆;丙烯酸类面漆;外墙半光乳胶漆;外墙平光乳胶漆;内墙平光乳胶漆;塑胶漆;丙烯酸荧光漆;丙烯酸修补漆;环氧车间底漆;环氧混凝土封闭漆;集装箱涂料;煤焦油环氧漆;水彩花纹涂料;车间底漆;环保型水性油墨

广州市时代化工厂

广东省增城市永和镇凤凰东路10号[511356]
电话:(020)82979955;82979999;82979688
传真:(020)82976633　经济类型:集体
固定资产:15,000 千元
职工人数:80 人
供销电话:13928924076
法人代表:罗何发
网址:www.gzage.com
E-mail:luohefa@gzage.com;hezhaoliang@gzage.com
【主要产品】荧光增白剂;增白剂;荧光增白剂 OB;荧光增白剂 KCB

广州市世达密封实业有限公司

广东省广州市北郊夏茅[510425]
电话:(020)86082311;86082312;86082315
传真:(020)86083390
法人代表:杨文平
网址:www.gz-star.com
E-mail:gzstar@gz-star.com
【主要产品】橡胶制品;减震用橡胶制品;橡胶密封制品;石墨垫片

广州市泰堡防火材料有限公司

广东省广州市天河区粤垦路18号春晖苑1702-1[510610]
电话:(020)37398166;37398169
职工人数:200 人
网址:www.gztabard.com
【主要产品】醇酸防腐涂料;防火涂料;丙烯酸防腐涂料;环氧防腐漆;聚氨酯防腐涂料;超耐候氟碳涂料;氯化橡胶防腐涂料;工业地坪涂料

广州市天赐高新材料科技有限公司

广东省广州市黄埔区云埔工业区东城屯[510600]
电话:(020)82252296;82248312;87365421
传真:(020)87365725　有进出口权
供销电话:87360557;87382888
经济类型:私营企业　职工人数:123 人
法人代表:李兴华
网址:www.tinci.com
E-mail:master@tianci.21cn.com;sales@tianci.com
【主要产品】DL-乙基泛醇;乳化硅油;透明硅油;甘宝素;阳离子表面活性剂;阳离子瓜尔胶;阴离子表面活性剂;二甲基十二烷基叔胺醋酸盐;两性表面活性剂;卡松;阳离子纤维素

广州市天金化工有限公司

广东省广州市东圃华城大厦2楼239室[510660]
电话:(020)82550286;82551969;13711783969
传真:(020)82550286;82562197
网址:www.tianjinhg.com
【主要产品】硬脂酸钙;硬脂酸钡;硬脂酸铅;硬脂酸铝;硬脂酸锌;硬脂酸镁;硬脂酸镉

广州市涂升化工有限公司

广东省广州市白云区良田镇陈洞工业区[510500]
电话:(020)86271160;86272685;13719345023
传真:(020)86271160
网址:www.tusheng.com
E-mail:sales@tusheng.com
【主要产品】塑胶跑道;超耐候丙烯酸溶剂型外墙涂料;丙烯酸彩瓦漆;各色丙烯酸水泥地板漆;自流平环氧地板漆;水性环氧地坪涂料;各色环氧聚氨酯水泥地板漆;防静电地板漆

广州市团结橡胶厂有限公司

广东省广州市三元里走马岗路33号[510400]
电话:(020)86590140;86592095
传真:(020)86571337　经济类型:集体
供销电话:86571079　法人代表:刘柏贞
供销传真:86571086
网址:www.gztuanjie.com
E-mail:gx@gztuanjie.com
【主要产品】黏合剂;橡胶黏合剂;橡胶制品;橡胶传动带;橡胶杂品;胶丝

广州市伟香单体香料有限公司

广东省广州市桥中坦尾第五经济合作社高低塘区[510370]
电话:(020)81765213;13903073115
传真:(020)81753199
经济类型:私营企业　法人代表:谭玉凤
网址:weixiang.0086e.com
E-mail:weixiang@0086e.com
【主要产品】双戊烯;1,2-丙二醇;苯乙醇;丁香酚;丁酸;2-甲基丁酸;已酸;琥珀酸;乙酰乙酸乙酯;丁酸甲酯;丁酸丁酯;丁酸戊酯;丁酸苄酯;三醋酸甘油酯;水杨酸甲酯;苯甲酸丁酯;甲酸已酯;乙酸癸酯;乙酸乙酯;乙酸苯乙酯;苯乙酸苯乙酯;乙酸戊酯;醋酸辛酯;月桂酸乙酯;十四酸乙酯;醋酸异丁酯;辛酸甲酯;壬酸乙酯;已酸异戊酯;庚酸烯丙酯;肉桂酸甲酯;异戊酸乙酯;2-甲基丁酸甲酯;2-甲基丁酸乙酯;苯甲酸乙酯;2,3-丁二酮;乙基麦芽酚;麦芽酚;香兰素(1,2)丙二醇缩醛;乙酸叶醇酯;苯甲醇;苯甲酸甲酯;α-松油醇;苯甲酸苄酯;焦糖色素;乙酸糠酯;丁酸乙酯;丙酸乙酯;已酸乙酯;辛酸乙酯;乳酸乙酯;庚酸乙酯;乙酸薄荷酯;食用香精;丁酰乳酸丁酯;当归油;丁香油;乙酸香茅酯;甲酸香茅酯;柠檬油;肉桂醇;甲基紫罗兰酮;乙酸异戊酯;乙酸苄酯;乙酸芳樟酯;乙酸对叔丁基环已基酯;乙酸香叶酯;丁酸香叶酯;已酸烯丙酯;苯乙酸香叶酯;2-甲基-2-乙酸乙酯基-1,5-二氧戊烷;茉莉酯;柳酸丁酯;柳酸叶醇酯;柳酸异戊酯;邻羟基苯甲酸苯甲酯;异戊酸异戊酯;异戊酸叶醇酯;异戊酸苯乙酯;月桂烯;肉桂酸苯乙酯;乙酸松油酯;丙酸苄酯;甲酸叶醇酯;已酸叶醇酯;丁酸叶醇酯;乙酸橙花酯;十四酸异丙酯

广州市新立聚氨酯密封件厂

广东省广州市新滘南路龙潭村龙三工业区东四路[510240]
电话:(020)34042560
传真:(020)34042560
网址:www.nanopu.com
E-mail:pu_sunny@163.com
【主要产品】聚氨酯弹性体制品;耐热型纳米聚氨酯弹性体;聚氨酯密封件;聚

粤

氨酯橡胶传动带;聚氨酯胶轮

广州市兴胜杰有限公司

广东省广州市天河五山科技新街特一号 201 室[510640]
电话:(020)85266432;87565120
传真:(020)85262707
供销电话:85266432;87565120
经济类型:有限责任公司
网址:www.xingshengjie.com
E-mail:xsj@xingshengjie.com
【主要产品】聚四氟乙烯;耐高温有机硅树脂;聚四氟乙烯薄膜;聚四氟乙烯板材;聚四氟乙烯玻璃漆布;聚四氟乙烯推压管;聚四氟乙烯推压棒;聚四氟乙烯填充制品;聚四氟乙烯棒材;水溶性硅油;导热硅脂;超高真空扩散泵硅油;氟橡胶制品;聚氨酯光亮剂

广州市星冠化工有限公司

广东省广州市花都区新华工业区[510800]
电话:(020)36862975;36860953;36862976
传真:(020)36861278　职工人数:400 人
供销电话:36861706;36862258
经济类型:有限责任公司
网址:www.gzxghg.com
E-mail:shichangbu@gzxghg.com;sales@gzxghg.com
【主要产品】纳米木器漆;纳米家具漆;环保型内外墙乳胶漆;无苯聚酯漆;纳米墙面漆;环保万能胶

广州市延安油漆集团股份有限公司

广东省广州市黄园路 123 号[510425]
电话:(020)86297028;86294928;86297777
传真:(020)86294544　有进出口权
供销电话:86292777;86297777
企业规模:大型　法人代表:朱少梅
网址:www.wyyq.com
E-mail:wyyq@wyyq.com
【主要产品】各色酯胶磁漆;各色酚醛调合漆;酚醛磁漆;醇酸清漆;醇酸磁漆;醇酸汽车专用漆;各色快干氨基烘漆;氨基烘漆;金属闪光漆;硝基漆类;乳胶漆;丙烯酸清漆;丙烯酸系列汽车漆;丙烯酸聚酯汽车漆;浮雕漆;丙烯酸色漆;摩托车漆;聚酯树脂漆类;聚酯清漆;不饱和聚酯树脂腻子;常温道路标志漆;环氧树脂漆类;环氧富锌底漆;紫外光固化罩光清漆;氯化橡胶漆类;镀锌铁专用底漆;玻璃涂料;绝缘漆;高温防腐漆;荧光涂料;ABS 塑料专用漆;环保型建筑涂料;水晶漆;自动喷漆;特种防腐涂料;高级水泥地板漆;油漆稀释剂;脱漆剂;快干印铁耐蒸油墨;珍珠漆;仿橡胶漆;聚醋酸乙烯乳液胶黏剂;建筑胶

广州市洋达工程塑料原料厂

广东省广州市番禺区沙湾镇草河工业区[511483]
电话:(020)84648861;84648862;84637989
传真:(020)84646356;84646821
经济类型:股份有限公司
网址:www.yangda.com
E-mail:yangda@yangda.com
【主要产品】改性聚丙烯;耐高温 ABS;阻燃尼龙 6;改性聚酰胺;增韧增强尼龙-66;高透明尼龙;改性 PBT;聚碳酸酯;聚醚醚酮;聚碳酸酯合金;聚碳酸酯/ABS 工程塑料合金;改性 ABS;PC/PBT 合金;PC/ABS 合金(改性);改性 PC/PU 合金

广州市裕典化工有限公司

广东省广州市大德路 188 号大德大厦 B 座 602 室[510120]
电话:(020)83330679;83330745
传真:(020)83193243
网址:www.gzyudian.com
E-mail:sales@gzyudian.com
【主要产品】还原黄 GCN;还原黄 5RC;还原大红 R;还原蓝 BC;还原蓝 RSN;还原深蓝 BO;还原深蓝 VB;还原艳绿 FFB;还原橄榄绿 B;还原橄榄 R;还原橄榄 T;还原棕系列;还原灰 BG;还原黑 DB;还原直接黑 RB;活性黄 M-3RE;活性艳蓝 KN-R;活性黑 KN-B;分散黄 M-3RL;分散大红 S-GFL;分散艳红 B-S;分散大红 G-S;分散红玉 SE-GFL;分散红玉 S-2GFL;分散紫 H-FRL;分散蓝 2BRL;分散深蓝 HGL;分散黄棕 H-2RL;分散黑 EX-SF;超浓缩洗衣粉;洗涤剂(工业);有机硅织物柔软剂;阳离子柔软剂;阴离子柔软剂;非离子柔软剂;2D 树脂;固色剂 Y;渗透剂;精炼渗透剂;双氧水稳定剂;煮炼剂;精炼剂;退浆粉

广州市珠江精细化工厂

广东省广州市花都区炭步工业村[510800]
电话:(020)86622347;86634793
供销电话:84198278;84197283
网址:www.zjhg.cn
【主要产品】白胶浆;印花黏合剂;氨基硅油柔软剂;发泡浆;增稠剂;消泡剂

广州嵩源新材料有限公司

广东省广州市东圃吉山岐山路[510630]
电话:(020)38769016;38768923;82289925
传真:(020)38769017
供销电话:38767150
经济类型:有限责任公司
网址:www.songyuang.com
E-mail:yadobo@gzsoya.com;lyl@gzsoya.com
【主要产品】附着力促进剂;抛光膏清洗剂;酸洗膏;清洗剂

广州钛白粉厂

广东省广州市天河区东浦镇石溪村[510660]
电话:(020)82311863
传真:(020)82313569
法人代表:谭国图
网址:www.gzchemical.com/enterprise
【主要产品】钛白粉(陶瓷用);钛白粉;钛白粉(搪瓷用);钛白粉(锐钛型)

广州泰邦食品添加剂有限公司

广东省广州市黄埔大道中 152 号海景中心东塔[510655]
电话:(020)85626981;85626982
传真:(020)85626895
网址:www.gztaibang.com
E-mail:taibang@21cn.net
【主要产品】2-叔丁基对苯二酚;抗氧剂

广州泰成生化科技有限公司

广东省广州市番禺区沙湾镇三善工业区[511487]
电话:(020)84748047;84748093
传真:(020)84748049
网址:www.tchg.cn
E-mail:zxz020tc@126.com
【主要产品】保鲜剂;二氧化氯

广州泰升密封技术有限公司

广东省广州市经济技术开发区永和经济区井泉 3 路 79 号[511356]
电话:(020)32223111
传真:(020)32223390　职工人数:180 人
网址:www.tesnseal.com
E-mail:gracewu1997@yahoo.com.cn
【主要产品】聚四氟乙烯密封圈;油封;O 形密封圈;Y 形密封圈;V 形密封圈;橡胶防尘密封圈;旋转轴唇形密封圈

广州天赐有机硅科技有限公司

广东省广州市黄埔区云埔开发区康达路 8 号[510000]
电话:(020)82251159;13602878113
传真:(020)82058669　职工人数:100 人
经济类型:私营企业　法人代表:林祥坚
网址:www.tinci.cn
E-mail:silicone@tinci.com
【主要产品】硅树脂;硅橡胶;硅油

广州拓华化工科技有限公司

广东省广州市先烈中路 102 号华盛大厦北塔 1506 室[510070]
电话:(020)87317062;87317092
传真:(020)87317061　有进出口权
网址:www.topworkchem.com
E-mail:chem@topworkchem.com;whk@topworkchem.com
【主要产品】四氟丙醇;4-雄烯二酮;1,4-雄烯二酮;二氟孕甾丁酯;甲睾酮;丙酸睾酮;曲安西龙;曲安西龙双醋酸酯;甲基泼尼松;6-甲基醋酸泼尼松龙;16α-羟基泼尼松龙;羟基泼尼松龙醋酸酯;哈西奈德;曲安奈德;丙酸氯倍他索;倍他米松戊酸酯;二丙酸倍他米松酯;阿氯米松双丙酸酯;氟米龙;

粤

氟氢可的松；醋酸氟氢可的松；去羟米松；卤甲松；莫美他松；布地奈德；双氟拉松；醋酸双氟拉松；双氟美松；双氟美松叔戊酸酯；迪普罗酮；地夫可特；泼尼卡酯；氟可龙；双氟可龙；双氟可龙戊酸酯；氯可托龙；环索奈德；地索奈德；界面活性剂；退锡剂；合成切削液

广州秀珀化工有限公司

广东省广州市番禺区钟村镇谢石路秀珀工业园 72 号[511495]
电话：(020)87714062；87727798；34718388
传真：(020)34711818　职工人数：150 人
供销电话：87714062-8807
供销传真：87643903　法人代表：李赉周
经济类型：有限责任公司
网址：www.supe.com.cn
E-mail：supe@supe.com.cn
【主要产品】苯乙烯地坪涂料；内外墙涂料；内外墙乳胶漆；环氧树脂漆类；环氧地坪涂料

广州许氏三彩塑胶颜料厂

广东省广州市东圃棠东广棠路 9 号[510660]
电话：(020)82520519；82323086；13902308441
传真：(020)82520519
网址：www.tricolor-pigment.com
E-mail：sancai@tricolor-pigment.com
【主要产品】二甲苯；甲苯；2-丁酮；*N*，*N*-二甲基甲酰胺；PU 系列喷漆；水性色浆；PU 色浆；氨纶防黄剂；抗静电剂；邻苯二甲酸二辛酯；PU 脱模剂；PU 金油

广州优宝工业有限公司

广东省广州市科学城优宝工业园[510663]
电话：(020)32290786；32290605；32290498
传真：(020)32290498
网址：www.u-best.com
E-mail：gzyoubao@163.net
【主要产品】食用香精

广州造纸有限公司

广东省广州市海珠区工业大道中广纸路 40 号[510281]
电话：(020)84336888
传真：(020)84356618　有进出口权
经济类型：与港澳台商合资经营
法人代表：谢树文
网址：www.gzpaper.com.cn
E-mail：gz-paper@gzpaper.com.cn
【主要产品】乙醇；黏合剂；木质素磺酸钙

广州中捷机械化工有限公司

广东省增城市中新镇中福公路霞迳工业区 1 号[511300]
电话：(020)85552478；82860101；13326482788
传真：(020)85550677；82860102
供销电话：85552478；13326482788
网址：www.china-zhongjie.com
E-mail：sales@china-zhongjie.com
【主要产品】氟氢酸；硫酸钴；氟化镍；醋酸铜；醋酸镍；醋酸钴

广州珠江轮胎有限公司

广东省花都市炭步镇松仔岗[510828]
电话：(020)86748185；86748176
传真：(020)86748333　有进出口权
供销电话：86748188　企业规模：大型
供销传真：86746688
经济类型：有限责任公司
网址：www.pearlrivertyres.com
E-mail：hdqwer@public.guangzhou.gd.cn
【主要产品】载重汽车轮胎外胎；工业车辆轮胎；农用车辆轮胎

广州庄杰化工有限公司

广东省广州市罗岗区九龙镇均和村[511363]
电话：(020)82876121；82876075；13928998991
传真：(020)82876120
网址：www.zhuangjie.com
E-mail：zj@zhuangjie.com
【主要产品】柔软剂；匀染剂；渗透剂；双氧水稳定剂；精炼剂；螯合分散剂；消泡剂；软水剂；除油剂

华克化工有限公司

广东省广州市宝岗大道 S603 号[510240]
电话：(020)84394507
传真：(020)84394527　有进出口权
经济类型：私营企业　法人代表：华丽霞
网址：www.wark.biz
E-mail：huake01@tom.com
【主要产品】乳化硅油

名博防伪技术有限公司

广东省广州市白云区机场路 17 金茂大厦 807[510400]
电话：(020)86591919；86592929
传真：(020)86592611　法人代表：夏生
经济类型：私营企业
网址：www.mb315.com
E-mail：mb@mb315.com
【主要产品】丝网印刷油墨；珠光油墨；夜光油墨；防伪油墨

增城市福和顺发塑料助剂公司

广东省增城市福和大道南[511375]
电话：(020)82831923；13922384532
传真：(020)82833018
网址：www.chinachemnet.com/company/0032c.htm
E-mail：shunfa@hi2000.com
【主要产品】催干剂；二月桂酸二丁基锡

增城市亿克有机硅有限公司

广东省增城市福和镇坪中公路旁[511375]
电话：(020)82833333；82833088；13928941911
传真：(020)82833056
供销电话：82833333；13928912198
网址：www.yike-silicone.com
E-mail：yonxu@hotmail.com
【主要产品】二甲基环硅氧烷；二甲基硅油(201 型)；107 胶；氨基硅油

增城市云超化工有限公司

广东省增城市朱村镇风岗工业区[511370]
电话：(020)82853505
传真：(020)82853505
经济类型：私营企业　法人代表：张晓红
网址：www.yc-chem.com
E-mail：yunchao@pub.guangzhou.gd.cn
【主要产品】甲基丙烯酸；丙烯酰胺；*N*，*N*′-亚甲基双丙烯酰胺；水性木器漆用乳液；分散剂(涂料专用)；*N*-羟甲基丙烯酰胺；正十二烷硫醇；乳化剂

深圳市

奥星医药有限公司

广东省深圳市福田区益田路江苏大厦 B 座 1413 室[518000]
电话：(0755)25310416；25310417
传真：(0755)25310419
网址：www.olymstar.com
E-mail：olymstar@vip.sohu.com
【主要产品】聚卡波非钙；阿维菌素；噻菌灵；纳他霉素；盐酸表阿霉素；己二酸螺旋霉素；螺旋霉素碱；青蒿素；阿苯哒唑；吡喹酮；依维菌素；伏格列波糖；盐酸阿糖胞苷；表阿霉素；长春新碱；长春瑞宾双酒石酸盐；紫杉醇；多烯紫杉醇；氟达拉滨；克拉曲滨；拓扑替康；盐酸伊立替康；盐酸莱克多巴胺；奥沙利铂；哌泊噻嗪棕榈酸酯；谷胱甘肽；氟达拉滨磷酸酯；氨磷汀；他克莫司

成琳橡塑集团

广东省深圳市龙岗区坪地镇六联吉坑工业区[518117]
电话：(0755)84061153；61226188；13316551398
传真：(0755)84060301
供销电话：84061355；13316558798
职工人数：400 人
网址：www.chlrubber.com
E-mail：chl@chlrubber.com
【主要产品】硅胶管；橡胶杂品；橡胶发泡制品；硅橡胶制品；O 形密封圈

德一涂料股份有限公司

广东省深圳市宝安区松岗镇东方村大田洋工业区[518105]
电话：(0755)27089766；27089768
传真：(0755)27089769
经济类型：港澳台商独资经营

网址:www. te-1paints. com
E-mail:deyi@ te-1paints. com
【主要产品】氨基树脂漆类;硝基漆类;高级皮革漆;不饱和聚酯漆;紫外光固化涂料;塑料漆;聚氨酯漆类;各色聚氨酯底漆;聚氨酯面漆;压克力烤漆;功能涂料;木器涂料;聚氨酯固化剂

国发机械深圳厂

广东省深圳市宝安区松岗镇朗下管理区[518105]
电话:(0755)27138130
传真:(0755)27138129　职工人数:50 人
经济类型:私营企业　产值:5,000 千元
销售收入:6,300 千元
法人代表:刘清华
E-mail:liuqinghua19820304@ 163. com
【主要产品】泡沫塑料成型机

好富顿(深圳)有限公司

广东省深圳市车公庙工业区五小区[518048]
电话:(0755)83307001;83446811
传真:(0755)83306794
网址:www. houghton. com. cn
E-mail:info@ houghton. com. cn
【主要产品】高效金属防锈剂;金属清洗剂;淬火油;金属润滑剂;抗燃液压液

康富(深圳)化工涂料厂

广东省深圳市龙岗区平湖镇平新大道新康路 12 号[518111]
电话:(0755)84255380
传真:(0755)84255369
网址:www. hongfupaint. com
E-mail:zhzh@ hongfupaint. com
【主要产品】氨基烘漆;热塑性丙烯酸涂料;聚氨酯涂料;地坪涂料

绿维集团有限公司

广东省深圳市宝安区石岩镇水田村石龙仔路 6 号 B 号厂房[518108]
电话:(0755)28160900-8831,8820,8821
传真:(0755)28160902
网址:www. greenplas. com
E-mail:greenplas@ greenplas. com
【主要产品】降解树脂;消泡剂;塑料填充母料

美联兴(深圳)油墨有限公司

广东省深圳市宝安区福永白石厦东区美华路 30 号[518103]
电话:(0755)27323373;27323383;27323393
传真:(0755)27323393
网址:www. meilianxing. com
E-mail:meilianxing@ 163. com
【主要产品】各种胶印油墨;磨砂油墨;UV 上光油

冉点硅橡胶模具(深圳)有限公司

广东省深圳市布吉镇外贸巷 51 号杓妈岭工业区[518112]
电话:(0755)28537959;28535490;84701071
传真:(0755)84186195
供销电话:28537959;84701059
网址:www. risedot. com
E-mail:randian@ risedot. com
【主要产品】胶管;橡胶杂品;胶辊;油封;硅橡胶按键;汽车橡胶配件;防尘罩;O 形密封圈;橡胶密封圈;工业防震密封圈

三联粘合剂(深圳)有限公司

广东省深圳市宝安区松岗东方第一工业村电站路 4 号[518101]
电话:(0755)27143598;27143698;27143858
传真:(0755)27143098;27143638
供销电话:27143998;13602629536
经济类型:私营企业
网址:www. sl-adhesive. com
E-mail:info@ sl-adhesive. com
【主要产品】胶黏剂;聚醋酸乙烯乳液胶黏剂;万能胶;封边用热熔胶;聚氯乙烯胶黏剂;木工 AB 胶;拼板胶;黄胶

深圳鼎好光化科技有限公司

广东省深圳市宝安区新安 72 区开田中心 2 栋 1 楼[518101]
电话:(0755)27572216;27588378;27588308
传真:(0755)27572276
经济类型:中外合资经营企业
网址:www. hrschina. com
E-mail:sale@ hrschina. com;
hrs@ hi2000. com
【主要产品】光固化树脂;紫外光固化涂料;水性光油;电子线路板保护涂料;UV 系列油墨

深圳冠利达波顿香料有限公司

广东省深圳市南山区凯虹第二工业区第 79-80 栋[518051]
电话:(0755)26586699
传真:(0755)26612054
经济类型:与港澳台商合资经营
职工人数:350 人　法人代表:王明均
网址:www. gld-boton. com
E-mail:office@ gld-boton. com
【主要产品】香精

深圳华强机械密封件厂

广东省深圳市宝安区观兰镇牛湖老村兴业路 33 号[518110]
电话:(0755)28162118
传真:(0755)28162286
网址:www. caihuan. com
E-mail:info@ caihuan. com
【主要产品】橡胶密封制品;橡胶垫;油封;O 形密封圈

深圳健晶环保增助剂有限公司

广东省深圳市松岗镇燕川胜丰工业园 A 栋[518105]
电话:(0755)81315986;81765785;13903023158
传真:(0755)81765473
经济类型:中外合资经营企业
网址:www. szjianjing. com
E-mail:sales@ szjianjing. com
【主要产品】环氧大豆油;PVC 内润滑剂;PVC 外润滑剂

深圳凯奇化工有限公司

广东省深圳市田贝四路 2 号化工大厦六楼[518020]
电话:(0755)25630944
传真:(0755)25626690
经济类型:与港澳台商合资经营
网址:www. szkq. com
E-mail:helen. soong@ szkq. com
【主要产品】2,2-二甲氧基丙烷;3,4-二氢吡喃;2-甲氧基丙烯;2-乙氧基丙烯;季戊四醇硬脂酸酯;胶黏剂;己二酸二正辛酯;己二酸二异辛酯;环氧大豆油;环氧脂肪酸丁酯;油酸丁酯;PVC 润滑剂;PVC 内润滑剂;PVC 外润滑剂;炼油助剂

深圳科兴生物工程有限公司

广东省深圳市南山区科技工业园科技路 13 号[518057]
电话:(0755)26631309
传真:(0755)26508158
供销电话:26631280　企业规模:大型
供销传真:26632044
网址:www. kexing. com. cn
E-mail:office@ kexing. com. cn;
sales@ kexing. com. cn
【主要产品】重组人胰岛素

深圳礼尚亨涂料有限公司

广东省深圳市后海路 2 号天海豪景苑 11 楼[518067]
电话:(0755)26826876;26826875
传真:(0755)26826873
网址:www. idopa. com
E-mail:zcx11111@ public. szptt. net. cn
【主要产品】内墙亚光面漆;聚酯透明亮光面漆;聚酯透明底漆;各色聚酯底漆;PU 透明底漆;PU 有色亚光面漆;PU 透明亮光面漆;PU 透明亮光地板漆;PU 透明亚光地板漆;PU 不变黄及耐变黄系列透明底漆;高级 PU 耐黄变面漆;各色亮光面漆

深圳美科化工有限公司

广东省深圳市横岗镇三角龙工业区安兴路 24 号[518115]
电话:(0755)28617287;28659256;28658107
传真:(0755)28659736
供销电话:25867658;82128590
供销传真:82128526　企业规模:大型
经济类型:中外合资经营企业
网址:www. meikechem. com;
www. szkoyo. com
E-mail:xiashu@ meikechem. com

粤

【主要产品】光敏树脂;PS 版专用感光胶;光刻胶

深圳启灵科技实业有限公司

广东省深圳市龙岗区富强路龙新工业园[518110]
电话:(0755)21286827
传真:(0755)21286827　产值:500 千元
经济类型:私营企业　职工人数:50 人
法人代表:易恒道
E-mail:szqlgk@ 163. com
【主要产品】消光剂

深圳石化宝狮塑胶有限公司

广东省深圳市水贝石化工业区 1 幢[518019]
电话:(0755)25177660;25177661
传真:(0755)25517570　有进出口权
经济类型:中外合资经营企业
网址:www. kinglion. net. cn
E-mail:szkinglion@ 163. com
【主要产品】建筑排水用硬聚氯乙烯管材管件;给水用硬聚氯乙烯管材;聚氯乙烯管材;UPVC 聚氯乙烯加筋管;包装黏合剂;橡胶制品;胶圈

深圳市安品有机硅材料有限公司

广东省深圳市宝安区福永街道福海大道三星工业区二区安品大楼[518101]
电话:(0755)61149688;13924661250
传真:(0755)27334881　有进出口权
网址:www. apsi. cn
E-mail:szanpin@ 126. com
【主要产品】硅树脂;单组分室温硫化硅橡胶;液体硅橡胶;导热硅脂

深圳市宝安周益化工实业有限公司

广东省深圳市宝安区西乡宝田工业区前进路旁[518126]
电话:(0755)27487308;27487320-808
传真:(0755)27487308
网址:www. chemnet. com/show/zhouyi/cn
E-mail:wjdxj@ fm365. com
【主要产品】水性光油;聚醋酸乙烯乳液胶黏剂;复膜胶;水性复膜胶;金、银卡胶水;双面胶;铝转移胶;酪素蛋白胶;上光油;耐磨光油

深圳市北岳海威化工有限公司

广东省深圳市南山区同乐建工村 38 号大院内主楼[518051]
电话:(0755)26723148;26726685
传真:(0755)26723171;26723037
网址:www. ws-8810. com
E-mail:byhw@ ws-8810. com
【主要产品】抗菌防臭整理剂

深圳市布里斯多涂料有限公司

广东省深圳市福田区白沙岭南天大厦 1 栋 505 室[518031]
电话:(0755)83242949;83286626
传真:(0755)83286626　有进出口权
网址:www. china-bristol. com
【主要产品】内墙封闭底漆;外墙封闭底漆;反光道路标线涂料;金丝彩缎涂料;内墙面漆;外墙面漆

深圳市长先科技实业有限公司

广东省深圳市蛇口海滨东路 33 号渔民大厦[518067]
电话:(0755)26689086;26852598
传真:(0755)26689087　有进出口权
供销电话:26864069;26852598
经济类型:私营企业　法人代表:杨伟明
网址:www. changxian. com. cn
E-mail:szcxcy@ public. szptt. net. cn
【主要产品】胶黏剂;导电胶黏剂;环保万能胶;透明胶;聚氨酯胶黏剂;热熔胶黏剂;工业用特种胶;防水胶;硅酮耐候密封胶;表面活性剂;金属表面处理剂;防锈剂;磷化剂;除油剂;电镀添加剂;镀锌染色剂;助焊剂;免清洗助焊剂;绝缘油;清洗剂

深圳市诚达科技有限公司

广东省深圳市彩田南路彩虹新都彩荟阁 10 楼 A[518026]
电话:(0755)82915900;82915901;82915902
传真:(0755)82915903
网址:www. candortech. com
【主要产品】规整填料;散装填料;波纹填料;防腐填料

深圳市春旺实业有限公司

广东省深圳市宝安区龙华镇大浪华盛工业区[518109]
电话:(0755)28121593;28121259;28121260
传真:(0755)28105652
网址:www. chun-wang. com
【主要产品】蒙脱石;氧化钙;除臭剂;不干胶;高效型干燥硅胶;干燥剂

深圳市淳昌科技有限公司

广东省深圳市龙岗区平湖镇华南国际工业原料城[518116]
电话:(0755)89636178;89636180;13316976889
传真:(0755)89636179
网址:www. ccchem. com
E-mail:chunchang@ ccchem. com
【主要产品】硅酸乙酯;硅橡胶;印花硅胶;室温硫化甲基硅橡胶(107 型);耐高温硅橡胶;有机硅凝胶;硅橡胶类电子灌封料;液体硅橡胶;二甲基硅油(201 型);有机硅乳液;室温硫化有机硅模具胶;绝缘灌封胶;硅橡胶制品;氨基硅油;白炭黑;硅胶

深圳市滴达胶粘剂有限公司

广东省深圳市松岗镇沙圃工业大道 4 号[518105]
电话:(0755)27091712;13600156060
传真:(0755)27095986
网址:www. sz-yh. com
【主要产品】环氧树脂黏合剂;全透明环氧胶;厌氧胶;瞬间胶黏剂;丙烯酸酯结构胶;绝缘灌封胶

深圳市东方亮化学材料有限公司

广东省深圳市南山区南海大道新保辉大厦六楼[518054]
电话:(0755)26063875
传真:(0755)26063805
网址:www. szeastlight. com
E-mail:eastlight@ 163. net
【主要产品】凡立水;金属表面处理剂;助焊剂;电器清洗剂

深圳市飞扬实业有限公司

广东省深圳市宝安区沙井镇飞扬路 1 号[518104]
电话:(0755)33856588
传真:(0755)27237280;27237525
供销电话:27237285;27237288
经济类型:有限责任公司
法人代表:肖增钧
网址:www. feiyang. com. cn
E-mail:feiyang@ public. szptt. net. cn
【主要产品】二烯丙基醚;三羟甲基丙烷二烯丙基醚;琥珀酸;戊二酸;丁二酸二甲酯;TDI 三聚体;己二酸二甲酯;混合二元酸二甲酯;脂肪酸改性短油醇酸树脂;脂肪酸改性长油度醇酸树脂;椰子油脂肪酸改性短油度醇酸树脂;不饱和聚酯树脂(气干型);邻苯二甲酸二烯丙酯树脂;木器家具漆;高级乳胶漆;内外墙乳胶漆;不饱和聚酯漆;PU 高硬度抗刮伤亚光面漆;耐磨地板漆;水性抗碱底漆;双组分聚氨酯胶黏剂

深圳市富恒塑胶颜料有限公司

广东省深圳市宝安区公明镇长圳村长兴工业区 6 幢[518132]
电话:(0755)27179501;27179513;27179514
传真:(0755)27179516
法人代表:姚秀珠
网址:www. szfh. com
E-mail:fuheng@ szfh. com
【主要产品】塑胶色母粒

深圳市高展实业有限公司

广东省深圳市横岗镇[518115]
电话:(0755)28683900;28682611
传真:(0755)28682611
网址:www. gozan. com
E-mail:gozan@ gozan. com
【主要产品】防静电涂料;电致发光专用胶

深圳市固加实业发展有限公司

广东省深圳市宝安区公明镇红星第四工业区[518106]

粤

电话:(0755)27169778;27169777
传真:(0755)27169779
网址:www.china-coca.com
E-mail:guca@china-guca.com
【主要产品】硅橡胶;混炼胶;二甲基硅油;硅油;导热硅脂;绝缘灌封胶;硅酮结构密封胶;硅橡胶制品;硫化剂

深圳市广田环保涂料有限公司

广东省深圳市宝安区福永街道桥头桥塘路[518103]
电话:(0755)27305198;27304668;27305346
传真:(0755)27304298
网址:www.grandlandpaint.com
E-mail:threeleaves@threeleaves.com
【主要产品】丙烯酸内墙乳胶漆;常温道路标志漆;高级聚酯漆系列;氟碳漆;高级外墙乳胶漆

深圳市国志汇富高分子材料股份有限公司

广东省深圳市宝安区石岩台湾工业区景美大厦[518108]
电话:(0755)28093778
经济类型:股份有限公司
网址:www.szgzhf.com
E-mail:postmaster@szgzhf.com
【主要产品】聚氨酯泡沫塑料;PVC/NBR橡塑发泡保温材料;三元乙丙密封条;密封垫;防尘罩;O形密封圈

深圳市哈隆实业有限公司

广东省深圳市福田区鹏益花园6栋1810室[518000]
电话:(0755)25873306;25873051
传真:(0755)25873441
网址:www.halong.cn
E-mail:webmaster@halong.cn
【主要产品】木器漆;真石漆;硅丙外墙涂料;锤纹漆

深圳市豪虹涂料有限公司

广东省深圳市南山区创业路现代城华庭3栋18A[518067]
电话:(0755)86170926;86170936
传真:(0755)86170906
网址:www.szhoven.com
E-mail:hoven@163.net;
hoven@szhoven.com
【主要产品】乳胶漆;抗碱封闭底漆;丙烯酸涂料;塑料漆;聚氨酯涂料;氟碳漆;钢结构防腐涂料;地坪涂料

深圳市昊雪新材料科技股份有限公司

广东省深圳市西丽镇沿河路天地工业厂房[518055]
电话:(0755)26795590;26795592;26795591
传真:(0755)26795591
法人代表:范玉山
网址:www.haoxue.com
E-mail:sales@haoxue.com
【主要产品】乳胶漆;饰面型防火涂料;超薄型钢结构防火涂料;水性木器漆

深圳市华航环保材料有限公司

广东省深圳市龙岗区同乐社区坑尾工业区2号[518116]
电话:(0755)28950728;81623882
传真:(0755)28952711
网址:www.sz-nyx.com
E-mail:sales@sz-nyx.com
【主要产品】环氧大豆油;甲基锡热稳定剂;高透明无毒级PVC润滑剂

深圳市吉鹏硅氟材料有限公司

广东省深圳市龙岗街道办事处同乐村池屋工业区[518116]
电话:(0755)84822310
传真:(0755)84822752
网址:www.szjipeng.com
E-mail:zgszjp@163.com
【主要产品】二甲基环硅氧烷;室温硫化甲基硅橡胶(107型);二甲基硅油(201型);羟基硅油;水性消泡剂;水性油墨型消泡剂;强力AB胶;硅酮免垫片密封胶;氨基硅油

深圳市金立基实业有限公司

广东省深圳市宝安区公明镇塘尾村宝塘工业区[518132]
电话:(0755)27177788
传真:(0755)27177588
网址:www.glk-glue.com
E-mail:glk-glue@glk-glue.com;
glk-glue@163.com
【主要产品】聚醋酸乙烯乳液胶黏剂;万能胶

深圳市景江化工有限公司

广东省深圳市西丽镇平山桥头1号景江工业区[518055]
电话:(0755)26519012;26519027;13926008799
传真:(0755)26519214
网址:www.kingcom.com.cn
E-mail:info@kingcom.com.cn
【主要产品】环氧灌封料;环氧面漆;环氧地坪涂料;各色环氧聚氨酯水泥地板漆;环氧无溶剂自流平漆;环氧树脂类防腐涂料;环氧防腐底漆;水性环氧树脂涂料;乙烯基酯重防腐涂料;聚氨酯防水涂料;聚合物改性水泥基弹性防水涂料;绝缘灌封胶

深圳市久发橡胶制品有限公司

广东省深圳市龙岗区坪山镇碧岭村工业区永丰路[518118]
电话:(0755)89930118;89930119;13600413909
传真:(0755)89930490
网址:www.chinajiufa.com
E-mail:info@chinajiufa.com
【主要产品】橡胶发泡制品

深圳市聚人成电子材料有限公司

广东省深圳市宝安区39区107国道[518101]
电话:(0755)27838958;27838571;27838546
传真:(0755)27891450
供销电话:27838546;27838545
经济类型:有限责任公司
网址:www.szgbz.com
E-mail:szgbz@szgbz.com
【主要产品】阻燃环氧灌封料;胶黏剂;电子灌注胶;透明胶;UV胶黏剂;强力胶;油酸钠皂

深圳市丽英达化工有限公司

广东省深圳市宝安区公明镇塘家村丽英达工业区[518106]
电话:(0755)27175000
传真:(0755)27175148
供销电话:26052000;13802259929
供销传真:26523887
网址:www.liyingda.com
E-mail:lyd@liyingda.com;
sales@liyingda.com
【主要产品】防锈剂;脱氧剂;干燥剂

深圳市联环有机硅材料有限公司

广东省深圳市松岗镇沙浦围工业区[518105]
电话:(0755)27052112;13923463372
传真:(0755)27052562
供销电话:27052112;13602588127
网址:www.shsilicone.com
E-mail:shgslsl@sohu.com
【主要产品】室温硫化有机硅模具胶;商标纸胶;硅橡胶制品

深圳市绿环化工实业有限公司

广东省深圳市福田区下梅林龙尾路181号[518049]
电话:(0755)83311054
传真:(0755)83318818
供销电话:83311179;83111711
职工人数:302人　　法人代表:陈志传
网址:www.szluhuan.com
E-mail:szlh@szluhuan.com
【主要产品】硫酸铜;三氯化铁;氧氯化铜;碱式碳酸铜;蚀刻剂

深圳市迈地砼外加剂有限公司

广东省深圳市南山区西丽镇福光村B1栋[518053]
电话:(0755)86160916;13902900938
传真:(0755)86180966
网址:www.chinamaidi.com
【主要产品】混凝土界面处理剂;减水剂;混凝土养护剂;砂浆防潮防水剂

深圳市美丽华油墨涂料有限公司

广东省深圳市宝安区福永镇白石厦

工业东区[518103]
电话:(0755)27308175;27307176;27307899
传真:(0755)27308133
供销电话:29969980
供销传真:27309030
网址:www. meilihuauv. com
E-mail:mlhuv@ meilihuauv. com
【主要产品】汽车漆;木器家具漆;发泡油墨;丝网印刷油墨;软管油墨;UV 系列油墨;UV 丝印油墨;UV 凹印油墨;喷涂油墨;冰花油墨;金银卡油墨;磨砂油墨;鞋用油墨;机印油墨;UV 塑胶上光油;皮革上光油;UV 上光油

深圳市盟友化工有限公司

广东省深圳市宝安区松岗镇楼岗下碑福进路 18 号[518105]
电话:(0755)27055275;27055577
传真:(0755)27055578
网址:www. gdszally. com
E-mail:webmaster@ gdszally. com
【主要产品】快干氨基醇酸烘漆;木器漆;乳胶漆;各色丙烯酸氨基烘漆;塑胶漆;环氧地坪涂料;氟碳重防腐涂料;高级氟碳外墙装饰漆;玻璃涂料;UV 罩光涂料

深圳市明水生物化工有限公司

广东省深圳市南山区南新路苏豪名厦 19C1、19D2[518052]
电话:(0755)26070688
传真:(0755)26078688　　有进出口权
网址:www. ms-sw. com
E-mail:ms6688@ public. szptt. net. cn
【主要产品】氨基硅油;酸性染料染色用固色剂;无甲醛固色剂;渗透剂;高效渗透剂;退浆剂

深圳市明远氟涂料有限公司

广东省深圳市深南大道 6007 号创展中心 1301 室[518049]
电话:(0755)81320050;83860161;83581946
传真:(0755)83185904;83860086
经济类型:有限责任公司
网址:www. mycoating. com
E-mail:my@ mycoating. com
【主要产品】丙烯酸聚氨酯防腐涂料;纯丙烯酸水性涂料;硅丙内外墙涂料;丙烯酸内墙乳胶漆;硅丙外用水泥涂料;环氧树脂类防腐涂料;室温固化氟碳涂料;氟碳漆;氟碳重防腐涂料;氟硅涂料;防水涂料;UV 罩光涂料;高级外墙弹性涂料

深圳市鹏基生物有限公司

广东省深圳市南山区珠光路西丽体育中心[518055]
电话:(0755)86230980
传真:(0755)86230990
网址:www. pengking. com
E-mail:szpj8899@ pengking. com
【主要产品】2-辛醇;D-(+)-二苯甲酰酒石酸;D-(+)-二苯甲酰酒石酸一水物;D-(+)-二对甲基苯甲酰酒石酸;D-(+)-二对甲基苯甲酰酒石酸一水物;L-(-)-二苯甲酰酒石酸;L-(-)-二苯甲酰酒石酸一水物;L-(-)-二对甲基苯甲酰酒石酸;L-(-)-二对甲基苯甲酰酒石酸一水物;D-(+)-二对甲氧基苯甲酰酒石酸;L-(-)-二对甲氧基苯甲酰酒石酸;D-(-)-酒石酸二甲酯;L-(+)-酒石酸二甲酯;D-(-)-酒石酸二异丙酯;L-(+)-酒石酸二异丙酯;L-(+)-酒石酸二乙酯;D-(-)-酒石酸二乙酯;对羟基苯甲酸乙酯;对羟基苯甲酸甲酯;对羟基苯甲酸丙酯;对羟基苯甲酸丁酯;盐酸甜菜碱;甜菜碱;吡啶硫酮锌;十二烷基二甲基甜菜碱;椰油酰胺丙基甜菜碱

深圳市启元达精细化工有限公司

广东省深圳市蛇口工业八路桃花园 2 栋 B1301[518067]
电话:(0755)26812906;26867842;13316872069
传真:(0755)26867842　职工人数:20 人
经济类型:私营企业　法人代表:庄坚强
网址:www. qyd. b2b. cn
E-mail:qyd@ b2b. cn
【主要产品】硅树脂;改性硅油;导热硅树脂漆;氟碳漆;硅胶

深圳市容大电子材料有限公司

广东省深圳市宝安区福永镇新田工业区 27 栋[518103]
电话:(0755)27312837;27313901
传真:(0755)27312759
网址:www. szrd. com
E-mail:market@ szrd. com
【主要产品】标牌专用油墨;金属油墨;耐酸碱抗蚀刻油墨;导电碳油墨;防静电油墨;热固型文字油墨;光固化阻焊油墨;热固阻焊油墨;抗电镀油墨;重氮感光胶;UV 上光油

深圳市润邦综研科技有限公司

广东省深圳市宝安区龙华镇清湖村清湖园 A13[518109]
电话:(0755)28079970
传真:(0755)28079977
网址:www. rbsk. com
E-mail:rbsk@ rbsk. com
【主要产品】双面胶带;包装胶带;铝箔胶黏带

深圳市蛇口三力有机硅材料有限公司

广东省深圳市[518100]
电话:(0755)27512888
传真:(0755)27512598
网址:www. sunluxe. com
E-mail:zhangchuan@ sunluxe. com
【主要产品】硅橡胶;羟基硅油;硫化剂;脱模剂

深圳市深高科美硅胶制品有限公司

广东省深圳市龙华三联老围村联围路深高科美工业园 B 栋一楼[518109]
电话:(0755)28131678
固定资产:10,000 千元　法人代表:黄生
产值:1,000 千元　销售收入:1,000 千元
职工人数:260 人
网址:www. szkcm. com
E-mail:szkcm001@163. com
【主要产品】硅橡胶按键

深圳市深金源塑料制品有限公司

广东省深圳市宝安区松岗街道塘下涌[518000]
电话:(0755)33663689;33663690;33663691
传真:(0755)33927199;33663692
职工人数:150 人
网址:www. richbag. com
E-mail:ly03@ richbag. com
【主要产品】塑料制品;塑料管;PE 保护膜

深圳市唐正实业有限公司

广东省深圳市宝安区观兰镇观兰大道 152 号[518110]
电话:(0755)27999928;27999938
传真:(0755)27999968
网址:www. tangzheng. com
E-mail:mzh@ tangzheng. com
【主要产品】乙基麦芽酚;甲基环戊烯醇酮

深圳市腾龙源实业有限公司

广东省深圳市宝安区 35 区前进一路 242 号[518101]
电话:(0755)27968666;27968036
传真:(0755)27967426　法人代表:谢生
经济类型:股份合作
网址:www. topchemical. com
E-mail:tly10000@ tom. com
【主要产品】钨酸;盐酸;钼酸;硅酸;硝酸;硫酸;碘酸;硼酸;消泡剂;聚合硫酸铁

深圳市通港实业有限公司

广东省深圳市罗湖区人民南路嘉里中 1602-1605 室[518001]
电话:(0755)5181627
传真:(0755)5181896
法人代表:何通海
网址:www. sztonggang. com
【主要产品】香精

深圳市图特美高分子材料有限公司

广东省深圳市宝安区 26 区[518101]
电话:(0755)27848187;27848165;27848516
传真:(0755)27849342;27849754
网址:www. chinatutr. com

粤

【主要产品】聚氯乙烯塑料地板；塑胶跑道；导电胶黏剂；绝缘灌封胶；强力 AB 胶；耐高温导热胶

深圳市现代宝实业有限公司

广东省深圳市沙井镇新二工业区第二幢[518104]
电话：(0755)27254371；27254381；27254391
传真：(0755)27254390
网址：www. szxdb. com
E-mail：szxdb@ sina. com
【主要产品】阻燃 ABS；耐高温 ABS；增韧尼龙 6；增强阻燃尼龙-66；工程塑料；PC/ABS 合金(阻燃)

深圳市鑫合力胶粘技术有限公司

广东省深圳市宝安区龙华镇民治管理工业区[518109]
电话：(0755)28156357；13715371717
传真：(0755)28155865
网址：www. jiaonianji. com
【主要产品】强力胶；快干胶黏剂；特种润滑脂

深圳市亚王康丽技术有限公司

广东省深圳市宝安区石岩黄峰岭工业区[518108]
电话：(0755)27633390；27633391
传真：(0755)27633395　　有进出口权
经济类型：股份合作　法人代表：赵晓轮
网址：www. asiatop-carnitine. com
E-mail：ywkl@ asiatop-carnitine. com
【主要产品】二氯异丙醇；(*R*)-1，2-丙二醇；3-氯-1，2-丙二醇；*R*-3-氯-1，2-丙二醇；肉毒碱盐酸盐；L-肉碱盐酸盐；左旋肉碱酒石酸盐

深圳市永为有机硅胶厂

广东省深圳市龙华镇下油松第六工业区 168 栋[518027]
电话：(0755)27638157-806
供销电话：27638157-805
网址：www. szyongwei. com
【主要产品】有机硅灌封料；导热硅脂

深圳市粤星雅实业有限公司

广东省深圳市松岗红星蚝涌 2-4 栋[518105]
电话：(0755)27083808；27093358；13316532818
传真：(0755)27093358-803
网址：www. szyxy. com
E-mail：szyxy168@ 126. com
【主要产品】内外墙涂料；环氧地坪涂料；自流平环氧地坪涂料；无毒防霉墙面漆

深圳市展辰达化工有限公司

广东省深圳市光明牛山工业区[518106]
电话：(0755)27403404；27403405
传真：(0755)27403403
经济类型：私营企业
网址：www. zhanchenda. cn
E-mail：webmaster@ zhanchenda. com
【主要产品】硝基漆类；木器漆；内外墙乳胶漆；高级聚酯漆系列；装修漆；装饰涂料

深圳市臻晖电子有限公司

广东省深圳市宝安区公明镇塘尾村宝塘工业区 20 栋[518132]
电话：(0755)27177665；27177513；27177514
传真：(0755)27549023；27177510
职工人数：1，000 人
网址：www. chinfai. com；www. silicon-rubber. com
E-mail：sales@ silicon-rubber. com
【主要产品】硅胶条；硅橡胶按键；护套；硅橡胶制品；硅胶杂件；O 形密封圈

深圳市志海实业有限公司

广东省深圳市宝安区福永镇白石厦东区华中路 10 号[518103]
电话：(0755)27307651；27308077
传真：(0755)27308077　　有进出口权
经济类型：私营企业　　职工人数：50 人
法人代表：严一丰
网址：www. aimsea. com
E-mail：yanyifeng@ aimsea. com；info@ aimsea. com
【主要产品】环保 PVC 塑胶粒；钙锌无毒复合稳定剂；液体钡锌稳定剂；有机锡稳定剂；复合稳定剂；复合抗氧剂

深圳市中略塑胶包装有限公司

广东省深圳市龙岗区龙岗镇南联工业村刘屋路[518116]
电话：(0755)84801111；84807777；13802555555
传真：(0755)84815999；84800988
网址：www. szhingtai. com
E-mail：hingtai@ szhingtai. com
【主要产品】PP 收缩膜；聚氯乙烯热收缩膜；PET 收缩膜；聚烯烃热收缩薄膜

深圳市尊业纳米材料有限公司

广东省深圳市龙岗区坪山镇深圳大工业区[518118]
电话：(0755)84622061
传真：(0755)84622061
网址：www. junyenano. com
E-mail：sales@ junyenano. com；junyenano@ 126. com
【主要产品】氧化锌(纳米)

深圳松辉化工有限公司

广东省深圳市宝安区松岗镇松白公路松岗段 9 号[518105]
电话：(0755)27558599
传真：(0755)27558596
供销电话：27558599
经济类型：与港澳台商合作经营
法人代表：原树华
网址：www. pinefield. com
E-mail：sales@ pinefield. com
【主要产品】制罐用涂料；金属烤漆；木器漆；塑胶漆；粉末涂料；光固化涂料；聚氨酯漆类；油墨

深圳天虹化工实业有限公司

广东省深圳市宝安区福永镇和平同富裕工业区[518103]
电话：(0755)27314400
传真：(0755)27314178
经济类型：与港澳台商合资经营
网址：www. rainbowsz. com
E-mail：maojianfang@ rainbow-sz. com
【主要产品】油性全天候自洁漆；弹性墙面漆；内墙亚光面漆；丙烯酸封闭底漆；浮雕漆；真石漆；硅丙外墙涂料；丙烯酸内墙乳胶漆；环保内墙乳胶漆；各色丙烯酸水泥地板漆；道路标线涂料；环氧封闭底漆；防霉内墙乳胶漆；水泥漆；纳米复合材料外墙涂料；外墙晴雨漆；强黏结抗碱底漆；水性墙面漆；高级外墙弹性涂料；抗裂弹性腻子；绒毛漆

深圳欣福林精细化工有限公司

广东省深圳市爱国路泰宁花园 C 座 17 楼[518023]
电话：(0755)25621395
传真：(0755)25503248
网址：www. happychem. cn
E-mail：sales@ happychem. cn
【主要产品】硫代乙酸；间氯苯乙酮；间溴苯乙酮；3-氨基苯乙酮；3-羟基苯乙酮；3-硝基苯乙酮；盐酸安心酮；重酒石酸去甲肾上腺素；辛弗林；盐酸去氧肾上腺素；盐酸伊替福林

深圳信立泰药业有限公司

广东省深圳市福田区深南大道 6007 号创展中心 1901 室[518040]
电话：(0755)83867888
传真：(0755)83867338
网址：www. salubris. com
E-mail：info@ salubris. com
【主要产品】帕米膦酸；头孢吡肟；头孢尼西；头孢呋辛；阿德福韦；贝那普利；氯吡格雷；氯雷他定

深圳雅联化工实业有限公司

广东省深圳市龙华镇谭罗村[518027]
电话：(0755)61561088；61561087
传真：(0755)28176737
网址：www. sz-union. com
E-mail：sz-union@ sohu. com
【主要产品】各色聚丙烯塑料专用漆；聚酯改性丙烯酸烤漆；塑胶漆；聚酯烤漆；聚氨酯漆类；无毒硬胶漆；特种涂料；真空电镀用底面漆；移印油墨；工艺品涂料

深圳中宏工业气体有限公司

广东省深圳市蛇口工业区松湖路 7

粤

号[518067]
电话:(0755)26693703;26692537
传真:(0755)26692845
经济类型:外商投资股份有限公司
网址:www.cngspw.com
E-mail:szcwig@public.szptt.net.cn
【主要产品】二氧化碳;氖气;氢气;氧气;氩气;氦气;氧化亚氮;氮气;乙炔

维新制漆(深圳)有限公司

广东省深圳市龙岗区坪山镇碧岭村第二工业区[518118]
电话:(0755)89932388
传真:(0755)89932288
经济类型:与港澳台商合资经营
网址:www.vabc.cn
E-mail:vabc@vabc.cn
【主要产品】金属闪光漆;汽车漆;木器漆;内外墙涂料;高温罩光清漆;特种涂料;高温中涂漆;地坪涂料

新立胜装饰材料(深圳)有限公司

广东省深圳市平湖镇新厦工业城69号[518111]
电话:(0755)84252018;84252118;84252000
传真:(0755)84252111 有进出口权
经济类型:外商独资
网址:www.xls.com.cn
E-mail:szxls@xls.com.cn
【主要产品】粉末涂料

益飞医药化工有限公司

广东省深圳市福田区福虹路华强花园A栋10C[518033]
电话:(0755)83741243;83740865;83741239
传真:(0755)83741578 有进出口权
供销电话:83760606;83741239
网址:www.iffchem.com.cn
E-mail:sziffect@iffchem.com.cn
【主要产品】活力康唑;阿德福韦;比沙可啶;氟替卡松丙酸酯;佐米曲坦;异维A酸;钙泊三醇;孕二烯酮;比卡鲁胺;群勃龙;阿糖胞苷;盐酸米托蒽醌;表阿霉素;阿霉素;雷诺嗪;缬沙坦;利血平;奥美沙坦;培哚普利;重酒石酸去甲肾上腺素;罗苏伐他汀钙;氟伐他汀钠;沙美特罗;氟哌啶醇;西沙必利;多潘立酮;奥曲肽;泮库溴铵;组胺二盐酸盐;阿达帕林;盐酸奥洛他定;盐酸阿那格雷;依替米贝;孟鲁司特钠;盐酸美金刚胺;环索奈德

益鹏生物科技(深圳)有限公司

广东省深圳市高新技术园北区郎山路[518057]
电话:(0755)26980612;21180592
传真:(0755)26980274
供销电话:26980051
经济类型:有限责任公司
网址:www.epochbiopharm.com
E-mail:epoch@thyx.com;
epochbiopharm@yahoo.com
【主要产品】2-甲氧羰基甲氧亚胺基-4-氯-3-氧代丁酸;3-氨基奎宁环二盐酸盐;1,2-苯并异噻唑-3-乙酸;1,2-苯并异噻唑-3-甲磺酸钠;噻酯肟酸;盐酸帕洛诺司琼;噻托溴铵;马来酸氟伏沙明;甲磺酸多拉司琼

中华制漆(深圳)有限公司

广东省深圳市宝安区沙井镇环镇路衙边工业区[518104]
电话:(0755)27722788
传真:(0755)27722782
供销电话:29697668 企业规模:大型
供销传真:29695228
经济类型:港澳台商独资经营
网址:www.chinapaint.com
E-mail:sales@chinapaint.com
【主要产品】地板涂料;各色水性无毒玩具漆;保养性涂料;高级汽车漆;装饰涂料;木器涂料;电子制品涂料

珠海市

德科化工(珠海)有限公司

广东省珠海市[519000]
电话:(0756)7767736
传真:(0756)7767726
网址:www.deco-chem.com
E-mail:info@deco-chem.com
【主要产品】聚丙烯用阻燃剂

广东省珠海星光活性炭有限公司

广东省珠海市前山翠仙街18号6栋401[519070]
电话:(0756)8831701;8506441
传真:(0756)8506441
经济类型:中外合资经营企业
法人代表:张一东
网址:www.aczh.com
E-mail:home@aczh.com
【主要产品】活性炭

丽珠医药集团股份有限公司

广东省珠海市拱北桂花北路132号[519020]
电话:(0756)8135805;8135862
传真:(0756)8135873;8135872
供销传真:8886002 法人代表:易振球
网址:www.livzon.com
E-mail:zhaoshang@livzon.com.cn
【主要产品】7-氨基头孢三嗪;头孢他啶侧链酸;头孢吡肟盐酸盐;头孢哌酮;硫酸头孢匹罗;头孢地嗪钠;头孢呋辛;头孢呋辛钠;头孢他啶;头孢曲松钠;枸橼酸铋钾;雷贝拉唑钠

珠海保税区丽珠合成制药有限公司

广东省珠海市洪湾珠海保税区[519030]
电话:(0756)8686177;8686298;8687798
传真:(0756)8686178;8686567
固定资产:93,234千元 有进出口权
经济类型:中外合资经营企业
企业规模:大型 职工人数:333人
法人代表:董绍志
网址:www.livzonhc.com.cn
E-mail:exp@livzonhc.com.cn
【主要产品】苯乙酸;6-氨基青霉烷酸;氨苄青霉素;阿莫西林;头孢呋辛钠;头孢曲松钠

珠海保税区领科化工有限公司

广东省珠海市保税区第31号区域[519030]
电话:(0756)8687758;13322875699
传真:(0756)8687748
供销电话:8613458;13326616870
经济类型:有限责任公司
网址:www.lkolk.com
E-mail:info@lkolk.com
【主要产品】环氧地坪涂料

珠海金鸿塑料制品有限公司

广东省珠海市香唐路里神前村[519000]
电话:(0756)8831387;13318980455
网址:www.jinhong-plastic.com
E-mail:fsm@macau.ctm.net;
jinhongp@21cn.net
【主要产品】聚乙烯塑料袋

珠海联邦制药厂有限公司原料厂

广东省珠海市三灶国家高新技术开发区[519040]
电话:(0756)7767706;7766777
传真:(0756)7767991;7768386
供销电话:26871033 企业规模:大型
供销传真:26871031
网址:www.tul.com.cn
E-mail:sales@tul.com.hk;
yxbtul@163.net
【主要产品】6-氨基青霉烷酸;氨苄青霉素;氨苄西林钠;氨苄青霉素三水酸;阿莫西林钠;阿莫西林;羟氨苄青霉素三水酸;哌拉西林钠;哌拉西林酸;头孢噻肟钠;头孢噻肟酸;头孢唑啉钠;头孢拉定;盐酸头孢他美酯;头孢哌酮;头孢哌酮酸;头孢呋辛酯;头孢他啶;舒巴坦钠;舒巴坦酸;舒巴坦匹酯;头孢曲松钠;他唑巴坦;他唑巴坦酸;他唑巴坦钠;盐酸曲普利啶

珠海联邦制药股份有限公司

广东省珠海市高新技术产业开发区三灶科技工业园[519015]
电话:(0756)7766777
传真:(0756)7767377
经济类型:与港澳台商合资经营
网址:www.tul.com.cn
E-mail:sales@tul.com.hk
【主要产品】克拉维酸钾;氨苄青霉素;

粤

阿莫西林钠;阿莫西林;哌拉西林钠;哌拉西林酸;头孢噻肟钠;头孢噻肟酸;头孢拉定;盐酸头孢他美酯;头孢哌酮;头孢哌酮钠/舒巴坦钠;头孢哌酮酸;头孢呋辛酯;头孢他啶;舒巴坦钠;舒巴坦酸;舒巴坦匹酯;头孢曲松钠;他唑巴坦;他唑巴坦钠;盐酸曲普利啶

珠海三鑫精细化工有限公司

广东省珠海市金湾区机场北路10号[519041]
电话:(0756)7630000;7630500
传真:(0756)7630180　职工人数:250人
固定资产:50,000千元
经济类型:有限责任公司
网址:www. sanxin-chem. com
E-mail:kdkpm@ vip. 163. com
【主要产品】盐酸伐昔洛韦;磷酸哌喹;格列美脲;盐酸丁洛地尔;替米沙坦;缬沙坦;伊贝沙坦;洛沙坦钾;坎地沙坦酯;米氮平;雷贝拉唑钠;兰索拉唑;盐酸氮卓斯汀

珠海市彩龙塑胶油墨制品有限公司

广东省珠海市香洲区金鼎科技工业园A段[519085]
电话:(0756)3393198
传真:(0756)3393282
经济类型:外商独资
网址:www. zhcailong. com
E-mail:info@ zhcailong. com
【主要产品】塑料表印油墨;水性印刷油墨;溶剂型油墨

珠海市广鑫化工有限公司

广东省珠海市金鼎镇永丰工业区[519085]
电话:(0756)6123777;6123366;6123311
传真:(0756)6123310
网址:www. guangxinhg. com
E-mail:info@ guangxinhg. com
【主要产品】氨基烘漆;汽车漆;丙烯酸烤漆;丙烯酸聚氨酯漆;各色水性无毒玩具漆;聚酯烤漆;塑料漆

珠海市华新钴业有限公司

广东省珠海市金湾区三板工业区[519090]
电话:(0756)7732355;7732858;13825665058
传真:(0756)7731882　职工人数:100人
经济类型:中外合资经营企业
法人代表:沈为民
网址:www. zhhxgy. com
E-mail:huaxin@ zhhxgy. com
【主要产品】硫酸钴;硫酸镍;氧化钴;钴;锡;镍;草酸镍;草酸钴

珠海市金山化工有限公司

广东省珠海市三灶镇[519040]
电话:(0756)7762529
传真:(0756)7761283　有进出口权
经济类型:与港澳台商合作经营
职工人数:132人　法人代表:关欢龄
网址:www. chinachemnet. com/jinshan
E-mail:jinshan@ pub. zhuhai. gd. cn
【主要产品】1,2,3-三甲氧基苯;2,3,4-三羟基苯甲醛;没食子酸;3,4,5-三甲氧基苯甲酸;2,3,4-三羟基苯甲酸;2,3,4-三甲氧基苯甲酸;单宁酸;鞣花酸;邻苯三酚;偏苯三酚;3,4,5-三甲氧基苯胺;3,4,5-三甲氧基苯甲酰胺;2,3,4-三甲氧基苯甲醛;2,3,4,4′-四羟基二苯甲酮;2,3,4-三羟基二苯甲酮;3,4,5-三甲氧基苯甲酸甲酯;3,4,5-三甲氧基苯甲酸乙酯;3,4,5-三甲氧基苯甲酰氯;3,4,5-三甲氧基苯磺酸钠;没食子酸丙酯;没食子酸乙酯;没食子酸甲酯

珠海市立立令精细化工厂

广东省珠海市唐家湾金发工业区[519085]
电话:(0756)3389399
传真:(0756)3385885　职工人数:50人
经济类型:私营企业
网址:www. lililing. com
E-mail:sales@ lililing. com
【主要产品】清洁剂

珠海市通晶塑胶制品有限公司

广东省珠海市南屏科技园屏东三路11号[519060]
电话:(0756)8683768;8683183
传真:(0756)8683728;8683386
供销电话:8683718;8686183
经济类型:中外合资经营企业
有进出口权
网址:www. goodtech. com. cn
E-mail:goodtech@ goodtech. com. cn
【主要产品】塑料制品;塑胶模具;注塑制品;汽车塑料配件

珠海市希友达油墨涂料有限公司

广东省珠海市南屏科技工业园[519060]
电话:(0756)8681999
传真:(0756)8681888
经济类型:有限责任公司
网址:www. xiyouda. com
E-mail:info@ xiyouda. com
【主要产品】油漆;不粘锅餐具漆;纸凹印油墨;UV胶印油墨;UV固化涂装油墨;PVC油墨;PVC表印油墨

珠海市业佳精密橡胶制品有限公司

广东省珠海市南屏科技工业园屏东六路1号[519060]
电话:(0756)8689128;8689138
传真:(0756)8689238　职工人数:400人
网址:www. yejia. com
E-mail:info@ yejia. com
【主要产品】橡胶杂品;减震用橡胶制品;硅橡胶按键;防尘罩

珠海市裕洲精细化工有限公司

广东省珠海市金鼎镇留狮山[519085]
电话:(0756)3384967;7758988
传真:(0756)3392079;7758898
职工人数:100人
网址:www. zhyuzhou. com
E-mail:168@ zhyuzhou. com
【主要产品】脱漆剂;洗涤剂808;柔软剂;除锈剂;脱脂剂;助焊剂

珠海欣宏电子化学材料有限公司

广东省珠海市紫荆路63号科汇大厦509[519000]
电话:(0756)2125007;2125716;2252619
传真:(0756)2125316
网址:www. zhxinhong. com;
www. zhxinhong. com. cn
E-mail:hgjncm800@ 163. net
【主要产品】二氯硅烷;六氟化硫;三氟化硼;一氧化碳;二氧化碳;氩气;氯气;砷烷;乙醇;合成氨;三氯化硼;过氧化氢;氢氧化铵;丙酮;乙酸,36%;氢氟酸;硝酸;硫酸;异丙醇

珠海勇达精细化工有限公司

广东省珠海市梅华西路869号勇达大厦[519070]
电话:(0756)8629606;8629609
传真:(0756)8624958
网址:www. chemyd. com
E-mail:sale2@ chemyd. com
【主要产品】柴油添加剂

珠海裕华聚酯有限公司

广东省珠海市唐家镇[519080]
电话:(0756)3311898;3617788
传真:(0756)3311483　有进出口权
供销电话:3313657;3617608
经济类型:股份有限公司
企业规模:大型　职工人数:530人
网址:www. yuhuapet. com
E-mail:yuhuapol@ pub. zhuhai. gd. cn
【主要产品】聚酯切片

汕头市

潮阳市金南化工有限公司

广东省潮阳市科技园工业区[515155]
电话:(0661)6645116;(0755)84631723
传真:(0661)6647767
供销传真:(0755)84631382
经济类型:私营企业　法人代表:郑钦勇
网址:www. jnhg. com. cn
E-mail:jnhg@ vip. 163. com;
xmsjng@ 126. com
【主要产品】乳胶漆;瓷釉涂料;防水涂料;水溶性涂料;油漆催干剂;网印黏

合剂 107;乳胶;建筑密封胶

杜力顿涂料有限公司

广东省汕头市金园工业区二围[515041]
电话:(0754)8202388;8111383
传真:(0754)8112383
企业规模:大型
网址:www.doridon.com
E-mail:doridon@doridon.com
【主要产品】环保型建筑涂料;环保水性木器底漆;无苯抗黄变木器漆

广东东方锆业科技股份有限公司

广东省澄海市莱美路宇田科技园[515821]
电话:(0754)5501988;5502988
传真:(0754)5500848
经济类型:股份有限公司
法人代表:陈潮钿
网址:www.orientzr.com
E-mail:yutian@pub.shantou.gd.cn
【主要产品】氧氯化锆;硅酸锆;二氧化锆;二氧化锆(稳定)

广东省澄海盐鸿橡塑辊类厂

广东省澄海市盐鸿镇工业区[515800]
电话:(0754)5779001;13902700279
传真:(0754)5771001
网址:www.baota-cn.com
E-mail:baota@baota-cn.com
【主要产品】胶辊;印刷胶辊;砻谷胶辊;造纸胶辊;印铁胶辊;硅橡胶辊

粤

广东西陇化工有限公司

广东省汕头市潮汕路西陇中街1号[515064]
电话:(0754)2481166
传真:(0754)2481768 经济类型:集体
供销电话:2481166;2480082
有进出口权 企业规模:大型
法人代表:黄伟波
网址:www.xlhg.com
E-mail:xihua@xlhg.com
【主要产品】硼酸;氢氧化钾;烧碱;碳酸氢钾;亚硫酸钠;硫化钠;硫酸钴;焦硫酸钠;硝酸钠;亚硝酸钠;三氯化铁;次氯酸钠;氯化钠;氯化钙;氯化钾(食用);工业氯化铵;三聚磷酸钠;六偏磷酸钠;焦磷酸钠;磷酸二氢钾;磷酸三钠;磷酸氢二钾;四硼酸钠(无水);重铬酸钠;硫氰化钠;高锰酸钾;氟化钠;氟硅酸钠;溴化钠;溴酸钠;碘化钠;碘化钾;碘酸钾;溴化钾;钼酸钠;偏硅酸钠(五水);锡酸钠;十八醇;丙三醇;十六醇;乙二胺四乙酸;冰醋酸;过氧乙酸;酒石酸;硬脂酸;原甲酸三甲酯;氯乙酸乙酯;三氯甲烷;氯乙酰胺;乌洛托品;乙二胺四乙酸二钠;柠檬酸钠;醋酸钠;乳酸钠;石蜡;*N,N*-二乙基十二酰胺;磷酸一铵;聚乙二醇;聚乙烯醇;碘;铋;盐酸;硫酸;苯并三氮唑;苯甲酸钠;食用纯碱;磷酸氢二钠(食用级);柠檬酸钾;二氧化硅食品添加剂;磷酸钙;次硝酸铋;二氧化氯;乳化剂 OP-10;斯盘系列;吐温系列;退锡剂;蚀刻剂

利莱精细原料有限公司

广东省汕头市升平区叠金工业区三片区03号[515061]
电话:(0754)2515933;2517933
传真:(0754)2512933
网址:www.leeluck.com
E-mail:market@leeluck.com
【主要产品】甲基萘;α-甲基萘;β-甲基萘;3,5-二甲基苯酚;3,4-二甲酚;1,8-萘酐

汕头昌丰化工有限公司

广东省汕头市万吉工业区海河路20号[515031]
电话:(0754)8842941;8849826
传真:(0754)8849827
网址:www.cf-chemical.com
E-mail:changfengltd@sohu.com
【主要产品】抗碱封闭底漆;高级丝光内墙乳胶漆;亚光型内墙乳胶漆;高级丝光外墙乳胶漆;亚光外墙乳胶漆;油性底漆;胶黏剂

汕头大中三联制漆有限公司

广东省汕头市天山路59号成德工业村[515041]
电话:(0754)8879842
传真:(0754)8890200
供销电话:6339777
供销传真:6339558
网址:www.shinypaint.com
E-mail:shiny@shinypaint.com
【主要产品】硝基木器清漆;水白硝基漆;外墙涂料;木器亚光漆;环氧地坪涂料;聚氨酯清漆;环保型建筑涂料;负离子涂料;木器着色剂

汕头海洋第一聚酯薄膜有限公司

广东省汕头市龙眼路85号[515041]
电话:(0754)8600555;8221020
传真:(0754)8251298 法人代表:余勇
供销电话:8603975;8625484
经济类型:中外合资经营企业
企业规模:大型
网址:www.soe-film.com.cn
E-mail:dxr@pub.shan.gd.cn
【主要产品】聚酯切片;涤纶薄膜

汕头金石制药总厂

广东省汕头市泰山路36号[515041]
电话:(0754)8924888;8924815
传真:(0754)8924887;8924811
供销电话:8924801;8924820
供销传真:8924889 法人代表:杨时浩
网址:www.jinshipharm.com
E-mail:info@jinshipharm.com
【主要产品】哌嗪(六水);硫酸头孢匹罗;头孢地嗪钠;头孢呋辛钠;贝诺酯;对乙酰氨基酚;磷酸哌嗪;枸橼酸哌嗪;己二酸哌嗪;羧甲司坦;羟甲香豆素;牡蛎钙

汕头经济特区新大成包装材料有限公司

广东省汕头市大学路升平工业区[515021]
电话:(0754)2524252;2524253
传真:(0754)2519005
经济类型:中外合作经营企业
网址:www.stxdc.com
E-mail:stxdc@21cn.com
【主要产品】凹印塑料油墨;纸凹印油墨;塑塑复合黏合剂

汕头精细化工(集团)公司

广东省汕头市大学路38号[515021]
电话:(0754)8223855;8223858
传真:(0754)8224389 经济类型:国有
固定资产:450,000千元 有进出口权
职工人数:315人 法人代表:郑文雄
网址:www.fine-chem.com
E-mail:stfcig@pub.shantou.gd.cn
【主要产品】合成胶乳;塑料复合包装膜;酞菁蓝;增塑剂;邻苯二甲酸二丁酯;邻苯二甲酸二辛酯

汕头市澄海区民康生化厂

广东省汕头市澄海区莲上镇兰苑工业区[515833]
电话:(0754)5742860;13502712860
传真:(0754)5745960
【主要产品】胆酸;胆甾醇;猪去氧胆酸;胆红素;牛胆粉;猪胆粉

汕头市华联化工有限公司

广东省汕头市澄海岭亭工业区华联大厦[515800]
电话:(0754)5867278;5867928;5850458
传真:(0754)5866188
网址:www.lian-hua.net
E-mail:lh@lian-hua.net
【主要产品】二盐基亚磷酸铅;二盐基硬脂酸铅;三盐基硫酸铅;硬脂酸钙;硬脂酸钡;硬脂酸锌;硬脂酸镁;硬脂酸镉;偶氮二甲酰胺

汕头市捷利安生化制品有限公司

广东省汕头市澄海区莲上[515833]
电话:(0754)2762888;2664888;13902700044
E-mail:stjielian@gmail.com
【主要产品】牛羊胆酸;硫酸软骨素;人工牛黄;猪胆粉

汕头市金园区良兴胶辊有限公司

广东省汕头市潮汕路金园工业城七片区[515064]

电话:(0754)8101888
传真:(0754)8110200
网址:www.lxjg.com
E-mail:lpy@lxjg.com
【主要产品】印刷胶辊;硅橡胶辊;耐高温硅胶辊

汕头市龙华珠光颜料有限公司

广东省汕头市升平工业区升业南路15号[515021]
电话:(0754)2511191;2512020;2512022
传真:(0754)2511192
供销电话:2512020;2511191
经济类型:有限责任公司
法人代表:刘为德
网址:www.longhuapigments.com
E-mail:info@longhuapigments.com
【主要产品】云母粉;珠光颜料;云母钛珠光颜料;金色珠光颜料;银白色珠光颜料

汕头市三峰化工公司

广东省汕头市大学路九号[515021]
电话:(0754)8100993;8110833;13802711028
传真:(0754)8109833
网址:www.sfchem.net
E-mail:mail@sfchem.net
【主要产品】蜂蜡;白虫蜡;改性脲醛树脂(环保型);固色剂Y;抛光膏;乳化油;地板蜡

汕头市盛腾助剂有限公司

广东省汕头市潮南区陇田东波工业区[515135]
电话:(0754)2222689;2211439;2211083
传真:(0754)2214289
网址:www.shengteng.net
E-mail:shengteng@139.com
【主要产品】酸性染料;活性染料;分散染料;阳离子染料;中性染料;柔软剂;匀染剂;高温匀染剂;抗静电剂;分散剂;固色剂;渗透剂JFC;快速渗透剂T;耐碱渗透剂;消泡王(高浓缩);双氧水稳定剂;洗涤剂209;精炼剂;除油精炼剂;螯合分散剂;软水剂;异辛醇聚氧乙烯醚磷酸酯;净洗剂;异辛醇醚磷酸酯;除油剂;脱氧剂

汕头鑫源化工有限公司

广东省汕头市大学路38号[515021]
电话:(0754)8226651;8113387
传真:(0754)8226652
经济类型:私营企业
网址:www.xyhg.cn
E-mail:webmaster@xyhg.cn
【主要产品】包装黏合剂;涂料印花增稠剂

韶关市

韶关市搏力橡塑制品有限公司

广东省韶关市粤北工业开发区韶南大道12号[512023]
电话:(0751)8294466;8294467;13346538380
传真:(0751)8297902
网址:www.boarlea.com
E-mail:boarlea@163.com
【主要产品】橡胶杂品;减震用橡胶制品;骨架油封;O形密封圈;Y形密封圈;异形密封圈

韶关市化工厂

广东省韶关市东郊黄金村[512023]
电话:(0751)8939525;8938004
传真:(0751)8938163　有进出口权
供销电话:8938614;13902340029
供销传真:8939049　法人代表:包国成
经济类型:股份合作
网址:www.sghgc.com
E-mail:webmaster@sghgc.com
【主要产品】硫酸;氟硅酸钠;磷肥;过磷酸钙;氮磷钾三元复混肥;混配复合肥料;钛白粉

河源市

广东立国制药有限公司

广东省河源市紫金县蓝塘镇过境路[517447]
电话:(0762)7931111;7934777;13502810995
传真:(0762)7931777　职工人数:600人
供销电话:(0755)83562998
供销传真:(0755)83562108
经济类型:与港澳台商合资经营
网址:www.titanpharm.cn
E-mail:huoweijun@vip.sina.com
【主要产品】头孢唑啉酸;头孢唑啉钠;头孢哌酮;头孢哌酮酸;头孢呋辛;头孢呋辛钠;头孢呋辛酯;头孢他啶

梅州市

丰顺汤西嘉兴福利化工厂

广东省丰顺县汤西镇颖川[514000]
电话:(0753)6856401
传真:(0753)6856401
法人代表:陈修巨
网址:jiaxing.chemnet.com
E-mail:gdjiaxing@chemnet.com
【主要产品】鱼藤酮乳油(7.5%)

广东梅县航海锰化厂

广东省梅州市梅县松口寺坑[514755]
电话:(0753)2763866;2762266;13802360811
传真:(0753)2767111;2763866
供销传真:2768818;2767111
经济类型:与港澳台商合作经营
法人代表:杨观
网址:www.hanghaichem.com
E-mail:hanghaichem@yahoo.com.cn
【主要产品】高锰酸钠;高锰酸钾

广东省丰顺洲骏化工有限公司

广东省丰顺县汤南镇[514321]
电话:(0753)6522399;6523888
传真:(0753)6522399
经济类型:中外合资经营企业
网址:www.chinachemnet.com/zhoujunchem/indexc.
E-mail:zjchem@hi2000.com
【主要产品】焦性没食子酸

广东兴宁市精细化工厂有限公司

广东省兴宁市兴田二路望江[514500]
电话:(0753)3391911;6168228
传真:(0753)3385162　经济类型:集体
法人代表:陈元泉
网址:www.gdfinechem.com
E-mail:sales@gdfinechem.com;mbt@gdfinechem.com
【主要产品】硫氰化钠;二硫氰基甲烷;防霉剂

广福建材(蕉岭)精化有限公司

广东省梅州市蕉岭县兴福镇[514100]
电话:(0753)7540339;7540599
传真:(0753)7540340
经济类型:外商独资
网址:www.gfcc.com.cn
E-mail:gfcc@gfcc.com.cn
【主要产品】方解石;超细硫酸钡;超细轻质碳酸钙;重质碳酸钙;超细煅烧高岭土;超细滑石粉

梅县航海锰化厂

广东省梅州市梅县松口镇寺坑[514755]
电话:(0753)2763866;2762266;13802360811
传真:(0753)2768818;2767111
供销传真:2763866　有进出口权
经济类型:与港澳台商合资经营
职工人数:295人　法人代表:杨观
网址:www.hanghaichem.com
E-mail:hanghaichem@yahoo.com.cn
【主要产品】高锰酸钠;高锰酸钾

惠州市

博罗县强力复合材料有限公司

广东省博罗县龙溪镇小蓬岗陈屋工业区[516121]
电话:(0752)6387505;6387506;6387507
网址:www.blql.com
【主要产品】黏合剂;绝缘灌封胶

广东省惠州瑞尔化学科技有限公司

广东省惠州市河南岸沙廖湖C3-502[516002]
电话:(0752)2533855;3619845;13902628056
传真:(0752)3619845　职工人数:20人
经济类型:有限责任公司

粤

法人代表：姜亚昌
网址：www. rare-chem. com
E-mail：xitu@ pub. huizhou. gd. cn
【主要产品】稀土氧化物；稀土系列产品；复合稀土纳米催化材料；稀土抛光剂

广东省惠州市虹珠化工有限公司

广东省惠州市火车站双龙大厦1203 室［516000］
电话：(0752)2801881；2830035
传真：(0752)2803015；2800050
经济类型：有限责任公司
网址：www. hzhongzhu. com
E-mail：webmaster@ hzhongzhu. com
【主要产品】磷酸三钠；硅酸钠(液体)；偏硅酸钠(五水)

合众(台湾)密封剂有限公司力泰厌氧胶厂

广东省惠州市博罗县博义路［516100］
电话：(0752)6282897
传真：(0752)6290158 职工人数：200 人
供销传真：6282899 法人代表：袁河
经济类型：私营企业
网址：www. letite. com
E-mail：webmaster@ hz-letite. com
【主要产品】厌氧胶；厌氧型平面密封胶；螺纹锁固密封胶

粤

惠州市华阳光学技术有限公司

广东省惠州市下角东路 10 号［516001］
电话：(0752)2209588；2215168
传真：(0752)2246085
经济类型：股份有限公司
网址：www. foryouot. com
E-mail：fot@ foryougroup. com
【主要产品】变色粉末涂料；变色油墨；变色颜料

惠州市华阳化工有限公司

广东省惠州市小金口镇［516023］
电话：(0752)2820098；2820092
传真：(0752)2820116
供销电话：2820090；2820091
网址：www. foryou-chem. com
E-mail：webmaster@ foryou-chem. com
【主要产品】塑胶漆；粉末涂料；聚氨酯漆类；UV 罩光涂料；胶黏剂；UV 上光油

惠州市双信达化工有限公司

广东省惠州市大亚湾西区塘布村［516012］
电话：(0752)5203490；5203491；5203492
传真：(0752)5203499
网址：www. shuangxinda. com
【主要产品】汽车专用修补漆；乳胶漆；藤器专用漆；工艺品胶

惠州市中迅化工有限公司

广东省惠州市仲恺高新技术产业开发区 24 号［516006］
电话：(0752)2621188；2621699
传真：(0752)2622366；2622399
供销电话：2390509
网址：www. zhxcn. com
【主要产品】哒螨灵可湿性粉剂；阿维菌素乳油；乙酰甲胺磷可溶性粉剂；30% 敌百虫乳油；吡虫啉可湿性粉剂；高渗吡虫啉乳油；丙溴磷乳油；灭多威可溶性粉剂；灭幼脲悬浮剂；25% 灭幼脲可湿性粉剂；啶虫脒乳油；虫酰肼悬浮剂；氟铃脲乳油；丙环唑乳油；三唑酮可湿性粉剂；三环唑可湿性粉剂；三唑锡可湿性粉剂；百菌清可湿性粉剂；代森锌可湿性粉剂；代森锰锌可湿性粉剂；硫黄胶悬剂；25% 咪鲜胺乳油；嘧霉胺悬浮剂；41% 草甘膦异丙胺盐水剂；异菌脲可湿性粉剂；菌毒・吗啉胍水剂；多・福・硫可湿性粉剂；百・锰锌可湿性粉剂；多・硫悬浮剂；10% 苯丁・哒乳油；3% 敌・克颗粒剂；硫丹・溴乳油；哒・螨醇乳油；哒・螨砜可湿性粉剂；溴・敌乳油；阿维・敌畏乳油；哒・四螨可湿性粉剂；炔螨・水胺乳油；福・甲硫可湿性粉剂；五氯・多可湿性粉剂；毒・氯乳油；吡・灭乳油；28% 百・霉威可湿性粉剂；18% 百・霜脲悬浮剂；腈菌・酮乳油；敌畏・氯乳油；马・辛乳油；阿维・毒乳油；苯噻酰・苄可湿性粉剂；阿维・唑磷乳油；阿维・吡可湿性粉剂；阿维・柴乳油；吡・氯乳油；仲・唑磷乳油；40% 杀扑・氧乐乳油；噻・异可湿性粉剂；氯・唑磷乳油

三化绝缘材料(东莞)有限公司

广东省东莞市桥头东江(惠州永平)［523003］
电话：(0752)7129218
传真：(0752)7129238
经济类型：港澳台商独资经营
网址：www. gdsanhua. com
【主要产品】环氧包封料；环氧地坪涂料；浸渍绝缘漆；工艺品胶；绝缘灌封胶；耐高温导热胶

中海壳牌石油化工有限公司

广东省惠州市大亚湾石油化学工业区［516086］
电话：(0752)3682228
传真：(0752)3681188
企业规模：大型
网址：www. cnoocshell. com
E-mail：webmaster@ cnoocshell. com
【主要产品】丙烯；丁二烯；苯乙烯；环氧丙烷；乙二醇；1，2-丙二醇；低密度聚乙烯；聚乙烯；聚丙烯

汕尾市

新发化工(广东)有限公司

广东省汕尾市海丰县后门镇岩公工业区［516400］
电话：(0660)6793938；6972072
传真：(0660)6793938
经济类型：私营企业
网址：cchg. 21sw. com
E-mail：chaocai@ 21cn. com
【主要产品】高弹环保防水乳胶漆；隔热防水漆；高级环保外墙漆；瓷釉涂料；内外墙防霉抗碱封固底漆；隔热涂料；内外墙腻子

东莞市

宝华实业中国有限公司

广东省东莞市东城区牛山科技工业园［523400］
电话：(0769)88756718；22259339
传真：(0769)88756783
网址：www. powerinks. com
E-mail：sales@ powerinks. com
【主要产品】金银油墨；丝网印刷油墨；镜面油墨；弹性胶浆；发泡浆

德诚颜料化工有限公司

广东省东莞市樟木头镇旗岭工业区［523625］
电话：(0769)87122031；87122032；87126466
传真：(0769)87126499
供销电话：87793205；87702790
供销传真：87783580
网址：www. dg-decheng. com
E-mail：decheng@ pub. dgnet. gd. cn
【主要产品】白色母粒

东莞昌盛化工有限公司

广东省东莞市常平沙湖口工业区［523557］
电话：(0769)83394031
传真：(0769)83392841
经济类型：港澳台商独资经营
网址：www. richem. com
E-mail：sales@ richem. com
【主要产品】硝基漆类；建筑涂料；各色水性无毒玩具漆；聚酯树脂漆类；工业用烤漆/喷漆；真空电镀用底面漆

东莞长胜涂料厂

广东省东莞市大岭山镇新塘工业区［523822］
电话：(0769)85617446；85616797
传真：(0769)83359351
网址：www. csc-paint. com
E-mail：csc@ csc-paint. com
【主要产品】硝基面漆；聚酯透明底漆；各色聚酯底漆；PU 透明亮光面漆；PU 透明亚光地板漆

东莞福斯特织物整理剂有限公司

广东省东莞市黄江镇一二八工业区［523752］
电话：(0769)83635786

传真:(0769)83635786 职工人数:30 人
网址:www. fstchem. com. cn
E-mail:info@ fstchem. com. cn
【主要产品】氨基硅油;腈纶匀染剂;亲水型有机硅织物整理剂;亲水型氨基硅油整理剂;固色剂 Y;无甲醛固色剂;渗透剂;双氧水漂白稳定剂;精炼剂;退浆粉;剥色剂;高效皂洗剂;螯合分散剂;氨基硅油乳化剂

东莞华美人造皮厂有限公司

广东省东莞市道滘镇牛仔洲工业区[523175]
电话:(0769)88839163
传真:(0769)88839663 有进出口权
经济类型:与港澳台商合资经营
企业规模:大型 法人代表:陈铭
网址:www. cnhuamei. com
E-mail:info@ cnhuamei. com
【主要产品】聚氯乙烯人造革

东莞晋丰装饰材料厂

广东省东莞市道滘镇永庆第一工业区[523175]
电话:(0769)88835417;88332527;88381655
传真:(0769)88380815
经济类型:有限责任公司
网址:www. jinfengpaint. com
E-mail:jinfeng@ jinfengpaint. com
【主要产品】环氧地坪涂料

东莞力宇橡胶制品厂

广东省东莞市虎门镇路东管理区[523581]
电话:(0769)5560858
传真:(0769)5560858
经济类型:与港澳台商合资经营
网址:www. leeyou. com
E-mail:sale@ leeyou. com
【主要产品】橡胶片

东莞茂兴热熔胶厂

广东省东莞市桥头镇岗头开发区[523003]
电话:(0769)83344985
传真:(0769)83438835
网址:www. dgmaoxin. com. cn
E-mail:dgmaoxin@ sohu. com
【主要产品】热熔胶黏剂;鞋用胶黏剂;压敏胶胶黏剂;包装黏合剂

东莞荣盛颜料有限公司

广东省东莞市樟木头镇古坑金河工业区[523750]
电话:(0769)87198203;87198302;83363167
传真:(0769)87195729
供销电话:83667332;13712207699
经济类型:私营企业
网址:www. dg-rongsheng. com
E-mail:dgrs@ chemn. com
【主要产品】塑胶制品;色母粒;塑胶稳定剂;白色母粒

东莞三国有机硅材料厂

广东省东莞市横沥镇维德路裕宁工业区[523003]
电话:(0769)22583943;87063520;87063521
传真:(0769)81010592
职工人数:150 人
网址:www. sanguosi. com
【主要产品】硅橡胶;加成型硅橡胶;单组分室温硫化硅橡胶;硅橡胶类电子灌封料;室温硫化有机硅模具胶

东莞世华化工有限公司

广东省东莞市大岭山镇下虎山黄屋村[523821]
电话:(0769)85621922;85621923;85621924
传真:(0769)85621921
供销电话:85621925;13602343537
经济类型:外商独资 职工人数:150 人
网址:www. dgshihua. com
E-mail:dgsehwa@ 188. com
【主要产品】聚酯粉末涂料;环氧型粉末涂料

东莞市彩虹塑胶颜料有限公司

广东省东莞市凤岗镇油甘埔工业区[523681]
电话:(0769)87777113;87779115
传真:(0769)87770858
网址:www. rainbowpigment. com
E-mail:ch@ chpigment. com
【主要产品】无机颜料;珠光颜料;荧光颜料;有机颜料;荧光增白剂

东莞市成铭热熔胶有限公司

广东省东莞市石碣镇西南村[523307]
电话:(0769)86319710;86306610
传真:(0769)86320242
供销电话:86300710
经济类型:有限责任公司
网址:www. cheng-ming. com
E-mail:webmaster@ cheng-ming. com
【主要产品】热熔胶黏剂

东莞市大岭山龙飞橡胶厂

广东省东莞市大岭山镇水朗工业区[523868]
电话:(0769)85605222;85606222;85627222
传真:(0769)85605688
网址:www. lungfee. com. cn
【主要产品】硅胶杂件

东莞市德能化工有限公司

广东省东莞市麻涌镇南州工业区[523136]
电话:(0769)88225501;88225503
传真:(0769)88225502
网址:www. talent-chem. com
E-mail:talent@ talent-chem. com
【主要产品】硬挺树脂;聚醋酸乙烯乳液胶黏剂;柔软剂;织物整理剂;氨基硅油乳液;氨基硅油柔软剂;匀染剂;固色剂;荧光增白剂;工业快速渗透剂;双氧水漂白稳定剂;防水剂;除油精炼剂;剥色剂;螯合分散剂;有机硅消泡剂;软水剂

东莞市东华机械有限公司

广东省东莞市莞城镇建设路 15 号[523070]
电话:(0769)22417755
传真:(0769)22415786 法人代表:邓昆
经济类型:与港澳台商合资经营
网址:www. donghua-ml. com
E-mail:info@ cml. com. cn
【主要产品】塑料注射成型机

东莞市方正硅橡胶制品有限公司

广东省东莞市石排镇田边大基工业园[523333]
电话:(0769)86510831;86510711;86511531
传真:(0769)86510661
供销电话:86535363;13926800406
职工人数:800 人
网址:www. fz-rubber. com
E-mail:2008@ forbetter. cn;600@ forbetter. cn
【主要产品】硅胶管;硅橡胶制品;硅胶杂件;O 形密封圈;硅橡胶密封圈;异形密封圈

粤

东莞市飞鸿涂料有限公司

广东省东莞市沙田镇穗丰年村进港南路[523003]
电话:(0769)88803929;88868508;13825759632
传真:(0769)88803919
供销电话:88803929;13829125968
网址:www. dgfeihong. com
E-mail:liangyufei28@ 21cn. com
【主要产品】金属漆;高性能工程机械漆;塑胶漆;水性聚氨酯漆;锤纹漆;五金漆

东莞市广益食品添加剂实业有限公司

广东省东莞市中堂镇北潢路吴家涌第二工业区[523220]
电话:(0769)88812307;88816702;88814968
传真:(0769)88880869
网址:www. guangyi. net
E-mail:service@ guangyi. net
【主要产品】2-叔丁基对苯二酚;食品漂白剂;保鲜剂;食用枧水;抗坏血酸棕榈酸酯

东莞市恒联化工有限公司

广东省东莞市寮步镇富竹山莞樟路 20～22 号[523406]
电话:(0769)83213783;83218297;

83218165
传真:(0769)83218297
网址:www.dg-henglian.com
E-mail:dg-henglian@163.com
【主要产品】浆料

东莞市恒业助剂有限公司

广东省东莞市麻涌麻三工业区[523133]
电话:(0769)88221517;13829228589
传真:(0769)88229699
网址:www.hengyezj.com
E-mail:lixin@hengyezj.com
【主要产品】乳化石蜡;羟基硅油乳液;土耳其红油;有机硅织物柔软剂;平滑柔软剂;氨基硅油柔软剂;棉用匀染剂;扩散剂;固色剂 Y;渗透剂;双氧水漂白稳定剂;螯合分散剂;消泡剂;异辛醇聚氧乙烯醚磷酸酯

东莞市宏辉化工有限公司

广东省东莞市大岭山杨屋第四工业区[523966]
电话:(0769)83182410;13712093150
传真:(0769)83312354
网址:www.dg-honghui.cn
【主要产品】各色硝基无毒玩具漆;各色水性无毒玩具漆;各色聚酯底漆;玻璃涂料;电镀涂料;各种机壳漆;五金漆

东莞市厚街达荣化工乳胶厂

广东省东莞市厚街镇双镇岗家具大道[523952]
电话:(0769)85594159
传真:(0769)85837503
网址:www.dg-darong.com
E-mail:webmaster@dg-darong.com
【主要产品】聚醋酸乙烯乳液胶黏剂

东莞市华丰橡塑制品有限公司

广东省东莞市茶山寒溪水工业区[523383]
电话:(0769)86413540;86415006;86480817
传真:(0769)86413211;86480650
供销电话:86488391;86868585
职工人数:560 人
网址:www.cn-hf.com
E-mail:info@cn-hf.com;hf@cn-hf.com
【主要产品】橡胶杂品;橡胶发泡制品;三元乙丙胶辊;橡胶垫;硅橡胶制品;硅胶杂件;氟橡胶制品

东莞市华连冠化工有限公司

广东省东莞市厚街沙塘工业区[523953]
电话:(0769)85922266
传真:(0769)85921122
网址:worlce.114nic.com
【主要产品】裂纹漆;各色聚丙烯塑料专用漆;橡胶漆类;无毒硬胶漆;PVC 软胶漆;真空电镀用底面漆;移印油墨

东莞市金成化工有限公司

广东省东莞市茶山镇塘环岭工业区[523391]
电话:(0769)86488983;86648298
传真:(0769)86648818
网址:www.jinchengchem.cn
E-mail:chenribiao882@163.com
【主要产品】氯化乙烯-醋酸乙烯共聚物;氯化聚丙烯

东莞市竣成化工有限公司

广东省东莞市厚街镇南五驰生工业区[523952]
电话:(0769)85598983;85595702;85595703
传真:(0769)85591268
法人代表:荣杰
经济类型:港澳台商独资经营
企业规模:大型　　职工人数:200 人
网址:www.freetrue-chem.com
E-mail:ftchem@dongguan.gd.cn
【主要产品】醇酸树脂漆类;丙烯酸树脂清漆;丙烯酸塑料漆;胶黏剂;万能胶;交联剂

东莞市良展有机硅材料厂

广东省东莞市东城区管理区钟屋围村[523003]
电话:(0769)22678973;22678976;13553831757
网址:www.si6666.com
E-mail:lzyjg@163.com
【主要产品】印花硅胶;硅橡胶色膏;涂层硅胶;硅橡胶制品;固化剂;PVC 消光雾面剂

东莞市三友轮胎有限公司

广东省东莞市中堂镇[523225]
电话:(0769)88810788
传真:(0769)88810801　法人代表:郑葵
网址:www.sayutyre.com
E-mail:sayutyre@pub.dgnet.gd.cn
【主要产品】轻型载重汽车斜交轮胎;载重汽车斜交轮胎;工业车辆轮胎

东莞市石龙合众涂料厂

广东省东莞市石龙黄家山工业区[523327]
电话:(0769)86117098;86115198
传真:(0769)86184002
网址:www.dghz.cn
E-mail:726hz@hgzx.net
【主要产品】酚醛树脂漆类;硝基漆类;各色硝基外用磁漆;聚酯树脂漆类;环氧水泥封闭底漆;锤纹漆;自动喷漆;地坪涂料;硝基漆稀释剂;聚醋酸乙烯乳液胶黏剂;建筑胶

东莞市顺鸿热熔胶材料有限公司

广东省东莞市南城区雅园工业区[523079]
电话:(0769)2902201;13302618008
传真:(0769)2902202
网址:www.dgshunhong.com
E-mail:sh@dgshunhong.com
【主要产品】印刷装帧用胶;黏合剂;热熔胶黏剂;不干胶;复合胶;强力胶;工业明胶

东莞市台宝涂料厂

广东省东莞市厚街镇桥头塘面村七蛇地工业区[523951]
电话:(0769)85916925;85920499;85912902
传真:(0769)85912902
供销电话:85938969;85920499
经济类型:与港澳台商合资经营
网址:www.taibaopaint.com
E-mail:info@taibaopaint.com;taibao902@126.com
【主要产品】硝基漆类;木器漆;自流平环氧地板漆;ABS 塑料专用漆;水溶性涂料;丝网印刷油墨;五金漆

东莞市万橡橡胶制品有限公司

广东省东莞市石排镇埔心上汴工业区[523338]
电话:(0769)86551389
传真:(0769)86655469
网址:www.dg-wanxiang.cn
【主要产品】橡胶杂品;硅橡胶板;胶辊;印刷胶辊

东莞市英科水墨有限公司

广东省东莞市茶山镇塘角村对塘工业区[523382]
电话:(0769)86644281;86641147;86644218
传真:(0769)86414748
网址:www.yink.com.cn
E-mail:yingke@pub.dgnet.gd.cn
【主要产品】PVC 收缩膜凹印油墨;塑料凹版表印油墨;铝箔印刷油墨;水性印刷油墨;水性苯胺印刷油墨;塑料复合油墨;喷涂油墨;上光油

东莞市誉峰化工有限公司

广东省东莞市黄江镇黄江管理区[523003]
电话:(0769)83628221
经济类型:有限责任公司
产值:3,000 千元　　职工人数:120 人
法人代表:柳庆华
E-mail:dghjsyhg@163.com
【主要产品】硝基漆稀释剂

东莞市中裕涂料有限公司

广东省东莞市寮步镇药勒村(变电站)旁[523418]
电话:(0769)83226291;83226292;83228686
传真:(0769)83226293
网址:www.dgzhongyu.com.cn
E-mail:zhongyucoating@126.com
【主要产品】合金用漆;塑胶漆;电泳涂料;木器涂料;水性钢板涂料;印铁涂料

粤

东莞天傲化工有限公司

广东省东莞市[523000]
电话:(0769)22191114
传真:(0769)23035975
供销电话:23035975;13070934645
网址:www. dgtianao. net
E-mail:duzugang@ 126. com
【主要产品】1,3-二甲基-2-咪唑啉酮;丙二醇醚;聚乙烯蜡;聚醚多元醇;聚醚系列;柔软剂 SG-6;匀染剂 O;油酸聚氧乙烯酯;渗透剂 JFC;乳化剂 SG-10;聚氧丙烯聚氧乙烯甘油醚;石油破乳剂

东莞艺城化工颜料有限公司

广东省东莞市东城区温塘工业区[523400]
电话:(0769)22267567
传真:(0769)22695518
经济类型:有限责任公司
网址:www. yeecheng. com
E-mail:luofeng@ yeecheng. com
【主要产品】玻璃钢色膏;硅橡胶色膏

东莞兆吉橡胶材料有限公司

广东省东莞市长安夏岗第四工业区[523003]
电话:(0769)86062098
供销电话:13546921736
供销传真:85447259 产值:10,000 千元
经济类型:私营企业 职工人数:100 人
法人代表:刘鹏
【主要产品】丝网印刷油墨

东莞中堂东方塑料胶片厂

广东省东莞市中堂镇中堂大桥处[523225]
电话:(0769)88811498;13602334360
传真:(0769)88892973
网址:www. dongfangphoto. com. cn
E-mail:photo@ dongfangphoto. com. cn
【主要产品】聚氯乙烯片材

菲凡士(KETCH)化工有限公司

广东省东莞市万江区胜利工业园[523003]
电话:(0769)82703286;87052360
网址:www. 5728. com
【主要产品】地板涂料

广东省东莞市金康塑胶有限公司

广东省东莞市东城区柏洲边管理区[523400]
电话:(0769)22612916;22613316;22205233
传真:(0769)22612776
网址:www. jinkangcn. com
E-mail:wb168@ jinkangcn. com
【主要产品】二盐基亚磷酸铅;二盐基硬脂酸铅;三盐基硫酸铅;硬脂酸钙;硬脂酸钡;硬脂酸铅;硬脂酸锌;硬脂酸镉

广东信力特种橡胶制品有限公司

广东省东莞市麻涌镇新基村[523141]
电话:(0769)88220800;88220801;88825431
传真:(0769)88220802
职工人数:400 人
网址:www. xinlirubber. com
E-mail:xinli@ xinlirubber. com
【主要产品】密封胶;橡胶制品;橡胶传动带;橡胶杂品;减震用橡胶制品;胶辊;橡胶密封制品;桥梁板式橡胶支座;O 形密封圈

广东中成化工股份有限公司

广东省东莞市麻涌镇第二工业区[523130]
电话:(0769)88828576;88226867;88822402
传真:(0769)88822342;88827237
供销传真:88827237;88822342
经济类型:与港澳台商合资经营
有进出口权 企业规模:大型
法人代表:吴有枢
网址:www. zhongcheng. gd. cn
E-mail:zhongcheng@ china. com
【主要产品】亚硫酸钠;连二亚硫酸钠;硫代硫酸钠;焦亚硫酸钠;过碳酸钠;过氧化氢;二氧化碳;二氧化碳(固体);甲醛;印染助剂

华辉热熔胶有限公司

广东省东莞市东坑镇黄屋大塘坑工业区[523443]
电话:(0769)83387711;83877338;1371231041
传真:(0769)83697711
网址:www. yenshe. com
E-mail:xyq@ yenshe. com
【主要产品】热熔胶黏剂;压敏胶胶黏剂

加威塑化有限公司

广东省东莞市樟木头镇樟罗工业区[523625]
电话:(0769)87165053;87795073
传真:(0769)87795073 法人代表:吴琼
固定资产:10,000 千元
经济类型:私营企业 产值:50,000 千元
销售收入:10,000 千元
职工人数:100 人
E-mail:jiawei8u8@ tom. com
【主要产品】阻燃母粒;可光降解母粒;塑料填充母料;增韧剂

聚龙化工有限公司

广东省东莞市石龙镇新城区裕兴东路[523326]
电话:(0769)86116980
传真:(0769)86116981 产值:100 千元
供销电话:86100380 职工人数:50 人
经济类型:私营企业
网址:www. julongnew. com
E-mail:pingdg@ 21cn. com
【主要产品】环氧树脂黏合剂;高分子聚合物粘接剂

奇昌化工有限公司

广东省东莞市面上虎门白沙五村[523000]
电话:(0769)82130909
经济类型:私营企业 有进出口权
产值:4,500 千元 职工人数:200 人
法人代表:张常熙
【主要产品】色素炭黑

三力化工实业有限公司

广东省东莞市谢岗镇眼口工业区[523800]
电话:(0769)86980806
传真:(0769)86980810 职工人数:50 人
经济类型:股份有限公司
产值:50,000 千元 法人代表:杨银芽
【主要产品】丙烯酸树脂;氨基树脂;醇酸树脂

三羊建筑材料有限公司

广东省东莞市横沥镇东兴工业区内[523460]
电话:(0769)83722029
传真:(0769)83722389
经济类型:有限责任公司
网址:www. sunyangpaint. com
E-mail:sales@ sunyangpaint. com
【主要产品】弹性涂料;金属漆;砂壁状外墙涂料;高弹环保防水乳胶漆;装饰涂料;质感涂料

同鑫工程塑胶原料有限公司

广东省东莞市樟木头塑胶中心城 D2 号[523000]
电话:(0769)87126901;87796540;13532761048
传真:(0769)87796540
供销电话:87126901;13532761048
经济类型:私营企业 法人代表:王宗兴
网址:www. txsujiao. com
E-mail:txsujiao@ 163. com
【主要产品】工程塑料;改性工程塑料

毅亮塑胶颜料有限公司

广东省东莞市大朗镇水口村围心路 61 号[523789]
电话:(0769)83112196
传真:(0769)83197318
网址:www. dgyiliang. com
E-mail:webmaster@ dgyiliang. com
【主要产品】塑胶色母粒

源发塑胶制品厂

广东省东莞市望牛墩扶涌第一工业区[520202]
电话:(0769)88556362
传真:(0769)88556399 职工人数:60 人

粤

经济类型:有限责任公司
产值:40,000 千元 法人代表:王申育
销售收入:50,000 千元
网址:www.dgyfhb.com
E-mail:welover@56.com
【主要产品】包装膜

中山市

爱普诗涂料(中国)有限公司

广东省中山市东凤镇和泰工业区[528425]
电话:(0760)3379033
传真:(0760)2611687
网址:www.apose.com.cn
E-mail:apose@aposechina.net
【主要产品】聚酯木器漆;玻璃涂料;水性墙面漆;水性木器漆

安德士化工(中山)有限公司

广东省中山市南头镇民安工业区[528427]
电话:(0760)3114536
传真:(0760)3114537
网址:www.antex.com.cn
E-mail:admin@antex.com.cn
【主要产品】水性建筑乳液;黏合剂

奥博涂料有限公司

广东省中山市三乡镇前陇工业区[528463]
电话:(0760)6688161;6688162;6698860
传真:(0760)6688161;6688820
供销电话:3393609 职工人数:50 人
供销传真:3393509
网址:www.applepaint.com.cn
E-mail:public@applepaint.com.cn
【主要产品】各类清漆;汽车专用修补漆;彩色底漆;双组分烤漆;催干剂

百宁纺织化工(中山)有限公司

广东省中山市南区金溪村[528455]
电话:(0760)8899180
传真:(0760)8899280 有进出口权
经济类型:港澳台商独资经营
法人代表:陈永德
网址:www.berlinchem.com.cn
E-mail:zsberlin@berlinchem.com.cn
【主要产品】涂层胶;油墨胶;贴合胶;柔软剂;匀染剂;交联剂;增白剂;涂料印花增稠剂

广东省中山凯达精细化工股份有限公司

广东省中山市青溪路 116 号[528402]
电话:(0760)8700113;8711012;8703869
传真:(0760)8700139 有进出口权
供销电话:8708089;8703869
供销传真:8701000 企业规模:大型
经济类型:股份有限公司
职工人数:1,500 人 法人代表:徐树荣
网址:www.aestar.com
E-mail:info@aestar.com
【主要产品】甲醚;三氯杀虫酯;氯氰菊酯乳油;氯氰菊酯;胺菊酯;氰戊菊酯;氰戊菊酯乳油;高效杀虫剂(气雾剂);富右旋反式炔丙菊酯;富右旋反式烯丙菊酯;Es-生物烯丙菊酯;杀虫双水剂;胡椒基丁醚;卫生杀虫剂;空气清新剂

广东省中山市新辉化学制品有限公司

广东省中山市东升镇坦背白里工业区[528412]
电话:(0760)8501618;8503136
传真:(0760)8501681
法人代表:欧华新
网址:www.xinghui.com.cn
E-mail:xinghui@xinghui.com.cn
【主要产品】凹版印刷油墨;干式复合膜胶黏剂;铝塑复合胶黏剂;纸塑复合胶

广东中山南天涂料有限公司

广东省中山市小榄永宁大华二工业村[528403]
电话:(0760)2121337;2278578;2275791
传真:(0760)2278643
网址:www.qiangyi.com
E-mail:nantian@qiangyi.com
【主要产品】水性金属漆;内外墙涂料;浮雕漆;真石漆;氟碳漆;特种涂料

广东中山市森彩机械涂装有限公司

广东省中山市南头镇穗西工业二区[528427]
电话:(0760)3119901;3114902;3130066
传真:(0760)3119902
供销电话:3119901-18
经济类型:私营企业
网址:www.sencai.net
E-mail:sales@sencai.net
【主要产品】各色醇酸磁漆;各色硝基防锈底漆;各色丙烯酸改性防锈底漆;丙烯酸桔纹漆;各色聚氨酯丙烯酸锤纹漆;丙烯酸金属闪光漆;丙烯酸类面漆;丙烯酸皱纹漆;不饱和聚酯树脂腻子;水泥漆抗碱封闭底漆

铭科化工(中山)有限公司

广东省中山市东升镇商贸城怡富街 17~19 号[528414]
电话:(0760)2847242;2210746
传真:(0760)2210746 有进出口权
供销电话:2658664;13725509347
经济类型:私营企业 职工人数:50 人
法人代表:肖生
【主要产品】除油剂;退锡剂

西博尔(中山)有限公司

广东省中山市青溪路 88 号[528402]
电话:(0760)8713672;3328146
传真:(0760)8703880 有进出口权
供销电话:3328146;8713672
供销传真:8700656 企业规模:大型
经济类型:中外合资经营企业
法人代表:威尔森
网址:www.cebal-zs.com.cn
E-mail:cebal@pub.zhongshan.gd.cn
【主要产品】聚乙烯软管

永大(中山)有限公司

广东省中山市小榄镇永宁工业大道南 46 号[528415]
电话:(0760)2253110;2253113
传真:(0760)2250186 有进出口权
经济类型:与港澳台商合资经营
企业规模:大型 职工人数:800 人
法人代表:方耀晃
网址:www.wingtai.com.cn
E-mail:wingtai@wingtai.com.cn
【主要产品】双面胶带;黏合剂;美纹胶带;保护膜胶黏带;压敏胶胶黏剂;压敏胶黏带;胶黏带

中山大桥化工有限公司

广东省中山市东区中山六路 6 号[528421]
电话:(0760)8884388;8334958;2345835
传真:(0760)8884366;2345995
供销传真:8334958 职工人数:199 人
经济类型:中外合资经营企业
网址:www.daoqum.com.cn
E-mail:zsyf@daoqum.com.cn;zsjtc@daoqum.com.cn
【主要产品】汽车漆;工业涂料;建筑涂料;摩托车漆;粉末涂料;聚酯粉末涂料;环氧型粉末涂料;家电涂料

中山华发塑料色母有限公司

广东省中山市火炬开发区沙边工业区[528316]
电话:(0760)5317613
传真:(0760)5594983
网址:www.zs-huafa.com
【主要产品】功能母粒;色母粒;ABS 色母粒

中山森田化工有限公司

广东省中山市中山火炬高新技术开发区环茂路灰炉工业大道一号[528437]
电话:(0760)5317698;5317390;5317689
传真:(0760)5316206
网址:www.sentian.com.cn
E-mail:info@sentian.com.cn
【主要产品】环氧煤沥青防腐涂料;醇酸树脂涂料;金属油罐抗静电防腐涂料;防火涂料;丙烯酸防腐涂料;各色环氧树脂磁漆;环氧抗静电地坪漆;自流平环氧地坪涂料;环氧烘干防锈底漆;聚氨酯耐油面漆;耐高温涂料;氯化橡胶漆类;特种防腐涂料

中山市巴德士化工有限公司

广东省中山市南头正兴路工业区[528427]
电话:(0760)3112820

传真:(0760)3110380
经济类型:股份合作 法人代表:方学平
网址:www. badese. com
E-mail:product@ badese. com
【主要产品】各类亚光清漆;亮光硝基清漆;内墙亚光面漆;丙烯酸内墙乳胶漆;白底漆;水性木器漆

中山市博海精细化工有限公司

广东省中山市港口镇木河迳工业区[528447]
电话:(0760)8417268;8417270;8417278
传真:(0760)8417271 有进出口权
经济类型:私营企业 职工人数:36 人
网址:www. zsbohai. com
E-mail:sales@ zsbohai. com
【主要产品】金属涂料;油墨;凹印塑料油墨;丝网印刷油墨;UV 系列油墨

中山市东菱合成树脂厂

广东省中山市东升镇观栏工业区[528412]
电话:(0760)8505901;8505905
传真:(0760)8505902
网址:www. zsdlsz. com
E-mail:zsdlsz@ 163. com
【主要产品】水性光油;硝基漆稀释剂;水性复膜胶;过氯乙烯树脂胶黏剂;纸塑复合胶;橡胶黏结促进剂;上光油;磨光油;UV 上光油

中山市恒达胶业有限公司

广东省中山市黄圃镇马安工业区[528429]
电话:(0760)3238888;3220800;3303888
传真:(0760)3211011;3223222
网址:www. heng-da. com. cn
E-mail:hengda@ heng-da. com. cn
【主要产品】黏合剂;拼板胶

中山市环美涂料企业公司

广东省中山市小榄镇永宁大华工业区赤二路 F[528403]
电话:(0760)2276128;13902591092
传真:(0760)2273362
网址:zshuanmei. furniture86. cn
E-mail:zshuanmei@ yahoo. com. cn
【主要产品】真石漆;聚氨酯防潮底漆;防水涂料

中山市皇冠胶粘制品有限公司

广东省中山市东升镇广福路[528414]
电话:(0760)2225525;2225535
传真:(0760)2226733
网址:www. zs-crown. com
E-mail:sales@ zs-crown. com;
crown@ zs-crown. com
【主要产品】双面胶带;牛皮纸热熔胶带;包装胶带;胶黏带

中山市精艺塑胶厂

广东省中山市小榄永宁岗头路 15 号[528415]
电话:(0760)2267144;2287766
传真:(0760)2252244
网址:www. jingyi. com
E-mail:manage@ jingyi. com
【主要产品】硅胶管;橡胶杂品;橡胶垫;骨架油封;硅胶杂件;O 形密封圈;硅橡胶 O 形圈

中山市迈克化工有限公司

广东省中山市小榄镇民安北路[528415]
电话:(0760)2130585;2106586
传真:(0760)2106586
经济类型:有限责任公司
网址:www. hongfung. com
E-mail:info@ hongfung. com
【主要产品】α-氰基丙烯酸乙酯瞬干胶;密封胶;强力 AB 胶

中山市美嘉印刷器材有限公司

广东省中山市黄圃镇南三公路兴圃路段[528429]
电话:(0760)3223388-10
传真:(0760)3223338
经济类型:私营企业
网址:www. china-mega. com
E-mail:mega@ pub. zhongshan. gd. cn
【主要产品】油墨;纸凹印油墨;轮转凹版(铜版)油墨;丝网印刷油墨;平版胶印油墨;塑料复合凹版里印油墨

中山市普尔化工涂料有限公司

广东省中山市阜沙镇上南工业园[528434]
电话:(0760)3400576;3400565;3409668
经济类型:有限责任公司
职工人数:200 人
网址:www. puer-chem. com
E-mail:info@ puer-chem. com;
hr@ puer-chem. com
【主要产品】硝基漆类;木器漆;木器家具漆;内外墙乳胶漆;聚酯树脂漆类;美术漆;油漆稀释剂;油漆固化剂;水性色浆

中山市青葱有机复合肥厂

广东省中山市沙溪镇秀山村[528427]
电话:(0760)7316309;13702455718
传真:(0760)7312948
网址:www. zsqingcong. com
E-mail:mailto:info@ qingcong. com
【主要产品】有机复合肥

中山市青松制漆化工有限公司

广东省中山市东凤镇民乐工业区[528425]
电话:(0760)2608237;2630237
传真:(0760)2638237
供销电话:2608237-24
网址:www. qing-song. com
E-mail:qingsong@ qing-song. com
【主要产品】腻子;汽车漆;木器家具漆;丙烯酸内墙乳胶漆;丙烯酸外墙乳胶漆;白底漆;装修漆;环保水性木器装修清漆;油漆稀释剂;油漆固化剂;强力万能胶

中山市石鹰建筑涂料有限公司

广东省中山市小榄镇永宁北工业区[528415]
电话:(0760)2250331
传真:(0760)2270285 职工人数:150 人
网址:www. shiying. com. cn
E-mail:luo2250331@ 163. com;
sale@ shiying. com. cn
【主要产品】环保乳胶漆;真石漆

中山市树森精细化工有限公司

广东省中山市港口镇达美路 1 号[528447]
电话:(0760)8488638
传真:(0760)8488636
网址:www. zssusam. com
E-mail:guanxing@ zssusam. com
【主要产品】发动机清洗剂;化油器清洗剂

中山市孙大化工科技有限公司

广东省中山市石岐区岐头新村龙凤街 3 号二楼[528402]
电话:(0760)8700402;8787243
传真:(0760)8787243 经济类型:国有
供销电话:8889650;8327062
供销传真:8889650;8787243
有进出口权 法人代表:唐万雄
网址:www. zssuda. com
E-mail:webmaster@ zssunda. com
【主要产品】防锈涂料;金属表面处理剂;防锈剂

中山市泰莱涂料化工有限公司

广东省中山市黄圃镇团范工业区[528429]
电话:(0760)3238298;3212128;3224118
传真:(0760)3214268
网址:www. ta-la. com;
www. yingxun. net
【主要产品】硝基漆类;裂纹漆;木器家具漆;地板涂料;环保型内外墙乳胶漆;塑胶漆;无苯聚酯漆;玻璃涂料;装修漆

中山市特朗涂料化工有限公司

广东省中山市东凤永安路[528425]
电话:(0760)2601622
传真:(0760)2608799
经济类型:中外合资经营企业
网址:www. tero. com. cn
E-mail:tero@ tero. com. cn
【主要产品】乳胶漆;浮雕漆;真石漆;聚氨酯外墙漆;氟碳漆

中山市小榄镇威斯敦塑料粉末厂

广东省中山市小榄镇竹源第二工业

区[528415]
电话:(0760)2232195;13702456756
传真:(0760)2232196
网址:www.wis-dom.com.cn
E-mail:parkming200@163.com
【主要产品】环氧聚酯混合型粉末涂料;聚酯粉末涂料;环氧型粉末涂料

中山市新力工程塑料有限公司

广东省中山市沙溪镇濠涌[528427]
电话:(0760)7796707;7316281
传真:(0760)7314857
网址:www.xinliplastics.com
E-mail:xinli@xinliplastics.com
【主要产品】聚丙烯(阻燃);聚丙烯(耐候);聚丙烯(高光泽改性);阻燃ABS;增强ABS/AS;增强阻燃尼龙-66;玻璃纤维增强阻燃PBT;玻纤增强聚碳酸酯;PC/ABS合金(阻燃)

中山市新叶树脂制品有限公司

广东省中山市港口镇西石路西街工业区[528447]
电话:(0760)8408100;8408991
传真:(0760)8408992
供销电话:8408200;8408990
经济类型:有限责任公司
网址:www.xin-ye.com
E-mail:xin-ye@xin-ye.com;
zcx@xin-ye.com
【主要产品】聚酯树脂;聚氨酯树脂;聚氨酯胶黏剂;聚氨酯涂层胶;过氯乙烯树脂胶黏剂

中山市旭阳涂料有限公司

广东省中山市三乡镇前陇村美溪工业区[528463]
电话:(0760)6698760;6698770
传真:(0760)6698790
法人代表:张学武
网址:www.derb-paint.com
E-mail:derb-paint@126.com
【主要产品】硝基漆类;木器漆;聚酯地板漆;不饱和聚酯漆;PU高级聚酯漆;聚氨酯固化剂

中山新明辉胶粘制品有限公司

广东省中山市黄圃镇兴圃大道西115号[528429]
电话:(0760)3229933;3225335
传真:(0760)3229333
经济类型:港澳台商独资经营
网址:www.smf-group.com/oz.htm
E-mail:sanmengf@pub.zhongshan.gd.cn
【主要产品】PE保护膜;胶黏带

中山雅城化工涂料有限公司

广东省中山市黄辅镇新丰工业区[528427]
电话:(0760)3212777;3236177
传真:(0760)3236275
网址:www.yacheng.com.cn
【主要产品】硝基漆类;木器家具漆;乳胶漆;装修漆

中山裕北涂料有限公司

广东省中山市三角镇金鲤工业区[528445]
电话:(0760)5406388
传真:(0760)5546900
网址:www.yuepakchem.com
E-mail:yupei@yuepakchem.com
【主要产品】油漆

中益油墨涂料有限公司

广东省中山市港口镇群富工业区[528447]
电话:(0760)8416338
传真:(0760)8413222
网址:www.zhongyi-ink.com
E-mail:zych@zhongyi-ink.com
【主要产品】油墨;光固化油墨;丝网印刷油墨;广告油墨;喷涂油墨

江门市

恩平市嘉维化工实业有限公司

广东省恩平市横陂镇东郊工业区[529461]
电话:(0750)7221298;7222607
传真:(0750)7222507;7221861
供销电话:7225818;7225829
经济类型:私营企业　职工人数:450人
网址:www.gavin-cn.com
E-mail:gavin@gavin-cn.com
【主要产品】碳酸钙(纳米级)

广东彩艳股份有限公司

广东省江门市新会区冈州大道西3号[529100]
电话:(0750)6312698
传真:(0750)6313066　职工人数:688人
固定资产:130,196千元
供销电话:6694429　企业规模:大型
供销传真:6697575　法人代表:邱德厚
经济类型:股份有限公司
网址:www.china-charming.com
E-mail:info@china-charming.com
【主要产品】硅橡胶;涤纶长丝;丙纶长丝;芳纶1313;塑料制品;油漆;粉末涂料;油墨;色母粒;涤纶色母粒;丙纶色母粒;塑料色母粒;化纤油剂

广东嘉宝莉化工有限公司

广东省江门市蓬江区棠下镇金溪工业区[529085]
电话:(0750)3578000;3578001
传真:(0750)3578999
供销电话:3578500　企业规模:大型
供销传真:3578500
网址:www.carpoly.com
E-mail:master@carpoly.com
【主要产品】弹性涂料;木器漆;各色硝基无毒玩具漆;内外墙乳胶漆;高级聚氨酯快干漆;油性涂料;水性木器漆;无苯稀释剂;环保固化剂

广东江门晶祥塑胶厂

广东省江门市江海区仁美新村1巷1号[529000]
电话:(0750)3811806;3816641
传真:(0750)3819018
网址:www.tape-zdx.com
E-mail:info@tape-zdx.com
【主要产品】双面胶带;美纹胶带;聚氯乙烯电气绝缘胶带;胶黏带;封口胶带

广东千色花化工有限公司

广东省江门市新会区今古洲经济开发区[529100]
电话:(0750)6367168
传真:(0750)6362088　职工人数:160人
经济类型:与港澳台商合作经营
网址:www.chinesepaint.com.cn
E-mail:fortress@pub.jiangmen.gd.cn
【主要产品】木器漆;木器家具漆;不饱和聚酯树脂腻子;环保型建筑涂料;万能胶

广东新会美达锦纶股份有限公司

广东省新会市江会路上江口[529100]
电话:(0750)6107981;6103062;6103050
传真:(0750)6103066　有进出口权
供销电话:6120437　企业规模:大型
供销传真:6120437　职工人数:2,300人
经济类型:股份有限公司
法人代表:陈柏森
网址:www.meidanylon.com
【主要产品】尼龙6切片;尼龙-6长丝

广东雅图化工有限公司

广东省鹤山市三连高新技术开发区[529700]
电话:(0750)8776128;8778888;13902555239
传真:(0750)8773866
供销电话:8778888;8776333
法人代表:冯兆均
网址:www.ytchem.com.cn
E-mail:ytchem@ytchem.com.cn
【主要产品】汽车漆;工业涂料;建筑涂料;摩托车漆;氯化橡胶漆类;防护涂料;地坪涂料;特种防腐涂料

赫克力士化工(江门)有限公司

广东省江门市高新技术开发区金瓯路184号[529081]
电话:(0750)3866506;3866508;3866512
传真:(0750)3783302;3783301
供销电话:3866515
网址:www.herc.cn;
www.herc-jm.com
E-mail:sales@herc-jm.com
【主要产品】羟乙基纤维素;羧甲基纤维素钠;聚阴离子纤维素

鹤山市绿洲能源化工有限公司

广东省鹤山市桃源马山笱洞绿洲工

业区[529725]
电话:(0750)8216828
传真:(0750)8216808
经济类型:私营企业
网址:www.lzchem.com.cn
E-mail:lvzhou@lzchem.com.cn
【主要产品】水煤浆添加剂

鹤山市新浪胶粘制品厂

广东省鹤山市沙坪镇小范工业区[529700]
电话:(0750)8897168;8897162
传真:(0750)8897162
网址:www.newlang-bopp.com
E-mail:newlang168@163.com
【主要产品】BOPP 胶黏带

江门(鹤山市)共和润源化工厂

广东省鹤山市共和镇里村工业区[529728]
电话:(0750)8302881;8304555;3355599
传真:(0750)8304555;3355599
网址:www.runyuan.net
E-mail:runyuan@runyuan.net
【主要产品】浸渍绝缘漆;凡立水;超级万能胶

江门东洋油墨有限公司

广东省江门市龙湾西路32-33号[529000]
电话:(0750)3532618
传真:(0750)3558265　有进出口权
经济类型:中外合资经营企业
法人代表:施郁康
网址:www.jm-toyoink.com
E-mail:sales@jm-toyoink.com
【主要产品】制罐用涂料;油墨;水性柔版油墨;塑料印刷油墨;表印油墨;丝网印刷油墨;铝铁印刷油墨;无苯复合塑料油墨;复合油墨;塑料里印油墨;耐蒸煮复合塑料油墨;印铁罩光油;复合膜黏合剂;黏合剂

江门甘蔗化工厂(集团)股份有限公司

广东省江门市甘化路56号[529030]
电话:(0750)3277777
传真:(0750)3277666
经济类型:有限责任公司
企业规模:大型
职工人数:4,032人
网址:www.ganhua.com.cn
E-mail:jmganhua@pub.jiangmen.gd.cn
【主要产品】胞苷酸;腺苷酸;乙酸乙酯;尿苷酸钠;鸟苷酸钠;酵母粉;食用酒精;聚肌苷酸;聚胞苷酸;三磷酸胞苷二钠;三磷酸腺苷二钠;胞二磷胆碱;酵母浸膏;木质素磺酸盐

江门江盈化工有限公司

广东省江门市杜阮镇龙榜工业开发区环镇路18、20号[529075]
电话:(0750)3399725;3669112
传真:(0750)3678413;3398413
网址:www.jyhg.com.cn
E-mail:jy@jyhg.com.cn
【主要产品】玻璃纤维增强聚丙烯;丙烯酸树脂;丙烯酸改性树脂;聚酯树脂;氨基树脂;醇酸树脂;不饱和聚酯树脂;钮扣专用树脂;聚氨酯树脂;饱和聚酯树脂;凡立水;聚氨酯固化剂

江门谦信化工发展有限公司

广东省江门市江海区江海路123号[529081]
电话:(0750)3795829;3779177
传真:(0750)3795819　有进出口权
供销电话:3779037;13802606082
供销传真:3779163　法人代表:叶子轩
经济类型:与港澳台商合资经营
网址:www.chemcp.com/web/index.asp?id=10421
E-mail:tangbox@21cn.com
【主要产品】乙酸乙酯;醋酸丁酯;醋酸混丁酯

江门市宝德利环保材料有限公司

广东省江门市丰乐路建德街8幢6号14-15[529000]
电话:(0750)3906143;3906243
传真:(0750)3909121
网址:www.proudly.com.cn
E-mail:proudly@proudly.com.cn
【主要产品】聚乙烯醇薄膜

江门市杜阮联发塑料厂

广东省江门市杜阮镇龙安工业区[529000]
电话:(0750)3672198
传真:(0750)3678003
网址:www.jmlianfa.cn
E-mail:jmlianfa@8hy.cn
【主要产品】再生塑料

江门市嘉孚化工油漆有限公司

广东省江门市迎宾大道中18号[529030]
电话:(0750)3223023;8353023
传真:(0750)3107388
网址:www.china-jiafu.com
E-mail:jiafu@china-jiafu.com
【主要产品】汽车漆;硝基木器漆;内墙涂料;外墙涂料;聚酯树脂漆类;塑料漆

江门市蓬江区荷塘伟润橡胶有限公司

广东省江门市蓬江区荷塘镇塔岗新积沙工业区[529000]
电话:(0750)3733908;3733768
传真:(0750)3731212
网址:www.jmweirun.com
E-mail:weirun@jmweirun.com
【主要产品】橡胶杂品;O形密封圈;V形密封圈;橡胶密封圈;异形密封圈

江门市蓬江区盈通塑胶制品有限公司

广东省江门市蓬江区杜阮镇北环路双楼工业区[529000]
电话:(0750)3659808;3659818;3659828
传真:(0750)3212986
经济类型:股份有限公司
法人代表:梁坤焕
网址:www.jmytsj.com
E-mail:jmytsj@jmytsj.com
【主要产品】聚氨酯胶带;胶黏带;布基胶带

江门市润禾化工厂有限公司

广东省江门市白土工业区[529000]
电话:(0750)3231784;3811671
传真:(0750)3211082
经济类型:私营企业
网址:www.jmrunhe.com.cn
【主要产品】对叔丁基苯酚甲醛树脂;不饱和聚酯树脂(803型);甘油松香树脂(138型);环保万能胶;玻璃胶;中性硅酮密封胶

江门市四方精细化工有限公司

广东省江门市环市一路美光工业区11号[529163]
电话:(0750)3239247;3231315
传真:(0750)3235863　职工人数:200人
供销电话:13858605059
经济类型:私营企业　法人代表:方芳
网址:okor.und.com.cn
E-mail:ff@sfchem.com.cn
【主要产品】汽车专用修补漆;丙烯酸聚酯汽车漆;特种丙烯酸金属漆;丙烯酸塑料漆;塑胶漆;摩托车漆;各色环氧酯底漆;聚氨酯漆类;橡胶漆类;罩光漆;闪光漆;高温防腐漆;地坪涂料;绒面涂料;油漆稀释剂;五金漆;珍珠漆

江门市新会长河化工(集团)实业有限公司

广东省江门市新会区三江镇白庙工业区[529142]
电话:(0750)6213838;6211432;6211216
传真:(0750)6213828
供销电话:6211432;8276005
经济类型:私营企业　法人代表:赵文海
网址:www.changhechem.cn
E-mail:sales@yuexinchem.com
【主要产品】乙烯-醋酸乙烯-丙烯酸酯共聚乳液;柔性水泥防水涂料乳液;化妆白油

江门市新会区美亚化工有限公司

广东省江门市新会区城南工业区[529100]
电话:(0750)6655684;13702283089
传真:(0750)6672433
网址:www.xhmyhg.com

粤

E-mail:myhg@51expo.com
【主要产品】印染助剂;浆料;造纸助剂

江门市新会伟奇化工新材料有限公司

广东省江门市新会区会城都会工业区[529100]
电话:(0750)6166128
传真:(0750)6166250
网址:www.wolfkinchem.com
E-mail:kpzhy@163.net
【主要产品】氨基硅油乳液;阳离子瓜尔胶

江门市制漆厂有限公司

广东省江门市迎宾大道中18号[529030]
电话:(0750)3363426;3139000
传真:(0750)3365944
供销电话:3363426;3399725
经济类型:股份有限公司
企业规模:大型 法人代表:黄悃清
网址:www.pj.com.cn
E-mail:jmpj@pub.jiangmen.gd.cn
【主要产品】合成树脂;丙烯酸树脂;醇酸树脂;丙烯酸改性醇酸树脂;聚氨酯树脂;酚醛树脂漆类;醇酸树脂漆类;各色快干氨基烘漆;硝基漆类;汽车漆;木器漆;工业涂料;建筑涂料;丙烯酸树脂清漆;内外墙乳胶漆;摩托车漆;聚酯清漆;各色聚酯环氧型粉末涂料;阳极电泳漆;聚氨酯漆类;聚氨酯固化剂;水性颜料分散剂

开平牵牛生化制药有限公司

广东省开平市沙塘表海工业区新科路1号[529339]
电话:(0750)2882398;2882222
传真:(0750)2883198
经济类型:中外合资经营企业
网址:www.genuine.com.cn
E-mail:xiaozy@genuine.com.cn
【主要产品】聚肌苷酸;聚胞苷酸;环磷腺苷;二丁酰环磷腺苷钙;三磷酸胞苷二钠;三磷酸腺苷二钠;胞二磷胆碱钠

台山市化学制药有限公司

广东省台山市台城镇龙舟路98号[529200]
电话:(0750)5675028;5670328;5671223
传真:(0750)5669471;5672209
供销电话:5675028;5671223
经济类型:与港澳台商合资经营
企业规模:大型 法人代表:林富源
网址:www.tscp.net
E-mail:tscp@tscp.net
【主要产品】红霉素;无味红霉素;硬脂酸红霉素;红霉素琥珀酸乙酯;硫氰酸红霉素;环孢素

台山市磷肥厂有限公司

广东省台山市大江镇公益圩东华街[529259]
电话:(0750)5411477;5411496;5411523
传真:(0750)5411496;5411624
职工人数:400人
网址:www.tslfc.com
E-mail:tslfc@tslfc.com
【主要产品】硫酸;硫酸铝;三氯化铁(液);氟硅酸钠;硅酸钠;过磷酸钙;复合肥;塑料编织袋;白炭黑

台山市众城化工有限公司

广东省台山市台城镇石华路202号[529200]
电话:(0750)5525707;5505807;13544969389
传真:(0750)5522183
法人代表:谭锦畴
网址:www.zhongchengchem.com
E-mail:zccts@yahoo.com.cn
【主要产品】氧化铋;过氧乙酸;钠石灰;乙酸钠;柠檬酸钠;氢氧化钠;硫酸钠(无水);亚硫酸钠(无水);硫代硫酸钠;氯化钠;四硼酸钠;六偏磷酸钠;磷酸氢二钠;乙酸钙;硫酸钙;氯化钙(无水);碳酸钙;磷酸钙;氢氧化钡;硫酸钡;氯化钡;碳酸钡;氢氧化钾;磷酸二氢钾;磷酸氢二钾;硫酸铁;硫酸亚铁;三氯化铁;氯化亚铁;二氧化锡;氯化亚锡;乙酸铵;硫酸铵;硫酸铁铵;硫酸亚铁铵;氯化铵;硫酸铜;氯化铜;氯化亚铜;氢氧化铝;氧化铝;硝酸铝;硫酸铝;氯化铝;硫酸锌;氯化锌;硝酸铋;次硝酸铋;次碳酸铋;苯酚;2,4,6-三硝基苯酚;丙酮;乙醇(95%);可溶性淀粉;糊精

威臣(中国)涂料有限公司

广东省江门市迎宾中路19号[529030]
电话:(0750)3110456
传真:(0750)3123056
经济类型:外商独资 企业规模:大型
网址:www.china-wason.com
E-mail:wason@1608.com
【主要产品】装饰漆;内墙涂料;弹性墙面漆;抗碱封闭底漆;浮雕漆;真石漆;真石漆罩面漆;聚酯树脂漆类;外墙晴雨漆;透明腻子

新会汇通漆厂有限公司

广东省江门市新会区今古洲经济开发区宝源路[529100]
电话:(0750)6361828
传真:(0750)6364138
网址:www.artdeco-paints.com
E-mail:sales@artdeco-paints.com
【主要产品】油脂漆类;醇酸树脂漆类;氨基树脂漆类;硝基漆类;汽车漆;木器家具漆;工业涂料;丙烯酸树脂漆类;不饱和聚酯漆;环氧树脂漆类;聚氨酯漆类;水溶性涂料;内外墙装饰涂料;松香水;硝基漆稀释剂

新会区司前绚丽涂料制品厂

广东省江门市新会区司前镇白庙管理区[529159]
电话:(0750)6577399;6574399;13802619288
传真:(0750)6571399 法人代表:梁钉
网址:www.xuan-li.com
E-mail:info@xuan-li.com
【主要产品】金属烤漆;硝基漆类;丙烯酸树脂漆类;藤器专用漆;丙烯酸地坪漆;粉末涂料;环氧富锌防锈底漆

新会新式化工厂

广东省江门市新会区双水镇小冈梅冈码头围[529155]
电话:(0750)6400488;6401338
传真:(0750)6405008
网址:www.xshg.net
E-mail:sales@xshg.net
【主要产品】粉体涂料增硬剂;粉末涂料消光固化剂;液体流平剂;粉末涂料用增光剂

雄泰涂料有限公司

广东省江门市蓬江区荷塘镇为民工业区[529000]
电话:(0750)3731328;3731780
传真:(0750)3731781
法人代表:陈永泰
网址:www.xiongtai.com.cn
E-mail:cyt@xiongtai.com.cn
【主要产品】金属漆;硝基面漆;水性乳胶漆;PU透明底漆;PU透明亮光面漆;各色聚氨酯地板漆;PU透明亚光地板漆;玻璃涂料;工业地坪涂料;聚氨酯漆稀释剂;聚氨酯固化剂

佛山市

巴德富实业有限公司

广东省佛山市顺德区勒流镇龙升南路巴德富工业园[528322]
电话:(0757)25559122;25559108
传真:(0757)25532029
供销电话:25566108
经济类型:股份有限公司
网址:www.batf.cn
E-mail:root@batf.cn
【主要产品】丙烯酸树脂乳液;纯丙乳液;改性丙烯酸乳液;硅丙乳液;醋酸乙烯-丙烯酸酯共聚乳液;苯丙乳液;改性苯丙乳液;叔碳酸乙烯酯-醋酸乙烯共聚乳液;压敏胶胶黏剂

百川涂料制造有限公司

广东省佛山市龙江镇亚洲材料交易中心B区6排[528318]
电话:(0757)86681111;23883333;23889909
传真:(0757)86680622;23889955
网址:www.bcpaint.com
E-mail:baichuan@bcpaint.com
【主要产品】硝基装饰漆;丙烯酸内墙乳胶漆;丙烯酸外墙乳胶漆;聚酯地板漆;聚酯装修漆;聚氨酯透明面漆;PU有色亚光面漆

粤

东星化工实业有限公司
广东省南海市西樵区显岗[528208]
电话:(0757)86858516;86857838
传真:(0757)86851605　经济类型:集体
网址:www.dx-chemical.com
E-mail:master@dx-chemical.com
【主要产品】油漆;酚醛树脂漆类;醇酸树脂漆类;氨基树脂漆类;硝基漆类;乳胶漆;聚氨酯漆类;油漆稀释剂;万能胶

佛山市城区天奇塑料助剂厂
广东省佛山市佛西路天之润工业区5-6栋[528000]
电话:(0757)82516991;82516992
传真:(0757)82516990
网址:www.fstq.cn
E-mail:info@fstq.cn
【主要产品】聚乙烯防雾滴防老化功能母料;功能母粒;PEP 填充母料;聚乙烯大棚膜用流滴剂

佛山市大金宇涂料厂
广东省佛山市南海区小塘洞边开发区[528222]
电话:(0757)86668698
传真:(0757)86668698
网址:www.djtl.com
E-mail:yan@djtl.com
【主要产品】汽车专用修补漆;不饱和聚酯树脂腻子;金属涂料;聚氨酯漆稀释剂;印铁罩光油

佛山市大庆林源化工有限公司
广东省佛山市南海区大沥凤池中路10号五楼[528231]
电话:(0757)85596635;13923219870
传真:(0757)85596637
经济类型:股份合作　职工人数:100人
法人代表:罗奖芬
【主要产品】白油;白油(食品级);化妆白油;橡塑专用白油;白矿油

佛山市大荣塑料粉末厂
广东省佛山市张槎大富村南工业区[528000]
电话:(0757)82302578
传真:(0757)82302578
网址:www.fsdarong.com
E-mail:darong@fsdarong.com
【主要产品】环氧聚酯混合型粉末涂料;耐高温强防腐粉末涂料;聚酯粉末涂料;纯聚酯耐候性粉末涂料;环氧型粉末涂料;美术花纹型热固性粉末涂料;聚氨酯粉末涂料;金属型粉末涂料

佛山市大宇银星化工有限公司
广东省佛山市大福南路东侧石头工业园19座[528041]
电话:(0757)83810961;83822448
传真:(0757)83813725
经济类型:股份合作　法人代表:蔡日文
网址:www.yinxing-chemical.com
E-mail:dayu@dayustar.com
【主要产品】塑料印刷用系列稀释剂;还原清洗剂

佛山市德瑞新环保科技有限公司
广东省佛山市禅城区澜石A3厂房[528000]
电话:(0757)82328568;82324018
传真:(0757)82324018
职工人数:300人　法人代表:全小华
网址:www.chinaxpj.com
E-mail:chinaxpj@126.com
【主要产品】功能母粒;增韧母粒;消泡剂;干燥剂

佛山市高明高进科技应用材料厂
广东省佛山市高明区杨梅镇第五工业区[528515]
电话:(0757)88852576;88852579;13902413569
传真:(0757)88852069
经济类型:私营企业
网址:www.gj-sci.com
E-mail:mailto:info@gj-sci.com
【主要产品】单组分室温硫化硅橡胶;甲基三丁酮肟基硅烷;乙烯基三丁酮肟基硅烷

佛山市高明区华驰化工树脂有限公司
广东省佛山市高明区文竹路43号[528500]
电话:(0757)88823803;88821900;88636719
传真:(0757)88823803
经济类型:与港澳台商合资经营
法人代表:赖其雄
网址:www.huachiresin.com
E-mail:info@huachiresin.com
【主要产品】聚酯多元醇;聚氨酯树脂

佛山市高明区业晟聚氨酯有限公司
广东省佛山市高明区荷城荷香路工业区[528500]
电话:(0757)88880167;88668336;13927729322
传真:(0757)88829172
法人代表:陈池光
网址:www.yechengpu.com
E-mail:88668336@126.com
【主要产品】聚酯多元醇;聚氨酯鞋底原液;聚氨酯组合料

佛山市高明同德化工有限公司
广东省佛山市高明区杨和镇原杨梅镇二工业区[528515]
电话:(0757)88853800
传真:(0757)88853810
职工人数:180人
网址:www.todchem.com
E-mail:tongde@tong-de.com
【主要产品】合成树脂;热塑性丙烯酸树脂;热固性丙烯酸树脂;羟基丙烯酸树脂;氨基树脂;醇酸树脂;饱和聚酯树脂

佛山市海纳化工有限公司
广东省佛山市绿景路35号绿景华庭D座905室[528000]
电话:(0757)83835738;83835728
传真:(0757)83835700　职工人数:96人
供销电话:83835728;83835738
经济类型:有限责任公司
网址:www.fshenna.com
E-mail:sales@fshenna.com
【主要产品】三氯化铬;氯化钴;碱式硫酸铬;硝酸铬;硫酸铬;甲酸铬;醋酸铬

佛山市合尔达陶瓷化工原料有限公司
广东省佛山市南海区丹灶大金工业区[528200]
电话:(0757)85407538;83788997
传真:(0757)83788987
供销电话:83788997;13318368922
网址:www.fshed.com
E-mail:fengchaihong@163.com
【主要产品】二氧化锆;二氧化锡;氧化钴;三氧化二锑;三氧化二锑(高纯超细);氧化镍;三氧化钨;五氧化二钒;氧化铜;氧化钇;氧化铒;氧化锌;氧化镧;氧化镨;氧化铈;橘铬黄;镨黄

佛山市华昊华丰淀粉有限公司
广东省佛山市文沙路晒莨地1号[528000]
电话:(0757)82834859
传真:(0757)82831899;82828713
供销电话:82827301;82810373
有进出口权　法人代表:杨顺汉
网址:www.huafeng-starch.com
E-mail:info@hfstarch.cn
【主要产品】乙酰化交联淀粉;阳离子淀粉;羧甲基淀粉;淀粉磷酸酯;变性淀粉;α-淀粉

佛山市华昊化工有限公司电化厂
广东省佛山市佛罗公路37号[528000]
电话:(0757)82815172
传真:(0757)82815172　有进出口权
供销电话:82819694;82816977
供销传真:82815482　法人代表:何国柱
经济类型:有限责任公司
网址:www.foshandh.com
E-mail:sales@foshandh.com;office@foshandh.com
【主要产品】盐酸;烧碱;一氯乙酸;二氟一氯溴甲烷;氯乙酸钠;氯化聚乙烯;山梨酸钾;塑料助剂;聚合氯化铝

佛山市华联有机硅有限公司

粤

广东省佛山市三水区乐平镇三水中心科技工业园 B 区 13 号[528226]
电话:(0757)86483410;86483420;87388188
传真:(0757)87381986
经济类型:股份合作
网址:www. hlyjg. com
E-mail:fos757@ vip. 163. com
【主要产品】硅树脂;硅橡胶;高抗撕硅橡胶;导电硅橡胶;有机硅乳液;有机硅防水涂料;有机硅脱模剂;有机硅消泡剂;建筑防水剂;有机硅防污剂

佛山市华雅超微粉体有限公司

广东省佛山市桂兰路西侧恒达工业区 PA 座[528000]
电话:(0757)83374868;83370195;83371599
传真:(0757)83262632
经济类型:私营企业
网址:www. fshuaya. com
E-mail:hyfsgd@ fshuaya. com
【主要产品】氢氧化铝;氢氧化镁;氮化铝;氧化铝;高纯超细硅微粉

佛山市鲸鲨制漆科技有限公司

广东省佛山市禅城区上沙九江基 2 号[528000]
电话:(0757)82124251;82216072
传真:(0757)82214131 经济类型:国有
供销电话:82216072;82124251
职工人数:474 人
法人代表:郭伟洪
网址:www. jingsha. cn
E-mail:js@ jingsha. cn
【主要产品】碱式碳酸铅;一氧化铅;羟基丙烯酸树脂;正丁醇改性三聚氰胺甲醛树脂;双酚 A 型环氧树脂(E12 型);双酚 A 型环氧树脂(E20 型);双酚 A 型环氧树脂(E42 型);双酚 A 型环氧树脂(E44 型);双酚 A 型环氧树脂(E51 型);环氧树脂;彩色环氧树脂(861 型);短油度醇酸树脂;不饱和聚酯树脂(气干型);天然树脂漆类;酚醛树脂漆类;水性电泳漆;醇酸树脂漆类;氨基树脂漆类;硝基漆类;汽车漆;汽车专用修补漆;丙烯酸树脂漆类;高性能工程机械漆;聚酯树脂漆类;粉末涂料;环氧树脂漆类;水性环氧地坪涂料;自流平环氧地坪涂料;聚氨酯漆类;绝缘漆;重防腐地坪涂料;防静电地坪涂料;油漆辅助材料类;环氧活性稀释剂 501 型;红丹;UPVC 管道系统胶黏剂;聚氨酯固化剂;环氧树脂固化剂 593

佛山市凯林精细化工有限公司

广东省佛山市南海区和顺镇和桂工业园[528241]
电话:(0757)58117211
传真:(0757)85117373
网址:www. cnqcc. com
E-mail:webmaster@ cnqcc. com
【主要产品】水基胶;热熔胶黏剂

佛山市南海北沙制药有限公司

广东省佛山市南海区里水镇北沙工业区[528244]
电话:(0757)85666190
传真:(0757)85669370
供销电话:(020)81388490
供销传真:(020)81943325
网址:www. beisha. com
E-mail:bsyrylq@ 163. net
【主要产品】7-氨基-3-去乙酰氧基头孢烷酸;头孢氨苄;头孢拉定;头孢羟氨苄;磷霉素缓血酸铵;克拉红霉素;罗红霉素;阿奇霉素;磺胺嘧啶;磺胺二甲嘧啶;磺胺二甲嘧啶钠;磺胺甲噁唑;甲氧苄啶;氟康唑;替硝唑;奥美拉唑

佛山市南海长城精细化工有限公司

广东省南海市大沥镇沥北工业区[528231]
电话:(0757)85563072;85550100;85550800
传真:(0757)85563018
网址:www. nhchangcheng. com
E-mail:cc@ nhchangcheng. com
【主要产品】硫酸钴;硫酸铜;硫酸镍;硫酸亚锡;氯化钴;氟化钠;氟化镍;醋酸铜;醋酸镍;阳极电泳漆;醋酸钴;铬化剂

佛山市南海创伟化工环保科技有限公司

广东省佛山市南海区罗村镇沙坑工业区[528200]
电话:(0757)86436243;13318227331
传真:(0757)86431043
网址:www. cwccc. com
E-mail:fscwccc@ . tom. com
【主要产品】氨基烘漆

佛山市南海华生化工厂

广东省佛山市南海区西樵大同柏山开发区[528204]
电话:(0757)86856770;86856907
传真:(0757)86811807
网址:www. r-sheng. com
【主要产品】酚醛磁漆;醇酸树脂漆类;硝基漆类;绝缘漆;锤纹漆;风干型金属装饰磁漆

佛山市南海永兴阀门制造有限公司

广东省佛山市南海九江龙高路梅东段 1 号[528203]
电话:(0757)86561111;86509999
传真:(0757)86557559
网址:www. yq. com. cn
E-mail:yq@ yq. com. cn
【主要产品】阀门;内衬氟塑料截止阀;球阀;特种阀门

佛山市青新龙机械有限公司

广东省佛山市顺德区乐从镇上华工业区[528300]
电话:(0757)28820023;82218668
传真:(0757)28822909
供销电话:28820023;13302807063
网址:www. qingxinlong. com
E-mail:qxl@ qingxinlong. com
【主要产品】搅拌釜;反应釜;电加热反应釜;高速分散机;列管式换热器;混合机;三辊研磨机;真空型捏合机;高速分散搅拌机;高低速双轴搅拌机;给料机

佛山市三求化工有限公司

广东省佛山市湾一路弼塘东二街 20 号 B 座[528000]
电话:(0757)82266033;82266038
传真:(0757)82266083
网址:www. 3qiu. com
E-mail:3qiu@ 163. com
【主要产品】透明漆;光固化油墨;感光线路油墨;耐酸碱抗蚀刻油墨;打字油墨;光固化阻焊油墨;抗电镀油墨

佛山市三水区永恒达粘合剂有限公司

广东省佛山市三水区西南街河口地质队东区[528136]
电话:(0757)87677784;13928620766
传真:(0757)87675933
经济类型:有限责任公司
网址:www. yhdcn. com
E-mail:yhd@ yhdcn. com;yonghengda@ 126. com
【主要产品】环保型黏合剂

佛山市顺德区百路得化工有限公司

广东省佛山市顺德区大良和桂路[528333]
电话:(0757)22253310;22301351
传真:(0757)22305019
网址:www. bet-home. com
【主要产品】木器家具漆;导电涂料;不粘油涂料

佛山市顺德区高峰淀粉化学有限公司

广东省佛山市顺德区乐从镇良村工业区[528315]
电话:(0757)28860206;28860201
传真:(0757)28860220 职工人数:65 人
网址:www. china-gaofeng. com
E-mail:info@ china-gaofeng. com
【主要产品】变性淀粉

佛山市顺德区海明斯实业有限公司

广东省佛山市顺德区杏坛镇光华管理区良均中路 2 号[528325]
电话:(0757)27383199;27383198
传真:(0757)27383196
供销电话:28686111;28686119

粤

供销传真:27383197 产值:50,000 千元
经济类型:私营企业 职工人数:100 人
法人代表:陈杰新
网址:www. sdhimens. com
E-mail:fengshenhong@126. com
【主要产品】不饱和聚酯树脂(原子灰类);不饱和聚酯树脂腻子

佛山市顺德区佳力精细化工有限公司

广东省佛山市顺德区大良凤翔工业园飞翔路20号[528300]
电话:(0757)22220475;22213182;22319818
传真:(0757)22224975
网址:www. garry. com. cn;www. garry. cn
E-mail:garry@garry. com. cn
【主要产品】脱模剂;防锈松锈润滑剂;高效金属防锈剂;长效防锈剂;模具清洗剂;清洗剂

佛山市顺德区蓝天实业有限公司

广东省佛山市顺德区均安镇畅兴工业园[528329]
电话:(0757)25575976;25382141;25382138
传真:(0757)25575667 法人代表:张桂
经济类型:私营企业 职工人数:218 人
网址:www. tuzhibao. com
E-mail:bluesky@tuzhibao. com
【主要产品】环氧聚酯混合型粉末涂料;热固性粉末涂料;聚酯粉末涂料;环氧型粉末涂料;美术花纹型热固性粉末涂料

佛山市顺德区龙江友邦涂料制造有限公司

广东省佛山市顺德区龙江西溪第三工业区[528318]
电话:(0757)23881199;23369632;23385838
传真:(0757)23883622
经济类型:中外合作经营企业
网址:www. youban. com. cn
E-mail:youban@youban. com. cn
【主要产品】木器家具漆;环保乳胶漆;无苯聚酯漆;水性木器漆

佛山市顺德区美龙环戊烷化工有限公司

广东省佛山市顺德区容桂镇[528305]
电话:(0757)28398600;28393007
传真:(0757)28398600
网址:www. mei-long. co
E-mail:cp@mei-long. com. cn
【主要产品】正戊烷;环戊烷;异戊烷

佛山市顺德区明泰化工实业有限公司

广东省佛山市顺德区伦教三洲工业区[528308]
电话:(0757)28617718
传真:(0757)28617701
网址:www. china-mingtai. com
E-mail:info@china-mingtai. com
【主要产品】木器家具漆;工业涂料;建筑涂料;装修漆

佛山市顺德区派尔化工实业有限公司

广东省佛山市顺德区容桂镇容里华昌工业区[528303]
电话:(0757)28813704
传真:(0757)28808279
经济类型:股份合作 产值:10,000 千元
职工人数:100 人 法人代表:王名名
网址:www. gd-power. com
E-mail:dezhibao@163. com
【主要产品】硝基漆类;无黄变木器漆;浮雕漆;真石漆;环保型内外墙乳胶漆;聚酯家具漆;耐黄变装修漆

佛山市顺德区中顺化工设备有限公司

广东省佛山市顺德区容桂江南路8号[528303]
电话:(0757)26616782
传真:(0757)26628076
经济类型:私营企业
网址:www. sinozs. com
E-mail:sdzs@sinozs. com
【主要产品】化工设备;环保除尘设备;水处理设备

佛山市万正涂料有限公司

广东省佛山市三水白坭经济开发区[528200]
电话:(0757)87563881;87563883
传真:(0757)87567233 有进出口权
经济类型:有限责任公司
网址:www. wzpaints. com
E-mail:wzxiao@21cn. com
【主要产品】硝基漆类;裂纹漆;不饱和聚酯漆;酸固化油漆;聚氨酯漆类;玻璃涂料;砂面涂料;木器涂料

佛山市西方化工有限公司

广东省佛山市南海区西樵新田工业开发区[528211]
电话:(0757)86828122;86828133
传真:(0757)86828123
网址:www. cnxifang. com
E-mail:youhao@cnxifang. com
【主要产品】内外墙乳胶漆;氟碳漆;船舶防腐漆

佛山市杏头制漆厂

广东省佛山市南海区杏头工业区[528219]
电话:(0757)85332996;85335129;85339968
传真:(0757)85334879
E-mail:eshop@xnjcw. com
【主要产品】硝基漆类;过氯乙烯漆类;内外墙涂料;丙烯酸树脂漆类;装修漆

佛山市阳光硅材料有限公司

广东省佛山市顺德区大良沿江北路25号首层[528300]
电话:(0757)22211791
传真:(0757)22211792 有进出口权
网址:www. china-silicone. net
E-mail:renzhao-1@vip. 163. com
【主要产品】室温硫化甲基硅橡胶(107型);有机硅凝胶;液体硅橡胶;二甲基硅油(201型);商标纸胶;强力胶;氨基硅油;氨基硅油乳液;超滑爽氨基硅油;氨基硅油柔软剂;硅油封头剂

佛山市涌泉添加剂科技有限公司

广东省佛山市禅城区[528000]
电话:(0757)81266008;13902809782
传真:(0757)81266009
网址:www. fsyq. cn
E-mail:info@fsyq. cn
【主要产品】过氧化氢

佛山市植宝化工有限公司

广东省佛山市佛罗公路33号之一[528000]
电话:(0757)82813134;82812694
传真:(0757)82812694 职工人数:44 人
固定资产:1,871 千元 产值:4,758 千元
经济类型:有限责任公司
销售收入:4,662 千元
法人代表:邝绍辉
网址:www. zhibao. com. cn
E-mail:fszhibao@pub. foshan. gd. cn
【主要产品】花肥;混合肥料;叶面肥;高效叶面肥;复合微生物肥;植物生长调节剂;浴液;洗面奶;面膜

佛山市中冠陶瓷釉料公司

广东省佛山市禅城区石湾和平路1号华苑大楼[528031]
电话:(0757)82260188;82260133
传真:(0757)82270148
供销电话:82260133;82260188
网址:www. tcyl. com
E-mail:fstcyl@pub. foshan. gd. cn
【主要产品】橘铬黄;钴蓝;镨黄;孔雀绿

佛山塑料集团股份有限公司

广东省佛山市禅城区汾江中路82号[528000]
电话:(0757)83983201;83983388
传真:(0757)83983211;83983388
供销电话:83988188;83983201
供销传真:83985216;83983219
经济类型:股份有限公司
职工人数:4,552 人 法人代表:冯兆征
网址:www. foshan-plastic. com;www. fspg. com. cn
E-mail:sale@shuangxiang. com
【主要产品】双向拉伸聚丙烯薄膜;流延

粤

聚丙烯薄膜;聚氯乙烯压延薄膜;双向拉伸聚酯薄膜;真空镀铝薄膜;聚苯乙烯/聚乙烯发泡片材;双向拉伸尼龙薄膜;塑料丝及编织制品;聚氯乙烯人造革;聚偏二氯乙烯涂布薄膜

高明明海化学企业有限公司

广东省佛山市高明区沧江工业园[528500]
电话:(0757)88629938;88626618
传真:(0757)88626618
法人代表:陈海根
网址:www. gmminghai. com
E-mail:pu@ gmminghai. com
【主要产品】丙烯酸树脂;醇酸树脂;饱和聚酯树脂;油墨流平剂;PU 干湿法合成皮革油墨;分散剂;消泡剂;皮革助剂

广东德冠双轴拉伸薄膜有限公司

广东省佛山市顺德区顺峰山工业区一路[528333]
电话:(0757)22291320;22291306;22291313
传真:(0757)22291320
网址:www. bopp. com. cn
E-mail:decrobopp@ 21cn. net;xhm@ bopp. com. cn
【主要产品】双向拉伸聚丙烯薄膜

粤

广东德美精细化工股份有限公司

广东省佛山市顺德区容桂镇广珠公路海尾路[528305]
电话:(0757)28399088
传真:(0757)28396930　有进出口权
供销电话:28396930　职工人数:600 人
经济类型:有限责任公司
网址:www. dearmate. com
E-mail:info@ dearmate. com
【主要产品】印刷油墨;柔软剂;酸性匀染剂;锆鞣剂;L-3 加脂剂

广东东方树脂有限公司

广东省佛山市顺德区杏坛镇东村第二工业区[528325]
电话:(0757)27382208;27382216
传真:(0757)27689999
经济类型:私营企业　职工人数:500 人
法人代表:林润强
网址:www. cn-deli. com
E-mail:sdlyqi@ pub. sdnet. gd. cn
【主要产品】胶黏剂;万能胶;热熔胶黏剂

广东高聚化学工业有限公司

广东省高明市荷城区沿江路 37 号[528500]
电话:(0757)88883911;88883721
传真:(0757)88882687　有进出口权
供销电话:88881736
职工人数:600 人
经济类型:与港澳台商合资经营
法人代表:罗圩南
网址:www. gaoju. com
E-mail:gdgaoju@ 21cn. com
【主要产品】聚苯乙烯树脂;可发性聚苯乙烯;高抗冲聚苯乙烯;塑料制品;塑料板片材;防火板;聚苯乙烯板;聚苯乙烯泡沫塑料;聚苯乙烯制品;氯丁橡胶胶黏剂;密封胶;JD-16-1 胶黏带

广东鸿昌化工(集团)有限公司

广东省顺德区均安镇太平工业区[528300]
电话:(0757)25382333;25382368;25389062
传真:(0757)25578333　有进出口权
经济类型:有限责任公司
网址:www. hong-chang. com
E-mail:info@ hong-chang. com
【主要产品】木器家具漆;金属涂料;装修漆;油墨

广东华润涂料有限公司

广东省佛山市顺德高新技术开发区科技产业园[528306]
电话:(0757)28376688
传真:(0757)28376666　有进出口权
经济类型:与港澳台商合资经营
企业规模:大型　法人代表:梁俊谦
网址:www. huarun. com. cn
E-mail:huarun@ huarun. com
【主要产品】木器家具漆;工业涂料;高性能工程机械漆;聚酯树脂漆类;热固型纯聚酯粉末涂料;紫外光固化涂料;装修漆;乳液胶黏剂

广东柯杰外加剂科技有限公司

广东省佛山市南海区和顺和桂工业园和平路 6 号[528200]
电话:(0757)85108892;85108893
传真:(0757)85102849
网址:www. kejiecn. com
E-mail:gdkjco@ kejiecn. com
【主要产品】钻井液消泡剂;减水剂;混凝土养护剂;脱模剂;泵送剂

广东联塑科技集团

广东省佛山市顺德区龙洲路联塑工业村[528318]
电话:(0757)23888333;23888588
传真:(0757)23888555
企业规模:大型
网址:www. liansu. com
E-mail:liansu@ liansu. com
【主要产品】建筑排水用硬聚氯乙烯管材管件;给水用硬聚氯乙烯管材;聚乙烯管;燃气用聚乙烯管;铝塑复合管;交联聚乙烯管材;聚氯乙烯软管;聚氯乙烯电线电缆管;聚氯乙烯异型材;塑胶管;硅芯管;塑料挤出机

广东美涂士化工集团

广东省佛山市顺德区伦教街道三洲工业区[528308]
电话:(0757)27728777;27838848
传真:(0757)27332127　有进出口权
供销电话:27332286;27836655
企业规模:大型
网址:www. maydos. cn
E-mail:daixb@ maydos. cn
【主要产品】不饱和聚酯树脂;饱和聚酯树脂;高弹性外墙乳胶漆;环保型外墙乳胶漆;环保内墙乳胶漆;聚氨酯清漆;PU 透明底漆;聚氨酯金属漆;氟碳漆;万能胶

广东南海奇瑞德助剂厂

广东省佛山市南海区大沥镇太平工业区[528231]
电话:(0757)85521418;13923213324
传真:(0757)85521418
法人代表:张建军
网址:www. globe-chem. com
E-mail:lylshirley998@ hotmail. com
【主要产品】硫酸肼;硫酸钴;硫酸铜;硫酸镍;硫酸镍铵;硝酸镍(六水);氯化钴;铬酸钾;铬酸钠;碱式碳酸铜;氟化镍;氟化钴;氟化铜;醋酸铜;醋酸镍;柠檬酸铵;醋酸钴

广东南海新华粉末涂料厂五金喷涂厂

广东省佛山市南海区松岗龙头工业区[528200]
电话:(0757)85223695
传真:(0757)85221982
E-mail:o. s. h@ yeah. net
【主要产品】粉末涂料

广东省宝月化工总厂

广东省佛山市三水区宝月[528136]
电话:(0757)87315338;87318246
传真:(0757)87318481
经济类型:国有
网址:www. cn-baoyue. com/hgc. htm
E-mail:baoyue@ cn-baoyue. com
【主要产品】各色水性无毒玩具漆;塑胶漆;耐高温绝缘电子用粘接剂;制罐防渗胶;鞋用胶黏剂

广东省佛山市顺德区伦教阜康化工机械有限公司

广东省佛山市顺德区伦教北海工业区[528308]
电话:(0757)27722758;23676652
传真:(0757)27722758
网址:www. fukanghuaji. com
E-mail:fukanghj@ 163. com
【主要产品】反应釜;高速分散机;分散机;振动筛分过滤机;列管式冷凝器;混合机;三辊研磨机;立式砂磨机;卧式砂磨机;立式研磨机;搅拌机;高低速双轴搅拌机;立式搅拌球磨机;搅拌磨(砂磨);振动筛;隔膜泵;储罐;灌装机;胶浆搅拌机;高剪切乳化机;聚

酯树脂设备；涂料油漆设备

广东省佛山市中发水玻璃厂

广东省佛山市南海区大沥镇[528200]
电话：(0757)85598451；13798647969
网址：www. gdfszf. com
E-mail：xinqiang69@ sina. com
【主要产品】硅酸钠；粉状速溶硅酸钠；偏硅酸钠(五水)；硅溶胶；陶瓷泥浆减水剂

广东省南海大沥永顺胶粘带制品厂

广东省佛山市南海区大沥镇沥中工业二区[528231]
电话：(0757)85530331；13078166339
传真：(0757)85569931
网址：www. nhyongshun. com
E-mail：sales@ nhyongshun. com
【主要产品】双面胶带；美纹胶带；电器胶带；铝箔胶黏带；封口胶带

广东省南海区恒昌胶辊厂

广东省佛山市南海区松岗镇显子岗(禅炭路边)[528234]
电话：(0757)85204378；85223138；13709653278
传真：(0757)85223138
供销电话：85223138；13535858509
网址：www. fshengchang. com
E-mail：daiganhui@ fshengchang. com
【主要产品】胶辊；印刷胶辊；造纸胶辊；印铁胶辊；耐高温硅胶辊；运输胶辊

广东粤港大地制漆有限公司

广东省佛山市顺德区容桂街道高黎工业区[528305]
电话：(0757)28303381
传真：(0757)28309028
供销电话：28303381-2008
供销传真：28991442　职工人数：350 人
经济类型：与港澳台商合资经营
法人代表：李孟光
网址：www. da-di. com
E-mail：dadi@ da-di. com
【主要产品】合成树脂；聚氨酯树脂；油漆；金属面漆；工业涂料；建筑涂料；聚酯树脂漆类；锤纹漆；木器涂料；印铁涂料；玻璃彩绘颜料；人造革表面处理剂

华亿橡胶胶辊制品厂

广东省高明市人和镇禄堂开发区[528511]
电话：(0757)88801393；13902851085
传真：(0757)88803998
供销电话：88801393；13078157139
网址：www. gmhuayi. com. cn
E-mail：gmhuayi@ sina100. com
【主要产品】胶辊；印刷胶辊；聚氨酯胶辊；硅橡胶辊

嘉乐士化工企业有限公司

广东省佛山市顺德区百安中路七滘大桥[528329]
电话：(0757)25573368
传真：(0757)25581297
供销电话：25579878
经济类型：与港澳台商合资经营
网址：www. salux. com. cn
【主要产品】木器漆；水性外墙涂料；油性外墙漆；高级环保内墙漆；氟碳漆；地坪涂料；质感涂料

建华胶粘实业有限公司

广东省佛山市南海区松夏工业园置业路[528234]
电话：(0757)85238111；85238507
传真：(0757)85238501
网址：www. jh-silicone. com
E-mail：elegant@ jh-silicone. com
【主要产品】聚氨酯密封胶；中性硅酮密封胶

江门市蓬江区荷塘聚利豪硅橡制品有限公司

广东省江门市蓬江区荷塘镇南村工业区[529095]
电话：(0757)25574829；25572941；25575634
传真：(0757)25579709
职工人数：200 人
网址：www. lihao. com. cn
E-mail：sdlihaol@ pub. sdnet. gd. cn；sdlihaol@ 163. c
【主要产品】硅胶管；发泡硅橡胶管；橡胶杂品；橡胶密封制品；硅橡胶制品；硅胶杂件；O 形密封圈；硅橡胶密封圈；异形密封圈

科斯化工有限公司

广东省佛山市顺德区乐从镇杨滘北沙工业区[528316]
电话：(0757)28826928；28822227
传真：(0757)28820374
网址：www. kosi. com. cn
E-mail：mahf@ kosi. com. cn
【主要产品】木器家具漆；装修漆

立大化工(佛山)有限公司

广东省佛山市南海区罗村镇街边工业区[528000]
电话：(0757)85918509；85269502
传真：(0757)85961589
网址：www. lida-hg. com
E-mail：lida@ lida-hg. com
【主要产品】导热硅脂；绝缘硅脂；真空硅脂；导电硅脂；润滑硅脂

美联涂料有限公司

广东省佛山市三水白坭镇进港开发区[528000]
电话：(0757)87562488
传真：(0757)87562299
经济类型：港澳台商独资经营
法人代表：梁启明
网址：www. merlincoating. com
E-mail：merlin@ merlincoating. com
【主要产品】金属漆；内外墙涂料；抗碱封闭底漆；浮雕漆；彩色石漆；氟碳漆；油漆稀释剂；罩光油；质感涂料；瓷砖胶黏剂

南海东联涂装有限公司

广东省佛山市南海区里水镇甘蕉工业区[528244]
电话：(0757)85668667；85663036；85667086
传真：(0757)85667086；85668667
经济类型：与港澳台商合资经营
有进出口权　企业规模：大型
网址：www. donglian-chemicals. com
E-mail：donglian-chemicals@ 163. com
【主要产品】水性电泳漆；聚酯粉末涂料；环氧型粉末涂料；静电喷漆

南海赛特化学工业有限公司

广东省佛山市南海区西樵镇河岗工业区[528212]
电话：(0757)86822054；86862203
传真：(0757)86828103
经济类型：外商投资股份有限公司
网址：www. satchemical. com
E-mail：paint@ sat. com. hk
【主要产品】裂纹漆；抗碱封闭底漆；浮雕漆；真石漆；丙烯酸内墙乳胶漆；纳米改性纯丙外墙漆；高级环保外墙漆；环保内墙乳胶漆；聚酯树脂漆类；耐黄变清面漆；氟碳漆；氟碳重防腐涂料；氟碳树脂封固底漆；有机硅外墙漆；水性木器漆；内外墙腻子

南海市达克罗金属涂覆有限公司

广东省南海市里水镇月池田角尾工业区[528244]
电话：(0757)85609806；85609809
传真：(0757)85609816
经济类型：有限责任公司
网址：www. nh-dacromet. cn
E-mail：nh-dacro@ tom. com；topper@ vip. sina. com
【主要产品】金属表面处理剂

南海市东方化工厂

广东省南海市小塘镇狮山新城[528222]
电话：(0757)86631182；86631183；86636668
传真：(0757)86632118
网址：www. dongfangpaint. com
E-mail：dfmarket@ dongfangpaint. com
【主要产品】醇酸树脂漆类；氨基烘漆；金属漆；汽车漆；硝基木器漆；乳胶漆；各色水性无毒玩具漆；聚酯木器漆；常温道路标志漆；锤纹漆；防腐涂料；万能胶

南海市利达有机硅有限公司

粤

广东省南海市里水岗联工业区［528248］
电话：(0757)85903125；13302818590
传真：(0757)85903295
经济类型：私营企业 法人代表：黄清华
网址：www. lida1688. ebigchina. com
【主要产品】二甲基环硅氧烷；二甲基硅油；羟基硅油；107 胶；氨基硅油；硅烷偶联剂 KH-560；硅烷偶联剂 KH-550；三丁基酮肟型交联剂

南海松岗广利树脂化工厂

广东省佛山市南海区松岗镇石碣工业开发区［528234］
电话：(0757)85227132；85222037；85736286
传真：(0757)85236031
经济类型：私营企业
网址：www. gd-kangly. com
【主要产品】合成树脂

南海粤明油墨化工有限公司

广东省佛山市南海区九江镇沙头工业园 A 区［528208］
电话：(0757)86918088；86918111；86910948
传真：(0757)86911451
经济类型：私营企业
网址：www. yuemingink. com
E-mail：webmaster@ yuemingink. com
【主要产品】水性丙烯酸树脂印刷油墨；树脂胶版油墨；纸箱印刷油墨；铝箔印刷油墨；胶印亮光油墨；胶印亮光快干四色油墨；高档亮光四色油墨；高档耐晒耐磨四色油墨；高级胶印四色版油墨

粤

顺德澳贝化工有限公司

广东省佛山市顺德区容桂镇容里昌明东路 2 号［528306］
电话：(0757)28382180
传真：(0757)28382177
网址：www. aubay. com. cn
E-mail：aubay@ aubay. com. cn
【主要产品】木器漆；内墙涂料；外墙涂料

顺德澳科化工有限公司

广东省佛山市顺德区伦教工业区［528308］
电话：(0757)27833307；27831339；27833309
传真：(0757)27831339
网址：www. aokecn. com
E-mail：master@ aokecn. com
【主要产品】木器家具漆；工业涂料；装修漆

顺德成田橡胶制品有限公司

广东省佛山市顺德区容桂镇南区工业区［528306］
电话：(0757)28308112；28301421
传真：(0757)28306777
职工人数：150 人
网址：www. chengtianrubber. com
E-mail：sale@ chengtianrubber. com
【主要产品】橡胶密封制品；密封垫；O 形密封圈

顺德合胜化工实业有限公司

广东省佛山市顺德区容桂区容边福源路 10 号［528306］
电话：(0757)28303187；28301324
传真：(0757)28309511 法人代表：钟标
经济类型：私营企业
网址：www. he-sheng. com. cn
E-mail：info@ he-sheng. com. cn
【主要产品】丙烯酸弹性防水涂料；聚氨酯防水涂料；彩色聚氨酯防水涂料；焦油聚氨酯防水涂料；非焦油聚氨酯防水涂料；硅橡胶防水涂料；JS 复合防水涂料；建筑用聚氨酯化学灌浆材料；自粘性止水条；3，3′-二氯-4，4′-二氨基二苯基甲烷；有机硅防水剂；聚合物水泥砂浆防水胶；高效外墙防水剂

顺德鸿昌涂料实业有限公司

广东佛山市省顺德区均安镇太平工业区［528329］
电话：(0757)25381777；25381779
传真：(0757)25571968
经济类型：私营企业 法人代表：陈豪彰
网址：www. hc-coating. com
E-mail：sales@ hc-coating. com
【主要产品】木器家具漆；内外墙乳胶漆；聚氨酯漆类；装修漆；透明腻子

顺德花王涂料有限公司

广东省佛山市顺德区容桂镇容里华昌工业区［528305］
电话：(0757)28806161；28807829
传真：(0757)28807829 有进出口权
经济类型：中外合资经营企业
法人代表：方学平
网址：www. hua-wang. com
E-mail：product@ hua-wang. com
【主要产品】木器家具漆；不饱和聚酯树脂腻子；金属涂料；内墙面漆；装修漆；水性木器漆；超级万能胶

顺德华茂油料厂

广东省佛山市顺德区伦教工业区［528308］
电话：(0757)27753397
传真：(0757)27726297
网址：www. hua-mao. cn
【主要产品】油酸钠皂

顺德汇龙涂料实业有限公司

广东省佛山市顺德区容桂容边天河大道 8 号［528305］
电话：(0757)28382068
传真：(0757)28308811 职工人数：32 人
经济类型：有限责任公司
网址：www. huilongpaint. com；www. huilong. cn
E-mail：huilong@ huilong. cn；gmm@ huilong. cn
【主要产品】木器家具漆；地板涂料；内外墙乳胶漆；聚酯树脂漆类；装修漆；水溶性涂料；水性木器漆

顺德居都邦涂料实业有限公司

广东省佛山市顺德区容桂镇穗香工业区丰业路［528305］
电话：(0757)28379777
传真：(0757)22900621
网址：www. judubang. com. cn
E-mail：info@ judubang. com. cn
【主要产品】硝基透明底漆；裂纹漆；乳胶漆；塑胶漆；聚酯家具漆；耐变黄亚光清面漆；闪光漆；装修漆；内外墙防霉抗碱封固底漆；耐黄变透明底漆；耐黄变封闭底漆；自干型金属漆；耐黄变地板漆；透明腻子；砂磨漆

顺德美侨化工有限公司

广东省佛山市顺德区均安镇沙浦工业开发区［528329］
电话：(0757)25386571-8
传真：(0757)25587656
职工人数：100 人
网址：www. meiqiao. com；www. 5058. tradebig. com
E-mail：info@ meiqiao. com
【主要产品】纯丙乳液；苯丙乳液；聚醋酸乙烯乳液胶黏剂

顺德明邦化工实业有限公司

广东省佛山市顺德区容桂镇容里华昌工业区［528306］
电话：(0757)28380089；28380054
传真：(0757)28807893
供销电话：28380058；28380056
经济类型：有限责任公司
网址：www. mingbangpaint. com
【主要产品】汽车漆；木器漆；木器家具漆；乳胶漆；工业涂料；不饱和聚酯树脂腻子；锤纹漆

顺德市凤华化工有限公司

广东省佛山市顺德区伦教镇永丰工业区［528308］
电话：(0757)27838223；27838377；27836377
传真：(0757)27830980 职工人数：65 人
供销传真：27839032 法人代表：麦泽文
经济类型：私营企业
网址：www. fhhg. com. cn
E-mail：sdfhhg@ 21cn. com
【主要产品】环氧树脂；PVC 密封涂料；包装黏合剂；环氧树脂固化剂

顺德市生力塑料制品有限公司

广东省佛山市顺德区伦教街道办仕版工业区［528308］
电话：(0757)27723878；27752938；27727793
传真：(0757)27725751；23626708
网址：www. sd-shengli. com；www. sd-shengli. com. cn
E-mail：shengli@ sd-shengli. com

【主要产品】塑料板片材

顺德顺达塑料化工有限公司

广东省顺德市乐从镇乐从塑料城内[528315]
电话:(0757)28332788
传真:(0757)28332799
网址:www. shundaplas. com
【主要产品】功能母粒

顺德王田化工实业有限公司

广东省佛山市顺德区伦教永丰工业区北路53号[528308]
电话:(0757)27832227;28667820;28667818
传真:(0757)27831127
经济类型:私营企业
网址:www. ororda. com
E-mail:ororda@ ororda. com
【主要产品】玻璃清洁剂;汽车专用胶黏剂;防锈松锈润滑剂;发动机清洗剂;金属抛光剂;化油器清洗剂;汽车水箱除垢剂;防冻液

亿达橡胶密封件有限公司

广东省顺德市龙江镇龙洲西路[528318]
电话:(0757)23368114;23883982;23883988
传真:(0757)23361832
网址:www. sdyida. com
【主要产品】汽车油封;O形密封圈

中外合资靓尔嘉化工有限公司

广东省佛山市顺德区容桂镇海尾合基路6号[528305]
电话:(0757)28386290;28386299
传真:(0757)28892913
经济类型:中外合资经营企业
网址:www. newtechs. com. cn
E-mail:newtech@ newtechs. com. cn
【主要产品】装饰漆;硝基木器漆;木器家具漆;乳胶漆;聚酯装修漆;水晶耐磨地板漆;装修漆;环保型建筑涂料;万能胶

阳江市

广东省阳西县华强色母厂

广东省阳西县儒洞镇工业区西侧4-6幢[529826]
电话:(0662)5583293;13902526712
传真:(0662)5582281
网址:www. yxhuaqiang. com
E-mail:muli@ hqmuli. com
【主要产品】色母粒

湛江市

广东星恒高效涂料开发有限公司

广东省廉江市廉江大道南[524400]
电话:(0759)6623685;6614050;6600985
传真:(0759)6617682 经济类型:国有
法人代表:张炳强
网址:www. china-xingheng. com
E-mail:chinaxingheng@ 21cn. com
【主要产品】隔热防水漆;防水涂料;高级防水补漏涂料;墙面高效防污瓷漆;外墙高效瓷漆;钢化涂料

廉江市化工有限责任公司

广东省廉江市郊龙塘路[524400]
电话:(0759)6620936
传真:(0759)6615600
经济类型:有限责任公司
网址:chemlj. hehu. com
E-mail:chemical@ hehu. com
【主要产品】磷矿砂;磷矿粉;硫酸;硫酸镁(一水);硫酸镁(无水);硫酸镁;氟硅酸钠;氟硅酸镁;过磷酸钙;复合肥;有机复合肥;磷酸氢钙(食用级)

湛港宏富实业有限公司

广东省湛江市椹川大道龙潮西路3号[524044]
电话:(0759)3285777;3285778
传真:(0759)3285990
经济类型:中外合作经营企业
企业规模:大型
网址:www. zghongfu. com
E-mail:3339517@ 163. com
【主要产品】白云石粉;重晶石粉(超微细);超细轻质碳酸钙;超细重质碳酸钙;超细煅烧高岭土;超细滑石粉;钛白粉

肇庆市科立化工有限公司

广东省肇庆市外坑教育农场[526020]
电话:(0759)2802818;13602980992
传真:(0759)2893231
网址:www. kelichem. com
E-mail:fsh@ pub. zhaoqing. gd. cn
【主要产品】5-甲氧基尿嘧啶;2,4-二氯-5-甲氧基嘧啶;6-氯嘌呤;次黄嘌呤;黄嘌呤;2-巯基黄嘌呤;2,6-二巯基嘌呤;2-巯基嘧啶;2-溴嘧啶;2-甲基嘧啶;4-苯基-2-丁酮;乙酰胺;2-氨基-4,6-二羟基嘧啶;2,5-二氨基-4,6-二羟基嘧啶盐酸盐;*N*-乙酰-L-半胱氨酸;2,6-二氨基嘌呤;4,6-二羟基-2-甲基嘧啶;2,4,6-三氨基嘧啶;2-氨基嘧啶;5-亚硝基-2,4,6-三氨基嘧啶;2-氯嘧啶;6-巯基嘌呤;氯贝酸铝

茂名市

茂名日化涂料有限公司

广东省茂名市光华北路10号外贸大厦四楼[525000]
电话:(0668)2880808
传真:(0668)2880878
网址:www. rihua. com. cn
E-mail:webmaster@ rihua. com. cn
【主要产品】金属漆;木器漆;浮雕漆;粉末涂料;弹性防水涂料;防渗涂料;绒毛漆

茂名市高山海洋化工有限公司

广东省茂名市为民路41号[525000]
电话:(0668)2860023;13509925915
传真:(0668)2865723
网址:www. gshy. net
E-mail:yangciying@ 21cn. com
【主要产品】无味煤油;白油;变压器油;油墨溶剂油;特种溶剂油

茂名市金昌发展公司星海化工厂

广东省茂名市计星路工业区高山精细化工厂内[525000]
电话:(0668)2522188
传真:(0668)2525069
网址:www. chinachemnet. com/company/0027c. htm
【主要产品】聚乙二醇;平平加;乳化剂EL;壬基酚聚氧乙烯醚;斯盘系列;吐温系列;脂肪酸聚氧乙烯酯

茂名市科成精细化工有限公司

广东省茂名市官山三路石鳌塘新区313号[525000]
电话:(0668)2867671;13686750945
传真:(0668)2880230 有进出口权
经济类型:有限责任公司
法人代表:胡可静
网址:www. kclg. com
E-mail:biz@ kclg. com
【主要产品】羟基乙酸;乙醇酸钠;白油;橡胶软化油;变压器油;白凡士林;溶剂油;特种蜡

茂名英达精细化工有限公司

广东省茂名市袂花石浪路[525021]
电话:(0668)3177108
传真:(0668)2766810 有进出口权
供销电话:2766808 产值:2,000千元
经济类型:中外合资经营企业
职工人数:58人 法人代表:杨海
E-mail:lintao55588@ 163. com
【主要产品】白油

信宜松原化工有限公司

广东省信宜市工业路220号[525300]
电话:(0668)8875498;13580036681
传真:(0668)8874208
经济类型:港澳台商独资经营
法人代表:宁湛
网址:www. china-pinene. com
E-mail:petertang56@ vip. sina. com
【主要产品】α-蒎烯;β-蒎烯;酚醛树脂;松香改性酚醛树脂;α-蒎烯树脂;萜烯树脂;β-蒎烯树脂;萜烯酚醛树脂;萜烯苯乙烯树脂

肇庆市

德庆迪爱生合成树脂有限公司

广东省德庆县城朝阳西路245号

粤

[526600]
电话:(0758)7771868;7771858;
7771878
传真:(0758)7771848
供销电话:7761012
网址:www.dicdq.com.cn
E-mail:yanggongzheng@dicdq.com.cn
【主要产品】松香改性酚醛树脂;松香改性马来酸树脂;浅色改性松香树脂

广东德庆基原合成树脂有限公司

广东省德庆县回龙工业区[526641]
电话:(0758)7311339;7311352;7311355
传真:(0758)7311365;7311100
有进出口权 法人代表:林树汉
网址:www.jixin-resin.com
E-mail:sales@jixin-resin.com
【主要产品】松香改性酚醛树脂;松香

广东省四会市生料带厂

广东省四会市东城第二工业区[526200]
电话:(0758)3227888;3228068;3162088
传真:(0758)3226644;3161516
有进出口权
网址:www.teflon-tape.com.cn
E-mail:teflon@china.com
【主要产品】聚四氟乙烯生料带

粤

广东省肇庆香料厂有限公司

广东省肇庆市东郊蓝塘羚山[526060]
电话:(0758)2726274
传真:(0758)2729704 有进出口权
供销电话:2718598;2719184
经济类型:有限责任公司
法人代表:张翼飞
网址:www.gdzqperfumery.com.cn
E-mail:export@gdzqperfumery.com.cn
【主要产品】乙基麦芽酚;麦芽酚;烟草香精

广东永大树脂涂料厂

广东省肇庆市鼎湖区广利镇广利路[526070]
电话:(0758)2684499
供销电话:020-82011813
供销传真:020-82011813
经济类型:私营企业 产值:30,000千元
职工人数:100人 法人代表:王辉文
E-mail:kestal@126.com
【主要产品】顺丁烯二酸酐松香酯

怀集县长林化工有限责任公司

广东省怀集县怀城镇工业大道龙湾[526400]
电话:(0758)5572416
传真:(0758)5572416
固定资产:40,000千元
经济类型:有限责任公司
法人代表:黄榕桓
网址:www.hjfpc.com
E-mail:hjfpc@163.com
【主要产品】双戊烯;α-蒎烯;异龙脑;樟脑;醋酸钠;松油醇;乙酸异龙脑酯;歧化松香;脂松香

美佳(肇庆)化学有限公司

广东省肇庆市端州一路梅亭[526060]
电话:(0758)6173897;2755055;2718552
传真:(0758)2738252 有进出口权
经济类型:与港澳台商合资经营
法人代表:吴德元
网址:www.meijiazq-chem.com
E-mail:meijia@meijiazq-chem.com
【主要产品】聚酯树脂(MGZ系列)

四会市维诺珠光颜料有限公司

广东省四会市南江工业园广进路14号[526200]
电话:(0758)3138833;3138822
传真:(0758)3138899;3138911
网址:www.weinuochem.com
E-mail:volor@china.com;
weinuo1@weinuochem.com
【主要产品】珠光颜料;金色珠光颜料;银白色珠光颜料

新达化工实业有限公司

广东省四会市大沙镇岗美开发区[526200]
电话:(0758)3618308;3619623
传真:(0758)3618686
网址:www.xdxdl.com
E-mail:tdx@xdxdl.com
【主要产品】丙烯酸树脂;纯丙乳液;硅丙乳液;醋酸乙烯-丙烯酸酯共聚乳液;苯丙乳液;不饱和聚酯树脂(原子灰类);不饱和聚酯树脂(182型);罩光清漆;腻子;醇酸防锈漆;醇酸防污漆;各色氨基烘干底漆;硝基木器漆;木器家具漆;磷化底漆;乳胶漆;水性乳胶漆;环保型工程乳胶漆;工程乳胶漆;内外墙丙烯酸磁漆;内墙亚光面漆;各色丙烯酸氨基烘漆;丙烯酸调白二道底漆;丙烯酸路线漆;浮雕漆;真石漆;环保型外墙乳胶漆;外墙半光乳胶漆;丝光型墙面漆;高光型外墙乳胶漆;丙烯酸水性水泥漆;聚酯木器漆;不饱和聚酯树脂腻子;热熔道路标志漆;环氧带锈防锈防腐涂料;各色环氧防腐蚀烘干底漆;单组分水晶地板漆;锤纹漆;压克力烤漆;水泥漆抗碱封闭底漆;外墙晴雨漆;有色透明封闭底漆;高级水性封闭底漆;风干型金属装饰磁漆;聚醋酸乙烯乳液胶黏剂

肇庆市森德利化工实业有限公司

广东省肇庆市端州区蓝塘端州工业园[526060]
电话:(0758)2787775;2787776;
13600220980
传真:(0758)2787776
网址:www.sundly.com
E-mail:sundly@126.com
【主要产品】钙锌无毒复合稳定剂;稀土复合稳定剂

清远市

广东黄花硅石有限公司

广东省佛冈县汤塘镇[511675]
电话:(0763)4620368
传真:(0763)4620128 职工人数:200人
固定资产:25,000千元
经济类型:有限责任公司
产值:50,000千元 法人代表:张伟恩
网址:www.hh-si.com
E-mail:fgzys@21cn.com
【主要产品】二氧化硅;硅粉

丽珠集团新北江制药股份有限公司

广东省清远市人民一路[511515]
电话:(0763)3865312;3865373
传真:(0763)3378112 职工人数:500人
固定资产:160,000千元
经济类型:股份有限公司
网址:www.livzon-nnr.com
【主要产品】妥布霉素;硫酸粘菌素;盐霉素;硫酸粘杆菌素;阿卡波糖;洛伐他汀;普伐他汀;美伐他汀;他克莫司

清远灵捷制造化工有限公司

广东省清远市高新科技产业开发区七号小区[511517]
电话:(0763)3483511;3484998
传真:(0763)3483176
经济类型:私营企业 法人代表:魏焕曹
网址:www.agilemfg.com.cn
E-mail:agilemfg@21cn.com
【主要产品】孕二烯酮;去氧孕烯;屈螺酮;印染助剂

扬泰高温电线有限公司

广东省清远市高新技术产业开发区三号小区裕宝大楼[511517]
电话:(0763)3483879;3484879;
13902871800
传真:(0763)3483871;3483553
供销电话:3485290;3485291
网址:www.yangtai.net.cn
E-mail:yt@yangtai.net.cn
【主要产品】三氟氯乙烯-乙烯共聚物;聚全氟乙丙烯树脂;聚偏氟乙烯树脂;聚全氟乙丙烯管;辐照交联阻燃聚烯烃电缆料;氟塑料制品

潮州市

潮州市立信高分子材料有限公司

广东省潮州市北片工业区立信路中段[521011]
电话:(0768)2804036;2804037;2804038
传真:(0768)2804036
供销电话:2804035
网址:www.lixin-chemic.com

【主要产品】聚酯多元醇；鞋用聚氨酯胶黏剂；聚氨酯植绒胶

潮州市粤东化学工业公司

广东省潮州市永护路27号(粤东化工大厦)[521000]
电话：(0768)2287989；2267632；13902793119
传真：(0768)2273146
供销电话：2267632；2281764
法人代表：金树辉
网址：www. ydhq. com. cn
E-mail：czydhq@ public. chaozhou. gd. cn
【主要产品】重铬酸钠；重铬酸钾；三氧化铬；氰化亚铜；氧化锌；苯酐；铬酸铅；立德粉；钛白粉；氧化铬绿；交联剂；荧光增白剂；邻苯二甲酸二丁酯；邻苯二甲酸二辛酯；三盐基硫酸铅；PVC 膏状钡镉复合稳定剂；硬脂酸钡；硬脂酸铅；硬脂酸锌；硬脂酸镉；偶氮二甲酰胺

潮州翔鹭钨业有限公司

广东省潮安县官塘工业区[515634]
电话：(0768)6303999；6305322
传真：(0768)6303998
网址：www. cxtic. com
E-mail：grace@ cxtic. com
【主要产品】仲钨酸铵；三氧化钨；钨粉

广东省潮州市丰业实业有限公司

广东省潮州市银槐北路[521011]
电话：(0768)2806006；2207310
传真：(0768)2212139；2852199
经济类型：集体
网址：www. fengye-cn. com
E-mail：czfy@ fengye-cn. com
【主要产品】陶瓷色料

壮丽印刷辅助材料有限公司

广东省潮安县庵埠华亨路7号[515638]
电话：(0768)6665917；(0754)2889005
传真：(0768)6610791
供销电话：13536887703
网址：www. zhuangli. com
E-mail：info@ zhuangli. com
【主要产品】BOPP 双向拉伸香烟膜；塑料包装袋；刮开油墨；复膜胶；封口胶带；镀铝膜胶；上光油

揭阳市

广东澳力丹润滑油有限公司

广东省揭阳市东山区东阳蓝田路[522071]
电话：(0663)8200499
传真：(0663)8201499
经济类型：中外合资经营企业
网址：www. oita. com. cn
【主要产品】润滑油

广东东丽化工有限公司

广东省揭东县月城工业区[515559]
电话：(0663)3551288；8201512；8201513
传真：(0663)3554288
网址：www. dongtai. com. cn
E-mail：dl@ dongtai. com. cn
【主要产品】环保型白乳胶；超级万能胶；建筑装饰胶

广东琪田农药化工有限公司

广东省普宁市燎原渔湖工业区[515344]
电话：(0663)2687336
网址：www. gdqitian. com
E-mail：gdqt@ 163. com
【主要产品】阿维菌素；杀虫单；草甘膦；41%草甘膦异丙胺盐水剂；核苷类抗生素

广东天银化工实业有限公司

广东省揭东市开发区华安路南[515500]
电话：(0663)3284222
传真：(0663)3286444 职工人数：45人
经济类型：私营企业
网址：www. tianyin-chemical. com
E-mail：gdtianyin@ 21cn. net
【主要产品】丙烯酸树脂；建筑乳液；抗裂弹性腻子；涂料助剂；水溶性胶黏剂；叔丙乳液

揭阳市豪得丽化工有限公司

广东省揭阳市东山区河中工业区[522071]
电话：(0663)8816999；8812222
传真：(0663)8826577
网址：www. haodeli. com. cn
E-mail：gdhaodeli@ 126. com
【主要产品】硝基漆类；乳胶漆；聚酯树脂漆类；高级聚酯漆系列；万能胶

揭阳市天诚密封件有限公司

广东省揭阳市榕城区榕东凤林工业区东片[522000]
电话：(0663)8674728；8676099
传真：(0663)8674727 职工人数：68人
网址：www. jytch. com；www. tch. com. cn
E-mail：tch@ jytch. com
【主要产品】橡胶杂品；骨架油封；油封；O形密封圈

揭阳市新广盛胶粘制品有限公司

广东省揭阳市榕东西林工业区[522000]
电话：(0663)8688996；8686122；8111966
传真：(0663)8672996
网址：www. gstape. com
E-mail：ltd@ pub. jieyang. net. cn
【主要产品】双面胶带；美纹胶带；聚氯乙烯胶带；封口胶带

普宁市惠翔海藻工业有限公司

广东省普宁市占陇镇华林村华翔路8号[515300]
电话：(0663)2349706
传真：(0663)2349709
经济类型：港澳台商独资经营
法人代表：吴品杰
网址：www. hueyshyang. com
E-mail：best@ pub. jieyang. net. cn
【主要产品】食品添加剂；卡拉胶(食品级)

云浮市

广东云浮硫铁矿企业集团公司

广东省云浮市高峰镇[527343]
电话：(0766)8723210；8723005
传真：(0766)8828210
经济类型：国有
供销电话：8723700；8725532
有进出口权 企业规模：大型
法人代表：刘兴渝
网址：www. yunliu. com. cn
E-mail：fes@ pub. yunfu. gd. cn
【主要产品】硫精矿粉；铁精矿；硫酸；过磷酸钙；稀土磷肥；氧化铁红；钕铁硼；聚合硫酸铁

云浮市宝利硫酸有限责任公司

广东省云浮市云安县港城大道[527500]
电话：(0766)8636283
传真：(0766)8636292 职工人数：300人
经济类型：有限责任公司
网址：www. yfbaoli. com
E-mail：baoli@ yfbaoli. com
【主要产品】硫酸；发烟硫酸；蓄电池硫酸；亚硫酸钠；过磷酸钙；复合肥

粤

广西壮族自治区

南宁市、南宁地区

广西昌洲天然产物开发有限公司

广西南宁市国家级经济技术开发区金凯工业园迎凯路 31 号[530031]
电话:(0771)4516110
传真:(0771)4516130 有进出口权
供销电话:4516110;4516220
经济类型:股份合作 法人代表:马先荣
网址:www. changzhou-centella. com
E-mail:sales@ changzhou-centella. com
【主要产品】绿原酸;三七总皂苷;三七叶苷;左旋多巴;积雪草提取物;熊果酸

广西大锰锰业有限公司

广西南宁市淡村路 14 号[530031]
电话:(0771)4826928;4828298
传真:(0771)4830764;4828258
供销电话:4828298;13978871924
经济类型:国有 企业规模:大型
职工人数:3,000 人 法人代表:李维健
网址:gxdm. 51bxg. com;
www. cgxdm. com
E-mail:master@ cgxdm. com
【主要产品】硫酸锰;碳酸锰;锰;电解金属锰

广西化工研究院

广西南宁市城北区望州路北二里七号[530001]
电话:(0771)3331802;3331756;3331758
传真:(0771)3339941 经济类型:国有
供销电话:3331756;3315360
网址:www. gxchem. com
E-mail:sales@ gxchem. com
【主要产品】三氯化铁(药用);三聚磷酸二氢铝;磷酸锌;异戊醇;β,β′-联萘酚;醋酸锌;硬脂酸镁(药用);松油醇;24%速杀死乳油;络氨铜水剂;草甘膦水剂(10%);20%敌·二·莠可湿性粉剂;高级乳胶漆;水性防锈漆;牲血素;高温黏合剂;脱硫剂 KCA;合成切削液

广西化工研究院-广西新晶科技有限公司

广西南宁市望州路北二里7号[530001]
电话:(0771)3331802;3331756;3315360
传真:(0771)3339941
经济类型:有限责任公司
网址:www. gxchem. com
E-mail:sales@ gxchem. com
【主要产品】三氯化铁(药用);三聚磷酸二氢铝;磷酸锌;异戊醇;乙酸乙酯;β,β′-联萘酚;醋酸锌;硬脂酸镁(药用);双乙酸钠;肉毒碱盐酸盐;松油醇;24%速杀死乳油;络氨铜水剂;草甘膦水剂(10%);20%敌·二·莠可湿性粉剂;烟碱·氯氰水乳剂;高级乳胶漆;牲血素;大蒜素;高温黏合剂;脱硫剂 KCA;环保型水性金属防锈剂;合成切削液

广西皇马药业有限责任公司

广西省南宁市邕宁沿海开发区工业园内[530221]
电话:(0771)4019922;4018478;13807885312
传真:(0771)4018464
网址:kinghorse. chemnet. com
E-mail:yzxkinghorse@ sina. com
【主要产品】三氯化铁(药用);三氯化铝;牲血素;糖酐酯;月桂氮卓酮

广西明阳生化科技股份有限公司

广西南宁市明阳工业新区[530226]
电话:(0771)4218423;4217336;4218141
传真:(0771)4218141
供销传真:4217441
经济类型:股份有限公司
网址:www. mystarch. com
E-mail:mystarch@ mystarch. com
【主要产品】乙醇;黏合剂;淀粉;变性淀粉

广西南宁百会药业集团有限公司

广西南宁市新阳路 286 号[530003]
电话:(0771)3164540;3150252
传真:(0771)3180300 有进出口权
供销电话:3154863;3176552
经济类型:有限责任公司
企业规模:大型
网址:www. baihuipharm. com
E-mail:sf@ baihuipharm. com
【主要产品】茴香油

广西南宁化学制药有限责任公司

广西南宁市经济技术开发区朋展路 8 号[530031]
电话:(0771)4518380;4518381;4818382
传真:(0771)4518381 经济类型:国有
有进出口权 法人代表:徐斌元
网址:www. nnchph. com
E-mail:sales@ nnchph. com
【主要产品】山梨醇;结晶山梨醇;异麦芽酮糖醇;甘露醇

广西南宁科森林产化工有限公司

广西壮族自治区南宁市园湖南路 2-60 号[530012]
电话:(0771)5858998;5890380;13807888329
传真:(0771)5890381 有进出口权
网址:www. rosin-cn. com
【主要产品】磷酸;单宁酸;松节油;松香;妥尔油;桐油

广西南宁市新城化工厂

广西南宁市南建路 1 号[530100]
电话:(0771)4830826;13607881411
职工人数:20 人 法人代表:关彪
网址:5013685. my. sme. cn
【主要产品】过氧乙酸;虎皮灵;盐酸甜菜碱

广西五星化工有限公司

广西南宁市长湖路南段中天世纪花园 A 座 6 单元 1201 室[530022]
电话:(0771)5503626;5532090
传真:(0771)5503353
供销电话:5532925
经济类型:有限责任公司
网址:www. xiongchao. com;
www. gxwuxing. com
E-mail:webmastor@ xiongchao. com
【主要产品】硫酸亚铁;硫酸钠;硫酸钴;硫酸铜(饲料级);硫酸锌(食用级);硫酸镁;硫酸锰(饲料级);亚硒酸钠;过氧化氢;硫黄粉;蛋氨酸锌;碘酸钙

南宁枫叶药业有限公司

广西南宁市高新技术产业开发区火炬路 9 号[530003]
电话:(0771)3828932;3833523
传真:(0771)3833520
供销电话:3828932;3837317
经济类型:有限责任公司
网址:www. mlp. cn
E-mail:market@ mlp. cn
【主要产品】脑安泰;替曲朵辛

南宁荷花味精有限公司

广西南宁市城北区湖北路 2 号[530003]
电话:(0771)3317581
传真:(0771)3313856
网址:5013746. my. sme. cn
【主要产品】谷氨酸钠

南宁华飞化工有限责任公司

广西南宁市兴宁区邕武路 13 号[530001]
电话:(0771)3318081
传真:(0771)3318081 职工人数:25 人
经济类型:私营企业
【主要产品】甲醛

南宁化工股份有限公司

广西南宁市江南区亭洪路 80 号

桂

[530031]
电话:(0771)2104222;4832770
传真:(0771)4832770　有进出口权
经济类型:股份有限公司
企业规模:大型
法人代表:赖晓杨
网址:www. nh. com. cn
E-mail:nnh@ nnchem. com. cn
【主要产品】盐酸;烧碱;离子膜烧碱;次氯酸钠(液体);氧气;氯气(液);氮气;三氯异氰尿酸;敌百虫;聚氯乙烯树脂

南宁康诺生化制药有限责任公司

广西南宁市鲁班路 1 号[530003]
电话:(0771)3828586
传真:(0771)3847773
经济类型:有限责任公司
网址:www. nnknzy. com
【主要产品】人工牛黄

南宁梦雪日化有限责任公司

广西南宁市衡阳东路 32 号[530001]
电话:(0771)3316925;3316667
传真:(0771)3316846
经济类型:有限责任公司
网址:mengxue. ccbip. und. cn
E-mail:mengxue@ nn. gx. cninfo. net
【主要产品】肥皂;香皂;合成洗衣粉;洗洁精

南宁鸣昌专用肥料有限公司

广西南宁市武鸣县双桥镇[530104]
电话:(0771)6020248
传真:(0771)6020204
供销电话:6020185
经济类型:与港澳台商合资经营
【主要产品】混配复合肥料;水稻专用复合肥料

南宁市化工研究设计院

广西南宁市古城路 4-2 号[530022]
电话:(0771)5853883;5852730
传真:(0771)5853883;5862417
经济类型:国有　有进出口权
网址:www. ctdc. com. cn;
www. nnchph. com
E-mail:nctdc@ gx163. net;
ctdc@ public. nn. gx. cn
【主要产品】3-氯-2-羟丙基三甲基氯化铵;山梨醇;结晶山梨醇;结晶果糖;异麦芽酮糖醇;甘露醇;斯盘 60;斯盘 80;吐温系列

南宁中科药业有限责任公司

广西南宁市中尧路 9 号[530003]
电话:(0771)3176325
供销电话:3176323;3176325
供销传真:3176323　有进出口权
网址:www. zkpharm. com
E-mail:nnzhongke@ vip. 163. com
【主要产品】硫酸卷曲霉素

柳州市、柳州地区

广西金秀香料香精有限责任公司

广西金秀县城灵香路 22 号[545700]
电话:(0772)6212698
传真:(0772)6212372
经济类型:有限责任公司
网址:jxessence. ctiwt. com
E-mail:master@ lzet. com. cn
【主要产品】山苍子油;香茅油;柠檬醛

广西柳州东风化工有限责任公司

广西柳州市鱼峰区箭盘路 36 号[545005]
电话:(0772)3805188
传真:(0772)3199688　经济类型:国有
供销电话:3196188;3818557
企业规模:大型　职工人数:1,169 人
法人代表:冼嘉宁
网址:www. lzdfchem. com
E-mail:dfhgc@ public. lzptt. gx. cn
【主要产品】盐酸;盐酸(精制);烧碱(液体);次氯酸钠;漂白粉;氧气(医用);氯气(液);溶解乙炔;电石;聚氯乙烯树脂 SG

广西柳州威奇化工有限责任公司

广西柳州市柳长路 20 号[545002]
电话:(0772)2730345
经济类型:有限责任公司
法人代表:赵国强
网址:weiqihuagong. ctiwt. com
E-mail:wqhg@ weiqihuagong. com
【主要产品】炸药;雷管;工业导火索

广西鹿寨化肥有限责任公司

广西省鹿寨县城金鸡路 53 号[545624]
电话:(0772)6821571;6821570
传真:(0772)6800272;6819201
经济类型:有限责任公司
职工人数:1,500 人
网址:www. gxdap. com
E-mail:gxdap@ gxdap. com
【主要产品】硫酸;磷酸;氟化铝;合成氨;磷酸二铵

柳州大拿食品添加剂有限公司

广西柳州市荣军路 222 号[545005]
电话:(0772)3126680
传真:(0772)3022780
网址:www. chinadana. com
E-mail:lzdana@ 163. com
【主要产品】三聚磷酸钠;六偏磷酸钠(食品级);焦磷酸钠(食品级);焦磷酸钾;磷酸二氢钠;磷酸二氢钾;磷酸三钠;磷酸氢二钾;蔗糖脂肪酸酯;磷酸二氢钙(食用级);磷酸氢钙(食用级);磷酸钙

柳州东方工程橡胶制品有限公司

广西壮族自治区柳州市燎原路东三巷五号[545005]
电话:(0772)3116547;3110504
传真:(0772)3129547;3110504
网址:www. lz. cei. gov. cn/QYZC/DFGC/ind1. htm
【主要产品】板式伸缩装置;桥梁板式橡胶支座;盆式橡胶支座

柳州富鑫化工有限公司

广西柳州市潭中西路中华石都东 2-19[545007]
电话:(0772)3719329
传真:(0772)3711004
网址:www. zincoxide. com. cn
E-mail:fuxin@ zincoxide. com. cn
【主要产品】氧化锌

柳州华锡集团有限责任公司

广西柳州市桂中大道华锡大厦[545006]
电话:(0772)2621285;2621286;2621287
传真:(0772)2612186
经济类型:有限责任公司
企业规模:大型
网址:www. china-tin. com
E-mail:huaxi@ china-tin. com
【主要产品】硫酸;硫代硫酸钠;硫酸锌;硫酸亚锡;氯化亚锡;焦锑酸钠;一氧化铅;二氧化锡;三氧化二砷;三氧化二锑;氧化亚锡;锌粉;锡

桂

柳州化工股份有限公司

广西柳州市北雀路 67 号[545002]
电话:(0772)2524304;2514332;2511686
传真:(0772)2534354
供销传真:2519292　企业规模:大型
经济类型:股份有限公司
网址:www. lzhg. cn/main. htm
E-mail:gongying@ lzhg. cn;
sale@ lzhg. cn
【主要产品】硝酸;纯碱;硝酸钠;亚硝酸钠;硝酸铵(工业用);硫黄;甲醇;甲醛;合成氨;尿素;氯化铵;硝酸铵;碳酸氢铵

柳州荣荣橡胶再生利用有限公司

广西柳州市解放北路 5 号福字楼 22 层[545001]
电话:(0772)2823848
传真:(0772)2823944　有进出口权
经济类型:外商独资
网址:lzwinwin. cnco. cn
E-mail:honeyboyhot@ 163. com
【主要产品】彩色塑胶运动场;橡胶垫;橡胶地砖

柳州市华工百川橡塑科技有限

公司

广西柳州市柳石路 35 号[545005]
电话:(0772)3804336;3836512;3820442
传真:(0772)3820442 经济类型:国有
有进出口权 企业规模:大型
网址:www. lzsj. com. cn
E-mail:lzkysjc@ sina. com
【主要产品】双螺杆挤出机;成型机;塑料注射成型机

柳州市建华涂料厂

广西柳州市北雀路 55 号[545002]
电话:(0772)2514316
传真:(0772)2514316
网址:jhtl. ctiwt. com
【主要产品】金属油罐抗静电防腐涂料;防火涂料;内外墙涂料;苯丙乳胶漆;硅丙外墙乳胶漆;丙烯酸外墙涂料;铝粉有机硅耐热烘漆;氯磺化聚乙烯防腐漆;防水涂料;高氯化聚乙烯防腐涂料;氯化橡胶防腐漆;HCPE 特种带锈防锈防腐漆

柳州市金城乙炔气厂

广西柳州市柳北区北雀路 117 号[545002]
电话:(0772)2593391;2593398
经济类型:集体 职工人数:40 人
【主要产品】溶解乙炔

柳州市鹏兴化工有限责任公司

广西柳州市龙潭路 18 号[545007]
电话:(0772)2632197;3174141
传真:(0772)2632195;3818401
经济类型:有限责任公司
职工人数:50 人
网址:lzpx. china315. com
E-mail:liang2080325@ sina. com
【主要产品】汽车专用修补漆;各色金属光泽汽车面漆;高温烘烤型汽车漆;低温烘烤型汽车漆

柳州市跃进化工厂

广西柳州市柳北区跃进路 120 号[545002]
电话:(0772)2518895;2517484;2510311
传真:(0772)2510319 有进出口权
经济类型:股份合作 法人代表:谭智强
网址:yaojin. ctiwt. com
E-mail:yaojin@ ctiwt. com
【主要产品】氧化铁红;氧化铁黄;哈巴粉;氧化铁黑;氧化铁绿

柳州市造漆厂

广西柳州市鱼峰区龙潭路 18 号[545005]
电话:(0772)3173681;3172013
传真:(0772)3171318
网址:www. liuzhoupaint. com
E-mail:liuzhoupaint@ 163. com
【主要产品】C04-42 各色醇酸磁漆;C06-1 铁红醇酸底漆;铁红醇酸防锈底漆;C30-11 醇酸烘干绝缘漆;C53-34 云铁醇酸防锈漆;C53-36 铁红醇酸防锈漆;硝基面漆;各色丙烯酸磁漆;各色丙烯酸烘漆;内外墙乳胶漆;丙烯酸外墙乳胶漆;水性聚酯涂料;各色环氧磁漆;环氧云铁防锈漆;环氧沥青防腐漆;聚氨酯清漆;有机硅耐热漆;弹性内墙乳胶漆;皱纹漆;超级防霉外墙漆;水性抗碱底漆;溶剂型外墙漆;脱漆剂;快干印铁耐蒸油墨;印铁罩光油

柳州市振贤化工有限责任公司

广西柳州市柳长路三号[545002]
电话:(0772)2737379;13307727007
传真:(0772)2738036 有进出口权
供销电话:2737379;13387726811
网址:www. lz-zx. com
E-mail:sales@ lz-zx. com
【主要产品】氧化锌

柳州锌品股份有限公司

广西柳州市白沙路 2 号[545001]
电话:(0772)2858735;2800844;2862043
传真:(0772)2868042;2857460
供销电话:2858663;2854436
供销传真:2867825 有进出口权
经济类型:股份有限公司
企业规模:大型 职工人数:5,400 人
法人代表:何超坤
网址:liuxin. ctiwt. com
E-mail:sales@ liuxin. com. cn;lzieb@ liuxin . com. cn
【主要产品】硫酸;硫酸锌;硫酸锌(一水);磷酸锌;碱式碳酸锌;氧化锌;铟;锌粉;锌锭;镉;锌基合金;立德粉;氧化锌(食用级)

柳州冶炼厂

广西柳州市水南路 243 号[545005]
电话:(0772)3861859;3819298
传真:(0772)3821021 经济类型:国有
供销电话:3813198 法人代表:王学洪
供销传真:3813198
网址:www. lzylc. com. cn
E-mail:gxk@ lzylc. com. cn
【主要产品】硫酸亚锡;氯化亚锡;锡酸钠;二氧化锡;氧化亚锡;锡;钛白粉(金红石型)

柳州有色冶炼股份有限公司

广西柳州市白云路 17 号[545005]
电话:(0772)3142247;3123343-8024
传真:(0772)3130149 有进出口权
供销电话:3130149;3111347
经济类型:股份有限公司
企业规模:大型 法人代表:黄卫
网址:www. chinazincoxide. com
E-mail:lzysylco@ public. lzptt. gx. cn
【主要产品】硫酸锌;碱式碳酸锌;氧化锌;高纯氧化锌;锌锭;锌阳极;氧化锌(食用级)

忻城县第一化工厂

广西忻城县红渡镇[546205]
电话:(0772)5782115
传真:(0772)5782115
供销电话:5782356 法人代表:韦志琼
网址:www. hylive. com/guangxi/guangxi2231. html
【主要产品】轻质碳酸钙;重质碳酸钙;锰硅合金

桂林市

广西桂林化工厂

广西桂林市凯风路 18 号[541003]
电话:(0773)3604147;3602758;3604915
传真:(0773)3602848 经济类型:国有
职工人数:267 人
网址:www. guilinchem. com
E-mail:2848@ public. glptt. gx. cn
【主要产品】甘油松香树脂;松香;聚合松香;马来松香;脂松香;脂松节油;脂松香胺;脂松香腈

广西桂林集琦生化有限公司

广西桂林市七星区育才路 55 号[541004]
电话:(0773)5870233
传真:(0773)5871279
经济类型:股份有限公司
网址:www. jiqish. com
【主要产品】代森锰锌可湿性粉剂;福美双可湿性粉剂;噁霉灵水剂;菌核净可湿性粉剂;复硝酚钠水剂;甲霜 · 锰锌可湿性粉剂;锰锌 · 霜脲可湿性粉剂;五氯 · 多可湿性粉剂;福 · 腈菌可湿性粉剂;阿维 · 柴乳油

广西桂林灵川金山思达新型材料厂

广西桂林市灵川县潭下镇金山工业区[541208]
电话:(0773)6302018;13977353448
传真:(0773)6302178
供销电话:6302018;13877308928
网址:www. cneb. net/gllcjssd
E-mail:lcqmy_mm@ 163. com
【主要产品】氧化钙;沸石

广西桂林市来生滑石制品有限责任公司

广西桂林市中山南路 156 号[541002]
电话:(0773)3849898;13307731918
传真:(0773)3846858
经济类型:私营企业
网址:laisheng. chemnet. com
E-mail:laisheng@ chemnet. com
【主要产品】半水硫酸钙;轻质碳酸钙;重质碳酸钙;滑石粉;钛白粉

广西桂林正成工业有限公司

广西桂林市漓江路 23 号穿山园银座 1-2-1 号[541004]
电话:(0773)5844922
传真:(0773)5849997

桂

经济类型:股份合作 法人代表:郑正成
网址:glzcgyyxgs.bip.und.cn
E-mail:txmp@gl.gx.cninfo.net
【主要产品】碳酸锰;电解二氧化锰

广西龙广滑石开发有限公司

广西龙胜县城兴龙南路 68 号[541700]
电话:(0773)7512243;7516477;7512392
传真:(0773)7512411 有进出口权
供销传真:7516477
经济类型:中外合资经营企业
网址:www.lgtalc.com
E-mail:master@longguangtalc.com
【主要产品】滑石粉;超细滑石粉

广西龙胜华美滑石开发有限公司

广西龙胜县三门镇新街 166 号[541703]
电话:(0773)7432265;7432218;7432166
传真:(0773)7432229
经济类型:中外合资经营企业
网址:www.gx-hm.com
E-mail:sales@gx-hm.com
【主要产品】滑石粉

广西全州县天星化工厂

广西桂林市全州县飞机坪工业区[541500]
电话:(0773)4918795;4913008;13907733793
传真:(0773)4913008 职工人数:30 人
经济类型:私营企业 法人代表:蒋方云
网址:www.txmy.com
E-mail:tianxingjfy@txmy.com
【主要产品】碳酸锰;二氧化锰;氧化锰;三氧化二锰;四氧化三锰;一氧化铅;红丹

桂林桂广滑石开发有限公司

广西桂林市西路二塘[541100]
电话:(0773)5592450;5599883
传真:(0773)5592420
经济类型:中外合资经营企业
法人代表:卢德云
网址:www.gxtalc.com
E-mail:gxtalc@public.glptt.gx.cn
【主要产品】滑石粉;超细滑石粉

桂林晖昂生化药业有限责任公司

广西桂林市高新区毅丰南路 8 号[541004]
电话:(0773)5811776
传真:(0773)5811776
供销电话:5833018 法人代表:丁志坚
网址:www.huiang.com
E-mail:huiang99@gmail.com
【主要产品】紫杉醇

桂林莱茵生物科技股份有限公司

广西桂林市兴安县湘江路 18 号[541300]
电话:(0773)5878022;5878895
传真:(0773)5878032
网址:www.layn.com.cn
E-mail:qin.yijie@layn.com.cn
【主要产品】水飞蓟素;贯叶连翘提取物;淫羊藿提取物;红景天提取物;葛根提取物;虎杖提取物;红车轴草提取物;积雪草提取物;白柳皮提取物;当归提取物;生姜提取物;枳实提取物;罗汉果提取物;黑升麻提取物;蒲公英提取物;银杏叶提取物;白蒺藜提取物;露水草提取物;穿心莲提取物;刺五加浸膏

桂林南方橡胶国际有限公司

广西桂林市秀峰区巫山路 7 号[541002]
电话:(0773)2553376
传真:(0773)2550424;2558791
供销电话:2552532
职工人数:800 人
网址:www.glxj.cn
E-mail:webmaster@glxj.cn
【主要产品】减震器及配件;普通橡胶板;铁路道枕橡胶垫;胶辊;医用橡胶塞;浮顶油罐密封装置丁腈橡胶密封带;油封;橡胶工作服;O 形密封圈

桂林南药股份有限公司

广西桂林市上海路 24 号[541003]
电话:(0773)3558031;3825239
传真:(0773)3833116 有进出口权
经济类型:股份有限公司
网址:www.guilinpharma.com/index1.htm
E-mail:glpharma@public.glptt.gx.cn
【主要产品】罗红霉素;甲苯咪唑;左旋咪唑;阿苯哒唑;布美他尼

桂林市奥康化工技术有限公司

广西桂林市高新区六合路 96 号[541004]
电话:(0773)5873136;5873552
传真:(0773)5873558
网址:www.glaokang.com
E-mail:aokang@glaokang.com
【主要产品】高效复合酸化剂;气雾型饲料防霉剂;分散松香胶乳液;增塑剂;抗氧剂;消泡剂;抗水剂;脱模剂;光亮剂;造纸助剂;造纸用湿强剂;剥离剂

桂林市红星化工有限责任公司

广西桂林市甲山路南巷 28 号[541001]
电话:(0773)2823685;2829654;2827350
传真:(0773)2818282;2829674
供销电话:2823685;2827350
经济类型:有限责任公司
网址:www.glhx.com.cn
E-mail:hongxing@public.glptt.gx.cn
【主要产品】焦糖色素;保鲜剂;发酵用消泡剂;发酵粉;面包改良剂;面粉改良剂

桂林市来生滑石制品有限公司

广西桂林市中山南路 156 号[541002]
电话:(0773)3849898;13307731918
【主要产品】滑石粉;超细滑石粉

桂林市旺山化工有限责任公司

广西桂林市临桂县临桂镇[541100]
电话:(0773)5592230;5592432;5594090
传真:(0773)5594080
经济类型:有限责任公司
【主要产品】轻质碳酸钙;活性碳酸钙;轻质碳酸钙(食品级)

桂林市五环实业开发有限公司

广西桂林市象山区翠竹路南巷 4 号[541002]
电话:(0773)3961463
传真:(0773)3844061 有进出口权
供销电话:2992715;6920793
供销传真:6920793
产值:50,000 千元
经济类型:私营企业 职工人数:50 人
法人代表:孙志正
网址:www.glwhsy.com
E-mail:glwhgsszz1558@vip.sina.com
【主要产品】轻质碳酸钙;重质碳酸钙;滑石粉;氧化钙

桂林橡胶机械厂

广西桂林市将军路 24 号[541002]
电话:(0773)3883273
传真:(0773)3882971 经济类型:国有
供销传真:3883875;3889908
有进出口权 企业规模:大型
法人代表:李东平
网址:www.glrmf.com
E-mail:grm_cn@gx163.net
【主要产品】橡胶工业专用设备;双螺杆挤出机;塑料管材挤出机;轮胎硫化机;塑料注射成型机

桂林依柯诺农药有限公司

广西荔浦县荔城镇黄寨工业区[546600]
电话:(0773)7231298
传真:(0773)7231266
供销电话:3621873
供销传真:3602567
经济类型:有限责任公司
【主要产品】氰戊菊酯;氰戊菊酯乳油;高效氰戊菊酯;络氨铜水剂;氰·马乳油;辛·氯乳油;溴·马乳油

昊华南方桂林轮胎厂

广西桂林市七星区横塘路 80 号[541002]
电话:(0773)5889918
传真:(0773)5883547 有进出口权
网址:www.glltc.com/MYWEB/cpjj.htm
E-mail:hhnf@hhf.cn
【主要产品】载重汽车轮胎外胎;轻型载重汽车轮胎外胎;乘用汽车轮胎;工程机械轮胎;工业车辆轮胎;农用车辆轮

桂

胎；子午线轮胎；丁基内胎

曙光橡胶工业研究设计院

广西桂林市横塘路55号[541004]
电话：(0773)5886856
传真：(0773)5883902　　有进出口权
网址：www. gllanyu. com
E-mail：lanyu@ public. glptt. gx. cn
【主要产品】载重汽车轮胎外胎；轻型运输车辆轮胎；航空轮胎；橡胶密封圈

兴安旺达微粉厂

广西桂林市兴安县严关镇[541300]
电话：(0773)6062688
传真：(0773)6227580　　职工人数：15人
固定资产：1,000千元
供销电话：6062688；13978375558
经济类型：私营企业　　产值：10,000千元
法人代表：秦顺德
E-mail：glwangfa@ sina. com
【主要产品】氢氧化钙；氧化钙

永福县宏发重晶石矿粉有限公司

广西桂林市永福县凤城路73号[541800]
电话：(0773)8510890；13788731788
传真：(0773)8550729
供销电话：8512920
经济类型：股份有限公司
【主要产品】重晶石矿粉；重质碳酸钙；滑石粉

桂

中国化学工业桂林工程公司

广西桂林市七星路77号[541004]
电话：(0773)5833235
传真：(0773)5813749　　经济类型：国有
有进出口权　　职工人数：300人
法人代表：程一祥
网址：www. cgec. com. cn
E-mail：gdri@ public. glptt. gx. cn
【主要产品】密炼机；橡胶挤出机；双螺杆挤出机；冷喂料橡胶挤出机；轮胎硫化机

梧州市、贺州地区

苍梧顺风钛白粉有限责任公司

广西梧州市苍梧县下廓街179号[543100]
电话：(0774)2693611；2693619
传真：(0774)2685806　　经济类型：国有
供销电话：2682310　　有进出口权
供销传真：2682272
网址：www. tio2. cc
E-mail：sales@ shunfeng. cc；
coffice@ shunfeng. cc
【主要产品】硫酸亚铁；钛白粉；钛白粉(锐钛型)

广西岑溪凤凰柠檬酸有限公司

广西岑溪市城西[543200]
电话：(0774)8221224
传真：(0774)8222348　　职工人数：320人
经济类型：中外合资经营企业
法人代表：曾德
网址：www. cxphoenix. com
E-mail：cxphoenix@ cxphoenix. com
【主要产品】柠檬酸；柠檬酸(一水)

广西岑溪恒信钛白有限公司

广西岑溪市文化二路[543200]
电话：(0774)8210982；8222669
传真：(0774)8222665
经济类型：私营企业
网址：gxcxhx. wchem. com
【主要产品】钛白粉(陶瓷用)；钛白粉(搪瓷用)；钛白粉(锐钛型)

广西贺县精细化工厂

广西贺州市八步镇竹山路76号[542800]
电话：(0774)5283615；5283625
供销电话：5282485　　经济类型：国有
法人代表：谭逸民
【主要产品】异丙威；杀虫双

广西贺州市科隆粉体有限公司

广西贺州市八步区西湾科隆工业园[542828]
电话：(0774)8838068；8838118
传真：(0774)8838098
网址：www. kelong-powder. com
E-mail：kelong@ kelong-powder. com
【主要产品】超细重质碳酸钙；超细滑石粉

广西平桂飞碟股份有限公司

广西钟山县西湾镇[542600]
电话：(0774)8835566
传真：(0774)8836098　　有进出口权
供销电话：8831185；8831132
企业规模：大型　　职工人数：2,000人
法人代表：李志明
网址：www. pgma. com. cn
E-mail：pgma_cn@ 163. com
【主要产品】仲钨酸铵；氧化铁红；钛白粉(锐钛型)

广西藤县金茂钛白有限公司

广西藤县平政金茂化工园区[543300]
电话：(0774)7290580；7290582；7290558
传真：(0774)7290558；7301935
供销电话：7290580；7301933
有进出口权　　法人代表：黎承健
网址：www. jinmao-ti. com
E-mail：sales@ jinmao-ti. com
【主要产品】硫酸亚铁；硫酸亚铁(一水)；硫酸锰；氧化钪；钛白粉；钛白粉(搪瓷用)；钛白粉(锐钛型)

广西藤县雅照钛白有限公司

广西藤县蒙江镇[543312]
电话：(0774)7502013；7502012
传真：(0774)7502121；7502013
供销电话：(020)83573604
供销传真：(020)83573605
经济类型：港澳台商独资经营
职工人数：480人　　法人代表：郑明希
E-mail：rong@ alfafull. com
【主要产品】钛白粉(陶瓷用)；钛白粉(搪瓷用)

广西梧州松脂股份有限公司

广西梧州市西堤三路1号[543002]
电话：(0774)3811668
传真：(0774)3828660　　有进出口权
供销电话：3811683；3811681
供销传真：3811666　　企业规模：大型
经济类型：股份有限公司
职工人数：458人
网址：www. wuzhouwahson. com
E-mail：marketing@ wuzhouwahson. com
【主要产品】双戊烯；α-蒎烯；β-蒎烯；蒎烷；异龙脑；樟脑；醋酸钠；二氢月桂烯；莰烯；氨基树脂(210型)；甘油松香树脂；香茅醇；香叶醇；橙花醇；长叶烯；芳樟醇；乙酸芳樟酯；二氢月桂烯醇；鸢醇；树脂胶；歧化松香；歧化松香钾皂；歧化松香钠皂；造纸施胶剂；双萜烯；松香；脂松节油

梧州荒川化学工业有限公司

广西梧州市西堤三路1号[543002]
电话：(0774)3830388
传真：(0774)3830386
经济类型：中外合资经营企业
网址：www. wzarakawa. com. cn
E-mail：wzarakawa@ wzarakawa. com. cn
【主要产品】甘油松香树脂；季戊四醇酯；造纸施胶剂

梧州佳源实业有限公司

广西藤县蒙江镇新城村[543312]
电话：(0774)7501078；7503668；7501088
传真：(0774)7502131　　职工人数：300人
法人代表：黎承健
网址：www. jiayuanchem. com
E-mail：sales@ jiayuanchem. com
【主要产品】硫酸亚铁；硫酸锰；钛白粉(搪瓷用)；钛白粉(锐钛型)

梧州市联溢化工有限公司

广西梧州市塘源路75号[543001]
电话：(0774)2061016；2061890
传真：(0774)2061016
供销传真：2061680
经济类型：股份有限公司
【主要产品】盐酸；离子膜烧碱；次氯酸钠；氯气(液)；三氯异氰尿酸；二氯异氰尿酸钠；3-碘苯氧乙酸

北海市

北海凯特化工填料有限公司

广西北海市北京路万科城市花园6幢1单元701[536000]
电话：(0779)3202670；13097792670
传真：(0779)3201760

网址:www.kaite-chemical.com
E-mail:kaite@kaite-chemical.com
【主要产品】活性炭;活性氧化铝(球状);氧化铝瓷球(惰性);规整填料;散装填料;金属填料;塑料填料;陶瓷填料

广西北海喷施宝有限责任公司

广西北海市北部湾东路70号[536007]
电话:(0779)2069771;2061699;2061771
传真:(0779)2050999
供销电话:2062165
经济类型:外商独资
网址:lxy779psb.cn.alibaba.com;www.psb.com.cn
E-mail:psb@ppp.nn.gx.cn
【主要产品】叶面肥;饲料添加剂

广西启利新材料科技股份有限公司

广西北海市广东南路海建大厦三楼[536000]
电话:(0779)3216700
传真:(0779)3201921
经济类型:有限责任公司
网址:www.qilixcl.cn
E-mail:qili@qilixcl.com;gxqili@126.com
【主要产品】纳米防水耐污染内墙涂料;真石漆;彩色石漆;弹性硅丙涂料

玉林市

广西飞马涂料有限公司

广西平南县朝阳大街[537300]
电话:(0775)7862553;7862528
传真:(0775)7862528
经济类型:有限责任公司
网址:www.feimaqi.com
E-mail:gxfeima@163.net
【主要产品】建筑乳胶漆;陶瓷涂料

广西贵港格雷蒙化工冶炼有限公司

广西贵港市三资企业开发区[537100]
电话:(0775)4338799
传真:(0775)4338329　职工人数:350人
网址:www.gredmann-gg.com
E-mail:billy_gmg@gredmann.com
【主要产品】氧化锌

广西贵糖(集团)股份有限公司

广西贵港市幸福路100号[537100]
电话:(0775)4201997
传真:(0775)4260088
企业规模:大型　法人代表:杨和荣
网址:www.guitang.com
E-mail:gt@guitang.com
【主要产品】轻质碳酸钙;专用肥;食用酒精

广西国泰农药有限公司

广西壮族自治区陆川县陆兴路532号[537700]
电话:(0775)7313407;7313424
传真:(0775)7313407
网址:www.gxgtny.com
E-mail:mcx0098@sohu.com
【主要产品】甲基异柳磷颗粒剂;异丙威乳油(20%);克百威颗粒剂;甲柳·克颗粒剂

广西核工业桂兴实业公司

广西贵港市覃塘区火车站对面[537121]
电话:(0775)4325307;4722079;2928113
传真:(0775)4322771
供销传真:2928558
网址:biz.yp.cn/vcom/86107751292811 3.html
【主要产品】氟硅酸钠;过磷酸钙;混配复合肥料;磷酸氢钙(食用级)

广西金燕子农药有限公司

广西壮族自治区贵港市中山路富士新城[537100]
电话:(0775)4566248;4566138;4568696
传真:(0775)4568696
网址:www.jyzny.com
E-mail:jinyanzigs1993@163.com
【主要产品】高渗三唑磷乳油;毒死蜱乳油;甲氰·辛乳油;氯·马乳油;毒·氯乳油;马·辛乳油;阿维·毒乳油;辛·唑磷乳油;毒·唑磷乳油

广西西江化工有限责任公司

广西贵港市南平东路[537100]
电话:(0775)4283509;4283643
传真:(0775)4280569　有进出口权
供销电话:4283007
经济类型:有限责任公司
网址:www.netgg.com.cn
E-mail:xjch88@yl.gx.cninfo.net
【主要产品】硫酸;氟硅酸钠;硅酸钠;氧化锌;磷肥;过磷酸钙;混配复合肥料;白炭黑

广西玉林化肥厂

广西玉林市七南路1号[537000]
电话:(0775)3898265
传真:(0775)3898265　经济类型:国有
网址:gxbl.gxi.gov.cn/company/index.asp?id=220
【主要产品】碳酸氢铵;钙镁磷肥;水泥

广西玉林远东复合肥厂

广西玉林市塘步岭工业区17号[537002]
电话:(0775)2625251;2622900
传真:(0775)2621131　经济类型:集体
网址:www.ylcoop.com/ydhf.htm
【主要产品】复合肥

广西远辰锰业有限公司

广西桂平市木圭镇[537201]
电话:(0775)3671328;13768251555
传真:(0775)3671292
网址:www.ycmy188.com
E-mail:ycmy188@chem.cn
【主要产品】硫酸;硫酸锰;氧化锰

百色地区

广西百合化工股份有限公司

广西平果县马头镇百合基地[531400]
电话:(0776)5806888;5806197;5807555
传真:(0776)5806356　有进出口权
供销电话:(0771)5508881
供销传真:(0771)5511380
经济类型:私营企业　职工人数:614人
法人代表:兰红春
网址:www.gxbhchem.com
E-mail:sales@gxbhchem.com;lhc@gxbhchem.com
【主要产品】硫酸;硫酸亚铁(一水);硫酸锰;过磷酸钙;氧化铁黑;钛白粉

广西百色华桂生物工程有限公司

广西百色市福州街86号[533000]
电话:(0776)2693180
经济类型:有限责任公司
产值:30,000千元　职工人数:150人
法人代表:龙文堂
【主要产品】迷迭香

广西百色市得利有限公司

广西百色市东笋路纸厂桥头[533000]
电话:(0776)2812977;13907768378
传真:(0776)2812978
【主要产品】左旋多巴

广西百色市益联植化有限公司

广西百色市城北路玉屏巷5号[533000]
电话:(0776)2842688;13907765599
传真:(0776)2842688
经济类型:有限责任公司
【主要产品】樟脑;苦参总碱;黄芩苷;罗通定;青蒿素;左旋多巴;苦参素;桂油;山苍子油;茴香油;桉叶油;柠檬醛

广西大华化工厂

广西百色市大华路8号[533011]
电话:(0776)2994454;2993412
传真:(0776)62993911　经济类型:国有
企业规模:大型　法人代表:苏尧伟
网址:www.gxdahua.com
E-mail:dahua@gxdahua.com
【主要产品】硫酸;钛白粉;工业电雷管;工业金属壳火雷管8号;导爆管雷管

广西平果氟化盐有限公司

广西平果县马头镇[531400]
电话:(0776)5809798;5806189

桂

传真:(0776)5806173;5809798
法人代表:李小平
网址:www. chinafluoride. net
【主要产品】氟石膏;氟氢酸;氟化铝;氟硅酸钠;氟铝酸钠;间三氟甲基苯乙腈;间三氟甲基氯苄

广西壮族自治区凌云县制药厂
广西凌云县城凌霄路28号[533100]
电话:(0776)7612004;7612958;13907762894
传真:(0776)7612459　经济类型:国有
固定资产:22,000千元　法人代表:凌东
供销电话:7612004;13977634862
【主要产品】青蒿素;左旋多巴;茴香油

中油广西田东石油化工总厂有限公司
广西田东县油城路228号[531500]
电话:(0776)2593699;2593054
传真:(0776)2593599
经济类型:股份有限公司
职工人数:1,118人
网址:www. gxtdsh. cn
E-mail:gxtdsh@ 126. com
【主要产品】原油;石蜡;石油液化气;汽油;煤油;柴油;重油;汽油机油;CD级柴油机油;工业齿轮油;液压油;汽轮机油;溶剂油;建筑沥青

河池地区

广西博庆食品有限公司
广西宜州市公园东路9号[546300]
电话:(0778)3146699
传真:(0778)3146633
经济类型:中外合资经营企业
网址:www. gxbq. com
E-mail:gxbq@ gxbq. com
【主要产品】乙醇;复合肥

广西河池化工股份有限公司
广西河池市六甲镇40号[547007]
电话:(0778)2266870
传真:(0778)2266882　经济类型:国有
企业规模:大型
法人代表:何元军
网址:www. hechihuagong. com. cn
E-mail:gxhhjt@ 163. com
【主要产品】硫黄;二氧化碳;甲醇;甲酸钠;液氨;尿素;硫酸铵;复混肥料;塑料编织袋;水泥

广西堂汉锌铟有限公司
广西南丹县车河镇[547200]
电话:(0778)7214536;7208018
传真:(0778)7211532　职工人数:400人
经济类型:股份有限公司
网址:www. tanghanchem. com;
www. gxthxy. com
E-mail:sales@ tanghanchem. com
【主要产品】锌焙砂;硫酸;硫酸锌;氧化锌

广西维尼纶集团有限责任公司
广西宜州市[546307]
电话:(0778)3112303
传真:(0778)3112899
有进出口权
经济类型:有限责任公司
网址:www. gwjt. com
E-mail:gwtj@ gwjt. com
【主要产品】电石;醋酸乙烯酯;乙烯-醋酸乙烯共聚乳液;聚乙烯醇

琼

海南省

海南海神同洲制药有限公司
海南省海口市保税区八号厂房[570216]
电话:(0898)66826590;13976097767
传真:(0898)66828410
【主要产品】盐酸克林霉素棕榈酸酯;硝酸舍他康唑;阿仑磷酸钠;葛根素;甘草酸二铵;奥扎格雷;氯雷他定

海南琼山广盛化工有限公司
海南省琼山市龙塘镇[571149]
电话:(0898)65513111;66751944
经济类型:股份合作
法人代表:徐仕桂
网址:www. hylive. com/hainan/hainan1287. html
【主要产品】甲醛

海南群力药业有限公司
海南省三亚市田独镇[572011]
电话:(0898)88710399
传真:(0898)88710386　有进出口权
网址:www. groupforce. com. cn
E-mail:sales@ groupforce. com. cn
【主要产品】茶多酚;茶黄素;绿茶提取物

重 庆 市

南川市远大林化有限责任公司

重庆南川市郊山[408400]
电话:(023)71404808;13709474929
传真:(023)71625068
经济类型:有限责任公司
网址:www. yuandaforest-chemical. com
E-mail:master@ yuandaforest-chemical. com
【主要产品】没食子酸;单宁酸;邻苯三酚

攀钢集团重庆钛业股份有限公司

重庆市巴南区走马二村51号[400055]
电话:(023)62551930;62551924;89024015
传真:(023)62551279
经济类型:股份有限公司
企业规模:大型　法人代表:吴家成
网址:www. pyty. cn
E-mail:xyp@ pyty. cn
【主要产品】硫酸亚铁(一水);钛白粉;钛白粉(锐钛型);钛白粉(金红石型)

双赢集团有限公司

重庆南川市南大街11号[408400]
电话:(023)71403555;71403666
传真:(023)71403061
供销电话:71420262
供销传真:71420263
网址:www. win-wingroup. com
E-mail:sell@ win-wingroup. com
【主要产品】硫酸;过磷酸钙;磷酸一铵;磷酸二铵;BB肥

西南合成制药股份有限公司

重庆市渝北区龙溪镇红金路34号[401147]
电话:(023)67502832
传真:(023)67507123　有进出口权
经济类型:股份有限公司
企业规模:大型
网址:www. sspgf. com
E-mail:hczy@ sspgf. com
【主要产品】维生素E粉;苯唑青霉素钠;氯唑西林钠;氨苄西林钠;头孢噻肟钠;氯霉素;盐酸克林霉素棕榈酸酯;甲苯磺酸舒他西林;磺胺嘧啶;磺胺二甲嘧啶钠;磺胺甲噁唑;磺胺胍;甲氧苄啶;盐酸乙胺丁醇;诺氟沙星;盐酸环丙沙星;氟嗪酸;头孢曲松钠;盐酸洛美沙星;萘丁美酮;双氯芬酸钾;酮基布洛芬;维生素E;格列美脲;5′-脱氧氟尿苷;盐酸塞利洛尔;卡维地洛;新伐他汀;维生素E烟酸酯;盐酸丁螺环酮;雷尼替丁;曲昔匹特;盐酸恩丹西酮;盐酸西替利嗪;氯雷他定

西南药业股份有限公司

重庆市沙坪坝区天星桥21号[400038]
电话:(023)65313118;65305998
传真:(023)65311721　法人代表:李标
经济类型:股份有限公司
企业规模:大型
E-mail:swpcom@ pubic. cta. cq. cn
【主要产品】果糖酸钙;托烷司琼

湘渝化工有限公司

重庆市沙坪坝区沙坪公园58号[400030]
电话:(023)65333311;65312958;13807382180
传真:(023)65300185
网址:www. kuayuechem. com
E-mail:kuayuechina@ 163. com
【主要产品】2-甲氧基蒽醌;1-羟基蒽醌;2-羟基蒽醌;1-苯甲酰氨基-4-溴蒽醌;1-氨基-5-苯甲酰氨基蒽醌;1,5-二羟基蒽醌;1,8-二羟基蒽醌;1,5-二氯蒽醌;1,8-二氯蒽醌;1,4,5,8-四氯蒽醌;1-氨基-5-氯蒽醌;1-甲氨基蒽醌;1-异丙氨基蒽醌;1-异丙氨基-4-溴蒽醌;α-氯蒽醌;1-环己氨基蒽醌;1-环己氨基-4-溴蒽醌;1-甲氨基-4-溴蒽醌;1,3-二氯-2-甲基蒽醌;1-氨基-4-溴蒽醌;蒽醌-1,5-二磺酸二钠;蒽醌-1,8-二磺酸二钾;蒽醌-1-磺酸钠;蒽醌-2-磺酸钠;蒽醌-1-磺酸铵;1-硝基蒽醌-5-磺酸铵;1-氨基-5-蒽醌磺酸铵;蒽醌-1-磺酸钾;1-氨基-4-羟基蒽醌;2,2′-双磺酸联苯胺

云阳县磷肥厂

重庆市云阳县云阳镇[404501]
电话:(023)55222912;55240300
传真:(023)55222912　经济类型:国有
供销电话:55223752
【主要产品】硫酸;氟硅酸钠;过磷酸钙;复合肥

中国核工业建峰化工总厂

重庆市涪陵区白涛镇(重庆市4513信箱)[408601]
电话:(023)72591903;72591016;72591816
传真:(023)72591490　经济类型:国有
供销电话:72591987;72591985
供销传真:72591986　企业规模:大型
职工人数:6,000人
网址:www. jianfengchemicals. com
E-mail:jfwaimao@ cta. cq. cn
【主要产品】尿素;复合肥;丙烯酸酯橡胶;塑料编织袋;白炭黑

中化重庆涪陵化工股份有限公司

重庆市涪陵区黎明路2号[408000]
电话:(023)72884001;72884093
传真:(023)72884100　有进出口权
供销电话:72884019;72884008
经济类型:股份有限公司
法人代表:王川
网址:www. fh6699. com
E-mail:flhggs@ public. cta. cq. cn
【主要产品】碳酸氢铵;过磷酸钙;磷酸一铵;磷酸二铵;复合肥

中美合资重庆天府可乐渝龙食品饮料有限公司

重庆市九龙坡区石坪桥横街7号[400051]
电话:(023)68825830
传真:(023)68820555
网址:www. cqyulong. com. cn
E-mail:cqyulong1@ cta. cq. cn
【主要产品】焦糖色素

重庆奥力生物制药有限公司

重庆市万州区五桥上海工业园区[404000]
电话:(023)58537007;58537028;13908262728
传真:(023)58537007
网址:www. aolipharm. com
E-mail:sales@ aolipharm. com
【主要产品】甲状腺粉;硫酸软骨素;猪去氧胆酸;胆酸钠;胃蛋白酶;胰酶(药用);胃膜素;胰激肽原酶

重庆澳丰食品添加剂有限公司

重庆市南岸区金山支路万寿华庭28楼7-8号[400060]
电话:(023)62750896;13638388993
传真:(023)62755812
供销电话:62755812;13008326225
网址:www. cqaofeng. com
E-mail:xiongzhi88@ sohu. com
【主要产品】保鲜剂;羧甲基纤维素钠(食品级);复合乳化稳定剂;变性淀粉

重庆百信实业有限公司

重庆市九龙坡区石坪桥横街66号[400051]
电话:(023)89088198
传真:(023)89089285　法人代表:赵明
网址:www. cqbaixin. com
E-mail:cqbaixin@ yahoo. com. cn
【主要产品】丙烯酸内墙乳胶漆;各色环氧酯底漆;自流平环氧地坪涂料;环氧砂浆长效防腐涂料;各色双组分聚氨酯地板漆;氟碳重防腐涂料;各种清面漆;内墙抗碱底漆;水晶漆;耐黄变透明底漆;油漆稀释剂;油漆固化剂;铝粉漆

重庆长风化工厂

重庆市长寿区黄桷岩[401252]
电话:(023)40450118;40450145;40450100
传真:(023)40450144　经济类型:国有
供销传真:40450108　有进出口权

渝

企业规模:大型 法人代表:王小毛
网址:www. cfchem. com;
www. cfchem. cn
E-mail:xxc@ cfchem. com
【主要产品】盐酸;硝酸;烧碱;氯气(液);甲醇;二苯甲醇;3-氯苯基异氰酸酯;异氰酸苯酯;对甲苯磺酰异氰酸酯;氯甲酸甲酯;氯甲酸异丙酯;碳酸二乙酯;碳酸二甲酯;碳酸二苯酯;一硝基苯;*N*-乙基苯胺;2-甲基苯胺;苯胺;*N*,*N′*-二甲基-*N*,*N′*-二苯脲;*N*-氯甲基-*N*-苯基氨基甲酰氯;四甲基脲;*N*-甲基苯胺;*N*-甲基邻甲苯胺;二苯甲酮腙;*N*-乙基邻甲苯胺;2-氯苯并噻唑;二苯甲酮;多亚甲基多苯基多异氰酸酯;聚碳酸酯;聚异氰酸酯胶;聚合氯化铝;*N*,*N′*-二乙基二苯脲

重庆长风化工厂庆风分厂

重庆市渝北区龙溪镇武陵路145号[401147]
电话:(023)67616572
传真:(023)67616572 产值:500千元
职工人数:20人 法人代表:苏浩
网址:worry3. qyun. net
E-mail:ccqcf@ 163. com
【主要产品】聚氨酯泡沫塑料;工程塑料

重庆长江造型材料有限责任公司

重庆市北碚区双柏树[400700]
电话:(023)68257739;68257631
传真:(023)68257631
经济类型:有限责任公司
网址:www. ccrmm. com. cn
E-mail:xyiong@ ccrmm. com. cn
【主要产品】醇基涂料;铸造涂料;快干胶黏剂;修补剂;高效金属防锈剂;铝及铝合金钝化剂;阀门

重庆长寿化工有限责任公司

重庆市长寿区凤城镇关口[401220]
电话:(023)40262303;40262240;
40262211
传真:(023)40262660 经济类型:国有
供销电话:40262472;40262716
有进出口权 企业规模:大型
法人代表:徐增轩
网址:www. changshouchem. com
E-mail:market@ changshouchem. com
【主要产品】烧碱;烧碱(液体);高氯酸钾;氯酸钠;氯酸钾;4-氨基苯磺酰胺;氯丁橡胶;氯丁橡胶(LDJ-120型);氯丁橡胶(LDJ-230型);氯丁橡胶(LDJ-240型);氯丁胶乳(LD*R*-401型);氯丁胶乳(LD*R*-403型);氯丁胶乳(LD*R*-503型);羧基氯丁胶乳(LS*R*-511型);阳离子氯丁胶乳(LD*R*-501Y型);氯丁胶乳沥青;结晶磺胺;氯丁胶黏剂LDN

重庆长寿盐化工有限责任公司

重庆市长寿区凤城镇关口八幢[401220]
电话:(023)40262359;40262825;
13983278820
传真:(023)40512306
经济类型:有限责任公司
法人代表:刘小章
网址:www. yanchem. com
E-mail:sale@ yanchem. com;
yanchem@ hi2000. com
【主要产品】盐酸;烧碱(固体);高氯酸钾;氯酸钠;氯酸钾;赤磷

重庆川东化工(集团)有限公司

重庆市南岸区白沙沱中窑街20号[400063]
电话:(023)62513108
传真:(023)62513105 有进出口权
供销电话:62513986;62513839
供销传真:62513832 法人代表:高光凡
经济类型:有限责任公司
职工人数:1,200人
网址:www. cqchemgroup. com
E-mail:ggf@ hi2000. com;
chdexp@ yahoo. com. cn
【主要产品】亚磷酸;磷酸;硫酸铝;次氯酸钠;三聚磷酸钠;六偏磷酸钠;磷酸二氢钠;磷酸二氢钾;磷酸三钠;磷酸氢二钠;黄磷;6-甲氧基-2-乙酰萘;*β*-萘甲醚;甲酸;1-萘乙酮;*β*-萘乙酮;甲酸铵;甲酸钠;甲酸铯;甲酸钾;间氨基茴香硫醚;*β*-氯乙烷-*N*-甲基哌啶盐酸盐;2-巯甲基吩噻嗪;氰戊菊酯;甲酸钙;盐酸硫利达嗪;氯化磷酸三钠

重庆川江化学试剂厂

重庆市石杨路44号附1号E楼9-1[400039]
电话:(023)68179720
传真:(023)68179730
经济类型:私营企业
网址:www. cjhxsj. com
E-mail:cjhx@ cqcjhx. com
【主要产品】环氧灌封料;静电粉末涂料;乙酸钠;乙二胺四乙酸二钠;氟化钠;氢氧化钠;硝酸钠;亚硝酸钠;硫化钠;硫酸钠(无水);亚硫酸钠(无水);氯化钠;次氯酸钠;四硼酸钠;磷酸三钠;次磷酸钠;磷酸二氢钠;磷酸氢二钠;氢氧化钾;铁氰化钾;氟化铵;硫酸铵;氯化铵;乙酸锰;二氧化锰;硫酸锰;碳酸锰;乙二胺;苯胺;环氧固化剂

重庆鼎发实业股份有限公司

重庆市垫江县桂溪镇工农路296号[408300]
电话:(023)74512449
传真:(023)74688568
经济类型:股份有限公司
法人代表:谭家全
网址:www. cqdingfa. com
E-mail:admin@ cqdingfa. com
【主要产品】焦亚硫酸钠;硫黄;硫黄粉

重庆飞洋活性炭制造有限公司

重庆市渝中区两路口希尔顿商务大厦12F[400015]
电话:(023)63868716;47659965
传真:(023)63622170
供销电话:63625375 法人代表:汪秀英
网址:www. cqfeiyang. cn
E-mail:feiyang@ cqfeiyang. cn
【主要产品】活性炭(净化空气);活性炭(糖用);活性炭(脱色);活性炭(药用);活性炭(酒用);活性炭(味精用)

重庆福安药业有限公司

重庆市长寿区晏家镇(长寿化工园区)[400040]
电话:(023)87200878;87200853;
13808352837
传真:(023)87200877;87200861
网址:www. fuanpharm. com;
www. fapharm. com
E-mail:sales@ fapharm. com
【主要产品】磺苄西林钠;美洛西林钠;阿洛西林;阿洛西林钠;头孢丙烯;替卡西林钠;伊曲康唑;盐酸万乃洛韦;泛昔洛韦;喷昔洛韦;托特罗定;匹多莫德;氨曲南

重庆福润化工有限公司

重庆市渝北区红石路88号[401147]
电话:(023)67612778;67919319
传真:(023)67612775;67629275
经济类型:股份有限公司
企业规模:大型
网址:www. furunchem. com
E-mail:sales@ furunchem. com
【主要产品】氢氧化锶;硝酸锶;氯化锰;氯化锶;焦磷酸铜;碳酸锶;亚铁氰化钠;2,5-二甲基-2,5-己二醇;2-甲基-3-丁炔-2-醇;叔戊醇;3-甲基-1-戊炔-3-醇;乙二胺四乙酸;乙二胺四乙酸二钠;苯乙腈;山梨醇

重庆福斯达化工有限公司

重庆市北碚区施家梁镇[400700]
电话:(023)67851665;68391105;
13708374446
传真:(023)68215227
网址:www. sr-chem. com
E-mail:forstar@ hi2000. com;
ou48@ hotmail. com
【主要产品】氢氧化钡;氢氧化锶;硫酸锶;硫酸锰;硫酸锂;硝酸钡;硝酸锰;硝酸锶;氯化锂(无水);氯化锰;氯化锶(六水);磷酸锶;磷酸氢锶;磷酸氢钡;硼酸锶;铬酸锶;铬酸钡;高纯碳酸钡;碳酸锂;碳酸锶;高纯碳酸锶;碳酸锰;氟化锶;溴化锂;溴化锰;氟化钡;溴化锶;过氧化钡;氧化锶;过氧化锶;草酸锶;醋酸钡;醋酸锶;硝酸钠;磷酸二氢钠;磷酸氢二钠;重铬酸钾;铁氰化钾;亚铁氰化钾;磷酸二氢钾;磷酸氢二钾;硝酸镉;硝酸锂;氯化铬

重庆光华化工有限公司

重庆市井口南溪口一号[400030]
电话:(023)65162726;65151911
传真:(023)65152919 经济类型:集体
供销电话:61826213;65152919
供销传真:61826481;65151911
网址:www. cq-ghhg. com

渝

E-mail:sale@cq-ghhg.com
【主要产品】酚醛树脂(264 型);不饱和聚酯树脂;二甲苯型不饱和聚酯树脂;糠醇树脂;铸造用呋喃树脂;糠醇糠醛型呋喃树脂;环氧呋喃树脂;乙烯基酯树脂

重庆合成纤维厂

重庆市南岸区下浩觉林寺 76 号[400064]
电话:(023)62871232;62871281;62882609
经济类型:国有　职工人数:210 人
【主要产品】涤纶长丝;锦纶纤维

重庆和普新型制冷剂有限公司

重庆市北部新区人和大道 6 号凯旋星座 14-11[400020]
电话:(023)67687905
传真:(023)67687901
网址:www.cqhope.cc
E-mail:sales@cqhope.cc
【主要产品】氟利昂-12

重庆宏达化工机电有限公司

重庆市铜梁金龙工业园区中南路 866 号[400023]
电话:(023)45697856;45697857
传真:(023)45697855
网址:www.cq-hongda.com.cn
E-mail:chd@cq-hongda.com.cm
【主要产品】二氧化锆;反应釜;调速分散机;管式过滤机;砂磨机;卧式砂磨机;高速搅拌机;齿轮泵;高剪切乳化机

重庆宏漆涂料有限公司

重庆市沙坪区上桥工业园金桥路 61-5 号[400037]
电话:(023)61790888;65313945;65300850
传真:(023)61708819;61790885
经济类型:与港澳台商合资经营
法人代表:张大荣
网址:www.hqpaint.com.cn;www.hongpaint.net
E-mail:hongqi@hqpaint.com;webmaster@hqpaint.com
【主要产品】内墙涂料;抗碱封闭底漆;丙烯酸内墙乳胶漆;丙烯酸外墙乳胶漆;氟碳漆;溶剂型氟碳金属外墙漆;高级氟碳外墙装饰漆;防水涂料;高级外墙乳胶漆;饰面型防火涂料;超薄型钢结构防火涂料;油漆稀释剂;环氧漆稀释剂;聚醋酸乙烯乳液胶黏剂;建筑胶;无醛建筑胶水

重庆华邦制药股份有限公司

重庆市渝北区人和星光大道 69 号[401121]
电话:(023)67889222
传真:(023)67889222
供销电话:67886928
供销传真:67886927
网址:www.huapont.cn
E-mail:huapont@huapont.cn;api@huapont.cn
【主要产品】盐酸萘替芬;帕司烟肼;伊曲康唑;喷昔洛韦;异维 A 酸;钙泊三醇;丁酸氢化可的松;二丙酸倍他米松酯;阿那曲唑;磷酸依托泊苷;盐酸帕洛诺司琼;汉防己甲素;盐酸阿洛司琼;葡醛内酯;左旋亚叶酸钙;盐酸左旋西替利嗪;胸腺五肽;维胺酯;维 A 酸;阿曲汀;布地奈德;辣椒碱;苯达莫司汀;阿伐司汀;他扎罗汀;马来酸替加罗德;地索奈德

重庆华琦精细化工有限公司

重庆市江北区建新北路 2 支路 8 号 19-7 号[400020]
电话:(023)67950159;66855912;67957761
传真:(023)67957036　有进出口权
经济类型:有限责任公司
职工人数:35 人　法人代表:尹继权
网址:www.huaqifinechem.com
E-mail:sales@huaqifinechem.com
【主要产品】氢氧化锶;硫氢化钠;硫酸锶;硝酸锰;硝酸锶;氯化钡;氯化锰;氯化锶;氯化锶(六水);焦磷酸钠(食品级);磷酸锶;磷酸氢锶;磷酸氢钡;高纯碳酸钡;碳酸锶;氟化锶;溴化锶;过氧化钡;过氧化锶;草酸锶;醋酸钡;醋酸锶;双乙酸钠

重庆嘉陵化学制品有限公司

重庆市荣昌县昌元镇王家坪村[400020]
电话:(023)46797190;46797109
传真:(023)46797190
供销电话:46796876;46796772
供销传真:46796876
经济类型:有限责任公司
网址:www.jiahuags.com
E-mail:jiahuags@sina.com
【主要产品】盐酸;氢氧化钾;高锰酸钾;过氧化氢;氯气(液);一氯乙酸;一氯醋酸甲酯;二氯醋酸甲酯

重庆江北化肥有限公司

重庆市渝北区悦来镇清溪口 1 号[401120]
电话:(023)67483060;67483063;67483085
传真:(023)67483071
供销电话:67483063;67483075
供销传真:67483063
经济类型:股份有限公司
网址:www.cqjbhf.com.cn
E-mail:cqjbhf@cqjbhf.com.cn
【主要产品】尿素;混配复合肥料;尿基复合肥

重庆江北机械有限责任公司

重庆市北碚区水土镇解放支路 50 号[400714]
电话:(023)68230481;68230493
传真:(023)68230242　有进出口权
经济类型:有限责任公司
职工人数:800 人　法人代表:钟庆昭
网址:www.jiangbeimach.com
E-mail:jiangji@jiangbeimach.com
【主要产品】盘式真空过滤机;带式压榨过滤机;锥盘压榨过滤机;三足式离心机;三足式手摇刮刀下卸料离心机;卧式螺旋卸料沉降离心机;立式(卧式)螺旋卸料过滤式离心机;立式(卧式)离心卸料过滤离心机;上悬式离心机;离心机

重庆凯林制药有限公司

重庆市经济开发区双龙路 2 号[400060]
电话:(023)62762623
传真:(023)62982623
经济类型:有限责任公司
网址:www.carelife.cn
E-mail:carelife@carelife-cn.com
【主要产品】盐酸克林霉素;克林霉素磷酸酯;盐酸克林霉素棕榈酸酯;阿仑磷酸钠;格列美脲;盐酸万拉法新;盐酸米托蒽醌;托吡卡胺;莫达非尼;多奈哌齐盐酸盐;盐酸格拉司琼;氟达拉滨磷酸酯

重庆康乐制药有限公司

重庆市南岸区弹子石新街 59 号[400061]
电话:(023)62513799;62512744
传真:(023)62506103　职工人数:248 人
经济类型:中外合资经营企业
法人代表:陈鸿
网址:www.cqkl.com.cn
E-mail:fangy@cqkl.com.cn;fansb@cqkl.com.cn
【主要产品】7-氯-4-羟基喹啉;4,7-二氯喹啉;二苯甲基硫代乙酰胺;*N*-氨基-*N*-戊基胍氢碘酸盐;1-环己基-5-(4-氯丁基)四氮唑;6-羟基-3,4-二氢喹诺酮;磷酸氯喹;硫酸氯喹;磷酸哌喹;硫酸羟氯喹;西洛他唑

重庆联华化工厂

重庆市沙坪坝区沙正街 109 号[400030]
电话:(023)65302301;65408812;13508315881
传真:(023)65408812;65405760
网址:www.cqlhchem.com
E-mail:sales@cqlhchem.com
【主要产品】碘化钾;碘化钠;高碘酸钠;亚铁氰化钾;碘酸钾;碘化铵;氢碘酸;加硒维生素 E 粉;碘酸钙;黏合剂;黄糊精

重庆南松医药科技有限公司

重庆市南岸区鸡冠石镇纳溪沟 58 号[400063]
电话:(023)62952401;62952402
传真:(023)62952405　有进出口权
网址:www.chemi-tech.com
E-mail:hohome@chemi-tech.com
【主要产品】丙戊酸;反式-4-甲基环己基异氰酸酯;3-乙基-4-甲基吡咯啉-2-酮;2-乙氨基乙醇;反式-4-甲基环己胺;*N*-乙基-*N*-羟乙基-1,4-戊二胺;2-氨基-5-二乙氨基戊烷;2-氟-2′,3′,5′-三乙酰

渝

氧基腺苷;5-氯-2-戊酮;格列美脲;盐酸米托蒽醌;盐酸格拉司琼;2-氟腺苷;氟达拉滨磷酸酯;莫西普利;群多普利

重庆帕卡濑精有限公司

重庆市经济技术开发区双龙路1号[400060]
电话:(023)86336081;86336111
传真:(023)86336082 职工人数:30人
供销电话:62901122
经济类型:中外合资经营企业
网址:www.cqpk.com
E-mail:sale@cqpk.com
【主要产品】金属表面处理剂;磷化剂

重庆青阳药业有限公司

重庆市江北区寸滩水口兴药村426号4-2号[400025]
电话:(023)67091020
传真:(023)67092651
网址:www.cqqyp.com
E-mail:rissuna@cqqyp.com;
iedept@cqqyp.com
【主要产品】氯化钙(药用);盐酸四咪唑;阿昔洛韦;吡哌酸;依诺沙星;联苯苄唑;别嘌醇;磷酸哌嗪;枸橼酸哌嗪;左旋咪唑;硝苯地平;双嘧达莫;茶碱;氨茶碱;乙酰胺吡咯烷酮;阿普唑仑;西咪替丁;盐酸雷尼替丁;法莫替丁;齐墩果酸;氨丁三醇;度米芬

重庆赛维药业有限公司

重庆市金龙工业园区[402560]
电话:(023)45436405;13908363207
传真:(023)45436405
供销电话:68690600;68624447
供销传真:68690600
网址:www.succeway.com
E-mail:web@succeway.com
【主要产品】4′-溴甲基联苯-2-羧酸甲酯;1-(2-溴乙氧基)-4-硝基苯;*N*-乙基庚胺;*N*-甲基邻苯二胺盐酸盐;*N*-苯基甲磺酰胺;1-(4-硝基苯基)甲基-1,2,4-三氮唑;4-氨基-2-甲氧基苯甲酸甲酯;2-甲氧基-4-氨基-5-巯基苯甲酸甲酯;2-甲氧基-4-氨基-5-硫氰基苯甲酸甲酯;2-甲氧基-4-氨基-5-乙硫基苯甲酸甲酯;苄达酸;盐酸苄达明;苯甲酸利扎曲坦;格列美脲;替米沙坦;磷酸利美尼定;盐酸依匹斯汀;西酞普兰草酸盐;西酞普兰氢溴酸盐;利培酮;氨磺必利;多奈哌齐盐酸盐;苄达赖氨酸;盐酸丙帕他莫;多非利特;普瑞巴林

重庆三峡油漆股份有限公司

重庆市九龙坡区石坪桥正街121号[400051]
电话:(023)68825420
传真:(023)68820710;68824806
供销电话:68850594;68650855
供销传真:68821195 企业规模:大型
经济类型:股份有限公司
法人代表:陈光辉
网址:www.sanxia.com
E-mail:admin@sanxia.com
【主要产品】酚醛环氧罐头涂料;F60-31浅色酚醛防火漆;沥青漆类;C07-5各色醇酸腻子;C30-11醇酸烘干绝缘漆;铝粉醇酸耐热漆;各色丙烯酸过氯乙烯外用磁漆;丙烯酸桔纹漆;苯丙乳胶漆;内外墙乳胶漆;丙烯酸工程机械磁漆;常温道路标志漆;特种冷涂路标漆;环氧黑板漆;水性环氧丙烯酸浸涂漆;聚氨酯漆类;聚氨酯木器清漆;高级聚氨酯快干漆;聚氨酯汽车漆;聚氨酯轿车修补漆;铝粉有机硅耐热烘漆;氯化橡胶磁漆;各色氯化橡胶防腐面漆;隧道防火涂料;工业地坪涂料

重庆桑田药业有限公司

重庆市九龙坡区科园四街70号[400041]
电话:(023)68883724;68696860
传真:(023)68690974 有进出口权
经济类型:中外合资经营企业
法人代表:吴水美
网址:www.sangtian.com
E-mail:sangt@sangtian.com
【主要产品】托吡卡胺;多奈哌齐盐酸盐

重庆胜利化工厂

重庆市沙坪坝区井口先锋街老山沟168号[400033]
电话:(023)65180764;65180068;
89861579
传真:(023)65180278 经济类型:集体
供销电话:65180490;65180418
职工人数:120人 法人代表:高建国
网址:www.cqshl.com
E-mail:shengli@cqshl.com
【主要产品】硅酸钠;硅酸钠(液体);粉状速溶硅酸钠;B型硅胶;A型硅胶;复合二硅酸;细孔球形硅胶;变色硅胶;粗孔硅胶

重庆圣华曦药业有限公司

重庆市南岸区大石坝仁家湾[400061]
电话:(023)62515566;62510800
传真:(023)62506940;62500668
网址:www.shenghuaxi.com
E-mail:jweipin@public.cta.cq.cn
【主要产品】*β*-胡萝卜素;更昔洛韦;泛昔洛韦;喷昔洛韦;甲苯磺酸托氟沙星;盐酸布替萘芬;安吡昔康;匹西卡尼;坎地沙坦酯;盐酸贝尼地平;奥拉西坦;盐酸西布曲明;屈昔多巴;胆维他;瑞巴匹特;盐酸罗沙替丁醋酸酯;阿利苯醇;盐酸坦索罗辛;利血生;奥扎格雷;硫普罗宁;司替罗宁

重庆石柱沃特矿业有限责任公司

重庆市石柱县二环路万兴大厦A-1-1[409100]
电话:(023)73305038;13709489137
传真:(023)73376976 职工人数:400人
经济类型:私营企业 法人代表:马鸿鹄
网址:mahonghu.diytrade.com
E-mail:mahonghu@163.com
【主要产品】灰钙粉;重晶石;方解石;锌矿;铅精矿;氧化锌

重庆市川渝矿业有限责任公司

重庆市江北区洋河路9号海怡花园B座1802室[400020]
电话:(023)67710336
传真:(023)59280183 有进出口权
供销电话:67710026;67710136
供销传真:67711215 法人代表:杨万贵
经济类型:有限责任公司
网址:www.chuanyumining.com
E-mail:info@chuanyumining.com
【主要产品】氢氧化钡;氢氧化钡(一水);氯化钡;碳酸钡

重庆市春瑞医药化工有限公司

重庆市渝北区洛碛镇西大街44号[401137]
电话:(023)67382115;67387797;
67381945
传真:(023)67387797;67386787
固定资产:10,000千元 经济类型:集体
供销电话:67382115;13500366572
职工人数:180人 法人代表:郝廷艳
网址:www.chunrui.com
E-mail:cqluohua@163.com
【主要产品】硝酸锶;甲醇钠;*N*,*N′*-二苄基乙二胺二乙酸;4-硝基甲苯;4-硝基苯甲酸;4-氨基苯甲酸;盐酸普鲁卡因;苯佐卡因

重庆市富源化工有限责任公司

重庆市垫江县澄溪砚台[408324]
电话:(023)74588700;74588652;
74588733
传真:(023)74588707
供销电话:74588859;74588998
供销传真:74589924 法人代表:刘德仁
经济类型:有限责任公司
网址:www.fuyuanchem.com
E-mail:fuyuan@hi2000.com
【主要产品】硝酸钠;亚硝酸钠;硝酸钾;二氧化碳(液体);吗啡啉;硝酸铵;碳酸氢铵

重庆市花溪化工厂

重庆市巴南区李家沱[401320]
电话:(023)62856881;62408707
传真:(023)62401125 经济类型:集体
供销传真:62851125 法人代表:张志伦
网址:www.colorsource.com.cn
E-mail:huaxi@colorsource.com.cn
【主要产品】氯化亚铜

重庆市华东化工有限公司

重庆市南岸区南坪南路128号聚丰苑5楼5-1[400060]
电话:(023)62968340;
62968329-8000,8002
传真:(023)62962336 职工人数:200人
固定资产:20,000千元
供销电话:62962149;62962449
网址:www.cqhuadong.com
E-mail:webmaster@cqhuadong.com
【主要产品】重晶石;硫酸;纯碱;硫化钠;硫酸钡;三氯化铁;氯化钙;工业氯

渝

化铵；聚合氯化铝

重庆市化工研究院

重庆市江北区玉带山化工村 1 号［400021］
电话：(023)67658264；67653744
传真：(023)67661262　经济类型：国有
供销电话：67662300　职工人数：415 人
法人代表：吴渝
网址：www. ccqci. com
E-mail：chyfzb@ cta. cq. cn
【主要产品】乙二醇单烯丙基醚；羟基丁基乙烯基醚；乙烯基正丁基醚；环己基乙烯基醚；尿囊素；丙酸钙；甲酸钙；铝酸酯偶联剂；聚丙烯酸钠；絮凝剂；促渗剂噻酮；羧甲基淀粉

重庆市吉顺化工有限公司

重庆市长寿区古佛化工园区［401220］
电话：(023)40400835；13983802046
传真：(023)40400835　职工人数：50 人
经济类型：私营企业　法人代表：文忠
网址：www. jishun-chem. com
E-mail：jishun@ jishun-chem. com
【主要产品】乳酸薄荷酯

重庆市嘉世泰化工有限公司

重庆市北部新区大竹林工业园区［401123］
电话：(023)67681091；67681065；13038320129
传真：(023)67681065
网址：www. jiastchem. com
E-mail：jst@ jiastchem. com
【主要产品】三盐基硫酸铅；硬脂酸钙；硬脂酸钡；硬脂酸铅；硬脂酸锌；硬脂酸镉；铝酸酯偶联剂；PVC 增强改性剂；高分子阻凝剂；碳铵防结块剂

重庆市劲康生物技术有限公司

重庆市万州区天城开发区高梁路 113 号［404041］
电话：(023)58304126；58904428
传真：(023)58304126
供销电话：13896288983
网址：www. cqjingkang. com
【主要产品】胆甾醇；L-焦谷氨酸；甲状腺粉；硫酸软骨素；肝浸膏；胃蛋白酶；胰酶(药用)；谷氨酸

重庆市昆仑化工有限公司

重庆市渝北区洛碛镇洛东路 34 号［401137］
电话：(023)67381652；67381635
传真：(023)67382431　经济类型：集体
有进出口权　职工人数：140 人
网址：kunlunchem. cn；www. kunlunchem. net
E-mail：kunlun@ hi2000. com
【主要产品】工业氯化铵；亚铁氰化钠；亚铁氰化钾；乙醇(无水)；甲醇钠；草酸二乙酯；乌洛托品；1,3-二苯基脲

重庆市三渝漆业有限公司

重庆市大足县万古镇［402365］
电话：(023)43453789；43462588
传真：(023)43461288
网址：www. cqsanyu. com
E-mail：office@ cqsanyu. com
【主要产品】沥青漆类；各色醇酸调合漆；醇酸防锈漆；氨基树脂漆类；各色氨基烘干磁漆；各色硝基外用磁漆；锤纹漆；硝基漆稀释剂；氨基漆稀释剂

重庆市台东日用香精厂

重庆市南岸区南坪西路 166 号［400060］
电话：(023)62829373
传真：(023)62805593　职工人数：47 人
经济类型：股份合作　法人代表：陈士文
网址：www. hylive. com/chongqing/chongqing4829. h
E-mail：tdsyyxgs@ public. cta. cq. cn
【主要产品】日化香精

重庆市渝北区川沙化工厂

重庆市渝北区洛碛镇青木村［401137］
电话：(023)67381134
经济类型：私营企业　法人代表：王登明
【主要产品】丙酸钙；氯化胆碱

重庆树荣化工有限公司

重庆永川市经济技术开发区工业园［402100］
电话：(023)70601677；70603398
传真：(023)70603398　职工人数：130 人
网址：www. cqshurong. com
E-mail：xiaoshoubu@ cqshurong. com
【主要产品】噻嗪酮；噻嗪酮可湿性粉剂；多菌灵；三环唑；三环唑可湿性粉剂；多效唑；硫・三环可湿性粉剂；噻・杀单可湿性粉剂；锰锌・乙铝可湿性粉剂；阿维・杀单可湿性粉剂

重庆双丰农药有限公司

重庆永川市萱花北路 216 号［402160］
电话：(023)49851266
传真：(023)49860546　有进出口权
法人代表：赵传科
网址：www. cq-shuangfeng. com
E-mail：zck@ cq-shuangfeng. com
【主要产品】高效氯氰氰菊酯；硫黄胶悬剂；福美双可湿性粉剂；25% 咪鲜胺乳油；30% 腐殖酸铜可湿性粉剂；草甘膦可溶性粉剂；乙草胺可湿性粉剂；精喹禾灵乳油；40% 乙烯利水剂；2,4-二氯苯氧乙酸钠；复硝酚钠水剂；矮壮素水剂(50%)；对氯苯氧乙酸钠；20% 吗啉胍・乙铜可湿性粉剂；多・福可湿性粉剂；锰锌・霜脲可湿性粉剂；多・硫可湿性粉剂；苄・乙可湿性粉剂；草除・精喹乳油；苄・异丙甲可湿性粉剂；柴油・哒乳油；多・锰锌可湿性粉剂；苯噻酰・苄可湿性粉剂；2 甲・氯氟吡可湿性粉剂

重庆索特星博化工有限公司

重庆市忠县水平开发区［404300］
电话：(023)54456098
传真：(023)54456206　职工人数：500 人
经济类型：股份有限公司
网址：www. cqxingbo. com. cn
E-mail：sales@ cqxingbo. com. cn
【主要产品】中超耐磨炉黑 N220；高耐磨炭黑 N330；快压出炉炭黑 N550；低结构快压出炭黑 N539；炭黑；炭黑 N660；极低结构通用炉黑 N642；新工艺炉炭黑 N339；新工艺炉炭黑 N375；炭黑 N234；低结构高耐磨炉黑 N326

重庆索特盐化股份有限公司

重庆市万州区金陵路 1 号［404000］
电话：(023)58813378
传真：(023)58812566
网址：cqstyhgs. my. sme. cn/index. jsp
【主要产品】烧碱；纯碱；高氯酸钾；氯化钠；氯酸钠；工业盐；氯气(液)；炭黑

重庆通用工业(集团)有限责任公司

重庆市江北区玉带山 1 号［400021］
电话：(023)67651166；67661176；67663224
传真：(023)67661064；67659553
供销电话：67660179；67656374
经济类型：国有　职工人数：1,700 人
网址：www. cqgic. com
E-mail：ct-fx@ 163. com
【主要产品】离心式压缩机；鼓风机；离心式鼓风机；通风机；轴流式通风机

重庆威尔德・浩瑞医药化工有限公司

重庆市铜梁县永清工业园［402565］
电话：(023)45423666；45423118；13808326986
传真：(023)45423198　有进出口权
经济类型：中外合资经营企业
网址：www. wrdpharm. com
E-mail：wedhr@ wrdpharm. com；world@ wrdpharm. com
【主要产品】反式-4-甲基环己基异氰酸酯；*N*-(2-四氢呋喃甲酰基)哌嗪；2,4-二氯-6,7-二甲氧基喹唑啉；6,7-二甲氧基喹唑啉-2,4-二酮；4-氨基-2-(1-哌嗪基)-6,7-二甲氧基喹唑啉；4-氨基-2-氯-6,7-二甲氧基喹唑啉；*N*-[(1,4-苯并二噁烷-2-基)羰基]哌嗪盐酸盐；格列美脲；盐酸米托蒽醌；盐酸哌唑嗪；盐酸特拉唑嗪；甲磺酸多沙唑嗪

重庆无机化学试剂厂

重庆市巴南区桥口坝［401323］
电话：(023)66480034
传真：(023)66480034　经济类型：国有
法人代表：彭兴才
【主要产品】氢氧化钠；次氯酸钠，溶液；氯化钙(无水)；氢氧化铵；氯化锌；盐酸；硝酸；硫酸

重庆西洋化工有限责任公司

重庆市渝北区［401120］
电话：(023)67481323
传真：(023)67481177
网址：www. cndxy. com
E-mail：service@ cndxy. com

渝

【主要产品】偏铝酸钠；二氧化氯；聚丙烯酰胺；聚合氯化铝；聚合硫酸铁；ST絮凝剂；聚合硅酸硫酸铝

重庆仙峰锶盐化工有限公司

重庆市渝中区中山3路131号希尔顿商务大厦25楼[400015]
电话：(023)89038500
传真：(023)89038799 有进出口权
固定资产：1,083千元 职工人数：104人
经济类型：中外合资经营企业
网址：www.chinasr-salt.com
E-mail：xianfeng@hi2000.com
【主要产品】氢氧化钡；氢氧化锶；硫酸锶；硝酸锶；氯化钡；氯化锰；氯化锶（六水）；磷酸锶；磷酸氢锶；铬酸钠；高纯碳酸钡；碳酸锶；氟化铝；氟化锶；氟化镁；过氧化钡；过氧化锶；醋酸钡；醋酸镍

重庆小泉化工厂

重庆市巴南区南温泉小泉[400056]
电话：(023)62848647；62848933；63621882
传真：(023)62847089 有进出口权
经济类型：私营企业 职工人数：108人
网址：www.xiaoquanchem.com
E-mail：sales@xiaoquanchem.com
【主要产品】2-甲基戊醛；2-甲基-2-丙基-1,3-丙二醇；1,2-二甲氧基苯；反式-4-甲基环己基异氰酸酯；3-乙基-4-甲基吡咯啉-2-酮；苯磺酰胺；反式-4-甲基环己胺；普鲁卡因碱；5-溴-2,3-亚甲二氧基苯甲醛；4-碘苯氧乙酸钠；法罗培南；格列美脲；那格列奈；西洛他唑；罗匹尼罗盐酸盐；盐酸托烷司琼；L-谷氨酰胺；甲磺司特

重庆新华化工厂

重庆市潼南县梓潼镇民业街298号[402660]
电话：(023)68737926；87288008
传真：(023)68899534 经济类型：国有
有进出口权
网址：www.xinhuachemical.com
E-mail：xinhua@public.cta.cq.cn
【主要产品】铁氧体用氧化铁；钛白粉（陶瓷用）；钛白粉；钛白粉（搪瓷用）；钛白粉（锐钛型）；钛白粉（金红石型）

重庆新申锶盐有限公司

重庆市渝北区洪湖东路53号财富中心B2幢[401121]
电话：(023)86868201；86868208；86868207
传真：(023)67031909
网址：www.chinanewcent.com
E-mail：sales@chinanewcent.com
【主要产品】氢氧化钡；氢氧化锶；硫酸锶；硝酸铜；硝酸锰；硝酸锶；氯化钡（精制）；氯化锰；氯化锶；磷酸氢锶；碱式碳酸铅；高纯碳酸钡；高纯碳酸锶；过氧化钡；过氧化锶；硫黄；醋酸钡；醋酸锶；醋酸锰

重庆煊赫化工机械厂

重庆市江北区溉澜溪中惠段106号[400025]
电话：(023)67991408；67123036
传真：(023)67991408
网址：www.xhtj.cn
E-mail：xh@xhtj.com；xhtj118@163.com
【主要产品】电加热反应釜；高速分散机；立式砂磨机；卧式砂磨机；双锥砂磨机；立式搅拌球磨机；储罐；聚酯树脂设备；涂料油漆设备

重庆亚威精细化工有限公司

重庆市巴南区南泉镇自由村[401320]
电话：(023)62849407；13527553358
传真：(023)62845908
网址：www.yaweichem.com
E-mail：llq@yaweichem.com
【主要产品】反式-4-甲基环己基异氰酸酯；苯磺酰胺；格列美脲；西洛他唑；罗匹尼罗盐酸盐；七氟烷；甲磺司特

重庆冶炼（集团）有限责任公司

重庆市綦江县三江镇[401431]
电话：(023)48207620
传真：(023)48206406 经济类型：国有
供销电话：48206449；48206481
有进出口权 企业规模：大型
法人代表：王绪其
网址：www.cqcsc.com
【主要产品】硫酸铜；硫酸锌；硫酸镍；氯化锌；碳酸镍；氧化钴；铅；电解铅；电解钴；钴；电解铜；铜粉；锡；电解镍；银粉；铬；海绵铂；海绵钯；硒粉；草酸镍；草酸钴

重庆英斯凯化工有限公司

重庆市高新区科园四街70号7楼[400061]
电话：(023)68880835
传真：(023)68884365
供销电话：68889363；68605833
网址：www.ensky-chemical.com
E-mail：sales@ensky-chemical.com
【主要产品】5-溴吲哚；2-甲基戊醛；2-甲基-2-丙基-1,3-丙二醇；4-氨基-5-氯-2-乙氧基苯甲酸；5-氯吲哚-2-羧酸；5-氯吲哚-2-羧酸乙酯；反式-4-甲基环己胺；乙酰氨基丙二酸二乙酯；1-羧基异喹啉；2-氨甲基-4-(4-氟苄)吗啉；*N*-[3-(3-二甲氨基-1-氧-2-丙烯基)苯基]-*N*-乙基乙酰胺；3-氨基-4-氰基吡唑；4,5-二甲基-1,3-二氧杂环戊烯-2-酮；万拉法新；吗氯贝胺；枸橼酸莫沙必利；卡立普多

重庆永川农药厂

重市永川市望城路124号[402160]
电话：(023)49845556；49845558
传真：(023)49845198 职工人数：160人
法人代表：蒋晓勇
网址：www.chongqing-fhny.com
E-mail：fhny@chongqing-fhny.com
【主要产品】80%敌敌畏乳油；杀虫双颗粒剂；2,4-二氯苯氧乙酸钠；甲霜·锰锌可湿性粉剂；辛·氰乳油；苄·乙可湿性粉剂；吡·井·杀单可湿性粉剂；辛·阿乳油

重庆永裕化工制剂有限公司

重庆市高新区石新路跃华花园53号-8号[400039]
电话：(023)68612971；66716985
传真：(023)68695964
网址：www.yongyuchem.com
E-mail：postmaster@yongyuchem.com
【主要产品】各色丙烯酸烘漆；电镀封闭罩光清漆；金属清洗剂；中温磷化剂；合成切削液

重庆元和精细化工有限公司

重庆市大足县古龙乡古龙村三社[402365]
电话：(023)45636729；45636069；45635778
传真：(023)45636061
网址：www.yuanhechem.com
E-mail：sales@yuanhechem.com
【主要产品】氢氧化锶；硝酸锰；硝酸锶；氯化钡；氯化锰；氯化锰（无水）；氯化锶；氯化锶（六水）；高纯碳酸钡；高纯碳酸锶；铁氰化钾；氟化铝；氟化锶；氟化钡；氟化镁；溴化锶；氧化锶；草酸锶；醋酸钡；醋酸锶

重庆远平橡塑有限公司

重庆市江北区观音桥[400021]
电话：(023)67743080；67749322
传真：(023)67743038
供销电话：89802376
法人代表：陈远平
经济类型：私营企业
网址：www.cq-yp.com
【主要产品】摩托车橡胶配件

重庆钟山活性炭制造有限公司

重庆市南岸区工贸大厦6-23[400060]
电话：(023)62603431；62602283
传真：(023)62811859
网址：www.cqhxt.com
E-mail：cqhxt@cqhxt.com
【主要产品】活性炭

重庆紫光化工有限责任公司

重庆永川市化工路426号[402161]
电话：(023)87161881；87161882；87161883
传真：(023)87161889 有进出口权
供销电话：87161867
供销传真：87161863
经济类型：有限责任公司
网址：www.cqinsight.com.cn
E-mail：office@cqinsight.com.cn
【主要产品】亚铁氰化钾；丙二酸；*N*-苯基甘氨酸；原甲酸三甲酯；*N*-苯基甘氨酸钾；亚氨基二乙腈；丙二酸二乙酯；丙二酸二甲酯；4,6-二羟基嘧啶；乙氧基亚甲基丙二酸二乙酯；苯胺基乙腈；硫酸铵

渝

四　川　省

成都市

爱斯特(成都)医药技术有限公司

四川省成都市锦江区琉璃乡科创路32号[610063]
电话:(028)85914811;85914812;85914813
传真:(028)85914814
经济类型:中外合资经营企业
网址:www.astatech.com.cn
E-mail:sales@astatech.com.cn
【主要产品】(*R*)-3-羟基吡咯烷盐酸盐;4-对氟苄基哌啶;7-氯吲哚;7-苄氧基吲哚;*N*-甲基-5-氨基吲哚;7-溴吲哚;*N*-丁基-4-氨甲基哌啶;3-氨基哌啶;2-甲基-4-羟基苯甲醛;环辛甲醛;13-溴十三-1-醇;16-溴十六-1-醇;14-溴十四-1-醇;对氟苯甘氨酸;D-4-氟苯甘氨酸;L-4-氟苯甘氨酸;3-哌啶甲酸;6-氧代哌啶-2-甲酸;咪唑-4-甲酸;7-羟基吲哚-2-甲酸;间乙氧基苯硼酸;间氯苯硼酸;对氟苯硼酸;间氟苯硼酸;苯硼酸;4-甲氧基苯硼酸;邻甲氧基苯硼酸;3-甲氧基苯硼酸;3,5-二氯苯硼酸;3,5-二氟苯硼酸;3,4-二氟苯硼酸;3,4,5-三氟苯硼酸;1,2,3,4-四氢喹啉-2-甲酸甲酯;6-溴-1,2,3,4-四氢喹啉-2-甲酸甲酯;3-哌啶甲酸乙酯;4-哌啶乙酸甲酯;3-氯苯乙炔;2-硝基-5-羟基苯甲醛;4-溴-3-甲基苯酚;*R*-(-)-2-甲基哌嗪;(*S*)-(-)-1,2,3,4-四氢异喹啉-3-羧酸;2-哌嗪甲酸甲酯二盐酸盐;*N*-4-Boc-2-哌嗪甲酸;2-氨基噻唑-4-甲酸乙酯;2-氨基噻唑-5-甲酸乙酯;4-(3-吲哚基)-4-氧代丁酸;5-甲基吲哚

成都艾立化工有限公司

四川省成都市锦绣路科技产业大厦607C[610041]
电话:(028)81982871;85598671;13791682168
传真:(028)85598675
网址:www.alychem.com
E-mail:binliu@alychem.com;sales@alychem.com
【主要产品】4-哌啶甲酸;2-哌啶甲酸;哌啶-4-乙酸;*N*-苄氧羰基-L-赖氨酰-L-脯氨酸;(*S*)-(-)-1,2,3,4-四氢异喹啉-3-羧酸;(*S*)-四氢异喹啉-3-*N*-叔丁基甲酰胺;(*S*)-3-氨基-2,3,4,5-四氢-2-氧-1H-1-苯并氮杂卓-1-乙酸叔丁酯;(1S,2R)-(-)-1-氨基-2-茚醇

成都奥玛斯特科技有限公司

四川省成都市双流蛟龙工业港(双流园区)[610091]
电话:(028)85730173;13708066777
传真:(028)85730175
E-mail:amaster@amaster.cn;sales@amaster.cn
【主要产品】吡嗪;2-甲基吡嗪

成都倍特药业有限公司

四川省成都市高新区科技园高朋大道15号[610041]
电话:(028)85170728;85170738
传真:(028)85190377　职工人数:328人
经济类型:有限责任公司
网址:www.btyy.com
E-mail:webmaster@btyy.com
【主要产品】司氟沙星

成都博深高技术材料开发有限公司

四川省成都市留学回国人员创业园[610041]
电话:(028)85405243;85435099
传真:(028)85405243;85435099
供销电话:85405243;13388166408
经济类型:有限责任公司
产值:1,000千元　职工人数:100人
法人代表:王跃川
网址:www.bysunmat.com
E-mail:mail@bysunmat.com
【主要产品】*N*-烷基马来酰亚胺;光固化树脂;丙烯酸涂料;光固化涂料;光盘涂料;光固化黏合剂;上光油

成都彩星科技实业有限公司

四川省成都市国家高新技术开发区西区[610036]
电话:(028)87825541;87825542
传真:(028)87825545
供销电话:87825542;87825541
经济类型:有限责任公司
网址:www.china-caixing.com
E-mail:caixing@china-caixin.com
【主要产品】各色酯胶调合漆;酚醛树脂漆类;醇酸树脂漆类;防锈漆;氨基树脂漆类;A14-51各色氨基烘干透明漆;各色硝基闪光漆;磷化底漆;聚乙烯粉末涂料;各色丙烯酸磁漆;丙烯酸烘干磁漆;各色聚氨酯丙烯酸闪光漆;丙烯酸金属闪光漆;内外墙乳胶漆;丙烯酸工程机械磁漆;各色聚酯环氧型粉末涂料;聚酯粉末涂料;环氧型粉末涂料;各色环氧酯底漆;环氧云铁防锈漆;环氧地坪涂料;亚光型聚氨酯清漆;各色聚氨酯汽车中涂漆;聚氨酯类烘漆;各色聚氨酯环氧防腐漆;各色聚氨酯立体锤纹漆;锶黄,铁红有机硅耐热自干底漆;铝粉有机硅耐热烘漆;氟碳漆;氯化橡胶磁漆;高氯化聚乙烯防腐面漆;防静电涂料;ABS塑料专用漆;热转印粉末涂料;抗菌型粉末涂料;变压器底面专用漆;油漆稀释剂;脱漆剂;磁性涂料

川

成都超人植化开发有限公司

四川省都江堰市商会大厦8楼[611830]
电话:(028)87290658;87272118;87290158
传真:(028)87203668 有进出口权
经济类型:私营企业 法人代表:高晓莉
网址:www. superman-pharm. com
E-mail:superman@ hi2000. com
【主要产品】醋酸妊娠双烯醇酮;绿原酸;皂素;盐酸小檗碱;黄芩苷;二氢黄酮苷;芦丁;青蒿素;双氢青蒿素;青蒿琥酯;甲基橙皮苷;左旋多巴;齐墩果酸;金银花提取物;双花连翘提取物;枳实提取物;槲皮素

成都川大华西康达药物研究所

四川省成都市人民南路三段17号[610041]
电话:(028)85502309;13808009948
传真:(028)85501178 经济类型:集体
职工人数:15人 法人代表:郑天孝
E-mail:kondaco@ mail. sc. cninfo. net
【主要产品】3,4-二甲氧基苄醇;花青素;大豆素;盐酸小檗碱;黄芩苷;穿心莲内酯;葛根素;辛弗林;染料木黄酮;积雪草苷;贯叶连翘提取物;紫苏提取物;淫羊藿提取物;红景天提取物;越桔提取物;缬草提取物;葡萄籽提取物;黑升麻提取物;姜黄提取物;苏子油;槲皮素

成都川峰化学工程有限责任公司

四川省成都市外北驷马桥路14号[610051]
电话:(028)83262054;83250757;83251805
传真:(028)83255086
经济类型:有限责任公司
网址:www. chuanfeng. com
E-mail:chuanf@ mail. sc. cninfo. net
【主要产品】鞣花酸;腐殖酸钠;天然酚羧酸;栲胶脱硫剂;有机硅乳液型消泡剂;油井水泥早强防窜剂;腐殖酸钾;磺甲基腐殖酸钠;油井水泥降失水剂;钻井液降滤失剂;有机硅腐殖酸钾;降黏剂;高温乳化降黏剂;钻井液用降黏剂;清防蜡剂;油井水泥高温缓凝剂;油井水泥减阻剂;稠油增产剂;油井水泥早强剂;高效减水剂;早强高效减水剂;混凝土防水剂;阻垢缓蚀剂;锅炉洗涤剂;羟丙基淀粉;泵送剂;磺甲基五倍子单宁酸钠

成都川抗派德生物医药科技有限公司

四川省成都市天府大道南沿线高新区生物医药孵化园1号楼A座D-11[610041]
电话:(028)85335278
传真:(028)85335312
供销电话:85336232
网址:www. biopna. com
E-mail:sales@ biopna. com
【主要产品】阿拉瑞林;鸟氨加压素;去氨加压素;赖氨加压素;特利加压素;醋酸血管紧张素;奥曲肽;鲑降钙素;醋酸特立帕肽;胸腺五肽;胸腺肽;亮丙瑞林;曲普瑞林;舍莫瑞林;L-丙氨酰-L-谷氨酰胺;催产素;依菲巴特;生长抑素;戈舍瑞林;戈那瑞林;阿托西班

成都地奥制药集团有限公司

四川省成都市高新区科园三路3号[610041]
电话:(028)85138833;85145555
传真:(028)85184732
网址:www. diaocdyy. com
【主要产品】酮康唑;氟嗪酸;贝诺酯

成都东方企业公司

四川省成都市郫县红光镇[611743]
电话:(028)87986178;87986129
传真:(028)87986118
网址:cddf. chemnet. com
E-mail:cddf@ chemnet. com
【主要产品】肌醇六磷酸;植酸钠

成都东华化工厂

四川省成都市蜀都区东大街64号[611730]
电话:(028)87886345
传真:(028)87886345 产值:2,000千元
供销电话:13666255354
经济类型:私营企业 职工人数:50人
法人代表:李丽
网址:www. donghuahg. com
E-mail:yang88jian@ 163. com
【主要产品】肌醇六磷酸

成都东金化学试剂有限公司

四川省成都市龙泉驿区大面镇[610101]
电话:(028)84813538;84813539
传真:(028)84812308
经济类型:有限责任公司
网址:www. cdjhs. com
E-mail:cdjhs@ cdjhs. com
【主要产品】乙酸钠;柠檬酸钠;酒石酸钾钠;亚硝酸钠;硫代硫酸钠;氯化钠;四硼酸钠;磷酸三钠;磷酸二氢钠;磷酸氢二钠;磷酸钙;乙酸钾;亚硝酸钾;氯化钾;磷酸钾(三水);磷酸二氢钾;磷酸氢二钾;氯化铵;磷酸二氢铵;磷酸氢二铵;硼酸;脲

成都飞亚粉末涂料涂装实业有限公司

四川省成都市双流县白河路二段[610200]
电话:(028)85801198;85807897
传真:(028)85804415
经济类型:有限责任公司
网址:www. feiya. net
E-mail:feiya@ feiya. net
【主要产品】热固性聚酯改性环氧粉末涂料;热固性粉末涂料;热固型纯聚酯粉末涂料;热固型纯环氧粉末涂料;美术花纹型热固性粉末涂料

成都福润德实业有限公司

四川省成都市高新区创业路49号[610041]
电话:(028)85188879;85185123
传真:(028)85185456;85198023
经济类型:有限责任公司
网址:www. cn-furunde. com
E-mail:furunde2006@ 126. com
【主要产品】叶黄素;大蒜素;紫杉醇;喜树碱;盐酸拓扑替康;盐酸伊立替康;白藜芦醇;银杏内酯A;银杏内酯B;大黄素;荨麻提取物;颠茄浸膏;厚朴酚;木犀草素

成都好来化工有限公司

四川省成都市高新技术开发区芳沁街25号[610041]
电话:(028)85126368;85126369;85126367
传真:(028)85126370
网址:www. talentchem. com
E-mail:talentchemical@ hotmail. com
【主要产品】磷酸;三聚磷酸钠;六偏磷酸钠;焦磷酸钠;焦磷酸钾;磷酸二氢钠;磷酸二氢钾;磷酸三镁;磷酸三钠;磷酸氢二钠;磷酸氢二钾;磷酸钾;磷酸二铵(工业级);磷酸一铵(工业级);磷酸氢钙;磷酸二氢钙;焦磷酸二氢二钠;磷酸钙

成都宏博实业有限公司

四川省成都市二环路东四段27号[610066]
电话:(028)84550658;81802513;13378125583
传真:(028)84514480
供销电话:84550658;13608179305
经济类型:有限责任公司
网址:www. cd-hongbo. com;www. chinahongbo. com
E-mail:ldb@ chinahongbo. com;ldb@ chinahongbo. com
【主要产品】硼酸(医药级);氢氧化铝;碳酸氢钠(药用);硫酸钙(药用);磷酸氢钙(药用);二氧化硅;β-环状糊精;苯甲酸(药用);硬脂酸;硬脂酸镁(药用);α-乳糖;苯甲酸钠;甜菊糖;天冬氨酰苯丙氨酸甲酯;甘露醇;葡萄糖;药用淀粉;预胶化淀粉;白糊精;丙烯酸树脂(药用);甲基纤维素(药用);乙基纤维素(药用);微晶纤维素(药用);羧甲基纤维素钠(医药级);羧甲基淀粉钠(医药级);龙脑;羟丙基甲基纤维素;吐温80;羟丙基纤维

川

素；干燥剂；水溶性淀粉

成都华德密封工业有限公司

四川省成都市琉璃场邮电所 8 号信箱[610023]
电话：(028)85914689；13881822966
传真：(028)85917499
供销电话：13908047576
网址：www. cd-hd. com
E-mail：hd666@ 126. com；
schd666@ 163. com
【主要产品】聚氨酯密封件；橡胶制品；减震用橡胶制品；骨架油封；油封；橡胶膜片

成都华高药业有限公司

四川省成都市天府大道南延线高新孵化园[610041]
电话：(028)88678666
传真：(028)88678222　职工人数：230 人
供销电话：66070966
供销传真：66070900
网址：www. wagott. com
E-mail：export@ wagott. com
【主要产品】水飞蓟素；贯叶连翘提取物；红景天提取物；葛根提取物；红车轴草提取物；枳实提取物；黑升麻提取物；绿茶提取物；银杏浸膏；陈皮油；淫羊藿苷

成都华康生物工程有限公司

四川省成都市金堂县赵镇桐梓园村[610400]
电话：(028)84983551
传真：(028)84990062　有进出口权
供销电话：84922281；84922282
供销传真：84922280
经济类型：股份有限公司
网址：www. hawk-bio. com
E-mail：hawk1@ hawk-bio. com
【主要产品】盐酸小檗碱；黄芩苷；二氢黄酮苷；新橙皮苷二氢查尔酮；芦丁；青蒿素；甲基橙皮苷；地奥明；曲克芦丁；水飞蓟素；齐墩果酸；大豆异黄酮；积雪草苷；淫羊藿提取物；红景天提取物；越桔提取物；积雪草提取物；白柳皮提取物；当归提取物；生姜提取物；绞股蓝提取物；枳实提取物；葡萄籽提取物；黑升麻提取物；银杏叶提取物；绿茶提取物；问荆提取物；莽草酸；槲皮素

成都华融化工有限公司

四川省彭州市九尺镇[611933]
电话：(028)83800329；83800330；
83800340
传真：(028)83802952
供销电话：83801966
供销传真：83802951
经济类型：中外合资经营企业
网址：www. cnchccl. com
E-mail：hr@ cnchccl. com
【主要产品】盐酸(精制)；氢氧化钾；氯气(液)；聚氯乙烯树脂

成都华宇制药有限公司

四川省成都市高新西区新创路 8 号[610041]
电话：(028)66675327
传真：(028)66675323
网址：www. chengduhuayu. hxyyt. com
E-mail：chengduhuayu@ 163. com
【主要产品】新伐他汀；硫酸特布他林

成都化工股份有限公司

四川省成都市新津县邓双镇川浙工业园 B 区[611436]
电话：(028)82508109；82523262；
82523261
传真：(028)82523262　有进出口权
经济类型：股份有限公司
企业规模：大型　职工人数：991 人
网址：www. cccljg. com
E-mail：chgsgsb@ cccljg. com；
chgswjs@ cccljg. com
【主要产品】盐酸；氢氧化钾；烧碱(液体)；三氯化铁(液)；次氯酸钠；磷酸二氢钠；磷酸二氢钾；磷酸氢二钾；重质碳酸钾；氯气(液)；一氯乙酸；碳酸钾(食品级)

成都化工研究设计院

四川省成都市星桥街 112 号[610021]
电话：(028)84442086；84442096
传真：(028)84446455　有进出口权
经济类型：联营企业
职工人数：300 人
网址：www. chengduchem. com
E-mail：xiaoshou@ chengduchem. com
【主要产品】磷酸；三聚磷酸钠；六偏磷酸钠；焦磷酸钠(无水)；磷酸二氢钠；磷酸氢二钠(无水)；氯化钙(无水)；三偏磷酸钠；焦磷酸二氢二钠；多聚磷酸钠；抗坏血酸多聚磷酸酯

成都佳福化工有限公司

四川省成都市双流县蛟龙工业港黄河路 5 座[610200]
电话：(028)85730655；85730656；
13908038752
传真：(028)85730655
供销电话：85730657；13708066544
法人代表：陈幸福
网址：www. jiafu-cn. com
E-mail：chenxingfu@ jiafu-cn. com
【主要产品】热固性粉末涂料；热固型纯聚酯粉末涂料；热固型纯环氧粉末涂料；美术花纹型热固性粉末涂料；重防腐粉末涂料

成都嘉茂化工实业有限公司

四川省成都市星辉东路 4 号[610081]
电话：(028)83330658；88000592
传真：(028)83332465
经济类型：有限责任公司
网址：www. scchem. com
E-mail：wangli@ scchem. com
【主要产品】环丁砜；三乙二醇；聚醚多元醇；破乳剂；油井水泥早强增塑剂；油井水泥早强防窜剂；油井水泥降失水剂；降滤失剂；无荧光防塌降滤失剂；多效起泡剂；油井水泥增强剂；压裂助排剂；油井水泥消泡剂；液体凝胶剂；油井水泥缓凝剂；油井水泥减阻剂；降阻剂；油田酸化缓蚀剂；黏土稳定剂；防膨剂；油井注水杀菌剂；高温交联剂；铁离子稳定剂；胶束剂

成都今天化工有限公司

四川省成都市蛟龙工业港 B-20 座[610091]
电话：(028)87077740；87077741
传真：(028)87077817
网址：www. today-silicone. com
E-mail：jt-zhanghong@ 163. com
【主要产品】硅酸乙酯；六甲基二硅氮烷；甲基三乙氧基硅烷；甲基三甲氧基硅烷；二甲基二乙氧基硅烷；水溶性硅油；乳化硅油；甲基硅油；羟基硅油；室温硫化有机硅模具胶；特种涂料；绝缘灌封胶；107 胶；硅烷偶联剂；白炭黑

成都金花消防器材有限公司

四川省双流县金花镇[610200]
电话：(028)85770268；85771697
传真：(028)85770343
网址：www. jinhuafire. com
E-mail：119@ jinhuafire. com
【主要产品】防火涂料

成都金蓉生物工程公司

四川省成都市外东大观堰 4 号[610066]
电话：(028)84792040
传真：(028)84791163
【主要产品】黄芩苷；齐墩果酸；连翘提取物；金银花提取物；苦参提取物

成都金山化学试剂有限公司

四川省成都市双流县新兴镇庙山村十组[610213]
电话：(028)85910619；85916790；
13908062516
传真：(028)85950182
供销电话：85917353；85950183
网址：www. cdjinshan. com
E-mail：webmaster@ cdjinshan. com
【主要产品】乙酸钠；草酸钠；氟化钠；硅酸钠；硝酸钠；硫化钠；氯化钠；磷酸三钠；氯化金；乙酸，36%；乙酸，无水；次氮基三乙酸；乙二胺四乙酸；2-羟基苯甲酸；磺基水杨酸；甲酸；抗坏血酸；苯甲酸；草酸；柠檬酸；氢氟酸；盐酸；硝酸；发烟硝酸；硫酸；高氯酸；硼酸；氢溴酸；氨基磺酸；磷酸

川

成都景田生物药业有限公司

四川省成都市瑞星路39号[610091]
电话:(028)85071843
传真:(028)85082886　职工人数:120人
经济类型:有限责任公司
网址:www.gtchem.com
E-mail:sales@gtchem.com
【主要产品】L-缬氨醇;L-脯氨醇;DL-丝氨酸;2-叔丁基苯胺;β-丙氨酸;对羟基苯甲醇;水杨醇;核苷酸;L-焦谷氨酸;L-精氨酸;氨基酸微量元素螯合盐;盐酸克林霉素;阿昔洛韦;盐酸万乃洛韦;赖氨匹林;美洛昔康;缬沙坦;盐酸班布特罗;瑞巴匹特;奥曲肽;腺苷蛋氨酸;乙酰唑胺;氨甲环酸;鲑降钙素;谷胱甘肽;赖氨酸;组胺二盐酸盐;L-丝氨酸甲酯盐酸盐;D-色氨酸;D-别苏氨酸;L-别苏氨酸;S-腺苷-L-甲硫氨酸;胸腺五肽;胸腺肽;醋酸亮丙瑞林;曲普瑞林;葡辛胺;催产素;生长抑素

成都玖源化工有限公司

四川省新都县新都镇新新路118号[610500]
电话:(028)83972670
传真:(028)83971182
网址:www.koyochem.com/subcompanyl
E-mail:koyochem@koyochem.com
【主要产品】纯碱;合成氨;尿素;氯化铵

成都菊乐制药有限公司

四川省成都市一环路西一段菊乐路19号[610015]
电话:(028)85068723-8003
传真:(028)85063018
供销电话:85063018
网址:www.jule.com
【主要产品】丙酰胺;1-氨基-4-环戊基哌嗪;药用破乳剂;油酸

成都开飞高能化学工业有限公司

四川省成都市温江台商投资开发区台二路西段[611137]
电话:(028)85228102;82630224;85231995
传真:(028)85229355;82630223
网址:www.chemphys.com
E-mail:info@chemphys.com
【主要产品】硼酸;氢氧化锂;硼酸锌;碳酸锂;八钼酸铵;锑酸钠;氧化钴;三氧化二锑;氧化镍;氧化铋;锑;镍

成都凯捷生物医药科技发展有限公司

四川省成都市大邑县工业大道一段[610041]
电话:(028)88203603
传真:(028)88203605
网址:www.kaijiesw.com
E-mail:sale@kaijiesw.com
【主要产品】阿拉瑞林;加压素;去氨加压素;特利加压素;醋酸血管紧张素;醋酸精加压素;醋酸奥曲肽;依降钙素;鲑降钙素;醋酸普兰林肽;醋酸特立帕肽;胸腺五肽;胸腺肽;醋酸亮丙瑞林;曲普瑞林;舍莫瑞林;催产素;醋酸美拉诺坦;醋酸恩夫韦地;醋酸依非巴特;生长抑素;醋酸戈那瑞林;比伐卢定;阿托西班

成都凯泰化学有限责任公司

四川省成都市高新区紫荆南路23号5-1-2室[610041]
电话:(028)82948487;85131384
传真:(028)85131384　法人代表:阎醒
经济类型:有限责任公司
网址:www.cationchem.com
E-mail:cation@mail.sc.cninfo.net
【主要产品】二甲基二烯丙基氯化铵;污水处理剂;石油钻井助剂

成都科东化工有限公司

四川省成都市415号信箱[610041]
电话:(028)85919158;13709026327
传真:(028)85913778
固定资产:15,000千元
经济类型:与港澳台商合资经营
网址:www.kdchemicals.com
E-mail:Sales@kdchemicals.com
【主要产品】葡甲胺;葡辛胺;月桂氮卓酮

成都科恩医药化工实业有限公司

四川省成都市新鸿路303号新1幢2单元2号[610051]
电话:(028)81255413;84322127;84318539
传真:(028)84322127
网址:www.cdkeen.com
E-mail:office@cdkeen.com
【主要产品】甲醇钠;异丙醇铝;N-乙酰-L-羟基脯氨酸;盐酸羟胺;三苯基氧化膦;正丁胺;妊娠烯醇酮;醋酸妊娠双烯醇酮;单烯醇酮醋酸酯;三苯基膦;非那甾胺中间体;盐酸特比萘酚;阿奇霉素;喜树碱

成都科隆摄影材料有限公司

四川省成都市金牛区花牌坊街59号[610031]
电话:(028)87667558
传真:(028)87684628-802
固定资产:50,000千元
经济类型:有限责任公司
产值:30,000千元　职工人数:100人
销售收入:25,000千元
法人代表:谢春林
网址:cdlkc.com
【主要产品】显影剂;X光胶片显影剂(粉);X光胶片定影剂(粉)

成都科普胶粘剂化工有限公司

四川省成都市成华区杨柳工业园16号[610051]
电话:(028)84742319;13882061993
传真:(028)84740046
网址:www.sc-adhesive.com
E-mail:scl@sc-adhesive.com
【主要产品】胶黏剂

成都拉克生物工程实业有限公司

四川省成都市温江区向阳路279号[611130]
电话:(028)82765611;82761370
传真:(028)82726611
职工人数:127人
供销电话:82726611
法人代表:巨磊
经济类型:中外合资经营企业
网址:www.sino-lucky.cn
E-mail:123@sino-lucky.cn
【主要产品】衣康酸;曲酸

成都兰贝植化科技有限公司

四川省成都市成华区槐树店路40号[610041]
电话:(028)84717800;84717088
传真:(028)84717088　产值:8,000千元
经济类型:有限责任公司
职工人数:36人　法人代表:罗云
网址:www.labooo.com
E-mail:labooo@labooo.com
【主要产品】喜树碱;10-羟基喜树碱;7-乙基-10-羟基喜树碱;盐酸拓扑替康;白藜芦醇;大豆异黄酮

成都兰波化工有限公司

四川省成都市双流县正兴镇[610200]
电话:(028)85671389;88999695
传真:(028)85624369
网址:www.chinalanbo.net
【主要产品】水性复膜胶

成都乐天塑料有限公司

四川省成都市高朋东路8号[610041]
电话:(028)85182892;89071239
传真:(028)85161483
供销电话:85182892;85132168
网址:www.cnletian.com
E-mail:sggl@cnletian.com
【主要产品】聚苯硫醚

成都力智天成科技有限公司

四川省成都市高新区石羊场双河村[610041]
电话:(028)66835086;13980822570
传真:(028)85951270
网址:www.lztc.com.cn
E-mail:lztc@lztc.com.cn
【主要产品】喜树碱;10-羟基喜树碱;7-

川

乙基喜树碱;7-乙基-10-羟基喜树碱;盐酸伊立替康

成都丽凯手性技术有限公司

四川省成都市人民南路四段九号综合楼 710 室[610041]
电话:(028)85231007
传真:(028)85259387
供销电话:85247892
网址:www.lkchiralchina.com
E-mail:cdlknzt@lkchiralchina.com
【主要产品】(1*S*,2*R*)-(+)-2-氨基-1,2-二苯基乙醇;(1*R*,2*S*)-(-)-2-氨基-1,2-二苯基乙醇;D-(+)-二苯甲酰酒石酸;D-(+)-二苯甲酰酒石酸一水物;D-(+)-二对甲基苯甲酰酒石酸;D-(+)-二对甲基苯甲酰酒石酸一水物;L-(-)-二苯甲酰酒石酸;L-(-)-二对甲基苯甲酰酒石酸;L-(-)-二对甲基苯甲酰酒石酸一水物;四氢糠酸;D-(-)-酒石酸二甲酯;L-(+)-酒石酸二甲酯;D-(-)-酒石酸二异丙酯;L-(+)-酒石酸二异丙酯;L-(+)-酒石酸二乙酯;D-(-)-酒石酸二乙酯;(1*S*,2*S*)-1,2-二苯基乙二胺;(1R,2R)-1,2-二苯基乙二胺;2,4-二氯-α-苯乙胺

成都联邦聚合物有限公司

四川省成都市武青南路 33 号武侯科技园[610045]
电话:(028)87446566;87446558
传真:(028)87446558
供销电话:87480566;87480558
网址:www.unitedpolymer.com
E-mail:webmaster@unitedpolymer.com
【主要产品】SBS 磁性促进剂;氯丁胶核磁扩效剂

成都龙泉密封脂厂

四川省成都市龙泉驿区大面镇[610101]
电话:(028)84812612;84814293
传真:(028)84853449;84814293
网址:www.sealinggrease.com
E-mail:webmaster@sealinggrease.com
【主要产品】管路螺纹密封脂;钻具螺纹润滑脂

成都龙泰生化实业有限公司

四川省成都市新津县江浙工业园 B 区[400020]
电话:(028)67748183;67748195
传真:(028)67748620 有进出口权
网址:perfect.chemnet.com
E-mail:tianjing@cqfa.com.cn
【主要产品】L-缬氨酸;L-丙氨酸;L-异亮氨酸;L-酪氨酸;L-蛋氨酸

成都民生消毒剂有限责任公司

四川省成都市青羊区蛟龙工业港高新区 B-7 座[610091]
电话:(028)87468499;87469187
传真:(028)87463741 经济类型:集体
供销电话:87078976;87078884
供销传真:87078741 职工人数:100 人
网址:www.minsheng-cn.com
E-mail:minsheng@minsheng-cn.com
【主要产品】甲醛;复合酚消毒剂;消毒剂

成都明日制药有限公司

四川省成都市经济技术开发区南翼新城区[610100]
电话:(028)88432351;88431000;87772858
传真:(028)87746913
网址:www.51ql.com
E-mail:mingrizy@163.com
【主要产品】苯扎溴铵

成都欧康植化科技有限公司

四川省成都市二环路西三段 19 号恒远大厦 2-1 [610036]
电话:(028)87772158;81017000
传真:(028)87710816
供销电话:87712315
网址:www.okaypharm.com
E-mail:okaypharm@yahoo.com.cn
【主要产品】绿原酸;盐酸小檗碱;黄芩苷;二氢黄酮苷;芦丁;青蒿素;双氢青蒿素;地奥明;辛弗林;曲克芦丁;左旋多巴;L-鼠李糖;枳实提取物;黄芩提取物;槲皮素

成都普瑞法科技开发有限公司

四川省成都市高新区永丰路 24 号[610041]
电话:(028)66780410;13980599718
传真:(028)66042638
网址:www.cd-purify.com
E-mail:cdpurify@126.com
【主要产品】绿原酸;甘草酸;石杉碱甲;金丝桃素;L-4-羟基异亮氨酸;芍药苷

成都齐达科技开发公司

四川省成都市高新区科园二路一号[610041]
电话:(028)85184195
传真:(028)85152877
网址:www.cnqida.com
E-mail:welcome@cnqida.com
【主要产品】水性防锈底漆;阻燃剂;消泡剂;阻垢分散剂;杀菌灭藻剂;预膜剂;钢件防氧化保护剂;阻垢缓蚀剂;缓蚀剂;清洗剂

成都奇龙化工有限公司

四川省成都市温江公平工业区[611130]
电话:(028)82661161;13340962600
传真:(028)82660555
网址:www.cdqilong.com
E-mail:qilong@cdqilong.com
【主要产品】腻子;硝基腻子;各色裂纹漆;内墙亚光面漆;PU 透明亮光面漆;各色亮光面漆;家具底漆

成都侨源实业有限公司

四川省成都市外南簇桥乡[610043]
电话:(028)85011133;85010138;85011846
传真:(028)85010189
经济类型:私营企业
网址:www.cdqygas.com
【主要产品】六氟化硫;二氧化碳;氢气;氧气;氩气;氦气;氮气;混合气;乙炔

成都蓉光炭素股份有限公司

四川省成都市经济技术开发区驿都中路 145 号[610100]
电话:(028)84850265;84866743;84879048
传真:(028)84852774 有进出口权
供销电话:84860384;84879048
经济类型:股份有限公司
网址:www.cd-ts.cn
E-mail:carbon@mail.sc.cninfo.net
【主要产品】高纯石墨;石墨电极

成都蓉生药业有限责任公司

四川省成都市高新区[610063]
电话:(028)85281000
传真:(028)85281158
经济类型:有限责任公司
网址:www.ronsen.com
【主要产品】人血白蛋白

成都瑞嘉橡胶制品有限公司

四川省彭州市敖平镇[611931]
电话:(028)83861088;13340962671
传真:(028)83861088
网址:www.china-ruijia.com
【主要产品】耐油胶管;橡胶杂品;减震用橡胶制品;骨架油封;油封;防尘罩;橡胶密封圈

成都森发橡塑有限公司

四川省成都市新都工业区南二路西段[610500]
电话:(028)83968718;13908227692
传真:(028)83968738
网址:www.senfa.cn
E-mail:senfa@senfa.cn
【主要产品】甲基乙烯基硅橡胶混炼胶;聚四氟乙烯生料带;聚四氟乙烯薄膜;聚四氟乙烯板材;聚四氟乙烯管材;聚四氟乙烯填充制品;聚四氟乙烯制品;聚四氟乙烯棒材;硅胶管;氟橡胶板;橡胶发泡制品;硅橡胶板;发泡硅橡胶板;橡胶密封制品;橡胶垫;硅橡胶制品;O 形密封圈;Y 形密封圈;硅橡胶密封圈;异形密封圈

成都上元医药科技有限公司

四川省成都市高新区超洋路 1 号

[610041]
电话:(028)85127794;13036666072
传真:(028)85127794
网址:www. sinemed. com. cn
E-mail:chengdusunrise@ yahoo. com
【主要产品】对羟基苯基苄基醚;二甲基硅油;利福布汀;阿德福韦酯;盐酸万拉法新;硫酸长春地辛;尼麦角林;兰索拉唑;维库溴铵;氯雷他定

成都施特优化工有限公司

四川省成都市武侯区倪家桥路7号[610041]
电话:(028)85564997;85535288
传真:(028)85583717
法人代表:周明耀
网址:www. shiteyou. com
【主要产品】氯吡脲

成都市多联塑胶实业公司

四川省成都市武侯区永丰龙爪11组[610041]
电话:(028)87011748
传真:(028)87011845
经济类型:股份合作 法人代表:陈治安
网址:kuolian. ccbip. und. cn
E-mail:dlsj@ scmp. gov. cn
【主要产品】聚氯乙烯电线电缆管

成都市海鲨漆业有限责任公司

四川省成都市双流九江龙池工业园[610020]
电话:(028)85754646;13348894778
传真:(028)85753001;85754656
供销传真:85753001;85754656
经济类型:有限责任公司
网址:www. haishapaint. com
E-mail:sale@ haishapaint. com
【主要产品】醇酸树脂(3139型);各色酯胶调合漆;酚醛清漆;铁红酚醛防锈漆;环氧煤沥青防腐涂料;醇酸树脂漆类;各色醇酸调合漆;丙烯酸烘干清漆;丙烯酸烘干磁漆;丙烯酸地坪漆;环氧富锌底漆;环氧带锈防锈防腐涂料;有机硅耐热漆;改性氯磺化聚乙烯防腐涂料;ABS塑料专用漆;X-1硝基漆稀释剂

成都市金堂天然植物中间体厂

四川省成都市金堂县三星开发区圣灯街[610400]
电话:(028)84984698;13908208011
传真:(028)84984698
法人代表:杜家才
【主要产品】苦参碱;黄芩苷;二氢黄酮苷;甘草浸膏;大豆异黄酮;金银花提取物;首乌提取物;丹参提取物;大黄提取物;板蓝根提取物;双花连翘提取物;红景天提取物;泽泻提取物;龙胆草提取物;蒲公英提取物;木犀草素

成都市科龙化工试剂厂

四川省成都市新都区木兰镇[610500]
电话:(028)83039833;83039808;83039802-801
传真:(028)83039807
网址:www. cdkelong. com
【主要产品】二乙胺;乙二胺;乙酰胺;*N*,*N*-二甲基乙酰胺;乙醇胺;二乙醇胺;二丁胺;二氰二胺;2-丁酮;2,3-丁二酮;2-已酮;乙酰丙酮;2-戊酮;3-戊酮;2-吡咯烷酮;3-庚酮;乙酸,36%;乙二胺四乙酸;乙二醇双(氨乙基醚)四乙酸;乙醛酸;2-乙基丁酸;丁二酸;乙酰水杨酸;2,4-二氯苯氧乙酸;乙二醇一乙醚;乙二醇一丁醚;二丁醚;乙二醇二甲醚;二苯醚;二乙硫醚

成都市蓝波达精细化工有限公司

四川省成都市金牛区蜀汉路359号金色池溏[610036]
电话:(028)66715280;66715283;13981812916
传真:(028)85364021
网址:www. lambda. com. cn
E-mail:mail@ lambda. com. cn
【主要产品】杀菌灭藻剂;助焊剂;阻垢缓蚀剂;阻垢剂;锅炉洗涤剂

成都市灵敏化工有限公司

四川省成都市新津县太康路教师公寓13幢首层[611430]
电话:(028)88752368;82512675
传真:(028)88753096;82524889
网址:www. cdlingmin. com
E-mail:dzm@ cdlingmin. com
【主要产品】硫化钠;硫酸钠

成都市蒲江蜀西植物生化有限公司

四川省成都市蒲江寿安利民路1号[611633]
电话:(028)88678680;88678960;13881970889
传真:(028)88678680 职工人数:180人
供销电话:13908217085
经济类型:有限责任公司
法人代表:范显柱
网址:www. sxpharm. com
E-mail:master@ sxpharm. cn
【主要产品】盐酸小檗碱;黄芩苷;二氢黄酮苷;芦丁;金银花提取物;枳实提取物

成都市三特玻璃钢及防腐工程研究所

四川省成都市新津县邓双工业开发区[611436]
电话:(028)83125689;80903210;13980960188
传真:(028)82590940
供销电话:82590940;80903210
经济类型:私营企业 法人代表:余卫东
网址:cdst. ebigchina. com
E-mail:cdst@ etang. com
【主要产品】化工设备

成都市双流川双热缩制品有限公司

四川省成都市双流县白家镇[610225]
电话:(028)85868148;85868188;85868139
传真:(028)85868148 经济类型:集体
职工人数:300人 法人代表:张玉树
网址:www. chuanshuang. com/docc/gsjj. htm
【主要产品】热缩套管

成都市武侯区簇桥橡胶制品厂

四川省成都市簇桥镇文盛路8号[610043]
电话:(028)85013210
传真:(028)85104806
网址:www. cdxjzpc. com
E-mail:webmaster@ cdxjzpc. com
【主要产品】骨架油封;O形密封圈;橡胶密封圈

成都市橡胶厂

四川省成都市洪山路14号[610081]
电话:(028)83516408
传真:(028)83516428 经济类型:集体
【主要产品】再生胶

成都市新都化工股份有限公司

四川省成都市新都工业开发区南二路口[610500]
电话:(028)83965773;83955777;83961041
传真:(028)83965517
网址:www. xdguihu. com
E-mail:web@ xdguihu. com
【主要产品】纯碱;液氨;氯化铵;硫酸钾复合肥;氯基三元复合肥;复合肥;BB肥

成都市新都区桂宏化工厂

四川省成都市新都区龙虎镇壁山村1组[610500]
电话:(028)83920562;13980073404
网址:140449. sc. cn. hg. customer. hi2000. com
E-mail:guihong@ chemnet. com
【主要产品】碳酸钠(一水);硫酸氢钠;钠明矾;过碳酸钠;硅酸钠;硅酸钾钠;偏硅酸钠;偏硅酸钠(五水);腐殖酸钠;十二烷基苯磺酸钠;金属清洗剂;废纸脱墨剂

成都市新津日用化工厂

四川省成都市新津县[611430]
电话:(028)82551398

川

传真:(028)82551374 产值:500 千元
固定资产:800 千元 销售收入:480 千元
经济类型:股份合作 职工人数:25 人
法人代表:吴冬
网址:www. xjry. mypy. cn
E-mail:scxj. wudong@ 163. com
【主要产品】丙三醇;凝血酶;合成洗衣粉;除臭剂

成都市新津托展油墨有限公司

四川省成都市新津花源工业园区[611432]
电话:(028)82411388;82411528
传真:(028)82411538 经济类型:集体
法人代表:付勇
网址:www. tzink. com
E-mail:tuozhan@ tzink. com
【主要产品】油墨;醇溶性凹印油墨;水性柔版油墨;PVC 收缩膜凹印油墨;纸凹印油墨;塑料编织袋油墨;醇溶性编织袋表印油墨;塑料凹版表印油墨;凹版表印透明塑料薄膜油墨;凹版复合塑料薄膜油墨;耐碱塑料薄膜油墨;耐酸塑料薄膜油墨;耐水塑料薄膜油墨;醇溶性柔性凸版表印油墨;塑料复合凹版里印油墨;塑料薄膜凹版里印油墨;印铁罩光油;聚氨酯胶黏剂

成都市星辰磷酸盐厂

四川省成都市新都区利济镇[610502]
电话:(028)83003939;83003883
传真:(028)83003939 职工人数:248 人
固定资产:6,000 千元
网址:www. chinachemnet. com/xc/contact. htm
E-mail:xcchem@ 126. com;
xc@ hi2000. com
【主要产品】磷酸;三聚磷酸钠;六偏磷酸钠;焦磷酸钠(无水);焦磷酸钾;磷酸二氢钠;磷酸二氢钾;磷酸三钠;磷酸三钠(无水);磷酸氢二钠;磷酸氢二钠(无水);磷酸二铵(工业级);焦磷酸二氢二钠;多聚磷酸铵

成都市亿立农业科技开发有限公司

四川省成都市新都区如意大道中段[610500]
电话:(028)83993794;83972704
传真:(028)83969274 职工人数:100 人
网址:www. xindu. gov. cn/qiye/gongye/yili
E-mail:yili@ xindu. gov. cn
【主要产品】磷酸二氢钾(农用);叶面肥;农用硫酸锌;氨基酸锌

成都市兆江化工科技有限公司

四川省成都市中和场朝阳路 265 号[610212]
电话:(028)81503289;13880306068
传真:(028)81503289-608
供销电话:81503289;81500249
网址:www. cdzjkj. com
E-mail:chen37111@ 163. com
【主要产品】聚乙烯醇

成都蜀都纳米材料科技发展有限公司

四川省成都市外东高攀桥[610063]
电话:(028)85212611;85221615
传真:(028)85212611
网址:www. e-powder. com
E-mail:sdft@ e-powder. com
【主要产品】碳酸锰;二氧化锰;锰酸锂;二氧化硅;氧化钴;氧化镍;氧化铋;氧化铁红

成都蜀光石油化学有限公司

四川省成都市金牛区天回镇杨家巷[610083]
电话:(028)83572761;83571522;83574616
传真:(028)83571964;83571522
经济类型:股份有限公司
网址:www. cd-sh. com
E-mail:service@ cd-sh. com
【主要产品】导热油;薄层防锈油;合成制动液;快速淬火油;织布机油;汽油机油;柴油机油;摩托车油;双曲线齿轮油;重负荷工业齿轮油;冷冻机油;导轨油;高级抗磨液压油;压缩机油;空气压缩机油;变压器油;油酸钠皂;润滑油;矿物油型真空泵油

成都双流应天生化厂

四川省成都市双流县黄水镇杨公村[610200]
电话:(028)85784668;13908220369
传真:(028)85784558
网址:www. cdyingtian. com
E-mail:yt@ cdyingtian. com
【主要产品】牛羊胆酸;葛根素;猪去氧胆酸;胆酸钠;胆红素;葛根黄酮;猪胆粉

成都顺达利聚合物有限公司

四川省成都市新都军屯工业园区[610509]
电话:(028)83900908;83900909;83902391
传真:(028)83902391;83900909
供销电话:83900908;83900909
职工人数:78 人
网址:www. sundali. com
E-mail:sdl@ sundali. com
【主要产品】超吸水树脂;增稠剂;絮凝剂

成都塑料厂

四川省成都市经济技术开发区龙泉大面镇[610101]
电话:(028)84812788;84812780
传真:(028)84812788
供销电话:84812900;84812781
供销传真:84812781
网址:www. cdplastic. com
E-mail:offica@ cdplastic. com
【主要产品】塑料制品;塑料板片材;塑料周转箱

成都台硝化工有限公司

四川省温江县踏水[611131]
电话:(028)82617181;82617129
传真:(028)82617118 职工人数:60 人
经济类型:与港澳台商合资经营
法人代表:吴淮民
网址:www. carbadox. com
E-mail:sale@ carbadox. com
【主要产品】卡巴多;盐酸氨丙啉

成都天赐医药科技有限责任公司

四川省成都市高新区高朋大道 5 号[610041]
电话:(028)85141272
传真:(028)85141272 职工人数:136 人
经济类型:有限责任公司
网址:www. tiancipharm. com
E-mail:curtislei@ gmail. com
【主要产品】茄尼醇;紫杉醇;银杏黄酮苷;10-脱乙酰基巴卡亭Ⅲ

成都天华科技股份有限公司

四川省成都市锦江区外东五桂桥 8 号[610061]
电话:(028)84531627;84536953
传真:(028)84533953
供销电话:84532657
供销传真:84536953
经济类型:股份有限公司
【主要产品】氧化硼;二硫化碳;乙酸钠;乙酸钠,无水;乙二胺四乙酸二钠;丁二酸钠;巴比妥钠;水杨酸钠;甲酸钠;苯甲酸钠;偏钒酸钠;草酸钠;柠檬酸钠;氟化钠;氢氧化钠;重铬酸钠;酒石酸钠;酒石酸钾钠;硅酸钠;氟硅酸钠;铬酸钠;硝酸钠;亚硝酸钠;硫化钠;硫酸钠;亚硫酸钠;硫代硫酸钠;硫氰酸钠;氯化钠;四硼酸钠;碳酸钠;磷酸三钠;磷酸二氢钠;磷酸氢二钠;铬酸钡;硝酸钡;氯化钡;重铬酸钾;铁氰化钾;酒石酸氢钾;硝酸钾;亚硝酸钾;硫酸钾;焦硫酸钾;硫氰酸钾;氯化钾;氯酸钾;高氯酸钾;碘化钾;高锰酸钾;碳酸钾;三氧化二铁;硫酸铁;硫酸亚铁;硫酸镍;草酸铵;氟化铵;氟化氢铵;氢氧化铵;重铬酸铵;酒石酸铵;酒石酸氢铵;硝酸铵;硫酸铵;过硫酸铵;硫氰酸铵;氯化铵;碳酸铵;磷酸铵;磷酸二氢铵;硝酸铜;硫酸铜;硝酸银;硝酸铝;氧化锌;硫酸锌;氯化锌;硫酸镁;三氧化铬;二氧化锰;苯;甲苯;二氯甲烷;三氯甲烷;乙酸乙酯;乙酸正丁酯;甲基丙烯酸乙酯;乙酸,36%;乙酸,无水;甲酸;草酸;柠檬酸;氢氟酸;盐酸;氯铂酸;硝酸;硫酸;高氯酸;硼酸;氟

川

硼酸；磷酸；乙醇（95%）；乙醇（无水）；乙二醇；丙三醇；甲醇；甲醛（溶液）；乙醚；石蜡，液体

成都天然气化工总厂

四川省成都市双流县华阳镇[610213]
电话：(028)85641754
传真：(028)85647544　经济类型：国有
法人代表：马承毅
网址：www. 6082hg. com
【主要产品】氧气；氮气；液氮；甲烷；三甲基氢醌；腐殖酸钠；磺化酚醛树脂；维生素 E 粉；二盐基亚磷酸铅；三盐基硫酸铅；硬脂酸钙；硬脂酸钡；硬脂酸锌；磺甲基腐殖酸钠

成都天台山制药有限公司

四川省邛崃市天兴大道 88 号[611531]
电话：(028)88700316；13980901819
传真：(028)88700349
供销电话：85187358；85198269
供销传真：85157070
经济类型：私营企业
网址：www. cdtxpharm. cn
E-mail：tts@ cdtxpharm. cn；888@ cdtxpharm. cn
【主要产品】穿琥宁；穿心莲内酯；佐米曲坦；帕米膦酸二钠；唑来膦酸；葛根素；盐酸莫索尼定；硫酸软骨素；潘托拉唑钠；醋酸奥曲肽；卡络磺钠；盐酸纳洛酮；人工牛黄；炎琥宁

成都天源天然产物有限公司

四川省成都市人民南路四段 44 号凯莱帝景花园 B 栋[610041]
电话：(028)85332212；89811747；85121101
传真：(028)85121102
网址：www. cd-tianyuan. net
E-mail：xianlihong8888@ cd-tianyuan. net
【主要产品】牛羊胆酸；紫杉醇；多烯紫杉醇；喜树碱；10-羟基喜树碱；7-乙基喜树碱；盐酸伊立替康；葛根素；白藜芦醇；猪去氧胆酸；苦参素；大豆异黄酮；淫羊藿提取物；莽草酸

成都天作化工实业股份有限公司

四川省成都市青白江区大弯镇大石路 1 号[610300]
电话：(028)83604423；85222368；83684046
传真：(028)85228048　职工人数：700 人
经济类型：股份有限公司
【主要产品】锂；苯；乙酸乙酯；醋酸丁酯；苯酐；不饱和聚酯树脂；古马隆树脂

成都添彩化工有限公司

四川省成都市武侯区金花镇白佛村二组[610061]
电话：(028)85364992；66292243
传真：(028)66292245
供销电话：84113635；66292245
网址：www. tiancai-china. com
E-mail：ogs@ tiancai-china. com
【主要产品】二茂铁甲醛；二茂铁甲醇；二茂铁甲酸；顺丁烯二酸二烯丙酯；2，6-二溴-4-硝基苯酚；β，β′-联萘酚；(R)-(+)-1，1′-联-2-萘酚；(S)-(-)-1，1′-联-2-萘酚；反式-1，2-环己二胺；(1R，2R)-(-)-1，2-环己二胺；(1S，2S)-(+)-1，2-环己二胺；咪唑-4-甲醛；聚丙烯（无规共聚）；塑料着色剂；色母粒；色粉；PE 通信电缆色母粒；丙纶色母粒

成都通达特种橡胶有限公司

四川省成都市武侯区金花镇草金街 19 号[610046]
电话：(028)85718866；85719838；85719488
传真：(028)85718004
供销电话：85719399；85719488
经济类型：中外合资经营企业
网址：www. cdton. com
E-mail：wcz@ cdton. com
【主要产品】橡胶制品；橡胶密封圈

成都同力助剂有限公司

四川省成都市双林中横路 99 号龙泉大厦 A 座 5F[610061]
电话：(028)84389438；84389428；84389418
传真：(028)84383160
网址：www. tlzj. com. cn
E-mail：tlzj@ tlzj. com. cn
【主要产品】聚乙烯蜡；氧化聚乙烯蜡；EVA 蜡；聚丙烯蜡；多聚磷酸铵；塑料光亮润滑剂；亚乙基双硬脂酰胺

成都拓利化工实业有限公司

四川省成都市龙泉驿区柏合镇东航路 247 号[610066]
电话：(028)88430617；88432557-8818
传真：(028)88431545
供销电话：88430417；88430427
经济类型：私营企业
网址：www. ta-ly. com
【主要产品】硅橡胶；双组分室温硫化硅橡胶；单组分室温硫化硅橡胶；有机硅凝胶；硅橡胶类电子灌封料；液体硅橡胶；环氧灌封料；阻燃绝缘灌封料；硅脂；导热硅脂；真空硅脂；导电硅脂；室温硫化有机硅模具胶；耐高温涂料；耐酸碱耐高温防腐涂料；钢结构防腐涂料；新型长效防污闪涂料；防腐涂料；耐酸碱重防腐涂料；UV 塑胶上光油；环氧树脂黏合剂；快速固化透明环氧胶；快速固化环氧胶；全透明环氧胶；环氧密封胶；耐高温有机硅环氧胶黏剂；光固化黏合剂；耐高温绝缘电子用粘接剂；复膜胶；高强度黏合剂；UV 无影胶

成都万和生物工程有限责任公司

四川省成都市温江区柳河路 335 号[611130]
电话：(028)82763983；82763987；13708222867
传真：(028)82764378
经济类型：有限责任公司
网址：www. wonho. com
E-mail：webmaster@ wonho. com
【主要产品】衣康酸；曲酸

成都万盛化工漆业有限公司

四川省成都市龙桥高新技术开发区[610505]
电话：(028)83079758
传真：(028)83079878
供销电话：83078468
网址：www. wallson-chem. com
E-mail：cdws@ wallson-chem. com
【主要产品】装饰漆；乳胶漆；内墙亚光面漆；内外墙乳胶漆；有色透明面漆；各色亮光面漆；彩色底漆；透明底漆；透明腻子

成都惟精喜望精细化工有限公司

四川省成都崇州市元通镇新路 81 号[611236]
电话：(028)82262140；82262337；13340966273
传真：(028)82262237
经济类型：中外合资经营企业
法人代表：冯维精
网址：www. wjs25. com
E-mail：feng@ wjs25. com
【主要产品】2，5-二甲基-2，5-己二醇；过氧化叔丁醇；硫化剂双 25；引发剂 A

成都五环高新化学试剂厂有限公司

四川省成都市高新区桂溪街村[610063]
电话：(028)84114169；81971998；13668272613
传真：(028)84131266
网址：www. chinachemnet. com/company/0213c. htm
【主要产品】氟化钠；氟硼酸钠；氟化铵；氢氟酸

成都新都蜀益化工有限公司

四川省成都市新都区泰兴普河工业开发区[610500]
电话：(028)89277512；13340965384
传真：(028)83923392
网址：www. chinachemnet. com/shuyi
【主要产品】氧化铁红；氧化铁黄

川

成都新炬化工有限公司

四川省成都市新都区工业开发东区[610500]
电话:(028)83922180;83922067;83922292
传真:(028)83922180　职工人数:200人
供销电话:83904180　法人代表:夏绍勇
经济类型:私营企业
网址:www. cdxinju. com
E-mail:office@ cdxinju. com
【主要产品】氧气;氧气(医用);乙炔;电石

成都新特药化合成技术改进与创新中心

四川省成都市人民南路四段九号[610041]
电话:(028)85255208;13808035084
传真:(028)85255208
网址:www. 16jishu. com;www. chiralsynthesis. com
E-mail:wlxioc@ 16jishu. com
【主要产品】2,4-二羟基苯甲醛;对羟基苯甲醛;4-甲氧基苯甲醛;3,4-二甲氧基苯甲醛;DL-氨基丙醇;3,4-二甲氧基甲苯;邻羟基苯乙醚;D-扁桃酸;L-扁桃酸;对甲氧基氰苄;香芹酚;(*S*)-*β*-羟基-*γ*-丁内酯;3,4-二羟基苯甲醛;*α*-羟基苯乙酸;5-甲基尿嘧啶;异香兰素;愈创木酚;对羟基苯甲醚

成都兴邦生化厂

四川省彭州市天彭镇繁江路[611930]
电话:(028)83703808;13608228452
传真:(028)83712551
网址:www. cdxingbang. com
E-mail:xingbang@ cdxibang. com
【主要产品】喜树碱;10-羟基喜树碱;7-乙基喜树碱;7-乙基-10-羟基喜树碱

成都彦瑞生物科技有限公司

四川省成都市天府大道南延线成都高新区[610041]
电话:(028)81257618
网址:www. jjbiopharm. com
E-mail:customer_services@ jjbiopharm. com
【主要产品】*R*-(+)-叔丁基亚磺酰胺;*S*-(-)-叔丁基亚磺酰胺;*S*-4-异丙基-2-噁唑烷酮;*R*-4-异丙基-2-噁唑烷酮

成都永通化工机械有限公司

四川省成都市新都区毗桥工业区[610500]
电话:(028)83968368;83251945;83282971
传真:(028)83968368
供销电话:83251945;89909775
供销传真:83282971
网址:www. ythj. com. cn
E-mail:sales@ ythj. com. cn
【主要产品】反应釜;外循环蒸发器;真空减压浓缩罐;球形浓缩罐;高速分散机;分散机;多功能研磨分散机;袋式过滤器;混合机;V型转鼓混合机;双螺旋锥形混合机;双锥混合机;强制搅拌混合机;三辊研磨机;砂磨机;立式砂磨机;卧式砂磨机;LDH型高效犁刀式混合机;无重力粒子混合机;卧式槽形混合机;三维运动混合机;二维运动混合机;高速分散搅拌机;蝶式搅拌机;螺旋输送机;各种金属垫片;包装机;泡沫塑料成型机;涂料油漆设备

成都宇辰农药有限责任公司

四川省双流市籍田镇[610222]
电话:(028)85691232
传真:(028)85692108
网址:www. cdyuchen. com
E-mail:yuchen@ cdyuchen. com
【主要产品】杀虫双颗粒剂;毒死蜱乳油;三唑酮乳油;三环唑可湿性粉剂;锰锌·烯酰可湿性粉剂;乐·氰乳油;吡·杀单可湿性粉剂;井冈霉素粉剂

成都宇洋高科技术发展有限公司

四川省成都市蜀汉路4号9-2-4[610031]
电话:(028)87573825;13308012069
传真:(028)87523069
网址:www. yygk. com
E-mail:yuyanggaoke@ yahoo. com. cn
【主要产品】对羟基苯基苄基醚;利福昔明;利福布汀;阿德福韦酯;链脲菌素;佐米曲坦;苯甲酸利扎曲坦;罗格列酮马来酸盐;匹格列酮盐酸盐;替米沙坦;非洛地平;萘哌地尔;福多司坦;拉呋替丁;吗替麦考酚酯

成都玉龙化工有限公司

四川省成都市青白江区大弯镇[610300]
电话:(028)83603211;83603342;83603343
传真:(028)83603291
经济类型:私营企业　法人代表:袁开全
【主要产品】合成氨;尿素;碳酸氢铵;复合肥

成都正光科技股份有限公司

四川省成都市马家花园路23号[610031]
电话:(028)87663757;87665008
传真:(028)87667371
供销电话:87655406;87663757-22
经济类型:股份有限公司
网址:www. zgkj. com. cn
E-mail:welcome@ zhengguang. net
【主要产品】碳酸钙(纳米级);纳米层状硅酸盐;高密度聚乙烯;超高分子量聚乙烯;纳米聚丙烯管材专用料;聚乙烯钢塑防腐管道;PP-R管材管件;丙烯酸酯结构胶

成都中仁生物化学有限公司

四川省成都市抚琴西北街26号[610031]
电话:(028)87519238;87519278
传真:(028)87519378
网址:zrsw1. und. com. cn
E-mail:root@ zr-biochemisty. com
【主要产品】茶多酚;牛羊胆酸;喜树碱;硫酸软骨素;胰酶(药用);大豆异黄酮

川化集团有限责任公司

四川省成都市青白江区团结311号[610301]
电话:(028)89300000;83302000
传真:(028)89301999
经济类型:国有
供销电话:83302000-3898　有进出口权
供销传真:83301649
企业规模:大型
职工人数:7,350人　法人代表:谢木喜
网址:www. scwltd. com
【主要产品】硫酸(98%);硝酸;硫酸钾;硝酸铵(工业用);过氧化氢;二氧化碳(食用);三聚氰胺;合成氨;尿素(工业用);赖氨酸

龙虎集团股份有限公司

四川省成都市新都区龙虎镇[610512]
电话:(028)83904626
传真:(028)83904004
供销电话:83904004　法人代表:詹庆富
供销传真:83922004
经济类型:股份有限公司
网址:www. sclonghu. com
E-mail:severv@ sclonghu. com
【主要产品】塑料异型材

四川艾格尔生物科技有限公司

四川省成都市高新西区创业中心[610041]
电话:(028)89852512;13980413900
传真:(028)84556508
网址:www. argalbio. com
E-mail:jbsale@ hi2000. com
【主要产品】(1S,2R)-(+)-2-氨基-1,2-二苯基乙醇;(1R,2S)-(-)-2-氨基-1,2-二苯基乙醇;(1S,2S)-1,2-二苯基乙二胺;(1R,2R)-1,2-二苯基乙二胺;(1R,2R)-(-)-1,2-环己二胺;(1S,2S)-(+)-1,2-环己二胺

四川爱伦科技有限公司

四川省成都市郫县永兴爱伦科技园[611732]
电话:(028)87878836;87878096;13340965812
传真:(028)87878836　有进出口权
网址:www. ailun. com
E-mail:ailunoffice@ ailun. com;sam@ ailun. com

川

【主要产品】纳米涂料；胶黏剂

四川宸宇涂装工程有限公司

四川省成都市武侯区金瓦路 12 号［610046］
电话：(028)85367217
传真：(028)85370518
网址：www.sccycoat.com
E-mail：chenyu@sccycoat.com
【主要产品】粉末涂料

四川川化集团成都望江化工厂

四川省成都市新都三河镇［610500］
电话：(028)83905866
传真：(028)83905028 经济类型：国有
法人代表：刘晓秋
网址：cdhuangjiang.und.com.cn
【主要产品】脲醛树脂胶；黑油膏；合成鞣剂；白色革鞣剂；皮革加脂剂；丙烯酸树脂皮革涂饰剂；中和复鞣剂；JH 结合型加脂剂；丙烯酸树脂鞣剂；丙烯酸树脂复鞣剂 A30；金属铬合鞣剂；软皮白油；皮革脱灰剂；浸灰助剂；皮革脱脂剂

四川川化味之素有限公司

四川省成都市青白江区［610301］
电话：(028)83604305；13518199381
传真：(028)83604053
经济类型：中外合资经营企业
网址：www.chinafeed.org.cn/mem/chwzs/chwzs.htm
E-mail：chunbin_zhang@163.com
【主要产品】L-赖氨酸盐酸盐

川

四川都江堰海旺阻燃材料有限公司

四川省都江堰市建设路 409 号质量技术监督局内［611830］
电话：(028)87110978；87137018；88985119
传真：(028)87110958；87291908
网址：www.haiw.cn
E-mail：haiw119@163.com
【主要产品】磷酸二铵(工业级)；磷酸一铵(工业级)；多聚磷酸铵；蜜胺包覆聚磷酸铵；水性环保阻燃剂

四川峨眉山荣高生化制品有限公司

四川省成都市槐树街 86 号华业广场大厦 9 座 B 楼［610031］
电话：(028)86659617；13808028560
传真：(028)86710456 职工人数：150 人
供销电话：(0833)5572067
供销传真：(0833)5572888
经济类型：私营企业
网址：www.china-aminoacid.com
E-mail：ronggao@mail.sc.cninfo.net
【主要产品】双甘氨肽；L-脯氨酸；L-胱氨酸；L-半胱氨酸；L-半胱氨酸盐酸盐一水物；L-半胱氨酸盐酸盐无水物；L-缬氨酸；DL-缬氨酸；DL-色氨酸；*N*-乙酰-DL-色氨酸；L-丙氨酸；巯基乙酸钠；*N*-乙酰-L-谷氨酸；*N*-乙酰-L-半胱氨酸；复合氨基酸粉；L-赖氨酸盐酸盐；L-焦谷氨酸；DL-焦谷氨酸；L-亮氨酸；L-精氨酸盐酸盐；羧甲司坦；胃蛋白酶；胰酶(药用)；L-甘氨酸；*N*-乙酰甘氨酸；L-苏氨酸；L-酪氨酸；DL-酪氨酸；谷氨酸；蛋氨酸；L-蛋氨酸；D-蛋氨酸；L-苯丙氨酸；L-色氨酸

四川方向药业有限责任公司

四川省成都市锦江工业开发区永安路 448 号［610023］
电话：(028)85919327；85919325
供销电话：85917851
网址：www.direction-ph.cn
【主要产品】硫酸卡那霉素；丁胺卡那霉素

四川广元蓉成制药有限公司

四川省成都市二环路北一段 141 号嘉洲华府 1-3-A1［610031］
电话：(028)87635688；87631028
传真：(028)87631038
网址：www.rc-zy.com
【主要产品】鱼石脂

四川红华实业总公司

四川省成都市 293 信箱 6 分箱［610004］
电话：(028)85151650；(0833)2711539；2708405
传真：(028)85158246 有进出口权
供销电话：85151366 企业规模：大型
供销传真：(0833)2711437
法人代表：朱国英
网址：www.scmp.gov.cn/honghuashiye/chanpin.htm
【主要产品】六氟化硫

四川宏益化工有限责任公司

四川省成都市双流县华阳镇［610213］
电话：(028)85642852
传真：(028)85642852
供销电话：85642853 法人代表：龚月樵
经济类型：有限责任公司
【主要产品】合成氨；碳酸氢铵

四川金来缘科技有限公司

四川省成都市金牛区金府五金机电城 21 栋 521［610000］
电话：(028)89191906
传真：(028)83916353
网址：www.jlyuv.cn
E-mail：jlyuv@jlyuv.cn
【主要产品】α-氰基丙烯酸乙酯瞬干胶；光固化黏合剂；胶黏剂 401；UV 无影胶；UV 上光油

四川九峰天然药业股份有限公司

四川省茂县凤仪镇大河坝［610000］
电话：(028)84400170；84518050；13518211115
传真：(028)84400190
网址：www.9fyy.com
E-mail：9fyy@9fyy.com
【主要产品】紫杉醇

四川炬光印刷器材有限公司

四川省成都市新都工业开发区南二段［610500］
电话：(028)83991473；83973977；83951147
传真：(028)83991473 职工人数：300 人
供销电话：83973977；83963804
经济类型：有限责任公司
法人代表：黄載貴
网址：www.xindu.gov.cn/qiye/gongye/juguang
E-mail：info@juguangtech.cn
【主要产品】PS 版；PS 版修版膏

四川抗菌素工业研究所化学制药事业部

四川省成都市沙板桥路 18 号［610051］
电话：(028)84373007
传真：(028)84371813
网址：www.siiachem.com
E-mail：Product@siiachem.com
【主要产品】羧甲基-β-环糊精；1-甲基-3-吲唑甲酸；4-(3,4-二氯苯基)-1-四氢萘酮；1-氨基-9-甲基-9-氮杂双环［3.3.1］壬烷；头孢吡肟盐酸盐；头孢替呋钠盐；舒巴坦匹酯；盐酸万乃洛韦；泛昔洛韦；喷昔洛韦；克拉曲滨；匹伐他汀钙；盐酸舍曲林；盐酸格拉司琼；酒石酸托特罗定；咪喹莫特；西立伐他汀钠；阿折地平

四川抗菌素工业研究所有限公司

四川省成都市成华区杉板桥 18 号［610051］
电话：(028)84384663
传真：(028)84333218 职工人数：462 人
网址：www.siia.ac.cn
E-mail：market@siia.sc.cn
【主要产品】1-甲基-3-吲唑甲酸；1-氨基-9-甲基-9-氮杂双环［3.3.1］壬烷；盐酸格拉司琼

四川科伦药业股份有限公司

四川省成都市锦里西路 107 号锦江时代花园南［610072］
电话：(028)86131122
传真：(028)86131248
网址：www.kelun.com
E-mail：kelun@kelun.com
【主要产品】牲血素；西酞普兰氢溴酸

盐；右旋糖酐 20；右旋糖酐 40；L-丙氨酰-L-谷氨酰胺

四川迈斯拓石油化工科技有限公司

四川省成都市青羊区文家乡红碾社区[610091]
电话：(028)87071287；87072562
传真：(028)87072562
网址：www. max-top. com. cn
E-mail：wryh@ alibaba. com. cn
【主要产品】油酸钠皂；润滑油

四川明欣药业有限责任公司

四川省成都市温江区柳城凤溪大道南段 598 号[611130]
电话：(028)82763682；82763683；82765691
传真：(028)82765599
供销电话：82761873；82765691
经济类型：有限责任公司
网址：www. scmx. cn
【主要产品】利福喷丁；阿奇霉素；泛昔洛韦；盐酸伐昔洛韦；咪喹莫特

四川侨源气体有限公司

四川省都江堰市科技开发区[611830]
电话：(028)87229008；87229911
传真：(028)87229696
经济类型：私营企业
网址：www. qygas. com
E-mail：webmaster@ qygas. com
【主要产品】二氧化碳；氧气；高纯氩；氮气；液氮；乙炔

四川邛崃市化肥厂

四川省邛崃市羊安镇羊安街 2 号[611535]
电话：(028)88751048
传真：(028)88753202
经济类型：私营企业
网址：www. zlxy. org/ReadNews. asp? NewsID = 606
【主要产品】碳酸氢铵；混配复合肥料；尿基复合肥；有机无机复混肥

四川省化工研究设计院

四川省成都市武侯祠大街 30 号[610041]
电话：(028)85583016；85552771；85580246
传真：(028)85583016　经济类型：国有
供销电话：85542863；85580246
法人代表：李绎超
网址：www. chuanyan. com. cn
E-mail：asccrdi@ shell. scsti. ac. cn
【主要产品】硫酸铜（药用）；硫酸锌；磷酸氢钙（农用）；磷酸二氢钾（农用）；磷酸一铵；磷酸二铵；甲基毒死蜱；乙酰甲胺磷；喹硫磷；喹硫磷乳油(25%)；克百威；杀螺胺乙醇胺盐可湿性粉剂；杀螺胺；杀螺胺可湿性粉剂；杀螺胺乳油；螺灭杀；叶青双可湿性粉剂(20%)；三唑酮；稻瘟灵；稻瘟灵乳油；三环唑；水杨菌胺；草除灵；乙羧氟草醚；多效唑；烯效唑；烯效唑可湿性粉剂；草除・精喹乳油；氯硝柳胺；多聚磷酸铵

四川省金江化工有限公司

四川省成都市蛟龙工业港双流园区大洋路七座[610091]
电话：(028)85739619
传真：(028)85739609
网址：www. scjinjiang. com
E-mail：jjhg139@ 126. com
【主要产品】内外墙腻子

四川省彭州市亨达生化有限公司

四川省彭州市外南北京堂[611930]
电话：(028)83717567；83706291
传真：(028)83701187
经济类型：私营企业　法人代表：肖官文
【主要产品】醋酸妊娠双烯醇酮；绿原酸；皂素；青蒿素；地奥明

四川省彭州市聚源生化厂

四川省彭州市升平镇广兴村[611930]
电话：(028)83805676；13688198585
传真：(028)83805676
网址：juyuanbio. chemnet. com
E-mail：yxd@ pzjy. cn
【主要产品】穿心莲内酯；喜树碱；10-羟基喜树碱；7-乙基喜树碱；7-乙基-10-羟基喜树碱；穿心莲浸膏

四川省彭州市西郊植物提制厂

四川省彭州市西郊新茶[611930]
电话：(028)83871166
传真：(028)83871166
法人代表：李浩
供销电话：13808200035
经济类型：私营企业
【主要产品】硫酸氢黄连素；硫酸黄连素；盐酸小檗碱；小檗碱；黄芩苷；芦丁；喜树碱；硫酸软骨素；齐墩果酸；人工牛黄

四川省天然气化工研究院

四川省成都市双流县中和镇华路街 90 号[610212]
电话：(028)85654320
传真：(028)85654320
经济类型：国有
供销电话：85651155；85651834
供销传真：85651156　有进出口权
网址：www. scangchem. com
E-mail：scsthy@ shell. scsti. ac. cn
【主要产品】亚铁氰化钠；亚铁氰化钾；铁氰化钾；2-甲基-3-丁炔-2-醇；叔戊醇；苯乙酸；α-羟基苯乙酸；苯胺基乙腈；二氨基马来腈；偶氮二异丁腈；偶氮二异庚腈

四川省新繁生物化学厂

四川省成都市新都区新繁镇 128 号[610501]
电话：(028)83081141；13908213094
传真：(028)83081141
供销电话：83081141；13882155198
法人代表：简守仁
【主要产品】L-胱氨酸；硫酸氢黄连素；硫酸黄连素；盐酸小檗碱；黄芩苷；罗通定；芦丁；喜树碱；胆红素；人工牛黄；猪胆酸

四川省新津金华芒硝矿

四川省成都市新津县金华镇[611435]
电话：(028)82471116；82470527
传真：(028)82471606　职工人数：570 人
经济类型：股份合作　法人代表：徐子林
网址：scjinhua. chemnet. com
E-mail：xaka@ sohu. com
【主要产品】硫酸钠

四川时代药业集团有限公司

四川省成都市蜀兴西街 36 号[610031]
电话：(028)87657502；87564626
传真：(028)87649009；87664404
网址：www. no1-pharm. com
E-mail：master@ sctimes. cn
【主要产品】薯蓣皂素；磺胺嘧啶锌；磺胺嘧啶银盐；阿魏酸钠；氢溴酸山莨菪碱；溴丁东莨菪碱；氢溴酸东莨菪碱；氢溴酸樟柳碱；盐酸氯已定；醋酸洗必泰

四川蜀羊防水材料有限公司

四川省崇州市羊马工业区[610036]
电话：(028)82252412；82255221
传真：(028)87531122；82252663
供销电话：87527111
网址：www. sy-waterproof. com
E-mail：syfs@ jc001. cn
【主要产品】聚乙烯丙纶复合防水卷材；水乳型橡胶沥青防水涂料；丙烯酸防水涂料；聚氨酯防水涂料；非焦油聚氨酯防水涂料；JS 复合防水涂料；聚氯乙烯防水卷材；SBS 改性沥青防水卷材

四川天一科技股份有限公司

四川省成都市外南机场路 445 信箱[610225]
电话：(028)85963659；85961516
传真：(028)85963659；85881997
经济类型：股份有限公司
法人代表：陈健
网址：www. swctyc. com
E-mail：yzy@ tianke. com
【主要产品】活性炭；2-甲基-3-丁炔-2-醇；叔戊醇；甲酸甲酯；*N*,*N*-二甲基甲酰胺；*N*-甲基甲酰胺；甲酰胺；甲基庚烯酮；芳樟醇；蒸汽转化催化剂

四川拓展特种气体有限责任公司

四川省成都市外东洪河镇三桥村[610101]
电话:(028)84635182;84635321
传真:(028)86714921
供销电话:86662047;86714921
网址:www. tzgas. com
E-mail:tuozhan@ tzgas. com
【主要产品】二氧化碳;氢气;氧气;氩气;氦气;氮气

四川协力制药有限公司

四川省彭州市外东二环路口[611930]
电话:(028)83871899;83871383;83884574-830
传真:(028)83871551;86957391
供销电话:13808212566
经济类型:与港澳台商合资经营
职工人数:400 人
网址:www. xielipharm. com
E-mail:info@ xielipharm. com;seles@ xielipharm. com
【主要产品】硫酸氢黄连素;盐酸小檗碱;黄芩苷;罗通定;二氢黄酮苷;芦丁;曲克芦丁;齐墩果酸;胆红素;DL-天冬酰胺;人工牛黄;槲皮素;氯唑沙宗

四川兴达塑料有限公司

四川省成都市双流县九江镇千桐路18号[610081]
电话:(028)85856666;85790770;85790000
传真:(028)85790629
网址:www. xd-sl. com
E-mail:xingdasuliao@ 126. com
【主要产品】高压聚乙烯薄膜;三层复合缠绕拉伸膜;聚丙烯薄膜;聚烯烃热收缩薄膜

四川亚宝光泰药业有限公司

四川省彭州市工业开发区天府东路[611930]
电话:(028)87719239;87719359
传真:(028)87719239
供销电话:87749545;88972879
经济类型:私营企业
网址:www. guangtaimed. com
E-mail:info@ guangtaimed. com
【主要产品】盐酸小檗碱;二氢黄酮苷;芦丁;曲克芦丁;槲皮素

四川远星橡胶有限责任公司

四川省成都市大邑县王泗经济开发区[611330]
电话:(028)88344391
传真:(028)88344649
经济类型:私营企业
网址:www. cn-yuanxing. com. cn
E-mail:yuanxing@ cn-yuanxing. com. cn
【主要产品】轮胎;工业车辆轮胎;摩托车轮胎;自行车外胎;电动自行车外胎

四川众兴石油化工研究所

四川省成都市百花东路4号11-2-5[610072]
电话:(028)87078878;87038937;87038937
传真:(028)87079022　经济类型:国有
供销电话:87039937;13908029090
法人代表:胡孝荣
网址:www. sczxhg. com
E-mail:sczxhg@ 163. com
【主要产品】油酸钠皂

四川琢新生物材料研究有限公司

四川省成都市天府大道南延线高新孵化园[610041]
电话:(028)85336808;85336809
传真:(028)85336800
网址:www. biochemzx. com
E-mail:sales@ biochemzx. com
【主要产品】2,3-二氯苯甲醛;L-正缬氨酸;D-正缬氨酸;DL-正缬氨酸;4-硝基-L-苯丙氨酸;卡龙酸酐;1-乙基-3-(3-二甲基氨基丙基)碳化二亚胺盐酸盐;(*R*)-3-羟基十四烷酸甲酯;1-羟基苯并三氮唑;L-正缬氨酸乙酯盐酸盐;吖啶酮乙酸;氯酯醒;L-脯氨酰胺;DL-叔亮氨酸;L-叔亮氨酸;*N*-乙酰-DL-叔亮氨酸;甘氨酰-L-谷氨酰胺;氨曲南

西南化工研究设计院

四川省成都市外南机场路445信箱[610225]
电话:(028)85964616
传真:(028)85964046　经济类型:国有
有进出口权　法人代表:古共伟
网址:www. swrchem. com
E-mail:office@ swrchem. com;dzb@ tianke. com
【主要产品】丙烷;异丁烷;4-吗啉甲醛;高效脱氧催化剂;苯胺催化剂;轻油预转化催化剂;轻油蒸汽转化催化剂;烃类蒸汽转化催化剂;甲醇合成催化剂;甲醇制氢催化剂;甲醇脱氢催化剂;甲醇脱水制二甲醚催化剂;气态烃预转化催化剂

中国科学院成都市成科精细化学品有限责任公司

四川省成都市人民南路四段九号[610041]
电话:(028)85216185
传真:(028)85229794
经济类型:有限责任公司
法人代表:王公应
网址:www. ckjxhx. com
E-mail:ckjxhx@ mail. sc. cninfo. net
【主要产品】双乙酸钠;超吸水树脂;二氧化氯;无纺布黏合剂;絮凝剂;聚丙烯酰胺干粉(阳离子型);聚丙烯酰胺干粉(阴离子型);破乳剂;聚丙烯酰胺(胶体);降黏剂;保墒剂;污泥脱水剂

中国科学院成都有机化学有限公司

四川省成都市人民南路四段九号[610041]
电话:(028)85229793
传真:(028)85223978　职工人数:400 人
网址:www. cioc. ac. cn
【主要产品】*R*-2-羟基-4-苯基丁酸乙酯;聚苯胺;葡甲胺;葡辛胺;月桂氮卓酮;电器清洗剂

中核红华特种气体股份有限公司

四川省成都市温江区柳林路96号[611130]
电话:(028)82637791
传真:(028)82637792
供销电话:82637774;82637917
供销传真:82637742;82637560
经济类型:股份有限公司
网址:www. honghuagas. com. cn
E-mail:sales@ honghuagas. com. cn
【主要产品】六氟化硫;氟化石墨;三氟化氮;氟气;四氟化碳

中蓝晨光化工研究院

四川省成都市人民南路四段30号[610041]
电话:(028)85551955
传真:(028)85583947　有进出口权
网址:www. cgkj. com. cn
E-mail:cghg@ cg-chem. com
【主要产品】改性聚酰胺;增强阻燃尼龙-66;玻璃纤维增强聚酰胺66;改性聚酯;改性PBT;改性聚甲醛;环氧绝缘浸渍树脂;大孔吸附树脂;聚苯硫醚;硅橡胶;双组分室温硫化硅橡胶;甲基乙烯基硅橡胶(110型);有机硅凝胶;高温硫化混炼硅橡胶;液体硅橡胶;阻燃绝缘灌封料;聚碳酸酯合金;改性ABS;室温硫化有机硅模具胶;改性环氧胶黏剂;全透明环氧胶;绝缘灌封胶;汽车专用胶黏剂;UV无影胶;硅橡胶制品;亲水型有机硅织物整理剂;有机硅织物整理剂;红磷阻燃剂;有机硅消泡剂;有机硅防粘剂;阳离子絮凝剂;压裂稠化剂;有机硅防水剂;助焊剂

中信国安锂业科技有限责任公司

四川省成都市上南大街2号[610045]
电话:(028)86155766;86155811
供销电话:87428738　有进出口权
供销传真:87428738
经济类型:有限责任公司

网址:zxgalithium. cn. alibaba. com
E-mail:info@ citiclithium. com
【主要产品】氢氧化锂;硫酸钾;硫酸铜;碳酸锂

重庆三峡油漆股份有限公司成都油漆厂

四川省成都市外东多宝寺21号[610051]
电话:(028)84446001;84442071;84441626
传真:(028)84446001
供销电话:84443959
【主要产品】天然树脂漆类;T01-1 酯胶清漆;酚醛树脂漆类;F04-1 各色酚醛磁漆;F53-32 灰色酚醛防锈漆;醇酸树脂漆类;C01-1 醇酸清漆;C04-2 各色醇酸磁漆;C06-1 铁红醇酸底漆;聚酯树脂漆类;不饱和聚酯树脂腻子;环氧树脂漆类

自贡市

四川鸿鹤精细化工股份有限公司

四川省自贡市鸿鹤路43号[643000]
电话:(0813)4665254
传真:(0813)4665249
经济类型:股份有限公司
法人代表:杨万石
网址:www. schhjxhg. com
E-mail:010@ schhjxhg. com
【主要产品】盐酸;二氯甲烷;三氯甲烷;四氯化碳;一氯甲烷;脱漆剂

四川花语精细化工有限公司

四川省自贡市高新技术产业开发区科技大厦12楼[643000]
电话:(0813)8207488
传真:(0813)8207488
经济类型:私营企业
法人代表:余斌
网址:www. scfs. com. cn
E-mail:webmaster@ scfs. com. cn
【主要产品】磷酸一铵;松香乳液乳化剂;椰子油单乙醇酰胺;脂肪醇聚氧乙烯醚硫酸铵;壬基酚聚氧乙烯醚磷酸酯;椰油酰胺丙基羟磺甜菜碱;月桂酰胺丙基甜菜碱

四川省精细化工研究设计院

四川省自贡市鸿鹤镇41号[643000]
电话:(0813)2761305;2760247
传真:(0813)2760353;2761305
经济类型:国有
职工人数:310人
网址:www. scjhy. com
E-mail:scjhy@ sohu. com
【主要产品】1,2-二氯乙烷;β-巯基乙醇;40%乙烯利水剂;促进剂 NOBS

四川省聚酯股份有限公司

四川省自贡市大安区聚新路88号[643010]
电话:(0813)5304888
传真:(0813)5304026
经济类型:股份有限公司
企业规模:大型　法人代表:邹广严
网址:www. scjz. com/service/freeback. html
E-mail:office@ scjz. com
【主要产品】聚酯切片;涤纶短纤维;涤纶长丝

四川省自贡市大亿实业有限公司

四川省自贡市贡井区李家桥[643020]
电话:(0813)3312352;3700975
传真:(0813)3302098
供销电话:(028)84532352
经济类型:私营企业　法人代表:代庆平
网址:hy. shidui. com/sichuan/sichuan06836. html
【主要产品】氯化钡;氯化钙(无水);磷酸氢钙(食用级)

四川特种工程塑料厂

四川省自贡市自流井区凤凰坝2号[643000]
电话:(0813)2600157;2600547;2600300
传真:(0813)2601226　经济类型:国有
有进出口权　法人代表:王忠伟
网址:www. zginfo. net/ydfm/zyy/yz2/tgsl. htm
【主要产品】工业氯化铵;聚苯硫醚;氯化钠;四硼酸钠;氯化钾;碘化钾;碘酸钾;氢氧化铵;氯化铵;氢氟酸;硼酸

张家坝氯碱化工有限责任公司

四川省自贡市大安区人民路130号[643000]
电话:(0813)5202246;5202413;5202261
传真:(0813)5205394
供销电话:5202246;5202294
经济类型:有限责任公司
职工人数:1,200人
网址:www. china-zh. com
E-mail:webmaster@ china-zh. com
【主要产品】盐酸;氢氧化钾;烧碱;氯化钠(精制);氯化钡;氯气(液);氯化石蜡-42;氯化石蜡-52;氯化石蜡-70

中昊晨光化工研究院

四川省自贡市[643201]
电话:(0813)7202180;7213008;13154630098
传真:(0813)7201124;7201594
供销电话:7200457;7202180-2132
供销传真:7213008　经济类型:国有
有进出口权　职工人数:2,886人
网址:www. chenguang. cn
E-mail:cgy@ chenguang. cn
【主要产品】八氟环丁烷;3,5-二羟基苯甲醛;四氟丙醇;六氟丙烯;氟利昂-22;苯基三氯硅烷;二苯基二羟基硅烷;二苯基二氯硅烷;聚对羟基苯甲酸苯酯;邻甲酚醛环氧树脂;环氧树脂;有机硅树脂;单组分室温硫化硅橡胶;聚四氟乙烯制品;聚氯乙烯板材;甲基硅油;羟基硅油;环氧固化剂;环氧树脂活性稀释剂;聚氨酯皮革涂饰剂;扩散泵油

中橡集团炭黑工业研究设计院

四川省自贡市自流井区鸿鹤坝[643000]
电话:(0813)2760107;2761135
传真:(0813)2760924;2761223
经济类型:国有　职工人数:602人
网址:www. ccbi-hy. com
E-mail:zthy@ ccbi. com
【主要产品】油封;中超耐磨炉黑 N220;高耐磨炭黑 N330;快压出炉炭黑 N550;低结构快压出炭黑 N539;炭黑;炭黑 N660;天然气半补强炉法炭黑;新工艺炉炭黑 N339;新工艺炭黑 N110系列;新工艺炉炭黑 N375;炭黑 N234;低结构高耐磨炉黑 N326

自贡鸿鹤化工集团有限责任公司

四川省自贡市鸿鹤路43号[643000]
电话:(0813)4662402;4665025
传真:(0813)2760209　有进出口权
供销电话:4662900;2760218
供销传真:2206218　企业规模:大型
经济类型:股份有限公司
法人代表:彭布尔
网址:www. hhcw. com;
www. honghegroup. com
E-mail:office@ hhcw. com
【主要产品】盐酸;氢氧化钾;烧碱;纯碱;碳酸氢钠;氯化钠;氯化钡;氯化锶(六水);磷酸氢钙;碘化钾;碘酸钾;氯气(液);二氯甲烷;三氯甲烷;四氯化碳;一氯甲烷;氯化铵;混配复合肥料;聚苯硫醚;脱漆剂

自贡机械密封件有限责任公司

四川省自贡市自流井区汇东路68号[643000]
电话:(0813)8101709;8101711;8101712
传真:(0813)8101707
经济类型:有限责任公司
网址:www. zgjifeng. com
E-mail:zgjf@ zgjifeng. com
【主要产品】聚四氟乙烯制品;橡胶密封制品;O形密封圈;密封

自贡龙翔化工有限公司

四川省自贡市沿滩区沿滩镇团结村[643030]
电话:(0813)3958133;3958601;13881445252

川

传真:(0813)3958133
经济类型:中外合资经营企业
网址:www. zglx. cn
E-mail:lx@ zglx. cn
【主要产品】交联剂 TAIC;硫化剂 3 号;硫化剂 1 号;双酚 AF;四甲基氢氧化铵

自贡市达成化工制造有限公司

四川省自贡市鸿鹤坝下坝[643000]
电话:(0813)2204335
传真:(0813)2203059　职工人数:88 人
供销电话:2204335;13909001840
经济类型:有限责任公司
产值:20,000 千元　法人代表:程胜
网址:www. yschem. cn
E-mail:office@ yschem. cn
【主要产品】氢氧化钡;硫酸钡;氯化钡;氯化钡(无水);碳酸钡

自贡市鸿兴化工工业公司

四川省自贡市自井区鸿鹤坝[643000]
电话:(0813)2760099;4662970
传真:(0813)2760099
供销电话:2760099;2760369
供销传真:2760577　职工人数:1,300 人
网址:www. hxchemical. com
E-mail:sales@ hxchemical. com
【主要产品】氯化钡;氯化钙;氯化锶;过磷酸钙;聚乙烯薄膜内衬袋;塑料编织袋

自贡市金典化工有限公司

四川省自贡市汇东新区丹桂大街新汇广场 3-2 号[643000]
电话:(0813)2213167;2405130
传真:(0813)2303518　职工人数:34 人
经济类型:有限责任公司
法人代表:刘琪
网址:www. jindianchem. com
E-mail:jindian@ jindianchem. com
【主要产品】氢碘酸;碘化钠;碘化钾;碘酸钠;碘酸钾;高碘酸钾;碘化钙;碘化锌;高碘酸钠;碘化铵;碘化锂;碘酸;碘酸钙

自贡市时达实业有限公司

四川省自贡市西山公园后大门[643000]
电话:(0813)2620375;5588583;8891853
传真:(0813)2602615
供销电话:2620375;8891853
网址:www. zgshida. com
E-mail:why0239@ 163. com;
why@ zgshida. com
【主要产品】橡胶杂品;减震器及配件;油封;O 形密封圈

自贡市张家坝化工建材厂

四川省自贡市大安区人民路 130 号[643011]
电话:(0813)5202138;5202394
传真:(0813)5202138
供销电话:5202387　法人代表:张开文
网址:hy. shidui. com/sichuan/sichuan10055. html
【主要产品】氢氧化锶;硫酸镁(一水);硝酸锶;氯化钡;氯化锶;氯化镁(精制);碳酸锶

自贡炭黑厂

四川省自贡市郑关石夹口[643000]
电话:(0813)3901650;2701547
经济类型:国有
网址:www. zginfo. net/ljs/ljth. htm
E-mail:caidan@ 163. com
【主要产品】中超耐磨炉黑 N220;高耐磨炭黑 N330;天然气槽法炭黑;炭黑 N660;天然气半补强炉法炭黑;新工艺炭黑 N754

攀枝花市

攀枝花钢铁集团煤化工公司

四川省攀枝花市东区白丽坡[617022]
电话:(0812)3398838
传真:(0812)3397427　经济类型:国有
企业规模:大型　职工人数:2,500 人
法人代表:罗泽中
网址:www. scmp. gov. cn/pgmhg
E-mail:ccec@ pzhsteel. com. cn
【主要产品】焦化苯;煤焦油;焦炭

攀枝花钢铁有限责任公司钛业公司

四川省攀枝花市[617009]
电话:(0812)6620923;6250558;6620421
传真:(0812)6620519;6663147
经济类型:有限责任公司
企业规模:大型　职工人数:3,000 人
网址:www. pzhsteel. com. cn/tico
E-mail:pgty@ 263. net
【主要产品】精钛矿粉;钛白粉

攀枝花荣鑫油漆有限责任公司

四川省攀枝花市五十一公里[617027]
电话:(0812)2901572;2911110;2901929
传真:(0812)2901572
供销电话:2901272;2901929
经济类型:有限责任公司
法人代表:席晓梅
网址:www. pzhrx. com. cn
E-mail:pzhyqc@ pzh. scsti. ac. cn
【主要产品】T01-1 酯胶清漆;T03-1 各色酯胶调合漆;F04-1 各色酚醛磁漆;F14-31 红棕酚醛透明漆;F53-32 灰色酚醛防锈漆;铁红酚醛防锈漆;L01-13 沥青清漆;厚浆型环氧煤沥青防腐涂料;C01-7 醇酸清漆;各色快干醇酸磁漆;C04-2 各色醇酸磁漆;各色醇酸底漆;C06-18 铁红醇酸带锈底漆;C53-31 红丹醇酸防锈漆;A04-9 各色氨基烘干磁漆;A16-51 各色氨基烘干锤纹漆;金属油罐抗静电防腐涂料;Q04-2 各色硝基外用磁漆;环保乳胶漆;丙烯酸路线漆;丙烯酸类面漆;各色丙烯酸改性醇酸磁漆;环氧富锌底漆;各色环氧厚浆型防腐涂料;耐高温防腐涂料;聚氨酯清漆;聚氨酯防水防腐涂料;互穿网络防腐涂料;有机硅耐高温防腐涂料;高氯化聚乙烯防腐面漆;氯磺化聚乙烯高空结构标志涂料;氯化橡胶玻璃鳞片涂料;输送管防腐涂料;聚丙烯管道防腐面漆;耐火涂料;无机膨胀防火涂料;隔热涂料;钢结构隔热防火涂料;膨胀型钢结构防火涂料;特种防腐涂料;氰凝防水防腐涂料

攀枝花市鑫裕化工厂

四川省攀枝花市仁和镇[617000]
电话:(0812)2910058;13094555866
传真:(0812)3336228　职工人数:120 人
网址:chenmao6. cnjdz. net
【主要产品】硫酸氧钒;偏钒酸钾;偏钒酸铵;偏钒酸钠;钒酸铵;五氧化二钒;三氯氧钒;四氯化钒

四川川投化学工业集团有限公司

四川省攀枝花市金江高耗能工业园区[617064]
电话:(0812)6210399;8120091;6210399
传真:(0812)6210004;8120091
经济类型:与港澳台商合作经营
企业规模:大型　法人代表:冯烈臣
网址:www. ctcig. cn;
www. phosphorus. com. cn
E-mail:info@ phosphorus. com. cn
【主要产品】磷酸;三聚磷酸钠;黄磷

四川永禄科技开发有限责任公司

四川省攀枝花市渡仁西线五十四岔路口[610041]
电话:(0812)2226116
传真:(0812)2226116
网址:www. yl-sci. com
E-mail:hongtao@ yl-sci. com
【主要产品】钛白粉(锐钛型);钛白粉(金红石型)

泸州市

泸州北方化学工业有限公司

四川省泸州市龙马潭区高坝[646003]
电话:(0830)2796688;2796663;2796114
传真:(0830)2796255　有进出口权
供销电话:2796448;13909088927
供销传真:2796772　企业规模:大型
职工人数:5,000 人
网址:www. luzhou-north. com
E-mail:office@ mail. luzhou-north. com

【主要产品】盐酸；烧碱；次氯酸钠（液体）；氯气（液）；三羟甲基硝基甲烷；一氯乙酸；三氯甲烷；四氯化碳；铸造用冷芯盒树脂；铸造用呋喃热芯盒树脂；硝基漆片；溴硝醇；羟丙基甲基纤维素；羧甲基纤维素钠；聚阴离子纤维素；甲基纤维素；乙基纤维素；羟丙基纤维素；硝酸纤维素；乳化炸药；2号岩石粉状铵锑炸药；煤矿粉状铵锑炸药3号

泸州海天化工有限公司

四川省泸州市泸县新县城城南工业区［646127］
电话：(0830)8102360；8102361
传真：(0830)8102361
供销电话：8101361 法人代表：罗太华
供销传真：8101361
经济类型：私营企业
网址：www. sc. gov. cn/html/qiyezhaixian/gs21. asp
【主要产品】合成氨；碳酸氢铵；复合肥；塑料包装袋

泸州和普化工有限公司

四川省泸州市高坝［646003］
电话：(0830)2796891；(023)67511323
传真：(0830)2792486
网址：www. chinachemnet. com/hepu
E-mail：hepuhuagong@ chemnet. com
【主要产品】一氯乙酸

泸州火炬化工厂

四川省泸州市纳溪区大渡口镇［646000］
电话：(0830)4188000；4188219；4188018
传真：(0830)4188409
供销电话：4188022 企业规模：大型
经济类型：有限责任公司
网址：www. luzhou. gov. cn/industry/newpage31. htm
【主要产品】氧气；氧气（医用）；氮气；硫化氢；聚氯乙烯木纹膜；中密度纤维板

泸州市江阳化工厂

四川省泸州市龙马潭区罗汉镇弯桥板［646100］
电话：(0830)2730498；2730425
传真：(0830)2730566；2730498
供销电话：2730567 经济类型：集体
职工人数：400人 法人代表：彭吉良
网址：www. 99114. com/corp _ info. asp? corpno = 52091
E-mail：lz@ 99114. com
【主要产品】岩石乳化炸药；岩石膨化硝铵炸药；铵锑炸药；岩石铵锑油炸药；煤矿许用乳化炸药

泸州万联化工有限公司

四川省泸州市前进下路5-7号［646000］
电话：(0830)2584078；13508030315
传真：(0830)2584076
网址：www. chinachemist. com
E-mail：market@ chinachemist. com
【主要产品】四氢双环戊二烯；金刚烷；1,3-二苯基金刚烷；2,5-二甲基-2,5-己二醇；2,5-二甲基-3-己炔-2,5-二醇；1-金刚烷醇；2-金刚烷醇；1,3-金刚烷二醇；2-甲基-2-金刚烷醇；2-乙基-2-金刚烷醇；1-溴金刚烷；2-溴金刚烷；1-溴-3,5-二甲基金刚烷；1,3-二溴金刚烷；金刚烷胺；2-金刚烷酮；不饱和聚酯树脂；玻璃纤维浸润剂

四川科瑞德制药有限公司

四川省泸州市泸县福集镇工业园区［646106］
电话：(0830)8172266
传真：(0830)8170118
网址：www. creditpharma. com
E-mail：creditpharma@ creditpharma. com
【主要产品】丹皮酚；盐酸万拉法新；葛根素；硫酸软骨素；*S*-盐酸罗哌卡因；维库溴铵；颠茄浸膏；紫苏叶油；广藿香油；荆芥油；当归油；丁香罗勒油；连翘油；厚朴酚；甲磺酸加贝酯；桂油；丁香油；薄荷素油；茴香油；桉叶油

四川泸天化股份有限公司

四川省泸州市纳溪区安富镇［646300］
电话：(0830)4122222；4122275；4122371
传真：(0830)4122513；4123559
经济类型：有限责任公司 有进出口权
法人代表：任晓善
网址：www. chinalth. com
E-mail：lthinf@ lz-public. sc. cninfo. net
【主要产品】硝酸；硝酸铵（工业用）；多孔硝铵；液氨（工业用）；甲醇；丙三醇；甲醚；草酸；硬脂酸；二十碳不饱和脂肪酸；二十碳饱和脂肪酸；13-二十二碳烯酸；正二十二酸；棕榈油脂肪酸；正二十二胺；十八胺；十二胺；十八烷基二甲基叔胺；十六烷基伯胺醋酸盐；十八烷基伯胺醋酸盐；十八胺盐酸盐；硬脂酰胺；可可胺；可可胺醋酸盐；山嵛酸酰胺；硝酸铵；氢化牛脂基伯胺（蒸馏品）；双十六烷基二甲基氯化铵；油酸酰胺；油酸；芥酸酰胺；亚乙基双硬脂酰胺；二十二烷基三甲基氯化铵；十六烷基三甲基氯化铵；十二烷基二甲基叔胺；十六烷基二甲基叔胺；十二/十四烷基二甲基胺；十六/十八烷基二甲基叔胺；双辛癸烷基甲基叔胺；双牛脂基二甲基氯化铵；牛脂基三甲基氯化铵；多用酸洗缓蚀剂

四川泸州巨宏化工有限责任公司

四川省泸州市纳溪区安富先农村五社［646300］
电话：(0830)4213456；13982419667
传真：(0830)4213456 职工人数：100人
经济类型：有限责任公司
法人代表：张勇
网址：www. juhongchem. com
E-mail：zy@ juhongchem. com；jh@ juhongchem. com
【主要产品】2,5-二甲基-2,5-己二醇；2,5-二甲基-3-己炔-2,5-二醇；2-甲基-3-丁炔-2-醇；叔戊醇；3-甲基-3-戊醇；3-甲基-1-戊炔-3-醇；2-甲基-3-丁烯-2-醇

四川天华股份有限公司

四川省泸州市合江县榕山镇［646207］
电话：(0830)5482213；5482216；5482042
传真：(0830)5482071
供销电话：5482246；5482247
供销传真：5482153 职工人数：1,150人
经济类型：股份有限公司
网址：www. scth. com. cn
E-mail：tianhua1@ public. lzpub. sc. cn
【主要产品】1,4-丁二醇；三聚氰胺；合成氨；尿素

四川天宇油脂化学有限公司

四川省泸州市纳溪区［646300］
电话：(0830)4122339；4122742；13808282789
传真：(0830)4122362
供销电话：4122132；13708281099
供销传真：4122132 企业规模：大型
经济类型：有限责任公司
网址：www. lthoil. com
E-mail：yany@ lthoil. com；hzgou@ lthoil. com
【主要产品】丙三醇；硬脂酸；二十碳不饱和脂肪酸；二十碳饱和脂肪酸；13-二十二碳烯酸；正二十二酸；十八胺；十六烷基伯胺醋酸盐；十八烷基伯胺醋酸盐；硬脂酰胺；山嵛酸酰胺；油酸酰胺；油酸；芥酸酰胺；亚乙基双硬脂酰胺

四川众邦科技发展有限公司

四川省泸州市南光路19号天立花园5-3［646000］
电话：(0830)2585019
传真：(0830)2589033
供销电话：(028)85262085
供销传真：(028)85262085
网址：www. zhongbangst. com
E-mail：zhongbangst@ zhongbangst. com
【主要产品】金刚烷；2,5-二甲基-2,5-己二醇；2,5-二甲基-3-己炔-2,5-二醇；2-甲基-3-丁炔-2-醇；叔戊醇；1-金刚烷醇；2-金刚烷醇；2-甲基-2-金刚烷醇；2-乙基-2-金刚烷醇；2-金刚烷酮

中美合资迪邦（泸州）化工有限公司

四川省泸州市泸县百和镇［646102］
电话：(0830)8796329；8796777
传真：(0830)8796777

供销电话:8796777;8796329
经济类型:中外合资经营企业
网址:dipont.lz169.com
E-mail:yangguoquan@163.com
【主要产品】铸造用冷芯盒树脂;呋喃树脂(自硬型);呋喃树脂(热芯盒);铸造用树脂;醇基涂料;水基涂料;铸造涂料;砂型黏结剂;铸造树脂用磺酸固化剂;脱模剂

德阳市

德阳华康药业有限公司

四川省绵竹市剑南镇南郊[618200]
电话:(0838)6202758;6201143;6211152
传真:(0838)6202760
供销电话:6202750;6207574
经济类型:私营企业
网址:www.dyhk.cn
E-mail:dyhk@dyhk.cn
【主要产品】活力康唑

德阳市南塔化工有限责任公司

四川省德阳市泰山南路南塔寺[618000]
电话:(0838)2372860
传真:(0838)2371285
供销电话:2221285
经济类型:有限责任公司
E-mail:nantahuagong@126.com
【主要产品】合成氨;液氨;碳酸氢铵

德阳市生化制品有限公司

四川省广汉市小汉镇[618300]
电话:(0838)5702888;5702999
传真:(0838)5701388　职工人数:200 人
网址:www.sinozyme.cn
E-mail:sale@sinozyme.cn;
sinozyme@163.com
【主要产品】维生素 D2;胰蛋白酶;糜蛋白酶;抑肽酶;胃蛋白酶;胰酶(药用);辅酶 A;大豆异黄酮;银杏叶提取物

德阳天元化工总厂

四川省德阳市天元经济开发区[618000]
电话:(0838)2850100;2850361;2850398
传真:(0838)2850100;2850361
供销电话:5925003;2850100
经济类型:股份合作　有进出口权
网址:www.scyuanfeng.com
E-mail:dytianyuany@fm365.com
【主要产品】氯化钾铵;硝酸磷钾肥;硫酸钾复合肥;复合肥;BB 肥;冲施肥

德阳新诺赛制药有限公司

四川省德阳市小汉镇工业园区[618000]
电话:(0838)5702999;5703006
传真:(0838)5701388;5703000
网址:www.sinozyme.cn
E-mail:sinozyme@263.net;
sinozyme@163.com
【主要产品】维生素 D2;胃蛋白酶;胰酶(药用)

广汉泛太平洋冶金化工金属制品有限公司

四川省广汉市中山大道南一段 108 号[618300]
电话:(0838)5400035;5400036
传真:(0838)5400834
供销电话:5228443;5220491
供销传真:5228441;5231470
网址:www.ghpmcc.com
E-mail:yxb@ghpmcc.com
【主要产品】硫酸铜;硫酸镍;氯化钴;碱式碳酸钴;碱式碳酸锌;钼酸钠;钼酸铵;氧化钴;三氧化钼;五氧化二钒;钼铁;钒铁;钨铁;草酸钴;活性氧化锌

广汉恒亚化工助剂有限公司

四川省广汉市新丰工业区[618300]
电话:(0838)5195224
传真:(0838)5195780
经济类型:中外合资经营企业
网址:www.cn-hengya.com
E-mail:hengya@cn-hengya.com
【主要产品】高耐溶剂树脂;皮革填充剂;聚氨酯水性涂饰剂;皮革补伤消光剂;皮革消光剂

广汉绿松药业有限责任公司

四川省广汉市新华镇[618300]
电话:(0838)5732519;5732515;5732508
传真:(0838)5732555
经济类型:有限责任公司
网址:www.lusong.cn
E-mail:sales@lusong.cn
【主要产品】茄尼醇;青蒿素;大豆异黄酮;葛根提取物;红车轴草提取物;莽草酸

广汉市科伦植物化工有限公司

四川省广汉市小汉镇[618300]
电话:(0838)13881055398
传真:(0838)5285931　职工人数:160 人
网址:www.klzh.cn
E-mail:schuatailzm@126.com
【主要产品】穿琥宁;黄芩苷;穿心莲内酯;青蒿素;连翘提取物;金银花提取物;刺五加浸膏;穿心莲浸膏;丹参酮ⅡA;黄芪多糖;莽草酸;炎琥宁

广汉市林木一制漆有限责任公司

四川省广汉市深圳路中段[618300]
电话:(0838)5196656
传真:(0838)5196118
经济类型:有限责任公司
法人代表:林瑞节
网址:www.linmuyi.com
E-mail:linruijie59@sohu.com
【主要产品】聚酯树脂漆类;聚氨酯漆类;聚氨酯清漆 685 号

广汉市生化制品有限公司

四川省广汉市金鱼镇[618302]
电话:(0838)5670100;5670369;13990288511
传真:(0838)5670368
供销电话:5671868
网址:www.guanghanbio.cn
E-mail:zhiwutiqu@163.com
【主要产品】绿原酸;紫杉醇;喜树碱;10-羟基喜树碱;葛根素;大豆异黄酮;银杏叶提取物;黄芪多糖

广汉雅和化工有限公司

四川省广汉市向阳镇[618300]
电话:(0838)5400614;5400141
传真:(0838)5400335　有进出口权
供销电话:5400044;5400141
经济类型:与港澳台商合资经营
法人代表:江远大
网址:www.yahechem.com
E-mail:yahechem@yahoo.com.cn
【主要产品】硫酸铵(工业级);磷酸二氢钾;磷酸三钠;磷酸二铵(工业级);磷酸一铵(工业级);多聚磷酸铵

罗江晨明生物制品有限公司

四川省罗江县蟠龙镇[618503]
电话:(0838)3900333;3930010;13708102007
传真:(0838)3900618
供销电话:3900619;3930010
经济类型:私营企业　法人代表:谢启明
网址:www.chenming-bio.com
E-mail:chenming@hi2000.com
【主要产品】L-脯氨酸;L-胱氨酸;L-半胱氨酸;L-半胱氨酸盐酸盐一水物;L-半胱氨酸盐酸盐无水物;DL-谷氨酸;L-焦谷氨酸;L-亮氨酸;L-精氨酸;L-精氨酸盐酸盐;饲料蛋白粉;L-酪氨酸;L-组氨酸;L-组氨酸盐酸盐;谷氨酸;复方氨基酸

绵竹新清华化工有限责任公司

四川省绵竹市新市镇工业园区[618200]
电话:(0838)6503688;6503799
传真:(0838)6503688　法人代表:
经济类型:有限责任公司
网址:www.xinqinghua.com
【主要产品】硫酸;磷酸二氢钙;磷酸二氢钙(食用级)

什邡安达化工有限公司

四川省什邡市南泉镇农科村[618400]
电话:(0838)8460999;8461555;8461777
传真:(0838)8462555　有进出口权
经济类型:有限责任公司

川

法人代表:向朝安
网址:www. anda-chem. com
E-mail:andachem@ hi2000. com
【主要产品】磷酸;硝酸钾;三聚磷酸钠;六偏磷酸钠;磷酸二氢钠;磷酸二氢钾;磷酸三钠(无水);磷酸氢二钠(无水);磷酸氢二钾;磷酸二铵(工业级);磷酸一铵(工业级);磷酸脲;多聚磷酸铵

什邡圣地亚化工有限公司

四川省什邡市禾丰镇[618400]
电话:(0838)8100640
传真:(0838)8100010
供销电话:(020)87673857
供销传真:(020)87674865
网址:www. sundiachem. com
E-mail:sda@ sundiachem. com;
sda@ sundiachem. com
【主要产品】亚磷酸;磷酸;三聚磷酸钠;六偏磷酸钠;焦磷酸钠;焦磷酸钾;磷酸二氢钠;磷酸二氢钾;磷酸三钠;磷酸氢二钠;磷酸二铵(工业级);磷酸一铵(工业级);氮磷钾复合肥;焦磷酸二氢二钠

什邡市长丰化工有限公司

四川省什邡市禾丰镇[618400]
电话:(0838)8320699;8320799
传真:(0838)8320777　　有进出口权
网址:www. cf-chem. com
E-mail:changfeng@ cf-chem. com
【主要产品】磷酸二氢钠;磷酸三钠(无水);磷酸氢二钠(无水);磷酸二铵(工业级);磷酸一铵(工业级);焦磷酸二氢二钠;多聚磷酸铵;无卤环保阻燃剂;无卤阻燃剂 MPP

什邡市长江化工实业有限公司

四川省什邡市城南经济技术开发区[618400]
电话:(0838)8264632;8264630;8989931
传真:(0838)8264631;8104289
网址:www. changjiang-chem. com
E-mail:sales@ changjiang-chem. com
【主要产品】磷酸;硝酸钾;三聚磷酸钠;六偏磷酸钠;焦磷酸钠;焦磷酸钾;磷酸二氢钠;磷酸二氢钾;磷酸三钠;磷酸氢二钠;磷酸氢二钾;磷酸二铵(工业级);磷酸一铵(工业级);磷酸氢钙;磷酸二氢钙;氮磷钾复合肥;磷酸钙;磷酸脲;氯化磷酸三钠;多聚磷酸铵

什邡市川西兴泰工贸有限公司

四川省什邡市民主镇成林村[618408]
电话:(0838)8602399;13909025065
传真:(0838)8602399
【主要产品】胆甾醇;盐酸小檗碱;牛羊胆酸;黄芩苷;齐墩果酸;猪去氧胆酸;鹅脱氧胆酸;胆红素;人工牛黄;牛胆粉;猪胆粉

什邡市鸿升化工有限公司

四川省什邡市禾丰镇[618400]
电话:(0838)8301018;8301134;8302040
传真:(0838)8301150　职工人数:130 人
经济类型:私营企业
网址:www. chinaphosphate. com
E-mail:zjchem@ dy-public. sc. cninfo. net
【主要产品】六偏磷酸钠;焦磷酸钾;磷酸二氢钠;磷酸二氢钾;磷酸三钠;磷酸氢二钠;磷酸二铵(工业级);磷酸一铵(工业级);磷酸二氢钙(食用级);磷酸氢钙(食用级);磷酸脲

什邡市龙康植物原料厂

四川省什邡市隐峰镇[618406]
电话:(0838)8523888;8402699;
13778298222
传真:(0838)8401555
网址:www. longkang. sc. cn
E-mail:longkang@ longkang. sc. cn
【主要产品】甜菊糖;穿琥宁;硫酸氢黄连素;盐酸小檗碱;苦参碱;黄芩苷;穿心莲内酯;亚硫酸氢钠穿心莲内酯;丹皮酚;罗通定;二氢黄酮苷;芦丁;青蒿素;胰蛋白酶;曲克芦丁;齐墩果酸;云芝多糖;猪去氧胆酸;胃蛋白酶;胰酶(药用);大豆异黄酮;金银花提取物;丹参提取物;大黄提取物;板蓝根提取物;双花连翘提取物;淫羊藿提取物;红景天提取物;厚朴提取物;虎杖提取物;泽泻提取物;白柳皮提取物;当归提取物;生姜提取物;绞股蓝提取物;山楂提取物;枳实提取物;罗汉果提取物;蒲公英提取物;银杏叶提取物;绿茶提取物;常山提取物;秦皮提取物;苦参提取物;柴胡提取物;大青叶提取物;红花提取物;芦荟提取物;野菊花提取物;鱼腥草提取物;栀子提取物;紫花地丁提取物;细辛提取物;白芍提取物;穿心莲浸膏;颠茄浸膏;益母草流浸膏;罗布麻浸膏;黄芪多糖;熊果酸;辣椒碱;白头翁素

什邡市亭江精细化工有限公司

四川省什邡市灵杰镇凡营村[618400]
电话:(0838)8520024;8520000;8520365
传真:(0838)8520004
供销电话:8520365;8520000
经济类型:股份有限公司
网址:www. tingjiang. com;
www. tingjiang. cn
E-mail:support@ tingjiang. com
【主要产品】皮革复鞣剂;锆鞣剂;皮革加脂剂;皮革涂饰剂;新型皮革鞣剂 KMC;L-3 加脂剂

什邡泰来化工有限公司

四川省什邡市隐峰镇[610041]
电话:(0838)8216722;13508002208
传真:(0838)8216830
经济类型:中外合资经营企业
网址:www. talentchemical. com
E-mail:meicheng@ tfol. com
【主要产品】磷酸;硝酸钾;三聚磷酸钠;六偏磷酸钠;焦磷酸钠;磷酸二氢钾;磷酸三钠;磷酸氢二钾;磷酸氢二钾(无水);磷酸二铵(工业级);磷铁;氮磷钾复合肥;磷酸一铵;焦磷酸二氢二钠;磷酸氢钙(食用级);磷酸脲;氯化磷酸三钠;多聚磷酸铵

四川贝奥生物制药有限公司

四川省德阳市西郊段家坝[618000]
电话:(0838)2800087;2801950
传真:(0838)2800087
网址:www. biosyn. cn
E-mail:sales@ biosyn. cn;
yw@ biosyn. cn
【主要产品】硫酸软骨素;胰酶(药用)

四川博兴实业有限公司

四川省广汉市和兴镇万年村[618300]
电话:(0838)5224414;5246587;
13808107699
传真:(0838)5238994　职工人数:200 人
固定资产:20,000 千元
供销电话:5237368　　产值:60,000 千元
供销传真:5237368
经济类型:私营企业
销售收入:60,000 千元
网址:www. scbx. net
E-mail:market@ scbx. net;
lzj@ scbx. net
【主要产品】亚硫酸钠;硫酸锌;2,5-噻吩二羧酸;苯酞;对苯二甲酰氯;间苯二甲酰氯;荧光增白剂 OB

四川晨光科新塑胶有限责任公司

四川省什邡市马祖镇[618407]
电话:(0838)8503888;8503999
传真:(0838)8505083
供销电话:8503999;8503888
网址:www. sunplas. cn;
www. sun-plas. com
E-mail:cgkx@ vip. 163. com
【主要产品】聚酯热塑性弹性体;热塑性动态硫化橡胶

四川川恒化工有限责任公司

四川省什邡市皂角开发区[618400]
电话:(0838)8105082;8106944
传真:(0838)8106337
经济类型:私营企业
网址:www. chuanheng. cn
E-mail:springmusic@ 126. com
【主要产品】磷酸;三聚磷酸钠;六偏磷酸钠;焦磷酸钠;磷酸二氢钠;磷酸二氢钾;磷酸三钠;磷酸氢二钠;磷酸氢二钾;磷酸一铵(工业级);磷酸氢钙;

川

磷酸二氢钙；磷酸氢钙（农用）；磷酸二铵；复合肥；焦磷酸二氢二钠；酸式磷酸铝钠；多聚磷酸钠；磷酸二氢钙（食用级）；多聚磷酸钾；磷酸氢钙（食用级）；磷酸脲；多聚磷酸铵

四川川润化工有限责任公司

四川省绵竹市高尊寺［618200］
电话：(0838)6102106；6103822；6103859
传真：(0838)6202636 职工人数：644 人
供销电话：6202106 法人代表：陈典福
经济类型：股份有限公司
网址：www. c-run. com
E-mail：chaunrun@ c-run. com
【主要产品】磷酸二铵（工业级）；磷酸一铵（工业级）；活性磷酸钙；氧化钙；液氨；磷酸钙

四川川西兴达化工厂

四川省什邡市西踌口［618400］
电话：(0838)8217829；8503068；8216598
传真：(0838)8200965；8503066
经济类型：股份合作
网址：www. chuanxichem. com
E-mail：scxdchem@ chuanxichem. com
【主要产品】磷酸；三聚磷酸钠；六偏磷酸钠；焦磷酸钠（食品级）；磷酸二氢钠；磷酸二氢钾；磷酸三钠；磷酸氢二钠；磷酸氢二钾；磷酸二铵（工业级）；赤磷；磷酸一铵

四川德阳奥林化工涂料有限公司

四川省德阳市天元开发区长白山路北段［618000］
电话：(0838)2803228；13568416918
传真：(0838)2803227
经济类型：港澳台商独资经营
网址：www. olin. cn
E-mail：olin@ olin. cn
【主要产品】装饰漆；低温快干氨基烘漆；各色丙烯酸烘干闪光漆；各色丙烯酸改性醇酸磁漆；高级丙烯酸静电烘干面漆；丙烯酸工程机械磁漆；丙烯酸工程塑料漆；高级丙烯酸三防漆；环氧铁红防锈漆；各色环氧防腐蚀烘干底漆；各色聚氨酯汽车中涂漆；氯化橡胶快干防腐漆；自干锤纹漆；特种除锈防锈底漆；特种快干带锈防锈漆；静电喷漆

四川德阳恒升生物科技有限公司

四川省德阳市岷江西路 108 号［618000］
电话：(0838)2238301；2308803
传真：(0838)2238301；2800183
供销电话：2308803；13808102292
网址：www. hshup. com
E-mail：market@ hshup. com；hshup@ sina. com
【主要产品】辣椒红色素；大豆异黄酮；银杏叶提取物；丹参酮ⅡA；葛根黄酮；蛋黄卵磷脂；辣椒碱

四川德阳旌裕塑胶有限公司

四川省德阳市金沙江西路八角工业园区南侧［618000］
电话：(0838)2602585
传真：(0838)2602581
供销电话：2602585；2602586
网址：www. jingyuplastic. com
【主要产品】农用薄膜；包装膜；复合膜

四川广汉博盛生化制品有限责任公司

四川省广汉市万福镇［618300］
电话：(0838)5880829；5221967；13908107699
传真：(0838)5880829
经济类型：有限责任公司
网址：www. chinachemnet. com/company/0100c. htm
E-mail：fph@ hi2000. com
【主要产品】胆酸；绿原酸；小檗碱；黄芩苷；硫酸软骨素

四川广汉市天府实业有限公司

四川省广汉市武昌路北二段 85 号［618300］
电话：(0838)5223141；5233610；5913899
传真：(0838)5233610
供销电话：5913889；13981093659
法人代表：王唯全
网址：www. tf-sy. com
E-mail：tfsy@ tf-sy. com
【主要产品】穿琥宁；盐酸小檗碱；黄芩苷；罗通定；三七总皂苷；胆红素；人工牛黄；连翘提取物；金银花提取物；淫羊藿提取物；黄芪多糖；猪胆酸

四川广汉市维康植化有限公司

四川省广汉市佛山路西二段 25 号［618300］
电话：(0838)5331765；5246388；13909023488
传真：(0838)5351753
供销电话：13608146038
网址：www. wkzh. com
E-mail：hmr@ wkzh. com
【主要产品】穿琥宁；盐酸小檗碱；黄芩苷；罗通定；喜树碱；齐墩果酸；猪去氧胆酸；连翘提取物；金银花提取物；丹参提取物；葛根黄酮；黄芪多糖

四川禾益康生物科技有限公司

四川省德阳市八角井镇开发区［618000］
电话：(0838)2601989
传真：(0838)2603677
网址：www. hoycome. com
E-mail：master@ hoycome. com
【主要产品】黄芩苷；白藜芦醇；金银花提取物；首乌提取物；红景天提取物；红车轴草提取物；白芍提取物；芍药苷；黄芪多糖

四川宏达化工股份有限公司

四川省什邡市洛水镇［618401］
电话：(0838)8620402；8620129
传真：(0838)8620402
经济类型：股份有限公司
网址：www. sc-hongda. com
【主要产品】硫酸；硝酸钾；氧化锌；电解锌；过磷酸钙；磷酸一铵；塑料编织袋；磷酸氢钙（食用级）

四川慧剑石化装备有限责任公司

四川省什邡市慧剑 35 号［618400］
电话：(0838)8202196；8221989
传真：(0838)8202176；8202831
经济类型：有限责任公司
法人代表：刘期章
网址：www. hjequ. cn
E-mail：schj@ hjequ. cn
【主要产品】减速机；罐车；抽油机

四川坤华磷化工有限公司

四川省什邡市灵杰镇亭江工业园区［618412］
电话：(0838)8210503；8886096
传真：(0838)8215502 有进出口权
供销电话：8520465 职工人数：150 人
供销传真：8520396 法人代表：石坤华
经济类型：私营企业
网址：www. phosphate-chem. com；www. khhg. cn
E-mail：yangchem96@ hotmail. com；khhgc@ 136. com
【主要产品】磷酸；硝酸钾；三聚磷酸钾；三聚磷酸钠；六偏磷酸钠；焦磷酸钠；焦磷酸钾；磷酸二氢钠；磷酸二氢钾；磷酸三钠；磷酸三钠（无水）；磷酸氢二钠；磷酸氢二钠（无水）；磷酸氢二钾；磷酸二铵（工业级）；磷酸一铵（工业级）；磷酸二氢钙（食用级）；磷酸氢钙（食用级）；磷酸脲；多聚磷酸铵

四川蓝剑化工（集团）有限责任公司

四川省什邡市双盛化工区［618400］
电话：(0838)8306898
传真：(0838)8307434 有进出口权
供销电话：(028)87825520
供销传真：(028)87825526
企业规模：大型
网址：www. scbsc. com
E-mail：bschem@ scbsc. com；bschem@ scbsc. com
【主要产品】磷酸；氢氧化锂；三聚磷酸钠；六偏磷酸钠；焦磷酸钠；焦磷酸钾；磷酸二氢钠；磷酸二氢钾；磷酸三钠；磷酸氢二钠；磷酸氢二钾；磷酸二铵（工业级）；磷酸氢钙；活性磷酸钙；磷酸硼；赤磷；黄磷；磷酸一铵；焦磷酸二

川

氢二钠；磷酸二氢钙（食用级）；磷酸钙；磷酸脲；多聚磷酸铵

四川蓝星机械有限公司

四川省什邡市两路口镇［618407］
电话：（0838）8202233；8501698；8504388
传真：（0838）8204843
供销电话：8501869；13708105911
经济类型：股份有限公司
网址：www.scbluestar.cn
E-mail：info@sc-bluestar.com.cn
【主要产品】尿素合成塔；甲醇合成塔；氨合成塔；静密封磁力搅拌高压反应釜；发酵罐；搅拌槽；换热器；冷凝器；球罐

四川龙蟒集团

四川省绵竹市南轩路［618200］
电话：（0838）6100715；6101476
传真：（0838）6102428
企业规模：大型　法人代表：李家权
网址：www.lomon.com
【主要产品】磷酸氢钙；磷酸二氢钙；磷酸一铵；钛白粉；磷酸二氢钙（食用级）

四川美丰化工股份有限公司

四川省德阳市蓥华南路10号［618000］
电话：（0838）2232227；2680022
传真：（0838）2304222；2681022
经济类型：股份有限公司
企业规模：大型　法人代表：张晓彬
网址：www.scmeif.com
E-mail：gsb@scmeif.com；xsgs@scmeif.com
【主要产品】三聚氰胺；合成氨；尿素；塑料包装袋；塑胶制品

四川绵竹汉旺黄磷有限责任公司

四川省绵竹市汉旺镇［618201］
电话：（0838）6302104
传真：（0838）6301528　有进出口权
经济类型：私营企业　企业规模：大型
网址：www.china-yellowphosphorus.com
E-mail：phos@china-yellowphosphorus.com
【主要产品】磷酸；三聚磷酸钠；六偏磷酸钠；磷酸二氢钾；磷酸三钠；磷酸二铵（工业级）；黄磷；磷酸一铵；聚偏磷酸钠

四川绵竹华丰磷化工有限公司

四川省绵竹市汉旺镇［618201］
电话：（0838）6304999；6302990
传真：（0838）6302833
经济类型：外商独资　企业规模：大型
网址：www.norwestchemicals.com
E-mail：commercial@norwestchemicals.com
【主要产品】磷酸；三聚磷酸钠；六偏磷酸钠；磷酸二氢钾；磷酸三钠；磷酸二铵（工业级）；磷酸一铵（工业级）；黄磷

四川绵竹金坤磷化工有限责任公司

四川省绵竹市新市工业园［618209］
电话：（0838）6502398；6509809；6509898
传真：（0838）6502398　职工人数：180人
经济类型：有限责任公司
网址：www.jinkunchem.com
【主要产品】硫酸锆；富马酸亚铁

四川绵竹市鹏发生化有限责任公司

四川省绵竹市富新镇［618212］
电话：（0838）6402105
传真：（0838）6402149　有进出口权
固定资产：4,600千元
供销电话：6404868　法人代表：陈其全
经济类型：有限责任公司
网址：www.pengfabiochem.com
E-mail：pengfa@hi2000.com
【主要产品】L-胱氨酸；L-半胱氨酸；L-半胱氨酸盐酸盐一水物；L-半胱氨酸盐酸盐无水物；*N*-乙酰-L-谷氨酸；*N*-乙酰-L-半胱氨酸；DL-谷氨酸；L-焦谷氨酸；DL-焦谷氨酸；L-亮氨酸；DL-亮氨酸；L-精氨酸；L-精氨酸盐酸盐；羧甲司坦；L-酪氨酸；DL-酪氨酸；谷氨酸；*N*-乙酰-L-亮氨酸

四川绵竹永龙生物制品有限公司

四川省绵竹市富新镇［618212］
电话：（0838）6403557；6403097；13908003094
传真：（0838）6403097；6403667
经济类型：有限责任公司
【主要产品】穿琥宁；青蒿素；炎琥宁

四川省德阳市富昊塑料有限公司

四川省德阳市火车站孝感联合村［618000］
电话：（0838）2440139
传真：（0838）2491696
网址：www.chinafuhao.com
E-mail：sctmj2008@126.com
【主要产品】铝酸酯偶联剂；塑料填充母料

四川省广汉市古城化工厂

四川省广汉市海口路中段（新丰工业开发区）［618300］
电话：（0838）5195502；13881091666
传真：（0838）5195657
网址：www.gc-hg.com
【主要产品】棕榈酸；脂肪酸；砂型黏结剂；斯盘80；植物油酸；捕收剂

四川省广汉市三星堆植物化工有限责任公司

四川省广汉市三星镇［618300］
电话：（0838）5560888；5560633；13320856190
传真：（0838）5562296
供销电话：13320856193
【主要产品】黄芩苷；连翘提取物；金银花提取物；丹参提取物；大黄提取物；板蓝根提取物；淫羊藿提取物；红景天提取物；当归提取物；龙胆草提取物；蒲公英提取物；苦参提取物；甘草提取物；柴胡提取物；穿心莲提取物；大青叶提取物；红花提取物；芦荟提取物；马齿苋提取物；千里光提取物；松针提取物；野菊花提取物；茵陈提取物；鱼腥草提取物；栀子提取物；紫花地丁提取物；细辛提取物；益母草流浸膏；五味子醇浸膏；黄芪多糖

四川省广汉市西城生化实业有限责任公司

四川省广汉市武昌路北三段48号［618300］
电话：（0838）5226387；5239873；8958193
传真：（0838）5250340
供销电话：13808107693
供销传真：5226387　法人代表：唐贤发
经济类型：有限责任公司
网址：www.xc-biochem.com
E-mail：sales@xc-biochem.com
【主要产品】磷钙粉；骨粉

四川省广汉市新升塑胶实业有限公司

四川省广汉市北郊［618300］
电话：（0838）5730299
供销电话：5731188；5730255
经济类型：私营企业
网址：www.sc-xinsheng.com/docc/1.php
E-mail：master@sc-xinsheng.com
【主要产品】聚丙烯打包带；压敏胶胶黏剂；胶黏带；橡胶工业专用设备

四川省回龙化工实业有限公司

四川省广汉市西外乡［618300］
电话：（0838）5280080；5280077
传真：（0838）5280268
供销传真：5280077
经济类型：私营企业
网址：www.huilong-sc.com
E-mail：schuilong@126.com
【主要产品】复合肥；有机无机复混肥；冲施肥

四川省金路树脂有限公司

四川省德阳市罗江县景乐路66号［618500］
电话：（0838）3121375；3121998；3121668
传真：（0838）3121380　有进出口权
供销电话：3121377；3121668
经济类型：有限责任公司

企业规模:大型 职工人数:1,400 人
网址:www. jinlu-resin. cn
E-mail:jlsz@ jinlu-resin. com
【主要产品】盐酸;烧碱;离子膜烧碱;次氯酸钠;氧气;氯气(液);氮气;电石;聚氯乙烯树脂

四川省什邡金大化工有限公司

四川省什邡市两路口镇[618400]
电话:(0838)8502278;8502276;8501099
传真:(0838)8502279 有进出口权
职工人数:200 人
网址:www. cn-jdchem. com
E-mail:jinda@ cn-jdchem. com;
zhangqi@ hi2000. com
【主要产品】六偏磷酸钠;磷酸二氢钠;磷酸二氢钾;磷酸三钠;磷酸三钠(无水);磷酸氢二钠(无水);磷酸氢二钾(无水);磷酸钾;磷酸二铵(工业级);磷酸一铵;磷酸脲

四川省什邡农得利复合肥厂

四川省什邡市城西开发区[618400]
电话:(0838)8281305;8281593
传真:(0838)8280055
供销电话:8280055;8281593
经济类型:私营企业
网址:www. nongdeli. com
【主要产品】磷酸氢钙;复合肥;塑料编织袋

四川省什邡市鸿运生物化工有限公司

四川省什邡市元石开发区[618400]
电话:(0838)8280369;8200159;
13908105884
传真:(0838)8284733
法人代表:唐永安
【主要产品】硫酸氢黄连素;硫酸黄连素;盐酸小檗碱;黄芩苷;罗通定;芦丁;齐墩果酸;胆红素;人工牛黄;连翘提取物;苦参提取物;黄芪多糖

四川省什邡市华康药物原料厂

四川省什邡市城北皂角开发区新华街[618400]
电话:(0838)8231919;8230861;
13981091085
传真:(0838)8231919
网址:www. huakangyaowu. com
E-mail:huakangyaowu@ beicichina. com
【主要产品】茄尼醇;穿琥宁;盐酸小檗碱;黄芩苷;穿心莲内酯;亚硫酸氢钠穿心莲内酯;青蒿素;喜树碱;齐墩果酸;大豆异黄酮;银杏内酯 A;银杏内酯 B;金银花提取物;丹参提取物;大黄提取物;板蓝根提取物;黄芪提取物;葛根提取物;蒲公英提取物;银杏叶提取物;苦参提取物;柴胡提取物;黄芩提取物;丹参酮ⅡA 磺酸钠

四川省什邡市建业化工有限公司

四川省什邡市雍城西路 235 号[618400]
电话:(0838)8201352
传真:(0838)8212354
经济类型:有限责任公司
法人代表:吕绍建
网址:www. jyhg. cn
E-mail:sfjyhg@ 126. com
【主要产品】碳酸钾;硝酸钾;磷酸盐;氯化铵;冲施肥

四川省什邡市聚鑫泰化工有限公司

四川省什邡市双盛化工区[618400]
电话:(0838)8306209;13908105580
传真:(0838)8305186
网址:www. chinachemnet. com
E-mail:hgtgp@ 163. com;
jxthg@ hi2000. com
【主要产品】磷酸;硝酸钾;三聚磷酸钠;六偏磷酸钠;六偏磷酸钠(食品级);焦磷酸钠;焦磷酸钠(食品级);焦磷酸钠(无水);磷酸二氢钠;磷酸二氢钾;磷酸二氢锌;磷酸二氢镁;磷酸三钠;磷酸氢二钠;磷酸氢二钾;磷酸钾;磷酸一铵(工业级);磷酸铵;磷酸锌;磷酸氢镁;磷酸二氢钙;氟硅酸钠;磷酸二氢钾(农用);磷酸二铵;混配复合肥料;磷酸氢二钠(食用级);食用磷酸;磷酸氢钙(食用级);磷酸脲

四川省什邡市康源药品原料有限公司

四川省什邡市皂角镇桑园村[618400]
电话:(0838)8106696;8108606;
13508015030
传真:(0838)8106696 职工人数:100 人
经济类型:有限责任公司
网址:www. kangyang. sc. cn
E-mail:zjl@ kangyuan. sc. cn;
yxb@ kangyuan. sc. cn
【主要产品】穿琥宁;硫酸氢黄连素;硫酸黄连素;盐酸小檗碱;黄芩苷;穿心莲内酯;罗通定;齐墩果酸;连翘提取物;金银花提取物;丹参提取物;大黄提取物;板蓝根提取物;双花连翘提取物;黄芪提取物;银杏叶提取物;柴胡提取物;茵陈提取物;栀子提取物;穿心莲浸膏;益母草流浸膏;丹参酮;丹参酮ⅡA 磺酸钠

四川省什邡市龙翔化工有限公司

四川省什邡市民主镇[618418]
电话:(0838)8620388;8620168
传真:(0838)8620899;8620168
网址:lx. chemnet. com
E-mail:bxh@ hi2000. com
【主要产品】硝酸钾;磷酸二氢钾;磷酸氢钙;磷酸一铵

四川省什邡市胜仁植物有限责任公司

四川省什邡市元石开发区[618400]
电话:(0838)8810837;13890235966
传真:(0838)8217768
经济类型:股份有限公司
网址:srnet. 51. net
E-mail:shengren2008@ sina. com
【主要产品】硫酸黄连素;盐酸小檗碱;黄芩苷;穿心莲内酯;罗通定;齐墩果酸;人工牛黄;连翘提取物;金银花提取物;丹参提取物;大黄提取物;板蓝根提取物;双花连翘提取物;淫羊藿提取物;蒲公英提取物;苦参提取物;柴胡提取物;大青叶提取物;芦荟提取物;野菊花提取物;鱼腥草提取物;栀子提取物;紫花地丁提取物;益母草流浸膏;黄芪多糖

四川省什邡市新兴化工有限公司

四川省什邡市民主镇[618400]
电话:(0838)8601912
传真:(0838)8604333 有进出口权
网址:www. xxingchem. com
E-mail:sales@ xxingchem. com
【主要产品】磷酸;三聚磷酸钠;六偏磷酸钠;焦磷酸钠;焦磷酸钾;磷酸二氢钠;磷酸二氢钾;磷酸三钠;磷酸氢二钠;磷酸氢二钾;磷酸二铵(工业级);磷酸一铵(工业级);磷酸氢钙;磷酸二氢钙;焦磷酸二氢二钠;磷酸钙

四川省什邡蓥峰实业总公司

四川省什邡市雍城北路[618400]
电话:(0838)8230498
传真:(0838)8230488
企业规模:大型 职工人数:3,000 人
法人代表:刘太林
网址:www. yingfeng. cn
E-mail:yfsy@ yingfeng. cn
【主要产品】盐酸;硫酸;磷酸一铵(工业级);氟硅酸钠;金属硅;碳酸氢铵;过磷酸钙;磷酸一铵;混配复合肥料;硫酸钾复合肥;聚丙烯酰胺

四川省玉鑫药业有限公司

四川省什邡市围城金河东路[618400]
电话:(0838)8101199
传真:(0838)8230888 职工人数:180 人
经济类型:私营企业
网址:www. scyuxin. com
E-mail:sclengli@ scyuxin. com
【主要产品】氨基酸;穿琥宁;盐酸小檗碱;黄芩苷;穿心莲内酯;罗通定;维生素 D2;维生素 D3;芦丁;喜树碱;10-羟基喜树碱;7-乙基-10-羟基喜树碱;葛根素;白藜芦醇;齐墩果酸;金银花提取物;丹参提取物;双花连翘提取物

川

四川什邡鼎立磷化工有限公司

四川省什邡市灵杰镇亭江大道[618400]
电话:(0838)8520661;8520662
传真:(0838)8520663　有进出口权
经济类型:有限责任公司
产值:50,000 千元
网址:www. dlpchem. com
E-mail:sales@ dlpchem. com
【主要产品】磷酸;三聚磷酸钠;六偏磷酸钠;六偏磷酸钠(食品级);焦磷酸钠;焦磷酸钾;磷酸二氢钠;磷酸二氢钾;磷酸三钠;磷酸三钠(无水);磷酸氢二钠;磷酸二铵(工业级);磷酸一铵(工业级);赤磷;氮磷钾复合肥;食用磷酸;磷酸钙

四川什邡鸿鸣原料药有限公司

四川省什邡市两路口镇[618407]
电话:(0838)8230008;8230026;8502882
传真:(0838)8230026
供销电话:8503886;13508005099
经济类型:联营企业
网址:www. hmyly. com
E-mail:hmyly@ hmyly. com
【主要产品】绿原酸;硫酸黄连素;盐酸小檗碱;黄芩苷;芦丁;曲克芦丁;甘草浸膏;齐墩果酸;丹参提取物;板蓝根提取物;双花连翘提取物;银杏叶提取物;常山提取物;秦皮提取物;柴胡提取物;黄芪多糖

四川什邡鸿源化工有限责任公司

四川省什邡市双盛化工区[618400]
电话:(0838)8206978;8308338;13909025379
传真:(0838)8206982;8308336
经济类型:有限责任公司
网址:www. chinachemnet. com/phosphate
E-mail:zhangqi@ hi2000. com
【主要产品】六偏磷酸钠;磷酸二氢钠;磷酸三钠;磷酸一铵;磷酸二铵

四川什邡普康生化有限公司

四川省什邡市亭江东路万和小区[618400]
电话:(0838)8106736;13981041931
传真:(0838)8101956　经济类型:集体
供销电话:8501709　职工人数:50 人
法人代表:吴立礼
【主要产品】硫酸氢黄连素;盐酸小檗碱;苦参碱;黄芩苷;穿心莲内酯;罗通定;芦丁;喜树碱;齐墩果酸;人工牛黄;连翘提取物;金银花提取物;丹参提取物;板蓝根提取物;黄芪多糖

四川什邡瑞邦植物有限公司

四川省什邡市永宁街 108 号[618400]
电话:(0838)8203320;13508007933
传真:(0838)8203321;8604858
供销电话:8816281;13795916333
网址:www. scruibang. com
E-mail:scruibang@ tom. com
【主要产品】硫酸黄连素;盐酸小檗碱;穿心莲内酯;罗通定;连翘提取物;金银花提取物;丹参提取物;大黄提取物;双花连翘提取物;淫羊藿提取物;葛根提取物;五味子提取物;当归提取物;绞股蓝提取物;山楂提取物;蒲公英提取物;苦参提取物;穿心莲提取物;大青叶提取物;红花提取物;芦荟提取物;马齿苋提取物;千里光提取物;松针提取物;野菊花提取物;栀子提取物;紫花地丁提取物;白芍提取物;黄芩提取物;益母草流浸膏;五味子醇浸膏;青蒿油;黄芪多糖

四川什邡盛佳磷化工有限公司

四川省什邡市双盛化工区[618400]
电话:(0838)8306983;8109091;13908105839
传真:(0838)8307726
网址:www. sj-phosphate. com
E-mail:sjphosphate839@ vip. 163. com
【主要产品】磷酸;硝酸钾;三聚磷酸钠;六偏磷酸钠;焦磷酸钠;焦磷酸钾;磷酸二氢钾;磷酸三钠;磷酸氢二钠;磷酸氢钙;磷酸一铵;磷酸二铵;大豆素;多聚磷酸铵

四川什邡市宏升植物原料有限公司

四川省什邡市马祖镇[618407]
电话:(0838)8502689;8503338;13881090745
传真:(0838)8503938
网址:www. schszh. com
E-mail:schszh@ 163. com
【主要产品】硫酸黄连素;盐酸小檗碱;黄芩苷;罗通定;芦丁;喜树碱;葛根素;齐墩果酸;人工牛黄;金银花提取物;丹参提取物;大黄提取物;双花连翘提取物;淫羊藿提取物;当归提取物;蒲公英提取物;苦参提取物;甘草提取物;柴胡提取物;细辛提取物;穿心莲浸膏;黄芪多糖

四川什邡市健福植物原料有限公司

四川省什邡市两路口镇静安[618407]
电话:(0838)8504899;13890235018
传真:(0838)8501818
供销电话:8504899;13981073396
网址:www. jianfulai. cn
E-mail:wcy@ jianfulai. cn
【主要产品】硫酸氢黄连素;盐酸小檗碱;苦参碱;大蒜素;黄芩苷;罗通定;芦丁;青蒿素;葛根素;曲克芦丁;甘草浸膏;齐墩果酸;人工牛黄;金银花提取物;首乌提取物;大黄提取物;川芎提取物;板蓝根提取物;双花连翘提取物;淫羊藿提取物;红景天提取物;葛根提取物;厚朴提取物;当归提取物;绞股蓝提取物;龙胆草提取物;蒲公英提取物;秦皮提取物;柴胡提取物;穿心莲提取物;大青叶提取物;红花提取物;芦荟提取物;马齿苋提取物;千里光提取物;野菊花提取物;鱼腥草提取物;栀子提取物;紫花地丁提取物;车前子提取物;茵陈提取物;刺五加浸膏;益母草流浸膏;五味子醇浸膏;陈皮油;黄芪多糖;白头翁素;薄荷素油

四川什邡市易达化工有限公司

四川省什邡市灵杰镇工业区[618400]
电话:(0838)8520889;8520718;8520889
传真:(0838)8520716　有进出口权
供销电话:8520718;8233160
供销传真:8231517
网址:www. yidachi. com
E-mail:yidachi@ vip. 163. com
【主要产品】磷酸;磷酸盐;黄磷;磷酸二氢钾(农用);磷酸二铵

四川什邡市跃成磷化工有限公司

四川省什邡市双盛化工区[618415]
电话:(0838)8308088;8308078;8308098
传真:(0838)8305189　有进出口权
网址:www. yuechengchemical. com
E-mail:ljgyuecheng@ yahoo. com. cn
【主要产品】磷酸;三聚磷酸钠;磷酸二氢钠;磷酸二氢钾;磷酸三钠;磷酸氢二钠;磷酸钾;磷酸一铵(工业级)

四川世坤植化有限公司

四川省什邡市利民路 322 号[618400]
电话:(0838)8232728;13981072158
传真:(0838)8232729
法人代表:胡继全
网址:www. skmrm. com
【主要产品】硫酸氢黄连素;硫酸黄连素;盐酸小檗碱;黄芩苷;罗通定;芦丁;齐墩果酸;人工牛黄;金银花提取物;双花连翘提取物;黄芪多糖

四川同晟氨基酸有限公司

四川省德阳市柏隆镇[618000]
电话:(0838)2274206;3664246
传真:(0838)2274207　法人代表:兰军
供销电话:2274206;13981077607
经济类型:有限责任公司
网址:www. aminoacids. cn
E-mail:amino@ vip. sina. com
【主要产品】氨基酸;双甘氨肽;DL-缬氨酸;谷氨酸苄酯;谷氨酸甲酯;*N*-乙酰-L-谷氨酸;L-赖氨酸盐酸盐;DL-谷氨酸;L-焦谷氨酸;D-焦谷氨酸;DL-焦谷氨酸;L-亮氨酸;DL-亮氨酸;DL-精氨酸盐酸盐;L-酪氨酸;DL-酪氨酸;谷氨酸;D-谷氨酸;蛋氨酸

川

四川同泰植物化工有限公司

四川省什邡市城南新区[618400]
电话:(0838)8266396;13881082488
传真:(0838)8266396
【主要产品】盐酸小檗碱;穿心莲内酯;人工牛黄;连翘提取物;金银花提取物;丹参提取物;当归提取物;蒲公英提取物;苦参提取物;甘草提取物;穿心莲提取物;紫花地丁提取物;黄芩提取物;黄芪多糖

四川雄飞利通药业有限公司

四川省广汉市深圳西路三段[618300]
电话:(0838)5196112;5196113
传真:(0838)5196117 职工人数:189 人
网址:www. meditone. com. cn
E-mail:meditone@ vip. 163. com
【主要产品】谷氨酸诺氟沙星;长春质碱;长春瑞宾双酒石酸盐

四川友信化工有限责任公司

四川省什邡市洛水工业园区[618401]
电话:(0838)8704288;8704287;13568230888
传真:(0838)8704286
经济类型:有限责任公司
网址:www. youxinchem. com
E-mail:youxin@ youxinchem. com
【主要产品】磷酸三镁;磷酸三钠;磷酸三钠(无水);磷酸氢二钠(无水);磷酸钾;磷酸硼;磷酸氢钙(食用级);磷酸钙

四川正华药业有限公司

四川省广汉市南昌路[618300]
电话:(0838)5102275;5102053
传真:(0838)5100153
经济类型:股份有限公司
网址:www. zhenghuapharma. com
E-mail:pharma@ zhenghuapharma. com
【主要产品】L-胱氨酸;L-亮氨酸;芦丁;硫酸软骨素;辛弗林;曲克芦丁;左旋多巴;胃蛋白酶;胰酶(药用);细胞色素 C;L-酪氨酸

中国民航广汉长空橡胶密封件厂

四川省广汉市南门外飞机场[618307]
电话:(0838)5190032
传真:(0838)5192830
网址:www. caacck. com
E-mail:sale@ caacck. com
【主要产品】聚四氟乙烯密封圈;橡胶制品;橡胶膜片;O 形密封圈;Y 形密封圈;V 形密封圈;橡胶防尘密封圈

绵阳市

江油川西北恒远天然气化工有限公司

四川省江油市太白东路[621709]
电话:(0816)3662858
传真:(0816)3616668
网址:www. cxbhg. cn
E-mail:office@ cxbhg. cn
【主要产品】二氧化硫;硫黄;不溶性硫黄;甲醇

绵阳高新区东方源生物科技有限公司

四川省绵阳市高新区一康路 16 号[621000]
电话:(0816)2547788;2532909;13890199155
传真:(0816)2547688
网址:mydfy. cn. alibaba. com
E-mail:mydfy@ alibaba. com. cn;dfybio@ 163. com
【主要产品】盐酸小檗碱;黄芩苷;芦丁;喜树碱;7-乙基喜树碱;甲基橙皮苷;地奥明;连翘提取物;金银花提取物;丹参提取物;板蓝根提取物;双花连翘提取物;红景天提取物;黄芪提取物;厚朴提取物;枳实提取物;蒲公英提取物;白芍提取物;芍药苷;黄芪多糖;槲皮素

绵阳启明星磷化工有限公司

四川省绵阳市临园路东段 72 号[621000]
电话:(0816)2431253;2431254;4563088
传真:(0816)2431255;4563035
供销电话:4563135 有进出口权
职工人数:500 人 法人代表:黄清志
网址:www. qmxchem. com
E-mail:qmx@ qmxchem. com
【主要产品】磷酸;三聚磷酸钠;五硫化二磷;六偏磷酸钠;磷酸二氢钠;磷酸二氢钾;磷酸三钠;磷酸氢二钠;黄磷;甲酸;甲酸钠;过磷酸钙;磷酸一铵;磷酸二铵;焦磷酸二氢二钠;磷酸氢钙(食用级);磷酸脲

绵阳燃气集团公司涪江钢铁公司

四川省江油市旁坪坝[621719]
电话:(0816)3503002
传真:(0816)3503002
职工人数:182 人
供销电话:3503599
法人代表:陈远全
网址:www. myrqfg. cn
E-mail:office@ myrqfg. cn
【主要产品】粗苯;煤焦油;焦炭

绵阳市联创化工有限公司

四川省绵阳市长虹大道中段福星楼一单元 902 [621000]
电话:(0816)2335157;13890193962
网址:www. mylchg. com
E-mail:mylchg@ 163. com
【主要产品】磷酸二氢钾(农用);冲施肥

绵阳市三江化工有限公司

四川省绵阳市南郊工业园涪城区塘汛镇[621001]
电话:(0816)2844568;2845151;2845058
传真:(0816)2845132 法人代表:李龙
经济类型:私营企业
网址:www. mysanjiang. com
E-mail:yang@ mysanjiang. com
【主要产品】甲醛

绵阳市世兴高分子材料科技有限公司

四川省绵阳市游仙经济试验区游仙镇[621000]
电话:(0816)6283117;13881159955
传真:(0816)6283117
供销电话:6283117;13550855526
网址:www. my-shixing. com
E-mail:my-shixing@ 163. com
【主要产品】增强尼龙 6;改性 PBT;改性聚苯硫醚;改性聚苯醚;尼龙 66 系列工程塑料;聚碳酸酯合金

绵阳天明磷化工有限公司

四川省绵阳市安县河清镇干河子[622658]
电话:(0816)4563028;4563098
传真:(0816)4563028;4563016
经济类型:私营企业 有进出口权
职工人数:160 人 法人代表:周天明
网址:www. cn-tmchem. com
E-mail:sales@ cn-tmchem. com
【主要产品】磷酸;六偏磷酸钠;磷酸三钠;磷酸二铵(工业级);黄磷

三台县启明星磷酸盐有限公司

四川省绵阳市芦溪[621101]
电话:(0816)5662588;5662108
法人代表:黄清志
网址:www. aostar. cn
E-mail:aostar813@ 163. com
【主要产品】硫酸;磷酸;三聚磷酸钠;五硫化二磷;六偏磷酸钠;六偏磷酸钠(食品级);焦磷酸钠(食品级);磷酸二氢钠;磷酸二氢钾;磷酸三钠;磷酸二铵(工业级);磷酸一铵(工业级);黄磷;过磷酸钙;氮磷钾复合肥;磷酸氢二钠(食用级);食用磷酸;焦磷酸二氢二钠;磷酸脲

四川东方绝缘材料股份有限公司

四川省绵阳市东兴路 6 号[621000]
电话:(0816)2972888;2281537
传真:(0816)2283860
职工人数:1,600 人
网址:www. dongfang-insulation. com
E-mail:dfjszx@ sohu. com
【主要产品】不饱和聚酯树脂;酚醛清漆;氨基醇酸快固化浸渍漆;1032 三聚氰胺醇酸浸渍漆;聚酯漆包线漆;改

性聚酯漆包线漆;聚氨酯漆包线漆;聚氨酯胶黏剂

四川古杉油脂化学有限公司

四川省绵阳市三台县南河路40号[621100]
电话:(0816)5231555
传真:(0816)5230361　有进出口权
经济类型:有限责任公司
职工人数:46人　法人代表:林正
网址:www.gsfoc.com
E-mail:gscp@gsfoc.com
【主要产品】丙三醇;硬脂酸;13-二十二碳烯酸;芥酸甲酯;环保柴油

四川凯特科技集团有限公司

四川省绵阳市梓潼县经济园区[621000]
电话:(0816)8326088
传真:(0816)8326999
网址:www.kaite.cn
【主要产品】牛磺酸;合成洗衣粉

四川绵阳神龙饲料有限公司

四川省绵阳市安县秀水工业园区[622655]
电话:(0816)4665419;4665416
传真:(0816)4665418
网址:www.shen-long.cn
E-mail:tang129@163.com
【主要产品】磷酸二氢钙(食用级);磷酸氢钙(食用级)

四川省安县银河建化集团有限公司

四川省安县睢水镇[622656]
电话:(0816)4672215;4672262;4672455
传真:(0816)4672261
供销电话:4672455;13981152885
企业规模:大型
网址:www.jiannanchem.com;
www.yinhejituan.com
E-mail:anjianchem@sina.com
【主要产品】硫酸氢钠;重铬酸钠;重铬酸钾;重铬酸铵;三氧化铬;铬酸钾;铬酸钠;铬;橘铬黄;铬黑;氧化铬绿;金属铬合鞣剂

四川什邡市川鸿磷化工有限公司

四川省绵阳市临园路东段10号顺河公寓[621000]
电话:(0816)2247020;2247015;
13808105622
传真:(0816)2247015　有进出口权
经济类型:有限责任公司
产值:500千元　职工人数:80人
法人代表:徐彬
网址:www.chhychem.com
E-mail:scch@chhychem.com
【主要产品】磷酸;三聚磷酸钠;六偏磷酸钠;焦磷酸钠(无水);磷酸二氢钠;磷酸二氢钾;磷酸三钠;磷酸氢二钠;磷酸氢二钾;磷酸钾;磷酸二铵(工业级);磷酸一铵(工业级);赤磷;磷酸钙;磷酸脲;多聚磷酸铵

四川西普化工股份有限公司

四川省绵阳市高新区火炬南路111号[621000]
电话:(0816)2534816;2535099
传真:(0816)2531688;2531620
供销电话:2535099;2534816
经济类型:股份有限公司　有进出口权
网址:www.sipo.com.cn
E-mail:sipo@sipo.com.cn
【主要产品】二十二醇;二十八醇;13-二十二碳烯-1-醇;丙三醇;油醇;壬酸;壬二酸;硬脂酸;顺二十碳-9-烯酸;二十碳饱和脂肪酸;13-二十二碳烯酸;正二十二酸;棕榈酸;脂肪酸;十三碳二元酸;山萮酸甘油酯;巴西酸乙二醇酯;油酸;植物油酸;植物沥青

雅化集团绵阳实业有限公司

四川省绵阳市游仙区新桥镇[621007]
电话:(0816)2777212;2777142
传真:(0816)2777212　职工人数:800人
供销电话:2777130
经济类型:有限责任公司
网址:www.scyahua.com/chineses/fgs/mygs.htm
【主要产品】工业电雷管;工业火雷管;工业导火索;震源导爆索;导爆管;导爆管雷管

遂宁市

四川蓬莱盐化有限公司

四川省遂宁市大英县[629300]
电话:(0825)7851421;7851422
传真:(0825)7851421　法人代表:姚国
经济类型:有限责任公司
企业规模:大型
网址:scplyh.und.com.cn
E-mail:plyh@sc-pengyan.com.cn
【主要产品】硫酸钡;氯化钠(精制);氯化钙(二水);碘(药用);溴素;天然气

四川省射洪锂业有限责任公司

四川省射洪县城北[629200]
电话:(0825)6691338
传真:(0825)6691338　有进出口权
经济类型:有限责任公司
网址:www.likunda-china.com
E-mail:likunda@hi2000.com;
shly@hi2000.com
【主要产品】氢氧化锂;硫酸钠;硫酸锂(一水);磷酸锂;碳酸锂;碳酸锂(高纯);氟化锂;溴化锂;碳酸锂(药用)

四川省永业化工有限公司

四川省遂宁市108号信箱[629001]
电话:(0825)2950526;2950033;2516359
传真:(0825)2950526;2950033
供销电话:2516354　有进出口权
经济类型:股份有限公司
职工人数:75人
网址:www.yongyechem.com;
www.yongyechem.cn
E-mail:sales@yongyechem.com
【主要产品】硫化锌;羟乙基砜;β-巯基乙醇

遂宁青龙丙烯酸酯橡胶厂

四川省遂宁市市中区新桥镇梓潼[629000]
电话:(0825)2891358
传真:(0825)2891358
网址:snql.und.com.cn
【主要产品】丙烯酸酯橡胶

内江市、资阳地区

简阳市金龙化工厂

四川省简阳市镇金镇赵家[641416]
电话:(0832)7511260
传真:(0832)7511260　职工人数:40人
供销电话:7511260;13982911690
网址:yebin260.cn.alibaba.com
【主要产品】硫酸锌(食用级);氧化锌

四川大川压缩机有限责任公司

四川省简阳市建设路[641400]
电话:(0832)4038754
传真:(0832)4038000　职工人数:782人
供销电话:7013942　法人代表:罗解忠
供销传真:7012030
经济类型:有限责任公司
网址:www.schx.cn
E-mail:hxhlb@163.net
【主要产品】空压机;氢氮气压缩机;二氧化碳压缩机;特殊介质气体压缩机;甲醇装置压缩机

四川菲德力制药有限公司

四川省内江市东兴区红牌路680号[641100]
电话:(0832)2240686;2240298;2240505
传真:(0832)2240082　职工人数:250人
供销电话:13937086909
网址:www.friendly-pharm.com
E-mail:fdlzygs.2003@163.com
【主要产品】胆甾醇;牛羊胆酸;甲状腺粉;硫酸软骨素;胰酶(药用);胃膜素;肝素钠;水牛角浓缩粉;人工牛黄;猪胆酸;猪胆粉

四川国光农化有限公司

四川省简阳市东风路28号[641400]
电话:(0832)7890230;7890231;7890232
传真:(0832)7017457　有进出口权
供销电话:7015253
网址:www.scggic.com

川

【主要产品】硫酸铜(药用);α-萘乙酸;吡虫啉可湿性粉剂;氯氰菊酯乳油;12.5%烯唑醇可湿性粉剂;乙磷铝可湿性粉剂;多菌灵可湿性粉剂;三唑酮可湿性粉剂;五氯硝基苯粉剂;甲基硫菌灵可湿性粉剂;代森锌可湿性粉剂;代森锰锌可湿性粉剂;福美双可湿性粉剂;25%咪鲜胺乳油;40%乙烯利水剂;2,4-二氯苯氧乙酸钠;矮壮素水剂(50%);甲哌鎓;甲哌鎓水剂;甲哌鎓可溶性粉剂;多效唑可湿性粉剂;烯效唑可湿性粉剂;50%噻苯隆可湿性粉剂;甲霜·锰锌可湿性粉剂;酮·锰锌可湿性粉剂;10%苯丁·哒乳油;拌·福可湿性粉剂;多·锰锌可湿性粉剂;锰锌·乙铝可湿性粉剂

四川山山内江制药厂

四川省内江市红光路625号[641000]
电话:(0832)2151071;2150072
传真:(0832)2150439 经济类型:国有
企业规模:大型 法人代表:代云国
网址:www.shanshanyy.com
E-mail:scshanshanzhiyao@sohu.com
【主要产品】红霉素;硫氰酸红霉素;葡萄糖

四川山山药业集团有限公司

四川省成都市人民南路一段86号城市之心商务大厦28楼A[610016]
电话:(0832)2039925
传真:(0832)2046538
供销电话:(028)86203892
供销传真:(028)86203900
经济类型:有限责任公司
企业规模:大型 职工人数:4,200人
网址:www.shanshanyy.com
E-mail:shanshan@shanshanyy.com
【主要产品】石膏;硫酸;亚硫酸铵;六氟化硫;氟硅酸钠;二氧化碳;乙醇;合成氨;过磷酸钙;磷酸一铵;磷酸二铵;混配复合肥料;复合肥;红霉素;硫氰酸红霉素;葡萄糖;普通硅酸盐水泥

四川省兴乐化工股份有限公司

四川省资中县龙都大酒店12楼[641300]
电话:(0832)5612511
传真:(0832)5603599
经济类型:私营企业 法人代表:魏永忠
职工人数:2,380人
网址:www.xingle.com.cn
E-mail:zxf@xingle.com.cn
【主要产品】液氨(工业用);合成氨;碳酸氢铵;水泥

四川盛龙化工有限公司

四川省内江市威远县越溪镇[642450]
电话:(0832)8923666
传真:(0832)8923444
供销电话:8923666;13990350288
法人代表:谢茂胜
网址:www.shenglongchem.com.cn
E-mail:sales@shenglongchem.com.cn
【主要产品】硫化钠;硫酸钠

乐山市、眉山地区

安徽全力化工有限公司彭山合成洗涤剂厂

四川省彭山县观音镇梓潼村[620864]
电话:(0833)7668301;7668988
供销传真:7668338 经济类型:集体
企业规模:大型 职工人数:310人
网址:www.quanli.com.cn/xsgs.asp?com_id=49
【主要产品】合成洗衣粉;洗洁精

安徽全力集团有限公司彭山元明粉厂

四川省彭山县天宫村[620866]
电话:(0833)7667018;7660820
经济类型:集体 职工人数:155人
网址:www.quanli.com.cn
【主要产品】硫酸钠

华西(四川彭山)混凝土外加剂有限公司

四川省彭山县青龙镇莲池村立交桥南口[620860]
电话:(0833)7668851;13708050612
传真:(0833)7668655 职工人数:200人
经济类型:外商独资 法人代表:陈春龙
网址:www.hi-con.com.cn
E-mail:hicon@tfol.com
【主要产品】堵漏剂;高效减水剂;减水剂;萘系高效减水剂;混凝土缓凝高效减水剂;混凝土早强减水剂;混凝土速凝剂;防冻剂;泵送剂

乐山三九长征药业股份有限公司

四川省乐山市市中区柏杨路120号[614006]
电话:(0833)2492226;2492330
传真:(0833)2493682 有进出口权
供销电话:2492226;2492330
经济类型:股份有限公司
企业规模:大型 职工人数:2,600人
法人代表:郭晋升
网址:www.longmarch-cn.com
【主要产品】头孢噻肟钠;硫酸链霉素;硫酸双氢霉素;硫酸新霉素;土霉素;盐酸土霉素;利福喷丁

乐山市金光化工工业有限责任公司

四川省乐山市金口河区金河镇[614701]
电话:(0833)2771198
传真:(0833)2771198 有进出口权
经济类型:有限责任公司
法人代表:程瑞光
【主要产品】磷酸;三聚磷酸钠;磷酸一铵;磷酸二铵

眉山市川美化工有限公司

四川省眉山市玫瑰园8公寓[620010]
电话:(0833)8783223;13990311656
传真:(0833)8191670
网址:www.chuanmeissa.cn
【主要产品】烧碱(固体);纯碱;硫化钠;硫酸钠;磷酸三钠;碱性蛋白酶

眉山市东坡区晶鑫化工厂

四川省眉山市东坡区富牛镇[620036]
电话:(0833)8080598;13808160188
传真:(0833)8080529 产值:500千元
经济类型:私营企业 职工人数:50人
法人代表:周云良
网址:www.jingxin.chem.cn
E-mail:jxhg@vip.sina.com;jxhg@chem.cn
【主要产品】聚磷酸;五氧化二磷

四川八海化工有限公司

四川省眉山市万胜工业区[620038]
电话:(0833)8256555;8910684;13990390883
传真:(0833)8258858 职工人数:150人
网址:www.chinachemnet.com
E-mail:scbhhg@chemnet.com
【主要产品】磷酸;烧碱(固体);硫化钠;硫酸钠;磷酸三钠;磷酸一铵(工业级)

四川成洪磷化工有限责任公司

四川省洪雅县临江路23号[620360]
电话:(0833)7496086;7496867;7496816
传真:(0833)7496017;7496867
供销电话:7496389;7496866
经济类型:有限责任公司 有进出口权
法人代表:李全东
网址:www.chpchem.com
E-mail:quandong@chpchem.com;zp@chpchem.com
【主要产品】磷酸;聚磷酸;三聚磷酸钾;三聚磷酸钠;六偏磷酸钠;六偏磷酸钠(食品级);单氟磷酸钠;焦磷酸钠;焦磷酸钠(食品级);焦磷酸钾;焦磷酸铁;磷酸二氢钠;磷酸二氢钾;磷酸三钠;磷酸氢二钠;磷酸氢二钾;磷酸钾;磷酸二铵(工业级);磷酸一铵(工业级);磷酸铁;黄磷;氯化四羟甲基磷;四羟甲基硫酸磷;磷酸二铵;磷酸氢二钠(食用级);三偏磷酸钠;食用磷酸;焦磷酸二氢二钠;焦磷酸亚铁;多聚磷酸钠;复合磷酸盐;多聚磷酸钾;偏磷酸钾;磷酸脲;多聚磷酸铵

四川川西制药股份有限公司

四川省彭山县经济开发区志远路1号[620860]
电话:(0833)7641881
传真:(0833)7641709
经济类型:股份有限公司
网址:www. yaochina. com. cn
E-mail:cxzy@ yaochina. com. cn
【主要产品】医用橡胶塞;抗菌素橡胶瓶塞

四川辉硕化工有限公司

四川省乐山市五通桥区盐化工业园区[614800]
电话:(0833)3341828;5999919;3199598
传真:(0833)3341830
网址:huishuo. chemnet. com
E-mail:schs830@ vip. sina. com
【主要产品】2-降冰片烯;2,5-降冰片二烯;1,3-二苯基金刚烷;5-降冰片烯-2-甲醛;5-降冰片烯-2-甲醇;5-降冰片烯-2-醇;1-金刚烷乙醇;乙二醇单烯丙基醚;5-降冰片烯-2-羧酸叔丁酯;1-金刚烷基乙酸;1,3-金刚烷基二乙酸;3-羟基-1-金刚烷基乙酸;3-苯基-1-金刚烷基乙酸;3-溴-1-金刚烷基乙酸;3-羟基-1-金刚烷基甲酸;3-苯基-1-金刚烷基甲酸;3-溴-1-金刚烷基甲酸

四川金象化工股份有限公司

四川省眉山市东坡区[620031]
电话:(0833)8180340;13890307203
传真:(0833)8181340　经济类型:国有
供销电话:8183086;13350538666
法人代表:雷林
网址:www. jxgf. com
E-mail:jxgf@ jxgf. com
【主要产品】硝酸;亚硝酸钙;二氧化碳(食用);甲醛;液氨;尿素;硝酸铵;碳酸氢铵;硝铵磷锌;硝酸铵钙;硝酸铵磷

四川金庄化工有限公司

四川省眉山市三苏大道[620020]
电话:(0833)8113168;8184999
传真:(0833)8113518;8181489
供销电话:8388925　有进出口权
经济类型:股份合作　产值:30,000千元
职工人数:500人　法人代表:郭庆春
网址:www. jzhg. net
E-mail:jzhg@ jzhg. net
【主要产品】硫酸钠;三聚磷酸钠;碱性蛋白酶

四川明达集团峨边华泰活性炭有限责任公司

四川省峨边县沙坪镇河沟村赵家坪[614300]
电话:(0833)5258469;5258930
传真:(0833)5258536　职工人数:480人
固定资产:5,000千元
网址:www. huataicarbon. com
E-mail:meixueying@ 163. com
【主要产品】活性炭

四川青神康华制药有限公司

四川省眉山市青神县南门外[620460]
电话:(0833)8810984;8811732;13708167220
传真:(0833)8810984　经济类型:国有
供销电话:8810984;13708167221
法人代表:韦志永
网址:www. sckhzy. com
E-mail:xsb@ sckhzy. com
【主要产品】龙脑

四川省丹棱县华康化工有限公司

四川省丹棱县双桥镇金藏村[620203]
电话:(0833)7283089;13909035661
传真:(0833)7283666　职工人数:500人
经济类型:私营企业
网址:www. chinachemnet. com/company/0118c. htm
E-mail:hk_lxj@ 163. com
【主要产品】硫化钠;硫酸钠

四川省洪雅青衣江化工有限公司

四川省洪雅县洪川镇[612360]
电话:(0833)7480148;7480648
传真:(0833)7480052　职工人数:900人
经济类型:有限责任公司
法人代表:余建兵
网址:www. qyjchem. com
E-mail:qyjhg123@ sina. com
【主要产品】硫酸钠

四川省建新化工厂

四川省眉山市万胜镇[620038]
电话:(0833)8570070
传真:(0833)8570073　经济类型:国有
供销电话:8570073
网址:hy. shidui. com/sichuan/sichuan06993. html
【主要产品】硫酸钠(十水)

四川省江源天然产物有限公司

四川省洪雅县金釜[620360]
电话:(0833)7574676;7574677;13183886187
传真:(0833)7574008
供销电话:(028)83137677
供销传真:(028)83137677
网址:www. cjycn. com
E-mail:ysj@ cjycn. com
【主要产品】喜树碱;10-羟基喜树碱;7-乙基喜树碱;7-乙基-10-羟基喜树碱;盐酸伊立替康

四川省乐山市福华农药科技有限公司

四川省乐山市五通桥区建设街[614800]
电话:(0833)3350028
传真:(0833)3350028　职工人数:256人
网址:www. scfhny. com
E-mail:acsale@ fuhua-group. com
【主要产品】二甲氧基甲烷;一氯甲烷;草甘膦水剂(10%);草甘膦;41%草甘膦异丙胺盐水剂

四川省眉山市华威高科技生物有限公司

四川省眉山市太和经济开发区[620039]
电话:(0833)8808218
传真:(0833)8530878　职工人数:121人
固定资产:21,600千元
供销电话:8808215;13118359949
经济类型:有限责任公司
网址:www. cnhuawei. net
E-mail:hw@ cnhuawei. net
【主要产品】碱性蛋白酶

四川省眉山天海工贸有限公司

四川省眉山市诗书路中段10号[620010]
电话:(0833)8111522;8111523
传真:(0833)8106406
网址:www. mstianhai. com
E-mail:tianhai@ chemnet. com
【主要产品】硫酸钠

四川省眉山天和化工有限公司

四川省眉山市东坡区一环路北段[620010]
电话:(0833)8101755;8108518;8386555
传真:(0833)8111345
经济类型:私营企业
网址:chuanhe. chemnet. com
E-mail:chuanhe@ chemnet. com
【主要产品】纯碱;硫化钠;硫酸钠;三聚磷酸钠;磷酸三钠

四川省眉山艺精芒硝有限公司

四川省眉山市东坡区盘鳌镇人民街65号[620038]
电话:(0833)8640090;8104036;8640388
传真:(0833)8640158;8104136
供销电话:8104236;8640037
经济类型:私营企业　有进出口权
法人代表:彭聪麟
网址:www. ms-yj. com
E-mail:lf13990@ 126. com
【主要产品】硫酸钠

四川省明星化工有限公司

四川省眉山市东坡镇新乐路一环南段[620030]
电话:(0833)8292658;8290598;8290818
传真:(0833)8290759
经济类型:有限责任公司
法人代表:袁俪宾

网址:www.mxchem.com.cn
E-mail:mxchem@hi2000.com
【主要产品】硫酸钠

四川省彭山磷盐化工厂

四川省彭山县观音镇工业小区[620864]
电话:(0833)7670338
传真:(0833)7670338
网址:cqpslyhgc.my.sme.cn
【主要产品】磷酸;磷酸二氢钠;磷酸二氢钾;磷酸氢二钠;磷酸一铵(工业级);有机硅消泡剂;聚合硫酸铁;聚合硫酸铁铝

四川省彭山先锋化工有限公司

四川省彭山县青龙镇经济开发区[620866]
电话:(0833)7660619;7660213
传真:(0833)7660609 有进出口权
供销电话:13980363213
经济类型:股份有限公司
产值:5,000千元
职工人数:98人
网址:www.xianfengchem.com
E-mail:pszhen@ms-public.sc.cninfo.net
【主要产品】磷酸;三聚磷酸钠;六偏磷酸钠;磷酸二氢钠;磷酸二氢钾;磷酸三钠;磷酸氢二钾;磷酸二铵(工业级);磷酸一铵

四川省仁寿川祥精细化工厂

四川省仁寿县青石乡[620500]
电话:(0833)6719006;13808169333
传真:(0833)6512123
经济类型:私营企业
网址:www.cx-chemical.com
E-mail:cx@cx-chemical.com
【主要产品】三甲基一氯硅烷;1,3-双三甲硅基脲;六甲基二硅氮烷;六甲基氧二硅烷;橡胶补强剂

四川省用九生化制品有限公司

四川省青神县外南街73号[620460]
电话:(0833)8815999
传真:(0833)8810555
网址:www.yjsh.com.cn
E-mail:scyjsh@yjsh.com.cn
【主要产品】L-胱氨酸;L-亮氨酸;L-精氨酸;L-精氨酸盐酸盐;硫酸软骨素;L-酪氨酸

四川同庆南风有限责任公司

四川省彭山县青龙镇[620866]
电话:(0833)7669144;7660788
传真:(0833)7669144
经济类型:有限责任公司
法人代表:朱安乐
网址:www.ms.gov.cn/chinese/EQL/006/index.htm
【主要产品】硫酸钠

四川新星化工有限公司

四川省眉山市东坡区一环路北段[620020]
电话:(0833)8108339;8105225;8112695
传真:(0833)8113957 有进出口权
供销电话:8108339;13808166130
网址:www.msxy.com
E-mail:mszzq@msxy.com;
【主要产品】硫化钠;硫酸钠(十水);硫酸钠;偏硅酸钠;碱性蛋白酶

四川亚西橡塑机器有限公司

四川省乐山市五通桥区牛华镇胜利街128号[614801]
电话:(0833)3208866;3208867
传真:(0833)3208250
网址:www.yxxs.com
E-mail:yxjq@vip.163.com
【主要产品】密炼机;橡胶压延机;开放式炼胶机;开放式炼塑机;加压式捏炼机

四川银丰化工有限公司

四川省眉山市东坡区三苏大道东段276号[620020]
电话:(0833)8109615;8112668;8115539
传真:(0833)8108252
供销电话:8112668;13909037956
经济类型:私营企业
网址:www.scyfchem.com
E-mail:yfhg@scyfchem.com
【主要产品】硫酸钠;偏硅酸钠;蛋白酶

南充市

四川春飞日化股份有限公司

四川省南充市嘉陵区南干道春飞路1号[637005]
电话:(0817)3634888
经济类型:股份有限公司 有进出口权
法人代表:蒲发春
网址:www.chinachunfei.com
E-mail:chunfei@chinachunfei.com
【主要产品】肥皂粉;无磷洗衣粉

四川光亚科技股份有限公司

四川省南充市嘉陵区维康大道[637005]
电话:(0817)4982680
传真:(0817)4982678
经济类型:股份有限公司
网址:www.scgy.com
E-mail:scgy@scgy.com;
dengke@scgy.com
【主要产品】丙烯酸;烯丙基三甲基氯化铵;丙烯酰胺;烯丙基磺酸钠;二甲基二烯丙基氯化铵;石油破乳剂;助排、破乳多效添加剂;水解聚丙烯腈钠盐;油井水泥早强增塑剂;无荧光润滑剂;聚丙烯酰胺钾盐;耐温耐盐聚丙烯酰胺;钻井用润滑剂;油井水泥降失水剂;降滤失剂;抗高温抗盐降滤失剂;无荧光防塌降滤失剂;钻井液用稀释剂;油溶性暂堵剂;堵漏剂;降黏剂;清防蜡剂;油井水泥膨胀剂;压裂助排剂;压裂稠化剂;油井水泥消泡剂;钻井液消泡剂;油井水泥缓凝剂;油井水泥分散剂;钻井液用强包被剂;油田酸化缓蚀剂;黏土稳定剂;油田驱油剂;防砂剂;高温交联剂;铁离子稳定剂;胶束剂;酸化多效添加剂

四川宏泰生化有限公司

四川省南充市嘉陵区嘉南路[637100]
电话:(0817)3631750;3326338
传真:(0817)3326019
供销电话:3326011
经济类型:有限责任公司
法人代表:董永良
网址:www.schtsh.com
E-mail:mengmeng123@126.com
【主要产品】合成氨;尿素;碳酸氢铵;混配复合肥料;生物肥

宜宾市

江安杜威克化学技术开发有限责任公司

四川省江安县井口镇川安工业园[644219]
电话:(0831)2851681;2850265
传真:(0831)2851681
网址:202.101.43.178/chem/sichuan/duweike
E-mail:fu.jw816@yahoo.com.cn
【主要产品】*N*-苄基-3-吡咯烷醇;1-苄基-3-氨基吡咯烷;3-羟基吡咯烷;(*R*)-3-羟基吡咯烷盐酸盐;1-叔丁氧羰基-3-哌啶甲醇;3-氨基吡咯烷;*N*-叔丁氧羰基-4-氨基哌啶;1-苄基-3-吡咯烷酮;*N*-叔丁氧羰基哌嗪;1-叔丁氧羰基-4-(3-羟基丙基)哌嗪;*N*-苄氧羰酰基-4-哌啶酮

四川红光化工有限公司

四川省南溪县罗龙镇[644104]
电话:(0831)3392662;3392277;3392987
传真:(0831)3300016 经济类型:国有
供销电话:3392980;3392277
供销传真:3300073 有进出口权
职工人数:2,000人 法人代表:郑立岗
网址:www.schgchem.com
E-mail:hgwm@163.net;
hgwm@schgchem.com
【主要产品】3,5-二羟基苯甲酸;2,4-二硝基甲苯;4-硝基甲苯;2-硝基甲苯;3-硝基甲苯;4-硝基苯甲酸;2,5-二甲基苯酚;3,5-二甲基苯酚;3-甲酚;4-氨基苯酚;间苯三酚;3-氨基苯酚;对硝基甲苯邻磺酸;4,4′-二氨基二苯乙烯-2,2′-二磺酸;3,5-二羟基苯甲醇;盐酸洛美沙星;帕苏沙星;对乙酰氨基酚;甲磺酸多沙唑嗪;盐酸西替利嗪;2,4,6-

三硝基甲苯；二硝基甲苯

四川省宜宾市川汇香料有限责任公司

四川省宜宾市翠屏区外南街59号2楼[644000]
电话：(0831)8220295；8221054；8254100
传真：(0831)8220371；8254190
供销电话：8220371　法人代表：刘磊
经济类型：有限责任公司
网址：www. hylive. com/sichuan/sichuan13574. html
【主要产品】樟脑；松油醇；山苍子油；白樟油；黄樟油；柏木油；桉叶油；胡椒醛

四川文龙药业有限公司

四川省南溪县长江大道东段157号[644100]
电话：(0831)3322058；3322517；13909093012
传真：(0831)3322058
供销电话：3322517；13909093366
法人代表：涂文龙
网址：www. scwlyy. cn
E-mail：scwl@ scwlyy. cn
【主要产品】穿琥宁；穿心莲内酯；亚硫酸氢钠穿心莲内酯；穿心莲浸膏；紫丹参浸膏

五粮液集团精细化工有限公司

四川省宜宾市岷江西路150号[644007]
电话：(0831)3541998；3510097
传真：(0831)3541998；3510097
供销电话：3566597；3541998
网址：www. wlyjxhg. cn
E-mail：002@ wlyjxhg. cn
【主要产品】乳酸；外墙涂料；丙烯酸内墙乳胶漆；装修漆；水性木器漆；白炭黑

宜宾北方川安化工有限公司

四川省宜宾市江安县井口镇[644219]
电话：(0831)2850929
传真：(0831)2850929
网址：www. ybbfchemical. com
E-mail：sales@ ybbfchemical. com
【主要产品】2-氯苯并咪唑；2，4-二羟基苯甲醛；对苄氧基氯苄；3，5-二氯苯胺；*N*-乙酰基吗啉；1-(4-氟苄基)-2-氯苯并咪唑；DL-邻氯苯甘氨酸；对氯苯甘氨酸；卡巴肼；2-甲硫基-4-嘧啶酮；烯酰吗啉；腐霉利；敌草胺

宜宾恒德化学有限公司

四川省宜宾市高县城郊工业区[645150]
电话：(0831)5421451；13909094582
传真：(0831)5424290-188
经济类型：有限责任公司
网址：www. ybhdhx. com
E-mail：ybhdhx1@ ybhdhx. com；ybhdhx2@ ybhdhx. com
【主要产品】溶解乙炔；电石；2，5-二甲基-2，5-己二醇；2，5-二甲基-3-己炔-2，5-二醇；2-甲基-3-丁炔-2-醇；3-甲基-1-戊炔-3-醇

宜宾建中香料有限公司

四川省宜宾市273信箱丁75分箱[644000]
电话：(0831)8279282
传真：(0831)8279281；8279283
网址：www. chinajianzhong. com
E-mail：yb8788@ yb-public. sc. cninfo. net
【主要产品】对孟烷；蒎烷；乙酸柏木酯；樟脑；对丙烯基茴香醚；松油醇；氢化松油醇；山苍子油；黄樟油；异黄樟脑；二氢黄樟素；桉叶油；柏木脑；胡椒醛；新洋茉莉醛；柠檬醛；甲基柏木醚；柠檬腈

宜宾丝丽雅股份有限公司

四川省宜宾市南岸航天路[644002]
电话：(0831)2360496
传真：(0831)2360067
经济类型：有限责任公司
企业规模：大型
网址：www. productscn. com/Html/Companies/7682
E-mail：root@ cn-grace. com
【主要产品】黏胶长丝

宜宾天原股份有限公司

四川省宜宾市翠屏区下江北[644004]
电话：(0831)3608326；3608888；3608101
传真：(0831)3601446　经济类型：国有
供销电话：3608433　有进出口权
供销传真：3602222　企业规模：大型
法人代表：肖池权
网址：www. ybty. com
E-mail：ybtygxc@ 163. net
【主要产品】盐酸；烧碱；烧碱(液体)；烧碱(固体)；漂白粉；三聚磷酸钠；氯气(液)；电石；水合肼；聚氯乙烯树脂；聚氯乙烯树脂(微悬浮法)；聚氯乙烯树脂SG-2；聚氯乙烯树脂SG-3；聚氯乙烯树脂SG-4；聚氯乙烯树脂SG-5；聚氯乙烯树脂SG-6；氯化聚氯乙烯树脂；强碱性苯乙烯系阴离子交换树脂(201×7型)；聚氯乙烯粒料；异黄樟脑；桉叶油；胡椒醛；偶氮二甲酰胺；水泥

宜宾威力化工有限责任公司

四川省宜宾县柏溪镇江坳口[644600]
电话：(0831)6613215
传真：(0831)6612673
供销电话：6610903　法人代表：陈良友
供销传真：6610903
经济类型：有限责任公司
网址：www. wl673. com
E-mail：wlhg673@ 163. com
【主要产品】2号岩石粉状铵锑炸药；铵磺炸药；煤矿粉状铵锑炸药3号；工业电雷管；工业火雷管；震源导爆索；导爆管

广安市

四川广安恒立化工有限公司

四川省广安市前锋工业园区平桥路40号[638019]
电话：(0826)2813896；2813897
传真：(0826)2812600
网址：www. scgahl. com
E-mail：g. anhengli@ 263. net
【主要产品】碳酸氢铵

达州市

达州市大竹玖源化工有限公司

四川省达州市大竹县柏林镇[635117]
电话：(0818)6392146；6392266
传真：(0818)6392146　职工人数：500人
供销电话：6392066　法人代表：李沈若
经济类型：外商独资
网址：www. koyochem. com/subcompany4/index. asp
E-mail：koyodz@ koyochem. com
【主要产品】合成氨；尿素；碳酸氢铵

四川省川环橡胶工业有限公司

四川省大竹县东柳工业园区[635100]
电话：(0818)6923358
传真：(0818)6231544　职工人数：800人
供销电话：6229977　法人代表：文谟统
经济类型：股份有限公司
网址：www. chuanhuan. com
E-mail：chkj@ chuanhuan. com
【主要产品】改性PVC弹性体输油管；橡胶制品；橡胶密封圈

四川通达化工有限责任公司

四川省达州市通川区朝阳东路575号[635000]
电话：(0818)2460120；2460067；2460064
传真：(0818)2460064　职工人数：330人
经济类型：有限责任公司
法人代表：黎志明
网址：www. dzzc. gov. cn/ad/tdhg/index1. htm
【主要产品】岩石铵锑炸药2号；铵油炸药；岩石粉状铵锑油炸药2号；煤矿粉状铵锑炸药3号

雅安地区

成都三联天全化工有限公司

四川省雅安市天全县兴业乡[625000]
电话：(0835)7331067；7331069；(028)83388833
传真：(0835)7331067

有进出口权
经济类型：私营企业
网址：www. sanlianchem. com/js. htm
E-mail：yw@ sanlianchem. com
【主要产品】硫酸钠

四川神虹化工集团有限公司

四川省雅安市名山县永兴镇[625107]
电话：(0835)3430988;3430999;13881638866
网址：www. shjt. cn
E-mail：admin@ shjt. cn
【主要产品】硫化钠;硫酸钠

四川省汉源县元康实业有限责任公司

四川省汉源县九襄镇甘溪坝工业开发区[625300]
电话：(0835)4382337;4391098
传真：(0835)4391001
经济类型：有限责任公司
E-mail：yuankang@ sina. com
【主要产品】盐酸;硫酸钾;硫酸锌(一水);硫酸镁(一水);硫酸锰(饲料级);氯化锌;轻质碳酸镁;氧化镁(轻质);混配复合肥料

四川省雅化实业有限责任公司

四川省雅安市陇西路20号[625000]
电话：(0835)2872166;2872188
传真：(0835)2872323
法人代表：郑戎
经济类型：有限责任公司
网址：www. scyahua. com
E-mail：scyahua@ 163. net
【主要产品】十二烷基二甲基苄基氯化铵;斯盘80;十八烷基三甲基氯化铵;十六烷基三甲基氯化铵;十二烷基二甲基甜菜碱;十二烷基三甲基氯化铵;岩石抗水硝铵炸药2号;岩石铵锑炸药4号;煤矿许用乳化炸药;工业导火索

天全县天鑫化工有限责任公司

四川省天全县大坪乡破磷村[625500]
电话：(0835)7334009;13330608111
传真：(0835)7334009
职工人数：180人
经济类型：有限责任公司
网址：www. tianxinchem. com. cn
E-mail：sales@ tianxinchem. com. cn
【主要产品】硫化钠

凉山彝族自治州

西昌锌业有限责任公司

四川省西昌市机场路[615013]
电话：(0834)2586029
传真：(0834)2586012
有进出口权
供销电话：2586085;2586062
经济类型：有限责任公司
职工人数：571人
法人代表：张斌
网址：www. china-zn. com
E-mail：xcxygs@ xc-public. sc. cninfo. net
【主要产品】硫酸;硫酸锌;氧化锌;电解锌;过磷酸钙

西昌永盛实业有限责任公司

四川省凉山彝族自治州西昌市洛沽坡[615022]
电话：(0834)3762034;3762035;3762036
传真：(0834)3762034
经济类型：有限责任公司
网址：www. 96118. org/qyxc/scsxcyssyyx-zrgs. htm
【主要产品】乳化炸药;铵锑炸药;铵油炸药;煤矿许用乳化炸药

贵 州 省

贵阳市

贵阳富捷化工有限公司
贵州省贵阳市中华南路45号华坤发展大厦15楼[550002]
电话:(0851)5827599;5833599;5833277
经济类型:外商独资
网址:www. p4chem. com
E-mail:sales@ p4chem. com
【主要产品】磷酸;三聚磷酸钠;六偏磷酸钠;磷酸三钠;黄磷;食用磷酸

贵阳花溪区青岩黄磷厂
贵州省贵阳市花溪区青岩镇龙井村[550027]
电话:(0851)3200028
传真:(0851)3200028　经济类型:集体
网址:www. hylive. com/guizhou/guizhou1678. html
【主要产品】磷酸;黄磷

贵阳氧气厂
贵州省贵阳市云岩区改茶路140号[550008]
电话:(0851)4842400;4842396
供销电话:4842990　经济类型:国有
法人代表:吴平涛
【主要产品】氧气

贵州富曼磷业有限公司
贵州省贵阳市中华北路109号众厦大楼1401室[550001]
电话:(0851)6834854-8006;6838051
传真:(0851)6867379
网址:www. ferti-mine. com
E-mail:ferti@ ferti-mine. com. cn
【主要产品】磷矿石;磷酸氢钙;氟化铝;钙镁磷肥;重过磷酸钙;过磷酸钙;磷酸一铵;磷酸二铵;磷酸钙

贵州华捷化工有限公司
贵州省贵阳市中华北路109号众厦大厦11楼[550001]
电话:(0851)6831851;6825139;6823271
传真:(0851)6830401;6832003
供销电话:6864171;6864172
网址:www. sino-phos. com
E-mail:sino-phos@ sino-phos. com
【主要产品】磷酸;三聚磷酸钠;六偏磷酸钠;黄磷;磷铁

贵州磷酸盐厂
贵州省贵阳市乌当区洛湾[550018]
电话:(0851)6226028;6226054
传真:(0851)6226003　经济类型:国有
供销电话:6226094　有进出口权
网址:www. laishanebrand. com
E-mail:gxgs@ laishanebrand. com
【主要产品】磷酸;过磷酸;六偏磷酸钠;黄磷;甲酸钠;硅钙磷肥

贵州黔能天和磷业有限公司
贵州省贵阳市市南路48号黔电发展楼4楼[550300]
电话:(0851)5523544
传真:(0851)5523533　有进出口权
供销电话:5593518;5593519
供销传真:5593537;5593536
经济类型:有限责任公司
网址:www. qnthyp. com
E-mail:sales@ qnthyp. com; info@ qnthyp. com
【主要产品】磷酸;六偏磷酸钠;磷酸一铵(工业级);磷酸二氢钙;黄磷

贵州省农业科学院肥料示范厂
贵州省贵阳市花溪区农科院内[550006]
电话:(0851)3760140;3814054
传真:(0851)3760140　经济类型:国有
供销电话:3762054　职工人数:80人
E-mail:flc@ public1. gy. gz. cn
【主要产品】过磷酸钙;混配复合肥料

贵州水晶化工股份有限公司
贵州省贵阳市乌当区国家高新开发区[551402]
电话:(0851)2561085
传真:(0851)2561085　有进出口权
供销电话:2561321;2561334
经济类型:股份有限公司
企业规模:大型
网址:www. gzcrystal. cn
E-mail:cryh@ gzcrystal. com
【主要产品】电石;甲醛;季戊四醇;冰醋酸;乙酸乙酯;醋酸乙烯酯;醋酸异丙酯;醋酸酐;甲酸钠;聚醋酸乙烯乳液;聚乙烯醇缩丁醛树脂;聚乙烯醇缩甲乙醛;聚乙烯醇(17-99型);聚乙烯醇;聚乙烯醇缩丁醛薄膜;聚乙烯醇缩丁醛片材;聚醋酸乙烯乳液胶黏剂;拼板胶;纸管胶;高速快干卷烟胶;邻苯二甲酸二丁酯

六盘水市

贵州省遵义碱厂盘县红果化工分厂
贵州省盘县红果镇[561611]
电话:(0858)3632022
传真:(0858)3632022　经济类型:国有
供销电话:13708585402
法人代表:熊文凯
网址:www. hylive. com/guizhou/guizhou3340. html
【主要产品】电石

六盘水神驰生物科技有限公司
贵州省六盘水市钟山区德坞南环西路[553004]
电话:(0858)6811598;8326416
传真:(0858)6818696;8326416
供销电话:13885817781
网址:www. lpshx. com
E-mail:lpshx@ lpshx. com; lpshuaxiang@ 126. com
【主要产品】没食子酸;单宁酸;邻苯三酚;没食子酸丙酯;卡拉胶(食品级)

六盘水市中联磷肥厂
贵州省六盘水市钟山区大垭口[553001]
电话:(0858)8222898
传真:(0858)8222898　职工人数:60人
经济类型:私营企业　法人代表:钟波
【主要产品】过磷酸钙

遵义市

贵州省湄潭县化肥厂
贵州省湄潭县黄家坝镇新桥村[564104]
电话:(0852)4314027;4314569;4314030
经济类型:股份合作　法人代表:吕和平
网址:www. hylive. com/guizhou/guizhou1653. html
【主要产品】过磷酸钙;混配复合肥料

贵州省习水县磷肥厂
贵州省习水县隆兴镇[564614]
电话:(0852)2611005;2611053
法人代表:李子亮
网址:www. hylive. com/guizhou/guizhou2717. html
【主要产品】硫酸;过磷酸钙

贵州遵义县众立化工有限公司
贵州省遵义县后坝镇[563101]
电话:(0852)7234831;7234806
经济类型:私营企业　职工人数:200人
网址:gzzlhg. 771. com. cn
E-mail:dj2624880@ 163. com
【主要产品】黄磷

遵义双源化工(集团)有限责任公司
贵州省遵义市新舟路29号[563002]
电话:(0852)8927248
供销电话:8927019;8927829
经济类型:有限责任公司　有进出口权
职工人数:600人
网址:www. guizhouemd. com
【主要产品】电解二氧化锰;高锰酸钾

遵义县磷肥厂
贵州省遵义县南白镇西大街339号

黔

[563100]
电话:(0852)7222341;7222340
【主要产品】钙镁磷肥;混配复合肥料;塑料编织袋

铜仁地区

贵州省铜仁地区化肥厂
贵州省铜仁地区大寨南路41号[554300]
电话:(0856)5252084;5222080
供销电话:5255425
网址:www.hylive.com/guizhou/guizhou2394.html
【主要产品】硫酸;过磷酸钙;混配复合肥料

铜仁市南长城化工有限公司
贵州省铜仁市新华北路4号[554300]
电话:(0856)4126551;5200295;13308560918
传真:(0856)5200295 经济类型:国有
法人代表:刘凤仙
网址:www.chinachemnet.com/tongren
E-mail:trhgc@163.com
【主要产品】硫酸生产用钒催化剂

毕节地区

贵州金捷磷化工有限公司
贵州省金沙县沙土镇[551803]
电话:(0857)7316052;7316050
传真:(0857)7316053 有进出口权
经济类型:中外合资经营企业
【主要产品】黄磷

贵州省大方硫磺矿
贵州省大方县猫场镇[551605]
电话:(0857)5225074;5225070;5740009
经济类型:国有 法人代表:韩先绪
【主要产品】硫黄

贵州省织金县东山化工厂
贵州省织金县城关古佛路78号[552100]
电话:(0857)7622088;7622098;13908577688
传真:(0857)7622088 职工人数:280人
经济类型:私营企业 法人代表:熊寅桂
网址:www.chinachemnet.com/dongshan
E-mail:xyg@hi2000.com
【主要产品】硫酸钡

安顺地区

贵州新华高蛋白饲料有限公司
贵州省安顺市西郊雷打崖[561016]
电话:(0853)3627108;3627109;13708530903
传真:(0853)3627302
网址:www.xhdb.com
E-mail:sale@xhdb.com
【主要产品】蛋白胨

黔东南苗族侗族自治州

贵州宏凯化工有限公司
贵州省麻江县谷硐镇工业小区[557601]
电话:(0855)2673938;2673937
传真:(0855)2673548 职工人数:500人
法人代表:刘杰
网址:www.hongkaichem.com
E-mail:sales@hongkaichem.com;info@hongkaichem.
【主要产品】碳酸钡;硫脲

贵州省岑巩县恒源化工有限责任公司
贵州省岑巩县思阳镇胜利路48号[557800]
电话:(0855)3512265;3512270
传真:(0855)3512265
供销电话:3512303 法人代表:王理先
经济类型:有限责任公司
网址:www.hylive.com/guizhou/guizhou1088.html
【主要产品】工业导火索

贵州省岑巩县精细化工厂
贵州省黔东南州岑巩县思阳镇胜利路44号[557800]
电话:(0855)3512430;13508551041
传真:(0855)3513704 经济类型:集体
网址:HHH430.ebigchina.com;hhh430.diytrade.com
E-mail:twtps@sina.com
【主要产品】缬草油;山苍子油;黄樟油;柏木油;柏木烯;柏木脑;愈创木酚;4-甲基愈创木酚;4-乙基愈创木酚

贵州省黄平县天泉化工有限公司
贵州省黄平县谷陇工业园区[556111]
电话:(0855)2311698;13765593999
传真:(0855)2311588
供销电话:2311312
网址:www.tqhg.com
E-mail:master@tqhg.com
【主要产品】氢氧化钡;硫氢化钠;硫酸钡;硝酸钡;氯化钡;立德粉

施秉县富旺松香厂
贵州省施秉县工业区[556200]
电话:(0855)13638088468
供销电话:13378558126
经济类型:私营企业 产值:2,000千元
职工人数:200人 法人代表:叶关元
【主要产品】松节油;松香

黔南布依族苗族自治州

贵州宏福实业开发有限总公司
贵州省福泉市马场坪镇[550501]
电话:(0854)2184302;2184216
传真:(0854)2444190;2184122
供销电话:2188888;2184122
供销传真:2444478 经济类型:国有
有进出口权 企业规模:大型
法人代表:涂兴沼
网址:www.wengfu.com
E-mail:hongfu@hi2000.com
【主要产品】磷矿石;氟硅酸;磷酸;氟化铝;黄磷;重过磷酸钙;过磷酸钙;氮磷钾复合肥;磷酸一铵;磷酸二铵;BB肥;食用磷酸;磷酸氢钙(食用级)

贵州省惠水黄磷厂
贵州省惠水县惠长公路3公里处[550600]
电话:(0854)6222870
传真:(0854)6222870
经济类型:私营企业 法人代表:曾祥森
【主要产品】黄磷

贵州省惠水县农药厂
贵州省惠水县惠长公路三公里[550600]
电话:(0854)6221326
经济类型:集体 法人代表:李普亮
网址:www.hylive.com/guizhou/guizhou1678.html
【主要产品】黄磷

黔南州华林磷业有限责任公司
贵州省黔南州都匀市大坪镇[558013]
电话:(0854)8561177
传真:(0854)8540090
供销电话:8541545 法人代表:张世德
经济类型:有限责任公司
E-mail:qnwn@public2.gy.gz.cn
【主要产品】黄磷

云 南 省

昆明市、东川市

昆明长春花科技有限公司
云南省昆明市金鼎科技园金鼎山北路16号[650033]
电话:(0871)6913072;5351348
传真:(0871)5351509
网址:www. cchkj. com
E-mail:cchkj@ cchkj. com
【主要产品】利血平;石杉碱甲;蜕皮激素

昆明滇池化工有限责任公司
云南省昆明市西山区马街镇石嘴84号[650109]
电话:(0871)8420685;8411685;8411294
传真:(0871)8411928
供销电话:8411986　法人代表:胡一民
经济类型:有限责任公司
网址:www. hylive. com/yunnan/yunnan6693. html
【主要产品】硅酸钠;氧化锌

昆明凤凰橡胶集团有限公司
云南省昆明市嵩明县杨林工业区[651701]
电话:(0871)7971158
经济类型:有限责任公司
【主要产品】再生胶

昆明富遥工贸有限公司
云南省昆明市老海埂路267号[650228]
电话:(0871)4578213
传真:(0871)4588315
网址:www. 555pai. com
E-mail:555pai@ alibaba. com
【主要产品】防火涂料;乳胶漆;真石漆;防静电涂料;内外墙防霉抗碱封固底漆;抗裂弹性腻子;防火阻燃剂

昆明庚申精细化工有限责任公司
云南省昆明市官渡区前卫镇二庄村112号[650228]
电话:(0871)5017387
传真:(0871)5017899
供销电话:5018548
经济类型:有限责任公司
网址:kjx. 51. net
E-mail:kjh2922@ public. km. yn. cn
【主要产品】偏锡酸;氯化亚锡;二氧化锡;聚醋酸乙烯乳液胶黏剂;酪素蛋白胶;EVA卷烟胶

昆明贵研催化剂有限责任公司
云南省昆明市高新技术产业开发区科高路669号[650101]
电话:(0871)8316810
传真:(0871)8320058
经济类型:有限责任公司
网址:www. sino-platinum. com. cn/ch/
E-mail:lhx@ ipm. com. cn
【主要产品】三效催化剂

昆明合起工贸有限公司
云南省昆明市金星小区155栋1单元202号[650224]
电话:(0871)5653229;5653316;5611663
传真:(0871)5611591
网址:www. heqifluoride. com
E-mail:kmaeq@ hotmall. com
【主要产品】氟化钠;氟硅酸钠;氟硅酸铵;氟硅酸钾;氟硅酸锌;氟硅酸钙;氟硅酸镁;三氧化二砷

昆明红云化工生产有限公司
云南省昆明市官渡区大板桥镇秧田冲[650211]
电话:(0871)7331120
传真:(0871)7331195
经济类型:私营企业　法人代表:梁跃刚
网 址: www. hylive. com/yunnan/yunnan2440. html
【主要产品】过磷酸钙;混配复合肥料

昆明化肥有限责任公司
云南省昆明市晋宁县上蒜乡[650607]
电话:(0871)7812812
传真:(0871)7812811
经济类型:有限责任公司
职工人数:1,200人　法人代表:徐云生
网址:www. kunfei. cn
【主要产品】硫酸;磷酸;二氧化碳(食用);合成氨;碳酸氢铵;磷酸一铵

昆明尖山磷矿粉厂
云南省昆明市海口镇白塔村[650113]
电话:(0871)8595750
供销电话:8596755　经济类型:集体
职工人数:58人
【主要产品】磷矿粉

昆明劲勋化工有限公司
云南省昆明市护国北路250号护国大厦24楼B座[650021]
电话:(0871)3148861;3148892
传真:(0871)3148859　有进出口权
供销电话:3148861;3163631
经济类型:与港澳台商合资经营
【主要产品】混配复合肥料

昆明森慧油墨工贸有限公司
云南省昆明市西山区小渔村[650100]
电话:(0871)8422067;8420527;8421746
传真:(0871)8422143
法人代表:许云松
网址:www. senhui. com
E-mail:sale@ senhui. com
【主要产品】慢干剂;凹版印刷油墨;纸凹印油墨;调金油;珠光油墨;醇溶性上、压光油

昆明市富民电石有限公司
云南省昆明市富民县永定镇[650400]
电话:(0871)8812128
传真:(0871)8812128　法人代表:刘勇
经济类型:私营企业
网址:hy. shidui. com/yunnan/yunnan1144. html
【主要产品】电石

昆明市化学工业总公司
云南省昆明市北京路豆腐厂巷103号[650051]
电话:(0871)5144798
传真:(0871)5193923
网址:hxgygs. und. com. cn
【主要产品】润滑油

昆明市日用化工厂
云南省昆明市北京路395号[650051]
电话:(0871)3166663
传真:(0871)3166661　职工人数:369人
网址:ryhgc. und. com. cn
【主要产品】丙三醇;肥皂;液体洗涤剂

昆明市西山选矿药剂厂
云南省昆明市西山区黑林铺镇王家桥[650102]
电话:(0871)8390657;8390658;8181640
网址:www. hylive. com/yunnan/yunnan6843. html
【主要产品】乙基黄原酸钠;正丁基黄原酸钠

昆明皖滇化工有限责任公司
云南省昆明市西山区上普坪村[650109]
电话:(0871)8421522;8420287
传真:(0871)8420417
网址:www. wandianchem. com
【主要产品】氧化锌

昆明新大地制漆有限公司
云南省昆明市碧鸡镇下哔哨村[651111]
电话:(0871)8426462;8423941
传真:(0871)8423462　职工人数:200人
网址:www. kmxdd. cn
【主要产品】溶剂型丙烯酸外墙涂料;丙烯酸内墙乳胶漆;丙烯酸外墙乳胶漆;

丙烯酸弹性防水外墙乳胶漆；高级丝光内墙乳胶漆；亚光型内墙乳胶漆；环氧封闭底漆；聚氨酯外墙漆；高级外墙耐沾污涂料；高级水性封闭底漆；抗裂弹性腻子；外墙专用腻子

昆明氧气厂

云南省昆明市西山区黑林铺镇昆沙路 10 号[650101]
电话：(0871)5347831
传真：(0871)5347392
经济类型：股份合作
网址：www. hylive. com/yunnan/yunnan1683. html
【主要产品】氧气；氧气(医用)；溶解乙炔

昆明制药集团股份有限公司

云南省昆明市国家高新技术开发区科医路 166 号[650106]
电话：(0871)8319868
传真：(0871)8311968　经济类型：国有
有进出口权　企业规模：大型
法人代表：汪诚
网址：www. kpc. com. cn
E-mail：kpcpb@ public. km. yn. cn
【主要产品】蒿甲醚

昆明中华涂料有限责任公司

云南省昆明市穿金路 764 号[650224]
电话：(0871)5626268；5633467
传真：(0871)5631753　职工人数：350 人
供销电话：5631158；5613879
供销传真：5631736；5633467
经济类型：有限责任公司
法人代表：李建才
网址：www. zhonghua-coating. com
【主要产品】清油；Y53-31 红丹油性防锈漆；T01-1 酯胶清漆；T03-1 红酯胶调合漆；T04-1 黄，绿酯胶磁漆；F01-1 酚醛清漆；F04-1 铝粉酚醛磁漆；F50-31 各色酚醛耐酸漆；F53-31 红丹酚醛防锈漆；F53-32 灰色酚醛防锈漆；铁红酚醛防锈漆；F80-31 酚醛地板漆；L01-6 沥青清漆；L82-31 沥青锅炉漆；C01-1 醇酸清漆；各色醇酸调合漆；C04-2 各色醇酸磁漆；C04-42 各色醇酸磁漆；C04-64 各色醇酸半光磁漆；各色醇酸底漆；C07-5 各色醇酸腻子；C30-11 醇酸烘干绝缘漆；A04-9 红氨基烘干磁漆；A04-60 深色氨基半光烘干磁漆；Q01-1 硝基清漆；Q04-62 深色硝基半光磁漆；Q06-4 深色硝基底漆；Q06-5 灰色硝基二道底漆；G06-4 锌黄，铁红过氯乙烯底漆；G16-31 各色过氯乙烯锤纹漆；丙烯酸内墙乳胶漆；丙烯酸外墙乳胶漆；聚酯木器漆；聚酯腻子；SM-01 聚酯型中涂层漆；H06-2 铁红，锌黄环氧酯底漆；H11-51 各色环氧酯烘干电泳漆；H11-96 阴极电泳漆；聚氨酯清漆；各色聚氨酯磁漆；各色聚氨酯立体锤纹漆；橡胶漆类；膨胀装饰型防火涂料；过氯乙烯漆稀释剂；X-1 硝基漆稀释剂；X-4 氨基漆稀释剂；X-6 醇酸漆稀释剂；X-7 环氧漆稀释剂；硝基漆防潮剂 F-1；H-1 环氧漆固化剂

杨林工业开发区汕滇药业有限公司

云南省昆明市昌宏路云南国雅化工城 C 区 4 幢[650041]
电话：(0871)3366549；3380731；3342372
传真：(0871)3380730
网址：www. sdyy. net；www. sdc. com. cn
E-mail：info@ sdc. com. cn；help@ sdc. com. cn
【主要产品】碳酸氢钠；硫酸亚铁；硝酸钙；二氧化硅；乙醇钠；甲醇钠；甲基丙烯酸甲酯；硅酸乙酯；乙酸乙酯；棕榈酸异丙酯；磷酸三丁酯；薄荷脑；3-溴丙烯；氯乙酰胺；3-硝基氯苯；3-氯苯胺；8-羟基喹啉；乳酸乙酯；维生素 E；甘宝素；邻苯二甲酸二乙酯；邻苯二甲酸二丁酯；邻苯二甲酸二甲酯；二月桂酸二丁基锡；硫化剂 3 号；斯盘 80；吐温 60；水泥密封防水剂 M1500

云南安化有限责任公司

云南省安宁市长坡太平镇[650301]
电话：(0871)8614828；8614817
经济类型：有限责任公司
职工人数：1,530 人
网址：area. wwwinfo. cn/com25info74562. html
【主要产品】乳化炸药；铵锑炸药；雷管

云南安宁化肥有限责任公司

云南省安宁市连然镇[650300]
电话：(0871)8697569
传真：(0871)8697390
供销电话：8699888　法人代表：赵恩明
经济类型：有限责任公司
【主要产品】硫酸；氯化钙；氟化钠；氟硅酸钠；氯化铵；过磷酸钙；混配复合肥料；磷酸氢钙(食用级)

云南贝克吉利尼天创磷酸盐有限公司

云南省昆明市东风西路 280 号文贸大厦 7F[650031]
电话：(0871)5353638
传真：(0871)5353439
供销电话：5351910；5353636
网址：www. ynbk-giulinitianchuang. com
E-mail：sales-dept@ynbk-giulinitianchuang. com
【主要产品】磷酸；三聚磷酸钠；六偏磷酸钠；焦磷酸钠；磷酸二氢钠；磷酸三钠(无水)；磷酸氢二钠；磷酸氢钙；磷酸二氢钙；焦磷酸二氢二钠

云南大互通工贸有限公司

云南省富民县大营镇麦竜村[650400]
电话：(0871)5354332；8830162；8831418
传真：(0871)8830162　职工人数：260 人
供销电话：8327488　法人代表：任庭树
供销传真：8315444
经济类型：私营企业
网址：www. hutongchem. com
E-mail：info@ hutongchem. com
【主要产品】氧化铁红；氧化铁黄；氧化铁黑；钛白粉；天然橡胶

云南氟业化工有限公司

云南省昆明市南屏街 88 号世纪广场 C2 栋 18 楼 B 座[650021]
电话：(0871)3613461；3618231；3612987
传真：(0871)3613461-11　有进出口权
供销传真：3613461-11；3627406
经济类型：有限责任公司
职工人数：50 人　法人代表：林明卉
网址：www. ynhg. cn；www. ynhg. com
E-mail：yfhg@ yfhg. com
【主要产品】氟化钠；氟化铵；氟化铝；氟硅酸钠；氟硅酸铵；氟硅酸钾；氟硅酸镁；氟铝酸钠

云南汉德生物技术有限公司

云南省昆明市金鼎科技园三号平台[650033]
电话：(0871)5313300；5329580
传真：(0871)5329081
经济类型：中外合资经营企业
网址：www. handebio. com
E-mail：sales@ handebio. com
【主要产品】三尖杉宁碱；紫杉醇；10-脱乙酰基巴卡亭Ⅲ

云南红云氯碱有限公司

云南省安宁市[650300]
电话：(0871)8675888
传真：(0871)8697591
经济类型：有限责任公司
企业规模：大型
网址：ynhyljyxgs. bip. und. cn
E-mail：master@ ynredcloud. com
【主要产品】盐酸；烧碱；三氯化铁；次氯酸钠；漂白粉；氯气(液)；百菌清；聚氯乙烯树脂；聚合氯化铝

云南化工机械厂

云南省昆明市盘龙区穿金路 263 号[650225]
电话：(0871)5623739；5623917；5622934
传真：(0871)5624052　职工人数：515 人
经济类型：股份合作　法人代表：周文平
网址：www. yngsnj. gov. cn/2004/html/t053. htm
【主要产品】板框压滤机；换热器；压力容器

云南昆安磷化工有限公司

云南省安宁市连然镇神平村[650300]
电话：(0871)8699537
传真：(0871)8681325　有进出口权
供销传真：8699723
经济类型：有限责任公司
E-mail：webmaster@ yncte. com
【主要产品】磷矿粉；氟硅酸钠；过磷酸

滇

钙;复合肥

云南昆明安宁复合肥原料厂

云南省安宁市杨柳庄[650300]
电话:(0871)8690208
传真:(0871)8697569　职工人数:320 人
经济类型:私营企业　法人代表:杨宗祥
网址:fhf.und.com.cn
【主要产品】磷矿粉;磷精矿;过磷酸钙;混配复合肥料

云南昆阳滇白化工有限公司

云南省昆明市晋宁县古城镇[650604]
电话:(0871)7891203;7891656
传真:(0871)7891635　职工人数:170 人
经济类型:有限责任公司
法人代表:崔德文
网址:www.kydbhg.com
E-mail:yndbhg@163.com
【主要产品】钙镁磷肥;过磷酸钙;混配复合肥料;硅钙磷肥

云南昆阳磷肥厂有限公司

云南省昆明市晋宁县古城镇[650604]
电话:(0871)7891800-8513;7891613
传真:(0871)7891118　有进出口权
供销电话:7891800-8766,8681
企业规模:大型　法人代表:翁乾振
网址:www.kunlin.com
E-mail:ynkpff@public.km.yn.cn
【主要产品】磷矿粉;硫酸;磷酸;三聚磷酸钠;六偏磷酸钠;焦磷酸钠(无水);磷酸三钠;钙镁磷肥;重过磷酸钙;过磷酸钙;食用磷酸

云南磷肥工业有限公司

云南省安宁市草铺镇[650309]
电话:(0871)8750777;8750888;8750258
传真:(0871)8750220　经济类型:国有
供销电话:8750226　有进出口权
法人代表:初文衡
网址:www.ypfic.com
E-mail:maketing@ypfic.com
【主要产品】磷酸;黄磷;磷铁;重过磷酸钙;复合肥

云南磷化集团有限公司

云南省昆明市晋宁县昆阳镇月山中路[650600]
电话:(0871)7896018;7896024;7896027
传真:(0871)7896019　经济类型:国有
供销电话:7896028;7896217
有进出口权　企业规模:大型
职工人数:4,800 人　法人代表:他盛华
网址:www.chinaypc.com
E-mail:ypc@public.km.yn.cn
【主要产品】磷矿石;磷矿粉;硫酸;黄磷;钙镁磷肥;过磷酸钙;氮磷钾复合肥

云南磷化集团有限公司尖山磷矿

云南省昆明市西山区海口镇[650114]
电话:(0871)8587715;13354609339
传真:(0871)8587715
网址:www.chinaypc.com/branch/jianshan.html
【主要产品】磷矿石;磷矿粉

云南磷化集团有限公司晋宁磷矿

云南省昆明市晋宁县上蒜乡[650600]
电话:(0871)7822791;7822785
传真:(0871)7822615　有进出口权
职工人数:857 人
网址:www.chinaypc.com/branch/jinning.html
E-mail:jnlk@public.km.yn.cn
【主要产品】磷矿石;磷精矿

云南磷化集团有限公司昆阳磷矿

云南省昆明市晋宁县古城镇三家村[650612]
电话:(0871)7888652;7888648
传真:(0871)7888155
职工人数:1,636 人
网址:www.chinaypc.com/branch/kunyang.html
E-mail:kylkkjkf@163.com
【主要产品】磷矿石;磷矿砂;磷矿粉;硫酸;钙镁磷肥

云南绿色高新材料股份有限公司

云南省昆明市官渡区大板桥镇浑水塘[650226]
电话:(0871)3360469;3390052;13888315538
传真:(0871)3390052
网址:www.lsgx.cn
E-mail:sales@greenhightech.com
【主要产品】缓凝剂;高效减水剂;减水剂;早强高效减水剂;复合缓凝减水剂;混凝土添加剂;速凝剂;泵送剂

云南梅塞尔气体产品有限公司

云南省昆明市海源中路 30 号创新大厦 2 楼[650106]
电话:(0871)8310848
传真:(0871)8310738
经济类型:外商独资
网址:www.messer-yn.com
E-mail:messer-yn@messer-yn.com
【主要产品】二氧化碳(液体);氢气;氧气(医用);液氧;氩气;液氩;氮气;液氮

云南瑞宝天然色素有限公司

云南省昆明市小板桥小喜村 102 号[650217]
电话:(0871)7272162;7260558
传真:(0871)7262397
网址:www.ynrainbow.com;www.ynrainbow.cn
E-mail:rb@ynrainbow.cn;rainbow7@public.km.yn.cn
【主要产品】紫胶色素;栀子黄色素;萝卜红色素;紫苏红色素;甘蓝红色素;紫甘蓝色素;红花黄色素;三七总皂苷;蜕皮激素

云南三环化工股份有限公司

云南省昆明市西山区海口镇[650113]
电话:(0871)8596600;8596771;8596714
传真:(0871)8596611　有进出口权
经济类型:股份有限公司
企业规模:大型　职工人数:2,000 人
法人代表:他盛华
网址:www.ynphos.com
E-mail:webmaster@ynphos.com
【主要产品】氟硅酸;盐酸;硫酸;磷酸;硝酸钾;氟硅酸钠;硫酸铵;重过磷酸钙;过磷酸钙;硫酸钾(农用);磷酸一铵;磷酸二铵;水泥

云南三环中化嘉吉化肥有限公司

云南省昆明市西山区海口镇[650113]
电话:(0871)8596688;8596695
传真:(0871)8583121;8596695
供销电话:8596198;8583125
供销传真:8583127　企业规模:大型
经济类型:中外合资经营企业
法人代表:吕庆胜
网址:www.yndap.com
E-mail:master@yndap.com
【主要产品】磷酸二铵

云南上磷化工有限责任公司

云南省晋宁县上蒜乡竹园村[650607]
电话:(0871)7822605;7822606;7822600
传真:(0871)7822606
经济类型:有限责任公司
【主要产品】磷矿石;磷矿粉;过磷酸钙;混配复合肥料;塑料编织袋

云南省富民县磷酸盐总厂

云南省富民县大营镇[650400]
电话:(0871)8830161;8830196
传真:(0871)8830161　职工人数:300 人
固定资产:40,000 千元
网址:fmlsy.und.com.cn
【主要产品】磷酸;黄磷;甲酸

云南省昆阳磷都钙镁磷肥厂

云南省昆明市晋宁县中和乡乌龙大风口[650600]
电话:(0871)7895365
传真:(0871)7894720　职工人数:260 人
网址:www.kunyanglindu.com
E-mail:kunyanglindu@126.com
【主要产品】钙镁磷肥

云南师范大学化工厂

云南省昆明市五华区一二一大街

滇

158 号[650092]
电话:(0871)5516211
传真:(0871)5313294 经济类型:国有
供销电话:5516932 法人代表:马子鹤
【主要产品】碳酸钙(药用);药用碳酸镁;铝酸铋;氧化镁(药用);硬脂酸镁(药用);枸橼酸铋钾;次硝酸铋;次碳酸铋

云南思摩贝特生物科技有限公司

云南省昆明市高新开发区9号路留学人员创业园A2幢205室[650118]
电话:(0871)8352571;8319152;6664244
传真:(0871)8319152
网址:www.smanbet.com
E-mail:smanbet@hotmail.com
【主要产品】紫杉醇;多烯紫杉醇;10-脱乙酰基巴卡亭Ⅲ

云南塑料厂

云南省昆明市官渡区茨坝镇茨坝路9号[650203]
电话:(0871)5150230;5150239
传真:(0871)5214720 经济类型:国有
法人代表:柴本桐
网址:www.ynplastic.com
E-mail:manager@ynplastic.com
【主要产品】塑料薄膜;聚乙烯管;聚氯乙烯管材;塑料包装袋

云南天丰农药有限公司

云南省安宁市[650300]
电话:(0871)8675508;8675610;3376310
传真:(0871)8697598 经济类型:集体
网址:www.chlorothalonil.net
【主要产品】百菌清;百菌清胶悬剂;百菌清可湿性粉剂;硫黄胶悬剂;硫·三环悬浮剂;硫·酮悬浮剂;28%百·霉威可湿性粉剂

云南天耀化工有限公司

云南省昆明市西山区中轻依兰工业园内[650100]
电话:(0871)8660015
传真:(0871)8660016
供销电话:8896163
供销传真:8896165
网址:www.typhos.com.cn
E-mail:yunnanty@yahoo.com.cn
【主要产品】聚磷酸;多聚磷酸铵

云南铜业股份有限公司

云南省昆明市五华区王家桥[650102]
电话:(0871)8390873;8390580;8390991
传真:(0871)8390589 经济类型:国有
企业规模:大型 法人代表:邹韶禄
网址:www.yunnan-copper.com
E-mail:yncopper@yunnan-copper.com
【主要产品】硫酸;硫酸铜;硫酸镍;高纯阴极铜

云南锡业股份有限公司

云南省昆明市高新技术产业开发区[650200]
电话:(0871)6287191;(0873)2124586;2124584
传真:(0871)7188803 经济类型:国有
供销电话:6287201 有进出口权
供销传真:7188694 企业规模:大型
法人代表:杨超
网址:www.ytl.com.cn
E-mail:ytnmjx@public.km.yn.cn
【主要产品】偏锡酸;氯化亚锡;焦磷酸锡;锡酸钠;锡酸钾;锡酸锌;羟基锡酸锌;二氧化锡;氧化亚锡;硫酸亚锡

云南祥丰化肥股份有限公司

云南省安宁市百花东路东湖小区祥丰大厦[650300]
电话:(0871)8699666
传真:(0871)8681111
经济类型:私营企业
网址:www.xfhf.com
E-mail:info@xfhf.com;
export@xfhf.com
【主要产品】过磷酸钙;磷酸一铵;磷酸二铵;复合肥

云南新立有色金属有限公司

云南省昆明市西市区马街48号[650100]
电话:(0871)8181559
传真:(0871)8184820 有进出口权
网址:ynxlysjsgs.my.sme.cn
【主要产品】三氧化二锑;电解铅;铋;三盐基硫酸铅

云南旭东磷化集团

云南省寻甸县羊街镇白龙潭[655204]
电话:(0871)4617500
传真:(0871)4589236
网址:www.xd.yn.cn
【主要产品】磷酸;黄磷;硅铁;磷铁

云南盐化股份有限公司

云南省昆明市拓东路石家巷10号[650011]
电话:(0871)3126346;3162926;3120174
传真:(0871)3126346
供销电话:3121365;3121420
供销传真:3121420;3120131
经济类型:股份有限公司
网址:www.ynyh.com
E-mail:ynyh@email.ynyh.com
【主要产品】盐酸;烧碱;硫酸钠;三氯化铁;氯化钠;δ-层状结晶二硅酸钠;氯气(液);聚氯乙烯树脂

云南杨林化工厂

云南省昆明市嵩明县杨林镇[651701]
电话:(0871)7971028;7971038
传真:(0871)7971038 经济类型:集体
有进出口权 法人代表:李祖荣
网址:ylhgc.und.com.cn
【主要产品】蓄电池硫酸;硝酸钠;中铬黄;柠檬黄;二醋纤增塑剂

云南云科药业有限公司

云南省昆明市学府路金鼎科技园7号平台[650033]
电话:(0871)5355046;5325928;5521535
传真:(0871)5355046;5521525
供销传真:5325073
经济类型:与港澳台商合资经营
网址:www.ynyk.net
E-mail:jacobson@public.km.yn.cn
【主要产品】小檗碱;灯盏花素;三七总皂苷;神衰果素

云南云叶化肥股份有限公司

云南省昆明市官渡区关上镇土桥村[650200]
电话:(0871)6146616
网址:www.yunye.cn
E-mail:office@yunye.cn
【主要产品】复合肥

曲靖市

陆良县庄上化肥厂

云南省陆良县马街镇庄上村[655605]
电话:(0874)6981102;6881229
传真:(0874)6881008 经济类型:集体
职工人数:38人 法人代表:王永吉
网址:www.hylive.com/yunnan/yunnan5065.html
【主要产品】过磷酸钙

宣威市天麟磷业有限公司

云南省宣威市羊场镇[655411]
电话:(0874)7972121;6133582
传真:(0874)7972100;6133581
供销电话:7972100 职工人数:290人
经济类型:股份有限公司
法人代表:戴卫明
【主要产品】金属硅;黄磷;磷铁

云南驰宏锌锗股份有限公司

云南省曲靖市经济技术开发区[654211]
电话:(0874)8966688
传真:(0874)8966654;8966655
经济类型:股份有限公司
企业规模:大型 职工人数:7,600人
网址:www.chxz.com
E-mail:ynchxz@chxz.com
【主要产品】硫酸;硫酸锌;四氯化锗;二氧化锗;铅;电解铅;锌粉;锌锭;锌基合金

云南机三云星化工厂

云南省陆良县板桥[655613]
电话:(0874)6952398;13087475913
传真:(0874)6952399
网址:www.chinachemnet.com/jsyx
E-mail:jsyx@hi2000.com

【主要产品】锌粉

云南蓝德化工有限公司

云南省曲靖市工业园区[655000]
电话:(0874)3338803;13621692825
传真:(0874)3338803　有进出口权
经济类型:外商独资
网址:ynlande.cn.alibaba.com
【主要产品】五硫化二磷;黄磷;T202 抗氧抗腐剂

云南陆良龙海化工有限责任公司

云南省曲靖市陆良县西桥工业区[655600]
电话:(0874)6333141;6333143;13087472447
传真:(0874)6333141
供销电话:6333145　职工人数:1,053 人
经济类型:有限责任公司
法人代表:谢存德
网址:www.longhaichem.com
E-mail:sales@longhaichem.com
【主要产品】硫酸;液氨(工业用);合成氨;碳酸氢铵;过磷酸钙;氮磷钾复合肥;腐殖酸钠;塑料编织袋

云南马龙化建股份有限公司

云南省曲靖市马龙县王家庄镇[655100]
电话:(0874)8010084
传真:(0874)8010036　有进出口权
经济类型:股份有限公司
职工人数:1,300 人
网址:ynmlhjgfyxgs.bip.und.cn
E-mail:mlhj@qjbip.com
【主要产品】磷酸;黄磷;磷酸氢钙(食用级);水泥

云南燃一有限责任公司

云南省陆良县 604 信箱[655613]
电话:(0874)6827722
传真:(0874)6827779
供销电话:6827786;6827787
经济类型:有限责任公司
职工人数:2,312 人　法人代表:浦仕繁
网址:www.yndetonator.com
E-mail:ry9824@163.com
【主要产品】工业电雷管;毫秒延期电雷管;雷管;煤矿许用瞬发电雷管;工业火雷管;导爆管雷管

云南省滇东磷化工公司

云南省宣威市城南小耿屯[655400]
电话:(0874)7123456;7254456;7253558
传真:(0874)7122601　经济类型:国有
供销电话:7252342　企业规模:大型
供销传真:7252977　职工人数:3,200 人
法人代表:伍子祥
网址:ynddlhggs.bip.und.cn
E-mail:xwalhgs@qj.yn.cninfo.net
【主要产品】磷酸;三聚磷酸钠;五硫化二磷;磷酸氢钙;黄磷;低砷黄磷;钙镁磷肥;过磷酸钙;T202 抗氧抗腐剂

云南省宣威华兴化工有限公司

云南省宣威市榕城镇[655400]
电话:(0874)7251511
传真:(0874)7251902
网址:huaxinghg.ccbip.und.cn
E-mail:huaxing@hi2000.com
【主要产品】甲醛;季戊四醇;乙酸乙酯;醋酸丁酯;苯酐;甲酸钠;邻苯二甲酸二丁酯;邻苯二甲酸二辛酯

云南永安制药有限公司

云南省曲靖市建宁东路[655000]
电话:(0874)3510792;3510748;3510750
传真:(0874)3510792　职工人数:218 人
供销电话:020-83320670
网址:www.yapf2000.com
E-mail:info@yapf2000.com
【主要产品】甘草酸二铵

云南云维集团有限公司

云南省曲靖市沾益县花山镇[655038]
电话:(0874)3068448;3068588
传真:(0874)3068590　经济类型:国有
供销电话:3068580　企业规模:大型
职工人数:2,264 人　法人代表:李剑秋
网址:www.yunweigroup.com
E-mail:yunwei@hi2000.com;ywgroup@hi2000.com
【主要产品】氧气;电石;醋酸乙烯酯;聚乙烯醇;水泥

玉溪市

云南澄江磷化工金龙有限责任公司

云南省澄江县仙湖路东 41 号[652500]
电话:(0877)6686556;13908894176
传真:(0877)6686556　有进出口权
经济类型:私营企业　法人代表:李金平
网址:www.jinlongp.com
E-mail:sales@jinlongp.com
【主要产品】锌锭;黄磷

云南澄江县德安磷化工有限责任公司

云南省澄江县右所大坡头[652500]
电话:(0877)6710324;6913859;13908894720
传真:(0877)6913858　经济类型:集体
供销电话:6913856;6913859
有进出口权　企业规模:大型
职工人数:2,000 人　法人代表:龚德斌
网址:www.yndeanchem.com
E-mail:public@yndeanchem.com
【主要产品】磷酸;三聚磷酸钠;磷酸氢钙;黄磷;磷酸氢钙(食用级)

云南澄江县磷化工华业有限责任公司

云南省澄江县东溪哨[652500]
电话:(0877)6717056;13708774488
传真:(0877)6685529　有进出口权
供销电话:3120477;13608743939
经济类型:私营企业　职工人数:380 人
法人代表:文光
网址:www.huayechem.com
E-mail:huayewg@huayechem.com
【主要产品】磷酸;三聚磷酸钠;黄磷;食用磷酸

云南华宁华电磷业有限责任公司

云南省华宁县盘溪乡黑泥坡[652801]
电话:(0877)5091527;5092692
传真:(0877)5091527　经济类型:国有
法人代表:杨少华
网址:www.hdly.net
E-mail:xi@hdly.net
【主要产品】黄磷

云南江川兴隆实业有限公司

云南省江川县旧州[652600]
电话:(0877)8012328;8014895
传真:(0877)8011765　有进出口权
供销电话:(0871)5636208
供销传真:(0871)5617612
法人代表:伏宝
网址:www.xlindustry.com
E-mail:xlfubao@hotmail.com
【主要产品】磷铁

云南江磷集团股份有限公司

云南省玉溪市江川县兴江路 10 号[652600]
电话:(0877)8011888;8016807;8011890
传真:(0877)8011892　有进出口权
供销电话:8011889　企业规模:大型
供销传真:8011889　法人代表:万荣惠
经济类型:股份有限公司
网址:www.ynjlgroup.com
E-mail:manager@ynjlgroup.com
【主要产品】硫酸(98%);磷酸;赤磷;黄磷;低砷黄磷;碳酸二甲酯;磷酸一铵;食用磷酸

云南南宝植化有限责任公司

云南省玉溪市峨山县小街镇[653100]
电话:(0877)4069167;4069003
传真:(0877)4069187　有进出口权
经济类型:有限责任公司
职工人数:50 人　法人代表:李定中
网址:www.yxncp.net
E-mail:yxncp@yxncp.net
【主要产品】苦皮素;除虫菊素水乳剂;除虫菊素原药;小檗碱;青蒿素

云南省澄江承坤磷化工厂

云南省玉溪市澄江县大坡头[652500]
电话:(0877)6711809
经济类型:私营企业　职工人数:120 人
法人代表:钱成坤
【主要产品】磷酸氢钙(农用);磷酸氢钙

滇

（食用级）

云南省玉溪市溶剂厂

云南省玉溪市红塔区高仓工业区[653100]
电话：(0877)2076394；2076621
传真：(0877)2076384
网址：poms. ccbip. und. cn
【主要产品】二醋纤增塑剂

云南省玉溪市香料厂

云南省玉溪市高仓工业区[653100]
电话：(0877)2076501；2076615；2076574
传真：(0877)2076501
经济类型：私营企业　法人代表：陈永斌
网址：hy. shidui. com/yunnan/yunnan7061. html
【主要产品】烟草香精；酸角浸膏；云烟浸膏

云南省玉溪市旭立电石有限责任公司

云南省玉溪市新平县扬武镇大开门居拉里上村[653401]
电话：(0877)2036428
传真：(0877)2036428　有进出口权
供销电话：2038648
经济类型：私营企业
网址：yxxuli. cn. busytrade. com
【主要产品】锰铁

云南省玉溪望子隆生物制药有限公司

云南省玉溪市高新技术开发区[653100]
电话：(0877)2076116；2076568；2076061
传真：(0877)2076568　职工人数：195 人
固定资产：65，000 千元
网址：www. yxwzl. com
E-mail：wzl@ yxwzl. com
【主要产品】盐酸小檗碱；黄芩苷；黄藤素；罗通定；灯盏花素；三七总皂苷；三七叶苷；天麻素；齐墩果酸；蜕皮激素；金银花提取物；丹参提取物；葛根提取物

云南玉溪万方天然药物有限公司

云南省玉溪市南郊赵桅[653103]
电话：(0877)2775219
传真：(0877)2775219　职工人数：400 人
供销电话：2775155；2775114
网址：www. ynwf. com
E-mail：wfs@ ynwf. com；office@ ynwf. com
【主要产品】黄芩苷；黄藤素；罗通定；青蒿素；灯盏花素；三七总皂苷；三七叶苷；绞股蓝总皂苷；岩白菜素；神衰果素；天麻素；齐墩果酸；蜕皮激素；金银花提取物；丹参提取物；双花连翘提取物；葛根提取物；当归提取物；银杏叶提取物；穿心莲提取物；芦荟提取物；细辛提取物；益母草流浸膏；三七浸膏

昭通地区

云南云天化股份有限公司

云南省昆明市二环西路中段 398 号[650106]
电话：(0870)8662003
传真：(0870)8636337
经济类型：股份有限公司
企业规模：大型
网址：www. yyth. com. cn
E-mail：zjk@ yyth. com. cn
【主要产品】季戊四醇；甲酸钠；液氨；尿素；硝酸铵；复合肥；聚甲醛（共聚）；聚甲醛

云天化集团有限责任公司

云南省昆明市滇池路 1417 号[657800]
电话：(0870)6242629；6242630
传真：(0870)4318088
经济类型：有限责任公司
法人代表：李新华
网址：www. yyth. com. cn；www. yth. com. cn
E-mail：webmaster@ yyth. com. cn；sfll@ pub. km. yn. cn
【主要产品】烧碱；工业盐；玻璃纤维；季戊四醇；甲酸钠；合成氨；尿素；硝酸铵；重过磷酸钙；过磷酸钙；磷酸二铵；复合肥；聚氯乙烯树脂；聚甲醛

思茅地区

云南省思茅市国营氧气厂

云南省思茅市东郊路 6 号[665000]
电话：(0879)2122916；2145465
传真：(0879)2132230　经济类型：国有
供销传真：2145465　职工人数：18 人
法人代表：郭树华
网址：www. jsxys. com/yunnan/665000/744667. html
【主要产品】氧气

临沧地区

云南广福药业有限公司

云南省临沧市临翔区工业园区[677000]
电话：(0883)2151261；2151698
传真：(0883)2151261
网址：tim123. 114. lincang. cn
E-mail：gfyy2002@ vip. sina. com. cn
【主要产品】盐酸小檗碱；罗通定

保山地区

龙陵县化肥厂

云南省保山地区龙陵县龙新乡黄草坝[678313]
电话：(0875)6808010；6808091
经济类型：股份合作　法人代表：杨祖顺
网址：www. hylive. com/yunnan/yunnan2575. html
【主要产品】混配复合肥料

云南腾冲助滤剂厂

云南省腾冲县西山坝[679100]
电话：(0875)5190899；5190051
传真：(0875)5190627
法人代表：陈安森
网址：www. filter-aid. com
E-mail：filter-aid@ 263. net；cym7@ sina. com
【主要产品】钒催化剂；硅藻土助滤剂

丽江地区

云南华盛化工有限公司

云南省丽江华坪县荣将镇[674803]
电话：(0888)6472395
经济类型：有限责任公司
职工人数：1，000 人
网址：www. ampcn. com/show/index. asp?id =4915
【主要产品】合成氨；尿素；碳酸氢铵

云南丽江映华集团公司

云南省丽江市南口工业园区[674203]
电话：(0888)5179216；6845141；13988852366
传真：(0888)5179179
供销传真：6845148　企业规模：大型
经济类型：私营企业
网址：www. yinghua-group. com
E-mail：lusb@ hi2000. com
【主要产品】5-雄烯二酮；去氢表雄酮；16，17α-环氧黄体酮；17α-羟基黄体酮；17α-羟基黄体酮醋酸酯；醋酸妊娠双烯醇酮；黄体酮；氢化可的松；醋酸氢化可的松；泼尼松龙；醋酸泼尼松

文山壮族苗族自治州

云南金泰得制药总公司

云南省富宁县城团结路 69 号[663000]
电话：(0876)6122522
传真：(0876)6122383
网址：ynjtdzy. und. com. cn
E-mail：admin@ 0876. und. cn
【主要产品】黄藤素；罗通定；三七总皂苷；桂油

云南木利锑业有限公司

云南省广南县莲城镇要西街 33 号[663300]
电话：(0876)5158778；5150268；5150268
传真：(0876)5152698　有进出口权
企业规模：大型
网址：www. muli-ti. com
E-mail：sales@ muli-ti. com
【主要产品】锑酸钠；三氧化二锑；三氧化二锑（高纯超细）；三氧化二锑阻燃母粒

云南文山金驰砒霜有限公司

云南省文山县马塘工业园区[663000]
电话：(0876)2182964；2180119

滇

传真:(0876)2182964　有进出口权
供销电话:2182964;2838188
供销传真:2182964;2838188
职工人数:236 人　法人代表:张琪
网址:www.china-arsenic.com
E-mail:psc@hi2000.com
【主要产品】砷酸;三氧化二砷;五氧化二砷;砷

云南文冶有色金属有限公司

云南省文山县城沙坝中路 21 号[663000]
电话:(0876)2137368
传真:(0876)2137908　职工人数:250 人
法人代表:梁正贤
网址:www.china-wenye.com
E-mail:sales@china-wenye.com
【主要产品】三氧化二锑;锑

红河哈尼族彝族自治州

个旧沙甸磷酸盐厂

云南省个旧市沙甸区鸡街镇棚旧[661413]
电话:(0873)2651288;2571146
经济类型:私营企业　法人代表:马明周
【主要产品】磷酸;黄磷

个旧市化肥厂

云南省红河州个旧市鸡街镇[661011]
电话:(0873)2660600
传真:(0873)2651225　有进出口权
供销电话:2651226　职工人数:370 人
【主要产品】过磷酸钙;磷酸一铵

河口县磷酸盐厂

云南省河口县[661300]
电话:(0873)3421158
传真:(0873)3421821
经济类型:私营企业　法人代表:秦洪伟
网址:sahp.und.com.cn
【主要产品】黄磷

红河州森科氟化工有限公司

云南省红河州文澜镇四家寨[661100]
电话:(0873)3721887;3720292;13808775703
传真:(0873)3720292
供销电话:3721887;13808775703
经济类型:有限责任公司
【主要产品】氟化钠;氟硅酸钠;偏硅酸钠(五水)

泸西县伟洪吉宇化工有限责任公司

云南省泸西县中枢镇九华路 49 号[652400]
电话:(0873)6621315;6621790
传真:(0873)6621790　职工人数:781 人
经济类型:私营企业　法人代表:黄礼学
【主要产品】三聚氰胺;尿素;碳酸氢铵

云南东风化工有限公司

云南省红河州弥勒县东风口[652302]
电话:(0873)6355124;6355030
传真:(0873)6355353　职工人数:700 人
经济类型:私营企业　法人代表:李大宏
网址:www.ampcn.com/show/index.asp?id=26912
【主要产品】二氧化碳(食用);甲醇;合成氨;尿素;碳酸氢铵

云南个旧市自立矿冶有限公司

云南省个旧市乍甸镇火谷都[661000]
电话:(0873)2216051;2212426
传真:(0873)2212428
供销电话:2212428　法人代表:陈向前
网址:www.zlky.com;
www.chinayunshan.com
E-mail:sales@zlky.com
【主要产品】硫酸亚锡;氯化亚锡;锡酸钠;锡酸钾;二氧化锡;三氧化二砷

云南解化集团有限公司

云南省开远市市北郊[661600]
电话:(0873)7163306
传真:(0873)7164842
供销电话:7126535　企业规模:大型
经济类型:股份有限公司
网址:www.ynjh.cn
【主要产品】硝酸;工业氨水;硝酸钙;亚硝酸钙;多孔硝铵;硫黄;二氧化碳;氧气;甲醇;甲醚;石蜡基橡胶油;合成氨;尿素;硝酸铵;硝酸铵钙;混配复合肥料;粗酚;燃料油

云南金星化工有限公司

云南省个旧市官家山[661018]
电话:(0873)2841034;2842179
传真:(0873)2841032　有进出口权
固定资产:80,000 千元
供销电话:2832573;2833260
供销传真:2833258　法人代表:陶世秋
经济类型:有限责任公司
E-mail:ynyjxin@yahoo.com.cn
【主要产品】硫酸;氟硅酸钠;黄磷;过磷酸钙;磷酸氢钙(食用级)

云南屏边黄磷厂

云南省屏边县白河桥[661203]
电话:(0873)3381059;3381044
传真:(0873)3381059　经济类型:集体
法人代表:陈伟
网址:www.sino-pchem.com
E-mail:ypl@hi2000.com
【主要产品】黄磷

云南省南湖橡胶厂

云南省蒙自县新安所镇[661106]
电话:(0873)3848063;13308733186
传真:(0873)3848063　经济类型:国有
供销电话:3848077;13508837682
供销传真:3848067　法人代表:徐红
网址:www.shilinshoes.com.cn
E-mail:kjh@shilinshoes.cn
【主要产品】布面胶鞋

云南沃特威化工股份有限公司

云南省开远市开西北路[661600]
电话:(0873)7166280;7166180
传真:(0873)7166281;7166181
网址:www.ynvtw.com
E-mail:vtw@ynvtw.com
【主要产品】硝酸钾;复合肥

楚雄彝族自治州

禄丰县中胜磷化有限公司

云南省禄丰县经济开发区勤丰镇[651203]
电话:(0878)4840688;4840666
传真:(0878)4840518
经济类型:私营企业
网址:www.ynzslh.com
E-mail:ynzslh@vip.cx169.cn
【主要产品】磷酸;三聚磷酸钠;六偏磷酸钠;磷酸三钠;黄磷

云南禄丰勤攀磷化工有限公司

云南省楚雄市禄丰县勤丰镇羊街[651201]
电话:(0878)4840175;4840166;4840122
传真:(0878)4840175
供销电话:4840101;4840290
供销传真:4840186
【主要产品】磷矿粉;硫酸;过磷酸钙

云南燃二化工有限公司

云南省楚雄市 712 信箱[675008]
电话:(0878)3876216;3876048
传真:(0878)3876212
经济类型:有限责任公司
企业规模:大型
网址:www.ynraner.com
E-mail:rec@ynmail.com
【主要产品】衣康酸;柠檬酸钠;柠檬酸;工业导火索;震源导爆索

大理白族自治州

大理丸荣制药有限公司

云南省大理市鹤庆镇兴鹤工业园区[671500]
电话:(0872)4132773
传真:(0872)4132770
经济类型:外商独资
网址:www.maruei.com.cn
E-mail:info@maruei.com.cn
【主要产品】黄芩苷;黄藤素;罗通定;青蒿素;灯盏花素;三七总皂苷;岩白菜素;齐墩果酸;蜕皮激素;丹参提取物;葛根提取物;当归提取物;穿心莲提取物

陕西省

西安市

陕西大河药业有限责任公司

陕西省西安市泾河工业园泾渭十路[710201]
电话:(029)85251515;88217517
传真:(029)85251515
网址:www.sxdahe.com
E-mail:dahe@sxdahe.com;
xian-dhsw@sohu.com
【主要产品】苦参碱;苦参总碱;苦参素;β-七叶皂苷钠

陕西大生化学科技有限公司

陕西省西安市高新区沣惠南路2号枫叶新都市杰座广场9楼[710075]
电话:(029)88193550
传真:(029)88193353
供销电话:88193551
网址:www.dashengchemical.com
E-mail:dash@hi2000.com
【主要产品】2-氨基-3,5-二溴苯甲醛;D-丙氨酸;3-氯-2-羟丙基三甲基氯化铵;二甲胺盐酸盐;三甲胺盐酸盐;D-苯丙氨酸;1-(2,4-二氯苯基)-2-(1-咪唑基)乙醇;丙环唑;戊唑醇;抑霉唑;阿昔洛韦;醋氯芬酸;甲硝唑苯甲酸酯;比卡鲁胺;盐酸丙卡特罗;甘草酸二铵;酒石酸托特罗定;盐酸氯己定;葡萄糖酸氯己定;醋酸洗必泰;枸橼酸洗必泰;洗必泰

陕西浩海实业有限公司

陕西省西安市友谊东路52号[710054]
电话:(029)82340507;13991230698
传真:(029)82340507
网址:www.sxhhsy.com
E-mail:xinyidu001@163.com
【主要产品】复合肥;微生物有机肥

陕西宏庆医药化学有限公司

陕西省西安市振华路5号[710014]
电话:(029)86268201;87036201;
87036202
传真:(029)86267125;87036201
供销电话:86268201;87035913
网址:www.hookinchem.cn
E-mail:sales@hookinchem.cn
【主要产品】1,3-二甲基-2-咪唑啉酮;*N*,*N*-二甲基甲酰胺二甲缩醛;1,2-环己二醇;1,3-环己二醇;1,4-环己二醇;1,4-环己二甲醇;1,3-环己二甲醇;1,2-环己二甲醇;1,10-癸二醇;2-苯基-1,3-丙二醇;丙烯醛缩二甲醇;丙烯醛缩二乙醇;1,4-环己二甲酸;1,3-环己二甲酸;1,2-环己二甲酸;甲基丙烯酸异辛酯;1,2-环己二甲酸二乙酯;1,2-环己二甲酸二甲酯;1,4-环己二甲酸二甲酯;丙烯酸二甲氨基乙酯;4-氯苯氧乙酸乙酯;乙酸环己酯;丁酰乙酸甲酯;1,3-环己二酮;1,4-环己二酮;1,2-环己二酮;环庚酮;*N*-(3-二甲氨基丙基)甲基丙烯酰胺;十二烷二酸二酰肼;月桂酰肼;丙二酰肼;间苯二甲酰肼;苯甲酰肼;苯基二氯化磷;环己甲酸;氨基乙醛缩二甲醇;甲氨基乙醛缩二甲醇;氯乙醛缩二甲醇;氯乙醛缩二乙醇;氨基乙醛缩二乙醇;4-氨基丁醛缩二乙醇;二苯基氯化膦;叔丁基肼盐酸盐;苯并噁唑酮;环己甲酰氯;对氯苯氧乙酸钠

陕西慧科植物开发有限公司

陕西省西安市咸宁东路24号[710043]
电话:(029)62669898;62669896;
62669897
传真:(029)62669899　　有进出口权
网址:www.huikes.com
E-mail:cxj@huikes.com;
market@huikes.com
【主要产品】甘草亭酸;大豆素;苦参碱;黄芩苷;水杨苷;罗通定;二氢黄酮苷;新橙皮苷二氢查尔酮;芦丁;喜树碱;葛根素;汉防己甲素;白藜芦醇;绞股蓝总皂苷;辛弗林;染料木黄酮;岩白菜素;甘草酸;水飞蓟素;齐墩果酸;熊果苷;苦参素;氢溴酸加兰他敏;L-鼠李糖;积雪草苷;鬼臼毒素;柚苷;虎杖提取物;芍药苷;丹参酮ⅡA;淫羊藿苷;熊果酸;木犀草素;莽草酸;槲皮素;柚皮素

陕西嘉禾植物化工有限责任公司

陕西省西安市高新一路9号富德大厦二层[710075]
电话:(029)88332800;88330629;
13571803989
传真:(029)88325519　　职工人数:500人
供销电话:88326710;88338760
网址:www.jiaherb.com
E-mail:info@jiaherb.com
【主要产品】水杨苷;白藜芦醇;辛弗林;石杉碱甲;水飞蓟素;贯叶连翘提取物;淫羊藿提取物;红景天提取物;黄芪提取物;厚朴提取物;红车轴草提取物;五味子提取物;当归提取物;生姜提取物;黑升麻提取物;白蒺藜提取物;刺五加浸膏;灵芝菌粉;莽草酸;盐酸育亨宾

陕西金阳化工有限公司

陕西省西安市建国路信义巷11号后院[710001]
电话:(029)87419646;87451958;
13152121102
传真:(029)87451958　　经济类型:集体
供销电话:87419646;13709217072
供销传真:87512888　　法人代表:张前进
网址:www.chinachemnet.com
E-mail:goldsunc@public.xa.sn.cn
【主要产品】3,5-二氯-4-羟基苯甲酸;3-甲氧基-2-甲基苯甲酸;2-氯-6-甲基苯甲酸;4-硝基间甲酚;6-硝基间甲酚;1,2-二羟基-4-硝基苯;2,6-二羟基甲苯;对羟基苯乙胺盐酸盐;2,4-二甲基苯胺;4-硝基邻二甲苯;2,6-二甲基硝基苯;2,4-二甲基硝基苯;2-硝基-3-甲基苯酚;3-甲氧基-2-甲基苯甲酰氯;2,6-二甲基苯胺;对氨基邻甲酚;2-氨基-6-硝基甲苯;2-羟基-6-硝基甲苯

陕西晶华科技有限公司

陕西省西安市西斜七路4号[710065]
电话:(029)88276610
传真:(029)88276610　　产值:100千元
固定资产:100千元　　职工人数:50人
供销电话:88276610;13892828590
经济类型:有限责任公司
网址:www.jhkjxa.com
E-mail:xajtzfxy@sina.com
【主要产品】间苯三酚;对三氟甲基苯酚;对三氟甲基苯胺;对溴三氟甲苯;3-氨基三氟甲苯

陕西景盛硫酸钾肥有限公司

陕西省三原县火车站南侧(重化工业园)[713800]
电话:(029)32281958;32277555;
13571016366
传真:(029)32281958　　职工人数:120人
网址:www.shanxijs.cn
【主要产品】盐酸;氯酸钾;硫酸钾(农用)

陕西科信化工新材料有限公司

陕西省西安市大庆路76号[710082]
电话:(029)88630378
传真:(029)88630378
网址:www.sxkx.com
E-mail:sxkx@sxkx.com
【主要产品】导电胶黏剂;橡胶修补剂;高级皮带胶;滚筒包胶黏合剂;强力瞬干胶;螺栓松动剂

陕西太康生物科技有限公司

陕西省西安市高新区唐兴路东馨花园1-1号[710082]
电话:(029)83732528;13991923748
传真:(029)88384052
网址:www.xa-taikang.com
E-mail:cwq868@sohu.com
【主要产品】苦参碱;苦参总碱;白藜芦

陕

醇;绞股蓝总皂苷;苦参素;氢溴酸加兰他敏;鬼臼毒素;黄芪提取物;丹参酮;丹参酮ⅡA;淫羊藿苷;黄芪多糖;土贝母皂苷甲;莽草酸;搅拌器;磁力搅拌器;冷冻干燥器;冷冻真空干燥机;低温冷却液循环泵;旋片式真空泵

陕西西安力邦制药有限公司

陕西省西安市高新开发区创业大厦7层[710086]
电话:(029)88315776;84312842;88314943
传真:(029)88323883;88338453
经济类型:私营企业
网址:www.libang.com.cn
E-mail:webmaster@libang.com.cn
【主要产品】尼可地尔;索他洛尔;多沙普仑;氟哌利多;美托拉宗;双异丙酚;氯化琥珀胆碱;泛影酸;葡甲胺

陕西西安瑞科制药有限责任公司

陕西省西安市户县工贸开发区[710300]
电话:(029)84837788;84913384;87707471
传真:(029)84910864;84912120
经济类型:有限责任公司
【主要产品】特戊酸;阿魏酸;间苯三酚;头孢噻肟钠;头孢拉定;头孢曲松钠;醋酸甲地孕酮

陕西咸阳农一清高效液肥厂

陕西省咸阳市渭城区地张开发区[710000]
电话:(029)33119733;33119766;33119633
传真:(029)33119733
网址:www.nongyiqing.cn
E-mail:noyiqin@163.com
【主要产品】高效液肥;腐殖酸钾

陕西兴化化学股份有限公司

陕西省兴平市东城区[713100]
电话:(029)38838114;38838018
传真:(029)38822614　经济类型:国有
有进出口权　企业规模:大型
职工人数:2,049 人　法人代表:王兴若
网址:www.snxhchem.com
E-mail:snxhchem@snxhchem.com
【主要产品】硝酸;多孔硝铵;液氢;液氧;氩气;液氮;氨水;液氨;硝酸铵;碳酸氢铵;铁粉

陕西旭煌植物科技发展有限公司

陕西省西安市高新四路高科广场D座12006室[710075]
电话:(029)88362342;88362341;88361114
传真:(029)88361647
供销电话:83013990;88361114
网址:www.xuhuang.com
E-mail:market@xuhuang.com
【主要产品】异甘草素;盐酸小檗碱;苦参碱;黄芩苷;葛根素;染料木黄酮;苦参素;大豆异黄酮;鬼臼毒素;柚苷;贯叶连翘提取物;大黄素;淫羊藿提取物;葛根提取物;虎杖苷;红车轴草提取物;生姜提取物;绞股蓝提取物;白蒺藜提取物;刺五加浸膏;芹菜素;芍药苷;淫羊藿苷;熊果酸;木犀草素;莽草酸;槲皮素;柚皮素

少华山植物提炼有限责任公司

陕西省西安市高新区沣惠南路20号华晶商务广场[710075]
电话:(029)62669232
传真:(029)62669233
经济类型:有限责任公司
网址:www.shsbio.com
E-mail:info@shsbio.com
【主要产品】水飞蓟素;大豆异黄酮;淫羊藿苷;柚皮素

西安奥达油墨有限责任公司

陕西省西安市玄武路东段62号[710000]
电话:(029)86718794;86734356
传真:(029)86722733
经济类型:有限责任公司
网址:www.xaaoda.com
E-mail:xaaoda@xaaodo.com
【主要产品】内外墙乳胶漆;高级丝光内墙乳胶漆;常温道路标志漆;油墨;纸凹印油墨;塑料编织袋油墨;PU油墨;塑料薄膜凹版里印油墨;胶黏剂

西安北方惠安精细化工有限公司

陕西省西安市户县余下镇[710302]
电话:(029)84912672;84913349
传真:(029)84913145;84913150
经济类型:有限责任公司
企业规模:大型
网址:www.xaha.com.cn;
www.cellulose.com.cn
E-mail:webmaster@xaha.com.cn
【主要产品】乙酸乙酯;聚氨酯树脂;酚醛树脂漆类;聚氨酯漆类;羧甲基淀粉钠(医药级);羟丙基甲基纤维素;羧甲基纤维素钠;甲基纤维素;羟丙基纤维素;微晶纤维素;硝酸纤维素;脱脂棉

西安贝林化工机电有限公司

陕西省西安市电子城杜城村南[710065]
电话:(029)88292307;81562241;81562242
传真:(029)88292307
网址:www.xaxianfeng.com
E-mail:xianfeng@xianfeng.com
【主要产品】防腐防霉剂;二氧化氯

西安博华制药有限责任公司

陕西省西安市公园北路156号[710043]
电话:(029)82518947
传真:(029)82540242　职工人数:816人
经济类型:有限责任公司
法人代表:刘士君
网址:www.bohua.com
E-mail:bohua@bohua.com
【主要产品】奥硝唑;醋酸洗必泰

西安博捷医药化工技术有限公司

陕西省西安市未央路69号华迪大厦B座3-11-3[710016]
电话:(029)86246986;13892892023
传真:(029)86265661　有进出口权
供销电话:13809190163
网址:www.huayaochem.com
E-mail:huayaoco@163.net;
info@huayaochem.com
【主要产品】芴甲醇;噻莫西酸;二氢吡啶;硝酸奥昔康唑;安乃近镁盐;醋氯芬酸;异丙基氨基比林;氯硝柳胺;奥硝唑;苯酰甲硝唑;厄多司坦;阿尼西坦;甘羟铝;羟甲烟胺;氨基己酸;*N*-乙酰蛋氨酸;葡萄糖酸氯己定;来托司坦;奈非西坦;醋羟胺酸;盐酸非那吡啶

西安昌胜化工有限公司

陕西省西安市长安区郭杜工业园高庙村[710100]
电话:(029)85977215;85977226;13991981605
传真:(029)85977080
经济类型:有限责任公司
法人代表:郑玉璋
网址:www.chshchem.com
E-mail:chshchem@yahoo.com.cn
【主要产品】环氧煤沥青防腐涂料;各色丙烯酸聚氨酯磁漆;丙烯酸航空标志涂料;道路标线涂料;环氧铁红防锈漆;环氧富锌底漆;环氧云铁防锈中涂漆;环氧黑板漆;环氧树脂类防腐涂料;环氧抗静电防腐涂料;H53-31红丹环氧酯防锈漆;环氧玻璃鳞片漆;重防腐漆;氯磺化聚乙烯防腐涂料;氯化橡胶防腐漆;氯化橡胶防腐涂料;各色氯化橡胶无光防火漆;防静电涂料;输送管防腐涂料;特种防腐涂料;油漆稀释剂;油漆固化剂;橡胶杂品

西安昌泰化工厂

陕西省西安市雁塔区丈八北路南段[710077]
电话:(029)88589080
传真:(029)88583864　经济类型:集体
法人代表:赵开学
网址:www.changtai-chem.com
【主要产品】聚氯乙烯糊树脂;无毒软聚氯乙烯粒料;印铁涂料;己二酸二正辛酯;邻苯二甲酸二辛酯;癸二酸二辛酯;环保型水性金属防锈剂;焊接防溅剂;环保型润滑油

西安德立生物化工有限公司

陕西省西安市雁塔北路 52 号 810 室[710054]
电话:(029)87856973;87860211
传真:(029)87857636
经济类型:有限责任公司
网址:www. xadl. com
E-mail:xadl2003@ yahoo. com. cn
【主要产品】羟丙基-β-环糊精

西安方舟包装工业有限公司

陕西省西安市户县沣京工业园沣京一路 2 号[710300]
电话:(029)84981958;84981959
传真:(029)84981886
网址:www. xafz. com. cn
E-mail:fangzhou@ xafz. com. cn
【主要产品】镀铝复合膜;铝塑复合膜;纸塑复合膜;聚乙烯塑料瓶;塑料复合包装膜;铝箔黏合剂

西安富捷生物技术发展公司

陕西省西安市经济开发区朱宏路 258 号[710021]
电话:(029)86408453;86408718
传真:(029)86408716;86408719
供销电话:13909205738
经济类型:有限责任公司
法人代表:陈振鸿
网址:www. fujiepharm. com
E-mail:sales@ fujiepharm. com
【主要产品】苦参碱;紫杉醇;白藜芦醇;染料木黄酮;甘草流浸膏;甘草浸膏;甘草酸;甘草酸单铵;白糊精;黄糊精

西安冠宇生物技术有限公司

陕西省西安市长安区韦郭路绿园大厦 1002[710100]
电话:(029)85658727
传真:(029)8565872
有进出口权
供销电话:88907599
产值:10,000 千元
经济类型:有限责任公司
职工人数:80 人 法人代表:王立
网址:lgweast. biz. jqcq. com
E-mail:millie97@ 163. com
【主要产品】二十八醇;三尖杉宁碱;青蒿素;紫杉醇;白藜芦醇;水飞蓟素;黄芪提取物;红车轴草提取物;刺五加浸膏;莽草酸

西安汉港化工有限公司

陕西省西安市未央区汉城商业街[710021]
电话:(029)86600035
传真:(029)86600922 职工人数:225 人
供销电话:86560190
供销传真:86560191
经济类型:与港澳台商合资经营
网址:www. hangang. com. cn
E-mail:webmaster@ adhesive. cn
【主要产品】内外墙涂料;VAE 白乳胶;黏合剂

西安航天化学动力厂

陕西省西安市 171 号信箱[710000]
电话:(029)83604114
传真:(029)83604145 经济类型:国有
企业规模:大型 职工人数:1,300 人
网址:www. spacepower. com. cn
E-mail:webmaster@ spacepower. com. cn
【主要产品】微细球形铝粉;环氧型耐油防静电涂料;聚氨酯导电漆;氟碳漆;防静电涂料;导电涂料;混合机;射流磨(气流磨);胶管截止阀

西安核设备有限公司

陕西省西安市徐家湾渭滨街 5 号[710021]
电话:(029)86158043;86158042
传真:(029)86158045;86158050
经济类型:集体 企业规模:大型
职工人数:2,300 人 法人代表:韩新华
网址:www. xa524. com
【主要产品】加氢反应器;加氢换热器;板式换热器;冷凝器;Ⅰ、Ⅱ、Ⅲ类非标压力容器

西安亨通光华制药有限公司

陕西省西安市高新技术产业开发西区高新 1 路 16 号[710075]
电话:(029)88240956
传真:(029)88240802 有进出口权
经济类型:有限责任公司
网址:gh. sx-ht. com
E-mail:xsrsb@ sx-ht. com
【主要产品】泰乐菌素;酒石酸泰乐菌素

西安宏昌药业有限责任公司

陕西省西安市经济技术开发区凤城二路 12 号[710016]
电话:(029)86519099;86519112
传真:(029)86519459
经济类型:有限责任公司
法人代表:刘生万
网址:www. betacyclodextrin. com
E-mail:jchanl16@ 126. com
【主要产品】β-环状糊精

西安华萃生物技术有限责任公司

陕西省西安市高新开发区高新 5 路 2 号[710075]
电话:(029)88327523;88330278
传真:(029)88330978
经济类型:有限责任公司
网址:www. xasino-herb. com
E-mail:houshurui@ hotmail. com
【主要产品】二十八醇;苦参碱;青藤碱;阿仑膦酸钠;氟米松;紫杉醇;10-羟基喜树碱;7-乙基-10-羟基喜树碱;伊立替康;帕米膦酸二钠;葛根素;托吡酯;氨氯地平;白藜芦醇;染料木黄酮;坦索罗辛;兰索拉唑;水飞蓟素;苦参素;贯叶连翘提取物;丹参提取物;人参提取物;大黄提取物;大黄素;淫羊藿提取物;红景天提取物;黄芪提取物;葛根提取物;越桔提取物;虎杖苷;红车轴草提取物;五味子提取物;白柳皮提取物;当归提取物;绞股蓝提取物;枳实提取物;葡萄籽提取物;黑升麻提取物;白蒺藜提取物;刺五加浸膏;丹参酮ⅡA;淫羊藿苷;土贝母皂苷甲

西安华山橡胶制品有限公司

陕西省西安市东郊纺北路 166 号[710038]
电话:(029)83518543
传真:(029)83510904 职工人数:500 人
网址:www. hsrub. com
E-mail:hsrub@ public. xa. sn. cn
【主要产品】汽车橡胶配件;密封垫

西安惠丰生化集团股份有限公司

陕西省西安市高新路 25 号瑞欣大厦 16 层 B 座[710075]
电话:(029)88246358;88224682;88217533
传真:(029)88250444 有进出口权
供销电话:88224682-804
经济类型:股份合作 法人代表:王经安
网址:www. xahuifeng. com
E-mail:graceful@ xahuifeng. com
【主要产品】植物甾醇;豆甾醇;盐酸小檗碱;苦参碱;黄芩苷;二氢黄酮苷;芦丁;葛根素;地奥明;白藜芦醇;曲克芦丁;水飞蓟素;甘草酸单铵;苦参素;L-鼠李糖;柚苷;淫羊藿提取物;红景天提取物;葛根提取物;厚朴提取物;红车轴草提取物;绞股蓝提取物;枳实提取物;白蒺藜提取物;绿茶提取物;杜仲叶提取物;槲皮素

西安近代化学研究所化工油漆厂

陕西省西安市雁塔区丈八东路中段 5 号[710065]
电话:(029)88291354
传真:(029)88220423 经济类型:集体
职工人数:40 人
网址:www. mcri204. com. cn/macromolecule. htm
【主要产品】塑料漆

西安凯洁精细化工制造有限公司

陕西省西安市余下工业东区[710302]
电话:(029)84969039
传真:(029)84963088
网址:www. xakaijie. com
【主要产品】硬脂酰胺;亚乙基双硬脂酰胺;脂肪醇聚氧乙烯醚硫酸钠;异辛醇聚氧乙烯醚磷酸酯;阴离子表面活性剂 K12-A;氧化胺;高效润湿分散剂

西安柯莱生物化工有限公司

陕

陕西省西安市高新技术产业开发区科技三路 58 号[710075]
电话:(029)88240570
经济类型:有限责任公司
职工人数:30 人　法人代表:李进
E-mail:diana00345@ yahoo. com
【主要产品】香紫苏醇;香紫苏内酯

西安科塘化工设备有限公司

陕西省西安市纺织城纺南路[710038]
电话:(029)83510760
传真:(029)83524781
经济类型:股份有限公司
网址: www. xahs88. com/xahs88/index. asp
E-mail:hs88@ xahs88. com
【主要产品】工业搪玻璃反应釜;搪玻璃换热器;搪玻璃储罐

西安兰光化学科技有限公司

陕西省西安市鱼化寨[710068]
电话:(029)88212530;13609152204
传真:(029)88212530　有进出口权
网址:www. languangchem. com
E-mail:languang@ hi2000. com
【主要产品】三氯化铁;氯化亚铁;氯化亚铜;三氧化二铁

西安利澳科技股份有限公司

陕西省西安市团结北路 2 号[710077]
电话:(029)84244785;84241580;84244746
传真:(029)84264837　经济类型:国有
供销电话:84262423;84244700
供销传真:84261848　法人代表:马咏楠
网址:www. xapaint. com
E-mail:jjp@ xapaint. com
【主要产品】油漆;油脂漆类;天然树脂漆类;酚醛树脂漆类;沥青漆类;醇酸树脂漆类;防锈漆;氨基树脂漆类;硝基漆类;过氯乙烯漆类;丙烯酸树脂漆类;聚酯树脂漆类;环氧树脂漆类;聚氨酯漆类;氟碳漆;橡胶漆类;油漆辅助材料类;铝粉漆

西安利君精华药业有限责任公司

陕西省西安市红光路 16 号[710077]
电话:(029)84262717;84243841-2452
传真:(029)84262717　经济类型:集体
供销电话:84242084　法人代表:韩继才
【主要产品】氯化钠;氯化钙(药用);氯化钾(药用);醋酸钠(无水);乳糖酸钠;扑湿痛;水飞蓟素;葡萄糖酸锌;葡萄糖酸钙

西安联谊纺织助剂有限责任公司

陕西省西安市东郊长乐坡毛纺路 2 号[710043]
电话:(029)83247010
传真:(029)83247010
法人代表:李丽新
网址:www. chinaly. net
E-mail:lilx@ chinaly. net;
yuanyc@ chinaly. net
【主要产品】印染助剂;防粘剂

西安龙华实业有限公司

陕西省西安市西郊阿房四路 1 号[710068]
电话:(029)84533009
传真:(029)84533008
经济类型:股份有限公司
网址:www. xalhgroup. com
E-mail:lty@ xalhgroup. com
【主要产品】过磷酸钙;硫酸钾复合肥;玉米专用肥

西安绿达生物化工有限公司

陕西省西安市未央区文景路枣园[710016]
电话:(029)86281882
传真:(029)86222662　产值:1,000 千元
经济类型:有限责任公司
职工人数:20 人　法人代表:翟华
网址:www. xalvda. com
E-mail:xi_anlvda@ 126. com
【主要产品】灭蝇胺;贯叶连翘提取物;艾叶油;陈皮油;丁香罗勒油;牛至油;丁香油;茴香油

西安妙香园药业有限公司

陕西省西安市泾河经济技术工业园泾渭西路 8 号[710068]
电话:(029)86030298
传真:(029)86030299
供销电话:86699968;87897380
供销传真:87895650
网址:www. mkepharm. com
E-mail:mkenphar@ public. xa. sn. cn
【主要产品】甘草霜;甘草流浸膏;甘草酸;水飞蓟素;蜕皮激素;贯叶连翘提取物;淫羊藿提取物;黄芪提取物;越桔提取物;积雪草提取物;当归提取物;缬草提取物;葡萄籽提取物;白蒺藜提取物;露水草提取物;莽草酸

西安南风日化有限公司

陕西省西安市丈八北路 7 号[710077]
电话:(029)88733101;88733102
传真:(029)88733200　职工人数:752 人
经济类型:有限责任公司
企业规模:大型
网址:www. xanf. com;
www. xanf. com. cn
E-mail:xanf@ xanf. com
【主要产品】肥皂;合成洗衣粉;合成洗涤剂

西安三江生物工程有限公司

陕西省西安市经济技术开发区泾河工业园区[710201]
电话:(029)86030196;86030199
传真:(029)86030190
供销电话:86032876;13892824998
供销传真:86032879
经济类型:中外合资经营企业
网址:www. sanjiangbio. com. cn
E-mail:sanjiang@ sanjiangbio. com. cn
【主要产品】人参提取物;淫羊藿提取物;红景天提取物;红车轴草提取物;罗汉果提取物;葡萄籽提取物;黑升麻提取物;露水草提取物;穿心莲提取物;荨麻提取物;刺五加粉

西安市渤海化工有限公司

陕西省西安市未央区六村堡镇工业园区[710086]
电话:(029)84419255;84415433;13709185756
传真:(029)84419255
网址:www. bohaichem. com
E-mail:master@ bohaichem. com
【主要产品】混凝土添加剂

西安市精工橡胶制品有限公司

陕西省西安市未央路 74 号[710016]
电话:(029)86252913
传真:(029)86261725　经济类型:集体
法人代表:陈文杰
【主要产品】高压电器橡胶配件;O 形密封圈;活塞密封腔体用蕾形密封圈;鼓形夹织物橡胶密封圈;橡胶防尘密封圈

西安市优立电子化工有限责任公司

陕西省西安市高新区[710065]
电话:(029)88238008
传真:(029)88249438　有进出口权
经济类型:有限责任公司
网址:www. china-unique. com
E-mail:sales@ china-unique. com
【主要产品】硼酸;硼酐;氟氢化铵;氨基磺酸

西安天诚医药生物工程公司

陕西省西安市高新技术产业开发区光德路 8 号[710075]
电话:(029)88322887;88322776;88313461
传真:(029)88221485
网址:www. tcdchina. com
E-mail:marketing@ tcdchina. com
【主要产品】青藤碱;紫杉醇;葛根素;石杉碱甲;首乌提取物;人参提取物;淫羊藿提取物;黄芪提取物;当归提取物;生姜提取物;绞股蓝提取物;山楂提取物;枳实提取物;葡萄籽提取物;黑升麻提取物;蒲公英提取物;银杏叶提取物;绿茶提取物;问荆提取物;10-脱乙酰基巴卡亭Ⅲ

西安天路电子材料有限公司

陕西省西安市阿房2路36号[710086]
电话:(029)84528664
传真:(029)84510078 有进出口权
经济类型:私营企业 职工人数:70人
法人代表:杜天禄
网址:www.xatl.com
E-mail:wgyd333@163.com
【主要产品】碳酸钡;钛酸钡

西安天行健天然生物制品有限公司

陕西省西安市高新技术产业开发区融鑫路5号[710075]
电话:(029)88276360;82057006
传真:(029)88276115;88276254
网址:www.txjbio.com
E-mail:wangting@txjbio.com;
sales@txjbio.com
【主要产品】甘草亭酸;甘草酸单钾盐;甘草酸二钾盐;甘草酸三钠盐;甘草酸单钠盐;甘草霜;大豆素;青蒿素;紫杉醇;白藜芦醇;染料木黄酮;甘草酸;石杉碱甲;水飞蓟素;甘草酸单铵;甘草酸三铵;甘草锌;贯叶连翘提取物;首乌提取物;大黄素;淫羊藿提取物;红景天提取物;黄芪提取物;葛根提取物;虎杖提取物;红车轴草提取物;五味子提取物;当归提取物;生姜提取物;山楂提取物;枳实提取物;罗汉果提取物;葡萄籽提取物;黑升麻提取物;白蒺藜提取物;绿茶提取物;柴胡提取物;苦杏仁提取物;杜仲叶提取物;姜黄提取物;刺五加浸膏;灵芝菌粉;芍药苷;甘草黄酮

西安天一生物技术有限公司

陕西省西安市沣惠南路20号[710075]
电话:(029)88372216;13991273341
传真:(029)88372210 产值:1,000千元
供销电话:62669220;62669216
经济类型:股份有限公司
职工人数:37人
网址:www.acetar.com
E-mail:jakkietom@acetar.com
【主要产品】青蒿素;白藜芦醇;绞股蓝总皂苷;水飞蓟素;葛根提取物;当归提取物;黑升麻提取物;香紫苏醇;香紫苏内酯

西安万达辊业有限责任公司

陕西省西安市枣园西路166号[710086]
电话:(029)84613071
传真:(029)84625320
网址:www.xawd.com
E-mail:djt@xawd.com
【主要产品】印刷胶辊;印染胶辊;聚氨酯胶辊;硅橡胶辊

西安万德化工有限公司

陕西省西安市高新技术产业开发区科技路39号[710075]
电话:(029)84275802;88318852;
13572595600
传真:(029)88317800
网址:www.xawonder.com
E-mail:market@xawonder.com
【主要产品】原油脱硫剂;柴油降凝剂;金属钝化剂;汽油抗爆剂;新型高效炼油催化助剂

西安文远化学工业有限公司

陕西省西安市和平路榕园公寓1106号[710201]
电话:(029)86035733;86035247
传真:(029)86035220
网址:www.wenyuanchem.com
E-mail:sales@wenyuanchem.com
【主要产品】萎锈灵;萎锈灵可湿性粉剂;霜脲氰;霜脲氰可湿性粉剂;除草定;环草定;锰锌·霜脲可湿性粉剂;百·嘧可湿性粉剂;18%百·霜脲悬浮剂;福·烯唑可湿性粉剂;萎·福可湿性粉剂;吡·氯可溶性液剂

西安鑫迪福科技有限责任公司

陕西省西安市含光路南段1号鹏豪园10604号[710065]
电话:(029)84290658;88516858
传真:(029)84278607
经济类型:有限责任公司
网址:www.xdfchem.com
E-mail:sales@xdfchem.com
【主要产品】美洛昔康;阿仑磷酸钠;喜树碱;10-羟基喜树碱;7-乙基-10-羟基喜树碱;伊立替康;托吡酯;鬼臼毒素;依替膦酸二钠

西安益尔集团

陕西省西安市高新路52号高科大厦12F[710075]
电话:(029)88316539;88315135
传真:(029)88320160
供销电话:88316539;88324420
供销传真:88323479
网址:www.yier.com.cn
E-mail:trade@yier.cn
【主要产品】雌(甾)酮;醋酸妊娠双烯醇酮;非那甾胺;安宫黄体酮;四烯物;睾丸素;雌二醇;甲基氢化泼尼松;地塞米松;泛癸利酮;新伐他汀

西安鹰球橡塑有限公司

陕西省西安市东五路3号[710005]
电话:(029)87426748;87426121;
87427442
传真:(029)87427442
供销传真:87426748
经济类型:股份合作
E-mail:zhbg30@163.net
【主要产品】氯化聚乙烯防水卷材;橡胶运输带;橡胶杂品;普通橡胶板;海绵胶板;止水带;防水卷材;三元乙丙橡胶防水卷材;橡胶粉

西安中鑫生物技术有限公司

陕西省西安市未央区迎宾大道138号豪盛花园A座19[710021]
电话:(029)82103820;83138905
传真:(029)82103821
供销电话:13072987932
网址:www.zxsw.com
E-mail:xazxsw@yahoo.com.cn
【主要产品】苦参碱;苦参总碱;苦参素;贯叶连翘提取物;金银花提取物;淫羊藿提取物;红景天提取物;黄芪提取物;葛根提取物;红车轴草提取物;泽泻提取物;白柳皮提取物;绞股蓝提取物;山楂提取物;枳实提取物;黑升麻提取物;白蒺藜提取物;甘草提取物;杜仲叶提取物;车前子提取物;姜黄提取物;茵陈提取物;黄芩提取物;砂仁提取物;刺五加浸膏;板蓝根浸膏

西北化工研究院

陕西省西安市临潼区火车站街1号[710600]
电话:(029)83870403;83870432;
83870364
传真:(029)83870403 经济类型:国有
供销电话:83870448 有进出口权
供销传真:83870179 法人代表:刘国平
职工人数:1,000人
网址:www.nwrici.com
E-mail:chgs@nwrici.com
【主要产品】3,5-二甲基苯酚;2,3,6-三甲基苯酚;2,3,5-三甲基苯酚;*N*,*N'*-(亚甲基二苯基)双马来酰亚胺;碳酸氢铵;C2气相加氢催化剂;焦化催化干气加氢催化剂;加氢转化催化剂;加氢转化催化剂T201;脱硫脱砷催化剂;脱砷剂;水煤气加氢催化剂JT-1型;焦炉气加氢转化催化剂;塑料改性剂PMI;炭黑

中化近代环保化工(西安)有限公司

陕西省西安市经济技术开发区泾河工业园区[710201]
电话:(029)86030288
传真:(029)86030181
供销电话:86031134;
供销传真:86030128
网址:www.jincool.com
E-mail:jincool@jincool.com
【主要产品】三氟乙烷;1,1,1,2-四氟乙烷;五氟乙烷;三氟乙醇

宝鸡市

宝鸡催化剂厂

陕西省宝鸡市金台区十里铺张家新村64号[721004]
电话:(0917)3412496;3412379
传真:(0917)3412379 经济类型:集体
法人代表:王栓绪
网址:www.hylive.com/shanxi2/shanxi20350.html
E-mail:rhyywyh@163.com
【主要产品】中温变换催化剂;低温变换催化剂;高温变换催化剂;耐硫一氧化

碳变换催化剂

宝鸡海宝颜料有限公司

陕西省宝鸡市蔡家坡[722405]
电话:(0917)8561508;6662555
传真:(0917)6668390
经济类型:私营企业
网址:www. bjbbc. com/company/14/baojihaibao/
【主要产品】氧化铁红;氧化铁黄;铁酞绿;氧化铁黑

宝鸡市瑞科医药化工有限公司

陕西省宝鸡市高新区火炬路6号创业大厦8楼[721006]
电话:(0917)3380777
传真:(0917)3380388 职工人数:150人
网址:www. bj-rock. com
E-mail:bjrock-bj@163. com; mail@bjrock. com
【主要产品】米氮醇;氨氯地平

宝鸡市瑞科有色金属有限责任公司

陕西省宝鸡市渭滨区下马营[721013]
电话:(0917)3380777;3380368;13992780926
传真:(0917)3380388 职工人数:40人
经济类型:有限责任公司
网址:www. bj-rock. com
E-mail:bjrock-bj@163. com; mail@bjrock. com
【主要产品】炭载含钌加氢催化剂;钯炭催化剂;炭载含铂、钯双金属加氢催化剂;炭载含铂加氢催化剂

宝鸡市铁军化工防腐安装有限责任公司

陕西省宝鸡市陈仓区阳平火车站西[721303]
电话:(0917)6652108;6650372;13891740505
传真:(0917)6652666
法人代表:贺军会
网址:www. bf-gs. com
E-mail:bxbjffgs@public. xa. sn. cn
【主要产品】防火涂料;丙烯酸系列内外墙涂料;丙烯酸带锈底漆;丙烯酸外墙涂料;自流平环氧地坪涂料;防水涂料;防腐涂料;装饰涂料;脱漆剂;水基防锈剂;防锈剂;磷化液;快速磷化液

宝鸡市有机化工厂

陕西省宝鸡市宝平路38号[721001]
电话:(0917)3553754;3553750;3554226
传真:(0917)3553754
【主要产品】反丁烯二酸;苯酐;邻苯二甲酸二丁酯

宝鸡制药机械厂

陕西省宝鸡市川陕路21号[721006]
电话:(0917)3314095;3314096
传真:(0917)3311653 经济类型:国有
职工人数:1,231人 法人代表:李桂棠
网址:www. baojiyj. com
E-mail:xiaoshou1@baojiyj. com
【主要产品】工业搪玻璃反应釜;真空干燥机;三足式离心机

陕西宝化化工有限责任公司

陕西省宝鸡市卧龙寺[721004]
电话:(0917)2853895;2853896
传真:(0917)3436867 法人代表:李旸
供销电话:2853899
网址:www. baojichemical. com; www. bhchem. cn
E-mail:sales@bhchem. cn
【主要产品】过硫酸钾;过硫酸铵;过二硫酸钠

陕西宝鸡宝玉化工有限公司

陕西省宝鸡市宝平路[721301]
电话:(0917)3681489;3681104
传真:(0917)3681378
网址:www. baoyuchem. com
E-mail:by1098@public. xa. sn. cn
【主要产品】琥珀酸;马来酸二甲酯;丁二酸二甲酯;丁二酸二异丙酯;丁二酸二丙酯;丁二酸二戊酯;丁二酸二异戊酯;丁二酸二丁酯;丁二酸二异丁酯;马来酸二丙酯;马来酸二异丙酯;马来酸二异丁酯;马来酸二戊酯;马来酸二异戊酯;丁二酸酐;丁二酰亚胺;马来酰亚胺;丁二酸钠;丁二酸钾;丁二酸铵;*N*-溴代丁二酰亚胺;*N*-氯代丁二酰亚胺;顺丁烯二酸二乙酯;丁二酸二乙酯;顺丁烯二酸二丁酯;顺丁烯二酸二辛酯;顺丁烯二酸二异辛酯;塑料改性剂PMI

陕西宝嘉应用化学有限责任公司

陕西省宝鸡市卧龙寺[721004]
电话:(0917)3431031;3433585;3430254
传真:(0917)3432550;3431031
经济类型:有限责任公司
网址:www. baojiachem. com
【主要产品】三聚磷酸钠;三聚磷酸二氢铝;硅钙肥;合成洗衣粉

陕西红旗民爆集团有限责任公司

陕西省宝鸡市凤翔县姚家沟镇[721401]
电话:(0917)7753452;7753310
传真:(0917)7753322 经济类型:国有
供销电话:7753456;7753243
职工人数:1,600人 法人代表:张正
网址:sxxx. sei. sn. cn/xxb/tjcp/hqhgc/index. html
【主要产品】胶体乳化炸药;乳化炸药;岩石膨化硝铵炸药;铵锑炸药;铵油炸药

陕西开达化工有限责任公司

陕西省宝鸡市创业路1号[721006]
电话:(0917)3322918;3317143
传真:(0917)3310616 职工人数:425人
供销传真:3317143 法人代表:曹峻清
经济类型:私营企业
网址:www. kd-chem. com
E-mail:kaida@kd-chem. com
【主要产品】甲烷化催化剂;炭载含钌加氢催化剂;钯炭催化剂;炭载含铂、钯双金属加氢催化剂;贵金属催化剂

陕西岐山县宝益橡塑助剂有限公司

陕西省岐山县益店镇西门外[722403]
电话:(0917)8440027;13909178663
传真:(0917)8441828
网址:www. baoyichem. com
E-mail:sales@baoyichem. com
【主要产品】甲基丙烯酸镁;橡胶黏合剂RS;橡胶黏合剂RH;促进剂PX;硫化促进剂TE;橡胶反应性不抽出防老剂NAPM;橡胶交联剂VP-4

陕西秦岭化肥总厂

陕西省宝鸡市金台区东风路31号[721000]
电话:(0917)3454098;3454080;3213570
传真:(0917)3457570 经济类型:国有
企业规模:大型 法人代表:陈立
【主要产品】纯氮;合成氨;碳酸氢铵

陕西省宝鸡金洋化工有限公司

陕西省宝鸡市陈仓区阳平火车站[721303]
电话:(0917)6662311;6662050-801
传真:(0917)6662050-802 有进出口权
供销传真:6662311 职工人数:150人
经济类型:有限责任公司
法人代表:赵来号
网址:www. baojijinyang. com
E-mail:sales@baojijinyang. com
【主要产品】2,3-二甲基苯酚;2,5-二甲基苯酚;2,6-二甲基苯酚;2,4-二甲基苯酚;2,4-二甲基-6-叔丁基苯酚;2,4-二甲基苯胺;2,6-二甲基硝基苯;2,4-二甲基硝基苯;3,5-二甲基硝基苯;3,5-二甲基苯胺;2,6-二甲基苯胺

陕西省宝鸡市陈仓区秦渭化工厂

陕西省宝鸡市陈仓区西堡[721300]
电话:(0917)6215525
传真:(0917)6220523 有进出口权
经济类型:私营企业 产值:1,000千元
职工人数:50人 法人代表:付德柒
E-mail:qwhgc@126. com
【主要产品】自干型保护涂料

陕西省眉县石墨矿

陕西省眉县营头镇铜峪村[722307]
电话:(0917)5790040
网址:www. hylive. com/shanxi2/shanxi25579. html

陕

【主要产品】石墨粉

咸阳市

黄河轮胎橡胶有限公司

陕西省咸阳市秦都区西华路[721023]
电话:(0910)3624888;3624000;3621757
传真:(0910)3626999
网址:www. hhlt. com
E-mail:manage@ hhlt. com
【主要产品】工程机械轮胎;高压胶管;橡胶杂品;橡胶密封制品

泾阳县乙炔气厂

陕西省泾阳县永乐镇[713702]
电话:(0910)6381512;6381256
经济类型:私营企业　职工人数:30 人
网址:www. hylive. com/shanxi2/shanxi28036. html
【主要产品】溶解乙炔

陕西宝塔山油漆股份有限公司

陕西省兴平市兴渝路56号[713100]
电话:(0910)8822661;8821340
传真:(0910)8822245;8825153
供销电话:(029)3881111l　有进出口权
供销传真:(029)38822245
经济类型:股份有限公司
职工人数:440 人　法人代表:符振丰
网址:www. baotashan. com
E-mail:baotashan@ baotashan. com
【主要产品】酚醛树脂漆类;醇酸树脂漆类;各色醇酸调合漆;醇酸磁漆;硝基磁漆;汽车漆;过氯乙烯防腐清漆;乳胶漆;各色丙烯酸聚氨酯磁漆;聚酯装修漆;各色环氧树脂磁漆;环氧富锌底漆;环氧沥青防腐漆;聚氨酯装修漆;环保木器装饰漆;聚氨酯防腐涂料;室温固化氟碳涂料;氯化橡胶涂料;氯磺化聚乙烯防腐漆;高氯化聚乙烯防腐面漆;船舶防腐漆;涉水设备内壁涂料

陕西省礼泉化工厂

陕西省礼泉县城关镇汤房[713200]
电话:(0910)5621493;5612560
传真:(0910)5621405　经济类型:国有
固定资产:8,200 千元　职工人数:122 人
网址:www. hylive. com/shanxi2/shanxi25228. html
【主要产品】氢氧化钙;轻质碳酸钙;超细碳酸钙;重质碳酸钙

陕西省三原县硫酸厂

陕西省咸阳市三原县池阳街[713800]
电话:(0910)2282586;2275131
传真:(0910)2282586
网址:www. hylive. com/shanxi2/shanxi24249. html
【主要产品】硫酸

陕西省天域生物制品有限公司

陕西省三原县陂西工业园[713800]
电话:(0910)2565555
传真:(0910)2562222
产值:5,000 千元
固定资产:8,000 千元　职工人数:57 人
经济类型:有限责任公司
法人代表:邓明辉
网址:www. tiquwu. cn
E-mail:sydxm@ yahoo. com. cn
【主要产品】贯叶连翘提取物;淫羊藿提取物;红景天提取物;黄芪提取物;葛根提取物;绞股蓝提取物

陕西省武功县有机化工厂

陕西省武功县普集镇沿河路19号[712200]
电话:(0910)7292536
经济类型:集体　职工人数:36 人
法人代表:董俊凯
【主要产品】对苯二甲酸二辛酯

咸阳银河无机材料有限公司

陕西省咸阳市渭阳西路35号[712000]
电话:(0910)3575778;3167178;13892055597
传真:(0910)3575778;3572148
经济类型:有限责任公司
职工人数:55 人　法人代表:马小鹏
E-mail:yhwjnxp@ sohu. com
【主要产品】磷酸铁;硫酸铬;甲酸铬;醋酸铝;醋酸铬;乳酸铬

渭南市

华阴市锦前程药业有限公司

陕西省华阴市玉泉路[714203]
电话:(0913)4356058;4356068;4356028
传真:(0913)4356066　有进出口权
经济类型:股份合作　企业规模:大型
职工人数:2,906 人　法人代表:张锡林
网址:www. chinajqc. com
E-mail:kzna80@ hotmail. com;jqc@ hi2000. com
【主要产品】2-羟基苯甲酸;2-羟基苯甲酸(升华级);冰醋酸;乙酰水杨酸;水杨酸钠;水杨酰胺;药用水杨酸;冬青油

交大瑞森渭南化学工业有限责任公司

陕西省渭南市东关凉水桥[714000]
电话:(0913)2195485;2196628;13992360691
传真:(0913)2196628　职工人数:176 人
供销电话:2195485;13992360862
法人代表:熊建龙
网址:www. fumaric-acid. com
E-mail:weinan@ hi2000. com;sales@ fumaric-acid. com
【主要产品】反丁烯二酸;3-氯-2-羟丙基三甲基氯化铵;富马酸钠;富马酸二甲酯;富马酸亚铁;二甲基二烯丙基氯化铵

金堆城钼业集团有限公司

陕西省华县金堆镇[714102]
电话:(0913)4088201
传真:(0913)4088200　经济类型:国有
企业规模:大型　法人代表:马宝平
网址:www. jdcmmc. com
【主要产品】钼精砂;三氧化钼;钼粉;钼铁

陕西富化化工有限责任公司

陕西省富平县车站大街77号[711700]
电话:(0913)8212845;8211778
传真:(0913)8204669　经济类型:国有
法人代表:王新旺
网址:www. fuhua-chem. com
E-mail:sales@ fuhua-chem. com
【主要产品】硫化钠;硫酸钡;热固性粉末涂料

陕西华山化工集团有限公司

陕西省渭南市华县瓜坡镇[714100]
电话:(0913)4016515;4016521;4016520
传真:(0913)4016515
供销电话:4016518;4018300
经济类型:有限责任公司
企业规模:大型　职工人数:3,600 人
法人代表:张根锁
网址:www. hshggroup. com
E-mail:office@ hshggroup. com
【主要产品】硫酸;甲醇;合成氨;尿素;氮磷钾复合肥;磷酸二铵;塑料编织袋

陕西渭南惠丰化学工业有限责任公司

陕西省渭南市东郊凉水桥[714000]
电话:(0913)2197705;2195382;13008432929
经济类型:有限责任公司
职工人数:130 人
网址:huifeng. chemnet. com
E-mail:huifeng@ chemnet. com
【主要产品】溴化钠;2-甲基-2,4-戊二醇;苯氧乙酸;琥珀酸;富马酸单乙酯;丁二酸酐;丁二酰亚胺;三甲胺盐酸盐;苯亚磺酸钠;醋酸钠;氯乙酸钠;氨基脲盐酸盐;*N*-羟基丁二酰亚胺;丁二酸单乙酯酰氯;矮壮素;富马酸二甲酯;富马酸单甲酯;泛癸利酮;水飞蓟素

陕西西岳制药有限公司

陕西省华阴市玉泉办西北第二合成药厂院内[714203]
电话:(0913)4359984;4359986;13891329248
传真:(0913)4359991
经济类型:与港澳台商合资经营
网址:www. xiyuezy. com
E-mail:xiyuezhijigongsi@ 21cn. com
【主要产品】氨基乙酸;DL-苯丙氨酸;赖氨匹林;安替比林;双氯芬酸钠;维生素 E;硝苯地平;尼群地平;安妥明;醋

陕

谷胺;阿普唑仑;甘羟铝;羟甲烟胺;DL-赖氨酸盐酸盐;醋羟胺酸

陕西源源化工有限责任公司

陕西省合阳县黄河路新城村[715300]
电话:(0913)5522001;5523125
传真:(0913)5522001
经济类型:有限责任公司
法人代表:王芳梅
网址:www. yuanhuagroup. com
E-mail:yuanyuanhuagong@163. com
【主要产品】酚醛树脂漆类;沥青漆类;醇酸树脂漆类;氨基树脂漆类;硝基漆类;乙烯树脂漆类;乳胶漆;丙烯酸树脂漆类;环氧树脂漆类;聚氨酯漆类;氟碳漆;有机硅树脂漆类;橡胶漆类

渭南双侨化工有限责任公司

陕西省渭南市东关凉水桥[714000]
电话:(0913)2195485
传真:(0913)2190581
职工人数:76 人
网址:shuangqiao. chemnet. com
E-mail:ljg-qq9617@sina. com. cn;
ZXP512@163. net
【主要产品】反丁烯二酸

延安市

陕西省延安硝铵厂

陕西省富县富城镇何家湾新区 48 号[727500]
电话:(0911)3212813;3212812;3212823
法人代表:齐群
网址:www. hylive. com/shanxi2/shanxi22962. html
【主要产品】合成氨;碳酸氢铵

陕西延长石油(集团)有限责任公司延安炼油厂

陕西省洛川县交口河镇[717208]
电话:(0911)3811308;3811305
传真:(0911)3811540;3811579
供销电话:3811597;3811305
经济类型:国有
企业规模:大型
法人代表:田维宽
网址:www. yanlian. com;
ylsyjt. pinsou. com
E-mail:Webmaster@yanlian. com
【主要产品】二甲苯;甲苯;苯;石油液化气;车用汽油;轻柴油;异丁基苯;聚丙烯;溶剂油

陕西延长石油(集团)有限责任公司永坪炼油厂

陕西省延川县永坪镇[717208]
电话:(0911)8512095;8519150
传真:(0911)8513386
经济类型:国有
供销电话:8512121
【主要产品】石油液化气;无铅汽油;煤油;柴油;溶剂油;馏分油;燃料油

汉中市

汉中汉江振华生物科技有限公司

陕西省汉中市汉台区[723000]
电话:(0916)2231590
传真:(0916)2243075
网址:www. hjzhbio. com
E-mail:hjzh1590@126. com
【主要产品】4-雄烯二酮;去氢表雄酮醋酸酯;去氢表雄酮;妊娠烯醇酮;16,17α-环氧黄体酮;醋酸妊娠双烯醇酮;薯蓣皂素;黄体酮

陕西城化股份有限公司

陕西省城固县大东关 137 号[723200]
电话:(0916)7298136;7298007;7212117
传真:(0916)7212007
供销电话:7298015
经济类型:股份有限公司
E-mail:renpj@public. hanzhong. sn. cn
【主要产品】甲醇;甲醛;合成氨;尿素;碳酸氢铵

陕西汉江万全医药化工有限公司

陕西省汉中市汉台区北郊[723000]
电话:(0916)2232535;2212964-6359
传真:(0916)2222665
供销电话:13509163768
网址:www. hanjiang-venture. com
E-mail:henryzhang@hanjiang-venture. com
【主要产品】2-苄基丙烯酸;2-氯甲基-3-甲基-4-(2,2,2-三氟乙氧基)吡啶盐酸盐;甘氨酸苄酯对甲苯磺酸盐;阿仑磷酸钠;盐酸安非他酮;替米沙坦;富马酸比索洛尔;洛沙坦钾;舍曲林;盐酸舍曲林;兰索拉唑;消旋卡多曲;盐酸非索非那定

陕西汉星生物化工有限公司

陕西省洋县洋华路88号[723300]
电话:(0916)8215978
传真:(0916)8219628
供销电话:8224888
经济类型:私营企业
网址:www. sxhanxing. com
E-mail:hanxing@sxhanxing. com
【主要产品】醋酸钠;醋酸妊娠双烯醇酮;薯蓣皂素

陕西省城固县振华生物科技有限公司

陕西省城固县桔园镇 57321 部队乙区[723203]
电话:(0916)7423369
传真:(0916)7423458　职工人数:180 人
供销电话:7423388　法人代表:李建国
经济类型:私营企业
网址:www. zhenhuabio. com
E-mail:sales@zhenhuabio. com
【主要产品】19-去甲基-4-雄烯二酮;4-雄烯二酮;去氢表雄酮醋酸酯;去氢表雄酮;妊娠烯醇酮;16,17α-环氧黄体酮;17α-羟基黄体酮醋酸酯;醋酸妊娠双烯醇酮;薯蓣皂素;炔诺酮;己酸孕酮;睾丸素;黄体酮

陕西省汉中橡胶总厂

陕西省汉中市铺镇司法路3号[723007]
电话:(0916)2577253
传真:(0916)2577926
供销电话:2577263;2577262
【主要产品】胶鞋

榆林市

定边县长城盐化有限责任公司

陕西省定边县盐场堡[718601]
电话:(0912)4290058
经济类型:有限责任公司
网址:www. cecdb. com. cn/cecdb/data/214729. html
【主要产品】硫酸钠(十水);硫酸钠;氯化钠(精制);原盐

陕西北元化工有限公司

陕西省神县木锦界工业园区神府经济开发区[719319]
电话:(0912)8493288;8498668;88498663
传真:(0912)8498661
供销电话:8498666;8498669
网址:www. sxbychem. com
E-mail:info@sxbychem. com
【主要产品】盐酸;盐酸(精制);硫酸;烧碱;次氯酸钠(液体);氯气(液);聚氯乙烯树脂

陕西金泰氯碱化工有限公司

陕西省榆林市米脂县金泰路1号[718100]
电话:(0912)6218888;6218885
传真:(0912)6218889;6218880
网址:www. jtlj. com
【主要产品】盐酸;离子膜烧碱;次氯酸钠;δ-层状结晶二硅酸钠;氯气(液);聚氯乙烯树脂;氯化聚氯乙烯树脂

陕西榆林天然气化工有限责任公司

陕西省榆林市上郡南路[719000]
电话:(0912)3382476;3682616;3682691
传真:(0912)3381792　经济类型:国有
供销电话:3682635;3682644
供销传真:3381793　企业规模:大型
职工人数:1,078 人　法人代表:马宏玉
网址:www. snyth. com
E-mail:office@snyth. com;
macket@snyth. com
【主要产品】甲醇(精);甲醇

神木锦兴化工有限责任公司

陕西省神木县锦界工业园区[719319]
电话:(0912)8493593

陕

传真:(0912)8524730　职工人数:283 人
供销电话:13239292959
经济类型:股份合作　法人代表:冯志孝
E-mail:hutianlun@163. com
【主要产品】烧碱(固体)

榆林蒲白高岭土有限责任公司

陕西省榆林市府谷县沙川沟[719400]
电话:(0912)8758148;13772300864
传真:(0912)8751193
固定资产:20,000 千元
经济类型:有限责任公司
法人代表:屈兆荣
网址:www. ylglt. com
E-mail:sales@ylglt. com
【主要产品】高岭土;煅烧高岭土

商洛地区

山阳奥科粉体有限公司

陕西省山阳县朱家垣[726400]
电话:(0914)8329990;8329986
传真:(0914)8329545　有进出口权
职工人数:160 人
网址:www. barite. cn
E-mail:barite@akft. cn
【主要产品】重晶石矿粉;碳酸钙(药用)

陕西丹凤锑品冶炼有限责任公司

陕西省丹凤县城东镇鹿池村[726200]
电话:(0914)3372299;3388977
传真:(0914)3372299;3325335
经济类型:私营企业
网址:www. hylive. com/shanxi2/shanxi25893. html
【主要产品】硫化锑;三氧化二锑;锑

商洛秦威化工有限责任公司

陕西省商洛市商州区南郊赵湾[726000]
电话:(0914)2383429;2383903
传真:(0914)2382847　职工人数:500 人
供销电话:2313429　法人代表:巩小鹏
经济类型:有限责任公司
网址:sxxx. sei. sn. cn/sxxb/slqw
【主要产品】胶体乳化炸药;岩石乳化炸药;岩石铵锑炸药 2 号;2 号岩石粉状铵锑炸药;岩石铵锑炸药 4 号;2 号煤矿粉状铵锑炸药;煤矿许用乳化炸药

安康地区

安康市百力矿粉有限公司

陕西省安康市汉宾区江北大道 10 号(农行院内三楼)[725000]
电话:(0915)8951608;13772246777
网址:www. bailikf. com
E-mail:baili@bailikf. com
【主要产品】重晶石矿粉

安康正大制药有限公司

陕西省安康市巴山东路 4 号[725000]
电话:(0915)3110187;3193248;3193255
传真:(0915)3193248
供销电话:3193255;13909152235
网址:www. akct. com. cn
E-mail:akct725000@126. com
【主要产品】葛根素;绞股蓝总皂苷

陕西省汉阴县化工厂

陕西省汉阴县城关镇前进村[725100]
电话:(0915)5212504
传真:(0915)5212622
法人代表:党忠良
【主要产品】乳化炸药;铵锑炸药;岩石铵锑油炸药

陕西旬阳大地复肥有限公司

陕西省旬阳县城关镇河北路 46 号[725700]
电话:(0915)7224120
经济类型:股份有限公司
职工人数:300 人　法人代表:郑忠树
网址:www. xysme. com/linfei/
E-mail:xysme@xunyang. net
【主要产品】锌焙砂;硫酸;过磷酸钙;混配复合肥料

陕

甘 肃 省

兰州市

甘肃国翔化工实业有限责任公司

甘肃省兰州市西固区新冶路 18 号［730060］
电话:(0931)8800203;8800216;7526036
传真:(0931)8800196;7525694
供销电话:8800200;7526036
经济类型:有限责任公司
【主要产品】氯化聚乙烯;高氯化聚乙烯;氯化乙烯-醋酸乙烯共聚物;氯化石蜡

甘肃金环堵漏技术开发公司

甘肃省兰州市西固区合水北路 1 号［730060］
电话:(0931)7351878
传真:(0931)7554527　职工人数:100 人
供销传真:7354527
网址:www. jin-huan. cn
E-mail:dulou@ jin-huan. cn
【主要产品】新型特种带锈防腐漆;黏合剂;带压堵漏密封剂;耐磨防腐胶泥;无机防水堵漏材料;各种金属垫片

甘肃利新化工助剂有限公司

甘肃省兰州市七里河区南滨河中路 409 号［730050］
电话:(0931)2316220
传真:(0931)2358220
网址:www. lxzj. com. cn
E-mail:lxzj@ lxzj. com. cn
【主要产品】催化裂化高温阻焦剂;石油破乳剂;高效中和缓蚀剂;新型高效缓蚀剂;原油脱盐剂;油浆阻垢剂;缓蚀剂

甘肃省化工研究院

甘肃省兰州市城关区古城坪 1 号［730020］
电话:(0931)8690878;8690582;8690411
传真:(0931)8690878　经济类型:国有
供销电话:8692528　法人代表:李鸿洲
网址:www. gsrici. com. cn
E-mail:gshg87@ public. lz. gs. cn;
hekycn@ 163. com
【主要产品】3,5-二叔丁基水杨酸;3,5-二叔丁基-4-羟基苯甲酸;2,4,6-三甲基苯甲酸;*N*-乙烯基己内酰胺;二甲基硫醚;3,3′,5,5′-四甲基-4,4′-联苯二酚;3,3′,5,5′-四甲基联苯二酚二缩水甘油醚;异丁酰氯;丙烯酸树脂乳液;催干剂;工业水处理剂;光引发剂;紫外光引发剂 907;光引发剂 DETX

兰化翔鑫工贸有限责任公司

甘肃省兰州市西固区古浪路 19 号［730060］
电话:(0931)7987770;7354506;7987482
传真:(0931)7354506
供销电话:7354506;7987020
网址:www. chinaxiangxin. com
E-mail:lengxz@ lzsh. cn
【主要产品】焦磷酸钠;活性磷酸钙;异丙苯;二异丙苯;叔丁醇;二乙基羟胺;白石蜡;润滑油基础油;乙苯脱氢催化剂;活性氧化铝;扩散剂;高分子絮凝剂;防老剂 TNP;硬脂酸钙;硬脂酸镁;烃类消泡剂;过氧化氢异丙苯;过氧化氢二异丙苯;三烷基氯化胺;柴油降凝剂

兰州百甲合金有限公司

甘肃省兰州市城关区 275 号桥门大厦北门 1901 室［730030］
电话:(0931)8446185
传真:(0931)8446185　职工人数:560 人
供销电话:13038753210
供销传真:8446175　法人代表:任振强
经济类型:有限责任公司
【主要产品】硅粉;硅铁

兰州长欣精细化工有限公司

甘肃省兰州市城关区古城坪 1 号［730020］
电话:(0931)8693022-82;8695231-8002
传真:(0931)8693023
经济类型:中外合资经营企业
法人代表:杨登贵
网 址: www. gsrici. com. cn/cxhg/index. php
E-mail:cxchem@ yahoo. com. cn
【主要产品】紫外光引发剂 907

兰州长兴石油化工厂

甘肃省兰州市七里河区彭家坪镇任家庄新村 1 号［730050］
电话:(0931)2869167;2862366
传真:(0931)2869167;2862380
供销电话:2862380;2862610-8000
有进出口权　职工人数:186 人
法人代表:王伦侃
网址:www. chemchangxing. com
E-mail:cxsyhg@ chemchangxing. com
【主要产品】4-甲酚;3-/4-甲酚;2-甲酚;苯酚

兰州黄河锌品有限责任公司

甘肃省兰州市安宁区安宁堡红艺村 82 号［730070］
电话:(0931)7757294;7755829
传真:(0931)7756436　经济类型:国有
有进出口权　法人代表:韩进洋
网址:www. hhxp. com. cn;
www. lzhhxp. com
E-mail:hyhjy@ public. lz. gs. cn;
hjy@ lzhhxp. com
【主要产品】碱式碳酸锌;氧化锌;锌粉;活性氧化锌

兰州汇丰石化有限公司

甘肃省兰州市西固区古浪路 157 号［730060］
电话:(0931)7987458;7987461;7988110
传真:(0931)7301356　职工人数:566 人
供销电话:7987851;7988068
法人代表:刘兴隆
网址:www. lzsinohuifeng. com
E-mail:sales@ lzsinohuifeng. com
【主要产品】二甲苯;乙基苯;聚丙烯;塑料编织袋;石油树脂;溶剂油

兰州吉野添加剂有限公司

甘肃省兰州市西固区范坪 1 号［730060］
电话:(0931)7537137
传真:(0931)7537137
法人代表:严兴靖
E-mail:xigujiye@ 126. com
【主要产品】高效脱硫剂;杀菌灭藻剂;絮凝剂;高效破乳剂;油井缓蚀剂;降凝剂 T804;原油脱盐剂;油浆阻垢剂

兰州嘉利化工厂

甘肃省兰州市安宁区苑艺村［730050］
电话:(0931)13088769189
供销电话:13099210615
经济类型:私营企业　法人代表:宋平舟
【主要产品】石膏;高效减水剂;混凝土早强减水剂;泵送剂

兰州金达石化管件厂

甘肃省兰州市西固区达川吊庄村 71 号［730096］
电话:(0931)3508325;13909420104
供销电话:3330924;7310958
法人代表:达栋贵
网址:www. lzshgj. com
E-mail:jinda@ lzshgj. com
【主要产品】弯头;接头;法兰;三通;四通

兰州兰泰塑料机械有限公司

甘肃省兰州市西固区合水北路 3 号［730060］
电话:(0931)7983588;7369032;7369030
传真:(0931)7315137
供销电话:7311394;7311614
网址:www. lantai. com. cn
E-mail:lantai@ lantai. com. cn
【主要产品】双螺杆挤出机;塑料挤出机;螺杆挤出造粒机;连续混炼机;铝塑复合管机

兰州炼油化工机械厂

甘肃省兰州市西固区玉门街 10 号[730060]
电话:(0931)7932715;7934152;7932724
传真:(0931)7567459 经济类型:国有
职工人数:1,000 人 法人代表:翟吕祥
网址:www. zshg. com/zhongshy20. htm
【主要产品】化工专用泵;管;阀门

兰州瑞玛化机有限公司

甘肃省兰州市西固区合水北路 3 号[730060]
电话:(0931)7369260;7369278;7310774
传真:(0931)7316118
网址:www. ricm. com. cn
E-mail:ricm@ ricm. com. cn
【主要产品】乙烯基树脂;高温耐腐蚀树脂

兰州石油化工机器总厂

甘肃省兰州市七里区西津西路 194 号[730050]
电话:(0931)2338398;2333611
传真:(0931)2346507
经济类型:有限责任公司
企业规模:大型 法人代表:王永森
网址:www. zshg. com/other6. htm
【主要产品】化工设备;氨合成塔;加氢反应器;吸收塔;加氢换热器;石油钻机;抽油机

兰州市石化机械设备附件厂

甘肃省兰州市西固区西固东路 853 号[730060]
电话:(0931)7553842;7557049;7327049
传真:(0931)7556809 经济类型:集体
法人代表:周涌
【主要产品】塔填料;管道过滤器;各种金属垫片;阻火器

兰州炭素有限公司

甘肃省兰州市城关区[730030]
电话:(0931)8483377;8483378;8483379
传真:(0931)6233833 有进出口权
企业规模:大型
网址:www. lanzhou-carbon. co
E-mail:lcie@ public. lz. gs. cn
【主要产品】石墨电极

兰州铁道学院精细化工厂

甘肃省兰州市安宁西路 22 号[730070]
电话:(0931)7670948;4938881
传真:(0931)7673528
网址:www. lzjtu. cn/cyc/company/jingxihuagong
【主要产品】腐殖酸铜水剂;阿维·高氯微乳剂

兰州同健生物科技股份有限公司

甘肃省兰州市榆中县柳沟河东 3 号[730101]
电话:(0931)8799569
传真:(0931)8799797 有进出口权
经济类型:股份有限公司
产值:23,500 千元 职工人数:90 人
法人代表:陆晓民
网址:www. chinacasein. com
E-mail:tonkon@ chinacasein. com
【主要产品】干酪素(食用)

兰州远东化肥有限公司

甘肃省兰州市榆中县夏管营镇[730106]
电话:(0931)3253888;5282108;5282092
传真:(0931)5282031
经济类型:有限责任公司
E-mail:nbyuandong@ sohu. com
【主要产品】合成氨;尿素

兰州中凯工贸有限责任公司

甘肃省兰州市西固区化工街 89 号[730060]
电话:(0931)7989653;7313626
传真:(0931)7301889
网址:www. lzzhongkai. com
E-mail:zkjyb@ lzzhongkai. com;
lzzk@ lzzhongkai. com
【主要产品】硝酸钠;亚硝酸钠;多孔硝铵;硫氰化钠;氧气;液氨(工业用);溶解乙炔;甲醛溶液;衣康酸;乌洛托品;硫酸铵;碳纤维

兰州中顺科工贸集团有限公司

甘肃省兰州市西固区庄浪西路 18 号[730060]
电话:(0931)7554888;7575757
传真:(0931)7559612
网址:www. zhongshun. com. cn
E-mail:zsjt@ zhongshun. com. cn
【主要产品】乙烯基异丁基醚;氯偏乳液;互穿网络防腐涂料

兰州助剂厂

甘肃省兰州市安宁区安宁东路 971 号[730070]
电话:(0931)7766493;7971300
传真:(0931)7766468 经济类型:国有
供销传真:7766467
网址:www. lanquan. com
E-mail:info@ lanquan. com
【主要产品】过氧化氢;二乙基羟胺;亚甲基双萘磺酸钠;β-萘磺酸钠甲醛缩合物;间苯二甲酸二乙酯;过氧化甲乙酮;过氧化苯甲酰;过氧化苯甲酸特丁酯;过氧化新癸酸特丁酯;引发剂 PV;引发剂 A;引发剂 DP275B;引发剂 OT;过氧双异丁酰;二特戊基过氧化物;过氧化乙酸叔丁酯;过氧化异丁酸叔丁酯;过氧化异壬酸叔丁酯

临夏州华安生物制品有限公司

甘肃省临夏市庆阳路万盛商务大厦 14 楼[730030]
电话:(0931)8457002
传真:(0931)6360800 职工人数:100 人
供销电话:6360899 法人代表:马志安
经济类型:有限责任公司
网址:www. yak-casein. com
E-mail:huaan@ hxrpc. com
【主要产品】干酪素(食用)

耐驰(兰州)泵业有限公司

甘肃省兰州市高新开发区刘家滩 506 号[730010]
电话:(0931)8555000
传真:(0931)8556650
经济类型:外商独资
网址:www. netzsch. com. cn
E-mail:info@ nlp-netzsch. com. cn
【主要产品】螺杆泵

西北永新化工股份有限公司

甘肃省兰州市城关区东岗东路 1205 号[730020]
电话:(0931)4862485;8663061
传真:(0931)8497112
供销电话:8497117;8497118
经济类型:股份有限公司
职工人数:1,100 人
网址:www. yongxin. net;
www. yongxinchem. com
E-mail:yongxin@ public. lz. gs. cn
【主要产品】醇酸清漆;金属闪光漆;硝基清漆;乳胶漆;溶剂型丙烯酸外墙涂料;弹性墙面漆;抗碱封闭底漆;各色丙烯酸聚氨酯磁漆;丙烯酸建筑涂料;聚酯亚光清漆;聚酯地板漆;环氧聚酯混合型粉末涂料;环氧地坪涂料;环氧无溶剂自流平漆;聚氨酯耐磨清漆;S01-3 聚氨酯清漆;聚氨酯木器磁漆;氯磺化聚乙烯防腐涂料;各色氯化橡胶无光防火漆;防静电涂料;水溶性膨胀型防火涂料;钢结构隔热防火涂料;水性木器漆

永登县电石厂

甘肃省永登县中堡镇清水河[730301]
电话:(0931)6475202;6478270;6478266
经济类型:私营企业 法人代表:常明道
网址:www. hylive. com/gansu/gansu1231. html
【主要产品】电石

中国石油天然气股份有限公司兰州石化分公司

甘肃省兰州市西固区玉门街 10 号[730060]
电话:(0931)7931718;7933707
传真:(0931)7561499;7368907
经济类型:国有 企业规模:大型
法人代表:周国勋
网址:www. gszc. gov. cn/mxqy/zsylz
【主要产品】原油;汽油;煤油;柴油

金昌市、武威地区

甘肃古浪氰胺有限责任公司

甘肃省古浪县土门镇[733102]

甘

电话:(0935)5182029
传真:(0935)5183200　有进出口权
经济类型:有限责任公司
职工人数:618 人　法人代表:张长庆
网址: www. gswd. gov. cn/gsqy/glqags/1. html
【主要产品】石灰石;碳酸钙;氰氨化钙;氧气;电石;双氰胺;氨基胍盐酸盐

金川集团有限公司镍都实业公司

甘肃省金昌市北京东路 31 号[737104]
电话:(0935)8811760
传真:(0935)8812299　经济类型:国有
供销电话:8828511　企业规模:大型
网址:www. jcnmic. com. cn
E-mail:zhangwen@ jnmc. com
【主要产品】硫酸钴;硫酸镍;氯化钴;氯化镍;硫黄;电解镍

天祝益田肥业有限责任公司

甘肃省天祝县华藏寺[733200]
电话:(0935)3141316
经济类型:有限责任公司
职工人数:20 人　法人代表:陈国忠
【主要产品】腐殖酸钠;腐殖酸氮磷钾复合肥;腐殖酸复合肥;腐殖酸液肥

白银市

白银红鹭粉体材料有限公司

甘肃省白银市高技术产业园区园三路[730900]
电话:(0943)8814568;8814177;13909439777
传真:(0943)8815305
网址:www. hongluchem. com
E-mail:sales@ hongluchem. com;wwg@ hongluchem. com
【主要产品】碱式碳酸锌;碳酸锌;锌锭;活性氧化锌

白银阳明银兴化工有限公司

甘肃省白银市银光路 1 号[730900]
电话:(0943)8300202;8300304
传真:(0943)8300202
固定资产:30,000 千元
网址:gsbyyangmingcn. alibaba. com
E-mail:ztmby@ 163. com
【主要产品】耐热型纳米聚氨酯弹性体;脂肪酸加氢镍催化剂;间苯二甲酸二乙酯

白银有色金属公司

甘肃省白银市白银区友好路 96 号[730900]
电话:(0943)8811984
传真:(0943)8811778　经济类型:国有
供销电话:8256299;8816026
供销传真:8815977;8223104
企业规模:大型　法人代表:杨志强
网址:www. bynmc. com
E-mail:bygsgx@ 0943. com. cn
【主要产品】硫酸(98%);碳化硅;氟化铝;氟铝酸钠;铅;锌;铜;铝;聚丙烯酰胺;松醇油;炸药;水泥

白银中天化工有限责任公司

甘肃省白银市靖远县[730621]
电话:(0943)6131808;6131711;13830034007
传真:(0943)6121252　经济类型:国有
固定资产:27,460 千元
职工人数:636 人　法人代表:刘兆祥
E-mail:jjh3320638@ 163. com
【主要产品】三氯化铝;氟铝酸钠

甘肃白银虎豹化工有限公司

甘肃省白银市靖远县靖远火车西站对面[730600]
电话:(0943)6126888;6121775
传真:(0943)6123988
经济类型:有限责任公司
网址:hubaochem. tmbiz. cn
E-mail:hubaochem@ 163. com
【主要产品】过磷酸钙;颗粒磷肥;混配复合肥料;BB 肥;塑料编织袋

甘肃稀土集团有限责任公司

甘肃省白银市 42 支局 212 信箱[730922]
电话:(0943)8822618;8822607
传真:(0943)8822883　经济类型:国有
供销电话:8822983;8822987
供销传真:8822983　有进出口权
企业规模:大型　职工人数:2,800 人
法人代表:杨文浩
网址:www. gsre. com
E-mail:gsxtgs@ public. lz. gs. cn
【主要产品】盐酸;烧碱;烧碱(液体);氢氧化铈;硫酸铈;硝酸铈;氯化稀土;氯化镧;氯化铈;氯化镨;碳酸钕;碳酸铈;碳酸稀土;氟化钕;氟化镨;二氧化铈;氧化钆;氧化钕;氧化钐;氧化铕;氧化镧;氧化镨;氧化铈;氧化稀土;铈;钐;钕;镧;镨;钆;氯气(液);醋酸铈;稀土微肥;氢氧化铵;硝酸铈铵;硫酸铈铵;氯化钕;草酸

天水市

甘谷翔达化工有限公司

甘肃省甘谷县东街学巷 43 号[741200]
电话:(0938)5633369
传真:(0938)5633133
网址:www. ggxiangda. com
E-mail:ggxiangda@ 163. com
【主要产品】耐晒桃红色原;耐晒玫瑰红色原;耐晒青莲色原 R;6250-SH 耐晒青莲色源;耐晒品蓝色原 BR;耐晒品蓝色淀 BO;酞菁蓝 BGS;酞菁蓝 B;酞菁蓝 GNS;永固黄 GG;联苯胺黄 G;联苯胺黄 1138;永固橘黄 G;耐晒艳红 BBC;耐晒大红 BBN;大红粉;金光红;立索尔大红 R

天水华硕精细化工有限公司

甘肃省天水市秦州区冰凌寺工业园区 1 号[741000]
电话:(0938)8366136;8365354
传真:(0938)8365807
网址:www. huashuochem. com
E-mail:sales@ huashuochem. com
【主要产品】异丙基苯磺酸钠;光固化树脂;光刻胶;光引发剂 ITX;光引发剂;光引发剂 DETX

嘉峪关市、酒泉地区

甘肃酒泉荣泰橡胶制品有限公司

甘肃省酒泉市肃州区北大街 109 号[735000]
电话:(0937)2624253
传真:(0937)2624253
固定资产:30,000 千元
经济类型:有限责任公司
法人代表:段兴华
网址:www. rtxj. cn
E-mail:rtxj@ rtxj. cn
【主要产品】橡胶运输带;橡胶三角带;夹布胶管;氧气胶管;乙炔胶管;排吸胶管;编织胶管;橡胶杂品;普通橡胶板;胶辊;止水带

甘肃酒泉天宏糖业有限责任公司

甘肃省酒泉市解放路 66 号[735009]
电话:(0937)2668210;2668300;2614363
传真:(0937)2668200　有进出口权
经济类型:有限责任公司
法人代表:赵德灵
网址:cnjqtj. 21food. cn
【主要产品】乙醇

甘肃祁源化工有限公司

甘肃省嘉峪关市西郊[735109]
电话:(0937)6226082;6269843;6268500
传真:(0937)6226082　有进出口权
固定资产:30,000 千元
供销电话:6265464　职工人数:260 人
供销传真:6225680;5968928
经济类型:有限责任公司
法人代表:吕中文
网址:www. qiyuanchem. com
E-mail:qiyuan@ qiyuanchem. com
【主要产品】氢氧化铬;硫化钠;重铬酸钠;重铬酸钾;碱式硫酸铬;三氧化铬;氧化铬绿

酒泉钢铁(集团)有限责任公司

甘肃省嘉峪关市雄关东路 12 号[735100]
电话:(0937)6712505;6713294
传真:(0937)6226872　有进出口权
法人代表:马鸿烈
网址:www. jiugang. com
E-mail:zjlbinter@ jiugang. com

【主要产品】焦化二甲苯；焦化甲苯；焦化苯；甲基萘；硫酸铵；重苯；粗苯；工业萘；粗蒽；洗油；粗酚；蒽油；煤焦油；改质沥青

中核华原钛白股份有限公司

甘肃省兰州市508信箱甲33号［732850］
电话：(0937)6303748；6303749
传真：(0937)6303750
有进出口权
经济类型：股份有限公司
企业规模：大型
法人代表：殷海源
网址：www.tioxhua.com
E-mail：xsb5177@163.com
【主要产品】硫酸亚铁；钛白粉（锐钛型）；钛白粉（金红石型）

平凉地区

甘肃红峰机械有限责任公司

甘肃省平凉市崆峒西路229号［744000］
电话：(0933)8716477；8714947
供销电话：8715169
供销传真：8715169
经济类型：有限责任公司
网址：www.gs920.com
E-mail：gs920@gs920.com
【主要产品】过氧化氢；精密过滤器；阀门；疏水阀

庆阳地区

甘肃金汉伯生物制品有限责任公司

甘肃省庆阳县［745115］
电话：(0934)3266709
传真：(0934)3266720
供销电话：3266934
网址：www.ginherbe.com
E-mail：xsb@ginherbe.com
【主要产品】甘草亭酸；甘草酸单钾盐；甘草酸二钾盐；甘草酸三钾盐；甘草酸三钠盐；甘草酸二钠；甜味剂；甘草酸；甘草酸二铵；甘草酸单铵；甘草酸三铵；甘草锌

张掖地区

甘肃共享化工有限公司

甘肃省张掖市小河乡［734000］
电话：(0936)8831241
传真：(0936)8831943　职工人数：60人
网址：www.gsgxhg.com
E-mail：gsgxhg@gsgxhg.com
【主要产品】糠醛

甘肃锦世化工有限责任公司

甘肃省民乐县六坝高新技术开发区［734500］
电话：(0936)4201308；4201309
传真：(0936)4201309
网址：www.minlechem.com
E-mail：mlhg@minlechem.com；mlchem@minlechem.com
【主要产品】铬铁矿；六水氯化铬；重铬酸钠；碱式硫酸铬；三氧化铬；高纯氧化铝；过磷酸钙；塑料编织袋；中铬黄；铬黑；氧化铬绿

国营高台盐化公司

甘肃省高台县城关镇解放南路54号［734300］
电话：(0936)6623998；6621592
经济类型：国有　法人代表：卢永峰
网址：www.hylive.com/gansu/gansu3710.html
【主要产品】芒硝矿；硫酸钠；氯化钠（精制）；原盐

张掖市大弓农化有限公司

甘肃省张掖市甘州区东北郊开发区［734000］
电话：(0936)6910561；6910598
传真：(0936)6910561　职工人数：100人
经济类型：有限责任公司
网址：www.zydgnh.com
E-mail：dagongnonghua@163.com
【主要产品】草甘膦水剂（10%）；氟乐灵乳油；仲丁灵；仲丁灵乳油

临夏回族自治州

甘肃省盐锅峡化工总厂

甘肃省临夏州永靖县盐锅峡镇［731601］
电话：(0930)8868864；8868374
经济类型：国有　企业规模：大型
网址：www.chinachemnet.com/company/0092c.htm
E-mail：ygx@hi2000.com
【主要产品】盐酸；烧碱；烧碱（液体）；烧碱（固体）；次氯酸钠；氯气（液）；三氯乙醛；一氯甲烷；敌百虫；80%敌敌畏乳油；聚氯乙烯树脂；氯化石蜡

青 海 省

祁连山铜矿

青海省海北州门源县[810304]
电话:(0970)8616007
供销电话:8616070　法人代表:栗书新
经济类型:有限责任公司
网址:qh. efair. gov. cn/zdqy-sj. htm
【主要产品】铜

青海铬盐高新科技股份有限公司

青海省西宁市经济技术开发区(西宁八一东路5号)[810014]
电话:(0971)8012664;8017849
传真:(0971)8018813
供销电话:8016255;13327670971
网址:www. ctixin. com;
qhsjb. cn. alibaba. com
【主要产品】硼酸;氢氧化铬;硝酸钾;氯化镁;重铬酸钠;三氧化铬;铬;氧化铬绿

青海金牛胶业集团有限公司

青海省西宁市付东路13号[810015]
电话:(0971)8013490;8013493;8013703
传真:(0971)8012106　经济类型:国有
企业规模:大型　职工人数:693人
法人代表:星晓明
【主要产品】骨胶;工业明胶;氟蛋白泡沫灭火剂

青海黎明化工有限责任公司

青海省西宁市大通区元朔乡[810103]
电话:(0971)2765114;2761704
传真:(0971)2761832
供销电话:2765136;2765131
经济类型:有限责任公司
企业规模:大型　职工人数:1,880人
法人代表:刘德顺
网址:www. limingchem. com
E-mail:lmchem@ public. xn. qh. cn
【主要产品】盐酸;烧碱(液体);氯酸钠;金属硅;氯气(液);硝酸异丙酯;乙胺;一甲胺;二乙胺;二甲胺(40%~50%);二异丙胺;三乙胺;三甲胺水溶液;异丙胺;偏二甲肼;一甲基肼;过磷酸钙;比久;矮壮素;氯化胆碱;硅酸铝保温材料

青海利亚达化工厂

青海省西宁市新宁路13号写字楼5楼[810008]
电话:(0971)6122446;2282543
传真:(0971)6153666　职工人数:86人
经济类型:私营企业　法人代表:李洪岭
网址:www. leayada. com
E-mail:sales@ leayada. com
【主要产品】硼酸;硫酸镁;硼酸钙;轻质碳酸镁;氧化镁(轻质)

青海明胶股份有限公司

青海省西宁市东兴路19号[810015]
电话:(0971)8013496;8012013
传真:(0971)8012106
供销电话:8013496
经济类型:股份有限公司
企业规模:大型　法人代表:星晓明
网址:www. my0606. com. cn
E-mail:mjfgsxsb@ my0606. com. cn
【主要产品】食用明胶;药用明胶;工业明胶

青海谦信化工有限责任公司

青海省西宁市城东区韵家口朱家庄路4号[810000]
电话:(0971)8016261;8016389
传真:(0971)8016227
法人代表:马力行
网址:qhsxnqxhgyxzrgs. bip. und. cn
【主要产品】盐酸(精制);离子膜烧碱;聚氯乙烯树脂

青海山川矿业发展股份有限公司

青海省西宁市朝阳西路112号[810000]
电话:(0971)6315047;7720199
传真:(0971)7720152
网址:www. qh-sr. com
E-mail:zlp@ qh-sr. com;yl@ qh-sr. com
【主要产品】硫酸钠(十水);硫酸锶;硝酸锶;氯化锶(六水);碳酸锶

青海省京科生物技术开发有限公司

青海省生物科技产业园纬二路6号[810016]
电话:(0971)5318088;5318388
传真:(0971)5318945
法人代表:张永高
网址:www. jksw9588. jnn. cn
E-mail:jksw9588@ 163. com
【主要产品】氟乐灵;氟乐灵乳油

青海省盐业股份有限公司

青海省西宁市祁连路西41号[810003]
电话:(0971)5501989
传真:(0971)5504888
网址:www. qhsalt. com. cn
E-mail:postmaster@ qhsalt. com. cn
【主要产品】工业盐;塑料编织袋;纸塑复合袋;皮革防腐剂

青海西部化肥有限责任公司

青海省西宁市湟中县甘河滩工业园区[811600]
电话:(0971)2290616;2291048;2291049
传真:(0971)2290619
固定资产:66,000千元
经济类型:有限责任公司
法人代表:毛小兵
网址:www. zhiyuanchem. com
E-mail:xibuhuafei-616@ 163. com
【主要产品】磷酸氢钙(农用);磷酸一铵;磷酸二铵;磷酸氢钙(食用级)

青海制药厂有限公司

青海省西宁市祁连路西108号[810003]
电话:(0971)5507206
传真:(0971)5505169　经济类型:国有
职工人数:1,300人　法人代表:李相贤
网址:www. qhzyjt. com
E-mail:qygs@ public. xn. qh. cn;
qygszyj@ 126. com
【主要产品】吗啡啉盐酸盐;盐酸哌替啶;磷酸可待因;盐酸丁丙诺非;硫酸吗啡;盐酸地布卡因;依沙吖啶;那可汀;蒂巴因

西宁工业化学厂

青海省西宁市祁连路西68号[810003]
电话:(0971)5505563
经济类型:集体
【主要产品】硫化剂

西宁石膏开发总公司

青海省西宁市共和南路18号[810007]
电话:(0971)8176661
供销电话:8177195　经济类型:集体
职工人数:146人　法人代表:田志敏
【主要产品】石膏;半水硫酸钙

青海省乐都县新兴粉体材料厂

青海省乐都县洪水镇双二村[810707]
电话:(0972)8623733
传真:(0972)8623733
经济类型:私营企业　法人代表:张瑞森
网址:www. hylive. com/qinghai/qinghai0283. html
【主要产品】方解石;高岭土;超细滑石粉

青海中天硼锂矿业有限公司

青海省德令哈市大柴旦镇人民路东路60号[816200]
电话:(0977)8282078;8282408;8282409
传真:(0977)8281228
供销电话:8282356;8282078
经济类型:私营企业

网址:qhzhongtian. cn. alibaba. com
【主要产品】硼矿石;硼酸

格尔木盐化(集团)有限责任公司

青海省格尔木市柴达木西路26号[816000]
电话:(0979)8463157;8463240
传真:(0979)8463157　经济类型:国有
法人代表:刘维刚
【主要产品】原盐;氯化钾;氯化镁;钾肥

瀚海企业(集团)有限责任公司

青海省格尔木市八一西路5号[816000]
电话:(0979)8463216;8464986
传真:(0979)8463015　经济类型:国有
供销电话:8464986;8465133
职工人数:1,000人
网址:www. saltchem. com;
hhserver. cn. alibaba. com
E-mail:hanhai@ saltchem. com
【主要产品】硫酸钾;氯化钾;氯化镁

青藏铁路开发公司察尔汗钾镁厂

青海省格尔木市柴达木路50号[816000]
电话:(0979)8414609;8414160;
13909792954
传真:(0979)8414160
法人代表:龙武海
E-mail:gemcahua@ public. xn. qh. cn
【主要产品】光卤石;氯化钾;氯化镁

青海东方优质氯化钾工业实验厂

青海省格尔木市察尔汗[816005]
电话:(0979)8449407
供销电话:8449404;8449403
经济类型:国有　职工人数:80人
法人代表:葛兆民
网址:www. eastkcl. com
E-mail:swq@ eastkcl. com;
zel@ eastkcl. com
【主要产品】低钠光卤石;氯化钾

青海格尔木江河源公司

青海省格尔木市通宁路201号[816000]
电话:(0979)8420421;8420422;8420423
传真:(0979)8423322　职工人数:45人
供销电话:8910101;13519790012
经济类型:私营企业　法人代表:孔祥君
网址:www. qhjm. com. cn
E-mail:gemedcba@ public. xn. qh. cn
【主要产品】氯化钾;氯化镁

青海格尔木铁源钾镁有限公司

青海省格尔木市察尔汗[816000]
电话:(0979)8928289
传真:(0979)8456456
经济类型:有限责任公司
产值:50,000千元　法人代表:孔祥福
网址:www. qhgem. cn
E-mail:888@ qhgem. cn
【主要产品】光卤石;氯化钾;氯化镁;氯化钾(农用)

青海省嘉友镁普有限公司

青海省格尔木市察尔汗[816005]
电话:(0979)8445086;13709710649
供销电话:(0971)6157231
供销传真:(0971)6102587
【主要产品】氯化镁

青海盐湖工业集团有限公司

青海省格尔木市黄河东路1号盐湖大厦[816000]
电话:(0979)8413233-439;8448091
传真:(0979)8413621
企业规模:大型　职工人数:1,396人
法人代表:安平绥
网址:www. yhjf. com
E-mail:webmaster@ yhjf. com
【主要产品】氯化钾

青海盐湖钾肥股份有限公司

青海省格尔木市黄河路1号[816000]
电话:(0979)8449010;8413232
传真:(0979)8417445　有进出口权
供销电话:8413522
供销传真:8417220
网址:www. yhjf. com
E-mail:webmaster@ yhjf. com
【主要产品】氯化钾(农用)

青海盐湖科技开发有限公司

青海省格尔木市察尔汉[816000]
电话:(0979)8449359;8491030;8449373
传真:(0979)8449359;8449353
职工人数:300人　法人代表:张生顺
网址:yanhutech. cn. alibaba. com
【主要产品】低钠光卤石;氢氧化镁;氯化钾;氯化镁;碳酸锂;氧化石蜡皂

宁夏回族自治区

宁夏启元药业有限公司

宁夏回族自治区永宁县城杨和镇北街中段[750100]
电话:(0951)4066928
传真:(0951)4066868
固定资产:185,795 千元
供销电话:4066928;13709592059
经济类型:有限责任公司
企业规模:大型　职工人数:1,250 人
法人代表:胡吉东
网址:www.china-qiyuan.com
E-mail:office@china-qiyuan.com
【主要产品】甘草亭酸;阿维菌素;四环素;盐酸四环素;红霉素;硫氰酸红霉素;甘珀酸钠

宁夏夏盛实业集团有限公司

宁夏银川市金凤区庆丰街 155 号[750002]
电话:(0951)5013343
传真:(0951)5031857　产值:3,100 千元
供销电话:5032098　职工人数:119 人
经济类型:私营企业　法人代表:杜仲平
网址:www.sunsonenzymes.com
E-mail:office@sunsonenzymes.com
【主要产品】酶制剂

宁夏银川胶带有限责任公司

宁夏银川市西夏区北京西路 250 号[750021]
电话:(0951)2021488;2021119
传真:(0951)2025690　职工人数:400 人
经济类型:有限责任公司
法人代表:王秀兰
网址:www.nxyd.com
E-mail:yd@nxyd.com
【主要产品】橡胶运输带;尼龙分层阻燃运输带;耐热运输带;耐酸碱运输带;橡塑整芯阻燃运输带;橡胶传动带;橡胶三角带;普通橡胶板

山东鲁西化工集团宁夏化肥有限责任公司

宁夏银川市新市区北京西路 38 号[750021]
电话:(0951)3956280;3956207
传真:(0951)3956256
经济类型:有限责任公司
E-mail:lxhgjy@163.net;qcbgs@lxhgnx.com
【主要产品】硫酸;磷酸二铵;BB 肥

银川昊灵橡胶制品有限公司

宁夏回族自治区银川市黄河西路 140 号[750011]
电话:(0951)2031682
传真:(0951)2023498　职工人数:56 人
固定资产:3,650 千元
经济类型:股份有限公司
法人代表:李玉槐
网址:www.znfoods.com/haoling/
【主要产品】橡胶制品;止水带;飞机用密封圈

银川精鹰精细化工有限责任公司

宁夏银川市西夏区同心南街[750001]
电话:(0951)2029607;2029263;2024840
传真:(0951)2024840　职工人数:217 人
经济类型:有限责任公司
法人代表:仇福河
网址:www.ycjyhg.com
E-mail:master@ycjyhg.com
【主要产品】钠;氯气(液);甲醇钠

银川银湖化工有限公司

宁夏回族自治区银川市兴庆区东郊大团结广场[750004]
电话:(0951)4010034;6032509;13995178530
传真:(0951)4010034
经济类型:股份合作　法人代表:蔡艳红
网址:www.nxyhhg.com
E-mail:nxyinhu@163.com
【主要产品】各类清漆;各色酚醛防锈漆;环氧煤沥青防腐涂料;醇酸清漆;各色醇酸调合漆;红丹醇酸防锈漆;各种磁漆;防腐涂料

中国石油天然气股份有限公司宁夏石化分公司

宁夏银川市西夏区北京西路 1338 号[750026]
电话:(0951)2972361
传真:(0951)2021379
供销电话:2974888　职工人数:1,274 人
经济类型:股份有限公司
网址:www.nxsh.com
E-mail:nxsh@petrochina.com.cn;office@nxsh.com
【主要产品】合成氨;尿素;复合肥

宁夏嘉峰化工有限公司

宁夏石嘴山市惠农区红果子工业园区长城园[753600]
电话:(0952)7682302;7681377
传真:(0952)7681172
网址:www.jiafengchem.com.cn
E-mail:xiehaoszs@163.com
【主要产品】氰氨化钙;电石;双氰胺;硫脲;硝酸胍;硫氰酸胍;碳酸胍;胍,磷酸盐;硫酸胍;乙炔炭黑

宁夏嘉特炭黑有限公司

宁夏石嘴山市河滨工业区[753200]
电话:(0952)3686908;13519263666
传真:(0952)3686908
网址:www.jiatecarbon.com
E-mail:zzlhlx@sohu.com
【主要产品】中超耐磨炉黑 N220;高耐磨炭黑 N330;快压出炉炭黑 N550;炭黑 N660;新工艺炉炭黑 N339;新工艺炉炭黑 N375;炭黑 N234;低结构高耐磨炉黑 N326

宁夏蓝白黑活性炭有限公司

宁夏平罗县平西公路[753400]
电话:(0952)6872338;6872398
传真:(0952)6872338　有进出口权
供销电话:(0951)6016317
供销传真:(0951)6036279
网址:www.bwb-carbon.com
E-mail:office@bwb-carbon.com
【主要产品】活性炭

宁夏凌云化工有限公司

宁夏石嘴山市平罗县太沙工业园区[753400]
电话:(0952)3915888;6872366
传真:(0952)6872156　产值:3,000 千元
经济类型:私营企业　职工人数:300 人
法人代表:尤兆云
网址:www.chemly.com
E-mail:yzl@chemly.com
【主要产品】氰氨化钙;电石;双氰胺;硫脲

宁夏西域龙化工有限公司

宁夏石嘴山市石嘴山区河滨工业区[753203]
电话:(0952)24125097
传真:(0952)24125029　有进出口权
固定资产:65,000 千元
供销电话:3692664;3692955
供销传真:3692965　职工人数:940 人
经济类型:股份合作　法人代表:曹德常
网址:www.wdchems.com
E-mail:nxdchem@public.tpt.tj.cn
【主要产品】碳酸锶;氰氨化钙;电石;双氰胺;硫脲

宁夏兴平精细化工股份有限公司

宁夏石嘴山市平罗县太西镇[753400]
电话:(0952)6681883;6691660;6691289
传真:(0952)6681987　有进出口权
经济类型:股份有限公司
职工人数:2,000 人　法人代表:李绥和
网址:www.xingpingchem.com
E-mail:xp@xingpingchem.com.com;xp@xingpingchem.
【主要产品】氰氨化钙;氧气;电石;双氰胺;塑料丝及编织制品;焦炭;玻璃纤维制品

宁夏黄河水电化工有限责任

公司

宁夏青铜峡市青铜峡镇[751601]
电话:(0953)3022259;3022688
传真:(0953)3022259
供销电话:3022603;13709533043
供销传真:3022286
经济类型:有限责任公司
网址:www. nx-hhsd. com
E-mail:office@ nx-hhsd. com;
sales@ nx-hhsd. com
【主要产品】电石

宁夏金昱元化工集团有限公司

宁夏青铜峡市青峒峡镇[751600]
电话:(0953)3015398;3012019
传真:(0953)3012021 经济类型:国有
供销电话:3012030;3012033
有进出口权 法人代表:蔡生保
网址:www. nx-jyy. com
E-mail:office@ nx-jyy. com;
sales@ nx-jyy. com
【主要产品】盐酸;烧碱;氯气(液);溶解乙炔;电石;聚氯乙烯树脂

吴忠富荣化肥工业有限公司

宁夏回族自治区吴忠市金积镇文化街[751101]
电话:(0953)2691230;2691905
经济类型:有限责任公司
【主要产品】合成氨

吴忠宁燕塑料工业有限公司

宁夏回族自治区吴忠市利通区西环路[751100]
电话:(0953)2264393;2263481
传真:(0953)2264393
供销电话:2262475
经济类型:有限责任公司
网 址: www. hylive. com/ningxia/ningxia1035. html
【主要产品】地膜;建筑排水用硬聚氯乙烯管材管件;给水用硬聚氯乙烯管材;长寿无滴 EVA 膜;吹塑薄膜

盐池县都顺生物化工有限公司

宁夏盐池县城北关 23 号[751500]
电话:(0953)6012075;13709534861
传真:(0953)6012971
法人代表:陈卫斌
【主要产品】苦参碱;苦参总碱;甘草浸膏;甘草浸粉;苦参素

宁

新疆维吾尔自治区

乌鲁木齐市

乌鲁木齐环鹏有限公司

新疆乌鲁木齐市沙依巴克区后峡镇宠星厂村[830035]
电话:(0991)5932145;6618121
传真:(0991)5932145　经济类型:国有
产值:229,809 千元　企业规模:大型
销售收入:226,806 千元
法人代表:马维锦
网址:www. huanpeng. com
【主要产品】石灰石;溶解乙炔;电石

乌鲁木齐昆锂工贸有限责任公司

新疆乌鲁木齐市新市区北京南路12 号广汇泰翠[830000]
电话:(0991)5650097
固定资产:1,064 千元　产值:299 千元
经济类型:私营企业　职工人数:15 人
法人代表:游锦新
【主要产品】防腐涂料

乌鲁木齐市鲁鑫石灰石矿

新疆乌鲁木齐市达坂城区柴窝堡白杨沟村[830076]
电话:(0991)13579972582
经济类型:私营企业　职工人数:20 人
法人代表:李会忠
【主要产品】石灰石

乌鲁木齐市天靓日用化工有限责任公司

新疆乌鲁木齐市水磨沟区七道湾路20 号[830017]
电话:(0991)4615482
固定资产:91 千元　经济类型:私营企业
产值:1,161 千元　销售收入:1,161 千元
法人代表:梁军
【主要产品】合成洗涤剂

乌鲁木齐市头屯河区制氧厂

新疆乌鲁木齐市头屯河区北站路14 号[830015]
电话:(0991)3876886
固定资产:491 千元　销售收入:707 千元
经济类型:私营企业　法人代表:陈德波
【主要产品】氧气

乌鲁木齐市西明特种气体有限公司

新疆乌鲁木齐市新市区二工乡八家户村六队[830011]
电话:(0991)6626508
固定资产:1,680 千元　职工人数:14 人
经济类型:私营企业　法人代表:马西明
销售收入:1,929 千元
【主要产品】氩气

乌鲁木齐市新市区合力乙炔气厂

新疆乌鲁木齐市新市区喀什东路35 号[830013]
电话:(0991)6639142
传真:(0991)6639142　经济类型:集体
固定资产:250 千元　产值:673 千元
供销电话:6639143　销售收入:920 千元
职工人数:23 人　法人代表:陈新民
【主要产品】溶解乙炔

乌鲁木齐市新市区顺通化工厂

新疆乌鲁木齐市喀什东路八号[830021]
电话:(0991)6850560
供销电话:13609936317
经济类型:私营企业
【主要产品】醇型汽车制动液;防冻液

乌鲁木齐市真播农业技术开发有限公司

新疆乌鲁木齐市新市区钻石城9号[830011]
电话:(0991)3830249
固定资产:3,433 千元
经济类型:私营企业　法人代表:黄文超
销售收入:707 千元
【主要产品】钾肥

乌鲁木齐市振良化工有限公司

新疆乌鲁木齐市新市区二工乡三工村三队[830011]
电话:(0991)6612028
固定资产:2,190 千元　职工人数:34 人
经济类型:私营企业　法人代表:郭景华
销售收入:4,306 千元
【主要产品】甲醛

乌鲁木齐天池化学制品有限责任公司

新疆乌鲁木齐市东山区[830019]
电话:(0991)6911630
固定资产:676 千元　产值:5,379 千元
经济类型:有限责任公司
销售收入:4,850 千元
职工人数:28 人
法人代表:冯光
【主要产品】二氧化氯;消泡剂;原油降凝剂

乌鲁木齐西山复合肥厂

新疆乌鲁木齐市沙依巴克区西山路59 号[830009]
电话:(0991)4591447;4511950
法人代表:张文达
网址:www. hylive. com/xinjiang/xinjiang2612. htm
【主要产品】过磷酸钙;专用复合肥料

乌鲁木齐鑫彩虹涂料有限公司

新疆乌鲁木齐市东山区河滩北路64 号[830058]
电话:(0991)6659424
法人代表:李宗涛
【主要产品】乳胶漆;107 胶

乌市高新区黎明化工有限公司

新疆乌鲁木齐市新市区友谊路1号[830011]
电话:(0991)3715998
经济类型:私营企业　法人代表:魏瑾
【主要产品】防冻液

新疆阿尔曼科技发展有限公司

新疆乌鲁木齐市新市区河南东路6号创业中心[830000]
电话:(0991)8552709
固定资产:92 千元　产值:789 千元
销售收入:1,411 千元　职工人数:13 人
【主要产品】液体洗涤剂

新疆八钢佳域工贸总公司乙炔气厂

新疆乌鲁木齐市头屯河区[830022]
电话:(0991)3894449
传真:(0991)3894449　经济类型:集体
固定资产:1,234 千元　产值:8,929 千元
供销电话:3894451　销售收入:888 千元
职工人数:45 人　法人代表:范新文
【主要产品】溶解乙炔;石油液化气

新疆大森化工有限公司

新疆乌鲁木齐市头屯河区工业小区[830032]
电话:(0991)3963151
固定资产:31,031 千元　职工人数:46 人
经济类型:有限责任公司
产值:3,809 千元　销售收入:4,487 千元
法人代表:胡晓光
【主要产品】硬脂酸;油酸

新疆红山涂料有限公司

新疆乌鲁木齐市河滩北路30 号[830002]
电话:(0991)4531243;4531067
传真:(0991)4534397　职工人数:130 人
固定资产:4,083 千元
产值:34,315 千元
销售收入:32,950 千元
网址:www. xjhsyq. com
E-mail:unknow@ unknow. com
【主要产品】各色酯胶调合漆;各色酚醛防锈漆;各色酚醛地板漆;沥青清漆;沥青防腐漆;醇酸清漆;各色醇酸调合漆;各色醇酸磁漆;氨基自干及烘干磁漆;内墙平光乳胶漆;高级丝光内墙乳胶漆;高级内墙乳胶漆;内墙半光乳胶

漆;亚光型内墙乳胶漆;各色环氧酯底漆

新疆兰岭双氧水有限责任公司

新疆维吾尔自治区乌鲁木齐市乌拉泊[830038]
电话:(0991)5911874;5911335;5882292
传真:(0991)5911335
供销电话:5882645;5911874
经济类型:有限责任公司
法人代表:王国平
网址:www.xjlanling.net
E-mail:info@xjlanling.net
【主要产品】过氧化氢;过氧乙酸

新疆满疆红农资化肥科技有限公司

新疆乌鲁木齐市新市区北站三路3号[830015]
电话:(0991)3872233;3873232
传真:(0991)3872222 职工人数:278人
固定资产:11,039千元
供销电话:3872211 产值:43,461千元
经济类型:有限责任公司
法人代表:李秉义
【主要产品】混配复合肥料;塑料编织袋

新疆莫奈化工有限公司

新疆乌鲁木齐市新市区四方路2号[830032]
电话:(0991)3469014
固定资产:135千元 产值:1,411千元
经济类型:中外合资经营企业
销售收入:1,368千元 职工人数:16人
法人代表:董源
【主要产品】油漆

新疆赛普森纳米科技有限公司

新疆乌鲁木齐市新市区河南东路16号创业大厦[830011]
电话:(0991)3678368
固定资产:100千元 法人代表:高辉
【主要产品】内外墙乳胶漆

新疆胜昆仑防护材料制造有限公司

新疆乌鲁木齐市头屯河区王家沟工业园区[830068]
电话:(0991)3102587
经济类型:私营企业 法人代表:朱建明
【主要产品】防火涂料

新疆天成鼎华科技发展有限公司

新疆乌鲁木齐市新市区北京南路6号[830011]
电话:(0991)3676378
经济类型:私营企业 法人代表:季万臣
【主要产品】炼油助剂

新疆天池专用化肥厂

新疆乌鲁木齐市东山区[830019]
电话:(0991)6902602
固定资产:4,397千元 产值:2,593千元
经济类型:股份合作 职工人数:20人
销售收入:3,987千元 法人代表:李强
【主要产品】混配复合肥料

新疆天河油脂化工有限责任公司

新疆乌鲁木齐市新市区中亚大道128号片区[830026]
电话:(0991)4697770
固定资产:889千元 销售收入:234千元
经济类型:私营企业 职工人数:16人
法人代表:高杰
【主要产品】润滑油

新疆天骄生物工程有限公司

新疆乌鲁木齐新市区北京南路钻石城银通大厦[830011]
电话:(0991)3834983
固定资产:7千元 经济类型:私营企业
产值:860千元 销售收入:1,390千元
法人代表:马玲
【主要产品】棉花专用肥

新疆天山建材集团精细化工有限责任公司

新疆维吾尔自治区米泉市城东工业开发区[831407]
电话:(0991)6911788;6912788;13999119766
传真:(0991)6911788
经济类型:有限责任公司
法人代表:迟明珠
网址:www.tsjc.com.cn/about-jxhg.htm
E-mail:info@tsjc.com.cn
【主要产品】磺化酚醛树脂;消泡剂;早强剂;钻井液用褐煤树脂;高效减水剂;防冻剂

新疆未来碳酸钙有限责任公司

新疆乌鲁木齐市沙依巴克区仓房沟路67号[830006]
电话:(0991)5628395;5611551
传真:(0991)5611551 产值:4,673千元
固定资产:624千元 职工人数:91人
销售收入:3,097千元
法人代表:朱荣利
【主要产品】轻质碳酸钙;重质碳酸钙

新疆乌拉泊化工厂

新疆乌鲁木齐市达坂城区[830038]
电话:(0991)5855418;5882502
传真:(0991)5855418 经济类型:集体
供销电话:5850380-2374
产值:23,947千元 职工人数:165人
法人代表:马翔
【主要产品】碳酸钾;二氧化碳(液体);氮磷钾复合肥;混配复合肥料;复合肥;塑料制品;塑料编织袋

新疆新化化肥有限责任公司

新疆乌鲁木齐市达坂城区乌拉泊[830091]
电话:(0991)5882212
传真:(0991)5850043 经济类型:国有
固定资产:404,427千元
供销电话:5882241 产值:557,317千元
供销传真:5882043 职工人数:2,673人
销售收入:551,525千元
法人代表:田义斌
E-mail:qsy16@163.com
【主要产品】硝酸;硝酸铵(工业用);三聚氰胺;氮肥;合成氨;尿素;尿素(工业用);硝酸铵;磷肥;过磷酸钙;硝酸铵磷;混配复合肥料

新疆新通集团公司新型建材化工厂

新疆乌鲁木齐市沙依巴克区阿勒泰路30号[830054]
电话:(0991)3837410
固定资产:874千元 经济类型:集体
销售收入:937千元 职工人数:17人
法人代表:樊志辉
【主要产品】防水涂料

新疆新万生医用氧制造有限公司

新疆乌鲁木齐市新市区长沙路8号[830011]
电话:(0991)6627355
固定资产:4,093千元 产值:1,572千元
经济类型:私营企业 职工人数:45人
销售收入:2,059千元
法人代表:靳豫疆
【主要产品】氧气(医用);氮气

新疆盐湖金明珠工贸有限责任公司

新疆乌鲁木齐市达坂城区东郊盐湖[830077]
电话:(0991)5941769
传真:(0991)5941769 职工人数:13人
固定资产:263千元 销售收入:794千元
经济类型:私营企业 法人代表:赵景全
【主要产品】硅酸钠

新疆盐湖制盐有限责任公司

新疆乌鲁木齐市盐湖区[830077]
电话:(0991)5941759
传真:(0991)5940150 有进出口权
固定资产:15,462千元
供销电话:5830075 产值:10,544千元
供销传真:5830075 企业规模:大型
经济类型:有限责任公司
销售收入:75,019千元
职工人数:749人 法人代表:郑树平
【主要产品】硫酸钠;氯化钠(精制);原盐;合成洗衣粉

新疆正力石油化工有限公司

新疆乌鲁木齐市新市区长沙南路6号[830011]
电话:(0991)3814324
固定资产:10,440千元 职工人数:19人

新

经济类型:中外合资经营企业
产值:4,903 千元　销售收入:4,278 千元
法人代表:吕建国
【主要产品】润滑油

新疆中泰化学股份有限公司

新疆乌鲁木齐市西山路 78 号[830009]
电话:(0991)8774206;8772646
传真:(0991)8772646　有进出口权
固定资产:50,306 千元
经济类型:股份有限公司
产值:10,154,590 千元
销售收入:1,072,130 千元
职工人数:1,808 人　法人代表:王洪欣
网址:www.zthx.com
E-mail:zthx@zthx.com
【主要产品】盐酸;烧碱;次氯酸钠;氢气;氯气(液);聚氯乙烯树脂

中国石油化工股份有限公司西北局

新疆乌鲁木齐市北京北路 2 号[830011]
电话:(0991)3600610
传真:(0991)6637597　经济类型:国有
固定资产:8,169,652 千元
供销电话:6630234　产值:780,981 千元
供销传真:6630234;6637597
销售收入:7,721,645 千元
职工人数:3,054 人　法人代表:焦方正
E-mail:xbijbgs@sina.com
【主要产品】原油;天然气

中国石油天然气股份有限公司乌鲁木齐石油化工总厂

新疆乌鲁木齐市东山区[830019]
电话:(0991)6903438
传真:(0991)6906666　经济类型:国有
产值:287,083 千元　企业规模:大型
职工人数:256,004 人
法人代表:王永明
网址:www.upc.com.cn
【主要产品】珍珠岩;1,2,4,5-四甲苯;甲醛;三聚氰胺;石油液化气;汽油;轻柴油;柴油;尿素;复合肥;地膜;聚乙烯绳;塑料编织袋;SBS 改性沥青防水卷材;炭黑;石油添加剂;1602 抗磨剂;润滑油;溶剂油;道路石油沥青;建筑沥青;石油焦;石油沥青纸胎油毡

克拉玛依市

克拉玛依新科澳化工(集团)有限责任公司

新疆克拉玛依市克拉玛依区准葛尔路 3 号[834000]
电话:(0990)6869802;6880833
传真:(0990)6869274
经济类型:有限责任公司
职工人数:1,200 人　法人代表:黄健峰
网址:www.xkachem.com
E-mail:xka@xkachem.com
【主要产品】聚醚多元醇;十二烷基二甲基苄基氯化铵;聚丙烯酰胺;聚合氯化铝;絮凝剂;解堵剂;乳化剂 OP-10;乳化剂 OP-9;石油破乳剂;泥浆防喷润滑剂;钻井液降滤失剂;降黏剂;油层化学解堵剂;清防蜡剂;羧甲基纤维素钠;杀菌剂(工业用);压裂助排剂;酸化活性剂;油田酸化缓蚀剂;黏土稳定剂;油井注水杀菌剂;羟丙基瓜尔胶粉;铁离子稳定剂;缓蚀剂;阻垢剂

新疆独山子天利高新技术股份有限公司

新疆克拉玛依市独山子区大庆东路 2 号[833600]
电话:(0990)3877100;3658056;3872320
传真:(0990)3659999;3655959
固定资产:12,439,803 千元
经济类型:股份有限公司　有进出口权
产值:107,489 千元　职工人数:2,136 人
销售收入:764,913 千元
法人代表:傅德新
网址:www.600339.com
E-mail:yff935@sohu.com;
pgmwg001@sohu.com
【主要产品】聚丙烯(粉状);聚丙烯(粒料);聚丙烯透明母粒;聚丙烯高光母粒;聚丙烯涂覆料;聚乙烯吹塑包装膜;塑料编织袋;环烷酸铁;环烷酸钙;环烷酸钴;环烷酸锰;环烷酸镍;环烷酸镁;清洁剂;织布机油;SF 多级汽油机油;柴油机油;CD 级柴油机油;SD 级汽油机油;二冲程汽油机油;内燃机油;抗磨液压油;道路石油沥青;建筑沥青

中国石油天然气股份有限公司独山子石化分公司

新疆克拉玛依市独山子区大庆路 30 号[833600]
电话:(0990)3871290;3871273;3871082
传真:(0990)3860758　经济类型:国有
供销电话:3871090　有进出口权
供销传真:3862134　企业规模:大型
职工人数:6,038 人
E-mail:gs-jhb@dsz.com.cn
【主要产品】硫黄;氢气;乙烯;1-丁烯;丙烯;二甲苯;甲苯;苯;丁二烯;乙二醇;甲基叔丁基醚;原油;石油液化气;汽油;加氢裂解汽油;裂解粗汽油;煤油;航空煤油;渣油;C_4 馏分;C_{10} 馏分;柴油;合成树脂;低密度聚乙烯;高密度聚乙烯;聚乙烯;聚丙烯;聚烯烃;顺丁橡胶;溶剂油;乙烯焦油;石油焦

中国石油天然气股份有限公司克拉玛依石化分公司

新疆克拉玛依市金龙镇[834003]
电话:(0990)6833414
传真:(0990)6991149　有进出口权
供销电话:6833480　企业规模:大型
经济类型:股份有限公司
法人代表:张有林
网址:www.ksh-cn.com
E-mail:lee-kpc@263.net
【主要产品】硫黄;丙烯;丙烷;甲醇(精);原油;石油液化气;无铅汽油;轻柴油;煤油;橡胶填充油;汽油机油;车辆齿轮油;工业齿轮油;冷冻机油;航空液压油;变压器油;油酸钠皂;润滑油;油墨溶剂油;溶剂油;油漆工业用溶剂油;沥青;建筑石油沥青;重交沥青;石油焦

吐鲁番地区

吐鲁番地区瑞德化轻总厂

新疆吐鲁番市七泉湖镇[838014]
电话:(0995)7623513
传真:(0995)7623525　经济类型:集体
供销电话:7623525　产值:20,296 千元
销售收入:20,425 千元
法人代表:张守堂
网址:www.ruidechem.com
E-mail:sales@ruidechem.com;
ruide@ruidechem.com
【主要产品】硫化钠

吐鲁番市国星橡胶工贸有限责任公司

新疆吐鲁番市新城东门跃进街[838000]
电话:(0995)8572240
传真:(0995)8555688
供销电话:8572240;13809942592
经济类型:有限责任公司
法人代表:武时家
网址:www.kjqy.cn/xjqy_show.asp?newsid=47571
E-mail:newwlite@mail.xj.cninfo.net
【主要产品】实心轮胎;再生胶;WR510 高效再生活化剂

新疆联达集团(实业)股份有限公司

新疆吐鲁番地区七泉湖镇[838014]
电话:(0995)7623600;7623632
传真:(0995)8632900;8632427
供销电话:8632264　职工人数:386 人
经济类型:股份有限公司
法人代表:黄建新
网址:www.chinachemnet.com/lianda
E-mail:lianda@hi2000.com
【主要产品】重铬酸钠;重铬酸钾;碱式硫酸铬;三氧化铬;铬;氧化铬绿

新疆吐鲁番银丰化工实业有限责任公司

新疆吐鲁番市七泉湖镇[838014]
电话:(0995)7623643
传真:(0995)8632386　经济类型:国有
固定资产:7,752 千元　产值:7,922 千元
供销电话:8632193　职工人数:122 人
销售收入:7,201 千元
法人代表:张宏军
【主要产品】硫化钠

新疆托克逊县雪银硫铜开发总厂

新疆托克逊县南疆路经济开发区[838100]
电话:(0995)8851521;8851256
传真:(0995)8851256
固定资产:46,859千元
供销电话:(0991)4610636
经济类型:私营企业 产值:57,331千元
销售收入:55,978千元
法人代表:杨雪银
E-mail:xueying@mail.xj.cninfo.net
【主要产品】硫铁矿;硫精砂;硫酸;铜粉;铁粉

新疆硝石钾肥有限公司

新疆乌鲁木齐市解放北路39号银盛大厦182室[838200]
电话:(0995)8366195
传真:(0995)8366185
网址:www.xjsnm.com
E-mail:xjpotash@xjsnm.com
【主要产品】硝酸钠;硝酸钾

中国石油天然气股份有限公司吐哈油田分公司

新疆维吾尔自治区吐鲁番地区鄯善县火车站镇[838202]
电话:(0995)8372348;8375014
传真:(0995)8372348
固定资产:6,400,370千元
经济类型:股份有限公司
产值:7,762,880千元
销售收入:8,210,640千元
企业规模:大型 职工人数:4,365人
网址:www.thyt.petrochina
E-mail:yhc-001@mail.cpthyt.com
【主要产品】甲醇;原油;天然气;液化天然气;汽油;柴油;重油

哈密地区

巴里坤哈萨克自治县龙祥化工有限责任公司

新疆巴里坤县新市路23号[839200]
电话:(0902)6822558;6825132;6825142
传真:(0902)6825124 经济类型:国有
固定资产:15,290千元 法人代表:方勇
供销电话:2350638 产值:32,889千元
供销传真:2350638 职工人数:370人
销售收入:31,757千元
E-mail:jtylx-hm@xj.cninfo.net
【主要产品】硫化钠;硫酸钠(十水);硫酸钠

哈密三友盐化厂

新疆哈密市七角井镇[839119]
电话:(0902)3992443;13319022781
传真:(0902)3992443 经济类型:国有
职工人数:214人 法人代表:赵广宁
【主要产品】硫化钠;原盐

哈密双合碱业有限责任公司

新疆哈密市新民五路[839001]
电话:(0902)2359143
供销电话:4609508 产值:130,930千元
经济类型:有限责任公司
销售收入:13,678千元
职工人数:613人
【主要产品】纯碱

新疆哈密红山化工有限责任公司

新疆巴里坤县博尔羌吉镇化工区[839202]
电话:(0902)6843117;6843111;6843399
传真:(0902)6843111 经济类型:国有
固定资产:1,538千元 有进出口权
供销电话:2312269;13809900079
供销传真:2310617 产值:53,753千元
销售收入:50,617千元
职工人数:469人 法人代表:施建平
网址:www.hmhshg.com
E-mail:hshg@hmhshg.com;
bthsncsjp@163.com
【主要产品】硫化钠

阿克苏地区

阿克苏华锦化肥有限责任公司

新疆库车县天山路东632号[842000]
电话:(0997)7300888
固定资产:229,149千元
经济类型:国有 产值:432,122千元
销售收入:403,505千元
职工人数:506人
网址:www.akshjchem.com
E-mail:webmaster@mail.askhjchem.com
【主要产品】合成氨;尿素

新疆青松建材化工(集团)股份有限公司

新疆阿克苏市林园街[843005]
电话:(0997)2811282;2813793
传真:(0997)2811675 法人代表:甘军
供销电话:2811393 企业规模:大型
供销传真:2811346
经济类型:股份有限公司
网址:www.chinaqsjh.com
E-mail:xxh723@163.com
【主要产品】重晶石矿粉;盐酸;硫酸;烧碱(液体);硫酸钾(农用);复合肥;水泥

中国石油化工股份有限公司塔河分公司

新疆库车县天山路东573号[842000]
电话:(0997)7979030
传真:(0997)7979016
供销电话:7979052
供销传真:7979049
经济类型:股份有限公司
产值:5,076,451千元
销售收入:139,596千元
【主要产品】硫黄;苯;原油;石油液化气;汽油;柴油;蜡油;溶剂油;轻油;燃料油;沥青;石油焦

喀什地区

阿图什市鑫达明胶有限公司

新疆阿图什市工业开发区[845350]
电话:(0998)4254718
固定资产:586千元 职工人数:20人
经济类型:私营企业 法人代表:杨绍德
【主要产品】工业明胶

巴音郭楞蒙古自治州

新疆昆仑股份有限公司

新疆库尔勒市塔什店南路[841011]
电话:(0996)2187840
传真:(0996)2188311 有进出口权
供销电话:2187700 产值:507,360千元
供销传真:2188315 职工人数:1,950人
经济类型:股份有限公司
销售收入:522,090千元
法人代表:彭思奎
网址:www.china-kunlun.com
E-mail:klgf-kr@mail.xj.cninfo.net
【主要产品】载重汽车轮胎外胎;工程机械轮胎外胎;全钢载重子午线轮胎;农用车辆轮胎;轮胎外胎;载重汽车轮胎内胎;农用轮胎内胎;轮胎内胎

新疆塔里木炭黑有限责任公司

新疆维吾尔自治区库尔勒市石化大道[841001]
电话:(0996)2157368;2157081
传真:(0996)2156114 职工人数:142人
固定资产:76,859千元
供销电话:2156525 产值:81,500千元
经济类型:有限责任公司
销售收入:83,772千元
法人代表:张立昕
网址:www.chinachemnet.com/cb
【主要产品】炭黑

中国石油天然气股份有限公司塔里木油田分公司

新疆库尔勒市石化大道1号[841000]
电话:(0996)2171744;2171208
传真:(0996)2174716
固定资产:20,206,340千元
供销电话:2172375 企业规模:大型
经济类型:股份有限公司
产值:27,907,320千元
销售收入:28,119,930千元
职工人数:11,786人 法人代表:孙德龙
E-mail:intjk@china.com
【主要产品】原油;石油液化气;天然气;汽油;柴油;合成氨;尿素

昌吉回族自治州

昌吉市昌华工贸有限责任公司

新疆昌吉回族自治州昌吉市乌伊西

路39公里处[831100]
电话:(0994)2285447
固定资产:208千元　产值:414千元
经济类型:私营企业　职工人数:13人
销售收入:703千元　法人代表:刘绍文
【主要产品】聚醋酸乙烯乳液胶黏剂

昌吉市诚信测绘有限公司化学建材分公司

新疆昌吉回族自治州昌吉市绿洲路办事处[831100]
电话:(0994)2346599;2346535;13909945365
传真:(0994)2346521　产值:3,300千元
固定资产:2,103千元　职工人数:54人
经济类型:私营企业　法人代表:李明德
销售收入:3,300千元
【主要产品】F53-31红丹酚醛防锈漆;F53-32灰色酚醛防锈漆;铁红酚醛防锈漆;C01-1醇酸清漆;C03-1各色醇酸调合漆;各色快干醇酸磁漆;C04-2各色醇酸磁漆;各色醇酸底漆;C06-1铁红醇酸底漆;铁红醇酸防锈漆;灰色醇酸防锈漆;C53-31红丹醇酸防锈漆;C53-34云铁醇酸防锈漆;快干氨基烘干磁漆;各色氨基烘干磁漆;各色丙烯酸磁漆;溶剂型丙烯酸外墙涂料;各色丙烯酸聚氨酯磁漆;各色丙烯酸水泥地板漆;热熔道路标志漆;水性道路标线漆;道路标线涂料;环氧地坪涂料;聚氨酯清漆;各色聚氨酯地坪漆;各色氯化橡胶马路划线漆

昌吉市福祥复合肥厂

新疆昌吉回族自治州昌吉市城郊夹滩村[831100]
电话:(0994)2400018
固定资产:480千元　销售收入:299千元
经济类型:私营企业　法人代表:顾全福
【主要产品】复合肥

昌吉市鸿发科技开发有限公司

新疆昌吉回族自治州昌吉市北京北路23号小区[831100]
电话:(0994)2991689
固定资产:10,000千元　产值:242千元
经济类型:私营企业　职工人数:168人
销售收入:242千元　法人代表:单成敏
【主要产品】内外墙乳胶漆;真石漆;水泥漆;碎石漆

昌吉市疆北油脂化工厂

新疆昌吉回族自治州昌吉市城郊夹滩村[831100]
电话:(0994)13579628008
固定资产:500千元　产值:675千元
经济类型:私营企业　法人代表:刘培合
销售收入:652千元
【主要产品】硬脂酸;脂肪酸;油酸

昌吉市康丰农化厂

新疆昌吉回族自治州昌吉市九家沟村二组[831100]
电话:(0994)2322565
经济类型:私营企业　法人代表:虎林
【主要产品】氨基酸复合肥

昌吉市同志工贸有限责任公司

新疆昌吉回族自治州昌吉市乌伊西路[831100]
电话:(0994)2287768
固定资产:192千元　产值:3,247千元
经济类型:私营企业　法人代表:俞志森
销售收入:3,145千元
【主要产品】润滑油

昌吉市新业绿肥有限责任公司

新疆昌吉回族自治州昌吉市榆树沟镇上移户村[831109]
电话:(0994)2580077
固定资产:518千元　销售收入:625千元
经济类型:私营企业　法人代表:王桥江
【主要产品】混配复合肥料

昌吉市众和油脂化工厂

新疆昌吉回族自治州昌吉市乌伊西路[831100]
电话:(0994)2286058
固定资产:86千元　经济类型:私营企业
产值:1,233千元　销售收入:1,185千元
法人代表:牛忠良
【主要产品】脂肪酸

昌吉州启明金鑫助剂厂

新疆昌吉回族自治州昌吉市延安北路办事处[831100]
电话:(0994)2989455
固定资产:80千元　经济类型:私营企业
产值:1,833千元　销售收入:590千元
法人代表:黄华英
【主要产品】机械油;润滑油

新疆米泉市夏华化肥有限责任公司

新疆米泉市友好路10号[831401]
电话:(0994)5296188
传真:(0994)5296188　法人代表:夏威
经济类型:私营企业
【主要产品】过磷酸钙;混配复合肥料

新疆双龙腐植酸有限公司

新疆米泉市古牧地中路444号[831400]
电话:(0994)5310999
传真:(0994)5306244
网址:www.ddha1997.com
E-mail:shuanglonghumic@163.net
【主要产品】腐殖酸;硝基腐殖酸;腐殖酸钠;硝基腐殖酸镁;腐殖酸硼;腐殖酸磷肥;腐殖酸钾

新疆屯河聚酯有限责任公司

新疆昌吉市延安南路[831100]
电话:(0994)6580555
传真:(0994)6580555　经济类型:集体
固定资产:260,317千元
供销电话:6580579;6580589
产值:41,932千元　职工人数:111人
销售收入:48,322千元
网址:www.tunhepet.com.cn
E-mail:xjthjz@tunhepet.com.cn
【主要产品】聚酯切片(纤维级);大有光聚酯切片;高黏度聚酯切片;聚酯切片(瓶级);聚酯切片

伊犁哈萨克自治州

额敏县大地肥料有限责任公司

新疆塔城地区额敏县[834600]
电话:(0901)3345123
经济类型:有限责任公司
法人代表:韩宇声
【主要产品】磁化肥

额敏县红四方复合肥有限责任公司

新疆塔城地区额敏县桥南原水泥厂院内[834600]
电话:(0901)3335225
固定资产:1,000千元　产值:80千元
经济类型:有限责任公司
销售收入:80千元　职工人数:28人
法人代表:朱志剑
【主要产品】混配复合肥料

新疆奎屯圣业化工有限公司

新疆奎屯市沙湾街342号[833200]
电话:(0992)3223595
固定资产:10,276千元
供销传真:3223689　产值:22,774千元
经济类型:有限责任公司
销售收入:20,535千元
职工人数:122人　法人代表:霍舒刚
E-mail:kttcl-kt@mail.xj.cninfo.net
【主要产品】硫酸;蓄电池硫酸

石河子市

新疆石河子正义农业科技有限公司

新疆石河子市开发区东9路6号[832014]
电话:(0993)2622309;2622300
传真:(0993)2622301　职工人数:136人
固定资产:18,043千元
供销电话:2622310　产值:57,938千元
经济类型:私营企业　法人代表:李献民
销售收入:61,073千元
E-mail:zhy-sh@mail.wl.xj.cn
【主要产品】氮磷钾三元复混肥;复合肥

新疆天业股份有限公司

新疆石河子市开发区天业工业园[832000]
电话:(0993)2623102;2623107
传真:(0993)2623103　有进出口权
供销电话:2623116　产值:104,766千元
供销传真:2516928　企业规模:大型
经济类型:股份有限公司
销售收入:14,131千元
职工人数:5,347人　法人代表:郭庆人
网址:www.xj-tianye.com
E-mail:master@xjtymail.com
【主要产品】盐酸;硫酸;烧碱;烧碱(液体);烧碱(固体);离子膜烧碱;次氯酸钠;次氯酸钠(液体);氯气(液);氯化氢;聚氯乙烯树脂(微悬浮法);农用薄膜;地膜;给水用硬聚氯乙烯管材;塑料棒管材;柠檬酸

索　　引

☞ 化工产品中文名称索引

☞ 化工产品英文名称索引

☞染料化工产品中文名称索引

☞染料化工产品英文名称索引

☞ CAS 登记号索引

索引一 化工产品中文名称索引

索引一

索引一

索引一

索引一

索引一

索引一

索引一

索引一

索引一

索引一

索引一

索引一

索引一

索引一

索引一

索引一

索引一

索引一

索引一

索引一

索引一

索引一

索引一

索引一

索引一

索引一

索引一

索引一

索引一

索引一

索引一

索引

索引一

索引一

索引一

索引一

索引一

索引一

索引一

索引一

索引

索引一

索引一

索引一

索引一

索引一

索引一

索引一

索引一

索引一

索引一

索引一

索引一

索引一

索引一

索引一

索引一

索引一

索引一

索引一

索引一

索引一

索引一

索引一

索引

索引一

索引一

索引一

索引一

索引一

索引一

索引一

索引一

索引一

索引一

索引一

索引一

索引一

索引一

索引一

索引一

索引一

索引

索引一

索引一

索引一

索引一

索引一

索引一

索引

索引一

索引一

索引一

索引一

索引一

索引一

索引一

索引一

索引一

索引一

索引一

索引二　化工产品英文名称索引

A

索引二

索引二

索引二

索引二

索引二

索引二

索引二

索引二

索引二

索引二

索引二

索引二

索引二

B

索引二

索引二

索
引
二

索引二

索引二

索引二

C

索引二

索引二

索引二

索引二

索引二

索
引
二

索引二

索引二

索引二

索引二

索引二

索引二

索引二

索引二

D

索引二

索引二

索引二

索引二

索引二

索引二

索引二

索引二

索引二

索引二

索引二

索引二

索引二

E

索引二

索引二

索引二

索引二

索
引
二

F

索引二

索引二

索引二

索引二

索引二

G

索引二

H

索引二

索引二

索引二

索引二

索引二

索引二

索引二

索引二

J

K

L

索引二

索引二

M

索引二

索引二

索引二

索引二

索引二

索
引
二

索引二

索引二

索引二

索引二

N

索引二

索引二

索引二

索引二

O

索引二

索引二

P

索引二

索引二

索引二

索引二

索引二

索引二

索
引
二

索引二

索引二

索引二

索引二

索引二

索引二

索引二

Q

R

索引二

索引二

S

索引二

索引二

索引二

索引二

索引二

索
引
二

T

索引二

索引二

索引二

索引二

索引二

U

V

W

索引二

索引二

X

索引二

Y

Z

索引二

索引二

索引三　染料化工产品中文名称索引

索引三

索引四 染料化工产品英文名称索引

A

索引四

B

D

F

I

M

O

P

R

S

V

索引五　CAS 登记号索引

附录一　企业基本情况登记表

企业法人代码：　　　　　　　　　　　　　　　　　　　　　　　单位公章

<table>
<tr><td rowspan="2">企业名称
（以公章为准）</td><td colspan="7">中文：</td></tr>
<tr><td colspan="7">英文：</td></tr>
<tr><td colspan="8">企业变更情况（含变更、合并、改名及关、停、并、转等）</td></tr>
<tr><td>企业地址</td><td colspan="7">省　　市　　区/县　　镇(乡)/街　　村/号</td></tr>
<tr><td>电子信箱</td><td colspan="4"></td><td>建厂日期</td><td colspan="2"></td></tr>
<tr><td>企业网址</td><td colspan="2"></td><td>邮政编码</td><td></td><td>证券代码</td><td colspan="2"></td></tr>
<tr><td>上级主管</td><td colspan="2"></td><td>法人代表</td><td></td><td>总 经 理</td><td colspan="2"></td></tr>
<tr><td>长途区号</td><td></td><td>联系电话</td><td colspan="2"></td><td>传真电话</td><td colspan="2"></td></tr>
<tr><td>销售主管</td><td colspan="2"></td><td>销售电话</td><td></td><td>销售传真</td><td colspan="2"></td></tr>
<tr><td>年 产 值</td><td colspan="2">（千元）</td><td>固定资产</td><td>（千元）</td><td>销售收入</td><td colspan="2">（千元）</td></tr>
<tr><td>企业类型</td><td colspan="4">☐ 生产型　☐ 贸易型　☐ 其它型</td><td>职工人数</td><td colspan="2">（人）</td></tr>
<tr><td>企业规模</td><td colspan="4">☐ 特大型 ☐ 大一型 ☐ 大二型 ☐ 中一型 ☐ 中二型 ☐小型</td><td>进出口权</td><td colspan="2">☐ 有　☐ 无</td></tr>
<tr><td>经济类型</td><td colspan="7">内资企业　☐ 国有企业　☐ 集体企业　☐ 股份合作企业　☐ 联营企业
☐ 有限责任公司　☐ 股份有限公司　☐ 私营企业　☐ 其它企业
港澳台企业　☐ 合资经营企业　☐ 合作经营企业　☐ 独资经营企业　☐ 投资股份有限公司
外资投资企业　☐ 中外合资经营企业　☐ 中外合作经营企业　☐ 外资企业　☐ 外商投资股份有限公司</td></tr>
<tr><td>主要产品类别
（限选2种）</td><td colspan="7">☐ 化学矿　☐ 无机化工原料　☐ 有机化工原料　☐ 化学肥料　☐ 农药
☐ 高分子聚合物　☐ 涂料及无机颜料　☐ 染料及有机颜料　☐ 信息用化学品　☐ 化学试剂
☐ 食品和饲料添加剂　☐ 合成药品　☐ 日用化学品　☐ 胶粘剂　☐ 橡胶制品
☐ 催化剂及化学助剂　☐ 火工产品　☐ 化工机械　☐ 石油加工　☐ 其它化工产品</td></tr>
<tr><td>企业简介</td><td colspan="7"></td></tr>
<tr><td>联系人</td><td></td><td>联系电话</td><td colspan="2"></td><td>填表日期</td><td colspan="2"></td></tr>
</table>

附录一

附录二　企业产品情况登记表

商　品　名				CAS登记号	
产品英文名				含量	（%）
学名及别名				分子式	
规格及型号				注册商标	
年生产能力	（吨/年）	200__年产量	（吨）	销售量	（吨/年）
出　口　量	（吨/年）	投产时间	年　月	停产时间	年　月
生 产 方 法					
主 要 原 料					
主 要 用 途（简明扼要）					

复印有效

商　品　名				CAS登记号	
产品英文名				含量	（%）
学名及别名				分子式	
规格及型号				注册商标	
年生产能力	（吨/年）	200__年产量	（吨）	销售量	（吨/年）
出　口　量	（吨/年）	投产时间	年　月	停产时间	年　月
生 产 方 法					
主 要 原 料					
主 要 用 途（简明扼要）					

复印有效

如有企业情况与产品介绍资料，请一并寄回。联系方式如下：

中国化工信息中心

地址：北京市朝阳区安定路33号化信大厦B座8层　　邮政编码：100029

电话：(010)64445550 转45或49　　传真：(010)64437137

联系人：李慧萍、杨春苓

网址：www. cheminfo. gov. cn

E－mail：product@ cheminfo. gov. cn